朝倉 数学辞典

川又雄二郎

坪井　俊

楠岡成雄

新井仁之

【編集】

朝倉書店

序

　数学はあらゆる学問分野の基礎であり，その影響は世の中の隅々にまで広く薄く浸透しています．数学には多くの研究対象があり，分野も細分化されているため，全体を見渡すことは専門家にとっても困難になっています．この辞典では数学の専門家ではないけれども数学のことを広く知りたいという読者を対象にしています（とりわけ大学の学部学生，元学生から大学院の学生までを主に想定しています）．

　この辞典の作成にあたり，「読める辞典」という目標を掲げました．そのために中項目主義をとりました．一項目の解説が長い大項目辞典では読み通すことが困難になり，いっぽう用語を説明するだけで終わる小項目辞典では周りとの関係がわからなくなりがちだからです．文中の数式は最小限に抑えて平易な記述を心がけ，理解を助けるための多くの例や図をあげるよう努めました．また，項目の区切りとページの区切りを一致させ，見やすさにも配慮しました．さらに，項目間の参照は避けてその代わりに索引を充実させました．最新の結果を集めた専門家のための辞典ではなく，専門用語の意味を解説しただけの辞典でもなく，初心者が読んで勉強できる辞典を目指して，基礎や入門部分も詳しく説明し，高校で学ぶ程度の項目も簡略にまとめました．執筆者は，数学の分野を幅広く俯瞰できる第一線の研究者に依頼しましたが，初学者にとっても近付きやすい叙述を心がけていただきました．この辞典によってより数学が親しみやすいものとなることを期待しています．

2016 年 5 月

川又雄二郎・坪井　俊・楠岡成雄・新井仁之

執筆者一覧

編集委員

川又雄二郎　東京大学大学院数理科学研究科
坪井　俊　　東京大学大学院数理科学研究科
楠岡成雄　　東京大学名誉教授
新井仁之　　東京大学大学院数理科学研究科

執筆者（五十音順）

相川弘明	北海道大学	川又雄二郎	東京大学	髙木寛通	東京大学
新井朝雄	北海道大学	勘甚裕一	金沢大学名誉教授	高野恭一	神戸大学名誉教授
新井仁之	東京大学	木上　淳	京都大学	高橋宣能	広島大学
猪狩　惺	東北大学名誉教授	菊地文雄	東京大学名誉教授	高橋　渉	東京工業大学名誉教授
石毛和弘	東北大学	岸本一男	筑波大学	高山茂晴	東京大学
伊藤秀一	金沢大学	木田祐司	立教大学	高山文雄	いわき明星大学
伊藤雄二	慶應義塾大学名誉教授	楠岡成雄	東京大学名誉教授	竹田雅好	東北大学
伊藤由佳理	名古屋大学	熊ノ郷直人	工学院大学	田中一之	東北大学
上田哲生	京都大学	小池茂昭	東北大学	谷口説男	九州大学
上原北斗	首都大学東京	小磯深幸	九州大学	谷口雅彦	奈良女子大学
江沢　洋	学習院大学名誉教授	河野俊丈	東京大学	辻　雄	東京大学
海老原円	埼玉大学	小島定吉	東京工業大学	辻　元	上智大学
大鹿健一	大阪大学	小林正典	首都大学東京	堤　誉志雄	京都大学
太田浩一	東京大学名誉教授	小山　晃	早稲田大学	坪井　俊	東京大学
岡本　久	京都大学	今野　宏	明治大学	寺杣友秀	東京大学
小川卓克	東北大学	斉藤義久	東京大学	時弘哲治	東京大学
小木曽啓示	東京大学	坂井秀隆	東京大学	中島匠一	学習院大学
荻田武史	東京女子大学	酒井文雄	埼玉大学名誉教授	中村　玄	Inha University
小倉幸雄	佐賀大学名誉教授	桜井　明	東京電機大学名誉教授	難波完爾	東京大学名誉教授
小沢哲也	名城大学	薩摩順吉	武蔵野大学	根上生也	横浜国立大学
織田孝幸	東京大学名誉教授	佐藤　肇	名古屋大学名誉教授	野口潤次郎	東京大学名誉教授
笠原勇二	筑波大学名誉教授	志賀啓成	東京工業大学	硲　文夫	東京電機大学
片岡清臣	東京大学	柴田良弘	早稲田大学	長谷川立	東京大学
桂　利行	法政大学	示野信一	関西学院大学	林　修平	東京大学
金井雅彦	東京大学	神保道夫	立教大学	一松　信	京都大学名誉教授
金子　晃	東京大学名誉教授 お茶の水女子大学名誉教授	須川敏幸	東北大学	平田典子	日本大学
神島芳宣	城西大学	杉本　充	名古屋大学	福田　隆	日本大学
川﨑徹郎	学習院大学	鈴木　貴	大阪大学	舟木直久	東京大学
河東泰之	東京大学	関口英子	東京大学	細野　忍	学習院大学

前田 博信　東京農工大学	三松 佳彦　中央大学	柳田 英二　東京工業大学
枡田 幹也　大阪市立大学	南　 範彦　名古屋工業大学	山形 周二　東京電機大学
松尾　 厚　東京大学	宮岡 礼子　東北大学	山田 道夫　京都大学
松本 幸夫　東京大学名誉教授	宮島 静雄　前 東京理科大学	山本 昌宏　東京大学
丸山　 徹　慶應義塾大学名誉教授	村松 寿延　筑波大学名誉教授	渡辺 敬一　前 日本大学
三井 斌友　名古屋大学名誉教授	森田 茂之　東京大学名誉教授	渡邉 壽夫　九州大学名誉教授

項目一覧①

(掲載順)

アインシュタイン方程式 …………… 1	確率積分 ……………………… 74
アティヤー–シンガーの指数定理 ……… 3	確率と確率モデル ……………… 76
アーベル多様体 ………………… 5	確率微分方程式 ………………… 79
暗　号 …………………………… 8	確率分布 ……………………… 81
位相空間 ………………………… 10	確率変数 ……………………… 83
位相空間の次元 ………………… 14	確率変数列の収束 ……………… 85
位相空間の分離公理 …………… 17	可算無限と非可算無限 ………… 87
1次分数変換 …………………… 19	可微分写像 …………………… 88
一様収束 ………………………… 21	加法過程，レヴィ過程 ………… 90
1階偏微分方程式 ……………… 23	カラビ–ヤウ多様体 …………… 93
伊藤の表現定理 ………………… 25	ガロア理論 …………………… 95
陰関数定理と逆写像定理 ……… 27	環上の加群 …………………… 98
因子と可逆層 …………………… 29	関　数 ………………………… 101
因数分解 ………………………… 32	環と体 ………………………… 104
ヴィット環 ……………………… 33	カントール集合 ………………… 107
ウェーブレット ………………… 35	ガンマ関数 …………………… 109
エプシロン–デルタ論法 ………… 38	基底と次元 …………………… 111
エルゴード理論 ………………… 39	擬凸領域 ……………………… 113
エルミート関数 ………………… 44	擬微分作用素 ………………… 115
円 ………………………………… 45	帰謬法 (背理法) ……………… 117
円錐曲線 ………………………… 48	基本群 ………………………… 118
エントロピー …………………… 50	逆，裏，対偶 ………………… 120
円分体 …………………………… 52	級　数 ………………………… 121
オイラー数 ……………………… 54	球面調和関数 ………………… 123
オイラー方程式 ………………… 56	球面と球体 …………………… 125
解析接続 ………………………… 58	行　列 ………………………… 129
解析力学 ………………………… 60	行列群 ………………………… 131
ガウス過程，定常過程 ………… 63	行列式と逆行列 ……………… 133
ガウスの発散定理 ……………… 65	極　限 ………………………… 135
ガウス–ボンネの定理 …………… 66	極座標 ………………………… 137
可換環 …………………………… 68	極小モデル理論 ……………… 139
拡散過程 ………………………… 71	局所環 ………………………… 141
確率過程 ………………………… 73	曲　線 ………………………… 143

項目一覧① (掲載順)

項目	ページ
曲線座標	145
曲面	147
距離空間	149
近似計算	150
組みひも群	152
クライン群	154
グラスマン多様体	156
グラフ理論	158
クリフォード代数	161
グリーンの公式	163
グレブナー基底	164
群	167
群の表現	169
形式的べき級数環	172
ゲージ理論	174
K3 曲面	176
KdV 方程式	178
ゲーデルの完全性定理	180
ゲーデルの不完全性定理	182
ゲーム理論	184
ケーラー多様体	187
圏と関手	189
高速フーリエ変換	192
公理的集合論	194
コーシー–コワレフスキーの定理	198
コーシーの積分公式	199
小平次元	200
固有関数展開	202
固有値と固有ベクトル	203
コンパクト作用素	206
コンパクト性	208
最小二乗法	210
最大値の原理	211
サードの定理	212
差分と和分	213
作用素環	215
作用素の半群	217
三角関数	219
算術平均と幾何平均	221
サンプリング定理	222
四元数環	224
自己共役作用素	226
指数関数	227
実解析的関数	229
射影幾何	230
射影空間	233
写像度	235
主イデアル環	237
終結式	239
集合と写像	241
重積分	244
シュレーディンガー方程式	247
順極限と逆極限	249
順列・組合せ	251
上限, 下限, 上極限, 下極限	252
条件付き期待値	253
常微分方程式	254
初等幾何	256
初等整数論	259
ジョルダンの曲線定理	261
ジョルダン標準形	262
振動積分	265
シンプレクティック多様体	267
数	269
数学的帰納法	271
数値積分	273
数列	275
数論幾何学	277
ストークスの定理	281
スプライン関数	283
スペクトル分解	286
正則関数 (1 変数)	288
正則関数 (多変数)	291
正多面体	293
積分	295
積分方程式	297
接触多様体	299
接続	301
z–変換	304
セール双対性	305
線形位相空間	308
線形空間と線形写像	310

項目	頁
線形計画法	312
線形常微分方程式	314
線織面	316
線積分と面積分	318
選択公理	320
層	322
双1次形式と内積	325
双曲型偏微分方程式	327
層係数のコホモロジー	329
測地線	331
測　度	333
測度 (位相空間上の)	336
素　数	338
ソボレフ空間	340
対称空間	342
代数学の基本定理	345
対数関数	347
代数曲線	349
代数曲面の分類	352
代数多様体	356
代数的数と代数的整数	360
大数の法則	362
代数方程式 (4次以下の解法)	363
タイヒミュラー空間	365
楕円型方程式	367
楕円関数	369
楕円曲線	371
多項式環	375
多項式近似	377
多重指数	379
多様体	380
多様体 (3次元)	383
多様体 (4次元)	385
単体複体	387
置換群	389
中心極限定理	391
チューリングマシン	393
超関数	395
超幾何関数	399
調和関数	401
直交行列とユニタリ行列	403
直交多項式	405
ディオファントス方程式	407
D–加群	410
テイラー展開	412
ディリクレ形式	413
ディンキン図形	415
テンソル積と外積	418
等角写像	420
等質空間	423
特異積分	425
特異点	426
特性類	428
凸解析	430
凸関数	433
凸集合	434
ド・ラーム・コホモロジー	436
トーリック多様体	440
ナヴィエ–ストークス方程式	444
2次曲面	446
ニュートン法	448
ネヴァンリンナ理論	450
ネーター環	453
熱帯幾何	455
熱方程式	457
粘性解	458
濃度と順序数	460
ハウスドルフ測度とハウスドルフ次元	463
波動方程式	464
バナッハ環	465
バナッハ空間と線形作用素	467
反応拡散方程式	471
判別式	473
p 進数	474
非線形シュレーディンガー方程式	476
非線形楕円型方程式	477
非線形波動方程式	479
被覆空間	480
微分形式	483
微分と偏微分	488
非ユークリッド幾何	490
ヒルベルト空間	493

項目	ページ	項目	ページ
ヒルベルトの零点定理	495	ポテンシャル	581
ヒルベルトの問題	497	ホモトピー群	583
ファイバー空間	499	ホモロジー代数	589
ファイバー束	503	ホモロジーとコホモロジー（位相空間の）	592
フェルマー予想	508	ボルツマン方程式	595
複素数平面	509	マクスウェル方程式	597
複素多様体	510	待ち行列	599
複素力学系	512	マリアバン解析	601
符号	515	マルコフ過程	604
付値	518	マルチンゲール	606
不動点定理	520	ミレニアム懸賞問題	609
ブラウアー群	523	向き付け	611
ブラウン運動	525	結び目	612
フラクタル集合	527	面積	614
フーリエ級数（1変数）	530	モジュライ空間	616
フーリエ級数（多変数）	532	モース理論	618
フーリエ変換	533	ヤング図形	620
フレッシェ微分	535	有界変動関数	622
フローとベクトル場	537	有限群	624
フロベニウス写像	539	有限体	627
分岐理論（素イデアルの）	540	有限単純群の分類	629
分枝過程	543	有限要素法	632
平均と分散	545	有理型関数（1変数）	634
平方剰余の相互法則	547	有理写像	636
ベクトル	549	有理ホモトピー論	638
ベクトル束	552	葉層構造	640
ベクトル場とテンソル場	554	4色問題	642
ベッセル関数	557	ラグランジュの未定乗数法	644
ベールのカテゴリー定理	558	ラゲール関数	646
変換群	559	ラプラス変換	647
変分法	561	ラプラス方程式	649
ポアソンの小数の法則	563	乱数	651
ポアソンの和公式	564	ランダムウォーク	652
ポアソン方程式	565	リー環とリー群	654
ポアンカレ双対定理	567	力学系	657
ポアンカレ予想	569	力学系の安定性と分岐	659
放物型方程式	571	離散付値環	662
補間	573	リプシッツ連続	664
補間公式	575	リーマン多様体	665
保型関数	577	リーマンの写像定理	667
ホッジ分解	579	リーマン面	669

リーマン予想 …………………… 672	連続関数 ………………………… 694
リーマン–ロッホの定理 ………… 673	連続関数環 ……………………… 696
留　数 …………………………… 676	連続写像 ………………………… 698
量子群 …………………………… 678	連分数 …………………………… 699
類体論 …………………………… 680	連立 1 次方程式 ………………… 700
ルジャンドル関数 ……………… 683	論理記号 ………………………… 701
ループ空間 ……………………… 684	
ルベーグ空間 …………………… 688	日本語索引 ……………………… 703
ルベーグ積分 …………………… 691	英語索引 ………………………… 732

項目一覧②
(分野別)

基　　礎

項目	頁
因数分解	32
円	45
円錐曲線	48
関　数	101
帰謬法 (背理法)	117
逆，裏，対偶	120
球面と球体	125
極座標	137
近似計算	150
差分と和分	213
三角関数	219
算術平均と幾何平均	221
指数関数	227
順列・組合せ	251
初等幾何	256
数	269
数学的帰納法	271
正多面体	293
素　数	338
対数関数	347
代数方程式 (4次以下の解法)	363
凸関数	433
判別式	473
複素数平面	509
平均と分散	545
ベクトル	549
論理記号	701

集合・位相・論理

項目	頁
一様収束	21
極　限	129
集合と写像	241
位相空間	10
位相空間の分離公理	17
可算無限と非可算無限	87
カントール集合	107
距離空間	149
コンパクト性	208
選択公理	320
濃度と順序数	460
連続写像	698
圏と関手	189
順極限と逆極限	249
層	322
位相空間の次元	14
チューリングマシン	393
ゲーデルの完全性定理	180
ゲーデルの不完全性定理	182
公理的集合論	194

代　　数

項目	頁
基底と次元	111
行　列	131
行列式と逆行列	135
固有値と固有ベクトル	203
線形空間と線形写像	310
直交行列とユニタリ行列	405
連立1次方程式	700
行列群	133
終結式	239
ジョルダン標準形	262
代数学の基本定理	345

可換環	68	フロベニウス写像	539
環と体	104	分岐理論(素イデアルの)	540
環上の加群	98	連分数	699
局所環	141	数論幾何学	277
クリフォード代数	161	フェルマー予想	508
群	167	リーマン予想	672
群の表現	169	類体論	680

代数幾何

形式的べき級数環	174
四元数環	224
主イデアル環	237
多項式環	375
置換群	389
ディンキン図形	415
テンソル積と外積	418
ネーター環	453
熱帯幾何	455
ヒルベルトの零点定理	495
ブラウアー群	523
ヤング図形	620
有限群	624
有限体	627
離散付値環	662
ヴィット環	33
ガロア理論	95
グレブナー基底	164
等質空間	423
p 進数	474
付値	518
ホモロジー代数	589
有限単純群の分類	629
リー環とリー群	654
量子群	678
双1次形式と内積	325

代数曲線	349
代数多様体	356
楕円曲線	371
特異点	426
有理写像	636
アーベル多様体	5
因子と可逆層	29
極小モデル理論	139
K3 曲面	172
小平次元	200
セール双対性	305
代数曲面の分類	352
トーリック多様体	440
リーマン-ロッホの定理	673

微分幾何

2 次曲面	446
曲線	143
曲線座標	145
曲面	147
線織面	316
非ユークリッド幾何	490
ガウス-ボンネの定理	66
可微分写像	88
グラスマン多様体	156
サードの定理	212
射影幾何	230
射影空間	233
ストークスの定理	281
接触多様体	299

整数論

ディオファントス方程式	407
円分体	52
平方剰余の相互法則	547
初等整数論	259
代数的数と代数的整数	360

接続	301
測地線	331
多様体	380
ド・ラーム・コホモロジー	436
微分形式	483
ベクトル場とテンソル場	554
向き付け	611
モース理論	618
リーマン多様体	665
ゲージ理論	176
シンプレクティック多様体	267
対称空間	342
多様体 (3次元)	383
多様体 (4次元)	385
モジュライ空間	616
葉層構造	640
アティヤー–シンガーの指数定理	3
層係数のコホモロジー	329
フローとベクトル場	537

位相幾何

オイラー数	54
基本群	118
組みひも群	152
ジョルダンの曲線定理	261
単体複体	387
被覆空間	480
ファイバー束	503
ファイバー空間	499
変換群	559
ホモトピー群	583
ホモロジーとコホモロジー (位相空間の)	592
結び目	612
写像度	235
特性類	428
ベクトル束	552
ポアンカレ双対定理	567
ループ空間	684
ポアンカレ予想	569
有理ホモトピー論	638

解析

エプシロンデルタ論法	38
級数	121
実解析的関数	229
重積分	244
積分	295
多重指数	379
テイラー展開	412
微分と偏微分	488
連続関数	694
陰関数定理と逆写像定理	27
ガウスの発散定理	65
グリーンの公式	163
線積分と面積分	318
面積	614
有界変動関数	622
ラグランジュの未定乗数法	644
サンプリング定理	222
測度	333
多項式近似	377
フラクタル集合	527
フーリエ級数 (1変数)	530
フーリエ級数 (多変数)	532
フーリエ変換	533
変分法	561
ポアソンの和公式	564
ラプラス変換	647
リプシッツ連続	664
ルベーグ積分	691
ウェーブレット	35
z-変換	304
測度 (位相空間上の)	336
調和関数	401
凸解析	430
凸集合	434
ハウスドルフ測度とハウスドルフ次元	463
ポテンシャル	581
振動積分	265
数列	275
上限, 下限, 上極限, 下極限	252

特殊関数

- ベッセル関数 ・・・・・・・・・・・・・・・・・・・・・ 557
- ガンマ関数 ・・・・・・・・・・・・・・・・・・・・・・・ 109
- 楕円関数 ・・・・・・・・・・・・・・・・・・・・・・・・・ 369
- ルジャンドル関数 ・・・・・・・・・・・・・・・・・ 683
- エルミート関数 ・・・・・・・・・・・・・・・・・・・ 44
- 球面調和関数 ・・・・・・・・・・・・・・・・・・・・・ 123
- 超幾何関数 ・・・・・・・・・・・・・・・・・・・・・・・ 399
- ラゲール関数 ・・・・・・・・・・・・・・・・・・・・・ 646

複素解析

- 1次分数変換 ・・・・・・・・・・・・・・・・・・・・・ 19
- 解析接続 ・・・・・・・・・・・・・・・・・・・・・・・・・ 58
- コーシーの積分公式 ・・・・・・・・・・・・・・ 199
- 最大値の原理 ・・・・・・・・・・・・・・・・・・・・・ 211
- 正則関数 (1変数) ・・・・・・・・・・・・・・・・・ 288
- 留　数 ・・・・・・・・・・・・・・・・・・・・・・・・・・・ 676
- 等角写像 ・・・・・・・・・・・・・・・・・・・・・・・・・ 420
- 複素多様体 ・・・・・・・・・・・・・・・・・・・・・・・ 510
- 有理型関数 (1変数) ・・・・・・・・・・・・・・・ 634
- リーマンの写像定理 ・・・・・・・・・・・・・・ 667
- リーマン面 ・・・・・・・・・・・・・・・・・・・・・・・ 669
- クライン群 ・・・・・・・・・・・・・・・・・・・・・・・ 154
- ケーラー多様体 ・・・・・・・・・・・・・・・・・・・ 187
- 正則関数 (多変数) ・・・・・・・・・・・・・・・・ 291
- タイヒミュラー空間 ・・・・・・・・・・・・・・ 365
- ネヴァンリンナ理論 ・・・・・・・・・・・・・・ 450
- 複素力学系 ・・・・・・・・・・・・・・・・・・・・・・・ 512
- カラビ–ヤウ多様体 ・・・・・・・・・・・・・・・ 93
- 擬凸領域 ・・・・・・・・・・・・・・・・・・・・・・・・・ 113
- 保型関数 ・・・・・・・・・・・・・・・・・・・・・・・・・ 577
- ホッジ分解 ・・・・・・・・・・・・・・・・・・・・・・・ 579

関数解析

- ベールのカテゴリー定理 ・・・・・・・・・・ 558
- ルベーグ空間 ・・・・・・・・・・・・・・・・・・・・・ 688
- ヒルベルト空間 ・・・・・・・・・・・・・・・・・・・ 493
- 線形位相空間 ・・・・・・・・・・・・・・・・・・・・・ 308
- コンパクト作用素 ・・・・・・・・・・・・・・・・ 206
- 作用素環 ・・・・・・・・・・・・・・・・・・・・・・・・・ 215
- 自己共役作用素 ・・・・・・・・・・・・・・・・・・・ 226
- スペクトル分解 ・・・・・・・・・・・・・・・・・・・ 286
- ソボレフ空間 ・・・・・・・・・・・・・・・・・・・・・ 340
- 超関数 ・・・・・・・・・・・・・・・・・・・・・・・・・・・ 395
- D–加群 ・・・・・・・・・・・・・・・・・・・・・・・・・ 410
- バナッハ環 ・・・・・・・・・・・・・・・・・・・・・・・ 465
- バナッハ空間と線形作用素 ・・・・・・・・ 467
- 不動点定理 ・・・・・・・・・・・・・・・・・・・・・・・ 520
- 連続関数環 ・・・・・・・・・・・・・・・・・・・・・・・ 696
- 作用素の半群 ・・・・・・・・・・・・・・・・・・・・・ 217
- フレッシェ微分 ・・・・・・・・・・・・・・・・・・・ 535
- 補　間 ・・・・・・・・・・・・・・・・・・・・・・・・・・・ 573

微分方程式

- 常微分方程式 ・・・・・・・・・・・・・・・・・・・・・ 254
- 線形常微分方程式 ・・・・・・・・・・・・・・・・ 314
- 特異積分 ・・・・・・・・・・・・・・・・・・・・・・・・・ 425
- 1階偏微分方程式 ・・・・・・・・・・・・・・・・・ 23
- 解析力学 ・・・・・・・・・・・・・・・・・・・・・・・・・ 60
- 積分方程式 ・・・・・・・・・・・・・・・・・・・・・・・ 297
- 双曲型偏微分方程式 ・・・・・・・・・・・・・・ 327
- 熱方程式 ・・・・・・・・・・・・・・・・・・・・・・・・・ 457
- 波動方程式 ・・・・・・・・・・・・・・・・・・・・・・・ 464
- ラプラス方程式 ・・・・・・・・・・・・・・・・・・・ 649
- コーシー–コワレフスキーの定理 ・・ 198
- 固有関数展開 ・・・・・・・・・・・・・・・・・・・・・ 202
- シュレーディンガー方程式 ・・・・・・・・ 247
- 楕円型方程式 ・・・・・・・・・・・・・・・・・・・・・ 367
- ポアソン方程式 ・・・・・・・・・・・・・・・・・・・ 565
- 放物型方程式 ・・・・・・・・・・・・・・・・・・・・・ 571
- 力学系 ・・・・・・・・・・・・・・・・・・・・・・・・・・・ 657
- アインシュタイン方程式 ・・・・・・・・・・ 1
- オイラー方程式 ・・・・・・・・・・・・・・・・・・・ 56
- 擬微分作用素 ・・・・・・・・・・・・・・・・・・・・・ 115
- KdV 方程式 ・・・・・・・・・・・・・・・・・・・・・・ 178
- ナヴィエ–ストークス方程式 ・・・・・・・ 444
- 粘性解 ・・・・・・・・・・・・・・・・・・・・・・・・・・・ 458
- 反応拡散方程式 ・・・・・・・・・・・・・・・・・・・ 471

非線形シュレーディンガー方程式	476
非線形楕円型方程式	477
非線形波動方程式	479
ボルツマン方程式	595
マクスウェル方程式	597
力学系の安定性と分岐	659

確率論

確率と確率モデル	76
確率過程	73
確率分布	81
確率変数	83
確率変数列の収束	85
加法過程，レヴィ過程	90
大数の法則	362
中心極限定理	391
ブラウン運動	525
ポアソンの小数の法則	563
ランダムウォーク	652
伊藤の表現定理	25
エルゴード理論	39
ガウス過程，定常過程	63
拡散過程	71
確率積分	74
確率微分方程式	79
条件付き期待値	253
ディリクレ形式	413
分枝過程	543

待ち行列	599
マリアバン解析	601
マルコフ過程	604
マルチンゲール	606

応用数理

最小二乗法	210
補間公式	575
数値積分	273
スプライン関数	283
ニュートン法	448
線形計画法	312
グラフ理論	158
ゲーム理論	184
高速フーリエ変換	192
直交多項式	403
有限要素法	632
乱数	651
暗号	8
エントロピー	50
符号	515

トピック

4色問題	642
ミレニアム懸賞問題	609
ヒルベルトの問題	497

アインシュタイン方程式

Einstein's equation

アインシュタインは 1915 年 11 月 25 日に,一般相対論に基づいて導いた重力場方程式を発表した. 一般相対論は,任意の慣性系で物理法則が同じ形をとることを要請する特殊相対性原理を任意の座標系に一般化した一般相対性原理と,重力質量と慣性質量が等しいという事実に基づいて,重力と慣性力が等価であるとする等価原理からなる. 平坦な時空をもつミンコフスキー空間に対して,曲がった時空 (リーマン空間) の不変線要素は

$$ds^2 = g_{\mu\nu}dx^\mu dx^\nu$$

によって与えられる. $g_{\mu\nu}$ を計量テンソルと呼ぶ. アインシュタインが発見した重力場方程式

$$R_{\mu\nu} = \kappa \left(T_{\mu\nu} - \frac{1}{2}g_{\mu\nu}T\right)$$

は物質や電磁場がもつエネルギー運動量テンソル $T_{\mu\nu}$ (エネルギー密度 T_{00}, エネルギー流束密度 T_{i0}, 運動量密度 T_{0j} および運動量流束密度 T_{ij} を表す) が計量テンソル $g_{\mu\nu}$ を決める形をしている. ここで $T = g^{\mu\nu}T_{\mu\nu} = T^\mu{}_\mu$, κ は定数である. $R_{\mu\nu}$ はリーマン-クリストフェルの曲率テンソル

$$R^\kappa{}_{\mu\lambda\nu} = \partial_\lambda \left\{{\kappa \atop \mu\nu}\right\} - \partial_\nu \left\{{\kappa \atop \mu\lambda}\right\} + \left\{{\kappa \atop \rho\lambda}\right\}\left\{{\rho \atop \mu\nu}\right\} - \left\{{\kappa \atop \rho\nu}\right\}\left\{{\rho \atop \mu\lambda}\right\}$$

を縮約したリッチテンソル

$$R_{\mu\nu} = R^\lambda{}_{\mu\lambda\nu}$$

である. 3 指標記号

$$\left\{{\lambda \atop \mu\nu}\right\} = \tfrac{1}{2}g^{\kappa\lambda}(\partial_\nu g_{\mu\kappa} + \partial_\mu g_{\nu\kappa} - \partial_\kappa g_{\mu\nu})$$

は第 2 種のクリストフェル記号である.

アインシュタイン方程式の両辺の縮約をとると曲率スカラー

$$R = g^{\mu\nu}R_{\mu\nu} = R^\mu{}_\mu$$

が $R = -\kappa T$ (ノルドストレムのスカラー理論に対応) を満たすからアインシュタインテンソル

$$G_{\mu\nu} = R_{\mu\nu} - \tfrac{1}{2}g_{\mu\nu}R$$

を用いてアインシュタイン方程式を

$$G_{\mu\nu} = \kappa T_{\mu\nu}$$

と書くこともできる. アインシュタインより 5 日早く重力場方程式に到達したヒルベルトの論文にある方程式である. ヒルベルトは一般相対論に基づいて変分法により重力場方程式を導いた. ネーターはヒルベルトの要請で一般相対論におけるエネルギー保存則の問題を考察する過程で対称性と保存則の関係を与える普遍的なネーターの定理を発見した. 一般相対論ではリーマン-クリストフェルの曲率テンソルに対してビアンキ恒等式

$$\nabla_\lambda R^\kappa{}_{\mu\nu\rho} + \nabla_\nu R^\kappa{}_{\mu\rho\lambda} + \nabla_\rho R^\kappa{}_{\mu\lambda\nu} = 0$$

が成り立つ. ここで ∇ は共変微分演算子を表す. この恒等式を用いると

$$\nabla_\mu G^{\mu\nu} = 0$$

が成り立つからアインシュタイン方程式より

$$\nabla_\mu T^{\mu\nu} = 0$$

が得られる. これがアインシュタイン方程式のエネルギー運動量保存則 (物質と重力場の間のエネルギー運動量交換) を表している. 重力場に対しては一般座標変換のもとでのエネルギー運動量テンソル密度を定義できない.

弱い重力場に対して,計量テンソルをミンコフスキー計量 $\eta_{\mu\nu}$ からのずれ

$$g_{\mu\nu} = \eta_{\mu\nu} + h_{\mu\nu}$$

の形において,アインシュタイン方程式を $h_{\mu\nu}$ の 1 次までにとどめる線形化を行うと

$$-\Box^2 \bar{h}_{\mu\nu} + \partial^\lambda(\partial_\nu \bar{h}_{\mu\lambda} + \partial_\mu \bar{h}_{\nu\lambda} - \eta_{\mu\nu}\partial^\kappa \bar{h}_{\kappa\lambda})$$
$$= 2\kappa T_{\mu\nu}$$

になる. ここで

$$\bar{h}_{\mu\nu} = h_{\mu\nu} - \tfrac{1}{2}\eta_{\mu\nu}h, \qquad h = h^\lambda{}_\lambda$$

を定義した. 線形化したアインシュタイン方程式は任意のベクトル関数 Λ_μ によって

$$h'_{\mu\nu} = h_{\mu\nu} - \partial_\nu \Lambda_\mu - \partial_\mu \Lambda_\nu$$

のように変換 (座標変換 $x'^\mu = x^\mu + \Lambda^\mu$ に対応) しても形を変えない性質をもっているので電磁場のローレンス条件に相当するヒルベルト条件

$$\partial^\lambda \bar{h}_{\mu\lambda} = 0$$

を選ぶと

$$\Box^2 \bar{h}_{\mu\nu} = -2\kappa T_{\mu\nu}$$

が得られる. アインシュタインは 1918 年にこの方程式に基づいて重力波を予言した. 真空中の重力場は質量のないスピン $2\hbar$ の場で, 解

$$\bar{h}_{\mu\nu}(t,\mathbf{x}) = \frac{\kappa}{2\pi}\int \frac{d^3x'}{|\mathbf{x}-\mathbf{x}'|} T_{\mu\nu}\left(t-\frac{|\mathbf{x}-\mathbf{x}'|}{c},\mathbf{x}'\right)$$

のように，物質が源となって，電磁波と同じように光速度 c で拡がっていく波動である．

定数 κ はニュートンの重力理論との比較によって決まる．質量密度 ρ をもつ静止物体のエネルギー運動量テンソルは $T_{00}=c^2\rho$ のみが 0 とは異なる．$\bar{h}_{11}=\bar{h}_{22}=\bar{h}_{33}=0$，すなわち $\bar{h}=\bar{h}^\lambda{}_\lambda=-\bar{h}_{00}$ となるから $h_{00}=\bar{h}_{00}-\frac{1}{2}\eta_{00}\bar{h}=\frac{1}{2}\bar{h}_{00}$ が得られる．したがって h_{00} はポアソン方程式

$$\nabla^2 h_{00} = -\kappa c^2\rho$$

を満たす．弱い重力場中での質点の運動方程式 $\frac{d^2\mathbf{z}}{dt^2}=\frac{c^2}{2}\boldsymbol{\nabla}h_{00}$ とニュートン方程式 $\frac{d^2\mathbf{z}}{dt^2}=-\boldsymbol{\nabla}\Phi$ との比較から重力ポテンシャル Φ との間に

$$h_{00}=-\frac{2}{c^2}\Phi$$

の関係が成り立つのでポアソン方程式は

$$\nabla^2\Phi = \tfrac{1}{2}\kappa c^4\rho$$

に帰着する．重力定数を G としニュートン理論 $\nabla^2\Phi=4\pi G\rho$ と比較して

$$\kappa = \frac{8\pi G}{c^4}$$

が得られる．

質量 M，電荷 Q をもつ静止した粒子について重力場方程式を解くとライスナー–ノルドストレム計量

$$ds^2 = -c^2\left(1-\frac{2m}{r}+\frac{q^2}{r^2}\right)dt^2$$
$$+\frac{dr^2}{1-\frac{2m}{r}+\frac{q^2}{r^2}}+r^2(d\theta^2+\sin^2\theta d\varphi^2)$$

が得られる．ここで

$$m=\frac{GM}{c^2},\qquad q^2=\frac{GQ^2}{4\pi\epsilon_0 c^4}$$

とおいた．電荷がない場合はシュヴァルツシルト計量

$$ds^2 = -c^2\left(1-\frac{2m}{r}\right)dt^2$$
$$+\frac{dr^2}{1-\frac{2m}{r}}+r^2(d\theta^2+\sin^2\theta d\varphi^2)$$

になる．

太陽の重力場内を通過する光は進行方向を曲げる．太陽の中心と光線の間の距離を b とし，シュヴァルツシルトの解を用いて屈折角を計算すると

$$\theta = \frac{4m}{b}=\frac{4GM}{c^2 b}$$

になる．b として太陽の半径をとると $\theta\approx 1.75''$ である．これがアインシュタインの予言値である．ゾルドナー (1801) やアインシュタイン自身 (1911) が光を粒子とみなして計算した屈折角のちょうど 2 倍だった (キャヴェンディシュの 1784 年頃の未発表の計算も同じ結果だった)．1919 年にエディントンの率いる英国観測隊が得た屈折角は $(1.98\pm 0.12)''$ と $(1.61\pm 0.30)''$ でその平均値はアインシュタインの予言値に近いものだった．

アインシュタインは 1917 年の論文において，一様な宇宙を定常的に存在させるために，重力場方程式にいわゆる宇宙項を導入し

$$R_{\mu\nu}-\Lambda g_{\mu\nu} = \kappa\left(T_{\mu\nu}-\frac{1}{2}g_{\mu\nu}T\right)$$

を考えた．Λ が宇宙定数である．1919 年の論文では同等の

$$G_{\mu\nu}+\Lambda g_{\mu\nu} = \kappa T_{\mu\nu}$$

に書き直している．フリードマンはこの方程式を用いて 1922 年に一様な宇宙が膨張する可能性を示した．フリードマンは一様な質量密度 ρ を仮定しアインシュタインと同じ正曲率の計量

$$ds^2 = -c^2 dt^2$$
$$+a^2\{d\chi^2+\sin^2\chi(d\theta^2+\sin^2\theta d\varphi^2)\}$$

を用いたが a は宇宙項の有無にかかわらず時間 t に依存し，フリードマン方程式

$$\left(\frac{1}{a}\frac{da}{dt}\right)^2+\frac{2}{a}\frac{d^2a}{dt^2}+\frac{kc^2}{a^2}-\Lambda = 0$$
$$3\left(\frac{1}{a}\frac{da}{dt}\right)^2+\frac{3kc^2}{a^2}-\Lambda = \kappa c^2\rho$$

を満たす ($k=1$)．彼は 1924 年には負曲率をもつ計量 ($\sin^2\chi$ を $\sinh^2\chi$ でおきかえた計量．$k=-1$) でも時間に依存する a を見つけた．フリードマン宇宙は，正曲率では膨張収縮を繰り返し，負曲率では膨張し続ける． 〔太 田 浩 一〕

参 考 文 献

[1] 太田浩一：電磁気学の基礎 II, 東京大学出版会, 2012.
[2] 太田浩一：マクスウェル理論の基礎, 東京大学出版会, 2002.
[3] 太田浩一：マクスウェルの渦 アインシュタインの時計, 東京大学出版会, 2005.

アティヤー–シンガーの指数定理

Atiyah–Singer index theorem

バナッハ空間の間の有界線形作用素 $T\colon V_0 \to V_1$ は，像が閉で核と余核が有限次元になるとき，フレドホルム作用素 (Fredholm operator) と呼ばれる．このとき $\operatorname{ind} T = \dim \operatorname{Ker} T - \dim \operatorname{Coker} T$ を T の指数と呼ぶ．アティヤー–シンガーの指数定理は多様体 M 上の関数空間に作用するフレドホルム作用素 $T\colon V_0 \to V_1$ の指数を M および T の定める位相的なデータで表す定理である．多様体上の幾何と解析を結びつけるこの定理は，20世紀の大域解析の最高峰の一つで，その後の多様体上での非線形解析の基礎となっている．

1 K群

コンパクトハウスドルフ空間 X に対して $K(X)$ を $\{E - F \mid E, F \text{ は } X \text{ 上の複素ベクトル束}\}/\sim$ により定め，X の **K群** (K-group) と呼ぶ．ただし $E - F \sim E' - F'$ とは X 上の複素ベクトル束 G が存在して $E \oplus F' \oplus G$ と $E' \oplus F \oplus G$ が同型になることである．$K(X)$ は直和とテンソル積から誘導される演算に関して可換環となる．非コンパクトな局所コンパクトハウスドルフ空間 X に対して，X の1点コンパクト化を $X^+ = X \cup \{p_\infty\}$ とするとき，$K(X) = K(X^+, \{p_\infty\})$ と定める．

2 指数定理の定式化

E_0, E_1 を n 次元閉多様体 M 上の複素ベクトル束とする．$D\colon \Gamma(E_0) \to \Gamma(E_1)$ を r 階線形微分作用素とする．$\pi\colon T^*M \to M$ を自然な射影，$\sigma(D) \in \Gamma(\operatorname{Hom}(\pi^*E_0, \pi^*E_1))$ を **主表象** (principal symbol) とする．任意の $\xi \in T^*M, \xi \neq 0$ に対して，$\sigma(D)_\xi \in \operatorname{Hom}((\pi^*E_0)_\xi, (\pi^*E_1)_\xi)$ が同型写像であるとき，D は 楕円型 (elliptic) であるという．このとき，$\Gamma(E_0), \Gamma(E_1)$ を適当なソボレフノルムにより完備化すると，D はフレドホルム作用素となり，その指数 $\operatorname{ind} D$ が定義される．

一方，自然な同一視 $K(T^*M) \cong K(TM)$ の下で，三つ組 $(\pi^*E_0, \pi^*E_1, \sigma(D))$ は $[\sigma(D)] \in K(TM)$ を定める．このとき，次が成り立つ．

アティヤー–シンガーの指数定理

$$\operatorname{ind} D = (-1)^n \langle \operatorname{ch}([\sigma(D)]) \operatorname{td}(TM \otimes \boldsymbol{C}), [TM] \rangle$$

ここで TM の向きは自然な概複素構造により定める．また $\operatorname{ch}\colon K(TM) \to H^*_c(TM; \boldsymbol{Q})$ は複素直線束 L に対して $\operatorname{ch}([L]) = e^{c_1(L)}$ を満たす環準同型写像で チャーン指標 (Chern character) と呼ばれる．$\operatorname{td}\colon K(M) \to H^*(M; \boldsymbol{Q})$ は，複素直線束 L に対して $\operatorname{td}([L]) = x/(1-e^{-x})|_{x = c_1(L)}$ かつ $\operatorname{td}(E \oplus F) = \operatorname{td}(E)\operatorname{td}(F)$ を満たす特性類で トッド類 (Todd class) と呼ばれる．

3 楕円型複体

$E_0, E_1, \ldots, E_m$ を n 次元閉多様体 M 上の複素ベクトル束とする．$D_k\colon \Gamma(E_{k-1}) \to \Gamma(E_k)$ を r 階線形微分作用素で $D_k \circ D_{k-1} = 0$ $(k = 1, \ldots, m)$ とする．任意の $\xi \in T^*M, \xi \neq 0$ に対して，$0 \to (\pi^*E_0)_\xi \xrightarrow{\sigma(D_1)_\xi} (\pi^*E_1)_\xi \xrightarrow{\sigma(D_2)_\xi} \cdots \xrightarrow{\sigma(D_m)_\xi} (\pi^*E_m)_\xi \to 0$ が完全系列であるとき，$\mathcal{D} = \{D_k\}$ を 楕円型複体 (elliptic complex) と呼ぶ．このとき $H^k(\mathcal{D}) = \operatorname{Ker} D_{k+1}/\operatorname{Im} D_k$ は有限次元となり，$\operatorname{ind} \mathcal{D} = \sum_{k=0}^m (-1)^k \dim H^k(\mathcal{D})$ を $\mathcal{D}$ の指数と呼ぶ．M にリーマン計量，各 E_k にエルミート計量を与えると，D_k の形式的共役 D_k^* が定義される．このとき $E_{even} = \bigoplus_j E_{2j}$, $E_{odd} = \bigoplus_j E_{2j+1}$ とすると $\hat{D} = \sum_j (D_{2j}^* + D_{2j+1})\colon \Gamma(E_{even}) \to \Gamma(E_{odd})$ は楕円型微分作用素で，$\operatorname{ind} \mathcal{D} = \operatorname{ind} \hat{D}$ を満たす．このように楕円型複体の指数はアティヤー–シンガーの指数定理により計算される．

4 例

4.1 ガウス–ボンネ (Gauss–Bonnet) の定理

閉多様体 M のド・ラム複体は楕円型複体であり，その指数は M のオイラー数 $e(M)$ である．これに指数定理を適用すると，$e(M) = \langle e(TM), [M] \rangle$ を得る．ただし $e(TM)$ は M の接束のオイラー類である．

4.2 リーマン–ロッホ–ヒルツェブルフ (Riemann–Roch–Hirzebruch) の定理

閉複素多様体 M 上の正則ベクトル V を係数とする Dolbeault 複体は楕円型複体であり，その指数は $\langle td(T'M)ch(V), [M]\rangle$ で与えられる．ただし $T'M$ は M の正則接束である．

4.3 符号数定理 (signature theorem)

M を向き付けられた閉 $4l$ 次元多様体とする．M の符号数 $\text{sign}\,M$ とは，交叉形式 $H^{2l}(M) \times H^{2l}(M) \to \mathbf{R}$ の正定値な極大な部分空間の次元から，負定値な極大な部分空間の次元をひいたものである．$\text{sign}\,M$ は，ある 1 階の楕円型微分作用素の指数として表され，$\text{sign}\,M = \langle \mathcal{L}(TM), [M]\rangle$ が成り立つ．ただし $\mathcal{L}$ は，複素直線束 L に対して $\mathcal{L}(L) = x/\tanh x|_{x=c_1(L)}$ かつ $\mathcal{L}(E\oplus F) = \mathcal{L}(E)\mathcal{L}(F)$ を満たす特性類である．

4.4 ディラック作用素 (Dirac operator)

M を向き付けられた閉 n 次元リーマン多様体とする．このとき TM の枠束 P_{SO} は $SO(n)$–束となる．$Spin(n)$ は $SO(n)$ の 2 重被覆であるが，P_{SO} の $Spin(n)$–束への持ち上げ P_{Spin} を スピン構造 (spin structure) という．$\rho: Spin(n) \to End(\Delta)$ をスピン表現とするとき，ベクトル束 $S = P_{Spin} \times_\rho \Delta$ を スピノル束 (spinor bundle) という．このとき，ディラック作用素 (Dirac operator) と呼ばれる 1 階の自己共役楕円型微分作用素 $\hat{D}: \Gamma(S) \to \Gamma(S)$ が定義される．

n が偶数のとき，$\mathbf{Z}_2$–次数 $S = S_+ \oplus S_-$ をもち，$\hat{D}_+: \Gamma(S_+) \to \Gamma(S_-)$ が得られる．このとき，$\text{ind}\,\hat{D}_+ = \langle \hat{A}(TM), [M]\rangle$ が成り立つ．ただし $\hat{A}$ は，複素直線束 L に対して $\hat{A}(L) = x/2\sinh\frac{x}{2}|_{x=c_1(L)}$ かつ $\hat{A}(E \oplus F) = \hat{A}(E)\hat{A}(F)$ を満たす特性類である．

5 指数定理の拡張

コンパクトリー群 G が閉多様体 M に作用しており，この作用は M 上の複素ベクトル束 E_0, E_1 に持ち上がるとする．$R(G)$ を G の表現環とするとき，G–同変な楕円型微分作用素 $D: \Gamma(E_0) \to \Gamma(E_1)$ の同変指数 $\text{ind}\,D = \text{Ker}\,D - \text{Coker}\,D \in R(G)$ が定義される．指数定理はこのような群作用のある場合に拡張されている．

$\pi: X \to B$ を閉多様体 B を底空間，閉多様体 M をファイバーとするファイバー束，$b \in B$ のファイバーを M_b とする．M_b 上の楕円型微分作用素 D_b が $b \in B$ について連続に変化するとき，族の指数 $\text{ind}\{D_b\} \in K(B)$ が定義されるが，これを位相的なデータで表す族の指数定理がある．

6 熱核と指数定理

E_0, E_1 を n 次元閉リーマン多様体 M 上のエルミート計量をもった複素ベクトル束とする．$D: \Gamma(E_0) \to \Gamma(E_1)$ を r 階楕円型微分作用素，D^* をその形式的共役とするとき，$t > 0$ に対し $\text{ind}\,D = \text{tr}(e^{-tD^*D}) - \text{tr}(e^{-tDD^*})$ が成り立つ．

一方，$P = D^*D$ あるいは DD^* とするとき，e^{-tP} ($t > 0$) は熱核による表示
$$(e^{-tP}s)(x) = \int_M K_P(t,x,y)s(y)dy$$
をもつ．このとき
$$\text{tr}(e^{-tP}) = \int_M \text{tr}K_P(t,x,x)dx$$
である．また，$t \to 0$ における漸近展開
$$\text{tr}K_P(t,x,x) \sim \sum_{i \geqq -n} t^{\frac{i}{2r}} \mu_P^i(x)$$
が存在する．$\mu^0(x) = \mu_{D^*D}^0(x) - \mu_{DD^*}^0(x)$ とおくとき，$\text{ind}\,D = \int_M \mu^0(x)dx$ が成り立つ．D がディラック型の作用素の場合には，$\mu^0(x)$ はそれぞれの特性類に対応した微分形式で，レビ・チビタ接続や，ベクトル束の接続の曲率形式を用いて表される．指数定理は，この 局所指数定理 (local index theorem) としての定式化により，境界付き多様体に拡張される．この場合には，境界上の楕円型微分作用素の固有値を用いて表されるエータ不変量が修正項として現れる．　　　[今野　宏]

参 考 文 献

[1] 古田幹雄：指数定理，岩波書店，2008．
[2] 吉田朋好：ディラック作用素の指数定理，共立出版，1998．
[3] N. Berline, E. Getzler, M. Vergne: *Heat Kernels and Dirac Operators*, Springer, 1992．

アーベル多様体

abelian variety

楕円曲線を高次元化したものがアーベル多様体である．種数が 1 の代数曲線が楕円曲線であるが，種数 g が 2 以上の代数曲線に対しては，ヤコビ多様体と呼ばれる g 次元のアーベル多様体が付随する．

1 アーベル多様体とヤコビ多様体

なめらかな射影的代数多様体 A が以下に述べるような代数群の構造をもつときアーベル多様体 (abelian variety) と呼ぶ．二つの射 $m : A \times A \to A$ (かけ算) と $i : A \to A$ (逆元)，および点 $e \in A$ (単位元) が与えられ，以下の条件を満たす: $m(m(x, y), z) = m(x, m(y, z))$ (結合則), $m(e, x) = m(x, e) = x$, $m(x, i(x)) = m(i(x), x) = e$.

このとき，演算は必然的に可換になるという著しい性質がある．そこで，演算は加法で表すのが普通である．

とくに，1 次元の場合には**楕円曲線** (elliptic curve) と呼ぶ．

もっとも典型的なアーベル多様体は代数曲線の**ヤコビ多様体** (Jacobian variety) である．なめらかな射影的代数曲線 C の上の因子全体の集合には線形同値によって同値関係が入る: 二つの因子が線形同値 $D \sim D'$ であるとは，有理関数 h が存在して $D - D' = \mathrm{div}(h)$ となることである．因子 $D = \sum_i d_i x_i$ ($x_i \in C$ は点) の次数を $d = \sum_i d_i$ で定義するとき，次数が 0 の因子全体の集合の線形同値類のなす集合 $J(C) = \mathrm{Pic}^0(C)$ は代数多様体の構造をもち，ヤコビ多様体と呼ばれる．C の種数が g ならば，$J(C)$ は g 次元のアーベル多様体になる．

C の点 e を任意に一つ固定し，点 $x \in C$ に因子 $x - e$ の同値類 $[x - e]$ を対応させれば，閉埋め込み射 $f : C \to J(C)$ が得られる．

ヤコビ多様体は後で述べる主偏極 Θ をもつ．トレリの定理 (Torelli's theorem) によれば，ヤコビ多様体とシータ因子の組 $(J(X), \Theta)$ から元の代数曲線 C が復元できる．

2 アーベル多様体の間の射

アーベル多様体は多くの幾何学的特殊性をもっている．たとえば，アーベル多様体は有理曲線をまったく含まない．これと関連して，なめらかな代数多様体からアーベル多様体への有理写像は必然的に射になってしまう．

アーベル多様体 A の平行移動 (translation) とは，任意に固定した点 $a \in A$ に対して，$T_a(\bullet) = a + \bullet$ によって定まる射 $T_a : A \to A$ であり，A の自己同型になる．単位元 e を固定する平行移動は，$a + e = e$ から $a = e$ がでるので，恒等射しかない．

平行移動を使うと，余接層が自明であることがわかる: $\Omega_A^1 \cong \mathcal{O}_A^d$. ここで，$d = \dim A$ である．したがって，任意の p に対して，$\Omega_A^p \cong \mathcal{O}_A^{\binom{d}{p}}$ である．

アーベル多様体の間の準同型射 $f : A \to B$ とは，代数多様体としての射であって群準同型にもなっているものである．このとき，像 $f(A)$ は再びアーベル多様体になり，誘導された射 $A \to f(A)$ は分離的であるならばなめらかな射になる．アーベル多様体の間の任意の射 $f : A \to B$ は，必然的に代数群としての準同型と平行移動の合成になってしまうというこれまた著しい性質がある．

同じ次元のアーベル多様体の間の全射を**同種射** (isogeny) と呼ぶ．たとえば，自然数 n に対して，$f_n(a) = na$ で与えられる $\boldsymbol{n}$ **倍写像** $f_n : A \to A$ は，次数が n^{2d} の同種射になる．f_n の核は $\boldsymbol{n}$ **分点** (n-torsion points) の群と呼ばれる．基礎体の標数と異なる素数 l をとるとき，l^n 分点全体のなす群の $n \to \infty$ としたときの逆極限は $(\boldsymbol{Q}_l/\boldsymbol{Z}_l)^{2d}$ と同型になる．

アーベル多様体 A 上の可逆層で構造層 $\mathcal{O}_A$ と代数的に同値なもの全体のなす集合 $\hat{A} = \mathrm{Pic}^0(A)$ は再びアーベル多様体の構造をもち，**双対アーベル多様体** (dual abelian variety) と呼ばれる．$\hat{A}$

の双対アーベル多様体はもとのアーベル多様体 A と自然に同型になる.

豊富因子 D を任意に固定すると, アーベル多様体の間の準同型射 $\phi_D: A \to \hat{A}$ が,
$$\phi_D(a) = \mathcal{O}_A(T_a^*D - D) \in \hat{A}$$
によって定義される. ϕ_D は全射準同型射で, 次数は $((D^d)/d!)^2$ になる. ここで, $d = \dim A$ であり, (D^d) は D の自己交点数である. とくに, D が後に述べる主偏極を与える場合には, ϕ_D は同型射になる.

3 複素トーラス

基礎体が複素数体である場合には, アーベル多様体は複素トーラスの構造をもつ. d 次元複素ベクトル空間 $L \cong \mathbf{C}^d$ と, その加法に関する部分群 N で階数 $2d$ の自由アーベル群と同型 $N \cong \mathbf{Z}^{2d}$ になっているものを考える. N は $2d$ 次元の実ベクトル空間としての L を生成していると仮定する. このとき, 商空間 $A = L/N$ にはコンパクト複素多様体の構造が自然に定まり, **複素トーラス** (complex torus) と呼ばれる. L の加法から誘導された演算により A は複素リー群になる. 逆に, 任意のコンパクト複素リー群は複素トーラスと同型になることが知られている. また, L の平坦計量から A のケーラー計量が誘導され, A はケーラー多様体になる.

複素トーラス A は実多様体としては円の直積 $(S^1)^{2d}$ と同相であるが, 複素多様体としての構造は埋め込み $N \to L$ に依存する. これを記述するのが**周期行列** (period matrix) と呼ばれる複素 $(d, 2d)$-行列 $P = (p_{ij})$ である. 有限生成自由アーベル群 N の基底 $\{e_1, \ldots, e_{2d}\}$ と, 複素ベクトル空間 L の基底 $\{v_1, \ldots, v_d\}$ をとるとき, 周期行列を式 $v_i = \sum_{j=1}^{2d} p_{ij}e_j$ によって定める. とくに, $v_i = e_i$ $(i = 1, \ldots, d)$ ととれば, d 次正則行列 T (これも周期行列と呼ぶ) を使って, $P = (I \ T)$ と書ける. こうして, d 次元複素トーラス全体の集合はアフィン空間 $\mathbf{C}^{d^2}$ の開集合でパラメータ表示できることがわかる.

次元が 1 の複素トーラスはつねに楕円曲線の構造をもつが, 一般次元の複素トーラスはアーベル多様体の構造をもつとは限らない. 後で述べるように, 周期行列が特殊な形をしているときに限って, 複素トーラスがアーベル多様体の構造をもつことが知られている. 複素トーラスがアーベル多様体の構造をもつことと, 代数多様体になることとは同値になる.

4 偏極

アーベル多様体はつねに射影多様体になり, 豊富因子をもつ. 豊富因子の数値的同値類を**偏極** (polarization) と呼ぶ. 豊富因子 D に対応する可逆層 $\mathcal{O}_A(D)$ に対して, 大域切断全体のなすベクトル空間の次元は以下の公式で与えられる: $\dim H^0(A, \mathcal{O}_A(D)) = (D^d)/d!$. とくに, $(D^d) = d!$ のとき, 数値的同値類 $[D]$ は**主偏極** (principal polarization) と呼ばれる. このときには, $\dim H^0(A, \mathcal{O}_A(D)) = 1$ となるので, 因子 $\Theta \in |D|$ がただ一つ定まる. これを**シータ (テータ) 因子** (theta divisor) と呼ぶ.

以下では, 基礎体は $\mathbf{C}$ とし, $[D]$ をアーベル多様体 A の主偏極とする. このとき, $A = \mathbf{C}^d/N$, $N = \mathbf{Z}^d + T\mathbf{Z}^d$ と表せる. ここで T は周期行列である. 無限和で表示される $\mathbf{C}^d$ 上の正則関数
$$\theta(\vec{z}) = \sum_{\vec{m} \in \mathbf{Z}^d} \exp(\pi\sqrt{-1}(\vec{m}T^t\vec{m} + 2\vec{m}^t\vec{z}))$$
は, A 上の可逆層 $\mathcal{O}_A(D)$ の大域切断を与え, $H^0(A, \mathcal{O}_A(D))$ の生成元になる. これを**リーマン** (Riemann) の**シータ (テータ) 関数** (theta function) と呼ぶ. シータ関数の零点集合がシータ因子である.

N は $H_1(A, \mathbf{Z})$ と自然に同型であり, $[D]$ は $H^2(A, \mathbf{Z})$ の元を定める. $[D]$ に対応する N 上の反対称双一次形式の行列表示は
$$\begin{pmatrix} 0 & I \\ -I & 0 \end{pmatrix}$$
という形に標準化できる. このとき, 周期行列 T は以下のリーマンの関係式 (Riemann's relations) を満たす:

- T は対称行列である.
- 虚数部分 $\operatorname{Im}(T)$ は正定値である.

逆に，リーマンの関係式を満たす周期行列から主偏極アーベル多様体が復元される．リーマンの関係式を満たす d 次正方行列 T 全体のなす集合 $\mathcal{S}_d$ をジーゲル上半空間 (Siegel upper half space) と呼ぶ．たとえば $d=1$ の場合には，これは通常の上半空間である．ジーゲル上半空間の次元は $d(d+1)/2$ なので，アーベル多様体よりも複素トーラスのほうがはるかにたくさんあることがわかる．

$[D]$ の行列表示を変えないような N の基底変換全体はシンプレクティック群 $Sp(2d, \mathbf{Z})$ をなす．
$$g = \begin{pmatrix} A & B \\ C & D \end{pmatrix} \in Sp(2d, \mathbf{Z})$$
に対応する基底変換によって，周期行列は
$$g(T) = (AT+B)(CT+D)^{-1}$$
と変換される．したがって，主偏極アーベル多様体のモジュライ空間 (moduli space) は商空間 $\mathcal{A}_d = Sp(2d, \mathbf{Z}) \backslash \mathcal{S}_d$ で与えられることになる．

種数 g の代数曲線のモジュライ空間 $\mathcal{M}_g$ から g 次元の主偏極アーベル多様体のモジュライ空間 $\mathcal{A}_g$ への射 $P : \mathcal{M}_g \to \mathcal{A}_g$ が，代数曲線にそのヤコビ多様体を対応させることで得られる．P の像を特徴付ける問題をショットキー問題 (Schottky problem) と呼ぶ．その一つの解答は KP 方程式 (KP equation) と呼ばれる偏微分方程式系によって与えられることが証明されている．

5 アルバネーゼ写像

任意の代数多様体 X を与えたとき，アルバネーゼ写像 (Albanese map) と呼ばれるアーベル多様体への有理写像 $\alpha : X \dashrightarrow A$ が定まり，以下のような普遍性質を満たす：任意のもう一つのアーベル多様体への有理写像 $\beta : X \dashrightarrow B$ に対して，射 $f : A \to B$ がただ一つ存在して $\beta = f \circ \alpha$ となる．普遍性の帰結として，アルバネーゼ写像は双有理不変量であることがわかる．

たとえば，X がなめらかな射影的代数曲線の場合には，ヤコビ多様体への埋め込みがアルバネーゼ写像である．

基礎体が複素数体 $k = \mathbf{C}$ の場合には，アルバネーゼ写像は正則 1-形式の積分を使って以下のように構成できる．X をなめらかな射影的代数多様体とする．$L^* = H^0(X, \Omega_X^1)$ を正則 1 形式全体のなす複素ベクトル空間とし，$N = H_1(X, \mathbf{Z})$ を 1 次元ホモロジー群とする．X 上の閉曲線 γ に沿った積分 (周期積分 (period integral)) $\int_\gamma \bullet$ は，線形写像 $L^* \to \mathbf{C}$ を定める．この写像は γ のホモロジー類 $n = [\gamma] \in N$ のみに依存することが示され，これに双対線形空間の元 $h(n) \in L$ を対応させる写像 $h : N \to L$ は単射群準同型であることがわかる．こうして得られた複素トーラス $A = L/h(N)$ はアーベル多様体になることが証明される．

点 $x_0 \in X$ を任意に固定するとき，写像 $\alpha : X \to A$ が $\alpha(x) = \int_{x_0}^x \bullet$ によって定まる．積分の値は積分路のとり方に依存するが，不定性は閉曲線上の積分の分だけであるので，写像 α はきちんと定義され，アルバネーゼ写像になる．

なおこの構成は，X が一般のコンパクト・ケーラー多様体である場合にも拡張できる．ただしこの場合，アルバネーゼ写像の値域 A は一般の複素トーラスになる．

ヤコビ多様体の拡張として，代数多様体 X 上の可逆層で構造層 $\mathcal{O}_X$ と代数的に同値なもの全体のなす集合 $\mathrm{Pic}^0(X)$ に，代数多様体としての構造を入れたものをピカール多様体 (Picard variety) と呼ぶ．たとえば，X がアーベル多様体の場合には，そのピカール多様体は双対アーベル多様体である．$k = \mathbf{C}$ の場合には，アルバネーゼ写像による可逆層の引き戻しは，同型写像 $\alpha^* : \mathrm{Pic}^0(A) \to \mathrm{Pic}^0(X)$ を引き起こす．

アーベル多様体の小平次元は 0 である．基礎体の標数が 0 の場合には，小平次元が 0 であるような任意の代数多様体 X に対するアルバネーゼ写像は，つねに代数的ファイバー空間になることが証明できる．さらに，等式 $\dim H^0(X, \Omega_X^1) = \dim X$ が成り立てば，アルバネーゼ写像は双有理写像になることがわかる．これをアーベル多様体の**双有理的特徴づけ** (birational characterization) と呼ぶ．

［川又雄二郎］

暗　号

cryptography, cipher

　暗号は情報のセキュリティーを守るための基本技術である．通信文を平文 (plaintext) といい，この文を (暗号化の) 鍵 (key) と呼ばれる何らかの規則によって変換し，第三者には解読できないようにすることを暗号化 (encryption) という．暗号化された文を暗号文 (ciphertext) という．暗号文を平文に戻すための規則を (解読のための) 鍵 (key) という．受信者はこの鍵を有しており，送信者から送られてきた暗号文を鍵を用いて平文に戻す．

　代表的な暗号方式にシーザー暗号 (Caesar cipher) がある．これはアルファベットの文字を決まった数だけずらして用いる暗号である．ずらす文字数が鍵となる．商業用暗号としては，1977 年アメリカ商務省標準局が採用した **DES** (data encryption standard，データ暗号化標準) がある．これは，暗号化のアルゴリズムは公開するが暗号化のための鍵は公開しないタイプの暗号方式である．この暗号方式は実用として用いられたが，コンピュータの発達によって安全性の保証がなくなったため，**AES** (advanced encryption standard，高度暗号化標準) の公募がなされ，2001 年ベルギーの研究者が提案したラインドール (Rijndael) が次期商業用暗号システムとして採用された．

　以上の暗号は，暗号化の鍵と解読するための鍵を発信者と受信者が共有して用いる方式である．この方式の暗号を**秘密鍵暗号** (private-key cryptosystem) という．これに対し，1976 年ディフィー (W. Diffie) とヘルマン (M. Hellman) は，暗号化の鍵を公開しても，多数の人の中で不特定の 2 人が暗号通信を行うことができるという理論を発表した．これが**公開鍵暗号** (public-key cryptosystem) と呼ばれる暗号方式である．ここでは，たとえ強力なコンピューターを用いても，計算を完了するためには途方もない時間がかかり，したがって事実上解読できないという原理を用いる．ここで重要な役割を果たすのが落とし戸付き一方向性関数 (one-way function) $y = f(x)$ である．これは，x から y は容易に計算できるが，落とし戸と呼ばれる鍵を知らない限り y から x を計算することが事実上不可能な関数である．このような関数で現在知られているものに，離散対数の計算困難性に基づくものと素因数分解の難しさに基づくものがある．前者に基づく暗号にエルガマル暗号，クラマー–シャウプ (Cramer–Shoup) 暗号，後者に基づく暗号に RSA 暗号，ラビン (Rabin) 暗号，EPOC 暗号などがある．それぞれの典型として，RSA 暗号，エルガマル暗号を以下解説する．

1　RSA 暗号

　1978 年にリヴェスト (R. Rivest)，シャミア (A. Shamir)，アドルマン (L.N. Adleman) によって発表された．**RSA 暗号** (RSA cryptosystem) は，二つの大きな素数の積を素因数分解することが困難であることに基づく公開鍵暗号である．

　受信者 A は大きな素数 p, q を選び，$n = pq$ とおく．さらに，自然数 e で $ed \equiv 1 \pmod{(p-1)(q-1)}$ となる自然数 d が存在するものをランダムに選び，n, e を公開する．受信者 A は p, q, d を秘密鍵として秘匿しておく．

　発信者 B は受信者 A に平文 $M \in (\mathbf{Z}/n\mathbf{Z})$ を送信するために，M^e を n で割った余り c を計算し，暗号文 c を受信者 A に送信する．n の因数分解が困難であるため，第三者は d を計算できず，$c \equiv M^e \pmod{n}$ から M を復元できないが，受信者 A は n の因数分解を知っているため d を計算でき，$(M^e)^d \equiv M \pmod{n}$ によって，平文 M を復元できるのである．

2　エルガマル暗号

　p を素数とし，$\mathbf{Z}/p\mathbf{Z}$ の原始元 g を一つ選ぶ．つまり，g のべき乗が $\mathbf{Z}/p\mathbf{Z}$ の $\bar{0}$ 以外のすべての元を尽くすとする．このとき，g^n を p で割った余り r を計算し $\bar{r} \in \mathbf{Z}/p\mathbf{Z}$ を確定することは，コンピュータにとって容易な仕事である．しかし，逆に r から n を計算することは，p が巨大な素数の場合，コンピュータにとっても途方もなく時間のかか

る問題である．この問題を**離散対数問題** (discrete logarithm problem) という．

$$a \equiv g^r \pmod{p}, \ 1 \leq r \leq p-1$$

となるとき，r を a の**離散対数** (discrete logarithm) と呼び $\mathrm{ind}_g a = r$ と書く．$1 \leq a \leq p-1$ ならば，a の離散対数 r で $1 \leq r \leq p-1$ となるものがただ一つ決まる．

エルガマル (T. ElGamal) は，1985年，この離散対数を用いる暗号を発表した．これが**エルガマル暗号** (ElGamal cryptosystem) と呼ばれる公開鍵暗号である．

p を大きな素数，g を $\mathbf{Z}/p\mathbf{Z}$ の原始根とする．受信者 A は $1 \leq x \leq p-1$ なる整数 x をランダムに選び，秘密鍵とする．さらに，g^x を p で割った余り y を計算し公開する．

送信者 B は受信者 A に平文 $M \in \mathbf{Z}/p\mathbf{Z}$ ($M < p$) を送信するために，乱数 r を選ぶ．g^r を p で割った余り c_1 および $y^r M$ を p で割った余り c_2 を計算し，暗号文 (c_1, c_2) を受信者 A に送る．第三者は，離散対数を計算することが困難であることから，y から x を計算できないために暗号を解読できないが，受信者 A は $M \equiv c_2/c_1^x \pmod{p}$，$0 \leq M \leq p-1$ によって平文 M を復元できるのである．

3　楕円曲線暗号

1985年，コブリッツ (N. Koblitz) とミラー (V. Miller) は独立に，楕円曲線 (elliptic curve) がもつ演算の構造を用いて公開鍵暗号が構成できることを発見した．この暗号を**楕円曲線暗号** (elliptic curve cryptosystem) という．この方法では，乗法群の積の代わりに楕円曲線の加法を用いて暗号を構成する．普通の乗法を用いる場合と比較して，安全性を保ちつつ用いる素数の桁数を2桁程度下げることができる．

有限体上定義された楕円曲線 E の有理点 P が与えられたとき，P 自身を k 回加えることによって k 倍 kP が定義できる．P と kP から k を求める問題を**楕円離散対数問題** (elliptic curve discrete logarithm problem) という．この問題も計算がきわめて困難であり，楕円曲線の加法を用いることによりエルガマル暗号に類似の暗号を構成することができる (**楕円エルガマル暗号** (elliptic curve ElGamal cryptosystem))．しかし，楕円曲線が超特異である場合はヴェイユ対 (Weil pairing) を用いて通常の離散対数問題に帰着されること (MOV 帰着) (Menezes–岡本–Vanstone)[6]，また，$\mathbf{F}_p$ 上の通常楕円曲線で有理点の位数が p の場合 (アノマラス楕円曲線, anomalous elliptic curve) は多項式時間の問題に帰着されること (SSSA 法) (Semaev, Smart, 佐藤–荒木) などが示されている．楕円曲線を一般化した超楕円曲線のヤコビ多様体を用いる暗号も開発されているが，種数が5以上の場合には楕円曲線暗号の方が優れていることがゴードリー (Gaudry)[4] によって示されている．

所有している知識を漏らすことなく知っていることだけを証明する**零知識証明** (zero-knowledge proof)，ディジタル署名，電子投票，電子マネーなど，ネットワークが発達した現代において暗号の重要性は議論の余地がない[1]．しかし，量子コンピュータが発達すればここで述べた公開鍵暗号はすべて解読されてしまうことが知られており，さらに強力な量子暗号の研究も進められている．情報理論からの暗号の解説については数理情報科学事典[5] を参照されたい．　　　　　　　［桂　利行］

参 考 文 献

[1] 岡本龍明・山本博資：現代暗号，産業図書，1997.
[2] 辻井重男：暗号，講談社，1997.
[3] N. Koblitz：*Algebraic Aspects of Cryptography*, Springer–Verlag Berlin Heidelberg, 1998.
[4] P. Gaudry：An algorithm for solving the discrete log problem on hyperelliptic curves, *Advances in Cryptology– Eurocrypt 2000*, LNCS 1807, 19–34, 2000.
[5] 大矢雅則他編集：数理情報科学辞典，朝倉書店，1995.
[6] A. Menezes, T. Okamoto, S. Vanstone：Reducing elliptic curve logarithms to logarithms in a finite field, *IEEE Trans. on Information Theory*, IT–39, **5**, 1639–1646, 1993.

位相空間

topological spaces

実数直線や平面においては数列や点列の収束および極限の概念が自然に定義され，関数の連続性など解析学の基礎をなしている．これらの概念は適当な構造を与えることにより一般の集合へ拡張していくことができ，解析学で用いられる理論を広く展開していくことができる．その構造を位相 (topology) といい，集合に一つの位相を定めることを位相を導入するという．位相の "位" と "相" は，ロシアの数学者アレクサンドロフの論文 (1928) の題名 "Gestalt und Lage" (形態と位置) に由来する．

1 位相の定義
1.1 定義

集合 X において，X の部分集合の族 $\mathcal{T}$ が，

(O1) $X, \emptyset \in \mathcal{T}$;

(O2) $O_1, O_2, \ldots, O_n \in \mathcal{T}$ ならば
$$O_1 \cap O_2 \cap \cdots \cap O_n \in \mathcal{T};$$

(O3) $O_\lambda \in \mathcal{T}, \lambda \in \Lambda$, ならば $\bigcup_{\lambda \in \Lambda} O_\lambda \in \mathcal{T}$

という条件を満たすとき，$\mathcal{T}$ を X の位相 (topology) という．一つの位相 $\mathcal{T}$ が定められた集合を**位相空間** (topological space) と呼び，$(X, \mathcal{T})$ または $\mathcal{T}$ を省略し単に X と表す．$\mathcal{T}$ に属する X の部分集合をこの位相空間の**開集合** (open set) という．このとき $\mathcal{T}$ を $(X, \mathcal{T})$ の**開集合系**, (O1)–(O3) を**開集合の公理**という．

位相空間 $(X, \mathcal{T})$ において，補集合 $X \setminus K$ が開集合である X の部分集合 K を位相空間 $(X, \mathcal{T})$ の**閉集合** (closed set) という．X の閉集合全体の集合を $\mathcal{C}$ と表すとド モルガンの法則と開集合の公理から次の 3 条件が導かれる．$\mathcal{C}$ を X の**閉集合系**と呼ぶ．

(C1) $X, \emptyset \in \mathcal{C}$;

(C2) $K_1, K_2, \ldots, K_n \in \mathcal{C}$ ならば，
$$K_1 \cup K_2 \cup \cdots \cup K_n \in \mathcal{C};$$

(C3) $K_\lambda \in \mathcal{C}, \lambda \in \Lambda$, ならば $\bigcap_{\lambda \in \Lambda} K_\lambda \in \mathcal{C}$.

1.2 位相の例
a. 離散位相と密着位相

集合 X のすべての部分集合全体からなる族を $\mathcal{T}$ とすると開集合の公理を満たす．これを**離散位相**，位相空間 $(X, \mathcal{T})$ を**離散空間**と呼ぶ．離散空間ではすべての集合が開かつ閉集合である．

集合 X について，$\mathcal{T} = \{\emptyset, X\}$ は開集合の公理を満たす．これを**密着位相**，位相空間 $(X, \mathcal{T})$ を**密着空間**と呼ぶ．密着空間では開集合と閉集合はともに $X, \emptyset$ だけである．

b. 距離位相

距離空間 (X, d) とする．部分集合 A で任意の点 $x \in A$ に対し $U(x, \varepsilon) \subset O$ である $\varepsilon > 0$ が存在するものを開集合という．これらの開集合全体の集合を $\mathcal{T}(d)$ と定義すると開集合の公理を満たす．これを**距離 d が導く距離位相**と呼ぶ．この意味で距離空間は位相空間である．とくに，ユークリッド空間 $\boldsymbol{R}^n$ の距離関数から導かれる位相を**ユークリッド位相**または**通常の位相**という．

c. 位相の強弱

一つの集合に幾通りもの位相を導入することができる．集合 X の二つの位相 $\mathcal{T}_1, \mathcal{T}_2$ に対し，集合として $\mathcal{T}_1 \subset \mathcal{T}_2$ であるとき，位相 $\mathcal{T}_2$ は $\mathcal{T}_1$ より**強い**または**細かい**，$\mathcal{T}_1$ は $\mathcal{T}_2$ より**弱い**または**粗い**という．集合 X において，離散位相はどんな位相よりも強く，密着位相はどんな位相よりも弱い．

1.3 位相の導入－近傍系と基底

集合 X へ位相を導入するには，位相の条件を満たす開集合をすべて指定すればよいが，それは X が有限集合である場合や簡単な位相の導入以外には難しい．ここでは近傍系から定める方法と基底の概念を用いる方法を紹介する．このほかに収束の概念の公理化から部分集合にその閉包を対応させる方法などがあるがここでは省略する．

a. 近傍系と近傍空間

開集合の公理だけをみると集合で「近さを測る」という感覚をもつことは難しい．ここで距離空間の ε 近傍のもつ性質を抽象化して得られる近傍系の概念を導入する．集合 X の各元 x に対して，X の部分集合の空でない族 $\mathcal{U}(x)$ が定められ次の条件が満たされるとき，$\mathcal{U} = \{\mathcal{U}(x) : x \in X\}$ を X

の近傍系, $\mathcal{U}(x)$ に属する一つ一つの集合を x の近傍 (neighborhood), $\mathcal{U}(x)$ を x の近傍系という.
(N1) 任意の $U \in \mathcal{U}(x)$ に対して, $x \in U$;
(N2) $U_1, U_2 \in \mathcal{U}(x)$ ならば, $U_3 \subset U_1 \cap U_2$ を満たす $U_3 \in \mathcal{U}(x)$ が存在する;
(N3) $U \in \mathcal{U}(x), y \in U$ ならば, $V \subset U$ を満たす $V \in \mathcal{U}(y)$ が存在する.

(N1)–(N3) を近傍系の公理という. $\mathcal{U}$ を集合 X の近傍系とするとき, X の部分集合 A について, $x \in A$ ならば, $U \subset A$ を満たす $U \in \mathcal{U}(x)$ が存在するという条件を満たすとき, A を近傍系 $\mathcal{U}$ の定める開集合と呼ぶ. 近傍系 $\mathcal{U}$ の定める開集合全体の集合 $\mathcal{T}(\mathcal{U})$ と表すと集合 X の一つの位相を定める. これを近傍系 $\mathcal{U}$ の定める位相という.

一方, 位相空間 $(X, \mathcal{T})$ の各点 x に対し, x を含む開集合 x の (開) 近傍と呼ぶ. その全体を $\mathcal{U}(x)$ とすると, $\mathcal{U} = \{\mathcal{U}(x) : x \in X\}$ は近傍系の公理を満たす. この近傍系の定める位相は元々の位相 $\mathcal{T}$ と一致する. すなわち開集合の公理を用いることと近傍系の公理を用いることは同等である. $\mathcal{U}(x)$ の部分族 $\mathcal{V}$ が, 任意の $U \in \mathcal{U}(x)$ に対し, $V \subset U$ となる $V \in \mathcal{V}$ が存在するという性質をもつとき, x の近傍基という. 各点 $x \in X$ が可算個の近傍からなる近傍基をもつとき X は**第一可算公理**を満たすという. 距離空間 (X, d) は各点 $x \in X$ について, その $1/n$ 近傍が可算近傍基をなすので第一可算公理を満たす. 上述のことから各点 $x \in X$ に対して近傍基を定めれば X の一つの位相を定める.

例 1 単位閉区間 $[0,1] = \mathbf{I}$ とする. $\mathbf{I}$ 上の (連続性を仮定しない) 実数値関数全体の集合を $F(\mathbf{I})$ とする. $f \in F(\mathbf{I})$ と任意の有限個の点 $x_1, \ldots, x_n \in \mathbf{I}$ と $\varepsilon > 0$ に対し,
$U(f; x_1, \ldots, x_n : \varepsilon) =$
$\{g \in F(\mathbf{I}) : |g(x_i) - f(x_i)| < \varepsilon, i = 1, \ldots, n\}$
とおく. $n \geq 1$ と $x_1, \ldots, x_n \in \mathbf{I}$ および $\varepsilon > 0$ を動かして得られる集合全体を $\mathcal{U}(f)$ と表すと, $\mathcal{U} = \{\mathcal{U}(f) : f \in F(\mathbf{I})\}$ は $F(\mathbf{I})$ の近傍系になる.

例 2 実数全体の集合 $\mathbf{R}$ とする. 任意の $x \in \mathbf{R}$ の近傍系として, $\mathcal{U}(x) = \{[x,y) : y \in \mathbf{R}, x < y\}$ とすると, $\mathcal{U} = \{\mathcal{U}(x) : x \in \mathbf{R}\}$ は $\mathbf{R}$ の近傍系になる. 位相空間 $(\mathbf{R}, \mathcal{T}(\mathcal{U}))$ をソルゲンフライの直線といい, $\mathbf{S}$ と表す. 位相 $\mathcal{T}(\mathcal{U})$ は $\mathbf{R}$ の通常の位相より強い.

b. 基底

位相空間 $(X, \mathcal{T})$ の開集合の族 $\mathcal{B}$ で, $(X, \mathcal{T})$ の任意の開集合が $\mathcal{B}$ に属する集合の和として表されるとき, すなわち, 任意の $O \in \mathcal{T}$ に対し, $O = \bigcup \{W \in \mathcal{B}_O\}$ となる部分族 $\mathcal{B}_O \subset \mathcal{B}$ が存在するとき, $\mathcal{B}$ を $(X, \mathcal{T})$ の**基底** (base) または**開基**という. 基底 $\mathcal{B}$ は次の二つの条件を満たす.
(B1) 任意の点 $x \in X$ に対し, $x \in W$ である $W \in \mathcal{B}$ が存在する;
(B2) 任意の $W_1, W_2 \in \mathcal{B}$ と任意の $x \in W_1 \cap W_2$ に対し, $x \in W_3 \subset W_1 \cap W_2$ である $W_3 \in \mathcal{B}$ が存在する.

位相空間 $(X, \mathcal{T})$ が可算個の開集合からなる基底をもつとき, **第二可算公理**を満たすという.

逆に集合 X に上の 2 条件を満たす部分集合の族 $\mathcal{B}$ が与えられたとき, $\mathcal{B}$ の部分族の和集合として表される集合全体を $\mathcal{T}(\mathcal{B})$ とすると, $\mathcal{T}(\mathcal{B})$ は X の位相となり, $\mathcal{B}$ は $\mathcal{T}(\mathcal{B})$ の基底となる. このとき $\mathcal{B}$ の元を**基本開集合**と呼ぶ. 位相空間 $(X, \mathcal{T})$ の任意の基底 $\mathcal{B}$ について, $\mathcal{T}(\mathcal{B}) = \mathcal{T}$ である. すなわち基本開集合を定めれば X の一つの位相を定める.

1.4 内部, 外部, 境界

位相空間 X の部分集合 A と点 x について,
(i) $U(x) \subset A$ である x の近傍 $U(x)$ が存在する;
(ii) $U(x) \subset X \setminus A$ である x の近傍 $U(x)$ が存在する;
(iii) x の任意の近傍 $U(x)$ に対し, $U(x) \cap A \neq \emptyset$ かつ $U(x) \cap (X \setminus A) \neq \emptyset$,

のいずれか一つだけが成り立つ. それに従い x を A の**内点**, **外点**, **境界点**という. A の内点全体の集合を A の**内部** (interior) といい, Int$A$, A°, A^c などと表す. A の境界点全体の集合を A の**境界** (boundary) といい, BdA, ∂A, FrA などと表す. A の外点全体の集合を A の**外部**ということもある. $A \cup \mathrm{Bd}A$ を A の**閉包** (closure) と呼び, ClA, $\overline{A}$, A^a などと表す. Int$A$ は A に含まれる最大の

開集合，ClA は A を含む最小の閉集合である．

位相空間 X の部分集合 D について，Cl$D = X$ であるとき X で稠密 (dense) であるという．X が稠密である可算部分集合を含むとき，X は可分 (separable) であるという．ユークリッド空間 $\boldsymbol{R}^n$ は，その有理点全体の集合が可算な稠密部分集合だから可分である．距離空間について，可分であることと第二可算公理を満たすことは同値である．

2 連続写像

以下 X, Y は位相空間，写像 $f : X \to Y$ とする．

$f : X \to Y$ が点 $x \in X$ で連続 (continuous) であるとは，$f(x) \in Y$ の任意の近傍 V に対して，$f(U) \subset V$ を満たす x の近傍 U が存在することをいう．X の各点で連続である写像 $f : X \to Y$ を，位相空間 X から位相空間 Y への連続写像 (continuous mapping) という．$f : X \to Y$ が連続写像であることと次の条件とは同値である：(1) Y の任意の開集合 O に対し $f^{-1}(O)$ は X の開集合である；(2) Y の任意の閉集合 K に対し $f^{-1}(K)$ は X の閉集合である；(3) X の任意の部分集合 A に対し $f(\text{Cl}A) \subset \text{Cl}f(A)$ である．

$f : X \to Y$ が開写像であるとは，X の任意の開集合 O に対して $f(O)$ が Y の開集合であることをいう．X の任意の閉集合 K について $f(K)$ が Y の閉集合であるとき，f を閉写像という．開写像，閉写像と連続写像を混同しないように注意する．連続写像は一般には開写像でも閉写像でもない．開写像，閉写像が連続写像とは限らない．

$f : X \to Y$ が全単射ならば逆写像 $f^{-1} : Y \to X$ が存在するが，f が連続であっても f^{-1} が連続であるとは限らない．たとえば，$f : [0, 1) \to S^1 = \{(x, y) \in \boldsymbol{R}^2 : x^2 + y^2 = 1\}$, $f(t) = (\cos(2\pi t), \sin(2\pi t))$, は連続な全単射だが逆写像は連続ではない．そこで連続な全単射 $f : X \to Y$ について，$f^{-1} : Y \to X$ も連続であるとき，f を位相写像または同相写像 (homeomorphism) と呼び，$f : X \cong Y$ などと表す．このとき X, Y は同位相または同相であるといい，$X \cong Y$ などと表す．同相の関係は位相空間の間の一つの同値関係である．位相空間の性質で，その位相空間と同相な位相空間ではかならず成立するものを位相的性質という．写像 $f : X \to Y$ について，f を X から Y の部分空間 $f(X)$ への写像と考えると同相写像になるとき，埋め込み (embedding) と呼ぶ．埋め込み $f : X \to Y$ が存在するとき，X は Y へ埋め込まれるといい，X と $f(X)$ を同一視して X を Y の部分空間とみなすことができる．

3 連結

位相空間 X に対し，$X = U \cup V, U \cap V = \emptyset, U \neq \emptyset, V \neq \emptyset$ を満たす開集合 U, V が存在しないとき，X は連結 (connected) であるという．位相空間が連結であるとは，直感的には一つの固まりとなっていることである．X の部分集合 A が連結であるとは，X の部分空間 A が連結であることをいう．実数直線 $\boldsymbol{R}$ は連結であり，$\boldsymbol{R}$ の連結部分集合は，1 点集合か区間に限る．

$f : X \to Y$ を連続写像とする．X の部分集合 A が連結ならば，像 $f(A)$ も連結である．とくに f が全射ならば Y は連結である．よって，連結性は位相的性質である．X が連結，$Y = \boldsymbol{R}$ ならば，$a, b \in X$, $f(a) < f(b)$ とするとき，$f(a) < \gamma < f(b)$ である任意の実数 γ に対し $f(c) = \gamma$ である $c \in X$ が存在することを導く．これは微分積分学で学ぶ中間値の定理である．

点 $a, b \in X$ を結ぶ弧 (arc) とは，連続写像 $\alpha : \boldsymbol{I} \to X$ で $\alpha(0) = a, \alpha(1) = b$ であるものをいう．X の任意の 2 点が弧で結べるとき X は弧状連結 (arcwise connected) であるという．ユークリッド空間や連結な多様体は弧状連結である．弧状連結な空間は連結であるが逆は成立しない．シヌソイド $\{(x, y) \in \boldsymbol{R}^2 : y = \sin 1/x, 0 < x \leq 1$ または $-1 \leq y \leq 1, x = 0\}$ はその例である．

4 位相空間の構成

4.1 部分空間

位相空間 $(X, \mathcal{T})$ の部分集合 A に対し，A の部分集合の族 $\mathcal{T}_A = \{O \cap A : O \in \mathcal{T}\}$ は A の位相である．これを相対位相 (relative topology) といい，位相空間 $(A, \mathcal{T}_A)$ を $(X, \mathcal{T})$ の部分空間または

部分位相空間 (subspace) と呼ぶ．位相空間の部分集合は，とくに断らない限り部分空間と考える．

4.2 直和空間

位相空間の族 $\{(X_\lambda, \mathcal{T}_\lambda)\}_{\lambda \in \Lambda}$ が与えられ，それらは互いに共通部分をもたないとする．和集合 $X = \bigcup_{\lambda \in \Lambda} X_\lambda$ の部分集合の族 $\mathcal{T} = \{O :$ 任意の $\lambda \in \Lambda$ に対し $O \cap X_\lambda \in \mathcal{T}_\lambda\}$ は X の位相である．これを**直和位相**といい，位相空間 $(X, \mathcal{T})$ を $\{(X_\lambda, \mathcal{T}_\lambda)\}_{\lambda \in \Lambda}$ の**直和空間**または**位相和** (topological sum) と呼び，$\bigoplus_{\lambda \in \Lambda} X_\lambda$ または $\bigcup_{\lambda \in \Lambda} X_\lambda$ などと表す．

4.3 直積空間

位相空間の族 $\{(X_\lambda, \mathcal{T}_\lambda)\}_{\lambda \in \Lambda}$ について，直積集合 $X = \prod_{\lambda \in \Lambda} X_\lambda$ と各 X_λ への射影を $p_\lambda : X \to X_\lambda$ と表す．有限個の $\lambda_1, \ldots, \lambda_n \in \Lambda$ と $O_{\lambda_i} \in \mathcal{T}_{\lambda_i}, i = 1, \ldots, n$ から定まる集合
$$\bigcap_{i=1}^n p_{\lambda_i}^{-1}(O_{\lambda_i})$$
$$= \{(x_\lambda) \in X : x_{\lambda_i} \in O_{\lambda_i}, i = 1, \ldots, n\}$$
全体 $\mathcal{T}_*$ は X の基底になる．これによって定まる位相 $\mathcal{T}$ を**直積位相**または**積位相** (product topology) といい，位相空間 $(X, \mathcal{T})$ を**直積空間**または**積空間** (product space) と呼ぶ．射影 $p_\lambda : (X, \mathcal{T}) \to (X_\lambda, \mathcal{T}_\lambda)$ は連続な開写像である．直積位相はすべての p_λ を連続にする X の最弱の位相と一致する．位相空間 Y から直積空間 X への写像 f が連続である必要十分条件は各 λ について合成写像 $p_\lambda \circ f : Y \to X_\lambda$ が連続であることである．

4.4 商位相と商空間

位相空間 $(X, \mathcal{T})$ から集合 Y への全射 $f : X \to Y$ が与えられたとき，Y の部分集合の族 $\mathcal{T}_f = \{O : f^{-1}(O) \in \mathcal{T}_X\}$ は Y の一つの位相である．この位相を全射 f の定める**商位相** (quotient topology) と呼ぶ．位相空間 X, Y の間の全射 $f : X \to Y$ について，Y の位相と全射 f の定める商位相が一致するとき f を**商写像**と呼ぶ．商位相は f を連続にする Y の最強の位相である．

位相空間 X に同値関係 R が与えられているとき，その商集合 X/R へ標準的全射 $p : X \to X/R$ による商位相 $\mathcal{T}_p$ を導入した空間 $(X/R, \mathcal{T}_p)$ を**商空間** (quotient space) という．この空間は，同じ同値類に属する点を同一視して得られる空間である．しばしば，"これこれの点とこれこれの点を同一視して得られる商空間" といういい方をする．商空間 $(X/R, \mathcal{T}_p)$ から位相空間 Z への写像 g が連続である必要十分条件は $g \circ p : X \to Z$ が連続であることである．

例3 実数直線 $\boldsymbol{R}$ の点 x, y は，$|x - y| \in \boldsymbol{Z}$ のときに限り同値であると定義すると，その商空間は $\boldsymbol{S}^1$ と同相である．

例4 X の互いに交わらない空でない部分集合からなる族 $\mathcal{D} = \{D_\lambda\}_{\lambda \in \Lambda}$ で $X = \cup_\lambda D_\lambda$ であるものを X の**分割**という．ここで同値関係 $R_\mathcal{D}$ を "$xR_\mathcal{D}y \iff x$ と y をともに含む D_λ が存在する" と定める．このとき，商空間 $X/R_\mathcal{D}$ を $\mathcal{D}$ による**分割空間** (decomposition space) という．とくに，標準的全射 $p : X \to X/R_\mathcal{D}$ が閉写像になる分割を**上半連続**であるという．

例5 位相空間 X の部分集合 A 上の連続写像 $f : A \to Y$ に対し，直和空間 $X \oplus Y$ の分割 $\mathcal{D} = \{\{x\} : x \in X \setminus A\} \cup \{f^{-1}(y) : y \in f(A)\} \cup \{\{y\} : y \in Y \setminus f(A)\}$ による分割空間を f による**接着空間**または**貼り合わせ空間**と呼び $X \cup_f Y$ または $Y \cup_f X$ などと表す．これは A の点 a と Y の点 $f(a)$ を同一視して得られる商空間である．とくに，Y が1点からなる空間であるとき，$X \cup_f Y$ を X から A を1点に縮めて得られる空間といい，X/A と表す．

$\boldsymbol{S}^1 \subset \boldsymbol{B}^2 = \{(x, y) \in \boldsymbol{R}^2 : x^2 + y^2 \leqq 1\}$ と連続写像 $f : \boldsymbol{S}^1 \to \boldsymbol{S}^1, f(\cos\theta, \sin\theta) = (\cos(2\theta), \sin(2\theta))$ とする．このとき，$\boldsymbol{B}^2 \cup_f \boldsymbol{S}^1$ は射影平面と同相である． ［小山 晃］

参考文献

[1] 松坂和夫：集合・位相入門，岩波書店，1968.
[2] 森田紀一：位相空間論，岩波書店，1981.
[3] 森田茂之：集合と位相空間，朝倉書店，2002.

位相空間の次元

dimension of topological spaces

1 次元の定義

「次元」は直感的にもっともよく使われる数学的概念の一つだろう．実際私たちは区間や直線 $\boldsymbol{R}$ は 1 次元，多角形や平面 $\boldsymbol{R}^2$ は 2 次元であることを受け入れ，$\boldsymbol{I}^n = \{(x_1, \ldots, x_n) \in \boldsymbol{R}^n : 0 \leq x_i \leq 1, i = 1, \ldots, n\}$ を n 次元立方体と呼んでいる．また単位区間 $\boldsymbol{I}$ からの連続像を曲線と呼び，1 次元と思いこんでいることもある．しかし，19 世紀末にカントル (G.E. Cantor) が $\boldsymbol{I}$ と $\boldsymbol{I}^2$ が集合として同じ濃度をもつこと，ペアノ (G. Peano) が $\boldsymbol{I}^2$ が $\boldsymbol{I}$ の連続像になることを示すに到り，次元の概念を位相幾何学的に正確に定義することが必要になった．

私たちは直感的に $\boldsymbol{R}$ は 1 点によって二つに分かれ，$\boldsymbol{R}^2$ は直線によって二つに分かれることをみている．この見方を定式化することにより次元を定義しようとしたが，最初の問題は「0 次元空間の定式化」であった．20 世紀の初頭，ポアンカレ (H. Poincaré)，ブラウワー (L.E.J. Brouwer) ら多くの巨人たちによるさまざまな試みの後，「空集合で分離する」を表現する考えに到り，次の二つの帰納的次元の定義を得た．

X が空集合のとき，$\mathrm{Ind}\, X = -1$ と定め，$\mathrm{Ind}\, X \leq n-1$ が定義されたとき，$\mathrm{Ind}\, X \leq n$ であるとは，$K \subset U$ である任意の閉集合 K と開集合 U に対し，$K \subset V \subset U$ かつ $\mathrm{Ind}\, \mathrm{Bd}\, V \leq n-1$ である開集合 V が存在することと定義する．$\mathrm{Ind}\, X \leq n$ であり $\mathrm{Ind}\, X \leq n-1$ でないとき，$\mathrm{Ind}\, X = n$ とする．これを**大きな帰納的次元** (large inductive dimension) という．この定義はブラウワーの着想とチェック (E.Čech) の定式化による．

X が空集合のとき，$\mathrm{ind}\, X = -1$ と定め，$\mathrm{ind}\, X \leq n-1$ が定義されたとき，$\mathrm{ind}\, X \leq n$ であるとは，任意の点 x とその任意の近傍 U に対し，$x \subset V \subset U$ かつ $\mathrm{ind}\, \mathrm{Bd}\, V \leq n-1$ である開集合 V が存在することと定義する．$\mathrm{ind}\, X \leq n$ であり $\mathrm{ind}\, X \leq n-1$ でないとき，$\mathrm{ind}\, X = n$ とする．これを**小さな帰納的次元** (small inductive dimension) という．この定義はメンガー (K. Menger) およびウリゾーン (P.S. Urysohn) による．

一方ルベーグの発想に基づきチェックによって定式化された被覆次元の概念がある．正規空間 X の任意の有限開被覆 $\mathcal{U} = \{U_1, U_2, \ldots, U_q\}$ に対し，開被覆 $\mathcal{V} = \{V_1, V_2, \ldots, V_q\}$，$V_i \subset U_i$，で，任意にとった $n+2$ 個の V_i が共通部分をもたないものが存在するとき，$\dim X \leq n$ と定義する．このとき，v の位数は高々 $n+1$ であるという．$\dim X \leq n$ であり $\dim X \leq n-1$ でないとき，$\dim X = n$ とする．これを**被覆次元** (covering dimension) という．どんな整数 n についても $\dim X \leq n$ とならないとき，X の次元は無限であるという．ほかの次元についても無限次元は同様に定義する．

位相空間について一般的に次元を考察する場合，これら三つの次元を意味する．これらの次元はいずれも位相不変量である．これらの関係は，$\mathrm{ind}\, X \leq \mathrm{Ind}\, X \leq \dim X$ であるが，可分距離空間では三つの次元は一致する．距離空間では Ind と $\dim$ は一致するが，ind と Ind はかならずしも一致しない．

2 ユークリッド空間の次元

上述のように次元の定義ができ，$\dim \boldsymbol{R}^n \leq n$ は容易にわかるが，我々の要請は $\dim \boldsymbol{R}^n = n$ である．一方，ルベーグの発想の元となった次の敷石定理から $\dim \boldsymbol{R}^n \geq n$ であり，$\dim \boldsymbol{R}^n = n$ が得られるので，次元の定義が妥当であることがわかる．

定理 1 (ルベーグの敷石定理) n 次元立方体の有限開被覆の位数は，被覆に属する各集合の直径が十分に小さいならば，$n+1$ 以上である．

ユークリッド空間 $\boldsymbol{R}^n$ の部分集合について特有の性質がある：任意の部分集合 $X \subset \boldsymbol{R}^n$ と任意の埋め込み $f : X \to \boldsymbol{R}^n$ とする．点 $x \in X$ が X の ($\boldsymbol{R}^n$ における) 内点ならば，$f(x)$ は $f(X)$ の ($\boldsymbol{R}^n$ における) 内点である．よって，ブラウワーの領域不変性定理「$\boldsymbol{R}^n$ の開集合 A がほかの集合 $B \subset \boldsymbol{R}^n$ と同相ならば，B も $\boldsymbol{R}^n$ の開集合である」を得る．

また，$X \subset \mathbb{R}^n$ について，$\dim X = n$ である必要十分条件は $\operatorname{Int} X \neq \emptyset$ である．これは $\mathbb{R}^n$ における特有な性質であり，位相多様体では成立するが一般の可分距離空間では成立しない．このことと領域不変性定理から次の基本的事実が成立する．

定理 2 (次元の領域不変性定理) $\mathbb{R}^n$ と $\mathbb{R}^m$ が同相ならば，$m = n$ である．

$\mathbb{R}^n$ の部分空間は有限次元であるが，有限次元可分距離空間は次の定理からある $\mathbb{R}^n$ へ埋め込める．

定理 3 可分距離空間 X について，$\dim X \leq n$ ならば，$\mathbb{R}^{2n+1}$ への埋め込みが存在する．

たとえば，完全グラフ K_5 が平面 $\mathbb{R}^2$ へ埋め込めないので，上記の定理で $\mathbb{R}^{2n+1}$ を $\mathbb{R}^{2n}$ へ改良できないことがわかる．しかし任意の n 次元コンパクト距離空間を埋め込むことができる n 次元コンパクト距離空間は存在する．実際，カントル集合の構成を一般化して任意の整数 n に対して次のように構成する：

$i = 0, 1, 2, \ldots$ について，$2n+1$ 次元立方体 I^{2n+1} の $\prod\{[k_t/3^i, (k_t+1)/3^i] \mid k_t = 0, 1, \ldots, 3^i - 1\}$ の形の $3^{(2n+1)i}$ 個の立方体からなる分解し，それを $\mathcal{K}_i$ とする．各 $K \in \mathcal{K}_i$ の n 次元面を $K^{(n)}$ と表し，$\mathcal{K}_i$ の部分族 $\mathcal{M}_i$ を，$\mathcal{M}_0 = \{I^{2n+1}\}$, $\mathcal{M}_{i+1} = \{K \in \mathcal{K}_{i+1} \mid K \subset \cup \mathcal{M}_i, K \cap (\cup\{L^{(n)} \mid L \in \mathcal{M}_i\}) \neq \emptyset\}$ とする．$F_i = \cup \mathcal{M}_i$ とすると I^{2n+1} の閉部分集合の列 $F_0 \supset F_1 \supset F_2 \supset \ldots$ が得られる．ここで，$M_n^{2n+1} = \bigcap_{i=1}^{\infty} F_i$ と定義して得られる n 次元コンパクト距離空間を **n 次元メンガー空間**と呼ぶ．とくに M_1^3 をメンガーの**曲線** (Menger curve) と呼ぶ (図メンガー曲線)．この構成で M_0^1 はカントル集合である．

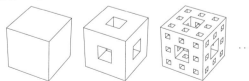

図 1 メンガー曲線

定理 4 任意の n 次元コンパクト距離空間は n 次元メンガー空間 M_n^{2n+1} への埋め込みができる．

3 次元論の基本定理群

被覆次元について次のような特徴付けがある：$\dim X \leq n$ である必要十分条件は任意の閉部分集合 $K \subset X$ から n 次元球面 $\mathbf{S}^n$ の連続写像が X 上への連続拡張もつことである．コンパクト距離空間 X について $\dim X \leq n$ である必要十分条件はカントル集合のある部分集合 Z からの連続な全射 $f : Z \to X$ で各点 $x \in X$ の逆像 $f^{-1}(x)$ がたかだか $n+1$ 点であるものが存在することである．

一方，距離空間において次のような基本定理群が成り立つ：(1) $\operatorname{Ind} X = \dim X$; (2) 任意の部分集合 $A \subset X$ について，$\dim A \leq \dim X$; (3) X が可算個の閉部分集合 K_i の和集合ならば，$\dim X = \max\{\dim K_i\}$; (4) $X = A \cup B$ ならば，$\dim X \leq \dim A + \dim B + 1$; (5) $\dim(X \times Y) \leq \dim X + \dim Y$;

任意の距離空間 X に対して，$\dim(X \times \mathbf{I}) = \dim X + 1$ が成り立つので，Y が多様体や CW 複体ならば，$\dim(X \times Y) = \dim X + \dim Y$ が成り立つ．しかし 2 次元コンパクト距離空間 X, Y で $\dim(X \times Y) = 3$ であるものが存在する (ポントリヤーギン (L.S.Pontryagin) の例)．X がコンパクト距離空間，Y が 1 次元コンパクト距離空間ならば，$\dim(X \times Y) = \dim X + 1$ である．ただし，2 次元可分距離空間 X と 1 次元コンパクト距離空間 Y で $\dim(X \times Y) = 2$ であるものが存在する．

任意の可分距離空間 X に対して，$\dim(cX) = \dim X$ である距離付け可能な X のコンパクト化 $c(X)$ が存在する．そのためコンパクト距離空間の次元に関する定理は可分距離空間の場合へ容易に一般化できると誤解することがあるが，上記の例もあるので注意しよう．

4 コホモロジー次元

空間の次元を代数的トポロジーの立場から研究するためにアレクサンドルフ (P.S. Alexandrov) はコホモロジー次元 (cohomological dimension) を導入した．コンパクト距離空間 X の

可換群 G に関するコホモロジー次元を，ある閉部分集合 $A \subset X$ についてチェックコホモロジー群 $H^q(X, A; G) \neq 0$ であるような整数 q の最大値と定義する．

一般に，$\dim_G X \leq \dim_{\mathbf{Z}} X \leq \dim X$ という関係にある．被覆次元に対応してコホモロジー次元の特徴付けは次のように与えられる：$\dim_G X \leq n$ である必要十分条件は X の任意の閉部分集合からの Eilenberg–MacLane 空間 $K(G, n)$ への連続写像が X 上へ連続拡張できることである．ホップの分類定理から，有限次元コンパクト距離空間 X については，$\dim X = \dim_{\mathbf{Z}} X$ である．しかし $\dim_{\mathbf{Z}} Z = 2$ である無限次元コンパクト距離空間 Z が存在する．

次元とコホモロジー次元との関係は次のように評価することができる：コンパクト距離空間 Z が胞体的であるとは，Z から任意の多面体への連続写像が定値写像とホモトピックであることである．Z が多面体ならば可縮であることと同値である．コンパクト距離空間 X から Y の上への連続写像 $f : X \to Y$ が胞体的であるとは，各点 $y \in Y$ の逆像 $f^{-1}(y)$ が胞体的であることをいう．コンパクト距離空間 X について，$\dim_{\mathbf{Z}} X \leq n$ である必要十分条件は $\dim Z \leq n$ であるコンパクト距離空間 Z と胞体的写像 $f : Z \to X$ が存在することである．このことと $\dim_{\mathbf{Z}} Z = 2$ である無限次元コンパクト距離空間 Z の存在から，胞体的写像 $f : \mathbf{S}^5 \to Y$, $\dim Y = \infty$ が存在することがわかる．胞体的写像 $f : \mathbf{S}^n \to Y$ について，$n \leq 2$ ならば (f は同相写像ではないが) Y と S^n は同相，$n = 3$ ならば $\dim Y \leq 3$，しかし $n = 4$ の場合は $\dim Y \leq 4$ であるか未解決である．

ボックシュタイン (B. Bockstein) はボックシュタインの完全列と呼ばれている考え方を導入して，任意の可換群 G に関するコホモロジー次元は $\sigma = \{\mathbf{Q}, \mathbf{Z}_{(p)}, \mathbf{Z}_p, \mathbf{Z}_{p^\infty} : p : 素数\}$ のある部分集合 $\sigma(G)$ に属する群を係数とするコホモロジー次元の計算へ帰着できることを示した．とくに，$\dim_{\mathbf{Z}} X = \max\{\dim_{\mathbf{Q}} X, \dim_{\mathbf{Z}_{(p)}} X : p : 素数\}$, が成り立つ．ここで，$\mathbf{Z}_{(p)} = \{\frac{n}{m} \in \mathbf{Q} : m$ と p は互いに素$\}$, $\mathbf{Z}_{p^\infty} = \mathbf{Q}/\mathbf{Z}_{(p)}$, $\mathbf{Z}_p$ は位数 p の巡回群である．

さらに次の不等式が成り立つ．
(1) $\dim_{\mathbf{Z}_{p^\infty}} X \leq \dim_{\mathbf{Z}_p} X$;
(2) $\dim_{\mathbf{Z}_p} X \leq \dim_{\mathbf{Z}_{p^\infty}} X + 1$;
(3) $\dim_{\mathbf{Q}} X \leq \dim_{\mathbf{Z}_{(p)}} X$;
(4) $\dim_{\mathbf{Z}_p} X \leq \dim_{\mathbf{Z}_{(p)}} X$;
(5) $\dim_{\mathbf{Z}_{p^\infty}} X \leq \max\{\dim_{\mathbf{Q}} X, \dim_{\mathbf{Z}_{(p)}} X - 1\}$;
(6) $\dim_{\mathbf{Z}_{(p)}} X \leq \max\{\dim_{\mathbf{Q}} X, \dim_{\mathbf{Z}_{p^\infty}} X + 1\}$.

コホモロジー次元論は積空間の次元の決定に応用されている．たとえば，ポントリヤーギンは任意の素数 p に対して，2次元コンパクト距離空間 Π_p で，任意の素数 $q \neq p$ について $\dim_{\mathbf{Z}_q} \Pi_p = 1 < 2 = \dim_{\mathbf{Z}_p} \Pi_p$ であるものを構成し，$\dim(\Pi_p \times \Pi_q) = 3$ を示した．

5 次元と測度

次元の概念は位相的であるが測度の概念は距離に依存するものであるが，それらの間には興味深い関係がある．X を可分距離空間，p を負でない実数，$\mathcal{H}^p(X)$ をそのハウスドルフ測度とすると次のことが成り立つ．
(1) X が n 点からなるならば，$\mathcal{H}^0(X) = n$;
(2) X が n 次元多面体ならば，$\mathcal{H}^{n+1}(X) = 0$;
(3) $\mathcal{H}^{n+1}(X) = 0$ ならば，$\dim X \leq n$;
(4) $\dim X \leq n$ ならば，$\mathbf{R}^{2n+1}$ の部分集合 Y で $\mathcal{H}^{n+1}(Y) = 0$ であるものと同相である．

(2), (3) から X が多面体ならばその次元はハウスドルフ測度が消滅する整数値によって決まる．(3), (4) から可分距離空間 X が $\dim X \leq n$ であることをハウスドル測度によって特徴付けすることができる．そこで X のハウスドルフ次元を $\inf\{p \geq 0 : \mathcal{H}^p(X) = 0\}$ と定義する．便宜上 $X = \emptyset$ の場合，そのハウスドルフ次元は -1 とする．

[小 山　晃]

参 考 文 献

[1] R. Engelking：*Theory of Dimensions, Finite and Infinite*, Heldermann, 1995.
[2] R. Daverman, R. Sher：*Handbook of Geometric Topology*, Chapter 9, Elsevier, 2001.

位相空間の分離公理

separation axioms of topological spaces

位相空間において点と点の間の近さを近傍と呼ばれる集合に属することで測ると考えるならば、2点以上含む密着空間ではすべての点は互いに区別できない近さにあることになる．それでは収束の概念を位相空間へ導入する場合，極限点が一意的でないという事態が生じてしまう．このことは，位相空間論を応用するには，適当な制限をもった位相空間を考える必要性を示唆している．ここでは，点と閉集合を開集合で分離する条件である**分離公理**の概念を紹介する．実際いくつかの分離公理があるが，分離公理を強くするに従って距離空間に近づいていく．

(T_1) 任意の 2 点 $x \neq y$ に対し，$y \notin U, x \notin V$ となる x の近傍 U と y の近傍 V が存在する．

(T_2) 任意の 2 点 $x \neq y$ に対し，$U \cap V = \emptyset$ となる x の近傍 U と y の近傍 V が存在する．

(T_3) 任意の点 x と x を含まない任意の閉集合 K に対し，$x \in U, K \subset V, U \cap V = \emptyset$ となる開集合 U, V が存在する．

($T_{3\frac{1}{2}}$) 任意の点 x と x を含まない任意の閉集合 K に対し，$f(x) = 0, f(K) = 1$ となる連続写像 $f : X \to \mathbf{I} = [0.1]$ が存在する．

(T_4) $K \cap L = \emptyset$ である任意の閉集合 K, L に対し，$K \subset U, L \subset V, U \cap V = \emptyset$ となる開集合 U, V が存在する．

分離公理 (T_1) を満たす位相空間を **T_1 空間**，(T_2) を満たす位相空間を**ハウスドルフ空間** (Hausdorff space) または **T_2 空間**という．(T_1) および (T_3) を満たす位相空間を**正則空間** (regular space) または **T_3 空間**という．(T_1) および ($T_{3\frac{1}{2}}$) を満たす位相空間を**完全正則空間** (completely regular space) または**チコノフ空間**という．(T_1) および (T_4) を満たす位相空間を**正規空間** (normal space) または **T_4 空間**という．

距離空間 (X, d) の互いに交わらない閉集合 A, B について，$f : X \to \mathbf{R}, f(x) = d(x, A) - d(x, B)$ と定義すると，f は連続であり，$x \in A \implies f(x) < 0, x \in B \implies f(x) > 0$ だから，開集合 $U = f^{-1}((-\infty, 0)), V = f^{-1}((0, \infty))$ と定義すると，$A \subset U, B \subset V$ かつ $U \cap V = \emptyset$. よって，距離空間 (X, d) は正規空間である．さらに，それぞれ分離公理を満たす空間の間には次のような関係がある．いずれの関係も逆は成立しない:

距離空間 $\implies$ 正規空間 $\implies$ 完全正則空間
$\implies$ 正則空間 $\implies$ ハウスドルフ空間 $\implies T_1$ 空間

それぞれの公理について次のような同値な性質がある:

(T_1) $\iff$ 任意の $x \in X$ について，$\{x\}$ が X の閉集合である．

(T_2) $\iff$ 対角線集合 $\Delta = \{(x, x) : x \in X\}$ が $X \times X$ の閉集合である．

(T_3) $\iff$ (T_3') X の任意の点 x と x の任意の近傍 U に対し，$x \in V \subset \mathrm{Cl}\, V \subset U$ となる x の近傍 V が存在する．

(T_4) $\iff$ (T_4') $K \subset U$ である任意の閉集合 K と開集合 U に対し，$K \subset V \subset \mathrm{Cl}\, V \subset U$ となる開集合 V が存在する．

それぞれの分離公理を満たす空間は次の性質をもつ．これらは公理の有用性を示している:

定理 1 X をハウスドルフ空間とするとき次のことが成り立つ．

(1) X における点列 $\{a_n\}$ が点 x, y に収束するとき，$x = y$ である．

(2) $f, g : Z \to X$ と連続写像とすると，
(i) $\{z \in Z : f(z) = g(z)\}$ は Z の閉集合である;
(ii) 稠密な部分集合 $D \subset Z$ について，$f|_D = g|_D$ ならば，$f = g$ である．

(3) 連続写像 $f : Z \to X$ のグラフ $\{(x, f(z)) \in Z \times X : z \in Z\}$ は $Z \times X$ の閉集合である．

定理 2 (チコノフの埋蔵定理) X を完全正則空間とする．X から $\mathbf{I}$ への連続関数全体の集合を $\{f_\lambda\}_{\lambda \in \Lambda}$ として，連続写像 $\varphi : X \to \prod_{\lambda \in \Lambda} \mathbf{I}_\lambda$, $\mathbf{I}_\lambda = \mathbf{I}$, を $\varphi(x) = (f_\lambda(x))$ で定義すると，φ は埋

め込みである.

定理 3 (ウリゾーンの補題) X を正規空間とする. $K \cap L = \emptyset$ である X の任意の閉集合 K, L に対し, 連続写像 $f: X \to \mathbf{I}$ で, $f(K) = 0, f(L) = 1$ となるものが存在する.

X, Y を位相空間, A を X の部分空間とする. 連続写像 $f: A \to Y$ に対し, $\tilde{f}|_A = f$ を満たす連続写像 $\tilde{f}: X \to Y$ を f の**連続拡張** (continuous extension) という.

定理 4 (ティーツェの拡張定理) X を正規空間, A を X の閉集合とすると, 任意の連続写像 $f: A \to \mathbf{R}$ に対し, X 上への連続拡張が存在する.

ウリゾーンの補題およびティーツェの拡張定理の逆も成り立つ. すなわち正規空間はそれぞれの定理によって特徴付けられる. またコンパクト ハウスドルフ空間は正規空間である.

位相空間が T_1 空間 (ハウスドルフ空間, 正則空間, 完全正則空間) ならば, その任意の部分空間も (それぞれ) 同じ性質をもつ. 一方, 正規空間の任意の閉部分空間は正規空間であるが, 任意の部分空間はかならずしも正規空間ではない.

次の例から正規空間同士の積空間はかならずしも正規空間にならないが, ほかの空間同士の積空間はそれぞれの分離公理が継承される.

例 1 ソルゲンフライの直線 $\mathbf{F}$ は正規空間だが, 積空間 $\mathbf{F} \times \mathbf{F}$ は正規空間ではない [2]. よって
(i) ソルゲンフライの直線 $\mathbf{F}$ は, 積空間 $\mathbf{F} \times \mathbf{F}$ が正規空間でないので, 距離付け可能ではない.
(ii) ソルゲンフライの直線 $\mathbf{F}$ は正規空間なので, とくに完全正則空間である. よって, 積空間 $\mathbf{F} \times \mathbf{F}$ は完全正則空間であり, 正規空間ではない完全正則空間である.

連続な全射 $f: X \to Y$ が閉写像で, X が T_1 空間 (正規空間) ならば, Y も同じ性質をもつ. さらに各点 $y \in Y$ について逆像 $f^{-1}(y)$ がコンパクトであるとき (このような連続写像を**完全写像**と呼ぶ), X がハウスドルフ空間 (正則空間, 距離空間) ならば Y もそうである.

正規空間は, ティーツェの拡張定理などのようによい性質をもつが, 積空間を考えるとよいとはいえない. たとえばホモトピー拡張定理では積空間 $X \times \mathbf{I}$ の正規性が大切な条件となるが, $X \times \mathbf{I}$ が正規空間になる必要十分条件は X が正規空間かつ可算パラコンパクトであり, 可算パラコンパクトでない正規空間が存在する. そのためさまざまな条件の下での積空間の正規性は位相空間論における大きな話題の一つとなっている.

位相空間 X の部分集合 A で定義された連続写像 $f: A \to Y$ による接着空間 $X \cup_f Y$ について, $A \subset X$ が閉集合かつ f が閉写像ならば標準的全射 $p: X \oplus Y \to X \cup_f Y$ は閉写像である. よって, X, Y が T_1 空間 (正規空間) ならば, $X \cup_f Y$ も同じ性質をもつ. さらに f が完全写像ならば, p も完全写像なので, X, Y がハウスドルフ空間 (正則空間, 距離付け可能) ならば $X \cup_f Y$ もそうである. 次の例から A と f に付した条件が必要なことがわかる.

例 2 $X = \mathbf{R} \times \{0\}, Y = \mathbf{R} \times \{1\} \subset \mathbf{R}^2$, $A = \{(x, 0) \mid x < 0\} \subset X, f: A \to Y$, $f(x, 0) = (x, 1)$ として接着空間 $X \cup_f Y$ を考えると, $p(0, 0) \neq p(0, 1)$ であるが, これらの点を分離する近傍は存在しないので $X \cup_f Y$ がハウスドルフ空間でない.

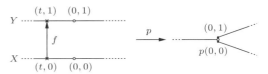

例 3 $X = \mathbf{R}, A = \mathbf{N} \subset X, Y = \{y_0\}$, ただし, $y_0 \notin X$, 定値写像 $f: A \to Y$ として接着空間 $X \cup_f Y$ を考えると, $p(y_0) \in X \cup_f Y$ で第一可算公理が成り立たない. よって, とくに $X \cup_f Y$ が距離付け可能でないことがわかる. [小山 晃]

参 考 文 献

[1] 松坂和夫：集合・位相入門, 岩波書店, 1968.
[2] 森田紀一：位相空間論, 岩波書店, 1981.
[3] 森田茂之：集合と位相空間, 朝倉書店, 2002.

1次分数変換

linear fractional transformation

1 定義

$a, b, c, d \in \boldsymbol{C}$ で $ad - bc \neq 0$ となるものについて，リーマン球 $\hat{\boldsymbol{C}} = \boldsymbol{C} \cup \{\infty\}$ における変換 $z \to \dfrac{az+b}{cz+d}$ を考える．ただし分母が 0 となるときは値は ∞ であり，$z = \infty$ での値は a/c であるとする．このような変換を **1次分数変換** と呼ぶ．1次分数変換の合成，逆変換はまた1次分数変換であり，また恒等変換は $a = d = 1, b = c = 0$ とした1次分数変換であるので，1次分数変換は写像の合成に関して群をなす．1次分数変換の合成は $\dfrac{az+b}{cz+d}$ を行列 $\begin{pmatrix} a & b \\ c & d \end{pmatrix}$ とみなしたときの行列のかけ算に対応しており，またスカラー倍で移り合う行列は同じ1次分数変換に対応しているので，1次分数変換全体の群を $PSL_2\boldsymbol{C} = SL_2\boldsymbol{C}/\{\pm I\}$ と同一視することができる．1次分数変換はリーマン球上の自己正則同型写像であり，またリーマン球面上の相異なる3点の空間に効果的かつ推移的に働く．この事実と初等的な函数論の知識を使い，リーマン球の自己正則同型写像は1次分数変換に限ることがわかる．相異なる $x, y, z, w \in \hat{\boldsymbol{C}}$ について，交差比 $[x, y, z, w]$ を $\dfrac{|x-z||y-w|}{|x-y||z-w|}$ で定義する．ただしどれか一つが ∞ のときは $\infty/\infty = 1$ という規則により式を解釈する．すると，1次分数変換はすべての4点について交差比を保つような $\hat{\boldsymbol{C}}$ の変換として特徴づけることもできる．

任意の1次分数変換は原点中心の回転 $a \to e^{i\theta}z$，拡大 $z \to \lambda z, \lambda > 0$，平行移動 $z \to z+c$，逆数 $z \to 1/z$ の合成で得られる．これより1次分数変換はリーマン球の円を円に写すことがわかる．また1次分数変換をリーマン球上の(さまざまな)円に関する反転を偶数個合成したものともとらえることができる．この概念は一般次元に拡張でき，n 次元単位球面内の $n-1$ 次元球面に関する反転の偶数個の合成をメビウス変換と呼んでいる．

2 1次分数変換の分類

恒等変換以外の1次分数変換は行列で表したときのトレースにより ($PSL_2\boldsymbol{C}$ の元のトレースなので $\pm$ のあいまいさがあるが) 分類ができる．トレースが実数で絶対値が2より小さいものは**楕円型** (elliptic) と呼ばれ，リーマン球面の回転変換 $z \mapsto e^{i\theta}z$ $(0 < \theta < 2\pi)$ に共役である．トレースの絶対値が2に等しいものは**放物型** (parabolic) と呼ばれ，リーマン球で ∞ を固定する平行移動 $z \mapsto z+1$ に共役である．この型の変換はリーマン球に固定点をただ一つだけもつという性質により，特徴づけられる．以上の二つの型以外のものはすべて**斜行型** (loxodromic) と呼ばれる．斜行型のうち，とくにトレースが実数になるものを，**双曲型** (hyperbolic) と呼ぶこともある．斜行型の変換 f はリーマン球上に2点の固定点 (s, t) をもち，任意の $x \in \hat{\boldsymbol{C}} \setminus \{s\}$ について，$\lim_{n \to \infty} f^n(x) = t$ が成立する．s のことを**反撥的固定点** (repulsive fixed point)，t のことを**吸引的固定点** (attracting fixed point) と呼ぶ．

3 フックス群

1次分数変換のうち，リーマン球の上半平面，$U = \{z \in \boldsymbol{C} | \Im z > 0\} \cup \{\infty\}$ を保つようなものは，a, b, c, d が実数になるという性質で特徴づけられる．したがってこのような元全体は $PSL_2\boldsymbol{C}$ の中の部分群 $PSL_2\boldsymbol{R}$ に対応している．また単位円板 $D = \{z \in \boldsymbol{C} | |z| < 1\}$ は U と1次分数変換で移り合うが，D を保つ1次分数変換は，$c = \bar{b}, d = \bar{a}, |a|^2 > |b|^2$ という性質で特徴づけられる．U を保つ1次分数変換の作る離散群をフックス群という．フックス群の元のうち楕円的なものは必ず有限位数になる．したがって有限位数の元をもたないフックス群 G について，U/G は U を普遍被覆とするリーマン面の構造が入る．

4 2次元双曲計量と1次分数変換

上半平面 U に計量 $\dfrac{|dz|}{\Im z}$ を入れると，定曲率 -1 をもつ．$PSL_2\boldsymbol{R}$ の1次分数変換はこの計量について等長変換としてはたらく．同様に D に計量

$\frac{2|dz|}{1-|z|^2}$ を入れると定曲率 -1 をもち，D を保つ一次分数変換はこの計量に関して等長変換になる．この計量はしばしばポアンカレ計量 (Poincaré metric) と呼ばれる．U の双曲計量に関する測地線は実軸に直交する半円 (端点を含まない) および虚軸に平行な開半直線である．D でみると測地線は境界 ∂D と 2 点で直交する円の D 内の部分になる．

$PSL_2\mathbf{R}$ の双曲的 g の元は U のただ一つの測地線を保つ．これを g の軸 (axis) と呼ぶ．双曲的な g による U の点の最小移動距離 $\inf_{x \in U} d_U(x, g(x))$ は正の値をとり，この値は軸上で実現される．この値を g の移動距離 (translation length) という．楕円的な元については，固定点をもつので移動距離は 0 である．また放物的な元については移動距離は 0 であるがそれを実現する点は存在しない．U において，$\mathbf{R}$ に接する円および $\mathbf{R}$ と平行な直線 (∞ で接するとみなす) を境円 (horocycle) と呼ぶ．$PSL_2\mathbf{R}$ の放物的な元 g は $\mathbf{R} \cup \{\infty\}$ に 1 点のみ固定点をもち，その点で接する境円を保存する．この境円上の点については，g により移動する距離は一定で，境円のユークリッド半径を 0 に近づける (∞ が接点の場合は ∞ 方向に上げる) につれて移動距離が 0 に収束する．

5 ポアンカレ拡張と 3 次元双曲計量

$H = \{(x,y,z) \in \mathbf{R}^3 | z > 0\}$ に計量 $\frac{\sqrt{dx^2+dy^2+dz^2}}{z}$ を入れることにより，断面曲率が一定値 -1 をとる空間となる．同様に $B = \{(x,y,z) \in \mathbf{R}^3 | x^2+y^2+z^2 < 1\}$ に計量 $\frac{\sqrt{4(dx^2+dy^2+dz^2)}}{1-(x^2+y^2+z^2)}$ を入れたものも断面曲率 -1 の空間となる．H の測地線は $\mathbf{R}_0^2 = \{(x,y,0) \in \mathbf{R}^3\}$ に 2 点で直交する円の U 内の部分あるいは z 軸に平行な開半直線である．$\hat{\mathbf{C}}$ 上の 1 次分数変換は $\mathbf{C}$ を $\mathbf{R}_0^2$ と同一視した上で H の等長変換，あるいは $\hat{\mathbf{C}}$ を ∂B と同一視した上での B の等長変換に拡張する．これをポアンカレ拡張 (Poincaré extension) と呼ぶ．

$g \in PSL_2\mathbf{C}$ が斜行的なとき，U 内の唯一の測地線を固定し，その上で最小移動距離が実現されるのは，2 次元のときの双曲変換と同様である．H の球面で，$\mathbf{R}_0^2$ に接するものと，$z_0 > 0$ についての平面 $\{(x,y,z_0)\}$ を境球 (horosphere) と呼ぶ．H の双曲距離は境球上にユークリッド計量を誘導する．平面の方は ∞ で境界 $\mathbf{C} \cup \{\infty\}$ に接していると解釈する．放物的な元は $\mathbf{C} \cup \{\infty\}$ 上での固定点を接点とする境球を保ち，境球上のユークリッド計量に関して等長的に作用する．

より一般の n 次元球面のメビウス変換も，$n+1$ 次元の双曲空間 $\mathbf{H}^{n+1}$ の等長変換とみなすことができる．その場合も変換は $\mathbf{H}^{n+1}$ に固定点をもつもの (楕円型)，S^n に 1 点のみ固定点をもつもの (放物型)，$\mathbf{H}^{n+1}$ の唯一の測地線を保存するもの (双曲型) に分けられる．

6 ユルゲンセンの不等式

二つの 1 次分数変換 g, h が生成する $PSL_2\mathbf{C}$ の部分群が離散的であることを判定する条件としてユルゲンセンの不等式がある．$g, h \in PSL_2\mathbf{C}$ で生成される群 $\langle g, h \rangle$ が初等的であるとは，有限群または巡回群の有限指数拡大になることをいう．今 $\langle g, h \rangle$ が非初等的でかつ離散的であるならば，それらを表す行列 $A, B \in SL_2\mathbf{C}$ について，$|\mathrm{Tr}^2(A) - 4| + |\mathrm{Tr}(ABA^{-1}B^{-1}) - 2| \geqq 1$ が成り立たなくてはならない．行列 $\begin{pmatrix} a & b \\ c & d \end{pmatrix}$ で表される $PSL_2\mathbf{C}$ の元 g について，$\|g\|$ を $|a|^2+|b|^2+|c|^2+|d|^2$ で定義すると，これは $\max\{\|A-E\|, \|B-E\|\} > 0.14$ を導く．これらをユルゲンセン (Jørgensen) の不等式と呼ぶ．より一般に 1 次分数変換からなる群 G を考えたとき，それが離散的であるかどうかは，G の任意の二つの元 g, h について $\langle g, h \rangle$ が離散的かどうかで決まることが知られている．したがって，これにもユルゲンセンの不等式を使うことができる．

［大鹿健一］

参 考 文 献

[1] 深谷賢治：双曲幾何, 岩波書店．
[2] 大鹿健一：離散群, 岩波書店

一様収束

uniform convergence

　自然数 n に対して関数 $f_n(x)$ が定まっている（つまり，$f_1(x), f_2(x), \ldots$ が定まっている）とき，それらをまとめて，関数列 $\{f_n(x)\}$ と呼ぶ．数列の場合と同様に $n \to \infty$ の場合の関数列 $\{f_n(x)\}$ の収束について考えることは重要であるが，関数列の場合には収束の形態が複数あり，その一つが一様収束である．一様収束する関数列はよい性質をもつことがわかっている．

　関数としてはいろいろな定義域・値域のものがありうるが，以下では，もっとも基本的である実数変数の実数値関数の場合を取り上げる．一般の関数の場合でも要点はまったく同じである．

1　各点収束と一様収束

　実数からなる集合 I があり，I を定義域とする実数値の関数列 $\{f_n(x)\}$ と，I 上の実数値関数 $f(x)$ があるとする．「関数列 $\{f_n(x)\}$ が $f(x)$ に収束する」ことの定義には必要に応じていくつかの方式があるが，各点収束と一様収束が基本的であり，重要である．この二つについて，各々の定義と両者の違いを説明する．

　まず，「$\{f_n(x)\}$ が $f(x)$ に各点収束する」とは，任意の $x \in I$ をとって固定するとき，数列 $\{f_n(x)\}$ が $f(x)$ に収束すること，つまり

　任意の $x \in I$ について，$\displaystyle\lim_{n\to\infty} f_n(x) = f(x)$　(1)

が成り立つことである．エプシロン–デルタ論法によって極限の定義を書き下して，それを論理記号で表せば，(1) は

$$\forall x \in I \, \forall \epsilon > 0 \, \exists N \, (n \geqq N \Longrightarrow |f_n(x) - f(x)| < \epsilon) \quad (2)$$

となる．

　たとえば，I が閉区間 $[0, 1]$ だとして，

$$g_n(x) = \begin{cases} 2n^2 x & (0 \leqq x < \frac{1}{2n}) \\ 2n - 2n^2 x & (\frac{1}{2n} \leqq x < \frac{1}{n}) \\ 0 & (\frac{1}{n} \leqq x \leqq 1) \end{cases}$$

で定まる関数列 $\{g_n(x)\}$ をとる．このとき，任意の x について $\displaystyle\lim_{n\to\infty} g_n(x) = 0$ が成り立つので，関数列 $\{g_n(x)\}$ は定数関数 0 に各点収束している．各点収束の定義では，その言葉通り，定義域の点ごとに収束を考えていた．これに対して，定義域の中の点を"一斉に"考察するのが一様収束の概念である．「関数列 $\{f_n(x)\}$ が $f(x)$ に I 上で一様収束する」ことの定義を論理記号で表すと

$$\forall \epsilon > 0 \, \exists N \, \forall x \in I \, (n \geqq N \Longrightarrow |f_n(x) - f(x)| < \epsilon) \quad (3)$$

となる．((3) は

$$\forall \epsilon > 0 \, \exists N \, (n \geqq N \Longrightarrow \forall x \in I \, |f_n(x) - f(x)| < \epsilon)$$

と書き表すこともできる．)　また，$\{f_n(x)\}$ が $f(x)$ に I 上で一様収束するような関数 $f(x)$ が存在するとき「関数列 $\{f_n(x)\}$ は I 上で一様収束する」という．

　(2) と (3) の違い（つまり，各点収束と一様収束の違い）は，x と N の現れる順番だけである．具体的に述べると，最初に $\epsilon > 0$ が登場するのは (2) (3) で共通である．しかし，その後に，(2) ではまず x が現れていて，その x に対して N が定まればよい．一方，(3) では，まず N が現れていて，I に属するすべての x についてその N が通用することになっている．言い換えれば，(2) での N は x に依存して定まればよいが，(3) での N は I に属するすべての x について"共通"にとれていなくてはならない．上の説明に表れた"一斉に"とか"共通に"という内容を「N が，I の中の x について一様にとれる」などと表現することから，一様収束という言葉が使われる．(「一様」という言葉は英語の「uniform」の訳であることを知っていたほうが，理解しやすいかもしれない．たとえば，「あるチームの人は皆同じユニフォーム (uniform wear) を着ている」という状況を思い浮かべて，「I の中の x が皆同じ N を使っている」と考えれば，それが一様収束の状況である．)

　定義により，一様収束している関数列は各点収束するが，この主張の逆は成立しない．たとえば，上に挙げた関数列 $\{g_n(x)\}$ は，閉区間 $[0, 1]$ 上では 0 に一様収束しない ($g_n(\frac{1}{2n}) = n$ であることに注意すれば，簡単に確かめられる).

　一様収束を考える場合には，関数の定義域をはっ

きりさせる必要がある．たとえば，$0 < a < 1$ を満たす a に対して上の関数 $g_n(x)$ は閉区間 $[a, 1]$ で定義されていると考えることができる（定義域の制限）が，その場合には，関数列 $\{g_n(x)\}$ は定数関数 0 に $[a, 1]$ 上で一様収束している．つまり，上に述べたように，一様収束の判定には N が"共通に"とれるかどうかが問題であるが，「共通」ということを考えるには「どの範囲で」という指定が伴っていなければならないのである．

2 一様収束の判定

関数列が一様収束することを示すには，次の定理が有効である．

定理 1 I 上の関数列 $\{f_n(x)\}$ が
$$f_n(x) = \sum_{k=1}^{n} a_k(x) \quad (n \geq 1, x \in I)$$
と表されている（$a_k(x)$ は I 上の関数）とき，
$$|a_k(x)| \leq c_k \ (k \geq 1, x \in I) \quad \text{かつ} \quad \sum_{k=1}^{\infty} c_k < \infty$$
を満たす数列 $\{c_n\}$ が存在するなら，$\{f_n(x)\}$ は I 上で一様収束する．

この定理に表された「関数列の一様収束の判定を級数の収束の判定に帰着する」という方法は優級数の方法と呼ばれている（級数 $\sum_{k=1}^{\infty} c_k$ が優級数である）．

3 一様収束のメリット

関数列 $\{f_n(x)\}$ が関数 $f(x)$ に収束している，という状況で，$f_n(x)$ のもっている性質が極限の関数 $f(x)$ に"伝わる"か，というのは重要な問題である．任意の n について $f_n(x)$ が連続なら $f(x)$ も連続か，とか，$f_n(x)$ を積分した値の極限は $f(x)$ の積分値と一致しているか，などの問題は，数学的考察で頻繁に登場する．このような問題について，各点収束はよい性質をもっていない．たとえば，$I = [0, 1]$ として $f_n(x) = x^n$ で与えられる連続な関数の列 $\{f_n(x)\}$ は関数
$$f(x) = \begin{cases} 0 & (0 \leq x < 1) \\ 1 & (x = 1) \end{cases}$$
に各点収束するが，この $f(x)$ は連続ではない．また，上に挙げた関数列 $\{g_n(x)\}$ は定数関数 0 に各点収束しているが，任意の n について $\int_0^1 g_n(x)\,dx = \frac{1}{2}$ であるので，この値の極限 $\frac{1}{2}$ は極限の関数の積分 $\int_0^1 0\,dx = 0$ とは一致しない．

これに対して，一様収束する関数列については，次の定理が成り立っている．

定理 2 I 上の連続関数の列 $\{f_n(x)\}$ が関数 $f(x)$ に I 上一様収束するとき，次が成り立つ．

(i) $f(x)$ は連続関数である．

(ii) 区間 $[a, b]$ が I に含まれるとき，
$$\lim_{n \to \infty} \int_a^b f_n(x)\,dx = \int_a^b f(x)\,dx \quad (4)$$
が成り立つ．

(iii) すべての $f_n(x)$ が微分可能で導関数の列 $\{f'_n(x)\}$ が I 上一様収束するならば，$f(x)$ は微分可能であり，導関数について
$$f'(x) = \lim_{n \to \infty} f'_n(x) \quad (5)$$
が成り立つ．

(4) は「積分の極限が極限の積分に等しい」ということなので，「極限と積分の順序交換」と表現される．同様に，(5) は「極限と微分の順序交換」である．

4 広義一様収束

関数列 $\{f_n(x)\}$ の定義域 I が有界でない場合には，「I 上で一様収束する」という条件は強すぎて，成り立たないことも多い．そのような場合には「I に含まれる任意のコンパクト集合 K について，$\{f_n(x)\}$ は K 上一様収束する」という条件を設定するのが有効で，この条件が成り立つことを「関数列 $\{f_n(x)\}$ は I 上広義一様収束する」と表現する．定理 2 のような有益な主張は広義一様収束の仮定のもとで成立することが多く，応用上重要である．たとえば，複素関数論において「複素領域 D 上で定義された正則関数の列が D 上広義一様収束すれば，極限の関数も正則である」という主張が成り立ち，正則関数の構成のために頻繁に利用される．

［中島匠一］

1階偏微分方程式

first–order partial differential equation

1　1階偏微分方程式の意味づけ

偏微分方程式とは，多変数関数の導関数を含む方程式のことをいう．たとえば以下のような方程式は関数 $u(x,y)$ の導関数の関係式を与えており，偏微分方程式と呼ばれる：

(1) $a(x,y,u)u_x(x,y) + b(x,y,u)u_y(x,y) = c(x,y,u)$,

(2) $u_{yy}(x,y) = u_{xx}(x,y)$,

(3) $F(x,y,u(x,y),u_x(x,y),u_y(x,y)) = 0$,

(4) $u_x(x,y) = v_y(x,y),\ u_y(x,y) = -v_x(x,y)$.

ここで，a, b, c, F は適当に与えられた関数である．偏微分方程式とは，考えている領域の独立変数をかってに固定するごとに成り立つ方程式であり，$u_y(x,y) + u_x(x,y) = \int_0^t k(x,y,\xi)u(x,\xi)d\xi + u(x,y-h)$ のように，積分などを含む関係式は偏微分方程式とは呼ばずに積分微分方程式とか，より一般的に関数方程式と呼ぶ．

さて，偏微分方程式に現れる未知関数の偏導関数の階数の最大値が 1 であるとき，1 階偏微分方程式 (first-order partial differential equation) と呼ぶ．1 階の微分を含む部分を 1 階偏微分方程式の主部と呼ぶ．

上に挙げた方程式のうちで (2) 以外は 1 階偏微分方程式であるが，(2) はそうではない (2 階の偏導関数が現れているので，2 階偏微分方程式と呼ぶ)．一般に，現れる偏導関数の最大のものを，その偏微分方程式の階数 (order) と呼ぶ．

偏微分方程式には，(1)〜(3) のように 1 つの未知関数に関する単独の偏微分方程式や，偏微分方程式系と呼ばれる (4) のような 2 つ以上の関数に関するものがある．また，未知関数とその導関数について一次式となるとき，偏微分方程式は線形 (linear) であると呼ぶ．線形でない場合に非線形 (nonlinear) であるという．

u が考えている偏微分方程式の解 (solution：正しくは古典解，4 節参照) であるとは，u とその偏導関数を偏微分方程式に代入したときに，ある領域において方程式が成り立つことをいう．

2　1階偏微分方程式の解法

偏微分方程式の解をなるべく一般の形で求めることは，重要な課題である．常微分方程式では，一般的な形の解を求めることがしばしば可能であり，そのような解は一般解 (general solution) と呼ばれる．偏微分方程式では常微分方程式のように一般解を求めることは一般には不可能である．しかしながら，1 階の単独の偏微分方程式やある種の 1 階の偏微分方程式系では一般解を求めることが可能である．それは常微分方程式を用いる方法であり，特性曲線 (characteristic curve) の方法と呼ばれる基本的な手法である．それを単純な一階偏微分方程式 (1) で解説する．まず (1) の解 $z = u(x,y)$ を xyz-空間内の曲面を表すと考えて，偏微分方程式 (1) の積分曲面 (integral surface) と呼ぶことにする．常微分方程式系 $\frac{dx(t)}{dt} = a(x,y,z)$, $\frac{dy(t)}{dt} = b(x,y,z)$, $\frac{dz(t)}{dt} = c(x,y,z)$ を解く．t をパラメータとして，$(x(t),y(t),z(t))$ を xyz-空間内の曲線と考えて，これを (1) の特性曲線と呼ぶ．このとき，u が (1) の解であれば，$z(t) - u(x(t),y(t))$ は定数であることは，両辺を t で微分して，もとの偏微分方程式を用いればわかる．このことからある点 (x_0,y_0,z_0) が積分曲面上にあり，γ がこの点を通る特性曲線であれば γ は積分曲面上にあることを証明することができる．さらに，(1) は積分曲面の各点での法線がベクトル (a,b,c) と直交していることを意味することに注意すると，ある曲面 $S : z = u(x,y)$ が特性曲線の和集合であれば，S は積分曲面であることもわかる．

1 階偏微分方程式の解で xyz-空間内の適当な曲線上で与えられた関数値をとるような解を求める問題をコーシー問題 (Cauchy problem) という．そのうちで典型的なものは，考えている領域で $b(x,y,u) \neq 0$ となるものとして，(1) の解で $g(x)$ を与えられた関数として $u(x,0) = g(x)$ を満たす関数を求めるというもので，y を時間とみなすとこれは初期時刻 $y = 0$ における条件 (初期条件と呼ぶ) を与えて偏微分方程式を解く問題で初

期値問題 (initial value problem) とも呼ばれる．コーシー問題の解の一意性や存在は方程式の形や初期値を与える曲線に依存しており，1 階偏微分方程式に対して一般論が完成している [1].

以上の議論は，独立変数の数が 2 より多い，より一般の単独の 1 階偏微分方程式に関しても成り立つが，詳細は文献 [1], [2], [3] に譲る．このように，一般の偏微分方程式のなかにあって，単独の 1 階偏微分方程式は特性曲線の方法で常微分方程式系に帰着できて一般的に解を求めることが期待できる例外的なものといえるが，一方で 3 節で述べるように多くの重要な物理現象を記述している．

3 数理物理に現れる 1 階偏微分方程式

1 階の単独偏微分方程式または偏微分方程式系は流体などの現象を定量的に記述する際にしばしば現れる．とくに質量保存則はある時刻・ある場所における密度と速度を表す関数の 1 階偏微分方程式で記述される ([4]. 5 節でもふれるが，電磁気学の基礎方程式はマクスウェルの方程式と呼ばれる 1 階偏微分方程式系である．また，古典力学の基本方程式であるハミルトン–ヤコビ方程式も 1 階の非線形偏微分方程式である．

4 1 階偏微分方程式の解とは

さて，1 階偏微分方程式の解とは，考えている領域 D で各変数に関して 1 回偏微分できてしかも偏導関数が連続である (D で C^1 級であると呼ぶ) として，それらを偏微分方程式に代入したときに点ごとに方程式が成り立つことと 1 節で定義した．そのような解は古典解 (classical solution) と呼ばれる．非線形の 1 階偏微分方程式では，領域 D 全体で古典解は存在しないが，解の定義を弱解 (weak solution) と呼ばれる一般化された意味にとるとより広い領域で解が存在することがある．とくに 1 階偏微分方程式が気体の速度・密度を記述している場合，衝撃波などのように C^1 級のクラスでは理解できない解が重要になり，弱解の考え方は不可欠になる ([2] の pp.22–23, [4] の第 6 章参照)．弱解は，偏微分方程式の解を考える際に常微分方程式の場合と根本的に異なる概念である．

5 1 階偏微分方程式系

階数が 2 以上の偏微分方程式は 1 階偏微分方程式系に変換して考察できるので ([2] の pp.59–66 参照)，偏微分方程式の理論展開においても 1 階の偏微分方程式系はしばしば現れる．たとえば，偏微分方程式の係数が解析的であり，初期条件も解析的であるときに時間が十分小さい範囲で，コーシー問題の解が一通りに存在することを保証するコーシー–コワレフカヤの定理も 1 階偏微分方程式系の形で証明される．また，物性が方向に依存しない媒質における電磁波の基礎方程式であるマクスウェルの方程式や弾性波の時間変化を記述するラメの方程式も対称双曲型方程式系 (symmetric hyperbolic system) と呼ばれる 1 階偏微分方程式系で記述することができる ([1] の第 8 章第 1 節, [2] の第 5 章第 3 節)．また，1 節の例で (4) はコーシー–リーマンの方程式と呼ばれる 1 階偏微分方程式系であり，複素関数としての微分可能性を特徴付けるもので関数論でもっとも基本的な偏微分方程式である．

2 節で述べた解法は主部の異なる 1 階偏微分方程式系には一般には成立せず，初期値によってはコーシー問題の解が存在しないことがある (例：解析的でない初期条件を考えた場合のコーシー–リーマンの方程式) が，対称双曲型方程式系は主部は等しくないもののコーシー問題は適当な初期条件のクラスの設定の下でうまく解ける ([1] の第 2 章，第 8 章第 1 節参照)．

コーシー–リーマンの方程式を一般化した 1 階偏微分方程式系を満たす関数として，一般化された解析関数の理論が，I.N. Vekua, L. Bers らによって構築され，2 次元の弾性波の理論に効果的に適用されている．　　　　　　　[山 本 昌 宏]

参 考 文 献

[1] 熊ノ郷準：偏微分方程式，共立出版，1978.
[2] F. ジョン著，佐々木徹訳：偏微分方程式，シュプリンガー・フェアラーク東京，2003.
[3] 吉田耕作：微分方程式の解法，岩波書店，2000.
[4] 山口昌哉編著：非線形の現象と解析，日本評論社，1979.

伊藤の表現定理

Itô's representation theorem

伊藤の公式とともに，数理ファイナンスにおいて重要な役割を果たすのは，伊藤の表現定理と呼ばれる，確率変数やマルチンゲールを確率積分を用いて表現する定理である．この定理は金融派生証券をヘッジする投資戦略の構成を支えている．

1 伊藤の表現定理

$(\Omega, \mathcal{F}, P)$ を完備確率空間とする．$\{B_t = (B_t^1, \ldots, B_t^d)\}_{t \geq 0}$ を $B_0 = 0$ なる d 次元ブラウン運動とする．$\mathcal{F}_t^B$ を，すべての B_s, $s \leq t$, を可測にし，さらにすべての P-零集合を含む最小の σ 加法族とする．$\mathcal{F}_\infty^B$ を，すべての $\mathcal{F}_t^B$, $t \geq 0$ を包含する最小の σ 加法族とする．$E[\cdot]$ で P に関する期待値を表し，$L^2(P)$ を P に関し二乗可積分な実数値関数のなすヒルベルト空間とする．

$\mathcal{F}_\infty^B$-可測な $F \in L^2(P)$ に対し，$\mathbf{R}^d$ 値 $(\mathcal{F}_t^B)$-可予測過程 $\{H_t = (H_t^1, \ldots, H_t^d)\}_{t \geq 0}$ で，$E[\int_0^\infty |H_t|^2 dt] < \infty$ を満たすものが存在し，

$$E[F|\mathcal{F}_t^B] = E[F] + \sum_{i=1}^d \int_0^t H_s^i dB_s^i, \quad t \geq 0 \quad (1)$$

が成り立つ．ただし $E[\cdot|\mathcal{F}_t^B]$ は $\mathcal{F}_t^B$ で条件付けた条件付き期待値を表す．この $\{H_t\}_{t \geq 0}$ は，半直線上のルベーグ測度 λ と P の直積測度に関する零集合を除いて，一意的に定まる．これを伊藤の表現定理 (Itô's representation theorem) という．さらに，これから，次のような局所マルチンゲールに関する表現定理が得られる；$(\mathcal{F}_t^B)$-局所マルチンゲール $\{M_t\}_{t \geq 0}$ は連続であり (すなわち，ほとんどすべての ω に対し写像 $t \mapsto M_t(\omega)$ は連続であり)，$P(\int_0^T |H_t|^2 dt < \infty, \forall T > 0) = 1$ を満たす $\mathbf{R}^d$ 値 $(\mathcal{F}_t^B)$-可予測過程 $\{H_t\}_{t \geq 0}$ が存在し，

$$M_t = M_0 + \sum_{i=1}^d \int_0^t H_s^i dB_s^i, \quad t \geq 0$$

と表現できる．

マリアバン解析を用いれば，上の $\{H_t\}_{t \geq 0}$ を具体的に求めることが可能である．$T > 0$ とし，$[0, T]$ 上の $\mathbf{R}^d$ 値連続関数 w で $w(0) = 0$ を満たすものの全体を $\mathcal{W}_T^d$ と表す．P を $\mathcal{W}_T^d$ 上のウィナー測度の完備化，$\mathcal{F}$ を $\mathcal{W}_T^d$ 上の位相的 σ 加法族の完備化とする．$B_t: \mathcal{W}_T^d \to \mathbf{R}^d$ を $B_t(w) = w(t)$ $(w \in \mathcal{W}_T^d)$ とおけば，$\{B_t\}_{0 \leq t \leq T}$ は $(\mathcal{W}_T^d, \mathcal{F}, P)$ 上のブラウン運動である．H_T^d を，ルベーグ測度に関し二乗可積分な $h': [0, T] \to \mathbf{R}^d$ を用いて，$h(t) = \int_0^t h'(s) ds$ $(t \geq 0)$ と表される $h \in \mathcal{W}_T^d$ の全体とする．P に関し二乗可積分な $\mathcal{F}$-可測関数 $F: \mathcal{W}_T^d \to \mathbf{R}$ がマリアバン解析の意味で微分可能であり，マリアバン微分 ∇F もまた二乗可積分であるとする．このとき $H_t = E[(\nabla F(w))'(t)|\mathcal{F}_t^B]$ とおけば，これが (1) の $\{H_t\}_{t \geq 0}$ となる．これをクラーク–オコンの公式 (Clark–Ocone formula) という．

2 多重ウィナー積分

$n \in \mathbf{Z}_+$ に対し，エルミート多項式 $H_n: \mathbf{R} \to \mathbf{R}$ を，$H_n(\xi) = ((-1)^n/n!)e^{\xi^2/2}(d/d\xi)^n e^{-\xi^2/2}$ $(\xi \in \mathbf{R})$ と定義する．$\mathbf{a} = (a_1, a_2, \ldots) \in \mathbf{Z}_+^{\mathbf{N}}$ に対し，$|\mathbf{a}| = \sum_{n=1}^\infty a_n$, $\mathbf{a}! = \prod_{n=1}^\infty (a_n!)$, とおき，$\mathcal{A} = \{\mathbf{a} \in \mathbf{Z}_+^{\mathbf{N}} | |\mathbf{a}| < \infty\}$ と定義する．$\mathcal{W}_T^d$, H_T^d, P, $\{B_t\}_{0 \leq t \leq T}$ は前節の通りとする．$h \in H_T^d$ に対し，$\mathcal{I}(h) = \sum_{i=1}^d \int_0^T (h')^i(t) dB_t^i$ とおく．ただし $h'(t) = ((h')^1(t), \ldots, (h')^d(t))$ である．$\{\varphi_j\}_{j=1}^\infty$ を H_T^d の正規直交基とする．$\mathbf{a} \in \mathcal{A}$ に対し，$\mathbf{H_a} = \prod_{i=1}^\infty H_{a_i}(\mathcal{I}(\varphi_j))$ とおく．これをフーリエ–エルミート多項式 (Fourier–Hermite polynomial) という．$n \in \mathbf{Z}_+$ に対し，$\{\mathbf{H_a} | |\mathbf{a}| = n\}$ の張る閉部分空間 $\mathfrak{C}_n$ を n 次ウィナー・カオス (n-th Wiener chaos) という．$\{\sqrt{\mathbf{a}!} \mathbf{H_a} | |\mathbf{a}| = n\}$ は $\mathfrak{C}_n$ の正規直交基である．さらに

$$L^2(P) = \bigoplus_{n=0}^\infty \mathfrak{C}_n$$

という直行直和分解が成り立つ．この分解を伊藤–ウィナー展開 (Itô–Wiener expansion) という．

$n \in \mathbf{N}$ とする．各 $1 \leq i_1, \ldots, i_n \leq d$ に対し，$\Phi_{i_1, \ldots, i_n}: [0, T]^n \to \mathbf{R}$ がルベーグ積分に関して二乗可積分であり，さらに任意の $\{1, \ldots, n\}$ の置換 σ に対し，$\Phi_{i_{\sigma(1)}, \ldots, i_{\sigma(n)}}(t_{\sigma(1)}, \ldots, t_{\sigma(n)})$

と $\Phi_{i_1,\ldots,i_n}(t_1,\ldots,t_n)$ が一致する関数列 $\Phi = (\Phi_{i_1,\ldots,i_n})_{1 \leq i_1,\ldots,i_n \leq d}$ の全体を $\mathcal{S}_n$ とおく．$\Phi \in \mathcal{S}_n$ に対し，

$$I_n(\Phi) = \sum_{i_1,\ldots,i_n=1}^{d} \int_0^T dB_{t_n}^{i_n} \int_0^{t_n} dB_{t_{n-1}}^{i_{n-1}} \cdots$$
$$\cdots \int_0^{t_2} \Phi_{i_1,\ldots,i_n}(t_1,\ldots,t_n) dB_{t_1}^{i_1}$$

と定義する．これを Φ の**多重ウィナー積分** (multiple Wiener integral) という．

$G \in \mathfrak{C}_n$ に対し，$\Phi \in \mathcal{S}_n$ が存在し $G = I_n(\Phi)$ が成り立つ．この $\Phi \in \mathcal{S}_n$ は次のようにして定まる．$\tau G \in H_T^d$ を

$$\langle \tau G, h \rangle = e^{\|h\|^2/2} \int_{\mathcal{W}_T^d} e^{\sqrt{-1}\mathcal{I}(h)} G \, dP, \quad h \in H_T^d$$

とおく．ただし，$\langle \cdot, \cdot \rangle$, $\|\cdot\|$ はそれぞれヒルベルト空間 H_T^d の内積とノルムである．H_T^d 上の対称なヒルベルト–シュミット型 n 重線形作用素 S_G が唯一存在し，$\langle \tau G, h \rangle = \sqrt{-1}^n S_G[h,\ldots,h]$, $h \in H_T^d$, が成り立つ．$\Phi \in \mathcal{S}_n$ は，

$$S_G(h_1,\ldots,h_n)$$
$$= \sum_{i_1,\ldots,i_n=1}^{d} \int_0^T \cdots \int_0^T \Phi_{i_1,\ldots,i_n}(t_1,\ldots,t_n) \times$$
$$\times \prod_{j=1}^{n}(h_1')^{i_j}(t_j) \, dt_1 \ldots dt_n$$

を満たす関数列として定まる．

伊藤–ウィナー展開は次のように述べることもできる；$F \in L^2(P)$ に対し，$\Phi_n \in \mathcal{S}_n$, $n \in \mathbf{N}$, が存在し，$F = E[F] + \sum_{n=1}^{\infty} I_n(\Phi_n)$ が成り立つ．

$G \in \mathfrak{C}_n$ はマリアバン解析の意味で無限回微分可能となる．$\nabla^n G$ を G の n 階マリアバン微分とすれば，$S_G = \nabla^n G/n!$ が成り立つ．さらに $I_n(\Phi_n) = (\nabla^*)^n S_G$ である．

3 拡　　張

(I) 伊藤の表現定理は，一つのマルチンゲールをブラウン運動に関する確率積分で表示するものであったが，以下に述べるように複数のマルチンゲールを同時に表示することも可能である．

$(\Omega, \mathcal{F}, P, \{\mathcal{F}_t\})$, $(\Omega', \mathcal{F}', P', \{\mathcal{F}_t'\})$ をフィルターつき確率空間とする．これらの直積確率空間の完備化を $(\widetilde{\Omega}, \widetilde{\mathcal{F}}, \widetilde{P})$ と表す．すべての直積集合 $A \times A'$ $(A \in \mathcal{F}_t, A' \in \mathcal{F}_t')$ とすべての $\widetilde{P}$–零集合を含む最小の σ 加法族を $\widetilde{\mathcal{G}}_t$ と表し，$\widetilde{\mathcal{F}}_t = \bigcap_{s>t} \widetilde{\mathcal{G}}_s$ とおく．$(\widetilde{\Omega}, \widetilde{\mathcal{F}}, \widetilde{P}, \{\widetilde{\mathcal{F}}_t\})$ を $(\Omega, \mathcal{F}, P, \{\mathcal{F}_t\})$ の**拡張** (extension) という．Ω 上の関数 f は自然に $\widetilde{\Omega}$ 上の関数とみなし，同じ記号 f で表す．

$\{M_t^i\}_{t \geq 0}$, $1 \leq i \leq d$, を $(\Omega, \mathcal{F}, P, \{\mathcal{F}_t\})$ 上の $M_0^i = 0$ なる連続局所マルチンゲール，$\{\langle M^i, M^j \rangle_t\}_{t \geq 0}$ を 2 次変分過程とする．もし P–a.s. に $t \mapsto \langle M^i, M^j \rangle_t$ が絶対連続であれば，拡張 $(\widetilde{\Omega}, \widetilde{\mathcal{F}}, \widetilde{P}, \{\widetilde{\mathcal{F}}_t\})$, d 次元 $(\widetilde{\mathcal{F}}_t)$–ブラウン運動 $\{B_t = (B_t^1,\ldots,B_t^d)\}_{t \geq 0}$, および $\widetilde{P}$–a.s. に $\int_0^T (m_t^{ij})^2 dt < \infty$ ($\forall T > 0$) を満たす $(\widetilde{\mathcal{F}}_t)$–発展的可測な $\{m_t^{ij}\}_{t \geq 0}$, $1 \leq i, j \leq d$, が存在し，$M_t^i = \sum_{j=1}^{d} \int_0^t m_s^{ij} dB_s^j$ $(1 \leq i \leq d$, $t \geq 0)$ が成り立つ．

(II) $\mathbf{W}^1$ を $[0,\infty)$ 上の連続関数の全体とし，$X_t : \mathbf{W}^1 \to \mathbf{R}$ を $X_t(w) = w(t)$ とおく．$\mathcal{F}_t$ をすべての X_s, $s \leq t$, を可測にする最小の σ 加法族とする．P を $\mathbf{W}^1$ 上のウィナー測度とする．P–a.s. に $D_t > 0$ となるマルチンゲール $\{D_t\}_{t \geq 0}$ が存在すると仮定する．確率測度 Q を $dQ|_{\mathcal{F}_t} = D_t dP|_{\mathcal{F}_t}$ $(t \geq 0)$ により定義する．$\beta_t = X_t - \int_0^t (1/D_s) d\langle X, D \rangle_s$ とおく．このとき，$\{\beta_t\}_{t \geq 0}$ は Q のもと $(\mathcal{F}_t)$–ブラウン運動となる．さらに，Q のもとでの $(\mathcal{F}_t)$–マルチンゲール $\{M_t\}_{t \geq 0}$ は，定数 c と可予測過程 $\{m_t\}_{t \geq 0}$ を用いて $M_t = c + \int_0^t m_s d\beta_s$ と表現できる．$\mathcal{F}_t$ は必ずしも $\{\beta_t\}_{t \geq 0}$ から構成されるフィルターと一致しないので，この主張は伊藤の表現定理の直接の帰結というわけではない． ［谷口説男］

参　考　文　献

[1] 重川一郎：確率解析，岩波書店，1998．
[2] I. Karatzas, S. Shreve：*Brownian Motion and Stochastic Calculus, 2nd ed*, Springer, 1991.
[3] L. Rogers, D. Williams：*Diffusions, Markov Processes, and Martingales, Vol.2, Itô Calculus*, John Wiley & Sons, 1987.
[4] M. Yor：*Some Aspects of Brownian Motion, Part II: Some Recent Martingale Problem*, Birkhäuser, 1997.

陰関数定理と逆写像定理

implicit function theorem and inverse function theorem

1 逆写像定理

$\boldsymbol{R}^n$ の開集合 W 上の C^r 写像 $F: W \to \boldsymbol{R}^n$ について,1点 x で微分 dF_x が可逆ならば,近傍 U に制限すると,$F|U$ は C^r 微分同相写像になることが知られている.ここで,微分 dF_x とは,$x = (x_1, \ldots, x_n)$ に対し,$F(x) = (f_1(x), \ldots, f_n(x))$ と表すとき,$f_i(x) = f_i(x_1, \ldots, x_n)$ は n 変数の C^r 関数となるが,その偏微分 $\dfrac{\partial f_i}{\partial x_j}(x)$ を (i, j) 成分とする行列の表す線形写像をいう.また,$F|U$ が C^r 級微分同相写像であるとは,$F|U$ が $\boldsymbol{R}^n$ の開集合の上への1:1写像で,逆写像 $(F|U)^{-1}$ も C^r 写像であるものをいう.

定理 1 (逆写像定理) F を $\boldsymbol{R}^n$ の開集合 W から $\boldsymbol{R}^n$ の中への C^r 写像とする.1点 x で微分 dF_x が可逆ならば,十分小さい近傍 U に対して,像 $V = F(U)$ も $\boldsymbol{R}^n$ の開集合で,$F|U : U \to V$ は C^r 微分同相写像である.

例 ユークリッド空間 $\boldsymbol{R}^3$ に C^r 曲面 $S = \{x(u, v)\}$ と C^r 曲線 $C = \{\gamma(t)\}$ があり,$C \subset S$ であるとする.このとき,C^r 関数 $u(t), v(t)$ で,$\gamma(t) = x(u(t), v(t))$ を満たすものがある.

実際,$\boldsymbol{R}^3$ の2つの成分を適当に選んで,射影 $\pi : \boldsymbol{R}^3 \to \boldsymbol{R}^2$ を定めると,微分 $d(\pi \circ x)_{(u,v)}$ を可逆にすることができる.したがって,$\gamma(t)$ の近傍上に逆写像 $\Phi = (\pi \circ x)^{-1}$ が定まり,C^r 写像になる.$(u(t), v(t)) = \Phi(\pi \circ \gamma(t))$ とおけばよい.

可微分写像に関して,逆写像定理は幅広く応用される.以下に述べることも,その応用である.

2 部分多様体と陰関数

$\boldsymbol{R}^{n+q}$ の部分集合 X が n 次元 C^r 部分多様体 (n–dimensional C^r submanifold) であるとは,X の各点 x に対し,その近傍 V と開集合の上への C^r 微分同相写像 $\Phi : V \to \Phi(V) \subset \boldsymbol{R}^{n+q}$ で $\Phi(X \cap V) = \Phi(V) \cap \boldsymbol{R}^n \times \{0\}$ を満たすものが存在するときをいう.

$\boldsymbol{R}^{n+q}$ の n 次元 C^r 部分多様体 X に対し,逆写像定理を適用して,次の定理を得る.それは,そのような部分多様体が,局所的に,$\boldsymbol{R}^n$ から $\boldsymbol{R}^q$ への写像のグラフで与えられることを保証するものである.

定理 2 (陰関数定理) X の各点の十分小さな近傍 U 上で,U の点 x に対し,$\boldsymbol{R}^{n+q}$ の成分を,ある組み合わせで n 個と q 個の2組に分けて,$x' \in \boldsymbol{R}^n$ と $x'' \in \boldsymbol{R}^q$ とするとき,x' を含むような $\boldsymbol{R}^n$ の近傍上の C^r 写像 $F: V \to \boldsymbol{R}^q$ をうまく選んで
$$x \in X \iff x'' = F(x')$$
が成り立つようにできる.

この定理における x' の選び方は,射影を $\pi(x) = x'$ とおき,部分多様体の条件を与える Φ の逆写像を $\boldsymbol{R}^n \times \{0\}$ に制限したものとの合成を考えるとき,微分
$$d(\pi \circ \Phi^{-1} | \boldsymbol{R}^n \times \{0\})_{(x', 0)}$$
が可逆になるものとすればよい.

3 はめ込み定理

一般に,$\boldsymbol{R}^n$ の開集合から $\boldsymbol{R}^{n+q}$ への C^r 写像がはめ込み (immersion) であるとは,各点 x で微分 dF_x が単射であるときをいう.

$\boldsymbol{R}^n$ の開集合上の C^r 写像について,1点 x で微分 dF_x が単射ならば,十分小さい近傍 U に制限すると,$F|U$ は C^r はめ込みになることが知られている.さらに,次が成り立つ.

定理 3 (はめ込み定理) F を $\boldsymbol{R}^n$ の開集合 W から $\boldsymbol{R}^{n+q}$ の中への C^r 写像とする.1点 x で微分 dF_x が単射ならば,x の近傍 U と像 $F(x)$ の近傍 V と微分同相写像 $\Phi : V \to \Phi(V) \subset \boldsymbol{R}^{n+q}$ で
$$\Phi \circ F(x_1, \ldots, x_n) = (x_1, \ldots, x_n, 0, \ldots, 0)$$
となるものが存在する.

このとき,像 $F(U)$ は n 次元 C^r 部分多様体で,C^r はめ込み $F|U$ は像への同相写像になる.

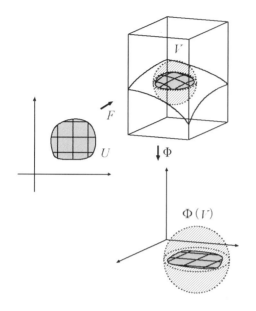

図 1　はめ込み定理

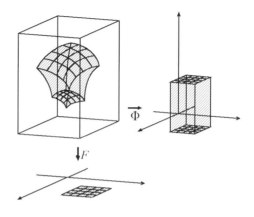

図 2　正則点定理

定理 5 (正則値定理)　以上の状況で, y を F の正則値とすると, $F^{-1}(y)$ は $\boldsymbol{R}^{n+q}$ の n 次元 C^r 部分多様体である.

[川﨑徹郎]

4　正則点定理と正則値定理

一般に, $\boldsymbol{R}^{n+q}$ の開集合上の C^r 写像 F に関して, 1 点 x で微分 dF_x が全射のとき, x を正則点 (regular point) であるという. 正則点の十分小さい近傍の各点も正則点であることがわかる. さらに, 次が成り立つ.

定理 4 (正則点定理)　F を $\boldsymbol{R}^{n+q}$ の開集合 W から $\boldsymbol{R}^q$ の中への C^r 写像とする. 1 点 x が F の正則点ならば, x の近傍 U と像 $F(x)$ の近傍 V と微分同相写像 $\Phi : U \to \Phi(U) \subset \boldsymbol{R}^{n+q}$ で

$$F \circ \Phi^{-1}(x_1, \ldots, x_q, \ldots, x_{n+q}) = (x_1, \ldots, x_q)$$

となるものがある.

このとき, V の各点 y に対し, $F^{-1}(y) \cap U$ は, Φ で写すと $\{(x_1, \ldots, x_q)\} \times \boldsymbol{R}^n$ に対応するから, n 次元部分多様体である. そして, U はこのような (平行な) 部分多様体に覆われ, 分割されることがわかる.

一般に, $\boldsymbol{R}^{n+q}$ の開集合から $\boldsymbol{R}^q$ の中への C^r 写像 F に関して, $\boldsymbol{R}^q$ の点 y が正則値 (regular value) であるとは, $F^{-1}(y)$ の各点 x が F の正則点であるときをいう. 正則点定理より, 次が成り立つ.

参　考　文　献

[1] 川﨑徹郎：曲面と多様体, 朝倉書店, 2001.
[2] 松本幸夫：多様体の基礎, 東京大学出版会, 1988.
[3] 松島与三：多様体入門, 裳華房, 1965.

因子と可逆層

divisor and invertible sheaf

X を代数閉体 k 上の代数多様体とする.

1 カルティエ因子

X 上の**カルティエ因子** (Cartier divisor) とは, X のある開被覆 $\{U_i\}$ と X 上の 0 でない有理関数 f_i (U_i 上正則と仮定しているわけではない) の集まり $\{U_i, f_i\}$ で, すべての i, j に対して, $f_i f_j^{-1}$ の $U_i \cap U_j$ 上への制限 $f_i f_j^{-1}|_{U_i \cap U_j}$ が可逆な正則関数 (零点をもたない正則関数) となっているもののことである. $f_i f_j^{-1}$ の条件は, f_i と f_j の零点集合と極が矛盾なく貼り合うということである. ただし, それぞれ $\{U_i, f_i\}$ と $\{V_k, g_k\}$ で定義されるカルティエ因子は, 「$\{U_i\}$ と $\{V_k\}$ の共通細分となる X の開被覆 $\{W_l\}$ が存在して, $W_l \subset U_i \cap V_k$ ならば, $f_i g_k^{-1}|_{W_l}$ が可逆な正則関数となっている」とき同一視する. クルル (Krull) の**標高定理**より, カルティエ因子の零点集合と極はそれぞれ X 上の余次元 1 の閉部分集合である.

以下, 3 章までは, カルティエ因子を単に因子と呼ぶ.

例 1 k 上の射影空間 $\mathbf{P}^n$ の座標を $x_0, \ldots, x_n$ とし, $U_i := \{x_i \neq 0\}$ とする. m 次同次式 $F := F(x_0, \ldots, x_n)$ に対して, $\{U_i, \frac{F}{x_i^m}\}$ は因子である. これを m 次超曲面, 特に $m = 1$ のとき, 超平面という.

因子全体はアーベル群をなす. その加法は, 2 つの因子 $\{U_i, f_i\}$ と $\{V_k, g_k\}$ に対して, その和を, $\{U_i\}$ と $\{V_k\}$ の共通細分となる X の開被覆 $\{W_l\}$ をとり, $\{W_l, f_i g_k|_{W_l}\}$ ($W_l \subset U_i \cap V_k$ とする) なる因子として定まる (積 $f_i g_k$ を考えているのに和といっているのは, 後に定義するヴェユ因子のときの慣用と合わせるためである). 因子 $D := \{U_i, f_i\}$ は, すべての f_i が U_i 上正則なとき, **有効因子**といい, $D \geq 0$ で表す. $\{X, f\}$ なる形の因子を**主因子**といい, $\operatorname{div} f$ で表す. X 上の因子全体は X の情報を多く含んでいるが, 大きすぎるので, 適当な同値関係で割って考えることが多い. 一番基本的なのが線型同値である. 2 つの因子 D_1, D_2 が**線型同値**であるとは, $D_1 - D_2$ が主因子であるときにいう. これは因子と可逆層の対応をみても自然である. 線型同値類もアーベル群をなし, この群を $\operatorname{CaCl} X$ で表す.

2 可逆層

X 上の $\mathcal{O}_X$–加群の層で, X の適当な開被覆 $\{U_i\}$ をとると, U_i 上 $\mathcal{O}_{U_i}$ に同型となるものを**可逆層**という. 二つの可逆層 $\mathcal{L}, \mathcal{M}$ に対して, $\mathcal{L} \otimes_{\mathcal{O}_X} \mathcal{M}$ もまた可逆層であり, 可逆層 $\mathcal{L}$ に対して, $\mathcal{L}^* := \mathcal{H}om(\mathcal{L}, \mathcal{O}_X)$ は $\mathcal{L} \otimes_{\mathcal{O}_X} \mathcal{L}^* \simeq \mathcal{O}_X$ を満たす. こうして可逆層の同型類全体は $\mathcal{O}_X$ 上のテンソル積で群をなす. この群を**ピカール群** (Picard group) といい, $\operatorname{Pic} X$ で表す. 可逆層と因子は次のように対応している. $D = \{U_i, f_i\}$ を因子とするとき, 各 U_i 上の層 $\mathcal{O}_{U_i} \cdot f_i^{-1}$ は, $f_i f_j^{-1}|_{U_i \cap U_j}$ が可逆な正則関数であるため貼り合い, X 上の層を定める. この層を $\mathcal{O}_X(D)$ で表す. 構成から, $\mathcal{O}_X(D)$ は可逆層であり, また, $\mathcal{K}(X)$ を X の関数体 $k(X)$ に付随する定数層とすると, $\mathcal{O}_X(D) \subset \mathcal{K}(X)$ が成り立つ. $D \mapsto \mathcal{O}_X(D)$ なる対応は, $\mathcal{O}_X(D_1 + D_2) \simeq \mathcal{O}_X(D_1) \otimes_{\mathcal{O}_X} \mathcal{O}_X(D_2)$ により, 因子全体のなす群から $\operatorname{Pic} X$ への群準同型を与え, $D_1 \sim D_2$ と $\mathcal{O}_X(D_1) \simeq \mathcal{O}_X(D_2)$ は同値であるから, $\operatorname{CaCl} X \to \operatorname{Pic} X$ なる単射準同型を得る. さらに, 可逆層 $\mathcal{L}$ に対して, X の既約性から, $\mathcal{L} \otimes_{\mathcal{O}_X} \mathcal{K}(X) \simeq \mathcal{K}(X)$ が成り立つので $\mathcal{L}$ は $\mathcal{K}(X)$ の部分 $\mathcal{O}_X$–加群とみなせる. このとき, X の開被覆 $\{U_i\}$ で $\mathcal{L}|_{U_i} \simeq \mathcal{O}_{U_i}$ となるものを取ると, $\mathcal{L}|_{U_i} = \mathcal{O}_{U_i} \cdot f_i^{-1}$ となる有理関数 f_i が取れるから, $\mathcal{L}$ は, $\{U_i, f_i\}$ なる因子の類の $\operatorname{CaCl} X \to \operatorname{Pic} X$ による像である. つまり, $\operatorname{CaCl} X \to \operatorname{Pic} X$ は同型である.

3 因子の線型系

因子の大きな役割の一つが, 代数多様体から射影空間への有理射の記述を与えることである. ここで**有理射**とは, 代数多様体の空でない開集合からの射

のことである．X 上の因子 D に対して，D に線型同値な有効因子全体を D に付随する完備線型系といい，$|D|$ で表す．$|D|$ は，可逆層 $\mathcal{O}_X(D)$ の零でない大域切断全体 $\{f \in k(X) \setminus \{0\} \mid D + \mathrm{div}\, f \geq 0\}$ と，$k \setminus \{0\}$ 倍を除いて同一視できる．X 上の可逆層 $\mathcal{L}$ の大域切断全体は自然に k-ベクトル空間の構造をもつ．これを $\Gamma(\mathcal{L})$ で表す．X が射影多様体であるとき，これは有限次元 k-ベクトル空間である．因子 D に付随する可逆層に対しては，$\Gamma(\mathcal{O}_X(D))$ を $\Gamma(D)$ と書く．X 上の可逆層 $\mathcal{L}$ の大域切断 s の点 x における値 $s(x)$ というのを，x の近傍 $V \subset X$ で，$\mathcal{L}|_V \simeq \mathcal{O}_V$ となるものを選び，s を $\Gamma(\mathcal{L}) \to \Gamma(\mathcal{L}|_V) \simeq \Gamma(\mathcal{O}_V) \to \mathcal{O}_{V,x}/\mathfrak{m}_x \simeq k$ で送った行き先のことと定義する．大域切断の値は一意的に決まらないが，大域切断 $s_1, \ldots, s_n$ に対して，比 $s_1(x) : \cdots : s_n(x)$ は一意的に決まり，また，$s(x) \neq 0$ も意味をもつ．X 上の可逆層 $\mathcal{L}$ が大域切断で生成されるというのは，自然な写像 $\Gamma(\mathcal{L}) \otimes_k \mathcal{O}_X \to \mathcal{L}$ が全射であるということである．この条件は，中山の補題により，すべての点 $x \in X$ に対して，$\mathcal{L}$ の大域切断 s が存在して $s(x) \neq 0$ であることと同値である．また，$\mathcal{L} \simeq \mathcal{O}_X(D)$ となる因子 D を選べば，すべての点 $x \in X$ に対して，ある $\mathrm{div}\, g + D \geq 0$ なる有理関数 $g \neq 0$ があって，x の近傍で，$\mathcal{O}_X(D) = \mathcal{O}_X \cdot g^{-1}$ となっていること，つまり，有効因子 $\mathrm{div}\, g + D$ が x を通らないということであり，結局，完備線型系 $|D|$ のすべての元の交わりに含まれる点集合（$|D|$ の固定点集合という）が空集合であるということにほかならない．X の開集合 U から $\mathbf{P}^n$ への射 f があるとす．$\mathbf{P}^n$ の座標を $x_0, \ldots, x_n$ で表す．すべての超平面は因子として互いに線型同値であり，どんな $\mathbf{P}^n$ の点に対してもそこを通らない超平面が存在するから，任意の超平面 H について，$\mathcal{O}_{\mathbf{P}^n}(H)$ は大域切断で生成される．H を x_0 に対応する超平面とするとき，$\Gamma(H)$ の基底として，$1, \frac{x_1}{x_0}, \ldots, \frac{x_n}{x_0}$ が選べる．$f_i = f^* \frac{x_i}{x_0}$ ($i = 0$ のときは $f_0 = 1$ とする) とおけば，U 上の可逆層 $f^*\mathcal{O}_{\mathbf{P}^n}(H)$ は，$f_0, \ldots, f_n$ で生成されている．よって，すべての $x \in U$ において，$(f_0(x) : \cdots : f_n(x))$ は $\mathbf{P}^n$ の点であり，これが $f(x)$ にほかならない．逆に X の開集合 U 上の可逆層 $\mathcal{L}$ とその有限個の大域切断 $f_0, \ldots, f_n$ で，U 上 $\mathcal{L}$ を生成するものが与えられれば，$x \mapsto (f_0(x) : \cdots : f_n(x))$ によって，U から $\mathbf{P}^n$ への射 f が定まり，$\mathbf{P}^n$ の超平面 H に対して，$\mathcal{L} \simeq f^*\mathcal{O}_{\mathbf{P}^n}(H)$ が成立している．

例 2 $\mathbf{P}^3$ において $S := \{x_0 x_3 - x_1 x_2 = 0\}$ を考える．$\mathbf{P}^3$ の x_0 に対応する超平面を H とする．$\mathcal{L} := \mathcal{O}_{\mathbf{P}^3}(H)|_S$ の大域切断 $\frac{x_1}{x_0}|_S, \frac{x_2}{x_0}|_S, \frac{x_3}{x_0}|_S$ は点 $p := (1 : 0 : 0 : 0)$ の外で $\mathcal{L}$ を生成する．よって，$S \setminus \{p\} \to \mathbf{P}^2$ なる射 $(x_0 : x_1 : x_2 : x_3) \mapsto (x_1 : x_2 : x_3)$ を定める．これは，$\{x_1 = x_3 = 0\} \setminus \{p\}$ と $\{x_2 = x_3 = 0\} \setminus \{p\}$ をそれぞれ点 $(0 : 1 : 0)$，$(1 : 0 : 0)$ へ移し，それらの外で同型である．これを S 全体からの射に延長することはできないが，$\widetilde{S} \to S$ を p における**爆発**とすると，$\widetilde{S} \to \mathbf{P}^2$ なる射に延長できる．

X が射影多様体の場合，有理関数 $f_0, \ldots, f_n$ を $\Gamma(D)$ の基底とするとき，これによって定まる $\mathbf{P}^n$ への有理射を $|D|$ に付随する有理射という．これが X からの射であるか，言い換えれば $|D|$ が固定点をもたないか，という問題は重要であり，コホモロジー理論を駆使して数多くの重要な結果が得られている．$|D|$ に付随する有理射が埋め込みとなるとき，D は**非常に豊富**，ある正の整数 m があって，mD が非常に豊富となるとき，**豊富**であるという．因子が豊富になるための判定法には，コホモロジーによるもの（セールの判定法）と次の数値的なものがある：D が豊富であるための必要十分条件は $D^{\dim X} > 0$ かつ，任意の閉部分多様体 Y に対して $D^{\dim Y} \cdot Y > 0$ が成り立つことである（中井–モイシェゾン (Moishezon) の判定法）．他の数値的判定法としてクライマン (Kleiman) の判定法が知られている．

4 ヴェイユ因子

カルティエ因子は方程式に注目して定義したが，余次元 1 の閉部分集合そのものを考えるのがヴェイユ因子である．ヴェイユ因子を定義するときは，X に余次元 1 で正則 (regular in codimension one) という条件 (R_1 で表す) を課す．これは，X の任

意の余次元 1 の閉部分多様体 Y の生成点 y (これは, y が $\dim \mathcal{O}_{X,y} = 1$ を満たす, X のスキームとしての点であるということと同値である) に対し, $\mathcal{O}_{X,y}$ が正則局所環であるということである. より幾何的には, X の特異点集合の余次元が 2 以上ということと同値である. 以下, この条件を仮定する. X の余次元 1 の閉部分多様体のことを**素因子**という. X 上の**ヴェイユ因子** (Weil divisor) とは, 素因子の生成する自由アーベル群の元のことである. ヴェイユ因子を $\sum n_i Y_i$ (Y_i は素因子) と書き表すとき, n_i を Y_i の**重複度**という. ヴェイユ因子 D のすべての重複度が非負のとき, D は**有効因子**であるといい, $D \geq 0$ で表す. 条件 R_1 より, 有理関数の素因子に沿っての重複度を次のように定義することができる. 次元 1 の環が正則局所環であるというのは, **離散付値環** (discrete valuation ring : DVR) であるということと同値である. $\dim \mathcal{O}_{X,y} = 1$ のとき, $\mathcal{O}_{X,y}$ が DVR であるというのは, その商体 (これは X の商体 $k(X)$ にほかならない) から $\mathbf{Z} \cup \{\infty\}$ への全射 $v_y : k(X) \to \mathbf{Z} \cup \{\infty\}$ であって, (a) $v_y(ab) = v_y(a) + v_y(b)$, (b) $v_y(a+b) \geq \min\{v_y(a), v_y(b)\}$, (c) $v_y(a) = \infty \Leftrightarrow a = 0$ の 3 条件をみたすもの (これを**離散付値**という) がただ一つ存在し, $\mathcal{O}_{X,y} = \{a \in k(X) \mid v_y(a) \geq 0\}$ が成り立っているということである. 有理関数 f に対して $v_y(f)$ を f の Y に沿っての**重複度**という. これにより, カルティエ因子 $\{U_i, f_i\}$ に対して, ヴェイユ因子 $\sum_{Y, Y \cap U_i \neq \emptyset} v_y(f_i) Y$ が定まる. 主因子に対応するヴェイユ因子も主因子と呼び, 差が主因子となる二つのヴェイユ因子を線型同値という. ヴェイユ因子全体の群 $\mathrm{Div}\, X$ を線型同値で割った群を $\mathrm{Cl}\, X$ で表す. X のスキームとしての任意の点に対して局所環が一意分解整域であるならば, $\dim \mathcal{O}_{X,y} = 1$ となる $\mathcal{O}_{X,y}$ は正則局所環となり, X は R_1 を満たすが, さらに, すべての余次元 1 の閉部分多様体は局所的に 1 つの式で定義されることがわかるので, ヴェイユ因子はカルティエ因子に対応する.

例 3 例 2 の S 上でヴェイユ因子 $D := \{x_0 = x_1 = 0\}$ は, $U_1 := (\{x_0 \neq 0\} \cup \{x_1 \neq 0\}) \cap S$, $U_2 := \{x_2 \neq 0\} \cap S$, $U_3 := \{x_3 \neq 0\} \cap S$ とおくとき, カルティエ因子 $\{(U_1, 1), (U_2, \frac{x_0}{x_2}|_{U_2}), (U_2, \frac{x_1}{x_3}|_{U_3})\}$ に対応する. $\{x_2 \neq 0\}$ 上の有理関数 $\frac{x_2}{x_0}|_{\{x_2 \neq 0\}}$ を S 上の有理関数と見なしたものを g とする. $g \in \Gamma(D)$ となり, 大域切断 $1, g$ が $\mathcal{O}_S(D)$ を生成している. よって, $S \to \mathbf{P}^1$ ($s \ni S \mapsto (1 : g(s)) \in \mathbf{P}^1$) なる射が定まる. 具体的には, $\{x_0 \neq 0\} \cup \{x_2 \neq 0\}$ において $(x_0 : x_1 : x_2 : x_3) \mapsto (x_0 : x_2)$, $\{x_1 \neq 0\} \cup \{x_3 \neq 0\}$ において $(x_0 : x_1 : x_2 : x_3) \mapsto (x_1 : x_3)$ で定まる射である.

一般には, ヴェイユ因子はカルティエ因子に対応しない.

例 4 X を $\{xy - z^2 = 0\} \subset \mathbf{A}^3$ とする. X は既約, 2 次元で, 特異点は $(0,0,0)$ のみである. よって R_1 をみたす. X の閉部分集合 $D := \{x = z = 0\}$ はヴェイユ素因子であるが, $(0,0,0)$ の近傍で 1 つの式で定義されずカルティエ因子ではない. 原点の局所環 $\mathcal{O}_{X,0}$ が $\overline{x}\,\overline{y} = \overline{z}^2$ なる元をもち ($\overline{x}, \overline{y}, \overline{z}$ は x, y, z の像), 一意分解整域でないことに注意する. カルティエ因子 $\{X, x\}$ は, ヴェイユ因子として $2D$ に一致する.

この D のように, 適当な正整数倍がカルティエ因子となるヴェイユ因子のことを $\mathbf{Q}$-**カルティエ因子**といい, 特異点をもつ多様体上で, しばしば, カルティエ因子より柔軟で重要な役割を果たす.

$\mathcal{O}_X$-加群の層 $\mathcal{L}$ は, その 2 重双対 $\mathcal{L}^{**}$ に同型なとき**反射的層**という. X が正規であるとき, すなわち, すべての点での局所環が整閉であるとき, X は R_1 を満たし, X 上のヴェイユ因子と階数 1 の反射的層 (因子的層) が対応する. ［髙木寛通］

参考文献

[1] 上野健爾:代数幾何, 岩波書店, 2005.
[2] R. ハーツホーン著, 高橋宣能訳:代数幾何学 2, シュプリンガー・フェアラーク東京, 2005.

因数分解

factorization

因数分解 (factorization) とは，次数の高い多項式や複雑な形をした式をより低い次数の多項式や単純な形の式の積として表す方法である．たとえば，1変数多項式 $F(x)$ がより低い次数の k 個の多項式 $f_1(x), f_2(x), \ldots, f_k(x)$ の積で書けるとき，つまり

$$F(x) = \sum_{i=1}^{k} f_i(x)$$

が成り立つとき，右辺を多項式 $F(x)$ の因数分解と呼ぶ．また右辺を左辺の形にすることを展開と呼ぶ．また，各 $f_i(x)$ は因数と呼ばれる．これは整数の素因数分解に似ている．この項目ではまず1変数多項式の因数分解について解説するが，多変数の多項式や多項式でない式の場合も因数分解は同様に可能である．また，この方法は，多項式の係数と定数項の数の範囲によって，結果が異なるので注意が必要である．

例1 次の三つの多項式の因数分解を考える．
1. $x^2 - 5x - 6$.
2. $y^3 - y^2 - 2y + 2$.
3. $z^3 - 1$.

これらの多項式を，有理数の範囲で考えると，次のようになる．
1. $x^2 - 5x - 6 = (x-2)(x-3)$.
2. $y^3 - y^2 - 2y + 2 = (y-1)(y^2-2)$.
3. $z^3 - 1 = (z-1)(z^2+z+1)$.

さらに実数の範囲まで広げて考えると，2 は次のように因数分解できる．

2. $y^3 - y^2 - 2y + 2 = (y-1)(y^2-2)$
   $= (y-1)(y-\sqrt{2})(y+\sqrt{2})$.

またさらに複素数の範囲まで広げると，3 は次のようになる．

3. $z^3 - 1 = (z-1)(z^2+z+1)$
   $= (z-1)(z-\frac{-1+\sqrt{-3}}{2})(z-\frac{-1-\sqrt{-3}}{2})$.

因数分解の方法として，次のようなものが挙げられる．

I. すべての項に共通している因数でくくる：たとえば，

$$3x^2 - 6x$$

の二つの項には $3x$ という共通の因数があるので，

$$3x^2 - 6x = 3x(x-2)$$

というように因数分解できる．

II. 2次多項式 $ax^2 + bx + c$ の場合は，2次方程式

$$ax^2 + bx + c = 0$$

の解 α, β を用いて，

$$ax^2 + bx + c = (x-\alpha)(x-\beta)$$

と因数分解できる．

III. より一般の次数の多項式の因数分解への拡張として，次の因数定理がある．

定理1 多項式 $f(x)$ が与えられたとき，方程式 $f(x) = 0$ を満たす解を α とおくと，$(x-\alpha)$ が因数である．

一般に与えられた多項式 $f(x)$ がそれ以上因数分解できないとき，$f(x)$ は**既約多項式**であるという．また，そうでないとき $f(x)$ は**可約**という．

多項式は既約多項式の積として因数分解できるが，因数分解の一意性などは，定義する体によって異なる．また因数分解ができることを保証するものとして代数学の基本定理があるが，詳しくは関連する項目を参照されたい．

以上では，1変数多項式の因数分解について述べたが，変数が二つ以上の多変数多項式に対しても同様の方法が有効であり，得られた因数の積を展開すると，もとの多項式が得られる．

［伊藤由佳理］

ヴィット環

Witt ring

1 定　義

以下，環および代数は単位元をもち可換で結合的なものを指す．

p を素数とするとき，環 S から $\boldsymbol{F}_p$ 上の代数 S/pS を作ることができる．この逆に，$\boldsymbol{F}_p$ 上の代数 R から $\boldsymbol{Z}/p^n\boldsymbol{Z}$ 上の代数 $W_n(R)$ および $\boldsymbol{Z}_p$ 上の代数 $W(R)$ を自然に構成することができる．これらの環を R のヴィット環 (Witt ring) と呼び，その元をヴィット・ベクトル (Witt vector) と呼ぶ．

p を素数とする．R を環（標数 p とは限らない）とするとき，集合としては
$$W_n(R) = \prod_{i=0}^{n-1} R, \quad W(R) = \prod_{i=0}^{\infty} R$$
とおく．演算を定めるために，$X_0, X_1, \ldots, X_n,$ $Y_0, Y_1, \ldots, Y_n$ に関する有理数係数多項式 S_n および P_n を，帰納的に以下のように定める：$S_0 = X_0 + Y_0$, $P_0 = X_0 Y_0$,
$$S_n = \frac{1}{p^n}\Big\{\sum_{k=0}^{n} p^k X_k^{p^{n-k}} + \sum_{k=0}^{n} p^k Y_k^{p^{n-k}}$$
$$- \sum_{k=0}^{n-1} p^k S_k(X_0, \ldots, X_k, Y_0, \ldots, Y_k)^{p^{n-k}}\Big\},$$
$$P_n = \frac{1}{p^n}\Big\{\Big(\sum_{k=0}^{n} p^k X_k^{p^{n-k}}\Big)\Big(\sum_{k=0}^{n} p^k Y_k^{p^{n-k}}\Big)$$
$$- \sum_{k=0}^{n-1} p^k P_k(X_0, \ldots, X_k, Y_0, \ldots, Y_k)^{p^{n-k}}\Big\}.$$

これらの多項式は整数係数になることがわかる．そこで，$W_n(R)$ または $W(R)$ の元 $a = (a_0, a_1, \ldots), b = (b_0, b_1, \ldots)$ をとるとき，
$$a + b := (S_0(a_0, b_0), S_1(a_0, a_1, b_0, b_1), \ldots)$$
$$ab := (P_0(a_0, b_0), P_1(a_0, a_1, b_0, b_1), \ldots)$$
と定める．この演算により，$W_n(R)$ および $W(R)$ は環になる．零元は $(0, 0, 0, \ldots)$，単位元は $(1, 0, 0, \ldots)$ である．奇素数 p に対しては
$$-a = (-a_0, -a_1, -a_2, \ldots)$$
であるが，$p = 2$ の場合は異なるので注意が必要である．

例を挙げると，$S_1 = X_1 + Y_1 - \sum_{k=1}^{p-1} \frac{1}{p}\binom{p}{k} X_0^k Y_0^{p-k}$, $P_1 = X_0^p Y_1 + X_1 Y_0^p + p X_1 Y_1$ となる．

2 定義の背景

$$\Phi_n(X_0, \ldots, X_n) = X_0^{p^n} + p X_1^{p^{n-1}} + \cdots + p^n X_n$$
とおく．このとき，多項式の列 $\{S_i\}, \{P_i\}$ は，
$$S_n, P_n \in \boldsymbol{Z}[X_0, \ldots, X_n, Y_0, \ldots, Y_n]$$
$$\Phi_n(S_0, \ldots, S_n) = \Phi_n((X_i)_{i=0}^n) + \Phi_n((Y_i)_{i=0}^n)$$
$$\Phi_n(P_0, \ldots, P_n) = \Phi_n((X_i)_{i=0}^n)\Phi_n((Y_i)_{i=0}^n)$$
を満たす唯一の列として特徴付けられる．

2.1 ヴィット環スキーム

スキームの言葉では，以下のようになる．$\boldsymbol{Z}$ 上のアファイン直線 $\boldsymbol{A}^1_{\boldsymbol{Z}}$ を，通常の加法・乗法により環スキームとみる．A を $\boldsymbol{Z}$ 上の環スキームとしての直積 $\prod_{i=0}^{n-1} \boldsymbol{A}^1_{\boldsymbol{Z}}$ (n は自然数または無限大)，またスキームとして $\boldsymbol{W}_n = \boldsymbol{A}^n_{\boldsymbol{Z}}$ とおくと，$\{\Phi_i\}_{i=0}^{n-1}$ はスキームの射 $\Phi: \boldsymbol{W}_n \to A$ であって $\boldsymbol{Z}[\frac{1}{p}]$ に係数拡大すると同型になるものを与える．この同型により A 上の演算を引き戻したものは $\boldsymbol{W}_n$ 全体の環演算に拡張され，$\{S_i\}, \{P_i\}$ で表される．

2.2 正標数完全体のヴィット環

$q = p^f$ とするとき，有限体 $\boldsymbol{F}_q$ のヴィット環は，p 進有理数体 $\boldsymbol{Q}_p$ の f 次不分岐拡大 K の整数環 $\mathcal{O}$ およびその剰余環 $\mathcal{O}/p^n\mathcal{O}$ に同型である．（もともとヴィットの目的は K の具体的な記述を与えることであった．）

実際，$\boldsymbol{F}_q \cong \mathcal{O}/p\mathcal{O}$ を選ぶと，群の同型 $t: \boldsymbol{F}_q^\times \to \mu_{q-1}(\mathcal{O}) = \{\zeta \in R | \zeta^{q-1} = 1\}$ が得られる．$t(0) = 0$ により拡張して，$t(a)$ を a のタイヒミュラー代表元と呼ぶ．このとき，
$$(a_0, a_1, a_2, \ldots) \mapsto \lim \Phi_n(t(a_0^{p^{-n}}), \ldots, t(a_n^{p^{-n}}))$$
$$= t(a_0) + p t(a_1)^{p^{f-1}} + p^2 t(a_2)^{p^{2(f-1)}} + \cdots$$
が同型 $W(\boldsymbol{F}_q) \to \mathcal{O}$ および $W_n(\boldsymbol{F}_q) \to \mathcal{O}/p^n\mathcal{O}$ を与える．とくに，$W(\boldsymbol{F}_p) \cong \boldsymbol{Z}_p$, $W_n(\boldsymbol{F}_p) \cong \boldsymbol{Z}/p^n\boldsymbol{Z}$ である．

より一般に，標数 p の完全体 k に対して，$W(k)$ は標数 0 の完備離散付値環であり，その極大イデアルは $pW(k)$，剰余体は k である．

2.3 p が可逆な場合

対極的な場合として，S において p が可逆ならば，$\{\Phi_i\}$ により同型 $W_n(S) \cong S^n$, $W(S) \cong \prod_{i=0}^{\infty} S$ が得られる．

3 性質

3.1 関手性

ヴィット環をとる操作は関手的である．すなわち，$f: R \to R'$ を環準同型とするとき，$W_n(f): W_n(R) \to W_n(R')$ および $W(f): W(R) \to W(R')$ を $(a_0, a_1, \dots) \mapsto (f(a_0), f(a_1), \dots)$ によって定義すると，W および W_n は環の圏上の自己関手となる．

とくに，R が $\boldsymbol{F}_p$ 代数ならば $W_n(R)$ は $\boldsymbol{Z}/p^n\boldsymbol{Z} = W_n(\boldsymbol{F}_p)$ 代数，$W(R)$ は $\boldsymbol{Z}_p = W(\boldsymbol{F}_p)$ 代数である．

また，ベクトルの打ち切りにより環準同型 $W(R) \to W_n(R)$ および $W_n(R) \to W_{n'}(R)$ ($n \geq n'$ のとき) が定義され，関手の間の自然変換をなす．

3.2 フロベニウス写像

S が標数 p の環であるとき，関手性により，S 上のフロベニウス自己準同型 F から $W_n(S)$, $W(S)$ 上のフロベニウス自己準同型 (Frobenius endomorphism)
$$Fr = W(F); (a_0, a_1, \dots) \mapsto (a_0^p, a_1^p, \dots)$$
が引き起こされる．

$W(\boldsymbol{F}_q)$ に対しては，p 進数体上のフロベニウス自己同型と一致する．

3.3 p 倍写像

上に述べた，Φ_n を用いた環演算の記述より，p 倍写像は $p \cdot (a_0, a_1, \dots) = (0, a_0^p, a_1^p, \dots)$ によって与えられることがわかる．

3.4 Vershiebung

ヴィット環上には，Vershiebung と呼ばれる写像 $V: W_n(R) \to W_{n+1}(R)$ および $V: W(R) \to W(R)$ が $(a_0, a_1, \dots) \mapsto (0, a_0, a_1, \dots)$ によって定義される．V は加群としての準同型であり，$V \circ Fr = Fr \circ V = (p\text{倍写像})$ となる．

4 応用

4.1 アルティン–シュライアー–ヴィット理論

F 上の代数群 G および有限な自己準同型 $P: G \to G$ が与えられたとき，これを利用して $\ker P$ をガロア群とする F のガロア拡大を研究することができる．クンマー (Kummer) 理論・アルティン–シュライアー理論がその例である．

アルティン (Artin)–シュライアー (Schreier)–ヴィット (Witt) 理論はアルティン–シュライアー理論の拡張であり，G として $\boldsymbol{W}_{n,F} := \boldsymbol{W}_n \otimes F$ をとり，$P; x \mapsto Fr(x) - x$ とした場合である．

すなわち，K を F の $\boldsymbol{Z}/p^n\boldsymbol{Z}$–拡大とするとき，$a_0, \dots, a_{n-1} \in F$ が存在して，
$$Fr((\alpha_0, \dots, \alpha_{n-1})) - (\alpha_0, \dots, \alpha_{n-1})$$
$$= (a_0, \dots, a_{n-1})$$
を満たす $\alpha_i \in \bar{F}$ をとるとき $K = F(\alpha_0, \dots, \alpha_{n-1})$ である．

詳しくいうと，ヴィット環における $(x_0, x_1, \dots) - (y_0, y_1, \dots)$ を $(T_0(x_0, y_0), T_1(x_0, x_1, y_0, y_1), \dots)$ とするとき (p が奇数ならば $T_k((x_i), (y_i)) = S_k((x_i), (-y_i))$ である). $T_0(x^p, x) = a_0$ の解を α_0, $T_1(\alpha_0^p, x^p, \alpha_0, x) = a_1$ の解を $\alpha_1, \dots$ として，
$$F \subset F(\alpha_0) \subset F(\alpha_0, \alpha_1) \subset \dots$$
$$\subset F(\alpha_0, \dots, \alpha_n) = K$$
は隣り合う項が $\boldsymbol{Z}/p\boldsymbol{Z}$ 拡大になっている．ガロア群は $\ker P = W_n(\boldsymbol{F}_p)$ と同一視される．

4.2 p 進コホモロジー

標数 p のアファイン多様体に対し，座標環のヴィット環を考えることにより $\boldsymbol{Z}/p^n\boldsymbol{Z}$ や $\boldsymbol{Z}_p$ 上への持ち上げを与えることができる．これを用いて正標数多様体のコホモロジー理論を定義することができる．

[高橋宣能]

ウェーブレット

wavelet

フーリエ解析は，関数 $f(x)$ を三角関数 $\exp[i\omega x]$ の線形和として表現するもので，関数の周波数成分を分離・評価するもっとも重要な手法である．しかし三角関数は局在性をもたないため，関数の局所的性質を記述するためには種々の不都合があることが，とくに理工学的応用において長年の懸案となっていた．ウェーブレット解析はこの困難の克服を目的として，1980年代地震波データの解析を契機として生まれた数学的手法である．

1 連続ウェーブレット変換

$\psi \in L^2(\mathbf{R})$ として，フーリエ変換 $\hat{\psi}(\omega) = \int_{-\infty}^{\infty} e^{-i\omega x}\psi(x)\,dx$ が許容条件

$$C_\psi = \int_{-\infty}^{\infty} \frac{|\hat{\psi}(\omega)|^2}{|\omega|} d\omega < \infty$$

を満たすものを選んでアナライジングウェーブレットまたはマザーウェーブレットと呼び，この $\psi(x)$ から作られる2パラメータ $(a(\neq 0), b \in \mathbf{R})$ の関数系

$$\psi^{(a,b)}(x) = \frac{1}{\sqrt{|a|}}\psi\left(\frac{x-b}{a}\right)$$

を（連続）ウェーブレットと呼ぶ．$f(\in L^2(\mathbf{R}))$ の連続ウェーブレット変換を

$$T_\psi f(a,b) = \frac{1}{\sqrt{C_\psi}}\int_{-\infty}^{\infty}\overline{\psi^{(a,b)}(x)}f(x)\,dx$$

と定義する．このとき $T_\psi f \in L^2(\mathbf{R}^2, da\,db/a^2)$ であり次の逆変換が成り立つ．

$$f(x) = \lim_{\substack{A_1 \searrow 0 \\ A_2 \to \infty \\ B \to \infty}} \frac{1}{\sqrt{C_\psi}}\int_{\substack{A_1<|a|<A_2 \\ |b|<B}} T_\psi f(a,b)\psi^{(a,b)}(x)\frac{da\,db}{a^2}$$

T_ψ は $L^2(\mathbf{R})$ から $L^2(\mathbf{R}^2, da\,db/a^2)$ への等長写像であるが全射ではない．これはフーリエ変換と対照的な性質であり応用上注意が必要な点でもある．

ウェーブレット変換の重要な特徴は，$|T_\psi f(a,b)|$ が $f(x)$ の局所的な性質を反映することである．これによりフーリエ変換では困難であった関数の局所的性質の特徴づけが可能となる．たとえば $f(x)$ の $x=b$ におけるなめらかさの程度は $T_\psi(a,b)$ の $a \to \infty$ における漸近的性質に現れる．$x=x_0$ において，多項式 $P(x)$ と正数 K, α が存在し $|f(x) - P(x)| \leq K|x-x_0|^\alpha$ $(\deg P(x) \leq [\alpha], \alpha \notin \mathbf{Z})$ となるとき，f は x_0 において Lipshitz α であるといい，このような α の上限を Lipshitz regularity と呼ぶ．

定理 1 ψ は急減少な C^n 関数で消失モーメント条件，$\int x^p \psi(x)dx = 0$ $(p \in \mathbf{Z}, 0 \leq p < n)$ を満たし，n 階までの導関数も急減少関数とする．このとき f が x_0 で Lipshitz α $(<n)$ であれば $\exists A > 0, |T_\psi f(a, x_0+h)| \leq A|a|^{1/2}(|a|^\alpha + |h|^\alpha)$ が成り立つ．

また逆に $T_\psi(a,b)$ の性質から $f(x)$ の局所的なめらかさを決定することができる．

定理 2 正数 α $(\notin \mathbf{Z})$ と α' $(<\alpha), A>0$ が存在し $|T_\psi f(a, x_0+h)| \leq A|a|^{\alpha+1/2}(1+|h/a|^{\alpha'})$ であれば，f は $x=x_0$ で Lipshitz α である．

これらの性質は時系列における特異点検出などに用いられる．関数 f の Lipshitz regularity が α となる点全体の集合のハウスドルフ次元 $D(\alpha)$ は特異性スペクトルと呼ばれ関数のマルチフラクタル構造を特徴付ける重要な量である．物理学におけるマルチフラクタル解析では，各 a に対し局所的な $\max_b |T_\psi f(a,b)|$ を与える b について $|T_\psi f(a,b)|^q$ の和をとったものを分配関数 $Z(a,q)$ と呼び，その漸近形 $Z(a,q) \sim a^{\tau(q)}$ $(a \to 0)$ からルジャンドル (Legendre) 変換 $D(\alpha) = \inf_q[q(h+1/2) - \tau(q)]$ を通じて特異性スペクトルを求めることが行われる (wavelet transform modulus maxima (WTMM) 法)．

ウェーブレット変換は $f(x)$ の時間周波数分解を与え $T_\psi f(a,b)$ は $x=b$ 付近で周波数が $1/a$ に近い成分の大きさを表すと解釈される．したがって a のさまざまな値での $T_\psi f(a,b)$ はそれらの周波数付近における $f(x)$ の時間的構造を表しており，このことからウェーブレット変換は数学的顕微鏡と称されることがある．

連続ウェーブレット変換は広い一般化が可能である．局所コンパクト群 G のヒルベルト空間 H への既約ユニタリ表現 U に対し許容条件 $\int_G |(\psi, U(g)\psi)|^2 d\mu(g) < \infty$ ($d\mu$ は G の左不変測度) を満たす $\psi (\in H)$ が選べるとき，$f (\in H)$ に $(f, U(g)\psi) (\in L^2(G))$ を対応させる写像が定義できる．この枠組みを，$ax+b$ 群 $U(a,b)U(a',b') = U(aa', b+ab')$ の $L^2(\mathbf{R})$ 上の既約ユニタリ表現 $U(a,b)f = |a|^{-1/2}f((x-b)/a)$ に適用したものが連続ウェーブレット変換である．なお $L^2(\mathbf{R}^n)$ における連続ウェーブレット変換および逆変換は，$x, b \in \mathbf{R}^n$, $r \in \mathrm{SO}(n)$, $d\nu$ を $\mathrm{SO}(n)$ 上の単位不変測度として，ウェーブレット $\psi^{(a,b,r)}(x) = |a|^{-n/2}\psi(r^{-1}((x-b)/a))$ と許容条件 $C_\psi = \int_{\mathbf{R}^n} (|\hat{\psi}(\omega)|^2/|\omega|^n) d\omega < 0$ のもとで次のように得られる．

$$T_\psi f(a,b,r) = \frac{1}{\sqrt{C_\psi}} \int_{\mathbf{R}^n} \overline{\psi^{(a,b,r)}(x)} f(x) dx$$

$$f(x) = \frac{1}{\sqrt{C_\psi}} \int T_\psi f(a,b,r) \psi^{(a,b,r)}(x) \frac{da\, db\, d\nu(r)}{a^{n+1}}$$

2 離散ウェーブレット

連続ウェーブレットにおけるパラメータ a, b を離散化したものを離散ウェーブレットという．多くの場合離散化は $a = a_0^{-j}$, $b = kb_0 a_0^{-j}$ のようにべき乗を基本として行われ，離散ウェーブレット全体は $\{\psi_{j,k} = a_0^{j/2} \psi(a_0^j x - kb_0) \mid j, k \in \mathbf{Z}\}$ となる．この関数系は $\psi(x)$ と a_0, b_0 の値によりフレームや直交系となるが，とくに完全正規直交系となるためには次の条件を満たす必要がある．

$$\frac{b_0 \log a_0}{\sqrt{2\pi}} = \int_{-\infty}^0 \frac{|\hat{\psi}(\omega)|^2}{|\omega|} d\omega = \int_0^\infty \frac{|\hat{\psi}(\omega)|^2}{\omega} d\omega$$

なお $a_0 (> 0)$ としては正の有理数を選べることが知られているが，実際には $a_0 = 2$, $b_0 = 1$ とおくことが多い．これは応用上，等間隔離散データの場合，2 のべき乗でスケールした点が再びデータ点上に乗ること，2 のべき乗に基づく高速フーリエ変換 (FFT) の効率が高いこと，周波数空間の分割が比較的単純なことなどによる．

完全正規直交ウェーブレット (以下直交ウェーブレットと略す) の構造は連続ウェーブレット変換の場合と大きく異なり，その構成には S. Mallat と Y. Meyer が提案した多重解像度解析 (multi-resolution analysis：MRA) を用いるのが標準的である．MRA とは，$L^2(\mathbf{R})$ の閉部分空間の列 $\{V_j\}_{j \in \mathbf{Z}}$ と関数 (スケーリング関数) $\phi(x) (\in V_0)$ の組で次の五つの条件を満たすものをいう．(1) $V_j \subset V_{j+1} (j \in \mathbf{Z})$ (2) $f(x) \in V_j \Leftrightarrow f(2x) \in V_{j+1} (j \in \mathbf{Z})$, (3) $\bigcap_{j \in \mathbf{Z}} V_j = \{0\}$, (4) $\bigcup_{j \in \mathbf{Z}} V_j$ は $L^2(\mathbf{R})$ で稠密，(5) $\{\phi(x-k) \mid k \in \mathbf{Z}\}$ は V_0 の正規直交基底．

MRA に伴う直交ウェーブレットのアナライジングウェーブレット $\psi(x)$ とスケーリング関数 $\phi(x)$ には次の 2 スケール関係式

$$\phi(x) = \sqrt{2} \sum_k h_k \phi(2x-k)$$
$$\psi(x) = \sqrt{2} \sum_k g_k \phi(2x-k)$$

が成立し，h_k に対して $g_k = (-1)^k h_{1-k+2N}$ (N は任意の固定した整数) と選べばよい，とするのが MRA による直交ウェーブレットの構成である．このとき直和分解 $V_{j+1} = V_j \oplus W_j$, $V_j \perp W_j$ に対し，$\{\phi_{j,k}(x) = 2^{j/2} \phi(2^j x - k) \mid k \in \mathbf{Z}\}$ は V_j の，また $\{\psi_{j,k}(x) \mid k \in \mathbf{Z}\}$ は W_j の，それぞれ直交基底を与えている．そこで関数 $f (\in L^2(\mathbf{R}))$ の V_j, W_j への射影成分をそれぞれ f_j, w_j と書いてこれらの基底で展開する．

$$f_j = \sum_k c_{j,k} \phi_{j,k}, \quad w_j = \sum_k d_{j,k} \psi_{j,k}$$

このとき上の 2 スケール関係式は係数間の関係式

$$c_{j-1,k} = \sum_n \overline{h_{n-2k}} c_{j,n}, \quad d_{j-1,k} = \sum_n \overline{g_{n-2k}} c_{j,n}$$

を与えるが，この式は，$f(x) = \sum_k c_{M,k} \phi_{M,k}$ であれば反復して係数 $c_{j,k}$ を $c_{j-1,k}$ と $d_{j-1,k}$ に分解することで，すべての展開係数が得られることを示している (ピラミッドアルゴリズム)．これは数値計算のための高速アルゴリズム (高速ウェーブレット変換 (fast wavelet transform：FWT) でもある．なおこの逆演算は，

$$c_{j,k} = \sum_k (h_{n-2k} c_{j-1,n} + g_{n-2k} d_{j-1,n})$$

を反復すればよく，$c_{j,k}, d_{j,k}$ からもとの係数 $c_{M,k}$ を再構成できる．

これらの代数的関係式は，ウェーブレット以前

から電気工学のフィルタ理論のなかで完全再構成フィルタとして知られていたもので，直交ウェーブレットはフィルタ理論の (すべてではないが多くの) 代数式に関数解析的な背景を与えることになった．このような事情から，$h_{j,k}, g_{j,k}$ をフィルタ係数と呼ぶことも多い．

フィルタとして興味があるのは，数値処理上の理由から，フィルタ係数が有限個を除いてゼロとなる場合である ((finite impulse response：FIR) フィルタ)．このウェーブレットは今日，発見者 (I. Daubechies) の名前を冠して Daubechies ウェーブレットと呼ばれている．これは正整数 N によって区別される一連のウェーブレットで $2N$ 個の非ゼロフィルタ係数をもっている．とくに $N=1$ の場合は $h_0 = h_1 = 1/\sqrt{2}$ となり，これは古くから知られているハール (Haar) 関数 ($\psi(x) = 1$ ($0 \leqq x < 1/2$), -1 ($1/2 \leqq x < 1$), 0 (その他)) に相当する．Daubechies ウェーブレットは，幅 $2N-1$ のコンパクトサポートをもつ一方，N の値とウェーブレットのなめらかさの間には密接な関係があり，$\psi(x) \in C^\sigma$ とするとき漸近的に $\sigma \sim sN$ ($s \sim 0.2$) となる．したがってなめらかさを高めればサポートが広がることになる．また関数形は左右の対称軸をもたない．

一般に直交ウェーブレットでは，(1) 無限階微分可能，(2) 無限遠で指数的減衰，(3) すべての導関数が有界，という 3 条件を満たすものは存在しない．この意味で Daubechies ウェーブレットの対極にあるのが Meyer ウェーブレットである．これは $\hat{\psi}(\omega)$ のサポートがコンパクト (ゆえに $\psi(x)$ は解析関数) で，$\psi(x)$ が対称軸 ($x = 1/2$) をもっている．しかしサポートは実軸全体でシュヴァルツの急減少関数のクラス $\mathcal{S}(\boldsymbol{R})$ に属しており，無限個の非ゼロフィルタ係数をもっている．このほかにも直交ウェーブレットには，Daubechies ウェーブレットと Meyer ウェーブレットの中間の性質をもつものが多く提案されており，B–スプラインから構成された Battle–Lamarié ウェーブレット，スケーリング関数に消失モーメント条件を課す Coiflets，おおむね左右対称なコンパクトサポートウェーブレットである Symmlets などさまざまものが知られている．なお，多次元の直交ウェーブレットは 1 次元ウェーブレットのテンソル積 (分離型) あるいは伸長行列 (非分離型) を用いて構成される．

3 ウェーブレットの拡張

直交ウェーブレットは，V_j を V_{j-1} と W_{j-1} に反復分解するフィルタに対応するが，同時に W_{j-1} も反復分解すれば複数の基本関数からなる基底系が対応する．これはウェーブレットパケット (wavelet packet) と呼ばれデータ表現の圧縮などに用いられる．また応用の観点からは，ウェーブレットの利点は目的に応じてアナライジングウェーブレットを調整可能なことである．そこで直交性を双直交性に緩和し，完全に左右対称なコンパクトサポートウェーブレットやスケール不変な線形作用素をブロック対角化するウェーブレットなどが作られる．さらに，与えられた双直交フィルタから新しい双直交フィルタを構成する lifting スキームと呼ばれる柔軟な枠組みが Sweldens によって考案されている．この双直交フィルタは必ずしも対応する関数をもたないが，伸長や平行移動に難があるコンパクト領域内の格子点に対してもウェーブレットに似た操作を可能にする．これは第 2 世代ウェーブレットとも呼ばれる．このほかにもウェーブレットは多方面に拡張され，複数の基本関数をもつマルチウェーブレットなどさまざまなものが試みられている．

［山 田 道 夫］

参 考 文 献

[1] I. Daubechies：*Ten Lectures on Wavelets*, SIAM, 1992. (邦訳) 山田道夫・佐々木文夫訳：ウェーブレット 10 講，シュプリンガー・フェアラーク東京，2003.

[2] E. Hernandez, G. Weiss：*A First Course on Wavelets*, CRC Press, 1996. (邦訳) 芦野隆一他訳：ウェーブレットの基礎，科学技術出版，2000.

[3] G. Strang, T. Nguyen：*Wavelets and Filter Banks*, Wellesley–Cambridge Press, 1996. (邦訳) 高橋進一・池原雅章訳：ウェーブレット解析とフィルターバンク (I, II)，培風館，1999.

[4] S. Mallat：*A Wavelet Tour of Signal Processing, 2nd ed*, Acaademic Press, 1998.

エプシロン–デルタ論法

ε–δ argument

数学で頻繁に現れる「極限」について,正確な定義を与え,厳密な議論を行うために標準的に採用されている方法がエプシロン–デルタ論法である.議論を行ううえで,習慣的に,エプシロン (ε) とデルタ (δ) という記号を使うことが多いため,エプシロン–デルタ論法と呼ばれている.

1 関数の極限

まず,極限を考える対象として典型的である実数変数実数値関数について,極限の定義を述べる.実数 x を変数とする実数値の関数 $f(x)$ があるとき,「x が a に近づくときの $f(x)$ の極限が α である」ということを記号で

$$\lim_{x \to a} f(x) = \alpha \qquad (1)$$

と表す (a, α は実数).エプシロン–デルタ論法による (1) の厳密な定義は「任意の正の数 ε に対して,$0 < |x-a| < \delta \Longrightarrow |f(x)-\alpha| < \varepsilon$ が成り立つような正の数 δ が存在する」であり,これを論理記号を使って表せば

$$\forall \varepsilon > 0 \, \exists \delta > 0 \, (0 < |x-a| < \delta \Longrightarrow |f(x)-\alpha| < \varepsilon)$$

となる.

極限の概念は,感覚的には「いくらでも近づく」ということであるが,この表現では厳密な議論を行うことは難しい.そのため,いったん正の数 ε を設定して,「$f(x)$ が α に近い」ことを「$|f(x)-\alpha| < \varepsilon$ が成り立つ」ととらえて,「ε はどんなに小さくてもよい」という条件で「いくらでも (近づく)」という事実を表現するのがエプシロン–デルタ論法の要点である.したがって,ε の条件は「任意の正の数」となっているが,重要なのは「ε は (正である限り) どんなに小さくてもよい」という点である.

2 数列の極限

次に,数列の極限の定義を与える.実数列 $\{a_n\}$ が極限 α をもつ ($\{a_n\}$ が α に収束する,とも表現する) ことは

$$\lim_{n \to \infty} a_n = \alpha \qquad (2)$$

と書き表される.(2) の定義は「任意の正の数 ε に対して,$n \geq N \Longrightarrow |a_n - \alpha| < \varepsilon$ が成り立つような自然数 N が存在する」ということで,論理記号では

$$\forall \varepsilon > 0 \, \exists N \, (n \geq N \Longrightarrow |a_n - \alpha| < \varepsilon)$$

と表される.(1) に関しては「x が a に (いくらでも) 近づく」ことが $0 < |x-a| < \delta$ という条件で表されていたが,(2) については「n が (いくらでも) 大きくなる」ことが $n \geq N$ と表されている.

数列の極限の場合には,記号としてデルタの代わりにエヌ (N) が登場している.そのため,数列の極限の場合には「エプシロン–エヌ論法」という言葉を使うこともある.しかし,考え方としては関数の極限も数列の極限も同じであるので,数列の場合も込めて「エプシロン–デルタ論法」と呼ぶのが一般的である.

3 極限と集積点

たとえば

$$b_n = (-1)^n + \frac{1}{n} \quad (n \geq 1) \qquad (3)$$

で定義される数列 $\{b_n\}$ を考えるとき,

$$\{b_n\} \text{ は } 1 \text{ にいくらでも近づく} \qquad (4)$$

という主張は正しいだろうか.n が偶数でどんどん大きくなれば b_n は 1 に近づいていくので,(4) は成立するように思われる.しかし,上に与えた極限の定義には当てはまっていないので,1 は数列 $\{b_n\}$ の極限ではない.この場合,(4) に当たる事実は数学的には「1 は数列 $\{b_n\}$ の集積点 (または,集積値) である」と表現される.極限と集積点の概念の正確な区別のためには,エプシロン–デルタ論法が有効である.

数列 $\{a_n\}$ があるとき,「β が $\{a_n\}$ の集積点である」ことの定義は「任意の正の数 ε に対して,$|a_n - \beta| < \varepsilon$ をみたす自然数 n が無限個存在する」となる.定義によって,数列 $\{a_n\}$ が極限をもてば,その極限は $\{a_n\}$ の集積点であるが,逆の主張は成立しない.たとえば,(3) で定まる $\{b_n\}$ については,1 と -1 が集積点であるが,極限は存在しない.

[中島 匠一]

エルゴード理論

ergodic theory

1 研究の歴史

エルゴード理論の起源は，19世紀末にボルツマン (L. Boltzmann) とギブス (J.W. Gibbs) によって創設された古典統計力学の基礎となったエルゴード仮説 (ergodic hypothesis) にある．この仮説に数学的に厳密な証明を与えようとした数学者達の試みが，ポアンカレ (H. Poincaré) の再帰定理 (recurrence theorem) や，バーコフ (G.D. Birkhoff) とフォン・ノイマン (J. von Neumann) のエルゴード定理 (ergodic theorem) を生み出し，数学理論としてのエルゴード理論が始まった．

今日では，エルゴード理論は，確率論，関数解析，整数論，その他多くの数学分野と密接な関係をもつが，その研究の主目的は，可測変換（とくに不変測度をもつ変換）のさまざまな性質を調べることにあるといってよいであろう．多くの場合，研究の対象となる変換は，ルベーグ空間 (Lebesgue space) 上に定義されているが，ここでいうルベーグ空間とは，本質的に，通常のルベーグ測度が定義された有界区間（有限測度空間の場合）か，実数軸（σ 有限測度空間の場合）と，測度論的に同型な測度空間をいう．完備で正則な確率測度の定義されたポーランド空間 (Polish space) は，ルベーグ空間であることが知られている．以下本項目で扱う測度空間 $(X, \mathfrak{B}, m)$ は，ルベーグ空間とする．

2 エルゴード定理

測度空間 $(X, \mathfrak{B}, m)$ 上に定義された可測変換 T がすべての $B \in \mathfrak{B}$ に対して，$m(T^{-1}(B)) = m(B)$ を満たすとき，T は保測変換 (measure preserving transformation)（あるいは，測度 m が T 不変測度 (T–invariant measure)）であるという．1930年代初期にバーコフは次の定理を証明した．

定理 (個別エルゴード定理 (pointwise ergodic theorem)) T が有限測度空間 $(X, \mathfrak{B}, m)$ 上の保測変換であるとき，関数空間 $L^1(X)$ の任意の元 f に対して，関数列 $\frac{1}{n}\sum_{k=0}^{n-1} f(T^k x)$ は $n \to \infty$ のとき，$f^*(Tx) = f^*(x), a.e.$ を満たす極限関数 f^* に $a.e.$ 収束する．

ここで，$a.e.$ とは測度零の集合を除いたほとんどすべての点でという意味である．

フォン・ノイマンは，バーコフの結果に先だって，関数 f がヒルベルト空間 $L^2(X)$ に属するならば，関数列 $\frac{1}{n}\sum_{k=0}^{n-1} f(T^k x)$ は，f^* に $L^2(X)$ のノルムの意味で収束することを証明していた．この結果はフォン・ノイマンの平均エルゴード定理 (mean ergodic theorem) と呼ばれている．

集合 $E \in \mathfrak{B}$ が $m(E \triangle T^{-1}(E)) = 0$ を満たすとき，E は T 不変集合 (T-invariant set) と呼ばれるが，どちらのエルゴード定理からも，極限関数 f^* は，任意の T 不変集合 E に対して，$\int_E f^* dm = \int_E f dm$ を満たすことが容易に導かれる．任意の T 不変集合 E は $m(E) = 0$ か $m(X - E) = 0$ を満たすものに限るという性質をもつとき，T はエルゴード的変換 (ergodic transformation) と呼ばれるが，この性質は，g が T 不変可測関数（すなわち $g(Tx) = g(x)\, a.e.$ を満たす関数）ならば，g は定数関数に限るということと同値である．エルゴード定理に現れる極限関数 f^* は，T 不変関数であるから，変換 T がエルゴード的であるならば，$\int_X f^* dm = \int_X f dm$ が成り立つことから，極限関数 f^* は，定数 $\frac{\int_X f dm}{m(X)}$ に等しいことがわかる．この事実は，「物理的観測値の長時間平均 $\left(\frac{1}{n}\sum_{k=0}^{n-1} f(T^k x)\right)$ が，相平均 $\frac{\int_X f dm}{m(X)}$ で置き換えられる」というエルゴード仮説に数学的正当化を与えたことになるとして多大な評価を得たのである．ただ，実際の物理現象を数学的にモデル化して得られる変換 T がある測度空間上の保測変換として与えられるということはよく知られた「リウヴィル (J. Liouville) の定理」から示されることが多いのだが，その変換がエルゴード的変換になっているということを示すのはきわめて難しく，その意味では，物理学的立場からみて，エルゴード仮説に関連する問題が完全に解決されたとは言い難い．しかしそれはそれとして，エルゴー

ド定理は数学的にきわめて深い内容をもった定理であり，確率論，関数解析，解析数論始め，数学の多分野で広く応用されており，また定理の内容も，いろいろな意味で拡張されて証明されている．

3 再帰性と不変測度

測度空間 $(X, \mathfrak{B}, m)$ 上の可測変換 T が $m(B) = 0$ ならば，$m(T^{-1}(B)) = 0$ となるという性質をもつとき，T は**非特異変換** (nonsingular tansformation) と呼ばれる．非特異変換 T が**再帰的** (recurrent) (**無限再帰的** (infinitely recurrent)) であるとは，$m(B) > 0$ を満たす任意の集合 $B \in \mathfrak{B}$ とほとんどすべての $x \in B$ に対して，$n \in \mathbf{Z}^+$ (無限個の $n \in \mathbf{Z}^+$) が存在して，$T^n x \in B$ が成り立つことをいう．$W \in \mathfrak{B}$ が $T^n(W) \cap T^k(W) = \phi, n \neq k$ を満たすとき，W は**遊走集合** (wandering set) と呼ばれるが，変換 T が再帰的であることは，T が測度正の遊走集合をもたないことと同値である．また T が再帰的であれば，無限再帰的であることも示される．これらの事実から，「有限測度空間上の保測変換は無限再帰的である」というポアンカレの再帰定理が容易に証明される．実際，測度空間 $(X, \mathfrak{B}, m)$ 上の非特異変換 T が m と (互いに絶対連続という意味で) 同値な有限不変測度 μ をもつならば，T は無限再帰的である．しかし，非特異変換が無限再帰的であっても，同値な有限不変測度をもつとは限らない．変換 T に同値な有限不変測度が存在するための必要十分条件は，$m(B) > 0$ を満たす任意の $B \in \mathfrak{B}$ に対して，$\{n \in \mathbf{Z} \mid m(T^n(B) \cap B) > 0\}$ が，$\mathbf{Z}$ の相対的に稠密な部分集合となることである．この性質を満たす非特異変換は**強再帰的** (strongly recurrent) 変換と呼ばれることがある．

1977 年にフルステンベルグ (H. Furstenberg) は，次のような形で，ポアンカレの再帰定理を拡張した．

定理 (多重再帰定理 (multiple recurrence theorem)) T が，有限測度空間 $(X, \mathfrak{B}, m)$ 上の保測変換であるとき，$m(B) > 0$ を満たす任意の可測集合と任意の $k \geqq 2$ に対して，$n \geqq 1$ が存在して，

$$m(B \cap T^n(B) \cap T^{2n}(B) \cap \cdots \cap T^{(k-1)n}(B)) > 0$$

が成り立つ．

この定理の主張は，「上密度が正であるような $\mathbf{Z}$ の部分集合は，任意の長さの有限等差数列を含む」という整数論のセメレディ (E. Szemerédi) の定理の主張と同等であることを示すことができ，したがって，セメレディの定理に，難解な原証明とはまったく異なる別証明が与えられるということで有名になった．多重再帰定理の証明そのものも，決して簡単ではないのだが，これによって，整数論のある種の問題の研究にエルゴード理論的手法が活用できることがあきらかになり，最近のグリーン (B. Green) とタオ (T. Tao) による「素数の集合は，任意の長さの有限等差数列を含む」という有名な予想の肯定的解決にも，この手法が重要な役割を果たした．

4 同型問題

測度空間 $(X, \mathfrak{B}, m)$ 上の可測変換 T が**両可測** (bimeasurable) であるとは，T が全単射であって，T, T^{-1} ともに可測であることをいう．有限測度空間 $(X, \mathfrak{B}, m)$ 上の両可測保測変換を以下簡単のため，(X, m) 上の**自己同型写像** (automorphism) と呼ぶことにする．$(X_1, \mathfrak{B}_1, m_1)$ 上の自己同型写像 T_1 と $(X_2, \mathfrak{B}_2, m_2)$ 上の自己同型写像 T_2 に対して，$m_1(N_1) = m_2(N_2) = 0$ なる集合 $N_1 \subset X_1, N_2 \subset X_2$ と $X_1 - N_1$ から $X_2 - N_2$ への両可測変換 θ が存在して，$m_2 \circ \theta = m_1, \theta T_1 = T_2 \theta$ を満たすとき，T_1 と T_2 は**空間的に同型** (spatially isomorphic あるいは metrically isomorphic) であるといわれる．自己同型写像を空間的な同型に関する同値類に分類する問題は**同型問題** (isomorphism problem) と呼ばれるが，これは，エルゴード理論の中心課題の一つである．空間的同型の下で保存される自己同型の性質を**同型不変量** (isomorphism invariant) と呼ぶが，同型問題の研究に不可欠な不変量が数々知られている．以下その中でも重要なものをいくつか紹介する．

4.1 スペクトル型不変量

自己同型変換 T_1, T_2 は，それぞれから，ヒルベ

ルト空間 $L_2(X_1), L_2(X_2)$ 上に導かれるユニタリ作用素 U_1, U_2 がユニタリ同値 (unitarily equivalent)(すなわち等長同型作用素 $V: L_2(X_1) \to L_2(X_2)$ が存在して，$VU_1 = U_2V$ を満たす) であるとき，スペクトル同型 (spectrally isomorphic) であるといわれる．スペクトル同型の下で保たれる自己同型変換の性質をスペクトル型不変量 (spectral invariant) と呼ぶ．T_1 と T_2 が，空間的に同型であればスペクトル同型でもあるが，逆は一般には成立しない．

変換 T がエルゴード的という性質は，同型不変量であることは容易にわかるが，T がエルゴード的であれば，T から導かれるユニタリ作用素 U の固有値全体は円周群の部分群をなし，各固有値は単純で，固有関数の絶対値は定数関数になることが容易に示される．U のスペクトルが固有値のみからなるとき，T は離散スペクトル (discrete spectrum)，あるいは，純点スペクトル (pure point spectrum) をもつといわれるが，ハルモス (P. Halmos) とフォン・ノイマンは，同型問題に関する最初の定理である次の結果を証明した．

定理 (ハルモス–フォン・ノイマンの定理) エルゴード的自己同型変換 T_1 と T_2 がともに離散スペクトルをもつとき，T_1 が T_2 と空間的に同型になることとスペクトル同型になることは同等である．したがって T_1 と T_2 が空間的に同型になるための必要十分条件は，U_1 と U_2 の固有値が一致することである．

ハルモスとフォン・ノイマンはさらに，離散スペクトルをもつエルゴード的自己同型変換は，あるコンパクト・アーベル群上のエルゴード的回転写像 (5節参照) と空間的に同型になることを示した．

自己同型変換 T から空間 $L_2(X)$ 上に誘導されるユニタリ変換 U に対して，$L_2(X)$ の完備な正規直交系 $\{f_{i,j} \mid i = 0, \pm 1, \pm 2, \ldots; j = 0, \pm 1, \pm 2, \ldots\}$ が存在して，a) $f_{0,0} =$ 定数関数 1, b) $Uf_{i,j} = f_{i,j+1}$, $j = 0, \pm 1, \pm 2, \ldots$ が任意の $i \neq 0$ に対して成り立つとき，T は**可算重複度のルベーグ・スペクトル** (Lebesgue spectrum with countable multiplicity)，あるいは σ–ルベーグ・スペクトル (σ–Lebesgue spectrum) をもつという．

自己同型変換 T がエルゴード的であることは，任意の集合 $A, B \in \mathfrak{B}$ に対して，$\lim_{n \to \infty} \frac{1}{n} \sum_{k=0}^{n-1} m(T^k A \cap B) = m(A)m(B)$ が成り立つことと同等であることがエルゴード定理から示されるが，この条件より強い

$$\lim_{n \to \infty} \frac{1}{n} \sum_{k=0}^{n-1} |m(T^k(A) \cap B) - m(A)m(B)| = 0$$

を満たすとき，T は**弱混合的** (weakly mixing)，また $\lim_{n \to \infty} m(T^n A \cap B) = m(A)m(B)$ を満たすとき，**強混合的** (strongly mixing) であるという．さらに強く任意の $k \geq 2$ に対して，k 次の混合性 (k–fold mixing) という条件 ($k = 1$ のときが強混合性に対応する) も定義されるが，これらの性質はいずれも T のスペクトル不変量である．

自己同型変換 T に対して，$\mathfrak{B}$ の部分 σ 加法族 $\mathfrak{B}_0$ が存在して，a) $T\mathfrak{B}_0 \supset \mathfrak{B}_0$, b) $\bigvee_{n \in \mathbf{Z}} T^n \mathfrak{B}_0 = \mathfrak{B}$, $\bigwedge_{n \in \mathbf{Z}} T^n \mathfrak{B}_0 = \mathfrak{N}$ (= 零集合とその補集合のみからなる部分 σ 加法族) を満たすとき，T は K **変換** (K–automorphism) あるいはコルモゴロフ変換 (Kolmogorov automorphism) であるという．K 変換は，任意の k に対して k 次混合的であり，σ–ルベーグ・スペクトルをもつ．

4.2 分割とエントロピー

測度空間 $(X, \mathfrak{B}, m)$ の可測部分集合の族 $\xi = \{A_\lambda\}$ が X の**分割** (partition) であるとは，$A_\lambda \cap A_{\lambda'} = \phi$, $\lambda \neq \lambda'$, $X = \bigcup_\lambda A_\lambda$ を満たすことをいう．ε で X の各点への分割を表す．有限個 (可算個) の集合からなる分割を有限 (可算) 分割と呼ぶ．分割 ξ が分割 η より**細かい** (finer) (あるいは η が ξ より**粗い** (coarser)) とは，任意の $A \in \xi$ に対して $B \in \eta$ が存在して，$A \subset B$ を満たすことをいう．分割の族 $\{\xi_\alpha\}$ が与えられたとき，$\bigvee_\alpha \xi_\alpha$ ($\bigwedge_\alpha \xi_\alpha$) で各 ξ_α より粗い (細かい) 分割の中でもっとも細かい (粗い) 分割を表す．

ξ が X の分割であるとき，ξ の元の和集合として表される $\mathfrak{B}$ 可測集合の全体は，$\mathfrak{B}$ の部分 σ 加法族をなすが，これを $\mathfrak{B}(\xi)$ と表す．$\mathfrak{B}(\xi) = \mathfrak{B}(\eta)$ (a.e.) すなわち，任意の $A \in \mathfrak{B}(\xi)$ に対して $B \in \mathfrak{B}(\eta)$ が存在して，$m(A \triangle B) = 0$ が成り立ち，また逆も成立するとき，ξ は η と a.e. で一致するといい，

$\xi = \eta$ (a.e.) と書く．T が $(X, \mathfrak{B}, m)$ 上の自己同型変換で，ξ が X の分割であるとき，任意の n に対し $\{T^n(A) \mid A \in \xi\}$ を $T^n(\xi)$ と表す．分割 ξ が自己同型変換 T に対して $\bigvee_{n=-\infty}^{\infty} T^n(\xi) = \varepsilon$ (a.e.) を満たすとき，ξ は T の **生成分割** (generating partition) と呼ばれる．点 $x \in X$ に対して $n \neq 0$ が存在して $T^n x = x$ となるとき，x を T の **周期点** (periodic point) と呼ぶが，周期点の集合の測度が 0 であるような自己同型変換を **非周期的** (aperiodic) という．ローリン (V.A. Rokhlin) は，非周期的な自己同型変換は，たかだか可算個の集合からなる生成分割をもつことを証明したが，このことは非周期的自己同型変換は各座標空間 $Y_n = Y$, $n \in \mathbf{Z}$ がたかだか可算個の点からなる無限直積空間 $(Y^*, \mathfrak{A}^*)$ ($Y^* = \prod_{n \in \mathbf{Z}} Y_n$, $\mathfrak{A}^* = \prod_{n \in \mathbf{Z}} \mathfrak{A}_n$, ここで $\mathfrak{A}_n = \mathfrak{A}$ は，Y のすべての部分集合のなす σ 加法族) 上のある確率測度 μ^* を不変とするずらしの **変換** (shift transformation) (5 節参照) と空間的に同型になることを示している．

たかだか可算な分割 $\xi = \{A_n\}$ に対して，そのエントロピー $H(\xi)$ (entropy) は $-\sum_n m(A_n) \log m(A_n)$ によって定義される．$\mathfrak{Z}$ で $H(\xi) < \infty$ を満たす X の分割 ξ の全体を表す．$\xi \in \mathfrak{Z}$ であるならば，$h(T, \xi) = \lim_{n \to \infty} \frac{1}{n} H(\bigvee_{k=0}^{n-1} T^{-k} \xi)$ が存在して有限の値をとることが示せる．自己同型変換 T のエントロピーを $\sup\{h(T, \xi) \mid \xi \in \mathfrak{Z}\}$ で定義して，$h(T)$ と表すが，これは空間的同型に関する不変量を与える．この不変量は，シャノン (C.E. Shannon) が，1940 年代末期に創設した情報理論 (information theory) で導入した **情報量のエントロピー** (entropy of information) にヒントを得て，1958 年にコルモゴロフ (A.N. Kolmogorov) が導入したものであるが，スペクトル同型であっても空間的同型であるかどうかわからなかった多くの自己同型変換どうしが $h(T)$ の値を計算することで同型にならないことがはじめてあきらかにされて，注目を浴びた．コルモゴロフの定義から直接に $h(T)$ の値を求めることは容易ではなかったが，シナイ (Ya.G. Sinai) が証明した次の結果によって計算が簡単になり，多くの変換に対して $h(T)$ の値が決定された．

定理 (シナイの補助定理) $(X, \mathfrak{B}, m)$ 上の自己同型変換 T が生成分割 ξ をもつならば，$h(T) = h(T, \xi)$ が成り立つ．

1970 年代の後半に，オルンスタイン (D.S. Ornstein) は，ベルヌイ型ずらしの変換 (Bernoulli shift) (5 節参照) のクラスのなかでは，変換のエントロピー $h(T)$ が，空間的同型に関する **完全不変量** (complete invariant) である (すなわち，2 つのベルヌイ型ずらしの変換 T と S に対して，$h(T) = h(S)$ が成り立つならば，T と S は空間的に同型である) という著しい結果を証明した．この結果は，さらに多くの数学者達によって拡張され，確率論，微分幾何学，整数論など数学の諸分野で登場する変換の多くがベルヌイ型ずらしの変換と同型になることが示されるとともに，一方でまた K 変換ではあっても，どんなベルヌイ型ずらしとも空間的同型にはならないものもたくさん存在することも示されている．

5 保測変換の例

保測変換は，数学の多くの分野で現れるが，そのうちとくに重要なものをいくつか紹介する．

5.1 回転変換

G を第 2 可算公理を満たすコンパクト・アーベル群，$\mathfrak{B}$ を G のボレル部分集合のなす σ 加法族，m をハール測度 (Haar measure) ($m(G) = 1$ とする) とすれば，$(G, \mathfrak{B}, m)$ は有限ルベーグ空間となる．G の元 g_0 を 1 つ固定し，変換 $T_{g_0} : G \to G$ を $T_{g_0}(g) = g + g_0$ と定義すると，T_{g_0} は両可測保測変換となるが，この変換を G 上の g_0 による **回転** (rotation) と呼ぶ．回転 T_{g_0} がエルゴード的になるための必要十分条件は，g_0 が G の **位相的生成元** (topological generator) であること (すなわち g_0 によって生成される巡回群が G で稠密になること) である．エルゴード的回転は，離散スペクトルをもち，エントロピーは 0 である．

5.2 群同型写像

T がコンパクト・アーベル群 G の連続な群同型

写像 (group automorphism) であるならば, T は G のハール測度 m を不変にすることが示せるので, T は $(G, \mathfrak{B}, m)$ 上の両可測保測変換を与える. そのような T は G の指標群 (character group) $\hat{G}$ の自己同型写像 $\hat{T}$ を導くが, 変換 T がエルゴード的になるための必要十分条件は, 定数以外の任意の指標 χ の $\hat{T}$ による軌道 (orbit) $\{\hat{T}^n \chi \mid n \in \mathbf{Z}\}$ が $\hat{G}$ の無限部分集合となることであり, このとき T は強混合的, さらには, σ ルベーグ・スペクトルをもつことも示される. とくに, 群 G が n 次元輪環面 (n–dimensional torus) $\mathbf{T}^n$ であれば, 連続な群同型写像 T は, 特殊線形群 (special linear group) $SL(n, \mathbf{Z})$ に属する行列と一対一に対応することが示されるが, このとき T がエルゴード的になるための必要十分条件は, 対応する行列の固有値の中に 1 のべき根が現れないことである. さらに, $\mathbf{T}^n$ のエルゴード的な群同型写像 T のエントロピーは, 対応する行列の固有値のうちその絶対値が 1 以上であるものを $\lambda_1, \lambda_2, \ldots, \lambda_k$ で表したとき, $\sum_{j=1}^{k} \log |\lambda_j|$ で与えられることがわかり, T はこの値と同じエントロピーをもつベルヌイ型ずらしの変換と空間的に同型となることも知られている.

5.3 ずらしの変換

$(Y, \mathfrak{A})$ を可測空間, $(Y_n, \mathfrak{A}_n) = (Y, \mathfrak{A}), n \in \mathbf{Z}$ とし, $(Y^*, \mathfrak{A}^*)$ を直積可測空間, すなわち $Y^* = \prod_{n \in \mathbf{Z}} Y_n$, $\mathfrak{A}^* = \prod_{n \in \mathbf{Z}} \mathfrak{A}_n$ として, 変換 $T : Y^* \to Y^*$ を
$$y^* = (\ldots, y_{-1}, y_0, y_1, \ldots)$$
$$\to T(y^*) = (\ldots, y'_{-1}, y'_0, y'_1, \ldots)$$
ただし, $y'_n = y_{n+1}, (n \in \mathbf{Z})$ で定義して, ずらしの変換 (shift transformation) と呼ぶ.

μ が $(Y, \mathfrak{A})$ 上の確率測度で $(Y, \mathfrak{A}, \mu)$ がルベーグ空間であるとき, $\mu_n = \mu, n \in \mathbf{Z}$ として, $(Y^*, \mathfrak{A}^*)$ 上の直積測度 $\mu^* = \prod_{n \in \mathbf{Z}} \mu_n$ を考えると, 測度空間 $(Y^*, \mathfrak{A}^*, \mu^*)$ は, ルベーグ空間であり, ずらしの変換 T は $(Y^*, \mathfrak{A}^*, \mu^*)$ 上の両可測保測変換となる. この T を一般のベルヌイ型ずらしの変換 (generalized Bernoulli shift) とよぶ. とくに, 集合 Y がたかだか可算な集合で, 測度 μ が確率ベクトル $\{p_j\}$ で与えられているときは, T をベルヌイ型ずらし (Bernoulli shift) あるいは単にベルヌイ変換 (Bernoulli transformation) という.

$(Y, \mathfrak{A})$ 上にマルコフ推移確率系 (Markov transition probabilities) $\{P(y, A)\}$ と, それに関して不変な確率測度 π が与えられているときも, 直積空間 $(Y^*, \mathfrak{A}^*)$ 上にずらしの変換 T のもとで不変になるマルコフ型確率測度 (Markov measure) π^* を導入することができるが, 測度空間 $(Y^*, \mathfrak{A}^*, \pi^*)$ 上の両可測保測変換として捉えるとき, T をマルコフ型ずらしの変換 (Markov shift) と呼ぶ.

一般のベルヌイ型ずらしの変換は, K 変換であり, 任意の k に対して k 次混合的である. 確率ベクトル $\{p_j\}$ に対応するベルヌイ変換 T のエントロピーは, $-\sum_j p_j \log p_j$ で与えられる.

$\{P(y, A)\}$ と π に対応するマルコフ型ずらし T がエルゴード的になるためには, 次の条件が満たされることが必要十分である:$\pi(A) > 0, \pi(B) > 0$ を満たす任意の $A, B \in \mathfrak{A}$ に対して, $n \in \mathbf{Z}^+$ が存在して, $\int_A P^n(y, B) d\pi > 0$ となる.

Y がたかだか可算な集合で, 推移確率系 $\{P(y, A)\}$ が行列 $\{p_{i,j}\}$, 不変分布 π が確率ベクトル $\{\pi_i\}$ で与えられているときは, 条件『$n \in \mathbf{Z}^+$ が存在して, 任意の $i, j \in Y$ に対して $p_{i,j}^n > 0$ を満たす』が成り立つならば, 対応するマルコフ型ずらしの変換 T は, 強混合的であることも示されるが, この場合, T のエントロピーは $-\sum_i \pi_i \sum_j p_{i,j} \log p_{i,j}$ で与えられ, T はこれと同じ値のエントロピーをもつベルヌイ変換と空間的に同型になることも知られている.

[伊 藤 雄 二]

参 考 文 献

[1] H. Furstenberg : *Recurrence in Ergodic Theory and Combinatorial Number Theory,* Princeton University Press, 1981.

[2] D.S. Ornstein : *Ergodic Theory, Randomness, and Dynamical Systems, Yale Math. Monographs 5,* Yale University Press, 1974.

[3] K. Petersen : *Ergodic Theory,* Cambridge University Press, 1983.

エルミート関数

Hermite function

エルミートの多項式 (Hermite polynomial) は
$$H_n(x) = (-1)^n e^{x^2} \frac{d^n e^{-x^2}}{dx^n}, \ n = 0, 1, 2, \ldots$$
で定義される．$H_n(x)$ は次の形の n 次多項式であることがわかる．
$$H_n(x) = \sum_{k=0}^{[n/2]} \frac{(-1)^k n!}{k!(n-2k)!}(2x)^{n-2k}.$$
$[n/2]$ は $n/2$ を超えない最大の整数．たとえば，
$$H_0(x) = 1, \ H_1(x) = 2x, \ H_2(x) = 4x^2 - 2,$$
$$H_3(x) = 8x^3 - 12x, \ldots$$
である．$H_n(x)$ は n が偶数のとき偶関数，奇数のとき奇関数である．エルミートの多項式の定義として，$2^{-n/2}H_n(x)$ を採用するものや，$(-1)^n e^{x^2/2} d^n(e^{-x^2/2})/dx^n$ を採用するものがあるので注意が必要である．

エルミートの多項式は直交性
$$\int_{-\infty}^{\infty} H_m(x)H_n(x)e^{-x^2} dx = 2^n n! \sqrt{\pi} \delta_{mn}$$
をもっている．$\mathcal{H}_n(x)$ を
$$\mathcal{H}_n(x) = \pi^{-1/4}(2^n n!)^{-1/2} H_n(x) e^{-x^2/2}$$
とすれば，関数系 $\{\mathcal{H}_n(x)\}_{n=0}^{\infty}$ は $L^2(-\infty, \infty)$ で完備な正規直交系である．母関数は
$$e^{2xt-t^2} = \sum_{n=0}^{\infty} \frac{H_n(x)}{n!} t^n, \quad |t| < \infty$$
である．これから，次の漸化式が得られる．
$$H_{n+1}(x) - 2xH_n(x) + 2nH_{n-1}(x) = 0,$$
$$\frac{dH_n(x)}{dx} = 2nH_{n-1}(x).$$
ただし，$n = 1, 2, 3, \ldots$．ラゲールの多項式とは次の関係にある．
$$H_{2n}(x) = (-1)^n 2^{2n} n! L_n^{(-1/2)}(x^2),$$
$$H_{2n+1}(x) = (-1)^n 2^{2n+1} n! x L_n^{(1/2)}(x^2).$$

漸近公式としては，
$$\frac{\Gamma\left(\frac{n}{2}+1\right)}{n!} H_n(x) e^{-x^2/2} = \cos\left(\sqrt{N}x - \frac{\pi n}{2}\right)$$
$$+ \frac{x^3}{6\sqrt{N}} \sin\left(\sqrt{N}x - \frac{\pi n}{2}\right) + E(x)$$
が成り立つ．ただし，$N = 2n+1$．$E(x)$ は任意の実定数 $a < b$ を与えたとき，ある正定数 C が存在して $|E(x)| \leqq Cn^{-1}$ $(a \leqq x \leqq b, n = 1, 2, 3, \ldots)$ を満たす．C は a, b に依存する．大きさについて，$\mathcal{H}_n(x)$ でいえば，ある正定数 K が存在して
$$|\mathcal{H}_n(x)| \leqq Kn^{-1/12}, \ -\infty < x < \infty$$
が $n = 1, 2, 3, \ldots$ に対して成り立っている．

区間 $(-\infty, \infty)$ 上の関数 $f(x)$ をエルミートの多項式を用いて次の形に展開することができる．
$$f(x) = \sum_{n=0}^{\infty} c_n H_n(x), \quad -\infty < x < \infty. \quad (1)$$
係数 c_n はエルミートの多項式の直交性から
$$c_n = \frac{1}{2^n n! \sqrt{\pi}} \int_{-\infty}^{\infty} f(x) H_n(x) e^{-x^2} dx$$
で定められることがわかる．各点 x において，実際に展開 (1) が成り立つ条件の一つは，$f(x)$ が任意の区間 $[-a, a]$ $(a > 0)$ において区分的になめらかで，積分 $\int_{-\infty}^{\infty} |f(x)|^2 e^{-x^2} dx$ が有限値をとることである．不連続点 x では $f(x)$ を $[f(x-0)+f(x+0)]/2$ で置き換える．

$$H_\nu(z) = \frac{2^\nu \Gamma(1/2)}{\Gamma((1-\nu)/2)} \Phi(-\nu/2, 1/2; z^2)$$
$$+ \frac{2^\nu \Gamma(-1/2)}{\Gamma(-\nu/2)} z \Phi((1-\nu)/2, 3/2; z^2)$$
をエルミート関数 (Hermite function) という．$\Phi(\alpha, \beta; z)$ はクンマー (Kummer) の合流型超幾何関数である (定義は参考文献参照)．ν は実数または複素数で，$H_\nu(z)$ は変数 z に関し整関数である．$\nu = n = 0, 1, 2, \ldots$ のときエルミートの多項式に一致する．$v = H_\nu(z)$ はエルミートの微分方程式 (Hermite's differential equation)
$$v'' - 2zv' + 2\nu v = 0$$
を満たす．

エルミートの多項式は調和振動子に対するシュレディンガー方程式の解析に用いられるなどの応用をもつ．

[勘 甚 裕 一]

参 考 文 献

[1] N.N. Lebedev: *Special Functions and Their Applications*, Dover, 1972.
[2] G.B. アルフケン・H.J. ウェーバー著，権平健一郎ほか訳：特殊関数，基礎物理数学第 4 版 (第 3 巻)，講談社，2001.

円

circle

　円は，平面上の1点から，正の一定の距離にある点の全体がなす図形である．最初にとった1点を円の中心，一定の距離を円の半径と呼ぶ．また，中心と円の1点を結ぶ線分も半径と呼ばれる．中心までの距離が，半径よりも小さい点の全体を円の内部と呼び，半径よりも大きい点の全体を円の外部と呼ぶ．円と円の内部の和集合を円板と呼ぶ．円板と混同しないように，円を円周と呼ぶことが多い．円周上の2点を結ぶ線分を弦と呼ぶ．弦の長さの最大値が存在し，それを円の直径と呼ぶ．直径を与える弦も直径と呼ばれる．その中点は中心であり，円の直径は半径の2倍である．

　円周上に2点 A, B をとると，円周は二つの弧（円弧）に分かれる．円の中心を O とすると，線分 AB が直径とならないとき，二つの弧は優弧と劣弧となる．弧の点 C に至る半径 OC と線分 AB が交わるとき，C は劣弧上にある．円周上の2点 A, B と半直線 OA, OB のなす角は1対1に対応している．円弧 AB に対応する角を，OA, OB のなす角を中心角と呼ぶ．

　平面上の円周と直線については，2点を共有するか，1点だけを共有するか，交わらないかの3通りの場合が起こる．円周と平面上の直線が1点だけを共有するとき，円周と直線は接するという．この直線は円の接線と呼ばれる．

　平面上の任意の二つの円は相似であり，円周の長さと直径の比は一定の値になる．この値を円周率と呼び，π で表す．

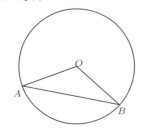

図1　弦，優弧，劣弧

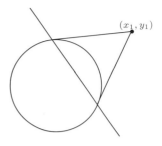

図2　円についての双対

　円板の面積は，半径の2乗に比例し，円板の面積と半径の2乗の比は，π となる．

　与えられた長さの境界をもつ平面上の領域のなかで面積が最大のものは，その長さの周をもつ円板であることが知られている．

1　円周の方程式

　xy 座標をもつユークリッド平面 $\boldsymbol{R}^2$ 上で，中心 (x_0, y_0)，半径 r の円は方程式
$$(x - x_0)^2 + (y - y_0)^2 = r^2$$
で表される．円周上の点 (x_1, y_1) におけるこの円の接線は，方程式
$$(x - x_0)(x_1 - x_0) + (y - y_0)(y_1 - y_0) = r^2$$
で表される．円の中心とは異なる内部あるいは外部の点 (x_1, y_1) に対し，直線 $(x - x_0)(x_1 - x_0) + (y - y_0)(y_1 - y_0) = r^2$ は，(x_1, y_1) の円に関する双対と呼ばれる．(x_1, y_1) が円の外部にあるときは，(x_1, y_1) から円周への二つの接線の接点を通る直線となる（図2）．内部にあるときは，(x_1, y_1) を通る直線と円周の二つの交点における接線の交点の全体からなる集合と一致する（図3）．

　複素数平面 $\boldsymbol{C}$ 上で，中心 z_0，半径 r の円は $\{z \in \boldsymbol{C} \mid |z - z_0| = r\}$ と表される．

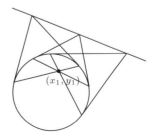

図3　円についての双対

2 単位円 (単位円周)

単位円 $\{(x,y) \in \mathbf{R}^2 \mid x^2 + y^2 = 1\}$ は，1次元球面と考えられるので S^1 と書かれる．また，1次元のトーラスとも考えられるので，T^1 とも書かれる．

単位円周上の点 (x,y) は，点 $(1,0)$ からその点に至る弧の長さを θ として，三角比を用いて $(\cos\theta, \sin\theta)$ と表される．ここで，点 $(1,0)$ から，単位円周上を時計と反対方向に回って (x,y) に至る弧の長さは正の符号をもつと考え，時計の回る方向に回る弧の長さは負符号をもつと考える．単位円周上の1点は，長さが0の弧と考え，また単位円周上を，何回か回る弧も考慮に入れる．そうすると，$(x,y) = (\cos\theta, \sin\theta)$ という表示における θ は，2π の整数倍の差を除いて定まる一般角である．

単位円周の複素数平面 $\boldsymbol{C}$ 上の表示 $\{z \in \boldsymbol{C} \mid |z| = 1\}$ をみると，単位円周は複素数の乗法に関して可換群をなすことがわかる．この群は1次ユニタリ群と考えられるので，$U(1)$ と表される．絶対値が1の複素数 z は，その偏角を θ とすると，オイラーの公式により，
$$z = \cos\theta + \sqrt{-1}\sin\theta = e^{\theta\sqrt{-1}}$$
と表示される．複素数平面 $\boldsymbol{C}$ の点 z を $e^{\theta\sqrt{-1}}z$ に写す写像は，平面の原点を中心とする θ (ラジアン) の回転であり，$z = x + y\sqrt{-1}$ とおいて計算してもわかるように行列 $\begin{pmatrix} \cos\theta & -\sin\theta \\ \sin\theta & \cos\theta \end{pmatrix}$ の列ベクトル $\begin{pmatrix} x \\ y \end{pmatrix}$ への作用と同じものになる．したがって，単位円周は，ユークリッド平面 $\boldsymbol{R}^2$ の回

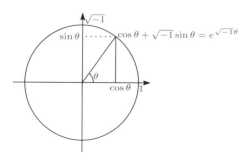

図4 単位円周

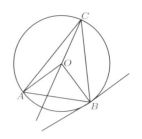

図5 円周角の定理

転の全体である．2次特殊直交群 $SO(2)$ とも同一視される．

実数 $\boldsymbol{R}$ から $U(1)$ への写像 $t \mapsto e^{2\pi\sqrt{-1}t}$ は，可換群の間の準同型写像で，その核は，整数 $\boldsymbol{Z}$ のなす群である．したがって，$U(1)$ は商の群 $\boldsymbol{R}/\boldsymbol{Z}$ と同型である．これを用いて，円周を $\boldsymbol{R}/\boldsymbol{Z}$ と表示することも多い．写像 $\boldsymbol{R} \to \boldsymbol{R}/\boldsymbol{Z}$ は被覆写像で，円周 $\boldsymbol{R}/\boldsymbol{Z}$ は，基本群は $\boldsymbol{Z}$ と同型，2次以上のホモトピー群は自明となり，$K(\boldsymbol{Z},1)$ 空間であるといわれる．単位円周は，原点から出る半直線の集合と自然に同一視されるが，原点を通る直線全体の集合 $\boldsymbol{R}P^1$ (1次元射影直線) への $2:1$ の写像が存在する．$\boldsymbol{R}P^1$ は，$\boldsymbol{R}$ を $\frac{1}{2}\boldsymbol{Z}$ で割った商の空間となり，円周と微分同相である．

3 円周についてのいくつかの定理

円周に関する平面幾何の定理としては，たとえば，次のものがある．

- **円周角の定理** (図5参照):「円弧 AB 上の点 C に対し，角 ACB は点 C によらず，一定である (円周角と呼ぶ)」．その逆:「線分 AB を一定の角度で見込む点の軌跡は A,B を端点とする円弧となる」．その極限の場合:「円弧 AB の円周角は，端点における接線と弦 AB のなす角 (の

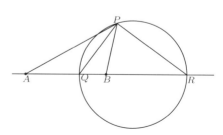

図6 アポロニウスの円定理

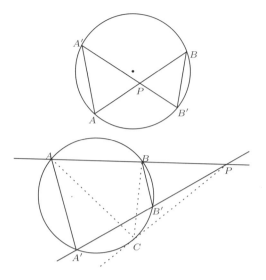

図 7 方べきの定理

一方) に等しい」.

- **アポロニウスの円定理** (図 6 参照):「2 点 A, B からの距離の比が一定であるような点の軌跡は円周または線分 AB の垂直 2 等分線となる (この円周は A, B を端点とする円弧に直交する)」.
- **方べきの定理** (図 7 参照):「円周の 2 つの弦 AB, $A'B'$ または,それらを含む直線の交点を,P とするとき,$PA \cdot PB = PA' \cdot PB'$ が成立する」. その極限の場合:「弦 AB の延長上の点 P,円上の点 C に対し,直線 PC が円の接線であるとするとき,$PA \cdot PB = PC^2$ が成立する」.

4 円周についての反転

O を中心とする半径 r の円周についての反転とは,平面上の点 P に対し,半直線 OP 上の,$OQ \cdot OP = r^2$ を満たす点 Q を与える対応のことである (中心 O には,仮想的に考える無限遠点 ∞ を,∞ には,中心 O を対応させる). 反転は,平面に無限遠点を付加した (2 次元球面と同相な) 空間をそれ自身に写す写像と考えられ,同じ円周についての反転を 2 度続けると恒等写像になるから,直線について対称移動 (鏡映) の一般化である. 円についての反転は,平面上の円周または直線を,円周または直線に写し,それらの角度を保つ写像である (共形変換). 同じとは限らない円周についての二つの反転を合成した写像は,複素数平面 $\boldsymbol{C}$ に無限遠点 ∞ を加えた空間 (リーマン球面) において,1 次分数変換 $z \mapsto \dfrac{\alpha z + \beta}{\gamma z + \delta}$ で表される.

単位円板 $\{z \in \boldsymbol{C} \mid |z| \leqq 1\}$ をそれ自身に写す 1 次分数変換は,$z \mapsto \dfrac{\alpha z + \beta}{\bar{\beta} z + \bar{\alpha}} = e^{\sqrt{-1}\theta} \dfrac{z - \gamma}{1 - \bar{\gamma} z}$ ($|\gamma| = |\beta|/|\alpha| < 1$, $\theta \in \boldsymbol{R}$) の形に書かれる. この変換は,円板上の計量 $\dfrac{4(dx^2 + dy^2)}{1 - (x^2 + y^2)}$ を保つ. この計量はポアンカレ計量と呼ばれ,この計量をもつ円の内部をポアンカレ円板と呼ぶ. ポアンカレ円板を保つ 1 次分数変換全体は,ポアンカレ円板を上半平面に写す 1 次分数変換 $z \mapsto \dfrac{z - 1}{\sqrt{-1}z + \sqrt{-1}}$ による共役により,$PSL(2; \boldsymbol{R})$ と同型である. ここで,$PSL(2; \boldsymbol{R}) = SL(2; \boldsymbol{R})/\{\pm \boldsymbol{1}\}$, $\{\pm \boldsymbol{1}\}$ は $SL(2; \boldsymbol{R})$ の中心部分群である. 1 次分数変換の作用を考えると,ポアンカレ円板は,$PSO(2) = SO(2)/\{\pm \boldsymbol{1}\}$ として,$PSL(2; \boldsymbol{R})/PSO(2)$ と表され,円周は $PSL(2; \boldsymbol{R})/\mathrm{Sim}_+(1)$ と表示される. $\mathrm{Sim}_+(1)$ は,実数直線の向きを保つ相似変換 (アフィン変換) の群と同型な部分群である.

5 円 周 率

円周率 π が無理数であることは,ランバートにより 1761 年に証明された. さらに,超越数であることが,リンデマンにより 1882 年に証明された.

円周率の計算には長い歴史がある. 10 進法で 3.1415926535... というような値であるが,2002 年に,金田康正のグループにより,10 進法で 1 兆 2411 億桁まで実際に計算機で計算された. これには,$\pi = 48 \arctan \dfrac{1}{49} + 128 \arctan \dfrac{1}{57} - 20 \arctan \dfrac{1}{239} + 48 \arctan \dfrac{1}{110443}$ という高野喜久雄の公式と検証のため $\pi = 176 \arctan \dfrac{1}{57} + 28 \arctan \dfrac{1}{239} - 48 \arctan \dfrac{1}{682} + 96 \arctan \dfrac{1}{12943}$ という Stoemer の公式が使われ,検算を含め 600 時間かかったということである.

円周率はさまざまな公式に現れる.

[編集委員]

円錐曲線

conic section

1 定義

3次元 Euclid 空間 E^3 内の1枚の平面とその平面に含まれない E^3 の点 V を考える. 平面内のある図形 X を考え, X のすべての点と V を結ぶ直線たちの上にある点全体は, E^3 内に図形を定める. この図形 $\mathcal{C}$ を, X と V から定まる錐 (cone) と呼び, 点 V を錐 $\mathcal{C}$ の頂点 (apex, vertex) という. また, X の点と V を結ぶ直線を母線 (generating line) と呼ぶ.

とくに X が半径一定の円周で, V が円周の各点から等距離にあるような場合, 定まる錐 $\mathcal{C}$ を円錐 (circular cone) と呼ぶ. このとき, 円周の中心と V を結ぶ直線を軸 (axis) という. 円錐は, 1本の母線を, 軸のまわりに回転して作られたものと考えてもよい.

V を含まない E^3 内の1枚の平面 P と円錐 $\mathcal{C}$ の共通部分 $P \cap \mathcal{C}$ として定まる曲線を円錐曲線 (conic section) と呼ぶ.

平面 P と平行な V を含む平面を $\tilde{P}$ とすると, $\tilde{P}$ が1本の母線も含まないとき, 円錐曲線は, 閉曲線になり, 楕円 (ellipse) と呼ばれる. $\tilde{P}$ が1本だけの母線を含む場合, 円錐曲線は, 放物線 (parabola) と呼ばれる. 放物線は連結な1本の曲線である. $\tilde{P}$ が2本の母線を含む場合, 円錐曲線は, 双曲線 (hyperbola) と呼ばれる. 双曲線は連結成分が二つある曲線である.

2 2次曲線

円錐曲線を座標で表すと2次の多項式の零点と表される. また, 逆に2次の多項式の零点は, 合同変換で円錐曲線となる. よって, 円錐曲線は2次の多項式の零点として定義される**2次曲線** (quadric curve) とまったく同じ概念であるが, 代数的な方法は, 幾何的な見方よりはるかに後の時代に現れた.

xy 平面内で, 実数 a, b, c, p, q, r ($a^2 + b^2 + c^2 \neq 0$) により定義される方程式

$$ax^2 + 2bxy + cy^2 + px + qy + r = 0$$

で定まる曲線を2次曲線という. 点, 直線, 空集合に退化しない場合, 2次曲線は, それぞれの場合に, xy 平面の合同変換で次の標準形に移される.

楕円 $\dfrac{x^2}{a^2} + \dfrac{y^2}{b^2} = 1,$ (1)

双曲線 $\dfrac{x^2}{a^2} - \dfrac{y^2}{b^2} = 1,$ (2)

放物線 $y^2 = 4ax.$ (3)

3 離心率を用いた定義

円でない円錐曲線は, 平面内において, 次のような点の集合 C として特徴づけられる. すなわち, 平面内に定点 F と, その点を通らない直線 ℓ を固定し, C を平面内の点で, F への距離と ℓ への距離の比が一定の数 $e\ (>0)$ に等しくなる点全体とする. $0 < e < 1$, $e = 1$, $e > 1$ に対応して, C はそれぞれ楕円, 放物線, 双曲線となる. e は円錐曲線 C の離心率 (eccentricity), F は焦点 (focus), ℓ は準線 (director curve, directrix) と呼ばれる. 円の離心率 e は 0 とする. xy 平面で $(p, 0)$ を焦点, $x = 0$ を準線とすると, 離心率 $e\ (>0)$ の円錐曲線は,

$$y^2 + (1-e^2)x^2 - 2px + p^2 = 0 \quad (4)$$

を満たす点として表現される.

$e \neq 1$ である楕円と双曲線の場合, 円錐曲線は, 点 $(0, -x + \dfrac{p^2}{1-e^2})$ を中心として点対称となるので有心2次曲線 (central conic) である.

4 楕円の性質

楕円は, 合同変換により, xy 平面で (1) と表され, 円を x 軸方向, または, y 軸方向に一定倍率で拡大・縮小することにより得られるものである. 離心率は $\dfrac{\sqrt{a^2-b^2}}{a}$, 焦点は2点 $(\sqrt{a^2-b^2}, 0)$, $(-\sqrt{a^2-b^2}, 0)$, 準線は $x = \pm \dfrac{a^2}{\sqrt{a^2-b^2}}$ で与えられる.

楕円上の点 X から両焦点 F, F' までの距離の和 $XF + XF'$ は $2a$ に等しい. よって, 楕円は2焦点までの距離の和が一定の点の軌跡として特徴づけられる.

両焦点と楕円上の点 X を結ぶ直線 $FX, F'X$ は X における楕円の接線と等しい角をなす．よって，楕円の内部をビリヤード台とし，焦点から玉を打つと，反射した玉は他の焦点を通る．

動点 X が焦点 F 方向に距離 $(XF)^2$ に反比例する中心力で引かれ，楕円の接線方向へ適当な速度で出発するとき，X は，楕円の上を動き，面積速度は一定となるというのが，ケプラーの法則である．

5 双曲線の性質

双曲線は，合同変換により，xy 平面で (2) と表され，漸近線 (asymptote) $y = \pm\dfrac{b}{a}x$ をもつ．離心率は $\dfrac{\sqrt{a^2+b^2}}{a}$，焦点は 2 点 $(\sqrt{a^2+b^2}, 0)$, $(-\sqrt{a^2+b^2}, 0)$，準線は $x = \pm\dfrac{a^2}{\sqrt{a^2+b^2}}$ で与えられる．

双曲線上の点 X から両焦点 F, F' までの距離の差 $|XF - XF'|$ は $2a$ に等しい．よって，双曲線は 2 焦点までの距離の差が一定の点の軌跡として特徴づけられる．

両焦点と双曲線上の点 X を結ぶ直線 $FX, F'X$ のなす角は，X における双曲線の接線により 2 等分される．よって，焦点を出た光は，双曲線によって反射され，他の焦点から発した光線のように見える．

太陽系において全エネルギーが正の飛翔体は，太陽を一つの焦点とする双曲線軌道を描く．

6 放物線の性質

重力のみの力のもとで投げられた物体の軌跡である放物線は，合同変換により，xy 平面で (3) と表され，離心率は 1，焦点は 1 点 $(a, 0)$，準線は $x = -a$ で与えられる．

離心率が 1 だから放物線は焦点と準線までの距離が等しい点の軌跡として特徴づけられる．

焦点 F と放物線上の点 X を結ぶ直線 FX と，準線に直交する直線は，X における放物線の接線と等しい角をなす．よって焦点を出た光は，放物線によって反射され，すべて，準線と直交する方向に進む．逆に，準線と直交する方向から来た光は，反射後すべて焦点に集まる．

7 ダンデリン球

円錐曲線を定める円錐 $\mathcal{C}$ と平面 P に対し，$\mathcal{C}$ の内部に含まれて，$\mathcal{C}$ と円周で接し，P と接する球を，19 世紀にそれを用いて研究した数学者の名をとってダンデリン球という．ダンデリン球は，楕円，放物線，双曲線の場合，それぞれ 2, 1, 2 個ある．ダンデリン球と平面 P の接点が，円錐曲線の焦点に一致する．また，ダンデリン球と円錐の接点の集合である円周を含む平面を Π とすると，Π と P の交線が準線と一致する．

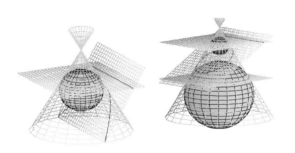

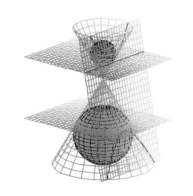

[佐藤　肇]

参考文献

[1] D. ヒルベルト・S. コーン=フォッセン著，芹沢正三訳: 直観幾何学，みすず書房，1966.
[2] 小沢哲也著: 曲線，培風館，2005.

エントロピー

entropy

エントロピーははじめ R. クラウジウスによって 1865 年に熱力学的考察のなかで導入されたが，ここでは統計力学に従って説明する．

たとえば，一辺が L の立方体に閉じ込められた気体分子のエネルギーは，量子力学によれば
$$\varepsilon_{\boldsymbol{\nu}} = \frac{\hbar^2}{2mL^2}(\nu_x^2 + \nu_y^2 + \nu_z^2) \quad (1)$$
という値に限られる (ν_a は正負の整数または 0)．この分子の状態は $\boldsymbol{\nu} = (\nu_x, \nu_y, \nu_z)$ で指定される．

分子や結晶のような系 (粒子と呼ぶ) の $N \gg 1$ 個を体積 V の箱に入れた集団を考え，各粒子につきエネルギーが ε 以下の状態の数を $j(\varepsilon)$ とする．エネルギー軸を $\varepsilon_0 = 0, \varepsilon_1, \ldots, \varepsilon_K = E$ で区間に分け $j(\varepsilon_{k+1}) - j(\varepsilon_k) = g_k$ とし，この区間にある粒子の数を n_k とすれば，$\{n_k\}$ でこの集団の状態が表される．この状態が実現する数は，古典力学の場合 (量子力学ではボーズ統計かフェルミ統計かに応じ異なる式になる)
$$W(\{n_k\}) = \frac{N!}{n_0! \cdots n_K!} g_0^{n_0} \cdots g_K^{n_K} \quad (2)$$
である．ただし，この集団は外界から遮断され
$$\sum_k n_k = N, \quad \sum_k n_k \varepsilon_k = E \quad (3)$$
は変わらないとする．(2) をあらゆる分配にわたる和 $\sum W(\{n_k\})$ で割れば，等重率の仮定のもとで，分配 $\{n_k\}$ の実現する確率となるが，その大小は W と同じだから，ここでは W を確率と呼ぶ．

L. ボルツマンは 1872 年に，この粒子集団の，この状態 $\{n_k\}$ におけるエントロピーとして
$$S(\{n_k\}; E, V, N) = k_B \log W(\{n_k\}) \quad (4)$$
に相当する表現を考えた．この形の式を書いたのは 1900 年に熱輻射を論じた M. プランクである．$k_B = 1.380 \times 10^{-23}$ J/K はボルツマン定数と呼ばれる．基底状態では $n_0 = N; n_k = 0, k \neq 0$ となり $S = 0$ である (熱力学の第三法則)．

この集団を放置すると確率の高い状態に向かい (エントロピー増大，熱力学の第二法則) ついには確率が最大の状態

$$n_k^* = g_k e^{-\alpha - \beta \varepsilon_k} \quad (5)$$
になる．これが熱平衡状態である．α と β は条件 (3) から決められ，(4) は E と V, N の関数になる．理想気体の例 (1) では
$$S(E, V; N) = Nk_B \left\{ \frac{3}{2} \log \left[\frac{m}{3\pi\hbar^2} \frac{E}{N} \right] + \log \frac{V}{N} + \frac{5}{2} \right\}$$
となる．ただし $S \propto N$ とするため (2) を $N!$ で割った．これは粒子が量子力学では自己同一性を失うとして (2) を書くので必要ない．

二つの集団 A, B を接触させると分配 $\{n_k^A\}$ と $\{n_l^B\}$ の仕方の数は積 $W(\{n_k^{A*}\})W(\{n_l^{B*}\})$ になるから合成系のエントロピーは和になる．それが $E^A + E^B = (\text{一定})$ の条件の下で最大となるのは
$$\frac{\partial S(E^A, V^A)}{\partial E^A} = \frac{\partial S(E^B, V^B)}{\partial E^B}$$
となるときだが，接触した 2 集団が熱平衡になるのは温度が等しいときに限るから，これは
$$\frac{\partial S(E, V)}{\partial E} = \frac{1}{T} \quad (6)$$
を意味する．右辺は集団 B に上の理想気体をとり
$$\frac{\partial S(E^B, V^B)}{\partial E^B} = \frac{3}{2} Nk_B \frac{1}{E^B}$$
を理想気体に対する $E^B = (3/2)Nk_B T$ により $1/T$ とした．気体を温度計としたのである．

一般の場合に戻り，A と B を接触させたとき A のエネルギーが $dE^A > 0$ だけ増加したとすれば，$E^A + E^B = E$ は一定だから合成系のエントロピーは
$$\left(\frac{\partial S(E^A, V^A)}{\partial E^A} - \frac{\partial S(E^B, V^B)}{\partial E^B} \right) dE^A$$
$$= \left(\frac{1}{T^A} - \frac{1}{T^B} \right) dE^A$$
だけ変化するが，これは増加のはずだから $T^A < T^B$ が知れる．エネルギー (熱) は高温の集団から低温の集団に流れるのである．

集団 A を入れる箱の上面をピストンにして質量 m の錘を載せると (図1)，この集団 + 錘のエネルギーは $E = E^A + mgz$ となり，箱の断面積を C とすれば $V = Cz$ となる．熱平衡の条件は
$$0 = \frac{\partial}{\partial z} S(E - mgz, Cz) = -mg \frac{\partial S}{\partial E} + C \frac{\partial S}{\partial V}$$
である．mg/C は集団 A の圧力 p に等しいから
$$\frac{\partial S(E, V)}{\partial V} = \frac{p}{T} \quad (7)$$
が得られる．理想気体に適用すれば正しく $pV =$

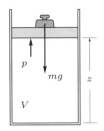

図1 圧力 p と重さ mg のつりあい

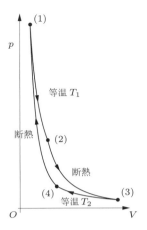

図2 カルノーの循環過程

$Nk_{\mathrm{B}}T$ が得られる.

この集団に熱 $d'Q$ が流入すると，それと外にした仕事 pdV の差だけ集団のエネルギーは増加するから $dE = d'Q - pdV$ となり（熱力学の第一法則），(6), (7) より

$$dS = \frac{\partial S}{\partial E}dE + \frac{\partial S}{\partial V}dV = \frac{dE + pdV}{T} = \frac{d'Q}{T} \tag{8}$$

となる．この式は $d'Q/T$ が全微分 dS であることを示す．これこそクラウジウスがエントロピーを熱力学に導入した動機であった．

N.L.S. カルノーは1824年に次のような熱機関を考えた．理想気体を入れたピストンつきの容器 (図1) をとり，温度 T_1 の熱浴に接触させながら等温度で図2の (1) の状態から (2) まで膨張させ，熱の出入を絶って (3) まで膨張，次いで低温 T_2 の熱浴に接触させて等温度で (4) まで圧縮し，熱の出入を絶って (1) に戻す．(1) → (2) では気体は高温の熱浴から熱 Q_1 を吸収し (3) → (4) では熱 Q_2 を低温の熱浴に捨てるが，気体と熱源の温度差はつねに無限小とするので，この過程は可逆でエントロピー変化は $Q_1/T_1 - Q_2/T_2 = 0$ である．全過程でピストンのする正味の仕事は $A = Q_1 - Q_2$ だからこの熱機関の効率 η は $A/Q_1 = (T_1 - T_2)/T_1$ となる．一般の熱機関は非可逆でエントロピーは増大し $Q_1/T_1 - Q_2/T_2 > 0$ だから

$$\eta = \frac{A}{Q_1} < \frac{T_1 - T_2}{T_1} \tag{9}$$

となる．熱はこの割合 η でしか力学的な仕事に変えられないから，劣化したエネルギーといわれる．

1948年に C.E. シャノンは事象 E について，これが確率 P で起こるというニュースの情報量を $H = -\log_2 P$ ビットと定義しエントロピーと呼んだ．確率 p_k で書かれる文字 K 個の列のエントロピーは $-K\sum_k p_k \log_2 p_k$ となる．(2) に対するボルツマンのエントロピーは

$$S = -Nk_{\mathrm{B}} \sum_k g_k p_k \log p_k, \quad (p_k = n_k/Ng_k) \tag{10}$$

と書けるから，シャノンの H とは単位の違いにすぎず，単位を揃えていえばエントロピー S の状態についてエントロピー H の情報を得ると可能な W の数が減り S が H だけ減ることになる.

$-H$ を負エントロピーということがある．E. シュレーディンガーは，その著『生命とは何か』(1944) で生物は負エントロピーを摂って生きているとした.

マクスウェルの魔物 (1871) は，気体の入った容器を隔壁で体積 V^{A} と V^{B} に仕切り，壁にあけた小さな孔に扉をつけ体積 V^{A} から速い分子がきたら扉を開いて V^{B} に移す．これをくりかえし熱力学の第二法則に反してエントロピーの小さい状態を作り出すかにみえる．じつは，魔物は分子の選別のため分子を見る必要があり，光を発して情報エントロピーを得るが，気体分子による光の散乱・吸収が系の熱力学的エントロピーを増すことになり第二法則に違反しない． ［江沢　洋］

参 考 文 献

[1] 久保亮五：統計力学，共立出版，1971.
[2] L. ブリルアン著，佐藤　洋訳：科学と情報理論，みすず書房，1969.

円 分 体

cyclotomic fields

n を自然数とする．有理数体 $\boldsymbol{Q}$ に 1 の n 乗根，すなわち多項式 $X^n - 1$ の根をすべて添加して得られる体を**円分体** (cyclotomic field) と呼ぶ．ここでは K_n で表すことにする．抽象的に $\boldsymbol{Q}$ に根を添加して円分体を構成することができるが，話をわかりやすくするため，ここでは複素数体 $\boldsymbol{C}$ の中で考えることにする．

1 1 の原始 n 乗根，円周等分多項式

複素数体 $\boldsymbol{C}$ において，$X^n - 1$ の根は $e^{\frac{2\pi mi}{n}} = \cos(\frac{2m\pi}{n}) + \sin(\frac{2m\pi}{n})i$ $(m = 0, 1, \ldots, n-1)$ の n 個である．複素平面上で，これらの根は 0 中心半径 1 の円周を n 等分する．円分という用語はこの事実に由来する．1 の n 乗根 ζ で，n より小さい自然数 k では $\zeta^k \neq 1$ となるものを，**1 の原始 n 乗根** (primitive n-th root of unity) と呼ぶ．1 の n 乗根について，$\zeta^d = 1$ となる最小の自然数 d を考えると，d は n の約数になる．$\zeta = e^{\frac{2\pi mi}{n}}$ のとき，d は dm が n で割り切れる最小の自然数である．$d = n$ となるのは m が n と互いに素であるときであり，1 以上 $n-1$ 以下の n と互いに素な自然数は $\varphi(n)$（オイラー関数）個あるので，1 の原始 n 乗根は $\varphi(n)$ 個ある．

原始 n 乗根の例: $n = 1, 1$. $n = 2, -1$. $n = 3$, $-\frac{1}{2} \pm \frac{\sqrt{3}}{2}i$. $n = 4, \pm i$. $n = 6, \frac{1}{2} \pm \frac{\sqrt{3}}{2}i$.

すべての 1 の原始 n 乗根を根にもつ次数 $\varphi(n)$ の多項式

$$\Phi_n(X) = \prod_{\zeta: 1 \text{ の原始 } n \text{ 乗根}} (X - \zeta)$$

を**円周等分多項式** (cyclotomic polynomial) とよぶ．1 の n 乗根は原始 d 乗根 (d は n の約数) からなるから，

$$X^n - 1 = \prod_{d | n} \Phi_d(X)$$

が成り立つ．この等式を用いて，次のように小さい n から順に $\Phi_n(X)$ を求めていくことができる．

$\Phi_1(X) = X - 1$, $\Phi_2(X) = \frac{X^2 - 1}{\Phi_1(X)} = X + 1$,

$\Phi_3(X) = \frac{X^3 - 1}{\Phi_1(X)} = X^2 + X + 1$,

$\Phi_4(X) = \frac{X^4 - 1}{\Phi_1(X)\Phi_2(X)} = X^2 + 1$,

$\Phi_5(X) = \frac{X^5 - 1}{\Phi_1(X)} = X^4 + X^3 + X^2 + X + 1$,

$\Phi_6(X) = \frac{X^6 - 1}{\Phi_1(X)\Phi_2(X)\Phi_3(X)} = X^2 - X + 1, \ldots$

また $\Phi_n(X)$ が整数係数の多項式になることも帰納的に示せる．$\Phi_n(X)$ は $\boldsymbol{Q}$ 上既約であること，すなわち次数が 1 以上の二つの有理数係数の多項式の積では表されないことが知られている．

2 円分体のガロア群

円分体 K_n は $\boldsymbol{Q}$ 上の多項式 $X^n - 1$ の最小分解体であるから，$\boldsymbol{Q}$ のガロア拡大である．1 の原始 n 乗根 $e^{\frac{2\pi i}{n}}$ を ζ_n で表すことにすると，1 の n 乗根 $e^{\frac{2\pi mi}{n}}$ は $(\zeta_n)^m$ と ζ_n のべきで表されるから，K_n は $\boldsymbol{Q}$ に ζ_n を添加して得られる体 $\boldsymbol{Q}(\zeta_n)$ と一致する．また $\Phi_n(X)$ は $\boldsymbol{Q}$ 上既約であるから，ζ_n を根にもつ有理数係数の多項式で次数が最小のものは $\Phi_n(X)$ である．したがって $K_n = \boldsymbol{Q}(\zeta_n)$ の $\boldsymbol{Q}$ 上の拡大次数は $\deg(\Phi_n(X)) = \varphi(n)$ となる．

ガロア拡大 $K_n/\boldsymbol{Q}$ のガロア群 $\mathrm{Gal}(K_n/\boldsymbol{Q})$ の元，すなわち体の自己同型 $\sigma: K_n \xrightarrow{\cong} K_n$ は，ζ_n の像 $\sigma(\zeta_n)$ で決定される．$\sigma(\zeta_n)$ もまた 1 の原始 n 乗根なので，n と互いに素な整数 m を用いて $\sigma(\zeta_n) = (\zeta_n)^m$ と表される．m は $\mathrm{mod}\ n$ でただ 1 つに決まる．σ に $m\ \mathrm{mod}\ n$ を対応させることにより，単射群準同型

$$\chi_{\mathrm{cyc},n}: \mathrm{Gal}(K_n/\boldsymbol{Q}) \longrightarrow (\boldsymbol{Z}/n\boldsymbol{Z})^\times$$

が得られ，$K_n/\boldsymbol{Q}$ の拡大次数と $(\boldsymbol{Z}/n\boldsymbol{Z})^\times$ の位数がともに $\varphi(n)$ であることから，これは同型になる．(ζ_n という特別な原始 n 乗根をとって定義したが，他の原始 n 乗根を用いても同じ同型が得られる．$\chi_{\mathrm{cyc},n}$ は**円分指標** (cyclotomic character) と呼ばれる．) 特に $K_n/\boldsymbol{Q}$ はアーベル拡大（ガロア群がアーベル群となるガロア拡大）となる．$\boldsymbol{Q}$ のアーベル拡大はすべて，ある自然数 n に伴う円分体 K_n に含まれることが知られている（クロネッカー–ウェーバーの定理）．

3 一般の体の円分拡大

F を体とする.F に $X^n - 1$ の根を添加して得られる拡大体を,F の円分拡大 (cyclotomic extension) と呼ぶ.ここでは F_n で表すことにする.F が正の標数 p をもつときは,$n = n'p^s$ (n' は p と互いに素) とおくと,$F[X]$ において $X^n - 1 = (X^{n'} - 1)^{p^s}$ が成り立ち,$F_n = F_{n'}$ となるので,n は p と互いに素であると仮定する.すると $X^n - 1$ は F_n で重根をもたない.原始 n 乗根が §1 と同様に定義され $\Phi_n(X)$ の F_n における $\varphi(n)$ 個の根を与える.一般に $\Phi_n(X)$ は $F[X]$ では既約ではなく,拡大 F_n/F の拡大次数は $\varphi(n)$ の約数となる.F_n/F はガロア拡大であり,§2 と同様に単射準同型 $\chi_{\text{cyc},n} \colon \text{Gal}(F_n/F) \to (\mathbf{Z}/n\mathbf{Z})^\times$ が構成できる.特に F_n/F はアーベル拡大となる.

例 1 p を素数とする.有限体 $\mathbf{F}_p = \mathbf{Z}/p\mathbf{Z}$ の f 次の有限次拡大は元の個数が $q = p^f$ 個の有限体 $\mathbf{F}_q$ である.$(\mathbf{F}_q)^\times$ は位数 $q - 1$ の群だから,その元 x はすべて $x^{q-1} = 1$ をみたす,すなわち 1 の $q - 1$ 乗根になる.これらが $X^{q-1} - 1$ の根をすべて与えることになるから,$\mathbf{F}_q$ は $X^{q-1} - 1$ に対する円分拡大となる.$F = \mathbf{F}_p$ とし,n を p で割り切れない自然数とすると,$\chi_{\text{cyc},n}$ によるフロベニウス自己同型の像は $p \bmod n$ となる.したがって $p \bmod n$ の $(\mathbf{Z}/n\mathbf{Z})^\times$ での位数を d とすると,F_n/F の拡大次数は d となり,$\Phi_n(X)$ は $\mathbf{F}_p[X]$ において $\frac{\varphi(n)}{d}$ 個の次数 d の既約多項式の積に分解する.

例 2 p を素数とし,F として p 進数体 $\mathbf{Q}_p$ を考える.n が p のべきであるとき,$\Phi_n(X)$ は $\mathbf{Q}_p$ 上でも既約である.また $F_n/\mathbf{Q}_p$ は完全分岐拡大となる.$\mathbf{Q}_p$ の有限次アーベル拡大はすべて,ある自然数 n に伴う円分拡大 F_n に含まれることが知られている.

4 フェルマー予想と円分体

フェルマー予想は「3 以上の自然数 n については,$x^n + y^n = z^n$ をみたす自然数 x, y, z は存在しない」というものである.この予想はワイルズとテイラーにより肯定的に解決されたが,それ以前にクンマーにより円分体を用いて研究された.n が 3 以上の素数か 4 のときに示せば十分であることは容易にわかる.n が 3 以上の素数のとき,もし自然数の解 x, y, z があったとすると,円分体 $K_n = \mathbf{Q}(\zeta_n)$ において左辺を分解して,

$$\prod_{\zeta \colon 1 \text{ の } n \text{ 乗根}} (x + \zeta y) = z^n$$

という等式が得られる.クンマーのアイディアは,この両辺の素因数分解を考え,素因数分解の一意性から矛盾を導くというものであった.しかしながら,円分体 K_n では一般に素因数分解の一意性は成り立たない.その成り立たなさはイデアル類群とよばれる有限アーベル群で表されるが,クンマーは n が 3 以上の素数で K_n のイデアル類群の位数が n と素であるとき (このような素数は正則素数とよばれる),フェルマー予想が正しいことを証明した.たとえば 100 以下では,37, 59, 67 以外はすべて正則素数であることが知られている.

5 岩澤主予想

p を素数とし,円分体 K_p のイデアル類群の p シロー部分群すなわち位数が p べきの元全体のなす部分群を A とする.A には $G = \text{Gal}(K_p/\mathbf{Q})$ が自然に作用する.群準同型 $\chi \colon G \to \mathbf{Z}_p^\times$ に対し,$A^\chi = \{a \in A | \forall g \in G, g(a) = \chi(g)a\}$ と定義する.同型 $\chi_{\text{cyc},p}$ の $\mathbf{Z}_p^\times$ への唯一の持ち上げ $G \to \mathbf{Z}_p^\times$ を ω で表す.すると $2 \leqq r \leqq p - 3$ をみたす偶数 r について,A とゼータ関数の間に次の不思議な関係が成り立つ (エルブラン,リベット).

$$p \mid \zeta(1-r) \iff A^{\omega^{1-r}} \neq 0.$$

$\zeta(z)$ はリーマンのゼータ関数である.$\zeta(1-r)$ は有理数であり,左の条件は既約分数表示においてその分子が p で割り切れないという意味である.N を p と素な自然数とし,A_n を K_{Np^n} のイデアル類群の p シロー部分群とする.岩澤主予想は,より一般に $\text{Gal}(K_{Np^n}/\mathbf{Q})$ の A_n への作用の n が動いたときのふるまいと,p 進 L 関数と呼ばれるリーマン・ゼータ関数やディリクレ L 関数の負整数での値を p 進補完して得られる関数の零点とを結びつける予想で,メイザーとワイルズにより証明された.

[辻 雄]

オイラー数

Euler number, Euler characteristic

1 多面体のオイラー数

多面体 P において，

$$\chi(P) = (頂点の数) - (辺の数) + (面の数)$$

を P の**オイラー数** (Euler number) という．

 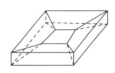

図 1 凸多面体と凸でない多面体

凸集合である多面体を凸多面体という．上図の左は凸多面体であるが，右は凸でない多面体である．多面体のオイラー数はいろいろな整数値をとる．しかし，次が成り立つ．

定理 (オイラーの多面体定理) 凸多面体のオイラー数は 2 である．

この事実は，オイラー以前に，デカルト，さらに遡ってアルキメデスも気づいていたといわれている．定理の証明はいくつかあるが，ルジャンドルによる球面幾何を用いた証明が華麗である．

凸多面体の表面は球面と同相である．実は，凸でなくても，多面体の表面が球面と同相ならばオイラー数はつねに 2 となる．一般に，多面体 P の表面が種数 g の閉曲面と同相ならば $\chi(P) = 2 - 2g$ である．この事実は，オイラー数が多面体の位相的な形にのみ依存する数であること，つまり，トポロジーの不変量であることを示唆している．オイラーの多面体公式は，トポロジーという学問の萌芽となった事実で，1900 年頃にポアンカレによりホモロジー群へと集大成された．

2 位相空間のオイラー数

多面体の面をいくつかの多角形に分割してもオイラー数は変わらない．したがって，多面体のオイラー数を考える場合，各面を三角形に分割して，多面体のすべての面は三角形と思っても一般性は失われない．

n 次元三角形を n 単体という．0 単体は 1 点，1 単体は線分，2 単体は三角形，3 単体は三角錐である．ある条件を満たす単体の集合を単体複体，単体複体 K に含まれるすべての単体の合併集合 $|K|$ を，K の多面体という．単体複体 K は，多面体 $|K|$ を構成している単体をばらばらに思ったものといえる．単体複体 K に含まれる単体が有限個であるとき，そのオイラー数を

$$\chi(K) = \sum_{q=0}^{\infty} (-1)^q (K に含まれる q 単体の数)$$

と定める．1 節で定義したオイラー数の拡張になっている．二つの多面体 $|K|$ と $|K'|$ が同相 (もっと弱くホモトピー同値) であるとき $\chi(K) = \chi(K')$ となるが，定義からはあきらかではない．

一般に，位相空間 X に対して特異ホモロジー群 $H_q(X)$ が定まる．q は負でない整数である．特異ホモロジー群は位相不変な可換群である．各 q に対して $H_q(X)$ が有限生成であり，十分大きな q に対しては $H_q(X) = 0$ であるような位相空間 X に対して，そのオイラー数を

$$\chi(X) = \sum_{q=0}^{\infty} (-1)^q (H_q(X) のランク)$$

と定める．この数を X の**オイラー標数** (Euler characteristic)，または，**オイラー–ポアンカレ標数**ということもある．X が有限単体複体 K の多面体 $|K|$ であるとき，$\chi(X) = \chi(K)$ となる．この事実とホモロジー群のホモトピー不変性より，二つの多面体 $|K|$ と $|K'|$ が同相 (もっと弱くホモトピー同値) ならば，$\chi(K) = \chi(K')$ であることがわかる．

3 ベクトル場とオイラー数

$\mathfrak{X}$ を n 次元微分可能多様体 M 上の連続なベクトル場とする．つまり，点 $p \in M$ における $\mathfrak{X}$ の値 $\mathfrak{X}(p)$ は p における M の接ベクトルで，$\mathfrak{X}(p)$ は p に関して連続に変化しているとする．$\mathfrak{X}(p) = 0$ となる点 p を，ベクトル場 $\mathfrak{X}$ の零点または特異点という．M にリーマン計量を一つ定めておき，p を $\mathfrak{X}$ の孤立した特異点とする．p の周りに十分小

さな $(n-1)$ 次元球面 S をとると，p は孤立特異点であるから，$\mathfrak{X}$ は S のどの点でも零ベクトルにはならない．そこで，$q \in S$ に対し，$\mathfrak{X}(q)$ をその長さで割った値を対応させると，S から $(n-1)$ 次元単位球面 S^{n-1} への写像をえる．S を自然な方法で S^{n-1} と同一視して，この写像の写像度が定まるが，これをベクトル場 $\mathfrak{X}$ の p における**指数** (index) という．

定理（ポアンカレ–ホップの定理） 境界のないコンパクト微分可能多様体 M 上の連続なベクトル場 $\mathfrak{X}$ が孤立特異点のみをもつとき，孤立特異点における $\mathfrak{X}$ の指数の和は M のオイラー数 $\chi(M)$ に一致する．

とくに，境界のないコンパクト微分可能多様体 M において，特異点をもたない連続なベクトル場が存在すれば $\chi(M) = 0$ であるが，実はこの逆が成立する（ホップの定理）．

境界のないコンパクト n 次元微分可能多様体 M が向き付け可能であるとき，向きを一つ決めれば，**オイラー類** (Euler class) と呼ばれる $H^n(M)$ の元 $e(M)$ が定まり，$e(M)$ を M の基本類で値をとると M のオイラー数に一致する．

4 曲率とオイラー数

前節のベクトル場との関係もそうであるが，オイラー数は意外なところに現れる．ガウス–ボンネの定理によると，Σ を3次元ユークリッド空間内のなめらかな閉曲面，そのガウス曲率を k とすると，$\int_\Sigma k = 2\pi\chi(\Sigma)$ が成立する．この事実は，曲率という局所的な微分幾何学的量が，全体としては，オイラー数というトポロジーの量の制限を受けていることを示している．

5 群作用とオイラー数

有限集合 X に有限群 G が作用しているとする．X/G を G 軌道からなる集合，X^g を G の元 g の不動点集合，有限集合の濃度を $|\ |$ で表すと
$$|X/G| = \frac{1}{|G|} \sum_{g \in G} |X^g|$$
が成立する（バーンサイドの補題）．有限集合を（離散位相をもった）位相空間と思うと，濃度とオイラー数が一致するから，上式は
$$\chi(X/G) = \frac{1}{|G|} \sum_{g \in G} \chi(X^g) \quad (1)$$
と書き直せるが，この式は，有限集合に限らず，有限単体複体の多面体など，オイラー数が定義できる適当な位相空間 X に対して成立する．X^G を X における G の不動点集合とすると，G が素数位数の巡回群の場合，$g \in G$ が単位元でなければ $X^g = X^G$ であるから，式 (1) より
$$\chi(X) \equiv \chi(X^G) \pmod{|G|} \quad (2)$$
を得る．

境界のないコンパクト微分可能多様体 M に，群 S^1 がなめらかに作用しているとする．S^1 の素数位数巡回部分群 G で $M^{S^1} = M^G$ を満たすものが無限にたくさんあるから，合同式 (2) より等式
$$\chi(M) = \chi(M^{S^1}) \quad (3)$$
を得る．一方，なめらかな S^1 作用は M 上に連続なベクトル場を定め，作用の不動点がベクトル場の特異点と一致する．このベクトル場では，孤立特異点での指数はつねに1である．したがって，M 上の S^1 作用の不動点が孤立点のみからなる場合，等式 (3) はポアンカレ–ホップの定理と一致する．

6 交代和

多面体のオイラー数は，頂点，辺，面の数の交代和をとったものである．2節での位相空間のオイラー数の定義にも交代和をとる操作が現れている．このように交代和をとる操作によって興味ある量が現れることがしばしばある．ヒルツェブルフのリーマン–ロッホ定理に現れる量，もっと一般に，アティヤ–シンガー指数定理に現れる量は，その一例である．

［枡田幹也］

参考文献

[1] 服部晶夫：位相幾何学，岩波書店，1991．
[2] 枡田幹也：代数的トポロジー，朝倉書店，2002．
[3] 吉田朋好：ディラック作用素の指数定理，共立出版，1998．

オイラー方程式

Euler equation

オイラー方程式は，粘性のない非圧縮な流体(完全流体，理想流体ともいう)の運動方程式としてオイラーにより提案された発展型偏微分方程式である．流体運動は流体粒子の運動をまとめることにより流体が占める空間の微分同相写像の時間に関する1径数族として表せる．したがってその運動方程式は時間に関する2階微分と空間方向に関する微分を伴う偏微分方程式として表現するのが自然と考えられるが，通常，理想流体のオイラー方程式や非圧縮粘性流体のナヴィエ–ストークス方程式(NS方程式)は速度場の方程式として時間に関して1階の非線形偏微分方程式として表される．

流体力学上の，また解の存在や一意性などに関する解析学上の膨大な研究結果については，大部分は他書に委ねる．本項ではR^nの領域上，およびコンパクトなリーマン多様体上での理想流体の流体力学とオイラー方程式について，背後にある幾何学や方程式の導出を中心に述べる．NS方程式の研究もオイラー方程式の研究と不可分である．

1 オイラー方程式

R^nの領域上の理想流体の時間tに依存する速度場を$u = u(t)$とすれば，オイラー方程式は，連続の方程式$\operatorname{div} u = 0$と
$$\frac{d}{dt}u = -\nabla_u u - \frac{1}{\rho}\operatorname{grad} p + f$$
との連立方程式として与えられる．ここで，pは圧力関数，ρは質量密度，fは外力であるが，本項ではρは一定として圧力に組み込み，外力fも働かない理想的な状況を中心に扱う．外力として保存力場を考える場合でもポテンシャルは grad の中に組み込める．時間微分以外の微分作用素はすべて空間方向のものである．本項目はリーマン幾何の記法に従っており，$\nabla_u u$は流体力学や解析学では$u \cdot \nabla u$と記されることが多い．

R^nの領域で流体運動を考える場合は，境界条件として領域の境界に速度場$u(t)$が接することを要請し，非コンパクトな領域の場合は無限遠におけるしかるべき減衰条件を課す．解の存在や一意性を論ずる際は，初期条件$u(t_0) = u_0$をおいて初期値問題を設定するのが通常である．

コンパクトなリーマン多様体Mに対し，M上の発散のないベクトル場の集合を$\mathcal{X}_d$とする．M上の理想流体に対するオイラー方程式は，速度場$u(t) \in \mathcal{X}_d$の方程式として，R^n上と全く同じ形
$$\frac{d}{dt}u = -\nabla_u u - \operatorname{grad} p$$
で与えられる．∇はリーマン接続と解釈される．

2 大域解と爆発解

R^n上のオイラー方程式の初期値問題については，一般に短い時間における解の存在(解の局所的存在)と，$n = 2$の場合の時刻∞までの解の存在(解の大域的存在)が知られている．

有限時間内に空間方向の何階かの微分が発散するような解を**爆発解**という．幾何的に配位空間を拡張すれば流れを表す微分同相の1径数族ϕ_tがある時刻に写像空間の微分同相群から外に飛び出すことと解釈できる．

粘性を考慮に入れた NS 方程式では，$n = 3$の場合に適当な条件の下に大域解の存在と一意性の問題がクレイ・ミレニアム問題としてあげられている．R^n上の NS 程式では，オイラー方程式の右辺にラプラシアンΔuによる粘性項を加える．

現在，3次元オイラー方程式の爆発解は計算機実験上でも発見されていない．数値実験では空間方向に微小領域で丸め操作をするので，ラプラシアンの効果を導入していることに近い．その意味で，オイラー方程式の爆発解が見つかり難いことは NS 方程式の大域解の存在と関係している．

3 オイラー方程式の導出原理

コンパクトなリーマン多様体上のオイラー方程式はアーノルドにより導かれた[1].

重心を固定された3次元の剛体の運動は配位間を$SO(3; R)$とする質点の運動と等価である．空間の座標により三つの角運動量保存則を得，既に

運動が規定されて原理的にはこれより運動方程式が導かれる．速度ベクトルをリー環に記述する際，角運動量保存則を尊重すれば右不変 (空間座標) に記述する必要があり，剛体の質量分布から慣性モーメントを記述するには左不変 (剛体座標) な記述が適する．右不変座標における角運動量保存を随伴写像により左不変運動量座標で書き直したものをアーノルド–オイラー–ポアンカレ (**AEP**) 方程式と呼び，左不変内積により速度ベクトルの方程式に書き直したものが運動方程式である．

以上は一般のリー群上に左不変なリーマン計量を与え，それに関する測地線の方程式を与える方法として一般化される．左移動による対称性により左不変リー環の双対は運動を規定するに十分な第一積分を与え，完全可積分系をなす．

これを無限次元化し，左と右を入れ替えることによりコンパクト・リーマン多様体上の理想流体のオイラー方程式が得られる．$\mathcal{G}$ をコンパクト・リーマン多様体 M の保体積微分同相の群とする．$\mathcal{X}_d$ は $\mathcal{G}$ の右不変ベクトル場と見なせ，
$$\langle u,v\rangle = \int_M (u,v)dvol \quad (u,v\in\mathcal{X}_d)$$
により $\mathcal{G}$ 上の右不変内積が定まる．ホッジ–小平分解により双対 $\mathcal{X}_d^*$ は M 上の 1–形式の空間 Ω^1 において完全 1–形式の空間 B^1 の直交補空間と見なせる．$\mathcal{X}_d$ がベクトル場全体の中で勾配ベクトル場全体の直交補空間であることに相当する．

$\mathcal{X}_d^*$ 上での AEP 方程式と内積 $\langle,\rangle$ を使うと，オイラー方程式の右辺として勾配ベクトル場の分の不定性を伴って第 1 項のみが得られる．つまり，圧力項 $-\mathrm{grad}\,p$ は第 1 項が発散を伴いうることを一意的に補正する直交射影と解釈される．

オイラー方程式は，次の単純な考察からも得られる．$\nabla_u u$ は流線の測地曲率であり，右辺第 1 項は各流体粒子が M 上を測地運動しようとすることを表す．その際に発生する圧力が第 2 項である．

4 渦度場

流体の速度場 u に対し，$\boldsymbol{R}^n$ ($n=2,3$) の場合，$\omega = \mathrm{curl}\,u$ は渦度場と呼ばれ，スカラー場，ベクトル場を定める．一般には $(1,1)$–型テンソル ∇u の交代部分として定義され，速度場 u の双対 1–形式 $\alpha = (u,\cdot)$ により渦度場は 2–形式 $\beta = d\alpha$ に対応する．これより流れによる渦度場の保存 (つまり，$\omega_t = (\phi_t \circ \phi_s^{-1})_* \omega_s$，ただし $\phi_t \in \mathcal{G}$ はオイラー方程式の解 u_t の積分；コーシーの定理) が容易にわかる．たとえば $n=3$ の場合に渦度線が結び目を形成していると，その形は流れに沿って保存される．このため，渦度場はプロファイルとも呼ばれ，位相的・幾何的な研究が活発化している．

5 オイラー方程式の保存量と外部対称性

$\mathcal{G}$ 上の力学系とみるとオイラー方程式は完全可積分系を与えるが，保存量のすべてが M 上で記述できるかは不明である．偶数 $(2k)$ 次元の場合，勝手な 1 変数可積分関数 $f(x)$ に対し
$$I_f(u) = \int_M f(\beta^k/dvol)dvol$$
とおけば本質的に独立な加算無限個の不変量を得るが，保存量のすべてではなかろう．奇数 $(2k+1)$ 次元では運動エネルギー $E(u) = \int_M \frac{1}{2}(u,u)dvol$ とヘリシティー $\int_M \alpha \wedge \beta^k$ だけが知られている．

オイラー方程式の解は時間反転 (動画の逆再生) に関する対称性をもつ．$u(t)$ が解であれば $-u(-t)$ も解である．なめらかな解だけ考察すればエネルギーは保存されるが，エネルギーが散逸したり，逆にエネルギーが増加する弱解の研究が進んでいる．

6 定常解

オイラー方程式の定常解を 2 種類あげる．第一は各流線が測地線をなすもの．右辺の第 1, 2 項とも 0 である．第二はキリング場，すなわち無限小等長変換で，$p = \frac{1}{2}(u,u)$ によりオイラー方程式が満たされる．この事実はリーマン多様体上での NS 方程式の考察の基礎となる [2]． ［三松佳彦］

参考文献

[1] V.I. Arnol'd, B.A. Khesin：*Topological Methods in Hydrodynamics*, Springer–Verlag, 1998.
[2] M.E. Taylor：Partial differential equations III, *Appl. Math. Sciences*, **117**, 1997.

解析接続

analytic continuation

1 解析関数

複素平面内の領域 D 上で定義された複素数値関数 f が点 $z_0 \in D$ において**解析的** (analytic) とは,ある正の実数 ρ に対して,z_0 を中心とし収束半径が ρ 以上のべき級数により

$$f(z) = \sum_{n=0}^{\infty} a_n(z-z_0)^n, \quad |z-z_0| < \rho \quad (1)$$

と表されることをいう.D の各点において解析的であるとき,f は D において解析的である,または D 上の解析関数であるという.解析関数の和,積,定数倍はやはり解析関数である.また,D 上の解析関数 f が $f(z) \neq 0$ $(z \in D)$ を満たすとき $1/f$ も D において解析的である.

f が D において解析的であれば,正則であることは容易にわかる.逆に,コーシーの積分公式から,f が $|z-z_0| < \rho$ において正則であれば,(1) の形に展開できることがわかる.z_0 において解析的かつその近傍で恒等的に 0 でない関数 f に対し,(1) のすべての係数 a_n が 0 になることはないので,$a_m \neq 0$ となる最小の m をとれば,$f(z) = (z-z_0)^m g(z)$ (ただし g は $z=z_0$ において解析的で $g(z_0) = a_m \neq 0$) と表示できる.十分小さい $\delta > 0$ をとれば,$0 < |z-z_0| < \delta$ において $g(z) \neq 0$ したがって $f(z) \neq 0$ である.よって次の**一致の定理** (identity theorem) が導かれる.

定理 1 (一致の定理) f_1, f_2 を領域 D 上の解析関数とする.もし D 内に集積点をもつ集合 A において $f_1 = f_2$ であれば,D 全体において $f_1 = f_2$ でなければならない.

2 解析接続

ある領域で定義された解析関数をより広い領域に解析的に拡張することを一般に**解析接続** (analytic continuation) という.このような拡張の仕方は,一致の定理により,領域に対して (あるとすれば) 一意的である.そこで,できるだけ広い領域に解析接続することがその関数を理解する上で自然であると考えられるが,今度は多価性の問題が生ずる.以下ではワイエルシュトラス (Weierstrass) による,べき級数を用いた厳密な定式化を紹介する.層の理論を用いる,より洗練された方法については,たとえば文献 [1] を参照のこと.

z_0 を中心とする半径 ρ_0 の開円板 $\Delta_0 = D(z_0, \rho_0)$ とその上の正則関数 f_0 の組 (f_0, Δ_0) を,z_0 における**関数要素** (function element) と呼ぶ.$z_1 \in \Delta_0$ において f_0 をべき級数展開することにより,z_1 における関数要素 (f_1, Δ_1) が得られる.作りかたから $\Delta_0 \cap \Delta_1$ 上で $f_0 = f_1$ である.(f_1, Δ_1) を (f_0, Δ_0) の直接接続と呼ぶ.(f_0, Δ_0) から出発して,この操作を有限回繰り返して得られる関数要素を (f_0, Δ_0) の解析接続と呼ぶ.

$\gamma : [0,1] \to \boldsymbol{C}$ を z_0 を始点とし z_1 を終点とする曲線とする.適当な分割 $0 = t_0 < t_1 < \cdots < t_{n-1} < t_n = 1$ に対し,各 $j = 1, 2, \ldots, n$ について $\gamma(t_j)$ における関数要素 (f_j, Δ_j) が存在し,(f_j, Δ_j) が (f_{j-1}, Δ_{j-1}) の直接接続で $\gamma([t_{j-1}, t_j]) \subset \Delta_{j-1}$ となっているとき,(f_0, Δ_0) は曲線 γ に沿って解析接続可能であるといい,最後に得られる $(g, \Delta) = (f_n, \Delta_n)$ を,(f_0, Δ_0) の曲線 γ に沿う解析接続という.この (g, Δ) は曲線の分点のとりかたによらずに定まることが容易にわかるが,さらに次の**一価性定理** (monodromy theorem) が成り立つ.

定理 2 (一価性定理) (f_0, Δ_0) を z_0 における関数要素とする.γ_0, γ_1 は点 z_0 を始点とし z_1 を終点とする二つの曲線で,端点を固定したままそれらを連続に変形する曲線族 (ホモトピー) γ_t $(0 \leq t \leq 1)$ があって,各 γ_t に沿って (f_0, Δ_0) は z_1 における関数要素 $(g_t, \Delta(t))$ に解析接続されるとする.このとき,z_1 の近傍で $g_0 = g_1$ が成り立つ.

とくに,z_0 における関数要素 (f_0, Δ_0) が,単連結領域 D 内の z_0 を始点とする任意の曲線に沿って解析接続可能であれば,f_0 は D における (1 価) 正則関数に拡張されることになる.

解析接続に関して応用上重要なことは関数関係

不変の原理 (permanence of functional relations) が成り立つことである．ここでは記述を簡潔にするため，やや特別な形で述べておく．

定理 3 (関数関係不変の原理) 点 z_0 における k 個の関数要素 $(f_1, \Delta_1), \ldots, (f_k, \Delta_k)$ が, z_0 を始点とし z_1 を終点とする曲線 γ に沿ってそれぞれ $(g_1, \Delta_1'), \ldots, (g_k, \Delta_k')$ に解析接続されるとする．もし k 変数の多項式 (または整関数) $H(w_1, \ldots, w_k)$ に対して, $H(f_1(z), \ldots, f_k(z)) = 0$ が z_0 の近傍で成り立つならば, $H(g_1(z), \ldots, g_k(z)) = 0$ が z_1 の近傍で成り立つ．

とくに, f_j として $z, f(z), f'(z), \ldots, f^{(n)}(z)$ を考えれば, f の満たす (解析的) 微分方程式が解析接続によって保存されることがわかる．

3 解析関数のリーマン面

z_0 における関数要素 (f_0, Δ_0) が, z_0 を含む穴あき円板 $0 < |z - a| < r$ 内の任意の曲線に沿って解析接続可能であるとする．ある自然数 k に対して曲線 $\gamma_k(t) = a + (z_0 - a)e^{2\pi i k t}$ $(0 \leqq t \leqq 1)$ に沿う (f_0, Δ_0) の解析接続が (f_0, Δ_0) に一致すると仮定する．そのような自然数のうちで最小のものをあらためて k とし, $g_0(\zeta) = f_0(a + \zeta^k)$ とおくと, g_0 は $0 < |\zeta| < r^{1/k}$ において (1 価) 正則関数 g に解析接続される．g が原点まで有理型に拡張できるとき, 原点のまわりで $g(\zeta) = \sum_{n=m}^{\infty} c_n \zeta^n$ の形にローラン展開される．すると, $z = a + \zeta^k$ として f_0 の解析接続が形式的に

$$f(z) = \sum_{n=m}^{\infty} c_n (z - a)^{n/k}$$

で与えられる．これは古典的にはピュイズー級数 (Puiseux series) と呼ばれるが, 関数要素の拡張概念として, (f_0, Δ_0) を解析接続して得られる代数要素とも呼び, $k > 1$ のとき点 a を k 位の代数特異点 (または代数分岐点), ζ を $z = a$ における局所一意化変数と呼ぶ．$a = \infty$ の場合にも, 変数 $w = 1/z$ を考えることにより, これらの概念を同様に定義する．

(f_0, Δ_0) を点 z_0 における関数要素とする．これを解析接続して得られる関数要素全体を $\mathcal{F}$ とする．$\mathcal{F}$ の各元 (g, Δ) を, ラベル g のついた円板 Δ のコピーとみなし, その同一視写像を射影 $\pi_g : (g, \Delta) \to \Delta$ と表すことにする．$\mathcal{F}$ の元 $(g, \Delta), (h, \Delta')$ に対して, $\Delta \cap \Delta'$ において $g = h$ であるとき, そしてそのときに限り, (g, Δ) と (h, Δ') とを射影を通して自然に貼り合わせる．これにより $\mathcal{F}$ を貼り合わせて一つのリーマン面 R_0 が得られる．さらに, (f_0, Δ_0) を解析接続して得られるすべての代数要素の代数特異点を付け加え, その点での局所座標として局所一意化変数を採用することにより, R_0 を含むリーマン面 R を構成することができる．この R を (f_0, Δ_0) により定まる解析関数のリーマン面, または解析的形成体 (analytic configuration) と呼ぶ．$g \circ \pi_g : (g, \Delta) \to \boldsymbol{C}$ をすべての $(g, \Delta) \in \mathcal{F}$ について寄せ集めて得られる (1 価) 正則写像 $F : R_0 \to \boldsymbol{C}$ は自然に正則写像 $F : R \to \widehat{\boldsymbol{C}} = \boldsymbol{C} \cup \{\infty\}$ に拡張され, 射影 $\pi_g : (g, \Delta) \to \Delta$ からは正則な射影 $\pi : R \to \widehat{\boldsymbol{C}}$ が自然に定義される．多価関数 $f = F \circ \pi^{-1}$ はしたがって, D における f_0 の最大の解析接続とみなされ, リーマン面 R は f の多価性を解消する (一意化する) もっとも効率のよいリーマン面としても特徴づけられる．任意の $w_0 \in \widehat{\boldsymbol{C}}$ に対して $\pi^{-1}(w_0)$ がたかだか n 個であり, n 個となる w_0 が存在するとき, f は n 価であるといわれる．

$\boldsymbol{C}$ 上の 2 変数既約多項式 $P(w, z)$ に対して, 代数方程式 $P(w, z) = 0$ をある点の近傍で $w = f_0(z)$ の形に解くと, それから定まる解析的形成体 R はコンパクトリーマン面となる．R は方程式 $P(w, z) = 0$ が定める代数曲線と呼ばれ, f_0 から上記のように定まる正則写像 $F : R \to \widehat{\boldsymbol{C}}$ は代数関数 (algebraic function) と呼ばれる．

たとえば, 代数方程式 $w^2 = z^3 - g_2 z - g_3$ が定めるリーマン面は種数 1 の複素トーラスとなることが知られており, 楕円曲線と呼ばれる．

[須川敏幸]

参考文献

[1] L.V. アールフォルス著, 笠原乾吉訳：複素解析, 現代数学社, 1982.

解 析 力 学

analytical mechanics (dynamics)

1 束縛運動とラグランジュの運動方程式

ニュートンの運動法則は彼の著作『プリンキピア』において詳しく論じられているが，その叙述は初等幾何に負う部分が多く，その後微分方程式に基づく力学の解析的取り扱いに関して多くの研究が行われた．その集大成が解析力学といえるが，その中心をなすのは古典力学のラグランジュ形式ならびにハミルトン形式と呼ばれる理論であり，それらは現在では幾何学的にも整理された理論へと発展している．解析力学はまた，量子力学の定式化にも重要な役割を果たしている．

以下，考える関数(写像)や曲線はすべて C^∞ 級とし，時間 t に関する微分をドット($\cdot$)で表す．$d\,(=1,2,3)$ 次元ユークリッド空間内の N 個の質点の運動を考える．この系の配置を各質点の座標をすべて並べたベクトル $x=(x_1,\ldots,x_k)\in \boldsymbol{R}^k$ ($k=Nd$) で表す．各質点に働く力の成分を並べたベクトルを $F(x,\dot{x},t)=(F_1,\ldots,F_k)$ とすると，ニュートンの運動方程式は $m\ddot{x}=F(x,\dot{x},t)$ と書ける．ただし，$m\ddot{x}=(m_1\ddot{x}_1,\ldots,m_k\ddot{x}_k)$，$m_i$ は座標 x_i に対応する質点の質量である．

この系の束縛(拘束ともいう)条件が (x,t) に関する $l\,(<k)$ 個の関数の零点として与えられるとする．これをホロノミックな束縛 (holonomic constraint) という．これらの関数の零点の共通部分が $n\,(=k-l)$ 次元多様体 M を作ると仮定する．この質点系の配置は M の点として表されるので，M を系の配位空間 (configuration space) と呼び，n を系の自由度という．各質点に働く外力の成分を並べたベクトルを $F_a(x,\dot{x},t)$ とするとき，$F_c:=F-F_a$ を束縛力と呼び，F_c が接空間 T_xM に $\boldsymbol{R}^k$ のベクトルとして直交すると仮定する(これをなめらかな束縛と呼ぶ)．これは，質点系の無限小変位(仮想変位)に対して束縛力のする仕事が 0 であること(仮想仕事の原理)を意味する．M の局所座標(一般化座標と呼ぶ)を $q=(q_1,\ldots,q_n)$

とすると，T_xM は $\partial x/\partial q_1,\ldots,\partial x/\partial q_n$ で張られるので，$F_c=m\ddot{x}-F_a$ であることから，

$$\begin{cases}\dfrac{d}{dt}\dfrac{\partial T}{\partial \dot{q}_i}-\dfrac{\partial T}{\partial q_i}=\left\langle F_a(x,\dot{x},t),\dfrac{\partial x}{\partial q_i}\right\rangle\\ \quad (i=1,\ldots,n)\end{cases} \quad (1)$$

が得られる．ここで $T=\frac{1}{2}\sum_{i=1}^k m_i\dot{x}_i^2$ (系の運動エネルギー)，$\langle\cdot,\cdot\rangle$ は $\boldsymbol{R}^k$ のユークリッド内積である．T は M のリーマン計量 ($\times\frac{1}{2}$) とみなせ，$F_a\equiv 0$ のときの運動を M の測地線という．外力がポテンシャル場ならば，ある関数 $U(x,t)$ により $F_a=-\partial U/\partial x$ と書けるので，$L=T-U$ とおくと (1) は

$$\frac{d}{dt}\frac{\partial L}{\partial \dot{q}_i}-\frac{\partial L}{\partial q_i}=0 \quad (i=1,\ldots,n) \quad (2)$$

となる．(1), (2) をラグランジュの運動方程式と呼び，L をラグランジアン (Lagrangian) あるいはラグランジュ関数と呼ぶ．質点系の運動は系の配置 $x\in M$ と速度ベクトル $\dot{x}\in T_xM$ の組 $(x,\dot{x})$ で与えられるので，ラグランジアン L は $TM\times \boldsymbol{R}$ (TM は M の接束)上の関数と見なせる．接束 TM を系の状態空間 (state space) という．

以上の導出とは独立に，$TM\times \boldsymbol{R}$ 上の任意の実数値関数 L に対して，方程式 (2) は座標のとり方によらないことがいえる．すなわち，座標変換 $q=\varphi(\xi,t)$ を行うと，(2) は $L=L(\varphi(\xi,t),\varphi_\xi(\xi,t)\dot{\xi}+\varphi_t(\xi,t),t)$ に対するラグランジュの運動方程式

$$\frac{d}{dt}\frac{\partial L}{\partial \dot{\xi}_i}-\frac{\partial L}{\partial \xi_i}=0 \quad (i=1,\ldots,n)$$

に変換される．ここで，φ_ξ は φ のヤコビ行列である．この関数 L もラグランジアンと呼ぶ．古典力学の基礎を座標変換不変な方程式系 (2) におく考え方をラグランジュ形式の力学という．

2 変 分 原 理

L を $TM\times \boldsymbol{R}$ 上の実数値関数，$I=[t_0,t_1]$ を閉区間とする．配位空間 M 上の固定された 2 点 P,Q を結ぶ曲線 $\gamma:I\to M$ の全体を $\mathcal{C}_{P,Q,I}$ と書き，$\gamma\in \mathcal{C}_{P,Q,I}$ に対して

$$F(\gamma):=\int_{t_0}^{t_1}L(\gamma(t),\dot{\gamma}(t),t)dt$$

とおく．F は作用積分 (action integral) と呼ばれ，無限次元空間上の関数(汎関数)である．

まず $M=\boldsymbol{R}^n$ とし $\gamma(t)=q(t)$ とおく．ϵ をパ

ラメータとし,任意の $h = (h_1, \ldots, h_n) \in \mathcal{C}_{0,0,I}$ に対して,F の γ における h 方向への微分
$$\delta F(\gamma)h := \left.\frac{d}{d\epsilon}F(\gamma + \epsilon h)\right|_{\epsilon=0}$$
を考える.これは部分積分を用いると
$$\delta F(\gamma)h = \int_{t_0}^{t_1} \sum_{i=1}^{n}\left(\frac{d}{dt}\frac{\partial L}{\partial \dot{q}_i} - \frac{\partial L}{\partial q_i}\right)h_i\, dt$$
となる.線形写像 $\delta F(\gamma): h \mapsto \delta F(\gamma)h$ を F の γ における**第 1 変分**と呼ぶ.任意の $h \in \mathcal{C}_{0,0,I}$ に対して $\delta F(\gamma)h = 0$ となるとき,曲線 γ を F の**停留曲線** (stationary curve) と呼び,また γ は**変分原理** (variational principle) を満たすという.そのための必要十分条件は $q = q(t)$ が方程式 (2) を満たすことである.(2) を汎関数 F に対する**オイラー方程式**または**オイラー–ラグランジュ方程式** (Euler–Lagrange equation) と呼ぶ.とくに $L = T - U$ とすれば,古典力学の運動は変分原理を満たす(ハミルトンの(最小作用の)原理).

以上の議論は γ が多様体 M の 2 点を結ぶ曲線の場合に拡張される.すなわち,γ が変分原理を満たすことが定義でき,そのための必要十分条件は γ の任意の局所座標表示がオイラー–ラグランジュ方程式を満たすことになる.

3 ハミルトン系

オイラー–ラグランジュ方程式 (2) は $q_1, \ldots, q_n$ に関する 2 階微分方程式系である.これを 1 階化するために,条件 $\det L_{\dot{q}\dot{q}} \neq 0$ が成り立つ点の近傍において $p = L_{\dot{q}}$ とおき,$\dot{q}$ を q, p, t の関数と見なす.さらに $H(q,p,t) = \sum_{i=1}^{n} p_i \dot{q}_i - L(q, \dot{q}, t)$ とおく.これらの変換を**ルジャンドル変換** (Legendre transformation) という.このとき (2) は
$$\dot{q}_i = \frac{\partial H}{\partial p_i}, \quad \dot{p}_i = -\frac{\partial H}{\partial q_i} \quad (i = 1, \ldots, n) \quad (3)$$
と同値になる.これを自由度 n のハミルトンの**正準方程式**あるいは**ハミルトン系** (Hamiltonian system) と呼び,H を**ハミルトニアン** (Hamiltonian) あるいは**ハミルトン関数**と呼ぶ.

配位空間の座標変換 $q = \varphi(\xi)$ に対応して,$p = L_{\dot{q}}$ と $\eta = L_{\dot{\xi}}$ の間には関係式 $p = \left({}^t\varphi_\xi(\xi)\right)^{-1}\eta$ が成り立つ.これは余接ベクトルの変換則なので,H は余接束 T^*M と $\boldsymbol{R}$ の直積の開部分集合上の関数と見なせる.とくに $L = \frac{1}{2}\|\dot{q}\|_q^2 - U(q,t)$ ($\|\cdot\|_q$ は M のリーマン計量によるノルム)のときは p は**一般化運動量**と呼ばれ,ルジャンドル変換は $TM \times \boldsymbol{R}$ から $T^*M \times \boldsymbol{R}$ への大域的な微分同相を与え,H は $T^*M \times \boldsymbol{R}$ 上の関数 $H = T + U$ となる.以上の (q,p) を**正準変数**,(q,p)–空間あるいは T^*M を**相空間** (phase space),相空間と時間軸 $\boldsymbol{R}$ の直積を**拡大相空間**と呼ぶ.

ハミルトン系 (3) はオイラー–ラグランジュ方程式 (2) とは独立に,任意の関数 $H(q,p,t)$ に対して定義される.$z = (q,p)$,$\zeta = (\xi, \eta)$ とし,(3) の $t = t_0$ で $z = \zeta$ となる区間 $I = [t_0, t_1]$ 上の解を $\phi_H^{t,t_0}(\zeta)$ と書く.拡大相空間上の曲線 $I \ni t \mapsto (\phi_H^{t,t_0}(\zeta), t)$ は,$q(t_0)$,$q(t_1)$ を固定した曲線 $\gamma: I \ni t \mapsto (q(t), p(t), t)$ に対する汎関数
$$F(\gamma) = \int_\gamma \sum_{i=1}^{n} p_i dq_i - H dt \quad (4)$$
の停留曲線になる.一方,γ を拡大相空間上の任意の閉曲線としてこの線積分を考えると,γ をハミルトン系 (3) の流れに沿って任意に変形しても,その値は不変である(**ポアンカレ–カルタンの積分不変式** (integral invariant of Poincaré–Cartan)).とくに γ を $t = t_0$ 上にとれば
$$\int_\gamma \sum_{i=1}^{n} p_i dq_i = \int_{\phi_H^{t,t_0}(\gamma)} \sum_{i=1}^{n} p_i dq_i$$
となる(流れ ϕ_H^{t,t_0} の完全シンプレクティック性).よって,ストークスの定理と γ の任意性より,写像(流れ)$\phi_H^{t,t_0}: (\xi, \eta) \mapsto (q,p) = \phi_H^{t,t_0}(\zeta)$ は
$$\sum_{i=1}^{n} dp_i \wedge dq_i = \sum_{i=1}^{n} d\eta_i \wedge d\xi_i \quad (5)$$
を満たす.この性質を満たす写像を**シンプレクティック** (symplectic) あるいは**正準的** (canonical) であるという.これは $\phi = \phi_H^{t,t_0}$ のヤコビ行列 ϕ_ζ が ${}^t\phi_\zeta J \phi_\zeta = J$ を満たすことを意味する.ただし $J = \begin{pmatrix} O & I \\ -I & O \end{pmatrix}$,$I$ は n 次単位行列を表す.正準写像は体積を保ち,よって流れ ϕ_H^{t,t_0} は体積を保つ(**リウヴィル** (Liouville) **の定理**).

ハミルトン系 (3) は正準変換 $z = \phi(\zeta)$ によって $H = H(\phi(\zeta), t)$ に対するハミルトン系 $\dot{\zeta} = JH_\zeta$(ζ は列ベクトル)に変換される.余接束

の局所座標の変換 $q = \varphi(\xi)$, $p = \left({}^t\varphi_\xi(\xi)\right)^{-1}\eta$ は $\sum_{i=1}^n p_i dq_i = \sum_{i=1}^n \eta_i d\xi_i$ を満たす特別な正準変換であり, 微分形式 $\sum_{i=1}^n p_i dq_i$, $\sum_{i=1}^n dp_i \wedge dq_i$ は T^*M 上で意味をもつ. よって $T^*M(\times \boldsymbol{R})$ 上の任意の関数 H に対して, 各座標近傍における系 (3) は T^*M 上の (時間による) ベクトル場を定義し, 以上の結果は T^*M 上に拡張される. このベクトル場を (時間による) ハミルトンベクトル場と呼び X_H と書く. 古典力学の基礎をハミルトン系におく考え方をハミルトン形式の力学という.

4 ハミルトン–ヤコビ理論

ハミルトン系 (3) の区間 $[t_0, t_1]$ 上の解 γ を汎関数 (4) の停留曲線としてとらえ, γ が境界値 $q(t_0)$, $q(t_1)$, t_1 によって局所的に一意に決まると仮定する. このとき, $F(\gamma)$ の値を $q(t_0)$, $q(t_1)$, t_1 の代わりに ξ, q, t を用いて $S(\xi, q, t)$ と表し, $\eta = p(t_0)$, $p = p(t)$ とすると,

$$p = S_q, \quad \eta = -S_\xi, \tag{6}$$

$$H(q, S_q, t) + S_t = 0 \tag{7}$$

が成り立つ. 偏微分方程式 (7) をハミルトン–ヤコビ方程式 (Hamilton–Jacobi equation), 関数 $S(\xi, q, t)$ をハミルトンの主関数という.

一般に変換 $\phi: (\xi, \eta) \mapsto (q, p)$ は, 時間 t に依存しても (5) を満たせば正準変換と呼ぶ. これは $\sum_{i=1}^n (p_i dq_i - \eta_i d\xi_i)$ あるいは $\sum_{i=1}^n (p_i dq_i + \xi_i d\eta_i)$ が閉形式, したがって局所的には完全形式であることを意味する. よって陰関数定理より, $\det q_\eta \neq 0$ を満たす変換 ϕ が正準変換であるのは

$$p = W_q, \quad \eta = -W_\xi, \quad \det W_{\xi q} \neq 0 \tag{8}$$

となる関数 $W(q, \xi, t)$ が存在するときであり, $\det q_\xi \neq 0$ を満たす変換が正準変換であるのは

$$p = W_q, \quad \xi = W_\eta, \quad \det W_{\eta q} \neq 0 \tag{9}$$

となる関数 $W(q, \eta, t)$ が存在するときである. これらの関数 W を正準変換 ϕ の**母関数** (generating function) と呼び, ハミルトン系 (3) は ϕ によりハミルトニアン $H + W_t$ のハミルトン系に変換される. (6) はハミルトンの主関数 S が流れ ϕ_H^{t, t_0} の母関数であることを意味し, (7) は流れとともに動く座標系では解は静止することを意味する.

(8) ((9) も同様) で定義される正準変換に対して, 一般に $H(q, W_q, t) + W_t = h(\xi, t)$ (η によらない関数) となるならば, 系は $\dot\xi = 0$, $\dot\eta = -h_\xi$ と変換され解がただちに求まる. ケプラー問題, 重力2中心問題, 楕円面上の測地線などでは, この解 W を変数分離と呼ばれる方法で求積できる. これをハミルトン–ヤコビの方法という.

5 完全積分可能系

F, G を時間 t によらない T^*M 上の関数とする. ベクトル場を微分作用素と考えて $\{F, G\} := X_F G$ とおき, これを F と G のポアソン括弧 (Poisson bracket) という. これは各座標近傍では

$$\{F, G\} := \sum_{i=1}^m \left(\frac{\partial F}{\partial p_i} \frac{\partial G}{\partial q_i} - \frac{\partial F}{\partial q_i} \frac{\partial G}{\partial p_i} \right)$$

を意味する. $\{F, G\} = -\{G, F\}$ であり, 関係式 $\{F, G\} = 0$ は G が X_F の (かつ F が X_G の) 第1積分であることを意味し, これを F と G はポアソン可換あるいは包合的 (involutive) であるという. 時間 t によらないハミルトニアン H は X_H の第1積分であり, $H = T + U$ ならば, これはエネルギー保存則に相当する.

自由度 n のハミルトンベクトル場 X_H は, n 個の独立で互いに包合的な第1積分 $F_1(= H), \ldots, F_n$ をもつとき, **完全積分可能** (completely integrable) であるという. このとき, $F_1, \ldots, F_n$ の正則レベル集合のコンパクトな連結成分は n 次元トーラス $\boldsymbol{T}^n (= \boldsymbol{R}^n / \boldsymbol{Z}^n)$ に同相であり, その近傍では正準座標 $(\theta, I) \in \boldsymbol{T}^n \times \boldsymbol{R}^n$ で, 各 F_i が I だけの関数となるものが存在する (リウヴィル–アーノルドの定理). ハミルトン–ヤコビの方法で求積できる系は完全積分可能である. 天体力学に代表される完全積分可能系の摂動問題は, ポアンカレにより「力学の基本問題」とされ, 今日に至るまで多くの研究が行われている.　　　[伊藤秀一]

参考文献

[1] V.I. Arnold: *Mathematical Methods of Classical Mechanics*, 2nd ed, Springer, 1989.
[2] 山本義隆・中村孔一:解析力学 (I, II), 朝倉書店, 1998.

ガウス過程，定常過程

Gaussian process, stationary process

1 正規分布の基本事項

d 次元ユークリッド空間 $\boldsymbol{R}^d$ に対し $m \in \boldsymbol{R}^d$，C を $d \times d$ 非負対称行列とする．X を d 次元確率ベクトルとする．X の特性関数 $f_X(t) = \exp(i(m,t) - \frac{1}{2}(Ct,t))$ であるとき平均 m，相関 C の正規分布であるという．X を d 次元正規確率ベクトルとし，$n \in \boldsymbol{R}^k$，Q を $(k \times d)$ 行列とする．そのとき $n + QX$ は k–次元正規確率ベクトルである．確率ベクトル $X = (X_1, \ldots, X_d) \in \boldsymbol{R}^d$ が正規分布であるための必要十分条件は各 $t \in \boldsymbol{R}^d$ に対して $(t, X) = t_1 X_1 + \cdots + t_d X_d$ が $\boldsymbol{R}$ で正規分布であることである．

定理 確率空間上の $(\Omega, \mathcal{F}, P) X^1, X^2, \ldots$ を d 次元正規ベクトル，X を d 次元ベクトルとし $P(\lim_{n \to \infty} X^n = X) = 1$ とする．そのとき X は正規確率ベクトルで
$$E(X) = \lim_{n \to \infty} E(X^n), \quad C_X = \lim_{n \to \infty} C_{X^n}$$
ここで C_X, C_{X^n} は X, X^n の共分散である．

正規法則はガウス法則ともいう．以後ガウスの用語を用いる．確率過程 $X = \{x_t, t \in T\}$ がガウス過程であるとは任意の有限集合 $(t_1, \ldots, t_n) \subset T$ とするとき $(x_{t_1}, \ldots, x_{t_n})$ の分布がガウスであることである．ガウス確率過程は分布の性質より平均関数 $m(t) = E(x_t)$ および相関関数 $C(s,t) = E(x_s x_t) - m(s)m(t)$ で定まる．コルモゴロフの拡張定理を用いて次の定理が得られる．

定理 T を任意の集合とし，$m : T \to R$ なる任意の関数とし，$C : T \times T \to R$ なる任意の関数で $C(s,t) = C(t,s), \forall s, t \in T$，また任意の有限個の集合 $F \subset T$ に対して $\{C(s,t)\}_{s,t \in F}$ は非負定値であるとき，m を平均関数とし C を共分散関数とするガウス過程 $\{x_t\}_{t \in T}$ が存在する．

上記と異なる方法を示す．次のことを注意する．$\Omega = [0, 1)$ とするときルベーグ測度を確率にとる

と ω は一様分布する確率変数とみなせる．ω の一意 2 進展開の各項は独立ベルヌイ 2 項確率変数である．これを用いて独立一様分布する確率変数列 $U_k, k = 1, 2, \ldots$ が得られる．

$\Phi(t) = \int_{-\infty}^{t} \frac{1}{\sqrt{2\pi}} e^{-\frac{s^2}{2}} ds$ とするとき $X_k = \Phi^{-1}(U_k)$ は独立ガウス確率変数である．

$(H, (\cdot, \cdot))$ を可分実内積空間とする．$\{\phi_n\}$ を H における正規直交系とするとき，$f \in H$ は $\sum_n (f, \phi_n) \phi_n$ と書ける．$L(f) = \sum_n (f, \phi_n) X_n$ と定義する．そのとき，任意の $f, g \in H$ に対して $E(L(f) L(g)) = \sum_n (f, \phi_n)(g, \phi_n) = (f, g)$ である．これより次の定理を得る．

定理 $(H, (\cdot, \cdot))$ を実内積空間とする．H 上にガウス過程 L が存在する．平均 $E(f) = 0$，共分散 $E(L(f) L(g)) = (f, g)$ である．

これを H 上のガウス過程と呼ぶ．L は H 上で線形である．

H を $[0, \infty)$ でルベーグ測度に関して 2 乗可積分関数の作るヒルベルト空間とする．L を H 上のガウス過程とする．$x_t = L(1_{[0,t]})$ と定義する．そのとき $E(x_t) = 0$，$E(x_s x_t) = (1_{[0,s]}, 1_{[0,t]}) = s \wedge t$ である．L はブラウン運動である．

確率空間 $(\Omega, \mathcal{F}, P)$ 上でガウス過程 $X = \{x_t, t \in T\}$ を考える．ガウス過程は平均関数と共分散関数で決まる．T が連続パラメータのとき可分であると仮定すれば可算個の T の部分集合を考えればよい．それは有限集合で近似できるからガウス過程の挙動は有限集合の場合を考えればよい．T を可算集合とし $\sup_{t \in T} x_t < \infty$ と仮定する．そのとき $\sigma = \sup_{t \in T} (E(x_t^2))^{1/2} < \infty$ である．$X_{t_1, \ldots, t_n} = (x_{t_1}, \ldots, x_{t_n})$ を平均 0 の $\boldsymbol{R}^n$ ガウス確率ベクトルとする．確率ベクトル $X_{t_1, \ldots, t_n}$ は平均 0 共分散単位行列の単位ガウスベクトルの一次変換で表すことができる．つまり，$\boldsymbol{R}^n$ 値ブラウン運動の汎関数である．$G_n = \max_i x_{t_i}$ を考える．G_n はブラウン運動の汎関数である．ここで伊藤の表現定理を用いると
$$P(|\max_{1 \leq i \leq n} x_{t_i} - E(\max_{1 \leq i \leq n} x_{t_i})| \geq \lambda) \leq 2 e^{-\lambda^2 / 2\sigma^2}$$
上式は有限集合を可算集合におきかえても成り立

つ．簡単な計算により

定理 $X = \{x_t, t \in T\}$ を平均 0 のガウス過程とし $P(\sup_{t \in T} < \infty) = 1$ とする．そのとき $\sigma^2 = \sup_{t \in T} E(x_t^2) < \infty$ とするとき
$$\lim_{\lambda \to \infty} \frac{1}{\lambda^2} \log P(\sup_{t \in T} x_t \geqq \lambda) = -\frac{1}{2\sigma^2}$$
$$E(\exp(\epsilon(\sup_{t \in T} x_t)^2)) < \infty \Leftrightarrow \epsilon < \frac{1}{2\sigma^2}$$

定理 T をコンパクト集合とする．$X = \{x_t, t \in T\}$ は平均 0 の可分ガウス過程とする．
$$P(\sup_{t \in T} x_t < \infty) = 1$$
$$\Leftrightarrow E(\sup_{t \in T} x_t) < \infty$$
$$\Leftrightarrow E(\exp \epsilon (\sup_{t \in T} x_t)^2) < \infty$$

$X = \{x_t, t \in T\}$ を確率過程とする．任意の $t_1, \ldots, t_n, t \in T$ とすべての $A_i \in \mathcal{B}$ に対して
$$P(x_{t_1} \in A_1, \ldots, x_{t_n} \in A_n)$$
$$= P(x_{t_1+t} \in A_1, \ldots, x_{t_n+t} \in A_n)$$
であるとき X は定常過程であるという．X の確率法則が時間 t をずらしても変わらない．平均 0 のガウス定常過程を考える．$d(s,t) = (E(x_s - x_t)^2)^{1/2}$ により T 上に距離をいれる．このとき $d(s,t) = d(0, t-s) \equiv d(t-s), s < t$. 任意の $\epsilon > 0$ に対して，半径 ϵ の d 球で T を覆うときその最小数を $N(\epsilon)$ と定義する．

定理 X をコンパクト集合上の定常ガウス過程とする．そのとき

X は T 上で連続軌道をもつ確率は 1 である．
$\Leftrightarrow X$ は T 上有界である確率は 1 である．
$\Leftrightarrow \int_0^\infty (\log(N(\epsilon)))^{1/2} d\epsilon < \infty$

X を平均 0 の定常過程とする．共分散関数 $c(t) = E(x_s x_{s+t})$ が存在して t の連続関数であるとする．そのとき
$$c(t) = \int_{-\infty}^\infty e^{it\lambda} dF(\lambda),$$
と表せる．$H = \{f : \int_{-\infty}^\infty |f(\lambda)|^2 dF(\lambda) < \infty\}$ とし H と $\{x_t, t \in T\}$ が生成する $L^2(\Omega, \mathcal{F}, P)$ での最小の閉部分空間 H_X との同型対応を以下で定義する．「$f(\lambda) = c_1 e^{i\lambda t_1} + \cdots + c_n e^{i\lambda t_n}$ に対して，$L(f) = c_1 x_{t_1} + \cdots + c_n x_{t_n}$ とする．」このとき $E(|L(f)|^2) = \int_{-\infty}^\infty |f(\lambda)|^2 dF(\lambda)$ である．
$Z(\lambda) = L(1_{-\infty, \lambda})$ と定義する．そのとき
$$E(Z(\lambda)) = 0,$$
$$E(|Z(\lambda_1) - Z(\lambda_2)|^2) = F(\lambda_2) - F(\lambda_1)$$
$x_t = \int_{-\infty}^\infty e^{it\lambda} dZ(\lambda)$.

定常過程において予測問題が応用上重要である．$x_t, t \in S \subset T$ が観測されたとき $x_s, s \notin S$ を予測することである．$x_t \leftarrow e^{it\lambda}$ により $e^{is\lambda}$ の $e^{it\lambda}, t \in S$ を含む H 最小の閉部分空間への射影を計算すればよいが簡単な問題ではない．いろいろな条件をつけ特別な場合に理論的結果がある．実用上にはさらに超えなければならない障壁がある．

定常ガウス過程を考える．平均 0 で共分散関数は連続とする．また無限過去の事象は 0-1 法則に従うとする．そのとき共分散関数のスペクトル関数 F の与える測度の特異部分 $dF^* = 0$ で f を非特異部分の密度とするとき
$$\int_{-\infty}^\infty (\lambda^2 + 1)^{-1} \log f(\lambda) d\lambda > -\infty.$$
である．これは予測問題で重要な事実である．

無限過去の事象が 0-1 法則に従うことは次の混合条件に同値である．$A \in \mathcal{F}_{-\infty}^0, \sup_{B \in \mathcal{F}_{-\infty}^t} |P(A \cap B) - P(A)P(B)| \to 0, (t \to \infty)$.

定理 (中心極限定理) 平均 0 の定常過程 X は混合条件を満たし，さらに次の条件を満たすとする．
$$E|x_0|^2 < \infty, \quad \int_0^\infty (E(E(y_t|\mathcal{F}_0))^2)^{1/2} dt < \infty$$
そのとき
$$y_t^n = \frac{1}{\sqrt{n}} \int_0^{nt} x_s ds, \quad s \geqq 0.$$
とするとき y^n は cB に弱収束する．$c = 2 \int_0^\infty E(x_0 x_t) dt$. 　　　　［渡邉壽夫］

参考文献

[1] R.J. Adler: *An Introduction to Continuity, Extrema, and Related Topics for General Gaussian Processes*, IMS, 1990.

[2] H. Dym, H.P. McKean: *Gaussian Processes, Function Theory, and Inverse Problems*, Academic press, 1976.

[3] R.M. Dudley: *Real Analysis and Probability*, Cambridge University Press, 2002.

ガウスの発散定理

Gauss' divergence theorem

ベクトル場に関する積分定理の一つである．ある閉領域全体にわたるベクトル量の発散を，領域の境界でのベクトル量の面積分や線積分と関連づけるもので，ストークスの定理とともに，流体，電磁気などの理論で幅広く用いられている．この定理は単にガウスの定理ということもある．

1 定理の内容

ガウスの発散定理 (Gauss' divergence theorem) を式で表すと，なめらかな閉曲面 S で囲まれた $\boldsymbol{R}^3$ の領域 D の近傍で定義されるなめらかなベクトル場 $\boldsymbol{v}=(u,v,w)$ に対して，

$$\int_D \operatorname{div} \boldsymbol{v}\, dV = \int_S \boldsymbol{v}\cdot \boldsymbol{n}\, dS \qquad (1)$$

となる．ただし，$\boldsymbol{n}$ は D の外向き単位法線ベクトル，$\cdot$ は内積を表す．なお，境界 Γ で囲まれた $\boldsymbol{R}^2$ の領域 S でのベクトル場 $\boldsymbol{v}=(u,v)$ に対しては，

$$\int_S \operatorname{div} \boldsymbol{v}\, dS = \int_\Gamma \boldsymbol{v}\cdot \boldsymbol{n}\, ds \qquad (2)$$

となる．

$\boldsymbol{v}$ を密度一定の流体の速度ベクトル場とするとき，式 (1) の左辺は領域の各点から単位時間あたりに湧き出す流量であり，右辺は面 S から単位時間あたりに流れ出す流量である．

2 定理の解釈

定理が成り立つ理由は以下のように説明できる．ベクトル場として，2次元流体の速度場 $\boldsymbol{v}=(u,v)$ をとり，図1のような xy 平面上の小さな矩形領域における定常流体の出入りを考える．

図の線分 AB を通り，z 方向の単位厚さ，単位時間あたりに右方向に出る流体の量は近似的に

$$u(x+\Delta x, y)\cdot 2\Delta y$$

である．ただし，小さな領域なので，AB 上で速度ベクトルは同じであると仮定している．ほかの線分 BC, CD, DA でも同様に考えると，矩形領域からの総流出量 T は

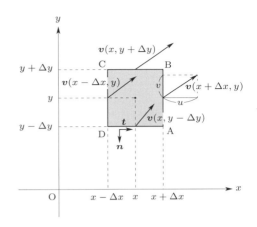

図1 矩形領域における流体の出入り

$$T = \{u(x+\Delta x, y) - u(x-\Delta x), y\}2\Delta y$$
$$\quad + \{v(x, y+\Delta y) - v(x, y-\Delta y)\}2\Delta x \qquad (3)$$

となる．各項を点 (x,y) まわりでテイラー展開すると，ΔS を矩形領域の面積として

$$T = \left(\frac{\partial u}{\partial x} + \frac{\partial v}{\partial y}\right)4\Delta x\Delta y = \operatorname{div}\boldsymbol{v}\Delta S \qquad (4)$$

と近似できる．

一方，矩形領域の各辺上での領域からの外向き単位法線ベクトル $\boldsymbol{n}$ を用いると，(3) の右辺は

$$(\boldsymbol{v}\cdot\boldsymbol{n})_{\mathrm{AB}}2\Delta y - (\boldsymbol{v}\cdot\boldsymbol{n})_{\mathrm{BC}}2\Delta x$$
$$- (\boldsymbol{v}\cdot\boldsymbol{n})_{\mathrm{CD}}2\Delta y + (\boldsymbol{v}\cdot\boldsymbol{n})_{\mathrm{DA}}2\Delta x \qquad (5)$$

と表される．点 A から出発して A に戻る反時計まわりの径路 Γ と，点 A からの径路に沿った長さ s を導入すると，(5) はまとめて $\sum_\Gamma (\boldsymbol{v}\cdot\boldsymbol{n})\Delta s$ と書ける．したがって，矩形領域について，

$$\operatorname{div}\boldsymbol{v}\Delta S = \sum_\Gamma \boldsymbol{v}\cdot\boldsymbol{n}\, ds \qquad (6)$$

が成り立つ．

小さな領域を足し合わせてできる大きな領域を考えても，(6) の表現は変わらない．そうして得られる式が (2) である．すなわち，ガウスの発散定理は，ある領域からのベクトル量の総流出量を，2 通りの表現で与えているものといえる．

［薩摩順吉］

参 考 文 献

[1] 戸田盛和：ベクトル解析，岩波書店，1989．
[2] 小林 亮・高橋大輔：ベクトル解析入門，東京大学出版会，2003．

ガウス–ボンネの定理

Gauss–Bonnet theorem

1 はじめに

ガウス–ボンネの定理は微分幾何と位相幾何を結び付ける重要な定理である．拡張として，ベクトルバンドルの接続と特性類に関するチャーン–ヴェイユ理論，楕円型微分作用素に関するアティア–ジンガーの指数定理，代数多様体の符号数に関するリーマン–ロッホ–ヒルツェブルフの定理などがある．

2 ガウス–ボンネの定理

2.1 ホロノミーと測地曲率

曲面，すなわち2次元多様体 M 上のリーマン構造 (Riemannian structure) とは，各接平面 T_pM の正定値内積 $\langle, \rangle_p$ で，p に関して可微分に依存するものをいう．3次元ユークリッド空間 $\boldsymbol{R}^3$ に埋め込まれた曲面は，$\boldsymbol{R}^3$ の標準的内積を接平面に制限したものを $\langle, \rangle_p$ と考えればリーマン多様体になり，リーマン構造は第一基本量 $\{g_{ij}\}$ で表される．

M の開集合 U 上の局所座標 (x_1, x_2) について，面積要素 dA_M を表す2次微分形式は $\sqrt{g_{11}g_{22} - (g_{12})^2}dx_1 \wedge dx_2$ である．U 上の曲線 $c(t) = (x_1(t), x_2(t))$ に沿うベクトル場 $V(t) = \sum_{i=1}^{2} v_i \frac{\partial}{\partial x_i}$ に対して，c に沿う V の共変微分

$$\nabla_{\dot{c}} V = \sum_{i=1}^{2} \left(\dot{v}_i + \Gamma^i_{jk} v_j \dot{x}_k \right) \frac{\partial}{\partial x_i}$$

が0のとき，V は c に沿って平行であるといわれる．ただし，Γ^i_{jk} は第一基本量から定まる接続係数である．V, W が c に沿う平行ベクトル場のとき，$\langle V(t), W(t) \rangle_{c(t)}$ は t について一定である．$c: [0,1] \to M$ が閉曲線であり $(c(0) = c(1))$，V が c に沿う平行ベクトル場のとき，$V(0)$ と $V(1)$ がなす角 θ を c のホロノミー (holonomy) という．V が c に沿う平行ベクトル場で，c が弧長を助変数にもつとき，接ベクトル $\dot{c}(t)$ と $V(t)$ のなす角の変化率を c の測地曲率 (geodesic curvature) という．c の助変数の向きを変えたとき，測地曲率の符号が変わる．M 上の区分的になめらかな閉曲線に関して，接ベクトルが不連続な点で生じる接線のずれを曲面の向きに従って符号付きで計った外角に，なめらかな部分の測地曲率を弧長で積分した値を加えた総和は，この閉曲線のホロノミーと 2π を法として一致する．

2.2 ガウス–ボンネの定理

境界が n 個のなめらかな曲線からなり，2次元円板に同相な領域 $D \subset M$ を考える．ただし，境界 ∂D は外向き法ベクトルにより向き付けられているものとする．D の境界で，曲面の向きに沿って計った外角を θ_i，弧長による測地曲率の積分を G_i とおく．M のガウス曲率を K で表す．次の等式が成り立つ：

$$\sum_{i=1}^{n} \left(\alpha_i + G_i \right) + \int_D K dA_M = 2\pi. \quad (1)$$

これをガウス–ボンネの定理の局所版 (local Gauss–Bonnet theorem) と呼ぶ．

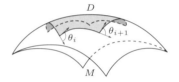

図1 ガウス–ボンネの定理—局所版

D が十分小さい領域のとき，D の境界に沿うホロノミーと D の内部で M の曲率を面積要素に関して積分した値は一致するという事実から上の定理が得られる．

M は境界をもたないコンパクトな2次元リーマン多様体であるとし，向き付け可能であること，すなわち M 全体で面積要素 dA_M が定義されているものとする．オイラー標数 $\chi(M)$ とガウス曲率 K の積分との間に次の等式が成り立つ：

$$2\pi \chi(M) = \int_M K dA_M. \quad (2)$$

これをガウス–ボンネの定理 (Gauss–Bonnet theorem) と呼ぶ．

M の一つの三角形分割を固定し (図2(a) 参照)，各三角形に定理 (1) を適用し，それを足し上げることにより定理 (2) が導かれる．二つの三角形が一つの曲線で出会うとき，その曲線の三角形の境界としての向きが逆であることから，測地曲率の積分はすべて打ち消しあうことに注意する．

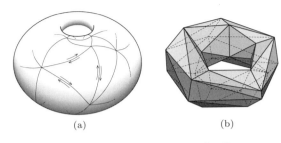

図2 (a) 曲面の三角形分割．(b) 多面体

3 多面体

多面体 M のリーマン構造とは，各面に平坦な凸多角形の距離構造が定まっている 2 次元位相多様体のことをいう．このとき，M の頂点以外の部分はなめらかで平坦な可微分多様体である．

多面体の一つの頂点 p からの距離が r 以下にある点の集まりを $U_p(r)$ とおく．ただし，$U_p(r)$ がほかの頂点を含まないように，定数 $r > 0$ を小さくとっておく．p に集まる多角形の内角の和を 2π から引いた値を $K(p)$ とおくとき，$U_p(r)$ は頂角が $2\pi - K(p)$ の円錐と同じ距離構造をもつ (図 3(b) 参照．$K(p)$ が負の場合もある)．$K(p)$ がガウス曲率と類似の性質をもつことが以下のことから理解される．

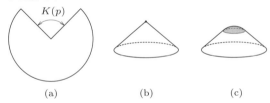

図3 円錐の頂点

$U_p(r)$ の境界は測地曲率が $1/r$ の曲線であり，その長さは $r(2\pi - K(p))$ であるから，測地曲率の積分は $2\pi - K(p)$ である．一方，この円錐の頂点の周りの小さい部分をなめらかな曲面で置き換えたとき (図 3(c))，ガウス曲率の積分は $K(p)$ である (式 (1) 参照).

有限個の頂点をもち，境界のない多面体に対して，ガウス–ボンネの定理と同様のことが成り立つ:
$$2\pi\chi(M) = \sum K(p).$$
和は M のすべての頂点に渡るものとする．

4 内在幾何と外在幾何

内在幾何学：曲面 M の接続形式 θ は単位接束 $T^1 M$ 上の 1 次微分形式であり，これを外微分し底空間 M に落としたものが曲率形式 KdA_M である．零点がすべて孤立している M のベクトル場 V の各零点の十分小さな近傍 U_ε を除いた部分 M_0 で $V/\|V\|$ は $T^1 M$ の切断を与え，これにより θ を引き戻し，ストークスの定理を適用すると曲率の積分が ∂U_ε 上での θ の積分 $\int_{\partial U_\varepsilon} \theta$ の和になるが，$\int_{\partial U_\varepsilon} \theta$ は V の p での指数の 2π 倍と一致し，ポアンカレ–ホップの定理よりガウス–ボンネの定理が得られる．

外在幾何学：M が $\mathbf{R}^3$ に埋め込まれている場合は，内在幾何における単位接束と接続形式に変わるものとして，ガウス写像 ν と単位球面 S^2 の面積要素 dA_{S^2} を考える．定義より，$\nu^*(dA_{S^2}) = KdA_M$ が成り立ち，ガウス曲率の積分 $\int_M KdA_M$ は S^2 の面積である 4π に ν の写像度 $\deg(\nu)$ を掛けた値に等しい．$\deg(\nu)$ は M のオイラー標数の $1/2$ に等しいことから，ガウス–ボンネの定理が得られる．

5 高次元への拡張

ホップ (H. Hopf) は $n+1$ 次元ユークリッド空間内の n 次元多様体，すなわち超曲面に対するガウス–ボンネの定理を考察し (1925 年)，アレンデルファー (C.B. Allendoerfer) とヴェイユ (A. Weil) は一般の余次元をもつユークリッド空間内の部分多様体に対し，法球面束を利用したガウス–ボンネの定理の証明を得た (1943 年)．接球面束だけを使った内在的証明はチャーン (S.S. Chern) によって完成された (1944 年)．このもっとも一般的な形の定理はガウス–ボンネ–チャーンの定理 (Gauss–Bonnet–Chern theorem) と呼ぶ．

[小沢哲也]

参考文献

[1] S.S. Chern：A simple intrinsic proof of the Gauss–Bonnet formula for closed Riemannian manifolds, *Annals of Mathematics*, **45**(4), 1944.
[2] 小林昭七：曲線と曲面の微分幾何 (改訂版)，裳華房，1995.

可　換　環

commutative ring

「環」，「体」，「イデアル」などの可換環の基礎的用語に関しては［環と体］を参照．乗法が可換な環を可換環という．

1　可換環の基礎的概念について

本書では可換環に関する諸概念が各所に分散しているので，ここで概観を述べておきたい．

環と体の違いは乗法の逆元の存在を仮定するか否かであり，環で乗法の逆元の存在を仮定したものが体である．乗法の逆元が存在しないことによって零因子の存在の可能性が出てくる．イデアルの概念が大変重要になる．また，イデアルの中で，素イデアルが大変重要で，整数での素因数分解に対応する「イデアルの準素分解」（後述）によりイデアルが把握される．（零因子，整域，素イデアルについては［環と体］参照．）また，可換環は幾何的な概念と強く結びつき，グロタンディークの概型の理論により，論理的には可換環論は代数幾何学の局所理論となった．この翻訳により，「素イデアル」と「既約かつ被約部分多様体」が対応し，次元の理論が幾何的な意味をもつようになった．たとえば代数体の整数環や，PID などの環は1次元であり，「デデキント環」は「1次元ネーター整閉整域」と同値である．一方 UFD（［主イデアル環］参照）という概念は任意の次元で考えられる．

可換環 A の素イデアルの列 $P_0 \subsetneq P_1 \subsetneq \ldots \subsetneq P_d$ の長さ d の最大値を A の次元（Krull 次元）といい，$\dim A$ と書く．例えば整数環 $\mathbb{Z}$ の最長の素イデアルの列は $(0) \subsetneq (p)$ なので，$\mathbb{Z}$ の次元は1である．可換環を研究する際に環の性質で最初に注目されるのが次元であることが多く，低い次元の環は特別な性質をもつことが多い．次に問題にされるのが正則性で，同じ次元をもつ環では，正則な環が一番「よい」環で，だんだん「悪い」（種々の不規則性が現れる）環になってくるという見方ができる．このとき，「ネーター環」を仮定しないと理論が進まないことが多く，この項でもしばしばネーター環の仮定の下に解説をする（［ネーター環］参照）．

環の性質を調べるのに局所化を行って（［局所環］参照）局所環の性質を調べるのが簡明な手段であることが多い．多くの性質が局所的に判定できる（ある環が性質 P をもつために，その環をすべての素イデアルで局所化した局所環が性質 P をもつことが必要十分である）ので，局所環の理論が可換環論の多くの部分を占める．また，環の性質を研究する際にも環の上の加群の概念が必要になる．（［環上の加群］参照）．

2　イデアルの準素分解

整数で基本的な概念が素因数分解であるが，「環 R のすべてのイデアルが素イデアルの積である」という性質は「R がデデキント環」という性質と同値である．ゆえに一般の環では別の概念が必要で，それが「イデアルの準素分解」である．

環 R のイデアル $\mathfrak{q}$ は，$\mathfrak{q} \neq R$ かつ $R/\mathfrak{q}$ の零因子がすべてベキ零のとき準素イデアル（primary ideal）という．このとき $\mathfrak{p} = \sqrt{\mathfrak{q}}$ は素イデアルであり，$\mathfrak{q}$ を $\mathfrak{p}$ に属する準素イデアル，または $\mathfrak{p}$ 準素イデアル（$\mathfrak{p}$-primary ideal）という．有限個の $\mathfrak{p}$ 準素イデアルの共通部分は $\mathfrak{p}$ 準素イデアルである．一般のイデアル I を $I = \mathfrak{q}_1 \cap \ldots \cap \mathfrak{q}_n$ と準素イデアルの交わりで表すことを I の準素分解（primary decomposition）という．この表現が (1) どの $\mathfrak{q}_i$ を除いても I と一致せず，(2) $\sqrt{\mathfrak{q}_i} \neq \sqrt{\mathfrak{q}_j}\,(i \neq j)$ のとき無駄のない準素分解（irredundant primary decomposition）という．無駄のない準素分解において，$\sqrt{\mathfrak{q}_i}$ の集合は I によって定まり，準素分解のとりかたによらない．これらの $\sqrt{\mathfrak{q}_i}$ を I の素因子（prime divisor）または随伴素イデアル（associated prime ideal）という（R 加群の随伴素イデアルについては［環上の加群］参照）．

イデアル I の素因子のうちで極小なものを極小素因子（minimal prime ideal）といい，それ以外の素因子を埋没素因子（embedded prime ideal）という．埋没素因子という用語は幾何的には埋没素因子の定める部分多様体が極小素因子の定める部

分多様体に埋め込まれていることを意味する.

イデアル I に対して, 極小素因子に属する準素イデアルは $\mathfrak{q}_i$ は I により一意に定まるが, 埋没成分に属する準素イデアルは一意的でない. たとえば体 k 上の 2 変数多項式環 $R = k[X, Y]$ において, $(X^2, XY) = (X) \cap (X^2, XY, Y^n)$ は任意の $n \geq 1$ に対してイデアル (X^2, XY) の準素分解を与えている.

準素分解の存在を保証するには環がネーター環であることを仮定するのが簡明である.

3 整従属, 整閉包

環の拡大 $A \subset B$ において, $b \in B$ が A 係数の最高次の係数が 1 の多項式の根であるとき, すなわち,
$$b^n + a_1 b^{n-1} + \ldots + a_n = 0 \quad (a_1, \ldots, a_n \in A)$$
の形の等式が成立するとき「**b は A 上整である**」(b is integral over A) という. この条件は「$A[b]$ が有限生成 A 加群である」という条件と同値である. B の全ての元が A 上整であるとき「B は A 上整である」という. $b, b' \in B$ がともに A 上整であるとき, $b + b', bb'$ も A 上整である. 特に A 上整である b の元全体の集合は A を含む B の部分環になる. この部分環を B での A の整閉包という. A が整域, B が A の商体のとき, B での A の整閉包を単に「A の整閉包」ともいう. B の元で A 上整なものが A の元のみであるとき, A は B で整閉であるという. A が商体の中で整閉であるとき, A を**正規環** (normal domain) という. たとえば UFD は正規環である. 1 次元のネーター整域をデデキント環という.

K が代数体, すなわち有理数体の有限次拡大のとき, K での $\mathbb{Z}$ の整閉包を「**K の整数環**」という. たとえば K が $\mathbb{Q}$ の 2 次拡大のとき, $K = \mathbb{Q}(\sqrt{d})$ (d は平方因子をもたない整数) とすると, K の整数環は $d \equiv 2, 3 \pmod{4}$ のとき $\mathbb{Z}[\sqrt{d}]$, $d \equiv 1 \pmod{4}$ のとき $\mathbb{Z}[\frac{\sqrt{d}+1}{2}]$ である.

$A \subset B$ が環の拡大で B が A 上整であるとき, A の素イデアルの鎖, $P_0 \subset P_1 \subset \ldots \subset P_r$ と B の素イデアル Q_0 で $Q_0 \cap A = P_0$ であるものが与えられたとき, B の素イデアルの鎖 $Q_0 \subset Q_1 \subset \ldots \subset Q_r$ を, $Q_i \cap A = P_i$ ($i = 1, 2, \ldots, r$) なるようにとることができる. したがって, このとき $\dim A = \dim B$ である.

4 Spec(R), ザリスキー位相

環 R の素イデアルの集合を $\mathrm{Spec}(R)$ と書く. R のイデアル I に対して, $V(I)$ で I を含む素イデアルの集合を表す. たとえば $V((0)) = \mathrm{Spec}(R), V(R) = \emptyset$ である. このとき, $\mathrm{Spec}(R)$ は $V(I)$ の形の集合を閉集合とすることにより位相空間となる. この位相を**ザリスキー位相** (Zariski topology) という. 環の準同型写像 $f : R \to S$ が与えられたとき, S の素イデアル $\mathfrak{q}$ に対し ${}^a f(\mathfrak{q}) = f^{-1}(\mathfrak{q})$ とすることにより, 連続写像 ${}^a f : \mathrm{Spec}(S) \to \mathrm{Spec}(R)$ が対応する. たとえば f が全射のとき, ${}^a f$ は閉埋め込み写像だし, S が $f(R)$ 上整であるとき ${}^a f$ は閉写像である.

5 イデアルの高さ, 標高定理

本章で以下で扱う環はネーター環とする. 素イデアル $\mathfrak{p}$ に対して, $\mathfrak{p}$ から下る素イデアルの鎖の長さの最大値を $\mathfrak{p}$ の高さといい, $\mathrm{ht}(\mathfrak{p})$ と書く. 一般のイデアル I に対しては, I を含む素イデアルの高さの最小値を I の高さといい, $\mathrm{ht}(I)$ と書く. I が r 個の元で生成されるとき, $\mathrm{ht}(I) \leq r$ である (クルルの標高定理).

6 正則性, 正則局所環

R が極大イデアル $\mathfrak{m}$ をもつ局所環とする. $\dim R = d$ のとき, 標高定理により $\mathfrak{m}$ は少なくとも d 個の生成元が必要である. d 次元で $\mathfrak{m}$ がちょうど d 個の元で生成される局所環を**正則局所環**という. R が正則局所環のとき, 任意の素イデアル $\mathfrak{p}$ による局所化 $R_\mathfrak{p}$ ([局所環] 参照) も正則局所環である (Serre の定理). また, 正則局所環は UFD である (Auslander-Buchsbaum の定理). 局所環でない環 R はすべての素イデアル (Serre の定理より「すべての極大イデアル」といっても同値) による局所化が正則局所環のとき正則という.

1 次元の局所環に対しては「正則」と「正規」は同値であるが, 2 次元以上では「正規」は「正則」より大分弱い概念である.

完備局所環は正則局所環の準同型像である. というコーエンの完備局所環の構造定理により, 多

くの性質が正則局所環の準同型像に対して示せば十分である.

7 巴系 (パラメータ系)

R が極大イデアル $\mathfrak{m}$ をもつ d 次元局所環のとき R の元 $(x_1, \ldots, x_d)$ を $\sqrt{(x_1, \ldots, x_d)} = \mathfrak{m}$ であるように取れる. このとき $(x_1, \ldots, x_d)$ を R の巴系 (またはパラメータ系) という. 局所環の多くの性質が巴系の性質で述べられる.

8 正則列, 深さ, コーエン–マコーレー環

環 R の元の列 $(x_1, \ldots, x_r)$ が「x_1 は R の零因子でなく, x_i が $R/(x_1, \ldots, x_{i-1})$ の零因子でない $(2 \leqq i \leqq r)$」という条件を満たすとき, R 正則列 (regular sequence) であるという. この性質は「各 $i = 1, \ldots, r$ に対して x_i が $(x_1, \ldots, x_{i-1})$ のどの随伴素イデアルにも属さない $(1 \leqq i \leqq r)$」という条件と同値である.

局所環 $(R, \mathfrak{m})$ に対して, $\mathfrak{m}$ に含まれる正則列の長さの最大値を R の深さ (depth) といい, $\mathrm{depth}\, R$ と書く. 一般に $\mathrm{depth}\, R \leq \dim R$ であり, 等号が成立するとき,「R がコーエン–マコーレー環 (Cohen-Macaulay ring) である」という. R がコーエン–マコーレー環であることは「$i = 1, \ldots, d-1$ に対して, i 個の元で生成される高さ i のイデアルの随伴素イデアルの高さはすべて i である」(非混合性定理) と同値である. (Macaulay が体上の多項式環に対して, Cohen が体上の形式ベキ級数環に対して非混合性定理を示したので「コーエン–マコーレー環」という名前が付けられている.) また,「ある (「任意の」といっても同値) 巴系が正則列をなす」という性質と同値である.

正則局所環はコーエン–マコーレー環である. また, $x \in \mathfrak{m}$ が零因子でないとき,「R がコーエン–マコーレー $\iff R/xR$ がコーエン–マコーレー」が成立する.

一般の環 R が任意の極大イデアルでの局所環がコーエン–マコーレー局所環であるとき, コーエン–マコーレー環であるという.

9 ゴレンスタイン環, 完全交叉

イデアル I が $I = I_1 \cap I_2$ と真に大きいイデアルの共通部分として書けないとき, 既約イデアルという. ネーター環において, 任意のイデアルは有限個の既約イデアルの共通部分として書け, また既約イデアルは準素イデアルである.

コーエン–マコーレー局所環 R のある巴系が既約イデアルを生成するとき, R をゴレンスタイン環 (Gorenstein ring) という. この性質は「R の R 加群としての入射次元 (「環の上の加群」参照) が有限である」という性質と同値であり,「R の正準加群が R である」(正準加群は代数幾何学の正準因子に対応する概念だが, 本書では紙数の関係で定義を述べられない) という条件とも同値である.

正則局所環はゴレンスタイン環であり,「R がゴレンスタイン $\iff R/xR$ がゴレンスタイン」が成立する. R が正則局所環のとき, 正則列 $(x_1, \ldots, x_r) \subset \mathfrak{m}$ に対して $R/(x_1, \ldots, x_r)$ の形で書ける環を完全交叉 (complete intersection) という. 上記の性質的完全交叉はゴレンスタイン環である.

以上に述べてきたことにより, 局所環に対して
正則局所環 $\implies$ 完全交叉 $\implies$ ゴレンスタイン環 $\implies$ コーエン・マコーレー環というヒエラルキーがあることがわかる. 一方で正則局所環 $\implies$ UFD $\implies$ 正規環というヒエラルキーもあり, 与えられた環がどの性質を満たしてどの性質を満たさないかという問いが可換環論の一つの大きな問題意識になってきた. なお, 上にあげた二つの系列はだいたい無関連だが, 局所環 R がゴレンスタイン環の準同型像で, コーエン–マコーレーかつ UFD ならゴレンスタイン環になる. [渡辺敬一]

参考文献

[1] N. Bourbaki : *Algèbre Commutative*, Chap. 1-10, 1961-1998.
[2] 後藤四郎・渡辺敬一 : 可換環論, 日本評論社, 2011.
[3] 松村英之 : 可換環論, 共立出版, 1980.
[4] W. Bruns, J. Herzog : *Cohen-Macaulay Rings*, Cambridge University Press, 1993.

拡　散　過　程

diffusion processes

拡散過程はブラウン (Brown) 運動を一般化したものである．ブラウン運動が均質な媒質の中の微粒子の運動や熱の伝導を記述しているのに対し，拡散過程はかならずしも均質でない媒質の中の微粒子の運動や熱の伝導を記述している．正確には，位相空間 S を状態空間とし，確率 1 で連続な道をもつ強マルコフ (Markov) 過程を**拡散過程** (diffusion process) という．マルコフ過程が強マルコフ過程になるための簡明な十分条件は，それがフェラー (Feller) 半群をもつことである．確率 1 で連続な道をもつための十分条件として，モーメントを用いたコルモゴロフ (Kolmogorov) の連続性条件がある．拡散過程の特徴は，その生成作用素 $\mathfrak{G}$ が局所的作用素になること，すなわち $\mathfrak{G}$ の定義域に入る関数 u に対し，$\mathfrak{G}u(x)$ が x の近傍における u の値のみで決まることである．大筋としては，このような局所的生成作用素から解析的方法と確率論的方法によって拡散過程が構成され，その大局的構造が決定される．なお，拡散過程は多様体やフラクタルの上でも考えられるが，本項目では実数空間の上の時間的に一様な拡散過程のみを扱う．

1　1 次元拡散過程

$S = \mathbf{R}, \bar{S} = S \cup \{\partial\}$ をその一点コンパクト化とし，W を $\bar{S}$ の上の連続な道の空間，すなわち写像 $w : [0, +\infty] \to \bar{S}$ で，$[0, \zeta)$ で S に値をとり連続で $w([\zeta, +\infty]) = \{\partial\}$ となるもの全体とする．このとき，$\bar{S}$ の上の強マルコフ過程 $M = (W, w(t), P_x)$ を **1 次元拡散過程** (one-dimensional diffusion process) という．S の点 x は $P_x(\{w : w([0, \zeta)) \cap (x, +\infty) \neq \emptyset\}) > 0$ と $P_x(\{w : w([0, \zeta)) \cap (-\infty, x) \neq \emptyset\}) > 0$ を満たすとき**正則点** (regular point) という．一般には S には正則でない点があるが，本節では正則点のみからなる区間 $Q = (l_1, l_2)$ $(-\infty \leqq l_1 < l_2 \leqq +\infty)$ に制限して考察する．このとき，Q 上の狭義単調増加連続関数 s と，その上の測度 m と k が存在して，M の生成作用素 $\mathfrak{G}$ は

$$\mathfrak{G}u(x) = (du^+(x) - u(x)k(dx))/m(dx) \quad (1)$$

と表される．ただし，$du^+(x)$ は u の s に関する右微分係数 u^+ から定まるスティルチェス測度である．$\mathfrak{G}$ の例としては 2 階の常微分作用素

$$\mathcal{G} = a(x)d^2/dx^2 + b(x)d/dx + c(x) \quad (2)$$

(ただし，$a(x) > 0, c(x) \leqq 0$) がある．実際，変換により $c(x) = 0$ の場合に帰着でき，そのとき (2) は

$$\mathcal{G} = a(x)e^{-B(x)}\frac{d^2}{dx^2}\left(e^{B(x)}\frac{d}{dx}\right)$$

(ただし，$B(x) = \int_{x_0}^{x}(b(y)/a(y))dy, x_0 \in Q$) となるから，$s(x) = \int_{x_0}^{x} e^{-B(y)}dy, m(dx) = dx/a(x)$ とおけば，$\mathcal{G}$ は (1) の形で表される．s を M の**標準尺度** (canonical scale)，m を**標準測度** (canonical measure, speed measure)，k を**消滅測度** (killing measure) という．ds, m, k は相殺する正定数倍の変換を除いて一意的に定まる．

Q の点 x を一つ固定して，$I = \int_{(l_1, x)}(s(x) - s(y))n(dy)$，$J = \int_{(l_1, x)} n((y, x))ds(y)$，ただし $n = m + k$，とする．このとき，Q の左端 l_1 は次の 4 つの型に分類される：

$I < \infty, J < \infty$：**正則境界** (regular boundary)，

$I < \infty, J = \infty$：**流入境界** (entrance boundary)，

$I = \infty, J < \infty$：**流出境界** (exit boundary)，

$I = \infty, J = \infty$：**自然境界** (natural boundary)．

I が有限か無限かによって，l_1 から出た道 w が Q の内部に入る確率が正または零となる．J が有限か無限かによって，Q の内部から出た道 w が有限時間内に l_1 に収束する確率が正または零になる．l_2 についても同様に定義する．この分類をフェラーの**境界の分類** (Feller's boundary classification) という．l_i $(i = 1, 2)$ が正則境界のとき，道 w の l_i における行動は，生成作用素 $\mathfrak{G}$ の定義域に入る関数 u の満たす条件で規定される．その一般形は

$$\gamma u(l_i) + \delta \mathfrak{G}u(l_i) + (-1)^{i+1}\mu u^{\pm}(l_i) = 0 \quad (3)$$

(ただし，$\gamma, \delta \leqq 0, \mu \geqq 0, |\gamma| + |\delta| + \mu > 0, u^{\pm}$ は u の s に関する Q の内部からの片側微分係数) である．$\gamma = \delta = 0, \mu > 0$ のとき l_i を**反射壁** (reflecting barrier) といい，l_i に到達した道 w はただちにはね返されて Q の内部に入る．$\delta = \mu = 0$，$\gamma < 0$ のとき l_i を吸収壁 (absorbing barrier) といい，l_i に収束した道 w はただちに ∂ に跳ぶ．今，l_i $(i=1,2)$ が流出境界のときも l_i に収束した道 w はただちに ∂ に跳ぶと仮定する．このとき，l_1 と l_2 が正則境界以外のときは，(1) の右辺で与えられる局所的生成作用素 $\mathfrak{G}$ によって，また l_i が正則境界のときは，$\mathfrak{G}$ と l_i における (3) の γ, δ, μ によって，拡散過程 (厳密には "最小" なもの) が一意的に構成され，大局的な道の法則が決定される．1 次元拡散過程の構成には，フェラーによる解析的方法と，伊藤清によるブラウン運動とその局所時間を用いる確率論的方法がある．

例 1 1 次元ブラウン運動は，$Q = \mathbf{R}$ で，生成作用素が $\mathfrak{G}u = (1/2)d^2u/dx^2$ の拡散過程である．標準尺度 s, 標準測度 m, 消滅測度 k は $s(x) = x$, $m(dx) = 2dx$, $k(dx) = 0$ ととれる．境界 $l_1 = -\infty$, $l_2 = \infty$ はともに自然境界で，P_x $(x \in \mathbf{R})$ で測った $w(t)$ の確率法則は，平均が x で分散が t のガウス分布である．

2 多次元拡散過程

n 次元 Euclid 空間 $\mathbf{R}^n$，またはその中の領域を状態空間 S とする連続な道をもつ強マルコフ過程 $M = (W, X(t), P_x)$ を多次元拡散過程 (multi-dimensional diffusion process) という．M がある正則性条件を満たせば，その生成作用素 $\mathfrak{G}$ は退化を許す 2 階の楕円型偏微分作用素

$$\mathcal{G} = \sum_{i,j=1}^n a^{ij}(x)\partial_{x^i}\partial_{x^j} + \sum_{i=1}^n b^i(x)\partial_{x^i} + c(x)$$

となる (ただし，$\partial_{x^i} = \partial/\partial x^i$, $c \leq 0$, $x = (x^1, x^2, \ldots, x^n)$). S がなめらかな境界をもつとき，ある設定のもとで境界条件は $\mathfrak{G}$ の定義域の u の満たす方程式 $Lu = 0$ で与えられる．ただし，

$$L = \sum_{i,j=1}^{n-1} \alpha^{ij}(\xi)\partial_{\xi^i}\partial_{\xi^j} + \sum_{i=1}^{n-1} \beta^i(\xi)\partial_{\xi^i}$$
$$+ \gamma(\xi) + \delta(\xi)A + \mu(\xi)\partial_n$$

である (行列 (α^{ij}) は対称で非負定符号，$\gamma, \delta \leq 0$，$\mu \geq 0$ で，∂_n は (a^{ij}) に付随する内向き法線微分). これをヴェンツェルの境界条件 (Wentzell's boundary condition) という．境界は $L = \partial_n$ のときが反射壁であり，$L = \gamma (\gamma < 0)$ のときが吸収壁である．多次元拡散過程の構成には，微分方程式論やディリクレ形式論を用いる解析的方法，マルチンゲール問題の解による方法，確率微分方程式の解とその変換による方法などがある．

例 2 n 次元ブラウン運動は，状態空間が $\mathbf{R}^n$ で，生成作用素が $\mathcal{G} = (1/2)\Delta$ の拡散過程である．P_x $(x \in \mathbf{R}^n)$ で測った $X(t)$ の確率法則は，平均ベクトルが x で共分散行列が tE_n (ただし，E_n は n 次元単位行列) のガウス分布である．互いに独立な 0 を出発点とする 1 次元ブラウン運動 $B_1(t), B_2(t), \ldots, B_n(t)$ をとり，$B(t) = x + (B_1(t), B_2(t), \ldots, B_n(t))$ とおくと，$B(t)$ は n 次元ブラウン運動となる．

例 3 状態空間が $\mathbf{R}^n$ で，生成作用素
$$\mathcal{G} = \frac{1}{2}\sum_{i,j=1}^n a^{ij}\partial_{x^i}\partial_{x^j} - \sum_{i,j=1}^n b_{ij}x^j\partial_{x^i}$$
(ただし，$A = (a^{ij})$ と $B = (b_{ij})$ は対称で正定符号な定数行列) をもつ拡散過程を n 次元オルンシュタイン–ウーレンベック過程 (Ornstein–Uhlenbeck process) という．P_x $(x \in \mathbf{R}^n)$ で測った $X(t)$ の確率法則はガウス分布であり，その平均ベクトル m_t と共分散行列 V_t はそれぞれ
$$m_t = e^{-tA}x, \quad V_t = \int_0^t e^{-sB}A e^{-sB}ds$$
で与えられる．また，$\alpha^t\alpha = A$ となる行列 α と n 次元ブラウン運動 $B(t)$ を用いて
$$X(t) = e^{-tB}x + \int_0^t e^{-(t-s)B}\alpha \, dB(s)$$
とおくと，$X(t)$ は n 次元オルンシュタイン–ウーレンベック過程となる． ［小倉幸雄］

参 考 文 献

[1] 伊藤　清：確率過程，岩波書店，2007.
[2] 西尾真喜子・樋口保成：確率過程入門，培風館，2006.
[3] 舟木直久：確率微分方程式，岩波書店，2005.
[4] 渡辺信三：確率微分方程式，産業図書，1975.

確率過程

stochastic process

物理の本などではある物理量 X_t が確率的に時間変動するとき，X_t を確率過程と呼ぶ，などと書く．ある点での，時刻 t での温度や気体の粒子の運動の時刻 t での位置などである．確率論で確率過程と呼ぶとき確率空間 $(\Omega, \mathcal{F}, P)$ と可測空間 $(S, \mathcal{B})$ が存在して，$t \in T$ に対して $X_t : \Omega \to S$ は可測写像 (以下，慣例により確率変数) である．T は時間，時空の点でもよい．S は一般の位相空間でもよいが完備可分距離空間を考えるのが都合がよい．適合する確率空間 $(\Omega, \mathcal{F}, P)$ を構成することは簡単でない．コルモゴロフ (Kolmogorov) による構成法は $\Omega = \{x_t : t \in T, x_t \in S\}$ をとる．B^n を S^n のボレル集合とするとき，$t_1, \ldots, t_n \in T$ に対して $\{\omega : (x_{t_1}, \ldots, x_{t_n}) \in B^n\}$ を含む最小の σ-代数を $\sigma((x_{t_1}, \ldots, x_{t_n}))$ とし，$\Omega_0 = \bigcup_{t_1, \ldots, t_n} \sigma(x_{t_1}, \ldots, x_{t_n})$ と定義する．Ω 上に非負有限集合関数 P_0 が任意の有限集合 $t_1, \ldots, t_n$ に対して $\sigma(x_{t_1}, \ldots, x_{t_n})$ 上の確率測度であるとする．そのとき P_0 は Ω_0 上の確率測度である．一見強力にみえるが，連続関数，右連続左極限をもつ関数は Ω_0 に含まれない．Ω は大きすぎ，Ω_0 はあまりに小さい．

次の条件を満たす有限次元をもつ実確率過程 $X = \{x_t, t \in [0,1]\}$ に対して連続な標本関数 (軌道) をもつ X に全同値な確率過程 $Y = \{y_t, t \in [0,1]\}$ が存在して $P(x_t = y_t) \forall t \in [0,1]$ である．

コルモゴロフの条件 3個の定数 $\alpha, \beta, c > 0$ が存在して，$E(|x_{t+h} - x_t|^\alpha) \leq Ch^{1+\beta}$ がすべての t, h に対して成り立つ．

確率過程 $\{x_t, t \geq 0\}$ が与えられたとき可算稠密な集合 $U \subset [0, \infty)$ が存在してほとんどすべての ω に対して，各 $t \geq 0$ に対して $s_n \in U$ が存在して $s_n \to t, x_{s_n}(\omega) \to x_t(\omega)$ となるとき確率過程 X は可分であるという．

すべての実確率過程に対して確率で等しい可分確率過程が存在するので普通可分確率過程を考えている．

$(\Omega, \mathcal{F})$ を可測空間とする．σ-代数 $\mathcal{F}_t \subset \mathcal{F}$，で，$\mathcal{F}_s \subset \mathcal{F}_t, (s \leq t)$ となるものを増大 σ-代数という．$(\Omega, \mathcal{F}, \mathcal{F}_t)$ を増大 σ-代数をもつ可測空間という．確率過程 $X = \{x_t(\omega)\}$ に対して各 t に対して x_t が $\mathcal{F}_t$ 可測であるとき，X は $\mathcal{F}_t$ に適合しているという．

確率空間 $(\Omega, \mathcal{F}, P)$ において2個の $\mathcal{F}$ の部分 σ-代数 $\mathcal{A}, \mathcal{B}$ に対して両者の従属性の尺度

$$\alpha(\mathcal{A}, \mathcal{B}) = \sup_{A \in \mathcal{A}, B \in \mathcal{B}} |P(A \cap B) - P(A)P(B)|,$$

$$\phi(\mathcal{A}, \mathcal{B}) = \sup_{B \in \mathcal{B}} |P(B|\mathcal{A}) - P(B)|$$

$$\alpha(\mathcal{A}, \mathcal{B}) = 0 \Leftrightarrow \phi(\mathcal{A}, \mathcal{B}) = 0$$

これは σ-代数 $\mathcal{A}, \mathcal{B}$ が独立であることを示す．後者よりそのとき事象 $\mathcal{A}$ を観測しても $\mathcal{B}$ についての情報は何も得られないことを示している．

確率過程 $X = \{x_t, -\infty < t < \infty\}$ に対して，$-\infty \leq u \leq v \leq \infty$ とおき，σ-代数を $\mathcal{F}_u^v = \sigma(x_t, u \leq t \leq v)$ と定義する．次の尺度は過去と未来の従属性を示す．

$$\alpha(t) = \sup_u \alpha(\mathcal{F}_{-\infty}^u, \mathcal{F}_{u+t}^\infty),$$
$$\phi(t) = \sup_u \phi(\mathcal{F}_{-\infty}^u, \mathcal{F}_{u+t}^\infty),$$

$t \to \infty$ のとき $\alpha(t) \to 0$ であるとき X は強混合であるという．$t \to \infty$ のとき $\phi(t) \to 0$ であるとき ϕ 混合であるという．混合性の定義は多数ある．

$\mathcal{A} \subset \mathcal{F}$ とする．$A \in \mathcal{A}$ に対して $P(A) = 0$ または $P(A) = 1$ であるとき $\mathcal{A}$ は 0–1 法則に従うという．$\mathcal{F}_{-\infty} = \bigcap_{T \leq 0} \mathcal{F}_{-\infty}^T$ を無限過去の事象という．$\mathcal{F}_\infty = \bigcap_{0 \leq T} \mathcal{F}_T^\infty$ を無限未来の事象という．強混合であるとき無限過去，未来の事象は 0–1 法則に従う． ［渡邉壽夫］

参考文献

混合性については

[1] R.C. Bradley : Basic properties of strong mixing conditions. a survey and some open questions, *Probability Surveys*, **2**, 107–144, 2005.

[2] S.R.S. Varadhan : *Stochastic Processes*, Courant Institute of Mathematical Sciences, 2007.

[3] 伊藤 清 : 確率論 III, 岩波書店, 1976.

確率積分

stochastic integral

1942年に伊藤清は，ブラウン運動の経路に関する積分である確率積分を創始した．これは，ただちにマルチンゲール理論を用いてより広い範疇へと拡張され，今日，確率解析と呼ばれる研究の根幹をなすものとなっている．

1 ブラウン運動に関する確率積分

$(\Omega, \mathcal{F}, P, \{\mathcal{F}_t\})$ をフィルターつき確率空間とし，$\mathcal{F}_0$ はすべての零集合を含むと仮定する．$\{B_t\}_{t\geq 0}$ を $B_0 = 0$ なる 1 次元 $(\mathcal{F}_t)$–ブラウン運動とする．任意の $T>0$ に対し $\int_0^T f_t^2 dt < \infty$ a.s. となる $(\mathcal{F}_t)$–発展的可測な確率過程 $\{f_t\}_{t\geq 0}$ の全体を $\mathcal{L}_{\text{loc}}^2$ と表す．ただし $(\mathcal{F}_t)$–発展的可測とは，写像 $[0,T] \times \Omega \ni (t,\omega) \mapsto f_t(\omega)$ が $\mathcal{B}([0,T]) \times \mathcal{F}_t$ 可測となることをいう（$\mathcal{B}([0,T])$ は $[0,T]$ のボレル加法族である）．可積分条件を $E\bigl[\int_0^T f_t^2 dt\bigr] < \infty$ と強めたものの全体を $\mathcal{L}^2$ と表す．増大実数列 $t_n \nearrow \infty$ が存在し $g_t = \sum_{i=0}^\infty g_{t_i} \mathbf{1}_{[t_i, t_{i+1})}(t)$ と表現でき，各 g_{t_i} は有界かつ $\mathcal{F}_{t_i}$–可測である $\{g_t\}_{t\geq 0}$ の全体を $\mathcal{L}_0$ と表す．ただし $\mathbf{1}_A(x) = 1$ $(x \in A)$，$= 0$ $(x \notin A)$．$\{g_t\}_{t\geq 0} \in \mathcal{L}_0$ に対し，$\int_0^t g_s dB_s = \sum_{i=0}^\infty g_{t_i} \{B_{t \wedge t_{i+1}} - B_{t \wedge t_i}\}$, $t \geq 0$, とおく．ただし，$a \wedge b = \min\{a,b\}$．$\{f_t\}_{t\geq 0} \in \mathcal{L}_{\text{loc}}^2$ に対し，$\int_0^T (f_t - g_t^n)^2 dt$ が，$n \to \infty$ のとき，0 に確率収束する $(\forall T > 0)$ $\{g_t^n\}_{t\geq 0} \in \mathcal{L}_0$ が存在する．さらに $(\mathcal{F}_t)$–発展的可測で，$t \mapsto I_t$ が連続な確率過程 $\{I_t\}_{t\geq 0}$ が存在し，任意の $T > 0$ に対し $\sup_{t \in [0,T]} |I_t - \int_0^t g_s^n dB_s|$ は 0 に確率収束する．この確率過程 $\{I_t\}_{t\geq 0}$ を $\int_0^t f_s dB_s$ と表し，$\{f_t\}_{t\geq 0}$ の**確率積分**（伊藤積分）(stochastic integral (Itô integral)) という．

伊藤積分は以下のような性質をもつ．(I) $a, b \in \mathbf{R}$ に対し，$\int_0^t \{af_s + bg_s\} dB_s = a\int_0^t f_s dB_s + b\int_0^t g_s dB_s$．(II) $\int_0^T \{f_t - f_t^n\}^2 dt$ が 0 に確率収束すれば $\sup_{t \in [0,T]} |\int_0^t f_s dB_s - \int_0^t f_s^n dB_s|$ は 0 に確率収束する．(III) $\{f_t\}_{t\geq 0} \in \mathcal{L}^2$ ならば $\{\int_0^t f_s dB_s\}_{t\geq 0}$ は二乗可積分 $(\mathcal{F}_t)$–マルチンゲールであり，さらに $E[(\int_0^t f_s dB_s)^2] = E[\int_0^t f_s^2 ds]$ が成り立つ．

$\{\boldsymbol{B}_t = (B_t^1, \ldots, B_t^d)\}_{t\geq 0}$ を $B_0 = 0$ なる d 次元 $(\mathcal{F}_t)$–ブラウン運動とする．$\{f_t\}_{t\geq 0} \in \mathcal{L}_{\text{loc}}^2$ に対し伊藤積分 $\int_0^t f_t dB^\alpha$ $(1 \leq \alpha \leq d)$ が定義できる．各 ω に対し $t \mapsto A_t(\omega)$ が連続かつ有界変動となり，$A_0 = 0$ なる確率過程 $\{A_t\}_{t\geq 0}$ の全体を $\mathcal{FV}_0$ と表す．$\{f_t^{i\alpha}\}_{t\geq 0} \in \mathcal{L}_{\text{loc}}^2$ と $\{A_t^i\}_{t\geq 0} \in \mathcal{FV}_0$ $(1 \leq i \leq N, 1 \leq \alpha \leq d)$ を用いて $X_t^i = X_0^i + \sum_{\alpha=1}^d \int_0^t f_s^{i\alpha} dB_s^\alpha + A_t^i$ と表される $\boldsymbol{R}^N$ 値確率過程 $\{X_t = (X_t^1, \ldots, X_t^N)\}_{t\geq 0}$ に対し，以下のような連鎖定理（**伊藤の公式** (Itô's formula)）が成り立つ．$\varphi \in C^2(\boldsymbol{R}^N)$ に対し

$$\varphi(X_t) = \varphi(X_0) + \sum_{i=1}^N \sum_{\alpha=1}^d \int_0^t \partial_i \varphi(X_s) f_s^{i\alpha} dB_s^\alpha$$
$$+ \sum_{i=1}^N \int_0^t \partial_i \varphi(X_s) dA_s^i$$
$$+ \frac{1}{2} \sum_{i,j=1}^N \sum_{\alpha=1}^d \int_0^t \partial_i \partial_j \varphi(X_s) f_s^{i\alpha} f_s^{j\alpha} ds.$$

ただし $\partial_i = \partial/\partial x^i$ であり，dA_s^i は有界変動関数 $s \mapsto A_s^i$ に関するスティルチェス積分を表す．上の X_t^i を $dX_t^i = \sum_{\alpha=1}^d f_t^{i\alpha} dB_t^\alpha + dA_t^i$ と表し，**確率微分** (stochastic differential) という．確率微分の可換な積を $dB_t^\alpha \cdot dB_t^\beta = \delta_{\alpha\beta} dt$, $dA_t \cdot dB_t^\alpha = 0$ と定義すれば，伊藤の公式は，$d(\varphi(X))_t = \sum_{i=1}^N \partial_i \varphi(X_t) dX_t^i + (1/2) \sum_{i,j=1}^N \partial_i \partial_j \varphi(X_t) dX_t^i \cdot dX_t^j$ となる．

上のような X_t^1, X_t^2 に対し，$\int_0^t X_s^2 \circ dX_s^1 = \int_0^t X_s^2 dX_s^1 + \int_0^t dX_s^2 \cdot dX_s^1$ とおき，これを**ストラトノビッチ積分** (Stratonovich integral) という．

2 二乗可積分マルチンゲールに関する確率積分

$(\Omega, \mathcal{F}, P)$ を完備確率空間とし，フィルトレーション $\mathcal{F}_t$ は右連続で，すべての零集合を含むとする．$t \mapsto M_t$ が右連続かつ左極限をもち，$M_0 = 0$, $\sup_{t>0} E[M_t^2] < \infty$ を満たす $(\mathcal{F}_t)$–マルチンゲールの全体を $\mathcal{M}_0^2$ と表す．$M \in \mathcal{M}_0^2$ に対し $M_\infty = \lim_{t \to \infty} M_t$ が a.s. に存在し，$\mathcal{M}_0^2$ は $E[M_\infty N_\infty]$ を内積とするヒルベルト空間となる．

$\mathcal{M}_0^{2,c}$ で $t \mapsto M_t$ が連続となる $M \in \mathcal{M}_0^2$ の全体を，$\mathcal{M}_0^{2,d}$ でその直行補空間を表す．停止時刻の列 $T_0 \leqq T_1 \leqq \cdots \leqq T_n$ と $\mathcal{F}_{T_{i-1}}$-可測な有界確率変数 Z_{i-1} を用いて $H_t = \sum_{i=1}^n Z_{i-1} \mathbf{1}_{(T_{i-1}, T_i]}(t)$ と表される確率過程 $H = \{H_t\}_{t \geqq 0}$ の全体を $\mathcal{E}$ とおく．$M = \{M_t\}_{t \geqq 0} \in \mathcal{M}_0^2$ に対し，$\mathcal{I}_M : \mathcal{E} \to \mathcal{M}_0^2$ を $\mathcal{I}_M(H)_t = \sum_{i=1}^n Z_{T_{i-1}} \{M_{t \wedge T_i} - M_{t \wedge T_{i-1}}\}$ と定める．次の (a)〜(d) を満たす確率過程 $\{[M]_t\}_{t \geqq 0}$ がただ一つ存在する (M の **2 次変分過程** (quadratic variation process) という)．(a) $[M]_0 = 0$，(b) $t \mapsto [M]_t(\omega)$ は右連続な増加関数である．(c) $\{M_t^2 - [M]_t\}_{t \geqq 0}$ は一様可積分なマルチンゲールである．(d) $\Delta[M]_t = (\Delta M_t)^2$ が成り立つ．ただし $\Delta M_t = M_t - M_{t-}$ である．

$(\mathcal{F}_t)$-適合な，すなわち各 Y_t は $\mathcal{F}_t$-可測となる，すべての左連続確率過程 $\{Y_t\}_{t \geqq 0}$ に対し，写像 $(t, \omega) \mapsto Y_t(\omega)$ を可測とする最小の σ 加法族を $\mathcal{P}$ とする．確率過程 $\{Y_t\}_{t \geqq 0}$ が $(\mathcal{F}_t)$-**可予測** (predictable) であるとは，写像 $(t, \omega) \mapsto Y_t(\omega)$ が $\mathcal{P}$-可測となることをいう．$(\mathcal{F}_t)$-可予測な確率過程 $H = \{H_t\}_{t \geqq 0}$ で $E[\int_0^\infty H_t^2 d[M]_t] < \infty$ を満たすものの全体を $\mathcal{L}^2(M)$ と表す．$\mathcal{L}^2(M)$ にノルム $\|H\|_{\mathcal{L}^2(M)} = (E[\int_0^\infty H_t^2 d[M]_t])^{1/2}$ を導入する．写像 $\mathcal{I}_M$ は $\mathcal{L}^2(M)$ から $\mathcal{M}_0^2$ への等距離写像に拡張でき，その拡張も $\mathcal{I}_M$ と表す．$\mathcal{I}_M(H) \in \mathcal{M}_0^2$ ($H \in \mathcal{L}^2(M)$) を $H \cdot M$ と表し，H の M に関する**確率積分**という．$(H \cdot M)_t$ を $\int_0^t H_s dM_s$ とも表す．$H \cdot M$ は，任意の $N \in \mathcal{M}_0^2$, $t \geqq 0$ に対し $[N, X]_t = \int_0^t H_s d[N, M]_s$ を満たす唯一の $X \in \mathcal{M}_0^2$ として特徴づけられる．ただし $[N, M] = \{[N+M] - [N-M]\}/4$ である．確率積分はさらに次のような性質をもつ．(a) 停止時刻 T に対し，$(H \cdot M)^T = H(0, T] \cdot M = H \cdot M^T$ が成り立つ．ただし $H(0, T] = \{H_t \mathbf{1}_{(0,T]}(t)\}_{t \geqq 0}$, $M^T = \{M_{t \wedge T}\}_{t \geqq 0}$ である．(b) $\{(H \cdot M)_t - \int_0^t H_s^2 d[M]_s\}_{t \geqq 0}$ は一様可積分なマルチンゲールである．(c) H, K がともに有界な可予測過程であれば，$H \cdot (K \cdot M) = (HK) \cdot M$ が成り立つ．(d) $\Delta(H \cdot M)_t = H_t \Delta M_t$ $(t > 0)$ である．とくに $M \in \mathcal{M}_0^{2,c}$ ならば $H \cdot M \in \mathcal{M}_0^{2,c}$ である．

3 半マルチンゲールに関する確率積分

$M = \{M_t\}_{t \geqq 0}$ を $M_0 = 0$ なる局所マルチンゲールとする．停止時刻の列 $T_n \nearrow \infty$ および有界な $M^{n,c} \in \mathcal{M}_0^{2,c}$, $M^{n,d} \in \mathcal{M}_0^{2,d}$ と $M^{n,v} \in \mathcal{FV}_0$ が存在し，$M_t^{T_n} = M_t^{n,c} + M_t^{n,d} + M_t^{n,v}$ $(n \in \mathbf{N})$ が成り立つ．$M^c = \{M_t^c = \lim_{n \to \infty} M_t^n\}_{t \geqq 0}$ は連続な局所マルチンゲールである．可予測な確率過程 $H = \{H_t\}_{t \geqq 0}$ で，停止時刻の列 $S_n \nearrow \infty$ が存在し $\sup_{t,\omega} |H_{t \wedge S_n}(\omega)| < \infty$ となるものの全体を $\ell b \mathcal{P}$ と表す．$H \in \ell b \mathcal{P}$ に対し，$(H \cdot M)^{S_n \wedge T_n} = H(0, S_n \wedge T_n] \cdot (M^{n,c})^{S_n} + H(0, S_n \wedge T_n] \cdot (M^{n,d})^{S_n} + H(0, S_n \wedge T_n] \cdot (M^{n,v})^{S_n}$ とおき，H の M に関する確率積分 $H \cdot M$ を定義する．ただし $(M^{n,v})^{S_n}$ に関する確率積分はスティルチェス積分により定義する．

$M_0 = 0$ なる局所マルチンゲール M と $A \in \mathcal{FV}_0$ を用いて $X_t = M_t + A_t$ と表現される確率過程を**半マルチンゲール** (semi-martingale) という．$X^{cm} = M^c$ とおく．X に関する $H \in \ell b \mathcal{P}$ の確率積分を $\int_0^t H_s dX_s = \int_0^t H_s dM_s + \int_0^t H_s dA_s$ と定義する．$\{X_t^i\}_{t \geqq 0}$ $(1 \leqq i \leqq N)$ を半マルチンゲールとし，$X_t = (X_t^1, \ldots, X_t^N)$ とおく．$\varphi \in C^2(\mathbf{R}^N)$ に対し，伊藤の公式が成り立つ．

$$\varphi(X_t) = \varphi(X_0) + \sum_{i=1}^N \int_0^t \partial_i \varphi(X_{s-}) dX_s^i$$

$$+ \frac{1}{2} \sum_{i,j=1}^N \int_0^t \partial_i \partial_j \varphi(X_{s-}) d[(X^i)^{cm}, (X^j)^{cm}]_s$$

$$+ \sum_{0 < s \leqq t} \{\Delta[\varphi(X)]_s - \sum_{i=1}^N \partial_i \varphi(X_{s-}) \Delta X_s^i\}.$$

[谷口説男]

参考文献

[1] 舟木直久：確率微分方程式，岩波書店，2005.
[2] 長井英生：確率微分方程式，共立出版，1999.
[3] N. Ikeda, S. Watanabe：*Stochastic Differential Equations and Diffusion Processes, 2nd ed*, Kodansha/North Holland, 1989.
[4] H. McKean,：*Stocahstic Integrals*, AMS, 1969.
[5] L. Rogers, D. Williams：*Diffusions, Markov Processes, and Martingales, Vol.2, Itô Calculus*, John Wiley & Sons, 1987.

確率と確率モデル

probability and stochastic model

偶然により結果が決まる不確実な現象を記述するための手法として確率論がある.確率論に基づく数学モデル(数学的模型)を確率モデルと呼ぶ.確率モデルが現実の現象をうまく記述しているかを検証することは容易ではない.たとえば,さいころを振るとき,1の目が出る確率は1/6であるというモデルをたて,実際に振ったとき出た目が2であったとしよう.このモデルがよいモデルであったかどうか,これだけではまったく判定できない.このように確率モデルの検証のためには,モデルから何が結論づけられるかを理論的に考えておく必要がある.これが確率論の目的である.(なお,確率モデルの検証そのものを行うのが統計学であるが,この辞典では統計学は扱わない.) またそもそも「確率とは何か」ということが確率モデルにはつきまとうが,これも今なお哲学で論じられている問題でもあり,この辞典では扱わない.むしろ数学では後に述べるように確率とは何かという問題は避け,公理系を満たせば何でもよいという立場をとる(これはヒルベルト(Hilbert)により提唱された公理主義の考え方に基づく).

「さいころを振ったとき,出た目が1である」といったさまざまな事柄を事象(event)と呼ぶ.我々は日常,それぞれの事象に対して,それがどの程度起きる可能性が高いかを示すために,しばしば確率を付与するが,それらの確率が矛盾なく与えられている保証はない.確率論では,まず確率が矛盾なく定義できていることを保証するために,これ以上分解できない事象(根元事象)を考え,すべての事象は根元事象より成り立っていると考える.根元事象全体の集合を基礎空間と呼び,しばしばΩを用いて表す.複雑な確率モデルを考えるために,Ωとして大きな集合をとることが多いが,Ωが大きな無限集合である場合は,確率は測度論に基づき定義する必要がある.

1 基礎空間が有限集合の場合

まず考え方をあきらかにするために,基礎空間Ωが有限集合である場合を考えていく.Ωの元ωは事象であるので,その確率p_ωを考えることができる.このとき,$p_\omega \geq 0, \omega \in \Omega$ および$\sum_{\omega \in \Omega} p_\omega = 1$が成り立たなければならない.$\mathcal{F}$を$\Omega$の部分集合全体よりなる集合とする.$A \in \mathcal{F}$に対して$P(A) = \sum_{\omega \in A} p_\omega$(ただし,$A = \emptyset$のときは,$P(\emptyset) = 0$とする)とおくと,$P$は$\mathcal{F}$の各要素を0以上1以下の実数に対応させる集合関数で,$A \in \mathcal{F}$に対し,$P(A)$が「事象Aの起こる確率」と考えられる.このとき,以下の条件が満たされる.

(P-1) $P(\Omega) = 1, P(A) \geq 0, A \in \mathcal{F}$
(P-2) $A, B \in \mathcal{F}$ が $A \cap B = \emptyset$ を満たすならば,$P(A \cup B) = P(A) + P(B)$

数学においては上記の条件(P-1) (P-2)を満たす集合関数Pはすべて確率と見なし,確率が何を意味するかは一切問わない.それが公理主義の立場である.(P-2)の性質は有限加法性と呼ばれる.

確率変数とは偶然に支配されて値が決まるものをいう.「さいころを投げて出た目の数」は確率変数の例となる.今,Xを確率変数としよう.根元事象$\omega \in \Omega$が決まると確率変数Xの値も一通りに決まる.そうでなければ,確率変数Xの値により事象ωをさらに細かい事象に分解できることになり,ωが根元事象であるという仮定に反するからである.したがって,確率変数Xにより根元事象ωに実数を対応させる関数が定まる.そこで確率変数を基礎空間Ωから実数の空間$\boldsymbol{R}$への関数と同一視する.すなわち次のように定義する.

定義 確率変数とは全事象の空間Ωから実数の空間への関数のことをいう.

確率モデルを現実の現象に当てはめるとき,実際に起きるのは多くある可能性の中のただ一つの場合のみである.すなわち,Ωの元の中のあるωが実際に起きると考える.確率変数の値を知れば事象に対する情報が得られる.今,Xを確率変数とする.確率変数の値が,xであるという事

象は $X^{-1}(x) \in \mathcal{F}$ で表される. 確率変数 X のとる値が $x_1, \ldots, x_n$ とすると, 全事象 Ω が $\mathcal{D} = \{X^{-1}(x_1), \ldots, X^{-1}(x_n)\}$ に分解される. X の値を知るということは, 実際に起こっている ω が $\mathcal{D}$ のどの元に属しているかがわかるということである. Ω の部分集合の族よりなる集合族 $\mathcal{D}$ は次のような条件を満たす.

(D-1) $\mathcal{D}$ の元は Ω の空でない部分集合
(D-2) $A, B \in \mathcal{D}$ ならば $A = B$ または $A \cap B = \emptyset$
(D-3) $\bigcup_{A \in \mathcal{D}} A = \Omega$

上の (D-1)–(D-3) を満たす集合族 $\mathcal{D}$ を集合 Ω の分割と呼ぶ.

Ω の分割 $\mathcal{D}$ に対して, $\mathcal{B}$ を「空集合および $\mathcal{D}$ の有限個の部分集合 $A_1, \ldots, A_m$ の和集合 $\bigcup_{k=1}^m A_k$ 全体よりなる集合」とすると以下の条件を満たす.

(B-1) $\mathcal{B}$ の元は Ω の部分集合
(B-2) $\Omega \in \mathcal{B}$
(B-3) $A, B \in \mathcal{B}$ ならば $A \cup B, A \setminus B \in \mathcal{B}$

上の性質 (B-1)–(B-3) を満たす集合族を Ω 上の部分加法族と呼ぶ.

Ω 上の部分加法族 $\mathcal{B}$ に対し, $\mathcal{B}$ の空集合でない元 B で, $A \in \mathcal{B}, A \subset B$ ならば $A = B$ または $A = \emptyset$, を満たすものを $\mathcal{B}$ の原子と呼ぶ. Ω 上の部分加法族 $\mathcal{B}$ の原子全体は Ω の分割となる.

このように, 分割と部分加法族は 1 対 1 に対応する. Ω の分割を「情報」と考えることが自然であるが, Ω が無限集合であるときに困難が生ずるため, 確率論においては Ω 上の部分加法族が「情報」を表していると考える.

Ω 上の部分加法族 $\mathcal{B}, \mathcal{B}'$ が $\mathcal{B} \subset \mathcal{B}'$ を満たすとき $\mathcal{B}'$ の表す「情報」の方が $\mathcal{B}$ の表す「情報」の方より大きいと考える. 実際このとき $\mathcal{B}'$ の原子の作る分割は $\mathcal{B}$ の原子の作る分割より細かくなる.

2 一般の場合

基礎空間 Ω を一般の集合とする. 有限集合のとき, 確率の性質として有限加法性 (P-2) を仮定したが, さらに可算加法性が理論の展開に必要になる. このため, 現代数学においては, 確率変数, 独立性などのすべての確率論の概念は測度論の言葉で定義される. すでに, 有限集合の場合に, それぞれの意味については述べたので, ここでは, 単に数学的な定義のみを述べていく.

確率の数学モデルは三つ組 $(\Omega, \mathcal{F}, P)$ の上で与えられる. ここで, $\Omega, \mathcal{F}, P$ は以下の条件を満たすものである.

(1) Ω は (抽象) 集合.
(2) $\mathcal{F}$ は集合 Ω 上の σ 加法族. ここで $\mathcal{F}$ が集合 Ω 上の σ 加法族であるとは, $\mathcal{F}$ が集合 Ω の部分集合よりなる族で
 (i) $\emptyset \in \mathcal{F}$,
 (ii) $E_n \in \mathcal{F}, n = 1, 2, \ldots$, ならば $\bigcup_{n=1}^\infty E_n \in \mathcal{F}$,
 (iii) $E \in \mathcal{F}$ ならば $E^c = \Omega \setminus E \in \mathcal{F}$,
の 3 条件を満たすことをいう.
(3) P は $\mathcal{F}$ の元に実数を対応させる関数で,
 (i) $P(E) \geqq 0$,
 (ii) $E_n, n = 1, 2, \cdots$, が互いに共通部分をもたないならば $P(\bigcup_{n=1}^\infty E_n) = \sum_{n=1}^\infty P(E_n)$,
 (iii) $P(\Omega) = 1$
を満たす.

$\mathcal{F}$ の元を事象と呼ぶ. すなわち事象とは Ω の部分集合で確率が定義可能なものである. $P(E)$ は事象 E に属す事柄の実現する確率と解釈される.

上記 (3) (i)–(iii) の条件を満たす (集合) 関数 P を $(\Omega, \mathcal{F})$ 上の **確率測度** (probability measure) と呼ぶ. (1),(2),(3) を満たす三つ組 $(\Omega, \mathcal{F}, P)$ を **確率空間** (probability space) と呼ぶ. また, 上記の (1),(2),(3) の条件は確率に対するコルモゴロフ (Kolmogorov) の公理系と呼ばれる. 繰り返すが, 数学においては, 上記の公理系を満たすものはすべて数学として許されたものとみなし, 確率が何を意味するかは一切問わない.

事象 $E \in \mathcal{F}$ の補集合 $E^c = \Omega \setminus E$ を E の余事象という. また $E \cap F = \emptyset$ のとき事象 E と F とは背反事象であるという.

確率変数 X は集合 Ω 上の実数値関数であるが, 集合 $\{\omega \in \Omega ; X(\omega) \leqq a\}$ はすべての $a \in \mathbf{R}$ に対して事象, すなわち $\mathcal{F}$ の元でなくてはいけない. そのため, **確率変数** (random variable) は, Ω 上の $\mathcal{F}$-可測な実数値関数と定義される.

「情報」は ($\mathcal{F}$ の) 部分 σ-加法族により表す. $\mathcal{G}$ が部分 σ-加法族であるとは, $\mathcal{G}$ が $\mathcal{F}$ の部分集合

であり, Ω の上の σ-加法族となる (すなわち (2) の (i)–(iii) を満たす) ことをいう. 事象 $B \in \mathcal{F}$ に対して, $\{\emptyset, B, \Omega \setminus B, \Omega\}$ は Ω 上の部分 σ-加法族となる. これを事象 B の与える「情報」と考える. 確率変数 $X : \Omega \to \boldsymbol{R}$ に対して, $\sigma\{X\}$ を $X^{-1}(A)$ (A はボレル集合) 全体の集合と定義すると $\sigma\{X\}$ はの部分 σ-加法族となる. $\sigma\{X\}$ は確率変数 X の与える「情報」と解釈される.

事象の有限列 $B_n, n = 1, 2, \ldots, N$ において, 任意の $k = 1, 2, \ldots, N$, と任意の $1 \leqq i_1 < i_2 < \ldots < i_k \leqq N$ に対し

$$P(B_{i_1} \cap B_{i_2} \cap \cdots \cap B_{i_k}) = \prod_{j=1}^{k} P(B_{i_j})$$

が成り立つとき, $B_n, n = 1, 2, \ldots, N,$ は独立であるという.

例 $\Omega = \{1, 2, 3, 4\}$, $\mathcal{F}$ は Ω の部分集合全体, $P(E) = E$ に属する元の個数 $/4$ とする. $A_1 = \{1, 2\}, A_2 = \{1, 3\}, A_3 = \{1, 4\}$ とおく. このとき, A_1 と A_2, A_1 と A_3, A_2 と A_3 は独立であるが, A_1, A_2, A_3 は独立ではない.

事象の無限列 $B_n, n = 1, 2, \ldots$ が独立であるとは任意の $N \geq 1$ に対して, 事象の有限列 $B_n, n = 1, 2, \ldots, N$, が独立となることをいう.

部分 σ 加法族の族 $\mathcal{B}_\lambda, \lambda \in \Lambda,$ が独立であるとは, 以下が成立することをいう: 任意の $N \geq 1$ および相異なる $\lambda_1, \ldots, \lambda_N$ に対して, 各々の $\mathcal{B}_{\lambda_n}$ から任意にとった B_n の作る族 $B_1, \ldots, B_N$ が独立となる. また, 確率変数の族 $X_\lambda, \lambda \in \Lambda,$ が独立であるとは, 部分 σ 加法族の族 $\sigma\{X_\lambda\}, \lambda \in \Lambda,$ が独立となることをいう.

事象列 $E_n, n = 1, 2, \ldots$ に対して,

$$\limsup_n E_n = \bigcap_{n=1}^{\infty} (\bigcup_{m=n}^{\infty} E_m),$$
$$\liminf_n E_n = \bigcup_{n=1}^{\infty} (\bigcap_{m=n}^{\infty} E_m)$$

としばしば表す. 根元事象 ω が $\limsup_n E_n$ に属することは, その ω は無限に多くの n に対して事象 E_n に属することであり, ω が $\liminf_n E_n$ に属することは, その ω はある n_0(一般に ω に関係する) 以上のすべての n に対し事象 E_n に属することである. したがって, $P(\limsup_n E_n)$ は無限に多くの事象 E_n が起こる確率を, $P(\liminf_n E_n)$ は有限の n を除き事象 E_n が必ず起こる確率を意味している. これに関して, 次のボレル–カンテリ (Borel–Cantelli) の補題が成立する.

$E_n, n = 1, 2, \ldots,$ を事象の列とする.
1) $\sum_n P(E_n) < \infty$ ならば $P(\limsup_n E_n) = 0$.
2) $E_n, n = 1, 2, \ldots,$ が独立で $\sum_n P(E_n) = \infty$ ならば, $P(\limsup_n E_n) = 1$ である.

確率論では煩雑さをさけるため特殊な記法を用いることが多い. ω に対する命題 $Q(\omega)$ に対して, 集合 $\{\omega \in \Omega : Q(\omega)\}$ を単に $\{Q\}$ と表す. $P(B) = 1$ を満たす $B \in \mathcal{F}$ が存在して, $\omega \in B$ に対して $Q(\omega)$ が成立するとき, Q a.s. と表す. たとえば, X が確率変数であれば, $\{\omega \in \Omega : X(\omega) \geq 1\}$ は $\{X \geq 1\}$ と表し, $P(B) = 1$ を満たす $B \in \mathcal{F}$ が存在して, $\omega \in B$ に対して $X(\omega) \geq 1$ が成立するとき, $X \geq 1$ a.s. と表す.

確率論を具体的に展開するときには, 確率空間 $(\Omega, \mathcal{F}, P)$ として具体的なものがとられることがある. これは, 確率モデルに現れる確率変数などが確定している場合は, その確率変数の値域を Ω にすれば Ω を最小にできるからである (この場合, Ω を**標本空間** (sample space) と呼ぶことがある). 多くの場合, 標本空間 Ω としてはポーランド空間 (Polish space), すなわち可分な完備距離空間をとり, $\mathcal{F}$ として, ボレル 集合族, すなわち開集合全体を含む最小の σ-加法族をとる. これは確率測度の可算加法性となじみ, ほとんどすべての確率モデルがこの範疇で表現可能であるからである.

[楠岡成雄]

参考文献

[1] 舟木直久:確率論, 朝倉書店, 2004.
[2] 西尾真紀子:確率論, 実教出版, 1978.
[3] 伊藤 清:確率論の基礎 (新版), 岩波書店, 2004.
[4] W. Feller : *An Introduction to Probability Theory and its Applications*, John Wiley, I (第3版), 1968, II, 1966. (邦訳) 河田龍夫監訳:確率論とその応用 (1〜4), 紀伊國屋書店, 1960–1970.

確率微分方程式

stochastic differentail equation

1942年に伊藤清は,それまでは偏微分方程式を用いて構成されていた拡散過程を,確率過程の経路に基づく微積分学を展開することで構成した.それに際し用いられたのが確率微分方程式である.確率微分方程式は,統計理論,確率制御,フィルター理論において,そして近年では数理ファイナンスにおいても重要な役割を果たしている.

1 解の定義

$\boldsymbol{W}^N$ を連続関数 $w:[0,\infty)\ni t\mapsto w_t\in\boldsymbol{R}^N$ の全体とし,広義一様収束に付随する距離を導入し距離空間とする.その位相的 σ 加法族を $\mathcal{B}(\boldsymbol{W}^N)$ と表す.$\alpha=(\alpha_j^i):[0,\infty)\times\boldsymbol{W}^N\to\boldsymbol{R}^{N\times d}$ ($\boldsymbol{R}^{N\times d}$ は実 $N\times d$ 行列の全体),$\beta=(\beta^i):[0,\infty)\times\boldsymbol{W}^N\to\boldsymbol{R}^N$ から定まる**確率微分方程式** (stochastic differential equation) は次のように表される.

$$dX_t = \alpha(t,X)dB_t + \beta(t,X)dt. \quad (1)$$

より詳しくは,次のように表される.

$$dX_t^i = \sum_{j=1}^d \alpha_j^i(t,X)dB_t^j + \beta^i(t,X)dt, \ 1\leqq i\leqq N.$$

上の確率微分方程式の**解** (solution) とは,以下の条件 (1)~(3) を満たす $\boldsymbol{R}^N$ 値確率過程 $X=\{X_t\}_{t\geqq 0}$ と $\boldsymbol{R}^d$ 値確率過程 $B=\{B_t\}_{t\geqq 0}$ の組 (X,B) のことをいう.(1) X はフィルターつき確率空間 $(\Omega,\mathcal{F},P,\{\mathcal{F}_t\})$ 上の連続な $(\mathcal{F}_t)$-適合過程であり,B は同じ確率空間上の $B_0=0$ となる d 次元 $(\mathcal{F}_t)$-ブラウン運動である.(2) $\{\alpha_j^i(t,X)\}_{t\geqq 0}\in\mathcal{L}_{\mathrm{loc}}^2$, $\{\beta^i(t,X)\}_{t\geqq 0}\in\mathcal{L}_{\mathrm{loc}}^1$ ($1\leqq i\leqq N, 1\leqq j\leqq d$).ただし,$\mathcal{L}_{\mathrm{loc}}^p$ は,任意の $T>0$ に対し $P(\int_0^T |f_t|^p dt<\infty)=1$ となる $(\mathcal{F}_t)$-発展的可測な確率過程 $\{f_t\}_{t\geqq 0}$ の全体を表す.(3) 次式が成り立つ.

$$X_t^i = X_0^i + \sum_{j=1}^d\int_0^t\alpha_j^i(s,X)dB_s^j + \int_0^t\beta^i(s,X)ds,$$

$1\leqq i\leqq N$. ただし,dB_s は伊藤積分を表す.簡単に X だけを解ということもある.

$\sigma:[0,\infty)\times\boldsymbol{R}^N\to\boldsymbol{R}^{N\times d}$, $b:[0,\infty)\times\boldsymbol{R}^N\to\boldsymbol{R}^N$ を用いて $\alpha(t,w)=\sigma(t,w_t)$, $\beta(t,w)=b(t,w_t)$ ($w\in\boldsymbol{W}^N$) と表現されるとき,対応する確率微分方程式

$$dX_t = \sigma(t,X_t)dB_t + b(t,X_t)dt$$

は**マルコフ型** (Markovian) であるという.この σ,b が t によらないとき,すなわち $\sigma(t,x)=\sigma(x)$, $b(t,x)=b(x)$ となるとき,**時間的に一様な** (time-homogeneous) マルコフ型であるという.

2 存在と一意性

$t\geqq 0$, $w\in\boldsymbol{W}^N$ に対し微分作用素 $A_{t,w}$ を $\frac{1}{2}\sum_{j=1}^d\sum_{i,k=1}^N\alpha_j^i\alpha_j^k(t,w)\partial_{i,k}+\sum_{i=1}^N\beta^i(t,w)\partial_i$ とし,$M_t^f(w)=f(w_t)-\int_0^t(A_{s,w}f)(w_s)ds$ とおく.ただし $\partial_i=\partial/\partial x^i$, $\partial_{i,k}=\partial_i\partial_k$ である.確率微分方程式 (1) が解をもつための必要十分条件は $(\boldsymbol{W}^N,\mathcal{B}(\boldsymbol{W}^N))$ 上の確率測度 ν が存在し,任意のコンパクトな台をもつ $f\in C^\infty(\boldsymbol{R}^N)$ に対し $\{M_t^f\}_{t\geqq 0}$ が ν のもとで連続な局所二乗可積分 $(\mathcal{B}_t)$-マルチンゲールとなることである.ただし $\mathcal{B}_t$ は写像 $w\mapsto w_s$, $s\leqq t$, を可測にする最小の σ 加法族である.これを利用して,α,β がともに有界かつ連続であれば (1) が解をもつことがいえる.このようなマルチンゲールを用いる定式化を**マルチンゲール問題** (martingale problem) による解法という.テスト関数 f の属するクラスを変えることでマルチンゲール問題による解法は広範囲に応用されている.

確率微分方程式 (1) の解が**分布の意味で一意的** (unique in law) であるとは,二つの解 (X,B), (X',B') の初期分布,すなわち $\boldsymbol{R}^N$ 値確率変数 X_0, X_0' の分布が一致すれば,X,X' の $\boldsymbol{W}^N$ 上の分布が一致することをいう.**道ごとに一意的** (pathwisely unique) であるとは,確率空間とブラウン運動を共有する解 (X,B) と (X',B) が $P(X_0=X_0')=1$ を満たせば $P(X_t=X_t', t\geqq 0)=1$ となることをいう.解が道ごとに一意的であれば分布の意味で一意的である.$\boldsymbol{W}_0^N=\{w\in\boldsymbol{W}^N|w_0=0\}$ とする.(1) が一意的な**強い解** (strong solution) をも

つとは，$F: \mathbf{R}^N \times \mathbf{W}_0^N \to \mathbf{W}^N$ が存在し，(i) 任意の解 (X, B) は $X = F(X_0, B)$ を満たし，(ii) $\mathbf{R}^N$ 値 $\mathcal{F}_0$ 可測確率変数 ξ と d 次元 $(\mathcal{F}_t)$–ブラウン運動を用いて $X = F(\xi, B)$ と定義すれば (X, B) は解である，という2条件が成り立つことをいう．一意的な強い解をもつための必要十分条件は，任意の初期分布に対し解が存在しさらに道ごとの一意性が成り立つことである．

$T > 0$ ごとに K_T が存在し，$\gamma = \alpha, \beta$ が $|\gamma(t, w) - \gamma(t, w')| \leqq K_T \sup_{s \leq t} |w_s - w'_s|$, ($t \leqq T$, $w, w' \in \mathbf{W}^N$), $\sup_{s \leq T} |\gamma(t, 0)| \leqq K_T$ を満たせば，一意的な強い解をもつ．この解は逐次近似法により構成できる．$N = 1$ で時間的に一様なマルコフ型の場合，σ が指数 $1/2$ のヘルダー連続性をもち，b がリプシッツ連続であれば，一意的な強い解をもつ．時間的に一様なマルコフ型で行列 $\sigma\sigma^*$ が一様に正定値であれば分布の意味の一意性が成り立つ．$\exp(\int_0^t |\rho(s, X)|^2 ds / 2)$ が可積分となるとき，(1) の解の存在，分布の意味での一意性は確率微分方程式 $dX_t = \alpha(t, X) dB_t + (\beta(t, X) + \alpha(t, X) \rho(t, X)) dt$ に伝搬する．これをドリフト変換 (transformation of drift) という．

3 拡散過程，確率流，多様体

$\sigma : \mathbf{R}^N \to \mathbf{R}^{N \times d}, b : \mathbf{R}^N \to \mathbf{R}^N$ はともに高階の微分もすべて有界であるとする．このとき確率微分方程式
$$dX_t = \sigma(X_t) dB_t + b(X_t) dt$$
は強い解 $F : \mathbf{R}^N \times \mathbf{W}_0^N \to \mathbf{W}^N$ をもつ．$x \in \mathbf{R}^N$ に対し，$F(x, B) = X^x = \{X_t^x\}_{t \geqq 0}$ とおく．

微分作用素 L を $(1/2) \sum_{j=1}^d \sum_{i,k=1}^N \sigma_j^i \sigma_j^k \partial_{i,k} + \sum_{i=1}^N b^i \partial_i$ とする．X^x が $\mathbf{W}^N$ に導く確率測度を P_x と表せば，族 $\{P_x\}_{x \in \mathbf{R}^N}$ が L–拡散過程となっている．コンパクトな台をもつ $f \in C^2(\mathbf{R}^N)$ と下に有界な $q \in C(\mathbf{R}^N)$ から定まる初期値問題
$$\frac{\partial u}{\partial t} = Lu - qu, \quad u(0, x) = f$$
の解 $u(t, x)$ は任意の $[a, b] \times \mathbf{R}^N$ ($0 < a < b < \infty$) 上有界であるとする．このとき $u(t, x) = E_x[f(w_t) \exp(-\int_0^t q(w_s) ds)]$ と表現できる．ただし，E_x は解を P_x に関する期待値を表す．これをファインマン–カッツの公式 (Feynman–Kac formula) という．

$t \geqq 0$, $w \in \mathbf{W}_0^N$ に対し，写像 $x \mapsto X_t^x(w)$ は C^∞ 微分同相写像である．この微分同相写像からなる1径数群 $\{X_t^\bullet\}_{t \geqq 0}$ を微分同相確率流 (stochastic flow of diffeomorphisms) という．$x \mapsto X_t^x$ のヤコビ行列 Y_t は
$$dY_t = \sum_{\alpha=1}^d \partial \sigma_\alpha(X_t) Y_t dB_t^\alpha + \partial b(X_t) Y_t dt, \; Y_0 = I$$
という確率微分方程式に従う．ただし，$\partial \sigma_\alpha, \partial b$ は，それぞれ $\partial_i \sigma_\alpha^j, \partial_i b^j$ を成分とする N 次正方行列であり，I は N 次単位行列である．

M を C^∞ 多様体とする．M 上のなめらかなベクトル場 $V_0, \ldots, V_d$ の定める確率微分方程式
$$dX_t = \sum_{j=1}^d V_j(X_t) \circ dB_t^j + V_0(X_t) dt$$
の解とは，M 値確率過程 $\{X_t\}_{t \geqq 0}$ で，コンパクトな台をもつ任意の $f \in C^\infty(M)$ に対し $f(X_t) = f(X_0) + \sum_{j=1}^d \int_0^t V_j f(X_s) \circ dB_s^j + \int_0^t V_0 f(X_s) ds$ を満たすものをいう．ただし $\circ$ はストラトノビッチ積分を表す．M がコンパクトであれば解が存在する．上の解を定める条件は，$\mathcal{L} = \frac{1}{2} \sum_{j=1}^d V_j^2 + V_0$ とおけば，$f(X_t) = f(X_0) + \sum_{j=1}^d \int_0^t V_j f(X_s) dB_s^j + \int_0^t \mathcal{L} f(X_s) ds$ と伊藤積分を用いて表記できる．このように，M 上の $\mathcal{L}$–拡散過程が確率微分方程式により構成できる．リーマン多様体上のラプラス作用素を Δ とするとき，$(\Delta/2)$–拡散過程 (リーマン多様体上のブラウン運動) は，直交枠束 $O(M)$ 上のベクトル場から定まる確率微分方程式の解を射影することにより構成できる． [谷口説男]

参考文献

[1] 舟木直久：確率微分方程式，岩波書店，2005.
[2] 長井英生：確率微分方程式，共立出版，1999.
[3] N. Ikeda, S. Watanabe：*Stochastic Differential Equations and Diffusion Processes*, 2nd ed, Kodansha/North Holland, 1989.
[4] L. Rogers, D. Williams：*Diffusions, Markov Processes, and Martingales, Vol.2, Itô Calculus*, John Wiley & Sons, 1987.

確率分布

probability distribution

1 分布の表示

さいころを100回振ったところ1から6の目はそれぞれ18, 17, 14, 18, 15, 18回出たとしよう. このとき, 1から6の目の出た相対頻度はそれぞれ0.18, 0.17, 0.14, 0.18, 0.15, 0.18ということになる. このデータの分布をどのように記述すればよいであろうか. 出現する値が有限となることがわかっていれば表の形で表示ができる. また, 出現する値に対し相対頻度を対応させる関数として表すことができる. 分布を表す別の方法として分布関数で表示する方法がある. 分布関数Fとは, 実数xに対して, x以下の値をとるデータの累積相対頻度$F(x)$を対応させる関数である. いまの例では$x<1$のとき$F(x)=0$, $1\leq x<2$のとき$F(x)=0.18$, $2\leq x<3$のとき$F(x)=0.35$, $3\leq x<4$のとき$F(x)=0.49$, $4\leq x<5$のとき$F(x)=0.67$, $5\leq x<6$のとき$F(x)=0.82$, $6\leq x$のとき$F(x)=1$となる関数である.

いま, データの分布について述べたが, 連続的な値をとる確率変数の確率分布を表示する場合には, 表や, 値に対しその値をとる確率を対応させる関数は有効ではない. 連続分布をもつ確率変数では, 1つ1つの値をとる確率はゼロとなるからである. これに対して, 実数xに確率変数がx以下となる確率を対応させる分布関数は有効である.

2 1次元の確率分布

現代の確率論では, 対象を記述するとき, まず確率空間$(\Omega, \mathbf{F}, P)$から出発する. しかし, Ωは抽象的な集合であり, 明示されない. 確率モデルを実際に現実の問題に適用するとき, 観測されるのは確率変数の値であり, 経験頻度などと関係するのは確率変数の確率分布である. このため, 確率分布を表示する方法が問題となる.

確率変数Xの分布関数F_Xは
$$F_X(x) = P(X \leq x), x \in \mathbf{R}$$
で定義される.

分布関数Fは以下の性質をもつ.
(1) Fは実数の空間$\mathbf{R}$上で定義された単調非減少関数, すなわち$x<y$ならば$F(x) \leq F(y)$となる.
(2) Fは右連続, すなわち,
$$\lim_{y \downarrow x} F(y) = F(x), \qquad x \in \mathbf{R}$$
かつ
$$\lim_{y \downarrow -\infty} F(y) = 0, \quad \lim_{y \uparrow \infty} F(y) = 1.$$

条件(1), (2), (3)の性質をもつ関数Fに対してFを分布関数とする確率変数を構成できる. したがって一般に, 条件(1), (2), (3)の性質をもつ関数を分布関数と呼ぶ.

分布関数Fが$\mathbf{R}$上の非負値可測関数ρを用いて
$$F(x) = \int_{-\infty}^{x} \rho(y) dy$$
と表すことができるとき, 分布関数Fは絶対連続であるといい, ρを確率密度関数と呼ぶ. 分布関数が絶対連続であるときは分布を確率密度関数で表示する方が便利であることが多い.

以下に確率分布の例を示す.
(1) **正規分布** 確率分布のなかで最も重要なものは正規分布である. 平均m分散$v>0$の正規分布とはその確率密度関数が
$$\rho(x) = \frac{1}{\sqrt{2\pi v}} \exp(-\frac{(x-m)^2}{2v})$$
で与えられるものである. その分布関数は$\int_{-\infty}^{x} \rho(y) dy$であるが, 単純な関数では表せない.
(2) **ポアソン分布** $\lambda > 0$とする. 非負の整数$n \geq 0$に対して, 確率$\exp(-\lambda)\lambda^n/n!$を対応させる確率分布を平均$\lambda$のポアソン分布という. 分布関数$F$は$x<0$のとき$F(x)=0$であり, $n \leq x < n+1, n=0,1,\ldots$のとき
$$F(x) = \sum_{k=0}^{n} \exp(-\lambda) \frac{\lambda^k}{k!},$$
で与えられる.

分布関数は分布の一般理論を扱うときには便利な道具であるが, 具体的に分布を与えるときは不自然な関数となることが多い.

3　1次元確率分布の性質

二つの分布関数 F, G に対しその距離 $d(F, G)$ を定義することを考える．候補としてたとえば
$$d(F, G) = \sup\{|F(x) - G(x)|;\ x \in \mathbf{R}\}$$
が考えられるが，この定義はあまり適切ではないことが知られている．このために少し手の込んだ定義がレヴィによって与えられた．$d_L(F, G) = \inf\{\delta > 0;\ F(x-\delta) - \delta \leq G(x) \leq F(x+\delta) + \delta$ が任意の x に対して成立$\}$ とおく．この距離 d_L はしばしばレヴィの距離と呼ばれる．中心極限定理を数学的にきっちり表現するにはこのような距離が用いられる．

たとえば $X_n, n = 1, 2, \ldots$ は平均 0 分散 1 の独立な確率変数の列とする．$S_n = n^{-1/2}(X_1 + \cdots + X_n)$ とし，F_n を確率変数 S_n の分布関数，すなわち $F_n(x) = P(S_n \leq x), x \in \mathbf{R}$ とする．G を平均 0 分散 1 の正規分布の分布関数とすると $d_L(F_n, G) \to 0, n \to \infty$ となる．これが中心極限定理である．

4　多次元の確率分布

N 次元のベクトルに値をとる確率変数やもっと一般の空間の値をとる確率変数の分布を考えるとき，分布関数はあまり有効ではない．このため確率測度をもって確率分布と考えることが多い．

N 次元空間 $\mathbf{R}^N$ 上の確率測度を N 次元確率分布と呼ぶ．N 次元確率分布 μ に対して確率分布関数 F は $F(x_1, \ldots, x_N) = \mu((-\infty, x_1] \times \cdots \times (-\infty, x_N])$ $x_1, \ldots, x_N \in \mathbf{R}$ で定義される．先の分布関数の特徴付け (1), (2), (3) に対応する多次元確率分布関数の特徴付けが存在するが複雑であり使いやすいものではない．

5　一般の場合の確率分布の数学的定義

(S, Σ) を可測空間とする．すなわち，S は集合，Σ は S 上の σ-加法族とする．(S, Σ) 上の測度 μ で $\mu(S) = 1$ を満たすものを確率分布（確率測度）という．多くの場合，S は可分な距離空間，すなわち稠密な可算集合が存在する距離空間であり，Σ は S のボレル集合族，すなわち S の開集合の生成する σ-加法族ととることが多い．

たとえば，連続な確率過程を考える場合，$S = C([0, 1])$（$[0, 1]$ 上の連続関数の空間）とし，S 上の距離は $d(w_1, w_2) = \max\{|w_1(t) - w_2(t)|;\ t \in [0, 1]\}$ で与える．ブラウン運動の作る確率分布であるウィナー測度は $C([0, 1])$ 上の確率分布として定義される．

S が可分な距離空間，d をその距離，Σ がそのボレル集合族とする．(S, Σ) 上の確率分布 μ, ν に対して距離 $D(\mu, \nu)$ を $D(\mu, \nu) = \inf\{\varepsilon > 0;\ \mu(F) < \nu(F^\varepsilon) + \varepsilon, \nu(F) < \mu(F^\varepsilon) + \varepsilon$ がすべての閉集合 F に対して成立する$\}$ により定める．ただし F^ε は F の ε-近傍すなわち $F^\varepsilon = \{x \in S;\ d(x, F) < \varepsilon\}$ である．この D はプロホロフの距離と呼ばれる．

$\nu_n, n = 1, 2, \ldots, \mu$ を S 上の確率測度とする．このとき，$D(\nu_n, \mu) \to 0, n \to \infty$，となることは次のことと同値である．

すべての S 上の有界連続関数 $f : S \to \mathbf{R}$ に対して
$$\int_S f d\nu_n \to \int_S f d\mu, \quad n \to \infty.$$

$S = \mathbf{R}$ であるとき，$\mathbf{R}$ 上の確率測度 $\mu, \nu_n, n = 1, 2, \ldots,$ を考える．対応する分布関数を $F(x) = \mu((-\infty, x]), G_n(x) = \nu_n((-\infty, x]), n = 1, 2, \ldots,$ とするとき，$D(\nu_n, \mu) \to 0, n \to \infty$，となることと $d_L(G_n, F) \to 0, n \to \infty$，となることは同値である．

S が可分な距離空間，Σ を S のボレル集合族，$\mathcal{P}$ を可測空間 (S, Σ) 上の確率測度全体の集合とする．プロホロフ距離 D は $\mathcal{P}$ 上の距離関数となり，$(\mathcal{P}, D)$ は可分な距離空間となる．さらに (1) S が完備ならば $\mathcal{P}$ も完備となる．(2) S がコンパクトならば $\mathcal{P}$ もコンパクトとなる．(3) $\mu_n \in \mathcal{P}, n = 1, 2, \ldots,$ で任意の $\varepsilon > 0$ に対して S のコンパクト部分集合が存在して $\inf_n \mu_n(K) > 1 - \varepsilon$ となるならば，$\{\mu_n\}_{n=1}^\infty$ は $\mathcal{P}$ の相対コンパクト部分集合となる．

プロホロフ距離は確率過程の収束などに用いられる．

［楠岡成雄］

確率変数

random variable

1 素朴な意味の確率変数

これからさいころを振るとし，その出た目の数を X とおくと，X は 1 から 6 までの値をとりうるが，さいころを振るまでは確定しない．このように偶然に支配されて値が決まる変数を確率変数という．簡単のために有限個の値しかとらない確率変数を考える．X を確率変数として，そのとる値が $a_1, \ldots, a_n$ であるとしよう．$X = a_k$ ($k = 1, \ldots, n$) すなわち X の値が a_k となる確率を p_k とすると，$p_k \geqq 0$, $p_1 + \cdots + p_n = 1$ でなくてはならない．a_k に対して p_k を対応させる関数を確率変数 X の分布 (確率分布) という．また，$p_1 a_1 + \cdots + p_n a_n$ を確率変数の平均と呼ぶ．

さて，Y も確率変数としてそのとる値が $b_1, \ldots, b_m$ で Y の値が b_ℓ となる確率が q_ℓ であるとしよう．確率変数 Y の分布は定まった．このときたとえば $X + Y$ も確率変数となるが，この確率変数の分布は X の分布と Y の分布からは決定できない．このために，確率変数の組 (X, Y) の分布が必要となる．$(X, Y) = (a_k, b_\ell)$ ($k = 1, \ldots, n, \ell = 1, \ldots, m$) となる確率を $r_{k,\ell}$ とすると，(a_k, b_ℓ) に $r_{k,\ell}$ を対応させる関数を確率変数の組 (X, Y) の結合分布という．このとき，$p_k = r_{k,1} + \cdots + r_{k,m}$ ($k = 1, \ldots, n$) かつ $q_\ell = r_{1,\ell} + \cdots + r_{n,\ell}$ ($\ell = 1, \ldots, m$) でなければならない．確率変数の組 (X, Y) の結合分布は確率変数 X の分布および Y の分布をそれぞれ定めるが，確率変数 X の分布および Y の分布から確率変数の組 (X, Y) の結合分布は一般には決まらない．

もし確率変数 X および Y を定める二つの偶然を生み出す源が関連性をもたず独立であるならば，$r_{k,\ell} = p_k q_{ell}$ となると考えられるので結合分布はそれぞれの分布から決まる．このようにさい投げなどの独立試行に対する単純な確率モデルを考える場合は結合分布の問題は起きないことを注意しておく．

素朴に確率変数を考えていく場合，その組を考えると，一般には結合分布を新たに与える必要ができ，数学的に整合的であるかどうか疑わしくなる．このため，現代の数学ではコルモゴロフの考え方に沿って確率変数を定義する．また，独立試行のモデルを考えるときも大数の法則のように，極限で何が起きるかを問題にするときには，現代的な取り扱いが必要となる．

コルモゴロフの理論では測度論の知識が必要となり，数学的に難しくなる．これを避けるために，考える確率変数のうち基礎となるものをまずすべて与え，その結合分布も与えておき，以後はその基礎となる確率変数を合成して与えられる確率変数のみを考えるという取り扱い方がある．統計学の教科書ではこのような取り扱いを行うことが多い．

2 確率変数の数学における扱いと期待値

$(\Omega, \mathcal{F}, P)$ を確率空間とする．数学では確率変数は可測空間 $(\Omega, \mathcal{F})$ 上の可測関数と定義される．すなわち，X が確率変数であるとは，X は集合 Ω 上定義された実数値関数で $\mathcal{F}$–可測なものをいう．

確率変数 X に対して積分 $\int_\Omega X(\omega) P(d\omega)$ が定義できるとき，この積分値を確率論では確率変数 X の期待値 (または平均) と呼びしばしば $E[X]$ で表す．期待値は線形性をもつ．すなわち，X, Y が確率変数，a, b が実数であれば，

$$E[aX + bY] = aE[X] + bE[Y]$$

となる．また，つねに一定値 c をとる確率変数を同じ c で表すならば $E[c] = c$ が成り立つ．

$\mu_X(A) = P(X^{-1}(A))$ (A はボレル集合) で定義される $\boldsymbol{R}$ 上の確率測度を確率変数 X の確率分布と呼ぶ．

$f : \boldsymbol{R} \to \boldsymbol{R}$ を有界なボレル関数としたとき，$f(X) = f \circ X$ も確率変数となる．このとき，

$$E[f(X)] = \int_{\boldsymbol{R}} f(x) \mu_X(dx)$$

が成立する．すなわち，確率変数 X から作られる確率変数の期待値はすべて確率変数 X の分布 μ_X から計算でき，基礎空間 Ω が何であるか，X が Ω 上のどのような関数であるかを知る必要が

ない.

3 一般の値をとる確率変数

$(\Omega, \mathcal{F}, P)$ を確率空間とする. 可測関数 $X: \Omega \to \boldsymbol{R}^N$ を確率ベクトルあるいは $\boldsymbol{R}^N$–値確率変数と呼ぶ. 一般に $(S, \mathcal{G})$ を可測空間とするとき, S-値確率変数とは Ω から S への写像 $X: \Omega \to S$ で任意の $A \in \mathcal{G}$ に対して, $X^{-1}(A) \in \mathcal{F}$ となるものをいう. 確率変数とは $\boldsymbol{R}$-値確率変数のこと ($S = \boldsymbol{R}$) であり $\mathcal{G}$ がボレル加法族であることである.

関数 $f: S \to \boldsymbol{R}$ が $\mathcal{G}$–可測であり, $X: \Omega \to S$ が S 値確率変数であるとき, 合成関数 $f \circ X$ は確率変数となる.

$(S, \mathcal{G})$ を可測空間とし, X を S–値確率変数とするとき, X の確率分布 μ_X とは
$$\mu_X(A) = P(X^{-1}(A)), \quad A \in \mathcal{G}$$
により定義される $(S, \mathcal{G})$ 上の確率測度である. このとき, 任意の有界な可測関数 $f: S \to \boldsymbol{R}$ に対して
$$E[f \circ X] = \int_S f(x) \mu_X(dx)$$
が成立する.

$(\tilde{S}, \tilde{\mathcal{G}})$ が別の可測空間であり, $F: S \to \tilde{S}$ が $\mathcal{G}/\tilde{\mathcal{G}}$–可測 (すなわち $A \in \tilde{\mathcal{G}}$ ならば $F^{-1}(A) \in \mathcal{G}$) のとき, $\tilde{S}$–値確率変数を $Y = F \circ X$ で定めると
$$\mu_Y(A) = \mu_X(F^{-1}(A)), \quad A \in \tilde{\mathcal{G}}$$
が成立する. したがって, 考える確率変数がすべて S–値確率変数 X の関数で与えられるとき, $(S, \mathcal{G}, \mu_X)$ を基礎となる確率空間と考えることが可能となる. そのような場合, $(S, \mathcal{G}, \mu_X)$ を標準標本空間と呼ぶことがある. 統計学では, 観測されるもの (標本) だけを問題にするので, 標準標本空間を基礎空間 Ω とすることが多い.

4 一般の確率変数の収束

$(\Omega, \mathcal{F}, P)$ を確率空間, S は距離 $d_S: S \times S \to [0, \infty)$ をもつ可分な距離空間とする. S 上の σ–加法族としてボレル集合族 (開集合全体を含む最小の σ–加法族) を考える. 確率変数の収束概念として以下のようなものを考えることが多い. X, X_n, $n = 1, 2, \ldots$, は S–確率変数とする.

(1) 確率変数列 $\{X_n\}_{n=1}^\infty$ が確率変数 X に概収束するとは
$$P(\{\omega \in \Omega; \limsup_{n \to \infty} d_S(X(\omega), X_n(\omega)) = 0\}) = 1$$
となることをいう.

(2) 確率変数列 $\{X_n\}_{n=1}^\infty$ が確率変数 X に確率収束するとは, 任意の $\varepsilon > 0$ に対して
$$P(\{\omega \in \Omega; d_S(X(\omega), X_n(\omega)) > \varepsilon\}) \to 0, \ n \to \infty$$
となることをいう.

(3) 確率変数列 $\{X_n\}_{n=1}^\infty$ が確率変数 X に法則収束するとは, 任意の S 上の有界連続関数 $f: S \to \boldsymbol{R}$ に対して
$$E[f \circ X_n] \to E[f \circ X], \quad n \to \infty$$
となることをいう.

概収束するならば確率収束し, 確率収束するならば法則収束する.

S および $\tilde{S}$ は可分な距離空間, $F: S \to \tilde{S}$ は連続写像とする. S–値確率変数列 $\{X_n\}_{n=1}^\infty$ が S–値確率変数 X に概収束 (あるいは確率収束, あるいは法則収束) するならば, $\tilde{S}$–値確率変数列 $\{F \circ X_n\}_{n=1}^\infty$ が $\tilde{S}$–値確率変数 $F \circ X$ に概収束 (あるいは確率収束, あるいは法則収束) する.

可分な距離空間 S に対して, S-値確率変数全体を $\mathcal{L}(S)$ で表すことにする. また, $Dis: \mathcal{L}(S) \times \mathcal{L}(S) \to [0, \infty)$ を $Dis(X, Y) = E[\min\{d_S(X, Y), 1\}]$, $X, Y \in \mathcal{L}(S)$ で定めると, $X, Y, Z \in \mathcal{L}(S)$ に対して
$$Dis(X, Y) = Dis(Y, X),$$
$$Dis(X, Z) \leqq Dis(X, Y) + Dis(Y, Z)$$
が成り立つ. また, $Dis(X, Y) = 0$ となることと $P(\{\omega \in \Omega; X(\omega) = Y(\omega)\}) = 1$ となることは同値である. さらに, $X, X_n \in \mathcal{L}(S)$, $n = 1, 2, \ldots$, に対して, X_n が X に確率収束することと $Dis(X, X_n) \to 0$ となることが同値となる. このように, 確率収束はある距離位相に関する収束と見なせる. 一方, 概収束は位相に関する収束ではない.

[楠岡成雄]

確率変数列の収束

convergence of random varaiables

確率変数の収束概念には様々なものがある．ここでは代表的なものについて説明していく．

1 収束の種々の定義 [1]

$X_n, n = 1, 2, \ldots$ と X は確率空間 $(\Omega, \mathcal{F}, P)$ 上で定義された確率変数とする．

1.1 概収束 (almost sure convergence)

$$P[\lim_{n \to \infty} |X_n - X| = 0] = 1$$

のとき，確率変数列 $X_1, X_2, \ldots, X_n, \ldots$ は X に概収束 (almost sure convergence) するといい，

$$X_n \to \infty \quad \text{a.s. (概収束)}$$

と表す．言い換えると，$A \in \mathcal{F}, P(A) = 0$, を満たす集合 A が存在し，

$$\lim_{n \to \infty} X_n(\omega) = X(\omega), \quad \omega \in \Omega \setminus A$$

となる．

1.2 確率収束 (convergence in probability)

任意の $\varepsilon > 0$ に対して，$n \to \infty$ のとき

$$P[|X_n - X| > \varepsilon] \to 0$$

ならば，確率変数列 $X_1, X_2, \ldots, X_n, \ldots$ は X に確率収束 (convergence in probability) するといい，

$$X_n \to X \quad (\text{確率収束})$$

と表す．

1.3 法則収束 (convergence in law)

$X_n, n = 1, 2, \ldots$ の確率分布 $\mu_n, n = 1, 2, \ldots$ がある確率変数 X の確率分布 μ に弱収束するとき，確率変数列 $X_1, X_2, \ldots, X_n, \ldots$ は X に法則収束 (convergence in law) するといい

$$X_n \to X \quad (\text{法則収束})$$

と表す．上記の条件は任意の有界連続関数 $f : \mathbf{R} \to \mathbf{R}$ に対して

$$E[f(X_n)] \to E[f(X)], \quad n \to \infty$$

となることを意味している．

法則収束については，$\{X_n\}$ と X は必ずしも同一の確率空間で定義されている必要はない．すなわち $(\Omega_n, \mathcal{F}_n, P_n), n = 1, 2, 3, \ldots$，および $(\Omega, \mathcal{F}, P)$ はそれぞれ確率空間とする．$X_n : \Omega_n \to \mathbf{R}$, $n = 1, 2, \ldots$, および $X : \Omega \to \mathbf{R}$ はそれぞれの確率空間で定義されている確率変数とする．このとき，上記の法則収束の概念を拡大して，以下の条件をみたすとき確率変数列 $X_n, n = 1, 2, \ldots$ が確率変数 X に法則収束する，ということがある．任意の有界連続関数 $f : \mathbf{R} \to \mathbf{R}$ に対して $E^{P_n}[f(X_n)] \to E^P[X], n \to \infty$, が成立する．

1.4 p 次平均収束

$p \geqq 1$ として，すべての n に対して $E[|X_n|^p] < \infty$ で

$$\lim_{n \to \infty} E[|X_n - X|^p] = 0$$

のとき，$X_1, X_2, \ldots, X_n, \ldots$ は X に p 次平均収束 (convergence in p-th order mean) するという．

概収束や確率収束の概念は $X_n, n = 1, 2, \ldots$ や X が完備可分な距離空間 (S, d) の値をとるときも，上に述べた実数値の場合と同じ方針で定義できる [2]．

2 種々の収束の関係

確率変数の収束の間には次のような関係がある．

(1) $X_n \to X$ a.s. (概収束) であるならば $X_n \to X$ (確率収束)

(2) $X_n \to X$ (確率収束) であるならば $X_n \to X$ (法則収束)

(3) $p \geqq 1$ とする．X_n が X に p 次平均収束するならば，$X_n \to X$ (確率収束)

さらに以下が成立する．

(4) $X_n \to X$ (確率収束) であるならば，部分列 $\{n_k\}$ が存在して，$k \to \infty$ のとき $X_{n_k} \to X$(概収束) となる．

(5) $p \geqq 1$ とする．$X_n \to X$ (確率収束) であり，ある $\varepsilon > 0$ が存在し，$\sup_n E[|X_n|^{p+\varepsilon}] < \infty$ ならば X_n は X に p 次平均収束する．

3 確率変数の収束と位相空間の収束との関係

$\mathcal{L}_0$ を Ω 上定義された確率変数全体，$\sim$ は $\mathcal{L}_0$ 上の同値関係で，$X \sim Y$ を $P(\{\omega \in \Omega; X(\omega) = Y(\omega)\}) = 1$ により定義する．$X, Y, X_n, Y_n \in \mathcal{L}_0$, $n = 1, 2, \ldots$，であり，$X \sim Y, X_n \sim Y_n$ で

あって，$X_n \to X, n \to \infty$，と概収束 (確率収束，法則収束，または p-次平均収束) するならば $Y_n \to Y, n \to \infty$，と概収束 (確率収束，法則収束，または p-次平均収束) する．$L^0 = \mathcal{L}_0/\sim$ と商空間を考える．$X, Y \in L^0$ に対して $dis(X.Y) = E[\min\{|X-Y|, 1\}]$ とおくと，dis は L^0 上の距離関数となり，X_n が X に確率収束することと，$dis(X, X_n) \to 0, n \to \infty$ は同値となる．よって，確率収束は距離空間における収束と見なせる．また，距離空間 (L^0, d) は完備な距離空間となる．

一方，L^0 上の距離関数で，概収束と同値となるものは存在しない．

完備可分な距離空間 (S, d) の値をとる確率変数についても確率収束については，上記のような距離を導入でき，完備な距離空間となる．

p-次平均収束 ($1 \leq p < \infty$) も距離空間における収束と見なせる．$\mathcal{L}_0$ の部分空間 $\mathcal{L}_p$ を $\mathcal{L}_p = \{X \in \mathcal{L}_0; E[|X|^p] < \infty\}$ とおく．商空間 $L^p = \mathcal{L}_p/\sim$ を考える．$X \in L^p$ に対して $\|X\|_{L^p} = E[|X|^p]^{1/p}$ とおくと，$\|\ \|_{L^p}$ は L^p 上のノルムとなり，X_n が X に p 次平均収束することと，$\|X - X_n\|_{L^p} \to 0, n \to \infty$ は同値となる．また，$(L^p, \|\ \|_{L^p})$ はバナッハ空間となる．

可分なバナッハ空間に値をとる確率変数についても p 次平均収束については，上記のようなノルムを導入でき，バナッハ空間となる．

$p = 2$ のときは $X, Y \in L^2$ に対して $(X, Y)_{L^2} = E[XY]$ とおくと，$(,)_{L^2}$ は L^2 上の内積となり，$\|X\|_{L^2} = (X, X)_{L^2}^{1/2}$ となる．また，$(L^2, (,)_{L^2})$ はヒルベルト空間となる．

可分なヒルベルト空間に値をとる確率変数についても 2 次平均収束については，上記のような内積を導入でき，ヒルベルト空間となる．

4 法則収束の性質

確率変数 X に対して特性関数 $\varphi_X : \mathbf{R} \to \mathbf{C}$ を
$$\varphi_X(\xi) = E[\exp(\sqrt{-1}\xi X)]$$
で定める．また，分布関数 $F_X : \mathbf{R} \to [0, 1]$ を
$$F_X(x) = P(X \leq x)$$
で定める．このとき，次の主張 (i), (ii), (iii) は同値である．

(i) $X_n \to X$ (法則収束), $n \to \infty$

(ii) $\varphi_{X_n}(\xi) \to \varphi_X(\xi), n \to \infty, \xi \in \mathbf{R}$

(iii) F_X のすべての連続点 x で $F_{X_n}(x) \to F_X(x), n \to \infty$.

$\mathcal{M}(\mathbf{R}^1)$ を $(\mathbf{R}^1, \mathcal{B}(\mathbf{R}^1))$ 上の確率分布全体の空間とする．確率分布 $\mu, \nu \in \mathcal{B}(\mathbf{R}^1)$ に対応する分布関数をそれぞれ $F_\mu(x), F_\nu(x), x \in \mathbf{R}$ とし，
$$\rho(\mu, \nu) = \inf\{\varepsilon > 0; 任意の x \in \mathbf{R}^1 に対して$$
$$F_\mu(x - \varepsilon) - \varepsilon \leq F_\nu(x) \leq F_\mu(x + \varepsilon) + \varepsilon\}$$
とおけば ρ は $\mathcal{B}(\mathbf{R}^1)$ の距離になる．この距離を $\mathcal{B}(\mathbf{R}^1)$ のレヴィの距離と呼ぶ [2, 3]．

μ_n, μ をそれぞれ X_n, X の確率分布とすれば，$X_n \to X$ (法則収束) と $\rho(\mu_n, \mu) \to 0, n \to \infty$ は同値な主張である．

一般に完備可分な距離空間 (S, d) 上の確率測度全体の空間を $\mathcal{M}(S)$ とする．この空間に $\mathcal{M}(\mathbf{R}^1)$ 上のレヴィの距離に相当するものがプロホーロフ (Yu.V. Prohorov) により導入され広く活用されている [3, 4]．

[編集委員]

参考文献

[1] 楠岡成雄：確率と確率過程，岩波書店，2007．
[2] 伊藤 清：確率論の基礎 (新版)，岩波書店，2004．
[3] 舟木直久：確率論，朝倉書店，2004．
[4] 小谷眞一：測度と確率，岩波書店，2005．

可算無限と非可算無限

countable infinity and uncountable infinity

1 可算無限集合

二つの集合 A, B に対して，全単射 $A \to B$ が存在するとき，A と B は対等であるという．対等であることは同値関係であり，A は同値類 $|A|$ を定める．$|A|$ は A が有限集合であれば，A の元の個数（集合 A の位数）を表し，$|A|$ が無限集合のときは A の濃度 (cardinality) と呼ばれる．

単射 $A \to B$ が存在するとき，$|A| \leq |B|$ と書くと，ベルンシュタインの定理により，$|A| \leq |B|$ かつ $|B| \leq |A|$ ならば $|A| = |B|$ となる．

自然数の集合 $\{1, 2, \ldots\}$ を $\boldsymbol{N}$ で表す．自然数の集合 $\boldsymbol{N}$ と対等な集合を**可算無限集合**と呼ぶ．

集合 A が無限集合であることは，単射 $f: A \to A$ で，$f(A) \neq A$ となるものが存在することと定義される．

$A \setminus f(A)$ の元 a に対して，
$$\boldsymbol{N} \ni k \to f^{k-1}(a) \in A$$
で定義される写像 $\boldsymbol{N} \to A$ は，単射になる．

したがって，自然数の集合 $\boldsymbol{N}$ は，すべての無限集合 A に対して，$|\boldsymbol{N}| \leq |A|$ を満たす．

整数の集合 $\boldsymbol{Z}$，有理数の集合 $\boldsymbol{Q}$ は，可算無限集合であり，二つの可算無限集合の直積は可算無限集合である．

2 非可算無限集合

実数 $\boldsymbol{R}$ の集合は，可算無限集合ではないことが，以下のようにしてわかる（もう少し議論すると $|\boldsymbol{R}| = |2^{\boldsymbol{N}}|$ であることがわかり，$|\boldsymbol{R}|$ は**連続体濃度**と呼ばれる）．C を $[0, 1]$ 区間に含まれるカントールの3集合が可算ではない無限集合であることを示せばよい．ここで，
$$C = \left\{\sum_{i=1}^{\infty} \frac{a_i}{3^i} \mid a_i \in \{0, 2\}\right\}$$
である．すなわち，C は，0 と 2 だけからなる3進小数 $0.a_1 a_2 \cdots$ で表される実数全体の集合である．C の元の3進小数としての表し方は一意的である $\left(1 = \sum_{i=1}^{\infty} \frac{2}{3^i}\right.$ であることには注意）．もしも C が可算無限集合とすると，$\boldsymbol{N}$ から C へ全単射が存在するから，C の元を並べることができる．

$$\begin{array}{ccc}
\boldsymbol{N} \ni 1 & \leftrightarrow & 0.a_{11} a_{12} a_{13} \cdots \\
\boldsymbol{N} \ni 2 & \leftrightarrow & 0.a_{21} a_{22} a_{23} \cdots \\
\boldsymbol{N} \ni 3 & \leftrightarrow & 0.a_{31} a_{32} a_{33} \cdots \\
\vdots & \leftrightarrow & \vdots
\end{array}$$

このとき，$b_i = 2 - a_{ii}$ として，3進小数 $b = 0.b_1 b_2 b_3 \cdots$ を考えると，b_i は 0 または 2 だから，$b \in C$ であるが，$\boldsymbol{N}$ のどの元にも対応しない．なぜならば，元 $i \in \boldsymbol{N}$ に対応する元 $0.a_{i1} a_{i2} a_{i3} \cdots$ の小数第 i 位 a_{ii} は b の小数第 i 位 b_i と異なるからである．したがって C は可算無限集合ではない．この論法を，**カントールの対角線論法**と呼ぶ．

集合 A とそのべき集合 2^A に対して，$|A| < |2^A|$ を意味する次の論法も対角線論法と呼ばれる．全単射 $f: A \to 2^A$ があったとする．2^A の元すなわち A の部分集合
$$B = \{x \in A \mid x \notin f(x)\}$$
をとると，$B = f(y)$ となる y は存在しないことがわかる．実際，$y \in B$ とすると，B の定義から $y \notin f(y) = B$ で矛盾であり，$y \notin B$ ならば
$$y \in A \setminus \{x \in A \mid x \notin f(x)\}$$
$$= \{x \in A \mid x \in f(x)\}$$
で，$y \in f(y) = B$ となり矛盾する．

この議論により，非可算無限集合の濃度について，
$$|\boldsymbol{N}| < |2^{\boldsymbol{N}}| < |2^{2^{\boldsymbol{N}}}| < \cdots$$
がわかる．非可算無限集合の濃度にはいろいろなものがある．「無限集合 A に対し，$|A| < |2^{\boldsymbol{N}}|$ ならば，$|A| = |\boldsymbol{N}|$ である」という命題は**連続体仮説**と呼ばれている．これは，ゲーデルとコーエンによって，集合論のほかの公理から独立であることが示されている．

多くの興味深い集合は連続濃度である．たとえば，有限次元ベクトル空間，有限次元多様体，可分ヒルベルト空間，有限次元ベクトル空間上の実数値連続関数の空間などは連続濃度の集合である．ベクトル空間上の連続とは限らない関数の空間の濃度は $|2^{\boldsymbol{R}}| = |2^{2^{\boldsymbol{N}}}|$ である． ［編集委員］

可微分写像

....
differentiable map

1 写像の微分

自然数 $r \geq 1$ に対し, n 次元ユークリッド空間 $\boldsymbol{R}^n$ の開集合 U 上の連続関数 $f : U \to \boldsymbol{R}$ が $\boldsymbol{C}^r$ 関数 (C^r function) であるとは, r 階以下の偏導関数

$$\frac{\partial^{\alpha_1+\alpha_2+\cdots+\alpha_n} f}{\partial x_1^{\alpha_1} \partial x_2^{\alpha_2} \cdots \partial x_n^{\alpha_n}}(x),$$

ただし $\alpha_1 + \alpha_2 + \cdots + \alpha_n \leq r$

がすべて存在し,連続であるときとする.さらに,すべての r に関して C^r であるとき, f を $\boldsymbol{C}^\infty$ 関数 (C^∞ function) という.

同じく, $\boldsymbol{R}^n$ の開集合 U 上の連続写像 $F : U \to \boldsymbol{R}^m$ が $\boldsymbol{C}^r$ 写像 (C^r map) であるとは, $F(x) = (f_1(x), f_2(x), \ldots, f_n(x))$ と表すとき,成分 $f_i(x)$ がすべて C^r 関数であるときである.

C^r 写像 $F : U \to \boldsymbol{R}^m$ は,各点 x の十分近くでは,線形写像 $dF_x : \boldsymbol{R}^n \to \boldsymbol{R}^m$ で近似することができる.すなわち,次が成り立つ.

$$F(y) - F(x) = dF_x(y-x) + o(\|y-x\|) \quad (1)$$

ここで, $o(\|y-x\|)$ は x と y で定まる $\boldsymbol{R}^m$ のベクトルで, $y \to x$ のとき $\frac{1}{\|y-x\|} o(\|y-x\|) \to 0$ となるものである.これは, (1) の右辺第 2 項が第 1 項より,速く 0 に近づくことを保証している条件で,第 1 項が線形近似を表し,第 2 項がそれより小さい剰余を表している.

この線形近似 dF_x を写像 F の点 x における微分 (differential) という.

定理 1 C^r 写像 $F : U \to \boldsymbol{R}^m$ には,各点 x における微分 dF_x が存在する.微分を与える行列の (i,j) 成分は第 i 成分の第 j 変数に関する偏微分係数 $\frac{\partial f_i}{\partial x_j}(x)$ で与えられる.

さらに, $\boldsymbol{R}^m$ の開集合 V 上の C^r 写像 $G : V \to \boldsymbol{R}^l$ に対し, $F(U) \subset V$ とすると,合成写像 $G \circ F : U \to \boldsymbol{R}^l$ が定まる.これに関し,次が成り立つ.

定理 2 合成写像 $G \circ F : U \to \boldsymbol{R}^l$ も C^r 写像で,その微分は $d(G \circ F)_x = dG_{F(x)} \circ dF_x : \boldsymbol{R}^n \to \boldsymbol{R}^l$ で与えられる.

線形写像の合成は,対応する行列の積で与えられるから, $\boldsymbol{R}^m$ の座標を $(y_1, y_2, \ldots y_m)$ で表し, $G(y)$ の成分を $g_i(y)$ で表すと,次が得られる.

$$\frac{\partial (g_i \circ F)}{\partial x_j}(x) = \sum_{k=1}^m \frac{\partial g_i}{\partial y_k}(F(x)) \frac{\partial g_k}{\partial x_j}(x)$$

$\boldsymbol{R}^n$ の開集合 U と $\boldsymbol{R}^m$ の開集合 V の間に C^r 写像 F があり,全単射で逆写像 F^{-1} も C^r 写像であるとき, $F : U \to V$ を $\boldsymbol{C}^r$ 微分同相写像 (diffeomorphism) という.そのとき, dF_x と $d(F^{-1})_{F(x)}$ も互いに逆写像になるので, $n = m$ である.

2 1 の 分 割

多項式関数や実解析関数は C^∞ 関数であるが, C^∞ 関数の中には,途中から恒等的に 0 になってしまうものがある.

例
$$\varphi(t) = \begin{cases} e^{\frac{-1}{1-t^2}} & (|t| < 1) \\ 0 & (|t| \geq 1) \end{cases}$$

は開区間 $(-1, 1)$ 上だけで正の C^∞ 関数である.

一般に,関数 $\varphi : U \to \boldsymbol{R}$ に対して,その台 (support) $\mathrm{supp}(\varphi)$ を $\varphi(x) \neq 0$ となる x 全体の閉包,すなわち, $\mathrm{supp}(\varphi) = \overline{\varphi^{-1}(\boldsymbol{R} - \{0\})}$ とする.上の例では $\mathrm{supp}(\varphi) = [-1, 1]$ である.

U の開被覆 $\mathcal{W} = \{W_\lambda\}$ に対して, U 上の関数族 φ_i が $\mathcal{W}$ に従う **1 の分割** (partition of unity) であるとは, (1) ある λ に対して, $\mathrm{supp}(\varphi_i) \subset W_\lambda$. (2) 集合族 $\{\mathrm{supp}(\varphi_i)\}$ は局所有限. (3) すべての $x \in U$ に対し, $\varphi_i(x) \geq 0$ で $\sum_i \varphi_i(x) = 1$ が成り立つとき.ここで, (2) の局所有限とは,すべての $x \in U$ に対し,十分小さい近傍をとれば,それと交わる $\mathrm{supp}(\varphi_i)$ は有限個とすることができるということである.したがって, (3) の総和は局所的には有限和である.

定理 3 任意の開被覆に対し,それに従う, C^∞ 関数による 1 の分割が存在する.

この定理も,ある条件を満たす C^∞ 関数の存在定

理であるが，ほかにもいくつかの存在定理がある．

定理 4 任意の閉集合 $F \subset \mathbf{R}^n$ に対し，F を零点とする C^∞ 関数 $\varphi(x)$ が存在する．すなわち，$F = \varphi^{-1}(0)$

定理 5 任意の形式的べき級数 $\Phi(x) = \sum_{(\alpha_1, \alpha_2, \ldots, \alpha_n)} a_{(\alpha_1, \alpha_2, \ldots, \alpha_n)} x_1^{\alpha_1} x_2^{\alpha_2} \cdots x_n^{\alpha_n}$ に対し，$\Phi(x)$ をテイラー展開とする $\mathbf{R}^n$ 上の C^∞ 関数 $\varphi(x)$ が存在する．

3 微分法

U 上の C^r 関数全体を $C^r(U)$ で表す．$C^r(U)$ には定数倍と和と積が定義されている．点 $x \in U$ を固定するとき，関数 $f \in C^r(U)$ に対して，実数 $D_x(f)$ を対応させることを考える．この対応 $D_x : C^r(U) \to \mathbf{R}$ が x における微分法 (derivation) であるとは，(1) 実数 λ, μ に対して，$D_x(\lambda f + \mu g) = \lambda D_x(f) + \mu D_x(g)$ が成り立ち，(2) $D_x(fg) = D_x(f) g(x) + f(x) D_x(g)$ が成り立つときである．

定理 6 C^{r-1} 関数全体に定義された x における微分法があると，ベクトル $a = (a_1, a_2, \ldots, a_n)$ が定まり，C^r 関数 f に関して，$D_x(f) = \sum_{i=1}^{n} a_i \frac{\partial f}{\partial x_i}(x)$ が成り立つ．

ここで，定理の仮定と結論の間に，微分可能性に差があるのは避けられないことがわかる．$r = \infty$ のときのみ，この差はなくなる．

4 横断性定理

U 上の C^r 写像 $F, G : U \to \mathbf{R}^m$ に対し，C^r 距離 (C^r distance) をその各成分の (0 階も含めて) r 階までの偏導関数の差の上限と定める．上限がない，または 1 を超える場合は距離 1 と定める．F, G 間の C^r 距離が ε より小さいとは，すべての成分の差 $|f_i - g_i|$ と r 階までのすべての偏導関数の差の絶対値が ε より小さいことを意味する．

$Y \subset \mathbf{R}^m$ を p 次元 C^r 部分多様体とする．すなわち，Y の各点 y に対し，近傍 V_y と開集合の上への C^r 微分同相写像 $\Phi_y : V_y \to \Phi_y(V_y) \subset \mathbf{R}^m$ で $\Phi_y(Y \cap V_y) = \Phi_y(V_y) \cap \mathbf{R}^p \times \{0\}$ を満たす

ものが存在する．ここで，$p_{m-p} : \mathbf{R}^m \to \mathbf{R}^{m-p}$ を，後の $m - p$ 成分を対応させる射影とする．したがって，$\mathbf{R}^p \times \{0\} = (p_{m-p})^{-1}(0)$ である．

いま，$G : U \to \mathbf{R}^m$ が Y に対して**横断的** (transversal) であるとは，$G^{-1}(Y)$ の各点 x に対し，$d(p_{m-p} \circ \Phi_y)_{G(x)} \circ dG_x : \mathbf{R}^n \to \mathbf{R}^{m-p}$ が全射であるとき．そのとき，$G^{-1}(Y)$ の各点 x に対し，x の近傍 U_x 上で，$0 \in \mathbf{R}^{m-p}$ は $p_{m-p} \circ \Phi_{G(x)} \circ G$ の正則値で，$G^{-1}(Y) \cap U_x$ はその引き戻しになる．ここで，正則値定理を用いると，$G^{-1}(Y)$ は U の $n - m + p$ 次元部分多様体であることがわかる．

定理 7 U 上の C^r 写像 $F : U \to \mathbf{R}^m$ と任意の正数 $\varepsilon > 0$ に対し，F との C^r 距離が ε より小さく，Y に対して横断的な C^r 写像 $G : U \to \mathbf{R}^m$ が存在する．

例 下図において，$F : \mathbf{R} \to \mathbf{R}^2$ をカプス $F(t) = (t^2, t^3)$ を平行移動したもの，$Y \subset \mathbf{R}^2$ を単位円 $Y = S^1$ とする．

横断的でないもの

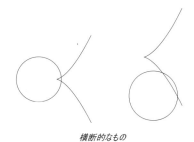

横断的なもの

図 1 横断的なものとそうでないもの

[川﨑徹郎]

参 考 文 献

[1] 泉屋周一・石川剛郎：応用特異点論, 共立出版, 1998.

加法過程,レヴィ過程

additive process, Lévy process

1 定 義

適当な確率空間 $(\Omega, \mathcal{F}, P)$ 上で定義された確率変数の族 $\{X_t\}_{t\geq 0}$ において,パラメータ t を時刻とみなすとき確率過程という.確率過程は粒子のランダムな運動や株価など,時間とともに変動する偶然量の数学モデルである.確率変数とは偶然性を表すパラメータ $\omega\ (\in\Omega)$ を変数とする可測関数のことであるから,確率過程 X_t は詳しく書くと $X_t(\omega)$ であり,2 変数 (t,ω) の関数である.したがって $X_t(\omega)$ は ω を固定すると t を変数とする関数とみなせるが,この関数はランダムな運動の軌跡を表し,見本過程 (sample process) あるいは標本関数 (sample function),路 (path) などと呼ばれる.

確率過程 $\{X_t\}_{t\geq 0}$ は次の性質をもつとき加法過程 (additive process) という.

(A–1) $X_0 = 0$.

(A–2) 任意の有限個の時点 $0 \leq t_0 < t_1 < \cdots < t_n$ に対し,各小区間での増分
$$X_{t_1} - X_{t_0}, \ldots, X_{t_n} - X_{t_{n-1}}$$
が互いに独立である (独立増分性).

断りがなければ,次のように確率連続性と時間的一様性も仮定されているのが普通である:

(A–3) $\lim_{s\to t} P(|X_t - X_s| > \epsilon) = 0 \quad (t \geq 0)$.

(A–4) $X_{s+t} - X_s$ の分布は s によらない.

また (A–1)–(A–4) に加えて,さらに次の条件を満たすときレヴィ過程 (Lévy process) という.

(A–5) X_t の見本過程は (確率 1 で) 右連続でかつ左極限をもつ.

加法過程は適当な修正により (A–5) を満たすようにできるため,加法過程といえば自動的にレヴィ過程を指す流儀もある.

なお,ここでは X_t は $\boldsymbol{R}$ 値としたが,$\boldsymbol{R}^d$ 値としても平行した議論ができ,このときは,d 次元の加法過程・レヴィ過程という.

重要なレヴィ過程として原点から出発するブラウン運動 $\{B_t\}_{t\geq 0}$ が挙げられる.この見本過程は連続である.また逆に,連続な見本過程をもつ (1 次元) レヴィ過程はブラウン運動の定数倍に定速度運動を加えた $\{\sigma B_t + ct\}_{t\geq 0}$ の形の確率過程に限る.

2 ポアソン過程と複合ポアソン過程

レヴィ過程の基本は上述のブラウン運動と,次に述べるポアソン過程 (Poisson process) である.これにはいくつかの同値な定義が可能であるが,ここでは下図のように,+1 のジャンプのみで変動するレヴィ過程 $\{N_t\}_{t\geq 0}$ として定義する.

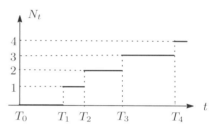

図 1 ポアソン過程

ここで $T_0 = 0$ とし,ジャンプの起こる時刻を
$$0 < T_1 < T_2 < \ldots$$
とおくと,それらの間隔 $\tau_n = T_n - T_{n-1}\ (n \geq 1)$ は独立同分布で,指数分布に従う:
$$P(\tau_n > x) = e^{-\lambda x} \quad (x > 0).$$
この λ を $\{N_t\}_t$ のパラメータまたは強度 (intensity) と呼ぶ.これは単位時間当たりの平均ジャンプ回数を表すパラメータであり,各 t について,N_t はパラメータ λt のポアソン分布に従う.

ポアソン過程は,放射性物質から放出される粒子や通信回路に入るノイズをカウントするときの数学モデルであり,また待ち行列の理論においては窓口への客の到着,また,損害保険の理論においては事故発生などのモデルにも使われる基本的な確率過程である.

ポアソン過程の 1 つの拡張が複合ポアソン過程 (compound Poisson process) である.これは次の図のように,ジャンプでのみ変動するレヴィ過程であり,ポアソン過程と違うのはジャンプサイズを 1 に限らない点である.有限時間内に有限回

のジャンプしか起こらないことは仮定する.

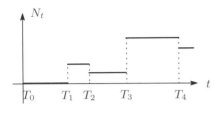

図 2　複合ポアソン過程

このとき, ジャンプの回数を計数する確率過程 $\{N_t\}_t$ はポアソン過程となり, 各回のジャンプの大きさ $\xi_1, \xi_2, \ldots$ は互いに独立で, 共通の分布 ν をもち, さらに $\{\xi_n\}_n$ は $\{N_t\}_t$ とも独立になる. $\{N_t\}_t$ のパラメータを λ とするとき, 上の ν とあわせて (λ, ν) を複合ポアソン過程 $\{X_t\}_t$ のパラメータという. それぞれ, ジャンプの起こりやすさと, そのジャンプがどのような分布に従うかを表す. したがって, 逆に, パラメータ $\lambda > 0$ のポアソン過程 $\{N_t\}_t$ と, それとは独立で分布 ν に従う独立確率変数列 $\xi_1, \xi_2, \ldots$ を準備して

$$X_t = \xi_1 + \xi_2 + \cdots + \xi_{N(t)}, \quad t \geqq 0$$

とおけば (λ, ν) をパラメータとする複合ポアソン過程が構成できる.

N_t が時刻 t までの事故の回数を, また ξ_n が n 回目の事故の損害額と考えると, 複合ポアソン過程 $\{X_t\}_t$ は累積損害額を表す確率過程である.

上記の表現から X_t の分布 (複合ポアソン分布という) は計算できて, λ, ν を用いると特性関数は次のようになる.

$$E[e^{iz \cdot X_1}] = \exp \int_{-\infty}^{\infty} (e^{izx} - 1) \lambda \nu(dx). \quad (1)$$

3　無限分解可能分布とレヴィ過程

$\boldsymbol{R}$ 上の確率分布 μ が無限分解可能 (infinitely divisible) であるとは, 次の性質を満たすことである.

(ID) 任意の $n \geqq 1$ について, μ はある分布 μ_n の n 重の合成積 (確率変数でいえば独立和) として表すことができる.

正規分布 $N(m, \sigma^2)$ やポアソン分布 $P(\lambda)$ はそれぞれ $N(m/n, \sigma^2/n)$ と $P(\lambda/n)$ の n 重合成積であるから無限分解可能である. また, $\{X_t\}_t$ が

レヴィ過程 (加法過程でよい) であれば, 各 $t \geqq 0$ について X_t の分布は無限分解可能である. なぜなら, $Y_{n,k} = X_{kt/n} - X_{(k-1)t/n}, (k = 1, \ldots, n)$ とおけば, これらは (A–2) と (A–4) から独立・同分布であり, また

$$X_t = Y_{n,1} + \cdots + Y_{n,n}$$

が成り立つからである. 実は, 逆に無限分解可能分布 μ が与えられれば, それを $\{X_t\}_t$ の $t = 1$ のときの分布にもつようなレヴィ過程を構成できる. この意味で, レヴィ過程と無限分解可能分布との間には 1 対 1 の対応がある.

ある分布 μ が無限分解可能であるための必要十分条件は, その特性関数

$$\varphi(z) = \int_{\boldsymbol{R}} e^{izx} \mu(dx), \, z \in \boldsymbol{R}$$

が次の表現 (レヴィ–ヒンチンの標準型) をもつことである. これは (1) の拡張である.

$$\exp\Big\{ -\frac{\sigma^2}{2} z^2 + icz + \int_{|x| \geqq 1} (e^{izx} - 1) \nu(dx)$$
$$+ \int_{0 < |x| < 1} (e^{izx} - 1 - izx) \nu(dx) \Big\} \quad (2)$$

ここで $\nu(dx)$ は次の積分条件を満たす $\boldsymbol{R} \backslash \{0\}$ 上のボレル測度である.

$$\int \min\{x^2, 1\} \nu(dx) < \infty.$$

この $\nu(dx)$ を, もとの無限分解可能分布 (あるいはレヴィ過程) のレヴィ測度 (Lévy measure) といい, 3 つ組 $\{\sigma, \nu, c\}$ を生成要素という. 生成要素は $\{X_t\}_t$ の確率法則の特性量である.

4　レヴィ–伊藤分解

レヴィ過程の典型例は連続過程であるブラウン運動と純ジャンプ過程である複合ポアソン過程であった. 以下では一般のレヴィ過程がそれらの和の (補正) 極限であることをみていく.

レヴィ過程 $\{X_t\}_t$ の見本過程は右連続で左極限をもつことから, その不連続点はたかだか可算個であることがわかる. その不連続点 $t > 0$ とそこでのジャンプ $\Delta X_t = X_t - X_{t-}$ の組 $(t, \Delta X_t)$ を $\Xi = (0, \infty) \times (\boldsymbol{R} \backslash \{0\})$ の中にプロットしてみると, ランダムな (すなわち ω に依存した) 点の配置 (点過程) ができる. 見本過程が右連続で左極限

をもつことから，一般に大きなジャンプは離散的にしかないが，微小なジャンプは無限個ありうる．

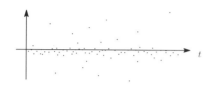

図 3 ジャンプの作る点過程

この点過程は式 (2) で現れたレヴィ測度 $\nu(dx)$ を強度とするポアソン点過程である．すなわち，$N(A)$ で $A(\subset \Xi)$ 内の点の個数を表すと，

(i) $A_1, A_2, \ldots, A_n (\subset \Xi)$ が互いに素であれば $N(A_1), \ldots, N(A_n)$ は互いに独立．

(ii) $N(A)$ は期待値 $\iint_A dt\,\nu(dx)$ のポアソン分布に従う．

$\{X_t\}_t$ が複合ポアソン過程であればジャンプは離散的であるから，それらを順次足し合わせれば，もとのレヴィ過程 $\{X_t\}_t$ は復元できる：
$$X_t = \iint_{(0,t]\times\{|x|>0\}} x\,N(ds,dx). \quad (3)$$
しかし一般のレヴィ過程では（たかだか可算ではあるが）無限個のジャンプが可能であり，そのとき (3) の右辺は通常の意味では収束するとは限らないし，収束しても (3) の等号が成り立つとは限らない．一般には次のようになる．
$$X_t = \sigma B_t + ct + \iint_{(0,t]\times\{|x|\geq 1\}} x\,N(ds,dx)$$
$$+ \lim_{n\to\infty} \iint_{(0,t]\times\{1/n<|x|<1\}} x\,\widetilde{N}(ds,dx) \quad (4)$$
ただし，ここで $\{B_t\}_t$ は標準ブラウン運動であり，$\widetilde{N}(ds,dx) = N(ds,dx) - ds\,\nu(dx)$ である．また σ, c, ν は (2) に現れる定数とレヴィ測度である．さらに，(4) の右辺における 4 つの項は互いに独立であり，それぞれ (2) の指数部分の 4 つの項に対応している．

レヴィ過程の見本過程をこのようにポアソン点過程の積分と残余の連続部分に分解する表現 (4) をレヴィ–伊藤分解という．ここでは，大きなジャンプと小さなジャンプの境を 1 において考えたが，1 の代わりにほかの値 $a\,(>0)$ で分けても同様である．ただし，その場合は定数 c が変わる．なお，$\int_{|x|<1} |x|\,\nu(dx) < \infty$ のときは，$a=0$ も許され，このとき上の分解は単純に
$$X_t = \sigma B_t + c't + \iint_{(0,t]\times\{|x|>0\}} x\,N(ds,dx)$$
と書ける．

レヴィ–ヒンチン表現とレヴィ–伊藤分解は本質的に同じことであるが，前者が時刻を固定したときの分布の表現を与えるのに対し，後者は見本過程レベルの詳しい表現である．

5 安 定 過 程

確率過程 $\{X_t\}_t$ が**安定過程** (stable process, stable motion) であるとは，レヴィ過程であって任意の $a > 0$ に対し $b > 0$ と $c \in \boldsymbol{R}$ が存在して $\{X_{at}\}_t$ と $\{bX_t + ct\}_t$ が同法則であることである．このような確率過程は各種の独立増分過程の極限として現れる．安定過程では $b = a^{1/\alpha}$ の関係を満たす $0 < \alpha \leq 2$ が存在し，この α を安定過程の**指数** (index) という．$b=0$ となる自明（ノンランダム）なときを除けばこの指数は一意に定まる．また，とくに $c=0$ ととれるとき，**狭義安定過程**という．狭義安定過程は $\{X_{at}\}_t$ と $\{a^{1/\alpha}X_t\}_t$ が同法則になるという意味で**自己相似** (self-similar) なレヴィ過程ともいえる．なお，$\alpha \neq 1$ であれば，適当な定速運動 ct を加減することにより安定過程は狭義安定となる．

安定過程に対応する無限分解可能分布（X_1 の分布）を**安定分布** (stable law) という．狭義安定分布も同様に定義される．

原点から出発するブラウン運動は指数 2 の狭義安定過程である．逆にいうと，安定過程は独立増分性と自己相似性に着目したブラウン運動の一般化である．ブラウン運動が有限な分散をもつ連続運動であるのに対し，ほかの安定過程の分散は無限大であり狭義安定のときは純ジャンプ運動である．

［笠 原 勇 二］

参 考 文 献

[1] 佐藤健一：加法過程，紀伊國屋書店，1990.

カラビ–ヤウ多様体

Calabi–Yau manifold

1 広義カラビ–ヤウ多様体

K3 曲面の定義を高次元化した, (1) 標準束 $K_M = \wedge^n \Omega_M^1$ は自明束, (2) 不正則数 $h^1(\mathcal{O}_M) = 0$, の 2 条件を満たす n 次元コンパクト連結ケーラー多様体 M のことを広義カラビ–ヤウ多様体(広義 CY 多様体) という.

M はいたるところ 0 でない正則 n 形式 ω_M をもち, $\Omega_M^{n-1} \simeq T_M$ である. (1) のもとで「(2) $\Leftrightarrow M$ は正則 1–形式をもたない $(H^0(\Omega_M^1) = 0) \Leftrightarrow M$ は大域的ベクトル場をもたない $(H^0(T_M) = 0)$」 である. 一般には $H^2(T_M) \neq 0$ であるが, 次が成り立つ (Bogomolov–Tian–Todorov–Ran–川又):

定理 1 n 次元広義 CY 多様体 M の倉西族 (局所半普遍族) は非特異で完備な普遍族 $u: \mathcal{M} \longrightarrow \Delta^h$ $(\mathcal{M}_0 = M)$ である. ここで, $h = h^1(T_M) = h^{n-1,1}(M)$ であり, 多重円板 Δ^h は $H^1(M, T_M)$ の原点の開近傍である.

例 (4 次元) (i) $\mathbf{P}^5$ 内の非特異 6 次超曲面 X, (ii) K3 曲面 S の直積 $S \times S$ を $(x, y) \leftrightarrow (y, x)$ で定まる対合 ι でわって得られる商多様体 $(S \times S)/\iota$ をその特異点である対角線 $\{(x, x)\}$ の像で爆発させて得られる多様体 Y (藤木の例). $b_2(X) = b_2(\mathbf{P}^5) = 1, b_2(Y) = b_2(S) + 1 = 23$ であり, X と Y は位相同型ではない. X は正則 2 形式をもたないが, Y は S の正則 2 形式から誘導される正則 2 形式をもつ. このように, X と Y はかなり異なる性質をもつ.

広義 CY 多様体の構成因子を明らかにする次 (ボゴモロフ分解定理) は基本的である.

定理 2 M を広義 CY 多様体 (より一般に $c_1(M) = 0$ であるコンパクトケーラー多様体) とする. このとき, M の適当な有限不分岐被覆 $\pi: \tilde{M} \longrightarrow M$ をとれば $\tilde{M} \simeq T \times \Pi_{i=1}^n V_i \times \Pi_{j=1}^m S_j$ かつ $M = \tilde{M}/G$ (G は $\tilde{M}$ に固定点なしに作用する有限群). ここで,

(i) T は複素トーラス;

(ii) $V = V_i$ はカラビ–ヤウ多様体 (CY 多様体), すなわち, $H^0(V, \Omega_V^2) = 0$ である単連結な広義 CY 多様体. とくに射影代数多様体;

(iii) $S = S_j$ は既約正則シンプレクティック多様体 (HK 多様体), すなわち, いたるところ非退化な正則 2 形式 σ_S をもち, $H^2(S, \Omega_S^2) = \mathbf{C} \sigma_M$ である単連結な広義 CY 多様体. とくに, σ_S により, $\Omega_S^1 \simeq T_S$.

先の X, Y はそれぞれ 4 次元 CY 多様体, 4 次元 HK 多様体である. (広義) CY 多様体の名称は, Calabi 予想に対する Yau による解決が分解定理の証明において本質的であったことによる.

2 3 次元カラビ–ヤウ多様体

X を 3 次元 CY 多様体 (以後, 単に CY 多様体という) とする. X の Hodge 数 $h^{i,j}(X) = \dim H^j(X, \Omega_X^i)$ について, $h^{0,0}(X) = h^{3,3}(X) = 1, h^{3,0}(X) = h^{0,3}(X) = 1, h^{2,1}(X) = h^{1,2}(X)$ (Hodge 対称性), $h^{1,1}(X) = h^{2,2}(X)$ (Serre 双対性), ほかは $h^{i,j}(M) = 0$ であり, M の位相的オイラー数は $c_3(M) = 2(h^{1,1}(M) - h^{2,1}(M))$ となる. $h^{1,1}(X) = b_2(X) = \rho(X), h^{2,1}(X) = (b_3(X) - 2)/2 = (X$ の変形の次元$)$ であり, これらは位相不変量かつ双有理不変量 (双有理な CY 多様体では同じ) である.

例 (i) 非特異 5 次超曲面 $(5) \subset \mathbf{P}^4$ $((c_3, h^{1,1}, h^{2,1}) = (-200, 1, 101))$ (ii) 2 次超曲面と 4 次超曲面の非特異完全交差 $(2) \cap (4) \subset \mathbf{P}^5$ $((c_3, h^{1,1}, h^{2,1}) = (-144, 1, 73))$, (iii) (Calabi の例) 周期が 1 の原始 3 乗根 ζ である楕円曲線 E の直積 E^3 を ζ の対角作用 $(z_1, z_2, z_3) \mapsto (\zeta z_1, \zeta z_2, \zeta z_3)$ で割った商空間 $E^3/\langle \zeta \rangle$ をその 27 個の特異点で爆発させた多様体 $X((c_3, h^{1,1}, h^{2,1}) = (72, 36, 0))$, (vi) 自然な射影 $p_{12}: X \longrightarrow E^2/\langle \zeta \rangle$ の 9 個の特異ファイバーに現れる $\mathbf{P}^1$ でフロップした多様体 $X^+((c_3, h^{1,1}, h^{2,1}) = (72, 36, 0))$.

これらはすべて位相型が異なる. X と X^+ は,

双有理であり $(c_3, h^{1,1}, h^{2,1})$ は一致するが，2次元コホモロジー群上の3次形式が非同型である．また，X, X^+ は非自明な変形をもたない．

$h^{1,1}(\hat{M}) = h^{2,1}(M), h^{2,1}(\hat{M}) = h^{1,1}(M)$ である CY 多様体 $\hat{M}$ を M の位相的ミラーという．ミラーは超弦理論に起源をもつ．反射的整多面体と呼ばれる多面体 $\Delta \subset \mathbf{Z}^4 \otimes \mathbf{R}$ とその極多面体 Δ^* から得られる4次元トーリック多様体 $\mathbf{P}_\Delta, \mathbf{P}_{\Delta^*}$ に対し，それらの反標準因子類に属する多様体の整合的特異点解消 M と $\hat{M}$ は互いにミラーになる (Batyrev)．この方法で3万個以上の異なった位相型をもつミラー対が作られている ([1]) が，「CY多様体はどのくらいあるのか？」という問題は未解決である．現存するもっとも強い解答は次である：「楕円 CY 多様体の有限個の射影族 $f : \mathcal{X}_i \longrightarrow \mathcal{B}_i$ ($\mathcal{B}_i$ は準射影代数多様体) があって，任意の3次元楕円 CY 多様体はあるファイバー $f^{-1}(t)$ と双有理である．」(M. Gross). ここで，例における $p_{12} : X \longrightarrow E^2/\langle \zeta \rangle$ のように一般ファイバーが楕円曲線であるようなファイバー構造をもつ CY 多様体のことを楕円 CY 多様体という．楕円 CY 多様体の Hodge 数やオイラー数は有限個の可能性しかないことが従う．爆縮と平滑化を繰り返すことで多くの CY 多様体をつなげよう (広い意味でのリード (Reid) の夢) という試みもある．ピカール数が14以上の CY 多様体はかならず爆縮をもつ (Wilson)．平滑化に関しては，並河–Steenbrink の仕事を受けた Gross の仕事がある．

3 既約正則シンプレクティック多様体

藤木の例 (節1) は，K3 曲面 S の長さ2の0次元解析的部分空間 $(Z, \mathcal{O}_Z)$ 全体のなす Douady 空間 (Hilbert 概型) でもある．より一般に，K3 曲面 S の長さ $r \geqq 2$ の0次元解析的部分空間全体のなす Douady 空間 $S^{[r]}$ は $2r$ 次元 HK 多様体である (Beauville)．2次元複素トーラス T の Douady 空間 $T^{[r+1]}$ は T への自然な全射を有し，そのファイバー $K_r(T)$ (すべて同型) は $2r$ 次元 HK 多様体になる (Beauville)．$r \geqq 2$ のとき，$b_2(S^{[r]}) = 23$, $b_2(K_r(T)) = 7$ であり，$K_r(T)$ と $S^{[r]}$ は変形同値ではない．$S^{[r]}, K_r(T)$ のいずれにも変形同値

でない HK 多様体は，変形同値を除き二つ (10次元と6次元) しか知られていない．HK 多様体はあまりないのではないのかとも思われている．

HK 多様体 M の $H^2(M, \mathbf{Z})$ は，変形不変かつ $b_M(\sigma_M, \sigma_M) = 0$, $b_M(\sigma_M, \overline{\sigma_M}) > 0$ を満たす自然な整数値非退化双一次対称形式 $b_M : H^2(M, \mathbf{Z}) \times H^2(M, \mathbf{Z}) \longrightarrow \mathbf{Z}$ をもつ (Beauville–藤木)．$(H^2(M, \mathbf{Z}), b_M(*, **))$ と同型な格子 Λ を一つ選んで固定する．等長写像 $\iota : H^2(M, \mathbf{Z}) \simeq \Lambda$ との対 (M, ι) を印付き HK 多様体と呼ぶ．また，$\mathcal{P} = \mathcal{P}(\Lambda) := \{[\sigma] \in \mathbf{P}(\Lambda_{\mathbf{C}}) \,|\, (\sigma, \sigma) = 0 \,,\, (\sigma, \bar{\sigma}) > 0\}$ とおき，M の周期領域という．$\mathcal{P}$ は $h^{1,1}(M) = \dim H^1(M, T_M)$ 次元の連結複素多様体であり，局所トレリ型定理が K3 曲面の場合と同様の形で成り立つ．このことから，M の倉西空間には射影的な HK 多様体も非射影的な HK 多様体も稠密にあることが従う．周期写像の全射性が次の形で成り立つ (Huybrechts)：「$\mathcal{P}$ を M の周期領域とする．このとき，$\mathcal{P}$ の各点 $[\sigma]$ に対して $\iota([\sigma_{M'}]) = [\sigma]$ である，M と変形同値な印付き超ケーラー多様体 (M', ι') が存在する．」周期写像を用いた著しい応用に「双有理同値な HK 多様体は変形同値である．」(Huybrechts) がある．とくに，双有理同値な HK 多様体は C^∞-多様体として同相になり，CY 多様体の場合とは異なる．周期写像の単射性にはさまざまなレベルで反例がある．双有理同値だが双正則同値ではない HK 多様体 (確かに存在する) は，双有理写像と整合的な印付けに関して同じ周期をもつ．周期が等しく変形同値でもあるが，双有理ではない4次元の例もある (並河)．周期が等しくなる HK 多様体の特徴付けは HK 多様体の有界性 (ここでは変形同値類の有限性の意味で用いる) とならんで重要な未解決問題である． ［小木曽啓示］

参 考 文 献

[1] M. Gross D. Huybrechts, D. Joyce : *Calabi–Yau Manifolds and Related Geometries*, Springer–Verlag Berlin Heidelberg, 2003.

ガロア理論

Galois theory

1826 年，5 次以上の方程式は一般には解けないことが，ノルウェーのアーベル (Abel) によって証明された．1832 年，フランスのガロア (Galois) はガロア理論の構想を書き残した．方程式が解けるかどうかを，方程式に隠されている群 (ガロア群) の言葉で記述するという画期的な理論であった．

1545 年に 3 次，4 次方程式の解法がカルダーノ (Cardano) によって公表されてから，おおよそ 300 年後の出来事であった．その後ガロア理論が整備されるには，なお 100 年を要した．この 400 年の歩みは，代数学発展の歴史そのものであった．

17 世紀，前半にはデカルト (Decartes) の著述などで記号代数学が定着し，後半にはニュートン (Newton)，ライプニッツ (Leibniz) が微分積分学を創始した．18 世紀，5 次以上の方程式の解法に対するオイラー (Euler)，ラグランジュ (Lagrange) らの懸命な追求も結実しなかったが，ラグランジュの到達した根の置換の概念は，その後の研究に不可欠なものになった．18 世紀末に，ルフィーニ (Ruffini) は一般的な 5 次以上の方程式に解法が存在しないということを主張したが，受け入れらなかった．後世の検証によれば，前提とした部分に証明が欠けていた (文献 [1])．同じ頃，ガウス (Gauss) は代数学の基本定理を証明し，**円分方程式** $x^n - 1 = 0$ を解いた．その結果，正 17 角形は定規とコンパスのみで作図可能であることを示した．

1 準備

現在，ガロア理論を記述するには**群論**と**体論**が必要であるが，ガロアは，これらの概念を萌芽的な状態のまま用いるほかなかった．

1.1 群

群 G の位数 (元の個数) を $|G|$ で表す．群は置換の考察から始まった．集合 X に対して，X から X への全単射写像を**置換**という．置換全体は群になり，X の置換群と呼ばれる．$X = \{\alpha_1, \ldots, \alpha_n\}$ の置換 σ は各 α_i と像 $\sigma(\alpha_i)$ を並べて，

$$\sigma = \begin{pmatrix} \alpha_1 & \alpha_2 & \cdots & \alpha_n \\ \sigma(\alpha_1) & \sigma(\alpha_2) & \cdots & \sigma(\alpha_n) \end{pmatrix}$$

で表される．1815 年にコーシー (Cauchy) が用いた記号である．とくに，数字の集合 $\{1, 2, \ldots, n\}$ の置換群を n 次対称群と呼び，S_n で表す．

群 G が**可解群**であるとは，正規部分群の列

$$G = G_0 \triangleright \cdots \triangleright G_{l-1} \triangleright G_l = \{1\}$$

が存在して，各剰余群 G_{i-1}/G_i がアーベル群になることをいう．可解群には次の性質がある．

(i) 可解群 G の部分群 H および準同型写像の像 G' は可解群である．

(ii) 群 G の正規部分群 H と剰余群 G/H が可解群であれば，G も可解群である．

定理 1 対称群 S_3, S_4 は可解群であるが，$n \geq 5$ のとき，対称群 S_n は可解群ではない．

1.2 体

体の包含関係 $L \supset K$ があり，K の演算が L の演算に一致するとき，L は K の拡大体であるという．L を K-ベクトル空間とみたときの次元を**次数**といい，$[L : K]$ で表す．次数が有限のとき，$L \supset K$ を有限拡大という．L の元 $\alpha_1, \ldots, \alpha_n$ を K に添加した体を $K(\alpha_1, \ldots, \alpha_n)$ で表す．

定義 1 次数 n の多項式 $f(x) \in K[x]$ に対し，次の性質を満たす拡大体 $L \supset K$ を $f(x)$ の K 上の**分解体** (splitting field) という．

(i) $L[x]$ において，$f(x) = a\prod_{i=1}^{n}(x - \alpha_i)$, $a \in K$, $\alpha_i \in L$ と分解する．

(ii) $L = K(\alpha_1, \ldots, \alpha_n)$ である．

体 K の拡大体 L, L' 間の同型写像 $\sigma : L \to L'$ は，K 上で**恒等写像**のとき，K-**同型写像** ($L = L'$ のときは，K-**自己同型写像**) という．また，K-同型写像があれば，L, L' は K-同型であるという．

定理 2 体 K 上の多項式 $f(x)$ の K 上の分解体は K-同型を除いて一意的に存在する．

命題 1 標数 0 の体 K の有限拡大 $L \supset K$ は単純拡大である．すなわち，ある原始元 $\gamma \in L$ が存在して，$L = K(\gamma)$ となる．

2 体論からのアプローチ

19世紀末頃から，ガロア理論は拡大体の理論として理解されるようになった．

体の拡大 $L \supset K$ について，L の K-自己同型写像が作る群を拡大 $L \supset K$ のガロア群 (Galois group) と呼び，$\mathrm{Gal}(L/K)$ で表す．また，$\mathrm{Gal}(L/K)$ の部分群 H に対して，その固定体 $L^H = \{\alpha \in L \mid \sigma(\alpha) = \alpha, {}^\forall \sigma \in H\}$ が定義され，$L \supset K$ の中間体になる ($L \supset L^H \supset K$)．

定義 2 体の有限拡大 $L \supset K$ は，$L^{\mathrm{Gal}(L/K)} = K$ のとき，ガロア拡大 (Galois extension) という．

命題 2 体の有限拡大 $L \supset K$ について，次は同値である．
(i) 拡大 $L \supset K$ はガロア拡大である．
(ii) $|\mathrm{Gal}(L/K)| = [L:K]$ となる．
(iii) 体 L は重根をもたない多項式 $f(x) \in K[x]$ の K 上の分解体である．

定理 3 (ガロア理論の基本定理) $L \supset K$ を有限ガロア拡大とする．
(i) $L \supset K$ の中間体 M とガロア群 $\mathrm{Gal}(L/K)$ の部分群 H とは1対1に対応する．対応は
$$M \mapsto \mathrm{Gal}(L/M), \quad H \mapsto L^H$$
で与えられる．
(ii) 中間体 M について，拡大 $M \supset K$ がガロア拡大である必要十分条件は $\mathrm{Gal}(L/M)$ が $\mathrm{Gal}(L/K)$ の正規部分群になることである．このとき，群の同型
$$\mathrm{Gal}(M/K) \cong \mathrm{Gal}(L/K)/\mathrm{Gal}(L/M)$$
が成立する．

例 1 拡大 $\mathbf{Q}(\sqrt{2+\sqrt{3}}) \supset \mathbf{Q}$ をみてみよう．$\alpha = \sqrt{2+\sqrt{3}}$ とおくと，$f(x) = x^4 - 4x^2 + 1$ の根は $\{\pm\alpha, \pm 1/\alpha\}$ となり，$\mathbf{Q}(\alpha) \supset \mathbf{Q}$ はガロア拡大．このとき，$G = \mathrm{Gal}(\mathbf{Q}(\alpha)/\mathbf{Q}) = \{1, \sigma, \tau, \rho\}$ で，各元は $1 = $ 恒等写像，$\sigma(\alpha) = -\alpha$，$\tau(\alpha) = 1/\alpha$，$\rho(\alpha) = -1/\alpha$ で定まる．この場合，G の部分群と $\mathbf{Q}(\alpha)$ の部分体との対応は次のようになる．
$$G \leftrightarrow \mathbf{Q}, \quad \{1,\sigma\} \leftrightarrow \mathbf{Q}(\sqrt{3}), \quad \{1,\tau\} \leftrightarrow \mathbf{Q}(\sqrt{6})$$
$$\{1,\rho\} \leftrightarrow \mathbf{Q}(\sqrt{2}), \quad \{1\} \leftrightarrow \mathbf{Q}(\sqrt{2+\sqrt{3}})$$

3 多項式のガロア群

多項式 $f(x) \in K[x]$ に対して，L を $f(x)$ の K 上の分解体とするとき，$\mathrm{Gal}(L/K)$ を $f(x)$ の K 上のガロア群と呼び，$\mathrm{Gal}_K(f)$ で表す．

元 $\sigma \in \mathrm{Gal}(L/K)$ は $f(x)$ の根を $f(x)$ の根に移す．実際，根 α について，$0 = \sigma(f(\alpha)) = f(\sigma(\alpha))$ となり，$\sigma(\alpha)$ も根である．したがって，$f(x)$ の相異なる根の集合を $X = \{\alpha_1, \ldots, \alpha_n\}$ とすれば，σ は X の置換になる．よって，$\mathrm{Gal}_K(f)$ を対称群 S_n の部分群とみなすことができる．

注意 1 ガロアは $f(x)$ のガロア群の定義に体の自己同型写像を用いてはいない．代わりに，$L = K(\gamma)$ となる原始元 γ を利用した (文献 [2,4,8])．このとき，$\alpha_i \in K(\gamma)$ だから，多項式 $\varphi_i(x) \in K[x]$ が存在して，$\alpha_i = \varphi_i(\gamma)$ と表される．さて，γ の K 上の最小多項式を $h(x)$ とすると，L は $h(x)$ の K 上の分解体でもある．また，$h(x)$ は $f(\varphi_i(x))$ の因子になる．そこで，$h(x)$ の根を $\gamma_1 = \gamma, \gamma_2, \ldots, \gamma_k$ とすると，各 γ_j は，$f(x)$ の根の置換
$$\sigma_j = \begin{pmatrix} \alpha_1 & \alpha_2 & \cdots & \alpha_n \\ \varphi_1(\gamma_j) & \varphi_2(\gamma_j) & \cdots & \varphi_n(\gamma_j) \end{pmatrix}$$
を定め，$\mathrm{Gal}_K(f) = \{\sigma_1, \ldots, \sigma_k\}$ が成立する．

一般には，与えられた多項式 $f(x)$ のガロア群 $G = \mathrm{Gal}_K(f)$ を計算することは容易ではない．標数0の場合，$f(x)$ が n 次既約多項式であれば，G は S_n の推移的部分群になる．また，G が交代群 A_n に含まれる必要十分条件は多項式 $f(x)$ の判別式が b^2 ($b \in K$) と表されることである．

命題 3 p を素数とするとき，既約 p 次多項式 $f(x) \in \mathbf{Q}[x]$ の実根の個数が $p - 2$ 個であれば，$\mathrm{Gal}_{\mathbf{Q}}(f) \cong S_p$ である．

例 2 5次多項式 $x^5 - 10x + 2 \in \mathbf{Q}[x]$ の $\mathbf{Q}$ 上のガロア群は S_5 である．

例 3 体 K 上の有理関数体 $K(x_1, \ldots, x_n)$ は，$x_1, \ldots, x_n$ の基本対称式を $s_1, \ldots, s_n$ とすると，$f(x) = x^n - s_1 x^{n-1} + \cdots + (-1)^n s_n$ の $K(s_1, \ldots, s_n)$ 上の分解体であり，群の同型 $\mathrm{Gal}_{K(s_1,\ldots,s_n)}(f) \cong S_n$ が成立する．

4 方程式のべき根による解法

方程式が (べき根によって) 解けるとはどういうことかを定義する．最初に，べき根号 $\sqrt[m]{a}$ の意味を特定しておく．ここでは，2 項式 $x^m - a$ が既約の場合に，一つの根 α を $\sqrt[m]{a}$ で表すことにする (m を素数に限ることも可能)．ほかの根は，1 の原始 m 乗根 ζ を用いて，$\zeta^i \sqrt[m]{a}, i = 1, \ldots, m-1$ と表される．なお，$x^m - a$ が既約でない場合にも $\sqrt[m]{a}$ を用いる流儀もある．

注意 2 1 の原始 m 乗根とは，円分方程式 $x^m - 1 = 0$ の根 ζ で，$\zeta^r \neq 1 \; (1 \leqq r < m)$ となるものをいう．1 の原始 5 乗根 $e^{2\pi i/5}$ は $(-1 + \sqrt{5} + i\sqrt{10 + 2\sqrt{5}})/4$ と表される．

体の拡大 $L \supset K$ がべき根拡大 (radical extension) であるとは，拡大体の列
$$K = L_0 \subset L_1 \subset L_2 \subset \cdots \subset L_k = L$$
が存在して，各 i について，$L_i = L_{i-1}(\alpha_i)$, $a_i = \alpha_i^{m_i} \in L_{i-1}$ となる α_i, 自然数 m_i が存在し，$x^{m_i} - a_i$ は $L_{i-1}[x]$ における既約多項式であることをいう (すなわち，$\alpha_i = \sqrt[m_i]{a_i}$ である).

定義 3 体 K 上の多項式 $f(x)$ の K 上の分解体 L が K のあるべき根拡大体に含まれるとき，方程式 $f(x) = 0$ はべき根によって解けるという．

2 項式 $x^m - a$ とガロア群が巡回群になる拡大体には密接な関係があり，べき根拡大を解明する鍵になる．実際，標数 0 の体 K 上では，$x^m - a$ のガロア群は可解群であり，K が 1 の原始 m 乗根を含む場合には，次が成立する．

(i) $x^m - a$ のガロア群は巡回群であり，その位数は m の約数である．

(ii) ガロア拡大 $L \supset K$ のガロア群が位数 m の巡回群のときには，L はある既約 2 項式 $x^m - a \in K[x]$ の K 上の分解体になり，$L = K(\alpha)$, $a = \alpha^m$ が成立する．

注意 3 2 項式 $x^m - a$ が既約になる判定条件は

(i) $a \notin K^p$ ($p \mid m$ のとき，p は素数)

(ii) $a \notin -4K^4$ ($4 \mid m$ のとき)

である．ただし，$K^j = \{b^j \mid b \in K\}$ と定める．

方程式の解法とガロア群とを結びつけたガロアの主結果は次のように述べられる．

定理 4 (ガロア) 標数 0 の体 K 上の多項式 $f(x)$ について，方程式 $f(x) = 0$ がべき根によって解ける必要十分条件は $f(x)$ の K 上のガロア群 $\mathrm{Gal}_K(f)$ が可解群になることである．

系 1 任意の自然数 n について，円分方程式 $x^n - 1 = 0$ はべき根によって解ける．

系 2 3 次，4 次方程式はべき根によって解ける．

系 3 5 次以上の方程式にはべき根によって解けないものが存在する．たとえば，$x^5 - 10x + 2$ の $\mathbf{Q}$ 上のガロア群は S_5 であるので，5 次方程式 $x^5 - 10x + 2 = 0$ にはべき根による解法はない．

系 4 (アーベル) $t_1, \ldots, t_n$ を不定元とし，K を標数 0 の体とする．$n \geqq 5$ のとき，n 変数有理関数体 $K(t_1, \ldots, t_n)$ 上の多項式
$$f(x) = x^n + t_1 x^{n-1} + \cdots + t_n$$
はべき根によっては解けない．

この結果は 5 次以上の方程式にはべき根による根の公式が存在しないことを意味している．なお，アーベルの証明は異なるものであった (文献 [1, 8]).

[酒井文雄]

参 考 文 献

[1] R. Ayoub: Paolo Ruffini's contributions to the quintic, *Arch. Hist. Exact Sci.*, **23**, 253–277, 1980.

[2] D. A. Cox: *Galois theory, 2nd ed*, Wiley, 2012. (邦訳) 梶原 健訳: ガロワ理論 (上, 下), 日本評論社, 2008.

[3] 原田耕一郎: 群の発見, 岩波書店, 2001.

[4] 彌永昌吉: ガロアの時代 ガロアの数学 (第 1 部, 第 2 部), 共立出版, 1999, 2002.

[5] 桂 利行: 代数学〈3〉体とガロア理論, 東京大学出版会, 2005.

[6] M. Livio: *The Equation That Couldn't Be Solved*, Souvenir Press, 2007. (邦訳) 斉藤隆央訳: なぜこの方程式は解けないか？, 早川出版, 2007.

[7] 酒井文雄: 環と体の理論, 共立出版, 1997.

[8] J.-P. Tignol: *Galois Theory of Algebraic Equations, 2nd ed*, World Scientific Pub., 2016. (邦訳) 新妻 弘訳: 代数方程式のガロアの理論, 共立出版, 2005.

環上の加群

modules over a ring

環の理論はその環の上の加群の理論と平行に進む．加群の性質は環の性質で制限されるし，逆に環の性質がその上の加群がどんな性質をもつかで決定されることも多い．

1 定義と基本的性質

R を単位元 1 をもつ環 (「環と体」参照)，M を加群 (演算 + によるアーベル群) とする．M が R の作用をもつとき M を R 加群 (R-module) という．すなわち，$r \in R, m \in M$ に対して $rm \in M$ が定まり，(1) $r(m+m') = rm + rm'$，(1') $(r+r')m = rm + r'm$，(2) $(rr')m = r(r'm)$，(3) $1m = m$ が任意の $r, r' \in R, m, m' \in M$ に対して成立するとき，M が左 R 加群であるという．右 R 加群も同様に定義されるが，本章では左 R 加群のみ扱い，左 R 加群を単に「R 加群」という．

加群 M, N の間の射 $f: M \to N$ が $f(rm) = rf(m)$ を満たすとき，R 準同型写像という．R 準同型写像が全単射のとき，同型写像といい，同型写像 $f: M \to N$ が存在するとき M と N は同型である (M and N are isomorphic) といい $M \cong N$ と書く．f が $M \subset N$ に対する埋め込み写像のとき，M を N の R 部分加群 (R submodule) という．R は積に関して R 加群だが，R の (左) 部分加群は R の左イデアルにほかならない．また，$\operatorname{Ker}(f), \operatorname{Im}(f)$ はそれぞれ M, N の R 部分加群である．

R 加群 M の部分集合 T に対し，T を含む最小の M の R 部分加群が存在する．この部分加群を RT と書く．RT の元は rt ($r \in R, t \in T$) の形の元の有限個の和である．R の左イデアル I に対し，集合 $\{am \mid a \in I, m \in M\}$ で生成される R 部分加群を IM と書く．

2 直和・直積；自由加群

2 つの R 加群 M, N に対して，直積集合 $M \times N$ に $r(m, n) = (rm, rn)$ と定義すると R 加群となる．この R 加群を単に $M \times N$ または $M \oplus N$ と書き，M と N の直和 (direct sum) (または直積) という．同様に R 加群の族 $\{M_\lambda\}_{\lambda \in \Lambda}$ に対して，直積集合 $\prod_{\lambda \in \Lambda} M_\lambda$ に $r(m_\lambda) = (rm_\lambda)$ としたものを単に $\prod_{\lambda \in \Lambda} M_\lambda$ と書き，$\{M_\lambda\}_{\lambda \in \Lambda}$ の直積という．$\prod_{\lambda \in \Lambda} M_\lambda$ の部分加群で，$\{(m_\lambda) \mid$ 有限個以外の m_λ はすべて $0\}$ を $\{M_\lambda\}_{\lambda \in \Lambda}$ の直和といい，$\bigoplus_{\lambda \in \Lambda} M_\lambda$ と書く．Λ が有限集合のときは直和と直積は同じだが，無限集合のときは異なる．$\bigoplus_{\lambda \in \Lambda} M_\lambda$ は $\bigcup_{\lambda \in \Lambda} M_\lambda$ で生成された $\prod_{\lambda \in \Lambda} M_\lambda$ の R 部分加群である．

M の n 個の直和を $M^{\oplus n}$ または単に M^n と書く．また，集合 I に対して $M_i = M$ ($\forall i \in I$) とし，$\bigoplus_{i \in I} M_i$ (M の "I 個" の直和) を $M^{(I)}$ と書く．とくに $R^{(I)}$ と同型な加群を自由加群，その中で R^n と同型な R 加群を有限生成自由 R 加群という．R^n の元は $(a_1, \ldots, a_n)$ ($a_i \in R, i = 1, \ldots, n$) の形に表されるが，とくに $a_i = 1, a_j = 0$ ($j \neq i$) の元を e_i と書くと R^n の任意の元は $\sum_{i=1}^n a_i e_i$ の形にただ 1 通りに表される．

R が体のとき任意の R 加群は自由加群だが，R が体でないとき，R のイデアル $I \neq (0), R$ に対して，$M = R/I$ は自由でない R 加群である．したがって，「R が体 $\iff$ 任意の R 加群が自由加群」がいえる．

3 有限生成加群，有限表示加群

M を R 加群とする．$S \subset M$ に対して，M の任意の元が $\sum_{i=1}^n a_i m_i$ ($m_i \in S, a_i \in R$) と書けるとき，M は S で生成されるという．M がある有限集合で生成されるとき，M は**有限生成 R 加群** (finitely generated R module) であるという．M が n 個の元で生成されることと全準同型写像 $f: R^n \to M$ が存在することは同値である．このとき，さらに $\operatorname{Ker}(f)$ も有限生成であるとき，M が有限表示 (finitely presented) であるという．R がネーター環のとき，任意の有限生成 R 加群の任意の部分加群は有限生成であるし，有限生成 R 加群は有限表示である．

4 完全列，短完全列

加群の間の射の列

$$M_0 \xrightarrow{f_0} M_1 \xrightarrow{f_1} \ldots \xrightarrow{f_{n-2}} M_{n-1} \xrightarrow{f_{n-1}} M_n$$

が各 i に対して $\mathrm{Ker}(f_i) = \mathrm{Im}(f_{i-1})$ を満たすとき，「完全列 (exact sequence) である」という．とくに $0 \to M' \xrightarrow{f} M \xrightarrow{g} M'' \to 0$ の形の列を短完全列 (short exact sequence) という．これは f が単射，g が全射かつ $\mathrm{Ker}(g) = \mathrm{Im}(f)$，すなわち $M'' \cong M/M'$ と同値である．

R 加群 M が有限表示であるとき完全列 $R^m \to R^n \to M \to 0$ が存在する．ここで $f: R^m \to R^n$ は R 係数の $n \times m$ 行列 A で記述されるから，M も $M = \mathrm{Coker}(f_A)$ と行列 A で決定される．

加群から加群への (共変) 関手 T は完全列を完全列に移すとき，「T は完全関手である」 (exact functor) という．完全列は短完全列に分解できるので，T が完全関手であるためには T が短完全列を短完全列に移せば十分である．また，任意の完全列 $0 \to M' \xrightarrow{f} M \xrightarrow{g} M'' \to 0$ を関手 T で写したとき $0 \to T(M') \xrightarrow{T(f)} T(M) \xrightarrow{T(g)} T(M'')$ が完全であるとき，T が左完全関手 (left exact functor)，$T(M') \xrightarrow{T(f)} T(M) \xrightarrow{T(g)} T(M'') \to 0$ が完全であるとき，T が右完全関手 (right exact functor) であるという．(反変関手についても同様に定義する．) 次で扱う関手 $\mathrm{Hom}_R(M, *)$ は左完全共変関手，$\mathrm{Hom}_R(*, N)$ は左完全反変関手，テンソル積 $M \otimes_R *$ は右完全共変関手である．

5 $\mathrm{Hom}_R(M,N)$, $M \otimes_R N$

この節では R は可換環とする．R 加群 M, N に対して，$\mathrm{Hom}_R(M, N) = \{f : M \to N \mid f$ は R 準同型写像 $\}$ とおく．$\mathrm{Hom}_R(M, N)$ への R の作用を $(af)(m) = a(f(m))$ で定めると，やはり $\mathrm{Hom}_R(M, N)$ の元になる．(可換環でないとき，$a, b \in R, m \in M$ に対して，$a(f(bm)) = (ab)(f(m)) \neq b(a(f(m))$ となるので，af が R 準同型写像でない．)

$M = R^n$ のとき，R 準同型 $f : R^n \to M$ は $f(e_i) = m_i$ を決めれば決まるので，$\mathrm{Hom}_R(R^n, M) \cong M^n$ である．

R 加群 M, N に対して，M と N のテンソル積 (tensor product) $M \otimes_R N$ は次の性質で特徴づけられる R 加群である．(1) $M \otimes_R N$ は $\{x \otimes y | x \in M, y \in N\}$ で生成される R 加群である．(2) 次の性質が成立する．$(x + x') \otimes y = x \otimes y + x' \otimes y$, $x \otimes (y + y') = x \otimes y + x \otimes y'$, $a \in R$ に対して $a(x \otimes y) = ax \otimes y = x \otimes ay$. (3) 逆に $M \otimes_R N$ の生成元 $x \otimes y$ の間の関係式はすべて上の性質から導かれる．

また，M, N, P が R 加群のとき，Hom とテンソル積の間に同型 $\mathrm{Hom}_R(N, \mathrm{Hom}_R(M, P)) \cong \mathrm{Hom}_R(M, \mathrm{Hom}_R(N, P)) \cong \mathrm{Hom}_R(M \otimes_R N, P)$ が成立し，テンソル積はこの性質で特徴づけられる．

また，M が有限表示で $R^n \xrightarrow{f} R^m \longrightarrow M \to 0$ が完全列，f が行列 A で定義されるとき，$N^n \xrightarrow{f \otimes 1} N^m \longrightarrow M \otimes N \to 0$ は完全で，写像 $f \otimes 1$ はやはり行列 A で定義される．

6 射影加群，入射加群

関手 $\mathrm{Hom}_R(M, *)$ が完全関手である R 加群 M を射影加群または射影的 R 加群 (projective R module)，関手 $\mathrm{Hom}_R(*, N)$ が完全関手となる N を入射加群または入射的 R 加群 (injective R module) という．テンソル積 $M \otimes_R *$ が完全関手となる M を平坦 R 加群 (flat R module) という．

前述したように，自由加群 $F \cong R^{(I)}$ に対して，$\mathrm{Hom}_R(F, N) \cong N^I$ なので，自由加群は射影加群である．任意の R 加群は自由 R 加群の商で書けるが，M が射影的 R 加群のとき，完全列 $F \xrightarrow{f} M \to 0$ に対して，$\mathrm{Hom}_R(M, F) \to \mathrm{Hom}_R(M, M) \to 0$ が完全なので，$f \circ g = 1_M$ となる $g : M \to F$ がとれる．すなわち，M は F の直和因子になる．したがって，射影加群は自由加群の直和因子である．

射影加群は平坦加群でもあり，ネーター局所環 R 上の有限生成な平坦加群は自由加群になる．射影加群でない平坦加群の例としては局所化 $S^{-1}R$ が典型的である．

ネーター環 R に対し，すべてのイデアルが射影加群であるという性質は R がデデキント環であることと同値である．

入射加群の例として，整域 R の商体 K は入射

的 R 加群である．また，R がデデキント整域で $\mathfrak{p}$ が R の極大イデアルのとき，R の商体を K とすると，$K/R_\mathfrak{p}$ は入射的 R 加群である（$R_\mathfrak{p}$ は R の $\mathfrak{p}$ での局所化）．R の次元が 1 以上のとき，有限生成な入射的加群は 0 のみである．

7 射影分解，入射分解，$\mathrm{Ext}^i_R(M, N)$, $\mathrm{Tor}^R_i(M, N)$

R 加群 M に対して完全列
$$\to P_n \to P_{n-1} \to \ldots \to P_1 \to P_0 \to M \to 0$$
で $P_0, P_1, \ldots$ が射影加群であるものを M の**射影分解**という．とくに有限射影分解 $0 \to P_n \to P_{n-1} \to \ldots \to P_1 \to P_0 \to M \to 0$ がとれるとき，M の射影次元は有限であるといい，このような最小の n を M の**射影次元** (projective dimension または homological dimension) といい，$\mathrm{pd}_R M$ （または $\mathrm{hd}_R M$）と書く．M が射影加群 $\iff \mathrm{pd}_R M = 0$ である．

また，任意の R 加群 M に対して $\mathrm{pd}_R M \leq n$ となる最小の n を R の**大域次元** (global dimension) という．大域次元が 0 の環は体の有限個の積と同型である．また，デデキント整域はネーター整域で大域次元が 1 という性質で特徴づけられる．

$(P_\bullet):\to P_n \to P_{n-1} \to \ldots \to P_1 \to P_0 \to M \to 0$ が M の射影分解のとき，R 加群 N に対して，複体 $\mathrm{Hom}_R(P_\bullet, N)$ の i 次コホモロジー群（$\mathrm{Ker}[\mathrm{Hom}_R(P_i, N) \to \mathrm{Hom}_R(P_{i+1}, N)]$ を $\mathrm{Im}[\mathrm{Hom}_R(P_{i-1}, N) \to \mathrm{Hom}_R(P_i, N)]$ で割った加群）を $\mathrm{Ext}^i_R(M, N)$ と書く．この加群は M の射影分解のとり方によらない．また，M の射影分解の代わりに N の入射分解を用いて計算しても同型な加群が得られる．

$\mathrm{pd}_R M \leq n$ と $\mathrm{Ext}^i_R(M, N)$ がすべての R 加群 N とすべての $i > n$ に対して 0 になることが同値である．

局所環 $(R, \mathfrak{m})$ の**深さ** (depth; [可換環] 参照) は $\mathrm{Ext}^i_R(R/\mathfrak{m}, R) \neq 0$ となる最小の i として与えられる．

M の射影分解 $(P_\bullet)$ に対して，$(P_\bullet) \otimes_R N$ の i 次ホモロジー群
$$\mathrm{Ker}[P_i \otimes_R N \to P_{i-1} \otimes_R N]$$
$$/\mathrm{Im}[P_{i+1} \otimes_R N \to P_i \otimes_R N]$$
を $\mathrm{Tor}^R_i(M, N)$ と書く．この加群も M の射影分解のとり方によらないこと，M の射影分解の代わりに N の射影分解をとって同様に定義しても同型な加群が得られることが示されている．

M が平坦加群 $\iff$ 任意の R 加群 N に対して $\mathrm{Tor}^R_1(M, N) = 0$．また，$(R, \mathfrak{m})$ がネーター局所環，M が有限生成のとき，$\mathrm{pd}_R M = \max\{i \mid \mathrm{Tor}^R_i(M, R/\mathfrak{m}) \neq 0\}$ である．

ネーター局所環 $(R, \mathfrak{m})$ に対し，次の三つの性質 (1) R の大域次元が有限，(2) $\mathrm{pd}_R R/\mathfrak{m}$ が有限，(3) R が正則　が同値になる．$\dim R = d$ のとき，R の大域次元，$\mathrm{pd}_R R/\mathfrak{m}$ は d である (J.-P. Serre)．

この特徴付けにより，それまで難問とされてきた「正則局所環の局所化は正則か？」という問はほとんど自明になった．

射影分解と双対的な概念として，R 加群 M に対して入射加群の完全列
$$0 \to M \to I_0 \to I_1 \to \ldots \to I_n \to \ldots$$
を M の**入射分解**という．M の入射次元 $\mathrm{id}_R M$ を射影次元と同様に定義できる．ネーター環 R に対して $\mathrm{id}_R R$ が有限である環を**ゴレンスタイン環** (Gorenstein ring) という．また，局所環 R 上の有限生成加群 $M \neq 0$ で $\mathrm{id}_R M < \infty$ であるものが存在するとき R は**コーエン–マコーレー環** ([可換環] 参照) になる．（「Bass 予想」, Peskine-Szpiro, Roberts などによって証明された．）

現代の可換環論において，このような「ホモロジー代数的手法」はたいへん大きな役割を果たしており，またホモロジー代数的手法により，可換環論の記述がたいへん簡潔かつ簡明になった．

[渡辺敬一]

関　　数

function

　ある値を代入したときに，一つの値を与えるものを関数と呼ぶ．通常，集合 X の元 x に対して，集合 Y の元 y を与えるものを考えている．この y を $f(x)$ と表す．x を変数，$f(x)$ を関数の値，f を関数と呼ぶ．x を独立変数，関数 f の値 $f(x)$ として定まる y を従属変数と呼び，しばしば，y は x の関数であるといい，$y = y(x)$ と書かれることもある．集合 X を関数 f の定義域，集合 Y を関数 f の値域と呼ぶが，値域という言葉は，関数 f の値となる Y の部分集合，すなわち，f による X の像 $f(X) = \{f(x) \in Y \mid x \in X\}$ の意味で使われることもある．集合 X から集合 Y への関数 f を $f : X \to Y$，集合 X の元 x に集合 Y の元 y を対応させる関数 f を $f : x \mapsto y$ のように書く．X，Y を空間とみるとき，関数 $f : X \to Y$ は，写像 $f : X \to Y$ とも呼ばれる．集合 X から集合 Y への関数全体のなす集合を Y^X と書くことも多い．

1 全射と単射

　集合 X，Y，Z に対し，関数 $f : X \to Y$，$g : Y \to Z$ が与えられているとき，合成関数 $g \circ f : X \to Z$ が，$(g \circ f)(x) = g(f(x))$ で定義される．さらに，関数 $h : Z \to W$ が与えられているとき，$((h \circ g) \circ f)(x) = (h \circ g)(f(x)) = h(g(f(x))) = h((g \circ f)(x)) = (h \circ (g \circ f))(x)$ だから，写像の合成についての結合法則
$$(h \circ g) \circ f = h \circ (g \circ f)$$
が成立している．写像に対しては，写像の合成，写像の結合という呼び方も用いられる．写像 $f : X \to Y$ は，任意の元 $y \in Y$ に対し，$y = f(x)$ となる $x \in X$ が存在するとき，全射あるいは上への写像と呼ばれる．また，$x_1, x_2 \in X$ に対し，$f(x_1) = f(x_2) \in Y$ ならば，$x_1 = x_2$ であるとき，単射あるいは1対1の写像と呼ばれる．写像 $f : X \to Y$，$g : Y \to Z$ について，$g \circ f$ が全射ならば，g は全射であり，$g \circ f$ が単射ならば，f は単射である．集合 X に対し，X の元 x を x 自身に対応させる恒等写像 $\mathrm{id}_X : X \to X$ が定まる．写像 $f : X \to Y$ が全射のとき，写像 $s : Y \to X$ で，$f \circ s = \mathrm{id}_Y$ となるものを，切断と呼ぶ．「任意の全射に対して切断が存在する」という主張は，選択公理と呼ばれ，現代の数学の大部分は，この公理を認めて成立している．全射であり，かつ単射である写像 $f : X \to Y$ を全単射と呼ぶ．全単射 $f : X \to Y$ が与えられると，$y \in Y$ に対して，$f(x) = y$ となる $x \in X$ が存在するが，f は単射であるから，そのような x は，一意的に定まる．このとき，写像 $g : Y \to X$ を $g(y) = x$ が定まる．この写像 g は，$f \circ g = \mathrm{id}_Y$ および $g \circ f = \mathrm{id}_X$ を満たし，f の逆写像と呼ばれ，f^{-1} と書かれる（f inverse と読む）．

2 像と逆像

　Y の部分集合 B に対し，X の部分集合 $\{x \in X \mid f(x) \in B\}$ を B の逆像と呼び，$f^{-1}(B)$ で表す．Y の部分集合 B_1，B_2 に対し，
$$f^{-1}(B_1) \cap f^{-1}(B_2) = f^{-1}(B_1 \cap B_2),$$
$$f^{-1}(B_1) \cup f^{-1}(B_2) = f^{-1}(B_1 \cup B_2)$$
が成立する．X の部分集合 A に対し，Y の部分集合 $\{f(x) \in Y \mid x \in A\}$ を A の像と呼び，$f(A)$ で表す．X の部分集合 A_1，A_2 に対し，
$$f(A_1) \cap f(A_2) \supset f(A_1 \cap A_2),$$
$$f(A_1) \cup f(A_2) = f(A_1 \cup A_2)$$
が成立する．ここの上の式が，一般には等号になっていないことに注意する必要がある．

3 関数のグラフ

　直積集合 $X \times Y$ の部分集合
$$\{(x, f(x)) \in X \times Y \mid x \in X\}$$
を関数 f のグラフと呼ぶ．論理的には，関数のグラフから関数を定義する方がよい．すなわち，直積集合 $X \times Y$ の部分集合 R で，任意の $x \in X$ に対して，$\{x\} \times Y$ との共通部分 $R \cap (\{x\} \times Y)$ が 1 点からなる集合となるものを関数と呼び，その 1 点を $(x, f(x))$ と表して，$f(x)$ が定義される．

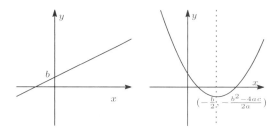

図 1 1 次関数 $y = ax + b$, 2 次関数 $ax^2 + bx + c$ のグラフ

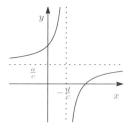

図 2 関数 $\dfrac{ax+b}{cx+d}$ のグラフ

4 実数値関数

最もよく使われる関数は，実数に対して実数を与えるものである．通常は，連続関数を扱うので，関数といえば，開区間の和集合である実数直線の開集合 U 上定義された実数値関数 $f : U \to \mathbf{R}$ と考えることが多い．実数 x の多項式，累乗根，三角関数，指数関数，対数関数，それらの和差積商，それらの合成で書かれる関数を初等関数ということもある．初等関数のようによく使う関数では，定義域は自然に定まることが多く，その了解の下で，関数 f を関数 $f(x)$ と式だけで書く．実数 x の多項式で与えられる関数について，多項式の次数が n 次のとき，n 次関数と呼ばれる．二つの多項式の分数として与えられる関数を分数関数，あるいは有理関数と呼ぶ．累乗根によって書かれる関数を無理関数ということもある．このような関数のグラフ

$$\{(x, f(x)) \in U \times \mathbf{R} \mid x \in U\}$$

は，平面上の曲線を表す．1 次関数のグラフは直線であり，2 次関数のグラフは放物線である（図 1）．また，1 次多項式の既約分数で書かれる関数のグラフは，双曲線である（図 2）．2 変数の多項式 $P(x, y)$ に対して，$P(x, f(x)) = 0$ を満たす関数 $f(x)$ は代数関数と呼ばれる．

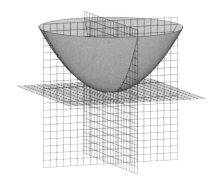

図 3 楕円放物面（関数 $a^2x^2 + b^2y^2$ のグラフ）

平面の開集合 U 上で定義された実数値関数は，2 変数関数と呼ばれることもある．変数を x, y として，2 変数関数 $f(x, y)$ と書かれることも多い．$f(x, y)$ のグラフ

$$\{(x, y, f(x, y)) \in U \times \mathbf{R} \mid (x, y) \in U\}$$

は，3 次元ユークリッド空間内の曲面を表す．x, y の多項式で与えられる関数 $f(x, y)$ について，$f(x, y)$ が，x, y の 1 次式ならば，そのグラフは平面である．x, y の 2 次式で，楕円放物面，双曲放物面などを表すことができる（図 3，図 4）．2 変数関数 $f(x, y)$ の値が一定値 c となる U の部分集合 $\{(x, y) \in U \mid f(x, y) = c\}$ は，陰関数定理の条件を満たせば，局所的に $y = g(x)$ あるいは $x = h(y)$ のグラフの形をしており，$f(x, y)$ の等位線あるいは等高線と呼ばれる．楕円放物面の等位線は楕円であり，双曲放物面の等位線は双曲線である．$f(x, y) = c$ は，関数 $y = g(x)$ あるいは $x = h(y)$ を陰に与えているということもあり，関数 $y = g(x)$ あるいは $x = h(y)$ は陽に表示された関数と呼ばれる．

5 C^r 級関数

実数直線の開集合上で定義された関数 $f(x)$ は，各点で微分可能であるとき，微分可能関数と呼ばれる．導関数 $f'(x) = \dfrac{df}{dx}$ が連続であるとき，連続微分可能関数あるいは C^1 級関数と呼ばれる．自然数 r に対し，各点で r 回微分可能で，r 階導関数 $f^{(r)}(x) = \dfrac{d^r f}{dx^r}$ が連続であるとき，r 回連続微分可能関数あるいは C^r 級関数と呼ばれる．任意の自然数 r に対し C^r 級である関数は，C^∞ 級関

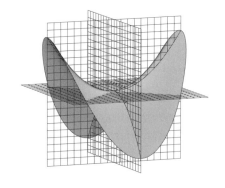

図4 双曲放物面 (関数 $a^2x^2 - b^2y^2$ のグラフ)

数と呼ばれる. C^∞ 級関数 $f(x)$ には各点 x_0 でテイラー級数

$$\sum_{k=0}^{\infty} \frac{f^{(k)}(x_0)}{k!}(x-x_0)$$

が定義される. このテイラー級数が, 各点の近傍で, $f(x)$ に収束するとき, $f(x)$ は**実解析関数**と呼ばれる. 実解析関数であることを C^ω 級と表すこともある. 実数直線の開集合 U 上で定義された実解析関数 $f(x)$ は, 変数 x を複素数と考えて, 収束するテイラー級数により定義される. 複素数平面における U の近傍上の複素数値関数に拡張される. この複素数値関数は, **正則関数** (複素解析関数) である. 複素数平面の開集合上では関数は, 通常, 正則関数を考える.

一般に, n 次元ユークリッド空間の開集合 U 上で定義された実数値関数 $f(x_1,\ldots,x_n)$ は, 各点で偏微分 $\dfrac{\partial f}{\partial x_1},\ldots,\dfrac{\partial f}{\partial x_n}$ が存在し, 偏導関数が連続であるとき, 連続微分可能関数あるいは C^1 級関数と呼ばれる. 自然数 r に対し, 各点ですべての r 階までの偏微分

$$\frac{\partial^r f}{\partial x_{i_1}\cdots \partial x_{i_s}} \quad (s \leqq r)$$

が存在し, すべての s 階偏導関数 $(s \leqq r)$ が連続であるとき, C^r 級関数と呼ばれる. このとき, 偏微分は微分の順序によらない. 任意の自然数 r に対し C^r 級である関数は, C^∞ 級関数と呼ばれる. C^∞ 級関数 $f(x_1,\ldots,x_n)$ には各点 $(x_1^0,\ldots,x_n^0)$ でテイラー級数

$$\sum_{k=0}^{\infty} \sum_{k_1+\cdots+k_n=k} \frac{1}{k_1!\ldots k_n!} \frac{\partial^k f}{\partial x_1^{k_1}\cdots \partial x_n^{k_n}}(x_1^0,\ldots,x_n^0)$$
$$\cdot (x_1-x_1^0)^{k_1}\cdots(x_n-x_n^0)^{k_n}$$

が定義される. このテイラー級数が, 各点の近傍で, $f(x_1,\ldots,x_n)$ に収束するとき, $f(x_1,\ldots,x_n)$ は実解析関数あるいは C^ω 級関数と呼ばれる. $\boldsymbol{R}^n$ の開集合 U 上で定義された実解析関数 $f(x_1,\ldots,x_n)$ は, $\boldsymbol{C}^n$ における U の近傍上の複素数値関数に拡張される. この複素数値関数は, 正則関数 (複素解析関数) である.

0 以上の整数 r, $r=\infty$ または $r=\omega$ に対し, U 上の C^r 級関数全体を $C^r(U)$ で表す. 二つの C^r 級関数の和, 差, 積, (0 にならない C^r 級関数による) 商は, C^r 級関数である. また, 二つの C^r 級関数の合成や, C^r 級関数の逆関数が定義できるとき, それらも C^r 級関数となる.

6 ベクトル値関数

一般に, 実数, 複素数のような体に値をとる関数に対しては, 二つの関数の和, 差, 積が定義される. また, 0 にならない関数による商も定義される. こうして, 集合 X 上の関数全体は, 代数構造をもつ.

特別な関数だけを考えるときには, 関数の空間の商体を作ることができる場合もある. たとえば, 実数上の分数関数の全体は, 体をなす.

一般に, ベクトル空間に値をとる関数をベクトル値関数と呼ぶ. 二つのベクトル値関数の和, 差, ベクトル値関数のスカラー倍が定義され, ベクトル値関数の全体はベクトル空間となる.

m 次元実ベクトル空間に値をもつベクトル値関数は, ベクトル空間の基底をとって, $\boldsymbol{R}^m$ に値をもつ関数で表される. n 次元ユークリッド空間の開集合 U 上で定義された $\boldsymbol{R}^m$ 値関数

$$(f_1(x_1,\ldots,x_n),\ldots,f_m(x_1,\ldots,x_n))$$

は, 各成分 $f_i(x_1,\ldots,x_n)$ $(i=1,\ldots,m)$ が C^r 級関数のとき C^r 級であるといわれる. ベクトル値関数に対して, 逆写像 (逆関数) の局所的な存在の条件を与える逆写像定理, 1 点の逆像の局所的な形を定める陰関数定理が定式化されている.

［編集委員］

環 と 体

rings and fields

1 環・体の定義

加法，乗法は「数」を考えるときに最も基本的な概念であるが，この概念を抽象化したものが「環」，「体」の概念である．

集合 R に「加法」$+$ と「乗法」$\cdot$ が定義され，$+$ に関して単位元を 0 とするアーベル群をなし，$+$ と $\cdot$ に分配律 $(a+b)\cdot c = a\cdot c + b\cdot c$ が成立するものを最も広い概念として「環」と呼ぶ．以下においては，乗法 $\cdot$ の結合律 $(a\cdot b)\cdot c = a\cdot (b\cdot c)$ を満たし，乗法に関する単位元 1 (任意の R の元 a に対して $1\cdot a = a = a\cdot 1$) が存在するもの (associative ring) を考える (結合律が成立存在しない環の例として Lie 環 (Lie 代数ともいう) があげられる)．乗法が可換であるもの；すなわち，任意の R の元 a,b に対して $a\cdot b = b\cdot a$ が成立する環を**可換環** (commutative ring) という．可換環の概念は日常扱われる整数，実数，多項式などの概念を抽象化したもので，最もなじみやすい代数系といえる．

可換でない環の例として，$n\times n$ 行列の和・積はまた $n\times n$ 行列なので，$n\times n$ 行列全体は環になる．この環を全行列環という．$n \geq 2$ のとき，全行列環は可換でない環の典型的な例になる．

環においては，乗法の逆元の存在は仮定しないが，乗法の逆元が必ず存在する環を**斜体** (skew field, division ring)，さらに乗法が可換のとき，単に**体** (field) という．斜体の例としては ハミルトンの**四元数体** (quaternion；[四元数体] 参照) が代表的である．また，有限個の元しかもたない非可換な斜体は存在しない (Weddurburn, Dickson).

2 環の準同型，同型

二つの環 R, S の間の写像 $f : R \to S$ が加法，乗法，単位元を保つとき，すなわち，任意の $a, b \in R$ に対して，$f(a+b) = f(a)+f(b), f(ab) = f(a)f(b), f(1_R) = f(1_S)$ となるとき，f を環の準同型 (homomorphism) という．R の部分集合 R' が環であり，埋め込みの写像 $i : R' \to R$ が環の準同型であるとき，R' を R の部分環という．

環の準同型 $f : R \to S$ に対して，
$$\mathrm{Ker}(f) = \{a \in R \mid f(a) = 0\},$$
$$\mathrm{Im}(f) = \{f(a) \mid a \in R\}$$
をそれぞれ f の核 (kernel)，像 (image) という．$\mathrm{Im}(f)$ は S の部分環である．「f が単射」と「$\mathrm{Ker}(f) = \{0\}$」は同値である．準同型写像 f が全単射のとき「f は同型写像である」といい，同型写像 $f : R \to S$ が存在するとき「R と S は同型である」といい，$R \cong S$ と書く．互いに同型な環を「同じ環」と思うと便利なことが多い．

3 環のイデアル；剰余環；同型定理

環 R の部分集合 I に関する次の条件を考える．
I1 $0 \in I, a, b \in I$ ならば $a + b \in I$,
I2 $a \in I, x \in R$ のとき，$xa \in I$.
I2' $a \in I, x \in R$ のとき，$ax \in I$.

$I1, I2$ をみたす R の部分集合 I を R の左イデアル，$I1, I2'$ をみたす R の部分集合 I を R の右イデアル，$I1, I2, I2'$ をみたすとき，両側イデアルという．環の準同型写像 $f : R \to S$ の核 $\mathrm{Ker}(f)$ は両側イデアルである．R が可換環のときは左右の区別は不要で，単にイデアルという．R 自身と 0 のみからなる集合 $\{0\}$ (イデアルと思うときは (0) と書かれることが多い) は R のイデアルである．R が可換のとき，R が体であることと，R が R と (0) 以外のイデアルをもたないことは同値である．(R が可換でないとき，体上の全行列環は R と (0) 以外の両側イデアルをもたない．)

(両側) イデアル $I, a, b \in R$ に対して，$a - b \in I$ のとき，
$$a \equiv b \pmod{I}$$
と書く．この $\equiv$ が同値関係であるのは明らかだが，この同値関係は和，積を保つ．すなわち，$a \equiv b \pmod{I}, c \equiv d \pmod{I}$ のとき，$a + c \equiv b + d \pmod{I}, ac \equiv bd \pmod{I}$ である．ゆえに，$\bar{a}$ で a を含む同値類，すなわち，
$$\bar{a} = \{x \in R \mid x \equiv a \pmod{I}\}$$
とおくとき，$\overline{a+c}, \overline{ac}$ は同値類の代表元のとり方によらない．ゆえに，

$$R/I = \{\bar{a} \mid a \in R\}$$

と定義し，R/I の加法，乗法を $\bar{a}+\bar{c}=\overline{a+c}$, $\bar{a}\bar{c}=\overline{ac}$ と定義すると，環ができる．この環 R/I を R の I による**剰余環** (residue class ring) という．このとき，自然な写像 $\pi: R \to R/I, \pi(a)=\bar{a}$ は環の準同型写像となり，$\mathrm{Ker}(\pi)=I$ なので，R の両側イデアルはある環の準同型写像 $f:R\to S$ の核である．

環の準同型写像 $f:R\to S$ に対して，次の同型が存在する．

$$R/\mathrm{Ker}(f) \cong \mathrm{Im}(f).\quad (\text{同型定理})$$

環 R の部分集合 T に対して，T を含む最小のイデアルが存在する．そのイデアルを (T) と書き，「T で生成されるイデアル」という．

$$(T) = \{\textstyle\sum a_i t_i \mid a_i \in R, 1_i \in T\}$$

と書ける．特に $T=a$ が1個の元のとき，

$$(a) = \{ax \mid x \in R\}$$

の形のイデアルを**単項イデアル**という．例えば $\mathbb{Z}$ のイデアルはすべて単項イデアルである．また，$T=\{a_1,\ldots,a_n\}$ が有限集合のとき，$(T)=(a_1,\ldots,a_n)$ と書き，このようなイデアルを**有限生成イデアル**という．

4　極大イデアル，根基

R と異なるイデアルのうち，極大なものを，**極大イデアル**という．Zorn の補題より，任意の (左，右，両側) イデアル I に対して，I を含む極大 (左，右，両側) イデアルが存在する．R が可換のとき，I が R の極大イデアル $\iff R/I$ は体．

R のすべての極大左イデアルすべての共通部分と，R のすべての極大右イデアルすべての共通部分 $\mathrm{Rad}(R)$ は一致し，R の**根基**といわれる．R が可換の場合は Jacobson 根基と呼ばれる．

5　体の標数，有限体，素体

K が体のとき，単位元 1 の n 回の和 $1+1+\ldots+1$ を $n.1$ と書く．このとき，$n.1=0$ となる最初の n を体 K の**標数**という．$n.1$ がすべて 0 でないとき，K の標数は 0 であるという．体は 0 因子 ($a,\neq 0$ だが $ab=0$ となる元) をもたないので，標数は 0 でなければ素数 p になる．

K の標数が 0 のとき，K は有理数体 $\mathbb{Q}$ (と同型な体) を部分体として含み，K の標数が $p>0$ のとき，K は $\mathbb{F}_p$ (と同型な体) を部分体として含む．これらの体 $\mathbb{Q}, \mathbb{F}$ を**素体**という．($\mathbb{F}_p$, 有限個の元をもつ体については「有限体」参照.)

6　体の拡大．代数拡大，超越拡大

2つの体 K, L に対して，K が L の部分体のとき，L は K の**拡大体**であるという．「体の拡大 L/K」ともいう．例えば $\mathbb{R}$ は $\mathbb{Q}$ の拡大体，$\mathbb{C}$ は $\mathbb{R}, \mathbb{Q}$ の拡大体である．L/K が体の拡大のとき，$\alpha \in L$ がある K 係数多項式 $f(X)$ の根となるとき，「α は K 上代数的である」という．α が K 上代数的でないとき，「α は K 上超越的である」という．どんな L の元も K 上代数的であるとき，「L/K は代数拡大である」という．

$\alpha \in L$ に対して，K と α を含む最小の体を $K(\alpha)$ と書く．同様に，K と $\alpha_1,\ldots,\alpha_n \in L$ を含む最小の体を $K(\alpha_1,\ldots,\alpha_n)$ と書き，「K に $\{\alpha_1,\ldots,\alpha_n\}$ を付加した体」という．$K(\alpha)$ の元は K 係数の α の有理式 (多項式の商) で表せる．α が K 上代数的であることと，$K(\alpha)$ が K 上有限次元ベクトル空間であることが同値である．たとえば $\sqrt[n]{2}$ は $\mathbb{Q}$ 係数多項式 X^n-2 の根なので，$\sqrt[n]{2}$ は $\mathbb{Q}$ は $\mathbb{Q}$ 上代数的である．一方，π, e (自然対数の底) は $\mathbb{Q}$ 上超越的であることが知られている．

$\alpha_1,\ldots,\alpha_n \in L$ に対して，$f(\alpha_1,\ldots,\alpha_n)=0$ となる $f \neq 0, f = f(X_1,\ldots,X_n) \in K[X_1,\ldots,X_n]$ がないとき，「$\{\alpha_1,\ldots,\alpha_n\}$ は K 上代数的独立である」という．このことは α_1 が K 上超越的，各 $i, n-1 \geq i \geq 1$ に対して α_{i+1} が $K(\alpha_1,\ldots,\alpha_i)$ 上超越的といっても同じである．

$\alpha_1,\ldots,\alpha_n \in L$ が K 上代数的独立で，L が $K(\alpha_1,\ldots,\alpha_n)$ 上代数的となる n は $\alpha_1,\ldots,\alpha_n \in L$ の取り方によらない．この n を L の K 上の**超越次数** (transcendence degree) という．$\mathbb{R}$ や $\mathbb{C}$ の $\mathbb{Q}$ 上の超越次数は無限大である．

7　単元，整域，零因子

以下では「環」は可換環とする．

環 R の単位元を 1 とする．$a \in R$ に対して $ab = 1$ となる元 b (a の逆元) が存在するとき a が R の**単元** (unit) であるという．環 R が体であることは任意の 0 でない R の元が単元であることである．R の単元の集合は乗法に関して可換群をなす．

一般の環 R では，逆元の存在を仮定しないので，$a, b \in R$, $a, b \neq 0$ に対して $ab = 0$ となることが起こる．ある $b \in R, b \neq 0$ に対して $ab = 0$ となる $a \in R$ を R の零因子という．0 以外の零因子をもたない環を**整域** (integral domain) という．整域の部分環は整域である．

R が整域のとき，$\mathbb{Z}$ から $\mathbb{Q}$ を構成するように，R を含む体を構成できる．すなわち，
$$K = \{a/b \mid a, b \in R, b \neq 0\}$$
$$(a/b = c/d \iff ad - bc = 0)$$
とおいて普通の分数演算と同様に和と積を定めれば $a \in R$ と $a/1 \in K$ を同一視することにより K は R を含む体になる．明らかに K は R を含む最小の体である．この体 K を R の**商体**という．したがって，R が整域であることと R がある体の部分環であることは同値である．

8 素イデアル，べき零根基

この節では環 R のイデアルで $I \subsetneq R$ であるもののみを考える．

R のイデアル P で R/P が整域であるものを R の素イデアルという．イデアル P が素イデアルであることと「$a, b \notin P$ ならば $ab \notin P$」が成り立つことは同値である．イデアル (0) が素イデアルであることと R が整域であることは同値である．R の極大イデアルは素イデアルである．

例えば $R = \mathbb{Z}$ のとき，整数 $n > 1$ に対して，イデアル (n) が素イデアルであることと n が素数であることは同値である．素数 p に対してイデアル (p) は極大イデアルであり，剰余環 $\mathbb{Z}/(p) = \mathbb{F}_p$ は p 個の元からなる体である．$\mathbb{Z}$ の素イデアルで極大イデアルでないものは (0) のみである．

ある $n > 0$ に対して $x^n = 0$ となる R の元 x を**べき零元** (nilpotent element) という．R が 0 以外のべき零元をもたないとき**被約** (reduced) という．x がべき零元であることと，x が R のすべての素イデアルに含まれることが同値である．同様に R のイデアル I に対し，I を含む R の素イデアルすべての共通部分を $\sqrt{I}$ と書き，I の**根基** (radical) という．$x \in \sqrt{I}$ であるためにはある $n > 0$ に対して $x^n \in I$ となることが必要十分である．特に $\sqrt{(0)}$ を R の**べき零根基** (nilradical) という．

9 環・体の例，構成

環を作る最も簡単かつ重要な方法は多項式環を考えることである．環 R と「変数」X に関する多項式の集合
$$R[X] = \{a_0 + a_1 X + \ldots + a_n X^n \mid a_0, a_1, \ldots, a_n \in R\}$$
に「普通に」和，積を定義すると新しい環ができる．この環を R 上の多項式環という．同様に n 変数の多項式環 (無限個の変数でも同様だが) $R[X_1, \ldots, X_n]$ を考えることができる．

環 R が環 S の部分環で，$\alpha_1, \ldots, \alpha_n \in S$ とすると，R と $\alpha_1, \ldots, \alpha_n$ を含む S の最小の部分環が存在する．この環を $R[\alpha_1, \ldots, \alpha_n]$ と書く．(環の拡大は $R[\alpha]$ のように $[\;]$ を用い，体の拡大は $K(\alpha)$ のように $(\;)$ を用いて区別する．) $R[\alpha_1, \ldots, \alpha_n]$ の元は R 係数の $\alpha_1, \ldots, \alpha_n$ の多項式で書ける．すなわち，写像 $\phi: R[X_1, \ldots, X_n] \to S$ を $\phi(f(X_1, \ldots, X_n)) = f(\alpha_1, \ldots, \alpha_n)$ (代入写像) とすると，ϕ は環の準同型写像となり，$\text{Im}(\phi) = R[\alpha_1, \ldots, \alpha_n] \cong R[X_1, \ldots, X_n]/\text{Ker}(\phi)$ である．このように，$R[X_1, \ldots, X_n]/I$ (I は $R[X_1, \ldots, X_n]$ のイデアル) の形の環を考えることで，環 R からいろいろの環の例が構成できる．　　［渡辺敬一］

参 考 文 献

[1] Cox: *Galois Theory*, Wiley, 2004. [ガロア理論に関するいろいろな話題が読める]
[2] 藤崎源二郎：体とガロア理論，1977. [体の理論のやや進んだ理論書]
[3] 渡辺敬一：環と体，朝倉書店，2003. [ガロア理論と可換環論の初歩の手軽な入門書]
[4] 後藤四郎・渡辺敬一：可換環論，日本評論社，2011. [進んだ可換環論について]
[5] 岩永恭雄・佐藤真久：環と加群のホモロジー代数的理論，日本評論社，2002. [可換でない環について]

カントール集合

Cantor set

カントール (G. Cantor) は 1883 年から 1884 年にかけて *Acta Mathematica* に発表した集合と位相の基礎についての一連の論文 [1〜4] の中で,至る所稠密でない完全集合について研究を行った.さらにそのような集合の代表的な例として今日では**カントールの 3 進集合** (Cantor ternary set, Cantor middle third set) と呼ばれる集合を導入した.(厳密には,1875 年のスミス (H.J.S. Smith) の論文 [6] にカントールの 3 進集合にあたるものに関する記述がある.この点に関しては,エドガー [5] によるコメントを参照のこと.なお,同書にはカントールの論文 [4] の抜粋の英訳が収録されている.)現在では,「カントール集合」という言葉は,狭義にはカントールの 3 進集合を指し,広義にはカントールの 3 進集合と同相な集合を意味する.

1 カントールの 3 進集合

$[0,1]$ に属する実数で,3 進小数展開に 0 と 2 しか現れないものの全体をカントールの 3 進集合という.カントールの 3 進集合を C と書くことにすると,
$$C = \left\{ \sum_{n=1}^{\infty} \frac{i_n}{3^n} \,\middle|\, 任意の n に対して i_n \in \{0,2\} \right\}$$
ここでカントール集合 C から 0 と 1 の片側無限列の全体
$\Sigma(\{0,1\}) = \{j_1 j_2 \ldots \mid 任意の n で j_n \in \{0,1\}\}$
への写像 h を $h(j_1 j_2 \ldots) = \sum_{n=1}^{\infty} \frac{2j_n}{3^n}$ と定義すると,h は同相写像になる.($\Sigma(\{0,1\})$ の位相や距離にかんしてはフラクタル集合を参照のこと.)

上の定義とは別に C を集合の単調減少列の極限として与える方法もある.$f_0(x) = \frac{x}{3}, f_2(x) = \frac{x}{3} + \frac{2}{3}$ とおき,$C_0 = [0,1]$,$n \geq 1$ で $C_{n+1} = f_0(C_n) \cup f_2(C_n)$ で帰納的に集合列 $\{C_n\}_{n \geq 1}$ を定義する.たとえば,$C_1 = [0, \frac{1}{3}] \cup [\frac{2}{3}, 1]$,$C_2 = [0, \frac{1}{9}] \cup [\frac{2}{9}, \frac{1}{3}] \cup [\frac{2}{3}, \frac{7}{9}] \cup [\frac{8}{9}, 1]$ となる.このとき C_n に属する各々の閉区間を 3 等分して,真ん中

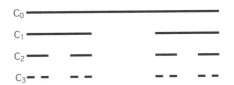

図 1 カントール集合の構成

を抜くという操作で C_{n+1} が得られ,$C_0 \supseteq C_1 \supseteq C_2 \supseteq \cdots$ である.ここで
$$C = \bigcap_{n \geq 1} C_n$$
となる.

C_n は有界閉集合であるので,C も有界閉集合(したがってコンパクト)である.カントール集合の主な性質を列挙する.

(a) C は完全 (perfect) である.距離空間 (X,d) の部分集合 K が完全であるとは,任意の $x \in K$ が K の集積点となることである.すなわち,$K \backslash \{x\}$ の閉包に x が含まれることである.C に関してこの性質は次のように示される.$\psi(0) = 2, \psi(2) = 0$ とおく.$x = \sum_{n=1}^{\infty} \frac{i_n}{3^n} \in C$ (ただし,$i_n \in \{0,2\}$) に対して,$x_m = \sum_{n=1}^{m-1} \frac{i_n}{3^n} + \sum_{n=m}^{\infty} \frac{\psi(i_n)}{3^n}$ と定義する.$x_m \in C \backslash \{x\}$ で $\lim_{m \to \infty} x_m = x$ なので,x は $C \backslash \{x\}$ の閉包に属する.

(b) C は完全不連結 (totally disconnected) である.距離空間 (X,d) の部分集合 K が完全不連結であるとは,任意の $x \in K$ に対して x の連結成分が $\{x\}$ となることである.C が完全不連結であることは次のようにわかる.x と y を C の 2 点とする.ある n に対して,C_n から C_{n+1} を構成するときに x と y の間にある区間が抜かれる.これより,x と y は異なる連結成分に入る.

(c) C は至る所稠密でない (nowhere dense).距離空間 (X,d) の部分集合 K が至る所稠密でないとは,K の閉包が空でない開集合を含まないことである.C は閉集合なので,C が至る所稠密でないとは,C が内点をもたないことに同値である.また,$\boldsymbol{R}$ の閉部分集合については,完全不連結であることと至る所稠密でないことは同値になる.

(d) C は連続体の濃度をもつ.すなわち,実数の全体 $\boldsymbol{R}$ と C の間に一対一の写像が存在する.

この事実は，次のことからわかる．上で説明した同相写像 h により，C と $\Sigma(\{0,1\})$ の濃度は同じである．次に $j_1j_2\ldots \in \Sigma(\{0,1\})$ に対して，$\varphi(j_1j_2\ldots) = \sum_{n=1}^\infty \frac{j_n}{2^n} \in [0,1]$ と定義する．任意の $y \in [0,1]$ に対して y の 2 進小数展開を考えれば，この写像 φ が $\Sigma(\{0,1\})$ から $[0,1]$ への全射である．（つまり $\varphi(\Sigma(\{0,1\})) = [0,1]$）よって，$\varphi(h(C)) = [0,1]$ となり，C の濃度は $[0,1]$ の濃度 ($=\boldsymbol{R}$ の濃度) 以上である．C の濃度は $\boldsymbol{R}$ の濃度以下なので，$\boldsymbol{R}$ と C の濃度は等しい．

(e) C の (1 次元) ルベーグ測度は 0 である．C_n のルベーグ測度は $\left(\frac{2}{3}\right)^n$ なので $C = \cap_{n \geq 1} C_n$ のルベーグ測度は $\lim_{n \to \infty} \left(\frac{2}{3}\right)^n = 0$．

(f) C は自己相似集合であり，そのハウスドルフ次元は $\frac{\log 2}{\log 3}$ である．すなわち $C_{n+1} = f_0(C_n) \cup f_2(C_n)$ より $C = f_0(C) \cup f_2(C)$．これより C は縮小写像の組 $\{f_0, f_2\}$ に関する自己相似集合である．（自己相似集合とそのハウスドルフ次元については［フラクタル集合］を参照．）カントールの 3 進集合はフラクタルの典型的な例の一つである．

2 広義のカントール集合

広義には，完全不連結で完全なコンパクト距離空間をカントール集合と呼ぶ．この定義の背景には次の定理が有る．

定理 1 完全不連結で完全なコンパクト距離空間はカントールの 3 進集合と同相である．

すなわち，カントールの 3 進集合 C と同相な集合を広義のカントール集合という．（以下，「広義の」は略して単に「カントール集合」という．）有限個のシンボル S の片側無限列の全体 $\Sigma(S)$ および両側無限列の全体 $S^{\boldsymbol{Z}}$ はカントール集合である．この事実から，力学系の理論において，カントール集合は，馬蹄力学系 (horseshoe) などの不変集合として重要な役割を果たす．

カントール集合は，(カントールの 3 進集合 C と同相であるので) 前節の (a), (b), (d) の性質をもつ．とくに，カントール集合は連続体の濃度をもつ．C の場合とは異なり，$\boldsymbol{R}$ に含まれるカントール集合で 1 次元ルベーグ測度が正になるものが存在する．一般に $\boldsymbol{R}^m$ に含まれ m 次元のルベーグ測度が正のカントール集合を太ったカントール集合 (fat Cantor set) と呼ぶ．そのようなカントール集合の例は次のように構成できる．任意の $n \geq 0$ に対して $a_n \in (0,1)$ となる数列 $\{a_n\}_{n=0}^\infty$ に対して，$K_0 = [0,1]$ とおき，2^n 個の閉区間の和 K_n を次のように帰納的に構成する．K_n に属する各々の閉区間を，長さが $\frac{1}{2} - \frac{1}{2}a_n : a_n : \frac{1}{2} - \frac{1}{2}a_n$ の三つの閉区間に分けて，真ん中の区間を抜くことで K_{n+1} を定義する．このとき，$K_0 \supseteq K_1 \supseteq K_2 \supseteq \cdots$ である．$K = \cap_{n=0}^\infty K_n$ と定義すると K はカントール集合である．このとき，K_n のルベーグ測度は $(1-a_0)(1-a_1)\cdots(1-a_{n-1})$ なので，$\sum_{n=1}^\infty a_n$ が有限ならば，K のルベーグ測度は $\prod_{n=0}^\infty (1-a_n) > 0$ となる．また，任意の $\alpha \in (0,1]$ に対して，K のハウスドルフ次元が α に等しくなるような数列 $\{a_n\}_{n=0}^\infty$ が存在する．一般に任意の正の実数 α に対してハウスドルフ次元が α となるカントール集合が存在する． ［木上　淳］

参 考 文 献

[1] G. Cantor : Fondaments d'une théorie générale des ensembles, *Acta Math.*, **2**, 381–408, 1883.

[2] G. Cantor : Sur les ensembles infinis et linéaires de points, *Acta Math.*, **2**, 349–380, 1883.

[3] G. Cantor : Une contribution à la théorie des ensembles, *Acta Math.*, **2**, 311–328, 1883.

[4] G. Cantor : De la puissance des ensembles parfaits de points, *Acta Math.*, **4**, 381–392, 1884.

[5] G.A. Edger : *Classics on Fractals*, Studies in Nonlinearity, Westview Press, 2004.

[6] H.S.J. Smith : On the integration of discontinuous functions, *Proc. London Math. Soc.*, **6**, 149–153, 1875.

ガンマ関数

Gamma function

1 定義

実数 $s > 0$ に対して特異積分
$$\Gamma(s) = \int_0^\infty e^{-t} t^{s-1} dt$$
により定義される関数をガンマ関数 (gamma function) という．部分積分をすることにより s に関する関数等式
$$\Gamma(s+1) = s\Gamma(s) \quad (1)$$
を得る．また $\Gamma(1) = 1$ なので 1 以上の整数 n に対して $\Gamma(n+1) = n!$ となり，整数に対する階乗の定義域を実数に拡張したものと思うことができる．また $\Re(s) > 0, s \notin \mathbf{Z}$ なる複素数 s に対して
$$\frac{1}{1 - \exp(-2s\pi i)} \Gamma(s) = \int_\gamma e^{-t} t^{s-1} dt$$
と定義することにより，$\Re(s) > 0$ に定義域を拡張することができ，さらに関数方程式 (1) を用いて全平面に有理型関数に拡張される．0 以上の整数 k に対して $s = -k$ において一意の極をもち，
$$Res_{k=s} \Gamma(-s) = \frac{(-1)^{n+1}}{n!} \quad (2)$$
となっている．

$x > 0$ なる x に対する関数として，ガンマ関数は対数凸関数として特徴付けられる．(ボーア-モレルップ (Bohr–Mollerup) の定理)

(1) $f(x)$ は $x > 0$ において正値関数である．$f(1) = 1$
(2) $f(x) + 1 = xf(x)$
(3) $\log(\Gamma(x))$ は凸関数である．

2 無限積表示

積分に関する公式
$$\int_0^n \xi^{x-1} (1 - \frac{\xi}{n})^n d\xi = \frac{n! n^x}{x(x+1)\cdots(x+n)}$$
$$= \exp(x[\log(n) - \sum_{k=1}^n \frac{1}{i}]) \frac{1}{x} \prod_{k=1}^n (1 + \frac{x}{k})^{-1} e^{\frac{x}{k}}$$
となるのでオイラーの定数 (Euler constant)
$$\gamma = \lim_{n \to \infty} (\sum_{i=1}^n \frac{1}{i} - \log(n)) = 0.57721\cdots$$
を用いれば，
$$\Gamma(x) = \exp(-\gamma x) \frac{1}{x} \prod_{k=1}^\infty (1 + \frac{x}{k})^{-1} e^{\frac{x}{k}}$$
なる表示を得る．これをワイエルシュトラスの無限積公式という．さらに正弦に関する無限積公式 $\sin(\pi x) = \pi x \prod_{i=1}^\infty (1 - \frac{x^2}{n^2})$ を用いれば，
$$\Gamma(x)\Gamma(1-x) = \frac{\pi}{\sin(\pi x)}$$
なるガンマ関数の反転公式が得られる．これを用いれば，$\Gamma(\frac{1}{2}) = \sqrt{\pi}$ という式が得られる．無限積公式とあわせて考えると，次のウォリスの公式 (Wallis' formula) が得られる．
$$\sqrt{\pi} = \lim_{n \to \infty} \frac{2^{2n} (n!)^2}{(2n)! \sqrt{n}}$$
無限積公式の対数をとることにより，
$$\log(\Gamma(1+x)) = -\gamma x + \sum_{i=2}^\infty \frac{(-x)^n \zeta(n)}{n}$$
なる等式を得る．ここで $\zeta(s)$ はリーマン・ゼータ関数 (Riemann zeta function)
$$\zeta(s) = \sum_{i=1}^\infty \frac{1}{n^s} = \prod_{p:\text{素数}} (1 - p^{-s})^{-1} \quad (3)$$
である．ここで第 3 項目はすべての素数にわたる積である．したがって $e^{-x\gamma} \Gamma(1+x)$ のテーラー展開の係数はリーマン・ゼータの整数点での値の多項式で表されることになる．

無限積展開における x を $x, x + \frac{1}{n}, \ldots, x + \frac{n-1}{n}$ に対して適用して積をとることにより，2 以上の自然数 n に対して次のような n 倍公式が得られる．
$$\prod_{i=0}^{n-1} \Gamma(x + \frac{i}{n}) = (2\pi)^{\frac{(n-1)}{2}} n^{\frac{1}{2} - nx} \Gamma(nx)$$

3 漸近的挙動

$n! = \Gamma(n+1)$ は
$\Gamma(2) = 1, \Gamma(3) = 2, \ldots, \Gamma(10) = 362880, \ldots,$
$\Gamma(20) = 121645100408832000, \ldots$ など n に関して急激に大きくなる関数である．最速降下法を用いることにより，ガンマ関数の $x \to \infty$ における挙動を比較的単純な関数で近似することができる．これがスターリングの公式で
$$\lim_{x \to \infty} \frac{\sqrt{2\pi} e^{-x} x^{x - \frac{1}{2}}}{\Gamma(x)} = 1$$
となる．

4 ベータ関数とディリクレの定理

ガンマ関数と関連の深い関数にベータ関数がある．ベータ関数 (beta function) は $s,t > 0$ なる実数に対して定義される関数で

$$B(s,t) = \int_0^1 x^{s-1}(1-x)^{t-1}dx$$

によって定義される．(x,y) から (t,w) なる変換を $x = zw, y = w(1-z)$ によって定義すると，2重積分の変数変換を用いて

$$\Gamma(s)\Gamma(t) = \int_{x,y>0} e^{-x-y}x^{s-1}y^{t-1}dxdy$$
$$= \int_{w>0} w^{s+t-1}e^{-w}dw \int_0^1 z^{s-1}(1-z)^{t-1}dz$$
$$= \Gamma(s+t)B(s,t)$$

なる関係式が得られる．したがって $B(s,t) = \frac{\Gamma(s)\Gamma(t)}{\Gamma(s+t)}$ となる．この等式の一般化としてディリクレ積分公式 (Dirichlet integral formula)

$$\int_D \prod_i^n x_i^{\alpha_i - 1} \cdot f(\sum_i^n x_i)dx_1 \cdots dx_n$$
$$= \frac{\prod_i \Gamma(\alpha_i)}{\Gamma(\sum_i \alpha_i)} \int_0^1 f(u)u^{\sum_i \alpha_i - 1}du$$

がある．ここで積分領域は $D = \{x_1 > 0, \ldots, x_n > 0, \sum_i x_i < 1\}$ である．

5 ガンマ関数とバーンズ積分

$\Gamma(z)$ は z が 0 以下の整数での留数が (2) で与えられることを用いて級数を積分の形に表すのに応用することができる．これがバーンズ積分表示と呼ばれるもので，その代表的なものが超幾何関数のバーンズ積分表示 (Barnes integral expression) である．超幾何関数は級数の形

$$F(\alpha,\beta;\gamma;x) = \sum_{i=0}^{\infty} \frac{\Gamma(\alpha+n)\Gamma(\beta+n)\Gamma(\gamma)}{\Gamma(\alpha)\Gamma(\beta)\Gamma(\gamma+n)n!}x^n$$

で与えられるので，ガンマ関数の極のようすとコーシーの積分公式を用いると，

$$\frac{1}{2\pi i}\int_\sigma \frac{\Gamma(\gamma)\Gamma(\alpha+z)\Gamma(\beta+z)\Gamma(-z)}{\Gamma(\alpha)\Gamma(\beta)\Gamma(\gamma+z)}(-x)^z dz$$

なる表示を得る．ここで σ は偏角 0 の無限遠から原点のまわりを正の方向に一回転して偏角 2π の無限遠へと至る道である．

6 ゼータ関数とガンマ関数

式 (3) で定義されたゼータ関数は s に関して全平面に有理型関数に解析接続され変数 s に $1-s$ を代入したものとの間に関数等式が存在する．その関数等式を s と $1-s$ に関して対称な形にするにはゼータ関数にガンマ関数をかけておくとよい．すなわち

$$\xi(s) = \Gamma(\frac{s}{2})\pi^{-\frac{s}{2}}\zeta(s)$$

とおくと $\xi(s) = \xi(1-s)$ となる．ゼータ関数は (3) の第3項目のように素数に関する無限積表示をもつが，その意味でガンマ関数はゼータ関数の無限素点因子と解釈される．

7 ガウス和，ヤコビ和

有限体上の指標和であるガウス和やヤコビ和はガンマ関数やベータ関数の類似と考えることができる．$\mathbf{F}_q$ を有限体として $\psi: \mathbf{F}_q \to \mathbf{C}^\times$ をその加法群としての非自明な指標とし，$\chi, \chi_1, \chi_2: \mathbf{F}_q \to \mathbf{C}^\times$ を情報群の非自明な指標とする．このときガウス和 (Gaussian sum) $G(\chi,\psi)$，ヤコビ和 (Jacobian sum) $J(\chi_1,\chi_2)$ が次のように定義される．

$$G(\chi,\psi) = \sum_{x \in \mathbf{F}_q^\times} \chi(x)\psi(x)$$
$$J(\chi_1,\chi_2) = \sum_{x \in \mathbf{F}_q - \{0,1\}} \chi_1(x)\chi_2(1-x)$$

さらに $\chi_1\chi_2$ が非自明であるならば，ガンマ関数とベータ関数の関係を導くために用いた変数変換とまったく同様の変数変換をすることにより，ガウス和とヤコビ和に関して

$$J(\chi_1,\chi_2) = \frac{G(\chi_1,\psi)G(\chi_2,\psi)}{G(\chi_1\chi_2,\psi)}$$

なる等式を得る． ［寺杣友秀］

参考文献

[1] 犬井鉄郎：特殊函数，岩波書店，1962．
[2] 青本和彦・喜多通武：超幾何関数，シュプリンガー，1994．

基底と次元

basis and dimension

我々は通常，直線は 1 次元，平面は 2 次元の図形であると直感的に理解する．平面が 2 次元であると言明するとき，我々の脳裏には，異なる二つの方向を備えたまっすぐな図形がどこまでも広がってゆく情景が視覚的にとらえられている．あるいは，平面に座標を導入し，二つの数の組によって平面上の 1 点が指定できるという事実によって，平面の次元が 2 であると理解することもある．

この項ではそうした直感的理解を抽象的に定式化する．

1　R^n または C^n の線形部分空間の基底と次元

K という記号で，実数全体の集合 R または複素数全体の集合 C を表す．K の元を成分とする n 項縦ベクトル全体の集合を K^n で表す．

K^n の元 $a_1, a_2, \ldots, a_k$ に対して，$\sum_{i=1}^{k} c_i a_i$ $(c_i \in K)$ の形の元を $a_1, a_2, \ldots, a_k$ の**線形結合**（**1 次結合**）(linear combination) と呼ぶ．

K^n の元 $a_1, a_2, \ldots, a_k$ が**線形従属**（**1 次従属**）(linearly dependent) であるとは，K の元 $c_1, c_2, \ldots, c_k$ であって，このうちどれか少なくとも一つは 0 でなく，かつ $\sum_{i=1}^{k} c_i a_i = \mathbf{0}$ が成り立つようなものが存在することである．この場合，たとえば $c_1 \neq 0$ とすれば $a_1 = \sum_{i=2}^{k} (-c_i/c_1) a_i$ となり，ある元がほかの元の線形結合として表される．$a_1, a_2, \ldots, a_k$ が線形従属でないとき，それらは**線形独立**（**1 次独立**）(linearly independent) であると言う．これは，$\sum_{i=1}^{k} c_i a_i = \mathbf{0}$ ならば $c_1 = c_2 = \cdots = c_k = 0$ が成り立つことと同値である．

K^n の空でない部分集合 V が K^n の**線形部分空間** (linear subspace) であるとは，
(i) $x, y \in V$ ならば $x \pm y \in V$
(ii) $c \in K$ かつ $x \in V$ ならば $cx \in V$
の 2 条件を満たすことをいう．

例 1　K^n 自身や，零ベクトルだけからなる集合 $\{\mathbf{0}\}$ は K^n の線形部分空間である．

例 2　$x + y + z = 0$ で定義される R^3 内の平面 W は R^3 の線形部分空間である．ここで，x, y, z は R^3 の座標を表す．

K^n の線形部分空間 V において，V の元 $a_1, a_2, \ldots, a_k$ が V を**張る** (span)，あるいは**生成する** (generate) とは，V の任意の元がこれらの元の線形結合として表されることである．たとえば上の例 2 において，W の元 $b_1 = \begin{pmatrix} 1 \\ -1 \\ 0 \end{pmatrix}$, $b_2 = \begin{pmatrix} 1 \\ 0 \\ -1 \end{pmatrix}$, $b_3 = \begin{pmatrix} 0 \\ 1 \\ -1 \end{pmatrix}$ は W を張る．この b_1, b_2, b_3 は線形従属 ($b_3 = b_2 - b_1$) であり，b_3 を除いた二つの元 b_1, b_2 もまた W を張る．

K^n の線形部分空間 V において，V の元の組 $\langle a_1, a_2, \ldots, a_m \rangle$ が V の**基底** (base) であるとは，次の二つの条件 (1), (2) を満たすことである：
(1) $a_1, a_2, \ldots, a_m$ は線形独立
(2) $a_1, a_2, \ldots, a_m$ は V を張る．

上記の例 2 では，$\{b_1, b_2, b_3\}$ は W の基底ではないが，$\langle b_1, b_2 \rangle$ は W の基底である．V の基底とは，V を張る元の組のうち，無駄なものを省いた必要最小限のものと考えることができる．

$V \neq \{\mathbf{0}\}$ ならば，V には基底がかならず存在する．V の基底のとりかたは一通りではないが，どのような基底をとっても，基底を構成する元の個数は一定である．そこで，基底を構成する元の個数を V の**次元** (dimension) と呼び，記号 $\dim V$ で表す．$V = \{\mathbf{0}\}$ については，$\dim V = 0$ と定める．たとえば，例 2 において，$\dim W = 2$ である．K^n 自身は，n 個の単位ベクトル $\begin{pmatrix} 1 \\ 0 \\ \vdots \\ 0 \end{pmatrix}, \begin{pmatrix} 0 \\ 1 \\ \vdots \\ 0 \end{pmatrix}, \ldots, \begin{pmatrix} 0 \\ 0 \\ \vdots \\ 1 \end{pmatrix}$ を基底としてもつので，$\dim K^n = n$ である．この基底を**標準基底** (canonical basis) あるいは**自然基底** (natural basis) と呼ぶことがある.

2 有限次元線形空間の基底と次元

以上の議論を一般化する. これ以降は, K を体とし (たとえば $\boldsymbol{R}$ や $\boldsymbol{C}$ は体である), V を K 上の線形空間とする. 前述の K^n の線形部分空間は, K 上の線形空間の一例である.

V の元 $\boldsymbol{a}_1, \boldsymbol{a}_2, \ldots, \boldsymbol{a}_k$ に対して, $\sum_{i=1}^{k} c_i \boldsymbol{a}_i$ ($c_i \in K$) の形の元を $\boldsymbol{a}_1, \boldsymbol{a}_2, \ldots, \boldsymbol{a}_k$ の線形結合 (**1次結合**) (linear combination) と呼ぶ. V の元 $\boldsymbol{a}_1, \boldsymbol{a}_2, \ldots, \boldsymbol{a}_k$ が線形従属 (**1次従属**) (linearly dependent) であるとは, K の元 $c_1, c_2, \ldots, c_k$ であって, このうちどれか少なくとも一つは 0 でなく, かつ $\sum_{i=1}^{k} c_i \boldsymbol{a}_i = \boldsymbol{0}$ が成り立つようなものが存在することである. $\boldsymbol{a}_1, \boldsymbol{a}_2, \ldots, \boldsymbol{a}_k$ が線形従属でないとき, それらは線形独立 (**1次独立**) (linearly independent) であるという. V の元 $\boldsymbol{a}_1, \boldsymbol{a}_2, \ldots, \boldsymbol{a}_k$ が V を張る (span), あるいは生成する (generate) とは, V の任意の元がこれらの元の線形結合として表されることである.

V を張るような有限個の元の組が存在するとき, V は**有限次元** (finite dimensional) あるいは**有限生成** (finitely generated) であるという. 有限次元線形空間 V の元の組 $\langle \boldsymbol{e}_1, \boldsymbol{e}_2, \ldots, \boldsymbol{e}_n \rangle$ が線形独立であり, かつ V を張るとき, V の**基底** (basis) であるという. $\{\boldsymbol{0}\}$ でない有限次元線形空間には基底がかならず存在する. また, 基底を構成する元の個数は基底のとりかたによらず一定である. そこで, その個数を V の**次元** (dimension) と呼び, 記号 $\dim V$ で表す.

$\langle \boldsymbol{e}_1, \boldsymbol{e}_2, \ldots, \boldsymbol{e}_n \rangle$ が V の基底であるとき, 写像 $\psi : K^n \to V$ を $\psi\left(\begin{pmatrix} x_1 \\ \vdots \\ x_n \end{pmatrix}\right) = \sum_{i=1}^{n} x_i \boldsymbol{e}_i$ と定義すると, ψ は同型写像になる. このことは, 任意の n 次元線形空間が K^n と同型であることを意味する. また, n 個の数の組によって V の元を指定できることから, この写像 ψ は V 上に座標を導入していると考えることもできる. この意味において, V の次元の概念は冒頭に述べた直感的な理解を自然に定式化したものである.

次元について重要な定理を二つ挙げておく.

定理 1 (次元公式) 有限次元線形空間 V から有限次元線形空間 V' への線形写像 $T : V \to V'$ に対して, $\dim T(V) = \dim V - \dim \operatorname{Ker}(T)$ が成り立つ. ここで $\operatorname{Ker}(T)$ は V' の零元の T による逆像を表す.

定理 2 K の元を成分とする (m, n) 型行列 A に対して, 線形写像 $T_A : K^n \to K^m$ を, $T_A(\boldsymbol{x}) = A\boldsymbol{x}$ ($\boldsymbol{x} \in K^n$) により定義すると, $\dim T_A(V)$ は行列 A の階数に等しい.

$\{\boldsymbol{0}\}$ でない有限次元線形空間 V の2通りの基底 $\langle \boldsymbol{e}_1, \boldsymbol{e}_2, \ldots, \boldsymbol{e}_n \rangle$, $\langle \boldsymbol{f}_1, \boldsymbol{f}_2, \ldots, \boldsymbol{f}_n \rangle$ が与えられたとき, $\boldsymbol{f}_j = \sum_{i=1}^{n} p_{ij} \boldsymbol{e}_i$ ($p_{ij} \in K, i, j = 1, \ldots, n$) と表せるが, 係数 p_{ij} を (i, j) 成分とする行列 $P = (p_{ij})$ を基底の**変換行列** (transformation matrix) と呼ぶ. P は正則行列であり, 2組の基底の関係を記述する. V の元 $\boldsymbol{x}$ が $\boldsymbol{x} = \sum x_i \boldsymbol{e}_i = \sum y_j \boldsymbol{f}_j$ を満たすとき, $\begin{pmatrix} x_1 \\ \vdots \\ x_n \end{pmatrix} = P \begin{pmatrix} y_1 \\ \vdots \\ y_n \end{pmatrix}$ が成り立つ. このことから, 行列 P は, 2組の基底によって導入された座標の変換を表していると考えることもできる.

3 一般の線形空間の基底と次元

かならずしも有限次元とは限らない線形空間 V の部分集合 S の任意の有限個の元の組が線形独立であり, かつ, V の任意の元が S の有限個の元の線形結合として表されるとき, S は V の**基底** (basis) であるといい, S の濃度を V の**次元** (dimension) と呼ぶ. 選択公理を仮定すれば, $\{\boldsymbol{0}\}$ でない線形空間にはかならず基底が存在することが証明できる.

[海老原 円]

参 考 文 献

[1] 齋藤正彦:線型代数入門, 東京大学出版会, 1966.
[2] 佐武一郎:線型代数学 (増補版), 裳華房, 1974.

擬凸領域

psedoconvex domain

この項目では，2次元以上の複素ユークリッド空間 $\boldsymbol{C}^n (n \geq 2)$ の領域上の正則関数や有理型関数について解説する．多変数の正則関数には，解析接続性に関して1変数正則関数の場合と著しい違いがある．これより自然に正則領域，正則凸領域，擬凸領域の概念が現れる．これらから生ずる諸問題が岡潔を中心にして解決され，多変数複素解析学の基礎が確立された [3]〜[5]．

1 解析接続

$\Omega \subset \boldsymbol{C}^n$ を領域とし，$\mathcal{O}(\Omega)$ で Ω 上の正則関数全体を表す．正則関数の解析接続については1変数の場合と同じく定義される（一般には多価になる）．$n \geq 2$ では，Ω の形状により，Ω を真に含むより大きい領域 $\tilde{\Omega}$ 上へ $\mathcal{O}(\Omega)$ の元が一斉に解析接続されるというハルトークス現象が起こる．

定理1（ハルトークス現象の例） $\Omega \subset \boldsymbol{C}^n, n \geq 2$ を領域とし，$K \Subset D$ をコンパクト部分集合で，$\Omega \setminus K$ は連結とする．このとき任意の $f \in \mathcal{O}(\Omega \setminus K)$ は，Ω 上へ解析接続される．

2 正則領域

Ω 上の全ての正則関数が一斉に解析接続される最大領域 $\tilde{\Omega}$ を Ω の正則包と呼ぶ．$\Omega = \tilde{\Omega}$ のとき，Ω を正則領域と呼ぶ．一般に，単葉領域から出発してもその正則包は，単葉に納まらず多葉領域即ちリーマン領域になる．n 次元複素多様体 X がリーマン領域とは，臨界点をもたない正則写像 $\pi : X \to \boldsymbol{C}^n$ が存在するものをいう．$n = 1$ では，任意の領域が正則領域となる．その上の解析関数論で基本的なのがミッターク-レッフラーの定理とワイエルシュトラスの定理であった．対応する問題として多変数解析関数論ではクザンI, II 問題が提起された．岡潔は，まずこの二つの問題を解決した．その際用いられたのが，問題をより高次元のしかし単純な多重円板 $\mathrm{P}\Delta_N = \{(z_j) \in \boldsymbol{C}^N ; |z_j| < r_j\}$ に埋め込んで解くという，岡の上空移行の原理である．$\mathcal{O}_\Omega$ で Ω 上の正則関数の芽の層，$\mathcal{O}_\Omega^*$ で零をとらない正則関数の芽の層を表し，$H^q(\Omega, \mathcal{O}_\Omega)$ $(q \geq 0)$ で q 次チェックコホモロジーを表す．

定理2 Ω を正則領域とする．(1)（クザンI問題，岡 1936/37）$H^1(\Omega, \mathcal{O}_\Omega) = 0$．(2)（クザンII問題，岡 1939）$H^1(\Omega, \mathcal{O}_\Omega^*) \cong H^2(\Omega, \boldsymbol{Z})$．

(2) では，複素解析的問題が位相的問題に帰着されることを意味し，岡の原理と呼ばれる．

3 岡の連接定理

岡は一連の研究の過程で複素解析学において決定的な基本概念である連接性の概念を得てこれを証明した（岡自身はこれを有限擬底をもつ不定域イデアルと呼んだ）．Ω 上の $\mathcal{O}_\Omega$ 加群の層 $\mathscr{F}$ を考える．$\mathscr{F}$ が局所有限であるとは，任意の点 $a \in \Omega$ に近傍 $U \ni a$ と有限個の切断 $\sigma_j \in \Gamma(U, \mathscr{F}), 1 \leq j \leq N$ が存在して，$\mathscr{F}_x = \sum_{j=1}^N \mathcal{O}_{\Omega, x} \cdot \sigma(x), {}^\forall x \in U$ が成立することである．また開集合 $V \subset \Omega$ 上の $\mathscr{F}$ の有限個の切断 $\tau_k, 1 \leq k \leq L$ に対し $\mathscr{R}((\tau_k)) = \bigsqcup_{x \in V} \{(\gamma_k) \in \mathcal{O}_{\Omega, x}^L ; \sum_{k=1}^L \gamma_k \sigma_k(x) = 0\}$ で定義される $\mathcal{O}_V$ 加群の層 $\mathscr{R}((\tau_k))$ を (τ_k) の関係層と呼ぶ．$\mathscr{F}$ が連接層とは，$\mathscr{F}$ は局所有限かつ任意の関係層も局所有限であることと定義する．

$A \subset \Omega$ が解析的集合であるとは，任意の点 $a \in \Omega$ に近傍 $U \ni a$ と $f_j \in \mathcal{O}(U) (1 \leq j \leq l < \infty)$ が存在して $U \cap A = \{x \in U ; f_j(x) = 0, 1 \leq j \leq l\}$ と表されることである．解析的集合 $A (\subset \Omega)$ 上で零をとる正則関数の芽の層を $\mathscr{I}\langle A \rangle$（$\mathcal{O}_\Omega$ のイデアル層）と表し，幾何学的イデアル層と呼ぶ．商層 $\mathcal{O}_A = \mathcal{O}_\Omega / \mathscr{I}\langle A \rangle$ を A の正則関数の構造層と呼ぶ．これから定義される有理型関数の芽の層の中で $\mathcal{O}_A$ の整閉包を $\hat{\mathcal{O}}_A$ と表し，$\mathcal{O}_A$ の正規化層と呼ぶ．岡は次の三連接定理を示し理論を一新した．

定理3[4] 岡の第1連接定理 (1948)：$\mathcal{O}_{\boldsymbol{C}^n}$ は連接層である．岡の第2連接定理：幾何学的イデアル層は連接層である．岡の第3連接定理：解析的集合の構造層の正規化層は連接である．

補題 1 (岡の分解列 (Oka's syzygies)) $\mathscr{F}$ を多重円板 $\mathrm{P}\Delta_n$ 上の連接層とする．任意のコンパクト集合 $K \Subset \mathrm{P}\Delta_n$ と任意の $N \geqq 1$ に対し，ある近傍 $U \supset K$ 上で次の完全列が存在する．
$$\mathcal{O}_U^{p_N} \to \mathcal{O}_U^{p_{N-1}} \to \cdots \to \mathcal{O}_U^{p_1} \to \mathscr{F}|_U \to 0.$$

これが鍵で，次が従う．

補題 2 (岡の基本補題)[4] $\mathrm{P}\Delta_n$ 上の任意の連接層 $\mathscr{F}$ に対し，$H^q(\mathrm{P}\Delta_n, \mathscr{F}) = 0$, $q \geqq 1$.

この補題と岡の上空移行の原理より定理 2,4〜6 等の基本結果が全て従うこととなる．

4 正則凸領域・擬凸領域

$\Omega \subset \boldsymbol{C}^n$ を領域とする．$K \subset \Omega$ に対し，$\hat{K}_\Omega = \{z \in \Omega; |f(z)| \leqq \sup_K |f|, {}^\forall f \in \mathcal{O}(\Omega)\}$ を K の正則凸包と呼ぶ．任意の $K \Subset \Omega$ に対して $\hat{K}_\Omega \Subset \Omega$ となるとき，Ω は正則凸であると言う．Ω 上の関数 $\phi: \Omega \to [-\infty, \infty)$ が次の 2 条件を満たすとき，**多重劣調和関数**と呼ばれる (岡 1942)．(1) ϕ は上半連続である．(2) 任意の点 $z \in \Omega$ と任意のベクトル $v \in \boldsymbol{C}^n$ に対し，関数 $\zeta \in \boldsymbol{C} \to \phi(z + \zeta v)$ はその定義されている開集合上劣調和である．$\phi(z)$ が C^2 級ならば，多重劣調和であることとレビ形式 $\sum_{j,k} \frac{\partial^2 \phi}{\partial z_j \partial \bar{z}_k} \frac{i}{2} dz_j \wedge d\bar{z}_k$ が半正値であることは同値である．これが，各点で正値であるとき ϕ は**強多重劣調和（強擬凸）関数**と呼ばれる．また連続な ϕ で $\{z \in \Omega; \phi(z) < c\} \Subset \Omega$ $({}^\forall c \in \boldsymbol{R})$ を満たすとき，ϕ を階位関数と呼ぶ．

各点 $z \in \Omega$ に対し $\delta(z) = \sup\{r > 0; \{w; \|w - z\| < r\} \subset \Omega\}$ を境界距離関数とする ($\|\cdot\|$ は，通常のユークリッドノルムを表す)．$-\log \delta(z)$ が，Ω 上の多重劣調和関数であるとき，Ω は擬凸であるという．この条件は，Ω の境界 $\partial \Omega$ の局所的性質である．以上の概念は，容易にリーマン領域に拡張される．

定理 4 (レビ問題，岡の定理 1942/43/53) リーマン領域に対し次の概念は同値である．(1) 正則領域．(2) 正則凸領域．(3) 擬凸領域．

単葉領域の場合，$(1) \Leftrightarrow (2)$ はカルタン–トゥーレンに依る．単葉の場合も含め，$(3) \Rightarrow (1)$ が，最難関でレビ問題と呼ばれた．岡潔は，まず 2 次元単葉領域の場合を解決し (1942)，次いで一般次元リーマン領域の場合を完全に解決した (1943/53)．後年，多くの拡張・別証が与えられている [2]．

5 スタイン多様体

X を n 次元複素多様体とし，前節までに Ω 上で用いてきた記号と概念を，同様な意味で X 上でも用いる．正則凸領域のもつ性質を一般化し，X がスタインであるとは，次の 4 条件が満たされることとする．(1) X は第 2 可算公理を満たす．(2) X は正則凸である．(3) 相異なる 2 点で異なる値をもつ $f \in \mathcal{O}(X)$ がある．(4) 任意の点 $x \in X$ に対し $f_i \in \mathcal{O}(X)$ $(1 \leqq i \leqq n)$ が存在して $\wedge_{i=1}^n df_i(x) \neq 0$. じつは (2) と (3) より (1) と (4) は従う [1]．岡の基本補題 2 と上空移行の原理より次の基本定理が得られる．

定理 5 (岡–カルタンの基本定理) スタイン多様体 X 上の連接層 $\mathscr{F}$ に対し $H^q(X, \mathscr{F}) = 0$, $q \geqq 1$.

$\mathscr{F} = \mathcal{O}_X$ に対しては $\bar{\partial}$ 方程式による証明方法もあるが，それによっても連接層に対しては補題 1 が不可欠である [2]．定理 4 は次のようになる．

定理 6 複素多様体 X に対し，次の 3 条件は同値である．(1) X はスタインである．(2) X 上の任意の連接層 $\mathscr{F}$ に対し $H^q(X, \mathscr{F}) = 0$, $q \geqq 1$. (3) X 上に強多重劣調和階位関数が存在する．

[野口潤次郎]

参考文献

[1] H. Grauert：*Math. Ann.* **129**：233–259, 1955.
[2] L. Hörmander：*Introduction to Complex Analysis in Several Variables, 3rd ed*, North-Holland, 1990. (邦訳) 笠原乾吉訳：多変数複素解析学入門（第 2 版），東京図書，1973.
[3] 西野利雄：多変数複素函数論，東京大学出版会，1996.
[4] 野口潤次郎：多変数解析関数論，朝倉書店，2013.
[5] K. Oka：*Sur les Fonctions Analytiques de Plusieurs Variables*, 岩波書店，1961.

擬微分作用素

pseudodifferential operator

擬微分作用素は，変数係数の偏微分作用素を一般化した概念であり，1960 年代に J. J. Kohn, L. Nierenberg, L. Hörmander, A. Unterberger, J. Bokobza らによってはじめられた．$P(D)$ を $\boldsymbol{R}^d$ 上の変数係数の N 階偏微分作用素

$$P(D) = \sum_{\alpha \in \boldsymbol{Z}_+^d, |\alpha| \leq N} a_\alpha(x) \partial^\alpha \quad (1)$$

とする．ただし記号は「多重指数」に従うものとする．$u \in \mathcal{S}(\boldsymbol{R}^d)$ (シュワルツの急減少関数) に対してフーリエ変換を $\mathcal{F}[u] = \widehat{u}$ と表し，フーリエ逆変換を $\mathcal{F}^{-1}$ と表すと，この偏微分作用素は次のように表すことができる．

$$(P(D)u)(x) = \sum_{\substack{\alpha \in \boldsymbol{Z}_+^d, \\ |\alpha| \leq N}} a_\alpha(x) \mathcal{F}^{-1}[\widehat{\partial^\alpha u}](x)$$

$$= \frac{1}{(2\pi)^d} \int_{\boldsymbol{R}^d} e^{ix\cdot\xi} \sum_{\substack{\alpha \in \boldsymbol{Z}_+^d, \\ |\alpha| \leq N}} a_\alpha(x)(i\xi)^\alpha \widehat{u}(\xi) d\xi.$$

ここで，

$$p(x, \xi) = \sum_{\alpha \in \boldsymbol{Z}_+^d, |\alpha| \leq N} a_\alpha(x)(i\xi)^\alpha \quad (2)$$

とおけば，

$$(P(D)u)(x) = \frac{1}{(2\pi)^d} \int_{\boldsymbol{R}^d} e^{ix\cdot\xi} p(x, \xi) \widehat{u}(\xi) d\xi$$

である．この書き換えをもとにして擬微分作用素が定義される．擬微分作用素には様々なクラスが知られているが，以下はその一つとして知られている S^m クラスである．

定義 ([3] 参照) $m \in \boldsymbol{R}$ とし $a(\cdot, \cdot) \in C^\infty(\boldsymbol{R}^d \times \boldsymbol{R}^d)$ とする．任意の $\alpha, \beta \in \boldsymbol{Z}_+^d$ に対し，ある正定数 $C_{\alpha\beta}$ が存在し，任意の $(x, \xi) \in \boldsymbol{R}^d \times \boldsymbol{R}^d$ に対して

$$\left|\partial_x^\alpha \partial_\xi^\beta a(x, \xi)\right| \leq C_{\alpha\beta}(1 + |\xi|)^{m-|\beta|}$$

をみたすとき，a を S^m クラスの表象といい，S^m クラスの表象の全体を S^m で表す．特に $S^{-\infty} = \bigcap_{m \in \boldsymbol{R}} S^m$ とおく．

$m \in [-\infty, \infty)$ とする．$a \in S^m$ に対して，

$$T_a u(x) = \frac{1}{(2\pi)^d} \int_{\boldsymbol{R}^d} e^{ix\cdot\xi} a(x, \xi) \widehat{u}(\xi) d\xi \quad (3)$$

($u \in \mathcal{S}(\boldsymbol{R}^d)$) と定める．$T_a$ を a を表象とする擬微分作用素，あるいは S^m クラスの擬微分作用素という．

たとえば，(1) において，$a_\alpha \in C^\infty(\boldsymbol{R}^d)$ であり，かつすべての $\beta \in \boldsymbol{Z}_+^d$ に対して，$\sup_{x \in \boldsymbol{R}^d} \left|\partial^\beta a_\alpha(x)\right| < \infty$ であるとき，(2) の $p(x, \xi)$ は S^N クラスの表象であり，$P(D)$ は $p(x, \xi)$ を表象とする擬微分作用素になっている．$m \in \boldsymbol{R}$ とし $\sigma(x, \xi) = \sigma(\xi) = (1 + |\xi|^2)^{m/2}$ とすると $\sigma \in S^m(\boldsymbol{R}^d)$ である．$m = 2n$ (n は正整数) であるとき，$T_\sigma = (I - \Delta)^n$ (ここで Δ は $\boldsymbol{R}^d$ 上のラプラシアン) であるが，そうでないときは偏微分作用素ではない．$m \in \boldsymbol{R}$ に対して，しばしば $T_\sigma = (I - \Delta)^{m/2}$ と表す．擬微分作用素の解析では，次に定義される表象の漸近展開が基本的な役割を果たす．

定義 $m \in \boldsymbol{R}$ とし，$a \in S^m$ とする．$m = m_0 > m_1 > m_2 > \cdots \to -\infty$ とし，$a_j \in S^{m_j}$ とする．もしも任意の正の整数 N に対して

$$a - \sum_{j=0}^{N-1} a_j \in \mathcal{S}^{m_N}$$

が成り立つとき，a は $\sum_{j=0}^\infty a_j$ に漸近展開されるといい，$a \sim \sum_{j=0}^\infty a_j$ と表す．

特に $m = m_0 > m_1 > m_2 > \cdots \to -\infty$ と $a_j \in S^{m_j}$ が与えられたとき，$a \sim \sum_{j=0}^\infty a_j$ なる $a \in S^m$ が存在し，$S^{-\infty}$ の違いを除き一意的に定まることが知られている．擬微分作用素は代数的な演算について良い性質を満たす．たとえば，次の定理が成り立つ．

定理 $m_1, m_2 \in \boldsymbol{R}$ とする．$a_1 \in S^{m_1}$, $a_2 \in S^{m_2}$ とするとき，$T_a = T_{a_1} \circ T_{a_2}$ なる $a \in S^{m_1+m_2}$ が存在し，次の意味の漸近展開をもつ．任意の正の整数 N に対して

$$a - \sum_{\substack{\alpha \in \mathbf{Z}_+^d, \\ |\alpha| < N}} \frac{(-i)^{|\alpha|}}{\alpha!} \left(\partial_\xi^\alpha a_1\right)\left(\partial_x^\alpha a_2\right) \in S^{m_1+m_2-N}.$$

擬微分作用素は形式的共役作用素をもち，それがまた擬微分作用素になっている．

定理 $m \in \mathbf{R}$ とし，$a \in S^m$ とする．このとき，ある $a^* \in S^m$ が存在し，任意の $\varphi, \psi \in \mathcal{S}(\mathbf{R}^d)$ に対して，
$$\int_{\mathbf{R}^d} (T_a\varphi(x))\overline{\psi(x)}dx = \int_{\mathbf{R}^d} \varphi(x)\overline{(T_{a^*}\psi(x))}dx$$
が成り立ち，さらに次の意味で漸近展開をもつ．
$$a^* - \sum_{\alpha \in \mathbf{Z}_+^d, |\alpha|<N} \frac{(-i)^{|\alpha|}}{\alpha!} \partial_x^\alpha \partial_\xi^\alpha \overline{a} \in S^{m-N}.$$

S^m クラスの表象をもつ擬微分作用素は $\mathcal{S}(\mathbf{R}^d)$ から $\mathcal{S}(\mathbf{R}^d)$ への連続線形作用素になっていることが知られているが，形式的共役作用素を用いて，擬微分作用素を次のようにして $\mathcal{S}'(\mathbf{R}^d)$ 上の連続線形作用素として拡張することができる．$m \in \mathbf{R}$ とし，$a \in S^m(\mathbf{R}^d)$ とする．$F \in \mathcal{S}'(\mathbf{R}^d)$ に対して，T_aF を
$$\langle T_aF, \varphi \rangle = \langle F, \overline{T_{a^*}\overline{\varphi}} \rangle, \quad \varphi \in \mathcal{S}(\mathbf{R}^d)$$
により定義する．

擬微分作用素の中で，特に表象 $a \in S^m$ ($m \in \mathbf{R}$) が
$$|a(x,\xi)| \geqq c(1+|\xi|)^m, \quad |\xi| \geqq C$$
(ただし C, c は x と ξ に依存しない正定数) を満たすとき楕円型であるという．楕円型擬微分作用素の重要な性質の一つは，次のようにある種の近似的な逆作用素をもつことである．

定理 $m \in \mathbf{R}$ とし，$a \in S^m$ を楕円型であるとする．このとき，ある $b \in S^{-m}$ と，$S^{-\infty}$ クラスの擬微分作用素 R, S が存在し，
$$T_b \circ T_a = I + R,$$
$$T_a \circ T_b = I + S$$
が成り立つ．T_b を T_a のパラメトリクスという．

$s \in \mathbf{R}$，$1 < p < \infty$ に対して L^p-Sobolev 空間は，$u \in \mathcal{S}'(\mathbf{R}^d)$ で $\mathcal{F}^{-1}[(I-\Delta)^{s/2}\hat{u}] \in L^p(\mathbf{R}^d)$ をみたすもの全体からなる空間として定義される．$a \in S^m$ の場合，$1 < p < \infty$ に対して，T_a は $H^{s,p}(\mathbf{R}^d)$ から $H^{s-m,p}(\mathbf{R}^d)$ への連続作用素になっている．

擬微分作用素の別のクラスとしては，たとえば次のものがある ([4]).

定義 $\Omega \subset \mathbf{R}^d$ を開集合とし，$m \in \mathbf{R}$，$0 < \rho$，$\delta \leqq 1$ とする．$p \in C^\infty(\Omega \times \mathbf{R}^d)$ で，任意のコンパクト集合 $K \subset \Omega$ と，$\alpha, \beta \in \mathbf{Z}_+^d$ に対して，ある正定数 $C_{K,\alpha,\beta}$ が存在し
$$|\partial_x^\beta \partial_\xi^\alpha p(x,\xi)| \leqq C_{K,\alpha,\beta}(1+|\xi|)^{m-\rho|\alpha|+\delta|\beta|}$$
$((x,\xi) \in K \times \mathbf{R}^d)$ を満たすとき，$S_{\rho,\delta}^m$ クラスの表象であるという．このような表象の全体を $S_{\rho,\delta}^m(\Omega)$ で表す．$p \in S_{\rho,\delta}^m(\Omega)$ に対しても $u \in C_c^\infty(\Omega)$ であるならば，u の台の外では恒等的に 0 として u を $\mathcal{S}(\mathbf{R}^d)$ に属する関数と考えて，(3) と同様にして p を表象とする $P(x,D)u$ を定義することができる．$P(x,D)$ を $S_{\rho,\delta}^m$ クラスの Ω 上の擬微分作用素といい，その全体を $\mathrm{OPS}_{\rho,\delta}^m(\Omega)$ で表す．($\rho = 1$，$\delta = 0$ の大域版が前述の S^m である．)

$\delta < 1$ とする．$P(x,D) \in \mathrm{OPS}_{\rho,\delta}^m(\Omega)$ ならば，$P(x,D)$ は $C_c^\infty(\Omega)$ から $C^\infty(\Omega)$ への連続線形作用素であり，$\delta < 1$ のときは，コンパクト台をもつ超関数全体の空間 $\mathcal{E}'(\Omega)$ から $\mathcal{D}'(\Omega)$ への連続線形作用素に拡張できる．さらに擬微分作用素は多様体，ベクトル束などでも定義され，偏微分方程式論のほかにも，多様体上の解析学などに応用されている． ［新井仁之］

参考文献

[1] 熊ノ郷準：擬微分作用素，岩波書店，1974.
[2] M.E. Taylor：*Pseudodifferential Operators*, Princeton University Press, 1981.
[3] L. Hörmander：*The Analysis of Linear Partial Differential Operators III*, Springer, 1985.
[4] L. Hörmander：Pseudo-differential operators and hypoelliptic equations, *Proc. Symp. Pure Math.*, **10**, 138–183, 1967.
[5] M.W. Wong：*An Introduction to Pseudo-Differential Operators, 3rd ed*, World Scientific, 2014.

帰謬法 (背理法)

reductio ad absurdum, indirect proof

ある命題を証明したいときに，その命題が成り立たないと仮定すると何らかの矛盾が出てしまうことを示すことによって，もとの命題が成り立つと結論する証明法を帰謬法 (reductio ad absurdum)，あるいは間接証明法 (indirect proof) という．

次の例は背理法による証明の一例である．

例 1 $\sqrt{2}$ は無理数である．

この命題を否定すると「$\sqrt{2}$ は有理数である」ことになり，したがって $\sqrt{2} = \frac{m}{n}$ というように，正の数 m, n を用いて分数で表されることを意味する．ここから $\sqrt{2}n = m$，さらに両辺を 2 乗して $2n^2 = m^2$ が導かれる．この式の両辺の素因数の個数を調べてみよう．n が N 個の素数の積であるとすれば，n^2 は $2N$ 個つまり偶数個の素数の積であり，m^2 も偶数個の素数の積である．したがって等式 $2n^2 = m^2$ の左辺は奇数個，右辺は偶数個の素数の積となり，矛盾が生ずる．よって $\sqrt{2}$ は有理数でないこと，すなわち $\sqrt{2}$ が無理数であることが証明された．

次の例は整数論において不定方程式をあつかう場合によく用いられる「無限降下法」と呼ばれる背理法の一種である．

例 2 $x^2 + y^2 = 3z^2$ を満たす正の整数解は存在しない．

結論を否定して，整数解が存在すると仮定する．その解を $x = x_0, y = y_0, z = z_0$ とすれば，$x_0^2 + y_0^2 = 3z_0^2$ が成り立っている．この右辺は 3 の倍数だから，左辺も 3 の倍数である．ここで $(3k+1)^2 = 9k^2 + 6k + 1 = 3(3k^2 + 2k) + 1$, $(3k+2)^2 = 9k^2 + 12k + 4 = 3(3k^2 + 4k + 1) + 1$ であるから，3 の倍数でない整数の 2 乗を 2 つ足すと，$3l + 2$ の形になる．したがって左辺が 3 の倍数であるためには x_0, y_0 ともに 3 の倍数でなければならない．つまり $x_0 = 3x_1, y_0 = 3y_1$ を満たす正の整数 x_1, y_1 が存在する．これらをもとの方程式に代入すると $9x_1^2 + 9y_1^2 = 3z_0^2$，すなわち $3x_1^2 + 3y_1^2 = z_0^2$ となるから，z_0 も 3 の倍数であり，$z_0 = 3z_1$ を満たす正の整数 z_1 が存在する．これを代入すると $3x_1^2 + 3y_1^2 = 9z_1^2$，すなわち $x_1^2 + y_1^2 = 3z_1^2$ となって，(x_1, y_1, z_1) がもとの方程式の解になっていることがわかる．しかし，(x_1, y_1, z_1) は (x_0, y_0, z_0) をそれぞれ 3 で割ったものであって，小さくなっている．そしてこの (x_1, y_1, z_1) に上の論法を適用すれば，さらに小さい解 (x_2, y_2, z_2) が作れる，というように，解があればいくらでも小さい解が作れることになるが，正の整数が無限に減少することはあり得ないからこれは矛盾である．したがって，正の整数解は一つも存在しないことが証明できた．

背理法は，この例のような代数学における定理の証明にかぎらず，数学のあらゆる分野で用いられる．その威力について，イギリスの数学者ハーディ (G.H. Hardy) はその著書『ある数学者の弁明 (*A Mathematician's Apology*)』のなかで，素数が無限にあることの背理法による証明を紹介したあとで，「背理法，それはユークリッドがたいへん好んだ方法だが，数学者にとってもっとも精妙な武器のうちの一つである (*Reductio ad absurdum*, which Euclid loved so much, is one of a mathmatician's finest weapons.)」とまで評している．

［硲　文夫］

基 本 群

fundamental group

1 序

位相空間の基本群の概念は，ポアンカレにより発見された．位相空間上の1点bを基点として固定し，bから出てbに戻る閉曲線のホモトピー類の集合が，群構造をもつことを見つけたのである．ポアンカレの群と呼ばれることもある．正整数nに対して，基本群を1次のホモトピー群とするn次ホモトピー群として一般化されている．ポアンカレは，コンパクト連結3次元多様体の基本群が単位群に等しいとき，その多様体は3次元球面と同相であるというポアンカレの予想を定式化した．この予想は，20世紀後半の高次元の同様の予想の解決ののち，ペレルマンにより21世紀のはじめに肯定的に解決された．

2 定義と性質

基点付きの位相空間(X,b)を位相空間Xに1点bを定めたものとする．bを基点とする閉曲線とは，連続写像$c:[0,1]\to X$であって，$c(0)=c(1)=b$を満たすもののことである．二つのbを基点とする閉曲線c_0, c_1がホモトピックである（$c_0\simeq c_1$）とは，連続写像$\Gamma:[0,1]\times[0,1]\to X$で，$u\in[0,1]$に対し$\Gamma(0,u)=c_0(u), \Gamma(1,u)=c_1(u), t\in[0,1]$に対し$\Gamma(t,0)=\Gamma(t,1)=b$を満たすものが存在することである．ホモトピックであるという性質は同値関係であり，その同値類の集合を$\pi_1(X,b)$と書く．

$\pi_1(X,b)$には，次で演算を定義する．$\alpha_1, \alpha_2 \in \pi_1(X,b)$の代表元$c_1, c_2:[0,1]\to X$ ($c_1(0) = c_1(1) = c_2(0) = c_2(1) = b$) に対し，$c_1\natural c_2:[0,1]\to X$を，$u\in[0,\frac{1}{2}]$に対し$(c_1\natural c_2)(u)=c_1(2u), u\in[\frac{1}{2},1]$に対し$(c_1\natural c_2)(u)=c_2(2u-1)$で定義し，$\alpha_1\alpha_2=[c_1\natural c_2]$（$c_1\natural c_2$のホモトピー類）と定義すると，矛盾なく定義される．この演算について，結合律が成立すること，bへの定値写像が単位元，$\alpha=[c], c:[0,1]\to X$ ($c(0)=c(1)=b$) に対し，$\bar{c}(u)=c(1-u)$のホモトピー類$[\bar{c}]$が逆元であることが容易に示される．

この演算を考えた群$\pi_1(X,b)$を(X,b)の**基本群**と呼ぶ．

弧状連結な位相空間の基本群の同型類は，基点のとり方によらない．したがって，これを弧状連結な位相空間の基本群と呼ぶ．弧状連結な空間の基本群が単位群であるとき，この空間は，**単連結**であるといわれる．弧状連結な位相空間Xが単連結であることと，円周$S^1=\{x\in\mathbf{R}^2 \mid \|x\|=1\}$から$X$への任意の連続写像$\varphi:S^1\to X$が，円板$D^2=\{x\in\mathbf{R}^2 \mid \|x\|\leqq 1\}$から$X$への写像に拡張する．すなわち，連続写像$\Phi:D^2\to X$で，$\Phi|S^1=\varphi$を満たすものが存在することは同値である．

基点付き位相空間の間の連続写像$f:X\to Y$は，bを基点とする閉曲線を$f(b)$を基点とする閉曲線に写し，基本群の準同型写像$f_*:\pi_1(X,b)\to\pi_1(Y,f(b))$を誘導する．さらに，連続写像$g:Y\to Z$が与えられているとき，$g\circ f:X\to Z$の誘導する準同型について$(g\circ f)_*$は，$(g\circ f)_*=g_*\circ f_*$を満たす．$X$の恒等写像$\mathrm{id}_X$は，$\pi_1(X,b)$の恒等写像$\mathrm{id}_{\pi_1(X,b)}$を誘導する．したがって，基点付きの位相空間に基本群を対応させる対応は，基点付きの位相空間を対象，連続写像を射とする圏から，群を対象，準同型を射とする圏への共変関手となる．

したがって，基本群が同型でない二つの位相空間は同相ではない．

さらに，$f_0:X\to Y, f_1:X\to Y$が基点$b_X\in X, b_Y=f_0(b_X)=f_1(b_X)\in Y$を保ってホモトピックであるとき，すなわち，連続写像$F:[0,1]\times X\to Y$で，$x\in X$に対し$F(0,x)=f_0, F(1,x)=f_1(x), t\in[0,1]$に対し$F(t,b_X)=b_Y$となるものが存在するとき，基本群に誘導される準同型写像は等しい：$(f_0)_*=(f_1)_*$．

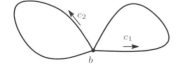

図1　$c_1\natural c_2$のホモトピー類は，$c_2\natural c_1$のホモトピー類と同じとは限らない．

この性質をホモトピー不変性と呼ぶ．計算上きわめて重要である．

3 基本群の計算

円周 S^1 に対して，基本群 $\pi_1(S^1, b_{S^1})$ は整数の加法群 $\boldsymbol{Z}$ と同型である．この円周の場合の基本群の計算は，$p(\theta) = (\cos 2\pi\theta, \sin 2\pi\theta)$ で定義される被覆写像 $p: \boldsymbol{R} \to S^1$ の性質を用いる．

被覆空間 $p: \widetilde{X} \to X$ に対して，$p(\widetilde{b}) = b$ とするとき，$p_*: \pi_1(\widetilde{X}, \widetilde{b}) \to \pi_1(X, b)$ は単射となる．$\pi_1(X, b)$ は，$\widetilde{X}$ に被覆変換として作用する．この作用のもとで，$p^{-1}(b)$ は，コセット集合 $\pi_1(X, b)/p_*(\pi_1(\widetilde{X}, \widetilde{b}))$ と同一視される．とくに，$\widetilde{X}$ が単連結（基本群が単位群）であれば，$\widetilde{X}$ に被覆変換として作用している群は，$\pi_1(X, b)$ と同型である．

基本群の計算には，被覆空間の性質を用いる以外に，次のことを使うことが多い．

命題 直積空間の基本群は，基本群の直積と同型になる．

定理（ファン・カンペンの定理） 弧状連結な位相空間 X が，二つの弧状連結な開集合 U_1, U_2 の和集合であり，$U_{12} = U_1 \cap U_2$ は弧状連結であるとする．包含写像 $i_1: U_{12} \to U_1$, $i_2: U_{12} \to U_2$, 基点 $b \in U_{12}$ に対し，$\pi_1(X, b)$ は，$\pi_1(U_1, b)$ と $\pi_1(U_2, b)$ の自由積 $\pi_1(U_1, b) * \pi_1(U_2, b)$ の，$\{i_{1*}(\alpha)(i_{2*}(\alpha))^{-1} \mid \alpha \in \pi_1(U_{12}, b)\}$ を含む最小の正規部分群 $\mathcal{N}$ に関する剰余群 $\pi_1(U_1, b) * \pi_1(U_2, b)/\mathcal{N}$ と同型である．（このように定義される群は融合積と呼ばれ，$\pi_1(U_1, b) \underset{\pi_1(U_{12}, b)}{*} \pi_1(U_2, b)$ と書かれる．）

ファン・カンペンの定理により，有限胞体複体の

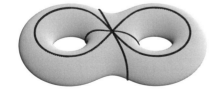

図 2 種数 2 の閉リーマン面 Σ_2 の基本群の生成元は図の曲線のようにとられる

図 3 トレフォイル結び目

基本群は，2 骨格の基本群と同型であり，有限個の生成元と関係式により表示される．とくに，頂点が 1 個の 2 次元有限胞体複体の基本群は，1 次元胞体に対応する生成元と，2 次元胞体に対応する関係式で表される．

4 計 算 例

(1) n 次元トーラス T^n の基本群は加法群 $\boldsymbol{Z}^n$ と同型である．

(2) n 個の円周の直和において，各成分から 1 点とり，それらを同一視した空間 $\bigvee^n S^1$ の基本群は n 元生成の自由群と同型である．

(3) 種数 g の閉リーマン面 Σ_g の基本群は，$\langle a_1, b_1, \ldots, a_g, b_g \mid [a_1, b_1] \ldots [a_g, b_g] \rangle$ と $2g$ 個の生成元と 1 個の交換子の積が $\boldsymbol{1}$ という関係式で表示される．

(4) トレフォイル結び目の補空間の基本群は $\langle a, b \mid a^2 b^{-3} \rangle$ と表示される．

5 高次のホモトピー群

基本群は，区間 $[0, 1]$ からの境界 $\{0, 1\}$ を基点に写す連続写像のホモトピー類として定義したが，n 次元立方体 $[0, 1]^n$ からの境界 $\partial [0, 1]^n$ を基点に写す連続写像のホモトピー類を考えることで，n 次ホモトピー群 $\pi_n(X, b)$ が定義される．n 次元立方体 $[0, 1]^n$ の第 1 成分について，基本群におけると同様の演算を考えて，群構造がはいり，第 2 節と同じ性質が成立する．2 次以上のホモトピー群は，可換群であることがわかり，n 次ホモトピー群を対応させる対応は，可換群と準同型のなす圏への関手となる．

［坪井 俊］

逆，裏，対偶

converse, reverse, contrapositive

1 命題論理の場合

二つの命題 p, q から作られた命題「$p \to q$（p ならば q）」を P とするとき，命題「$q \to p$」を P の逆 (converse)，命題「$\bar{p} \to \bar{q}$」を P の裏 (reverse)，命題「$\bar{q} \to \bar{p}$」を P の対偶 (contrapositive) という（ただし，$\bar{p}, \bar{q}$ はそれぞれ p, q の否定を表している）．

命題 $p \to q$ が真であるときに，その逆，裏，対偶の真偽については以下のようになる．逆 $q \to p$ については，その真理表をもとの命題の真理表と比べると

表1 $p \to q$ と $q \to p$ の真理表

p	q	$p \to q$	p	q	$q \to p$
0	0	1	0	0	1
0	1	1	0	1	0
1	0	0	1	0	1
1	1	1	1	1	1

となっているから，$p = 0$, $q = 1$，すなわち，p が偽で q が真の場合は，$p \to q$ は真であるが，$q \to p$ は偽となる．したがって，命題 $p \to q$ が真であるからといって，その逆 $q \to p$ がかならず真であるとはかぎらないことがわかる：「逆はかならずしも真ならず．」また，裏 $\bar{p} \to \bar{q}$ についても，$p = 0$, $q = 1$ のとき偽であるから，命題 $p \to q$ が真であるからといって，その裏 $\bar{p} \to \bar{q}$ がかならず真であるとはかぎらない．しかし，対偶 $\bar{q} \to \bar{p}$ については，真理表が

表2 $\bar{q} \to \bar{p}$ の真理表

p	q	$\bar{p}$	$\bar{q}$	$\bar{q} \to \bar{p}$
0	0	1	1	1
0	1	1	0	1
1	0	0	1	0
1	1	0	0	1

となって，もとの命題 $p \to q$ と真偽が一致しており，これらが同値であることがわかる．たとえば，整数 a, b に対する命題「積 ab が奇数ならば a, b の両方とも奇数である」をそのまま証明するより，その対偶「a, b のどちらかが偶数ならば積 ab は偶数である」を証明する方が容易であるように，しばしば対偶をとって考えることが有用なことがある．

2 述語論理の場合

基本的に命題論理の場合と同様であり，述語 $p(x)$, $q(x)$ から作られた全称命題 $\forall x[p(x) \to q(x)]$ に対して，その逆は $\forall x[q(x) \to p(x)]$，裏は $\forall x[\overline{p(x)} \to \overline{q(x)}]$，対偶は $\forall x[\overline{q(x)} \to \overline{p(x)}]$ となる．この場合も，もとの命題が真であるときには，その対偶も真であり，逆と裏はかならずしも真であるとはかぎらない．

3 集合との関係

集合 M の2つの部分集合 P, Q がそれぞれ述語 $p(x), q(x)$ で定められているとする．すなわち，$P = \{x; p(x)\}$, $Q = \{x; q(x)\}$ と表されている場合である．このとき，「$\forall x[p(x) \to q(x)]$ が真」とは，「包含関係 $P \subset Q$ が成り立つ」ということを意味している．同様に，その逆，裏，対偶には，それぞれ集合の包含関係が次のように対応する：

表3 命題と包含関係

	命題	包含関係
原命題	$\forall x[p(x) \to q(x)]$	$P \subset Q$
逆	$\forall x[q(x) \to p(x)]$	$Q \subset P$
裏	$\forall x[\overline{p(x)} \to \overline{q(x)}]$	$\bar{P} \subset \bar{Q}$
対偶	$\forall x[\overline{q(x)} \to \overline{p(x)}]$	$\bar{Q} \subset \bar{P}$

（ただし，$\bar{P}, \bar{Q}$ はそれぞれ M における P, Q の補集合を表している．）したがって，$P \subset Q$ であるが $P \neq Q$ の場合は，逆に対応する $Q \subset P$ は成り立たない．なぜならこの場合 Q の元であって P の元でないものが存在するからである．同様に，裏に対応する $\bar{P} \subset \bar{Q}$ も成り立たない．しかし対偶に対応する $\bar{Q} \subset \bar{P}$ は成り立つ．それは対偶ともとの命題は同値だからである． ［硲　文夫］

級　　数

series

1　無限級数の収束と発散

数列 $\{a_n\}_{n=1}^{\infty}$ に対して $a_1+a_2+\cdots+a_n+\cdots$ のように表した記号を**無限級数**という．無限級数は $\sum_{n=1}^{\infty} a_n$ とも表す．$s_N = \sum_{n=1}^{N} a_n$ をこの無限級数の**部分和**という（$N=1,2,\ldots$）．とくに s_N が N を限りなく大きくしていったとき，ある数 a に収束する場合，無限級数 $\sum_{n=1}^{\infty} a_n$ は**収束級数**，あるいは**収束する**といい，a をその**極限**という．$\sum_{n=1}^{\infty} a_n = a$ とも表す．また N を限りなく大きくしていったとき，s_N がどのような数にも収束しないとき，**発散級数**であるという．とくに $\{a_n\}_{n=1}^{\infty}$ が実数列であり，$N\to\infty$ としたときの s_N の極限が $+\infty$ である場合，$\sum_{n=1}^{\infty} a_n$ は $+\infty$ に発散するといい，s_N の極限が $-\infty$ であるとき $\sum_{n=1}^{\infty} a_n$ は $-\infty$ に発散するという．実数からなる無限級数 $\sum_{n=1}^{\infty} a_n$ が発散級数であり，しかも $+\infty$ にも $-\infty$ にも発散しない場合，**振動級数**であるという．

例 1　実数 a に対して，$\sum_{n=1}^{\infty} a^n$ を**幾何級数**という．幾何級数は $|a|<1$ の場合は収束級数である．また $|a| \geqq 1$ の場合は発散級数である．$a \leqq -1$ の場合は振動級数である．

例 2　$\sum_{n=1}^{\infty} \frac{1}{n}$ を**調和級数**という．調和級数は $+\infty$ に発散する．$\sum_{n=1}^{N} \frac{1}{n} - \log N$ は $N\to\infty$ としたとき，ある定数 γ に収束する．この γ を**オイラー定数**という．$\gamma = 0.5772156\cdots$ である．

収束について次の定理が成り立つ．

定理 1　$\sum_{n=1}^{\infty} a_n$ は収束級数であるための必要十分条件は，どのような正数 $\varepsilon > 0$ をとっても，ある番号 N_0 を「$M>N>N_0$ ならば $|s_M - s_N| < \varepsilon$」を満たすようにとれることである．

2　正項級数と交項級数

数列 $a_1, a_2, \ldots$ が非負の実数からなるとき，無限級数 $\sum_{n=1}^{\infty} a_n$ を**正項級数**という．正項級数は収束級数であるか $+\infty$ に発散する発散級数であるかのいずれかである．したがって正項級数の部分和 s_N からなる数列が有界である場合，すなわちある正の実数 M により，どのような s_N も $s_N \leqq M$ を満たす場合，正項級数は収束級数となっている．正項級数の収束・発散に関する判定法として次の定理がある．

定理 2　$a_1, a_2, \ldots$ を正の実数とする．
(1) $p = \limsup_{n\to\infty} \sqrt[n]{a_n}$ とする．$p < 1$ ならば $\sum_{n=1}^{\infty} a_n$ は収束し，$p > 1$ ならば $\sum_{n=1}^{\infty} a_n$ は $+\infty$ に発散する．
(2) $L = \lim_{n\to\infty} \frac{a_{n+1}}{a_n}$ $(\leqq +\infty)$ が存在するとする．$L < 1$ ならば $\sum_{n=1}^{\infty} a_n$ は収束し，$L > 1$ ならば $\sum_{n=1}^{\infty} a_n$ は $+\infty$ に発散する．

このほかにも収束・発散に関する多くの判定法がある（[1, 2] 参照）．

非負の項と非正の項が交互に現れる級数を**交項級数**という．交項級数の収束の十分条件として次のものがある．

定理 3（ライプニッツ）　$\{a_n\}_{n=1}^{\infty}$ が単調減少列で，$\lim_{n\to\infty} a_n = 0$ を満たしているならば，$\sum_{n=1}^{\infty} (-1)^n a_n$ は収束する．

3　条件収束，無条件収束，絶対収束

無限級数 $\sum_{n=1}^{\infty} a_n$ において，項の順序をどのように変更して和を取り直しても，つねに一定の数に収束するとき，無限級数は**無条件収束**するという．収束級数であるが無条件収束しないとき，その無限級数は**条件収束**するという．たとえば級数 $1 - \frac{1}{2} + \frac{1}{3} - \frac{1}{4} + \cdots$ の順序を変えて，正の項 p 個と負の項 q 個を交互に並べた級数は

$$\log 2 + \frac{1}{2} \log \frac{p}{q}$$

に収束する (ディリクレ). 一般に実数からなる無限級数が条件収束しているならば, 項の順序を入れ替えて和を取り直すことにより, どのような実数にも収束するようにできる.

無限級数 $\sum_{n=1}^{\infty} a_n$ は, $\sum_{n=1}^{\infty} |a_n|$ が収束級数であるとき, **絶対収束**するという. 絶対収束している無限級数は収束級数である. 無条件収束に関する次の定理は有用である.

定理 4 無限級数 $\sum_{n=1}^{\infty} a_n$ が無条件収束するための必要十分条件は, 絶対収束することである.

4 コーシーの積級数

二つの無限級数 $\sum_{n=1}^{\infty} a_n$ と $\sum_{n=1}^{\infty} b_n$ に対して,
$$c_n = a_1 b_n + a_2 b_{n-2} + \cdots + a_n b_1$$
と定義する. $\sum_{n=1}^{\infty} c_n$ を $\sum_{n=1}^{\infty} a_n$ と $\sum_{n=1}^{\infty} b_n$ のコーシー積級数という. $\sum_{n=1}^{\infty} c_n$ は $\sum_{n=1}^{\infty} a_n$ と $\sum_{n=1}^{\infty} b_n$ が収束級数であっても収束するとは限らない. しかし $\sum_{n=1}^{\infty} a_n$ と $\sum_{n=1}^{\infty} b_n$ が収束級数で, かつ少なくともいずれか一方が絶対収束していれば, $\sum_{n=1}^{\infty} c_n$ も収束級数であり,
$$\left(\sum_{n=1}^{\infty} a_n\right)\left(\sum_{n=1}^{\infty} b_n\right) = \sum_{n=1}^{\infty} c_n$$
が成り立つ. とくに $\sum_{n=1}^{\infty} a_n$ と $\sum_{n=1}^{\infty} b_n$ がともに絶対収束しているときは, $\sum_{n=1}^{\infty} c_n$ も絶対収束している.

5 級数に関する不等式

$\{a_n\}_{n=1}^{\infty}$, $\{b_n\}_{n=1}^{\infty}$ を数列とする. $1 < p < \infty$ に対して, q を $1/p + 1/q = 1$ を満たす実数とする. このとき
$$\sum_{n=1}^{\infty} |a_n b_n| \leqq \left(\sum_{n=1}^{\infty} |a_n|^p\right)^{\frac{1}{p}} \left(\sum_{n=1}^{\infty} |b_n|^q\right)^{\frac{1}{q}}$$
が成り立つ. この不等式を**ヘルダーの不等式**という. とくに $p = q = 2$ の場合を**コーシー–シュバルツの不等式**という.

6 2 重級数

2 重数列 $\{a_{mn}\}$ に対して, $s_{M,N} = \sum_{m=1}^{M} \sum_{n=1}^{N} a_{mn}$ をその部分和という. 2 重数列 $\{s_{M,N}\}$ がある数 A に収束するとき, **2 重級数** $\sum_{m,n=1}^{\infty} a_{mn}$ は収束級数である, あるいは A に収束するという. また 2 重数列 $\{s_{M,N}\}$ が $+\infty$ に発散するとき, $\sum_{m,n=1}^{\infty} a_{mn}$ は $+\infty$ に発散するという. $-\infty$ に発散することも同じように定義される. $\sum_{m=1}^{\infty}\left(\sum_{n=1}^{\infty} a_{mn}\right)$ を行の累次級数, $\sum_{n=1}^{\infty}\left(\sum_{m=1}^{\infty} a_{mn}\right)$ を列の累次級数という. $\sum_{m,n=1}^{\infty} |a_{mn}|$ が収束級数であるとき, $\sum_{m,n=1}^{\infty} a_{mn}$ は絶対収束するという. 絶対収束している 2 重級数は収束級数である. 一般には 2 重級数の収束は行の累次級数, 列の累次級数の収束とは独立であるが, 特定の条件下ではその限りではない. 次の二つの定理は有用なものである.

定理 5 $a_{m,n} \geqq 0$ とする.
$$\sum_{m,n=1}^{\infty} a_{mn}, \quad \sum_{m=1}^{\infty}\left(\sum_{n=1}^{\infty} a_{mn}\right), \quad \sum_{n=1}^{\infty}\left(\sum_{m=1}^{\infty} a_{mn}\right)$$
のいずれか一つが収束するとき, 残りの二つも収束し, これらの和は一致する. またいずれか一つが $+\infty$ に発散すれば残りの二つも $+\infty$ に発散する.

定理 6
$$\sum_{m,n=1}^{\infty} |a_{mn}|, \quad \sum_{m=1}^{\infty}\left(\sum_{n=1}^{\infty} |a_{mn}|\right), \quad \left(\sum_{m=1}^{\infty} |a_{mn}|\right)$$
のいずれか一つが収束すると仮定する. このとき, 次の三つの級数は収束し,
$$\sum_{m,n=1}^{\infty} a_{mn} = \sum_{m=1}^{\infty}\left(\sum_{n=1}^{\infty} a_{mn}\right) = \sum_{n=1}^{\infty}\left(\sum_{m=1}^{\infty} a_{mn}\right)$$
が成り立つ. さらにこのとき 2 重級数 $\sum_{m,n=1}^{\infty} a_{mn}$ の項の順序をどのように入れ替えても同じ数に収束する.

[新井仁之]

参 考 文 献

[1] 藤原松三郎：微分積分學 (第一巻), 内田老鶴圃, 1934.
[2] 楠　幸男：無限級数入門, 朝倉書店, 1967.

球面調和関数

spherical harmonics

3次元空間 $\boldsymbol{R}^3$ 上のラプラシアン (Laplacian)
$$\Delta = \frac{\partial^2}{\partial x^2} + \frac{\partial^2}{\partial y^2} + \frac{\partial^2}{\partial z^2}$$
に対して $\Delta f = 0$ を満たす複素数係数の多項式 f を**調和多項式** (harmonic polynomial) という．調和多項式を次数が同じ部分に分けたとき，それぞれの同次式はまた調和多項式である．n 次同次，すなわち
$$f(rx, ry, rz) = r^n f(x, y, z)$$
を満たす調和多項式を球面
$$S^2 = \{(x, y, z) : x^2 + y^2 + z^2 = 1\}$$
に制限したものは n 次**球面調和関数** (spherical harmonics) と呼ばれる．n 次球面調和関数の全体は $2n+1$ 次元のベクトル空間をなす．

ラプラシアンを空間極座標 (→ [極座標]) に変数変換すると，
$$\Delta = \frac{\partial^2}{\partial r^2} + \frac{2}{r}\frac{\partial}{\partial r} + \frac{1}{r^2}\Delta_{S^2},$$
$$\Delta_{S^2} = \frac{\partial^2}{\partial \theta^2} + \cot\theta \frac{\partial}{\partial \theta} + \frac{1}{\sin^2\theta}\frac{\partial^2}{\partial \varphi^2}$$
となる．ここで Δ_{S^2} は球面 S^2 上のラプラシアンと呼ばれる．n 次球面調和関数 Y は
$$\Delta_{S^2} Y = -n(n+1) Y$$
を満たす．変数分離の方法を用いることにより，この方程式の解は
$$Y(\theta, \varphi) = e^{im\varphi} P_n^m(\cos\theta) \ (|m| \leq n)$$
で与えられることがわかる．ここで P_n^m はルジャンドル陪関数 (associated Legendre function)
$$P_n^m(t) = \frac{1}{2^n n!}(1-t^2)^{m/2}\frac{d^{m+n}}{dt^{m+n}}(t^2-1)^n$$
である．$P_n^m(t)$ は微分方程式
$$(1-t^2)\frac{d^2}{dt^2}P_n^m(t) - 2t\frac{d}{dt}P_n^m(t)$$
$$+ \left(n(n+1) - \frac{m^2}{1-t^2}\right)P_n^m(t) = 0$$
を満たす．$P_n^0 = P_n$ はルジャンドル多項式 (Legendre polynomial) であり (→ [ルジャンドル関数])，ルジャンドル陪関数はルジャンドル多項式から
$$P_n^m(t) = (1-t^2)^{m/2}\frac{d^m}{dt^m}P_n(t)$$
として得られる．ルジャンドル陪関数は直交関係式
$$\int_{-1}^{1} P_n^m(t) P_{n'}^m(t) dt = \frac{2}{2n+1}\frac{(n+m)!}{(n-m)!}\delta_{nn'}$$
を満たしている．(ここでクロネッカーのデルタ $\delta_{nn'}$ は $n = n'$ のとき 1, そうでないとき 0 を表す.)

空間極座標に対する重積分の変数変換の公式 (→ [重積分]) において球面 S^2 に関係する部分をとって，S^2 上の面積測度を
$$d\sigma = \sin\theta \, d\theta d\varphi$$
により定める．$d\sigma$ に関する S^2 上の L^2 関数全体の空間
$$L^2(S^2) = \{f : \int |f|^2 \, d\sigma < \infty\}$$
は
$$(f, g) = \int_{S^2} f\bar{g} \, d\sigma$$
を内積とするヒルベルト空間になっている (→ [ヒルベルト空間])．球面調和関数を
$$Y_n^m(\theta, \varphi) = K_n^m P_n^m(\cos\theta) e^{im\varphi},$$
$$K_n^m = (-1)^m \sqrt{\frac{2n+1}{4\pi}\frac{(n-m)!}{(n+m)!}}$$
により正規化すると，$\{Y_n^m : |m| \leq n\}$ は n 次球面調和関数の空間の正規直交基底になっている．さらに
$$\{Y_n^m : n = 0, 1, 2, \ldots, |m| \leq n\}$$
は $L^2(S^2)$ の正規直交基底になる．また Y_n^m は
$$\overline{Y_n^m} = (-1)^m Y_n^{-m}$$
を満たす．Y_n^m をとくに指して球面調和関数と呼ぶこともある．

S^2 上の関数 f に対して $c_{nm} = (f, Y_n^m)$ とおくと，f は
$$f = \sum_{n=0}^{\infty} \sum_{m=-n}^{n} c_{nm} Y_n^m$$
と級数展開される．($f \in L^2(S^2)$ が無限回微分可能ならば，右辺の級数は f に一様収束している.) Δ_{S^2} の固有値は $-n(n+1)$ $(n = 0, 1, 2, \ldots)$ に限り，これは S^2 上のラプラシアンのスペクトル分解を与えている．球面調和関数による展開は S^1 上の関数のフーリエ級数展開 (→ [フーリエ級数])

の一般化とみなすことができる.

$m=0$ とした
$$Y_n^0(\theta,\varphi) = \sqrt{\frac{2n+1}{4\pi}} P_n(\cos\theta)$$
は経度 φ によらない θ だけの関数である.$\mathcal{H}_n$ は定数倍を除いてこのような関数をただ一つ含む.$\theta=0$ で値 1 になるように正規化した $Y(\theta,\varphi) = P_n(\cos\theta)$ を**帯球関数** (zonal spherical function) という.

最初のいくつかの Y_n^m は,
$$Y_0^0 = (4\pi)^{-1/2}$$
$$Y_1^0 = (3/4\pi)^{1/2}\cos\theta$$
$$Y_1^{\pm 1} = \mp(3/8\pi)^{1/2}\sin\theta\, e^{\pm i\varphi}$$
$$Y_2^0 = (5/16\pi)^{1/2}(3\cos^2\theta - 1)$$
$$Y_2^{\pm 1} = \mp(15/8\pi)^{1/2}\sin\theta\cos\theta\, e^{\pm i\varphi}$$
$$Y_2^{\pm 2} = (15/32\pi)^{1/2}\sin^2\theta\, e^{\pm 2i\varphi}$$
のようになる.Y_n^m の絶対値の 2 乗を動径にとって得られる曲面を図示すると図 1 のようになる (θ のみに依存し,z 軸の周りの回転面になる).

図 1 　左から $|Y_2^0|^2$, $|Y_2^1|^2$, $|Y_2^2|^2$

Y_5^2 の絶対値と実部の 2 乗を空間極座標の動径にとって得られる曲面を図 2 に示す.

図 2 　左から $|Y_5^2|^2$, $(\operatorname{Re} Y_5^2)^2$

球面調和関数による球面上の関数の展開は球面への回転群の作用と密接に関係している.行列式が 1 の 3 次実直交行列の全体 $SO(3)$ は積に関して群をなす.これを空間の**回転群** (rotation group) という.$SO(3)$ の元は球面 S^2 を S^2 に写す.球面上のラプラシアン Δ_{S^2} および測度 $d\sigma$ は $SO(3)$ の作用による座標変換で不変である.したがって,$f \in L^2(S^2)$ に対して $\pi(g)f(x) = f(g^{-1}x)$ $(g \in SO(3), x \in S^2)$ と定義すると,$\pi(g)$ は $L^2(S^2)$ のユニタリな線形変換を定め,$g_1, g_2 \in SO(3)$ に対して
$$\pi(g_1 g_2) = \pi(g_1)\pi(g_2),\ \pi(g_1^{-1}) = \pi(g_1)^{-1}$$
が成り立つ.π を $L^2(S^2)$ 上の $SO(3)$ の**正則表現** (regular representation) という.π は n 次球面調和関数のなす $L^2(S^2)$ の部分空間 $\mathcal{H}_n$ を不変にするが,$\mathcal{H}_n$ の部分空間で π で不変なものは $\{0\}$ か $\mathcal{H}_n$ 自身に限る.このとき π の $\mathcal{H}_n$ 上への制限は**既約表現** (irreducible representation) であるという.ヒルベルト空間の直和分解
$$L^2(S^2) = \sum_{n=0}^{\infty} \mathcal{H}_n$$
は正則表現の既約表現への分解を与えている.

一般に d 次元球面
$$S^d = \{x \in \boldsymbol{R}^d : x_1^2 + x_2^2 + \cdots + x_d^2 = 1\}$$
上のラプラシアンの固有関数は $\boldsymbol{R}^d$ 上の同次調和多項式の S^d への制限により与えられ,これらの固有関数による S^d 上の関数の一般化フーリエ級数展開が得られる.

球面調和関数は応用上重要な直交関数系である.水素原子の電子軌道は球面調和関数を用いて記述される.また球面調和関数は地球上の気象シミュレーション,コンピュータグラフィックスなど 3 次元空間における近似に利用されており,種々の数値計算ライブラリや数式処理システムに実装されている.　　　　　　　　　　　［示野信一］

参考文献

[1] 岡本清郷:フーリエ解析の展望,朝倉書店,1997.

球面と球体

spheres and balls

(2次元) 球面は (3次元) 空間内の1点から，正の一定の距離にある点の全体がなす図形である．すべての球面は相似である．最初にとった1点を球 (面) の中心，一定の距離を球 (面) の半径と呼ぶ．また，中心と球面の1点を結ぶ線分も半径と呼ばれる．中心までの距離が，半径よりも小さい点の全体を球の内部と呼び，半径よりも大きい点の全体を球の外部と呼ぶ．球面と球の内部の和集合を**球体**あるいは**閉球体**と呼ぶ．球の内部を**開球体**と呼ぶこともある．球面上の2点を結ぶ線分を**弦**と呼ぶ．弦の長さの最大値が存在し，それを球の**直径**と呼ぶ．直径を与える弦も直径と呼ばれる．直径の中点は，中心であり，球の直径は，球の半径の2倍である．直径は球体内の2点を結ぶ線分の長さの最大値である．

球面と空間内の平面については，それらの共通部分が，円周になるか，1点となるか，空集合であるかの3通りの場合がある．球面と平面が1点だけを共有するときに，球面と平面は接するという．球面と平面の共通部分が2点以上からなる場合，共通部分は球面の中心から平面への垂線の足を中心とする円周となる．球面の中心を通る平面と球面の共通部分として現れる円を**大円**という．球面上の2点を結ぶ曲線の中で最短なものは，その2点を端点とする大円の劣弧である．その意味で，大円は測地線であるといわれる．半径が1の球面 S^2 上の2点 A, B の球面上の距離は，中心 O において，半直線 OA, OB がなす (弧度法による) 角度に等しい．

xyz 座標をもつユークリッド空間 $\mathbf{R}^3$ 上で，中心 (x_0, y_0, z_0)，半径 r の球面は，方程式 $(x-x_0)^2 + (y-y_0)^2 + (z-z_0)^2 = r^2$ で表される．球面上の点 (x_1, y_1, z_1) における，この球面の接平面は，$(x-x_0)(x_1-x_0) + (y-y_0)(y_1-y_0) + (z-z_0)(z_1-z_0) = r^2$ で表される．

半径 r の球体の体積は $\frac{4\pi}{3}r^3$ である．アルキメデスは，半径 r の円板上の高さ r の円錐の体積と半径 r の半球体の体積の和が半径 r の円板上の高さ r の円柱の体積に等しいことを，高さが一定の平面との切り口の面積の関係 (カバリエリの原理) から見いだしたといわれている (図1参照)．アルキメデスはさらに球体は球面の上の錐であると考えて，半径 r の球面の面積が $4\pi r^2$ であることを見出した．

1 球面と直線，平面の位置関係

球面と空間内の直線については，この直線を含む平面を考えると，共通部分が，2点になるか，1点となるか，空集合であるかの3通りの場合がある．球面と直線が1点だけを共有するときに，球面と直線は接するという．

平面 L と球面が円周 C を共通部分とするとき，球面の中心 O から平面 L への垂線 m を軸とする回転によって，平面 L と球面は不変である．円周 C 上の任意の点 A における接平面は，平面 L が中

図1 半径が r の半球体 (下半分) と半径が r の円板上の高さ r の円錐について，高さ $r-h$ の平面で切ると，切り口の面積は，半球体が $\pi(r^2-h^2)$，円錐が πh^2 となる

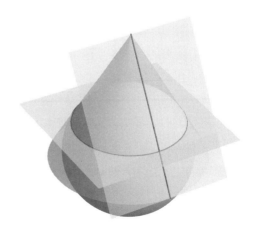

図2 球面に接する円錐の頂点が B，円錐と球面は円で接し，この円を含む平面が L である

心 O を含まなければ, m 上の 1 点 B を通る (図 2 参照). このとき, 半直線 BA は球面に接している. このような BA の全体は球面に接する円錐となる. 逆に, 球面の外部の点 B に対し, 球面への接線の接点の全体は, 球面上の円周となる. 原点中心, 半径 r の球面に対し, B の座標が (x_1, y_1, z_1) のとき, 平面 L の方程式は $xx_1 + yy_1 + zz_1 = r^2$ となる. B が球の内部にあるときは, B を通る平面と球面の共通部分の円周を底面とし, 球面に接する円錐の頂点の全体からなる集合が $xx_1 + yy_1 + zz_1 = r^2$ となる.

単位球面 $\{(x, y, z) \in \mathbf{R}^2 \mid x^2 + y^2 + z^2 = 1\}$ は, S^2 と書かれる. 単位球面上の点を表すために, (x, y, z) と z 軸を含む半平面 L と xz 平面のなす角度 φ, 原点を始点とする (x, y, z) を通る半直線と z 軸の正方向のなす角度 $\frac{\pi}{2} - \psi$ を用いて, $(\cos\varphi\cos\psi, \sin\varphi\cos\psi, \sin\psi)$ と書くこともある. この表示は, $|\varphi| < \pi$, $|\psi| < \frac{\pi}{2}$ では単射である.

2 球面上の面積

単位球面の面積は 4π である. 球面上の二つの大円は, 球面を四つの部分 (2 角形) に分けるが, それらの 2 角形の面積は, 大円の交点における角度 $\alpha, \pi - \alpha$ に比例し, 二つは, 2α, 二つは, $2\pi - 2\alpha$ となる. 球面上の 3 点を大円の弧で結んだ図形を **球面三角形** と呼ぶ. 球面三角形の内角を, α, β, γ とするとき, 球面三角形の面積は $\alpha + \beta + \gamma - \pi$ となる. これは, 角 α の 2 角形の面積は 2α であり, 三つの角について, 2 角形を考えると, その面積の和は, 球面の面積の 2 分の 1 に球面三角形の面積の 2 倍を加えたものに等しいことからわかる (図 3 参照).

3 球面についての反転とステレオグラフ射影 (立体射影)

O を中心とする半径 r の球面についての反転とは, 空間の点 P に対し, 半直線 OP 上の, $OQ \cdot OP = r^2$ を満たす点 Q を与える対応のことである (中心 O には, 仮想的に考える無限遠点 ∞ を, ∞ には, 中心 O を対応させる). 反転は, 空間に無限遠点を付加した (3 次元球面と同相な) 空間をそれ自身に写す写像と考えられ, 同じ球面についての反転を 2 度続けると, 恒等写像になるから, 平面についての鏡映の一般化である. 平面上の円周についての反転が平面上の円周または直線を, 円周または直線に写すことから, 球面についての反転は, 空間内の球面または平面を球面または平面に写す. 空間内の任意の円周または直線は, 二つの平面または球面の共通部分と表されるので, 球面についての反転は, 空間内の円周または直線を, 円周または直線に写す. 球面についての反転は, 球面, 平面, 円, 直線の間の角度を保ち, 共形写像である. 反転は高次元の球面についても定義され, 同様の性質をもつ.

単位球面 S^2 の $\{(0, 0, -1)\}$ の補集合から平面への写像 $S^2 \setminus \{(0, 0, -1)\} \ni (x, y, z) \mapsto (X, Y) \in \mathbf{R}^2$ を $(0, 0, -1), (x, y, z), (X, Y, 0)$ が, 1 つの直線上にあるとして定める. これを, $(0, 0, -1)$ からの **ステレオグラフ射影 (立体射影)** と呼ぶ (図 4 参照). このステレオグラフ射影は, $(0, 0, -1)$ を中心とする半径 $\sqrt{2}$ の球面についての反転であり, 共形写像である. すなわち, 球面上の円周を平面

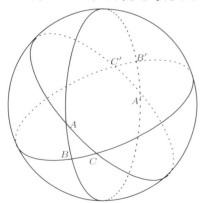

図 3 球面三角形

図 4 ステレオグラフ射影は球面の点をその点を通る南極からの半直線上にある平面の点に写す

上の円周または直線に写す.

単位球面の多様体としての座標近傍を $S^2 \setminus \{(0,0,-1)\}$, $S^2 \setminus \{(0,0,1)\}$ とし, 複素数平面に値をとる座標関数を,
$$S^2 \setminus \{(0,0,-1)\} \to \boldsymbol{C}$$
$$(x,y,z) \mapsto \alpha = X + Y\sqrt{-1},$$
$$S^2 \setminus \{(0,0,1)\} \to \boldsymbol{C}$$
$$(x,y,z) \mapsto \beta = X' - Y'\sqrt{-1}$$
により定義する. ただし, (X,Y), (X',Y') は, $(0,0,-1)$, $(0,0,1)$ からのステレオグラフ射影である. このとき, $\beta = \frac{1}{\alpha}$ となり, 単位球面は, 1次元複素多様体であることがわかる. この複素多様体は, リーマン球面と呼ばれる. これは, 複素数平面 $\boldsymbol{C}$ の1点コンパクト化と同相であるから, $\widehat{\boldsymbol{C}} = \boldsymbol{C} \cup \{\infty\}$ と書くこともある. リーマン球面には, 2×2 行列 $\begin{pmatrix} a & b \\ c & d \end{pmatrix} \in SL(2;\boldsymbol{C})$ が, 1次分数変換 $\alpha \mapsto \frac{a\alpha+b}{c\alpha+d}$ により作用する. リーマン球面の1次元複素多様体としての自己同型群は $PSL(2;\boldsymbol{C}) = SL(2;\boldsymbol{C})/\{\pm 1\}$ ($\{\pm 1\}$ は, 群 $SL(2;\boldsymbol{C})$ の中心となるスカラー行列のなす群) である. これによりリーマン球面は, $PSL(2;\boldsymbol{C})/LT$ (LT は下三角行列のなす部分群) と同一視される. また, リーマン球面は, 2次元複素ベクトル空間の原点を通る複素直線全体のなす1次元複素射影空間 $\boldsymbol{C}P^1$ とも同一視される.

4 高次元球面と高次元球体

$n+1$ 次元ユークリッド空間内の1点から, 正の一定の距離 r にある点の全体がなす図形を n 次元球面と呼ぶ. とくに, 単位球面 $\{\boldsymbol{x} \in \boldsymbol{R}^{n+1} \mid \|\boldsymbol{x}\| = 1\}$ を S^n と書く. 同様に, n 次元ユークリッド空間内の1点から, 正の一定の距離 r 以内にある点の全体がなす図形を n 次元球体と呼ぶ. とくに, 単位閉球体 $\{\boldsymbol{x} \in \boldsymbol{R}^n \mid \|\boldsymbol{x}\| \leqq 1\}$ を B^n あるいは D^n と書く.

n 次元単位球体 B^n の n 次元体積 V_n について, $I_n = \int_{-1}^{1} (\sqrt{1-x^2})^n dx$ とおくと, 簡単な関係 $V_{n+1} = I_n V_n$ がある. I_n について,
$$I_n = \frac{n}{n+1} I_{n-2}, \quad I_1 = \frac{\pi}{2}, \quad I_2 = \frac{4}{3}$$
であり,
$$I_{2n-1} = \frac{(2n)!}{2^{2n}(n!)^2}\pi, \quad I_{2n} = \frac{2^{2n+1}(n!)^2}{(2n+1)!}$$
となる. $V_1 = 2$ だから,
$$V_{2n+1} = \frac{2^{2n+1}n!}{(2n+1)!}\pi^n \ (n \geqq 0),$$
$$V_{2n} = \frac{1}{n!}\pi^n \ (n \geqq 1)$$
がわかる. また, このことから, n 次元単位球面 S^n の n 次元面積 A_n は,
$$A_{2n-1} = \frac{2}{(n-1)!}\pi^n \ (n \geqq 1),$$
$$A_{2n} = \frac{2^{2n+1}n!}{(2n)!}\pi^n \ (n \geqq 1)$$
となる.

球体は典型的な凸集合である. ユークリッド空間内の集合 X が凸であるとは, X の任意の2点を結ぶ線分が X に含まれるという性質をもつことである. 有限次元ユークリッド空間の1点と異なる有界閉集合が凸ならば, ある次元の閉球体と同相である.

n 次元単位球面 S^n は n 次元コンパクト多様体である. S^n と同じホモトピー型をもつ n 次元コンパクト多様体は S^n と同相になる. この命題はポアンカレ予想と呼ばれていた.

m 次元球面 S^m から n 次元球面 S^n への写像のホモトピー類は, $\pi_m(S^n)$ と書かれる可換群をなす. $m < n$ ならば自明な群, $m = n$ ならば無限巡回群 $\boldsymbol{Z}$ と同型である. $n > m$ の場合の計算は, 重要な問題で多くの結果があるが, 完全にはわかっていない.

5 球面と群

単位球面 S^2 をそれ自身に写す距離を保存する写像は, 3次元ユークリッド空間の直交変換, すなわち, 3次直交群 $O(3)$ の元となる. この写像は少なくとも一つの大円をそれ自身に写し, その上では回転となっている. またこの大円を含む平面に直交する直径を保ち, この直径上で恒等写像または原点についての対称移動となっている. 単位球面 S^2 の1点 $(1,0,0)$ は, $O(3)$ の部分群として埋め込まれた2次直交群 $O(2)$ を固定部分群とするから, S^2 は, 等質空間 $O(3)/O(2)$ と同一視さ

れる．一般に，n 次元球面 S^n の距離を保存する写像は，$n+1$ 次直交群 $O(n+1)$ の元となる．直交群 $O(n+1)$ の S^n への作用の 1 点の固定群は $O(n)$ と同型な部分群で，$S^n \cong O(n+1)/O(n)$ という表示が得られる．

単位球面 S^2 は，符号 $(1,3)$ の内積をもつローレンツ空間内の光錐内の直線の集合とも同一視される．このとき，S^2 は，$O(1,3)/\widetilde{\mathrm{Sim}}(2)$ と同一視される．ここで，$\widetilde{\mathrm{Sim}}(2)$ は 2 次元ユークリッド空間の相似変換の全体のなす群 $\mathrm{Sim}(2)$ に対応して定義される，ローレンツ直交群 $O(1,3)$ の部分群である．一般に，n 次元単位球面 S^n は，符号 $(1, n+1)$ の内積をもつローレンツ空間内の光錐内の直線の集合とも同一視される．このとき，S^n は，$O(1,n+1)/\widetilde{\mathrm{Sim}}(n)$ と同一視される．ここで，$\widetilde{\mathrm{Sim}}(n)$ は n 次元ユークリッド空間の相似変換の全体のなす群 $\mathrm{Sim}(n)$ に対応して定義される，ローレンツ直交群 $O(1,n+1)$ の部分群である．

$n+1$ 次元単位開球体上には，ds^2 をユークリッド空間の計量として $4\frac{ds^2}{1-\|x\|^2}$ で与えられるポアンカレ計量が入る．n 次元単位開球体は，この計量について，定負曲率完備リーマン多様体となり，$n+1$ 次元ポアンカレ球体あるいは $n+1$ 次元実双曲空間と呼ばれる．このポアンカレ計量に対する等長変換は，ユークリッド計量に対する $n+1$ 次元単位球体の境界である n 次元単位球面 S^n の共形変換と 1 対 1 に対応し，ポアンカレ計量に対する等長変換のなす群は，n 次元単位球面 S^n の共形変換のなす群と同型となる．n 次元単位球面 S^n は，双曲空間の無限遠球面と考えられ，双曲空間への等長変換が無限遠球面の共形変換に自然に拡張している．この群は，$SO(1,n+1)$ と同型である．$SO(1,n+1)_0$ を単位元の連結成分とすると，$n+1$ 次元ポアンカレ球体は，$SO(1,n+1)_0/SO(n+1)$ と表示される．

奇数次元の球面 S^{2n+1} は，$n+1$ 次元エルミート空間 $\boldsymbol{C}^{n+1}$ 内の単位球面と考えられる．したがって，エルミート内積を保つユニタリ行列の群により，S^{2n+1} は，$U(n+1)/U(n)$ と同一視される．とくに $\boldsymbol{C}^{n+1}$ における $e^{i\theta}$ 倍の作用は，S^{2n+1} 上の $U(1) = \{e^{i\theta} \mid \theta \in \boldsymbol{R}\}$ の自由な作用を与える．そのとき，$U(1)$ 軌道全体のなす商の空間は，n 次元複素射影空間 $\boldsymbol{C}P^n$ となる．商の空間への射影 $S^{2n+1} \to \boldsymbol{C}P^n$ をホップ・ファイブレーションと呼ぶ．

偶数 $(2n)$ 次元の単位開球体には，複素双曲計量が入る．複素双曲計量は複素座標 $(z_1, \ldots, z_n)$ において，

$$\frac{4\sum_{k=1}^{n} dz_k\, d\overline{z}_k}{1 - \sum_{k=1}^{n} z_k \overline{z}_k} - \frac{4(\sum_{k=1}^{n} \overline{z}_k\, dz_k)(\sum_{k=1}^{n} z_k\, d\overline{z}_k)}{(1 - \sum_{k=1}^{n} z_k \overline{z}_k)^2}$$

と書かれる．この計量は複素方向の断面曲率は -1，実方向の断面曲率は $-\frac{1}{4}$ になっている．この複素双曲計量に対する向きを保つ等長変換の群は，$PU(1,n) = U(1,n)/U(1)$ と同型である．複素双曲計量をもつ偶数次元の単位開球体は，$PU(1,n)/U(n) = U(1,n)/(U(1) \times U(n))$ と表示される．S^{2n+1} は，複素双曲計量をもつ $2(n+1)$ 次元の単位開球体の境界と考えられる．G を $PU(1,n+1)$ の作用の 1 点の固定群として，S^{2n+1} は $PU(1,n+1)/G$ と同一視される．

3 次元単位球面 S^3 はハミルトンの 4 元数体のノルム 1 の元全体と考えられるから，群となる．この群は特殊ユニタリ群 $SU(2) = \left\{ \begin{pmatrix} \alpha & -\overline{\beta} \\ \beta & \overline{\alpha} \end{pmatrix} \mid \alpha, \beta \in \boldsymbol{C},\ \alpha\overline{\alpha} + \beta\overline{\beta} = 1 \right\}$ と同型である．$4n+3$ 次元の球面は，4 元数ベクトル空間の単位球面と考えられ，$SU(2)$ の自由な作用をもつ．その商の空間は，4 元数射影空間 $\boldsymbol{H}P^n$ と呼ばれる．

［坪井　俊］

行　　列

....
matrix

1　定　　義

縦に m 個，横に n 個の数を長方形の形に並べたものを，m 行 n 列の行列 (matrix)，あるいは (m, n) 型の行列という．また，行列の中に現れる数を，行列の成分 (element) と呼ぶ．さらに横一列の数を行 (row)，縦一列の数を列 (column) と呼ぶ．

一般に，(m, n) 型の行列 A は
$$A = \begin{pmatrix} a_{11} & a_{12} & \cdots & a_{1n} \\ a_{21} & a_{22} & \cdots & a_{2n} \\ \cdots & \cdots & \cdots & \cdots \\ a_{m1} & a_{m2} & \cdots & a_{mn} \end{pmatrix}$$
のように書き表すことができる．このとき行列の各 (i, j) 成分を a_{ij} と書く．また単に，$A = (a_{ij})$ と書くこともある．

二つの行列 $A = (a_{ij})$ と $B = (b_{ij})$ の型が同じで，すべての成分が等しいとき，つまり任意の i, j に対して，$a_{ij} = b_{ij}$ が成り立つとき，行列 A と B は等しいといい，$A = B$ と書く．

2　行列の演算

m 行 n 列の行列に対しては，加法 (和・差) とスカラー倍を次のように定義する．

(I) 行列の加法 (和・差)

二つの (m, n) 型の行列 $A = (a_{ij})$ と $B = (b_{ij})$ の加法は，$A + B = (a_{ij} + b_{ij})$ で定義する．すなわち $A + B$ は
$$\begin{pmatrix} a_{11}+b_{11} & a_{12}+b_{12} & \cdots & a_{1n}+b_{1n} \\ a_{21}+b_{21} & a_{22}+b_{22} & \cdots & a_{2n}+b_{2n} \\ \cdots & \cdots & \cdots & \cdots \\ a_{m1}+b_{m1} & a_{m2}+b_{m2} & \cdots & a_{mn}+b_{mn} \end{pmatrix}$$
となる．

(II) 行列のスカラー倍

c をスカラーを任意の数とするとき，行列 $A = (a_{ij})$ のスカラー倍は，$cA = (ca_{ij})$ と定義する．すなわち
$$cA = \begin{pmatrix} ca_{11} & ca_{12} & \cdots & ca_{1n} \\ ca_{21} & ca_{22} & \cdots & ca_{2n} \\ \cdots & \cdots & \cdots & \cdots \\ ca_{m1} & ca_{m2} & \cdots & ca_{mn} \end{pmatrix}.$$
なお，行列の成分がすべて 0 である行列は零行列と呼ばれる．

定理 1　A, B, C を (m, n) 型行列，α, β をスカラーとするとき次が成り立つ．

I　(1) $A + B = B + A$
　(2) $(A + B) + C = A + (B + C)$
　(3) $A + O = O + A = A$
　(4) $A - A = O$

ただし O は零行列である．

II　(1) $\alpha(A + B) = \alpha A + \alpha B$
　(2) $(\alpha + \beta)A = \alpha A + \beta A$
　(3) $(\alpha\beta)A = \alpha(\beta A)$
　(4) $1A = A$

例 1　2 行 2 列の行列 A, B を
$$A = \begin{pmatrix} 1 & 2 \\ 3 & 4 \end{pmatrix}, \quad B = \begin{pmatrix} 0 & 2 \\ 8 & 3 \end{pmatrix}$$
とおくとき，$A + B$, $A - B$ は，それぞれ
$$A + B = \begin{pmatrix} 1+0 & 2+2 \\ 3+8 & 4+3 \end{pmatrix} = \begin{pmatrix} 1 & 4 \\ 11 & 7 \end{pmatrix},$$
$$A - B = \begin{pmatrix} 1-0 & 2-2 \\ 3-8 & 4-3 \end{pmatrix} = \begin{pmatrix} 1 & 0 \\ -5 & 1 \end{pmatrix}$$
となる．

(III) 行列の乗法

行列 $A = (a_{ij})$ と $B = (b_{jk})$ をそれぞれ (i, j) 成分が a_{ij}，(j, k) 成分が b_{jk} であるような (l, m) 型，(m, n) 型の行列とする ($1 \leqq i \leqq l, 1 \leqq j \leqq m$, $1 \leqq k \leqq n$).

このとき，行列 A の第 i 行と行列 B の第 k 列に現れる m 次元ベクトルの内積，つまりそれぞれの成分の積の和
$$C_{ik} = a_{i1}b_{1k} + a_{i2}b_{2k} + \cdots + a_{im}b_{mk}$$
$$= \sum_{j=1}^{m} a_{ij}b_{jk}$$

が定義できる．これを (i,k) 成分とする (l,n) 型の行列 $C=(c_{ik})$ を行列 A, B の積という．すなわち AB

$$= \begin{pmatrix} \sum_{j=1}^{m} a_{1j}b_{j1} & \sum_{j=1}^{m} a_{1j}b_{j2} & \cdots & \sum_{j=1}^{m} a_{1j}b_{jn} \\ \sum_{j=1}^{m} a_{2j}b_{j1} & \sum_{j=1}^{m} a_{2j}b_{j2} & \cdots & \sum_{j=1}^{m} a_{2j}b_{jn} \\ \cdots & \cdots & \cdots & \cdots \\ \sum_{j=1}^{m} a_{lj}b_{j1} & \sum_{j=1}^{m} a_{lj}b_{j2} & \cdots & \sum_{j=1}^{m} a_{lj}b_{jn} \end{pmatrix}$$

と定義される．

定理 2 積が定義される行列 A, B, C, スカラー α に対して，次が成り立つ．

(1) $(AB)C = A(BC)$
(2) $(A+B)C = AC + BC$
(3) $A(B+C) = AB + AC$
(4) $AO = OA = O$
(5) $AE = EA = A$
(6) $(\alpha A)B = A(\alpha B) = \alpha(AB)$

例 2 2 行 2 列の行列 A, B を
$$A = \begin{pmatrix} 1 & 2 \\ 3 & 4 \end{pmatrix}, B = \begin{pmatrix} 0 & 2 \\ 8 & 3 \end{pmatrix}$$
とおくとき，二つの行列の積 AB は，
$$AB = \begin{pmatrix} 1 & 2 \\ 3 & 4 \end{pmatrix} \begin{pmatrix} 0 & 2 \\ 8 & 3 \end{pmatrix}$$
$$= \begin{pmatrix} 1\times 0 + 2\times 8 & 1\times 2 + 2\times 3 \\ 3\times 0 + 4\times 8 & 3\times 2 + 4\times 3 \end{pmatrix}$$
$$= \begin{pmatrix} 16 & 8 \\ 32 & 18 \end{pmatrix}$$

となる．

上の行列 A, B に対して，
$$BA = \begin{pmatrix} 6 & 8 \\ 17 & 28 \end{pmatrix}$$
となることからもわかるように，一般に行列の積 AB は BA とは異なり，積の交換法則は成り立たない．

3 特別な行列

行列 $A = (a_{ij})$ の型が (n,n) 型のとき，行列 A は n 次の正方行列と呼ばれる．任意の正方行列 A に対して，$AE = A$ を満たす行列 E を単位行列 (identity matrix) といい，

$$E = \begin{pmatrix} 1 & 0 & \cdots & 0 \\ 0 & 1 & \cdots & 0 \\ \cdots & \cdots & \cdots & \cdots \\ 0 & 0 & \cdots & 1 \end{pmatrix}$$

なる形をしている．また単位行列のように行列の対角成分 a_{ii} 以外 0 であるような行列を対角行列 (diagonal matrix) と呼ぶ．また，n 次正方行列 A の (i,j) 成分 a_{ij} と (j,i) 成分 a_{ji} を入れ替えた行列を A の転置行列といい，${}^t\!A$ で表す．また行列 A に対して $AB = BA = E$ となるような行列 B が存在するとき，B を A の逆行列といい，A^{-1} で表す．逆行列の定義や性質については，［行列式と逆行列］の項を参照のこと．

4 表現行列

一般に (m,n) 型の行列 $A = (a_{ij})$ を用いて，写像 $f: \boldsymbol{R}^n \to \boldsymbol{R}^m$ を $\boldsymbol{x} = \begin{pmatrix} x_1 \\ x_2 \\ \vdots \\ x_n \end{pmatrix} \in \boldsymbol{R}^n$ に対して，

$$A\boldsymbol{x} = \begin{pmatrix} a_{11}x_1 & + a_{12}x_2 + \cdots + a_{1n}x_n \\ a_{21}x_1 & + a_{22}x_2 + \cdots + a_{2n}x_n \\ & \cdots \\ a_{m1}x_1 & + a_{m2}x_2 + \cdots + a_{mn}x_n \end{pmatrix} \in \boldsymbol{R}^m$$

で定義するとき，f は線型写像になる．すなわち，$\boldsymbol{x}, \boldsymbol{y} \in \boldsymbol{R}^n$, $\alpha \in \boldsymbol{R}$ に対して $f(\boldsymbol{x} + \boldsymbol{y}) = f(\boldsymbol{x}) + f(\boldsymbol{y}), f(\alpha \boldsymbol{x}) = \alpha f(\boldsymbol{x})$ が成り立つ．

逆に任意の線型写像 $f: \boldsymbol{R}^n \to \boldsymbol{R}^m$ に対して上記をみたす (m,n) 型の行列 A をとることができ，この A を線型写像 f に対応する行列という．この線型写像 f と行列 A の対応は群の表現論などに利用されている．

［伊藤由佳理］

参 考 文 献

[1] 佐武一郎：線型代数学，裳華房，1958.
[2] 斎藤正彦：線型代数入門，東京大学出版会，1970.

行列群

matrix group

1 定義

K を $\boldsymbol{R}$ または $\boldsymbol{C}$ とする.K の元を要素とする n 次正則行列の全体を K 上の n 次の**一般線形群** (general linear group) といい,$GL(n,K)$ と記す.$GL(n,K)$ は積を通常の行列の積,逆元を逆行列,単位元を単位行列とおくことによって群をなす.$GL(n,K)$ の部分群を K 上の n 次の**行列群** (matrix group) という.また K のことを行列群の**基礎体** (basic field, ground field) という.行列群は群のもっとも基本的な例の一つである.

行列式の値が 1 であるような $GL(n,K)$ の元の全体 $SL(n,K)$ は $GL(n,K)$ の部分群をなす.これを K 上の n 次の**特殊線形群** (special linear group) または**ユニモジュラー群** (unimodular group) という.$SL(n,K)$ は行列群の典型例である.その他の重要な例に関しては以下で詳しく説明する.

2 直交群と回転群

n 次の実直交行列の全体は,$\boldsymbol{R}$ 上の一般線形群 $GL(n,\boldsymbol{R})$ の部分群をなす.これを n 次の**直交群** (orthogonal group) と呼び,$O(n)$ と書く.直交行列の行列式の値は 1 か -1 である.とくに行列式の値が 1 である直交行列の全体は群をなす.これを n 次の**回転群** (rotation group) あるいは**特殊直交群** (special orthogonal group) といい,$SO(n)$ と書く(O_n^+ と書く場合もある).これらは以下に述べるような幾何学的な意味をもつ.n 次元実線形空間 $\boldsymbol{R}^n$ 上の内積 $\langle\,,\,\rangle$ を,$\langle \boldsymbol{x},\boldsymbol{y}\rangle = x_1 y_1 + \cdots + x_n y_n$ ($\boldsymbol{x} = {}^t(x_1,\ldots,x_n), \boldsymbol{y} = {}^t(y_1,\ldots,y_n) \in \boldsymbol{R}^n$) で定める.$n$ 次実正方行列 A が直交行列であるための必要十分条件は,任意の $\boldsymbol{x},\boldsymbol{y} \in \boldsymbol{R}^n$ に対して $\langle A\boldsymbol{x}, A\boldsymbol{y}\rangle = \langle \boldsymbol{x},\boldsymbol{y}\rangle$ が成り立つことである.これは A を左から掛けることによって得られる $\boldsymbol{R}^n$ の線形変換が,(1) 任意のベクトルの長さを変えず,(2) 任意の二つのベクトルのなす角度を変えない,ということと同値であり,$O(n)$ は (1), (2) を満たす n 次実正方行列全体のなす群にほかならない.また $A \in SO(n)$ となるということは,A を左から掛けることによって得られる $\boldsymbol{R}^n$ の線形変換が原点のまわりの回転であることにほかならない.したがって幾何学的には,$SO(n)$ とは $\boldsymbol{R}^n$ の原点のまわりの回転全体のなす群のことである.

n 次複素直交行列の全体 $O(n,\boldsymbol{C})$ を**複素直交群** (complex orthogonal group),その中で行列式の値が 1 であるものの全体 $SO(n,\boldsymbol{C})$ を**特殊複素直交群** (special complex orthogonal group) という.これらはともに $GL(n,\boldsymbol{C})$ の部分群である.

3 ユニタリ群

n 次のユニタリ行列の全体は,$\boldsymbol{C}$ 上の一般線形群 $GL(n,\boldsymbol{C})$ の部分群をなす.これを n 次の**ユニタリ群** (unitary group) といい,$U(n)$ と記す.$U(n)$ のうちで行列式の値が 1 であるものの全体 $SU(n)$ は $U(n)$ の部分群をなす.これを**特殊ユニタリ群** (special unitary group) という.とくに $n=1$ の場合,$SU(1)$ は単位群に等しく,$U(1)$ は絶対値 1 の複素数全体のなす乗法群に等しい.

n 次元複素線形空間 $\boldsymbol{C}^n$ 上にエルミート内積 $\langle\,,\,\rangle$ を,$\langle \boldsymbol{x},\boldsymbol{y}\rangle = x_1 \overline{y_1} + \cdots + x_n \overline{y_n}$ で定める.ただし $\boldsymbol{x} = {}^t(x_1,\ldots,x_n), \boldsymbol{y} = {}^t(y_1,\ldots,y_n) \in \boldsymbol{C}^n$,$\overline{y_i}$ は複素数 y_i の複素共役を表す.n 次複素正方行列 A がユニタリ行列であることの必要十分条件は,任意の $\boldsymbol{x},\boldsymbol{y} \in \boldsymbol{C}^n$ に対して $\langle A\boldsymbol{x}, A\boldsymbol{y}\rangle = \langle \boldsymbol{x},\boldsymbol{y}\rangle$ が成り立つことである.この意味で $U(n)$ は,n 次直交群 $O(n)$ の自然な拡張と思うことができる.

4 シンプレクティック群

$2n$ 次の正方行列 $J = \begin{pmatrix} O & E_n \\ -E_n & O \end{pmatrix}$ とする.ただし E_n は n 次の単位行列である.K の元を要素とする $2n$ 次正則行列 A であって ${}^t AJA = J$ を満たすもの全体は K 上の一般線形群 $GL(2n,K)$ の部分群をなす.これを K 上の $2n$ 次の**シンプレクティック群**,**斜交群** (symplectic group) と呼び,$Sp(n,K)$ と記す.(文献によっては $Sp(2n,K)$ と書く場合もある.)

複素シンプレクティック群 $Sp(n,\boldsymbol{C})$ とユニタ

リ群 $U(2n)$ の共通部分をユニタリ・シンプレクティック群 (unitary symplectic group) といい, $Sp(n)$ と記す. 四元数体 $\boldsymbol{H}$ 上の n 次元線形空間 $\boldsymbol{H}^n$ 上の内積を, $\langle \boldsymbol{x}, \boldsymbol{y} \rangle = x_1 \overline{y_1} + \cdots + x_n \overline{y_n}$ ($\boldsymbol{x} = {}^t(x_1, \ldots, x_n), \boldsymbol{y} = {}^t(y_1, \ldots, y_n) \in \boldsymbol{H}^n$) で定める. ただし $\overline{y_i}$ は四元数 y_i の共役四元数. このとき, 上の内積を不変にする $\boldsymbol{H}^n$ 上の可逆な線形変換全体のなす群は $Sp(n)$ と同型である. その意味で $Sp(n)$ は, 実数体上で同様の性質を有する n 次直交群 $O(n)$, 複素数体上で同様の性質を有する n 次ユニタリ群 $U(n)$ と対比される.

5 行列群のリー代数

一般に体 F 上の線形空間 L 上に双線形写像 $[\cdot, \cdot] : L \times L \to L$ が定まっていて,

(1) $[X, Y] = -[Y, X]$,

(2) $[[X, Y], Z] + [[Y, Z], X] + [[Z, X], Y] = 0$

を満たすとき, L を F 上のリー代数 (Lie algebra) と呼ぶ. また F を L の基礎体と呼ぶ. 双線形写像 $[\cdot, \cdot]$ は括弧積もしくはリー積 (Lie bracket) と呼ばれる. 行列群 $G \subset GL(n, K)$ に対し,
$$\mathfrak{g} = \{X \in \mathrm{M}(n, K) \mid \exp(tX) \in G \ (\forall t \in \boldsymbol{R})\}$$
とおく. ただし $\mathrm{M}(n, K)$ は K の元を要素とする n 次正方行列全体のなす線形空間. また $\exp(X) = \sum_{k=0}^{\infty} X^k/k!$ ($X \in \mathrm{M}(n, K)$) である. 一般に $\mathfrak{g}$ は線形空間であるが, $\mathfrak{g}$ の基礎体は K と一致するとは限らない. $X, Y \in \mathfrak{g}$ に対して $[X, Y] = XY - YX$ とおくと, $\mathfrak{g}$ は $[\cdot, \cdot]$ を括弧積とするリー代数となる. これを行列群 G のリー代数と呼ぶ. $\mathfrak{g}$ を調べることで G に関する数々の情報を得ることができる. 他方 $\mathfrak{g}$ 自身も重要な研究対象となっている.

一般線形群 $GL(n, K)$ のリー代数は $\mathfrak{gl}(n, K)$ と書かれる. このように行列群のリー代数は小文字のドイツ文字で表記される. この表記法のもとに, 前節までで紹介した各行列群のリー代数の具体形は以下で与えられる.

$\mathfrak{gl}(n, K) = M(n, K)$.
$\mathfrak{sl}(n, K) = \{X \in M(n, K) \mid \mathrm{tr}X = 0\}$.
$\mathfrak{o}(n) = \{X \in M(n, \boldsymbol{R}) \mid {}^tX = -X\}$.
$\mathfrak{so}(n) = \{X \in \mathfrak{o}(n) \mid \mathrm{tr}X = 0\}$.
$\mathfrak{o}(n, \boldsymbol{C}) = \{X \in M(n, \boldsymbol{C}) \mid {}^tX = -X\}$.
$\mathfrak{so}(n, \boldsymbol{C}) = \{X \in \mathfrak{o}(n, \boldsymbol{C}) \mid \mathrm{tr}X = 0\}$.
$\mathfrak{u}(n) = \{X \in M(n, \boldsymbol{C}) \mid X^* = -X\}$.
$\mathfrak{su}(n) = \{X \in \mathfrak{u}(n) \mid \mathrm{tr}X = 0\}$.
$\mathfrak{sp}(n, K) = \{X \in M(2n, K) \mid {}^tXJ = -JX\}$.
$\mathfrak{sp}(n) = \mathfrak{sp}(n, \boldsymbol{C}) \cap \mathfrak{u}(2n)$.

6 リー群としての行列群

上に紹介した種々の行列群は実リー群 (real Lie group), もしくは複素リー群 (complex Lie group) であるという共通の性質をもつ. ここで群 G が実 (複素) リー群であるとは, G はパラコンパクト実 (複素) 解析的多様体であり, $G \times G$ から G への写像 $(x, y) \mapsto xy^{-1}$ が実 (複素) 解析的であることをいう. 行列群を単に群と思うのではなく, 実 (複素) リー群と思うことにより, 位相幾何的・微分幾何的手法を用いることができるようになる.

紹介した行列群のうち, $GL(n, \boldsymbol{R}), SL(n, \boldsymbol{R}), O(n), SO(n), U(n), SU(n), Sp(n, \boldsymbol{R}), Sp(n)$ は実リー群, それ以外のものは複素リー群である. 行列群 G が実 (複素) リー群ならば, 対応するリー代数の基礎体は実 (複素) 数体である.

7 一般の体上の行列群

これまで K は $\boldsymbol{R}$ または $\boldsymbol{C}$ と仮定してきたが, より一般の体上で行列群を考えることもできる. たとえば K として位数 q の有限体 $\boldsymbol{F}_q$ をとれば, 対応する行列群は有限群となる. このようにして得られる有限群はシュバレー群 (Chevalley group) と呼ばれる群の特別な場合になっており, 数多くの研究結果が知られている. K として一般の体を考えた場合には, 行列群をリー群とみなすことはできないが, 代わりに代数群 (algebraic group) と思うことができる. ここで群 G が代数群であるとは, G は代数多様体であり, $G \times G$ から G への写像 $(x, y) \mapsto xy^{-1}$ がいたるところ正則な有理写像であることをいう. これは先に述べたリー群の代数幾何学的なアナロジーであるといってよい. さらに代数群の概念は群概型 (group scheme) の概念に拡張され, より一般的な立場から研究されている.

［斉藤義久］

行列式と逆行列

determinant and inverse matrix

1 置換

n 個の文字の集合 $\{1,2,3,\ldots,n\}$ を M とおくとき,集合 M 自身への全単射を**置換**と呼ぶ.置換を $\sigma, \tau, \ldots$ などで表す.置換 σ によって $1, 2, \ldots, n$ がそれぞれ $i_1, i_2, \ldots, i_n$ にうつるとき,
$$\sigma(k) = i_k \ (k=1,2,\ldots,n)$$
または
$$\sigma = \begin{pmatrix} 1 & 2 & \cdots & n \\ i_1 & i_2 & \cdots & i_n \end{pmatrix}$$
と書く.とくに,二つの文字の置換は**互換**と呼ばれ,任意の置換はいくつかの互換の積として表される.互換の積として表す表し方は一通りでないが,互換の数の偶奇は一定である.この偶奇を置換 σ の**符号** (signature) といい,
$$\epsilon(\sigma) = \begin{cases} 1 & (\sigma \ 偶置換のとき) \\ -1 & (\sigma \ 奇置換のとき) \end{cases}$$
によって定義する.

2 行列式の定義

n 次の正方行列 X の (i,j) 成分を x_{ij} で表すとき,X の**行列式** (determinant) は,n^2 個の変数 x_{ij} に関する多項式
$$\sum_{\sigma} \epsilon(\sigma) x_{1i_1} x_{2i_2} \cdots x_{n x_n}$$
で定義される.ただし,ここで
$$\sigma = \begin{pmatrix} 1 & 2 & \cdots & n \\ i_1 & i_2 & \cdots & i_n \end{pmatrix}$$
であり,X の行列式を $|X|$, $\det X$, あるいは成分を用いて,
$$\begin{vmatrix} x_{11} & x_{12} & \cdots & x_{1n} \\ x_{21} & x_{22} & \cdots & x_{2n} \\ \cdots & \cdots & \cdots & \cdots \\ x_{n1} & x_{n2} & \cdots & x_{nn} \end{vmatrix}$$
で表す.

例 1 $n=1$ のとき,$|x_{11}| = x_{11}$.

$n=2$ のとき,
$$\begin{vmatrix} x_{11} & x_{12} \\ x_{21} & x_{22} \end{vmatrix} = x_{11}x_{22} - x_{12}x_{21}.$$

$n=3$ のとき,
$$\begin{vmatrix} x_{11} & x_{12} & x_{13} \\ x_{21} & x_{22} & x_{23} \\ x_{31} & x_{32} & x_{33} \end{vmatrix}$$
$$= x_{11}x_{22}x_{33} + x_{12}x_{23}x_{31} + x_{13}x_{21}x_{32}$$
$$- x_{11}x_{23}x_{32} - x_{12}x_{21}x_{33} - x_{13}x_{22}x_{31}.$$

3 行列式の性質

4 次以上の行列の行列式の計算は上記の例のようには簡単に求まらないが,以下の性質を用いると行列式の計算が容易になる.

定理 1 n 次正方行列 A とその転置行列 ${}^t\!A$ の行列式は等しい.

この定理により,以下に続く行列式に関する定理は,列と行を入れ替えても成り立つ.

定理 2 行列 $A = (a_{ij})$ の第 j 列が $a_{ij} = a_{ij_1} + a_{ij_2} \ (1 \leqq I \leqq n)$ と書けるとき,行列式 $|A|$ は第 j 列だけをそれぞれ a_{ij_1}, a_{ij_2} でおきかえた二つの行列の行列式と等しい.

系 1 行列 $A = (a_{ij})$ の第 j 列の成分を定数 c 倍して得られる行列の行列式は,$c|A|$ である.

定理 3 行列 $A = (a_{ij})$ の列に置換 $\tau = \begin{pmatrix} 1 & 2 & \cdots & n \\ k_1 & k_2 & \cdots & k_n \end{pmatrix}$ をほどこして得られる行列 $(a_{i\tau(j)})$ の行列式は $\epsilon(\tau)|A|$ に等しい.

例 2 (ヴァンデルモンデ (Vandermonde) の行列式)
$$\begin{vmatrix} 1 & 1 & \cdots & 1 \\ x_1 & x_2 & \cdots & x_n \\ x_1^2 & x_2^2 & \cdots & x_n^2 \\ \cdots & \cdots & \cdots & \cdots \\ x_1^{n-1} & x_2^{n-1} & \cdots & x_n^{n-1} \end{vmatrix}$$
$$= (-1)^{\frac{n(n-1)}{2}} \prod_{i<j}(x_i - x_j).$$

n 次正方行列 $A = (a_{ij})$ の第 i 行,第 j 列を取

り除いて得られる $(n-1)$ 次行列の行列式を $|A|$ の $(n-1)$ 次小行列式という．またこの小行列式に符号 $(-1)^{i+j}$ をかけたものを行列 A における (a_{ij}) の余因子といい，Δ_{ij} で表す．

定理 4 $A = (a_{ij})$ の行列式について次が成り立つ．
$$|A| = a_{1j}\Delta_{1j} + a_{2j}\Delta_{2j} + \cdots + a_{nj}\Delta_{nj}$$
$$= a_{i1}\Delta_{i1} + a_{i2}\Delta_{i2} + \cdots + a_{in}\Delta_{in}.$$

例 2 次行列 $A = \begin{pmatrix} a & b \\ c & d \end{pmatrix}$ の行列式は $|A| = ad - bc$ である．また 3 次行列 $A = \begin{pmatrix} a & b & c \\ d & e & f \\ g & h & i \end{pmatrix}$ の行列式は $|A| = aei + bfg + cdh - ceg - bdi - afh$ であり，この求め方をサラスの方法と呼ぶ．

4 逆 行 列

正方行列 A に対して，$AB = E$ を満たす正方行列 B が存在するとき，B は A の逆行列 (inverse matrix) といい，$B = A^{-1}$ と書く．このように逆行列が存在する行列を正則行列と呼ぶ．このとき $AB = BA = E$ が成り立つ．また，n 次の正則行列 A の逆行列 A^{-1} の成分は，A の行列式 $|A|$ と a_{ij} の余因子 Δ_{ij} を用いて次のように与えられる．

定理 5 行列 A が正則行列ならば，$|A| \neq 0$ であり，逆行列は
$$A^{-1} = \frac{1}{|A|} \begin{pmatrix} \Delta_{11} & \Delta_{21} & \cdots & \Delta_{n1} \\ \Delta_{12} & \Delta_{22} & \cdots & \Delta_{n2} \\ \cdots & \cdots & \cdots & \cdots \\ \Delta_{1n} & \Delta_{2n} & \cdots & \Delta_{nn} \end{pmatrix}$$
である．

逆行列の主な性質として，次のようなものがある．

(i) n 次の正則行列 A について，
$$|A^{-1}| = \frac{1}{|A|}$$
が成り立つ．

(ii) $(A^{-1})^{-1} = A$.

(iii) $(AB)^{-1} = B^{-1}A^{-1}$.

逆行列を具体的に計算する方法として，基本変形を用いる掃き出し法 (ガウスの消去法) が便利であるが，これについては [連立一次方程式] の項を参照のこと．

例 2 次行列 $A = \begin{pmatrix} a & b \\ c & d \end{pmatrix}$ が正則行列であるとき，A の逆行列は
$$A^{-1} = \frac{1}{ad - bc} \begin{pmatrix} d & -b \\ -c & a \end{pmatrix}$$
で表される．

またここで $ad - bc$ は行列 A の行列式 $|A|$ である．

5 行列式の応用例

行列は微積分学でも利用される．n 変数の m 個の関数 $y_j = f_j(x_1, x_2, \ldots, x_n)$ $(1 \leq j \leq m)$ が偏微分可能で，偏導関数 $\frac{\partial y_j}{\partial x_i}$ $(1 \leq i \leq n, 1 \leq j \leq m)$ が連続であるとき，これらの偏導関数を並べてできる (m, n) 型行列
$$J_f = \frac{\partial(y_1, y_2, \ldots, y_m)}{\partial(x_1, x_2, \ldots, x_n)}$$
$$= \begin{pmatrix} \frac{\partial y_1}{\partial x_1} & \frac{\partial y_1}{\partial x_2} & \cdots & \frac{\partial y_1}{\partial x_n} \\ \frac{\partial y_2}{\partial x_1} & \frac{\partial y_2}{\partial x_2} & \cdots & \frac{\partial y_2}{\partial x_n} \\ \cdots & \cdots & \cdots & \cdots \\ \frac{\partial y_m}{\partial x_1} & \frac{\partial y_m}{\partial x_2} & \cdots & \frac{\partial y_m}{\partial x_n} \end{pmatrix}$$
をヤコビ行列 (Jacobi matrix) といい，その行列式 $|J_f|$ を f のヤコビアン (Jacobian) と呼ぶ．これは関数の変数変換の際に便利である．

［伊藤由佳理］

参 考 文 献

[1] 佐武一郎：線型代数学，裳華房，1958．
[2] 斎藤正彦：線型代数入門，東京大学出版会，1970．
[3] 高木貞治：解析概論，岩波書店，1961．

極　限

limit

数学の多くの場面で，何かが「限りなく近づく」という現象を考察することが重要になり，これを数学的に正確に記述するときに「極限」の概念が登場する．歴史的にも理論的にも，極限を考えるにはまず実数の場合が重要である．

1 数列の極限

極限を考察するには，実数列の極限がもっとも基本的である．

1.1 定義と基本性質

実数列 $\{a_n\}$ があるとき，「実数 α が $\{a_n\}$ の極限である」ということの定義はエプシロン-デルタ論法によって与えられる．具体的には「任意の正の数 ϵ に対して，十分大きな n について $|a_n - \alpha| < \epsilon$ が成り立つ」と述べられる．数列 $\{a_n\}$ が極限 α をもつことを，「$\{a_n\}$ は α に収束する」とも表現し，記号で $\lim_{n\to\infty} a_n = \alpha$ と書き表す．また，ある α が存在して $\{a_n\}$ が α に収束するとき，単に「$\{a_n\}$ は収束する」とか「$\{a_n\}$ は極限をもつ」と表現する．「収束する」の否定を「発散する」という．つまり，「$\{a_n\}$ は発散する」とは，「どんな実数 α も $\{a_n\}$ の極限でない」ということと同じである．

数列 $\{a_n\}$ が発散するときは $\lim_{n\to\infty} a_n$ という記号は意味をもたないが，$\pm\infty$ については例外である．つまり，$+\infty$ の場合について述べると，「任意の実数 M について，十分大きな n について $a_n > M$ が成り立つ」という主張が成立するとき $\lim_{n\to\infty} a_n = +\infty$ と書き，「$\{a_n\}$ は $+\infty$ に発散する」という．この場合にも $\lim_{n\to\infty} a_n$ という記号は使うが，発散の部類に入っている．

二つの数列 $\{a_n\}, \{b_n\}$ があり，両方とも収束していると仮定する．このとき，二つを足して得られる数列 $\{a_n + b_n\}$ も収束し，極限について等式

$$\lim_{n\to\infty}(a_n + b_n) = \lim_{n\to\infty} a_n + \lim_{n\to\infty} b_n$$

が成立する．同様に，積と商についても

$$\lim_{n\to\infty}(a_n b_n) = \left(\lim_{n\to\infty} a_n\right)\left(\lim_{n\to\infty} b_n\right)$$

$$\lim_{n\to\infty}(c a_n) = c \lim_{n\to\infty} a_n \quad (c \text{ は実数})$$

$$\lim_{n\to\infty} \frac{b_n}{a_n} = \frac{\lim_{n\to\infty} b_n}{\lim_{n\to\infty} a_n}$$

が成立する（ただし，最後の等式については $\lim_{n\to\infty} a_n \neq 0$ という仮定が必要）．また，不等式に関しても

$$a_n \geq b_n \text{ (すべての } n) \implies \lim_{n\to\infty} a_n \geq \lim_{n\to\infty} b_n$$

が成り立つ．

1.2 実数の完備性・有理数の稠密性

数列 $\{a_n\}$ が α に収束しているとき，すべての a_n が有理数でも α は有理数とは限らない（たとえば，$a_1 = 2, a_{n+1} = \frac{a_n}{2} + \frac{1}{a_n}$ $(n \geq 1)$ で定まる数列は有理数列であるが，極限は $\sqrt{2}$ であり，有理数ではない）．この意味で有理数の集合は「極限をとる」という操作について "閉じていない" が，これを有理数は（極限に関して）完備でない，と表現する．これに対して，実数は完備であることがわかっている（「実数の完備性」または「実数の連続性」と呼ばれる）．実数の完備性を示す主張はいくつかあるが，数列にかかわるものとしては

　　　　有界で単調非減少な数列は収束する

という主張と

　　　　　　　コーシー列は収束する

という主張が代表的である．ここで，数列 $\{a_n\}$ がコーシー列であるとは「任意の $\epsilon > 0$ に対して自然数 N が存在して，$m, n \geq N \implies |a_m - a_n| < \epsilon$ が成り立つ」ということである．収束する数列がコーシー列であることは定義からただちに導かれるが，その逆の性質が成り立つことが完備性の内容である．

有理数が完備性をもたないことは上に述べた通りであるが，有理数が実数の中に "密" に入っていることは重要である．正確に述べると「任意の実数 x と任意の $\epsilon > 0$ に対して，$|x - r| < \epsilon$ をみたす有理数 r が存在する」という性質があり，これを「有理数の稠密性」と呼ぶ．有理数の稠密性を利用して，有理数の完備化として実数をとらえることができて，現代の数学での実数の構成はこの方針で達成されている．

1.3 上極限・下極限

数列は極限をもつとは限らないが，有界な数列についてはつねに上極限・下極限が存在する．実数 β が有界数列 $\{a_n\}$ の上極限であるとは「任意の $\epsilon > 0$ に対して，$a_n \geqq \beta + \epsilon$ を満たす n は有限個だが $a_n \geqq \beta - \epsilon$ を満たす n は無限個ある」という主張が成り立つことで，このとき $\limsup\limits_{n\to\infty} a_n = \beta$ または $\overline{\lim}_{n\to\infty} a_n = \beta$ と書き表す．また，集合の上限を利用すれば，$\tilde{a}_n = \sup\{a_n, a_{n+1}, \ldots\}$ によって数列 $\{\tilde{a}_n\}$ を定めるとき，$\lim_{n\to\infty} \tilde{a}_n$ が $\{a_n\}$ の上極限である（$\{\tilde{a}_n\}$ は単調非増加な数列であることに注意）．同様にして，$\{a_n\}$ の下極限 $\liminf\limits_{n\to\infty} a_n$（または $\underline{\lim}_{n\to\infty} a_n$）も定義されて，不等式 $\liminf\limits_{n\to\infty} a_n \leqq \limsup\limits_{n\to\infty} a_n$ が成り立つ．一般には上極限と下極限は等しくない（たとえば，$a_n = (-1)^n + \frac{1}{n}$ で定まる数列 $\{a_n\}$ については，上極限は 1 で下極限は -1 である）が，数列 $\{a_n\}$ が収束しているときには，$\{a_n\}$ の上極限・下極限はともに $\{a_n\}$ の極限に等しい．有界な数列 $\{a_n\}$ については，$\{a_n\}$ が収束するための必要十分条件は $\{a_n\}$ の上極限と下極限が一致することである．

極限として $\pm\infty$ も考えれば，有界でない数列についても上極限・下極限を定義することができて，有界数列の場合と同様の性質が成り立つ．

1.4 収束の判定

数列 $\{a_n\}$ が収束するかどうか判定する方法としては，上に挙げた，有界単調性の利用，コーシー列であること示す方法，があるが，つねに適用可能とは限らない．一つの判定法として「すべての n について $c_n \leqq a_n \leqq b_n$ を満たす数列 $\{b_n\}, \{c_n\}$ があり，$\lim\limits_{n\to\infty} c_n = \lim\limits_{n\to\infty} b_n = \alpha$ が成り立つなら，$\{a_n\}$ も収束して $\lim\limits_{n\to\infty} a_n = \alpha$ である」という主張があり，「挟み撃ちの原理」と呼ばれている．そのほかに，数列 $\{a_n\}$ が $a_n = \sum_{k=1}^n p_k$ と級数の形で表されている場合には，$\{p_n\}$ の性質によって $\{a_n\}$ の収束を判定する方法が数多く知られている．

2 関数の極限

実数変数の関数 $f(x)$ があるとき，x がある値に近づくときの $f(x)$ の極限が考えられる．

2.1 定義と基本性質

実数 a が関数 $f(x)$ の定義域内にあるとき，「x が a に近づくときの $f(x)$ の極限が α である（記号で $\lim\limits_{x\to a} f(x) = \alpha$ と表す）」とは「任意の $\epsilon > 0$ に対して，x が a に十分近い（ただし，$x \neq a$ とする）限り $|f(x) - \alpha| < \epsilon$ が成り立つ」ということである（正式にはエプシロン–デルタ論法を使う）．2 つの関数 $f(x), g(x)$ について $\lim\limits_{x\to a} f(x), \lim\limits_{x\to a} g(x)$ が存在するときには，数列の場合と同様に，

$$\lim_{x\to a}(f(x) + g(x)) = \lim_{x\to a} f(x) + \lim_{x\to a} g(x)$$

$$\lim_{x\to a}(f(x)g(x)) = \left(\lim_{x\to a} f(x)\right)\left(\lim_{x\to a} g(x)\right)$$

$$\lim_{x\to a}(cf(x)) = c\lim_{x\to a} f(x) \quad (c \text{ は実数})$$

$$\lim_{x\to a} \frac{g(x)}{f(x)} = \frac{\lim_{x\to a} g(x)}{\lim_{x\to a} f(x)}$$

などの等式が成り立つ．ただし，最後の等式については $\lim\limits_{x\to a} f(x) \neq 0$ という仮定が必要である．この仮定に伴って，$\lim\limits_{x\to a} f(x) = \lim\limits_{x\to a} g(x) = 0$ である場合は，上記の公式だけでは $\lim\limits_{x\to a} \frac{g(x)}{f(x)}$ を求めることができない．この形の極限は「不定形の極限」と呼び習わされている．微分係数の定義に現れる極限 $\lim\limits_{x\to a} \frac{f(x) - f(a)}{x - a}$ が不定形の極限であることからもわかるように，関数のグラフを調べる，などの多くの問題において不定形の極限は重要な役割を果たしている．不定形の極限を求めるためには微分積分の多くの手法が活用される（テイラー展開，ロピタルの定理，など）．

2.2 数列の極限との関係

関数 $f(x)$ の定義域の中に数列 $\{a_n\}$ があれば，関数値からできる数列 $\{f(a_n)\}$ が定まる．極限 $\alpha = \lim\limits_{x\to a} f(x)$ が存在するときに，$a_n \neq a$ かつ $\lim\limits_{n\to\infty} a_n = a$ を満たす数列 $\{a_n\}$ に対して $\lim\limits_{n\to\infty} f(a_n) = \alpha$ が成り立つのはあきらかである．逆の主張を成り立たせるには，「すべての数列」を想定する必要がある．つまり，「$a_n \neq a$ かつ $\lim\limits_{n\to\infty} a_n = a$ を満たす任意の数列 $\{a_n\}$ に対して $\lim\limits_{n\to\infty} f(a_n) = \alpha$ が成り立つなら $\lim\limits_{x\to a} f(x) = \alpha$ である」という主張が成り立つ． ［中島匠一］

極 座 標

polar coordinate

定点からの距離と方向を与えることにより点の位置を表すのが極座標の考え方である.平面 $\boldsymbol{R}^2$,空間 $\boldsymbol{R}^3$,一般に n 次元ユークリッド空間 $\boldsymbol{R}^n$ 上の極座標が定義される.

1 平面の極座標

平面上の定点 O を端点とする半直線 OX を固定すると,平面上の任意の点 P の位置は,線分 OP の長さ r および O を中心として OX から線分 OP まで反時計回りに測った角 θ により定まる(図1参照).組 (r, θ) を点 P の**極座標** (polar coordinate) という.また O を**極** (pole),x を**極軸** (polar axis),r を**動径** (radius),θ を**偏角** (argument) と呼ぶ.r, θ の範囲は $r \geqq 0$,$0 \leqq \theta < 2\pi$ である.(θ の範囲は1周分とればよいので,$-\pi \leqq \theta < \pi$ などのとり方をすることもある.)極 O では $r = 0$ であり,偏角は1通りに定めることができない.

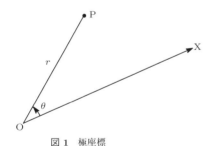

図1 極座標

直交座標 xy をもつ座標平面において原点 O を極,x 軸を極軸として極座標を定めると,直交座標 (x, y) と極座標 (r, θ) の関係は
$$x = r \cos \theta$$
$$y = r \sin \theta$$
および
$$r = \sqrt{x^2 + y^2}$$
$$\cos \theta = \frac{x}{r}, \quad \sin \theta = \frac{y}{r}$$
により与えられる(図2参照).

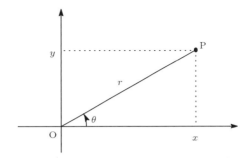

図2 極座標と直交座標

極座標変換のヤコビ行列式は
$$J = \frac{\partial(x, y)}{\partial(r, \theta)} = \begin{vmatrix} \cos \theta & -r \sin \theta \\ \sin \theta & r \cos \theta \end{vmatrix} = r$$
により与えられる.

3次元空間 $\boldsymbol{R}^3$ の直交座標 (x, y, z) のうち (x, y) を極座標に変換して得られる (r, θ, z) を**円柱座標** (cylindrical coordinate) という.

2 空間の極座標

座標空間の点 $P(x, y, z)$ に対して P と原点との距離を r,z 軸と線分 OP のなす角を θ,P を xy 平面に正射影した点を $Q(x, y, 0)$ として x 軸から y 軸に向かって線分 OQ まで測った角を φ とするとき,(r, θ, φ) を空間極座標または**球座標** (spherical coordinate) という(図3参照).空間極座標の範囲は $r \geqq 0, 0 \leqq \theta \leqq \pi, 0 \leqq \varphi < 2\pi$ である.直交座標 (x, y, z) は空間極座標 (r, θ, φ) により
$$x = r \sin \theta \cos \varphi$$
$$y = r \sin \theta \sin \varphi$$
$$z = r \cos \theta$$

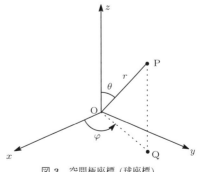

図3 空間極座標(球座標)

と表される．$r>0$ を一定にして θ と φ を動かすと (x,y,z) は原点を中心とする中心半径 r の球面上を動く．$\theta=0$ は球面の北極 $(0,0,r)$，$\theta=\pi$ は球面の南極 $(0,0,-r)$ に対応する．また φ は経度を表している．

空間極座標変換のヤコビ行列式は，
$$J=\frac{\partial(x,y,z)}{\partial(r,\theta,\varphi)}=r^2\sin\theta$$
により与えられる．

3 n 次元空間の極座標

4 以上の自然数 n に対しても，$\boldsymbol{R}^n$ 上の極座標 $(r,\theta_1,\theta_2,\ldots,\theta_{n-2},\varphi)$ が次のように定義される．
$$x_1=r\cos\theta_1,$$
$$x_2=r\sin\theta_1\cos\theta_2,$$
$$\vdots$$
$$x_{n-2}=r\sin\theta_1\sin\theta_2\cdots\sin\theta_{n-3}\cos\theta_{n-2},$$
$$x_{n-1}=r\sin\theta_1\sin\theta_2\cdots\sin\theta_{n-2}\cos\varphi,$$
$$x_n=r\sin\theta_1\sin\theta_2\cdots\sin\theta_{n-2}\sin\varphi$$
$$(r\geqq 0,\quad 0\leqq\theta_j\leqq\pi,\quad 0\leqq\varphi\leqq 2\pi)$$

$\boldsymbol{R}^n$ の極座標変換のヤコビ行列は，
$$J=\frac{\partial(x_1,x_2,\ldots,x_{n-1},x_n)}{\partial(r,\theta_1,\ldots,\theta_{n-2},\varphi)}$$
$$=r^{n-1}\sin^{n-2}\theta_1\sin^{n-3}\theta_2\cdots\sin\theta_{n-2}$$
により与えられる．

4 極座標の応用

極座標は重積分の変数変換において重要である (→ [重積分])．$\boldsymbol{R}^n$ の極座標変換に対して，上で与えたヤコビ行列式 J を用いて，
$$dx_1dx_2\cdots dx_n=|J|drd\theta_1\cdots d\theta_{n-2}d\varphi$$
となる．とくに，平面 $\boldsymbol{R}^2$ の場合は，
$$dxdy=r\,drd\theta,$$
空間 $\boldsymbol{R}^3$ の場合は，
$$dxdydz=r^2\sin\theta\,drd\theta d\varphi$$
である．また，$\boldsymbol{R}^n$ 上の極座標変換のヤコビ行列式より，単位球面
$$S^{n-1}=\left\{x\in\boldsymbol{R}^n\,|\,x_1^2+\cdots+x_n^2=1\right\}$$
上の面積要素 $d\sigma$ は，
$$d\sigma=\sin^{n-2}\theta_1\cdots\sin\theta_{n-2}d\theta_1\cdots d\theta_{n-2}d\varphi$$
により与えられることがわかる．

極座標は数理物理に現れる偏微分方程式において重要である．たとえば，$\boldsymbol{R}^n$ 上のラプラシアン
$$\Delta=\frac{\partial^2}{\partial x_1^2}+\cdots+\frac{\partial^2}{\partial x_n^2}$$
の極座標表示は，$n=2$ の場合，
$$\Delta=\frac{\partial^2}{\partial r^2}+\frac{1}{r}\frac{\partial}{\partial r}+\frac{1}{r^2}\frac{\partial^2}{\partial\theta^2},$$
$n=3$ の場合,
$$\Delta=\frac{\partial^2}{\partial r^2}+\frac{2}{r}\frac{\partial}{\partial r}+\frac{1}{r^2}\Delta_{S^2},$$
$$\Delta_{S^2}=\frac{\partial^2}{\partial\theta^2}+\cot\theta\frac{\partial}{\partial\theta}+\frac{1}{\sin^2\theta}\frac{\partial^2}{\partial\varphi^2}$$
で与えられる．ここで Δ_{S^2} は単位球面 S^2 上のラプラシアンである．ヘルムホルツの方程式
$$\Delta u=k^2 u$$
は，極座標に変換して変数分離の方法により解くことができる． [示野 信一]

参 考 文 献

[1] 金子　晃：数理系のための基礎と応用 微分積分 II, サイエンス社，2001.

極小モデル理論

minimal model theory

代数閉体 k 上で考える．断らないかぎり k の標数は 0，多様体はすべて射影代数的とする．多様体の双有理同値類の中に "よい" 代表元 (極小モデル) を見いだすことで，双有理同値類の性質を理解する枠組を与える理論が極小モデル理論である．

1 2次元の極小モデル理論

(-1)-曲線 ($E \simeq \mathbf{P}^1$ かつ $(E^2) = -1$ である曲線 E) を有しない非特異曲面を**極小曲面**という．S を非特異曲面，$\nu : S' \longrightarrow S$ を $P \in S$ における爆発とする．例外因子 $E = \nu^{-1}(P)$ は (-1)-曲線である．また，(S1) $K_{S'} = \nu^* K_S + E$，とくに，標準環と小平次元に関し，$\nu^* : R(S, K_S) \simeq R(S', K_{S'})$, $\kappa(S') = \kappa(S)$, (S2) $\rho(S') = \rho(S)+1$ である．逆に「非特異曲面 S 上の (-1)-曲線 C は爆縮できる，つまり，$\nu(C) = \{P\}$ (P は点) である非特異曲面 S_1 と双有理射 $\nu : S \longrightarrow S_1$ があり，ν は P における S_1 の爆発と一致 (S_1 上同型)」(Castelnuovo). この定理と (S2) により，曲面上に (-1)-曲線があれば爆縮する操作を有限回行って極小曲面 $S_{\min}$ に到達する．(S1) により，S と $S_{\min}$ の標準環は同型であり小平次元も同じである．S を極小曲面とする．$\kappa(S) = -\infty$ のとき，S は (M1–1)$\mathbf{P}^2$ または (M1–2) 非特異曲線 C 上の $\mathbf{P}^1$ 束と同型になり，双有理な二つは基本変換と呼ばれる双有理変換の合成で移りあう．$\kappa(S) \geqq 0$ であれば K_S はネフ (S 上のすべての曲線に対して $(K_S.C) \geqq 0$) である．K_S がネフである非特異曲面のことを**極小モデル**という．S, S' が双有理な極小モデルであれば，S と S' の間の双有理写像はすべて双正則になる．とくに，与えられた曲面 Y ($\kappa \geqq 0$) に対する極小モデルは同型を除き一意に定まる．因子 D に対し「半豊富 $\Rightarrow$ ネフ」だが，曲面の標準因子 K_S に対しては，その逆「K_S がネフ $\Rightarrow$ 半豊富」(**豊潤定理**) が成り立つ．とくに，極小モデル S は Φ_{mK_S} (m は十分割り切れる大きな整数) によってファイバー付け $\Phi = \Phi_{mK_S} : S \longrightarrow W$ (幾何学的極小モデル) され，標準環 $R(S, K_S)$ は有限生成環になる．したがって，非特異曲面の標準環も有限生成環になる．以上は複素解析曲面あるいは正標数の曲面の範疇でも成り立つ．

2 高次元の極小モデル理論

3次元アーベル多様体の -1 倍による商 $A/-1$ のように，3次元以上では，一般に，(小平次元が非負でも) 標準因子がネフである双有理モデルは非特異多様体の中には存在しない．(i) X はたかだか $\mathbf{Q}$-分解的な末端特異点しかもたない, (ii) K_X はネフ, の2つの条件を満たす (正規) 多様体を極小モデルという．$A/-1$ は極小モデルである．用語を説明する．どの Weil 因子も何倍 ($\neq 0$) かすれば Cartier になるとき，X を $\mathbf{Q}$-分解的という．既約曲線 $C \subset X$ 全体を自由基底とするアーベル群を $Z_1(X)$ と書く．$(*, *) : \operatorname{Pic} X \times Z_1(X) \longrightarrow \mathbf{Z}$ を交点形式とする．$C, C' \in Z_1(X)$ が数値的に同値 ($C \equiv C'$) であることを $(L.C) = (L.C') (\forall L \in \operatorname{Pic} X)$ で定める．$L, L' \in \operatorname{Pic} X$ の数値的同値 ($L \equiv L'$) も同様に定める．$N^1(X) = (\operatorname{Pic}(X)/\equiv) \otimes \mathbf{R}$, $N_1(X) = (Z_1(X)/\equiv) \otimes \mathbf{R}$ は，交点形式により互いに双対である有限次元線形空間になる．その次元 $\rho(X)$ を X の Picard 数という．$\mathbf{Q}$-分解的であれば，Weil 因子 D に対して $\mathcal{O}_X(rD) \in \operatorname{Pic} X$ ($\exists r > 0$) であり，D の引き戻し，および，曲線との交点数が $\mathbf{Q}$-係数の範囲で自然に定まる．すべての曲線 $C \subset X$ に対して $(D.C) \geqq 0$ であるとき，D をネフという．「X は末端特異点しかもたない $\Leftrightarrow K_X$ は $\mathbf{Q}$-分解的であり，任意 (確かめる場合には一つで十分) の特異点解消 $\nu : Y \longrightarrow X$ に対して $K_Y \equiv \nu^* K_X + \sum_{i=1}^n a_i E_i$ (E_i は ν のすべての例外因子を動く) と書くとき，$a_i > 0$ ($\forall i$).」条件は，節1の式 (S1) の一般化であり，曲面に対しては「端末的 $\Leftrightarrow$ 非特異」である．末端特異点しかもたない二つの双有理多様体の標準環は同型であり，小平次元は同じになる．

X を $\mathbf{Q}$-分解的かつ末端特異点しかもたない n-次元多様体とする．極小モデルに到達するための基本定理 (錐定理 (1) と収縮定理 (2)) は次である:

定理 1 (1) 有効な曲線 $\sum a_j C_j$ ($a_j > 0 \forall j$) 全体の $N_1(X)$ における閉包を $\overline{NE}(X)$ と書く. K_X がネフでなければ, 可算個 ($\neq 0$) の端射線 $E_i = \mathbf{R}_{>0}[C_i] \subset \overline{NE}(X)_{K_X<0}$ (C_i は有理曲線) があって, $\overline{NE}(X) = \overline{NE}(X)_{K_X \geqq 0}(X) + \sum E_i$.

(2) 各端射線 $E = E_i$ に対して, 条件「ϕ のファイバーは連結で, 曲線 C について, $\phi(C) = pt \Leftrightarrow [C] \in E$」で特徴付けられる, 正規多様体 X_1 と全射正則射 $\phi = \phi_E : X \longrightarrow X'$ (端射線 E の収縮写像という) がある. $-K_X$ は ϕ-豊富かつ $\rho(X_1) = \rho(X) - 1$ である. より詳しく, 次の (i), (ii), (iii) のいずれかが起こる:

(i) (森ファイバー空間) $\dim X_1 < \dim X$. このとき, ファイバー (したがって X) は E に属する有理曲線で覆われ, $\kappa(X) = -\infty$.

(ii) (因子収縮) ϕ_E は双有理であり, その例外集合 $E \subset X$ は既約な因子. このとき, X_1 は再び $\mathbf{Q}$-分解的な末端特異点のみをもつ多様体.

(iii) (小収縮) ϕ_E は双有理であり, その例外集合 $E \subset X$ は余次元 $\geqq 2$. このとき, K_{X_1} は何倍 ($\neq 0$) しても決して Cartier にはならない.

$\kappa(X) \geqq 0$ であれば, (ii) または (iii) のみが起こることになる. 曲面では, 「(ii)=(−1)-曲線の爆縮」であり, (iii) は起こらない. 高次元では (iii) は実際に起きる. (iii) の場合の状況改善に向けた予想 (フリップ予想) は次である: (FE$_n$) (n-次元フリップの存在予想) (iii) において, K_{X^+} は ϕ^+-豊富, $\rho(X_1) = \rho(X^+) - 1$ を満たす $\mathbf{Q}$-分解的かつ端末的な多様体 X^+ と余次元 1 で同型な双有理射 $\phi^+ : X^+ \longrightarrow X_1$ がある. 誘導される双有理写像 $\nu : X \cdots \to X^+$ を X のフリップという. (FT$_n$) (n-次元フリップの終焉予想) フリップの無限列はない. つまり, フリップを有限回繰り返せば (i) または (ii) または K_X はネフの状況 (極小モデル) に到達する.

FE$_n$, FT$_n$ が正しいと仮定すると, 以下の手続き (MMP という) により, 目標「X は $\kappa = -\infty$ ならば森ファイバー空間, $\kappa \geqq 0$ ならば X と双有理な極小モデル」に到達する: X の収縮写像が (i) の場合には終了 (森ファイバー空間). (ii) の場合には K_{X_1} がネフならば終了 (X_1 は極小モデル) し, ネフでなければ X_1 を収縮する. (iii) の場合には X を X^+ におきかえ (FE$_n$), K_{X^+} がネフならば終了 (X^+ は極小モデル) し, ネフでなければ X^+ を収縮する. (ii) においてはピカール数が減少し, (iii) だけが永遠に続くことはない (FT$_n$) から, 有限回の操作で上記目標が達せられる.

MMP が機能するためにフリップ予想は中心的な問題である. 4 次元以下ではフリップ予想は正しく (森, Shokurov, 川又), MMP は機能する. 3 次元においては, 森ファイバー空間の間の双有理変換は, 基本リンクと呼ばれる 4 種の双有理変換の合成で書ける (Sarkisov プログラム, Corti). 与えられた多様体に対する極小モデルは一般には一意ではないが, すべての次元で, 極小モデル間の双有理写像はフロップと呼ばれる基本変換の合成で書ける (川又). また, 3 次元の極小モデルの標準因子は半豊富 (宮岡, 川又) であり, 幾何学的極小モデル, 標準環の有限生成性が曲面の場合同様得られる. 一般次元においては, フリップ予想と豊潤予想 (極小モデルの標準因子は半豊富という予想) は未解決であるが, 次の重要な帰結がすべての次元において先に示された:「K_X が巨大であれば X は極小モデルをもつ. (K_X が巨大でなくても) X の標準環 $R(X, K_X)$ は有限生成である.」(Barker–Cascini–Hecon–McKernan). 以上, K_X に対する極小モデルについて述べたが, K_X の場合の証明においても, より自由度が高い対数版とその相対版 ([2]) が本質的になる. 対数版とその相対版においても, 錐定理, 基本収縮定理が示され, 対数的フリップ予想 (存在と終焉), 対数的 MMP が定式化されている. [小木曽啓示]

参 考 文 献

[1] 川又雄二郎: 代数多様体論, 共立出版, 1997.

[2] Y. Kawamata, K. Matsuda, K. Matsuki: Introduction to the minimal model problem, *Adv. Study Pure Math.*, **10**, 283–360, 1987.

[3] J. Kollár・森 重文: 双有理幾何学, 岩波書店, 1998.

局 所 環

local ring

以下環とは単位元 1 をもつ可換環を指すこととする．

1 分数環と局所化

R を環とし，S をその積閉集合とする．つまり S は 1 を含む R の部分集合であって $a,b \in S$ に対し $ab \in S$ を満たすものである．このとき**分数環** (fractional ring) (または**商環** (quotient ring)) $S^{-1}R$ を次のように定義しよう．まず集合 $R \times S$ に次のような同値関係をいれ，その商集合を $S^{-1}R$ とする：$a,b \in R$, $s,t \in S$ とする．S の元 u が存在し，$u(at - bs) = 0$ が成り立つとき (a,s) と (b,t) は同値であると定める．

以下 (a,s) を代表元にもつ同値類を a/s と書くことにする．集合 $S^{-1}R$ に和や積を次のように定める：
$$(a/s) + (b/t) = (at+bs)/(st)$$
$$(a/s)(b/t) = (ab)/(st).$$
この定め方は代表元の取りかたによらない．こうして定めた $S^{-1}R$ は環となる．自然な環準同型
$$\varphi: R \to S^{-1}R \qquad a \mapsto a/1$$
は一般には単射とはならないが，たとえば R が整域のときは単射になる．定め方からわかるように S の φ による像 $\varphi(S)$ の元は，分数環 $S^{-1}R$ において単元となることが重要である．

例 1 (1) $f \in R$ に対し $S = \{f^n\}_{n \geq 0}$ とすると，S は積閉集合となる．このとき $S^{-1}R$ をしばしば R_f と書く．R_f は R に $1/f$ を添加した環 $R[1/f]$ となる．
(2) R が整域のとき $S = R\backslash\{0\}$ は積閉集合となる．このとき $S^{-1}R$ は体となり R の**商体** (quotient field) と呼ばれ，しばしば $Q(R)$ と書かれる．たとえば $Q(\boldsymbol{C}[x]) = \boldsymbol{C}(x)$ であり，$Q(\boldsymbol{Z}) = \boldsymbol{Q}$ つまり整数環の商体は有理数体である．

(3) 環 R の素イデアル $\mathfrak{p}$ に対し，$S = R\backslash\mathfrak{p}$ とおくと S は積閉集合となる．このとき $S^{-1}R$ を $R_\mathfrak{p}$ と書き，環 R の素イデアル $\mathfrak{p}$ での**局所化** (localization) と呼ぶ．

M を R 加群とする．集合 $M \times S$ に次のような同値関係を入れる：$m,n \in M$, $s,t \in S$ とする．S の元 u が存在し，$u(tm - sn) = 0$ が成り立つとき (m,s) と (n,t) は同値であるとする．

この同値関係に関して $M \times S$ の商集合を考えると自然に $S^{-1}R$ 加群の構造が入る．これを $S^{-1}M$ と書き，**分数加群** (fractional module) とか**商加群** (quotient module) と呼ぶ．とくに R のイデアル $\mathfrak{a}$ は R 加群であるから，$S^{-1}\mathfrak{a}$ は $S^{-1}R$ のイデアルになることがわかる．また $S = R\backslash\mathfrak{p}$ の場合 (例 1 (3)) は $S^{-1}M$ を $M_\mathfrak{p}$ と表す．ただし M として R のイデアル $\mathfrak{a}$ を考えるときは，イデアル $S^{-1}\mathfrak{a}$ は $\mathfrak{a}$ を φ で $R_\mathfrak{p}$ に拡張したイデアルともみなせるので $\mathfrak{a}R_\mathfrak{p}$ と書かれることも多い．

環 R から分数環を作る操作と，R をイデアル $\mathfrak{a}$ で割る操作は可換である．つまり環として $S^{-1}(R/\mathfrak{a})$ と $(S^{-1}R)/(S^{-1}\mathfrak{a})$ は同型である．さらに S^{-1} をとる操作は R 加群のなすアーベル圏から $S^{-1}R$ 加群のなすアーベル圏への関手となり，とくに完全関手となることは非常に重要である．

2 分数環の素イデアル

"分数環 $S^{-1}R$ の素イデアル全体の集合" と "S と交わりをもたない R の素イデアル全体の集合" との間に包含関係を保つような 1 対 1 対応 ($S^{-1}\mathfrak{q} \leftrightarrow \mathfrak{q}$) があることがわかる．とくに素イデアル $\mathfrak{p}$ に対し，$S = R\backslash\mathfrak{p}$ としたときは "$R_\mathfrak{p}$ の素イデアル全体の集合" と "$\mathfrak{p}$ に含まれる R の素イデアル全体の集合" との間には包含関係を保つ 1 対 1 対応がある．

環 R とそのイデアル $\mathfrak{a}$ に対し，"$R/\mathfrak{a}$ の素イデアル全体の集合" と "$\mathfrak{a}$ を含む R の素イデアル全体の集合" との間に包含関係を保つような 1 対 1 対応があったことを思い出せば，環 R と二つの素イデアル $\mathfrak{p} \supset \mathfrak{q}$ に対し，"$R_\mathfrak{p}/(\mathfrak{q}R_\mathfrak{p})$ の素イデアル全体の集合" と "$\mathfrak{p}$ に含まれ，かつ $\mathfrak{q}$ を含む R の

素イデアル全体の集合"との間に包含関係を保つ1対1対応が存在することがわかる.

3 半局所環と局所環

半局所環 (semi–local ring) とは極大イデアルを有限個しかもたない環を指し,とくに極大イデアルを一つしかもたない環を局所環 (local ring) と呼ぶ.(文献によってはこれらの仮定にネーター性を加えることもある.)局所環 R に対し,その極大イデアルを $\mathfrak{m}$ とするとき,体 $R/\mathfrak{m}$ を R の剰余体 (residue field) と呼ぶ.しばしば局所環 R と,その極大イデアル $\mathfrak{m}$,剰余体 k の組を考えて,$(R, \mathfrak{m}, k)$ などと表す.

例2 (1) 環 R の素イデアル $\mathfrak{p}$ による局所化 $R_\mathfrak{p}$ は局所環の典型例である.実際,$R_\mathfrak{p}$ のすべての素イデアルは $\mathfrak{p}R_\mathfrak{p}$ に含まれる.つまり $\mathfrak{p}R_\mathfrak{p}$ は $R_\mathfrak{p}$ の唯一の極大イデアルである.
(2) 有理関数体 $\boldsymbol{C}(x)$ の元のうち,点 $a \in \boldsymbol{C}$ の近くで正則なもの全体の集合
$$\{f/g \in \boldsymbol{C}(x) \mid (x-a) \nmid g\}$$
は $\boldsymbol{C}[x]_{(x-a)}$ と一致し,とくに局所環となる.このように,有理関数のうちある点の近傍で局所的に定義された関数全体の集合が極大イデアルをただ一つもつ環をなすことから,極大イデアルを一つだけもつ環を"局所環"と呼ぶようになったのである.
(3) R を環,$\mathfrak{m}$ をその極大イデアルとしたとき,$R/\mathfrak{m}^n$ $(n > 0)$ は局所環となる.実際 $R/\mathfrak{m}^n$ の素イデアルは R の $\mathfrak{m}^n$ を含む素イデアルと対応し,それは $\mathfrak{m}$ のみである.つまり $R/\mathfrak{m}^n$ の素イデアルは $\mathfrak{m}/\mathfrak{m}^n$ ただ一つである.
(4) 体 k 上の形式的べき級数環
$$R = k[[x_1, \ldots, x_n]]$$
の単元は定数項が0でないようなべき級数である.したがって R のすべての素イデアルは極大イデアル $(x_1, \ldots, x_n)$ に含まれ,R は局所環となることがわかる.

4 環と加群の局所的性質

整域 R が整閉であることと,R のすべての素イデアル $\mathfrak{p}$ に関する局所化 $R_\mathfrak{p}$ が整閉であることは同値である.このように環の性質 P に対し,R が性質 P をもつことと,R のすべての素イデアルによる局所化 $R_\mathfrak{p}$ が性質 P をもつことが同値であるとき,性質 P を環の局所的性質 (local property) という.また環 R 上の加群 M の性質 Q に対し,M が性質 Q をもつことと,すべての素イデアル $\mathfrak{p}$ に対し,$R_\mathfrak{p}$ 上の加群 $M_\mathfrak{p}$ が性質 Q をもつことが同値であるとき,Q を加群の局所的性質という.

例3 (1) R 加群 M が R 上平坦であることは局所的性質である.つまりと M が R 上平坦であることと,任意の R の素イデアル $\mathfrak{p}$ に対し,$M_\mathfrak{p}$ が $R_\mathfrak{p}$ 上平坦であることは同値である.
(2) 体 k に対し,直積 $\prod_{i \in \boldsymbol{Z}} k$ はネーター環ではない.一方でその任意の(素イデアルでの)局所化はネーター環である.また $k \times k$ は整域ではないが,その任意の局所化は整域であることがわかる.したがってネーター性や整域であることは環の局所的性質でない.

環や加群の局所的性質を示すには,まず環や加群を局所化し,そこでその性質が成り立つことをみればよい.以下では局所環や局所環上の加群のよく知られた性質をいくつか列挙しよう.

5 局所環とその上の加群の性質

1次元局所ネーター整域に関して,整閉,DVR,極大イデアルが単項イデアルであること,PID,正則,などの性質ははすべて同値である

またネーター局所環 R 上の有限生成加群 M が,平坦であること,射影的であること,自由加群であることは同値である.

さらに中山の補題 (Nakayama's lemma) は,局所環 $(R, \mathfrak{m}, k)$ 上の有限生成加群 M の元 $m_1, \ldots, m_n$ に対し,もしそれらの $M/\mathfrak{m}M$ への像 $\overline{m_1}, \ldots, \overline{m_n}$ が k ベクトル空間 $M/\mathfrak{m}M$ を生成しているなら,$m_1, \ldots, m_n$ は M を生成することを主張するものである. 〔上 原 北 斗〕

曲　　線

curve

1　曲線の表示

本項では，n 次元実線形空間を $\boldsymbol{R}^n$ で表し，通常の内積に関しこれを n 次元ユークリッド空間と考える．$\boldsymbol{R}^2$ を平面，$\boldsymbol{R}^3$ を空間と単に呼び，それらの中のなめらかな曲線について解説する．

開区間 $I = (a, b)$ で定義された n 個の可微分関数 $x_i = x_i(t)$ を座標成分にもつ写像 $I \ni t \mapsto c(t) = (x_1(t), \ldots, x_n(t))$ を考える．以下の説明で写像 c の独立変数 t を助変数と呼び，助変数による 1 階および 2 階の微分を，上に点をつけて，$\dot{c}, \ddot{c}$ などと表す．接ベクトル $\dot{c}$ が 0 である点を c の特異点，そうでない点を正則点と呼ぶ．特異点をもたない写像 c の像 C を曲線 (curve) といい，c をその曲線の助変数表示 (parametrization) という．$a < t_0 < s < b$ に対して，接ベクトル $\dot{c}$ の長さ $\|\dot{c}\| = \left(\sum_{i=1}^{n} (\dot{x}_i)^2\right)^{1/2}$ の積分
$$\int_{t_0}^{s} \|\dot{c}(t)\|\, dt$$
はこの曲線の $c(t_0)$ から $c(s)$ までの長さ（弧長）を表す．とくに，接ベクトルの長さ $\|\dot{c}(t)\|$ が恒等的に 1 のとき，写像 c を弧長による助変数表示 (parametrization by arc length) という．任意のなめらかな曲線は弧長による助変数表示が可能である．実際，c がかってな助変数表示のとき，$c(t_0)$ から $c(s)$ までの長さを $f(s)$ とおけば，関数 f は $\dot{f} \neq 0$ を満たすので，その逆関数 f^{-1} を使って $t = f^{-1}(s)$ と変数変換すれば，$s \mapsto c(f^{-1}(s))$ は弧長による助変数表示である．

曲線が方程式によって表されることも多い．一般に，$\boldsymbol{R}^n$ 内の曲線は $n-1$ 個の方程式からなる連立方程式で表される．とくに平面の場合，少なくとも局所的には一つの方程式で表される．方程式 $f(x_1, x_2) = 0$ を考える．(p, q) をこの方程式を満たす点とする．この点において，偏微分係数 $\frac{\partial f}{\partial x_i}(p, q)$ $(i = 1, 2)$ の一方が 0 でないとき，(p, q) の近傍でこの方程式を満たす点 (x_1, x_2) の全体は曲線となることが陰関数の定理を使って示される．方程式 $f(x_1, x_2) = 0$ を満たす点 (p, q) において，上記の偏微分係数がともに 0 になる場合も含めて，それらを曲線と考えることも多く，そのような点 (p, q) を曲線の特異点と呼ぶ．たとえば，方程式 $x_1^2 + x_2^3 = 0$ や方程式 $x_1 x_2 = 0$ は原点 $(0, 0)$ に特異点をもつ．後者は二つの正則な曲線（この場合 x_1-軸と x_2-軸）の和集合で表されるので，方程式と助変数とでは特異点の扱いが異なる場合があり，注意を要する．

2　平面曲線の曲率

$c: I \to \boldsymbol{R}^2$ を曲線の弧長による助変数表示とする．$e_1(t) = \dot{c}(t)$ とおき，$e_1(t)$ を反時計回りに $\pi/2$ 回転したベクトルを $e_2(t)$ とおく．$e_1(t), e_2(t)$ を単位接ベクトル (unit tangent vector)，単位法ベクトル (unit normal vector) と呼ぶ．ベクトルの組み $\{e_1(t), e_2(t)\}$ は $\boldsymbol{R}^2$ の正規直交基底であり，一般に t とともに向きを変える．$e_1(t)$ の長さは 1 であるから，t で微分したものは $e_1(t)$ と直交する．$e_2(t)$ についても同様である．このとき，次が成り立つような関数 $\kappa(t)$ が存在する：
$$\dot{e}_1(t) = \kappa(t) e_2(t), \quad \dot{e}_2(t) = -\kappa(t) c_1(t).$$
$\kappa(t)$ をこの曲線の $c(t)$ における曲率 (curvature) と呼ぶ．弧長とは限らない助変数表示 $c = (x_1, x_2)$ の場合，曲率は次式で与えられる：
$$\kappa(t) = \frac{-\dot{x}_1(t) \ddot{x}_2(t) + \ddot{x}_1(t) \dot{x}_2(t)}{(\dot{x}_1(t)^2 + \dot{x}_2(t)^2)^{3/2}}.$$
曲率 $\kappa(p)$ が 0 でない曲線上の点 $c(t)$ における法線上の点 $c(t) + \frac{1}{\kappa(t)} e_2(t)$ を $c(t)$ における曲率中心といい，これを中心とし $c(t)$ を通る円を曲率円という．

曲線の曲率は曲線の向きを変えない助変数の取り替えに関して不変であるが，曲線の向きを変えると符号が変化する．たとえば，半径が r の円の曲率は，反時計回りに進む助変数の場合 $1/r$ であるが，時計回りの場合 $-1/r$ である．

二つの曲線の弧長による助変数表示 c_i $(i = 1, 2)$ に関して，その曲率 κ_i $(i = 1, 2)$ が恒等的に等しいとき $(\kappa_1(t) = \kappa_2(t))$，これら 2 曲線は $\boldsymbol{R}^2$ の等長変換により互いに移り合う（すなわち 2 曲線は

合同である).

3 伸展線と縮閉線

平面曲線 $\mathcal{C}$ の点を通り，その点の接ベクトルに平行な直線と垂直な直線をそれぞれ**接線** (tangent) と**法線** (normal) という．

曲線 $\mathcal{C}_1, \mathcal{C}_2$ を考える．$\mathcal{C}_1$ の各法線が $\mathcal{C}_2$ の法線でもあるとき，これら 2 曲線は互いに**平行曲線** (parallel curve) であるという．たとえば，同心円は互いに平行曲線である．また，$\mathcal{C}_1$ の各接線が $\mathcal{C}_2$ の法線であるとき，$\mathcal{C}_2$ を $\mathcal{C}_1$ の**伸展線** (involute)，$\mathcal{C}_1$ を $\mathcal{C}_2$ の**縮閉線** (evolute) と呼ぶ．$\mathcal{C}_2$ の曲率中心の軌跡が $\mathcal{C}_1$ である．曲率が 0 でない曲線の伸展線は必ず存在し，それら伸展線は平行曲線の族をなす．はじめに与えた曲線の曲率が 0 になる点が存在すれば，それに対応して伸展線上に特異点ができる．曲率が 0 でない曲線の縮閉線が一意的に存在する．はじめに与えた曲線の曲率の極値に対応して縮閉線上に特異点が生じる．

4 空間曲線の曲率と捩れ率

空間曲線の弧長による助変数表示 $c: I \to \boldsymbol{R}^3$ を考える．$\ddot{c}(t)$ が至る所 0 でないことを仮定し，$e_1(t) = \dot{c}(t), e_2(t) = \ddot{c}(t)/\|\ddot{c}(t)\|$ とおき，ベクトル積を使って $e_3(t) = e_1(t) \times e_2(t)$ とおく．$e_1(t), e_2(t), e_3(t)$ をそれぞれこの曲線の $c(t)$ における**単位接ベクトル** (unit tangent vector), **単位主法ベクトル** (unit principal normal vector), **単位従法ベクトル** (unit binormal vector) と呼び，曲線に付随するこの正規直交基底 $\{e_1, e_2, e_3\}$ を**フルネ–セレ枠** (Frenet–Serret frame) という．次を満たす関数 κ, τ が存在する $(\kappa > 0)$:

$$\begin{pmatrix} \dot{e}_1 \\ \dot{e}_2 \\ \dot{e}_3 \end{pmatrix} = \begin{pmatrix} 0 & \kappa & 0 \\ -\kappa & 0 & \tau \\ 0 & -\tau & 0 \end{pmatrix} \begin{pmatrix} e_1 \\ e_2 \\ e_3 \end{pmatrix}.$$

κ, τ をそれぞれこの曲線の**曲率** (curvature), **ねじれ率** (torsion) と呼ぶ．

二つの空間曲線の弧長による助変数表示 c_i $(i = 1, 2)$ に関して，その曲率 κ_i とねじれ率 τ_i が等しいとき $(\kappa_1(t) = \kappa_2(t), \tau_1(t) = \tau_2(t), \forall t)$，これら二つの曲線は $\boldsymbol{R}^3$ の等長変換により互いに移りあ

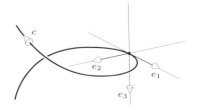

図 1 フルネ–セレ枠

う (すなわち 2 曲線は合同である).

曲率 κ とねじれ率 τ が一定の空間曲線は**らせん** (helix) と呼ばれ，次の助変数表示をもつ曲線と合同である:

$$c(t) = (art, b\cos rt, b\sin rt).$$

(ただし $r = \sqrt{\kappa^2 + \tau^2}, a = \kappa/r, b = \tau/r$)

5 閉曲線の全曲率

弧長による助変数表示 $c: \boldsymbol{R} \to \boldsymbol{R}^n$ に対して，$c(\ell + t) = c(t)$ $(\forall t \in \boldsymbol{R})$ が成り立つ正の数 ℓ が存在するとき，この曲線 $\mathcal{C}$ を**閉曲線**という．これを満たす最小の ℓ に対し，$\int_0^\ell \kappa(t) dt$ を $\mathcal{C}$ の**全曲率** (total curvature) と呼ぶ．

平面閉曲線の全曲率は 2π の整数倍であり，その整数を**回転数** (rotation number, winding number) と呼ぶ．閉曲線をなめらかさを保ったまま連続的に変形するとき，曲率も連続的に変化し，よって全曲率も連続的に変化するが，全曲率はつねに整数の 2π 倍であるから，これは一定である．すなわち，なめらかさを保ったままの変形で移りあえる二つの閉曲線は回転数が等しい．その逆も正しいことが知られている (H.Whitney の定理，1942 年).

空間曲線の曲率は正なので，全曲率も正である．空間閉曲線の全曲率はつねに 2π より大きく，2π になるのはこの閉曲線が平面上の凸領域の境界のときに限る (S.S. Chern–R.K. Lashof の定理). また，自己交差をもたない空間閉曲線の全曲率が 4π 以下なら，この閉曲線は空間に埋め込まれた 2 次元円板の境界である (結び目に関する J. Milnor の定理).

[小沢哲也]

参 考 文 献

[1] 小林昭七：曲線と曲面の微分幾何 (改訂版)，裳華房，1995.

曲線座標

....
curvilinear coordinates

1 一般論

領域 $U \subset \mathbf{R}^n$ 上の n 個の可微分関数 f_i ($i=1,\ldots,n$) を考え，写像 $\psi: U \to \mathbf{R}^n$ を $\psi=(f_1,\ldots,f_n)$ とおく．ψ がその像 $V = \psi(U)$ への 1 対 1 写像であり，偏微分係数 $\frac{\partial f_i}{\partial x_j}$ を (i,j) 成分にもつ n 次正方行列 $\left(\frac{D(f_i)}{D(x_j)}\right)$ の行列式，すなわち ψ の関数行列式が U の各点で 0 でないとき，これら n 個の関数の組を U 上の**曲線座標** (curvilinear coordinates) といい，個々の関数 f_i を**座標関数** (coordinate function) という．$\left|\frac{D(f_i)}{D(x_j)}\right|$ が 0 でないことから，ψ の逆写像 $\psi^{-1}: V \to U$ も可微分写像である (逆写像定理)．逆写像 $\varphi = \psi^{-1}$ を与えて U の曲線座標を指定することが多い．

以下，2 次元の場合を解説する．$\mathbf{R}^2$ を通常の内積に関し，ユークリッド平面と考える．使用する変数が何かをわかりやすくするため，$(a,b)_u$，$\mathbf{R}^2_{(x,y)}$ のように区間や集合の下に変数記号 u，(x,y) などを書き添える．$\mathbf{R}^2_{(u,v)}$ の開部分集合 V 上で定義された写像 $\varphi: V_{(u,v)} \to \mathbf{R}^2_{(x,y)}$ がその像 $U = \varphi(V)$ の曲線座標を定義しているものとする．このとき，u, v のうち一方の変数だけを動かしてできる曲線を**座標曲線** (coordinate curve) と呼ぶ．$\langle \frac{\partial \varphi}{\partial u}, \frac{\partial \varphi}{\partial v} \rangle = 0$ が成り立つとき，すなわち u–座標曲線と v–座標曲線がつねに直交するような曲線座標を**直交座標** (orthogonal coordinates) という．さらに，$\|\frac{\partial \varphi}{\partial u}\| = \|\frac{\partial \varphi}{\partial v}\|$ が成り立つとき，写像 φ は**共形写像** (conformal mapping) と呼ばれ，対応する曲線座標は**等温座標** (isothermal coordinates) と呼ばれる．写像 $(x,y) = (x(u,v), y(u,v))$ の関数行列式が正であるような共形写像は等角写像とも呼ばれ，これは複素関数 $u + \sqrt{-1}v \mapsto x(u,v) + \sqrt{-1}y(u,v)$ が正則関数であることと同値である．したがって，関数行列式が正の写像により定義される等温座標は正則関数を考えることに相当する．

2 ユークリッド平面の曲線座標の例

2.1 アフィン座標と射影座標

$\mathbf{R}^2$ 上の任意の点 O と，1 次独立なベクトル e_1, e_2 を固定するとき，任意の点 $P \in \mathbf{R}^2$ は二つの実数 $x(P), y(P)$ を使って $P = \mathrm{O} + x(P)e_1 + y(P)e_2$ と表される．$x(P), y(P)$ を座標関数とする $\mathbf{R}^2$ の座標を**アフィン座標** (affine coordinates) という．とくに e_1, e_2 が正規直交基底のとき，これを**ユークリッド座標** (Euclidean coordinates) という．

$\mathbf{R}^3$ 内で，二つの平面 H, K とこれらの平面上にない点 O を考える．また，K 上にアフィン座標 (x,y) を固定する．O を通り K と平行な平面と H との交わりを ℓ とする (H, K が平行のとき $\ell = \emptyset$)．$H \setminus \ell$ の点 P に対して，P と O を通る直線が K と交わる点を K のアフィン座標 $(x(P), y(P))$ で表すとき，これを H の**射影座標** (projective coordinates) という．

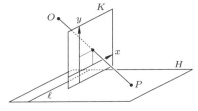

図 1 射影座標

2.2 極座標

写像 $\varphi: (0,\infty)_r \times I_\theta \to \mathbf{R}^2_{(x,y)}$ を
$$\varphi(r,\theta) = (r\cos\theta, r\sin\theta).$$
とおく．この φ で定まる曲線座標を**極座標** (polar coordinates) という．ただし，区間 I は $(0, 2\pi)$ または $(-\pi, \pi)$ と選ぶことが一般的である．r–座標曲線は原点から出る半直線であり，θ–座標曲線は原点を中心とする同心円をなし，互いに直交する．したがって，これは直交座標である．座標関数 r, θ は x, y の関数として $r = \sqrt{x^2 + y^2}$，$\theta = \arctan\frac{y}{x}$ と表される．$r = e^\rho$ と置き換え，写像 $\psi(\rho, \theta) = (e^\rho \cos\theta, e^\rho \sin\theta)$ による曲線座標を定義すると，これは φ と同じ座標曲線をもつ等温座標になる．この曲線座標は正則関数 $x + \sqrt{-1}y = e^{\rho + \sqrt{-1}\theta}$ を考えることに相当する．

2.3 楕円座標

写像 $\varphi: (-a^2, -b^2)_u \times (-b^2, \infty)_v \to \mathbf{R}^2_{(x,y)}$

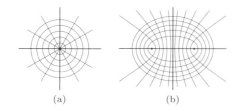

図 2 (a) は極座標, (b) は楕円座標

$(0 < b < a$ は定数) を次のようにおく:
$$\left(\pm\sqrt{\frac{(a^2+v)(a^2+u)}{a^2-b^2}}, \pm\sqrt{\frac{(b^2+v)(b^2+u)}{b^2-a^2}}\right).$$
この φ で定まる曲線座標を**楕円座標** (elliptic coordinates) という. $\pm$ の 4 通りの組み合わせに応じて (x,y)–平面のそれぞれ第 1 から第 4 象限に曲線座標を定める. v–座標曲線は双曲線, u–座標曲線は楕円で, すべて $(\pm\sqrt{a^2-b^2},0)$ を焦点とする 2 次曲線である. 各双曲線と各楕円は直交するので, これは直交座標である.

$d = \sqrt{a^2-b^2}$ とおき, $(x,y) = \psi(\theta,\mu)$ を
$$\psi(\theta,\mu) = (d\cosh\theta\cos\mu, d\sinh\theta\sin\mu)$$
と定義する. ただし, $\cosh\theta = (e^\theta + e^{-\theta})/2$, $\sinh\theta = (e^\theta - e^{-\theta})/2$ である. この ψ で定まる曲線座標も上の楕円座標の座標曲線と同じ 2 次曲線の集合である. ψ は等温座標であり, 正則関数 $x + \sqrt{-1}y = d\cosh(\theta + \sqrt{-1}\mu)$ に対応している.

2.4 放物線座標

写像 $\varphi: \mathbf{R}^2_{(u,v)} \to \mathbf{R}^2_{(x,y)}$ を次のようにおく:
$$\varphi(u,v) = (u^2 - v^2, 2uv).$$
この φ で定まる曲線座標を**放物線座標** (parabolic coordinates) という. これは各座標曲線が原点を焦点とする放物線であるような等温座標であり, 正則関数 $x + \sqrt{-1}y = (u + \sqrt{-1}v)^2$ に対応している.

2.5 双極座標

写像 $\varphi: \mathbf{R}_u \times (0, 2\pi)_v \to \mathbf{R}^2_{(x,y)}$ を
$$\varphi(u,v) = \left(\frac{d\sinh u}{\cosh u + \cos v}, \frac{d\sin v}{\cosh u + \cos v}\right)$$
と定義する ($d > 0$ は定数). この φ で定まる曲線座標を**双極座標** (bipolar coordinates) という. u–座標曲線は 2 点 $(\pm d, 0)$ を通る円であり, v–座標曲線はこれら 2 点からの距離の比が一定な点の軌跡 (アポロニウスの円) である. u, v に対応す

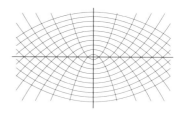

図 3 放物線座標

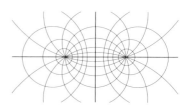

図 4 双極座標

る各円は互いに直交し, これは等温座標であり, 正則関数 $x + \sqrt{-1}y = d\tanh\frac{u+\sqrt{-1}v}{2}$ に対応している. ただし, $\tanh z = \sinh z/\cosh z$ である.

3 ユークリッド空間の曲線座標

2 次元の直交座標をある直線の周りに回転させることにより 3 次元の直交座標を得ることができる. 今, $\mathbf{R}^2_{(u,v)}$ の開集合 V で定義された写像 $(x,y) = \varphi(u,v) = (f(u,v), g(u,v))$ の像 U が領域 $\{y > 0\}$ に含まれているものとする. $\Phi: V_{(u,v)} \times (0, 2\pi)_\theta \to \mathbf{R}^3_{(x,y,z)}$ を
$$\Phi(u,v,\theta) = (f(u,v), \cos\theta g(u,v), \sin\theta g(u,v))$$
とおく. 写像 Φ はその像の上の直交座標を定める. これは x–軸の周りの回転である. このようにして, 前節で述べた 2 次元の直交座標から種々の 3 次元の直交座標が得られる.

平面の楕円座標は, 定数 $0 < A_1 < A_2 < A_3$ に対して定まる次の写像 $\varphi: (-A_3, -A_2)_u \times (-A_2, -A_1)_v \times (-A_1, \infty)_w \to \mathbf{R}^3$ を使って空間の楕円座標に拡張される:
$$\varphi(u,v,w) = (\pm f_1, \pm f_2, \pm f_3),$$
ただし, $f_i = \sqrt{\frac{(A_i+u)(A_i+v)(A_i+w)}{(A_i-A_j)(A_i-A_k)}}$ ($i = 1, 2, 3$, $\{i,j,k\} = \{1,2,3\}$) である. [小沢哲也]

参考文献

[1] 栗田 稔: 座標, 裳華房, 1974 (2002 復刊).

曲　面

surface

$\boldsymbol{R}^3$ の通常の内積を $\langle , \rangle$, ベクトルの長さを $\| \|$ で表す. また, $\| \|$ により定まる距離構造をもって $\boldsymbol{R}^3$ をユークリッド空間と考え, E^3 と記す.

1　E^3 内の曲面

$\boldsymbol{R}^2$ の開集合 U で定義された可微分写像 $\varphi : U \to E^3$ について, U の各点での偏微分 $\frac{\partial \varphi}{\partial u_i}$ $(i=1,2)$ が E^3 のベクトルとして1次独立であるとき, その像 $M = \varphi(U)$ を**曲面** (surface) といい, φ をその**助変数表示** (parametrization) という. また, $\frac{\partial \varphi}{\partial u_i}(u_1, u_2)$ $(i=1,2)$ ではられる2次元部分空間を $p = \varphi(u_1, u_2)$ における M の**接平面** (tangent plane) といい, $T_p M$ と書く.

接ベクトル $\frac{\partial \varphi}{\partial u_i}$ の内積を
$$g_{ij} = \langle \frac{\partial \varphi}{\partial u_i}, \frac{\partial \varphi}{\partial u_j} \rangle$$
とおき, $\{g_{ij}\}$ を M の φ に関する**第一基本量** (first fundamental form) と呼ぶ $(i,j=1,2)$. 第一基本量を (i,j) 成分にもつ2次正方行列は対称行列で正定値内積を定めるが, これは E^3 のユークリッド内積を接平面 $T_p M$ に制限したものを, 基底 $\frac{\partial \varphi}{\partial u_i}$ により表現したものにほかならない.

ベクトル ν を, 助変数表示 φ を使って
$$\nu = \frac{\partial \varphi}{\partial u_1} \times \frac{\partial \varphi}{\partial u_2} \Big/ \left\| \frac{\partial \varphi}{\partial u_1} \times \frac{\partial \varphi}{\partial u_2} \right\|$$
とおく. これは $p = \varphi(u_1, u_2)$ で M と直交し長さが1のベクトルである. ν を M の**単位法ベクトル場** (unit normal vector field) と呼ぶ. $\|\nu\|=1$ なので, これを偏微分して得られるベクトル $\frac{\partial \nu}{\partial u_i}$ $(i=1,2)$ は M に接する. したがって, 接ベクトル $v = x \frac{\partial \varphi}{\partial u_1} + y \frac{\partial \varphi}{\partial u_2}$ に対して, ν を v 方向に微分して得られる M の接ベクトル $v(\nu) = x \frac{\partial \nu}{\partial u_1} + y \frac{\partial \nu}{\partial u_2}$ を対応させる写像 $v \mapsto v(\nu)$ は $T_p M$ からそれ自身への写像である. これを**ワインガルテン写像** (Weingarten map) と呼ぶ. これは接平面 $T_p M$ の内積に関して対称な線型変換であり, 重複度を込めて二つの実固有値をもつ.

ワインガルテン写像の固有値 k_1, k_2 を曲面の**主曲率** (principal curvature) と呼び, 固有ベクトルを**主曲率方向** (principal direction) と呼ぶ.
$$K = k_1 k_2, \quad H = (k_1 + k_2)/2$$
とおき, K を**ガウス曲率** (Gaussian curvature), H を**平均曲率** (mean curvature) と呼ぶ. 主曲率は, 符号を除いて, 曲面の助変数表示にはよらない. また, E^3 の等長変換に関して不変である. ガウス曲率と平均曲率についても同様である.

M の点 p を通り接ベクトル $v \in T_p M$ と法ベクトル $\nu(p)$ に平行な平面を H_v とおき, 平面曲線 $M \cap H_v$ の p での曲率を v の関数と考える (図1参照). ただし, 曲線が ν の方に曲がっているときは曲率を負とするよう符号を付ける. この曲率の最大値と最小値が二つの主曲率に一致し, またそのときの v が対応する主曲率方向である.

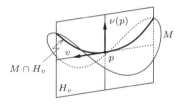

図1　平面 H_v での切り口に現れる曲線

M の各点で $\frac{\partial \varphi}{\partial u_1}, \frac{\partial \varphi}{\partial u_2}, \nu$ は1次独立であるから, φ の2階偏微分係数をこれらの1次結合で表すことができる (ガウスの誘導方程式);
$$\frac{\partial^2 \varphi}{\partial u_i \partial u_j} = \sum_{a=1}^{2} \Gamma_{ij}^a \frac{\partial \varphi}{\partial u_a} + h_{ij} \nu.$$
このとき現れる係数 Γ_{ij}^a と h_{ij} は曲面 M の助変数表示 φ に関する**接続係数** (connection coefficient), **第二基本量** (second fundamental form) と呼ばれる. これらは下の添え字に関して対称である; $\Gamma_{ij}^k = \Gamma_{ji}^k$, $h_{ij} = h_{ji}$. ν は $\frac{\partial \varphi}{\partial u_i}$ と直交する長さが1のベクトルなので,
$$h_{ij} = \langle \frac{\partial^2 \varphi}{\partial u_i \partial u_j}, \nu \rangle$$
が成り立つ (ワインガルテンの誘導方程式). ガウス曲率と平均曲率は第一, 第二基本量を使って,
$$K = \frac{h_{11} h_{22} - (h_{12})^2}{g_{11} g_{22} - (g_{12})^2},$$
$$H = \frac{h_{11} g_{22} + h_{22} g_{11} - 2 h_{12} g_{12}}{2(g_{11} g_{22} - (g_{12})^2)}$$

と表される．

上記の議論は，ν の代わりに $-\nu$ を使っても成り立つ．この取り換えで K は不変であるが，H は $-H$ に変わる．

2 曲面の基本方程式

第一基本量を $\{g_{ij}\}$ とおく．接続係数は第一基本量 $\{g_{ij}\}$ だけを使って，
$$\Gamma_{ij}^k = \frac{1}{2}\sum_{a=1}^{2} g^{ka}\left(\frac{\partial g_{ia}}{\partial u_j} + \frac{\partial g_{ja}}{\partial u_i} - \frac{\partial g_{ij}}{\partial u_a}\right)$$
と表される．ここで g^{ka} は第一基本量の逆行列の (k,a)–成分である．リーマン曲率テンソル (Riemann curvature tensor) と呼ばれる量 R_{ijk}^ℓ を
$$R_{ijk}^\ell = \frac{\partial \Gamma_{ij}^\ell}{\partial u_k} - \frac{\partial \Gamma_{ik}^\ell}{\partial u_j} + \sum_{a=1}^{2}\left(\Gamma_{ij}^a \Gamma_{ak}^\ell - \Gamma_{ik}^a \Gamma_{aj}^\ell\right)$$
と定義する．さらに，$R_{1212} = \sum_{a=1}^{2} g_{1a} R_{212}^a$ とおくとき，ガウス曲率 K は第二基本量を使わずに，
$$K = -\frac{R_{1212}}{g_{11}g_{22} - (g_{12})^2}.$$
と表される (ガウスの方程式)．この方程式は，ガウスの誘導方程式をもう一度 u_i で偏微分したものに対して，関係式 $\frac{\partial^3 \varphi}{\partial u_i \partial u_j \partial u_k} = \frac{\partial^3 \varphi}{\partial u_i \partial u_k \partial u_j}$ などを使い，$\frac{\partial \varphi}{\partial u_1}, \frac{\partial \varphi}{\partial u_2}$ の係数を比較して得られる．また，同じ関係式において ν の係数を比較することにより，次の関係が得られる (コダッチ方程式):
$$\frac{\partial h_{i1}}{\partial u_2} - \frac{\partial h_{i2}}{\partial u_1} = \sum_{a=1}^{2}\left(h_{1a}\Gamma_{i2}^a - h_{2a}\Gamma_{i1}^a\right)$$
($i = 1, 2$).

ガウスとコダッチの方程式は，助変数表示に関する第一基本量と第二基本量の関係式である．逆にこれらの方程式を満たす $(u_1, u_2) \in U$ の関数 g_{ij}, h_{ij} が与えられたとき，これらを第一基本量と第二基本量とするような U 上の写像 $\varphi : U \to E^3$ が存在する (曲面論の基本定理)．

ガウスの方程式は，ガウス曲率が曲面の第一基本量だけで決まることを意味し，この事実は**ガウスの驚異の定理** (theorema egregium) と呼ばれている．

曲面を一般化した概念である多様体に対して，多様体の点になめらかに依存するように各接空間に内積構造を定義したものをリーマン多様体と呼ぶ．上記の式を使い，接続係数 Γ_{ij}^k，リーマン曲率テンソル R_{ijk}^ℓ などが定義され，これらはリーマン幾何学で基本的な役割を果たす．

3 極小曲面

曲面 M の面積は，助変数表示 $\varphi : U \to E^3$ に関する第一基本量を使った積分
$$A(\varphi) = \int_U dv$$
に等しい ($dv = \sqrt{g_{11}g_{22} - (g_{12})^2}du_1 du_2$ とおいた)．単位法ベクトル場 ν に平均曲率 H を掛けたもの $H\nu$ を平均曲率ベクトル場 (mean curvature vector field) という．今，曲面 φ に沿う任意のベクトル場 V を使って，曲面を $\varphi_\varepsilon = \varphi + \varepsilon V$ と変形するとき，曲面の面積は
$$A(\varphi_\varepsilon) = A(\varphi) + \varepsilon \int_U \langle H\nu, V\rangle dv + o(\varepsilon)$$
と変化する．仮に曲面 M の面積が局所的に最小であれば，上の変化の 1 次の項は消える．このことから，平均曲率がいたるところ 0 である曲面を**極小曲面** (minimal surface) と呼ぶ．

4 曲面の例

E^3 内の平面のガウス曲率は 0 である．また，半径 r の球面 $M = \{x \in E^3 | \|x\| = r\}$ のガウス曲率は $1/r^2$ である ($r > 0$ は定数)．(y, z)–平面の曲線 $z = \frac{1}{\lambda}\cosh \lambda y$ を y–軸の周りに回転してできる曲面はカテノイド (catenoid) と呼ばれる極小曲面である ($\lambda > 0$ は定数)．

$\boldsymbol{R}^3$ の内積 $\langle , \rangle'$ を次で定義する:
$$\langle (x_1, x_2, x_3), (y_1, y_2, y_3)\rangle' = x_1 y_1 + x_2 y_2 - x_3 y_3.$$
曲面 $M = \{x \in \boldsymbol{R}^3 | \langle x, x\rangle' = 1, x_3 > 0\}$ を考える．$\langle , \rangle'$ は正定値ではないが，これを M の接平面に制限すると正定値になり，これにより M の第一基本量が定まる．この M のガウス曲率は恒等的に -1 である． ［小沢哲也］

参 考 文 献

[1] 佐々木重夫：微分幾何学，岩波書店，1991.
[2] 小林昭七：曲線と曲面の微分幾何 (改訂版)，裳華房，1995.

距離空間

metric space

実数直線 $\boldsymbol{R}$ 上，複素数平面 $\boldsymbol{C}$ 上には，2 点 x, y の距離 d が差の絶対値 $d(x,y) = |x-y|$ で定まる．$\boldsymbol{R}^n$ 上，$\boldsymbol{C}^n$ 上には，2 点 $\vec{x} = (x_1, \ldots, x_n)$, $\vec{y} = (y_1, \ldots, y_n)$ の（ユークリッドの）距離 d が

$$d(\vec{x}, \vec{y}) = \sqrt{\sum_{i=1}^{n} |x_i - y_i|^2}$$

で定まる．この距離 d は，$\boldsymbol{R}_{\geqq 0}$ に値をとり，

(1) $d(x,y) = 0 \Leftrightarrow x = y$
(2) $d(x,y) = d(y,x)$
(3) $d(x,z) \leqq d(x,y) + d(y,z)$

を満たす．(3) は三角不等式と呼ばれる．

一般に集合 X に対し，$X \times X$ 上の $\boldsymbol{R}_{\geqq 0}$ 値関数 d で $x, y, z \in X$ に対し，上の (1), (2), (3)（距離の公理）を満たすものを，X 上の**距離 (関数)** といい，距離関数の定義されている集合を**距離空間**と呼ぶ．

有限個の距離空間 $(X_1, d_{X_1}), \ldots, (X_k, d_{X_k})$ の直積 $X_1 \times \cdots \times X_k$ に対しては，$p \geqq 1, \infty$ に対し，$\boldsymbol{x} = (x_1, \ldots, x_k), \boldsymbol{y} = (y_1, \ldots, y_k)$ の距離を

$$d_p(\boldsymbol{x}, \boldsymbol{y}) = \left(\sum_{i=1}^{k} d_{X_i}(x_i, y_i)^p \right)^{\frac{1}{p}}$$
$$d_\infty(\boldsymbol{x}, \boldsymbol{y}) = \max_i \{ d_{X_i}(x_i, y_i) \}$$

で定めることができる．

1 距離空間の位相

(X, d) を距離空間とする．正実数 ε に対し，点 x の ε 近傍 $N_\varepsilon(x)$ を，

$$N_\varepsilon(x) = \{ y \in X \mid d(y, x) < \varepsilon \}$$

で定める．距離空間 X には次のように位相が定まる．

- X の部分集合 U が開集合であるとは，U の任意の点 x に対し，$N_\varepsilon(x) \subset U$ となる正実数 ε が存在する．

同じ位相は点列の収束によっても定義される．

- 点列 a_n $(a_n \in X; n = 1, 2, \ldots)$ が $\alpha \in X$ に収束するとは，任意の正実数 ε に対し，自然数 n_0 で，$n \geqq n_0$ ならば $d(a_n, \alpha) < \varepsilon$ となるものが存在することである．

点列 a_n が α に収束することを $\lim_{n \to \infty} a_n = \alpha$ と書き，α は点列 a_n の**極限** (limit) と呼ばれる．

点列を用いると，X の部分集合 A が閉集合であることは，次のように述べられる．

- X の部分集合 A が閉集合であるとは，任意の点列 a_n $(n = 1, 2, \ldots)$ に対し，$a_n \in A$ かつ $\lim_{n \to \infty} a_n = \alpha \in X$ ならば，$\alpha \in A$ となることである．

2 完備性

距離空間上の収束点列 a_n $(n = 1, 2, \ldots)$ は，次を満たす．

- 任意の正実数 ε に対し，次のような自然数 n_0 が存在する．「$m, n \geqq n_0$ ならば $d(a_m, a_n) < \varepsilon$ となる」

この性質を満たす点列を**コーシー列**と呼ぶ．コーシー列が収束すれば，その極限は一意的である．一般の距離空間ではコーシー列は収束するとは限らない．距離空間 X のすべてのコーシー列が収束するとき，距離空間 X は**完備**であるという．

距離空間 (X, d) に対し，X を稠密な部分集合として含む完備距離空間 $(\overline{X}, \overline{d})$ で，$\overline{d}$ を X に制限したものが，d に一致するものが存在する．$(\overline{X}, \overline{d})$ は (X, d) の**完備化**と呼ばれる．完備化の構成は次のように行われる．距離空間 X のコーシー列全体の集合に，2 つのコーシー列は，それらを交互にとった点列がコーシー列であるときに同値であるという同値関係が定義される．このとき同値類の集合 $\overline{X}$ には，自然に距離 $\overline{d}$ が定義され，$(\overline{X}, \overline{d})$ は，(X, d) の完備化となる．有理数体 $\boldsymbol{Q}$ の差の絶対値による距離に対する完備化として実数体 $\boldsymbol{R}$ が得られる．$\boldsymbol{Q}$ の p 進付値を用いた距離に対する完備化として p 進数体 $\boldsymbol{Q}_p$ が得られる．

距離空間 X が，コンパクトであることと完備かつ全有界であることは同値である．ここで，距離空間 X が**全有界**とは，任意の正実数 ε に対し，X が有限個の点の ε 近傍の和集合となることである．

［坪井　俊］

近似計算

approximate computation

近似計算は，解析的手法によって意味のある計算結果を得ることが困難な場合や，実数演算の代わりに用いて計算速度・計算効率を向上させたい場合などに利用される．広義の意味では，数学・物理学・化学・計算機科学をはじめとしてさまざまな分野で多様な意味をもつが，ここでは，**有効数字** (significant figures) を用いた計算，という狭義の意味で説明をする．

有効数字を用いた計算では，最終的な計算結果を得るまでの過程において，計算結果を一定の桁数に丸めながら計算を進めるため，**丸め誤差** (rounding error) が蓄積する．そのため，最終的に得られた計算結果がどの程度正しいかを考慮する必要がある．有効数字を用いた計算を計算機上で実行する際には，通常，**浮動小数点演算** (floating-point arithmetic) を用いる．

1 有効数字

有効数字とは，JIS 規格 (たとえば，JIS K 0211) において「測定結果などを表す数字のうちで，位取りを示すだけのゼロを除いた意味のある数字」と定義されている．計算機科学の分野で用いられている有効数字は，より一般的な意味で使われており，ある実数の近似とみなすことができる．

ある実数 r の近似として，有効数字 a を，基数 β (β 進数) において

$$a = (-1)^S \times F \times \beta^E, \quad S \in \{0, 1\} \quad (1)$$

と表現する．ここで，S を**符号部** (sign)，E を**指数部** (exponent)，F を**仮数部** (significand) と呼ぶ．ただし，E は整数，F は有限桁の非負数であり，F の桁数を**有効桁数** (number of significant digits) と呼ぶ．

今，F が β 進数で小数点以下 $p-1$ 桁までの数

| f_1 | . | f_2 | f_3 | $\cdots$ | f_p |

で表現されたとする．ただし，f_k は β より小さい非負の整数で，とくに $f_1 \neq 0$ とする．このとき，F は

$$F = \sum_{k=1}^{p} f_k \beta^{-k+1} \quad (2)$$

であり，a の有効桁数は p 桁 (β 進数) である．

実数 r を有効桁数 p 桁で近似する際には，$p+1$ 桁目以降に対して切り上げか切り捨てを行う必要がある．したがって，一般的に有効数字の最小桁には誤差が含まれる．通常，この誤差を最小化するために，r にもっとも近い近似値に丸めるが，これを**最近点への丸め** (rounding to the nearest) と呼ぶ．JIS 規格 (JIS Z 8401) では，数値の丸め方について，規則 A および規則 B として，最近点への丸めが 2 種類定義されており，規則 A に対応するのが**偶数丸め** (rounding ties to even)，規則 B に対応するのが**四捨五入丸め** (rounding ties to away) である．r に最も近い有効桁数 p 桁の近似値が 2 つ存在する場合，四捨五入丸めは絶対値が大きくなるように丸める方式であり (10 進数では，よく知られている四捨五入と同じ方式)，偶数丸めは f_p (有効数字の p 桁目) が偶数になるように丸める方式である．偶数丸めのほうが四捨五入丸めよりも丸め誤差 (rounding error) の偏りが平均的に軽減されるため，一般的に偶数丸めを採用することが望ましいとされている．

有効数字を用いた計算については，指数部の大きさに制限がないことを除いて，後述の浮動小数点演算と同様であるため，次節を参照されたい．

2 浮動小数点演算

浮動小数点数 (floating-point number) は，計算機において実数を近似した表現方式であり，式 (1) および式 (2) の形式で表現される．浮動小数点数における演算は，浮動小数点演算と呼ばれる．浮動小数点演算の標準規格として，まず，2 進数 ($\beta = 2$) の場合について IEEE 754-1985 が制定され，次に，10 進数を含めた基数非依存の場合について IEEE 854-1987 が制定された．その後，これら 2 つを統合した IEEE 754-2008 が，IEEE 754-1985 の改訂版として制定された．

IEEE 754-2008 における基本フォーマットは表 1 の通りである．浮動小数点数には，正規化数

表1 IEEE 754-2008 の基本フォーマット

基数 β	名称	最大有効桁数 p	指数部の最大値 $E_{\max}$
2	binary32	23+1	127
	binary64	52+1	1023
	binary128	112+1	16383
10	decimal64	16	384
	decimal128	34	6144

注) すべてのフォーマットにおいて，$E_{\min} = 1 - E_{\max}$．

表2 IEEE 754-2008 における丸めモード

丸めモード	備考
最近点への丸め (偶数丸め)	デフォルト
最近点への丸め (四捨五入丸め)	10 進のみ必須
正の無限大方向への丸め	
負の無限大方向への丸め	
ゼロ方向への丸め	

(normal number)，非正規化数 (subnormal number)，符号付きゼロ (signed zero) および符号付き無限大 (signed infinity) がある．これ以外に，ゼロによる除算が起きた場合などに生じる非数 (NaN, not a number) の表現もサポートされている．浮動小数点数と非数をあわせて，浮動小数点データ (floating-point datum) と呼ぶ．

正規化数は，式 (2) において $f_1 \neq 0$ の数である．基数 $\beta = 2$ の場合は，$f_1 = 1$ と一意に定まるため，実際には f_1 を格納しなくて済む．これが，表1において，$\beta = 2$ における桁数がすべて +1 となっている理由であり，これを暗黙の先頭ビット (implicit leading significand bit) と呼ぶ．非正規化数では，$f_1 = 0$ となる．

指数部が $E_{\max}$ より大きくなった場合をオーバーフロー (overflow)，$E_{\min}$ より小さくなった場合をアンダーフロー (underflow) とそれぞれ呼ぶ．オーバーフローが起きた場合は，結果を符号付き無限大で表現し，アンダーフローが起きて非正規化数でも値を表現できない場合は，符号付きゼロでそれぞれ表現する．

また，IEEE 754-2008 では，表2のように5つの丸めモードが定義されている．浮動小数点演算では，設定された丸めモードに従って，演算結果を浮動小数点数に丸める．重要な性質は，「実数から浮動小数点数への変換」，「四則演算」，「平方根」などの1回の操作については，無限の精度で計算した結果 (実数演算の結果) を浮動小数点数に (指定された丸めモードに従って) 丸めた結果と一致する，という点である．これを，正確丸め (correct rounding) と呼ぶ．このとき，「1回の浮動小数点操作において，不正確な値は仮数部の最後の桁にしか現れない」ということが保証される．

IEEE 754-2008 において，三角関数などについては，正確な丸めは「推奨」とされているが，「必須」ではない．

3 精度

近似計算でよく用いられる「精度」という言葉には，2つの意味があるので注意が必要である．1つは，1回の演算結果を有効数字に丸める際の最大有効桁数という意味での精密さ (precision) であり，もう1つは，最終的な計算結果の正しさの意味での精確さ (accuracy) である．前者は，固定された値であり，たとえば，前述の IEEE 754-2008 に従う浮動小数点演算 (最近点への丸め) であれば，精密さは β 進で p 桁である．一方，後者は，近似計算のアルゴリズムやその実装方法，すなわち計算内容によって結果の正しさが変わるため，計算対象に依存する値である．精確さを表すときには，正しい計算結果 r に対する近似計算の結果 $\tilde{r}$ の絶対誤差 (absolute error)

$$(r \text{ に対する } \tilde{r} \text{ の絶対誤差}) = |r - \tilde{r}|$$

あるいは相対誤差 (relative error)

$$(r \text{ に対する } \tilde{r} \text{ の相対誤差}) = \left|\frac{r - \tilde{r}}{r}\right| \quad (r \neq 0)$$

を用いる．相対誤差が1以上の場合は，$\tilde{r}$ は1桁も正しくない結果ということになる．

[荻田武史]

参考文献

[1] IEEE Std 754-2008：*IEEE Standard for Floating-Point Arithmetic*, IEEE Computer Society, 2008.
[2] JIS K 0211：分析化学用語 (基礎部門)，日本規格協会，2005．
[3] JIS Z 8101-2：統計–用語と記号– 第2部：統計的品質管理用語，日本規格協会，1999．
[4] JIS Z 8401：数値の丸め方，日本規格協会，1999．

組みひも群

braid group

1 組みひも群の定義と表示

組みひも群の概念は19世紀末のフルビッツ (A. Hurwitz) にさかのぼるともいわれているが, 1925年のアルティン (E. Artin) の論文において, 明確に定式化された.

平面内に n 個の異なる点 $a_1, \ldots, a_n$ をとる. 時刻0においてこれらの点を出発した n 個の点が, 平面内を互いに衝突せずに動き, 時刻1に再び $a_1, \ldots, a_n$ のいずれかに戻るとする. このような点の動きの軌跡として図1のように n 本のひもからなる組みひもが得られる. ここで, 上面の n 点と下面の n 点を固定したまま, ひもを切断したり, 上下を入れ替えたりすることなく連続的に変形してうつりあう組みひもは同一視することにする. 二つの組みひもを縦につなぎ合わせる操作を積とみなすことにより n 本の組みひも全体の集合には群の構造が入る. これを n 本のひもからなる組みひも群 (braid group) と呼び, B_n で表す.

組みひもの引き起こす n 点の置換によって, B_n から n 次対称群 S_n への自然な全射準同型写像が定まる. この写像の核を純粋組みひも群 (pure braid group) と呼び, P_n で表す. 平面内の n 個の異なる点全体からなる空間を X_n とおくと, P_n は, X_n の基本群と同型である. X_n は平面内の n 個の異なる点全体の配置空間 (configuration space) と呼ばれる. また, B_n は, n 個の点の置換による S_n の X_n への作用についての商空間の基本群と同型である.

組みひも群 B_n は図2に示した組みひも σ_i, $1 \leq i \leq n-1$ で生成され, 基本関係式
$$\sigma_i \sigma_{i+1} \sigma_i = \sigma_{i+1} \sigma_i \sigma_{i+1}, \quad 1 \leq i \leq n-2$$
$$\sigma_i \sigma_j = \sigma_j \sigma_i, \quad |i-j| > 1$$
で定まる.

組みひも群 B_2 は整数全体のなす加法群 $\mathbf{Z}$ と同型である. $B_n, n \geq 3$ は非可換群であり, その中

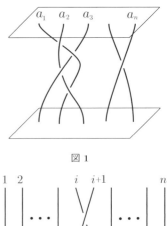

図1

図2

心は $\mathbf{Z}$ と同型で, 360度回転を表す組みひも
$$\Delta^2 = (\sigma_1 \sigma_2 \cdots \sigma_{n-1})^n$$
で生成される.

組みひも群 B_n は, 円板からそれ自身への同相写像で境界を固定するものうち, 円板内の n 個の異なる点 $a_1, \ldots, a_n$ を集合として保つもの全体を, イソトピーで分類した群と同型である. 円板から $a_1, \ldots, a_n$ をのぞいた図形の基本群は n 個の文字で生成される自由群 F_n なので, B_n の円板の同相写像としての作用により, B_n から自由群 F_n の自己同型群への準同型写像が得られる. この準同型写像は単射である.

2 リンクとの関係

組みひも群の要素 β に対して, 図3のように組みひもの両端を閉じることにより, リンクが得られる. このリンクを β の閉包と呼び, $\widehat{\beta}$ で表す. 任意のリンクはある組みひも β の閉包として表されることが, アレクサンダー (J. Alexander) の定理として知られている.

二つの組みひも β, β' に対して, それらの閉包 $\widehat{\beta}, \widehat{\beta'}$ が同じリンクを表すための必要十分条件は, β, β' がマルコフ移動 (Markov move) と呼ばれる, 次の操作 (1), (2) またはその逆の有限回の繰り返しで移りあうことである.

図3

(1) $x \to y^{-1}xy, \quad x,y \in B_n$
(2) $x \to x\sigma_n^{\pm 1}, \quad x \in B_n$

3 語の問題など

B_n の二つの要素が，それぞれ生成元 $\sigma_1,\ldots,\sigma_{n-1}$ およびこれらの逆元の積で表されているとき，これらが B_n の同じ要素であるかどうかを定める問題を，組みひも群における語の問題 (word problem) と呼ぶ．これについて，ガーサイド (F. Garside) による以下の解が知られている．

B_n の要素で，生成元 $\sigma_1,\ldots,\sigma_{n-1}$ のみの積で表されるものを正の組みひも (positive braid) と呼ぶ．180度回転を表す組みひも Δ を
$\Delta = (\sigma_1\sigma_2\cdots\sigma_{n-1})(\sigma_1\sigma_2\cdots\sigma_{n-2})\cdots(\sigma_1\sigma_2)\sigma_1$
で定める．B_n の要素は
$\beta = \Delta^m P, \quad m \in \mathbf{Z}, P は正の組みひも$
の形に表すことができる．ここで，m はこの表示が可能な最大の整数とし，正の組みひも P は同値な表示の中で，辞書式順序について最小のものをとると，上の表示は一意的である．B_n の要素のこのような表示をガーサイドの標準形と呼ぶ．組みひもをガーサイドの標準形で表すことにより，組ひも群の要素として同じかどうかを判定することができる．

組みひも群には，左からの積について不変な全順序が入ることを，デオノア (P. Dehornoy) が示した．この順序についてはサーストン (W. Thurston) らによって，円板の同相写像としての幾何学的な解釈が与えられている．

4 組みひも群の線形表現

1節の終わりに構成した，組みひも群 B_n の自由群 F_n の自己同型群への準同型写像において，F_n の交換子群の可換化への作用を考えることにより，ブーラウ表現 (Burau representation) と呼ばれる線形表現 $\rho: B_n \longrightarrow \mathrm{GL}_{n-1}(\mathbf{Z}[t,t^{-1}])$ が定義される．この表現は配置空間の自然な射影 $X_{n+1} \to X_n$ において，ファイバーの上の階数 1 の局所系係数の 1 次のホモロジー群への B_n の作用と解釈することができる．この構成を射影 $X_{n+2} \to X_n$ に拡張し，ファイバーの S_2 の対称性による商空間上の階数 1 の局所系係数の 2 次のホモロジー群への B_n の作用として，B_n の 2 変数ローラン多項式係数の線形表現が得られる．ビゲロー (S. Bigelow) とクラマー (D. Krammer) によって，この表現が忠実であることが示され，組みひも群が線形かという問題が肯定的に解決された．

0 でない複素数 q に対して，$1, g_1,\ldots,g_{n-1}$ を生成元として，基本関係式
$(g_i - q)(g_1 + q^{-1}) = 0$
$g_i g_{i+1} g_i = g_{i+1} g_i g_{i+1}, \quad 1 \leqq i \leqq n-2$
$g_i g_j = g_j g_i, \quad |i-j| > 1$
で定義される $\mathbf{C}$ 上の代数を岩堀–ヘッケ代数 (Iwahori–Hecke algebra) と呼び，$H_n(q)$ で表す．B_n の群環から $H_n(q)$ への自然な準同型写像があるので，$H_n(q)$ の表現から，組みひも群の線形表現を構成することができる．パラメータ q が 1 のベキ根でないときは，$H_n(q)$ の有限次元既約表現は対称群と同様にヤング図形によって記述される．$H_n(q)$ の表現から得られる，B_n の表現の量子トレースとして，組みひも β の閉包 $\widehat{\beta}$ として表されるリンクの位相不変量であるジョーンズ多項式 (Jones polynomial) が構成される．岩堀–ヘッケ代数から導かれる組みひも群の表現は，量子群の理論における普遍 R 行列を用いた組みひも群の表現として一般化される．また，このような組みひも群の表現は，共形場理論における KZ 方程式のモノドロミー表現としても得られることが知られている．

[河野俊丈]

参考文献

[1] J.S. Birman: *Braids, Links, and Mapping Class Groups*, Ann. Math. Studies 82, Princeton University Press, 1974.
[2] 村杉邦男：結び目理論とその応用，日本評論社，1993.

クライン群

Kleinian group

リーマン球上の1次分数変換全体のなすリー群 $PSL_2\mathbf{C} = SL_2\mathbf{C}/\{\pm E\}$ の離散部分群をクライン群という．クライン群はアーベル群の有限拡大になっているとき，初等的，それ以外のとき非初等的という．$PSL_2\mathbf{C}$ はリーマン球の自己双正則写像全体の群であり，双曲空間 $\mathbf{H}^3$ の向きを保つ自己等長変換全体の群でもある．これらの作用は，リーマン球を $\mathbf{H}^3$ の無限遠球面とみなすことにより，統一して考えられる．クライン群が楕円的な変換を含むときはかならず有限位数の元 (ねじれ元) になる．ねじれのないクライン群 G は $\mathbf{H}^3$ に自由，真正不連続にはたらくので，$\mathbf{H}^3/G$ は3次元双曲多様体になる．クライン群の研究は3次元双曲多様体を通して，3次元多様体論と結びつくことにより発展してきた．

1 クライン群の例

種数 g の向き付け可能な閉曲面 Σ_g を考えると，$g \geqq 2$ ならば，Σ_g には双曲構造を入り，フックス群への表現 $\rho: \pi_1(\Sigma_g) \to PSL_2\mathbf{R}$ を導く．$PSL_2\mathbf{R} \subset PSL_2\mathbf{C}$ であるので，$G = \rho(\pi_1(S))$ はクライン群ともみなすことができる．リーマン球 $\hat{\mathbf{C}}$ の自己同相写像 w は $\mu(z) = w_{\bar{z}}/w_z$ とおいて，$\|\mu\|_\infty < 1$ であるとき，擬等長的であるという．とくにフックス群 G について，$\mu(gz) = \dfrac{g'(z)}{\overline{g'(z)}}\mu(z)$ $(\forall g \in G)$ を満たすとき，wGw^{-1} は再びクライン群になる．このようなクライン群を擬フックス群 (quasi–Fuchsian group) と呼ぶ．

$\hat{\mathbf{C}}$ 上に g 個の互いに疎なジョルダン閉領域 $D_1, \ldots, D_g$ をとり，$\gamma_1, \ldots, \gamma_g \in PSL_2\mathbf{C}$ で，$j = 1, \ldots, g$ について，$\gamma_j(\hat{\mathbf{C}}\backslash D_j) \cap D_j = \emptyset$ で，さらに $\gamma_1(\hat{\mathbf{C}}\backslash D_1), \ldots, \gamma_g(\hat{\mathbf{C}}\backslash D_g)$ が互いに疎であるようなものを考える．このとき $\gamma_1, \ldots, \gamma_g$ は自由群に同型なクライン群を生成することが知られている．このようなクライン群をショットキー群 (Schottky group) という．たとえば，$D_1, \ldots, D_g, D'_1, \ldots, D'_g$ を互いに疎な閉円板であるとして，γ_j を D_j の外部を D'_j の内部に写す1次分数変換とすれば，上のような例になっている．この場合のショットキー群はとくに古典的ショットキー群と呼ばれている．

2 極限集合，不連続領域

クライン群 G に対して，その極限集合 (limit set) を，楕円的でない G の元による固定点全体の集合の閉包として定義し，Λ_G で表す．G が非初等的であるとき，Λ_G は G の作用により不変な $\hat{\mathbf{C}}$ の空でない閉集合のうち最小のものである．Λ_G の補集合を不連続領域 (region of discontinuity) といい，Ω_G で表す．Ω_G は G が真正不連続にはたらく最大の領域である．Ω_G にはリーマン球から誘導される複素構造が入るので，G が捩れ元を含まなければ，Ω_G/G は通常のリーマン面となり，ねじれ元を含めば，錐特異点をもったリーマン面になる．アールフォースにより，G が有限生成の場合は Ω_G/G は有限型，すなわち，開いた端をもたず，種数も穴の数も有限なリーマン面であることが知られている．これをアールフォースの有限性定理 (Ahlfors finiteness theorem) という．

Λ_G がリーマン球全体でないときは，ルベーグ測度0であろうという予想は，アールフォース予想と呼ばれて，長年未解決であったが，近年後に述べるマーデン予想の肯定的解決により，正しいことがわかった．さらに G は Λ_G にエルゴード的に作用することもわかっている．

3 マルグリスの補題と細部分

ある普遍的な定数 $\epsilon > 0$ が存在し，任意のクライン群 G と $x \in \mathbf{H}^3$ について，$\{g \in G | d(x, gx) < \epsilon\}$ はアーベル群の有限指数拡大になるというのが，マルグリスの補題 (Margulis lemma) で，上のような ϵ をマルグリス定数と呼ぶ．G がねじれをもたないクライン群のとき，幾何学的な意味は以下の通りである．$\mathbf{H}^3/G$ で，単射半径が $\epsilon/2$ より小さい点からなる集合を考えると，それは2種類の集合の疎な和になる．一つは放物的元に対応する尖点 (cusp)

の近傍で，これには $\boldsymbol{Z}$-尖点近傍と $\boldsymbol{Z}\times\boldsymbol{Z}$-尖点近傍がある．$\boldsymbol{Z}$-尖点近傍は $S^1\times\boldsymbol{R}^2$ に，$\boldsymbol{Z}\times\boldsymbol{Z}$-尖点近傍は $S^1\times S^1\times\boldsymbol{R}$ に同相である．もう一つは移動距離が短い斜行的元に対応する閉測地線の管状近傍，マルグリス管 (Margulis tube) である．これらの和を双曲多様体 $\boldsymbol{H}^3/G$ の細部分 (thin part)，その補集合を厚部分 (thick part) と呼ぶ．

4 幾何的有限群

クライン群 G に対して，極限集合 Λ_G を無限遠球面 S^2_∞ の中で考え，$\boldsymbol{H}^3$ 内でのその凸閉包 (convex hull) H_G を考える．H_G は G 不変な閉凸集合であり，その商集合 H_G/G は $\boldsymbol{H}^3/G$ 内の凸閉集合で，$\boldsymbol{H}^3/G$ の変位レトラクトになる．これを $\boldsymbol{H}^3/G$ の凸芯 (convex core) と呼ぶ．凸芯の体積が有限であるようなクライン群を幾何的有限 (geometrically finite) クライン群と呼ぶ．とくに G が斜行的な元のみからなる場合，凸芯が有限体積なら，それはコンパクトになるが，その場合 G を凸コンパクト (convex compact) と呼ぶ．

幾何的無限なクライン群としては，ベアズ (Bers) による全退化境界群などが典型的な例である．サーストン (Thurston) のハーケン多様体に関する一意化定理により，任意の有限生成クライン群 G について，G と放物的元を保ち群として同型な幾何的有限なクライン群が存在することが知られている．すべての有限生成クライン群は幾何的有限クライン群の列の表現としての極限となるであろうという予想はベアズ-サーストン予想と呼ばれていたが，後出のミンスキーの結果を使うことにより，ナマジ-ソウト (Namazi–Souto)，大鹿らにより解決された．

5 双曲多様体の素直さ

3次元開多様体はコンパクト3次元多様体の内部に同相であるとき，位相的に素直 (topologically tame) であるという．G が幾何的有限な群であるとき，$(\boldsymbol{H}^3\cup\Omega_G)/G$ の尖点近傍をコンパクト化することにより，$\boldsymbol{H}^3/G$ は位相的に素直であることがマーデン (Marden) により示された．

一般の有限生成クライン群の場合には，次のような問題となる．まず G を捩れのない有限生成クライン群とする．すると，$\boldsymbol{H}^3/G$ は G と同型な基本群をもつ3次元多様体になる．$\boldsymbol{H}^3/G$ の尖点近傍を除いた部分 $(\boldsymbol{H}^3/G)_0$ を考えると，トーラスおよび開いたアニュラスを境界にもつ多様体になるが，スコット-マッカロウ (Scott–McCullough) の定理により，コンパクト多様体 $C\subset(\boldsymbol{H}^3/G)_0$ で，包含写像 $(C,C\cap\partial(\boldsymbol{H}^3/G)_0)\to((\boldsymbol{H}^3/G)_0,\partial(\boldsymbol{H}^3/G)_0)$ が対としてのホモトピー同値写像になるようなものが同相を除いて一意的に存在する．$\boldsymbol{H}^3/G$ が位相的に素直であるかという問題は，C をうまい位置にとり，$(\boldsymbol{H}^3/G)_0\setminus C$ の各成分は，それが接する $\mathrm{Fr}C$ の成分を Σ としたとき，$\Sigma\times\boldsymbol{R}$ に同相にできるかという問題と同値である．この問題はマーデン予想と呼ばれているが，現在では正しいことがわかっている．G が自由積分解をもたない場合にはボナオン (Bonahon) により解決され，一般の場合は，エイゴル (Agol) とカレガリ-ガバイ (Calegari–Gabai) により独立に解かれた．

6 クライン群の分類問題

二つのクライン群が与えられたとき，それらが同じであるか，すなわち $PSL_2\boldsymbol{C}$ の部分群として共役であるかを判定する手段を与えるというのがクライン群の分類問題である．G が幾何的有限の場合には，マーデンとサリバン (Sullivan) により，$\boldsymbol{H}^3/G$ の同相類および Ω_G/G のリーマン面としての等角同値により分類できることが示された．幾何的無限の場合には，幾何的無限な端を分類する不変量として，**端層状構造** (ending lamination) という概念がサーストンにより導入された．ミンスキー (Minsky) は $\boldsymbol{H}^3/G$ の同相類，Ω_G/G の等角構造と端層状構造により，クライン群の分類が完全にできることを示した． ［大鹿健一］

参 考 文 献

[1] 谷口雅彦・松崎克彦：双曲多様体とクライン群，日本評論社．
[2] 大鹿健一：離散群，岩波書店．

グラスマン多様体

Grassmann manifold

1 定義

R^n を n 次元の数ベクトル空間とする．$0 \leq k \leq n$ を満たす k に対し，R^n の k 次元の線形部分空間の全体のなす集合

$$G_{n,k} = \{V \subset R^n; V \text{ は } k \text{ 次元線形部分空間}\}$$

に自然な位相（および多様体の構造）を入れた空間をグラスマン多様体（Grassmann manifold）という．ここで自然な位相とは，次のようにして定義される位相である．

R^n の k 個の 1 次独立なベクトルの順序付けられた組 $v_1, \ldots, v_k$ を k 枠（k-frame）という．k 枠の全体のなす集合

$$V_{n,k} = \{v = (v_1, \ldots, v_k); v \text{ は } R^n \text{ の } k \text{ 枠}\}$$

をシュティーフェル多様体（Stiefel manifold）という．各 k 枠は R^n のベクトルを k 個並べたものであるから，R^n の k 個の直積 $R^{kn} = R^n \times \cdots \times R^n$ の元と考えることができる．これにより $V_{n,k}$ は R^{kn} の開部分集合となる．たとえば，$V_{n,1}$ は R^n から原点を除いた空間である．そこで $V_{n,k}$ に R^{kn} の開部分多様体としての構造を入れる．次に各 k 枠に属する k 個のベクトルが生成する R^n の線形部分空間を対応させることにより写像 $p: V_{n,k} \to G_{n,k}$ が定義される．そこで $G_{n,k}$ には p による商位相を入れる．すなわち部分集合 $U \subset G_{n,k}$ は $p^{-1}(U)$ が $V_{n,k}$ の開集合となるとき，かつそのときに限り開集合と定める．

$k = 1$ の場合 $G_{n,1}$ は $(n-1)$ 次元実射影空間 RP^{n-1} であり，また k 次元線形部分空間 $V \subset R^n$ にその直交補空間 $V^\perp$ を対応させることにより位相同型（微分同相）$G_{n,k} \cong G_{n,n-k}$ が誘導される．また R^n の線形部分空間の向きを考慮に入れて，R^n の向き付けられた k 次元線形部分空間の全体のなす集合 $\tilde{G}_{n,k}$ を考えることができるが，これを向き付けられた線形部分空間の作るグラスマン多様体という．たとえば $k = 1$ の場合 $\tilde{G}_{n,1}$ は $(n-1)$ 次元球面 S^{n-1} であり，一般に向きを無視する射影 $\tilde{G}_{n,k} \to G_{n,k}$ は 2 重の被覆写像となる．

上記の定義において，実数体 R の替わりに複素数体 C を使えば次のようになる．C^n の k 次元の複素線形部分空間の全体のなす集合 $CG_{n,k} = \{V \subset C^n; V \text{ は } k \text{ 次元複素線形部分空間}\}$ に自然な位相（および多様体の構造）をいれた空間を複素グラスマン多様体（complex Grassmann manifold）という．また C^n の複素の意味での k 枠の全体のなす集合 $CV_{n,k} = \{v = (v_1, \ldots, v_k); v \text{ は } C^n \text{ の } k \text{ 枠}\}$ を複素シュティーフェル多様体（complex Stiefel manifold）という．

R^n にユークリッド計量を入れた場合には，その正規直交 k 枠（各ベクトルの長さが 1 で互いに直交しているような枠）の全体のなす集合 $V_{n,k}^0$ を正規直交枠からなるシュティーフェル多様体という．同様に C^n のエルミート計量に関し，正規直交 k 枠の全体のなす集合 $CV_{n,k}^0$ を正規直交枠からなる複素シュティーフェル多様体という．

2 等質空間としての表示

リー群 G とその閉部分群 H が与えられたとき，H に関する左剰余類全体のなす集合 G/H には C^ω 級多様体の構造が一意的に入る．このような多様体を等質空間（homogeneous space）という．ここではシュティーフェル多様体およびグラスマン多様体の等質空間としての表示を与える．

実数体上の一般線形群 $GL(n; R)$，すなわち n 次の正則な実正方行列全体のなすリー群を考える．$GL(n; R)$ はシュティーフェル多様体 $V_{n,k}$ に自然に作用する．$V_{n,k}$ に属する一つの k 枠 v_0 を固定する．$GL(n; R)$ の元で v_0 を固定するもの全体のなす部分群を H とすれば，これは閉部分群となる．そしてシュティーフェル多様体は $V_{n,k} = GL(n; R)/H$ のように等質空間として表される．同様に $GL(n; R)$ はグラスマン多様体 $G_{n,k}$ にも自然に作用する．$G_{n,k}$ に属する一つの k 次元線形部分空間 V_0 を固定する．たとえば，$V_0 = R^k \subset R^n$ とすればよい．このとき $GL(n; R)$ の元で V_0 を固定するもの全体のなす部分群は上記の H を用いて $GL(k; R) \times H$ となる．そして $G_{n,k} = GL(n; R)/GL(k; R) \times H$

というグラスマン多様体の等質空間としての表示が得られる．正規直交枠からなるシュティーフェル多様体の場合には，直交群 $O(n)$ を用いて $V_{n,k}^0 = O(n)/I_k \times O(n-k)$ と表され，またこれからグラスマン多様体のもう一つの表示 $G_{n,k} = O(n)/O(k) \times O(n-k)$ が得られる．ここで I_k は k 次単位行列からなる自明な群である．また向き付けられた線形部分空間の作るグラスマン多様体は，特殊直交群 $SO(n)$ を用いて $\tilde{G}_{n,k} = SO(n)/SO(k) \times SO(n-k)$ と表される．

複素シュティーフェル多様体および複素グラスマン多様体は，複素数体上の一般線形群 $GL(n;\boldsymbol{C})$ およびユニタリ群 $U(n)$ により，$\boldsymbol{C}V_{n,k} = GL(n;\boldsymbol{C})/CH$, $\boldsymbol{C}V_{n,k}^0 = U(n)/I_k \times U(n-k)$, $\boldsymbol{C}G_{n,k} = U(n)/U(k) \times U(n-k)$ と表示される．

グラスマン多様体は実の場合も複素の場合もコンパクトな多様体であり，さらに複素グラスマン多様体は複素多様体の構造をもつ．

3 分類空間としてのグラスマン多様体

3次元空間 $\boldsymbol{R}^3$ の中のなめらかな曲面，すなわち2次元部分多様体 $M \subset \boldsymbol{R}^3$ を考える．各点 $p \in M$ においてその点における M の接平面を T_p とする．T_p と平行な $\boldsymbol{R}^3$ の原点を通る平面 T_p' は $\boldsymbol{R}^3$ の2次元線形部分空間である．したがって，p に対して T_p' を対応させることによりグラスマン多様体への写像 $f: M \to G_{3,2}$ が定義される．もし曲面が p の近くで大きく曲がっている場合には，写像 f の像も p の近くで大きく変化する．逆に，たとえば平面のように曲がっていない場合には f は定値写像となる．このようにして，曲面 M の曲がり具合が写像 f の変化の仕方に反映されることが観察される．もし M に表と裏の向きが与えられている場合には，f は向き付けられた線形部分空間の作るグラスマン多様体への写像 $\tilde{f}: M \to \tilde{G}_{3,2}$ にリフトされ，この写像に微分同相 $\tilde{G}_{3,2} \cong \tilde{G}_{3,1} = S^2$ を合成して得られる写像 $\bar{f}: M \to S^2$ は各点における正の向きの法線ベクトルを対応させるものであり，これはガウスが彼の曲面論 (1827) において導入した古典的な写像である．現在ガウス写像 (Gauss map) と呼ばれている．

上記の事実は次のように一般化される．任意の k 次元 C^∞ 多様体 M は，十分大きな n に対して部分多様体 $M \subset \boldsymbol{R}^n$ として実現できる．このとき，各点 $p \in M$ においてその点における接空間 T_p を考え，それと平行な原点を通る k 次元線形部分空間 T_p' を対応させることにより，グラスマン多様体への写像 $f: M \to G_{n,k}$ が得られる．一方 $E_{n,k} = \{(V,v) \in G_{n,k} \times \boldsymbol{R}^n; v \in V\}$ とおけば，自然な射影 $p: E_{n,k} \to G_{n,k}$ は $G_{n,k}$ 上の k 次元実ベクトル束となる．これを $\gamma_{n,k}$ と記しグラスマン多様体上の標準ベクトル束と呼ぶ．このとき M の接束 TM は写像 f による $\gamma_{n,k}$ の引き戻し $f^*(\gamma_{n,k})$ と同型 $TM \cong f^*(\gamma_{n,k})$ となる．

$\boldsymbol{R}^n$ は $\boldsymbol{R}^{n+1}$ の線形部分空間とみなすことができる．これはグラスマン多様体の埋め込み $G_{n,k} \subset G_{n+1,k}$ を誘導し，したがって $G_{\infty,k} = \lim_{n \to \infty} G_{n,k}$ を考えることができる．これを**無限グラスマン多様体** (infinite Grassmann manifold) という．このとき f が誘導する写像 $f_M: M \to G_{\infty,k}$ のホモトピー類は，埋め込み $M \subset \boldsymbol{R}^n$ にはよらず M のみによって定まることがわかる．そして $G_{\infty,k}$ 上には k 次元ベクトル束 $\gamma_{\infty,k}$ が定義され，$TM \cong f_M^*(\gamma_{\infty,k})$ となる．

さらに一般に次のことが成立する．X を任意のパラコンパクト位相空間とする．このとき X 上の任意の k 次元ベクトル束 ξ に対して，ある連続写像 $f: X \to G_{\infty,k}$ がホモトピーの意味で一意的に定まり，$\xi \cong f^*(\gamma_{\infty,k})$ となる．すなわち，任意のベクトル束は無限次元グラスマン多様体 $G_{\infty,k}$ 上の k 次元ベクトル束 $\gamma_{\infty,k}$ の引き戻しとして一意的に表示されるのである．そこで $G_{\infty,k}$ を k 次元ベクトル束の**分類空間** (classifying space)，$\gamma_{\infty,k}$ をその上の**普遍ベクトル束** (universal vector bundle) と呼ぶ．k 次元ベクトル束の構造群は $GL(k;\boldsymbol{R})$ であることから $G_{\infty,k}$ は $BGL(k;\boldsymbol{R})$ と記されることが多い．

複素ベクトル束の場合も同様に，無限複素グラスマン多様体 $\boldsymbol{C}G_{\infty,k} = \lim_{n \to \infty} \boldsymbol{C}G_{n,k}$ が定義され，k 次元複素ベクトル束の分類空間 $BGL(k;\boldsymbol{C})$ の役割を果たす．

［森田茂之］

グラフ理論

graph theory

いくつかの点とそれらを結ぶ何本かの線からなる図を**グラフ** (graph) という．この素朴な図を対象に展開される数学が**グラフ理論** (graph theory) である．20 世紀後半から情報科学の基礎をなす数学の一つとして急速な発展を遂げてきたが，近年では純粋数学的な関心からグラフを研究する者も多い．いわゆる関数のグラフと区別して，グラフ理論におけるグラフを**離散グラフ**と呼ぶこともあるが，これは日本独自の呼びかたである．

1 いろいろなグラフ

グラフは形式的には有限集合 V と二元部分集合族 E の組 $G=(V,E)$ として定義され，V の各要素を**頂点** (vertex)，E の各要素を**辺** (edge) と呼ぶ．また，V を G の頂点集合，E を G の辺集合といい，それぞれ $V(G), E(G)$ で表す．グラフ理論を応用する分野では，頂点と辺をそれぞれ**節点** (node)，**枝** (branch) と呼ぶことが多い．

通常は，グラフを図示するには，グラフの各頂点に対応して点を描き，辺によって指定された 2 つの要素に対応する点の組を線で結ぶ．たとえば，
$$V=\{a,b,c,d\}, \quad E=\{ab,ac,ad,bc,cd\}$$
とすると，$G=(V,E)$ は図 1 のようになる．ただし，ab は $\{a,b\}$ を表している．

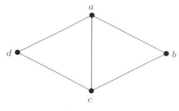

図 1　グラフ

一般に，辺で結ばれている 2 個の頂点は互いに**隣接している** (adjacent) といい，どの 2 頂点も隣接していない頂点の集合は**独立** (independent) であるという．

いくつかの特徴的なグラフに対して，以下のように，それを表す記号が割り当てられている．

- K_n　**完全グラフ** (complete graph) n 個の頂点からなり，そのすべてのペアが隣接している．
- $K_{n_1,\ldots,n_k}$　**完全 k 部グラフ** (complete k-partite graph) 交わりのない k 個の独立集合からなり，異なる集合に属す頂点のペアはすべて隣接している．それぞれの独立集合は n_i 個の頂点を含んでいる．
- C_n　**閉路** (cycle) n 個の頂点を順につないで輪にしたもの．
- P_n　**道** (path) n 個の頂点を順につないで紐状にしたもの．

次のグラフにはとくに記号は割り当てられていないが，グラフ理論においてきわめて重要である．

- **木** (tree)　木のように枝を伸ばしたもの．連結であり，閉路を含まないグラフと特徴づけらえる．
- **二部グラフ** (bipartite graph)　隣接する頂点は異なる集合に属すように，頂点集合を交わりのない独立な二つの集合に分けられるグラフ．長さが奇数の閉路を含まないグラフと特徴づけらえる．
- **ペテルセン・グラフ** (Petersen graph)　図 2 に示した具体的なグラフ．多くの命題の反例になることで有名である．

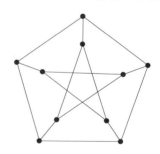

図 2　ペテルセン・グラフ

- **多重グラフ** (multigraph)　二つの頂点を結ぶ複数の辺や両端点が一致する辺を許したグラフ．前者を**多重辺** (multiple edges)，後者を**自己閉路** (self-loop) という．これに対して，多重辺も自己閉路もないグラフを**単純グラフ** (simple graph) という．

有向グラフ (directed graph, digraph) 辺に向きを定めたグラフ．これに対して，辺の向きのないグラフを**無向グラフ** (undirected graph) という．

2 基礎概念

2.1 次数

グラフの各頂点から出ている辺の本数をその頂点 v の**次数** (degree) といい，$\deg v$ や $d(v)$ などで表す．ただし，自己閉路に対しては，のべ2回出ていると解釈する．頂点の次数の総和は辺の本数の2倍に一致する．この事実を**握手補題** (hand shaking lemma) と呼ぶ．これから，次数が奇数の頂点の個数は偶数になる．この事実を**奇点定理** (odd point theorem) と呼ぶ．

グラフ G の頂点の次数の最小値と最大値をそれぞれ $\delta(G)$, $\Delta(G)$ で表し，G の**最小次数** (minimum degree)，**最大次数** (maximum degree) という．すべての頂点の次数が一定の値になっているとき，そのグラフは**正則** (regular) であるといい，その値 $r = \delta(G) = \Delta(G)$ を添えて，r–**正則** (r–regular) であるともいう．

2.2 連結性

ある頂点からほかの頂点まで辺をたどっていく経路を**歩道** (walk) と呼び，それが含む辺の本数を歩道の**長さ** (length) という．また，そのような歩道の長さの最小値をその2頂点間の**距離** (distance) という．しかし，そのような歩道がかならず存在するわけではない．とくに，どの2頂点も歩道で結ばれているとき，そのグラフは**連結** (connected) であるという．そうでなければ，**非連結** (disconnected) であるという．

グラフ G が $n+1$ 個以上の頂点をもち，任意に $n-1$ 個の頂点とそこに接続している辺をすべて除去しても非連結なグラフにはならないとき，G は n–**連結** (n–connected) であるという．さらに，G が n–連結となる n の最大値を G の**連結度** (connectivity) といい，$\kappa(G)$ で表す．

連結度や次数の値を仮定して，グラフの中に目的の構造を見出すという研究が盛んである．頂点の代わりに辺の除去だけを考えた同様の概念もあり，**辺連結度** (edge connectivity) と呼ばれている．それを $\lambda(G)$ で表すことが多い．連結度，辺連結度，最小次数の間には次のような関係がある．
$$\kappa(G) \leqq \lambda(G) \leqq \delta(G)$$

2.3 部分グラフ

グラフ G の頂点と辺を使って作ることのできるグラフを G の**部分グラフ** (subgraph) という．とくに，部分グラフ H の頂点集合が $V(G)$ と一致するとき，H を**全域部分グラフ** (spanning subgraph) と呼ぶ．また，H の頂点どうしを結ぶ G の辺がすべて H の辺にもなっているとき，H を**誘導部分グラフ** (induced subgraph) と呼ぶ．

グラフ G の全域部分グラフで木になっているものを G の**全域木** (spanning tree) という．とくに，グラフ G が連結であることと全域木をもつことは同値である．そのとき，G の全域木は G において閉路を含まない極大な部分グラフである．

3 グラフに関する問題

3.1 彩色問題

どの隣接する頂点どうしも同じ色にならないように，グラフの各頂点に色を割り当てることをグラフの**彩色** (coloring) という．とくに，使用する色数が n 以下ならば，その彩色を n–**彩色** (n–coloring) と呼ぶ．グラフ G が n–彩色をもつとき，G は n–**彩色可能** (n–colorable) であるといい，G が n–彩色可能となる n の最小値を G の**染色数** (chromatic number) といい，$\chi(G)$ で表す．たとえば，グラフ G が二部グラフであることと $\chi(G) \leqq 2$ となることは同値である．

適当な条件を満たすグラフの族に対して，その族に属するグラフの染色数の上界を与えるという研究がよく行われている．その中でも**4色問題** (four color porblem) は有名である．もともとは平面上の地図を色分けするには4色あれば十分かという問題だった．それは平面的グラフは 4–彩色可能かという問題と等価で，1976年に米国の数学者アッペルとハーケンが肯定的に解決して以来，その命題は **4色定理** (four color theorem) と呼ばれるよ

3.2 周遊問題

グラフ G のすべての辺をちょうど 1 回ずつ通る歩道をオイラー小道 (Euler trail),さらにそれが出発点に戻ってくるときオイラー回路 (Euler circuit) という.それはいわゆる一筆書きである.グラフ G がオイラー小道をもつための必要十分条件は,G が連結であり,たかだか 2 個の頂点を除き,どの頂点の次数も偶数となることである.とくに,奇次数の頂点があるときは,オイラー小道は奇次数の頂点に始まり奇次数の頂点に終わる.そうでなければ,オイラー小道はオイラー回路となる.この事実はオイラーの一筆書き定理と呼ばれるが,この呼びかたは日本固有のものである.また,オイラーがこの定理を証明したときに,グラフ理論が誕生したといわれている.

グラフ G のすべての頂点を 1 回ずつ通る歩道をハミルトン道 (Hamilton path) といい,すべての頂点を含む閉路をハミルトン閉路 (Hamilton cycle) と呼ぶ.一筆書きの場合と異なり,グラフがハミルトン閉路をもつための必要十分条件は知られていない.一般に,与えられたグラフに対してハミルトン閉路を見つける問題は簡単ではなく,NP 完全問題に属す.

実用的な問題と関連して,巡回セールスマン問題 (traveling salesman problem),中国人郵便配達問題 (chinese postman problem) なども有名である.辺を通過する方向を指定した有向グラフ上でこうした問題を考えることも多い.

3.3 マッチングと因子

互いに端点を共有しない辺の集合をマッチング (matching) という.グラフ G において,辺数が最大のマッチングを G の最大マッチング (maximum matching) といい,マッチングに属す辺の端点全体が $V(G)$ と一致するとき,それを完全マッチング (perfect matching) という.完全マッチングは最大マッチングであるが,一般にはその逆は成り立たない.とくに,二部グラフの完全マッチングの存在を特徴付けるものとして,結婚定理 (marriage theorem) が有名である.

グラフの全域部分グラフで r–正則であるものをそのグラフの r–因子 (r-factor) と呼ぶ.とくに,完全マッチングとは 1–因子の辺集合にほかならない.2–因子はグラフのすべての頂点を覆う交わりのないいくつかの閉路の集まりである.より一般的に,適当な条件を設定し,それを満たす全域部分グラフの存在・非存在を議論する研究も多い.

3.4 グラフの埋め込み

グラフを点と曲線からなる図形として扱って展開される幾何学を位相幾何学的グラフ理論 (topological graph theory) という.

一般に,曲面の上や空間内に辺どうしの交差がないようにグラフ全体を配置したものをそのグラフの埋め込み (embedding) という.とくに,平面上に埋め込むことができるグラフを平面的グラフ (planar graph) といい,その埋め込みを平面グラフ (plane graph) と呼ぶ.向き付け可能な閉曲面は球面にいくつかのハンドルをつけたものと位相同型であり,そのハンドルの個数はその閉曲面の種数と呼ばれている.グラフ G が埋め込み可能となる閉曲面の種数の最小値を G の種数 (genus) と呼び,$\gamma(G)$ で表す.

たとえば,完全グラフ K_n の種数は次式で与えられることが知られている.
$$\gamma(K_n) = \left\lceil \frac{(n-3)(n-4)}{12} \right\rceil$$
この公式は地図色分け定理 (map color theorem) と関連して証明された.その定理は,与えられた閉曲面に埋め込むことができるグラフの染色数の最大値を決定するものである.

空間に埋め込まれたグラフを空間グラフ (spatial graph) と呼ぶ.空間グラフに対しては,それが含む結び目 (knot) や絡み目 (link) に関する研究がよく行われている. [根上生也]

参 考 文 献

[1] 根上生也:離散構造,共立出版,1993.
[2] R. ディーステル:グラフ理論,シュプリンガー・フェアラーク東京,2000.
[3] 根上生也:位相幾何学的グラフ理論入門,横浜図書,2001.

クリフォード代数

Clifford algebra

1 概略

複素数体 C は，実数体 R 上の 2 次元ベクトル空間 $R \oplus iR$ に $i^2 = -1$ を満たす積を入れたものである．四元数環 H は，$R \oplus iR \oplus jR \oplus kR$ に $i^2 = j^2 = -1, ij = -ji = k$ を満たす積を入れたものである．これらを一般化したクリフォード代数は，2^n 次元ベクトル空間に積を定義した結合的代数として定められる．空間の回転などを表すのに適し，スピノル群やその表現を具体的に構成するときにも用いられる．

2 典型例

R^3 の基底 e_1, e_2, e_3 に積を $e_k^2 = 1$, $e_j e_k = -e_k e_j$ $(j \neq k)$ により定めて，$1, e_1, e_2, e_3, X_1 = e_1 e_2, X_2 = e_1 e_3, X_3 = e_2 e_3, e_1 e_2 e_3$ を基底とする実 8 次元結合的代数 Cl_3 ができる．張る空間を $\langle , \rangle$ で表す．部分代数 $Cl_3^+ = \langle 1, X_1, X_2, X_3 \rangle$ は $X_1^2 = X_2^2 = -1$, $X_1 X_2 = -X_2 X_1 = X_3$ より H と同型である．虚部 $B = \langle X_1, X_2, X_3 \rangle$ は $[X, Y] := XY - YX$ によりリー環になる．$[X_1, X_2] = 2X_3$ などより X_k に $-i\sigma_k$ (ここで $\sigma_1 = \begin{pmatrix} 0 & 1 \\ 1 & 0 \end{pmatrix}$, $\sigma_2 = \begin{pmatrix} 0 & -i \\ i & 0 \end{pmatrix}$, $\sigma_3 = \begin{pmatrix} 1 & 0 \\ 0 & -1 \end{pmatrix}$：パウリのスピン行列 (Pauli's spin matrix)) を対応させることで B は $\mathfrak{su}(2)$ と同型である．$X_k^2 = -1$ より $e^{tX_k} = \cos t + X_k \sin t \in Cl_3^+ \cong H$ はノルム 1 である．これらで生成されるリー群 $Spin(3) \cong Sp(1)$ から，$SU(2)$ への同型が定まる．標準的な C^2 への表現をスピン表現といい C^2 の元をスピノルという．また $g \in Spin(3)$ は R^3 に $(e_k \mapsto g e_k g^{-1})$ で $SO(3)$ の元として作用し，これをベクトル表現という．$Spin(3) \to SO(3)$ の核は $\{\pm 1\}$ である．g が 1 から -1 まで動いたときベクトルは元に戻るがスピノルは逆向きになる．

同様に Cl_4^+ の場合，中心は R^4 の標準基底で 0 次・4 次の部分である．2 次の部分はリー環として $\mathfrak{su}(2) \oplus \mathfrak{su}(2)$ に同型であり，指数写像から $Spin(4) \cong SU(2)SU(2)$ による $2+2$ 次元のスピン表現，および，4 次元のベクトル表現を得る．

3 クリフォード代数

以下 V を体 K 上の n 次元ベクトル空間とする．$Q : V \to K$ が V 上の **2 次形式** (quadratic form) であるとは，(i) $a \in K$, $v \in V$ に対し $Q(av) = a^2 Q(v)$ を満たし，(ii) $\Phi(v, w) := Q(v+w) - Q(v) - Q(w)$ が双線形形式になることをいう．Φ を表す対称行列が正則であるとき Q は非退化 (nondegenerate) であるという．K の標数が 2 でないときは，平方完成により V の基底 $e_1, \ldots, e_n$ を選び，$x_1, \ldots, x_n \in K$ に対し $Q(\sum_{i=1}^n x_i e_i) = \sum_{i=1}^r \alpha_i x_i^2$ $(0 \leq r \leq n$, $\alpha_i = Q(e_i)$, $1 \leq i \leq r$ に対し $\alpha_i \in K^\times)$ とできる．非退化は $r = n$ と同値である．標数 2 のとき $Q({}^t(x_1, x_2)) = x_1 x_2$ は平方完成できない．

Q を V 上の 2 次形式とする．テンソル代数 $\bigotimes V$ の，$v \otimes v - Q(v)$ $(v \in V)$ で生成される両側イデアルを $I(Q)$ とする．$\bigotimes V$ の $I(Q)$ による剰余 K 代数を $C(Q)$ で表し，Q に付随する**クリフォード代数** (Clifford algebra) という．$Q = 0$ のときは V の外積代数にほかならない．$v_1 \otimes \cdots \otimes v_k$ の像を $v_1 \cdots v_k$ で表すと，$v, w \in V$ に対し $v^2 = Q(v)$, $vw + wv = \Phi(v, w)$ が成り立つ．K を環 R, V を自由 R 加群としても同様に定義できる．

関係式が 2 次式で生成されているので，K, V から $\bigotimes V$ を介して自然な $C(Q)$ への単射線形写像が存在し，この写像で像と同一視することにより，$C(Q)$ は K 上 V で生成される．$C(Q)$ は次の普遍性をもつ：1 をもつ K 代数 A と，線形写像 $f : V \to A$ で $f(v)^2 = Q(v)$ を満たすものに対し，K 代数準同型 $\varphi : C(Q) \to A$ で $\varphi|_V = f$ を満たすものが一意的に存在する．

$e_1, \ldots, e_n$ を V の基底とする．$C(Q)$ はベクトル空間としては $e_{j_1} \cdots e_{j_k}$ $(1 \leq j_1 < \cdots < j_k \leq n)$ を基底とし，とくに $\dim_K C(Q) = 2^n$ である．Q は上のように平方完成されていると仮定すると，

$e_j e_i = -e_i e_j$ $(i \neq j)$, $e_i^2 = \alpha_i$ が成り立つ. 積は一般に非可換である.

4 実数・複素数係数の場合

$K = \mathbf{R}$ とする. $Q(\sum_{i=1}^n e_i x_i) = \sum_{i=1}^p x_i^2 - \sum_{i=p+1}^{p+q} x_i^2$ となる V の基底 $e_1, \ldots, e_n$ が存在し, p, q は基底のとりかたによらず定まる (シルヴェスターの慣性法則). 以下では $p + q = n$ とし, このとき Q と上の基底も込めて $V = \mathbf{R}^{p,q}$ と書き $C(Q) = Cl_{p,q}$ と表す. $q = 0, 1, 2, 3$ に対し $Cl_{0,q} \cong \mathbf{R}, \mathbf{C}, \mathbf{H}, \mathbf{H}^{\oplus 2}$ であり, $Cl_{1,0} \cong \mathbf{R}^{\oplus 2}$, $Cl_{1,1} \cong M(2, \mathbf{R})$ である. $Cl_{p+1,q+1} \cong Cl_{p,q} \otimes Cl_{1,1}$, $Cl_{p,q} \cong Cl_{q+1,p-1}$, $Cl_{p+4,q} \cong Cl_{p,q+4}$, $Cl_{p,q+8} \cong Cl_{p,q} \otimes Cl_{0,8}$ からほかは求まる.

$K = \mathbf{C}$, Q が非退化の場合, Q に関する正規直交基底が存在する. $C(Q)$ は $n = 2m$ のとき $M(2^m, \mathbf{C})$, $n = 2m + 1$ のとき $M(2^m, \mathbf{C})^{\oplus 2}$.

5 クリフォード代数の構造

関係式が偶数次で生成されているので, $\bigotimes V$ での偶数次・奇数次に対応してベクトル空間としての直和 $C(Q) = C^+(Q) \oplus C^-(Q)$ に分解し, $C^+(Q)$ は $C(Q)$ の部分 K 代数になる. $C(Q)$ は $\mathbf{Z}/2\mathbf{Z}$ 次数付き $C^+(Q)$ 代数の構造をもつ.

$C^+(Q)$ 上 1 倍・$C^-(Q)$ 上 (-1) 倍として $C(Q)$ の位数 2 の K 代数自己同型 α が定まる. α を $C(Q)$ の主自己同型 (principal automorphism) という. テンソル積の並ぶ順序を逆にする $\bigotimes V$ の線形同型は $I(Q)$ を保つので, $C(Q)$ に位数 2 の線形同型 β を引き起こす. β は $\beta(xy) = \beta(y)\beta(x)$ を満たし, $C(Q)$ の主反自己同型 (principal anti-automorphism) と呼ばれる. 反自己同型 $\alpha\beta = \beta\alpha$ は, $Cl_{0,1} \cong \mathbf{C}$, $Cl_{0,2} \cong \mathbf{H}$ の場合に共役複素数・共役四元数を与える.

Q が平方完成されているとき $c = e_1 \cdots e_n$, $L = K \oplus cK$ とする. $c^2 = (-1)^{n(n-1)/2} \prod_{i=1}^n Q(e_i) \in K$ であるから L は K の 2 次拡大代数である. Q は非退化とする. n が偶数なら $C(Q)$ の中心は K, $C^+(Q)$ の中心は L であり, n が奇数なら $C(Q)$ の中心は L, $C^+(Q)$ の中心は K となる.

6 スピノル群

Q は非退化とする. $C(Q)$ の単元 g に対し, $C(Q)$ の内部自己同型 $\rho_g : x \mapsto gxg^{-1}$ が定まる. $g \in C(Q)^\times$ で $\rho_g(V) = V$ を満たすものの全体 $\Gamma(Q)$ をクリフォード群 (Clifford group) という. $g \in \Gamma(Q)$ に対し $\beta(g)g$ を与える対応は $K^\times$ への準同型になり, スピノルム (spin norm) と呼ばれる. $\Gamma \cap C^+(Q)$ のスピノルム 1 の元からなる部分群 $\Gamma_0^+(Q)$ を被約クリフォード群 (reduced Clifford group) という. $\Gamma(Q)$ およびその部分群は ρ により V に Q に関する直交変換として作用する. これをベクトル表現 (vector representation) という. $\ker \rho$ は V の任意の元と可換なので $C(Q)$ の中心に含まれ, $\ker \rho|_{\Gamma_0^+(Q)} = \{\pm 1\}$ である.

$\mathbf{R}^{p,q}$ のクリフォード群の元で $C^+(Q) \cup C^-(Q)$ に属しスピノルム ± 1 のもの全体を $Pin(p,q)$ と書く. $Spin(p,q) := Pin(p,q) \cap C^+(Q)$ とし, そのスピノルム 1 の元全体 $\Gamma_0^+(Q)$ を $Spin_+(p,q)$ と書く. $Spin(q,p) \cong Spin(p,q)$ である. $Spin(n) := Spin(n,0) = Spin_+(n,0)$ を n 次スピノル群 (spinor group) という. $Pin(p,q)$, $Spin(p,q)$, $Spin_+(p,q)$ はそれぞれ $O(p,q)$, $SO(p,q)$, $SO_+(p,q)$ の 2 重被覆である. $Spin(n)$ $(n \geq 3)$, $Spin_+(n-1,1)$ $(n \geq 4)$ は連結かつ単連結であり $SO(n)$, $SO_+(n-1,1)$ の普遍被覆を与える.

7 スピン表現

$K = \mathbf{C}$, Q は非退化とし, $n \geq 3$ のとき $Spin(n, \mathbf{C}) := \Gamma_0^+(Q)$ を考える. $n = 2m + 1$ (奇数) のとき. $C^+(Q) \cong M(2^m, \mathbf{C})$ の標準的な 2^m 次元表現の $Spin(n, \mathbf{C})$ への制限は既約であり, スピン表現 (spin representation) という. $n = 2m$ (偶数) のとき. $C(Q) \cong M(2^m, \mathbf{C})$ の 2^m 次元表現の制限をスピン表現という. スピン表現は同値でない 2 つの 2^{m-1} 次元既約表現の直和に分解する. これらを半スピン表現 (half–spin representation) という. $Spin(n)$ への制限もスピン表現と呼び, スピン表現の空間の元をスピノル (spinor) という.

[小林 正典]

グリーンの公式

Green's formula

2次元平面における2重積分と線積分の関係を表す公式である．この公式を3次元に拡張したものがストークスの定理 (Stokes' theorem) になる．

1 公式の内容

なめらかな閉曲線 C で囲まれた $\boldsymbol{R}^2$ の領域 D における C^1 級の関数 $P(x,y), Q(x,y)$ に対して

$$\iint_D \left(\frac{\partial Q}{\partial x} - \frac{\partial P}{\partial y}\right) dx\,dy = \oint_C (P\,dx + Q\,dy) \quad (1)$$

が成り立つ．ただし，$\oint$ は領域の内部を左手に回る (正の) 向きに進む線積分を表す．(1) をグリーンの公式 (Green's formula) という．

この公式は，領域内部での2重積分と，境界での線積分の関係を与えており，微積分学の基本定理

$$\int_a^b \frac{dF(x)}{dx} dx = F(b) - F(a) \quad (2)$$

を2次元に拡張したものといえる．

グリーンの公式はいろいろな形に書きかえることができる．C^2 級の関数 f, g に対して，(1) で $P = -f\partial g/\partial y, Q = f\partial g/\partial x$ とすると

$$\iint_D (\nabla f \cdot \nabla g + f\Delta g) dx\,dy = \oint f\frac{\partial g}{\partial n} ds \quad (3)$$

となる．ただし ∇ は勾配ベクトル，Δ はラプラシアン，$\partial/\partial n$ は外向き法線方向の微分を表す．

グリーンの公式を3次元に拡張したものが，ストークスの定理

$$\iint_S \operatorname{rot} \boldsymbol{v} \cdot d\boldsymbol{S} = \int_C \boldsymbol{v} \cdot d\boldsymbol{s} \quad (4)$$

である．ただし，ベクトル $\boldsymbol{v}$ の場において閉曲線 C をとり，それを境界とする曲面を S とした．また $d\boldsymbol{S}$ は面要素ベクトル，$d\boldsymbol{s}$ は線要素ベクトルである．$\boldsymbol{v}$ を2次元ベクトル (P, Q) とし，S として xy 平面を考えれば，(4) は (1) に帰着する．

2 公式の解釈

グリーンの公式が成り立つ理由は以下のように説明できる．ベクトル場として2次元流体の速度場 $\boldsymbol{v} = (u(x,y), v(x,y))$ をとり，図1のよう

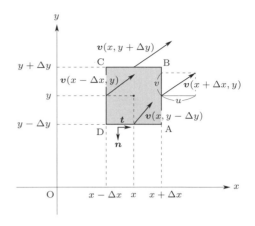

図1 矩形領域における流体の出入り

な xy 平面上の小さな矩形領域における定常流体の出入りを考える．点 $(x+\Delta x, y)$ にいる流体粒子の，点 (x,y) を中心とした反時計まわりの角速度は $v(x+\Delta x, y)/\Delta x$ で与えられる．ほかの点 $(x-\Delta x, y), (x, y+\Delta y), (x, y-\Delta y)$ にいる粒子についても同様の角速度を与え，相加平均をとり，矩形領域の面積 $\Delta S = 4\Delta x \Delta y$ をかけると，

$$\{v(x+\Delta x, y) - v(x-\Delta x, y)\}\Delta y$$
$$- \{u(x, y+\Delta y) - u(x, y-\Delta y)\}\Delta x \quad (5)$$

が得られる．速度成分をテイラー展開し，$\Delta x, \Delta y$ の1次以上の項を無視すると，

$$\frac{1}{2}\left(\frac{\partial v}{\partial x} - \frac{\partial u}{\partial y}\right)\Delta S \quad (6)$$

となる．

一方，点Aから出発してAに戻る反時計まわりの径路 Γ と，点Aからの径路に沿った長さ s，および各辺上での単位接線ベクトル $\boldsymbol{t}$ を用いると，(5) は $\sum_\Gamma \boldsymbol{v} \cdot \boldsymbol{t} \Delta s$ と書くこともでき，

$$\frac{1}{2}\left(\frac{\partial v}{\partial x} - \frac{\partial u}{\partial y}\right)\Delta S = \sum_\Gamma \boldsymbol{v} \cdot \boldsymbol{t} \Delta s \quad (7)$$

が成り立つ．小さな領域を足し合わせてできる大きな領域を考えても (7) の表現は変わらない．そうして得られる式がグリーンの公式である．グリーンの公式はある領域における回転にかかわる量を2通りの表現で与えたものであると解釈することができる．

［薩　摩　順　吉］

参　考　文　献

[1] 戸田盛和：ベクトル解析，岩波書店，1989.

グレブナー基底

Gröbner base

グレブナー基底理論は多項式環 $K[x_1,\ldots,x_n]$ の構成的な研究方法である．グレブナー基底は 1965 年ブーフベルガー (B. Buchberger) により導入された．「グレブナー」はブーフベルガーの指導教授であったグレブナー (W. Gröbner) に由来する．基礎になるのは割り算原理を多変数の場合に拡張する工夫である．アルゴリズムがプログラムに実装可能であったことから，数式処理理論として成長し，多種多様な分野に応用されている．

1　グレブナー基底の定義

体 K 上の多項式環 $K[x_1,\ldots,x_n]$ の単項式
$$x_1^{\alpha_1}\cdots x_n^{\alpha_n} \quad (\alpha_1,\ldots,\alpha_n \text{ は非負整数})$$
に順序を定義する．多重指数 $\alpha=(\alpha_1,\ldots,\alpha_n)$ を用いて，$x^\alpha = x_1^{\alpha_1}\cdots x_n^{\alpha_n}$ と表すと便利である．このとき，$|\alpha|=\alpha_1+\cdots+\alpha_n$ としておく．代表的な順序には次のようなものがある．

辞書式順序 (lexicographic order): $x^\alpha > x^\beta$ をある k があり，$\alpha_1=\beta_1,\ldots,\alpha_{k-1}=\beta_{k-1},\alpha_k>\beta_k$ が成立するという規則で定めた順序である．

次数付き辞書式順序 (graded lexicographic order): $x^\alpha > x^\beta$ を (1) $|\alpha|>|\beta|$, (2) $|\alpha|=|\beta|$ のとき，辞書式順序で定めるという順序である．

これらの順序は次の性質をもっている．
(i) $x^\alpha > x^\beta$ ならば，任意の単項式 x^γ について，$x^\alpha x^\gamma > x^\beta x^\gamma$ が成立する．
(ii) 1 が最小である．

一般に，これらの性質をもつ順序を単項式順序という (整列順序になる)．便宜上，$x^\alpha > x^\beta$ のとき，$ax^\alpha > bx^\beta$ $(a,b \in K, ab \neq 0)$ と定める．

以下，単項式順序を一つ固定して話を進める．

定義 1　多項式 $f \in K[x_1,\ldots,x_n]$ の項の中で最大の順序の項を $\mathrm{LT}(f)$ で表し，最高次の項 (leading term) と呼ぶ．

定義 2　イデアル $I \subset K[x_1,\ldots,x_n]$ に対し，各元 $f \in I$ の最高次の項 $\mathrm{LT}(f)$ で生成されたイデアルを $(\mathrm{LT}(I))$ で表し，I の最高次イデアル (leading ideal) という (イニシアルイデアルとも).

注意 1　現在の所，何種類かの記号が併存している．$\mathrm{LT}(f)$ と同じ意味で，$\mathrm{L}(f)$, $\mathrm{in}(f)$ あるいは $\mathrm{HT}(f)$ などの記号も使われている．

定義 3　イデアル $I \subset K[x_1,\ldots,x_n]$ に属する有限個の多項式の集合 $G=\{g_1,\ldots,g_s\}$ が I の **グレブナー基底** であるとは，イデアルの等式
$$(\mathrm{LT}(I)) = (\mathrm{LT}(g_1),\ldots,\mathrm{LT}(g_s))$$
が成立することとする．このとき，G は I の基底にもなる．すなわち，$I=(g_1,\ldots,g_s)$ である．

1 変数の場合，$f,g \in K[x]$ のとき，f による割り算 $g=hf+r$ がある．順序 $1<x<x^2<\cdots$ を考え，簡略化 $g-(\mathrm{LT}(g)/\mathrm{LT}(f))f$ を r のどの項も $(\mathrm{LT}(f))$ に属さなくなるまで続ければ，剰余 r に到達する．単項式順序は整列順序だから，同様の操作は多変数の場合にも可能である．

命題 1 (割り算原理)　多項式 $f_1,\ldots,f_k,g \in K[x_1,\ldots,x_n]$ に対して，$g=h_1f_1+\cdots+h_kf_k+r$ となる $h_i,r \in K[x_1,\ldots,x_n]$ で，次の条件を満たすものが存在する．

(i) $r \neq 0$ のとき，r のどの項もイデアル $(\mathrm{LT}(f_1),\ldots,\mathrm{LT}(f_k))$ に属さない．
(ii) 各 i について，$\mathrm{LT}(g) \geqq \mathrm{LT}(h_if_i)$ である．

多項式 r を g の $f_1,\ldots,f_k$ による割り算の剰余と呼ぶ．上記の表示は g の標準表示と呼ばれる．

ところが，一般には，剰余 r の一意性は保証されない．グレブナー基底が必要になる理由である．

定理 1　多項式 $g_1,\ldots,g_s,g \in K[x_1,\ldots,x_n]$ に関して，$G=\{g_1,\ldots,g_s\}$ が $I=(g_1,\ldots,g_s)$ のグレブナー基底であれば，g の G による割り算の剰余 r は一意的に定まる．

注意 2　剰余が一意的に定まるという条件でグレブナー基底を定義することも可能である．

2 ブーフベルガーのアルゴリズム

グレブナー基底の有効な判定法がある．

定義 4 多項式 $f, g \in K[x_1, \ldots, x_n]$ について，$x^\gamma = \mathrm{LCM}(\mathrm{LT}(f), \mathrm{LT}(g))$ として，
$$S(f, g) = \frac{x^\gamma}{\mathrm{LT}(f)} f - \frac{x^\gamma}{\mathrm{LT}(g)} g$$
とおき，f, g の S-多項式という．

定理 2 (ブーフベルガーの判定法) イデアル $I \subset K[x_1, \ldots, x_n]$ の基底 $G = \{g_1, \ldots, g_s\}$ について，次は同値である．
(i) G は I のグレブナー基底である．
(ii) 各 i, j, $(i \neq j)$ について，$S(g_i, g_j)$ の G に関する割り算の剰余は 0 である．

系 1 (ブーフベルガーのアルゴリズム) イデアル $I \subset K[x_1, \ldots, x_n]$ の与えられた基底をグレブナー基底に拡張するアルゴリズムが存在する．

(証明) $G = \{g_1, \ldots, g_k\}$ を I の基底とする．もし，G がグレブナー基底でなければ，定理 2 により，ある組み $\{i, j\}$ で，$S(g_i, g_j)$ の G による割り算の剰余 r が 0 にならないものが存在する．そこで，$g_{k+1} = r$, $G_1 = \{g_1, \ldots, g_k, g_{k+1}\}$ とおく．再び，G_1 がグレブナー基底かどうか調べる．もし，G_1 がグレブナー基底でない場合には，同様にして G_2 を定義する．このようにして，列 $G \subset G_1 \subset G_2 \subset \cdots$ を定義する．$G_l = (g_1, \ldots, g_{k+l})$, $J_l = (\mathrm{LT}(g_1), \ldots, \mathrm{LT}(g_{k+l}))$ とおくと，イデアルの増大列 $J_1 \subsetneq J_2 \subsetneq \cdots$ が得られる．ヒルベルトの基底定理により，このような増大列は無限に続くことはない．したがって，いつかはグレブナー基底に到達する． ∎

グレブナー基底 $G = \{g_1, \ldots, g_s\}$ は次の条件を満たすとき，被約グレブナー基底と呼ばれる．被約グレブナー基底は一意的に存在する．
(i) 各 i について，$\mathrm{LT}(g_i)$ の係数は 1 である．
(ii) 各 g_i の各項 $\notin (\mathrm{LT}(g_1), \ldots, \overset{i}{\vee}, \ldots, \mathrm{LT}(g_s))$.

Mathematica, **Maple**, **Asir**, **Singular** などの主要な数式処理ソフトにはグレブナー基底を求めるプログラムが組み込まれている．

3 グレブナー基底の応用

グレブナー基底は代数幾何や環論を始めとして，凸多面体の幾何，整数計画，符号理論，暗号理論，微分作用素環，超幾何微分方程式，統計数学など多くの分野で活用されている（文献 [2,3] 参照）．計算が実行可能になるという実用的側面のみならず，構造が明白になるという理論的な側面もある．

幾何学的な応用は，イデアル $I \subset K[x_1, \ldots, x_n]$ の零点集合 $V(I) = \{a \in K^n \mid f(a) = 0, {}^\forall f \in I\}$ が対象になる．I は有限個の多項式 $f_1, \ldots, f_r$ で生成されるので，$V(I)$ は連立代数方程式
$$f_1 = \cdots = f_r = 0$$
の解空間にほかならない．

3.1 イデアル所属判定問題

グレブナー基底のもっとも基礎的な応用はイデアル所属判定問題である．

定理 3 イデアル $I \subset K[x_1, \ldots, x_n]$ が与えられたとき，多項式 f が I に含まれるかどうかは，I のグレブナー基底 $G = \{g_1, \ldots, g_s\}$ が計算できれば，f の G による割り算の剰余が 0 であるかどうかで実効的に判定することができる．

例 1 体 K が代数的閉体のとき，イデアル $I \subset K[x_1, \ldots, x_n]$ の零点集合 $V(I)$ が空集合かどうかは，イデアル I のグレブナー基底に零でない定数が含まれるかどうかで決まる．これは，ヒルベルトの零点定理の帰結である．

3.2 消去法

イデアル $I \subset K[x_1, \ldots, x_n]$ の零点集合 $V(I)$ を議論する場合，I から一部の変数を消去することは重要な手段である．

定理 4 イデアル $I \subset K[x_1, \ldots, x_n]$ と変数 $x_1, \ldots, x_k$ が与えられているとする $(k < n)$．単項式順序は辞書式順序 $(x_1 > \cdots > x_n)$ で定める．このとき，$G = \{g_1, \ldots, g_s\}$ が I のグレブナー基底であれば，共通部分
$$G \cap K[x_{k+1}, \ldots, x_n]$$
はイデアル $I \cap K[x_{k+1}, \ldots, x_n]$ のグレブナー基底である．

例 2 曲線 $C : f(x,y) = 0$ の特異点は連立方程式 $f = f_x = f_y = 0$ の解である．たとえば，
$f(x,y) = (y-x^2)^2 + 9xy^3 - x^3y^2 - (27/4)y^5$
のとき，$I = (f, f_x, f_y)$ のグレブナー基底は
$$G = \{y^3(4096 + 3456y^3 + 729y^6),$$
$$y^3(1024x - 1344y^2 - 81y^5),$$
$$128(x^2 - y) + 81y^7 + 1776y^4 - 1600xy^2\}$$
と計算される．特異点は次の 4 点である．
$$\{(0,0), (2, -\tfrac{4}{3}), (-1 \pm \sqrt{-3}), \tfrac{2}{3}(1 \pm \sqrt{-3}))\}$$

例 3 多項式 $f_1, \ldots, f_m \in K[x_1, \ldots, x_n]$ を用いて定義される多項式写像 (K は無限体とする)
$$K^n \ni a \mapsto (f_1(a), \ldots, f_m(a)) \in K^m$$
の像を W とする．イデアル
$$\tilde{I} = (y_1 - f_1, \ldots, y_m - f_m)$$
を考え，$I = \tilde{I} \cap K[y_1, \ldots, y_m]$ とおけば，$V(I)$ は W を含む最小のアフィン代数多様体になる．

このとき，辞書式順序 $(x_i > y_j)$ による $\tilde{I}$ のグレブナー基底 $G = \{g_1, \ldots, g_s\}$ が求まれば，$G \cap K[y_1, \ldots, y_m]$ は I のグレブナー基底である．

3.3 剰余環

イデアル I による剰余環 $K[x_1, \ldots, x_n]/I$ は体 K 上のベクトル空間である．

定理 5 イデアル $I \subset K[x_1, \ldots, x_n]$ に対して，単項式の集合 $M = \{x^\alpha \mid x^\alpha \notin (LT(I))\}$ を定義しておく．このとき，$K[x_1, \ldots, x_n]/I$ は M の元で張られる K-ベクトル空間と同型である．

イデアル I のグレブナー基底を $\{g_1, \ldots, g_s\}$ とすれば，$M = \{x^\alpha \mid x^\alpha \notin (LT(g_1), \ldots, LT(g_s))\}$ を求める計算は組み合わせ論的である．

例 4 イデアル $I = (x^3 - x^2y^2, x^2y^2 - y^3) \subset K[x,y]$ の辞書式順序によるグレブナー基底は $\{x^3 - y^3, x^2y^2 - y^3, xy^3 - y^5, y^7 - y^4\}$ となるので，$(LT(I)) = (x^3, x^2y^2, xy^3, y^7)$ である．さらに，K-ベクトル空間 $K[x,y]/I$ の基底は
$$\{1, x, x^2, xy, xy^2, x^2y, y, y^2, y^3, y^4, y^5, y^6\}$$
と計算され，$\dim_K K[x,y]/I = 12$ である．

4 べき級数

べき級数には，単項式順序と順序を反対にした順序 (局所単項式順序という) が有効である．1 変数の場合，$1 > x > x^2 > \cdots$ という順序では，べき級数 f の $LT(f)$ は位数に対応する．多変数の場合，形式べき級数環 $K[[x_1, \ldots, x_n]]$ や，$K = \mathbf{C}$ (または $\mathbf{R}$) のときの収束べき級数環 $K\{x_1, \ldots, x_n\}$ においては，たとえば，次のような順序がある．

反次数付き辞書式順序 (anti-graded lexicographic order): $x^\alpha > x^\beta$ を (1) $|\alpha| < |\beta|$，(2) $|\alpha| = |\beta|$ のとき，辞書式順序で定めるという順序である．

べき級数 f の $LT(f)$ を用いて，べき級数環のイデアルに対しても，グレブナー基底に相当する基底を定義することができる．じつは形式的べき級数環については広中平祐 (1964) が，収束べき級数環についてはグラウエルト (Grauert, 1972) が，独立にこの基底を導入し，**標準基底**と命名した．ブーフベルガーの判定条件はこの場合にも成立するが，計算可能なアルゴリズムにはならない．しかし，多項式で定義されたイデアルについては，モラ (Mora) の割り算アルゴリズムにより，標準基底を計算することができる．　　[酒 井 文 雄]

参 考 文 献

[1] D.A. Cox, J.B. Little, D. O'Shea : *Ideals, varieties, and algorithms: An Introduction to computational algebraic geometry and commutative algebra, 4th ed*, Springer, 2015. (邦訳) 落合啓之ほか訳：グレブナ基底と代数多様体入門 (上, 下)，丸善出版，2012.
[2] D.A. Cox, J.B. Little, D. O'Shea : *Using Algebraic Geometry, 2nd ed*, Springer-Verlag, 1998. (邦訳) 大杉英史・北村知徳・日比孝之訳：グレブナー基底 1, 2 －可換代数と代数幾何におけるグレブナー基底の有効性，丸善出版，2012.
[3] 日比孝之：グレブナー基底の現在，数学書房，2006.
[4] 丸山正樹：グレブナー基底とその応用，共立出版，2002.
[5] 野呂正行・横山和弘：グレブナー基底の計算 基礎篇－計算代数入門，東京大学出版会，2003.
[6] 齋藤友克・竹島 卓・平野照比古：グレブナー基底の計算 実践篇－Risa/Asir で解く，東京大学出版会，2003.
[7] 酒井文雄：環と体の理論，共立出版，1997.

群

group

1 定義

空でない集合 G と，直積 $G \times G$ から G への写像が与えられているとする．この写像による $(a,b) \in G \times G$ の像を $a \cdot b$ もしくは ab と書き，a, b の積 (product) と呼ぶ．また写像 $(a,b) \mapsto a \cdot b$ を G の算法 (law of composition) もしくは乗法 (multiplication) と呼ぶ．

集合 G と算法の組 $(G, \cdot)$ が以下の 3 条件を満たすとき $(G, \cdot)$ は群 (group) であるという：

(1) **結合法則** (associative law)：任意の $a, b, c \in G$ に対し $(ab)c = a(bc)$ が成り立つ．

(2) 特別な元 $e \in G$ が存在して，任意の $a \in G$ に対して $ae = ea = a$ が成り立つ．

(3) 任意の $a \in G$ に対して $ba = ab = e$ を満たす $b \in G$ が存在する．

通常，算法を省略して単に「群 G」と書いてしまう場合が多い．以下慣例に従いこの略記法を用いるが，群とはあくまで集合と算法の組を指す概念であることに注意されたい．

(2) における e を群 G の**単位元** (unit element, identity element) という．また (3) における b を a の**逆元** (inverse element) と呼び a^{-1} と書く．G の単位元および a の逆元は一意的に定まる．

群 G が有限個の元からなるとき G を**有限群** (finite group)，そうでないとき**無限群** (infinite group) という．G に含まれる元の個数を G の**位数** (order) という．G の有限個の元 $a_1, a_2, \ldots, a_n$ に対し，積 $a_1 a_2 \cdots a_n$ は積の配列を変えなければ，結合する順序を変えても同じ結果を与える．また $a^0 = e$ と約束し，負べき a^{-n} を $a^{-n} = (a^{-1})^n$ と定義すると，任意の整数 m, n に対し一般指数法則 $a^m a^n = a^{m+n}$, $(a^m)^n = a^{mn}$ が成り立つ．G の元 a に対し，$a^n = e$ が成り立つような最小の正の整数 n のことを a の**位数** (order) という．どのような整数 n に対しても a^n が単位元にならないとき，a は**無限位数** (infinite order) をもつという．

$ab = ba$ であるとき，a と b は**可換** (commutative) であるという．任意の 2 元が可換であるような群を**可換群** (commutative group) もしくは**アーベル群** (Abelian group) という．可換群の積は，$a + b$ の形に書かれることもある．この場合 $a + b$ を a と b の**和** (sum)，写像 $(a, b) \mapsto a + b$ を**加法** (addition) と呼び，G を**加法群** (additive group) と呼ぶ．記法が異なるだけで，可換群と加法群は同等の概念である．加法群の単位元は 0，逆元は $-a$ の形に書かれることが多い．

2 例

例 1 整数全体の集合 $\mathbf{Z}$ は，通常の数の和 $+$ を算法とする可換群である．同様に有理数全体の集合 $\mathbf{Q}$，実数全体の集合 $\mathbf{R}$，複素数全体の集合 $\mathbf{C}$ も通常の数の和を算法とする可換群である．

例 2 K を $\mathbf{Q}$, $\mathbf{R}$, $\mathbf{C}$ (あるいは，より一般に体) とする．0 でない K の元全体の集合を $K^\times$ と書くとき，$K^\times$ は通常の数の積 $\times$ を算法とする可換群である．$K^\times$ を K の**乗法群** (multiplicative group) と呼ぶ．

例 3 K を前例と同様のものとする．このとき K の元を要素とする可逆な n 次正則行列の全体のなす集合 $GL(n, K)$ は，通常の行列の積を算法として群をなす．これを K 上の一般線形群という．とくに $n = 1$ の場合，$GL(1, K)$ とは K の乗法群 $K^\times$ にほかならない．

例 4 X を集合とする．このとき X から X への全単射の全体 $S(X)$ は，写像の合成を算法として群をなす．これを X 上の**置換群** (permutation group) という．とくに X が集合 $\{1, 2, \ldots, n\}$ であるとき $S(X)$ を S_n と表し，n 次**対称群** (symmetric group) と呼ぶ．

3 基礎概念

G を群とする．G の空でない部分集合 H が G の算法に関して群をなすとき，H を G の**部分群** (subgroup) という．H が G の部分群であるための必要十分条件は，任意の $a, b \in H$ に対して

$a^{-1}b \in H$ が成り立つことである．

S を群 G の部分集合とする．このとき S の元の有限個のべき積 $g_1^{m_1} g_2^{m_2} \cdots g_n^{m_n}$ ($g_i \in S, m_i \in \mathbf{Z}$) の全体の集合は，$S$ を含む部分群をなす．これを $\langle S \rangle$ と書き，S で生成される G の部分群という．また S を $\langle S \rangle$ の生成元 (generator) という．とくに S がただ一つの元からなる場合，すなわち $S = \{a\}$ である場合，$\langle a \rangle$ を a で生成される巡回群 (cyclic group) という．このとき，集合としての $\langle a \rangle$ の位数は，元 a の位数にほかならない．

G の部分群 H に対し，$Ha = \{ha | h \in H\}$ ($a \in G$) なる G の部分集合を，H に関する右剰余類 (right coset) という．同様に $aH = \{ah | h \in H\}$ を左剰余類 (left coset) という．G は H に関する相異なる右 (左) 剰余類の互いに素な和集合に分解される．H に関する相異なる右剰余類の数と，H に関する相異なる左剰余類の数は一致する．この数を H の指数 (index) といい，$(G:H)$ と書く．

任意の $a \in G$ に対して $Ha = aH$ が成り立つとき，H を G の正規部分群 (normal subgroup) という．この場合，左右剰余類は一致するので，以後単に剰余類と呼び，剰余類全体の集合を G/H と書く．G/H の 2 元 Ha, Hb に対し，積を $(Ha)(Hb) = Hab$ によって定めると，G/H は群をなす．これを **H を法とする剰余群** (residue class group modulo H) または**商群** (quotient group) という．G 自身および G の単位元のみからなる集合 $\{e\}$ は G の正規部分群である (後者を単位群 (unit group) という) が，これら以外に正規部分群をもたない群を**単純群** (simple group) という．

4 準同型定理

群の間の写像 $f : G \to G'$ が条件：$f(a)f(b) = f(ab)$ ($a,b \in G$) を満たすとき，これを G から G' への準同型写像もしくは単に準同型 (homomorphism) という．準同型の合成は準同型である．全単射であるような準同型 $f : G \to G'$ を G から G' への同型写像もしくは単に同型 (isomorphism) という．f が同型ならば，逆写像 $f^{-1} : G' \to G$ も同型である．G から G' への同型が存在するとき，G と G' は同型 (isomorphic) であるといわれる．

$f : G \to G'$ を群の間の準同型とする．f の像 (image) $f(G)$ は G' の部分群であり，f の核 (kernel) $\mathrm{Ker} f = \{a \in G | f(a) = e'\}$ (e' は G' の単位元) は G の正規部分群である．このとき f から誘導される写像 $\bar{f} : G/\mathrm{Ker} f \to f(G)$ は群の同型を与える．この事実を群の準同型定理 (homomorphism theorem) という．

5 群の作用

G を群，X を集合とする．以下の条件 (1), (2) を満たす $G \times X$ から X への写像 $(a,x) \mapsto a \circ x$ を群 G の集合 X への作用 (action) という：

(1) 任意の $a, b \in G$, 任意の $x \in X$ に対し $(ab) \circ x = a \circ (b \circ x)$ が成り立つ．

(2) 任意の $x \in X$ に対し $e \circ x = x$ が成り立つ．

群 G が集合 X に作用しているとき，写像 $t_a : x \mapsto a \circ x$ ($a \in G$) は X から X への全単射，すなわち X 上の置換群 $S(X)$ の元を与える．さらに，対応 $a \mapsto t_a$ は G から $S(X)$ への群の準同型を与える．これを G の X 上の**置換表現** (permutation representation) という．置換表現 $G \to S(X)$ が単射であるとき，この作用は**忠実** (faithfull) であるという．X の 2 元 x, y に対し，$y = a \circ x$ を満たす $a \in G$ が存在するとき $x \sim y$ と定めれば，$\sim$ は X における同値関係となる．この関係による各同値類を，X の G の作用による**軌道** (orbit) という．X 全体が一つの軌道をなすとき，この作用は**推移的** (transitive) であるという．

$a \in G$ に対し，$\sigma_a : G \ni g \mapsto aga^{-1} \in G$ なる写像は G から G への同型写像を与える．この形の同型写像を G の**内部自己同型** (inner automorphism) という．$a \mapsto \sigma_a$ なる対応によって，G の G 自身への作用が定まる．この作用によって $g, h \in G$ が同じ軌道に含まれるとき，すなわち $h = aga^{-1}$ となる $a \in G$ が存在するとき，g と h は**共役** (conjugate) であるという．また，この作用による軌道を G の共役類 (conjugacy class) という．$g \in G$ を含む共役類とは，g と共役な元全体の集合にほかならない． ［斉藤義久］

群 の 表 現

representation of groups

1 定 義

G を群, k を可換体, V をその上のベクトル空間とする. G の各元 g に対して V から V への線形写像 $\rho(g)$ を対応させる写像 ρ で次の条件を満たすものを考える.

(1) $\rho(e) = id_V$. ここで id_V は V における恒等写像である.
(2) $\rho(gh) = \rho(g) \circ \rho(h)$. ここで $\circ$ は写像の合成である.

このときペア (V, ρ) を群 G の k 上の V への**表現** (representation) という. このとき k は基礎体ともいわれる. $GL_k(V)$ を V から V への k-ベクトル空間としての同型写像のなす集合とすると, これは合成によって群となる. 群 G の k 上の表現を与えることは G から $GL_k(V)$ への準同型を与えること, と言い換えることもできる. G の各元に対して, 線形写像を対応させていることから線形表現と呼ばれることもある. 写像 ρ や体 k が文脈から明らかな場合は単に V を表現ということもある. $(V, \rho), (W, \theta)$ を G の二つの表現とするとき, V から W への線形写像 $\varphi : V \to W$ で $\varphi(\rho(g)v) = \theta(g)\varphi(v)$ がすべての $v \in V, g \in G$ について成り立つとき, 表現の準同型 (homomorphism), あるいは G-準同型といわれる. V から W への準同型全体は k 上のベクトル空間となり $Hom_G(V, W)$ と書かれる. さらに, 準同型 $\psi : W \to V$ で $\varphi \circ \psi = id_W, \psi \circ \varphi = id_V$ を満たすものがある時, 準同型 φ は同型 (isomorphism) という. 二つの表現 $(V, \rho), (W, \theta)$ の間に同型が存在するときにその表現は同型である, あるいは同値であるという.

(V, ρ) を G の k 上の表現とするとき, $V^* = Hom_k(V, k)$ は $\varphi \in Hom_k(V, k)$ に対して $\rho^*(g)(\varphi)$ を $(\rho^*(g)(\varphi))(v) = \varphi(\rho(g^{-1})v)$ と定めることにより G の k 上の表現となる. これを G の**反傾表現**という. 群 G を基底とする k 上のベクトル空間を $k[G]$ と書くと, $k[G]$ の二つの元 $\sum_g a_g[g]$ と $\sum_h b_h[h]$ の積を $\sum_{g,h} a_g b_h [gh]$ と定めることにより環の構造が入る. これを G の群環という. $k[G]$ は G の左からのかけ算により G の表現となるがこれを G の**正則表現** (regular representation) という. さらに V の次元が有限であるとき有限次元表現をいい, そうでないときを無限次元表現という.

2 部分表現, 直和, 既約表現

(V, ρ) を G の表現とする. V の部分空間 W で G の作用について閉じている, すなわち任意の $w \in W, g \in G$ に対して $\rho(g)w \in W$ となるとすると, $\rho(g)$ の W への制限を考えることにより (W, ρ) は G の表現となる. このような表現 W を G の部分表現という. たとえば $\{0\}$ や V 自身は V の表現になるが, この二つの部分表現は自明な部分表現といわれる. V に自明な部分表現以外の部分表現がないとき, V は**既約表現** (irreducible representation) であるといわれる. 既約表現の同値類を分類することは表現論において最も基本的かつ重要な問題である. V_λ を G の表現の Λ によって添え字付けされた属とするとその直和 $\oplus_{\lambda \in \Lambda} V_\lambda$ も G の表現となる. これを表現の直和という. 既約表現の直和と同型な表現を完全可約な表現という. たとえば 1 次元の表現はいつでも既約表現である. 既約表現の同値類全体を $\widehat{G}$ と書く.

3 有限群の表現と指標 (標数 0 の場合)

この節では G が有限群, k は標数 0 の代数的閉体とし, G の k 上の有限次元表現を考える. この場合の表現論は, さまざまな群の表現論の雛形となっている最も基本的なものである. まず一番基本的なのは, G の有限次元表現は完全可約であるというマシュケ (Maschke) の定理である. また V を既約指標とすると $Hom_G(V, V)$ は id_V から生成される 1 次元ベクトル空間となる. これはシューアの補題 (Schur's lemma) といわれる. V を既約指標としたときそれは G の正則表現の部分表現となるので, 正則表現を既約表現の直和に書いたとき, すべての既約表現が現れる. これから

既約表現の同型類を $\widehat{G}$ の個数はは有限となることがわかる．実際これは G の共役類 $G^{\natural}$ の個数と一致する．

(V,ρ) を G の (有限次元) 表現とする．V の基底をとることにより $\rho(g)$ を行列表示してその跡 (トレース) をとると，これはその基底のとり方によらない．これを $\chi_V(g)$ と書き，群 G 上の k に値をもつ関数と考えたものを G の**指標** (character) という．指標に対して $\chi_V(g) = \chi_V(hgh^{-1})$ となるので，G の共役類 $G^{\natural}$ 上の関数と見なせる．たとえば，G の正則表現 R_G の指標 $\chi_{R_G}(g)$ は g が単位元のときは $\#G$ でそれ以外のときは 0 となる．また単位元における指標の値 $\chi_V(e)$ は V の次元となる．

一般に $G^{\natural}$ 上の k-値関数を G の類関数という．χ, τ を G の 2 つの類関数としたとき，$(\chi,\tau) = \frac{1}{\#G}\sum_{g \in G}\chi(g^{-1})\tau(g)$ として χ と τ の内積を定義する．このとき $\dim Hom_G(V,W) = (\chi_V, \chi_W)$ なのでシューアの補題より既約表現 V, W に対して (χ_V, χ_W) は V, W が同型であるときは 1，そうでないときは 0 となる．これを指標の直交関係式という．これから表現 W を既約表現の直和に分解したときに現れる既約表現 V の直和因子の個数は (χ_V, χ_W) で計算できる．これを W における V の**重複度** (multiplicity) という．これまでの事実を総合すると類関数として $\chi_V = \chi_W$ が成り立っているとすると，V と W は同型であることがわかる．たとえば R_G における V の重複度は V の次元と一致する．R_G の次元を考えることにより，$\#G = \sum_{V \in \widehat{G}}\dim(V)^2$ なる式が成り立つ．

この式は $k[G]$ への G の両側作用を考えることにより，次のように解釈できる．G^0 を G の双対群として，$G \times G^0$ の $k[G]$ の元 $[v]$ への作用を $(g \otimes g^0)[v] = [gvg^0]$ によって定める．V を G の既約表現，V^* を V の双対空間への G^0 の表現とすると $(V \otimes V^*)$ は $G \times G^0$ の既約表現となる．このとき $k[G]$ の $G \otimes G^0$ の表現とみたときの既約分解は $k[G] = \oplus_{V \in \widehat{G}} V \otimes V^*$ となる．このとき $V \otimes V^*$ は $k[G]$ の部分環であり，k 上の中心的単純環となり，したがって $\dim(V)$ 次の行列環と同型である．その単位元を c_V と書くと $k[G]$ の中心は c_V $(V \in \widehat{G})$ で k 上生成される．

4 コンパクト・リー群の表現論

有限群に対して得られた表現論に対する結果はコンパクト・リー群 G の $\mathbf{C}$ 上のなめらかな有限次元表現についても成立することが多い．G の有限次元表現 (V,ρ) がなめらかであるとは，V の基底をとって $\rho(g)$ を行列表示したとき，その成分 $\rho(g)_{ij}$ が g に関する C^{∞} 関数となることである．

一般にリー群 G に対して左 (右，両側) からの作用で不変な測度を左 (右，両側) ハール測度 (Haar measure) といわれる．左 (右) ハール測度は定数倍を除いてただ一つ存在することが知られている．さらに G がコンパクトなときは，両側不変なハール測度 μ がある．G はコンパクトのとき，$\mu(G) = 1$ なる両側ハール測度はただ一つに定まり，これを正規化されたハール測度という．

たとえば $\mathbf{C}$ 上の有限次元のなめらかな表現 (V,ρ) は完全可約であることが両側ハール測度を用いた積分操作を用いることにより示される．また (V,ρ) を G のなめらかな有限次元表現とすると V には G の作用で不変なエルミート内積 ϕ が定まるので $\rho: G \to Aut(V)$ の像は ϕ に関するユニタリ群 $U(V,\phi)$ に含まれる．また $U(V,\phi)$ は代表的なコンパクト群である．

指標 $\chi_V(g)$ を $\rho(g)$ の跡として定義すると，これは G 上の共役によって不変な関数となっている．共役によって不変は可微分関数の全体 $C^{\infty}(G^{\natural})$ 全体に $(\chi,\tau) = \int_G \overline{\chi(g)}\tau(g)d\mu(g)$ によって内積を導入すると，$(\chi_V, \chi_W) = \dim Hom_G(V,W)$ などが同様に成立し，指標の理論が適応できる．$L^2(G)$ を G 上の 2 乗可積分な関数のなすヒルベルト空間とするとこれは $\oplus_{V \in \widehat{G}} V \otimes V^*$ をノルムによって完備化したものとなっている．(ペーター–ワイルの定理 (Peter–Wyle's theorem)．$U(n)$ の既約表現の分類は実代数群としての複素化を考えることにより，$GL(n, \mathbf{C})$ の代数的な表現の分類に帰着できる．(これについては [置換群] 中のヤング図形についての記述を参照．)

5 誘導表現とフロベニウスの相互律

$\varphi: H \to G$ を群の準同型とする．(V, ρ) を G の表現とすると，H の元 h の V への作用を $\rho \circ \varphi(h)$ によって定義することにより H の表現が得られる．これを V の H への制限 (restriction) といい，$Res_H(V)$ と書く．また H が G の部分群であるとき H の表現 (W, τ) に対してベクトル空間 $Ind_H^G(W)$ を G から W への写像 f であって任意の $h \in H$ に対して $f(hg) = \tau(h)f(g)$ を満たすもの全体のなすベクトル空間として定義する．このとき，$Ind_H^G(W)$ からそれ自身への写像 $Ind_\tau(g)$ を $(Ind_\tau(g)f)(g') = f(g'g)$ によって定めると，$(Ind_H^G(W), Ind_\tau)$ は G の表現となっている．これを H から G への W の**誘導表現** (induced representation) という．このとき Ind_H^G は Res_H の左随伴となっている．すなわち $Hom_G(Ind_H^G(W), V) = Hom_H(W, Res_H(V))$ が成り立つ．この等式を**フロベニウスの相互律** (Frobenius reciprocity law) と呼ばれる．H が G の中で指数有限であるとき，すなわち $[G:H] < \infty$ であるときは誘導表現 $Ind_H^G(W)$ はテンソル積を用いて $Ind_H^G = k[G] \otimes_{k[H]} W$ と書ける．

6 代数群の表現

k を体として，k 上の代数多様体 G が群の構造をもつとき，**代数群** (algebraic group) と呼ばれる．ここで代数多様体としての群の構造とは，単位元を与える写像 $e: Spec(k) \to G$，G 上の積の構造を与える写像 $\mu: G \times G \to G$，および逆元を対応させる写像 $s: G \to G$ が代数多様体の写像として与えられていて，結合法則 $\mu \circ (\mu \times id_G) = \mu \circ (id_G \times \mu): G \times G \times G \to G$，単位元の公理 $\mu \circ (id_G \times e) = \mu \circ (e \times id_G) = id_G : G \to G$ および逆元の公理 $\mu \circ (id_G \times s) \circ \Delta_G = \mu \circ (s \times id_G) \circ \Delta_G = id_G : G \to G$ を満たすことである．ここで $\Delta_G : G \to G \times G$ は G の対角射である．

以下，体 k は標数 0 の代数的閉体とする．たとえば GL_n はその成分表示 $g = (g_{ij})_{ij}$ を考えることにより，座標を導入すると，積および逆元が座標と行列式の逆元の k 上の多項式で与えられているので，k 上の代数群となっている．代数群の**代数的表現** (algebraic representation) (V, ρ) とは群の表現に現れる公理を代数多様体としての射に置き換えたものである．つまり $\rho: G \times V \to V$ は代数多様体としての写像で与えられるとする．さらに作用の結合法則等，つまり写像 $G \times G \times V \to V$ が $\rho \circ (\mu \times id_V) = \rho \circ (1_G \times \mu)$ 等が満たされるとする．代数的な表現としては通常有限次元表現のみを考える．また k が複素数体 $\mathbf{C}$ のときは G の座標が $\mathbf{C}$ に値をもつ点（単に $\mathbf{C}$ 値点と呼ばれる．）全体は自然にリー群の構造をもつ．

このような定義のもとに代数的な表現に関する完全可約性などが定義される．代数群 G の任意の表現が完全可約であるとき，代数群は**簡約代数群** (reductive group) と呼ばれる．簡約代数群のもっとも簡単なものは乗法群 $\mathbf{G}_m(k) = \{x \in k \mid x \neq 0\}$ である．$\mathbf{G}_m$ の有限個の直積 $\mathbf{G}_m^n$ はトーラスと呼ばれ，その既約表現はすべて 1 次元で $(x_1, \ldots x_m) \in \mathbf{G}_m^n$ の作用が $x_1^{m_1} \cdots x_n^{m_n}$ 倍で与えられる．この $(m_1, \ldots, m_n)$ で既約表現は分類され，重みという．重みの集合を指標格子という．

簡約代数群の既約表現 V が与えられると，その極大部分トーラス T への制限を考えることにより，$Res_T V$ が重みにより直和分解される．そこに現れる重みを V の重みの集合という．原点での接空間 $\mathfrak{g}$ への共役作用を考えることにより得られる G の表現 $(\mathfrak{g}, Ad)$ の重みの集合を G のルートといい $\Phi(G)$ と書く．指標格子の集合に適当なベクトルとの内積を考えて，順序を入れることができる．その順序に関する正のルートを $\Phi_+(G)$ と書く．さらに正のルートの中から基本ルートと呼ばれる部分集合を選ぶことにより指標格子の基底を作ることができる．G の既約表現 V の重みの集合の中でこの順序に関して一番大きいものを V の**最高重み** (highest weight) という．既約表現 V はその最高重みによって特徴づけられる． ［寺杣友秀］

参考文献

[1] J.P. セール著，岩堀長慶・横沼健雄訳：有限群の線形表現，岩波書店，1972．

形式的べき級数環

formal power series ring

以下 R は可換環で単位元 1 をもつとする.

1 形式的べき級数環

R 上の形式的べき級数 (formal power series) とは
$$\sum_{i=0}^{\infty} c_i x^i = c_0 + c_1 x + \cdots + c_i x^i + \cdots \quad (c_i \in R)$$
のような, x^i たちの R 上の無限個の一次結合のことである. 有限個 c_i を除いて 0 となる場合は通常の R 上の多項式となる. R 上の形式的べき級数全体を集めたものを $R[[x]]$ と書き表す. $R[[x]]$ には以下のように自然に積と和が決まる:
$$\left(\sum_{i=0}^{\infty} a_i x^i\right)\left(\sum_{i=0}^{\infty} b_i x^i\right) = \sum_{i=0}^{\infty}\sum_{j=0}^{i} a_j b_{i-j} x^i$$
$$\sum_{i=0}^{\infty} a_i x^i + \sum_{i=0}^{\infty} b_i x^i = \sum_{i=0}^{\infty} (a_i + b_i) x^i$$
この積と和により $R[[x]]$ は環となり, これを R 上の形式的べき級数環 (formal power series ring) と呼ぶ. また n 変数のべき級数環 $R[[x_1, \ldots, x_n]]$ は
$$R[[x_1, \ldots, x_n]] = R[[x_1, \ldots, x_{n-1}]][[x_n]]$$
として n に関して帰納的に定義する.

また射影的極限 (逆極限) を使えば形式的べき級数環は次のようにも定義できる. つまり R 上の n 変数多項式環 $R[x_1, \ldots, x_n]$ のイデアル $\mathfrak{m}_0 = (x_1, \ldots, x_n)$ に対し, 射影的極限 $\varprojlim R[x_1, \ldots, x_n]/\mathfrak{m}_0^m$ が $R[[x_1, \ldots, x_n]]$ である.

2 形式的べき級数環の諸性質

R 上の形式的べき級数 $f(x) = \sum_{i=0}^{\infty} a_i x^i$ が単元, つまりある形式的べき級数 $g(x) = \sum_{i=0}^{\infty} b_i x^i$ が存在し, $f(x)g(x) = 1$ が成り立つとすると, $a_0 b_0 = 1$ が成り立つ. すなわち a_0 は R の単元となる. 逆に $f(x) = \sum_{i=0}^{\infty} a_i x^i$ に対し, a_0 が R の単元であるとき
$$b_0 = a_0^{-1}$$
とおき, b_n $(n > 0)$ を
$$b_n = -a_0^{-1}(a_1 b_{n-1} + \cdots + a_n b_0)$$
と帰納的に定めていくと
$$0 = \sum_{i=0}^{n} a_i b_{n-i}$$
が成り立つので $g(x) = \sum_{i=0}^{\infty} b_i x^i$ は $f(x)$ の逆元であることがわかる. つまり $f(x) = \sum_{i=0}^{\infty} a_i x^i$ が $R[[x]]$ の単元であることと a_0 が R の単元であることは同値である. また n に関する帰納法により, $f(x_1, \ldots, x_n) \in R[[x_1, \ldots, x_n]]$ が単元となることと, その定数項が R の単元となることは同値であることが示せる. この性質は多項式環ではとても期待できない.

$R[[x_1, \ldots, x_n]]$ のイデアル $\mathfrak{m}_0 = (x_1, \ldots, x_n)$ に対し, 任意に
$$f(x) \in R[[x_1, \ldots, x_n]], \ g(x) \in \mathfrak{m}_0$$
をとってくると, 上に述べたことから $1 + f(x)g(x)$ は単元となるから $\mathfrak{m}_0$ は $R[[x_1, \ldots, x_n]]$ のジャコブソン根基に含まれる. つまり $R[[x_1, \ldots, x_n]]$ の任意の極大イデアル $\mathfrak{m}$ はイデアル $\mathfrak{m}_0$ を含んでいる. その結果 "$R[[x_1, \ldots, x_n]]$ の極大イデアル全体の集合" は "$R[[x_1, \ldots, x_n]]/\mathfrak{m}_0 (\cong R)$ の極大イデアル全体の集合" と 1 対 1 対応し, さらに任意の $R[[x_1, \ldots, x_n]]$ の極大イデアル $\mathfrak{m}$ は R の極大イデアル $\mathfrak{m}_R$ を使って
$$\mathfrak{m} = \mathfrak{m}_0 + \mathfrak{m}_R$$
と書けていることがわかる. とくに R を局所環とすると, $R[[x_1, \ldots, x_n]]$ も局所環となる.

R がネーター環で $\mathfrak{a}$ がそのイデアルのとき, 射影的極限 $\varprojlim R/\mathfrak{a}^m$ もネーター環である. とくにネーター環 R 上の形式的べき級数環 $R[[x_1, \ldots, x_n]]$ もネーター環である ($R = \boldsymbol{C}$ のときの別証明は後述する).

一般にネーター局所環 $(R, \mathfrak{m})$ に対し, 射影的極限 $\varprojlim R/\mathfrak{m}^m$ の次元は R の次元に等しい. とくに体 k 上の n 変数多項式環 $k[x_1, \ldots, x_n]$ の極大イデアル $\mathfrak{m}_0 = (x_1, \ldots, x_n)$ による射影的極限を考えれば
$$\dim k[[x_1, \ldots, x_n]] = \dim k[x_1, \ldots, x_n] = n$$
が成り立つ. さらにネーター環 R に対しても,
$$\dim R[[x_1, \ldots, x_n]] = \dim R[x_1, \ldots, x_n]$$
$$= \dim R + n$$

が成り立つことが知られている．

コーエンの構造定理 (Cohen's structure theorem) によると $(R, \mathfrak{m}, k)$ がある体を含むような n 次元完備正則局所環であるとき，R は $k[[x_1, \ldots, x_n]]$ と同型である．このように体上の形式的べき級数環は体を含むような完備局所環のうちもっとも基本的なものであるといえる．

3 収束べき級数環

R 上の多項式 $R[x_1, \ldots, x_n]$ は値を代入することで R^n から R への写像と思うことができた．一方形式的べき級数 $R[[x_1, \ldots, x_n]]$ の元は一般には無限和を含むので値を代入することができない．そこで形式的べき級数のうち値を入れたときの収束性を考えたものが以下に定義を与える収束べき級数である．

複素数 $\boldsymbol{C}$ 上の n 変数形式的べき級数
$$f(x_1, \ldots, x_n) = \sum_{i_1, \ldots, i_n}^{\infty} c_{i_1, \ldots, i_n} x_1^{i_1} \ldots x_n^{i_n} \quad (1)$$
に対し，ある正の実数 $r_1, \ldots, r_n, \alpha$ が存在し
$$|c_{i_1, \ldots, i_n}| r_1^{i_1} \ldots r_n^{i_n} < \alpha$$
がすべての組 $(i_1, \ldots, i_n)$ に対して成り立つとき，$(a_1, \ldots, a_n) \in \boldsymbol{C}^n$ を原点の十分近くにとれば，級数
$$f(a_1, \ldots, a_n) = \sum_{i_1, \ldots, i_n}^{\infty} c_{i_1, \ldots, i_n} a_1^{i_1} \ldots a_n^{i_n}$$
は絶対収束する．このとき $f(x_1, \ldots, x_n)$ を**収束べき級数** (convergent power series) と呼ぶ．収束べき級数全体は $\boldsymbol{C}[[x_1, \ldots, x_n]]$ の部分環をなし，これを**収束べき級数環** (convergent power series ring) と呼び，$\boldsymbol{C}\{x_1, \ldots, x_n\}$ もしくは $\boldsymbol{C}\langle x_1, \ldots, x_n\rangle$ と書き表す．(1) の形で与えられた収束べき級数が単元となることと，その定数項 $c_{0,\ldots,0}$ が 0 ではないこと (つまり $\boldsymbol{C}$ の単元となること) は同値である．$\boldsymbol{C}^n$ の原点で正則な関数は上で与えた収束べき級数に限られることが知られており，それゆえ収束べき級数は大変重要である．

4 ワイエルシュトラスの準備定理

$\boldsymbol{C}$ 上の形式的もしくは収束べき級数に関して，次のワイエルシュトラスの準備定理 (Weierstrass preperation theorem) がよく知られている：(1) の形で与えられた n 変数の形式的べき級数 $f = f(x_1, \ldots, x_n)$ に対し，ある非負整数 m が存在し，
$$c_{0,\ldots,0,k} = 0 \; (0 \leq k < m), \quad c_{0,\ldots,0,m} \neq 0 \quad (2)$$
が成り立つとする．このとき，任意の形式的べき級数 $h \in \boldsymbol{C}[[x_1, \ldots, x_n]]$ に対し，$q \in \boldsymbol{C}[[x_1, \ldots, x_n]]$, $g_i \in \boldsymbol{C}[[x_1, \ldots, x_{n-1}]]$ がただ 1 組存在し，
$$h = fq + (g_0 + g_1 x_n + \cdots + g_{m-1} x_n^{m-1}) \quad (3)$$
が成り立つ．(f, h を収束べき級数とすれば，収束べき級数 q, g_i が存在し同様の主張が成り立つ．)

これは多変数の形式的べき級数に対しては，ある変数 (上の場合は x_n) に関して，割り算に似た操作を実行できることを意味している．さらにたとえば (3) で $h = x_n^m$ とすれば，q は $\boldsymbol{C}[[x_1, \ldots, x_n]]$ の単元となり，また $fq \in \boldsymbol{C}[[x_1, \ldots, x_{n-1}]][x_n]$ であることがわかる．つまり単元倍を除けば，f は $n-1$ 変数の形式的べき級数環上のモニックな 1 変数多項式とみなせることを意味する．

最後にワイエルシュトラスの準備定理の見事な応用として，$\boldsymbol{C}$ 上の n 変数形式的べき級数環がネーター環であることの証明を与えよう (もちろん同様にして収束べき級数環のネーター性も示せる)．n に関する数学的帰納法で証明する．$n = 0$ のときはむろん成り立つ．$n > 0$ とし，I を $\boldsymbol{C}[[x_1, \ldots, x_n]]$ の 0 でない任意のイデアルとし，0 でない元 $f \in I$ をとる．f が (1) の形をしているとし，さらに必要なら変数を 1 次変換して，ある非負整数 m に対して (2) が成り立つとしてよい．このとき任意にとった $h \in I$ に対し，$q \in \boldsymbol{C}[[x_1, \ldots, x_n]]$, $r \in \boldsymbol{C}[[x_1, \ldots, x_{n-1}]][x_n]$ ($= S$ とおく) が存在し，
$$h = fq + r$$
が成り立つ．帰納法の仮定とヒルベルトの基底定理から S はネーター環であるから $I \cap S$ は有限個の元 $r_1, \ldots, r_l \in S$ で生成される．よって I は $f, r_1, \ldots, r_l$ で生成されることがわかる．任意のイデアルが有限生成であることがいえたので $\boldsymbol{C}[[x_1, \ldots, x_n]]$ はネーター環である．

[上原北斗]

ゲージ理論

gauge theory

ベクトル束や主束上の接続全体の空間には，ゲージ変換群が作用している．ゲージ理論はゲージ変換で不変な性質を研究する分野であったが，1980年代に複素幾何や位相幾何への応用が発見され，めざましい発展をとげている．

1 基本事項

リーマン多様体 (X, g) 上の計量をもつベクトル束を (E, h) とする．このとき E 上の h を保つ接続全体からなる空間 $\mathcal{A}$ は無限次元アファイン空間の構造をもつ．また，(E, h) の自己同型群 $\mathcal{G}$ は **ゲージ変換群** (gauge transformation group) と呼ばれ，$\mathcal{A}$ に作用する．X をコンパクト，$A \in \mathcal{A}$ の曲率を R_A とするとき，$YM(A) = \int_X |R_A|^2 vol_g$ で定義される $\mathcal{G}$–不変な汎関数 $YM: \mathcal{A} \to \mathbf{R}$ を **ヤン–ミルズ汎関数** (Yang–Mills functional) といい，その臨界点を **ヤン–ミルズ接続** (Yang–Mills connection) という．D_A を共変外微分，D_A^* をその形式的随伴作用素とするとき，A がヤン–ミルズ接続であることは，$D_A^* R_A = 0$ と同値である．ビアンキ (Bianchi) の恒等式 $D_A R_A = 0$ が成り立つので，ヤン–ミルズ接続は，その曲率が $EndE$ に値をとる調和形式となる接続のことである．

(X, g) が向き付けられた 4 次元多様体のとき，ホッジ (Hodge) 星作用素 $*$ は X 上の 2 形式の空間に作用する．このとき $*^2 = 1$ を満たし，$*$ の固有値 1 の元を自己双対形式，固有値 -1 の固有空間の元を反自己双対形式と呼ぶ．R_A が $EndE$ に値をとる (反) 自己双対形式であるとき，$A \in \mathcal{A}$ を **(反) 自己双対接続** ((anti–)self–dual connection) とよぶ．X がコンパクトのとき，(反) 自己双対接続はヤン–ミルズ汎関数の最小値をとり，ヤン–ミルズ接続となる．

ゲージ変換群の作用は (反) 自己双対接続全体の空間を保ち，この作用による商空間を (反) 自己双対接続の **モジュライ空間** (moduli space) と呼ぶ．(反) 自己双対接続のモジュライ空間は，ある位相的条件のもとで摂動をほどこすと，有限次元の多様体の構造をもつ．その次元は (反) 自己双対接続の変形を記述する楕円型複体の指数としてアティヤー–シンガーの指数定理により計算される．また，4 次元多様体上でヤン–ミルズ汎関数は共形変換で不変なので，バブル (bubble) と呼ばれる現象が起こる．その結果 (反) 自己双対接続のモジュライ空間は一般に非コンパクトとなるが，一方で，ウーレンベック (Uhlenbeck) の弱コンパクト性定理，除去可能特異点定理と併せると，モジュライ空間のコンパクト化についての情報も得られる．

2 小林–ヒッチン対応

(X, g) を複素 n 次元コンパクトケーラー多様体，ω をそのケーラー形式とする．X 上の正則ベクトル束の次数と傾き (slope) をそれぞれ $\deg E = \langle c_1(E) \cup \omega^{n-1}, [X] \rangle$, $\mu(E) = \deg E / \mathrm{rank} E$ により定義する．E の任意の部分解析的連接層 $\mathcal{F}$ に対して $0 < \mathrm{rank} \mathcal{F} < \mathrm{rank} E$ ならば $\mu(\mathcal{F}) < \mu(E)$ が成り立つとき，E をマンフォード–竹本の意味で **安定** (stable) であるといい，$\mu(\mathcal{F}) \leqq \mu(E)$ が成り立つとき **半安定** (semi–stable) という．また，同じ傾きをもつ安定ベクトル束の直和であるとき，**多重安定** (polystable) であるという．

正則ベクトル束 E 上のエルミート計量 h に対して，E 上の h を保つ接続 A_h で，共変外微分 D_{A_h} の $(0,1)$–成分が E の $\bar{\partial}_E$–作用素と等しくなるものが一意的に存在する．A_h の曲率 R_{A_h} の ω による縮約 ΛR_{A_h} が id_E の定数倍になるとき，h を **エルミート–アインシュタイン計量** (Hermite–Einstein metric)，A_h を **エルミート–アインシュタイン接続** (Hermite–Einstein connection) という．エルミート–アインシュタイン接続はヤン–ミルズ接続である．

正則ベクトル束 E がエルミート–アインシュタイン計量をもつための必要十分条件は，E がマンフォード–竹本の意味で多重安定となることである．これにより，安定ベクトル束のモジュライ空間という複素幾何的な対象と，エルミート–アインシュ

タイン接続のモジュライ空間という微分幾何的な対象が一致することがわかる．これを小林–ヒッチン対応 (Kobayashi–Hitchin correspondence) といい，多くの応用とさまざまな拡張をもつ．

3 4次元位相幾何への応用
3.1 ドナルドソン不変量

ドナルドソン (Donaldson) は 4 次元多様体の微分構造の研究にゲージ理論を応用した．X をコンパクトで向き付けられたなめらかな 4 次元多様体とする．X 上のリーマン計量 g を固定する．このとき，X 上の $SU(2)$ あるいは $SO(3)$–主束 P 上の反自己双対接続のモジュライ空間 $\mathcal{M}$ は，ある位相的条件の下で摂動をほどこすと，向き付けられた多様体となる．この考察から，ドナルドソンは，コンパクトな 4 次元微分可能多様体の交叉形式は，4 次元位相多様体とは異なり，大きな制約を受けることを発見した．

さらに，$\mathcal{M}$ のコンパクト化は P 上の接続のゲージ同値類のなす空間 $\mathcal{B} = \mathcal{A}/\mathcal{G}$ のホモロジー類 $[\mathcal{M}]$ を定めることが期待される．ドナルドソンは，X のホモロジー類から定まる $\mathcal{B}$ のコホモロジー類と $[\mathcal{M}]$ のペアリングを定義して，ある位相的条件の下では X 上のリーマン計量 g のとりかたにはよらないことを示した．これは X の微分構造の不変量であり，ドナルドソン不変量 (Donaldson invariant) と呼ばれている．

X が代数曲面の場合には，小林–ヒッチン対応により，$\mathcal{M}$ は安定ベクトル束のモジュライ空間と同一視されるので，そのドナルドソン不変量は代数幾何的な手法により計算される．

フレアー (Floer) は，3 次元ホモロジー球面 Y に対して，$Y \times \mathbf{R}$ 上の反自己双対接続を考えることにより，インスタントンフレアーホモロジー (instanton Floer homology) と呼ばれるホモロジー群を定義した．X が 3 次元ホモロジー球面 Y を境界にもつ 4 次元多様体のとき，Y のフレアーホモロジーに値をとる X の相対ドナルドソン不変量 (relative Donaldson invariant) が定義される．さらに，4 次元閉多様体 X が Y で二つの部分に分かれるとき，それらの相対ドナルドソン不変量から X のドナルドソン不変量が計算される．

交叉形式が負定値でない多様体の連結和に微分同相な閉多様体のドナルドソン不変量は 0 になること，一方，代数曲面のドナルドソン不変量は 0 ではないこと，などの結果が得られている．

以上のドナルドソン–フレアーによる一連の枠組みは，次節で述べるサイバーグ–ウィッテン不変量やシンプレクティック多様体のグロモフ–ウィッテン不変量などの場合に拡張されている．

3.2 サイバーグ–ウィッテン不変量

4 次元多様体 X 上のスピン c 構造 c に対してその $\pm$ スピノル束 $S_\pm$ と行列式複素直線束 L が定義される．このとき，L 上の接続と S_+ の切断の組 (A, ψ) に関するサイバーグ–ウィッテン方程式 (Seiberg–Witten equation)

$$R_A^+ = (\psi \otimes \psi^*)_0, \quad \hat{D}_A \psi = 0$$

の解のゲージ同値類の空間 $\mathcal{M}(c)$ を用いて，サイバーグ–ウィッテン不変量 (Seiberg–Witten invariant) と呼ばれる X の微分構造の不変量が定義される．ここで，R_A^+ は A の曲率の自己双対成分，$\hat{D}_A$ はディラック作用素である．

$\mathcal{M}(c)$ はコンパクトであるため，サイバーグ–ウィッテン不変量はドナルドソン不変量よりも多くの点で扱いやすい．さらに，X が代数曲面の場合には，小林–ヒッチン対応の類似により，$\mathcal{M}(c)$ は X の因子により記述されるために，サイバーグ–ウィッテン不変量が容易に計算される．

ドナルドソン不変量との関係，4 次元シンプレクティック多様体の研究，さらには，新たな微分構造の不変量の発見など，現在も活発に研究が行われている．

［今野　宏］

参考文献

[1] S.K. Donaldson, P.B. Kronheimer：*The Geometry of Four–Manifolds*, Oxford University Press, 1990.

[2] 深谷賢治：ゲージ理論とトポロジー，シュプリンガーフェアラーク東京，1995.

[3] J. Morgan：*The Siberg–Witten Equations and Applications to Topology of Smooth Four–Manifolds*, Princeton University Press, 1996. (邦訳) 二木昭人訳：サイバーグ・ウィッテン理論とトポロジー，培風館，1998.

K3 曲 面

K3 surface

K3 曲面は極小複素解析的曲面の分類 (エンリケ–小平の分類) における一つの重要なクラスをなす.「K3 曲面の全貌をあきらかにすることはカラコルムにある K2 登頂よりも困難なことであろう」(Weil) との理由から K3 曲面という不思議な名前が与えられたともいわれている. 一般には幾何学的にわかりやすい記述がなく, 神秘的な対象であったと思われる.

1 定 義

K3 曲面の定義は次である: 以下の (1), (2) を満たす複素解析的曲面 (=連結かつコンパクトな複素 2 次元多様体) S のことを **K3 曲面**という.

(1) S の標準束 $K_S = \wedge^2 \Omega_S^1$ は自明.

(2) 不正則数 $h^1(\mathcal{O}_S)$ は 0; $h^1(\mathcal{O}_S) = 0$.

条件 (1) は S がいたるところ 0 でない大域的正則 2 形式 ω_S をもつことと同値であり, ω_S は定数倍を除いて一意に定まる. 分類の帰結として, 条件 (2) はより位相的な条件「S は単連結」と同値であり, こちらを定義に採用する文献も多い.

例 (i) $\mathbf{P}^3$ 内の非特異 4 次曲面, たとえば Fermat 4 次曲面 $x_0^4 + x_1^4 + x_2^4 + x_3^4 = 0$. (ii) $\mathbf{P}^4$ 内の 2 次超曲面と 3 次超曲面の非特異完全交差, (iii) $\mathbf{P}^5$ 内の三つの 2 次超曲面の非特異完全交差. (iv) 2 次元複素トーラス T を -1 倍写像で割った商曲面 $T/-1$ の極小特異点解消 $\operatorname{Km} T$ (クンマー曲面). 射影代数的ではない 2 次元トーラスがあることから, 射影代数的ではない K3 曲面があることになる. K3 曲面はケーラーである (Siu).

2 基本的不変量

定義の条件 (1), (2) と複素解析的曲面の基本公式を用いることで, K3 曲面の基本的不変量が以下のように計算できる:

$\chi(\mathcal{O}_S) = 2$, より一般に, S 上の直線束 L に対して $\chi(L) = (L^2)/2 + 2$, $c_2(S) = 24$ (つまり S の位相的オイラー数は 24), $b_0(S) = b_4(S) = 1$, $b_1(S) = b_3(S) = 0$, $b_2 = 22$, $h^{2,0}(S) = h^{0,2}(S) = 1$, $h^{1,1}(S) = 20$, $h^{1,0}(S) = h^{0,1}(S) = h^{i,j}(S) = 0$ $(i+j=3)$.

2 次元コホモロジー群 $H^2(S, \mathbf{Z})$ は, cup 積に関して, **K3 格子**と呼ばれる格子 $\Lambda = \Lambda_{\mathrm{K3}} = U^{\oplus 3} \oplus (-E_8)^{\oplus 2}$ と同型になる. ここで, U は階数 2 の自由 $\mathbf{Z}$–加群 $\mathbf{Z}e \oplus \mathbf{Z}e$ に $(e,e) = (f,f) = 0$, $(e,f) = (f,e) = 1$ によって定まる双一次形式を与えて得られる格子であり, $-E_8$ は階数 8 の自由 $\mathbf{Z}$–加群 $\oplus_{i=1}^{8} \mathbf{Z}e_8$ に次で定まる双一次形式を与えて得られる格子である: 自由基底 e_i 達を Dynkin 図形 E_8 の頂点に配置し, $(e_i, e_i) = -2$, 頂点 e_i と $e_j (i \neq j)$ が隣接しているときには $(e_i, e_j) = 1$, そうでないときには $(e_i, e_j) = 0$ と定める.

K3 曲面 S と格子の同型写像 $\iota : H^2(S, \mathbf{Z}) \simeq \Lambda$ の対 (S, ι) を**印付き K3 曲面**という. (S, ι) に対して, $\mathbf{P}(\Lambda_{\mathbf{C}}) \simeq \mathbf{P}^{21}$ の点 $\iota(\mathbf{C}\omega_S)$ が一意に定まる. この点を印付き K3 曲面 (S, ι) の周期という. 周期は, $\mathbf{P}(\Lambda_{\mathbf{C}})$ の 20 次元非特異部分多様体 $\mathcal{P} = \{[\omega] \in \mathbf{P}(\Lambda_{\mathbf{C}}) | (\omega, \omega) = 0, (\omega, \overline{\omega}) > 0\}$ に属する. $\mathcal{P}$ を K3 曲面の**周期領域**という.

$H^{1,1}(S, \mathbf{R})$ 内でケーラー類全体は空でない開凸錐をなす. この錐を S の**ケーラー錐**という. S の直線束 L の第一 Chern 類 $c_1(L)$ 全体は $H^2(S, \mathbf{Z})$ の部分群 $H^2(S, \mathbf{Z}) \cap H^{1,1}(S, \mathbf{R})$ と一致する (Lefschetz). この群を S の **Néron–Severi 群**といい, $\mathrm{NS}(S)$ と書く. $\mathrm{NS}(S)$ の階数を S の **Picard 数**といい, $\rho(S)$ と書く. $0 \leq \rho(S) \leq 20$ であり, 対応 $L \mapsto c_1(L)$ により $\operatorname{Pic} S \simeq \mathrm{NS}(S)$ である. S が射影的であれば, $\mathbf{R}$–線形空間 $\mathrm{NS}(S)_{\mathbf{R}}$ 内で豊富な直線束の類の正係数の実線形結合で表される元全体は空でない開凸錐をなす. この錐を S の**豊富錐**という.

3 K3 曲面の変形と周期写像

定義の条件 (2) から, K3 曲面の接束 T_S は余接束 Ω_S^1 と同型だから, $\dim H^0(S, T_S) = 0$, $\dim H^1(S, T_S) = 20$, $\dim H^2(S, T_S) = 0$ である. したがって, S の倉西族 (局所半普遍族) は

非特異で完備な普遍族 $u : \mathcal{S} \longrightarrow \Delta^{20}$ ($\mathcal{S}_0 = S$) となる (小平–Spencer). ここで, 多重円板 Δ^{20} は $H^1(S, T_S) \simeq \mathbf{C}^{20}$ の原点の近傍である. ファイバー $\mathcal{S}_t$ はすべて K3 曲面になり, S に "十分近い" K3 曲面は 20 個の独立な助変数 $t = (t_1, t_2, \ldots, t_{20}) \in \Delta^{20}$ により記述されることになる. Δ^{20} は単連結だから, 局所定数系 $R^2 u_* \mathbf{Z}$ は定数系 Λ と同型 $\iota : R^2 u_* \mathbf{Z} \simeq \Lambda$ であり, ファイバー $\mathcal{S}_t$ は一斉に印付けされる. こうして, 周期写像 $p : \Delta^{20} \longrightarrow \mathcal{P}$; $t \mapsto [\iota_t(\mathbf{C}\omega_{\mathcal{S}_t})]$ が定まる. 周期写像は局所同型写像である (局所 **Torelli** 型定理). 著しい応用は次である:「すべての K3 曲面は変形同値である」(小平). したがって, K3 曲面の複素多様体としての構造はフェルマー 4 次曲面の下部 C^∞ 構造に別の複素構造が入ったものと考えられる. 逆に, フェルマー 4 次曲面の下部 C^∞ 構造にはいる複素構造から得られる複素解析的曲面はすべて K3 曲面である (Friedman, Morgan).

4 トレリ型定理とその応用

Piateckii–Shaprio, Burn–Rapport, Kulikov, Todorov らの努力により, 次の基本定理 (トレリ (Torelli) 型定理) が確立された:

定理 1 (1) 周期領域 $\mathcal{P}$ の各点 $[\omega]$ に対して, 印付き K3 曲面 (S, ι) が存在して $[\iota(\mathbf{C}\omega_S)] = [\omega]$.

(2) 二つの印付き K3 曲面 $(S, \iota), (S', \iota')$ に対して $[\iota(\mathbf{C}\omega_S)] = [\iota'(\mathbf{C}\omega_{S'})]$ であれば $S \simeq S'$ である. 言い換えると, 二つの K3 曲面 S, S' の 2 次のコホモロジー群 $H^2(S, \mathbf{Z})$ と $H^2(S', \mathbf{Z})$ の間に cup 積とホッジ分解を保つ同型写像 (ホッジ等長写像) $\varphi : H^2(S, \mathbf{Z}) \simeq H^2(S', \mathbf{Z})$ があれば $S' \simeq S$.

K3 曲面は周期領域の点に対応して存在し, しかも周期領域の点から一意に復元されるのである. 射影的な K3 曲面は $(h, h) > 0$ である Λ の元 h から定まる超平面切断 $(h, \omega) = 0$ の点に対応する. これら超平面切断全体は $\mathcal{P}$ の 19 次元部分多様体の可算無限和になり, $\mathcal{P}$ 内で稠密である.

定理 2 定理 1 のホッジ等長写像 φ がケーラー錐をケーラー錐に移すならば, $\varphi = f^*$ を満たす同型写像 $f : S' \longrightarrow S$ があり (逆はあきらか), しかもこの同型写像 f は φ から一意に定まる. S, S' がともに射影的であればケーラー錐を豊富錐におきかえても同じことが成り立つ.

とくに, $S = S'$ の場合を考えれば, S の全自己同型群はケーラー錐 (あるいは豊富錐) を保つ $H^2(S, \mathbf{Z})$ のホッジ等長写像全体のなす群と同型になる. こうして, K3 曲面の自己同型の問題の多くは K3 格子の問題に還元される.

証明には, 印付きクンマー曲面の周期が $\mathcal{P}$ で稠密であること (定理 1 (2), 定理 2), 与えられた K3 曲面に対してツイスター族と呼ばれるなめらかな大域的族ができること (定理 1 (1)) が重要になる. 定理 1,2 の応用は多岐にわたる.

応用例. (1) 任意の射影的 K3 曲面には (一般に特異点を許容した) 有理曲線がある (森–向井). (2) K3 曲面の全自己同型群は有限生成な群である (Sterk と筆者). K3 曲面に忠実かつシンプレクテックに作用しうる有限群全体は, 散在型単純群 M_{23} の部分群で 24 点集合への自然な作用が五つ以上の軌道をもつもの全体と一致する (向井). (3) 二つの射影的 K3 曲面 S, S' に対して, その連接層の有界導来圏 $D^b(Coh S), D^b(Coh S')$ が圏同値であることと向井格子 $\widetilde{H}(S, \mathbf{Z}), \widetilde{H}(S', \mathbf{Z})$ の間に Hodge 等長写像があることは同値 (向井, Orlov). (4) ジーゲル円板を許容する無限自己同型をもつ, ピカール数が 0 である K3 曲面がある (McMullen).

より一般の体上, たとえば正標数の体 k 上の K3 曲面は定義の条件 (1), (2) を満たす非特異射影代数曲面のことである. 正標数の場合の著しい現象はピカール数が 22 である K3 曲面 (超特異 **K3 曲面**) が存在することである.　　　　［小木曽啓示］

参 考 文 献

[1] W. Barth, K. Hulek, C. Peters, A. Van de Ven: *Compact Complex Surfaces*, Springer–Verlag Berlin Heidelberg, 2004.

KdV方程式

KdV equation, Korteweg–de Vries equation

1 歴　　史

1834年8月，イギリス人スコットラッセル (John Scott–Russell) は，スコットランド地方エジンバラ近郊の運河で，形をまったく変えずに2～3マイルも伝わる波を観測した．流体の研究者であったスコットラッセルは，数多くの実験を繰り返して，浅い水路では速度がほぼ振幅の大きさに比例する孤立波の存在を見出した．スコットラッセルは，この孤立波どうしは衝突してもその形が保たれることも報告している．このスコットラッセルの発見は後にブシネ (Boussinesq) らによって流体力学の基礎方程式から理論的に裏づけられ，1895年には，コルテヴェーグ (Korteweg) とド・フリース (de Vries) が導いた非線形偏微分方程式

$$u_t + 6uu_x + u_{xxx} = 0$$

によって，この孤立波が記述できることが示された．ここで，$u = u(x,t)$ は時刻 t 位置 x における波の振幅である．この非線形偏微分方程式を **KdV方程式**という．その後，1965年にザブスキー (Zabusky) とクラスカル (Kruskal) が KdV 方程式を再発見，数値計算によって孤立波どうしは衝突の前後で形を変えないことを発見し，こうした粒子性をもつ孤立波をソリトンと名づけた．さらに，1967年にガードナー (Gardner), グリーン (Greene), クラスカル (Kruskal), ミウラ (Miura) によって KdV 方程式の初期値問題が解かれたのを契機に，KdV 方程式の研究は爆発的に進行し，KdV 方程式は (1) 無限個の独立な保存量をもち，(2) (無限次元) ハミルトン力学系として表現でき，(3) 線形作用素 (ラックス (Lax) 対) の両立条件として表現でき，(4) 双線形形式 (広田形式) による表現をもつことなどがわかってきた．このようなよい性質をもつ方程式はその後次々と発見され，ソリトン方程式，あるいは (1) と (2) の性質にちなんで**無限次元非線形可積分方程式**と呼ばれている．

2 ソリトン解

KdV 方程式は，境界条件 $x \to \pm\infty$ で $u, u_x, u_{xx} \to 0$ のもとで，速度 $v > 0$ で前方に進む孤立波解 (1 ソリトン解)

$$u(x,t) = \frac{v}{2}\text{sech}^2\left[\frac{\sqrt{v}}{2}(x - vt - \theta)\right]$$

をもつ．ここで θ は初期位相と呼ばれ，$t = 0$ でのソリトンの中心位置を表す．ソリトンが2個以上存在する解を求めるには従属変数変換

$$u(x,t) = 2\frac{\partial^2 \log \tau(x,t)}{\partial x^2}$$

を行うと便利である．$\tau(x,t)$ を**タウ関数**という．N 個のソリトンの存在する解 (N ソリトン解) は，$p_1, \ldots, p_N$ を相異なる正数，$\theta_1, \ldots, \theta_N$ を任意の実数，$\eta_i = p_i x - p_i^3 t - \theta_i$ $(i = 1, 2, \ldots, N)$, $e^{A_{ij}} = (\frac{p_i - p_j}{p_i + p_j})^2$ として

$$\tau = \sum_{\{\mu_k\}_{k=1}^N \in \{0,1\}^N} \exp\left[\sum_{i=1}^N \mu_i \eta_i + \sum_{1 \leq i < j \leq N} \mu_i \mu_j A_{ij}\right]$$

と与えられる．たとえば，$N = 2$ では

$$\tau = 1 + e^{\eta_1} + e^{\eta_2} + e^{\eta_1 + \eta_2 + A_{12}}$$

である．

3 保　存　量

$P = P(u, u_x, u_{xx}, \ldots), Q = Q(u, u_x, u_{xx}, \ldots)$ を $u(x,t)$ およびその x に関する偏導関数の多項式とする．P, Q が x, t の関数として，

$$P_t + Q_x = 0$$

を満たすとき，P を**保存密度**，Q を**流束**と呼び，この方程式を**保存方程式**と呼ぶ．とくに，P, Q_x が x に関して実軸上で積分可能であり無限遠方での境界条件として $\lim_{x \to -\infty} Q = \lim_{x \to +\infty} Q$ が成り立つとすると

$$\frac{d}{dt}\int_{-\infty}^{\infty} P dx = 0$$

を得る．したがって，$\int_{-\infty}^{\infty} P dx$ は**保存量**である．KdV 方程式には，保存方程式を満たす (P, Q) の組が無限個存在することが証明されている．低次のものから順に上げると

$$P_1 = u, \quad Q_1 = 3u^2 + u_{xx}, \quad P_2 = \frac{1}{2}u^2,$$

$$Q_2 = 2u^3 + uu_{xx} - \frac{1}{2}u_x^2, \quad P_3 = \frac{1}{3}u^3 - \frac{1}{6}u_x^2,$$

$$Q_3 = \frac{3}{2}u^4 + u^2 u_{xx} - 2u u_x^2 - \frac{1}{3}u_x u_{xxx} + \frac{1}{6}u_{xx}^2$$

である．

4 ラックス表示

$u(x,t)$ を与えられた関数とし，線形微分演算子 L, M を

$$L := -\frac{\partial^2}{\partial x^2} - u(x,t),$$

$$M := -4\frac{\partial^3}{\partial x^3} - 6u(x,t)\frac{\partial}{\partial x} - 3u_x(x,t)$$

と定義する．このとき，関数 $\psi(x,t)$ に対する連立偏微分方程式

$$\begin{cases} L\psi(x,t) = \lambda\psi(x,t) \\ \psi_t(x,t) = M\psi(x,t) \end{cases}$$

の固有値 λ が t によらず一定であるものとすると，連立方程式が両立するための十分条件として

$$L_t = ML - LM \tag{1}$$

が得られる (微分演算子の「微分」は演算子の係数を微分することであり，$L_t = -u_t$ である)．(1) の左辺は $-u_t$，右辺は $6uu_x + u_{xxx}$ となり，(1) 式を KdV 方程式のラックス表示，(L, M) を KdV 方程式のラックス対という．

一般に非線形可積分方程式系は線型方程式系の両立条件として表現できる．この事実を用いると，逆散乱法によって初期値問題を解くことができる．

5 双線形形式

任意の二つの関数 $f(x,t)$, $g(x,t)$ に対して，演算子 $D_x^m D_t^n$ $(n, m \in \mathbb{Z}_{\geqq 0})$ を

$$D_x^m D_t^n f(x,t) \cdot g(x,t) := \lim_{x'\to 0}\lim_{t'\to 0}$$
$$\frac{\partial^m}{\partial x'^m}\frac{\partial^n}{\partial t'^n} f(x+x', t+t')g(x-x', t-t')$$

と定義する．これを広田微分と呼ぶ．タウ関数 $\tau(x,t)$ は，

$$\left(D_t D_x + D_x^4\right)\tau(x,t)\cdot\tau(x,t) = 0$$

を満たすとき，KdV 方程式の解になることがわかる．これを，KdV 方程式に対する広田の双線形形式と呼ぶ．一般にソリトン方程式 (非線形可積分方程式) は広田微分をタウ関数に作用させた広田の双線形形式で表現されることが知られている．

6 KP 階層と KP 方程式

KdV 方程式をはじめ多くのソリトン方程式は，無限個の独立変数 $\boldsymbol{x} = (x = x_1, x_2, \ldots)$，無限個の従属変数 $(u_1, u_2, u_3, \ldots)$ をもつ可積分な連立偏微分方程式系に，適当な拘束条件を与えることによって構成できることが知られている．この連立偏微分方程式系を **KP** (Kadomtsev-Petoviashvili) 階層と呼ぶ．具体的には，擬微分作用素 $L = \partial + u_1(\boldsymbol{x})\partial^{-1} + u_2(\boldsymbol{x})\partial^{-2} + \cdots$, $B_n = (L^n)_+$ として，L に対する無限個の方程式 $(L)_{x_n} = B_n L - L B_n$ $(n = 2, 3, \ldots)$ が KP 階層を与えている．ただし，$\partial := \frac{\partial}{\partial x}$, $\partial^k f(\boldsymbol{x}) := \sum_{i=0}^{\infty}\binom{k}{i}(\partial^i f(\boldsymbol{x}))\partial^{k-i}$, $\binom{k}{i} = \frac{k(k-1)\cdots(k-i+1)}{i!}$ であり，$(A)_+$ は擬微分作用素 A の ∂ について非負ベキの部分を意味する．KP 階層を低次からいくつか挙げると，$(u_1)_{x_2} = (u_1)_{xx} + 2(u_2)_x$, $(u_2)_{x_2} = (u_2)_{xx} + 2(u_3)_x + 2u_1(u_1)_x$, $(u_1)_{x_3} = (u_1)_{xxx} + 3(u_2)_{xx} + 3(u_3)_x + 6u_1(u_1)_x, \ldots$ となる．これらの式から u_2, u_3 を消去すると，$u = u_1, y = x_2, t = x_3$ として

$$(4u_t - 12uu_x - u_{xxx})_x - 3u_{yy} = 0$$

を得る．この方程式は **KP 方程式**と呼ばれ，非線形可積分方程式の中でもっとも基本的な方程式であり，KdV 方程式の空間 2 次元への拡張と考えられる．また，$u = \partial^2 \log \tau$ とすると，τ は広田微分を用いて $(D_x^4 + 3D_y^2 - 4D_x D_t)\tau\cdot\tau = 0$ と表される．線形連立偏微分方程式: $\frac{\partial f}{\partial y} = \frac{\partial^2 f}{\partial x^2}$, $\frac{\partial f}{\partial t} = \frac{\partial^3 f}{\partial x^3}$ の任意の N 個の独立な解を $f_1, f_2, \ldots, f_N$ とし，$W(f_1, f_2, \ldots, f_N)$ をその x 微分に関するロンスキー行列式とすると，$\tau = W(f_1, f_2, \ldots, f_N)$ は KP 方程式の解になることが知られている．

[時弘哲治]

参 考 文 献

[1] 三輪哲二・伊達悦郎・神保道夫：ソリトンの数理，岩波書店，1993．

ゲーデルの完全性定理

Gödel's completeness theorem

　論理学における完全性定理は，1 階 (first order) の古典述語論理 (classical predicate logic) における論理式の集合が無矛盾 (consistent) ならばモデル (model) をもつという定理である．これは，反例 (counter exapmle) が存在すれば証明はできないという健全性 (soundness) の逆命題で，証明できない論理式には反例が存在するであろう，あるいはその対偶 (contraposition) で，すべてのモデル (model)，あるいは解釈 (interpretation) で正しければ証明できるであろうという経験的に正しいと思われてきた伝承的な事実に，明確な定義を与え定理の形に結晶させたものである．

　完全性定理は，二つのものから構成されている．一方は，対象 (object)，関係 (relation)，関数などの概念の定義を与えることである．構造をもった対象物の組をモデル (model) あるいは論理的な枠組 (frame) と呼ぶ．もう一方は，真偽値 (truth value)，述語 (predicate)，…でない (否定, not)，または (選言, or)，かつ (連言, and)，ならば (含意, imply, if … then) などの論理記号 (論理結合子, logical connective)，すべて (全称, all, any, every)，存在 (特称, exist) などの束縛記号 (量化記号, quantifier)，公理 (axiom)，推論法則 (inference rule)，変数 (variable)，定数 (constant)，真 (正, true)，偽 (否, false) などの真偽値 (truth value)，論理式 (formula)，証明 (proof) などを含む言語 (language) に関する体系で論理体系 (logial system) と呼ばれる．

　モデルと言語構造の間に存在するものが解釈 (interpretation) である．ゲーデルの完全性定理と呼ばれるときの論理体系は，1 階の古典述語論理 (first order classical logic) と呼ばれる論理体系で，われわれが普通にものごとを論理的に処理するときに用いる論理をそのまま形式的に体系化 (formalize, systematize) したものである．任意の命題 A について「A または A でない」の一方だけが成立するという排中律 (law of excluded middle) が成立する体系である．ゲーデルの完全性定理の内容は 1 階の古典述語論理においては，「すべてのモデルで正しい論理式は証明可能である」あるいは，対偶の形で「証明できない論理式には反例がある」という定理で，ゲーデル (K. Gödel) によって初めて 1930 年に厳密な形で証明されたものである．

　完全性定理は，古典述語論理と異なるいろいろの論理体系，たとえば，一階の直観主義述語論理 (intuitionistic predicate logic)，可能性 (possibility) や必然 (nessecity) の概念を含む様相論理 (modal logic)，高階の論理 (higher order logic) 体系や量子論理 (quantum logic) 体系などでかなり一般的な形で成立することが知られている．

　しかし，「反例が存在しないならば証明が存在する」はずだという"伝承"が完全性定理に結晶するまでには，ギリシャ時代からの論理学の成果とペアノ (G. Peano)，フレーゲ (F.L. Frege)，そしてホワイトヘッド (J.H.C. Whitehead)・ラッセル (B.A.W. Russell) の数学原理 (*Principia mathematica*) やヒルベルト (D. Hilbert)・ベルナイス (P.I. Bernays) の数学の基礎 (*Grudlagen der Mathematik*) など多くの知識や記号法の蓄積が必要であった．

　さらに重要なことは，証明不可能な式，あるいは，その否定を付加した，無矛盾 (consistent) な体系体系のモデルが「存在する」という意味である．モデルの構成 (construction) 法が，たとえば，任意の有限交叉性 (finite intersection property) をもつ族が極大な族に拡張できるといった性質に本質的に依存しており，可算な族の場合でさえ，論理式を付加した論理体系が証明不可能，言い換えると，証明が"存在しない"ような枝 (branch) を順に選ぶというような無限の操作を必要とする．この操作は計算可能 (computable)，あるいは同値であるが，帰納的 (recursive) でないことが知られている．

　また，無矛盾な体系ではそのユニバース (宇宙, universe, underlying set)，つまり対象 (object) の全体が可算個であると制限した場合でさえ，モデルの個数は有限個，可算個 (countable) あるい

は非可算個 (uncountabe) 存在する場合がある．

たとえば，自然数論 (theory of natural numbers) や実数論 (theory of real numbers) においてさえ超準モデル (non–standard model) と呼ばれるモデルが多数存在する．このようなモデルのなかでは，そのモデルで"部分集合"と認められている集合のなかでは確かに最小元が存在するが，その部分集合を，モデルの外からみると最小元が存在しないこともあり得るし，無限大 (infinite) や無限小 (infinteshimal) が存在するといった現象がおこる．

現在では超準整数論 (non–standard number theory)，超準解析 (non–standard analysis) そして超準集合論 (non–standard set theory) などの通常の数学への応用例が多く知られている．

体系が無矛盾であり無限濃度のモデルをもつ場合は任意濃度のモデルをもつというスコーレム (A.Th. Skolem) の定理も知られている．

ゲーデルは 1931 年に，自然数論に関する不完全性定理 (incompleteness theorem) を証明している．これは自然数の理論の体系，詳しくは，公理が帰納的な関数 (recursive function) で列挙できるような，自然数論を含む体系についてはその体系が無矛盾なときには，「体系自身の無矛盾性 (consistency)」はその体系では証明できないことを証明している．

まず注意すべき点であるが，公理が帰納的関数で枚挙 (列挙) できるという概念は，帰納的可算 (recursively enumerable) とも呼ばれる概念で，公理であるかどうかが帰納的関数で判定できるという概念よりは本質的に強いという点である．もちろん，帰納的に判定できるならば公理と判定した順に数え上げる関数は帰納的な関数であるから帰納的に枚挙可能であり逆は成立しない．

この意味で，自然数論の体系が無矛盾ならば，1 階の古典論理で，公理が帰納的に枚挙可能な体系であり無矛盾であれば，その体系で律することのできない体系が存在することを意味している．それは，当該体系から自然数論の体系が導けないならば，自然数論がその体系であり，自然数論を含むならば，それ自身の無矛盾性を記述した論理式を追加した体系のどんな拡張も求める体系の一つである．これは，ゲーデルの定理の「自然数論を含むならば自身の無矛盾性は証明不可能」という文章の "ならば" (imply) を "でないか～または" (not～or) と言い換えたにすぎないものである．

逸話では，フォン・ノイマン (J. von Neumann) は講義中にゲーデルが不完全性定理を証明したことを聞いてそのときの講義をただちに止めてしまったと伝えられている．それは自然数論や実数論など何か完全 (complete) な論理体系が設定できて，そのなかで真偽が証明可能性として実現できるかもしれないというヒルベルトの夢が実現不可能であることを示している．ノイマンが講義を止めたその真意は解らないが，ゲーデルの完全性定理と不完全性定理の意味するところは，自然数論を含む体系に新たな創造性をもって公理や原理を導入して，既存の体系に新しい見識をもたらしうる可能性があると感じた可能性もあり得ると思う．ゲーデルは「存在」というものの二つの面，「実在と構成」を論理体系という言葉で語ってみせたといえるであろう．

［難 波 完 爾］

参 考 文 献

[1] K. Gödel : Die Vollstandigkeit der Axiome des logischen Funktionenkalkül, *Monatshefte für Mathematik und Phısık*, **37**, 349–360, 1930.

[2] K. Gödel : Über formal unentsheidbare Sätze der *Principia Mathematica* und verwandter Systeme I, *Monatshefte für Mathematik und Physik*, **38**, 1931, 173–198.

[3] S. Feferman *et al* eds : *Collected Works Vol 1, 2*, New York / Oxford University Press, 1986, 1990.

[4] 田中一之編：ゲーデルと 20 世紀の論理学 (2,3)，東京大学出版会，2006．

[5] 難波完爾：数学と論理，朝倉書店，2003．

ゲーデルの不完全性定理

Gödel's incompleteness theorems

ゲーデル (K. Gödel) は 1931 年の論文 [1] で，ホワイトヘッド (Whitehead) とラッセル (Russell) が 3 巻の大著『プリンキピア・マテマティカ』で構築した階型理論や，ツェルメロ (Zermelo) とフレンケル (Fraenkel) による公理的集合論には，証明も反証もできないような自然数論の命題が存在することを示した．また，独語原論文の英訳の附記 (1963) [2] において，ゲーデルは自らの結果を次のようにまとめている．「ある程度の有限的算術を含むどんな無矛盾な形式体系にも決定不能な算術命題が存在し，さらにそのような体系の無矛盾性はその体系においては証明できない．」今日，この主張の前半を「第一不完全定理」，後半を「第二不完全性定理」と呼ぶ．

1920 年代，ヒルベルト (Hilbert) は，いわゆる形式主義を掲げて数学全体の妥当性を立証しようと目論んでいた．ヒルベルトによると，数学の命題や議論は有限的「内容」をもつリアルなものと，超越的で「内容」を欠いたイデアルなものに分けられ，イデアルな議論をリアルな議論に還元することで数学の妥当性は保証できると考えられた．これに対して，ゲーデルが示したことは，リアルな算術命題ですら，(公理的な) 手法で真偽判定できないものがあるということである．もっともゲーデルの意図 [1] はヒルベルトの構想を否定するものではなく，実際に形式主義の理念はゲーデル以降にさらに発展し，計算機科学の誕生にもつながった．

ゲーデルの証明の本質は，メタ数学の算術化にある．メタ数学 (metamathematics) とは，形式化された数学を外側から議論するもので，「論理式」や「証明」といった概念を記号列として扱い，それらの組合せ的性質を調べるものである．さらに，ゲーデルは記号列に自然数コードをうまく割り振ることにより，たとえば「証明可能性」のようなメタ数学的概念が，「コード x の論理式は証明可能である」というように，自然数 x に関する述語として表現できることに着目した．この方法により，ゲーデルは「うそつきの逆理」と類似した命題「この命題は証明できない」を算術的に表して，決定不能な算術命題 (ゲーデル文) を構成した．

ゲーデル文は人工的に作られた命題であるため，数学的に自然な命題でペアノ算術 PA (後述) などの公理系から独立なものがあるか否かがその後永年の懸案であった．PA に対する最初の数学的な決定不能命題は，1977 年パリス (Paris) とハーリントン (Harrington) によって発見された．

不完全性定理は数学やロジック以外の文脈でも多様に言及され，誤解も多いことから，知的濫用の泉といわれることもある．とくに人工知能の発展とあいまっていまだに論争は尽きない [3]．

1 第一不完全性定理の詳細と証明の概要

自然数論の代表的な公理系であるペアノ算術 PA は，言語 $\mathcal{L}_1 = \{+, \cdot, 0, 1, <\}$ における 1 階理論で，$\mathcal{L}_1$ の各記号の意味を定める基本的な公理系 Q と数学的帰納法で構成される．$\mathcal{L}_1$ の論理式はその形により階層化されるが，とくに，冒頭にのみ存在記号 $\exists x$ をもち，ほかに量化記号をもたない論理式を Σ_1 という．

以下では，Q または PA の自然な拡張理論 T (真な公理を任意に追加したもの) に対する第一不完全性定理の証明の概略をみてみよう．まず，1 変数の論理式すべてに番号を付けて，

$$\varphi_0(x), \varphi_1(x), \varphi_2(x), \ldots$$

と並べる．たとえば，$\varphi_0(x)$ は「x は偶数である」，$\varphi_1(x)$ は「$x > 0$」等々である．その上で，「論理式 $\varphi_x(x)$ が T で証明可能である」という述語を，自然数 x に関する Σ_1 論理式 $\mathrm{P}(x)$ として表す．今，その否定の論理式 $\neg \mathrm{P}(x)$ を考えると，ある k が存在して，$\varphi_k(x) \equiv \neg \mathrm{P}(x)$ となる．そして，$\varphi_k(k) \equiv \neg \mathrm{P}(k)$ をゲーデル文 G と呼ぶ．第一不完全性定理は，この文が (正しいけれど) 証明不可能であることを主張する．

仮に，ゲーデル文 G が証明可能であるとする．T がおかしな公理をもたない限り，証明されるものは真である．よって $\neg \mathrm{P}(k)$ も真だから，$\mathrm{P}(x)$ の定義から，$\varphi_k(k)$ つまり G は証明可能でないこ

とになり，矛盾である．そこで次に，G が証明可能でないとする．このときは，$\neg P(k)$ は真であり，つまり G も真である．よって，G は真だが証明できない文である．

上の議論を厳密に述べようとすれば，理論 T についての条件を明確にする必要がある．T 自身を T 内で扱わなければならないが，これは T の公理 (のゲーデル数) の集合が再帰的 (計算可能) であればよく，通常の公理系はこの条件を満たす．さらに，T がおかしな公理をもたないという条件は，証明可能な Σ_1 文はすべて真であるという条件「1 無矛盾性 (1-consistency)」で表せる．これは，ゲーデルが導入した ω 無矛盾性よりはやや弱く，単なる無矛盾性よりも強い．(注．すべての自然数 n について $A(n)$ が T で証明できるような任意の論理式 $A(x)$ に対して，理論 $T + \forall x A(x)$ が無矛盾であるとき，T は ω 無矛盾 (ω-consistent) という．) 以上から，第一不完全性定理の正確な主張は，「任意の 1 無矛盾な再帰的理論 $T (\supset Q)$ においては，それ自身もその否定 $\neg G$ も証明できない文 G が存在する」というものである．この 1 無矛盾の条件を無矛盾に弱めたのが，ロッサー (Rosser) の仕事 (1936) である．

2 第二不完全性定理

ゲーデルが原論文 [1] の巻末で簡単にその内容を述べ，続編で詳しい証明を与えると予告しながら，結局本人は証明を発表しなかった定理が，今日「第二不完全性定理」と呼ばれるものである．

その後，ヒルベルト，ベルナイス (Bernays)，レーブ (Löb) らが第二不完全性定理の証明を再構成し，「証明可能である」という述語の様相を明確に表した．これにより，T の無矛盾性を表す命題 $\text{Con}(T)$ (「0 = 1 は証明不可能」) がゲーデル文 G と同値になることが導け，「任意の無矛盾な再帰的理論 $T (\supset Q + Z_1$ 帰納法$)$ について $T \not\vdash \text{Con}(T)$」(第二不完全性定理) を得る．ここで，$\text{Con}(T)$ の基本性質の証明に Z_1 論理式についての帰納法が必要となることに注意する．さらに，T が 1 無矛盾のときは $T \not\vdash \neg\text{Con}(T)$ となる．

タルスキ (A. Tarski) (1933) は，「x は算術の真な命題のゲーデル数である」を意味する述語 $\text{Tr}(x)$，つまり $A \Leftrightarrow \text{Tr}(\ulcorner A \urcorner)$ が成り立つような述語は，算術の論理式で定義できないことを示した．しかし，$\text{Con}(PA)$ を仮定すれば，PA のある超準モデルについての真偽は定義可能になる．これによって，第二不完全性定理の別証明を導く研究もクライゼル (Kreisel) らによってなされた．

3 数学的独立命題とその後の発展

ゲーデルの決定不能命題は，メタ数学の算術化によって作られた人工的な命題であることから，数学的に自然な意味をもつ命題で，ペアノ算術などから独立になるものを見つけることが永年の懸案であった．PA に対する最初の数学的な決定不能命題は，パリスとハーリントンの発見によるもので，有限形のラムジー (Ramsey) の定理を少し変形させたものである．

この発見に続いて，グッドスタイン列に関する命題やヒドラ・ゲームに関する命題が PA から独立であることが示された．さらに，PA よりも強い体系からも独立な命題が次々発見され，それらにあわせて一般の数学の定理を証明するのに必要な公理が何かを研究するプログラム「逆数学」(reverse mathematics) が誕生した．H. フリードマン，S. シンプソンらの研究により，数学の定理の多くは，計算可能な立場で証明できるか，四つの集合存在公理のどれか一つと論理的に同値になることが示された [4]． ［田中一之］

参考文献

[1] K. Gödel : Über formal unentscheidbare Sätze der Principia mathematica und verwandter Systeme I, Monatsh, *Math. Phys.* **38**, 173–198, 1931.
[2] 田中一之：ゲーデルに挑む—証明不可能なことの証明，東京大学出版会，2012.
[3] T. フランセーン著，田中一之訳：ゲーデルの定理—利用と誤訳の不完全ガイド，みすず書房，2011.
[4] 田中一之編：ゲーデルと 20 世紀の論理学 (ロジック) 第 3 巻 不完全性定理と算術の体系，東京大学出版会，2007.

ゲーム理論

game theory

ゲーム理論は各自の利害に相互依存関係を有する複数の主体の合理的意思決定を分析する数学的理論である．この理論の前史は遠くパスカルやフェルマーに遡るが，その決定的な体系化はフォン・ノイマン (J. von Neumann) とモルゲンシュテルン (O. Morgenstern) の大著『ゲーム理論と経済行動』(1944) によって果たされた．

ゲーム理論の枠組には，主体間の協力を許さない非協力ゲーム (noncooperative game) とそれを許す協力ゲーム (cooperative game) とがある．

1 非協力ゲーム (1) ——経済学からの事例

いま n 人の生産者が互いに共謀・協力することなく競合する寡占市場を考えてみよう．第 i 生産者 $(i = 1, 2, \ldots, n)$ の取得する利潤 f_i の額は $f_i = p \cdot x_i - C_i(x_i)$ と書くことができる．ここで x_i は生産量，p は生産物の価格，$C_i(\cdot)$ はこの生産者の費用関数である．価格 p は当該生産物の需要量の（通常は減少）関数である．もし各生産者が $x_1, x_2, \ldots, x_n$ だけの生産＝供給を行おうとすれば，経済全体での総供給量は $\sum_{j=1}^{n} x_j$ であり，それがちょうど売りきれるためには，その財の価格は $p(\sum_{j=1}^{n} x_j)$ でなければなるまい．したがって第 i 生産者の利潤 f_i は彼自身の生産水準 x_i のみならず，他のすべての生産者の生産水準にも依存することとなり，$f_i(x_1, \ldots, x_i, \ldots, x_n) = p(\sum_{j=1}^{n} x_j) x_i - C_i(x_i)$ と表されるであろう．

さて各生産者の生産水準が $x_1^*, x_2^*, \ldots, x_n^*$ であり，どの i についても
$$f_i(x_1^*, \ldots, x_i^*, \ldots, x_n^*)$$
$$= \mathrm{Max}_{x_i} f_i(x_1^*, \ldots, x_{i-1}^*, x_i, x_{i+1}^*, \ldots, x_n^*)$$
が成り立っているものとしよう．つまりこれは，どの生産者 i についても，自分以外の生産者の生産水準が $x_j = x_j^*$ ($j \neq i$) であるとき，彼の利潤は $x_i = x_i^*$ の生産水準で最大になっていることを意味している．このとき各生産者 i は，他人の行動を与件とするとき，各自の行動を x_i^* から変更する誘因をもたないであろう．その意味で $(x_1^*, x_2^*, \ldots, x_n^*)$ は，この寡占市場の一つの均衡状態とみなしうる．

これをやや抽象化した形式で表現してみよう．

2 非協力ゲーム (2) ——ナッシュ均衡

意志決定を行う主体（ゲーム理論ではプレイヤーと呼ぶ）の集合を $N = \{1, 2, \ldots, n\}$，各主体 i の選択しうる行動（戦略 strategy と呼ばれる）の集合を X_i，また各主体 i の利得関数 (payoff function) を $f_i : \prod_{j=1}^{n} X_j \to \boldsymbol{R}$ とする．そして N, X_i, f_i ($i = 1, 2, \ldots, n$) の組を標準形 (normal form) あるいは戦略形 (strategic form) のゲームと称する．

$X = \prod_{j=1}^{n} X_j$，$\hat{X}_i = \prod_{j \neq i} X_j$ と書き，また $\hat{X}_i$ の元は $\hat{x}_i$ と記すこととする．また $[x_i, \hat{x}_i]$ は x_i と $\hat{x}_i$ の各成分を順に並べ直して得られる X の元を意味するものとする．たとえば $n = 3$ として，$[x_3, \hat{x}_3] = [x_3, (x_1, x_2)] = (x_1, x_2, x_3)$ である．点 $x^* = (x_1^*, x_2^*, \ldots, x_n^*) \in X$ がすべての $i = 1, 2, \ldots, n$ に対して
$$f_i(x^*) = \mathrm{Max}_{x_i \in X_i} f_i([x_i, \hat{x}_i^*]) \tag{1}$$
($\hat{x}_i^* = (x_1^*, \ldots, x_{i-1}^*, x_{i+1}^*, \ldots, x_n^*)$) を満たすとき，$x^*$ をこのゲームのナッシュ均衡 (Nash equilibrium) と称する．つまり各主体 i について，他の主体の行動のリスト $\hat{x}_i^*$ が与えられたとき，$x_i = x_i^*$ がもっとも大きな利得を保証するという意味で最適であり，したがってどの主体 i も x_i^* から行動を変更する誘因をもたない状態がこれである．ナッシュ均衡の存在については，次の定理が知られている．証明はたとえば不動点定理による．

ひとつ用語を定義しておこう．C をある線形空間の非空凸集合とし，関数 $G : C \to \boldsymbol{R}$ を考える．任意の数 α に対して，集合 $\{x \in C \mid G(x) \leqq \alpha\}$ が凸であるとき，G は擬凸 (quasi-convex) であるという．また $-G$ が擬凸であるとき，G は擬凹 (quasi-concave) であるというのである．

ナッシュ均衡の存在定理 $X_1, X_2, \ldots, X_n$ ($n \geqq 2$) はそれぞれある線形ノルム空間の非空コンパクト・凸集合とし，利得関数 $f_i : X \to \boldsymbol{R}$

($i = 1, 2, \ldots, n$) は次の 2 条件を満たすものとする. (i) 各 f_i は連続. (ii) 任意の $\hat{x}_i \in \hat{X}_i$ に対して関数 $x_i \mapsto f_i([x_i, \hat{x}_i])$ は擬凹. このときナッシュ均衡, つまり (1) を満たす $x^* \in X$ が存在する.

3 非協力ゲーム (3) ―― ミニ・マックス定理

とくに $n = 2$ で, しかもすべての $x \in X_1 \times X_2$ について $f_1(x) + f_2(x) = 0$ であるとき, この非協力ゲームを二人ゼロ和ゲーム (zero–sum two person game) と呼ぶ. $f = f_1$ とおけば $-f = f_2$ である.

こうすると, $x^* = (x_1^*, x_2^*) \in X_1 \times X_2$ について, 次の 3 命題は同値である.

1° x^* はナッシュ均衡である.

2° x^* は関数 f の鞍点 (saddle point) である. つまりすべての $(x_1, x_2) \in X_1 \times X_2$ に対し
$$f(x_1, x_2^*) \leqq f(x_1^*, x_2^*) \leqq f(x_1^*, x_2). \quad (2)$$

3° $\mathrm{Max}_{x_1 \in X_1} \mathrm{Min}_{x_2 \in X_2} f(x_1, x_2)$
$= \mathrm{Min}_{x_2 \in X_2} \mathrm{Max}_{x_1 \in X_1} f(x_1, x_2) \quad (3)$
が成り立ち, $f(x_1^*, x_2^*)$ はこの値に等しい.

3° を関数 f についてのミニ・マックス原理という.

一般にミニ・マックス原理が成り立つための十分条件としてはシオン (M. Sion) の次の定理がある.

ミニ・マックス定理 X_1, X_2 はそれぞれある線形ノルム空間の非空コンパクト・凸集合とし, 関数 $f : X_1 \times X_2 \to \boldsymbol{R}$ は次の性質を満たすものとする. (i) 各 $x_2 \in X_2$ について, 関数 $x_1 \mapsto f(x_1, x_2)$ は X_1 上で上半連続でしかも擬凹. (ii) 各 $x_1 \in X_1$ について, 関数 $x_2 \mapsto f(x_1, x_2)$ は X_2 上で下半連続でしかも擬凸. このときミニ・マックス原理, すなわち (3) 式が成立する.

4 協力ゲーム (1) ―― コア

主体間の協力・交渉が許された協力ゲームを次のような形式で表現しよう. まず主体 (プレイヤー) の集合を前と同様に $N = \{1, 2, \ldots, n\}$ とし, その部分集合 $S \subset N$ を**提携**または**結託** (coalition) と呼ぶ. 関数 $\chi_S : N \to \boldsymbol{R}$ を提携 S の特性関数, すなわち $\chi_S(i) = 1$ ($i \in S$ の場合), $= 0$ ($i \notin S$ の場合) とすれば, もちろん提携 S とその特性関数 χ_S とは同一視することができる. さらに各提携 S に実数を対応させる関数 $v : 2^N \to \boldsymbol{R}$ を考える. $v(S)$ は提携 S がそれに属する主体だけで獲得しうる利得の最大値を表すものと解釈し, これを提携 S の価値 (worth) という. $v(\emptyset) = 0$ とする. N と関数 v との組を提携形 (coalitional form) のゲームと称する.

$\boldsymbol{R}^n$ の元 $x = (x_1, x_2, \ldots, x_n)$ を利得ベクトル (payoff vector) と呼ぶ. x の第 i 座標を第 i 主体に割り当てられる利得と解釈するのである. もしある提携 S について $\sum_{i \in S} x_i < v(S)$ が成り立つとすれば, 提携 S の成員はこの提携を組むことによって x_i ($i \in S$) よりも多くの利得を獲得できるから, 利得ベクトル x を拒絶するであろう. したがって利得ベクトル x がいかなる提携によっても拒絶されないためには,
$$\sum_{i \in S} x_i \geqq v(S) \quad (4)$$
がすべての提携 S について成り立たねばならない.

とくに一人の主体 i だけからなる提携については
$$x_i \geqq v(\{i\}) \quad (5)$$
が成り立つこと, また $S = N$ については
$$\sum_{i=1}^n x_i \geqq v(N) \quad (6)$$
の成り立つことが含意される. 利得ベクトル x が実現可能であるためには $\sum_{i=1}^n x_i \leqq v(N)$ でなければならないから, これと (6) をあわせれば, 次の条件が得られる.
$$\sum_{i=1}^n x_i = v(N) \quad (7)$$

すべての主体 i について条件 (5) が成り立つとき, 利得ベクトル x は個人合理性 (individual rationality) を, また (7) が成り立つときには**集団合理性** (group rationality) を満たすという.

いかなる提携によっても拒絶されない実現可能な利得ベクトルの集合をこのゲームのコア (core) と呼び, $C(v)$ と表記する. すなわちコアとは集団合理性 (7) と, すべての提携 S に対して (4) を満足する利得ベクトル x の集合であり, ゲームのひとつの解とみなすことができる.

いまある提携の族 $\mathscr{S}$ に対して非負実数の組 $\{\theta_S | S \in \mathscr{S}\}$ を適当に選び $\sum_{S \in \mathscr{S}} \theta_S \chi_S = \chi_N$ とすることができるとき, 族 $\mathscr{S}$ は**平衡** (balanced) で

あるといい，$\{\theta_S|S \in \mathscr{S}\}$ は，$\mathscr{S}$ の平衡加重 (balancing weight) であるという．(ここで χ_S, χ_N は提携 S, N の特性関数)．この概念を用いると，コアの存在を次のように特徴づけることができる．

コアの存在定理 提携形のゲーム (N, v) について，次の2命題は同値である．(i) このゲームのコアは非空である．(ii) すべての平衡族 $\mathscr{S}$ と，それに対応する平衡加重 $\{\theta_S|S \in \mathscr{S}\}$ に対して $\sum_{S \in \mathscr{S}} \theta_S v(S) \leqq v(N)$ が成り立つ．

5 協力ゲーム (2)——シャプレイ値

全主体の提携の価値 $v(N)$ を，各主体の力あるいは貢献度に応じて分配するシャプレイ値という解概念について述べよう．

主体の集合 N に対して定まる提携形のゲームの集合を $\mathscr{V}$ と書く．以下の条件を満たす関数 $\phi: \mathscr{V} \to \mathbf{R}^n$ が存在するとき，ϕ を $\mathscr{V}$ 上のシャプレイ値 (Shapley value) と呼ぶ．

(i) 集団合理性：$\sum_{i=1}^n \phi(v)_i = v(N)$．(ここで $\phi(v)_i$ は $\phi(v)$ の第 i 座標)．

(ii) 対称性：相異なる $i, j \in \mathbf{N}$ を含まない任意の提携 S に対して $v(S \cup \{i\}) = v(S \cup \{j\})$ が成り立つとき，$\phi(v)_i = \phi(v)_j$．

(iii) ナル・プレイヤー：すべての提携 S に対して $v(S \cup \{i\}) = v(S)$ を満たす主体 i をナル・プレイヤーと呼ぶ．主体 i がナル・プレイヤーであるとき，$\phi(v)_i = 0$．

(iv) 加法性：任意の $v, w \in \mathscr{V}$ に対して，$\phi(v + w) = \phi(v) + \phi(w)$．

シャプレイ (L.S. Shapley) による次の定理は，シャプレイ値の存在・一意性およびそれを求める具体的な公式を与えるものである．

シャプレイ値の存在・一意性定理 $\mathscr{V}$ 上のシャプレイ値は存在し，それは一意的である．またシャプレイ値は次の公式によって与えられる．

$$\phi(v)_i = \sum_{T \ni i} \frac{(|T|-1)!(n-|T|)!}{n!}(v(T) - v(T \setminus \{i\}))$$
$$= \frac{1}{n!} \sum_{\pi} (v(T_\pi(i)) - v(T_\pi^0(i))). \quad (8)$$

ここで $|T|$ は提携 T に含まれる主体の数を表す．また (8) の和は n 文字のすべての置換 π についてとり，$T_\pi(i) = \{j|\pi(j) \leqq \pi(i)\}$, $T_\pi^0(i) = \{j|\pi(j) < \pi(i)\}$ である．

6 協力ゲーム (3)——実例

主体 1 をひとりの買手，主体 2, 3 をふたりの売手とする．$N = \{1, 2, 3\}$ である．買手と売手が提携を結んだとき，その提携の価値は 1，それ以外の場合は 0 とすれば，$v(N) = v(1,2) = v(1,3) = 1$, $v(2,3) = v(1) = v(2) = v(3) = 0$ である．(本来，たとえば提携 $(1,2)$ の価値は $v(\{1,2\})$ と書くべきであるが，簡略のために $v(1,2)$ と記す．)

利得ベクトル $x = (x_1, x_2, x_3)$ がコアに含まれるためには
$$x_1 + x_2 + x_3 = 1,\ x_1 + x_2 \geqq 1,\ x_1 + x_3 \geqq 1.$$
$$x_1,\ x_2,\ x_3 \geqq 0$$
であることが必要十分である．したがってコアは一点 $(1, 0, 0)$ からなる．

次にシャプレイ値を求めてみよう．3 文字の置換は $\{1,2,3\}$, $\{1,3,2\}$, $\{2,1,3\}$, $\{2,3,1\}$, $\{3,1,2\}$ および $\{3,2,1\}$ である．このうち (8) 式の $v(T_\pi(1)) - v(T_\pi^0(1)) > 0$ となるのは $\{2,1,3\}$, $\{2,3,1\}$, $\{3,1,2\}$ および $\{3,2,1\}$ の 4 つである．したがって $\phi(v)_1 = 4/6 = 2/3$．公準 (ii) により $\phi(v)_2 = \phi(v)_3$ であることと公準 (i) とから $\phi(v)_2 = \phi(v)_3 = 1/6$．こうして $\phi(v) = (2/3, 1/6, 1/6)$ であることが知られた．

オーマン [2]，川又 [5] にはさらに多くの事例が掲げられている． ［丸山　徹］

参考文献

[1] J. von Neumann, O. Morgenstern：*Theory of Games and Economic Behavior*, Princeton University Press, 1944. (邦訳) 武藤滋夫訳：ゲーム理論と経済行動，勁草書房，2014.

[2] R. Aumann：*Lectures on Game Theory*, Westview Press, 1989. (邦訳) 丸山　徹・立石　寛訳：ゲーム論の基礎，勁草書房，1991.

[3] J-P. Aubin：*Optima and Equibria*, Springer Verlag, 1993.

[4] K. Binmore：*Fun and Games*, D.C. Heath and Company, 1992.

[5] 川又邦雄：ゲーム理論の基礎，培風館，2012.

ケーラー多様体

Kähler manifold

1 定義

X を n 次元複素多様体とし，J をその概複素構造とする．X のリーマン計量 g が，ベクトル場 ξ, η に対して $g(J\xi, J\eta) = g(\xi, \eta)$ を満たすとき，**エルミート計量** (Hermitian metric) と呼ぶ．エルミート計量 g に対し，$\omega(\xi, \eta) = g(\xi, J\eta)$ は 2 次微分形式である．ω を g の**基本形式** (fundamental form) と呼ぶ．エルミート計量は局所座標 $(z^1, \ldots, z^n)$ を使って $g = \sum_{i,j=1}^n g_{i\bar{j}}(z) dz^i d\bar{z}^j$，ここで $(g_{i\bar{j}}(z))_{i,j}$ は各点 z において正定値エルミート行列，と書き表される．このとき基本形式は $\omega = \frac{\sqrt{-1}}{2} \sum_{i,j=1}^n g_{i\bar{j}}(z) dz^i \wedge d\bar{z}^j$ と表される．

エルミート計量 g の基本形式が閉 $d\omega = 0$ であるとき，g を**ケーラー計量** (Kähler metric) と，ω を**ケーラー形式** (Kähler form) と呼ぶ．ケーラー計量を許容する複素多様体を**ケーラー多様体** (Kähler manifold) と呼ぶ．とくにこのとき，基本形式 ω はド・ラーム・コホモロジー群の元 $[\omega] \in H^2(X, \mathbf{R})$ を定める．これを ω の，または g の**ケーラー類** (Kähler class) と呼ぶ．

エルミート計量 g に関して，次の 4 条件は同値である．(i) g はケーラー計量である．(ii) 各点 $p \in X$ のまわりの局所座標 $(z^1, \ldots, z^n)$ で，$g_{i\bar{j}}(p) = \delta_{ij}$ かつ $dg_{i\bar{j}}(p) = 0$ を満たすものが存在する．これを (正則) 正規座標という．(iii) X の正則接ベクトル束 $(T'X, g)$ を，エルミート計量付きの正則ベクトル束とみたときの標準接続は，レビ・チビタ (Levi–Civita) 接続に一致する．(iv) 基本形式 ω は局所的に実関数 f により，$\omega = \sqrt{-1} \partial \bar{\partial} f$ と表される．この f を g の**ケーラーポテンシャル** (Kähler potential) と呼ぶ．

2 例

以下 (1)〜(3) のケーラー計量の正則断面曲率は一定値をとり，その符号は順に正，零，負である．逆に単連結な n 次元複素多様体 X が正則断面曲率が一定となる完備ケーラー計量をもてば，X は $\mathbf{P}^n(\mathbf{C}), \mathbf{C}^n, B^n$ のいずれかと正則同型になる．

(1) **複素射影空間**．$\mathbf{P}^n(\mathbf{C})$ を n 次元複素射影空間とし，その同次座標を $(\zeta^0 : \zeta^1 : \ldots : \zeta^n)$ とする．開集合 $U_0 = \{\zeta^0 \neq 0\}$ 上の非同次座標を $z^1 = \zeta^1/\zeta^0, \ldots, z^n = \zeta^n/\zeta^0$ とする．U_0 上 $ds^2 = 2 \sum \frac{\partial^2 \log(1 + \|z\|^2)}{\partial z^i \partial \bar{z}^j} dz^i d\bar{z}^j$ となる (ほかの $U_i = \{\zeta^i \neq 0\}$ においても同様な表示をもつ) ような $\mathbf{P}^n(\mathbf{C})$ のケーラー計量が存在し，それを**フビニ–スタディ計量** (Fubini–Study metric) と呼ぶ．ここで $\|z\|^2 = \sum_{i=1}^n |z^i|^2$ である．

(2) **複素トーラス**．複素線形空間 $\mathbf{C}^n$ の**複素ユークリッド計量** (complex Euclidean metric) $ds^2 = \sum dz^i d\bar{z}^i$ は完備ケーラー計量である．基本形式は $\omega = \frac{\sqrt{-1}}{2} \sum dz^i \wedge d\bar{z}^i$，ケーラーポテンシャルは $f = \frac{1}{2} \|z\|^2$ である．Γ を $\mathbf{C}^n$ の格子とし，$T = \mathbf{C}^n/\Gamma$ を Γ による商複素多様体とする．$\mathbf{C}^n$ の複素ユークリッド計量 ds^2 は Γ で不変であるから，T にケーラー計量を誘導する．

(3) **単位球**．$\mathbf{C}^n$ 内の単位球 $B^n = \{z \in \mathbf{C}^n ; \|z\| < 1\}$ には，完備ケーラー計量 $ds^2 = 2 \sum \frac{\partial^2 (-\log(1 - \|z\|^2)^{n+1})}{\partial z^i \partial \bar{z}^j} dz^i d\bar{z}^j$ が入る．これを**ポアンカレ計量** (Poincaré metric) と呼ぶ．ds^2 は正則自己同型群 $\operatorname{Aut} B^n$ の作用で不変である．

(4) **リーマン面**．X を 1 次元複素多様体，g を任意のエルミート計量とする．微分形式の次数の理由により，g の基本形式は必然的に閉じていて，g はケーラー計量である．コンパクトリーマン面 C は，その種数 $g(C)$ によりその位相型が分類される．$g(C) = 0$ のときは $\mathbf{P}^1(\mathbf{C})$，$g(C) = 1$ のときは複素トーラス $T = \mathbf{C}/\Gamma$，$g(C) \geq 2$ のときには，単位円板 B^1 の正則自己同型群の適当な離散部分群 Γ による商 B^1/Γ として得られる．B^1 のポアンカレ計量は $\operatorname{Aut} B^1$ の作用で不変であるから，それは C のケーラー計量を誘導する．このような分類を理想として理論が発展している．

3 ケーラー多様体であるための種々の条件

(1) **位相的必要条件**．コンパクトケーラー多様体 X の一つのケーラー形式を ω とする．各 k $(0 \leq k \leq \dim X)$ に対して，$2k$ 次閉微分形

式 ω^k (k 重の外積) はド・ラーム・コホモロジー群 $H^{2k}(X, \boldsymbol{R})$ の 0 ではない元を定める．とくに偶数次元ベッチ数 $b_{2k}(X)$ は正である．またホッジ分解 (→ [ホッジ分解]) により，奇数次元ベッチ数 $b_{2k-1}(X)$ は偶数であることが知られている．

(2) 部分多様体．ケーラー多様体の複素部分多様体は，ケーラー計量を制限することでケーラー多様体になる．とくに $\boldsymbol{P}^n(\boldsymbol{C})$ の閉複素部分多様体はケーラーである．$\boldsymbol{P}^n(\boldsymbol{C})$ の閉複素部分多様体は有限個の斉次多項式の共通零点として代数的に表され，射影多様体とよばれる．ケーラー類 $[\omega] \in H^2(X, \boldsymbol{R})$ が $H^2(X, \boldsymbol{Z})$ からの像に含まれるとき，ケーラー計量 g をホッジ計量 (Hodge metric) と呼ぶ．ホッジ計量を許容するコンパクト複素多様体をホッジ多様体 (Hodge manifold) と呼ぶ．射影空間のフビニ–スタディー計量はホッジ計量であり，閉複素部分多様体もホッジ多様体になる．ホッジ多様体が射影多様体であることを主張するのが，小平の埋め込み定理である．

一方でケーラー多様体は，必ずしも $\boldsymbol{P}^n(\boldsymbol{C})$ の閉複素部分多様体として実現されない．$\boldsymbol{C}^2$ の格子で，$(1,0), (0,1), (\sqrt{-2}, \sqrt{-3}), (\sqrt{-5}, \sqrt{-7})$ で生成されるものを Γ とする．射影多様体には十分多くの有理関数が存在するが，この複素トーラス $\boldsymbol{C}^2/\Gamma$ 上の有理型関数は定数のみである．(→ [アーベル多様体])

(3) 商．単位球 $B^n \subset \boldsymbol{C}^n$ のポアンカレ計量の構成は，以下のように有界領域 $D \subset \boldsymbol{C}^n$ に対して一般化される．D 上の 2 乗可積分な正則関数全体のなすヒルベルト空間を $A^2(D)$ とする．$A^2(D)$ の一組の正規直交基底 $\{\sigma_n\}_{n=1}^\infty$ に対して，$K_D(z, w) = \sum_{n=1}^\infty \sigma_n(z)\overline{\sigma_n(w)}$ は $D \times D$ 上広義一様収束する．K_D は $A^2(D)$ の再生核であり，ベルグマン核 (Bergman kernel) と呼ばれる．このとき $ds^2 = 2\sum \frac{\partial^2 \log K_D(z,z)}{\partial z^i \partial \bar{z}^j} dz^i d\bar{z}^j$ は D のケーラー計量を定める．これをベルグマン計量 (Bergman metric) と呼ぶ．ベルグマン計量は正則自己同型群 $\mathrm{Aut}\, D$ の作用で不変である．D が単位球 B^n のときには，ベルグマン計量はポアンカレ計量と一致する．$\mathrm{Aut}\, D$ のある離散部分群 Γ による商 D/Γ がコンパクト複素多様体になるならば，ベルグマン計量は D/Γ のホッジ計量を誘導し，小平の埋め込み定理より D/Γ は射影多様体になる．

複素トーラスと類似の構成により，ケーラーではない多様体が得られる．$n \geq 2$ とし，$\alpha_1, \ldots, \alpha_n \in \boldsymbol{C}$ を $|\alpha_i| > 1$ なる定数とする．$\boldsymbol{C}^n - \{0\}$ の正則自己同型 $\gamma : z = (z^1, \ldots, z^n) \mapsto \gamma(z) = (\alpha_1 z^1, \ldots, \alpha_n z^n)$ が生成する無限巡回群を $\Gamma = \{\gamma^m ; m \in \boldsymbol{Z}\}$ とする．商複素多様体 $X = (\boldsymbol{C}^n - \{0\})/\Gamma$ をホップ多様体 (Hopf manifold) と呼ぶ．X は二つの球面の直積 $S^{2n-1} \times S^1$ に微分同相であり，とくに第 2 ベッチ数は $b_2(X) = 0$ である．X は位相的にもケーラー多様体と異なる．

(4) 双有理型変換．X がコンパクトケーラー多様体ならば，閉複素部分多様体に沿っての爆発 (blow-up) $X' \to X$ を行っても，X' はケーラーとなる．(正則とは限らない) 双有理型写像 $Y \to X$ が存在するとき，X と Y は双有理型同値であるという．爆発は双有理型写像の例である．一般にケーラー性は双有理型同値では保たれない．コンパクトケーラー多様体と双有理型同値なコンパクト複素多様体をクラス $\mathcal{C}$ 多様体という．クラス $\mathcal{C}$ 多様体はケーラー多様体と多くの性質を共有する．

(5) 複素構造の変形．コンパクトケーラー多様体の複素構造の微小変形は，またケーラー多様体である．しかしコンパクトケーラー多様体の任意の変形がケーラー多様体であるとは限らない．コンパクトケーラー多様体は射影多様体に変形できるであろうと予想されていたが，反例が挙げられた．一方，クラス $\mathcal{C}$ 多様体は微小変形さえクラス $\mathcal{C}$ 多様体とは限らない． [高山茂晴]

参考文献

[1] 小平邦彦：複素多様体論，岩波書店，1992.
[2] 小林昭七：複素幾何学 (1,2)，岩波書店，1998.
[3] Griffiths–Harris : *Principles of Algebraic Geometry*, Wiley–Interscience, 1994.
[4] R.O. Wells : *Differential Analysis on Complex Manifolds*, Springer, 1980.

圏と関手

category and functor

1 圏

集合を考えるとき，その上に構造 (代数的構造や位相的構造など) を付加することによって，より深い数学的な議論を展開できるようになる．集合上にその元たちの間を結ぶ矢の集合をあわせて考えることによって構造を入れたものが圏である．

圏 (category) $\mathcal{C}$ とは，集合 $\mathrm{Ob}(\mathcal{C})$ (対象 (object) の集合と呼ぶ) と，交わりのない部分集合への分割

$$\mathrm{Mor}(\mathcal{C}) = \coprod_{X,Y \in \mathrm{Ob}(\mathcal{C})} \mathrm{Hom}_\mathcal{C}(X,Y)$$

をもつ集合 $\mathrm{Mor}(\mathcal{C})$ (射 (morphism) の集合と呼ぶ)，および任意の 3 個の対象 $X,Y,Z \in \mathrm{Ob}(\mathcal{C})$ に対する写像 (射の合成 (composition) と呼ぶ)

$$M_{X,Y,Z}: \mathrm{Hom}_\mathcal{C}(X,Y) \times \mathrm{Hom}_\mathcal{C}(Y,Z)$$
$$\to \mathrm{Hom}_\mathcal{C}(X,Z)$$

の組からなるものであって，以下の条件を満たすものである：

(1) 合成を $M_{X,Y,Z}(f,g) = g \circ f$ で表すとき，任意の $f \in \mathrm{Hom}_\mathcal{C}(X,Y)$, $g \in \mathrm{Hom}_\mathcal{C}(Y,Z)$, $h \in \mathrm{Hom}_\mathcal{C}(Z,W)$ に対して，結合法則 $h \circ (g \circ f) = (h \circ g) \circ f$ が成り立つ．

(2) 任意の対象 X に対して，射 $\mathrm{Id}_X \in \mathrm{Hom}(X,X)$ (恒等写像 (identity map) と呼ぶ) が存在して，任意の $f \in \mathrm{Hom}_\mathcal{C}(X,Y)$ に対して，$f \circ \mathrm{Id}_X = \mathrm{Id}_Y \circ f = f$ が成り立つ．

圏 $\mathcal{C}$ の対象 $X \in \mathrm{Ob}(\mathcal{C})$ はその圏の「点」であると思える．また，対象 X から対象 Y への射 $f \in \mathrm{Hom}_\mathcal{C}(X,Y)$ は，点 X から点 Y へ向かう「矢」であると思える．

なお，ここでは集合とは素朴な「ものの集まり」の意味で使っている．厳密には，大きさが制限された集合のみを考えることが必要になる．

例 1 任意の集合 $\mathcal{C}$ は，$\mathrm{Ob}(\mathcal{C}) = \mathcal{C}$, $\mathrm{Mor}(\mathcal{C}) = \{\mathrm{Id}_X \mid X \in \mathrm{Ob}(\mathcal{C})\}$ とおくことによって圏の特別な場合とみなせる．

例 2 半群 G は $\mathrm{Ob}(\mathcal{C})$ がひとつの元 X のみからなる圏とみなせる．実際，$\mathrm{Hom}_\mathcal{C}(X,X) = G$ とおき，射の合成は半群の乗法とすればよい．

例 3 集合 S に群 G が作用している場合，$\mathrm{Ob}(\mathcal{C}) = S$ かつ $\mathrm{Hom}_\mathcal{C}(X,Y) \cong \{g \in G \mid g(X) = Y\}$ となるような圏を構成することができる．図 1 は，2 次元 Euclid 平面 $S = \mathbf{R}^2$ に，原点を中心とする 120 度の回転で生成された 3 次巡回群 $G = \mathbf{Z}/3$ が作用している絵である．ここで，各点での恒等写像と逆写像は省略している．

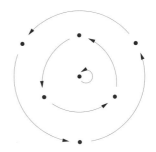

図 1　120° の回転の絵

2 関手

圏からもう一つの圏への写像であって圏の構造と両立するようなものが関手である．圏 $\mathcal{C}$ から圏 $\mathcal{D}$ への関手 (functor) $F: \mathcal{C} \to \mathcal{D}$ とは，集合の写像 $F = F_\mathrm{Ob}: \mathrm{Ob}(\mathcal{C}) \to \mathrm{Ob}(\mathcal{D})$ および $F = F_\mathrm{Mor}: \mathrm{Mor}(\mathcal{C}) \to \mathrm{Mor}(\mathcal{D})$ の組であって，以下の条件を満たすものである：

(1) $f \in \mathrm{Hom}_\mathcal{C}(X,Y)$ ならば，$F(f) \in \mathrm{Hom}_\mathcal{D}(F(X),F(Y))$ である．

(2) 任意の $f \in \mathrm{Hom}_\mathcal{C}(X,Y), g \in \mathrm{Hom}_\mathcal{C}(Y,Z)$ に対して，$F(g \circ f) = F(g) \circ F(f)$ である．

写像 $F: \mathrm{Hom}_\mathcal{C}(X,Y) \to \mathrm{Hom}_\mathcal{D}(F(X),F(Y))$ が任意の X,Y に対して単射または全射であるとき，F はそれぞれ忠実 (faithfull) または充満 (full) であるという．充満忠実な関手は圏の埋め込みと考えられる．

例 4 集合をそのまま圏の特別な場合とみなすとき，これらの圏の間の関手とは集合の間の写像

にほかならない.

例 5 半群を圏の特別な場合とみなすとき, これらの圏の間の関手とは半群の間の準同型写像にほかならない.

例 6 圏の対象の集合 $\mathrm{Ob}(\mathcal{C})$ の部分集合 S を任意にとるとき, もう一つの圏 $\mathcal{D}$ が $\mathrm{Ob}(\mathcal{D}) = S$, $\mathrm{Hom}_\mathcal{D}(X,Y) = \mathrm{Hom}_\mathcal{C}(X,Y)$ $(X, Y \in S)$ によって定まる. 自然な関手 $\mathcal{D} \to \mathcal{C}$ は充満忠実である.

圏 $\mathcal{C}, \mathcal{D}$ を固定したとき, 関手 $F: \mathcal{C} \to \mathcal{D}$ からもうひとつの関手 $G: \mathcal{C} \to \mathcal{D}$ への射 (morphism) $\phi: F \to G$ とは, 各対象 $X \in \mathrm{Ob}(\mathcal{C})$ に対する $\mathcal{D}$ 内での射 $\phi(X): F(X) \to G(X)$ を組にしたものであって, 任意の射 $f: X \to Y$ に対して, 条件 $G(f) \circ \phi(X) = \phi(Y) \circ F(f)$ が成り立つものである. 関手の間の射は**自然変換** (natural transformation) とも呼ばれる. こうして, 二つの圏の間の関手全体のなす集合 $\mathrm{Hom}(\mathcal{C}, \mathcal{D})$ には再び圏の構造が入る.

射 $\phi: F \to G$ の逆射 $\phi^{-1}: G \to F$ とは, 合成射 $\phi^{-1} \circ \phi$ と $\phi \circ \phi^{-1}$ がそれぞれ恒等射 Id_F と Id_G と一致するようなものである. 逆射が存在するような射を同型射と呼ぶ. 二つの圏 $\mathcal{C}, \mathcal{D}$ が同値 (equivalent) であるとは, 関手 $F: \mathcal{C} \to \mathcal{D}$ および関手 $G: \mathcal{D} \to \mathcal{C}$ が存在して, 合成関手 $G \circ F$ および $F \circ G$ がそれぞれ恒等関手 $\mathrm{Id}_\mathcal{C}$ および $\mathrm{Id}_\mathcal{D}$ と同型になるときをいう. 同値な圏は同じとみなす. G は F の厳密な意味での逆ではないので, **擬逆** (quasi–inverse) と呼ぶ.

例 7 $\mathcal{C}$ は 1 個の元からなる集合 $\{1\}$ をそのまま圏と思ったものとし, $\mathcal{D}$ は集合 $\{1, 2\}$ に群 $\mathbb{Z}/(2)$ が推移的な置換群として作用している場合に対応する圏とする. このとき, 自然な埋め込み $F: \mathcal{C} \to \mathcal{D}$ は同値になる. 実際, 擬逆 $G: \mathcal{D} \to \mathcal{C}$ が $G(1) = G(2) = 1$ となるように構成できる.

3 双対圏

矢印の方向を逆転すると双対圏が得られる. 圏 $\mathcal{C}$ の双対圏 (dual category または opposite category) $\mathcal{C}^o$ とは, 対象の集合は同じで, 射の向きが逆転したものをいう: $\mathrm{Ob}(\mathcal{C}^o) = \mathrm{Ob}(\mathcal{C})$ および $\mathrm{Hom}_{\mathcal{C}^o}(X, Y) = \mathrm{Hom}_\mathcal{C}(Y, X)$ と定義する. 射の合成の順序は逆転する: $\mathcal{C}$ の中で $f \circ g = h$ ならば, $\mathcal{C}^o$ の中では $g \circ f = h$ と定義する.

例 8 体 k を固定し, $\mathcal{C}$ を有限次元 k–線形空間全体とそれらの間の k–線形写像全体からなる圏とする. このとき双対圏 $\mathcal{C}^o$ は $\mathcal{C}$ と同値である. 実際, 関手 $F: \mathcal{C} \to \mathcal{C}^o$ を $F(V) = V^*$ (双対空間) および $F(f) = f^t$ (転置写像) で定義すれば同値が得られる.

双対圏からの関手 $F: \mathcal{C}^o \to \mathcal{D}$ を, $\mathcal{C}$ から $\mathcal{D}$ への反変関手 (contravariant functor) と呼ぶ. これに対して, 通常の関手 $F: \mathcal{C} \to \mathcal{D}$ は共変関手 (covariant functor) と呼ぶ.

圏の対象はそれ自体を関手とみなすことができる. $X \in \mathrm{Ob}(\mathcal{C})$ に対して, 集合の圏への反変関手 $F_X: \mathcal{C}^o \to (\mathrm{Set})$ を, $F_X(Y) = \mathrm{Hom}_\mathcal{C}(Y, X)$ によって定義する. 対応 $X \mapsto F_X$ によって定まる関手 $E: \mathcal{C} \to \mathrm{Hom}(\mathcal{C}^o, (\mathrm{Set}))$ は充満忠実になる. こうして, 任意の圏は関手のなす圏に埋め込める.

4 加法圏とアーベル圏

射の集合にさらに付加的な構造を入れることが多い. 加法圏 (additive category) とは, 以下の条件を満たす圏 $\mathcal{C}$ のことである:

(1) 任意の対象 $X, Y \in \mathrm{Ob}(\mathcal{C})$ に対して, 射の集合 $\mathrm{Hom}_\mathcal{C}(X, Y)$ は可換群の構造をもつ. とくに, 単位元の存在を仮定するので, $\mathrm{Hom}_\mathcal{C}(X, Y)$ は空ではない.

(2) 射の合成は双線形である: $g \circ (f_1 + f_2) = g \circ f_1 + g \circ f_2$, $(g_1 + g_2) \circ f = g_1 \circ f + g_2 \circ f$.

(3) **0–対象** (0–object) と呼ばれる対象 $0 \in \mathrm{Ob}(\mathcal{C})$ が存在して, **始対象** (initial object) かつ**終対象** (final object) になる: 任意の $X \in \mathrm{Ob}(\mathcal{C})$ に対して, $\mathrm{Hom}_\mathcal{C}(0, X)$ および $\mathrm{Hom}_\mathcal{C}(X, 0)$ は, ともに単位元のみからなる群になる.

(4) 任意の対象 X, Y に対して, それらの直和と直積が存在し, しかもそれらは同型になる: 対象 $Z = X \oplus Y$ と射 $i_X: X \to Z$, $i_Y: Y \to Z$,

$p_X : Z \to X$ および $p_Y : Z \to Y$ が存在して, 次の**普遍性質** (universal property) を満たす:

(直和) 任意の対象 W および射 $f_X : X \to W$, $f_Y : Y \to W$ が与えられたとき, 射 $f_Z : Z \to W$ であって $f_X = f_Z \circ i_X$, $f_Y = f_Z \circ i_Y$ となるものがただ一つ存在する.

(直積) 任意の対象 W および射 $g_X : W \to X$, $g_Y : W \to Y$ が与えられたとき, 射 $g_Z : W \to Z$ であって $g_X = p_X \circ g_Z$, $g_Y = p_Y \circ g_Z$ となるものがただ一つ存在する.

加法圏の間の関手 $F : \mathcal{C} \to \mathcal{D}$ が**加法関手** (additive functor) であるとは, 射の集合の間の写像 $F : \mathrm{Hom}_\mathcal{C}(X, Y) \to \mathrm{Hom}_\mathcal{D}(F(X), F(Y))$ が群準同型写像になるときをいう.

以下の追加の条件を満たすような加法圏 $\mathcal{C}$ を**アーベル圏** (abelian category) と呼ぶ:

(1) 任意の射 $f : X \to Y$ に対して**核** (kernel) と呼ばれる射 $k_f : \mathrm{Ker}(f) \to X$ および**余核** (cokernel) と呼ばれる射 $c_f : Y \to \mathrm{Coker}(f)$ が存在し, 次の普遍性質を満たす:

(核) 任意の射 $g : Z \to X$ で $f \circ g = 0$ となるものに対して, 射 $g' : Z \to \mathrm{Ker}(f)$ で $g = k_f \circ g'$ となるものがただ一つ存在する.

(余核) 任意の射 $h : Y \to Z$ で $h \circ f = 0$ となるものに対して, 射 $h' : \mathrm{Coker}(f) \to Z$ で $h = h' \circ c_f$ となるものがただ一つ存在する.

(2) 任意の射 f は**余像** (coimage) $\mathrm{Coim}(f) = \mathrm{Coker}(k_f)$ から**像** (image) $\mathrm{Im}(f) = \mathrm{Ker}(c_f)$ への同型射 $\bar{f} : \mathrm{Coim}(f) \to \mathrm{Im}(f)$ を引き起こす: $f = k_{c_f} \circ \bar{f} \circ c_{k_f}$.

例 9 可換群全体とそれらの間の準同型写像全体のなす圏 (Ab) はアーベル圏である. 環 A を固定したとき, 左 A–加群全体とそれらの間の A–準同型写像全体のなす圏 (A–Mod) もアーベル圏である.

例 10 位相空間 X を固定したとき, X 上の可換群の層全体とそれらの間の準同型写像全体のなす圏はアーベル圏である.

例 11 左 A 加群 M を固定するとき, 共変関手 $F = \mathrm{Hom}_A(M, \bullet) : (A\text{-Mod}) \to (\mathrm{Ab})$ および反変関手 $G = \mathrm{Hom}_A(\bullet, M) : (A\text{-Mod})^o \to (\mathrm{Ab})$ が, $F(X) = \mathrm{Hom}_A(M, X)$ および $G(X) = \mathrm{Hom}_A(X, M)$ によって定義される. また, 右 A 加群 N を固定するとき, 共変関手 $H = N \otimes_A : (A\text{-Mod}) \to (\mathrm{Ab})$ が $H(X) = N \otimes_A X$ によって定義される.

5 導来圏

アーベル圏の間の加法関手 $F : \mathcal{C} \to \mathcal{D}$ で, アーベル圏の構造と両立するものは**完全関手** (exact functor) と呼ばれる: 任意の射 $f \in \mathrm{Hom}_\mathcal{C}(X, Y)$ に対して, 射 $F(f) : F(X) \to F(Y)$ の核と余核が $F(k_f) : F(\mathrm{Ker}(f)) \to F(X)$ および $F(c_f) : F(Y) \to F(\mathrm{Coker}(f))$ で与えられる.

$\mathrm{Hom}(M, \bullet)$, $\mathrm{Hom}(\bullet, M)$ や $N \otimes_A$ のような基本的な関手も完全ではない. それを補うために, アーベル圏 $\mathcal{A}$ から出発して, その**導来圏** (derived category) $D(\mathcal{A})$ と呼ばれるものを構成することができる. 導来圏は以下のような普遍性質で特徴付けられる. $\mathcal{A}$ 上の**複体** (complex) 全体のなす圏を $\mathrm{Kom}(\mathcal{A})$ とするとき, 以下の条件を満たすような関手 $Q : \mathrm{Kom}(\mathcal{A}) \to D(\mathcal{A})$ が存在する:

(1) $\mathrm{Kom}(\mathcal{A})$ 内の射 $f : X \to Y$ に対して, それが誘導するコホモロジーの間の射 $H^n(f) : H^n(X) \to H^n(Y)$ が任意の整数 n に対して同型であるならば, $D(\mathcal{A})$ 内の射 $Q(f) : Q(X) \to Q(Y)$ は同型である.

(2) もう一つの圏への任意の関手 $F : \mathrm{Kom}(\mathcal{A}) \to \mathcal{C}$ で (1) と同様の条件を満たすものに対して, ただ一つの関手 $G : D(\mathcal{A}) \to \mathcal{C}$ が存在して, $F = G \circ Q$ となる.

導来圏はアーベル圏ではないが, その代わりに**三角圏** (triangulated category) と呼ばれる構造が入る. 関手 $\mathrm{Hom}(M, \bullet)$, $\mathrm{Hom}(\bullet, M)$ や $N \otimes_A$ は, 導来圏の間の**導来関手** (derived functor) 呼ばれる関手 $R\mathrm{Hom}(M, \bullet)$, $R\mathrm{Hom}(\bullet, M)$ や $N \otimes_A^L$ に拡張することができ, これらは三角圏の構造と両立するようになる. 導来圏は新しいタイプの不変量として重要な研究対象である. 〔川又雄二郎〕

高速フーリエ変換

fast Fourier transform, FFT

1 離散フーリエ変換

項数 N の複素数の列 $\{a_0, a_1, \ldots, a_{N-1}\}$ に対して

$$\widehat{a}_k = \frac{1}{N}\sum_{n=0}^{N-1} a_n \exp\left(-i\frac{2\pi kn}{N}\right) \quad (1)$$

で定義される別の複素数列 $\{\widehat{a}_0, \widehat{a}_1, \ldots, \widehat{a}_{N-1}\}$ に変換することを，$\{a_j\}$ の離散フーリエ変換 (discrete Fourier transform：DFT) といい，変換された数列も DFT という．周期 2π の複素数値周期関数 $f(t)$ のフーリエ係数

$$c_k = \frac{1}{2\pi}\int_0^{2\pi} f(t) e^{-ikt} dt$$

を求めるのに，積分区間 $[0, 2\pi]$ を N 等分した台形公式で近似すれば

$$C_k = \frac{1}{N}\sum_{n=0}^{N-1} f\left(\frac{2\pi n}{N}\right) \exp\left(-i\frac{2\pi kn}{N}\right)$$

となり，f の関数値の列を $\{a_n\}$ にみなしたとき，(1) の右辺に一致する．この関係があるため，積分で定義された (連続的) フーリエ変換と同様，DFT は信号処理やデータ解析などに広範な応用がある．しかも式 (1) で結ばれた $\{a_n\}, \{\widehat{a}_k\}$ の間では逆変換 (IDFT)

$$a_n = \sum_{k=0}^{N-1} \widehat{a}_k \exp\left(i\frac{2\pi kn}{N}\right), \; n = 0, 1, \ldots, N-1$$

も成り立つ．

式 (1) を定義通り計算すると，N^2 に比例する回数の乗算，すなわち $O(N^2)$ の乗算が必要となるが，演算の組み立てを工夫することによって，これを減少させる試みが行われてきた．このうち乗算回数を $O(N\log N)$ 程度で計算する方法を，総称して高速フーリエ変換 (FFT) という．IDFT は DFT と本質的に同じ算法が使えることにも注意する．

2 高速フーリエ変換の原理

1965 年クーリー (J.W. Cooley) とチューキー (J.W. Tukey) によって発表された方法はその代表的なもので，次の手順で示される．

DFT の次元数 N が，2 以上の整数 N_1, N_2 によって $N = N_1 N_2$ と分解されるとする．0 以上 $N-1$ 以下の整数 k, n を，それぞれ N_1, N_2 で整除し

$$k = k_1 N_1 + k_0 \quad (0 \le k_0 < N_1, \; 0 \le k_1 < N_2),$$
$$n = n_1 N_2 + n_0 \quad (0 \le n_0 < N_2, \; 0 \le n_1 < N_1)$$

と，整数の組 $(k_1, k_0), (n_1, n_0)$ で一意に表すことにしよう．DFT (1) を

$$\widehat{a}_k = \frac{1}{N}\sum_{n=0}^{N-1} a(n) \exp\left(-i\frac{2\pi nk}{N}\right)$$

と表記し，さらに

$$a(n) = a(n_1, n_0), \qquad N\widehat{a}_k = F(k_1, k_0)$$

という記号を導入する．$\omega(x) = \exp(-2\pi i x)$ と定義すると

$$F(k_1, k_0) = \sum_{n=0}^{N-1} a(n)\, \omega\left(\frac{kn}{N}\right)$$

$$= \sum_{0 \le n_0 < N_2} \sum_{0 \le n_1 < N_1} a(n_1, n_0)\, \omega\left(\frac{k(n_1 N_2 + n_0)}{N}\right)$$

$$= \sum_{n_0}\left\{\sum_{n_1} a(n_1, n_0)\, \omega\left(\frac{kn_1}{N_1}\right)\right\} \omega\left(\frac{kn_0}{N}\right) \quad (*)$$

と書ける．周期性によって，

$$\omega\left(\frac{kn_1}{N_1}\right) = \omega\left(\frac{k_0 n_1}{N_1}\right),$$
$$\omega\left(\frac{kn_0}{N}\right) = \omega\left(\frac{k_0 n_0}{N}\right)\omega\left(\frac{k_1 n_0}{N_2}\right)$$

が成り立ち

$$(*) = \sum_{n_0}\left\{\sum_{n_1} a(n_1, n_0)\, \omega\left(\frac{k_0 n_1}{N_1}\right)\right\} \times$$
$$\omega\left(\frac{k_0 n_0}{N}\right)\omega\left(\frac{k_1 n_0}{N_2}\right)$$

となる．そこで

(i) $n_0 = 0, 1, \ldots, N_2 - 1$ に対して中間的に

$$a_1(k_0, n_0) = \sum_{0 \le n_1 < N_1} a(n_1, n_0)\, \omega\left(\frac{k_0 n_1}{N_1}\right)$$

を計算する (N_1 項 DFT の N_2 回の繰り返し)

(ii) 各 $a_1(k_0, n_0)$ に対して

$$\widetilde{a}_1(k_0, n_0) = a_1(k_0, n_0)\, \omega\left(\frac{n_0 k_0}{N}\right)$$

を計算する (回転因子 $\omega((n_0 k_0)/N)$ による位相回転)

(iii) これを用いて

$$a_2(k_0, k_1) = \sum_{0 \leq n_0 < N_2} \widetilde{a}_1(k_0, n_0) \omega\left(\frac{k_1 n_0}{N_2}\right)$$

と計算する (N_2 項 DFT の N_1 回の繰り返し) とすれば,$F(k_1, k_0) = a_2(k_0, k_1)$ となって,必要な DFT が求められる.

すると,N_1 項,N_2 項 DFT の必要乗算回数をそれぞれ $M(N_1), M(N_2)$ とすれば,上の (i)–(iii) によって計算したときの乗算回数 $M(N)$ は
$$M(N) = N_2 M(N_1) + N_1 M(N_2) + N$$
$$= N\left(M(N_1)/N_1 + M(N_2)/N_2 + 1\right)$$
となる.

3 再帰的計算

この原理は,たとえば N_1 がさらに 2 以上の整数の積に分解できれば,再帰的に適用できることに注意しよう.したがって $N = N_1 N_2 \cdots N_p$ ならば
$$M(N) = N\left(\sum_{j=1}^p \frac{M(N_j)}{N_j} + p - 1\right)$$
となるし,$N = 2^p$ のときは,乗算回数が $O(N \cdot p) = O(N \log_2 N)$ で実行することができる.

また,上の計算過程で N_2 が 2 であれば (N が偶数),(iii) は 2 項 DFT なので,実は乗算不要であり,(ii) では $n_0 = 1$ の場合のみ乗算が必要なので,演算はもっと単純となることも注目に値する.そのため,$N = 2^p$ のときは (i) と (iii) では乗算不要で,位相回転のみを行えばよい.$N = N_1 N_2 \cdots N_p$ と素因数分解されるときには,どのような順序で再帰呼び出しを行うかによって,異なる算法が導かれ,たとえばウィノグラード (Winograd) 算法など効率的な方法が考案されている.

数列 $\{a_0, a_1, \ldots, a_{N-1}\}$ が実数であるときは,DFT $\{\widehat{a}_k\}$ は,$\widehat{a}_{-k} = \widehat{a}_k^*$ という意味の対称性がある (ここで z^* は,z の共役複素数).また $\widehat{a}_{N-k}^* = \widehat{a}_k$ ($k = 0, 1, \ldots, N-1$) も成り立つ.これらの性質を活用すると,実数列の DFT を記憶場所と演算回数とも半減させて実行することができる.さらに,実数列に対称性や歪対称性があると,DFT はそれぞれ余弦関数,正弦関数の一方の計算のみで実行できる.これを高速余弦変換 (fast cosine transform),高速正弦変換 (fast sine transform) という.

しかし,これらの算法はいずれも $O(N \log N)$ の計算量を本質的に下回るものではない.ここで,$\log N$ は底を特定しない対数で,N をなんらかの基数をとって表したときの桁数と解釈するものとする.

4 FFT の発展

クーリー–チューキーの論文が発表されると,日本を含む世界各地で,同様な着想を得ていたとの報告が相次いだ.しかし,計算量の解析を含めて方法の正確な表現を与えたのは,やはり彼らの功績といえる.以降多数の研究者によって,改良版が発表されている.

通常考えられるフーリエ変換・級数の応用を超えて,FFT の有用性は多方面で認識され,大きなインパクトを与えてきた.その代表例の一つが離散畳込み演算 (discrete convolution) である.つまり 2 つの数列 $\{a_j\}, \{b_j\}$ から $c_j = \sum_k a_k b_{j-k}$ を求める計算で,多項式の積を求めるなどさまざまな場面で現れる.$\{a_j\}, \{b_j\}, \{c_j\}$ の DFT をそれぞれ $\{\widehat{a}_k\}, \{\widehat{b}_k\}, \{\widehat{c}_k\}$ と表記すると,等式
$$\widehat{c}_k = \widehat{a}_k \widehat{b}_k \quad (k = 0, 1, \ldots, N-1)$$
が成り立つ.すなわちフーリエ変換した側では,単純な積で済み,$\widehat{c}_k$ から c_k を求めるのは IDFT で可能であるから,直接畳込み演算を行うより,一見迂回路にみえるこの方法の方が早いのである.

さらに,この事実とも関連して,FFT は巡回群の既約表現とみなせるので,その原理を一般の可換群,ひいては非可換群に拡張する研究が進められている. [三井斌友]

参考文献

[1] 森 正武・名取 亮・鳥居達生:数値計算,岩波書店,1982.
[2] 杉原正顯・室田一雄:数値計算法の数理,岩波書店,1994.
[3] M. Clausen, U. Baum : *Fast Fourier Transforms*, BI–Wiss.–Verl., 1993.

公理的集合論

axiomatic set theory

公理的集合論という言葉は，素朴集合論に対して用いられる言葉であるが，今日では単に集合論といえば，公理と論理体系を合わせた公理的な集合論を意味する．

集合の概念がはじめて本格的に考察の対象になったのは，カントール (G. Cantor) が三角関数からなる級数の収束点の集合を取り扱ったときとされている．

素朴な意味での集合 (set, Menge, ensemble) は，ものの集まりを一つの「実体」とみたものである．Menge には雑然とした群集のイメージがあるが set, ensemble は何か秩序を感じさせるが同じ集合を意味する語である．数学では，集合の集合など集合の概念が何重にも重ねて用いられるのが特徴である．通常，自然数 n が集合 A に属するとき $n \in A$ のように記し，n は A の要素 (元, n is an element (a member) of A) である，あるいは A は n を含む (A include n (as a member)) などという．この場合，元と集合は小文字と大文字のように区別されているが，集合論においては，要素もそれを含む集合もともに集合であるから，区別なく $a, b, \ldots, x, y \ldots$ などの文字を用いる．記号 $\in$ は，「…である」に相当するギリシャ語の be 動詞の $\varepsilon \sigma \tau \iota$ の最初の文字 ε (epsilon) を記号化したものでペアノ (G. Peano) によるといわれている．

集合 a, b について $a \in b$ の否定は $a \notin b$ とも記される．集合の間のもう一つの基本的な関係は，集合の包含関係 (inclusion relation)，つまり，すべての a の元は b の元であること $a \subset b$ である．この場合も a は b に含まれる，あるいは，b は a を含むという．日本語では「含む」，「含まれる」という語は，元と集合の場合と，集合と集合の場合の両方に使われ混同しやすい．$a \in b$ は元として (as an element, as a member) 含む，$a \subset b$ は集合として (as a set) 含むなど区別する．$a \subset b$ のとき a は b の部分集合 (subset) という．とくに，$a \subset b$ かつ $a \neq b$ である場合，a は b の真部分集合 (proper subset) と呼ばれる．集合の相等，つまり，同一であることは $a \subset b$ かつ $b \subset a$ で定義され，$a = b$ と記される．これを外延性の公理 (axiom of extensionality) という．

集合の定義には，元 (element) を列挙する方法と，特定の性質をもつものの全体とする方法がある．$P(x)$ で x に関する性質 (property)，x を変数とする述語 (predicate) あるいは関係式 (relational formula) とするとき $\{x : P(x)\}$ で，性質 $P(x)$ をもつ x の全体の集まりを記す．

たとえば，$\{1, 2, 3, 6\}$ とか，6 の約数の全体といった具合である．n は m の約数であることを $n|m$ と記すならば，6 の約数の全体は $\{n : n|6\} = \{1, 2, 3, 6\}$ である．

また，元を列挙する方法で定義された集合 $\{a, b, c\}$ も，論理記号，$\vee$ (または, or) と $=$ (等号, equality) を用いた関係式 $x = a \vee x = b \vee x = c$ で記述できるから，集合の導入は $\{x : P(x)\}$ の形だけで済ませることも可能である．通常，記号法の簡潔性のためこの両者を適宜用いる．$\{x : P(x)\}$ によって集合が定義可能であることを内包公理 (comprehension axiom) という．しかし，素朴にこの公理を運用すると，自分自身を含まない集合全体の集合 $a = \{x : x \notin x\}$ も一つの集合となり，ラッセルのパラドックス (Russell's paradox) $a \in a \equiv a \notin a$ が起こる．命題 $a \in a$ とその否定が同値であるという矛盾を避けるため，当面必要な元の全体の集合，たとえば，整数論なら整数の全体 $\boldsymbol{Z}$，実数論なら実数の全体 $\boldsymbol{R}$，ヒルベルト空間 $\boldsymbol{H}$ などの集合をユニバース (全体集合, universal set) と定めて，その集合 A の元に限って内包公理を適用して集合 $\{x \in A : P(x)\}$ を定義する．そして，当該理論を展開している間は A を省略したり，変数 x の変域 (range) は A であると定めて，単に $\{x : P(x)\}$ と記する．

たとえば，すべての集合の全体 $\{x : x = x\}$ は V (Vollraum, full-space) あるいは U (universe) などと記され，集合ではないが類 (class) と名付け考察の対象とする．ラッセルのパラドックスのとき用いられた $\{x : x \notin x\}$ なども集合ではない類，つ

まり，真類 (proper class) として取り扱う．ラッセルのパラドックスの内容は，類 $\{x : x \notin x\}$ が真類であることの証明であるとの立場をとる．ブラリ–フォルティのパラドックス (Burali–Forti's paradox) は順序数 (ordinal number) の全体 On (=OR) が真類であること，カントールのパラドックス (Cantor's paradox) は基数 (= 濃度，cardinal number) の全体 Card が真類であることの証明であるとの立場をとる．

素朴な集合の満たすべき性質を抽象して，現代数学のほぼすべてが自由に展開できるように設定された集合の体系が公理的集合論である．ツェルメロ–フレンケルの集合論 (Zermelo–Fraenkel set theory：ZF) や，類の記号も含むゲーデル・ベルナイスの集合論 (Gödel–Bernays set theory：GB) がそれである．通常は選択公理 (axiom of choice：AC, C) を含めて ZFC や GBC などと記する．たとえば，カテゴリー全体のカテゴリー CAT などは，自然に記述するときには，類の類のような概念が登場するが，ZFC に到達不可能基数 (strongly inaccessible cardinal) の存在 I などの強い無限公理 (axiom of strong infinity) を付け加えた体系を考えて，上記のような数学的対象を（大きな集合の一部として）自然な形で含み，通常の数学的推論が自由に展開できる体系が考えられている．

集合論の標準的な体系の例として ZFC の公理系を記しておく．以下では，公理を提示して，その下にその公理から導入される諸概念の記法と簡単な説明を加える．

ZFC (Zermelo–Fraenkel set theory with axiom of choice)

1. 外延性 (extensionality), 等号 (equality) の定義, =
$$a = b \equiv \forall x (x \in a \equiv x \in b)$$

2. 非順序対 (unordered pair), $\{a, b\}$
$$c \in \{a, b\} \equiv c = a \vee c = b$$
順序対 (ordered pair) は (a, b) あるいは $\langle a, b \rangle$ のように記され $\{a\} = \{a, a\}, (a, b) = \{\{a\}, \{a, b\}\}$ で定義される．順序対の基本的性質は
$$(a, b) = (c, d) \equiv a = c \wedge b = d$$
である．

3. 和集合 (sum set), $\cup a$
$$b \in \cup a \equiv \exists x \in a (b \in x)$$
単一子 (singleton) は $\{a\} = \{a, a\}$, 二つの集合の和は $a \cup b = \cup\{a, b\}, \{a, b, c\} = \{a, b\} \cup \{c\}, a' = a \cup \{a\} \cdots$ などと定義する．

4. べき集合 (power set), $\wp(a)$
$$b \in \wp(a) \equiv b \subset a$$
もちろん，$b \subset a \equiv \forall x \in b (x \in a)$ である．$\cup, \wp$ について
$$a = \cup \wp(a), \quad a \subset \wp(\cup a),$$
$$\cup \wp = \cup \wp \cup \wp, \quad \wp \cup = \wp \cup \wp \cup$$
などの性質がある．

5. 空集合 (empty set), $0 = \emptyset$
$$a \notin 0$$
各自然数は，
$$1 = 0' = \{0\}, \quad 2 = 1' = \{0, 1\},$$
$$3 = 2' = \{0, 1, 2\}, \ldots$$
で定義される．$1 = \wp(0), 2 = \wp(1)$ など．

6. 無限公理 (axiom of infinity), 自然数の全体集合 (the set of natural numbers),
$$\omega = \{0, 1, 2, \ldots\}$$
$a \in \omega$
$$\equiv \forall x (0 \in x \wedge \forall y \in x (y' \in x) \to a \in x)$$
これは数学的帰納法 (mathematical induction) による自然数の定義である．$\{0, 1, 2, \ldots\}$ は通常用いられる記法であるが厳密な意味では定義ではない．

7. 内包の公理 (axiom of comprehension), $\{x \in a : P(x)\}$
$$b \in \{x \in a : P(x)\} \equiv b \in a \wedge P(b)$$

8. 置換公理 (axiom of replacement)
$$\forall x \in a \, \exists y \, P(x, y)$$
$$\equiv \exists y \forall x \in a \, \exists z \in y \, P(x, z)$$
置換公理は集合の1価関数を与える関係
$$\forall x \in a \, \exists! y \, P(x, y)$$
つまり，
$$\forall x \in a \, \exists y \, P(x, y),$$

公理的集合論

$$\forall x \in a \forall y \forall z (P(x,y) \wedge P(x,z) \rightarrow y = z)$$
に対して，
$$\{y : \exists x \in a\, P(x,y)\}$$
を集合として導入することができるということである．この性質を置換公理ということもある．

8. の意味の置換公理から，$\forall x \in a \exists y\, P(x,y)$ ならば $\forall x \in a \exists z \in b\, P(x,y)$ となる b をとり，7. の内包の公理から，
$$\{y \in b : \exists x \in a\, P(x,y)\}$$
$$= \{y : \exists x \in a\, P(x,y)\}$$
となるのである．

9. 基礎の公理 (axiom of foundation)
$$\exists x\, P(x) \equiv \exists x (P(x) \wedge \neg \exists y \in x\, P(y))$$

9′. $\in$–帰納法 ($\in$–induction)
$$\forall x\, P(x) \equiv \forall x (\forall y \in x\, P(y) \rightarrow P(x))$$

基礎の公理と $\in$–帰納法は互いに対偶 (dual, contraposition) で，同一原理の異なる表現である．集合の形で表現するときには
$$\exists x \in a \equiv \exists x \in a (a \cap x = 0).$$

10. 選択公理 (axiom of choice: AC, C)
$$\forall x \in a \exists y\, P(x,y) \equiv \exists y \forall x \in a\, P(x, y(x))$$
関数 f は通常そのグラフ (graph)，つまり，
$$y = f(x) \equiv (x,y) \in f$$
で定義される．定義域 (domain), dom(f) や値域 (range), rng(f) は
$$\text{dom}(f) = \{x \in \cup^2 f : \exists y (y = f(x))\}$$
$$\text{rng}(f) = \{y \in \cup^2 f : \exists x (y = f(x))\}$$
で定義される．選択公理の下では $\forall x \in a \exists y\, P(x,y)$ とすれば 8. の置換公理が導かれる．それは，$\forall x \in a\, P(x, f(x))$ とすれば，$z = \text{rng}(f)$ が集合として z の役割を演じ，$\forall x \in a \exists y \in z\, P(x,y)$ となるからである．対の公理も $P(x,y) \equiv (x = 0 \wedge y = a) \vee (x = 1 \wedge y = b)$ として $\forall x \in 2 \exists z \in c\, P(x,z)$ となる集合 c から，$\{a,b\} = \{x \in c : x = a \vee x = b\}$ と定義される．

したがって，上記の公理系 ZFC の場合も必ずしも独立 (independent) な公理からなっているわけではなく，初等的な概念，おそらくそれは，歴史の初期の段階で必要であったものが，その順序を保って提示されているのである．

順序数 (ordinal number) と集合の階数 (rank) については Ord(x) を推移性と元の推移性
$$\forall x \in a \forall y \in x (y \in a),$$
$$\forall x \in a \forall y \in x \forall z \in y (z \in x)$$
あるいは推移性と元の比較可能性
$$\forall x \in a \forall y \in x (y \in a),$$
$$\forall x \in a \forall y \in a (x \in y \vee x = y \vee y \in x)$$
として定義する．これらは基礎の公理のもとで同値になる．順序数の大小関係 $\alpha < \beta$ は包含関係 $\alpha \in \beta$ で定義される．順序数 α については $\alpha = \beta'$ のとき後者順序数 (successor ordinal), そうでないとき極限順序数 (limit ordinal) と呼ぶ．極限順序数は $\alpha = \cup \alpha$ となる数である．順序数の全体は集合ではなく真類 (proper class) で On $= \{\alpha : \text{Ord}(\alpha)\}$ と記される．順序数に関する帰納法で
$$R(\alpha') = \wp(R(\nu)) \quad \text{if } \alpha = \nu'$$
$$R(\alpha) = \cup \{R(\nu) : \nu \in \alpha\} \quad \text{if } \alpha = \cup \alpha$$
と定義する．$0 = \cup 0 = \emptyset$ であるから
$$R(0) = 0, \quad R(1) = \wp(0) = 1,$$
$$R(2) = \wp(1) = 2 = \{0,1\}$$
$$R(3) = \{0, 1, 2, \{1\}\},$$
$$R(4) = \wp(\{0,1,2,\{1\}\}), \ldots$$
である．自然数 n での $R(n)$ の元の個数は
$$0, 1, 2, 4, 2^4 = 16, 2^{16} = 65536, \ldots$$
と順次 2 のべきで増加する．そして基礎の公理は
$$V = R(\text{On}) = \cup \{R(\nu) : \text{ord}(\nu)\}$$
と同値である．集合 a の階数は $a \subset R(\alpha)$ となる最小数 $r(a) = \alpha \equiv a \in R(\alpha') - R(\alpha)$ と定義する．これによって同値類 (equivalence class) が真類になるような場合その最小ランクの集合を考えて考察を集合の範囲に限ることができる．

ZFC では，無限公理として自然数の全体の集合 ω の存在を仮定している．自然数の全体の記法については，代数学などでは 0 を含めず $\boldsymbol{N} = \{1, 2, 3, \ldots\}$ と記し，集合論や情報関係では 0 を含めて $\omega = \{0, 1, 2, \ldots\}$ を自然数と定めているの

が現状である．

ゲーデルの不完全性定理の主張，つまり公理系を設定すれば必ず，その理論で決定できない，おそらくは本質的に新しい知見が存在するのであるから，ZF は数学の理論の核の部分にすぎない．たとえば，そのなかで集合論の公理系が成立する集合 u の存在，つまり，集合論の小宇宙 u の存在性を公理とするなどである．これは，到達不能基数 (inaccessible cardinal) の存在として定式化されている．また，集合の全体 V から V への (全射ではない) 基本写像，つまり，すべての性質を相対的に保つ，写像で恒等射でないもの

$$j : V \to U \subset V$$

の存在の公理がある．これは，可測基数 (measurable cardinal) としても定式化されている．可測基数の存在公理は MC と記される．

列 s の基本写像による像 $j(s)$ が一定の長さの列をすべて尽くすことを仮定する公理，たとえば，強・弱のコンパクト基数 (compact cardinal)，巨大基数 (huge cardinal) などの強無限公理 (axiom of strong infinity) が存在する数学の世界が展開されている．

無限公理の一種として，選択公理と明白に矛盾するけれども，実数の部分集合のルベーグ可測性 (Lebesgue measurablity：LM) やベールの性質 (Baire property：BP) などを導く決定性公理 (axiom of deteminacy, determinateness：AD) がある．これは，自然数列の集合 A が与えられたとき，2 人ゲームで先手 I と後手 II が交互に自然数を (無限回) 取り合うもので，I, II がとった手を関数

$$f, g : \omega \to \omega$$

などで記す．ゲームの戦略 (strategy) とは，相手の今までとった手，数の有限列を見て，自分の手を決定する関数，つまり，自然数の有限列に自然数を対応させる関数

$$\sigma : \bigcup_{n \in \omega} \omega^n \to \omega$$

のことである．先手 I が f に従い，後手 II が戦略 σ に従ってプレイするゲームの結果は
$\sigma^* f = \langle f(0), \sigma(f(0)), f(1), \sigma(f(0), f(1)), \cdots \rangle$
であり，I についても，先攻・後攻の差はあるが $g^* \sigma$ と記する．決定性公理 AD は任意の A に対して I, II のいずれかが必勝法 (winning strategy) σ をもつこと，つまり，すべての A について

$$\exists \sigma (\forall f (\sigma^* f \in A) \vee \forall f (f^* \sigma \notin A))$$

が成立するという公理である．この公理はミシエルスキー (J. Mysiersky) による．

決定性公理から，$\aleph_1$, $\aleph_2$ が可測基数であることがソロベイ (R.M. Solovay) によって示されている．

AD からは，一つの単位球が二つの単位球と分割合同になるというバナッハ–タルスキー・パラドックス (Banach–Tarski paradox) や，ω 上の非主 (non principal, non trivial) ウルトラフィルター (ultrafilter, maximal filter) の存在は証明できない．それはルベーグ可測性 LM と矛盾するからである．

解析的階層 (analytic hierarchy) に関してはウッディン (W.H. Woodin) の著しい研究成果などがある．相対無矛盾性については ZF, AD が無矛盾ならば ZFC と複数の可測基数の存在の無矛盾性が導かれる．その他，たとえば，到達不可能基数の存在を仮定すると，解析学で必要な実数の可算個の算法は可能で，任意の実数の部分集合がルベーグ可測であるような，ソロベイの集合論のモデルが存在する．このような集合世界は解析学や物理学にどのような効果をもたらすか今後の研究にまつ部分も多い．　　　　　　　　　［難波完爾］

参 考 文 献

[1] T. Jech：*Set theory, 2nd ed, Perspectives in Mathematical Logic*, Springer, 1991.
[2] K. Kunen：*Set Theory, 6th ed, Study in Logic and the Foundations of Mathematics*, North-Holland, 1995.
[3] S. Shelah：*Proper and Improper Forcing, 2nd ed, Perspectives in Mathematical Logic*, Springer, 1991.
[4] 田中一之編：ゲーデルと 20 世紀の論理学 4，東京大学出版会，2006.
[5] 難波完爾：数学と論理，朝倉書店，2003.

コーシー–コワレフスキーの定理

Cauchy–Kowalevski theorem

本項では多重指数の項目で定めた記法を用いる. Ω を $\boldsymbol{R}^k$ の開集合とし, f を Ω 上で定義された複素数値関数とする. f が $x^0 \in \Omega$ で実解析的であるとは, x^0 のある近傍 $U \subset \Omega$ とある $a_\alpha \in \boldsymbol{C}$ ($\alpha \in \boldsymbol{Z}_+^k$) が存在し, 収束するべき級数により
$$f(x) = \sum_{\alpha \in \boldsymbol{Z}_+^k} a_\alpha (x - x^0)^\alpha \quad (x \in U)$$
と表せることである. f が Ω のすべての点で実解析的であるとき Ω 上で実解析的であるという. ベクトル値関数あるいは行列値関数が実解析的であるとは各成分が実解析的となることである.

$\boldsymbol{R} \times \boldsymbol{R}^{n-1}$ の点を (t, x) ($t \in \boldsymbol{R}, x \in \boldsymbol{R}^{n-1}$) により表す. ∂_t^j は t に関する j 回偏微分, ∂_x^α は x に関する α 回偏微分とする. C^k 級関数 u に対して $(\partial_t^j \partial_x^\alpha u)_{|\alpha|+j \leq k, j < k}$ により成分を $\partial_t^j \partial_x^\alpha u$ とする $N(k)$ ベクトルを表す (並べ方にはあらかじめ一定の規則を定める). ここで $N(k)$ は集合 $\{(j, \alpha) : 0 \leq |\alpha| + j \leq k, 0 \leq j < k\}$ の元の個数である.

まず, 簡単のためにコーシー–コワレフスキーの定理の連立 1 階線形偏微分方程式 (正規形) の場合を記す.

定理 1 (コーシー–コワレフスキーの定理)

N を正整数とする. $\boldsymbol{R} \times \boldsymbol{R}^{n-1}$ の開集合 Ω 上の実解析的な関数 $a_{jk}^\nu(t, x)$, $b_{jk}(t, x)$, $c_j(t, x)$ ($j, k = 1, \ldots N, \nu = 1, \ldots, n-1$) に対して, 連立 1 階偏微分方程式
$$\frac{\partial u_j}{\partial t} = \sum_{k=1}^N \left(\sum_{\nu=1}^{n-1} a_{jk}^\nu(t, x) \frac{\partial u_k}{\partial x_\nu} + b_{jk}(t, x) u_k \right) + c_j(t, x) \quad (1)$$
($j = 1, \ldots, N$) を考える. $(t_0, x_0) \in \Omega$ とする. いま, x_0 のある $\boldsymbol{R}^{n-1}$ 内の近傍上の実解析的な関数 h_j ($j = 1, \ldots, N$) が与えられたとする. このとき (t_0, x_0) のある Ω 内の近傍とその上の実解析的な関数 u_j ($j = 1, \ldots, N$) で, その近傍上で方程式 (1) と初期条件
$$u_j(t_0, x) = h_j(x) \, (j = 1, \ldots, N)$$
を満たすようなものが一意的に存在する.

一般に次のことが成り立つ.

定理 2 (コーシー–コワレフスキーの定理)

B を $\boldsymbol{R}^{n-1} \times \boldsymbol{R}^N$ の原点の近傍での $\boldsymbol{R}^N$ 値実解析的関数, $A_1, \ldots, A_{n-1}$ を $\boldsymbol{R}^{n-1} \times \boldsymbol{R}^N$ の原点の近傍での $N \times N$ 行列値実解析的関数とする. このとき, $\boldsymbol{R} \times \boldsymbol{R}^{n-1}$ の原点のある近傍で, 次の初期値問題が実解析的なただ一つの $\boldsymbol{R}^N$ 値の解 $u(t, x)$ をもつ.
$$\begin{cases} \partial_t u = \sum_{\nu=1}^{n-1} A_\nu(x, u) \partial_{x_\nu} u + B(x, u) \\ u(0, x) = 0 \end{cases}.$$

この定理より次の定理が得られる.

定理 3 (コーシー–コワレフスキーの定理)

k を正整数とする. F を $\boldsymbol{R} \times \boldsymbol{R}^{n-1} \times \boldsymbol{C}^{N(k)}$ 上の関数とする. 初期値として $\boldsymbol{R}^{n-1}$ の原点の近傍で実解析的な複素数値関数 $h_0, \ldots, h_{k-1}$ が与えられ, F が $\boldsymbol{R} \times \boldsymbol{R}^{n-1} \times \boldsymbol{C}^{N(k)}$ の適切な領域上で実解析的ならば, $\boldsymbol{R} \times \boldsymbol{R}^{n-1}$ の原点のある近傍上の実解析的な関数 $u(t, x)$ で, 次をみたすものがただ一つ存在する.
$$\begin{cases} \partial_t^k u = F(t, x, (\partial_t^j \partial_x^\alpha u)_{|\alpha|+j \leq k, j < k}) \\ \partial_t^j u(0, x) = h_j(x) \, (j = 0, \ldots, k-1) \end{cases}.$$

コーシー–コワレフスキーの定理はより一般的な形でも成り立つが [2], 特徴的なことは, 初期値を含めすべてが実解析的な枠組みの中で論じられていること, そして時間的にも空間的にも局所解に限られていることである. 　　　　[新井仁之]

参考文献

[1] 熊ノ郷準：偏微分方程式, 共立出版, 1978.
[2] イ・ゲ・ペトロフスキー著, 吉田耕作校閲, 渡辺毅訳：偏微分方程式論, 東京図書, 1958.
[3] G.B. Folland：*Intoroduction to Partial Differential Equations, 2nd ed*, Princeton University Press, 1995.

コーシーの積分公式

Cauchy's integral formula

C を平面内の向きづけられた曲線とする.より正確には,ある連続なパラメータ表示 $\gamma:[0,1]\to \boldsymbol{C}$ の像 $\{\gamma(t):0\leqq t\leqq 1\}$ で,始点を $\gamma(0)$,終点を $\gamma(1)$ とするものである. C の長さは

$$\ell(C)=\sup_\Delta \sum_{j=1}^n |\gamma(t_j)-\gamma(t_{j-1})|$$

により定義される.ただし,ここに上限は区間 $[0,1]$ の任意の分割 $\Delta:0=t_0<t_1<\cdots<t_{n-1}<t_n=1$ にわたってとるものとする.これはパラメータのとりかたによらない.長さ有限な曲線 C 上の複素数値連続関数 $\varphi(z)$ に対し,その線積分は

$$\int_C \varphi(z)dz = \lim_{|\Delta|\to 0}\sum_{j=1}^n \varphi(\gamma(\tau_j))(\gamma(t_j)-\gamma(t_{j-1}))$$

によって定義される.ここで $t_{j-1}\leqq \tau_j\leqq t_j$ であり, $|\Delta|$ は分割の幅 $\max_{1\leqq j\leqq n}(t_j-t_{j-1})$ を表す.とくに, γ が区分的に C^1 級ならば C は長さ有限で $\ell(C)=\int_0^1 |\gamma'(t)|dt$ と表され,また線積分は

$$\int_C \varphi(z)dz = \int_0^1 \varphi(\gamma(t))\gamma'(t)dt$$

と表される.線積分は有限個の曲線の和集合に対しても積分の和として同様に定義される.

有界な平面領域 D の境界 ∂D は互いに交わらない有限個の区分的 C^1 級ジョルダン曲線の和集合であるとする. ∂D には D に関して正の向きを与えておく,すなわち,その向きに曲線上を進むとき D の内部が左にみえるように向き付けておく. $\bar{D}$ の近傍において正則な関数 f に対して,

$$\int_{\partial D} f(\zeta)d\zeta = 0$$

であることを主張するのがコーシーの積分定理 (Cauchy's integral theorem) である.さらに, $f(\zeta)$ の代わりに,固定した $z\in D$ に対して, D から z を中心とする十分小さい閉円板を取り除いた領域上の関数 $f(\zeta)/(\zeta-z)$ について積分定理を適用し,円板の半径を 0 に近づけることにより,コーシーの積分定理とまったく同じ仮定の下でコーシーの積分公式 (Cauchy's integral formula)

$$f(z)=\frac{1}{2\pi i}\int_{\partial D}\frac{f(\zeta)}{\zeta-z}d\zeta \quad (z\in D)$$

が得られる.

微分形式 $\omega=f(z)dz$ の外微分は f の正則性から D において $d\omega=(\partial f/\partial \bar{z})d\bar{z}\wedge dz=0$ となるので,ストークスの定理から

$$\int_{\partial D} f(\zeta)d\zeta = \int_{\partial D}\omega = \int_D d\omega = 0$$

が導出されるが,コーシーの積分定理については独自な形の精密化,一般化が知られている.たとえば,グールサ (Goursat) は f を C^1 級とは仮定せず, $\bar{D}$ の近傍の各点で複素微分可能であるという条件だけからこの定理を示し,結果的に f は C^1 級になることを指摘した.また, D の境界が有限個の互いに交わらない長さ有限なジョルダン曲線の和集合からなり, f は $\bar{D}$ において連続, D において正則という条件の下でもこれらの定理が正しいことが示されている (文献 [1] 参照).また,ホモロジーを用いる一般化もある.

コーシーの積分公式から,正則関数に関する実に多くの性質が導かれる.たとえば,ある点 z_0 の近傍において正則な関数 f を考える.簡単のため $z_0=0$ とし, f は円板 $|z|<R$ で正則であるとしよう.コーシーの積分公式を円板 $|z|<r \ (<R)$ において適用して

$$f(z)=\frac{1}{2\pi i}\int_{|\zeta|=r}\frac{f(\zeta)}{\zeta-z}d\zeta \quad (|z|<r)$$

を得るが, $(\zeta-z)^{-1}=\zeta^{-1}(1-z/\zeta)^{-1}$ を z/ζ について展開することにより,べき級数展開 $f(z)=\sum_{n=0}^\infty a_n z^n$ を得る.ここで係数

$$a_n=\frac{1}{2\pi}\int_0^{2\pi}\frac{f(re^{i\theta})}{r^n e^{in\theta}}d\theta$$

は $0<r<R$ のとりかたによらないので,上のべき級数展開は $|z|<R$ において成り立つことがわかる.とくに,有用な評価式 $|a_n|\leqq r^{-n}I(r,f)$ を得る.ただし,ここに

$$I(r,f)=\frac{1}{2\pi}\int_0^{2\pi}|f(re^{i\theta})|d\theta$$

とし,これはしばしば f の積分平均と呼ばれる.

[須川敏幸]

参考文献

[1] 小松勇作:函数論,朝倉書店,1960.

小平次元

Kodaira dimension

代数多様体は，次元がひとつ異なるだけでまさに次元が違う様相を示す．小平次元が異なる代数多様体もまったく異なった幾何学的特性を有するので，代数多様体の粗い分類においては，小平次元は次元そのものに次いで重要な指標になる．小平次元は**双有理不変量** (birational invariant) であり，細部の変化にとらわれずに定まる本質的な量である．

1 多重種数

体 k 上に定義されたなめらかな射影的代数多様体 X を考える．X の**余接層** (cotangent sheaf) Ω^1_X は正則 1 形式のなす階数 $d = \dim X$ の局所自由層であり，X を与えれば自動的についてくる便利な道具である．その行列式層 $\det(\Omega^1_X) = \Omega^d_X$ は，**標準層** (canonical sheaf) と呼ばれる可逆層になり，ω_X とも表す．層 ω_X の曲がり方に着目して，X の幾何学的構造を調べようというのがテーマである．ω の 0 ではない有理切断によって定まる因子 K_X を**標準因子** (canonical divisor) と呼ぶ．K_X は有理切断のとり方に依存し，その線形同値類のみが意味をもつが，通常は K_X があたかも標準的に定まっているようにみなす．

標準因子の自然数倍 mK_X に対応した可逆層 $\omega_X^{\otimes m}$ の大域切断を**多重標準形式** (pluricanonical form) と呼ぶ．m-重標準形式全体の集合 $H^0(X, mK_X)$ は自然に k 上の有限次元線形空間になる．この次元は ***m* 重種数** (m-genus) と呼ばれ $P_m(X)$ で表す．

X と双有理同値ななめらかで射影的な代数多様体 X' をもう一つとると，自然な同型 $H^0(X, mK_X) \cong H^0(X', mK_{X'})$ がある．多重種数は双有理不変量であるので，任意の (特異点を許し完備でもない) 代数多様体 X に対しても，なめらかで射影的な双有理モデル X' が存在する場合 (たとえば体 k の標数が 0 の場合) には，X' の多重種数をもって X の多重種数と定義する．

例 代数曲線の種数は 1 重種数である：$g = P_1(X)$．$g = 0$ ならば，X は射影直線 $\mathbf{P}^1$ と双有理同値であり**有理曲線** (rational curve) と呼ばれる．$g = 1$ ならば，**楕円曲線** (elliptic curve) と双有理同値である．

代数曲線の場合には，例外的に種数の値からすべての m 重種数の値がわかってしまう：$g = 0, 1$ ならばすべての m に対して $P_m(X) = g$ であり，$g \geq 2$ ならば $m \geq 2$ のときは $P_m(X) = (2m-1)(g-1)$ である．しかし，一般の次元ではこういう単純な関係式は成立せず，m の値が大きいところでの m 重種数の値が幾何学的に重要になる．

2 標準環

m_1 重標準形式と m_2 重標準形式をかけると $m_1 + m_2$ 重標準形式になるので，直和
$$R(X) = \bigoplus_{m=0}^{\infty} H^0(X, mK_X)$$
には k 上の次数つき多元環の構造が入る．これを X の**標準環** (canonical ring) と呼ぶ．標準環も双有理不変量である．双有理同値な代数多様体の位相的構造は異なるのが普通で，たとえばベッチ数 $\dim H^p(X, \mathbf{Q})$ は双有理不変量ではないことを考えれば，これは注目すべきことである．**反標準環** (anticanonical ring) $\bigoplus_{m=0}^{\infty} H^0(X, -mK_X)$ や，**全標準環** (total canonical ring) $\bigoplus_{m=-\infty}^{\infty} H^0(X, mK_X)$ も自然な構成にみえるが，これらは双有理不変量ではなく，限られた用途にしか用いられない．

体 k の標数が 0 である場合には，標準環は k 上有限生成の次数つき環になるということが，最近になって極小モデル理論の帰結として証明された (Birkar-Cascini-Hacon-McKernan)．正標数の体上の代数多様体に対しては，これはまだ未解決問題である．反標準環や全標準環に関しては，2 次元ですでに有限生成ではない例が存在する．

3 小平次元

X の**小平次元** (Kodaira dimension) $\kappa(X)$ と

は，標準環 $R(X)$ の超越次数から 1 を引いたものと定義する：$\kappa(X) = \text{trans.deg}_k R(X) - 1$．ただし，$R(X) = k$ の場合には，$\kappa(X) = -\infty$ とおく．ここで，k は基礎体である．その理由は，漸化式
$$c_1 m^{\kappa(X)} \leq \dim H^0(X, mK_X) \leq c_2 m^{\kappa(X)}$$
が m が十分大でかつ十分割り切れるような任意の自然数に対して成り立つからである．ここで，c_1, c_2 は正の実数である．

小平次元のとりうる値は，$-\infty, 0, 1, \ldots, \dim X$ である．最大値 $\kappa(X) = \dim X$ をとるとき，X は**一般型** (general type) であるという．

例 (1) 代数曲線においては，$g = 0$ ならば $\kappa = -\infty$，$g = 1$ ならば $\kappa = 0$，$g \geq 2$ ならば $\kappa = 1$ である．

(2) $\mathbf{P}^{d+1}$ の中で次数 m のなめらかな超曲面の小平次元は，$m < d+2$ ならば $-\infty$，$m = d+2$ ならば 0，$m > d+2$ ならば d になる．

(3) $X = Y \times Z$ ならば $\kappa(X) = \kappa(Y) + \kappa(Z)$ である．とくに，$X = Y \times \mathbf{P}^1$ ならば $\kappa(X) = -\infty$ である．

(4) 同じ次元のなめらかで射影的な代数多様体の間の射 $f: X \to Y$ で分離的な全射になるものに対しては，不等式 $\kappa(X) \geq \kappa(Y)$ が成り立つ．多重標準形式は引き戻せるからである．

$\kappa(X) \geq 0$ の場合には，標準環 $R(X)$ の商体の中で次数が 0 になる元全体の集合は，k 上の超越次数が $\kappa(X)$ と一致する体になる．この体は X の関数体 $k(X)$ の部分体であるため k 上有限生成であり，その一つの双有理モデルを Y とすると，有理写像 $f: X \dashrightarrow Y$ が自然に定まる．X の双有理モデルを取り替えて f を射にしたものを**飯高ファイバー空間** (Iitaka fiber space) と呼ぶ．これは次節で述べる代数的ファイバー空間になる．

飯高ファイバー空間の**一般ファイバー** (generic fiber) $X_y = f^{-1}(y)$ の小平次元は 0 になる．Y の小平次元は任意の値をとりうる．

例 小平次元が 1 のなめらかな射影的代数曲面 X は，**楕円曲面** (elliptic surface) の構造をもつ．すなわち，代数曲線への射 $f: X \to Y$ で一般ファイバーが種数 1 の代数曲線になるようなものが存在する．さらに，X が**極小** (minimal)，すなわちなめらかな有理曲線で法束の次数が -1 になるようなものを X は含まないという仮定の下で，f がもちうる特異ファイバーがすべて分類されている (**小平ファイバー** (Kodaira fiber) と呼ぶ)．

4 代数的ファイバー空間

代数多様体の相対版が代数的ファイバー空間である．代数多様体の間の射 $f: X \to Y$ は，像が Y の一般点を含み (一般点で**全射** (generically surjective) という)，対応する体拡大 $k(X)/k(Y)$ において，$k(Y)$ が $k(X)$ の中で代数的に閉じている (**幾何学的に既約** (geometrically irreducible) という) とき**代数的ファイバー空間** (algebraic fiber space) と呼ぶ．

飯高ファイバー空間のほかに以下のような例がある．$\alpha: X \dashrightarrow A$ を代数多様体 X のアルバネーゼ写像とする．A はアーベル多様体である．X の双有理モデルを取り替えて α を射にしておいてから，シュタイン (Stein) 分解すると，α は代数的ファイバー空間 $f: X \to Y$，有限射 $Y \to Z$ および閉埋め込み $Z \to A$ の合成に分解される．f を**アルバネーゼ・ファイバー空間** (Albanese fiber space) と呼ぶ．

極小モデル理論においては，**森ファイバー空間** (Mori fiber space) と呼ばれる代数的ファイバー空間が，因子収縮写像およびフリップとともに 3 種類の基本的な変換になる．

代数的ファイバー空間 $f: X \to Y$ においては，小平次元の劣加法性
$$\kappa(X) \geq \kappa(Y) + \kappa(X_y)$$
が成り立つと予想されている (**飯高予想** (Iitaka conjecture))．ここで，X_y は一般ファイバーである．この予想はまだ部分的にしか解決されていないが，この予想を巡って被覆空間を使ったトリックや半正値定理など多くの便利な道具が開発された．

［川又雄二郎］

固有関数展開

eigenfunction expansion

(X, μ) を測度空間とし，この上の 2 乗可積分関数からなるヒルベルト空間 $L^2(X, d\mu) := \{f : X \to \mathbb{C} | \int_X |f(x)|^2 d\mu(x) < \infty\}$ を考える．このヒルベルト空間の内積は，$\langle f, g \rangle := \int_X f(x) g(x)^* d\mu(x)$ によって与えられる．$L^2(X, d\mu)$ の点列 $\{f_n\}_{n=1}^\infty$ が $f \in L^2(X, d\mu)$ に収束すること（すなわち，$\lim_{n \to \infty} \|f_n - f\| = 0$）は $\lim_{n \to \infty} \int_X |f_n(x) - f(x)|^2 d\mu(x) = 0 \cdots (*)$ と同等である．そこで，$L^2(X, d\mu)$ における点列の収束を平均収束と呼び，$(*)$ を記号的に $f(x) = \mathrm{l.i.m.}_{n \to \infty} f_n(x)$ と表す（「l.i.m.」は「limit in mean」の略）．

一般に，複素ヒルベルト空間 $\mathcal{H}$ 上の線形作用素 A について，複素数 λ と零でないベクトル $\psi \in D(A)$ (A の定義域) があって，$A\psi = \lambda\psi$ が成り立つとき，λ を A の固有値 (eigenvalue)，ψ を固有値 λ に属する，A の固有ベクトル (eigenvector) という．この場合，部分空間 $\{\psi \in D(A) | A\psi = \lambda\psi\}$ を固有値 λ に属する，A の固有空間 (eigenspace) といい，その次元を固有値 λ の多重度または重複度と呼ぶ．

ヒルベルト空間 $\mathcal{H}$ が，$L^2(X, d\mu)$ のように，ある条件を満足する関数から生成される場合，$\mathcal{H}$ の線形作用素の固有ベクトルを**固有関数** (eigenfunction) と呼ぶ．

L を $L^2(X, d\mu)$ 上の線形作用素とし，次の条件 (L.1), (L.2) を満たすものとする：

(L.1) L は可算無限個の固有関数 $\{\psi_n\}_{n=1}^\infty$ をもつ：$\psi_n \in D(L)$ かつ $L\psi_n = \lambda_n \psi_n$, $n \geq 1$ (λ_n は L の固有値)．ただし，$n \neq m$ であっても，$\lambda_n \neq \lambda_m$ とは限らない (固有値の多重度を考慮した記法)．

(L.2) $\{\psi_n\}_{n=1}^\infty$ は $L^2(X, d\mu)$ の完全正規直交系である．

条件 (L.2) によって，任意の $f \in L^2(X, d\mu)$ は

$$f = \lim_{N \to \infty} \sum_{n=1}^N a_n(f) \psi_n \qquad (1)$$

と展開できる．ここで，展開係数 $a_n(f)$ は

$$a_n(f) = \langle f, \psi_n \rangle = \int_X f(x) \psi_n(x)^* dx$$

で与えられる．(1) を陽に表示するならば

$$f(x) = \mathrm{l.i.m.}_{N \to \infty} \sum_{n=1}^N a_n(f) \psi_n(x) \qquad (2)$$

となる．(1) または (2) を，L の固有関数系 $\{\psi_n\}_{n=1}^\infty$ による，f の固有関数展開と呼ぶ．これは，任意の $f \in L^2(X, d\mu)$ を $\{\psi_n\}_{n=1}^\infty$ から決まるデータ $\{a_n(f)\}_{n=1}^\infty$ を用いて"復元"する式とみることができ，純理論的にも応用上もたいへん有用である．

もし，L が対称作用素ならば，λ_n はすべて実数であり，任意の $f \in D(L)$ に対して

$$(Lf)(x) = \mathrm{l.i.m.}_{N \to \infty} \sum_{n=1}^N \lambda_n a_n(f) \psi_n(x)$$

が成り立つ．

例 $L^2([0, 2\pi])$ 上の線形作用素 p を $D(p) := \{f \in C^1([0, 2\pi]) | f(0) = f(2\pi)\}$, $pf := -if'$, $f \in D(p)$ によって定義する．各整数 n に対して，関数 ϕ_n を $\phi_n(x) := (2\pi)^{-1/2} e^{inx}$, $x \in [0, 2\pi]$ によって定義すれば，$\phi_n \in D(p)$ かつ $p\phi_n = n\phi_n$ が成り立つ．すなわち，ϕ_n は p の固有関数であり，その固有値は n である（多重度は 1）．さらに，$\{\phi_n\}_{n=-\infty}^\infty$ は $L^2([0, 2\pi])$ の完全正規直交系である．したがって，任意の $f \in L^2([0, 2\pi])$ は，p の固有関数系 $\{\phi_n\}_{n=-\infty}^\infty$ による固有関数展開 $f(x) = \mathrm{l.i.m.}_{N, M \to \infty} \sum_{n=-M}^N c_n(f) e^{inx} \cdots (\dagger)$ をもつ．ただし，$c_n(f) := (2\pi)^{-1} \int_0^{2\pi} e^{-inx} f(x) dx$．式 $(\dagger)$ は関数 f のフーリエ級数展開と呼ばれる．

［新井朝雄］

参考文献

[1] 新井朝雄：ヒルベルト空間と量子力学 (改訂増補版), 共立出版, 2014.
[2] 新井朝雄・江沢 洋：量子力学の数学的構造 (I,II), 朝倉書店, 1999.
[3] 池部晃生：数理物理の固有値問題, 産業図書, 1976.
[4] 黒田成俊：量子物理の数理, 岩波書店, 2007.

固有値と固有ベクトル

eigenvalue and eigenvector

1 正方行列の固有値と固有ベクトル

複素数を成分とする n 項縦ベクトル全体の集合を $\boldsymbol{C}^n$ で表す. n 次複素正方行列 A に対して，複素数 α および零ベクトルでない $\boldsymbol{x} \in \boldsymbol{C}^n$ が存在して，$A\boldsymbol{x} = \alpha\boldsymbol{x}$ を満たすとき，α を A の**固有値** (eigenvalue) と呼び，$\boldsymbol{x}$ を α に対する A の**固有ベクトル** (eigenvector) と呼ぶ.

例 1 $A = \begin{pmatrix} 1 & 0 & 2 \\ 0 & 2 & 0 \\ -1 & 0 & 4 \end{pmatrix}$ とする. $\alpha_1 = \alpha_2 = 2, \alpha_3 = 3$ とし，$\boldsymbol{p}_1 = \begin{pmatrix} 2 \\ 0 \\ 1 \end{pmatrix}$, $\boldsymbol{p}_2 = \begin{pmatrix} 0 \\ 1 \\ 0 \end{pmatrix}$, $\boldsymbol{p}_3 = \begin{pmatrix} 1 \\ 0 \\ 1 \end{pmatrix}$ とおくと，$A\boldsymbol{p}_i = \alpha_i \boldsymbol{p}_i$ $(i = 1, 2, 3)$ となるので，2, 3 は A の固有値であり，$\boldsymbol{p}_1, \boldsymbol{p}_2$ は固有値 2 に対する固有ベクトル，$\boldsymbol{p}_3$ は固有値 3 に対する固有ベクトルである.

上の例からもわかるように，ある固有値に対する固有ベクトルはただ一つではない. 一般に，n 次正方行列 A の固有値 α に対して，$W(\alpha) = \{\,\boldsymbol{x} \in \boldsymbol{C}^n \mid A\boldsymbol{x} = \alpha\boldsymbol{x}\,\}$ とおくと，$W(\alpha)$ は $\boldsymbol{C}^n$ の線形部分空間になる. この空間を，固有値 α に対する A の**固有空間** (eigenspace) と呼ぶ. 固有空間は，固有ベクトルと零ベクトルからなる集合である.

上の例 1 において，固有値 2 に対する固有空間は 2 次元線形空間であり，固有値 3 に対する固有空間は 1 次元線形空間である.

2 特性多項式

n 次複素正方行列 A が固有値 α をもつとし，α に対する A の固有ベクトルの一つを $\boldsymbol{x}$ とする. このとき $(\alpha E_n - A)\boldsymbol{x} = \boldsymbol{0}$ が成り立つ. $\boldsymbol{x} \neq \boldsymbol{0}$ に注意すれば，$\alpha E_n - A$ が正則行列でないこと，すなわち $\det(\alpha E_n - A) = 0$ であることがわかる (E_n は n 次単位行列を表す). そこで $\Phi_A(t) = \det(tE_n - A)$ とおくと，A の固有値は $\Phi_A(t) = 0$ の根である．$\Phi_A(t)$ は n 次多項式であり，t^n の係数は 1, t^{n-1} の係数は $-\mathrm{tr}(A)$ (ここで $\mathrm{tr}(A)$ は A のトレースを表す), 定数項は $(-1)^n \det A$ である. この $\Phi_A(t)$ を A の**特性多項式**(**固有多項式**) (characteristic polynomial) という. 次の定理はよく知られている.

定理 1 (ハミルトン–ケーリー) $\Phi_A(A) = O.$

3 行列の対角化

n 次複素正方行列 A の n 個の固有ベクトルが線形独立 (1 次独立) であるような場合を考える. このとき，これらは $\boldsymbol{C}^n$ の基底をなす. たとえば，上述の例 1 において，三つのベクトル $\boldsymbol{p}_i$ $(i = 1, 2, 3)$ は線形独立であり，これらは $\boldsymbol{C}^3$ の基底をなす. 一般に，$\boldsymbol{p}_i$ $(i = 1, 2 \ldots, n)$ を n 次正方行列 A の線形独立な固有ベクトルとし，$A\boldsymbol{p}_i = \alpha_i \boldsymbol{p}_i$ $(i = 1, 2 \ldots, n)$ とする. このとき，この n 個のベクトルを列ベクトルとする n 次正方行列 $P = (\boldsymbol{p}_1 \boldsymbol{p}_2 \ldots \boldsymbol{p}_n)$ は正則行列であり，$AP = (A\boldsymbol{p}_1 A\boldsymbol{p}_2 \ldots A\boldsymbol{p}_n) = (\alpha_1 \boldsymbol{p}_1\ \alpha_2 \boldsymbol{p}_2 \ldots \alpha_n \boldsymbol{p}_n) = (\boldsymbol{p}_1 \boldsymbol{p}_2 \ldots \boldsymbol{p}_n) \begin{pmatrix} \alpha_1 & 0 & \ldots & 0 \\ 0 & \alpha_2 & \ldots & 0 \\ \vdots & \vdots & \ddots & \vdots \\ 0 & 0 & \ldots & \alpha_n \end{pmatrix}$ となる. 両辺に左から P の逆行列をかけることにより，$P^{-1}AP$ が固有値を対角成分とする対角行列となることがわかる. このように，ある正方行列 A に右から正則行列 P を，左からその逆行列 P^{-1} をかけて対角行列を作ることを，正則行列 P による A の**対角化** (diagonalization) という.

上の例 1 において，$P = \begin{pmatrix} 2 & 0 & 1 \\ 0 & 1 & 0 \\ 1 & 0 & 1 \end{pmatrix}$ とすれば，$P^{-1}AP = \begin{pmatrix} 2 & 0 & 0 \\ 0 & 2 & 0 \\ 0 & 0 & 3 \end{pmatrix}$ となる.

対角化可能な行列 A については，対角化を利用

して，べき乗 A^k を次のように求めることができる：n 次正則行列 P に対して $B = P^{-1}AP$ が対角行列になるとし，その対角成分を順に $\alpha_1, \ldots, \alpha_n$ とすると，$B^k = P^{-1}A^k P$ もまた対角行列であり，対角成分は順に $\alpha_1^k, \ldots, \alpha_n^k$ となる．そこから $A^k = PB^k P^{-1}$ は容易に計算される．

n 次正方行列 A が正則行列によって対角化可能であるための必要十分条件は，A が n 個の線形独立な固有ベクトルをもつことである．この条件は，A の固有ベクトルのみからなる $\boldsymbol{C}^n$ の基底が存在することとも言い換えられるし，$\boldsymbol{C}^n$ が A の固有空間の直和であるということもできる．

次の定理は，正方行列が対角化可能であるための一つの十分条件を与える．証明にはその次の補題を用いる．

定理 2 n 次複素正方行列 A の特性多項式が重根をもたなければ，A はある正則行列 P によって対角化可能である．

補題 n 次複素正方行列 A の相異なる固有値 $\alpha_1, \ldots, \alpha_m$ に対する固有ベクトル $\boldsymbol{x}_1, \ldots, \boldsymbol{x}_m$ は線形独立である．

行列 A が特性多項式が重根をもつときは，対角化可能である場合とそうでない場合がある．

4 線形変換の固有値と固有ベクトル

行列の対角化の本質的な意味をとらえるには，抽象的な線形変換について考察するのがよい．V を体 K 上の n 次元線形空間とする．V から V 自身への線形写像をとくに V の**線形変換** (linear transformation) と呼ぶ．線形変換 $T : V \to V$ に対して，K の元 α および V の零でない元 $\boldsymbol{x}$ が存在して，$T(\boldsymbol{x}) = \alpha \boldsymbol{x}$ を満たすとき，α を T の**固有値** (eigenvalue) と呼び，$\boldsymbol{x}$ を α に対する T の**固有ベクトル** (eigenvector) と呼ぶ．α が T の固有値であるとき，$W(\alpha) = \{\, \boldsymbol{x} \in V \mid T(\boldsymbol{x}) = \alpha \boldsymbol{x} \,\}$ を α に対する T の**固有空間** (eigenspace) と呼ぶ．

V の基底 $E = \langle \boldsymbol{e}_1, \ldots, \boldsymbol{e}_n \rangle$ をとったとき，$T(\boldsymbol{e}_j) = \sum_{i=1}^n a_{ij} \boldsymbol{e}_i$ を満たすような $a_{ij} \in K$ $(i, j = 1, 2, \ldots, n)$ が存在する．この a_{ij} を (i, j) 成分とするような n 次正方行列 $A = (a_{ij})$ を，基底 E に関する T の**表現行列** (representation matrix) と呼ぶ．

V の別の基底 $F = \langle \boldsymbol{f}_1, \ldots, \boldsymbol{f}_n \rangle$ をとると，$T(\boldsymbol{f}_j) = \sum_{i=1}^n p_{ij} \boldsymbol{e}_i$ を満たすような $p_{ij} \in K$ $(i, j = 1, 2, \ldots, n)$ が存在する．この p_{ij} を (i, j) 成分とするような n 次正方行列 $P = (p_{ij})$ を，基底 E から F への**変換行列** (transformation matrix) と呼ぶ．基底 F に関する T の表現行列を B とすると，$B = P^{-1}AP$ という関係が成り立つ．このとき，$tE_n - B = P^{-1}(tE_n - A)P$ より，$\Phi_A(t) = \Phi_B(t)$ がわかる．したがって，線形変換 T の任意の表現行列の特性多項式はすべて同一である．それを T の**特性多項式** (固有多項式) (characteristic polynomial) と呼び，$\Phi_T(t)$ で表す．T の固有値は $\Phi_T(t) = 0$ の根であり，それは T の任意の表現行列の固有値と一致する．

ここで，T の固有ベクトルだけからなる V の基底 $E = \langle \boldsymbol{e}_1, \ldots, \boldsymbol{e}_n \rangle$ が存在すると仮定する ($T(\boldsymbol{e}_i) = \alpha_i \boldsymbol{e}_i$, $i = 1, 2, \ldots, n$; α_i は T の固有値)．このとき，この基底に関する T の表現行列は $\alpha_1, \ldots, \alpha_n$ を対角成分とする対角行列である．

このことを用いると，行列の対角化を次のように説明することができる．n 次複素正方行列 A に対して，写像 $T_A : \boldsymbol{C}^n \to \boldsymbol{C}^n$ を $T_A(\boldsymbol{x}) = A\boldsymbol{x}$ $(\boldsymbol{x} \in \boldsymbol{C}^n)$ により定義すると，T_A は $\boldsymbol{C}^n$ の線形変換であり，$\boldsymbol{C}^n$ の自然基底に関する T_A の表現行列は A にほかならない．今，A の線形独立な n 個の固有ベクトル $\boldsymbol{p}_i$ $(i = 1, 2, \ldots, n)$ が存在すると仮定する．このとき，この n 個のベクトルを列ベクトルとする n 次正方行列 $P = (\boldsymbol{p}_1 \boldsymbol{p}_2 \ldots \boldsymbol{p}_n)$ は正則行列である．$F = \langle \boldsymbol{p}_1, \ldots, \boldsymbol{p}_n \rangle$ は $\boldsymbol{C}^n$ の基底であるが，一方，$\boldsymbol{C}^n$ には単位ベクトルからなる自然基底 $E = \langle \boldsymbol{e}_1, \ldots, \boldsymbol{e}_n \rangle$ が存在し，基底 E から F への変換行列は P にほかならない．これより，基底 F に関する T_A の表現行列 $B = P^{-1}AP$ が対角行列となることがわかる．

T の固有ベクトルだけからなる V の基底が存在しない場合は，T の表現行列として対角行列をとることはできない．この場合は，**ジョルダン標準形** (Jordan normal form) と呼ばれるものを表

現行列として選ぶことができる．

5 ユニタリ (実直交) 行列による対角化

n 次複素正方行列 A の**随伴行列** (adjoint matrix) A^* を $A^* = {}^t\bar{A}$ により定義する．このとき，任意の $\boldsymbol{x}, \boldsymbol{y} \in \boldsymbol{C}^n$ に対して $(A\boldsymbol{x}, \boldsymbol{y}) = (\boldsymbol{x}, A^*\boldsymbol{y})$ が成り立つ．ここで $(\boldsymbol{a}, \boldsymbol{b})$ は内積を表す．n 次複素正方行列 A が**正規行列** (normal matrix) であるとは，$AA^* = A^*A$ が成り立つことである．A が**エルミート行列** (hermitian matrix) であるとは，$A = A^*$ が成り立つことである．A が**ユニタリ行列** (unitary matrix) であるとは，A が逆行列をもち $A^{-1} = A^*$ が成り立つことである．エルミート行列やユニタリ行列は正規行列である．実エルミート行列は (実) **対称行列** (symmetric matrix) と呼ばれ，実ユニタリ行列は (実) **直交行列** (orthogonal matrix) と呼ばれる．

$K = \boldsymbol{C}$ または $\boldsymbol{R}$ とし，V は K 上の n 次元計量線形空間 (内積の定義された線形空間) とする．V の線形変換 $T : V \to V$ の**随伴変換** (adjoint transformation) T^* を，任意の $\boldsymbol{x}, \boldsymbol{y} \in V$ に対して $(T(\boldsymbol{x}), \boldsymbol{y}) = (\boldsymbol{x}, T^*(\boldsymbol{y}))$ が成り立つようなものと定める．T が**正規変換** (normal transformation) であるとは，$T \circ T^* = T^* \circ T$ が成り立つことである．T が**エルミート変換** (hermitian transformation) であるとは，$T^* = T$ が成り立つことである．T が**ユニタリ変換** (unitary transformation) であるとは，T が逆変換をもち，$T^{-1} = T^*$ が成り立つことである．エルミート変換やユニタリ変換は正規変換である．$K = \boldsymbol{R}$ の場合，エルミート変換は (実) **対称変換** (symmetric transformation) と呼ばれ，ユニタリ変換は (実) **直交変換** (orthogonal transformation) と呼ばれる．

$E = \langle \boldsymbol{e}_1, \ldots, \boldsymbol{e}_n \rangle$ および $F = \langle \boldsymbol{f}_1, \ldots, \boldsymbol{f}_n \rangle$ をともに計量線形空間 V の**正規直交基底** (orthonormal basis) とする．すなわち，E, F がともに V の基底であって，$(\boldsymbol{e}_i, \boldsymbol{e}_j) = (\boldsymbol{f}_i, \boldsymbol{f}_j) = \delta_{ij}$ (クロネッカーの記号) が成り立つとする．$T : V \to V$ を V の線形変換とし，基底 E および F に関する T の表現行列をそれぞれ A, B とする．基底 E から F への変換行列 P はユニタリ行列 ($K = \boldsymbol{C}$ の場合) あるいは実直交行列 ($K = \boldsymbol{R}$ の場合) である．ここで，$\boldsymbol{f}_1, \ldots, \boldsymbol{f}_n$ がすべて T の固有ベクトルであるならば，B は T の固有値を対角成分とする対角行列となり，$B = P^{-1}AP$ (P はユニタリ (実直交) 行列) となる．

V のどのような線形変換 T について，T の固有ベクトルのみからなる V の正規直交基底がとれるか，言い換えれば，どのような正方行列がユニタリ (実直交) 行列によって対角化できるかということに関しては，以下の定理が成り立つ．

定理 3 (1) 複素正方行列 A に対して，$P^{-1}AP$ が対角行列となるようなユニタリ行列 P が存在するための必要十分条件は，A が正規行列であることである．

(2) T を有限次元複素計量線形空間 V の線形変換とするとき，T の固有ベクトルのみからなる V の正規直交基底が存在するための必要十分条件は，T が正規変換であることである．

定理 4 (1) 実正方行列 A に対して，$P^{-1}AP$ が対角行列となるような実直交行列 P が存在するための必要十分条件は，A が実対称行列であることである．

(2) T を有限次元実計量線形空間 V の線形変換とするとき，T の固有ベクトルのみからなる V の正規直交基底が存在するための必要十分条件は，T が実対称変換であることである．

A が正規 (実対称) 行列ならば，A の固有空間は互いに直交するので，それぞれの固有空間の正規直交基底を選び，それらすべてを列ベクトルとする行列を P とすれば，P はユニタリ (実直交) 行列であり，$P^{-1}AP$ が対角行列になる．

[海老原　円]

参 考 文 献

[1] 齋藤正彦：線型代数入門，東京大学出版会，1966．
[2] 佐武一郎：線型代数学 (増補版)，裳華房，1974．

コンパクト作用素

compact operator

1 背景

歴史的にはラプラス方程式 (Laplace equation) のディリクレ境界値問題 (Dirichlet boundary value problem) に関連して提起された第二種フレドホルム型積分方程式 (Fredholm integral equation of second kind) に関するフレドホルム (Fredholm) の理論に端を発する．このフレドホルムの理論はヒルベルト (Hilbert) によるヒルベルト空間 (Hilbert space) の研究を経て，リース (Riesz) とシャウダー (Schauder) により特異性の弱い積分核をもつ積分変換 (integral transform) を抽象化したコンパクト作用素 (compact operator) に対して一般化された．以下参考文献をもとにコンパクト作用素について概説する．

2 コンパクト作用素

バナッハ空間 (Banach space) X からバナッハ空間 Y への線形作用素 (linear operator) すなわち線形写像 K がコンパクト (compact) であるとは，X の任意有界部分集合 A に対して，その K による像 $K(A)$ が Y で相対コンパクト (relatively compact) であることである．コンパクト作用素は完全連続作用素 (completely continuous operator) とも呼ばれ，有限次元ベクトル空間における線形写像がもつ性質に近い，豊かな性質をもっている．K を有限次元ベクトル空間 X から有限次元ベクトル空間 Y への線形写像とすれば，K はもちろんコンパクト作用素である．無限次元空間におけるコンパクト作用素の一例としては，次の積分作用素 (integral operator) K を与えることができる．詳しくは次のとおりである．まず有界閉区間 $[a,b]$ 上の連続関数全体がなす空間 $C([a,b])$ を考えると，$[a,b]$ の各点ごとの関数値の加法，スカラー倍により線形構造が入るが，さらに
$$\|\phi\| = \max\{|\phi(x)| : x \in [a,b]\}$$
により $\phi \in C([a,b])$ のノルム (norm) $\|f\|$ を入れると，この空間はバナッハ空間となる．そこで $X = Y = C([a,b])$ とし，連続関数 $K(x,y)$ $(x,y \in [a,b])$ に対して，X 上の積分作用素 K を
$$(K\phi)(x) = \int_a^b K(x,y)\phi(y)\,dy, \ (\phi \in X)$$
により定めると，アスコリ–アルツェラ (Ascoli–Arzela) の定理により K はコンパクト作用素である．

3 コンパクト作用素の性質

まず X, Y はバナッハ空間として，X から Y への有界線形作用素 (bounded linear operator) すなわち線形連続作用素とコンパクト作用素との関係について考える．有界線形作用素であるための条件は，X の任意有界部分集合を Y の有界部分集合に移すことであり，Y の相対コンパクト集合は有界であるので，コンパクト作用素は有界線形作用素である．有界線形作用素全体のなす空間 $L(X,Y)$ とコンパクト作用素全体のなす空間 $L_c(X,Y)$ は，ともに X の各点の Y における像の加法，スカラー倍により線形構造が入り，ベクトル空間になる．さらにこの二つのベクトル空間は，$A \in L(X,Y)$ のノルム
$$\|A\| = \sup\{\|Ax\| ; \|x\| = 1\}$$
に関して閉じている．ここで $\|x\|$, $\|Ax\|$ はそれぞれ X, Y におけるノルムを表す．したがって $L(X,Y)$ はバナッハ空間であり，$L_c(X,Y)$ はその閉部分空間として，バナッハ空間である．また，有界線形作用素とコンパクト作用素の定義より，これらの作用素の合成は，コンパクト作用素である．

今 X, Y の共役空間を X^*, Y^* とし，$K \in L(X,Y)$ の双対作用素 (dual operator) K' を
$$f^*(K\phi) = (K'f^*)(\phi) \ (\phi \in X, f^* \in Y^*)$$
により定めると，$K' \in L(Y^*, X^*)$ となる．そして K と K' の各々がコンパクトであることは互いに同値である (シャウダーの定理)．また，第二種フレドホルム積分方程式 $\phi(x) - \int_a^b K(x,y)\phi(y)\,dy = f(x)$ の抽象化として，$\phi \in X$ に関する方程式 $(I-K)\phi = f$ を考えると，$T = I - K \in L(X,X)$ と $T' \in L(X^*, X^*)$ について，リース–シャウダーの交代定理と呼ばれる次の定理が成り立つ．すな

わち，T や T' の単射性，全射性という四つの事項は互いに同値である．ただし，I は恒等写像，$f \in X$ は既知とした．したがって方程式 $(I-K)\phi = f$ の可解性と一意性は同値である．より一般に

$$N(T) = \{\phi \in X : T\phi = 0\},$$
$$N(T') = \{f^* \in X^* : T'f^* = 0\}$$

とすると，$N(T), N(T')$ はそれぞれ X, X^* の有限次元部分空間であり，$R(T)^\perp = N(T'), N(T)^\perp = R(T')$ が成り立つ．ここで $R(T), R(T')$ はそれぞれ T, T' の値域を表し，

$$R(T)^\perp = \{f^* \in X^* : f^*(f) = 0 \, (f \in R(T))\},$$
$$N(T)^\perp = \{\phi^* \in X^* : \phi^*(\phi) = 0 \, (\phi \in N(T))\}$$

である．

4 ヒルベルト空間におけるコンパクト作用素の固有関数展開

内積 (x, y) $(x, y \in X)$ を備え，$\|x\| = \sqrt{(x, x)}$ $(x \in X)$ をノルムとするバナッハ空間 X を，ヒルベルト空間 (Hilbert space) という．そして $K \in L_c(X, X)$ に対して，$Kx = \lambda x$ となる $x \in X$, $x \neq 0$ とスカラー λ が存在するとき，λ, $N(\lambda - K)$, x をそれぞれ K の固有値，固有空間，固有ベクトルという．リースの表現定理による X と X^* の自然な同一視を用いると，K' は

$$(Kx, y) = (x, K^*y) \, (x, y \in X)$$

により定義される共役作用素 (adjoint operator) K^* と同一視できる．$K = K^*$ のとき，K は自己共役 (self-adjoint) であるという．X が無限次元の場合には，自己共役な K のゼロでない固有値 λ_k はたかだか可算個であり，0以外に集積しない．そして各 λ_k $(k = 1, 2, \cdots)$ の固有空間は有限次元であり，任意の $x \in X$ は $x = \sum_{k=1}^\infty c_k x_k + x'$ と一意的に表せる．ここで，各 c_k はスカラー，$x' \in N(K)$ である．

[中村　玄]

参考文献

[1] 黒田成俊：関数解析，共立出版，1980.
[2] 増田久弥：関数解析，裳華房，1997.

コンパクト性

compactness

1 定　義

位相空間 X の部分集合の族 X_λ ($\lambda \in \Lambda$) が X の被覆とは，$\bigcup_{\lambda \in \Lambda} X_\lambda = X$ を満たすことである．

定義 1 位相空間 X がコンパクトであることは，次の二つの同値な性質の一つが成立することである．

(1) X の任意の開被覆に対し，有限部分被覆が存在する．

すなわち，X の開集合の任意の族 $\{U_\lambda\}_{\lambda \in \Lambda}$ で，$\bigcup_{\lambda \in \Lambda} U_\lambda = X$ を満たすものに対し，Λ の有限部分集合 $\{\lambda_1, \ldots, \lambda_k\}$ で，$\bigcup_{i=1}^{k} U_{\lambda_i} = X$ となるものが存在する．

(2) X の閉集合の族 $\{A_\lambda\}_{\lambda \in \Lambda}$ が，Λ の任意の有限部分集合 $\{\lambda_1, \ldots, \lambda_k\}$ に対し，$\bigcap_{i=1}^{k} A_{\lambda_i} \neq \emptyset$ という性質 (有限交叉性) を満たすと仮定すると，$\bigcap_{\lambda \in \Lambda} A_\lambda \neq \emptyset$ となる．

位相空間 X の部分集合 A がコンパクトであることは，A に誘導された位相に対して A がコンパクトであることと定義する．位相空間 X の部分集合 A の閉包 $\overline{A}$ がコンパクトであるとき A は相対コンパクトであるという．

定義 2 距離空間 X が点列コンパクトであるとは，X の任意の無限点列は収束する部分列を含むことである．

すなわち，点列 $a_n \in X$ ($n = 1, 2, \ldots$) に対し，点 $\alpha \in X$ と点列 a_n の部分列 a_{n_k} ($k = 1, 2, \ldots$; $n_1 < n_2 < \cdots$) で，$\lim_{k \to \infty} a_{n_k} = \alpha$ となるものが存在することである．

距離空間 X の部分集合 A が点列コンパクトであるとは，A に制限した距離について，A が点列コンパクトであることと定義する．

距離空間は，第 1 可算公理を満たす正規空間であるから，距離空間がコンパクトであることと，点列コンパクトであることは同値である．ここで，第 1 可算公理とは，各点 x が可算基本近傍系をもつことである．また，正規空間とは，1 点からなる集合は閉集合であり，任意の二つの閉集合が，開集合で分離されることである．

2 コンパクト集合の性質

次の二つの命題は定義から容易に導かれる．

命題 1 X をコンパクト位相空間，Y を任意の位相空間とする．$f : X \to Y$ が連続写像ならば，像 $f(X)$ は Y のコンパクト部分集合である．

したがって，コンパクト位相空間の商空間はコンパクトである．

命題 2 コンパクト集合の閉部分集合はコンパクトである．ハウスドルフ空間のコンパクト部分集合は，閉集合である．

これらの命題から，次が導かれる．

定理 1 コンパクト空間 X からハウスドルフ空間 Y への連続な単射 f は，X から Y の部分空間 $f(X)$ への同相写像である．

コンパクト距離空間は，次のように特徴づけられる．

定理 2 距離空間が (点列) コンパクトであることと，全有界かつ完備であることは同値である．

ここで，距離空間 X が全有界とは，任意の正実数 ε に対し，X が有限個の点の ε 近傍で被覆されることである．また，距離空間 X が完備とは，X の任意のコーシー列が収束列であることである．

とくに次が成立する．

定理 3 ユークリッド空間 $\boldsymbol{R}^n$ 内の部分集合 A について，A がコンパクト集合であることと A が有界閉集合であることは同値である．

コンパクト距離空間は，全有界であるから，可

分である．すなわち，稠密な可算部分集合をもつ．コンパクトハウスドルフ空間は，正規空間であり，可分なコンパクトハウスドルフ空間は，あるコンパクト距離空間と同相である．

定理 4 コンパクト集合 X 上の任意の実数値連続関数 $f: X \to \mathbf{R}$ に対し最大値最小値が存在する．

実際，$f(X)$ は，命題 1 により $\mathbf{R}$ のコンパクト集合である．したがって，定理 3 により，有界閉集合だから，$\sup f(X) \in f(X)$ が最大値，$\inf f(X) \in f(X)$ が最小値である．

選択公理と次のチコノフの定理は同値であることが知られている．

定理 5 $\{X_\lambda\}_{\lambda \in \Lambda}$ をコンパクト集合の族とする．直積位相に対して $\prod_{\lambda \in \Lambda} X_\lambda$ はコンパクトである．

たとえば，離散位相をもつ 2 点からなる集合 $\{0,1\}$ の可算個の直積は，カントールの 3 進集合と同相なコンパクト位相空間となる．また，$C^0(X,[0,1])$ を X 上の $[0,1]$ 区間に値をもつ連続関数全体の空間とすると，コンパクトハウスドルフ空間 X からコンパクト集合 $\prod_{f \in C^0(X,[0,1])} [0,1]$ への自然な写像 $x \mapsto (f(x))_{f \in C^0(X,[0,1])}$ が定まる．X 上の任意の 2 点に対し，それらを分離する $[0,1]$ 値連続関数が存在すれば，この写像は埋め込みになる．とくに，X が完全正則空間のとき，すなわち，任意の 1 点集合は閉集合で，1 点 x とそれを含まない閉集合 A に対し，x 上で 0, A 上で 1 をとる X 上の $[0,1]$ 値連続関数が存在するとき，X はコンパクト空間 $\prod_{f \in C^0(X,[0,1])} [0,1]$ に埋め込まれる．X が可分な完全正則空間ならば，可算個の f_i $(i=1,2,\ldots)$ を用いて，X を $[0,1]$ の可算個の直積に埋め込むことができる．

3 コンパクト化

位相空間 X の各点 x がコンパクトな近傍をもつとき，すなわち，$x \in U \subset K$ となる開集合 U とコンパクト集合 K が存在するとき，X は局所コンパクト空間と呼ばれる．ユークリッド空間は局所コンパクト空間である．

位相空間 X に対し，X を稠密な部分集合として含むコンパクト位相空間 $\hat{X}$ で，$\hat{X}$ から X に誘導する位相が X の位相と一致するものを X のコンパクト化と呼ぶ．

コンパクトでない局所コンパクトハウスドルフ空間 X に対して，$X \cup \{\infty\}$ に，$x \in X$ の近傍は X の位相によるもの，∞ の近傍は X のコンパクト集合の補集合となるものとして，位相を定義すると，$X \cup \{\infty\}$ は，コンパクトハウスドルフ空間となる．これを X の **1 点コンパクト化**と呼ぶ．n 次元ユークリッド空間の 1 点コンパクト化は n 次元球面と同相である．

完全正則空間 X は $\prod_{f \in C^0(X,[0,1])} [0,1]$ なるコンパクト空間に埋め込まれる．この埋め込みの閉包をとって得られるコンパクト空間は，ストーン・チェックのコンパクト化と呼ばれる．X 上の任意の $[0,1]$ 値連続関数は，ストーン・チェックのコンパクト化上の連続関数に拡張するが，このことがストーン・チェックのコンパクト化の特徴づけを与える．

局所コンパクトハウスドルフ空間 X は完全正則空間であるので，ストーン・チェックのコンパクト化 $\hat{X}$ をもつが，X は $\hat{X}$ の開集合となる．

4 パラコンパクト空間

位相空間 X の開被覆 $\{U_\lambda\}_{\lambda \in \Lambda}$ が**局所有限**であるとは，X の各点 x に対し，$\{U_\lambda\}_{\lambda \in \Lambda}$ の有限個の元としか交わらない近傍 N が存在することである．

位相空間 X がパラコンパクトであるとは，X の任意の開被覆 $\{U_\lambda\}_{\lambda \in \Lambda}$ に対して，局所有限な開被覆 $\{V_\mu\}_{\mu \in M}$ で，$\{U_\lambda\}_{\lambda \in \Lambda}$ の細分であるものが存在することである．ここで，$\{V_\mu\}_{\mu \in M}$ は $\{U_\lambda\}_{\lambda \in \Lambda}$ の細分であるとは，任意の V_μ に対し，それを含む U_λ が存在することである．

距離空間はパラコンパクト空間であることが知られている．

[坪井　俊]

最小二乗法

method of least-squares

あるバネにおもりをつるして，バネの長さを測定することを考える．おもりの重さを x (g)，バネの下端の位置を y (cm) とすると，x と y の間には線形な関係 $y = kx + b$ が存在する (k, b は定数)．ところが測定には誤差が伴うため，実際の測定結果はたとえば図の黒丸で記されるようになる．

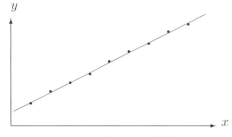

図1　データと近似直線

この結果から，k, b を推定するには，図のように直線を引いてその傾きと y 軸との切片を求めることも考えられる．しかし，よい推定を行うためには，直線を引くにしても，目分量ではなくはっきりした根拠のある判定基準が求められる．通常用いられる判定基準は，測定値と理論値との誤差の二乗の和が最小となることである．このバネの例では，おもりの重さには誤差がないものと仮定すると，測定結果が (x_i, y_i) ($i = 1, 2, \ldots, N$) であるならば $y_i^0 = kx_i - b$ として，$S(k, b) := \sum_{i=1}^{N}(y_i - y_i^0)^2$ が最小となることが求めるべき k, b の条件となる．このような推定手法が最小二乗法である．

1　最小二乗法の前提条件

一般に N 個の対象の値を測定することを考える．i 番目 ($i = 1, 2, \ldots, N$) の測定値を y_i とし，その真の値を y_i^0 とする．測定値は測定の度に少しずつ異なり，測定誤差 $\epsilon_i := y_i - y_i^0$ は，ある確率分布に従うと考えられる．ここで次の前提条件を設ける．(1) 測定誤差の期待値 $\langle \epsilon_i \rangle = 0$，すなわち ϵ_i は**不偏推定量**，(2) 測定誤差の分散 $\sigma_i^2 = \langle \epsilon_i^2 \rangle$ は既知，(3) 異なる測定値の間に相関はなく $\langle \epsilon_i \epsilon_j \rangle = 0$ ($i \neq j$)，(4) パラメータ $\boldsymbol{\theta} := (\theta_1, \theta_2, \ldots, \theta_M)$ を含むモデルが存在して，真のパラメータ $\boldsymbol{\theta}^0$ によって $y_i^0 = f_i(\boldsymbol{\theta}^0)$ と表される．以上の条件の下で，測定された y_i ($i = 1, 2, \ldots, N$) から $S(\boldsymbol{\theta}) := \sum_{i=1}^{N}(y_i - f_i(\boldsymbol{\theta}))^2/\sigma_i^2$ を定義し，この $S(\boldsymbol{\theta})$ を最小にする $\boldsymbol{\theta}$ をモデルのパラメータの推定値とする方法が最小二乗法である．

条件 (3) は緩和することができる．測定誤差の間に相関があるとき，$N \times N$ の誤差行列 Σ を $(\Sigma)_{ij} := \langle \epsilon_i \epsilon_j \rangle$，$v_i := y_i - f_i(\boldsymbol{\theta})$ として N ベクトル $\boldsymbol{v} := {}^t(v_1, v_2, \ldots, v_N)$ と定義する．このとき，$S(\boldsymbol{\theta}) = {}^t\boldsymbol{v} \Sigma^{-1} \boldsymbol{v}$ として，$S(\boldsymbol{\theta})$ を最小とするようにパラメータを推定する方法が (一般化された) 最小二乗法である．

2　線形モデル

モデルが線形である場合，すなわち，定数 $\{a_{ik}\}$ ($i = 1, 2, \ldots, N$, $k = 1, 2, \ldots, M$) によって，$f_i(\boldsymbol{\theta}) = \sum_{k=1}^{M} a_{ik} \theta_k$ と表される場合，$S(\boldsymbol{\theta}) = \sum_{i=1}^{N}(y_i - \sum_{k=1}^{M} a_{ik} \theta_k)^2/\sigma_i^2$ であり，これを最小にするのは ${}^{\forall}k\ \frac{\partial}{\partial \theta_k} S(\boldsymbol{\theta}) = 0$ を満たすものである．したがって，今，$b_k := \sum_{i=1}^{N}(a_{ik}/\sigma_i^2) y_i$，$B_{kl} := \sum_{i=1}^{N}(a_{ik} a_{il})/\sigma_i^2$ として，M ベクトル $\boldsymbol{b} := {}^t(b_1, b_2, \ldots, b_M)$，$M \times M$ 行列 $B := (B_{kl})$，を定義すると $\boldsymbol{\theta}$ を M ベクトルとみて $\boldsymbol{\theta} = B^{-1} \boldsymbol{b}$ となることがわかる．一般化された最小二乗法の場合には，N ベクトル $\boldsymbol{y} = {}^t(y_1, y_2, \ldots, y_N)$，$N \times M$ 行列 $A = (a_{ik})$，$\boldsymbol{b} = {}^t A \Sigma \boldsymbol{y}$，$B = {}^t A \Sigma A$ として，$\boldsymbol{\theta} = B^{-1} \boldsymbol{b}$ となる．最小二乗法はこうした線形モデルに対する推定法のうちで最小の分散を与える方法 (線形不偏最良推定法) である．これをガウス−マルコフ (Gauss–Markov) の定理という．とくに，測定誤差の確率分布が正規分布であるとき，最小二乗法は最尤推定法である．

[時弘哲治]

参考文献

[1] 宮川雅巳：統計技法，共立出版，1998．
[2] 中川　徹・小柳義夫：最小二乗法による実験データ解析，東京大学出版会，1982．

最大値の原理

maximum principle

1 調和関数の最大値の原理

中心 x，半径 r の開球を $B(x,r)$ で表す．$B(x_0,r)$ 上の調和関数 h は，$0 < \rho < r$ に対して平均値の等式

$$h(x_0) = \frac{1}{\sigma(\partial B(x_0,\rho))} \int_{\partial B(x_0,\rho)} h d\sigma$$

を満たす．ここに σ は球面測度である．この式を眺めると，$h(x_0)$ が最大値であれば，$h(x)$ は $B(x_0,r)$ で定数であることが容易にわかる．したがって領域の連結性により次の定理を得る．

定理1 D を領域，$h(x)$ を D 上の調和関数とする．このとき，もし D の内点 x_0 で $h(x)$ が最大値をとるならば，$h(x)$ は D で定数となる．

この定理を調和関数の**最大値の原理** (maximum principle) という．調和関数の線形性から $h(x)$ が調和であれば $-h(x)$ も調和であるので，上の定理で仮定した最大値の存在を最小値の存在に取り替えても，$h(x)$ が定数であることがわかる．そこで，この定理を調和関数の**最小値の原理** (minimum principle) ともいう．

D が有界領域のときには次の系を得る．

系1 D を有界領域，$h(x)$ を D 上の調和関数で D の閉包 $\overline{D}$ で連続とする．このとき，$h(x)$ の $\overline{D}$ 上の最大値および最小値は D の境界でとられる．

ここで D が有界であることは本質的である．たとえば，D を上半空間 $\{x : x_n > 0\}$ とし，調和関数 $h(x) = x_n$ を考えると，D の境界上では恒等的に 0 であるが，D の内部では $h(x) > 0$ であり，$x_n \to \infty$ のとき，$h(x) \to \infty$ となってしまう．

境界 ∂D 上の関数 f が与えられたとき，∂D 上で f と一致し，内部 D では調和となる関数 u を求める問題を**ディリクレ問題** (Dirichlet problem) という．最大値の原理はディリクレ問題の一意性を与える．

平均値の等式を不等式

$$u(x_0) \leq \frac{1}{\sigma(\partial B(x_0,\rho))} \int_{\partial B(x_0,\rho)} u d\sigma$$

に置き換え，連続性を上半連続性に拡張した関数 u を**劣調和関数** (subharmonic function) という．最大値原理は劣調和関数に拡張される．逆向きの不等式に置き換え，下半連続性に拡張した関数を**優調和関数** (superharmonic function) という．優調和関数に対して最小値原理が成立する．

2 正則関数の最大値の原理

コーシーの積分公式から次の定理が得られる．

定理2 D を領域，$f(z)$ を D 上の正則関数とする．このとき，もし $f(z)$ の絶対値 $|f(z)|$ が D の内点 a で最大値をとるならば，$f(z)$ は D で定数となる．この原理を正則関数の最大値の原理あるいは**最大絶対値の原理** (maximum modulus principle) という．

系2 D を有界領域，$f(z)$ を D 上の正則関数で D の閉包 $\overline{D}$ で連続とする．このとき，$|f(z)|$ の $\overline{D}$ 上の最大値は D の境界でとられる．

調和関数のときとは異なり，正則関数に対しては最小値の原理はそのままの形では成り立たない．付加条件が必要である．

定理3 D を領域，$f(z)$ を D 上の零点をもたない正則関数とする．このとき，もし $f(z)$ の絶対値 $|f(z)|$ が D の内点 a で最小値をとるならば，$f(z)$ は D で定数となる．

最大値原理を円板に応用するとシュヴァルツの補助定理を得ることができる．

系3 f は円板 $|z| < R$ で正則でその絶対値は M 以下であるとする．もし $f(0) = 0$ ならば，$|z| < R$ のとき

$$|f(z)| \leq \frac{M}{R}|z|$$

が成立し，また $|f'(0)| \leq M/R$ となる．さらに，上記の不等号が一点ででも成立すれば $f(z) \equiv \frac{e^{i\theta}M}{R}z$ となる．ただし θ は実数である．

[相川弘明]

サードの定理

Sard's theorem

U を n 次元ユークリッド空間 $\boldsymbol{R}^n$ の開集合, $F: U \to \boldsymbol{R}^m$ を U から $\boldsymbol{R}^m$ への C^r 写像とする. U の点 p における F の微分 $dF_p: \boldsymbol{R}^n \to \boldsymbol{R}^m$ が全射でないとき, p を F の臨界点 (critical point) といい, F の臨界点全体を $\Sigma(F)$ で表す. 臨界点の像 $F(p)$ を臨界値 (critical value) という. また, U の点で, 臨界点でないものを正則点 (regular point), $\boldsymbol{R}^m$ の点で, 臨界値でないものを正則値 (regular value) という. かならずしも, 像 $F(U)$ の点でなくてもよい. 微分可能性 r が正で, 次元の差 $n-m$ より大きいとき, 臨界値全体の集合 $F(\Sigma(F))$ が零集合, すなわち, ルベーグ測度 0 の集合であるというのがサードの定理 (Sard's theorem) である.

定理 1 以上の状況で, $r \geqq 1$ かつ $r > n-m$ ならば, 臨界値全体の集合 $F(\Sigma(F))$ は零集合である.

同様の定理は微分可能多様体についても成り立つ.

定理 2 F を C^r 多様体 X から, C^r 多様体 Y への C^r 写像とする. $r \geqq 1$ かつ $r > n-m$ ならば, 臨界値全体の集合 $F(\Sigma(F))$ は零集合である.

$\boldsymbol{R}^n$ の部分集合 N が零集合であるとは, 任意の $\varepsilon > 0$ に対して, 体積の和が ε より小さくなる n 次元立方体の列 $Q_1, Q_2, \ldots$ で覆うことのできるとき. すなわち, $A \subset \bigcup_{i=1}^{\infty} Q_i$ かつ $\sum_{i=1}^{\infty} vol_n(Q_i) < \varepsilon$ なるとき. ただし, $vol_n(Q_i)$ は n 次元立方体の体積である.

定理 3 $r \geqq 1$ とする. F を $\boldsymbol{R}^n$ の開集合 U から, $\boldsymbol{R}^n$ の開集合 V の上への C^r 微分同相写像とする. N を U に含まれる零集合とすると, 像 $F(N)$ も零集合である.

C^r 微分同相写像を同相写像に代えると, この定理は成り立たない. 閉区間 $[0,1]$ 上の自己同相写像で, カントールの 3 進集合の像が零集合でないものがある.

$r \geqq 1$ に対して, n 次元 C^r 多様体 X 上には, ルベーグ測度は定まらないが, 零集合を定義することができる. X の部分集合 N が零集合 (null set) であるとは, 任意の座標近傍 (U, φ) に対して, $\varphi(A \cap U)$ が $\boldsymbol{R}^n$ の零集合であるときである.

定義より, 零集合は空でない開集合を含むことはない. したがって, その補集合はつねに稠密である. とくに, 定理 2 の仮定の下で, Y には正則値が稠密に存在する. 多様体論の正則値定理によると, 正則値 q の引き戻し $F^{-1}(q)$ は X の $n-m$ 次元部分多様体になる. 正則値の存在と稠密性は広く多様体論に応用され, ホイットニー (Whitney) の埋め込み定理, トム (Thom) の横断性定理等が導かれる.

$n < m$ のときは, X 全体が臨界点である. したがって, 臨界値集合は像 $F(X)$ と一致し, $F: X \to Y$ は全射にはなり得ない. たとえば, 閉区間 $[0,1]$ から正方形 $[0,1] \times [0,1]$ への C^1 写像は全射になり得ない. これは, 連続写像の場合の Peano 曲線の存在といい対照をなす.

定理の証明は, 複雑な帰納法を用いた微分積分の議論である. 中心となる補題には次のものがある.

補題 1 $r \geqq 0$ とし, $G: U \to \boldsymbol{R}^k$ を C^r 写像とする. $A = G^{-1}(0)$ の分解 $A = \bigcup_{i=1}^{\infty} A_i$ で, 次を満たすものがある. 各 i に対し, A_i を像に含む, ある次元の円板の C^1 埋め込み $\varphi_i: D^{n_i} \to B_i \subset U$ があり, 任意の $\varepsilon > 0$ に対し, 十分小さい $\delta > 0$ を選べば

$$x \in A_i, y \in B_i, \|y-x\| < \delta \Rightarrow \frac{\|G(y)\|}{\|y-x\|^r} < \varepsilon$$

が成り立つ.

[川﨑徹郎]

参考文献

[1] 川﨑徹郎：曲面と多様体, 朝倉書店, 2001.
[2] 泉屋周一・石川剛郎：応用特異点論, 共立出版, 1998.

差分と和分

difference and sum

1 差分

定数 $h \neq 0$ およびある範囲で定義された関数 $f(x)$ が与えられたとき，
$$\Delta f(x) := \frac{f(x+h)-f(x)}{h}$$
を $f(x)$ の x における **1** 階差分または単に差分という．h は差分間隔と呼ばれ，h を明示するために $\Delta_h f(x)$ と書くこともある．x はある区間を連続的に変化する場合（たとえば実数のある区間で定義されている場合）だけでなく，離散的な値，たとえば $x = 0, h, 2h, \ldots, nh, \ldots$ のみで定義されている場合がある．このとき，関数 $f(x)$ は数列 $(f(0), f(h), f(2h), \cdots)$ に等しく，差分は隣り合う 2 項間の差の定数倍を意味する．

$f(x)$ の差分を 2 回行ったもの
$$\Delta^2 f(x) := \frac{\Delta f(x+h) - \Delta f(x)}{h}$$
$$= \frac{f(x+2h) - 2f(x+h) + f(x)}{h^2}$$
を $f(x)$ の x における **2** 階差分という．これを繰り返して，
$$\Delta^n f(x) := \frac{\Delta^{n-1} f(x+h) - \Delta^{n-1} f(x)}{h}$$
$$(n = 2, 3, \ldots)$$
を $f(x)$ の x における n 階差分と定義する．二項係数 $\binom{n}{i} = \frac{n!}{i!(n-i)!}$ を用いれば，
$$\Delta^n f(x) = \frac{1}{h^n} \sum_{i=0}^{n} (-1)^{n-i} \binom{n}{i} f(x+ih) \quad (1)$$
である．逆に，$\Delta^0 f(x) = f(x)$ として
$$f(x+nh) = \sum_{i=0}^{n} \binom{n}{i} h^i \Delta^i f(x)$$
と表すこともできる．

関数の和や積などの差分に関して次の性質が成り立つ．

(i) $\Delta(af(x) + bg(x)) = a\Delta f(x) + b\Delta g(x)$
  (a, b は定数)

(ii) $\Delta(f(x)g(x)) = f(x+h)\Delta g(x) + g(x)\Delta f(x)$

(iii) $\Delta\left(\dfrac{f(x)}{g(x)}\right) = \dfrac{g(x)\Delta f(x) - f(x)\Delta g(x)}{g(x)g(x+h)}$

x における差分は，点 $x+h$ と 点 x での値の差であったが，差をとる点の位置をずらした
$$\frac{f(x+h/2) - f(x-h/2)}{h}, \quad \frac{f(x) - f(x-h)}{h}$$
を，それぞれ $f(x)$ の x における中心差分，後退差分という．これらに対して $\Delta f(x)$ は前進差分と呼ばれる．また q を $0, 1$ とは異なる定数として $\dfrac{f(qx) - f(x)}{q-1}$ を q 差分または幾何学的差分という．さらに，差分間隔を差分を行う点ごとに変えたものを不等間隔差分と呼ぶことがある．不等間隔差分は，（前進）差分だけではなく，中心差分，後退差分においても同様に定義される．また，微分における偏微分のように，多変数関数の 1 つの独立変数に関する差分を偏差分という．

2 和分

2 つの関数，$F(x)$ と $f(x)$ の間に関係 $\Delta F(x) = f(x)$ があるとき，$F(x)$ を $f(x)$ の和分という．和分を求めることを和分するという．$f(x)$ の和分を $\Delta^{-1} f(x)$ と表記することにする．$f(x)$ の和分の 1 つを $F(x)$ とすると，（一般の）和分 $\Delta^{-1} f(x)$ は $F(x) + c(x)$ で与えられる．ここで $c(x)$ は周期 h の（すなわち $c(x+h) = c(x)$ を満たす）任意の関数である．$\sum_{i=0}^{\infty} f(x-ih)h$ もしくは $-\sum_{i=0}^{\infty} f(x+ih)h$ が収束すれば，$f(x)$ の和分になる．

関数の和や積などの和分に関して次の性質が成り立つ．

(i) $\Delta^{-1}(af(x) + bg(x))$
  $= a\Delta^{-1} f(x) + b\Delta^{-1} g(x)$ (a, b は定数)

(ii) $\Delta^{-1}(f(x)g(x))$
  $= hf(x)g(x) - h\Delta^{-1}(g(x+h)\Delta f(x))$

3 差分方程式

独立変数 x，未知関数 $y(x)$，その差分 $\Delta^k y(x)$ ($k = 1, 2, \ldots, n$) を含む方程式
$$F(x, y(x), \Delta y(x), \ldots, \Delta^n y(x)) = 0$$
または，$\Delta^n y(x)$ について解いた形
$$\Delta^n y(x) = f(x, y(x), \Delta y(x), \ldots, \Delta^{n-1} y(x))$$

を差分方程式，あるいは差分の階数を明示して，n 階差分方程式という．与えられた差分方程式を満たす未知関数 $y(x)$ を，その差分方程式の解といい，解を求めることを差分方程式を解く，または和分するという．

(1) より $\Delta^k y(x)$ は $y(x), y(x+h), \ldots, y(x+kh)$ を用いて表すことができるので，差分方程式は
$$G(x, y(x), y(x+h), \ldots, y(x+nh)) = 0$$
または，
$$y(x+nh) = g(x, y(x), \ldots, y(x+(n-1)h))$$
と変形される．実用上は差分を陽に含まないこの形で考えることが多い．

未知関数が離散的な点で定義されている場合には，n 階差分方程式は **$n+1$ 項間漸化式**と考えることができる．簡単な 2 項間漸化式として，a, r を定数として，$y_{n+1} - y_n = a$ や $y_{n+1} = r y_n$ がある．前者 (後者) の定める数列 $(y_0, y_1, y_2, \ldots)$ を**初項 y_0 公差 a の等差数列 (公比 r の等比数列)** という．等差数列の一般項は $y_n = y_0 + na$ であり，等比数列の一般項は $y_n = r^n y_0$ である．また，各々の数列の $(n+1)$ 項の和 $\sum_{i=0}^n y_n$ は等差数列では $(n+1)y_0 + \frac{n(n+1)a}{2}$，等比数列では $r \neq 1$ のとき $\frac{1-r^{n+1}}{1-r} y_0$，$r = 1$ のとき $(n+1)y_0$ となる．

関数 $\phi^{(0)}(x)$ は $x_0 \leqq x < x_0 + nh$ において定義されているものとする．与えられた n 階差分方程式において
$$y(x) = \phi^{(0)}(x) \quad (x_0 \leqq x < x_0 + nh)$$
を満たす解を定める問題を差分方程式の初期値問題といい，$\phi^{(0)}(x)$ を初期値という．

未知関数が離散的な点 $x = x_0, x_0 + h, \ldots$ で定義されている場合，
$$y(x_0 + ih) = y_i^{(0)} \quad (i = 0, 1, 2, \ldots, n-1)$$
を満たす解を求める問題であり，$y_i^{(0)}$ $(i = 0, 1, 2, \ldots, n-1)$ が初期値である．

方程式が $y(x), y(x+h), \ldots, y(x+nh)$ の 1 次式であるとき，すなわち，ある関数 $a_i(x)$ $(i = 0, 1, \ldots, n)$，$b(x)$ によって
$$a_0(x)y(x+nh) + a_1(x)y(x+(n-1)h) +$$
$$\cdots + a_n(x)y(x) = b(x)$$
と表されるとき，線形差分方程式という．また $b(x) \equiv 0$ のときは同次，$b(x) \not\equiv 0$ のときは非同次線形差分方程式という．非同次線形差分方程式の 1 つの解を $y_s(x)$，その方程式で $b(x) = 0$ とおいた同次線形差分方程式の一般解を $y_0(x)$ とすると，$y_0(x) + y_s(x)$ がその非同次方程式の一般解を与える．

定数係数の n 階同次線形差分方程式：
$$y(x+nh) + a_1 y(x+(n-1)h) + \cdots + a_n y(x) = 0$$
(a_i $(i = 1, 2, \ldots, n)$ は定数，$a_n \neq 0$) において，λ に関する n 次代数方程式
$$\lambda^n + a_1 \lambda^{n-1} + \cdots + a_{n-1} \lambda + a_n = 0$$
が n 個の相異なる解 λ_i $(i = 1, 2, \ldots, n)$ をもつならば，この方程式の解は $c_i(x)$ $(i = 0, 1, \ldots, n)$ を周期 h の任意関数として
$$y(x) = \sum_{i=0}^n c_i(x) \lambda_i^{x/h}$$
で与えられる．この n 次代数方程式を決定方程式という．一般には，λ_i $(i = 1, 2, \ldots, s)$ がおのおの決定方程式の m_i 重解であるとすると，$\sum_{i=1}^s m_i = n$ であり，$c_{ij}(x)$ $(i = 1, \ldots, s, j = 0, 1, \ldots, m_i - 1)$ を周期 h の任意関数として
$$y(x) = \sum_{i=1}^s \sum_{j=0}^{m_i-1} c_{ij}(x) x^j \lambda_i^{x/h}$$
が解になる．

未知関数が多変数関数である差分方程式を**偏差分方程式**という．たとえば 2 変数関数 $u(x, t)$ において，t 方向の差分間隔を h，x 方向の差分間隔を k として，
$$u(x, t+h) = \frac{u(x+k, t) + u(x-k, t)}{2}$$
のような方程式が考えられる．これは，拡散方程式に対応する偏差分方程式である．

［時弘哲治］

参考文献

[1] 杉山昌平：差分・微分方程式，共立出版，1999.
[2] 広田良吾：差分方程式講義，サイエンス社，2000.

作用素環

operator algebras

ヒルベルト空間上の有界線形作用素のなす多元環で，*-演算としかるべき位相で閉じているものが作用素環である．より正確にいうと，位相として作用素ノルムの定めるものをとった場合の作用素環が C^*-環であり，単位作用素は入っていなくてもよい．単位作用素は入っているものとして，作用素の強収束の位相を考えた作用素環がフォン・ノイマン (von Neumann) 環である．作用素の弱収束は，作用素の強収束とは違う位相であるが，有界線形作用素のなす多元環を考えている限り，「作用素の弱収束について閉じているもの」を考えても同じことで，やはりフォン・ノイマン環になる．また，有界線形作用素のなす集合 M について，そのすべての元と可換な有界線形作用素全体を M' と表した場合，*-演算で閉じている多元環 M がフォン・ノイマン環になるための必要十分条件は $M = M''$ となることである．

1 C^*-環

ヒルベルト空間上の作用素のなす環としての C^*-環の定義は上に書いたとおりだが，抽象的なバナッハ環としての定義もある．それは，抽象的な *-演算をもつバナッハ環で，すべての元 x に対して $\|x^*x\| = \|x\|^2$ を満たすもの，というものである．後者の定義から前者の定義が導かれるというのが，ゲルファント–ナイマルク (Gelfand–Naimark) の定理である．

作用素の積演算は一般に可換でないので，作用素環の大きな特徴の一つはその非可換性にある．しかしとくに可換な場合も考えることができ，可換な C^*-環は，局所コンパクト・ハウスドルフ空間 X 上の無限遠点で 0 になる連続関数環 $C_0(X)$ になることが知られている．これもゲルファント–ナイマルクの定理と呼ばれる．可換 C^*-環が乗法単位元をもつ場合は，X としてコンパクト・ハウスドルフ空間がとれる．一般の C^*-環の場合は $C(X)$ の形には書けないが，それでも何かある「非可換な空間」の上の連続関数環であるかのように思うこともできる．このように考えて位相幾何学のアイディアを一般化する考え方を，非可換位相幾何学という．この考え方をさらに推し進め，微分幾何学の非可換版を考えるのが，コンヌ (A. Connes) の非可換幾何学 [2] である．この考え方は，数学，理論物理学の非常の幅広い分野に応用できる理論として，近年大きく発展している．

通常の代数学と同様，環が単純な場合が重要である．単純 C^*-環とは，閉じた両側イデアル (自動的に *-演算でも閉じる) が自明なものに限るもののことである．可換 C^*-環は 1 次元でない限り決して単純にはならない．有限次元の C^*-環は，$n \times n$ の正方行列環 $M_n(\boldsymbol{C})$ をいくつか直和したものであり，単純になるのは直和因子の数が 1 個のときである．

位相空間上の一般コホモロジー理論として K-理論が重要である．これは，位相空間上のベクトルバンドルを考えることによって得られる．C^*-環は局所コンパクト・ハウスドルフ空間の「非可換化」であるので，K-理論も C^*-環に一般化することができ，ボット周期性，長完全列など基本的な性質も一般化される．作用素環論の立場からは，K-理論はさまざまな分類の不変量として基本的な重要性をもつ．また非可換幾何学においても大変重要な役割を果たす．

群，とくに離散群に対する従順性と呼ばれる基本的な条件がある．たとえば有限群や可換群は従順である．この従順性を C^*-環に対しても同様に定義することができる．もともとはこの条件はテンソル積に対してよいふるまいをするという形で考えられ，核型と呼ばれたものであるが，従順性と同値であることがわかっている．これは，分類理論において非常に重要なクラスを与えている．従順で可分な単純 C^*-環は K-理論的な不変量で分類されるであろう，というのがエリオット (Elliott) の予想として長い間 C^*-環論の基本問題であった．この予想は元の形では不成立であることが今ではわかっているが，成立する場合も非常に多く知られており，今日でも重要な問題である．

2 フォン・ノイマン環

定義により,フォン・ノイマン環は自動的に C^*-環でもある.したがって C^*-環の一般論の一部としてフォン・ノイマン環を扱うことも一応可能ではあるが,フォン・ノイマン環は C^*-環としては典型的なたちのよい状況から大きく外れているので,そのような取り扱いはあまり適切ではない.たとえば,多くの重要な C^*-環はノルム位相について可分であるが,フォン・ノイマン環は有限次元でない限り決してそうはならない.

可換なフォン・ノイマン環は,ある測度空間 (X,μ) の上の本質的に有界な可測関数環 $L^\infty(X,\mu)$ に同型である.C^*-環の理論が非可換位相幾何学であるというのと同じ意味で,フォン・ノイマン環の理論は,非可換測度論であるといえる.

フォン・ノイマン環には型の分類があり,I 型,II 型,III 型に分かれる.I 型はさらに,I_n 型 ($n=1,2,3,\cdots,\infty$) に分かれ,II 型は II_1 型,II_∞ 型に分かれる.一般のフォン・ノイマン環はそれぞれの型をもつフォン・ノイマン環に直和分解される.これはマレーとフォン・ノイマンによって理論の当初からわかっていたことだが,コンヌによって,III 型はさらに,冨田-竹崎理論を用いて III_λ 型 ($0 \leqq \lambda \leqq 1$) に細分化された [4].

フォン・ノイマン環は,中心が複素数体に同型なとき,因子環と呼ばれる.これがとくに重要な場合であり,作用素の強収束(あるいは弱収束)の位相で閉じた両側イデアルが自明な場合に限るということと同値な条件である.(この意味で,単純フォン・ノイマン環と呼んでもいいはずだが歴史的理由により,因子環と呼ばれる.)

因子環やその自己同型の分類については,1970 年代にコンヌによる革命的な進展があった.とくに有限次元環で内側から近似できるフォン・ノイマン環は近似的有限次元と呼ばれるが,このような環の特徴づけとその自己同型の完全な分類はきわめて大きな成果である [4].

1980 年代にジョーンズ (V.F.R. Jones) は部分因子環の理論を創始した.これは,因子環の中に別の因子環が入っている状況を研究するもので,群と部分群の関係を調べることや,体と拡大体の関係を調べることの類似と思える.後者の立場から,作用素環のガロア理論ともいわれる.ジョーンズはこの研究から,組みひも群の新しい表現を発見し,それを用いて結び目の新しい不変量,ジョーンズ多項式を発見した.これはその後の,量子群や 3 次元トポロジー,共形場理論と作用素環の新しい関係の爆発的な進展をもたらした.

場の量子論を作用素環論を用いて記述する方法が代数的場の量子論と呼ばれるものである [1].ここに現れる作用素環の典型的なものは III 型因子環である.近年,部分因子環論や共形場理論との関連でさまざまな進展がある.

また,確率論は測度空間論に基礎をおくので,測度論の「非可換化」である作用素環論とも相性がよいはずである.条件付期待値や,さまざまなエントロピーなどが,作用素環論でも古くから重要な役割を果たしているが,1980 年代に始まるヴォイクレスク (D. Voiculescu) による自由確率論がすばらしい発展を遂げている.これは非可換性を最大限追求したもので,「自明に交換する作用素以外は一切交換しない」といえるものである.ランダム行列との関連や,離散群,とくに自由群から生じる作用素環の解析において大きな成果がある.

離散群は左正則表現を考えて,その値域の生成する作用素環を考えることにより,自然に C^*-環とフォン・ノイマン環を生み出す.群が十分に非可換であれば,こうしてできるフォンノイマン環は II_1 型因子環となる.このフォン・ノイマン環の性質は群が従順でないときのことは最近まであまりよくわかっていなかったが,ポパ (S. Popa) によるきわめて大きな進展が最近進行しており,さまざまな大定理が得られている. [河 東 泰 之]

参 考 文 献

[1] 荒木不二洋:量子場の数理,岩波書店,2001.
[2] A. コンヌ著,丸山文綱訳:非可換幾何学入門,岩波書店,1999.
[3] 生西明夫・中神祥臣:作用素環入門 (I,II),岩波書店,2007.
[4] 竹崎正道:作用素環の構造,岩波書店,1983.

作用素の半群

operator semigroup

1 作用素の半群の定義とその意義

作用素の半群 (詳しくは 1 パラメータ半群) とは,広義には $0 \leq t \in \boldsymbol{R}$ をパラメータとする,集合 X から X 自身への写像の族 $\{T(t)\}_{t \geq 0}$ で,次の条件 (1) を満たすものをいう:

$$T(t+s) = T(t)T(s) \ (s, t \geq 0), \ T(0) = I. \quad (1)$$

本項ではとくに X をバナッハ空間として,各 $T(t)$ が X 上の有界線形作用素であって,

$$\text{任意の } x \in X \text{ で } \lim_{t \to +0} \|T(t)x - x\| = 0 \quad (2)$$

となるものを扱う.この条件 (1), (2) を満たす有界線形作用素の半群を X 上の C_0–半群という.C_0–半群においては,任意の $x \in X$ に対して $T(t)x$ は $t \geq 0$ の関数としてノルムに関して連続 (**強連続**という) となる.

C_0–半群の概念は,アダマール (J. Hadamard) により定式化された,初期値問題の**適切性** (well–posedness, 解の一意存在性と初期値への連続依存性) を,時間的に斉次 (homogeneous) な場合に,関数解析的に表現している ($T(t)$ を,時刻 0 での状態から時刻 t での状態への対応と考える).また,熱方程式と関連が深いマルコフ過程は,C_0–半群理論の誕生の当初から強く意識されていた.C_0–半群理論により,熱方程式や波動方程式,輸送方程式などの多くの具体的な偏微分方程式の初期値問題の適切性や解の性質を関数解析的に調べる道具が整ったといえる.

2 半群についての基本定理

$\{T(t)\}_{t \geq 0}$ をバナッハ空間 X 上の C_0–半群とするとき,ある定数 $M \geq 1$ と $\omega \in \boldsymbol{R}$ があって,

$$\|T(t)\| \leq Me^{\omega t} \quad (\forall t \geq 0) \quad (3)$$

が成り立つ.これは $\{T(t)\}_{t \geq 0}$ の強連続性と一様有界性定理から従う.また,

$$Ax := \lim_{t \to +0} \frac{T(t)x - x}{t} \quad (4)$$

で定められる線形作用素 A を $\{T(t)\}_{t \geq 0}$ の**生成作用素** (generator) という.ただし A の定義域 $D(A)$ は (4) の右辺のノルム極限が存在するような $x \in X$ の全体とする.このとき A は閉作用素となり,任意の $t \geq 0$ に対して $T(t)D(A) \subset D(A)$ である.$D(A)$ が X で稠密となることは,各 $x \in X$ に対して $\int_0^t T(s)x\,ds \in D(A)$ と $(1/t)\int_0^t T(s)x\,ds \to x\ (t \to 0)$ が成り立つことからわかる.$x \in D(A)$ とすると,$t > 0$ において $(d/dt)T(t)x = T(t)Ax = AT(t)x$ が成り立つことは容易にわかり,$u(t) := T(t)x$ は X における次の常微分方程式の初期値問題の解となる:

$$\begin{cases} \dfrac{d}{dt}u(t) = Au(t), \\ u(0) = x. \end{cases} \quad (5)$$

また,(3) の ω に対して,$\operatorname{Re} \lambda > \omega$ を満たす複素数 λ は A のリゾルベント集合 $\rho(A)$ に属し,

$$(\lambda - A)^{-1}x = \int_0^\infty e^{-\lambda t}T(t)x\,dt \ (x \in X) \quad (6)$$

が成り立つ.C_0–半群とその生成作用素は 1 対 1 に対応し,それらの関係は非常に密接なものである.この事情はヒレ (E. Hille) と吉田耕作によって最初に独立に解明され,フィリップス (R.S. Phillips),フェラー (W. Feller),宮寺功によって補完された次の定理にまとめられている.

定理 (ヒレ–吉田の定理 [1, 2]) A はバナッハ空間 X 内の稠密な定義域をもつ閉作用素とする.このとき,A が条件 (3) を満たすある C_0–半群 $\{T(t)\}_{t \geq 0}$ の生成作用素となる必要十分条件は,$(\omega, \infty) \subset \rho(A)$ で,任意の $\lambda > \omega$ と自然数 n に対して

$$\|(\lambda - A)^{-n}\| \leq \frac{M}{(\lambda - \omega)^n} \quad (7)$$

が成り立つことである.このとき $\{T(t)\}_{t \geq 0}$ は

$$T(t)x = \lim_{n \to \infty} \left(I - \frac{tA}{n}\right)^{-n} x \quad (x \in X) \quad (8)$$

で与えられる.

(8) は C_0–半群をその生成作用素のリゾルベントで表現しており,(6) と合わせると,C_0–半群とその生成作用素およびそのリゾルベントという 3 者が一体となっており,原理的には C_0–半群の特性はすべて生成作用素あるいはそのリゾルベントの特性で表現できることになる.また,(8) は実数

σ に対して成り立つ $\lim_{n\to\infty}(1-\sigma/n)^{-n}=e^\sigma$ と同じ形なので，これは $T(t)$ がある意味で e^{tA} とみられることを示している．また，A がヒレ-吉田の定理の条件を満たしていると，十分大きい自然数 n に対して $J_n:=(I-n^{-1}A)^{-1}$ が定義され，$A_n:=AJ_n=n(J_n-I)$ は A の吉田近似と呼ばれる有界線形作用素となる．よって級数展開によって作用素の指数関数 e^{tA_n} が定義されるが，$T(t)$ はこの極限になっている：

$$\lim_{n\to\infty}e^{tA_n}x=T(t)x \quad (x\in X). \quad (9)$$

稠密に定義された閉作用素 A に対して，条件 (7) が各 n,λ に対して成り立つことを直接示すのはそれほど容易ではないため，適用範囲は制限されるがより使いやすい条件が考えられている．たとえば，任意の $t\geq 0$ に対して $\|T(t)\|\leq 1$ という条件を満たす，縮小半群を生成する条件は，各 $\lambda>0$ に対して $\lambda\in\rho(A)$ かつ $\|(\lambda-A)^{-1}\|\leq 1/\lambda$ が成り立つことだけでよい．これはまた，ある $\lambda>0$ に対して $\lambda-A$ が全射であることと，任意の $x\in D(A)$ に対して $f\in X^*$ で $\|f\|=1$, $f(x)=\|x\|$ かつ $\mathrm{Re}\,f(Ax)\leq 0$ となるものが存在することと同値である．また，ある $\gamma\in(0,\pi/2]$ と定数 $\beta\in\mathbf{R}$, $M>0$ があって，$|\arg(\lambda-\beta)|<\gamma+\pi/2$ を満たす任意の複素数 λ に対して $\|(\lambda-A)^{-1}\|\leq M/|\lambda-\beta|$ が成り立つとしよう．このとき A は C_0-半群 $\{T(t)\}_{t\geq 0}$ を生成し，さらに t の関数としての $\{T(t)\}_{t\geq 0}$ は，$|\arg t|<\gamma$ で定まる，複素平面上の実軸を含む角領域まで半群性質 (1) を保って複素解析的に延長される解析的半群となる．

さらに，C_0-半群の生成作用素 A をある意味で少し変化させてもやはり C_0-半群の生成作用素となる，ということを示す摂動理論 [3] も発達している．これに関連して，生成作用素の列 $\{A_n\}_n$ のある意味の極限 A がまた生成作用素となる十分条件を与えるトロッター (H.F. Trotter) と加藤敏夫の結果 ((9) の拡張) や，ある条件下で成り立つ $e^{t(A+B)}x=\lim_{n\to\infty}(e^{tA/n}e^{tB/n})^n x$ (トロッターの積公式) は重要である．

3 例

$t>0$ と $u\in L^2(\mathbf{R}^N)$ に対して

$$(T(t)u)(x):=\frac{1}{(4\pi t)^{N/2}}\int_{\mathbf{R}^N}\exp\left(-\frac{|x-y|^2}{4t}\right)u(y)\,dy$$

と定めると，$T(t)$ は $L^2(\mathbf{R}^N)$ 上の有界線形作用素となる．そして，$T(0)=I$ として $\{T(t)\}_{t\geq 0}$ は $L^2(\mathbf{R}^N)$ 上の C_0-半群となるが，この半群は $T(t)$ の定義式で t を実部が正の複素数としても意味をもつことからわかるように解析的半群である．また，生成作用素の定義域はソボレフ空間 $H^2(\mathbf{R}^N)$ であり，その作用はラプラシアン Δ による超関数の意味の微分である．このことは，$\mathbf{R}^N$ における熱方程式 $\partial u/\partial t=\Delta u$ の初期値問題が，(5) において $A=\Delta$ とした $L^2(\mathbf{R}^N)$ 空間の中での初期値問題として解けることを意味する．また，ラプラシアンに 1 階以下の項を加えた微分作用素が C_0 半群を生成するかどうかという問題は，摂動理論によって詳しく研究されている．とくに，よい条件を満たすポテンシャル V によって $\Delta-V$ と表される作用素については，トロッターの積公式から，$e^{t(\Delta-V)}$ の作用をブラウン運動に基づく積分によって具体的に表現するファインマン-カッツ (Feynman–Kac) の公式が得られる [4].

4 発展

半群理論の拡張として，(5) の第 1 式の右辺が，A の時間依存性を許容して $A(t)u(t)$ となった発展方程式 [5] の可解性の理論が加藤敏夫の結果を嚆矢として発展した．また，(5) において A を非線形作用素としたものに対応する非線形半群の理論が高村幸男により創始され多くの成果が得られている．

［宮島静雄］

参考文献

[1] 藤田　宏・伊藤清三・黒田成俊：関数解析，岩波書店，1991.

[2] K. Yosida: *Functional Analysis, 6th ed*, Springer-Verlag, 1998.

[3] T. Kato: *Perturbation Theory for Linear Operators*, Springer-Verlag, 1995.

[4] M. Reed, B. Simon: *Fourier Analysis, Self-Adjointness*, Academic Press, 1975.

[5] 田辺広城：発展方程式，岩波書店，1975.

三角関数

trigonometric function

直角三角形において，2 辺の長さの比は内角だけで決まり，三角形の大きさ自体にはよらない．この比がサイン，コサインなどの三角比であるが，それらを鋭角とは限らない一般の角度に対して拡張したものが三角関数である．

1 定義

三角関数の変数は，90°，360° などの度数法でなく以下に述べる弧度法で表すのが合理的である．XY 平面に原点 O を中心とする半径 1 の円周を考え，正の実軸との交点を $A(1,0)$ とする（図 1）．実数 x に対し，円周上の点 P を，弧 $\widehat{AP}$ の長さが $|x|$ であるようにとる．ただし x が正のときは A から反時計回りの向きに，負のときは A から時計回りの向きに弧長をはかる．（したがって x が 2π 増加するとき P は反時計回りに円周を 1 周する．）x を半直線 OA と OP のなす一般角という．このとき P の X 座標，Y 座標およびその比 Y/X を実数 x の関数とみて記号

$$X = \cos x, \quad Y = \sin x, \quad \frac{Y}{X} = \tan x$$

で表し，それぞれ余弦（コサイン cosine）関数，正弦（サイン sine）関数，正接（タンジェント tangent）関数という．これらを総称して三角関数と呼ぶ．ただし $x = \pi/2 + n\pi$（n は整数）の場合には $X = 0$ となるので $\tan x$ は定義しない．

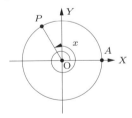

図 1　一般角とサイン，コサイン

点 P は半径 1 の円周上にあるから
$$\cos^2 x + \sin^2 x = 1$$
がつねに成り立つ．x が π だけ増加すると，P は原点に関して点対称の位置に移り
$$\cos(x+\pi) = -\cos x, \quad \sin(x+\pi) = -\sin x$$
となる．これから周期性
$$\cos(x+2\pi) = \cos x, \quad \sin(x+2\pi) = \sin x,$$
$$\tan(x+\pi) = \tan x,$$
が従う．また 90° 回転に対応して
$$\sin\left(x + \frac{\pi}{2}\right) = \cos x, \quad \cos\left(x + \frac{\pi}{2}\right) = -\sin x$$
の関係がある．

三角関数のグラフは次のようになる．

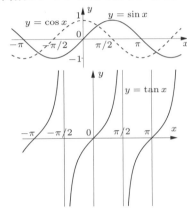

図 2　サイン（コサイン）とタンジェントのグラフ

2 加法公式

原点を中心とする一般角 x の回転により，点 (X,Y) が (X',Y') にうつるとすると，後者の座標は

$$\begin{pmatrix} X' \\ Y' \end{pmatrix} = \begin{pmatrix} \cos x & -\sin x \\ \sin x & \cos x \end{pmatrix} \begin{pmatrix} X \\ Y \end{pmatrix}$$

で定まる．角 x の回転と角 y の回転の合成は角 $x+y$ の回転に等しいことから，次の加法公式が得られる．

$$\cos(x+y) = \cos x \cos y - \sin x \sin y,$$
$$\sin(x+y) = \sin x \cos y + \cos x \sin y,$$
$$\tan(x+y) = \frac{\tan x + \tan y}{1 - \tan x \tan y}.$$

加法公式は周期性と並んで三角関数のもっとも基本的な性質である．

3 三角関数の微分

サイン関数のグラフから，x の値が小さいとき $\sin x$ はほぼ x に等しいことが見て取れる．実際，

三角関数

極限公式
$$\lim_{x\to 0}\frac{\sin x}{x}=1$$
が成り立ち，$x=0$ における接線の傾きは 1 になる．一般に三角関数は何回でも微分可能で，その導関数は次のように与えられる．
$$\frac{d}{dx}\cos x=-\sin x,\quad \frac{d}{dx}\sin x=\cos x,$$
$$\frac{d}{dx}\tan x=\frac{1}{\cos^2 x}\quad (x\neq \frac{\pi}{2}+n\pi).$$
これらの式から $x=0$ におけるテイラー展開
$$\cos x=1-\frac{x^2}{2!}+\frac{x^4}{4!}-\cdots=\sum_{n=0}^{\infty}\frac{(-1)^n x^{2n}}{(2n)!},$$
$$\sin x=x-\frac{x^3}{3!}+\frac{x^5}{5!}-\cdots=\sum_{n=0}^{\infty}\frac{(-1)^n x^{2n+1}}{(2n+1)!},$$
が導かれる．タンジェントのテイラー展開は複雑なのでここでは述べない．

4 逆三角関数

三角関数は周期性をもつために，定義域全体では写像として 1 対 1 にならないが，適当に定義域を制限すれば逆関数を考えることができる．

関数 $\sin x$ は $-\pi/2 \leqq x \leqq \pi/2$ において単調増加かつ連続なので，x に $y=\sin x$ を対応させる写像は，閉区間 $[-\pi/2, \pi/2]$ から閉区間 $[-1,1]$ への全単射になる．その逆関数を $x=\arcsin y$ であらわす．同様に，x に $y=\tan x$ を対応させる写像は開区間 $(-\pi/2, \pi/2)$ から開区間 $(-\infty, \infty)$ への全単射になる．その逆関数を $x=\arctan y$ と記す．これらは応用上よく用いられ，逆三角関数と呼ばれる．

なお，$-1 \leqq y \leqq 1$ のとき $\sin x=y$ を満たす実数 x は $\arcsin y + 2n\pi$ または $-\arcsin y + (2n+1)\pi$ (n は整数) で与えられる．

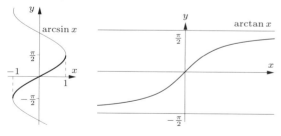

図 3 逆三角関数のグラフ

逆関数の微分法から，これらの導関数は次のようになる．
$$\frac{d}{dx}\arcsin x=\frac{1}{\sqrt{1-x^2}},$$
$$\frac{d}{dx}\arctan x=\frac{1}{1+x^2}.$$

5 双曲線関数

指数関数を用いて定義される次の関数
$$\cosh x=\frac{e^x+e^{-x}}{2},\quad \sinh x=\frac{e^x-e^{-x}}{2},$$
$$\tanh x=\frac{e^x-e^{-x}}{e^x+e^{-x}}$$
をそれぞれ双曲線余弦 (hyperbolic cosine) 関数，双曲線正弦 (hyperbolic sine) 関数，双曲線正接 (hyperbolic tangent) 関数と呼ぶ．これらは実変数の関数として周期関数ではないが，三角関数とよく似た性質をもっている．たとえば $\cosh^2 x-\sinh^2 x=1$ を満たし，また加法公式
$$\cosh(x+y)=\cosh x\cosh y+\sinh x\sinh y,$$
$$\sinh(x+y)=\sinh x\cosh y+\cosh x\sinh y,$$
$$\tanh(x+y)=\frac{\tanh x+\tanh y}{1+\tanh x\tanh y}$$
が成り立つ．幾何学的には，三角関数が円に基づいて定義されるように，双曲線関数は双曲線 $X^2-Y^2=1$ に基づいて定義される．

6 複素関数としての三角関数

上述のサイン・コサインのテイラー展開は x が複素数であってもつねに絶対収束する．これを用いてサイン関数，コサイン関数を複素変数の関数に拡張することができる．

複素変数の指数関数を用いれば，オイラーの公式により $z\in \boldsymbol{C}$ に対して
$$\cos z=\frac{e^{iz}+e^{-iz}}{2},\quad \sin z=\frac{e^{iz}-e^{-iz}}{2i}$$
が成り立つ．これらは $\boldsymbol{C}$ 上の正則関数である．とくに $z=ix$ と特殊化すれば
$$\cosh x=\cos ix,\quad \sinh x=-i\sin ix,$$
$$\tanh x=-i\tan ix.$$
という関係が得られ，双曲線関数は変数を純虚数とした三角関数にほかならないことがわかる．

［神保道夫］

算術平均と幾何平均

arithmetic mean and geometric mean

いくつかの数または量の中間的な値，また，それを求める演算を平均 (mean) という．中間の意味のとり方によって，いろいろな平均が定義される．

1 基本的な平均

通常，平均というときは実数の組 $(a_1, a_2, \ldots, a_n)$ に対する算術平均または相加平均 (arithmetic mean)
$$\frac{1}{n}\sum_{j=1}^{n}a_j = \frac{1}{n}(a_1 + a_2 + \cdots + a_n)$$
を意味することが多い．

「中間」を違った意味にとったものの一つが，幾何平均または相乗平均 (geometric mean)
$$\sqrt[n]{a_1 a_2 \cdots a_n}$$
である．ただし，$a_1 > 0, a_2 > 0, \ldots, a_n > 0$．幾何学的にみたとき，辺の長さが a, b の長方形と面積が同じ正方形の一辺の長さが幾何平均で与えられることになる．なお，幾何平均の対数をとると，n 個の正数 $a_1, a_2, \ldots, a_n$ の対数の算術平均になる．

また，n 個の正数 $a_1, a_2, \ldots, a_n$ に対して，
$$\frac{n}{\frac{1}{a_1} + \frac{1}{a_2} + \cdots + \frac{1}{a_n}}$$
を調和平均 (harmonic mean) という．

正数の算術平均，幾何平均，調和平均に対して，次の不等式が成り立つ．

$$\text{調和平均} \leqq \text{幾何平均} \leqq \text{算術平均}$$

たとえば，$a > 0, b > 0$ に対して，
$$\frac{2}{\frac{1}{a}+\frac{1}{b}} \leqq \sqrt{ab} \leqq \frac{a+b}{2}$$

3つの平均は
$$\sqrt[m]{\frac{1}{n}\sum_{j=1}^{n}a_j^m}$$
とまとめて書くことができる．$m=1$ のとき算術平均，$m \to \infty$ のとき幾何平均，$m=-1$ のとき調和平均である．一般の m に対して定義したとき，一般化平均ということがある．とくに $m=2$ の場合を二乗平均平方根と呼び，理工学のさまざまな分野で応用されている．

さらに一般化した平均として，
$$F^{-1}\left(\frac{1}{n}\sum_{j=1}^{n}F(a_j)\right)$$
がある．ただし，$F(x)$ は連続な狭義単調増加関数，F^{-1} は F の逆関数である．$F(x)=x$ のときは算術平均，$F(x)=\log x$ のときは相乗平均，$F(x)=1/x$ のときは調和平均になる．

2 平均の拡張

実数の組 $(a_1, a_2, \ldots, a_n)$ に対して，正数 $m_1, m_2, \ldots, m_n$ を用いた
$$\frac{\sum_{j=1}^{n}m_j a_j}{\sum_{j=1}^{n}m_j} = \frac{m_1 a_1 + m_2 a_2 + \cdots + m_n a_n}{m_1 + m_2 + \cdots + m_n}$$
を加重平均または重み付き平均 (weighted mean) という．各 m_j が重みであり，すべての重みが等しいとき，加重平均は算術平均になる．

連続量に対しても平均が定義できる．区間 $[a,b]$ における連続関数 $f(x)$ に対する平均は
$$\frac{1}{b-a}\int_a^b f(x)dx$$
で与えられる．これは算術平均の個数を無限にした極限と考えられる．

二つの正数 a, b に対して，算術平均と幾何平均を繰り返し用いて得られる数列，すなわち $a_0 = a$, $b_0 = b$ として
$$a_{n+1} = \frac{1}{2}(a_n + b_n), \quad b_{n+1} = \sqrt{a_n b_n}$$
で定まる数列 $\{a_n\}, \{b_n\}$ の極限
$$M(a,b) = \lim_{n\to\infty}a_n = \lim_{n\to\infty}b_n$$
を a, b の算術幾何平均 (arithmetic–geometric mean) という．算術幾何平均は楕円積分を用いて，
$$\frac{1}{M(a,b)} = \frac{\pi}{2}\int_0^{\pi/2}\frac{1}{\sqrt{a^2\cos^2\theta + b^2\sin^2\theta}}d\theta$$
で与えられる．なお，a, b は複素数に拡張して用いられることもある．

［薩摩順吉］

サンプリング定理

sampling theorem

アナログ信号 $f(t)$ をディジタル信号に変換する際に，まずある一定の間隔 T で $f(t)$ の値をサンプリングして，離散的な信号 $\{f(nT)\}_{n\in\mathbf{Z}}$ をつくる．サンプリング定理は，この離散化された信号に関する情報から，もとのアナログ信号 $f(t)$ が復元できるための f に関する条件を与えるものである．サンプリング定理を述べるために，用語の準備をする．実数直線 $\mathbf{R}$ 上に定義されたルベーグ積分可能な関数 $f(t)$ に対して，そのフーリエ変換と逆フーリエ変換をそれぞれ

$$\mathcal{F}[f](\xi) = \int_{-\infty}^{\infty} f(x) e^{-i\xi x} dx, \ \xi \in \mathbf{R},$$

$$\mathcal{F}^{-1}[f](x) = \frac{1}{2\pi}\int_{-\infty}^{\infty} f(\xi) e^{i\xi x} d\xi, \ x \in \mathbf{R},$$

と定義する．$\mathbf{R}$ 上のルベーグ可測関数 $f(t)$ が 2 乗可積分であるとは，$|f(t)|^2$ が $\mathbf{R}$ 上でルベーグ積分可能なことであるが，このような関数に対してもフーリエ変換を定義することができる (→ [フーリエ変換])．また

$$\mathrm{sinc}(x) = \begin{cases} \frac{\sin x}{x}, & x \neq 0 \\ 1, & x = 0 \end{cases}$$

を sinc 関数という．

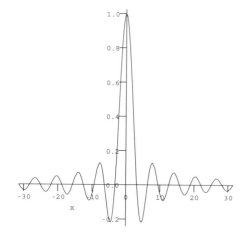

図 1 sinc 関数

ルベーグ積分可能あるいは 2 乗可積分関数 $f(t)$ が帯域制限 (band–limited) であるとは，ある正数 σ に対して

$$\mathcal{F}[f](\xi) = 0 \text{ a.e. } |\xi| > \sigma \qquad (1)$$

が成り立つことである．われわれが現実に処理する情報は帯域制限な信号であることが多い．たとえば人間の可聴周波数域の上限はおよそ 20 kHz とされているから，人間の聴覚はつねに帯域制限された音の信号のみを処理していることになる．また sinc 関数は，区間 $[a,b]$ の特性関数

$$\chi_{[a,b]}(x) = \begin{cases} 1, & x \in [a,b] \\ 0, & \text{その他} \end{cases}$$

に対して，$\pi\chi_{[-1,1]}$ を逆フーリエ変換することによって得られるので，帯域制限された関数である．

定理 1 (サンプリング定理) $\sigma > 0$ とする．$f(t)$ を $\mathbf{R}$ 上の連続な 2 乗可積分関数で，(1) を満たすとする．このときサンプリングの間隔 T を $0 < T \leq \frac{\pi}{\sigma}$ となるようにとれば，サンプル値 $\{f(nT)\}_{n\in\mathbf{Z}}$ から次のようにして $f(t)$ を復元することができる：

$$f(t) = \lim_{N\to\infty} \sum_{n=-N}^{N} f(nT) \mathrm{sinc}\left(\frac{\pi(t-nT)}{T}\right), \qquad (2)$$

ただしここで右辺の級数は $\mathbf{R}$ 上で一様収束している．また同時に平均 2 乗収束もしている．すなわち

$$\int_{-\infty}^{\infty} \left| f(t) - \sum_{n=-N}^{N} f(nT) \mathrm{sinc}\left(\frac{\pi(t-nT)}{T}\right) \right|^2 dt$$

$$\to 0, \ N \to \infty \qquad (3)$$

も成り立っている．

もしもサンプリング間隔を $\frac{\pi}{\sigma} < T$ となるようにとった場合，(2) の右辺によりサンプル値から復元した信号は，原信号 $f(t)$ とは異なったものになることがある．これはエイリアシング (aliasing) と呼ばれる現象である．

ところでフーリエ変換の定義としては

$$\int_{-\infty}^{\infty} f(x) e^{-2\pi i x\xi} dx$$

とする流儀もあり，便宜上本項目ではこのフーリエ変換を $\widehat{f}(\xi)$ により表す．f のフーリエ変換 $\mathcal{F}[f]$ により f がどのような角周波数成分からなってい

るのかを知ることができるが，$\widehat{f}$ の方は f がどのような周波数成分からなっているかを示している．時間の単位を秒 [s] とするとき，周波数の単位は [Hz] であり，角周波数の単位は [rad] / [s] である．フーリエ変換の定義として $\widehat{f}$ を採用した場合，サンプリング定理は次のように表せる．

定理 2 (サンプリング定理)　　$f_M > 0$ とする．$f(t)$ を $\boldsymbol{R}$ 上の連続な 2 乗可積分関数で，
$$\widehat{f}(\xi) = 0 \text{ a.e. } |\xi| > f_M$$
を満たすとする．このとき，$0 < T \leqq \frac{1}{2f_M}$ に対して，(2)，(3) が成り立つ．

この定理において T の逆数をサンプリング周波数という．定理 2 は帯域制限されたアナログ信号の周波数域の上限の値を f_M とするとき，サンプリング周波数としてその 2 倍以上の値を選べば，サンプルした離散値から原信号の復元が可能であることを示している．人間の可聴域が 20 kHz ということから，CD (コンパクトディスク) ではサンプリング周波数として 44.1 kHz を採用している．

関数の 2 乗可積分性を仮定せず，しかもサンプリング間隔を自由に選んだ場合，一般に次のことが成り立つ (文献 [1] 参照)．なお以下では $E_a(\xi) = e^{-ia\xi}$ $(a, \xi \in \boldsymbol{R})$ とおく．

定理 3　$T > 0$ とし，f を $\boldsymbol{R}$ 上の緩増加超関数であり，$\mathcal{F}[f]$ がコンパクト台をもっているものとする．このとき f はたかだか多項式のオーダーで増大する連続関数とみなせ，
$$\sum_{n=-\infty}^{\infty} f(nT) E_{nT} = \frac{1}{T} \sum_{n=-\infty}^{\infty} \mathcal{F}[f]\left(\cdot - \frac{2n\pi}{T}\right) \quad (4)$$
が緩増加超関数の意味の収束で成り立っている．

もしも $\mathcal{F}[f]$ の台が有界区間 $[-\pi/T, \pi/T]$ に含まれているならば，(4) より
$$\sum_{n=-\infty}^{\infty} f(nT) E_{nT} \chi_{[-\pi/T, \pi/T]} = \frac{1}{T} \mathcal{F}[f]$$
が得られる．この両辺をフーリエ逆変換することによりサンプリング定理が導かれる．もし $\mathcal{F}[f]$ の台が有界区間 $[-\pi/T, \pi/T]$ の中に収まらない場合は，(4) の右辺を $[-\pi/T, \pi/T]$ に制限しても，二つ以上の項がオーバーラップしてしまい，エイリアシングの原因となる．

サンプリング定理については，さらに多変数関数の場合，あるいは非一様なサンプリング間隔を採用した場合などの研究もされている．

サンプリング定理は，アナログ信号をどの程度のサンプリング間隔で離散化すれば，原信号の情報を失うことがないかを保証する数学的な定理である．その意味で現代のディジタル技術の数学的な基礎の一つを与えているといえるだろう．

サンプリング定理の名称について．

サンプリング定理はシャノンのサンプリング定理あるいはシャノンの標本化定理と呼ばれることが多い．シャノン (C. E. Shannon) はアメリカの情報科学者で，1985 年に第一回京都賞を受賞している．シャノンのサンプリング定理は 1949 年に発表されたが，じつは 1915 年にイギリスの数学者ホイタッカー (E. T. Whittaker)，そして 1920 年には小倉金之助，1933 年にはロシアの技術者コテルニコフ (V. Kotel'nikov)，そして 1949 年には技術者である染谷勲によりそれぞれ独立に発見され公表されていた．そのため，ホイタッカー–シャノン–コテルニコフ–染谷のサンプリング定理と呼ばれることもあるが，小倉の名前もいれるべきであるという意見もある．　　　[新井仁之]

参考文献

[1] S. Mallat : *A Wavelet Tour of Signal Processing, 2nd ed*, Academic Press, 1999.
[2] A.I. Zayed : *Advances in Shannon's Sampling Theory*, CRC Press, 1993.

四元数環

quaternions

1 ハミルトンの四元数体

複素数体 C は，実数体 R の拡張として多くの分野に幅広い応用をもつ．それでは，複素数体 C をさらに拡張した高次元の「数の体系」は存在するのだろうか？ ハミルトン (W.R. Hamilton) は，とくに3次元幾何学への応用を視野に入れてこの問題を探求し，以下のようにハミルトンの四元数体 (Hamilton's quaternions) H を定義した．

(1) $H = R \cdot 1 \oplus Ri \oplus Rj \oplus Rk$
(2) 加法はベクトルとしての加法．
(3) 乗法は R 双線形であり，
　○ 1 は単位元，
　○ $i^2 = j^2 = k^2 = -1$,
　○ $ij = k, jk = i, ki = j$,
　○ $ji = -k, kj = -i, ik = -j$.

$a \in R$ に対し $a \cdot 1$ を単に a と書く．乗法を具体的に書くと，$a_i, b_i, c_i, d_i \in R$ に対して $(a_1 + b_1 i + c_1 j + d_1 k)(a_2 + b_2 i + c_2 j + d_2 k)$ は

$$(a_1 a_2 - b_1 b_2 - c_1 c_2 - d_1 d_2)$$
$$+ (a_1 b_2 + b_1 a_2 + c_1 d_2 - d_1 c_2) i$$
$$+ (a_1 c_2 - b_1 d_2 + c_1 a_2 + d_1 b_2) j$$
$$+ (a_1 d_2 + b_1 c_2 - c_1 b_2 + d_1 a_2) k$$

となる．

複素数体 C は四元数体 H に自然に埋め込まれる．すなわち，$a, b \in R$ に対して $a + b\sqrt{-1} \in C$ を $a + bi$ と同一視すると，H での加法・乗法の制限は通常の複素数の加法・乗法と一致する．

複素数の場合と同様に，$z = a + bi + cj + dk$ の共役を $z^* = a - bi - cj - dk$ と定義し，また絶対値を $|z| = \sqrt{zz^*} = \sqrt{a^2 + b^2 + c^2 + d^2}$ と定義する．a を実部，$bi + cj + dk$ を虚部と呼び，また $a = 0$ であるとき z は純虚四元数であるという．

2 代数的性質

2.1 R 上の中心的斜体

四元数は，すでに述べた通り，複素数の拡張であるような数の体系として考案された．これが代数学的に何を意味するのか，現代の言葉で述べよう．

一般に，体 F 上のベクトル空間 A およびその上の演算 $A \times A \to A$ を考え，この演算を乗法とみなして $(x, y) \mapsto xy$ と書こう．次の条件が満たされるとき，A は F 上の (結合的) 多元環 ((associative) F-algebra) であるという．

- A はベクトルの和および $(x, y) \mapsto xy$ によって (単位元をもつ結合的) 環をなす．
- 乗法は F-双線形である．

さらに，$A \neq \{0\}$ かつ任意の $x \in A \setminus \{0\}$ に対して $xy = yx = 1$ となるような $y \in A$ が存在するとき，A は斜体あるいは可除代数 (skew field, division algebra) であるという．

このとき，以下の事実が四元数体 H がよい「数の体系」であることを示している：H は単位元をもつ結合的 R-多元環であり，かつ斜体である．実際，斜体であることは，$w = \frac{1}{|z|^2} z^*$ とおくと $zw = wz = 1$ であることからわかる．

一方，複素数と異なり，四元数の乗法は非可換である．(なお，現在では単に体といえば可換なもののみを指すことも多いが，慣例として四元数体はこの名前で呼ばれる．)

一般に環 R において中心を $Z(R) := \{r \in R | rs = sr (\forall s \in R)\}$ と定める．F 上の多元環 $A \neq 0$ に対して $F \subseteq A$ とみるとき，A が F 上中心的であるとは $Z(A) = F$ であることをいう．H は R 上中心的である．

まとめると，H は R 上の中心的斜体である．逆に，以下のことが成り立つ．

定理 (フロベニウス) (1) R 上の有限次元の斜体は R, C または H のいずれかに同型である．

(2) とくに，R 上の中心的な有限次元の斜体は R, H のいずれかに同型である．

2.2 その他の性質

H には，C と同型な部分体が無限個存在する．

$b^2+c^2+d^2=1$ のとき $I=bi+cj+dk$ とおくと $I^2=-1$ であり，$x+y\sqrt{-1} \mapsto x+yI$ により $\boldsymbol{C}$ を $\boldsymbol{H}$ に埋め込むことができる．像は（可換な）部分体として極大なものである．逆に，極大部分体はすべてこのようにして得られる．

$z,w \in \boldsymbol{H}$ に対して $(zw)^* = w^*z^*$ である（よって $z \mapsto z^*$ は反同型である）．また，$|zw| = |z| \cdot |w|$ が成り立つ（$z \mapsto |z|$ は乗法的ノルムであるという）．

$|zw| = |z| \cdot |w|$ を成分で表した等式はオイラーに遡り（オイラーの四平方恒等式），任意の正整数が四個以下の正整数の平方の和として書ける（ラグランジュの四平方定理）ことの証明に用いられた．

3 空間幾何学への応用

複素数が平面幾何学に有用であったのと同様に，ハミルトンの四元数体は空間幾何学に応用をもつ．純虚四元数の集合 $V = \boldsymbol{R}i \oplus \boldsymbol{R}j \oplus \boldsymbol{R}k$ を，$\boldsymbol{H}$ 上の内積の制限により3次元ユークリッド空間と見よ．

3.1 回転

$S^3 = \{\alpha \in \boldsymbol{H}; |\alpha|=1\}$ と考えると，S^3 は四元数としての積に関して群をなしている．$\alpha \in S^3$ をとるとき，写像 $x \mapsto \alpha x \alpha^{-1} = \alpha x \alpha^*$ は V を V に写し，かつ長さを保つ．そこで $c_\alpha: V \to V; x \mapsto \alpha x \alpha^{-1}$ とすると，$\alpha \mapsto c_\alpha$ は S^3 から $SO(3)$ への2対1の全射準同型であり，$SO(3)$ の普遍被覆を与えている．

3.2 内積・外積

α, x をそれぞれ $\boldsymbol{a}, \boldsymbol{x} \in \boldsymbol{R}^3$ に対応する純虚四元数とすると，αx の実部は $-\boldsymbol{a} \cdot \boldsymbol{x}$ であり，虚部は $\boldsymbol{a} \times \boldsymbol{x}$ に対応する純虚四元数である．

4 ケーリー・ディクソンの構成法・八元数

（結合的とは限らない）分配的代数 R と反自己同型 $*: R \to R; z \mapsto z^*$ の組に対し，加群としての直積 $R \times R$ 上に以下の演算を定める．

$$(a,b)(c,d) = (ac - db^*, a^*d + cb)$$
$$(a,b)^* = (a^*, -b)$$

これを $\mathrm{CD}(R)$ と書くことにする．この構成法はケーリー・ディクソンの構成法と呼ばれる．

$x \in \boldsymbol{C}$ に対して x^* を複素共役とすると，$\mathrm{CD}(\boldsymbol{R}) = \boldsymbol{C}$，$\mathrm{CD}(\boldsymbol{C}) = \boldsymbol{H}$ である．$\boldsymbol{O} := \mathrm{CD}(\boldsymbol{H})$ をケーリーの八元数（Cayley's octonions）と呼ぶ．これは結合的ではないが可除な分配的代数であり，また乗法的なノルムをもつ．

5 一般の体上の四元数環

一般に，標数が2でない体 F および $a,b \in F^\times$ が与えられたとき，以下のようにして F 上の4次元ベクトル空間 A およびその上の乗法を定める．
(1) $A = F \cdot 1 \oplus Fi \oplus Fj \oplus Fk$
(2) 加法はベクトルとしての加法．
(3) 乗法は F 双線形であり，
  ○ 1 は単位元，
  ○ $i^2 = a$, $j^2 = b$, $k^2 = -ab$,
  ○ $ij = k$, $jk = -bi$, $ki = -aj$,
  ○ $ji = -k$, $kj = bi$, $ik = aj$.

このとき，A は F 上の結合的多元環である．この A を $\left(\frac{a,b}{F}\right)$ と書く．これらを総称して F 上の四元数環と呼ぶ．とくに，ハミルトンの四元数体は $\boldsymbol{H} = \left(\frac{-1,-1}{\boldsymbol{R}}\right)$ と表せる．四元数環は巡回多元環の特別な場合である．

A は F 上中心的である．また，A は単純である．すなわち非自明な両側イデアルをもたない．

5.1 四元数環と二次形式

四元数環は二次形式の問題と以下のように関係している．$a \notin (F^\times)^2$ のとき，F の二次拡大 $F(\sqrt{a})$ が考えられる．このとき，次が成り立つ．
- $b \in N_{F(\sqrt{a})/F}(F(\sqrt{a})^\times) \Leftrightarrow \left(\frac{a,b}{F}\right) \cong M_2(F)$.
- $b \notin N_{F(\sqrt{a})/F}(F(\sqrt{a})^\times) \Leftrightarrow \left(\frac{a,b}{F}\right)$ が斜体．

すなわち，$b = x^2 - ay^2$ となる $x,y \in F$ の存在に応じて $\left(\frac{a,b}{F}\right)$ は行列環または斜体である．

5.2 数体上の四元数環

数体 F については，$\left(\frac{a,b}{F_v}\right)$ が斜体であるような F の有限または無限素点 v の数 n は有限であり，「$\left(\frac{a,b}{F}\right) \cong M_2(F) \Leftrightarrow n$ は偶数」が成り立つ．

$F = \boldsymbol{Q}$ のとき，二次形式の言葉に翻訳すると平方剰余の相互法則が得られる． ［高橋 宣能］

自己共役作用素

self–adjoint operator

$\mathcal{H}, \mathcal{K}$ を複素ヒルベルト空間,$\mathcal{D}$ を $\mathcal{H}$ の部分空間とする.写像 $A : \mathcal{D} \to \mathcal{K}$ が線形性:$A(\alpha\psi + \beta\phi) = \alpha A(\psi) + \beta A(\phi), \psi, \phi \in \mathcal{D}, \alpha, \beta \in \mathbf{C}$ を有するとき,A を $\mathcal{H}$ から $\mathcal{K}$ への線形作用素 (linear operator) または線形演算子という.この場合,$\mathcal{D}$ を A の定義域と呼び,記号的に $D(A)$ で表す.$\psi \in D(A)$ の A による像 $A(\psi)$ を単に $A\psi$ とも記す.$\mathcal{H} = \mathcal{K}$ の場合,便宜上,A を $\mathcal{H}$ 上の線形作用素と呼ぶ (ただし,$D(A) = \mathcal{H}$ とは限らない).

$\|A\| := \sup_{\psi \in D(A), \psi \neq 0} \|A\psi\|/\|\psi\| < \infty$ のとき,A は有界であるといい,$\|A\|$ を A の作用素ノルムと呼ぶ.有界でない線形作用素を非有界作用素という.

$\mathcal{H}$ から $\mathcal{K}$ への線形作用素 A, B について,$D(A) = D(B)$ かつ $A\psi = B\psi, \psi \in D(A) = D(B)$ が成り立つとき,A と B は等しいといい,記号的に $A = B$ と表す.また,$D(A) \subset D(B)$ かつ $A\psi = B\psi, \forall \psi \in D(A)$ が成り立つとき,B を A の拡大と呼び,記号的に $A \subset B$ と表す.

$D(A)$ の点列 $\{\psi_n\}_{n=1}^{\infty}$ について,$\lim_{n \to \infty} \psi_n = \psi \in \mathcal{H}$ かつ $\lim_{n \to \infty} A\psi_n = \phi \in \mathcal{K}$ であるとき,つねに $\psi \in D(A)$ かつ $A\psi = \phi$ が成り立つとき,A は閉であるという.このような線形作用素を閉作用素と呼ぶ.

B が A の拡大で閉作用素ならば,B を A のひとつの閉拡大と呼ぶ.

定義域 $D(A)$ が $\mathcal{H}$ で稠密である線形作用素 A を稠密に定義された線形作用素と呼ぶ.

A を $\mathcal{H}$ で稠密に定義された,$\mathcal{H}$ から $\mathcal{K}$ への線形作用素とする.このとき,$\mathcal{K}$ から $\mathcal{H}$ への線形作用素 A^* が次のように定義される:
$D(A^*) := \{\phi \in \mathcal{K} |$ ベクトル $\eta_\phi \in \mathcal{H}$ があって
$$\langle A\psi, \phi \rangle_{\mathcal{K}} = \langle \psi, \eta_\phi \rangle_{\mathcal{H}}, \forall \psi \in D(A)\},$$
$A^*\phi := \eta_\phi, \quad \phi \in D(A^*)$.
ただし,$\langle \cdot, \cdot \rangle_{\mathcal{X}} (\mathcal{X} = \mathcal{H}, \mathcal{K})$ はヒルベルト空間 $\mathcal{X}$ の内積を表す.

線形作用素 A^* を A の共役作用素という.

$D(A^*)$ は $\mathcal{K}$ で稠密であるとは限らないが,もし,$D(A^*)$ が $\mathcal{K}$ で稠密ならば,A^* の共役作用素 $A^{**} := (A^*)^*$ が定義される.これを A の 2 重共役と呼ぶ.

A が有界で $D(A) = \mathcal{H}$ ならば,$D(A^*) = \mathcal{K}$ であり,$A^{**} = A$ が成り立つ.

$\mathcal{H} = \mathcal{K}$ の場合を考え,A を $\mathcal{H}$ で稠密に定義された $\mathcal{H}$ 上の線形作用素とする.このとき,線形作用素の二つのクラスが定義される:

(1) $D(A) \subset D(A^*)$ かつ $A\psi = A^*\psi, \forall \psi \in D(A)$ が成り立つとき (すなわち,$A \subset A^*$),A は対称 (symmetric) であるという.対称な線形作用素を対称作用素と呼ぶ.閉である対称作用素を閉対称作用素という.

(2) $D(A) = D(A^*)$ かつ $A\psi = A^*\psi, \forall \psi \in D(A)$ が成り立つならば (すなわち,$A = A^*$),A は自己共役 (self–adjoint) であるという.自己共役な線形作用素を自己共役作用素と呼ぶ.

自己共役作用素は閉対称作用素である.だが,この逆は一般には成立しない.ただし,次の事実がある:A が $D(A) = \mathcal{H}$ を満たす対称作用素ならば,A は有界である (したがって,A は有界な自己共役作用素) (ヘリンガー–テプリッツの定理).この定理の対偶を考えれば,非有界な対称作用素の定義域は $\mathcal{H}$ 全体ではないことが結論される.

対称作用素および自己共役作用素の理論は,物理学への応用においては,とくに,量子力学において重要な役割を演じる. [新井朝雄]

参考文献

[1] 新井朝雄:ヒルベルト空間と量子力学 (改訂増補版),共立出版,2014.
[2] 新井朝雄・江沢 洋:量子力学の数学的構造 (I,II),朝倉書店,1999.
[3] 日合文雄・柳研二郎:ヒルベルト空間と線形作用素,牧野書店,1995.
[4] 黒田成俊:関数解析,共立出版,1980.

指 数 関 数

exponential function

正の実数 a の n 乗 $a^n = \overbrace{a \times \cdots \times a}^{n}$ ($n = 1, 2, \ldots$) については指数法則
$$a^{m+n} = a^m a^n$$
が成り立っているが，$a^0 = 1$, $a^{-m} = 1/a^m$ と定めればこの式は m, n が 0 または負の整数の場合にも成り立つ．さらに $a^{q/p} = (\sqrt[p]{a})^q$ (p, q は整数で $p > 0$) と定めることにより，指数法則は m, n が有理数でも成立する．有理数 x についてこのように定められた a^x を，実数 x の連続関数に拡張したものが指数関数である．

1 定 義

a を正の実数とする．全区間 $-\infty < x < \infty$ で定義され正の値をとる連続関数 $f_a(x)$ であって，性質
$$f_a(x+y) = f_a(x) f_a(y), \quad f_a(1) = a$$
を満たすものがただ一つ存在する．この $f_a(x)$ を a^x と記し，a を底（てい）とする指数関数という．定義から $a^{-x} = 1/a^x$, $a^0 = 1$ であることがわかる．図のように $y = a^x$ のグラフは $a > 1$ なら単調増加，$0 < a < 1$ なら単調減少であって，どちらの場合も下に凸の曲線になる．

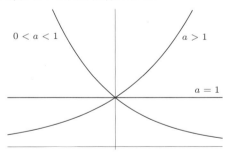

図 1 指数関数のグラフ

とくに $x = 0$ における接線の傾き $f_a'(0)$ が 1 となるような底 a をネピア数，または自然対数の底といい，記号 e で表す．$e = 2.71828\cdots$ である．対数関数 log を用いると関係式
$$a^x = e^{x \log a}$$
が成り立つので，一般の a を底とする指数関数は e を底とする指数関数に帰着される．

指数関数 e^x を実際に構成するには次のようないくつかの方法があり，どれを用いても同じ結果になる．
[極限値による定義]
$$e^x = \lim_{n \to \infty} \left(1 + \frac{x}{n}\right)^n \qquad (1)$$
[べき級数による定義]
$$e^x = \sum_{n=0}^{\infty} \frac{x^n}{n!} = 1 + x + \frac{x^2}{2!} + \cdots \qquad (2)$$
[微分方程式による定義]
$$\frac{d}{dx} e^x = e^x, \quad e^0 = 1 \qquad (3)$$
無限級数 (2) はすべての実数 x に対して収束する．これは e^x の $x = 0$ におけるテイラー展開になっている．また微分方程式 (3) は，指数法則 $e^{x+y} = e^x e^y$ を y が無限小となる極限で言い換えたものである．(1), (2), (3) はいずれも指数関数を特徴づける基本的な性質である．

グラフからわかるように，e^x の値は x が大きいとき急速に増大する．実際すべての実数 α に対し
$$\lim_{x \to \infty} \frac{e^x}{x^\alpha} = \infty$$
が成り立つので，e^x の増加の仕方はどんな多項式よりも急速である．

なお $f(x)$ が複雑な式である場合には $e^{f(x)}$ を $\exp(f(x))$ という記号で表すこともある．

2 複素変数の指数関数

べき級数 (2) は，x が複素数であっても絶対収束するので，複素数を変数とする指数関数を考えることができる．すなわち $z \in \mathbf{C}$ に対し
$$e^z = \sum_{n=0}^{\infty} \frac{z^n}{n!} \qquad (4)$$
と定義する．e^z は複素平面 $\mathbf{C}$ 上の正則関数になり，(4) を項別に微分すれば
$$\frac{d}{dz} e^z = e^z$$
が得られる．また指数法則
$$e^{z+w} = e^z e^w$$
も任意の複素数 $z, w \in \mathbf{C}$ について成り立つ．とくに e^z は 0 にならない．

級数 (4) において $z = iy$ とおき，三角関数のテイラー展開

$$\cos y = 1 - \frac{y^2}{2!} + \frac{y^4}{4!} - \cdots, \tag{5}$$

$$\sin y = y - \frac{y^3}{3!} + \frac{y^5}{5!} - \cdots, \tag{6}$$

と比較すれば，指数関数と三角関数を結びつける公式

$$e^{iy} = \cos y + i \sin y \tag{7}$$

が従う．ここで $y = \pi$ とすれば基本的な定数 e, π, i の間の関係式 $e^{\pi i} = -1$ が得られる．(7) およびこの関係式をオイラーの公式という．一般に z の実部，虚部をそれぞれ x, y とすれば，指数法則から

$$e^{x+iy} = e^x (\cos y + i \sin y)$$

となる．三角関数の周期性から $e^{z+2\pi i} = e^z$ なので，指数関数は虚数 $2\pi i$ を周期とする周期関数である．

複素変数の三角関数をべき級数 (5),(6) によって定義すれば，オイラーの公式 (7) は y が複素数でも成り立つ．逆に (7) と $e^{-iy} = \cos y - i \sin y$ から，三角関数は指数関数を用いて

$$\cos y = \frac{e^{iy} + e^{-iy}}{2}, \quad \sin y = \frac{e^{iy} - e^{-iy}}{2i}$$

と表すことができる．このように複素変数で考えると，指数関数と三角関数は本質的に同じものであることがわかる．

3　行列の指数関数

指数関数の別の拡張として，正方行列を変数とする指数関数がある．N 行 N 列の複素正方行列 A に対し，行列の指数関数 e^A を次のように定義する．

$$e^A = I + A + \frac{1}{2!} A^2 + \cdots = \sum_{n=0}^{\infty} \frac{1}{n!} A^n. \tag{8}$$

ここで I は単位行列である．(8) の右辺は，行列

$$I + A + \cdots + \frac{1}{M!} A^M$$

の $M \to \infty$ の極限をとって得られる行列を表している．この級数 (8) は任意の A に対し絶対収束する．さらに正方行列 A, B が $AB = BA$ を満たすならば指数法則

$$e^{A+B} = e^A e^B \tag{9}$$

が成り立つ．とくに実数 s, t に対して

$$e^{(s+t)A} = e^{sA} e^{tA}, \tag{10}$$

$$\frac{d}{dt} e^{tA} = A e^{tA}, \quad e^{0A} = I \tag{11}$$

となる．

行列の場合，$AB \neq BA$ であると指数法則 (9) は一般に成立しないので注意が必要である．しかし公式

$$e^{A+B} = \lim_{n \to \infty} (e^{A/n} e^{B/n})^n$$

が成り立つことが知られている．なお e^A の行列式は，A のトレース $\mathrm{tr}\, A$ により

$$\det e^A = e^{\mathrm{tr}\, A}$$

と表される．

行列の指数関数は定数係数の連立線形微分方程式に応用される．N 次元ベクトル $\mathbf{u}(t)$ に対する微分方程式

$$\frac{d}{dt} \mathbf{u}(t) = A \mathbf{u}(t) \tag{12}$$

を考える．A は与えられた N 行 N 列の正方行列で t によらないとする．このとき性質 (11) から，初期条件 $\mathbf{u}(0) = \mathbf{u}_0$ を満たす (12) の解は

$$\mathbf{u}(t) = e^{tA} \mathbf{u}_0$$

と表される．したがって (12) の解法は e^{tA} の計算に帰着する．

指数関数を実際に計算するには行列の対角化が有効である．A が正則行列 P を用いて

$$P^{-1} A P = \begin{pmatrix} \lambda_1 & \cdots & 0 \\ 0 & \ddots & 0 \\ 0 & \cdots & \lambda_N \end{pmatrix}$$

と対角行列にできるならば，

$$P^{-1} e^{tA} P = \begin{pmatrix} e^{\lambda_1 t} & \cdots & 0 \\ 0 & \ddots & 0 \\ 0 & \cdots & e^{\lambda_N t} \end{pmatrix}$$

となる．一般に A が対角化可能とは限らない場合でも，A の固有値を λ_i ($i = 1, \cdots, m$) とすれば e^{At} の行列要素は $e^{\lambda_i t} p(t)$ ($p(t)$ は t の多項式) の形の一次結合で表される．

行列の指数関数はこのほか，リー群とリー環の間の対応を考える際に基本的な道具として用いられる．

［神保道夫］

実解析的関数

real analytic function

実数を変数とする関数 f が点 a の近傍において収束べき級数で表されるとき，f は a で**実解析的** (real analytic) であるという．また，f がその定義域上の各点において実解析的であるとき，f は**実解析的関数** (real analytic function) であるという．実解析的関数は C^ω 級関数とも呼ばれる．C^ω 級関数は C^∞ 級であるが，逆は必ずしも成り立たない (例 2)．

定義から，1 変数の実解析的関数はその定義域の各点 a の近傍において，数列 $\{c_k\}_{k=0}^\infty$ を用いて
$$f(x) = \sum_{k=0}^\infty c_k (x-a)^k$$
と展開される．右辺は，ある $\varepsilon > 0$ が存在して $|x-a| < \varepsilon$ を満たす x に対して絶対収束する．このとき，c_k は
$$c_k = \frac{1}{k!} \frac{d^k f}{dx^k}(a)$$
で与えられる．f が実数値関数の場合には $\{c_k\}_{k=0}^\infty$ は実数列であるが，複素数値関数の場合には複素数列となる．

またこのべき級数において，x に複素変数 z を代入したものも $|z-a| < \varepsilon$ に対して収束する．これにより複素関数 $f(z)$ を定義するとき，$f(z)$ は a の複素近傍における正則関数であり，実軸上においてはもともとの実解析的関数 $f(x)$ に一致する．逆に，正則関数 $f(z)$ はその定義域の各点の近傍で複素べき級数に展開されるので，それを実軸に制限して得られる関数 $f(x)$ は実解析的関数である．

一般の n 変数の実解析的関数の場合にも同様に，$x = (x_1, x_2, \ldots, x_n)$, $a = (a_1, a_2, \ldots, a_n)$ として
$$f(x) = \sum_{k_1=0}^\infty \cdots \sum_{k_n=0}^\infty c_{k_1,\ldots,k_n} \times (x_1-a_1)^{k_1} \cdots (x_n-a_n)^{k_n}$$
と展開され，1 変数の場合と同じことが成立する．ただし，$c_{k_1,\ldots,k_n}$ は
$$c_{k_1,\ldots,k_n} = \frac{1}{k_1! k_2! \cdots k_n!} \frac{\partial^{k_1+\cdots+k_n} f}{\partial x_1^{k_1} \cdots \partial x_n^{k_n}}(a)$$
で与えられる．

f が実解析的ならば，その定数倍 cf も実解析的である．また f の零点以外において，その逆数 $1/f$ も実解析的である．さらに f, g が共通の定義域において実解析的ならば，その和 $f+g$ および積 fg はいずれも実解析的となる．

実解析的関数どうしの合成関数も実解析的である．すなわち $f(y_1, \ldots, y_n)$ を n 変数の実解析的関数，$y_1 = g_1(x), \ldots, y_n = g_n(x)$ を n 個の (実数値) 実解析的関数であるとき，これらの合成関数 $f(g_1(x), \ldots g_n(x))$ も実解析的関数となる．

また，1 変数実解析的関数 f の導関数が $f'(a) \neq 0$ を満たすとき，f の逆関数 f^{-1} が $b = f(a)$ のある近傍において存在して実解析的となる．より一般に，n 個の n 変数実解析的関数の組 $f_1, \ldots, f_n$ の関数行列式が
$$\frac{\partial(f_1, \ldots, f_n)}{\partial(x_1, \ldots, x_n)}(a) \neq 0$$
を満たすとき，$f = (f_1, \ldots, f_n)$ の逆写像 $f^{-1} = (g_1, \ldots, g_n)$ が $b = f(a)$ のある近傍において存在して，その各成分は n 変数実解析的関数となる [1]．

例 1 多項式は実解析的関数である．また，調和関数も実解析的関数である [3]．

例 2 関数
$$f(x) = \begin{cases} \exp(-1/x) & \cdots & x > 0 \\ 0 & \cdots & x \leqq 0 \end{cases}$$
は無限回微分可能であるが，実解析的ではない [2]．

[杉本 充]

参考文献

[1] 大島利雄・小松彦三郎：一階偏微分方程式，岩波書店，1977．
[2] 小平邦彦：解析入門 II，岩波書店，1976．
[3] 小平邦彦：複素解析 III，岩波書店，1978．

射影幾何

projective geometry

射影幾何学は，絵画や作図の透視図法 (perspective) の発展に伴って作られた美しい数学のひとつであり，ユークリッド幾何，アフィン幾何，共形幾何などの古典幾何を統一した幾何学である．

この幾何学はもちろん一般次元で構成されているが，ここでは2次元の射影平面に関する射影幾何学と3次元の射影空間について説明する．

1 古典的な射影平面

3次元ベクトル空間 $\boldsymbol{R}^3$ の1次元部分空間全体を $P^2(\boldsymbol{R})$ と書き，**実射影平面** (real projective plane) と呼ぶ．$P^2(\boldsymbol{R})$ の一つの点は $\boldsymbol{R}^3$ の1本の1次元部分空間である．$P^2(\boldsymbol{R})$ の1本の直線とは，$\boldsymbol{R}^3$ の1枚の2次元部分空間であると定義する．2次元部分空間は，1次元部分空間の集まりともみなせるから，$P^2(\boldsymbol{R})$ の直線は $P^2(\boldsymbol{R})$ の点の集まりと考えられる．この (直線が定まっている) 点の集合 $P^2(\boldsymbol{R})$ が，古典的に考えられてきた射影平面である．点と直線の満たす性質を抽象化して，次の一般的な公理的な定義が与えられる．

2 射影平面の公理的定義

射影平面を公理的に次のように定義する．これにより，射影幾何は明晰な数学的な対象となり，理論の応用範囲が広がる．

定義1 集合 P とその部分集合全体のなす集合 $\mathfrak{P}(P)$ の部分集合 Q が与えられている．P の元を点，Q の元を直線と呼ぶとき，次の四つの公理を満たすならば，組 (P,Q) を**射影平面** (projective plane) という．

(1) 異なる2点を含む直線はただ一つ存在する．
(2) 異なる2本の直線は共通の点を含む．
(3) 1直線に含まれない3点が存在する．
(4) 直線は少なくとも3点を含む．

点の個数が有限な射影平面を**有限射影平面**，無限な射影平面を**無限射影平面**と呼ぶ．

定義2 二つの射影平面の間の全単射写像が，直線を直線に写し，逆写像も直線を直線に写すとき，その写像を**共線写像** (collineation) といい，自分自身への共線写像を**共線変換**という．二つの射影平面の間に共線写像が存在するとき，その二つの射影平面は同型と考える．

例1 実射影平面 $P^2(\boldsymbol{R})$ は射影平面である．

例2 斜体 (skew field, division ring) D に対し，D-加群 $D^3 = D \times D \times D$ を考える．D^3 の1次元部分空間全体を $P^2(D)$ と書き，D^3 の2次元部分空間を直線とすると，$P^2(D)$ は射影平面である．

例3 元の個数が q の有限体 (ガロア体) を $GF(q)$ と書く．例2において $GF(q)$ から作られる射影平面 $P^2(GF(q))$ は有限射影平面で，その点と直線の個数は，ともに q^2+q+1 である．

点の個数が同じ二つの有限射影平面は同型とは限らない．有限射影平面の点の個数はすべて，ある有限体から作られる射影平面の点の個数に等しいだろうという予想はまだ未解決である．

3 双対性

P を射影平面とする．P の点 p に対し，p を中心とする**鉛筆** (pencil) とは，p を含む P の直線全体のなす集合と定める．

射影平面 P に対し，**双対** (dual) と呼ばれる射影平面 P^* を次のように定義する．P^* は，P の直線全体のなす集合とする．よって P^* の点は，P の直線である．P^* の直線を，P の点を中心とする鉛筆とする．鉛筆は，P の直線の集まりであるから，P^* 部分集合である．P^* の直線は，鉛筆の中心をとることにより，P の点と全単射に対応する．このとき，公理を確かめることで容易に示されるように，P^* は射影平面となる．

P^* の双対 $(P^*)^*$ は P と同型な射影平面であるが，一般的には P^* は P と同型な射影空間とは限らない．

4　デザルグの定理

次の定理は実射影平面 $P^2(\boldsymbol{R})$ において示され,より一般的には,斜体 D から作られる射影平面 $P^2(D)$ に対して成り立つ定理である.

定理 1 (デザルグの定理) $ABC, A'B'C'$ を二つの三角形とし,対応する頂点を結ぶ 3 直線 AA', BB', CC' が一点 O で交わっているとする.そのとき,対応する辺どうしの交点
$P = AB \cap A'B', Q = BC \cap B'C', R = CA \cap C'A'$
は一直線上にある.

デザルグの定理が成立しない射影平面も存在し,**非デザルグ平面** (non–Desarguesian plane) と呼ばれる.デザルグの定理が成立する射影平面は,**デザルグ平面** (Desarguesian plane) と呼ばれる.

デザルグ平面では次の逆の定理も成立する.

定理 2 (デザルグの定理の逆) デザルグ平面において,$ABC, A'B'C'$ を二つの三角形とし,対応する辺どうしの交点
$P = AB \cap A'B', Q = BC \cap B'C', R = CA \cap C'A'$
が一直線 ℓ 上にあるとする.そのとき,対応する頂点を結ぶ 3 直線 AA', BB', CC' は一点 C'' で交わる.

デザルグ平面においては直線上の点の間に和と積の構造を入れることが可能となり次が成立する.

定理 3 デザルグ平面 P は,ある斜体 D から定まる射影平面 $P^2(D)$ と同型になる.

5　パップスの定理

次の定理は実射影平面 $P^2(\boldsymbol{R})$ において示され,より一般的には,体 F から作られる射影平面 $P^2(F)$ に対して成り立つ定理である.

定理 4 (パップスの定理) $P^2(F)$ の異なる 2 直線 ℓ, ℓ' に対し,$X = \ell \cap \ell'$ とおく.A, B, C を X とは異なる ℓ の 3 点,A', B', C' を X とは異なる ℓ' の 3 点とする.そのとき,3 点
$P = AB' \cap A'B, Q = AC' \cap A'C, R = BC' \cap B'C$
は一直線上にある.

パップスの定理が成立する射影平面は,デザルグ平面であり,デザルグ平面を定義する斜体の可換性を保証する.よって次が成立する.

定理 5 パップスの定理が成立する射影平面 P は,ある体 F から定まる射影平面 $P^2(F)$ と同型になる.

6　アフィン平面

ユークリッド平面 E^2 においては,異なる 2 本の直線は,交わるか,平行かのいずれかである.平面の線形変換あるいは平行移動で,直線は直線に移る.この直線の性質を取り出して抽象化したものが,アフィン平面である.射影平面は,このアフィン平面に無限遠直線を付け加えて完備化したものであることを説明する.この完備化の操作が,遠近法の手続きに対応する.

定義 3 集合 P とその部分集合全体のなす集合 $\mathfrak{P}(P)$ の部分集合 Q が与えられている.P の元を**点**,Q の元を**直線**と呼ぶとき,次の三つの公理を満たすならば,組 (P, Q) を **アフィン平面** という.
(1) 異なる 2 点を含む直線はただ一つ存在する.
(2) 直線 ℓ と,ℓ と共通点をもたない点 p に対し,p を含み ℓ と共通点をもたない直線がただ 1 本だけ存在する.
(3) 直線は少なくとも 3 点を含む.

共通点をもたない 2 本の直線は,平行であるともいわれる.

アフィン平面の共線変換と同型の概念も射影平面の場合とまったく同様に定義される.

例 4 ユークリッド平面 E^2 は座標を入れると,$\boldsymbol{R}^2$ と同じであるが,その点と直線全体はアフィン平面を定める.

例 5 斜体 D に対し,D–加群 D^2 の点と直線全体はアフィン平面である.

アフィン平面の直線全体は,平行な直線を同じものとみなすことにより,平行直線類全体という商集合を定める.平行な直線は同じ傾きをもつから,

一つの平行な直線類は，一つの傾きに対応し，平行直線類全体は傾き全体の集合と同じものである．

アフィン平面 A の完備化である射影平面 $\mathcal{P}(A)$ は次のように定義される．

定義 4 アフィン平面 A に対し，集合 $\mathcal{P}(A)$ は，A の点全体と，A の平行直線類全体の和集合とする．よって，$\mathcal{P}(A)$ の点は，A の点あるいは，A の平行直線類である．$\mathcal{P}(A)$ の直線は，次のいずれかの $\mathcal{P}(A)$ の部分集合とする．

(1) A の直線とその直線の定める平行直線類の和集合．
(2) 平行直線類全体．

このとき，$\mathcal{P}(A)$ の点と直線は射影平面となり，アフィン平面 A の完備化 (completion) と呼ばれる．平行直線類全体のつくる 1 本の直線は**無限遠直線** (infinite line) と呼ばれる．

射影平面からかってな直線を 1 本引き抜いたものは，アフィン平面となる．非デザルグ平面においては，異なる直線を抜いたアフィン平面は同型とは限らない．

例 6 例 4 のアフィン平面 E^2 の完備化 $\mathcal{P}(E^2)$ は実射影平面 $P^2(\mathbf{R})$ と同型である．

例 7 2 元からなる体 $GF(2)$ に対し，アフィン平面 $GF(2)^2$ は 4 点からなり，直線は 6 本ある．平行直線類は 3 組ある．したがって $\mathcal{P}(GF(2)^2)$ の点の数は $4+3=7$，直線の数は $6+1=7$ 本である．実際 $\mathcal{P}(GF(2)^2) = P^2(GF(2))$ であるから，点と直線の数は $2^2+2+1=7$ である．

7 射影幾何学の基本定理

ここでは斜体 D から作られる射影平面 $P^2(D)$ について考える．$Z(D^*)$ を乗法群 D^* の中心とし，一般線形群 $GL(3,D)$ の $Z(D^*)$ による商群を $PGL(3,D)$ と書き，**射影変換群** (projective transformation group) と呼ぶ．$PGL(3,D)$ は $P^2(D)$ に推移的，効果的に作用し，引き起こされる変換は**射影変換** (projective transformation) と呼ばれる．射影変換は共線変換である．

定理 6 (射影幾何学の基本定理) 射影変換群 $PGL(3,D)$ は共線変換全体のなす群 $Coll(P^2(D))$ の正規部分群である．$P^2(D)$ の任意の共線変換は，一つの射影変換と D の一つの自己同型から定まる変換の合成と表すことができる．

8 射影空間

3 次元の射影幾何学の対象は射影空間であり，次のように公理的に定義される．

定義 5 集合 P と $\mathfrak{P}(P)$ の部分集合 Q, R が与えられている．P の元を点，Q の元を直線，R の元を平面と呼ぶとき，次の六つの公理を満たすならば，組 (P, Q, R) を射影空間という．

(1) 異なる 2 点を含む直線はただ一つ存在する．
(2) 1 直線にない 3 点を含む平面はただ一つ存在する．
(3) 直線と平面は共通の点を含む．
(4) 2 枚の平面は共通の直線を含む．
(5) 1 平面に含まれない 4 点で，そのどの 3 点も 1 本の直線に含まれないものが存在する．
(6) 直線は少なくとも 3 点を含む．

射影空間の中の平面は，デザルグ平面になる．実際，次が成立する．

定理 7 射影空間の中の平面の 2 点を含む直線はその平面に含まれる．射影空間の中の平面は射影平面となり，かならずデザルグ平面となる．

デザルグの定理が成立しないのは，平面の場合に限り，3 次元以上の射影幾何学には非デザルグ幾何は存在しない． [佐藤　肇]

参　考　文　献

[1] H.S.M. Coxeter : *Projective Geometry*, University of Tronto press, 1974.
[2] 佐藤　肇・一楽重雄著：新版 幾何の魔術, 日本評論社, 2002.

射影空間

projective space

1 定義

$(n+1)$ 次元の数ベクトル空間 $\boldsymbol{R}^{n+1}$ の1次元の線形部分空間 (言い換えると原点を通る直線) の全体のなす集合
$$\boldsymbol{R}P^n = \{\ell \subset \boldsymbol{R}^{n+1}; \ell は1次元線形部分空間\}$$
に，自然な位相を入れた空間を n 次元射影空間 (projective space) という．ここで自然な位相とは，次のようにして定義される位相である．

$(n+1)$ 次元ユークリッド空間としての位相を入れた $\boldsymbol{R}^{n+1}$ から原点 o を除いた空間 $\boldsymbol{R}^{n+1} - \{o\}$ を考える．この空間上の任意の点 $x = (x_0, x_1, \ldots, x_n)$ に対して，2点 o, x を通る直線を ℓ_x と書く．このとき x に対して ℓ_x を対応させることにより，自然な写像 $p: \boldsymbol{R}^{n+1} - \{o\} \to \boldsymbol{R}P^n$ が定義される．$\boldsymbol{R}P^n$ 上の自然な位相とは，写像 p が連続となるようなもっとも強い位相のことである．すなわち部分集合 $U \subset \boldsymbol{R}P^n$ は，その逆像 $p^{-1}(U)$ が $\boldsymbol{R}^{n+1} - \{o\}$ の開集合となるとき，かつそのときに限り $\boldsymbol{R}P^n$ の開集合であると定める．

上記の記述から，この定義を次のように言い換えることもできる．位相空間 $\boldsymbol{R}^{n+1} - \{o\}$ に同値関係 $\sim$ を「$x \sim y \Leftrightarrow$ 実数 $\lambda \neq 0 \in \boldsymbol{R}$ が存在して $y = \lambda x$ となる」により定義する．この同値関係による商空間が n 次元射影空間 $\boldsymbol{R}P^n$ である．

$\boldsymbol{R}^{n+1}$ 上のユークリッド距離に関し，原点からの距離が 1 となる点の全体
$$S^n = \{x \in \boldsymbol{R}^{n+1}; x_0^2 + x_1^2 + \cdots + x_n^2 = 1\}$$
を n 次元の単位球面 (unit sphere) という．$\boldsymbol{R}^{n+1}$ の原点を通る任意の直線は S^n とちょうど 2 点で交わる．このことから，n 次元射影空間 $\boldsymbol{R}P^n$ は，n 次元単位球面 S^n において各点 x とその対心点 $-x$ を同一視した空間であるということもできる．

2 射影空間の座標

射影空間上の任意の点 $p \in \boldsymbol{R}P^n$ に対し，$\pi(x) = p$ となる点 $x = (x_0, x_1, \ldots, x_n) \in \boldsymbol{R}^{n+1} - \{o\}$ を選ぶ．このとき
$$\pi^{-1}(p) = \{\lambda x = (\lambda x_0, \lambda x_1, \ldots, \lambda x_n);$$
$$\lambda \in \boldsymbol{R}, \lambda \neq 0\}$$
となる．そこで点 p を $[x] = [x_0, x_1, \ldots, x_n]$ と表示し，これを斉次座標 (homogeneous coordinate) (あるいは同次座標) という．この座標では，各 i 座標 x_i の値には意味がなく，座標 $x_i, x_j (i \neq j)$ の比 x_i/x_j のみが意味をもつことになる．

各 $i = 0, 1, \ldots, n$ に対し，$U_i = \{[x] \in \boldsymbol{R}P^n; x_i \neq 0\}$ とおけば，これらは $\boldsymbol{R}P^n$ の開集合となり，さらに対応
$$U_i \ni [x] \mapsto \left(\frac{x_0}{x_i}, \ldots, \frac{x_{i-1}}{x_i}, \frac{x_{i+1}}{x_i}, \ldots, \frac{x_n}{x_i}\right) \in \boldsymbol{R}^n$$
は位相同型 $U_i \cong \boldsymbol{R}^n$ を与える．したがって $\boldsymbol{R}P^n$ は $(n+1)$ 個の $\boldsymbol{R}^n$ と同相な開集合によって被われ n 次元位相多様体となる．またこれらの開集合の交わりの部分における同一視は有理関数により表されるので，$\boldsymbol{R}P^n$ は単なる位相多様体であるばかりではなく，C^∞ 級のさらには実解析的な微分可能多様体の構造をもつ．

自然な射影 $p: S^n \to \boldsymbol{R}P^n$ は，大局的には 2 点を 1 点に移す写像となるが，局所的には位相同型となる．$n > 1$ の場合 S^n は単連結であり，したがって上記射影は普遍被覆写像となる．

3 複素射影空間および四元数射影空間

上記の定義において，実数体 $\boldsymbol{R}$ を複素数体 $\boldsymbol{C}$ で置き換えれば複素射影空間の定義が得られる．すなわち，$\boldsymbol{C}P^n = \{\ell \subset \boldsymbol{C}^{n+1}; \ell は1次元複素線形部分空間\}$ とおき，これを n 次元複素射影空間 (complex projective space) という．これに対し，$\boldsymbol{R}P^n$ は実射影空間 (real projective space) と呼ばれる．実射影空間の場合と同様に，自然な射影 $\pi: \boldsymbol{C}^{n+1} - \{o\} \to \boldsymbol{C}P^n$ が定義される．この射影を単位球面 $S^{2n+1} \subset \boldsymbol{C}^{n+1}$ に制限して得られる写像 $\pi: S^{2n+1} \to \boldsymbol{C}P^n$ はホップ・ファイバー束 (Hopf fibration) と呼ばれる．$\boldsymbol{C}P^n$ 上の点は複素数による斉次座標を用いて $[z] = [z_0, z_1, \ldots, z_n]$ により表される．このとき $U_i = \{[z] \in \boldsymbol{C}P^n; z_i \neq 0\}$ は $\boldsymbol{C}^n$ と位相同型となり $\boldsymbol{C}P^n$ は $(n+1)$ 個の $\boldsymbol{C}^n$ と同相な開集合によ

り被われる n 次元の複素多様体となる．さらに上記の実射影空間の第 2 の定義において，実数体 $\boldsymbol{R}$ を四元数体 $\boldsymbol{H}$ で置き換えれば四元数射影空間の定義が得られる．すなわち位相空間 $\boldsymbol{H}^{n+1}-\{o\}$ に同値関係 $\sim$ を「$x \sim y \Leftrightarrow$ 四元数 $\lambda \neq 0 \in \boldsymbol{H}$ が存在して $y = \lambda x$ となる」により定義し，この同値関係による商空間 $\boldsymbol{H}P^n$ を n 次元四元数射影空間 (quaternion projective space) という．$\boldsymbol{H}P^n$ は $4n$ 次元の C^∞ 級の微分可能多様体の構造をもつ．

4 射影空間のセル分割とホモロジー群

任意の n に対し $\boldsymbol{R}^n$ は，最後の座標を 0 とおくことにより $\boldsymbol{R}^{n+1}$ の線形部分空間と考えることができる．したがって $\boldsymbol{R}P^{n-1}$ は $\boldsymbol{R}P^n$ の部分空間となる．こうして無限に続く系列

$$\boldsymbol{R}P^0 \subset \boldsymbol{R}P^1 \subset \cdots \subset \boldsymbol{R}P^{n-1} \subset \boldsymbol{R}P^n \subset \cdots$$

が得られる．この系列から各 $\boldsymbol{R}P^n$ のセル分割が次のように構成される．まず 0 次元射影空間 $\boldsymbol{R}P^0$ は 1 点からなる空間であり，これを 0 セル e^0 とみなす．1 次元射影空間 $\boldsymbol{R}P^1$ は円周 $S^1 = \{(x,y) \in \boldsymbol{R}^2; x^2+y^2=1\}$ 上の $y \geqq 0$ となる半円において，両端の 2 点 $(1,0),(-1,0)$ を同一視した空間である．半円から両端を除いた部分を e^1 と書き，これを 1 セルとみなす．e^1 の閉包 $\bar{e}^1$ は半円と一致し，その境界 $\partial \bar{e}^1$ は両端の 2 点となる．そして $\boldsymbol{R}P^1$ は e^0 に 1 セル e^1 を接着写像 $\partial \bar{e}^1 \to e^0$ により接着した分割 $\boldsymbol{R}P^1 = e^0 \cup e^1$ をもつ．$\boldsymbol{R}P^1$ は S^1 と同相である．一般に S^n の北半球 $\{(x_0,x_1,\ldots,x_n) \in S^n; x_n \geqq 0\}$ において，その境界である赤道を除いた内部を n セル e^n とみなせば，$\boldsymbol{R}P^n$ は $\boldsymbol{R}P^{n-1}$ に n セル e^n を接着写像 $\partial \bar{e}^n \to \boldsymbol{R}P^{n-1}$ により接着した分割 $\boldsymbol{R}P^n = e^0 \cup e^1 \cup \cdots \cup e^n$ をもつ．

同様に，複素射影空間 $\boldsymbol{C}P^n$ は $\boldsymbol{C}P^n = e^0 \cup e^2 \cup \cdots \cup e^{2n}$ というセル分割をもつ．とくに $\boldsymbol{C}P^1$ は 2 次元球面 S^2 と同相である．また四元数射影空間 $\boldsymbol{H}P^n$ は $\boldsymbol{H}P^n = e^0 \cup e^4 \cup \cdots \cup e^{4n}$ というセル分割をもち，$\boldsymbol{H}P^1$ は 4 次元球面 S^4 と同相である．

これらのことから，射影空間のホモロジー群は

$$H_k(\boldsymbol{R}P^n; \boldsymbol{Z}/2\boldsymbol{Z}) \cong \begin{cases} \boldsymbol{Z}/2\boldsymbol{Z} & (k=0,1,\ldots,n) \\ 0 & \text{（その他の場合）} \end{cases}$$

$$H_k(\boldsymbol{C}P^n; \boldsymbol{Z}) \cong \begin{cases} \boldsymbol{Z} & (k=0,2,\ldots,2n) \\ 0 & \text{（その他の場合）} \end{cases}$$

$$H_k(\boldsymbol{H}P^n; \boldsymbol{Z}) \cong \begin{cases} \boldsymbol{Z} & (k=0,4,\ldots,4n) \\ 0 & \text{（その他の場合）} \end{cases}$$

となることがわかる．またコホモロジー環は

$$H^*(\boldsymbol{R}P^n; \boldsymbol{Z}/2\boldsymbol{Z}) \cong \boldsymbol{Z}/2\boldsymbol{Z}[\alpha]/(\alpha^{n+1})$$

$$H^*(\boldsymbol{C}P^n; \boldsymbol{Z}) \cong \boldsymbol{Z}[\beta]/(\beta^{n+1})$$

$$H^*(\boldsymbol{H}P^n; \boldsymbol{Z}) \cong \boldsymbol{Z}[\gamma]/(\gamma^{n+1})$$

で与えられる．ここで $\alpha \in H^1(\boldsymbol{R}P^n; \boldsymbol{Z}/2\boldsymbol{Z})$，$\beta \in H^2(\boldsymbol{C}P^n; \boldsymbol{Z})$，$\gamma \in H^4(\boldsymbol{H}P^n; \boldsymbol{Z})$ はそれぞれ生成元である．

5 無限射影空間

実射影空間の系列 $\cdots \subset \boldsymbol{R}P^{n-1} \subset \boldsymbol{R}P^n \subset \cdots$ 全体の和集合

$$\boldsymbol{R}P^\infty = \bigcup_{n=0}^\infty \boldsymbol{R}P^n$$

を無限実射影空間 (infinite real projective space) という．位相は弱位相を入れる．すなわち $\boldsymbol{R}P^\infty$ の部分集合 U は，すべての n に対して $U \cap \boldsymbol{R}P^n$ が $\boldsymbol{R}P^n$ の開集合となるとき，かつそのときに限り $\boldsymbol{R}P^\infty$ の開集合となる，と定める．同様にして，無限複素射影空間 (infinite complex projective space) $\boldsymbol{C}P^\infty$ および無限四元数射影空間 (infinite quaternion projective space) $\boldsymbol{H}P^\infty$ が定義される．これらの無限射影空間のコホモロジー環は

$$H^*(\boldsymbol{R}P^\infty; \boldsymbol{Z}/2\boldsymbol{Z}) \cong \boldsymbol{Z}/2\boldsymbol{Z}[\alpha]$$

$$H^*(\boldsymbol{C}P^\infty; \boldsymbol{Z}) \cong \boldsymbol{Z}[\beta]$$

$$H^*(\boldsymbol{H}P^\infty; \boldsymbol{Z}) \cong \boldsymbol{Z}[\gamma]$$

で与えられる．$\boldsymbol{R}P^\infty$ は実直線束の分類空間 $BGL(1,\boldsymbol{R})$ であり，またアイレンベルグ–マクレーン空間 $K(\boldsymbol{Z}/2\boldsymbol{Z},1)$ となる．同様に，$\boldsymbol{C}P^\infty$ は複素直線束の分類空間 $BGL(1,\boldsymbol{C})$ であり，またアイレンベルグ–マクレーン空間 $K(\boldsymbol{Z},2)$ となる．

［森田茂之］

写 像 度

mapping degree

1 序

同じ次元の多様体 M, N の間の写像 $M \to N$ の様子を記述するときに,多くの場合,その全射性が問題となる.M, N がともに向き付けられているコンパクト連結多様体のとき,$f: M \to N$ の写像度 $\deg(f)$ が,整数として定まり,$\deg(f) \neq 0$ ならば全射であることがわかる.

2 定 義

向き付けられたコンパクト n 次元連結多様体 M の n 次元ホモロジー群 $H_n(M; \boldsymbol{Z})$ は無限巡回群 $\boldsymbol{Z}$ と同型であり,その生成元は M の基本類 $[M]$ である.基本類 $[M]$ は M の向き付けを定めることにより定まっており,向き付けを逆にすると基本類は -1 倍になる.$f: M \to N$ を向き付けられたコンパクト n 次元連結多様体 M, N の間の連続写像とすると,f が n 次元ホモロジー群の間に誘導する写像 $f_*: H_n(M; \boldsymbol{Z}) \to H_n(N; \boldsymbol{Z})$ により,$f_*[M]$ は,$H_n(N; \boldsymbol{Z})$ の生成元 $[N]$ の整数倍に写る.この整数を f の**写像度**と呼び,$\deg(f)$ と書く:

$$f_*[M] = \deg(f)[N]$$

3 性 質

写像度は次の性質をもつ.

- 向き付けられたコンパクト n 次元連結多様体の間の写像 $f: M \to N$, $g: N \to L$ に対し,合成写像の写像度は写像度の積である:$\deg(g \circ f) = \deg(g)\deg(f)$.
- $f_0, f_1: M \to N$ がホモトピックであるとき,すなわち,連続写像 $F: [0, 1] \times M \to N$ で,$x \in M$ に対し $F(0, x) = f_0$, $F(1, x) = f_1(x)$ となるものが存在するとき,f_0, f_1 の写像度は等しい:$\deg(f_0) = \deg(f_1)$.
- $f: M \to N$ が全射でなければ,$\deg(f) = 0$ である.また,向き付けられたコンパクト多様体 M に対して,恒等写像 id_M の写像度は 1 である.$\deg(\mathrm{id}_M) = 1$.
- 向き付けられたコンパクト n 次元連結多様体 M,任意の整数 k に対し,球面への写像 $M \to S^n$ で写像度が k のものが存在する(一般に二つのコンパクト n 次元連結多様体 M, N の間に 0 でない写像度の写像があるかどうかは,難しい問題である.そのような写像があるという関係は,向き付けられたコンパクト n 次元連結多様体全体に,半順序構造をあたえる).
- 向き付けられたコンパクト n 次元連結多様体の間の写像 $f: M \to N$,N 上の任意の微分 n 形式 ω に対し,次が成立する.

$$\int_M f^*\omega = \deg(f) \int_N \omega$$

- コンパクト n 次元連結多様体の間の写像 $f: M \to N$ の正則値 y に対し,$f^{-1}(y)$ は,有限個の点 $x_1, \ldots, x_k$ となるが,$\sigma(x_i)$ $(i = 1, \ldots, k)$ を,接写像 $T_{x_i}f: T_{x_i}M \to T_yN$ が向きを保つとき $+1$,向きを反対にするとき -1 とすると,次が成立する.

$$\deg(f) = \sum_{i=1}^{k} \sigma(x_i)$$

とくに,コンパクト n 次元連結多様体 M の同相写像の写像度は ± 1 となるが,写像度 -1 の同相写像が存在するかどうかを決定することも,一般には容易ではない.

4 応 用

写像度は,いろいろなところに現れる.

4.1 不動点定理

定理(ブラウワーの不動点定理) $n \geqq 0$ とする.$(n+1)$ 次元円板 D^{n+1} からそれ自身への連続写像 $f: D^{n+1} \to D^{n+1}$ に対し,$f(x) = x$ となる $x \in D^{n+1}$ が存在する.

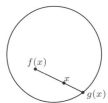

図 1 ブラウワーの不動点定理

証明は次のようになされる．すべての $x \in D^{n+1}$ に対して $f(x) \neq x$ と仮定すると，$f(x), x, g(x)$ がこの順序で直線上にあるように $g(x) \in S^n = \partial D^{n+1}$ をとることができる．$t \in [0,1]$ に対して，$h_t : S^n \to S^n$ を $h_t(x) = g(tx)$ で定義すると，$h_1 = \mathrm{id}_{S^n}$, h_0 は定値写像である．h_0, h_1 はホモトピックであるが，$\deg(h_0) = 0$, $\deg(h_1) = 1$ となり，矛盾を得る．

この論法は，無限次元空間における不動点定理の証明にも応用される．

4.2 有理写像

リーマン球面 $\boldsymbol{CP}^1$ からそれ自身への正則写像 f は，有理写像となり，多項式の既約分数として $z \mapsto \dfrac{P(z)}{Q(z)}$ と書かれるが，その写像度は，$P(z), Q(z)$ の次数の小さくないほうに一致する：$\deg(f) = \max\{\deg(P(z)), \deg(Q(z))\}$. とくに，$n$ 次多項式の写像度は，次数に一致する．このことは，ガウスの代数学の基本定理「n 次多項式の根は，重複をこめて n 個あること」を意味する．このような正則写像には，局所的な写像度が定義され，写像度は，任意の点の逆像の点の局所的な写像度の和となる．

4.3 ユークリッド空間内の余次元 1 多様体のガウス写像

$(n+1)$ 次元ユークリッド空間 $\boldsymbol{R}^{n+1}$ に埋め込まれた n 次元コンパクト多様体 M を考える．このような n 次元多様体は，向き付けをもつので，向き付けを定めておく．M の各点 x に対し，単位法線ベクトル $\mathbf{n}_x$ を考えると，$\mathbf{n}_x$ と M 接平面の向き付けられた基底を並べたものが，$\boldsymbol{R}^{n+1}$ の向きを与えるように $\mathbf{n}_x$ をとることができる．これにより得られる写像 $\mathbf{n} : M \to S^n$ をガウス写像と呼ぶ．S^n の体積形式 Ω を $\mathbf{n}$ で引き戻したものは，M のガウス曲率と呼ばれる M 上の n 形式となり，次が成立する．

$$\int_M \mathbf{n}^* \Omega = \deg(\mathbf{n}) \int_{S^n} \Omega$$

とくに，3 次元ユークリッド空間内のコンパクトな曲面 M に対し，写像度 $\deg(\mathbf{n})$ の 2 倍は，M のオイラー数となり，M の埋め込まれかたによらない（ガウス–ボンネの定理）．

4.4 リンク数

P, Q を n 次元ユークリッド空間内の p 次元，q 次元のコンパクトで向き付けられた多様体とし，$p+q = n-1$, $P \cap Q = \emptyset$ とする．P の点 x, Q の点 y に対し，$\dfrac{y-x}{\|y-x\|}$ を対応させる写像 $P \times Q \to S^{n-1}$ の写像度は，P, Q のリンク数と呼ばれる．とくに 3 次元空間の二つの円周 $\gamma_1(t), \gamma_2(t)$ ($t \in \boldsymbol{R}/\boldsymbol{Z}$) に対しては，ガウスが考えた積分

$$\frac{-1}{4\pi} \iint \frac{\det\begin{pmatrix} \gamma_2(t_2) - \gamma_1(t_1) & \gamma_1'(t_1) & \gamma_2'(t_2) \end{pmatrix}}{\|\gamma_2(t_2) - \gamma_1(t_1)\|^3} dt_1 dt_2$$

として表される．

4.5 多様体上のベクトル場の孤立零点の指数

n 次元多様体 M 上のベクトル場 ξ が $x \in M$ において $\xi(x) = 0$ であり，x の近傍では x 以外に 0 にならないとする．このとき，x の周りの座標近傍 (U, φ) をとり，$\varphi(x) = \boldsymbol{0} \in \boldsymbol{R}^n$ の周りで $\xi = \sum_{i=1}^n \xi_i \frac{\partial}{\partial x_i}$ と表示される．$\varphi(U) \subset \boldsymbol{R}^n$ において，原点を中心とする十分小さい球面 $\{y \in \boldsymbol{R}^n \mid \|y\| = \varepsilon\}$ を考えると，$(n-1)$ 次元球面 S^{n-1} からそれ自身への写像が，$S^{n-1} \ni y \mapsto \dfrac{\xi(\varepsilon y)}{\|\xi(\varepsilon y)\|} \in S^{n-1}$ により定義される．この写像の写像度を，ベクトル場 ξ の x における指数と呼び，$\mathrm{ind}_x(\xi)$ と書く．次が成立する．

定理（ポアンカレ–ホップの定理） コンパクト多様体 M 上の孤立した零点のみをもつベクトル場 ξ に対し，零点の指数の和は，M のオイラー–ポアンカレ標数 $\chi(M)$ に等しい：

$$\sum_{x \in \mathrm{Zero}(\xi)} \mathrm{ind}_x(\xi) = \chi(M)$$

4.6 球面の写像類

球面 S^n から S^n 自身への写像 f, g は，写像度が等しければ，ホモトピックである（ブラウワーの定理）．したがって，$\pi_n(S^n)$ は，無限巡回群 $\boldsymbol{Z}$ と同型となる．一般に，向き付けられたコンパクト連結 n 次元多様体 M から S^n への写像 f, g に対しても，それらの写像度が等しければ，ホモトピックである（ホップの定理）． ［坪井　俊］

主イデアル環

principal ideal ring

以下環とは単位元 1 をもつ可換環を指すこととする.

1 主イデアル整域とユークリッド整域

環 R のイデアル $\mathfrak{a}$ が一つの元で生成されるとき $\mathfrak{a}$ を主イデアルまたは単項イデアル (principal ideal) と呼ぶ. R のすべてのイデアルが主イデアルであるとき R を主イデアル環 (principal ideal ring) と呼ぶ. また R が整域のときは主イデアル整域 (principal ideal domain) と呼ぶ. 主イデアル整域をしばしば **PID** と略する. 以下でみていくように PID はさまざまなよい性質をもつ環である.

整域 R がユークリッド整域 (Euclidean domain) であるとは 0 以外の R の元から 0 以上の整数に値をとる関数 v が存在し, 次の性質を満たすときをいう:

任意の元 $a, b \in R$ ($b \neq 0$) に対し, ある元 $p, r \in R$ で $v(b) > v(r)$ かつ
$$a = pb + r$$
を満たすものがただ一つ存在する. ただし $v(0) = -\infty$ と定める.

ユークリッド整域 R とその 0 でないイデアル I に対し, 0 でない I の元のうち v の値が最小になる元 a をとると $I = (a)$ となり, つまり I は単項イデアルとなることがわかる. これによりユークリッド整域は PID となることが示せる.

例 1 (1) 整数 $n \neq 0$ に対し $v(n) = |n|$ と定めれば, 整数環 $\mathbf{Z}$ はユークリッド整域となる. ほかにも $\mathbf{Z}[\sqrt{-1}]$ や $\mathbf{Z}[\omega]$, ただし ω は 1 の原始 3 乗根, もユークリッド整域となる.
(2) 体 k 上 1 変数多項式環 $k[x]$ の元 $f(x) \neq 0$ に対し $v(f(x)) = \deg f(x)$ と定めれば, $k[x]$ はユークリッド整域となる.

2 主イデアル整域と素元分解整域

以下 R を整域とする. R の元 $a \neq 0$ に対し, a が生成するイデアル (a) が素イデアルとなるとき, a を素元 (prime element) という. 一方 R の単元でない元 $a \neq 0$ について, $a = bc$ ($b, c \in R$) ならば, b または c が R の単元となるとき a を R の既約元 (irreducible element) という. 素元は既約元であるが, 逆は一般には成り立たない. 元 $u \in R$ が有限個の素元の積で書けるとき, u は素元分解をもつという. R の 0 でも単元でもない任意の元が素元分解をもつとき, R を素元分解整域 (unique factorization domain) という. このとき素元分解の仕方は単元の差を除いて一意的である. 素元分解整域はしばしば一意分解整域とも呼ばれ, **UFD** と略される. UFD においては素元と既約元は一致する. また PID ならば UFD であることが以下のように示される: まず R を PID とすると, R の既約元 s に対し (s) は極大イデアルとなり, とくに s は素元であることがわかる. 以下 0 でも単元でもない任意の元 $u \in R$ が素元分解をもつことを示したい. そこである元 u が素元分解をもたないとして矛盾を導こう. まず u 自身は素元でないから, 上で示したように既約元でもない. よって単元でも 0 でもない二つの元 u_1', u_1 が存在し $u = u_1 u_1'$ と書ける. u の仮定より, u_1 は素元分解をもたないとしてよいから, とくに u_1 自身は既約元ではない. よって単元でない元 u_2' と既約でない元 u_2 が存在し, $u_1 = u_2 u_2'$ と書ける. 以下同様に既約でない元 u_i を定義してゆくとイデアルの増大列

$$(u) \subsetneq (u_1) \subsetneq \cdots \subsetneq (u_i) \subsetneq \cdots$$

が存在することがわかる. イデアル $I = \bigcup_i (u_i)$ を考えると, I は単項になるはずだから, ある元 t が存在し $I = (t)$ と書ける. このときある i に対し $t \in (u_i)$ となり, このとき $(u_i) = (u_{i+1}) = \cdots = (t)$ となるがこれは矛盾である.

例 2 (1) 体上の n 変数多項式環 R は UFD である. $n \geq 2$ のとき, R は PID ではない.
(2) $\mathbf{Z}[\sqrt{-5}]$ は UFD でない整域である. 実際
$$2 \cdot 3 = 6 = (1 + \sqrt{-5})(1 - \sqrt{-5})$$

が成り立つから，2 は素元でない．一方
$$2 = \alpha\beta \quad (\alpha, \beta \in \mathbf{Z}[\sqrt{-5}])$$
と書けているとすると，$\beta = a\overline{\alpha}$ ($a \in \mathbf{Q}$, $\overline{\alpha}$ は α の複素共役) と書けることがわかり，これらを満たす (α, β) の組は $(1, 2)$ しかなく，つまり 2 は $\mathbf{Z}[\sqrt{-5}]$ の既約元となる．

3 主イデアル整域上の有限生成加群の構造

3.1 一般の主イデアル整域上の有限生成加群

R を PID，M を R 上の有限生成加群とすると
$$M \cong \bigoplus_{i=1}^{r} R/(a_i) \oplus R^{\oplus s} \quad (1)$$
となることが知られている．ただし各 $a_i \neq 0$ は単元でない R の元で，$a_1 \mid a_2 \mid \cdots \mid a_r$ を満たすものとする．（ここで $a \mid b$ とは a が b を割り切る，つまりある元 $c \in R$ が存在し $ac = b$ が成り立つことを意味する．）M に対して $a_1, \ldots, a_r$ の組は単元倍を除き一意的に，また s も一意的に決まる．この $(a_1, \ldots, a_r, \overbrace{0, \ldots, 0}^{s})$ の組を M の**単因子型** (type of elementary divisors) という．(1) の $\bigoplus_{i=1}^{r} R/(a_i)$ の部分を M の**ねじれ部分** (torsion part)，$R^{\oplus s}$ の部分を M の**自由部分** (free part, torsion–free part) と呼ぶ．元 $a \in R$ の素元分解を $a = p_1^{n_1} \cdots p_t^{n_t}$ (各 p_i は互いに異なる R の素元，$n_i > 0$) とすると中国剰余定理から
$$R/(a) \cong \bigoplus_{i=1}^{t} R/(p_i^{n_i})$$
となる．そこで (1) で各 a_i を素元分解すると，互いに異なる素元 p_i と正の整数 n_{ij} が存在し
$$M \cong \bigoplus_{i,j} R/(p_i^{n_{ij}}) \oplus R^{\oplus s} \quad (2)$$
がわかる．この素元 p_i と正の整数 n_{ij} の組 $\{(p_i, n_{ij})\}_{i,j}$ を M のねじれ部分の**素因子型** (type of prime divisors) という．

3.2 アーベル群の基本定理

整数環 $\mathbf{Z}$ は PID なので，任意の有限生成なアーベル群 G は PID 上の有限生成加群と思える．そこで G に対し，素数 p_i と整数 $n_{i,j} > 0$, $s \geq 0$ の組が一意的に存在し，
$$G \cong \bigoplus_{i,j} \mathbf{Z}/(p_i^{n_{i,j}}) \oplus \mathbf{Z}^{\oplus s}$$
が得られる．これが**アーベル群の基本定理** (fundamental theorem of abelian groups) である．

3.3 ジョルダン標準形

以下 k を体とし，V を k ベクトル空間とする．また V から V への線形写像全体を $\mathrm{End}_k(V)$ と書くことにする．$\varphi \in \mathrm{End}_k(V)$ に対して
$$xv = \varphi(v) \quad (v \in V) \quad (3)$$
と定義すると，V を $k[x]$ 加群とみなせる．

逆に $k[x]$ 加群 V を自然に k ベクトル空間と思ったとき，(3) で $\varphi \in \mathrm{End}_k(V)$ を定義することで上と逆の対応が得られる．

例 3 $k[x]$ 加群
$$V = k[x]/((x-a)^n) \quad (a \in k)$$
はどのような $\varphi \in \mathrm{End}_k(V)$ と対応しているかみてみよう．$1 \leq i \leq n$ に対し，$e_i \in V$ を $(x-a)^{n-i}$ の剰余類として定めると e_i たちは k ベクトル空間 V の基底をなす．各 i に対し，
$$\varphi(e_i) = xe_i = (e_{n-1} + a)e_i = e_{i-1} + ae_i$$
が成り立つ（ただし $e_0 = 0$ とおく）ので φ をこの基底に関して行列表示すると，
$$\begin{pmatrix} a & 1 & & & \\ & a & 1 & & 0 \\ & & \ddots & \ddots & \\ & 0 & & a & 1 \\ & & & & a \end{pmatrix}$$
となる．これを対角成分が a であるような n 次の**ジョルダン細胞** (Jordan cell) と呼ぶ．

V を有限次元ベクトル空間とし，$\varphi \in \mathrm{End}_k(V)$ を与えたとき，V は有限生成 $k[x]$ 加群，$k[x]$ は PID なので 3.1 項で述べた構造定理を適用できる．さらに k を代数閉体とすると，$k[x]$ の素元は 1 次式となるので (2) から，
$$V \cong \bigoplus_{i} k[x]/((x-a_i)^{n_i}) \quad (a_i \in k, n_i > 0)$$
となる．V は有限次元 k ベクトル空間だったので，自由部分はないことに注意されたい．つまり任意の $\mathrm{End}_k(V)$ の元は適当に V の基底を定め，行列表示すればジョルダン細胞の有限個の直和（これを**ジョルダン標準形** (Jordan normal form, Jordan canonial form) と呼ぶ）で書けることが示せた．

［上原北斗］

終 結 式

resultant

1 終結式の定義

体 K 上の多項式環 $K[x]$ において二つの多項式 $f(x) = a_0 x^n + a_1 x^{n-1} + \cdots + a_{n-1} x + a_n$ と $g(x) = b_0 x^m + b_1 x^{m-1} + \cdots + b_{m-1} x + b_m$ が与えられたとき,次の $n+m$ 次の正方行列

$$\begin{pmatrix} a_0 & a_1 & \cdots & a_n & 0 & \cdots & 0 \\ 0 & a_0 & a_1 & \cdots & a_n & 0 & \cdots \\ & & & \cdots & & & \\ 0 & 0 & \cdots & a_0 & a_1 & \cdots & a_n \\ b_0 & b_1 & \cdots & & b_m & \cdots & 0 \\ & & & \cdots & & & \\ 0 & \cdots & b_0 & b_1 & \cdots & b_m & 0 \\ 0 & \cdots & 0 & b_0 & b_1 & \cdots & b_m \end{pmatrix}$$

を $f(x)$ と $g(x)$ の x に関するシルヴェスター行列と呼び,$\mathrm{Syl}(f,g)$ と表す.$K[x]$ において,$f(x)$ と $g(x)$ が l ($l \geq 1$) 次以上の共通因子をもつならば,行列 $\mathrm{Syl}(f,g)$ の階数は $n+m-l+1$ より小さい,すなわち,$n+m-l+1$ 次小行列式はすべて 0 になる.

そこで,行列式 $\det \mathrm{Syl}(f,g)$ を $f(x)$ と $g(x)$ の x に関する終結式 (resultant) と呼び,$\mathrm{Res}(f,g)$ と表す.たとえば,$n=3, m=2$ のとき,$\mathrm{Res}(f,g) = a_3^2 b_0^3 - a_2 a_3 b_1 b_0^2 + a_2^2 b_2 b_0^2 - 2 a_1 a_3 b_2 b_0^2 + a_1 a_3 b_1^2 b_0 + a_1^2 b_2^2 b_0 - 2 a_0 a_2 b_2^2 b_0 - a_1 a_2 b_1 b_2 b_0 + 3 a_0 a_3 b_1 b_2 b_0 - a_0 a_3 b_1^3 + a_0^2 b_2^3 - a_0 a_1 b_1 b_2^2 + a_0 a_2 b_1^2 b_2$ である.

$\mathrm{Res}(f,g) = 0$ となる必要十分条件は,$f(x)$ と $g(x)$ が定数でない共通因子をもつか,または $a_0 = b_0 = 0$ となることである.$F(x_0, x_1) = x_1^n f(x_0/x_1)$, $G(x_0, x_1) = x_1^m g(x_0/x_1)$ とおいて,$f(x), g(x)$ を同次式 F, G に書き換えると,$a_0 = b_0 = 0$ は $F(x_0, x_1)$ と $G(x_0, x_1)$ がともに x_1 で割り切れることと同値であるから,$\mathrm{Res}(f,g) = 0 \Leftrightarrow F$ と G が定数でない共通因子をもつ,ということもできる.

さらに,$K[x]$ において,$\mathrm{Res}(f,g) = A(x)f(x) + B(x)g(x)$ となるような,たかだか $m-1$ 次の多項式 $A(x)$ と,たかだか $n-1$ 次の多項式 $B(x)$ を構成できる.

次に,K を適当に代数拡大して,$f(x) = a_0(x-x_1)(x-x_2)\cdots(x-x_n)$, $g(x) = b_0(x-y_1)(x-y_2)\cdots(x-y_m)$ と分解する.このとき,$\mathrm{Res}(f,g) = a_0^m b_0^n \prod_{i=1}^n \prod_{j=1}^m (x_i - y_j)$ が成り立ち,この右辺を終結式の定義とすることもできる.

上式からただちに,$\mathrm{Res}(f,g) = a_0^m \prod_{i=1}^n g(x_i) = (-1)^{nm} b_m^n \prod_{j=1}^m f(y_j)$ がわかる.また,$n \geq m$ ならば,任意の $\lambda \in K$ について,$\mathrm{Res}(f + \lambda g, g) = \mathrm{Res}(f,g)$ が成り立つ.$K[x]$ において,$f(x) = f_1(x) f_2(x)$ と分解すると,$\mathrm{Res}(f_1 f_2, g) = \mathrm{Res}(f_1, g) \mathrm{Res}(f_2, g)$ が成り立つ.

また,$f(x)$ の形式的な微分を $f'(x) = n a_0 x^{n-1} + (n-1) a_1 x^{n-2} + \cdots + a_{n-1}$ とすると,$\mathrm{Res}(f,f')$ と,$f(x)$ の判別式 D_f は定数倍を除いて一致し,$\mathrm{Res}(f,f') = (-1)^{n(n-1)/2} a_0 D_f$ の関係がある.これらの関係式を用いると,$f(x)$ と $g(x)$ の積の判別式 D_{fg} について,$D_{fg} = D_f D_g \mathrm{Res}(f,g)^2$ が成り立つことがわかる.

2 終結式の多項式としての性質

f と g の係数 $a_0, \ldots, a_n, b_0, \ldots, b_m$ がすべて不定元のとき,$\mathrm{Res}(f,g)$ は,$a_0, \ldots, a_n, b_0, \ldots, b_m$ の整数係数の多項式とみなすことができる.このとき,$\mathrm{Res}(f,g)$ は絶対既約,すなわち係数がどんな体に属すると考えても既約な多項式である.また,$\mathrm{Res}(f,g)$ は $a_0, \ldots, a_n$ に関して m 次,$b_0, \ldots, b_m$ に関して n 次の複同次式である.$\mathrm{Res}(f,g)$ は,単項式 $a_0^{\mu_0} a_1^{\mu_1} \cdots a_n^{\mu_n} b_0^{\nu_0} b_1^{\nu_1} \cdots b_m^{\nu_m}$ の重さを $\mu_1 + 2\mu_2 + \cdots + n\mu_n + \nu_1 + 2\nu_2 + \cdots + m\nu_m$ としたときに,どの項も重さが $n \times m$ の同重式である.

3 不変式としての終結式

2 次行列
$$\phi = \begin{pmatrix} \alpha & \beta \\ \gamma & \delta \end{pmatrix}$$

を多項式 $f(x) = a_0 x^n + a_1 x^{n-1} + \cdots + a_{n-1} x + a_n$ に次のように作用させる.$f^\phi(x) = (\gamma x + \delta)^n f\left(\dfrac{\alpha x + \beta}{\gamma x + \delta}\right) = a_0(\alpha x + \beta)^n + a_1(\alpha x +$

$\beta)^{n-1}(\gamma x+\delta)+\cdots+a_{n-1}(\alpha x+\beta)(\gamma x+\delta)^{n-1}+a_n(\gamma x+\delta)^n$ とおく．適当な拡大体上で $f(x)=a_0(x-x_1)(x-x_2)\cdots(x-x_n)$ と分解し，$x'_i=\dfrac{\delta x_i-\beta}{-\gamma x_i+\alpha}$ とおくと，$f^\phi(x)=a'_0(x-x'_1)(x-x'_2)\cdots(x-x'_n)$ である．$g(x)=b_0 x^m+b_1 x^{m-1}+\cdots+b_{m-1}x+b_m=b_0(x-y_1)(x-y_2)\cdots(x-y_m)$ に対しても同様にして $g^\phi(x)$ を定義すると，$\mathrm{Res}(f^\phi,g^\phi)=(\det\phi)^n\mathrm{Res}(f,g)$ が成り立つ [1]．

4 多項式系の終結式系

体 K 上の多項式環 $K[x]$ において r 個の多項式 $f_1(x),\ldots,f_r(x)$ が与えられたときに，適当な拡大体においてこれらの共通根が存在するための条件を考える．n_i を f_i の次数とし，$\{n_i\}$ の最大値を n とする．各 f_i に x^{n-n_i} と $(x-1)^{n-n_i}$ をかけて，それらの中から同じものを除いたものを $g_1(x),\ldots,g_s(x)$ すると $\{f_i(x)\}$ の共通根と $\{g_j(x)\}$ の共通根とは一致し，しかも $\{g_j(x)\}$ はすべてちょうど n 次式である．次に，$u_1,\ldots,u_s,v_1,\ldots,v_s$ を不定元とし，$g_u(x)=u_1 g_1(x)+\cdots+u_s g_s(x)$，$g_v(x)=v_1 g_1(x)+\cdots+v_s g_s(x)$ とおくと，$K(u_1,\ldots,v_s)[x]$ における g_u と g_v の共通因子は，u にも v にもよらず，すべての g_j の共通因子と一致する．したがって，$K(u_1,\ldots,u_s,v_1,\ldots,v_s)[x]$ において，$\mathrm{Res}(g_u,g_v)=0$ は g_u と g_v が自明でない共通因子をもつための必要十分条件である．また，$\mathrm{Res}(g_u,g_v)=\sum D_{ij}u^i v^j\,(D_{ij}\in K)$ と展開するとき，$\mathrm{Res}(g_u,g_v)=0\iff \forall D_{ij}=0$ となる．この集合 $\{D_{ij}\}$ を多項式系 $\{f_i(x)\}$ の終結式系と呼ぶ．多項式系 $\{f_i(x)\}$ の係数がすべて不定元のときは，各 D_{ij} はこれらの不定元の整数係数の多項式である．

5 代数幾何学への応用

$F_1,\ldots,F_r\in K[x_0,x_1,\ldots,x_n]$ は定数でない同次多項式とする．$(x_0,x_1,\ldots,x_n)=(0,0,\ldots,0)$ は $\{F_i\}$ の共通零点であり，自明な共通零点と呼ばれる．各 F_i を $\overline{K}=K[x_0,\ldots,x_{n-1}]$ 係数の x_n の多項式とみなして終結式系 $D_{ij}\in\overline{K}$ を構成する．各 D_{ij} は $x_0,\ldots,x_{n-1}$ の同次式である．このとき，$\{F_i\}$ に自明でない共通零点があるならば，$\{D_{ij}\}$ にも自明でない共通零点が存在する．この手続きを繰り返すことにより，次の定理を得る [2]．

消去法の基本定理

$f_1,f_2,\ldots,f_r$ は不定元 $a_1,\ldots,a_\omega$ を係数とする $x_0,x_1,\ldots,x_n$ についての同次多項式とする．このとき，$a_1,\ldots,a_\omega$ についての整数係数の多項式の集合 $R_1,\ldots,R_s$ が存在して次が成り立つ．$a_1,\ldots,a_\omega$ に勝手な体 K の元からなる特殊な値を代入したときに，$\{f_i\}$ が K の適当な拡大体における自明でない共通零点をもつための必要十分条件は，$R_1,\ldots,R_s$ がすべて 0 になることである．

$f_1,f_2,\ldots,f_r$ から $R_1,\ldots,R_s$ を構成することを，$x_0,x_1,\ldots,x_n$ の消去 (elimination) と呼ぶ．

消去法の基本定理を用いると，代数幾何学の定理の多くを構成的に証明することができる [3]．たとえば，ヒルベルトの零点定理の証明，複素代数多様体の位相的連結性と単体分割可能性の証明，射影空間から射影空間への有理写像の像の有理連結性の証明などを消去法を用いて証明することができる．さらに，代数的集合の次元ごとの既約成分の定義式の計算，射影代数多様体の代数的サイクルのなすチャウ多様体 (Chow variety) の定義式の計算なども可能である．

終結式系を用いた消去法は 1930 年代に代数幾何学の代数的基礎付けに用いられたが，実際に計算を実行するのは容易ではない．消去法の利点である定義式の具体的計算には終結式系ではなくグレブナー基底 (Gröbner basis) を用いる方法が実用的である．

[前田博信]

参考文献

[1] 高木貞治：代数学講義 (改訂新版)．共立出版，1965．
[2] B.L. ファン・デル・ヴェルデン著，銀林 浩訳：現代代数学 3．東京図書．1961．
[3] B.L. ファン・デル・ヴェルデン著，前田博信訳：代数幾何学入門．シュプリンガー・ジャパン，1991．

集合と写像

sets and maps

　素朴に集合とは数学的対象の集まりであるとしてみよう．ある対象 x とある集合 A について，x が集合 A の元である $(x \in A)$，または x が集合 A の元でない $(x \notin A)$，のどちらか一方が成立するとする．集合の元を集合の**要素**ということもある．x が A の元であることを x は A に属するという．

　集合の研究はカントール (1845–1918) により始められた．ある性質 P が x に対して成立することを $P(x)$ と書くとき，性質 P を満たす対象 x の集合を $\{x \mid P(x)\}$ と書くことにより定めることとした．これに対し，ラッセル (1872–1970) により，次のような集合 A が定義されてしまうことが示された．X 自身を元として含まない集合 X の集合を A とする：$A = \{X \mid X \notin X\}$．このとき，$A \in A$ と仮定すると，A の定義から $A \notin A$ となる．$A \notin A$ と仮定すると，A の定義から $A \in A$ となる．したがって，このような A は，定義されるが存在しないことになる．この議論をラッセルのパラドックスという．したがって，集合を数学的に扱うには，集合自体がいくつかの公理を満たすものとして，上のような逆理を生み出さないように定義されなければならない．この体系は**公理的集合論**と呼ばれる．この体系においては，単に $\{x \mid P(x)\}$ の形をしているものは，集合とは認めない．たとえば，集合の全体は，クラスと呼ばれ，集合ではない．

　現代数学においては，ツェルメロ–フランケルの公理系 (ZF) に，選択公理 (C) を加えた ZFC と呼ばれる公理系を用いることが多い．

　ツェルメロ–フランケルの公理系によれば，空集合 $\emptyset$ の存在は，$\exists \emptyset (\forall x, x \notin \emptyset)$ のように保証され，また無限集合の存在も保証される．このとき，非負整数の集合 $\boldsymbol{Z}_{\geq 0}$ が次のように定義される．
$$\boldsymbol{Z}_{\geq 0} = \{\emptyset, \{\emptyset\}, \{\emptyset, \{\emptyset\}\}, \{\emptyset, \{\emptyset\}, \{\emptyset, \{\emptyset\}\}\}, \ldots\}$$
$\boldsymbol{Z}_{\geq 0}$ が定義されていると，整数の集合 $\boldsymbol{Z}$，有理数の集合 $\boldsymbol{Q}$ などが順に定義される．

1　集　　合

　x, y, z を元とする集合は，中括弧の中に元を書いて $\{x, y, z\}$ のように書かれる．推測が容易であるときには，正の整数 n に対し n 以下の自然数の集合を $\{1, 2, \ldots, n\}$，自然数の集合 $\boldsymbol{N}$ を $\{1, 2, \ldots\}$ と書くことも多い．また，n 以下の自然数の集合を
$$\{x \in \boldsymbol{N} \mid 1 \leqq x \leqq n\}$$
と書くように，一般に B が<u>集合 A の元 x のうちで</u>性質 $P(x)$ を満たすものの集合であることを
$$B = \{x \in A \mid P(x)\}$$
と書く．

　二つの集合 A, B は，それらの元が等しいときに等しいと呼び，$A = B$ と書く：
$$(x \in A \Leftrightarrow x \in B) \Rightarrow A = B$$
$A = B$ が成立しないとき，$A \neq B$ と書く．A の元がすべて B の元であるとき A は B の**部分集合**であると言い，$A \subset B$ または $B \supset A$ と書く．これらを $A \subseteq B$ または $B \supseteq A$ と書くこともある．しばしば，A は B に含まれる，B は A を含むという．

　二つの集合 A, B が与えられたとき，A の元と B の元を元とする集合を A と B の**和集合**または**合併集合**と呼び，$A \cup B$ と書く（存在は公理にする）．また，A と B の両方に属する元の集合を A と B の**交わり**または**共通部分**と呼び，$A \cap B$ と書く．A に属し B に属さない元の集合を A と B の**差集合**と呼び $A \smallsetminus B$ または $A - B$ と書く．**全体集合**と呼ぶ集合 U を決めて，U の部分集合 A を考えるとき，$U \smallsetminus A$ を A の**補集合**といい，$\overline{A}, A^c$ などで表す．$(A^c)^c = A$ である．

　集合の和，共通部分をとる操作は，
交換律　　$A \cup B = B \cup A$,　$A \cap B = B \cap A$,
結合律　　$(A \cup B) \cup C = A \cup (B \cup C)$,
　　　　　$(A \cap B) \cap C = A \cap (B \cap C)$,
分配律　　$(A \cup B) \cap C = (A \cap C) \cup (B \cap C)$,
　　　　　$(A \cap B) \cup C = (A \cup C) \cap (B \cup C)$
を満たす．また，U を全体集合として，次のド・モルガンの法則が成立する．

$$(A \cup B)^c = A^c \cap B^c, \quad (A \cap B)^c = A^c \cup B^c$$

集合 U の部分集合全体は (公理により) 集合であり，U のべき集合と呼ばれ，2^U と書かれる．2^U 上の演算 $\cup, \cap, {}^c$ のなす代数はブール代数の代表例である．

二つの集合 A, B に対し，A の元 a，B の元 b を，順序をつけて並べたもの (a, b) の集合を $A \times B$ と書き，A, B の**直積**と呼ぶ．$A \times B$ と $B \times A$ は，ともに空集合でなく，$A \neq B$ の場合，異なる集合である．ここで，$\emptyset \times B = \emptyset, A \times \emptyset = \emptyset$ である．

直積 $A \times B$ の部分集合 R を関係と呼ぶ．$(a, b) \in R$ を，しばしば，aRb のように書く．$A \times A$ の部分集合を A 上の関係と呼ぶ．A 上の関係 R が，反射律 aRa，推移律 $(aRb$ かつ $bRc) \Rightarrow aRc$，対称律 $aRb \Rightarrow bRa$ を満たすとき，R を同値関係と呼ぶ．反射律，推移律，および $(aRb$ かつ $bRa) \Rightarrow a = b$ を満たすとき (半) 順序関係と呼ぶ．関係は，集合のクラス上でも定義される．

2 写像

直積 $A \times B$ の部分集合 G が，任意の $a \in A$ に対し，$G \cap \{a\} \times B$ がただ 1 つの元からなるという性質をもつとき，A の元 a により定まる B の元 b を $f(a)$ と書くことができる．このとき
$$f : a \mapsto b$$
と書くが，
$$G \cap \{a\} \times B = \{(a, f(a))\}$$
となっている．このとき f を集合 A から集合 B への写像あるいは関数と呼ぶ．(集合 B が実数あるいは複素数の集合のときには，関数と呼ぶことが多い．)
$$G = \{(a, b) \in A \times B \mid b = f(a)\} \subset A \times B$$
を f のグラフと呼ぶ．f が A から B への写像であることを
$$f : A \to B$$
と表す．A を写像 f の定義域，B を写像 f の値域と呼ぶ．集合 A から集合 B への写像全体の集合は，$A \times B$ の冪集合の部分集合であり，B^A と書かれる．写像 $f : A \to B$ が，$\exists b_0 \in B, \forall a \in A, f(a) = b_0$ を満たすとき，f は定値写像と呼ばれる．したがって，A, B が空でなければ B^A は空でない．$A \neq \emptyset$ ならば $\emptyset^A = \emptyset$，集合 B に対し，$B^\emptyset = \{\emptyset\}$ である．

3 全射，単射

写像 $f : A \to B$ と $C \subset A$ に対し，
$$f(C) = \{b \in B \mid \exists c \in C, b = f(c)\}$$
を C の像と呼ぶ．また，$D \subset B$ に対し，
$$f^{-1}(D) = \{a \in A \mid f(a) \in D\}$$
を D の逆像と呼ぶ．$b \in B$ に対し，
$$f^{-1}(b) = \{a \in A \mid f(a) = b\}$$
も b の逆像と呼ばれる．

写像 $f : A \to B$ が $f(A) = B$ を満たすとき，f は**全射**あるいは上への (onto) 写像と呼ばれる．任意の $b \in B$ に対し，$f^{-1}(b)$ が 1 点集合または空集合であるとき，f は**単射**あるいは 1 対 1 写像と呼ばれる．f が単射であることは，
$$a_1, a_2 \in A \text{ に対し } f(a_1) = f(a_2) \Rightarrow a_1 = a_2$$
と同値である．

写像 $f : A \to B$ が全射でありかつ単射であるとき，f は**全単射**であるという．$f : A \to B$ が全単射のとき $b \in B$ に対して $f(a) = b$ を満たす a がただ 1 つ存在する．このとき，$f^{-1} : B \to A$ を $f^{-1}(b) = a$ で定義し，f^{-1} を f の逆写像という．

集合 A の部分集合 C に対し，2 点集合 $\{0, 1\}$ への関数 $\chi_C : A \to \{0, 1\}$ を $a \in C \Rightarrow \chi_C(a) = 1$，$a \notin C \Rightarrow \chi_C(a) = 0$ により定義し，C の特性関数と呼ぶ．部分集合と特性関数の対応は，A の冪集合から $\{0, 1\}^A$ への全単射を与える．

集合 A から集合 A の冪集合 2^A には，$a \mapsto \{a\}$ で定まる単射が存在するが，全射は存在しない．実際 $f : A \to 2^A$ という全射があったとして，$C = \{a \in A \mid a \notin f(a)\}$ という集合を考える．f は全射だから，$C = f(a)$ とする a が存在する．$a \in C$ とすると $a \notin C$ が導かれ，また，$a \notin C$ とすると $a \notin f(a)$ だから $a \in C$ が導かれ，矛盾する．したがって，$f : A \to 2^A$ が全射であることはない．これは，ラッセルの逆理と同じ議論から全射の非存在を導いたものである．自然数の集合から実数の集合への全射の非存在を導くカントールの対角線論法と同じ内容をもつ．

4 集合と写像のなす圏

集合 A, B, C の間の写像 $f : A \to B, g : B \to$

C に対し,写像の結合により**合成写像** $g \circ f : A \to C$ を $(g \circ f)(a) = g(f(a))$ により定義することができる. $f : A \to B, g : B \to C, h : C \to D$ に対し,結合律 $(h \circ g) \circ f = h \circ (g \circ f)$ が成立するので,これらは $h \circ g \circ f$ と書かれる.

集合 A に対し,**恒等写像** $\mathrm{id}_A : A \to A$ が, $\forall a \in A, \mathrm{id}_A(a) = a$ により定まる.

こうして定まる集合を対象とし,写像を射とする圏はもっとも基本的な圏である.

写像 $f : A \to B, g : B \to A$ に対し, $g \circ f = \mathrm{id}_A$ ならば, f は単射, g は全射である.したがって,「$g \circ f = \mathrm{id}_A$ かつ $f \circ g = \mathrm{id}_B$」と「$f$ は全単射で, $g = f^{-1}$」は同値である.

5 集合族

集合 Λ から集合 A の冪集合 2^A への写像 $\Lambda \to 2^A$ を**集合族**と呼ぶ.写像を $\lambda \mapsto A_\lambda \subset A$ と与えて, $\{A_\lambda\}_{\lambda \in \Lambda}$ のように書く. λ を**添え字**, Λ を**添え字集合** (index set) と呼ぶ.

A の部分集合の族 $\{A_\lambda\}_{\lambda \in \Lambda}$ に対し,その**和集合** (合併集合) を
$$\bigcup_{\lambda \in \Lambda} A_\lambda = \{a \in A \mid \exists \lambda \in \Lambda, a \in A_\lambda\}$$
で定義する.その**共通部分**を,
$$\bigcap_{\lambda \in \Lambda} A_\lambda = \{a \in A \mid \forall \lambda \in \Lambda, a \in A_\lambda\}$$
で定義する.

$\lambda \neq \mu$ ならば $A_\lambda \cap A_\mu = \emptyset$ が成立しているとき, $\bigcup_{\lambda \in \Lambda} A_\lambda$ は $\coprod_{\lambda \in \Lambda} A_\lambda$ と書かれ,**直和**と呼ばれる.

$A = \coprod_{\lambda \in \Lambda} A_\lambda$ と仮定するとき, $\forall \lambda, A_\lambda \neq \emptyset$ ならば,全射 $p : A \to \Lambda$ が $a \in A_\lambda \Rightarrow p(a) = \lambda$ により定義される.逆に,集合 A, Λ の間の全射 $p : A \to \Lambda$ が存在するとき, A は,集合族 $\{p^{-1}(\lambda)\}_{\lambda \in \Lambda}$ の直和となる: $A = \coprod_{\lambda \in \Lambda} p^{-1}(\lambda)$.

全射 $p : A \to \Lambda$ に対し,写像 $s : \Lambda \to A$ で $p \circ s = \mathrm{id}_\Lambda$ となるものを p の**切断**と呼ぶ.一般の集合の間の全射 $p : A \to \Lambda$ に対し,切断の存在を保証するのは,**選択公理**である. $A_\lambda = p^{-1}(\lambda)$ とおくとき,切断 s の全体は, A^Λ の部分集合として $\{s \in A^\Lambda \mid s(\lambda) \in A_\lambda\}$ と定義される.これを $\prod_{\lambda \in \Lambda} A_\lambda$ と書き, $\{A_\lambda\}_{\lambda \in \Lambda}$ の**直積**と呼ぶ.

$\forall \lambda, A_\lambda \neq \emptyset$ が成立しているとき, $A_\lambda \subset A$ を $\{\lambda\} \times A_\lambda \subset \Lambda \times A$ に置き換えることにより, A_λ の直和 $\coprod_{\lambda \in \Lambda} A_\lambda$ を $\{\lambda\} \times A_\lambda$ の直和として定義することができる.(たとえば, $\coprod_{\lambda \in \Lambda} A = \Lambda \times A$ である.)これを用いて, $\prod_{\lambda \in \Lambda} A_\lambda \subset \Lambda \times \coprod_{\lambda \in \Lambda} A_\lambda$ が定義される.選択公理により, $\forall \lambda, A_\lambda \neq \emptyset$ のとき,直積集合 $\prod_{\lambda \in \Lambda} A_\lambda$ は空ではない.直積 $\prod_{\lambda \in \Lambda} A_\lambda$ の元は, $(a_\lambda)_{\lambda \in \Lambda}$ のように書くことが多い.

6 有限集合と無限集合

集合 A, B の間に全単射が存在することは,集合のクラスにおける同値関係である.この同値類を元の個数あるいは**濃度**といい, $|A|$ で表す.集合 A, B に対し,単射 $A \to B$ が存在するとき, $|A| \leq |B|$ (または $|B| \geq |A|$) と書く.単射 $f : A \to B, g : B \to C$ が存在すれば, $g \circ f : A \to C$ は単射だから, $|A| \leq |B|$ かつ $|B| \leq |C|$ ならば, $|A| \leq |C|$ となる.

単射 $f : A \to B, g : B \to A$ が存在するとき,ベルンシュタインの定理により, A と B の間に全単射が存在する.したがって, $|A| \leq |B|$ かつ $|B| \leq |A|$ ならば, $|A| = |B|$ となる.

全射 $p : A \to B$ が存在すると,選択公理により, $s : B \to A$ で $p \circ s = \mathrm{id}_B$ となるものが存在する. s は単射であるから, $|B| \leq |A|$ となる.また,選択公理を仮定すると,任意の2つの集合に対し, $|A| \leq |B|$ または $|B| \leq |A|$ が成立し濃度には全順序が入ることがわかる.

ある自然数 n に対し, $\{1, \ldots, n\}$ と同じ元の個数をもつ集合を**有限集合**と呼ぶ.自然数 m, n に対し,単射 $\{1, \ldots, m\} \to \{1, \ldots, n\}$ が存在する必要十分条件は $m \leq n$ である.とくに有限集合 F に対して,その真部分集合の元の個数は $|F|$ よりも真に小さい.有限集合 F において,全単射 $f : F \to F$ は,**置換**と呼ばれる.

有限集合でない集合を**無限集合**と呼ぶ.選択公理のもとで,無限集合 I に対し,単射 $f : I \to I$ で, $f(I) \subsetneq I$ となるものが存在する.

[坪井　俊]

重積分

multiple integral

n 次元ユークリッド空間 $\boldsymbol{R}^n$ 内の領域 D 上の関数 $f(x_1, x_2, \ldots, x_n)$ の積分を**重積分** (multiple integral) といい, 記号
$$\int_D f(x)dx$$
または
$$\iint \cdots \int_D f(x_1, x_2, \ldots, x_n)dx_1 dx_2 \cdots dx_n$$
で表す. $n=1$ のとき, これは 1 変数関数の区間上の定積分である.

1 長方形上の積分

有界な 2 変数関数 $f(x, y)$ の長方形 $R : a \leqq x \leqq b, c \leqq y \leqq d$ 上の重積分は次のように定義される. 長方形のそれぞれの辺を
$$a = x_0 < x_1 < \cdots < x_m = b,$$
$$c = y_0 < y_1 < \cdots < y_n = d$$
のように分割して R を小長方形に分ける. 各小長方形 $x_{j-1} \leqq x \leqq x_j, \ y_{k-1} \leqq y \leqq y_k$ 内の代表点 (ξ_j, η_k) をとり, 1 変数関数に対するリーマン和の類似
$$\sum_{j,k} f(\xi_j, \eta_k)(x_j - x_{j-1})(y_k - y_{k-1})$$
を考える. 分割を細かくしたとき, 分割のとり方と代表点のとり方によらない一定値に近づくとき, $f(x, y)$ は R 上で (リーマン積分の意味で) **積分可能** (integrable) であるといい, 極限値を
$$\iint_R f(x, y)dxdy$$
で表し, f の R 上の重積分または **2 重積分** (double integral) という. 連続関数は積分可能である.

長方形 R 上の連続関数 $f(x, y)$ に対して,
$$\iint_R f(x, y)\,dxdy = \int_a^b \left[\int_c^d f(x, y)dy\right] dx$$
が成り立つ. 右辺の定積分の繰り返しを**累次積分** (repeated integral) または反復積分という. 右辺の括弧 [ ] は省略して記されることが多い. 右辺の累次積分は
$$\int_a^b dx \int_c^d f(x, y)dy$$
と書かれることもある. x と y の役割を交換して積分する変数の順序を変えても累次積分の値は等しい. つまり
$$\int_a^b \left[\int_c^d f(x, y)dy\right] dx = \int_c^d \left[\int_a^b f(x, y)dx\right] dy$$
が成り立つ.

一般に, n 変数関数の直方体上の n 重積分が定義され, n 回の累次積分に等しくなる.

2 一般の領域上の重積分

平面内の有界領域 D 上の関数 $f(x, y)$ に対して, D を含み辺が座標軸に平行な長方形 R をとり, R 上の関数 $f^*(x, y)$ を D 上で $f(x, y)$, D の外で 0 として定める. 関数 f^* が R 上で積分可能であるとき, f は D 上で積分可能であるといい,
$$\iint_D f(x, y)dxdy = \iint_R f^*(x, y)dxdy$$
を f の D 上の 2 重積分という.

$f(x, y) \equiv 1$ が D 上で積分可能であるとき, D は**面積確定**または**ジョルダン可測** (Jordan measurable) であるといい,
$$\iint_D dxdy$$
の値を D の面積またはジョルダン測度 (Jordan measure) という. 境界がなめらかな曲線である有界領域は面積確定である.

面積確定な有界閉領域 D 上の連続関数 $f(x, y)$ は D 上積分可能である. 定数 $a, b \ (a < b)$ と連続関数 $p(x), q(x) \ (p(x) \leqq q(x))$ があって, 平面内の領域 D が不等式
$$a \leqq x \leqq b, p(x) \leqq y \leqq q(x)$$
で与えられるとき, D は縦線集合であるという. 縦線集合 D は面積確定で, 連続関数 $f(x, y)$ に対して
$$\iint_D f(x, y)\,dxdy = \int_a^b \left[\int_{p(x)}^{q(x)} f(x, y)dy\right] dx$$
が成り立つ. 縦線集合における x と y の役割を入れ換えた形の不等式により定義される領域を横線集合という. 横線集合は面積確定で, 横線集合上の重積分は x, y の順の累次積分に等しい.

2重積分の計算は累次積分への分解と次の 2 つの性質を組み合わせることによりなされる.

1) 面積確定な有界閉領域 D_1 と D_2 があり，$D_1 \cap D_2$ の面積がゼロであるとき，
$$\iint_{D_1 \cup D_2} f(x,y) dxdy = \iint_{D_1} f(x,y) dxdy + \iint_{D_2} f(x,y) dxdy.$$

2) D 上で積分可能な関数 $f(x,y), g(x,y)$ と定数 a, b に対して，$af(x,y) + bg(x,y)$ は D 上積分可能で
$$\iint_D \{af(x,y) + bg(x,y)\} dxdy$$
$$= a\iint_D f(x,y) \, dxdy + b\iint_D g(x,y) \, dxdy.$$

また次の性質が成り立つ.

3) $f(x,y) \leqq g(x,y)$ ならば
$$\iint_D f(x,y) \, dxdy \leqq \iint_D g(x,y) \, dxdy.$$

4)
$$\left|\iint_D f(x,y) \, dxdy\right| \leqq \iint_D |f(x,y)| \, dxdy.$$

一般に，$\boldsymbol{R}^n$ 内の有界領域の体積の概念，そして体積確定な有界閉領域上の n 変数連続関数の重積分が $n=2$ の場合と同様に定義される.そして，累次積分への分解と上の 1)〜4) にあげた諸性質が同様に成り立つ.たとえば，$\boldsymbol{R}^2$ の領域 D と 2 変数連続関数 $p(x,y), q(x,y)$ があって，$\boldsymbol{R}^3$ の領域 V が条件 $(x,y) \in D$, $p(x,y) \leqq z \leqq q(x,y)$ を満たす点 $(x,y,z) \in \boldsymbol{R}^3$ 全体の集合であるとき，$f(x,y,z)$ の V 上の重積分は次のように表される.
$$\iiint_V f(x,y,z) dxdydz$$
$$= \iint_D \left[\int_{p(x,y)}^{q(x,y)} f(x,y,z) dz\right] dxdy$$

有界領域 D 上の有界な関数の重積分を考えたが，そうでない場合も 1 変数関数の広義積分と同様にして，広義重積分が定義される.

3　変数変換の公式

定積分に対する置換積分の一般化として重積分に対する変数変換の公式が成り立つ.

平面の変数変換 $x = \varphi(u,v), y = \psi(u,v)$ を考える.φ, ψ は連続的偏微分可能であるとし，写像 $(u,v) \mapsto (x,y)$ のヤコビ行列式 (Jacobi determinant) を
$$J = \frac{\partial(x,y)}{\partial(u,v)} = \begin{vmatrix} \dfrac{\partial \varphi}{\partial u} & \dfrac{\partial \varphi}{\partial v} \\ \dfrac{\partial \psi}{\partial u} & \dfrac{\partial \psi}{\partial v} \end{vmatrix}$$
により定める.ヤコビ行列式はヤコビアン (Jacobian) とも呼ばれる.

xy 平面の有界領域 D と uv 平面の領域 E が 1 対 1 に対応し，また D, E は面積確定で D 上の各点でヤコビ行列式がゼロにならないと仮定する.このとき D 上の連続関数 $f(x,y)$ に対して変数変換の公式
$$\iint_D f(x,y) \, dxdy$$
$$= \iint_E f(\varphi(u,v), \psi(u,v)) |J| \, dudv$$
が成り立つ.これを記号的に次のように書く.
$$dxdy = |J| \, dudv.$$

たとえば，a, b, c, d が実数の定数とし，線形変換 $x = au + bv, y = cu + dv$ を考えると，ヤコビ行列式は $ad - bc$ であり，$ad - bc \neq 0$ のとき，$dxdy = |ad - bc| \, dudv$ となる.ここで $|ad - bc|$ は線形変換による図形の面積比を与えている.一般の変換に対しては，ヤコビ行列式の絶対値は変換による微小領域の面積比を表している.

変数変換の重要な例に極座標への変換がある（→ ［極座標］）.平面極座標への変換 $x = r\cos\theta, y = r\sin\theta$ の場合，$dxdy = r \, drd\theta$ である.

2 重積分の場合に述べたが，一般に n 重積分に対して上と同様にヤコビ行列式が定義され，変数変換の公式が成り立つ.空間極座標への変換 $x = r\sin\theta\cos\varphi, y = r\sin\theta\sin\varphi, z = r\cos\theta$ の場合，$dxdydz = r^2 \sin\theta \, drd\theta d\varphi$ である.

4　重積分の応用

種々の図形量が重積分で表される.値が非負の 2 変数連続関数 $f(x,y)$ に対して定数関数 1 の 2 重積分
$$\iint_D f(x,y) \, dxdy$$
は，領域 D 上にあり xy 平面と曲面 $z = f(x,y)$ の間にある部分の体積を表す.とくに $f(x,y) \equiv 1$

とした
$$\iint_D dxdy$$
は D の面積を表す．一般に $\boldsymbol{R}^n$ の領域 D の体積は，
$$\iint \cdots \int_D dx_1 \cdots dx_n$$
により与えられる．また，3変数関数の曲面上の面積分は，2重積分で表される．定数1の面積分は曲面の表面積である．とくに，$f(x,y)$ が連続的偏微分可能であるとき，曲面 $z = f(x,y)$ の D 上にある部分の面積は，
$$\iint_D \sqrt{1 + \left(\frac{\partial f}{\partial x}\right)^2 + \left(\frac{\partial f}{\partial y}\right)^2} dxdy$$
である．

広義重積分 $\iint_{\boldsymbol{R}^2} e^{-x^2-y^2} dxdy$ を2通りの方法で計算することにより，重要な広義積分 $\int_{-\infty}^{\infty} e^{-x^2} dx$ の値を求めることができる．自然数 k に対して D_k を不等式 $|x| \leq k$, $|y| \leq k$ で定義される正方形とすると，$D_1 \subset D_2 \subset \cdots$, $\bigcup_{k=1}^{\infty} D_k = \boldsymbol{R}^2$ である．これを用いて，
$$\iint_{\boldsymbol{R}^2} e^{-x^2-y^2} dxdy = \lim_{k \to \infty} \iint_{D_k} e^{-x^2-y^2} dxdy$$
$$= \lim_{k \to \infty} \left(\int_{-k}^{k} e^{-x^2} dx\right)^2$$
$$= \left(\int_{-\infty}^{\infty} e^{-x^2} dx\right)^2$$
がわかる．また，D'_k を不等式 $x^2 + y^2 \leq k^2$ で定義される円板とすると，$D'_1 \subset D'_2 \subset \cdots$, $\bigcup_{k=1}^{\infty} D'_k = \boldsymbol{R}^2$ である．これを用いて，
$$\iint_{\boldsymbol{R}^2} e^{-x^2-y^2} dxdy$$
$$= \lim_{k \to \infty} \iint_{D'_k} e^{-x^2-y^2} dxdy$$
$$= \lim_{k \to \infty} \int_0^k \left[\int_0^{2\pi} re^{-r^2} d\theta\right] dr$$
$$= \lim_{k \to \infty} 2\pi \left[-\frac{1}{2} e^{-r^2}\right]_0^k$$
$$= \lim_{k \to \infty} \pi \left(1 - e^{-k^2}\right) = \pi$$
がわかる．上の広義重積分は領域の増大列のとり方によらず定まり，
$$\left(\int_{-\infty}^{\infty} e^{-x^2} dx\right)^2 = \pi$$
つまり，
$$\int_{-\infty}^{\infty} e^{-x^2} dx = \sqrt{\pi}$$
が成り立つ．また，
$$\int_0^{\infty} e^{-x^2} dx = \frac{\sqrt{\pi}}{2}$$
である．

同様の方法で $\boldsymbol{R}^n$ 上の広義重積分
$$\iint \cdots \int_{\boldsymbol{R}^n} e^{-(x_1^2 + \cdots + x_n^2)} dx_1 \cdots dx_n$$
を計算すると，$[-k, k]^n$ 上の重積分の $k \to \infty$ のときの極限として
$$\left(\int_{-\infty}^{\infty} e^{-x^2} dx\right)^n = \pi^{\frac{n}{2}}$$
が得られる．また，$\boldsymbol{R}^n$ 内の原点中心半径 k の球
$$B_n(k) = \{x \in \boldsymbol{R}^n \mid x_1^2 + \cdots + x_n^2 \leq k^2\}$$
上の重積分を極座標に変換して計算し，$k \to \infty$ の極限をとると，
$$\int_{S^{n-1}} d\sigma \int_0^{\infty} e^{-r^2} r^{n-1} dr = \frac{1}{2} \Gamma\left(\frac{n}{2}\right) \int_{S^{n-1}} d\sigma$$
となる．ここで，$d\sigma$ は単位球面
$$S^{n-1} = \{x \in \boldsymbol{R}^n \mid x_1^2 + \cdots + x_n^2 = 1\}$$
上の面積要素である（→［極座標］）．したがって，
$$\frac{1}{2} \Gamma\left(\frac{n}{2}\right) \int_{S^{n-1}} d\sigma = \pi^{\frac{n}{2}},$$
これより，S^{n-1} の表面積 ω_n は，
$$\omega_n = \int_{S^{n-1}} d\sigma = \frac{2\pi^{\frac{n}{2}}}{\Gamma(\frac{n}{2})}$$
で与えられる．また，単位球 $B_n(1) \subset \boldsymbol{R}^n$ の体積は，
$$\iint \cdots \int_{B_n(1)} dx_1 \cdots dx_n$$
$$= \int_{S^{n-1}} d\sigma \int_0^1 r^{n-1} dr$$
$$= \frac{\omega_n}{n} = \frac{\pi^{\frac{n}{2}}}{\frac{n}{2}\Gamma(\frac{n}{2})} = \frac{\pi^{\frac{n}{2}}}{\Gamma(\frac{n}{2}+1)}$$
である． ［示野信一］

参考文献

[1] 金子 晃：数理系のための基礎と応用 微分積分 II, サイエンス社, 2001.

シュレーディンガー方程式

Schrödinger equation

1 抽象的シュレーディンガー方程式

$\mathcal{H}$ を複素ヒルベルト空間とし，そのノルムを $\|\cdot\|$ で表す．実数体 $\boldsymbol{R}$ から $\mathcal{H}$ への写像 $\psi: \boldsymbol{R} \to \mathcal{H}; \boldsymbol{R} \ni t \mapsto \psi(t) \in \mathcal{H}$ を $\boldsymbol{R}$ 上の $\mathcal{H}$ 値関数という．$\mathcal{H}$ 値関数 ψ が点 $t = t_0 \in \boldsymbol{R}$ で**強連続** (strongly continuous) であるとは，$\lim_{t \to t_0} \|\psi(t) - \psi(t_0)\| = 0$ が成り立つときをいう．$\boldsymbol{R}$ 上のすべての点で ψ が強連続であるとき，ψ は $\boldsymbol{R}$ 上で強連続であるという．

ベクトル $\eta \in \mathcal{H}$ が存在して
$$\lim_{\varepsilon \to 0} \left\| \frac{\psi(t_0 + \varepsilon) - \psi(t_0)}{\varepsilon} - \eta \right\| = 0$$
が成り立つとき，ψ は $t = t_0$ で**強微分可能**であるといい，η を ψ の $t = t_0$ における**強微分**と呼ぶ．$\boldsymbol{R}$ 上のすべての点で ψ が強微分可能であるとき，ψ は $\boldsymbol{R}$ 上で強微分可能であるという．この場合，点 t における ψ の強微分を $\psi'(t)$ または $\frac{d\psi(t)}{dt}$ あるいは $d\psi(t)/dt$ のように記す．対応 $\psi': t \mapsto \psi'(t)$ は $\boldsymbol{R}$ 上の $\mathcal{H}$ 値関数を与える．ψ が $\boldsymbol{R}$ 上で強微分可能ならば，ψ は $\boldsymbol{R}$ 上で強連続である．

H を $\mathcal{H}$ 上の線形作用素とし，ψ を $\boldsymbol{R}$ 上の $\mathcal{H}$ 値関数とする．$\hbar > 0$ をパラメータとする．$\boldsymbol{R}$ 上で強微分可能な $\mathcal{H}$ 値関数 ψ で条件 $\psi(t) \in D(H)$, $\forall t \in \boldsymbol{R}$ を満たすものに関する微分方程式
$$i\hbar \frac{d\psi(t)}{dt} = H\psi(t), \quad t \in \boldsymbol{R} \tag{1}$$
を H から定まる (時間に依存する) **抽象的シュレーディンガー方程式**という．

量子力学の文脈においては，パラメータ $\hbar$ は，プランクの定数 h を 2π で割った物理定数を表す：$\hbar = h/2\pi$．また，H が量子系の全エネルギーを表す作用素，すなわち，ハミルトニアンであるとき，(1) は系の状態の時間発展を記述する微分方程式である (この場合，$\psi(t)$ は時刻 t での系の状態を表す)．

方程式 (1) の解の基本的な性質が次の定理によって与えられる．

定理 1 H を対称作用素とし，$\psi(t)$ を (1) の解とする．

(i) (**ノルムの保存**) $\|\psi(t)\|^2$ は t によらず一定である．

(ii) (**解の一意性**) 任意の $\psi_0 \in D(H)$ に対して，初期条件 $\psi(0) = \psi_0$ を満たす，(1) の解は，存在すれば，唯一つである．すなわち，$\phi: \boldsymbol{R} \to \mathcal{H}$ が (1) の解で $\phi(0) = \psi_0$ を満たすならば，$\psi(t) = \phi(t), \forall t \in \boldsymbol{R}$.

H が自己共役作用素の場合を考え，H のスペクトル測度を E_H とする．各 $t \in \boldsymbol{R}$ に対して定まる，$\lambda \in \boldsymbol{R}$ の関数 $f_t(\lambda) := e^{-it\lambda/\hbar}$ は，$|f_t(\lambda)| = 1, \forall \lambda \in \boldsymbol{R}$ を満たす．したがって，E_H に関する作用素解析を通して，定義される作用素 $f_t(H) = \int_{\boldsymbol{R}} e^{-it\lambda/\hbar} dE_H(\lambda)$ は $\mathcal{H}$ 上のユニタリ作用素である．このユニタリ作用素を $e^{-itH/\hbar}$ と記す．

抽象的シュレーディンガー方程式 (1) の解の存在と一意性については，次の定理が成立する：

定理 2 H を自己共役作用素とする．このとき，任意の $\psi_0 \in D(H)$ に対して，$\psi(0) = \psi_0$ を満たす (1) の解は唯一つ存在して
$$\psi(t) = e^{-itH/\hbar}\psi_0, \quad t \in \boldsymbol{R}$$
によって与えられる．

2 定常的シュレーディンガー方程式

再び，H は，対称作用素とは限らない，$\mathcal{H}$ 上の線形作用素とする．(1) の解 $\psi(t)$ を $\psi(t) = e^{-itE/\hbar}\phi$ という形で求めることを考える．ただし，$E \in \boldsymbol{C}$ は定数，$\phi \in D(H)$ とする．このような解を (1) の**定常解**と呼ぶ．容易にわかるように，この $\psi(t)$ が (1) の解であるための必要十分条件は
$$H\phi = E\phi \tag{2}$$
である．この方程式を H に関する**定常的 (時間を含まない) シュレーディンガー方程式**と呼ぶ．これは要するに，H の固有値方程式である．つまり，(2) の零でない解が存在すれば，E は H の固有値であり，ϕ はこれに属する固有ベクトルである．

H が自己共役で量子系のハミルトニアンを表す場合，(2) の解は，エネルギーが E の**束縛状態**を

表す.

3 具象的シュレーディンガー方程式

ヒルベルト空間 $\mathcal{H}$ を具現化することにより，抽象的シュレーディンガー方程式 (1) または (2) は，その具現化に応じて，種々の具象的な形をとる．それらを総称的に具象的シュレーディンガー方程式と呼ぶ．ここでは，具象的シュレーディンガー方程式のうちで，もっとも基本的なものをとりあげる．

量子力学の文脈において，N 個の量子的粒子 (原子，分子あるいは素粒子) が d 次元空間 $\boldsymbol{R}^d$ の中を運動する系を考える．この系の状態を記述するためのヒルベルト空間として $L^2((\boldsymbol{R}^d)^N)$ がとれる．$(\boldsymbol{R}^d)^N$ の点を $x = (\boldsymbol{x}_1, \ldots, \boldsymbol{x}_N)$, $\boldsymbol{x}_j = (x_{j1}, \ldots, x_{jd}) \in \boldsymbol{R}^d$ のように表す．変数 $x_{j\alpha}$ ($\alpha = 1, \ldots, d$) に関する一般化された偏微分作用素を $D_{j\alpha}$ で表し，$p_{j\alpha} := -i\hbar D_{j\alpha}$ とおく．これを位置変数 $x_{j\alpha}$ に共役な**運動量作用素**と呼ぶ．これらの作用素から作られる作用素

$$\Delta_{\mathbf{x}_j} := \sum_{\alpha=1}^d D_{j\alpha}^2$$

を変数 $\mathbf{x}_j$ に関する一般化されたラプラシアンという．j 番目の量子的粒子の質量を $m_j > 0$ とする．このとき，系の**自由ハミルトニアン** (量子的粒子の間の相互作用がない場合の全エネルギーを表す作用素) は

$$H_0 := -\sum_{j=1}^N \frac{\hbar^2}{2m_j} \Delta_{\mathbf{x}_j}$$

で与えられる．これは非負の自己共役作用素であることが証明される [1]．したがって，定理 2 によって，H_0 から定まる，時間に依存するシュレーディンガー方程式

$$i\hbar \frac{d\psi(t)}{dt} = H_0 \psi(t), \quad \psi(0) = \phi \in D(H_0)$$

は唯一つの解

$$\psi(t) = e^{-itH_0/\hbar} \phi, \quad t \in \boldsymbol{R}$$

をもつ．右辺の具体的な表示を求めることにより，解 $\psi(t)$ に対する陽な表示を得ることができる．たとえば，$\phi \in D(H_0)$ が可積分 (すなわち $\int_{(\boldsymbol{R}^d)^N} |\phi(x)| dx < \infty$) ならば

$$\psi(t)(x) = e^{-idN\pi\epsilon(t)/4} \left[\prod_{j=1}^N \left(\frac{m_j}{2\pi\hbar|t|} \right)^{d/2} \right]$$
$$\times \int_{(\boldsymbol{R}^d)^N} e^{i\sum_{j=1}^N \frac{m_j}{2t\hbar} |\boldsymbol{x}_j - \boldsymbol{y}_j|^2} \phi(y) dy,$$
$$x \in (\boldsymbol{R}^d)^N, t \in \boldsymbol{R} \setminus \{0\}$$

で与えられる [1]．ただし，$\epsilon(t) := 1, t > 0$; $\epsilon(t) := -1, t < 0$.

次に量子的粒子の間の相互作用がポテンシャル $V: (\boldsymbol{R}^d)^N \to \boldsymbol{R}$ (ボレル可測で，ルベーグ測度に関してほとんどいたるところ有限) によって与えられる場合を考える．この場合のハミルトニアンは

$$H_V := H_0 + \hat{V}$$

によって定義される．ただし，$\hat{V}$ は関数 V による掛算作用素を表す．この場合も，もし H_V が自己共役であることが証明されるならば，定理 2 によって，シュレーディンガー方程式

$$i\hbar \frac{d\psi(t)}{dt} = H_V \psi(t), \quad \psi(0) = \phi \in D(H_V)$$

は唯一つの解をもち，それは

$$\psi(t) = e^{-itH_V/\hbar} \phi, \quad t \in \boldsymbol{R}$$

によって与えられる．しかし，この場合に，$\psi(t)$ の陽な表示を求めることは，一般には容易ではない．

例 $d = 3$ で，N 個の量子的粒子が電荷 $q \in \boldsymbol{R} \setminus \{0\}$ をもち (たとえば電子)，固定位置 $\boldsymbol{R}_\ell \in \boldsymbol{R}^3$ ($\ell = 1, \ldots, L$) に置かれた，電荷 Q の量子的粒子 (たとえば原子核) から電気的作用 (クーロン電気力) を受ける場合のポテンシャル V は

$$V(x) = \sum_{j<k} \frac{q^2}{|\boldsymbol{x}_j - \boldsymbol{x}_k|} + \sum_{j=1}^N \sum_{\ell=1}^L \frac{Qq}{|\boldsymbol{x}_j - \boldsymbol{R}_\ell|}$$

という形をとる．この場合，H_V は自己共役であることが証明される [2]．　　　　　　　　[新井朝雄]

参 考 文 献

[1] 新井朝雄：ヒルベルト空間と量子力学 (改訂増補版), 共立出版, 2014.
[2] 新井朝雄：量子現象の数理, 朝倉書店, 2006.
[3] 新井朝雄・江沢 洋：量子力学の数学的構造 (I,II), 朝倉書店, 1999.
[4] 黒田成俊：量子物理の数理, 岩波書店, 2007.

順極限と逆極限

direct limit and inverse limit

数列や関数列の極限と同様に，集合列の極限というものを考えることができる．そのためには集合全体の圏の中で考えるということが基本になる．

1 順序集合

順序集合 (ordered set) とは以下の条件を満たすような大小関係 (順序) $x \leq y$ が入っている集合 I のことである:

(1) **反射律** (reflexive law): 任意の元 $x \in I$ に対して，$x \leq x$.
(2) **反対称律** (antisymmetric law): $x \leq y$ かつ $y \leq x$ ならば $x = y$.
(3) **推移律** (transitive law): $x \leq y$ かつ $y \leq z$ ならば $x \leq z$.

とくに，任意の相異なる2元 $x, y \in I$ に対して，$x \leq y$ か $y \leq x$ のどちらかが成り立つときは，I を**全順序集合** (totally ordered set) と呼ぶ．たとえば，整数全体の集合 $\mathbf{Z}$ や実数全体の集合 $\mathbf{R}$ は全順序集合である．逆に，任意の集合 I は，相異なる2元 $x, y \in A$ の間には大小関係がまったくない ($x \leq y$ でも $y \leq x$ でもない) とすることによって順序集合とみなすことができる．

順序集合 I は以下の条件が成り立つとき**有向集合** (directed set) であるという: 任意の二つの元 $x, y \in I$ に対して第3の元 $z \in I$ が存在して $x \leq z$ かつ $y \leq z$ が成り立つ．全順序集合は有向集合である．

順序集合は以下の規則によって圏の一種とみなせる: 任意の $x, y \in I$ に対して，$x \leq y$ ならば $\mathrm{Hom}(x, y)$ は一つの元 $f_{x,y} : x \to y$ からなる集合で，$x \leq y$ でなければ $\mathrm{Hom}(x, y)$ は空集合とする．反射律は恒等写像 $\mathrm{Id}_x \in \mathrm{Hom}(x, x)$ に対応し，推移律は射の合成に対応する．反対称律は，同型な元は等しいという主張である．

2 順極限と逆極限

順序集合 I からもう一つの圏 $\mathcal{C}$ への関手 $F : I \to \mathcal{C}$ のことを，$\mathcal{C}$ の対象の**順系** (direct system) という (**帰納系** (inductive system) ともいう). 言い換えると，各 $x \in I$ に対して対象 $F(x) \in \mathcal{C}$ が定まり，順序関係 $x \leq y$ が成り立つような2元 $x, y \in I$ に対して射 $F(f_{x,y}) : F(x) \to F(y)$ が定まっているのである．順系の**順極限** (direct limit) (**帰納的極限** (inductive limit) ともいう) とは，以下の普遍性質をもつような対象 $z \in \mathcal{C}$ とすべての $x \in I$ に対する射 $f_x : F(x) \to z$ からなる組 $(z, \{f_x\})$ のことである:

(1) I の任意の射 $f_{x,y}$ に対して，$f_y \circ F(f_{x,y}) = f_x$ が成り立つ．
(2) 対象 $w \in \mathcal{C}$ とすべての $x \in I$ に対する射 $g_x : F(x) \to w$ からなる組 $(w, \{g_x\})$ で，I の任意の射 $f_{x,y}$ に対して $g_y \circ F(f_{x,y}) = g_x$ が成り立つようなものがあるとき，射 $h : z \to w$ がただ一つ存在して，$g_x = h \circ f_x$ がすべての $x \in I$ に対して成り立つ．

対象 z 自体を順極限とも呼び，$z = \varinjlim F(x)$ と表す．

順極限は普遍性質によって定義されるので，つねに存在するとは限らないが，存在すれば同型をのぞいてただ一つである．

順極限の双対が逆極限である．順序集合 I からもう一つの圏 $\mathcal{C}$ への反変関手 $F : I \to \mathcal{C}^o$ のことを，$\mathcal{C}$ の対象の**逆系** (inverse system) という (**射影系** (projective system) ともいう). 言い換えると，各 $x \in I$ に対して対象 $F(x) \in \mathcal{C}$ が定まり，順序関係 $x \leq y$ が成り立つような2元 $x, y \in I$ に対して射 $F(f_{x,y}) : F(y) \to F(x)$ が定まっているのである．逆系の**逆極限** (inverse limit) (**射影的極限** (projective limit) ともいう) とは，以下の普遍性質をもつような対象 $z \in \mathcal{C}$ とすべての $x \in I$ に対する射 $f_x : z \to F(x)$ からなる組 $(z, \{f_x\})$ のことである:

(1) I の任意の射 $f_{x,y}$ に対して，$F(f_{x,y}) \circ f_y = f_x$ が成り立つ．
(2) 対象 $w \in \mathcal{C}$ とすべての $x \in I$ に対する射

$g_x : w \to F(x)$ からなる組 $(w, \{g_x\})$ で, I の任意の射 $f_{x,y}$ に対して $F(f_{x,y}) \circ g_y = g_x$ が成り立つようなものがあるとき, 射 $h : w \to z$ がただ一つ存在して, $g_x = f_x \circ h$ がすべての $x \in I$ に対して成り立つ. 対象 z 自体を逆極限とも呼び, $z = \varprojlim F(x)$ と表す.

逆極限は普遍性質によって定義されるので, つねに存在するとは限らないが, 存在すれば同型を除いてただ一つである.

3 例

(1) 実数全体の集合 $\mathbf{R}$ とその部分集合 I を考える. I の順序を $\mathbf{R}$ の順序から誘導されたものとすれば, 埋め込み写像 $F : I \to \mathbf{R}$ は順序を保ち関手とみなせる. このとき順極限 $\varinjlim F(x)$ は I の上界 $\sup(I)$ と一致する. 一方 I の順序を $\mathbf{R}$ の順序から誘導されたものと逆方向のものとすれば, 埋め込み写像 $F : I \to \mathbf{R}$ は順序を逆転し反変関手とみなせる. このとき逆極限 $\varprojlim F(x)$ は I の下界 $\inf(I)$ と一致する.

(2) $\mathcal{C}$ を集合の圏とする. すなわち $\mathcal{C}$ の対象は任意の集合であり, 射は集合の間の写像である. このとき順極限と逆極限はつねに存在する. 順極限は直和集合 (交わりのない合併) の商集合である:
$$\varinjlim F(x) = (\coprod_{x \in I} F(x))/\sim.$$
ここで同値関係は, 任意の $x \leq y$ と $a \in F(x)$ に対して $a \sim F(f_{x,y})(a)$ が成り立つような同値関係のうちでもっとも粗いものとして定義される. 言い換えると, 写像 $F(f_{x,y})$ によって写される元は同一視するのである. とくに I が相異なる 2 元 $x, y \in I$ の間には大小関係がまったくない順序集合である場合には, $\varinjlim F(x) = \coprod_{x \in I} F(x)$ である. また $I = \mathbf{N}$ で $F(f_{x,y})$ がすべて単射である場合には, 包含関係によってつながった集合の増大列 $\{F(x)\}$ の極限が順極限 $\varinjlim F(x)$ であるといえる.

逆極限は直積集合の部分集合である:
$$\varprojlim F(x) = \{(a_x) \in \prod_{x \in I} F(x) \mid a_x = F(f_{x,y})(a_y) \forall x \leq y\}.$$

とくに I が相異なる 2 元 $x, y \in I$ の間には大小関係がまったくない順序集合である場合には, $\varprojlim F(x) = \prod_{x \in I} F(x)$ である. また $I = \mathbf{N}$ で $F(f_{x,y})$ がすべて全射である場合には, 全射によってつながった集合の増大列 $\{F(x)\}$ の極限が逆極限 $\varprojlim F(x)$ であるといえる.

$I = \{x_0, x_1, x_2\}$ を 3 個の元からなり, 反射律によって自明に成り立つもの以外の大小関係は $x_0 \leq x_1$ と $x_0 \leq x_2$ だけであるような順序集合とする. このとき関手 $F : I \to \mathcal{C}$ に対応する集合の順極限
$$\varinjlim F(x) = F(x_1) \cup_{F(x_0)} F(x_2)$$
は二つの集合 $F(x_1)$ と $F(x_2)$ の融合和 (amalgamated sum) と呼ばれる. また反変関手 $F : I \to \mathcal{C}^o$ に対応する集合の逆極限
$$\varprojlim F(x) = F(x_1) \times_{F(x_0)} F(x_2)$$
は二つの集合 $F(x_1)$ と $F(x_2)$ のファイバー積 (fibered product) と呼ばれる.

(3) $\mathcal{C}$ を位相空間の圏とする. すなわち $\mathcal{C}$ の対象は任意の位相空間であり, 射は位相空間の間の連続写像である. このとき順極限と逆極限はつねに存在する. 順極限 $\varinjlim F(x)$ は集合としての順極限に直和位相の商位相を入れたものである. また逆極限 $\varprojlim F(x)$ は集合としての順極限に直積位相の部分位相を入れたものである.

(4) $\mathcal{C}$ を群の圏とする. すなわち $\mathcal{C}$ の対象は任意の群であり, 射は群の間の準同型写像である. このとき順極限と逆極限はつねに存在する. 順極限 $\varinjlim F(x)$ は集合としての順極限とは異なり, 群としての直和の商群である:
$$\varinjlim F(x) = (\sum_{x \in I} F(x))/\sim.$$
ここで群の直和 $\sum_{x \in I} F(x)$ は, 有限個の $x \in I$ を除いて a_x が単位元になるような元 $(a_x) \in \prod_{x \in I} F(x)$ 全体からなる直積の部分集合である. 同値関係は集合の場合と同様の条件で定まる. 一方, 逆極限 $\varprojlim F(x)$ は集合としての逆極限と一致する. たとえば, p 進整数環 $\mathbf{Z}_p = \varprojlim \mathbf{Z}/p^n$ はこのような逆極限である. 　　　[川又雄二郎]

順列・組合せ

permutation · combination

1 順列

いくつかのものを,順序をつけて1列に並べた配列を順列という.また,$k \leq n$ のとき,異なる n 個のものの中から異なる k 個を取り出して並べる順列を,**n 個の中から k 個を取り出す順列**という.たとえば,$\{1,2,3\}$ の3個の数字から2個を取り出す順列は,$\{1,2\},\{1,3\},\{2,1\},\{2,3\},\{3,1\},\{3,2\}$ の6通りである.一般に n 個の中から k 個を取り出す順列の総数を ${}_nP_k$ と書き,その値は ${}_nP_k = n(n-1)\cdots(n-k+1)$ となる.階乗の記号 $n! := 1 \cdot 2 \cdot 3 \cdots (n-1) \cdot n$ を用いれば ${}_nP_k = \dfrac{n!}{(n-k)!}$ である.ただし $0! = 1$ とする.

順列は1列に並べた配列であるが,円形に並べた配列を**円順列**という.回転させて一致する円順列は同じものと考える.たとえば,a,b,c,d の4つを並べるとき,$\{a,b,c,d\},\{d,a,b,c\},\{c,d,a,b\},\{b,c,d,a\}$ は,順列としてはすべて異なるが,円順列としてはすべて同じものである.一般に n 個の相異なるものの円順列の総数は $(n-1)!$ である.

これまでは,異なるものを並べる順列を考えてきたが,同じものを繰り返し使うことを許した順列を考えることもできる.たとえば,$\{1,2,3\}$ を重複を許して並べてできる2桁の整数は,$11,12,13,21,22,23,31,32,33$ の $3^2 = 9$ 通りである.一般に異なる n 個のものから,重複を許して k 個取り出して並べる順列を,**n 個の中から n 個取る重複順列**という.このとき,$k > n$ であってもよい.n 個の中から k 個取る重複順列の総数は n^k である.

2 組合せ

ある集合の中からいくつかのものを取り出すとき,取り出すものの選び方だけに注目し,取り出したものを並べる順序は問題にしないことがある.一般に,$k \leq n$ のとき,異なる n 個のものの中から異なる k 個を取り出し,順序を考慮しないで1組にしたものを,**n 個から k 個を取る組合せ**という.たとえば,$\{1,2,3\}$ の3個の数字から2個を取る組合せは,$\{1,2\},\{1,3\},\{2,3\}$ の3通りである.$\{1,2\}$ と $\{2,1\}$ は組合せとしては同じものであるが,順列としては異なるものである.n 個の中から k 個を取り出す組合せの総数は ${}_nC_k$ または $\binom{n}{k}$ と書かれ,${}_nC_k = \dfrac{n!}{k!(n-k)!}$ である.

異なる n 個のものから,同じものを繰り返して取ってもよいとして,k 個取る組合せを,**n 個から k 個を取る重複組合せ**という.たとえば,$\{1,2,3\}$ から2個取る重複組合せは,$\{1,1\},\{2,2\},\{3,3\},\{1,2\},\{2,3\},\{1,3\}$ の6通りある.n 個から k 個とる重複組合せの総数を ${}_nH_k$ と書くと,${}_nH_k = {}_{n+k-1}C_k$ が成り立つ.

3 二項定理

n を自然数とする.$(a+b)^n$ を展開すると,$a^n, a^{n-1}b, a^{n-2}b^2, \ldots, b^n$ の $(n+1)$ 通りの項が現れる.$n = 2$ では $(a+b)^2 = a^2 + 2ab + b^2$,$n = 3$ では $(a+b)^3 = a^3 + 3a^2b + 3ab^2 + b^3$ である.一般に,$(a+b)^n$ の展開式の $a^k b^{n-k}$ の係数は,$(a+b)$ の積 $(a+b)(a+b)\cdots(a+b)$ の n 個の因数から a を k 個 (その結果として b を $n-k$ 個) 取る組合せの総数 ${}_nC_k$ であり,等式 $(a+b)^n = \sum_{k=0}^n {}_nC_k a^k b^{n-k}$ が成り立つ.これを**二項定理**といい,${}_nC_k$ を**二項係数**という.二項定理より,ただちに $\sum_{k=0}^n {}_nC_k = 2^n$ や $\sum_{k=0}^n (-1)^k {}_nC_k = 0$ などの等式が得られる.さらに,s, n を任意の自然数として,$(a_1 + a_2 + \cdots + a_s)^n = \sum \dfrac{n!}{p_1! p_2! \cdots p_s!} a_1^{p_1} a_2^{p_2} \cdots a_s^{p_s}$ が成り立ち,**多項定理**と呼ばれる.ここで $\sum$ は $p_1, p_2, \ldots, p_s \geq 0, \sum_{i=1}^s p_i = n$ を満たすすべての整数にわたる和を意味する. [時弘哲治]

参考文献

[1] 河田龍夫:順列と組合せ,東海書房,1951.

上限，下限，上極限，下極限

supremum, infimum, limit superior, limit inferior

S を $\mathbf{R}$ の空でない部分集合とする．S が上に有界であるとは，ある $a \in \mathbf{R}$ が存在し，任意の $x \in S$ に対して，$x \leqq a$ が成り立つことである．このような a を S の上界という．S が下に有界であるとは，ある $b \in \mathbf{R}$ が存在し，任意の $x \in S$ に対して，$x \geqq b$ が成り立つことである．このような b を S の下界という．S が上に有界かつ下に有界であるとき，有界であるという．

S が上に有界な集合であるとする．このとき，S の上界 c で，S の任意の上界 a に対して $c \leqq a$ を満たすようなものがただ一つ存在する．これを S の上限といい，$\sup S$ あるいは $\sup_{x \in S} x$ と表す．また S が下に有界な集合であるときは，S の下界 c で，S の任意の下界 b に対して $c \geqq b$ を満たすようなものがただ一つ存在する．これを S の下限といい，$\inf S$ あるいは $\inf_{x \in S} x$ と表す．たとえば $S = [a,b)$ の場合，$a = \inf S$ であり，$b = \sup S$ である．

なお S が上に有界でないとき，便宜上 $\sup S = +\infty$，また S が下に有界でないとき $\inf S = -\infty$ と表す．

f を集合 A から $\mathbf{R}$ への写像とする．このとき $\sup \{f(x) : x \in A\}$, $\inf \{f(x) : x \in A\}$ をそれぞれ $\sup_{x \in A} f(x)$, $\inf_{x \in A} f(x)$ と表す．実数列 $\{a_n\}_{n=1}^{\infty}$ を自然数 n に実数 a_n が対応する写像とみなし，$\sup \{a_n : n = 1, 2, \ldots\}$ を $\sup_{n \in \mathbf{N}} a_n$ あるいは略して $\sup_n a_n$ などと表すことがある．

実数列 $\{a_n\}_{n=1}^{\infty}$ に対して
$$\limsup_{n \to \infty} a_n = \lim_{n \to \infty} \left(\sup_{k \in \{n, n+1, \ldots\}} a_k \right)$$
を $\{a_n\}_{n=1}^{\infty}$ の上極限という．上に有界な数列に対して，必ず有限な上極限が存在する．また
$$\liminf_{n \to \infty} a_n = \lim_{n \to \infty} \left(\inf_{k \in \{n, n+1, \ldots\}} a_k \right)$$
を $\{a_n\}_{n=1}^{\infty}$ の下極限という．下に有界な数列に対しては必ず有限な下極限が存在する．なお $\{a_n\}_{n=1}^{\infty}$ が上に有界でない場合は $\limsup_{n \to \infty} a_n = +\infty$ とし，下に有界でない場合は $\liminf_{n \to \infty} a_n = -\infty$ と定める．

例　$a_n = (-1)^n + \dfrac{1}{n}$ とする．このとき
$$\limsup_{n \to \infty} a_n = 1,$$
$$\liminf_{n \to \infty} a_n = -1$$
である．

一般に，実数列 $\{a_n\}_{n=1}^{\infty}$ に対して
$$\inf_n a_n \leqq \liminf_{n \to \infty} a_n \leqq \limsup_{n \to \infty} a_n \leqq \sup_n a_n$$
が成り立つ．

上極限と下極限について次の定理が成り立つ．

定理 1　上に有界な実数列 $\{a_n\}_{n=1}^{\infty}$ に対して $\alpha = \limsup_{n \to \infty} a_n$ であるための必要十分条件は，任意の $\varepsilon > 0$ に対して，次の (1), (2) が成り立つことである：

(1) ある番号 N が存在し，$N \leqq k$ ならば $a_k < \alpha + \varepsilon$,

(2) $\alpha - \varepsilon < a_k$ を満たす k が無限個存在する．

定理 2　上に有界な実数列 $\{a_n\}_{n=1}^{\infty}$ に対して $\beta = \liminf_{n \to \infty} a_n$ であるための必要十分条件は，任意の $\varepsilon > 0$ に対して，次の (1), (2) が成り立つことである：

(1) ある番号 N が存在し，$N \leqq k$ ならば $\beta - \varepsilon < a_k$,

(2) $a_k < \beta + \varepsilon$ を満たす k が無限個存在する．

この二つの定理から，有界な数列 $\{a_n\}_{n=1}^{\infty}$ の上極限と下極限が一致するための必要十分条件は $\{a_n\}_{n=1}^{\infty}$ の極限が存在することであることがわかる．さらにこの場合，
$$\liminf_{n \to \infty} a_n = \limsup_{n \to \infty} a_n = \lim_{n \to \infty} a_n$$
が成り立つ．

［新井仁之］

条件付き期待値

conditional expectation

確率論における重要な概念に，条件付き確率と条件付き期待値がある．$(\Omega, \mathcal{F}, P)$ を確率空間として，B を $P(B) > 0$ を満たす事象（すなわち $\mathcal{F}$ の元）とする．また本節では，A は事象，X は P について可積分な確率変数とする．このとき，
$$P(A|B) = \frac{P(A \cap B)}{P(B)}, \quad E[X|B] = \frac{E[1_B X]}{P(B)}$$
（$1_B = 1_B(\omega)$ は B の上で 1，$\Omega \setminus B$ では 0 の値をとる確率変数）とおき，$P(A|B)$ を条件 B の下での事象 A の**条件付き確率** (conditional probability)，$E[X|B]$ を条件 B のもとでの確率変数 X の**条件付き期待値** (conditional expectation)（または**条件付き平均値** (conditional mean)）という．これらは B を基礎空間とみなした概念である．$\{P(A|B)\}_{A \in \mathcal{F}}$ は $(\Omega, \mathcal{F})$ 上の確率測度であり，$E[X|B]$ は $P(\cdot|B)$ による X の期待値である．

$\mathcal{D} = \{B_i\}$ を Ω の有限または可算個の分割で，各 i について $P(B_i) > 0$ を満たすとし，$\mathcal{G}$ を $\mathcal{D}$ が生成する最小の σ–加法族とする．このとき，
$$P(A|\mathcal{G})(\omega) = \sum_i P(A|B_i) 1_{B_i}(\omega), \quad E[X|\mathcal{G}](\omega) = \sum_i E[X|B_i] 1_{B_i}(\omega) \tag{1}$$
とおき，$P(A|\mathcal{G})(\omega)$（単に $P(A|\mathcal{G})$ とも書く）を $\mathcal{G}$ のもとでの事象 A の条件付き確率，$E[X|\mathcal{G}](\omega)$（単に $E[X|\mathcal{G}]$ とも書く）を $\mathcal{G}$ のもとでの確率変数 X の条件付き期待値という．これらは $\mathcal{G}$–可測な確率変数で，任意の ω を固定すると，$P(\cdot|\mathcal{G})(\omega)$ は $(\Omega, \mathcal{F})$ 上の確率測度であり，$E[X|\mathcal{G}](\omega)$ は $P(\cdot|\mathcal{G})(\omega)$ による X の期待値である．

上で述べた概念は，次のように拡張される．以下では $\mathcal{G}$ は $\mathcal{F}$ の部分 σ–加法族とする．

定義 $\mathcal{G}$–可測で可積分な確率変数 $Y(\omega)$ は，すべての $B \in \mathcal{G}$ に対して $E[1_B Y] = E[1_B X]$ を満たすとき，$\mathcal{G}$ のもとでの確率変数 X の**条件付き期待値** (conditional expectation) といい，$E[X|\mathcal{G}](\omega)$ または単に $E[X|\mathcal{G}]$ で表す．とくに，$A \in \mathcal{F}$ に対して $X = 1_A$ であるとき，$Y(\omega)$ を $\mathcal{G}$ のもとでの事象 A の**条件付き確率** (conditional probability) といい，$P(A|\mathcal{G})(\omega)$ または単に $P(A|\mathcal{G})$ で表す．

条件付き期待値（したがって条件付き確率）は，確率 0 の集合を除いて唯一つ存在することが，ラドン–ニコディム (Radon–Nykodým) の定理を用いて示される．とくに，$\mathcal{G}$ が確率変数（または確率変数の族）ξ から生成される σ–加法族 $\sigma(\xi)$ であるときは，これらを $E[X|\xi], P(A|\xi)$ などと書く．条件付き期待値は，確率 0 の集合を除いて次の性質を満たす．ただし，X と Y は可積分であるとする．

i) $E[aX + bY|\mathcal{G}] = aE[X|\mathcal{G}] + bE[Y|\mathcal{G}]$.

ii) $X \geq 0$ ならば $E[X|\mathcal{G}] \geq 0$.

iii) Y が $\mathcal{G}$–可測で，積 XY も可積分ならば，$E[XY|\mathcal{G}] = YE[X|\mathcal{G}]$. とくに $E[Y|\mathcal{G}] = Y$.

iv) $\sigma(X)$ と $\mathcal{G}$ が独立ならば，$E[X|\mathcal{G}] = E[X]$.

v) $\mathcal{H}$ と $\mathcal{G}$ が $\mathcal{F}$ の部分 σ–加法族で，$\mathcal{H} \subset \mathcal{G}$ ならば，$E[E[X|\mathcal{G}]|\mathcal{H}] = E[X|\mathcal{H}]$.

vi) ψ が下に凸な関数で $\psi(X)$ が可積分ならば，$\psi(E[X|\mathcal{G}]) \leq E[\psi(X)|\mathcal{G}]$. とくに，$p \geq 1$ で $E[|X|^p] < \infty$ ならば，$|E[X|\mathcal{G}]|^p \leq E[|X|^p|\mathcal{G}]$.

vii) 確率変数列 $\{X_n\}$ が $\lim_n E[|X_n - X|] = 0$ を満たせば，$\lim_n E[|E[X_n|\mathcal{G}] - E[X|\mathcal{G}]|] = 0$.

$P(A|\mathcal{G})$ は A に依存する確率 0 の集合を除いて定まるので，一般には $\{P(A|\mathcal{G})\}_{A \in \mathcal{F}}$ は確率測度であるとはいえない．写像 $p: \Omega \times \mathcal{F} \to [0, 1]$ は次の (i)〜(iii) の性質をもつとき，$\mathcal{G}$ のもとでの**正則条件付き確率** (regular conditonal probability) という．(i) 任意の $\omega \in \Omega$ に対し，$p(\omega, \cdot)$ は $(\Omega, \mathcal{F})$ 上の確率測度．(ii) 任意の $A \in \mathcal{F}$ に対し，$p(\cdot, A)$ は $\mathcal{G}$–可測．(iii) 任意の $A \in \mathcal{F}$ に対して，確率 0 の集合を除いて $p(\omega, A) = P(A|\mathcal{G})(\omega)$.

たとえば，Ω がポーランド空間で，$\mathcal{F}$ がそのボレル集合族ならば，$\mathcal{F}$ の任意の部分 σ–加法族 $\mathcal{G}$ に対して，$\mathcal{G}$ のもとでの正則条件付き確率 p が唯一存在する．(1) で定義される $P(A|\mathcal{G})$ も正則条件付き確率である． [小倉幸雄]

参考文献

[1] 舟木直久：確率論, 朝倉書店, 2004.
[2] 長井英生：確率微分方程式, 共立出版, 1999.

常微分方程式

ordinary differential equation

未知関数とその導関数および独立変数を含む方程式あるいは連立方程式を微分方程式といい，とくに独立変数が 1 個であるものを，**常微分方程式**という．未知関数は複数個でもよい．この項では，常微分方程式をたんに微分方程式という．未知関数が 1 個の微分方程式は，独立変数を t とし，未知関数を $x(t)$ とすると $F(t, x, x', \ldots, x^{(n)}) = 0$ と書ける．ここで F は $n+2$ 個の変数の関数で，$x', \ldots, x^{(n)}$ は関数 $x(t)$ の t に関する 1 階導関数，…，n 階導関数である．F が $x^{(n)}$ を含んでいるとき，n 階微分方程式という．n 階導関数について解けている微分方程式

$$x^{(n)} = f(t, x, x', \ldots, x^{(n-1)}) \tag{1}$$

は正規形であるといわれる．方程式 (1) において，$x_1 = x, x_2 = x', \ldots, x_n = x^{(n-1)}$ とおくと，(1) は未知関数 $x_1(t), \ldots, x_n(t)$ に関する n 連立 1 階微分方程式 $x_1' = x_2$, $x_2' = x_3, \ldots, x_n' = f(t, x_1, \ldots, x_n)$ と表せる．これから推察されるように，n 個の未知関数 $x_1(t), \ldots, x_n(t)$ に関する n 連立 1 階微分方程式 $x_1' = f_1(t, x_1, \ldots, x_n), \ldots, x_n' = f_n(t, x_1, \ldots, x_n)$ が正規形微分方程式の一般形である．ここで $f_1, f_2, \ldots, f_n$ は $t, x_1, x_2, \ldots, x_n$ の関数である．以下，ベクトル記号 $\boldsymbol{x} = (x_1, \ldots, x_n)$, $\boldsymbol{f} = (f_1, \ldots, f_n)$ を用いてこの連立方程式を

$$\boldsymbol{x}' = \boldsymbol{f}(t, \boldsymbol{x}) \tag{2}$$

と書くことにする．

方程式 (1) において f が $x, x', \ldots, x^{(n-1)}$ の 1 次式のとき，(1) は**線形**であるという．同様に方程式 (2) は $f_1, \ldots, f_n$ が $x_1, \ldots x_n$ の 1 次式のとき，線形であるという．線形でないとき**非線形**という．

1 常微分方程式の例

1) $\quad x' = -kx \quad$ (k は定数),
2) $\quad x'' = -g \quad$ (g は正定数),
3) $\quad x'' = -kx \quad$ (k は正定数),
4) k を正定数として

$x'' = -kx/r^3$, $y'' = -ky/r^3$ ($r = \sqrt{x^2 + y^2}$). 1) は，k が正の場合は，たとえば放射線物質が崩壊していくときの，時刻 t における質量 $x(t)$ についての方程式，2) は落体の運動方程式，3) は，たとえば，フックの法則を満たすばねに固定された玉の運動方程式，4) は原点から距離の 2 乗に反比例する引力を受ける平面上の質点の運動方程式である．太陽と一つの惑星のように，万有引力に支配されて運動する 2 質点の運動方程式はこの形の方程式に帰着される (2 体問題)．1), 2), 3) は線形方程式で，4) は非線形方程式である．

1) は $x(t) = ce^{-kt}$, 2) は $x(t) = -gt^2/2 + c_1 t + c_2$, 3) は $x(t) = c_1 \cos(\sqrt{k}t) + c_2 \sin(\sqrt{k}t)$ という解をもつ．ただし c, c_1, c_2 は任意定数で，この定数に数値を代入するごとに，解が一つ定まる．1) は与えられた a, b に対して $x(a) = b$ を満たすという条件，2), 3) は与えられた a, b_0, b_1 に対して $x(a) = b_0, x'(a) = b_1$ を満たすという条件のもとで，それぞれ c と c_1, c_2 がただ一つに定まる．このような条件を**初期条件** (initial condition) という．4) も 4 個の定数に依存する解を求めることができて，ケプラーの法則が導かれる．

2 求 積 法

方程式 (1) あるいは (2) の n 個の任意定数を含む解を**一般解**という．それに対して，個々の解を**特殊解**という．方程式の変形，変数変換，不定積分を有限回繰り返すことによって，一般解を求める方法を**求積法** (quadrature)[1] という．**1** の四つの例はいずれも求積法で解けたが，求積法で解ける方程式はそのほかに，5) 変数分離形といわれる $x' = f(t)g(x)$, 6) 同次形といわれる $x' = f(x/t)$, 7) $x' = f((at+bx+c)/(\alpha t + \beta x + \gamma))$, ($a, b, c, \alpha, \beta, \gamma$ は定数), 8) 1 階線形方程式 $x' + a(t)x = f(t)$, 9) ベルヌーイ方程式 $x' + a(t)x = f(t)x^n$, 10) リッカチ方程式の特別な場合 $x' + ax^2 = bt^m$ (a, b は 0 でない定数, $m = -2$ または $4k/(1-2k), k$ は整数), 11) 定数係数線形方程式 $x^{(n)} + a_1 x^{(n-1)} + \cdots + a_n x = f(t)$

$(a_1,\ldots,a_n$ は定数), などがある.

求積法で解ける微分方程式は, 実はきわめて少ない. リッカチ方程式10) も m が一般の場合には求積できないし, n 個の質点が万有引力に支配されて運動しているという n 体問題の方程式は $n \geq 3$ のときは求積できない.

3 初期値問題の解の存在と一意性

微分方程式 (1) あるいは (2) が与えられたときまず問題となるのは, 与えられた初期条件 $x(a) = b_0, x'(a) = b_1, \ldots, x^{(n-1)}(a) = b_{n-1}$ あるいは $\boldsymbol{x}(a) = \boldsymbol{b}$ を満たす解が存在するか, 存在するとして一意的に定まるかである. この問題を初期値問題またはコーシー問題という. これについて次の定理がある. 方程式 (2) について述べる. ベクトル $\boldsymbol{x} = (x_1,\ldots,x_n) \in \boldsymbol{R}^n$ のノルム $\|\boldsymbol{x}\|$ を一つ固定しておく. たとえば $\|\boldsymbol{x}\| = \max(|x_1|,\ldots,|x_n|)$.

定理 (i) ベクトル値関数 $\boldsymbol{f}(t,\boldsymbol{x})$ が閉領域 $E = \{(t,\boldsymbol{x}) \in \boldsymbol{R}^{n+1} \mid |t-a| \leq r, \|\boldsymbol{x}-\boldsymbol{b}\| \leq \rho\}$ で連続であるならば, 初期条件 $\boldsymbol{x}(a) = \boldsymbol{b}$ を満たす (2) の解 $\boldsymbol{x} = \boldsymbol{x}(t)$ が, 区間 $|t-a| \leq r'$ において存在する. ここで $r' = \min(r, \rho/M)$, $M = \max_{(t,\boldsymbol{x}) \in E} \|\boldsymbol{f}(t,\boldsymbol{x})\|$.

(ii) さらに $\boldsymbol{f}$ が, リプシッツ条件といわれる
$$\|\boldsymbol{f}(t,\boldsymbol{x}) - \boldsymbol{f}(t,\boldsymbol{y})\| \leq L\|\boldsymbol{x}-\boldsymbol{y}\|$$
$(t,\boldsymbol{x}), (t,\boldsymbol{y}) \in E$ を満たすならば, 解はただ一つに定まる. L はある正数.

この定理から $\boldsymbol{f}(t,\boldsymbol{x})$ が $\boldsymbol{R}^{n+1}$ 内の領域 D において連続で, かつ $x_1,\ldots,x_n$ について連続微分可能ならば, D 内の任意の点 $(a,\boldsymbol{b})$ に対して, $\boldsymbol{x}(a) = \boldsymbol{b}$ を満たす解 $\boldsymbol{x} = \boldsymbol{x}(t)$ が t について局所的に存在し, しかも解はただ一つであることがわかる. 解が t についてどこまで延長できるかは大域的問題であって, この定理からは何もいえない. ただし, 線形方程式の場合は, 解は方程式が連続に定義されている全区間に延長される. 非線形方程式の場合は, 解は方程式の定義域 D の境界に近づくことがあるので, t についてどこまで延長されるかは, 解の有界性の問題と関係する.

常微分方程式については, 初期値問題のほかに, 区間の両端で与えられた境界条件を満たす解の存在を問う境界値問題や, 解の安定性および漸近的挙動を調べることなど多くの問題がある.

4 複素領域における常微分方程式

これまで暗黙のうちに, 変数も関数もすべて実数の値をとるとしてきたが, 変数も未知関数も複素数の微分方程式 (複素領域における微分方程式といわれる) も重要である. 未知関数は複素正則関数ということになる. 複素ということを強調して (1) に対応する方程式を
$$w^{(n)} = f(z,w,w',\ldots,w^{(n-1)}) \quad (3)$$
と書く. ここで f は複素空間 $\boldsymbol{C}^{n+1}$ 内の領域 D で正則な関数である. f が $w,w',\ldots,w^{(n-1)}$ の 1 次式のとき線形といい, 線形でないとき非線形という. 任意の $(a,b_0,\ldots,b_{n-1}) \in D$ に対して, 初期条件 $w(a) = b_0,\ldots,w^{(n-1)}(a) = b_{n-1}$ を満たす $z = a$ の近傍で正則な (3) の解 $w = w(z)$ がただ一つ存在する.

典型的な線形偏微分方程式を変数分離法で解くときに登場する特殊関数 (超幾何関数, 合流型超幾何関数, ベッセル関数, エルミート関数, エアリー関数など) は, z の有理関数を係数とする 2 階線形常微分方程式 $w'' + a_1(z)w' + a_2(z)w = 0$ の解である. それらは, 複素領域において調べることにより, 詳しい性質がわかる.

非線形の場合は方程式の特異点 (固定特異点 (fixed singular point)) のほかに, 解ごとに位置が変わる**動く特異点** (movable singular point) が現れる. リッカチ方程式 $w' = a(z)w^2 + b(z)w + c(z)$ は動く特異点はたかだか極というよい性質をもっているが, **パンルヴェ方程式** (Painlevé equation)[2] といわれる 6 個の 2 階非線形常微分方程式も同じ性質をもつ.

[高 野 恭 一]

参 考 文 献

[1] 木村俊房:常微分方程式の解法, 培風館, 1958.
[2] 野海正俊:パンルヴェ方程式, 朝倉書店, 2000.

初 等 幾 何

elementary geometry

1 ユークリッド原論

ユークリッド (Euclid) は,紀元前 2〜3 世紀に著した「ユークリッド原論」で,点や直線などの概念をそれらがもつべき性質で厳密に公理・定義として整備し,それをもとに多くの定理を証明するという理論展開を提示し,平面幾何学の一つの体系を完成させた.原論のこのスタイルは後世の数学の規範を確立した.

一方,ユークリッド原論はその卓越した論理的完成度にもかかわらず,2000 年以上を経てなお新たな話題の源泉にもなっていた.たとえば,「直線 ℓ 上にない 1 点を通り,ℓ と交わらない直線はただ一つ存在する」という平行線の公理がほかの公理から独立かどうかという問題は,原論が完成した当初から議論があり,19 世紀になってようやく非ユークリッド幾何が発見され,背定的に解決された.

また,ユークリッド原論では多角形に対する面積が公理から導出できる不変量として定義されているが,ヒルベルト (Hilbert) は,多面体の体積に対して同様の扱いは不可能であることを予想し,1900 年に発表した 23 の問題の 3 番目に挙げ,翌年デーン (Dehn) が解決している.

2 平 面 幾 何

現代において初等幾何とは,ユークリッド幾何 (Euclidean geometry) を指すことがほとんどである.原論に基づく平面幾何の論理性は,人類の英知として偉大なものがあるが,ユークリッドが論じた幾何の実質的有用性も重要である.そこで,論理で体系を構築する議論の紹介は専門書に預け,本項目では,初等中等教育で得られる程度の幾何学の知識,たとえば直線とか平面といった概念,直線上の 2 点間の距離や 2 直線のなす角度といった尺度についての知識をある程度前提に,リーマン幾何の視点から初等幾何を記す.出発点として,直線を実数全体の集合 R と同一視し,実直線 (real line) と呼ぶ.

まず,実直線上の点に対応する実数を,この点の座標 (coordinate) という.平面幾何を展開するため,平面を,実数の対からなる集合
$$R^2 = \{(x_1, x_2); x_1, x_2 \in R\}$$
と定義する.集合論的な直積集合である.こうすると,平面上の各点は実数の組 (x_1, x_2) が対応する.これをこの点の座標と呼ぶ.

座標導入のアイデアはそもそもは 16 世紀のデカルト (Descartes) によるが,平面上の点や図形の位置が座標によって記せることの恩恵は大きい.たとえば R^2 は,成分ごとの加法に関して R 上のベクトル空間とみなすことができる.ベクトル空間 R^2 上には,二つのベクトル $\boldsymbol{a} = (a_1, a_2)$, $\boldsymbol{b} = (b_1, b_2)$ に対して内積 (inner product) が
$$(\boldsymbol{a}, \boldsymbol{b}) = a_1 b_1 + a_2 b_2 \quad (1)$$
により定義され,ベクトル $\boldsymbol{a}$ の大きさ $\|\boldsymbol{a}\|$ や,二つのベクトル $\boldsymbol{a}, \boldsymbol{b}$ のなす角度 θ が
$$(\boldsymbol{a}, \boldsymbol{a}) = \|\boldsymbol{a}\|^2 \quad (\boldsymbol{a}, \boldsymbol{b}) = \|\boldsymbol{a}\|\|\boldsymbol{b}\|\cos\theta$$
という関係から計算される.この内積によれば座標軸は直交する.

見方を変えて,平面自身は数字の組で定義する以前に実在し,たまたま平面が座標付けられたとしよう.このとき座標を使って内積を (1) で定義すれば,平面上の線分の長さや 2 直線のなす角を測ることができる.すなわち,平面と呼ぶ集合 R^2 にたとえば別の座標軸を与え,さらにより自由に内積を与えることにより平面幾何学が展開できる.これがリーマン幾何学の方法である.

平面 R^2 に,長さや角度を測る基礎となる内積 (1) を付随させて,とくにユークリッド平面 (Euclidean plane) と呼び E^2 で表す.すなわちユークリッド平面とは,平面 R^2 に直交座標系という情報を付け加えた幾何学の台空間のことで,直線に座標をいれた実直線に対応する.

座標導入により,ユークリッド平面 E^2 の合同変換を代数的に記述できる.ここで合同変換 (congruent transformation) とは,平行移動,回転および直線に関する対称変換を有限回合成して得ら

れる E^2 から自分自身への写像のことである．合同変換全体は，合成を演算として群と呼ぶ代数系になり，**合同変換群** (group of congruent transformations)，あるいは**運動群** (group of motions) と呼ばれている．一般の合同変換 $f: E^2 \to E^2$ は，あるベクトル $\boldsymbol{a} \in E^2$ と 2 次直交行列 A を用いて，$\boldsymbol{x} \in E^2$ に対して
$$f(\boldsymbol{x}) = A\boldsymbol{x} + \boldsymbol{a} \qquad (2)$$
と表される．ここでは演算のため，ベクトルは縦ベクトルとみなす．

ユークリッド平面上の直線は，座標を使えば，ある実数 a, b, c に対し
$$ax_1 + bx_2 + c = 0$$
を満たすような点 $(x_1, x_2) \in E^2$ の集合として定義することができる．ただし a, b はともにゼロではない．すなわち，直線は，座標を使えば座標に関するある 1 次式の零点集合のことである．

合同変換は直線を直線にうつす．一方，直線を直線にうつす E^2 の変換は合同変換とは限らず，(2) の直交行列 A の部分を一般線形行列に置き換えた**アフィン変換** (affine transformation) となる．合同変換が保存し，アフィン変換が保存するとは限らない量として，2 点間の距離がある．これは座標を用いて，ユークリッド平面 E^2 上の 2 点 $\boldsymbol{x} = (x_1, x_2)$ および $\boldsymbol{y} = (y_1, y_2)$ の間の距離 $d(\boldsymbol{x}, \boldsymbol{y})$ は，$\boldsymbol{y}$ から $\boldsymbol{x}$ へのベクトルの大きさ，
$$\begin{aligned} d(\boldsymbol{x}, \boldsymbol{y}) &= \|\boldsymbol{x} - \boldsymbol{y}\| \\ &= \sqrt{(x_1 - y_1)^2 + (x_2 - y_2)^2} \end{aligned}$$
により定義される．合同変換は 2 点間の距離を保ち，また 2 直線のなす角度も保つ．

ユークリッド原論では線分の長さや 2 直線のなす角度は座標を用いずに定義された．リーマン幾何では，平面上に内積を指定することによりユークリッド平面が定義されるが，座標軸を合同変換でうつしても，直線の定義や 2 点間の距離は変わらず，同じ幾何が展開できる．直線の定義や 2 点間の距離を保つ二つの座標系は互いに合同変換でうつり合うという意味で，逆も成り立つ．ユークリッド原論は，合同変換群のこれらの不変量を公理から導出した．

合同変換でうつり合う図形は**合同** (congruent) であるという．たとえば「対応する 3 辺の長さが等しい三角形どうしは互いに合同である」などのユークリッド幾何の定理は，定規とコンパスを使った作図で説明するのがユークリッドの方法だが，座標を使えば，頂点対応が E^2 の合同変換 (2) に拡張することを示せばよく，点対応からベクトル $\boldsymbol{a}$ と直交行列 A を求めるという代数計算に帰着される．

微積分を使うと曲がった曲線の長さも定義できる．なめらかな曲線 $c: [0, 1] \to \boldsymbol{R}^2$ に対し，その微分は，各時刻 $t \in [0, 1]$ に対し，$c(t)$ での c の接ベクトル $\dot{c}(t)$ を対応させる．このとき，積分
$$\int_0^1 \|\dot{c}(t)\| dt$$
が曲線の長さである．曲線を物理学の質点の運動に例えると，速度を積分すると運動の道のりが得られるということの数学的表現である．曲線の長さは合同変換で保存され，ユークリッド幾何の不変量である．

3 相似関係

合同変換とある点を中心とする拡大縮小を有限回合成してえられる写像を**相似変換** (similarity) という．一般の相似変換 $f: E^2 \to E^2$ は，あるベクトル $\boldsymbol{a} \in E^2$ と，正のスカラー $\lambda \in \boldsymbol{R}$ と 2 次直交行列 A を用いて
$$f(\boldsymbol{x}) = \lambda A \boldsymbol{x} + \boldsymbol{a}$$
と表される．

ユークリッド平面 E^2 上の点 (x_1, x_2) に複素数 $z = x_1 + ix_2$ を対応させることにより，E^2 は複素数平面 $\boldsymbol{C}$ と同一視することができる．このとき相似変換は，複素数 $a, b \in \boldsymbol{C}$ を用いて，z，あるいはその複素共役 $\bar{z} = x_1 - ix_2$ の 1 次関数
$$f(z) = az + b \quad \text{または} \quad f(z) = a\bar{z} + b$$
で表せる．ここで $a \neq 0$ であり，$|a| = 1$ のときは合同変換になる．

相似変換は線分の長さなどは変えるが，2 直線のなす角度は不変にする．相似とは，形が同じものは同じとみなす同値関係で，合同よりは緩く．たとえば三角形の合同類は 3 辺の長さで決まるが，

相似類は長さの比，あるいは三つの角度で決まる．

4 空間幾何

平面は二つの実数の組からなっていたが，そのアイデアを一般の n 個の実数の組からなる空間
$$\boldsymbol{R}^n = \{(x_1, x_2, \ldots, x_n); x_1, x_2, \ldots, x_n \in \boldsymbol{R}\}$$
に拡張することは容易である．成分ごとの加法でベクトル空間とみなし，$\boldsymbol{R}^n$ の二つのベクトル $\boldsymbol{a} = (a_1, a_2, \ldots, a_n), \boldsymbol{b} = (b_1, b_2, \ldots, b_n)$ に対して
$$(\boldsymbol{a}, \boldsymbol{b}) = a_1 b_1 + a_2 b_2 + \cdots + a_n b_n$$
で定義される内積を付随させた空間を n 次元ユークリッド空間と呼び，$\boldsymbol{E}^n$ で表す．

$\boldsymbol{E}^n$ の合同変換は，2 次元の場合と同様に，あるベクトル $\boldsymbol{a}$ と n 次の直交行列 A を用いて
$$f(\boldsymbol{x}) = A\boldsymbol{x} + \boldsymbol{a}$$
で表される．

ユークリッド空間の超平面 (hyperplane) とは，座標に関するある 1 次式の零点集合のことである．すなわち，ある実数 $a_1, a_2, \ldots, a_n, c$ に対し
$$a_1 x_1 + a_2 x_2 + \cdots + a_n x_n + c = 0$$
を満たす $\boldsymbol{E}^n$ の点集合，ただし $a_1, a_2, \ldots, a_n$ のうち少なくとも一つはゼロでないとする．超平面は $\boldsymbol{E}^n$ の座標から標準的に決まる座標はないが，$\boldsymbol{E}^n$ の座標を合同変換で取り直せば，$n-1$ 個の座標軸で張られる $n-1$ 次元ユークリッド空間である．

超平面に対し，直交する方向を指すベクトルは**法ベクトル** (normal vector) と呼ばれ，非ゼロのスカラー倍を除いて定義方程式の係数を用いて $(a_1, a_2, \ldots, a_n) \in \boldsymbol{E}^n$ で与えられる．k を自然数とし，k 個の $\boldsymbol{E}^n$ の超平面 H_i ($i = 1, 2, \ldots, k$) が与えられたとする．このとき各々の法ベクトルの組が 1 次独立であれば，超平面の共通部分 $\cap_{i=1}^k H_i$ は座標変換により $n-k$ 次元ユークリッド空間となる．1 次独立でない場合は，いろいろな場合がある．

3 次元ユークリッド空間の中の平面は，超平面であるから 1 次式の零点集合として表される．3 次元ユークリッド空間の中の直線は，二つの超平面の共通部分，すなわち二つの 1 次式の同時零点集合として表される．たとえば $(x_0, y_0, z_0) \in \boldsymbol{E}^3$ を通る方向比が (a, b, c) の直線は，$abc \neq 0$ のときは
$$\frac{x - x_0}{a} = \frac{y - y_0}{b} = \frac{z - z_0}{c}$$
と表される．

超平面で分けられる $\boldsymbol{R}^n$ の片側，すなわち
$$a_1 x_1 + a_2 x_2 + \cdots + a_n x_n \leq c$$
を満たす $\boldsymbol{E}^n$ の点集合を半空間，有限個の半空間の共通部分として表されるコンパクトな図形を**凸多面体** (convex polytope) という．3 角形の一般化である $n+1$ 個の超平面で囲まれる n 次元**単体** (simplex) は，その代表例である．いくつかのコンパクト凸多面体を面どうしを貼り合わせて得られる図形を**多面体** (polyhedron) という．

5 面積・体積

平面上の二つの多角形は，一方を有限個の多角形に分割し別の方法で貼り合わせることによって他方ができるとき，**分割合同** (scissors congruent) であるという．任意の多角形は，底辺の長さが 1 の長方形に分割合同であることに注意する．ユークリッド原論においては，多角形の面積は，多角形の集合から実数への

(1) 合同な図形に対して不変
(2) 多角形の分割に対しては和に分かれる

という二つの性質をもつ写像として定義された．この写像の値は多角形の分割合同不変量になり，辺の長さが 1 の正方形の面積を 1 に正規化しておくと，通常の面積と一致し，3 角形の面積は底辺の長さと高さの積を 2 で割ったものになる．

ガウス (Gauss) は，ユークリッドの方法で多面体に対し体積が定義できないかという考えに否定的だった．ヒルベルトは分割合同の定義を多面体に 3 次元化し，体積が等しい 4 面体は互いに分割合同かを 23 の問題の一つとして定式化した．この問は 1 年を経ずにデーンにより否定的に解決され，4 面体の体積が底面積と高さの積を 3 で割るという公式は微積分を使わなければ証明できないことが明らかになった． [小島定吉]

初等整数論

elementary number theory

1 整数

初等整数論は，整数 $0, \pm 1, \pm 2, \pm 3, \ldots$ のさまざまな性質を調べる．ただし，解析学を援用するなどといった高度な数学を用いず，扱う数の範囲も有理数の範囲にとどめる．解析学を本質的に利用する整数論を解析的整数論といい，数の範囲を代数方程式の解にまで拡げた整数論を代数的整数論という．それらは項を改めて述べる．

2 合同式

初等整数論の主要な道具の一つに合同式がある．二つの整数 a, b の差が自然数 m の倍数であるとき，a と b は m を法として合同であるといい，$a \equiv b \bmod m$ と記す．この式を合同式という．集合論の言葉を借りると，合同は同値関係である．すなわち次の三つが成り立つ．

- 反射律：$a \equiv a \bmod m$ である．
- 対称律：$a \equiv b \bmod m$ ならば $b \equiv a \bmod m$ である．
- 推移律：$a \equiv b \bmod m$ かつ $b \equiv c \bmod m$ ならば $a \equiv c \bmod m$ である．

さらに $a \equiv b \bmod m$ かつ $c \equiv d \bmod m$ ならば

- $a + c \equiv b + d \bmod m$
- $a - c \equiv b - d \bmod m$
- $ac \equiv bd \bmod m$

である．つまり加減乗算を自由に行うことができる．残る除算については制限がある．a と m が互いに素，つまり最大公約数が 1 のとき a には $\bmod m$ の逆数が存在する．つまり $a\tilde{a} \equiv 1 \bmod m$ となる整数 $\tilde{a}$ が存在する．このとき，a による除算は $\tilde{a}$ の掛け算に置き換えることができる．たとえば未知数を含む合同式 $ax \equiv b \bmod m$ は両辺に $\tilde{a}$ を掛けて $x \equiv \tilde{a}b \bmod m$ として解くことができる．

以上の性質から，合同式は等式と同じように式の変形をすることができ，使いやすく見通しがよい．

ここで，a の $\bmod m$ の逆数 $\tilde{a}$ は，a と m に対して，拡張されたユークリッドの互除法を適用して $sa + tm = 1$ となる整数 s, t を求めたときの s にほかならない．

3 中国の剰余定理

『3 で割ったら 1 余り，5 で割ったら 2 余り，7 で割ったら 3 余る数を求めよ』というような問題を扱うのが中国の剰余定理である．孫子の定理と呼ばれることも多い．

定理 連立合同式 $x \equiv a_i \bmod m_i$, $i = 1, 2, \ldots, r$ において，m_i が二つずつ互いに素である場合には，かならず解があって $\bmod m_1 m_2 \cdots m_r$ で一つに定まる

この定理は，非常に大きな数 $m_1 m_2 \cdots m_r$ に関する問題は，個々の小さな数 m_i について解けば本質的には解いたことになるといっている．

$r = 2$ の場合に，解を効率よく計算するには拡張されたユークリッドの互除法を用いる．$x \equiv b_1 \bmod m_1$, $x \equiv b_2 \bmod m_2$ のとき，$sm_1 + tm_2 = 1$ となる s, t を求めれば $x \equiv b_1 t m_2 + b_2 s m_1 \bmod m_1 m_2$ が解となる．3 個以上の合同式が連立している場合は途中の結果を次の式と連立させて解けばよい．

4 フェルマーの小定理

定理 (フェルマーの小定理) p を素数，a を p の倍数でない整数とすると $a^{p-1} \equiv 1 \bmod p$ である．

この対偶命題は合成数判定に用いられる．たとえば $n = 2071919$ とすると $2^{n-1} \equiv 1753206 \bmod n$ なので n は素数ではないことがわかる．約数が何かがわからないのに合成数であると判定できるという不思議なことになっている．当然のことだがある a に対して $a^{n-1} \equiv 1 \bmod n$ となったからといって n は素数とは限らない．実際，$n = 8911$ のとき $2^{n-1} \equiv 3^{n-1} \equiv \cdots \equiv 6^{n-1} \equiv 1 \bmod n$ であるが $n = 7 \cdot 19 \cdot 67$ である．

5 剰余類

自然数 m と整数 a に対して，集合
$$a + m\mathbf{Z} = \{a + mk | k \in \mathbf{Z}\}$$
を a を含む $\bmod m$ の剰余類と呼ぶ．つまりは m で割った余りが a となる整数の全体である．

すると $a \equiv b \bmod m$ と $a + m\mathbf{Z} = b + m\mathbf{Z}$ は同じことになる．つまり合同式は剰余類の間の等式となる．

$\bmod m$ の剰余類で異なるものは $0+m\mathbf{Z}, 1+m\mathbf{Z}, \ldots, (m-1)+m\mathbf{Z}$ の m 個ある．この全体を $\mathbf{Z}/m\mathbf{Z}$ と記す．

すでに述べた合同式の性質から $(a+m\mathbf{Z})+(b+m\mathbf{Z})=(a+b)+m\mathbf{Z}$ として剰余類の加法を定義することができる．さらに $(a+m\mathbf{Z})(b+m\mathbf{Z})=ab+m\mathbf{Z}$ として剰余類の乗法も定義することができるこの加法と乗法によって $\mathbf{Z}/m\mathbf{Z}$ は環になる．これを $\bmod m$ の剰余類環という．

剰余類を使って中国の剰余定理を記述すると，『m_i が二つずつ互いに素ならば $\mathbf{Z}/(m_1 m_2 \cdots m_r)\mathbf{Z}$ から $\mathbf{Z}/m_1\mathbf{Z} \times \mathbf{Z}/m_2\mathbf{Z} \times \cdots \times \mathbf{Z}/m_r\mathbf{Z}$ への写像 ψ を $a+(m_1 m_2 \cdots m_r)\mathbf{Z}$ に対して $(a+m_1\mathbf{Z}, a+m_2\mathbf{Z}, \ldots, a+m_r\mathbf{Z})$ を対応させるものとすれば，この写像は環としての同型写像になる．』ということになる．全射なので，直積の任意の元 $(a_1+m_1\mathbf{Z}, a_2+m_2\mathbf{Z}, \ldots, a_r+m_r\mathbf{Z})$ に対して $\psi(a+(m_1 m_2 \cdots m_r)\mathbf{Z})$ がこれと等しくなるような a が存在することになるが，これは連立合同式の解にほかならない．

6 既約剰余類群

剰余類のうち $\mathrm{GCD}(a, m) = 1$ となる a を含む剰余類 $a + m\mathbf{Z}$ の全体は乗法で群になる．これを $(\mathbf{Z}/m\mathbf{Z})^\times$ と記し，$\bmod m$ の既約剰余類群という．既約剰余類群の位数を $\varphi(m)$ と書いて，この φ をオイラーの関数という．前節の写像 ψ は既約剰余類群の間の同型写像にもなっている．つまり m_i が二つずつ互いに素ならば $(\mathbf{Z}/(m_1 m_2 \cdots m_r)\mathbf{Z})^\times$ と $(\mathbf{Z}/m_1\mathbf{Z})^\times \times (\mathbf{Z}/m_2\mathbf{Z})^\times \times \cdots \times (\mathbf{Z}/m_r\mathbf{Z})^\times$ は群として同型である．とくに二つの群の位数は等しい．つまり，$\varphi(m_1 m_2 \cdots m_r) = \varphi(m_1) \varphi(m_2) \cdots \varphi(m_r)$ である．そこで $m = p_1^{e_1} p_2^{e_2} \cdots p_r^{e_r}$ を m の素因数分解とすれば $\varphi(m) = \varphi(p_1^{e_1}) \varphi(p_2^{e_2}) \cdots \varphi(p_r^{e_r})$ となる．そして p が素数ならば $\varphi(p^e) = (p-1)p^{e-1}$ なので m の素因数分解がわかっていれば $\varphi(m)$ は直ちに計算できる．たとえば $\varphi(360) = \varphi(2^3 3^2 5) = \varphi(2^3)\varphi(3^2)\varphi(5) = 2^2(2 \cdot 3)4 = 96$ である．

群論の基本定理である「群の元を群の位数乗すると単位元になる」を既約剰余類群に適用して次の定理を得る．

定理 (オイラーの定理) 自然数 m と m と互いに素な整数 a に対して，$a^{\varphi(m)} \equiv 1 \bmod m$．

とくに m が素数の場合はすでに述べたフェルマの小定理となる．また m が二つの素数の積であるときは RSA 暗号の原理に用いられているので，日常的にこの定理を使っているともいえる．

7 既約剰余類群の構造

p が奇数の素数ならば既約剰余類群 $(\mathbf{Z}/p^e\mathbf{Z})^\times$ は巡回群である．つまりある数 g があって $g^k + p^e\mathbf{Z}, (k = 1, 2, \ldots, \varphi(p^e))$ が既約剰余類の全体となる．この g を $\bmod p^e$ の原始根という．

一方，$p = 2$ の場合は若干の違いがある．$(\mathbf{Z}/2\mathbf{Z})^\times$ は位数 1 の $(\mathbf{Z}/2^2\mathbf{Z})^\times$ は位数 2 の巡回群であるが $e \geq 3$ ならば $(\mathbf{Z}/2^e\mathbf{Z})^\times$ は位数 2 の巡回群と位数 2^{e-2} の巡回群の直積であって巡回群ではない．具体的には $5^k + 2^e\mathbf{Z}$ と $-5^k + 2^e\mathbf{Z}, (k = 1, 2, \ldots, 2^{e-2})$ が既約剰余類の全体となる．

一般の自然数 m についての $(\mathbf{Z}/m\mathbf{Z})^\times$ の構造は m を素因数分解して中国の剰余定理によって素数べきの既約剰余類群に分解すれば容易に調べることができる．

[木田祐司]

参考文献

[1] ガウス著, 高瀬正仁訳：ガウス整数論, 朝倉書店, 1995.
[2] 高木貞治：初等整数論講義 (第 2 版), 共立出版, 1971.
[3] 木田祐司：初等整数論, 朝倉書店, 2001.

ジョルダンの曲線定理

Jordan curve theorem

1 単純閉曲線

閉区間 $[a,b]$ からハウスドルフ空間 X への連続写像 f で $f(a) = f(b)$ を満たすもの，あるいはその像 $f([a,b])$ を閉曲線と呼ぶ．閉曲線は，円周 S^1 から X への連続写像，あるいはその像である．

円周 S^1 から X への単射連続写像 f の像 $f(S^1)$ を，単純閉曲線あるいはジョルダン曲線と呼ぶ．S^1 はコンパクト空間，X はハウスドルフ空間としたから $f(S^1)$ は S^1 と同相である．

次の定理をジョルダンの曲線定理と呼ぶ．

定理 1 平面 $\boldsymbol{R}^2$ の単純閉曲線 C に対し，$\boldsymbol{R}^2 \setminus C$ は，有界な連結成分 U_0，非有界な連結成分 U_1 の2つの連結成分からなり，
$$C = \overline{U_0} \setminus U_0 = \overline{U_1} \setminus U_1$$
を満たす．

さらに，シェーンフリースは C の各点 p に対し，$[0,1]$ 区間からの単射連続写像 f_i で $f_i([0,1)) \subset U_i$, $f_i(1) = p$ となるものが存在することを示している．次の定理はシェーンフリースの定理と呼ばれる．

定理 2 $\overline{U_0}$ は閉円板 D^2 に同相である．

これにより，2次元球面 S^2 内の単純閉曲線 C に対し，$S^2 \setminus C$ は，2つの連結成分 U_0, U_1 からなり，$\overline{U_0}, \overline{U_1}$ は閉円板 D^2 に同相であり，$C = \overline{U_0} \setminus U_0 = \overline{U_1} \setminus U_1$ が成立する．

2 高次元への拡張

ジョルダンの曲線定理は $n-1$ 次元球面から n 次元ユークリッド空間への単射連続写像に対しては，次のように拡張される．この命題は（平面の場合を含め）アレクサンダーの双対定理の帰結である．

定理 3 $f : S^{n-1} \longrightarrow \boldsymbol{R}^n$ を単射連続写像とする．$\boldsymbol{R}^n \setminus f(S^{n-1})$ は，有界な連結成分 U_0，非有

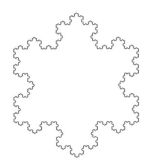

図1 コッホ曲線も単純閉曲線であり，ジョルダンの曲線定理，シェーンフリースの定理が成立する

界な連結成分 U_1 の2つの連結成分からなる．

3次元以上のシェーンフリースの定理はそのままでは成立しない．実際，3次元ユークリッド空間内にアレクサンダーの角つき球面 (horned sphere) と呼ばれる反例がある．アレクサンダーの角つき球面は，球面と同相であるが，その補集合の連結成分が単連結ではない．同様の例は4次元以上にも構成される．

n 次元位相多様体の部分集合 A が，局所平坦であるとは，任意の $x \in A$ に対し，x の近傍 U で，$(U, U \cap A)$ が $(\boldsymbol{R}^n, \{0\} \times \boldsymbol{R}^{n-1})$ と同相であるものが存在することとする．次の定理を一般化されたシェーンフリースの定理と呼ぶ．

定理 4 $f : S^{n-1} \longrightarrow \boldsymbol{R}^n$ を単射連続写像とし，$f(S^{n-1})$ は局所平坦であるとする．このとき，$\boldsymbol{R}^n \setminus f(S^{n-1})$ の，有界な連結成分 U_0 の閉包は，n 次元円板 D^n に同相である．

次の定理は，円環域予想 (annulus conjecture) と呼ばれていた．2次元，3次元については，早くから示されていたが，カービーにより5次元以上の場合，クインにより4次元の場合に証明された．

定理 5 n 次元球面 S^n 内の二つの局所平坦に埋め込まれた $n-1$ 次元球面 Σ_1, Σ_2 に対し，Σ_1, Σ_2 の間の領域の閉包は，円環 $S^{n-1} \times [0,1]$ と同相になる． ［坪井　俊］

ジョルダン標準形

Jordan normal form

1 行列の標準化の考え方

A を n 次複素正方行列とするとき,正則行列 P をとって $P^{-1}AP$ を対角行列にできる場合がある.このような操作を正則行列による対角化 (diagonalization) と呼ぶが,すべての正方行列が対角化可能であるとは限らない.n 次複素正方行列 A が対角化可能であるための必要十分条件は,線形独立 (1 次独立) な A の n 個の固有ベクトルが存在することである.

例 1 $A = \begin{pmatrix} 3 & 1 \\ 0 & 3 \end{pmatrix}$ は対角化できない.

V を $\boldsymbol{C}$ 上の n 次元線形空間とし,$T: V \to V$ を V の線形変換とする.$E = \langle \boldsymbol{e}_1, \ldots, \boldsymbol{e}_n \rangle$ を V の基底とする.$T(\boldsymbol{e}_j) = \sum_{i=1}^n a_{ij} \boldsymbol{e}_i$ $(i, j = 1, \ldots, n)$ を満たす a_{ij} を (i, j) 成分とする n 次正方行列 $A = (a_{ij})$ を,基底 E に関する T の表現行列 (representation matrix) という.$F = \langle \boldsymbol{f}_1, \ldots, \boldsymbol{f}_n \rangle$ を V の別の基底とするとき,$\boldsymbol{f}_j = \sum_{i=1}^n p_{ij} \boldsymbol{e}_i$ $(i, j = 1, \ldots, n)$ を満たす p_{ij} を (i, j) 成分とする n 次正方行列 $P = (p_{ij})$ を,基底 E から F への変換行列 (transformation matrix) と言う.P は正則行列である.また,基底 F に関する T の表現行列を B とすれば,$B = P^{-1}AP$ が成り立つ.

ここで,n 次複素正方行列 A, B に対して n 次複素正則行列 P が存在して $B = P^{-1}AP$ が成り立つとき,A と B は相似 (similar) であるということにする.基底を取り替えれば,線形変換の表現行列は相似な行列に変わるが,うまく基底を選び,表現行列をできるだけ簡単なものにすることによって,その線形変換の本質を表現行列から読み取ろうとする考え方が行列の標準化の考え方である.ある正方行列 A に対して,それと相似な,できるだけ簡単な行列 $B = P^{-1}AP$ を考察することによって,A に対する理解を深めようとする考え方と言い換えてもよい.

行列の対角化の問題も行列の標準化の問題の一種であるが,上述のように,すべての行列が対角化可能であるとは限らない.しかし,任意の n 次複素正方行列は,以下に定義するようなジョルダン標準形 (Jordan normal form) と相似であることが証明できる.

2 ジョルダン・ブロックとジョルダン標準形

m 次正方行列 A と n 次正方行列 B に対して,$(m+n)$ 次正方行列 $\begin{pmatrix} A & O \\ O & B \end{pmatrix}$ を A と B の直和 (direct sum) といい,$A \oplus B$ と表す.3 個以上の正方行列の直和も同様に定義する.$\alpha \in \boldsymbol{C}$ とするとき,k 次正方行列 $\begin{pmatrix} \alpha & 1 & 0 & \ldots & 0 \\ 0 & \alpha & 1 & \ldots & 0 \\ \vdots & \vdots & \ddots & \ddots & \vdots \\ 0 & 0 & \ldots & \alpha & 1 \\ 0 & 0 & \ldots & 0 & \alpha \end{pmatrix}$ を α に対する k 次ジョルダン・ブロックまたはジョルダン細胞 (Jordan cell) といい,$J(\alpha, k)$ で表す.前述の例 1 の行列 A はジョルダン・ブロック $J(3, 2)$ にほかならない.いくつかのジョルダン・ブロックの直和 $J(\alpha_1, k_1) \oplus J(\alpha_2, k_2) \oplus \cdots \oplus J(\alpha_l, k_l)$ の形の正方行列をジョルダン行列 (Jordan matrix) と呼ぶ.このとき,次の定理が成り立つ.

定理 1 任意の n 次複素正方行列 A は,あるジョルダン行列 $J(\alpha_1, k_1) \oplus J(\alpha_2, k_2) \oplus \cdots \oplus J(\alpha_l, k_l)$ と相似である.ここで,$\alpha_1, \ldots, \alpha_l$ は A の固有値であり,$k_1 + \cdots + k_l = n$ である.このジョルダン行列 J は,ジョルダン・ブロックの並べ方を除いて一意的に定まる.

上のジョルダン行列 J を A のジョルダン標準形 (Jordan normal form) と呼ぶ.$J(\alpha_1, 1) \oplus J(\alpha_2, 1) \oplus \cdots \oplus J(\alpha_n, 1)$ が対角行列であることに注意すれば,定理 1 は,行列の対角化を一般化したものと考えることができる.

ジョルダン標準形は,ある漸化式を満たす数列に関する問題や,定数係数線形常微分方程式の問題に応用される.

3 広義固有空間

定理1の証明方法は，大きく分けて2通りある．まず，**広義固有空間** (generalized eigenspace) という概念を用いる構成的な方法の概略を説明する．

線形空間 V の任意の元が，V の線形部分空間 $W_1, \ldots, W_s$ の元の和として一意的に書き表せるとき，V は $W_1, \ldots, W_s$ の**直和** (direct sum) に分解されるといい，$V = W_1 \oplus \cdots \oplus W_s$ と表す．$T: V \to V$ を線形変換とする．V の線形部分空間 W が **T 不変部分空間** (T–invariant subspace) であるとは，$T(W) \subset W$ が成り立つことである．今，V が T 不変部分空間 $W_1, \ldots, W_s$ の直和に分解されているとする．このとき，$1 \leq i \leq s$ を満たす i について，T を W_i に制限した写像 $T|_{W_i}$ は W_i の線形変換となる．W_i の基底 $E^{(i)} = \langle e_1^{(i)}, \ldots, e_{n_i}^{(i)} \rangle$ に関する $T|_{W_i}$ の表現行列を A_i とすると，$E^{(1)}, \ldots, E^{(s)}$ 全体は V の基底をなし，この基底に関する T の表現行列は $A_1 \oplus \cdots \oplus A_s$ となる．

次に，ジョルダン・ブロックを表現行列とするような線形変換について考察する．W を k 次元複素線形空間とし $E = \langle e_1, \ldots, e_k \rangle$ を W の基底とする．この基底 E に関する線形変換 $\tilde{T}: W \to W$ の表現行列がジョルダン・ブロック $J(\alpha, k)$ であるとき $\tilde{T}(e_1) = \alpha e_1$, $\tilde{T}(e_i) = e_{i-1} + \alpha e_i$ ($i = 2, \ldots, k$) が成り立つ．W の恒等変換を I とすれば，$(\tilde{T} - \alpha I)(e_1) = \mathbf{0}$, $(\tilde{T} - \alpha I)(e_i) = e_{i-1}$ ($i = 2, \ldots, k$) が成り立つ．とくに，任意の $x \in W$ に対して，$(\tilde{T} - \alpha I)^k(x) = \mathbf{0}$ が成り立つ．一般に，線形変換 $S: W \to W$ が**べき零変換** (nilpotent transformation) であるとは，ある自然数 N が存在して S^N が零写像となることである．上の $\tilde{T} - \alpha I$ は W 上のべき零変換である．逆に，$\tilde{T} - \alpha I$ がべき零変換であって，かつ，上のような性質をもつ W の基底がとれればその基底に関する $\tilde{T}$ の表現行列はジョルダン・ブロックとなる．

線形変換 $T: V \to V$ の固有値の一つを α とする．V の $\mathbf{0}$ でない元 x が T の**広義固有ベクトル** (generalized eigenvector) であるとは，ある自然数 N が存在して，$(T - \alpha I)^N(x) = \mathbf{0}$ が成り立つことである．ここで，I は恒等変換を表す．$N = 1$ に対して上の関係式が成り立つとき，x は T の固有ベクトルであるので，広義固有ベクトルは固有ベクトルの一般化であると考えられる．また，$\tilde{W}(\alpha) = \{\, x \in V \mid (T - \alpha I)^N(x) = \mathbf{0} \,(^\exists N \in \mathbf{N}) \,\}$ を T の固有値 α に対する**広義固有空間** (generalized eigenspace) と呼ぶ．T の広義固有空間は T 不変である．さらに次の定理が成り立つ．

定理 2 有限次元複素線形空間 V の線形変換 T の相異なるすべての固有値を $\alpha_1, \ldots, \alpha_s$ とし，α_i に対する T の広義固有空間を $\tilde{W}(\alpha_i)$ とする ($i = 1, \ldots, s$)．このとき，$V = \tilde{W}(\alpha_1) \oplus \cdots \oplus \tilde{W}(\alpha_s)$ が成り立つ．

上の定理において $i = 1, \ldots, s$ に対し $T - \alpha_i I$ を $\tilde{W}(\alpha_i)$ に制限した写像はべき零変換である．べき零変換については，次の定理が成り立つ．

定理 3 $S: W \to W$ を有限次元複素線形空間のべき零変換とするとき，W の適当な基底を選び，その基底に関する S の表現行列がいくつかのジョルダン・ブロックの直和 $J(0, k_1) \oplus J(0, k_2) \oplus \cdots \oplus J(0, k_q)$ となるようにすることができる．

定理3の結果を定理2の $(T - \alpha_i I)|_{\tilde{W}(\alpha_i)}$ に適用すれば，$T|_{\tilde{W}(\alpha_i)}$ の表現行列が固有値 α_i に対するジョルダン・ブロックの直和となるようにすることができ，定理1が証明される．

定理3は，仮定 $S^N = 0$ のもとで W の線形部分空間の列 $W = \mathrm{Ker}(S^N) \supset \mathrm{Ker}(S^{N-1}) \supset \ldots \supset \mathrm{Ker}(S)$ に着目して基底を選ぶことによって証明される．ここで，$\mathrm{Ker}(S^i)$ は S^i の**核** (kernel) を表す．詳細は省略するが，例を示しておく．

例 2 線形変換 $S: W \to W$ が $S^3 = 0$ を満たすとし，$\dim W = \dim \mathrm{Ker}(S^3) = 5$, $\dim \mathrm{Ker}(S^2) = 4$, $\dim \mathrm{Ker}(S) = 2$ であるとする．このとき，$e_3 \in \mathrm{Ker}(S^3) \setminus \mathrm{Ker}(S^2)$ をとり，$e_2 = S(e_3)$, $e_1 = S(e_2)$ とおくと，$e_2 \in \mathrm{Ker}(S^2) \setminus \mathrm{Ker}(S)$, $e_1 \in \mathrm{Ker}(S)$ となる．このとき，$e_5 \in \mathrm{Ker}(S^2) \setminus \mathrm{Ker}(S)$ を，e_2 と e_5 が線形独

立で, かつ, $(\boldsymbol{C}e_2 + \boldsymbol{C}e_5) \cap \mathrm{Ker}(S) = \{\boldsymbol{0}\}$ を満たすようにとることができる. $\boldsymbol{e}_4 = S(\boldsymbol{e}_5)$ とおくと, $\boldsymbol{e}_4 \in \mathrm{Ker}(S)$ である. この場合, $\langle \boldsymbol{e}_1, \ldots, \boldsymbol{e}_5 \rangle$ が W の基底となり, この基底に関する S の表現行列は $J(0,3) \oplus J(0,2)$ となる.

4 単因子論

定理 1 のもう一つの証明方法の概略を以下に示す.

R を単項イデアル整域 (principal ideal domain) とする. 体 K 上の 1 変数多項式環 $K[x]$ や, 有理整数環 $\boldsymbol{Z}$ は単項イデアル整域である. R の元を成分とする (m,n) 型行列全体の集合を $M(m,n;R)$ で表す. $A \in M(n,n;R)$ が可逆 (invertible) であるとは, ある $B \in M(n,n;R)$ が存在して, $AB = BA = E_n$ (単位行列) となることである.

$A, B \in M(m,n;R)$ が対等 (equivalent) であるとは, 可逆行列 $P \in M(m,m;R)$, $Q \in M(n,n;R)$ が存在して, $B = PAQ$ が成り立つことと定義する. このとき, 次の定理が成り立つ.

定理 4 単項イデアル整域 R の元を成分とする任意の (m,n) 型行列 A は, 次の形の行列 B と対等である:
$$B = \begin{pmatrix} e_1 & & & \\ & e_2 & & \\ & & \ddots & \\ & & & e_r \end{pmatrix}.$$
ここで, e_{i+1} は e_i の倍元である $(i = 1, \ldots, r-1)$. $e_1, \ldots, e_r$ は R の可逆元倍を除いて一意的である.

上の $e_1, \ldots, e_r$ を A の単因子 (elementary divisor) といい, B を A のスミス標準形 (Smith normal form) という. 次の定理が, ジョルダン標準形を論じるにあたって重要である.

定理 5 二つの n 次複素正方行列 A, B が相似であるための必要十分条件は, 複素係数多項式を成分とする二つの行列 $xE_n - A, xE_n - B \in M(n,n;\boldsymbol{C}[x])$ が対等であること, すなわち同一のスミス標準形をもつことである.

ジョルダン・ブロック $J(\alpha, k)$ に対して $xE_k - J(\alpha, k)$ を考えると, そのスミス標準形は, 対角成分が $1, 1, \ldots, 1, (x-\alpha)^k$ の対角行列となる. これより, ジョルダン行列 J に対して $xE_n - J$ のスミス標準形を計算することができる. 一方, A が n 次複素正方行列のとき, $xE_n - A$ のスミス標準形は n 個の多項式 $e_1(x), \ldots, e_n(x)$ を対角成分とする対角行列である. ここで, **代数学の基本定理** (fundamental theorem of algebra) により, 各 $e_i(x)$ $(i = 1, \ldots, n)$ が 1 次式の積に分解することを使うと, n 次複素正方行列 A に対して, ジョルダン行列 J が存在して, $xE_n - A$ のスミス標準形と $xE_n - J$ のスミス標準形が一致することが証明できる.

5 最小多項式

A を n 次複素正方行列とする. $f(A) = O$ となるような多項式 $f(x) \in \boldsymbol{C}[x] \setminus \{0\}$ のうち, 次数が最小で, 最高次係数が 1 であるものを, A の最小多項式 (minimal polynomial) といい, $\varphi_A(x)$ で表す. このとき, 次の定理が成り立つ.

定理 6 n 次複素正方行列 A の最小多項式 $\varphi_A(x)$ は, $xE_n - A$ の n 番目の単因子 $e_n(x)$ に (0 でない定数倍を除いて) 等しい.

この定理から次の二つの定理が導かれる.

定理 7 A が対角行列と相似であるための必要十分条件は, A の最小多項式 $\varphi_A(x)$ が重根をもたないことである.

定理 8 (ハミルトン–ケーリー) $\Phi_A(A) = O$. ここで, $\Phi_A(x) = \det(xE_n - A)$ は A の特性多項式を表す.

$\Phi_A(x)$ が $xE_n - A$ のすべての単因子の積であることより定理 8 は証明される.

[海老原　円]

参考文献

[1] 齋藤正彦:線型代数入門, 東京大学出版会, 1966.
[2] 佐武一郎:線型代数学 (増補版), 裳華房, 1974.

振動積分

oscillatory integral

振動積分 (oscillatory integral) という言葉はラックス (P.D. Lax) によってはじめて用いられた. 振動積分は，偏微分方程式の解を擬微分作用素やフーリエ積分作用素で表現する際に用いられている [1][2][3][4][5]. また，ファインマン経路積分の定式化にも用いられている [6].

$$I = \int_{-\infty}^{\infty} e^{ix^2} dx = \sqrt{\pi} e^{i\pi/4}$$

であることは，フレネル積分として知られている. 重要なことは

$$\int_{-\infty}^{\infty} |e^{ix^2}| dx = \int_{-\infty}^{\infty} 1 dx = \infty$$

となって e^{ix^2} は $(-\infty, \infty)$ でルベーグ積分可能ではないことである. 振動積分においては，

$$I = \lim_{\epsilon \to 0} \int_{-\infty}^{\infty} e^{-\epsilon^2 x^2} e^{ix^2} dx = \sqrt{\pi} e^{i\pi/4}$$

の意味で考える. ここで，補助として使った関数 $e^{-\epsilon^2 x^2}$ は変数変換すると形を変えるため，この式を定義とすると，振動積分の置換積分法を考える場合に不便である. このことも考慮して，あとの定義では補助として使う関数も一般化されている.

d 次元ユークリッド空間 $\mathbf{R}^d$ における振動積分について説明するために，記号の説明をしておく. $\mathbf{R}^d$ の点 $x = (x_1, x_2, \ldots, x_d)$ と非負整数 α_j を要素とする多重指数 $\alpha = (\alpha_1, \alpha_2, \ldots, \alpha_d)$ に対して，以下の記号を用いる.

$$|x| = \sqrt{x_1^2 + x_2^2 + \cdots + x_d^2},$$
$$\langle x \rangle = \sqrt{1 + |x|^2},$$
$$|\alpha| = \alpha_1 + \alpha_2 + \cdots + \alpha_d,$$
$$\partial_{x_j} = \frac{\partial}{\partial x_j}, \ j = 1, 2, \ldots, d,$$
$$\partial_x^\alpha = \partial_{x_1}^{\alpha_1} \partial_{x_2}^{\alpha_2} \cdots \partial_{x_d}^{\alpha_d}.$$

任意の多重指数 α と任意の非負整数 k に対して

$$\lim_{|x| \to \infty} \langle x \rangle^k |\partial_x^\alpha f(x)| = 0$$

を満たす C^∞ 級関数 $f(x)$ を 急減少関数 (rapidly decreasing function) と呼ぶ. 急減少関数全体の集合を $\mathcal{S}$ で表す.

$\chi_0(x) = e^{-|x|^2}$ とすると $\chi_0(\epsilon x) = e^{-\epsilon^2 |x|^2}$ で

$$\chi_0(0) = 1 \text{ かつ } \chi_0 \in \mathcal{S}$$

となることに注意して，以下の定義をみてほしい.

定義 1 (振動積分)

$$\lim_{\epsilon \to 0} \int_{\mathbf{R}^d} e^{i\phi(x)} \chi(\epsilon x) a(x) dx$$

の値が $\chi(0) = 1$ となる $\chi \in \mathcal{S}$ の選び方に無関係に定まるとき，振動積分 Os-$\int_{\mathbf{R}^d} e^{i\phi(x)} a(x) dx$ を

$$\text{Os-} \int_{\mathbf{R}^d} e^{i\phi(x)} a(x) dx$$
$$= \lim_{\epsilon \to 0} \int_{\mathbf{R}^d} e^{i\phi(x)} \chi(\epsilon x) a(x) dx \quad (1)$$

で定義する. $\phi(x)$ を 相関数 (phase function), $a(x)$ を 振幅関数 (amplitude function) という.

相関数と振幅関数は目的に応じて定義されるので，ここでは一例 [3] を挙げ，定理 1 とその証明において, (1) の値が定まるメカニズムを紹介する.

定義 2 (振幅関数) C^∞ 級関数 $a(x)$ が振幅関数の族 $\mathcal{A}_\delta^m$ $(-\infty < m < \infty, -1 \leqq \delta < 1)$ に属するとは，任意の多重指数 α に対して，正の定数 C_α が存在して

$$|\partial_x^\alpha a(x)| \leqq C_\alpha \langle x \rangle^{m+\delta|\alpha|} \quad (2)$$

が成り立つことをいう. $a \in \mathcal{A}_\delta^m$ と書く.

注意 1 $a \in \mathcal{A}_\delta^m$ に対して，セミノルム $|a|_l^{(m)}$ $(l = 0, 1, 2, \ldots)$ を

$$|a|_l^{(m)} = \max_{|\alpha| \leqq l} \sup_{x \in \mathbf{R}^d} \frac{|\partial_x^\alpha a(x)|}{\langle x \rangle^{m+\delta|\alpha|}} \quad (3)$$

で定義すると, $\mathcal{A}_\delta^m$ はフレッシェ空間となる.

定義 3 (相関数) 実数値 C^∞ 級関数 $\phi(x)$ が δ-相関数 $(-1 \leqq \delta < 1)$ であるとは，次の (i), (ii) の条件を満たすときをいう.

(i) 正の定数 C が存在して

$$C^{-1} \langle x \rangle \leqq \langle \partial_x \phi \rangle \leqq C \langle x \rangle \quad (4)$$

が成り立つ. ただし，

$$\partial_x \phi = (\partial_{x_1} \phi, \partial_{x_2} \phi, \ldots, \partial_{x_d} \phi)$$

とする.

(ii) 任意の多重指数 α に対して，正の定数 C_α が存在して

$$|\partial_x^\alpha (\partial_x \phi)| \leqq C_\alpha \langle x \rangle^{1+\delta|\alpha|} \quad (5)$$

が成り立つ.

定理 1 δ-相関数 $\phi(x)$ に対し，1 階微分作用素
$$L = \frac{1 - i(\partial_x \phi) \cdot \partial_x}{1 + |\partial_x \phi|^2} \quad (6)$$
の共役作用素を L^* とする．このとき，振幅関数 $a \in \mathcal{A}_\delta^m$ に対し，
$$-(1-\delta)l + m < -d \quad (7)$$
を満たす非負整数 l をとると，
$$\text{Os-}\int_{\mathbf{R}^d} e^{i\phi(x)} a(x) dx$$
$$= \int_{\mathbf{R}^d} e^{i\phi(x)} (L^*)^l a(x) dx \quad (8)$$
と表せる．つまり振動積分 (1) の値は $\chi(0) = 1$ となる $\chi \in \mathcal{S}$ の選び方に無関係に定まる．

(証明) $Le^{i\phi(x)} = e^{i\phi(x)}$ に注意して，部分積分を l 回繰り返すと，
$$\int_{\mathbf{R}^d} e^{i\phi(x)} \chi(\epsilon x) a(x) dx$$
$$= \int_{\mathbf{R}^d} (Le^{i\phi(x)}) \chi(\epsilon x) a(x) dx$$
$$= \int_{\mathbf{R}^d} e^{i\phi(x)} L^*(\chi(\epsilon x) a(x)) dx$$
$$= \int_{\mathbf{R}^d} e^{i\phi(x)} (L^*)^l (\chi(\epsilon x) a(x)) dx \quad (9)$$
と表せる．
$$L^* = d_1(x) \cdot \partial_x + d_0(x)$$
と書くと，(4), (5) より，任意の多重指数 β に対して，正の定数 C_β が存在して
$$|\partial_x^\beta d_1(x)| \leq C_\beta \langle x \rangle^{-1+\delta|\beta|},$$
$$|\partial_x^\beta d_0(x)| \leq C_\beta \langle x \rangle^{-1+\delta+\delta|\beta|}$$
が成り立つ．これを繰り返して
$$(L^*)^l = \sum_{|\alpha| \leq l} d_{l,\alpha}(x) \partial_x^\alpha$$
と書くと，正の定数 $C_{l,\beta}$ が存在して
$$|\partial_x^\beta d_{l,\alpha}(x)| \leq C_{l,\beta} \langle x \rangle^{-l+\delta(l-|\alpha|)+\delta|\beta|}$$
($|\alpha| \leq l$) が成り立つ．一方，(3) より，任意の多重指数 α に対して，正の定数 C_α が存在して
$$|\partial_x^\alpha (\chi(\epsilon x) a(x))| \leq C_\alpha |a|_{|\alpha|}^{(m)} \langle x \rangle^{m+\delta|\alpha|}$$
($0 < |\epsilon| < 1$) を満たす．ゆえに，正の定数 C_l が存在して，
$$|(L^*)^l (\chi(\epsilon x) a(x))|$$
$$\leq \sum_{|\alpha| \leq l} |d_{l,\alpha}(x) \partial_x^\alpha (\chi(\epsilon x) a(x))|$$
$$\leq C_l |a|_l^{(m)} \langle x \rangle^{-(1-\delta)l+m} \quad (10)$$

と評価できる．(7) より，(10) の右辺は $\mathbf{R}^d$ 上でルベーグ積分可能である．さらに，
$$\lim_{\epsilon \to 0} (L^*)^l (\chi(\epsilon x) a(x)) = (L^*)^l a(x)$$
となる．(9) とルベーグの有界収束定理より
$$\text{Os-}\int_{\mathbf{R}^d} e^{i\phi(x)} a(x) dx$$
$$= \lim_{\epsilon \to 0} \int_{\mathbf{R}^d} e^{i\phi(x)} (L^*)^l (\chi(\epsilon x) a(x)) dx$$
$$= \int_{\mathbf{R}^d} \lim_{\epsilon \to 0} e^{i\phi(x)} (L^*)^l (\chi(\epsilon x) a(x)) dx$$
$$= \int_{\mathbf{R}^d} e^{i\phi(x)} (L^*)^l a(x) dx$$
を得る．

振動積分を自由に行うためには，極限や微分などとの順序交換定理をあらかじめ用意しておけばよい．たとえば，定理 1 に注意すれば，以下のような振動積分と極限との順序交換定理が示せる．

定理 2 $\phi(x)$ を δ-相関数とする．$\mathcal{A}_\delta^m$ に属する振幅関数の列 a_j ($j = 1, 2, 3, \dots$) が，任意の非負整数 l に対して
$$\sup_{j=1,2,3,\dots} |a_j|_l^{(m)} < \infty$$
を満たし，ある振幅関数 $a \in \mathcal{A}_\delta^m$ が存在して，任意の多重指数 α に対して
$$\lim_{j \to \infty} \partial_x^\alpha a_j(x) = \partial_x^\alpha a(x)$$
を満たすとする．このとき，
$$\lim_{j \to \infty} \text{Os-}\int_{\mathbf{R}^d} e^{i\phi(x)} a_j(x) dx$$
$$= \text{Os-}\int_{\mathbf{R}^d} e^{i\phi(x)} a(x) dx$$
が成り立つ． [熊ノ郷直人]

参 考 文 献

[1] 熊ノ郷準：擬微分作用素，岩波書店，1974.
[2] 熊ノ郷準：偏微分方程式，共立出版，1978.
[3] 熊ノ郷準：擬微分作用素及び Fourier 積分作用素と双曲型方程式の基本解，大阪大学，1983.
[4] 新開謙三：擬微分作用素—偏微分方程式解法への応用，裳華房，1994.
[5] 北田 均：フーリエ解析の話，現代数学社，2007.
[6] 藤原大輔：ファインマン経路積分の数学的方法，丸善出版，2012 (シュプリンガー・フェアラーク東京，1999).

シンプレクティック多様体

symplectic manifold

シンプレクティック構造は，古典力学のハミルトン形式による定式化において導入された．シンプレクティック幾何学は，古典力学，あるいはその量子化などの諸問題と関連しながら発展してきた．1980 年代半ばにグロモフ (Gromov) により大きな変革がもたらされ，現在急速に発展している．

1 基本事項

微分可能多様体 M 上の非退化な閉 2 次微分形式 ω をシンプレクティック構造 (symplectic structure)，組 (M,ω) をシンプレクティック多様体 (symplectic manifold) という．ここで ω が非退化であるとは，M の接束 TM から余接束 T^*M への写像 $v \mapsto -\iota_v\omega$ がベクトル束としての同型写像となることである．この同型写像によって，M 上の閉 1 形式，完全 1 形式に写される M 上のベクトル場を，それぞれシンプレクティックベクトル場 (symplectic vector field)，ハミルトン・ベクトル場 (Hamiltonian vector field) という．カルタンの公式により，X がシンプレクティックベクトル場であることと，$L_X\omega = 0$ は同値である．M の微分同相写像 f で $f^*\omega = \omega$ を満たすものをシンプレクティック微分同相写像 (symplectic diffeomorphism または symplectomorphism) という．また，時間に依存したハミルトンベクトル場を積分して得られるシンプレクティック微分同相写像をハミルトン微分同相写像 (Hamiltonian diffeomorphism) という．

$f \in C^\infty(M)$ に対して，df に対応するハミルトンベクトル場を X_f と書くとき，f を X_f のハミルトン関数 (Hamiltonian function) という．$f, g \in C^\infty(M)$ に対してポアソン括弧 (Poisson bracket) を $\{f,g\} = \omega(X_f, X_g)$ により定義すると，(1) $\{\{f,g\},h\} + \{\{g,h\},f\} + \{\{h,f\},g\} = 0$ (2) $\{f,g\} = -\{g,f\}$ (3) $\{fg,h\} = f\{g,h\}+g\{f,h\}$ を満たす．一般に微分可能多様体 M 上の (1) から (3) を満たす $\{\,,\,\}: C^\infty(M) \times C^\infty(M) \to C^\infty(M)$ をポアソン構造 (Poisson structure) と呼ぶ．すなわちシンプレクティック多様体は自然なポアソン構造をもつ．

S を (M,ω) の部分多様体とする．S の各点 p において $T_pS \subset (T_pS)^\omega$ あるいは $(T_pS)^\omega \subset T_pS$ が成り立つとき，S をそれぞれ**等方的** (isotropic)，**余等方的** (coisotropic) という．ただし，$(T_pS)^\omega = \{v \in T_pM \mid 任意の w \in T_pS に対して \omega(v,w) = 0\}$ である．S が等方的かつ余等方的であるとき，ラグランジュ部分多様体 (Lagrangian submanifold) という．このとき $\dim S = \frac{1}{2}\dim M$ である．また，ω の S への制限が非退化であるとき，シンプレクティック部分多様体 (symplectic submanifold) という．

シンプレクティック構造は局所的に標準形をもつ．すなわち，シンプレクティック多様体 (M,ω) の任意の点 p に対して，その近傍における局所座標系 $(x_1,\ldots,x_n,y_1,\ldots,y_n)$ を $\omega = \sum_{i=1}^n dx_i \wedge dy_i$ を満たすようにとることができる．これをダルブーの定理 (Darboux's theorem) という．

例 微分可能多様体 N の余接束を $\pi: T^*N \to N$ とする．T^*N 上の 1 次微分形式 θ を $\xi \in T^*N, v \in T_\xi(T^*N)$ に対して $\theta_\xi(v) = \langle \xi, \pi_{*\xi}(v)\rangle$ により定めるとき，$\omega_{can} = -d\theta$ は T^*N 上のシンプレクティック構造である．また，N 上の閉 1 形式のグラフは (T^*N, ω_{can}) のラグランジュ部分多様体である．

ケーラー多様体 M のケーラー形式はシンプレクティック構造である．また，ケーラー多様体の複素部分多様体はシンプレクティック部分多様体である．

リー群の余随伴軌道の上にはキリロフ–コスタント (Kirillov–Kostant) 形式と呼ばれるシンプレクティック構造が存在する．

2 モーメント写像

コンパクトリー群 G がシンプレクティック多様体 (M,ω) に ω を保って作用しているとする．この作用がハミルトン作用 (Hamiltonian action)

であるとは，G–同変な写像 $\mu\colon M \to \mathfrak{g}^*$ で，任意の $X \in \mathfrak{g}$ に対して $\langle \mu(\ ), X\rangle$ が X の生成する M 上のベクトル場のハミルトン関数となるものが存在することである．この写像をモーメント写像 (moment map) あるいは運動量写像と呼ぶ．$0 \in \mathfrak{g}^*$ が μ の正則値であるとき，$\mu^{-1}(0)/G$ はシンプレクティック軌道体となり，シンプレクティック商 (symplectic quotient) あるいはシンプレクティック簡約 (symplectic reduction) と呼ばれる．偏極射影代数多様体の簡約代数群による幾何学的不変式論の商と，その極大コンパクト部分群によるシンプレクティック商は一致する．ゲージ理論における小林–ヒッチン対応はこの無限次元における類似として理解される．シンプレクティック商のトポロジーはモース理論，同変コホモロジー理論などを用いて研究されている．

3 量子化

多様体 N 上の点粒子の運動の相空間が (T^*N, ω_{can}) であり，それを量子化してヒルベルト空間 $L^2(N)$ が得られる．この手続きを幾何的に一般化したものが**幾何学的量子化** (geometric quantization) である．シンプレクティック多様体 (M, ω) の**前量子直線束** (prequantum line bundle) (H, ∇) とは M 上の複素直線束とその上の接続の組で，その第1チャーン形式が ω となるものである．(M, ω) に対応するヒルベルト空間は H の切断の空間の部分空間として構成される．この部分空間を定めるために偏極という M の接束 (の複素化) の半分次元の部分束が必要である．偏極にはさまざまなものがあるが，とくにケーラー偏極と実偏極が知られている．

M をポアソン構造をもつ多様体，$\hbar$ を形式的な元とする．$C^\infty(M)[[\hbar]]$ の結合則を満たす積 $*$ で次を満たすものが存在する：$f, g \in C^\infty(M)$ に対して $f*g = \sum_{i=0}^\infty \hbar^i f*_i g$ とするとき，$f*_0 g = fg$, $f*_1 g = \{f, g\}$ で，$*_i$ が双線形な微分作用素である．このような $C^\infty(M)$ の非可換環への変形を**変形量子化** (deformation quantization) という．

4 シンプレクティックトポロジー

グロモフは1980年代半ばに，次の**圧縮不能定理** (non–squeezing theorem) を発見し，シンプレクティック微分同相写像と体積を保つ微分同相写像との違いをあきらかにした：$B^n(r)$ を $\boldsymbol{C}^n$ の半径 r の標準的なシンプレクティック構造をもつ開球とする．$B^n(r)$ が $B^1(R) \times \boldsymbol{C}^{n-1}$ の開集合とシンプレクティック微分同相ならば $r \leqq R$ である．この定理はシンプレクティック容量 (symplectic capacity) の理論へ深められ，ハミルトン微分同相写像の固定点やラグランジュ部分多様体の交点の個数に関するアーノルド予想 (Arnold conjecture) などとともに，シンプレクティックトポロジーの発展の原動力となった．

グロモフは圧縮不能定理の証明において，擬正則曲線の手法を導入した．シンプレクティック構造 ω と両立する M の概複素構造 J，すなわち ω は J–不変で，$\omega(\ ,J\ )$ が正定値となる J をひとつ固定する．このときリーマン面から (M, J) への正則な写像を**擬正則曲線** (pseudoholomorphic curve) または J–**正則曲線** (J–holomorphic curve) と呼ぶ．フレアーは擬正則曲線を用いて，フロアー・ホモロジー (Floer homology) と呼ばれるホモロジーを導入し，アーノルド予想に応用した．

擬正則曲線のモジュライ空間は，**安定写像** (stable map) を考えることによりコンパクト化され，さらにその**仮想基本類** (virtual fundamental class) が構成される．これらを用いて，**グロモフ–ウィッテン不変量** (Gromov–Witten invariant) と呼ばれるシンプレクティック多様体の不変量や，コホモロジー環の変形である**量子コホモロジー環** (quantum cohomology ring) が構成される．これらの不変量はミラー対称性 (Mirror symmetry) において重要な役割を演じており，現在も活発に研究されている． ［今野 宏］

参考文献

[1] 深谷賢治：シンプレクティック幾何学，岩波書店，1999．
[2] D. McDuff, D. Salamon：*Introduction to Symplectic Topology*, Oxford University Press, 1998．

数

number

数学で「数」と呼ばれる対象としては,自然数,整数,有理数,実数,複素数,四元数,八元数,などがある.

1 自然数

1.1 定義と基本性質

人間が出会うもっとも素朴な数が自然数である.自然数の集合は,通常
$$N = \{1, 2, 3, \dots\}$$
という記号で表される.整数 0 を自然数に入れる流儀もあるが,日本では「自然数は 1 から始まる」とするのが一般的である.自然数には足し算と掛け算とが定義されていて,結合法則,交換法則,分配法則が成り立っている.これらの演算は,さらに広い範囲の数の演算の基礎をなしている.

自然数は素朴なものであるが,数学的に厳密に「自然数とは何か」に答えるのは簡単ではない.現在では,ペアノ (G. Peano) の公理系によって自然数を定義するのが普通である.ペアノの公理系は数学的帰納法の原理を基本としていて,まず 1 があり,1 の次が 2,2 の次が 3,…,として自然数を捉えている.

1.2 自然数の表記

日本語で自然数を表すときには
一,十,百,千,万,億,兆,京,…,無量大数 $(= 10^{68})$ などの言葉が使われるが,これだと,表示できる数の大きさに限界がある.そのため,現在では,自然数の表記は 10 進法が使われるのが一般的である.たとえば,一万二千三百二は 10 進法で 12302 と表され,これは
$$12302 = 1 \times 10^4 + 2 \times 10^3 + 3 \times 10^2 + 0 \times 10 + 2 \times 10^0$$
という意味である.この表示に 2 回現れる数字 2 は,それぞれ,千の位の数,一の位の数,ということで,書かれた場所によって果たす機能が違っている.このように,数字を書く場所 (= 位) を変えることで自然数を表す方法を「位取り記数法」と呼ぶ.位取り記数法によって限られた数の数字 (10 進法では,0, 1, 2, …, 9 の 10 個) でどんなに大きな数も表すことができるようになったが,そのためには 0 という概念の導入が必要であった (文献 [1] 参照).

1.3 基数と順序数

自然数は「個数を数える」機能と「順序を表す」機能をもっている.たとえば,自然数 1 を使えば,ものを「一つ (one)」と数えることができるとともに「1 番目 (first)」として順番を指定することができる.前者の機能を果たす数を基数と呼び,後者を順序数と呼ぶ.有限な数である自然数の場合には基数と順序数は 1 対 1 に対応しているが,無限のものを考えるときには両者は分離して,基数である「(有限とは限らない) 集合の元の個数」はその集合の濃度と呼ばれ,無限個のものの順序を考えるために (超限) 順序数が導入されている.

2 数の体系の発展

現在使われる数は,自然数に対して必要な「機能拡張」を行うことによって構成されてきた,ととらえることができる.

2.1 整数

自然数に関しては足し算ができるが,足し算の逆演算である引き算はできるとは限らない (たとえば,$2 + n = 1$ となる自然数 n は存在しない).引き算が可能になるように 0 と負の数を導入することで整数が構成される.負の数との積も定義されるので,整数は加・減・乗の三つの演算をもつことになる (代数学で可換環と呼ばれる対象である).整数全体の集合は
$$Z = \{\dots, -2, -1, 0, 1, 2, \dots\}$$
と書き表される.

2.2 有理数

整数の範囲でも割り算はできるとは限らない (たとえば,$2 \times n = 1$ を満たす整数 n は存在しない).割り算を可能にするために分数を導入して,有理数が構成される.有理数は加減乗除の四則演算をもって (ただし,0 による割り算は除く) いて,代数学で体と呼ばれる対象である.有理数全体の集

合は
$$Q = \left\{ \frac{n}{m} \mid m, n \in \mathbf{Z}, m \neq 0 \right\}$$
と書き表される．有理数の集合 $\mathbf{Q}$ と自然数の集合 $\mathbf{N}$ の間には 1 対 1 対応があることがわかっていて，これは有理数は可算集合である（または，$\mathbf{Q}$ は可算濃度をもつ）と表現される．

2.3 実数

実数は，線分の長さや図形の面積を表すものとして古来から考えられていたものともいえる．しかし，実数の定義が厳密に考察されたのは，微分積分の導入以後である．実数は有理数からなる数列の極限として構成されるが，具体的構成法としては，デデキント (R. Dedekind) の切断による方法，カントール (G. Cantor) によるコーシー列を利用する方法，などがある．実数のもつ「極限に関して閉じている」という性質（「実数の連続性」「実数の完備性」と呼ばれる）は，微分積分において重要である．また，実数についても加減乗除の四則演算が定義されており，実数も，代数学における体の代表的な例である．

実数全体の集合は $\mathbf{R}$ と表されるが，実数を直線上の点として捉えることが有効であるので，$\mathbf{R}$ は実数直線としてイメージされることが多い．有理数の場合と異なり，カントールによって $\mathbf{R}$ と $\mathbf{N}$ の間には 1 対 1 対応は存在しないことが示されている（実数の非可算性）．有理数でない実数を無理数と呼ぶが，実数の非可算性から，無理数が無数に存在することが導かれる．

2.4 複素数

実数の範囲で加減乗除の演算は自由に行えるが，方程式を解く操作は実数の範囲内で実行できるとは限らない．たとえば，$x^2 = -1$ という 2 次方程式を満たす実数 x は存在しない．この不完全性を解消するために，歴史的には多くの紆余曲折があったが，最終的に $i^2 = -1$ を満たす数 i を新たに導入することが定着した（i を $\sqrt{-1}$ と書くこともある）．この i を虚数単位と呼び，実数 x, y によって $z = x + yi$ と表される数 z を複素数と呼ぶ．さらに，この表示での x を z の実部，y を z の虚部，と呼ぶ．

複素数を導入して任意の 2 次方程式が複素数解をもつことになったが，複素数はさらに強い性質をもつことが明らかになった．つまり，「任意の代数方程式は複素数解をもつ」という定理が成り立ち，代数学の基本定理と呼ばれている（代数方程式とは，多項式 $= 0$ という形の方程式である）．虚数単位，虚部，などに現れる虚 (imaginary) という言葉は実数の実 (real) に対比されたもので，複素数が導入された当初はその実在がなかなか認められなかった，という歴史的事情から生じた用語である．現在では，代数学の基本定理などを通じて複素数の有効性が広く明らかになって，複素数は数学にとって欠かせないものになっている．

複素数全体の集合を
$$\mathbf{C} = \{x + yi \mid x, y \in \mathbf{R}\}$$
と書き表す．複素数は二つの実数で定まるので，複素数を平面上の点として表すことができる（複素数平面）．複素数平面においては 0 が原点であり，「虚部 $= 0$」で定まる直線を実軸といい，「実部 $= 0$」で定まる直線を虚軸という．複素数平面で極座標を考えることも重要であり，極座標を使った表示を複素数の極表示という．

実数の加減乗除の演算は自然に複素数に拡張されるので，複素数も代数学での体である．

2.5 四元数・八元数

実数が複素数に拡大されたあと，ハミルトン (W.R. Hamilton) は「数の範囲がさらに拡大できないか」という問題を考察し，四元数を導入した．複素数は二つの元 $1, i$ の線形結合で表されたが，四元数は四つの元 $1, i, j, k$ の線形結合で表される．四元数は代数学で可除代数と呼ばれる対象で，積の可換性は成り立たないとはいえ，加減乗除の演算が自由に行えて，いろいろな分野で活用されている．複素数の拡大としては，八元数も存在することがわかっている [2]．　　［中島匠一］

参 考 文 献

[1] 吉田洋一：零の発見，岩波書店，1939．
[2] エビングハウスほか著，成木勇夫訳：数 (上, 下)，シュプリンガー・フェアラーク東京，1991．

数学的帰納法

....
induction
....

自然数の集合 $\{1, 2, \ldots\}$ を $\boldsymbol{N}$ で表す．自然数 n をパラメータとする命題 $P(n)$ が与えられたとき，それらのすべてが真であることを証明するための次の方法を**数学的帰納法**という．

(1) $P(1)$ が真であることを証明する．
(2) $n \geqq 2$ に対し $P(n-1)$ が真であることを仮定して，$P(n)$ が真であることを証明する．

この数学的帰納法を初めて述べたのはパスカルであるといわれている．

自然数のペアノによる定義が，最初の自然数 1 が存在することと，自然数 $n-1$ に対してその次の自然数 n が存在することとしているため，自然数に対するすべての命題は数学的帰納法で示されることになる．ペアノによる自然数の集合 $\boldsymbol{N}$ の定義 (公理) は以下のものである．

(1) 最初の自然数 1 が存在 ($\exists 1 \in \boldsymbol{N}$);
(2) 任意の自然数 n に対して，その次の自然数 n^+ を与える関数 $^+$ の存在 ($\forall n \in \boldsymbol{N}, \exists! n^+ \in \boldsymbol{N}$);
(3) 関数 $^+$ の非再帰性 $\forall n \in \boldsymbol{N}, n^+ \neq 1$;
(4) 関数 $^+$ の単射性 ($\forall \{m, n\} \subset \boldsymbol{N}, m^+ = n^+ \Rightarrow m = n$);
(5) 数学的帰納法の公理, $\boldsymbol{N}$ の最小性 (集合 M が (2), (3), (4) を満たす関数 $^+$ をもち, $(1 \in M) \wedge ((n \in M) \Rightarrow (n^+ \in M))$ を満たすならば, $\boldsymbol{N} \subset M$).

自然数 n をパラメータとする命題 $P(n)$ に対して，$Q(n)$ を，n 以下の自然数 m に対して, $P(n)$ が真であるという命題，すなわち，$Q(n)$ を $P(1) \wedge \cdots \wedge P(n)$ すなわち $(m \leqq n) \Rightarrow P(m)$ とすると，$P(n)$ がすべて真であることと $Q(n)$ がすべて真であることとは同値となる．したがって，$Q(n)$ についての上の意味での数学的帰納法を，$P(n)$ で書くと次の証明方法が得られる．

(1) $P(1)$ が真であることを証明する．
(2) $n \geqq 2$ に対し $P(m)$ が $m \leqq n-1$ に対して，真であることを仮定して，$P(n)$ が真であることを証明する．

これも数学的帰納法と呼ばれる．

自然数 n をパラメータとする命題 $P(n)$ を書き表すために，数学的帰納法による定義が行われることも多い．

1 例

1.1 数学的帰納法による定義の例

ペアノによる自然数の定義の後，自然数の加法を定義するには, $m \in \boldsymbol{N}$ を加える操作 (関数) $\mathbf{a}_m$ を, $n = 1$ に対し, $\mathbf{a}_m(1) = m^+$ と定め, $\mathbf{a}_m(n)$ が定義されていると仮定して, $\mathbf{a}_m(n^+) = (\mathbf{a}_m(n))^+$ により定義する．これにより，すべての自然数 $n \in \boldsymbol{N}$ に対し, $\mathbf{a}_m(n)$ が定義される．

1.2 数学的帰納法による証明の例

上の $\mathbf{a}_m$ の定義の後, n に関する数学的帰納法で, $\mathbf{a}_{m^+}(n) = (\mathbf{a}_m(n))^+$ であることが，次のように示される．$n = 1$ に対しては, $\mathbf{a}_{m^+}(1) = (m^+)^+ = (\mathbf{a}_m(1))^+$ であり正しい．n に対して正しい ($\mathbf{a}_{m^+}(n) = (\mathbf{a}_m(n))^+$ である) とする．n^+ に対し, $\mathbf{a}_{m^+}(n^+) = (\mathbf{a}_{m^+}(n))^+ = ((\mathbf{a}_m(n))^+)^+ = (\mathbf{a}_m(n^+))^+$, ここで 2 番目の等号で帰納法の仮定を用い, 1, 3 番目の等号は，加える操作の定義である．これにより命題が示された．また，命題 $\mathbf{a}_1(n) = n^+$ が，数学的帰納法で示される．実際, $n = 1$ のとき $\mathbf{a}_1(1) = 1^+$ は，定義からわかり, n に対して正しいとすると, $\mathbf{a}_1(n^+) = (\mathbf{a}_1(n))^+ = (n^+)^+$ となり, n^+ に対して正しい．これらを用いて，自然数における加法の可換性 $\mathbf{a}_m(n) = \mathbf{a}_n(m)$ が, n についての数学的帰納法で次のように示される．$n = 1$ に対しては, $\mathbf{a}_m(1) = m^+ = \mathbf{a}_1(m)$ となり，命題は正しい．n に対して正しい ($\mathbf{a}_m(n) = \mathbf{a}_n(m)$) とする．$n^+$ に対して, $\mathbf{a}_m(n^+) = (\mathbf{a}_m(n))^+ = (\mathbf{a}_n(m))^+ = \mathbf{a}_{n^+}(m)$ となり，命題が正しいことが示された．したがって，任意の $n \in \boldsymbol{N}$ に対して $\mathbf{a}_m(n) = \mathbf{a}_n(m)$ が示された．これを通常の記

法で書くと $n + m = m + n$ となる.

1.3 個数についての帰納法の例

n 個の点の集合 V と V の 2 点を結ぶ線分の集合 E が与えられたとき, 任意の 2 点 $v_1, v_2 \in V$ に対し, E の元の列 $e_1, \ldots, e_k$ で, v_1 は, e_1 の端点, v_2 は e_k の端点であり, $i = 1, \ldots, k-1$ に対し, e_i, e_{i+1} は端点の一つを共有するとする (v_1, v_2 は E の元の列で結ばれるという). このとき, E の $n-1$ 個の元からなる部分集合 T で, 任意の 2 点 $v_1, v_2 \in V$ が, T の元の列で結ばれるものが存在することを数学的帰納法で示そう. V の m 個の元からなる部分集合 A_m で, E の A_m の元を端点とする $m-1$ 個の元からなる部分集合 T_{m-1} があって, 任意の 2 点 $v_1, v_2 \in A_m$ が, T_{m-1} の元で結ばれるものを $A_1 \subset A_2 \subset \cdots$ の形で構成すればよい. A_1 としては, 任意の $\{v_1\} \subset V$ をとる. A_m が構成されたとする. A_m に含まれない $v \in A$ に対して, v_1, v を結ぶ E の元の列 $e_1, \ldots, e_k$ が存在する. e_1 の端点, e_2 の端点, $\ldots$ を順に並べると, A_m に含まれないものが存在するので, 最初に A_m に含まれないものがある. それを v_{m+1} とすると, v_{m+1} は, ある e_i の端点として最初に現れる. e_i のもう一つの端点 v_ℓ は A_m の元である. $A_{m+1} = A_m \cup \{v_{m+1}\}$, $T_m = T_{m-1} \cup \{e_i\}$ とすると, A_{m+1} の 2 点 v, v' は, 両方とも A_m の元ならば, T_{m-1} の元の列で結ばれ, 1 点 v が v_{m+1} ならば, v' と v_ℓ を結ぶ T_{m-1} の元の列と e_i を合わせたもので結ばれる. したがって, 数学的帰納法により, A_m, T_{m-1} は $m \leqq n$ に対して存在する. $V = A_n$ に対して, 求める T が存在することが示された.

2 超限帰納法

数学的帰納法は, 整列集合の元をパラメータとする命題に対する超限帰納法に拡張される.

整列集合とは, (整列順序と呼ばれる) 線形順序 $\leqq$ をもつ集合であって, 空でない任意の部分集合が最小元をもつものである. 整列集合の元の個数 (濃度) は何であってもよい.

整列集合 W に対し, 最小元 m が存在する. $W_{<x} = \{y \in W \mid y < x\}$ が最大元をもつ場合と, もたない場合があることに注意する.

超限帰納法とは, 整列集合 W をパラメータとする命題 $P(x)$ が W のすべての元 x に対し真であることの次の証明法である.

(1) 整列集合 W の最小元 m に対して, 命題 $P(m)$ が真であることを証明する.

(2) $W_{<x}$ の元 y に対して命題 $P(y)$ が真であると仮定し命題 $P(x)$ が真であることを証明する.

これが正しい証明法であることは, $P(x)$ が成立しない x の集合を考えると, それは整列集合 W の部分集合だから, 最小元 w があるが, その最小元 w が整列集合 W の最小元であれば, (1) に矛盾し, そうでなければ, (2) の仮定が成立しているので, (2) により, $P(w)$ は真であることになり, 仮定に反する. したがって, $P(x)$ が O のすべての元 x に対し真であることがわかる.

3 ネーターの帰納法

帰納法を行うためには, 全順序集合である必要はない. 半順序集合は, 空でない任意の部分集合に対し, 最小元 m が存在するとき, 極小条件を満たすという. 極小条件を満たす半順序集合 Λ の元をパラメータとする命題 $P(x)$ が Λ のすべての元 x に対し真であることは, 次のようにして証明される. これは, ネーターの帰納法と呼ばれることもある.

(1) Λ のすべての極小元 m に対して, 命題 $P(m)$ が真であることを証明する.

(2) $\Lambda_{<x}$ の元 y に対して命題 $P(y)$ が真であると仮定して, 命題 $P(x)$ が真であることを証明する.

これが, 正しい証明法であることは, $P(x)$ が成立しない x の集合が空でなければ, 最小元 x があるが, その最小元 x が Λ の最小元であれば, (1) に矛盾し, そうでなければ, (2) の仮定が成立しているので, (2) により, $P(x)$ は真であることになり, 仮定に反する. したがって, $P(x)$ が Λ のすべての元 x に対し真であることがわかる.

[編集委員]

数値積分

numerical integration

1 数値積分法

数値積分とは，狭義には，与えられた関数の定積分の値を，解析的にではなく数値計算によって近似値を数値的に求めることである．広義には，微分方程式を数値的に解くことなども含む．以下では，狭義の数値積分について述べる．

数値積分の基本は，実 d 次元空間の領域 D 上の関数 $f(\boldsymbol{x})$ の積分 $I = \int_D f(\boldsymbol{x})d\boldsymbol{x}$ を，N 個の点 $\boldsymbol{x}_1, \boldsymbol{x}_2, \cdots, \boldsymbol{x}_N$ における関数値の重みつき和

$$I_a = \sum_{k=1}^{N} w_k f(\boldsymbol{x}_k) \tag{1}$$

で近似することである．$\boldsymbol{x}_k$ と w_k をそれぞれ分点（あるいは標本点）および重みと呼び，分点と重みの取り方によって数値積分公式が定まる．また，差 $I - I_a$ を数値積分誤差という．

1 次元の数値積分 $I = \int_a^b f(x)dx$ では，補間型公式が基礎となる．補間型公式は，$n+1$ 個の分点 $x_k, k = 0, 1, \ldots, n$ における関数値 $f(x_k)$ を用いた n 次ラグランジュ補間多項式 $L_n(x)$ を被積分関数 $f(x)$ の近似として採用し

$$I \approx \int_a^b L_n(x)dx = \sum_{k=0}^{n} \int_a^b l_k(x)dx \cdot f(x_k)$$

と項別に積分して得られる公式である．ただし

$$l_k(x) := \prod_{j \neq k}^{n}(x - x_j) / \prod_{j \neq k}^{n}(x_k - x_j)$$

である．この公式では，$f(x)$ が n 次以下の多項式の場合に正確な積分値を与える．

補間型公式でもっとも基本的なのは，分点を等間隔にとるニュートン–コーツの公式 (Newton–Cotes quadrature rules) であるが，実用的には，ガウス型公式 (Gaussian quadrature rules) やクレンショウ–カーチスの公式 (Clenshaw–Curtis quadrature rules) のように分点と重みをうまくとる公式や，ロンベルク（ロンバーグ）積分法 (Romberg integration) や 2 重指数関数型公式 (double exponential formula) のように加速法あるいは変数変換と補間型公式を組み合わせた公式が用いられることが多い．また，ガウス–クロンロッドの公式 (Gauss–Kronrod quadrature rules) のように，数値積分誤差を考慮しながら積分区間を小区間に適応的に分割する方法もある．

多次元数値積分 ($d \geq 2$) は，積分領域や被積分関数の多様性などの理由により，非常に難しいことが知られている．これまでに提案された代表的な方法として，直積公式，多項式補間に基づく公式，(準) モンテカルロ法などがある．

以下では，1 次元で積分区間が有限の場合について説明するが，無限区間の数値積分に適用可能なものや拡張可能な公式もある．

2 ニュートン–コーツの公式

ニュートン–コーツの公式は，分点を等間隔にとる補間型公式である．積分区間の両端を分点に含めるとき閉じた公式といい，含めないとき開いた公式という．閉じた公式では $n+1$ 個の分点 x_k, $k = 0, 1, \ldots, n$ を積分区間 $[a, b]$ の n 等分点 $a + kh$ ($h = \frac{b-a}{n}$) にとる．とくに，$n = 1$ のときの公式

$$I \approx \frac{b-a}{2}\{f(a) + f(b)\}$$

は台形則 (trapezoidal rule)，$n = 2$ のときの公式

$$I \approx \frac{b-a}{6}\left\{f(a) + 4f\left(\frac{a+b}{2}\right) + f(b)\right\}$$

はシンプソン則 (Simpson's rule) と呼ばれる．開いた公式では n 個の分点 x_k, $k = 1, 2, \ldots, n$ を $a + kh$ ($h = \frac{b-a}{n+1}$) にとる．もっとも簡単なのは，$n = 1$ のときの公式である中点則 (midpoint rule)

$$I \approx (b-a)f\left(\frac{a+b}{2}\right)$$

であり，これは $c = (a+b)/2$ として $(c, f(c))$ を補間点とする 0 次補間多項式を $[a, b]$ で積分したものになっている．これ以外の開いた公式として，2 点則，ミルン則 (Milne's rule) などがある．

ニュートン–コーツの公式の数値積分誤差は

$$\begin{cases} C_n h^{n+3} f^{(n+2)}(\xi) & (n \text{ が偶数のとき}) \\ C_n h^{n+2} f^{(n+1)}(\xi) & (n \text{ が奇数のとき}) \end{cases}$$

で与えられる．ただし，ξ は $a < \xi < b$ を満たす実数，C_n は n のみによって定まる定数である．

ニュートン–コーツの公式は，$f(x)$ が閉区間 $[a, b]$ で連続であっても，$n \to \infty$ のときにかならずし

も真値 I に収束するとは限らない．これは，高次の導関数の増大に起因するルンゲ現象 (Runge's phenomenon) が発生する場合があるからである．また，数値計算で生じる丸め誤差の影響から高次の公式が高精度な結果を与えるとは限らないため，通常は，積分区間を等分割し，各小区間に低次の公式を適用する．このようにして得られた公式を複合公式 (compound rule) と呼ぶ．その代表例として，複合台形則 (compound trapezoidal rule)

$$I \approx h\left\{\frac{1}{2}f(a) + \sum_{k=1}^{n-1}f(a+kh) + \frac{1}{2}f(b)\right\}$$

があり，$f^{(2i+1)}(a) = f^{(2i+1)}(b)$, $i = 0, 1, \ldots$ を満たすような関数の積分などに対して，高精度な結果を与えることが知られている．

3 ガウス型公式

ガウス型公式は，重み関数 $w(x)$ をもつ積分

$$I_w = \int_a^b w(x)f(x)dx$$

に対する補間型数値積分公式である．n 個の分点 x_k, $k = 1, 2, \ldots, n$ を重み関数 $w(x)$ に関する $n-1$ 次直交多項式の零点にとり，それを補間点とする $f(x)$ のラグランジュ補間多項式 $L_{n-1}(x)$ を用いて

$$I_w \approx \int_a^b w(x)L_{n-1}(x)dx = \sum_{k=1}^n w_k f(x_k)$$

とする．このとき，$2n-1$ 次までの多項式に対して正しい積分値を与えるため，式 (1) の形式による近似方法としては最適である．また，$f(x)$ が閉区間 $[a, b]$ で連続であれば，$n \to \infty$ のときに真値 I_w に収束するという好ましい性質をもつ．

重み関数 $w(x)$ と直交多項式に対して 1 つのガウス型公式が定まる．代表的な公式を表 1 に示す．これらの公式における分点と重みは，既存の数値計算ライブラリなどによって計算可能である．

ガウス型公式の数値積分誤差は，もっとも基本的な n 点ガウス–ルジャンドル則の場合，被積分関数 $f(x)$ が $2n$ 回連続微分可能であれば

$$\frac{2^{2n+1}(n!)^4}{(2n+1)\{(2n)!\}^3}f^{(2n)}(\xi), \quad -1 < \xi < 1$$

となることが知られている．

表 1 代表的なガウス型数値積分公式

積分の形	公式名
$\int_{-1}^{1} f(x)dx$	ガウス–ルジャンドル則 (Gauss–Legendre rule)
$\int_{-1}^{1} \frac{f(x)}{\sqrt{1-x^2}}dx$	ガウス–チェビシェフ則 (Gauss–Chebyshev rule)
$\int_{-1}^{1}(1-x)^\alpha(1+x)^\beta f(x)dx$ $(\alpha, \beta > -1)$	ガウス–ヤコビ則 (Gauss–Jacobi rule)
$\int_0^\infty \exp(-x)f(x)dx$	ガウス–ラゲール則 (Gauss–Laguerre rule)
$\int_{-\infty}^\infty \exp(-x^2)f(x)dx$	ガウス–エルミート則 (Gauss–Hermite rule)

4 変数変換型公式

ある積分を，変数変換によって減衰の速い無限積分に変換し，複合台形則を適用すると比較的少ない分点数で高精度な近似値を得られることが多い．変数変換型公式には，IMT 公式 (伊理・森口・高澤の公式)，高橋・森 [3] によって提案された二重指数関数型公式 (DE 公式とも呼ばれる) などがあり，とくに積分区間の端点に特異点をもつような関数の積分に対して有効である．

二重指数関数型公式では，変数変換

$$x = \varphi(t) = \tanh\left(\frac{\pi}{2}\sinh(t)\right)$$

を用いて

$$I = \int_a^b f(x)dx = \int_{-\infty}^\infty f(\varphi(t))\varphi'(t)dt$$

として，これに複合台形則を適用する．この公式では，変数変換後の被積分関数 $f(\varphi(t))\varphi'(t)$ が，$t \to \pm\infty$ のとき二重指数関数的に減衰し，その数値積分誤差は $\exp(-Cn/\log n)$ となることが知られている．ここで，C は求める積分に固有の正の定数，n は積分区間の分割数である．

[荻田武史]

参 考 文 献

[1] 長田直樹：数値微分積分法，現代数学社，1987.
[2] 杉原正顯・室田一雄：数値計算法の数理，岩波書店，1994.
[3] H. Takahasi, M. Mori：Double exponential formulas for numerical integration, *Publ. Res. Inst. Math. Sci.*, **9**, 721–741, 1974.

数　　列

sequence

数の列 $a_1, a_2, a_3, \ldots$ を**数列**という．とくに実数からなる数列を実数列，複素数からなる数列を複素数列という．同様にして自然数列，整数列，有理数列なども定義される．a_1 を初項，a_n を第 n 項という．有限個の数からなる数列 $a_1, a_2, \ldots, a_N$ を有限数列といい，無限個の数からなる数列を無限数列という．有限数列を $\{a_n\}_{n=1}^{N}$，また無限数列を $\{a_n\}_{n=1}^{\infty}$ と表す．以下では数列といえば無限数列を指すものとする．

1 数列の収束と発散

数列 $\{a_n\}_{n=1}^{\infty}$ に対して，実数列 $\{|a_n|\}_{n=1}^{\infty}$ が有界であるとき，すなわちある非負の実数 M が存在し，任意の n に対して $|a_n| \leq M$ が成り立つとき，$\{a_n\}_{n=1}^{\infty}$ は**有界**，あるいは有界数列であるという．実数列 $\{a_n\}_{n=1}^{\infty}$ が下に有界であるとき，すなわちある実数 M が存在し，任意の n に対して $a_n \geq M$ が成り立つとき，下に有界な数列であるという．また上に有界であるとき，すなわちある実数 M が存在し，任意の n に対して $a_n \leq M$ が成り立つとき，上に有界な数列であるという．

数列 $\{a_n\}_{n=1}^{\infty}$ がある数 a に**収束する**とは，任意の $\varepsilon > 0$ に対してある番号 N が存在し，$n \geq N$ ならば $|a_n - a| < \varepsilon$ が成り立つことである．これを
$$\lim_{n \to \infty} a_n = a \quad \text{あるいは} \quad a_n \to a \ (n \to \infty)$$
と表す．このとき a を数列 $\{a_n\}_{n=1}^{\infty}$ の**極限**という．またある数 a に収束する数列を収束数列，あるいは数列 $\{a_n\}_{n=1}^{\infty}$ の極限が存在するという．

$\{a_n\}_{n=1}^{\infty}$ を実数列とする．もし任意の正の実数 M に対して，ある番号 N が存在し，$n \geq N$ ならば $a_n \geq M$ が成り立つとき，$\{a_n\}_{n=1}^{\infty}$ は $+\infty$ に**発散する**という．また任意の正の実数 M に対して，ある番号 N が存在し，$n \geq N$ ならば $a_n \leq -M$ が成り立つとき，$\{a_n\}_{n=1}^{\infty}$ は $-\infty$ に発散するという．$+\infty$ あるいは $-\infty$ に発散する数列を発散数列という．実数列 $\{a_n\}_{n=1}^{\infty}$ が収束数列でも発散数列でもないとき，振動数列という．とくに有界な振動数列を有限に振動する数列，有界でない振動数列を無限に振動する数列という．発散数列と振動数列を総称して発散数列ということもある．

例 $\{n^{-1}\}_{n=1}^{\infty}$ は収束数列である．$\{n\}_{n=1}^{\infty}$, $\{-n\}_{n=1}^{\infty}$ はそれぞれ $+\infty$, $-\infty$ に発散する発散数列である．$\{(-1)^n\}_{n=1}^{\infty}$, $\{(-1)^n n\}_{n=1}^{\infty}$ はどちらも振動数列であり，前者は有限に振動する数列，後者は無限に振動する数列である．

実数列 $\{a_n\}_{n=1}^{\infty}$ が
$$a_1 \leq a_2 \leq \cdots \leq a_n \leq a_{n+1} \leq \cdots$$
を満たすとき**単調増加列**であるという．また
$$a_1 \geq a_2 \geq \cdots \geq a_n \geq a_{n+1} \geq \cdots$$
であるとき**単調減少列**であるという．単調増加列，単調減少列を総称して単調数列という．

定理 1 上に有界な単調増加列は収束数列である．下に有界な単調減少列は収束数列である．

数列 $\{a_n\}_{n=1}^{\infty}$ の収束性について次の必要十分条件は重要である．

定理 2 (1) 実数列 $\{a_n\}_{n=1}^{\infty}$ がある実数 a に収束するための必要十分条件は，任意の $\varepsilon > 0$ に対して，ある番号 N が存在し，$n, m \geq N$ ならば $|a_n - a_m| < \varepsilon$ が成り立つことである．

(2) 複素数列 $\{a_n\}_{n=1}^{\infty}$ がある複素数 a に収束するための必要十分条件は，任意の $\varepsilon > 0$ に対して，ある番号 N が存在し，$n, m \geq N$ ならば $|a_n - a_m| < \varepsilon$ が成り立つことである．

ここで述べた収束列であるための必要十分条件を満たす数列を**コーシー数列**という．この定理は実数および複素数の完備性と呼ばれるものである．

数列 $\{a_n\}_{n=1}^{\infty}$ に対して，その一部を抜き出して作った数列 $\{a_{n(k)}\}_{k=1}^{\infty}$ を $\{a_n\}_{n=1}^{\infty}$ の**部分列**という．次の定理も重要なものである．

定理 3 (ボルツァーノ–ワイエルシュトラスの定理) $\{a_n\}_{n=1}^{\infty}$ が有界な数列であるとき，$\{a_n\}_{n=1}^{\infty}$ のある部分列で収束列になっているようなものが存在する．

2　2重数列

二つの番号をもつ数列 $a_{m,n}$ ($m=1,2,\ldots,n=1,2,\ldots$) を **2重数列**という．この2重数列を $\{a_{m,n}\}$ と表す．a を数とする．もし任意の正数 ε に対して，ある番号 N を $m,n>N$ ならば $|a_{m,n}-a|<\varepsilon$ となるように選べるとき，2重数列 $\{a_{m,n}\}$ は a に収束する，あるいは $\{a_{m,n}\}$ の2重極限 a が存在するといい，$\lim_{m,n\to\infty} a_{m,n}=a$ と表す．また $a_{m,n}$ が実数の場合，$\{a_{m,n}\}$ が $+\infty$（あるいは $-\infty$）に発散するとは，任意の $M>0$ に対して，ある番号 N を $m,n>N$ ならば $a_{m,n}>M$（あるいは $a_{m,n}<-M$）と選べることである．収束もせず，$+\infty$ にも $-\infty$ にも発散しない2重数列を振動数列という．コーシーの収束条件に対応するものとして，次の定理がある．

定理4　2重数列がある数に収束するための必要十分条件は，任意の $\varepsilon>0$ に対して，ある番号 N が存在し，$p>m>N$，$q>n>N$ ならば $|a_{m,n}-a_{p,q}|<\varepsilon$ が成り立つことである．

各 m に対して極限 $\lim_{n\to\infty} a_{m,n}=b_m$ が存在し，さらに極限 $\lim_{m\to\infty} b_m=b$ が存在するとき，行の累次極限 b が存在するといい，
$$\lim_{m\to\infty}\left(\lim_{n\to\infty} a_{m,n}\right)=b$$
と表す．また各 n に対して極限 $\lim_{m\to\infty} a_{m,n}=c_n$ が存在し，さらに極限 $\lim_{n\to\infty} c_n=c$ が存在するとき，列の累次極限 c が存在するといい
$$\lim_{n\to\infty}\left(\lim_{m\to\infty} a_{m,n}\right)=c$$
と表す．一般には2重極限，行の累次極限，列の累次極限のうち一つが存在しても，他のものが存在するとは限らない．

　例　$a_{m,n}=(m-n)/(m+n)$ の場合，
$$\lim_{m\to\infty}\left(\lim_{n\to\infty} a_{m,n}\right)=-1,$$
$$\lim_{n\to\infty}\left(\lim_{m\to\infty} a_{m,n}\right)=1$$
である．2重極限は存在しない．$a_{m,n}=(-1)^{m+n}(1/m+1/n)$ の場合，2重極限は存在するが，行および列に関する累次極限は存在しない．

付加条件を課せば，たとえば次のことが成り立つ．

定理5　2重数列 $\{a_{m,n}\}$ の2重極限 a が存在し，さらに各 m に対して極限 $\lim_{n\to\infty} a_{m,n}=b_m$ が存在し，各 n に対して極限 $\lim_{m\to\infty} a_{m,n}=c_n$ が存在するならば，行および列の累次極限が存在し，それらは a と一致する．

このほか，三つの極限が存在して一致するための十分条件をいくつか挙げる．$m\geqq m'$, $n\geqq n'$ ならば $a_{m,n}\geqq a_{m',n'}$ ($a_{m,n}\leqq a_{m',n'}$) となるとき，$\{a_{m,n}\}$ を増加列（減少列）といい，増加列と減少列を総称して単調数列という．ある正の実数 M が存在し，任意の m,n に対して $|a_{m,n}|\leqq M$ が成り立つとき，$\{a_{m,n}\}$ は有界であるという．

定理6　有界な単調数列に対して，2重極限，行の累次極限，列の累次極限が存在し，それらは一致する．

定理7　$\{a_{m,n}\}$ が単調数列であるとする．このとき，2重極限，行の累次極限，列の累次極限のいずれかが存在すれば，ほかの二つも存在し，それらは一致する．

さて2重数列 $\{a_{m,n}\}$ の行の累次極限
$$\lim_{m\to\infty}\left(\lim_{n\to\infty} a_{m,n}\right)=b$$
が存在するしよう．$b_m=\lim_{n\to\infty} a_{m,n}$ とおく．このとき，各 m について次のことが成り立つ．任意の $\varepsilon>0$ に対して，ある番号 N を選んで，$n>N$ ならば $|a_{m,n}-b_m|<\varepsilon$ を満たすようにとることができる．一般に N は m と ε の両方に依存している．しかし，もし N が m に依存せずに選べ，$m,n>N$ ならば $|a_{m,n}-b_m|<\varepsilon$ とできる場合，$\{a_{m,n}\}$ の行は一様収束しているという．

定理8　$\{a_{m,n}\}$ の行の累次極限 b の存在を仮定する．このとき $\{a_{m,n}\}$ の2重極限 a が存在して $a=b$ となるための必要十分条件は $\{a_{m,n}\}$ の行が一様収束することである．　　[新井仁之]

参考文献

[1]　藤原松三郎：微分積分學（第一巻），内田老鶴圃，1934.
[2]　楠　幸男：無限級数入門，朝倉書店，1967.

数論幾何学

arithmetic geometry

数論幾何学の正確な定義はないが，通常，代数幾何的手法を用いた数論の研究全般を指し，有理数体や p 進体上の代数多様体自体の研究も含む．

1 数論幾何学における空間

1.1 代数多様体

k を体，$\overline{k}$ をその代数閉包とし，k 係数の N 個の n 変数多項式 $f_\nu(X_1,\ldots,X_n)$ $(1 \leqq \nu \leqq N)$ が与えられているとする．多項式環 $\overline{k}[X_1,\ldots,X_n]$ の $f_1,\ldots,f_N$ で生成されるイデアルによる商環を R とする．点 $(a_1,a_2,\ldots,a_n) \in \overline{k}^n$ が代数方程式系 $f_\nu(a_1,\ldots,a_n) = 0$ $(1 \leqq \nu \leqq N)$ の解であるとき，$X_i - a_i$ $(1 \leqq i \leqq n)$ は環 R の極大イデアルを生成し，この対応により $f_\nu = 0$ の $\overline{k}^n$ における解全体のなす集合と環 R の極大イデアル全体のなす集合が一対一に対応する．代数幾何学では環 R を通して $f_\nu = 0$ の解集合の幾何的性質を代数的にとらえる．このような解集合を適当に張り合わせて得られる空間として，体 k 上の**代数多様体** (algebraic variety) は定義される．特に座標が k に入る点は有理点と呼ばれる．数論幾何学では，k が有理数体，p 進体，有限体やそれらの有限次拡大の場合の代数多様体やその有理点が研究対象である．

1.2 スキーム

整数環 $\mathbf{Z}$ のように，体上の多項式環の商ではない可換環でも，極大イデアルの集合を考えることができる．可換環 A に伴うアファイン・スキーム (affine scheme) $\mathrm{Spec}(A)$ とは，極大イデアルのみならず A の素イデアル全体のなす集合にザリスキー (Zariski) 位相と呼ばれる位相を入れ，その上に「関数環の層」(構造層と呼ばれる) をのせたものである．アファイン・スキームを適当に張り合わせものとしてスキーム (scheme) は定義される．例えば $A = \mathbf{Z}[X_1,\ldots,X_n]/(f_1,f_2,\ldots,f_N)$ のとき，方程式系 $f_\nu = 0$ mod p (p は素数) での解も有理数の解も $\mathrm{Spec}(A)$ 上の点としてとらえられる．前者は極大イデアルとなるが，後者は極大イデアルではない素イデアルとなる．スキームの基礎理論はグロタンディエク (A. Grothendieck) により確立された．スキームの導入により，整数環上でも幾何的視点で研究を行うことが可能になった．スキームは現代の数論では欠くことのできない概念となっている．

1.3 リジッド解析空間

スキーム論で扱うザリスキー位相はきわめて粗く，複素多様体のような幾何的な操作は一般に難しい．たとえば，$\tau \in \mathbf{C} \setminus \mathbf{R}$ を一つとり，群 $\mathbf{C}^\times = \mathbf{C} \setminus \{0\}$ を $q = \exp(2\pi i \tau)$ で生成される部分群で割るとトーラス $\mathbf{C}/(\mathbf{Z} + \mathbf{Z}\tau)$ が得られるが，このような操作をスキームで行うことはできない．リジッド解析空間 (rigid analytic space) は，p 進数体 (より一般に完備付値体) 上で，上のような操作を可能にする幾何学としてテイト (J. Tate) により創始された．p 進数体の位相は完全不連結であるため，その位相を用いて素朴に複素の類似を考えることはできない．代数多様体論における多項式環の代わりに，収束べき級数環を用いることにより，この問題は克服された．

1.4 アラケロフ幾何学

有限次代数体 K のイデアル類群は純代数的に定義されるが，その有限性の証明では複素絶対値が本質的な役割を担う．K の単数群の有限生成性とその階数についてのディリクレ (Dirichlet) の単数定理，K 上定義されたアーベル多様体 A の有理点全体のなす群 $A(K)$ の有限生成性 (モーデル–ヴェイユ (Mordell–Weil) の定理) の証明についても同様である．K 上の代数幾何学に複素絶対値の概念を組み込み，上記のような議論を体系的にとらえようとする理論がアラケロフ幾何学 (Arakelov geometry) であり，K の整数環上の有限型スキーム X と X^{an} (X から定まる解析多様体) 上のケーラー計量を組にして考える．ベクトル束も X^{an} 上でエルミート計量を与えられたものを考える．代数幾何学における K 群 (X 上のベクトル束や連接層のなす圏の特徴をとらえる群)，チャウ (Chow) 群 (X 上の既約閉部分多様体の整数係数の形式的

有限和 (代数的サイクルと呼ばれる) のなす群を有理同値と呼ばれる同値関係で割って得られる群), リーマン–ロッホ (Riemann–Roch) の定理等を計量付きで考えた理論が研究されている. 代数体上定義された代数多様体の有理点, 整数点を研究するディオファントス幾何と関係が深い. たとえば, モーデル予想の証明 (4.2 参照) や, アーベル多様体上の高さが小さい点に関するボゴモロフ (Bogomolov) 予想やその一般化への応用が知られている.

2 数論幾何学におけるコホモロジー

代数多様体をとらえる手段として, コホモロジー (cohomology) と呼ばれる加群あるいはベクトル空間が非常によく用いられる.

2.1 連接層のコホモロジー, ド・ラーム・コホモロジー

スキーム X の構造層 $\mathcal{O}_X$ 上の加群の層である種の有限性を満たすものは**連接層** (coherent sheaf) と呼ばれる. 連接層 $\mathcal{F}$ の層コホモロジー $H^m(X, \mathcal{F})$ (m は 0 以上の整数) に関する一般論は, 概して代数多様体をどの体上で考えるかに依存しないが, 楕円保型形式 (3.2 参照) はモジュラー曲線上のある可逆層の切断ととらえられるなど, 数論との関係も深い. 連接層のコホモロジーに対して成り立つ一般的定理として, グロタンディエク–セール (Serre) 双対性 (連接層の双対をとる操作とコホモロジーの関係を記述), グロタンディエク–リーマン–ロッホの定理 (連接層の相対コホモロジーと代数的サイクルの順像の, チャーン (Chern) 類写像との関係を記述) が知られている. 可微分多様体のド・ラーム・コホモロジー (de Rham cohomology) の, 体 k 上の代数多様体 X に対する類似は, X 上のド・ラム複体 $\mathcal{O}_X \to \Omega^1_{X/k} \to \Omega^2_{X/k} \to \cdots$ (各項は連接層) の層コホモロジーとして定義される. 多くの保型形式が (係数付きの) ド・ラーム・コホモロジーの元と解釈される.

2.2 エタール・コホモロジー, 代数的基本群

エタール・コホモロジー (étale cohomology) は, 位相幾何学における特異コホモロジーの代数幾何学における類似として, グロタンディエクにより導入された. グロタンディエクは, 位相空間とその上の層の圏の概念を拡張したサイト (site) とトポス (topos) の理論を構築し, 位相幾何学での開被覆の類似としてエタール射による被覆を考えることによりエタール・サイト (étale site) を定義し, その上の層のコホモロジーとしてエタール・コホモロジーを定義した. k を体, $\bar{k}$ をその代数閉包とし, G_k で $\bar{k}$ の k 自己同型群 (k の絶対ガロア群と呼ばれる) を表す. k 上の代数多様体 X に対し, X の $\bar{k}$ への係数拡大 $X_{\bar{k}}$ の l 進エタール・コホモロジー $H^m_{\text{ét}}(X_{\bar{k}}, \boldsymbol{Q}_l)$ は l 進体 $\boldsymbol{Q}_l$ 上の有限次元ベクトル空間であり, G_k の $X_{\bar{k}}$ への作用より G_k の $H^m_{\text{ét}}(X_{\bar{k}}, \boldsymbol{Q}_l)$ への連続線形な作用が誘導される. l が k の標数と異なるとき, ポワンカレ (Poincaré) 双対定理 (たとえば $X_{\bar{k}}$ が固有非特異 d 次元のとき $H^m_{\text{ét}}$ と $H^{2d-m}_{\text{ét}}(d)$ が互いに他の双対空間になる. (d) は G_k 作用を円分指標の d 乗で捻ることを表す), レフシェッツ (Lefschetz) の不動点公式 (たとえば $X_{\bar{k}}$ が固有非特異で, X の自己同型 f が孤立固定点をもつとき固定点の重複度も含めた個数は, $\sum (-1)^m \text{Tr}(f^* : H^m_{\text{ét}}(X_{\bar{k}}, \boldsymbol{Q}_l))$ と一致する. f^* は f より誘導される $\boldsymbol{Q}_l$ 線形写像) や代数的サイクルのサイクル類, ベクトル束のチャーン類の理論などが知られている (3 節, 4.1 も参照). 位相幾何学における有限被覆の類似として, 有限エタール射を考えることにより, 連結ネーター・スキームの基本群も定義されている. 体 k に対して, $\text{Spec}(k)$ の基本群は k の絶対ガロア群となる. 一方 $\boldsymbol{C}$ 上の代数多様体 X の基本群は, 位相多様体としての基本群の有限商たちの逆極限と同型になる.

2.3 クリスタリン・コホモロジー, リジッド・コホモロジー

正標数 p の体 k 上の代数多様体 X の p 進エタール・コホモロジーは期待すべき良い性質をもたない. これを補う理論がクリスタリン・コホモロジー (crystalline cohomology), リジッド・コホモロジー (rigid cohomology) である. 前者は k が完全体, X が完備非特異の場合に定義され, ポアンカレ双対性, 代数的サイクル類, ベクトル束のチャーン類の理論など多くの期待すべき性質

をもつことが知られている．後者は一般の k と X で定義される．リジッド解析空間上の可積分接続付き加群やそのド・ラム複体を用いる p 進解析的理論で，現在その基礎理論が確立しつつある．

2.4 モチーフ

代数多様体の普遍コホモロジー論を構成し，知られているさまざまなコホモロジーを普遍コホモロジーの「実現関手」による像としてとらえようする理論がモチーフ論である．普遍コホモロジーが値をとるべきアーベル圏の対象をモチーフ (motive) と呼ぶ．モチーフの圏は様々な方法で構成が試みられており，代数多様体上のベクトル束や部分代数多様体のふるまいをとらえる K 群，チャウ群，高次チャウ群と密接に関係する．類体論の代数多様体の被覆などへの一般化は，最近はこの枠組みのもとに研究されている．

3　l 進ガロア表現

体 k に対し，k の絶対ガロア群 G_k (2.2 参照) が連続線形に作用する l 進体 Q_l 上の有限次元ベクトル空間は k の l 進ガロア表現 (l–adic Galois representation) と呼ばれる．多くの数論的問題が，l 進エタール・コホモロジーとして現れる l 進ガロア表現を通して研究されている．

3.1　テイト加群

数論で扱われる最も基本的な代数多様体の例としてアーベル多様体 A (=可換な群構造をもつ完備非特異代数多様体) がある．定義体を k, A の次元を g とする．$g = 1$ のとき A は楕円曲線と呼ばれる．k の標数と素な整数 n に対し，A の n 倍写像の核 $A[n]$ は $(Z/n)^{2g}$ と同型である．k の標数と素な素数 l をとり，$A[l^N]$ (N は正整数) の逆極限をとって得られる l 進整数環 Z_l 上の階数 $2g$ の自由加群 T_lA は A の l 進テイト加群 (l–adic Tate module) と呼ばれ，k の絶対ガロア群 G_k が連続線形に作用する．これは A の 1 次の l 進エタール・コホモロジー $H^1_{\text{ét}}(A_{\bar{k}}, Z_l)$ の双対と同型になるが，エタール・コホモロジーより歴史は古い．k が有限体か代数体のとき，l 進テイト加群はアーベル多様体間の準同型群の大きさの情報をもっていること (テイト，ファルティングス (Faltings))，k が p 進数体やその代数拡大のとき，アーベル多様体の mod p での特異点の有無が l 進テイト加群で判定できること (ネロン–オッグ–シャファレヴィッチ (Néron–Ogg–Šafarevič)，セール–テイト) などが知られている．l 進テイト加群は A の基本群の pro–l 部分ともみなせる．この視点からのファルティングスの定理の代数曲線での類似 (グロタンディエク予想，玉川，望月) も知られている．

3.2　保型形式に伴うガロア表現

重さ k の楕円保型形式は，上半平面 $\mathfrak{H} = \{z \in C; \text{Im}(z) > 0\}$ 上の複素正則関数 $f(z)$ で
$$f\left(\frac{az+b}{cz+d}\right) = f(z)(cz+d)^k, \quad \begin{pmatrix} a & b \\ c & d \end{pmatrix} \in \Gamma$$
を満たし，$Q (\subset C)$ や無限遠の付近である条件を満たすものとして定義される．k は正の整数で，Γ は $SL_2(Z)$ のある条件を満たす指数有限の部分群である．$f(z)$ は $q^{1/N} = \exp(\frac{2\pi i}{N} z)$ (N は適当な正整数) のべき級数に展開される．f が Hecke 同時固有関数のとき，その係数に現れる代数的数は数論において非常に興味深い研究対象となっている．保型形式はリーマン面 $\mathfrak{H}/\Gamma$ 上のある可逆層の切断ととらえられる．さらに $\mathfrak{H}/\Gamma$ はある付加構造付きの楕円曲線のモジュライ空間と解釈できることから，ある有限次代数体上で定義された代数曲線 $Y(\Gamma)$ の C 有理点全体のなす解析多様体と見なすことができる．このため保型形式の数論は $Y(\Gamma)$ の数論幾何の視点からとらえられる．とくに上のべき級数に現れる係数の数論的性質は，$Y(\Gamma)_{\overline{Q}}$ の (係数付きの) l 進エタール・コホモロジーから構成される 2 次元表現 $\rho_{f,l} : \text{Gal}(\overline{Q}/Q) \to GL_2(E)$ (E は Q_l の有限次拡大体) からとらえられることが知られている．たとえば重さ 12 の保型形式 $\Delta(z) = q\prod_{n\geq 1}(1-q^n)^{24}$ の q^n の係数 $\tau(n)$ についてのラマヌジャン (Ramanujan) 予想 $|\tau(p)| < 2p^{\frac{11}{2}}$ (p は素数) は，$\Delta(z)$ に伴うガロア表現を通して，ヴェイユ (Weil) 予想 (4.1) に帰着された (ドリーニュ (P. Deligne))．逆に，有理数体の岩澤主予想 (円分体のイデアル類群とディリクレ L 関数の特殊値を結びつける予想) は，保型形式に伴うガロア表現を通して，保型形式の間の合同関係の問題に帰着されて解決された．(メイザー–ワイルス (Mazur–Wiles))．保

型形式の理論は高次元へのさまざまな一般化があり，志村多様体と呼ばれる代数多様体を用いてその数論的性質が研究されている．

3.3 p 進ホッジ理論

p 進体上の代数多様体の p 進エタール・コホモロジーをド・ラーム・コホモロジー，クリスタリン・コホモロジーを用いて記述する理論で，その定式化はおもにフォンテイヌ (J.–P. Fontaine) によって与えられた．複素多様体のホッジ理論との類似から，p 進ホッジ理論 (p-adic Hodge theory) と呼ばれている．p 進体の p 進ガロア表現は，l 進ガロア表現 ($l \neq p$) よりも扱いが難しく，p 進ガロア表現自身も p 進ホッジ理論のおもな研究対象となっている．代数多様体のハッセ–ヴェイユ (Hasse–Weil) L 関数の整数点での値についての玉河数予想 (ブロック (Bloch)–加藤) の定式化，ラングランズ (Langlands) 予想の研究 (4.3 参照) などで用いられている．

4 数論幾何学で解かれた予想の例

4.1 ヴェイユ予想

有限体 $\boldsymbol{F}_q$ 上で定義された特異点のない射影的代数多様体 X の $\boldsymbol{F}_{q^n}$ 有理点 (座標が $\boldsymbol{F}_{q^n}$ に入る点) の個数を N_n とするとき，$Z(X,t) = \exp(\sum_{n>0} \frac{N_n t^n}{n})$ を X の合同ゼータ関数と呼ぶ．ヴェイユ (A. Weil) は，この関数が t の有理関数となることを予想し，さらにその極と零点の位置と X の幾何を結びつける予想を与えた．$\boldsymbol{F}_{q^n}$ は標数 p の代数閉体の中では $x^{q^n} = x$ を満たす元全体として特徴づけられる．したがって $\boldsymbol{F}_{q^n}$ 有理点は座標を q^n 乗する写像の不動点ととらえることができ，位相多様体の特異ホモロジーの不動点公式の類似が成り立つような良いコホモロジー論 (ヴェイユ・コホモロジーと呼ばれた) を構成できれば解決できると考えられた．有理性の予想はエタール・コホモロジーの不動的公式 (2.2 参照) に帰着することにより，グロタンディエクにより完全に解決された．極や零点についての予想はドリーニュにより解決された．

4.2 モーデル予想

有限次代数体 K 上で定義された完備な非特異代数曲線 C は，種数が 2 以上ならば K 有理点 (座標が K に入る点) を有限個しかもたないという予想である．C の $\boldsymbol{C}$ 有理点全体は位相多様体として，いくつかの穴のあるドーナツ型の曲面になるが，その穴の個数が C の種数である．種数が 0 または 1 の場合，K 有理点は一般に有限個とは限らない．この予想は，アーベル多様体のモジュライ空間のアラケロフ幾何学を用いて，ファルティングスにより解決された．

4.3 フェルマー予想，佐藤–テイト予想

n を 3 以上の整数とすると，$x^n + y^n = z^n$ を満たす 0 でない整数 x, y, z は存在しないという予想である．テイラー (R. Taylor) とワイルス (A. Wiles) は，各素数で高々半安定還元をもつ有理数体上の楕円曲線に伴う l 進テイト加群は，必ずある重さ 2 の (楕円) 保型形式に伴う l 進ガロア表現と一致することを示した．(後に，還元についての条件はブルイユ–コンラッド–ダイアモンド (Breuil–Conrad–Diamond) により外された．) その系としてフェルマー予想が解決されることはリベット (K. Ribet) による．リベットはフェルマー予想が成り立たないと仮定すると，テイト加群が保型形式に伴うガロア表現になりえない楕円曲線が存在することを示していた．以後テイラーとワイルスの手法を用いて，ラングランズ予想 (代数体の l 進ガロア表現と保型表現の対応についての予想．上のテイラー，ワイルスらの定理はその特別な場合) が精力的に研究されている．たとえば，系として有理数体上の楕円曲線 E の $\bmod p$ (p は素数) のゼータ関数 (4.1) の零点の偏角 θ_p ($0 \leqq \theta_p \leqq \pi$) の p を動かしたときの分布は $\frac{2}{\pi}\sin^2\theta$ となるという佐藤–テイト予想が証明された (クローゼル (L. Clozel)，ハリス (M. Harris)，シェパード–バロン (N. Shepherd-Barron)，テイラー等)．

[辻　　雄]

ストークスの定理

Stokes' theorem

1 ベクトル解析におけるストークスの定理

平面の C^∞ 級ベクトル場を $\boldsymbol{F}(\boldsymbol{x})$ とする．区分的に C^1 級である単純閉曲線 C を境界とする領域 D を考え，D を左手にみるように曲線 C の向きを定め $C = \partial D$ と表す．ベクトル場 $\boldsymbol{F}$ の境界 C に沿った線積分は領域 D 上の面積分で表され，グリーンの公式あるいはグリーンの定理と呼ばれている．空間のベクトル場についても同様な公式が成り立ちガウスの定理として知られている．これらの定理は，適当な条件のもとで，$\boldsymbol{R}^n$ の領域の境界に関する面積分を領域の体積積分で表すもので，とくに $n=1$ の場合は微積分学の基本定理に一致する．

空間に向き付け可能な C^2 級の曲面 S を考え，その境界 ∂S には S から従う向きを与える．このとき，空間の C^∞ 級ベクトル場 $\boldsymbol{G}(\boldsymbol{x})$ について，∂S 上の線積分と S 上の面積分に関する積分公式 $\int_{\partial S} \boldsymbol{G} \cdot d\boldsymbol{x} = \iint_S (\operatorname{rot} \boldsymbol{G}) \cdot d\boldsymbol{S}$ が成り立ち，これをストークスの公式あるいはストークスの定理と呼ぶ．

多様体の幾何学では，グリーンの定理・ガウスの定理は n 次元多様体上の n 次微分形式の領域上の積分に関する定理，ストークスの定理は k 次微分形式 ($0 \leq k < n$) の C^∞ 級 k 特異鎖上の積分 (あるいは k 次元部分多様体上の積分) に関する定理として述べられ，どちらもストークスの定理と呼ばれる．

2 微分形式の積分とストークスの定理

2.1 1の分割

M を C^∞ 級多様体とし，$\{U_\alpha\}_{\alpha \in \Lambda}$ を開被覆とする．M 上で正または零の値をとる C^∞ 級関数の集まり $\{\rho_\alpha\}_{\alpha \in \Lambda}$ で，(1) 各点 $p \in M$ で $\rho_\alpha(p) \neq 0$ である α は有限個 (2) $\sum_{\alpha \in \Lambda} \rho_\alpha = 1$ (3) $\operatorname{supp}(\rho_\alpha) \subset U_\alpha$ を満たすものを $\{U_\alpha\}_{\alpha \in \Lambda}$ に従属する **1 の分割** (partition of unity subordinate to the cover) と呼ぶ．M をパラコンパクトな C^∞ 級多様体とするとき，開被覆に対してそれに従属する1の分割の存在が示される [1]．以下では，パラコンパクトな C^∞ 級多様体を単に C^∞ 級多様体と呼ぶ．

2.2 微分形式の積分

向き付け可能な n 次元 C^∞ 級多様体 M 上で台がコンパクトである n 次微分形式を ω とする．M に向き付けを定めて，$\{(U_\alpha, \phi_\alpha)\}$ を M の局所座標近傍系，$\{\rho_\alpha\}_{\alpha \in \Lambda}$ を $\{U_\alpha\}_{\alpha \in \Lambda}$ に従属する1の分割とする．このとき，$\phi_\alpha^{-1*}\omega = \lambda(x)dx_\alpha^1 \wedge \cdots \wedge dx_\alpha^n$ と表して $\rho_\alpha \omega$ の積分を
$$\int_M \rho_\alpha \omega = \int_{\phi_\alpha(U_\alpha)} \rho_\alpha(\phi_\alpha^{-1}(x))\lambda(x)dx_\alpha^1 \cdots dx_\alpha^n$$
と定め，ω の M 上の積分を
$$\int_M \omega = \sum_{\alpha \in \Lambda} \int_M \rho_\alpha \omega$$
と定義する．右辺が局所座標近傍系 $\{(U_\alpha, \phi_\alpha)\}_{\alpha \in \Lambda}$ のとりかたによらないことが示され，これを n 次微分形式の M 上の積分と呼ぶ．

2.3 正則な領域 (境界付きの多様体)

M を向き付け可能な n 次元 C^∞ 級多様体とし，$\{(U_\alpha, \phi_\alpha)\}_{\alpha \in \Lambda}$ をその局所座標近傍系とする．M の領域 D について，M の各点 p について次の何れかが成り立つとき D を **正則な領域** (regular domain) と呼ぶ: (1) p の開近傍で $M \setminus D$ に含まれるものが存在する (2) D に含まれる p の開近傍が存在する (3) p を原点に対応させる局所座標近傍 (U_α, ϕ_α) が存在して $\phi(U_\alpha \cap D) = \phi_\alpha(U) \cap H^n$ (H^n は $x_\alpha^n \geq 0$ が定める $\boldsymbol{R}^n$ の半空間)．境界点の集まりを ∂D と表すが，正則な領域の境界点は (3) を満たし陰関数定理によって $n-1$ 次元 C^∞ 級多様体となる．さらに，∂D には M の向き付けから誘導される向きが決まる．また，正則な領域 D が M 自身に等しい場合も許される．

D が M の正則な領域であるとき，$V_\alpha = U_\alpha \cap D$ とし φ_α を ϕ_α の V_α への制限とする．このとき $\{(V_\alpha, \varphi_\alpha)\}_{\alpha \in \Lambda'}$ (Λ' は $V_\alpha \neq \{\phi\}$ である添字 α からなる) は D を M の部分多様体とみたときの座標近傍系を定める．こうして D を M の n 次元部分多様体とみなし，また ∂D を D の $n-1$ 次元部分多様体とみなすとき M の微分形式の積分につ

いて次の公式が成り立つ.

定理 1 (多様体に関するストークスの定理) M を向き付け可能な n 次元パラコンパクト C^∞ 級多様体とし, D をその正則な領域とする. 台がコンパクトである M 上の $n-1$ 次微分形式 ω について
$$\int_D i^*d\omega = \int_{\partial D} i^*\omega$$
が成り立つ. ここで, i は D の M への包含写像である.

3 特異鎖上の積分とストークスの定理

3.1 C^∞ 級特異鎖

$\mathbf{R}^k$ の中で原点を e_0 と表し $e_1, e_2, \ldots, e_k$ を基本単位ベクトルとする. $e_0, e_1, \ldots, e_k$ を含む最小の凸集合 $\Delta^k = \{a_0 e_0 + a_1 e_1 + \cdots + a_k e_k \mid a_0 + a_1 + \cdots + a_k = 1, a_i \geq 0\}$ を標準 k 単体 (standard k–simplex) と呼ぶ. M を C^∞ 級多様体とするき Δ^k から M への連続写像 σ を k 特異単体 (singular k–simplex) と呼び, とくに $\Delta^k \subset \mathbf{R}^k$ の近傍で C^∞ 関数として定義される σ を C^∞ 級 k 特異単体 (differentiable k–simplex) と呼ぶ. M の C^∞ 級 k 特異単体全体によって生成されるアーベル群を C^∞ 級 k 特異鎖群 (differentiable singular k–chains) と呼び $S_k^\infty(M)$ と表す. $S_k^\infty(M)$ の元は $c = \sum_i m_i \sigma_i$ (m_i は整数かつ有限個を除いて零に等しい) と表され, これを C^∞ 級 k 特異鎖 (differentiable singular k–chain) と呼ぶ.

各 i $(0 \leq i \leq k)$ に対して $\varepsilon^i(e_q) = \begin{cases} e_q & (q < i) \\ e_{q+1} & (q \geq i) \end{cases}$
と定め線型写像 $\varepsilon^i : \Delta^{k-1} \to \Delta^k$ を定める. このとき, C^∞ 級 k 特異単体 σ $(k \geq 1)$ について
$$\partial \sigma = \sum_{i=0}^k (-1)^i \sigma \circ \varepsilon^i$$
とすると $\partial \sigma$ は C^∞ 級 $(k-1)$ 特異鎖を定める (0 特異単体 σ については $\partial \sigma = 0$ とする). これを線型に拡張することによって定める次数 -1 の準同型写像 $\partial : S_k^\infty(M) \to S_{k-1}^\infty(M)$ は $\partial \circ \partial = 0$ を満たし, 複体 $S_*^\infty(M) = \{S_k^\infty(M), \partial\}$ を定める. これを C^∞ 級特異鎖複体 (the complex of differentiable singular chains) と呼ぶ.

3.2 微分形式の積分

ω を C^∞ 級多様体 M 上の k 次微分形式, σ を C^∞ 級 k–特異単体とする. $k \geq 1$ のとき ω の σ による引き戻しを $\sigma^*\omega = \lambda(a) da_1 \wedge da_2 \wedge \cdots \wedge da_k$ と表し, ω の σ 上の積分を
$$\int_\sigma \omega = \int_{\Delta^k} \lambda(a) da_1 da_2 \cdots da_k$$
と定める. $k = 0$ のときは $\sigma^*\omega = \lambda(0)$ によって $\int_\sigma \omega = \lambda(0)$ と定める. この定義を線型に拡張して一般の C^∞ 級 k 特異鎖上の積分が定義される.

定理 2 (特異鎖に関するストークスの定理) n 次元 C^∞ 級多様体 M の $(k-1)$ 次微分形式 ω $(1 \leq k \leq n)$ と, C^∞ 級 k 特異鎖 c について
$$\int_c d\omega = \int_{\partial c} \omega \tag{1}$$
が成り立つ.

k 次微分形式 ω を一つ固定するとき, $S_k^\infty(M)$ 上の線型関数 I_ω が
$$I_\omega(c) = \int_c \omega$$
によって定められる. $S_k^\infty(M)$ 上の線型関数全体を $S_\infty^k(M, \mathbf{R}) (= \mathrm{Hom}(S_k^\infty(M), \mathbf{R}))$ と表し, その元を C^∞ 級 k 双対特異鎖 (differentiable singular k–cochain) と呼ぶ. このとき, $\Phi(\omega) = I_\omega$ と定めることによって M 上の k 次微分形式全体 $\Omega^k(M)$ から $S_\infty^k(M, \mathbf{R})$ への $\mathbf{R}$ 上の線型写像 $\Phi : \Omega^k(M) \to S_\infty^k(M, \mathbf{R})$ が得られる.

C^∞ 級 $(k-1)$ 双対特異鎖 φ について k 双対特異鎖 $\delta\varphi$ が性質 $\delta\varphi(c) = \varphi(\partial c)$ によって定められ, C^∞ 級特異鎖複体の双対として, C^∞ 級特異双対鎖複体 $\{S_\infty^k(M, \mathbf{R}), \delta\}$ が定義される. 公式 (1) は $\Phi \circ d = \delta \circ \Phi$ を示し, 線型写像 Φ がド・ラーム複体 $\{\Omega^k(M), d\}$ と C^∞ 級特異双対鎖複体の間のコチェイン写像 (cochain map) であることを意味する. コチェイン写像は二つの複体のコホモロジーの間に準同型写像を誘導し, これが同型写像であることが示される (ド・ラームの定理 [1, 2]).

[細野　忍]

参考文献

[1] F.D. Warner : *Foundations of Differentiable Manifolds and Lie Groups*, Springer–Verlag, 1983.

[2] R. Bott・L.W. Tu 著, 三村　護訳：微分形式と代数的トポロジー, シュプリンガー・フェアラーク東京, 1996.

スプライン関数

spline function

スプライン関数は基本的には，区分的に多項式で表せて，しかも適当ななめらかさをもつ関数である．これは別の面からいえば，階段関数を何度か積分して得られる関数である．このように，それ自体は簡単なものであるが，区分的なため，ほかの複雑な形をした関数を巧みに近似できるという抜群に優れた性質をもっている．このため，情報処理技術の発展とも関連して各方面で広く応用されてきている．

スプライン関数はシェーンバーク (Schoenberg) がその1946年の論文において定義し，命名したものであるとされている [1]．その際のエピソードとして，それがあまりに簡単でかつ有効なので，それまで未発見であるとは到底信じられなかったという．もっとも，その原始的な形では，人口統計などに関連して保険数学の分野などですでに使われてはいた．スプラインの名は製図で図面上に与えられた点列をなめらかに結ぶ曲線を描くに用いる道具 (スプライン，自在定規) からとられている．因みに，この場合に描かれる曲線が，これらの点列を通る3次のスプライン関数に対応している．

定義 m 次のスプライン関数とは，その m 階微分が階段関数で，その $m-1$ 以下の微分が連続であるような関数である．

1次のスプライン関数は折れ線であり，普通，実用的に使われるのは3次スプラインである．簡単のため，$m=2$ の場合，$-\infty < x < \infty$ での以下のような関数 $f(x)$ について，具体的にみてみよう．

$$f(x) = \begin{cases} 0 & (x \leq 0,\ x \geq 4) \\ x^2 & (0 \leq x \leq 1) \\ -\frac{3}{2}x^2 + 5x - \frac{5}{2} & (1 \leq x \leq 2) \\ -x + \frac{7}{2} & (2 \leq x \leq 3) \\ \frac{1}{2}x^2 - 4x + 8 & (3 \leq x \leq 4) \end{cases} \quad (1)$$

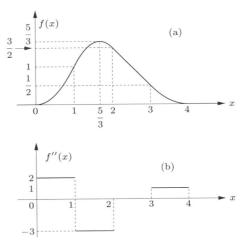

図1

ここで，$f(x)$ は6つの区間のそれぞれで異なった2次以下の多項式で与えられているが，そのグラフは図1 (a) でみられるようになめらかな曲線である．事実，$f(x)$，$f''(x)$ を調べればそれらは節点 (knot)，$x = 0, 1, 2, 3, 4$ で連続であること，さらに $f'''(x)$ は図1 (b) のように階段関数になっていることがわかる．

1 スプライン関数の切断べき関数による表示

定理 節点 $x_1, x_2, \ldots, x_n$ をもつ m 次のスプライン関数 $S(x)$ は一義的に，

$$S(x) = p_m(x) + \sum_{i=1}^{n} c_i (x - x_i)_+^m \quad (2)$$

と表せる．ここで，$p_m(x)$ は m 次の多項式，$(x - x_i)_+^m$ は切断べき関数：

$$x_+^m = \begin{cases} x^m & (x > 0) \\ 0 & (x \leq 0) \end{cases}$$

である．

2 自然スプライン

定義 両端区間 $(-\infty, x_1)$，(x_n, ∞) で，たかだか，$m-1$ 次 $(m = 1, 2, \ldots)$ の多項式であたえられる，奇数次 $(2m-1$ 次$)$ のスプライン関数を**自然スプライン** (natural spline) という．

自然スプラインのもっともなめらかな補間性
スプライン関数の種々の優れた性質は以下にみ

るように，もっともなめらかな補間を与えるなどその最適性にある．

定理 (自然スプラインの最小補間性) n 個のデータ点 (x_i, y_i), $i = 1, \ldots, n$ を補間する節点 x_i, $i = 1, \ldots, n$ の $2m-1$ 次 $(m < n)$ の自然スプラインは，ただ一つに定まる．

また，$f(x)$ を m 回連続微分可能で，上と同じデータ点を補間する任意の関数とする．このとき，x_i, $i = 1, \ldots, n$ を含む区間 (a, b) で
$$\int_a^b [S^{(m)}(x)]^2 dx \leqq \int_a^b [f^{(m)}(x)]^2 dx$$
が成り立つ．ただし，等号は $f(x) = S(x)$ の場合に限る．

3 B–スプライン

与えられたデータ点の補間に自然スプラインがとくに有効であることは上の通りであり，その式 (2) での表現は理論的な取り扱いなどには適しているが，補間の実際などへの応用では，その数係数 c_i を求める計算で，とくに，節点数が多い場合，そのための行列式の値がゼロに近くなるなどのため，精度よい決定が困難になるという欠点がある．このためには，局所的な台 (local support) をもつ，**B–スプライン** (B-spline) による表現が便利である．ここでの B はそれの集まりを基 (base) として関数を表すことから来ている．

定義 等間隔節点上の n 階 B–スプライン $B_n(x)$, $n = 2, 3, \ldots$ は
$$B_1(x) = 1 \quad (0 \leqq x \leqq 1), \quad 0 \quad (x < 0, x > 1)$$
として，逐次に
$$B_n(x) = \int_{-1/2}^{1/2} B_{n-1}(x-t) dt, \quad n = 2, 3, \ldots$$
と与えられる．

$B_n(x)$ は $n-1$ 次で C^{n-2} 級に属するスプライン関数であり，その台は $[0.n]$ と局所的である．$B_1(x)$, $B_2(x)$, $B_3(x)$ のようすが図 2 (a, b, c) に示してある．

4 スプライン級数

上の B–スプライン関数で $n = 2$ のときの $B_2(x)$ は図 2 (b) のように屋根型関数で，これを移動して，できる
$$B_2(x - i), \quad i = 0, \pm 1, \pm 2, \ldots$$
を基にとって表せる関数は図 3 のように折れ線グラフである．このことは，関数をスプラインの級数で表すことである．そこで，区間幅を $h > 0$ とし，節点：ih (i: 整数) をもつ任意の $m-1$ 次 (m 階) のスプライン関数 $S(x)$ は，m 階の B–スプラインによって一意的に，
$$S(x) = \sum_{i=0,\pm 1,\ldots} c_i B_n(x/h - i), \quad c_i: 数係数$$
と表せる．したがって，$B_n(x/h - i)$ が，上のようなスプライン関数の基底 (base) をなしている．

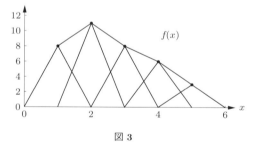

図 3

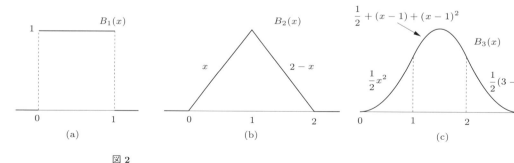

図 2

例式 (1) の $f(x)$ は B_3 によって $f(x) = 2B_3(x) + B_3(x-1)$ と表せる.

スプライン補間と級数との関係について以下の条件がある.

定理 (シェーンバーグ・ホイットニーの条件 (Schoenberg–Whittney)) 標本点 $x_1, \ldots, x_n$ ($x_1 < \cdots < x_n$) でのデータを補間する $m-1$ 次のスプライン関数が一義的に定まることは,すべての i に対して x_i が i 番目の基 $(B_m(x/h - i))$ の台内にあることである.

5 多次元の場合 (multi–spline)

平面状のデータによりその上に立つ曲面を補間するなど多次元の場合の問題である.普通,**双スプライン** (bi-spline) が使われる.

定義 (2 変数 x, y の場合) 短形領域の格支点 (x_i, y_i), $x_i = ih$, $y_i = jk$, $i, j = 0, \pm 1, \pm 2, \ldots$, $h, k > 0$,について,$B_{i,m}(x) = B_m(x/h - i)$, $B_{j,n}(y) = B_n(y/k - j)$ とし,要素 $B_{i,m}(x)$, $B_{j,n}(y)$ の 1 次結合で表せるスプライン関数
$$S(x,y) = \sum_{i,j} c_{i,j} B_{i,m}(x) B_{j,n}(y), \quad c_{i,j}: 数係数$$
を**双スプライン**あるいは**スプラインテンソル積**と呼ぶ.3 変数の場合も同様に定義できる.

双スプラインは,多変数スプラインの実際上の応用においてもっとも多く使われている.とくに,その要素の台が局所的なことが大きな利点となっている.しかし,その適用にあたっては,領域が矩形で,かつ,格子が等間隔でなければならないのが大きな制約となっている.そのためには,B–スプラインの自然な拡張になっている**ボックススプライン** (box spline) がある.ただ,それは,B–スプラインの場合と違って,一般に,その移動だけでは完全な基の系は構成できない.その他,ふつうマルチスプラインといわれているものとして,頂点の周りの三角形群を台とする**頂点スプライン** (vertex spline),ある極値問題の解として定義される**薄板スプライン** (thin plate spline) などがある [4].

6 応 用

スプライン関数は,補間や関数近似などをごく自然の形で行う.実際,それは,多項式近似などに比べて振動が少なく,局所的にも無理のないよい近似を与える.このことは,実験データの近似,曲線や曲面の記憶,また CAD/CAM などに関連して曲線,曲面の設計などに応用される.これらの実際には,最小自乗法に基づく**平滑化スプライン** (smoothing spline),閉曲線などの多価関数を表すための**パラメトリックスプライン** (parametric spline),データ点から直接に曲線を構成する**リーゼンフェルトスプライン** (Riesenfeld spline) などがソフトウェア化され使われている.また,最近では,多項式の代わりに有理式 (分数式) を使う **NURBS** (non–uniform rational B–spline) が効率よく広く使われている [2, 3, 5].

一方,これは,数値微分や数値積分に有用であり広く利用される.とくに,数値積分は上に述べたように関数にスプライン関数を当てはめることと本質的に関連しているためその適用はもっとも自然である.また,数値微分が精度よくできることも広い応用がある.さらに,微分方程式の数値解にも有用である.これに関連して,**有限要素法** (finite element method) で普通に使われる近似解は,あるなめらかさをもった区分的多項式という意味で,スプライン関数そのものであることに注意したい.これらの応用の詳細については文献 [2,3] でみられたい. 　　　　　　[桜井　明・高山文雄]

参 考 文 献

[1] 桜井　明:スプライン関数入門,東京電機大学出版局,1981.
[2] 吉村和美・高山文雄:パソコンによるスプライン関数,東京電機大学出版局,1988.
[3] 菅野敬祐・吉村和美・高山文雄:C によるスプライン関数,東京電機大学出版局,2005.
[4] 桜井　明:スプライン関数,数理情報科学辞典,朝倉書店,1995.
[5] 三浦　曜・望月一正:実践 NURBS,工業調査会,2001.

スペクトル分解

spectral decomposition

1 スペクトル測度

$\mathcal{H}$ を複素ヒルベルト空間とし,その内積とノルムをそれぞれ,$\langle \cdot, \cdot \rangle, \|\cdot\|$ で表す.定義域が $\mathcal{H}$ 全体である,$\mathcal{H}$ 上の有界線形作用素 P が二つの条件 (i) $P = P^*$ (自己共役性);(ii) $P^2 = P$ (べき等性) を満足するとき,P を正射影作用素または直交射影と呼ぶ.$\mathcal{H}$ 上の正射影作用素の全体を $\mathcal{P}(\mathcal{H})$ で表す.

d を自然数とし,B^d を $\boldsymbol{R}^d$ のボレル集合体,すなわち,$\boldsymbol{R}^d$ の開集合全体から生成される最小の σ 加法族とする

B^d から $\mathcal{P}(\mathcal{H})$ への写像 $E : \mathsf{B}^d \to \mathcal{P}(\mathcal{H}); \mathsf{B}^d \ni B \mapsto E(B) \in \mathcal{P}(\mathcal{H})$ が次の二つの条件 (E.1), (E.2) を満たすとき,E または $\{E(B) | B \in \mathsf{B}^d\}$ を d 次元の単位の分解 (resolution of identity) あるいは d 次元スペクトル測度 (spectral measure) という:

(E.1) $E(\boldsymbol{R}^d) = I$ ($\mathcal{H}$ 上の恒等作用素).

(E.2) (可算加法性) 互いに素なボレル集合 $B_n \in \mathsf{B}^d$ ($n = 1, 2, \ldots$) に対して
$$E(\cup_{n=1}^\infty B_n) = \text{s-}\lim_{N\to\infty} \sum_{n=1}^N E(B_n).$$
ただし,s-lim は強収束を表す (有界線形作用素の列 $\{T_n\}_{n=1}^\infty$ が有界線形作用素 T に強収束するとは,$\lim_{n\to\infty} \|T_n \psi - T\psi\| = 0, \forall \psi \in \mathcal{H}$ が成り立つときをいう.この場合,$T = \text{s-}\lim_{n\to\infty} T_n$ と記す.)

この定義から,次の事実が従う:

(E.3) $E(\emptyset) = 0$.

(E.4) $B, C \in \mathsf{B}^d$ が互いに素ならば,$E(B)E(C) = 0$ (直交性) かつ $E(B \cup C) = E(B) + E(C)$.

(E.5) すべての $B, C \in \mathsf{B}^d$ に対して,$E(B \cap C) = E(B)E(C) = E(C)E(B)$.

$E(G) = 0$ となる最大の開集合 G の補集合 G^c を E の台 (support) といい,$G^c = \text{supp } E$ と書く.

2 スペクトル測度に付随する作用素値汎関数

$E : \mathsf{B}^d \to \mathcal{P}(\mathcal{H})$ を d 次元スペクトル測度とする.このとき,各 $\psi \in \mathcal{H}$ に対して,$\mu_\psi : \mathsf{B}^d \to [0, \infty)$ を
$$\mu_\psi(B) := \|E(B)\psi\|^2 = \langle E(B)\psi, \psi \rangle, \quad B \in \mathsf{B}^d$$
によって定義すれば,μ_ψ は可測空間 $(\boldsymbol{R}^d, \mathsf{B}^d)$ 上の有界測度で $\mu_\psi(\boldsymbol{R}^d) = \|\psi\|^2$ を満たす.したがって,$\boldsymbol{R}^d$ 上のボレル可測関数 f に対して,測度 μ_ψ による積分 $\int_{\boldsymbol{R}^d} f(\lambda) d\mu_\psi(\lambda)$ が定義される (積分が確定する場合のみを考える).この積分を記号的に $\int_{\boldsymbol{R}^d} f(\lambda) d\|E(\lambda)\psi\|^2$ または $\int_{\boldsymbol{R}^d} f(\lambda) d\langle E(\lambda)\psi, \psi \rangle$ と記す.

任意の $\psi, \phi \in \mathcal{H}$ に対して,$\mu_{\psi,\phi} : \mathsf{B}^d \to [0, \infty)$ を
$$\mu_{\psi,\phi}(B) := \langle E(B)\psi, \phi \rangle, \quad B \in \mathsf{B}^d$$
によって定義すれば,$\mu_{\psi,\phi}$ は可測空間 $(\boldsymbol{R}^d, \mathsf{B}^d)$ 上の複素数値加法的集合関数で $\mu_{\psi,\phi}(\boldsymbol{R}^d) = \langle \psi, \phi \rangle$ を満たす.したがって,$\boldsymbol{R}^d$ 上のボレル可測関数 f に対して,$\mu_{\psi,\phi}$ によるルベーグ–スティルチェス積分 $\int_{\boldsymbol{R}^d} f(\lambda) d\mu_{\psi,\phi}(\lambda)$ が定義される.この積分を記号的に $\int_{\boldsymbol{R}^d} f(\lambda) d\langle E(\lambda)\psi, \phi \rangle$ と記す.

次の定理は基本的である:

定理 1 $\boldsymbol{R}^d$ 上の各ボレル可測関数 f に対して,$\mathcal{H}$ 上の線形作用素 T_f で
$$D(T_f) = \left\{ \psi \in \mathcal{H} \bigg| \int_{\boldsymbol{R}^d} |f(\lambda)|^2 d\|E(\lambda)\psi\|^2 < \infty \right\},$$
$$\langle T_f \psi, \phi \rangle = \int_{\boldsymbol{R}^d} f(\lambda) d\langle E(\lambda)\psi, \phi \rangle,$$
$$\psi \in D(T_f), \phi \in \mathcal{H}.$$
を満たすものが唯一つ存在する.

この定理にいう線形作用素 T_f を記号的に $T_f = \int_{\boldsymbol{R}^d} f(\lambda) dE(\lambda)$ と記す.対応:$f \mapsto T_f$ は,$\boldsymbol{R}^d$ 上のボレル可測関数全体の集合から,$\mathcal{H}$ 上の線形作用素全体の集合への写像とみることができる.この型の写像を作用素値汎関数と呼ぶ.

定理 2 f を $\boldsymbol{R}^d$ 上のボレル可測関数とする.

(i) $\|f\|_\infty := \sup_{\lambda \in \text{supp } E} |f(\lambda)| < \infty$ ならば,

$D(T_f) = \mathcal{H}$ かつ T_f は有界であり,$\|T_f\| \leq \|f\|_\infty$.

(ii) $E(\{\lambda \in \mathbf{R}^d \mid |f(\lambda)| = \infty\}) = 0$ ならば,T_f は稠密に定義された閉作用素であり,$(T_f)^* = T_{\bar{f}}$ が成り立つ ($\bar{f}$ は f の複素共役関数:$\bar{f}(\lambda) := \overline{f(\lambda)} = f(\lambda)^*$).とくに,$f$ が実数値ならば T_f は自己共役である.

(iii) f が実数値連続関数ならば,T_f は自己共役である.

(iv) $|f(\lambda)| = 1, \forall \lambda \in \operatorname{supp} E$ ならば,T_f はユニタリ作用素である.すなわち,$T_f^* T_f = I, T_f T_f^* = I$.

作用素の集合 $\{T_f \mid f$ は $\mathbf{R}^d$ 上のボレル可測関数$\}$ についての作用素論をスペクトル測度 E に関する**作用素解析** (operational calculus, functional calculus) という.

3 スペクトル定理

定理 2-(iii) において,$d=1$ の場合を考え,関数 f として,一次関数 $\ell(\lambda) = \lambda, \lambda \in \mathbf{R}$ をとると,$T_\ell = \int_{\mathbf{R}} \lambda dE(\lambda)$ は自己共役であることが結論される.では,逆に,任意の自己共役作用素は,この形に表されるであろうか.この問いに肯定的に答えるのが次の定理である:

定理 3 (スペクトル定理) $\mathcal{H}$ 上の各自己共役作用素 A に対して,1次元スペクトル測度 E_A が唯一つ存在し
$$A = \int_{\mathbf{R}} \lambda dE_A(\lambda) \tag{1}$$
が成り立つ:
$$D(A) = \left\{ \psi \in \mathcal{H} \,\middle|\, \int_{\mathbf{R}} \lambda^2 d\|E_A(\lambda)\psi\|^2 < \infty \right\},$$
$$\langle A\psi, \phi \rangle = \int_{\mathbf{R}} \lambda d\langle E_A(\lambda)\psi, \phi \rangle, \psi \in D(A), \phi \in \mathcal{H}.$$

この定理にいうスペクトル測度 E_A を A の**スペクトル測度**といい,式 (1) を A の**スペクトル分解**または**スペクトル表示**と呼ぶ.$\sigma(A)$ (A のスペクトル) $= \operatorname{supp} E_A$ が成り立つ.

前節の一般論を $E = E_A$ の場合に応用することにより,$\mathbf{R}$ 上の各ボレル可測関数 f に対して,$\mathcal{H}$ 上の線形作用素 $f(A)$ を
$$f(A) := \int_{\mathbf{R}} f(\lambda) dE_A(\lambda)$$
によって定義することができる.$f(A)$ は,前節の記法でいえば,$d=1$ で $E = E_A$ の場合の T_f である.したがって,定理 2 の結論が,$d=1, E = E_A, T_f = f(A)$ として成立する.$f(A)$ のスペクトルについて,次の定理が成立する:

定理 4 A を自己共役作用素とし,f を $\mathbf{R}$ 上のボレル可測関数とする.

(i) $|f(\lambda)| < \infty, \forall \lambda \in \operatorname{supp} E_A$ とするとき,$a \in \mathbf{R}$ が A の固有値でその固有ベクトルの任意のひとつを ψ_a とすれば (すなわち,$\psi_a \in D(A) \setminus \{0\}, A\psi_a = a\psi_a$),$f(a)$ は $f(A)$ の固有値で ψ_a はその固有ベクトルのひとつである:$f(A)\psi_a = f(a)\psi_a$.

(ii) (スペクトル写像定理) f が $\mathbf{R}$ 上で連続ならば,$\sigma(f(A)) = \overline{\{f(\lambda) \mid \lambda \in \sigma(A)\}}$.

自己共役作用素 A のスペクトル測度 E_A は,A のレゾルヴェント $(A-z)^{-1} (z \in \mathbf{C} \setminus \mathbf{R})$ を用いて,次のように表すことができる:任意の $a, b \in \mathbf{R}, a < b$ に対して
$$\frac{1}{2}[E_A((a,b)) + E_A([a,b])]$$
$$= \operatorname*{s-lim}_{\varepsilon \downarrow 0} \frac{1}{2\pi i} \int_a^b \left[(A - \lambda - i\varepsilon)^{-1} - (A - \lambda + i\varepsilon)^{-1}\right] d\lambda.$$

これを**ストーンの公式**という.とくに
$$E_A((a,b))$$
$$= \operatorname*{s-lim}_{\delta \downarrow 0} \operatorname*{s-lim}_{\varepsilon \downarrow 0} \frac{1}{2\pi i} \int_{a+\delta}^{b-\delta} \left[(A - \lambda - i\varepsilon)^{-1} - (A - \lambda + i\varepsilon)^{-1}\right] d\lambda.$$

[新井朝雄]

参考文献

[1] 新井朝雄:ヒルベルト空間と量子力学 (改訂増補版),共立出版,2014.

[2] 新井朝雄・江沢 洋:量子力学の数学的構造 (I,II),朝倉書店,1999.

[3] 日合文雄・柳研二郎:ヒルベルト空間と線形作用素,牧野書店,1995.

[4] 黒田成俊:関数解析,共立出版,1980.

正則関数 (1変数)

holomorphic function

1 複素微分，正則関数

$f(z)$ を複素平面 C の開集合 D 上定義された複素数値関数とする．$f(z)$ が点 $z_0 \in D$ において (複素) 微分可能 (differentiable) であるとは，z を z_0 に近づけたときの極限

$$f'(z_0) = \lim_{z \to z_0} \frac{f(z) - f(z_0)}{z - z_0} \quad (1)$$

が存在することである．$f'(z_0)$ を $f(z)$ の z_0 における微分係数という．実変数の場合と同様に，微分可能性から連続性が従う．微分可能性の定義は実変数の場合を形式的に類推したものであるが，点 z は平面内を自由に動くことができ，近づけ方 $z \to z_0$ の自由度は大きい．したがって (1) の極限値 $f'(z_0)$ が存在するということは，実変数の場合よりも非常に強い条件で，このために (複素) 微分可能な関数は多くの深い性質をもつことになる．

$f(z)$ が点 $z_0 \in D$ において正則 (holomorphic) であるとは，z_0 のある近傍 $U \subset D$ が存在して，$f(z)$ は U の任意の点において微分可能なことである．また D の各点において正則であるとき，$f(z)$ は D において正則であるという．さらにこのとき $f(z)$ の導関数 (derivative) $f'(z)$ が定まる．

例 1 (1) $f(z) = \bar{z}$ は C 上いたるところ微分可能ではない．たとえば $z_0 = 0$ において，$\frac{f(z)-f(z_0)}{z-z_0} = \frac{x-iy}{x+iy}$ となり，傾き k の直線 $y = kx$ に沿って z を原点に近づけると，極限値は $\frac{1-ik}{1+ik}$ となり k に依存する．$f(z) = \bar{z} = x - iy$ の実部，虚部は x, y に関して C^∞-級であるが，$f(z)$ は複素微分可能ではない．

(2) $f(z) = \bar{z}^2$ は $z = 0$ 以外の点では微分可能ではない．$z = 0$ で微分可能ではあるが，$z = 0$ においても正則ではない．

例 2 べき級数 中心 z_0，収束半径 r のべき級数 $f(z) = \sum_{n=0}^{\infty} a_n(z-z_0)^n$ は，その収束円の内部 $\{|z-z_0| < r\}$ の各点において複素数値関数として項別微分可能であり，とくにそこで正則である．項別微分を繰り返し用いることで係数は $a_n = \frac{f^{(n)}(z_0)}{n!}$ となる．正則関数は局所的にはべき級数として表される (第 3 節, テイラー展開)．したがって正則関数とべき級数は局所的には同じものであるが，それを示すためには複素積分の理論が必要となる．

例 3 初等関数 全平面 C で正則な関数を整関数 (entire function) という．指数関数 e^z，三角関数 $\sin z, \cos z$ は以下のべき級数で定義される整関数である．$e^z = \sum_{n=0}^{\infty} \frac{z^n}{n!}$, $\sin z = \sum_{n=0}^{\infty} \frac{(-1)^n}{(2n+1)!} z^{2n+1}$, $\cos z = \sum_{n=0}^{\infty} \frac{(-1)^n}{(2n)!} z^{2n}$．

対数関数 $\log z$ を極座標表示 $z = |z|e^{i \arg z}$ を用いて，$\log z = \log|z| + i \arg z$ (ただし $z \neq 0$) と定める．ここで偏角 $\arg z$ は 2π の整数倍の任意性があり，$\log z$ は (無限) 多価関数である．1 価関数 $\mathrm{Log}\, z = \log|z| + i \mathrm{Arg}\, z$ ($-\pi < \mathrm{Arg}\, z \leq \pi$, または $0 \leq \mathrm{Arg}\, z < 2\pi$) を対数関数の主値とよぶ．対数関数を用いて，べき関数 z^α ($\alpha \in C$) を $z^\alpha = e^{\alpha \log z}$ ($z \neq 0$) により定める．ここでも $\log z$ の多価性に注意が必要である．たとえば $\sqrt[n]{z} = r^{1/n}(\cos \frac{\theta}{n} + i \sin \frac{\theta}{n})$ は n 価関数である．

$f(z)$ が D において正則ならば，$f(z)$ の実部 $u = u(x, y)$，虚部 $v = v(x, y)$ はコーシー–リーマンの方程式 (Cauchy–Riemann's equation)

$$\frac{\partial u}{\partial x} = \frac{\partial v}{\partial y}, \quad \frac{\partial u}{\partial y} = -\frac{\partial v}{\partial x}$$

を満たす．これは x-軸，y-軸とそれぞれ平行な直線に沿って $f'(z)$ を計算することにより得られる正則性の必要条件である．$f(z)$ が D において正則であるための必要十分条件は，u と v が D において x, y に関して全微分可能で，かつコーシー–リーマンの方程式を満たすことである．

$f(z)$ が x, y に関して偏微分可能なとき，

$$\frac{\partial f}{\partial z} = \frac{1}{2}\left(\frac{\partial f}{\partial x} - i\frac{\partial f}{\partial y}\right), \quad \frac{\partial f}{\partial \bar{z}} = \frac{1}{2}\left(\frac{\partial f}{\partial x} + i\frac{\partial f}{\partial y}\right)$$

と定義する．さらに $f(z) = u(x, y) + iv(x, y)$ と分けて計算すれば，コーシー–リーマンの方程式は一つの方程式 $\frac{\partial f}{\partial \bar{z}} = 0$ と同じであり，$f(z)$ が正則ならば $\frac{\partial f}{\partial z} = f'(z)$ である．

2 複素積分，コーシーの積分定理

$f(z) = u(x,y) + iv(x,y)$ は開集合 D 上連続であるとする．長さ有限の連続曲線 $C : [a,b] \to D$, $t \mapsto z(t)$ に対し，$f(z)$ の曲線 C に沿った積分 $\int_C f(z)dz$ を，通常の線積分を用いて $\int_C f(z)dz = \int_C (udx - vdy) + i\int_C (vdx + udy)$ と定義する．通常の線積分と区別するために複素線積分ともいう．曲線 C をこの積分の積分路という．実際の計算や応用上のほとんどの場合，積分路は区分的になめらかな曲線が用いられる．曲線 C が C^1-級のときは $\int_C f(z)dz = \int_a^b f(z(t))z'(t)dt$ である．

例 4 中心 z_0, 半径 r の円 $C = \{|z - z_0| = r\}$ を $z(\theta) = z_0 + re^{i\theta}, \theta \in [0, 2\pi]$ によりパラメータ表示する．反時計回りの積分 $\int_C f(z)dz$ をしばしば $\oint_{|z-z_0|=r} f(z)dz$ と書く．$\oint_{|z-z_0|=r} (z-z_0)^n dz$ ($n \in \mathbf{Z}$) の値は，$n = -1$ のとき $2\pi i$ で，$n \neq -1$ のとき 0 である．($\to$ [留数])

次の定理は複素関数論においてもっとも基本的な役割を果たす重要な定理である．D の形状や積分路のとりかたなどにより，いくつかの異なってみえる定式化があるが，本質的に一つである．

コーシーの積分定理 (Cauchy's integral theorem) $f(z)$ は開集合 D 上正則であるとする．このとき D 内の長さ有限の単純閉曲線 C で，その内部も D に含まれるならば $\int_C f(z)dz = 0$ である．

この定理を次のような形で述べることもある．境界 ∂D が，有限個の互いに交わらない長さ有限の単純閉曲線からなっている場合，$f(z)$ が $\overline{D} = D \cup \partial D$ を含むある開集合上正則であれば $\int_{\partial D} f(z)dz = 0$ である．ここで積分路の向きは，$\partial D = C_0 \cup C_1 \cup \cdots \cup C_m$ としたときに，各 C_k 上 D に対して正の向き（すなわち，左手に D をみて進む向き）にとる．とくに $C_1, \ldots, C_m$ が C_0 の内部にある場合は $\int_{C_0} f(z)dz = \sum_{k=1}^m \int_{C_k} f(z)dz$, ここでは $C_0, C_1, \ldots, C_m$ の向きは反時計回り，となる．

コーシーの積分定理より，コーシーの積分公式が導け，そこから正則関数の多くの基本的性質を導くことができる．($\to$ [コーシーの積分公式], [最大値の原理], [有理型関数 (1 変数)], [留数])

コーシーの積分定理のある意味で逆が成り立つ．

モレラ (Morera) の定理 $f(z)$ は D 上連続で，D に含まれる任意の三角形（境界も含む）に対して，三角形の周 C に沿っての積分が $\int_C f(z)dz = 0$ であれば，$f(z)$ は D において正則である．

ここでも積分路の形状は別のもので置き換えられる．たとえば，三角形を閉円板 $\{|z - z_0| \leqq r\}$ とし，その円周上 $\oint_{|z-z_0|=r} f(z)dz = 0$ となる，としても $f(z)$ の正則性が従う．

以下では D は単連結であるとする．D 上の正則関数 $f(z)$ に対して，点 $z_0 \in D$ を固定し，各点 $z \in D$ に対して，z_0 を始点とし z を終点とする一つの折れ線に沿った積分 $F(z) = \int_{z_0}^z f(z)dz$ を考える．コーシーの積分定理より，この積分値はその積分路のとりかたによらず定まり，D 上の関数 $F(z)$ が得られる．この $F(z)$ は D 上正則であって，$F'(z) = f(z)$ を満たす．$F(z)$ は $f(z)$ の原始関数と呼ばれ，定数の差を除いて一意的に定まる．

例 5 $\mathbf{C} \setminus \{0\}$ 上の正則関数 $1/z$ を考える．$\mathbf{C} \setminus \{0\}$ は単連結ではなく，$1/z$ は $z = 0$ で正則ではない．単位円周 $\{|z| = 1\}$ 上の積分は $\oint_{|z|=1} \frac{dz}{z} = 2\pi i$ で，0 ではない．したがって，たとえば $z = -1$ と $z = 1$ を結ぶ $\mathbf{C} \setminus \{0\}$ 内の曲線 C のとりかたによって，$\int_C \frac{dz}{z}$ の値は異なりうる．

$\mathrm{Log}\, z = \log|z| + i \mathrm{Arg}\, z$ ($-\pi < \mathrm{Arg}\, z \leqq \pi$) は単連結な領域 $\mathbf{C} \setminus \{z = x; x \in (-\infty, 0]\}$ 上 (1 価) 正則で，そこで $(\mathrm{Log}\, z)' = 1/z$ となる．$\mathbf{C} \setminus \{0\}$ 上 (1 価) 正則な関数 $F(z)$ で，$F'(z) = 1/z$ となるものは存在しない．一方で $\log z$ は解析接続の概念を導入することで，正則関数と同様な扱いが可能となる．($\to$ [解析接続])

3 テイラー展開

開集合 D 上の正則関数 $f(z)$ は，任意の点 $z_0 \in D$ を中心としてべき級数

$$f(z) = \sum_{n=0}^{\infty} a_n (z - z_0)^n \qquad (2)$$

に展開される．このべき級数は任意の r ($0 < r < r(z_0)$) に対して，$\Delta(z_0, r) = \{z \in \mathbf{C}; |z - z_0| < r\}$ 上絶対かつ一様収束する．ここで $r(z_0)$ は

$\Delta(z_0, r) \subset D$ となる半径 r の上限である．各係数 a_n は，任意の r $(0 < r < r(z_0))$ に対し，
$$a_n = \frac{1}{2\pi i} \oint_{|z-z_0|=r} \frac{f(z)}{(z-z_0)^{n+1}} dz$$
により与えられる．(2) を $f(z)$ の点 z_0 を中心とするテイラー級数 (Taylor series)，またはテイラー展開 (Taylor expansion) という．

$f(z)$ が D において正則であるための必要十分条件は，D の各点 z_0 のある近傍でべき級数 $f(z) = \sum_{n=0}^{\infty} a_n(z-z_0)^n$ に展開されることである．よって $f(z)$ が正則ならば，$f(z)$ は何回でも (複素) 微分可能で，その導関数 $f'(z), f''(z), \ldots, f^{(n)}(z), \ldots$ は，すべて正則である．$f(z)$ が D の各点の近傍でべき級数に展開されるとき，$f(z)$ は**複素解析的** (complex analytic)，または**複素解析関数**であるという．上述により正則関数と複素解析関数は同義である．

4　正則関数の零点

$f(z)$ を開集合 D 上の恒等的に零ではない正則関数とする．$f(z_0) = 0$ となる点 $z_0 \in D$ を，$f(z)$ の**零点** (zero point) と呼ぶ．各零点 z_0 中心のテイラー展開 $f(z) = \sum_{n=0}^{\infty} a_n(z-z_0)^n$ において，$a_0 = 0$ であり，0 ではない最初の a_n の番号 k が定まる．この k を零点 z_0 の**位数** (order) といい，z_0 は k **位の零点** (zero of order k) であるという．

k 位の零点をもつ関数 $f(z) = z^k$ に対して，対数微分 $\frac{d}{dz} \log f(z) = f'(z)/f(z) = k/z$ を積分して $\frac{1}{2\pi i} \oint_{|z|=r} \frac{f'(z)}{f(z)} dz = k$ を得る．これは次のように一般化される．

偏角の原理 (argument principle)　$f(z)$ を D 上の恒等的に零ではない正則関数とする．C を D 内の長さ有限の単純閉曲線で，その内部も D に含まれ，さらに $f(z)$ の零点は C 上にないものとする．N を C の内部にある $f(z)$ の零点の位数の和とすると以下が成り立つ (C の向きは反時計周り)．
$$\frac{1}{2\pi i} \int_C \frac{f'(z)}{f(z)} dz = N \qquad (3)$$

(3) の左辺は C に沿っての偏角 $\arg f(z)$ の変化を 2π で割ったものに等しく，N は C の像曲線 $f(C) \subset \mathbf{C}$ の原点のまわりの回転数を表している．さらに有理形関数に対しても零点と極の位数を用いて一般化される．この原理を応用して，零点の個数を評価することができる．

ルーシェ (Rouché) **の定理**　C を D 内の長さ有限の単純閉曲線で，その内部も D に含まれるとする．$f(z)$ および $g(z)$ は D において正則であり，かつ C 上の各点 z において $|f(z)| > |g(z)|$ が成立するとする．このとき，C の内部にある $f(z)$ の零点の位数の和と $f(z) + g(z)$ のそれは等しい．

5　正則関数列

モレラの定理より，正則性は積分によっても判定できる．正則関数の列に対して，積分と極限の順序交換を用いることで，正則関数の空間が広義一様収束の位相で閉じていることがわかる．

ワイエルシュトラス (Weierstrass) **の 2 重級数定理**　開集合 D 上の正則関数列 $\{f_n(z)\}$ が広義一様収束すれば，その極限関数 $f(z)$ も正則で，導関数の列 $\{f'_n(z)\}$ も $f'(z)$ に広義一様収束する．

一様収束性は比較的弱い条件から従う．D 上定義された関数からなる族 $\mathcal{F}$ (単に関数族ともいう) は，$\mathcal{F}$ の元からなる任意の関数列 $\{f_n(z)\}$ に対して，D 上広義一様収束する部分列 $\{f_{n(k)}(z)\}$ がとれるとき，**正規** (normal) であるという．このとき $\mathcal{F}$ を**正規族** (normal family) という．また $\mathcal{F}$ が**一様有界**であるとは，ある正定数 M が存在して，すべての $f \in \mathcal{F}$ と $z \in D$ に対して $|f(z)| < M$ が成り立つことである．

モンテル (Montel) **の定理**　D 上の正則関数からなる関数族 $\mathcal{F}$ は，一様有界ならば正規である．

［高山茂晴］

参　考　文　献

[1] L.V. アールフォルス著，笠原乾吉訳：複素解析，現代数学社，1982.
[2] 小平邦彦：複素解析，岩波書店，1991.
[3] 高橋礼二：複素解析 (新版)，東京大学出版会，1990.
[4] 野口潤次郎：複素解析概論，裳華房，1993.

正則関数 (多変数)

holomorphic function of several variables

1 正則関数

$f(z) = f(z_1, \ldots, z_n)$ を領域 $D \subset \mathbf{C}^n$ 上定義された，n 変数 $z = (z_1, \ldots, z_n)$ の複素数値関数とする．$f(z)$ が連続で各変数 z_j $(j = 1, \ldots, n)$ について正則なとき，$f(z)$ は D 上正則であるという．(これは $f(z)$ の連続性を仮定せずに，各変数についての偏微分係数 $\partial f / \partial z_j$ $(j = 1, \ldots, n)$ が存在することだけを仮定しても同等である (ハルトーグス (Hartogs) の正則性定理)．全微分可能性とコーシー・リーマンの方程式による定義もある．

1 変数の正則関数に関するコーシーの積分公式は，次のように n 変数の場合に拡張される．点 $a = (a_1, \ldots, a_n) \in \mathbf{C}^n$ と正数の組 $r = (r_1, \ldots, r_n)$ に対して，$U_r(a) = \{z = (z_1, \ldots, z_n) \in \mathbf{C}^n; |z_j - a_j| < r_j, j = 1, \ldots, n\}$ とおく．$U_r(a)$ を a を中心とする多重円板 (polydisc) と呼ぶ．z_j 平面の中心 a_j，半径 r_j の円板を $U_{r_j}(a_j)$ とすれば，$U_r(a)$ はこれらの直積 $U_{r_1}(a_1) \times \cdots \times U_{r_n}(a_n)$ である．円板 $U_{r_j}(a_j)$ の円周を C_j とし，そのパラメータ表示を $\theta \in [0, 2\pi] \to z_j(\theta_j) = a_j + r_j e^{i\theta_j}$ とする．これらの円周の直積 $C^n = C_1 \times \cdots \times C_n$ は $U_r(a)$ の決定集合 (determining set) と呼ばれる．これは，以下のように正則関数の $U_r(a)$ での値は，C^n での値だけで定まるからである．

コーシーの積分表示 D 上の正則関数 $f(z)$ に対し，$\overline{U_r(a)} \subset D$ かつ $z \in U_r(a)$ ならば，$f(z) = \left(\frac{1}{2\pi i}\right)^n \int_{C_1} \cdots \int_{C_n} \frac{f(\zeta_1, \ldots, \zeta_n)}{(\zeta_1 - z_1) \cdots (\zeta_n - z_n)} d\zeta_1 \cdots d\zeta_n$ である．

1 変数の場合にコーシーの積分公式を用いて正則関数についての多くの基本的性質を導いたのと同様に，多変数の場合にも同様な性質を導くことができる．たとえば正則関数 $f(z)$ は $z_1, \ldots, z_n$ について何回でも偏微分可能であり偏導関数 $\partial^{m_1 + \cdots + m_n} f(z) / \partial z_1^{m_1} \cdots \partial z_n^{m_n}$ はすべて正則である．$f(z)$ は任意の点 $a \in D$ を中心とする多重円板 $\overline{U_r(a)} \subset D$ においてべき級数に展開される．

また，コーシーの評価式，リューヴィル (Liouville) の定理，最大絶対値の原理，ワイエルシュトラス (Weierstrass) の 2 重級数定理，モンテル (Montel) の定理，などは 1 変数の場合と同様である．一致の定理は少しだけ注意が必要である．$n \geq 2$ ならば $f(z) = z_1$ のように，$f(z)$ の零点の集合 $\{z_1 = 0\}$ は集積点をもつが $f(z) \equiv 0$ ではない．

一致の定理 領域 D 上の二つの正則関数が，ある一点の近傍で一致すれば，D 全体で一致する．

2 べき級数

点 $a \in \mathbf{C}^n$ を中心とするべき級数 $P(z) = \sum c_{j_1 \cdots j_n}(z_1 - a_1)^{j_1} \cdots (z_n - a_n)^{j_n}$ に対して，点 $z \in \mathbf{C}^n$ のある近傍で $P(z)$ が絶対収束するような点全体を $P(z)$ の収束域という．$n \geq 2$ のときには，収束域に含まれない点においても $P(z)$ が収束することがある．$r = (r_1, \ldots, r_n)$ を正数の組とする．べき級数 $P(z)$ が，多重円板 $U_r(a)$ においては収束し，すべての $j = 1, \ldots, n$ に対し $|z_j - a_j| > r_j$ となる点 z においては発散するなら，r を $P(z)$ の関連収束半径という．収束域においてはべき級数は連続で，各変数 z_j に関して偏微分可能である．定義域の各点のまわりで，絶対収束するべき級数により表される関数を複素解析関数という．

D を $\mathbf{C}^n$ 内の領域とする．ある点 $a \in D$ に対して $z' = (z'_1, \ldots, z'_n) \in D$ ならば，円周の直積 $|z_j - a_j| = |z'_j - a_j|, j = 1, \ldots, n$ も D に含まれるとき，D を a を中心とするラインハルト領域 (Reinhardt domain) という．$z' = (z'_1, \ldots, z'_n) \in D$ ならば，多重閉円板 $|z_j - a_j| \leq |z'_j - a_j|, j = 1, \ldots, n$ も D に含まれるとき，D を a を中心とする完全ラインハルト領域という．点 a を中心とする完全ラインハルト領域 D は，写像 $D \to \mathbf{R}^n$, $z \mapsto (\log |z_1 - a_1|, \ldots, \log |z_n - a_n|)$ による像が凸集合になるとき，対数的に凸であるという．点 $a \in \mathbf{C}^n$ を中心とするべき級数 $P(z)$ の収束域は，a を中心とする対数的に凸な完全ラインハルト領域である，という現象は多変数関数論の初期

3 ワイエルシュトラスの予備定理

正則関数の零点集合，より一般に有限個の正則関数の共通零点集合は，解析的集合と呼ばれる．正則関数の局所的な性質や解析的集合の局所的な構造を記述する際にもっとも基本的で重要な定理は，以下のワイエルシュトラスによる定理である．

原点の近傍で定義された正則関数 f と g に対し，それらが原点のある近傍上一致するとき同値であるといい，その同値類を正則関数の芽 (germ) という．正則関数の芽は，原点中心の絶対収束するべき級数とテイラー展開により自然に同一視される．正則関数の芽の全体を H_n と書く．H_n は自然な仕方で環になり，収束べき級数環と呼ばれ，$C\{z_1,\ldots,z_n\}$ とも書き表される．$f \in H_n$ が可逆元であることと $f(0) \neq 0$ は同値である．また，零ではない元 $f \in H_n$ に対して，適当な座標変換により $f(0,\ldots,0,z_n) \not\equiv 0$ とできることに注意する．

$P \in H_n$ は z_n の多項式として，H_{n-1} の非可逆元 $a_i = a_i(z_1,\ldots,z_{n-1}) \in H_{n-1}$ $(i=1,\ldots,d-1)$ により $P(z) = z_n^d + a_{d-1}z_n^{d-1} + \cdots + a_1 z_n + a_0$ と表されるとき，z_n に関する**特別多項式** (distinguished polynomial)，または**ワイエルシュトラス多項式**と呼ばれる．このような P の性質は，H_{n-1} および z_n 変数の多項式環 $H_{n-1}[z_n]$ の性質を用いて，変数の数に関して帰納的に調べることができる．一般の $f \in H_n$ に対してもそうであることを主張するのが，次の定理である．

ワイエルシュトラスの予備定理 (preparation theorem) $f \in H_n$ とし $f(0,\ldots,0,z_n) \not\equiv 0$ とする．このとき可逆元 $u \in H_n$ と z_n に関する特別多項式 $P \in H_n$ が存在して，$f = uP$ と表される．このような u と P は f に対して一意的である．

ワイエルシュトラスの割り算定理 (division theorem) $f \in H_n$ とし $f(0,\ldots,0,z_n) = \sum_{j=d}^{\infty} c_j z_n^j$ $(c_d \neq 0)$ とする．このとき任意の $g \in H_n$ は $g = fq + r$ と表される．ここで $q, r \in H_n$ で，r は z_n に関して $d-1$ 次以下の多項式 $r = a_{d-1}z_n^{d-1} + \cdots + a_1 z_n + a_0$, $a_i = a_i(z_1,\ldots,z_{n-1}) \in H_{n-1}$ $(i=1,\ldots,d-1)$ である．このような q と a_i たちは g に対して一意的である．

これらを用いて H_n が n 次元正則局所環であることや，$\boldsymbol{C}^n$ 上の正則関数の芽の層 $\mathcal{O}_{\boldsymbol{C}^n}$ が連接的であることなどが示される．

4 解析接続

解析接続の考え方は 1 変数の場合と同様であるが，多変数の場合には領域の形状が正則関数の存在域と深く関わってくる ($\to$ [擬凸領域])．ここでは基本的な二つの定理を述べる．

リーマンの特異点除去可能定理 D を $\boldsymbol{C}^n$ の領域，$f(z)$ を D 上の正則関数で恒等的に零ではないものとし，V を $f(z)$ の零点集合とする．$g(z)$ を $D \setminus V$ 上の正則関数とする．もし $|g(z)|$ が $D \setminus V$ で有界ならば，$g(z)$ は解析接続によって D 上正則な関数に一意的に拡張される．

1 変数の場合に正則関数の零点は孤立していたのとは異なり，多変数の場合には零点集合の形状は複雑になりうることに注意する．また，領域 D 上のすべての正則関数が D を真に含む領域にまで解析接続されることがある．

ハルトーグスの拡張定理（または**接続定理**）(Hartogs' continuation theorem) $0 < \varepsilon < 1$ のとき，$\boldsymbol{C}^n$ 内の領域 $\{z; |z_1| < 1, 1-\varepsilon < |z_2| < 1, \ldots, 1-\varepsilon < |z_n| < 1\} \cup \{z; |z_1| < \varepsilon, |z_2| < 1, \ldots, |z_n| < 1\}$ 上の正則関数は，単位多重円板上の正則関数に一意的に解析接続される．

たとえば $\boldsymbol{C}^2 \setminus \{0\}$ 上正則な関数は，$\boldsymbol{C}^2$ 上の正則関数に解析接続される．より一般に $D \subset \boldsymbol{C}^n$ を領域，$A \subset D$ を解析的部分集合で $\dim A \leq n-2$ とする．このとき $D \setminus A$ 上正則な関数は D 上の正則関数に解析接続される． ［高山茂晴］

参考文献

[1] 大沢健夫：多変数複素解析，岩波書店，1998.
[2] 西野利雄：多変数関数論，東京大学出版会，1996.
[3] 野口潤次郎：多変数解析関数論，朝倉書店，2013.
[4] L. ヘルマンダー著，笠原乾吉訳：多変数複素解析学入門，東京図書，1973.

正多面体

regular polyhedron

1 正多面体

3次元ユークリッド空間 $\mathbf{R}^3$ において，有限個の多角形で囲まれた図形を**多面体** (polyhedron) という．ただし，2つの多角形に共通部分があれば，それぞれの1辺か1頂点であるとする．多面体が凸集合であるとき凸多面体といい，凸多面体が

(1) 各面はすべて合同な正多角形，
(2) 各頂点での多角錐はすべて合同，

をみたすとき，**正多面体** (regular polyhedron) または**プラトン立体** (Platonic solid) という．各面が正 p 多角形，各頂点に集まる面の数が q である正多面体を (p,q) と表す．

正多面体 (p,q) には各頂点の周りに正 p 角形が q 個集まっているが，正 p 角形の頂点における角度は $(1-2/p)\pi$ であるから，これの q 倍は 2π より小さくなければならない．このことより，$1/p+1/q > 1/2$ という不等式を得る．p, q は3以上の自然数であるから，この不等式を満たす (p, q) は，$(3,3), (4,3), (3,4), (5,3), (3,5)$ の五つしかない．一方，これらは実現でき，面の数に応じて，正4面体，正6面体 (または立方体)，正8面体，正12面体，正20面体と呼ばれている．

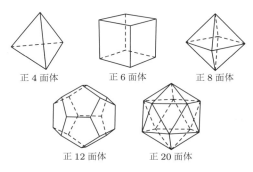

図1 五つの正多面体

凸多面体 P の頂点の数，辺の数，面の数を，それぞれ V, E, F とすると，オイラーの多面体公式 (または，オイラーの多面体定理) より $V - E + F = 2$ である．凸多面体 P が正多面体 (p,q) であるとき $qV = 2E = pF$ である．これとオイラーの多面体公式より $1/p + 1/q = 1/2 + 1/E$ を得る．E は正より，この式からも (p,q) を決定するための鍵となった不等式 $1/p + 1/q > 1/2$ が得られる．

表1 正多面体の頂点，辺，面の数

	頂点の数	辺の数	面の数
正4面体	4	6	4
正6面体	8	12	6
正8面体	6	12	8
正12面体	20	30	12
正20面体	12	30	20

P を正多面体としたとき，各面 P_i の中心に点 v_i をとり，二つの面 P_i と P_j が1辺を共有しているとき v_i と v_j を結び，$P_{i_1}, \ldots, P_{i_k}$ が P の一つの頂点の周りの面であるとき $v_{i_1}, \ldots, v_{i_k}$ を頂点とする多角形を作る．このようにして得られた正多面体を P の双対正多面体という．正4面体は自分自身と双対であり，正6面体と正8面体，正12面体と正20面体は，互いに双対である．

2 準正多面体

正多面体は各面がすべて同一の正多角形であったが，2種類以上の正多角形を面として許した凸多面体を**準正多面体** (semiregular polyhedron) または**アルキメデス立体** (Archimedean solid) という．ただし，各頂点での多角錐はすべて合同という条件 (2) は引き続き要求する．同じ正 p 角形を上面と底面にもつ正多角柱と，正多角柱の上面の正 p 角形をその中心の回りに π/p だけ回転して得られる正多角反柱は，本質的に2次元のものと考えられるので，通常，準正多面体からは除外する．

準正多面体の頂点の周りにある正多角形の辺数の集合を $\{p_1, p_2, \ldots, p_r\}$ とすると，正多面体の場合と同様に頂点の周りの角度を考えて，不等式 $1 + \sum_{i=1}^{r} 1/p_i > r/2$ を得る．正多角柱，正多角反柱以外にこの不等式を満たす $\{p_1, p_2, \ldots, p_r\}$ は，$\{3,6,6\}, \{3,8,8\}, \{3,10,10\}, \{4,6,6\}, \{4,6,8\}, \{4,6,10\}, \{5,6,6\}, \{3,3,4,4\}, \{3,3,5,5\}, \{3,4,4,4\}, \{3,4,4,5\}, \{3,3,3,3,4\}, \{3,3,3,3,5\}$ の13種類があり，一方，これらを実現する準正多面体が存在する．$\{5,6,6\}$ となる準正多面体は

12個の正5角形と20個の正6角形の面からなり，サッカーボールでなじみのある図形である．

3 正多面体群

正多面体を自分自身に移す合同変換全体は合成に関して群をなす．これを**正多面体群**という．5つの正多面体に応じて，正4面体群，正6面体群，正8面体群，正12面体群，正20面体群があるが，正多面体の双対の関係より，正6面体群と正8面体群，正12面体群と正20面体群はそれぞれ同型である．

正多面体 (p,q) の正多面体群は次の三つのタイプの合同変換で生成される．① 相対する面の中心を結ぶ直線を軸として $2\pi/p$ だけ回転する．② 相対する頂点を結ぶ直線を軸として $2\pi/q$ だけ回転する．③ 相対する辺の中点を結ぶ直線を軸として π だけ回転する．①，②の変換をそれぞれ a,b とすると，a^p, b^q はともに恒等変換 e で，③の変換は合成 ab と表される．したがって，正多面体 (p,q) の正多面体群は，a,b で生成され $a^p = b^q = (ab)^2 = e$ という関係式を満たす．正4面体群は4次の交代群 (位数12) と，正8面体群は4次の対称群 (位数24) と，正20面体群は5次の交代群 (位数60) と同型になる．この最後の事実と「一般の5次以上の代数方程式は代数的に解けない」ことの関係がクラインにより論じられている [1]．

4 一般次元の正多面体

正多面体は一般次元でも考えることができる．N 次元ユークリッド空間 $\boldsymbol{R}^N$ の超平面は $\boldsymbol{R}^N$ を二つの部分に分けるが，境界も込めたその一方を半空間といい，有限個の半空間の交わりで有界なものを**凸多面体** (convex polytope) という．$\boldsymbol{R}^N$ 内に有限個の点をとり，それらを含む最小の凸集合として凸多面体を定義することもできる．凸多面体の次元は，それを含む最小のアフィン空間の次元と定める．2次元凸多面体は凸多角形，3次元凸多面体は1節で扱った凸多面体である．凸多面体 P の部分集合 F に対し，$\boldsymbol{R}^N$ の超平面 H で
 (1) $H \cap P = F$,
 (2) H で定まる半空間の一方に P が含まれる，

を満たすものが存在するとき，F を P の面という．面 F の次元は，F を含む最小のアフィン空間の次元と定める．

一般次元の正多面体は，1節と同様に次元に関して帰納的に定義する．標準 n 単体
$$\{(x_1,\ldots,x_{n+1}) \in \boldsymbol{R}^{n+1} \mid x_i \geqq 0, \sum_{i=1}^{n+1} x_i = 1\}$$
n 次元立方体
$$\{(x_1,\ldots,x_n) \in \boldsymbol{R}^n \mid |x_i| \leqq 1\}$$
および，n 次元十字多面体 (cross-polytope)
$$\{(x_1,\ldots,x_n) \in \boldsymbol{R}^n \mid \sum_{i=1}^n |x_i| \leqq 1\}$$
は n 次元正多面体である．それぞれ，正4面体，正6面体，正8面体の n 次元版である．標準 n 単体は自己双対で，n 次元立方体と n 次元十字多面体は互いに双対の関係にある．$n \geqq 5$ のとき，n 次元正多面体はこれら三つしかない．

4次元正多面体は正多胞体ともいい，標準4単体 (正5胞体)，4次元立方体 (正8胞体)，4次元十字多面体 (正16胞体) 以外に，正24胞体，正120胞体，正600胞体の三つがある．胞体の前の数は体 (3次元面) の数である．

表 2 正多胞体の頂点，辺，面，体の数と体の形

	頂点の数	辺の数	面の数	体の数	体の形
正5胞体	5	10	10	5	正4面体
正8胞体	16	32	24	8	正6面体
正16胞体	8	24	32	16	正4面体
正24胞体	24	96	96	24	正8面体
正120胞体	600	1200	720	120	正12面体
正600胞体	120	720	1200	600	正4面体

正120胞体と正600胞体は互いに双対で，それぞれ正12面体と正20面体の4次元版と思えるが，正24胞体は自己双対で4次元特有のものである．

[枡田幹也]

参考文献

[1] F. クライン著，関口次郎・前田博信訳：正20面体と5次方程式 (改訂新版)，シュプリンガー・フェアラーク東京，2005.
[2] ヒルベルト・フォッセン著，芹沢正三訳：直観幾何学，みすず書房，1966.
[3] 一松 信：正多面体を解く，東海大学出版会，2002.

積　　分

integration

1　定積分の定義

区間 $[a,b]$ に対し，$a=x_0<x_1<x_2<\cdots<x_n=b$ を満足する実数の集合

$$\Delta=\{x_k\mid k=0,1,2,\ldots,n\} \quad (1)$$

は，$[a,b]$ の n 個の部分区間 $[x_{k-1},x_k]$ ($k=1,2,\ldots,n$) への分割を定義している．$[a,b]$ 上で有界な実数値関数 $f(x)$ に対し，これら部分区間での $f(x)$ の上限と下限

$$M_k\equiv\sup_{\xi\in[x_{k-1},x_k]}f(\xi),\quad m_k\equiv\inf_{\xi\in[x_{k-1},x_k]}f(\xi)$$

は，$f(x)$ を上下から挟む二つの階段関数を定義する．階段関数の長方形要素の「高さ」×「底辺」$M_k(x_k-x_{k-1})$, $m_k(x_k-x_{k-1})$ の n 個の和は，二つの階段関数の「符号付き面積」とでもいうべき量である．この二つの量について，それぞれ，すべての分割 Δ に関する下限と上限とをとり，$[a,b]$ での $f(x)$ の上積分と下積分とを，

$$\overline{\int_a^b}f(x)dx=\inf_\Delta\sum_{k=1}^n M_k(x_k-x_{k-1}), \quad (2)$$

$$\underline{\int_a^b}f(x)dx=\sup_\Delta\sum_{k=1}^n m_k(x_k-x_{k-1}) \quad (3)$$

で定義する．上積分と下積分とは一意的に定まり，

$$\underline{\int_a^b}f(x)dx\leqq\overline{\int_a^b}f(x)dx \quad (4)$$

となる．式 (4) で等号が成立すれば $f(x)$ は $[a,b]$ でリーマン可積分で，定積分の値が

$$S=\int_a^b f(x)dx$$

であるという．

$$\int_b^a f(x)dx=-\int_a^b f(x)dx$$

と約束する．ディリクレ関数

$$\lim_{n\to\infty}\lim_{k\to\infty}(\cos(n!\pi x))^{2k}$$

は x が有理数で 1，無理数で 0 をとり，リーマン可積分でない関数の代表例である．以下では，リーマン積分のみを扱い「リーマン」と断らない．

2　ダルブー (Darboux) の定理

上積分 (2) と下積分 (3) の定義は，どんな分割の列 $\{\Delta_n\}$ が下限，上限への収束列となるかについては何も述べていない．式 (1) による分割 Δ の幅を $|\Delta|=\max_{1\leqq k<n}|x_k-x_{k-1}|$ で定義する．ダルブーの定理は，有界な $f(x)$ に対して $\lim_{n\to\infty}|\Delta_n|=0$ を満たす任意の分割の列 $\{\Delta_k\}$ がこの下限と上限への収束列となることを保証する：

$$\overline{\int_a^b}f(x)dx=\lim_{|\Delta|\to 0}\sum_{k=1}^n M_k(x_{k+1}-x_k),$$

$$\underline{\int_a^b}f(x)dx=\lim_{|\Delta|\to 0}\sum_{k=1}^n m_k(x_{k+1}-x_k).$$

$\xi_k\in[x_{k-1},x_k]$ ($k=1,2,\ldots,n$) を任意に選び，

$$\sum_{k=1}^n f(\xi_k)(x_k-x_{k-1})$$

とおいたものをリーマン和と呼ぶ．

$$\underline{\int_a^b}f(x)dx\leqq\lim_{|\Delta|\to 0}\sum_{k=1}^n f(\xi_k)(x_k-x_{k-1})\leqq\overline{\int_a^b}f(x)dx$$

が成立するので，積分可能であるための必要十分条件は，ある $S\in\mathbf{R}$ が存在して，任意の ϵ (>0) に応じた δ (>0) が定まり，分割の幅 $|\Delta|\equiv\max_k|x_k-x_{k-1}|$ が $|\Delta|<\delta$ を満足する任意の Δ に対して，

$$\left|\sum_{k=1}^n f(\xi_k)(x_k-x_{k-1})-S\right|<\epsilon$$

が成立することである．

有限閉区間 $[a,b]$ で連続関数は一様連続なので，$[a,b]$ 上の連続関数は $[a,b]$ で可積分である．

3　定積分の性質

c を任意の実数とするとき，次の関係式が成立する：

$$\int_a^b f(x)dx=\int_a^c f(x)dx+\int_c^d f(x)dx.$$

定積分を求める演算は線形演算である．すなわち，α,β を実数，$f(x),g(x)$ を $[a,b]$ で可積分な関数とするとき，次の関係式が成立する：

$$\int_a^b(\alpha f(x)+\beta g(x))dx=\alpha\int_a^b f(x)dx+\beta\int_a^b g(x)dx.$$

$[a,b]$ 上で $f(x)\leqq g(x)$ ならば

$$\int_a^b f(x)dx\leqq\int_a^b g(x)dx$$

である．

連続関数 $f(x)$ に対しては，
$$\int_a^b f(x)dx = f(c)(b-a) \quad (a \leqq c \leqq b)$$
を満たす c が存在する．これを積分に関する平均値の定理という．

4　微分積分学の基本定理と不定積分

関数 $F(x)$ が $[a,b]$ の各点で微分可能かつ $F'(x) = f(x)$ が成立するとき，$F(x)$ を $f(x)$ の原始関数と呼ぶ．任意の定数 C に対して $F(x)+C$ も原始関数である．C を積分定数と呼ぶ．

定理 1 (微分積分学の基本定理)　関数 $f(x)$ が閉区間 $[a,b]$ で連続であれば，任意の原始関数 $F(x)$ に対し，$\int_a^b f(x)dx = F(b) - F(a)$ が成立する．

区間 $[a,b]$ で $f(x)$ が可積分のとき，$\int_a^x f(\xi)d\xi$ は x の関数で $f(x)$ の不定積分と呼ばれる．微分積分学の基本定理により，$f(x)$ が連続関数のとき，不定積分は原始関数に適当な定数を加えたものとなる．

$f(x)$ が $[a,b]$ で連続，$g(x)$ が $[\alpha, \beta]$ で連続微分可能で，$a = g(\alpha), b = g(\beta)$ なら，
$$\int_a^b f(x)dx = \int_\alpha^\beta f(g(\xi))g'(\xi)d\xi$$
である．これを置換積分法という．

$f(x)$ と $g(x)$ とが $[\alpha, \beta]$ で連続微分可能なら
$$\int_a^b f(x)g'(x)dx = [f(x)g(x)]_a^b - \int_a^b f'(x)g(x)dx$$
である．これを部分積分法という．

原始関数が初等関数に留まる初等関数は限定される．原始関数が初等関数の範囲に留まるか否かの判定法としてリッシュのアルゴリズムがある．

5　変格積分

半開区間 $(a,b]$ 上の関数 $f(x)$ が $\lim_{x \to a+0} f(x) = +\infty$ だとする．任意の $a' \in (a,b)$ に対して $f(x)$ が $[a',b]$ 上で可積分であり，かつ
$$\lim_{\epsilon \to +0} \int_{a+\epsilon}^b f(x)dx$$
が存在するならば，(第 1 種) 変格積分 $\int_a^{+\infty} f(x)dx$ は収束するといい，極限値を変格積分の値とい

う．収束しないとき発散するという．関数 $f(x)$ が $\lim_{x \to b-0} f(x) = +\infty$ の場合も同様である．

半無限区間 $[a, +\infty)$ 上の関数 $f(x)$ が，任意の $b > a$ に対して $[a,b]$ 上で可積分であり，かつ
$$\lim_{M \to \infty} \int_a^M f(x)dx$$
が存在するならば，(第 2 種) 変格積分 $\int_a^{+\infty} f(x)dx$ は収束するといい，極限値を変格積分の値という．$(-\infty, b]$ で定義された関数の場合も同様である．

6　関数列の積分

区間 $[a,b]$ 上の可積分関数の列 $\{f_n(x)\}$ が $f_\infty(x)$ に一様収束すれば，$f_\infty(x)$ は $[a,b]$ で可積分で積分と極限の交換ができる：
$$\lim_{n \to \infty} \int_a^b f_n(x)dx = \int_a^b \lim_{n \to \infty} f_n(x)dx.$$

7　面積と長さ

有界な関数 $f(x) \geqq 0$ に対して，
$$E = \{(x,y) | a \leqq x \leqq b, 0 \leqq y \leqq f(x)\}$$
とおく．E が $[a,b]$ で可積分である場合に E の面積 $|E|$ が $\int_a^b f(x)dx$ で計算される．正確にはこの面積は平面内の点集合に対してジョルダン測度によって面積を定義した場合の面積である．

区間 $[a,b]$ 上の連続関数 $y = f(x)$ は曲線 $C = \{(x, f(x)) \mid x \in [a,b]\}$ を定める．$L(C) = \sup_\Delta \sqrt{(x_n - x_{n-1})^2 + (f(x_n) - f(x_{n-1}))^2}$ が存在すれば，C は求長可能であるといい，$L(C)$ を曲線 $C = \{(x, f(x)) \mid x \in [a,b]\}$ の長さという．$f(x)$ がもし微分可能なら，次式が成立する：
$$L(C) = \int_a^b \sqrt{1 + (f'(x))^2} dx.$$

［岸本一男］

参考文献

[1] 高木貞治：解析概論 (改訂第 3 版)，岩波書店，1983.
[2] 一松 信：解析学序説 (上，下)，裳華房，1962, 1963.
[3] W. Rudin：*Principles of Mathematical Analysis*, 3rd ed, McGraw–Hill, 1976. (邦訳) 近藤基吉・柳原二郎訳：現代解析学 (第 2 版)，共立出版，1971.
[4] 杉浦光夫：解析入門 (I,II)，東京大学出版会，1980, 1985.

積分方程式

integral equation

1 積分方程式に関する諸定義

未知関数の積分を含む方程式を，積分方程式 (integral equation) という．積分方程式を満たす未知関数を求めることを，積分方程式を解くといい，そのときの未知関数を積分方程式の解 (solution) という．そして未知関数に関して線形である場合を，線形積分方程式 (linear integral equation) という．積分方程式の理論がよく整備されているのは，線形積分方程式である．その中でもとくにフレドホルム型積分方程式 (integral equation of Fredholm type) とヴォルテラ型積分方程式 (integral equation of Volterra type) の二つの型の積分方程式が重要である．今，たとえば $K(x,y)$, $f(x)$ ($a \leqq x, y \leqq b$) を既知連続関数，$\phi(x)$ ($a \leqq x \leqq b$) を未知連続関数として，$\int_a^b K(x,y)\phi(y)dy = f(x)$ を第一種 (first kind) のフレドホルム型積分方程式，$\phi(x) - \int_a^b K(x,y)\phi(y)dy = f(x)$ を第二種 (second kind) のフレドホルム型積分方程式という．ヴォルテラ型積分方程式は，上の二つの式で積分の端点の 1 つ b を x に置き換えて得られるもので，それぞれ第一種，第二種のヴォルテラ型積分方程式という．フレドホルム型積分方程式については，より一般に x, y が動く範囲を n 次元ユークリッド空間の領域としてもよい．また，いずれの積分方程式も x, y 以外にパラメータを含むことがある．これまでの説明では，積分方程式における $K(x,y)$, $f(x)$, $\phi(y)$ を連続関数の枠内で考えたが，連続関数を含むもっと広い枠内で考えることも可能である．

なお，これらの積分方程式において，$K(x,y)$ はこれらの積分方程式に含まれる積分が定める積分変換 (integral transform) K の積分核 (integral kernel) という．説明の便宜上，以下では $f(x)$ をデータと呼ぶことにする．

2 積分方程式の諸例

アーベルの積分方程式 (Abel integral equation) と呼ばれる第一種ヴォルテラ型積分方程式 $\int_0^x \frac{\phi(y)}{\sqrt{x-y}} dy = f(x)$ は，重力の影響のみを受けて，ある平面内を落下する質点の軌道を落下時間より求める積分方程式である．また，材料の非破壊検査や医療診断に用いられる X 線 CT では，検査対象物断面を透過する X 線の減衰量が物質密度 $f(x,y)$ と X 線の移動距離に比例する物理法則に基づいて，断面内の十分多くの方向から照射した各 X 線の透過後の減衰量を計測して，この断面内の物質密度を求めている．ここで十分多くの方向を数学的に理想化して，すべての方向とすると，x, y 平面内の $f(x,y)$ のすべての線積分の値，すなわち 1 次元ラドン変換 (Radon 変換) と呼ばれる積分変換により $f(x,y)$ を変換した値から $f(x,y)$ を求めていることにほかならない．したがって数学的に理想化された X 線 CT は第一種フレドホルム型積分方程式を与える．これらの例ばかりでなく，物理，工学，医学分野における未知量の観測量による決定問題が，第一種積分方程式の形で与えられることが数多く報告されている．このような未知量を観測量より決定する問題は逆問題と呼ばれるより広いクラスの問題である．逆問題は，一般には第一種フレドホルム型積分方程式として表されるわけではないが，第一種フレドホルム型積分方程式は逆問題の特質である逆問題の不適切性を見事に表している．すなわち逆問題の解はかならずしも存在しないし，存在したとしてもかならずしも一意ではないばかりかその解はデータに必ずしも連続に依存しない．

ところで第一種ヴォルテラ型積分方程式は，$K(x,y)$ と $f(x)$ が x について可微分ならば，積分方程式の両辺を x で微分することにより第二種ヴォルテラ型積分方程式に帰着できる．

微分方程式に関する問題を変換することにより得られる積分方程式がたくさんある．その典型的な問題は，線形微分方程式に関する初期値問題や境界値問題である．たとえば一階線形常微分方程式の初期値問題 $\frac{d\phi}{dx}(x) - a(x)\phi(x) = g(x)$, $\phi(0) = \alpha$ は，こ

の方程式を積分して初期条件を考慮すれば，第二種ヴォルテラ型積分方程式 $\phi(x) - \int_0^x a(y)\phi(y)\,dy = \alpha + \int_0^x g(y)\,dy$ に変換できる．そして高階線形常微分方程式の初期値問題も，方程式を一階の方程式系に変換した後，同様にして第二種ヴォルテラ型積分方程式に変換できる．また，なめらかな境界 Γ をもつ有界領域 D におけるラプラスの方程式 (Laplace equation) $\Delta u(x) = 0$ に境界条件 $u(x) = g(x)\ (x \in \Gamma)$ を課したディリクレ境界値問題 (Dirichlet boundary value problem) は，基本解 (fundamental solution) $G(x,y)$ (D が 3 次元領域の場合は $G(x,y) = 1/(4\pi|x-y|)$) を用いて，$u(x) = \int_\Gamma \frac{\partial G}{\partial \nu(y)}(x,y)\phi(y)\,ds(y)$ の形で求めるとき，$\phi(x)$ は第二種フレドホルム型積分方程式 $\phi(x) - 2\int_\Gamma \frac{\partial}{\partial \nu(y)}(x,y)\phi(y)\,ds(y) = -2g(x)$ の解として与えることができる．ここで $\frac{\partial G}{\partial \nu(y)}(x,y)$ は，Γ における $G(x,y)$ の y に関する外法線微分 (outer normal derivative) であり，D が 2 次元領域，3 次元領域に応じて $ds(y)$ は Γ の線素 (line element)，面積要素 (surface element) である．このように偏微分方程式の境界値問題は，境界上の第二種フレドホルム型積分方程式に帰着できる．

3 積分方程式の解法

積分方程式の解の一意性 (uniqueness)，解の存在 (existence)，解のデータに関する連続性すなわち安定性 (stability) が，積分方程式の基本的問題である．解を求める手続きを解法というが，解法が与えられればこれらの基本的問題についての重要な手がかりが得られる．

次に線形積分方程式の解法について概観する．第一種ヴォルテラ型積分方程式の主要な解法は，前述した方法で第二種ヴォルテラ型積分方程式に帰着し，後述の第二種ヴォルテラ型積分方程式の解法を適用するものである．第一種フレドホルム型積分方程式の解法については，ピカール (Picard) の定理 [3] がある．これは線形代数学における連立方程式 $Ax = y$ の可解性条件 $A^*z = 0$ ならば y は z に直交する (ただし，A^* は A の共役行列) とこの条件下での解法を，積分方程式に含まれる積分変換の特異値分解 ([コンパクト作用素] 参照) を使って一般化したものである．第二種ヴォルテラ型積分方程式と積分核が小さい第二種フレドホルム型積分方程式については，逐次代入法と呼ばれる解法がある．これは積分変換 K の n 回反復 K^n を，帰納的に $(K^j\phi)(x) = (K(K^{j-1}\phi))(x)$ により定めるとき，$I - K$ の逆 $(I - K)^{-1}$ がノイマン (Neumann) 級数 $\sum_{j=0}^\infty K^j$ で与えられることを利用したものである．ここで，I は恒等変換である．第二種フレドホルム型積分方程式の積分核が必ずしも小さくない場合については，フレドホルムの解法がある．それは K を複素数 λ 倍した λK で置き換えた第二種フレドホルム型積分方程式に対して，$(I - \lambda K)^{-1} = I + R$ となる積分変換 R を，フレドホルムの行列式とフレドホルムの小行列式を用いて求める方法である．[1]

連続核をもつ積分変換は，適当な関数空間 (function space)，たとえば有界閉区間上の連続関数全体がなすベクトル空間に関数の絶対値の最大値をノルム (norm) として入れた位相空間上のコンパクト作用素 (compact operator) である．フレドホルムの解法は，コンパクト作用素の固有値 (eigenvalue)，レゾルベント (resolvent) に関するフレドホルムの交代定理 (Fredholm alternative) と密接に関連している．この定理からたとえば，第二種フレドホルム型積分方程式の解について一意性があれば，その存在も従うことがいえる．

[中村　玄]

参 考 文 献

[1] 溝畑　茂：積分方程式入門，朝倉書店，1968.
[2] 吉田耕作：積分方程式論 (第 2 版)，岩波書店，1978.
[3] D. Colton–R. Kress：*Inverse Acoustic and Electromagnetic Scattering Theory, 2nd ed*, Springer, 1998.
[4] F. Natterer：*The Mathematics of Computerized Tomography, 2nd ed*, SIAM, 2001.

接触多様体

contact manifold

1 接触構造

$2n+1$ 次元 C^∞ 級多様体 M 上の非特異 1 形式 α がもっとも強い非可積分条件 $\alpha \wedge (d\alpha)^n \neq 0$ を満たすとき**接触 1 形式**と呼び，局所的に接触 1 形式 α により $\xi = \ker \alpha$ として定まる超平面場（すなわち余次元 1 接分布）ξ を M の**接触構造**または**接触超平面場**と呼ぶ．超平面場 $\xi = \ker \alpha$ に対して条件 $\alpha \wedge (d\alpha)^n \neq 0$ は α の選択によらず，この条件はフロベニウスの完全積分可能条件の対極にある．積分多様体の最大次元は n となり，そのような部分多様体を**ルジャンドル部分多様体**と呼ぶ．

古典的な微分幾何の流儀では接触 1 形式と多様体の組 (M, α) を接触多様体と呼ぶが，近年は位相的な研究の進展に伴い (M, ξ) を指すことも多い．接触 1 形式 α に対して $\mathcal{L}_{X_\alpha} \alpha = 0$ かつ $\alpha(X_\alpha) \equiv 1$（$\iota_{X_\alpha} d\alpha = 0$ かつ $\alpha(X_\alpha) \equiv 1$ と同値）により一意に定まるベクトル場 X_α を α に付随する**レーブ場**と呼ぶ．α を関数倍で取りかえると，一般にはレーブ場の方向も変わる．$4k-1$ 次元多様体 M 上の接触構造は，α の選択によらず $\alpha \wedge (d\alpha)^{2k-1}$ により M に向きを定める．

2 接触構造の基本的な例

2.1 n 変数関数の 1 ジェットの空間 J_n^1

$J_n^1 \cong \mathbf{R}^{2n+1} = \{(y, p_1, \ldots, p_n, x_1, \ldots, x_n)\}$ 上の標準 1 形式 $\alpha_0 = dy - \sum_{i=1}^n p_i dx_i$ は接触 1 形式である．n 変数関数 $f(x_1, \ldots, x_n)$ の 1 階のジェットのグラフ $\{(y, p_1, \ldots p_n) = (y, \frac{\partial f}{\partial x_1}, \ldots, \frac{\partial f}{\partial x_n})\}$ は (J_n^1, α_0) のルジャンドル部分多様体である．

α_0 は $\mathbf{R}^{2n}$ の標準的シンプレクティック構造 $d\alpha_0 = \sum_{i=1}^n dp_i \wedge dx_i$ を曲率形式とする $\mathbf{R}$ 主束上の接続形式と解釈でき，レーブ場は $\frac{\partial}{\partial y}$ である．この接触構造は 1 階偏微分方程式の幾何的研究のための基本言語となっている．

2.2 前量子化

$2n$ 次元シンプレクティック多様体 (Y, ω) が整係数類 $[\omega] \in H^2(Y; \mathbf{Z})$ を定めれば $2\pi\sqrt{-1}\omega$ を曲率形式とする W 上の複素直線束と $U(1)$ 接続が存在し，接続形式 α は単位円周束 M 上の接触 1 形式となる．以上の二例は接触構造と 1 次元低いシンプレクティック構造の関係を示している．

2.3 古典力学的な例

$n+1$ 次元多様体 V の余接束 $W = T^*V$ 上の標準的シンプレクティック構造 $\omega_0 = \sum_{i=1}^{n+1} dp_i \wedge dq_i$ の標準的原始 1 形式 $\lambda = \sum_{i=1}^{n+1} p_i dq_i$ は，V のリーマン計量による単位（余）接球面束 $M = S^n T^*V$ に接触 1 形式 $\alpha_0 = \lambda|_M$ を定め，レーブ場 X_{α_0} は測地流を生成する．一方，T^*V の各ファイバーに沿うオイラーベクトル場 $R = \sum_{i=1}^{n+1} p_i \frac{\partial}{\partial p_i}$ は $\lambda = \iota_R \omega_0$ を与え，リウヴィル接触構造 $\xi_0 = \ker \alpha_0$ は $M \cong (T^*V \setminus V \times \{0\})/\mathbf{R}_+$ 上に定義される．つまり ξ_0 自体はリーマン計量を反映しない．

2.4 接触型超曲面とシンプレクティック化

$2n+2$ 次元シンプレクティック多様体 (W, ω) 上に ω を拡大するベクトル場 Z（すなわち $\mathcal{L}_Z \omega = \omega$）があれば，$\omega$ の原始 1 形式 $\lambda = \iota_Z \omega$（$\omega = d\lambda$）は，Z に横断的な実超曲面 $M \subset W$ 上に接触 1 形式 $\alpha = \lambda|_M$ を定め，M は**接触型超曲面**と呼ばれる．この概念はハミルトン系に関するアーノルド予想の時間非依存な場合の類似を定式化するために導入され，上の古典力学的例を一般化する．ワインシュタイン予想：「閉多様体上の接触 1 形式に付随するレーブ場には周期軌道が存在する」がある．

接触構造 $(M, \xi = \ker \alpha)$ に対し，余法束 $\tilde{W} = \{\beta; \beta|_\xi = 0\} \subset T^*M$ から零切断を抜いたものの α の像を含む連結成分 W は (M, ξ) の**シンプレクティック化**と呼ばれ，α による W への M の埋め込みは M を W の接触型超曲面として実現する．

シンプレクティック化における擬正則曲線の理論は，接触ホモロジー論などに展開される．

2.5 強擬凸境界と孤立特異点

一般になめらかな多様体 M 上のなめらかで非特異な接分布 ξ とその法束 $\nu = TM/\xi$ に対しリー括弧積により交代的双一次形式 $\theta : \xi \times \xi \to \nu$ が定まる．複素多様体 W の実超曲面 M 上の余次元 1 接分布 $\xi = TM \cap J(TM)$ の場合にこれを**レヴィ形式**と呼ぶ．ここで J は W の自然な概複素構造で

ある．$n+1$ 次元複素多様体 W の相対コンパクト領域 Ω のなめらかな境界 $M^{2n+1} = \partial\Omega$ のレヴィ形式 θ が非退化で，ν の外向き自明化により $\theta(\cdot, J\cdot)$ が正定値となるとき，Ω は強擬凸領域もしくはグラウエルト領域，境界 $M = \partial\Omega$ は強擬凸境界と呼ばれる．θ の非退化性は ξ が M 上の接触構造であることにほかならない．シュタイン多様体 W 上の下に有界で固有な狭義多重劣調和関数 φ の正則値 a に対し，$\Omega = \{\varphi < a\}$，$M = \{\varphi = a\}$ は重要な例である．とくに $W = \boldsymbol{C}^{n+1}$，$\varphi = \sum_{j=1}^{n+1} |z_j|^2$，$a = 1$ のとき，単位球面 S^{2n+1} 上の標準的接触構造 $\xi_0 = \ker\left[\alpha_0 = \sum_{j=1}^{n+1}(x_j dy_j - y_j dx_j)\right]$ を得る．

Ω の内部に特異点を許すことも多い．たとえば $\boldsymbol{C}^k$ 内の代数的超曲面 W が孤立特異点 O をもつとき，中心 O，十分小さい半径 ε の球面 S^{2k-1}_ε により切り取れば，W の実超曲面 $M = W \cap S^{2k-1}_\varepsilon$ は強擬凸境界であり，(M, ξ) は特異点のリンクと呼ばれる．$k = 2$ の場合，リンクは (S^3, ξ_0) の横断的絡み目となり，接触構造は自明である．$k = 3$ の場合，リンクの 3 次元接触多様体と特異点との関連が研究されている．今後は (S^5, ξ_0) への接触埋め込みもともに研究されるであろう．

2.6 佐々木多様体

リーマン多様体 (M, g) の錐 $(\boldsymbol{R}_+ \times M, dr^2 + r^2 g)$ がケーラー構造をもつとき，'強擬凸' 境界 $M = \{r = 1\}$ を佐々木多様体と呼ぶ．ケーラー–アインシュタイン幾何の枠組みで研究されている．

3 安定性

3.1 ダルブー座標

接触多様体 (M^{2n+1}, α) の任意の点 P に対し P を原点とする座標近傍 U，$(z, x_1, y_1, ..., x_n, y_n)$ を $\alpha|_U = dz + \sum_{i=1}^n x_i dy_i$ となるように選べる．ゆえに，接触多様体には局所不変量は存在しない．

3.2 グレイの安定性定理

M 上の接触構造の滑らかな族 $\xi_t (t \in [0, 1])$ の変形の台 $K \subset M$ がコンパクトならば，K に台をもち，時間 t になめらかに依存するルジャンドルベクトル場 X_t が一意に存在し，X_t が生成するイソトピー φ_t が変形 $\xi_t = \varphi_{t*}\xi_0$ を与える．

4 3 次元接触トポロジー

4.1 存在・分類問題，二分律

任意の有向閉 3 次元多様体に対し，リコリッシュの定理から向きの適合する接触構造の存在がわかる．ルッツひねりという操作により与えられた 3 次元接触構造を改変でき，捻って得られる接触構造を過旋，そうでないものをタイトという．平面場の C^∞ 位相により，過旋接触構造全体の集合は平面場の集合と弱ホモトピー同値である (エリアシュベルグの h 原理)．これとグレイの安定性から，過旋構造のイソトピー分類問題は平面場のホモトピー分類に帰着し，接触トポロジーとしての存在・分類問題はタイトの場合に集約される．

ベヌカンはタイト性の概念を導入し，3 次元球面上の標準的接触構造はタイトであることを位相的に示した．強擬凸性の概念を拡張したシンプレクティック充填可能性を満たす 3 次元接触構造も，グロモフの擬正則曲線の理論によりタイトであることがわかる．2.2, 2.3 の例は充填可能である．

3 次元球面上のタイト接触構造はイソトピーを除き一意であり (エリアシュベルグの定理)，一般にアトロイダル既約 3 次元多様体上のタイト接触構造のイソトピー類は有限個である．裏向きのポアンカレ・ホモロジー 3 球面にはタイト接触構造は存在しない (本田–エトナイアの定理)．

4.2 位相的手法等

M^3 の開本分解からサーストン–ウィンケルンケンパーの接触構造が得られ，接触構造のイソトピー類と開本分解の正安定化類が一対一に対応する (ジルーの定理)．また，ジルーの凸曲面の理論とそれを発展させた本田のバイパス理論も重要な位相的研究手法である．ルジャンドル結び目，横断結び目の不変量と分類に関する研究は接触構造の位相的研究と不可分である． ［三松佳彦］

参考文献

[1] H. Geiges : *An Introduction to Contact Topology*, Cambridge University Press, 2008.
[2] 三松佳彦：3 次元接触構造のトポロジー，日本数学会，2001.

接　　続

connections

1　ベクトル束の接続

接続は一種の方向微分ととらえられるべきものである．そこでまず関数の方向微分について再考したい．以下，とくに断らない限り，多様体，写像など，すべて C^∞ 級微分可能であると仮定する． M を多様体， f をその上の関数とする．さらに M の点 $x \in M$ における接ベクトル $X \in T_x M$ をとる．このとき， f の X による方向微分 $X \cdot f$ は

$$X \cdot f = \frac{d}{dt}\bigg|_{t=0} (f \circ c)(t)$$
$$= \lim_{t \to 0} \frac{(f \circ c)(t) - (f \circ c)(0)}{t}$$

で与えられる（ただし， $t \mapsto c(t)$ は $c(0) = x$, $c'(0) = (dc/dt)(0) = X$ なる M の曲線）．さて， E を M 上のベクトル束とし，関数 f に代えて E の切断 σ の方向微分を考える．上式の f を σ に置き換えると，差 $(\sigma \circ c)(t) - (\sigma \circ c)(0)$ が現れる．ところが， $(\sigma \circ c)(t)$ と $(\sigma \circ c)(0)$ は E の異なるファイバーに属し，それらの差は意味をなさない．ベクトル束の切断に対してその方向微分を定義するにあたっては，何らかの特別な構造を導入する必要がある．それがまさに接続である．

以降， M を多様体， E をその上の（実）ベクトル束とする（とくに $E = TM$ の場合を想定されたい）．そして， $\Gamma(E)$ で E の切断全体の空間，また $\mathcal{F}(M)$, $\mathcal{X}(M)$ でそれぞれ M の（実）関数全体，接ベクトル場全体の空間を表すとする．写像

$$\mathcal{X}(M) \times \Gamma(E) \to \Gamma(E), \quad (X, \sigma) \mapsto \nabla_X \sigma$$

が X に関し $\mathcal{F}(M)$ –線形，かつ σ に関し $\mathbf{R}$ –線形であり，しかも，ライプニッツ則 $\nabla_X(f\sigma) = (X \cdot f)\sigma + f\nabla_X \sigma$ ($f \in \mathcal{F}(M)$) を満たすとき， ∇ を E の接続 (connection) と呼ぶ． E の切断 $\nabla_X \sigma$ の点 $x \in M$ における値は， X の点 x による値にしかよらない．すなわち， $X, Y \in \mathcal{X}(M)$ が $X(x) = Y(x)$ を満たすならば $(\nabla_X \sigma)(x) = (\nabla_Y \sigma)(x)$ が成り立つ．そこで $(\nabla_X \sigma)(x)$ を $\nabla_{X(x)} \sigma$ と書き， ∇ に関する σ の $X(x)$ –方向への共変微分と呼ぶ．

共変微分 $\nabla_{X(x)} \sigma$ は σ の $X(x)$ –方向への方向微分と解釈されるべきものである．

以降， ∇ を E の接続とする．このとき， M の中の曲線 $t \mapsto c(t)$ に沿ってのベクトル束 E の切断 $t \mapsto \sigma(t) \in E_{c(t)}$ （ただし， $E_{c(t)}$ は E の $c(t)$ 上のファイバーを表す）に対しても，共変微分 $\nabla_{c'(t)} \sigma$ が定義可能である．すべての t に対し $\nabla_{c'(t)} \sigma = 0$ が成り立つとき， σ は c に沿って平行であるといわれる．この条件を1階線形常微分方程式で書き表すことが可能である．したがって，初期条件のもと解が一意的に存在する．すなわち，任意に与えられた $v \in E_{c(0)}$ に対し， $\sigma(0) = v$ を満たし，さらに c に沿って平行であるような切断 $t \mapsto \sigma(t)$ が一意的に存在する．しかも，対応 $\Pi_t : E_{c(0)} \ni v \mapsto \sigma(t) \in E_{c(t)}$ は線形である．この対応を曲線 c に沿っての**平行移動** (parallel translation) と呼ぶ．接続は平行移動から再現できる： $\nabla_{c'(0)} \sigma = (d/dt)|_{t=0} \Pi_t^{-1} \sigma(t)$ ．

一般に，曲線 c に沿っての平行移動は，曲線 c のとり方に依存する．しかし，端点を固定した c のホモトピー型にのみに依存してそれが決まる特別な場合がある．それについて述べたい． M 上のベクトル束 $T^*M \otimes T^*M \otimes E^* \otimes E$ の切断 R が

$$R(X, Y)\sigma = \nabla_X \nabla_Y \sigma - \nabla_Y \nabla_X \sigma - \nabla_{[X,Y]} \sigma$$

($X, Y \in \mathcal{X}(M)$, $\sigma \in \Gamma(M)$) により定義される．これを接続 ∇ の**曲率テンソル** (curvature tensor) と呼ぶ．とくに， $R \equiv 0$ であるとき，接続 ∇ は**平坦** (flat) であるといわれる．接続 ∇ が平坦であるならば，曲線 $[0, \ell] \ni t \mapsto c(t) \in M$ に沿っての平行移動 $\Pi_\ell : E_{c(0)} \to E_{c(\ell)}$ は曲線 c の端点を固定したホモトピー型にのみ依存して決まる．

とくに曲線 c が点 $x \in M$ を基点とするループであるとき，それに沿っての平行移動はファイバー E_x の線形同型である．点 x を基点とするループに対しこの仕方で作られる E_x の線形同型を全部集めるとリー群が得られる．それを接続 ∇ の点 x における**ホロノミー群** (holonomy group) と呼ぶ．

ベクトル束 E に対し接続 ∇ が与えられているとしよう．すると， E の双対ベクトル束 E^* にも接続が誘導される．実際， $\alpha \in \Gamma(E^*)$ に対し，そ

の共変微分を $(\nabla_X \alpha)(\sigma) = X \cdot \alpha(\sigma) - \alpha(\nabla_X \sigma)$ $(X \in \mathcal{X}(M), \sigma \in \Gamma(E))$ により定義することができる．このとき，$\sigma \in \Gamma(E), \alpha \in \Gamma(E^*)$ に対しライプニッツ則 $X \cdot (\sigma \cdot \alpha) = (\nabla_X \sigma) \cdot \alpha + \sigma \cdot (\nabla_X \alpha)$ $(X \in \mathcal{X}(M))$ が成り立つ．ただし，左辺は σ と α の縮約 $\sigma \cdot \alpha \in \mathcal{F}(M)$ の X による方向微分である．また，M 上の二つのベクトル束 E, F に対し接続が与えられているならば，それらの直和（ホイットニー和）$E \oplus F$ やテンソル積 $E \otimes F$ にも接続が定まる．実際，$\sigma + \tau \in \Gamma(E \oplus F)$, $\sigma \otimes \tau \in \Gamma(E \otimes F)$ $(\sigma \in \Gamma(E), \tau \in \Gamma(F))$ に対し，$\nabla_X(\sigma + \tau) = \nabla_X \sigma + \nabla_X \tau, \nabla_X(\sigma \otimes \tau) = (\nabla_X \sigma) \otimes \tau + \sigma \otimes (\nabla_X \tau)$ とすればよい．

ベクトル束 E がリーマン計量などの構造を有するときには，それと「整合的」な接続を考えることがよくある．たとえば，E がリーマン計量 $g \in \Gamma(E^* \otimes E^*)$ を有するときには，$\nabla g \equiv 0$ を満たす接続 ∇ を考える，といった具合である．

∇^0, ∇^1 を M 上のベクトル束 E の接続とする．このとき，$h(X)\sigma = \nabla^1_X \sigma - \nabla^0_X \sigma$ $(X \in \mathcal{X}(M), \sigma \in \Gamma(E))$ とおくことにより，M 上のベクトル束 $T^*M \otimes E^* \otimes E$ の切断 h が得られる．逆に，E の接続 ∇^0 と $T^*M \otimes E^* \otimes E$ の切断 h が与えられたとき，$\nabla^1_X \sigma = \nabla^0_X \sigma + h(X)\sigma$ により E の新たな接続 ∇^1 が得られる．

2 アフィン接続とリーマン接続

とくに多様体 M の接束 TM の接続を，M のアフィン接続 (affine connection) と呼ぶ．多様体 M のアフィン接続 ∇ に対し，
$$T(X, Y) = \nabla_X Y - \nabla_Y X - [X, Y]$$
$(X, Y \in \Gamma(M))$ で定義される M 上の $(1,2)$-型テンソル場 T を，∇ のねじれ率テンソル (torsion tensor) と呼ぶ．

次に，リーマン多様体 (M, g) を考える．以下の 2 条件を満たすアフィン接続 ∇ が一意的に存在する：(i) $T \equiv 0$; (ii) $\nabla g \equiv 0$．この接続 ∇ を (M, g) のリーマン接続 (Riemannian connection) あるいはレヴィ–チビタ接続 (Lévy–Civita connection) と呼ぶ．リーマン接続が誘導する平行移動は，リーマン計量を保つ．また，R をリーマン接続の曲率テンソルとしたとき，以下が成り立つ．ただし，X, Y, Z, W は M の接ベクトルである．(i) $g(R(X,Y)Z, W) + g(R(X,Y)W, Z) = 0$, (ii) $R(X,Y)Z + R(Y,Z)X + R(Z,X)Y = 0$, (iii) $(\nabla_X R)(Y, Z) + (\nabla_Y R)(Z, X) + (\nabla_Z R)(X, Y) = 0$．(ii), (iii) はビアンキの恒等式 (Bianchi identities) と称される．とくに，$R \equiv 0$ が成り立つとき，リーマン多様体 (M, g) は平坦 (flat) であるといわれる．(M, g) が平坦であるための必要十分条件は，M が $g(\partial/\partial x_j, \partial/\partial x_k) = \delta_{jk}$ なる局所座標系 (x_j) で覆われることである．

3 主束の接続

M を多様体，P をリー群 G を構造群とする M 上の主（ファイバー）束，$\pi: P \to M$ をその射影とする．点 $x \in M$ 上のファイバーを P_x と書く．全空間 P の接束 TP の垂直部分束，すなわち，P の接ベクトル ξ であって，$d\pi(\xi) = 0$ なるもの全部のなす TP の部分ベクトル束を V とする．TP の部分ベクトル束 H であって以下の条件を満たすものを，P の接続 (connection) と呼ぶ．(i) $TP = H \oplus V$; (ii) $dR_g(H_p) = H_{pg}$ ($g \in G$, $p \in P$)．ただし，R_g は g の P への（右からの）作用を，また H_p は H の p 上のファイバーを表す．今，H を P の接続とする．H に属する P の接ベクトルは水平であるといわれる．底空間 M の接ベクトル X に対し，$d\pi(\tilde{X}) = X$ なる水平接ベクトル $\tilde{X}$ を X の水平持ち上げ (horizontal lift) と呼ぶ．M の曲線 $[0, \ell] \ni t \mapsto c(t)$ が与えられたとき，P の曲線 $\tilde{c}(t)$ であって，各時刻 t において $\tilde{c}'(t)$ が $c'(t)$ の水平持ち上げであるとき，曲線 $\tilde{c}$ は曲線 c の水平持ち上げ (horizontal lift) であるといわれる．始点の値 $\tilde{c}(0) \in P_{c(0)}$ を指定したとき，水平持ち上げは一意的に存在する．

主束の接続の例を挙げる．M を m 次元多様体とする．線形同型 $\boldsymbol{R}^m \to T_x M$ $(x \in M)$ を M の点 x における枠 (frame) と呼ぶ．M の枠全体の空間 $P = FM$ は，$G = GL(m, \boldsymbol{R})$ を構造群とする M 上の主束である．これを，M の**枠束** (frame bundle) と呼ぶ．さらに，M にア

フィン接続 ∇ が与えられているとする．M の中の曲線 $t \mapsto c(t)$ に対し，それに沿った平行移動 $\Pi_t : T_{c(0)}M \to T_{c(t)}M$ を考える．点 $c(0)$ における M の枠 p は線形同型 $\mathbf{R}^m \to T_{c(0)}M$ であり，したがって $t \mapsto \tilde{c}(t) = \Pi_t \circ p : \mathbf{R}^m \to T_{c(t)}M$ は P の中の曲線である．いかなる c, p に対してもこの $\tilde{c}$ が c の水平持ち上げであるような P の接続 H が一意的に存在する．すなわち，M のアフィン接続から枠束 FM の接続が自然に誘導される．また，逆に FM の接続から M のアフィン接続が一意的に定まる．枠束 FM の接続はときに**線形接続** (linear connection) と呼ばれる．

とくに底空間 M がリーマン計量 g を有する場合には，それと $\mathbf{R}^m$ の標準内積に関し等長的な枠 $p : \mathbf{R}^m \to T_xM$ のみをとることにより，直交群 $O(m)$ を構造群とする FM の部分主束が得られる．これを，OM と書き M の**正規直交枠束** (orthonormal frame bundle) と呼ぶ．FM の接続 H を (M, g) のリーマン接続から定めたとき，それは直交枠束 OM の接続を誘導する．

再び，M を多様体，P をその上の主束，G をその構造群とする．G の P への（右からの）作用は，G のリー環 $\mathfrak{g}$ の $\mathcal{X}(P)$ への自然な埋め込みを定める．$\xi \in \mathfrak{g}$ に対応する P のベクトル場を $\xi^\vee$ と書くことにする．すると，各点 $p \in P$ において $\mathfrak{g} \ni \xi \mapsto \xi^\vee(p) \in V_p$ は線形同型である．さて，P に接続 H が与えられているとしよう．すると P の各点 p における直和分解 $T_pP = H_p \oplus V_p$ から射影 $\omega : T_pP \to V_p \cong \mathfrak{g}$ を得る．この射影を P 上の $\mathfrak{g}$-値 1-形式と考え，P の接続 H に付随した**接続形式** (connection form) と呼ぶ．接続形式 ω は以下を満たす：(i) $\omega(\xi^\vee) = \xi$ ($\xi \in \mathfrak{g}$), (ii) $R_g^* \omega = \mathrm{Ad}(g^{-1})\omega$ ($g \in G$). 逆にこの 2 条件を満たす $\mathfrak{g}$-値 1-形式 ω から接続 H を構成することも可能である．接続形式を使って次式で定義される P 上の $\mathfrak{g}$-値 2-形式 Ω を接続 H の**曲率形式**と呼ぶ：$\Omega = d\omega + \frac{1}{2}[\omega, \omega]$. 接続 H が積分可能，すなわち H を接束にもつ P の葉層構造が存在するための必要十分条件は，H が平坦，すなわちその曲率形式が $\Omega \equiv 0$ を満たすことである．とくに，アフィン接続 ∇ が備わった多様体 M の枠束 $P = FM$ に対し先ほどの仕方で接続 H を導入したとき，H の曲率形式 Ω と ∇ の曲率テンソル R の間には，以下の関係が成り立つ：$R(X, Y) = p \circ \Omega(\tilde{X}, \tilde{Y}) \circ p^{-1}$. ただし，$X, Y, Z \in T_xM$ ($x \in M$), $P_x \ni p : \mathbf{R}^m \xrightarrow{\cong} T_xM$, $\tilde{X}, \tilde{Y} \in H_p$ は X, Y の水平持ち上げである．

4 発展的な話題

最後に接続にかかわる発展的な話題にふれたい．

主束に対し特性類と呼ばれる位相不変量が底空間のコホモロジー類として定義される．とくに主束が接続を有するときには，特性類を代表する微分形式を曲率形式を使って書くことが可能であることを，チャーン–ヴェイユ理論は主張する．チャーン–ヴェイユ理論は，微分幾何とトポロジーを結ぶ重要な架け橋である．葉層構造の 2 次特性類やチャーン–サイモンズ不変量の定義においても接続は本質的な役割を果たす．

トポロジーとの関連でもう一つ忘れてならないのは，ヤン–ミルズ理論 (Yang–Mills theory) であろう．そもそも理論物理に起源を有するこの理論においては，接続に対しその曲率の積分を汎関数とする変分問題を扱う．ドナルドソンによるヤン–ミルズ理論の 4 次元トポロジーへの応用はその後の幾何学の進展に計り知れない影響を与えた．

ベクトル束の接続と比べたとき，主束の接続は理解が容易ではないという印象を与えがちである．確かにその通りかもしれない．しかし，種々の幾何構造と接続との関係を論ずるとき，とくに幾何構造を G-構造理論により記述する際には，主束の接続は必要不可欠である．さらに，主束の接続を一般化した**カルタン接続** (Cartan connection) と呼ばれる概念を用いれば，共形幾何や射影幾何といった幾何構造をも統一的に扱うことができる．

リーマン多様体のホロノミー群の分類が 20 世紀半ばにベルジェによりなされた．ただし彼の分類表に挙げられた群の中には，実際にリーマン多様体のホロノミー群として実現可能かどうかその時点で不明なものが含まれていた．それに関して決着が得られたのは，ジョイスが例外型ホロノミーをもつコンパクトリーマン多様体を構成した 1990 年代後半のことである．

［金井雅彦］

z-変換

z–transform

1 z-変換

z-変換は無限数列の母関数ともいわれ，ディジタル信号処理などでも使われている．無限数列 $h = (h[n])_{n \in \mathbf{Z}}$ に対して，形式的級数

$$\mathcal{Z}[h](z) = \sum_{n=-\infty}^{\infty} h[n] z^{-n}$$

を h の z-変換という．右辺の級数が絶対収束するような $z \in \mathbf{C}$ のなす集合を $AC(h)$ により表す．$\mathcal{Z}[h](z)$ はしばしば h の大文字を使って $H(z)$ と表される．$H_a(z) = \sum_{n=-\infty}^{0} h[n] z^{-n}$，$H_p(z) = \sum_{n=1}^{\infty} h[n] z^{-n}$ とおき，z のべき級数 $H_a(z)$，$H_p(1/z)$ の収束半径をそれぞれ r，r' とし，$\rho = 1/r'$（ただし $1/\infty = 0$ と見なす）とおく．$\rho < r$ の場合，円環領域 $R(\rho, r) (= \{z \in \mathbf{C} : \rho < |z| < r\})$ において $H(z)$ は絶対かつ広義一様収束し，正則になっている．$R(\rho, r)$ を $H(z)$ の収束域という．

逆に，ある円環領域 $R(r_1, r_2)$ 上の正則関数 $F(z)$ に対し

$$f[-n] = \frac{1}{2\pi i} \int_{|z|=s} F(z) z^{-n-1} dz \quad (n \in \mathbf{Z})$$

（ただし $r_1 < s < r_2$ で，積分は反時計回り）とおくと，この積分の値は s に依存せず，$f = (f[n])_{n \in \mathbf{Z}}$ の z-変換は $R(r_1, r_2)$ において $F(z)$ になっている．F から f への変換は，逆 z-変換と呼ばれる．

無限数列 $h = (h[n])_{n \in \mathbf{Z}}$ が $h[n] = 0 \ (n < 0)$ を満たすとき因果的であるという．また，h の和が絶対収束するとき安定であるという．これらの用語は信号処理に由来している．h が因果的かつ安定ならば，$H(z)$ は $\{z \in \mathbf{C} : 1 \leqq |z|\}$ 上で有界連続，$R(1, \infty)$ 上で正則である．

$x = (x[n])_{n \in \mathbf{Z}}$ に対して $\tau_m x = (x[n-m])_{n \in \mathbf{Z}}$，$x^\vee[n] = x[-n]$ とする．$\mathcal{Z}[x]$ の収束域 R 上で，$\mathcal{Z}[\tau_m x](z) = z^{-m} \mathcal{Z}[x]$ であり，$1/z \in R$ に対して $\mathcal{Z}[x^\vee](z) = \mathcal{Z}[x](1/z)$ が成り立つ．また，$y = (y[n])_{n \in \mathbf{Z}}$ の収束域 S が $R \cap S \neq \varnothing$ を満たしているならば，畳込み積 $x * y[n] = \sum_{k=-\infty}^{\infty} x[k] y[n-k]$ に対し，$\mathcal{Z}[x*y](z) = \mathcal{Z}[x](z) \mathcal{Z}[y](z) \ (z \in R \cap S)$ となる．

$x = (x[n])_{n \in \mathbf{Z}}$，$y = (y[n])_{n \in \mathbf{Z}}$ が $AC(x) \cap AC(y) \neq \varnothing$，$X(z) = Y(z) \ (z \in AC(x) \cap AC(y))$ を満たすならば $x = y$，すなわち $x[n] = y[n] \ (n \in \mathbf{Z})$ である．$x \neq y$ でも見かけ上 $X(z)$ と $Y(z)$ が同じ形をしていることがある．たとえば，$x[n] = -1 \ (n \geqq 0)$，$x[n] = 0 \ (n < 0)$ とし，$y[n] = 0 \ (n \geqq 0)$，$y[n] = 1 \ (n < 0)$ とすると，$|z| > 1$ において $X(z) = z/(1-z)$ であり，$|z| < 1$ において $Y(z) = z/(1-z)$ である．

2 有理型関数と z-変換

ある離散時間システム L の入力 $x = (x[n])_{n \in \mathbf{Z}}$ とそれに対する出力 $y = (y[n])_{n \in \mathbf{Z}}$ がつねに定数係数の差分方程式

$$a_0 y[n] = -\sum_{k=1}^{N} a_k y[n-k] + \sum_{k=0}^{M} b_k x[n-k]$$

（ただし，$a_N \neq 0$，$b_M \neq 0$）を満たしているとする．$A(z) = \sum_{k=0}^{N} a_k z^{-k}$，$B(z) = \sum_{k=0}^{M} b_k z^{-k}$ とおく．もし $X(z)$ と $Y(z)$ の収束域に共通部分があれば，そこで $A(z) Y(z) = B(z) X(z)$ が成り立つ．$G(z) = B(z)/A(z)$ とおくと，$G(z)$ は $|z| \leqq \infty$ で有理型である．$G(z)$ の ∞ でのローラン展開を

$$G(z) = \sum_{n=0}^{K} h[-n] z^n + \sum_{n=1}^{\infty} h[n] z^{-n}$$

とし，$h[n] = 0 \ (n < -K)$ とする．右辺の級数の収束域上では $h = (h[n])_{n \in \mathbf{Z}}$ の z-変換は $G(z)$ と一致している．$G(z)$ の $\mathbf{C}$ 内の極がすべて単位開円板内に存在するとき，かつそのときに限り h は安定である．このとき h はシステム L の単位インパルス応答になっている．また $a_0 \neq 0$ の場合，h は因果的である． ［新井仁之］

参考文献

[1] 新井仁之：フーリエ解析学，朝倉書店，2003．

セール双対性

Serre duality

1 局所自由層の場合

この節では,X を代数閉体 k 上の n 次元非特異射影多様体とする.このとき,X 上の正則 n 形式の層 Ω_X^n は可逆層である.これを ω_X で表す.X 上の連接層 $\mathcal{F}$ の i 次コホモロジー群を $H^i(\mathcal{F})$ で表し,$h^i(\mathcal{F}) := \dim H^i(\mathcal{F})$ と書く.因子 D に対しては,$h^i(\mathcal{O}_X(D))$ を単に $h^i(D)$ で表す.また,$\chi(\mathcal{F}) := \sum_{i=0}^n (-1)^i h^i(\mathcal{F})$ とおく.

定理 1 (局所自由層に対するセール双対性) X 上の局所自由層 $\mathcal{F}$ に対して,$H^i(\mathcal{F}) \times H^{n-i}(\mathcal{F}^* \otimes \omega_X) \to k$ なる非退化双線形型式が存在する.これにより,線形同型 $H^i(\mathcal{F})^* \simeq H^{n-i}(\mathcal{F}^* \otimes \omega_X)$ が誘導される.特に $h^i(\mathcal{F}) = h^{n-i}(\mathcal{F}^* \otimes \omega_X)$ である.

リーマン–ロッホの定理は $\chi(\mathcal{F})$ の情報を与えるのに対し,定理1は個々の $h^i(\mathcal{F})$ を計算する助けとなる.たとえば $h^n(\mathcal{F})$ を $h^0(\mathcal{F}^* \otimes \omega_X)$ とみれば,後者の方は大域切断の次元であるから計算の望みが出てくる.たとえば $h^n(\mathcal{O}_X) = h^0(\omega_X)$ が成り立ち,右辺は正則 n 型式のなすベクトル空間の次元にほかならない.以下,セール双対性,小平消滅定理,ホッジ対称性を組み合わせることで,$h^i(\mathcal{F})$ が計算可能になる例をいくつか与える.

可逆層 ω_X に付随する因子を標準因子 (canonical divisor) といい,K_X で表す.K_X は,有理1型式の因子であり,線形同値を除いて一意である.

1.1 セール双対性とリーマン–ロッホの定理

<u>X が曲線の場合</u>.X 上の因子 D に対して,リーマン–ロッホの定理は,$\chi(D) = \deg D + 1 - g(X)$ である.ただし,$g(X)$ は X の種数である.以下,定理1を適用して $h^1(D) = h^0(K_X - D)$ とみることの有用性を示す.まず,$D = 0$ とすると,リーマン–ロッホの定理により,$h^0(K_X) = g(X)$,つまり,正則1型式のベクトル空間次元が種数に一致することがわかる.次に,$D = K_X$ とすると,$h^0(K_X - K_X) = 1$ であるから,リーマン–ロッホの定理と $h^0(K_X) = g(X)$ により $\deg K_X = 2g(X) - 2$ を得る.また,因子 D に対して,$\deg D > \deg K_X = 2g(X) - 2$ であれば $h^0(K_X - D) = 0$ となって,$h^0(D)$ が $\deg D$ と $g(X)$ のみで決まる.この考え方を推し進めると,$\deg D \geqq 2g(X) + 1$ ならば,$|D|$ によって定まる有理射は X から $\mathbf{P}^{\deg D - g(X)}$ への埋め込み射を定めることがわかる.特に,$g(X) \geqq 2$ のとき,$\deg 3K_X = 6(g(X) - 1) > 2g(X) + 1$ であるから,$|3K_X|$ によって X から $\mathbf{P}^{5g(X)-6}$ への埋め込み射が定まる.これにより,$\mathbf{P}^{5g(X)-6}$ における,次数 $6(g(X) - 1)$,種数 $g(X)$ の曲線をパラメーター付けているヒルベルトスキームを用いて,曲線の粗モジュライ空間が構成される.

<u>X が曲面の場合</u>.その上の因子 D に対して,リーマン–ロッホの定理は,$\chi(D) = \frac{1}{2}D(D - K_X) + \chi(\mathcal{O}_X)$ である.以下,X が **K3曲面**,すなわち,$K_X = 0$ かつ $h^1(\mathcal{O}_X) = 0$ であるとする.すると,定理1と $K_X = 0$ により,$h^2(\mathcal{O}_X) = h^0(\mathcal{O}_X) = 1$ となり,$\chi(\mathcal{O}_X) = 2$ がわかる.D を X 上の既約曲線とするとき,定理1により,$h^2(D) = h^0(-D) = 0$ となる.$h^1(D)$ については,定理1により,$h^1(-D)$ と解釈しても,状況が良くなるようにはみえないが,実は後者とみることで計算可能になる.層の完全列 $0 \to \mathcal{O}_X(-D) \to \mathcal{O}_X \to \mathcal{O}_D \to 0$ より得られるコホモロジーの長完全列において,$H^0(\mathcal{O}_X) \to H^0(\mathcal{O}_D)$ が同型であり,$H^1(\mathcal{O}_X) = 0$ であるから,$H^1(\mathcal{O}_X(-D)) = 0$ となる.以上より,$h^1(D) = h^2(D) = 0$ がわかったから,$h^0(D) = \frac{1}{2}D^2 + 2$ を得る.X 上の既約曲線 D の算術的種数 $p_a(D)$ は,$D^2 = 2p_a(D) - 2$ によって計算できる.例えば,$D^2 = 0$ のとき,$h^0(D) = 2$ かつ $p_a(D) = 1$ となり,$|D|$ は固定点をもたないペンシルをなす.$|D|$ の定める射 $X \to \mathbf{P}^1$ は楕円ファイバー空間である.

1.2 セール双対性と小平消滅定理

定理 2 (小平消滅定理) D を豊富な因子とするとき,$i < n$ に対して $h^i(-D) = 0$ が成り立つ.さらに,定理1により,これは $j > 0$ に対して $h^j(D + K_X) = 0$ であることと同値である.

この定理の両方の主張を使うファノ多様体への応用を与える. 非特異射影多様体 X がファノ多様体であるとは, $-K_X$ が豊富であるということで, そのとき, $r := \max\{s \in \mathbf{N} \mid -K_X \sim sH$ となる因子 H が存在$\}$ のことを X のファノ指数という. $r \leq n+1$ を示す. $-K_X = rD$ となる因子 D を取る. D は豊富因子である. $\chi(tD)$ $(t \in \mathbf{Z})$ は t についての n 次多項式であることが知られている (ヒルベルト多項式). $t < 0$ ならば, 定理 2 の前半により, $i < n$ に対して $h^i(tD) = 0$ である. $i = n$ のときは, 定理 1 より, $h^n(tD) = h^0(-tD + K_X)$ であるから, $-tD + K_X \sim (-t-r)D$ より, $-t-r < 0$ ならば, $h^0(-tD + K_X) = 0$ である. 以上により $-r < t < 0$ に対して $\chi(tD) = 0$ がわかった. よって, もし $r > n+1$ ならば, $\chi(tD)$ が少なくとも $n+1$ 個の零点をもつことになり, $\chi(tD)$ が n 次多項式であることに反する. こうして $r \leq n+1$ がわかった.

さらに, $t > 0$ のとき $tD - K_X$ は豊富であることに注目すると, 定理 2 の後半により, $\chi(tD) = \chi((tD - K_X) + K_X) = h^0(tD)$ がわかる. $\chi(tD)$ の n 次の係数が $\frac{D^n}{n!}$ であることを用いると, $r = n+1$ の場合, $\chi(tD) = \frac{D^n}{n!}(t+1)\cdots(t+n)$ であることがわかり, $t = 1$ とすると $h^0(D) = (n+1)D^n$ を得る. この考え方を推し進めると, $D^n = 1$ がわかり, $r = n+1$ ならば $X \simeq \mathbf{P}^n$ であることが示される (小林–落合の定理).

1.3 セール双対性とホッジ対称性

Ω_X^p を X 上の正則 p 型式の層とする. $h^{p,q}(X) := h^q(\Omega_X^p)$ $(0 \leq p, q \leq n)$ のことを X のホッジ数という. 以下, 簡単のため $h^{p,q} = h^{p,q}(X)$ と表す. $(\Omega_X^p)^* \otimes_{\mathcal{O}_X} \omega_X \simeq \Omega_X^{n-p}$ であるから, 定理 1 より $h^{p,q} = h^{n-p,n-q}$ を得る. 他方, ホッジ分解の対称性により, $h^{p,q} = h^{q,p}$ も成り立つ. 以上により, $h^{p,q}$ を図 1 のようにダイアモンド状

$$
\begin{array}{ccccccc}
 & & & h^{0,0} & & & \\
 & & h^{1,0} & & h^{0,1} & & \\
 & h^{2,0} & & h^{1,1} & & h^{0,2} & \\
 & & & \vdots & & & \\
h^{n,n-2} & & h^{n-1,n-1} & & h^{n-2,n} & & \\
 & h^{n,n-1} & & h^{n-1,n} & & & \\
\end{array}
$$

図 1 ホッジ・ダイアモンド

に並べると, ダイアモンドの中心に関して点対称, $h^{0,0},\ldots,h^{n,n}$ の軸に関して線対称となる. これを X のホッジ・ダイアモンドという. i 行目の和を取ると X のベッチ数 b_i が求められる.

例えば X を $K3$ 曲面とすると, 定義により $h^{0,0} = h^{2,0} = 1$, $h^{0,1} = 0$ が直ちにわかる. よって対称性により, $h^{1,1}$ 以外はすべてわかる. $h^{1,1}$ を求めるために, 代数曲面 X のネーターの公式 $\chi(\mathcal{O}_X) = \frac{1}{12}(K_X^2 + e(X))$ ($e(X)$ はオイラー数) を用いる. これを $K3$ 曲面 X の場合に適用すると, $\chi(\mathcal{O}_X) = 2$, $K_X^2 = 0$ により, $e(X) = 22$ となるから, $h^{1,1}$ 以外のホッジ数の決定により, $h^{1,1} = 20$ を得る. よって $K3$ 曲面のホッジ・ダイアモンドは $\begin{smallmatrix}&&1&&\\&0&&0&\\1&&20&&1\\&0&&0&\\&&1&&\end{smallmatrix}$ となる. $K3$ 曲面 X に対して $K_X \sim 0$ であるから $(\Omega_X^p)^* \simeq (\Omega_X^p)^* \otimes \omega_X$ となり, ホッジ数は別の解釈 $h^{p,q} = h^{n-q}(\wedge^p T_X)$ を得る. ここで, $T_X := (\Omega_X^1)^*$ は X の接層である. 非特異射影多様体 X に対して, $h^1(T_X)$ はその複素構造の変形族のパラメーター空間 (倉西空間) の X に対応する点 $[X]$ における接空間の次元を表し, $h^2(T_X) = 0$ であれば倉西空間は $[X]$ において非特異である. X が $K3$ 曲面の時は, $h^1(T_X) = h^{1,1} = 20$, $h^2(T_X) = h^{1,0} = 0$ であるから, 倉西空間は $[X]$ において非特異 20 次元である. 近年, $K3$ 曲面と $\mathbf{P}^4$ の同次 3 次式で定義される非特異超曲面 (**cubic 4-fold**) の関連が, 後者の有理性判定法に絡んで注目されている. $\mathbf{P}^4$ におけるコホモロジーのレフシェッツ切断定理や定理 2 などにより, cubic 4-fold のホッジ・ダイアモンドは $\begin{smallmatrix}&&&&1&&&&\\&&&0&&0&&&\\&&0&&1&&0&&\\&0&&0&&0&&0&\\0&&1&&21&&1&&0\\&0&&0&&0&&0&\\&&0&&1&&0&&\\&&&0&&0&&&\\&&&&1&&&&\end{smallmatrix}$ となる. これが $K3$ のそれと類似しているのが, 二者の密接な関係を示唆している.

1.4 射影空間上の可逆層のコホモロジー

射影空間 $\mathbf{P}^n$ 上の可逆層は, ある整数 m に対して $\mathcal{O}_{\mathbf{P}^n}(m)$ と同型である. $\omega_{\mathbf{P}^n}$ は $\mathcal{O}_{\mathbf{P}^n}(-(n+1))$ と同型である. $\mathbf{P}^n$ の同次座標を $x_0,\ldots,x_n$ とする. チェックコホモロジーの簡単な計算により $\mathcal{O}_{\mathbf{P}^n}(m)$ のコホモロジー群 $H^i(\mathcal{O}_{\mathbf{P}^n}(m))$ は以下

の通り決定できる: $i \neq 0, n$ のとき, すべての m に対して 0. $i = 0$ のとき, $m < 0$ ならば 0, $\bigoplus_{m \geq 0} H^0(\mathcal{O}_{\mathbf{P}^n}(m))$ は射影座標環 $k[x_0, \cdots, x_n]$ に同型となり, m 次単項式全体が $H^0(\mathcal{O}_{\mathbf{P}^n}(m))$ の基底と同一視できる. $i = n$ のとき, $m > -n - 1$ ならば 0, $m \leq -n - 1$ のとき, $x_0^{l_0} x_1^{l_1} \cdots x_n^{l_n}$ (すべての l_i は負, $\sum_{i=0}^n l_i = m$) となるローラン単項式が基底にとれる.

したがって, $m \geq 0$ に対して, 単項式の積による自然な双線形型式 $H^0(\mathcal{O}_{\mathbf{P}^n}(m)) \times H^n(\mathcal{O}_{\mathbf{P}^n}(-m-n-1)) \to H^n(\mathcal{O}_{\mathbf{P}^n}(-n-1))$ と, 同型 $H^n(\mathcal{O}_{\mathbf{P}^n}(-n-1)) \simeq k$ により, $H^0(\mathcal{O}_{\mathbf{P}^n}(m)) \times H^n(\mathcal{O}_{\mathbf{P}^n}(-m-n-1)) \to k$ なる非退化双線形型式を得る. これがこの場合の定理 1 である (他のコホモロジー群は 0 であるから, 定理 1 は自明に成り立っている). この射影空間の可逆層のコホモロジーの双対性は, 一般的なセール双対性の証明の出発点になる.

2 一般的なセール双対性の定式化

n 次元非特異射影多様体 X とその上の局所自由層 $\mathcal{F}$ に対して, $H^{n-i}(\mathcal{F}^* \otimes \omega_X)$ と拡大群 $\mathrm{Ext}^{n-i}(\mathcal{F}, \omega_X)$ は同型である. 以下, 代数閉体 k 上の n 次元射影スキーム X に対して, ω_X に相当するものを見出し, X 上の任意の連接層 $\mathcal{F}$ のコホモロジー群 $H^i(\mathcal{F})$ と拡大群 $\mathrm{Ext}^{n-i}(\mathcal{F}, \omega_X)$ の間に非退化双線形型式が存在するための必要十分条件を与える.

2.1 米田型式と双対化層

X 上の任意の連接層 $\mathcal{F}, \mathcal{G}$ とすべての非負整数 p, q に対して, $\mathrm{Ext}^p(\mathcal{F}, \mathcal{G}) \times H^q(X, \mathcal{F}) \to H^{p+q}(X, \mathcal{G})$ なる双線形型式が自然に定まる. これを米田 (Yoneda) 型式という. たとえば $p = 0$ のとき, $\mathrm{Ext}^0(\mathcal{F}, \mathcal{G}) = \mathrm{Hom}(\mathcal{F}, \mathcal{G})$ の元 $\mathcal{F} \to \mathcal{G}$ を一つ与えればコホモロジーの写像 $H^q(\mathcal{F}) \to H^q(\mathcal{G})$ が誘導される. こうして双線形型式 $\mathrm{Hom}(\mathcal{F}, \mathcal{G}) \times H^q(\mathcal{F}) \to H^q(\mathcal{G})$ が得られる. X 上の連接層 ω_X が双対化層 (dualizing sheaf) であるとは, 線形写像 $t: H^n(\omega_X) \to k$ をもち (トレース写像という), すべての連接層に対して, 米田型式とトレース写像によって得られる双線形型式 $\eta_{\mathcal{F}, i}: \mathrm{Ext}^{n-i}(\mathcal{F}, \omega_X) \times H^i(\mathcal{F}) \to H^n(\omega_X) \xrightarrow{t} k$ $(0 \leq i \leq n)$ が, $i = n$ の場合に非退化である, すなわち, $\eta_{\mathcal{F}, n}$ が $\delta_{\mathcal{F}, n}: \mathrm{Hom}(\mathcal{F}, \omega_X) \simeq H^n(\mathcal{F})^*$ なる同型を誘導するときにいう. 双対化層が同型を除いて一意であることは容易に確かめられる. 任意の X に対して双対化層は存在し, さらに X が非特異多様体であるとき双対化層は Ω_X^n に一致する. たとえば, $X = \mathbf{P}^n$ の場合は, $\Omega_{\mathbf{P}^n}^n \simeq \mathcal{O}_{\mathbf{P}^n}(-(n+1))$ が双対化層であることが次のように確認できる. まず, 可逆層 $\mathcal{O}_{\mathbf{P}^n}(m)$ の場合に $\delta_{\mathcal{O}_{\mathbf{P}^n}(m), n}$ が同型であることは, 1.4 節の結果より従う. さらに, 射影空間の任意の連接層 $\mathcal{F}$ に対して, $\mathcal{O}_{\mathbf{P}^n}^{\oplus l_2}(-m_2) \to \mathcal{O}_{\mathbf{P}^n}^{\oplus l_1}(-m_1) \to \mathcal{F} \to 0$ という形の完全列が構成できることに注意すると, $\delta_{\mathcal{O}_{\mathbf{P}^n}(-m_1), n}$ と $\delta_{\mathcal{O}_{\mathbf{P}^n}(-m_2), n}$ が同型であることから $\delta_{\mathcal{F}, n}$ も同型であることがわかる.

2.2 曲線の場合のトレース写像

X が非特異射影曲線の場合, 有理 1 型式の定数層を $\Omega_{k(X)}^1$, 正則 1 型式の層の各点 p での芽を $\Omega_{X,p}^1$ で表す. 層の自然な完全系列 $0 \to \Omega_X^1 \to \Omega_{k(X)}^1 \to \bigoplus_{p \in X} \Omega_{k(X)}^1 / \Omega_{X,p}^1 \to 0$ から, コホモロジーの完全列 $\Omega_{k(X)}^1 \to \bigoplus_{p \in X} \Omega_{k(X)}^1 / \Omega_{X,p}^1 \to H^1(\Omega_X^1) \to 0$ を得る. 有理 1 型式 $\eta \in \Omega_{k(X)}^1$ に対して, 留数定理により $\sum_{p \in X} \mathrm{res}_p \eta = 0$ である. よって留数写像 $\bigoplus_{p \in X} \Omega_{k(X)}^1 / \Omega_{X,p}^1 \to k$ は, $H^1(\Omega_X^1) \to k$ を誘導する. これが, この場合のトレース写像である.

2.3 セール双対性

X は, そのすべての局所環がコーヘン–マコーレー (Cohen–Macaulay) 環 (**CM 環**) であるとき, **CM 的**であるという. たとえば, 非特異射影多様体, 射影空間における超曲面の完全交叉, 正規曲面などは CM 的である.

定理 3 (セール–グロタンディーク双対性) 以下は同値: (i) すべての $\mathcal{F}$ とすべての $i \geq 0$ に対して, 上で得られた双線形型式 $\eta_{\mathcal{F}, i}$ が非退化. (ii) X のすべての既約成分が n 次元であり, かつ, X が CM 的.

[髙木寛通]

線形位相空間

topological linear space, topological vector space

本項では線形空間の係数体を記号 K で表し，$\boldsymbol{R}$ または $\boldsymbol{C}$ を指すものとする．また，2点 $x, y \in K$ の距離を通常のように $|x-y|$ で定めて，K は距離空間として位相をもつものとする．このとき，K 上の線形空間 X が線形位相空間であるとは，$(x,y) \mapsto x+y$ で定められる $X \times X \to X$ という写像 (加法) と，$(\lambda, x) \mapsto \lambda x$ という $K \times X$ から X への写像 (スカラー倍) がともに連続であることをいう．位相線形空間 X において平行移動 $x \mapsto x+a$ ($a \in X$ は定ベクトル) は同相写像であり，位相空間として X は一様位相空間となる．また，0 でないスカラー倍も同相写像を定める．線形位相空間の理論は関数解析の発展とともに成長したが，20世紀半ばのシュヴァルツ (L. Schwartz) による超関数の理論において，ノルム空間ではない線形位相空間が必要とされたことを契機に一段と発展した．線形位相空間の典型であるノルム空間で成り立つことのうち，各点が閉集合からなる基本近傍系をもつことや，凸集合の分離についてのハーン–バナッハの定理などは一般の位相線形空間においても成立する．しかし多くは期待できないので，以下に本項では主としてノルム空間の特性の一部を共有する位相線形空間において，ノルム空間の場合と平行な結果が部分的に得られることをみていく．なお，本項で触れられない核型空間の理論などについては文献 [1, 2] を参照．

1 距離付け可能な線形位相空間

X が距離付け可能線形位相空間とすると，その距離として，次の3条件を満たす X から $\boldsymbol{R}$ への写像 $x \mapsto |x|$ によって定まる距離 $d(x,y) = |x-y|$ をとることができる [3]：1) $|-x| = |x|$，2) $|x+y| \leq |x| + |y|$，3) $|x| = 0$ は $x = 0$ と同値．$\Omega \subset \boldsymbol{R}^n$, $0 < p < 1$ として，Ω 上のルベーグ可測関数で p 乗可積分な関数の全体 $L^p(\Omega)$ は，$|x| := \int_\Omega |x(t)|^p \, dt$ として完備に距離付けが可能で，バナッハ空間ではない線形位相空間の例である．完備距離空間についてのベールのカテゴリー定理によって次の2つの結果が得られる．(開写像定理) X, Y を距離付け可能で完備な位相線形空間，$T: X \to Y$ を連続線形写像とすると，T が全射ならば T は開写像である：(閉グラフ定理) X, Y を距離付け可能で完備な位相線形空間，$T: X \to Y$ を線形写像とすると，T のグラフ $\{(x, Tx) \mid x \in X\}$ が $X \times Y$ で閉であることが T が連続となるための必要十分条件である．

2 局所凸空間と双対性

2.1 局所凸空間とセミノルム

ハウスドルフ空間である位相線形空間は，凸集合からなる原点の基本近傍系をもつとき**局所凸空間** (locally convex space) と呼ばれる．線形演算の連続性から，局所凸空間 X の原点は，**絶対凸集合** U，すなわち凸集合 U で $|\lambda| \leq 1$ を満たす任意の $\lambda \in K$ に対して $\lambda U \subset U$ を満たすものからなる基本近傍系をもつ．絶対凸な原点の近傍 U に対して，そのミンコフスキーゲージ (Minkowski gauge) $p: X \to \boldsymbol{R}$ を

$$p(x) := \inf\{\lambda \in \boldsymbol{R} \mid \lambda > 0, x \in \lambda U\} \quad (1)$$

で定めることができる．この p は X 上で連続で，

$$p(x+y) \leq p(x) + p(y) \quad (2)$$
$$p(\lambda x) = |\lambda| p(x) \quad (\lambda \in K) \quad (3)$$

という性質をもつ．一般に (2), (3) を満たす実数値関数 p を X 上の**セミノルム** (seminorm) というが，局所凸空間 X に対して，原点の絶対凸近傍のミンコフスキーゲージ全体という，連続なセミノルムの族 $\{p_\alpha\}_\alpha$ が定まることになる．また，(1) の p に対して $\{x \mid p(x) < 1\} \subset U \subset \{x \mid p(x) \leq 1\}$ が成り立つので，p_α 全体を連続にするもっとも粗い位相が最初の位相と一致することがわかる．逆に，はじめに線形空間 X 上のセミノルムの族 $\{p_\alpha\}_\alpha$ で，すべての α で $p_\alpha(x) = 0$ ならば $x = 0$ となるものが与えられたとすると，p_α 全体を連続にするもっとも粗い位相によって X は局所凸な線形位相空間となるので，局所凸空間とはセミノルムの族によって位相が定められる空間と定義し

てもよい．このことから容易に，局所凸空間の部分空間上で定義された連続線形汎関数は全空間まで連続線形に拡張できる，というハーン–バナッハの拡張定理が成り立ち，X 上には連続線形汎関数が豊富に存在することがわかる．

2.2 双対空間，弱位相，有界集合

局所凸空間 X 上の連続線形汎関数全体の集合を X' で表し，X の**双対空間** (dual space) という．X' は X 上の関数としての和とスカラー倍によって線形空間となるが，X と X' は互いを映し合う鏡のような関係である．X 上には，すべての $f \in X'$ を連続にする最弱の位相が定まるが，これを X の**弱位相** (weak topology) という．弱位相は $f \in X'$ から定まるセミノルム $x \mapsto |f(x)|$ 全体の定める位相と同じであり，この位相で X は局所凸空間となる．逆に $x \in X$ により定まる X' 上の線形汎関数 $X' \ni f \mapsto f(x)$ 全体を連続にする X' 上の最弱位相を X' 上の**汎弱位相** (weak* topology) と呼ぶ．U を X における原点の近傍とすると，$\{ f \in X' \mid |f(x)| \leqq 1 \ (\forall x \in U) \}$ は X' の汎弱位相でコンパクトである (バナッハ–アラオグルの定理)．X 上の弱位相はもとの位相より弱いが，どちらの位相で考えても双対空間は同一であり，これから X の凸部分集合が閉であることはどちらの位相で考えても同値となる．さらにマッキー (G.W. Mackey) は，線形空間 X 上の 2 つの位相で X を局所凸空間とするものが，同じ双対空間をもつための条件をあきらかにした [4]．また，局所凸空間 X の部分集合 A が**有界**であるとは，X における原点の任意の近傍 U に対してある $\lambda > 0$ があって $A \subset \lambda U$ が成り立つことをいう．このとき $A \subset X$ が有界であることと弱位相に関して有界であることは同値になる．X の任意の有界集合 A に対して X' 上のセミノルム p_A を $p_A(f) := \sup\{ |f(x)| \mid x \in A \} \ (f \in X')$ で定めることができるが，これらのセミノルム全体によって定まる局所凸位相を備えた X' を X'_b で表し，X の**強双対空間**という．このとき X'_b の強双対空間 $(X'_b)'_b$ が考えられるが，$x \in X$ に線形汎関数 $X' \ni f \mapsto f(x)$ を対応させることにより，X から $(X'_b)'_b$ の中への自然な連続線形写像が得られる．この写像が上への同相写像となるとき X は**反射的** (reflexive) と呼ばれる．X が反射的となる必要十分条件は，樽型かつ任意の有界閉集合が弱位相でコンパクトとなることである．ここで X が**樽型** (barreled) とは，X の閉絶対凸集合 A が $X = \bigcup_{\lambda > 0} \lambda A$ を満たすならばかならず A は原点の近傍となることをいう．

3 フレッシェ空間とその一般化

完備に距離付け可能な局所凸空間は**フレッシェ空間** (Fréchet space) と呼ばれる．フレッシェ空間は樽型である．X がフレッシェ空間ならば，X' の凸部分集合 A' に対して A' が汎弱位相で閉であることは，X の原点の任意の近傍 U に対し $A' \cap \{ f \in X' \mid |f(x)| \leqq 1 \ (\forall x \in U) \}$ が汎弱位相で閉となることと同値である．線形空間 X に対して部分空間の列 $\{X_n\}_n$ で次の 2 条件を満たすものが存在するとする：(a) $X_n \subset X_{n+1}$ かつ $X = \bigcup_n X_n$；(b) 各 X_n はフレッシェ空間としての位相が与えられており，それらに対して埋め込み $X_n \subset X_{n+1}$ は中への同相写像．このとき X には，X の絶対凸集合 U で任意の n に対して $U \cap X_n$ が X_n における原点の近傍となるもの全体を原点の基本近傍系とする局所凸位相が定まる．この位相を入れた X を **(LF)–空間**，詳しくはフレッシェ空間の列 $\{X_n\}_n$ の**狭義帰納的極限**という．このとき，X の部分集合 A が有界となるのはある n に対して $A \subset X_n$ かつ A が X_n で有界となることと同値である．また，X 上の線形汎関数が連続となる条件は各 X_n へ制限したものが連続となることである [4, 5]．　　　［宮島静雄］

参 考 文 献

[1] F. トレーブ著，松浦重武訳：位相ベクトル空間・超関数・核 (下)，吉岡書店，1986.
[2] 小松彦三郎：グロタンディク空間と核定理，上智大学，1981.
[3] N. ブルバキ：位相線形空間 1，東京図書，1968.
[4] N. ブルバキ：位相線形空間 2，東京図書，1970.
[5] 宮島静雄：関数解析，横浜図書，2005.

線形空間と線形写像

linear space and linear map

ベクトルに関する演算のうち，和とスカラー倍に着目して抽象化した概念をこの項では扱う．

1 定義と例

以下，K を体 (field) とする．たとえば，実数全体の集合 $\boldsymbol{R}$ や，複素数全体の集合 $\boldsymbol{C}$ は四則演算に関して閉じており，体である．

定義 空でない集合 V の元 $\boldsymbol{x}, \boldsymbol{y}$ に対して，和と呼ばれ，$\boldsymbol{x}+\boldsymbol{y}$ と書かれる V の元を対応させる演算が定義され，さらに，K の元 a と V の元 $\boldsymbol{x}$ に対して，$\boldsymbol{x}$ の a 倍と呼ばれ，$a\boldsymbol{x}$ と書かれる V の元を対応させる演算が定義され，この二つの演算が次の条件をすべて満たすとき，V を K 上の**線形空間** (linear space) あるいは**ベクトル空間** (vector space) という．

(1) (結合法則) 任意の $\boldsymbol{x}, \boldsymbol{y}, \boldsymbol{z} \in V$ に対して $(\boldsymbol{x}+\boldsymbol{y})+\boldsymbol{z} = \boldsymbol{x}+(\boldsymbol{y}+\boldsymbol{z})$ が成り立つ．

(2) (交換法則) 任意の $\boldsymbol{x}, \boldsymbol{y} \in V$ に対して $\boldsymbol{x}+\boldsymbol{y} = \boldsymbol{y}+\boldsymbol{x}$ が成り立つ．

(3) (零元の存在) 零元と呼ばれ，$\boldsymbol{0}$ と書かれる V の元がただ一つ存在し，V のすべての元 $\boldsymbol{x}$ に対して $\boldsymbol{0}+\boldsymbol{x} = \boldsymbol{x}+\boldsymbol{0} = \boldsymbol{x}$ が成り立つ．

(4) (逆元の存在) 任意の $\boldsymbol{x} \in V$ に対して，$\boldsymbol{x}$ の逆元と呼ばれ，$-\boldsymbol{x}$ と書かれる V の元がただ一つ存在し，$\boldsymbol{x}+(-\boldsymbol{x}) = (-\boldsymbol{x})+\boldsymbol{x} = \boldsymbol{0}$ が成り立つ．

(5) 任意の $a, b \in K$ および任意 $\boldsymbol{x}, \boldsymbol{y} \in V$ に対して，$(a+b)\boldsymbol{x} = a\boldsymbol{x}+b\boldsymbol{x}$, $a(\boldsymbol{x}+\boldsymbol{y}) = a\boldsymbol{x}+a\boldsymbol{y}$, $a(b\boldsymbol{x}) = (ab)\boldsymbol{x}$ が成り立つ．

(6) 任意の $\boldsymbol{x} \in V$ に対して $1 \cdot \boldsymbol{x} = \boldsymbol{x}$ が成り立つ．

$\boldsymbol{R}$ 上の線形空間をとくに**実線形空間** (real linear space) あるいは**実ベクトル空間** (real vector space) といい，$\boldsymbol{C}$ 上の線形空間を**複素線形空間** (complex linear space) あるいは**複素ベクトル空間** (complex vector space) という．

例 1 K の元を成分とする n 項縦ベクトル全体の集合 K^n は，通常の加法およびスカラー倍によって，K 上の線形空間になる．とくに，$K = K^1$ は K 上の線形空間である．

例 2 x を変数とする n 次以下の実係数多項式全体の集合を W_n とすると，W_n は通常の加法とスカラー倍により，実線形空間になる．

K 上の線形空間 V の空でない部分集合 W が，V と同じ演算に関して K 上の線形空間となるとき，W を V の**線形部分空間** (linear subspace) あるいは**部分ベクトル空間** (vector subspace) という．W が V の線形部分空間となるためには，

(1) $\boldsymbol{x}, \boldsymbol{y} \in W$ ならば $\boldsymbol{x} \pm \boldsymbol{y} \in W$,

(2) $a \in K$, $\boldsymbol{x} \in W$ ならば $a\boldsymbol{x} \in W$

が成り立つことが必要十分である．

例 3 A を K の元を成分とする (m, n) 型行列とするとき，集合 $\{\boldsymbol{x} \in K^n \mid A\boldsymbol{x} = \boldsymbol{0}\}$ は K^n の線形部分空間である．

定義 K 上の線形空間 V から K 上の線形空間 V' への写像 $T : V \to V'$ が**線形写像** (linear map) であるとは，任意の $a \in K$ および任意の $\boldsymbol{x}, \boldsymbol{y} \in V$ に対して $T(\boldsymbol{x}+\boldsymbol{y}) = T(\boldsymbol{x})+T(\boldsymbol{y})$ かつ $T(a\boldsymbol{x}) = aT(\boldsymbol{x})$ が成り立つことである．

例 4 A を K の元を成分とする (m, n) 型行列とするとき，写像 $T_A : K^n \to K^m$ を $T_A(\boldsymbol{x}) = A\boldsymbol{x}$ $(\boldsymbol{x} \in K^n)$ により定義すると，T_A は線形写像である．

例 5 上述の例 2 の線形空間 W_n $(n \geq 1)$ に対して，$T : W_n \to W_{n-1}$ を $T(f) = \frac{df}{dx}$ $(f \in W_n)$ により定義すると，T は線形写像である．

線形写像 $T : V \to V'$ が全単射であるとき，T の逆写像 T^{-1} もまた線形写像となる．このような T を**同型写像** (isomorphism) と呼ぶ．同型写像 $T : V \to V'$ が存在するとき，V と V' は**同型** (isomorphic) であるといい，記号 $V \cong V'$ で表す．

$T : V \to V'$ を K 上の線形空間の間の線形写

像とし，W および W' をそれぞれ V および V' の線形部分空間とするとき，$T(W)$ は V' の線形部分空間となり，$T^{-1}(W')$ は V の線形部分空間となる．とくに，$T^{-1}(\mathbf{0}')$ を T の**核** (kernel) と呼び，$\mathrm{Ker}(f)$ とも表す（$\mathbf{0}'$ は V' の零元）．

2 　線形写像の表現行列

V を体 K 上の線形空間とする．V の元の組 $\langle \boldsymbol{e}_1, \ldots, \boldsymbol{e}_n \rangle$ が V の**基底** (base) であるとは，次の二つの条件を満たすことである：

(1) $c_1, \ldots, c_n \in K$ が $\sum_{i=1}^n c_i \boldsymbol{e}_i = \mathbf{0}$ を満たすならば，$c_1 = \cdots = c_n = 0$ である．

(2) V の任意の元 $\boldsymbol{x}$ に対して，ある $a_1, \ldots, a_n \in K$ が存在して，$\boldsymbol{x} = \sum_{i=1}^n a_i \boldsymbol{e}_i$ と表せる．

n 個の元からなる基底をもつ線形空間 V の**次元** (dimension) を n と定め，記号 $\dim V$ で表す．

$T: V \to V'$ を K 上の線形空間の間の線形写像とし，$E = \langle \boldsymbol{e}_1, \ldots, \boldsymbol{e}_n \rangle$ および $E' = \langle \boldsymbol{e}'_1, \ldots, \boldsymbol{e}'_m \rangle$ がそれぞれ V および V' の基底であるとする．このとき，$T(\boldsymbol{e}_j) = \sum_{i=1}^m a_{ij} \boldsymbol{e}'_i$ を満たすような $a_{ij} \in K$ ($i = 1, \ldots, m$, $j = 1, \ldots, n$) が存在する．この a_{ij} を (i,j) 成分とするような (m,n) 型行列 $A = (a_{ij})$ を，基底 E および E' に関する T の**表現行列** (representation matrix) と呼ぶ．このとき，$\boldsymbol{x} = \sum_{i=1}^n x_i \boldsymbol{e}_i$, $T(\boldsymbol{x}) = \sum_{j=1}^m x'_j \boldsymbol{e}'_j$ とすると，$\begin{pmatrix} x'_1 \\ \vdots \\ x'_m \end{pmatrix} = A \begin{pmatrix} x_1 \\ \vdots \\ x_n \end{pmatrix}$ が成り立つ．T の任意の表現行列の**階数** (rank) は，$\dim T(V)$ に等しい．

V の別の基底 $F = \langle \boldsymbol{f}_1, \ldots, \boldsymbol{f}_n \rangle$ をとると，$T(\boldsymbol{f}_j) = \sum_{i=1}^n p_{ij} \boldsymbol{e}_i$ を満たすような $p_{ij} \in K$ ($i,j = 1, 2, \ldots, n$) が存在する．この p_{ij} を (i,j) 成分とするような n 次正方行列 $P = (p_{ij})$ を，基底 E から F への**変換行列** (transformation matrix) と呼ぶ．P は正則行列である．同様に，V' の別の基底 F' をとったとき，基底 E' から F' への変換行列 Q を考えることができる．新たな基底 F および F' に関する T の表現行列を B とすると，$B = Q^{-1} A P$ という関係が成り立つ．

3 　さまざまな線形空間の構成

$V_1, \ldots, V_s$ を体 K 上の線形空間とするとき，直積集合 $V_1 \times \cdots \times V_s$ は，成分ごとに和とスカラー倍を定義することにより，K 上の線形空間になる．これを $V_1, \ldots, V_s$ の**直和** (direct sum) といい，記号 $V_1 \oplus \cdots \oplus V_s$ で表す．線形空間 V の任意の元が，V の線形部分空間 $W_1, \ldots, W_s$ の元の和として一意的に書き表せるとき，V は $W_1 \oplus \cdots \oplus W_s$ と同型である．このとき，V は $W_1, \ldots, W_s$ の直和に分解されるという．

K 上の線形空間 V から W への線形写像全体の集合を $\mathrm{Hom}_K(V, W)$ または $\mathrm{Hom}(V, W)$ と表す．$f, g \in \mathrm{Hom}(V, W)$, $a \in K$ に対して，$f + g$, af を $(f+g)(\boldsymbol{x}) = f(\boldsymbol{x}) + g(\boldsymbol{x})$, $(af)(\boldsymbol{x}) = a \cdot f(\boldsymbol{x})$ ($\boldsymbol{x} \in V$) と定義することによって，$\mathrm{Hom}(V, W)$ は K 上の線形空間となる．とくに $\mathrm{Hom}(V, K)$ を V^* と表し，V の**双対空間** (dual space) と呼ぶ．線形写像 $T: V \to W$ の**双対写像** (dual map) $T^*: W^* \to V^*$ を，$g \in W^*$ に対して，$T^*(g) = g \circ T$ と定める．$E = \langle \boldsymbol{e}_1, \ldots, \boldsymbol{e}_n \rangle$ が V の基底であるとき，V^* の基底 $E^* = \langle \boldsymbol{e}^*_1, \ldots, \boldsymbol{e}^*_n \rangle$ で，$\boldsymbol{e}^*_i(\boldsymbol{e}_j) = \delta_{ij}$ （クロネッカーの記号）を満たすものが存在する．E^* を E の**双対基底** (dual basis) と呼ぶ．有限次元線形空間の間の線形写像 $T: V \to W$ のある基底に関する表現行列が A であるとき，双対写像 T^* の双対基底に関する表現行列は ${}^t A$ （A の転置行列）である．

V を K 上の線形部分空間とし，W をその線形部分空間とする．V の元 $\boldsymbol{x}, \boldsymbol{y}$ に対し，$\boldsymbol{x} - \boldsymbol{y} \in W$ が成り立つときに $\boldsymbol{x} \sim \boldsymbol{y}$ と定義すると，この関係は同値関係になる．この同値関係による商集合 V/W には自然に K 上の線形空間の構造を入れることができる．この V/W を V の W による**商空間** (quotient space) と呼ぶ． 　　［海老原　円］

参 考 文 献

[1] 齋藤正彦：線型代数入門，東京大学出版会，1966.
[2] 佐武一郎：線型代数学（増補版），裳華房，1974.

線形計画法

linear programming

　線形不等式で表される制約条件の下に，線形の目標関数の極大・極小を論ずる問題を**線形計画問題** (linear programming) という．古くは G. モンジュや J.B. フーリエらの研究にまでその淵源を遡ることができるが，やがて 1910–30 年代における凸集合論の深化・充実を経由し，第二次世界大戦後のアメリカにおいて本格的な展開を見るにいたった．

　数学的には凸集合論，とりわけ凸錐の幾何学に基礎を有し，この分野の進展に新たな契機を与えることにもなった．一方，経済学をはじめとする広範な応用の場を得て，諸科学のその後の発展に深い影響を及ぼした．

　はじめに，数学的基礎として不可欠な，凸集合論上のいくつかの概念と結果について整理しておこう (→ [凸集合]).

1 凸錐の幾何学

　2 点 $x, y \in \mathbf{R}^l$ に対して，集合 $\{z = (1-t)x + ty | t \in [0, \infty)\}$ を，x を始点とし y を通る半直線 (ray) と呼ぶ．$\mathbf{R}^l$ の非空集合 C と，C の 1 点 x が与えられているものとする．いま x と異なるすべての $y \in C$ に対して，x を始点とし，y を通る半直線がいずれも C に含まれるとき，C は x を頂点とする**錐** (cone) であるという．とくに錐 C が凸集合である場合には，それを**凸錐** (convex cone) と呼ぶ．

　以下ではとくに断らない限り，錐・凸錐の頂点は 0 と了解していただきたい．

　$\mathbf{R}^l$ の任意の非空集合 X を含む (0 を頂点とする) 最小の錐を，X の生成する錐，あるいは X の**錐包** (conical hull) と呼んで，これを conic X と書く．また X を含む最小の凸錐を，X の生成する凸錐，あるいは X の**凸錐包** (convex conical hull) と呼んで，これを $\angle X$ と書くことにする．とくに X が有限集合のとき，$\angle X$ を**凸多面錐** (convex polyhedral cone) と称する．$X = \{x_1, x_2, \ldots, x_k\}$ とし，0 を始点として x_i を通る半直線を (x_i) ($i = 1, 2, \ldots, k$) と書けば，
$$\angle X = (x_1) + (x_2) + \cdots + (x_k)$$
である．

　一般には非空集合 $X \subset \mathbf{R}^l$ が閉であっても，その凸錐包 $\angle X$ が閉であるとは限らない．たとえば $X = \{(x, y) \in \mathbf{R}^2 | x \geqq 1, y \geqq 1\}$ とすれば，これは閉集合である．しかし $\angle X = \{(x, y) \in \mathbf{R}^2 | x > 0, y > 0\} \cup \{0\}$ であり，これは閉ではない．X を有限集合とする場合には次の定理が成り立つ．

　ワイルの定理　凸多面錐は閉集合である．

　この事実と凸集合の分離定理 (→ [凸集合]) から，次の結果が導かれる．

　ミンコフスキー–ファルカスの補題　A は $(m \times n)$-型の実行列，$b \in \mathbf{R}^m$ とする．このとき次の 2 命題のうち，いずれか一方のみが必ず成り立つ．

　(i)　一次方程式 $Ax = b$ は非負解を有する．

　(ii)　${}^tAp \geqq 0, \langle p, b \rangle < 0$ は解を有する．(${}^tA$ は A の転置行列，$\langle \cdot, \cdot \rangle$ は内積を表す．)

　この補題からは一次不等式に関する，次のようないくつかの有用な結果が容易に導かれる．A は $(m \times n)$-型の実行列とする．[1] (一次不等式の解) $b \in \mathbf{R}^n$ とするとき，次の二命題のうち，いずれか一方のみが必ず成立する．(i) 不等式 ${}^tAp \geqq b$ が解をもつ．(ii) 方程式 $Ax = 0, \langle x, b \rangle = 1$ が非負解をもつ．[2] (一次不等式の非負解) $b \in \mathbf{R}^m$ とするとき，次の 2 命題のうち，いずれか一方のみが必ず成立する．(i) 不等式 $Ax \leqq b$ が非負解をもつ．(ii) 不等式 ${}^tAp \geqq 0, \langle b, p \rangle < 0$ が非負解をもつ．[3] (同次方程式の半正解) 次の 2 命題のうち，いずれか一方のみが必ず成り立つ．(i) 方程式 $Ax = 0$ は半正解を有する．(ii) 方程式 ${}^tAp > 0$ は解を有する．

2 線形計画法の基本定理

　以下，次の記号を用いる．$A = (a_{ij}) : (m \times n)$-型実行列，$r, q \in \mathbf{R}^m$; $x, p \in \mathbf{R}^n$．とくにことわらない限り，ベクトルは列ベクトルとする．そして次のような形式の二つの線形計画問題の関係を

調べてみよう．

(P) $\begin{cases} \text{Maximize } \langle p, x \rangle \\ \text{subject to } Ax \leqq r, \ x \geqq 0. \end{cases}$

(P*) $\begin{cases} \text{Minimize } \langle q, r \rangle \\ \text{subject to } {}^t Aq \geqq p, \ q \geqq 0. \end{cases}$

(P) と (P*) は互いに他の双対問題 (dual problem) であるという．

これらの問題には，たとえば経済学の立場から簡単な解釈を与えることができる．生産される「生産物」は n 種類，それらを生産するための「生産要素」は m 種類存在するものとする．x は生産される各財の数量を表すベクトル，p はそれらの価格を表すベクトルとしよう．また r は各生産要素の利用可能な数量，q はそれらの価格を表すベクトルとみなす．行列 A の (i,j)-要素 a_{ij} は，第 j 生産物 1 単位を生産するために必要とされる第 i 生産要素の投入量 (生産係数と称する) を表し，これらはすべて固定的な値をもつものと想定する．すると問題 (P) の目標関数は生産物の価値額の合計を，また制約条件は各生産要素の投入量がその利用可能量を超えることができないという制約を表している．(P*) の目標関数は生産要素の価値額の合計を，また制約条件は各生産物 1 単位あたりの費用が生産物価格を上まわるという意味で，超過利潤が存在しえない，市場における競争の帰結を表している．この解釈の下では，問題 (P), (P*) の意味は次のようになるであろう．

(P) 生産物価格ベクトル p と生産要素の供給量ベクトル r が与えられたとき，生産要素供給の制約を満たす生産計画 x の中から，その価値額 $\langle p, x \rangle$ を最大にするものを選べ．

(P*) 生産物価格ベクトル p と生産要素の供給量ベクトル r が与えられたとき，超過利潤が非正であるような生産要素価格ベクトル q の中から，費用 $\langle r, q \rangle$ を最小にするものを選べ．

双対性定理 (I) $X = \{x \in \boldsymbol{R}^n | Ax \leqq r, \ x \geqq 0\}$, $Q = \{q \in \boldsymbol{R}^m | {}^t Aq \geqq p, \ q \geqq 0\}$ とおき，$X \neq \emptyset$, $Q \neq \emptyset$ とするとき，次の 2 命題が成り立つ．(i) すべての $x \in X$, $q \in Q$ について $\langle r, q \rangle \geqq \langle p, x \rangle$．(ii) ある $\hat{x} \in X$, $\hat{q} \in Q$ について $\langle r, \hat{q} \rangle = \langle p, \hat{x} \rangle$．

これからただちに導かれる帰結は，(P) と (P*) がともに可解であるならば，その最適値は相等しいこと，これである．すなわち
$$\operatorname*{Max}_{x \in X} \langle p, x \rangle = \operatorname*{Min}_{q \in Q} \langle r, q \rangle.$$

双対性定理 (II) (i) $X \neq \emptyset$ とするとき，問題 (P) が有限の最適値をもつのは，$Q \neq \emptyset$ の場合かつこの場合に限る．すなわち，$\operatorname*{Max}_{x \in X} \langle p, x \rangle < \infty \iff Q \neq \emptyset$．(ii) $Q \neq \emptyset$ とするとき，問題 (P*) が有限の最適値をもつのは，$X \neq \emptyset$ の場合かつこの場合に限る．すなわち，$\operatorname*{Min}_{q \in Q} \langle r, q \rangle > -\infty \iff X \neq \emptyset$．

3 鞍点定理

問題 (P), (P*) の最適解をそれぞれ $\hat{x}, \hat{q}$ とすれば，双対定理 (I) により $\langle p, \hat{x} \rangle = \langle \hat{q}, r \rangle = {}^t \hat{q} A \hat{x}$ が成り立つ．したがって $\langle \hat{x}, p - {}^t A \hat{q} \rangle = \langle \hat{q}, r - A\hat{x} \rangle = 0$．ここで関数 $\Phi(x, q)$ を
$$\Phi(x, q) = \langle p, x \rangle + \langle q, r - Ax \rangle$$
$$= \langle q, r \rangle + \langle x, p - {}^t A q \rangle$$
と定義すれば，
$$\Phi(x, \hat{q}) \leqq \Phi(\hat{x}, \hat{q}) \leqq \Phi(\hat{x}, q)$$
が任意の $q \geqq 0$, $x \geqq 0$ に対して成り立つ．このことを $(\hat{x}, \hat{q})$ は関数 Φ の**鞍点** (saddle point) であるという．逆に Φ の鞍点が存在すれば，それは問題 (P), (P*) の最適解であることが証明される．

ゴールドマン–タッカーの鞍点定理 $(\hat{x}, \hat{q})$ が問題 (P), (P*) の最適解であるためには，それが関数 Φ の鞍点であることが必要十分である．

［丸山　徹］

参 考 文 献

[1] D. Gale：*The Theory of Linear Economic Models*, McGraw–Hill, 1960. (邦訳) 和田貞夫・山谷恵俊訳：線型経済学，紀伊國屋書店，1964．
[2] 二階堂副包：経済のための線型数学，培風館，1961．
[3] R. Dorfman, P.A. Samuelson, R.M. Solow：*Linear Programming and Economic Analysis*, McGraw–Hill, 1958. (邦訳) 安井琢磨ほか訳：線形計画と経済分析 (I, II)，岩波書店，1958．

線形常微分方程式

linear ordinary differential equation

変数 t の未知関数 $w(t)$ に関する常微分方程式
$$w^{(n)} + a_1(t)w^{(n-1)} + \cdots + a_n(t)w = f(t) \quad (1)$$
を単独高階線形常微分方程式といい,複数個の未知関数 $w_1(t),\ldots,w_n(t)$ に関する連立常微分方程式
$w_1' = a_{11}(t)w_1+\cdots+a_{1n}(t)w_n+f_1(t),\ldots,w_n' = a_{n1}(t)w_1+\cdots+a_{nn}(t)w_n+f_n(t)$ を連立 1 階線形常微分方程式といい,これらを線形常微分方程式と総称する.後者はベクトル記法で
$$\boldsymbol{w}' = A(t)\boldsymbol{w} + \boldsymbol{f}(t) \quad (2)$$
と表すことにする.ただし $\boldsymbol{w} = {}^t(w_1,\ldots,w_n)$ と $\boldsymbol{f}(t) = {}^t(f_1(t),\ldots,f_n(t))$ は縦ベクトルで,$A(t) = (a_{jk}(t))$ は正方行列である.以下では常微分方程式をたんに微分方程式という.

変数 t はしばらくは実変数とするが,t の関数は,方程式の係数も解も複素数値とする.変数 t が複素変数の場合は最後に触れる.

1 初期値問題の解の存在と一意性

(1) あるいは (2) の係数 $a_j(t), f(t)$ あるいは $a_{jk}(t), f_j(t)$ がすべて実数直線上の区間 I において連続な複素数値関数とする.このとき (1) については次が成り立つ:任意に与えられた $a \in I, b_0,\ldots,b_{n-1} \in \boldsymbol{C}$ に対して,初期条件
$$w(a) = b_0,\ldots,w^{(n-1)}(a) = b_{n-1}$$
を満たす (1) の解 $w = w(t)$ が全区間 I においてただ一つ存在する.(2) については,任意に与えられた $a \in I, \boldsymbol{b} \in \boldsymbol{C}^n$ に対して,初期条件
$$\boldsymbol{w}(a) = \boldsymbol{b}$$
を満たす (2) の解 $\boldsymbol{w} = \boldsymbol{w}(t)$ が全区間 I においてただ一つ存在する.非線形の場合と異なり,線形微分方程式の解は「方程式の係数が連続な全区間において存在する」のである.

なお,係数がすべて実数値関数の場合,初期値 $b_0,\ldots,b_{n-1}$ がすべて実数,あるいは $\boldsymbol{b}$ が実ベクトルならば,解 $w = w(t)$ は実数値関数,あるいは解 $\boldsymbol{w} = \boldsymbol{w}(t)$ は実ベクトル値関数となることに注意する.

2 同次方程式と非同次方程式

(1) あるいは (2) は $f(t) \equiv 0$ あるいは $\boldsymbol{f}(t) \equiv \boldsymbol{0}$ のとき同次 (homogeneous) といい,同次でないとき非同次 (inhomogeneous) という.(1) に対応する同次方程式は
$$w^{(n)} + a_1(t)w^{(n-1)} + \cdots + a_n(t)w = 0 \quad (3)$$
(2) に対応する同次方程式は
$$\boldsymbol{w}' = A(t)\boldsymbol{w} \quad (4)$$
である.非同次方程式 (1) あるいは (2) の解 $w_1(t), w_2(t)$ あるいは $\boldsymbol{w}_1(t), \boldsymbol{w}_2(t)$ に対して,差 $w_1(t) - w_2(t)$ あるいは $\boldsymbol{w}_1(t) - \boldsymbol{w}_2(t)$ は,対応する同次方程式 (3) あるいは (4) の解となる.したがって,非同次方程式の任意の解は,非同次方程式の一つの解 (特殊解) に,対応する同次方程式の解を加えたものである.

3 同次方程式の解全体の構造

恒等的に 0 な関数,あるいは恒等的に $\boldsymbol{0}$ なベクトル値関数は,それぞれ同次方程式 (3) あるいは (4) の解である.さらに (3) あるいは (4) の任意の解 $w_1(t), w_2(t)$ あるいは $\boldsymbol{w}_1(t), \boldsymbol{w}_2(t)$ と任意のスカラー $c_1, c_2 \in \boldsymbol{C}$ に対して,$c_1 w_1(t) + c_2 w_2(t)$ あるいは $c_1 \boldsymbol{w}_1(t) + c_2 \boldsymbol{w}_2(t)$ は,それぞれ (3) あるいは (4) の解である.したがって (3) の複素数値関数解全体も (4) の複素ベクトル値関数解全体も,複素数体 $\boldsymbol{C}$ 上の線形空間である.そしてこの線形空間の次元はともに n であることがわかる.

任意の $a \in I$ と,$\boldsymbol{C}$ 上のベクトル空間 $\boldsymbol{C}^n$ の任意の基底 $\boldsymbol{b}_1 = {}^t(b_{11},\ldots,b_{1n}),\ldots,\boldsymbol{b}_n = {}^t(b_{n1},\ldots,b_{nn})$ に対して,初期条件
$$w(a) = b_{j1},\ldots,w^{(n-1)}(a) = b_{jn}$$
を満たす (3) の解を $w_j(t)$ とし,あるいは初期条件
$$\boldsymbol{w}(a) = \boldsymbol{b}_j,$$
を満たす (4) の解を $\boldsymbol{w}_j(t)$ とすると,$\{w_1(t),\ldots,w_n(t)\}$ あるいは $\{\boldsymbol{w}_1(t),\ldots,\boldsymbol{w}_n(t)\}$ は (3) の解全体 あるいは (4) の解全体のなす線形空間の基底となる.

方程式 (3) あるいは (4) の係数がすべて実数値

関数の場合，実数値関数解の全体あるいは実ベクトル値関数解全体は，実数体 $\boldsymbol{R}$ 上の n 次元線形空間になるが，$\boldsymbol{b}_1, \ldots, \boldsymbol{b}_n$ を $\boldsymbol{R}$ 上のベクトル空間 $\boldsymbol{R}^n$ の基底として，上と同じ初期条件を満たす解を考えると，それらは実数値関数解，あるいは実ベクトル値関数解となり，それぞれ問題の線形空間の基底をなす．

同次方程式 (3) あるいは (4) の n 個の線形独立な解を解の基本系 (fundamental system of solutions) という．n 個の解が線形独立であるかどうかを判定する便利な条件を与えよう．(3) の解 $w_1(t), \ldots, w_n(t)$ に対して $W(t) = W(t; w_1, \ldots, w_n)$ を

$$\det \begin{pmatrix} w_1(t) & w_2(t) & \ldots & w_n(t) \\ w_1'(t) & w_2'(t) & \ldots & w_n'(t) \\ \vdots & \vdots & \ddots & \vdots \\ w_1^{(n-1)}(t) & w_2^{(n-1)}(t) & \ldots & w_n^{(n-1)}(t) \end{pmatrix}$$

で定義し，$w_1(t), \ldots, w_n(t)$ のロンスキー行列式という．これは $W(t) = W(a) \exp(-\int_a^t a_1(s)ds)$ を満たすので，ある $a \in I$ に対して $W(a) \neq 0$ となることと，すべての $t \in I$ に対して $W(t) \neq 0$ となることが同値である．(3) の解 $w_1(t), \ldots, w_n(t)$ が線形独立であるための必要十分条件は，そのロンスキー行列式が 0 とならないことである．

方程式 (4) に対しては，解 $\boldsymbol{w}_1(t), \ldots, \boldsymbol{w}_n(t)$ が線形独立であるための必要十分条件は $W(t) = \det(\boldsymbol{w}_1(t), \ldots, \boldsymbol{w}_n(t))$ が 0 とならないことである．$W(t) = W(a) \exp(\int_a^t \operatorname{Tr} A(s) ds)$ が成り立つ．

4　定数変化法

同次方程式 (3) の解の基本系 $w_1(t), \ldots, w_n(t)$ がわかっているとき，非同次方程式 (1) の解を構成する方法として，**定数変化法** (variation of constants) がある．$c_1 w_1(t) + \cdots + c_n w_n(t)$ は $c_1, \ldots, c_n$ が定数ならば (3) の解ではあるが (1) の解ではないので，$c_1, \ldots, c_n$ を t の適当な関数に置き換えた $c_1(t) w_1(t) + \cdots + c_n(t) w_n(t)$ という形で (1) の解を求めるのである．

(2) の解の構成も同様である．

5　定数係数同次線形微分方程式の解法

同次方程式 (3) において，$a_1(t), \ldots, a_n(t)$ がすべて定数 $a_1, \ldots, a_n$ の場合には，解の基本系を初等関数で求めることができる．λ を定数として，関数 $w = e^{\lambda t}$ が (3) の解であるための必要十分条件は，λ が代数方程式

$$\lambda^n + a_1 \lambda^{n-1} + \cdots + a_n = 0 \qquad (5)$$

の根であることである．根 $\lambda_1, \ldots, \lambda_n$ が相異なれば，$w_1(t) = e^{\lambda_1 t}, \ldots, w_n(t) = e^{\lambda_n t}$ が解の基本系である．根 λ が m 重根ならば，λ に対応する線形独立な解として $e^{\lambda t}, t e^{\lambda t}, \ldots, t^{m-1} e^{\lambda t}$ がとれることから，一般の場合の公式が得られる．

$a_1, \ldots, a_n$ が実数の場合には，解の基本系として実数値関数解をとることができる．たとえば $\lambda = \mu + i\nu$ ($i = \sqrt{-1}, \nu \neq 0$) が (5) の根ならば，$\lambda$ の複素共役 $\bar{\lambda}$ も根であり，λ と $\bar{\lambda}$ に対応する実数値関数解として $e^{\mu t} \cos(\nu t), e^{\mu t} \sin(\nu t)$ がとれる．

6　複素領域における線形常微分方程式

ここまで独立変数は実変数としてきたが，独立変数を複素変数とし，文字 z を用いることにする．複素変数の場合も，実変数の場合の結果に対応するものが成り立つ．たとえば，単独高階線形方程式

$$w^{(n)} + a_1(z) w^{(n-1)} + \cdots + a_n(z) w = f(z) \quad (6)$$

において，$a_1(z), \ldots, a_n(z)$ と $f(z)$ が複素平面 $\boldsymbol{C}$ 内の領域 D で正則とする．このとき，任意の $a \in D$ と任意の $b_0, \ldots, b_{n-1} \in \boldsymbol{C}$ に対して，初期条件 $w(a) = b_0, \ldots, w^{(n-1)}(a) = b_{n-1}$ を満たす a の近傍で正則な (6) の解が一意的に存在する．さらに，この解は a を始点とする D 内の任意の曲線に沿って解析接続可能である．(6) において $f(z) \equiv 0$ とおいた同次方程式の正則関数解全体は，複素数体 $\boldsymbol{C}$ 上の n 次元線形空間をなす．

複素領域における線形常微分方程式の例は，特殊関数と総称される関数の多くを定義する，有理関数係数の同次 2 階方程式である．　　［高　野　恭　一］

線 織 面

ruled surface

直線が動いて作りあげる曲面である線織面は，美しいものも多く，古くから研究されてきたものであるが，工学的に有用なものも多く，最近のコンピューターグラフィックスの発展と相まって，ますます重要な概念とみなされるようになっている．

1 定 義

3次元ユークリッド空間 E^3 内の曲面 S が線織面 (ruled surface) であるとは，曲面のすべての点に対し，その点を通って S に含まれる E^3 の直線が存在することである．言い換えると，E^3 の直線を，1助変数によって，動かしていくことにより張られる曲面が線織面である．

E^3 の長さ1のベクトル全体を S^2 と書くと，線織面は，関数 $p: R \to E^3$, $q: R \to S^2$ により，
$$x(u,v) = p(u) + v\, q(u) \tag{1}$$
と表される．各直線は，各固定した u に対し $\{p(u)+v\,q(u) \mid v \in R\}$ と表され，この線織面の**母線** (generating line) あるいは**罫線** (ruling) などと呼ばれる．また，p は**底曲線** (base curve)，q は**準線** (director curve, directrix) などと呼ばれるが確定してはいない．

E^3 内の S には，E^3 の標準計量から誘導されたリーマン計量が入るが，線織面の場合には，この計量のガウス曲率 K が各点で0以下になる．

直線によって張られるという概念は，射影変換で不変であるから，線織面を射影幾何学の対象として研究することもできる．

2 可 展 面

3次元ユークリッド空間 E^3 内の曲面 S が可展面 (developable surface) であるとは，誘導された S のリーマン計量が，完備でそのガウス曲率 K が各点で0に等しいことである．

曲面論の結果から，可展面の条件は，2次元Euclid空間 E^2 全体に，歪みなく，等長的に展開することができることに等しい．可展面は工業的にも利用されることが多い曲面である．

とくに可展面は線織面であるが，線織面はかならずしも可展面であるとは限らない．可展面でない線織面は，**斜曲面** (skew surface) と呼ばれる．

1助変数平面族が曲面を包絡するとき，包絡された包絡曲面は可展面となる．線織面が可展面であるための条件は，各母線上のすべての点において，線織面の接平面が一致していることである．

3 可展面の分類

可展面は3種類に分類される．**柱面** (cylindrical surface)，**錐面** (conical surface)，**接線曲面** (tangential surface) である．

3.1 柱面と錐面

線織面の表現式 (1) において，$q(u)$ が定ベクトルのとき，その線織面は可展面で柱面と呼ばれる．

また，曲線 $p(u)$ 上ではない E^3 の点 r をとり，$q(u) = \dfrac{r - p(u)}{|r - p(u)|}$ とおくと，(1) で定まる線織面は，定点 r を頂点とする錐面で，可展面となる．

3.2 接線曲面

E^3 内の1本の曲線 C の接線全体は，曲線の曲率が消えていない場合 (特異点が曲線上の点のみの) 線織面となり，接線曲面と呼ばれる．

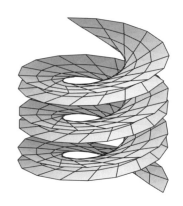

常螺旋 $(a\cos(u), a\sin(u), bu)$ の接線曲面

C が $u \mapsto p(u)$ で与えられているとき，接線曲面は

$$\boldsymbol{x}(u,v) = \boldsymbol{p}(u) + v\boldsymbol{p}'(u) \qquad (2)$$

と表される．接線曲面は，非特異な $v > 0$ と $v < 0$ の部分が曲線 C に沿って交わっている．

接線曲面は曲線 C の接触平面 (接線と主法線を含む平面) 全体の族の**包絡面** (enveloping surface) に等しいが，一般に平面族の包絡面は可展面であるから，接線曲面は可展面である．

曲面族 $f(x,y,z,t) = 0$ の**反帰線** (curve of regression) は，連立方程式 $f = f_t = f_{tt} = 0$ で定義される．ただし，f_t は t による偏微分などを表す．曲線 C は C の接触平面族の反帰線である．

4 斜曲面の例

1 葉双曲面 (hyperboloid of 1 sheet)，**双曲放物面** (hyperbolic paraboloid)，**らせん面** (helicoid)，**プリュッカーの錐状面** (Plücker's conoid)，**メビウスの帯** (Möbius strip) など．最初の二つは，2 通りの線織の構造をもつ **2 重線織面** (doubly ruled surface) である．平面以外の 2 重線織面は，この 2 種類に限られる．

4.1 1 葉双曲面

xyz 空間で $\dfrac{x^2}{a^2} + \dfrac{y^2}{b^2} - \dfrac{z^2}{c^2} = 1$ で定まる 1 葉双曲面は $\boldsymbol{p}(u) = (a\cos u, b\sin u, 0)$, $\boldsymbol{q}(u) = (\pm a\sin u, \mp b\cos u, c)$ を用いた (1) により 2 重線織面となる．

4.2 双曲放物面

$z = \dfrac{x^2}{a^2} - \dfrac{y^2}{b^2}$ で定まる双曲放物面は $\boldsymbol{p}(u) = (au, 0, u^2)$, $\boldsymbol{q}(u) = (a, \pm b, 2u)$ を用いた (1) により 2 重線織面となる．

4.3 螺旋面

螺旋面は $a, b > 0$ を固定して $\boldsymbol{p}(u) = (0, 0, au)$, $\boldsymbol{q}(u) = (b\cos u, b\sin u, 0)$ を用いた (1) により定義される線織面である．

4.4 プリュッカーの錐状面

$z = \dfrac{2xy}{x^2 + y^2}$ で定まる曲面は線織面となる．

4.5 メビウスの帯

$\boldsymbol{p}(u) = (\cos u, \sin u, 0)$, $\boldsymbol{q}(u) = (\cos\dfrac{u}{2}\cos u, \cos\dfrac{u}{2}\sin u, \sin\dfrac{u}{2})$ を用いた (1) により定義される線織面はメビウスの帯と呼ばれる．

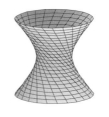
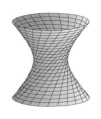

1 葉双曲面 (1) 1 葉双曲面 (2)

双曲放物面 螺旋面

プリュッカーの錐状面 メビウスの帯

5 線叢

E^3 の直線の，2 助変数から定まる族を**線叢** (congruence of lines) と呼ぶ．2 次元変数の中から独立な二つの 1 次元助変数をとることにより，線叢から 2 組の線織面が定義される．

1 枚の曲面の法線全体は，線叢であり，主曲率方向をとれば，2 組の線織面が定まる．

[佐藤 肇]

参考文献

[1] D. ヒルベルト・S. コーン=フォッセン著, 芹沢正三訳: 直観幾何学, みすず書房, 1966.
[2] 大槻富之助著, 微分幾何学 (復刻版), 朝倉書店, 2004.

線積分と面積分

line integral and surface integral

線積分 (line integral) は平面上や空間中の曲線に沿った積分であり，ベクトル解析や複素解析でよく用いられる．また，面積分 (surface integral) は空間中の曲面上での積分であり，やはりベクトル解析でよく用いられる．

1 曲線の長さ

図1のように XY 平面上の C^1 級の関数 $y = f(x)$ で表される曲線 C について，x の区間 $[a, b]$ における長さ s は

$$s = \int_a^b \sqrt{1 + \left(\frac{dy}{dx}\right)^2} dx \quad (1)$$

で与えられる．この式は区間 $[a, b]$ を間隔 Δx で n 等分し，分点を $x_0 = a, x_1, x_2, \ldots, x_n = b$ としたとき，曲線上の点 (x_{k-1}, y_{k-1}) と (x_k, y_k) の距離 Δs_k が

$$\Delta s_k = \Delta x \sqrt{1 + \left(\frac{y_k - y_{k-1}}{\Delta x}\right)^2}$$

であることを用いると，

$$s = \lim_{n \to \infty} \sum_{k=1}^n \Delta s_k$$

として得られる．

曲線の座標を，パラメータ t を用いて

$$x = \xi(t), \quad y = \eta(t)$$

と表したとき，s は

$$s = \int_\alpha^\beta \sqrt{\left(\frac{d\xi}{dt}\right)^2 + \left(\frac{d\eta}{dt}\right)^2} dt \quad (2)$$

と書くことができる．ただし，$\xi(\alpha) = a, \xi(\beta) = b$ である．曲線の長さの微小部分である

$$ds = \sqrt{\left(\frac{d\xi}{dt}\right)^2 + \left(\frac{d\eta}{dt}\right)^2} \quad (3)$$

を線素 (line element) または曲線要素という．

2 スカラー場の線積分

曲線 C の各点で関数 $F(x, y) = F(\xi(t), \eta(t))$ が与えられているとする．曲線の各微小部分から，点 $P_1, P_2, \ldots, P_n$ をとり，それらの点における関数 F の値を $F_1, F_2, \ldots, F_n$ と書く．このとき，

$$\lim_{n \to \infty} \sum_{k=1}^n F_k \Delta s_k$$

が存在すれば，極限を

$$\int_C F(x, y) ds \quad (4)$$

と書き，線積分という．パラメータ t を用いた場合には，t の区間を $[\alpha, \beta]$ として

$$\int_\alpha^\beta F(\xi(t), \eta(t)) \sqrt{\left(\frac{d\xi}{dt}\right)^2 + \left(\frac{d\eta}{dt}\right)^2} dt \quad (5)$$

と具体的に与えることができる．

スカラー場の線積分は，直線である x 軸上で定義された定積分を，曲線上へ自然に拡張したものである．また，独立変数の数を増すと，空間中の曲線に対しても同様の式を得ることができる．

3 ベクトル場の線積分

空間中の位置ベクトル $\boldsymbol{r}$ とともに変化するベクトル場 $\boldsymbol{v}(\boldsymbol{r})$ が，図2のようにAを始点，Bを終点とする曲線 C 上で与えられているとする．また点Pにおける単位接線ベクトルを $\boldsymbol{t}$，単位法線ベ

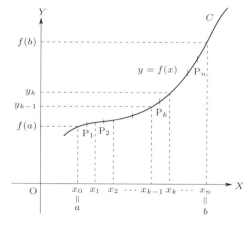

図1 曲線の長さ

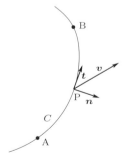

図2 曲線上のベクトル場

クトルを n とする．このとき，$v(r)$ の接線方向の成分 $v \cdot t$ を曲線に沿って積分した

$$\int_C v(r) \cdot t\, ds \tag{6}$$

がベクトル場の線積分である．とくに，$t\,ds$ を ds と書き，**線素ベクトル**という．

応用上，法線方向の成分 $v \cdot n$ を曲線に沿って積分した

$$\int_C v(r) \cdot n\, ds$$

も考えることがある．これもベクトル場の線積分の一つである．また，複素解析で用いられる複素積分

$$\int_C f(z)dz$$

は複素平面上の曲線 C に沿った線積分である．

4 面積積分

線素が曲線上の 2 点の長さの極限であったように，面積分では，曲面の微小部分の 1 点での接平面を考え，その面積を限りなく小さくした極限として**面積要素** (areal element) もしくは**面素**が定義される．

曲面 $z = f(x, y)$ がパラメータ u, v を用いて

$$x = \xi(u, v), \quad y = \eta(u, v), \quad z = \zeta(u, v)$$

で表されているとき，曲面上の点 (x_0, y_0, z_0) における接平面の式は

$$J_1(u,v)(x - x_0) + J_2(u,v)(y - y_0) + J_3(u,v)(z - z_0) = 0$$

である．ただし，J_1, J_2, J_3 は

$$J_1(u, v) = \frac{\partial(\eta, \zeta)}{\partial(u, v)}$$

などで与えられるヤコビ行列式である．

接平面の微小部分を平行四辺形と考えると，その面積 dS は

$$dS = J(u, v)\, du dv \tag{7}$$

ただし，

$$J(u, v) = \sqrt{J_1^2 + J_2^2 + J_3^2}$$

である．(7) 式が面積要素の具体的表現である．

なお，x, y, z 方向の単位ベクトル i, j, k を用いると，

$$J(u,v) = \left| \left(\frac{\partial \xi}{\partial u} i + \frac{\partial \eta}{\partial u} j + \frac{\partial \zeta}{\partial u} k\right) \times \left(\frac{\partial \xi}{\partial v} i + \frac{\partial \eta}{\partial v} j + \frac{\partial \zeta}{\partial v} k\right) \right|$$

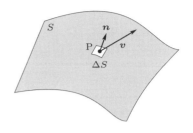

図 3　曲面上のベクトル場

のようにベクトル積を用いて書くことができる．

5 面積分

曲面 S 上のスカラー場 $F(x, y, z)$ の面積分は，面積要素 dS を用いて，

$$\iint_S F(x, y, z) dS \tag{8}$$

で与えられる．具体的には

$$\iint_\Omega F(\xi(u,v), \eta(u,v), \zeta(u,v)) J(u,v) du dv$$

を計算すればよい．ただし，Ω は曲面 S に対応した UV 平面の領域を表す．なお，(8) 式で $F = 1$ とすると，面積分は曲面 S の面積を与える．

曲面 S 上のベクトル場 $v(r)$ の面積分は，線積分同様，たとえば

$$\iint_S v(r) \cdot t\, dS \tag{9}$$

や

$$\iint_S v(r) \cdot n\, dS \tag{10}$$

で与えられる．ただし，図 3 のように曲面上の点 P でのベクトル場が $v(r)$，曲面の単位接線ベクトルが t，単位法線ベクトルが n である．とくに，式 (10) は v を流体の速度場とするとき，曲面 S を外向き (n の向き) に流れ出る流体の総量となる．また $n\, dS = dS$ と書き，**面積要素ベクトル**という．

理工学の応用上重要なガウスの発散定理や，ストークスの定理などの積分公式は，上記の線積分や面積分を用いて表現される．　　　［薩摩順吉］

参 考 文 献

[1] 小林　亮・高橋大輔：ベクトル解析入門，東京大学出版会，2003.
[2] 薩摩順吉：微分積分，岩波書店．2001.

選 択 公 理

axiom of choice, AC

選択公理の内容は，空でない集合の族 $A = \{A_\lambda : \lambda \in I\}$ が与えられたとき，その族の各集合から，一つづつ元を取り出すことができるという公理である．今少し厳密な記述をすると，「"すべて"の $\lambda \in I$ に対して A_λ の元が"存在"すれば，関数 $f : I \to \bigcup A$ が"存在"して，"すべて"の $\lambda \in I$ に対して A_λ の元となっている」である．このような関数は選択関数 (choice function) と呼ばれる．選択関数の存在を主張する公理の意味から選択公理と呼ばれる．記号を用いて記すと

$$\forall \lambda \in I \exists x \in A_\lambda \Rightarrow \exists f \forall \lambda \in I (f(\lambda) \in A_\lambda)$$

である．

集合は通常，性質を記述する述語 (性質, property, predicate) $P(x)$ を満足するものの全体 $\{x \in A : P(x)\}$ として定義される．これは，集合 A の元 x で性質 $P(x)$ を満たすものの全体の集合である．これを，内包公理 (comprehension axiom) または分出公理 (Aussondernngs axiom) という．特定の性質をもつものを選び出すという意味から分出公理あるいは選出公理とも呼ばれる．選択公理と名が似ているため誤解しないよう注意が必要である．集合の族は2変数の述語でも記述できるので，選択公理は

$$\forall x \in a \exists y P(x,y) \equiv \exists y \forall x \in a P(x,y(x))$$

のような全称記号 (universal quantifier) と特称記号 (existential quantifier) の交換の法則としても定式化される．この式の左辺の意味は，集合 a のすべての元 x に対して $P(x,y)$ を満足する y が存在することであり，右辺は，(a で定義された) 選択関数 y が存在して，集合 a のすべての元 x に対して $P(x,y(x))$ が成立することである．右辺では対象 y の場所に関数 y の x での値 $y(x)$ が入っている．

これは2人ゲームで，先手が a の元 x をとり後手が $P(x,y)$ となる y をとれば後手の勝ちとするゲームで，つねに後手の勝ちならば，後手に必勝法 (winning strategy) y があること，つまり，先手が a の元 x をどのようにとっても $P(x, y(x))$ となることと同値であることを意味している．

数学的帰納法で，任意の有限回のゲームには先手か後手に必勝法があることが証明できる．将棋や碁は有限回で終わるゲームではないのでこの限りではないが，連珠や石取りゲーム三山崩しなどには必勝法が存在する．しかし，必勝法は存在しても複雑で現実的に処理可能な必勝法が知られていない場合も多い．

選択公理は，整列可能定理 (well-ordering theorem)，ツォルンの補題 (Zorn's lemma)，濃度の比較可能性 (comparability of cardinals)，空でない集合族の直積が空でないことなど多くの性質と同値である．

整列可能定理とは任意の集合が整列可能であることである．そのために順序について述べておく．$(A, \leq)$ が，反射律 (reflective law) $a \leq a$，推移律 (transitive law) $a \leq b, b \leq c \Rightarrow a \leq c$，反対称律 (anti-reflective law) $a \leq b, b \leq a \to a = b$ を満足するとき，部分順序 (partial order) と呼ぶ．さらに，2元の大小がかならず比較できること，つまり，比較律 (comparative law) $a \leq b$ または $b \leq a$ が成立するとき，線形順序 (linear order)，あるいは鎖 (chain) などと呼ばれる．線形順序がさらに次の条件，極小条件 (minimality condition)「A の空でない任意の部分集合は $\leq$ の意味で最小の元をもつ」とき，この順序を整列順序 (well-order) と呼ぶ．部分順序集合において，無限上昇列 (infinite ascending sequence) をもたないことを昇鎖律 (ascending chain condition)，無限下降列 (infinite discending sequence) をもたないことを降鎖律 (discending chain condition) という．

たとえば，無限下降列 $a_0 > a_1 > a_2 > \cdots$ が存在すれば，$A = \{a_n : n = 0, 1, 2, \ldots\}$ は最小元をもたない集合である．降鎖律のもとでは，$a_0 \geq a_1 \geq a_2 \geq \cdots$ ならば，ある番号 n が存在して，$a_n = a_{n+1} = a_{n+2} = \cdots$ となっている．

部分順序体系 $(P, \leq)$ において，任意の部分鎖 C が P のなかに上界 (upper bound) をもつとき，つまり，P の元 p が存在して，C のどんな元 x も

p 以下のとき，記号では
$$\exists p \in P \forall x \in C(x \leq p)$$
が成立するとき，帰納的順序 (inductive order) であるという．

「任意の帰納的順序集合は極大元をもつ」という性質をツォルンの補題 (Zorn's lemma) という．

部分順序体系 $(P, \leq)$ の部分集合 A について，両立性 (compatibility)，つまり，A の 2 元はつねに共通の上界をもつとき，記号では
$$a, b \in A \Rightarrow \exists x \in A (a, b \leq z)$$
のとき有向集合 (directed set)，楔 (wedge) あるいはフィルタ (filter) と呼ぶ．帰納的順序の定義で任意の「鎖について」の部分を任意の「有向集合について」としてツォルンの補題を定義しても意味は変わらないことが知られている．

歴史的にはツェルメロ (E.F. Zermelo) が整列可能定理を証明するときに選択公理を用いたこと，ツォルン (M.A. Zorn) が代数閉体 (algebraically closed field) の存在証明にツォルンの補題を，集合の包含関係 (inclusion relation) に用いたのが最初である．たとえば，多項式環に関するヒルベルトの基底定理や作用素環など現代数学の広い範囲で用いられる必須の概念になっている．

選択公理から，ルベーグ非可測集合 (non–Lebesgue measurable set) や，3 次元ユークリッド空間の単位球 (unit ball) が 2 個の単位球と分割合同になるという，バナッハ–タルスキーのパラドックス (Banach–Tarski paradox) などが導かれることが知られている．したがって，バナッハ–タルスキーのパラドックスは選択公理を含む集合論での定理であり，論理的な意味でのパラドックスではない．一方で従属選択公理 (axiom of depending choice：DC)，つまり，実数に関する術語 $P(x, y)$ に関して，すべての x に対して $P(x, y)$ となる y が存在するならば，任意の実数から始めて次々に $P(y(n), y(n+1))$ となるような，自然数 $\omega = \{0, 1, 2, \ldots\}$ 上の関数 y が存在すること，記号では，$\forall x \exists y P(x, y)$ から
$$\exists y (y(0) = a \land \forall n \in \omega (P(y(n), y(n+1))))$$
が導かれるならば，通常の測度論 (measure theory) は展開できることが知られている．ソロベイ (R.M. Solovay) は DC が成立し，すべてのユークリッド空間の有界部分集合はルベーグ可測な集合論のモデルを，可測基数 (measurable cardinal) の存在という強い意味の無限公理 (axiom of strong infinity) を仮定して構成した．当然，このモデルのなかでは選択公理は成立していない．したがって，バナッハ–タルスキーのパラドックスには選択公理が本質的に用いられていることがわかる．

また，たとえば，可算集合 (= 可付番集合，countable set, denumerable set) の可算個の和集合は可算であるという当然と思われる証明にも，可算個の 1 対 1 対応の中から関数を関数として取り出すという意味で可算選択公理 (axiom of countable choice：CC)，記号では
$$\forall n \in \omega \exists y P(n, y) \Rightarrow \exists y \forall n \in \omega P(n, y(n))$$
が本質的に用いられていることがコーエン (P.J. Cohen) により証明 (1963) されている．また，従属選択公理 DC から可算選択公理 CC は証明できるが，逆方向は証明できないことがジェンセン (R.B. Jensen) によって証明されている．選択公理はコンパクト空間の任意の直積はコンパクトであるというティホノフ (A.N. Tikhonov) の定理とも同値である．無限集合，たとえば，自然数の全体の集合 $\omega = \{0, 1, 2, \ldots\}$ 上のウルトラフィルタ (ultra–filter, maximal filter) のなす全体空間のような，双対空間 (dual space) の精密な構造の研究は超積や超べき (ウルトラプロダクト，ウルトラパワー, ultra–product, ultra–power)，生成フィルタ (generic filter) など，今後の研究にまつ部分が多い．

[難波完爾]

参考文献

[1] 田中尚夫著：選択公理と数学，遊星社，2005.
[2] 田中一之編：ゲーデルと 20 世紀の論理学 4，東京大学出版会，2006.
[3] 難波完爾：数学と論理，朝倉書店，2003.

層

sheaf

　層とは多様体の上に乗った上部構造であり，局所的な構成と大域的な帰結との間を無理なく結びつける便利な道具である．多様体は局所的なチャートを大域的に貼り合わせたものであるが，層は各チャート上で構成された上部構造を貼り合せたものである．多様体の幾何学に関する問題は，層の言葉で表現されるものが多い．層の重要な例は，多様体上で局所的に定義された関数全体のなす集合（というより，以下に述べるように関手）である．

1　層の定義

　位相空間 X 上の可換群の層 $\mathcal{F}$ を定義する．まず，X 上の開集合全体のなす圏 $\mathcal{U}_X$ を定義する．$\mathcal{U}_X$ の対象は X の開集合であり，二つの開集合 U, U' の間の射の集合 $\mathrm{Hom}_{\mathcal{U}_X}(U, U')$ は，$U \subset U'$ の場合には包含写像 $i : U \to U'$ のみからなる集合 $\{i\}$ であり，そうではない場合には空集合であるとする．

　可換群全体のなす圏を (Ab) で表すとき，反変関手 $\mathcal{F} : \mathcal{U}_X^o \to$ (Ab) を可換群の前層 (presheaf) と呼ぶ．すなわち，各開集合 $U \subset X$ に対して，可換群 $\mathcal{F}(U)$ が対応し，包含写像 $i : U \to U'$ には群準同型写像 $\mathcal{F}(i) : \mathcal{F}(U') \to \mathcal{F}(U)$ が対応し，さらにもうひとつの包含写像 $j : U' \to U''$ があるときには，関係式 $\mathcal{F}(j \circ i) = \mathcal{F}(i) \circ \mathcal{F}(j)$ が成り立つのである．群 $\mathcal{F}(U)$ はふつう $\Gamma(U, \mathcal{F})$ とも表される．この群の元は U 上の $\mathcal{F}$ の切断 (section) と呼ばれる．とくに，$U = X$ の場合には大域切断 (global section) と呼ばれる．準同型写像 $\mathcal{F}(i)$ は制限写像 (restriction homomorphism) と呼ばれ，$r^{\mathcal{F}}_{UU'}$ などで表される．

　前層 $\mathcal{F}$ は以下の 2 条件を満たすとき層 (sheaf) と呼ばれる．開集合 U および開集合の族 $\{U_\lambda\}_{\lambda \in \Lambda}$ で，$U = \bigcup_{\lambda \in \Lambda} U_\lambda$ となるものを任意に与えたとき，記号 $U_{\lambda\mu} = U_\lambda \cap U_\mu$ のもとで以下が成り立つ：

　(1) $\prod_{\lambda \in \Lambda} r_{U_\lambda U} : \Gamma(U, \mathcal{F}) \to \prod_\lambda \Gamma(U_\lambda, \mathcal{F})$ は単射である．すなわち，各開集合 U_λ に制限したとき 0 になるような U 上の切断は 0 しかない．

　(2) 切断の族 $\{s_\lambda\}_{\lambda \in \Lambda}$ $(s_\lambda \in \Gamma(U_\lambda, \mathcal{F}))$ であって，任意の $\lambda, \mu \in \Lambda$ に対して $r^{\mathcal{F}}_{U_{\lambda\mu} U_\lambda}(s_\lambda) = r^{\mathcal{F}}_{U_{\lambda\mu} U_\mu}(s_\mu)$ となるようなものに対して，切断 $s \in \Gamma(U, \mathcal{F})$ が存在して，$r^{\mathcal{F}}_{U_\lambda U}(s) = s_\lambda$ が成り立つ．すなわち，各開集合上で与えられた切断は，重なり合ったところで一致すれば貼り合わせることができる．

　二つの前層の間の準同型写像 (homomorphism) $f : \mathcal{E} \to \mathcal{F}$ とは，関手としての射のことである．すなわち，各開集合 U に対する準同型写像 $f_U : \mathcal{E}(U) \to \mathcal{F}(U)$ の組であって，制限写像と両立するもの $r_{UU'} f_{U'} = f_U r_{UU'}$ を準同型写像と呼ぶのである．とくに $\mathcal{E}$ と $\mathcal{F}$ が層である場合には，前層としての準同型写像を層の準同型写像と呼ぶ．準同型写像全体のなす集合 $\mathrm{Hom}_X(\mathcal{E}, \mathcal{F})$ は可換群になる．

　同様にして，X 上の開集合全体のなす圏から環全体のなす圏への反変関手を環の前層と呼び，それが上の 2 条件を満たすときには環の層 (sheaf of rings) であるという．この場合，制限写像は環準同型になっている．

　また，X 上の環の層 $\mathcal{R}$ が与えられたとき，X 上の可換群の層 $\mathcal{M}$ は，以下の条件を満たすとき $\mathcal{R}$–加群の層 (sheaf of $\mathcal{R}$–modules) であるという：

　(1) 各開集合 U に対して，$\Gamma(U, \mathcal{M})$ は $\Gamma(U, \mathcal{R})$–加群の構造をもつ．

　(2) 開集合の組 $U \subset U'$ を任意に与えたとき，環準同型写像 $r^{\mathcal{R}}_{UU'} : \Gamma(U', \mathcal{R}) \to \Gamma(U, \mathcal{R})$ を介して $\Gamma(U, \mathcal{M})$ は $\Gamma(U', \mathcal{R})$–加群の構造をもつことになるが，このとき制限写像 $r^{\mathcal{M}}_{UU'} : \Gamma(U', \mathcal{M}) \to \Gamma(U, \mathcal{M})$ は $\Gamma(U', \mathcal{R})$–加群としての準同型写像になる．

　位相空間 X の上の層 $\mathcal{F}$ の開集合 $U \subset X$ への制限 (restriction) $\mathcal{F}|_U$ とは，開集合 $V \subset U$ に対して，$\Gamma(V, \mathcal{F}|_U) = \Gamma(V, \mathcal{F})$ で定義される U 上の層のことである．

2　層　の　例

　(1) 可微分多様体 X に対して，開集合 U 上で

定義された可微分関数全体の集合を $\Gamma(U,\mathcal{C}_X)$ とすれば，**構造層** (structure sheaf) $\mathcal{C}_X$ が定義される．これは可換環の層になる．

(2) 可微分多様体 X 上のベクトル束 $p: V \to X$ が与えられたとき，対応する $\mathcal{C}_X$–加群の層 $\mathcal{V}$ を定義する．開集合 U 上で定義された p の切断とは，写像 $s: U \to V$ であって条件 $p \circ s = \mathrm{Id}_U$ を満たすもののことである．U 上で定義された p の可微分切断全体の集合を $\Gamma(U, \mathcal{V})$ とすれば層 $\mathcal{V}$ が得られる．

(3) 複素多様体 X に対して，$\Gamma(U, \mathcal{O}_X)$ を U 上で定義された正則関数全体の集合とすれば，**構造層** $\mathcal{O}_X$ が定義される．これも可換環の層になる．

(4) 複素多様体 X 上の正則ベクトル束 $p: V \to X$ に対して，開集合 U 上で定義された p の正則切断全体の集合を $\Gamma(U, \mathcal{V})$ とすれば層になる．このようにして得られる層 $\mathcal{V}$ は**局所自由層** (locally free sheaf) と呼ばれ重要である．V のファイバー次元を $\mathcal{V}$ の**階数** (rank) と呼ぶ．層 $\mathcal{F}$ が階数 r の局所自由層であるとは，任意の点 $P \in X$ に対して近傍 $U \ni P$ が存在して，$\mathcal{F}|_U \cong \mathcal{O}_U^{\oplus r}$ となることと同値である．とくに，階数が 1 の場合には**可逆層** (invertible sheaf) と呼ぶ．

(5) 原点を除いた複素ベクトル空間の商空間 $\mathbf{P}^n = (\mathbf{C}^{n+1} \setminus \{0\})/\mathbf{C}^*$ が複素射影空間である．ここで，群 $\mathbf{C}^*$ の作用は $t(x_0, \ldots, x_n) = (tx_0, \ldots, tx_n)$ で与えられている．自然な射影を $\pi: \mathbf{C}^{n+1} \setminus \{0\} \to \mathbf{P}^n$ とおく．任意の整数 m に対して，$\mathcal{O}_{\mathbf{P}^n}$–加群の可逆層 $\mathcal{O}_{\mathbf{P}^n}(m)$ が以下のように定義される：任意の開集合 $U \subset \mathbf{P}^n$ に対して，$\pi^{-1}(U)$ 上で定義された正則関数 h で，任意の $x \in \pi^{-1}(U)$ に対して，式 $h(tx) = t^m h(x)$ が成り立つもの全体の集合を $\Gamma(U, \mathcal{O}_{\mathbf{P}^n}(m))$ とおく．たとえば，$\mathcal{O}_{\mathbf{P}^n}(0) = \mathcal{O}_{\mathbf{P}^n}$ であり，$\Gamma(\mathbf{P}^n, \mathcal{O}_{\mathbf{P}^n}(m))$ は $x_0, \ldots, x_n$ に関する m 次同次多項式全体の集合と一致する．とくに，$m < 0$ ならば $\Gamma(\mathbf{P}^n, \mathcal{O}_{\mathbf{P}^n}(m)) = 0$ である．$\pi^{-1}(U) = \mathbf{C}^{n+1} \setminus \{x_0 = 0\}$ とすれば，$\Gamma(U, \mathcal{O}_{\mathbf{P}^n}(m))$ は分母に x_0 のべきを許すような m 次同次有理式全体のなす無限次元ベクトル空間になり，$m < 0$ であっても $\mathcal{O}_{\mathbf{P}^n}(m)$ は 0 ではなく可逆層になる．

3 芽と茎

点 $P \in X$ を固定したとき，P を含むすべての開集合に対する順極限 $\mathcal{F}_P = \varinjlim_{U \ni P} \Gamma(U, \mathcal{F})$ を，前層 $\mathcal{F}$ の P における**茎** (stalk) と呼び，$\mathcal{F}_P$ で表す．言い換えれば，同値類の集合 $(\bigcup_{U \ni P} \Gamma(U, \mathcal{F}))/\sim$ が茎である．ここで，$s \in \Gamma(U, \mathcal{F})$ と $s' \in \Gamma(U', \mathcal{F})$ が同値 $s \sim s'$ であるとは，第三の開集合 $P \in U'' \subset U \cap U'$ が存在して，$r^{\mathcal{F}}_{U''U}(s) = r^{\mathcal{F}}_{U''U'}(s')$ が成り立つこととして定義する．P を含む開集合 U 上の切断 $s \in \Gamma(U, \mathcal{F})$ に対して，その同値類 $s_P \in \mathcal{F}_P$ を s の**芽** (germ) と呼ぶ．

例 n 次元複素多様体 X において，構造層 $\mathcal{O}_X$ の点 $P \in X$ での茎は，n 変数収束べき級数環と同型になる．任意の可逆層の一点における茎も，(自然ではない同型によって) 収束べき級数環と同型になる．

4 前層に伴う層

層は前層の一種なので，空間 X 上の層全体のなす圏から前層全体のなす圏への埋め込み関手 $i: (\mathrm{Sh}(X)) \to (\mathrm{PSh}(X))$ がある．この関手の**左随伴関手** $a: (\mathrm{PSh}(X)) \to (\mathrm{Sh}(X))$ が存在する．すなわち，任意の前層 $\mathcal{E}$ 対して層 $a\mathcal{E}$ が存在して，任意の層 $\mathcal{F}$ に対して自然な同型 $\mathrm{Hom}_X(\mathcal{E}, i\mathcal{F}) \cong \mathrm{Hom}_X(a\mathcal{E}, \mathcal{F})$ が成立する．

前層に伴う層 (sheaf associated to a presheaf) $a\mathcal{E}$ は以下のようにして構成される．交わりのない合併集合 $E = \coprod_{P \in X} \mathcal{E}_P$ を考え，任意の開集合 $U \subset X$ と任意の切断 $s \in \mathcal{E}(U)$ に対して，部分集合 $E(s) = \{s_P \mid P \in U\} \subset E$ が開集合になるようなもっとも粗い位相を E に入れたものを，前層 $\mathcal{E}$ の**全空間** (total space of a presheaf) と呼ぶ．このとき，自然な写像 $\pi: E \to X$ に対して，U 上の連続切断 $t: U \to E$ 全体のなす集合が $\Gamma(U, a\mathcal{E})$ である．

例 固定した可換群 G に対して，前層 $\mathcal{E}$ が $\mathcal{E}(U) = G$ によって定義されるが，この前層に伴う層を**定数層** (constant sheaf) と呼び，同じ記号 G で表す．$\Gamma(U, G)$ は G に離散位相を入れたと

きの連続写像 $s: U \to G$ 全体のなす集合と一致する.

5 準同型写像の核と像

前層の準同型写像 f に対して, その核 (kernel) $\mathrm{Ker}(f)$ と像 (image) $\mathrm{Im}(f)$ が, $\mathrm{Ker}(f)(U) = \mathrm{Ker}(f_U)$ と $\mathrm{Im}(f)(U) = \mathrm{Im}(f_U)$ によって定義され, ふたたび前層になる. とくに $\mathcal{E}$ と $\mathcal{F}$ が層である場合には, 前層の準同型写像としての核は再び層になるので, 層の準同型写像としての核にもなる. しかし, 以下の例が示すように, 前層の準同型写像としての像はかならずしも層にはならない. 層の準同型写像としての像は前層の準同型写像としての像に伴う層として定義する. こうすると, X 上の可換群の層全体のなす圏 $(\mathrm{Sh}(X))$ はアーベル圏になることがわかる. たとえば, 層の準同型写像の列 $\mathcal{E} \xrightarrow{f} \mathcal{F} \xrightarrow{g} \mathcal{G}$ が完全 (exact) であるとは, $\mathrm{Ker}(g) = \mathrm{Im}(f)$ が成り立つこととして定義する.

例 前層の準同型写像としての像と層の準同型写像としての像が異なる例を述べる. 1 次元複素射影空間 $\mathbf{P}^1$ 上の層の完全系列
$$0 \to \mathcal{O}_{\mathbf{P}^1}(-2) \to \mathcal{O}_{\mathbf{P}^1}(-1)^{\oplus 2} \to \mathcal{O}_{\mathbf{P}^1} \to 0$$
がある. ここで, 開集合 U に対する準同型写像 $\Gamma(U, \mathcal{O}_{\mathbf{P}^1}(-2)) \to \Gamma(U, \mathcal{O}_{\mathbf{P}^1}(-1)^{\oplus 2})$ と $\Gamma(U, \mathcal{O}_{\mathbf{P}^1}(-1)^{\oplus 2}) \to \Gamma(U, \mathcal{O}_{\mathbf{P}^1})$ はそれぞれ, $h \mapsto (x_0 h, x_1 h)$ および $(h, h') \mapsto (x_1 h - x_0 h')$ で与えられる. 大域切断の写像 $\Gamma(X, \mathcal{O}_{\mathbf{P}^1}(-1)^{\oplus 2}) \to \Gamma(X, \mathcal{O}_{\mathbf{P}^1})$ は全射ではない. すなわち, 完全系列の後半の準同型写像は層の準同型写像としては全射であるが, 前層の準同型写像としては全射ではなく, 像は小さくなる. 実際, $\Gamma(X, \mathcal{O}_{\mathbf{P}^1}(-1)) = 0$ かつ $\Gamma(X, \mathcal{O}_{\mathbf{P}^1}) = \mathbf{C}$ である.

層 $\mathcal{E}$ がもう一つの層 $\mathcal{F}$ の部分層 (subsheaf) であるとは, 各開集合 U に対して $\mathcal{E}(U)$ が $\mathcal{F}(U)$ の部分群になっていて, $\mathcal{F}$ の制限写像から $\mathcal{E}$ の制限写像が誘導される場合をいう. たとえば, 層準同型写像の核と像は, それぞれ定義域の層と値域の層の部分層である. 各開集合 U に対して商群 $\mathcal{F}(U)/\mathcal{E}(U)$ をとると自然に前層になるが, これは層にはならない. この前層に伴う層を**商層** (quotient sheaf) と呼び $\mathcal{F}/\mathcal{E}$ で表す. たとえば, 層準同型写像の像は商層である.

例 複素多様体 X の部分多様体 Y を与えるとき, 構造層 $\mathcal{O}_X$ の部分層 $\mathcal{I}_Y$ が
$$\mathcal{I}_Y(U) = \{s \in \mathcal{O}_X(U) \mid s|_Y = 0\}$$
によって定義される. $\mathcal{I}_Y(U)$ は環 $\mathcal{O}_X(U)$ のイデアルになるので, $\mathcal{I}_Y$ は Y に対応したイデアル層 (sheaf of ideals) と呼ばれる.

6 さまざまな関手

位相空間の写像 $f: X \to Y$ を与えたとき, 順像関手 (direct image functor) $f_*: (\mathrm{Sh}(X)) \to (\mathrm{Sh}(Y))$ と, 逆像関手 (inverse image functor) $f^*: (\mathrm{Sh}(Y)) \to (\mathrm{Sh}(X))$ が定義される.

順像関手は式
$$\Gamma(f_*\mathcal{F}, U) = \Gamma(\mathcal{F}, f^{-1}(U))$$
によって定義される. たとえば Y が一点のみからなる位相空間である場合には, 順像関手は大域切断の関手と一致する.

逆像関手は順極限
$$\Gamma(f^*\mathcal{G}, U) = \lim_{f(U) \subset V} \Gamma(\mathcal{G}, V)$$
によって定義される. 茎の間の同型 $\mathcal{G}_{f(x)} \to (f^*\mathcal{G})_x$ が成り立つ.

順像関手と逆像関手は互いに**随伴関手**になっている: 自然な同型 $\mathrm{Hom}_X(f^*\mathcal{E}, \mathcal{F}) \cong \mathrm{Hom}_Y(\mathcal{E}, f_*\mathcal{F})$ がある.

例 (1) $f: X \to Y$ が複素多様体の間の埋め込み射であるとき, 商層 $\mathcal{O}_Y/\mathcal{I}_X$ は構造層の順像 $f_*\mathcal{O}_X$ と自然に同型になる.

(2) $f: X \to Y$ が開集合の埋め込み写像であるとき, $U \subset X$ ならば $\Gamma(U, f^*\mathcal{G}) \cong \Gamma(U, \mathcal{G})$ であるので, 逆像 $f^*\mathcal{G}$ は開集合への制限 $\mathcal{G}|_X$ と一致する.

［川又雄二郎］

双1次形式と内積

....
bilinear form and inner product

1 R^n 上および C^n の標準的内積

$x, y \in R^n$ の内積 (x,y) は，通常 $(x,y) = \sum_{i=1}^n x_i y_i$ により定義される．ここで，x_i, y_i はそれぞれ x, y の第 i 成分を表す．この内積を R^n の標準的内積と呼ぶ．C^n の標準的内積は，$x, y \in C^n$ に対して $(x,y) = \sum_{i=1}^n x_i \bar{y}_i$ により定義される．ここで，$\bar{y}_i$ は y_i の複素共役を表す．

2 計量線形空間

$K = R$ または C とし，V は K 上の有限次元線形空間とする．V の二つの元 x, y に対し，内積と呼ばれ，(x,y) と表される K の元が定まり，次の (1) から (4) の性質をもつとき，V を K 上の計量線形空間 (metric linear space) と呼ぶ：

(1) $c_1, c_2 \in K$, $x_1, x_2, y \in V$ に対して，$(c_1 x_1 + c_2 x_2, y) = c_1(x_1, y) + c_2(x_2, y)$ が成り立つ．

(2) $c_1, c_2 \in K$, $x, y_1, y_2 \in V$ に対して，$(x, c_1 y_1 + c_2 y_2) = c_1(x, y_1) + c_2(x, y_2)$ ($K = R$ の場合) あるいは $(x, c_1 y_1 + c_2 y_2) = \bar{c}_1(x, y_1) + \bar{c}_2(x, y_2)$ ($K = C$ の場合) が成り立つ．

(3) $x, y \in V$ に対して，$(y, x) = (x, y)$ ($K = R$ の場合) あるいは $(y, x) = \overline{(x, y)}$ ($K = C$ の場合) が成り立つ．

(4) $x \in V$ に対して，(x, x) は 0 以上の実数である．また，$(x, x) = 0$ と $x = \mathbf{0}$ は同値である．

$\sqrt{(x,x)}$ を x の長さ (length) あるいはノルム (norm) といい，記号 $\|x\|$ で表す．$(x,y) = 0$ のとき，V の元 x と y は直交するという．

R 上の計量線形空間は，実計量線形空間あるいはユークリッド計量線形空間 (Euclidean metric linear space) とも呼ばれる．C 上の計量線形空間は，複素計量線形空間，エルミート計量線形空間 (hermitian metric linear space), ユニタリ空間 (unitary space) などとも呼ばれる．複素計量線形空間の内積は，エルミート内積 (hermitian inner product) とも呼ばれる．

例 1 R^n に標準的内積を入れたものは実計量線形空間であり，C^n に標準的内積を入れたものは複素計量線形空間である．

例 2 x を変数とする n 次以下の実係数多項式全体の集合を W_n とすると，W_n は自然な演算により，実線形空間になる．W_n の内積を $f, g \in W_n$ に対して $(f, g) = \int_{-1}^{1} f(x)g(x)dx$ と定めると，W_n は実計量線形空間になる．

計量線形空間 V の元 x, y に対して，
(1) $|(x, y)| \leq \|x\| \cdot \|y\|$ （シュヴァルツの不等式）
(2) $\|x + y\| \leq \|x\| + \|y\|$ （三角不等式）
が成り立つ．

K 上の計量線形空間の間の線形写像 $T : V \to V'$ が全単射であり，かつ，任意の $x, y \in V$ に対して $(T(x), T(y)) = (x, y)$ を満たすとき，T は計量線形空間の間の同型写像 (isomorphism) と呼ばれる．計量線形空間 V, V' の間に同型写像が存在するとき，V と V' は計量線形空間として同型 (isomorphic) であるといい，$V \cong V'$ と表す．

計量線形空間 V の元 $x_1, \ldots, x_k$ が $(x_i, x_j) = \delta_{ij}$ (δ_{ij} はクロネッカーの記号，$i, j = 1, \ldots, k$) を満たすとき，これらを正規直交系 (orthonormal system) と呼ぶ．正規直交系が V の基底をなすとき，正規直交基底 (orthonormal basis) と呼ぶ．

例 3 $\begin{pmatrix} 1 \\ 0 \\ \vdots \\ 0 \end{pmatrix}, \begin{pmatrix} 0 \\ 1 \\ \vdots \\ 0 \end{pmatrix}, \ldots, \begin{pmatrix} 0 \\ 0 \\ \vdots \\ 1 \end{pmatrix}$ は K^n の標準的内積に関する正規直交基底である．

例 4 $f_k(x) = \sqrt{\frac{2k+1}{2}} \cdot \frac{1}{2^k k!} \frac{d^k}{dx^k}(x^2 - 1)^k$ とおくと，$\langle f_0, f_1, \ldots, f_n \rangle$ は上述の例 2 の計量線形空間 W_n の正規直交基底である．

$\langle e_1, e_2, \ldots, e_n \rangle$ が K 上の計量線形空間 V の正規直交基底であるとき，写像 $\psi : K^n \to V$ を

$\psi\left(\begin{pmatrix} x_1 \\ \vdots \\ x_n \end{pmatrix}\right) = \sum_{i=1}^n x_i e_i$ と定義すると, ψ は,計量空間の間の同型写像になる.

V の任意の基底 $\langle a_1, \ldots, a_n \rangle$ から正規直交基底 $\langle e_1, \ldots, e_n \rangle$ を次のように作ることができる: $e_1 = \frac{1}{\|a_1\|} a_1$, $a_2' = a_2 - (a_2, e_1)e_1$, $e_2 = \frac{1}{\|a_2'\|} a_2'\ldots$,以下同様に, e_1 から e_k までが定まったとき, $a_{k+1}' = a_{k+1} - \sum_{i=1}^k (a_{k+1}, e_i) e_i$, $e_{k+1} = \frac{1}{\|a_{k+1}'\|} a_{k+1}'$ により, e_{k+1} が順次定まる.このような構成法をシュミットの直交化法 (orthonormalization of Schmidt) という.

V の二つの正規直交基底 $E = \langle e_1, \ldots, e_n \rangle$, $F = \langle f_1, \ldots, f_n \rangle$ に対して, $f_j = \sum_{i=1}^n p_{ij} e_i$ を満たす p_{ij} を (i,j) 成分とする n 次正方行列 $P = (p_{ij})$ を,基底 E から F への変換行列 (transformation matrix) と呼ぶが,この場合, P は直交行列 ($K = \boldsymbol{R}$ の場合) またはユニタリ行列 ($K = \boldsymbol{C}$ の場合) となる.

3 双 1 次形式

V, W を体 K 上の線形空間とする.写像 $b: V \times W \to K$ が次の条件を満たすとき,**双 1 次形式**あるいは双線形形式 (bilinear form) という:

(1) $c_1, c_2 \in K$, $x_1, x_2 \in V$, $y \in W$ に対して, $b(c_1 x_1 + c_2 x_2, y) = c_1 b(x_1, y) + c_2 b(x_2, y)$ が成り立つ.

(2) $c_1, c_2 \in K$, $x \in V$, $y_1, y_2 \in W$ に対して, $b(x, c_1 y_1 + c_2 y_2) = c_1 b(x, y_1) + c_2 b(x, y_2)$ が成り立つ.

ここで, $E = \langle e_1, \ldots, e_n \rangle$, $F = \langle f_1, \ldots, f_m \rangle$ をそれぞれ V, W の基底とすると, $x = \sum_{i=1}^n x_i e_i \in V$, $y = \sum_{j=1}^m y_j f_j \in W$ に対して, $b(x, y) = \sum_{i,j} x_i y_j b(e_i, f_j)$ が成り立つ. $b(e_i, f_j)$ を (i, j) 成分とする (n, m) 型行列 $B = (b(e_i, f_j))$ を,基底 E, F に関する b の表現行列 (representation matrix) という.

双 1 次形式 $b: V \times W \to K$ に対して, W から V の双対空間 (dual space) $V^* = \mathrm{Hom}_K(V, K)$ への写像 $r_b: W \to V^*$ が次のように定まる:

$y \in W$ に対して, $r_b(y): x \mapsto b(x, y)$ ($x \in V$).この写像 r_b が同型写像であるとき, b は非退化 (nondegenerate) であるという.

ここで $V = W$ とする.双 1 次形式 $b: V \times V \to K$ が対称 (symmetric) であるとは,任意の $x, y \in V$ に対して $b(x, y) = b(y, x)$ が成り立つことである.さらに $K = \boldsymbol{R}$ とする.対称双 1 次形式 $b: V \times V \to \boldsymbol{R}$ が正定値 (positive definite) であるとは,任意の $x \in V \setminus \{\boldsymbol{0}\}$ に対して $b(x, x) > 0$ が成り立つことである.正定値対称双 1 次形式は V の内積にほかならない.

複素線形空間に対しては,双 1 次形式の代わりにエルミート形式 (hermitian form) を考えることにより,エルミート内積の一般化ができる.

4 2 次 形 式

双 1 次形式と関連の深い **2 次形式** (quadratic form) の特別な場合にも簡単に触れておく.ここでは, n 個の変数 $x_1, \ldots, x_n$ に関する実係数の斉次 2 次式を **2 次形式** (quadratic form) ということにする. $A = (a_{ij})$ を n 次実対称行列とするとき, $(x_1, \ldots, x_n) A \begin{pmatrix} x_1 \\ \vdots \\ x_n \end{pmatrix}$ は 2 次形式であり,任意の 2 次形式はこの形で表される.こうして,対称行列と 2 次形式が 1 対 1 に対応する.任意の 2 次形式は,適当な正則行列 P による変数変換 $x = Py$ により, $y_1^2 + \cdots + y_p^2 - y_{p+1}^2 - \cdots - y_{p+q}^2$ の形 (標準形) に変形できる.この p, q は,それぞれ A の正と負の固有値の個数に一致し,変数変換のとりかたによらない.これをシルヴェスターの慣性法則 (Sylvester's law of inertia) と呼ぶ. 2 次形式は, $\boldsymbol{R}^n$ の 2 次超曲面の分類に応用される.

[海老原　円]

参 考 文 献

[1] 齋藤正彦:線型代数入門,東京大学出版会,1966.
[2] 佐武一郎:線型代数学 (増補版),裳華房,1974.

双曲型偏微分方程式

hyperbolic partial differential equation

双曲型偏微分方程式は，波動方程式を典型例として含む偏微分方程式の一つの重要なクラスである．この名称は，独立変数が2個の2階偏微分方程式の分類に由来し，代表例でいえば，

$$\frac{\partial^2 u}{\partial x^2} + \frac{\partial^2 u}{\partial y^2} = 0 \quad \text{(ラプラス方程式)} \quad (1)$$

$$\frac{\partial^2 u}{\partial x^2} - \frac{\partial^2 u}{\partial y^2} = 0 \quad \text{(波動方程式)} \quad (2)$$

$$\frac{\partial^2 u}{\partial x^2} - \frac{\partial u}{\partial y} = 0 \quad \text{(熱方程式)} \quad (3)$$

が，偏微分演算子 $\frac{\partial}{\partial x}, \frac{\partial}{\partial y}$ を形式的に独立変数のようにみなすとき，(定数項を調節すれば) それぞれ楕円，双曲線，放物線を表す2次式となることからきている．(2), (3) は y の代わりに t を独立変数にとるのが普通で，ともに空間次元が1のときの時間発展の現象を表すが，そのうち (2) が空間1次元の波動方程式で，双曲型方程式の最も基本的な例である．微分積分学の発明以後，偏微分方程式は自然現象の記述言語として重要な役割を担ってきた．19世紀までは，偏微分方程式の研究はそれが表す物理現象に強く依存したもので，上のような多項式としての分類は単なる形式的な類似にすぎなかったが，後に偏微分方程式の特性の本質を突いていることが明らかになった．

双曲型方程式の定義 現代的偏微分方程式論に道を開いたアダマールは20世紀の初頭に，初期値問題の適切性という観点から，波動方程式が他の方程式と明確に異なることを見出し，それを一般化して2階双曲型偏微分方程式を定義した．現代偏微分方程式論の創始者ペトロフスキーは1930年代に，この概念を高階の偏微分方程式に拡張した．これを正確に述べるため，t を時刻を表す独立変数，$x = (x_1, \ldots, x_n)$ を n 次元空間の点を表す記号として，一般の m 階線型偏微分作用素を

$$P(t, x, \partial_t, \partial_x) = \sum_{j=0}^{m} P_j(t, x, \partial_x) \frac{\partial^{m-j}}{\partial t^{m-j}} \quad (4)$$

と記そう．ここに ∂_t は $\frac{\partial}{\partial t}$ の，また ∂_x は演算子のベクトル $\left(\frac{\partial}{\partial x_1}, \ldots, \frac{\partial}{\partial x_n}\right)$ の略記であり，$P_j(t, x, \partial_x)$ は x の j 階線型偏微分作用素とする．特に，$P_0(t, x)$ は函数であるが，これは0にならない，すなわち $t = 0$ は非特性的と仮定する．これで両辺を割れば，この係数を1に，すなわちコワレフスキアンにできる．このとき方程式 $P(t, x, \partial_t, \partial_x)u = 0$ は m 個の任意関数

$$u(0, x) = \varphi_0(x), \; \frac{\partial u}{\partial t}(0, x) = \varphi_1(x), \ldots,$$
$$\frac{\partial^{m-1} u}{\partial t^{m-1}}(0, x) = \varphi_{m-1}(x)$$

を初期値として与えると，以下 $\frac{\partial^k u}{\partial t^k}(0, x)$, $k = m, m+1, \ldots$ が方程式を用いて次々に定まる．19世紀の中頃にコーシーとコワレフスカヤは，方程式の係数や初期値がすべて解析的なとき，こうして求まるデータを用いて t のべき級数を作ると正の収束半径をもつことを示した．よって実解析関数の範囲では初期値問題，すなわち初期値を達成する偏微分方程式の解を求める問題は一意に解ける．しかしアダマールは，ラプラス方程式ではこの解が初期値に対して連続的でないことを示し，初期値が解析的でないと状況が異なることを見出した．

(4) において階数がちょうど m (最高階) の項だけを集めたものを**主部**と呼ぶ．これは座標変換で保たれ，普遍的な意味をもつ．主部に含まれる偏微分演算子 ∂_t, ∂_x を代数的な変数で置き換えることにより得られる τ, ξ の多項式 $p(t, x, \tau, \xi)$ を (4) の**主表象**と呼ぶ．また，$p(t, x, \tau, \xi) = 0$ を τ の1変数代数方程式とみたとき，その根 $\tau = \tau(t, x, \xi)$ を**特性根**と呼ぶ．y を t と見なしたとき (1), (2) の特性根はそれぞれ $\pm i\xi, \pm\xi$ である．この例を敷衍して，アダマールは2階の方程式について $\xi \neq 0$ が実のとき特性根が実で異なるようなものを双曲型と呼んだ．今日ではこれを高階に一般化したものは**狭義双曲型**と呼び，特性根がすべて実だが単根とは限らないものは**弱双曲型**と呼ぶ．現代偏微分方程式論では双曲型の呼称は現象論的に用い，(方程式の係数は C^∞ 級として) 初期値問題が C^∞ 可解，すなわち，C^∞ 級の任意の初期値に対し C^∞ 級の解が一意に存在するような方程式のことをいう．以下，そのための諸条件を順に紹介する．

ペトロフスキーの定理 (1937) 狭義双曲型方

式は，初期値問題が L_2 の意味で初期値に連続的に依存するような解をもつ (この逆も成り立つことはずっと後に吉田清等により示された)．さらにこの条件の下では初期値問題は C^∞ 可解でもある．一般に，任意の低階に対して双曲型となるような方程式を**強双曲型**と呼ぶが，狭義双曲型は主部だけの条件なので狭義双曲型 $\Longrightarrow$ 強双曲型となる．

ゴルディングの定理 (1951) 定数係数の方程式については，低階も込めた (4) 全体を微分演算子の多項式とみなした**全表象** $P(\tau,\xi)$ が普遍的な意味をもつ．このとき双曲型の必要十分条件は次のようになる．ξ に依存しない定数 C が存在して，$P(\tau,\xi)$ の零点 (τ,ξ) は次の不等式を満たす：

$$\forall \xi \in \mathbf{R}^n \text{ に対して } |\mathrm{Im}\,\tau| \leqq C \quad (5)$$

条件 (5) は特性根が実であることを含意するが，逆に弱双曲型と仮定しても，勝手な低階に対しては，全表象の零点は $0<q<1$ なる指数について

$$\forall \xi \in \mathbf{R}^n \text{ に対して } |\mathrm{Im}\,\tau| \leqq c|\xi|^q + C \quad (6)$$

という評価しか一般には期待できない．特に，定数係数の場合は，強双曲型 $\Longleftrightarrow$ 狭義双曲型．変数係数の場合にも次は基本である．

ラックス–溝畑の定理 (1961) 特性根が実なることは初期値問題の C^∞ 可解性の必要条件である (双曲型 $\Longrightarrow$ 弱双曲型)．

レヴィ条件 変数係数の場合この先は難しいが，特性根の重複度が一定，すなわち，主表象が

$$p(t,x,\tau,\xi) = \prod_{j=1}^{\nu} p_j(t,x,\tau,\xi)^{\mu_j}$$

と因数分解され，各 p_j は単根で，かつ j が異なれば共通根をもたない，という場合には，双曲性は次のレヴィ条件で表現される：$\lambda \to \infty$ のとき，

$$e^{-i\lambda(\tau-\tau_j(t,x,\xi))} P(t,x,\partial_t,\partial_x) e^{i\lambda(\tau-\tau_j(t,x,\xi))}$$
$$= O(\lambda^{m-\mu_j}), \quad j=1,\ldots,\nu$$

これは重複度 2 のとき空間 1 次元でレヴィが十分条件として与え，一般次元で溝畑–大矢が擬微分作用素を用いて必要性も込めて示したものである．上の定式化はシャザラン (1974) による．

重複度が変化する場合は更に難しいが，イヴリィ–ペトコフ (1974) が重複度高々 2 のジェネリックな場合に美しい必要条件を出し，ヘルマンダー，イヴリィ，西谷らによりほぼ十分でもあることが示された．とくにその重要な一部として**実効双曲型**と名づけられた，変数係数可変重複度で強双曲型となる方程式のクラスが見出された．しかし，2 階の方程式でも，根の重複の仕方が悪いと，低階がない場合でさえ初期値問題が C^∞ 級で可解とならない例 (コロンビーニ–スパニョーロ) がある．

弱双曲型だが，双曲型ではない方程式については，C^∞ 級関数の範囲では初期値問題は解けないが，ジェヴレイ級と呼ばれる，正則性のより強い可微分関数の範囲に制限すると初期値問題が可解になる．これは 1 変数で説明すると，ある定数 $s>1$ について逐次導関数が独立変数のある範囲で一様に

$$|u^{(k)}(x)| \leqq Cb^k (k!)^s, \quad k=0,1,2,\ldots$$

という評価を満たすものである．(n 変数の場合は k を**多重指数**と見なして適当に修正する．) 実解析関数は $s=1$ に相当するが，$s>1$ ならより広い C^∞ 級関数の部分クラスとなる．特性根の重複度 μ に応じた最良の $s=\mu/(\mu-1)$ での初期値問題の可解性はベルンシュテインにより証明された．

一般の双曲型方程式も，有限伝播速度，決定領域，依存領域など，波動方程式と同様の特性を示す．実解析関数に対する初期値問題は任意のコワレフスキアンに対して可解であるが，一般には解の存在範囲は初期値の定義領域が一定でも，解に依存していくらでも短い時間になりうる．これが一定の決定領域をもつことが弱双曲型と同値となることは溝畑により厳密に証明された．

以上に述べた双曲型の条件と初期値問題の可解性は，解を考える関数のクラスをその双対である超関数の対応するクラスに取り替えても成り立つ．たとえば，C^∞ 級関数に対してはシュヴァルツ超関数，ジェブレイ級関数に対しては対応するウルトラディストリビューションなど．特に，実解析関数に対応する佐藤超関数については，初期値問題の可解性が弱双曲型と同値となる．

[金子 晃]

参 考 文 献

[1] 井川 満：偏微分方程式論入門，裳華房，1996.

層係数のコホモロジー

sheaf cohomology

層係数コホモロジー群は大変便利な道具である．これを駆使することによって，代数幾何学のさまざまな問題の解答を定量的に求めることができる．

1 導来関手としてのコホモロジー

位相空間 X 上の可換群の層全体はアーベル圏 $(\mathrm{Sh}(X))$ をなす．層 $\mathcal{F} \in (\mathrm{Sh}(X))$ に対して，その大域切断全体のなす群 $\Gamma(X, \mathcal{F}) \in (\mathrm{Ab})$ を対応させれば，共変関手 $\Gamma(X, \bullet): (\mathrm{Sh}(X)) \to (\mathrm{Ab})$ を得る．ここで，(Ab) は可換群全体のなすアーベル圏である．関手 $\Gamma(X, \bullet)$ は左完全な関手だが，右完全ではない．すなわち，層の完全系列
$$0 \to \mathcal{F}_1 \to \mathcal{F}_2 \to \mathcal{F}_3 \to 0$$
から完全系列
$$0 \to \Gamma(X, \mathcal{F}_1) \to \Gamma(X, \mathcal{F}_2) \to \Gamma(X, \mathcal{F}_3)$$
が得られるが，最後の準同型写像は全射ではない．

関手 $\Gamma(X, \bullet)$ はつねに右導来関手 $H^p(X, \bullet)$ をもつ．ここで p は非負の整数である．層 $\mathcal{F}$ の p 次右導来関手による像を $H^p(X, \mathcal{F})$ で表し，p 次**コホモロジー群** (cohomology group) と呼ぶ．以下の性質が満たされる：

(1) 関手として $\Gamma(X, \bullet) \cong H^0(X, \bullet)$.

(2) $H^p(X, \mathcal{E} \oplus \mathcal{F}) \cong H^p(X, \mathcal{E}) \oplus H^p(X, \mathcal{F})$.

(3) 短完全系列 $0 \to \mathcal{E} \to \mathcal{F} \to \mathcal{G} \to 0$ に対して，**連結準同型写像** (connecting homomorphism) $\delta^p: H^p(X, \mathcal{G}) \to H^{p+1}(X, \mathcal{E})$ が存在して，長完全系列
$$\cdots \to H^p(X, \mathcal{F}) \to H^p(X, \mathcal{G})$$
$$\to H^{p+1}(X, \mathcal{E}) \to H^{p+1}(X, \mathcal{F}) \to \cdots$$
が成り立つ．連結準同型写像はコホモロジー関手の間の射である；もうひとつの短完全系列 $0 \to \mathcal{E}' \to \mathcal{F}' \to \mathcal{G}' \to 0$ に対して，可換図式
$$\begin{array}{ccc} H^p(X, \mathcal{G}) & \longrightarrow & H^{p+1}(X, \mathcal{E}) \\ \downarrow & & \downarrow \\ H^p(X, \mathcal{G}') & \longrightarrow & H^{p+1}(X, \mathcal{E}') \end{array}$$
が成り立つ．

例 定数層 $\mathbf{Z}$ のコホモロジー群は特異コホモロジー群 $H^p(X, \mathbf{Z})$ と一致する．$\mathbf{Q}$ などについても同様である．

2 高次順像

単独の位相空間 X の代わりに連続写像 $f: X \to Y$ を考えるのが相対的な考え方である．Y が一点の場合には，位相空間 X そのものを考えるのと同値となる．位相空間 X に関する多くの議論が，連続写像 $f: X \to Y$ に関するものにそのまま拡張できるということがポイントである．

順像関手 $f_*: (\mathrm{Sh}(X)) \to (\mathrm{Sh}(Y))$ は左完全であるが完全ではない．そして右導来関手 $R^p f_*: (\mathrm{Sh}(X)) \to (\mathrm{Sh}(Y))$ ($p \geq 0$) が存在する．これを p 次**高次順像関手** (higher direct image functor) と呼ぶ．以下の性質を満たす：

(1) 関手として $f_* \cong R^0 f_*$.

(2) $R^p f_*(\mathcal{E} \oplus \mathcal{F}) \cong R^p f_* \mathcal{E} \oplus R^p f_* \mathcal{F}$.

(3) 短完全系列 $0 \to \mathcal{E} \to \mathcal{F} \to \mathcal{G} \to 0$ に対して，**連結準同型写像** (connecting homomorphism) $\delta^p: R^p f_* \mathcal{G} \to R^{p+1} f_* \mathcal{E}$ が存在して，長完全系列
$$\cdots \to R^p f_* \mathcal{F} \to R^p f_* \mathcal{G}$$
$$\to R^{p+1} f_* \mathcal{E} \to R^{p+1} f_* \mathcal{F} \to \cdots$$
が成り立つ．連結準同型写像は短完全系列の圏からの関手の射である．

3 連接層のコホモロジー

代数幾何学の問題は，連接層のコホモロジーの言葉で書き表すことのできる場合が多い．体 k 上の代数多様体 X の上の $\mathcal{O}_X$-加群の層 $\mathcal{F}$ が**連接層** (coherent sheaf) であるとは，任意の点 $P \in X$ に対して近傍 $U \ni P$ と整数 $m > 0$ が存在して，制限 $\mathcal{F}|_U$ が自由層 $\mathcal{O}_U^{\oplus m}$ の商層と同型になるときをいう．このとき，以下の事実が成り立つ：

(1) $p > \dim X$ ならば $H^p(X, \mathcal{F}) = 0$.

(2) X がアフィン代数多様体ならば，任意の $p > 0$ に対して $H^p(X, \mathcal{F}) = 0$.

(3) X が射影的代数多様体ならば，任意の p に対して，$H^p(X, \mathcal{F})$ は k 上の有限次元ベクトル空

例 射影空間に対しては, $H^p(\mathbf{P}^n, \mathcal{O}_{\mathbf{P}^n}(m))$ は, 任意の整数 m に対して以下のように計算される. $p=0$ のときは, 同次座標系 $z_0, \ldots, z_n$ の m 次同次多項式全体のなすベクトル空間と一致する. $0 < p < n$ ならばつねに 0 である. $p=n$ ならば, $-(m+n+1)$ 次同次多項式全体のなすベクトル空間の双対空間と一致する.

相対的な場合への拡張は以下のようになる. 体 k 上の代数多様体の間の射 $f: X \to Y$ と, X 上の $\mathcal{O}_X$-加群の連接層 $\mathcal{F}$ に対して,

(1) $p > \dim X$ ならば $R^p f_* \mathcal{F} = 0$.

(2) Y の任意のアフィン開集合の逆像が X のアフィン開集合になるならば, 任意の $p > 0$ に対して $R^p f_* \mathcal{F} = 0$.

(3) f が射影的射であるならば, 任意の p に対して, $R^p f_* \mathcal{F}$ は再び連接層になる.

4 消滅定理

高次コホモロジーが消える消滅定理 (vanishing theorem) は応用が広い. 任意の基礎体上の特異点を許す代数多様体に対して成り立つセールの消滅定理と, 標数 0 の体上のなめらかな (またはマイルドな特異点のみをもつ) 代数多様体に限って成り立つ小平の消滅定理について述べる. 前者はいつでも成り立つという意味で応用が広く, 後者はぎりぎりのところで成り立つという意味で精密である.

(1) セールの消滅定理: 任意の体上の射影的代数多様体 X と, X 上の連接層 $\mathcal{F}$ および豊富な可逆層 $\mathcal{L}$ に対して, 整数 m_0 が存在して, $m \geqq m_0$ かつ $p > 0$ ならば
$$H^p(X, \mathcal{F} \otimes \mathcal{L}^{\otimes m}) = 0$$
となる.

(2) 小平の消滅定理: 標数 0 の体上に定義されたなめらかな射影的代数多様体 X において, 任意の豊富因子 L と $p > 0$ に対して
$$H^p(X, \mathcal{O}_X(L + K_X)) = 0$$
が成り立つ.

消滅定理の拡張について述べる.

(3) セールの消滅定理は任意の体上の射影的射 $f: X \to Y$ に対して拡張される. X 上の連接層 $\mathcal{F}$ と, f に関して相対的に豊富な可逆層 $\mathcal{L}$ を考えると, 整数 m_0 が存在して, $m \geqq m_0$ かつ $p > 0$ ならば
$$R^p f_*(\mathcal{F} \otimes \mathcal{L}^{\otimes m}) = 0$$
である.

(4) 小平の消滅定理を任意の次数の正則微分形式の層に拡張したものが中野の消滅定理である. 標数 0 の体上で定義されたなめらかな射影的代数多様体 X を考え, p 次正則微分形式の層を Ω_X^p とする. $\mathcal{O}_X(K_X) = \Omega_X^{\dim X}$ である. 中野の消滅定理の主張は, $\mathcal{L}$ が豊富可逆層で $p + q > \dim X$ ならば
$$H^q(X, \Omega_X^p \otimes \mathcal{L}) = 0$$
である.

(5) 小平の消滅定理を高次元代数幾何学に使いやすいように拡張したものが川又-フィーヴェックの消滅定理 (Kawamata–Viehweg vanishing theorem) である. ここでは相対的な設定で述べる. 標数 0 の体上に定義されたなめらかな代数多様体からもうひとつの代数多様体への射影的な射 $f: X \to Y$ および X 上の因子 L を考える. $\sum_{i=1}^s B_i$ を X 上の正規交差因子とする. B_i たちはなめらかな既約成分 (余次元 1 の部分多様体) である. 実数 b_i を係数とする形式的一次結合 $B = \sum_{i=1}^s b_i B_i$ を $\boldsymbol{R}$ 因子 ($\boldsymbol{R}$-divisor) と呼ぶ. $0 < b_i < 1$ であると仮定し, 実数 $t_j > 0$ と f に関して相対的に豊富な因子 L_j が存在して, $L - (K_X + B) = \sum_{j=1}^r t_j L_j$ という形に書けると仮定する. このとき, 高次順像が消える:
$$p > 0 \text{ ならば } R^p f_* \mathcal{O}_X(L) = 0.$$

この拡張では, 因子の係数が実数化され, 標準因子 K_X の代わりに対数的標準因子 (log canonical divisor) $K_X + B$ が用いられている.

[川又雄二郎]

測 地 線

geodesic

リーマン多様体における測地線は，ユークリッド幾何における直線の一般化として，さらにはニュートン力学における質点の自由運動の幾何学的定式化として導入された，きわめて素朴かつ基本的な概念である．測地線の挙動を制御することを主たる手法とするリーマン幾何学の一分野はときに測地線論と呼ばれ，ピンチング定理などをはじめとして大きな成果をあげてきた．また，測地線の高次元化に相当する極小部分多様体や調和写像は，大域解析学の対象として興味を集めただけでなく，幾何学やトポロジーへの応用といった観点からも高い評価を得ている．一方，測地線の概念からただちに導出される測地流は，力学系理論において基本的な例として重要な役割を果たしてきた．

1 測地線の定義と存在

以下，(M,g) をリーマン多様体，∇ をそのリーマン接続とする．区間 $I \subset \mathbf{R}$ 上で定義されたなめらかな曲線 $\gamma : I \to M$ が測地線 (geodesic) であるとは，すべての時刻 t において

$$\nabla_{\gamma'(t)}\gamma' = 0 \qquad (*)$$

が成り立つことを意味する．ただし，$\gamma'(t) = (d\gamma/dt)(t) \in T_{\gamma(t)}M$ は曲線 γ の時刻 t における速度ベクトルを表す．曲線 γ を多様体 M 上を運動する質点の軌跡と見なすならば，方程式 $(*)$ の左辺はその質点の加速度ベクトルであると解釈することができる．多様体 M の局所座標 (x_i) をとり，クリストフェル記号 Γ_{ij}^k を $\nabla_{\partial/\partial x_i}\frac{\partial}{\partial x_j} = \sum_k \Gamma_{ij}^k \frac{\partial}{\partial x_k}$ により導入するならば，測地線の方程式 $(*)$ は，

$$x_k''(t) + \sum_{i,j}\Gamma_{ij}^k x_i'(t)x_j'(t) = 0 \qquad (**)$$

と書くことができる．ただし，$\gamma(t) = (x_1(t),\ldots,x_n(t))$，$' = d/dt$ である．方程式 $(**)$ は 2 階常微分方程式であるから，初期条件下でその解は一意的に存在する．すなわち，任意の $x \in M$，$X \in T_xM$ に対し，$\gamma(0) = x$，$\gamma'(0) = X$ なる測地線 $\gamma : I \to M$ が存在する (ただし，I はゼロを含む開区間)．しかも，かような測地線は一意的である．すなわち，これらの条件を満たす 2 つの測地線はそれらの定義域の共通部分において一致する．

標準的なリーマン計量を有するユークリッド空間，および球面においては，それぞれ直線，大円 (を弧長に比例するパラメータでパラメータ付けたもの) が測地線となる．また，これらの一部，すなわちユークリッド空間における半直線や線分，球面における大円弧なども測地線である．

2 変分法的特徴付け

なめらかな曲線 $\gamma : [a,b] \to M$ が与えられたとする．

$$L(\gamma) = \int_a^b |\gamma'(t)|\,dt$$

を曲線 γ の長さ (length) と呼ぶ．曲線 $\gamma = \gamma(t)$ の長さはパラメータ t をとりかえても変わらない．そこで，以降 γ は弧長でパラメータづけられている (すなわち，$|\gamma'(t)| \equiv 1$ が成り立つ) と仮定する．一方，なめらかな写像 $(-\epsilon, \epsilon) \times [a,b] \to M$，$(s,t) \mapsto \alpha(s,t)$ であって，$\alpha(0,t) = \gamma(t)$ ($t \in [a,b]$) を満たすものを曲線 γ の変分 (variation) と呼ぶ．また，$V(t) = (\partial\alpha/\partial s)(0,t) \in T_{\gamma(t)}M$ により定義される γ に沿ったベクトル場 V を，α の定める変分ベクトル場 (variation vector field) と呼ぶ．さらに $\alpha(s,a) = \gamma(a)$，$\alpha(s,b) = \gamma(b)$ ($s \in (-\epsilon, \epsilon)$) が満たされると仮定する．このとき，変分 α は両端点を固定するといわれる．各 $s \in (-\epsilon, \epsilon)$ に対し $\alpha_s(t) = \alpha(s,t)$ ($t \in [a,b]$) とおけば，$\alpha_s : [a,b] \to M$ は γ と同一な 2 端点をもつ曲線である．

$$\frac{d}{ds}\Big|_{s=0}L(\alpha_s) = -\int_a^b \langle \nabla_{\gamma'(t)}\gamma', V\rangle\,dt$$

が成り立つ．これを第一変分公式 (first variation formula) と呼ぶ．それによれば，弧長によりパラメータ付けられた曲線 γ が測地線であるための必要条件は，両端点を固定するいかなる変分 α に対しても $(d/ds)|_{s=0}L(\alpha_s) = 0$ が成り立つことである．(言い換えれば，弧長に比例するパラメータを有しかつ両端点が γ のそれと一致するなめらかな

曲線全体の上で定義された「汎関数」として L をとらえたとき，その臨界点として測地線は特徴付けられる．)

測地線 $\gamma:[a,b]\to M$ と同一の両端点を有するいかなる曲線 β に対しても $L(\gamma)\leq L(\beta)$ が成り立つとき，γ は**最短** (shortest) であるといわれる．測地線はつねに局所的には最短である．すなわち，測地線 $\gamma:[a,b]\to M$ に対し，十分小さな $\epsilon>0$ をとれば，$\gamma|_{[a,a+\epsilon]}$ は最短である．たとえば，標準計量が与えられたユークリッド空間における任意の線分は最短測地線である．ところがそれに対し，標準計量が与えられた球面において，長さが大円のそれ (すなわち，2π) の半分を超える大円弧は最短ではない．

3 ヤコビ場と第二変分

再びリーマン多様体 (M,g) の中の測地線 $\gamma:[a,b]\to M$ を考える．その変分 $\alpha:(-\epsilon,\epsilon)\times[a,b]\to M$ に対し，先ほどと同様，$\alpha_s(t)=\alpha(s,t)$ とおく．すべての $s\in(-\epsilon,\epsilon)$ に対し曲線 $\alpha_s:[a,b]\to M$ が測地線であると仮定すると，変分ベクトル場 $J=(\partial\alpha/\partial s)|_{s=0}$ に対し以下が成り立つ：

$$\nabla_{\gamma'}\nabla_{\gamma'}J - R(\gamma',J)\gamma' = 0.$$

ただし，R は (M,g) の曲率テンソルである．この方程式を満たすベクトル場 J を**ヤコビ場** (Jacobi field) と呼ぶ．$J(a)=J(b)=0$ なるヤコビ場 $J\not\equiv 0$ が存在するとき，$\gamma(b)$ は $\gamma(a)$ の測地線 γ に沿っての**共役点** (conjugate point) であるといわれる．

測地線 γ とその両端点を固定した変分 α を考える．このとき，**第二変分公式** (second variation formula)

$$\frac{d^2}{ds^2}\Big|_{s=0}L(\alpha_s) = \int_a^b \{|\nabla_{\gamma'}V|^2 + \langle R(\gamma',V)\gamma',V\rangle\}dt$$

が成り立つ．ただし，V は変分ベクトル場である．今，測地線 $\gamma:[a,b]\to M$ に対し，$\gamma(c)$ が $\gamma(a)$ の γ に沿っての共役点であるような $c\in(a,b)$ が存在する場合を考える．このとき，γ の両端点を固定した変分であって，$(d^2/ds^2)|_{s=0}L(\alpha_s)<0$ なるものが存在することが，第二変分公式より従う．そして，これより測地線 γ が最短でないことが結論される．

4 比較定理

曲率とほかのリーマン幾何学的あるいは位相幾何学的不変量の間に成り立つ関係を見いだすことは，リーマン幾何学における最も主要な課題の一つである．とくにヤコビ場，あるいは第二変分公式を通じて曲率に対する仮定を活用することがしばしば行われる．その種の議論の中でも，以下に述べる**ラウチの比較定理** (Rauch's comparison theorem) がとくに基本的である．

今，(M,g), $(\bar M,\bar g)$ をリーマン多様体，$\gamma:[0,\ell]\to M$, $\bar\gamma:[0,\ell]\to\bar M$ を $|\gamma'|\equiv|\bar\gamma'|\equiv 1$ なる測地線とする．また $t\in[0,\ell]$ を任意にとったとき，$\gamma'(t)$ を含む $T_{\gamma(t)}M$ の任意の 2 次元線形部分空間 π の断面曲率 $K(\pi)$ と，$\bar\gamma'(t)$ を含む $T_{\bar\gamma(t)}\bar M$ の任意の 2 次元線形部分空間 $\bar\pi$ の断面曲率 $K(\bar\pi)$ に対し，$K(\pi)\geq K(\bar\pi)$ が成り立つと仮定する．さらに，測地線 γ に沿っての点 $\gamma(0)$ の共役点は γ 上に存在しないとする．このとき，測地線 γ に沿ったヤコビ場 J，および測地線 $\bar\gamma$ に沿ったヤコビ場 $\bar J$ であって $J(0)=\bar J(0)=0$, $\langle\nabla_{\gamma'(0)}J,\gamma'(0)\rangle=\langle\nabla_{\bar\gamma'(0)}\bar J,\bar\gamma'(0)\rangle=0$, $|\nabla_{\gamma'(0)}J|=|\nabla_{\bar\gamma'(0)}\bar J|$ を満たすものに対し，$|J(t)|\leq|\bar J(t)|$ $(t\in[0,\ell])$ が成り立つ．

ラウチの比較定理の応用を 1 つ挙げよう．断面曲率が非正の完備リーマン多様体 (M,g) の普遍被覆は，ユークリッド空間に微分同相である．とくに，M のホモトピー群 $\pi_k(M)$ $(k\geq 2)$ は自明である．

リーマン多様体に関する少なからぬ結果が，その距離 d と測地線のみを用いて示すことができる．この観察を元に，測地線に相当する概念が定義でき，さらに何らかの比較定理が成立する距離空間に対し，リーマン幾何に準じる理論を展開する試みが最近盛んになされている．アレクサンドロフ空間や $CAT(\kappa)$ 空間と呼ばれるものがその典型である．この種の幾何の展開においては，グロモフの影響が計り知れない．

［金井雅彦］

測　度

measure

線分，平面図形，空間図形などに長さ，面積，体積をいかに定義するかという理論を測度論と呼ぶ．現在では一般的な集合 X の部分集合 A の測度を定義する公理主義的な扱いがなされている．

1　歴　史

図形の長さ，面積，体積を求める求積法はユークリッド原論やアルキメデスの昔から多くのきわめて技巧的な方法が開発された．17世紀になりライプニッツ・ニュートンによる微分法の発見により求積法は原始関数を求めることとなり，18世紀ベルヌーイ，オイラーらにより計算技巧は大いに発達した．19世紀になりフーリエ級数の厳密な研究を通し，積分の厳密な定義が必要となり，それはリーマンにより1854年に与えられた．リーマンの与えたいわゆるリーマン積分の定義は極限と積分の順序交換の問題に対し制限が強く，フーリエ級数をはじめとする解析学上の多くの問題に答えるには不十分であった．20世紀初頭ルベーグ (Henri Lebesgue, 1875–1941) は，面積や体積とはなにかということの深い考察に基づき測度論を展開し，現在ルベーグ積分論と呼ばれるものを作った．その後カラテオドリーらにより一般集合の部分集合に測度を定義する方法が与えられ，面積や体積とはなにかという数学の基本的な問題が公理的に扱われるようになった．以下はカラテオドリーの理論の紹介を中心に本文を構成する．

2　測度の定義

定義　集合 X の部分集合からなる集合族 $\mathcal{M}$ が完全加法族 (σ–algebra) とは次の性質を満たすときをいう．
- $X \in \mathcal{M}$
- $E \in \mathcal{M}$ ならば $E^c \in \mathcal{M}$ (E^c は E の補集合)
- $\mathcal{M}$ の集合列 $\{E_j\}_{j=1}^{\infty}$ に対し $\bigcup_{j=1}^{\infty} E_j \in \mathcal{M}$

定義　$\mathcal{M}$ を集合 X 上の完全加法族とする．写像 $\mu : \mathcal{M} \to [0, \infty]$ が $\mathcal{M}$ 上の測度 (measure) とは，各 $E \in \mathcal{M}$ に対して $0 \leqq \mu(E) \leqq \infty$ であり，互いに交わらない $\mathcal{M}$ の集合列 $\{E_j\}_{j=1}^{\infty}$ に対して $\mu\left(\bigcup_{j=1}^{\infty} E_j\right) = \sum_{j=1}^{\infty} \mu(E_j)$ が成立するときをいう．

$(X, \mathcal{M}, \mu)$ を測度空間 (measure space) と呼ぶ．

注意　互いに交わらない $\mathcal{M}$ の集合列 $\{E_j\}_{j=1}^{\infty}$ とは，$E_j \in \mathcal{M}$ ($j = 1, 2, \ldots$) かつ $E_j \cap E_k = \emptyset$ ($j \neq k$) のときをいう．

定理 (測度の基本性質)　$(X, \mathcal{M}, \mu)$ を測度空間とする．このとき次が成立する．

(1) $E_j \in \mathcal{M}$ ($j = 1, \ldots, N$) が $E_j \cap E_k = \emptyset$ ($j \neq k$) ならば
$$\mu\left(\bigcup_{j=1}^{N} E_j\right) = \sum_{j=1}^{N} \mu(E_j)$$

(2) $E, F \in \mathcal{M}$ かつ $E \subset F$ ならば $\mu(E) + \mu(F - E) = \mu(F)$．これよりとくに $\mu(E) \leqq \mu(F)$．また $\mu(E) < \infty$ のとき $\mu(F - E) = \mu(F) - \mu(E)$ である．

(3) $\mathcal{M}$ の集合列 $\{E_j\}_{j=1}^{\infty}$ に対して
$$\mu\left(\bigcup_{j=1}^{\infty} E_j\right) \leqq \sum_{j=1}^{\infty} \mu(E_j)$$

(4) $\mathcal{M}$ の集合列 $\{E_j\}_{j=1}^{\infty}$ が単調増加，すなわち $E_1 \subset E_2 \subset \cdots \subset E_j \subset \cdots$ であれば
$$\mu\left(\bigcup_{j=1}^{\infty} E_j\right) = \lim_{j \to \infty} \mu(E_j)$$

(5) $\mathcal{M}$ の集合列 $\{E_j\}_{j=1}^{\infty}$ が単調減少，すなわち $E_1 \supset E_2 \supset \cdots \supset E_j \supset \cdots$ でありかつ $\mu(E_1) < \infty$ であれば
$$\mu\left(\bigcap_{j=1}^{\infty} E_j\right) = \lim_{j \to \infty} \mu(E_j)$$

3　測度の構成

定義　集合 X の部分集合からなる集合族 $\mathcal{A}$ が有限加法族 (algebra) とは次の性質を満たすときをいう．
- $X \in \mathcal{A}$
- $E \in \mathcal{A}$ ならば $E^c \in \mathcal{M}$
- $E, F \in \mathcal{A}$ に対し $E \cup F \in \mathcal{A}$

定義 $\mathcal{A}$ を有限加法族, ν が $\mathcal{A}$ 上の測度とは, 各 $E \in \mathcal{A}$ に対し $0 \leqq \nu(E) \leqq \infty$ であり, 互いに交わらない $\mathcal{A}$ の集合列 $\{E_j\}_{j=1}^{\infty}$ がもし $\bigcup_{j=1}^{\infty} E_j \in \mathcal{A}$ であれば $\nu(\bigcup_{j=1}^{\infty} E_j) = \sum_{j=1}^{\infty} \nu(E_j)$ が成立するときをいう.

X の有限加法族 $\mathcal{A}$ とその上の測度 ν が与えられているとき, X の任意の部分集合 E について ν から作られる外測度 (outer measure) $\nu^*(E)$ を次のように定義する. 可算個の $A_k \in \mathcal{A}$ ($k = 1, 2, \ldots$) を $E \subset \bigcup_{k=1}^{\infty} A_k$ にとる. このような集合列 $\{A_k\}_{k=1}^{\infty}$ の全体を $\mathcal{S}_E$ と表す. このとき

$$\nu^*(E) = \inf\{\sum_{k=1}^{\infty} \nu(A_k) \mid \{A_k\}_{k=1}^{\infty} \in \mathcal{S}_E\} \quad (1)$$

と定義する. ν^* は次の性質を満たす.
- ν^* は X の任意の部分集合 E に対して定義されており $0 \leqq \nu^*(E) \leqq \infty$. また $\nu^*(\emptyset) = 0$.
- X の部分集合 E, F が $E \subset F$ ならば
$$\nu^*(E) \leqq \nu^*(F).$$
- X の部分集合の列 $\{E_j\}_{j=1}^{\infty}$ に対して
$$\nu^*(\bigcup_{j=1}^{\infty} E_j) \leqq \sum_{j=1}^{\infty} \nu^*(E_j).$$

ここでたとえ X の部分集合の列 $\{E_j\}_{j=1}^{\infty}$ が互いに交わらなくとも一般に $\nu^*(\bigcup_{j=1}^{\infty} E_j) \leqq \sum_{j=1}^{\infty} \nu^*(E_j)$ であり等号 $=$ は成立しない. 等号を成立させるためには次の概念を導入しなくてはならない.

定義 X の部分集合 E が ν^* 可測集合とは, X の任意の部分集合 A に対して
$$\nu^*(A) = \nu^*(E \cap A) + \nu^*(E^c \cap A)$$
が成立するときをいう.

たとえば $E \subset X$ が $\nu^*(E) = 0$ であれば E は ν^* 可測集合である.

定理 1 X を集合, $\mathcal{A}$ を X の有限加法族, ν を $\mathcal{A}$ 上の測度, ν^* を (1) で定義される ν から作られた外測度とする. このとき次が成立する.
(1) $\mathcal{M}$ を ν^* 可測集合の全体とすると $\mathcal{M}$ は完全加法族である.
(2) $E \in \mathcal{M}$ に対して $\lambda(E) = \nu^*(E)$ で写像 $\lambda : \mathcal{M} \to [0, \infty]$ を定義すれば, λ は $\mathcal{M}$ 上の測度でありさらに完備である. ここで λ が完備とは $E \in \mathcal{M}$ が $\lambda(E) = 0$ ならば任意の E の部分集合 F に対し $F \in \mathcal{M}$ かつ $\lambda(F) = 0$ が成立するときをいう.
(3) $\mathcal{A} \subset \mathcal{M}$ かつ $A \in \mathcal{A}$ に対して $\lambda(A) = \nu(A)$ が成立する.
(4) ν が σ 有限な測度とする. すなわち $\mathcal{A}$ の集合列 $\{X_j\}_{j=1}^{\infty}$ で $X = \bigcup_{j=1}^{\infty} X_j$ かつ $\nu(X_j) < \infty$ なるものが存在するとする. このとき λ は一意的である. すなわち, $\mathcal{L}$ を X の完全加法族, ω を $\mathcal{L}$ 上の測度で $A \in \mathcal{A}$ に対して $\omega(A) = \nu(A)$ とする. このとき $E \in \mathcal{M} \cap \mathcal{L}$ に対して $\lambda(E) = \omega(E)$ が成立する.

4　測度の完備化

一般に測度空間 $(X, \mathcal{M}, \mu)$ は完備ではない. そこで
$$\mathcal{N} = \{E \in \mathcal{M} \mid \mu(E) = 0\},$$
$$\overline{\mathcal{N}} = \{F \subset X \mid F \subset E \text{ なる } E \in \mathcal{N} \text{ が存在する}\}$$
$$\overline{\mathcal{M}} = \{E \cup F \mid E \in \mathcal{M}, F \in \overline{\mathcal{N}}\},$$
$$\overline{\mu}(E \cup F) = \mu(E) \quad (E \in \mathcal{M}, F \in \overline{\mathcal{N}})$$
と定義する. このとき $(X, \overline{\mathcal{M}}, \overline{\mu})$ は完備な測度空間となる. $\mathcal{M} \subset \overline{\mathcal{M}}$, $E \in \mathcal{M}$ に対し $\overline{\mu}(E) = \mu(E)$ である. このような構成の仕方を測度の完備化と呼ぶ.

5　測度の構造定理

定義 $\mathcal{C}$ を X の集合族. このとき $\mathcal{B}$ が $\mathcal{C}$ を含む最小の完全加法族とは次が成立するときをいう.
(1) $\mathcal{C} \subset \mathcal{B}$. (ii) $\mathcal{B}$ は完全加法族. (iii) $\mathcal{L}$ が完全加法族で $\mathcal{C} \subset \mathcal{L}$ ならば $\mathcal{B} \subset \mathcal{L}$ が成立する.

$\mathcal{B}$ を $\mathcal{C}$ が生成する完全加法族といい $\mathcal{B}[\mathcal{C}]$ と表す.

定理 2 X を集合, $\mathcal{A}$ を X 上の有限加法族, ν をその上の測度で σ 有限であるとする. ν^* を (1) で構成した ν から作られる外測度, $(X, \mathcal{M}, \lambda)$ を定理 1 で構成した完備な測度空間とする. 一方 $E \in \mathcal{B}[\mathcal{A}]$ に対して $\delta(E) = \nu^*(E)$ で δ を定義

する．このとき $(X, \mathcal{B}[\mathcal{A}], \delta)$ は測度空間であり，$(X, \mathcal{M}, \lambda)$ は $(X, \mathcal{B}[\mathcal{A}], \delta)$ の完備化である．

6 n 次元ユークリッド空間上のルベーグ測度

$-\infty \leqq a_i < b_i \leqq \infty \ (i = 1, 2, \ldots, n)$ に対して
$$\prod_{i=1}^{n}(a_i, b_i] = \{(x_1, \ldots, x_n) \in \mathbf{R}^n \mid a_i < x_i \leqq b_i, i = 1, \ldots, n\}$$
を n 次元ユークリッド空間 $\mathbf{R}^n$ の左半開区間という．$\mathcal{E}_{\mathbf{R}^n} = \{\mathbf{R}^n$ の左半開区間の全体$\} \cup \{\emptyset\}$，$\mathcal{A}_{\mathbf{R}^n}$ を有限個の互いに交わらない $\mathcal{E}_{\mathbf{R}^n}$ の元の和集合の全体とおく．$\mathcal{A}_{\mathbf{R}^n}$ は有限加法族である．$E = \prod_{i=1}^{n}(a_i, b_i] \in \mathcal{E}_{\mathbf{R}^n}$ に対して $v(E) = \prod_{i=1}^{n}(b_i - a_i)$ で E の n 次元体積 $v(E)$ を定義する．$E = \bigcup_{j=1}^{N} I_i \ (I_i \in \mathcal{E}_{\mathbf{R}^n}, I_i \cap I_j = \emptyset \ (i \neq j))$ なる $E \in \mathcal{A}_{\mathbf{R}^n}$ に対して $v(E) = \sum_{i=1}^{N} v(I_i)$ で定義する．v は $\mathcal{A}_{\mathbf{R}^n}$ 上の測度となる．v^* を (1) で定義した v から作られる外測度とし，$\mathcal{L}_{\mathbf{R}^n}$ を v^* 可測集合の全体とする．$\mathcal{L}_{\mathbf{R}^n}$ をルベーグ可測集合族，$\mathcal{L}_{\mathbf{R}^n}$ の元をルベーグ可測集合と呼ぶ．

$E \in \mathcal{L}_{\mathbf{R}^n}$ に対し $\mu_{\mathbf{R}^n}(E) = v^*(E)$ で定義する．$\mu_{\mathbf{R}^n}$ をルベーグ測度と呼ぶ．定理 1 より $(\mathbf{R}^n, \mathcal{L}_{\mathbf{R}^n}, \mu_{\mathbf{R}^n})$ は完備な測度空間であり，$\mathcal{A}_{\mathbf{R}^n} \subset \mathcal{L}_{\mathbf{R}^n}$ かつ $E \in \mathcal{A}_{\mathbf{R}^n}$ に対して $v(E) = \mu_{\mathbf{R}^n}(E)$ である．

$\mathcal{O}_{\mathbf{R}^n}$ を $\mathbf{R}^n$ の開集合の全体とする．$\mathcal{B}[\mathcal{O}_{\mathbf{R}^n}] = \mathcal{B}[\mathcal{A}_{\mathbf{R}^n}]$ である．$\mathcal{B}[\mathcal{O}_{\mathbf{R}^n}]$ をボレル集合族，$\mathcal{B}[\mathcal{O}_{\mathbf{R}^n}]$ の元をボレル集合という．

$E \in \mathcal{B}[\mathcal{O}_{\mathbf{R}^n}]$ に対して $m_{\mathbf{R}^n}(E) = v^*(E)$ で定義する．$m_{\mathbf{R}^n}$ をボレル測度という．定理 2 より $(\mathbf{R}^n, \mathcal{B}[\mathcal{O}_{\mathbf{R}^n}], m_{\mathbf{R}^n})$ の完備化が $(\mathbf{R}^n, \mathcal{L}_{\mathbf{R}^n}, \mu_{\mathbf{R}^n})$ である．

ルベーグ可測集合の構造 ルベーグ可測集合 E に対してボレル集合 F と $\mu_{\mathbf{R}^n}(Z) = 0$ なるルベーグ可測集合 Z があって $E = F \cup Z$ と表せる．

平行移動に関する普遍性 $y = (y_1, \ldots, y_n) \in \mathbf{R}^n$，$E \in \mathcal{L}_{\mathbf{R}^n}$ に対して $E + y = \{x + y \in \mathbf{R}^n \mid x \in E\}$ で E の y に関する平行移動を定義すれば，$E + y \in \mathcal{L}_{\mathbf{R}^n}$ かつ $\mu_{\mathbf{R}^n}(E + y) = \mu_{\mathbf{R}^n}(E)$ が成立する．

非可測集合の存在 選択公理を仮定するとルベーグ非可測集合の存在がいえる．

7 ルベーグ–スチルチェス測度

f を実数直線 $\mathbf{R} = \mathbf{R}^1$ 上定義された単調増大かつ右連続な実数値関数とする．$(a, b] \in \mathcal{E}_{\mathbf{R}}$ に対し $v_f((a, b]) = f(b) - f(a)$ とおく．ただし $f(\infty) = \lim_{b \to \infty} f(b)$, $f(-\infty) = \lim_{a \to -\infty} f(a)$ とおく．$E = \cup_{i=1}^{N} I_i \ (I_i \in \mathcal{E}_{\mathbf{R}}, I_i \cap I_j = \emptyset \ (i \neq j))$ に対して $v_f(E) = \sum_{i=1}^{N} v_f(I_i)$ とおく．v_f は $\mathcal{A}_{\mathbf{R}}$ 上の測度となる．v_f^* を (1) で定義される v_f から作られる外測度とし，$\mathcal{L}_f$ を v_f^* 可測集合の全体，$E \in \mathcal{L}_f$ に対し $\mu_f(E) = v_f^*(E)$ で μ_f を定義する．定理 1 より $(\mathbf{R}, \mathcal{L}_f, \mu_f)$ は完備な測度空間である．μ_f をルベーグ–スチルチェス測度という．$\mu_f(\{a\}) = f(a) - f(a-0)$ が成立する．$\mathbf{R}$ 上のボレル集合 E に対して $m_f(E) = v_f^*(E)$ で m_f を定義すれば定理 2 より $(\mathbf{R}, \mathcal{B}[\mathcal{O}_{\mathbf{R}}], m_f)$ の完備化が $(\mathbf{R}, \mathcal{L}_f, \mu_f)$ である．また $E \in \mathcal{L}_f$ に対しボレル集合 F と $\mu_f(Z) = 0$ なる $Z \in \mathcal{L}_f$ があって $E = F \cup Z$ と表せる．

8 積測度

$(X, \mathcal{M}, \mu), (Y, \mathcal{N}, \nu)$ を σ 有限な測度空間とする．$\mathcal{E} = \{E \times F \mid E \in \mathcal{M}, F \in \mathcal{N}\}$，$\mathcal{A}$ を互いに交わらない有限個の $\mathcal{E}$ の元の和集合の全体．$B = \bigcup_{i=1}^{N} E_i \times F_i$ ($E_i \in \mathcal{M}, F_i \in \mathcal{N}$, $(E_i \times F_i) \cap (E_j \times F_j) = \emptyset \ (i \neq j)$) と表せる $B \in \mathcal{A}$ に対し $\pi(B) = \sum_{i=1}^{N} \mu(E_i)\nu(F_i)$ で π を定義する．ただし $0 \cdot \infty = \infty \cdot 0 = 0$ と約束する．このとき $\mathcal{A}$ は有限加法族，π は $\mathcal{A}$ 上の測度である．π^* を (1) による π から作られる外測度，$\mathcal{B}[\mathcal{A}]$ の元 B に対し $(\mu \times \nu)(B) = \pi^*(B)$ とおく．$(X \times Y, \mathcal{B}[\mathcal{A}], \mu \times \nu)$ を積測度空間といい，$\mu \times \nu$ を μ, ν から作られる積測度という．π^* 可測集合の全体を $\mathcal{M}_{X \times Y}$，$B \in \mathcal{M}_{X \times Y}$ に対し $\lambda_{X \times Y}(B) = \pi^*(B)$ で $\lambda_{X \times Y}$ を定義すれば定理 2 より $(X \times Y, \mathcal{B}[\mathcal{A}], \mu \times \nu)$ の完備化が $(X \times Y, \mathcal{M}_{X \times Y}, \lambda_{X \times Y})$ である．

[柴田良弘]

測度 (位相空間上の)

measures on topological spaces

1 ボレル測度

位相空間 X の開集合系 $\mathcal{O}$ を含む最小の σ-集合体 (σ-代数, σ-加法族, 完全加法族ともいう) を X のボレル (Borel) σ-集合体という. 以下では X のボレル σ-集合体を $\mathcal{B}(X)$ で表す. $\mathcal{B}(X)$ に属する X の部分集合を X のボレル集合, あるいはボレル可測集合という. 組 $(X, \mathcal{B}(X))$ をボレル可測空間という. X 上の関数が $\mathcal{B}(X)$ に関して可測であるとき, ボレル可測であるという. ボレル可測空間上の測度を X 上のボレル測度という. X 上のボレル測度 μ に対して, 外正則性, 内正則性が次のように定義される. $E \in \mathcal{B}(X)$ とする.

[外正則性] μ が E に対して外正則であるとは
$$\mu(E) = \inf\{\mu(O) : O \in \mathcal{O}, E \subset O\}$$
を満たすことである.

[内正則性] μ が E に対して内正則であるとは $\mu(E) = \sup\{\mu(K) : K \subset E, K \text{ はコンパクト}\}$ を満たすことである.

X 上のボレル測度 μ がすべてのボレル可測集合に対して外正則かつ内正則であるとき, μ は正則である, あるいは正則ボレル測度であるという. たとえば, $\boldsymbol{R}^d$ をユークリッド位相による位相空間としたとき, ボレル可測集合はルベーグ可測であり, d 次元ルベーグ測度は $\boldsymbol{R}^d$ 上の正則ボレル測度である. ただし, 一般にはルベーグ可測集合がボレル可測とは限らない.

ボレル測度 μ が局所有限であるとは, 任意の $x \in X$ に対して, $\mu(V) < +\infty$ を満たす x の近傍 V が存在することである. X が第 2 可算公理を満たす局所コンパクト・ハウスドルフ空間であれば, 局所有限なボレル測度は正則である.

2 ベール測度

位相空間 X 上の実数値連続関数全体のなす空間を $C(X, \boldsymbol{R})$ とおく. $C(X, \boldsymbol{R})$ は関数の各点での和, 実数との積をそれぞれ和, スカラー積として線形空間になっている. $C_b(X, \boldsymbol{R})$ を X 上の有界な実数値連続関数全体のなす空間, $C_c(X, \boldsymbol{R})$ を X 上のコンパクト台をもつ実数値連続関数全体のなす空間とする. $C_b(X, \boldsymbol{R})$ に属するすべての関数を可測にするような最小の σ-集合体を X 上のベール (Baire) σ-集合体という. これは $C(X, \boldsymbol{R})$ に属する関数をすべて可測にする最小の σ-集合体と一致している. ベール σ-集合体に属する集合をベール可測集合という. X 上のベール σ-集合体を $\mathcal{B}_e(X)$ により表す. 可測空間 $(X, \mathcal{B}_e(X))$ 上の測度を X 上のベール測度という. なお本によっては $C_c(X, \boldsymbol{R})$ に属するすべての関数を可測にする最小の σ-集合体をベール σ-集合体ということもあるので注意してほしい.

ベール可測集合はボレル可測である. しかし一般には逆が成り立つとは限らない. ただし X が完全正規空間, すなわちハウスドルフ空間で, 任意の閉集合 F に対して, $f^{-1}(\{0\}) = F$ なる実数値連続関数が存在するならば, $\mathcal{B}_e(X) = \mathcal{B}(X)$ である. したがって, この場合, ボレル測度とベール測度は同義となる. たとえば距離空間は完全正規空間である.

3 ラドン測度

ハウスドルフ空間 X 上の局所有限なボレル測度 μ が次の条件 (R1), (R2) を満たすとき, μ を X 上のラドン (Radon) 測度という. (R1) μ は任意のボレル可測集合に対して外正則, (R2) μ は任意の開集合に対して内正則. なおラドン測度の定義の仕方は本によって異なる場合があるが, ここでの定義は [5] によっている.

局所有限な正則ボレル測度はラドン測度である. σ-有限なラドン測度は正則である. また X がポーランド空間, すなわち可分かつ距離付け可能であり, さらにその距離により完備になっている場合, 有限なボレル測度はラドン測度になっている (オックストビー (Oxtoby)–ウラム (Ulam) の定理). この結果の一般化については [5] 参照. ラドン測度に関しては次の近似定理が成り立つ.

定理 1 X を局所コンパクト・ハウスドルフ空間

とし，μ を X 上のラドン測度とする．$1 \leqq p < \infty$ とする．f が X 上のボレル可測関数で，$|f|^p$ が μ に関して可積分とする．このとき，X 上のコンパクト台をもつ連続関数列 $\{f_n\}_{n=1}^{\infty}$ で，
$$\lim_{n \to \infty} \int_X |f - f_n|^p \, d\mu = 0$$
を満たすものが存在する．

4 線形汎関数と位相空間上の測度

X を位相空間とする．$f, g \in C(X, \boldsymbol{R})$ が $f(x) \geqq g(x) \ (x \in X)$ を満たすことを $f \geqq g$ により表す．$\{f_n\}_{n=1}^{\infty} \subset C(X, \boldsymbol{R})$ が，$f_n \geqq f_{n+1}$ $(n = 1, 2, \ldots)$ を満たし，かつ $\lim_{n \to \infty} f_n(x) = 0$ $(x \in X)$ を満たすことを $f_n \downarrow 0$ と表す．

F を $C(X, \boldsymbol{R}), C_b(X, \boldsymbol{R}), C_c(X, \boldsymbol{R})$ のいずれかとする．F から $\boldsymbol{R}$ への線形写像 I が
$$f \in F, f \geqq 0 \Rightarrow I(f) \geqq 0$$
を満たすとき，I を F 上の正値線形汎関数という．F 上の正値線形汎関数 I が
$$\{f_n\}_{n=1}^{\infty} \subset F, f_n \downarrow 0 \Rightarrow \lim_{n \to \infty} I(f_n) = 0$$
を満たすとき，I を F 上のダニエル (Daniell) 積分という．なおダニエル積分はより一般の線形束に対して定義できる．

定理 2 $C_b(X, \boldsymbol{R})$ 上のダニエル積分 I に対し，
$$I(f) = \int_X f \, d\mu \ (f \in C_b(X))$$
を満たす X 上のベール測度 μ が一意的に存在する．

局所コンパクト・ハウスドルフ空間の場合は，次の定理が成り立つ．

定理 3 (リース–マルコフ–角谷の定理) X を局所コンパクト・ハウスドルフ空間とする．I を $C_c(X, \boldsymbol{R})$ 上の正値線形汎関数とすると，
$$I(f) = \int_X f \, d\mu \ (f \in C_c(X, \boldsymbol{R}))$$
を満たす X 上のラドン測度 μ が一意的に存在する．

X 上の複素数値連続関数 f が無限遠で消滅するとは，任意の $\varepsilon > 0$ に対して $\{x \in X : |f(x)| \geqq \varepsilon\}$ がコンパクトになることである．無限遠で消滅する複素数値連続関数からなる空間を $C_0(X)$ により表す．$C_0(X)$ はノルム $\|f\|_{\infty} = \sup_{x \in X} |f(x)|$ $(f \in C_0(X))$ によりバナッハ空間になる．$C_0(X)$ の共役空間 $C_0(X)^*$ は以下に定義する複素ラドン測度により特徴付けられる．$E \in \mathcal{B}(X)$ とする．$\{E_j\}_{j=1}^{\infty}$ が E のボレル可測分割とは，$E_j \in \mathcal{B}(X)$ $(j = 1, 2, \ldots)$，$E_j \cap E_k = \varnothing \ (j \neq k)$ かつ $E = \bigcup_{j=1}^{\infty} E_j$ を満たすことである．$\mathcal{B}(X)$ 上の複素数値関数 μ が，任意の $E \in \mathcal{B}(X)$ と E の任意のボレル可測分割 $\{E_j\}_{j=1}^{\infty}$ に対して，$\mu(E) = \sum_{j=1}^{\infty} \mu(E_j)$ (ただし右辺は絶対収束している) を満たすとき，μ を複素ボレル測度という．μ を複素ボレル測度とする．$E \in \mathcal{B}(X)$ に対して $|\mu|(E) = \sup \sum_{j=1}^{\infty} |\mu(E_j)|$ (ただし上限は E のボレル可測分割 $\{E_j\}_{j=1}^{\infty}$ 全体にわたりとる) と定義し，これを μ の全変動という．$|\mu|$ がラドン測度になっているとき，μ を X 上の複素ラドン測度という．

定理 4 (リースの表現定理) X を局所コンパクト・ハウスドルフ空間とする．X 上の複素ラドン測度 μ に対して，
$$I_\mu(f) = \int_X f \, d\mu \ (f \in C_0(X))$$
とすると，I_μ は $C_0(X)$ 上の有界線形汎関数で，$|\mu|(X)$ は I_μ の汎関数ノルム $\|I_\mu\|_{C_0(X)^*}$ と一致する．逆に $\Phi \in C_0(X)^*$ に対して，$\Phi = I_\mu$ なる X 上の複素ラドン測度 μ が一意的に存在する．

［新井仁之］

参 考 文 献

[1] V.I. Bogachev : *Measure Theory 2*, Springer, 2007.
[2] G.B. Folland : *Real Analysis, Modern Techniques and Their Applications, 2nd ed*, Wiley, 1999.
[3] H.L. Royden : *Real Analysis, 3rd ed*, Macmillan, 1988.
[4] W. Rudin : *Real and Complex Analysis, 3rd ed*, McGraw–Hill, 1986.
[5] L. Schwartz : *Radon Measures on Arbitrary Topological Spaces and Cylindrical Measures*, Oxford University Press, 1974.

素　数

prime numbers

1　素　数

整数 a の整数 $b \neq 0$ による割り算 (=除算) とは $a = q \times b + r, 0 \leqq r < |b|$ となる整数 q, r を求めることである．このとき q を商，r を余り (=剰余) という (ただし，a または b が負のときは $-|b| < r \leqq 0$ とすることもある)．

a を b で割った余りが 0 のとき，a は b で割り切れる，あるいは a は b の倍数であるという．また，立場をかえて b は a を割り切る，あるいは b は a の約数であるという．

2 以上の整数で 1 とそれ自身以外に約数をもたないものを**素数**という．最初の 20 個の素数は 2, 3, 5, 7, 11, 13, 17, 19, 23, 29, 31, 37, 41, 43, 47, 53, 59, 61, 67, 71 である．

整数の基本的な演算である加算と乗算を考えるとき，1 を次々と加えることにより，すべての正の整数を作ることができる．一方，乗算については特定の一つの数を次々に掛けてすべての正の整数を作り出すことはできない．しかし，2 以上の整数はいくつかの素数の積に表すことはできる．この表しかたを**素因数分解**という．そして，素因数分解は積をとる順序を変更すれば皆同じになる．以上のことをまとめて**素因数分解の一意性定理**という．素数は整数の乗法的な性質を考える上での最小の単位である．

たとえば 12 は $12 = 2 \times 2 \times 3$ と素因数分解できる．ほかにも $12 = 2 \times 3 \times 2$ などとも分解できるが，積の順序を入れ替えれば同じものになることがわかる．通常は同じ素数は累乗にまとめ，小さい素数から順に並べる．たとえば $12 = 2^2 \times 3$ とする．

当たり前に見える「素因数分解の一意性定理」を正しく理解するためには，この定理が成立しない世界を知る必要がある．代数的数と代数的整数の項を参照されたい．

2　ユークリッドの互除法

二つの整数の共通の約数を公約数という．公約数の中で最大のものを**最大公約数**という．また，二つの整数の共通の倍数を公倍数という．公倍数の中で正で最小のものを**最小公倍数**という (特別に 0 と 0 の最小公倍数は 0 とする)．とくに，すべての整数に 0 を掛けると 0 になるので，0 はすべての整数の倍数であって，すべての整数は 0 の約数である．二つの整数 a, b の最大公約数を $\mathrm{GCD}(a, b)$ あるいは $\mathrm{GCM}(a, b)$ と表す．また最小公倍数を $\mathrm{LCM}(a, b)$ と表す (それぞれ Greatest Common Divisor, Greatest Common Measure, Least Common Multiple の略である．最大公約数については，高校までは GCM を使い，大学では GCD を使うという捩れ現象が起きている)．

二つの整数の素因数分解がわかっていれば，最大公約数も最小公倍数も容易にわかるが，素因数分解を知らなくても最大公約数を計算する方法がある．それが**ユークリッドの互除法**である．それは，「$a = qb + r$ であるとき，$\mathrm{GCD}(a, b) = \mathrm{GCD}(b, r)$ である」という単純な事実に基づいている．たとえば $15 = 2 \cdot 6 + 3$ なので $\mathrm{GCD}(15, 6) = \mathrm{GCD}(6, 3)$ である．これによって，より小さな数の最大公約数の計算に還元されることがポイントである．余り r が 0 になるまで繰り返せば，そのときの b が最大公約数であることがわかる．今の例でも $6 = 2 \cdot 3 + 0$ なので $\mathrm{GCD}(15, 6) = \mathrm{GCD}(3, 0) = 3$ となる．

除算を行列で表せば $\begin{pmatrix} 0 & 1 \\ 1 & -q \end{pmatrix} \begin{pmatrix} a \\ b \end{pmatrix} = \begin{pmatrix} b \\ r \end{pmatrix}$ となる．したがって $r = 0$ となったときには $\begin{pmatrix} 0 & 1 \\ 1 & -q_m \end{pmatrix} \cdots \begin{pmatrix} 0 & 1 \\ 1 & -q_2 \end{pmatrix} \begin{pmatrix} 0 & 1 \\ 1 & -q_1 \end{pmatrix} \begin{pmatrix} a \\ b \end{pmatrix} = \begin{pmatrix} \mathrm{GCD}(a, b) \\ 0 \end{pmatrix}$ となっている．左辺を計算して，右辺と比較すれば $\mathrm{GCD}(a, b) = sa + tb$ を満たす整数 s, t を求めることができる．この計算法を**拡張されたユークリッドの互除法**という．

数百桁にもなる大きな整数の素因数分解は一般

には容易でなく，RSA暗号が暗号となることの根拠となっている．素因数分解の実際の計算法の多くは巨大な数の最大公約数の計算を必要とする．このときはユークリッドの互除法が不可欠である．

ユークリッドの互除法は整数論で計算機を用いる場合には非常に重要であって，除算を工夫するなどして高速化する方法が考案されている．

3 素数定理

ユークリッドは素因数分解の一意性定理を用いて素数が無限に存在することを証明した．1896年にアダマールとド・ラ・バレ・プーサンは独立にx以下の素数の個数$\pi(x)$についてガウスが予想した次の式を証明した．

$$\lim_{x \to \infty} \pi(x) / \int_2^x \frac{1}{\log t} dt = 1$$

これは**素数定理**と呼ばれている．素数定理は極限での振る舞いを記述しているだけで，具体的なxについては何も保証していない．しかし実際には，普通に我々が使うような10桁以下の範囲のxについても$\int_2^x \frac{1}{\log t} dt$は$\pi(x)$のよい近似を与えている．それどころかこの積分の簡単な近似式である$x/\log x$でも実用上十分なことが多い．もっともこの型の式なら$x/(\log x - 1)$とする方がよい．また大雑把にいうと，x近辺の"素数の密度"，言い換えるとランダムに与えられた整数xが素数である"確率"はおおよそ$1/\log x$であるというイメージをもつことができる．

$\pi(x)$と$\int_2^x \frac{1}{\log t} dt$の大きさは実際に計算可能な範囲では恒に$\pi(x)$が小さいが，リトルウッドが1914年に大小関係が無限回変化することを証明している．

素数定理の精密化はわれわれをリーマン予想へと導く．これについてはリーマンのゼータ関数の項で述べる．

4 ゴールドバッハ予想

素数に関する興味深い定理はたくさんある．

また未解決な予想もあって，チャレンジ精神を刺激する．もっとも有名なものは，4以上の偶数は二つの素数の和で表すことができる，というものでゴールドバッハが1742年に予想した．条件を緩めた部分的な解決はあるが，現在もなお未解決である．

5 双子素数

3と5や5と7のように差が2の素数のペアを双子素数という．双子素数は大きくなると急速にその個数が減少していく．素数定理の類似として双子素数の密度は$1.3203\cdots/(\log x)^2$であろうと予想されている．しかし，双子素数が無限に存在するかどうかすらわかっていない．2016年2月現在で知られている最大の双子素数は$3756801695685 \cdot 2^{666669} \pm 1$で200700桁である．

なお，2013年頃には「差が246以下の素数のペア」は無限に存在することが証明された．

6 メルセンヌ素数

素数が無限に存在することが証明されていても，容易に計算できる数式で，いくらでも大きな素数を表すことはできていない．そこで具体的で一番大きな素数を見つける競争が行われてきた．ほとんどの時点で，それはメルセンヌ素数と呼ばれる$2^p - 1$型の数であった．その理由はリュカ＝レーマー法と呼ばれる高速な素数判定法があるからである．2016年2月の時点では49個のメルセンヌ素数が発見されていて最大のものは$2^{74207281} - 1$で22338618桁である．これを含む最近の10個のメルセンヌ素数はすべて The Great Internet Mersenne Prime Search というインターネット上のオープンなプロジェクトによって発見されている．なお，メルセンヌ素数が無限に存在するかどうかはまだわかっていない．

このような素数に関する最新の記録はコールドウェルのホームページ[1]で調べることができる．

［木田 祐司］

参 考 文 献

[1] C.K. Caldwell：http://primes.utm.edu/
[2] C.K. Caldwell 著, SOJIN 訳：素数大百科, 共立出版, 2004.

ソボレフ空間

Sobolev space

ソボレフ空間は関数のなめらかさの尺度を提供するので，偏微分方程式の近代における研究の重要な手段の一つである．

この空間の名称はソボレフ (S.L. Sobolev) の 1936 年の埋蔵定理に関する論文に由来するが，各国の多くの研究者もこの種の空間を導入し，応用している．そのため研究の初期の段階ではいろいろな名称と記号が使用され，ソボレフ空間の系統になじまない空間が混入するなどの混乱も生じた．

1 整数階のソボレフ空間

n 実変数 $x = (x_1, x_2, \ldots, x_n)$ の関数 (または超関数) $f(x)$ に対する変数 x_j に関する偏微分 $\partial/\partial x_j$ を ∂_{x_j}，誤解のないときには ∂_j，と表し，多重指数 $\alpha = (\alpha_1, \alpha_2, \ldots, \alpha_n)$ について，$\partial_x^\alpha = \partial_1^{\alpha_1} \partial_2^{\alpha_2} \cdots \partial_n^{\alpha_n}$ (略し ∂^α) と書く．その階数 (order) は $|\alpha| := \alpha_1 + \alpha_2 + \cdots + \alpha_n$ である．$\alpha = 0 = (0, \cdots, 0)$ のとき $\partial^\alpha f = f$ と約束する．

Ω をユークリッド空間 R^n の開集合，$1 \leq p \leq \infty$，とする．Ω 上の超関数 $f \in \mathcal{D}'(\Omega)$ について，階数が正整数 m までの超関数としての偏導関数 $\partial^\alpha f$ (弱偏導関数 (weak derivative) とも呼ぶ) が (f も含めて) すべて $L^p(\Omega)$ に属するとき，f は L^p で m 回弱微分可能 (weakly differentiable) であるという．この意味で L^p で m 回弱微分可能な超関数 f の全体を正整数 m 階のソボレフ空間 $W_p^m(\Omega)$ と定義し，ノルムを p が有限のとき

$$\|f\|_{W_p^m(\Omega)} := \Big\{ \sum_{|\alpha| \leq m} \|\partial^\alpha f\|_{L^p(\Omega)}^p \Big\}^{1/p} \quad (1)$$

と定義し，$p = \infty$ のときは $\max_{|\alpha| \leq m} \|\partial^\alpha f\|_{L^\infty(\Omega)}$ で定義する．$\sum_{|\alpha| \leq m} \|\partial^\alpha f\|_{L^p(\Omega)}$ はこれと同値なノルムである．また，$W_p^0(\Omega) := L^p(\Omega)$ と定める．負整数 $m = -\ell$ の場合，負整数階 m のソボレフ空間 $W_p^m(\Omega)$ を，$f_\alpha \in L^p(\Omega), |\alpha| \leq \ell$ によって，$f = \sum_{|\alpha| \leq \ell} \partial^\alpha f_\alpha$ と表示される超関数 f の全体と定義し，そのノルムを p が有限のときは

$$\|f\|_{W_p^m(\Omega)} := \inf \Big\{ \sum_{|\alpha| \leq \ell} \|f_\alpha\|_{L^p(\Omega)}^p \Big\}^{1/p}, \quad (2)$$

$p = \infty$ のときは $\inf \max_{|\alpha| \leq \ell} \|f_\alpha\|_{L^\infty(\Omega)}$ と定義する．ただし，下限は $f = \sum_{|\alpha| \leq \ell} \partial^\alpha f_\alpha$ を満たすあらゆる組 $\{f_\alpha | |\alpha| \leq \ell\}$ についてとる．

p をソボレフ空間の指数 (exponent) という．なお，m を階数と呼んだが次数ということもある．

X がバナッハ空間のときは $L^p(\Omega)$ を X 値関数の空間 $L^p(\Omega; X)$ に置き換えてバナッハ値ソボレフ空間 $W_p^m(\Omega; X)$ を定義する．

ソボレフ空間はバナッハ空間，とくに，W_2^m は

$$(f, g)_{W_2^m(\Omega)} := \sum_{\{|\alpha| \leq m\}} (\partial^\alpha f, \partial^\alpha g)_{L^2(\Omega)} \quad (3)$$

を内積とするヒルベルト空間で，H^m と表記することもある (ただし $m > 0$).

強微分という弱微分より強い概念がある．すなわち，次の条件 (i)(ii) を満たす関数列 $\{f_n\} \subset L^p(\Omega)$ が存在するとき，f は L^p で m 回強微分可能 (strongly differentiable) という：
(i) $f_n \to f$ in $L^p(\Omega)$,
(ii) f_n は m 回連続的微分可能で，$|\alpha| \leq m$ について，$\partial^\alpha f_n \in L^p(\Omega)$ で，$\partial^\alpha f_n \to f^{(\alpha)}$ in L^p.

このとき，$f^{(\alpha)}$ は列 $\{f_n\}$ の選び方に依存しない関数で，f の α 階強偏導関数 (strong derivative) と呼ばれる．部分積分により，強微分可能ならば弱微分可能であることがわかる．ところが，メイヤースとセリン (N.C. Meyers, J. Serrin) が $1 \leq p < \infty$ の場合には弱微分可能と強微分可能とは一致すること (もっと精密な $W_p^m \cap C^\infty$ が W_p^m で稠密) を証明した．$m \leq 0$ のとき $W_p^m \cap C^\infty$ が W_p^m で稠密であることは，$L^p \cap C^\infty$ が L^p で稠密であるからすぐわかる．

また，$y = \Phi(x)$ が Ω から $\Omega_1 \subset \mathbf{R}^n$ への $C^{|m|}$-級 1 対 1 写像で，その成分関数の $|m|$ 階までの偏導関数が有界，ヤコビ行列式およびその逆数が有界のとき，対応：$f(y) \to f(\Phi(x))$ は $W_p^m(\Omega_1)$ を $W_p^m(\Omega)$ の上へ 1 対 1 線形両連続に写す．

2 埋蔵定理

$\mathbf{R}^n$ の開集合 Ω が錐条件 (cone condition) を満たすとは，Ω の各点 x に対して，開きと高さがあ

る定数の x を頂点とする円錐を Ω 内にとれること をいう. ただし, 頂点が原点, 開き $2\theta(<\pi)$, 高さ h, 中心軸が x_1-軸の円錐は $\{x \in \boldsymbol{R}^n \mid |x|\cos\theta \leqq x_1 \leqq h\}$ で, これを平行移動して回転した図形が開き 2θ で高さ h の円錐である. 錐条件は, すべての $x \in \Omega$ について $\{x+t\Psi(x)+tz \mid 0 \leqq t \leqq t_0, |z| \leqq 1\} \subset \Omega$ が成立するように Ω で定義された $\boldsymbol{R}^n$ 値有界関数 $\Psi(x)$ と正数 t_0 を選べること, と同値である. とくに, $t_0 = \infty$, $\Psi(x)$ を定ベクトルに選べるとき**定錐条件** (constant cone condition) という. これは $\boldsymbol{R}^n$ または $\{x \in \boldsymbol{R}^n \mid x_1 > \psi(x_2, \cdots, x_n)\}$ (ψ は一様リプシッツ連続) を回転した領域であることと同義である.

以下, Ω が錐条件を満たす開集合, 錐条件を定義するベクトル値関数 $\Psi(x)$ は有界一様連続とし, m, ℓ は非負整数, $1 \leqq p \leqq q \leqq \infty$, $H_k, k=1, \cdots, n$ は k 次元超平面 ($H_n = \boldsymbol{R}^n$) とする. このとき以下の**埋蔵定理** (imbedding theorem) が成立する (→ は左辺が右辺に連続的に含まれることを示す):

(A) $W_p^m(\Omega) \to W_q^\ell(\Omega \cap H_k)$. ただし $\ell < m$,
 (i) $m - n/p > \ell - k/q$,
 (ii) $m - n/p = \ell - k/q, 1 < p < q < \infty$,
 (iii) $m - n = \ell - k/q, p = 1 \leqq q < \infty, k < n$,
のいずれかを仮定する.

(B) $m \geqq n$ のとき $W_1^m(\Omega) \to UC^{m-n}(\Omega)$.

(C) $p < \infty, m - n/p \geqq \sigma > 0$, で σ が整数でないとき, $W_p^m(\Omega) \to C^\sigma(\Omega)$. ただし, $UC^\ell(\Omega)$ は ℓ 階までの偏導関数とともに Ω で有界一様連続な関数全体の空間, $C^\sigma(\Omega)(\sigma = \ell + \theta, \ell$ は整数, $0 < \theta < 1)$ は, $f \in BC^\ell$ で, $|\alpha| = \ell$ について $\partial^\alpha f$ が一様に θ-次ヘルダー連続, つまり

$$|f|_{\sigma,\infty} := \max_{|\alpha|=\ell} \sup_{x,y \in \Omega} \frac{|\partial^\alpha f(x) - \partial^\alpha f(y)|}{|x-y|^\theta} \quad (4)$$

が有限となる関数 f の全体の空間で, そのノルムは $\max\{\|f\|_{W_\infty^\ell}, |f|_{\sigma,\infty}\}$ である.

なお, (B) と (C) では「測度 0 の集合上で修正して埋蔵できる」ことを意味する.

特に, 定錐条件を満たす領域では
 (iv) $p = 1, k = n, m - n = \ell - n/q$,
の場合に (A) が成立する.

さらに, 強局所定錐条件を満たす領域 (たとえば境界が C^1 級曲面となる有界領域) でも (iv) の場合に (A) が成立する. ここで強局所定錐条件とは組 $\{\Omega_j, \varphi_j\}_{j=1,2,\ldots}$, 整数 N と正数 δ を選んで,
(i) 各 Ω_j は定ベクトル Ψ_j について定錐条件を満たし, $\sup_j |\Psi_j| < \infty$.
(ii) 各 j について $\varphi_j \in C^\infty(\boldsymbol{R}^n), 0 \leqq \varphi_j(x) \leqq 1$, φ_j の任意階の偏導関数は j に関して一様に有界.
(iii) $N+1$ 個の φ_j の台は共通点がない.
(iv) Ω の各点 x で $\sum_j \varphi_j(x) = 1$,
(v) φ_j の台の点とその台までの距離が δ 以下の点の全体を U_j とすると $\Omega_j \cap U_j = \Omega \cap U_j$.

3　分数階のソボレフ空間

$\mathcal{F}$ でフーリエ変換, $\mathcal{F}^{-1}$ で逆フーリエ変換を表し, フーリエ変換先の変数を ξ で表すことにすると, $1 < p < \infty$ のとき, 緩増加超関数 f が $W_p^m(\boldsymbol{R}^n)$ に属する必要十分条件は, $\sigma = m$ として

$$\mathcal{F}^{-1}(1+|\xi|^2)^{\sigma/2}(\mathcal{F}f)(\xi) \in L^p(\boldsymbol{R}^n) \quad (5)$$

で, W_p^m のノルムと (5) の関数の L^p ノルムは同値である. そこで, 任意の分数 σ について, (5) により**分数 σ 階のソボレフ空間** (Sobolev space of fractional order) を定義する. この空間はベッセル・ポテンシャルの空間とも呼ばれる. 分数階空間でも埋蔵定理が成立する. たとえば, $1 < p < q < \infty, \sigma - n/p \geqq \tau - n/q$ ならばこの定義の意味での指数 p 階数 σ のソボレフ空間から指数 q 階数 τ のソボレフ空間への埋蔵作用素が存在する.

一般の領域上の分数階のソボレフ空間を定義し, 適当な錐条件の下で埋蔵定理を証明できる.

[村松寿延]

参 考 文 献

[1] Adams, J.F. Fournier : *Sobolev Spaces, 2nd ed*, Academic Press, 1992.
[2] 宮島静雄：ソボレフ空間の基礎と応用, 共立出版, 2005.
[3] 田辺廣城：関数解析 (下), 実教出版, 1981.

対称空間

symmetric space

1 定義

ユークリッド空間や，球面には各点において測地線を保つ点対称がある．このような空間の一般化が対称空間であり，単連結完備定曲率空間，リー群，それらの直積などは典型的な例を与える．対称空間の起源は曲率テンソルの共変微分が消えるようなリーマン空間を決定せよという問題であり，これに解答を与えたエリー・カルタン (Élie Cartan) は，その分類が単純リー群の分類と同値であることを発見しその理論と分類の基礎を築いた [5,6]．

次の性質をもつ空間を対称空間 (symmetric space) と呼ぶ．「多様体 M がアフィン接続 ∇ をもち，各点 p において，p を孤立固定点とし ∇ を不変にする M の微分同相写像 σ_p で位数 2 のものが存在する．」

任意の連結対称空間 M に対してそのアフィン接続を保つ変換群はリー群となり M に推移的に働くので，M は等質空間である．そのリー群の連結成分を G として $M = G/K$ と表すとき，$o = eK$ における対称変換 σ_o を用いて G の対合 σ を $\sigma(g) = \sigma_o g \sigma_o^{-1}$ で定める．ただし対合 (involution) とは G の位数 2 の自己同形である．

リー群 G が対合 σ をもつとき，σ の固定点集合 $G^\sigma = \{g \in G \mid \sigma(g) = g\}$ と，その単位元の連結成分 G_0^σ に挟まれる G の部分群 K ($G_0^\sigma \subset K \subset G^\sigma$) の対 (G,K) を対称対 (symmetric pair) と呼ぶ．G, K のリー代数をそれぞれ $\mathfrak{g}, \mathfrak{k}$ とし，σ の微分も同じ σ で表す．$\mathfrak{g}$ の部分空間 $\mathfrak{p} = \{X \in \mathfrak{g} \mid \sigma(X) = -X\}$ を $M = G/K$ の o における接空間 $T_o M$ と同一視する．$Y \in \mathfrak{g}$ の生成する M のベクトル場を Y^* で表し，M のアフィン接続 ∇ を，$X, Y \in \mathfrak{g}$ に対して $\nabla_X Y^* = 0$ を満たす G 不変なものとして定義する．$p = gK$ を通る M の測地線はある $X \in \mathfrak{p}$ により $p_t = g\exp(tX)K$ と表され，$\sigma_p : xK \mapsto g\sigma(g)^{-1}\sigma(x)K$ は p における対称変換となる．

アフィン接続 ∇ をもつ多様体 M の各点 p に近傍 U_p が存在して，各 U_p が対称空間となるとき，M を局所対称空間 (locally symmetric space) という．M が局所対称空間であるための必要十分条件は，M の曲率テンソルの共変微分と，捩れテンソルがともに消えることである．単連結かつ測地的完備な局所対称空間は対称空間である．

対称空間 M がリーマン計量をもち，∇ がその Levi–Civita 接続であるとき，M をリーマン対称空間 (Riemannian symmetric space) と呼ぶ．

2 例

リー群 G の直積群 $G \times G$ の対合 σ を $\sigma(g,h) = (h,g)$ で定義し，$\triangle G = \{(g,g) \in G \times G\}$ とすると，$(G \times G, \triangle G)$ は対称対で，$(g,h)\triangle G$ を $gh^{-1} \in G$ と同一視することにより，リー群 G は対称空間とみなせる．

定曲率リーマン多様体 (空間形) は局所リーマン対称空間で，単連結かつ完備な空間形はリーマン対称空間である．空間形は曲率が正, 0, 負に応じて，球型 (spherical)，ユークリッド型 (Euclidean)，双曲型 (hyperbolic) 空間形と呼ばれ，完備球型偶数次元空間形は球面か射影空間，奇数次元ならば有向多様体である．完備 2 次元ユークリッド型空間形はユークリッド平面，円柱，輪環面，開いたメビウスの帯，クラインのつぼである．球面，射影空間，輪環面，クラインのつぼ以外の閉曲面はすべてコンパクト双曲型空間形である．

$O(n)$ で直交群を表すとき，球面 $S^n = O(n+1)/O(n)$ であるが，表示は一意的ではなく，特殊直交群 $SO(n)$ を用いて $SO(n+1)/SO(n)$ とも表せ，さらに別の表示もある．実射影空間 $\boldsymbol{R}P^n$ は $O(n+1)/O(1) \times O(n)$ の表示をもつ．より一般にグラスマン多様体は $O(n)/O(k) \times O(n-k)$，向きづけられた k 次元部分空間のグラスマン多様体は $SO(n)/SO(k) \times SO(n-k)$ の表示をもつ．

$O(n,1)$ で $ds^2 = -dx_1^2 + \sum_{i=2}^{n+1} dx_i^2$ を不変にする線形変換群を表すとき，双曲型空間形は $O(n,1)/O(n)$ で表せ，上半空間モデルやポアンカレモデルをもつ．$n = 2$ の上半平面モデル $\boldsymbol{R}H^2 = \{z \in \boldsymbol{C} \mid \Im z > 0\}$ は，$SL_2(\boldsymbol{R})/SO(2)$

の表示をもつ. ここに $SL_2(\mathbf{R})$ は $\mathbf{R}H^2$ に一次分数変換として作用する.

複素多様体 $SU(p+q)/S(U(p)\times U(q))$ ($p\geq q\geq 1$) は6.で解説するエルミート対称空間の例であり, 複素射影空間 $\mathbf{C}P^n = SU(n+1)/S(U(n)\times U(1))$ はとりわけ重要な空間である.

3 分 類

リーマン対称空間は普遍被覆 (単連結被覆) をとりド・ラム分解すると, 単連結既約リーマン対称空間の直積となる. 単連結既約リーマン対称空間は次の5種のいずれかに同形である.

0) 実数全体のなす加法群 $\mathbf{R} = \mathbf{R}/\{0\}$.

1) 単連結コンパクト単純リー群 $G \cong G \times G/\triangle G$. リーマン計量は両側不変計量.

2) 単連結コンパクト単純リー群 G の対合 θ の固定点集合を $G^\theta = \{a \in G \mid \theta(a) = a\}$ とするとき, G/G^θ.

3) 連結複素単純リー群 G_C の極大コンパクト部分群を G_U とするとき, G_C/G_U.

4) 複素リー群構造をもたない連結単純リー群 G の中心 Z を含む部分群 K に対し, K/Z が G/Z の極大コンパクト部分群となるとき, G/K.

1), 2) はコンパクト型, 3), 4) は非コンパクト型と呼ばれる. 分類は1), 3) はそれぞれコンパクト実単純リー代数, 複素単純リー代数の分類に, 2), 4) は非コンパクト実単純リー代数の分類に帰着され, 古典型ではリー群4種とリー群でないもの7種, 例外型ではリー群5種とリー群でないもの12種に分類される. 単連結でないものは, これらを等長変換群の中心に含まれる不連続群で割ったものになる. (非リーマン) 既約対称空間の分類もリー群が簡約の場合になされている.

4 曲率とリーマン対称空間

対称空間 $M = G/K$ の原点 o を通る測地線に沿う平行移動は左移動の微分に一致する. M 上の G 不変テンソル場は ∇ に関して平行であり, G 不変微分形式は閉形式となる. ∇ の曲率テンソル R, リッチテンソル S は G 不変である. $R_o(X,Y) = -\mathrm{ad}_{\mathfrak{p}}[X,Y]$, $X, Y \in \mathfrak{p}$ ($\mathrm{ad}_{\mathfrak{p}} : \mathfrak{k} \to \mathrm{End}(\mathfrak{p})$ は $\mathfrak{k}$ の $\mathfrak{p}$ 上の随伴表現), リーマン対称空間では $S_o = -(1/2)B_{\mathfrak{p}}$ ($B_{\mathfrak{k}}$ は $\mathfrak{g}$ のキリング形式 B の $\mathfrak{p}$ への制限 $B_{\mathfrak{p}}$) となる.

既約リーマン対称空間は分類 0) 以外, 半単純リー群 G がほとんど効果的に作用するリーマン対称空間 $M = G/K$ として表される. このとき G/K から決まる対合を θ と表せば $\mathfrak{p} = \{X \in \mathfrak{g} \mid \theta(X) = -X\}$ であり, $\mathfrak{k} = \{X \in \mathfrak{g} \mid \theta(X) = X\}$ とおいて $\mathfrak{g} = \mathfrak{k} + \mathfrak{p}$ なる分解を得る. M 上の G 不変リーマン計量は, $\mathfrak{p}$ 上の $\mathrm{Ad}K$ 不変な計量 (M が既約ならば $B_{\mathfrak{p}}$ の定数倍) を G の左作用で拡張したものである. Levi–Civita 接続は G 不変リーマン計量のとりかたによらない. $\mathfrak{p}$ に含まれる $\mathfrak{g}$ の極大可換部分リー代数の次元は一定で M の階数 (rank) と呼ばれ, これは M に含まれる平坦全測地的部分多様体の最大次元を表す.

キリング形式 B に関して分解 $\mathfrak{g} = \mathfrak{k} + \mathfrak{p}$ は直交分解を与え, B の $\mathfrak{k}$ への制限 $B_{\mathfrak{k}}$ は負定値である. $\mathfrak{p}$ への制限 $B_{\mathfrak{p}}$ が負定値, 正定値のとき M はそれぞれコンパクト型, 非コンパクト型である. 後者なら M はユークリッド空間と同相で, G の中心 Z が有限群のとき K は G の極大コンパクト群である. リーマン対称空間 M のリッチテンソル S が至る所 0, 正定値, 負定値であるための必要十分条件は, M がそれぞれ平坦, コンパクト型, 非コンパクト型であることである. とくに既約リーマン対称空間はアインシュタイン空間である.

5 双 対 性

$\mathfrak{g}$ の複素化を $\mathfrak{g}_C$, 対応する単連結複素リー群を G_C とする. $\mathfrak{g}$ に対する G_C の連結部分群 G を普遍線形リー群と呼ぶ. 非コンパクト型リーマン対称空間 $M = G/K$ では G を普遍線形リー群としてよい. M が既約なとき分解 $\mathfrak{g} = \mathfrak{k} + \mathfrak{p}$ において, $\mathfrak{g}_C$ の実部分空間 $\mathfrak{g}_U = \mathfrak{k} + \sqrt{-1}\mathfrak{p}$ も実半単純リー代数で, $\mathfrak{g}_C$ のコンパクト実型をきめる. $(\mathfrak{g}_U, \mathfrak{k})$ を $(\mathfrak{g}, \mathfrak{k})$ の双対と呼ぶ. $\mathfrak{g}_U$ に対する G_C の連結部分群を G_U と表すと, G_U は単連結で, $M_U = G_U/K$ は単連結なコンパクト型既約リーマン対称空間となる. この対応, およびその逆対応 $M_U = G_U/K \mapsto G/K$ により, 非コンパクト型

既約リーマン対称空間と単連結コンパクト型既約リーマン対称空間の同形類の間に 1 対 1 対応が定まる. M と M_U は互いに他の双対であるといい, これは分類 1) と 3), そして 2) と 4) の間の対応を与える. たとえば, $\mathfrak{g} = \mathfrak{sl}_n(\boldsymbol{R})$ として, 対称対 $(\mathfrak{sl}_n(\boldsymbol{R}), \mathfrak{o}(n))$ の双対は $(\mathfrak{su}(n), \mathfrak{o}(n))$ であり, それぞれに対応する対称空間 $SL_n(\boldsymbol{R})/SO(n)$ は非コンパクト, $SU(n)/SO(n)$ はコンパクトである.

6 エルミート対称空間

エルミート計量をもつ連結複素多様体 M が, 「(*) エルミート計量の実部をリーマン計量とするリーマン対称空間であり, 各点における対称変換が双正則変換である.」を満たすとき, M をエルミート対称空間 (hermitian symmetric space) という. M の正則等長変換群の単位元の連結成分を $G = A_0(M)$ とすると, $M = G/K$ と表せ, M は偶数次元実リーマン対称空間で, エルミート計量はケーラー計量となる. M が単連結のときのド・ラム分解は既約エルミート対称空間への直積分解を与え, その分類も知られている.

7 有界対称領域

複素ユークリッド空間 $\boldsymbol{C}^n$ の有界領域 D には D の双正則変換で不変なケーラー計量 (バーグマン計量) g が存在する. D は 6. の (*) を満たすとき, 有界対称領域 (bounded symmetric domain) と呼ばれる. 任意の非コンパクト型エルミート対称空間はある有界対称領域と同形であり, $S = -g$ が成立する. 有界等質領域が有界対称領域になるための十分条件はユニモデュラー連結リー群が推移的に作用することである. $\boldsymbol{C}^n$ の有界等質領域は $n \leq 3$ のときは有界対称領域となるが, $n \geq 4$ のときは必ずしもそうならない.

8 線形イソトロピー表現

(G, K) を対称対, $\mathfrak{g} = \mathfrak{k} + \mathfrak{p}$ を付随する分解とする. K は $M = G/K$ に作用し, $o = eK$ を固定するので, 微分により接空間 $T_o M$ に線形に作用する. これを線形イソトロピー表現と呼ぶ. G/K がリーマン対称空間のとき, 線形イソトロピー表現は $\mathfrak{p}$ の等長変換を引き起こし, その軌道 L は $\mathfrak{p}$ の超球面 S^N 上の図形になる. L はモース理論の意味でタイト, つまり S^N 上の距離関数の 2 乗の L への制限がモース不等式の等号を与えるような埋め込みとなる. $SL_3(\boldsymbol{R})/SO(3)$ の線形イソトロピー軌道である S^4 のヴェロネーズ曲面はその例である. とくに G/K が階数 2 のリーマン対称空間のとき, 主軌道 (最大次元の軌道) は S^N の等質超曲面である. 逆に S^N のあらゆる等質超曲面は階数 2 のリーマン対称空間の線形イソトロピー主軌道で与えられる.

9 対称空間の幾何学

コンパクト型リーマン対称空間に対する $\mathfrak{p}$ の極大可換部分リー代数 $\mathfrak{a}$ を用いてルート系, ワイル群などが定義され, リーマン対称空間 M の幾何学 (測地線, 基本群, コホモロジー環, 特性類, 測地的部分多様体, 対称 R 空間など) が展開される. これらリー群・リー環とその表現論, コンパクト化, 種々の幾何構造については, 大島利雄 [2], 佐武一郎 [3,4], 竹内勝 [1,7], 長野正 [8,9] らによるすぐれた研究がある. また対称空間は多様体の種々の構造を実現する場として重要であるほか, 無限次元グラスマン多様体は可積分系理論を展開する場としても基本的な役割を果たしている.

[宮岡礼子]

参 考 文 献

[1] 伊勢幹夫・竹内　勝：リー群論, 岩波書店, 1992.
[2] 小林利行・大島利雄：リー群と表現論, 岩波書店, 2005.
[3] 佐武一郎：リー環の話, 日本評論社, 2002.
[4] 佐武一郎：リー群の話, 日本評論社, 1982.
[5] 杉浦光夫：エリ・カルタンの数学 (I,II), 数学セミナー 1978 年 5 月号, 43–49；同 6 月号, 65–72.
[6] 杉浦光夫：対称空間論研究史 (I,II), 数学セミナー 1983 年 10 月号, 93–99；同 11 月号, 85–91.
[7] 竹内　勝：現代の球関数, 岩波書店, 2000.
[8] 長野　正：対称空間論の発展と微分幾何学, 数学, **44**, 245–249, 1992.
[9] 長野　正：対称空間の幾何理論, 数理解析研究所講究録, **1206**, 55–82, 2001.

代数学の基本定理

fundamental theorem of algebra

1 n 次方程式の係数と解

整数 c_0, c_1 に対し，1 次方程式
$$c_1 x + c_0 = 0 \quad (c_1 \neq 0) \tag{1}$$
の解は，一般には整数になるとは限らない．そこで有理数まで解の範囲を広げれば，(1) は解
$$x = -\frac{c_0}{c_1}$$
をもつことがわかる．またはじめから 1 次方程式 (1) の係数 c_0, c_1 が有理数としたときは解は有理数である．

次に有理数 c_0, c_1, c_2 を係数にもつ 2 次方程式
$$c_2 x^2 + c_1 x + c_0 = 0 \quad (c_2 \neq 0) \tag{2}$$
を考えると，その解は
$$x = \frac{-c_1 \pm \sqrt{c_1^2 - 4c_2 c_0}}{2c_2}$$
となり，判別式 $D = c_1^2 - 4c_2 c_0$ が負となるときは (2) の解は有理数や実数にとどまらず，複素数となる．

正の整数 n と複素数を係数にもつ次数 n の 1 変数多項式
$$f(x) = c_n x^n + c_{n-1} x^{n-1} + \cdots + c_0 \quad (c_n \neq 0) \tag{3}$$
に対して，複素数 a が $f(a) = 0$，つまり
$$c_n a^n + c_{n-1} a^{n-1} + \cdots + c_0 = 0$$
を満たすとき a は (複素数を係数にもつ) n 次方程式
$$f(x) = 0$$
の解，もしくは根であるという．

2 代数学の基本定理

以下 n は正の整数とする．方程式 (1) や (2) でみたように n 次方程式の解を考えるとき，しばしば係数の範囲を超えた数が出現する．そこで複素数係数の n 次方程式の解を考えたとき，その解は複素数の範囲にとどまらないかもしれないと心配されるが，実は複素数の範囲にとどまることが知られている．つまり複素数を係数にもつ n 次方程式は複素数の範囲でかならず解をもつ．これが代数学の基本定理 (fundamental theorem of algebra) である．代数学の基本定理は，複素数体 $\boldsymbol{C}$ は代数閉体である，とも言い換えられる．

例 1 複素数 c に対し，方程式
$$x^n - c = 0 \tag{4}$$
の根の存在を示してみよう．まず実数上定義された連続関数 $x^n - |c|$ のグラフを書いてみれば，n 乗すると $|c|$ となる実数 a の存在が示せる．c を極形式 $c = |c|e^{i\theta}$ (e は自然対数の底，i は虚数単位) で表すと，
$$ae^{\frac{i\theta}{n}} = a(\cos\frac{\theta}{n} + i\sin\frac{\theta}{n})$$
が (4) の根の 1 つとなることがわかる．

(3) で与えられた多項式 $f(x)$ が次数 1 の複素係数多項式の積で書ける，つまり
$$f(x) = c_n (x - a_1)(x - a_2) \cdots (x - a_n)$$
となる $a_1, \ldots, a_n \in \boldsymbol{C}$ が存在することが代数学の基本定理からただちに導かれる．実際 $f(x)$ は複素数の範囲で根をもつので，それを a_1 とすると因数定理から，$n-1$ 次の複素係数多項式 $g(x)$ が存在し
$$f(x) = c_n (x - a_1) g(x)$$
と分解できる．次数についての数学的帰納法により $f(x)$ は 1 次式の積に分解することがわかる．

代数学の基本定理は，位相幾何的方法，複素解析的方法などさまざまな証明が知られている．以下では大学数学の初歩的な知識を用いる証明をいくつか紹介しよう．"代数学の" と名前はついているものの，どの証明もどこかに代数的でないアイデアを使っている．以下 $f(x)$ は (3) で与えられた多項式としておく．

3 リウヴィルの定理を使った証明

複素平面 $\boldsymbol{C}$ 上で有界な正則関数は定数関数に限ることを主張するリウヴィル (Liouville) の定理を使えば，基本定理は次のように証明できる．

まず x が複素数すべての値をとりうるとき，$|f(x)|$ の値はある複素数 a で最小値をとることを証明しよう．(逆に $|f(x)|$ は最大値をとりえないこともある．たとえば $f(x) = x$ に対し，$|f(x)|$

をいくらでも大きくするような x が存在する.)
$|x| \to \infty$ のとき $|f(x)| \to \infty$ であるから,十分大きい r をとり,
$$x \in D_r = \{x \in \boldsymbol{C} \mid |x| \leq r\}$$
に対して $|f(x)|$ の最小値が存在すればよい.ところが一般に有界閉集合 (今の場合は D_r) 上で定義された連続関数は最小値をもつ (ワイエルシュトラスの定理) ことが知られているので,上のような a の存在がいえた.

次に,この a に対し $f(a) \neq 0$ であると仮定すると,$1/f(x)$ は複素平面上正則かつ有界である.リューヴィルの定理から $1/f(x)$ は定数関数となり,$n > 0$ としたことに矛盾する.

4 初等的な解析を使った証明

次に初等的な解析のアイデアのみを使った証明を紹介する.$|f(x)|$ の値が複素数 a で最小値をとるとしたとき,$f(a) = 0$ となることを示す.(このような a の存在は上で示した.) 変数を x を $x + a$ に変換すれば,$|f(x)|$ は $x = 0$ で最小値をとるとしてよく,さらに $f(0)(= c_0) \neq 0$ と仮定して矛盾を導く.まず表記を簡単にするため $f(x)$ を $f(x)/c_0$ に取替え,$f(0) = 1$ としておく.このとき
$$f(x) = 1 - bx^k + x^{k+1}g(x)$$
($g(x)$ はある複素係数の多項式,$b \neq 0, k > 0$) と書ける.$x^k - (1/b) = 0$ の解の一つ α をとっておく (上記の例 1 参照).次に変数を x から αx に取り替えることにより
$$f(x) = 1 - x^k + x^{k+1}h(x)$$
($h(x)$ はある複素係数の多項式) と書き直してよい.$c^k < 1$ かつ $1 - c|h(c)| > 0$ となるような十分小さな正の実数 c に対して
$$|f(c)| \leq 1 - c^k + c^{k+1}|h(c)|$$
$$= 1 - c^k(1 - c|h(c)|) < 1$$
となり 1 が $|f(x)|$ の最小値であったことに矛盾する.

5 回転数を使った証明

最後に回転数を用いた証明を与えよう.方程式 $f(x) = 0$ の解の存在を考えるのだからはじめから $c_n = 1$ としてよい.もし $f(a) = 0$ を満たす複素数 a が存在しないと仮定すると,写像 $x \mapsto f(x)$ は複素平面 $\boldsymbol{C}$ から複素平面の原点の補集合 $\boldsymbol{C}\backslash\{0\}$ への連続関数である.f を半径 $r(>0)$ で,中心が原点の円
$$C_r = \{x \in \boldsymbol{C} \mid |x| = r\}$$
に制限し,この制限写像を $f_r : C_r \to \boldsymbol{C}\backslash\{0\}$ で表す.x が複素平面内の実数直線上の点 r から反時計周りに円周 C_r を 1 周したときに $f_r(x)$ が原点の周りを反時計周りに k 周したとき,f_r の原点の周りの**回転数** (winding number) は k であるという.

十分小さい r と $x \in C_r$ に対し,$f_r(x) \approx c_0 (\neq 0)$ なので $f_r(C_r)$ は点 c_0 の周りの小さい (原点を囲まない) ループとなり,f_r の回転数は 0 である.さらに,ループ $f_r(C_r)$ はどんな r の値に対しても原点を通らず,また r に関して連続的に変形するので,すべての r に対し f_r の原点の周りの回転数は一定で,結局 0 となることがわかる.

一方,多項式 $g(x) = x^n$ を円 C_r に制限した写像 g_r の原点の周りでの回転数は n である.十分大きい r を固定し,任意に $x \in C_r$ をとると
$$|g_r(x) - f_r(x)|$$
$$\leq |c_{n-1}|r^{n-1} + |c_{n-2}|r^{n-2} + \cdots + |c_0|$$
$$< r^n = |g_r(x)|$$
が成立する.このとき f_r と g_r の原点の周りの回転数は等しくなるはずなので矛盾がいえる:一般に円 C_r 上で複素数値をとる連続関数 f_r, g_r に対し,$|g_r(x) - f_r(x)| < |g_r(x)|$ が成り立てば $f_r(x)$ と $g_r(x)$ の原点の周りの回転数は等しい.これは**紐に繋がれた犬の定理** (dog–on–a–leash theorem) とか**従者と旅行者の定理** (fellow–traveller theorem) などと呼ばれる.直感的には明らかな定理なので,まずは直感的に理解された上で代数的トポロジーの本で証明を参照されたい. 〔上原北斗〕

対 数 関 数

....
logarithmic function

対数は桁数の大きな数を扱うのに適した演算として考え出された．後述の常用対数の場合，n 桁の数 A の対数 $\log_{10} A$ は $n-1$ に小数部分を加えた数になる．このように，対数に変換すれば数のおよその大きさが把握しやすくなる．対数の基本的な機能は積を和に変換すること，すなわち

$$\log_{10} AB = \log_{10} A + \log_{10} B$$

が成り立つことである．言い換えれば，対数に変換し，和を計算してからもとに戻すことによって掛け算ができる．実際には近似値を計算することになるが，これによって計算労力が大幅に軽減される．対数の概念はスコットランドのネピア (J. Napier) によって導入された．

1 定　　義

対数関数は指数関数の逆関数として定義される．a を 1 と異なる正の実数とする．指数関数 a^y は y の連続関数で，$a>1$ ならば狭義単調増加，$0<a<1$ ならば狭義単調減少である．どちらの場合にも，与えられた正の実数 x に対し $x=a^y$ となる実数 y がただ一つ確定する．この y を $y=\log_a x$ で表し，x の対数という．このとき a を対数の底（てい）と呼ぶ．また y を変数 x の関数とみなして $\log_a x$ を対数関数という．つまり $y=\log_a x$ は $x=a^y$ の逆関数である．指数法則 $a^y a^{y'} = a^{y+y'}$ から，対数関数のもっとも基本的な性質

$$\log_a(xx') = \log_a x + \log_a x' \quad (x, x' > 0)$$

が導かれる．また $\log_a 1 = 0$，$\log_a(1/x) = -\log_a x$ が成り立つ．

とくに $\log_a x$ の $x=1$ における微分係数が 1 となるように底 a を選ぶと取り扱いが簡明になる．このときの底をネピア数あるいは自然対数の底と呼び，記号 e で表す．$e = 2.71828\cdots$ である．この e を底とする対数関数を自然対数といい，通常は底 e を省略して $\log x$，あるいは $\ln x$ と記す．自然対数を用いると，一般の底に対する対数関数は

$$\log_a x = \frac{\log x}{\log a}$$

と表される．底を 10 にとった $\log_{10} x$ は実用上よく用いられ，常用対数と呼ばれる．以下では自然対数のみを考える．

2 対数関数の性質

対数関数 $\log x$ は $x>0$ で定義された連続関数である．$x=e^y$ は $dx/dy = x$ を満たすので，逆関数 $y = \log x$ の導関数は

$$\frac{d}{dx} \log x = \frac{1}{x}$$

となる．この式と $\log 1 = 0$ から積分による表示

$$\log x = \int_1^x \frac{1}{t}\, dt$$

が得られる．逆関数を経由せず，この式を直接対数関数の定義とすることもできる．

$y = \log x$ のグラフは図のような上に凸の曲線になる．

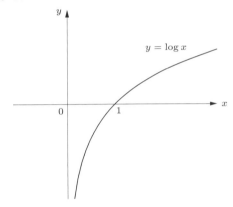

図 1　対数関数のグラフ

$\log x$ の値は $x \to \infty$ のとき $+\infty$ に発散するが，増大の仕方は x のどんなべき乗よりもゆるやかであって，

$$\lim_{x\to\infty} \frac{\log x}{x^\alpha} = 0 \quad (\alpha > 0)$$

が成り立つ．また $x \to 0+$ のとき $\log x \to -\infty$ であるが

$$\lim_{x\to 0} x^\alpha \log x = 0 \quad (\alpha > 0)$$

が成り立つ．

なお凸関数の一般的な性質から，任意の正の実数 $x_1, \cdots, x_n$ に対して成り立つ不等式

$$\log\left(\frac{x_1 + \cdots + x_n}{n}\right) \geq \frac{1}{n}(\log x_1 + \cdots + \log x_n)$$

が得られる．これは相加・相乗平均の不等式
$$\frac{x_1 + \cdots + x_n}{n} \geqq \sqrt[n]{x_1 \cdots x_n}$$
と同値である．

$-1 < x < 1$ における展開式
$$\frac{1}{1+x} = 1 - x + x^2 - x^3 + \cdots = \sum_{n=0}^{\infty} (-1)^n x^n$$
を積分すれば，$\log(1+x)$ の $x = 0$ におけるテイラー展開
$$\log(1+x) = \sum_{n=1}^{\infty} (-1)^{n-1} \frac{x^n}{n}$$
$$= x - \frac{x^2}{2} + \frac{x^3}{3} - \frac{x^4}{4} + \cdots$$
が得られる．右辺の級数は $-1 < x \leqq 1$ において収束する．

3 複素関数としての対数関数

指数関数は複素数を変数とする正則関数に拡張されるが，その逆関数として複素変数の対数関数を考えることができる．

与えられた 0 でない複素数 z に対し，$e^w = z$ を満たす複素数 $w = u + iv$ を考える．極座標を用いて $z = r(\cos\theta + i\sin\theta)$ (r, θ は実数で $r > 0$) と表示し，オイラーの公式 $e^{u+iv} = e^u(\cos v + i\sin v)$ と比較すると，
$$u = \log r, \quad v = \theta + 2\pi n \ (n \text{ は整数}) \quad (1)$$
が得られる．すなわち $e^w = z$ となる複素数 w を $\log z$ と呼ぶことにすると，その虚部は一意的には決まらず，2π の整数倍を加えるだけの不定性がある．このように z の一つの値に対して複数の (いまの場合は無限個の) 値が対応するものは普通の意味の関数ではないが，これも一種の関数と考えて多価関数という．複素変数の対数関数は無限多価関数である．

複素変数の対数関数を利用すると，一般の複素数 $\alpha, \beta (\alpha \neq 0)$ に対し，べき乗 α^β を
$$\alpha^\beta = e^{\beta \log \alpha}$$
と定義することができる．このとき $\log \alpha$ の多価性により，α^β も一般に複数の値をとる．

しかし多価関数は取り扱いにくいので，便宜上 1 価関数になるように定義域を限定して考えることも多い．z の偏角を $-\pi < \theta < \pi$ の範囲で考え，

$$\text{Log}\, z = \log r + i\theta \quad (-\pi < \theta < \pi)$$
と定めてこれを $\log z$ の主値と呼ぶ．$\text{Log}\, z$ は複素平面から 0 および負の実軸を除いた領域 $\boldsymbol{C} \backslash (-\infty, 0]$ で定義された正則関数になり
$$\frac{d}{dz} \text{Log}\, z = \frac{1}{z}, \quad \text{Log}\, 1 = 0$$
が成り立つ．

複素関数としての対数関数を複素積分によって定義することもできる．複素平面のなめらかな曲線であって，始点 1 から 0 を通らずに終点 z に至るものを一つ選んで C とし
$$\log z = \int_C \frac{1}{\zeta} d\zeta$$
と定める．

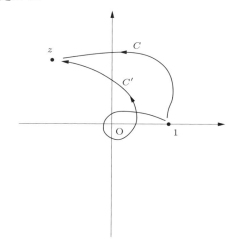

図 2　複素積分による対数関数．積分路 C' 上の積分は積分路 C 上の積分に $2\pi i$ を加えた値になる．

C が領域 $\boldsymbol{C} \backslash (-\infty, 0]$ 内の曲線であるとき，右辺は C のとり方によらず，主値 $\text{Log}\, z$ に一致する．一般の場合，積分の値は z だけでは定まらず曲線のとり方に依存する．すなわち，C が $\zeta = 0$ を正の向きに 1 周するごとに，積分の値に $2\pi i$ が付け加わる．これが (1) に現れた不定性の原因である．

［神保道夫］

代数曲線

algebraic curve

1 射影代数曲線

代数閉体 k 上で考える．$\mathbf{P}^n$ の斉次座標を $(x_0, x_1, \ldots, x_n)$ と書く．例においては断らない限り k は標数 0 (たとえば $\mathbf{C}$) とする．$V \subset \mathbf{P}^n$ を射影代数多様体 (=既約な射影代数的集合) とし，$I(V)$ を V の定義イデアル (V 上恒等的に 0 になる斉次多項式全体で生成される $k[x_0, x_1, \ldots, x_n]$ のイデアル)，$k(V)$ を V の関数体 (= 次数の等しい斉次多項式 F, G の商 F/G ($G \notin I(V)$) 全体に $F/G = F'/G' \Leftrightarrow FG' - GF' \in I(V)$ で相等を定めた体) とする．$k(V)$ の元を V の有理関数という．$k(V)$ の k 上の超越次数を V の次元といい $\dim V$ と書く．$\dim V = 1$ である V のことを射影代数曲線 (以下単に曲線) という．

例 1 (i) $\mathbf{P}^1$ を射影直線という．$k(\mathbf{P}^1) = k(x)$ ($x = x_1/x_0$). (ii) $C = (f = 0) \subset \mathbf{P}^2$ (f は既約な $d \neq 0$ 次斉次多項式) を d 次射影平面曲線という．$f \neq cx_0$ であれば，$k(C) = k(x, y)$ ($x = x_1/x_0$, $y = x_2/x_0$) であり，x, y は $f(1, x, y) = 0$ を満たす．$F_d = (x_0^d + x_1^d + x_2^d = 0)$ をフェルマー d 次曲線という．

$V \subset \mathbf{P}^n$, $W \subset \mathbf{P}^m$ を射影代数多様体とする．$k(V)$ の元の組 $(f_0, f_1, \ldots, f_m) \neq \mathbf{0}$ (射影空間では比だけが問題なので，同じ次数の斉次多項式の組といっても同じ) を用いて表される "写像" $f: V \cdots \to W$; $P \mapsto [f_0(P) : f_1(P) : \cdots : f_m(P)]$ のことを有理写像といい，いたるところ像の定まる有理写像を正則写像という．f が正則であれば $f(V)$ は再び射影代数多様体になる (V の固有性)．とくに大域的な正則関数は定数のみである．また，曲線からの正則写像の像は 1 点でなければまた曲線である．$g \circ f = id_V$, $f \circ g = id_W$ である有理写像 $g: W \cdots \to V$ があるとき，f は双有理写像であるという．f が正則写像で g も正則写像にとれるとき f は同型写像であるという．

例 2 (i) $C = (x_0^2 x_2 - x_1^3 = 0) \subset \mathbf{P}^2$ とする．$[s:t] \mapsto [s^3 : s^2 t : t^3]$ で与えられる写像 $\nu : \mathbf{P}^1 \longrightarrow C$ は全単射な正則写像である．ν の有理写像としての逆写像 ν^{-1} は $[x_0 : x_1 : x_2] \mapsto [x_0 : x_1]$ である．ν^{-1} は (有理関数倍でどう調節しても) $P = [0:0:1]$ で正則にできず，ν は双有理写像だが同型写像ではない．(ii) $C = (x_0 x_3 - x_1 x_2 = x_0 x_2 - x_1^2 = x_1 x_3 - x_2^2 = 0) \subset \mathbf{P}^3$ とする．$[s:t] \mapsto [s^3 : s^2 t : s t^2 : t^3]$ により $\mathbf{P}^1$ と同型になる．逆写像は正則写像 $[x_0 : x_1 : x_2 : x_3] \mapsto [x_0 : x_1] = [x_1 : x_2] = [x_2 : x_3]$.

以下，曲線に限定する．P で正則な $k(C)$ の元 (F/G, $G(P) \neq 0$ となる表示をもつ元) 全体からなる部分環を $\mathcal{O}_{C,P}$，P で 0 になる $\mathcal{O}_{C,P}$ の元全体を $\mathbf{m}_{C,P}$ と書く．$\mathcal{O}_{C,P}$ は $\mathbf{m}_{C,P}$ を極大イデアルとする局所環である．$\mathbf{m}_{C,P} = (t_P)$ のとき，P を C の正則点でといい，t_P を P における C の局所座標という．正則点のみからなる曲線を非特異曲線という．$C (\subset \mathbf{P}^n)$ の定義イデアルの生成元を $F_1, \ldots, F_m$ とし，$d(P) = n - \mathrm{rank}\,(\partial F_i/\partial x_j)(P) \geqq 1$ とおく．「P が正則点 $\Leftrightarrow d(P) = 1$」(ヤコビアン判定法)．

例 3 (i) $\mathbf{P}^1$ は非特異である．(ii) d 次平面曲線 $(F = 0)$ が非特異 $\Leftrightarrow \partial F/\partial x_0(P) = \partial F/\partial x_1(P) = \partial F/\partial x_2(P) = 0$ である点 P はない．とくに，Fermat 曲線は非特異である．(iii) 例 2 (i) の曲線は $[0:0:1]$ に特異点 (=正則でない点) をもつ．

C が非特異曲線であれば，各点 P において局所座標 t_P のべきで調整することで，C からの有理写像はつねに正則になる．したがって，非特異曲線については双有理写像=双正則写像である．一般に，与えられた曲線 C に対して，非特異な曲線 $\hat{C}$ と双有理写像 $\nu : \hat{C} \longrightarrow C$ の組 $(\hat{C}, \nu)$ が同型を除きただ一つ存在する (C の**正規化**)．こうして，「曲線の双有理同値による分類=非特異曲線の双正則同値による分類」である．分類には以下述べる種数が重要な役割をする．以下，C を非特異曲線とする．

$\tilde{\Omega}_{k(C)} = \oplus_{f \in k(C)} k(C) \tilde{d} f$（関数体 $k(C)$ の元全体を自由基底とする $k(C)$-線形空間）の部分空間 N を $\tilde{d}(af+bg) - a\tilde{d}f - b\tilde{d}g$, $\tilde{d}(fg) - f\tilde{d}g - g\tilde{d}f$ (f, g は $k(C)$ の元全体にわたり，a, b は k の元全体にわたる) で生成される $k(V)$-線形空間と定める．商線形空間 $\Omega_{k(C)} = \tilde{\Omega}_{k(C)}/N$ を k 上の $k(C)$ の微分加群といい，$\Omega_{k(C)}$ の元のことを C の有理微分形式という．$df = \tilde{d}f \bmod N \in \Omega_{k(C)}$ と書く．$d(af+bg) = adf + bdg$（k-線形性），$d(fg) = fdg + gdf$（ライプニッツ則）である．$\Omega_{k(C)}$ は 1 次元 $k(V)$-線形空間であり，任意の dx ($x \in k(C) \setminus k$) は基底になる．$\eta \in \Omega_{k(C)}$ とする．$P \in C$ の局所座標 t_P を用いて，$\eta = f_P dt_P$ ($f_P \in k(C)$) と書ける．$f_P \in \mathcal{O}_{X,P}$ であるとき，η は P で正則であるという．η の P における零あるいは極の位数を f_P の P における零あるいは極の位数と定める．C 上の正則微分形式 ($=$ すべての点で正則な有理微分形式) 全体を $\Gamma(C, \Omega_C)$ と書く．$\Gamma(C, \Omega_C)$ は有限次元線形空間になる (C の固有性)．$\dim \Gamma(C, \Omega_C)$ を C の種数といい，$g(C)$ と書く．$\mathbf{P}^1$ の 0 でない有理微分形式は必ず極をもち，$g(\mathbf{P}^1) = 0$ である．$k = \mathbf{C}$ のとき，位相をユークリッド位相に変えることで C は g 個の "穴" をもつ向き付けられた実閉曲面 Σ_g と同相になる．

例 4 Fermat n 次曲線 F_n の種数を求める．$1 + x^n + y^n = 0$ ($x = x_1/x_0, y = x_2/x_0$) により，$dx/y^{n-1} = -dy/x^{n-1}$ (η と書く) である．$\varphi \eta$ ($\varphi \in k(F_n)$) が各点で正則になる条件を書き下すことで，$\Gamma(F_n, \Omega_{F_n}) = k\langle x^\ell y^m \eta \mid 0 \leq l, m, l+m \leq n-3\rangle$，$g(F_n) = (n-1)(n-2)/2$ が従う．より一般に，非特異 n 次射影平面曲線の種数は $(n-1)(n-2)/2$（**種数公式**）である．

$\varphi : C \longrightarrow C'$ (C, C' は非特異) を全射正則写像とする．$Q \in C'$ の逆像は有限個の点 $\{P_1, P_2, \ldots, P_n\}$ からなる．t_Q を Q の局所座標，t_i を P_i の局所座標とすると，$\varphi^* t_Q = u t_i^{e_i}, e_i > 0$ と書ける．e_i を P_i における φ の分岐指数という．$e_i \geq 2$ のとき φ は P_i で分岐するという．$[k(C) : k(C')] = \sum_{i=1}^n m_i$ (φ^* で $k(C')$ を $k(C)$ の部分体とみなす) となる．この値を写像の次数といい $\deg \varphi$ と書く．k の標数が 0 ならば，C' の一般の点の逆像はちょうど $\deg \varphi$ 個である．有理関数 $f \in k(C) \setminus k$ は C から $\mathbf{P}^1$ への全射を与え，f の重複度付きの零の個数，極の個数は一致する．

2 因子とリーマン–ロッホの定理

非特異曲線 C の点全体を自由基底とするアーベル群の元を C の**因子**という．因子 $D \neq 0$ は，$D = \sum_{i=1}^k a_i P_i$ ($P_i \neq P_j \in C, a_i \neq 0 \in \mathbf{Z}$) の形に一意的に書ける．$a_i > 0 (\forall i)$ または $D = 0$ であるとき，D のことを**有効因子**といい $D \geq 0$ で表す．$\deg D = \sum_{i=1}^k a_i$ とおき，D の**次数**という．0 の次数は 0 と定める．

$f \neq 0 \in k(C)$ とする．因子 $\operatorname{div} f = \sum m_i P_i - \sum n_j Q_j$ (P_i は f の位数 m_i の零，Q_j は f の位数 $n_j > 0$ の極) のことを，有理関数 f の定める**主因子**という．$\deg \operatorname{div} f = 0$ である．$D' - D$ が主因子であるとき D, D' は**線形同値**であるといい，$D \sim D'$ と書く．$D \sim D' \Rightarrow \deg D = \deg D'$ である．有理微分形式 $\eta \neq 0$ に対する因子を，$\operatorname{div} \eta = \sum m_i P_i - \sum n_j Q_j$ (P_i は η の位数 m_i の零，Q_j は η の位数 $n_j > 0$ の極) と定める．別の有理微分形式 $\eta' \neq 0$ に対し，$\operatorname{div} \eta \sim \operatorname{div} \eta'$ である．有理微分形式の線形同値類を K_C と書き，C の**標準因子 (類)** という．

因子 D に対して，線形空間 $L(D) (\subset k(C))$ を $L(D) := \{f \in k(C) \setminus \{0\} \mid \operatorname{div} f + D \geq 0\} \cup \{0\}$ と定める．($D = 3P - 2Q$ ならば $L(D)$ の元は Q で 2 位以上の零をもち，P でたかだか 3 位の極しかもたない有理関数全体のなす線形空間である．) $L(D)$ は有限次元線形空間になる (C の固有性)．$L(D)$ の次元を $\ell(D)$ と書く．$L(0) = k$ (正則関数は定数のみ)，$\ell(0) = 1$ である．また，$\deg D < 0$ ならば，$\ell(D) = 0$ である．$D \sim D'$ ならば自然に $L(D) \simeq L(D')$ であり，$L(K_C - D)$ の次元が確定する．K_C を有理形式 η を用いて $\operatorname{div} \eta$ と表示すれば，対応 $f \in L(K_C) \leftrightarrow f\eta \in \Gamma(C, \Omega_C)$ により，$L(K_C) \simeq \Gamma(C, \Omega_C), \ell(K_C) = g(C)$ である．次が**リーマン–ロッホの定理**である:

$$\ell(D) - \ell(K_C - D) = \deg D + 1 - g(C).$$

$D = K_C$ とおくことで，$\deg K_C = 2g(C) - 2$ が従う．とくに，C の正則微分形式 $\eta \neq 0$ は重複度を込めてちょうど $2g(C) - 2$ 点で零になる．つねに $\ell(D) \geqq \deg D + 1 - g(C)$ (リーマン–ロッホの不等式) であり，$\deg D > 2g - 2 = \deg K_C$ ならば，$\ell(D) = \deg D + 1 - g(C)$ である．

層の言葉を用いると，リーマン–ロッホの定理は $\chi(C, \mathcal{O}_C(D)) = \chi(C, \mathcal{O}_C) + \deg D$ と書ける．ここで，$\chi(C, \mathcal{O}_C(D)) = \dim H^0(C, \mathcal{O}_C(D)) - \dim H^1(C, \mathcal{O}_C(D))$ である．

$\ell(D) = n+1 > 0$ とする．$L(D)$ の基底 $\langle f_0, f_1, \ldots, f_n \rangle$ を用いて，正則写像 $\Phi_D : C \longrightarrow \mathbf{P}^n$ が $P \mapsto (f_0(P), f_1(P), \ldots, f_n(P))$ により定まる．(基底の取替えは，像を射影変換 $\mathrm{PGL}(n+1, C)$ で移すことに対応し本質的ではない．) この写像 Φ_D を因子 D の定める正則写像という．「Φ_D が埋め込み (= 像への同型写像) $\Leftrightarrow \ell(D - P - Q) = \ell(D) - 2 (\forall P, Q \in C)$」(埋め込み判定法) である．$P = Q$ の場合も考えることが重要である．$P \neq Q$ の場合の条件は $\Phi_D(P) \neq f(Q)$ (像への全単射性) と同値であり，$P = Q$ の場合の条件は $\Phi_D^* : \mathcal{O}_{\Phi_D(C), \Phi_D(P)} \simeq \mathcal{O}_{C,P}$ (関数の間の同型) と同値である．とくに，$\deg D > 2g + 1 = \deg K_C + 3$ ならば Φ_D は埋め込みである．

$g(C) = 0$ ならば ($\deg K_C = -2$ だから) 1 点からなる因子 P は埋め込みを与え，$\Phi_P : C \simeq \mathbf{P}^1$ となる．とくに，種数 0 の非特異曲線はすべて $\mathbf{P}^1$ と同型である．$\mathbf{P}^1$ と双有理な曲線 (たとえば例 2 (i) の曲線) を**有理曲線**という．$g(C) = 1$ ならば $3P$ は $\mathbf{P}^2$ への埋め込みを与える．k の標数が 2 でも 3 でもなければ，像は (適当な基底のもとで) Weierstrass の標準形 $x_1^2 x_2 = x_0^3 + a x_0 x_2^2 + b x_2^3$ ($4a^3 + 27b^2 \neq 0$) の形になる．同型になるのは $J := \frac{a^3}{4a^3 + 27b^2}$ (J-不変量) が等しいときである．

3 標準写像

$g = g(C) \geqq 2$ の場合を考える (簡単のため k の標数 $\neq 2$ とする)．$\ell(K_C) = g \geqq 2$ であり $\deg K_C = 2g - 2 > 0$ である．写像 $\Phi_{K_C} : C \longrightarrow \mathbf{P}^{g-1}$ のことを C の**標準写像**という．Φ_{K_C} は射影変換の違いを除き，C のみから決まる内在的な写像である．Φ_{K_C} は正則微分形式の基底の比によって与えられる写像であるといってもよい．埋め込み判定法により，Φ_{K_C} は (i) 埋め込みであるかまたは (ii) 像は $\mathbf{P}^1 (\subset \mathbf{P}^{g-1})$ であり，Φ_{K_C} は $2g+2$ 点で分岐する $\mathbf{P}^1$ への次数 2 の写像になる．(i) のとき，像 $\Phi_{K_C}(C)$ のことを**標準曲線**という．(ii) のとき，C を**超楕円曲線**という．種数 2 の曲線はつねに超楕円曲線である．$g(C)$ が小さい場合の標準曲線は明示的に書ける：(i) $g = 3$：$\mathbf{P}^2$ の非特異 4 次曲線．(ii) $g = 4$：$\mathbf{P}^3$ の 2 次曲面と 3 次曲面の非特異完全交差．(iii) $g = 5$：三つの 2 次超曲面の非特異完全交差．

たとえば，$\mathbf{P}^2$ の非特異 4 次曲線について「同型 $\Leftrightarrow PGL(3, k)$ の作用で移りあう」により，$g = 3$ の標準曲線全体は $(_{4+2}C_2 - 1) - (3 \times 3 - 1) = 6 = 3g - 3$ 次元分ある．また，$\mathbf{P}^1$ の 8 点で分岐する 2 重被覆について「同型 $\Leftrightarrow$ 8 点が $PGL(2, k)$ の作用で移りあう」により，$g = 3$ の超楕円曲線全体は $8 - 3 = 5 = 2g - 1$ 次元分ある．より一般に，$g = g(C) (\geqq 2)$ である非特異射影曲線 C の同型類全体の集合 $\mathcal{M}_g$ には自然な代数多様体の構造が入り，$3g - 3$ 次元の準射影代数多様体になることがわかっている (Mumford)．$\mathcal{M}_g$ のことを種数 g の曲線の**粗モジュライ空間**という．$\mathcal{M}_g$ の中で超楕円曲線全体は $2g - 1$ 次元の閉部分多様体をなす．したがって，$g(C) \geqq 3$ の場合には，標準曲線が大半であり超楕円曲線は標準曲線が"退化"したものとも考えられる．$\mathcal{M}_g$ の構成には内在的な因子である $3K_C$ による写像 Φ_{3K_C} (つねに埋め込みを与える) が使われる．$g = 1$ のときは粗モジュライ空間は 1 次元のアフィン直線 $\mathbf{A}^1 = \{J(C) | g(C) = 1\}$ である．

[小木曽啓示]

参 考 文 献

[1] 小木曽啓示：代数曲線論，朝倉書店，2004.
[2] 梶原 健：代数曲線入門，日本評論社，2004.
[3] R. ハーツホーン著，高橋宣能・松下大介訳：代数幾何学，シュプリンガー・フェアラーク東京，2005.

代数曲面の分類

classification of algebraic surfaces

本稿では，複素数体上の非特異射影代数曲面のことを曲面と呼ぶ．

代数多様体の性質を調べる最も一般的な方法は，線型系の定める有理射を調べることである．それが射であればなおよい．なかでも，標準因子に付随する完備線型系 (標準線型系) の定める有理射は，多様体に対して内在的に定義されるものであり，多様体の内在的な性質を導き出すものと期待できる．この視点から曲面の分類について概観する．

1 曲面の極小モデル理論

もし，標準線型系による有理射が射になるとすれば，標準因子は豊富因子の引き戻しになっているから，交点数の射影公式により，すべての既約曲線との交点数は非負でなければならない．一般に，因子 D がすべての既約曲線 C に対して $D \cdot C \geq 0$ を満たすとき D はネフ (nef) であるといい，標準因子がネフである曲面を極小曲面という．極小モデル理論によれば，任意の曲面 S は，自己交点数が -1 である非特異有理曲線 ((-1)-曲線) の収縮を有限回繰り返すと，次のいずれかの曲面 T に同型となる: (1) T の標準因子 K_T はネフ．T は同型を除いて一意．T を S の極小モデルという．以下の2つでは K_T はネフでない．(2) $f: T \to C$ なる非特異曲線 C への射があり，f のすべてのファイバーは非特異有理曲線に同型．f のことを $\mathbf{P}^1$-束という．(3) T は射影平面 $\mathbf{P}^2$．

(1)–(2) のように，極小モデル理論は，極小モデルが存在しない場合でも，標準線型系による射は構成できないものの，S の良いモデル T がとれることを教えてくれる (極小モデル理論というのはむしろこちらの状況を調べる理論である)．

例 1 上記の (2) の例として，$C = \mathbf{P}^1$，T をベクトル束 $\mathcal{O}_{\mathbf{P}^1} \oplus \mathcal{O}_{\mathbf{P}^1}(n)$ (n は非負整数) の射影化 $\mathbf{P}(\mathcal{O}_{\mathbf{P}^1} \oplus \mathcal{O}_{\mathbf{P}^1}(n))$ とする．これをヒルツェブルッフ (Hirzebruch) 曲面という．$n = 0$ のとき，$T \simeq \mathbf{P}^1 \times \mathbf{P}^1$ である．$n = 1$ のとき，$\mathcal{O}_{\mathbf{P}^1}(1) \hookrightarrow \mathcal{O}_{\mathbf{P}^1} \oplus \mathcal{O}_{\mathbf{P}^1}(1)$ に対応する $T \to \mathbf{P}^1$ の切断の像は (-1)-曲線であり，これを収縮すると $\mathbf{P}^2$ になる．よって，T は $\mathbf{P}^2$ を1点で爆発して得られる曲面である．$\mathbf{P}^2$ の爆発の方程式を定義に従って書き下してみれば，T は $\mathbf{P}^2 \times \mathbf{P}^1$ の $(1,1)$ 型因子であることがわかる．自然な射影 $\mathbf{P}^2 \times \mathbf{P}^1 \to \mathbf{P}^1$ を T に制限した射が，上で与えた $T \to \mathbf{P}^1$ にほかならない．

さて，極小モデルの標準線型系の定める有理射は射になることが期待されるが，これは一般には正しくない．ネフという数値的条件と，有理射が射になることと同値な，線型系が固定点をもたないという条件にはへだたりがあるのである．一般の線型系の場合，このへだたりは大きいが，標準因子の場合には，標準因子の適当な自然数倍に付随する線型系 (多重標準線型系) が固定点をもたないということが証明できる．この事実を**豊潤定理** (abundance theorem) という．これを示すのが曲面の分類の核心部分の一つである．

2 小平次元

X を非特異射影多様体，$\Phi_{|mK_X|}$ を完備線型系 $|mK_X|$ に付随する有理射とするとき，X の小平次元を，m がすべての自然数 (正の整数) を動くときの $\Phi_{|mK_X|}$ の像の次元の最大値のこととし，$\kappa(X)$ で表す．ただし，すべての自然数 m に対して，$|mK_X|$ が空集合であれば，$\kappa(X) = -\infty$ と定義する．当然，$\kappa(X) \leq \dim X$ が成り立つ．次の定理は，小平次元が $\dim H^0(X, \mathcal{O}_X(mK_X))$ (以下，$h^0(mK_X)$ で表す) の m に関する増大度で解釈できることを示している．

定理 1 $\kappa(X) \geq 0$ と仮定する．$\kappa(X) = 0$ であることと，すべての $m \geq 1$ に対して，$h^0(mK_X) \leq 1$ であることは同値である．$\kappa(X) = k$ ($1 \leq k \leq \dim X$) であることと，ある正の実数 α, β があって，十分大きな m に対して $\alpha m^k < h^0(mK_X) < \beta m^k$ であることは同値である．

次の定理は，曲面の分類の基礎となる結果である．

定理 2 極小曲面 S に対して，ある自然数 m があって $H^0(S, \mathcal{O}_S(mK_S)) \neq \{0\}$ が成り立つ．つまり極小曲面の小平次元は非負である．

3 不 変 量

射影多様体の分類の指標となるさまざまな不変量を定義する．

X を非特異射影多様体とする．X 上の因子 D に対して，$h^i(D) := \dim H^i(X, \mathcal{O}_X(D))$, $\chi(D) := \sum_{i=0}^{\dim X} (-1)^i h^i(D)$ とおく．$D = 0$ のときは $\chi(\mathcal{O}_X)$ と書く．また，$p_g = p_g(X) = h^0(K_X)$ (幾何種数 (geometric genus)), $q = q(X) = h^1(\mathcal{O}_X)$ (不正則数 (irregularity)) とおく．この二つは双有理不変量である．X が曲面のとき，セール双対性により，$p_g = h^2(\mathcal{O}_X)$ であるから，$\chi(\mathcal{O}_X) = 1 - q + p_g$ が成り立つ．X に対して，次元 $q(X)$ のアーベル多様体 $A(X)$ と射 $f: X \to A(X)$ が存在して，複素トーラス T への射 $f': X \to T$ があれば，射 $g: A(X) \to T$ で $f' = g \circ f$ となるものがただ 1 つ存在する (普遍性)．$A(X)$ を X のアルバネーゼ多様体(Albanese variety)，f をアルバネーゼ射という．

4 エンリケス–小平による極小曲面の分類

S を極小曲面とする．定理 2 より，$\kappa(S) = 0, 1, 2$ である．以下，エンリケス–小平によって得られた極小曲面の分類結果 (豊潤定理を含む) を概観する．

4.1 $\kappa(S) = 2$

このとき，S は一般型であるという．K_S はネフかつ $K_S^2 > 0$ という条件をみたすから，川又–ショクロフの固定点自由化定理 (Kawamata–Shokurov's base point freeness theorem) により，十分大きなすべての自然数 m に対して，$|mK_S|$ は固定点をもたない．これがこの場合の豊潤定理である．より精密には，$m \geq 4$ であれば $|mK_S|$ は固定点をもたず，$m \geq 5$ であれば $\Phi_{|mK_S|}$ は，$K_S \cdot C = 0$ を満たす有限個の非特異有理曲線 (存在すれば) を有理 2 重点 (rational double point) につぶし，その外では埋め込みになっていること

が知られている．この定理は最初，ボンビエリによって示されたが，(極小とは限らない) 曲面 S に対して $|K_S + L|$ (L は豊富因子) の形の線型系がいつ固定点をもたないかを調べる一般的な方法 (ライダー (Reider) の方法) によって証明が簡略化された．

一般型の極小曲面は無数に存在するので，すべての曲面を詳しく分類するのは不可能であるが，地誌学の問題，より具体的には，非負整数 a, b を与えたとき，$K_S^2 = a$, $e(S) = b$ ($e(S)$ は S の位相的オイラー数) となる一般型の極小曲面が存在するかという問題については，その範囲の境界線の一部を与えている次の重要な不等式が知られている．

ネーター (Noether) の不等式：
$$e(S) \leq \begin{cases} 5K_S^2 + 36 : K_S^2 \text{ が偶数} \\ 5K_S^2 + 30 : K_S^2 \text{ が奇数} \end{cases}$$

宮岡–ヤオ (Yau) の不等式：$K_S^2 \leq 3e(S)$

例 2 (1) $\mathbf{P}^3$ において，次数が 5 以上の同次多項式で定義される曲面を S とする．S が非特異ならば，S は標準因子が豊富な一般型曲面である．S が有理 2 重点のみもてば，S の極小特異点解消は K_S がネフかつ $K_S^2 > 0$ をみたす一般型曲面である．

(2) $\mathbf{P}^3$ の 5 次フェルマー曲面 $T := \{x_0^5 + x_1^5 + x_2^5 + x_3^5 = 0\}$ には，$\mathbf{Z}/5\mathbf{Z}$ が $(x_0 : x_1 : x_2 : x_3) \mapsto (x_0 : \eta^1 x_1 : \eta^2 x_2 : \eta^3 x_3)$ (η は 1 の原始 5 乗根) で作用し，固定点をもたない．よってこの作用による商射 $T \to S$ は不分岐であり，S は非特異曲面である．$\chi(\mathcal{O}_S) = \frac{1}{5}\chi(\mathcal{O}_T) = 1$, $q(S) = q(T) = 0$ により，$p_g(S) = 0$ を得る．また，$K_S^2 = \frac{1}{5}K_T^2 = 1$ であり，K_T が豊富なので K_S も豊富，よって，S は一般型曲面である．この S をゴドー (Godeaux) 曲面という．

ゴドー曲面は，次のカステルヌォーヴォー (Castelnuovo) の有理性判定法が $h^0(2K_S) = 0$ という条件を $p_g(S) = 0$ に置き換えては成り立たないことを示す．

定理 3 $h^0(2K_S) = q = 0$ なる曲面 S は射影平面と双有理同値 (S は有理曲面であるという).

不変量の観点からすると, いかにも有理的でありそうな曲面が実は有理曲面からもっとも遠い位置にある一般型曲面であるというのが興味深い.

4.2 $\kappa(S) = 1$

一般に, 曲面 S から非特異曲線 C への射 $f: S \to C$ のすべてのファイバーが連結であるとき, f は C 上のファイバー空間であるという. このとき, $\omega_{S/C} := \omega_S \otimes f^*\omega_C^*$ とおく (相対標準層). ここで, 非特異多様体 X の標準層を ω_X で表す.

$\kappa(S) = 1$ のとき, 十分大きな自然数 m に対して, $\Phi_{|mK_S|}$ は非特異曲線 C 上のファイバー空間 $f: S \to C$ を定め, f の一般ファイバーは楕円曲線である. 特に $\kappa(S) = 1$ の場合, 豊潤定理が成り立つ.

楕円曲線を一般ファイバーとする非特異曲線上のファイバー空間のことを (小平次元によらず) 楕円曲面 (elliptic surface) という. 楕円曲面は, 小平による特異ファイバーの分類や次に述べる標準束公式 (canonical bundle formula) などを使って詳細に調べることができる.

定理 4 $f: S \to C$ を, ファイバーに (-1)-曲線を含まない楕円曲面とするとき, $\omega_S = f^*(\omega_C \otimes f_*\omega_{S/C}) \otimes \mathcal{O}(\sum(m_i-1)F_i)$ が成り立つ. ここで, F_i は重複ファイバーの台, m_i はその重複度である.

さらに相対的セール双対性により, $f_*\omega_{S/C} \simeq (R^1f_*\mathcal{O}_S)^*$ が成り立ち, これにより, $\deg f_*\omega_{S/C} = \chi(\mathcal{O}_S)$ がわかる. 標準束公式は, $p_i := f(F_i)$, $f_*\omega_{S/C}$ に付随する因子を L とおくと, $K_S \sim_{\mathbf{Q}} f^*(K_C + L + \sum \frac{(m_i-1)}{m_i} p_i)$ ($\sim_{\mathbf{Q}}$ は適当な整数倍をすれば線型同値になるという意味) とも書け, また, これより $h^0(mK_S) = h^0(m(K_C + L) + \sum \lfloor \frac{m(m_i-1)}{m_i} \rfloor p_i)$ が成り立ち (ここで $\lfloor a \rfloor$ で実数 a の切り下げを表す), $h^0(mK_S)$ の計算が曲線 C 上の可逆層の大域切断の計算に帰着する. たとえば, これによって, $\kappa(S) = 1$ ならば, $h^0(4K_S) > 0$ または $h^0(6K_S) > 0$ が示せる.

このように, S の標準因子 K_S を記述するためには, C 上の標準因子そのものではなく適当な有効因子を足したものを考える必要がある. これが対数的双有理幾何の一つの起源である.

例 3 C を非特異曲線とし, δ を $|\delta|$ が固定点をもたない C 上の因子とする. $\mathbf{P}^2 \times C$ において, 第一射影 p_1 による $\mathbf{P}^2$ の直線の引き戻しを L, 第二射影 p_2 による δ の引き戻しを D とする. 線形系 $|3L + D|$ の一般元を S とする. ベルティニ (Bertini) の定理により, S は非特異曲面である. 第二射影 $\mathbf{P}^2 \times C \to C$ の S への制限を $f: S \to C$ とする. 随伴公式により $K_S = f^*(K_C + \delta)$ を得るが, この式は, f によって S が楕円曲面になることを示し, その標準束公式になる. さらに, この式によって, さまざまな C, δ を選ぶことで, S の小平次元がすべての値をとることもわかる.

4.3 $\kappa(S) = 0$

S は次のいずれかである: (1) K3 曲面: $p_g = 1$, $q = 0$, $K_S \sim 0$. (2) アーベル曲面 (abelian surface): $p_g = 1$, $q = 2$, $K_S \sim 0$. (3) エンリケス (Enriques) 曲面: $p_g = q = 0$, $2K_S \sim 0$. (4) 双楕円 (bi-elliptic) 曲面: $p_g = 0$, $q = 1$, $mK_S \sim 0$ ($m \in \{2,3,4,6\}$).

特に, いずれの場合でも, $mK_S \sim 0$ となる自然数 m がある. これがこの場合の (有効な評価付きの) 豊潤定理である.

エンリケス曲面は, $h^0(2K_S) = 0$ という条件を $p_g(S) = 0$ に置き換えると定理 3 が成り立たなくなる例として, エンリケスによって発見された. K3 曲面 T からの不分岐二重被覆 $T \to S$ が存在する.

双楕円曲面 S は $(E \times F)/G$ という形をしている. ここで E, F は楕円曲線, G は有限群であり, E に平行移動として作用し, F には $F/G \simeq \mathbf{P}^1$ となるように作用している. G の $E \times F$ への作用は固定点を持たず, したがって, $E \times F \to S$ は不分岐射である. その次数 m は $2, 3, 4, 6$ のいずれかであり, よって, $K_{E \times F} \sim 0$ より $mK_S \sim 0$ となる. S のアルバネーゼ射は $S \to E/G$ であり, これは局所自明な楕円ファイバー空間である. ま

た, $S \to F/G$ は重複ファイバーを, $F \to F/G$ の分岐点の上にもつ楕円ファイバー空間である.

例4 (1) $\mathbf{P}^5$ において, 三つの2次超曲面の非特異完全交叉 T は K3 曲面である. $\mathbf{P}^5$ において, $(x_1 : x_2 : x_3 : y_1 : y_2 : y_3) \mapsto (x_1 : x_2 : x_3 : -y_1 : -y_2 : -y_3)$ なる対合 (involution) を考える. この対合が T を保ち, かつ, T 内に固定点をもたないように T を選ぶことができる. この対合による T の商はエンリケス曲面である. 一般的なエンリケス曲面はこの形で実現される.

(2) $\mathbf{P}^3 \times \mathbf{P}^3$ において, 四つの $(1,1)$ 型因子の非特異完全交叉 T は K3 曲面である. さらに, 四つの $(1,1)$ 型因子が成分の入れ替え $\mathbf{P}^3 \leftrightarrow \mathbf{P}^3$ で不変であり, T が $\mathbf{P}^3 \times \mathbf{P}^3$ の対角線集合と交わらなければ, T には成分の入れ替えが固定点をもたない対合として作用する. この対合による商はエンリケス曲面であり, レイエ (Reye) 合同型と呼ばれている. エンリケス曲面がレイエ合同型であることと, 非特異有理曲線を含むことは同値である.

5 有理曲面

小平次元 $-\infty$ の曲面の中で, 一つの重要なクラスをなしているのが有理曲面である. 1節によれば, 有理曲面 S は, $\mathbf{P}^2$, $\mathbf{P}^1 \times \mathbf{P}^1$ (2次曲面), または, $\mathbf{P}^2$ から有限回の爆発によって得られる曲面であることがわかる.

例5 $\mathbf{P}^2$ において二つの3次曲線 C_1, C_2 をとる. ここで, C_1 は非特異, C_2 は被約であるとし, C_1 と C_2 の交点はすべて各々の非特異点であり, それらにおいて C_1 と C_2 は横断的に交わっているとする. このとき, ベズーの定理により, C_1 と C_2 の交点は 9 個である. この 9 点の爆発によって得られる曲面を S とする. C_1, C_2 の S 上の狭義変換は固定点をもたないペンシルをなし, このペンシルの定める射 $S \to \mathbf{P}^1$ によって, S は楕円曲面になり, C_1, C_2 はそのファイバーになる. C_2 としていろいろな被約特異3次曲線 (終節点, ま

たは尖点ももつ既約曲線, 2次曲線と直線の和集合, 3本の直線の和集合) を選ぶことで, 楕円曲面の特異ファイバーの例が得られる.

反標準因子が豊富な曲面をデルペッツォ (del Pezzo) 曲面という. 曲面 S がデルペッツォ曲面であるということは, S が, $\mathbf{P}^2$, $\mathbf{P}^1 \times \mathbf{P}^1$, または, $\mathbf{P}^2$ の 8 個以下の点のうち, どの 3 個も直線上になく, どの 6 個も 2 次曲線上にないものの爆発によって得られる曲面であることと同値である. デルペッツォ曲面 S に対して, $(-K_S)^2$ を S の次数という. S の次数 d が 3 以上の場合反標準線形系は S から $\mathbf{P}^d$ への埋め込みを与える. $d = 3$ の場合, その像は $\mathbf{P}^3$ において同次3次式で定義される曲面であり, ちょうど 27 本の直線を含む. $d = 4$ の場合, その像は $\mathbf{P}^4$ において二つの 2 次超曲面の完全交叉であり, ちょうど 16 本の直線を含む.

例6 $\mathbf{P}^4$ の $S := \{\sum_{i=0}^{4} x_i = \sum_{i=0}^{4} x_i^3 = 0\}$ なる曲面をクレブシュ (Clebsch) **3次曲面**という (変数を一つ消去すれば, 上の意味の 3 次曲面になる). 曲面 S には, $\mathbf{P}^4$ の座標の入れ替えで定まる 5 次対称群 S_5 が自然に作用しているが, この S_5 の作用により, S 上の 27 本の直線を求めることができる. まず, $\{x_0 = x_1 + x_2 = x_3 + x_4 = 0\}$ なる直線が見つかるが, S_5 の作用により, 同様のタイプの直線が 15 本見つかる. また, η を 1 の原始 5 乗根とするとき, $(1 : \eta : \eta^2 : \eta^3 : \eta^4)$ と $(1 : \eta^4 : \eta^3 : \eta^2 : \eta)$ を通る直線が S に乗っているが, S_5 の作用により, 同様のタイプの直線が 12 本見つかる.　　　　　　　　　　[髙木寛通]

参考文献

[1] L. Bădescu : *Algebraic Surfaces*, Springer, 2001.
[2] W. Barth, K. Hulek, C. Peters, A. Van de Ven : *Compact Complex Surfaces*, Springer, 2004.
[3] A. Beauville : *Complex Algebraic Surfaces*, Cambridge University Press, 1996.
[4] 安藤哲哉 : 代数曲線・代数曲面入門, 数学書房, 2007.
[5] 今野一宏 : 代数曲線束の地誌学, 内田老鶴圃, 2013.

代数多様体

algebraic variety

1 代数多様体

この節では k は常に代数閉体 (たとえば複素数体 C) とする.

1.1 アフィン代数多様体

k の順序付き n 元の組 $(a_1,\ldots,a_n)$ 全体の集合をアフィン n–空間といい, $\mathbf{A}_k^n$ で表す. 以下, 多項式環 $k[x_1,\ldots,x_n]$ ($x_1,\ldots,x_n$ は座標 $a_1,\ldots,a_n$ に対応する変数) を R_n で表す. $\mathbf{A}_k^n$ において有限個の多項式 $f_1,\ldots,f_m \in R_n$ の共通零点集合を代数的集合といい, $V(f_1,\ldots,f_m)$ で表す. たとえば $V(x_1^3-x_2^2) \subset \mathbf{A}_k^2$ などがある. $\mathbf{A}_k^n$ には代数的集合を閉集合とする位相が入り, 代数的集合にはその誘導位相が入る. これをザリスキー位相という. 空でない代数的集合 V が既約であるとは, V と異なる代数的集合 V_1, V_2 を用いて $V=V_1\cup V_2$ とは書けないことであり, このとき V をアフィン多様体, その開集合のことを準アフィン多様体という. たとえば, 既約な多項式一つの零点集合はアフィン多様体である. $V(f_1,\ldots,f_m)$ は, $f_1,\ldots,f_m$ が R_n において生成するイデアルの元の共通零点集合でもある. 一般に I を R_n のイデアルとすると, R_n はネーター環なので, I は有限個の元で生成される. よって, I の元の共通零点集合は代数的集合である. これを $V(I)$ で表す. V を代数的集合とするとき, V のすべての点で消える多項式全体 $I(V)$ はイデアルになり, V は $I(V)$ の元の共通零点集合になっている. つまり, $V=V(I(V))$ が成り立つ. しかし逆に, イデアル I に対して $I=I(V(I))$ が一般に成り立たないことは, $I=(x_1^2)$ などを考えればわかる. 実際に成立するのは, $\sqrt{I}=I(V(I))$ である (ヒルベルトの零点定理). ここで, $\sqrt{I}$ は $f^r \in I$ (r は f に依存する正整数) となる多項式 f 全体でありイデアルになっている. I が極大イデアルのとき, これは $V(I) \neq \emptyset$ と同値であり, さらに, これは I が, ある $\mathbf{A}_k^n$ の点 $(a_1,\ldots,a_n)$ を用いて, $(x_1-a_1,\ldots,x_n-a_n)$ と書けることと同値である. I が極大イデアルの時の零点定理を弱零点定理という. V がアフィン多様体であるということは, $I(V)$ が素イデアルであるということと同値である. 代数的集合 V に対して, $A(V):=R_n/I(V)$ を V のアフィン座標環という. $A(V)$ の元は自然に V 上の関数と見なせる.

1.2 射影多様体

射影多様体はアフィン多様体と平行して定義される. アフィン多様体はアフィン空間の中で定義されたが, 射影多様体は, 射影空間 $\mathbf{P}_k^n$, つまり, $\mathbf{A}_k^{n+1} \setminus \{(0,\ldots,0)\}$ を $(a_0,a_1,\ldots,a_n) \sim (\lambda a_0, \lambda a_1,\ldots,\lambda a_n)$ ($\lambda \in k \setminus \{0\}$) という同値関係で割った集合の中で定義される. R_{n+1} の m 次同次式 F に対しては, $F(\lambda x_0,\ldots,\lambda x_n) = \lambda^m F(x_0,\ldots,x_n)$ が成り立つことに注意すれば, $\mathbf{P}_k^n$ における F の零点集合が意味をもつ. こうして, $\mathbf{P}_k^n$ の代数的集合などが, アフィンの場合と平行して定義される. $\mathbf{P}_k^n$ における既約な代数的集合を射影多様体, その開集合のことを準射影多様体という. 以下, 1節では, 今まで定義した多様体を総称して (古典的) 代数多様体という. 代数的集合 V のすべての点で消える多項式全体の生成する R_{n+1} のイデアル $I(V)$ は, $F \in I(V)$ ならば F の同次部分もすべて $I(V)$ に含まれるという性質をもつ (この性質をもったイデアルを同次イデアルという). 代数的集合 V に対して, $S(V):=R_{n+1}/I(V)$ を V の射影座標環という. アフィンの場合と異なり, $S(V)$ の元は, 定数を除き, V 上の関数ではない.

例1 4次元 k–線形空間 V の2次元部分線形空間全体の集合に, 射影多様体の構造が入ることを見る. V の2次元部分線形空間の基底を選ぶと, $\begin{pmatrix} a_1 & a_2 & a_3 & a_4 \\ b_1 & b_2 & b_3 & b_4 \end{pmatrix}$ なる 2×4 行列を得る (各行が基底ベクトル). 基底を取りかえても, 小行列式 $\Delta_{ij} := \begin{vmatrix} a_i & a_j \\ b_i & b_j \end{vmatrix}$ ($1 \leq i < j \leq 4$) の比 $(\Delta_{12}:\Delta_{13}:\cdots:\Delta_{34})$ は不変であるが, 二つの 2×4 行列が同じ2次元部分線形空間を表すことと, 小行列式の比が等しいことは同値であることがわかる. よって, V の2次元部分線形空間全体の集

合は各 Δ_{ij} に対応する変数 p_{ij} を同次座標とする 5 次元射影空間 $\mathbf{P}^5$ の部分集合と見なせる．さらに，$\Delta_{12}\Delta_{34} - \Delta_{13}\Delta_{24} + \Delta_{14}\Delta_{23} = 0$ が成り立つことがわかるが，$\mathbf{P}^5$ の点 $(p_{12}: p_{13}: \cdots : p_{34})$ が 2 次元部分線形空間に対応することと，射影多様体 $V(p_{12}p_{34} - p_{13}p_{24} + p_{14}p_{23})$ に属することは同値であることが示される．この射影多様体は，グラスマン多様体の特別な例で $G(2, V)$ で表される．

例 2 射影空間の直積 $\mathbf{P}_k^m \times \mathbf{P}_k^n$ には射影代数多様体の構造が入る．実際，$\mathbf{P}_k^m \times \mathbf{P}_k^n \to \mathbf{P}_k^{(m+1)(n+1)-1}$ なる写像を，$(x_0 : \cdots : x_m) \times (y_0 : \cdots : y_n) \mapsto (x_0 y_0 : \cdots : x_m y_n)$ (すべての $x_i y_j$ を考える) によって定めると，これは全単射であり，その像は $\mathbf{P}_k^{(m+1)(n+1)-1}$ の射影多様体になる．これをセグレ (Segre) 多様体という．$x_i y_j$ に対応する $\mathbf{P}_k^{(m+1)(n+1)-1}$ の座標を p_{ij} とすると，そのイデアルは，行列式 $\begin{vmatrix} p_{i_1 j_1} & p_{i_1 j_2} \\ p_{i_2 j_1} & p_{i_2 j_2} \end{vmatrix}$ $(0 \leq i_1 \leq i_2 \leq m, 0 \leq j_1 \leq j_2 \leq n)$ で生成される．

1.3 正則関数および射

代数多様体 V に対して，V 上の関数 $f: V \to k$ が正則関数 (regular function) とは，V の各点 v に対して，v を含む開集合 U が存在し，f が U 上で，(1) V が (準) アフィン多様体の場合は，多項式 g と U 上に零点をもたない多項式 h を用いて，$f = \frac{g}{h}$ と書けるということ，(2) V が (準) 射影多様体の場合は，同次多項式 g と U 上に零点を持たない同次多項式 h で次数が同じものを用いて，$f = \frac{g}{h}$ と書けるということである．代数多様体の開集合もまた代数多様体であるから，開集合上の正則関数も定義されている．これによって，代数多様体 V 上の正則関数の環の層 $\mathcal{O}_V$ が得られる (V の構造層)．V の開集合 U 上の正則関数全体のなす環を $\mathcal{O}_V(U)$ で表す．V, W を代数多様体とするとき，$f: V \to W$ が射であるとは，f が連続であり，かつ，W の開集合 U 上の正則関数の f による引き戻し，つまり，f との合成が，$f^{-1}(U)$ 上の正則関数になっているということである．これにより代数多様体の同型も定義される．

$\mathbf{P}_k^n$ の $\{x_i \neq 0\}$ なる開集合 U_i における正則関数は，$\frac{x_0}{x_i}, \ldots, \frac{x_n}{x_i}$ の多項式であることから，U_i は代数多様体として，$\mathbf{A}_k^n$ に同型であることがわかる．さらに，射影代数多様体 $V \subset \mathbf{P}_k^n$ の U_i への制限が，$\mathbf{A}_k^n$ に含まれるアフィン代数多様体と同型であることもわかるので，射影代数多様体はアフィン代数多様体を貼り合わせたものと見なせる．

アフィン多様体 V の場合に，正則関数と射を具体的に記述する．正則関数については，自然な環準同型 $A(V) \to \mathcal{O}_V(V)$ が同型になっていることを見る．まず，代数多様体のザリスキ位相が任意の空でない開集合が稠密であるという著しい性質をもつことから，2 つの正則関数 f, g がある開集合上で一致すれば全体で一致することがわかる (一致の定理)．これは，1 変数多項式が，有限個の値を除いて 0 ならば，多項式として 0 であるという事実の一般化である．さて，$v \in V$ における局所環 $\mathcal{O}_{V,v}$ とは，v を含む開集合とその上の正則関数の組に，$(U, f) \sim (W, g) \Leftrightarrow f|_{U \cap W} = g|_{U \cap W}$ で同値関係を入れたとき，それらの同値類 (芽という) の集合 (環になる) のことである．一致の定理により，これは実際，同値関係になり，また，自然な環準同型 $\mathcal{O}_V(V) \to \mathcal{O}_{V,v}$ は単射となる．局所環の定義と似ているが，点を指定せず，V の空でない開集合とその上の正則関数の組に，$(U, f) \sim (W, g) \Leftrightarrow f|_{U \cap W} = g|_{U \cap W}$ で同値関係を入れたとき，それらの同値類 (有理関数という) の集合 (体になる) を V の商体といい，$k(V)$ で表す．自然な単射 $\mathcal{O}_{V,v} \to k(V)$ が存在して，$k(V) = \cup_v \mathcal{O}_{V,v}$ が成り立つ．$\mathcal{O}_V(V)$ の定義から，$\mathcal{O}_V(V) = \cap_v \mathcal{O}_{V,v} \subset k(V)$ が分かる．$v = (a_1, \ldots, a_n)$ とすると，$I(v) = (x_1 - a_1, \ldots, x_n - a_n)$ が成り立つが，これは $I(V)$ を含む R_n の極大イデアルであるから，$A(V)$ の極大イデアル $\mathfrak{m}_v = (\bar{x}_1 - a_1, \ldots, \bar{x}_n - a_n)$ が得られる，ここで，$\bar{x}_i$ は x_i の $A(V)$ における像である．これを踏まえると $A(V) \to \mathcal{O}_V(V)$ は $A(V)_{\mathfrak{m}_v} \simeq \mathcal{O}_{V,v}$ を引き起こすことがわかる ($A(V)_{\mathfrak{m}_v}$ は環 $A(V)$ の極大イデアル $\mathfrak{m}_v$ による局所化である)．また，同様に，$A(V)$ の商体が $k(V)$ に同型なこともわかる．弱零点定理により，$A(V)$ の任意の極大イデアルは，ある $v \in V$ があって $\mathfrak{m}_v$ という形をしている

ことがわかるから，$A(V) \simeq \mathcal{O}_V(V)(= \cap_v \mathcal{O}_{V,v})$ を示すためには，$\mathfrak{m}$ が $A(V)$ のすべての極大イデアルを動くとき，$A(V) = \cap_\mathfrak{m} A(V)_\mathfrak{m}$ をいえばよい．これは環論の一般論から従う．

W を代数多様体，V をアフィン代数多様体とするとき，射 $f: W \to V$ は $A(V) \simeq \mathcal{O}_V(V) \to \mathcal{O}_W(W)$ を引き起こす．特に $A(V)$ の元 $\bar{x}_1, \ldots, \bar{x}_n$ の行き先を $f_1, \ldots, f_n$ とすれば，f は集合として，$w \in W \mapsto (f_1(w), \ldots, f_n(w)) \in V$ で与えられることがわかる．さらに W もアフィン多様体であれば，$f_1, \ldots, f_n$ は多項式 ($A(W)$ 内の像) と見なせるから，射 $f: W \to V$ とは多項式写像にほかならない．

例 3 多項式写像 $f: \mathbf{A}_k^1 \to \mathbf{A}_k^2 (s \in \mathbf{A}_k^1 \mapsto (s^2, s^3) \in \mathbf{A}_k^2)$ は，$\mathbf{A}_k^1$ から $V(x_1^3 - x_2^2) \subset \mathbf{A}_k^2$ への射を与える．

V が射影多様体の場合には，V 上の正則関数は定数関数しかないことがわかる．しかし，次数の等しい同次多項式の比はすべて V のある開集合上の正則関数であるから，有理関数はたくさん存在する．W を代数多様体，V を射影多様体とするとき，射 $f: W \to V$ は，W 上の正則関数ではなく，有理関数を用いて記述される．より正確にいえば，W の上の有効なカルティエ因子 D を考え，D に高々1位の極をもつ有理関数全体から有限個を選ぶ．ここでは例を与えるにとどめる．

例 4 $\mathbf{P}^1$ の点 $(1:0)$ を o で表す．有効カルティエ因子 $2o$ を考える．$2o$ で高々1位の極をもつ有理関数とは，o に高々2位の極をもつ有理関数であるから，$1, \frac{x_1}{x_0}, \frac{x_1^2}{x_0^2}$ の線型結合であることがわかる．そこで，$\mathbf{P}^1 \to \mathbf{P}^2$ を $(x_0:x_1) \mapsto (1: \frac{x_1}{x_0} : \frac{x_1^2}{x_0^2})$ で定める．$x_0 = 0$ では定義されていないようにみえるが，分母をはらって，$(x_0:x_1) \mapsto (x_0^2 : x_0 x_1 : x_1^2)$ とも書けるので全体で定義されている．これは，射，さらに像への同型射になっている．

次は，関数体の同型を誘導する射 (双有理射) の最も基本的な例である．

例 5 $\mathbf{P}_k^1 \times \mathbf{A}_k^2$ の部分集合 $\widetilde{\mathbf{A}}_k^2 := \{(p_1 : p_2) \times (x_1, x_2) \mid p_1 x_2 - p_2 x_1 = 0\}$ には，例2を踏まえると，準射影多様体の構造が入る．自然な射影 $\pi: \widetilde{\mathbf{A}}_k^2 \to \mathbf{A}_k^2$ は射になり，$\mathbf{A}_k^2$ の外では同型である．また，原点の逆像は $\mathbf{P}_k^1$ である．π を $(0,0)$ における $\mathbf{A}_k^2$ の爆発 (blowing up) という．例3で考えた代数的集合 $C := V(x_1^3 - x_2^2)$ の π による逆像は，$\pi: \widetilde{\mathbf{A}}_k^2 \to \mathbf{A}_k^2$ の原点の逆像と，$\widetilde{C} := \{(p_1 : p_2) \times (x_1, x_2) \mid p_1 \neq 0, x_1 - (\frac{p_2}{p_1})^2 = 0, x_2 - \frac{p_2}{p_1} x_1 = 0\}$ の和集合となる．$\widetilde{C}$ と $\mathbf{A}_k^1$ は，$(p_1 : p_2) \times (x_1, x_2) \mapsto \frac{p_2}{p_1}$ によって同型になる．この同型を通して，π の制限 $\widetilde{C} \to C$ は例3で考えた射と同一視できる．

2 スキーム

2.1 環付き空間

位相空間 X と環の層 $\mathcal{O}_X$ の対を**環付き空間**という．環付き空間 $(X, \mathcal{O}_X)$ から $(Y, \mathcal{O}_Y)$ への射とは，連続写像 $f: X \to Y$ と環の層の射 $f^\#: \mathcal{O}_Y \to f_*\mathcal{O}_X$ の対のことである．ここで，$f_*\mathcal{O}_X$ は，開集合 $U \subset Y$ に対して，$f_*\mathcal{O}_X(U) = \mathcal{O}_X(f^{-1}(U))$ で定まる層である．環付き空間 $(X, \mathcal{O}_X)$ は，すべての点 $p \in X$ に対して $\mathcal{O}_X$ の p での局所化 $\mathcal{O}_{X,p}$ (U が p を含むすべての開集合を動くときの，順極限 $\varinjlim_{U \ni p} \mathcal{O}_X(U)$ のこと) が局所環になっているとき，**局所環付き空間**であるという．代数多様体 X に対して $\mathcal{O}_{X,x} \simeq A(X)_{\mathfrak{m}_x}$ であったから，$(X, \mathcal{O}_X)$ は局所環付き空間である．$\mathcal{O}_{X,p}$ の極大イデアルを $\mathfrak{m}_p$ で表す．環付き空間の射において，$(X, \mathcal{O}_X), (Y, \mathcal{O}_Y)$ がともに局所環付き空間であって，さらに，$f^\#$ によって引き起こされる任意の点 p での局所環の準同型 $f_p^\#: \mathcal{O}_{Y,f(p)} \to \mathcal{O}_{X,p}$ について，${f_p^\#}^{-1}(\mathfrak{m}_p) = \mathfrak{m}_{f(p)}$ が成り立っているとき，**局所環付き空間の射**であるという．代数多様体の射は局所環付き空間の射である．

代数多様体より一般的な局所環付き空間で，可換環論を用いて代数多様体と似た記述ができるのがスキームである．まずアフィン代数多様体に対応するアフィンスキームを定義し，一般のスキームは，アフィンスキームの貼り合わせとして定義する (射影代数多様体は結果的にアフィン代数多

様体の貼り合わせとなっていたことに注意する).代数多様体とのおもな相違点はすでにアフィンスキームにおいて現れる.たとえば,アフィン代数多様体の点は極大イデアルに対応していたが,アフィンスキームについては,素イデアルをすべて点とし(極大イデアルも素イデアルであることに注意する),また,体上の多項式環をイデアルで割った環だけでなく任意の可換環を考える.

2.2 環のスペクトラム

可換環 A の素イデアル全体の集合を $\mathrm{Spec}\, A$ と書く.

例 6 $\mathrm{Spec}\, \mathbf{Z}[x]$ の素イデアルは以下のいずれかである.(i) (0) (ii) (p) (p は素数) (iii) (f) ($f \in \mathbf{Z}[x]$ であり,$\mathbf{Q}$ 上既約,その係数の最大公約数は 1) (iv) (p, f) (p は素数,$f \in \mathbf{Z}[x]$ はモニックであり,$(\mathbf{Z}/p\mathbf{Z})[x]$ における像は既約).(iv) のタイプの素イデアルのみが極大イデアルである.

$\mathrm{Spec}\, A$ にはイデアル $\mathfrak{a}$ を用いて $V(\mathfrak{a}) := \{\mathfrak{p} \in \mathrm{Spec}\, A \mid \mathfrak{p} \supset \mathfrak{a}\}$ と書ける部分集合を閉集合として位相を入れることができる.アフィン代数多様体の閉集合は,イデアル $\mathfrak{a}$ を用いて $\mathfrak{a}$ の元が消える点の集合 $V(\mathfrak{a})$ であったが,これは極大イデアルで述べれば,$\mathfrak{a}$ を含む極大イデアル全体の集合であるから,$\mathrm{Spec}\, A$ の位相はアフィン代数多様体のそれの一般化になっている.アフィン代数多様体の多項式に対応するものが A の元であるから,$\mathrm{Spec}\, A$ の開集合 U に対して,U 上の正則関数に対応するものは,局所的に A の元の比で書けるもののこととするのが自然である.正確には,写像 $s: U \to \coprod_{\mathfrak{p} \in U} A_\mathfrak{p}$ で,任意の点 $\mathfrak{p} \in U$ に対して,$s(\mathfrak{p}) \in A_\mathfrak{p}$ が成り立ち,また,U における開近傍 $V \ni \mathfrak{p}$ と $a, b \in A$ が存在して,すべての $\mathfrak{q} \in V$ に対して,$b \notin \mathfrak{q}$,かつ $s(\mathfrak{q}) = \frac{a}{b}$ が成り立つものである.このような写像全体を $\mathcal{O}_{\mathrm{Spec}\, A}(U)$ と書くと,これは層をなす.この層を $\mathcal{O}_{\mathrm{Spec}\, A}$ で表す.$(\mathrm{Spec}\, A, \mathcal{O}_{\mathrm{Spec}\, A})$ を A のスペクトラムという.$\mathrm{Spec}\, A$ だけで表すことも多い.$(\mathrm{Spec}\, A, \mathcal{O}_{\mathrm{Spec}\, A})$ は,$\mathcal{O}_{\mathrm{Spec}\, A, \mathfrak{p}} \simeq A_\mathfrak{p}$ が成り立つので,局所環付き空間である.また,環の準同型 $\phi: A \to B$ が与えられると,B の素イデアル $\mathfrak{p}$ の逆像 $\phi^{-1}(\mathfrak{p})$ は A の素イデアルであるから,$f: \mathrm{Spec}\, B \to \mathrm{Spec}\, A$ が定まり,これは連続関数になっている.さらに,$\mathrm{Spec}\, A$ の任意の開集合 U に対して,$\coprod_{\mathfrak{p} \in U} A_\mathfrak{p} \to \coprod_{\mathfrak{q} \in f^{-1}(U)} B_\mathfrak{q}$ が定まり,これによって,環の層の準同型 $f^\#: \mathcal{O}_Y \to f_* \mathcal{O}_X$ が得られる.$(f, f^\#)$ は局所環付き空間の射になっている.

2.3 スキーム

環のスペクトラムと同型な局所環付き空間をアフィン・スキームという.局所環付き空間 $(X, \mathcal{O}_X)$ がスキームであるとは,開集合 U で $(U, \mathcal{O}_{X|U})$ ($\mathcal{O}_{X|U}$ は $\mathcal{O}_X$ の U への制限) がアフィン・スキームとなるようなもので覆われているときにいう.スキームの射はスキーム間の局所環付き空間としての射のことである.スキームの位相のこともザリスキー位相という.

例 7 アフィン・スキーム $\mathrm{Spec}\, \mathbf{Z}[x]$ を $\mathbf{A}^1_\mathbf{Z}$ で表す.自然な環準同型 $\mathbf{Z} \hookrightarrow \mathbf{Z}[x]$ により,アフィン・スキームの射 $\pi: \mathbf{A}^1_\mathbf{Z} \to \mathrm{Spec}\, \mathbf{Z}$ を得る.$(p) \in \mathrm{Spec}\, \mathbf{Z}$ (p は素数) に対して,$\pi^{-1}((p))$ は,例 6 の (ii) のタイプの点 (p) と,(iv) のタイプの点 (p, f) からなり,これは $\mathrm{Spec}\, (\mathbf{Z}/p\mathbf{Z})[x]$ と同型である.$(0) \in \mathrm{Spec}\, \mathbf{Z}$ に対して,$\pi^{-1}((0))$ は,例 6 の (i) の点と (iii) のタイプの点 (f) からなり,これは $\mathrm{Spec}\, \mathbf{Q}[z]$ と同型である.$\mathbf{A}^1_\mathbf{Z}$ の各点 $\mathfrak{p}$ の閉包 $\overline{\mathfrak{p}}$ は,$\mathfrak{p}$ を含む素イデアル全体からなる.$\overline{(0)} = \mathbf{A}^1_\mathbf{Z}$,$\overline{(p)} = f^{-1}((p))$,$\overline{(p, f)} = (p, f)$ である.(iii) のタイプの点 (f) に対して,$\overline{(f)}$ は,(iv) のタイプの点 (p, g) で,g の $(\mathbf{Z}/p\mathbf{Z})[x]$ における像が f の像の既約因子となっているものからなる.

[髙木寛通]

参考文献

[1] 上野健爾:代数幾何,岩波書店,2005.
[2] R. ハーツホーン著,高橋宣能・松下大介訳:代数幾何学,シュプリンガー・フェアラーク東京,2005.
[3] D. Eisenbud, J. Harris: *The Geometry of Schemes*, Springer–Verlag New York, 2000.

代数的数と代数的整数

algebraic numbers and algebraic integers

1 代数的整数

有理数係数多項式 $f(x)$ に対して，方程式 $f(x) = 0$ の解を**代数的数**という．とくに $f(x)$ が整数係数で最高次数の係数が 1 であるとき $f(x) = 0$ の解を**代数的整数**という．

$f(x)$ が 1 次であるときを考えれば，有理数は代数的数であり，整数は代数的整数である．また，有理数であってかつ代数的整数であるものは整数であることが容易にわかる．したがって代数的数と代数的整数はそれぞれ有理数，整数の拡張となっている．代数的整数を主として扱う場合は代数的整数を単に整数と呼ぶことが多い．そのときは普通の整数は**有理整数**と呼んで区別する．

$\sqrt{2}, 2/\sqrt{3}, \sqrt[3]{2} + 1/2$ などは代数的数である．$\sqrt{2}, \sqrt{3}$ などが代数的整数になることはあきらかであるが，たとえば $x^2 + x + 1 = 0$ の解である $(1+\sqrt{-3})/2$ なども（分母があるようにみえるが）代数的整数であることには注意を要する．

代数的数でない複素数を**超越数**という．集合論によると代数的数全体の濃度は加算無限であり，複素数全体の濃度より小さい．したがって，"ほとんどの"複素数は超越数である．

2 代数的整数論

たとえば，フィボナッチ数列 $a_0 = a_1 = 1$, $a_{n+2} = a_n + a_{n+1}$ for $n \geq 0$ の一般項が $a_n = \frac{1}{\sqrt{5}}\left(\frac{1+\sqrt{5}}{2}\right)^{n+1} - \frac{1}{\sqrt{5}}\left(\frac{1-\sqrt{5}}{2}\right)^{n+1}$ と表されるということからもわかるように，整数の性質を調べるには扱う数の範囲を拡げた方が本質を見通すことができる場合がある．

また当初の目的が有理数の研究であったとしても，代数的数それ自身の研究が盛んになるのは必然である．この意味で，「代数的整数論」という言葉は「代数的」な手法で「整数」を研究する理「論」でもあり，「代数的整数」の理「論」でもある．

3 代数体

代数的数の全体が作る集合 Γ は体となる．代数的整数の全体が作る集合 Ω は環となる．

Γ の部分体を**代数体**という．代数体 K に含まれる Ω の元の全体を K の**整数環**という．

代数体 K は $\boldsymbol{Q}$ 上のベクトル空間とみなすことができる．この意味の次元を K の次数という．次数が有限のときに有限次代数体といい，無限のときに無限次代数体という．K が有限次代数体ならば $K = \boldsymbol{Q}[\theta]$ となる K の元 θ が存在する．つまり，K の元は θ の $\boldsymbol{Q}$ 係数多項式として表される．このとき K の次数は θ の $\boldsymbol{Q}$ 上の最小多項式の次数と一致する．次数を n として n 個の解を $\theta_1, \theta_2, \ldots, \theta_n$ とするとき $K_i = \boldsymbol{Q}[\theta_i]$ を K の**共役体**という．

また $\sigma_i(\theta) = \theta_i$ で定まる体の同型写像を**共役写像**という．ここで $\theta_1, \ldots, \theta_{r_1}$ は実数であるとする．すると残りは二つずつ複素共役になるので $n = r_1 + 2r_2$ で r_2 を定義して，$1 \leq i \leq r_2$ に対して θ_{r_1+i} と $\theta_{r_1+r_2+i}$ は複素共役だとする．

4 整数環と判別式

代数体 K が $\boldsymbol{Q}$ 上 n 次とすると K の整数環は $\boldsymbol{Z}$ 上の階数 n の自由加群になる．その生成元を**整数基底**という．たとえば $K = \boldsymbol{Q}(\sqrt{2})$ ならば $1, \sqrt{2}$ が整数基底である．また $K = \boldsymbol{Q}(\sqrt{-3})$ ならば $1, (1+\sqrt{-3})/2$ が整数基底である．

一般に，整数基底を $\eta_1, \eta_2, \ldots, \eta_n$ とするとき，
$$D_K = \left(\det(\sigma_j(\eta_i))_{1 \leq i,j \leq n}\right)^2$$
を K の**判別式**という．たとえば $K = \boldsymbol{Q}(\sqrt{2})$ の判別式は 8 である．また $K = \boldsymbol{Q}(\sqrt{-3})$ の判別式は -3 である．

判別式は $\boldsymbol{Q}$ の素数が K でどのように分解するかを判定する重要な不変量である．

5 単数群

K の整数環の元で乗法での逆元をもつものを K の**単数**という．K の単数の全体は乗法群をなす．これを K の**単数群**という．単数群の群としての構造を記述するのがディリクレの単数定理である．

定理 K の単数群は K に含まれる 1 のべき乗根の群と階数 $r = r_1 + r_2 - 1$ の自由アーベル群の直積である．

自由アーベル群の部分の r 個の生成元を**基本単数**という．$\varepsilon_1, \varepsilon_2, \ldots, \varepsilon_r$ を基本単数とし，記号 $\ell_i \varepsilon$ を $1 \leqq i \leqq r_1$ に対しては $\log|\sigma_i(\varepsilon)|$ と定義し $r_1 + 1 \leqq i \leqq r_1 + r_2$ に対しては $2\log|\sigma_i(\varepsilon)|$ と定義するとき
$$R_K = |\det(\ell_i \varepsilon_j)_{1 \leqq i,j \leqq r}|$$
を K の**単数規準** (regulator) という．

6 イデアル

代数体の整数環では多くの場合，素因数分解の一意性は成り立たない．もっとも簡単なのは $K = \mathbf{Q}(\sqrt{-5})$ の場合である．このとき, $6 = 2 \cdot 3 = (1+\sqrt{-5})(1-\sqrt{-5})$ であり，$2, 3, 1+\sqrt{-5}, 1-\sqrt{-5}$ はどれもこれ以上の分解ができないものである．

クンマーはさらなる分解 $2 = p_1 p_2, 3 = q_1 q_2$ を与えるような，仮想的な数 p_1, p_2, q_1, q_2 を背後に考えておけばよいとした．こうすれば $6 = p_1 p_2 q_1 q_2$ が素因数分解であり，上でみた二通りの分解はまとめ方の違いにほかならない．しかし p_1, p_2, q_1, q_2 は実際には存在しない数であるので，特殊な扱いをしなければいけない．デデキントはこの困難を，「数」そのものから，イデアルという「数の集合」に視点を移すことによって解消した．

イデアルとは整数環 O の部分環であって O の乗法で閉じているものである．イデアルに対しても和と積を定義することができる．O の元 a を任意にとってその倍数の全体 $aO = \{ax \mid x \in O\}$ を考えると O のイデアルとなる．これを**単項イデアル**という．$\mathbf{Z}$ のイデアルはすべて単項イデアルである．したがって $\mathbf{Z}$ においては数を考えることとイデアルを考えることに本質的な違いはない．

$K = \mathbf{Q}(\sqrt{-5})$ の場合は整数環を O_K とすると $P_1 = 2O_K + (1+\sqrt{-5})O_K$ はイデアルであるが単項イデアルではない．同様に $P_2 = 2O_K + (1-\sqrt{-5})O_K, Q_1 = 3O_K + (1+\sqrt{-5})O_K, Q_2 = 3O_K + (1-\sqrt{-5})O_K$ もそうであって，$2O_K = P_1 P_2$ であり，$3O_K = Q_1 Q_2$ となる．

代数体ではイデアル論の基本定理が成り立つ．

定理 0 でない任意のイデアルは有限個の素イデアルの積に一意に表される．

7 イデアル類群

K の 0 でないイデアルに対してその各元を K のある元で割ったものを**分数イデアル**という．K の 0 でない分数イデアルの全体は乗法で群をなす．これを**全イデアル群**という．全イデアル群の単項分数イデアル群による剰余群を**イデアル類群**という．イデアル類群の位数を**類数**といい，h_K と記す．類数が 1 のとき，素イデアルの生成元を素数と定義すれば前節の定理は素因数分解の一意性定理にほかならない．この意味で「実二次体で類数が 1 のものは無限個ある」というガウスの予想は非常に興味深いが現在も未解決である．

8 デデキントのゼータ関数

リーマンのゼータ関数の代数体における類似物としてデデキントのゼータ関数が定義される．
$$\zeta_K(s) = \sum \frac{1}{(\mathrm{N}A)^s}, \qquad \mathrm{Re}(s) > 1$$
ここで和は O_K の 0 でないイデアル A 全体に渡る．また $\mathrm{N}A$ はイデアル A の絶対ノルムであり，整数環 O_K の部分環としての A の指数である．

単数群とイデアル類群は重要でミステリアスなものとして，昔から代数的整数論の主要な研究対象であり，ゼータ関数とつながっている．

定理 (類数公式)
$$\lim_{s \to 1}(s-1)\zeta_K(s) = \frac{2^{r_1+r_2} \pi^{r_2} R_K h_K}{w_K \sqrt{|D_K|}}$$
ここで w_K は K に含まれる 1 のべき乗根の個数である．

[木田 祐司]

参 考 文 献

[1] 高木貞治：代数的整数論 (第 2 版), 岩波書店, 1971.
[2] 石田　信：代数的整数論 (POD 版), 森北出版, 2004.
[3] 加藤和也・黒川信重・斉藤　毅：数論 (1,2), 岩波書店, 1996.

大数の法則

law of large numbers

硬貨投げの試行を繰り返すとき，表の出る回数と試行回数の比，すなわち表が出る相対頻度は試行回数を増せば次第に 1/2 に近づくことは経験的に広く知られている．このことについて数学的な形式を整えた説明を最初に与えたのは 1713 年のヤコブ・ベルヌーイ (Jacob Bernoulli) の著作といわれている．これはド・モアブル (De Moivre) によるド・モアブル-ラプラスの定理の考察と並んで，確率論における極限定理の研究の始まりである．ベルヌーイの成果はチェビシェフ (P.L. Chebyshev) により，独立確率変数列の算術平均の確率収束の形に一般化された [1]．一方ベルヌーイの結果は，20 世紀のはじめに，ボレル (E. Borel) により概収束の形に精密化された．

1 大数の弱法則 (weak law of large numbers)
確率空間 $(\Omega, \mathcal{F}, P)$ で定義された確率変数列 $X_1, X_2, \ldots,$ に対して

i) $E[X_n^2] < \infty, n = 1, 2, \ldots$ であり，$E[X_n]$ は n によらない．(それを a とする．)

ii) $j, k \geqq 1, j \neq k$ ならば $E[(X_j - a)(X_k - a)] = 0$.

このとき，次のことが成り立つ [1]．
大数の弱法則 $n \to \infty$ のとき
$$\sum_{k=1}^{n} E[(X_k - a)^2] = o(n^2)$$
ならば，任意の $\varepsilon > 0$ に対して，$n \to \infty$ のとき
$$P\left[\left|\frac{1}{n}\sum_{k=1}^{n} X_k - a\right| \geqq \varepsilon\right] \to 0, \quad (確率収束)$$

2 大数の強法則 (strong law of large numbers)
$X_1, X_2, \ldots,$ は確率空間 $(\Omega, \mathcal{F}, P)$ で定義された確率変数の無限列とする．この $\{X_n\}$ に関する大数の強法則と呼ばれる結果を典型的な二つの場合に述べる [1,2]．

2.1 分散が有限な場合
次の 2 条件が満たされている．
(i) $E[X_n^2] < \infty, n = 1, 2, \ldots$
(ii) $m_n = E[X_n], \sigma_n^2 = E[(X_n - m_n)^2] > 0, n = 1, 2, \ldots$ で
$$\sum_{n=1}^{\infty} \sigma_n^2 / n^2 < \infty.$$

大数の強法則 $\{X_n\}$ は上の (i), (ii) を満たす独立確率変数とする．そのとき，$n \to \infty$ ならば
$$\frac{1}{n}\sum_{k=1}^{n} (X_k - m_k) \to 0 \quad (概収束)$$
すなわち
$$P\left[\lim_{n \to \infty} \frac{1}{n}\sum_{k=1}^{n}(X_k - m_k) = 0\right] = 1.$$

2.2 同分布の場合
次の 2 条件が満たされている．
(a) $\{X_n\}$ は同分布，すなわち X_n の確率分布は n に無関係
(b) $E[|X_n|] < \infty, n = 1, 2, \ldots$

大数の強法則 $\{X_n\}$ は上の (a), (b) を満たす独立確率変数列とする．そのとき，$n \to \infty$ ならば
$$\frac{1}{n}\sum_{k=1}^{n}(X_k - m) \to 0 \quad (概収束)$$
すなわち
$$P\left[\lim_{n \to \infty} \frac{1}{n}\sum_{k=1}^{n}(X_k - m) = 0\right] = 1.$$

3 補足
大数の強法則は算術平均は漸近的にランダムではなくなり，$n \to \infty$ のとき対象としている現象の決定論的正則性が現れることを示している [3]．

独立確率変数列以外にも，大数の強法則と同じ型の結果が成り立つ場合があることが広く知られている．

[編集委員]

参 考 文 献

[1] 小谷眞一：測度と確率，岩波書店，2005．
[2] 楠岡成雄：確率と確率過程，岩波書店，2005．
[3] Ya.G. シナイ著，森 真訳：確率論 入門コース，シュプリンガー・フェアラーク東京，1995．
[4] 舟木直久：確率論，朝倉書店，2004．

代数方程式 (4次以下の解法)

algebraic equations
(solutions up to quartic equations)

2次方程式 $ax^2 + bx + c = 0$ ($a, b, c \in \mathbf{R}$, $a \neq 0$) の根 (解) の公式
$$\frac{-b + \sqrt{b^2 - 4ac}}{2a}$$
は周知であるが，その歴史は紀元前1800年頃のバビロニアにまでさかのぼるという．

16世紀のイタリアにおける3次方程式の物語は大変面白い．負数や複素数はまだ導入されていない時代である．最初，ボローニャ大学のフェッロ (del Ferro) 教授が $x^3 + bx = c$ (b, c は正数) という型の解法を発見したが未公開であった．次に，タルターリア (Tartaglia) がその解法を再発見し，もう一つの型 $x^3 + bx^2 = c$ (b, c は正数) も解いた．そして，タルターリアに解法の示唆を受けたカルダーノ (Cardano) が一般的な解法を証明して著書「Ars Magna」[2] 中で公表した (1545年). 以上が，物語の骨格である．ただし，複素数が不可避的に現れる場合があり，この点の理解はもう少し後のボムベッリ (Bombelli) らに持ち越された．

4次方程式は，カルダーノの弟子のフェラーリ (Ferrari) が補助3次方程式に帰着して解いた．その解法はカルダーノの著書の中に記されている．

18世紀後半になり，ラグランジュ (Lagrange) は，3次方程式や4次方程式の解法に現れる補助方程式について考察し，元の方程式の根の置換の概念により統一的に理解できることを示した．

1 3次方程式の解法

まず，3次方程式 $x^3 - 1 = 0$ を解いてみよう. $x^3 - 1 = (x-1)(x^2 + x + 1)$ と分解するので，3根は 1, $\omega = -\frac{1}{2} + \frac{\sqrt{3}}{2}i$, $\omega^2 = -\frac{1}{2} - \frac{\sqrt{3}}{2}i$ である.

記号 $\sqrt[3]{a}$ であるが，a が実数の場合，3乗して a になるただ一つの実数を表すのが普通である．しかし，a が複素数の場合には，方程式 $x^3 - a = 0$ の根のどれか一つを $\sqrt[3]{a}$ で表す．このとき，$x^3 - a = 0$ の根は $\{\sqrt[3]{a}, \omega\sqrt[3]{a}, \omega^2\sqrt[3]{a}\}$ である．

いよいよ，3次方程式
$$ax^3 + bx^2 + cx + d = 0 \quad (a \neq 0)$$
の解法である ($a, b, c, d \in \mathbf{R}$). まず，$x^2$ の項を消去する．$x = y - b/(3a)$ とおいて代入し，全体を a で割ると，方程式は $y^3 + py + q = 0$ の形に整理される．この方程式が y について解ければ，元の方程式が x について解けることは明らかであるので，方程式はもともと x^2 の項を含まない形
$$x^3 + px + q = 0$$
であると仮定してよい．アイデアは $x = u + v$ とおくことにある．代入すると，
$$u^3 + v^3 + (3uv + p)(u + v) + q = 0$$
となり，連立方程式 $u^3 + v^3 + q = 0$, $3uv + p = 0$ が成立すれば，$u + v$ が根になる．このとき，対称性があるので，u^3, v^3 はどちらも補助2次方程式
$$t^2 + qt - (p/3)^3 = 0$$
の根になる．この2次方程式の根は
$$-q/2 \pm \sqrt{(q/2)^2 + (p/3)^3}$$
であるが，その3乗根については，$u^3 v^3 = -(p/3)^3$ でなければならないので，uv は3通り可能である．そのなかで，$uv = -p/3$ となる u, v の組合せを一つとり，
$$u = \sqrt[3]{-q/2 + \sqrt{(q/2)^2 + (p/3)^3}}$$
$$v = \sqrt[3]{-q/2 - \sqrt{(q/2)^2 + (p/3)^3}}$$
とすると，求める3根は
$$u + v, \quad \omega u + \omega^2 v, \quad \omega^2 u + \omega v$$
と表され，カルダーノの公式と呼ばれている．

ところで，3次方程式の3根を $\alpha_1, \alpha_2, \alpha_3$ とするとき，判別式
$$D = (\alpha_1 - \alpha_2)^2 (\alpha_2 - \alpha_3)^2 (\alpha_1 - \alpha_3)^2$$
の値により，(i) 1実根および2共役複素根をもつ場合 ($D < 0$) と，(ii) 3実根をもつ場合 ($D \geqq 0$) とに区別される．ただし，$D = 0$ のときは，重根が含まれる．

3次方程式 $x^3 + px + q = 0$ については，根と係数の関係式から，
$$(q/2)^2 + (p/3)^3 = -D/108$$
と計算される．したがって，相異なる3実根の場合，カルダーノの公式には必ず複素数が介在することになる．カルダーノを悩ませた現象である．

ヴィエト (Viète) は $(q/2)^2 + (p/3)^3 < 0$ の場合に, 三角関数による解法を考案した. 複素数 $-q/2 + \sqrt{(q/2)^2 + (p/3)^3}$ を $\rho(\cos\varphi + i\sin\varphi)$ と表しておくと, $\rho = (\sqrt{(-p/3)})^3$ となり, 3根は次のように表示される.
$$2\sqrt{\frac{-p}{3}}\cos\left(\frac{\varphi}{3} + \frac{2\pi k}{3}\right) \quad (k = 0, 1, 2)$$

2　4次方程式の解法

4次方程式
$$ax^4 + bx^3 + cx^2 + dx + e = 0 \quad (a \neq 0)$$
に進む $(a, b, c, d \in \mathbf{R})$. 3次方程式の場合と同様に, 変数変換 $x = y - b/(4a)$ を用いて,
$$x^4 + px^2 + qx + r = 0$$
と x^3 の項を含まない形にできる. フェラーリによる解法は次のようなものである. 新しい変数 t を導入し, 両辺に $t^2 + 2tx^2$ を加えて整理すると,
$$(x^2 + t)^2 = (2t - p)x^2 - qx + t^2 - r$$
となるので, 右辺を x の 2 次方程式とみたときに重根をもつように t を定める. 判別式を計算して, t には補助 3 次方程式 $q^2 - 4(2t - p)(t^2 - r) = 0$ の根を選べばよい. このとき,
$$(x^2 + t)^2 = (2t - p)\left\{x - \frac{q}{2(2t - p)}\right\}^2$$
となるので, 二つの 2 次方程式を解けばよい.

オイラー (Euler) による解法もある. これは $x = u + v + w$ とおく考え方である. 代入すると,
$$(u^2 + v^2 + w^2)^2 + 4(u^2v^2 + u^2w^2 + v^2w^2)$$
$$+ 4\{(u^2 + v^2 + w^2) + 2p\}(u + v + w)$$
$$+ (8uvw + q)(u + v + w) + r = 0$$
となるので, 連立方程式
$$\begin{cases} u^2 + v^2 + w^2 = -2p \\ u^2v^2 + u^2w^2 + v^2w^2 = -r/4 - p^2 \\ uvw = -q/8 \end{cases}$$
が成立すれば, $u + v + w$ が求める根になる. 根と係数の関係式から, u^2, v^2, w^2 が補助 3 次方程式
$$t^3 + 2pt^2 - (r/4 + p^2)t - (q/8)^2 = 0$$
の根であればよい. そこで, u, v, w を $uvw = -q/8$ となるように選べば, 4次方程式の 4 根は $u+v+w, u-v-w, -u-v+w, -u+v-w$ として求まる.

3　4次方程式と2次曲線の交点

4次方程式 $x^4 + px^2 + qx + r = 0$ を解くことは, 二つの 2 次曲線 (放物線)
$$y^2 + py + qx + r = 0$$
$$y - x^2 = 0$$
の交点を求めることと同値である. パラメータ $t \in \mathbf{C}$ を用いて, 2 次曲線の束
$$C_t : y^2 + py + qx + r + t(y - x^2) = 0$$
を考える. この複素 2 次曲線 C_t が 2 本の直線
$$(y - m_1 x - n_1)(y - m_2 x - n_2) = 0$$
に分解する条件は, 係数を比較して,
$$m_1 + m_2 = 0, \quad m_1 m_2 = -t, \quad n_1 n_2 = r,$$
$$m_1 n_2 + m_2 n_1 = q, \quad -(n_1 + n_2) = t + p$$
となるので, t が補助 3 次方程式
$$t^3 + 2pt^2 + (p^2 - 4r)t - q^2 = 0$$
の根になることである. このとき, その 2 本の直線と放物線 $y - x^2 = 0$ との交点を求めれば, x 座標が元の 4 次方程式の根である. 文献 [5] 参照.

図 1　2 次曲線の交点

[酒井文雄]

参　考　文　献

[1] 安倍　齊 : 代数ことはじめ, 森北出版, 1993.
[2] G. Cardano (R. Witmer 英訳) : *The Rules of Algebra (Ars Magna)*, Dover, 1993.
[3] W. Dunham : Euler the master of us all, *Math. Assn of Amer.*, 1999. (邦訳) 黒川信重・若山正人・百々谷哲也訳 : オイラー入門, シュプリンガー・フェアラーク東京, 2004.
[4] V.J. Katz : *A History of Mathematics, 2nd ed*, Addison–Wesley, 1998. (邦訳) 上野健爾ほか訳 : 数学の歴史, 共立出版, 2005.
[5] 高木貞治 : 代数学講義 (改訂新版), 共立出版, 1965.

タイヒミュラー空間

Teichmüller space

閉四角形は位相的には閉円板 D で，頂点は D の境界上の 4 点集合と考えられる．逆に，D の境界上正順にある 4 点集合 $\{a_1,\ldots,a_4\}$ と $\{b_1,\ldots,b_4\}$ が与えられたとき，閉四角形としてどの程度違うかを，D の自己同相写像 f で内部 U 上可微分かつ $f(a_j)=b_j$ $(j=1,\ldots,4)$ を満たすもの全体における

$$k_f = \sup_{z\in U} |f_{\bar z}(z)/f_z(z)|$$

の下限 k により評価することができる．とくに，$k=0$ のとき，対 $(U,\{a_1,\ldots,a_4\})$ と対 $(U,\{b_1,\ldots,b_4\})$ は閉四角形として同じである．

一般には，開単位円板 U の閉包 D と，D の向きを保つ自己同相写像 f で U 上擬等角であるものとの対 (U,f) を考える．ここで f が擬等角 (quasiconformal) であるとは，超関数の意味で偏導関数 $f_{\bar z}, f_z$ が存在しそれらの商 $\mu_f = f_{\bar z}/f_z$ の L^∞ ノルム k_f が 1 より小さいことである．なお μ_f を f の**複素歪曲係数** (complex dilatation) と呼ぶ．

対 (U,f_1) と対 (U,f_2) が **(タイヒミュラー) 同値**であるとは，$f_1\circ f_2^{-1}$ が D の自己同相写像で U 上等角なものと，境界を各点ごとに固定するホモトピーにより結べることである．対 (U,f) の同値類を**タイヒミュラー類** (Teichmüller class) と呼び，$\langle U,f\rangle$ で表す．U の**タイヒミュラー空間** (Teichmüller space) $T(U)$ とは，タイヒミュラー類全体の集合にタイヒミュラー距離により位相を導入した空間である．ここで，二つのタイヒミュラー類 $\langle U,f_1\rangle$ と $\langle U,f_2\rangle$ の**タイヒミュラー距離** (Teichmüller distance) は，U の自己擬等角写像 g で境界上 $f_2 = g\circ f_1$ を満たすもの全体における

$$\log(1+k_g)/(1-k_g)$$

の下限で定義する．なお $K_g = (1+k_g)/(1-k_g)$ を g の**最大歪曲度** (maximal dilatation) と呼ぶ．

U のタイヒミュラー空間 $T(U)$ は**普遍タイヒミュラー空間** (Universal Teichmüller space) とも呼ばれる．$T(U)$ の元はリーマン球面への U の正則埋め込みのメビウス同値類とも考えられ，シュワルツ微分をとることで，U 上の双曲的 L^∞ ノルムが有界な正則関数からなるバナッハ空間 $B(U,1)$ に有界領域として埋め込める．この埋め込みを**ベアス埋め込み** (Bers embedding) といい，$T(U)$ の像を $T(1)$ と表す．ここで U 上の双曲的 L^∞ ノルムは

$$\|h\| = \sup_{z\in U}(1-|z|^2)^2|h(z)|$$

で与えられる．

双曲計量をもつリーマン面 R は，適当なフックス群 (U を不変にするメビウス変換からなる離散群) Γ による商空間 U/Γ と双正則同値である．このとき，R のタイヒミュラー空間 $T(R)$ も同様に定義でき，Γ に関する重み -4 の U 上の正則保型関数で双曲的 L^∞ ノルムが有界なもの全体からなるバナッハ空間 $B(U,\Gamma)$ の部分領域

$$T(\Gamma) = T(1)\cap B(U,\Gamma)$$

と同一視できる．さらに，$T(R)$ は可縮なバナッハ多様体である．$T(R)$ 上のタイヒミュラー距離も同様に定義でき，小林双曲距離と一致する．

境界条件を考慮しない複素構造のみの変形空間も考えられる．リーマン面 R に対して，ほかのリーマン面と R からの擬等角写像との対を考え，そのような対 (R_1,f_1) と対 (R_2,f_2) が同値であるとは，$f_1\circ f_2^{-1}$ が双正則写像とホモトピックであることとする．この場合の同値類を**縮約タイヒミュラー類** (reduced Teichmüller class) と呼ぶ．さらにそのような同値類全体を R の**縮約タイヒミュラー空間** (reduced Teichmüller space) と呼び，$RT(R)$ で表す．位相は，縮約タイヒミュラー距離から導入する．ここで，二つの縮約タイヒミュラー類 $\langle R_1,f_1\rangle$ と $\langle R_2,f_2\rangle$ の**縮約タイヒミュラー距離** (reduced Teichmüller distance) は，$f_1\circ f_2^{-1}$ とホモトピックな擬等角写像 g 全体における $\log K_g$ の下限で定義する．

一方，内部の複素構造を捨象した変形空間も考えられる．このような変形空間として，$AT(R)$ で表される**漸近的タイヒミュラー空間** (asymptotic Teichmüller space) がある．

$T(R) = RT(R)$ であることと R に対応するフックス群が第 1 種であることとは同値である．R がリーマン球面なら $T(R)$ は 1 点からなり，トーラスなら $T(R)$ は U と双正則同型である．

定理 1（タイヒミュラーの存在定理）　任意のタイヒミュラー空間 $T(R)$ と，その任意の点 $\langle R', f \rangle$ に対し，$\langle R', f \rangle = \langle R', g \rangle$ を満たす擬等角写像 g のなかに，その複素歪曲係数の L^∞ ノルム k_g を最小にするものが存在する．

R が種数 2 以上の閉リーマン面の場合には，この定理の g を点 $\langle R', f \rangle$ に対応する**タイヒミュラー写像** (Teichmüller map) という．$k_g \neq 0$ なら，g がタイヒミュラー写像であることと g の複素歪曲係数 μ_g が k_g と適当な R 上の正則 2 次微分 φ により

$$\mu_g = k_g \varphi / |\varphi|$$

と表せることとは同値である．

定理 2（タイヒミュラーの一意性定理）　R を種数 2 以上の任意の閉リーマン面とし，$\langle R', g \rangle = \langle R', h \rangle$ だが $g \neq h$ とする．さらに g がタイヒミュラー写像であれば $k_g < k_h$ が成り立つ．

とくに，$k \in (0, 1)$ と L^1 ノルム 1 の R 上の正則 2 次微分 φ から $T(R)$ の点が一意的に定まるので，$T(R)$ は複素 $3n - 3$ 次元の開球と同相であるが，タイヒミュラー距離に関してグロモフ双曲的ではない．

一般のリーマン面 R に対しては，たとえ複素歪曲係数がタイヒミュラー写像のような形をしている写像でも，極値的とも一意的とも限らない．一方，複素歪曲係数がタイヒミュラー写像のような形をもつ一意的極値擬等角写像に対応する点全体は，一般に $T(R)$ の稠密な開集合を含む．

リーマン面 R の**擬等角写像類群** (quasiconformal mapping class group) とは，R の擬等角自己同相写像の無限遠を動かさないホモトピー類全体のなす群である．R が種数 2 以上の閉リーマン面の場合には写像類群と一致する．$T(R)$ の変換群とみなすときは**タイヒミュラーモジュラー群** (Teichmüller modular group) と呼び，$\mathrm{Mod}(T(R))$ で表す．低次元で生じる数個の例外を除き，$T(R)$ とほかのタイヒミュラー空間 $T(S)$ が双正則同型ならば R と S は擬等角同値で，$\mathrm{Mod}(T(R))$ は $T(R)$ の正則自己同型群と一致する．

定理 3　$T(R)$ が有限次元なら，$\mathrm{Mod}(T(R))$ は不連続群で，すなわち $T(R)$ 全体が $\mathrm{Mod}(T(R))$ の不連続領域で，商空間 $M(R) = T(R)/\mathrm{Mod}(T(R))$ は**複素軌道体** (complex orbifold) とみなせる．

この商空間 $M(R)$ を R の**モジュライ空間**と呼ぶ．$T(R)$ が有限次元なら，$M(R)$ 上のタイヒミュラー計量はグロモフの意味でケーラー双曲的なケーラー計量と同値である．

$T(R)$ が無限次元の場合，$\mathrm{Mod}(T(R))$ は可算群とも離散群とも限らない．たとえば可算群であるためには，一定以下の双曲的長さをもつ閉測地線の数は有限個でなければならない．$\mathrm{Mod}(T(R))$ の極限集合が $T(R)$ 全体になる例も豊富に存在する．一方たとえば，双曲的長さが一定以下の R 上の非自明な単純閉曲線がつねに双曲面積有限な二重連結領域を囲み，かつ双曲的な単射半径が R 上有界ならば，$\mathrm{Mod}(T(R))$ の不連続領域は空でない．

タイヒミュラー空間は複素解析学や複素幾何学の分野にとどまらず，たとえば弦の変形を記述する空間として数理物理学などでも注目を集めた．またフラクタル集合の変形を記述する空間として複素力学系理論における基本的概念でもある．さらに，有限次元・無限次元を問わず，タイヒミュラー空間それ自体の構造の解明やタイヒミュラー空間の一般化なども多様な分野で活発に行われている．
　　　　　　　　　　　　　　　　［谷口雅彦］

参 考 文 献

[1] L.V. Ahlfors：*Lectures on Quasiconformal Mappings, 2nd ed*, AMS, 2006. (邦訳) 谷口雅彦：擬等角写像講義，丸善出版，2015.

[2] F. Gardiner, N. Lakic：*Quasiconformal Teichmüller Theory*, AMS, 2000.

[3] J. Hubbard：*Teichmüller Theory*, Matrix Editions, 2006.

[4] 今吉洋一・谷口雅彦：タイヒミュラー空間論 (新版), 日本評論社，2004.

楕円型方程式

elliptic equation

1 楕円型偏微分作用素

偏微分作用素 $L = \sum_{|\alpha|\leq m} a_\alpha(x)\partial^\alpha$ で主部の特性多項式 $P(x,\xi) = \sum_{|\alpha|=m} a_\alpha(x)\xi^\alpha$ がすべての x と $\xi \in \mathbf{R}^n \setminus \{0\}$ で 0 でないものを楕円型という.ただし $\xi = (\xi_1,\ldots,\xi_n)$ は n 変数とし,$\alpha = (\alpha_1,\ldots,\alpha_n) \in \mathbf{Z}_+^n$ は多重指数,$\partial^\alpha = \frac{\partial^{|\alpha|}}{\partial x_1^{\alpha_1}\cdots\partial x_n^{\alpha_n}}$, $|\alpha| = \alpha_1 + \cdots + \alpha_n$ である.このような L の階数 m は偶数で,もっとも低い場合である $m=2$ のときは $P(x,\xi)$ が一定値 $\neq 0$ である ξ の集合は超楕円曲面となる.また定数 $0 < \delta < 1$ が存在し,すべての x と ξ に対して

$$\delta|\xi|^m \leq \sum_{|\alpha|=m} a_\alpha(x)\xi^\alpha \leq \delta^{-1}|\xi|^m$$

であるとき,L は一様楕円型であるという.ラプラシアン $\Delta = \frac{\partial^2}{\partial x_1^2} + \cdots + \frac{\partial^2}{\partial x_n^2}$ は定数係数の 2 階楕円型作用素である.

2 境界値問題

領域 Ω 上の m 階の楕円型偏微分作用素 L と与えられた $f = f(x)$ に対し $Lu = f$ と,独立な $m/2$ 個の境界条件を満たす $u = u(x)$ を求める問題を楕円型境界値問題という.連続体力学や電磁気学で物理量の定常状態を記述する基礎方程式はこの形が基本である.区間 $[0,1]$ 上の 2 点境界値問題

$$-u'' = f(x) \quad (0 \leq x \leq 1), \quad u(0) = u(1) = 0$$

は外力 f が加えられたとき生ずる弦の変位 u を記述する楕円型境界値問題で,たとえば $f(x)$ が連続の場合,古典解 $u = u(x)$ は一意で

$$u(x) = \int_0^1 G(x,y)f(y)dy \tag{1}$$

$$G(x,y) = \begin{cases} (1-x)y & (y \leq x) \\ (1-y)x & (y \geq x) \end{cases} \tag{2}$$

によって与えられる.解を (1) のように積分表示する $G = G(x,y)$ を一般にグリーン関数といい,正値性 $G(x,y) > 0$ $(0 < x, y < 1)$, 対称性 $G(x,y) = G(y,x)$, $x = y$ における特異性 (この場合微係数の不連続性) が成り立つ.

3 基本解

定数係数楕円型作用素 L に対して,$L\Gamma = \delta$ (デルタ関数) となる局所可積分関数 $\Gamma = \Gamma(x)$ をその基本解という.通常 $f = f(x)$ が $|x| \gg 1$ で 0 となるようななめらかな関数のとき,

$$u(x) = (\Gamma * f)(x) = \int_{\mathbf{R}^n} \Gamma(x-y)f(y)dy$$

で定義される $u(x)$ は x のなめらかな関数であり,$Lu = f$ を満たす.

$$\Gamma(x) = \begin{cases} \frac{1}{2\pi}\log\frac{1}{|x|} & (n=2) \\ \frac{1}{(n-2)\omega_{n-1}}|x|^{-n+2} & (n \geq 3) \end{cases}$$

は $L = -\Delta$ の基本解である.ただし ω_{n-1} は n 次元単位球 $B = \{x \in \mathbf{R}^n \mid |x| < 1\}$ の表面積であり,$Lu = f$ を超関数の意味でとれば $f(x)$ は $\mathbf{R}^n$ 上の有界可積分関数で十分である.基本解 $\Gamma(x)$ を用いると,一般の有界領域 $\Omega \subset \mathbf{R}^n$ に対するポアソン方程式

$$-\Delta u = f \text{ in } \Omega, \quad u = 0 \text{ on } \partial\Omega \tag{3}$$

は,$g = -\Gamma * f$ に対するラプラス方程式

$$-\Delta v = 0 \text{ in } \Omega, \quad v = g \text{ on } \partial\Omega \tag{4}$$

に変換される.また $x = (x_1,\ldots,x_{n-1},x_n) \mapsto \hat{x} = (x_1,\ldots,x_{n-1},-x_n)$, $\hat{f}(x) = -f(\hat{x})$ により,半空間 $\mathbf{R}_+^n = \{x = (x_1,\ldots,x_n) \in \mathbf{R}^n \mid x_n > 0\}$ 上の有界可積分関数 $f(x)$, $E_0(x,y) = \Gamma(x-y) - \Gamma(x-\hat{y})$, $u(x) = \int_{\mathbf{R}_+^n} E_0(x,y)f(y)dy$ に対して

$$-\Delta u = f \text{ in } \mathbf{R}_+^n, \quad u = 0 \text{ on } \partial\mathbf{R}_+^n$$

を得る.とくに $E_0(x,y)$ は $\mathbf{R}_+^n$ においてディリクレ条件 $\cdot|_{\partial\mathbf{R}_+^n} = 0$ を課した $-\Delta$ のグリーン関数となる.同様に $E_1(x,y) = \Gamma(x-y) + \Gamma(x-\hat{y})$ はノイマン条件 $\frac{\partial}{\partial x_n}\cdot|_{\partial\mathbf{R}_+^n} = 0$ を課した $-\Delta$ のグリーン関数である.

4 正則性

解の一意存在や境界値・外力に対する連続依存性は楕円型境界値問題の基本的な問題である.一方解の性質を明らかにすることは現象を支配する原理の解明だけでなく上記の問題の解法に有用で,たとえばリュービルの定理は全空間で有界な調和関数が定数に限ることを示しているが,この性質は非線形問

題で重要な役割を果たす．写像 $x \mapsto x^* = x/|x|^2$ は単位球面 ∂B に関する鏡像で，半空間 $\boldsymbol{R}_+^n$ における反転 $x \mapsto \hat{x}$ に対応する．調和関数論ではこれにより $\Omega = B$ における境界値問題 (4) の解をポアソン積分で表示する．この表示式は正則関数に対するコーシーの積分公式に対応し，一致の定理やワイエルシュトラス–コーシーの正則性の同等性と呼応して，この式から局所的な性質が大域的な挙動を決定する一意接続定理や (超関数としての) 微分可能性が解析性を導くワイルの定理が導出される．楕円型境界値問題に関する解の局所正則性は局所・大域を包括する深い結果で，内部と境界近くに，ヘルダーとソボレフノルムとに分けられ，また単位の分割によって内部・境界両正則性を統合する大域的正則性も導出される．これらの正則性は u のノルムを f のノルムの定数倍で上からおさえる (楕円型) 評価を伴う．線形楕円型方程式論ではたとえば g を $\overline{\Omega}$ 上に拡張して (4) を (3) に帰着する．$C^{m,\theta}(\overline{\Omega}), W^{m,p}(\Omega)$ をそれぞれ m 階導関数まで θ 次ヘルダー連続関数の空間，m 階導関数まで p 次可積分関数の空間とすると，$\partial\Omega$ が $C^{2,\theta} (0 < \theta < 1)$, C^2 に応じて (3) に対する典型的な大域的正則性である $u \in C^0(\overline{\Omega}), f \in C^\theta(\overline{\Omega}) \Rightarrow u \in C^{2,\theta}(\overline{\Omega}), u \in L^p(\Omega), f \in L^p(\Omega) \Rightarrow u \in W^{2,p}(\Omega)$ $(1 < p < \infty)$ が得られる．前半のシャウダー評価は θ 次ヘルダー係数をもつ 2 階一様楕円型作用素 L に対し，後半の L^p 評価は有界・主部連続係数の 2 階一様楕円型作用素 L に対して成立する．内部正則性は L の係数のなめらかさが粗い場合にも成り立つ一方，境界正則性は $\partial\Omega$ の形状にかなり制約される．たとえば $u(x) = \operatorname{Im}(z^m), z = x_1 + \sqrt{-1} x_2, x = (x_1, x_2)$ は角領域 $0 < \theta = \arg(z) < \alpha = \pi/m$ で調和でディリクレ条件を満たすが原点の近くで $u \in H^2 = W^{2,2}$ となるのは $m \geq 1$, すなわちこの領域が凸であるときのみである．

5 最大原理

ナッシュ–モーザーの定理により，有界係数・発散形の 2 階一様楕円型作用素 $L = \sum \partial_{x_i} a_{ij}(x) \partial_{x_j}$ に対するラプラス方程式 $Lu = 0$ の非負変分解 $u = u(x)$ は内部ヘルダー連続性をもつ．この定理の証明ではモーザーの反復法とともに (局所) 最大原理と (局所) 最小原理を組み合わせて導出されるハルナック不等式

$$\operatorname*{ess.\,sup}_{B_R} u \leq C \operatorname*{ess.\,inf}_{B_R} u$$

が基本的な役割をはたす．弱最大原理はもっとも標準的な最大原理で，たとえば領域 Ω 上 0 階のない 2 階一様楕円型作用素 L に対して $u = u(x)$ が

$$Lu \geq 0 \qquad (5)$$

であり，$\overline{\Omega}$ で連続ならば境界 $\partial\Omega$ で最大値をとる．一方強最大原理によると (5) かつ内点で最大値をとる $u = u(x)$ は定数である．関連するのがホップ補題で，$\overline{B} \cap \partial\Omega = \{\xi\}$ となる球 $B \subset \Omega$ があり，$u(x)$ は (5) を満たし，$x = \xi$ で連続で狭義の最大値をとり，外向き法微分 $\frac{\partial u}{\partial \nu}(\xi)$ をもてばそれは正である．これらの結果にはさまざまな変形があるが，強最大原理やホップ補題の結論において等号が排除されることは，連続的に変化する解の挙動を解明する際に有効である．

6 適 切 性

一般領域における楕円型境界値問題の適切性の証明は上記の解の性質と深く関係し，通常，解の一意性証明は最大原理による．また解の存在についても，変分法によって弱解の存在を示してその正則性を導くディリクレ–リーマン–ヒルベルトの方法，主要部の基本解とその折り返しを用いてグリーン関数を構成するレビの方法，先験的評価を導出して不動点定理を適用するシャウダーの方法などが知られている． ［鈴木　貴］

参 考 文 献

[1] 溝畑　茂：偏微分方程式, 岩波書店, 1965.
[2] S. Agmon : *Elliptic Boundary Value Problems*, Van Nostrand Company. (邦訳) 松村寿延訳：楕円型境界値問題, 吉岡書店, 1968.
[3] 藤田　宏・犬井鉄郎・池部晃生・高見穎朗：数理物理に現れる偏微分方程式 I, 岩波書店, 1977.
[4] 島倉紀夫：楕円型偏微分作用素, 紀伊國屋書店, 1978.
[5] 熊ノ郷準：偏微分方程式, 共立出版, 1978.
[6] 村田　実・倉田和浩：偏微分方程式 I, 岩波書店, 1997.
[7] 鈴木　貴・上岡友紀：偏微分方程式講義, 培風館, 2005.

楕円関数

elliptic function

複素平面上で有理型な2重周期関数のことを楕円関数という．この定義からは楕円という名称との関係はみえない．楕円関数論は楕円積分の研究を起源として始められたが，楕円積分は楕円の弧の長さの計算の中に現れる．これが名称の由来だ．

楕円を $(x,y) = (b\cos\theta, a\sin\theta)$, $0 < b < a$ で表したとき，θ が 0 から Θ まで動くときにえがく弧の長さは，$k^2 = (a^2 - b^2)/a^2$ として，

$$\int_0^\Theta \sqrt{1 - k^2\sin^2\theta}\, d\theta = \int_0^{\sin\Theta} \sqrt{\frac{1 - k^2\xi^2}{1 - \xi^2}}\, d\xi$$

の a 倍である．この積分は指数関数，対数関数などの初等関数のみを使って計算することはできないが，楕円関数 (の逆関数) を使って記述できる．

1　2重周期関数としての楕円関数

複素関数 $f(z)$ が，ある定数 $\omega \in \mathbf{C}$ に対して $f(z+\omega) = f(z)$ を満たすとき，ω を周期といい，0 以外の周期をもつ $f(z)$ を周期関数という．

定数関数でない複素1変数の有理型周期関数の周期全体は，1つの周期の整数倍で書けるか，あるいは商が実数でない2つの複素数 ω_1, ω_2 の整数係数の線形和の集合であるかのいずれかである．

前者の場合，単一周期関数といわれる．たとえば，指数関数 $f(z) = \exp z$ は $\{2\pi n\sqrt{-1} \mid n = 0, \pm 1, \pm 2, \ldots\}$ を周期の全体としてもつ．後者のとき，2重周期関数あるいは楕円関数という．

楕円関数 $f(z)$ の周期の全体が $\{m_1\omega_1 + m_2\omega_2 \mid m_1, m_2 \in \mathbf{Z}\}$ と書けているとする．複素数 a に対して，$a, a+\omega_1, a+\omega_2, a+\omega_1+\omega_2$ を頂点とする平行四辺形を考える．これを周期だけ平行移動していくことで，複素平面を埋め尽くすことができる．よって平行四辺形内の $f(z)$ の値から，複素平面上の値すべてを知ることができる．この平行四辺形を周期平行四辺形という．また，ω_1, ω_2 を基本周期という．

周期平行四辺形内にある極の数は有限で，極の位数の和は周期平行四辺形の選び方によらない．この和を楕円関数の位数という．

2　ワイエルシュトラスの楕円関数

簡単な楕円関数を具体的にみてみよう．

複素関数論の簡単な応用から次がいえる．(1) 複素平面上正則な楕円関数は定数である．(2) 周期平行四辺形内の極の留数の和は 0 である．よって定数でない楕円関数の位数は2以上である．

商が実数でない二つの複素数 ω_1, ω_2 に対して，これを基本周期とし，$m_1\omega_1 + m_2\omega_2$, $m_1, m_2 \in \mathbf{Z}$ に2位の極をもつ楕円関数を，部分分数展開の形で，

$$\wp(z) = \frac{1}{z^2} + \sum_\Omega{}' \left(\frac{1}{(z-\Omega)^2} - \frac{1}{\Omega^2}\right)$$

のように与えることができる．ここで Ω の和 $\sum'$ は $\Omega = m_1\omega_1 + m_2\omega_2$, $(m_1, m_2) \in \mathbf{Z}^2 \setminus \{(0,0)\}$ をとる．この $\wp(z)$ をワイエルシュトラス (Weierstrass) の $\wp$ (ペー) 関数と呼ぶ．

導関数 $\wp'(z) = -2\sum' 1/(z-\Omega)^3$ は3位の楕円関数で，微分方程式

$$\wp'(z)^2 = 4\wp(z)^3 - g_2\wp(z) - g_3$$

が成り立つ．ここで $g_2 = 60\sum' 1/\Omega^4$, $g_3 = 140\sum' 1/\Omega^6$ である．（これから $x = \wp(z)$ は楕円積分 $z = \int^x (1/\sqrt{4\xi^3 - g_2\xi - g_3})d\xi$ の逆関数であることがわかる．）

周期が同じ楕円関数どうしの四則演算は同じ周期の楕円関数を与える．楕円関数の導関数も同じ周期をもつ．つまり，同じ周期をもつ楕円関数全体は微分体になっている．

この体は $x = \wp(z)$, $y = \wp'(z)$ によって生成されることがわかり，$K = \mathbf{C}(x,y)$, $y^2 = 4x^3 - g_2 x - g_3$ と表せる．

3　擬周期関数，テータ関数

極が1位，あるいは複素平面上正則であるようなより基本的な関数を導入しよう．しかし，この場合には楕円関数の範囲でとることをあきらめなくてはならない．

極が1位でそこでの留数が1である関数は，$-\wp(z)$ を積分すると得られる ($\zeta'(z) = -\wp(z)$)．さらにこの関数を正則関数の比で表そう．積分し

て指数関数と合成すれば分母の正則関数になる ($\zeta(z) = d\log\sigma(z)/dz = \sigma'(z)/\sigma(z)$. ここで $\sigma(z), \sigma'(z)$ は正則である). 具体的な表示として,
$$\zeta(z) = \frac{1}{z} + \sum{}' \left(\frac{1}{z-\Omega} + \frac{z}{\Omega^2} + \frac{1}{\Omega} \right),$$
$$\sigma(z) = z \prod{}' \left(\left(1 - \frac{z}{\Omega}\right) \exp\left(\frac{z}{\Omega} + \frac{z^2}{2\Omega^2}\right) \right)$$
を得る. それぞれ, ワイエルシュトラスの ζ 関数, σ 関数と呼ぶ.

これらは楕円関数にはならないが, 次のような擬周期性というべき性質を満たす:
$$\zeta(z+\omega_i) = \zeta(z) + \eta_i,$$
$$\sigma(z+\omega_i) = -e^{\eta_i(z+(\omega_i/2))}\sigma(z), \quad (i = 1, 2).$$
ここで $\eta_i = 2\zeta(\omega_i/2)$ で, ルジャンドルの関係式 $\eta_1\omega_2 - \eta_2\omega_1 = 2\pi\sqrt{-1}$ が成り立つ (必要なら ω_2 を -1 倍して, $\mathrm{Im}(\omega_2/\omega_1) > 0$ としておく).

さて, これらの関数は基本周期についての関数にもなっている. 変数変換 $w = z/\omega_1$ により, 基本周期を $1, \tau = \omega_2/\omega_1$ と思ってよい. 元の変数と周期に関する変数 τ の 2 変数関数で標準的なものをとって, それを使って楕円関数を含むこれらの関数を記述したい. σ 関数と同等な $\boldsymbol{C} \times H$ 上の正則関数で ($H = \{\tau \in \boldsymbol{C} \mid \mathrm{Im}\,\tau > 0\}$),
$$\theta(w,\tau) = \sum_{n \in \boldsymbol{Z}} \exp 2\pi\sqrt{-1}\left(\frac{n^2\tau}{2} + nw\right)$$
というフーリエ級数で定義された関数をテータ関数という. とくに
$$\theta_1(w,\tau) = -e^{2\pi\sqrt{-1}(\frac{\tau}{8}+\frac{w}{2}+\frac{1}{4})}\theta\left(w+\frac{\tau}{2}+\frac{1}{2},\tau\right),$$
$$\theta_2(w,\tau) = e^{2\pi\sqrt{-1}(\frac{\tau}{8}+\frac{w}{2})}\theta\left(w+\frac{\tau}{2},\tau\right),$$
$$\theta_3(w,\tau) = \theta(w,\tau), \quad \theta_0(w,\tau) = \theta\left(w+\frac{1}{2},\tau\right)$$
とおく ($\sigma(z) = \frac{\omega_1}{\theta'_1(0,\tau)} e^{\frac{\omega_1\eta_1 w^2}{2}} \theta_1(w,\tau)$ である).

4 ヤコビの楕円関数と楕円積分

$\tau \in H$ に対して, $K = \pi\theta_3(0,\tau)^2/2$, $w = z/(2K)$ とおく. 3 つの関数
$$\mathrm{sn}\,z = \frac{\theta_3(0)}{\theta_2(0)}\frac{\theta_1(w)}{\theta_0(w)}, \quad \mathrm{cn}\,z = \frac{\theta_0(0)}{\theta_2(0)}\frac{\theta_2(w)}{\theta_0(w)},$$
$$\mathrm{dn}\,z = \frac{\theta_0(0)}{\theta_3(0)}\frac{\theta_3(w)}{\theta_0(w)}$$
はそれぞれ $4K$ と $2K\tau$, $2K$ と $2(1+\tau)K$, $2K$ と $4K\tau$ を周期にもつ 2 位の楕円関数で, ヤコビの楕円関数と呼ばれる. 関係式
$$\mathrm{sn}^2 z + \mathrm{cn}^2 z = 1, \quad k^2\mathrm{sn}^2 z + \mathrm{dn}^2 z = 1$$
が成り立つ ($k = \theta_2(0)^2/\theta_3(0)^2$ を母数と呼ぶ).

楕円積分とは, $\varphi(x)$ を 3 次あるいは 4 次の多項式, R を 2 変数の有理式としたとき, $\int^x R(\xi, \sqrt{\varphi(\xi)}) d\xi$ の形の積分のことである.

楕円積分は, それぞれ第 1 種, 第 2 種, 第 3 種と呼ばれる次の 3 つの楕円積分に帰着される:
$$F(x) = \int^x \frac{d\xi}{\sqrt{(1-\xi^2)(1-k^2\xi^2)}},$$
$$E(x) = \int^x \sqrt{\frac{1-k^2\xi^2}{1-\xi^2}} d\xi,$$
$$\Pi(x) = \int^x \frac{d\xi}{(1-\lambda^2\xi^2)\sqrt{(1-\xi^2)(1-k^2\xi^2)}}.$$
このとき $z = F(x)$ は $x = \mathrm{sn}\,z$ の逆関数, $E(x)$ は $x = \mathrm{sn}\,z$ とすると $E(x) = \frac{\theta'_0(w)}{\theta_0(w)} + \frac{E(1)}{K}z$, $w = z/(2K)$. また, $\lambda^2 = k^2\mathrm{sn}^2 a$, $x = \mathrm{sn}\,z$ とすると,
$$\Pi(x) =$$
$$\frac{\mathrm{sn}\,a}{\mathrm{cn}\,a\,\mathrm{dn}\,a}\left(\frac{1}{2}\log\frac{\theta_0(w-\frac{a}{2K})}{\theta_0(w+\frac{a}{2K})} + \frac{\theta'_0(\frac{a}{2K})}{\theta_0(\frac{a}{2K})}z\right) + z$$
となる. ここで, 与えられた k に対して, K, τ は $K = K(k) = \int_0^1 \frac{d\xi}{\sqrt{(1-\xi^2)(1-k^2\xi^2)}}$, $\tau = \sqrt{-1}K(k')/K(k)$. ただし, $k' = \sqrt{1-k^2}$.

5 有名な定理

定理 1 (ワイエルシュトラス–フラグメン) 定数係数の代数的加法公式を満たす $\boldsymbol{C}$ 上の一価有理型関数 $f(z)$ は次の 3 種に限る: (1) z の有理関数; (2) e^{cz} の有理関数 (c は定数); (3) z の楕円関数.

定理 2 (ブリオ–ブーケ) 定数係数 1 階代数的微分方程式を満たす $\boldsymbol{C}$ 上の一価有理型関数は上の (1)〜(3) に限る. [坂 井 秀 隆]

参 考 文 献

[1] A. フルヴィッツ・R. クーラント著, 足立恒雄・小松啓一訳:楕円関数論, シュプリンガー・フェアラーク東京, 1991.
[2] 梅村 浩:楕円関数論, 東京大学出版会, 2000.
[3] 竹内端三:楕円函数論, 岩波書店, 1936.

楕円曲線

elliptic curve

1 定義と基本性質

代数閉体 k 上の楕円曲線とは，種数 1 の非特異射影代数曲線 C とその上の 1 点 o の対 (C, o) のことである．以下，記号 (C, o) は常にこの意味で用いる．C 上の因子 D に対して，$H^0(C, \mathcal{O}_C(D))$ で k-ベクトル空間 $\{f \in k(C) \setminus \{0\} \mid D + \mathrm{div} f \geq 0\} \cup \{0\}$ を表し，$h^i(D) = \dim H^i(C, \mathcal{O}_C(D))$ $(i = 0, 1)$ と書く．種数が 1 という条件は，C の標準因子 K_C が因子 0 と線型同値と言い換えられる．したがって，因子 D に対して，$h^i(D) = h^{1-i}(-D)$（セール双対性），$h^0(D) - h^0(-D) = \deg D$（リーマン–ロッホの定理）が成り立つ．特に $\deg D > 0$ ならば $h^0(-D) = 0$ であるから，$h^0(D) = \deg D$ が成り立つ．C 上の因子 D に付随する完備線型系 $|D|$ の定める有理射は，$\deg D = 2$ のとき $\mathbf{P}^1$ への 2:1 の射であり，$\deg D \geq 3$ のとき $\mathbf{P}^{\deg D - 1}$ への閉埋め込み射であることがわかる．

2 楕円曲線の様々な記述法

2.1 平面 3 次曲線

完備線型系 $|3o|$ の定める閉埋め込み射 $C \to \mathbf{P}^2$ の像は 3 次曲線になる．実際，$H^0(C, \mathcal{O}_C(2o))$ の基底を $1, x$（x は o にちょうど 2 位の極をもつ有理関数），$H^0(C, \mathcal{O}_C(3o))$ の基底を $1, x, y$（y は o にちょうど 3 位の極をもつ有理関数）とすると，$H^0(C, \mathcal{O}_C(6o))$ において $1, x, x^2, x^3, y, xy, y^2$ は 1 次関係式を満たす．o にちょうど 6 位の極をもつのは，x^3, y^2 のみであることから，それらの係数は 0 でない．x, y を定数倍で置き換えることで，関係式は

$$y^2 + a_1 xy + a_2 y = x^3 + a_3 x^2 + a_4 x + a_6 \quad (1)$$

$(a_i \in k)$ と書ける．射 $p \in C \mapsto (x(p) : y(p) : 1) \in \mathbf{P}^2$ が $|3o|$ の定める射にほかならない．その像は関係式 (1) を同次化して得られる 3 次式 $Y^2 Z + a_1 XYZ + a_3 YZ^2 - (X^3 + a_3 X^2 Z + a_4 XZ^2 + a_6 Z^3)$（$X, Y, Z$ は $\mathbf{P}^2$ の同次座標）の零点集合であり，点 o の像は点 $(0 : 1 : 0)$ である．もし k の標数が 2 でなければ，(1) は，左辺を y について平方完成し，y を変数変換をすることで

$$y^2 = x^3 + a'_3 x^2 + a'_4 x + a'_6 \quad (2)$$

の形になる．さらに，x の線型変換で（右辺）の 3 根（C は非特異なので 3 根は相異なる）を $0, 1, \lambda$ に写すものを考えれば

$$C_\lambda : y^2 = x(x-1)(x-\lambda) \quad (\lambda \neq 0, 1) \quad (3)$$

となる（ルジャンドル (Legendre) 標準形）．他方，(2) において，さらに k の標数が 3 でなければ，x を $x + \frac{a_3}{3}$，y を $2y$ で置き換えることで，

$$y^2 = 4x^3 - g_2 x - g_3 \quad (4)$$

を得る（ワイエルシュトラス (Weierstrass) 標準形）．

2.2 射影直線の 2 重被覆

$|2o|$ による 2:1 の射 $\pi : C \to \mathbf{P}^1$ は，o に丁度 2 位の極を持つ有理関数 x を用いて $p \in C \mapsto (x(p) : 1) \in \mathbf{P}^1$ と書ける．体 k の標数が 2 でないとき，フルヴィッツ (Hurwitz) の分岐公式により，π は $\mathbf{P}^1$ の 4 点で分岐する．o の像 $t := (1 : 0) \in \mathbf{P}^1$ に対して，因子として $2o = \pi^* t$ が成立するので t は 1 つの分岐点である．また，C をルジャンドル標準形として実現するとき，π は $\mathbf{P}^2$ から直線 $L := \{Y = 0\}$ への射影 $(X : Y : Z) \mapsto (X : Z)$ を C へ制限したものにほかならない．このとき，π の分岐点は L の点 $0, 1, \lambda, \infty$ である．

2 重被覆の一般論により，$\mathbf{P}^1$ の 4 点 $0, 1, \lambda, \infty$ で分岐する 2 重被覆として得られる種数 1 の曲線は同型を除いて一意に決まる．$\mathbf{P}^1$ の自己同型群は 2 次射影変換群 $\mathrm{PGL}(1, k) \simeq \mathrm{GL}(2, k)/k^* I$（$I$ は単位行列）であるので，種数 1 の曲線の同型類は $\mathbf{P}^1$ の 4 点集合の $\mathrm{PGL}(1, k)$-軌道と 1:1 に対応する．

2.3 ピカール多様体

非特異射影代数曲線 X に対して，X 上の次数 0 の因子の線形同値類全体の集合には，次元が X の種数に等しい非特異射影代数多様体の構造が入り，因子類の加法によって群構造をもつ．加法は代数多様体の射になっているので，代数群でもある．これを X のピカール (Picard) 多様体と呼び，

$\mathrm{Pic}^0(X)$ で表す．楕円曲線 (C,o) の場合，D を次数 0 の因子とすると，リーマン・ロッホの定理より $h^0(D+o) = 1$ であり，よって $D+o$ は C の一意に決まる 1 点 p_D と線型同値である．こうして，射 $\mathrm{Pic}^0(C) \to C$ が $D \in \mathrm{Pic}^0(C) \mapsto p_D \in C$ によって定まり，この射によって $\mathrm{Pic}^0(C)$ と C は代数多様体として同型になる．この同型によって，o は $\mathrm{Pic}^0(C)$ の単位元 0 に写されることに注意する．

2.4 ヤコビ多様体

複素数体 C 上の種数 g の非特異射影代数曲線 X を考える．X を 1 次元コンパクト複素多様体と見なす．X は実位相多様体として向きをもつ閉曲面で g 個の '穴' をもつ．したがって，ホモロジー群 $H_1(X, \boldsymbol{Z})$ は $2g$ 個の元 $\gamma_1, \ldots, \gamma_{2g}$ を基底にもつ．これらは X の閉曲線で代表される．また，X の大域的正則 1 形式の空間は，g 個の元 $\omega_1, \ldots, \omega_g$ を基底にもつ．このとき，$2g$ 個の $\boldsymbol{C}^g$ のベクトル $\left(\int_{\gamma_i} \omega_1 \cdots \int_{\gamma_i} \omega_g \right)$ $(i=1,\ldots,2g)$ は $\boldsymbol{R}$ 上一次独立であることがわかり，したがって，$\boldsymbol{C}^g$ の格子 Λ を生成する．一般に，複素ベクトル空間 $\boldsymbol{C}^n$ を格子 Γ で割った空間は，複素 n 次元コンパクト複素多様体の構造と $\boldsymbol{C}^n$ から誘導される加法をもつ．これを複素トーラスと呼び，$\boldsymbol{C}^n/\Gamma$ で表す．先の $\boldsymbol{C}^g, \Lambda$ から得られる複素トーラス $\boldsymbol{C}^g/\Lambda$ を X のヤコビ (Jacobi) 多様体と呼び，$J(X)$ で表す．点 $o \in X$ を固定すると，X から $J(X)$ への射が $p \in X \mapsto \left(\int_o^p \omega_1 \cdots \int_o^p \omega_g \right) (\bmod \Lambda) \in J(X)$ で定義され複素多様体の正則写像になる．これをアーベル–ヤコビ写像という．この写像は複素多様体の埋め込み写像である (アーベル (Abel) の定理)．特に，種数 1 の曲線 C の場合，$J(C)$ も複素 1 次元であるから，これは C と $J(C)$ の同型を与える．

2.5 ワイエルシュトラスの $\mathfrak{P}$–関数

逆に 1 次元複素トーラスは種数 1 の代数曲線を複素多様体と見なしたものになっていることをみる．$\Gamma \subset \boldsymbol{C}$ を格子とするとき，$\boldsymbol{C}$ 上の有理型関数 $f(t)$ で，すべての $\omega \in \Gamma$ に対して $f(t+\omega) = f(t)$ が成り立つものを楕円関数という．$\mathfrak{P}(t) := \frac{1}{t^2} + \sum_{\omega \in \Gamma - \{0\}} \left(\frac{1}{(t-\omega)^2} - \frac{1}{\omega^2} \right)$ (ワイエルシュトラスの $\mathfrak{P}$–関数) とその微分 $\mathfrak{P}'(t) = \sum_{\omega \in \Gamma} \frac{-2}{(t-\omega)^3}$ は，それぞれ，Γ の各点で，2 位，3 位の極をもつ楕円関数である．$g_2 = 60 \sum_{\omega \in \Gamma - \{0\}} \frac{1}{\omega^4}$, $g_3 = 140 \sum_{\omega \in \Gamma - \{0\}} \frac{1}{\omega^6}$ とおくとき，関係式 $\mathfrak{P}'(t)^2 = 4\mathfrak{P}(t)^3 - g_2 \mathfrak{P}(t) - g_3$ が成立する．よって，写像 $\pi \colon (\boldsymbol{C}/\Gamma) - \{0\} \to \boldsymbol{P}^2$ を $t \in \boldsymbol{C}/\Gamma - \{0\} \mapsto (\mathfrak{P}(t) : \mathfrak{P}'(t) : 1) \in \boldsymbol{P}^2$ で定めると，これは $\boldsymbol{C}/\Gamma$ からの正則写像に伸びるが，その像は $Y^2 Z = 4X^3 - g_2 X Z^2 - g_3 Z^3$ で定義される 3 次曲線 E になる．さらに π は像の上への複素多様体としての同型写像である．E 上の大域的正則 1 形式として $\frac{dx}{y}$ が取れるが，これによってアーベル・ヤコビ写像を定義すると，$\int_o^p \frac{dx}{y} = \int_0^{\pi^{-1}(p)} \frac{d\mathfrak{P}(t)}{\mathfrak{P}'(t)} = \int_0^{\pi^{-1}(p)} dz = \pi^{-1}(p) \in \boldsymbol{C}/\Gamma$ であるから，アーベル・ヤコビ写像が π の逆を与え，$\boldsymbol{C}/\Gamma$ は $J(E)$ と同一視される．

3 群 構 造

種数 1 の曲線 C をピカール多様体と同一視することで，楕円曲線 (C,o) には o を単位元とする加法群の構造が入る．C を $|3o|$ による射で平面 3 次曲線として実現するとき，加法は次のように解釈できる．まず，$p, q, r \in C$ について，加法として，$p + q + r = o$ が成り立つということは，因子の等式 $(p-o) + (q-o) + (r-o) \sim (o-o) = 0$, つまり，$p + q + r \sim 3o$ が成り立つということだが，C は $|3o|$ による射で $\boldsymbol{P}^2$ に埋め込まれているから，これは，p, q, r が一直線上にあるということである．よって，$p, q \in C$ に対して $-(p+q) \in C$ は，p, q を結ぶ直線と C の第 3 の交点として定まる．また，p の加法としての逆元 $p' := -p$ は，因子の等式 $(p-o) + (p'-o) \sim (o-o) = 0$, つまり，$p + p' + o \sim 3o$ を満たすが，これは，先と同様に p, p', o が一直線上にあるということである．よって，p' は p と o を結ぶ直線と C の交点として定まる．特に $-(p+q) \in C$ に対して逆元 $p+q \in C$ が定まる．$k = \boldsymbol{C}$ の場合，3 次曲線 (C,o) の定義方程式の係数，および加法の単位元の座標がすべて有理数に選べるとき，座標がすべて有理数となる (C,o) の点 (有理点) 全体の集合は C の部分群

であるが，これは有限生成アーベル群である（モーデル (Mordell) の定理）．

例：フェルマー 3 次曲線 $\{X^3+Y^3=Z^3\}$ の有理点は $(1:0:1), (0:1:1), (1:-1:0)$ のみであるが，そのうちの任意の 1 つを加法の単位元に選ぶことで，これらのなす群が $\mathbf{Z}/3\mathbf{Z}$ に同型であることがわかる．

4 楕円曲線のモジュライ空間

楕円曲線のモジュライ空間とは，その点が楕円曲線の同型類と $1:1$ に対応する代数多様体のこととする．ただし，2 つの楕円曲線 (C,o) と (C',o') が同型であるとは，同型射 $\iota\colon C\to C'$ で，$\iota(o)=o'$ となるものが存在するということである．楕円曲線のモジュライ空間の構成を，2 節でみた楕円曲線の様々な記述法に応じて概観する．なお，楕円曲線の加法によって，種数 1 の曲線 C の任意の点 p_1 を任意の点 p_2 に移すことができるので $(t\in C\mapsto t-p_1+p_2\in C)$，楕円曲線の同型類は，$o$ の選び方にはよらない．よって，楕円曲線の同型類を考えるというのは，種数 1 の曲線の同型類を考えることと同じである．

4.1 3 次曲線のモジュライ空間

k の標数が 2, 3 でないとき，(C,o) のルジャンドル標準形の 1 つを C_λ とする．$\mathrm{PGL}(1,k)$ によって $0,1,\lambda,\infty$ のうちの三つを $0,1,\infty$ に移したとき，それ以外のもう 1 点の移り先を μ とすると，μ は $S_\lambda=\{\lambda, 1-\lambda, \frac{1}{\lambda}, \frac{\lambda-1}{\lambda}, \frac{1}{\lambda-1}, \frac{1}{1-\lambda}\}$ の元のいずれかである．よって，2.1, 2.2 からわかるように，C のルジャンドル標準形は，C_μ $(\mu\in S_\lambda)$ のいずれかである．関数 $j(s)=2^8\frac{(s^2-s+1)^3}{s^2(s-1)^2}$ $(s\in k-\{0,1\})$ は S_λ において一定であることがわかるので，C のルジャンドル標準形 C_λ に対する $j(\lambda)$ は C の不変量である．これを C の j–不変量 (j-invariant) という．さらに $j(\lambda)=j(\lambda')$ であれば，対応する種数 1 の曲線は同型である．実際，j は次数 6 の射 $\mathbf{P}^1\to\mathbf{P}^1$ $(s\mapsto j(s))$ を定めるので，S_λ の元の個数が 6 であれば，$\lambda'\in S_\lambda$ がわかる．元の個数が 6 より小さい S_λ は，$\{\frac{1}{2},2,-1\}$, $\{-\omega,-\omega^2\}$ (ω は 1 の原始 3 乗根の一つ) のいずれかであるが，この

ときも $\lambda'\in S_\lambda$ が確認できる．まとめると，2 つの種数 1 の曲線 C と C' が同型であるということと，その j–不変量が一致するということは同値である．また，すべての k の元は，ある種数 1 の曲線の j–不変量として実現されるから，種数 1 の曲線のモジュライ空間はアフィン直線 $\mathbf{A}^1$ である．

ルジャンドル標準形を $y^2=x^3-ax-b$ の形の標準形に変換すると，$a=\lambda^2-\lambda+1$, $b=\frac{1}{3^3}(\lambda+1)(\lambda-2)(2\lambda-1)$ が成り立つ．3 次方程式 $x^3-ax-b=0$ が重解をもつことと判別式 $\Delta:=4a^3-27b^2$ が 0 であることは同値である．$\Delta=3^3\lambda^2(\lambda-1)^2$ より，$j(\lambda)=12^3\frac{4a^3}{\Delta}$ と書ける．

実は $\mathbf{A}^1$ は種数 1 の曲線をパラメータ付けているだけではなく，次の意味で楕円曲線の族もパラメータ付けている．まず，S を k 上の代数多様体とするとき，S 上の**楕円曲線の族**とは，すべてのファイバーが種数 1 の曲線である非特異かつ射影的な射 $f\colon\mathcal{C}\to S$ とその切断 $s\colon S\to\mathcal{C}$（楕円曲線の加法の 0 元に対応）の対のことである．2.1 節の議論を相対化することで，S の各点のアフィン近傍 U があって，$f^{-1}(U)$ は U 上 $\mathbf{P}^2\times U$ の閉部分多様体 $\{Y^2Z=X^3-aXZ^2-bZ^3\}$ と同型であることがわかる．ただし，a,b は $U\simeq\operatorname{Spec} R$ と書いたときの R の元であり，$4a^3-27b^2$ は R の可逆元である．また，$12^3\frac{4a^3}{4a^3-27b^2}$ は S 上の正則関数 (regular function) に延長される．これは S の各点にその上のファイバーの j–不変量を対応させる射 $J_S\colon S\to\mathbf{A}^1$ にほかならない．すなわち，S 上に楕円曲線の族があれば，$J_S\colon S\to\mathbf{A}^1$ なる射が構成できる．さらに $\mathbf{A}^1$ は次の意味の普遍性をみたす：k 上の代数多様体 T が，「S 上に楕円曲線の族があれば，$S\to T$ なる射が構成できる」という性質をみたすならば，$T\to\mathbf{A}^1$ なる射が一意に存在する．もし，$\mathbf{A}^1$ 上の楕円曲線の族 $\mathcal{U}\to\mathbf{A}^1$ で，各 $t\in\mathbf{A}^1$ 上のファイバーが t を j–不変量にもつ種数 1 の曲線となっているものがあればなおよいが，残念ながら，そうはなっていない．もし $\mathcal{U}$ が存在するならば，任意の射 $f\colon S\to\mathbf{A}^1$ に対して，f によって $\mathcal{U}$ を引き戻すことで，S 上の楕円曲線の族が得られるが，f はこの族に対する J_S に一致しなくてはならない．ところが，J_S は，$\mathbf{A}^1$

の原点で分岐しているので，任意の f (たとえばエタール射) が J_S にはなりえず矛盾である．

4.2 射影直線の4点集合のモジュライ空間

k の標数が 2 でないとき，2.2 節より，種数 1 の曲線の同型類全体の集合は $\mathbf{P}^1$ の 4 点集合の $\mathrm{PGL}(1,k)$–軌道全体の集合と同一視できる．$\mathbf{P}^1$ の同次座標を X, Z とする．$\mathbf{P}^1$ 上の 4 点集合に対して，それを解とする同次 4 次式は定数倍を除いて一意に決まる．つまり，同次 4 次式 $\sum_{i=0}^4 a_i X^{4-i} Z^i$ の係数 a_i を同次座標とする $\mathbf{P}^4$ の点が一意に決まる．相異なる 4 解をもつ同次 4 次式に対応する $\mathbf{P}^4$ の点全体のなす開集合を U とする．$\mathbf{P}^1$ への $\mathrm{PGL}(1,k)$ の作用 $(X:Z) \mapsto (aX+bZ : cX+dZ)$ $\left(\begin{pmatrix} a & b \\ c & d \end{pmatrix} \in \mathrm{PGL}(1,k)\right)$ は同次 4 次式全体の集合への作用 $\sum_{i=0}^4 a_i X^{4-i} Z^i \mapsto \sum_{i=0}^4 a_i (aX+bZ)^{4-i}(cX+dZ)^i$ を引き起こす．こうして 4 点集合の $\mathrm{PGL}(1,k)$–軌道全体の集合は U の $\mathrm{PGL}(1,k)$ による商空間と同一視される．この商を求めるために $\mathrm{PGL}(1,k)$ の 2 重被覆である $\mathrm{SL}(2,k)$ の $k[a_0,\ldots,a_4]$ への作用の不変式を求める．不変式環 $k[a_0,\ldots,a_4]^{\mathrm{SL}(2,k)}$ は，2 次同次式 P と 3 次同次式 Q で生成されることが知られている．4 次同次式 $F(X,Z)$ に対して，P, Q の F の係数での値を $P(F), Q(F)$ と書く．ルジャンドル標準形に対応する同次 4 次式 $F_\lambda = XZ(X-Z)(X-\lambda Z)$ に対しては，$P(F_\lambda) = \frac{1}{6}(\lambda^2 - \lambda + 1)$，$Q(F_\lambda) = \frac{1}{72}(\lambda+1)(\lambda-2)(2\lambda-1)$ が成立している．よって F_λ の判別式は，$4 \times 6^3 (P(F_\lambda)^3 - 6Q(F_\lambda)^2)$ であり，$P^3 - 6Q^2$ は U 上では消えない．そこで，P, Q を用いて，U から $\mathbf{P}^1$ への射が $F \mapsto (P(F)^3 : Q(F)^2)$ によって定義できる．この射は $\mathrm{PGL}(1,k)$–軌道上一定である．さらに $j(\lambda) = 12^3 \frac{P(F_\lambda)^3}{P(F_\lambda)^3 - 6Q(F_\lambda)^2}$ が成り立っているので，$\frac{P(F_{\lambda_1})^3}{Q(F_{\lambda_1})^2} = \frac{P(F_{\lambda_2})^3}{Q(F_{\lambda_2})^2}$ と $j(\lambda_1) = j(\lambda_2)$ が同値であるから，$U \to \mathbf{P}^1$ の像がまさに求めたかった商空間である．

また，F が 3 重解をもつことと $P = Q = 0$ が成り立つことが同値なことが知られているから，3 重解をもたない同次式に対応する $\mathbf{P}^4$ の開集合を V とすると，射 $F \mapsto (P(F)^3 : Q(F)^2)$ は V 上でも定義できる．重解をもつ同次 4 次式 $F \in V$ の行き先は $P(F)^3 - 6Q(F)^2 = 0$ により点 $(6:1)$ である．さらに，U の像が $\mathbf{P}^1 - \{(6:1)\} \simeq \mathbf{A}^1$ であり，V の像が $\mathbf{P}^1$ であることが確かめられ，こうして，楕円曲線のモジュライ空間 $\mathbf{A}^1$ のコンパクト化 $\mathbf{P}^1$ が得られた．付け加えた点 $(6:1)$ に移ってくる同次 4 次式の $\mathrm{PGL}(1,k)$–軌道は $X^2Z(X-Z)$ の軌道 (重解を一つだけもつもの全体) と X^2Z^2 の軌道 (重解を二つもつもの全体) の二つである．これらに対応する $\mathbf{P}^1$ の 2 重被覆が楕円曲線の場合と同様に構成でき，いずれも特異点として通常 2 重点のみをもつ算術種数 1 の曲線が得られる．$X^2Z(X-Z)$ の場合，点 $(0:1)$ 上に通常 2 重点を 1 つもつ曲線であり，X^2Z^2 の場合，2 本の射影直線が，点 $(0:1)$ と $(1:0)$ の上で横断的に交わった可約曲線である．

4.3 複素トーラスのモジュライ空間

2 つの複素トーラス $(\mathbf{C}/\Gamma_1, 0), (\mathbf{C}/\Gamma_2, 0)$ の同型で 0 を 0 に移すものは，$c \in \mathbf{C}^*$ の掛け算 $\mathbf{C} \to \mathbf{C}$ で $c\Gamma_1 = \Gamma_2$ となるものによって引き起こされる．故に，$\mathbf{H}$ で上半平面を表すとき，任意の複素トーラスは $\Gamma_\tau = \mathbf{Z} \oplus \mathbf{Z}\tau$ $(\tau \in \mathbf{H})$ なる格子に対応する複素トーラスに同型である．さらに，二つの複素トーラス $(\mathbf{C}/\Gamma_\tau, 0), (\mathbf{C}/\Gamma_{\tau'}, 0) (\tau, \tau' \in \mathbf{H})$ が同型であるのは，$\begin{pmatrix} a & b \\ c & d \end{pmatrix} \in \mathrm{SL}(2, \mathbf{Z})$ を用いて，$\tau' = \frac{a\tau+b}{c\tau+d}$ と書けることと同値である．こうして，複素トーラスのモジュライ空間は，$\mathbf{H}$ を $\mathrm{SL}(2, \mathbf{Z})$ の作用で割って得られることがわかる．まず，$\mathbf{H}$ の点は，その部分集合 $S = \{\tau \mid -\frac{1}{2} \leq \mathrm{Re}\,\tau \leq \frac{1}{2}, |\tau| \geq 1\}$ の点と同値であることがわかる．さらに半直線 $\{\tau \mid \mathrm{Re}\,\tau = -\frac{1}{2}, \mathrm{Im}\,\tau \geq \frac{\sqrt{3}}{2}\}$ と $\{\tau \mid \mathrm{Re}\,\tau = \frac{1}{2}, \mathrm{Im}\,\tau \geq \frac{\sqrt{3}}{2}\}$，円弧 $\{\tau \mid |\tau| = 1, \frac{\pi}{2} \leq \arg\tau \leq \frac{2\pi}{3}\}$ と $\{\tau \mid |\tau| = 1, \frac{\pi}{3} \leq \arg\tau \leq \frac{\pi}{2}\}$ が同一視され，得られる空間は $\mathbf{R}^2$ に同相である．これには複素構造が入り，$\mathbf{C}$ と同型になる．

[髙木寛通]

参 考 文 献

[1] 梅村　浩：楕円関数論，東京大学出版会，2000．

多項式環

polynomial ring

以下環とは単位元 1 をもつ可換環を指すこととする.

1 多項式環

n 個の文字 $x_1,\ldots,x_n$ に対し, $x_1^{i_1}\cdots x_n^{i_n}$ (ただし $i_1,\ldots,i_n$ は非負の整数) の形の式を $(x_1,\ldots,x_n$ の) **単項式** (monomial) という. 二つの単項式の積を

$$(x_1^{i_1}\cdots x_n^{i_n})(x_1^{j_1}\cdots x_n^{j_n}) = x_1^{i_1+j_1}\cdots x_n^{i_n+j_n}$$

と定める. また二つの単項式 $x_1^{i_1}\cdots x_n^{i_n}$ と $x_1^{j_1}\cdots x_n^{j_n}$ が等しいとは, すべての $k=1,\ldots,n$ に対し $i_k=j_k$ が成り立つこととする. 環 R の元を係数とする $x_1,\ldots,x_n$ の単項式 m_i たちの一次結合

$$\Sigma_{i=1}^{l} c_i m_i \quad (c_i \in R) \tag{1}$$

を R を係数とする (もしくは, R 上の) 変数 $x_1,\ldots,x_n$ の **多項式** (polynomial) と呼び, これらすべて集めた集合を $R[x_1,\ldots,x_n]$ と表す. 以下多項式 (1) の書きかたで i と j が異なれば, m_i と m_j は異なるようにしておく. 二つの多項式

$$\Sigma_i c_i m_i, \ \Sigma_i d_i m_i \in R[x_1,\ldots,x_n]$$

が等しいとは, すべての i に対し $c_i=d_i$ が成り立つことと定める. さらに上の二つの多項式に対し, 和と積を

$$\Sigma_i c_i m_i + \Sigma_i d_i m_i = \Sigma_i (c_i+d_i) m_i,$$
$$(\Sigma_i c_i m_i)(\Sigma_i d_i m_i) = \Sigma_i (\Sigma_{m_j m_k = m_i} c_j d_k) m_i$$

で定めると $R[x_1,\ldots,x_n]$ は環となり, $x_1^0\cdots x_n^0$ が乗法の単位元となることがわかる. $R[x_1,\ldots,x_n]$ を n 変数 $x_1,\ldots,x_n$ の R 上の **多項式環** (polynomial ring) と呼ぶ. また

$$R[x_1,\ldots,x_n] = R[x_1,\ldots,x_{n-1}][x_n]$$

となることが上に与えた定義から容易にわかる.

例 1 整数環上の 2 変数多項式環 $\mathbf{Z}[x,y]$ の元 $f(x,y) = x - 4xy + y^2$, $g(x,y) = x + 4xy$ に対し, これらの和と積は

$$f(x,y) + g(x,y) = 2x + y^2,$$
$$f(x,y)g(x,y) = x^2 - 16x^2y^2 + xy^2 + 4xy^3$$

となる.

2 関数としての多項式

環 R 上の n 変数多項式 $f(x_1,\ldots,x_n)$ は非負整数の組 $(i_1,\ldots,i_n)$ に対して決まる R の元 $c_{i_1,\ldots,i_n}$ (ただし有限個を除いて $c_{i_1,\ldots,i_n}=0$) を用いて

$$f(x_1,\ldots,x_n) = \Sigma_{i_1,\ldots,i_n} c_{i_1,\ldots,i_n} x_1^{i_1}\cdots x_n^{i_n}$$

のように書けた. 一方 $a_1,\ldots,a_n \in R$ に対し

$$f(a_1,\ldots,a_n) = \Sigma_{i_1,\ldots,i_n} c_{i_1,\ldots,i_n} a_1^{i_1}\cdots a_n^{i_n}$$

と定義することで $f(x_1,\ldots,x_n)$ を R^n (R の n 回の直積) から R への関数のように思うことができる. これが x_k たちを変数と呼ぶ所以である. R^n から R の間の R 準同型全体を $\mathrm{Hom}_R(R^n, R)$ と書くと, 写像

$$\varphi_n : R[x_1,\ldots,x_n] \to \mathrm{Hom}_R(R^n, R)$$

を定義できる. とくに $n=1$ のとき, φ_1 を $R[x]$ から $\mathrm{Im}\,\varphi_1$ への写像と思えば, これは環準同型となることがわかるが, これは一般には単射ではない.

例 2 素数 p に対し, $R = \mathbf{Z}/p\mathbf{Z}$ とすると上で定めた環準同型 $R[x] \to \mathrm{Im}\,\varphi_1$ は単射とはならない. 実際, 多項式 $f(x) = x^p - x \in R[x]$ に対し, $\varphi_1(f(x)) = 0$ となる (例 4 (2) 参照).

3 因数定理

環 R 上の 1 変数多項式環 $R[x]$ の元 $f(x)$ が

$$f(x) = \Sigma_{i=0}^{l} c_i x^i \quad (c_i \in R, c_l \neq 0) \tag{2}$$

と書けたとき, $f(x)$ の **次数** (degree) を $\deg f(x)$ で表し, l であるとする. またこのとき $f(x)$ を l 次多項式と呼ぶ.

1 変数多項式環では割り算が実行できる. つまり任意に $f(x), g(x) \in R[x]$ が与えられたとき, もし $g(x)$ の最高次の項の係数 ((2) の $f(x)$ では c_l のこと) が単元であれば, $r(x), q(x) \in R[x]$ (ただし $\deg r(x) < \deg g(x)$ または $r(x)=0$) が存在して,

$$f(x) = g(x)q(x) + r(x) \tag{3}$$

が成り立つ．もし R が整域のときは $q(x), r(x)$ は $f(x), g(x)$ に対して一意的に定まり，それぞれ $f(x)$ を $g(x)$ で割ったときの，商，余り (剰余) と呼ぶ．

例 3 $\mathbf{Z}$ 上の多項式環 $\mathbf{Z}[x]$ の元
$$f(x) = x^4 + 2x^3 - 2x^2, g(x) = x^2 - 1$$
に対し，$f(x)$ を $g(x)$ で割ったときの商は $x^2 + 2x - 1$，余りは $2x - 1$ となる．

(3) でとくに $g(x) = x - a$ $(a \in R)$ としたとき，(3) の両辺に $x = a$ を代入してみれば，$f(x)$ を $x - a$ で割ったときの余りは $f(a)$ で与えられ (剰余の定理 (remainder theorem))，さらに $f(a) = 0$ が成り立つことと $f(x)$ が $x - a$ で割り切れることが同値であることがわかる (因数定理 (factor theorem))．

環 R 上の多項式 $f(x)$, $a \in R$ に対し，$f(a) = 0$ が成り立つとき a は $f(x)$ の根という．さらに R を整域とすると，0 でない l 次多項式 $f(x) \in R[x]$ の根はたかだか l 個であることが，$l = \deg f(x)$ に関する帰納法で示される．まず $l = 0$ のときは，主張は明らかである．$l > 0$ のとき $a_1 \in R$ を $f(x)$ の根とすれば，因数定理からある $f_1(x) \in R[x]$ が存在し $f(x) = (x - a_1) f_1(x)$ と書ける．a_2 を a_1 と異なる $f(x)$ の根とすれば，$0 = f(a_2) = (a_2 - a_1) f_1(a_2)$ となり，R が整域であるから $f_1(a_2) = 0$ となる．つまり，a_1 と異なるすべての $f(x)$ の根は $f_1(x)$ の根となることがわかる．さらに $\deg f_1(x) = l - 1$ より帰納法の仮定が使うと，$f_1(x)$ の根はたかだか $l - 1$ 個とわかり，$f(x)$ の根はたかだか l 個であるといえる．

例 4 (1) 2 次の多項式 $f(x) = x^2 - 1 \in (\mathbf{Z}/8\mathbf{Z})[x]$ は 4 個の根 $\bar{1}, \bar{3}, \bar{5}, \bar{7} \in \mathbf{Z}/8\mathbf{Z}$ をもつ．つまり上の主張は R が整域でないときは偽である．

(2) R が無限個の元をもつ整域のとき，2 節の φ_1 は環の同型 $R[x] \cong \mathrm{Im}\,\varphi_1$ を与える．上の主張から $\mathrm{Ker}\,\varphi_1 = \{0\}$ となるからである．

4 環 R 上有限生成な環

環 R は環 S の部分環とする．S の有限個の元 $a_1, \ldots, a_n$ に対し，S の部分環のうち，R とすべての a_i たちを含む最小の環 T を $R[a_1, \ldots, a_n]$ と表し，T は R 上 $a_1, \ldots, a_n$ で生成されているという．集合としては
$$T = \{ f(a_1, \ldots, a_n) \in S \mid f(x_1, \ldots, x_n) \in R[x_1, \ldots, x_n] \} \quad (4)$$
のように書けることがわかる．このように R 上有限個の元で生成される環を **R 上有限生成な環 (代数)** (ring of finite type over R, finitely generated R–algebra) と呼ぶ．$T = R[a_1, \ldots, a_n]$ に対し，環準同型を
$$\varphi: R[x_1, \ldots, x_n] \to T \quad x_i \mapsto a_i$$
と定めると，(4) より φ は全射になる．その結果，準同型定理から $T \cong R[x_1, \ldots, x_n]/\mathrm{Ker}\,\varphi$ となる．

注意 1 環 R 上有限生成な環の部分 R 代数は有限生成とは限らない．たとえば，$\mathbf{Z}[x]$ の任意の部分環は $\mathbf{Z}$ 上有限生成であることがわかるが，$\mathbf{Z}[x, y]$ の部分環 $\mathbf{Z}[xy^i \mid i \geq 1]$ は，もはや $\mathbf{Z}$ 上有限生成ではない．

5 多項式環の性質

体 k 上の 1 変数多項式環 $k[x]$ に対し，0 でない多項式の最高次の係数は単元なので，(3) のように任意の多項式を 0 でない多項式で割り算できる．このような性質をもつ整域をユークリッド整域と呼ぶ．ユークリッド整域は (PID, UFD といった) 非常によい性質をもつ環である．一方，たとえば $\mathbf{Z}[x]$ などは，イデアル $(3, x)$ のような単項でないイデアルをもつので PID でない．

R が UFD ならば，R 上の (多変数) 多項式環も UFD となる．またネーター性についても同様のことが成り立つ (ヒルベルトの基底定理 (Hilbert basis theorem))．さらに R 上有限生成な環 T は上述のように R 上の多項式環の剰余環なので，R がネーター環のときは T もネーター環となることがわかる．また一般に環 R に対し
$$\dim R[x_1, \ldots, x_n] \geq \dim R + n$$
が成り立つが，とくに R がネーター環のときは，等号が成立することが知られている．

[上原北斗]

多項式近似

polynomial approximation

1 連続関数の多項式による近似

次の定理はワイエルシュトラス (Weierstrass) の多項式近似定理と呼ばれるものである.

定理 1 有界閉区間 $[a,b]$ 上の任意の連続関数は, 多項式により $[a,b]$ 上で一様に近似できる. すなわち, $[a,b]$ 上の任意の連続関数 $f(x)$ に対して, ある多項式の列 $p_n(x)$ $(n=1,2,\ldots)$ で
$$\sup_{x\in[a,b]} |f(x)-p_n(x)| \to 0,\ n\to\infty$$
を満たすものが存在する.

このような多項式の近似列の作り方にはいくつかの方法が知られている. たとえばその一つはベルンシュタイン (Bernstein) の多項式と呼ばれる多項式により近似する方法である. まず変数変換 $y=(x-a)/(b-a)$ により $[a,b]$ 上の連続関数を $[0,1]$ 上の連続関数に変換でき, したがって, 定理は $[0,1]$ の場合に証明すれば十分であることに注意する. $[0,1]$ 上の連続関数 $f(x)$ に対して, ベルンシュタインの多項式は
$$B_n(f)(x) = \sum_{k=0}^{n} \binom{n}{k} x^k (1-x)^{n-k} f\left(\frac{k}{n}\right),$$
$(n=1,2,\ldots)$ と定義される. ただしここで $\binom{n}{k}$ は 2 項係数, すなわち $\binom{n}{k} = \frac{n!}{k!(n-k)!}$ である. このとき
$$\lim_{n\to\infty} \sup_{x\in[a,b]} |f(x)-B_n(f)(x)| = 0$$
が成り立つ ([4] 参照).

このほかには次に述べる積分を用いたランダウ (Landau) による近似列もある.
$$L_n(x) = \sqrt{\frac{n}{\pi}} \int_0^1 \left(1-(x-t)^2\right)^n f(t) dt,$$
$(n=1,2,\ldots)$ とする. このとき $L_n(x)$ は x の $2n$ 次の多項式で,
$$\lim_{n\to\infty} \sup_{x\in[a,b]} |f(x)-L_n(x)| = 0$$
が成り立つ ([2] 参照).

2 多項式近似定理の一般化

ワイエルシュトラスの定理はさまざまな形に一般化されている. 本節では, ストーン (M. H. Stone) によるコンパクト・ハウスドルフ空間への一般化を述べる. 以下では, Φ を実数体 $\boldsymbol{R}$ あるいは複素数体 $\boldsymbol{C}$ とし, 位相空間 X に対して $C(X;\Phi)$ により X 上の Φ に値をもつ連続関数全体のなす集合とする.

定理 2 (ストーン–ワイエルシュトラスの定理; [1], [3], [5] 参照) X をコンパクト・ハウスドルフ空間とする. $A\subset C(X;\Phi)$ が次の条件 (1)～(4) を満たすとする.

(1) 定数関数 1 は A に属する. (2) $f,g\in A$, $\alpha\in\Phi$ に対して, $\alpha f, f+g, fg\in A$. (3) 任意の相異なる点 $x,y\in X$ に対して, $f(x)\neq f(y)$ を満たす $f\in A$ が存在する. (4) $f\in A$ ならばその複素共役 $\bar{f}$ も A に属する.

このとき任意の $f\in C(X;\Phi)$ に対して, ある $f_n\in A$ $(n=1,2,\ldots)$ で,
$$\lim_{n\to\infty} \sup_{x\in X} |f(x)-f_n(x)| = 0$$
を満たすものが存在する. (注: $\Phi=\boldsymbol{R}$ の場合, 条件 (4) はつねに満たされている.)

この定理がワイエルシュトラスの多項式近似定理の一般化になっていることは次のようにしてわかる. $X=[a,b]$ とし, A としては Φ の元を係数にもつ多項式全体のなす集合とする. このとき A は定理 2 の条件をみたすことが容易に示せる. ワイエルシュトラスの多項式近似定理は $\boldsymbol{R}^d$ の有界閉集合に対しても成り立っているが, このことも定理 2 において X を $\boldsymbol{R}^d$ の有界閉集合, A を Φ の元を係数とする $x_1,\ldots,x_d$ の多項式全体のなす集合として適用すれば証明することができる.

X がコンパクトでない局所コンパクト・ハウスドルフ空間の場合にも定理 2 と類似の定理が得られている. ただしこの場合, 連続関数の代わりに無限遠で 0 になる連続関数を考える. ここで X 上の連続関数が無限遠で 0 になるとは, 任意の $\varepsilon>0$ に対して $\{x\in X : |f(x)|\geqq \varepsilon\}$ がコンパクトになることである. 無限遠で 0 になる $C(X;\Phi)$

の元全体のなす集合を $C_0(X;\Phi)$ で表す．

定理 3 (ストーンの定理；[3], [1] 参照) X を
コンパクトでない局所コンパクト・ハウスドルフ
空間とする．$A \subset C_0(X;\Phi)$ が，定理 2 の条件
(2), (3), (4) および次の (5) を満たすとする．

(5) 任意の $x \in X$ に対して，$f(x) \neq 0$ なる
$f \in A$ が存在する．

このとき任意の $f \in C_0(X;\Phi)$ に対して，ある
$f_n \in A$ $(n = 1, 2, \ldots)$ で
$$\lim_{n \to \infty} \sup_{x \in X} |f(x) - f_n(x)| = 0$$
を満たすものが存在する．

3 三角多項式による近似

整数 n に対して $e_n(x) = e^{2\pi inx}$ $(x \in \mathbf{R})$ と
おく．有限個の e_n の一次結合を三角多項式とい
う．$\mathbf{R}$ 上の連続関数 $f(x)$ が周期 1 をもつとは，
$f(x+1) = f(x)$ が成り立つことである．このよ
うな関数に対して，三角多項式
$$s_N[f](x) = \sum_{n=-N}^{N} \left(\int_0^1 f(t) e_{-n}(t) dt \right) e_n(x)$$
を f のフーリエ部分和という．一般には，f は
$s_N[f]$ により $[0,1]$ 上で一様に近似できるとは限
らない．実際，ある点 $x_0 \in [0,1]$ で
$$\limsup_{N \to \infty} |s_N[f](x_0)| = +\infty$$
となるような $\mathbf{R}$ 上の周期 1 の連続関数 f が存在
する．しかしチェザロ和
$$\sigma_N[f](x) = \frac{1}{N} \sum_{n=0}^{N-1} s_n[f](x)$$
を考えると次の定理が成り立つ．

定理 4 (フェイエール (Fejér) の定理；[4] 参照)
$\mathbf{R}$ 上の周期 1 をもつ連続関数 $f(x)$ に対して
$$\lim_{N \to \infty} \sup_{x \in [0,1)} |f(x) - \sigma_N[f](x)| = 0$$
が成り立つ．

4 正則な多項式による近似

K を複素平面 $\mathbf{C}$ 内の有界閉集合とする．K°
により K の内部を表す．ただし $K^\circ = \emptyset$ の場合
もありうる．正則関数の多項式による近似定理と
して，次のものが知られている．

定理 5 (メルゲルヤン (Mergelyan) の定理
$((2) \Rightarrow (1))$；[5] 参照) 次の (1), (2) は同値である．

(1) K 上で連続かつ K° で正則な関数 $f(z)$ に
対して，z の多項式の列 $p_n(z)$ $(= 1, 2, \ldots)$ が存
在し，
$$\lim_{n \to \infty} \sup_{z \in K} |f(x) - p_n(z)| = 0.$$
(2) $\mathbf{C} \setminus K$ は連結である．

とくに $K^\circ = \emptyset$ となる場合については，次の定
理が成り立つ．

定理 6 (ラヴレンティエフ (Lavrentiev) の定理
$((2) \Rightarrow (1)$；[5] 参照) 次の (1), (2) は同値である．

(1) K 上の連続関数 $f(z)$ に対して，z の多項
式の列 $p_n(z)$ $(= 1, 2, \ldots)$ が存在し，
$$\lim_{n \to \infty} \sup_{z \in K} |f(x) - p_n(z)| = 0.$$
(2) $K^\circ = \emptyset$ かつ $\mathbf{C} \setminus K$ は連結である．

たとえば円周 $T = \{e^{it} : 0 \leq t < 2\pi\}$ と円弧
$J = \{e^{it} : 0 \leq t \leq 2\pi - \varepsilon\}$（ただし $0 < \varepsilon < 2\pi$）
を考えると，ともに内部は $\emptyset$ の有界閉集合であ
るが，$\mathbf{C} \setminus T$ は連結でなく，$\mathbf{C} \setminus J$ は連結であ
る． ［新井仁之］

参考文献

[1] G.B. Folland：*Real Analysis, Modern Techniques and Their Applications*, 2nd ed, Wiley-Interscience, 1999.
[2] 藤原松三郎：微分積分學 (第 1 巻), 内田老鶴圃, 1934.
[3] M.H. Stone：*A Generalized Weierstrass Approximation Theorem*, pp.30–87, MAA, 1962.
[4] 高木貞治：解析概論 (改訂第 3 版), 岩波書店, 1961.
[5] 竹ノ内脩ほか：関数環, 培風館, 1977.

多重指数

multi–index

多重指数を用いた記法は，もともとホイットニー (H. Whitney) により考案されたもので，偏微分方程式など偏微分を扱う際によく使われる．$\boldsymbol{Z}_+$ により非負整数全体のなす集合を表し，その d 個の直積を $\boldsymbol{Z}_+^d$ と表す．$\alpha=(\alpha_1,\ldots,\alpha_d)\in \boldsymbol{Z}_+^d$, $\beta=(\beta_1,\ldots,\beta_d)\in \boldsymbol{Z}_+^d$ に対して，
$$\alpha\pm\beta=(\alpha_1\pm\beta_1,\ldots,\alpha_d\pm\beta_d),$$
$$|\alpha|=\alpha_1+\ldots+\alpha_d$$
と表す．多重指数に対する記号 $|\alpha|$ は d 次元ユークリッド空間の点 $x=(x_1,\ldots,x_d)\in \boldsymbol{R}^d$ に対する常用の記号 $|x|=\left(\sum_{j=1}^d x_j^2\right)^{1/2}$ と併用されることが多いが，その場合には多重指数であるかユークリッド空間の点であるかにより記号の定義が異なる．
$$\partial_j=\frac{\partial}{\partial x_j},\ j=1,\ldots,d$$
とし，$\alpha=(\alpha_1,\ldots,\alpha_d)\in \boldsymbol{Z}_+^d$ に対して
$$\partial^\alpha=\partial_1^{\alpha_1}\cdots\partial_d^{\alpha_d}=\frac{\partial^{|\alpha|}}{\partial x_1^{\alpha_1}\cdots \partial x_d^{\alpha_d}}$$
と略記する．ただし $\alpha_j=0$ の場合，便宜上 ∂_j^α は恒等写像を表すものとする．∂^α は ∂_x^α, $\left(\frac{\partial}{\partial x}\right)^\alpha$ などと記されることもある．フーリエ解析では，$D_j=-\sqrt{-1}\partial_j$ と表し，$D^\alpha=D_1^{\alpha_1}\cdots D_d^{\alpha_d}$ と略記することが多い．

$\boldsymbol{R}^d$ 上の多項式についても多重指数が用いられる．$x=(x_1,\ldots,x_d)\in \boldsymbol{R}^d$ と $\alpha=(\alpha_1,\ldots,\alpha_d)\in \boldsymbol{Z}_+^d$ に対して，
$$x^\alpha=x_1^{\alpha_1}\cdots x_d^{\alpha_d}$$
と表す．$\boldsymbol{R}^d$ 上の m 次多項式
$$P(x)=\sum_{\substack{\alpha_1,\ldots,\alpha_d\in \boldsymbol{Z}_+^d,\\ \alpha_1+\cdots+\alpha_d\leq m}}c_{\alpha_1,\ldots,\alpha_d}x_1^{\alpha_1}\cdots x_d^{\alpha_d}$$
は $c_{\alpha_1,\ldots,\alpha_d}=c_\alpha$ とおけば
$$P(x)=\sum_{\substack{\alpha\in \boldsymbol{Z}_+,\\ |\alpha|\leq m}}c_\alpha x^\alpha$$
のように表せる．また x に形式的に ∂ を代入することにより，定数係数の偏微分作用素
$$\sum_{\substack{\alpha\in \boldsymbol{Z}_+^d,\\ |\alpha|\leq m}}c_\alpha \partial^\alpha,\ \sum_{\substack{\alpha\in \boldsymbol{Z}_+^d,\\ |\alpha|\leq m}}c_\alpha D^\alpha$$
を定義し，それぞれ $P(\partial)$, $P(D)$ と表す．

$\alpha=(\alpha_1,\ldots,\alpha_d)$, $\beta=(\beta_1,\ldots,\beta_d)\in \boldsymbol{Z}_+^d$ に対して $\beta_1\leqq\alpha_1,\ldots,\beta_d\leqq\alpha_d$ であることを，$\beta\leqq\alpha$ と記す．非負の整数 m,n, $m\leqq n$ に対して二項係数 $\binom{n}{m}=\frac{n!}{m!(n-m)!}$ が定義される．多重指数 $\alpha,\beta\in \boldsymbol{Z}_+^d$, $\beta\leqq\alpha$ に対して α,β に対する二項係数は
$$\binom{\alpha}{\beta}=\binom{\alpha_1}{\beta_1}\cdots\binom{\alpha_d}{\beta_d}$$
と定義される．これらの記号を用いると，偏微分に関するライプニッツの公式は次のように簡略に記すことができる．

[ライプニッツの公式]
$$\partial^\alpha(fg)=\sum_{\beta\in \boldsymbol{Z}_+^d,\beta\leqq\alpha}\binom{\alpha}{\beta}(\partial^\beta f)(\partial^{\alpha-\beta}g)$$

$\alpha=(\alpha_1,\ldots,\alpha_d)\in \boldsymbol{Z}_+^d$ に対して $\alpha!=\alpha_1!\cdots\alpha_d!$ とする．$x=(x_1,\ldots,x_d), y=(y_1,\ldots,y_d)\in \boldsymbol{R}^d$, $a,b\in \boldsymbol{R}$ に対して，
$$ax+by=(ax_1+by_1,\ldots,ax_d+by_d)$$
と表すと，C^N 級の多変数関数 $f(x)=f(x_1,\ldots,x_d)$ のテイラー展開もたとえば次のように記すことができる．

[テイラー展開]
$$f(x+y)=\sum_{\substack{\alpha\in \boldsymbol{Z}_d^+,\\ |\alpha|<N}}\frac{(\partial^\alpha f)(x)}{\alpha!}y^\alpha$$
$$+N\sum_{\substack{\alpha\in \boldsymbol{Z}_d^+,\\ |\alpha|=N}}\frac{y^\alpha}{\alpha!}\int_0^1(1-t)^{N-1}(\partial^\alpha f)(x+ty)\,dt$$

[新井仁之]

参考文献

[1] 垣田髙夫：シュワルツ超関数入門 (新装版), 日本評論社, 1999.

[2] L. Hörmander : *The Analysis of Linear Partial Differential Operators I, 2nd ed*, Springer–Verlag, 1990.

多　様　体

manifold

1　定　義

多様体とは，曲面の n 次元への一般化で，基本的には位相空間であるが，可微分構造をつけ加えたものを考えることが多い．

位相空間 X が **n 次元位相多様体** (n-dimensional topological manifold) であるとは

(1) X はハウスドルフ空間 (x, y を相異なる 2 点とすると，x の近傍 U と y の近傍 V で $U \cap V = \emptyset$ となるものがある)，

(2) X は可算の基をもつ (X の開集合の可算族 $\mathcal{B}$ で，X の任意の開集合が $\mathcal{B}$ の開集合の合併で表される)，

(3) X の各点は n 次元ユークリッド空間 $\boldsymbol{R}^n$ の開集合と同相な近傍をもつ

ときをいう．

位相多様体は $\boldsymbol{R}^n$ の開集合と同相な近傍による被覆をもつが，そのような近傍 U と U から $\boldsymbol{R}^n$ の開集合の上への同相写像 φ を対にしたもの (U, φ) を **座標近傍** (coordinate neighbourhood) という．写像 $\varphi(x)$ は **局所座標** (local coordinate) といわれ，その成分 $x_i(x)$ は U 上の関数で，**座標関数** (coordinate function) といわれる．二つの座標近傍 $(U_\alpha, \varphi_\alpha)$, (U_β, φ_β) の間の座標変換は $\boldsymbol{R}^n$ の開集合の間の同相写像
$$\varphi_\beta \circ \varphi_\alpha^{-1} : \varphi_\alpha(U_\alpha \cap U_\beta) \to \varphi_\beta(U_\alpha \cap U_\beta)$$
で与えられる．

位相多様体 X の座標近傍の族 $\{(U_\alpha, \varphi_\alpha)\}$ による被覆 $X = \bigcup_\alpha U_\alpha$ が **C^r 構造** (C^r structure) であるとは，任意の二つ $(U_\alpha, \varphi_\alpha)$, (U_β, φ_β) の間の座標変換が C^r 微分同相写像であるときをいう．さらに，二つの C^r 構造が同値であるとは，両方合わせても C^r 構造になるときをいう．C^r 構造の定まった位相多様体を **C^r 多様体** (C^r manifold) という．同値な C^r 構造は同じ C^r 多様体を定めると考える．以後，C^r 多様体 X の座標近傍とは，C^r 構造に属する座標近傍をさすものとする．

n 次元 C^r 多様体 X 上の関数 $f : X \to \boldsymbol{R}$ が **C^r 関数** (C^r function) であるとは，任意の座標近傍 (U, φ) に対して，$\boldsymbol{R}^n$ の開集合上の関数 $f \circ \varphi^{-1} : \varphi(U) \to \boldsymbol{R}$ が C^r 関数であるときをいう．

n 次元 C^r 多様体 X と m 次元 C^r 多様体 Y の間の写像 $F : X \to Y$ が **C^r 写像** (C^r map) であるとは，X の任意の座標近傍 (U, φ) と Y の任意の座標近傍 (V, ψ) に対して，$\boldsymbol{R}^n$ の開集合から $\boldsymbol{R}^m$ への写像 $\psi \circ F \circ \varphi^{-1} : \varphi(U \cap F^{-1}(V)) \to \boldsymbol{R}^m$ が C^r 写像であるときをいう．

さらに，$F : X \to Y$ が **C^r 微分同相写像** (C^r diffeomorphism) であるとは，F が全単射の C^r 写像で，逆写像 $F^{-1} : Y \to X$ も C^r 写像であるときとする．

例　数直線 $\boldsymbol{R}$ から単位円 S^1 への写像 $f(t) = (\cos t, \sin t)$ は C^∞ 写像である．長さが 2π より小さい区間へ制限すると，S^1 の開集合の上への同相写像になり，その逆写像は 1 次元 C^∞ 多様体 S^1 の座標近傍を与える．

同じ写像 f を二つ並べることにより，平面 $\boldsymbol{R}^2$ から単位円の直積空間 $S^1 \times S^1$ への写像 $F : \boldsymbol{R}^2 \to S^1 \times S^1$ を得る．1 辺が 2π より小さい正方形へ制限すると，$S^1 \times S^1$ の開集合の上への同相写像になる．その逆写像は $S^1 \times S^1$ の局所座標を定め，平行移動したいくつかの正方形を考えることにより，$S^1 \times S^1$ 上に C^∞ 多様体の構造を定めることができる．この多様体は **トーラス** (torus) といわれ，T^2 で表されることが多い．トーラスはドーナツ状の曲面と同相である．

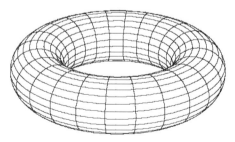

図 1　トーラス

2 接ベクトルと接空間

多様体の接ベクトルを，単に曲線に接するベクトルというように，単純に定義することはできない．若干の工夫が必要である．

C^r 多様体 X の1点 x に対し，$t=0$ で x を通る C^r 曲線 γ とは C^r 写像 $\gamma:(-\varepsilon,\varepsilon)\to X$ で $\gamma(0)=x$ を満たすものとする．まず，x の近傍で定義された C^r 関数 f に対し，x での γ の定める微分法を $D_\gamma(f)=\frac{d(f\circ\gamma)}{dt}(0)$ で定める．そして，$t=0$ で x を通る C^r 曲線全体に同値関係 $\sim$ を
$$\gamma\sim\gamma' \iff D_\gamma(f)=D_{\gamma'}(f)\ (\forall f)$$
により定める．この同値関係による同値類を $\xi_x=[\gamma]$ と表し接ベクトル (tangent vector) という．接ベクトル $\xi_x=[\gamma]$ は微分法 $\xi_x(f)=D_\gamma(f)$ を定める．

定理 1 α,β を実数，f,g を x の近傍上の C^r 関数とすると，接ベクトル ξ_x による微分法は次を満たす．

(1) $\xi_x(\alpha f+\beta g)=\alpha\xi_x(f)+\beta\xi_x(g)$

(2) $\xi_x(fg)=\xi_x(f)g(x)+f(x)\xi_x(g)$

接ベクトルの和とスカラー倍を微分法の和とスカラー倍で定義する．
$$(\alpha\xi_x+\beta_x\eta)(f)=\alpha\xi_x(f)+\beta\eta_x(f)$$
x を含む座標近傍 (U,φ) に対し，座標関数を $x_1,x_2,\ldots,x_n$ とするとき，f に対し，$f\circ\varphi^{-1}$ の i 番目の偏微分係数を対応させる微分法の定める接ベクトルを $(\frac{\partial}{\partial x_i})_x$ で表す．
$$\left(\frac{\partial}{\partial x_i}\right)_x(f)=\frac{\partial(f\circ\varphi^{-1})}{\partial x_i}(\varphi(x))$$

定理 2 点 x における接ベクトル全体は $\left\langle(\frac{\partial}{\partial x_1})_x,(\frac{\partial}{\partial x_2})_x,\ldots,(\frac{\partial}{\partial x_n})_x\right\rangle$ を基底とする線形空間になる．

このようにして得られた点 x における接ベクトル全体のなす線形空間を T_xX で表し，x における X の接空間 (tangent space) という．

3 写像の微分

C^r 多様体の開集合 U 上の C^r 関数 f は，U の点 x に対して，T_xX 上の線形形式 $df_x(\xi_x)=\xi_x(f)$ を定める．df_x を関数 f の x における微分 (differential) という．$df_x(\xi_x)$ は $\xi_x=[\gamma]$ とすると，$f\circ\gamma(t)$ の $t=0$ での変化率を与える．

とくに，座標近傍 (U,φ) に対し，座標関数 $x_i(x)$ の微分 $(dx_i)_x$ は，基底 $\left\langle(\frac{\partial}{\partial x_1})_x,(\frac{\partial}{\partial x_2})_x,\ldots,(\frac{\partial}{\partial x_n})_x\right\rangle$ の双対基底を与える．
$$(dx_i)_x\left(\left(\frac{\partial}{\partial x_j}\right)_x\right)=\delta_{ij}$$

二つの C^r 多様体 X,Y の間の C^r 写像 $F:X\to Y$ と点 x に対し，F の x における微分 (differential) $dF_x:T_xX\to T_{F(x)}Y$ を，$\xi_x=[\gamma]$ に対して，$dF_x(\xi_x)=[F\circ\gamma]$ として定める．確かに，$F\circ\gamma$ は $t=0$ で $F(x)$ を通る Y の C^r 曲線である．dF_x は線形写像である．

x を含む X の座標近傍 (U,φ)，$F(x)$ を含む Y の座標近傍 (V,ψ) は，それぞれ T_xX, $T_{F(x)}Y$ の基底を定めるが，これらの基底に関して線形写像 dF_x を表す行列は，$\boldsymbol{R}^n$ の開集合上の C^r 写像 $\psi\circ F\circ\varphi^{-1}$ の微分を表す行列と一致する．

C^r 写像 $F:X\to Y$ に対して，X の点 x が正則点 (regular point) であるとは，dF_x が全射であるとき．そうでないとき，x を臨界点 (critical point) という．臨界点の像 $F(x)$ を臨界値 (critical value) という．臨界値以外の Y の点を正則値 (regular value) という．

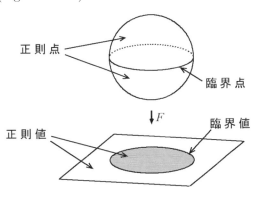

図 2 正則点，臨界点，正則値，臨界値

X のすべての点に関して，dF_x が単射であるとき，F をはめ込みまたは挿入 (immersion) という．さらに，はめ込みが $1:1$ で，像 $F(X)$ への同相写像であるとき，F を埋め込みまたは埋蔵 (embedding) という．

例 前の例の写像 $F: \mathbf{R}^2 \to T^2$ を傾き α の直線 $\gamma(t) = (t, \alpha t)$ に制限して, T^2 上の曲線 $F \circ \gamma$ を得る.

(1) α が有理数のとき, この曲線は閉じて S^1 からの埋め込みを与える.

(2) α が無理数のとき, この曲線は閉じないで, $\mathbf{R}$ からの 1:1 のはめ込みを与える. 像は T^2 上の稠密な集合になる.

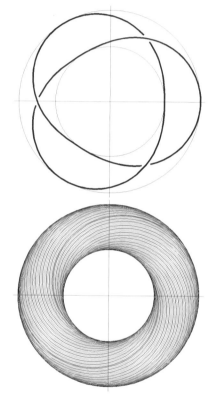

図 3 埋め込みとはめ込み

4 接 束

C^r 多様体 X に対して, x が X 全体を動くときの接ベクトル全体の集合 $TX = \bigcup_{x \in X} T_x X$ を考える. $T_x X$ を x に対応させることにより, 射影 $p: TX \to X$ を定める.

X の座標近傍 (U, φ) は $T_x X$ の基底を定める. その係数を対応させることにより, 線形同型写像 $d\varphi_x : T_x X \to \mathbf{R}^n$ を得る. さらに, 1:1 対応 $\Phi: p^{-1}(U) \to U \times \mathbf{R}^n$ を, $\xi_x \in T_x X$ に対して, $\Phi(\xi_x) = (x, d\varphi_x(\xi_x))$ により定める.

二つの座標近傍 $(U_\alpha, \varphi_\alpha)$, (U_β, φ_β) に対し, $p^{-1}(U_\alpha \cap U_\beta)$ 上の二つの対応の間の変換は
$$\Phi_\beta \circ (\Phi_\alpha)^{-1}(x, v) = (x, d(\varphi_\beta \circ \varphi_\alpha^{-1})_x(v))$$
で与えられる. このとき, 線形同型写像 $d(\varphi_\beta \circ \varphi_\alpha^{-1})_x$ は二つの局所座標の間の座標変換 $\varphi_\beta \circ \varphi_\alpha^{-1}$ の微分になっている. したがって, $\Phi_\beta \circ (\Phi_\alpha)^{-1}$ は (x, v) を変数とする C^{r-1} 写像である.

とくに, $\Phi_\beta \circ (\Phi_\alpha)^{-1}$ は同相写像である. このことから, TX 上に, 各座標近傍 (U, φ) に対して, $\Phi: p^{-1}(U) \to U \times \mathbf{R}^n$ が同相写像になるような位相を定めることができる.

その結果, TX は $2n$ 次元位相多様体になり, $(\varphi \times 1) \circ \Phi: p^{-1}(U) \to \varphi(U) \times \mathbf{R}^n$ は TX 上の局所座標になる. さらに, 上の事実は, これらの局所座標の間の座標変換が C^{r-1} 微分同相写像であることを示している. したがって, TX は C^{r-1} 多様体になる.

このような構造をもつ C^{r-1} 多様体 TX を**接束** (tangent bundle) という. まとめて, 次の定理を得る.

定理 3 n 次元 C^r 多様体 X の接束 TX について, 次が成り立つ.

(1) TX は $2n$ 次元 C^{r-1} 多様体である.

(2) $p: TX \to X$ は C^{r-1} 写像である.

(3) 各 $x \in X$ に対して $p^{-1}(x) = T_x X$ は n 次元線形空間である.

(4) 各座標近傍 (U, φ) に対して, C^{r-1} 微分同相写像 $\Phi: p^{-1}(U) \to U \times \mathbf{R}^n$ が定まって, 次の可換図式を得る.

$$\begin{array}{ccccc} p^{-1}(U) & \stackrel{\Phi}{\to} & U \times \mathbf{R}^n & \stackrel{p_2}{\to} & \mathbf{R}^n \\ \downarrow p & & \downarrow p_1 & & \\ U & = & U & & \end{array}$$

(5) 上の図式の第 1 行は, $T_x X$ に制限すると, 線形同型写像 $p_2 \circ \Phi : T_x X \to \mathbf{R}^n$ を与える.

[川﨑徹郎]

参 考 文 献

[1] 川﨑徹郎:曲面と多様体, 朝倉書店, 2001.
[2] 松本幸夫:多様体の基礎, 東京大学出版会, 1988.
[3] 松島与三:多様体入門, 裳華房, 1965.

多様体 (3次元)

3–manifold

1 幾何化

リーマン面の一意化定理は，その一つの帰結として，あらゆる閉曲面 (2次元閉位相多様体) は，オイラー標数の値に従い，定曲率の局所等質リーマン構造を許容することを主張する．サーストン (Thurston) は，1980年にリーマン面の一意化定理をモデルとして，3次元多様体のトポロジーの世界の鳥瞰図を見据えた**幾何化予想** (geometrization conjecture) を提唱した．幾何化予想は，3次元多様体の分解理論に基づき，「任意の3次元閉位相多様体は，標準的分解後の各成分には8種類のいずれかの局所等質リーマン構造が入る」と定式化される．幾何化予想は2003年にペレルマン (Perelman) により解決された．

2 ザイフェルト・ファイバー束

コンパクト3次元多様体 N に各点の固定群が有限群であるような S^1 作用があると，その商は，局所的に平面を有限群作用で割った空間をモデルとする2次元**軌道体** (orbifold) O になる．固定群が自明でない軌道の商が O 上の有限個の特異点として現れる．射影

$$\pi : N \to O$$

は**ザイフェルト・ファイバー束** (Seifert fibration) といい，特異点の逆像は**特異ファイバー** (singular fiber) と呼ばれている．

軌道体には自然にオイラー標数が定義され，2次元の場合は，その値が正であるかゼロであるか負であるかにより，球面，ユークリッド，双曲構造を許容する．また，ザイフェルト・ファイバー束には自然に S^1 束としてのオイラー数が定義され，その値がゼロか否かにより，自明な束に有限被覆されるか否かが判定される．

3 標準的分解

向き付け可能な3次元多様体の球面による連結和分解は，分解の有限性と分解後の各成分のトポロジーの一意性が，1960年代前半までにクネーザー (Kneser) とミルナー (Milnor) により証明された．その後1975年に，3次元多様体の内部でザイフェルトファイバー束の構造をもつ部分の極大系は一意的であることがジェイコー (Jaco)–シャーレン (Shalen) およびヨハンセン (Johannson) により示され，連結和分解で素な3次元多様体のトーラスによる分解理論が完成した．

4 局所等質リーマン構造

X を連結かつ単連結な多様体，G を X に推移的に作用するリー群で，さらに各点の固定群がコンパクトであるとし，この条件下で G は極大とする．このとき，X 上には，一意ではないが G の作用で不変なリーマン計量が存在し，X は G のリーマン等質空間になる．このような G と X の組 (G, X) を**リーマン等質幾何学** (Riemannian homogeneous geomerty) という．不変リーマン計量のとり方の違いは固定群の構造で決まる．以降はリーマン計量は固定せずにこの用語を使う．

多様体 N の局所座標系がリーマン等質幾何学 (G, X) をモデルとする**幾何構造** (geometric structure) であるとは，局所座標の像が X の開集合であり，すべての推移写像が G のある要素による X の変換の制限であるときをいう．このような幾何構造は**局所等質リーマン構造** (locally homogeneous Riemannian structure) と呼ばれる．

N がリーマン等質幾何学 (G, X) をモデルとする完備な幾何構造を許容すると，解析接続により基本群 $\pi_1(N)$ から G への離散忠実表現 ρ が共役を除いて定まり，$\Gamma = \rho(\pi_1(N))$ は X に自由に作用し，N は X/Γ に自然に同一視される．したがって，このような多様体の研究は G の離散部分群の共役類の研究と等価である．

5 3次元リーマン等質幾何学

以下，$O(n)$ は n 次直交行列のなす群，$\mathrm{Isom}\, X$ はリーマン多様体 X の等長変換群とする．

コンパクト3次元多様体のモデルとなりうるリーマン等質幾何学 (G, X) は8種類に限られる．点

の固定群が3次元の場合，不変リーマン計量は断面曲率が一定になり3種類ある．点の固定群が1次元のときは，X は2次元モデル幾何学上の G 不変ファイバー束で，X 上にファイバーに垂直な接続の曲率が 0 または 1 の G 不変計量があり，それぞれ2種類，合計4種類の幾何が現れる．点の固定群が0次元のときは1種類現れる．

5.1 球面幾何 ($O(4), S^3$)

$O(4)$ の離散部分群で，S^3 に自由に作用する群は満足な形で分類されている．興味深い例として，巡回群を基本群にもつレンズ空間 (lens space) の中にホモトピー同値だが位相同型でない例がある．球面幾何構造は球面軌道体上のザイフェルト・ファイバー束構造を誘導する．

5.2 ユークリッド幾何 ($\mathrm{Isom}\,E^3, E^3$)

$\mathrm{Isom}\,E^3$ の離散部分群のアフィン変換群の中での共役類の分類は完成している．とくに，ユークリッド構造を許容する3次元多様体のトポロジーは 10 種類に限られ，いずれもトーラスを有限被覆にもつ．ユークリッド構造もユークリッド軌道体上のザイフェルトファイバー束構造を誘導する．

5.3 双曲幾何 ($\mathrm{Isom}\,H^3, H^3$)

$\mathrm{Isom}\,H^3$ の中の向きを保つ変換からなる部分群は指数 2 で $\mathrm{Isom}_+ H^3$ で表される．3次元双曲空間の無限遠球面をリーマン球と同一視すると，リーマン球上の一次分数変換と3次元双曲空間の等長変換が一対一に対応し，$\mathrm{Isom}_+ H^3 \cong \mathrm{PGL}(2, C)$ という同型対応がえられる．したがって，向き付け可能な3次元双曲多様体のトポロジーの研究は，$\mathrm{PGL}(2, C)$ の離散部分群の研究に帰着され，さまざまな数学分野と結びつく．

5.4 ($\mathrm{Isom}(S^2 \times E), S^2 \times E$)

5.5 ($\mathrm{Isom}(H^2 \times E), H^2 \times E$)

これらの幾何を許容する閉多様体は，それぞれ球面，双曲軌道体上のオイラー数がゼロのザイフェルト・ファイバー束構造をもつ．

5.6 ベキ零幾何学 ($\mathrm{Isom}\,\mathbf{Nil}, \mathbf{Nil}$)

5.7 ($\mathrm{Isom}\,\widetilde{\mathrm{SL}(2, R)}, \widetilde{\mathrm{SL}(2, R)}$)

$\mathbf{Nil}$ は，たとえば対角成分を 1 とする 3×3 の上半3角行列がなすリー群として実現される．3次元ベキ零リー群である．$\widetilde{\mathrm{SL}(2, R)}$ は，$\mathrm{SL}(2, R)$ の普遍被覆である．群自身の作用で不変なリーマン計量を導入した後，その等長群を変換群としている．これらの幾何を許容する多様体は，それぞれユークリッド，双曲軌道体上のオイラー数が非ゼロのザイフェルト・ファイバー束構造をもつ．

5.8 可解幾何学 ($\mathrm{Isom}\,\mathbf{Sol}, \mathbf{Sol}$)

$\mathbf{Sol}$ は，R の R^2 による拡大として定義される3次元可解リー群である．この幾何を許容する多様体は，すべて軌道体として S^1 上のトーラスファイバー束の構造をもつ．

6　3次元多様体のトポロジー

ペレルマンによる幾何化予想の解決により，任意の3次元多様体は，前項のいずれかの局所リーマン等質構造をもつ（境界があるとすればトーラスの）コンパクト多様体を，連結和およびトーラス和してえられることがわかる．一つの帰結として，向き付け可能な3次元多様体のトポロジーは，レンズ空間のような例外，および連結和が基本群レベルでは向きを反映できないことにより生じる例外を除くと，基本群で分類できる．

7　リッチ・フロー

幾何化予想が提唱された直後から，ハミルトン (Hamilton) は，リッチ・フロー (Ricci flow)
$$\frac{d}{dt} g = -2 \mathrm{Ric}_g$$
すなわち，リーマン計量の時間変分がリッチ・テンソルの -2 倍という偏微分方程式系に注目し，幾何化予想に対しリーマン幾何的なアプローチを展開．フローの積分曲線はトポロジーに適合した計量に収束するというストーリーを立てた．

ペレルマンは，リッチ・フローの特異点を子細に解析することにより，ハミルトンのストーリーを実証した．すなわち，特異点の発生が球面による分解に対応し，各時点で手術をしフローを延長すると，球面幾何および $S^2 \times E$ 幾何に属する連結和因子を消滅させながら，時間大域的にトーラス分解が現れることを示した．ポアンカレ予想の項も参照されたい．

［小島定吉］

多様体 (4次元)

manifold (4–dimensional)

1　4次元多様体論の位置

多様体のトポロジーの研究領域を，次元によって「3次元以下」，「4次元」，「5次元以上」の三つに分けると考えやすい．3次元以下の多様体の研究は，19世紀以来の長い伝統がある．5次元以上の，いわゆる高次元多様体の研究は第二次大戦後に発展し，1950年代と60年代に目覚しい成果が得られた．これらの狭間に位置する4次元多様体論は研究が出遅れていたが，1980年代から急激に進展した．出遅れた理由は，4次元微分可能多様体の形状が，「ゲージ理論」によって初めて解明されるという独特の深さをもつものであったことによる．

2　ベッチ数と符号数

M を向き付けられ，かつ閉じた4次元多様体とし，$H_2(M)$ を M の整係数2次元ホモロジー群とする．二つの2次元ホモロジー類 x と y がそれぞれ C_1 と C_2 という2次元サイクルによって表されているとしよう．このとき，C_1 と C_2 の M の中での交点の個数をプラスマイナスの符号付きで数え上げ，その和を C_1 と C_2 の交点数 (intersection number) と呼び，$C_1 \cdot C_2$ という記号で表す．こうして得られる整数 $C_1 \cdot C_2$ は，ホモロジー類 x と y により決まり，x と y を表す2次元サイクル C_1 と C_2 の選びかたによらない．そこで，$C_1 \cdot C_2$ を $x \cdot y$ と書くことが許される．写像
$$I : H_2(X) \times H_2(X) \to \mathbf{Z}$$
を，$I(x,y) = x \cdot y$ により定義する．I は対称な双1次形式となる．すなわち，次の二つの条件を満たしている：

(i) $I(x,y) = I(y,x)$
(ii) $I(x \pm y, z) = I(x,z) \pm I(y,z)$.

I を M の交点形式または交叉形式 (intersection form) という．

$H_2(M)$ の有限位数の元全体のなす部分群 T による商群 $H_2(M)/T$ は自由アーベル群である：
$$H_2(M)/T \cong \mathbf{Z} \oplus \mathbf{Z} \oplus \cdots \oplus \mathbf{Z}.$$
右辺に現れる $\mathbf{Z}$ の個数を M の第二ベッチ数 (second Betti number) といい，$b_2(M)$ で表す．$H_2(M)/T$ の基底 $\mathbf{e}_1, \mathbf{e}_2, \ldots, \mathbf{e}_b$，$(b = b_2(M))$ を選ぶと，交叉形式は，i 行 j 列の位置に数 $I(\mathbf{e}_i, \mathbf{e}_j)$ をおいた $b_2 \times b_2$ の正方行列で表される．この行列を M の交点行列または交叉行列 (intersection matrix) という．

交叉形式が対称であることを反映して，交叉行列は対称行列になる．線形代数でよく知られているように，実数係数の対称行列の固有値はすべて実数である．交叉行列の固有値のうち，プラスであるものの個数 p からマイナスであるものの個数 q を引いて得られる整数を，符号数 (signature) という．符号数は $H_2(M)/T$ の基底 $\mathbf{e}_1, \mathbf{e}_2, \ldots, \mathbf{e}_b$ のとりかたに依存せず，M によって決まり，これを M の符号数と呼ぶ．記号で $Sign(M)$ と表す．すなわち，
$$Sign(M) = p - q.$$
向き付けられ，かつ閉じた4次元多様体 M の第二ベッチ数 $b_2(M)$ と符号数 $Sign(M)$ は，M のトポロジカルな「形」に関する重要な不変量である．交叉形式 I 自体も重要な不変量で，M が単連結なら M のホモトピー型は M の交叉形式によって決定される．(ホワイトヘッド，ミルナー．) さらに，交叉形式とカービー—ジーベンマン類 $k(M)$ により，M の同相類が決定される．(フリードマン．) とくに，4次元ポアンカレ予想は正しい．

3　ロホリンの定理

M を向き付けられ，かつ閉じた4次元微分可能多様体とする．

定理 1 (ロホリンの定理)　M がスピン構造をもてば，M の符号数 $Sign(M)$ は 16 で割り切れる．

この定理はロホリン (V.A. Rokhlin) により，1952年に発表された．M がスピン構造をもつとは，M の接ベクトル束の構造群が $SO(4)$ から $Spin(4)$ に持ち上がることをいう．M が単連結の場合には，M がスピン構造をもつことと，任意

の $x \in H_2(M)$ について $I(x,x)$ が偶数であることとは同値である.交叉形式がこの条件を満たすときII型であるといい,そうでないときI型であるという.

4 例

1) 二つの2次元球面の直積 $S^2 \times S^2$. $S^2 \times \{\text{point}\}$ と $\{\text{point}\} \times S^2$ を $H_2(S^2 \times S^2)$ の基底に選ぶと,交叉行列は $U = \begin{pmatrix} 0 & 1 \\ 1 & 0 \end{pmatrix}$ で与えられる.符号数は $Sign(S^2 \times S^2) = 0$ である.

2) 複素射影平面 $\boldsymbol{CP}^2$.複素数の意味の射影平面であるので,実数の意味では4次元多様体である.$H_2(\boldsymbol{CP}^2) \cong \boldsymbol{Z}$ であり,その交叉行列は (1) (1行1列) である.符号数は $Sign(\boldsymbol{CP}^2) = 1$ である.

3) クンマー多様体 $K3$.複素3次元の複素射影空間 $\boldsymbol{CP}^3$ のなかの4次の超曲面またはそれに微分同相な4次元多様体のこと.$K3$ 曲面と呼ばれる複素曲面と微分同相なので,ここでは $K3$ と表そう.$K3$ は単連結である.2次元ベッチ数は $b_2(K3) = 22$ となり,交叉行列は適当な基底によって
$$E_8 \oplus E_8 \oplus U \oplus U \oplus U$$
と表される.ここに,U は $S^2 \times S^2$ の交叉行列で,E_8 は次で定義される行列である.
$$\begin{pmatrix} -2 & 0 & 0 & 1 & 0 & 0 & 0 & 0 \\ 0 & -2 & 1 & 0 & 0 & 0 & 0 & 0 \\ 0 & 1 & -2 & 1 & 0 & 0 & 0 & 0 \\ 1 & 0 & 1 & -2 & 1 & 0 & 0 & 0 \\ 0 & 0 & 0 & 1 & -2 & 1 & 0 & 0 \\ 0 & 0 & 0 & 0 & 1 & -2 & 1 & 0 \\ 0 & 0 & 0 & 0 & 0 & 1 & -2 & 1 \\ 0 & 0 & 0 & 0 & 0 & 0 & 1 & -2 \end{pmatrix}$$
また,正方行列 A と B について,$A \oplus B$ とは
$$A \oplus B = \begin{pmatrix} A & 0 \\ 0 & B \end{pmatrix}$$
で定義される正方行列である.$K3$ の符号数は,$Sign(K3) = -16$ となり,ロホリンの定理の結論を満たしている.

ロホリンの定理により,E_8 は向き付けられ,かつ閉じた微分可能4次元多様体の交叉行列としては実現できない.しかし,1980年代初頭に証明されたフリードマン (M.H. Freedman) の定理によれば,E_8 は微分構造をもたない4次元位相多様体の交叉行列として実現される.

5 ゲージ理論の導入

ドナルドソン (S.K. Donaldson) により1983年に次の定理が発表された.

定理 2 (ドナルドソンの定理) 閉じた4次元微分可能多様体 M の交叉形式が正定値ならば,それは「標準的」である.すなわち,$H_2(M)$ の適当な基底により,交叉行列は
$$(1) \oplus (1) \oplus \cdots \oplus (1)$$
で与えられる.

負定値な交叉形式についても同様な定理が成り立つ.ドナルドソンの定理によれば,$E_8 \oplus E_8$ は閉じた4次元微分可能多様体の交叉行列としては実現できない.

ドナルドソン理論の新しさは,4次元多様体論に,理論物理で開発された「ゲージ理論」を応用したことである.ドナルドソンの定理と,フリードマンにより証明された「4次元多様体についての固有 h-コボルディズム定理」を組み合わせると,4次元ユークリッド空間 $\boldsymbol{R}^4$ に同相であるが微分同相でない微分可能多様体 (エキゾチック4次元空間) の存在が証明される.4次元以外ではこのような多様体は存在しない.

1994年に,ドナルドソン理論と (おそらく) 等価で,より扱いやすいサイバーグ–ウィッテン理論が導入された.古田幹雄はこれを高度化した理論を用いて,次の定理を証明した.

定理 3 (古田の定理) スピン構造をもつ閉じた4次元微分可能多様体 M について,もし $b_2(M) \neq 0$ であれば,次の不等式が成り立つ.
$$b_2(M) \geqq \frac{5}{4}|Sign(M)| + 2$$

$K3$ はこの不等式の等号を成り立たせる例になっている.

[松本 幸夫]

単体複体

simplicial complex

1 単体

N 次元ユークリッド空間 $\boldsymbol{R}^N$ の $n+1$ 個の点 $v_0, v_1, \ldots, v_n$ は，$\boldsymbol{R}^N$ のどの n 次元アフィン部分空間にも含まれないとき，**一般の位置** (general position) にあるといい，そのとき，それらを含む最小の凸集合

$$\{\sum_{i=0}^n \lambda_i v_i \mid \sum_{i=0}^n \lambda_i = 1, \lambda_0 \geqq 0, \ldots, \lambda_n \geqq 0\}$$

を n **単体** (n-simplex)，n を単体の次元という．とくに $\boldsymbol{R}^{n+1}$ の $n+1$ 個の点 $(1, 0, \ldots, 0)$, $(0, 1, \ldots, 0), \ldots, (0, 0, \ldots, 1)$ が定める n 単体を**標準 n 単体** (standard n-simplex) という．1 単体は線分，2 単体は三角形，3 単体は三角錐である．一般の位置にある点 $v_0, v_1, \ldots, v_n$ が定める n 単体を $|v_0 v_1 \ldots v_n|$ と表す．n 単体 $s = |v_0 v_1 \ldots v_n|$ の頂点 $v_0, v_1, \ldots, v_n$ の $q+1$ 個 $(0 \leqq q \leqq n)$ の点は q 単体を定める．これを n 単体 s の $\boldsymbol{q}$ **面** (q-face) という．s の 0 面は頂点 $v_0, v_1, \ldots, v_n$，n 面は s 自身である．

2 単体複体

定義 $\boldsymbol{R}^N$ の単体からなる集合 K が，次の二つの条件を満たしているとき，**単体複体** (simplicial complex) という．

(1) s が K に属する単体であるとき，s のどの面も K に属する．

(2) K に属する二つの単体 s, s' の交わり $s \cap s'$ が空でないとき，$s \cap s'$ は s と s' の面である．

単体複体の定義において，K に含まれる単体が有限個であることを仮定することもある．

例 1 s を n 単体とするとき，s のすべての面からなる集合 $K(s)$ は単体複体である．たとえば $s = |v_0 v_1 v_2|$ のとき，$K(s)$ は

$$\{|v_0 v_1 v_2|, |v_0 v_1|, |v_1 v_2|, |v_2 v_0|, |v_0|, |v_1|, |v_2|\}.$$

また，$K(s)$ から s を取り除いた集合，たとえば $s = |v_0 v_1 v_2|$ のとき，

$$\{|v_0 v_1|, |v_1 v_2|, |v_2 v_0|, |v_0|, |v_1|, |v_2|\}$$

も単体複体である．

例 2 下図の左に対応する単体の集合

$$\{|v_1 v_2 v_3|, |v_1 v_2|, |v_2 v_3|, |v_3 v_1|, |v_3 v_4|,$$
$$|v_4 v_1|, |v_4 v_5|, |v_1|, |v_2|, |v_3|, |v_4|, |v_5|\}$$

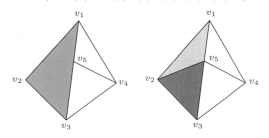

図 1 単体複体でない例と単体複体の例

は，1 単体 $|v_3 v_1|$ と $|v_4 v_5|$ の交わり $|v_5|$ が $|v_3 v_1|$ の面でないため，単体複体ではない．しかし，図の右のように，線分 $v_2 v_5$ で 2 単体 $|v_1 v_2 v_3|$ を分割すれば単体複体になる．つまり，上の集合から $|v_1 v_2 v_3|$ と $|v_3 v_1|$ を取り除き，$|v_1 v_2 v_5|, |v_2 v_3 v_5|$ と $|v_1 v_5|, |v_5 v_3|, |v_2 v_5|$ を加えた集合は単体複体である．

単体複体 K に含まれるすべての単体の合併 $|K| = \cup \{s \mid s \in K\}$ を K の**多面体** (polyhedron) という．$|K|$ には，K に含まれる単体から定まる弱位相を入れる．つまり，$|K|$ の部分集合 A が $|K|$ の閉集合であるとは，K に含まれるすべての単体 s に対して $A \cap s$ が s の閉集合であると定める．この位相は，K が有限単体複体であるとき $\boldsymbol{R}^N$ の部分空間としての相対位相に一致するが，一般に相対位相より強い．たとえば，$\boldsymbol{R}^N$ の部分集合 B に対して，各点を 0 単体と思って単体複体 K が得られるが，これから定まる $|K| = B$ の弱位相は，B のすべての部分集合が閉集合となる離散位相である．位相空間 X に対して，単体複体 K と同相写像 $t: |K| \to X$ があるとき，(K, t) を X の**単体分割** (simplicial decomposition) または**三角形分割** (triangulation) という．

単体複体 K の部分集合 L が再び単体複体であるとき，K の**部分複体** (subcomplex) という．単体複体 K の q 次元以下の単体すべてからなる集合

$K^{(q)}$ を K の **q 切片** (q–skeleton) という．$K^{(q)}$ は K の部分複体である．例 1 の後者の単体複体は，$K(s)$ の 1 切片である．K の 0 切片 $K^{(0)}$ は，K に含まれる単体の頂点の和集合であり，$K^{(0)}$ の元を K の頂点という．

単体複体 K に含まれる単体の頂点集合は，K の頂点集合 $K^{(0)}$ の部分集合を定める．したがって，K に含まれるすべての単体から，$K^{(0)}$ の部分集合族が定まる．この部分集合族は単体複体の条件から定まる条件を満たしている．この対象を抽象化して，集合 $\mathcal{K}$ とその部分集合族 Σ が，二つの条件

(1) σ が Σ に属するならば，σ の空でないどの部分集合も Σ に属する．

(2) $\mathcal{K}$ の 1 つの元からなる集合は Σ の元である．

を満たしているとき，**抽象単体複体** (abstract simplicial complex) という．抽象単体複体 $(\mathcal{K}, \Sigma)$ が単体複体 K から得られるとき，K を $(\mathcal{K}, \Sigma)$ の**幾何学的実現** (geometric realization) または単に実現という．

3 単体近似定理

単体複体 K に対して，K に含まれる単体の列 $s_0 \subsetneq s_1 \subsetneq \cdots \subsetneq s_n$ ごとに，各単体の重心 $b_{s_0}, b_{s_1}, \ldots, b_{s_n}$ を頂点とする単体を考え，そのような単体からなる集合 $\mathrm{Sd}(K)$ を K の**重心細分** (barycentric subdivision) という．$\mathrm{Sd}(K)$ は再び単体複体になり，頂点集合は $\{b_s \mid s \in K\}$ である．K の r 回の重心細分を $\mathrm{Sd}^r(K)$ と表す．あきらかに $|\mathrm{Sd}^r(K)| = |K|$ である．

単体 s の内部を $\mathrm{Int}\, s$ と表す．ただし，s が 0 単体のとき，$\mathrm{Int}\, s$ は s 自身と定める．単体複体 K の頂点 v に対し，$\mathrm{St}(v) = \cup\{\mathrm{Int}\, s \mid v \in s \in K\}$ を，$|K|$ における v の**開星状体** (open star) という．

K, K' を単体複体とする．写像 $f: |K| \to |K'|$ が，二つの条件

(1) K の単体 $|v_0 \ldots v_n|$ に対し，$f(v_0), \ldots, f(v_n)$ は K' のある単体の頂点，

(2) f は K の各単体上アフィン写像．

を満たすとき**単体写像** (simplicial map) といい，$f: K \to K'$ と表す．連続写像 $h: |K| \to |K'|$ に対し，単体写像 $f: K \to K'$ が，K のすべての頂点 v に対して $h(\mathrm{St}(v)) \subset \mathrm{St}(f(v))$ を満たすとき，h の**単体近似** (simplicial approximation) という．連続写像 h の単体近似写像は，h に近い写像と考えられ，h にホモトピックである．

定理 (単体近似定理) K を有限単体複体，K' を単体複体，$h: |K| \to |K'|$ を連続写像とする．このとき，r を十分大きな自然数にとると，h の単体近似写像 $f: \mathrm{Sd}^r(K) \to K'$ が存在する．

単体近似定理は応用の多い重要な定理である．たとえば，「$m < n$ のとき，m 次元球面から n 次元球面への任意の連続写像は，定値写像にホモトピックである」ことが示せる．

4 胞体分割

q 次元閉円板を D^q，その内部を $\mathrm{Int}\, D^q$ と表す．位相空間 X の部分集合 e に対し，二つの条件

(1) $\varphi(D^q) = \bar{e}$，($\bar{e}$ は e の X での閉包)

(2) φ の $\mathrm{Int}\, D^q$ への制限は e への同相写像，

を満たす連続写像 $\varphi: D^q \to X$ が存在するとき，e を X の q 次元**胞体**またはセル (cell)，φ を**特性写像** (characteristic map) という．X の胞体の集合 $\{e_\lambda\}_{\lambda \in \Lambda}$ が，二つの条件

(1) $X = \bigsqcup_{\lambda \in \Lambda} e_\lambda$ (粗な合併)，

(2) e_λ が q 次元胞体であるとき，$\overline{e_\lambda} - e_\lambda$ は，X の $q - 1$ 次元以下の胞体の合併に含まれる．

を満たすとき，**胞体分割** (cell decomposition) という．たとえば，n 次元球面を 1 点とそれ以外に分けたものは，0 胞体 1 個と n 胞体 1 個からなる胞体分割である．

位相空間の単体分割においては，一般にたくさんの単体が現れるため，単体分割を用いたオイラー数やホモロジー群などの計算は複雑となるが，胞体分割では，胞体の数が少なくでき，これらの計算が簡単になることがしばしばある． ［枡田幹也］

参考文献

[1] 田村一郎：トポロジー，岩波書店，1972.
[2] 服部晶夫：位相幾何学，岩波書店，1991.
[3] 佐藤 肇：位相幾何，岩波書店，2006.

置 換 群

permutation groups

1 群と作用

G を e を単位元とする群,S を集合とする.ρ が S への G の作用であるとは,G の各元 g に対して S の一対一写像 $\rho(g)$ が定まり,$\rho(e) = id_S$, $\rho(g) \circ \rho(h) = \rho(gh)$ となることである.$Aut(S)$ を S の一対一写像の集合に合成を積として群の構造を入れたものとすると,上の ρ は G から $Aut(S)$ への群準同型である.このとき組 (G, S, ρ) を置換群 (permutation group) という.g に対応する $Aut(S)$ の元を ρ_g と書く.置換群というとき G が有限群で S が有限集合である場合が多い.このような状況は代数的,幾何学的な状況にしばしば現れ,S に構造 (たとえばグラフのような) が付与されている場合も多い.

S の任意の 2 元 a, b に対して $\rho_g(a) = b$ となる G の元 g があるとき,ρ は推移的 (transitive) な作用であるという.また a, b に対して $\rho_g(a) = b$ となるときに限り同値であるとして S に同値関係を入れることができるが,この同値類を G による S の軌道 (orbit) という.この同値関係による S の分割を S の軌道分解という.それぞれの軌道には G による推移的な作用が定まる.また G の元 g に対して g の生成する部分群に関する軌道を単に g による軌道と呼ぶ.いま a を S の元として G の部分群 G_a を $\{g \in G \mid \rho_g(a) = a\}$ として定義すると a を含む S の軌道は G/G_x と同一視される.この G_a を a の固定化群 (stabilizer) という.$a \in S$ に対して $G_a = \{e\}$ となるとき,この作用は自由な作用であるという.S の n 個の異なる元 $a_1, \ldots, a_n$ および $b_1, \ldots, b_n$ が与えられたとき,$\rho_g(a_1) = b_1, \ldots, \rho_g(a_n) = b_n$ を満たす g があるときこの作用は n 重可移であるという.たとえば n 次 $\mathfrak{S}_n$ の自然な $\{1, \ldots, n\}$ への作用は $m \leq n$ ならば m 重可移である.また $\mathbf{F}_q$ を位数 q の有限体とするとき,$\mathbf{F}_q$ 上の射影直線 $\mathbf{P}^1$ への $PSL(2, \mathbf{F}_q)$ への一次分数変換による作用は 3 重可移である.対称群の自然な作用以外の 5 重可移な作用は M_{12} のシュタイナー系 $S(5, 8, 24)$ への作用,M_{24} のシュタイナー系 $S(5, 6, 12)$ への作用が知られている.

置換群として定義されるものの一つにマシュー群 (Mathieu group) がある.ν 個の元をもつ集合 X 内のある k 個の元をもつ X の部分集合 $A_i \subset X$ の族 $\mathfrak{F} = \{A_1, \ldots, A_p\}$ で任意の t 個の元をもつ X の部分集合 T に対して $\mathfrak{F}$ の中で T を含むものがただ一つあるとき組 $(X, \mathfrak{F})$ を (t, k, ν) シュタイナー系という.$(5, 8, 24)$ シュタイナー系,$(5, 6, 12)$ シュタイナー系は同型を除きただ一つで $S(5, 8, 24), S(5, 6, 12)$ と書かれる.$S(5, 8, 24), S(5, 6, 12)$ の自己同型群をマシュー群 M_{24}, M_{12} と呼ぶ.マシュー群はバイナリー線形コードとも関連が深い.

2 対称群 S_n とその表現

置換群のなかで重要な群として対称群がある.作用域 S が有限集合 $S = \{1, \ldots, n\}$ となり,G が $Aut(S)$ に一致するとき G は n 次対称群 (symmetric group) と呼ばれ $\mathfrak{S}_n$ と書かれる.$\mathfrak{S}_n$ の元 g に対して g (で生成される部分群) による S の軌道分解を考えたとき,その軌道の位数が $\lambda_1, \ldots, \lambda_k$ (ただし $\lambda_1 \geq \cdots \geq \lambda_k > 0, \lambda_1 + \cdots + \lambda_k = n$) となるとき,$g$ のサイクル型は $(\lambda_1, \ldots, \lambda_k)$ であるという.括弧のなかの条件を満たす $\lambda = (\lambda_1, \ldots, \lambda_k)$ を n の分割という.λ_i と同じものが r_i 回続くときには $(\ldots, \lambda_i^{r_i}, \ldots)$ という記法を用いる.$\mathfrak{S}_n$ の元 g が与えられたときそのサイクル型によって $\mathfrak{S}_n$ 内での共役類が決まり,$\mathfrak{S}_n$ の共役類の個数は分割の数 $p(n)$ だけあることがわかる.$p(n)$ を n の分割数 (partition number) という.この分割を表すのにヤング図形を用いると都合がよい.1 行目に λ_1 個の桝目を…k 行目に λ_k 個の桝目を左詰めで並べたもの Y を,分割 λ に対応するヤング図形 (Young diagram) という.

また $\mathfrak{S}_n$ の既約表現の同型類も $p(n)$ 個あるが,それらはヤング図形に対応している.ヤング図形に対応する表現はシュベヒト多項式を用いることにより $\mathbf{C}[x_1, \ldots, x_n]$ の部分空間として実現される.

シュペヒト多項式は標準盤 (standard tableaux) により構成される．標準盤 T とはヤング台のなかに $1,\ldots,n$ を各列を下向きに読んで増加順序，各行を左向きに読んでも増加順序となるように一つづつ書き入れたものである．

標準盤 T に対して i 列目に書いてある数字の集合を $a_{i,1},\ldots,a_{i,\mu_i}$ としたとき
$$S_T = \prod_{1\leq i} \prod_{1\leq j<k\leq \mu_i}(x_{a_{i,j}} - x_{a_{i,k}})$$
なる多項式をシュペヒト多項式という．たとえば下の標準盤のシュペヒト多項式は
$$(x_1-x_2)(x_1-x_5)(x_2-x_5)(x_3-x_6)$$
$$(x_3-x_7)(x_6-x_7)(x_4-x_9)$$
となる．Y を台にもつ標準盤のすべてを $T_1,\ldots,T_{d_Y}$ として $S_{T_1},\ldots,S_{T_{d_Y}}$ で生成された多項式環の部分空間を V_Y と書くと，この V_Y が変数の置換により λ に対応する $\mathfrak{S}_n$ の既約表現 ρ_λ を与える．この表現をシュペヒト表現という．このほかにヤング対称子というべき等元を用いて群環 $\mathbf{C}[\mathfrak{S}_n]$ のなかに Y に対応する既約表現を構成する方法も知られている．

3 シューア多項式と対称群の既約指標

対称群の既約指標とシューア多項式について述べる．λ を n の分割として，λ に対応するシューア多項式 s_λ を定義しよう．まず $l > k$ なる l をとり $\lambda + \rho = (\lambda_1+(l-1), \lambda_2+(l-2),\ldots,\lambda_k+(l-k),(l-k-1),\ldots,0) = (d_l,\ldots,d_1)$ とおく．$D_{\lambda+\rho} = \det(x_i^{d_j})$ とおくと $D_{\lambda+\rho}$ は $x_1,\ldots,x_l$ に関する交代多項式となり，とくに $\lambda=0$ のとき D_ρ は基本交代多項式となるので，$s_\lambda(x_1,\ldots,x_l) = D_{\lambda+\rho}/D_\rho$ は次数が n の対称多項式となる．この対称多項式 s_λ をシューア多項式 (Schur polynomial) という．べき和多項式 $p_i = \sum_{j=1} x_j^i$ とおくと，$\mathbf{C}[x_1,\ldots,x_l]$ 内の対称式のなす環は $p_1,\ldots,p_l$ で生成される多項式環と等しくなる．したがってシューア多項式は
$$s_\lambda = \sum_\mu \chi_\mu^\lambda \prod_i \frac{p_i^{r_i}}{r_i!}$$
と展開される．このとき χ_μ^λ は $\lambda=(\lambda_1,\ldots,\lambda_k)$ に対応する既約表現の指標のサイクル型が $\mu=(\mu_1\cdots,\mu_l)$ となる共役類 σ_μ における値 $\rho_\lambda(\sigma_\mu)$ と一致する．

4 一般線形群の表現

対称群の表現論は一般線形群の有限次代数的表現と関連が深い．前節で述べたシューア多項式は一般線形群の指標と解釈できる．GL_l は簡約代数群なので代数的な表現は既約表現の直和に書かれる．V を GL_l の自然な l 次元表現として，V の n 個のテンソル積 $V\otimes V\otimes\cdots\otimes V$ に現れる GL_l の既約表現の同値類は深さが l 以下の n の分割と一対一に対応する．分割 ρ に対応する表現を V_λ と書く．この表現の指標の，対角成分が $(x_1,\ldots,x_l)$ なる対角行列における値は次のようにして求められる．λ を深さが l 以下の n の分割としてベクトルとみて必要ならば長さが l になるように最後に 0 を付加しておく．$\rho=(l-1,l-2,\ldots,0)$ として前節と同様にしてシューア多項式 $s_\lambda(x_1,\ldots,x_l)$ を $D_{\lambda+\rho}/D_\rho$ によって定義すると，これが V_λ における $(x_1,\ldots,x_l)$ を成分とする対角行列における値となる．

［寺杣友秀］

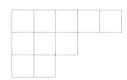

図 1 分割 $(5,3,2,2)$ のヤング図形

図 2 分割 $(5,3,2)$ の標準盤の例

参考文献

[1] J.H. Conway, N.J.A. Sloan：*Sphere Packings, Lattices and Groups, Grundlehren Der Mathematischen Wissenschaften*, Springer, 1999.

[2] I.G. MacDonald：*Symmetric Functions and Hall Polynomials*, Oxford University Press, 1979.

中心極限定理

central limit theorem

$\boldsymbol{R}^d$ のボレル集合の σ 加法族を $\mathcal{B}(\boldsymbol{R}^d)$ で表し,$\mathcal{P}(\boldsymbol{R}^d)$ は $(\boldsymbol{R}^d, \mathcal{B}(\boldsymbol{R}^d))$ 上の確率分布の全体とする.$\mu \in \mathcal{B}(\boldsymbol{R}^1)$ は分布関数 $F(x) = \mu((-\infty, x])$,$x \in \boldsymbol{R}^1$ と同一視できる.固定した $m \in \boldsymbol{R}^1$,$\sigma^2 > 0$ に対し,分布関数
$$\int_{-\infty}^x g(\sigma^2, m, y)\,dy, \quad x \in \boldsymbol{R}^1$$
に対応する確率分布を平均 m,分散 σ^2 のガウス分布 (Gaussian distribution) $N(m, \sigma^2)$ と呼ぶ.ただし,
$$g(t, x, y) = \frac{1}{\sqrt{2\pi t}} \exp\left[-\frac{|x-y|^2}{2t}\right],$$
$$t > 0,\, x, y \in \boldsymbol{R}^1$$
とする.すなわち 1 次元熱方程式の基本解とする.特に $N(0,1)$ を標準ガウス分布 (または標準正規分布) と呼ぶ.

1 中心極限定理——独立,同分布の場合

X_k,$k = 1, 2, \ldots, n,$ は確率空間 $(\Omega, \mathcal{F}, P)$ で定義された独立確率変数列で,X_k の確率分布は k に関係しないとする.

さらに次の条件を考える.

(条件 1) $E[X_k] = m$,$0 < E[(X_k - m)^2] < \infty$.

この条件の下で
$$S_n = \sum_{k=1}^n \frac{X_k - m}{\sqrt{2n\sigma^2}}, \quad n = 1, 2, \ldots$$
とおく.

中心極限定理 (条件 1) の下で次のことが成り立つ.$n \to \infty$ ならば,確率変数列 S_n,$n = 1, 2, \ldots$ は標準ガウス分布 $N(0,1)$ に従う確率変数 X に法則収束する.

この定理の結論は次の形に言い換えることができる.

S_n の分布関数を $F_n(x) = P(S_n \leq x)$,$x \in \boldsymbol{R}^1$,とすれば,$n \to \infty$ のとき

$$F_n(x) \longrightarrow \int_{-\infty}^x g(1, 0, y)\,dy, \quad x \in \boldsymbol{R}^1.$$

また $\mathcal{P}(\boldsymbol{R}^1)$ におけるレヴィの距離を ρ で表せば,S_n の確率分布 μ_n に対し,
$$\rho(\mu_n, N(0,1)) \longrightarrow 0, \quad n \to \infty$$
と言い換えることができる [1, 2].

さらに,このことは S_n の特性関数を $\varphi_n(\xi) = E[\exp(\sqrt{-1}\xi x)]$,$\xi \in \boldsymbol{R}^1$ とすれば,$n \to \infty$ のとき
$$\varphi_n(\xi) \longrightarrow \exp[-|\xi|^2/2] \quad N(0,1) \text{ の特性関数},$$
$\xi \in \boldsymbol{R}^1$,が成り立つことと同等である.

中心極限定理の研究はド・モアブル (De Moivre) による,$n!$ の漸近公式 (スターリングの公式) を用いた,2 項分布の重みと $g(1, m, x)$,$x \in \boldsymbol{R}^1$ の漸近関係の考察に始まるといわれている.次の飛躍的発展は 1812 年のラプラスの本によりもたらされた [3].このような事情を踏まえて,
$$P[X_k = 1] = p,\, P[X_k = 0] = q,$$
$$0 < p < 1,\, q = 1 - p$$
の場合の中心極限定理は,ド・モアブル–ラプラスの定理と呼ばれる [4].

また中心極限定理の呼び名は,1920 年のポリヤの論文で,確率論で中心的な役割を果たすものとして提唱されたことに始まる.

2 一般の場合

独立確率変数列 $X_1, X_2, \ldots, X_n$ で各 X_k の確率分布 V_k が必ずしも同一でない場合

(条件 2) $E[X_k] = m_k$,$0 < E[(X_k - m_k)^2] = \sigma_k^2 < \infty$,$B_n = \sum_{k=1}^n \sigma_k^2$ とおく.

加えて次の条件を考える.

リンドバーク条件 (Lindberg condition)[5]

$n \to \infty$ のとき,任意の $\varepsilon > 0$ に対して
$$\frac{1}{B_n} \sum_{k=1}^n \int_{\{x;\,|x - m_k| \geq \varepsilon \sqrt{B_n}\}} (x - m_k)^2\,dV_k(x) \to 0.$$

中心極限定理 条件 2 とリンドバーク条件の下で次のことが成り立つ.
$$S_n = \frac{1}{\sqrt{B_n}} \sum_{k=1}^n (X_k - m_k)$$
は,$n \to \infty$ のとき標準ガウス分布に従う確率変

数 X に法則収束する.

中心極限定理が成り立つための条件として，高次のモーメントを用いるものが知られている．たとえば，リャプーノフ (Lyapounov) による以下の結果がある [6].
$$E[|X_k - m_k|^3] < \infty, \quad k = 1, 2, \ldots, n$$
とし，
$$C_n = \sum_{k=1}^{n} E[|X_k - m_k|^3]$$
とおくと，$n \to \infty$ のとき
$$\max\{\sigma_k^2; k = 1, 2, \ldots, n\}/B_n \to 0,$$
$$C_n/B_n^{3/2} \to 0$$
この時，中心極限定理が成立する．

確率変数列 $X_1, X_2, \ldots, X_n$ が必ずしも独立でない場合

確率変数列 $X_1, X_2, \ldots, X_n$ が必ずしも独立でない場合にも，正規化された和の確率分布が $N(0,1)$ に収束することが数多くの場合に知られている．たとえば，強混合性を満たす確率変数列，マルチンゲール，マルコフ連鎖に対する場合に詳しく調べられている．なおマルチンゲールに対する中心極限定理に関する考察はレヴィにより始められた [5].

3 高次元の場合

$m \in \boldsymbol{R}^d$ で Σ は $d \times d$ 正定値対称行列とする．$\boldsymbol{R}^d$ 上の密度関数
$$(2\pi)^{-d/2}(\det \Sigma^{-1/2}) \exp\left[\frac{1}{2}(\Sigma^{-1}(x-m), x-m)\right]$$
をもつ $\mathcal{P}(\boldsymbol{R}^d)$ の要素を平均ベクトル m，相関行列 Σ の d 次元ガウス分布 $N(m, \Sigma)$ と呼ぶ．

$X_1, X_2, \ldots, X_n$ はある確率空間上の独立な d 次元確率変数列で，同分布，すなわち各 X_k の確率分布は k に無関係とする．さらに $X_k = (X_k^1, X_k^2, \ldots, X_k^d), k = 1, 2, \ldots, n$ に対し
$$E[X_k^i] = m^i, \quad E[(X_k^i - m^i)(X_k^j - m^j)] = \sigma_{ij},$$
$$i, j = 1, 2, \ldots, d$$
は有限で，行列 $\Sigma = (\sigma_{ij})$ は正定値とする．そのとき
$$S_n = \sum_{k=1}^{n} \frac{X_k - m}{\sqrt{n}}$$
は $n \to \infty$ のとき $N(0, \Sigma)$ を確率分布とする確率変数 X に法則収束する [7].

4 ガウス分布の普遍性

中心極限定理は個々の確率変数 $X_k, k = 1, 2, \ldots, n$ の確率分布の具体的な形や詳細な情報に依存せず，正規化された S_n の確率分布の $\mathcal{P}(\boldsymbol{R}^1)$ における極限点は常に $N(0,1)$ であることを主張している．ガウス分布のこの普遍性が中心極限定理の最も重要な特徴である [8]．このことが，ガウス分布が多くの問題の数学的モデルで用いられる一つの背景である．

なお，これまでは確率分布の収束について述べたが，それにとどまらず密度関数の収束を論ずる高次型の極限定理も知られている．

中心極限定理はあくまで $\mathcal{P}(\boldsymbol{R}^1)$ における極限点の話であるが，$\mathcal{P}(\boldsymbol{R}^1)$ の要素を $N(0,1)$ で近似するとき，この剰余の考察がベリー–エッセン (A.C. Berry–C.G. Essen) により行われた [7].

［編集委員］

参 考 文 献

[1] 伊藤 清：確率論の基礎 (新版)，岩波書店，2004.
[2] 池田信行ほか：確率論入門 1，培風館，2006.
[3] P.S. ラプラス著，伊藤 清・樋口順四郎訳：確率論—確率の解析的理論，共立出版，1986.
[4] W. フェラー著，河田龍夫監訳：確率論とその応用 (上，下)，紀伊國屋書店，1960.
[5] L. Le Cam: The central limit theorem around 1935, *Statistical Science*, **1**(1), 78–96, 1935.
[6] 楠岡成雄：確率と確率過程，岩波書店，2007.
[7] 小谷眞一：測度と確率，岩波書店，2005.
[8] Ya.G. シナイ著，森 真訳：確率論 入門コース，シュプリンガー・フェアラーク東京，1995.

チューリングマシン

Turing machine

チューリングマシンとは，計算の概念を，抽象機械の形で数学的に定式化したものである．なぜ，そのような発想が必要になるか，歴史を交えて振り返ってみる．

ヒルベルトの第 10 問題は，1900 年ごろヒルベルトにより提案された 23 の未解決問題の一つであって，「整係数の多変数多項式が，整数の零点をもつかどうか，有限回の操作で判定できるようなプロセスを作れ」というものである．もう少し平たくいえば，そのような判定アルゴリズムを作れ，という問題である．これは 1970 年に，そのようなアルゴリズムは作り得ない，という形で否定的な解決をみた．

しかし，ヒルベルトは「有限回の操作で判定できるプロセス」とは何であるかを明示したわけではない．実際，1900 年の時点では，数学的な定義は存在しなかった．もし肯定的に解決したのであれば，実際に判定アルゴリズムを作ってみせればよいので，定義がなくともさほど問題にならない．しかし，実際にはどうやっても作れないことを示さなければならないので，「有限回の操作で判定できるプロセス」とは何であるか，定義を明確にする必要がある．チューリングは 1936 年ごろ，抽象的な機械モデルを提案して，その定義を与えた．それが現在，チューリングマシンと呼ばれているものである．

1 チューリングマシンの定義

チューリングマシンは，数学的に定義される抽象機械である．形式的な定義はすぐ後で与えるが，まずは直感的理解を助けるような説明から入る．チューリングマシンは，テープから文字を読んだり，テープに文字を書き込んだりしつつ働く，一種の**遷移系** (transition system) である．テープは，仮想的に無限の長さをもち，一列に並んだセルに区分けされている．各セルには，0 から順にアドレスが割り振られているものとする．また，セルから文字を読んだりセルに文字を書いたりするために，ヘッドが一つ備わっているものとする．（このようにテープを記憶媒体として使うのは，20 世紀までは，紙テープや磁気テープなどで主流であった）．

0	1	2	3	4	5	6	7	8	9	10	
a	s	a	k	u	r	a	#	#	#	#	$\cdots$

ここで △ がヘッドである．仮想的にテープは無限長なのだが，ある有限のアドレスまでしか文字は書き込まれていないと仮定する．そこで，文字が書き込まれていないセルを表すために # を用いる．

チューリングマシンの定義は，$M = (Q, \Sigma, \delta, q_{init}, q_{acc})$ で与えられる．1 番目の Q は有限集合であって，その要素 $q \in Q$ は状態と呼ばれる．2 番目の Σ も有限集合で，セルに書かれ得る文字および空白文字の集合である．δ は $Q \times \Sigma$ から $Q \times \Sigma \times \{L, R\}$ への関数で，遷移関数と呼ばれる．L と R は，それぞれ左と右の英語の頭文字をとったものである．q_{init}, q_{acc} は Q の要素であって，それぞれ，初期状態，受理状態と呼ばれる．

チューリングマシン M の動作を数学的に定義するために，状況 (configuration) を導入する．Σ の要素からなる有限長文字列の全体を Σ^* で表す（クリーネのスター記号と呼ばれる）．状況 (q, w, k) とは，状態 $q \in Q$ と，有限長文字列 $w \in \Sigma^*$ と，非負整数 k の三つ組のことである．w はテープに書かれている文字列で，k はヘッドの位置を表すアドレスと思えばよい．

時刻 0 において，テープ上に入力文字列 $w_0 \in \Sigma^*$ が左詰めで与えられているとする．チューリングマシン M の実行 (run) とは，有限または無限の状況列 $\gamma_0, \gamma_1, \gamma_2, \ldots$ であって，以下の 3 条件を満たす最長のものである．(1) γ_0 は $(q_{init}, w_0, 0)$ である．(2) γ_n が (q_{acc}, w_n, k_n) の形のとき，実行は γ_n で終わる有限列である．w_n を出力文字列と呼ぶ．(3) 各 $\gamma_i = (q_i, w_i, k_i)$ と $\gamma_{i+1} = (q_{i+1}, w_{i+1}, k_{i+1})$ との間には次の関係がある．いま文字列 w_i 中において，アドレス k_i の文字を x とする（ただし k_i が w の長さ以上ならば $x = \#$ とする）．遷移関数の値を $\delta(q_i, x) = (q', y, L)$（あるいは (q', y, R)）とするとき，$q_{i+1} = q'$ であり，w_{i+1} は，w_i においてアドレス k_i の文字 x を y で置き換えてできる文字列であり，$k_{i+1} = k_i - 1$（あるいは $k_{i+1} = k_i + 1$）という関係を満たす．つまり，ある時刻 i に，状態 q_i におり，ヘッド位置のセルに文字 x が書いて

あるとき，そのセルに文字 y を上書きして，ヘッドを左 (あるいは右) に 1 コマ移動した上で，状態 q' に遷移する．この一連の操作が，1 単位時間で行われる．

2 計算可能関数

チューリングマシン M が与えられているとする．入力文字列 w_0 が与えられれば，それに対する実行は一意に決まる．上記の定義中の条件 (2) のように，受理状態 q_{acc} を含む状況が現れれば，実行はそこで終了して出力文字列 w_n が得られる．よって，入力文字列に出力文字列を対応させると，部分関数 φ_M が得られる．

Σ^* から Σ^* の中への関数 f で，$f = \varphi_M$ となるチューリングマシン M が存在するとき，f は**計算可能関数** (computable function) であるという．有限の情報で表せる対象 (たとえば整数とか整係数の多項式とか) ならば文字列で表現できるので，そのような対象間に対しても計算可能関数を定義できる．

とくに，Yes/No で答えられる問題に対して，たとえば Yes と No に，それぞれ 1 と 0 を対応させれば，$\{0,1\}$ の中への関数とみることができる．この関数が計算可能のとき，問題は**決定可能** (decidable) であるという．あるいはチューリングマシンの定義を拡張して，受理状態 q_{acc} に加えて拒否状態 q_{rej} を付け加えて，q_{acc} に到達したら Yes で，q_{rej} に到達したら (そこで実行を停止して) No とすることと定式化してもよい．

決定不可能な問題の代表的なものとしては，次が知られている．チューリングマシンの定義をみるとわかるように，そこに出てくるものはすべて有限なので，文字列でコード化することができる．したがって，チューリングマシン M (のコード) と入力文字列 w_0 のペア (の文字列表現) が与えられたとき，実行が停止するかという決定可能性の問題を考えることができる．これは**停止性問題** (halting problem) と呼ばれ，決定不可能である．一つ決定不可能な問題ができると，そこに還元することで種々の問題が決定不可能であることが示せる．ヒルベルトの第 10 問題も，そのようにして決定不可能であることが証明された．

3 非決定性チューリングマシンと P–NP 問題

チューリングマシンにはいろいろバリエーションがあるが，計算複雑性理論との関連で重要なものとして，**非決定性** (nondeterministic) チューリングマシンにふれておく．チューリングマシン $(Q, \Sigma, \delta, q_{init}, q_{acc})$ の定義のなかで，δ を $Q \times \Sigma$ から $Q \times \Sigma \times \{L, R\}$ の中への多値関数としたものを，非決定性チューリングマシンという．別の言い方をすると，δ は，$Q \times \Sigma$ から冪集合 $\mathcal{P}(Q \times \Sigma \times \{L, R\})$ の中への任意の関数である．こうすると，実行 $\gamma_0, \gamma_1, \gamma_2, \ldots$ の定義において，取りうる値 $\delta(q_i, x) = (q', y, L)$ (あるいは (q', y, R)) が複数個ありうるので，γ_i に対して γ_{i+1} は一意に決まらない．つまり，非決定性チューリングマシンにおいては，入力文字列 w_0 が決まっても，実行が一意には決まらないということである．ある実行は有限で停止するが，他の実行は無限になることもありうる．

前に定義したチューリングマシンは，区別するときには，**決定性** (deterministic) チューリングマシンという．

文字列 w の長さを $|w|$ で表すことにする．**多項式時間** (決定性) チューリングマシン M とは，ある多項式 $p(x)$ があって，任意の入力文字列 w_0 に対して，時刻 $p(|w_0|)$ までに M の実行が停止するものである．多項式時間非決定性チューリングマシンも同様に定義されるが，入力文字列 w_0 に対して実行が一意に決まらないので，すべての実行が時刻 $p(|w_0|)$ までに停止するものと定義する．

多項式時間 (決定性) チューリングマシンによって決定可能な問題全体のクラスを P という．また，多項式時間非決定性チューリングマシンによって決定可能な問題全体のクラスを NP という．ただし非決定性の場合，実行が一意に決まらないので，受理状態に到達する実行が一つでもあれば Yes で，そうでなければ No とする．

定義により $P \subseteq NP$ が成り立つが，これが真の包含関係になるかどうかはわかっていない．これが P–NP 問題と呼ばれる未解決問題である．

[長谷川 立]

参考文献

[1] M. シプサ著，渡辺 治・太田和夫監訳：計算理論の基礎，共立出版，2000．

超　関　数

distributions, hyperfunctions, generalized functions

日本語では超関数と一括りに呼ぶが英語では distributions, hyperfunctions, Colombeau generalized functions とはっきり三つに分類され，それぞれ別名シュヴァルツ超関数，佐藤超関数，コロンボー超関数という．また開集合 Ω に対してその上の超関数全体をそれぞれ記号 $\mathcal{D}'(\Omega)$, $\mathcal{B}(\Omega)$, $\mathcal{G}(\Omega)$ などで表す．数学的先駆けとしては波動方程式の基本解構成で用いられたアダマールの発散積分の有限部分 (1932) が有名であるが，部分積分を通じての本格的な微分概念の拡張はソボレフ (1936) などに始まり，シュヴァルツ (L. Schwartz) (1945, [1]) が distribution の理論として完成させた．この理論はフーリエ変換の拡張定義や数理物理学の数学的基礎付けに寄与するだけではなく，ヘルマンダー (L. Hörmander) らによる線形偏微分方程式論の一連の理論の基礎として，また多様体上の調和解析などにも大きく貢献した．他方，佐藤幹夫は distribution の理論が何回でも微分できるものの，場合分けでしか定義されないような関数，たとえば $\varphi(x) = e^{-1/(1-x^2)}$ ($|x| < 1$), $= 0$ ($|x| \geq 1$) に基づくことを嫌い，古典解析学の華である解析関数を中心に据える超関数 (hyperfunction) 論を創始した (1958, [2])．佐藤は積分を通じた間接的な定義の代わりに，実軸に接する領域で正則な関数の形式的境界値の和として hyperfunction を定義した．ここで境界値の意味は何らかの極限の存在を必ずしも意味しないが，層のコホモロジー論とよく整合して線形偏微分方程式系の代数的取り扱いを容易にした．distribution と hyperfunction を用いた線形偏微分方程式の研究は超局所解析導入後の発展がめざましく，ヘルマンダーと佐藤のグループがそれぞれ独立であるが類似の理論を建設した．

ここまで挙げた超関数の理論では，任意の二つの超関数の積は定義されない．たとえば δ 関数の自乗は定義できないが場の量子論などでは計算式の途中にしばしば現れる．コロンボー (J.F. Colombeau) (1985, [3]) は超関数 (generalized function) を微小パラメーター $\varepsilon \to +0$ をもつ C^∞ 級関数のある種の同値類とし，その全体を任意の二つの元の積が定義できる「代数」として定義した．大きな特徴として C^∞ 級関数は微分や積まで含めて自然に埋め込まれるが distribution は埋め込み方が一意ではない．また $x \cdot \delta(x) \neq 0$ であるなど従来の超関数論の常識とはかなり異なる．しかしヨーロッパを中心に非線形偏微分方程式の研究に応用されるなど，徐々にその特徴を生かした研究がなされるようになった．

1　シュヴァルツ超関数

$\boldsymbol{R}^n$ の開集合 Ω 上の試験関数の空間 $\mathcal{D}(\Omega)$ とは Ω 上の C^∞-級で台がコンパクトな関数 $\varphi(x)$ の全体とする．ここで φ の台とは $\{x \in \Omega \mid \varphi(x) \neq 0\}$ の Ω における閉包のことである．たとえば $\Omega = \boldsymbol{R}^n$ とすると $\varphi(x) = e^{-1/(1-\|x\|^2)}$ ($\|x\| < 1$), $= 0$ ($\|x\| \geq 1$) が試験関数の例である．ただし $\|x\| := \sqrt{x_1^2 + \cdots + x_n^2}$．$\mathcal{D}(\Omega)$ は自然に実または複素ベクトル空間となるが以下では試験関数が複素数値の場合を考える．$T[\varphi]$ が Ω 上の distribution であるとは線形写像 $T : \mathcal{D}(\Omega) \to \mathbb{C}$ であって連続性に関する次の条件を満たすもの；$\mathcal{D}(\Omega)$ の点列 $(\varphi_i(x))_{i=1}^\infty$ が 0 に収束する，すなわち Ω のあるコンパクト集合 K が存在して $\varphi_i(x)$ の台がいっせいに K に含まれ，$\varphi_i(x)$ およびすべての $\varphi_i(x)$ の高階偏導関数が K 上一様に 0 に収束する．このとき $\lim_{i \to \infty} T[\varphi_i] = 0$．$\Omega$ 上の distribution 全体を $\mathcal{D}'(\Omega)$ で表す．実際 $\mathcal{D}(\Omega)$ は非可算な無限個のノルムに基づく位相ベクトル空間と見なすことができて $\mathcal{D}'(\Omega)$ は $\mathcal{D}(\Omega)$ の共役空間 (連続線形汎関数全体) であり共役空間としての強位相，すなわち $\mathcal{D}(\Omega)$ 上の任意の有界集合上一様収束する位相によって局所凸位相ベクトル空間になる．Ω 上の局所可積分関数，すなわち Ω 内の任意のコンパクト集合上可積分な $f(x)$ は $T_f[\varphi] := \int_\Omega f(x)\varphi(x)dx$ として distribution と見なせる (連続の条件を満たし，$T_f = 0$ ならば f 自体が 0)．したがって distribution 全体は局所可積

分関数や連続関数を含む.とくに$\Omega = \mathbf{R}$のときヘビサイド関数$Y(x) = 1\ (x > 0), = 0\ (x \leq 0)$は局所可積分関数でありdistribution.$\Omega = \mathbf{R}^n$上のディラック$\delta$関数は$T_\delta[\varphi] := \varphi(0)$として定義され,distributionと見なせる.すなわち形式的記号$\int_{\mathbf{R}} \varphi(x)\delta(x)dx = \varphi(0)$が局所可積分関数との類推で試験関数$\varphi$に対して正当化される.またこの意味でdistributionを普通の関数と区別せず,"$f(x)$"で表し,$T[\varphi]$を$\int_\Omega f(x)\varphi(x)dx$と形式的に書く場合もある.その他$\delta$関数と同様に$\Omega$上のすべてのボレル測度$d\mu(x)$も$T[\varphi] := \int_\Omega \varphi(x)d\mu(x)$と定義することでdistributionと見なせる(形式的には密度関数$d\mu(x)/dx$にあたる).関数や測度でない例として$\Omega = \mathbf{R}$上,$f(x) = 1/x$の有限部分 f.p.$1/x$がdistribution $T[\varphi] := \int_{\mathbb{R}} \{(\varphi(x) - \varphi(0))/x\} dx$となる.distributionに対する諸演算のうち,微分は$(\partial_{x_j}T)[\varphi] := T[-\partial_{x_j}\varphi]$と定義され,$\mathcal{D}(\Omega)$の性質により$\partial_{x_j}T$がdistributionとなることがわかる.これにより部分積分を通じての微分の一般化$\int_\Omega \partial_{x_j}f(x)\cdot\varphi(x)dx = \int_\Omega f(x)\cdot(-\partial_{x_j}\varphi(x))dx$が実現され,たとえば$Y'(x) = \delta(x)$が成立する.さらに$\Omega$における$C^\infty$-級の関数$\psi(x)$との積$\psi\cdot T$も$(\psi\cdot T)[\varphi] := T[\psi\varphi]$として自然に定まり,$\Omega$上の$C^\infty$-級線形偏微分作用素$P(x, \partial_x)$による線形写像$P: \mathcal{D}'(\Omega) \to \mathcal{D}'(\Omega)$が定義される.この写像は$\mathcal{D}'(\Omega)$の上記の位相に関して連続になる.さらに$\Omega$の開部分集合$\Omega'$に対しdistribution $T \in \mathcal{D}'(\Omega)$の$\Omega'$への制限$T|_{\Omega'}$を$\mathcal{D}(\Omega') \subset \mathcal{D}(\Omega)$を利用して自然に定義できる.$C^\infty$-級関数による1の分解を使うことによりこれからdistributionの局所性,たとえばΩ上のdistribution TはΩの各点の小さな近傍で0ならば0であることなどがわかり$\{\mathcal{D}(\Omega)\}_\Omega$は層をなす.特に$T|_{\Omega'} = 0$となる最大の開集合$\Omega'$が存在し,$T$の台とはこの$\Omega'$の補集合$\Omega \setminus \Omega'$である.distributionの構造定理とは,任意の$T \in \mathcal{D}'(\Omega)$と$\Omega$のコンパクト集合$K$に対し,十分大きな整数$N$と$K$で連続な関数$f(x)$が存在して$T = (1 - \Delta)^N f(x)$,すなわち台が$K$に含まれる試験関数$\varphi$に対し,$T[\varphi] = \int_K f(x)(1 - \Delta)^N \varphi(x)dx$のように書けることをいう.ここで$\Delta = \partial_{x_1}^2 + \cdots + \partial_{x_n}^2$.この

ほか,distributionに対する演算として重要なのはフーリエ変換である.フーリエ変換は$\mathbf{R}^n$上の大域的演算であるため対象となるdistributionは$\Omega = \mathbf{R}^n$において定義されているだけではなく無限遠における一定の増大度条件を満たしている必要がある.正確には$T: \mathcal{S}(\mathbf{R}^n) \to \mathbf{C}$なる連続な複素線形汎関数を考え,その全体を$\mathcal{S}'(\mathbf{R}^n)$で表して緩増加超関数と呼ぶ.ここで$\mathcal{S}(\mathbf{R}^n) := \{f \in C^\infty(\mathbf{R}^n) \mid \sup_{\mathbf{R}^n} |x^\alpha \partial_x^\beta f(x)| < \infty, \forall \alpha, \forall \beta\}$は急減少$C^\infty$級関数の作る可算ノルム空間である.また,$\alpha = (\alpha_1, \ldots, \alpha_n)$, $\beta = (\beta_1, \ldots, \beta_n)$は成分が正または0の整数からなる$n$次元ベクトルで$x^\alpha = x_1^{\alpha_1} \cdots x_n^{\alpha_n}$, $\partial_x^\beta = \partial_{x_1}^{\beta_1} \cdots \partial_{x_n}^{\beta_n}$, $|\alpha| = \alpha_1 + \cdots + \alpha_n$.したがって線形汎関数$T: \mathcal{S}(\mathbf{R}^n) \to \mathbf{C}$が緩増加超関数であるためには$|T[\varphi]| \leq C \sup\{|x^\alpha \partial_x^\beta \varphi(x)| \mid x \in \mathbf{R}^n, |\alpha| \leq C, |\beta| \leq C\}$を満たすような十分大きな正定数$C$が存在することである.$\mathcal{D}(\mathbb{R}^n) \subset \mathcal{S}(\mathbb{R}^n)$であり,位相ベクトル空間として連続な埋め込みになっているので$\mathcal{S}'(\mathbf{R}^n)$は$\mathcal{D}'(\mathbf{R}^n)$の代数的部分空間と見なせる.この意味で緩増加超関数は$\mathbf{R}^n$上のdistributionとなるが無限遠で多項式ベキ程度の増大度をもつような$\mathbf{R}^n$上の連続関数$f(x)$(すなわち$\sup\{(1 + \|x\|^2)^{-N}|f(x)| \mid x \in \mathbb{R}^n\} < +\infty$なる正数$N$が存在)やそのdistribution微分$\partial_x^\alpha f(x)$が例であり,一般に緩増加超関数はそのようなdistributionの有限和で表される.$T \in \mathcal{S}'(\mathbf{R}^n)$に対するフーリエ変換$\mathcal{F}(T)$は$\mathcal{F}(T)[\varphi] := T[\mathcal{F}(\varphi)]$で定義される.ここで$\mathcal{F}(\varphi)(\xi) := (2\pi)^{-n/2} \int_{\mathbb{R}^n} \varphi(x) e^{-ix\cdot\xi} dx$は$\varphi \in \mathcal{S}(\mathbf{R}^n)$を可積分関数とみた通常のフーリエ変換であり,$\mathcal{F}(\varphi) \in \mathcal{S}(\mathbf{R}^n)$であることはよく知られている.ただし,$x\cdot\xi = x_1\xi_1 + \cdots + x_n\xi_n$.また線形写像$\mathcal{F}: \mathcal{S}(\mathbf{R}^n) \to \mathcal{S}(\mathbf{R}^n)$は$\mathcal{F}^{-1}(\varphi)(x) := (2\pi)^{-n/2} \int_{\mathbf{R}^n} \varphi(\xi) e^{ix\cdot\xi} d\xi$を逆対応とする同型写像であり,上記位相に関して$\mathcal{F}, \mathcal{F}^{-1}$ともに連続でもあるので$\mathcal{F}(T)$は再び緩増加超関数である.したがって$\mathcal{F}: \mathcal{S}'(\mathbf{R}^n) \to \mathcal{S}'(\mathbf{R}^n)$は位相まで含めた同型写像になる.例として$\mathcal{F}(\delta) = (2\pi)^{-n/2}$(定数),$\mathcal{F}(1) = (2\pi)^{n/2}\delta(\xi)$や,$P(\xi)$を0でない$\xi \in \mathbf{R}^n$の多項式とするとき$1/P(\xi)$が$\mathbf{R}^n$上の緩

増加超関数としてうまく意味付けられ，定数係数線形偏微分作用素 $P(-i\partial_x)$ の基本解 $E(x)$，すなわち $P(-i\partial_x)E(x) = \delta(x)$ の解，がフーリエ逆変換 $(2\pi)^{-n/2}\mathcal{F}^{-1}(1/P(\xi))$ として書ける．実際通常のフーリエ変換と同様に $\mathcal{F}(\partial_{x_j}T) = i\xi_j \cdot \mathcal{F}(T)$, $\partial_{\xi_j}(\mathcal{F}(T)) = \mathcal{F}(-ix_j \cdot T)$ が成立することにより確かめられる．このほか，台がコンパクトな distribution は緩増加超関数でありそのフーリエ変換は ξ について $\boldsymbol{C}^n$ 全体で解析的な関数となる．シュヴァルツによる Payley–Wiener 型定理とは，緩増加超関数 T の台がコンパクトであるための必要十分条件は $F(\xi) := \mathcal{F}(T)(\xi)$ とおくと $F(\xi)$ は $\boldsymbol{C}^n$ 全体で正則な関数となり適当な正数 k, m, C に対して評価 $|F(\xi + i\eta)| \leqq C(\|\xi\| + \|\eta\| + 1)^m e^{k\|\eta\|}$ ($\forall \xi, \forall \eta \in \mathbb{R}^n$) が成立すること．

2　佐藤超関数

$\boldsymbol{R}$ 上の可積分かつ自乗可積分関数 $f(x)$ に対し $F_\pm(z) := (1/2\pi)\int_0^{\pm\infty} \mathcal{F}(f)(\xi)\, e^{iz\xi} d\xi$ とおくと $F_\pm(z)$ はそれぞれ $\{z \in \boldsymbol{C} \mid \pm \text{Im}\, z > 0\}$ で正則で distribution の意味で境界値 $\lim_{y \to \pm 0} F_\pm(x + iy)$ をもち，フーリエの反転公式より $f(x) = F_+(x + i0) - F_-(x - i0)$．多変数でも同様の境界値表示が可能であるが各正則関数に境界値がとれるかどうかを制限条件にしないことにより佐藤超関数の定義を得る．すなわち $f(x)$ が開集合 $\Omega \subset \boldsymbol{R}^n$ 上の佐藤超関数 (hyperfunction) であるとは形式和表現

$$f(x) = \sum_{j=1}^N F_j(x + i\Gamma_j 0)$$

のことである．ここで Γ_j は $\mathbb{R}^n$ 内の原点を中心とする凸開錐であり $F_j(z)$ は無限小楔領域 $\Omega + i\Gamma_j 0$ で正則な関数である．ただし無限小楔領域 $\Omega + i\Gamma_j 0$ とは複素領域 D であって $K_1 \subset \Omega$, $K_2 \subset \Gamma_j$ である任意のコンパクト集合 K_1, K_2 に対し，ある $\delta > 0$ が存在し $D \supset \{x + i\varepsilon y \mid x \in K_1, y \in K_2, 0 < \varepsilon < \delta\}$ を満たすもの．$\{F_j(z) \mid j = 1, \ldots, N\}$ を $f(x)$ の 1 組の定義関数という．またこのような形式和表現は一意ではなく，次のような表現の同値性を許す：$\Gamma_j \cap \Gamma_k \neq \emptyset$ のとき

$$F_j(x + i\Gamma_j 0) + F_k(x + i\Gamma_k 0)$$

$$= (F_j + F_k)(x + i(\Gamma_j \cap \Gamma_k)0).$$

これは同一の超関数に対する表現の変更である．

1 変数では，$f(x) = F_+(x + i0) - F_-(x - i0)$ のように 2 項で表せる．また 1 変数の例は：
$\delta(x) = -(2\pi i)^{-1}((x + i0)^{-1} - (x - i0)^{-1})$,
$Y(x) = -(2\pi i)^{-1}(\log(-x - i0) - \log(-x + i0))$,
$\text{f.p}\,(1/x) = ((x + i0)^{-1} + (x - i0)^{-1})/2$.

Ω 上の佐藤超関数の全体を $\mathcal{B}(\Omega)$ で表すと自然に $\mathcal{B}(\Omega)$ は $\boldsymbol{C}$ 上の線形空間となるだけではなく $\boldsymbol{R}^n$ 上の層をなす．層の理論との整合性や微分方程式系の解を代数的に考察したりする際には佐藤の元々のアイデアである，層の相対コホモロジー群を使う定義も有用である [4]．一般に位相空間 X 上の層 $\mathcal{F}$ と X の閉集合 S に対し S に台をもつ $\mathcal{F}$ の切断からなる S 上の層 $\Gamma_S(\mathcal{F})$ が定義される．さらに $\mathcal{F}$ の任意の脆弱層分解を使いこの関手の k-次導来関手 $\mathcal{H}_S^k(\mathcal{F})$ も同時に定義される．$\mathcal{H}_S^k(\mathcal{F})$ は層 $\mathcal{F}$ を係数とし，S に台をもつ k 次局所相対コホモロジー群と呼ばれ，やはり S 上の層をなす．佐藤超関数の層は $X = \boldsymbol{C}^n$, $S = \boldsymbol{R}^n$, $\mathcal{F} = \mathcal{O}$ (X 上の正則関数の層) ととれば，$\mathcal{B} = \mathcal{H}_{\boldsymbol{R}^n}^n(\mathcal{O})$ となる．層の断面として佐藤超関数に対して台が定義され，層 $\mathcal{B}$ が脆弱，すなわち制限写像 $\mathcal{B}(\boldsymbol{R}^n) \to \mathcal{B}(\Omega)$ が全射であるという驚くべき性質を得る．これはコンパクト台の C^∞ 級関数による 1 の分解が使えない佐藤超関数にとって重要な道具となる．

相対コホモロジー群による定義と正則関数の形式和による定義の同一性は被覆コホモロジー群による表現を通してわかる．他方，相対コホモロジー群による表現では層係数コホモロジー消滅など多変数解析関数論の多くの深い結果が基礎づけに必要となるが，形式和表現では FBI 変換 (Fourier–Bros–Iagolnitzer) と呼ばれる積分変換と通常の解析的議論を用いるだけで脆弱性も含め佐藤超関数論の基礎づけが行える [5]．

Ω 上の実解析関数 φ は任意の Γ を用いて $\varphi(x + i\Gamma 0)$ として $\mathcal{B}(\Omega)$ の元と見なせ，実解析関数全体は $\mathcal{B}$ の部分層になる．また Ω 上の実解析関数を係数とする線形偏微分作用素 $P(x, \partial_x)$ はその複素化 $P(z, \partial_z)$ を直接定義関数に直接作用させることに

より層準同型 $P : \mathcal{B} \to \mathcal{B}$ となる．さらに定義関数である正則関数に対する代入，積や積分を通じて佐藤超関数に対する代入，積，積分が自然に定義され，この点は distribution に対する同様の演算よりわかりやすい．ただし演算可能性の条件の記述のためには適切な定義関数の組を選ぶための条件であり，台の概念の拡張である，f の特異スペクトラム $SS(f)$ という，Ω の余接バンドル $T^*\Omega$ の錐状閉集合の概念が不可欠である．

3 コロンボー超関数

簡単のため 1 変数の場合だけ考えるが多変数の場合も同様である．$q = 0, 1, \ldots$ に対して $\mathcal{A}_q = \{\phi \in C_0^\infty(\boldsymbol{R}) | \int_{\boldsymbol{R}} \phi(x) x^i dx = \delta_{i,0}, 0 \leq i \leq q\}$ とおく．これはそのフーリエ変換 $\mathcal{F}(\phi)(\xi)$ が $\boldsymbol{C}$ 全体で正則，かつ $\xi = 0$ での q 次までのテイラー展開が定数関数 $(2\pi)^{-1/2}$ に等しいことを意味する．したがって任意の $\phi \in \mathcal{A}_0$ に対し適当な複素数 $c_1, \ldots, c_q$ をとれば $(1 + \sum_{j=1}^q c_j (d/dx)^j) \phi(x) \in \mathcal{A}_q$．また $\varepsilon > 0, \phi \in \mathcal{A}_q$ に対し $\phi_\varepsilon(x) = \phi(x/\varepsilon)/\varepsilon$ とおくと $\phi_\varepsilon \in \mathcal{A}_q$．このとき $\boldsymbol{R}$ 上のコロンボー超関数 (Colombeau generalized function) とは商空間 $\mathcal{G}(\boldsymbol{R}) = \mathcal{E}_M[\boldsymbol{R}]/\mathcal{N}[\boldsymbol{R}]$ で表される $\boldsymbol{C}$ 上の代数である．ここで $\mathcal{E}_M[\mathbb{R}]$ とは写像 $R(\phi) : \mathcal{A}_0 \to C^\infty(\boldsymbol{R})$ であって $\boldsymbol{R}$ 上 '穏やかな' (moderate) 写像全体の作る $\boldsymbol{C}$ 上の代数，すなわち $R(\phi)(x)$ を $R(\phi, x)$ と書くとき $\boldsymbol{R}$ 内のコンパクト集合 K，整数 $\ell \geq 0$ に対し次のような自然数 N が存在するときをいう：任意の $\phi \in \mathcal{A}_N$ に対して，適当な正数 C, ε_0 がとれて $|\partial_x^\ell R(\phi_\varepsilon, x)| \leq C \varepsilon^{-N}$ $(x \in K, 0 < \varepsilon < \varepsilon_0)$．穏やかな写像 $R(\phi, x)$ の間の和，差，積とは $\boldsymbol{C}$ 上の可換代数 $C^\infty(\boldsymbol{R})$ から誘導されたものを考える．また穏やかな写像 $R(\phi, x)$ が $\boldsymbol{R}$ 上 '零的' (null) であるとは：$\boldsymbol{R}$ 内のコンパクト集合 K，整数 $\ell \geq 0$ に対し自然数 N と正数列 $\{a_q\}_{q \geq N}$ $(a_N < a_{N+1} < \cdots < a_q < \cdots \to +\infty)$ が存在し，任意の $q \geq N$，任意の $\phi \in \mathcal{A}_q$ に対して $|\partial_x^\ell R(\phi_\varepsilon, x)| \leq C \varepsilon^{a_q - N}$ $(x \in K, 0 < \varepsilon < \varepsilon_0)$ を満たす正数 C, ε_0 がとれること．同値関係を定義する $\mathcal{N}[\boldsymbol{R}]$ とは $\boldsymbol{R}$ 上零的な穏やかな写像 $R(\phi, x)$ 全体の作る線形部分空間のことである．$\mathcal{N}[\boldsymbol{R}]$ が $\mathcal{E}_M[\boldsymbol{R}]$ は両側イデアルとなるので $\mathcal{G}(\boldsymbol{R}) = \mathcal{E}_M[\boldsymbol{R}]/\mathcal{N}[\boldsymbol{R}]$ は可換な $\mathbb{C}$ 上の代数となる．また，微分演算子 $d/dx : C^\infty(\boldsymbol{R}) \to C^\infty(\boldsymbol{R})$ は $d/dx : \mathcal{E}_M[\boldsymbol{R}] \to \mathcal{E}_M[\boldsymbol{R}]$, $\mathcal{N}[\boldsymbol{R}] \to \mathcal{N}[\boldsymbol{R}]$ を誘導し，したがってライプニッツ則を満たす微分 $d/dx : \mathcal{G}(\boldsymbol{R}) \to \mathcal{G}(\boldsymbol{R})$ が定義できる．シュヴァルツの超関数 $T \in \mathcal{D}'(\boldsymbol{R})$ の埋め込みは $\mathcal{A}_0 \ni \phi \to (\mathrm{Cd}\, T)(\phi, x)$．ただし $(\mathrm{Cd}\, T)(\phi, x) = T[\phi(* - x)]$ であり，構造定理により，$(\mathrm{Cd}\, T)(\phi, x) \in \mathcal{E}_M[\boldsymbol{R}]$．また $\mathrm{Cd} : \mathcal{D}'(\boldsymbol{R}) \to \mathcal{G}(\boldsymbol{R})$ が単射な線形写像で，微分 d/dx も Cd と交換する．最も重要な事実として $f(x) \in C^\infty(\boldsymbol{R})$ ならば $(\mathrm{Cd}\, f)(\phi, x) - f(x) \in \mathcal{N}[\boldsymbol{R}]$ が成立．これは $\phi \in \mathcal{A}_q$ であるときの積分に関する条件式，および高階微分のときのテイラーの定理から得られる．これにより $C^\infty(\boldsymbol{R})$ の元に対しては $\mathcal{E}_M[\boldsymbol{R}]$ への自然な埋め込み，すなわち ϕ によらない定値写像としての埋め込み，とシュヴァルツ超関数としての埋め込みが $\mathcal{G}(\boldsymbol{R})$ の中では一致し，特に積の意味も一致する．すなわち $C^\infty(\boldsymbol{R})$ は $\mathcal{G}(\boldsymbol{R})$ の部分代数．以上，定義はやや複雑であるが大雑把にとらえれば，コロンボー超関数とは $R(\phi_\varepsilon, x)$ で表されるような，微小パラメータ ε をもつ C^∞ 関数の非常に強い同値類のことである．そして ϕ は C^∞ 関数による近似の仕方（無限小の内部構造のようなもの）を特定するパラメータと考えられる．

[片 岡 清 臣]

参 考 文 献

[1] L. Schwartz：*Théorie des Distributions (I,II)*, Hermann, 1950, 1951, (3rd ed 1966), (邦訳) 岩村 聯・石垣春夫・鈴木文夫訳：超函数の理論，岩波書店，1971.
[2] 佐藤幹夫：超函数の理論，数学，**10**, 1–27, 1958.
[3] J.F. Colombeau：*Elementary Introduction to New Generalized Functions*, North Holland, 1985.
[4] 柏原正樹・河合隆裕・木村達雄：代数解析学の基礎，紀伊國屋書店，2008.
[5] 青木貴史・片岡清臣・山崎 晋：超函数・FBI 変換・無限階擬微分作用素，共立出版，2004.

超幾何関数

Hypergeometric function

1 ガウスの超幾何関数

1以上の整数 n に対して，$(\alpha)_n = \alpha(\alpha+1)\cdots(\alpha+n-1) = \frac{\Gamma(\alpha+n)}{\Gamma(\alpha)}$ とし，$(\alpha)_0 = 1$ と定義する．ガウスの超幾何関数 (Gauss hypergoemtric function) $F(\alpha, \beta; \gamma; x)$ を

$$F(\alpha, \beta; \gamma; x) = \sum_{i=0}^{\infty} \frac{(\alpha)_n (\beta)_n}{(\gamma)_n n!} x^n \quad (1)$$

なる級数で定義する．この級数は複素関数として $|x| < 1$ のときに広義一様収束して正則関数を定める．オイラーの微分作用素を $\vartheta = x\frac{d}{dx}$ とおき，常微分作用素 P を

$$P = x(\vartheta + \alpha)(\vartheta + \beta) - (\vartheta + \gamma - 1)\vartheta$$

とおくと，ガウス超幾何関数は

$$P \cdot F(\alpha, \beta; \gamma; x) = 0 \quad (2)$$

なる2階の常微分方程式を満たす．この微分方程式はガウス超幾何微分方程式 (Gauss hypergeometric equation) と呼ばれ，確定型常微分方程式の例となっている．α, β, γ が特殊な値をとるときには下のようによく知られた初等超越関数になるのでそれらの関数の一般化とみなすことができる．

(1) $\log(1+x) = xF(1, 1; 2; -x)$
(2) $(1-x)^{\nu} = F(-\nu, b; b; x)$
(3) $\arcsin(x) = xF(\frac{1}{2}, \frac{1}{2}; \frac{3}{2}; x^2)$

(1) の級数の x に関する解析接続を調べるのに積分表示を使うのが有効である．$\alpha > 0, \gamma - \alpha > 0$ ならば 0 以上の整数 n に対して $\sum_{n \geq 0} \frac{(\beta)_n}{n!} x^n = (1-x)^{-\beta}$ なので

$$\sum_{n \geq 0} \frac{\Gamma(\gamma - \alpha)\Gamma(\alpha + n)(\beta)_n}{\Gamma(\gamma + n) n!} x^n$$

$$= \sum_{n \geq 0} \int_0^1 (1-t)^{\gamma - \alpha - 1} t^{\alpha + n - 1} dt \frac{(\beta)_n}{n!} x^n$$

$$= \int_0^1 (1-t)^{\gamma - \alpha - 1} t^{\alpha - 1} (1 - tx)^{-\beta} dt$$

なる変形で超幾何関数の積分表示が得られる．これがオイラー積分表示 (Euler integral expression) である．この表示で $\alpha = \beta = \frac{1}{2}, \gamma = 1$ とおく

と楕円積分が得られるので超幾何関数は楕円積分のひとつの一般化とみることもできる．この積分表示を $0, 1, \frac{1}{t}, \infty$ で分岐する普遍可換被覆のリーマン面上での積分と解釈する方が便利なこともある．そこに登場するのがポッホハマー・サイクル (Pochhammer cycle) である．0と1の間にあるポッホハマー・サイクルは複素平面上で下のサイクルを普遍可換被覆に持ち上げたものである．

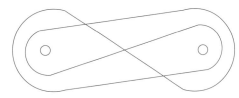

図1 ポッホハマー・サイクル

もう1つ独立なポッホハマー・サイクルが1と $1/t$ の間にある．

微分方程式 (2) に戻って，$x = 0$ での解の挙動をみると $\gamma \notin \mathbf{Z}$ であれば正則でないもう一つの独立な解がある．この解も超幾何関数を用いて

$$x^{1-\gamma} F(\alpha + 1 - \gamma, \beta + 1 - \gamma; 2 - \gamma; x)$$

と書かれ，この二つが局所的に独立な解となっている．また $x = 1$ における独立な解として

$$G_1 = F(\alpha, \beta; 1 + \alpha + \beta - \gamma; 1 - x)$$
$$G_2 = (1-x)^{\gamma - \alpha - \beta}$$
$$F(\gamma - \alpha, \gamma - \beta; 1 + \gamma - \alpha - \beta; 1 - x)$$

がとれる．$x = 0$ と $x = 1$ のまわりでの解の間に成り立つ関係式

$$F(\alpha, \beta; \gamma, x) = \frac{\Gamma(\gamma)\Gamma(\gamma - \alpha - \beta)}{\Gamma(\gamma - \alpha)\Gamma(\gamma - \beta)} G_1$$
$$+ \frac{\Gamma(\gamma)\Gamma(\alpha + \beta - \gamma)}{\Gamma(\alpha)\Gamma(\beta)} G_2$$

を超幾何関数の接続関係式という．同様の関係式は $x = \infty$ での展開で考えたものにも存在する．これらの関係式はオイラー積分表示を用いることにより示される．

ガウスの超幾何微分級数においてもう一つ特徴的な関係式に連接関係式 (contiguity relation) がある．それは，α, β, γ を整数だけずらしたものの間にある関係式で

$$F(\alpha, \beta; \gamma; x) = F(\alpha, \beta + 1; \gamma + 1; x)$$

$$-\frac{\alpha(\gamma-\beta)}{\gamma(\gamma+1)}F(\alpha+1,\beta+1;\gamma+2;x)$$
といったものである.

2 合流型超幾何関数

超幾何関数の被積分関数について
$$\lim_{n\to\infty}(1-\frac{x}{n})^{n\beta}=e^{-\beta x}$$
なる極限操作により得られる関数を合流型超幾何関数 (confluent hypergeometric function) という. 合流操作の仕方により以下のようにいくつかの関数が得られる.

(1) クンマーの合流型超幾何関数. 級数
$$F(\alpha;\gamma;x)=\sum_{n\ge 0}\frac{(\alpha)_n}{(\gamma)_n n!}x^t$$
で定義される関数はクンマーの合流型超幾何関数 (Kummer's confluent hypergeometric function) と呼ばれる. これは
$$F(\alpha;\gamma;x)=\frac{x^{-\alpha}}{\Gamma(\alpha)}\int_0^\infty t^{\alpha-1}(1+\frac{t}{x})^{-\alpha+\gamma-1}e^{-t}dt$$
という積分表示をもっており, 上に述べたようにガウスの超幾何関数に対して合流操作をほどこしたものである. また $F(\alpha;\gamma;x)$ の満たす微分方程式
$$[x(\vartheta+\alpha)-(\vartheta+\gamma-1)\vartheta]f=0$$
は合流型超幾何方程式と呼ばれ, 不確定特異点をもつ常微分方程式の重要な例となっている.

(2) ベッセル関数. 級数
$$J_\nu(x)=\sum_{n\ge 0}\frac{(-1)^n}{\Gamma(\nu+n+1)n!}(\frac{x}{2})^{2n+\nu}$$
によって定義される関数をベッセル関数 (Bessel function) という. これは
$$\frac{1}{2\pi i}\int_\delta \exp(\frac{x}{2}(t-\frac{1}{t}))t^{-\nu-1}dt$$
という積分表示をもつ. ここで δ は $-\pi$ を偏角とする無限から原点を正の向きに回って, π を偏角とする無限に至る道である. ベッセル関数は力学におけるさまざまな問題に登場し, 工学へもよく応用される関数である.

この他にもエアリー (Airy) 関数という合流型超幾何関数もあり, これは光学における虹の解析を研究する際に現れた特殊関数で, **振動積分表示** (oscillatory integral expression) と呼ばれる表示をもち, 近似値を計算には発散級数である漸近展開が使われる.

3 一般化超幾何関数

これまで出てきたさまざまな超幾何関数は次の一般化超幾何関数に一般化される.
$$_pF_q(\alpha_1,\ldots,\alpha_p;\beta_1,\ldots,\beta_q;x)$$
$$=\sum_n \frac{(\alpha_1)_n\cdots(\alpha_p)_n}{(\beta_1)_n\cdots(\beta_q)_n n!}x^n$$
これは $p=q+1$ のときには確定特異点のみをもち, $p\ne q+1$ のときには不確定特異点をもつ.

4 アッペル・ラウリチェラの超幾何関数

多変数の超幾何関数として代表的なものとして, 次の級数で定義されたアッペル超幾何関数 (Appell hypergeometric function) がある.
$$F_1(\alpha;\beta_1,\beta_2;\gamma;x,y)$$
$$=\sum_{m,n\ge 0}\frac{(\alpha)_{m+n}(\beta_1)_m(\beta_2)_n}{m!n!(\gamma)_{m+n}}x^m y^n$$
これはピカールによる次の積分表示をもつ.
$$F_1(\alpha;\beta_1,\beta_2;\gamma;x,y)=\frac{\Gamma(\gamma)}{\Gamma(\gamma-\alpha)\Gamma(\alpha)}$$
$$\times\int_0^1 t^{\gamma-\alpha-1}(1-t)^{\alpha-1}(1-xt)^{-\beta_1}(1-yt)^{-\beta_2}dt$$
この積分表示は射影直線上のねじれた係数をもつコホモロジーに対する周期積分とみなすことができ, ラウリチェラの超幾何関数
$$\int_0^1 t^{\gamma-\alpha-1}(1-t)^{\alpha-1}\prod_{i=1}^n (1-x_i t)^{-\beta_i}dt$$
として一般化される. 変数 x_i に関する微分方程式は周期積分の満たす微分方程式の例となっている. このような周期積分の満たす方程式は一般にガウス–マニン接続 (Gauss–Manin connection) として定式化される.

ラウリチェラの超幾何関数を点の配置集合の上の関数と解釈して, これを射影空間上の超平面の配置で一般化されたものが青本–ゲルファント超幾何関数である. また級数展開とトーリック幾何を基礎に一般化されたゲルファント–カプラノフ–ゼレビンスキー超幾何関数がある. 　　　［寺杣友秀］

参 考 文 献

[1] 青本和彦・喜多通武：超幾何関数論, シュプリンガー, 1994.

調和関数

harmonic function

1 調和関数

n 次元ユークリッド空間 $\boldsymbol{R}^n$ ($n \geq 2$) 内の領域 D で定義され，2 回連続微分可能な関数 u がラプラス方程式

$$\Delta u = \sum_{j=1}^{n} \frac{\partial^2 u}{\partial x_j^2} = 0$$

を満たすとき，u を D 上の調和関数 (harmonic function) という．調和関数は実解析的であり，結果的に何回でも微分できる．$n=2$ のとき $\boldsymbol{R}^2$ は複素平面と同一視することができ，正則関数の実部 u，虚部 v は調和関数となる (コーシー–リーマンの関係式)．v を u の共役調和関数という．

中心 x，半径 r の開球を $B(x,r)$ で表す．h が $B(x,r)$ で調和であるならば $0 < \rho < r$ に対して平均値の等式

$$h(x) = \frac{1}{\sigma(\partial B(x,\rho))} \int_{\partial B(x,\rho)} h\, d\sigma$$

が成立する．ここに σ は球面測度である．これを平均値原理という．平均値原理は最大値原理を導く．

逆に u が領域 D 上の連続関数であり，

$$u(x) = \frac{1}{\sigma(\partial B(x,r))} \int_{\partial B(x,r)} u\, d\sigma$$

が $\overline{B(x,r)} \subset D$ となるすべての球 $B(x,r)$ に対して成り立つならば，u は D で調和となる．これは微分を用いない調和性の特徴付けであり，こちらを調和性の定義にした方が議論の見通しがよいことも多い．

一方，超関数の意味でラプラスの方程式を満たす局所可積分関数は調和関数にほとんどいたるところ一致する．これをワイルの補題という．

2 ポアソン積分とハルナックの不等式

平均値の等式は球面上の積分で中心の値が表されることを意味する．中心以外の点における値も球面上の積分で表される．h を $\overline{B(z,R)}$ を含む開集合で調和とする．このとき，$x \in B(z,R)$ に対して

$$h(x) = \frac{1}{\sigma_n} \int_{\partial B(z,R)} \frac{R^2 - |x-z|^2}{R|x-y|^n} h(y)\, d\sigma(y)$$

となる．ただし σ_n は単位球面積である．これをポアソン積分という．また

$$\frac{1}{\sigma_n} \frac{R^2 - |x-z|^2}{R|x-y|^n}$$

をポアソン核という．ポアソン核が正であることから，次のハルナックの不等式を得る．

定理 1 h を球 $B = B(z,R)$ 上の正調和関数とする．$0 < r < R$ とすると，$x \in \overline{B(z,r)}$ に対して，

$$\frac{R^{n-2}(R-r)}{(R+r)^{n-1}} \leq \frac{h(x)}{h(z)} \leq \frac{R^{n-2}(R+r)}{(R-r)^{n-1}}$$

が成り立つ．

ハルナックの不等式を繰り返し使うことにより，次のハルナック原理を示すことができる．

定理 2 K を D 内のコンパクト部分集合とすると，K と D と次元 n のみに依存する定数 $C > 1$ があって，D 上の任意の正調和関数 h と任意の $x, y \in K$ に対して $h(x)/h(y) \leq C$ となる．

ハルナック原理の応用として調和関数の単調増加極限に関するハルナックの定理が示される．

定理 3 h_j を領域 D 上の調和関数の単調増加列とする．このとき各点ごとの極限 $h = \lim h_j$ は D で恒等的に $+\infty$ であるか，または調和である．

この定理は調和関数の収束性に対してきわめて重要な役割を果たす．

3 一致の定理と優調和関数

調和関数は実解析的であるので正則関数と同じような一致の定理が成り立つ．

定理 4 領域 D で h は調和とする．もし D 内の部分開集合 $V \neq \emptyset$ で $h = 0$ ならば D 全体で $h = 0$ である．

正則関数の一致の定理と異なり，D 内の収束点列上で $h = 0$ となる条件では不十分で，開集合上で $h = 0$ となる条件が必要であることに注意する．

実際，座標関数 $h(x) = x_1$ は全空間で調和であり，超平面 x_1 上で $h = 0$ であるが，恒等的には $h = 0$ でない．一致の定理は強力であるが，その反面として調和関数を構成することを難しくしている．

そこで次の優調和関数 (superharmonic function) と劣調和関数 (subharmonic function) を導入する．領域 D 上の $-\infty$ とならない下半連続関数 u が優調和とは $B(x_0, r) \subset D$ ならば，$0 < \rho < r$ に対して
$$u(x_0) \geqq \frac{1}{\sigma(\partial B(x_0, \rho))} \int_{\partial B(x_0, \rho)} u \, d\sigma$$
となっているときをいう．また $-s$ が優調和関数であるとき，s を劣調和という．優調和関数や劣調和関数は容易に作ったり，変形することができる．そのなかでも D 内の球の内部をポアソン積分で置き換えるポアソン変形は次節のディリクレ問題の解法に大きな役割を果たす．

4 ディリクレ問題

D を有界領域，f を ∂D 上の関数とする．
$$\Delta u(x) = 0 \quad (x \in D)$$
$$u(y) = f(y) \quad (y \in \partial D)$$
となる u を求める問題をディリクレ問題 (Dirichlet problem) という．ここで，∂D 上 $u = f$ とは任意の $y \in \partial D$ に対して $\lim_{D \ni x \to y} u(x) = f(y)$ ということである．

ディリクレ問題の解法には重層ポテンシャルを用いるものやディリクレ原理に基づくものなどさまざまあるが，最近のポテンシャル論ではペロン・ウィーナー・ブレロによる以下の方法が標準的である．

境界関数 f に対して上クラス $\mathcal{U}_f$ を
$\mathcal{U}_f = \{+\infty\} \cup \{u$ は D で下に有界で優調和 :
$$\liminf_{D \ni x \to y} u(x) \geqq f(y) \quad (y \in \partial D)\}$$
と定義し，下クラス $\mathcal{L}_f$ を劣調和関数を用いて同様に定義する．さらに各 $x \in D$ ごとに
$$\overline{\mathcal{H}}f(x) = \inf_{u \in \mathcal{U}_f} u(x), \quad \underline{\mathcal{H}}f(x) = \sup_{s \in \mathcal{L}_f} s(x)$$
とする．最大値の原理より，$u \in \mathcal{U}_f$ と $s \in \mathcal{L}_f$ に対して D 上 $s \leqq u$ であり，$\underline{\mathcal{H}}f \leqq \overline{\mathcal{H}}f$ となる．もしこの 2 つが一致するとき $\mathcal{H}f$ と書き，f のペロン–ウィーナー–ブレロ解 (Perron–Wiener–Brelot solution) という．さらに，これが恒等的に $\pm\infty$ でないとき，f を可解 (resolutive) という．連続関数は可解であり，ペロン–ウィーナー–ブレロ解は調和測度 (harmonic measure) ω^x を用いて，
$$\mathcal{H}f(x) = \int_{\partial D} f(y) d\omega^x(y)$$
と表される．

ペロン–ウィーナー–ブレロ解 $\mathcal{H}f$ は D で調和であるが，境界値が本当に f に一致するかどうかはわからない．たとえば，単位円板から原点を除いた領域を D とし，境界関数 f を単位円周上では 0，原点では 1 とすると，$\mathcal{H}f$ は D 上で恒等的に 0 となり，原点で境界条件を満たさない．境界上の任意の連続関数 f に対してそのペロン–ウィーナー–ブレロ解 $\mathcal{H}f$ が $y \in \partial D$ において $\lim_{D \ni x \to y} \mathcal{H}f(x) = f(y)$ を満たすとき，y を正則境界点 (regular boundary point) という．正則境界点以外の境界点を非正則境界点という．非正則境界点をもたない領域をディリクレ問題に関し，正則であるという．

2 次元の場合，2 点以上を含む境界成分上の境界点は正則であるが，3 次元以上の場合は，ルベーグのとげに代表されるような，非正則境界点が存在する場合がある．境界点 y の正則性は y の近傍と D の共通部分で正で，y で消える優調和関数の存在で特徴付けられる．この優調和関数のことを**障壁** (barrier) と呼ぶ．また，**容量** (capacity) を含む級数の収束・発散性で正則性を特徴付けるウィーナーの判定条件 (Wiener criterion) がある．非正則境界点の全体が容量 0 で**極集合** (polar set) となることはケロッグの定理として知られている．

［相川弘明］

参 考 文 献

[1] 相川弘明：複雑領域上のディリクレ問題，岩波書店，2008．
[2] 伊藤清三：優調和関数と理想境界，紀伊國屋書店，1998．
[3] 岸　正倫：ポテンシャル論，森北出版，1974．
[4] 宇野利雄・洪　姙植：ポテンシャル，培風館，1961．

直交行列とユニタリ行列

orthogonal matrix and unitary matrix

1 平面の回転行列・鏡映行列

平面 $\boldsymbol{R}^2$ で，原点を中心とする角度 θ の回転を考える．点 $(1,0)$ は $(\cos\theta, \sin\theta)$ に移り，点 $(0,1)$ は $(-\sin\theta, \cos\theta)$ に移る（図1）．一般に，点 (x,y) の移る点 (x',y') は一次変換

$$\begin{pmatrix} x' \\ y' \end{pmatrix} = \begin{pmatrix} \cos\theta & -\sin\theta \\ \sin\theta & \cos\theta \end{pmatrix} \begin{pmatrix} x \\ y \end{pmatrix}$$

で表される．表現行列 $R(\theta) = \begin{pmatrix} \cos\theta & -\sin\theta \\ \sin\theta & \cos\theta \end{pmatrix}$ は平面の回転行列と呼ばれる．回転は，ベクトルの長さを保ち，二つのベクトルのなす角を変えないので，内積も保つ．

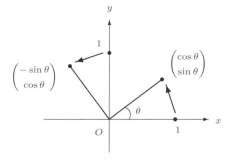

図1 平面の回転

直線 ℓ は，原点を通り x 軸の正の向きから角 $\theta/2$ をなすとする．ℓ に関する線対称変換（鏡映）は，

$$\begin{pmatrix} x' \\ y' \end{pmatrix} = \begin{pmatrix} \cos\theta & \sin\theta \\ \sin\theta & -\cos\theta \end{pmatrix} \begin{pmatrix} x \\ y \end{pmatrix}$$

で表される（図2）．鏡映も，長さ・角度・内積を保つ．$S(\theta) = \begin{pmatrix} \cos\theta & \sin\theta \\ \sin\theta & -\cos\theta \end{pmatrix}$ を平面の鏡映行列という．

2 $\boldsymbol{R}^n$ の直交変換・直交行列

$\boldsymbol{R}^n$ のベクトルの内積 $\boldsymbol{a}\cdot\boldsymbol{b} = {}^t\boldsymbol{a}\boldsymbol{b}$ を考える．n 次実正方行列 A に対し，$\boldsymbol{R}^n$ の一次変換 $f(\boldsymbol{a}) = A\boldsymbol{a}$ が**直交変換** (orthogonal transformation) であるとは，任意の $\boldsymbol{a},\boldsymbol{b}$ に対し $A\boldsymbol{a}\cdot A\boldsymbol{b} = \boldsymbol{a}\cdot\boldsymbol{b}$ を満たす，すなわち，内積を保つことをいう．この条件

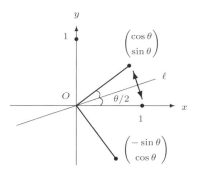

図2 平面の鏡映

は，${}^t\boldsymbol{a}\,{}^tAA\boldsymbol{b} = {}^t\boldsymbol{a}\boldsymbol{b}$ と書けるので，${}^tAA = E$（E は単位行列）と同値である．${}^tAA = E$ となる n 次実正方行列 A を n 次**直交行列** (orthogonal matrix) という．直交行列であることは正則かつ $A^{-1} = {}^tA$ であることと同値である．列ベクトルを並べた正方行列 $A = (\boldsymbol{a}_1, \ldots, \boldsymbol{a}_n)$ に対し，A が直交行列であることと，$\boldsymbol{a}_1, \ldots, \boldsymbol{a}_n$ が $\boldsymbol{R}^n$ の正規直交基底であることとは同値である．

n 次直交行列の全体を $O(n)$ で表す．$A, B \in O(n)$ に対し，AB, $A^{-1} = {}^tA$ も $O(n)$ に属する．$O(n)$ を n 次**直交群** (orthogonal group) という．

直交行列の行列式は ± 1 である．行列式が 1 の n 次直交行列全体を $SO(n)$ で表し，n 次**特殊直交群** (special orthogonal group) という．$SO(n)$ は $\boldsymbol{R}^n$ の向き（体積要素）も保つ．$n=2$ の場合，直交行列は行列式が 1 か -1 かに応じて回転行列か鏡映行列になる．

直交行列の（複素）固有値の絶対値は 1 である．とくに実固有値は ± 1 に限る．n が奇数のとき $SO(n)$ の元はかならず 1 を固有値にもつ．$SO(3)$ に属する行列 A は，原点を通るある直線を軸とする空間の回転を表す．すなわち，$\boldsymbol{R}^3$ の正規直交基底 $\boldsymbol{a}, \boldsymbol{b}, \boldsymbol{c}$ と実数 θ が存在して，

$$\begin{cases} A\boldsymbol{a} = \boldsymbol{a}\cos\theta + \boldsymbol{b}\sin\theta \\ A\boldsymbol{b} = -\boldsymbol{a}\sin\theta + \boldsymbol{b}\cos\theta \\ A\boldsymbol{c} = \boldsymbol{c} \end{cases}$$

と書ける．

一般に，$SO(n)$ の元 A に対し，$P \in SO(n)$ が存在して，$P^{-1}AP$ はいくつかの $R(\theta_i)$ と 1 の直和に書ける（直交行列の標準形）．すなわち，n が偶数のとき，互いに直交する $(n/2)$ 枚の平面をそれぞ

れ回転する．n が奇数のとき，固有値 1 に対する固有空間の直交補空間に対し同様である．$A \in O(n)$ の場合は，$P^{-1}AP$ はいくつかの $R(\theta_i)$ と ± 1 の直和に書ける．

3 直交変換

ベクトル空間 V に内積 $\cdot$ が定まっているとする．すなわち V は内積空間とする．線形変換 $f: V \to V$ は，任意の $\boldsymbol{a}, \boldsymbol{b} \in V$ に対し $f(\boldsymbol{a}) \cdot f(\boldsymbol{b}) = \boldsymbol{a} \cdot \boldsymbol{b}$ を満たすとき**直交変換**であるという．直交変換は任意の正規直交基底を正規直交基底に移す．線形変換は，ある正規直交基底を正規直交基底に移せば直交変換である．V が有限次元のとき，線形変換に対し (1) 直交変換である，(2) ある正規直交基底に関する表現行列が直交行列である，(3) 任意の正規直交基底に関する表現行列が直交行列である，はすべて同値である．

4 鏡　　映

$\boldsymbol{R}^n$ で原点を通る超平面 α をとり，その法線ベクトルを $\boldsymbol{a}$ とする．$\boldsymbol{R}^n$ の点 $\boldsymbol{x}$ を
$$\boldsymbol{x}' = \boldsymbol{x} - 2\frac{\boldsymbol{a} \cdot \boldsymbol{x}}{\boldsymbol{a} \cdot \boldsymbol{a}}\boldsymbol{a}$$
に移す変換 S_α は，α 上の点を動かさず，$\boldsymbol{a}$ を $-\boldsymbol{a}$ に移す．とくに法線ベクトルの選びかたによらない．S_α は直交変換であり，超平面 α に関する**鏡映** (reflection) と呼ばれる．

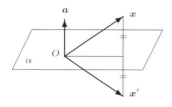

図 3　鏡映

$\boldsymbol{R}^n$ の直交変換 f は鏡映の積に表せる (カルタン (Cartan) の定理)．略証：f は正規直交基底 $\boldsymbol{e}_1, \ldots, \boldsymbol{e}_n$ を $\boldsymbol{e}'_1, \ldots, \boldsymbol{e}'_n$ に移すとする．まず $\boldsymbol{e}_1 \neq \boldsymbol{e}'_1$ なら $\boldsymbol{e}'_1 - \boldsymbol{e}_1$ と直交する超平面に関する鏡映 r_1 で $\boldsymbol{e}_1$ を $\boldsymbol{e}'_1$ に移す．$\boldsymbol{e}_1 = \boldsymbol{e}'_1$ なら r_1 は恒等変換とする．次に，$\boldsymbol{e}'_2 \neq r_1(\boldsymbol{e}_2)$ なら，$\boldsymbol{e}'_2 - r_1(\boldsymbol{e}_2)$ と直交する超平面に関する鏡映 r_2 を施すと $(\boldsymbol{e}'_2 - r_1(\boldsymbol{e}_2)) \cdot \boldsymbol{e}'_1 = 0$ より $\boldsymbol{e}'_1$ は固定され，$r_2 r_1$ で $\boldsymbol{e}_2$ も $\boldsymbol{e}'_2$ に移る．次は $\boldsymbol{e}'_3 - r_2 r_1(\boldsymbol{e}_3)$ を考え，これを繰り返すことで，f はたかだか n 個の鏡映の積に書ける．

5 ユニタリ変換

複素ベクトル空間では，内積の代わりにエルミート内積を考えることで，直交変換と同様の性質がほぼそのまま成り立つ．

$\boldsymbol{C}^n$ の線形変換はエルミート内積 $\boldsymbol{a} \cdot \boldsymbol{b} = {}^t\overline{\boldsymbol{a}}\boldsymbol{b}$ を保つとき**ユニタリ変換** (unitary transformation) という．一般の複素ベクトル空間のエルミート内積に対しても同様である．$\boldsymbol{C}^n$ のユニタリ変換の表現行列を n 次**ユニタリ行列** (unitary matrix) といい，その全体を $U(n)$ で表す．n 次複素行列 A に対し，随伴行列を $A^* = {}^t\overline{A}$ ($A^\dagger$ とも書く) と定めると，$A \in U(n)$ は $A^*A = E$ と同値である．ユニタリ行列の行列式は絶対値 1 の複素数である．行列式が 1 の n 次ユニタリ行列の全体を $SU(n)$ で表す．$U(n)$, $SU(n)$ は積や逆行列をとる操作で閉じており，それぞれ n 次**ユニタリ群**，n 次**特殊ユニタリ群**という．

$U(1) \cong SO(2)$ は絶対値 1 の複素数の全体と同一視できる．$U(n)$ の元 A に対し，ある $P \in U(n)$ が存在して $P^{-1}AP$ は絶対値 1 の複素数を対角成分とする対角行列にできる．すなわち A は，エルミート内積で互いに直交する n 個の 1 次元複素部分空間をおのおの回転する．$A \in SU(n)$ とは，回転角の和が 2π の整数倍になることと同値である．

複素数 $z = x + iy$ を，実部と虚部の組 (x, y) に対応させると，$\boldsymbol{C}$ のエルミート内積は $\overline{z_1}z_2 = (x_1 - iy_1)(x_2 + iy_2) = (x_1x_2 + y_1y_2) + i(x_1y_2 - y_1x_2)$ となる．実部は実ベクトルとしての内積であり，虚部は $J = \begin{pmatrix} 0 & 1 \\ -1 & 0 \end{pmatrix}$ で表される交代形式である．2 次実行列 A が $\boldsymbol{C}$ のエルミート内積を保つことは，${}^tAA = E$ かつ ${}^tAJA = J$，すなわち $A \in O(2)$ かつ $JA = AJ$ と同値である．$\boldsymbol{C}^n$ でも同様であり，$U(n)$ を $O(2n)$ に部分群として埋め込める．

四元数環 $\boldsymbol{H}$ 上でも同様に n 次シンプレクティック群 $Sp(n)$ が考えられ $U(2n)$ に埋め込める．

[小林正典]

直交多項式

....
orthogonal polynomial

本項では，$-\infty < a < b < \infty$ の場合の閉区間 $\{x \mid a \leqq x \leqq b\}$ をいつも通り $[a,b]$ と書き，同じ記号を $a = -\infty$ または $b = \infty$ である場合にも使うものとする（この場合 $\leqq$ は $<$ で置き換えられる）．また，関数 $w(x)$ が $[a,b]$ 上の重み関数であるとは，$w(x) \geqq 0$ ($a \leqq x \leqq b$) を満たし，積分 $\int_a^b x^n w(x)\,dx$ ($n = 1, 2, 3, \ldots$) が有限値で，$\int_a^b w(x)\,dx > 0$ であることと定義する．

真に n 次の多項式 $p_n(x)$ で，最高次 x^n の係数が正であるものの列 $\{p_n(x)\}_{n=0}^{\infty}$ が区間 $[a,b]$ 上で重み関数 $w(x)$ に関する**直交多項式系** (a system of orthogonal polynomials) であるとは，次の直交関係を満たすことである．
$$\int_a^b p_m(x) p_n(x)\,dx = h_n \delta_{mn}.$$
ただし，
$$h_n = \int_a^b \{p_n(x)\}^2\,dx$$
とおいた．$\{q_n(x)\}_{n=0}^{\infty}$ も区間 $[a,b]$ 上で重み関数 $w(x)$ に関する直交多項式系であれば，ある正定数 c_n が存在して $p_n(x) = c_n q_n(x)$ を満たす．たとえば，最高次 x^n の係数を 1 と定める正規化を行えば，$[a,b]$ 上で重み関数 $w(x)$ に関する直交多項式系はただ一通りに定まる．この直交多項式系は $\{1, x, x^2, \ldots\}$ にシュミットの直交化法を適用して定まる次の直交関数系 $\{p_n(x)\}_{n=0}^{\infty}$ に一致する．
$$p_n(x) = x^n - \sum_{k=0}^{n-1} \frac{(p_k, x^n)}{(p_k, p_k)} p_k(x),\ p_0(x) = 1.$$
記号 (f,g) は内積 $\int_a^b f(x) g(x) w(x) dx$ を表す．値 h_n が $h_n = 1$ ($n = 0, 1, 2, \ldots$) であるとき，直交多項式系は正規であるという．正規直交多項式系は，区間 $[a,b]$ とその上の重み関数 $w(x)$ を与えればただ一通りに定まる．

直交多項式系 $\{p_n(x)\}_{n=0}^{\infty}$ については，実数の定数 A_n, B_n, C_n が存在して，次の形の漸化式を満たす．$n = 0, 1, 2, \ldots$ に対して，
$$p_{n+1}(x) = (A_n x + B_n) p_n(x) - C_n p_{n-1}(x).$$
ただし，$p_{-1} = 0$ とする．さらに，$p_n(x)$ の最高次係数を k_n と表せば，次の関係がある．
$$A_n = \frac{k_{n+1}}{k_n},\ C_{n+1} = \frac{A_{n+1}}{A_n} \frac{h_{n+1}}{h_n}.$$
この関係から，h_n は漸化式
$$h_n = (A_0/A_n) C_1 C_2 \cdots C_n h_0$$
で計算することができる．直交多項式を論じる上で重要な次の**クリストッフェル–ダルブーの公式** (Christoffel–Darboux formula) が成り立っている．
$$\sum_{m=0}^{n} \frac{p_m(y) p_m(x)}{h_m}$$
$$= \frac{k_n}{k_{n+1}} \frac{p_{n+1}(x) p_n(y) - p_{n+1}(y) p_n(x)}{(x-y) h_n}.$$
これより，すべての x について
$$p'_{n+1}(x) p_n(x) - p_{n+1}(x) p'_n(x) > 0$$
であることがわかる．

直交多項式の零点は以下に述べるような性質をもっている．区間 $[a,b]$ 上の重み関数 $w(x)$ に関する直交多項式系 $\{p_n(x)\}_{n=0}^{\infty}$ において，$p_n(x)$ の零点はすべて実数で互いに異なり，真に区間 $[a,b]$ の内部に存在する．すなわち，$\{x_{j,n}\}_{j=1}^{n}$ を $p_n(x) = 0$ の n 個の解とすれば，$a < x_{1,n} < x_{2,n} < \cdots < x_{n,n} < b$ である．さらに，$p_n(x)$ と $p_{n+1}(x)$ の零点については
$$a < x_{1,n+1} < x_{1,n} < x_{2,n+1} < x_{2,n} < x_{3,n+1}$$
$$\cdots < x_{n,n+1} < x_{n,n} < x_{n+1,n+1} < b$$
である．また，$m < n$ のとき，$p_m(x)$ の任意の 2 つの零点の間に，$p_n(x)$ の零点が少なくとも 1 つある．

直交多項式の零点は数値積分法において重要な役割をはたす．$w(x)$ を区間 $[a,b]$ 上の重み関数とする．積分 $\int_a^b f(x) w(x) dx$ の近似値を得る 1 つの方法は $f(x)$ の n 個の値を補間する多項式を積分することである．区間 $[a,b]$ における n 個の点 $x_j, j = 1, 2, 3, \ldots, n$ において連続関数 $f(x)$ の値 $f(x_j)$ が知られているときラグランジュの補間多項式
$$L_n(x) = \sum_{j=1}^{n} l_j(x) f(x_j)$$
は $[a,b]$ において $f(x)$ を補間するたかだか $n - 1$

次の多項式である．ただし，
$$l_j(x) = \frac{P(x)}{P'(x_j)(x - x_j)}, \quad (1)$$
$$P(x) = (x - x_1) \cdots (x - x_n) \quad (2)$$
とする．積分 $\int_a^b f(x)w(x)dx$ の近似値として $\int_a^b L_n(x)\,dx$，すなわち
$$\sum_{j=1}^n \lambda_j f(x_j) \quad (3)$$
を使うことができる．ただし，
$$\lambda_j = \int_a^b l_j(x)w(x)dx, \quad j = 1, 2, 3, \ldots, n$$
である．この値 (3) は，$f(x)$ がたかだか $n-1$ 次の多項式であれば，真の積分値を与える．

点列 x_j を固定されたものと考えずに，n の値に依存して変化することを許せば，$f(x)$ がたかだか $2n-1$ 次までの多項式に対して，真の積分値を与える数値積分法がある．ガウスの数値積分法 (Gauss quadrature formula) である．これは，区間 $[a,b]$ 上の重み関数 $w(x)$ に関する直交多項式 $p_n(x)$ とその零点 $x_{j,n}$ を考え，式 (1) と (2) において
$$P(x) = p_n(x), \quad x_j = x_{j,n} \ (j = 1, 2, 3, \ldots, n)$$
のように置き換えて得られる数値積分 (3) を用いる方法である．この場合の λ_j は
$$\lambda_j = -\frac{k_{n+1}}{k_n} \frac{h_n}{p_{n+1}(x_j) p'_n(x_j)}$$
を満たす．ただし，k_n は $p_n(x)$ の最高次係数で，$h_n = \int_a^b \{p(x)\}^2 dx$ である．

$\{p_n(x)\}_{n=0}^\infty$ を区間 $[a,b]$ 上の重み関数 $w(x)$ に関する直交多項式系とし，$f(x)$ をすべての積分 $\int_a^b f(x)p_n(x)w(x)\,dx\,(n=0,1,2,\ldots)$ が有限値であるような関数とする．級数
$$\sum_{n=0}^\infty c_n p_n(x), \quad c_n = h_n^{-1} \int_a^b f(x)p_n(x)w(x)\,dx$$
を直交多項式系 $\{p_n(x)\}_{n=0}^\infty$ に関する $f(x)$ のフーリエ級数 (Fourier series)，係数 c_n をフーリエ係数 (Fourier coefficient) という．関数 $f(x)$ で $\int_a^b \{f(x)\}^2 w(x)\,dx < \infty$ を満たすものの全体を $L_w^2(a,b)$ とする．関数 $f(x) \in L_w^2(a,b)$ を $\{p_n(x)\}_{n=0}^\infty$ の1次結合（線形結合）$P(x) = \sum_{n=0}^N a_n p_n(x)$ で近似することを考えたとき，平均2乗誤差 (mean square error) $\int_a^b \{f(x) - P(x)\}^2 w(x)\,dx$ を最小にする $P(x)$ は，その係数 a_n が $f(x)$ のフーリエ係数 c_n に一致する場合である．また，次のベッセルの不等式 (Bessel's inequality) が成り立つ．
$$\sum_{n=0}^\infty c_n^2 h_n \leqq \int_a^b \{f(x)\}^2 w(x)\,dx.$$
もし区間 $[a,b]$ が有限区間 $-\infty < a < b < \infty$ であるならば，直交多項式系 $\{p_n(x)\}_{n=0}^\infty$ は完備である．完備性から導かれることがらとして次がある．パーセヴァルの等式 (Parseval's equality)
$$\sum_{n=0}^\infty c_n^2 h_n = \int_a^b \{f(x)\}^2 w(x)\,dx$$
が成り立ち，任意の関数 $f(x) \in L_w^2(a,b)$ はフーリエ級数に展開できる．すなわち，$f(x) = \sum_{n=0}^\infty c_n p_n(x)$ である．この等号の正確な意味は
$$\lim_{N \to \infty} \int_a^b \{f(x) - \sum_{n=0}^N c_n p_n(x)\}^2 w(x)\,dx = 0$$
である．

重要な特殊関数のいくつかは直交多項式系として得られる．$a = -1, b = +1, w(x) = (1-x)^\alpha (1+x)^\beta, \alpha > -1, \beta > -1$ から得られる直交多項式 $P_n^{(\alpha,\beta)}(x)$ で $P_n^{(\alpha,\beta)}(1) = \Gamma(n+\alpha+1)/\{n!\Gamma(\alpha+1)\}$ によって正規化したものがヤコビの多項式 (Jacobi polynomial) である．ヤコビの多項式で $\alpha = \beta$ の場合を超球多項式またはゲーゲンバウアーの多項式と呼び，$\alpha = \beta = 0$ の場合がルジャンドルの多項式である．$a = -\infty, b = +\infty, w(x) = e^{-x^2}$ から得られる直交多項式がエルミートの多項式で，$a = 0, b = +\infty, w(x) = x^\alpha e^{-x}, \alpha > -1$ の場合がラゲールの多項式である．いずれの場合も適当な正規化を施したものを扱うのが慣例である．

ヤコビの多項式で $\alpha = \beta = -1/2$ から得られる $T_n(x) = \cos n\theta, x = \cos\theta$ をチェビシェフの多項式 (Chebyshev's polynomial) という．

［勘 甚 裕 一］

参 考 文 献

[1] 伏見康治・赤井 逸：直交関数系 (増補版)，共立出版，1987．

[2] G. Szegö：*Orthogonal polynomials, 4th ed*, AMS, 1975．

ディオファントス方程式

Diophantine equation

1 ディオファントス方程式の概念

Z を整数全体の集合, Q を有理数全体の集合とする. 整数係数 n 変数多項式 $f(X_1,\ldots,X_n) \in Z[X_1,\ldots,X_n]$ に対して方程式 $f(X_1,\ldots,X_n) = 0$ を考え, $X_1,\ldots,X_n$ を整数の範囲に限って解を求めるとき, その方程式をディオファントス方程式 (Diophantine equation), もしくは不定方程式という. ディオファントス (Diophantus) とは3世紀頃のギリシャの数学者といわれており, Arithmetica という書物を著して方程式の整数解や有理数解を考究した. Z, Q, 代数的整数環, 代数的数体, p 進数体, 有限体, 有限生成群などに係数や解の範囲を限った場合の方程式やこれらの連立方程式も広くディオファントス方程式という. 多項式の各項の指数を未知数として考える場合は指数型ディオファントス方程式と呼ばれる. ディオファントス方程式 $X^2+Y^2=Z^2$ の互いに素な正整数の解 X,Y,Z は $X=a^2-b^2, Y=2ab, Z=a^2+b^2$ $(a,b\in Z, a>b>0, \gcd(a,b)=1)$ で一般的に与えられる. 3以上の任意の整数 n を固定するとき, ディオファントス方程式 $X^n+Y^n=Z^n$ は $XYZ\neq 0$ となる整数解 X,Y,Z をもたないという命題が17世紀の数学者フェルマー (P. de Fermat) によって考察された. これはフェルマーの大定理 (最終定理) と呼ばれ, 多くの数学者の寄与の後, 1995年にワイルス (A. Wiles) によって証明された.

任意のディオファントス方程式の整数解が存在するか否かを, 有限回の手続きで判定するアルゴリズムが存在するか, という問いがヒルベルト (D. Hilbert) の第10問題である. 数学基礎論の研究のもとに, マチャセビッチ (Yu.V. Matiyasevich) が否定的に解決した. したがって任意のディオファントス方程式に対する一般解というものは存在しない. 与えられた情報から有限回の操作で有限時間内に計算して求めることが可能なアルゴリズムをもつ対象を, エフェクティブ (effective) であると称する. 与えられたディオファントス方程式に非自明な解が存在するかどうかを判定すること, 解の個数や性質を調べること, 解のすべてをエフェクティブな方法で求めることなどが問題になり得る. これらの研究には代数的数に対して定義される高さ (height) と呼ばれる関数が重要である. 高さのもっとも古典的な定義は, 代数的数の Z 係数の最小多項式 (係数全部の最大公約数は1とする) の係数の絶対値の最大値であり, 高さと Q 上の次数が上界をもつ代数的数はすべてエフェクティブに求まるという性質が著しい. このほかにも数論幾何学の方法に適した種々の高さがある [1][4].

2 ペル方程式

フェルマーによるディオファントス方程式の考察は代数的整数論の発展の原動力となった. 1次のディオファントス方程式の整数解は, 単因子の理論に基づきユークリッド互除法ですべて求められる [5]. D を平方数を含まない与えられた整数, X,Y を整数の範囲の未知数とするとき, 2元2次のディオファントス方程式 $X^2-DY^2=\pm 4$ をペル (Pell) 方程式という [3]. $D<0$ の場合は解は有限個で求まるが, $D>0$ ならば解は無限個であり, これらの解を求めることは実2次体 $Q(\sqrt{D})$ の単数を求めることに相当する. 単数のなす群の生成元に対応する解は連分数展開で求められる [12]. 2元2次の一般のディオファントス方程式はペル方程式に帰着させて考えられるが, 代数的整数論に深くかかわる [3].

3 2次形式とウェアリングの問題

2次形式すなわち2次の n 変数同次式である有理数係数の多項式 $F(X_1,\ldots,X_n)$ に対し $F(X_1,\ldots,X_n)=0$ とおいた方程式では, 整数解を求めることと有理数解を求めることが同値となる. この方程式が非自明な有理数解をもつのは, すべての素数 p に対する p 進数体および実数体 R 内で非自明な解をもつときに限るという, ミンコウスキー–ハッセ (Minkowski–Hasse) の定理が成立する [2]. $F(X_1,\ldots,X_n)=0$ については有限回の操作で整

数解の存在を調べられることがわかっている [2][5]. 一般の 2 次形式の場合についてはジーゲル (C. L. Siegel)[11] による理論があり,整数や有理数を表すための条件が整理されている [3]. 関連する話題として M, d を与えられた正整数とするとき,d 次同次式の特殊な場合である $X_1^d + X_2^d + \cdots + X_n^d = M$ が整数解 $X_1, X_2, \ldots, X_n$ をもつかという問いはウェアリング (Waring) の問題 [13] といわれ,加法的整数論の主題である. ラグランジュ (J. L. Lagrange) の 4 平方定理により任意の正整数 M に対して $X_1^2 + X_2^2 + X_3^2 + X_4^2 = M$ は解 $X_1, X_2, X_3, X_4 \in \mathbf{Z}$ をもつ.

4 チュエ方程式と単数方程式

d 次 ($d \geq 3$) 多項式 $f(X) = \sum_{i=0}^{d} a_i X^i \in \mathbf{Z}[X]$ に対し 2 変数 d 次同次式 $F(X, Y) = \sum_{i=0}^{d} a_i X^i Y^{d-i} \in \mathbf{Z}[X, Y]$ を考える. $0 \neq k \in \mathbf{Z}$ に対しディオファントス方程式 $F(X, Y) = k$ をチュエ (A.Thue) 方程式という. チュエの定理とは,$f(X) = 0$ が 3 個以上の相異なる根をもつならば $F(X, Y) = k$ は整数解 $(X, Y) \in \mathbf{Z}^2$ を有限個しかもたないという主張である [8]. この証明はディオファントス近似による. チュエの用いた近似はロス (K. F. Roth) により 1955 年に改良され,任意の代数的数 α と任意の $\epsilon > 0$ に対して $|\alpha - \frac{p}{q}| < \frac{1}{|q|^{2+\epsilon}}$ を満たす有理数 $\frac{p}{q}$ は有限個に限ることが証明された. チュエやロスの方法ではチュエ方程式の整数解の個数の上界は求まるが,整数解をエフェクティブに求めることはできない. その後ベイカー (A. Baker) が超越数のディオファントス近似である対数一次形式の理論 [14] を作り,チュエ方程式のすべての整数解がエフェクティブに求められることを示した. ジーゲルによって有限次代数体 K 上の楕円曲線や超楕円曲線の整数座標の点は有限個に限ることが示されていたが,対数一次形式の手法によりこれらもエフェクティブに求められる (K の判別式の上界は必要). ロスの定理の高次元化にあたるディオファントス近似がシュミット (W.M. Schmidt) の部分空間定理 [8] である. チュエ方程式の n 変数 ($n \geq 2$) 方程式への拡張にあたるノルム形式方程式と呼ばれる方程式の整数解は,無限個になることが自明な場合以外はかならず有限個に限ることを,シュミットが部分空間定理を用いて示した. 単数方程式 (unit equation) とは有限次代数体 K の単数群 $\mathfrak{O}_K^\times$ に未知数 X, Y の範囲を限ったときのディオファントス方程式 $X + Y = 1$ である. その解 (X, Y) が有限個であることをジーゲルが証明したが,チュエ方程式や楕円曲線の整数解の有限性は単数方程式の解の有限性に帰着される. 2 変数の単数方程式の解は対数一次形式の理論よりエフェクティブに求まる. $X_1, \ldots, X_n$ を単数の範囲の未知数とする単数方程式 $X_1 + \cdots + X_n = 1$ に対しても,左辺の任意の真の部分和が消えない方程式ならば,解は有限個に限る (より一般には S 単数と呼ばれる単数の拡張に未知数の範囲を広げても解は有限個である)[9]. なお,変数が 3 個以上のノルム形式方程式や単数方程式では対数一次形式が使えないため,解をエフェクティブに求めることはまだできない.

5 指数型ディオファントス方程式

$m, n, x, y \in \mathbf{Z}, m, n, x, y \geq 2$ の 4 数を未知数とみなした指数型ディオファントス方程式 [10] $x^m - y^n = 1$ には $3^2 - 2^3 = 1$ 以外に解がないことをカタラン (E.C. Catalan) が予想した. タイドマン (R. Tijdeman) は対数一次形式の方法を用いて,解が有限個でありエフェクティブに求められることを示したが,解が予想通り 1 個のみであることは 2004 年にミハイルスク (P. Mihăilescu) が代数的に証明した [1]. なお $0 \neq k \in \mathbf{Z}$ が与えられたとき,$m, n, x, y \in \mathbf{Z}, m \geq 3, n, x, y \geq 2$ を未知数とする指数型ディオファントス方程式 $x^m - y^n = k$ の解が有限個であるという命題はピライ (S.S. Pillai) 予想と呼ばれ,$k = \pm 1$ の場合以外は未解決である. この予想はすべての正整数の累乗の差が無限大に発散することを意味する. 整数 $k \neq 0$ と整数 $a \geq 2, b \geq 2$ が固定され $m, n \in \mathbf{Z}, m, n \geq 1$ のみを未知数とするならば $a^m - b^n = k$ の解は有限個である [10]. フェルマーの大定理の一般化として,互いに素な整数 $x, y, z \geq 2$ および $1/\ell + 1/m + 1/n < 1$ を満たす

正整数 ℓ, m, n の 6 数を未知数とする指数型ディオファントス方程式 $x^\ell + y^m = z^n$ の解は有限個であろうという予想があるが未解決である (タイドマンとザギエ (D. Zagier) が予想し，ビール (Beal) 予想と呼ばれるものは方程式は同じであるが整数 ℓ, m, n の条件が $\ell, m, n \geq 3$ である). これは次の abc-予想から従うことが知られている.

6 abc-予想

マッサー–オステルレ (D. Masser–J. Oesterlé) による abc-予想とは，任意の $\varepsilon > 0$ に対し，ε にのみよる正定数 C_ε が存在して，$a + b = c$ を満たす互いに素な任意の正整数 a, b, c に対し，$c \leq C_\varepsilon \left(\prod_{p|abc} p \right)^{1+\varepsilon}$ が成立するという命題である. ただし積の p は abc を割り切る素数全体を動く. この未解決予想を仮定すれば下記のファルティングスの定理や，多くのディオファントス方程式の整数解の有限性，素数の分布などに関する重要な結果が得られることが示されている [1].

7 代数多様体上の点

V が代数体 K 上定義されたアフィン代数多様体のとき，V のアフィン空間への埋め込みを $\overline{K}$ 上で固定したときのアフィン座標が K の整数環 $\mathfrak{O}_K$ に属する点を V の**整数点** (integral point) と呼び，整数点全体を $V(\mathfrak{O}_K)$ で表す. V が K 上の射影代数多様体のときは，射影座標が K に属する点を V の**有理点** (rational point) といい，有理点全体を $V(K)$ で表す. ディオファントス方程式の解を求めることはこれら代数多様体の整数点や有理点を求める問題と考えられる. V が K 上の種数 g の非特異射影代数曲線 $\tilde{C}$ であるとき，$\tilde{C}$ のアフィン部分集合を C とおく. ジーゲルは $g \geq 1$ もしくは $\tilde{C} - C$ が 3 個以上の点からなる場合に $C(\mathfrak{O}_K)$ が有限集合であることを証明した. V が種数 $g \geq 2$ の非特異射影代数曲線 C であるならば $C(K)$ が有限集合であるという予想はモーデル (Mordell) 予想と呼ばれファルティングス (G. Faltings) により 1983 年に肯定的に解決された [1][4]. これより $1/\ell + 1/m + 1/n < 1$ を満たす正整数 ℓ, m, n を固定すれば，ディオファントス方程式 $x^\ell + y^m = z^n$ の互いに素な整数解 $x, y, z \geq 2$ は有限個であることが従う (ダーモン–グランビル (H. Darmon–A. Granville)). ジーゲルの定理において $\tilde{C} - C$ が 3 個以上の点を含む場合はコルバヤ–ザニエ (P. Corvaja–U. Zannier) によってシュミットの部分空間定理を応用した別証明が 2002 年に与えられた [7]. コルバヤ–ザニエはこの方法で代数曲面の整数点がザリスキー稠密 (Zariski–dense) にならないための十分条件も与えた [7].

[平田典子]

参考文献

[1] E. Bombieri, W. Gubler：*Heights in Diophantine Geometry, New Mathematical Monographs 4*, Cambridge University Press, 2006.

[2] Z.I. Borevich, I.R. Shafarevich：*Number Theory*, Academic Press, 1966. (邦訳) 佐々木義雄訳：整数論 (上, 下), 吉岡書店, 2000.

[3] 河田敬義：数論 —古典数論から類体論へ—, 岩波書店, 1992.

[4] S. Lang ed：*Number Theory III, Encyclopaedia of Mathematical Sciences Vol. 60*, Springer, 1991.

[5] A.N. Parshin, I.R. Shafarevich eds：*Number Theory I, Encyclopaedia of Mathematical Sciences Vol. 49*, Springer, 1995.

[6] A.N. Parshin, I.R. Shafarevich eds：*Number Theory IV, Encyclopaedia of Mathematical Sciences Vol. 44*, Springer, 1998.

[7] H.P. Schlickewei, K. Schmidt, R.F. Tichy eds：*Diophantine Approximation, Developments in Mathematics, Vol. 16*, Springer, 2008.

[8] W.M. Schmidt：*Diophantine Approximation, Lecture Notes in Math. 785*, Springer, 1980.

[9] W.M. Schmidt：*Diophantine Approximation and Diophantine Equations, Lecture Notes in Math., 1467*, Springer, 1991.

[10] T.N. Shorey, R. Tijdeman：*Exponential Diophantine Equations, Cambridge Tracts in Math., Vol. 87*, Cambridge University Press, 1986.

[11] C.L. Siegel：*Gesammelte Abhandlungen*, Springer, 1966.

[12] 高木貞治：初等整数論講義 (第 2 版), 共立出版, 1971.

[13] R.C. Vaughan：*The Hardy–Littlewood Method*, Cambridge University Press, 1997.

[14] G. Wüstholz：*A Panorama of Number Theory*, Cambridge University Press, 2002.

D-加群

D–module

X を n-次元のなめらかな複素代数多様体とする (X が一般の複素多様体としても以下と同様の理論が成立する). X 上の正則関数を係数とする線形偏微分作用素全体のなす非可換環の層を $\mathcal{D}_X$ で表す. $\mathcal{D}_X$ 上の加群の層が D-加群 (D–module) である.

$\mathcal{O}_X$ を X 上の正則関数の層とすると, $\mathcal{D}_X$ は非可換 $\mathcal{O}_X$-多元環である. X の接層 Θ_X は $\mathcal{O}_X$-加群として階数が n の局所自由層であるが, $\mathcal{D}_X$ は $\mathcal{O}_X$ 上の多元環の層として Θ_X で生成される.

例 (1) X が $x_1, \ldots, x_n$ を座標系とする n 次元アフィン空間 $\mathbf{A}^n$ であるとき, $\mathcal{D}_X$ は $\mathcal{O}_X$ 上で $\partial_i := \partial/\partial x_i$ ($i = 1, \ldots, n$) で生成され, 以下の関係式をみたす: $i \neq j$ に対しては, $x_i \partial_j = \partial_j x_i$, $\partial_i \partial_j = \partial_j \partial_i$ だが, $\partial_i x_i = x_i \partial_i + 1$.

(2) $\mathcal{O}_X$ は偏微分作用素の通常の作用によって自然に左 $\mathcal{D}_X$-加群になる. たとえば (1) の場合には, $\partial_i(x_j) = \delta_{ij}$ である. 接層 Θ_X で生成された左イデアル層 $\mathcal{D}_X \Theta_X$ に対して, 商加群の層 $\mathcal{D}_X/\mathcal{D}_X \Theta_X$ は $\mathcal{O}_X$ と同型である.

1 線形偏微分方程式と D-加群

正則関数を係数とする線形偏微分方程式 $Pu = 0$ を考える. ここで, P は偏微分作用素で, u が未知関数である. これと対応するのが, P によって生成された左イデアルによる商加群 $M = \mathcal{D}_X/\mathcal{D}_X P$ である. この方程式の正則関数解 u は, 左 $\mathcal{D}_X$-加群としての準同型写像 $f_u : M \to \mathcal{O}_X$ と以下のように同一視される: 準同型 $\tilde{f}_u : \mathcal{D}_X \to \mathcal{O}_X$ を, $\tilde{f}_u(1) = u$ によって定めると, $Pu = 0$ と $\tilde{f}_u(P) = 0$ は同値になる.

したがって, 方程式の解全体のなす集合は準同型写像の集合 $\mathrm{Hom}_{\mathcal{D}_X}(M, \mathcal{O}_X)$ と同一視されることになる. 言い換えると微分方程式の本質的な構造は左 $\mathcal{D}_X$-加群 M の構造が決めるといえる.

連立線形偏微分方程式 $\sum_{j=1}^m P_{ij} u_j = 0$ ($i = 1, \ldots, l$) に対しては, 左 $\mathcal{D}_X$-加群 $M = \mathrm{Coker}(\{P_{ij}\} : \mathcal{D}_X^l \to \mathcal{D}_X^m)$ が対応する. 解全体のなす集合は $\mathrm{Hom}_{\mathcal{D}_X}(M, \mathcal{O}_X)$ である. この表示から, 高次の拡大群 $\mathrm{Ext}_{\mathcal{D}_X}^p(M, \mathcal{O}_X)$ ($p > 0$) の重要性がわかる. D-加群の理論はホモロジー代数学と相性がよい.

例 $X = \mathbf{A}^1$, $P_k = x\partial + k$ ($k = 1, 2$) とし, $\mathcal{M}_k = \mathcal{D}_X/\mathcal{D}_X P_k$ とする. このとき, 左 $\mathcal{D}_X$-加群として $\mathcal{M}_1 \cong \mathcal{M}_2$ である. $\mathcal{M}_1$ 上では $-x\partial = 1$ なので, 同型写像 $f : \mathcal{M}_1 \to \mathcal{M}_2$ が, $Q \mapsto xQ$, 逆は $R \mapsto -\partial R$ で与えられる.

このことから, 方程式 $(x\partial + 1)u = 0$ と $(x\partial + 2)v = 0$ は本質的に同値であることがわかる. 実際, 上の同型から変数変換 $u_1 = xu_2$, $u_2 = \partial u_1/\partial x$ によって解が 1 対 1 に対応している.

2 可積分接続

X 上の階数 r の局所自由 $\mathcal{O}_X$-加群 $\mathcal{F}$ は, 左 $\mathcal{D}_X$-加群にもなっているとき, **平坦な接続** (flat connection), または**可積分な接続** (integrable connection) をもつという. $\mathcal{F}$ の正則切断 s は, 任意の $P \in \Theta_X$ に対して $P(s) = 0$ となるとき, **平坦** (flat) であるという. 平坦な切断全体のなす部分層 $\mathcal{F}_0$ は, 有限次元複素線形空間をファイバーとする局所定数層 (locally constant sheaf) になる. $\mathcal{F}_0 = \underline{\mathrm{Hom}}_{\mathcal{D}_X}(\mathcal{O}_X, \mathcal{F})$ である. 逆に, 有限次元複素線形空間をファイバーとする局所定数層 $\mathcal{G}$ を与えたとき, $\tilde{\mathcal{G}} = \mathcal{G} \otimes_{\mathbf{C}} \mathcal{O}_X$ は平坦な接続を持つ局所自由層になる. ここで, $\mathcal{D}_X$ の $\tilde{\mathcal{G}}$ への作用は, $\mathcal{O}_X$ への作用から誘導される. こうして, 平坦な接続をもった局所自由層と有限次元複素線形空間をファイバーとする局所定数層は 1 対 1 に対応する.

3 シンボルの環

d を正または 0 の整数とするとき, d 階以下の線形偏微分作用素全体のなす $\mathcal{D}_X$ の部分層を $F_d(\mathcal{D}_X)$ とする. $P \in F_d(\mathcal{D}_X) \setminus F_{d-1}(\mathcal{D}_X)$ に対して, その剰余類 $\sigma(P) \in F_d(\mathcal{D}_X)/F_{d-1}(\mathcal{D}_X)$ を P のシンボ

ル (symbol) と呼ぶ．シンボル全体のなす次数付き環の層 $\mathrm{Gr}_F(\mathcal{D}_X) = \sum_{d=0}^{\infty} F_d(\mathcal{D}_X)/F_{d-1}(\mathcal{D}_X)$ は可換な $\mathcal{O}_X$-多元環になり，接層 Θ_X 上の対称テンソル積全体のなす環の層 $\sum_{d=0}^{\infty} S^d(\Theta_X)$ と一致する．

連接左 $\mathcal{D}_X$-加群 $\mathcal{M}$ の $\mathcal{O}_X$-加群としてのフィルトレーション F は，$F_d(\mathcal{D}_X)F_e(\mathcal{M}) \subset F_{d+e}(\mathcal{M})$ となり，$\mathrm{Gr}_F(\mathcal{M})$ が連接 $\mathrm{Gr}_F(\mathcal{D}_X)$-加群になるとき，良いフィルトレーション (good filtration) であるという．

$\mathrm{Gr}_F(\mathcal{D}_X)$ は，X の余接束 T_X^* の上の関数で，ファイバー方向には多項式となるようなもののなす層と考えられるので，$\mathrm{Gr}_F(\mathcal{M})$ は T_X^* 上の連接層 $\widetilde{\mathcal{M}}$ を定める．$\widetilde{\mathcal{M}}$ の構成は $\mathcal{M}$ 上の良いフィルトレーションのとり方に依存するが，その台は依存しない．これを $\mathcal{M}$ の**特異台** (singular support) または**特性多様体** (characteristic variety) と呼び，$SS(\mathcal{M})$ で表す．

例　$X = \mathbf{A}^n$ ならば，$T_X^* \cong \mathbf{A}^{2n}$ である．X の座標系を $x_1, \ldots, x_n$ とすると，T_X^* の座標系として $x_1, \xi_1, \ldots, x_n, \xi_n$ がとれる．ここで，$\xi_i = \sigma(\partial_i)$ である．

$\mathcal{M} = \mathcal{O}_X$ とすれば，$SS(\mathcal{M})$ は T_X^* の 0-切断，すなわち方程式 $\xi_1 = \cdots = \xi_n = 0$ で定義された部分多様体である．

4　ホロノミック加群

$\dim T_X^* = 2 \dim X$ であり，不等式 $\dim SS(\mathcal{M}) \geqq \dim X$ が成り立つ．ここで等号が成り立つとき，$\mathcal{M}$ はホロノミック D-加群 (holonomic D-module) と呼ばれる．さらに，$\widetilde{\mathcal{M}}$ が被約になるような良いフィルトレーションが存在するとき，$\mathcal{M}$ は**確定特異点** (regular singularity) をもつという．そうではないときには，**不確定特異点** (irregular singularity) をもつという．確定特異点には多くの同値な定義がある．確定特異点をもったホロノミック D-加群全体のなす圏は，D-加群全体のなすアーベル圏の中でアーベル部分圏 $(\mathcal{D}_X)_{rh}$ をなす．その有界複体からなる導来圏を $D_{rh}^b(\mathcal{D}_X)$ と書くことにする．平坦な接続をもつ局所自由層は特異点のないホロノミック D-加群であるが，これらだけではアーベル圏にならない．

定理　連接左 $\mathcal{D}_X$-加群 $\mathcal{M}$ に対して以下は同値である：

(1) $\mathcal{M}$ は $\mathcal{O}_X$-加群としても連接である．
(2) $\mathcal{M}$ は平坦接続をもった局所自由層である．
(3) $SS(\mathcal{M})$ は T_X^* の 0-切断と一致する．

例　$X = \mathbf{A}^1$ とする．$SS(\mathcal{D}_X/\mathcal{D}_X x)$ は $x = 0$ で定義された T_X^* のファイバーと一致し，$SS(\mathcal{D}_X/\mathcal{D}_X \partial x)$ は T_X^* のファイバーと 0-切断の合併である．$\mathcal{D}_X/\mathcal{D}_X \partial x \cong \mathcal{O}_X[x^{-1}]$, $\mathcal{D}_X x \cong \mathcal{O}_X[x^{-1}]/\mathcal{O}_X$ であり，完全列 $0 \to \mathcal{D}_X/\mathcal{D}_X \partial \to \mathcal{D}_X/\mathcal{D}_X \partial x \to \mathcal{D}_X/\mathcal{D}_X x \to 0$ がある．ここで，1番目の写像は $P \mapsto Px$ で与えられる．これらの D-加群はすべてホロノミックである．

5　リーマン・ヒルベルト対応

X 上の複素線形空間の層 $\mathcal{F}$ が**構成可能層** (constructible sheaf) であるとは，ザリスキー位相に関する局所閉集合への分割 $X = \coprod_i X_i$ で，各 X_i の閉包が有限個の X_j たちの合併になっているようなものが存在して，各 X_i 上では $F|_{X_i}$ が有限次元複素線形空間をファイバーとする局所定数層になっているときという．構成可能層全体はアーベル圏 $(\mathbf{C}_X)_c$ をなす．その有界複体からなる導来圏を $D_c^b(\mathbf{C}_X)$ と書くことにする．

平坦な接続をもつ局所自由層と局所定数層の対応を，特異点をもった方程式の場合に拡張したのが次のリーマン-ヒルベルト対応 (Riemann–Hilbert correspondence) である：

定理　$DR_X : \mathcal{M} \mapsto R\mathrm{Hom}_{\mathcal{D}_X}(\mathcal{O}_X, \mathcal{M})$ で与えられる関手 $D_{rh}^b(\mathcal{D}_X) \to D_c^b(\mathbf{C}_X)$ は，$\mathbf{C}$-線形三角圏としての同値である．

確定特異点をもったホロノミック D-加群全体のなすアーベル部分圏 $(\mathcal{D}_X)_{rh}$ の像は $(\mathbf{C}_X)_c$ とは一致せず，**偏屈層**（または**ひねくれ層**）(perverse sheaf) 全体のなす充満部分圏になる．ひねくれ層は層ではなく，ひねくれてもいない．

[川又雄二郎]

テイラー展開

Taylor expansion

1 テイラーの定理

$f(x)$ は $[a,b]$ 上の $(n-1)$ 回連続微分可能関数で (a,b) で n 回連続微分可能とする。$c \in (a,b)$ とする。$R_n(x)$ を

$$f(x) = f(c) + f'(c)(x-c) + \frac{f''(c)}{2!}(x-c)^2 + \cdots + \frac{f^{(n-1)}(c)}{(n-1)!}(x-c)^{n-1} + R_n(x) \quad (1)$$

で定義するとき，任意の $x (\in [a,b])$ に対して，(c, l, n) に応じて定まる実数 $\theta \in (0,1)$ が存在して，

$$R_n(x) = \frac{f^{(n)}(c + \theta(x-c))}{l(n-1)!}(1-\theta)^{n-l}(x-c)^n$$

が成立する。これをテイラーの定理という。式 (1) の右辺を $f(x)$ のテイラー展開，$R_n(x)$ を剰余項という。とくに，$l = n$ の場合をラグランジュの剰余，$l = 1$ の場合をコーシーの剰余と呼ぶ。

$c (\in \mathbf{R})$ の近傍で定義された二つの実数値 $(n-1)$ 回微分可能関数 $f(x)$ と $g(x)$ に対し，

$$f^{(k)}(c) = g^{(k)}(c) \quad (k = 0, 1, \ldots, n-1)$$

なら，$f(x)$ と $g(x)$ とは $x = c$ で $(n-1)$ 次の接触をするという。テイラー展開の剰余項 $R_n(x)$ を除いた部分は，$f(x)$ と $x = c$ で $(n-1)$ 次の接触をする $(n-1)$ 次多項式として特徴づけられる。

2 平均値の定理

$f(x)$ を区間 $[a,b]$ の連続関数で，(a,b) 上で連続微分可能とする。このとき，a, b に依存する $\xi \in (a,b)$ が存在し，

$$\frac{f(b) - f(a)}{b-a} = f'(\xi) \quad (2)$$

が成立する。これを平均値の定理と呼ぶ。式 (2) の左辺を $f(x)$ の $[a,b]$ での平均変化率と呼ぶ。平均値の定理は，平均変化率と等しい傾きの接線を (a,b) 内の 1 点で引けることを意味する。平均値の定理は，すべての $x (\in (a,b))$ で $f'(x) > 0$ ($f'(x) < 0$) なら $f(x)$ が (a,b) で単調増加 (減少) となり，$f(x)$ の極値では $f'(x) = 0$ が成立することを保証する。

平均値の定理はテイラーの定理の $n = 1$ の場合である。平均値の定理でとくに $f(a) = f(b)$ の場合を，ロルの定理と呼ぶ。

テイラーの定理で $n = 2$ とおくと，$f(x)$ が $f'(c) = 0$ かつ $f''(c) < 0$ ($f''(c) > 0$) ならば，$f(c)$ が極大値 (極小値) であることが示される。

3 テイラー展開

$f(x)$ が $[a,b]$ 上で無限階微分可能で，式 (1) で $\lim_{n \to \infty} R_n(x) = 0$ の場合，

$$f(x) = \sum_{k=0}^{\infty} \frac{f^k(c)}{k!}(x-c)^n \quad (3)$$

が成立する。この右辺を $f(x)$ の $x = c$ でのテイラー展開という。右辺は，べき級数の一般論により，収束半径 r が存在し，任意の $\delta > 0$ に対して $\{x \mid |x-c| < r - \delta\}$ で一様絶対収束し，$\{x \mid |x-c| > r\}$ で発散する。収束半径内で項別微分，項別積分が可能で，微分積分演算で r の値は変化しない。ただし，$f(x)$ が無限回微分可能で，(3) 式右辺が収束しただけでは，級数の極限が $f(x)$ と一致するとは限らない。たとえば，$f(x) = e^{-1/x^2}$ は原点ですべての $n \in \mathbf{N}$ に対して $f^{(n)}(0) = 0$ なのでテイラー展開は恒等的で 0 で自明に収束するが，$f(x) \neq 0$ ($x \neq 0$) である。

収束半径上では，$f(x)$ のテイラー展開は発散することも，条件収束することもありえる。次のようないくつかの著名な級数の和がこの場合に得られる：$\frac{\pi}{4} = 1 - \frac{1}{3} + \frac{1}{5} - \frac{1}{7} + $ (ライプニッツ級数). $|x-c| < r$ で式 (3) が成立していれば，アーベルの連続性定理により収束半径上でも右辺の連続性から式 (3) が成立する。

[岸本一男]

参考文献

[1] 高木貞治：解析概論 (改訂第 3 版), 岩波書店, 1983.
[2] 一松 信：解析学序説 (上, 下), 裳華房, 1962, 1963.
[3] W. Rudin：*Principles of Mathematical Analysis*, 3rd ed, McGraw–Hill, 1976. (邦訳) 近藤基吉・柳原二郎訳：現代解析学 (第 2 版), 共立出版, 1971.
[4] 杉浦光夫：解析入門 (I,II), 東京大学出版会, 1980, 1985.

ディリクレ形式

Dirichlet form

ディリクレ形式，ディリクレ空間なる概念は，エネルギー概念に基づくポテンシャル論構築のため，ブーリン (A. Beurling) とドゥニ (J. Deny) によって 1959 年に導入された．その後，福島正俊やシルバーシュタイン (M. Silverstein) が対応するマルコフ過程の構成に成功し，ディリクレ形式の確率論的解釈が行われた．まずディリクレ形式の定義を与える．

E を局所コンパクト可分な距離空間，m を台が E 全体となるラドン測度とする．2 乗可積分な実数値関数の空間を $L^2(E;m)$ と表し，その内積を

$$(f,g) = \int_E f(x)g(x)m(dx), \quad f,g \in L^2(E;m)$$

と記す．$\mathcal{E}$ または $(\mathcal{E}, \mathcal{F})$ が $L^2(E;m)$ 上の対称形式であるとは，$\mathcal{F}$ が $L^2(E;m)$ の稠密な線形部分空間で，$\mathcal{E}$ は $\mathcal{F} \times \mathcal{F}$ 上で定義された正定符号の対称な双線形形式のときをいう．$\mathcal{E}_\alpha = \mathcal{E} + \alpha(\cdot,\cdot)$ と記すとき，$L^2(E;m)$ 上の対称形式 $(\mathcal{E}, \mathcal{F})$ が閉対称形式であるとは，$\mathcal{F}$ がノルム $\sqrt{\mathcal{E}_1(f,f)}$，$f \in \mathcal{F}$，に関して完備であることである．このとき $\mathcal{F}$ は，任意の $\alpha > 0$ に対して $\mathcal{E}_\alpha$ を内積とする実ヒルベルト空間となる．正定符号の閉対称形式の表現定理より，$\mathcal{E}$ は非正値自己共作用素 A を用いて

$$\mathcal{E}(u,v) = (\sqrt{-A}u, \sqrt{-A}v)_m, \quad \mathcal{F} = \mathcal{D}(\sqrt{-A})$$

と書ける．自己共作用素 A から $L^2(E;m)$ 上の強連続な縮小的半群 $\{T_t := \exp(tA)\}_{t \geq 0}$ が定まり，さらに $\{T_t\}$ から，強連続な縮小的レゾルベント $\{G_\alpha\}$ が次の式で定まる．

$$G_\alpha f = \int_0^\infty e^{-\alpha t} T_t f \, dt, \quad \alpha > 0 \tag{1}$$

強連続な縮小的レゾルベント $\{G_\alpha\}$ を用いて半群 $\{T_t\}$ を表すこともできる．

$$T_t f = \lim_{\beta \to \infty} e^{-t\alpha} \sum_{n=0}^\infty \frac{(t\alpha)^n}{n!} (\alpha G_\alpha)^n f. \tag{2}$$

逆に，$L^2(E;m)$ 上の強連続な縮小的半群 $\{T_t\}$ が与えられたとしよう．

$$\mathcal{E}^{(t)}(f,g) = \frac{1}{t}(f - T_t f, g), \, f, g \in L^2(E;m) \tag{3}$$

によって定義される $\mathcal{E}^{(t)}$ は $L^2(E;m)$ 上の対称形式（定義域は $L^2(E;m)$ 全体）であり，任意の $f \in L^2(E;m)$ に対して $\mathcal{E}^{(t)}(f,f)$ は $t \downarrow 0$ のとき単調に増大する．そこで

$$\mathcal{F} = \{f \in L^2(E;m) : \lim_{t \downarrow 0} \mathcal{E}^{(t)}(f,f) < \infty\} \tag{4}$$

$$\mathcal{E}(f,g) = \lim_{t \downarrow 0} \mathcal{E}^{(t)}(f,g), \, f,g \in \mathcal{F} \tag{5}$$

で定義すると，$(\mathcal{E}, \mathcal{F})$ は $L^2(E;m)$ 上の閉対称形式となる．これを半群 $\{T_t\}$ の閉対称形式という．また (3) の $\mathcal{E}^{(t)}$ は，$\mathcal{E}$ の近似形式と呼ばれる．レゾルベント $\{G_\alpha\}$ は，各 $\alpha > 0$，$f \in L^2(E;m)$ に対して

$$G_\alpha f \in \mathcal{F}, \quad \mathcal{E}_\alpha(G_\alpha f, v) = (f, v) \tag{6}$$

なる関係で $(\mathcal{E}, \mathcal{F})$ と結びつく．

一般に，$L^2(E;m)$ 上の線形作用素 L が

$$0 \leq f \leq 1 \, m\text{-a.e.}, \, f \in \mathcal{D}(L)$$
$$\Longrightarrow 0 \leq Lf \leq 1 \, m\text{-a.e.}$$

を満たすとき，L はマルコフ的と呼ばれる．実関数 φ が $\varphi(0) = 0$，$|\varphi(s) - \varphi(t)| \leq |s - t|, \forall s, t \in \mathbf{R}$ を満たすとき，正規縮小的といわれる．$\varphi(t) = (0 \vee t) \wedge 1$，$t \in \mathbf{R}$ で定義される φ は正規縮小的であり，単位縮小と呼ばれる．$\epsilon > 0$ に対して，次の条件を満たす実関数 φ_ϵ は正規縮小的である:

$$\varphi_\epsilon(t) = t, \, \forall t \in [0,1],$$
$$-\epsilon \leq \varphi_\epsilon(t) \leq 1 + \epsilon, \, \forall t \in \mathbf{R},$$
$$s < t \Rightarrow 0 \leq \varphi_\epsilon(t) - \varphi_\epsilon(s) \leq t - s, \, \forall s, t. \tag{7}$$

$L^2(E;m)$ 上の対称形式 $(\mathcal{E}, \mathcal{F})$ がマルコフ的であるとは，任意 $\epsilon > 0$ に対して，(7) を満たす実関数 φ_ϵ が存在して

$$f \in \mathcal{F} \Longrightarrow g := \varphi_\epsilon \circ f \in \mathcal{F},$$
$$\mathcal{E}(g,g) \leq \mathcal{E}(f,f) \tag{8}$$

が成立することである．$L^2(E;m)$ 上のマルコフ的な閉対称形式 $(\mathcal{E}, \mathcal{F})$ をディリクレ形式といい，$\mathcal{F}$ をディリクレ空間と呼ぶ．

定理 1 $(\mathcal{E}, \mathcal{F})$ を $L^2(E;m)$ 上の閉対称形式とし，$\{T_t\}_{t>0}$，$\{G_\alpha\}_{\alpha>0}$ をそれぞれ $(\mathcal{E}, \mathcal{F})$ の生成する $L^2(E;m)$ 上の強連続縮小的な半群，レゾルベントとする．このとき次の諸条件は互いに同値である:

(a) 各 $t > 0$ に対して T_t はマルコフ的．

(b) 各 $\alpha > 0$ に対して αG_α はマルコフ的.

(c) $(\mathcal{E}, \mathcal{F})$ はディリクレ形式.

(d) 単位縮小が $(\mathcal{E}, \mathcal{F})$ に作用する:
$$f \in \mathcal{F} \Longrightarrow g = (0 \vee f) \wedge 1 \in \mathcal{F},$$
$$\mathcal{E}(g,g) \leq \mathcal{E}(f,f).$$

(e) 任意の正規縮小が $(\mathcal{E}, \mathcal{F})$ に作用する:任意の正規縮小的な実関数 φ に対して
$$f \in \mathcal{F} \Longrightarrow g := \varphi \circ f \in \mathcal{F},\ \mathcal{E}(g,g) \leq \mathcal{E}(f,f).$$

コンパクトな台をもつ連続関数の空間を $C_0(E)$ と記す.$\mathcal{F} \cap C_0(E)$ が $\mathcal{F}$, $C_0(E)$ の中でそれぞれノルム $\sqrt{\mathcal{E}_1}$, $\|\cdot\|_\infty$ に関して稠密であるとき**正則**という.正則ディリクレ形式 $(\mathcal{E}, \mathcal{F})$ から定まる**容量** Cap とは,開集合 $G \subset E$ に対して Cap$(G) = \inf\{\mathcal{E}_1(u,u) : u \in \mathcal{F}$ は G 上 $u \geq 1$ m-a.e.$\}$, 一般の集合に対しては外容量,すなわち Cap$(A) = \inf\{$Cap$(G) : G$ は A を含む開集合$\}$ で定義されるものをいう.そのとき,$\mathcal{F}$ に属する関数 e_A が一意的に存在し,Cap$(A) = \mathcal{E}_1(e_A, e_A)$ となる.e_A は集合 A の平衡ポテンシャルと呼ばれる.E 上の関数 v が,任意の $\epsilon > 0$ に対して,Cap$(G) < \epsilon$ を満たす適当な開集合 G が存在し,$E \setminus G$ 上連続になるとき,**準連続関数**という.任意の $u \in \mathcal{F}$ は準連続修正 $\tilde{u}$ をもつ.

正則ディリクレ形式 $(\mathcal{E}, \mathcal{F})$ は,$u \in \mathcal{F}$ に対して
$$\mathcal{E}(u,u) = \mathcal{E}^{(c)}(u,u) + \qquad (9)$$
$$\int_{X \times X \setminus d} (\tilde{u}(x) - \tilde{u}(y))^2 J(dxdy) + \int_X \tilde{u}^2 dk,$$
と表現される(ブーリン–ドゥニの公式).ここで,$d = \{(x,x) : x \in X\}$, J, k はそれぞれ $X \times X \setminus d$, X 上のラドン測度である.$\mathcal{E}^{(c)}$ は強局所性をもつ対称形式である.すなわち,$u, v \in \mathcal{F} \cap C_0(X)$ で u が v の台の近傍で定数のとき,$\mathcal{E}^{(c)}(u,v) = 0$ を満たす.以上がディリクレ形式の解析的側面における骨格である.

ディリクレ形式はマルコフ過程と結びついてより実りある概念となる.正則ディリクレ形式に対して対称マルコフ過程 $X = (\Omega, X_t, P_x)$ が存在して,$L^2(E; m)$ に属する有界ボレル可測関数 f に対し

$$\mathbf{E}_x[f(X_t)] = \widetilde{T_t f}(x),\ m\text{–a.e.}$$

となる.すなわち,マルコフ過程でその半群が $T_t f$ の準連続修正を与えるものが存在する.重要なことは,単にマルコフ過程というだけでなく,ハント(Hunt)過程と呼ばれる強マルコフ性と準左連続性をもつマルコフ過程が構成されることである.正則ディリクレ形式とマルコフ過程の対応の典型は,1位のソボレフ空間とブラウン運動との対応である.この対応により,マルコフ過程を用いて正則ディリクレ形式から定まる諸量に確率論的解釈を与えることができる.たとえば,ボレル集合 A に対し,e_A は集合 A への到達時刻 $\sigma_A = \inf\{t > 0 : X_t \in A\}$ を用いて,$e_A(x) = E_x(e^{-\sigma_A})$ と書ける.このことから対応するマルコフ過程は容量 0 の集合に到達しないことがわかる.1 位のソボレフ空間とブラウン運動の対応で述べれば,ニュートン容量 0 の集合にはブラウン運動は到達しない.また,上で述べたブーリン–ドゥニの公式に現れた測度 J と k はそれぞれ**飛躍測度**,**消滅測度**と呼ばれるが,対応するマルコフ過程の飛躍を規定するレヴィ系で表現され,確率論的な意味を付けることができる.ブーリン–ドゥニの公式自身もマルチンゲールの分解公式とみなすことも可能になる.ディリクレ形式が $\mathcal{E} = \mathcal{E}^{(c)}$ のとき,すなわち強局所性をもつ場合には,対応するマルコフ過程は拡散過程となる.マルコフ過程は通常生成作用素 A を用いて解析されるが,その定義域 $\mathcal{D}(A)$ よりディリクレ形式の定義域 $\mathcal{D}(\sqrt{-A})$ の方が取り扱いやすい場合がある.その例として,特異な関数を係数にもつ発散型二階楕円作用素やフラクタル上のラプラシアンがあり,対応する拡散過程の研究でディリクレ形式の理論が使われている.　　　　　　[竹田雅好]

参考文献

[1] 福島正俊:ディリクレ形式とマルコフ過程,紀伊國屋書店,1975.

[2] M. Fukushima, Y. Oshima, M. Takeda: *Dirichlet Forms and Symmetric Markov Processes, 2nd ed*, Walter de Gruyter, 2011.

ディンキン図形

Dynkin diagram

1 単純リー環の分類とディンキン図形

ディンキン図形は単純リー環の分類より現れる. $\mathfrak{g}$ を C 上の単純リー環とする. $\mathfrak{g}$ の可換部分リー環 $\mathfrak{h}$ でその中心化環 $C(\mathfrak{h})$ が $\mathfrak{h}$ になるようなものを**カルタン部分環** (Cartan subalgebra) という. $\mathfrak{g}$ の元 g に対して $ad(g) \in End(\mathfrak{g})$ なる作用が $ad(g)(x) = [g, x]$ によって定義されるが, この作用は随伴作用と呼ばれる.

$\mathfrak{h}$ の $\mathfrak{g}$ への随伴作用によって $\mathfrak{g}$ は $\mathfrak{g}_0 \oplus \bigoplus_{\alpha \in \Phi} \mathfrak{g}_\alpha$ と直和分解される. ここで $\mathfrak{h}^* = Hom_C(\mathfrak{h}, C)$ の元 α に対して $\mathfrak{g}_\alpha = \{g \in \mathfrak{g} \mid ad(h)(g) = \alpha(h)g\}$ は $\mathfrak{g}$ の α-固有空間である. Φ は 0 でない $\mathfrak{h}$ の $\mathfrak{g}$ への作用の固有値の集合であり, $\mathfrak{g}$ のルート集合と呼ばれる. このとき $\alpha \in \Phi$ に対して $\dim \mathfrak{g}_\alpha = 1$ であり, $\mathfrak{g}_0$ は $\mathfrak{h}$ と一致する.

$\mathfrak{h}^*$ の中で Φ で生成される部分加群 L を $\mathfrak{g}$ の**ルート格子** (root lattice) という. また $\mathfrak{g}$ にはキリング形式と呼ばれる対称 1 次形式 $(,)$ が $tr(ad(x)ad(y))$ によって定義される. $\mathfrak{g}$ が単純であるのでカルタンの判定法よりキリング形式は非退化であることが結論される. 非退化なキリング形式を使って, $\mathfrak{h}$ 上に双 1 次形式が定義されるが, さらにキリング形式を用いて得られる同一視 $\mathfrak{h} \simeq \mathfrak{h}^*$ を用いれば, ルート格子 L には自然な内積が導入される. この内積を用いてルート格子の一つの順序を決めることにより, ルートの集合 Φ は正のルートの集合 Φ_+ と負のルートの集合 Φ_- の合併として書ける. 正のルートの集合の中から L の基底 Λ を選んで, Φ_+ のすべての元が Λ の正整数係数の 1 次結合で書けるようにできる. このような Λ は順序を一つ定めると, ただ一つに定まる基底であるがこれを $\mathfrak{g}$ の**基本ルート** (fundamental root) という. この基本ルートとキリング形式のデータをもとにディンキン図形というグラフを構成することができ, それを手がかりに $\mathfrak{g}$ の分類ができる.

まず Λ の元 α, β に対して $A_{\alpha,\beta} = 2\frac{(\alpha,\beta)}{(\alpha,\alpha)}$ とおいて**カルタン行列** (Cartan matrix) $(A_{\alpha,\beta})_{\alpha,\beta}$ を定義する. ディンキン図形を作るには, まず頂点として Λ 自身をとり, 二つの頂点 $\alpha, \beta \in \Lambda$ を $max(|A_{\alpha,\beta}|, |A_{\beta,\alpha}|)$ 本の線で結ぶ. さらに α と β の長さが違うときには長さの長い方の頂点から短い方の頂点に向けて矢印を書く. この操作によってできた図形をディンキン図形 (Dynkin diagram) という.

単純リー環 $\mathfrak{sl}_{n+1}$ を例にみてみよう. e_{ij} を (i,j) 成分のみ 1 で他は 0 となる基本行列とする. このとき $h_i = e_{ii} - e_{i+1,i+1}$ とおくと $h_1, \ldots, h_n$ の線形結合は一つのカルタン部分環 $\mathfrak{h}$ となる. $\mathfrak{h}$ 上の 1 次形式 ϵ_i を $\epsilon_i(H_k) = \delta_{i,k} - \delta_{i,k+1}$ と定めると, $\Phi = \{\epsilon_i - \epsilon_j\}_{1 \leq i \neq j \leq n+1}$, $\Phi_+ = \{\epsilon_i - \epsilon_j\}_{1 \leq i < j \leq n+1}$ となり, $\alpha_i = \epsilon_i - \epsilon_{i+1}$ とおくと, $\Lambda = \{\alpha_i\}_{1 \leq i \leq n}$ となる. このとき $(\alpha_i, \alpha_j) = \frac{1}{n+1}$ ($i = j$ のとき), $-\frac{1}{2(n+1)}$ ($|i-j|=1$ のとき), 0 ($|i-j|>1$ のとき) となる. したがってそのディンキン図形は A_n 型になる.

単純リー環から出てくるディンキン図形はルート格子が正定値でなくてはならない条件を用いて分類することができ, 次のような $A_n, B_n, C_n, D_n, E_6, E_7, E_8, F_4, G_2$ に分類される.

ここで矢印が書かれていないディンキン図形すなわち A_n, D_n, E_6, E_7, E_8 はすべてのルートの長さが等しく, このようなディンキン図形を単紐 (simply laced) と呼ぶ.

2 離散鏡映群, コクセター群

前節でカルタン行列を定義した. 一般に $n \times n$ のカルタン行列に対して $i \neq j$ に対しては $a_{ij}a_{ji} = 0, 1, 2, 3$ のそれぞれの場合に応じて $m_{ij} = 2, 3, 4, 6$ とおき, $m_{ii} = 1$ とおく. 一般に $m_{ii} = 1, m_{ij} = m_{ji}$ なる性質をもつ行列をコクセター行列という. $1, \ldots, n$ 個の元 s_i を生成元とし $s_i^2 = e, (s_i s_j)^{m_{ij}} = e$ ($i \neq j$) を関係式として群 G が定義される. これをコクセター行列 M に対応する**コクセター群** (Coxeter group) という. さらにこれが単純リー環のカルタン行列から導かれる場合はその単純リー環のワイル群といわれる.

n 個の元 $e_1, \ldots, e_n$ で生成された格子に対称双 1 次形式を $(e_i, e_j) = -\cos(\frac{\pi}{m_{ij}})$ によって定義したものを L と書くとコクセター群は $GL(L \otimes \mathbf{R})$ の双一次形式を保つ部分群として実現できる．そのとき s_i は e_i に関する鏡影 $s_i(x) = x - 2(x, e_i)e_i$ である．G は格子 L を保ち，$\mathbf{R}^n$ の離散群となるので対称双一次形式 $(,)$ が正定値であれば，有限群となる．逆に G が有限群であれば，双一次形式 $(,)$ は正定値となる．

コクセター行列に対して (1) n 個の頂点を用意して，(2) i 番目の頂点と j 番目の頂点は $m_{ij} - 2$ 本の線で結ぶことによりできるグラフをコクセター図形 (Coxeter diagram) という．ディンキン図形との違いは長さによる矢印が与えられていないところである．このコクセター図形を用いて有限コクセター群を分類することができる．このとき先ほどのディンキン図形から矢印を取り除いたもの

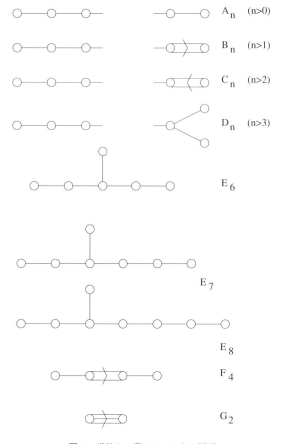

図 1 単純リー環のディンキン図形

のほかに，$H_3, H_4, I_2(m)$ というタイプが現れる．

3 シュヴァルツの三角群

コクセター群の中でとくに三つの鏡影 x, y, z から生成されるものはシュヴァルツの三角群 (triangular group) と呼ばれる．このときは関係式は $x^2 = y^2 = z^2 = (xy)^a = (yz)^b = (zx)^c = e$ となるが，有限群となるのは $\frac{1}{a} + \frac{1}{b} + \frac{1}{c} > 1$ となる時と同値でそのときは球面の測地線の長さを変えない自己同型となる．これらは空間内の正多面体の自己同型として現れるので正多面体群と呼ばれる．(a, b, c) に応じて $(2, 2, n)$ 二面体群，$(2, 3, 3)$ 正四面体，$(2, 3, 4)$ 正六面体，正八面体，$(2, 3, 5)$ 正十二面体，正二十面体の自己同型を与えている．$\frac{1}{a} + \frac{1}{b} + \frac{1}{c} = 1$ のときは平面内のアフィン変換群の部分群として実現され，(a, b, c) に対しては角度が $\frac{\pi}{a}, \frac{\pi}{b}, \frac{\pi}{c}$ の平面内の三角形の折り返しの群となる．さらに $\frac{1}{a} + \frac{1}{b} + \frac{1}{c} < 1$ のときは双曲幾何における折り返しの群として実現される．

4 単純特異点の分類

3 次元の複素アファイン空間 $\mathbf{A}^3 = \{(x, y, z)\}$ の原点のまわりで定数項および 1 次の項がない多項式 $f(x, y, z) \in \mathbf{C}[x, y, z]$ により $f(x, y, z) = 0$ で定義された特異点は 2 次元の超曲面特異点とよばれる．そのような特異点のなかでも**単純特異点** (simple singularity) と呼ばれる特異点のクラスはいたるところに現れて重要な特異点のクラスである．これは次の同値な特徴付けをもつ．(1) 局所的変形をもたない．(2) 特異点の極小な解消により現れる例外因子はすべて有理曲線であり，自己交点数は -2 である．

(2) の特徴付けにおいてこのタイプの特異点は極小な解消の既約成分を頂点とし，交点を辺として結ぶ双対グラフを考えることにより分類される．そのグラフは単紐なディンキン図形となっていて ADE 型ディンキン図形に分類される．このような特異点として，G を $SL(2, \mathbf{C})$ の有限部分群として $\mathbf{C}^2/G$ のような形に書かれるものがある．

このとき G の表現論と特異点解消に現れる双対図形には密接な関係があるという．以下に述べ

るマッケイ対応 (McKay correspondence) が，J. Mckay により発見された．

G のある種の標準的な表現 ρ_{nat} を用い，以下の規則によりグラフをつくる．G の自明でない既約表現に対して頂点を考え，$\rho_{nat} \otimes \rho$ の既約分解成分に ρ' が現れるときに限り ρ と ρ' を線で結ぶと ADE 型のディンキン図形が現れる，というのがマッケイ対応である．この有限群 G とディンキン図形の関係は (1) 位数 $n+1$ の巡回群の場合 A_n 型，(2) 位数 $4n-8$ の双二面体群の場合 D_n 型，(3) 双 4 次交代群の場合 E_6，(4) 双 4 次対称群の場合 E_7，(5) 双 5 次交代群 E_8，となっている．この対応はあるアーベル圏のグロタンディーク群を用いて説明された．

5 楕円曲面とディンキン図形

完備非特異代数曲面 S から完備非特異代数曲線 C への全射 $f: S \to C$ で一般ファイバーが楕円曲線となっているものは**楕円曲面** (elliptic surface) といわれる．ここで $f^{-1}(p)$ が特異代数曲線となる点 p は特異値といわれ，C の有限集合となる．このとき $f^{-1}(p)$ は小平により分類され，そこにもディンキン図形が現れる．

簡単のため，$f: S \to C$ に切断 $s: C \to S$ があるとすると，このとき特異ファイバー $f^{-1}(p)$ の既約成分で 0 を通らないものにより生成される 2 次のホモロジー内の格子を p における特異格子という．このときホッジの指数定理により特異格子は長さが -2 の元で生成され負定値となる．さらに特異ファイバーから 0 切断と交わる成分を除いたものはその双対グラフにより，$0, A_n, D_n, E_6, E_7, E_8$ 型に分類される．

6 ディンキン図形と超平面配置

G を有限コクセター群，L をルート格子として $s \in \Phi$ をルートとする．s は $\mathbf{R} \otimes L$ の鏡映を定めるが，その固定超平面を H_s と書く．$L_{\mathbf{C}} = L \otimes \mathbf{C}$ 内の有限個の超平面の合併集合は $L_{\mathbf{C}}$ における s の**超平面配置** (arrangement of hyper planes) と呼ばれる．$\mathcal{A} = \bigcup_{s \in \Phi} H_s$ なる超平面配置をコクセター配置という．コクセター配置の補集合 $X = L_{\mathbf{C}} \setminus \mathcal{A}$ の普遍被覆は可縮になっている．（ブリースコーンの定理）またこの空間 X の基本群はコクセター図形 Γ により定まる生成元と関係式で定義されたアルチン群 $A(\Gamma)$ の $\mathbf{Z}$ による拡大となっている．A_n のアルチン群は組み紐群といわれる．

7 デルペッツォ曲面の幾何と例外型のディンキン図形，その他

2 次元射影空間 $\mathbf{P}^2$ を一般の位置にある $6, 7, 8$ 点で爆発させた多様体 X は**デルペッツォ曲面** (Del Pezzo surface) と呼ばれるクラスの曲面で，の 2 次元ホモロジー群にはそれぞれ E_6, E_7, E_8 の例外型のルート格子（の符号を変えたもの）が含まれていて，その反標準束は次数が $3, 2, 1$ となる．これら関してワイル群の対称性で記述される幾何学的対象は多い．

X が一般 6 点爆発の場合は 3 次の偏極により $\mathbf{P}^3$ の 3 次曲面と同型となる．この 3 次曲面上にのっている 27 本の直線の双対グラフの自己同型群として E_6 のワイル群が実現される．一般 7 点爆発の場合は 2 次の偏極により $\mathbf{P}^2$ の 2 重被覆となり，その分岐曲線 C は 4 次曲線となっている．その曲線には 2 重接線は全部で 28 本ある．これは分岐 4 次曲線 C の 28 個の奇テータ因子を与えていて，E_7 の作用が自然に定まる．一般 8 点爆発については有理楕円曲線が関係しており，240 本の切断は E_8 のルートの集合と同一視される．

その他にディンキン図形に関連する数学として，パンルヴェ微分方程式の初期値空間のコンパクト化，ベックルンド変換群や圏の表現論に関する，ガブリエルの定理などがある． ［寺杣友秀］

参 考 文 献

[1] W. Barth, C. Peters, A. van de Ven: *Compact Complex Surfaces*, Springer, 1984.
[2] J.E. Humphrey: *Linear Algebraic Groups, Graduate Text in Mathematics*, Springer, 1980.
[3] P. Orlik, H. Terao: *Arrangement of Hyperplanes*, Springer, 1992.

テンソル積と外積

tensor product and exterior product

K を $\mathbf{R}, \mathbf{C}$ など体とし，V, W などは K 上のベクトル空間とする．

1 双対空間

V から K への線形写像の全体を V^* で表す．$f, g \in V^*$, $a \in K$ に対し，和 $f + g : v \mapsto f(v) + g(v)$ とスカラー倍 $af : v \mapsto af(v)$ も V^* に属する．V^* は K 上のベクトル空間になり，V の**双対空間** (dual space) と呼ばれる．

V が有限次元のとき，V の基底 $B : e_1, \ldots, e_n$ に対し V^* の基底 $e_1^*, \ldots, e_n^*$ が $e_i^*(e_j) = \delta_{ij}$ から定まる．これを B の**双対基底** (dual basis) という．とくに $\dim V^* = \dim V$ である．一般には $\dim V^* \geqq \dim V$ である．$K = \mathbf{R}$, $V = \mathbf{R}[x]$ のとき V^* は x^n の像を並べて実数列 $\{a_n\}_{n \in \mathbf{N}}$ のなすベクトル空間と同型である．単射線形写像 $V \to V^{**}$ が，$v \in V$ に対し，評価写像 $(V^* \ni f \mapsto f(v) \in K)$ を対応させることで定まる．

2 多重線形写像

$f : V_1 \times \cdots \times V_k \to W$ が**多重線形写像** (multilinear map) であるとは，各成分 V_i に関して線形，すなわち $1 \leqq \forall i \leqq k$ に対し $f(\ldots, av_i + a'v_i', \ldots) = af(\ldots, v_i, \ldots) + a'f(\ldots, v_i', \ldots)$ $(a, a' \in K, v_i, v_i' \in V_i)$ が成り立つことをいう．$W = K$ のとき**多重線形形式** (multilinear form) といい，$k = 2$ のときそれぞれ**双線形写像** (bilinear map)，**双線形形式** (bilinear form) という．

V を n 次元列ベクトルの空間 K^n とするとき，n 次正方行列の行列式は，n 個の列ベクトルの組の空間 $V \times \cdots \times V$ 上の多重線形形式である．

3 テンソル積

ベクトル空間 V, W に対し，V の基底 $e_1, e_2, \ldots$ と W の基底 $f_1, f_2, \ldots$ の組 (e_i, f_j) たちを基底とするベクトル空間が以下のように標準的に定まる．V の元と W の元の対 (v, w) の全体を考え，その(有限)一次結合全体を F とする．$(v + v', w) - (v, w) - (v', w)$, $(v, w + w') - (v, w) - (v, w')$, $(av, w) - a(v, w)$, $(v, aw) - a(v, w)$ $(a \in K, v, v' \in V, w, w' \in W)$ で生成される F の部分空間を R とし，商ベクトル空間 F/R を $V \otimes W$ と書き，V と W の**テンソル積** (tensor product) という．標準的全射を $\pi : V \times W \to V \otimes W$ による (v, w) の像を $v \otimes w$ と書くと，構成法から $(v + v') \otimes w = v \otimes w + v' \otimes w$, $v \otimes (w + w') = v \otimes w + v \otimes w'$, $(av) \otimes w = a(v \otimes w) = v \otimes (aw)$ を満たす．

$V \otimes W$ は次の普遍写像性質を満たす：任意のベクトル空間 U と任意の双線形写像 $f : V \times W \to U$ に対し，線形写像 $\varphi : V \otimes W \to U$ で $f = \varphi \circ \pi$ を満たすものがただ一つ存在する．

一般の個数のテンソル積も同様に定義される．また，K を可換環 R とし，ベクトル空間を R 加群として，同様にテンソル積が定義される．

$V \times W$ 上の双線形形式の全体は $(V \otimes W)^*$ と標準的に同一視される．V が有限次元のとき，線形写像 $f : V \to W$ の全体は双対基底を用いると $f \mapsto \sum_i e_i^* \otimes f(e_i)$ により $V^* \otimes W$ と同型になる．

4 線形写像のテンソル積

$f : V_1 \to V_2$, $g : W_1 \to W_2$ を線形写像とするとき，f と g のテンソル積と呼ばれる線形写像 $f \otimes g : V_1 \otimes W_1 \to V_2 \otimes W_2$ が $v \otimes w \mapsto f(v) \otimes g(w)$ により定まる．一般の個数についても同様．V_i, W_i $(i = 1, 2)$ の基底をそれぞれ $P_i : v_{i1}, \ldots, v_{in_i}$, $Q_i : w_{i1}, \ldots, w_{im_i}$ とし，これらに関する f, g の表現行列を $A = (a_{ij})$, B とする．$V_i \otimes W_i$ の $n_i m_i$ 個の基底を辞書式順序に $v_{i1} \otimes w_{i1}, \ldots, v_{i1} \otimes w_{im_i}, v_{i2} \otimes w_{i1}, \ldots, v_{in_i} \otimes w_{im_i}$ と並べるとき，$f \otimes g$ の表現行列は次の通り．

$$A \otimes B := \begin{bmatrix} a_{11}B & a_{12}B & \cdots & a_{1n_1}B \\ a_{21}B & a_{22}B & \cdots & a_{2n_1}B \\ \vdots & \vdots & \ddots & \vdots \\ a_{m_11}B & a_{m_12}B & \cdots & a_{m_1n_1}B \end{bmatrix}$$

5 テンソル代数

V の k 個のテンソル積を $\bigotimes^k V$ で表す.$(a,b) \in \bigotimes^k V \times \bigotimes^l V$ に対し $a \otimes b \in \bigotimes^{k+l} V$ を与える写像は双線形であり,同型 $\bigotimes^k V \otimes \bigotimes^l V \to \bigotimes^{k+l} V$ を導く.$\bigotimes^k V$ $(k=0,1,2,\cdots)$ の直和空間 $\bigotimes V := \bigoplus_{k=0}^{\infty} \bigotimes^k V$ は積 $(a,b) \mapsto a \otimes b$ により K 代数になる.$\bigotimes V$ は $V \neq \{0\}$ のとき無限次元であり,$\dim V > 1$ のとき積は一般に非可換である.$\bigotimes V$ は V を含むもっとも一般の K 代数である:V から K 代数 A への任意の線形写像 f に対し,$\bigotimes V$ から A への K 代数準同型 φ で,$\varphi|_V = f$ となるものがただ一つ存在する.

$T_q^p(V) = \bigotimes^p V \otimes \bigotimes^q V^*$ の元を (p,q) テンソル $((p,q)$-tensor$)$ あるいは p 反変 q 共変テンソルという.自然な双線形写像 $T_q^p(V) \times T_s^r(V) \to T_{q+s}^{p+r}(V)$ により $T(V) := \bigoplus_{p,q=0}^{\infty} T_q^p \cong \bigotimes V \otimes \bigotimes V^*$ は K 代数になる.$\bigotimes V, T(V)$ を V 上のテンソル代数 (tensor algebra) という.

V が有限次元のとき,V の線形変換の全体は $V^* \otimes V$ と同型である.とくに K 代数として $M_m(K) \otimes M_n(K) = M_{mn}(K)$ である.

6 外積・対称積

$\bigotimes V$ の中で $v \otimes v$ $(v \in V)$ の形の元で生成される両側イデアルを I とし,剰余環 $(\bigotimes V)/I$ を V の外積代数 (exterior algebra) あるいはグラスマン代数 (Grassmann algebra) といい,$\bigwedge V$ で表す.$\bigotimes^k V$ の像を $\bigwedge^k V$ と書く.K, V は $\bigwedge V$ の部分空間 $\bigwedge^0 V, \bigwedge^1 V$ とみなせる.$v_1 \otimes \cdots \otimes v_k$ $(v_i \in V)$ の像を $v_1 \wedge \cdots \wedge v_k$ で表し,$v_1, \ldots, v_k$ の外積 (exterior product) という.$v \in V$ に対し $v \wedge v = 0$ (交代性) が成り立ち,次の普遍写像性質をもつ:A を任意の 1 をもつ K 代数とし,線形写像 $f : V \to A$ が $f(v)^2 = 0$ を満たすなら,K 代数準同型 $\varphi : \bigwedge V \to A$ で $\varphi|_V = f$ となるものが一意的に存在する.$v, v' \in V$ に対し $v' \wedge v = -v \wedge v'$ (歪対称) であり,K の標数が 2 でなければ歪対称から交代性も従う.$\dim V = n$ のとき $\dim \bigwedge^k V = {}_nC_k$, $\dim \bigwedge V = 2^n$ である.V の基底 $e_1, \ldots, e_n$ をとると,n 個の $v_j = \sum_{i=1}^n a_{ij} e_i$ $(1 \leq j \leq n, a_{ij} \in K)$ の外積は行列式で $v_1 \wedge \cdots \wedge v_n = |a_{ij}| e_1 \wedge \cdots \wedge e_n$ と表される.

$\bigwedge^k V$ の元は 1 個の $v_1 \wedge \cdots \wedge v_k$ の形に書けるとき分解可能 (decomposable) であるという.$n \geq 4$ のとき $e_1 \wedge e_2 + e_3 \wedge e_4$ は分解可能でない.V の k 次元部分空間 W に対し,基底 $v_1, \ldots, v_k$ の外積 $v_1 \wedge \cdots \wedge v_k \in \bigwedge^k V$ は 0 でないスカラー倍を除いて定まる.$\bigwedge^k V$ の分解可能な元で生成される 1 次元部分空間と W とは 1 対 1 に対応する.V の基底 $e_1, \ldots, e_n$ を固定する.$v_1 \wedge \cdots \wedge v_k$ の各 $e_{i_1} \wedge \cdots \wedge e_{i_k}$ の係数を並べたものを W のプリュッカー座標 (Plücker coordinate) という.

V が内積空間のとき $\bigwedge^k V$ も内積空間になる:$(v_1 \wedge \cdots \wedge v_k) \cdot (w_1 \wedge \cdots \wedge w_k) := \det(v_i \cdot w_j)$. $(v_i \cdot v_j)$ を $v_1, \ldots, v_n$ のグラム行列 (Gram matrix) という.V の正規直交基底 $e_1, \ldots, e_n$ を固定するとき,$a \in \bigwedge^k V$ に対し,任意の $b \in \bigwedge^k V$ に対し $b \wedge *a = (b \cdot a) e_1 \wedge \cdots \wedge e_n$ となる $*a \in \bigwedge^{n-k} V$ がただ一つ定まる.同型 $*$ をホッジ $*$ 作用素 (Hodge $*$-operator) という.$V = \mathbf{R}^3$ のとき,$e_2 \wedge e_3, e_3 \wedge e_1, e_1 \wedge e_2$ は $* : \bigwedge^2 V \xrightarrow{\sim} V$ により e_1, e_2, e_3 に対応し,外積 $\boldsymbol{x} \wedge \boldsymbol{y}$ はベクトル積 $\boldsymbol{x} \times \boldsymbol{y}$ と同一視される.

$\bigotimes V$ の,$v \otimes w - w \otimes v$ $(v, w \in V)$ で生成される両側イデアルによる剰余環を V の対称積代数 (symmetric algebra) といい,$S(V)$, $\mathrm{Sym}\,V$ とも書く.これは可換代数であり,V で生成される多項式環にほかならない.$\bigotimes^k V$ の像を $S^k V$ と書き,$v_1 \otimes \cdots \otimes v_k$ $(v_i \in V)$ の像を $v_1 \cdots v_k$ と書く.$\dim S^k V = {}_{n+k-1}C_k$ である.

K の標数が 0 のとき $S(V)$, $\bigwedge V$ は $\bigotimes V$ の部分代数としても実現できる.k 次対称群 $\mathfrak{S}_k$ の元 σ の符号を $\varepsilon(\sigma)$ と書く.$a = v_1 \otimes \cdots \otimes v_k$ に対し $S(a) = \sum_{\sigma \in \mathfrak{S}_k} \frac{1}{k!} v_{\sigma(1)} \otimes \cdots \otimes v_{\sigma(k)}$, $A(a) = \sum_{\sigma \in \mathfrak{S}_k} \frac{1}{k!} \varepsilon(\sigma) v_{\sigma(1)} \otimes \cdots \otimes v_{\sigma(k)}$ から定まる $\bigotimes^k V$ (および $\bigotimes V$) の線形変換 S, A を対称化作用素 (symmetrizer), 交代化作用素 (alternizer) と呼ぶ.S, A は,$S^2 = S$, $A^2 = A$ を満たし,射影 $S : \bigotimes^k V \to S^k V$, $A : \bigotimes^k V \to \bigwedge^k V$ を与える.この意味で 2 階のテンソルは対称テンソルと交代テンソルの直和に分解される:$\bigotimes^2 V = S^2 V \oplus \bigwedge^2 V$.

[小林 正典]

等角写像

conformal mapping

1 定義

複素平面 C 内の領域 D 上定義された正則関数 f がその像 $D' = f(D)$ への同相写像になるとき, f は D から D' の上への**等角写像** (conformal mapping) であるという. しばしば簡単に, f は D から D' への等角写像, あるいは f は D 上の等角写像であるともいう. 偏角の原理より, f が D 上の等角写像であれば, f^{-1} も正則で, したがって D' 上の等角写像になる.

正則関数 f が D の点 z で $f'(z) \neq 0$ であるとき, f は z で**等角** (conformal) という. 実際このとき, z を通る二つのなめらかな曲線 C_1, C_2 に対して, z において C_1, C_2 の接線のなす角度と $f(z)$ において $f(C_1), f(C_2)$ の対応する接線のなす角度は等しい. f が D 上の等角写像であれば, f は D の各点で等角であるが, $f(z) = e^z$ のように, D 上の正則関数 f が D の各点で等角であっても D 上の等角写像とは限らない. しかし, さらにその像 D' が単連結であれば f は D から D' への等角写像になる (一価性の定理).

等角写像の概念はリーマン面の間の正則写像 φ においても同様に定義される. また $\varphi'(z) \neq 0$ はリーマン面の局所座標のとりかたによらないから, 各点で等角という概念もリーマン面の正則写像 φ においても定義される. とくにリーマン球面 $\hat{C} = C \cup \{\infty\}$ およびその部分領域において, これらの概念は複素平面の場合から自然に拡張される. 二つのリーマン面または平面領域の間に等角写像が存在するとき, これらは**等角同値** (conformally equivalent) であるという.

2 等角写像の基本定理

リーマン球面 $\hat{C}$ の単連結部分領域 D を考える. D の境界が 1 点からなるときは D はメビウス変換によって D は C と等角同値になることは容易にわかる. 一方, D が境界に 2 点以上を含む単連結領域である場合, 以下の定理が成り立つ.

定理 1 (リーマン) D を複素平面内の単連結領域で, 境界は 2 点以上からなるものとする. このとき D は単位円板 Δ および上半平面 $\mathbb{H}$ と等角同値になる. さらに, この等角同値を与える等角写像は 1 点の像とその微分係数で一意的に決まる.

これを等角写像の基本定理またはリーマンの写像定理 (Riemann's mapping theorem) と呼び, Δ または $\mathbb{H}$ からこのような領域 D への等角写像をリーマン写像と呼ぶ.

単連結なリーマン面 X においても同様の主張が成立する. すなわち, X が閉リーマン面の場合, X はリーマン球面と等角同値であり, X が開リーマン面の場合は C または Δ と等角同値になる. この事実は **Koebe の一意化定理** (uniformization theorem) と呼ばれる.

3 境界挙動

等角写像 $f : \Delta \to D$ を単連結領域 $D \subset C$ のリーマン写像とする. Δ の境界である単位円周 $\partial \Delta$ はもちろんなめらかな曲線であるが, 一般に D の境界 ∂D にはそのようななめらかさ, 単純さは期待できない. したがって f の境界挙動は一般に非常に複雑であるが, D が特別な場合は f の境界挙動は $\partial \Delta$ まで連続拡張をもつ.

定理 2 (カラテオドリ) D をジョルダン閉曲線で囲まれた単連結領域とする. このとき, Δ から D へのリーマン写像は $\overline{\Delta}$ から $\overline{D}$ の同相写像に拡張される.

D がジョルダン領域でない一般の単連結領域の場合, リーマン写像 $f : \Delta \to D$ は $\partial \Delta$ まで連続的に拡張できるとは限らないが, この場合は次に述べる**境界要素** (boundary element または prime end) という概念を用いて境界対応を記述する.

単連結領域 D において D の境界に両端をもつジョルダン曲線を**横断線** (cross cut) といい, 互いに交わらない D 内の横断線の列 $\{\gamma_n\}_{n=1}^{\infty}$ が以下の条件を満たすとき**横断線の基本列** (fundamental sequence of cross cuts) という.

(1) γ_{n-1} と γ_{n+1} は $D - \gamma_n$ の相異なる連結成分に含まれる.

(2) $n \to \infty$ のとき, γ_n は D の境界のある1点に収束する.

横断線の二つの基本列 $\{\gamma_n\}_{n=1}^{\infty}, \{\gamma'_n\}_{n=1}^{\infty}$ が同値とは, 各 n に対して γ_{n+1} と γ'_k の中で有限個を除いたものが $D - \gamma_n$ の同じ成分に属し, γ'_{n+1} と γ_k の中で有限個を除いたものが $D - \gamma'_n$ の同じ成分に属するときをいう. 基本列 $\{\gamma_n\}_{n=1}^{\infty}$ に対して $D - \gamma_n$ の連結成分のうち γ_{n+1} を含むものを D_n と書くことにする. 明らかに $D_n \supset D_{n+1}$ である. $n \to \infty$ のとき ∂D_n は ∂D のある部分集合 γ に収束するが, γ は基本列 $\{\gamma_n\}_{n=1}^{\infty}$ の同値類によって一意的に決まる. このように決まる γ を D の境界要素という. このとき以下が成立する.

定理3 (カラテオドリ) D を有界な単連結領域とする. このときリーマン写像 $f : \Delta \to D$ によって, $\partial \Delta$ と ∂D の境界要素全体とが1対1に対応する.

この定理で $\zeta \in \partial D$ が f によって境界要素 $\gamma \subset \partial D$ に対応するとは, ζ 収束する任意の点列 $\{z_n\}_{n=1}^{\infty}$ に対して $\{f(z_n)\}_{n=1}^{\infty}$ の集積点がすべて γ に属し, 任意の $p \in \gamma$ に収束する点列 $\{f(z'_n)\}_{n=1}^{\infty}$ に対して $\lim_{n \to \infty} z'_n = \zeta$ であるときをいう.

4 具体例

リーマン球面 $\hat{\mathbf{C}}$ の等角写像はメビウス変換に限り, 複素平面の等角写像は1次関数 $f(z) = az + b$ ($a \neq 0$) に限る. また, 単位円板からそれ自身への等角写像は $f(z) = (az + b)/(\bar{b}z - \bar{a})$ (ただし $|a|^2 - |b|^2 = 1$) の形のメビウス変換になる. 一方, D が二つの円で囲まれているとき, D は適当なメビウス変換によって二つの同心円に囲まれた円環領域に等角に写される. このように, D が具体的に与えられている場合, その上の等角写像を記述することは応用上においても重要である. とくに D が単連結領域である場合, リーマンの写像定理によって存在が保証されている Δ と $\mathbb{H}$ からの等角写像を求めることはとりわけ重要である. 具体的な例をいくつか与えよう.

4.1 角領域

$0 < \alpha < 1$ に対して D が角度 $2\pi\alpha$ の角領域 $\{z = re^{2\pi i\theta} \mid 0 < \theta < \alpha, 0 < r < \infty\}$ であるとき, 上半平面から D への等角写像 f は $f(z) = z^{1/\alpha}$ である.

4.2 ジューコフスキー変換

有理関数 $f(z) = \frac{1}{2}(z + \frac{1}{z})$ は $|z| < 1, |z| > 1$ でそれぞれ等角で, その像はリーマン球面から $[-1, 1]$ を除いたものになる. この写像をジューコフスキー (Joukowski) 変換と呼ぶ.

4.3 多角形 (シュヴァルツ–クリストッフェルの変換公式と楕円積分)

D が多角形である場合は Δ または $\mathbb{H}$ から D への等角写像は具体的に書き下すことができる. 複素平面内の n 多角形 P をとり, その頂点の座標を a_i ($i = 1, 2, \ldots, n$), a_i における内角を $\alpha_i \pi$ とすると, Δ または $\mathbb{H}$ から P の上への等角写像 f は

$$f(z) = A \int^z \prod_{i=1}^{n} (b_i - z)^{\alpha_i - 1} dz + B$$

と書ける. ここに, A, B は P の位置と大きさに関する定数で, $a_i = f(b_i)$ である. この表示をシュヴァルツ–クリストッフェルの変換公式 (transformation formula of Schwarz–Christoffel) という.

この公式において P が長方形の場合を考える. すなわち, $n = 4, \alpha_1 = \pi/2$ ($i = 1, \ldots, 4$) の場合である. このとき, 上記の公式において積分

$$\int^z \frac{1}{\sqrt{\prod_{i=1}^{4}(b_i - z)}} dz$$

が現れる. f が上半平面 $\mathbb{H}$ からの等角写像のとき, 各 b_i は実数となる. 一般に実軸上の4点は $\mathbb{H}$ を保つメビウス変換によって $-1, -1/k, 1/k, 1$ ($0 < k < 1$) に写すことができる. したがって f は $-1, -1/k, 1/k, 1$ を P の頂点に写すと考えてよい. このとき, 上記の積分は

$$\int^z \frac{1}{\sqrt{(k^2 z^2 - 1)(z^2 - 1)}} dz$$

の形の積分となる. この形の積分を (第2種) 楕円積分 (elliptic integral) という.

上半平面から長方形 P への等角写像 f は, 定理2より, その境界まで同相写像として拡張される. したがって上記の楕円積分は実軸上 f の境界関数として意味をもつ. また, その逆写像 $h = f^{-1}$ は

$\overline{P} = P \cup \partial P$ から $\mathbb{H} \cup \mathbf{R} \cup \{\infty\}$ への同相写像で P 上で正則になる．h は P の各辺を実軸上のある区間に写すから，その辺について鏡像の原理を使えば，h はその辺に関して P を対称移動した長方形まで解析接続される．この操作を P の各辺および拡大された長方形の辺に対して続けてゆくと，h は複素平面 $\mathbf{C}$ 全体の有理型関数として定義されることがわかる．さらにこの拡大された有理型関数 h は二重周期関数になっている．一般に $\mathbf{C}$ 上の二重周期関数を**楕円関数** (elliptic function) と呼ぶが，このように構成した h は楕円関数の典型例である．また，上記の楕円積分はこのような楕円関数の逆関数とみることができる．

5 多重連結領域の等角写像

D が単連結でない場合を考える．リーマン球面の部分領域 D の補集合の連結成分の個数が $n\ (\geqq 2)$ であるとき，D は **n 重連結領域** (n–ply connected domain) であるという．たとえば n 個の円で囲まれた領域や n 本の水平な線分の補集合などは n 重連結領域である．一般にその補集合が孤立点，線分または半直線からなる領域を**截線領域** (slit domain) という．n 重連結領域は，補集合の連結成分が点または水平線分からなる水平截線領域と等角同値になる．

6 単葉関数論

リーマン写像の研究は，単連結領域 D が与えられ，単位円板 Δ と D の間の等角写像についてのものだが，Δ 上で定義された等角写像の (普遍的な) 性質を研究するというのが単葉関数論である．この命名は，1 対 1 正則または有理型関数を**単葉関数** (univalent function) と呼ぶことによる．

単位円板 Δ の正則な単葉関数 f で，$|z| < 1$ で
$$f(z) = z + a_2 z^2 + a_3 z^3 + \cdots \qquad (1)$$
なる関数全体を S と書く．また，単位円板の外部の単葉関数で $|\zeta| > 1$ において
$$g(\zeta) = \zeta + b_0 + b_1 \zeta^{-1} + \cdots$$
なる展開をもつ関数全体を Σ と書く．$f \in S$ に対して，$g(\zeta) := f(\zeta^{-1})^{-1} \in \Sigma$ であり，このように定義した g は零点を $|\zeta| > 1$ でもたない．逆に，零点をもたない関数 $g \in \Sigma$ に対して $f(z) = g(z^{-1})^{-1} \in S$ である．

任意の $g \in \Sigma$ に対し，$g(|\zeta| > 1)$ の補集合の面積 A_g は
$$A_g = \pi \left(1 - \sum_{n=1}^{\infty} n|b_n|^2 \right) \qquad (2)$$
で与えられることがわかる．よって，任意の $g \in \Sigma$ にたいして
$$|b_1|^2 \leqq \sum_{n=1}^{\infty} n|b_n|^2 \leqq 1 \qquad (3)$$
である．この結果を**面積定理**という．$g \in \Sigma$ が零点をもたないとき，$\sqrt{g(\zeta^2)} \in \Sigma$ および $f(\zeta^{-1})^{-1} \in \Sigma$ に注意すると
$$|a_2| \leqq 2 \qquad (f \in S) \qquad (4)$$
を得る．ここで等号は Koebe 関数 $f_0 \in S$
$$f_0(z) = \frac{z}{(1-z)^2} = \sum_{n=1}^{\infty} n z^n$$
で達成される．これらのことから次のことが予想された．

ビーベルバッハ予想 (Bieberbach conjecture) $f(z) = z + \sum_{n=2}^{\infty} a_n z^n \in S$ ならば $|a_n| \leqq n$ が成り立つ．また，等号は $f = f_0$ のときに限る．

この予想は多くの数学者によって部分的な解答がなされたが，最終的に 1985 年 de Branges によって肯定的に解かれた． ［志賀啓成］

参考文献

[1] 吹田信之：近代函数論 II，森北出版，1984.
[2] L. de Branges：A proof of the Bieberbach conjecture, *Acta Math.* **154**, 137–152, 1985.
[3] Ch. Pommerenke：*Boundary Behaviour of Conformal Maps*, Springer, 1991.

等 質 空 間

Homogeneous space

1 定 義

連結な可微分多様体 X が**等質空間** (homogeneous space) であるとは，X にリー群 G の可微分で推移的は作用が定まっていることである．したがって X は起点 x を決めると x の固定化群 G_x は G の閉リー部分群となり X は G/G_x と可微分同型となる．逆に G の閉部分群リー群 H（必ずしも連結とは限らない）をとると，G/H は等質空間である．たとえば複素射影空間 $\mathbf{P}^n$ には一次分数変換で $GL_n(\mathbf{C})$ が作用するので等質空間となるが，この場合は $p = (1:0:\cdots:0)$ とすると

$$G_p = \{\begin{pmatrix} A & B \\ 0 & C \end{pmatrix} | A \in \mathbf{C}^\times, B \in M_{1,n-1}(\mathbf{C}), \\ C \in GL_{n-1}(\mathbf{C})\}$$

なので $\mathbf{P}^n \simeq GL_n(\mathbf{C})/G_p$ である．

2 対 称 空 間

等質空間の代表的なものに**対称空間** (symmetric space) がある．対称空間とは各点 $p \in X$ において次の性質をもつ点対称 s_p と呼ばれる自己可微分同相が定義されている可微分多様体 X のことである．

(1) p は s_p の孤立固定点である．
(2) $s_p^2 = id_X$ である．

対称空間は等質空間になる．

またさらに X にリーマン多様体の構造 g が存在して s_p が等長変換であるとき，X と g と各点に対して s_p なる対合の組を**リーマン対称空間** (Riemannian symmetric space) であるという．このときは，X から X への等長写像のなす群 $Isom(X,g)$ の連結成分 $Isom(X,g)^0$ を G とおくと，$X = G/K$ と表され，各点の固定化群 K はコンパクトとなる．このような状況において，

(1) $\iota: G \to G$ なる G の対合，すなわち $\iota^2 = id_X$ なる自己同型が存在して，

(2) ι に関する不変部分群が K となりコンパクトである．

このような対合を**カルタン対合** (Cartan involution) という．このような性質 (1) (2) をもつ対 (G, K) をリーマン対称対という．リーマン対称対に対して G/K には G の作用するリーマン対称空間の構造を入れることができる．リーマン対称対に対応してリー代数の対称対を考えることができる．リー代数 $\mathfrak{g}$ とその上のリー環の対合 θ で

(1) $\theta^2 = id_\mathfrak{g}$
(2) θ の $+1$ 固有空間はコンパクトなリー環となる．（コンパクトなリー環とは対応するリー群がコンパクトとなることである．）

なるものが定義される．これもカルタン対合と呼ばれる．たとえば前節の $\mathbf{P}^n(\mathbf{C})$ は別の表示 $U(n+1)/(U(1) \times U(n))$ を用いれば，

$$\theta: \begin{pmatrix} A & B \\ C & D \end{pmatrix} \mapsto \begin{pmatrix} A & -B \\ -C & D \end{pmatrix}$$

(ただし $A \in \mathbf{C}^\times$, $B \in M(1,n)$, $C \in M(n,1)$, $D \in M(n,n)$.) は上の意味でカルタン対合となる．

3 リー群の極大コンパクト群とカルタン対合

リーマン対称領域におけるカルタン対合を半単純実リー群とそのなかの極大コンパクト部分群に対して定式化することができる．G を半単純実リー群，K をその極大コンパクト部分群とする．このとき K は G の共役を除いてただ一つに定まる．$\mathfrak{g}, \mathfrak{k}$ をそれぞれ G, K のリー環とする．リー環の準同型 $\theta: \mathfrak{g} \to \mathfrak{g}$ がカルタン対合であるとは

(1) θ における $+1$ 固有空間 $\mathfrak{k}$ はコンパクトリー環となる．
(2) θ における -1 固有空間 $\mathfrak{p}$ においてキリング形式は正定値となる．

このとき $\mathfrak{p}$ は $\mathfrak{k}$ のキリング形式に関する直交補空間となる．この極大コンパクト群に対するカルタン対合を単にカルタン対合ということもある．この意味でのカルタン対合は半単純リー環において共役を除いて一意に定まる．さらにこのとき $\mathfrak{k} \oplus \sqrt{-1} \cdot \mathfrak{p}$ とおくとコンパクトリー環となる．これを $\mathfrak{g}$ の**コンパクト双対** (compact dual) という．

4 エルミート型有界対称領域とボレル埋め込み

G を非コンパクト半単純実リー群, K を極大コンパクト部分群とする. G/K に G 不変な複素構造とその複素構造に対するエルミート計量が存在するとき, G/K を (非コンパクト) エルミート対称領域 (Hermitian symmetric domain) という. このとき $\mathfrak{p}$ には複素構造が入る. $\mathfrak{p}_C$ における $-i$ 固有空間を $\mathfrak{p}^-$ とおき対応するリー群を P^- とおく. さらに $\mathfrak{g}_U$ を $\mathfrak{g}$ のコンパクト双対, G_U を対応するコンパクトリー群とする. このとき $G_U/K \simeq G_C/K_C P^-$ となるので $K_C P^- \cap G = K$ であることを使うと $G/K \subset G_C/K_C P^- \simeq G_U/K$ となる. この表示から G/K はコンパクト複素代数多様体 $G_C/K_C P^-$ の複素有界領域となることがわかる. このようにして定まる埋め込みをボレル埋め込み (Borel embedding) という. たとえば $G = U(1,n) = \{g \in GL_{n+1}(\boldsymbol{C}) \mid$

$$g\begin{pmatrix} 1 & 0 \\ 0 & -I_n \end{pmatrix} g^* = \begin{pmatrix} 1 & 0 \\ 0 & -I_n \end{pmatrix}\}$$

の場合を考えると, 極大コンパクト部分として $U(1) \times U(n)$ がとれ, $G_U \simeq U(n+1)$ となる. したがって $U(1,n)/(U(1) \times U(n)) \subset U(n+1)/(U(1) \times U(n)) \simeq \boldsymbol{P}^n$ となるがこれは

$$B_n = \{(z_i) \in \boldsymbol{C}^n \mid \sum_{i=1}^{n} |z_i|^2 < 1\}$$

なる複素超球と複素解析同値となる.

エルミート型の有界対称領域は対応するリー環が単純リー環であるとき既約エルミート型有界対称領域といわれ, 次のように分類される. これらは複素保型関数論の上で重要な対称空間である.

(1) I 型領域 $SU(n,m)/(SU(n) \times SU(m))$.
(2) II 型領域四元数体上のユニタリ群.
(3) III 型領域 $\mathfrak{h}_g = Sp_n(\boldsymbol{R})/U(n)$. これはジーゲル上半空間と呼ばれる.
(4) IV 型領域 $SO(2,n)/(SO(2) \otimes SO(n+1))$.
(5) 例外型領域

5 グラスマン多様体, 旗多様体

代数多様体として重要である等質空間にグラスマン多様体, 旗多様体があげられる. G を複素数体上の代数群とする. G の部分代数群 P に対して G/P なる商を考えたとき, それが完備な代数多様体となるとき P は放物型代数群 (parabolic subgroup) であるといわれる. 放物型代数群のなかで極小なもの B はボレル部分群 (Borel subgroup) といわれ, 共役を除いて一意的に決まる. G/P を P に対する旗多様体 (flag manifold) といわれる. たとえば $G = GL_n$ のときは放物型部分群は $n_1 + \cdots + n_k = n$ なる $n_1, \ldots, n_k$ を用いて

$$P_{n_1,\ldots,n_k} = \begin{pmatrix} A_{1,1} & A_{1,2} & \ldots & A_{1,k} \\ 0 & A_{2,2} & \ldots & A_{2,k} \\ \vdots & & & \vdots \\ 0 & 0 & \ldots & A_{k,k} \end{pmatrix}$$

となる部分群と共役になっている. このとき $G/P_{n_1,\ldots,n_k}$ は

$$\{(F_i)_i \mid 0 = F_0 \subset F_i \subset F_{i+1} \subset F_k = \boldsymbol{C}^n,$$
$$\dim(F_i/F_{i-1}) = n_i\}$$

なる集合と同一視でき, $n_1 = m, n_2 = n - m$ のときはグラスマン多様体 (Grasmann variety) といわれる. また $P_{1,\ldots,1}$ はボレル部分群 B と一致する. G が単純リー群であるとき, 多様体 $X = G/B$ を B の左からの作用で軌道分解すると, $G = \coprod_{w \in W(G)} BwB$ となり, それぞれの軌道は G のワイル群 $W(G) = \mathfrak{S}_n$ で添え字付けされることがわかる. これをブリューア分解という. それぞれの軌道 $C_w = BwB/B$ はシューベルト胞体と呼ばれ, $l(w)$ 次元のアフィン空間と同型である. ここで $l(w)$ は w を基本生成元の積で表したときの最小の長さである. 旗多様体は表現論においても重要な役割を果たす.　　[寺杣友秀]

参考文献

[1] J.P. Anker, B. Orsted：*Lie Theory*, Springer Verlag Gmbh, 2008.

[2] I.G. McDonald：*Symmetric Functions and Hall Polynomials, Oxford Mathmatical Monograph*, Oxford University Press, 1979.

特異積分

singular integral

ルベーグ積分の創始者であるルベーグは，フーリエ級数の総和法における部分和の積分表示を「特異積分」と位置付けその収束を考察しているが (1909)，今日において特異積分という場合には，それに関連して登場する「ヒルベルト変換」およびその一般化であるカルデロン–ジグムントの「特異積分作用素」のことを指す場合が多い．

1　ヒルベルト変換

$\boldsymbol{R}$ 上の実数値連続関数で台が有界な $f(x)$ に対し，それを境界値 $u(x,0)$ としてもつ上半平面 $\{(x,y)\,|\,x\in\boldsymbol{R},\,y>0\}$ 上の調和関数 $u(x,y)$ は，ポアソン積分 (Poisson integral)

$$u(x,y)=\frac{1}{\pi}\int_{-\infty}^{\infty}\frac{y}{(x-t)^2+y^2}f(t)dt$$

によりあたえられる．このとき $u(x,y)$ の共役調和関数 (すなわち u を実部とする正則関数の虚部) は

$$u^*(x,y)=\frac{1}{\pi}\int_{-\infty}^{\infty}\frac{x-t}{(x-t)^2+y^2}f(t)dt$$

で与えられるが，その境界値 $g(x)=u^*(x,0)$ は (少なくとも形式的には)

$$g(x)=\frac{1}{\pi}\int_{-\infty}^{\infty}\frac{f(t)}{x-t}dt$$

となる．このとき右辺の積分は f の**ヒルベルト変換** (Hilbert transform) と呼ばれており，記号 $Hf(x)$ で表す．この積分は通常の意味では収束せず，コーシーの主値すなわち

$$Hf(x)=\lim_{\varepsilon\searrow 0}\frac{1}{\pi}\int_{|x-t|>\varepsilon}\frac{f(t)}{x-t}dt$$

の意味で解釈される．これがより広くどのような f に対し意味をもつかが疑問となるが，これに関しては次が知られている．すなわち p 乗可積分な関数の全体の集合を L^p としそのノルムを

$$\|f\|_{L^p}=\left(\int_{-\infty}^{\infty}|f(x)|^p\,dx\right)^{1/p}$$

で定義するとき，$f\in L^p$ ($1<p<\infty$) ならば Hf も L^p に属する関数として定義され，不等式

$$\|Hf(x)\|_{L^p}\leqq C\|f\|_{L^p}$$

が成立する．ここで C は f に無関係な正の定数である．この事実は，ヒルベルト変換の L^p 有界性と呼ばれており，本質的にリース (M. Riesz) による結果 (1927) である．

上半平面を単位円板に置き換えてそこでの正則関数の境界値を考察すれば，円周上でのヒルベルト変換が定義され同様の議論が成立する．また，ヒルベルト変換の L^p 有界性を応用することにより，円周上で p 乗可積分な関数 f のフーリエ級数の部分和が，円周上の L^p ノルムの意味で f に収束することなどが示される．

2　特異積分作用素

ヒルベルト変換に関する議論を高次元化する過程においてさまざまな実解析的方法が発展し，カルデロン (A.P. Calderón) とジグムント (A. Zygmund) の特異積分作用素の理論 (1952) へと結実した．彼らは $\Omega(x)$ を $\boldsymbol{R}^n\setminus 0$ で連続かつ 0 次斉次でその単位球面上の積分が 0 である関数とし，

$$Tf(x)=\lim_{\varepsilon\searrow 0}\int_{|x-t|>\varepsilon}\frac{\Omega(x-t)}{|x-t|^n}f(t)\,dt$$

で定義される作用素 T を考察した．今日ではこの T をさらに一般化したものも含めて，カルデロン–ジグムントの**特異積分作用素** (singular integral operator) と呼んでいる．ここで，$n=1$ で $\Omega(x)=\pi^{-1}x/|x|$ の場合がヒルベルト変換に相当する．また，$n\geqq 2$ で $\Omega(x)=c_n x_j/|x|$, $c_n=\Gamma((n+1)/2)\pi^{-(n+1)/2}$ ($j=1,2,\ldots,n$) の場合は**リース変換** (Riesz transfrom) と呼ばれている．特異積分作用素の理論は，カルデロンによる双曲型方程式の初期値問題における解の一意性の証明 (1958) など，偏微分方程式の理論にも影響を与えた．

[杉本　充]

参考文献

[1]　藪田公三：古典調和解析，朝倉書店，2008.
[2]　小松彦三郎：Fourier 解析，岩波書店，1978.
[3]　溝畑　茂：偏微分方程式論，岩波書店，1965.

特 異 点

singular point

曲線 $f(x,y) = y^2 - x^2(x-1) = 0$ の原点 $(0,0)$ のように，その点で図形が"多様体状"にならない点，つまり，(i) 次元個の元からなる局所座標系がとれない点のことを**特異点** (singular point) という．原点はまた，(ii) $\frac{\partial f}{\partial x}(a,b) = \frac{\partial f}{\partial y}(a,b) = 0$ を満たす点であり，(iii) (a,b) における"接線"$\frac{\partial f}{\partial x}(a,b)(x-a) + \frac{\partial f}{\partial y}(a,b)(y-b) = 0$ の次元が多様体の次元よりも大きくなる点ともいえる．

1 定 義

k を代数閉体，$X = (X, \mathcal{O}_X)$ を k 上の d 次元代数多様体，$P \in X$ を X の閉点，$(\mathcal{O}_{X,P}, \mathbf{m}_{X,P})$ を P における局所環とする．P のアフィン開近傍 U をとり，そのアフィン座標環を $A = A(U) = k[x_1, x_2, \ldots, x_n]/I(\sqrt{I} = I = (f_1, f_2, \ldots, f_m))$ とする．P の近傍 U はアフィン多様体 $(f_1 = f_2 = \cdots = f_m = 0) \subset \mathbf{A}^n$ と同型である．$m \times n$ 行列 $(\partial f_i/\partial x_j)(\mathbf{a})$ ($\mathbf{a} \in \mathbf{A}^n$ は P に対応する点) のことを**ヤコビ行列**という．

$d_1 = k(X)$ の k 上の超越次数，$d_2(P) = \mathcal{O}_{X,P}$ のクルル次元 ($= P$ を通る X の既約閉部分多様体 ($\neq X$) の真増大列の長さの最大値)，$d_3(P) = n - \mathrm{rank}(\partial f_i/\partial x_j)(\mathbf{a})$ ($=P$ における X の外在的接空間の次元)，$d_4(P) = \dim_k \mathbf{m}_{X,P}/\mathbf{m}_{X,P}^2$ ($= P$ における X の内在的接空間の次元)，$d_5(P) = \mathbf{m}_{X,P}$ の極小生成元の個数とおく．可換環論により，$d = d_1 = d_2(P) \leq d_3(P) = d_4(P) = d_5(P)$ である．$\mathrm{Sing}\, X = \{P \in X | d_2(P) < d_3(P)\}$ と書き，$\mathrm{Sing}\, X$ の点を X の**特異点**，$X \setminus \mathrm{Sing}\, X$ の点を X の**正則点**(非特異点) という．$\mathrm{Sing}\, X$ は X の閉部分多様体 ($\neq X$)，正則点全体は X の稠密開集合をなす．$\mathrm{Sing}\, X = \emptyset$ であるとき，X を**非特異**という．$k = \mathbf{C}$ であれば，正則点 P における $\mathbf{m}_{X,P}$ の極小生成元 $x_1, x_2, \ldots, x_d$ はユークリッド位相に関して，点 P における X の複素解析的な局所座標を与え，P の近傍で X は d 次元複素多様体になる (逆も成り立つ)．$P \in \mathrm{Sing}\, X \Leftrightarrow d_2(P) < d_5(P)$ から，P が特異点か否かは P の近傍での局所的な性質であり，しかも同型射で不変な性質 (内在的性質) である．具体的な計算では $d < d_3(P)$ か否かを判定 (ヤコビアン判定法) するのが便利である．

例 1 (i) $X_m = (z^{m+1} - x^2 - y^2 = 0) \subset \mathbf{C}^3$ ($m \geq 1$) は原点のみが特異点になる (ヤコビ判定法)．この特異点を A_m 型 Du Val 特異点という．また，このように，非特異多様体の中の超曲面 (局所的に一つの関数の零点集合の形に書ける部分多様体) に現われる特異点を**超曲面特異点**という．A_m 型 Du Val 特異点に似た特異点に D_n 型 ($n \geq 4$)，E_6, E_7, E_8 型 Du Val 特異点と呼ばれる 2 次元の超平面特異点がある ([1])．(ii) $Y_n = \mathbf{C}^2/\langle g \rangle$ (g は $g^*x = \zeta_n x$，$g^*y = \zeta_n^{-1} y$，ζ_n は 1 の原始 n 乗根で定まる位数 $n \geq 2$ の自己同型) とする．商は，代数的には座標環の不変式環に対応する．$\mathbf{C}[x,y]^{\langle g^* \rangle} = \mathbf{C}[x^n, y^n, xy] \simeq \mathbf{C}[X, Y, Z]/(Z^n - X^2 - Y^2)$ だから，Y_n は，(i) の曲面 X_{n-1} と同型であり，$\mathbf{C}^2$ の原点の像に A_{n-1} 型 Dul Val 特異点をもつ曲面である．このように，非特異多様体の有限群による商として現れる特異点を**商特異点**という．

局所環の言葉で述べられる特異点にはいろいろあるが，もっとも基本的なのは**正規 (特異) 点**である．$\mathcal{O}_{X,P}$ が正規環 (整閉整域) であるとき X は P において**正規**であるといい，すべての点が正規点であるとき X は正規であるという．正則点，商特異点，$\mathrm{Sing}\, X \subset X$ の余次元が 2 以上である超平面特異点はすべて正規点である．とくに，例 1 の特異点は正規である．また，「P が正規点 $\Leftrightarrow$ (i) P の十分小さな近傍 U において，$U \cap \mathrm{Sing}\, X$ の余次元が 2 以上 (R1) かつ (ii) $U \setminus F$ (F の余次元 ≥ 2) 上の正則関数 (U の有理関数とみなしたもの) は U の正則関数 (S2)」である．X が正規であれば，(R1) により $X \setminus \mathrm{Sing}\, X$ の標準因子類を自然に延長して X の Weil 因子類 K_X (X の**標準因子類**) が定まる．また，$X \setminus \mathrm{Sing}\, X$ の標準因子類が自明であれば，(S2) により K_X も自明に

2 特異点解消定理

非特異多様体 Y からの射影的双有理射 $\mu : Y \longrightarrow X$ のことを X の**広義特異点解消**という. (固有双有理射を定義にすることも多いがここでは射影双有理射の方を採用する.) さらに, μ により $Y \setminus \mu^{-1}(\mathrm{Sing}\,X) \simeq X \setminus \mathrm{Sing}\,X$ である (つまり μ は $\mathrm{Sing}\,X$ 以外を変えない) とき, X の**特異点解消**という.

X の正規化 $\nu : \hat{X} \longrightarrow X$ は代数的操作「X をアフィン近傍 U で覆い, 各座標環 $A(U)$ の正規化 (に対応するアフィン多様体) を自然に貼りあわせる.」ことで作れ, 同型を除いて一意に定まる. 特異点解消ははるかに困難であり, 3次元以下の場合を除いては標数 0 においてしか完成していない. 広中の定理は次である:

定理 1 k を標数 0 の代数閉体, X を k 上の代数多様体とする. このとき, X の特異点は幾何学的変換である爆発 (blow up) を繰り返すことで解消される. より正確に, 条件「(i) $Y = X_N$ は非特異, (ii) 各写像 $\mu_i : X_i \longrightarrow X_{i-1}$ は $\mathrm{Sing}\,X_{i-1}$ ($\mathrm{Sing}\,X$ の X_{i-1} への逆像に含まれる) の非特異な閉部分多様体を中心とする爆発」を満たす有限列 $Y = X_N \longrightarrow X_{N-1} \longrightarrow \cdots \longrightarrow X_i \longrightarrow X_{i-1} \longrightarrow \cdots \longrightarrow X_0 = X$ が存在する.

例 2 (i) A_n 型 Du Val 特異点 $X = (z^{n+1} - x^2 - y^2 = 0) \subset \mathbf{C}^3$ を原点 O を中心に爆発させると, A_{n-2} 型 Du Val 特異点を一つもった曲面になる. 以下帰納的に爆発を繰り返して特異点解消 $\mu : Y \longrightarrow X$ ができる. 例外集合 $\mu^{-1}(O)$ は n 本の $\mathbf{P}^1$ の鎖 $\cup_{i=1}^n C_i$, $(C_i, C_j) = -2$ $(i = j)$, $(C_i, C_j) = 1$ $(|i-j|=1)$, $(C_i, C_j) = 0$ (それ以外) となる. (ii) $X = (x^4 + y^4 + z^2 = 0) \subset \mathbf{C}^3$ は原点にのみ特異点をもつ正規曲面である. $\mu_1 : X_1 \longrightarrow X$ を原点 O の爆発とする. X_1 は $\mathbf{P}^1 = \mu_1^{-1}(O)$ を特異点集合とする正規でない曲面になる. X_1 の正規化は X の特異点解消を与えるが, より幾何学的な $\mathbf{P}^1$ を中心とした爆発と一致する.

特異点解消の存在を用いてはじめて定義可能な特異点のクラスもある. 「**有理特異点**⇔ 正規かつある特異点解消 $\mu : Y \longrightarrow X$ に対して $R^i \mu_* \mathcal{O}_Y = 0$, $\forall i > 0$」, 「**末端特異点** (あるいは**標準特異点**) ⇔X は正規, rK_X ($\exists r > 0$) は Cartier であり, かつある特異点解消 $\mu : Y \longrightarrow X$ に対して $rK_Y = \mu^* rK_X + \sum a_i E_i$ (E_i は例外因子すべてにわたる) と書くとき $a_i > 0$ (あるいは $a_i \geqq 0$)」などはその例である. これらの特異点は双有理幾何学できわめて重要である ([2]). たとえば, 標数 0 の正規曲面の特異点に関して, 「A_n, D_m, E_i ($i = 6, 7, 8$) 型 Du Val 特異点 ⇔ $SL(2, k)$ の有限部分群 $G \neq \{1\}$ による商特異点 $\mathbf{A}^2/G$ ⇔ 2次元の (非特異でない) 標準特異点」である.

より深い応用には $\mathrm{Sing}\,X$ あるいは部分多様体をなるべくわかりやすい形に直すことも必要になる (特異点解消を定理 1 で行った後を想定して):

定理 2 k を標数 0 の代数閉体, Y を k 上の非特異な代数多様体, W を Y の (整型とは限らない) 閉部分多様体とする. このとき, 条件「(iii) W の集合論的逆像 $\nu^{-1}(W)$ は単純正規交差因子 (各点 $z \in \nu^{-1}(W)$ の近傍における $\nu^{-1}(W)$ の方程式は $z \in Z$ の局所座標系の一部を用いて $z_1 z_2 \cdots z_l = 0$ の形に書ける), (iv) 各 $\nu_i : Y_i \longrightarrow Y_{i-1}$ は W の Y_{i-1} への逆像に含まれる非特異な閉部分多様体を中心とする爆発 (とくに, Y_i はすべて非特異)」を満たす有限列 $\nu : Z = Y_N \longrightarrow Y_{N-1} \longrightarrow \cdots \longrightarrow Y_i \longrightarrow Y_{i-1} \longrightarrow \cdots \longrightarrow Y_0 = Y$ が存在する.

近年, 定理 1, 2 を含む広中の定理の比較的簡単な証明が Wlodarczyk により与えられた.

[小木曽啓示]

参考文献

[1] 石井志保子:特異点理論入門, シュプリンガー・フェアラーク東京, 1997.
[2] 川又雄二郎:代数多様体論, 共立出版, 1997.
[3] H. Hironaka: Resolution of singularities of an algebraic variety over a field of characteristic zero, I, II, *Ann. of Math.* **79**, 109–326, 1964.

特 性 類

characteristic class

微分可能多様体の曲がり具合は，各点の近傍の1次近似を与える接空間が，多様体に沿ってどのように変化していくかということに反映される．たとえば平面上の曲線あるいは空間内の曲面の場合には，各点での接空間はその点における接線あるいは接平面で表され，曲線や曲面の曲がり具合は接線や接平面の勾配の変化に反映される．

多様体上の各点における接空間全体を集めた空間は接束と呼ばれ，その多様体を底空間とするベクトル束となる．一般に，ベクトル束やその一般化であるファイバー束の曲がり具合を，底空間のコホモロジーの言葉で表現したものが特性類である．

1 定 義

位相空間 F をファイバーとし，F に変換群として作用する群 G を構造群とするファイバー束 $\xi = (E, p, B)$（E は全空間，p は射影，B は底空間）を考える．代表的な例は，ベクトル束や C^∞ 多様体をファイバーとする C^∞ 級ファイバー束である．以下この項ではこのようなファイバー束を単に F 束と呼ぶ．

二つの F 束 $\xi_i = (E_i, p_i, B_i)$ $(i = 1, 2)$ の間の束写像とは，連続写像（あるいは微分可能写像）$\tilde{f}: E_1 \to E_2$, $f: B_1 \to B_2$ であって，条件 (i) $p_2 \circ \tilde{f} = f \circ p_1$, (ii) $\tilde{f}$ は ξ_1 の各ファイバーを ξ_2 のファイバーの上に同相（あるいは微分同相）に写す，(iii) $\tilde{f}$ は構造群の作用に関し許容的，を満たすものである．このとき ξ_1 は写像 $f: B_1 \to B_2$ による ξ_2 の引き戻し（誘導 F 束ともいう）$f^*(\xi_2)$ と同型となる．

k を負でない整数，A をアーベル群とする．任意の F 束 ξ に対し，その底空間 B のコホモロジー群の元 $\alpha(\xi) \in H^k(B; A)$ を対応させ，任意の F 束の束写像 $(\tilde{f}, f)$ に関して自然，すなわち $\alpha(\xi_1) = \alpha(f^*(\xi_2)) = f^*(\alpha(\xi_2))$ となるものを，A を係数とする次数 k の**特性類** (characteristic class) という．

ファイバー束のもっとも基本的な特性類は次のものである．ファイバー F が $(k-1)$-連結（すなわちホモトピー群 $\pi_i(F)$ がすべての $i \leq k-1$ に対して自明）とするとき，F 束 ξ の切断の存在に関する**第一障害類** (primary obstruction) と呼ばれる特性類 $\mathfrak{o}(\xi) \in H^{k+1}(B; \pi_k(F))$ が定義される（ただし $k = 1$ のときは $\pi_1(F)$ はアーベル群で $\pi_1(B)$ のファイバーのホモトピー群への作用は自明と仮定する）．もし ξ が切断をもつならばこの特性類は自明となる．

2 ベクトル束の特性類

n 次元実ベクトル束 $\xi = (E, p, B)$ に対し，$\mathbf{Z}_2 = \mathbf{Z}/2\mathbf{Z}$ を係数とする**シュティーフェル–ホイットニー類** (Stiefel–Whitney class) と呼ばれる特性類 $w_i(\xi) \in H^i(B; \mathbf{Z}_2)$ $(i = 1, \ldots, n)$ が定義される．$w(\xi) = 1 + w_1(\xi) + \cdots + w_n(\xi) \in H^*(B; \mathbf{Z}_2)$ を ξ の全シュティーフェル–ホイットニー類という．ξ が向き付け可能であるための必要十分条件は $w_1(\xi) = 0$ となることである．また向き付けられた実ベクトル束がスピン構造をもつための必要十分条件は $w_2(\xi) = 0$ となることである．実射影空間 $\mathbf{R}P^n$ 上の標準直線束 L のシュティーフェル–ホイットニー類は，$H^1(\mathbf{R}P^n; \mathbf{Z}_2) \cong \mathbf{Z}_2$ の生成元を u とするとき $w_1(L) = u$ で与えられる．

n 次元複素ベクトル束 $\xi = (E, p, B)$ に対し，$\mathbf{Z}$ を係数とする**チャーン類** (Chern class) と呼ばれる特性類 $c_i(\xi) \in H^{2i}(B; \mathbf{Z})$ $(i = 1, \ldots, n)$ が定義される．$c(\xi) = 1 + c_1(\xi) + \cdots + c_n(\xi) \in H^*(B; \mathbf{Z})$ を ξ の全チャーン類という．複素射影空間 $\mathbf{C}P^n$ 上の標準直線束 L のチャーン類は，$H^2(\mathbf{C}P^n; \mathbf{Z}) \cong \mathbf{Z}$ の生成元を u とするとき $c_1(L) = u$ で与えられる．

n 次元実ベクトル束 $\xi = (E, p, B)$ に対し，$\mathbf{Z}$ を係数とする**ポントリャーギン類** (Pontrjagin class) と呼ばれる特性類 $p_i(\xi) \in H^{4i}(B; \mathbf{Z})$ $(i = 1, \ldots, [n/2])$ が定義される．$p(\xi) = 1 + p_1(\xi) + \cdots + p_{[n/2]}(\xi) \in H^*(B; \mathbf{Z})$ を ξ の全ポントリャーギン類という．ξ の複素化を $\xi \otimes \mathbf{C}$ とするとき $p_i(\xi) = (-1)^i c_{2i}(\xi \otimes \mathbf{C})$ である．

$2n$ 次元の向き付けられた実ベクトル束 $\xi = (E, p, B)$ に対し，$\boldsymbol{Z}$ を係数とするオイラー類 (Euler class) と呼ばれる特性類 $\chi(\xi) \in H^{2n}(B; \boldsymbol{Z})$ が定義される．

上記の種々の特性類はいずれも，それぞれのベクトル束に同伴する適当なファイバー束の切断の存在に関する第一特性類として定義される．またそれらの間には次のような関係がある．n 次元複素ベクトル束 ξ はつねに向き付け可能であり自然な向きが定義される．また $w_2(\xi) = c_1(\xi) \bmod 2$ である．さらに $1 - p_1(\xi) + \cdots + (-1)^n p_n(\xi) = (1 + c_1(\xi) + \cdots + c_n(\xi))(1 - c_1(\xi) + \cdots + (-1)^n c_n(\xi))$ であり，また $\chi(\xi) = c_n(\xi)$ である．$2n$ 次元の向き付けられた実ベクトル束 ξ に対し，$p_n(\xi) = \chi(\xi)^2$ である．

二つのベクトル束 ξ, η のホイットニー和 $\xi \oplus \eta$ の特性類は，3 種類の特性類 (シュティーフェル–ホイットニー類，チャーン類，ポントリャーギン類) を $\alpha = w, c, p$ と略記すれば，それぞれに対して
$$\alpha_k(\xi \oplus \eta) = \sum_{i=0}^{k} \alpha_i(\xi) \cup \alpha_{k-i}(\eta)$$
となる．これをホイットニーの公式 (Whitney formula) という．$\alpha(\xi \oplus \eta) = \alpha(\xi) \alpha(\eta)$ と表すこともできる．

n 次元実ベクトル束，n 次元複素ベクトル束，$2n$ 次元の向き付けられた実ベクトル束の分類空間をそれぞれ $BGL(n; \boldsymbol{R}), BGL(n; \boldsymbol{C}), BGL^+(2n; \boldsymbol{R})$ とするとき，それらのコホモロジー代数は上記の特性類達で生成される．したがってベクトル束の特性類は上記のものがすべてである．

微分可能多様体 M の接束 TM のベクトル束としての特性類を M の特性類という．たとえば，実射影空間 $\boldsymbol{R}P^n$ の全シュティーフェル–ホイットニー類は $w(\boldsymbol{R}P^n) = (1+u)^{n+1}$ となる．また複素射影空間 $\boldsymbol{C}P^n$ の全チャーン類，全ポントリャーギン類は $c(\boldsymbol{C}P^n) = (1+u)^{n+1}, p(\boldsymbol{C}P^n) = (1+u^2)^{n+1}$ となる．M が $2n$ 次元の向き付けられた閉多様体の場合には，オイラー類 $\chi(TM) \in H^{2n}(M; \boldsymbol{Z})$ が定義される．M の基本類を $[M] \in H_{2n}(M; \boldsymbol{Z})$ とすれば $< [M], \chi(TM) > = e(M)$ となる．ここで $e(M)$ は M のオイラー数を表す．これを一般化されたガウス–ボンネの定理という．

3 チャーン–ヴェイユ理論

ベクトル束の特性類を微分形式を用いて微分幾何的に構成する理論をチャーン–ヴェイユ理論 (Chern–Weil theory) という．G を一般のリー群，$\mathfrak{g}$ をそのリー代数とする．G を構造群とする主束 $\xi = (P, \pi, M)$ とは G をファイバーとする微分可能なファイバー束であって，G の P 上への自由な右作用 $P \times G \to P$ でその商空間が M と一致するものである．このとき任意の元 $A \in \mathfrak{g}$ に対し P 上のベクトル場 A^* が定まる．

1 形式 $\omega \in \Omega^1(P; \mathfrak{g})$ は次の二つの条件，(i) 任意の $A \in \mathfrak{g}$ に対し $\omega(A^*) = A$, (ii) 任意の $g \in G$ に対し $R_g^*(\omega) = Ad(g^{-1})\omega$, を満たすとき接続 (connection) という．ただし $R_g : P \to P$ は g による右作用を表し，$Ad : G \to GL(\mathfrak{g})$ は随伴表現を表す．構造方程式 (structure equation) と呼ばれる方程式
$$d\omega = -\frac{1}{2}[\omega, \omega] + \Omega$$
により定義される 2 形式 $\Omega \in \Omega^2(P)$ を曲率 (curvature) という．$\mathfrak{g}$ 上の多項式関数で G の随伴作用に関し不変なものを G の不変多項式 (invariant polynomial) という．不変多項式の全体のなす次数付き代数を $I(G) = \sum_k I^k(G)$ と記す．主束 $\xi = (P, \pi, M)$ に接続を与えれば，任意の不変多項式 $f \in I^k(G)$ に曲率を代入することにより P 上の $2k$ 形式 $f(\Omega)$ が得られるが，これは底空間 M 上の微分形式 (の引き戻し) でありさらに閉形式である．したがって準同型 $I(G) \to H^*(M; \boldsymbol{R})$ が得られるが，これは接続のとりかたによらない．この準同型をヴェイユ準同型 (Weil homomorphism) という．コンパクト連結リー群 G に対し BG を主 G 束の分類空間とすれば，ヴェイユ準同型 $I(G) \to H^*(BG; \boldsymbol{R})$ は同型である．

[森田茂之]

凸解析

convex analysis

近年,数学,物理学,工学,オペレーションズリサーチ,数理経済学で発生する非線形問題の研究が盛んになるにつれ,凸集合とか凸関数といった凸に関する言葉を耳にすることが多くなってきている.凸という概念は,線形と非線形の中間に位置するものであり,凸集合とか凸関数といった凸性をもったものの性質ならびにその周辺を研究する分野が凸解析学である.凸解析学は数学の解析学に属する分野であるが,その中でも比較的若い分野であり,コンピュータの急速な進歩とともに,凸に関する問題と関連しながらますます発展してきているものである.凸解析でもっとも重要なものは,凸関数の劣微分に関する命題である.劣微分は微分の拡張概念であり,通常の微分が定義されていない関数に対しても,広い意味で微分を定義したものである.ここでは,劣微分の性質など凸解析で重要な概念や命題を述べることにする.

1 凸関数と下半連続関数

$\boldsymbol{R}$ を実数の全体,$(-\infty,\infty]$ は $\boldsymbol{R}\cup\{+\infty\}$ を表すことにする.E をバナッハ空間とし,f を E から $(-\infty,\infty]$ への関数とする.このとき,f が (E で) **凸関数** (convex function) であるとは,任意の $x,y \in E$ と $t \in (0,1)$ に対して

$$f(tx+(1-t)y) \leqq tf(x)+(1-t)f(y)$$

が成り立つときをいい,f が (E で) **下半連続関数** (lower semicontinuous function) であるとは,任意の $\alpha \in \boldsymbol{R}$ に対して $\{x \in E : f(x) \leqq \alpha\}$ が E の閉集合になるときをいう.凸関数と下半連続関数に対して,次の基本的性質が成り立つ.

定理 E をバナッハ空間とし,f と g を E から $(-\infty,\infty]$ への下半連続で凸な関数とする.このとき,$\alpha>0$ に対して

$$(\alpha f)(x) = \alpha f(x), \quad x \in E,$$
$$(f+g)(x) = f(x)+g(x), \quad x \in E$$

で定義される関数 αf と $f+g$ は E から $(-\infty,\infty]$ への下半連続で凸な関数となる.

定理 E をバナッハ空間とし,$\{f_i : i \in I\}$ を E から $(-\infty,\infty]$ への下半連続で凸な関数の族とする.このとき

$$g(x) = \sup_{i \in I} f_i(x), \quad x \in E$$

で定義される関数 $g : E \to (-\infty,\infty]$ は下半連続で凸な関数となる.

$f : E \to (-\infty,\infty]$ が**真** (proper) であるとは

$$D(f) = \{x \in E : f(x) < \infty\} \neq \emptyset$$

であるときをいう.$D(f)$ を f の**定義域** (domain) という.凸解析ではとくに f が下半連続で真な凸関数であるときが重要である.

定理 E をバナッハ空間とし,$f : E \to (-\infty,\infty]$ を下半連続で真な凸関数であるとき

$$f(x) \geqq \langle x, z^* \rangle + \mu, \quad x \in E$$

となるような $z^* \in E^*$ と $\mu \in \boldsymbol{R}$ が存在する.

定理 E をバナッハ空間とし,$f : E \to (-\infty,\infty]$ を下半連続で真な凸関数とする.また,f は $\|x_n\| \to \infty$ のとき,$f(x_n) \to \infty$ となるものとする.このとき

$$f(x_0) = \min\{f(x) : x \in E\}$$

となる $x_0 \in E$ が存在する.

上の最小値定理は f の定義域にコンパクトが仮定されていないところに特長がある.

2 凸関数の劣微分と方向微分

$f : E \to (-\infty,\infty]$ を真な凸関数とする.このとき,f の $x \in E$ における**劣微分** (subdifferential) $\partial f(x)$ とは,集合

$$\{x^* \in E : f(y) \geqq \langle y-x, x^* \rangle + f(x), y \in E\}$$

であると定義する.$f(x) = \infty$ ならば,$\partial f(x) = \emptyset$ となる.また

$$z^* \in \partial f(z) \Leftrightarrow z \in \arg\min_{x \in E}\{f(x) - \langle x, z^* \rangle\}$$

である.ただし

$$\arg\min_{x \in E} g(x) = \{z \in E : g(z) = \min_{x \in E} g(x)\}$$

である.

例 1 $E = \mathbf{R}$ とし,$f(x) = \frac{1}{2}x^2$ $(x \in \mathbf{R})$ とすると,$\partial f(x) = x$ $(x \in \mathbf{R})$ である.また,$g(x) = |x|$ $(x \in \mathbf{R})$ とすると
$$\partial g(x) = \begin{cases} -1 & (x < 1), \\ [-1, 1] & (x = 0), \\ 1 & (x > 1). \end{cases}$$

例 2 $E = \mathbf{R}$ とし
$$h(x) = \begin{cases} 0 & (x \in [0, 1]), \\ \infty & (x \notin [0, 1] \end{cases}$$
とすると
$$\partial h(x) = \begin{cases} \emptyset & (x < 0), \\ (-\infty, 0] & (x = 0), \\ 0 & (0 < x < 1), \\ [0, \infty) & (x = 1), \\ \emptyset & (x > 1). \end{cases}$$

上記の f, g, h を一般のバナッハ空間で考えると次のようになる.

例 3 E をバナッハ空間とし,$f(x) = \frac{1}{2}\|x\|^2$ $(x \in E)$ とする.このとき,$\partial f(x) = J(x)$ $(x \in E)$ である.ただし,J は双対写像 (dual mapping) と呼ばれるもので,$x \in E$ に対して
$$J(x) = \{x^* \in E^* : \langle x, x^* \rangle = \|x\|^2 = \|x^*\|^2\}$$
である.次に,$g(x) = \|x\|$ $(x \in E)$ とすると,$x = 0$ のときは
$$\partial g(0) = \{x^* \in E^* : \|x^*\| \leqq 1\}.$$

例 4 E をバナッハ空間とし,C を E の空でない閉凸集合とする.このとき
$$h(x) = \begin{cases} 0 & (x \in C), \\ \infty & (x \notin C) \end{cases}$$
とすると
$$\partial h(x) = \begin{cases} N_C(x) & (x \in C), \\ \emptyset & (x \notin C). \end{cases}$$
ただし,$x \in C$ に対し
$$N_C(x) = \{x^* \in E^* : \langle y - x, x^* \rangle \leqq 0, \ y \in C\}$$
である.$N_C(x)$ は x における C の **正規錐** (normal cone) と呼ばれるものである.

凸関数の和の劣微分については次の定理が重要である.

定理 E をバナッハ空間とする.$f : E \to (-\infty, \infty]$ を下半連続で真な凸関数とし,$g : E \to \mathbf{R}$ を連続な凸関数とする.このとき
$$\partial (f + g)(x) = \partial f(x) + \partial g(x), \quad x \in E$$
が成り立つ.

E をバナッハ空間とし,$f : E \to (-\infty, \infty]$ を真な凸関数とする.また,$z \in D(f)$ とし,$v \in E$ とする.このとき,$0 < t \leqq s$ なら
$$\frac{f(z + tv) - f(z)}{t} \leqq \frac{f(z + sv) - f(z)}{s}$$
である.f の z における v の **方向微分** を
$$d^+ f(z)(v) = \lim_{t \downarrow 0} \frac{f(z + tv) - f(z)}{t}$$
で定義する.また,任意の $\varepsilon > 0$ と $x \in E$ に対して,f の **ε-劣微分** $\partial_\varepsilon f(x)$ は,集合
$$\{x^* \in E : f(y) + \varepsilon \geqq \langle y - x, x^* \rangle + f(x), y \in E\}$$
で定義される.$f : E \to (-\infty, \infty]$ を下半連続で真な凸関数とするとき,$z \in D(f)$ と $\varepsilon > 0$ に対して,$\partial_\varepsilon f(z)$ は空でない集合である.f の方向微分と ε-劣微分の関係は以下のようである.

定理 E をバナッハ空間とし,$f : E \to (-\infty, \infty]$ を半連続で真な凸関数とする.このとき,$z \in D(f)$ と $\varepsilon > 0$ に対して以下が成り立つ.
$$d^+ f(z)(v) = \lim_{\varepsilon \downarrow 0} \sup\{\langle v, z^* \rangle : z^* \in \partial_\varepsilon f(z)\}$$

また,劣微分と ε-劣微分に対しては以下の定理が成り立つ.

定理 E をバナッハ空間とし,$f : E \to (-\infty, \infty]$ を下半連続で真な凸関数とする.また,$z \in D(f)$, $\varepsilon > 0$ とする.このとき,$z^* \in \partial_\varepsilon f(z)$ に対して
(i) $u^* \in \partial f(u);$ (ii) $\|u - z\| \leqq \sqrt{\varepsilon};$
(iii) $|f(u) - f(z)| \leqq \varepsilon + \sqrt{\varepsilon};$
(iv) $\|u^* - z^*\| \leqq \sqrt{\varepsilon}(1 + \|z^*\|)$
となるような $(u, u^*) \in E \times E^*$ が存在する.

3 共役関数と劣微分

E をバナッハ空間とし,$f : E \to (-\infty, \infty]$ を真な関数とする.このとき,E^* 上の関数 f^* を
$$f^*(x^*) = \sup_{x \in E}\{\langle x, x^* \rangle - f(x)\}, \quad x^* \in E^*$$

で定義し，f^* は f の共役関数 (conjugate function) といわれる．一般に
$$f(x) + f^*(x^*) \geqq \langle x, x^* \rangle, \quad x \in E, \ x^* \in E^*$$
が成り立つ．真な関数 $f: E \to (-\infty, \infty]$ に対し，$f^*: E^* \to (-\infty, \infty]$ が定義されたが，さらに E 上の関数 f^{**} を
$$f^{**}(x) = \sup_{x^* \in E^*} \{\langle x, x^* \rangle - f^*(x^*)\}, \quad x \in E$$
で定義し，f^{**} は f の第二共役関数 (biconjugate function) という．$f: E \to (-\infty, \infty]$ が下半連続で真な凸関数ならば，$f^{**} = f$ である．また，f の劣微分と共役関数の以下の関係は重要である．

定理 $f: E \to (-\infty, \infty]$ を真な関数とする．$a \in D(f)$ に対して，(1), (2), (3) は同値である．
(1) $x^* \in \partial f(a)$;
(2) $f(a) + f^*(x^*) \leqq \langle a, x^* \rangle$;
(3) $f(a) + f^*(x^*) = \langle a, x^* \rangle$.

4 極大単調作用素

E をバナッハ空間とし，A を E から E^* への集合値写像とする．E から E^* への集合値写像 A は $A \subset E \times E^*$ とも書くことができる．集合値写像 A が単調作用素 (monotone operator) であるとは，$(x_1, y_1), (x_2, y_2) \in A$ に対して，$\langle x_1 - x_2, y_1 - y_2 \rangle \geqq 0$ が成り立つときをいう．単調作用素 $A \subset E \times E^*$ が極大 (maximal) であるとは，A を真に含む単調作用素 $B \subset E \times E^*$ が存在しないときをいう．すなわち，$B \subset E \times E^*$ が単調で，$A \subset B$ ならば $A = B$ となるときをいう．次のロッカフェラー (Rockafellar) の定理は凸解析でもっとも重要な定理の一つである．

定理 E をバナッハ空間とし，$f: E \to (-\infty, \infty]$ を下半連続で真な凸関数とする．このとき，f の劣微分 ∂f は極大単調作用素である．

以下の定理も重要である．

定理 E, E^* を狭義凸で回帰的なバナッハ空間とし，J を E の双対写像とする．A を単調作用素とする．このとき，A が極大であるための必要十分条件は，すべての $r > 0$ に対して
$$R(J + rA) = E^*$$
となることである．ただし，$R(J + rA)$ は $J + rA$ の値域を表す．

任意の $x \in E$ と $r > 0$ に対して
$$0 \in J(z - x) + rAz \quad (*)$$
は少なくとも 1 つの解 $z \in D(A)$ をもつが，E が狭義凸であることより，$(*)$ の解は一意であることがわかる．そこで，J_r, A_r を
$$z = J_r x, \quad A_r x = \frac{1}{r} J(x - z)$$
で定義し，J_r を A のリゾルベント (resolvent), A_r を A の吉田近似 (Yosida approximation) と呼ぶ．このリゾルベント J_r は早くから知られていたが，あまり扱いやすい性質をもっておらず，最近では $x \in E$ と $r > 0$ に対して
$$Jx \in J(z) + rAz$$
を考え，$z = Q_r x, \ B_r x = \frac{1}{r}(J(x) - J(z))$ で A のリゾルベント Q_r と A の吉田近似 B_r が定義され，極大単調作用素に関係する重要な結果が証明されている．これらのリゾルベントと下半連続で真な凸関数の関係は以下のようである．

定理 E, E^* を狭義凸で回帰的なバナッハ空間とする．$f: E \to (-\infty, \infty]$ を下半連続で真な凸関数とし，∂f を f の劣微分とする．また，$r > 0$ に対して，∂f の二つのリゾルベントを J_r と Q_r とする．このとき，$x \in E$ に対して
$$J_r x = \arg\min_{y \in E} \{f(y) + \frac{1}{2r} \|y - x\|^2\},$$
$$Q_r x = \arg\min_{y \in E} \{f(y) + \frac{1}{2r} \|y\|^2 - \frac{1}{r} \langle y, Jx \rangle\}$$
が成り立つ．

ヒルベルト空間では二つのリゾルベント J_r, Q_r は一致している． ［高橋 渉］

参 考 文 献

[1] 高橋　渉：凸解析と不動点近似，横浜図書，2000.
[2] 高橋　渉：非線形・凸解析学入門，横浜図書，2005.
[3] 丸山　徹：数理経済学の方法，創文社，1995.
[4] R.T. Rockafellar: *Convex Analysis*, Princeton University Press, 1969.
[5] 田中謙輔：凸解析と最適化理論，牧野書店，1994.
[6] 渡部隆一：凸解析，培風館，1986.

凸関数

convex function

$\boldsymbol{R}$ を実数の全体とする．$I \subset \boldsymbol{R}$ が凸集合（区間）であるとは，$x, y \in I$ と $t \in (0, 1)$ に対して，$tx + (1-t)y \in I$ が成り立つときをいう．$\boldsymbol{R} = (-\infty, \infty)$, (a, b), $[a, b]$ などは区間である．とくに，$(-\infty, \infty)$, $(-\infty, a)$, (b, ∞), (a, b) は開区間と呼ばれる．I を区間とする．$f : I \to \boldsymbol{R}$ が凸関数であるとは，$x, y \in I$ と $t \in (0, 1)$ に対して
$$f(tx + (1-t)y) \leq tf(x) + (1-t)f(y) \quad (*)$$
が成り立つときをいう．$(*)$ で，等号が成り立たないときは，f は狭義の凸関数であるという．

$I \subset \boldsymbol{R}$ を区間とし，$f : I \to \boldsymbol{R}$ を凸関数とする．このとき，$a < b < c$ となる $a, b, c \in I$ に対して
$$\frac{f(b) - f(a)}{b - a} \leq \frac{f(c) - f(a)}{c - a} \leq \frac{f(c) - f(b)}{c - b}$$
が成り立つ．上の結果と平均値の定理より次の定理が得られる．

定理 I を開区間とし，f は I 上で $f''(x) \geq 0$ とする．このとき，f は I で凸関数となる．$f''(x) > 0$ であれば，f は I で狭義の凸関数となる．

定理 I を開区間とし，f は I 上で凸関数で微分可能とする．このとき，I の任意の点 c に対して
$$f(x) - f(c) \geq f'(c)(x - c), \quad x \in I$$
が成り立つ．

$I = (0, \infty)$ とし，$f(x) = -\log x$ $(x \in I)$ とすると，f は I 上で凸関数で，$f'(x) = -\frac{1}{x}$ である．そこで，$a_1, a_2, \ldots, a_n > 0$ に対して，$c = \frac{1}{n}(a_1 + a_2 + \cdots + a_n)$ とし，上の定理を用いると
$$\frac{a_1 + a_2 + \cdots + a_n}{n} \geq \sqrt[n]{a_1 a_2 \cdots a_n}$$
という n 個の場合の相加平均は相乗平均より大きいという一般の不等式が得られる．

定理 I を区間とし，$f : I \to \boldsymbol{R}$ を凸関数とする．このとき，$a < b$ となる $a, b \in I$ に対して
$$f(x) \leq \max\{f(a), f(b)\}, \quad x \in [a, b]$$
が成り立つ．

I を区間とする．このとき，$f : I \to \boldsymbol{R}$ が I でリプシッツ関数であるとは，ある $c \in \boldsymbol{R}$ が存在し
$$|f(x) - f(y)| \leq c|x - y|, \quad x, y \in I$$
が成り立つときをいう．

定理 I を開区間とし，$f : I \to \boldsymbol{R}$ を凸関数とする．また $[a, b] \subset I$ とする．このとき f は $[a, b]$ 上でリプシッツ関数となる．とくに f は I 上で連続となる．

上の定理を用いると，$(-\infty, \infty)$ や (a, b) 上で定義された凸関数はすべて連続関数になる．I を区間とする．f が I で単調増加であるとは $x_1 \leq x_2 \Rightarrow f(x_1) \leq f(x_2)$ を満たすときをいう．

定理 I を開区間とし，$f : I \to \boldsymbol{R}$ は凸関数で微分可能とする．このとき，$z_1, z_2 \in I$ に対して，$z_1 \leq z_2$ ならば $f'(z_1) \leq f'(z_2)$ である．

定理 $g : [a, b] \to \boldsymbol{R}$ を単調増加で連続な関数とし，$c \in [a, b]$ とする．このとき
$$f(x) = \int_c^x g(t)\, dt, \quad x \in [a, b]$$
で定義される関数 $f : [a, b] \to \boldsymbol{R}$ は凸関数となる．

上の定理から凸関数はいくらでも作れる．凸関数の定義と数学的帰納法から次の不等式を導くことができる．

公式 I を区間とし，$f : I \to \boldsymbol{R}$ を凸関数とする．$a_1, a_2, \ldots, a_n \geq 0$, $\sum_{i=1}^n a_i = 1$ とする．このとき以下が成り立つ
$$f\left(\sum_{i=1}^n a_i x_i\right) \leq \sum_{i=1}^n a_i f(x_i)$$

$f(x) = e^x$ が凸関数であることを用いて次の不等式も証明できる．

公式 $a_i, b_i > 0$ $(i = 1, 2, \ldots, n)$, $\frac{1}{p} + \frac{1}{q} = 1$, $p > 1$ とする．このとき，以下が成り立つ．
$$\sum_{i=1}^n a_i b_i \leq \left(\sum_{i=1}^n a_i^p\right)^{\frac{1}{p}} \left(\sum_{i=1}^n b_i^q\right)^{\frac{1}{q}}$$
さらに，以下も成り立つ．
$$\left(\sum_{i=1}^n (a_i + b_i)^p\right)^{\frac{1}{p}} \leq \left(\sum_{i=1}^n a_i^p\right)^{\frac{1}{p}} + \left(\sum_{i=1}^n b_i^p\right)^{\frac{1}{p}}$$

［高橋　渉］

凸 集 合

convex sets

集合の凸性の概念は数学，応用数学のほとんどあらゆる分野に顔を出す．実数の区間は凸集合であるし，$[0,1]$ 上で定義される連続関数 f で $f(0)=0, f(1)=1$ を満たす f の全体は凸集合になるといった具合である．ベクトル空間である問題を数学的に展開しようとするとき，凸集合の仮定を除去しようとすると，議論はたちまち困難の度を増すことになる．逆に，集合に凸性を仮定すると，距離の意味での閉集合と，弱位相の意味での閉集合が同値になるなど，有限次元での数学的方法が無限次元でも使えるようになる．このように，集合の凸性の果たす役割は大きい．

1　ベクトル空間での凸集合

E をベクトル空間とし，$C \subset E$ とする．C が凸集合 (convex set) であるとは，任意の $x, y \in C$ と $\alpha\, (0 < \alpha < 1)$ に対して，$\alpha x + (1-\alpha)y \in C$ が成り立つことである．凸集合の定義から，次の定理は容易に証明できる．

定理　E をベクトル空間とする．このとき
(i) C, D がともに E の空でない凸集合ならば，$C+D$ も凸集合である; (ii) C が E の空でない凸集合ならば，任意の $\alpha \in \mathbf{R}$ について，αC も凸集合である; (iii) $\{C_\lambda\}_{\lambda \in I}$ が凸集合の族ならば，$\cap_{\lambda \in I} C_\lambda$ も凸集合である．

定理　E をノルム空間とし，C, D を E の空でない 2 つの閉集合とする．さらに，C がコンパクトであるならば，$C+D$ は閉集合である．

C にコンパクトの仮定がない場合は，$C+D$ が閉集合とならない例が作れる．たとえば，$\mathbf{R}^2$ で $C = \{(x,y) : y \geq \frac{1}{x},\ x > 0\}$ とし，$D = \{(x,y) : x \leq 0,\ y = 0\}$ とする．このとき，$C+D = \{(x,y) : -\infty < x < \infty,\ y > 0\}$ となり，$C+D$ は閉集合とならない．

$S \subset E$ とする．S を含む最小の凸集合を S の凸包 (convex hull) と呼び，coS で表す．C を E の凸集合とする．$a \in C$ が C の代数的内点 (algebraic interior point) であるとは，任意の $x \in E$ に対して，ある $\lambda \in (0,1)$ が存在して，$\lambda x + (1-\lambda)a \in C$ となることである．C の代数的内点の全体を $corC$ と書く．E をノルム空間とし，C を E の集合とする．$z \in E$ が C の位相的内点 (topological interior point) である，あるいは単に C の内点 (interior point) であるとは，z を中心とし，半径 $r > 0$ の開球 $S_r(z)$ が存在して $S_r(z) \subset C$ となることである．C の内点の全体を $IntC$ で表す．

定理　E をノルム空間とし，C を E の集合とする．$u \in IntC$ とし，$v \in \overline{C}$ とする．このとき $[u,v) \subset IntC$ である．

定理　E をノルム空間，C を E の凸集合とする．このとき $\overline{C}$ は凸集合であり，また $IntC \neq \emptyset$ ならば $IntC = corC$ と $\overline{C} = \overline{IntC}$ が成り立つ．

E をノルム空間とし，$S \subset E$ とする．このとき，S を含む E の最小の閉凸集合を $\overline{co}S$ と書き，S の閉凸包 (closed convex hull) と呼ぶ．凸包や閉凸包に関しては次の定理が成り立つ．

定理　C, D をノルム空間 E の空でない集合とし，$\alpha \in \mathbf{R}$ とする．このとき
(1) $co(\alpha C) = \alpha coC$;
(2) $co(C+D) = coC + coD$;
(3) $\overline{coC} = \overline{co\overline{C}}$;
(4) $\overline{co}(\alpha C) = \alpha \overline{co}C$;
(5) $\overline{co}C$ がコンパクトならば
$\overline{co}(C+D) = \overline{co}C + \overline{co}D$;
(6) $\overline{co}C, \overline{co}D$ がともにコンパクトであるなら
$\overline{co}(C \cup D) = co(\overline{co}C \cup \overline{co}D)$.

次の定理は Mazur によって証明された．

定理　C をバナッハ空間 E のコンパクト集合とする．このとき，$\overline{co}C$ はコンパクト集合である．

2　凸集合と線形連続汎関数

Hahn–Banach の定理を用いて凸集合を議論す

る上で大切な分離定理が証明できる.

定理 E をノルム空間とする. C, D を E の空でない閉凸集合で $C \cap D = \emptyset$ とする. さらに, D はコンパクトであるとする. このとき, E 上の 0 でない線形連続汎関数 f で
$$\sup_{x \in C} f(x) < \inf_{y \in D} f(y)$$
となるものが存在する.

定理 E をノルム空間とする. C, D を E の空でない凸集合とし, $Int D \neq \emptyset$ とする. このとき, $C \cap Int D = \emptyset$ ならば, E 上の 0 でない線形連続汎関数 f で
$$\sup_{x \in C} f(x) \leqq \inf_{y \in D} f(y)$$
となるものが存在する.

Bishop–Phelps による次の定理も有用である.

定理 C をバナッハ空間 E の有界な閉凸集合とする. このとき, C 上で最大値に達する線形連続汎関数 f の全体は E^* で稠密である.

3 Krein–Milman の定理

E をベクトル空間とし, x_1, x_2 を E の元とする. このとき, $x = (1-t)x_1 + tx_2 \ (0 \leqq t \leqq 1)$ となる要素 x の全体を x_1 と x_2 を結ぶ線分 (line segument) といい, $[x_1, x_2]$ で表す. E の凸集合 X の点 x が, X 内の両端点をもつようないかなる線分の内点にもなっていないとき, x は X の端点 (extreme point) であるという. X の端点の全体を $ex X$ と書く.

定理 X を局所凸な線形位相空間 E のコンパクトで凸な集合とすると, $ex X \neq \emptyset$ である. また
$$\overline{co}(ex X) = X$$
である. ただし, $\overline{co}A$ は A の閉凸包である.

4 凸集合と弱位相

x_0 をバナッハ空間 E の元とし, f を E^* の元とする. このとき, 集合
$$U(x_0; f, \varepsilon) = \{x \in E : |f(x - x_0)| < \varepsilon\}$$
を考える. このような集合の全体から生成される E 上の位相は E の弱位相 (weak topology) といわれる. この位相においてネット $\{x_\alpha\}$ が x_0 に収束するための必要十分条件は, 任意の $f \in E^*$ に対して, $f(x_\alpha) \to f(x_0)$ となることである.

定理 バナッハ空間 E が回帰的であるための必要十分条件は, E の閉単位球 $B = \{x \in E : \|x\| \leqq 1\}$ が弱位相でコンパクトとなることである.

定理 C がノルム空間 E の凸集合とする. このとき, C が距離の意味 (強位相) で閉集合であることと, 弱位相で閉集合であることは同値である.

上の定理を用いると無限次元空間でよく使われる次の2つの定理が得られる.

定理 x がノルム空間 E の部分集合 C の弱位相での閉包に属していれば, C の凸包 $co C$ の点列で x に距離の意味で収束するものが存在する.

定理 ノルム空間 E の点列 $\{x_n\}$ が x_0 に弱収束していれば
$$\|x_0\| \leqq \liminf_{n \to \infty} \|x_n\|.$$

E をノルム空間とし, E^* をその共役空間とする. f_0 を E^* の元とし, x を E の元とする. このとき, $\varepsilon > 0$ に対して, E^* の集合
$$U(f_0; x, \varepsilon) = \{f \in E^* : |f_0(x) - f(x)| < \varepsilon\}$$
を考える. このような集合の全体から生成される E^* 上の位相は, E^* の汎弱位相 (weak* topology) といわれる. この位相においてネット $\{f_\alpha\}$ が f_0 に収束するための必要十分条件は, 任意の $x \in E$ に対して, $f_\alpha(x) \to f_0(x)$ となることである.

定理 ノルム空間 E の共役空間 E^* の閉単位球 $B^* = \{f \in E^* : \|f\| \leqq 1\}$ は汎弱位相でコンパクトである.

[高橋　渉]

参考文献

[1] N. Dunford, J.T. Schwartz : *Linear Operators, Part I*, Interscience, 1958.
[2] 松田　稔：バナッハ空間とラドン・ニコディム性, 横浜図書, 2006.
[3] 宮島静雄：関数解析, 横浜図書, 2005.
[4] 高橋　渉：非線形関数解析学, 近代科学社, 1988.

ド・ラーム・コホモロジー

de Rham cohomology

1 序

多様体 M 上の微分形式の全体 $\Omega^*(M)$ は,外微分 d により,ド・ラーム複体と呼ばれるコチェイン複体をなす.そのコホモロジー群がド・ラーム・コホモロジー群である.多様体上の微分形式の積分の理論が,ド・ラーム・コホモロジー群を通じて多様体の位相と深くかかわっていることを述べるのが,多様体上の微分形式のド・ラーム理論である.

2 ド・ラーム複体

n 次元多様体 M 上の実数値 C^∞ 級関数全体が,和と積に関してなす代数を $C^\infty(M)$ と書き,多様体 M 上の C^∞ 級微分 p 形式の全体のなす $C^\infty(M)$ 加群を $\Omega^p(M)$ と書く.$\Omega^0(M) = C^\infty(M)$ とする.直和 $\bigoplus_{p=0}^{n} \Omega^p(M)$ を,$\Omega^*(M)$,あるいは $\Omega^\bullet(M)$ と書く.外微分

$$d: \Omega^p(M) \to \Omega^{p+1}(M)$$

が定義されており,$d \circ d = 0$ を満たす.したがって,ベクトル空間と線形写像の系列

$$0 \longrightarrow \Omega^0(M) \xrightarrow{d} \Omega^1(M) \xrightarrow{d} \cdots$$
$$\cdots \xrightarrow{d} \Omega^{n-1}(M) \xrightarrow{d} \Omega^n(M) \longrightarrow 0$$

は,コチェイン複体となる.このコチェイン複体は,多様体 M のド・ラーム複体と呼ばれる.

ド・ラーム複体上には,外積

$$\wedge: \Omega^p(M) \times \Omega^q(M) \to \Omega^{p+q}(M)$$

が定義され,微分 p 形式 α,微分 q 形式 β に対して,次を満たす (外積の次数付き可換性,外微分のライプニッツ則).

$$\beta \wedge \alpha = (-1)^{pq} \alpha \wedge \beta,$$
$$d(\alpha \wedge \beta) = (d\alpha) \wedge \beta + (-1)^p \alpha \wedge (d\beta).$$

$\Omega^*(M)$ にある次数による直和,外積,外微分の構造をあわせて,次数付き微分加群 (differential graded algebra, DGA) の構造という.

m 次元多様体 M,n 次元多様体 N の間の C^∞ 級写像 $F: M \to N$ により,N 上の微分 p 形式 α の引き戻し $F^*\alpha$ が M 上の微分 p 形式として定義される.実際,α が多様体 N の座標近傍 (V, ψ) 上で,

$$\alpha = \sum_{j_1, \ldots, j_p} f_{j_1 \cdots j_p} dy_{j_1} \wedge \cdots \wedge dy_{j_p}$$

のように表示され,多様体 N の座標近傍 (U, φ) $(U \subset F^{-1}(V))$ 上で,F すなわち $\psi \circ F \circ \varphi^{-1}$ が,$y_j = y_j(x_1, \ldots, x_m)$ $(j = 1, \ldots, n)$ により表示されているとすると,$F^*\alpha$ は,(U, φ) 上で,

$$F^*\alpha = \sum_{j_1, \ldots, j_p} f_{j_1 \cdots j_p} dy_{j_1} \wedge \cdots \wedge dy_{j_p}$$
$$= \sum_{j_1, \ldots, j_p} \sum_{i_1=1}^{n} \cdots \sum_{i_p=1}^{n} f_{j_1 \cdots j_p} \frac{\partial y_{j_1}}{\partial x_{i_1}} \cdots \frac{\partial y_{j_p}}{\partial x_{i_p}}$$
$$\cdot dx_{i_1} \wedge \cdots \wedge dx_{i_p}$$

と表示される.引き戻しは外積,外微分と可換であり,**DGA** 準同型である.

3 ド・ラーム・コホモロジー群

多様体 M のド・ラーム複体も $\Omega^*(M)$ と書く.多様体 M のド・ラーム複体 $\Omega^*(M)$ の p 次のコホモロジー群は,多様体 M の p 次ド・ラーム・コホモロジー群と呼ばれ,$H^p_{DR}(M)$ と書かれる.

$$H^p_{DR}(M) = \frac{\ker(d: \Omega^p(M) \to \Omega^{p+1}(M))}{\operatorname{im}(d: \Omega^{p-1}(M) \to \Omega^p(M))}$$

である.ここで,$\ker(d: \Omega^p(M) \to \Omega^{p+1}(M))$ の元を閉形式と呼び,$\operatorname{im}(d: \Omega^{p-1}(M) \to \Omega^p(M))$ の元を完全形式と呼ぶ.

多様体の間の C^∞ 級写像 $F: M \to N$ が誘導する引き戻し $F^*: \Omega^*(N) \to \Omega^*(M)$ は,外微分 d と可換,すなわちコチェイン写像だから,ド・ラーム・コホモロジー群の間の準同型 $F^*: H^p_{DR}(N) \to H^p_{DR}(M)$ を誘導する.C^∞ 級写像 $F: M \to N$,$G: L \to M$ に対して,

$$(F \circ G)^* = G^* \circ F^*: \Omega^*(N) \to \Omega^*(L)$$

だから,

$$(F \circ G)^* = G^* \circ F^*: H^p_{DR}(N) \to H^p_{DR}(L)$$

であり,あきらかに多様体 M の恒等写像 id_M は恒等写像 $\operatorname{id}_{\Omega^*(M)}$ を誘導するから,恒等写像 $\operatorname{id}_{H^p_{DR}(M)}$ を誘導する.すなわち,ド・ラーム・コホモロジー群は,(多様体,C^∞ 級写像) のなす圏から,(ベクトル空間,線型写像) のなす圏への反変関手である.とくに,ド・ラーム・コホモロジー群

は，多様体が微分同相ならば同型である．

ド・ラーム・コホモロジー群は，ホモトピー同値ならば同型であり，このことが，計算を可能にしている．ここで，X, Y がホモトピー同値とは，連続写像 $f : X \to Y$, $g : Y \to X$ で，$f \circ g$, $g \circ f$ が，恒等写像 id_Y, id_X とホモトピックになるものがあることである．ホモトピー同値ならば同型であることは，次の（引き戻しが誘導する準同型の）ホモトピー不変性からわかる．

C^∞ 級写像 $F_0, F_1 : M \to N$ が C^∞ ホモトピックとする．すなわち，C^∞ 級写像 $F : [0,1] \times M \to N$ で，$F_0(x) = F(0, x)$, $F_1(x) = F(1, x)$ を満たすものがあるとする．このとき，
$$(F_0)^* = (F_1)^* : H^p_{DR}(N) \to H^p_{DR}(M)$$
が成立する．連続写像は，C^∞ 級写像で近似できるから，C^∞ 級写像 $F_0, F_1 : M \to N$ が連続写像としてホモトピックならば，C^∞ ホモトピックであり，$(F_0)^* = (F_1)^*$ となる．

n 次元ユークリッド空間やその中の開球体 B^n は，1点とホモトピー同値であるから，そのド・ラーム・コホモロジー群は，1点のド・ラーム・コホモロジー群と同型であり，$H^0_{DR}(B^n) \cong \mathbf{Z}$, $H^p_{DR}(B^n) \cong 0$ $(p \neq 0)$ となる．これがポアンカレの補題である．

多様体 M が開集合 M_1, M_2 の和集合となるとき，1の分割を用いて，コチェイン複体の完全系列
$$0 \to \Omega^*(M) \xrightarrow{(j_1^*, j_2^*)} \Omega^*(M_1) \oplus \Omega^*(M_2)$$
$$\xrightarrow{i_1^* - i_2^*} \Omega^*(M_1 \cap M_2) \to 0$$
が得られる．ここで，$j_\ell : M_\ell \to M$, $i_\ell : M_1 \cap M_2 \to M_\ell$ $(\ell = 1, 2)$ は包含写像である．実際，μ を M_1 に台をもつ C^∞ 級関数で，$1 - \mu$ が M_2 に台をもつものとする．$M_1 \cap M_2$ 上の p 形式 α に対し，$-\mu\alpha$ は，$M_2 \setminus M_1$ 上では 0 として M_2 上の p 形式となり，$(1 - \mu)\alpha$ は，$M_1 \setminus M_2$ 上では 0 として M_1 上の p 形式となる．したがって，$i_1^*((1-\mu)\alpha) - i_2^*(-\mu\alpha) = \alpha$ となり，$i_1^* - i_2^*$ の全射性がわかる．このコチェイン複体の完全系列が誘導する次のコホモロジー群の長完全系列をマイヤー–ビエトリス完全系列と呼ぶ．

$$0 \to H^0_{DR}(M) \xrightarrow{(j_1^*, j_2^*)} H^0_{DR}(M_1) \oplus H^0_{DR}(M_2)$$
$$\xrightarrow{i_1^* - i_2^*} H^0_{DR}(M_1 \cap M_2)$$
$$\xrightarrow{\Delta^*} H^1_{DR}(M) \xrightarrow{(j_1^*, j_2^*)} H^1_{DR}(M_1) \oplus H^1_{DR}(M_2)$$
$$\xrightarrow{i_1^* - i_2^*} H^1_{DR}(M_1 \cap M_2) \xrightarrow{\Delta^*} \cdots .$$

ここで，$\Delta^* : H^p_{DR}(M_1 \cap M_2) \to H^{p+1}_{DR}(M)$ は，次のように与えられる．$M_1 \cap M_2$ 上の閉 p 形式 α に対し，$i_1^*\alpha_1 - i_2^*\alpha_2 = \alpha$ となる $\alpha_1 \in \Omega^p(M_1)$, $\alpha_2 \in \Omega^p(M_2)$ をとり，$(d\alpha_1, d\alpha_2)$ を考えると，$i_1^* d\alpha_1 - i_2^* d\alpha_2 = d\alpha = 0$ だから，M 上の $p+1$ 形式 β で，$j_1^*\beta = d\alpha_1$, $j_2^*\beta = d\alpha_2$ を満たすものがある．β が閉形式であり，α のコホモロジー類に β のコホモロジー類を対応させる写像が，コホモロジー群の間の準同型 Δ^* を定めることが示される．

この完全系列とポアンカレの補題から，n 次元球面 S^n のド・ラーム・コホモロジー群は，次元についての帰納法で計算され，$H^p_{DR}(S^n) \cong \mathbf{R}$ $(p = 0, n)$, $H^p_{DR}(S^n) \cong 0$ $(p \neq 0, n)$ となることがわかる．また，モース理論などを用いてコンパクト多様体のド・ラーム・コホモロジー群は，有限次元実ベクトル空間であることもわかる．

4 ド・ラーム・コホモロジー群とチェック・コホモロジー群

ド・ラームの定理は，n 次元多様体 M のド・ラーム・コホモロジー群は，位相空間としての実係数コホモロジー群と一致するというものである．この定理の証明は，よい性質をもつ座標近傍系 $\{(U_i, \varphi_i)\}$ の存在を用い，被覆 $\{U_i\}$ のチェック・コホモロジー群と同型であることを示すのが見通しがよい．すなわち，n 次元多様体 M は，座標近傍系 $\{(U_i, \varphi_i)\}$ で，任意の共通部分 $U_{i_0} \cap \cdots \cap U_{i_q}$ が n 次元開球体と微分同相であるかまたは空集合となるものをもつ．この開集合上の p 形式を考えて，
$$A^{p,q} = \bigoplus_{i_0 < \cdots < i_q} \Omega^p(U_{i_0} \cap \cdots \cap U_{i_q})$$
とおく．外微分 $d : A^{p,q} \to A^{p+1,q}$ と次で定義されるコバウンダリー作用素 $\delta : A^{p,q} \to A^{p,q+1}$ により，$(\{A^{p,q}\}_{p \geqq 0, q \geqq 0}, d, \delta)$ は 2 重複体となる．$\alpha \in A^{p,q}$ に対し，

$$(\delta\alpha)|(U_{i_0}\cap\cdots\cap U_{i_{q+1}})$$
$$=\sum_{j=0}^{q+1}(-1)^j\alpha|(U_{i_0}\cap\cdots\cap U_{i_{j-1}}\cap U_{i_{j+1}}\cap\cdots\cap U_{i_{q+1}}).$$

すなわち,下の図式において,$d\circ d=0$, $\delta\circ\delta=0$, $d\circ\delta=\delta\circ d$である.

$$\begin{array}{ccccccc}
& \uparrow d & & \uparrow d & & \uparrow d & \\
0 \longrightarrow & A^{2,0} & \xrightarrow{\delta} & A^{2,1} & \xrightarrow{\delta} & A^{2,2} & \xrightarrow{\delta} \\
& \uparrow d & & \uparrow d & & \uparrow d & \\
0 \longrightarrow & A^{1,0} & \xrightarrow{\delta} & A^{1,1} & \xrightarrow{\delta} & A^{1,2} & \xrightarrow{\delta} \\
& \uparrow d & & \uparrow d & & \uparrow d & \\
0 \longrightarrow & A^{0,0} & \xrightarrow{\delta} & A^{0,1} & \xrightarrow{\delta} & A^{0,2} & \xrightarrow{\delta} \\
& \uparrow & & \uparrow & & \uparrow & \\
& 0 & & 0 & & 0 &
\end{array}$$

qを固定するとき,複体$(A^{*,q},d)$のコホモロジー群は,ポアンカレの補題から,$H^k(A^{*,q})=0$ $(k>0)$, $H^0(A^{*,q})\cong\bigoplus_{i_1<\cdots<i_q}\boldsymbol{R}(U_{i_1}\cap\cdots\cap U_{i_q})$となる.ここで,$C^q(\{U_i\})=\bigoplus_{i_0<\cdots<i_q}\boldsymbol{R}(U_{i_0}\cap\cdots\cap U_{i_q})$を,各$U_{i_0}\cap\cdots\cap U_{i_q}$上の定数関数のなすベクトル空間とする.$(C^q(\{U_i\}),\delta)$は,チェック複体と呼ばれ,そのコホモロジー群$H^p(\{U_i\})$はチェック・コホモロジー群と呼ばれる.このチェック複体を,この2重複体の下の行$(A^{-1,*})$とすれば,各列のコホモロジー群は0となる.

pを固定するとき,複体$(A^{p,*},\delta)$のコホモロジー群については,被覆$\{U_i\}$に従属する1の分割を用いて,$H^k(A^{p,*})=0$ $(k>0)$, $H^0(A^{p,*})\cong\Omega^p(M)$であることがわかる.したがって,ドラーム複体をこの2重複体の左の列$(A^{*,-1})$とすれば,各行のコホモロジー群は0になる.

チェック複体とド・ラーム複体に対し,このような2重複体$(\{A^{p,q}\}_{p\geq0,q\geq0},d,\delta)$があることから,それぞれのコホモロジー群の同型写像$H^p(\{U_i\})\cong H^p_{DR}(M)$が導かれる.

この2重複体の議論は,ポアンカレの補題,1の分割にあたる命題が成立する開集合上のDGAが与えられれば成立する.たとえば,複素多様体上のよい性質をもつ座標近傍系$\{(U_i,\varphi_i)\}$について,ドルボー複体
$$A^{p,q,r}=\bigoplus_{i_0<\cdots<i_r}\Omega^{(p,q)}(U_{i_0}\cap\cdots\cap U_{i_r})$$
を考える.ここで,$\Omega^{(p,q)}$は,(p,q)型,すなわち$\sum f_{i_1\cdots i_p\bar{j}_1\cdots\bar{j}_q}dz_{i_1}\wedge\cdots\wedge dz_{i_p}\wedge d\bar{z}_{j_1}\wedge\cdots\wedge d\bar{z}_{j_q}$の形の$C^\infty$級微分形式の空間である.このとき通常の外微分$d$は
$$d:A^{(p,q,r)}\to A^{(p+1,q,r)}\oplus A^{(p,q+1,r)}$$
となり,この分解に従って$d=\partial+\bar{\partial}$と書かれるが,$\bar{\partial}$については,よい性質をもつ$\{(U_i,\varphi_i)\}$については,
$$0\longrightarrow\bigoplus\mathcal{A}^p(U_{i_0}\cap\cdots\cap U_{i_r})\xrightarrow{\bar{\partial}}A^{p,0,r}$$
$$\xrightarrow{\bar{\partial}}A^{p,1,r}\xrightarrow{\bar{\partial}}A^{p,2,r}\xrightarrow{\bar{\partial}}\cdots$$
が完全系列であるというドルボーの補題が成立する.ここで,$\mathcal{A}^p(U_{i_0}\cap\cdots\cap U_{i_r})$は$U_{i_0}\cap\cdots\cap U_{i_r}$上の正則$p$形式のなす空間である.したがって,$H^q(M,\mathcal{A}^p(M))$は,$M$上の$\bar{\partial}$閉$(p,q)$形式の空間を$M$上の$\bar{\partial}$完全$(p,q)$形式の空間を法とする商空間
$$\frac{\ker(\bar{\partial}:\Omega^{(p,q)}(M)\longrightarrow\Omega^{(p,q+1)}(M))}{\mathrm{im}(\bar{\partial}:\Omega^{(p,q-1)}(M)\longrightarrow\Omega^{(p,q)}(M))}$$
と同型となる.

多様体Mが三角形分割されているとき,$M\approx|K|$となる単体複体Kの頂点の開星状体による被覆$\{O(v_i)\}$をとると,Kのq単体と被覆$\{O(v_i)\}$の空でない共通部分$O(v_{i_0})\cap\cdots\cap O(v_{i_q})$は,1対1に対応する.このことから,単体複体$K$の実係数コホモロジー群と被覆$\{O(v_i)\}$のチェック・コホモロジー群は同型となる.

ド・ラーム複体は,単体複体に対しても定義され,単体的ド・ラーム理論が作られる.すなわち,単体複体K上の微分p形式とは,各単体σ上の微分p形式の集合$\{\alpha_\sigma\}_{\sigma\in K}$であって,単体$\tau$が単体$\sigma$の面であるとき,$\alpha_\sigma|\tau=\alpha_\tau$を満たすものである.このとき,単体複体のド・ラーム複体$\Omega^*(K)$のド・ラーム・コホモロジー群$H^*_{DR}(K)$は単体複体の実係数コホモロジー群$H^*(K;\boldsymbol{R})$と同型となる.さらに,この同型は,単体複体K上の微分p形式$\{\alpha_\sigma\}$と各p単体τに対し,積分$I(\alpha)(\tau)=\int_\tau\alpha_\tau$により定義されるコチェイン写像$I:\Omega^*(K)\to C^*(K)$により与えられる.

5 多様体上の微分形式の積分

p次元ユークリッド空間の単体Δ^pを,

$\Delta^p = \{(t_1, \ldots, t_p) \in \mathbb{R}^p \mid 1 \geqq t_1 \geqq \cdots \geqq t_p \geqq 0\}$ で定義する. Δ^p 上の微分 p 形式 β の積分は, $\beta = h(t_1, \ldots, t_p) dt_1 \wedge \cdots \wedge dt_p$ に対して,
$$\int_{\Delta^p} \beta = \int_{\Delta^p} h(t_1, \ldots, t_p) dt_1 \cdots dt_p$$
で定義される. n 次元多様体 M 上の微分 p 形式 α と, Δ^p から M への C^∞ 級写像 $\sigma: \Delta^p \to M$ に対し, 積分 $\int_\sigma \alpha$ が, 引き戻し $\sigma^*\alpha$ は Δ^p 上の微分 p 形式であるから, $\int_\sigma \alpha = \int_{\Delta^p} \sigma^*\alpha$ により定義される. $p = 1$ のときは, $\int_\sigma \alpha$ は線積分と呼ばれる. C^∞ 級写像 $\sigma: \Delta^p \to M$ は, C^∞ 級特異 p 単体と呼ばれ, 有限個の C^∞ 級写像 $\sigma_i: \Delta^p \to M$ と実数 a_i について, 形式的な和 $c = \sum a_i \sigma_i$ を U の C^∞ 級特異 p チェインと呼ぶ. C^∞ 級特異 p チェイン $c = \sum a_i \sigma_i$ 上の積分を $\int_c \alpha = \sum a_i \int_{\sigma_i} \alpha$ で定義する.

C^∞ 級特異 p 単体 σ の境界 $\partial\sigma$ が, C^∞ 級特異 $p-1$ チェインとして次のように定義される. $\varepsilon_i: \Delta^{p-1} \to \Delta^p$ $(i = 0, \ldots, p)$ を
$$\varepsilon_0(t_1, \ldots, t_{p-1}) = (1, t_1, \ldots, t_{p-1}),$$
$$\varepsilon_i(t_1, \ldots, t_{p-1}) = (t_1, \ldots, t_i, t_i, \ldots, t_{p-1})$$
$$(i = 1, \ldots, p-1),$$
$$\varepsilon_p(t_1, \ldots, t_{p-1}) = (t_1, \ldots, t_{p-1}, 0)$$
で定め, $\partial\sigma = \sum_{i=0}^p (-1)^i \sigma \circ \varepsilon_i$ と定める. このとき, M 上の微分 $p-1$ 形式 β に対して, 次の等式が成立する. $\int_\sigma d\beta = \int_{\partial\sigma} \beta$. これは C^∞ 級特異単体に対するストークスの定理と呼ばれる.

多様体 M の C^∞ 級特異 p チェインの全体を $S_p^\infty(M)$ と書くと, 対応 $\sigma \mapsto \partial\sigma$ は, 境界準同型 $\partial: S_p^\infty(M) \to S_{p-1}^\infty(M)$ を定めている. したがって, 次のベクトル空間と準同型の系列が得られる.
$$0 \longleftarrow S_0^\infty(M) \xleftarrow{\partial} S_1^\infty(M) \xleftarrow{\partial} \cdots$$
ここで, $\partial \circ \partial: S_p^\infty(M) \to S_{p-2}^\infty(M)$ は 0 写像となり, 上の系列はチェイン複体となる. これを, 多様体 M の C^∞ 級特異チェイン複体と呼び, $S_*^\infty(M)$ と書く. C^∞ 級特異チェイン複体 $S_*^\infty(M)$ のホモロジー群は C^∞ 級特異ホモロジー群と呼ばれる. このホモロジー群は, 位相空間としての M の実係数ホモロジー群 $H_*(M; \mathbb{R})$ と一致する. また, 多様体は三角形分割可能であり, その三角形分割を与える単体複体の実係数ホモロジー群とも一致する.

C^∞ 級特異 p チェイン上の積分は, 次で定義される実双 1 次形式 $\int: \Omega^p(M) \times S_p^\infty(M) \to \mathbb{R}$ を与えている.
$$(\alpha, c) \mapsto \int_c \alpha$$
C^∞ 級特異単体に対するストークスの定理により, この双 1 次形式は, 双 1 次形式
$$\int: H_{DR}^p(M) \times H_p(M; \mathbb{R}) \to \mathbb{R}$$
を引き起こす. この双 1 次形式は, 非退化であることがわかり, $H_{DR}^p(M)$ と $H_p(M; \mathbb{R})$ は, 双対ベクトル空間である.

6 ポアンカレ双対性と微分形式

n 次元多様体 M がコンパクトで向き付けられていれば, 多様体の基本類 $[M]$ が定義される. M が連結のとき, 微分 n 形式 ω に対し, $\int_M \omega = \int_{[M]} \omega$ と定義する. この対応は同型写像 $H_{DR}^n(M) \to \mathbb{R}$ を誘導する. $p + q = n$ となる閉微分 p 形式 α と閉微分 q 形式 β に対し, 外積 $\alpha \wedge \beta$ は, 双 1 次形式
$$\int: H_{DR}^p(M) \times H_{DR}^q(M) \to H_{DR}^n(M) \cong \mathbb{R}$$
を導くが, これも非退化であることが示される. これはド・ラーム・コホモロジー群についてのポアンカレ双対定理と呼ばれる.

n 次元多様体 M 上の実係数 p 次元ホモロジー群の元は, いくつかの向き付けられた p 次部分多様体の実数係数の線形結合の形で書かれることがわかっている. 向き付けられた n 次元多様体 M に対しては, 向き付けられた p 次部分多様体 S の法束は向き付けられている. この法束は, S の管状近傍と微分同相であるが, S の管状近傍に台をもつ閉微分 q 形式で, ファイバー上の積分が 1 になるものが存在する. この閉微分 q 形式 α が, S のポアンカレ双対であり, M 上の閉微分 p 形式 β に対し,
$$\int_S \beta = \int_M \alpha \wedge \beta$$
が成立する.

[坪井　俊]

トーリック多様体

toric variety

トーリック多様体は特別な種類の代数多様体である．トーリック多様体は簡単な構成方法をもつので取り扱いが容易であるが，組み合わせ的な複雑さがあるため，十分複雑な例を簡単にいろいろと構成することができる．

1 代数的トーラスとトーリック多様体

代数的閉体 k を固定する．d 次元の代数的トーラス (algebraic torus) とは，アフィン空間 $\mathbf{A}^d = \operatorname{Spec} k[x_1,\ldots,x_d]$ の開部分多様体
$$T = \operatorname{Spec} k[x_1,\ldots,x_d,x_1^{-1},\ldots,x_d^{-1}]$$
のことである．T の k-値点全体の集合は乗法群の直積 $(k^*)^d$ と同型であり，T は以下のようにして定まる代数群の構造をもつ：乗法 $\mu : T \times T \to T$ は $\mu^*(x_i) = x_i \otimes x_i$ $(i = 1,\ldots,d)$ で定まる射，単位元 $e : \operatorname{Spec} k \to T$ は極大イデアル $(x_1-1,\ldots,x_d-1)$ に対応する点，逆元 $\iota : T \to T$ は $\iota^*(x_i) = x_i^{-1}$ によって定まる射である．

たとえば，$k = \mathbf{C}$ の場合には，d 次元代数的トーラスの $\mathbf{C}$-値点全体の集合は，$\mathbf{R}$-値点全体の集合と d 次元実トーラスの直積になっている．

トーリック多様体 (toric variety) とは，代数的トーラスが作用するような正規代数多様体であって，一つの軌道になっているような T と同型な開集合が存在するものである．代数的トーラス T の正規代数多様体 X への作用とは，以下の条件を満たす射 $g : T \times X \to X$ のことである：

(1) $g \circ (\operatorname{Id}_T \times g) = g \circ (\mu \times \operatorname{Id}_X) : T \times T \times X \to X$．

(2) $g \circ (e \times \operatorname{Id}_X) = \operatorname{Id}_X : X = \operatorname{Spec} k \times X \to X$．

1行目は結合則であり，2行目は単位元の作用が恒等射になることを意味している．任意の点 $P \in X$ の軌道 (orbit) o_P とは，作用による像のことである：$o_P = \operatorname{Im}(T \times \{P\} \to X)$．空ではない開集合は互いに交わるので，開軌道はただひとつである．開軌道を T と同一視して，開埋め込み $T \to X$ があると考えることができる．このため，トーリック多様体はトーラス埋め込み (torus embedding) とも呼ばれる．

アフィン代数多様体でもある場合ようなトーリック多様体をアフィン・トーリック多様体 (affine toric variety) と呼ぶ．

例 (1) アフィン空間 $\mathbf{A}^d$ は，作用 $g^*(x_i) = x_i \otimes x_i$ $(i = 1,\ldots,d)$ によってアフィン・トーリック多様体になる．

(2) 射影空間 $\mathbf{P}^d = \operatorname{Proj} k[x_0,\ldots,x_d]$ は作用 $g^*(x_0) = 1 \otimes x_0$, $g^*(x_i) = x_i \otimes x_i$ $(i = 1,\ldots,d)$ によってトーリック多様体になる．

(3) アフィン空間 $\mathbf{A}^d$ の中で方程式
$$x_1^{m_1}\ldots x_r^{m_r} = x_{r+1}^{m_{r+1}}\ldots x_d^{m_d}$$
によって定義された超曲面 X_0 を正規化して得られる代数多様体 X は $d-1$ 次元トーリック多様体の構造をもつ．ここで，m_i たちは自然数である．実際，$\mathbf{A}^d$ の中に自然に入っている d 次元トーラス T と X_0 の交わり $T' = T \cap X_0$ は，T の演算で閉じていて単位元を含むので $d-1$ 次元代数的トーラスになり，しかも自然に X_0 に作用し，その作用が X に持ち上がるからである．

2 アフィン・トーリック多様体と有理凸多面体錐

代数的トーラス T を含むアフィン・トーリック多様体 $X = \operatorname{Spec} R$ の座標環 R は，T の座標環 $k[x_1,\ldots,x_d,x_1^{-1},\ldots,x_d^{-1}]$ の部分環である．可換代数群 T の作用によって R は固有空間分解されるので，R は有限個の単項式 $x^{\vec{m}} = x_1^{m_1}\ldots x_d^{m_d}$ で生成されることになる．ここで，m_i たちは負の値も許す整数であり，ベクトル $\vec{m} = (m_1,\ldots,m_d) \in \mathbf{Z}^d = M$ を使って簡略化して表示した．

R が正規であることを使うと，実ベクトル空間 $M \otimes \mathbf{R} \cong \mathbf{R}^d$ の中の有限個の整数点 (つまり M の点) で生成された有理凸多面体錐 (これらの整数点を含む最小の凸錘体) $\check{\sigma}$ が存在して，
$$R = \bigoplus_{\vec{m} \in \check{\sigma} \cap M} kx^{\vec{m}}$$
と表せることが証明できる．

あとでアフィン・トーリック多様体の貼り合わ

せを考えるために, M の双対加群を $N = M^* =$ Hom$(M, \mathbf{Z})$ とおき, 実ベクトル空間 $N \otimes \mathbf{R} \cong \mathbf{R}^d$ の中で有限個の N の点によって生成された有理凸多面体錐 σ を考え, $\check{\sigma}$ をその双対錐として表示する:
$$\check{\sigma} = \{\vec{m} \in M \mid \langle \vec{m}, \vec{n}\rangle \geqq 0 \ \forall \vec{n} \in \sigma\}.$$
X は T と双有理同値であるので, $\check{\sigma}$ はベクトル空間 $M \otimes \mathbf{R}$ の基底を含むことがわかり, したがって, σ は $N \otimes \mathbf{R}$ の 0 ではない線形部分空間を含まないことがわかる.

逆に, 有限生成自由アーベル群 N と, 0 ではない線形部分空間を含まないような有理凸多面体錐 $\sigma \subset N \otimes \mathbf{R}$ の組 (N, σ) は, アフィン・トーリック多様体を定める. これを X_σ と書く.

例 (1) アフィン空間 $\mathbf{A}^d$ には, $N = \mathbf{Z}^d$ と d 個の基本ベクトルで生成された凸多面体錐 (第 1 象限) が対応する.

(2) アフィン・トーリック多様体 X_σ がなめらかであるための必要十分条件は, N の基底が存在して, その一部によって σ が凸多面体錐として生成されることである. このとき, 開軌道の補集合 $X \setminus T$ は正規交差因子 (normal crossing divisor) になる.

(3) 位数 r が k の標数と互いに素であるような有限アーベル群 G を考える. G がアフィン空間に対角的に (効果的に) 作用しているとき, 商空間 $X = \mathbf{A}^d/G$ は以下のようにしてアフィン・トーリック多様体になる.

各元 $g \in G$ は, 1 の r 乗根が並ぶ対角行列で表示される. 1 の r 乗根全体のなす群 μ_r と巡回群 $\frac{1}{r}\mathbf{Z}/\mathbf{Z}$ の同型を一つ固定すると, G は $\frac{1}{r}\mathbf{Z}^d/\mathbf{Z}^d$ の部分群とみなせる. $N = \mathbf{Z}^d + G \subset \frac{1}{r}\mathbf{Z}^d \subset \mathbf{R}^d$ は階数 d の自由アーベル群になり, $\mathbf{R}^d$ の第 1 象限 σ とあわせて, X の座標環 R を与える. 実際, R は不変式環 $k[x_1, \ldots, x_d]^G$ と一致するが, 単項式 $x^{\vec{m}}$ が G-不変であるための必要十分条件は, 任意の $\vec{n} \in N$ に対して $\langle \vec{m}, \vec{n}\rangle \in \mathbf{Z}$ となることで与えられるからである.

3 トーリック多様体の射

トーリック多様体 (T, X) からもう一つのトーリック多様体 (T', X') へのトーリック射 (toric morphism) とは, 代数群としての全射準同型写像 (単位元を単位元に写し演算と可換な射) $h: T \to T'$ と代数多様体のとしての射 $f: X \to X'$ の組であって, f を開軌道 T に制限したものが h と一致し, しかも作用と両立するものである: $f \circ g = g' \circ (h \times f): T \times X \to X'$.

X と X' がともにアフィン・トーリック多様体である場合には, 対応する錐体を $\sigma \subset N \otimes \mathbf{R}$ および $\sigma' \subset N' \otimes \mathbf{R}$ とすると, 準同型写像 h に対応して有限生成アーベル群の準同型写像 $h_*: N \to N'$ が得られ, 係数拡大によって得られた線形写像 $f_* = h_* \otimes \mathbf{R}$ は全射となり, 包含関係
$$f_*(\sigma) \subset \sigma'$$
が成り立つ. 逆に, 準同型写像 h_* から代数群の全射準同型 h が復元され, 上の包含関係が満たされればトーリック射 f が再構成される.

とくに, f が双有理射であるときは, h は同型射になるので, $N = N'$ とみなす. このとき, 射 f が開埋め込み (open immersion) になるための必要十分条件は, σ が σ' の面 (face) になることで与えられる. ここで, 面とは, いくつかの元 $\vec{m}^{(1)}, \ldots, \vec{m}^{(r)} \in M$ が存在して, 対応する N 上の線形関数 $\langle \vec{m}^{(j)}, \bullet \rangle$ $(j = 1, \ldots, r)$ が σ' 上では 0 以上の値をとり, かつ $\sigma = \{\vec{n} \in \sigma' \mid \langle \vec{m}^{(j)}, \vec{n}\rangle = 0 \ \forall j\}$ となることをいう.

例 (1) σ' 全体を σ' の面と考えたときに, 対応するのは X' 全体である. いちばん小さい面 $\{0\}$ に対応するのはただ一つの開軌道 T である.

(2) アフィン空間の開集合
$$U_{i_1, \ldots, i_r} = \{\vec{x} \in \mathbf{A}^d \mid x_{i_j} \neq 0 \ (j = 1, \ldots, r)\}$$
は第 1 象限の面
$$\sigma_{i_1, \ldots, i_r} = \{\vec{n} \in \mathbf{R}^d \mid n_i \geqq 0 \ \forall i,$$
$$n_{i_j} = 0 \ (j = 1, \ldots, r)\}$$
に対応する.

4 一般のトーリック多様体と扇

代数多様体がアフィン多様体の貼り合わせで得

られるのと同様に，一般のトーリック多様体はアフィン・トーリック多様体の貼り合わせで得られる（隅広の定理 (Sumihiro's theorem)）．貼り合わせのデータは実ベクトル空間内の扇によってわかりやすく表示される．

実ベクトル空間 $N \otimes \mathbf{R}$ 内の扇 (fan) とは，有理凸多面体錐の集合 $\Sigma = \{\sigma_i\}$ で以下の条件を満たすものである：(1) 任意の元 $\sigma_i \in \Sigma$ の任意の面は Σ に属する．(2) 二つの元の交わり $\sigma_i \cap \sigma_j$ は，両者の面になる．ここで，σ_i 自身も σ_i の面であると考える．

対応するトーリック多様体は次のように構成される：
$$X = \bigcup_{\sigma_i \in \Sigma} X_{\sigma_i}$$
ここで，X_{σ_i} と X_{σ_j} の貼り合わせは，$\sigma_i \cap \sigma_j = \sigma_k$ である場合には，共通の開部分多様体 X_{σ_k} を同一視することによって得られる．

トーリック多様体が完備 (complete) になるための必要十分条件は，扇が全空間の分割になることである：$N \otimes \mathbf{R} = \bigcup_{\sigma_i \in \Sigma} \sigma_i$.

例　(1) 射影空間 $\mathbf{P}^d$ に対応する扇は，以下の $d+1$ 個の d 次元錐体
$$\sigma_0^d = \{\vec{n} \in \mathbf{R}^d \mid n_i \geqq 0 \; \forall i\}$$
$$\sigma_j^d = \{\vec{n} \in \mathbf{R}^d \mid n_j \leqq 0, n_i \geqq n_j \; \forall i \neq j\}$$
($j = 1, \ldots, d$) およびそれらの面からなる扇である．$N = \mathbf{Z}^d$ の基本ベクトルを $\vec{e}_i$ ($i = 1, \ldots, d$) とするとき，Σ に属する 1 次元の錐体は，
$$\sigma_i^1 = \mathbf{Z}_{\geqq 0} \vec{e}_i$$
$$\sigma_0^1 = -\mathbf{Z}_{\geqq 0} (\sum_{i=1}^d \vec{e}_i)$$
($i = 1, \ldots, d$) の $d+1$ 個になる．

(2) 重み付き射影空間 (weighted projective space) $\mathbf{P}(a_0, \ldots, a_d)$ に対しては，$\mathbf{R}^d$ の中の扇としては，射影空間の扇と同じものが対応する．ただし，
$$N = \sum_{i=1}^d \frac{1}{a_i} \mathbf{Z} \vec{e}_i + \frac{1}{a_0} \mathbf{Z} \sum_{i=1}^d \vec{e}_i$$
とする．

5　トーリック部分多様体

扇 Σ と対応した d 次元トーリック多様体 X を考える．元 $\sigma_i \in \Sigma$ に対応したアフィン開集合 X_{σ_i} は，そのなかで相対的に閉じている T 軌道 o_{σ_i} をただ一つ含む．X のなかでの閉包 $Y_{\sigma_i} = \bar{o}_{\sigma_i}$ は $\boldsymbol{T}$ 不変 (T-invariant) である：作用 $T \times Y_{\sigma_i} \to X$ の像は Y_{σ_i} に含まれる．逆に，X 上の T 不変な任意の閉部分多様体はこの形に書ける．次元の関係式
$$\dim Y_{\sigma_i} + \dim \sigma_i = d$$
が成り立つ．たとえば，$\{0\} \in \Sigma$ には X 全体が対応し，d 次元の錐体には X 上の T 不変な点が対応する．

1 次元の錐体 σ_i^1 には，T 不変な X の素因子 D_i が対応する．$\sigma_i^1 \cap N = \mathbf{Z}_{\geqq 0} \vec{n}_i$ によって $\vec{n}_i \in N$ を定める．このとき，$\vec{m} \in M$ に対応した X 上の有理関数 $x^{\vec{m}}$ の因子は，式
$$\mathrm{div}(x^{\vec{m}}) = \sum_i \langle \vec{m}, \vec{n}_i \rangle D_i$$
で与えられる．ここで，σ_i^1 は Σ のすべての 1 次元錐体をわたる．

$d-1$ 次元の錐体 σ_j^{d-1} には，X 上の T 不変な 1 次元部分多様体（曲線）C_j が対応する．もしも σ_i^1 と σ_j^{d-1} が凸集合として d 次元の単体錐 $\rho \in \Sigma$ を張るならば，交点数が以下の関係式で与えられる：
$$(D_i \cdot C_j) = \#(N/N_\rho).$$
ここで，N_ρ は ρ の 1 次元の面上に乗っている整数点全体で生成された N の自由部分アーベル群である．

トーリック多様体 X 上の T 不変な因子 $D = \sum_j d_j D_j$ を考える．D がカルティエ因子になるための必要十分条件は，各錐体 $\sigma_i \in \Sigma$ に対して，$\vec{m}_i \in M$ が存在して，式 $\langle \vec{m}_i, \vec{n}_j \rangle = -d_j$ が，σ_i のすべての 1 次元の面 σ_j^1 に対して成り立つことである．

カルティエ因子 D に対して，$N \otimes \mathbf{R}$ 上の区分的に線形な連続関数 ϕ_D を，$\vec{n} \in \sigma_i$ のときには $\phi_D(\vec{n}) = \langle \vec{m}_i, \vec{n} \rangle$ によって定める．このとき，対応する可逆層 $\mathcal{O}_X(D)$ が大域切断で生成されるための必要十分条件は，関数 ϕ_D が凸になることで

ある.

また，D が豊富になるための必要十分条件は，二つの錐体が真に交わるところではつねに関数 ϕ_D が強い意味で凸になることである．そして，完備なトーリック多様体 X が射影的代数多様体になるための必要十分条件は，このような関数 ϕ_D が存在することで与えられる．この判定条件を使って，$d \geq 3$ の場合には，完備ではあるが射影的ではないトーリック多様体の例が簡単に構成できる．

6 トーリック射と扇の写像

一般のトーリック多様体の間のトーリック射 $(h, f): (T, X) \to (T', X')$ には，扇の写像 $(h_*, f_*): (N, \Sigma) \to (N', \Sigma')$ が対応する．ここで，任意の $\sigma_i \in \Sigma$ に対して，$\sigma'_j \in \Sigma'$ が存在して，包含関係 $f_*(\sigma_i) \subset \sigma'_j$ が成り立つ．

逆に，包含関係を満たすような組 (h_*, f_*) からトーリック射 (h, f) が再構成される．

例 (1) 射影空間はアフィン空間から原点を除いたものの商空間である：
$$\mathbf{P}^d = (\mathbf{A}^{d+1} \setminus \{0\})/(\mathbf{A} \setminus \{0\}).$$
トーリック多様体 $\mathbf{A}^{d+1} \setminus \{0\}$ に対応した扇は，$\mathbf{R}^{d+1}$ の第 1 象限の面であって第 1 象限全体ではないようなものすべてからなる．トーリック射 $\mathbf{A}^{d+1} \setminus \{0\} \to \mathbf{P}^d$ に対応した扇の写像は，準同型写像 $h_*(n_0, n_1, \ldots, n_d) = (n_1 - n_0, \ldots, n_d - n_0)$ から誘導される．

(2) 重みつき射影空間は射影空間のアーベル群による商空間である：
$$\mathbf{P}(a_0, \ldots, a_d) = \mathbf{P}^d/(\mathbf{Z}/a_0\mathbf{Z} \times \cdots \times \mathbf{Z}/a_d\mathbf{Z}).$$
このトーリック射に対応した扇の写像は，準同型写像 $h_*(n_0, \ldots, n_d) = (a_0 n_0, \ldots, a_n n_d)$ から誘導される．

(3) アフィン空間 $X = \mathbf{A}^d$ の線形部分空間 C を式 $x_1 = \cdots = x_r = 0$ で定義する．$r \geq 2$ のときは，C を中心とした**爆発** (blowing up) $f: Y \to X$ が定義できる．Y はトーリック多様体で，その扇は半直線 $\mathbf{R}_{\geq 0}(\sum_{i=1}^r \vec{e}_i)$ を使って第 1 象限を細分することによって得られる．

一般の代数多様体に関する難しい問題も，トーリック多様体の場合に限れば簡単に解けることが多い．たとえば，特異点解消は任意標数で容易に証明できる．また，極小モデル・プログラムも驚くほど簡単になる．その理由は，カルティエ因子がネフであることと，それが自由であることとが同値になってしまうなど，微妙な違いがなくなってしまうためであり，底が浅くなっているともいえる．

逆に，双対定理や消滅定理のような大定理を，トーリック多様体の場合に扇の言葉に翻訳することによって，組み合わせ論的な結論を導くという応用もある．

7 トロイダル多様体

代数多様体とその空ではない開集合の組 (X, U) は，以下の条件を満たすときトロイダル多様体 (toroidal variety) と呼ばれる：各点 $x \in X$ に対して，トーリック多様体，その開集合としての代数的トーラスおよびその上の点からなる組 $(X(x), U(x), p(x))$ が存在して (**局所モデル** (local model) という)，(X, U) を x で完備化したものが，$(X(x), U(x))$ を $p(x)$ で完備化したものと同型になる．

たとえば，なめらかな代数多様体 X とその上の正規交差因子 D に対して，$(X, X \setminus D)$ はトロイダル多様体になる．これを，なめらかなトロイダル多様体という．トーリック多様体の特異点解消は容易なので，任意のトロイダル多様体に対して，なめらかなトロイダル多様体からの固有双有理射を見つけることは容易である．したがって，特異点解消定理は，任意の代数多様体に対して，トロイダル多様体からの固有双有理射が存在すること (**トロイダル化** (toroidalization)) と同値である．

トロイダル多様体の間の**トロイダル射** (toroidal morphism) も，トーリック射を局所モデルとしてもつ射として同様に定義できる．特異点解消定理の相対版として，標数 0 の体上では，任意の代数的ファイバー空間のトロイダル化の存在が証明できる．

［川又雄二郎］

ナヴィエ–ストークス方程式

Navier–Stokes equation

通常の物体は巨大な数の分子からなり,それが連続的に分布しているとみなすことができる.こうした物体を連続体と呼ぶ.連続体は気体,液体,固体に分類されるが,このうち気体と液体を総称して流体と呼ぶ.気体には体積が容易に変化するという性質がある.こうした流体を圧縮性流体と呼ぶ.体積変化が無視できる流体を非圧縮性流体と呼ぶ.気体=圧縮性流体,液体=非圧縮性流体,という等式はつねに成り立つわけではない.空気の運動でもゆっくりした速度であれば圧縮性は無視できる.一方,水の圧縮性はきわめて小さく,無視できるとしてよいことがほとんどである.

非圧縮粘性流体の運動を記述する偏微分方程式がナヴィエ–ストークス方程式である.(以下,NS方程式と略記する.)圧縮性流体に対するNS方程式も存在するけれどもここでは非圧縮性流体のみを論ずる.NS方程式は,秩序だった運動から乱流まで広く適用のできる微分方程式である.

NS方程式は非線形であり,解の存在を証明することが難しい.クレイ研究所のミレニアム問題のひとつにも選ばれており,その難しさは筋金入りである.一方,水の運動を数値計算するにはNS方程式を数値計算せねばならない.数値計算も一般には容易ではなく,数値解析の立場からも活発な研究が続いている.

1 ナヴィエ–ストークス方程式

流体が占める領域を Ω とする.Ω は空間 $\mathbf{R}^m$ ($m = 2$ または 3) の領域とし,その境界 $\partial\Omega$ はなめらかとする.非圧縮性粘性流体の運動は,速度 $\boldsymbol{u} = \boldsymbol{u}(t, x)$ および圧力 $p = p(t, x)$ のみを用いて記述することができる.ここで,$t \geq 0$ および $x \in \Omega$ は,それぞれ時間変数および空間変数である.これらは,運動量保存則

$$\frac{\partial \boldsymbol{u}}{\partial t} + (\boldsymbol{u} \cdot \nabla)\boldsymbol{u} = \nu \Delta \boldsymbol{u} - \frac{1}{\rho}\nabla p + \boldsymbol{f} \qquad (1)$$

および,非圧縮性条件

$$\mathrm{div}\,\boldsymbol{u} = 0 \qquad (2)$$

を満足する.この2つの方程式を連立させたものをNS方程式と呼ぶ.ここで,ν は動粘性率(動粘性係数)を表し,ρ は流体の質量密度を表す.どちらも通常は正定数として扱われる.$\boldsymbol{f}$ は外から加えられる力であり,既知関数とみなす.$\boldsymbol{u}$ は $\partial\Omega$ 上で境界条件

$$\boldsymbol{u}|_{\partial\Omega} = \boldsymbol{\beta}(t, x) \qquad (3)$$

を満たさねばならない($\boldsymbol{\beta}$ は既知関数).また,$t = 0$ で $\boldsymbol{u}$ の初期条件も与えられる.すなわち,

$$\boldsymbol{u}|_{t=0} = \boldsymbol{u}_0(x). \qquad (4)$$

与えられた $\boldsymbol{f}, \boldsymbol{\beta}, \boldsymbol{u}_0$ に対して (1)–(4) を満足する $\boldsymbol{u}$ と p を求めよ,という問題は,1934年のルレイ(J. Leray)による論文 [2] に始まり,多くの数学者の手によって大きく進歩した.しかし,それにもかかわらず未解決のまま残されている問題は多い.

また,流体力学にはパラドクスが多く知られている.つまり,常識に反するような事実がNS方程式から導かれてくることがしばしば起きる.ダランベールのパラドクスやストークスのパラドクスなどはその一部である.こうしたことを合理的に説明するのも数学者の使命である.

2 近似方程式

非線形項 $(\boldsymbol{u} \cdot \nabla)\boldsymbol{u}$ を削った方程式をストークス方程式もしくはストークス近似と呼ぶ:

$$\frac{\partial \boldsymbol{u}}{\partial t} = \nu \Delta \boldsymbol{u} - \frac{1}{\rho}\nabla p + \boldsymbol{f}, \qquad \mathrm{div}\,\boldsymbol{u} = 0. \qquad (5)$$

速度 $\boldsymbol{u}$ が小さいときにはストークス近似でも役立つことがある.しかし,たとえゆっくりした運動であっても,物体から遠く離れたところではストークス近似は不正確となることが知られている.こういうときにはオセーン方程式

$$\frac{\partial \boldsymbol{u}}{\partial t} + (\boldsymbol{U} \cdot \nabla)\boldsymbol{u} = \nu \Delta \boldsymbol{u} - \frac{1}{\rho}\nabla p + \boldsymbol{f}, \qquad \mathrm{div}\,\boldsymbol{u} = 0$$

がよい場合もある.ここで $\boldsymbol{U}$ は与えられた定ベクトルである.

3 歴史

1757年に出版されたオイラー(L. Euler)の論

文で $\nu = 0$ の場合の方程式が導かれた．これは流体力学の歴史上きわめて画期的なことであるが，粘性を無視しているために，その方程式 (オイラー方程式と呼ばれている．6 節) からの帰結は現実の問題に適用できないことも多く，粘性をどう取り込むかは大きな問題となっていた．1827 年に出版されたナヴィエの論文で NS 方程式がはじめて導かれたが，その導き方は合理性を欠いていた．1841 年，ストークス (G.G. Stokes) が連続体の概念を使って我々が現在使っているやりかたで NS 方程式を導いた．これ以降，物理学の立場から研究が進んだが，数学的な研究に画期的なものが現れたのは 1934 年のルレイまで待たねばならない．ここで彼は弱解の概念を導入し，弱解の存在を証明し，さまざまな予想をたてた．これは近代的な偏微分方程式論の幕開けといってもよいできごとであった．その後，2000 年を記念してクレイ研究所のミレニアム問題 7 つのうちの一つとして選ばれたこともあり，NS 方程式に対する数学者の興味はきわめて大きなものがある．

4 ミレニアム問題 (文献 [6])

ここでは，簡単のために，Ω が有界で，$\beta \equiv 0$, $f \equiv 0$ と仮定しよう．注意するべきことは，問題の難しさが領域 Ω の次元 m に深刻に依存していることである．すなわち，$m = 2$ の場合には，NS 初期値問題の一意な古典解が大域的に，すなわちすべての時間 $0 \leq t < \infty$ に対して存在する．一方，$m = 3$ の場合には，古典解の局所的な存在 (すなわち，有限時間までの存在) が証明されているものの，時間大域的に存在するかどうかはわかっていない．これは大変難しい問題であるとみなされており，クレイ財団による西暦 2000 年を記念したミレニアム賞の 7 問題の一つに挙げられている．

5 渦度

curl u を渦度 (vorticity) と呼び，しばしば ω で表す．$f \equiv 0$ として (1) に curl をほどこすと
$$\frac{\partial \omega}{\partial t} + (u \cdot \nabla)\omega - (\omega \cdot \nabla)u = \nu \Delta \omega. \quad (6)$$
を得る．これを渦度方程式と呼ぶ．(6) と，div $u = 0$, curl $u = \omega$ を連立させたものは NS 方程式と同値である．渦度方程式では圧力が消去されているので便利であり，数値計算に用いられることも多い (文献 [1, 3, 4])．

6 オイラー方程式

もし，流体が非圧縮性かつ非粘性ならば，次のオイラー方程式になる：
$$\frac{\partial u}{\partial t} + (u \cdot \nabla)u = -\frac{1}{\rho}\nabla p + f. \quad (7)$$
境界条件は，$u \cdot n|_{\partial\Omega} = 0$ を課す．オイラー方程式の初期値問題については，2 次元の場合には解の大域的存在が，3 次元の場合には局所的存在が証明されている．3 次元オイラー方程式には弱解の存在すら証明できていない．これは NS 初期値問題とは大きな違いである．

7 ナヴィエ–ストークス方程式の応用

水の運動は NS 方程式できわめて正確に記述できるし，空気の運動も速度がそれほど大きくなければ NS 方程式で記述できるから，NS 方程式の応用は計り知れない．数値計算技術はきわめて発達してきたし，天気の数値予報などにも活躍している．しかし，巨大なメモリーを必要とする計算が多く，スーパーコンピュータですら扱いかねる問題も存在することは忘れてはならない．ほかの偏微分方程式で成功した手法でも NS 方程式では必ずしもうまくいくとは限らず，独自の工夫を開発せねばならないこともあるために，NS 方程式の数値計算についても活発な研究が続いている．

[岡本　久]

参 考 文 献

[1] A.J. Chorin：*Vorticity and Turbulence*, Springer, 1994.
[2] J. Leray：*Acta Math.*, **63**, 193–248, 1934.
[3] 今井　功：流体力学 (前編)，裳華房，1973.
[4] 岡本　久，ナヴィエ–ストークス方程式の数理，東大出版会，2009.
[5] 日本流体力学会編：流体力学ハンドブック (第 2 版)，丸善，1998.
[6] 一松　信ほか：数学 7 つの未解決問題，森北出版，2002.

2次曲面

quadric surface

平面曲線で，単純で美しい整然とした姿のものは，楕円，放物線，双曲線などの2次曲線（円錐曲線）であり，さまざまなことが知られている．空間内の曲面で，単純で美しく代表的なものは，2次曲面と呼ばれるものであり，やはりたくさんの興味深い性質が知られている．

1 定義と分類

座標 xyz をもつ3次元ユークリッド空間 E^3 内で，実数 $a, b, c, d, f, g, h, p, q, r$ ($a^2 + b^2 + c^2 + f^2 + g^2 + h^2 \neq 0$) により定義される方程式
$$ax^2 + by^2 + cz^2 + 2fyz + 2gzx + 2hxy$$
$$+ 2px + 2qy + 2rz + d = 0 \quad (1)$$
で表される曲面を **2次曲面** (quadric surface) という．このような図形の，合同変換で移りあえるものを同一視することでの分類を考える．

等式 (1) は，ベクトルと行列 ${}^t\boldsymbol{p} = (p, q, r)$, ${}^tX = (x, y, z)$, ${}^t\widetilde{X} = (x, y, z, 1)$,
$$A = \begin{pmatrix} a & h & g \\ h & b & f \\ g & f & c \end{pmatrix}, \quad \widetilde{A} = \begin{pmatrix} A & \boldsymbol{p} \\ {}^t\boldsymbol{p} & d \end{pmatrix}$$
により（^{t} は転置を表す），
$$ {}^t\widetilde{X}\widetilde{A}\widetilde{X} = 0 \quad (2)$$
と表される．

合同変換は，直交行列 T とベクトル ${}^t\boldsymbol{a}$ により，$X \mapsto TX + \boldsymbol{a}$ と書けるから，行列
$$\widetilde{T} = \begin{pmatrix} T & \boldsymbol{a} \\ 0 & 1 \end{pmatrix} \quad (T: 直交行列) \quad (3)$$
により，$\widetilde{X} \mapsto \widetilde{T}\widetilde{X}$ と表すことができる．したがって，(3) の形の行列による変換を除いて，2次形式 (2) を分類することになる．

このような方法で，2次曲面は分類されて，非退化なものは，次の9個のいずれかと合同になることがわかる．一方，退化しているものは，交わったり，平行だったり，一致してしまう2枚の平面や，点，または空集合である．

(1) 楕円面 　　　$x^2/a^2 + y^2/b^2 + z^2/c^2 = 1$
(2) 1葉双曲面 　$x^2/a^2 + y^2/b^2 - z^2/c^2 = 1$
(3) 2葉双曲面 　$x^2/a^2 + y^2/b^2 - z^2/c^2 = -1$
(4) 楕円放物面 　$x^2/a^2 + y^2/b^2 - z = 0$
(5) 双曲放物面 　$x^2/a^2 - y^2/b^2 - z = 0$
(6) 楕円錐面 　　$x^2/a^2 + y^2/b^2 - z^2/c^2 = 0$
(7) 楕円柱面 　　$x^2/a^2 + y^2/b^2 = 1$
(8) 双曲柱面 　　$x^2/a^2 - y^2/b^2 = 1$
(9) 放物柱面 　　$x^2 + 2ay = 0$

分類においては，A や $\widetilde{A}$ の固有値などが関係するが，A と $\widetilde{A}$ の階数も上の分類の不変量である．(1) から (9) までの類の値 ($\mathrm{rank}\, A, \mathrm{rank}\, \widetilde{A}$) を順に書くと次のとおりである．

(3,4), (3,4), (3,4), (2,4), (2,4), (3,3), (2,3), (1,3), (2,3)

上の分類で，(2),(5),(6),(7),(8),(9) の曲面は線織面である．とくに，(2),(5) の曲面は2通りの方法で線織面となる2重線織面である

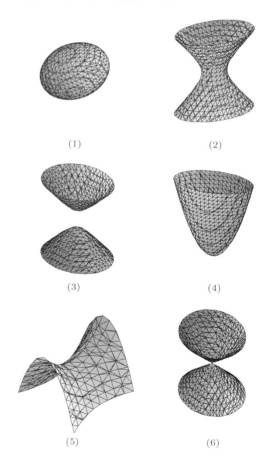

(1)　(2)　(3)　(4)　(5)　(6)

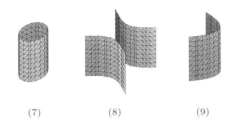

(7)　　　　(8)　　　　(9)

2　2次曲面の性質

2次曲面はいくつかの面に関して面対称であるが一般には点対称とは限らない．点対称な2次曲面を**有心2次曲面** (central conic) という．(1),(2),(3),(6) は有心である．

2次曲面と任意の E^3 の直線との交点は2個以下である．また，2次曲面と任意の E^3 の平面との交線は円錐曲線である．（ここでは円錐曲線は退化したものも含める．）E^3 の1点から2次曲面への接線のなす錐は，この2次曲面と円錐曲線で接し，この錐と E^3 の任意の平面との交線も円錐曲線である．

3　共焦2次曲面

$a > b > 0$ に対し，曲面
$$Q: \frac{x^2}{(a^2-k)} + \frac{y^2}{(b^2-k)} - \frac{z^2}{k} = 1$$
は，$k < 0$ のとき，楕円面の族を定め，$0 < k < b^2$ のとき，1葉双曲面の族を定め，$b^2 < k < a^2$ のとき，2葉双曲面の族を定める．いずれも有心2次曲面である．また，$k=0$ ならば，楕円
$$E: \frac{x^2}{a^2} + \frac{y^2}{b^2} = 1, \ z = 0$$
に退化し，また，$k = b^2$ ならば，双曲線
$$H: \frac{x^2}{a^2-b^2} - \frac{z^2}{b^2} = 1, \ y = 0$$
に退化する．

E^3 内のある2次曲面と，二つの円錐曲線が与えられたとき，もしそれぞれの円錐曲線を含む2枚の平面が，その2次曲面の対称面であり，この2枚の平面と2次曲面との交わりがそれぞれの円錐曲線の焦点となっているとき，この二つの円錐曲線を，2次曲面の**焦円錐曲線** (focal conic) という．

上で定義した Q のすべての2次曲面は，楕円 E と双曲線 H を焦円錐曲線としてもつから，Q の族は，**共焦2次曲面** (confocal quadric) と呼ばれる．

a,b を固定した共焦2次曲面 Q の楕円面，1葉双曲面，2葉双曲面の3組の族の2次曲面の接平面は互いに直交する．E^3 の点に，その点を通る3組の曲面族の径数 (k_1, k_2, k_3) を対応させることにより，3次元空間の直交座標系が定まり，点の**楕円座標** (elliptic coordinate) と呼ばれる．曲面論，力学の問題などに有用である．

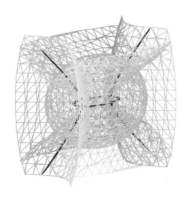

共焦2次曲面

4　複素2次曲面

xyz および a,b,c,d,f,g,h,p,q,r を複素数とすると，方程式 (1) は複素2次曲面を定める．非退化な複素2次曲面は，すべて同型である．3次元複素射影空間 CP^3 内のコンパクトな超曲面
$$z_1^2 + z_2^2 + z_3^2 + z_4^2 = 0$$
も，単に**2次曲面** (quadric surface) と呼ばれる場合も多い．これは，複素射影平面 CP^2 について簡単なコンパクト複素曲面であり，対称空間でもあって，多くのことが調べられている．

［佐藤　肇］

参考文献

[1] D. ヒルベルト・S. コーン=フォッセン著，芹沢正三訳：直観幾何学，みすず書房，1966.
[2] 矢野健太郎著：立体解析幾何学，裳華房，1970.

ニュートン法

Newton's method

元来，ニュートン法は，方程式の根を数値的に求めるための手法であった．しかし，現在では微分方程式の解の存在定理にも応用されるなど，数学の多方面で必須の知識となっている．

1 定義など

我々が数値解析の講義で習うニュートン法は通常次の形で与えられる．関数 $f: \mathbf{R} \to \mathbf{R}$ が根 α をもつと仮定する．x^0 を α に近い値とする．そして $n = 0, 1, 2, \ldots$ に対して次の操作を繰り返す：
$$x^{n+1} = x^n - \frac{f(x^n)}{f'(x^n)}. \quad (1)$$
f と α に適当な仮定をおくと，根の近似列 $\{x^n\}$ はきわめて速く α に収束する．また，このプロセスはしばしば図1のように接線を逐次構成することと解釈できる．

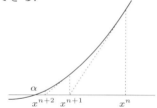

図1 ニュートン法のグラフ的な解釈

こうしたアイデアはニュートンまでさかのぼることができるが，ニュートン自身が (1) を考えていたわけではない（文献 [6]）．かつてはニュートン法をニュートン–ラフソン法と呼ぶことも多かったが，最近ではニュートン法と呼ぶことが多い．西洋とは独立に，和算でもニュートンの方法と同値なものが見つかっている．

多変数の場合，$f: \mathbf{R}^N \to \mathbf{R}^N$ の根を計算するためには次のようにする．$\alpha = (\alpha_1, \alpha_2, \ldots, \alpha_N)$ が $f(\alpha) = (0, 0, \ldots, 0)$ を満たすものとし，$x^{(0)} = (x_1^0, x_2^0, \ldots, x_N^0)$ を α の近くにとる．そして
$$x^{(n+1)} = x^{(n)} - Df\left(x^{(n)}\right)^{-1} f\left(x^{(n)}\right) \quad (2)$$
という点列 $x^{(n)} \in \mathbf{R}^N$ を逐次的に定義する．ここで，$Df(x)$ は x におけるヤコビ行列である．

ニュートン法の長所は，収束が速いことである．ただし，初期値 $x^{(0)}$ が根 α に充分近くないと発散したり，あるいは収束しても期待する根とは別の根に収束したりすることがあり，初期値の吟味が難しい．これがニュートン法の欠点である．そもそも，ある $x^{(n)}$ で行列 $Df(x^{(n)})$ が特異行列になってしまえばそれ以上近似列が定義できなくなるし，たとえすべての n について $x^{(n)}$ が定義できても，$x^{(n)}$ が永久に振動するだけであって決して収束しない，ということもある．それゆえに，収束は遅いけれども「それほど悪くない近似値」に収束してゆく方法でまず計算し，その結果をニュートン法の初期値にして計算するというのが現実的な処方箋である．現在ではこうした方法はある程度確立しており，フリーソフトとして使えるものも多い．

2 収束の吟味・誤差解析

ニュートン法が速いのは近似列が2次収束するからである：

定義 実数 $k \geq 1$ に対し，ある定数 $c > 0$ が存在して，すべての $n = 0, 1, \ldots$ に対して
$$\left|x^{(n+1)} - \alpha\right| \leq c \left|x^{(n)} - \alpha\right|^k$$
が成り立つとき，近似列 $x^{(n)}$ が k 次収束するという．（$k = 1$ のときには $c < 1$ と仮定する．）

f が C^2 級で $f'(\alpha) \neq 0$ ならばニュートン法の近似列は2次収束することが知られており，誤差 $|x^{(n)} - \alpha|$ が 10^{-2} 程度であれば $|x^{(n+1)} - \alpha|$ が 10^{-4} 程度となり，$|x^{(n+2)} - \alpha|$ が 10^{-8} 程度となり，数回の逐次代入で倍精度の限界まで収束することが導かれる．

ニュートン法では f の導関数を使うことによって2次収束が保証されるのであるが，この考えを一般化して，2階導関数も使用することによって3次収束する近似列を作ることもできるし，さらに高階の導関数を用いることによって任意の自然数 k に対して k 次収束するアルゴリズムを作ることもできる．しかし，こうしたアルゴリズムでは1

ステップ進むために導関数に関する計算をより多く実行しなくてはならないので，結局，計算の手間が増えることが多い．こういう事情によって，高次のアルゴリズムを使うよりもニュートン法を使う方が結果的に経済的であるということになる．

3 疑似ニュートン法

f が簡単な関数ならば導関数を計算することは問題にならない．しかし，問題によっては f の導関数が手に入らないこともある．たとえば f の値自体の計算が別の（もっと巨大な）数値シミュレーションの結果を使って計算されているような場合にはその導関数を明示的に与えることはできない．こうしたときには導関数を近似関数で代用せざるを得ない．こうした方法を疑似ニュートン法と呼ぶ．こうした処方箋を用いるともはや 2 次収束にはならず，収束は遅くなる．たとえば
$$x^{(n+1)} = x^{(n)} - \frac{f(x^{(n)})}{d_n}$$
において
$$d_n = \frac{f(x^{(n)}) - f(x^{(n-1)})}{x^{(n)} - x^{(n-1)}}$$
とおけばこれは導関数の近似になる．このアルゴリズムの収束次数は黄金比 $(1+\sqrt{5})/2 \approx 1.618$ であることがわかっている．したがって導関数を近似しても極端に精度が落ちるわけではない．すべての n について $d_n = d_1$ とすると収束は遅くなるけれどもそれでも 1 次収束する．

4 存在定理とニュートン法

ニュートン法は数値解法の一種ではあるが，同時に数学的な存在定理にも応用が効くテクニックでもあり，この側面を認識することも重要である．つまり，解 α の存在を仮定しなくても，点列 $x^{(n)}$ が定義できるならば，適当な仮定をおくと解の存在が結論できて，同時に，近似列がその解に収束するということが証明されるのである．こうした「解の存在定理」はカントロビッチによって得られて以来，大変重宝な理論であるというふうに認識されている．

次の定理はカントロビッチの定理として知られているもので，解の存在を示すときに用いられることが多い．

定理 バナッハ空間 X の開集合 Ω で定義された写像 $f : \Omega \to X$ が次の条件を満たすものとする．

  i) ある $x_0 \in \Omega$ があって，フレッシェ微分 $f'(x_0)^{-1}$ が存在して有界作用素となる．
  ii) $\|f'(x_0)^{-1} f(x_0)\| \leq \eta$. さらに，$\|x - x_0\| \leq r$ なるすべての x について $\|f'(x_0)^{-1} f''(x)\| \leq K$ が成立する．
$$h = K\eta \leq \frac{1}{2}, \qquad r = \frac{1 - \sqrt{1-2h}}{h}\eta$$
である．

このとき x_0 を初期値とするニュートン列 (2) は収束し，その収束先は f のゼロ点となる．

関数空間でニュートン法を用いると微分方程式の境界値問題の解の存在が証明できる．KAM (Kolmogorov–Arnold–Moser) の理論にもニュートン法は深く関わってくる．この理論はその後，Nash–Moser の陰関数定理に発展し，非線形偏微分方程式論における存在定理を保証するための強力な道具となっている．

複素平面でニュートン法を考え，これを離散力学系とみなすと，おもしろい問題となる．多くのフラクタル図形は複素力学系から描かれるからである．

[岡本　久]

参考文献

[1] 杉原正顯・室田一雄：数値計算法の数理，岩波書店，1994.
[2] 山本哲朗：Newton 法とその周辺，数学，**37**, 1–15, 1985.
[3] J.E. Dennis, Jr., R.B. Schnabel：*Numerical Methods for Unconstrained Optimization and Nonlinear Equations*, Prentice–Hall, 1983.
[4] L.V. Kantorovich, G.P. Akilov：*Functional Analysis, 2nd ed*, Pergamon Press, 1982.
[5] C.T. Kelley：*Iterative Methods for Linear and Nonlinear Equations*, SIAM, 1995.
[6] N. Kollerstrom：Newton's method of approximation, *British J. Hist. Sci.*, **25**, 347–354, 1992.
[7] T.J. Ypma：Historical development of the Newton–Raphson method, *SIAM Rev.*, **37**, 531–551, 1995.

ネヴァンリンナ理論

Nevanlinna theory

近代関数論は，ピカールの定理により始まったといわれる．ピカールの定理を定量的に精密化したのが，ネヴァンリンナ理論 (値分布理論) である．現在は，多変数化・高次元化され，とくに $\boldsymbol{C}$ からの正則写像 (整正則曲線) の値分布が，小林双曲性やディオファントス近似との関連で論じられ興味深い分野となっているが，未完成である．

1 ピカールの定理

複素平面 $\boldsymbol{C}$ 上の有理型関数は，有理関数でないとき超越的といわれる．1879 年ピカールは，次の定理をモジュラー関数を用いて証明した．

定理 1[4](ピカール)　(1)(小定理) 整関数 f は，$\boldsymbol{C}$ の 2 つの値をとらなければ定数である．(2) (大定理) 点 $a \in \boldsymbol{C}$ で真性特異点をもつ $\{z \in \boldsymbol{C}; 0 < |z-a| < r\}$ 上の正則関数は，たかだか一つの $\boldsymbol{C}$ の値を除いてほかの値を a の近くで無限回とる．

(1) では，f が超越的な場合が本質的であり，その場合 f は ∞ を孤立真性特異点とする．したがって，上記 (2) は (1) を含む．

2 第 1 主要定理

有理型関数 $f(z)$ は，$\boldsymbol{C}$ 上で定義され非定数とする．$f(z)$ の零点を $\{a_\nu\}_{\nu=1}^\infty$ とすると，$f(z) = (z-a_\nu)^{\lambda_\nu} g(z)$, $\lambda_\nu \in \boldsymbol{N}$, $g(a) \neq 0$ と書かれる．$f(z)$ の零因子を $(f)_0 = \sum \lambda_\nu a_\nu$ と定める．$f(z)$ の極とその位数を用いて極因子 $(f)_\infty$ を同様に定める．便宜上 $(f - \infty)_0 = (f)_\infty$ と定め，$a \in \hat{\boldsymbol{C}}$ に対し $(f-a)_0 = \sum_{\lambda_\nu > 0} \mu_\nu z_\nu$ の k-打ち切り個数関数を次のように定義する．$N_k(r, (f-a)_0) = \int_1^r (\sum_{|z_\nu| < t} \min\{k, \mu_\nu\}) \frac{dt}{t}$. $N_\infty(r, (f-a)_0) = N(r, (f-a)_0)$ と書き，単に個数関数と呼ぶ．$f(z)$ の ∞ に対する接近関数を $m(r, f) = \frac{1}{2\pi} \int_{|z|=r} \log^+ |f(z)| d\theta$ と定義する．ただし，$A^+ = \max\{0, A\} (A < \infty)$. ネヴァンリンナの位数関数 (特性関数とも呼ばれる) が次で定義される：$T(r, f) = N(r, (f)_\infty) + m(r, f)$.

定理 2　$f(z)$ が整関数ならば，$T(r, f) \leq \max_{|z|=r} \log^+ |f(z)| \leq \frac{R+r}{R-r} T(R, f), 1 \leq r < R$.

以下，記号 $O(1)$ などは $r \to \infty$ とするときの漸近挙動を意味する．

定理 3 (ネヴァンリンナの第 1 主要定理)　$f(z)$ と $a \in \boldsymbol{C}$ に対し，$T\left(r, \frac{1}{f-a}\right) = T(r, f) + O(1)$.

たとえば，$f(z)$ が有理関数ならば，$T(r, f) = (\deg f) \log r + O(1)$. $f(z) = e^{z^p}$ $(p \in \boldsymbol{N})$ に対しては，$T(r, f) = \frac{r^p}{\pi}$.

定理 4　次の 3 条件は同値である．(1) $f(z)$ は有理関数である．(2) $T(r, f) = O(\log r)$. (3) $\varliminf_{r \to \infty} \frac{T(r,f)}{\log r} < \infty$.

$f(z)$ の超越度を測る指数として，位数 $\rho_f = \varlimsup_{r \to \infty} \frac{\log T(r,f)}{\log r} \leq \infty$ が定義される．$\rho_f < \infty$ $(= \infty)$ のとき，$f(z)$ は有限 (無限) 位数をもつといわれる．たとえば，$f(z) = e^{z^p}$ $(p \in \boldsymbol{N})$ ならば $\rho_f = p$ である．二つの超越整関数の合成 $f \circ g(z)$ は，$\rho_f > 0$ ならば無限位数をもつ (Pólya[3]).

リーマン球面 $\hat{\boldsymbol{C}}$ 上のフビニ・ストゥディ面積要素 $\Omega = \frac{1}{(1+|w|^2)^2} \frac{i}{2\pi} dw \wedge d\bar{w}$ $(\int_{\hat{\boldsymbol{C}}} \Omega = 1)$ をとる．

定理 5 (清水–アールフォース)　$f(z)$ に対し $T(r, f) = \int_1^r \frac{dt}{t} \int_{\Delta(0;t)} f^* \Omega + O(1)$.

積分 $\int_{\Delta(t)} f^* \Omega$ は，重複度を込めた像 $f(\Delta(t))$ の Ω に関する面積であることから，$T(r, f)$ の幾何学的意味がわかる．

定理 6　(1) $T(r, f) = \int_{a \in \hat{\boldsymbol{C}}} N(r, (f-a)_0)) \times \Omega(a) + O(1)$. (2) (カソラティ–ワイエルシュトラスの定理) f は，$\hat{\boldsymbol{C}}$ のほとんどすべての点を値とする．

3 第 2 主要定理

ここでも $f(z)$ は，$\boldsymbol{C}$ 上の非定数有理型関数を表す．定理 3 より，$N(r, (f-a)_0) < T(r, f) + O(1)$. 逆に，$T(r, f)$ を $N(r, (f-a)_0)$ で上から評価する

ことを考える．定理 6 (1) は，測度論的にはそれが可能であることを意味している．これを有限個の a で評価しようというのが次の定理である．

定理 7 (ネヴァンリンナの第 2 主要定理)
相異なる q 個の点 $a_1, \ldots, a_q \in \hat{C}$ に対し，
$(q-2)T(r,f) \leqq \sum_{i=1}^{q} N_1(r, (f-a_i)_0) + O(\log T(r,f) + \epsilon \log r) \|_{E(\epsilon)}$.

ここで，記号 "$\|_{E(\epsilon)}$" とは，$\rho_f = \infty$ のとき，任意の $\epsilon > 0$ に対し有限測度のボレル部分集合 $E(\epsilon) \subset [1,\infty)$ が存在して，$r \notin E(\epsilon)$ に対し不等式が成立することを意味する．評価 $O(*)$ は，r, ϵ によらない．$\rho_f < \infty$ ならば，$E(\epsilon) = \emptyset$.

$f(z)$ の $a \in \hat{C}$ に対する除外指数 $\delta(f, a)$ (欠除指数，不足指数とも呼ばれる) が次のように定義される．$0 \leqq \delta(f, a) = 1 - \overline{\lim}_{r \to \infty} \frac{N(r, (f-a)_0)}{T(r,f)} \leqq 1$. $N(r, (f-a)_0)$ を $N_k(r, (f-a)_0)$ で置き換え，同様に $\delta_k(f, a)$ を定義する．とくに，$f(z)$ が a を値としなければ $\delta(f, a) = 1$ である．第 2 主要定理 7 より次がただちに従う．

定理 8 (除外指数関係式) $f(z)$ に対し，$\delta_1(f, a) > 0$ となる $a \in \hat{C}$ はたかだか可算個で，$\sum_{a \in \hat{C}} \delta(f, a) \leqq \sum_{a \in \hat{C}} \delta_1(f, a) \leqq 2$.

これより，ピカールの小定理がただちに出る．定理 7 の応用として，次の興味深い定理が得られる．

定理 9 (ネヴァンリンナの一致の定理) C 上の 2 つの非定数有理型関数 $f(z), g(z)$ が与えられている．相異なる 5 点 $a_i \in \hat{C}, 1 \leqq i \leqq 5$ に対し，集合として $f^{-1}\{a_i\} = g^{-1}\{a_i\}, 1 \leqq i \leqq 5$ が成立すれば，$f(z) \equiv g(z)$ となる．

以上の第 1・第 2 主要定理は，アールフォースにより値域が $\hat{C}$ から一般のコンパクトリーマン面 X へ拡張された．$e(X)$ でそのオイラー数を表す．とくに，除外指数関係式は次のように述べられる．

定理 10 非定正則写像 $g : C \to X$ に対し $\sum_{a \in X} \delta_1(g, a) \leqq e(X)$.

この定理によって，ピカールの定理やネヴァンリンナの除外指数関係式 に現れる "2" は，リーマン球面 $\hat{C}$ のオイラー数であったことがわかる．X の種数 $g(X) \geqq 2$ ならば，$e(X) = 2 - 2g(X) < 0$ となるので $g : C \to X$ は定写像に限ることもわかる．ここでは，X の一意化定理を使っていないことに注意されたい．定理 10 は，a_i が z の関数である場合が永年の問題であったが，山ノ井克俊により最終的に解決された [11]．定理 8 の逆問題は，D. Drasin により解決された [1].

4 多変数のネヴァンリンナ理論

[**第 1 主要定理**] ここでは，定義域として最も基本的な C^m をとる．$z = (z_j)$ でその座標を表す．次の記号を定める．$\|z\| = (\sum_j |z_j|^2)^{1/2}$, $B(r) = \{\|z\| < r\}$, $d^c = \frac{i}{4\pi}(\bar{\partial} - \partial)$, $\alpha = dd^c \|z\|^2$, $\gamma = d^c \log \|z\|^2 \wedge (dd^c \log \|z\|^2)^{m-1}$. C^m の純次元 l の解析的部分集合 Z に対し積分 $\int_{Z \cap B(r)} \alpha^l$ を $Z \cap B(r)$ の非特異点集合上の積分をとることで定義すると，有限値になる [9]．$\{Z_\nu\}_\nu$ を C^m の純次元 l の相異なる既約解析的部分集合の局所有限族とし，$m_\nu \in Z$ を係数とする形式和 $E = \sum m_\nu Z_\nu (m_\nu \in Z)$ を考える (これを l 次元解析的サイクルと呼ぶ)．以下 $m_\nu \geqq 0$ とする．$k \in N \cup \{\infty\}$ に対し k-打ち切り個数関数 $N_k(r, E) = \int_1^r \frac{dt}{t^{2l+1}} \sum_\nu \int_{Z_\nu \cap \{\|z\| < t\}} \min\{m_\nu, k\} \alpha^l$ が定義される．$N(r, E) = N_\infty(r, E)$ と書く．E の代数性と $N(r, E) = O(\log r)$ は同値である (Stoll)[9].

M を n 次元コンパクト複素多様体とする．1 変数ネヴァンリンナ理論の高次元化として正則写像 (より一般的には有理型写像) $f : C^m \to M$ を考える．$L \to M$ をエルミート正則直線束とする．そのチャーン形式を ω_L とする．f の L に関する位数関数を $T_f(r, L) = \int_1^r \frac{dt}{t^{2m-1}} \int_{B(t)} f^* \omega_L \wedge \alpha^{m-1}$ と定義する．正則切断 $\sigma \in H^0(M, L)$ をとり，その決める因子を $D = (\sigma)$ とする．$m_f(r, D) = \int_{\{\|z\|=r\}} \log \frac{1}{\|\sigma \circ f\|} \gamma$ は f の D に対する接近関数と呼ばれる．

定理 11[9][5](第 1 主要定理) $T_f(r, L) = N(r, f^*D) + m_f(r, D) + O(1)$ が成立する．

$\delta_k(f, D) = 1 - \overline{\lim}_{r \to \infty} \frac{N_k(r, f^*D)}{T_f(r, L)}$ を D の k-除外指数と呼ぶ．$\delta(f, D) = \delta_\infty(f, D)$ と書く．

$f(\boldsymbol{C}^m) \cap D = \emptyset$ ならば，$\delta(f, D) = 1$.

[第 2 主要定理] 代表的な場合として，$m = 1$ と $m = n$ の場合がある．$m = n$ の場合を先に述べる．K_M で M の標準束を表す．M 上の因子 $D = \sum_{i=1}^{q} D_i$ が正規交叉的とは，任意の点 $x \in M$ に正則座標近傍 $U(x_1, \ldots, x_n)$ があって $D \cap U = \{x_1 \cdots x_l = 0\} (0 \leq l \leq n)$ となることである．さらに，各 D_i が非特異であるとき D は，単純正規交叉的であるという．D の定める直線束を $L(D)$ と書く．M 上のエルミート計量形式 ω_M を一つとり，$T_f(r) = T_f(r, \omega_M)$ とおき，剰余項を $S_f(r) = O(\log T_f(r) + \epsilon \log r)\|_{E(\epsilon)}$ と表す．

定理 12[5] M は代数的とし，有理型写像 $f : \boldsymbol{C}^n \to M$ のヤコビアンは，$J(f) \not\equiv 0$ とする．M 上の単純正規交叉的因子 D に対し，$T_f(r, L(D)) + T_f(r, K_M) \leq \sum_i N_1(r, f^*D_i) + S_f(r)$.

この定理は，同次元第 2 主要定理と呼ばれ，1972 年頃に Carlson–Griffiths–King らにより得られた．その後改良され上述の形は [5] にある．これより定理 10 を一般化する除外指数関係式も出る．

[正則曲線] $m = 1$ の場合，$f : \boldsymbol{C} \to M$ は正則曲線，より正確には整正則曲線と呼ばれる．M が代数的で，f の像が M の真代数的部分集合に含まれるとき，f は代数退化であるといわれる．$M = \boldsymbol{P}^n(\boldsymbol{C})$，$L_0$ を超平面束とし，$T_f(r) = T_f(r, L_0)$ とおく．$\boldsymbol{P}^n(\boldsymbol{C})$ の相異なる超平面 $H_j, 1 \leq j \leq q$ が N–準一般の位置にあるとは，任意の $N + 1$ 個の超平面 $H_{j_k}, 1 \leq k \leq N + 1$ に対し $\cap_{k=1}^{N+1} H_{j_k} = \emptyset$ が成立することである．$N = n$ のときは，単に一般の位置にあるという．f の像がある超平面に含まれるとき，f は線形退化であるといわれる．

定理 13 (H. カルタン, $N = n$; ノチカ, $N \geq n$) (1) $f : \boldsymbol{C} \to \boldsymbol{P}^n(\boldsymbol{C})$ は線形非退化とし，$\{H_j\}_{j=1}^q$ は N–準一般の位置にあるとすると，$(q - 2N + n - 1)T_f(r) \leq \sum_{j=1}^q N_n(r, f^*H_j) + S_f(r)$. (2) $\sum_{j=1}^q \delta_n(f, H_j) \leq 2N - n + 1$.

定理 13 は，f が代数非退化で H_j が超曲面の場合の結果もある [10]．

準アーベル多様体 A とは複素代数群で，完全列 $0 \to (\boldsymbol{C}^*)^t \to A \to A_0 \to 0$ をもつものとする．ここで，A_0 は通常のアーベル多様体である．D を X の代数的超曲面とする．

定理 14[7] ある同変コンパクト化 $\bar{A}$ があり，任意の代数非退化正則曲線 $f : \boldsymbol{C} \to A$ に対し，$T_f(r, L(\bar{D})) \leq N_1(r, f^*D) + \epsilon T_f(r, L(\bar{D}))\|_{E(\epsilon)}$ ($\forall \epsilon > 0$). ただし，$\bar{D}$ は $\bar{A}$ 内での閉包である．

X を代数多様体，その対数的小平次元を $\bar{\kappa}(X)$，対数的不正則指数を $\bar{q}(X)$ とする．次は，このような第 2 主要定理から導かれる退化定理である．

定理 15 $n = \dim X$ とおく．(1)[9] (ブロック–落合–野口の定理) $\bar{q}(X) > n$ ならば，任意の正則曲線 $f : \boldsymbol{C} \to X$ は代数退化である．(2)[6] $\bar{q}(X) \geq n$, $\bar{\kappa}(X) > 0$ かつ準アルバネーゼ写像は，固有であると仮定する．このとき，任意の正則曲線 $f : \boldsymbol{C} \to X$ は代数退化である．(3)[5] A, D を定理 14 のものとする．正則曲線 $f : \boldsymbol{C} \to A \setminus D$ は，かならず代数退化である．　　[野口潤次郎]

参 考 文 献

[1] D. Drasin: *Acta Math.* **138**：83–151, 1977.
[2] 藤本坦孝：複素解析，岩波書店，2006.
[3] W.K. Hayman: *Meromorphic Functions*, Oxford University Press, 1964.
[4] 野口潤次郎：複素解析概論，裳華房，1993.
[5] 野口潤次郎：多変数ネヴァンリンナ理論とディオファントス近似，共立出版，2003.
[6] J. Noguchi, J. Winkelmann, K. Yamanoi：*J. Math. Pures Appl.* **88**：293–306, 2007.
[7] J. Noguchi, J. Winkelmann, and K. Yamanoi：*Forum Math.* **20**：469–503, 2008.
[8] 小澤　満：近代函数論 I，森北出版，1976.
[9] 落合卓四郎，野口潤次郎：幾何学の関数論，岩波書店，1984.
[10] M. Ru: *Amer. J. Math.* **126**：215–226, 2004.
[11] K. Yamanoi: *Acta Math.* **192**：225–294, 2004.

ネーター環

Noetherian rings

環のいろいろな性質を研究する際に，有限性の条件がないと深い研究ができないことが多い．ある意味で「最小限の」有限性の条件が「ネーター環」という定義である．ネーター環の名前は Emmy Noether による．彼女は現代代数学の生みの親の一人で，現代数学に最も大きい影響を与えた女性数学者といえよう．この仮定だけで，可換環に対して，幾何的な背景に対応する壮大な理論が構築されたのは奇跡的ともいえる．

1 ネーター環，アルティン環

環 R に関する次の条件は同値で，この同値な条件を満たす環をネーター環という．(1) R の任意のイデアルの族 $\{I_\lambda\}$ は極大元をもつ，(2) R のイデアルの昇鎖 $I_1 \subset I_2 \subset \ldots \subset I_n \subset \ldots$ はかならず止まる．すなわち，$I_N = I_{N+1} = \ldots$ となる N がかならず存在する，(3) 任意の R のイデアルは有限生成である．

ネーター環は可換でない環に対しても左(右)イデアルに対する条件として考えて左(右) ネーター環が定義できるが，以下では可換環を解説する．

任意の R の素イデアルが有限生成ならば R はネーター環である (コーエン (Cohen) の定理)．

ネーター環 R 上の多項式環 $R[X]$, ベキ級数環 $R[[X]]$ もネーター環になる (ヒルベルトの基底定理)．したがって，ネーター環上有限生成な環はネーター環である．ネーター環は準同型像，局所化によっても保存される．

(1)で「極大」を「極小」，(2)で「昇鎖」を「降鎖」でおきかえた条件を満たす環をアルティン環 (Artin rings) と呼ぶ．面白いことに，R がアルティン環であることと 0 次元のネーター環であることが同値である (秋月の定理)．たとえばアルティン整域は体である．

2 ネーター加群，アルティン加群

加群については「環の上の加群」参照．R 加群 M に関する次の条件は同値で，この同値な条件を満たす加群をネーター加群という．(1) M の任意の部分加群の族 $\{N_\lambda\}$ は極大元をもつ，(2) R 部分加群の昇鎖 $N_1 \subset N_2 \subset \ldots \subset N_n \subset \ldots$ は必ず止まる．すなわち，$N_r = N_{r+1} = \ldots$ となる r が必ず存在する．(3) 任意の M の部分加群は有限生成である．

環 R がネーター環であることと，R が R 加群としてネーター加群であることは同値である．また，R 加群 M がネーター加群であるとき，R のイデアル I を $I = \{a \in R \mid \forall x \in M, ax = 0\}$ (M の零化イデアル) とおくと R/I はネーター環である．R がネーター環のとき R 加群 M がネーター加群であることと有限生成であることは同値である．

(1)で「極大」を「極小」，(2)で「昇鎖」を「降鎖」で置き換えた条件を満たす R 加群をアルティン加群と呼ぶ．加群についてはネーター加群とアルティン加群は「双対的」な概念でどちらかの性質を満たせば他方を満たすということはない．

R がネーター環のとき，ネーター R 加群は有限生成自由 R 加群の商加群であるし，一方アルティン加群は $E_R(R/\mathfrak{m})$ ($\mathfrak{m}$ は R の極大イデアル，$E_R(M)$ で R 加群 M の入射閉包 (「環の上の加群」参照) の有限個の直和の部分加群である．とくに $(R, \mathfrak{m})$ が完備局所環のとき，$E = E_R(R/\mathfrak{m})$ とおいて，M がネーター加群なら $\mathrm{Hom}_R(M, E)$ はアルティン加群，M がアルティン加群なら $\mathrm{Hom}_R(M, E)$ はネーター加群であり，$\mathrm{Hom}_R(\mathrm{Hom}_R(M, E), E)$ は M と同型である (Matlis の双対定理)．

3 ネーター環でない環

無限個の変数の多項式環 $R[X_1, \ldots, X_n, \ldots]$ がネーター環でないのはイデアル $(X_1, \ldots, X_n, \ldots)$ が有限個の元で生成されないので明らかだが，体 k 上の 2 変数多項式環 $k[X, Y]$ の部分環 $k[X, XY, X^2Y, \ldots, X^nY, \ldots] = \{f \in k[X, Y] \mid f(0, Y) = f(0, 0)\}$ はネーター環でな

い．とくにネーター環の部分環はネーター環とは限らない．

また，$\mathbb{C}$ 全体で正則な関数の環を $\mathcal{O}$ と書くと，$\mathcal{O}$ もネーター環でない．実際，$n \in \mathbb{Z}$ に対し $I_n = \{f \in \mathcal{O} \mid f(m) = 0 \ (\forall m \in \mathbb{Z}, m \geq n)\}$ とおくと，$I_n \subset I_{n+1} \subset \ldots$ はイデアルの真の増加列になるので $\mathcal{O}$ は昇鎖律を満たさない．

4　ネーター性の応用例；準素分解

整数の素因数分解に対応する概念として，イデアルの準素分解がある．環 R のイデアル $\mathfrak{q}$ が「$a, b \in R, ab \in \mathfrak{q}, a \notin \mathfrak{q}$ のとき $\exists n > 0, b^n \in \mathfrak{q}$」を満たすとき準素イデアルという．$R$ のイデアル I を $I = \mathfrak{q}_1 \cap \cdots \cap \mathfrak{q}_m$ と準素イデアルの交わりで書くのを I の準素分解という．命題「ネーター環においてはかならず準素分解が存在する」を証明してみよう．

まず，イデアル $\mathfrak{a}$ が $\mathfrak{a} = \mathfrak{b} \cap \mathfrak{c}$ と真に大きなイデアルの交わりで書けないとき既約イデアルという．ネーター環の任意のイデアルは有限個の既約イデアルの交わりで書ける（そうならないものがあったとすると，そのような極大なものをとるとすぐに矛盾が出る）．したがって「既約イデアルは準素イデアル」を示せばよい．

$\mathfrak{q}$ を既約イデアル，$a, b \in R, ab \in \mathfrak{q}, a \notin \mathfrak{q}$ とする．イデアルの列 $\mathfrak{q} : b \subset \mathfrak{q} : b^2 \subset \ldots$ はイデアルの増加列だから $\mathfrak{q} : b^n = \mathfrak{q} : b^{n+1}$ となる n がとれる．このとき $(\mathfrak{q}, a) \cap (\mathfrak{q}, b^n) = \mathfrak{q}$ が示せて，$\mathfrak{q}$ の既約性から $b^n \in \mathfrak{q}$ が示せる．これで「$\mathfrak{q}$ は準素イデアル」が示せた．

5　ネーター環上の加群の位相と完備化

R はネーター環とする．有限生成 R 加群 M に対し $\{\mathfrak{a}^n M \mid n = 1, 2, \cdots\}$ を 0 の基本近傍系とする M の線形位相を M の $\mathfrak{a}$ 進位相 ($\mathfrak{a}$-adic topology) という．M の部分加群 N に対して，N の $\mathfrak{a}$ 進位相と，M の $\mathfrak{a}$ 進位相から誘導された N の位相が考えられるが，その二つの位相は次の Artin–Rees の補題から同じ位相になる．

定理 1　M が有限生成 R 加群，N が M の部分加群，$\mathfrak{a}$ が R のイデアルであるとき，次が成立する．

(1) [アルティン–リースの補題] ある r に対して $n > r$ ならば，$\mathfrak{a}^n M \cap N = \mathfrak{a}^{n-r}(\mathfrak{a}^r M \cap N)$．

(2) [クルルの共通部分定理]
$\cap_{n=1}^{\infty} \mathfrak{a}^n M = \{m \in M \mid \exists a \in \mathfrak{a}, (1-a)m = 0\}$．

したがって，とくに R が整域のとき任意のイデアル $\mathfrak{a} \neq R$ に対して $\cap_{n \geq 1} \mathfrak{a}^n = (0)$ であり，$\mathfrak{a}$ が R の Jacobson 根基に含まれるとき $\cap_{n=1}^{\infty} \mathfrak{a}^n M = \{0\}$ である．

M の $\mathfrak{a}$ 進位相が分離的，すなわち $\cap_{n=1}^{\infty} \mathfrak{a}^n M = \{0\}$ と仮定するとき，$\widehat{M} = \varprojlim M/\mathfrak{a}^n M$ とおくと，$\widehat{M}$ は $\prod_n (M/\mathfrak{a}^n M)$ の部分位相空間として $\mathfrak{a}$ 進位相で完備かつ分離的であり，自然な R 準同型写像 $M \to M/\mathfrak{a}^n M$ によって，M は自然に $\widehat{M}$ の部分 R 加群になる．この $\widehat{M}$ を M の $\mathfrak{a}$ 進完備化 ($\mathfrak{a}$-adic completion) という．自然な写像 $M \to \widehat{M}$ が同型写像であるとき，M の $\mathfrak{a}$ 進位相は完備 (complete) である，または，M は $\mathfrak{a}$ 進完備であるという．

ネーター環 R とそのイデアル $\mathfrak{a}$ について，次の同値な条件：1) $\mathfrak{a}$ 進位相に関して R のすべてのイデアルが閉集合となる，2) $1 - b \in \mathfrak{a}$ ならば b は可逆元である，が満たされているとき，R に $\mathfrak{a}$ 進位相を入れたものをザリスキー環 (Zariski ring) といい，「$(R, \mathfrak{a})$ がザリスキー環である」という表現を用いる．たとえば R の Jacobson 根基を $\mathrm{Rad}(R)$ とすると $(R, \mathrm{Rad}(R))$ はザリスキー環である．ザリスキー環が完備であるとは，その位相が完備であるときにいう．ザリスキー環 $(R, \mathfrak{a})$ の完備化 $\widehat{R}$ を考えると，その位相は $\mathfrak{a}\widehat{R}$ 進位相であり，$(\widehat{R}, \mathfrak{a}\widehat{R})$ はザリスキー環になる．また，$\widehat{R}$ は R 加群として忠実平坦である．さらに，M が有限生成 R 加群のとき，その $\mathfrak{a}$ 進完備化は $M \otimes_R \widehat{R}$ と同一視できる．

〔渡　辺　敬　一〕

熱帯幾何

tropical geometry

トロピカル幾何ともいう．区分的に線形な凸関数を用いた幾何であり，トーリック幾何と計算機代数を源流とする．代数幾何の様々な対象が単純な形に置き換わり，平面曲線の数え上げ問題などで有効に用いられている．数理物理などと関連し，今後大きな発展も期待される．

1 熱帯半環

集合 S は，二つの演算（加法と乗法）が定まり，加法の交換律・結合律，乗法の結合律，分配律を満たすとき半環 (semiring) という．以下では，加法の単位元（零元）0 と乗法の単位元 1 の存在を仮定し，任意の $a \in S$ に対し $0a = a0 = 0$ となることも仮定する．この性質を満たす 0 を吸収的零 (absorbing zero) という．$0a = a0 = 0$ は環では引き算を用いて $0a = (1-1)a = a - a = 0$ から示せるが，半環では一般に引き算ができない．

例 ブール代数 (boolean algebra)．$\{0,1\}^n$ は，0 を偽，1 を真として，成分ごとの加法 OR（最大値）と乗法 AND（最小値）で半環になる．零元，単位元はそれぞれすべての成分が 0，1 の元である．$0 + 1 = 1 + 1 = 1$ であるから，引き算 $1 - 1$ は定まらない．

1 変数多項式環で，m 次式と n 次式の和は最高次の係数が消し合わない限り $\max\{m,n\}$ 次式になり，m 次式と n 次式の積は $m+n$ 次式になる．これを次数の和・積と定めてみよう．ただし，0 の次数は $-\infty$ とする．$\boldsymbol{N}$ を非負整数の集合とし，$\boldsymbol{N} \cup \{-\infty\}$ で次の演算 $\oplus, \odot$ を考える：
$$a \oplus b = \max\{a,b\}, \quad a \odot b = a + b.$$
ただし $-\infty$ は最小元とし，任意の a に対し $(-\infty) + a = a + (-\infty) = -\infty$ とする．$-\infty$ は $\oplus$ に関する吸収的零であり，0 は $\odot$ の単位元である．$\boldsymbol{N} \cup \{-\infty\}$ は $a \odot b = b \odot a$ も満たし，可換半環になる．また，$a \oplus a = a$（加法のべき等律）が成り立つ．加法の逆元はやはり一般に存在しない．

有理式の次数を，(分子の次数) − (分母の次数) と定めると，有理式の割り算で，次数は引き算になる．$\boldsymbol{Z} \cup \{-\infty\}$ は，$a \neq -\infty$ ならば $(-a) \odot a = a \odot (-a) = 0$ より，零元以外の積の逆元が存在する可換半環すなわち半体 (semifield) になる．$\boldsymbol{T} := \boldsymbol{R} \cup \{-\infty\}$ も $\oplus, \odot$ により半体になる．

最大と加法による半環をマックス–プラス代数 (Max–Plus algebra)・熱帯半環 (tropical semiring) といい，半体のとき熱帯半体 (tropical semifield) という．これらは $\boldsymbol{T}$ など特定のものを指すこともある．$\oplus$ を最小値とする流儀もあり，そのときはミン–プラス代数 (Min–Plus algebra) と呼び $\boldsymbol{T} = \boldsymbol{R} \cup \{\infty\}$ とする．「熱帯」の名はこの分野のブラジル人研究者シモン (Imre Simon) に因む．

2 熱帯多項式関数

以下，熱帯演算 $\oplus, \odot$ を通常の和・積のように表し，区別するため " " でくくることにする．不定元 $X_1, \ldots, X_n$ で $\boldsymbol{T}$ 上 "+", "×" で生成された熱帯多項式 "$\sum_{i_1,\ldots,i_n \in \boldsymbol{N}} a_{i_1,\ldots,i_n} X_1^{i_1} \cdots X_n^{i_n}$"（有限個を除き $a_{i_1,\ldots,i_n} = -\infty$）は，通常の演算で $\max_{i_1,\ldots,i_n \in \boldsymbol{N}}\{a_{i_1,\ldots,i_n} + i_1 X_1 + \cdots + i_n X_n\}$ となる．熱帯多項式は，$\boldsymbol{T}^n$ 上の $\boldsymbol{T}$ 値凸関数で，有限個に分割された各領域で区分的に線形で，1 次の係数が非負整数であるものを定める．これを熱帯多項式関数 (tropical polynomial function) と呼ぶ．熱帯多項式関数の全体は熱帯半環をなす．

この半環は多項式関数環から熱帯化 (tropicalization)・超離散化 (ultradiscretization) と呼ばれる手続きで得られる．たとえば 2 変数複素関数 $f(x,y)$ を考えよう．$|x| = t^X, |y| = t^Y$ $(t > 1)$ と変数変換して，$F(X,Y) := \lim_{t \to \infty} \log_t |f(x,y)|$ とする．$f(x,y) = x + y$ なら $F(X,Y) = \max\{X,Y\}$，$f(x,y) = xy$ なら $F(X,Y) = X + Y$ である．$t = e^{1/\hbar}$ とおき $\hbar \to +0$ とみて脱量子化 (dequantization) ともいう．係数が $-\infty$ と 0 に限らない F を得るため f の係数を拡張する．たとえば $s = t^{-1}$ に関する形式的べき級数環の商体 $\boldsymbol{k} = \boldsymbol{C}((s))$ において $\alpha \in \boldsymbol{k}$ の，係数が 0 でない項の最小次数を $v(\alpha)$ とする．v は $\boldsymbol{k}$ の離散付値

（値は $\mathbb{Z}\cup\{\infty\}$）を与える．べきを $\mathbb{R}$ の整列部分集合まで許した級数の全体を K とする．K は代数閉体である．v は K に延び，値域は $\mathbb{R}\cup\{\infty\}$ になる．$\lim_{t\to\infty}\log_t|\alpha|=-v(\alpha)\in T$ である．

$f=\sum\alpha_{i_1,\ldots,i_n}x_1^{i_1}\cdots x_n^{i_n}\in K[x_1,\ldots,x_n]$ の熱帯化 $F=\text{"}\sum-v(\alpha_{i_1,\ldots,i_n})X_1^{i_1}\cdots X_n^{i_n}\text{"}$ は f の t についての次数に等しい（x_i を X_i 次とみる）．

3 熱帯超曲面・熱帯曲線

負べきを許すが有限個の項からなるべき級数 $f=\sum_{i_1,\ldots,i_n\in\mathbb{Z}}\alpha_{i_1,\ldots,i_n}x_1^{i_1}\cdots x_n^{i_n}$ をローラン多項式 (Laurent polynomial) という．$\mathbb{R}^n$ の中で有限集合 $P_f:=\{(i_1,\ldots,i_n)\in\mathbb{Z}^n\mid\alpha_{i_1,\ldots,i_n}\ne 0\}$ を含む最小の凸閉集合 Δ_f を f のニュートン多面体 (Newton polytope) という．

$f\not\equiv 0$，$\alpha_{i_1,\ldots,i_n}\in\mathbb{C}$ とし f の零点集合 $Z_f:=\{(x_1,\ldots,x_n)\in(\mathbb{C}^\times)^n\mid f(x_1,\ldots,x_n)=0\}$ を考える．$t>1$ として写像 $\mathrm{Log}:(\mathbb{C}^\times)^n\to\mathbb{R}^n$ を $(x_1,\ldots,x_n)\mapsto(\log_t|x_1|,\ldots,\log_t|x_n|)$ で定める．像 $A_f:=\mathrm{Log}(Z_f)$ を f のアメーバ (amoeba) という．$\mathbb{R}^n\setminus A_f$ の各連結成分は凸集合であり，そのうち n 次元アフィン凸錐を含むものは Δ_f の頂点集合と 1 対 1 対応する．

$\alpha_{i_1,\ldots,i_n}\in K$ のときは $\log_t|x|$ を $-v(x)$ とした $\mathrm{Log}:(K^\times)^n\to\mathbb{R}^n$ を考え，$(K^\times)^n$ 内での f の零点集合の Log による像を，f の非アルキメデス的アメーバ (non-archimedean amoeba) と呼ぶ．

適当に単項式を掛けて f は多項式としてよい．

熱帯多項式関数 $F(\not\equiv -\infty)$ のグラフが局所線形でない点 $(X_1,\ldots,X_n)\in\mathbb{R}^n$ の集合 V_F を，F の定める熱帯超曲面 (tropical hypersurface) という．V_F は F の（無駄のない）多項式表現で複数の項が同時に最大値をとる点集合である．

多項式 $f\in K[x_1,\ldots,x_n]$ に対し次の三つは一致する．(1) 熱帯化 F の定める熱帯超曲面 V_F，(2) f の t についての最高次が単項式でない，重み $(X_1,\ldots,X_n)\in\mathbb{R}^n$ の集合，(3) f の非アルキメデス的アメーバ．この結果はローラン多項式環のイデアルに拡張されている（基本定理）．

f が $\mathbb{C}$ 係数のとき，アメーバは $t\to\infty$ のとき「背骨」の V_F だけになる．

図 1 アメーバと熱帯直線（$f=x+y+1$）．Δ_f は三角形

熱帯多項式 $F=\text{"}\sum_{I=(i_1,\ldots,i_n)}a_I X_1^{i_1}\cdots X_n^{i_n}\text{"}$ に対し $P_F=\{I\mid a_I\ne-\infty\}$ から同様に Δ_F を定める．$\Delta_F\times T$ 内での $\{(I,y)\mid I\in P_f,\,y\le a_I\}$ を含む最小の凸閉集合をとり，その上面を Δ_F へ射影して Δ_F の多面体分割を得る．この分割は V_F と双対対応する．

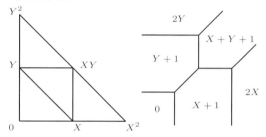

図 2 ニュートン多面体 Δ_F の分割と双対な熱帯 2 次曲線 V_F（$F=\text{"}X^2+1XY+Y^2+1X+1Y+0\text{"}$）

熱帯平面曲線の辺は，法線ベクトルが整数成分でとれ，重複度が双対辺の格子長として定まる．熱帯平面曲線の各点において，接続するすべての辺の外向き原始方向ベクトルを重複度倍して加えると零ベクトルになる（釣合条件，balancing condition）．逆に釣合条件を満たす重複度付き法有理的有限平面グラフはある熱帯多項式の零点集合になる．高次元でも次元に若干の条件を付けた多面体複体の台として同様のことが成り立つ（構造定理）．

$\mathbb{R}^2$ の一般の 2 点を通る熱帯直線はちょうど 1 本存在する．また熱帯平面曲線の交点数が定義されベズーの定理の類似が成り立つ．

抽象的熱帯曲線は距離付きグラフとして扱える．代数曲線と同様に因子とその次数・階数が定義され，標準因子を頂点の（次数 -2）倍の和，種数を $\mathbb{R}$ 係数 1 次元ホモロジー群の次元と定めると，リーマン-ロッホの定理が成り立つ．

［小林正典］

熱方程式

heat equation

D を x 空間 $\boldsymbol{R}^n$ における領域とし，$D \times (0, \infty)$ 上の $n+1$ 個の変数をもつ関数 $u = u(x,t)$ が各点 (x,t) において偏微分方程式

$$\partial u/\partial t = \Delta u$$

を満たすとする．ここで，$\Delta = \sum_{i=1}^n \partial^2/\partial x_i^2$ は空間 $\boldsymbol{R}^n$ におけるラプラス作用素である．この方程式は熱方程式または熱伝導方程式と呼ばれ，その歴史はフーリエ (J. Fourier) による固体内での熱伝導の研究に端を発する．また，熱方程式は物質の拡散現象を数学的に記述する際にも現れるため，拡散方程式と呼ぶこともある．

熱方程式は次のようにして導出される．たとえば，領域 $D \subset \boldsymbol{R}^3$ におかれた金属などの熱の伝導体を考え，時刻 t における点 $x \in D$ の伝導体の温度を $u = u(x,t)$ とおく．この伝導体は熱容量 ρ や熱伝導率 κ が場所によらず一定であるとし，さらに簡単のため $\rho/\kappa = 1$ としておく．ここで，D 内の一点 x_0 をとり，x_0 を中心とする微少な球 V を考える．このとき，時刻 t における V 内の熱量 $J(t)$ は熱容量 ρ を用いて

$$J(t) = \int_V \rho u(x,t) dx$$

と表せる．この熱量 $J(t)$ の時間変化は，熱量保存の法則により，V の境界 ∂V を通しての熱の流入・流出のみによって決定される．また，フーリエの熱伝導の法則により，その熱流は温度の高いところから低いところへ流れ，その流速の大きさは温度の傾きに比例する．これらを数学的に記述すると

$$\frac{d}{dt} J(t) = \int_{\partial V} \kappa \frac{\partial u}{\partial \nu}(x,t) dS$$

となる．ここで，ν は ∂V における外向き単位法線ベクトル，dS は ∂V における面積要素である．さらに，ガウスの発散定理より，

$$\int_{\partial V} \kappa \frac{\partial u}{\partial \nu}(x,t) dS = \kappa \int_V \Delta u(x,t) dx$$

となるため，上の $J(t)$ の表記をあわせて

$$\rho \int_V \frac{\partial}{\partial t} u(x,t) dx = \kappa \int_V \Delta u(x,t) dx$$

を得る．最後に，両辺を V の体積と κ で割り，V の半径を小さくすることにより，

$$\partial u(x_0, t)/\partial t = \Delta u(x_0, t)$$

を導き，熱方程式を得る．同様に，針金，金属板などを考えることにより，$n = 1, 2$ の場合の熱方程式も導出することができる．

熱方程式は，$D = \boldsymbol{R}^n$ の場合，初期時刻 $t = 0$ における伝導体の温度分布 $\phi(x)$ を与え，熱方程式と

$$u(x,0) = \phi(x), \quad x \in \boldsymbol{R}^n \quad (初期条件)$$

による初期値問題として考えるのが一般的である．たとえば，関数 ϕ がある有界集合の外で恒等的に零である連続関数ならば，その解として

$$u(x,t) = (4\pi t)^{-(n/2)} \int_{\boldsymbol{R}^n} e^{-|x-y|^2/4t} \phi(y) dy$$

を与えることができる．この表示から

$$\int_{\boldsymbol{R}^n} u(x,t) dx = \int_{\boldsymbol{R}^n} \phi(x) dx, \quad t > 0$$

という総熱量の保存性や熱の無限伝搬性，たとえば，$\boldsymbol{R}^n$ 上 $\phi \geqq 0, \phi \not\equiv 0$ ならば

$$u(x,t) > 0, \quad x \in \boldsymbol{R}^n, t > 0$$

などをみてとることができる．さらに，この解表示により，フーリエの熱伝導の法則の現れの一つとして，$t > 0$ ならば，$u(x,t)$ は空間変数 x の関数として C^∞ 級 (実は実解析的) であり，その最大 (最小) 値は初期値 ϕ のそれを超えることはできないこと (最大値原理) なども示すことができる．

一方，領域 D がなめらかな境界をもつ有界領域の場合には，初期条件のほかに，

$$u(x,t) = 0, \quad (x,t) \in \partial D \times (0, \infty)$$

などの境界条件を加え，初期値・境界値問題として考えるのが一般的である．この場合，境界条件を満たすラプラス作用素の固有関数の族 $\{\varphi_i\}$ とそれぞれに対応する固有値 λ_i を用いて，熱方程式の解の族 $\{e^{-\lambda_i t} \varphi_i\}$ を構成し，それらの重ね合わせによって解を求めることができる (フーリエ級数による解の表現)．また，これらの熱方程式の解も，解の平滑化効果，最大値原理などの熱伝導から期待される性質をもつことが知られている．

[石毛和弘]

粘　性　解

viscosity solution

1980年代初頭にクランダール (M.G. Crandall) とリオンス (P.-L. Lions) によって導入された粘性解 (viscosity solution) は，非発散型の非線形2階楕円型・放物型偏微分方程式の適切な弱解 (古典解の候補) であり，微分幾何学，物理学，工学，経済学 (数理ファイナンス)，確率微分ゲームなどに応用されている．

1　粘性解の定義

有界な開集合 $\Omega \subset \boldsymbol{R}^n$ と連続関数 $F : \Omega \times \boldsymbol{R} \times \boldsymbol{R}^n \times S^n \to \boldsymbol{R}$ に対し，2階非線形偏微分方程式

$$F(x, u(x), Du(x), D^2u(x)) = 0 \qquad (1)$$

を考える．ここで，$u : \overline{\Omega} \to \boldsymbol{R}$ は未知関数で，$Du = (\frac{\partial u}{\partial x_1}, \ldots, \frac{\partial u}{\partial x_n})$，$D^2u$ を i 行 j 列成分が $\frac{\partial^2 u}{\partial x_i \partial x_j}$ の $n \times n$ 行列とする．また，S^n は $n \times n$ 実対称行列全体とし，$X \geqq Y$ は，任意の $\xi \in \boldsymbol{R}^n$ に対し $\langle (X-Y)\xi, \xi \rangle \geqq 0$ が成り立つこととする．ただし，$\langle \cdot, \cdot \rangle$ は $\boldsymbol{R}^n$ の内積である．

u に対し，上・下半連続包 u^*, u_* を次で定める．
$$u^*(x) = \lim_{r \to 0} \sup\{u(y) \mid |x - y| < r\}$$
$$u_*(x) = \lim_{r \to 0} \inf\{u(y) \mid |x - y| < r\}$$

定義　関数 u が (1) の**粘性劣解** (viscosity subsolution) とは，任意の $\varphi \in C^2(\Omega)$ に対し，$u^* - \varphi$ が $x_0 \in \Omega$ で局所最大をとるならば，
$$F(x_0, u^*(x_0), D\varphi(x_0), D^2\varphi(x_0)) \leqq 0$$
が成り立つことであり，u が (1) の**粘性優解** (viscosity supersolution) とは，任意の $\varphi \in C^2(\Omega)$ に対し，$u_* - \varphi$ が $x_0 \in \Omega$ で局所最小をとるならば，
$$F(x_0, u_*(x_0), D\varphi(x_0), D^2\varphi(x_0)) \geqq 0$$
が成り立つことである．u が (1) の**粘性解**とは，u が (1) の粘性劣解かつ粘性優解であることとする．

この定義は，粘性消滅法による近似解の一様収束極限が満たす性質なので '粘性解' と呼ばれるが，最適制御理論における動的計画原理 (dynamic programming principle) からも自然に導かれる．

$u \in C^2(\Omega)$ が (1) の粘性解であれば，古典解になる．逆に，(1) の古典解が粘性解であるためには F が**退化楕円型** (degenerate elliptic) '$X \geqq Y$ ならば $F(x, r, p, X) \leqq F(x, r, p, Y)$ が成り立つこと' が十分条件になる．

F が2階微分に依存しない，すなわち1階の偏微分方程式のときには自動的に退化楕円型になる．

関数 $v : \Omega \to \boldsymbol{R}$ と $x \in \Omega$ に対して，半ジェット (semi-jet) $J^{2,\pm}v(x)$ は，$|h| \to 0$ のときに
$$\pm v(x+h) \leqq \pm\{v(x) + \langle p, h \rangle + \frac{1}{2}\langle Xh, h\rangle\} + o(|h|^2)$$
を満たす $(p, X) \in \boldsymbol{R}^n \times S^n$ 全体とする．また，ある $(x_k, p_k, X_k) \in \Omega \times \boldsymbol{R}^n \times S^n$ で，$(p_k, X_k) \in J^{2,\pm}v(x_k)$ かつ，$k \to \infty$ のときに $(x_k, v(x_k), p_k, X_k) \to (x, v(x), p, X)$ となるものが存在するような $(p, X) \in \boldsymbol{R}^n \times S^n$ 全体を $\overline{J}^{2,\pm}v(x)$ とする (複合同順)．

u が (1) の粘性劣解であることと，任意の $(p, X) \in \overline{J}^{2,+}u^*(x)$ が $F(x, u^*(x), p, X) \leqq 0$ を満たすことが同値であり，(1) の粘性優解であることと，任意の $(p, X) \in \overline{J}^{2,-}u_*(x)$ が $F(x, u_*(x), p, X) \geqq 0$ を満たすことが同値である．

2　粘性解の有効性

$(-1, 1) \subset \boldsymbol{R}$ での1次元 eikonal 方程式
$$|u'(x)| = 1 \quad x \in (-1, 1) \qquad (2)$$
をディリクレ (Dirichlet) 条件 $u(\pm 1) = 0$ で考えると，$u(x) = 1 - |x|$ が (2) の唯一の粘性解になる．もし，弱解の定義として '方程式をほとんどいたるところで満たす関数' を採用すると，同じディリクレ条件下で無限個の弱解が存在する．一方，(2) に対応する最適制御問題の値関数 (value function) も動的計画原理から $1 - |x|$ となる．

さらに，粘性項を加えた特異摂動問題
$$-\varepsilon u''_\varepsilon + |u'_\varepsilon| = 1$$
の $\varepsilon \to +0$ のときの一様収束極限も $1 - |x|$ である．

一般的な条件下で，粘性解には '安定性' があるため，特異摂動極限関数が極限方程式の粘性解になる．この安定性を利用して，均質化問題，相転移問題，大偏差原理など多くの漸近解析に粘性解理論は有効である．

3 粘性解の基礎理論

粘性解理論の顕著な結果として，粘性解の一意性を導く比較原理 (comparison principle) がある．

定理 1 (比較原理) (i) $r \to F(x,r,p,X) - \theta r$ が増加となる $\theta > 0$ が存在し，(ii) $X,Y \in S^n$ が
$$-3\alpha \begin{pmatrix} I & O \\ O & I \end{pmatrix} \leqq \begin{pmatrix} X & O \\ O & Y \end{pmatrix} \leqq 3\alpha \begin{pmatrix} I & -I \\ -I & I \end{pmatrix} \quad (3)$$
を $\alpha > 1$ に対して満たせば，(4) と $\omega(0) = 0$ が成り立つ $\omega \in C([0,\infty))$ が存在すると仮定する．
$$F(y,r,\alpha(x-y),Y) - F(x,r,\alpha(x-y),X) \leqq \omega(|x-y| + \alpha|x-y|^2) \quad (4)$$
すると，(1) の粘性劣解 u と粘性優解 v が Ω の境界 $\partial\Omega$ 上で $u^* \leqq v_*$ を満たせば，Ω 上で $u^* \leqq v_*$ が成立する．

この比較原理から，$\partial\Omega$ 上の連続関数 g が与えられたとき，粘性解 u が $\partial\Omega$ 上で $u^* = u_* = g$ ならば，u はディリクレ条件下で，唯一の粘性解である．さらに $\overline{\Omega}$ 上で u は連続となる．

仮定 (ii) は退化楕円型の十分条件であり，応用に現れる多くの偏微分方程式は (ii) を満たす．たとえば，$\mathcal{A}$ と $\mathcal{B}$ は制御を表すパラメータ集合とし，各 $(a,b) \in \mathcal{A} \times \mathcal{B}$ に対し，$m \times n$ 行列値関数 $\sigma^{a,b}$ と $\mathbf{R}^n$-値関数 $g^{a,b}$ が同程度リプシッツ (Lipschitz) 連続で実数値関数 $c^{a,b}, f^{a,b}$ が同程度連続とする．$A^{a,b} = {}^t\sigma^{a,b}\sigma^{a,b}$ とし，$L^{a,b}(x,r,p,X)$ を
$$-\text{trace}(A^{a,b}(x)X) + \langle g^{a,b}(x), p\rangle + c^{a,b}(x)r$$
とし，$F(x,r,p,X)$ を次で与えると (ii) を満たす．
$$\max_{a \in \mathcal{A}} \min_{b \in \mathcal{B}} \{L^{a,b}(x,r,p,X) - f^{a,b}(x)\}$$
また，$c^{a,b}(x) \geqq \theta > 0$ ならば F は (i) を満たす．

この F を用いた (1) はアイザックス (Isaacs) 方程式と呼ばれ，確率微分ゲームに現れる．とくに，$\mathcal{A}$ または $\mathcal{B}$ が 1 点集合の場合はベルマン (Bellman) 方程式と呼ばれ，確率最適制御理論に現れる．

定理1の証明は，次の石井の補題 (Ishii's lemma) と上述の粘性解の同値な定義が鍵となる．

補題 (石井の補題) Ω 上の上半連続関数 u,v と $\alpha > 1$ に対し，$(x,y) \to u(x) + v(y) - \frac{\alpha}{2}|x-y|^2$ が $(\hat{x},\hat{y}) \in \Omega \times \Omega$ で局所最大をとるならば，$(\alpha(\hat{x}-\hat{y}), X) \in \overline{J}^{2,+} u(\hat{x})$, $(\alpha(\hat{y}-\hat{x}), Y) \in \overline{J}^{2,+} v(\hat{y})$ および (3) を満たす $X, Y \in S^n$ が存在する．

粘性解の存在定理として，ベルマン方程式やアイザックス方程式の場合に，対応する確率最適制御・微分ゲームにおける値関数によって，具体的に解の表現を与える方法がある．

もう一つの強力な存在定理は，次のペロンの方法 (Perron method) である．

定理 2 (ペロンの方法) F が退化楕円型であり，$\xi \leqq \eta$ を Ω で満たす (1) の粘性劣解 ξ と粘性優解 η に対し，Ω で $\xi \leqq v \leqq \eta$ が成り立つ (1) の粘性劣解 v 全体を $\mathcal{S}$ とする．$x \in \Omega$ に対して，$u(x) = \sup\{v(x) \mid v \in \mathcal{S}\}$ とおくと u は (1) の粘性解になる．

4 粘性解理論の展開

粘性解理論では退化楕円型方程式を扱うため，境界条件を境界全体 $\partial\Omega$ で与えると一般には過剰決定系になる．そこで，'粘性解の意味' での一般の境界値問題が提唱されている．

また，偏微分方程式の最適制御問題などに現われる無限次元空間上での非線形偏微分方程式 (1) へ粘性解の概念が拡張されている．

一方，個々の問題において，より適切な概念が導入された．たとえば 1 階の方程式 ($X \in S^n$ に依存しない場合) で，$(r,p) \to F(x,r,p)$ が凸の場合の半連続粘性解や，$x \to F(x,r,p,X)$ が可測の場合の L^p 粘性解などである． ［小池茂昭］

参考文献

[1] M.G. Crandall, H. Ishii, P.–L. Lions : User's guide to viscosity solutions of second order partial differential equations, *Bull. Amer. Math. Soc.*, **27** (1), 1–67, 1992.

[2] 粘性解，岩波数学辞典 (第 4 版)，岩波書店，pp.1145–1148, 2007.

濃度と順序数

cardinal number and ordinal number

濃度は基数あるいはカーディナル数 (cardinal number) とも呼ばれ，通常の個数の概念を無限の場合にも適用できるように拡張した概念である．

1対1対応 (one–to–one correspondence) の不変量 (invariant) である．cardinalの意味は，もっとも重要な，枢機なという意味で個数の概念が認識の一番の根底にあるとの考えによる．

順序数あるいはオーディナル数 (ordinal number) は，自然数の順序 (order) の概念を，空でないどのような部分集合にも最小元があるという性質を保ちながら，無限の順序にも適用可能な概念として拡張したものである．自然言語でも基数と序数は最初区別されているが，すぐに基数の準用が始まることからも基数の概念が優先されていることがわかる．動物や人が集まるとすぐに，序列や順序に関係した，勢力争いが始まる場合もあり認識の初は序数であるという主張も一理ある．要するに両者とも必須の概念なのである．

順序数は，通常 0 を始点として，

$$0, 1, 2, \ldots, n, n+1, \ldots, \omega,$$
$$\omega+1, \omega+2, \ldots, \omega+\omega, \omega+\omega+1, \ldots,$$
$$\omega n, \ldots, \omega^2, \ldots, \omega^\omega, \ldots, \varepsilon_0, \varepsilon_0+1, \ldots$$

などと続いている．もちろん，これらは可算の順序数の一部にすぎない．順序数は集合として，空集合 (the empty set) $\emptyset$ を 0 と定義して順次

$$0 = \emptyset, 1 = 0' = \{0\}, 2 = 1' = 1 \cup \{1\} = \{0, 1\},$$
$$3 = 2' = 2 \cup \{2\} = \{0, 1, 2\}, \ldots$$

と定義され，これらを自然数 (natural number) の全体として，$\omega = \{0, 1, 2, \ldots\}$ と定義する．自然数の全体 ω の次の順序数は

$$\omega + 1 = \omega' = \omega \cup \{\omega\} = \{0, 1, 2, \ldots, \omega\}$$

である．$\omega+\omega = \omega 2$ は $2 \times \omega = \{(i, n) : i \in 2, n \in \omega\}$ に辞書式順序 (lexicographic order, Lex) を入れたものと順序同型 (order isomorphic) である．$2\omega = \{(n, i) : i \in 2, n \in \omega\}$ に辞書式順序を入れたもので，$(0,0), (0,1), (1,0), (1,1), \ldots$ の順序型で，それは ω に等しい．したがって，$2\omega = \omega < \omega 2 = \omega+\omega$ であり，交換の法則は成り立たない．$\omega\omega = \omega^2$ は $\omega \times \omega = \{(n, m) : n, m \in \omega\}$ に辞書式順序を入れたもの，ω^ω は ω の元の有限列の全体に列の長さを最初の元として加えたものの辞書式順序での順序型で可算である．

しかし，これらの例はすべて最初の無限順序数 ω と，順序を無視して，1対1対応できるので，すべて可算な順序数である．可算な順序数で最小の ω を $\aleph_0$ と記す．$\aleph$ (aleph) はヘブライ文字の第1文字である．ω は可算の順序数の始めの順序数であるので，より大きな基数をもつ場合にもその濃度 (= 基数) をもつ最初の順序数を始数 (initial number) と呼ぶ．始数は濃度の順に

$$0, 1, 2, \ldots, n, n+1, \ldots, \omega = \aleph_0, \aleph_1, \aleph_2, \ldots,$$
$$\aleph_n, \ldots, \aleph_\omega, \aleph_{\omega+1}, \ldots, \aleph_{\omega+\omega}, \ldots$$

のように並んでいる．また，濃度は順序数としても $\omega_\alpha = \aleph_\alpha$ のようにも記される．

集合としての順序数 a はその元の元が a の元であるという意味で推移的であり，a の元も推移的な集合，記号では

$$\forall x \in a \, \forall y \in x (y \in a),$$
$$\forall x \in a \, \forall y \in x \, \forall z \in y (z \in x)$$

となる集合である．後の方の条件は比較可能性 (comparability) で置き換えても同値である．記号 $\vee$ (または, or) を用いて記せば

$$\forall x, y \in a (x \in y \vee x = y \vee y \in x)$$

である．

選択公理 (axiom of choice, AC) を仮定すると，任意の集合 A は整列可能 (well–orderable) であり，その濃度の順序数の始数と1対1に対応している．その始数を A の濃度あるいは基数 (cardinality of A) といって，$|A|, \#(A), \text{card}(A)$ などと記す．

選択公理を仮定しなくても，$|A| \leq |B|, |B| \leq |A|$ ならば $|A| = |B|$ というカントール–ベルンシュタインの定理 (Cantor–Bernstein theorem) は成立する．

無限基数の算法については $\aleph_\alpha + \aleph_\alpha = \aleph_\alpha$,

$\aleph_n^2 = \aleph_n$ のようなべき等性 (idempotency) が成立する．集合 A の部分集合 (subset) の全体の集合を $\wp(A)$ と記し A のべき集合 (power set) という．$\aleph_n^{\aleph_n} = 2^{\aleph_n} = (\aleph_n^{\aleph_n})^{\aleph_n} = |\wp(A)|$ である．べき集合の基数についてはカントールの定理として，$|A| < |\wp(A)|$ が知られている．実数の連続体 (continuum of real numbers) の基数は $2^{\aleph_0} = |\wp(\omega)|$ である．この基数を連続体濃度 (基数) (cardinality of continuum) と呼ぶ．$\aleph_\alpha = 2^{\aleph_0}$ とするとき，$\alpha \geqq 1$ であることはカントールの定理からの帰結である．$\aleph_1 = 2^{\aleph_0}$ であろうという仮説を連続体仮説 (continuum hypothesis, CH)，一般にすべての順序数に対して $\aleph_{\alpha+1} = 2^{\aleph_\alpha}$ を一般連続体仮説 (generalized cntinuum hypothesis, GCH) という．

また，同じ添字集合をもつ基数の異なる集合族については，基数の小さい方の直和の基数は直積の基数より小さいこと，記号的には

$$\forall x \in a (|f(x)| < |g(x)|)$$
$$\Rightarrow |\sum_{x \in a} f(x)| < |\prod_{x \in a} g(x)|$$

のように記される美しい結果がある．これはケニッヒ (D. König) の定理と呼ばれている．

ゲーデル (K. Gödel) は構成可能集合 (constractible set) の全体の類 (class) を定義しその全体の類 (class) を L，また，集合の全体の類を V (= Vollraum) と名付け，すべての集合が構成可能であることを構成可能公理 (axiom of constructibility) と呼び $V = L$ と記してその相対無矛盾性 (relative consistency) を証明した．$V = L$ から V が整列可能であることおよび一般連続体仮説 GCH が証明できることを示し，公理系 ZFC, CH や ZFC, GCH の相対無矛盾性を証明した (1938 年)．

コーエン (P.J. Cohen) は強制法 (フォーシング forcing) というというイデアル (ideal) やフィルター (filter) の形で述べられた生成点 (= 一般素点, generic point) に関する生成集合 (generic set) の概念を導入して，集合論のモデル M の生成集合 G による生成拡大 (generic extension) である集合論 $M[G]$ のなかで，連続体の基数は $2^{\aleph_0} = \aleph_1$, $2^{\aleph_0} = \aleph_2$, $2^{\aleph_0} = \aleph_3$ など，$\aleph_\omega$ のような $\aleph$ の添字の共終数 (cofinality) が ω の特異基数 (singular cardinal) を除いて，自由にとることが可能であることなどを示した (1963 年)．これらにより，ツェルメロ–フレンケルの集合論 (Zermelo–Fraenkel set theory, ZF, 選択公理を含む場合は ZFC) では，ゲーデルの結果とあわせて連続体仮説 CH も一般連続体仮説 GCH もともに ZFC の公理系から相対独立であることを示した．

順序数について，$\alpha' = \alpha \cup \{\alpha\}$ となる順序数を後者順序数 (successor ordinal) といい，そうでない順序数を極限 (limit ordinal) という．極限順序数 α が，ある順序数の長さの列の極限として表現される最小の順序数は始数である．この順序数 (= 基数) を α の共終数 (cofinality) といって $\mathrm{cf}(\alpha)$ と記す．$\mathrm{cf}(\mathrm{cf}(\alpha)) = \mathrm{cf}(\alpha)$ である．基数 $\aleph_\alpha$ について，$\mathrm{cf}(\aleph_\alpha) = \aleph_\alpha$ のとき $\aleph_\alpha$ を正則基数 (regular cardinal) という．$\aleph_{\alpha+1}$ の形の基数はすべて正則であり，極限数 α については $\mathrm{cf}(\alpha) = \mathrm{cf}(\aleph_\alpha)$ である．$\aleph_\alpha$ が正則で α が極限数のとき弱い意味で到達不能 (weakly inaccessible) 基数と呼ばれ，$\forall \beta < \alpha (2^{\aleph_\beta} < \aleph_\alpha)$ のとき強い意味で到達不能 (strongly inaccessible) と呼ばれる．到達不能基数の存在は ZFC では証明できないが ZFC と無矛盾と考えられている．現在では，いろいろな強無限公理 (axiom of strong infinity) が提案され，到達不能基数はそのなかでももっとも弱い方に属する．

べき集合の濃度については，正則基数 (regular cardinal) のべきに関するイーストン (W.B. Easton) の結果が知られている．$\alpha < f(\alpha)$ で単調，$\aleph_\alpha < \mathrm{cf}(\aleph_{f(\alpha)})$ ならば，正則基数についてはつねに $2^{\aleph_\alpha} = \aleph_{f(\alpha)}$ が成立するモデルが存在する．しかし，特異基数については $\aleph_{\omega_1}$ より小さい基数で連続体仮説が成立すれば $\aleph_{\omega_1}$ でも連続体仮説が成立するというシルバー (J. Silver) の結果がある．また，可算の共終数をもつ最初の特異基数については，

$$\forall n \in \omega (2^{\aleph_n} < \aleph_\omega) \Rightarrow \aleph_\omega^{\aleph_0} < \aleph_{\omega_4}$$

つまり，すべての自然数に対して $2^{\aleph_n} < \aleph_\omega$ のと

き，$\aleph_\omega^{\aleph_0} = \aleph_\alpha$ とすると $\alpha < \aleph_4$ であるというシェラー (S. Shelah) の定理が知られている．

無限公理の一つの形は，「対象 (object) の全体は言語 (language) よりも多い」という主張である．つまり，「言語では区別できない無限の対象が存在する」というものである．順序数の全体は整列順序（したがって線形順序）をもっているから，無限集合 A の元について，すべての述語 $P(\ ,\cdots,\ )$ について $x_1 < \cdots < x_n$, $y_1 < \cdots < y_n$ のとき
$$P(x_1,\cdots,x_n) \equiv P(y_1,\cdots,y_n)$$
が成立するという意味である．これは最初，可測基数 ((2-valued) measurabe cardinal) の存在 MC から基数の全体がもつ性質，つまり，基数の超越性 (transcendency of cardinals: TC) としてシルバー (J. Silver)，ソロベイ (R.M. Solovay)，キューネン (K. Kunen) などによって研究され，特に，ソロベイによって定義された $0^\dagger$ (Zero-dagger) や $0^\#$ (Zero-sharp) などは，体系の中で成立する文章のコード数の全体であるから，実数の存在という無限公理の一つとして提示されている．

無限公理はまた，恒等写像ではない拡大作用素 (extension operator, extender) や極大フィルター (maximal filter, ultrafilter) あるいは非自明 (nontrivial) な有限加法的 2–値測度 (finite additive 2–valued measure) や加算加法的 (countably additive) な測度などの存在としても提示される．言語で指定，あるいは定義しようとしても，（すべての）性質を保った，運動が可能であるという主張である．そのように元 (object) がたくさん存在することを主張しているのである．大きな順序数や基数の存在性が，性質のコード数の集合として自然数の部分集合に具現しているとの観点である．

非可算基数 κ について，任意の集合の空でない部分集合の κ より小さい個数の共通部分で閉じている集合族は，同じ性質の極大フィルター (ultrafilter, maximal filter) に拡張できるとき，超コンパクト基数 (super compact cardinal) という．これは ω の一つの性質が非可算基数 κ についても成立することを要請するもので，この公理を SCC と記す．κ を超コンパクト基数とすれば，κ より大きいところでは一般連続仮説 GCH が成立する．また，SCC の下で，
$$\forall\alpha(2^{\aleph_\alpha} = \aleph_{\alpha+2})$$
の成立する集合論のモデルが定義できることも知られている．

特異基数と共終数をめぐる問題は特異基数問題 (singular cardinal problem) や共終可能 (possible cofinality: PCF) 問題と呼ばれる．現在では，$\aleph_1$ と $\aleph_2$ がさまざまな点で異なる性質をもつことが判明し，連続体の基数が $\aleph_1$ の場合と $\aleph_2$ の場合における数学はかなり異なった結果をもたらしうることなどが，強い意味の無限基数の存在公理や強制法と関係して知られるようになった．

数学の理論が自由に展開できる ZFC などの体系が，たとえば，幾何学のなかの空間の曲率のように，多様な数学世界が存在し得ることと関係して，数学，哲学や物理学などの世界でどのように認識・認知されるかは今後の重要な課題である．

[難波完爾]

参考文献

[1] T. Jech: *Set theory, 2nd ed, Perspectives in Mathematical Logic*, Springer, 1991.
[2] K. Kunen: *Set theory, Stadies in Logic and the foundations of Mathematics 102*, North-Holland, 1995.
[3] A. Kanamari: *The Higher Infinite, Perspectives in Mathematical Logic*, Springer, 1991.
[4] S. Shelah: *Proper and Improper Forcing, 2nd ed, Perspectives in Mathematical Logic*, Springer, 1991.
[5] 田中一之編：ゲーデルと 20 世紀の論理学 4，東京大学出版会，2006.
[6] 難波完爾：数学と論理，朝倉書店，2003.

ハウスドルフ測度とハウスドルフ次元

Hausdorff measure and Hausdorff dimension

1 カラテオドリ (Carathéodory) の外測度

1914 年の論文 [1] でカラテオドリは外測度 (outer measure) から測度を構成する方法を確立し，$n \geq m$ となる自然数 m に対して，$\boldsymbol{R}^n$ の m–次元ハウスドルフ測度 (と今日呼ばれるもの) を構成した．

定義 集合 X の部分集合の全体から $[0, +\infty) \cup \{+\infty\}$ への関数 φ は次の (a), (b), (c) を満たすとき，X 上の外測度と呼ばれる．
(a) 空集合 $\emptyset$ に対して $\varphi(\emptyset) = 0$
(b) $A \subseteq B$ ならば $\varphi(A) \leq \varphi(B)$．
(c) $\varphi(\cup_{i=1}^{\infty} A_i) \leq \sum_{i=1}^{\infty} \varphi(A_i)$．

さらに X 上の距離 d に対して，次の (d) を満たすとき，φ は (X, d) 上の距離外測度 (metric outer measure) であるという．
(d) X の部分集合 A, B に対して $\inf\{d(x, y) \mid x \in A, y \in B\} > 0$ ならば $\varphi(A \cup B) = \varphi(A) + \varphi(B)$．

定理 φ を X 上の外測度とする．X の部分集合 A が φ-可測であるとは，任意の $E \subseteq X$ に対して，$\varphi(E) = \varphi(E \cap A) + \varphi(E \cap A^c)$ が成立することである．X の φ-可測集合の全体 $\mathcal{M}(\varphi)$ は完全加法族となり，φ の $\mathcal{M}(\varphi)$ への制限は (完全加法的な) 測度となる．さらに X 上の距離 d に関して φ が距離外測度ならば，$\varphi|_{\mathcal{M}(\varphi)}$ は距離空間 (X, d) のボレル測度になる．

2 ハウスドルフ (Hausdorff) の仕事

カラテオドリの結果を受けてハウスドルフは論文 [3] で $n \geq \alpha \geq 0$ となる任意の α に対して $\boldsymbol{R}^n$ の α–次元ハウスドルフ測度を構成した．

(X, d) を距離空間とする．X の部分集合 A に対して，A の直径 $d(A)$ を $d(A) = \sup_{x,y \in A} d(x, y)$ と定義する．非負の実数 α と正の実数 r に対して，$\mathcal{H}_r^\alpha(A)$ を，$\sum_{i=1}^{\infty} d(E_i)^\alpha$ の次の (1), (2) を満たす $\{E_i\}_{i=1}^{\infty}$ の全体での下限とする．

(1) 任意の i に対して，$d(E_i) \leq r$．
(2) $A \subseteq \cup_{i=1}^{\infty} E_i$．

(1) において，任意の i で E_i は開集合 (あるいは任意の i で E_i は閉集合) という条件を付けても $\mathcal{H}^\alpha(A)$ の値は変わらない．$\mathcal{H}_r^\alpha$ は r に関して単調減少であるので，$\lim_{r \downarrow 0} \mathcal{H}_r^\alpha(A)$ は ($+\infty$ の場合も含めて) 存在する．この極限を，$\mathcal{H}^\alpha(A)$ と書く．$\mathcal{H}^\alpha$ は距離外測度である．前述の定理より，$\mathcal{H}^\alpha$ を $\mathcal{M}(\mathcal{H}^\alpha)$ に制限したものは (X, d) のボレル測度となる．この測度 $\mathcal{H}^\alpha|_{\mathcal{M}(\mathcal{H}^\alpha)}$ を (X, d) の α–次元ハウスドルフ測度という．$\mathcal{H}^\alpha|_{\mathcal{M}(\mathcal{H}^\alpha)}$ は，ボレル正則かつ完備である．$\boldsymbol{R}^n$ の n–次元のハウスドルフ測度 $\mathcal{H}^n$ と n–次元のルベーグ測度 L_n は定数倍を除いて一致する．C_n を半径 1 の球の n–次元ルベーグ測度とすると任意の $A \in \mathcal{M}(\mathcal{H}^n)$ に対して，$\mathcal{H}^n(A) = 2^n (C_n)^{-1} \mathrm{L}_n(A)$ が成り立つ．

さて，$\mathcal{H}^\alpha(A) < +\infty$ ならば，任意の $\alpha' > \alpha$ に対して $\mathcal{H}^{\alpha'}(A) = 0$，$\mathcal{H}^\alpha(A) > 0$ ならば，任意の $\alpha' < \alpha$ に対して $\mathcal{H}^{\alpha'}(A) = +\infty$ がわかるので，
$$\sup\{\alpha \mid \mathcal{H}^\alpha(A) = +\infty\} = \inf\{\alpha \mid \mathcal{H}^\alpha(A) = 0\}$$
となる．この値を A のハウスドルフ次元といい，$\dim_H A$ と書く．たとえばカントールの 3 進集合のハウスドルフ次元は $\log 2 / \log 3$ である．このほかの，ハウスドルフ次元がわかる集合の例については [フラクタル集合] を参照のこと．

単調増加関数 f に対して，$d(A)^\alpha$ を $f(d(A))$ に置き換えることで f–次元ハウスドルフ測度を定義することができる．ハウスドルフ測度に関する詳細はロジャース [4] を参照のこと．またエドガー [2] にカラテオドリおよびハウスドルフの原論文 [1][3] の英訳が収録されている． ［木上 淳］

参考文献

[1] C. Carathéodory：*Über das lineare Maß von Punktmengen – eine Verallgemeinerung des Längenbegriffs*, pp.404–426, Nach. Ges. Wiss. Göttingen, 1914.
[2] G.A. Edger：*Classics on Fractals, Studies in Nonlinearity*, Westview Press, 2004.
[3] F. Hausdorff：Dimension und äußeres Maß, *Math. Ann.* **79**：157–179, 1918.
[4] C.A. Rogers：*Hausdorff Measures, Cambridge Math. Library*, Cambridge University Press, 1998.

波動方程式

wave equation

　波動方程式は波動を記述する偏微分方程式である．波動とは振動が空間内を伝わっていく物理現象であり，空間次元が 1, 2, 3 のとき，それぞれ

$$\frac{1}{c^2}\frac{\partial^2 u}{\partial t^2} = \frac{\partial^2 u}{\partial x^2} \quad \text{(弦の振動)}$$

$$\frac{1}{c^2}\frac{\partial^2 u}{\partial t^2} = \frac{\partial^2 u}{\partial x^2} + \frac{\partial^2 u}{\partial y^2} \quad \text{(膜の振動)}$$

$$\frac{1}{c^2}\frac{\partial^2 u}{\partial t^2} = \frac{\partial^2 u}{\partial x^2} + \frac{\partial^2 u}{\partial y^2} + \frac{\partial^2 u}{\partial z^2} \quad \text{(空中の音波)}$$

などの例がある．右辺は $\triangle u$ と略記され n 次元にも拡張される．未知函数 u は一般に時刻 t, 位置 x における変位の大きさを表す．u が表す物理量はさまざまであるが，一度同一の方程式で表現されれば同一の波動現象を示す．特に，電磁場が波動方程式をみたすことがマクスウェルにより示され，電磁波が真空中を伝わることが確定した．

　波動方程式の解　以下 c は定数とする．空間 1 次元の場合は例外的に求積でき，一般解

$$u = F(x - ct) + G(x + ct)$$

が求まる．$F(x - ct) = F(x + ca - c(t + a))$ からわかるように，この項は変位が時間とともに速度 c で形を変えずに x 軸の正方向に伝わっていく現象を表している．同様に $G(x + ct)$ は x 軸の負方向に速度 c で伝わる波を表す．

　2 次元以上の波動方程式は求積できないが，具体的な特殊解がいくつか知られている．最も基本的なものは次の平面波解である：

$$A\sin(\boldsymbol{k}\cdot\boldsymbol{x} - ct + \alpha), \quad \text{ここに} \quad \boldsymbol{x} = (x, y, z).$$

これは，単位ベクトル $\boldsymbol{k}$ で示される方向に速度 c で進行する波であり，各時刻 t において平面 $\boldsymbol{k}\cdot\boldsymbol{x} = ct$ に沿って同一の波高をもつ．A は振幅，α は波の位相と呼ばれる定数である．一般の解は平面波の重畳で得られるという物理的直観は，少なくとも凸開集合上では数学的に正当化される．

　基本解　波動方程式の基本解は，初期時刻 $t = 0$ において原点に与えられた点衝撃の伝播を記述する．空間次元に応じて x は $x, (x, y), (x, y, z)$ を表すものとすれば，基本解 $E(t, x)$ の具体形は，$t > 0$ において，空間 1, 2, 3 次元で，それぞれ

$$E(t, x) = \frac{1}{2c}Y(ct - x), \quad \frac{1}{2\pi c}\frac{Y(ct - |x|)}{\sqrt{c^2 t^2 - |x|^2}}$$

$$\frac{1}{2\pi c}\delta(c^2 t^2 - |x|^2) = \frac{1}{4\pi c^2 t}\delta(ct - |x|)$$

となる．ただし Y, δ はそれぞれ 1 変数のヘビサイド函数およびデルタ函数を表す．一般の初期値に対し，これを達成する解を求める初期値問題

$$u(0, x) = \varphi_0(x), \quad \frac{\partial u}{\partial t}(0, x) = \varphi_1(x)$$

の答は，基本解により

$$u = E(t, x) *_x \varphi_1(x) + \frac{\partial E}{\partial t}(t, x) *_x \varphi_0(x)$$

で与えられる．ここで，$*_x$ は空間変数に関するたたみ込みを表す．基本解は $\varphi_0 = 0, \varphi_1 = \delta(x)$ に相当する．上の初期値問題の解 $u(t, x)$ を具体的に積分で表すと，1 次元ではダランベールの公式

$$\frac{1}{2}\{\varphi_0(x - ct) + \varphi_0(x + ct)\} + \frac{1}{2c}\int_{x-ct}^{x+ct}\varphi_1(s)ds$$

3 次元ではポアソンまたはキルヒホッフの公式

$$\frac{1}{4\pi c^2 t}\int_{|x|=ct}\varphi_1(x)dS + \frac{\partial}{\partial t}\left(\frac{1}{4\pi c^2 t}\int_{|x|=ct}\varphi_0(x)dS\right)$$

となる．積分は半径 ct の球面上の面積分である．2 次元の場合は，3 次元の公式から z を積分で消去すれば得られる (アダマールの変数低減法)．

　決定領域・依存領域・影響領域　基本解の台は，伝播錐と呼ばれる原点から発する円錐 $ct \geq |x|$ に含まれる．これは，波動方程式が速度 c の有限伝播性をもつことに対応している．初期値の台に沿ってこの円錐を平行移動したものを合併すると，初期値の影響が及ぶ範囲である**影響領域**が得られる．補集合の影響領域を除けば，その集合だけから解のようすが決まる**決定領域**となる．逆に，時間の過去方向にみると，時刻 0 における原点での状況は，逆向きの伝播錐における過去の解の状況だけで定まる．これを解の挙動を調べたい集合に平行移動して合併すれば，**依存領域**が得られる．

　基本解をみると，原点の点衝撃の影響が 2 次元では伝播錐の内部に及ぶのに対し，3 次元では表面だけである．これはホイヘンスの (大) 原理と呼ばれ，後に空隙理論に発展した．　　　［金子　晃］

参考文献

[1] 金子　晃：偏微分方程式入門，東京大学出版会，1998.

バナッハ環

Banach algebra

1 バナッハ環

バナッハ空間 A が積演算をもち，それによって多元環になり，$x, y \in A$ に対し $\|xy\| \leq \|x\| \|y\|$ が成立しているとき，A はバナッハ環であるという．係数体は実数体または複素数体であるが，以下複素数体の場合を考える．乗法についての単位元はあってもなくてもよい．X 上の対合 $x \mapsto x^*$ があって，

- $(x+y)^* = x^* + y^*$,
- $(\alpha x)^* = \bar{\alpha} x^*, \alpha \in \mathbf{C}$,
- $(xy)^* = y^* x^*$,
- $(x^*)^* = x$,
- $\|x^*\| = \|x\|$

を満たすとき，A はバナッハ $*$-環であるという．

単位元をもつバナッハ環 A について，単位元 I を中心とする半径 1 の開球
$$\{x \in A \mid \|x - I\| < 1\}$$
の元はすべて A 内に逆元をもつ．

2 例

バナッハ空間 X 上の有界線形作用素全体は，作用素の合成を積としてバナッハ環をなす．このバナッハ環の閉部分環もバナッハ環である．とくに X がヒルベルト空間の場合は，対合として共役作用素をとることにより，有界線形作用素全体，あるいはその閉部分環で共役演算で閉じたものはバナッハ $*$-環になる．これは $\|x^*\| = \|x\|$ よりさらに強く，$\|x^* x\| = \|x\|^2$ を満たしており，C^*-環と呼ばれるものになっている．

コンパクト・ハウスドルフ空間 K に対し，K 上の複素数値連続関数全体を考えると，バナッハ環が得られる．複素共役をとる演算を対合としてこれはバナッハ $*$-環，さらには C^*-環になっている．この環は，あるヒルベルト空間の上の有界線形作用素のなす環としても実現できる．

$L^1(\mathbf{R})$ 上で合成積を考えると，単位元のない可換バナッハ環になる．対合 $f^*(x) = \overline{f(-x)}$ により，これはバナッハ $*$-環にもなるが，C^*-環にはならない．一般の局所コンパクト群でも左不変ハール測度を考えることにより，同様のバナッハ環が得られる．

K を複素平面上のコンパクト集合とし，K 上連続で K の内部で正則な関数全体を $A(K)$ と書くと，これは sup が与えるノルムについてバナッハ環になっている．これは，K が内点を含めば複素共役をとる操作で閉じていない．とくに K が複素平面上の閉単位円板であるとき，$A(K)$ をディスク環と呼ぶ．

3 スペクトル理論

ヒルベルト空間上の線形作用素のスペクトルの理論は，行列の固有値の理論を一般化したものであるが，より抽象的なバナッハ環の中でもある程度展開できる．すなわち，A を単位元 I をもつバナッハ環とし，$x \in A$ に対し，そのスペクトル $\sigma(x)$ を
$$\sigma(x) = \{\lambda \in \mathbf{C} \mid x - \lambda I \text{ は逆元をもたない}\}$$
と定める．この補集合を x のリゾルベントという．

x がヒルベルト空間 H 上の有界線形作用素で，A が H 上のすべての有界線形作用素のなすバナッハ環であるとき，上の意味での x のスペクトルは，x の通常の作用素としてのスペクトルに一致する．

$\sigma(x)$ は複素平面内の空でないコンパクト集合である．また，
$$\sup\{|\lambda| \mid \lambda \in \sigma(x)\}$$
を x のスペクトル半径という．$\lim_{n \to \infty} \|x^n\|^{1/n}$ が存在し，この値は x のスペクトル半径に等しい．

A を複素係数で単位元をもつバナッハ環とする．A の 0 以外のすべての元が可逆であれば，A は複素数体 $\mathbf{C}$ にノルムを保って同型である．（ゲルファント–マズール (Gelfand–Mazur) の定理．）

$f(z)$ を全平面で正則な関数とすると，$f(z) = \sum_{n=0}^{\infty} a_n z^n$ と収束半径無限大のべき級数によって表される．このとき任意の $x \in A$ に対し，$\sum_{n=0}^{\infty} a_n x^n$ を考えるとこれは A 内で収束することがわかる．これを $f(x)$ と表す．（ただしここ

で定数項 $a_0 x^0$ は, $a_0 I$ と解釈する.) このとき, $f(x)$ のスペクトルについて,
$$\sigma(f(x)) = f(\sigma(x)) = \{f(\lambda) \mid \lambda \in \sigma(x)\}$$
が成り立つ. これをスペクトル写像定理という.

4 可換バナッハ環とゲルファント表現

以下 A を単位元をもつ可換バナッハ環とする. A のイデアル $I \neq A$ に対し, $I \subsetneq J \subsetneq A$ となるイデアル J が存在しないとき, I は極大イデアルであるという. A 全体に等しくないイデアルはある極大イデアルに含まれ, 極大イデアルは自動的に閉である.

A の極大イデアル I があったとすると, A/I は上述のゲルファント–マズールの定理により, 複素数体に同型である. これにより, 商写像 $A \to A/I$ を通じて, A から $\boldsymbol{C}$ への, 単位元をもつ多元環としての準同型 ϕ が得られる. 以下, A から $\boldsymbol{C}$ への, 単位元をもつ多元環としての準同型を A 上の複素準同型と呼ぶ. A 上の複素準同型 ϕ が与えられると, その核 $\operatorname{Ker}\phi$ は, A の極大イデアルになる. これによって, A 上の複素準同型たちと A の極大イデアルたちが 1 対 1 に対応する.

A 上の複素準同型たちのなす空間は, A の双対空間 A^* の単位球の部分集合と思うことができ, バナッハ–アラオグル (Banach–Alaoglu) の定理によってそれは弱 $*$–位相についてコンパクト集合となる. これによって, A 上の極大イデアル全体の空間をコンパクト集合と思うことができ, その空間を $M(A)$ と書いて A の極大イデアル空間と呼ぶ. $x \in A$ に対し, $M(A)$ 上の関数 $\Gamma(x)$ を, $\Gamma(x)(\phi) = \phi(x)$ で定める. ただしここで, 極大イデアルとそれが定める A 上の複素準同型を同一視して, $M(A)$ の元を A 上の複素準同型 ϕ で表した. この $\Gamma(x)$ は $M(A)$ 上の連続関数を与えることがわかり, Γ は A から, $M(A)$ 上の複素数値連続関数環への多元環準同型を与えることになる. この Γ をゲルファント (Gelfand) 変換と呼ぶ. $x \in A$ に対し, x のスペクトル $\sigma(x)$ は, 連続関数 $\Gamma(x)$ の値域に等しい. 一般に Γ の核を A の根基といい, その元を一般べき零元という.

たとえば, A がコンパクト・ハウスドルフ空間 K 上の複素数値連続関数のなすバナッハ環 $C(K)$ のときは, $M(C(K))$ は自然に K と同一視される. (点 $t \in K$ に対し,
$$\{f \in C(K) \mid f(t) = 0\}$$
が $C(K)$ の極大イデアルを与える. 対応する複素準同型は, $f \in C(K)$ に t での値 $f(t) \in \mathbb{C}$ を対応させる写像である.) この同一視によって, ゲルファント変換は恒等写像となる.

また, $L^1(\boldsymbol{R})$ で合成積を積演算としたものを考えると, これは可換バナッハ環だが, 単位元をもっていない. そこでこれに単位元を添加したバナッハ環を A とする. 形式的には A の元は, $f + c\delta$ ($f \in L^1(\boldsymbol{R}), c \in \boldsymbol{C}$, δ はディラックのデルタ関数) と思ってよい. $L^1(\boldsymbol{R})$ 上のフーリエ変換を,
$$\hat{f}(\xi) = \int_{-\infty}^{\infty} f(x) e^{-ix\xi}\, dx$$
で定め, $\hat{\delta}(\xi) = 1$ (定数関数 1) と定めると, フーリエ変換は A から,
$$\{f \mid f \text{ は } \boldsymbol{R} \text{ 上の連続関数で } \lim_{|\xi| \to \infty} f(\xi) \text{ をもつ}\}$$
の中への準同型である. (A における積演算は合成積であり, 値域の方での積は各点での値の掛け算である.) 後者の連続関数環は, $\boldsymbol{R}$ に無限遠点 1 点を加えたコンパクト集合上の連続関数環とも思える. このようにすると, A 上の任意の極大イデアルは, ある実数 ξ または $\xi = \infty$ に対して,
$$\{f \in A \mid \hat{f}(\xi) = 0\}$$
の形をしていることがわかる. このとき対応する A 上の複素準同型は, f に $\hat{f}(\xi)$ を対応させるものである. このときゲルファント変換は, 通常のフーリエ変換であり, A から, $\boldsymbol{R}$ に無限遠点を加えた 1 点コンパクト化の上の連続関数環への準同型を与える. この準同型は単射だがノルムを保たず, また全射でもない. [河東泰之]

参考文献

[1] R.G. Douglas: *Banach Algebra Techniques in Operator Theory*, Springer 1998.

[2] W. Rudin: *Functional Analysis*, McGraw–Hill Science, 1991.

バナッハ空間と線形作用素

Banach space and linear operator

1 ノルムとバナッハ空間の定義

線形 (ベクトル) 空間 X 全体で定義された実数値関数 $\|\cdot\|$ が X 上の半ノルム (seminorm) であるとは，3 公理: N1:$\|f\| \geqq 0$, N2:$\|\alpha f\| = |\alpha| \cdot \|f\|$, N3:$\|f + g\| \leqq \|f\| + \|g\|$ (三角不等式)，をすべての $f, g \in X$ とすべての複素数 α について満たすことをいい，半ノルム $\|\cdot\|$ がさらに公理 N4:$\|f\| = 0 \Rightarrow f = 0$，を満たすとき，$\|\cdot\|$ はノルム (norm) であるといい，ノルムの定義された線形空間 X をノルム空間 (normed space) という．この項目で，線形空間のスカラーは複素数であるが，スカラーを実数に限ったノルム空間を実ノルム空間 (real normed space) という．一般に，スカラーを実数に限るとき，「実」を付けて表す．

ノルム空間 $(X, \|\cdot\|)$ は $\|f - g\|$ を 2 点 f, g の距離として距離空間になり，距離空間での諸概念が使える．この距離で点列 $\{f_n\}$ が f へ収束すること, $\|f_n - f\| \to 0$, を $f_n \to f$ in X と書く．

この距離に関して完備なノルム空間をバナッハ空間 (Banach space) という．つまり，バナッハ空間のコーシー列 (基本列) はかならず収束する．よって，正項級数 $\sum_{n=1}^{\infty} \|u_n\|$ が収束すれば X での級数 $\sum_n u_n$ も収束する．逆に，この命題よりノルム空間の完備性が示せる (完備の判定条件)．

有理数体から実数体を構成するのと同様な方法で，完備でないノルム空間 X より X を稠密部分集合として含み，X の点についてはノルムが変わらないバナッハ空間，X の完備化 (completion), を構成できる．

二つのノルム空間 $(X, \|\cdot\|_X)$ と $(Y, \|\cdot\|_Y)$ の (直) 積 $X \times Y$ の点 $\{f, g\}$ のノルムを $\|\{f, g\}\|_{X \times Y} = \{\|f\|_X^p + \|g\|_Y^p\}^{1/p}$ ($1 \leq p < \infty$)，または $\|\{f, g\}\|_{X \times Y} = \max\{\|f\|_X, \|g\|_Y\}$ と定義すると $X \times Y$ はノルム空間になる．これによりノルム空間の積 $X \times Y$ を定義する．有限個のノルム空間の積もノルム空間になる．

ノルム空間 X の閉線形部分空間 M による商空間 X/M の元 $\tilde{f} \in X/M$ に対してノルムを $\|\tilde{f}\|_{X/M} := \inf\{\|f\|_X | f \in \tilde{f}\}$ と定義すると，X/M はノルム空間になる．それを，商ノルム空間 (quotient normed space) といい，そのノルムを商ノルム (quotient norm) という．

とくに，X と Y がバナッハ空間のとき $X \times Y$ もバナッハ空間である．また，バナッハ空間 X の閉線形部分空間 M とそれによる商空間 X/M はともにバナッハ空間である．

例 1 ヒルベルト空間はバナッハ空間．その平易な例は複素 n 次元空間 $\boldsymbol{C}^n$ で，そのノルムは
$$\|\{\xi_1, \ldots, \xi_n\}\| := \{|\xi_1|^2 + \cdots + |\xi_n|^2\}^{1/2}. \quad (1)$$

例 2 有界数列の全体 ℓ^∞ はバナッハ空間．ノルムは $\|\{\xi_n\}_{n=1,2,\ldots}\|_{\ell^\infty} := \sup_{n=1,2,\ldots} |\xi_n|$.

例 3 $\boldsymbol{R}^n$ 内の開集合 Ω で定義された有界連続関数の全体 $\mathrm{BC}(\Omega)$ はノルム $\|f\|_{\mathrm{BC}(\Omega)} := \sup_{x \in \Omega} |f(x)|$ によりバナッハ空間になる．完備性は定理「連続関数列の一様収束極限は連続」による．また，$p \geqq 1$ のとき p 乗積分可能関数の全体 $L^p(\Omega)$ もバナッハ空間である．

2 線形作用素

線形空間 X の線形部分空間 $\mathcal{D}(T)$ で定義されていて線形空間 Y に値をとる写像 T が, 条件:
$$T(\alpha f + \beta g) = \alpha T(f) + \beta T(g) \quad (2)$$
を任意の $f, g \in \mathcal{D}(T)$, 複素数 α, β について満たすとき，T は線形作用素 (linear operator) であるという．$\mathcal{D}(T)$ を T の定義域 (domain), $\mathcal{R}(T) := \{Tf | f \in \mathcal{D}(T)\}$ を T の値域 (range), $\mathcal{N}(T) := \{f \in \mathcal{D}(T) | Tf = 0\}$ を T の零域，核 (null space, kernel) という．とくに $Y = \boldsymbol{C}$ のとき，線形作用素を線形汎関数 (linear functional) という．線形作用素 T に対しては $T(f)$ を $T \cdot f$ または Tf と略記する．線形代数では X からの線形写像の定義域は通常 X であるが，関数解析では X 上の線形作用素の定義域は X とは限らない．

T, S を $X \to Y$ の線形作用素とするとき，線形作用素の和 $S + T$ と線形作用素の差 $S - T$

を $f \in \mathcal{D}(S \pm T) := \mathcal{D}(S) \cap \mathcal{D}(T)$ について $(S \pm T)f := Sf \pm Tf$ と定義し，複素数 $\alpha \neq 0$ について，αT を $f \in \mathcal{D}(\alpha T) := \mathcal{D}(T)$ について $(\alpha T)f := \alpha(Tf)$ と定義する．また $0T = 0$ と定める．恒等作用素 (identity (operator)) I を，すべての $f \in X$ について $If = f$, によって定義し，空間 X を明示したいときは I_X と書く．複素数 α に対して，αI を単に α と書くこともある．

線形空間 X から線形空間 Y への線形作用素 T と Y から線形空間 Z への線形作用素 S に対して，
$$\begin{cases} 定義域 \mathcal{D}(ST) := \{f \in \mathcal{D}(T) | Tf \in \mathcal{D}(S)\}, \\ f \in \mathcal{D}(ST) について (ST)f := S(Tf), \end{cases}$$
により線形作用素の積 ST を定義する．この定義では配分法則は一般には成立しないことに注意する．

X から Y への作用素 T が 1 対 1 のとき，Tf に f を対応させる作用素が定義できる．それを T の逆作用素 (inverse operator) といい，T^{-1} と書く．$\mathcal{D}(T^{-1}) = \mathcal{R}(T), \mathcal{R}(T^{-1}) = \mathcal{D}(T)$ である．よって，$S = T^{-1} \Leftrightarrow ST = I_{\mathcal{D}(T)}, TS = I_{\mathcal{R}(T)}$.
1 対 1 の線形作用素の逆作用素は線形である．

3 連続線形作用素の空間

この節以降では X, Y, Z はノルム空間を表す．

T が X から Y への線形作用素で，$\mathcal{D}(T) = X$ のとき，T が連続となるための必要十分条件は
$$\|Tf\|_Y \leqq c\|f\|_X \quad (すべての f \in X で) \quad (3)$$
(c は f に依存しない定数) を満たすことである．

X の部分集合 M に属する点のノルムが有界，つまり，$\sup_{f \in M} \|f\|$ が有限，のとき M は有界 (bounded) であるという．X から Y への作用素 T が X の有界集合を Y の有界集合に写すとき，T は有界作用素 (bounded operator) であるという．(3) により，$\mathcal{D}(T) = X$ である線形作用素 T について，連続と有界とは一致する．

定義域が X 全体である X から Y への連続線形作用素の全体を $\mathcal{L}(X, Y)$ で表す．$\mathcal{L}(X, Y)$ は 2 節の和とスカラー倍により線形空間になり，ノルム
$$\|T\|_{X \to Y} := \sup \left\{ \frac{\|Tf\|_Y}{\|f\|_X} \,\middle|\, f \in X \backslash \{0\} \right\} \quad (4)$$
(作用素ノルム (operator norm) という) によってノルム空間になる．$X \neq \{0\}$ のとき，(4) は $\sup\{\|Tf\|_Y | f \in X, \|f\|_X = 1\}$ に等しく，(3) を成立させる定数 c の下限でもある．Y がバナッハ空間ならば，$\mathcal{L}(X, Y)$ もバナッハ空間になる．

$T \in \mathcal{L}(X, Y), S \in \mathcal{L}(Y, Z)$ のとき，$ST \in \mathcal{L}(X, Z), \|ST\|_{X \to Z} \leqq \|S\|_{Y \to Z} \cdot \|T\|_{X \to Y}$. とくに，$\mathcal{L}(X, X)$ は環になり，$T \in \mathcal{L}(X, X)$ と正整数 n についてベキ T^n が定義でき，$\|T^n\|_{X \to X} \leqq \|T\|_{X \to X}^n$ である．さらに，X がバナッハ空間で，ある正整数 m について $\|T^m\|_{X \to X} < 1$ ならば，$(I - T)^{-1} = I + \sum_{n=1}^{\infty} T^n$ である．右辺はノルム収束し，ノイマン (Neumann) 級数と呼ばれる．

4 ハーン–バナッハの拡張定理

ノルム空間上の連続線形汎関数が豊富に存在することが以下のハーン–バナッハの拡張定理 (Hahn–Banach's extension theorem) によりわかる．すなわち，M を線形空間 X の線形部分空間，p を
$p(f + g) \leqq p(f) + p(g)$ (すべての $f, g \in X$ で)
$p(\alpha f) = \alpha p(f)$ (すべての $f \in X$ と正数 α で),
を満たす X 全体で定義された汎関数，劣加法的 (subadditive) 汎関数，とし，φ を
$$|\varphi(f)| \leqq p(f) \quad (5)$$
をすべての $f \in M$ について満たす M で定義された線形汎関数とする．このとき，M で φ に一致し，不等式 (5) をすべての $f \in X$ で満たす X で定義された線形汎関数 (φ の拡張) が存在する．

X/M が可算より濃度の大きい一次独立な部分集合を含む場合，この定理の証明には超限帰納法 (あるいはツォルンの補題) が必要である．

5 双対空間と双対作用素

X 上の連続線形汎関数全体 $\mathcal{L}(X, \boldsymbol{C})$ を X の双対空間 (dual space) といい，X' と表す．X' は
$$\|f'\|_{X'} := \sup\{|f'(f)|/\|f\|_X | f \in X \backslash \{0\}\}$$
をノルムとするバナッハ空間である．

$f \in X$ と $f' \in X'$ に対して，f' の f での値 $f'(f)$ を $\langle f, f' \rangle_{X \times X'}$ と書き，$X \times X'$ の双対形式 (duality (form)) と呼ぶ．双対形式は f と f' について線形で連続な複素数値関数である．

X の線形部分空間 M で定義された連続線形汎

関数 $g' \in M'$ に対して, 2 条件：
(i) f' は g' の拡張, (ii) $\|f'\|_{X'} = \|g'\|_{M'}$
を満たす $f' \in X'$ が存在することがハーン–バナッハの拡張定理によりわかる. とくに, $f \in X$ に対して, $\langle f, f' \rangle_{X \times X'} = \|f\|_X^2, \|f'\|_{X'} = \|f\|_X$, を満たす $f' \in X'$ が存在する. この f' は, 一般には f から一意に決まるとは限らないが, X' が狭義に凸 (単位球が狭義凸) のときは一意である.

$f \in X$ のとき, $\langle f, f' \rangle_{X \times X'}$ は $f' \in X'$ の連続線形汎関数になるから, f にこの X' 上の線形汎関数を対応させると埋め込み $\tau : X \to X''$ が構成できる. ハーン–バナッハの拡張定理により, $\|f\|_X = \|\tau f\|_{X''}$ (等長的, ノルムを保存), がわかる. $\tau X = X''$ とは限らない. とくに $\tau X = X''$ のとき, X は **反射的** (reflexive), または **回帰的**, であるという. 一様凸なバナッハ空間は反射的である (ミルマン (D.P. Milman) の定理). ただし, **一様凸** (uniformly convex) とは正数 ε に対して, 正数 δ を選んで, $\|x\|, \|y\| \leqq 1, \|x-y\| \geqq \varepsilon$ ならば $\|x+y\|/2 \leqq 1-\delta$ となることをいう.

$T \in \mathcal{L}(X, Y)$ と $g' \in Y'$ について第 2 節の意味の積 $g'T \in X'$ を $T'g'$ と書くと, 等式
$$\langle Tf, g' \rangle_{Y \times Y'} = \langle f, T'g' \rangle_{X \times X'} \tag{6}$$
がすべての $f \in X$ と $g' \in Y'$ について成立する. T' を T の **双対作用素** (dual operator) という. $T' \in \mathcal{L}(Y', X'), \|T'\|_{Y' \to X'} = \|T\|_{X \to Y}$ が成立. さらに, T がかならずしも連続でない線形作用素の場合も定義域が稠密ならば, $g' \in Y'$ が「$\langle Tf, g' \rangle_{Y \times Y'}$ が $f \in \mathcal{D}(T)$ について連続」という条件を満たせば, (6) を満たす $T'g'$ がただひとつ存在する. したがって, 上記の条件を満たす $g' \in Y'$ の全体を定義域 $\mathcal{D}(T')$ とし, すべての $f \in \mathcal{D}(T), g' \in \mathcal{D}(T')$ について (6) が成立するような作用素として T の双対作用素 T' を定義できる. T' は Y' から X' への線形作用素である.

M が X の閉線形部分空間のとき, $f \in X$ に X/M の元 $\hat{f} = f + M$ を対応させる作用素 $P : X \to X/M$ (**射影** (projection)) は連続で開写像 (開集合を開集合に写す), P の双対作用素 P' は 1 対 1 である. また, $M \neq X$ のとき, $\|P\| = 1$.

6 閉グラフ定理

X から Y への作用素について, T のグラフ $\mathcal{G}(T) := \{\{f, T(f)\} | f \in \mathcal{D}(T)\}$ が $X \times Y$ で閉のとき T は **閉作用素** (closed operator) であるといい, T を閉作用素に拡張できるとき, **閉拡張可能** (closable) であるという. T が線形のとき閉拡張可能であるための必要十分条件は「$f_n \in \mathcal{D}(T), f_n \to 0$ in X, $T(f_n) \to g$ in $Y \Rightarrow g = 0$」である. 連続線形作用素は閉作用素であるが, 逆は一般には成立しない. しかし, 次の場合には逆が成立する：

閉グラフ定理 (closed graph theorem) T が X から Y への閉線形作用素で, X と Y がバナッハ空間, $\mathcal{D}(T) = X$ ならば, T は連続である.

これを応用し, バナッハ空間 X からバナッハ空間 Y の上へ一対一の連続線形作用素 T の逆作用素は連続であること, したがって T は同相写像であることがわかる. さらに, $T \in \mathcal{L}(X, Y)$ に対して, P を $X \to X/\mathcal{N}(T)$ の射影, $\tilde{T}$ を $\tilde{T}(f + \mathcal{N}(T)) = Tf$ で定義される $X/\mathcal{N}(T) \to Y$ の一対一の連続線形作用素とすると, $T = \tilde{T}P$ が成立する. ゆえに, X と Y がバナッハ空間で, $T \in \mathcal{L}(X, Y)$ が Y の上への作用素ならば, T は開写像である (**開写像定理** (open mapping theorem)).

また X と Y をバナッハ空間, T を X から Y への閉線形作用素, $\mathcal{D}(T)$ は X で稠密とし, T' を T の双対作用素とする. このとき次の 4 命題：
(a) $\mathcal{R}(T)$ は閉, (b) $\mathcal{R}(T')$ は閉,
(c) すべての $g' \in \mathcal{N}(T')$ について $\langle g, g' \rangle = 0$ を満たす $g \in Y$ は $\mathcal{R}(T)$ に属す,
(d) すべての $f \in \mathcal{N}(T)$ について $\langle f, f' \rangle = 0$ を満たす $f' \in X'$ は $\mathcal{R}(T')$ に属す,
は同値 (**閉値域定理** (closed range theorem)).

7 一様有界性定理

連続線形作用素列 $\{T_n\}_{n=1,2,\ldots} \subset \mathcal{L}(X, Y)$ について第 3 節で定義したノルム収束は狭いので, もっと緩やかな収束の概念が導入されている.

すべての $f \in X$ について $\{T_n f\}$ が Y で Tf に収束するとき列 $\{T_n\}$ は T に **強収束** (strong convergence) するといい，s-lim $T_n = T$ と表し，すべての $f \in X, g' \in Y'$ について $\langle T_n f, g' \rangle \to \langle Tf, g' \rangle$ となるとき $\{T_n\}$ は T に弱収束 (weak convergence) するといい，w-lim $T_n = T$ と表す．あきらかに，ノルム収束すれば強収束し，強収束すれば弱収束する．弱収束の極限も1つである．

X の点列 $\{f_n\}$ がノルムによる距離に関して収束すること，$f_n \to f$ in X，を強収束するといい，s-lim $f_n = f$ と書くことがある．また，すべての $f' \in X'$ について数列 $\{\langle f_n, f' \rangle\}$ が $\langle f, f' \rangle$ に収束するとき，$\{f_n\}$ は f に弱収束するといい，w-lim $f_n = f$ と表す．X' の点列 $\{f'_n\}$ が汎関数として f' に弱収束，汎弱収束 (weak star convergence) するとは，すべての $f \in X$ について，$\langle f, f'_n \rangle \to \langle f, f' \rangle$，となることをいい，w*-lim $f'_n = f'$ と書く．弱収束すれば，汎弱収束する．

連続線形作用素の集合 $\mathcal{B} \subset \mathcal{L}(X, Y)$ が有界 (bounded) であるとはノルムが有界，つまり，$\sup_{T \in \mathcal{B}} \|T\|$ が有限になることをいい，$\mathcal{B}$ が強有界 (strongly bounded) であるとは，すべての $f \in X$ について $\{Tf \mid T \in \mathcal{B}\}$ が Y の有界集合になることをいい，$\mathcal{B}$ が弱有界 (weakly bounded) であるとは，すべての $f \in X$ とすべての $g' \in Y'$ について $\{\langle Tf, g'\rangle_{Y \times Y'} \mid T \in \mathcal{B}\}$ が複素数の有界集合になることをいう．有界ならば強有界，強有界ならば弱有界である．逆は一般には成立しない．ノルム収束列は有界集合，強収束列は強有界，弱収束列は弱有界である．

X の部分集合 B について，有界であること (3節で定義) を強有界ということもある．B が弱有界とはすべての $f' \in X'$ $\{\langle f, f' \rangle \mid f \in B\}$ が有界となることをいう．これは $B \subset \mathcal{L}(X', \mathbf{C})$ とみての作用素の集合の強有界にほかならない．

有界と強有界は一般には異なるが，定義域がバナッハ空間のときは一致する．すなわち，バナッハ空間で定義された連続線形作用素からなる集合が強有界ならば実は有界集合になる．とくに，ノルム空間の弱有界集合は有界集合である．各点有界を意味する強有界性から単位球上での一様有界性を帰結する定理であるから，これを一様有界性定理 (uniform boundenness theorem) と呼ぶ．バナッハ–シュタインハウスの定理 (Banach–Steinhaus's theorem)，共鳴定理 (resonance theorem) ともいう．この定理には多くの応用がある．

(1) 連続性の定理 X がバナッハ空間，Y がノルム空間で，線形作用素列 $\{T_n\} \subset \mathcal{L}(X, Y)$ が強収束すればその極限 T も連続線形作用素になり，

$$\|T\|_{X \to Y} \leq \liminf \|T_n\|_{X \to Y}. \qquad (7)$$

(2) 強収束する作用素列の積 X, Y がバナッハ空間，Z がノルム空間で，列 $\{T_n\} \subset \mathcal{L}(X, Y)$ が T に強収束し，列 $\{S_n\} \subset \mathcal{L}(Y, Z)$ が S に強収束するならば，$\{S_n T_n\}$ も ST に強収束する．

8 バナッハ空間値の関数

微分積分学の基本的事項の多くはバナッハ空間値関数でも同様に成立するが，バナッハ空間値関数に関する平均値の定理は次の形になる：閉区間 $[a, b]$ で定義され，バナッハ空間 X に値をとる連続関数 $F(t)$ が開区間 (a, b) で右微分可能ならば

$$\frac{\|F(b) - F(a)\|}{b - a} \leq \sup_{a < t < b} \|D^+ F(t)\| \qquad (8)$$

が成立する．ただし，D^+ は右導関数を表す．$F(t)$ が t_0 で連続とは，$t \to t_0$ のとき $F(t) \to F(t_0)$ in X，が成立することである．

バナッハ空間 X 値の複素変数関数 $F(\zeta)$ が複素平面の開集合 Ω の各点 ζ で微分可能のとき，Ω で正則であるという．バナッハ空間値正則関数についてもコーシーの積分定理が成立するから，F の Ω での正則性は，任意の $f' \in X'$ について $\langle F(\zeta), f' \rangle$ の正則性と同値である．よって，複素解析の諸定理がバナッハ空間値でも使える．積分路 Γ 上の積分も弱積分，すなわち，$\langle \int_\Gamma F(\zeta) d\zeta, f' \rangle = \int_\Gamma \langle F(\zeta), f' \rangle d\zeta$，(すべての $f' \in X'$ で)，で定義できる．

[村松寿延]

参考文献

[1] 高村多賀子：関数解析入門 (復刊)，朝倉書店，2004.
[2] 竹之内脩：関数解析 (復刊)，朝倉書店，2004.
[3] 田辺廣城：関数解析 (上)，実教出版，1978.
[4] K. Yosida: *Functional Anaysis, 6th ed*, Springer, 1980.

反応拡散方程式

reaction–diffusion equation/system

1　反応拡散方程式とは

反応拡散方程式は放物型偏微分方程式の一種であり，もっとも簡単な形では空間変数 $x \in \mathbf{R}^n$ と時間変数 $t \in \mathbf{R}$ の未知関数 $u(x,t)$ に対して
$$\frac{\partial}{\partial t}u = \Delta u + f(u)$$
と表される．ここに，Δ は空間変数についてのラプラス作用素であり，f は反応項と呼ばれる u の (非線形) 関数である．このように，未知変数が 1 個の場合を**単独反応拡散方程式** (scalar reaction–diffusion equation) と呼ぶ．

反応拡散方程式は，自然科学のいろいろな分野にみられる現象を記述する方程式である．たとえば発熱反応においては u は温度を表し，熱は拡散すると同時に f の割合で発生する．また溶液中の化学反応では，u は化学物質の濃度に対応し，物質は溶液中を拡散するとともに化学反応によって生成あるいは消費される．生物個体群のモデルでは，u は生物種の個体密度を表し，個体はランダムに移動するとともに，増殖や死亡によって増減する．このように，拡散と反応が同時に進行するプロセスを数理モデル化したものが反応拡散方程式である．

2 個の未知関数 $u(x,t)$, $v(x,t)$ についての連立偏微分方程式
$$\tau_1 \frac{\partial}{\partial t}u = d_1 \Delta u + f(u,v),$$
$$\tau_2 \frac{\partial}{\partial t}u = d_2 \Delta u + g(u,v),$$
は **2 成分反応拡散系** (two–component reaction–diffusion system) と呼ばれる．ここで, $d_1, d_2 > 0$ は**拡散係数** (diffusion coefficient) であり，各成分の拡散の速さを表す．$\tau_1, \tau_2 > 0$ は**時定数** (time constant) と呼ばれ，各成分の時間変化の速さと関係する量である．また反応項 f, g は u と v の (非線形) 関数である．より一般に 3 個以上の未知変数をもつ多成分反応拡散系を考えることもできる．さらに，空間的非一様性，時間依存性，移流や非線形拡散を導入した方程式 (系) も反応拡散方程式 (系) に含めることがある．

反応拡散方程式 (系) に対して興味の対象となるのは，定常状態や進行波，時間周期解の存在とその安定性，解の漸近挙動，特異性の発現，遷移過程のダイナミクスなどである．以下で説明するように，単独の反応拡散方程式と連立の反応拡散系ではその解の振る舞いは定性的に大きく異なる．いうまでもなく，一般に単独の方程式より連立の方程式系のほうが複雑なダイナミクスをもつ．

反応拡散方程式 (系) の数学的扱いには二つの方向がある．一つは大まかな仮定を満たす反応項のクラスを考え，それらにみられる共通の数学的性質を探ることである．もう一つは具体的な反応項を考えて，その場合の解の構造について詳細に調べることである．以下では，単独反応方程式と連立の反応拡散系に対し，二つの方向の研究成果について説明する．

2　単独反応拡散方程式

単独反応拡散方程式は古典的な偏微分方程式論，発展方程式，無限次元力学系の立場から詳しく調べられている．単独反応拡散方程式の顕著な性質の一つは，ある時刻において大小関係のある二つの解は，その後も同じ大小関係を満たすということである．この性質は無限領域におけるコーシー問題や有界領域における境界値問題に対して成立し，これを**比較原理** (comparison principle) あるいは**順序保存性** (order–preserving) という．とくに空間 1 次元の場合には二つの解の交点数は時間について非増加となる．これらの性質をうまく利用することにより，解の挙動に関するいろいろな性質を導くことができる．

有界領域上の単独反応拡散方程式においては，領域の形状が解の構造に大きな影響を及ぼすことが知られている．たとえば領域が有界凸集合のとき，反射壁境界条件を仮定すると安定定常解は空間的に定数のものに限られる．安定な解の空間的構造が単純なものに限られるという性質は，適当な条件のもとで，空間的に非一様な方程式や時間依存する反応項をもつ場合へと拡張することがで

きる．

具体的な形の反応項をもつ単独反応拡散方程式としては以下のものがよく知られている．

- Fujita 方程式：$f = u^p$．
- Fisher 方程式：$f = u(1-u)$．
- Nagumo 方程式：$f = u(u-a)(1-u)$．
- Allen–Cahn 方程式：$f = u(1-u^2)$．

ただし $p > 1$，$0 < a < 1$ は定数である．これらの方程式では，反応項の形に依存して解の挙動は大きく異なる．

3 2 成分反応拡散系

連立の反応拡散系は単独反応拡散方程式と異なり，一般には順序保存系ではないが，偏導関数 $\partial f/\partial v$ と $\partial g/\partial u$ がいずれも正の値をとるときを**協調系** (cooperation system)，負の値をとるときを**競争系** (competition system) といい，これらに対しては順序保存系としての扱いが可能となる．二つの偏導関数が異符号の場合は**興奮–抑制系** (activator–inhibitor system) と呼ばれ，順序保存性が成立せず，解のダイナミクスはより複雑になる．たとえば，拡散項を除いた常微分方程式系が安定な平衡点をもつと仮定すると，それは反応拡散系においては空間一様な定常解に対応するが，かならずしも安定とはならない．実際，空間一様な定常解が空間非一様な外乱に対して不安定化し，空間的な構造をもつ解へと発展することがある．これを**拡散不安定性** (diffusion–driven instability) あるいはチューリング不安定性といい，自律的な空間パターン形成の基本的なメカニズムを与える．

具体的な形の反応項をもつ2成分反応拡散系としては，以下のものが挙げられる．（括弧内は対応する現象を表す．）

- Lotka–Volterra 方程式 (生態系の発展)：
$$f = u(a_1 + b_1 u + c_1 v),\ g = v(a_2 + b_2 u + c_2 v).$$
- FitzHugh–Nagumo 方程式 (神経パルスの伝播)：
$$f = u(u-a)(1-u) - v,\ g = \varepsilon(u - \gamma v).$$
- Gierer–Meinhardt 方程式 (生物の形態形成)：
$$f = -u + u^p/v^q + \sigma,\ g = -v + u^r/v^s.$$
- Gary–Scott 方程式 (自己触媒反応)：
$$f = -uv^2 + F(1-u),\ g = uv^2 - (F+k)v.$$
- Ginzburg–Landau 方程式 (超伝導)：
$$f = u(1 - u^2 - v^2),\ g = v(1 - u^2 - v^2).$$

ただし，u, v 以外の文字は適当な定数を表す．2成分反応拡散系の数学的な取り扱いは単独方程式の場合に比べて格段に難しくなる．そのため，パラメータの変化に伴う分岐構造を調べたり，拡散係数や時定数を十分小さく（あるいは大きく）した場合の極限的状況を考えることが，解析を進める上で有効な手法となる．

4 多成分反応拡散系

多成分反応拡散系の解析には，より少ない成分のサブシステムが結合された系としてとらえることがしばしば有効である．とくに結合が十分弱い場合や対称あるいは歪対称な結合系を考えると，ある程度一般的な解析が可能となる．また，エネルギー汎関数が定義され，方程式系がその**勾配系** (gradient system) となっているときには，解はよりエネルギーの小さな単純な構造のものへと時間発展し，それほど複雑な挙動を示さない．またこのとき，安定定常解はエネルギー汎関数の極小点に対応し，変分法的なアプローチが可能となる．

具体的な形の多成分反応拡散系は，高次元空間における複雑な時空間パターンのダイナミクスを記述するためによく用いられる．この場合，単独あるいは2成分の反応拡散方程式(系)をベースにして，対象とする現象に応じて必要な変数を付け加えることが多い．その数学的な解析は一般にきわめて難しい問題となるが，数値シミュレーションによって興味深い解の挙動を示す反応拡散系の例がいろいろと見つかっている． ［柳田英二］

参 考 文 献

[1] 西浦廉政：非線形問題 1—パターン形成の数理，岩波書店，1999．
[2] 柳田英二：反応拡散方程式，東京大学出版会，2015．

判 別 式

discriminant

1 方程式の判別式

$x_1, x_2, \ldots, x_n$ を不定元とし,これらを零点とする x の多項式 $(x-x_1)(x-x_2)\cdots(x-x_n)$ を展開して,$x^n - \sigma_1 x^{n-1} + \sigma_2 x^{n-2} + \cdots + (-1)^n \sigma_n$ とするとき,$\sigma_1 = x_1 + x_2 + \cdots + x_n$, $\sigma_2 = x_1 \cdot x_2 + x_1 \cdot x_3 + \cdots + x_{n-1} \cdot x_n, \ldots, \sigma_n = x_1 \cdot x_2 \cdots x_n$ の関係がある.$\sigma_k = \sum_{i_1 < \cdots < i_k} x_{i_1} \cdots x_{i_k}$ を $x_1, x_2, \ldots, x_n$ の k 次基本対称式と呼ぶ.$x_1, x_2, \ldots, x_n$ の整数係数多項式 $F(x_1, x_2, \ldots, x_n)$ で $x_1, x_2, \ldots, x_n$ の任意の置換で不変なものを対称式と呼ぶ.対称式は基本対称式 $\sigma_1, \ldots, \sigma_n$ の多項式で表すことができる.$x_1, x_2, \ldots, x_n$ の二つずつの差の積 $\Delta(x_1, \ldots, x_n) = \prod_{i<j}(x_i - x_j)$ の平方 $\Delta(x_1, \ldots, x_n)^2$ は $x_1, x_2, \ldots, x_n$ の対称式であり,どの x_i についても最高次の次数は $2n-2$ である.

任意の方程式 $f(x) = a_0 x^n + a_1 x^{n-1} + \cdots + a_{n-1} x + a_n = 0 \, (a_0 \neq 0)$ は係数を含む適当な拡大体上で $f(x) = a_0(x-\theta_1)(x-\theta_2)\cdots(x-\theta_n)$ と 1 次式の積に分解する.このとき,$a_1/a_0 = \theta_1 + \theta_2 + \cdots + \theta_n$, $-a_2/a_0 = \theta_1 \cdot \theta_2 + \theta_1 \cdot \theta_3 + \cdots + \theta_{n-1} \cdot \theta_n, \ldots, (-1)^n a_n/a_0 = \theta_1 \cdot \theta_2 \cdots \theta_n$ の関係があるから,$a_0^{2n-2} \Delta(\theta_1, \ldots, \theta_n)^2$ は $a_0, a_1, \ldots, a_n$ の多項式になる.これを方程式 $f(x) = 0$ の判別式 (discriminant) と呼び,D_f で表す.たとえば,$n=2$ のときは $D_f = a_1^2 - 4a_0 a_2$ である.$n=3$ のときは $D_f = a_1^2 a_2^2 - 4a_0 a_2^3 - 4a_1^3 a_3 + 18 a_0 a_1 a_2 a_3 - 27 a_0^2 a_3^2$ である.

$a_0 \neq 0$ に注意すると,$D_f = 0$ であることと,$f(x) = 0$ の根 $\theta_1, \theta_2, \ldots, \theta_n$ に重複があることが同値であるから,$D_f = 0$ かどうかで $f(x) = 0$ に重根 (重複解) があるかどうかを判定できる.

また,$f(x)$ を x で微分した多項式を $f'(x) = na_0 x^{n-1} + (n-1) a_1 x^{n-2} + \cdots + a_{n-1}$ とするとき,$D_f = (-1)^{n(n-1)/2} a_0^{n-2} f'(\theta_1) f'(\theta_2) \cdots f'(\theta_n)$ と表せる.

$a_0, a_1, \ldots, a_n$ を不定元とすると,判別式 D_f は $a_0, a_1, \ldots, a_n$ の整数係数多項式とみなすことができる.このとき,D_f は $2n-2$ 次の同次式であり,単項式 $a_0^{\mu_0} a_1^{\mu_1} \cdots a_n^{\mu_n}$ の重さ (weight) を $\mu_1 + 2\mu_2 + \cdots + n\mu_n$ としたとき,各項の重さがすべて $n(n-1)$ の同重式である.また,D_f は絶対既約である.すなわち,係数がどんな体に属すると考えても既約な多項式である.

2 代数体の判別式

K は有理数体上の n 次代数体とする.K の主整数環は階数が n の自由 $\mathbf{Z}$ 加群である.その基底 (整数基) の 1 組を $\omega_1, \omega_2, \ldots, \omega_n$ とする.K には K 自身を含めて n 個の共役体がある.各 ω_j の共役を $\omega_j^{(i)} \, (j=1,2,\ldots,n)$ とするとき,行列式 $\det(\omega_j^{(i)})$ の平方は整数基の選びかたによらずに決まる有理整数である.これを代数体 K の判別式と呼び D_K で表す.

相対代数体,すなわち代数体の間の m 次代数拡大 L/K の判別式の定義は複雑であるが,一つの定義は次のようにする.$N = nm$ 次の代数体 L の整数基を $\omega_1, \omega_2, \ldots, \omega_N$ とし,ω_j の K 上の共役を $\omega_j^{(i)} \, (i=1,2,\ldots,m)$ とするとき,m 行 N 列の行列 $(\omega_j^{(i)})$ の m 次小行列式で生成される K の整イデアルの平方を L/K の判別式とし,$D_{L/K}$ と表す.このとき,デデキント (Dedekind) の判別定理 (1882 年) が成り立つ.すなわち,K の素イデアル $\mathfrak{p}$ が L で分岐するための必要十分条件は $\mathfrak{p}$ が $D_{L/K}$ を割ることである.

3 二つの判別式の関係

n 次代数体 K の定義式として,最高次係数が 1 の整数係数既約多項式 $f(x)$ を一つ選ぶ.すなわち,$K \cong \mathbf{Q}[x]/f(x)$ とする.このとき有理整数 c が存在して $D_f = c^2 D_K$ となる.素数 p が c の素因子ならば,$\bmod p$ で既約な最高次係数が 1 の多項式 $P(x)$ が存在して,多項式環 $\mathbf{Z}[x]$ において極大イデアル $\mathfrak{m} = (p, P(x))$ が $f(x) \in \mathfrak{m}^2$ を満たす.すなわち,$\operatorname{Spec} \mathbf{Z}[x]$ において閉部分スキーム $V(f(x))$ は特異点 $\mathfrak{m}$ をもつ. [前田博信]

p 進数

p–adic numbers

p を素数とするとき，0 以上の整数は $\sum_{i=0}^{n} a_i p^i$ $(0 \leq a_i < p)$ の形に表される．これを関数のべき級数展開の類似とみると，任意の有理数に形式的な無限和 $\sum_{i=M}^{\infty} a_i p^i$ $(0 \leq a_i < p, M \in \mathbf{Z})$ を対応させることができる．さらに，ピュイズー展開の類似として，任意の代数的数に同様な p の分数べきの級数を対応させることができる．

そこで，形式的べき級数の類似として，任意の形式的無限和 $\sum_{i=M}^{\infty} a_i p^i$ (および，一般の代数体の場合に対応する級数) を考えることができる．これが，ヘンゼルによって導入された p 進数 (*p*–adic numbers) である．

1 p 進有理数体

1.1 逆極限による構成

環 $\mathbf{Z}_p$ を，$\mathbf{Z}_p := \varprojlim \mathbf{Z}/p^{n+1}\mathbf{Z}$ により定義し，p 進有理整数環 (ring of p–adic rational integers) と呼ぶ．ここで，$(x \bmod p^{n+1}) \mapsto (x \bmod p^n)$ によって逆系 $\{\mathbf{Z}/p^n\mathbf{Z}\}_{n \in \mathbf{N}}$ を定め，これに関する逆極限をとる．具体的には，$\mathbf{Z}_p := \{(x_n \bmod p^{n+1})_{n=0}^{\infty} \in \prod (\mathbf{Z}/p^{n+1}\mathbf{Z}); x_n \bmod p^n = x_{n-1} \bmod p^n\}$ である．この定義は，$k[[t]] \cong \varprojlim k[t]/(t^{n+1})$ であることの類似である．

環の逆極限として，$\mathbf{Z}_p$ は環になる．具体的には，
$$(x_n)_{n=0}^{\infty} + (y_n)_{n=0}^{\infty} = (x_n + y_n)_{n=0}^{\infty}$$
$$(x_n)_{n=0}^{\infty} \cdot (y_n)_{n=0}^{\infty} = (x_n y_n)_{n=0}^{\infty}$$
によって演算が与えられる．

自然な準同型 $\mathbf{Z} \to \mathbf{Z}_p$ は $k \mapsto (k \bmod p^{n+1})_{n=0}^{\infty}$ によって与えられる．

$\mathbf{Z}_p$ は整域であることがわかるので，その商体を $\mathbf{Q}_p$ と書き，p 進有理数体 (field of p–adic rational numbers) と呼ぶ．

1.2 完備化による構成

無限和 $\sum_{i=M}^{\infty} a_i p^i$ が収束するようにするためには，p の高い巾が小さくなるものと考えればよい．そこで，$\mathbf{Q}$ 上に通常とは異なる距離を考え，完備化を行うことにより p 進整数環・p 進数体を定義することも可能である．

0 でない任意の有理数 r は $\frac{a}{b} \cdot p^k$ $(a, b, k \in \mathbf{Z}$, a, b は p と互いに素) の形に書き表され，また k は一意的に定まる．$v_p(r) = k$ と定め，$\boldsymbol{p}$ 進付値 (*p*–adic valuation) と呼ぶ．$v_p(0) = \infty$ とする．また，$|r|_p = p^{-v_p(r)}$ (ただし $p^{-\infty} = 0$) と定め，r の $\boldsymbol{p}$ 進絶対値 (*p*–adic absolute value) と呼ぶ．

$\mathbf{Q}$ 上の距離を $d_p(r, s) := |r - s|_p$ によって定め，$\boldsymbol{p}$ 進距離 (*p*–adic distance) と呼ぶ．この距離に関する完備化，すなわち剰余環
$$\{\text{コーシー列}\}/\{0 \text{ に収束する列}\}$$
を $\mathbf{Q}_p$ と定義すると，これは体である．$\mathbf{Z}_p := \overline{\mathbf{Z}}$ は部分環であり，$\mathbf{Q}_p$ はその商体となる．

以上の構成は，通常の距離による $\mathbf{Q}$ の完備化としての実数体 $\mathbf{R}$ の構成と完全に並行している．そこで，p 進数を実数の類似とみることもできる．

1.3 構成の同値性

二つの構成は同値である．実際，2 通りに定義した $\mathbf{Z}_p$ の間の同型が
$$(x_n \bmod p^{n+1})_{n=0}^{\infty} \mapsto \lim_{n \to \infty} x_n$$
によって与えられ，商体である $\mathbf{Q}_p$ についても同型となる．

2 数体の完備化

F を数体，$\mathcal{O}$ をその整数環，$\mathfrak{p}$ を極大イデアルとするとき，$\mathcal{O}$ の $\mathfrak{p}$ による完備化が同様に定義される．以下の二つの定義は同型な環・体を与える．

2.1 代数的構成

$\mathcal{O}_\mathfrak{p} = \varprojlim \mathcal{O}/\mathfrak{p}^n$ とおくと，これは整域である．$F_\mathfrak{p}$ をその商体とする．

2.2 解析的構成

$r \in F^\times$ に対して (r) の素イデアル分解に現れる $\mathfrak{p}$ のべき指数を $v_\mathfrak{p}(r)$，また $v_\mathfrak{p}(0) = \infty$ と定め，これを $\mathfrak{p}$ 進付値と呼ぶ．$q = \#(\mathcal{O}/\mathfrak{p})$ として，$|r|_\mathfrak{p} = q^{-v_\mathfrak{p}(r)}$ により $\mathfrak{p}$ 進絶対値，$d_\mathfrak{p}(r, s) = |r - s|_\mathfrak{p}$ により $\mathfrak{p}$ 進距離を定義する．この距離による完備化を $F_\mathfrak{p}$，$\mathcal{O}$ の閉包を $\mathcal{O}_\mathfrak{p}$ とする．

F の $\mathfrak{p}$ 進付値，$\mathfrak{p}$ 進絶対値，$\mathfrak{p}$ 進距離は自然に

$F_\mathfrak{p}$ に延びるので，これらを同じ名前で呼ぶ．とくに，$F_\mathfrak{p}$ には位相が定まる．

$\mathcal{O}_\mathfrak{p} = \{r \in F ; |r|_\mathfrak{p} \leqq 1\}$ は $F_\mathfrak{p}$ の部分環，$\mathfrak{p}\mathcal{O}_\mathfrak{p} = \{r \in F ; |r|_\mathfrak{p} < 1\}$ はその素イデアルであり，$\mathcal{O}_\mathfrak{p}/\mathfrak{p}\mathcal{O}_\mathfrak{p} \cong \mathcal{O}/\mathfrak{p}$ が成り立つ．

2.3 付値

数体の非アルキメデス的付値はある極大イデアルに付随する付値に同値であり，アルキメデス的付値は $\boldsymbol{C}$ へのある埋め込みから定まるものに同値である (Ostrowski)．したがって，数体の完備化は同型を除いて $\boldsymbol{R}, \boldsymbol{C}$ および $F_\mathfrak{p}$ で尽くされる．

3 局所体

$F_\mathfrak{p}$ において，$\mathcal{O}_\mathfrak{p}$ はコンパクトな開部分集合である．よって $F_\mathfrak{p}$ は局所コンパクトな体である．

付値体であって，付随する位相で局所コンパクト，かつ離散でないものを**局所体** (local field) と呼ぶ．したがって $\boldsymbol{R}, \boldsymbol{C}, F_\mathfrak{p}$ は局所体である．逆に，局所体は $\boldsymbol{R}, \boldsymbol{C}, F_\mathfrak{p}$ および有限体上の形式的ローラン級数体のみである．

$\mathfrak{p}$ が素数 p の上の素イデアルであるとき，$F_\mathfrak{p}$ は $\boldsymbol{Q}_p$ の有限次拡大である．逆に，$\boldsymbol{Q}_p$ の有限次拡大には自然に付値が定まり，ある $F_\mathfrak{p}$ と付値体として同型である．

まとめると，付値体としては以下のものは同値な概念である．

(a) 数体の極大イデアルによる完備化
(b) ある p に対する $\boldsymbol{Q}_p$ の有限次拡大
(c) 標数 0 の非アルキメデス的局所体

(a) において $\mathcal{O}_\mathfrak{p}, \mathfrak{p}\mathcal{O}_\mathfrak{p}$ は距離によって特徴付けられたので，(b), (c) でも意味をなす．これを局所体の整数環・極大イデアルと呼ぶ．

4 性 質

F を $\boldsymbol{Q}_p$ の有限次拡大，$\mathcal{O}$ を整数環，$\mathfrak{p}$ を極大イデアル，$k = \mathcal{O}/\mathfrak{p} \cong \boldsymbol{F}_q$ とする．$\mathcal{O}$ は $\mathfrak{p}$ を極大イデアルとする局所環であり，かつ単項イデアル整域である．$\mathfrak{p} = (\pi)$ として，絶対値を $|\pi| = q^{-1}$ となるようにとる．

4.1 有限次拡大

E/F を有限次拡大とすると，F の付値は E 上に一意的に延長される．E の整数環・極大イデアル・剰余体を $\mathcal{O}_E, \mathfrak{p}_E, k_E$ とする．$\mathcal{O}_E$ は $\mathcal{O}$ の E における整閉包である．

剰余次数を $f = [k_E : k]$，分岐指数 e を $\mathfrak{p}\mathcal{O}_E = \mathfrak{p}_E^e$ で定めると $[E : F] = ef$ である．

4.2 ヘンゼルの補題

$\mathfrak{p}$ を法とする還元を $\bar{}$ で表す．$f(X) \in \mathcal{O}[X]$ について $\overline{f(X)} \neq 0$，かつ互いに素な多項式 $q(X), r(X) \in k[X]$ に対して $\bar{f} = qr$ のとき，$g(X), h(X) \in \mathcal{O}[X]$ であって $\deg g = \deg q$，$f = gh$ かつ $q = \bar{g}, r = \bar{h}$ となるものが存在する．

とくに，モニックで分離的な $f(X) \in \mathcal{O}[X]$ について $\overline{f(X)}$ が根 $a \in k$ をもてば，f も根 $\alpha \in \mathcal{O}$ であって $a = \bar{\alpha}$ となるようなものをもつ．

例として，a は p と互いに素な整数として $f(X) = aX - 1$ を考えると，a は $\mathcal{O}$ において可逆であることがわかる．また $f(X) = X^q - 1$ を考えることにより，$\mathcal{O}$ は 1 の $q-1$ 乗根の全体 $\mu_{q-1} = \{\zeta \in \bar{F} | \zeta^{q-1} = 1\}$ を含むことがわかる．

ヘンゼルの補題の証明は基本的に逐次近似であり，実際，上の例でも π のべきについて近似計算を行うことができる．

5 応 用

実数や複素数に基づく幾何学と同様に，p 進数を基礎においた解析学・幾何学 (p 進解析・p 進幾何) が数論などへの応用のため，また独立した対象として研究されている．例として，$\exp z$ および $\log(1+z)$ を通常のべき級数によって定義すると 0 のある近傍で収束し，通常の指数法則・対数法則を満たす．

p 進整数環は，有限環の極限として得られる標数 0 の整域である．この特徴を活かして，l 進エタールコホモロジーの理論 (この場合素数を l と書く) が展開された．また，ヴィット環も p 進体の一種とみられ，正標数の対象を標数 0 に持ち上げるために用いられる．

[高橋宣能]

非線形シュレーディンガー方程式

nonlinear Schrödinger equation

非線形シュレーディンガー方程式とは，流体力学や非線形光学，プラズマ物理など，物理学や工学のさまざまな分野において，数理物理モデルを記述する方程式として現れ，より複雑な方程式系からある種の近似によって導出されることが多い (文献 [2] 参照)．具体的には，次のような方程式である．

$$i\frac{\partial u}{\partial t} + \Delta u = f(u), \quad (x,t) \in \mathbf{R}^n \times \mathbf{R}.$$

ただし，$i = \sqrt{-1}$, $\Delta = \sum_{j=1}^n \partial^2/\partial x_j^2$ であり，非線形項 f の例としては，$f(u) = \lambda|u|^{p-1}u$ (λ は実定数) などがある．通常，ある時刻 t_0 での未知関数 u の状態を規定する初期条件

$$u(t_0,x) = u_0(x), \qquad x \in \mathbf{R}^n$$

を付加し，初期値問題を考えることが多い．

偏微分方程式論の観点からみると，楕円型，放物型，双曲型のいずれとも異なるタイプの分散型に属するという点で興味深い研究対象となっている．粗くいうと，時間発展する現象を記述するという点で楕円型と異なり，初期値問題を考えたときに未来にも過去にも解くことができるという点で放物型とは異なる．さらに波の有限伝播性がないという点では双曲型とも異なる．分散型という術語は物理学から来た言葉で，ある媒質を波が伝播するとき波の伝わり方が波数 (あるいは周波数) によって異なる現象を分散と呼んだことが由来である．シュレーディンガー方程式の場合，周波数が高ければ波の伝播速度はより速くなり，周波数の異なる波は分離して伝わることとなる．この現象は，数学的には解の平滑化効果として理解され，シュレーディンガー方程式の重要な性質の一つである．たとえば，Strichartz 評価式や Kato 平滑化作用と呼ばれる不等式がそれにあたり，古典的フーリエ解析との関係も深い (文献 [1],[3] 参照)．

非線形シュレーディンガー方程式に対しては，線形主要部の分散効果と非線形項による非線形効果のバランスにより，さまざまな現象が起こることが知られている．たとえば非線形効果が線形分散効果より優勢な場合，初期関数がなめらかであっても有限時間で解は特異性をもつことがありうる．これは，解の爆発現象と呼ばれている．逆に，線形分散効果が非線形効果より優勢な場合，十分時間が経過した後，解は漸近的に線形方程式の解 (すなわち，$f \equiv 0$ に対する方程式の解) と同じ振る舞いをするようになる．このとき，非線形相互作用している解と線形方程式の解を時刻 $t = +\infty$ と $t = -\infty$ の近傍で比較することにより，非線形シュレーディンガー方程式の解の漸近挙動を決定することができる．これが，非線形散乱理論である．また，非線形効果と線形分散効果が釣り合っている場合は，ソリトン解や定在波解と呼ばれる重要な特殊解が存在する．たとえば，$n=1$ かつ $f(u) = \lambda|u|^2 u$ ($\lambda \in \mathbf{R}$) の場合は，完全可積分系となりソリトン方程式の典型例として古くから研究が進んでいる．

非線形シュレーディンガー方程式は，物理的にはマクスエル方程式，ザハロフ (Zakharov) 方程式，あるいは非圧縮性オイラー方程式の自由境界値問題から近似操作によって導出される．その操作は数学的には特異極限問題，すなわち微分方程式の最高階の微分を消し去る極限操作であり，物理的導出を数学的に解析し正当化する研究も，興味深い問題の一つである．

非線形分散型方程式の例としてはほかにもコルテヴェグ-ド・フリース (Korteweg–de Vries : KdV) 方程式などがあり，最近の研究動向については文献 [3] が詳しい．　　　　　　　　　　[堤 誉志雄]

参 考 文 献

[1] T. Cazenave : *Semilinear Schrödinger Equations, Courant Lecture Notes 10*, AMS, 2003.

[2] C. Sulem, P.–L. Sulem : *The Nonlinear Schrödinger Equation. Self–focusing and Wave Collapse, Applied Mathematical Sciences 139*, Springer–Verlag, 1999.

[3] T. Tao : *Nonlinear Dispersive Equations, Local and Global Analysis, CBMS Regional Conference Series in Mathmatics 106*, AMS, 2006.

非線形楕円型方程式

nonlinear elliptic equation

1 楕 円 性

$s_j, t_j \ (j=1,\ldots,N)$ を与えられた整数とする．ベクトル値関数 $u=(u^1,\ldots,u^N)$ を未知関数とする線形偏微分作用素系 $\{L_j\}_{j=1,\ldots,N}$:

$$L_j(x,\partial)u = \sum_{k=1}^{N} \sum_{|\alpha|\leq s_j+t_k} a^j_{\alpha,k}(x)\partial^\alpha u^k$$

は主部の特性多項式

$$P(x,\xi) = \det\left(\sum_{|\alpha|=s_j+t_k} a^j_{\alpha,k}(x)\xi^\alpha\right)_{1\leq j,k\leq N}$$

がすべての x と $\xi \in \boldsymbol{R}^n \setminus \{0\}$ に対して 0 でないとき楕円型であるといい，非線形方程式系

$$F_j(x, u^1,\ldots,u^N,\ldots,p^\alpha_k,\ldots) = 0,$$

ただし $j=1,\ldots,N,\ |\alpha|\leq s_j+t_k,\ p^\alpha_k = \partial^\alpha u^k$ は，$v=(v^1,\ldots,v^N)$ に対して

$$L_j(x,\partial)v$$
$$= \sum_{k=1}^{N} \sum_{|\alpha|=s_j+t_k} \frac{\partial F_j(x,\ldots,D^\alpha u^k(x),\ldots)}{\partial p^\alpha_k} D^\alpha v^k$$

で定められる線形偏微分作用素系 $\{L_j\}_{j=1,\ldots,N}$ が楕円型であるとき，解 $u=u(x)$ に沿って楕円型であるという．これらは線形単独方程式の楕円性の拡張である．非線形楕円型方程式は主要部が解に依存しない線形作用素であるときを半線形，主要部の係数が解やその低階微分に依存する線形作用素であるときを準線形，そのいずれでもない場合を完全非線形という．$\boldsymbol{R}$ 上の関数 $f=f(s)$ に対して

$$-\Delta u = f(u)$$

は半線形楕円型方程式，2 変数関数 $u=u(x,y)$ に対する極小曲面方程式とモンジュ–アンペール方程式

$$(1+u_y^2)u_{xx} - 2u_x u_y u_{xy} + (1+u_x^2)u_{yy} = 0$$
$$u_{xx}u_{yy} - (u_{xy})^2 = g(x,y)$$

はそれぞれ準線形，完全非線形楕円型方程式，3 次元のベクトル場 $u=u(x)$ とスカラー場 $p=p(x)$ に対するナビエ–ストークス方程式

$$\Delta u + (u\cdot\nabla)u + \nabla p = 0, \quad \nabla\cdot u = 0$$

は半線形楕円型方程式系である．

2 弱解とその正則性

物理量や幾何的計量の変形に関する定常状態は仮想的な変形が引き起こすエネルギー変化の停留状態として記述され，通常こうした変分問題に対するオイラー–ラグランジュ方程式は非線形楕円型境界値問題として実現される．直接法は変分問題を直接解くことによって楕円型境界値問題の解を求めることをいい，ディリクレに始まりリーマンに受け継がれた．その後解の存在に関するワイエルシュトラスの問題提起があり，ヒルベルトはこの批判に答える形で抽象解析学を開拓した．この指針によると直接法でもっとも基本的な問題は与えられた汎関数 J を弱位相で半連続とするような完備な位相をもった関数空間 X の設定で，これによって変分問題の解 u が X の中に存在することを証明する糸口が得られる．この場合，解 $u \in X$ は $\delta J(u)=0$，すなわち任意の微分可能な軌道 $s \mapsto v(s) \in X,\ |s|\ll 1,\ v(0)=u$ に対して $\frac{d}{ds}J(v(s))\big|_{s=0}=0$ を満たすものとしてとらえられるがオイラー–ラグランジュ方程式からみると正則性が十分でなく，通常は単にシュヴァルツの意味で超関数解となっているだけなので弱解と呼ばれる．ここで弱解の正則性が問題となるが，非負の弱解が古典的な意味の解であることを示す部分ではハルナック不等式が鍵であり，その導出のために，関数 $u=u(x)$ の $x=x_0$ における微分可能性を $B(x_0,r)=\{x\mid |x-x_0|<r\}$ 上での u の積分量の $r\downarrow 0$ での挙動に置き換えたいくつかの関数空間が採用される．いったんこの部分が完成すると線形理論が適用され，u は解として必要ななめらかさをはるかに越えた正則性を獲得する．実際ヒルベルトの第 19 問題は 2 変数関数 $z=z(x,y)$ に対する汎関数

$$J(z) = \iint F(p,q,z;x,y)dxdy$$

のオイラー–ラグランジュ方程式

$$\frac{\partial F_p}{\partial x} + \frac{\partial F_q}{\partial y} = F_z$$

において F の解析性と楕円性

$$F_{pp}F_{qq} - F_{pq}^2 > 0$$

から解 z の解析性が得られることを問い,後に多変数への拡張も含めて肯定的に解決された.ただし $p = \frac{\partial z}{\partial x}$, $q = \frac{\partial z}{\partial y}$ である.弱解には超関数のほかに凸性を用いて汎関数の微分自身を拡張した劣微分,劣微分としてのオイラー–ラグランジュ方程式の単調性に着目した単調作用素論,最大原理に基づく粘性解によるものが知られている.

3 解の多重存在

一般に汎関数の凸性からオイラー–ラグランジュ方程式の単調性が得られ,このときは弱解の一意存在を示すことができる.単調性が壊れても,主要部が摂動項に対して支配的である場合は解の存在が証明でき,さらに汎関数の凸性が壊れるような摂動を与えればそのオイラー–ラグランジュ方程式の解が多重存在する場合が起こりうる.こうした状況は峠の補題を含むミニ・マックス原理や分岐理論のような局所理論,位相的写像度を含む大域的 (モース) 理論,特異摂動による極限状態の解析,最大原理や対称臨界原理による解と領域の対称性に関する議論などによりある程度掌握することができる.一方摂動項が強い場合には,主要部が線形で解の正則性が十分保障されるような半線形楕円型境界値問題でも,(弱) 解が存在しない状況が発生する.

4 エネルギーと質量の量子化

$\Omega \subset \mathbf{R}^n (n \geq 3)$ を有界領域,$2^* = \frac{2n}{n-2}$ とする.
$$-\Delta u = |u|^{p-1} u \text{ in } \Omega, \quad u = 0 \text{ on } \partial\Omega \quad (1)$$
は $1 < p < 2^* - 1$ で無限個の解をもつ一方 $p \geq 2^* - 1$ で星型の Ω に対しては自明でない解 $u \not\equiv 0$ をもたない.$p = 2^* - 1 = \frac{n+2}{n-2}$ が主要部である拡散項 $-\Delta u$ と摂動である非線形項 $|u|^{p-1} u$ が拮抗する指数で,λ を定数とするとき
$$-\Delta u = \lambda u + |u|^{2^*-2} u \text{ in } \Omega, \quad u = 0 \text{ on } \partial\Omega \quad (2)$$
の非自明解の存在と領域の形状の関係について多くの研究がなされている.(2) は $v \in H_0^1(\Omega)$ に対して定義される汎関数
$$J_{\lambda,\Omega}(v) = \frac{1}{2}\int_\Omega |\nabla v|^2 - \lambda v^2 - \frac{1}{2^*}|v|^{2^*} dx$$
に関する変分問題のオイラー–ラグランジュ方程式であり,この構造から近似解の族であるパレ・スメール列を構成することができる.したがってこの列の挙動の制御が解の存在の解明で重要となる.ステュルーベの大域集中補題によればこの列 $\{u_k\}_k$ の部分列は $H^1(\Omega)$ において,(2) の解と全空間のエネルギー有界な解
$$-\Delta \omega = |\omega|^{2^*-2} \omega \quad \text{in } \mathbf{R}^n$$
$$\int_{\mathbf{R}^n} |\nabla \omega|^2 + |\omega|^{2^*} dx < +\infty$$
のスケーリング $\delta_k^{-\frac{n-2}{2}} \omega\left(\frac{x-x_k}{\delta_k}\right)$ の線形和に分裂する.実際,(1) は変換
$$u(x) \mapsto u_\mu(x) = \mu^{\frac{2}{p-1}} u(\mu x), \quad \mu > 0$$
に関して不変であり,$p = 2^* - 1$ のときは $J_{0,\mu^{-1}\Omega}(v_\mu) = J_{0,\Omega}(v)$ も成り立つ.スケール普遍性を用いた集中現象の解析方法を爆発解析といい,スケール不変な方程式・汎関数,スケール極限である全空間の解の分類,スケールされた解の遠方での挙動の制御,スケール前の定理をスケールされた解に適用する階層的議論を特徴とする.この問題で $|\nabla u_k|^2 dx$ の測度としての弱極限の特異部分が $\|\nabla \omega\|_2^2$ を係数とするデルタ関数の和となるのでエネルギー量子化という.独立変数 2 の調和写像も同様の性質をもつ.質量量子化として知られている典型的な例は,固有値 λ を質量とし有界領域 $\Omega \subset \mathbf{R}^2$ で非局所項を用いて正規化した
$$-\Delta u = \frac{\lambda e^u}{\int_\Omega e^u dx} \text{ in } \Omega, \quad u = 0 \text{ on } \partial\Omega$$
で,このような問題は自己双対ゲージ理論や定常乱流平均場理論 (高エネルギー極限) で現れる.この場合では爆発する解の列に対し測度 $\left\{\frac{\lambda_k e^{u_k}}{\int_\Omega e^{u_k} dx}\right\}_k$ の弱極限は 8π を係数とするデルタ関数の有限和であり,これらのデルタ関数の位置は線形部分であるラプラシアンのグリーン関数によって指定されることが知られている. 〔鈴木 貴〕

参 考 文 献

[1] 増田久弥:非線型楕円型方程式,岩波書店,1977.
[2] 増田久弥:非線型数学,朝倉書店,1985.
[3] 田中和永:非線形問題 2,岩波書店,2000.
[4] 鈴木 貴・上岡友紀:偏微分方程式講義,培風館,2005.
[5] 小薗英雄・小川卓克・三沢正史編:これからの非線型偏微分方程式,日本評論社,2007.

非線形波動方程式

nonlinear wave equation

1 はじめに

非線形波動方程式という言葉は，広い意味では非線形波動現象を記述するすべての微分方程式，たとえば 1 階偏微分方程式の保存則系や 3 階偏微分方程式のコルテヴェーク–ド・フリース (Korteweg–de Vries) 方程式などを含むこともあるが，ここでは 2 階非線形双曲型方程式に限定する．典型例としては，次のような形の方程式である．

$$\frac{\partial^2 u}{\partial t^2} - \sum_{j,k=1}^n a_{jk}(u, \nabla u, \partial u/\partial t)\frac{\partial^2 u}{\partial x_k \partial x_j} \quad (1)$$
$$= F(u, \nabla u, \partial u/\partial t), \quad x \in \Omega, \quad t > 0.$$

ここで，Ω は $\Omega = \boldsymbol{R}^n$ または $\boldsymbol{R}^n$ の領域とし，$\nabla u = (\partial u/x_1, \ldots, \partial u/x_n)$ かつ a_{jk} はある正定数 λ に対し次を満たすものとする．

$$\sum_{j,k=1}^n a_{jk}(u,p,q)\xi_j \xi_k \geqq \lambda |\xi|^2,$$
$$\xi = (\xi_1, \ldots, \xi_n), (u,p,q) \in \boldsymbol{R} \times \boldsymbol{R}^n \times \boldsymbol{R}.$$

通常，初期時間 $t=0$ での未知関数 u の状態を規定する初期条件

$$u(x,0) = u_0(x), \quad \frac{\partial u}{\partial t}(x,0) = u_1(x), \quad x \in \Omega$$

を付加し，さらに Ω が $\boldsymbol{R}^n$ の領域の場合は，境界条件

$$u(x,t) = 0, \quad x \in \partial\Omega, \quad t > 0$$

などを付加し，初期値問題または初期境界値問題を考えることが多い．ただし，$\partial\Omega$ は領域 Ω の境界を表すものとする．未知関数 u はスカラー値関数だけでなく，ベクトル値関数で考えることも多い．方程式 (1) の例としては，地震波の伝播を記述する非線形弾性体方程式や重力場理論に現れるアインシュタイン (Einstein) 方程式などがある．

ほかの非線形発展方程式と同様に，解の時間大域存在 (すなわち，時間区間 $[0, \infty)$ 上での解の存在)，および解が大域的に延長できない場合どのような特異性が生成されるのか，ということはもっとも基本的な問題である．とくに，非線形波動方程式に対する解の時間大域存在・非存在の問題は，ローレンツ (Lorentz) 不変性などの方程式の幾何学的対称性と密接な関係があることが知られている (文献 [2], [3] 参照)．たとえば，小さな初期値に対し，大域解が存在するための十分条件である零条件 (null condition) は，その典型例である．零条件は，アインシュタイン方程式，ヤン–ミルズ (Yang–Mills) 方程式，等方的かつ超弾性的である非線形弾性体方程式など，多くの数理物理に現れる非線形波動方程式に適用され大きな成果を上げた．

他方，非線形波動方程式の中には，いくらでも強い特異性をもつ解を作ることができる方程式も知られており，多様な特異性の存在は，非線形波動方程式の大きな特徴の一つであるとともに困難さともなっている．これらの特異性は実際の物理現象とも対応しており，古典的重力場理論の最重要問題である，宇宙空間に現れる特異点に関するペンローズ (Penrose) の宇宙検閲予想 (cosmic censorship conjecture) は，アインシュタイン方程式の解に関する，大域存在・非存在の問題あるいは特異性の特徴付けの問題と密接な関係があると考えられている (文献 [1] 参照)．さらに，非線形波動方程式の中には，一般には古典解 (すなわち，2 回連続微分可能な解) が存在しないような方程式もあり，このような場合は超関数の意味での解，いわゆる弱解を考えることが自然となる．

また，線形波動方程式に対する Strichartz 評価式は非線形波動方程式を解析するときの強力な道具であるが，調和解析とも関係して興味深い (文献 [3] 参照)．　　　　　　　　　　　　　　[堤 誉志雄]

参 考 文 献

[1] A.D. Rendall : *Partial Differential Equations in General Relativity, Oxford Graduate Texts in Mathematics 16*, Oxford University Press, 2008.

[2] J. Shatah, M. Struwe : *Geometric Wave Equations, Courandt Lecture Notes 2*, AMS, 1998.

[3] C. Sogge : *Lecture on Nonlinear Hyperbolic Wave Equations, Monographs in Analysis 2*, International Press, 1995.

被覆空間

covering space

定義 1 連続写像 $p: C \to X$ が，X の**被覆空間**である，あるいは単に**被覆** (covering) であるとは，任意の $x \in X$ に対して，(x に依存する) ある開近傍 $U \ni x$ と空でない離散集合 S が存在して，$p^{-1}(U) \cong U \times S$ と書け，この表示に関して p が第一成分への射影となり，さらに C が連結かつ X が局所弧状連結なものをいう．このとき，X は**底空間** (base space)，C は**全空間** (total space) と呼ばれ，p に関する仮定より，全空間 C と底空間 X ともに，連結かつ局所弧状連結となる．

位相空間 X に対して，X 上の被覆の集まりを対象とし，二つの X 上の被覆 $p_i: C_i \to X$ $(i = 1, 2)$ に対し，p_1 から p_2 への射を，

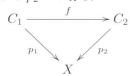

を可換とするような連続写像 f (これを，**被覆変換** (covering transformation) と呼ぶ) とする．X 上の被覆のなす圏を $Cov(X)$ と表す．

連結・局所弧状連結・擬局所単連結な位相空間 X の $Cov(X)$ に関する"ガロア理論"(系 2) が本質であるが，その第 1 歩は空間 X に対して基本グルーポイド $\Pi(X)$ と呼ばれるグルーポイド (groupoid) (各射が可逆となる圏) を対応させることである．

定義 2 位相空間 X の**基本グルーポイド** (fundamental groupoid) $\Pi(X)$ は，以下の圏である：

<u>$Ob(\Pi(X))$</u>：X の各点を対象とする．

<u>$Mor(\Pi(X))$</u>：$x_0, x_1 \in X = Ob(\Pi(X))$ に対し，$\Pi(X)(x_0, x_1)$ は，連続写像 $l: [0,1] \to X$ で $l(i) = x_i$ $(i = 0, 1)$ となるもの全体の，端点 i を x_i に保つホモトピーによる同値関係による商集合．

注意 1 (i) グルーポイドの圏を Grd と表せば，基本グルーポイドは関手 $\Pi: Top \to Grd$ をなす．

(ii) 位相空間 X の点 x に対し，$\Pi(X)$ の x での自己射全体は，x を基点とする X の基本群となる：
$$\Pi(X)(x, x) = \pi_1(X, x)$$

例 1 弧状連結な位相空間 X が単連結 (つまり基本群が自明) の場合，各 $x_0, x_1 \in X = Ob(\Pi(X))$ に対し，$\Pi(X)(x_0, x_1)$ はただ一つの元からなる．

例 2 円周 R/Z の各 $\overline{r_0}, \overline{r_1} \in \mathrm{R}/\mathrm{Z} = Ob(\Pi(\mathrm{R}/\mathrm{Z}))$, $(r_0, r_1 \in \mathrm{R})$ に対し
$$\Pi(\mathrm{R}/\mathrm{Z})(\overline{r_0}, \overline{r_1}) = (r_1 - r_0) + \mathrm{Z} \cong \mathrm{Z}.$$

関手 Π によって Top における被覆が対応するように，Grd においても被覆の概念を定義したい．

定義 3 圏 $\mathcal{C}$ とその対象 x に対して，$x/\mathcal{C}$ で x の under 圏を表す：

<u>$Ob(x/\mathcal{C})$</u>：$\mathcal{C}$ における，source を x とする射 $f: x \to y$ からなる．

<u>$Mor(x/\mathcal{C})$</u>：$(f: x \to y)$ から $(g: x \to z)$ への射は，次の図式を可換にする $\mathcal{C}$ の射 $h: y \to z$ からなる：

定義 4 (i) グルーポイド $\mathcal{C}$ が**連結** (connected) であるとは，任意の二つの対象 $x, y \in Ob(\mathcal{C})$ に対して，$\mathcal{C}(x, y) \neq \emptyset$ であるときをいう．

(ii) 連結なグルーポイドの間の射 (つまり圏の間の自然変換) $p: \mathcal{C} \to \mathcal{X}$ がグルーポイド $\mathcal{X}$ の**被覆**とは，次の条件が成立するときをいう：

- p の誘導する対象の間の写像 $p: Ob(\mathcal{C}) \to Ob(\mathcal{X})$ は全射．
- すべての対象 $c \in \mathcal{C}$ に対し，p の誘導する関手 $p: c/\mathcal{C} \to p(c)/\mathcal{X}$ は，対象の間の全単射を誘導する：$p: Ob(c/\mathcal{C}) \xrightarrow{\sim} Ob(p(c)/\mathcal{X})$.

定理 1 位相空間の被覆 (定義 1) $p: C \to X$ が誘導する基本グルーポイドの射 $\Pi(p): \Pi(C) \to \Pi(X)$ は，グルーポイドの被覆 (定義 4) となる．

(証明のアイデア) ここで，連結かつ局所弧状連結という仮定が用いられる． ∎

(iii) グルーポイドの被覆 $p: \mathcal{C} \to \mathcal{X}$ が与えら

れたとき，$\mathcal{X}$ の各対象 x に対して，x 上のファイバー (集合) F_x を，次のようにおく：
$$F_x := \{c \in Ob(\mathcal{C}) \mid p(c) = x\}$$
これを用いて新しい圏 $\mathcal{T}$ を以下のように定義する：

<u>$Ob(\mathcal{T})$</u>: $Ob(\mathcal{T}) = Ob(\mathcal{X})$ とする．

<u>$Mor(\mathcal{T})$</u>: $\mathcal{T}(x_1, x_2) = Iso(F_{x_1}, F_{x_2})$ (集合としての全単射) とおく．

すると，ファイバー推移関手 (fiber translation functor) $T: \mathcal{X} \to \mathcal{T}$ が，対象の集合においては恒等射で，射においては，$l \in \mathcal{X}(x_1, x_2)$ に対して
$$T(l): F_{x_1} \to F_{x_2}$$
$$c_1 \mapsto \tilde{l} \text{ の target}$$
ただし，$\tilde{l} \in Ob(c_1/\mathcal{C})$ は，p により $l \in Ob(x_1/\mathcal{X})$ に対応する一意的な射，として定義される．

(iv) グルーポイド $\mathcal{X}$ の対象 x に対し，グルーポイド $\mathcal{X}$ における x での自己射全体 $\mathcal{X}(x, x)$ は，射の合成を積として**基本群** (fundamental group) と呼ばれる群をなし，これを
$$\pi(\mathcal{X}, x) := \mathcal{X}(x, x)$$
とおく．$\mathcal{X}$ が連結の場合，$\pi(\mathcal{X}, x)$ は同型を除いて一意的に決まる．ファイバー推移関手 $T: \mathcal{X} \to \mathcal{T}$ を，$\mathcal{X}$ の一つの対象 x だけからなる充満部分圏に制限すると，$\pi(\mathcal{X}, x)$ の F_x への作用を得る．対応する準同型 $\pi(\mathcal{X}, x) \to Aut(F_x)$ を，**モノドロミー表現** (monodromy representation) と呼び，その像を**モノドロミー群** (monodromy group) と呼ぶ．

(vi) グルーポイドの被覆 $p: \mathcal{C} \to \mathcal{X}$ は，ある対象 $c \in \mathcal{C}$ に対し，部分群 $p(\pi(\mathcal{C}, c)) \subseteq \pi(\mathcal{X}, p(c))$ が正規部分群となるとき**正則被覆** (regular covering) と呼ばれ，$p(\pi(\mathcal{C}, c))$ が単位元だけからなるとき，**普遍被覆** (universal covering) と呼ばれる．

(v) グルーポイド $\mathcal{X}$ の**被覆変換**あるいは**デック変換** (deck transformation) とは，グルーポイド被覆 $p_i: \mathcal{C}_i \to \mathcal{X}$ $(i = 1, 2)$ を含む次の図式を可換とする関手 g である：

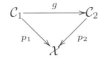

$Cov(\mathcal{X})$ で，グルーポイド $\mathcal{X}$ の被覆のなす圏 (射は被覆変換) を表し，以下の略記をする：
$$Cov(\mathcal{C}_1, \mathcal{C}_2) := Cov(\mathcal{X})(p_1: \mathcal{C}_1 \to \mathcal{X}, p_2: \mathcal{C}_2 \to \mathcal{X}).$$
特に $\mathcal{C}_1 = \mathcal{C}_2$ の場合に，$Cov(\mathcal{C}, \mathcal{C})$ で同型射のなす群を $Aut(\mathcal{C})$ と書き，被覆 $p: \mathcal{C} \to \mathcal{X}$ の**被覆変換群** (covering transformation group) と呼ぶ．

定理 2 (グルーポイド被覆に関する基本定理) グルーポイドの被覆 $p: \mathcal{C} \to \mathcal{X}$ と，グルーポイドの射 $f: \mathcal{Y} \to \mathcal{X}$ ($\mathcal{Y}$ も連結とする)，および基点となる対象 $y_0 \in \mathcal{Y}$, $c_0 \in F_{f(y_0)}$ が与えられたとき，グルーポイドの射 $g: \mathcal{Y} \to \mathcal{C}$ で $g(y_0) = c_0$ となるものが存在するための必要十分条件は，
$$f(\pi(\mathcal{Y}, y_0)) \subseteq p(\pi(\mathcal{C}, c_0))$$
このとき，g は一意的に定まる．

(証明のアイデア) 必要条件は明らか．十分条件を示すのに，対象 $y \in \mathcal{Y}$ に対して，$\mathcal{Y}$ が連結であることを用いてある $\alpha \in \mathcal{Y}(y_0, y)$ が存在することに注意する．これから，
$$\mathcal{Y}(y_0, y) \xrightarrow{f} \mathcal{X}(x_0, -) \xleftarrow[\cong]{p} \mathcal{C}(c_0, -)$$
$$\alpha \mapsto f(\alpha) = p(\tilde{\alpha}) \leftarrow \tilde{\alpha}$$
によって一意的に定まる $\mathcal{C}$ の射 $\tilde{\alpha}$ の target を $g(y)$ とおく．この $g(y)$ が $\alpha \in \mathcal{Y}(y_0, y)$ の選択によらないことを示すのに，条件 $f(\pi(\mathcal{Y}, y_0)) \subseteq p(\pi(\mathcal{C}, c_0))$ が用いられるのである． ∎

連結・局所弧状連結・擬局所単連結な位相空間 X の $Cov(X)$ に関する "ガロア理論" 構築が目的であるが，その前に連結なグルーポイド $\mathcal{X}$ の $Cov(\mathcal{X})$ に関する "ガロア理論" を構築する方がたやすいので，これを述べるため群の軌道圏を導入する：

定義 5 離散群 G に対して，$\mathcal{O}(G)$ で，G 軌道のなす G-**軌道圏** (G-orbit category) を表す：

<u>$Ob(\mathcal{O}(G))$</u>: G の部分群 H に対応する G 集合 G/H たちからなる．

<u>$Mor(\mathcal{O}(G))$</u>: $\mathcal{O}(G)(G/H, G/K) = G/H$ から G/K への G 写像の集合 $= (G/K)^H$．

定理 3 (グルーポイド被覆のガロア理論) 基点となる対象 $x \in \mathcal{X}$ を固定し，$G = \pi(\mathcal{X}, x)$ とおく．このとき圏同値
$$\mathcal{E}(-): \mathcal{O}(G) \xrightarrow{\cong} Cov(\mathcal{X})$$
で，各部分群 $H \subseteq G$ に対して，被覆 $\mathcal{E}(G/H) \to \mathcal{X}$

には基点となる対象 $c \in F_x \subseteq \mathcal{E}(G/H)$ が与えられ，以下を満たすものが存在する：

(1) $p(\pi(\mathcal{E}(G/H), c)) = H \subseteq G = \pi(\mathcal{X}, x)$
(2) モノドロミー表現に関して，G-集合の同型 $F_x \xrightarrow{\cong} G/H; c \mapsto eH$ が存在する．
(3) 各 $(\alpha : G/H \to G/K) \in \mathcal{O}(G)$ に対し，

$$\mathcal{E}(G/H) \xrightarrow{\mathcal{E}(\alpha)} \mathcal{E}(G/K)$$
$$p(\mathcal{E}(G/H)) \searrow \swarrow p(\mathcal{E}(G/K))$$
$$\mathcal{X}$$

$\mathcal{E}(\alpha)$ の x 上のファイバー集合に誘導する写像は，元々の $\alpha : G/H \to G/K$ と一致する．

(証明のアイデア) $\mathcal{X}(x, -)$ には，$G = \pi(\mathcal{X}, x) = \mathcal{X}(x, x)$ が射の合成として右から作用するので，これに関する部分群 $H \subseteq G$ の作用による商集合 $\mathcal{X}(x, -)/H$ を，$\mathcal{E}(G/H)$ の対象のなす集合とし，$p : \mathcal{E}(G/H) \to \mathcal{X}$ を，対象の集合においては，射の target を対応させる写像として定義する．このとき，$\mathcal{E}(G/H)$ の射は以下のように定義する：
$\mathcal{E}(G/H)(f_1H, f_2H)$
$:= \{f_2 \circ h \circ f_1^{-1} \mid h \in H\} \subseteq \mathcal{X}(p(f_1H), p(f_2H))$
基点は $H = \{e\}$ の場合に定め他はその像とする． ■

最後に，グルーポイド被覆のガロア理論を足掛かりとして，位相空間の被覆に対するガロア理論を構築する．位相空間の被覆に対しても，ファイバー集合，ファイバー推移関手，モノドロミー表現，正則被覆，普遍被覆，被覆変換，被覆変換群等の概念が，基本グルーポイドを通して対応するグルーポイドの被覆に関する性質 (定義 4) として定義される．ただし被覆変換に関しては，対応するグルーポイドの被覆変換として定義されるものが定義 1 のように連続写像で実現されるか明らかでなく，定理 3 のグルーポイド被覆の構成も位相的に実現できるか明らかでない．後者に関しては，$H = \{e\}$ の場合の普遍被覆 $E \to X$ を構成すること (これは体拡大のガロア理論における体の代数閉体の構成に対応) が，本質となる．

定理 4 (被覆空間に関する基本定理) 被覆 $p : C \to X$ と，連続写像 $f : Y \to X$ (Y も連結かつ局所弧状連結とする)，および基点 $y_0 \in Y$, $c_0 \in F_{f(y_0)}$ が与えられたとき，連続写像 $g : Y \to C$ で $g(y_0) = c_0$ となるものが存在する必要十分条件は，
$$f_*(\pi_1(Y, y_0)) \subseteq p_*(\pi_1(C, c_0))$$
このとき，g は一意的に定まる．

(証明のアイデア) 十分条件を示すのに，定理 2 の証明から，$\Pi(Y) \to \Pi(C)$ を得るが，これが連続写像から誘導されることを示すために，連結かつ局所弧状連結という仮定が用いられる． ■

系 1 X が連結かつ弧状連結のとき，基本グルーポイドは，充満かつ忠実な関手 Π を与える：
$$\Pi : Cov(X) \to Cov(\Pi(X))$$

定義 6 位相空間 X が擬局所単連結(semi-locally simply connected)とは，各点 $x \in X$ に対してある開近傍 U で，$\pi_1(U, x) \to \pi_1(X, x)$ が自明となるものが存在するときをいう．

定理 5 連結・局所弧状連結・擬局所単連結な位相区間 X 上には，普遍被覆 $E \to X$ が存在する．

(証明のアイデア) 定理 3 より，$\Pi(X)$ 上のグルーポイドとしての普遍被覆 $\mathcal{E}(G/\{e\})$ が存在する．この対象の集合に位相を与えるために，擬局所単連結の定義に現れる開近傍 U を用いる． ■

系 2 連結かつ局所弧状連結でさらに擬局所単連結な位相区間 X に対し，$G = \pi(X, x)$ とおく．このとき圏同値 $E(-) : \mathcal{O}(G) \xrightarrow{\cong} Cov(X)$ が存在：
$$E(-) : \mathcal{O}(G) \xrightarrow{\cong} Cov(X)$$
$$G/H \mapsto (E/H \to X)$$

─── 被覆のガロア理論 ───
$$\mathcal{O}(\pi_1(X, x))$$
$$E(-) \cong \swarrow \qquad \searrow \cong \mathcal{E}(-)$$
$$Cov(X) \xrightarrow[\cong]{\Pi} Cov(\Pi(X))$$

[南　範彦]

参考文献

[1] J.P. May : *A Concise Course in Algebraic Topology*, University of Chicago Press, 1999.
[2] 久賀道郎：ガロアの夢 群論と微分方程式, 日本評論社, 1968.

微分形式

differential form

1 序

微分形式は，ユークリッド空間におけるベクトル解析を整備するなかで現れたが，より一般に多様体上で意味のある概念であることがわかり，多様体論の発展とともに確立された概念である．多様体上の微分形式と外微分がなす複体のコホモロジー群はド・ラーム・コホモロジー群と呼ばれ，多様体およびその上の構造の不変量を構成する重要な手掛かりを与えている．これについては，ドラーム理論の項目で記述する．ここでは，ユークリッド空間の開集合上の微分形式，多様体上の微分形式，その積分の理論について述べる．

2 ユークリッド空間における微分形式

n次元ユークリッド空間 $\boldsymbol{R}^n$ の開集合 U 上の微分 p 形式は，次のように定義される．$(x_1, \ldots, x_n)$ を $\boldsymbol{R}^n$ の座標とする．n 個の記号 $dx_1, \ldots, dx_n$ を用意し，整数の組 $(i_1, \ldots, i_p)$ $(1 \leq i_1 < \cdots < i_p \leq n)$ に対し，記号 $dx_{i_1} \wedge \cdots \wedge dx_{i_p}$ を定める．このとき，U 上の**微分 p 形式**とは，和

$$\sum_{1 \leq i_1 < \cdots < i_p \leq n} f_{i_1 \cdots i_p} dx_{i_1} \wedge \cdots \wedge dx_{i_p}$$

のことである．ここで，$f_{i_1 \cdots i_p}$ $(1 \leq i_1 < \cdots < i_p \leq n)$ は，U 上の C^∞ 級関数である．$p = 0$ のとき，開集合 U 上の微分 0 形式は U 上の C^∞ 級関数である．

微分 p 形式は，**p 次 (外) 微分形式**とも呼ばれる．微分 p 形式の空間 $\Omega^p(U)$ は，階数 ${}_nC_p$ の $C^\infty(U)$ 自由加群となる．ここで $C^\infty(U)$ は U 上の C^∞ 級関数全体のなす (加法，乗法を考えた) 代数である．

U 上の微分 p 形式 $\alpha = \sum f_{i_1 \cdots i_p} dx_{i_1} \wedge \cdots \wedge dx_{i_p}$，微分 q 形式 $\beta = \sum g_{j_1 \cdots j_q} dx_{j_1} \wedge \cdots \wedge dx_{j_q}$ に対し，それらの**外積** $\alpha \wedge \beta$ が次のように定義される．

$$\alpha \wedge \beta = \sum_{1 \leq k_1 < \cdots < k_{p+q} \leq n} \operatorname{sign} \begin{pmatrix} k_1 \cdots\cdots k_{p+q} \\ i_1 \cdots i_p j_1 \cdots j_q \end{pmatrix}$$
$$\cdot f_{i_1 \cdots i_p} g_{j_1 \cdots j_q} dx_{k_1} \wedge \cdots \wedge dx_{k_{p+q}}$$

ここで，$i_1, \ldots, i_p, j_1, \ldots, j_q$ がすべて異なるとき，$k_1 \cdots k_{p+q}$ $(k_1 < \cdots < k_{p+q})$ は，$i_1 \cdots i_p j_1 \cdots j_q$ を並べ替えたもので，$\operatorname{sign} \begin{pmatrix} k_1 \cdots\cdots k_{p+q} \\ i_1 \cdots i_p j_1 \cdots j_q \end{pmatrix}$ は，その置換の符号である ($i_1, \ldots, i_p, j_1, \ldots, j_q$ に同じ数が現れるものは，0 と考える)．この外積の定義は，記号 $\wedge$ が，$dx_i \wedge dx_j = -dx_j \wedge dx_i$ $(i \neq j)$，$dx_i \wedge dx_i = 0$ という計算法則を満たすとして，項 $f_{i_1 \cdots i_p} g_{j_1 \cdots j_q} dx_{i_1} \wedge \cdots \wedge dx_{i_p} \wedge dx_{j_1} \wedge \cdots \wedge dx_{j_q}$ を計算したものと一致する．今後，$i_1, \ldots, i_p$ の大きさの順序によらず，$\sum f_{i_1 \cdots i_p} dx_{i_1} \wedge \cdots \wedge dx_{i_p}$ と書くことを許し，上の計算法則に従っていると考える．微分 p 形式 α，微分 q 形式 β の外積に対し，次数付き可換性 $\beta \wedge \alpha = (-1)^{pq} \alpha \wedge \beta$ が成立する．

U 上の微分 0 形式，すなわち U 上の C^∞ 級関数 f に対し，その**全微分** df を

$$df = \sum_{i=1}^n \frac{\partial f}{\partial x_i} dx_i$$

で定義する．U 上の微分 p 形式 $\alpha = \sum f_{i_1 \cdots i_p} dx_{i_1} \wedge \cdots \wedge dx_{i_p}$ に対しては，この全微分の定義を用いて，α の**外微分** $d\alpha$ を，

$$d\alpha = \sum df_{i_1 \cdots i_p} \wedge dx_{i_1} \wedge \cdots \wedge dx_{i_p}$$
$$= \sum_{i_1, \ldots, i_p} \sum_{j=1}^n \frac{\partial f_{i_1 \cdots i_p}}{\partial x_j} dx_j \wedge dx_{i_1} \wedge \cdots \wedge dx_{i_p}$$

で定義する．記号 $\wedge$ は，上に述べた計算法則に従っていると考える．微分 0 形式 f に対する外微分 df は，全微分 df とする．

とくに 3 次元ユークリッド空間の開集合 U 上では，関数 $f \in \Omega^0(U)$ に対し，

$$df = \frac{\partial f}{\partial x_1} dx_1 + \frac{\partial f}{\partial x_2} dx_2 + \frac{\partial f}{\partial x_3} dx_3$$

となり，係数として現れるベクトル場

$$\left(\frac{\partial f}{\partial x_1}, \frac{\partial f}{\partial x_2}, \frac{\partial f}{\partial x_3} \right)$$

を $\operatorname{grad}(f)$ あるいは ∇f と書く．微分 1 形式 $\alpha = g_1 dx_1 + g_2 dx_2 + g_3 dx_3 \in \Omega^1(U)$ に対し，

$$d\alpha = \left(\frac{\partial g_3}{\partial x_2} - \frac{\partial g_2}{\partial x_3}\right)dx_2 \wedge dx_3 + \left(\frac{\partial g_1}{\partial x_3} - \frac{\partial g_3}{\partial x_1}\right)dx_3 \wedge dx_1$$
$$+ \left(\frac{\partial g_2}{\partial x_1} - \frac{\partial g_1}{\partial x_2}\right)dx_1 \wedge dx_2$$

となり, $\vec{g} = (g_1\ g_2\ g_3)$ に対し, 係数のベクトル
$$\left(\frac{\partial g_3}{\partial x_2} - \frac{\partial g_2}{\partial x_3}\ \frac{\partial g_1}{\partial x_3} - \frac{\partial g_3}{\partial x_1}\ \frac{\partial g_2}{\partial x_1} - \frac{\partial g_1}{\partial x_2}\right)$$
を $\mathrm{rot}\,\vec{g}$, $\mathrm{curl}\,\vec{g}$ あるいは $\nabla \times \vec{g}$ と書く. 微分2形式 $\beta = h_1 dx_2 \wedge dx_3 + h_2 dx_3 \wedge dx_1 + h_3 dx_1 \wedge dx_2 \in \Omega^2(U)$ に対し,
$$d\beta = \left(\frac{\partial h_1}{\partial x_1} + \frac{\partial h_2}{\partial x_2} + \frac{\partial h_3}{\partial x_3}\right)dx_1 \wedge dx_2 \wedge dx_3$$
となり, この係数
$$\frac{\partial h_1}{\partial x_1} + \frac{\partial h_2}{\partial x_2} + \frac{\partial h_3}{\partial x_3}$$
を, $\vec{h} = (h_1\ h_2\ h_3)$ に対し $\mathrm{div}\,\vec{h}$ あるいは $\nabla \bullet \vec{h}$ と書く.

微分 p 形式 α, 微分 q 形式 β の外積の外微分は, ライプニッツ則
$$d(\alpha \wedge \beta) = (d\alpha) \wedge \beta + (-1)^p \alpha \wedge (d\beta)$$
を満たす. 外微分 $d : \Omega^p(U) \to \Omega^{p+1}(U)$ は実ベクトル空間の間の準同型であるが, その結合 $d \circ d : \Omega^p(U) \to \Omega^{p+2}(U)$ は零写像となる. これは, 関数 f の全微分 df について, $d(df) = 0$ であることとライプニッツ則から従う.

n 次元ユークリッド空間の開集合 U の1点 $\boldsymbol{x}_0$ に対し, $\boldsymbol{x}_0$ と U の任意の点 $\boldsymbol{x}$ を結ぶ線分 $\{(1-t)\boldsymbol{x}_0 + t\boldsymbol{x}\}$ が U に含まれるとき, U は $\boldsymbol{x}_0$ について星型であるという. U がある点 $\boldsymbol{x}_0 \in U$ に対して星型であるときに, 単に U は星型という. n 次元ユークリッド空間の星型の開集合 U に対して, 次のベクトル空間と線形写像の系列を考えると, 完全系列になる. この事実はポアンカレの補題と呼ばれる.
$$0 \longrightarrow \boldsymbol{R} \longrightarrow \Omega^0(U) \xrightarrow{d} \Omega^1(U) \xrightarrow{d} \cdots$$
$$\cdots \xrightarrow{d} \Omega^{n-1}(U) \xrightarrow{d} \Omega^n(U) \longrightarrow 0$$
ここで, $\boldsymbol{R} \to \Omega^0(U)$ は, 実数 r に対し, 値が r である定数関数を対応させる準同型である. ポアンカレの補題は, まず, 微分1形式 α に対して, 星型の開集合 U 上の全微分方程式が積分可能条件 $d\alpha = 0$ を満たすときに解をもつことを意味する. 3次元ユークリッド空間の星型の開集合 U 上のベクトル場 $\vec{g}$ に対しては, $\mathrm{rot}\,\vec{g} = \vec{0}$ ならば, ポテンシャル f が存在して, $\vec{g} = \mathrm{grad}(f)$ となること, ベクトル場 $\vec{h}$ に対しては, $\mathrm{div}\,\vec{h} = 0$ ならば, ベクトル・ポテンシャル $\vec{g}$ が存在して, $\vec{h} = \mathrm{rot}\,\vec{g}$ となることを意味している.

$(x_1, \ldots, x_m)$ を座標とする m 次元ユークリッド空間の開集合 V から, $(y_1, \ldots, y_n)$ を座標とする n 次元ユークリッド空間の開集合 W への C^∞ 級写像 $F : V \to W$ が与えられ, $F(x_1, \ldots, x_m) = (y_1(x_1, \ldots, x_m), \ldots, y_n(x_1, \ldots, x_m))$ と書かれているとする. W 上の微分形式 p 形式 $\alpha = \sum_{i_1, \ldots, i_p} f_{i_1 \cdots i_p} dy_{i_1} \wedge \cdots \wedge dy_{i_p}$ に対して, ここに現れる dy_i を $y_i(x_1, \ldots, x_m)$ の全微分 $dy_i = \sum_{j=1}^{m} \frac{\partial y_i}{\partial x_j} dx_j$ とおいて得られる V 上の微分 p 形式, すなわち,
$$\sum_{i_1, \ldots, i_p} f_{i_1 \cdots i_p} \sum_{j_1=1}^{m} \cdots \sum_{j_p=1}^{m} \frac{\partial y_{i_1}}{\partial x_{j_1}} \cdots \frac{\partial y_{i_p}}{\partial x_{j_p}} dx_{j_1} \wedge \cdots \wedge dx_{j_p}$$
を α の F による引き戻し (pull–back) と呼び, $F^*\alpha$ で表す. ユークリッド空間の開集合の間の C^∞ 級写像 $G : U \to V$, $F : V \to W$ が与えられたとき, W 上の微分形式 p 形式 α に対して, $(F \circ G)^* \alpha = F^*(G^*\alpha)$ となる. また, 当然であるが, 恒等写像 $\mathrm{id}_W : W \to W$ に対して, $(\mathrm{id}_W)^*\alpha = \alpha$ となる. さらに, 引き戻しは, 外積, 外微分と可換である. すなわち, $F : V \to W$, $\alpha \in \Omega^p(W)$, $\beta \in \Omega^q(W)$ に対し, $F^*(\alpha \wedge \beta) = (F^*\alpha) \wedge (F^*\beta)$, $d(F^*\alpha) = F^*(d\alpha)$ が成立する.

3 多様体上の微分形式

ユークリッド空間の開集合上に定義された微分形式は, 開集合の間の C^∞ 級写像により, 引き戻される. このことを用いて, 多様体上の微分形式が次のように定義される.

n 次元 C^∞ 級多様体 M が, 座標近傍系 $\{(U_i, \varphi_i)\}$ で与えられているとする. ここで, $\{U_i\}$ は M の開被覆,
$$\varphi_i = (x_1^{(i)}, \ldots, x_n^{(i)}) : U_i \to \boldsymbol{R}^n$$
は $\boldsymbol{R}^n$ の開集合への同相写像であり,
$$\varphi_{ij} = \varphi_i \circ \varphi_j^{-1} : \varphi_j(U_i \cap U_j) \to \varphi_i(U_i \cap U_j)$$
は, C^∞ 級写像である. 多様体 M 上の微分 p 形式

は，$\boldsymbol{R}^n$ の開集合 $\varphi_i(U_i)$ 上の微分 p 形式 $\alpha^{(i)}$ で，$(\varphi_{ij})^*(\alpha^{(i)}|\varphi_i(U_i\cap U_j))=\alpha^{(j)}|\varphi_j(U_i\cap U_j)$ を満たすもので与えられ，各座標近傍 U_j 上で，
$$\alpha^{(j)} = \sum_{i_1,\ldots,i_p} f^{(j)}_{i_1\cdots i_p} dx^{(j)}_{i_1}\wedge\cdots\wedge dx^{(j)}_{i_p}$$
のように表示される．

多様体上の微分形式は，以下のように多様体上のあるベクトル束への切断ということもできる．多様体 M の点 x に対し，接空間 $T_x(M)$ の双対空間を余接空間と呼び，$T_x^*(M)$ で表す．接空間 $T_x(M)$ の基底は，x のまわりの座標近傍 $(U,\varphi=(x_1,\ldots,x_n))$ をとって，$\frac{\partial}{\partial x_1},\ldots,\frac{\partial}{\partial x_n}$ で与えられる．その双対基底を $dx_1,\ldots,dx_n$ とする．多様体 M の各点の余接空間の直和には，多様体 M の余接束と呼ばれる M 上のベクトル束の構造が入り，$T^*(M)$ と書かれる．多様体 M 上のベクトル場が，接束 $T(M)$ の C^∞ 級切断と考えられるのと同様に，多様体 M 上の微分 1 形式 α は，$T^*(M)$ の C^∞ 級切断と考えられる．各点の余接空間 $T_x^*(M)$ の p 次外積 $\bigwedge^p T_x^*(M)$ は，${}_nC_p$ 次元ベクトル空間であり，各点の $\bigwedge^p T_x^*(M)$ の直和 $\bigwedge^p T^*(M)$ は，M 上のベクトル束の構造をもつ．多様体 M 上の微分 p 形式は，$\bigwedge^p T^*(M)$ の C^∞ 級切断と考えられる．

外積，外微分が引き戻しと可換であったので，多様体上の微分形式の外積，外微分を座標近傍上でユークリッド空間の開集合上と同じように定義すれば，多様体上の微分形式として定義される．外積については，ベクトル空間の外積代数の準同型
$$\wedge:\bigwedge^p T_x^*(M)\otimes\bigwedge^q T_x^*(M)\to\bigwedge^{p+q} T_x^*(M)$$
から，引き起こされていると考えてよい．

m 次元多様体 M，n 次元多様体 N の間の C^∞ 級写像 $F:M\to N$ により，N 上の微分 p 形式 α の引き戻し $F^*\alpha$ が M 上の微分 p 形式として定義される．実際，α が，多様体 N の座標近傍 (V,ψ) 上で，$\alpha=\sum_{j_1,\ldots,j_p} f_{j_1\cdots j_p} dy_{j_1}\wedge\cdots\wedge dy_{j_p}$ のように表示され，多様体 N の座標近傍 (U,φ) $(U\subset F^{-1}(V))$ 上で，F すなわち $\psi\circ F\circ\varphi^{-1}$ が，$y_j=y_j(x_1,\ldots,x_m)$ $(j=1,\ldots,n)$ により表示されていると，$F^*\alpha$ は，(U,φ) 上で，
$$F^*\alpha = \sum_{j_1,\ldots,j_p} f_{j_1\cdots j_p} dy_{j_1}\wedge\cdots\wedge dy_{j_p}$$
$$= \sum_{j_1,\ldots,j_p}\sum_{i_1}^n\cdots\sum_{i_p}^n f_{j_1\cdots j_p}$$
$$\cdot\frac{\partial y_{j_1}}{\partial x_{i_1}}\cdots\frac{\partial y_{j_p}}{\partial x_{i_p}} dx_{i_1}\wedge\cdots\wedge dx_{i_p}$$
と表示される．引き戻しと外積，外微分は可換である．

多様体 M 上の C^∞ 級ベクトル場全体のなすリー代数を $\mathcal{X}(M)$ とおく．$\mathcal{X}(M)$ は，$C^\infty(M)$ 加群である．微分 1 形式は，$\mathcal{X}(M)$ から $C^\infty(M)$ への $C^\infty(M)$ 加群としての準同型と定義することもできる．すなわち，$C^\infty(M)$ 加群としての準同型 $\alpha:\mathcal{X}(M)\to C^\infty(M)$ は，多様体 M の各点 x で $T_x(M)$ の双対空間 $T_x^*(M)$ の元を与え，n 次元多様体 M の点 x のまわりの座標近傍 $(U,(x_1,\ldots,x_n))$ をとると，$\alpha=\sum_i \alpha_i dx_i$ と書かれる．多様体上の関数 f は，$\mathcal{X}(M)\ni\xi\mapsto\xi(f)\in C^\infty(M)$ という $C^\infty(M)$ 加群の準同型を与えるが，これが f の全微分 df である．実際，f の全微分は座標近傍上では $\sum_i \frac{\partial f}{\partial x_i} dx_i$ と書かれる．微分 p 形式 α は同様に，$\mathcal{X}(M)$ 上の $C^\infty(M)$ に値をもつ $C^\infty(M)$ 加群としての交代 p 次形式のことであり，各点 x で $T_x^*(M)$ の p 次外積空間 $\bigwedge^p T_x^*(M)$ の元を与える．したがって，各座標近傍 U 上で，$\alpha=\sum_{i_1,\ldots,i_p} f_{i_1\cdots i_p} dx_{i_1}\wedge\cdots\wedge dx_{i_p}$ のように表示される．ここで，$\{i_1,\ldots,i_p\}=\{j_1,\ldots,j_p\}$ で，すべて異なるとき，$dx_{i_1}\wedge\cdots\wedge dx_{i_p}(\frac{\partial}{\partial x_{j_1}},\ldots,\frac{\partial}{\partial x_{j_p}})$ は，置換の符号 $\operatorname{sign}\begin{pmatrix}i_1\cdots i_p\\ j_1\cdots j_p\end{pmatrix}$ である．この立場では，微分 p 形式 α，微分 q 形式 β の外積 $\alpha\wedge\beta$ は，
$$(\alpha\wedge\beta)(\xi_1,\ldots,\xi_{p+q})$$
$$=\frac{1}{p!q!}\sum\operatorname{sign}\begin{pmatrix}i_1\cdots i_p j_1\cdots j_q\\ 1\cdots\cdots p+q\end{pmatrix}$$
$$\cdot\alpha(\xi_{i_1},\ldots\xi_{i_p})\beta(\xi_{j_1},\ldots,\xi_{j_p})$$
で定まる．また，微分 p 形式 α の外微分 d は，微分 $p+1$ 形式として，次のように定義される．

$$(d\alpha)(\xi_1,\ldots,\xi_{p+1})$$
$$=\sum_{i=1}^{p+1}(-1)^{i-1}\xi_i(\alpha(\xi_1,\ldots,\xi_{i-1},\xi_{i+1},\ldots,\xi_{p+1}))$$
$$+\sum_{i<j}(-1)^{i+j}\alpha([\xi_i,\xi_j],\xi_1,\ldots,\xi_{i-1},\xi_{i+1},$$
$$\ldots,\xi_{j-1},\xi_{j+1},\ldots,\xi_{p+1}).$$

ベクトル場 ξ と微分 p 形式 α に対し, $(\xi_1,\ldots,\xi_{p-1})\mapsto\alpha(\xi,\xi_1,\ldots,\xi_{p-1})$ は, 微分 $(p-1)$ 形式であり, ξ と α の内部積と呼ばれ, $i_\xi\alpha$ と書かれる.

多様体上のベクトル場 ξ は, 局所的にフロー Φ_t を生成する. 微分 p 形式 α に対し, $(\frac{d}{dt})_{t=0}(\Phi_t)^*\alpha$ は, 微分 p 形式となり, α の ξ によるリー微分と呼ばれ, $L_\xi\alpha$ と書かれる. $L_{[\xi,\eta]}\alpha=(L_\xi L_\eta-L_\eta L_\xi)\alpha$ であり, カルタンの公式
$$L_\xi\alpha=d(i_\xi\alpha)+i_\xi(d\alpha)$$
$$i_{[\xi,\eta]}\alpha=L_\xi i_\eta\alpha-i_\eta L_\xi\alpha$$
が成立する.

多様体 M 上の微分 p 形式全体を $\Omega^p(M)$ と書くと, ベクトル空間と線形写像の系列
$$0\longrightarrow\Omega^0(M)\xrightarrow{d}\Omega^1(M)\xrightarrow{d}\cdots$$
$$\cdots\xrightarrow{d}\Omega^{n-1}(M)\xrightarrow{d}\Omega^n(M)\longrightarrow 0$$
が得られる. ここで, $d\circ d=0$ であり, 上の系列は多様体 M のド・ラーム複体と呼ばれる. 直和 $\Omega^*(M)=\bigoplus_{p=0}^n\Omega^p(M)$ には, 外積による (外積の次数は次数の和になる) 次数付き代数構造があり, 外微分による次数を 1 上げるライプニッツ則を満たす微分作用素が定義されているので, **DGA** (differential graded algebra) 構造をもつという. 多様体 M,N の間の C^∞ 級写像 $F:M\to N$ による引き戻し $F^*:\Omega^*(N)\to\Omega^*(M)$ は, DGA 構造の準同型である.

4 微分形式の積分

M が向きの定まった n 次元コンパクト多様体とする. M 上の微分 n 形式 α の M 上の積分 $\int_M\alpha$ が次のように定義される. α の台を α が 0 にならない点からなる M の部分集合の閉包とする. α の台が M の一つの向き付けられた座標近傍 $(U,\varphi=(x_1,\ldots,x_n))$ に含まれれば, α は U 上 $fdx_1\wedge\cdots\wedge dx_n$ と表され, その積分 $\int fdx_1\cdots dx_n$ が定まる. 積分の変数変換の公式から, この積分は, α の台を含む向き付けられた座標近傍のとり方によらない. 一般の n 形式 α を扱うためには, M の向き付けられた座標近傍による有限被覆 $\{U_i\}$ をとる. $\{U_i\}$ に従属する 1 の分割を μ_i とする. $\mu_i\alpha$ は, U_i 上のコンパクトな台をもつ n 形式となるので, 積分 $\int\mu_i\alpha$ が定まる. そこで,
$$\int_M\alpha=\sum\int\mu_i\alpha$$
とすると, これは有限被覆 $\{U_i\}$, 1 の分割 μ_i のとり方によらない値を定める. これを向き付けられた多様体 M 上の微分 n 形式の積分と呼ぶ.

向きの定まった n 次元コンパクト多様体 M の境界を ∂M とすると, ∂M には, 向きが定まる. すなわち, ∂M の点の周りの M の向き付けられた座標近傍を,
$$(U,\varphi=(x_1,\ldots,x_n):U\to\boldsymbol{R}_{\leq 0}\times\boldsymbol{R}^{n-1})$$
とするとき,
$(U\cap\partial M,\varphi|\partial=(x_2,\ldots,x_n):U\cap M\to\boldsymbol{R}^{n-1})$
を ∂M の向き付けられた座標近傍とする向きが定まる.

積分の定義と部分積分の公式から, 次のストークスの定理が示される.

定理 (ストークスの定理) α を M 上の微分 $n-1$ 形式とするとき,
$$\int_M d\alpha=\int_{\partial M}\alpha.$$

ユークリッド空間の開集合 U に向きづけられた p 次元境界付き多様体 M が埋め込まれているとき, (より一般に, 多様体 U に多様体 M が埋め込まれているとき,) U 上の微分 p 形式 α の M 上の積分 $\int_M\alpha$ を包含写像 $i:M\to U$ による引き戻しを用いて, $\int_M\alpha=\int_M i^*\alpha$ により定義できる. この状況でストークスの定理を用いることが多い.

平面の領域 D と微分 1 形式 $f_1dx_1+f_2dx_2$ に対しては,
$$\int_D\left(-\frac{\partial f_1}{\partial x_2}+\frac{\partial f_2}{\partial x_1}\right)=\int_{\partial D}(f_1dx_1+f_2dx_2)$$

と書かれるが，これはグリーンの定理と呼ばれる．また，3次元空間の領域 V と微分2形式 $\beta = h_1 dx_2 \wedge dx_3 + h_2 dx_3 \wedge dx_1 + h_3 dx_1 \wedge dx_2$ に対して，$\int_V \left(\frac{\partial h_1}{\partial x_1} + \frac{\partial h_2}{\partial x_2} + \frac{\partial h_3}{\partial x_3}\right) = \int_{\partial V} \beta$ と書かれ，また，上に述べた div あるいは ∇ と，∂V の面積要素 dS を使う書き方では，

$$\int_V \nabla \bullet \vec{h} \, dx_1 dx_2 dx_3 = \int_{\partial V} \boldsymbol{n} \bullet \vec{h} \, dS$$

となる．ここで，$\boldsymbol{n}$ は，∂V の外向きの単位法線ベクトルである．これはガウスの定理と呼ばれる．∇ を用いると，3次元空間の向き付けられた境界付き曲面 M と，微分1形式 $g_1 dx_1 + g_2 dx_2 + g_3 dx_3$ に対して，ストークスの定理を rot あるいは ∇ と，M の面積要素 dS, ∂M の長さの要素 ds を用いて書くと，

$$\int_M \boldsymbol{n} \bullet (\nabla \times \vec{g}) dS = \int_{\partial M} \frac{d\vec{\gamma}}{ds} \bullet \vec{g} \, ds$$

となる．ここで，$\vec{\gamma}(s)$ は，境界 ∂M の各成分を正の向きの弧長 s をパラメータとして表したものである．

5　微分形式で与えられる多様体上の構造

多様体上のさまざまな構造が，微分形式で与えられる．

多様体 M 上の各点 x に対し，微分形式 α の核 $\ker(\alpha)$ が，接空間 $T_x(M)$ の部分空間として，$\ker(\alpha) = \{v \in T_x(M) \mid i_v \alpha = 0 \in \bigwedge^{p-1} T_x^*(M)\}$ で定まる．

α が 0 にならない微分1形式ならば，$\ker(\alpha)$ は接束 $T(M)$ の余次元1部分ベクトル束である．これにより，接束の部分ベクトル束を与える構造が記述される．たとえば，**余次元 1 葉層構造**は，0 にならない微分1形式 α で，$\alpha \wedge d\alpha = 0$ を満たすもので定義される．

奇数 $(2n+1)$ 次元多様体上の，微分1形式 α で，$\alpha \wedge (d\alpha)^n \neq 0$ を満たすものを**接触形式**と呼ぶ．接触形式の核で定義される接束の余次元1部分ベクトル束 (接平面場) を**接触構造**と呼ぶ．

微分形式の積分と関係して，n 次元多様体の 0 にならない微分 n 形式を体積形式と呼び，体積形式を指定するとき，**体積構造**をもつという．体積形

式をもつことと向き付けをもつことは同値である．向き付けられたコンパクト多様体 M に二つの体積形式 ω_0, ω_1 が与えられ，それらの積分が一致する $\int_M \omega_0 = \int_M \omega_1$ ならば，多様体の微分同相の連続族 $\{f_t\}_{t\in[0,1]}$ $(f_0 = \mathrm{id}_M)$ があって，$f_1^* \omega_1 = \omega_0$ となる (モーザーの定理)．

偶数 $(2n)$ 次元多様体上の，閉微分2形式 ω は，$(\omega)^n$ が体積形式となるとき，シンプレクティク形式と呼ぶ．シンプレクティク形式を指定した多様体をシンプレクティク多様体と呼ぶ．n 次元多様体 M の余接束 T^*M を $2n$ 次元多様体とみるとき，標準的なシンプレクティク形式が，M の座標近傍 $(U, (q_1, \ldots, q_n))$, $T_x^*(M)$ の元を $\sum_i p_i dq_i$ のように書くとき，$T^*M|U$ 上の微分2形式 $\sum_i dp_i \wedge dq_i$ で与えられる．

リー群 G をファイバーとする多様体 M 上の主束 $P \to M$ に対して，ファイバー G に横断的な P の接平面場 E が G の右作用で不変であるとする．このような接平面場 E は，接続と呼ばれる．このとき，P 上の G のリー環 $\mathfrak{g}$ に値をもつ微分 1 形式 θ が，$A \in \mathfrak{g}$ が G の右作用により誘導する P 上のベクトル場 A^* に対し，$x \in P$ において $\theta_x(A^*_x) = A, \theta_x(E_x) = 0$ により定義される (接続形式)．これは，$g \in G$ の右作用 R_g に対し，$(R_g)^* \theta = \mathrm{ad}(g^{-1})\theta$ を満たす．$\mathfrak{g}$ 値微分 1 形式 θ の外微分が，P 上の $\mathfrak{g}$ 値微分 2 形式として

$$d\theta(\xi_1, \xi_2) = \xi_1(\theta(\xi_2)) - \xi_2(\theta(\xi_1)) - \theta([\xi_1, \xi_2])$$

により定義される．また外積は，
$$(\theta \wedge \theta)(\xi_1, \xi_2) = [\theta(\xi_1), \theta(\xi_2)] - [\theta(\xi_2), \theta(\xi_1)]$$
$$= 2[\theta(\xi_1), \theta(\xi_2)]$$

で定義される．このとき，h を $T_xP = T_xG \oplus E_x$ の E_x への射影として，

$$\Omega(\xi_1, \xi_2) = d\theta(h\xi_1, h\xi_2)$$

とおくと，

$$\Omega = d\theta - \frac{1}{2}\theta \wedge \theta$$

となる．Ω は M 上の微分 2 形式の射影 $P \to M$ による引き戻しになっている．$\tilde{\xi}_1, \tilde{\xi}_2$ を E への G 不変な切断 (M 上のベクトル場 ξ_1, ξ_2 の E への持ち上げ) とすると，$\theta([\tilde{\xi}_1, \tilde{\xi}_2]) = \Omega(\tilde{\xi}_1, \tilde{\xi}_2)$ であり，Ω は曲率形式と呼ばれる． ［坪井　俊］

微分と偏微分

derivative and partial derivative

1　1変数実数値関数の微分

1.1　微分の定義

$f(x)$ を開区間 $I=(a,b)$ 上の1変数実数値関数とし $c\in I$ とする. もし, 極限値
$$\lim_{h\to 0}\frac{f(c+h)-f(c)}{h}$$
が存在するなら, $f(x)$ は $x=c$ で微分可能であるという. この極限値を $f(x)$ の $x=c$ における微分係数, あるいは微係数といい, $f'(c)$ と記す. 平面曲線 $y=f(x)$ に対しては,
$$y-f(c)=f'(c)(x-c)$$
は $y=f(x)$ のグラフの $x=c$ での接線であり, $f'(c)$ は接線の傾きとなる. I のすべての点で $f(x)$ の微係数が存在するなら, $f'(x)$ により I 上の関数が定義される. このとき, $f(x)$ は I 上で微分可能であるといい, $f'(x)$ を $f(x)$ の導関数という. $f(x)$ から $f'(x)$ を求めることを $f(x)$ を微分するという. 関数 $y=f(x)$ の導関数を次のように記す:
$$f'(x),\ y',\ \frac{df(x)}{dx},\ \frac{dy}{dx},\ \frac{d}{dx}f(x),\ Df(x).$$

1.2　微分の性質

微分可能関数は連続関数であるが, 逆は必ずしも成立しない. たとえば $f(x)=|x|$ は $x=0$ で微分不可能である. $b\ (>0)$ を奇数とするとき, 次の関数 (ワイエルシュトラス関数) は任意の $x\ (\in(-\infty,+\infty))$ で連続かつ微分不可能である:
$$\sum_{k=0}^{\infty} a^k\sin(b^k x),\ a\in(0,1),\ ab>\frac{3}{2}\pi+1.$$

$f(x),g(x)$ が微分可能なら, 次式が成立する:
$(f(x)\pm g(x))'=f'(x)\pm g'(x)$　(複合同順),
$(f(x)g(x))'=f'(x)g(x)+f(x)g'(x),$
$(f(x)g(x))'=(f'(x)g(x)-f(x)g'(x))/(g(x))^2$
　　　　　　　　　　　　($g(x)\neq 0$ の場合).

$f(x)$ が $x=c$ で微分可能, $g(y)$ が $y=f(c)$ で微分可能であれば, 合成関数 $g(f(x))$ は $x=c$ で微分可能で次が成立する:
$$(g(f(c))'=g'(f(c))f'(c).$$

1.3　高次導関数

$f'(x)$ が開区間 (a,b) 上で微分可能なら (a,b) 上で $(f'(x))'=f''(x)$ が定義される. このとき $f(x)$ は (a,b) 上で2回微分可能であるといい $f''(x)$ を第2階導関数 (あるいは, 第2次導関数) と呼ぶ. n 回微分可能と第 n 階導関数 (第 n 次導関数) $f^{(n)}(x)$ が同様に定義される. $f(x)$ の第 n 階導関数が存在して連続のとき $f(x)$ は n 回連続微分可能あるいは C^n 級という. 無限回微分可能なら C^∞ 級という.

1.4　関数の極値

$f(x)$ は開区間 I 上の実数値関数で $c\in I$ とする. c を含む開区間 $J\ (\subset I)$ が存在して $f(c)$ が J 上で最大値 (最小値) をとるなら, c は $f(x)$ の極大点 (極小点) であるという. 極大値と極小値を極値という. $f(x)$ が微分可能であるなら, $f(x)$ が極値をとるのは, $f'(x)=0$ を実現する点に限られる. $f'(c)=0$ かつ $f''(c)>0\ (f''(c)<0)$ なら $f(x)$ は $x=c$ 極小値 (極大値) をとる.

2　多変数実数値関数の微分

2.1　偏微分

$f(\boldsymbol{x})=f(x_1,\ldots,x_m)$ は開集合 $E\ (\subset \boldsymbol{R}^m)$ 上の実数値関数で, $\boldsymbol{c}\equiv(c_1,c_2,\ldots,c_m)^{\mathrm{T}}$ を E 内の1点とする. 極限値
$$\lim_{h\to 0}\frac{f(c_1,\ldots,c_{k-1},c_k+h,c_{k+1},\ldots,c_m)-f(\boldsymbol{c})}{h}$$
が存在すれば, $f(\boldsymbol{x})$ は $\boldsymbol{x}=\boldsymbol{c}$ で x_k に関し偏微分可能であるという. この極限値を $f(\boldsymbol{x})$ の $\boldsymbol{x}=\boldsymbol{c}$ での x_k に関する偏微分係数といい, $f_{x_k}(\boldsymbol{c})$ と記す. すべての k について $f_{x_k}(\boldsymbol{c})$ が存在するとき, $f(\boldsymbol{x})$ は $\boldsymbol{x}=\boldsymbol{c}$ で偏微分可能であるという.

すべての $\boldsymbol{x}\in E$ で $f_{x_k}(\boldsymbol{x})$ が存在すれば, $f_{x_k}(\boldsymbol{x})$ は E 上の実数値関数である. この関数を $f(\boldsymbol{x})$ の x_k に関する偏導関数といい,
$$f_{x_k}(\boldsymbol{x}),\quad \frac{\partial f(\boldsymbol{x})}{\partial x_k},\quad \frac{\partial}{\partial x_k}f(\boldsymbol{x}),\quad D_k f(\boldsymbol{x})$$
などと記す. $f(\boldsymbol{x})$ から $f_{x_k}(\boldsymbol{x})$ を求めることを $f(\boldsymbol{x})$ を x_k に関して偏微分するという. 複雑な偏導関数の関係式の記述では, ある記号が, 変数, 変数への代入値 (代入式), 何番目の変数で偏微分す

るかを混乱なく表現する記法選択が必要である.

$f(\boldsymbol{x})$ が $\boldsymbol{x} = \boldsymbol{c}$ で偏微分可能であっても, $\boldsymbol{x} = \boldsymbol{c}$ での連続性は保証されない. たとえば,
$$f(x, y) = \begin{cases} \frac{xy}{x^2+y^2} & (x, y) \neq (0, 0), \\ 0 & (x, y) = (0, 0). \end{cases} \quad (1)$$
は, 原点で x と y について偏微分可能であるが, 原点で連続ではない.

$f(\boldsymbol{x})$ はすべての $\boldsymbol{x}(\in E)$ で偏微分可能ならば, $f(\boldsymbol{x})$ は E で偏微分可能であるという.

2.2 微分

$\boldsymbol{h} = (h_1, h_2, \ldots, h_m)^\mathrm{T} \in \boldsymbol{R}^m$ に対して, $\|\boldsymbol{h}\| = \sqrt{\sum_{k=1}^n h_k^2}$ は, $\boldsymbol{h}$ のユークリッドノルムである. $f(\boldsymbol{x})$ を開集合 E で定義された m 変数実数値関数とする. E 内の1点 $\boldsymbol{x} = \boldsymbol{c}$ で m 個の実数の組 $(A_1, A_2, \ldots, A_m)$ が存在して,
$$\lim_{\|\boldsymbol{h}\| \to 0} \frac{f(\boldsymbol{c} + \boldsymbol{h}) - f(\boldsymbol{c}) - \sum_{k=1}^n A_k h_k}{\|\boldsymbol{h}\|} = 0$$
を満足するとき, $f(\boldsymbol{x})$ は $\boldsymbol{x} = \boldsymbol{c}$ で微分可能である, あるいは全微分可能であるという. このとき, $f(\boldsymbol{x})$ は $\boldsymbol{x} = \boldsymbol{c}$ で連続かつ偏微分可能であって,
$$A_k = f_{x_k}(\boldsymbol{c}) \quad (k = 1, 2, \ldots, m)$$
が成立し, $\boldsymbol{x} = \boldsymbol{c}$ での $f(\boldsymbol{x})$ の接平面が存在して
$$y - f(\boldsymbol{c}) = \sum_{k=1}^m f_{x_k}(\boldsymbol{c})(x_k - c_k)$$
である. 偏導関数の存在だけでは微分可能性が保証されない反例を式 (1) が与えている.

$f_{x_k}(\boldsymbol{c}) \ (k = 1, 2, \ldots, n)$ が存在し連続であれば $\boldsymbol{x} = \boldsymbol{c}$ で微分可能である. ただし逆は成立しない.

2.3 高階偏導関数

関数 $f(\boldsymbol{x}) = f(x_1, x_2, \ldots, x_m)$ が開集合 E 上で偏微分可能で, 偏導関数 $f_{x_j}(\boldsymbol{x}) \ (j = 1, 2, \ldots, m)$ がさらに偏微分可能であれば,
$$\frac{\partial^2}{\partial x_k \partial x_j} f(\boldsymbol{x}) = f_{x_j x_k}(\boldsymbol{x}) \quad (j, k = 1, 2, \ldots, m)$$
が定義される. これらを $f(\boldsymbol{x})$ の第2階偏導関数 (第2次偏導関数) といい, その値を第2階偏微分係数 (第2次偏微分係数) という. 第2階偏導関数は, 次の例のように偏微分の順序に依存しうる:
$$f(x, y) = \begin{cases} \frac{xy(x^2-y^2)}{x^2+y^2}, & (x, y) \neq (0, 0) \\ 0, & (x, y) = (0, 0) \end{cases}$$
は, $D_1 f(x, 0) = x, D_2 f(0, y) = -y, f_{xy}(0, 0) = -1, f_{yx}(0, 0) = 1$ だから $f_{xy}(0, 0) \neq f_{yx}(0, 0)$.

第2階導関数が連続なら, 連続2回微分可能あるいは C^2 級であるという. C^2 級関数の第2階偏微分係数 $f_{x_j x_k}(\boldsymbol{x})$ は偏微分の順序に依存しない.

$f_{x_j x_k}(\boldsymbol{x})$ を (j, k)–要素とする $m \times m$ 行列 $H(\boldsymbol{x})$ をヘッセ行列という. 開集合 E 上での m 変数実数値 C^2 級関数 $f(\boldsymbol{x})$ の極値は, $f'(\boldsymbol{x}) = 0$ を満たす点で実現される. その点で $H(\boldsymbol{x})$ が正定値であるなら極小, 負定値であるなら極大となる.

同様に第 n 階偏導関数が定義される. n 階までの偏導関数が存在して連続なら $f(\boldsymbol{x})$ は n 回連続微分可能または C^n 級という. C^n 級関数の n 階までの偏微分係数は偏微分の順序によらない. 任意の n 階の偏導関数が存在して連続なら $f(\boldsymbol{x})$ は無限階連続微分可能または C^∞ 級という.

3 多変数ベクトル値関数の微分

E を $\boldsymbol{R}^m$ の開集合とし, $\boldsymbol{f}(\boldsymbol{x}) = (f_1(\boldsymbol{x}), \ldots, f_m(\boldsymbol{x}))^\mathrm{T}$ を E 上の $\boldsymbol{R}^l$ 値関数とする. ただし, T はベクトルの転置である. E の点 $\boldsymbol{x} = \boldsymbol{c}$ で, 実数値 $l \times m$ 行列 A が存在して,
$$\lim_{\|\boldsymbol{h}\| \to 0} \frac{\boldsymbol{f}(\boldsymbol{c} + \boldsymbol{h}) - \boldsymbol{f}(\boldsymbol{c}) - A\boldsymbol{h}}{\|\boldsymbol{h}\|} = 0 \quad (2)$$
なら, $\boldsymbol{f}(\boldsymbol{x})$ は $\boldsymbol{x} = \boldsymbol{c}$ で微分可能であるという. A をヤコビ行列と呼び $\boldsymbol{f}'(\boldsymbol{c})$ と記す.

$\boldsymbol{f}(\boldsymbol{x})$ が $\boldsymbol{c}$ で微分可能, $\boldsymbol{g}(\boldsymbol{x})$ が $\boldsymbol{R}^l$ 上の $\boldsymbol{R}^k$ 値関数で, $\boldsymbol{b} \equiv \boldsymbol{f}(\boldsymbol{c})$ で微分可能であれば, 合成関数 $\boldsymbol{g}(\boldsymbol{f}(\boldsymbol{x}))$ は $\boldsymbol{c}$ で微分可能であり $(\boldsymbol{g}(\boldsymbol{f}(\boldsymbol{c})))' = \boldsymbol{g}'(\boldsymbol{f}(\boldsymbol{c}))\boldsymbol{f}'(\boldsymbol{c})$ である. ただし, 左辺は $k \times m$ 行列であり, 右辺は $k \times l$ 行列 $\boldsymbol{g}'(\boldsymbol{f}(\boldsymbol{c}))$ と $l \times m$ 行列 $\boldsymbol{f}'(\boldsymbol{c})$ との積である. $\boldsymbol{f}'(\boldsymbol{x})$ が E 上で $\boldsymbol{x}$ に関して連続なら, $\boldsymbol{f}(\boldsymbol{x})$ は E 上で連続微分可能であるという.

[岸本一男]

参 考 文 献

[1] 高木貞治:解析概論 (改訂第3版), 岩波書店, 1983.
[2] 一松 信:解析学序説 (上, 下), 裳華房, 1962, 1963.
[3] W. Rudin:*Principles of Mathematical Analysis*, 3rd ed, McGraw–Hill, 1976. (邦訳) 近藤基吉・柳原二郎訳:現代解析学 (第2版), 共立出版, 1971.
[4] 杉浦光夫:解析入門 (I,II), 東京大学出版会, 1980, 1985.

非ユークリッド幾何

non–Euclidean geometry

1 歴史

紀元前 2〜3 世紀に記されたユークリッド原論は，幾何学を展開するにあたり，結合，順序，合同，平行線，連続性の五つの公理を出発点にしている．とくに平行線の公理は，直線 ℓ に対して，ℓ 上にない 1 点を通り ℓ と交わらない直線の「一意的」存在を宣言する．一方，当初から平行線の公理以外の公理を用いて，このような直線の「存在」は証明できることが認識されていた．

平行線の公理が必要か否かに関する議論は，2000年以上を経て 19 世紀の初めに，ロバチェフスキー (Lobachevskii) とボーヤイ (Bolyai) により平行線の公理のみを否定した幾何学が提示され決着した．これが，**双曲幾何学** (hyperbolic geometry) あるいはロバチェフスキーの非ユークリッド幾何学と呼ばれる幾何学である．双曲幾何学は，平行線の公理の「一意的存在」の部分を「少なくとも二つ存在」と置き換えて，公理体系ができる．後に，リーマン (Riemann) は平行線の公理だけでなく順序の公理も否定した**楕円幾何学** (ellliptic geometry) を構成した．これも非ユークリッド幾何学 (non-Euclidean geomerty) の一つとみなされている．一方，従来のユークリッド幾何学は相似に関する議論も含めて**放物幾何学** (parabolic geometry) と呼ばれている．

ロバチェフスキーはそもそも三角形の内角の和が π より本当に小さくなるモデルを構成することに執心し，1830 年末頃までにその概要を完成させた．ボーヤイも 1832 年には同様のアイデアに到達し論文を発表したが，ロバチェフスキーほどは解析を先に進めなかった．なお，ガウス (Gauss) も同様のアイデアに達していたことを記す 1824 年の手紙が残されている．

その後，ガウスの曲面論やリーマンのリーマン多様体論が現れ，幾何学をモデルを使って記述する手法が充実してきた．1868 年，ベルトラミ (Beltrami) は非ユークリッド幾何学の研究は定曲率曲面の研究にほかならないことを見いだし，**牽引曲線** (tractrix) を回転させてできる**擬球** (pseudo-sphere) をモデルとして導入した．牽引曲線とは，接線と x 軸との交点が接点から一定の距離の曲線である．

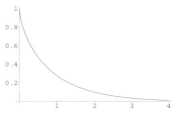

図 1　牽引曲線

擬球は完備でないが，発見は一大転機となり，その後完備なモデルがいくつも見つかる．まずベルトラミは，1 次元高い空間の上半球を台空間にした半球モデル，それを単位円に射影した射影モデル，また単位円に立体射影した等角モデル，さらに等角モデルを境界点で反転させた上半空間モデルを得ている．

その後，クライン (Klein) が 1871 年にベルトラミの射影モデルを射影幾何の立場から解釈し，その汎用性を広めた．またポアンカレ (Poincaré) は 1882 年に上半空間モデルを再導入し，一次分数変換と双曲幾何学の相性のよさを明らかにし，多くの後続の研究を牽引した．

2 球面幾何学

n 次元単位球面 (unit sphere) とは，
$$S^n = \{x \in E^{n+1}; \|x\| = 1\}$$
で定義される $n+1$ 次元ユークリッド空間 E^{n+1} のなかの図形である．
$$dx_0^2 + dx_1^2 + \cdots + dx_n^2$$
で定義されるユークリッド計量を S^n の接空間に制限すると，単位球面は断面曲率が 1 で一定のリーマン多様体になる．この計量を**球面計量** (spherical metric) という．

E^{n+1} の直交変換は S^n とユークリッド計量を不変にするので，S^n に等長変換として作用する．逆に S^n の等長変換は E^{n+1} の直交変換の制限

である．クラインに従って幾何学を変換群 G と変換群が作用する台空間 X の組 (G,X) として表すと，球面幾何学は $n+1$ 次直交群と球面の組 $(\mathrm{O}(n+1),\mathbf{S}^n)$ である．$\mathrm{O}(n+1)$ の作用は推移的で，各点の固定群は $\mathrm{O}(n)$ と同型である．

球面の (測地的) 部分空間は，$\mathbf{E}^{n+1}$ の線形部分空間と $\mathbf{S}^n$ との共通部分である．とくに 2 次元球面上の直線 (測地線) は大円であり，球面上の異なる 2 直線はかならず交わり，平行線の公理と順序の公理を満たさない幾何学が展開できる．

球面幾何学は台空間がコンパクトなのでユークリッド幾何学と異質であることはあきらかだが，たとえばちなみに，半径 $r \leqq \pi$ の円周の長さは $2\pi \sin r$ であり，円の面積は $2\pi(1-\cos r)$ である．

3 双曲幾何学

双曲空間 (hyperbolic space) は双曲幾何学の台空間であり，リーマン幾何の用語をつかえば，断面曲率がいたるところ -1 の単連結完備リーマン多様体のことである．一方，双曲空間はいろいろな実現の仕方があり，それぞれ特徴がある．

3.1 双曲面モデル

n 次元球面幾何学との類似で双曲面モデルを定義する．まず，$\mathbf{R}^{n+1}$ 上の
$$-dx_0^2 + dx_1^2 + \cdots + dx_n^2$$
で定義される符号数 $(1,n)$ の計量をローレンツ計量 (Lorentz metric) という．$\mathbf{R}^{n+1}$ の各接平面にローレンツ計量を付随させた空間を $\mathbf{E}^{1,n}$ で表し，ミンコフスキー空間 (Minkowski space) と呼ぶ．双曲幾何学の双曲面モデル (hyperboloid model) は，$\mathbf{E}^{1,n}$ の双曲面
$$-x_0^2 + x_1^2 + \cdots + x_n^2 = -1$$
の $x_0 > 0$ の部分の接空間にローレンツ計量を制限することによって得られる．これを $\mathbf{H}^n$ で表す．ローレンツ計量自身は正定値ではないが，$\mathbf{H}^n$ の接空間に制限すると正定値となり，$\mathbf{H}^n$ はリーマン多様体になる．$\mathbf{H}^n$ 上に定義されたリーマン計量を双曲計量 (hyperbolic metric) と呼ぶ．

$\mathbf{E}^{1,n}$ のローレンツ計量を保つ線形変換をローレンツ変換 (Lorentz transformation) という．ローレンツ変換全体は一般線形群の部分群となり，$\mathrm{O}(1,n)$ で表される．x_0 の符号を保つローレンツ変換は $\mathbf{H}^n$ とローレンツ計量を不変にするので，$\mathbf{H}^n$ に等長変換として作用する．逆に $\mathbf{H}^n$ の等長変換は $\mathbf{E}^{1,n}$ のローレンツ変換の制限である．そこで x_0 の符号を保つローレンツ変換全体からなる群を $\mathrm{O}^+(1,n)$ で表すと，双曲面モデルは $(\mathrm{O}^+(1,n),\mathbf{H}^n)$ となる．$\mathrm{O}^+(1,n)$ の作用は推移的であり，各点の固定群は $\mathrm{O}(n)$ と同型である．

双曲面モデルは線形代数との相性がよい．双曲面モデルでの (測地的) 部分空間は，$\mathbf{E}^{1,n}$ の線形部分空間と $\mathbf{H}^n$ との共通部分である．$\mathrm{O}^+(1,n)$ は，次元を指定した部分空間全体の集合に推移的に働く．

ちなみに球面幾何との対比で記すと，半径 r の円周の長さは $2\pi \sinh r$，円の面積は $2\pi(\cosh r - 1)$ となる．

3.2 射影モデル

双曲空間の射影モデル (projective model) は，$\mathbf{E}^{1,n}$ の原点を通る放射線により $\mathbf{H}^n$ と $\{x \in \mathbf{E}^{1,n}; x_0 = 1\} \cong \mathbf{E}^n$ の単位球面の内側の開球体 $\mathbf{K}^n$ を同一視することにより得られる．単位球面は双曲空間の無限遠に相当する重要な空間で，無限遠球面と呼ばれている．また射影モデルと無限遠球面の和集合に $\mathbf{E}^{1,n}$ の部分空間としての位相をあたえた空間を，射影モデルのコンパクト化といい，無限遠球面をその境界という．

射影モデルにおける (測地的) 部分空間は，$\mathbf{E}^n$ のアフィン部分空間と $\mathbf{K}^n$ との共通部分である．とくに双曲平面の射影モデル $\mathbf{K}^2$ 上の直線 (測地線) は，普通の意味での直線と単位開円板 $\mathbf{K}^2$ との共通部分である．したがって任意の $\mathbf{K}^2$ 上の直線 ℓ とその上にない 1 点に対し，その点を通り ℓ と交わりをもたない直線の族が作れ，平行線の公理を満たさない幾何学が展開できる．

射影モデルは，$\mathrm{O}^+(1,n)$ がスカラー行列を含まず射影化が自明に働くので，幾何学としては $(\mathrm{O}^+(1,n),\mathbf{K}^n)$ と表せる．射影モデルは台空間が有界な領域で，図形を描く際に有用である．また，線形代数と相性がよい．

n 次元射影幾何は，一般線形群 $\mathrm{GL}(n+1, \boldsymbol{R})$ とその $\boldsymbol{R}^{n+1} - \{0\}$ への作用を射影化することにより得られる．この組を $(\mathrm{PGL}(n+1, \boldsymbol{R}), \boldsymbol{R}P^n)$ で表すと，射影モデルは台を $K^n \subset \boldsymbol{R}P^n$，変換群を $\mathrm{O}^+(1, n)$ に制限したものになっている．ただし，双曲幾何には双曲計量があるが，射影幾何には不変計量はない．

ベルトラミの半球モデル (hemisphere model) は，射影モデルを x_0 方向に向けて上半球に射影することにより得られる．

3.3 球体モデル

双曲空間の球体モデル (disk model) は，双曲面モデル H^n，あるいは半球モデルを $(-1, 0, \ldots, 0)$ を中心に $\boldsymbol{E}^n \subset \boldsymbol{E}^{1,n}$ の単位球の内部 D^n に立体射影することにより得られる．射影モデルと同様に，無限遠球面およびコンパクト化が定義され，射影モデルと球体モデルの同一視は，コンパクト化の間の微分同型をあたえる．

球体モデルにおいては計量が
$$\frac{4 (dx_1^2 + dx_2^2 + \cdots + dx_n^2)}{(1 - (x_1^2 + x_2^2 + \cdots + x_n^2))^2}$$
で表される．ユークリッド計量の関数倍で，とくに角度はユークリッド計量で測った角度と同じになる．そのため等角モデル (conformal model) とも呼ばれる．

球体モデルにおいて，(測地的) 部分空間は境界に直交する球面と D^n との共通部分である．とくに測地線は境界に直交する円弧である．

2 次元では，変換群の作用が複素数を用いて簡明に表せる．D^2 を複素数平面の単位円 $D = \{z \in \boldsymbol{C} ; |z| < 1\}$ と同一視すると，任意の変換群の元は，ある $a \in D$ と $\theta \in \boldsymbol{R}$ を用いた
$$f(z) = e^{i\theta} \frac{z - a}{1 - \bar{a}z}$$
という形の 1 次分数変換である．このような変換全体は，分母分子の 1 次式の係数を対応させることにより，自然に符号数が $(1, 1)$ のエルミート計量を保存する行列 $\mathrm{U}(1, 1)$ の射影化 $\mathrm{PU}(1, 1)$ と同一視できる．とくに $\mathrm{O}^+(1, 2) \cong \mathrm{PU}(1, 1)$ である．

3.4 上半空間モデル

双曲空間の上半空間モデル (upperhalf space model) は，半球モデルを，$x_1, x_2, \ldots, x_{n-1}$ が張る $n-1$ 次元部分空間を軸として 90 度回転し，x_n が正の部分に入れ，さらに $(1, 0, \ldots, 0)$ を中心に $\boldsymbol{E}^n \subset \boldsymbol{E}^{1,n}$ の上半空間 U^n へ立体射影することにより得られる．無限遠球面から 1 点を除いたものが U^n の境界になる．

上半空間モデルにおいては，計量が
$$\frac{1}{x_n^2} (dx_1^2 + dx_2^2 + \cdots + dx_n^2)$$
で表される．球体モデルと同様にユークリッド計量の関数倍であり，角度はユークリッド計量で測った角度と等しい．

上半空間モデルにおいて，(測地的) 部分空間は，境界に直交する半球であり，とくに測地線は境界に直交する半円である．

2 次元の上半平面モデル U^2 でも，変換群の作用が複素数を用いて簡明に表せる．U^2 を複素数平面の上半平面 $\{z \in \boldsymbol{C} ; \mathrm{Im}\, z > 0\}$ と同一視すると，任意の変換群の元は，$ad - bc = 1$ を満たす実数 a, b, c, d を用いた
$$f(z) = \frac{az + b}{cz + d}$$
という形の 1 次分数変換である．このような変換全体は，また分母分子の 1 次式の係数を対応させることにより，2 次特殊線形群の射影化 $\mathrm{PSL}(2, \boldsymbol{R})$ と同一視できる．とくに $\mathrm{O}^+(1, 2) \cong \mathrm{PSL}(2, \boldsymbol{R})$ である．

4 球面・ユークリッド・双曲 3 角形

ユークリッド 3 角形の内角の和は π である．一方，球面 3 角形の内角の和は π より大きく，その面積は内角和から π を引いた数になる．また，双曲 3 角形の内角の和は π より小さく，その面積は π から内角和を引いた数である．

p, q, r を 2 以上の整数とする．$1/p + 1/q + 1/r$ が 1 より大きいか，等しいか，小さいかによって，それぞれ $\pi/p, \pi/q, \pi/r$ を三つの角度にもつ球面 3 角形，ユークリッド 3 角形，双曲 3 角形がえられる．これらの 3 角形を辺に沿う鏡映変換でうつすことを繰り返すと，球面，ユークリッド平面，双曲平面のタイル貼りがえられる．これらのタイル貼りの対称性を具現化した画像が，エッシャー (Escher) らにより発表されている． [小島定吉]

ヒルベルト空間

Hilbert space

1 内積空間

K によって，実数体 R または複素数体 C を表す．$\mathcal{H}$ を K 上のベクトル空間 (線形空間) とする．$\mathcal{H}$ の直積空間 $\mathcal{H} \times \mathcal{H} = \{(\psi, \phi) | \psi, \phi \in \mathcal{H}\}$ から K への写像 $\langle \cdot, \cdot \rangle : \mathcal{H} \times \mathcal{H} \ni (\psi, \phi) \mapsto \langle \psi, \phi \rangle \in K$ が以下の性質 (I.1)~(I.3) を満たすとき，$\langle \cdot, \cdot \rangle$ を $\mathcal{H}$ の内積と呼ぶ．

(I.1) (正定値性)
  (i) すべての $\psi \in \mathcal{H}$ に対して，$\langle \psi, \psi \rangle \geqq 0$.
  (ii) $\psi \in \mathcal{H}$ が $\langle \psi, \psi \rangle = 0$ を満たすならば $\psi = 0$.

(I.2) (線形性) すべての $\psi, \phi, \eta \in \mathcal{H}$ とすべての $\alpha, \beta \in K$ に対して
$$\langle \alpha\psi + \beta\phi, \eta \rangle = \alpha \langle \psi, \eta \rangle + \beta \langle \phi, \eta \rangle.$$

(I.3) (対称性またはエルミート性)
  (i) $K = R$ の場合，すべての $\psi, \phi \in \mathcal{H}$ に対して，$\langle \psi, \phi \rangle = \langle \phi, \psi \rangle$.
  (ii) $K = C$ の場合，すべての $\psi, \phi \in \mathcal{H}$ に対して，$\langle \psi, \phi \rangle^* = \langle \phi, \psi \rangle$. ただし，複素数 $z \in C$ に対して，z^* は z の複素共役を表す (z^* を $\bar{z}$ で表す場合もある)．

内積をもつ，K 上のベクトル空間 $\mathcal{H}$ を K 上の内積空間 (inner product space) または前ヒルベルト空間 (pre–Hilbert space) と呼ぶ．

注意 1 内積の線形性 (I.2) を次のように定義する場合もある (主に物理学や数理物理学の文献)：すべての $\psi, \phi, \eta \in \mathcal{H}$ とすべての $\alpha, \beta \in K$ に対して $\langle \eta, \alpha\psi + \beta\phi \rangle = \alpha \langle \eta, \psi \rangle + \beta \langle \eta, \phi \rangle$.

写像 $\langle \cdot, \cdot \rangle$ が内積空間 $\mathcal{H}$ の内積であることを明示したい場合には，これを $\langle \cdot, \cdot \rangle_\mathcal{H}$ と記す場合がある．

内積の性質 (I.2) と (I.3) から，すべての $\psi, \phi, \eta \in \mathcal{H}$ とすべての $\alpha, \beta \in K$ に対して
$$\langle \eta, \alpha\psi + \beta\phi \rangle = \alpha^* \langle \eta, \psi \rangle + \beta^* \langle \eta, \phi \rangle$$

が導かれる ($K = R$ の場合は，$\alpha^* = \alpha, \beta^* = \beta$ と読む)．$K = C$ の場合，この性質を内積の反線形性と呼ぶ．

各ベクトル $\psi \in \mathcal{H}$ に対して定義される非負の実数 $\|\psi\| := \sqrt{\langle \psi, \psi \rangle}$ を ψ のノルム (norm) と呼ぶ．ノルムが 1 のベクトルを単位ベクトル (unit vector) という．

定理 1 $\mathcal{H}$ を K 上の内積空間とする．

(i) (シュヴァルツの不等式) すべての $\psi, \phi \in \mathcal{H}$ に対して
$$|\langle \psi, \phi \rangle| \leqq \|\psi\| \|\phi\|.$$
等号が成立するのは，ψ と ϕ が一次従属であるとき，かつこのときに限る．

(ii) (三角不等式) すべての $\psi, \phi \in \mathcal{H}$ に対して
$$\|\psi + \phi\| \leqq \|\psi\| + \|\phi\|.$$

2 正規直交系

K 上の内積空間 $\mathcal{H}$ に属するベクトル ψ, ϕ が $\langle \psi, \phi \rangle = 0$ を満たすとき，ψ と ϕ は直交するといい，このことを記号的に $\psi \perp \phi$ と表す．$\mathcal{H}$ の空でない部分集合 $\mathcal{D}$ の任意の相異なる元が直交するとき，$\mathcal{D}$ を直交系と呼ぶ．直交系 $\mathcal{D}$ の各元が単位ベクトルであるとき，$\mathcal{D}$ を正規直交系 (orthonormal system) と呼ぶ．したがって，たかだか可算無限個の元からなる部分集合 $\{e_n\}_{n=1}^N$ (N は有限または可算無限) が正規直交系であることは，$\langle e_n, e_m \rangle = \delta_{nm}, \ n, m = 1, \ldots, N$ と表される．

3 ヒルベルト空間

$\{\psi_n\}_{n=1}^\infty$ を $\mathcal{H}$ の点列とする ($\psi_n \in \mathcal{H}$)．

ベクトル $\psi \in \mathcal{H}$ があって，$\lim_{n \to \infty} \|\psi_n - \psi\| = 0$ が成り立つとき，点列 $\{\psi_n\}_{n=1}^\infty$ はベクトル ψ に収束するという．この場合，ψ を $\{\psi_n\}_{n=1}^\infty$ の極限と呼び，このことを記号的に $\lim_{n \to \infty} \psi_n = \psi$ と記す (3 角不等式と内積の正定値性 (I.1)–(ii) により，点列の極限は，存在すれば，唯一つであることが示される)．収束する点列を収束列と呼ぶ．

任意の $\varepsilon > 0$ に対して，自然数 n_0 があって，

$n, m \geq n_0$ ならば $\|\psi_n - \psi_m\| < \varepsilon$ が成り立つとき, $\{\psi_n\}_{n=1}^{\infty}$ をコーシー列または基本列と呼ぶ.

収束列はコーシー列であるが, $\mathcal{H}$ が無限次元の場合, この逆は一般には成立しない. そこで, 次の定義を設ける：内積空間 $\mathcal{H}$ におけるすべてのコーシー列が収束列であるとき, $\mathcal{H}$ は完備であるという. そして完備な内積空間をヒルベルト空間と呼ぶ. ヒルベルト空間は, 係数体 $\boldsymbol{K}$ が $\boldsymbol{R}, \boldsymbol{C}$ の場合に応じて, それぞれ, 実ヒルベルト空間, 複素ヒルベルト空間と呼ばれる.

例 1 数列 $a = \{a_n\}_{n=1}^{\infty}$ ($a_n \in \boldsymbol{K}, n \geq 1$) で $\sum_{n=1}^{\infty} |a_n|^2 < \infty$ を満たすものの全体を $\ell_{\boldsymbol{K}}^2$ で表す. $\ell_{\boldsymbol{K}}^2$ の任意の二つの元 a, b に対して, 和 $a + b$ とスカラー倍 αa ($\alpha \in \boldsymbol{K}$) が

$$a + b := \{a_n + b_n\}_{n=1}^{\infty}, \quad \alpha a := \{\alpha a_n\}_{n=1}^{\infty}$$

によって定義され ($a + b, \alpha a \in \ell_{\boldsymbol{K}}^2$), $\ell_{\boldsymbol{K}}^2$ は, この和とスカラー倍で $\boldsymbol{K}$ 上のベクトル空間 (無限次元) になる. さらに, 任意の $a, b \in \ell_{\boldsymbol{K}}^2$ に対して

$$\langle a, b \rangle := \sum_{n=1}^{\infty} a_n b_n^*$$

とすれば (右辺は絶対収束する), これは $\ell_{\boldsymbol{K}}^2$ の内積であり, この内積に関して, $\ell_{\boldsymbol{K}}^2$ はヒルベルト空間である. 通常, $\ell_{\boldsymbol{C}}^2$ を単に ℓ^2 と書くことが多い.

例 2 (X, μ) を測度空間とし, X 上の複素数値可測関数 f で $\int_X |f(x)|^2 d\mu(x) < \infty$ を満たすものの全体を $\mathcal{L}^2(X, d\mu)$ で表す. $\mathcal{L}^2(X, d\mu)$ は, 関数の和とスカラー倍に関して, 複素ベクトル空間になる. $f, g \in \mathcal{L}^2(X, d\mu)$ に対して

$$\langle f, g \rangle_2 := \int_X f(x) g(x)^* d\mu(x)$$

とすれば, この写像 $\langle \cdot, \cdot \rangle_2 : \mathcal{L}^2(X, d\mu) \times \mathcal{L}^2(X, d\mu) \to \boldsymbol{C}$ は, 内積の性質のうち, (I.1)–(ii) 以外はすべて満たす. そこで, $\mathcal{L}^2(X, d\mu)$ における元の間の相等を次のように定義しなおす：$f, g \in \mathcal{L}^2(X, d\mu)$ について, $f = g$ であるとは, 測度 μ に関してほとんどいたるところの点 x に対して, $f(x) = g(x)$ が成り立つこととする. この相等の定義を導入した $\mathcal{L}^2(X, d\mu)$ を $L^2(X, d\mu)$ で表す. $L^2(X, d\mu)$ は, $\langle \cdot, \cdot \rangle_2$ を内積とする複素ヒルベルト空間である.

測度空間 (X, μ) の基本的な例は, X が $\boldsymbol{R}^d$ (d 次元のユークリッドベクトル空間) のボレル集合 B で μ が $\boldsymbol{R}^d$ 上のルベーグ測度 μ_L^d の場合によって与えられる. この場合, $L^2(B, d\mu_L^d)$ を $L^2(B)$ と書く. 具体例：$L^2(\boldsymbol{R}^d)$, $L^2([a, b])$ ($a, b \in \boldsymbol{R}, a < b$).

4 完全正規直交系と可分性

$\mathcal{H}$ をヒルベルト空間とし, $\{e_n\}_{n=1}^{\infty}$ を $\mathcal{H}$ の正規直交系とする. もし, すべての $\psi \in \mathcal{H}$ に対して

$$\psi = \lim_{N \to \infty} \sum_{n=1}^{N} \langle \psi, e_n \rangle e_n \tag{1}$$

が成り立つならば, 正規直交系 $\{e_n\}_{n=1}^{\infty}$ は完全であるという. 完全な正規直交系を完全正規直交系 (complete orthonormal system；CONS と略す) と呼ぶ. ベクトル ψ に対する表示 (1) を CONS $\{e_n\}_{n=1}^{\infty}$ による, ψ の展開という.

ヒルベルト空間 $\mathcal{H}$ の部分集合 $\mathcal{D}$ が稠密であるとは, 各 $\psi \in \mathcal{H}$ に対して, $\mathcal{D}$ の点列 $\{\psi_n\}_{n=1}^{\infty}$ ($\psi_n \in \mathcal{D}, n \geq 1$) で $\lim_{n \to \infty} \psi_n = \psi$ を満たすものが存在する場合をいう.

$\mathcal{H}$ の稠密な部分集合でたかだか可算無限個の元からなるものが存在するとき, $\mathcal{H}$ は可分 (separable) であるという.

CONS の存在に関する次の定理は基本的である：

定理 2 ヒルベルト空間が CONS をもつための必要十分条件は, それが可分であることである.

例 3 $\ell_{\boldsymbol{K}}^2$ は可分である. $f_n = \{0, 0, \ldots, \overset{n \text{ 番目}}{0}, 1, 0, 0, \ldots\} \in \ell_{\boldsymbol{K}}^2$ とすれば, $\{f_n\}_{n=1}^{\infty}$ は $\ell_{\boldsymbol{K}}^2$ の CONS である.

例 4 $L^2(\boldsymbol{R}^d)$ は可分である.

[新 井 朝 雄]

参 考 文 献

[1] 新井朝雄：ヒルベルト空間と量子力学 (改訂増補版), 共立出版, 2014.
[2] 新井朝雄・江沢 洋：量子力学の数学的構造 (I, II), 朝倉書店, 1999.
[3] 日合文雄・柳研二郎：ヒルベルト空間と線形作用素, 牧野書店, 1995.
[4] 黒田成俊：関数解析, 共立出版, 1980.

ヒルベルトの零点定理

Hilbert's Nullstellensatz

代数多様体の幾何学的性質と多項式環の代数的性質とを結びつける重要な位置を占めているのがヒルベルト (Hilbert) の零点定理である.

1 零点定理

以下，K で，複素数体 $\mathbf{C}$ のような代数的閉体を表す．また，K 上の多項式環 $K[x_1,\ldots,x_n]$ のイデアル I に対して，$V(I) \subset K^n$ で，I に含まれる多項式の共通零点 (アフィン代数多様体) を表す．逆に，$V(I)$ 上で零になる多項式全体で構成されるイデアルを $I(V(I))$ で表す．

定理 1 (ヒルベルトの零点定理，幾何形) 多項式環 $K[x_1,\ldots,x_n]$ のイデアル I について，$V(I) \neq \emptyset$ である必要十分条件は $1 \notin I$ である.

ヒルベルトの基底定理により，イデアルは有限個の多項式で生成される．そこで，$I=(f_1,\ldots,f_r)$ とすると，定理 1 は次のように言い替えられる.

系 1 多項式 $f_1,\ldots,f_r \in K[x_1,\ldots,x_n]$ に対して，アフィン代数多様体 $V(f_1,\ldots,f_r)$ が空集合でない必要十分条件は
$$1 = h_1 f_1 + \cdots + h_r f_r$$
となる多項式 $h_1,\ldots,h_r \in K[x_1,\ldots,x_n]$ が存在しないことである.

次の定理 2 をヒルベルトの零点定理ということもある．定理 1 を弱形といい，定理 2 を強形ともいう．定理 1 と定理 2 は同値である．ここで，$\sqrt{I}$ はイデアル I の根基イデアルを表す．もちろん，$1 \notin I$ ならば，$1 \notin \sqrt{I}$ であるので，定理 2 から定理 1 を導くのは容易である.

定理 2 (ヒルベルトの零点定理，代数形) 多項式環 $K[x_1,\ldots,x_n]$ のイデアル I について，等式
$$I(V(I)) = \sqrt{I}$$
が成立する.

系 2 多項式 $f_1,\ldots,f_r \in K[x_1,\ldots,x_n]$ に対して，多項式 $g \in K[x_1,\ldots,x_n]$ が，アフィン代数多様体 $V(f_1,\ldots,f_r)$ 上で零になれば，
$$g^N = h_1 f_1 + \ldots + h_r f_r$$
となる多項式 $h_1,\ldots,h_r \in K[x_1,\ldots,x_n]$ と自然数 N が存在する.

系 3 (シュテューディ (Study) の補題) 既約多項式 $f \in K[x_1,\ldots,x_n]$ によって定義されるアフィン超曲面 $V(f)$ 上で零になる多項式 $g \in K[x_1,\ldots,x_n]$ について，$f \mid g$ が成立する.

実際，既約多項式 f については，$\sqrt{(f)} = (f)$ である．仮定から，$g \in I(V(f))$ であり，定理 2 を適用して，$g \in (f)$ すなわち，$f \mid g$ がわかる.

系 4 (幾何と代数の翻訳辞書) アフィン空間 K^n のアフィン代数多様体と $K[x_1,\ldots,x_n]$ の根基イデアル ($\sqrt{I} = I$ となるイデアル) には 1 対 1 対応 $V \mapsto I(V), I \mapsto V(I)$ が存在する.

とくに，点 $a = (a_1,\ldots,a_n) \in K^n$ に対し，
$$I_a = (x_1 - a_1,\ldots,x_n - a_n)$$
は極大イデアルであり，$V(I_a) = \{a\}, I(\{a\}) = I_a$ が成立する．次の定理 3 も定理 1 に同値である.

定理 3 多項式環 $K[x_1,\ldots,x_n]$ の極大イデアル I は I_a の形をしたものに限る.

定理 1 ⇔ 定理 3 の証明. ($\Rightarrow$) 定理 1 により，極大イデアル I に対して，点 $a = (a_1,\ldots,a_n) \in V(I)$ が存在し，$I \subset I(V(I)) \subset I(V(I_a)) = I_a$ が成立する．よって，$I = I_a$ である．($\Leftarrow$) 任意のイデアル I に対して，I を含む極大イデアル I_a が存在し，$a \in V(I)$ が結論され，$V(I) \neq \emptyset$ である.

定理 1 ⇒ 定理 2 の証明. この証明手法はラビノビッチ (J.L. Rabinowitsch) の手法と呼ばれている．包含関係 $\supset$ は明らかである．包含関係 $\subset$ を示す．イデアル I を $I = (f_1,\ldots,f_r)$ と表し，$g \in I(V(I))$ を任意の元とする．変数 x_0 を導入し，$K[x_0, x_1,\ldots,x_n]$ において，I と $x_0 g - 1$ で生成されるイデアルを I^* とする．もし，$1 \notin I^*$ であれば，定理 1 により，$(a_0,\ldots,a_n) \in V(I^*)$ が存在し，

$f_i(a_1,\ldots,a_n) = 0$ かつ, $a_0 g(a_1,\ldots,a_n) - 1 = 0$ となる. これは, $g(a_1,\ldots,a_n) = 0$ に矛盾する. したがって, $1 = \sum g_i f_i + (x_0 g - 1)h$ となる $g_i, h \in K[x_0,\ldots,x_n]$ が存在する. このとき,

$$\sum_{i=1}^r g_i(1/g, x_1, \ldots, x_n) f_i(x_1, \ldots, x_n) = 1$$

を得る. 分母を払うと, ある自然数 N が存在し, $g^N = \sum h_i f_i$, $h_i \in K[x_1,\ldots,x_n]$ と表される.

2 零点定理の証明

ヒルベルトの零点定理には数多くの証明が知られている. 代表的な証明を概観してみよう.

2.1 消去法による証明

定理 1 を証明する. ($\Rightarrow$) は容易であるので, ($\Leftarrow$) を証明する. $1 \notin I$ を仮定する. $I = \{0\}$ なら, 自明であるので, $I \neq \{0\}$ とする. $n = 1$ の場合, $I = (f)$ となる定数でない多項式 $f \in K[x_1]$ が存在し, K が代数的閉体であるので, f の根 $a_1 \in K$ が存在し, $a_1 \in V(I)$ である. $n \geq 2$ の場合, 変数を消去して, 帰納的に零点を構成する. イデアル $I' = I \cap K[x_1,\ldots,x_{n-1}]$ を考え, $1 \notin I'$ に着目して, $V(I') \neq \emptyset$ を仮定できる. 点 $(a_1,\ldots,a_{n-1}) \in V(I')$ に対して, $(a_1,\ldots,a_n) \in V(I)$ となる a_n の存在を示す.

以下, 従来の議論を大幅に簡略化したアロンド (E.Arrondo) による証明を紹介する (文献 [1]). 変数変換を施して, $f \in I$ で, f の最高次の項が x_n^r になるものがあるとしてよい. ここで, イデアル

$$J = \{g(a_1,\ldots,a_{n-1}, x_n) \mid g \in I\} \subset K[x_n]$$

を定義する. もし, $1 \notin J$ であれば, $n = 1$ の場合の結果から, $a_n \in V(J)$ が存在し, $(a_1,\ldots,a_n) \in V(I)$ である. 次に, $1 \in J$ を仮定すると, $g(a_1,\ldots,a_{n-1}, x_n) = 1$ となる $g \in I$ が存在する. 変数 x_n について整理し,

$$g = \varphi_0 x_n^s + \varphi_1 x_n^{s-1} + \cdots + \varphi_s, \quad (\varphi_0 \neq 0)$$

と書くと, $\varphi_i(a_1,\ldots,a_{n-1}) = 0 \ (i < s)$ かつ, $\varphi_s(a_1,\ldots,a_{n-1}) = 1$ である. そこで, f, g の変数 x_n に関する終結式を $R \in K[x_1,\ldots,x_{n-1}]$ とすれば, $R \in I'$ は周知である. 計算すると, $R(a_1,\ldots,a_{n-1}) = 1$ となり, $(a_1,\ldots,a_{n-1}) \in V(I')$ に矛盾する [4].

2.2 代数的な証明

定理 1 と同値な定理 3 を証明する. 極大イデアル I による剰余環 $L = K[x_1,\ldots,x_n]/I$ は K の拡大体であるので, L が K 上代数的であることを示せばよい. 実際, K が代数的閉体のとき, $L = K$ で, a_i を x_i の像とすれば, $(x_i - a_i) \in I$ であって, $I = I_a$, $a = (a_1,\ldots,a_n)$ となる.

流布している証明の一つはネター (E. Noether) の正規化定理によるものである.

命題 1 (正規化定理) 多項式環 $K[x_1,\ldots,x_n]$ のイデアル I に対して, K 上代数的に独立な元 $y_1,\ldots,y_n \in K[x_1,\ldots,x_n]$ が存在して, 次の条件を満たす.

(i) $I \cap K[y_1,\ldots,y_n] = (y_{d+1},\ldots,y_n)$ である.
(ii) $K[x_1,\ldots,x_n]$ は $K[y_1,\ldots,y_n]$ 上整である.

とくに, $K[x_1,\ldots,x_n]/I$ は $K[y_1,\ldots,y_d]$ 上整であり, I が極大イデアルのとき, 次の補題により, $d = 0$ となり, 体 L は体 K 上代数的である.

補題 1 整域 R が整域 S 上整であれば, R が体であることと S が体であることとは同値である.

次の事実を直接示す証明もある. ザリスキー (Zariski) やアルティン-テイト (Artin–Tate) による比較的簡単な証明が知られている.

命題 2 体 L が環として体 K 上有限生成であれば, L は K 上の有限次代数拡大体である.

証明には次の事実が使われる.

補題 2 多項式環 $K[x_1,\ldots,x_n]$ には無限個の既約多項式が存在する. 　　　[酒井文雄]

参考文献

[1] E. Arrondo : Another elementary proof of the Nullstellensatz, *Amer. Math. Monthly*, **113**, 169–171, 2006.
[2] D. Eisenbud : Commutative algebra with a view toward algebraic geometry, *GTM*, **150**, 1995.
[3] 酒井文雄：環と体の理論, 共立出版, 1997.
[4] 酒井文雄：平面代数曲線, 共立出版, 2012.

ヒルベルトの問題

Hilbert's problems

1 経緯

1900年8月6日から12日にかけてパリで行われた第2回国際数学者会議において，ヒルベルトは8日に招待講演「数学の将来の問題について」を行った．第2回国際数学者会議の参加者は全体で250名ほどで，藤澤利喜太郎が出席している．ヒルベルトのドイツ語の講演では，10の問題 (1, 2, 6, 7, 8, 13, 16, 19, 21, 22) について述べられた．*Ens. Math.*[1] に概要が載せられているが，ほぼこの内容の講演であったと思われる．この概要で予告されている23の問題を含むヒルベルトの「数学の問題」はドイツ語で出版され，すぐにドイツ語から，英語，フランス語に訳された [2]．

この講演で「数学の問題」をまとめることは依頼されていたものであるが，実際には講演の後でこの内容の重要性が知られていった．

「数学の問題」の文章でヒルベルトは，23の問題をあげる前に，数学の発展における問題の重要性を，最速降下線の問題，フェルマーの最終定理，3体問題などをあげて説明している．数学の問題が他の科学からもたらされるものもあるが，数学自体から来るものもあることを述べている．また，良い問題の条件として，はっきりしたわかりやすいものであること，難しいが解決できそうなものであることなどをあげている．解答は厳密性が必要とされ，その証明が有限の手続きでなされるべきこと，証明の不可能についての考え方を述べ，一般化することとともに特殊な例をよく理解することの重要性も述べている．

このようなヒルベルトの考え方とともにあげられた23の問題は，「ヒルベルトの問題」と呼ばれ，20世紀の数学を駆動する力となった．

2 ヒルベルトの23の問題

ヒルベルトがあげた各問題の見出しは以下の通りである．

(1) 連続体の濃度に関するカントールの問題 (→ [濃度と順序数]．通常の公理との独立性がわかっている)．

(2) (実数論の) 算術の公理系の無矛盾性 (→ [公理的集合論], [数], [数学的帰納法])

(3) 底面積と高さの等しい二つの4面体の等積性 (→ [初等幾何]．分解合同はデーン不変量で判定される)

(4) 2点間の最短路としての直線の問題 (→ 距離空間については [距離空間])．

(5) リーの連続変換群の概念において群を定義する関数の微分可能性を除くこと (→ [リー環とリー群])

(6) 物理学の公理系の数学的取扱い

(7) 定まった数の無理数性・超越性 (→ [代数的数と代数的整数]．ゲルフォンド達の結果がある.)

(8) 素数についての諸問題 (→リーマン予想については [リーマン予想]．ミレニアム問題に引き継がれた)

(9) 任意の数体における一般相互法則の証明 (→ 相互法則については [平方剰余の相互法則]．アルティンの相互法則が得られている)．

(10) ディオファントス方程式の可解性の決定法 (→ [チューリング・マシン] [ディオファントス方程式])

(11) 任意の代数的数を係数とする2次形式 (→ 2次形式については [双一次形式と内積])

(12) アーベル体に関するクロネッカーの定理の任意の代数体への拡張 (→ [類体論])

(13) 一般の7次方程式を2変数関数のみで解くことの不可能性 (どのような連続函数も連続な2変数関数の合成で書かれることが示されている)

(14) ある種の完全関数系の有限生成性の証明

(15) シューベルトの数え上げ幾何学の厳密な基礎づけ

(16) 実代数曲線および代数曲面の位相の問題

(17) 定符号形式の平方式による表現

(18) 合同な多面体で空間を埋めること (結晶群は分類されている．また，3次元の最密充填の問題は，計算機を援用して解決している)

(19) 正則変分問題の解は必ず解析的か (→ [非

線形楕円型方程式])

(20) 一般境界問題.

(21) 与えられたモノドロミー群をもつ線形微分方程式系の存在証明 (→モノドロミー群については [超幾何函数])

(22) 保型関数による解析的関係の一意化 (→ [リーマンの写像定理], [保型関数])

(23) 変分法の方法の展開 (→ [変分法])

おおむね (1)～(6) は解析学と幾何学の基礎に関する問題, (7)～(12) は数論に関する問題, (13)～(18) は代数学・幾何学に関する問題, (19)～(23) は解析学に関する問題となっており, いくつかの問題の欠落を指摘されることもあるが, 数学の諸分野から幅広く問題が選ばれている.

3 その後

ヒルベルト自身は講演の中でこれらの問題を「単に問題の見本にすぎない」と述べているが, これらの問題は, 20 世紀の数学の発展に大きな刺激を与えた.

各問題は必ずしも明示的な「問題」だけではなく,「変分法をさらに発展させよ」といった一般的な問題 (第 23 問題) も含まれている. また具体的な問題についても, その解決は肯定的解決・否定的解決だけでなく,「決定不能」(第 1 問題) のような展開もみられている. 命題の証明が得られれば, それをもとに新たな発展が起こり, また, 命題への反例が見つかっても, 命題成立の条件を探っていく研究も行われる. したがって, 解決されたかどうかの判定にも, さまざまな見解がある. もとの問題だけについていうとほぼ満足すべき解答が得られているものが多数であるが, 必ずしも解決されたと思われていないものは, 6, 8, 11, 13, 14, 15, 16, 17, 23 である.

ヒルベルト自身は「数学の問題」の中で, 数学の問題について,「不可知」ということはないと主張している. 後に証明されたゲーデルの不完全性定理は, この主張に対立するものと考えられたこともあった. ヒルベルトの楽観性は, 数学をするものを鼓舞するものとして息づいている.

ヒルベルトの問題を手本として, 今後の数学が目標とする問題群を新たに提案する動きもこれまでにいくつか存在する. その一つが 2000 年にクレイ数学研究所によって発表された 7 つの「ミレニアム問題」である (→ [ミレニアム懸賞問題]). ヒルベルトの第 8 問題のうちのリーマン予想はミレニアム問題に引き継がれた. ［編集委員］

参 考 文 献

[1] D. Hilbert：Problèmes Mathématiques, *Ens. Math.*, **2**, 349–355, 1990.

[2] D. Hilbert：Mathematische Probleme, *Gött. Nachr.* (1900), 253–297, *Arch. Math. Physik* (3) 1, (1901) 44–63, 213–237. Sur les Problèmes Futurs des Mathématiques, Comptes Rendus du 2ème Congrès Intern. *des Mathematiciens* (1902), 58–114. Mathematical Problems, *Bull. Amer. Math. Soc.* **8** (July 1902), 437–479.

[3] D. ヒルベルト著, 一松　信訳：ヒルベルト数学の問題, 共立出版, 1969.

[4] 数学セミナー 1994 年 2 月号特集「ヒルベルト 23 の問題」

[5] ジェレミー J. グレイ著, 好田順治・小野木明恵訳：ヒルベルトの挑戦　世紀を超えた 23 の問題, 青土社, 2003.

[6] 杉浦光夫編：ヒルベルト 23 の問題, 日本評論社, 1997.

[7] Hilbert's Mathematical Problems, https://www.math.uni-bielefeld.de/~kersten/hilbert/problems.html

ファイバー空間

fiber space

1 ファイバー空間

ファイバー束の切断問題でホモトピー論が有効なのは，ファイバー束がファイバー空間というホモトピー論的に極めて良い性質をもつからである：

定義 1 (i) 位相空間の間の射 $p: E \to B$ は，任意の CW 複体 C とその $C \times \{0\}$ との同一視による $C \times [0,1]$ への自然な埋め込み i との間の，下図の実線の射が定める位相空間の可換図式

$$\begin{array}{ccc} C & \longrightarrow & E \\ i \downarrow & \nearrow \exists h & \downarrow p \\ C \times [0,1] & \longrightarrow & B \end{array}$$

が与えられたとき，常に点線の射 h が存在して上下の三角形がともに可換となる（この条件は，$C = D^n (\forall n \geq 0)$ の場合に成立すれば，すべての CW 複体 C に対しても成立する）ならば（セール・）ファイブレーション ((Serre) fibration)，あるいはファイバー空間 (fiber space) と呼ばれる．

(ii) ファイバー空間 $p: E \to B$ と連続写像 $f: B' \to B$ が与えられたとき引き戻し (pull–back) $B' \times_B E = \{(b',e) \in B' \times E \mid f(b') = p(e)\} \to B'$
$$(b', e) \mapsto b'$$
もファイバー空間となり，$p: E \to B$ の $f: B' \to B$ による**誘導（セール・）ファイブレーション** (induced (Serre) fibration) または**誘導ファイバー空間** (induced fiber space) と呼び $f^*E \to B'$ と書く．

$$\begin{array}{ccc} f^*E & \longrightarrow & E \\ \downarrow & & \downarrow p \\ B' & \xrightarrow{f} & B \end{array}$$

(iii) 特に $f: \{*\} \to B$ に関する誘導ファイバー空間を $F := f^*E \to \{*\}$ と書き，

$$\begin{array}{ccc} F & \longrightarrow & E \\ \downarrow & & \downarrow p \\ \{*\} & \xrightarrow{f} & B \end{array}$$

を制限して得られる

$$F \to E \xrightarrow{p} B$$

を**ファイバー列** (fiber sequence) と呼び，E を**全空間** (total space)，B を**底空間** (base space)，F を $f(*) \in B$ における**ファイバー** (fiber) と呼ぶ．

注意 1 (i) ファイバー束はファイバー空間で，誘導ファイバー束は誘導ファイバー空間となる．
(ii) ファイバー束ではなくファイブレーションとして考えることの利点として，ホモトピー群の項で述べられているように，任意の連続写像がホモトピー同値の範囲でファイブレーションに置き換えられることと，ファイバー列がじつは
$$\cdots \Omega F \xrightarrow{-\Omega i} \Omega E \xrightarrow{-\Omega p} \Omega B \xrightarrow{d} F \xrightarrow{i} E \xrightarrow{p} F$$
の形に，連続する二つの射がホモトピー同値を法としてファイブレーションとファイバーの包含写像となっているように，無限に左側に拡張されていくことがあげられる．
(iii) $p: E \to B$ が（セール・）ファイブレーションなら，すべての CW 複体 X とその部分複体 A に対し下図の実線の射が定める位相空間の可換図式

$$\begin{array}{ccc} X \times \{0\} \cup A \times [0,1] & \longrightarrow & E \\ i \downarrow & \nearrow \exists h & \downarrow p \\ X \times [0,1] & \longrightarrow & B \end{array}$$

が与えられれば，常に点線の射 h が存在し上下の三角形がともに可換となる．これは**被覆ホモトピー性質** (covering homotopy property) と呼ばれる．
(iv) Quillen は位相空間のホモトピー論の枠組みを抽象化して，**モデル圏** (model category)[3] の概念に到達したが．そこでは，weak equivalence, cofibration, fibration という三つの射のクラスが基本的な役割を果たし，cofibration は射の定義域として現れるときに良い振る舞いをし，fibration は射の値域として現れるときに良い振る舞いをする．じつは，定義1で定義されたセール・ファイブレーションはコンパクト生成かつ弱ハウスドルフな位相空間のなす圏で最も自然に考案されるモデル圏構造における fibration にほかならない．このモデル圏構造の weak equivalence は，連続写像 $f: X \to Y$ でホモトピー群（集合）誘導写像

$$f_* : \pi_n(X, x_0) \to \pi_n(Y, f(x_0))$$

が各 $n \in \mathbb{Z}_{\geq 0}, x_0 \in X$ に対し同型となるもの.

2 ファイバー空間のホモトピー, (コ) ホモロジー

定理 1 (i) 誘導ファイバー空間

$$\begin{array}{ccc} f^*E & \longrightarrow & E \\ \downarrow & & \downarrow p \\ B' & \xrightarrow{f} & B \end{array}$$

に対し, 基点を $e \in E$, $b' \in B'$, $b := p(e) = f(b') \in B$, $f := (b', e) \in f^*E \subseteq B' \times E$ ととるとき, ホモトピー群の長完全列が存在する:

$$\cdots \to \pi_{n+1}(B, b) \to \pi_n(f^*E, f) \to$$
$$\pi_n(E, e) \oplus \pi_n(B', b') \to \pi_n(B, b) \to$$
$$\pi_{n-1}(f^*E, f) \to \pi_{n-1}(E, e) \oplus \pi_{n-1}(B', b') \to \cdots$$

(ii) ファイバー列 $F \to E \to B$ に対し, 基点を $e \in E$, $b := p(e) \in B$, $f := e \in F := p^{-1}(b) \subseteq E$ ととるとき, ホモトピー群の長完全列が存在する:

$$\cdots \to \pi_{n+1}(B, b) \to \pi_n(F, f) \to \pi_n(E, e) \to$$
$$\pi_n(B, b) \to \pi_{n-1}(F, f) \to \pi_{n-1}(E, e) \to \cdots$$

ファイバー空間の全空間 E の (コ) ホモロジー群は, 次のルレイ–セール・スペクトル系列 (Leray–Serre spectral sequence) を用いて計算される:

定理 2 (Leray–Serre) ファイバー列 $F \to E \xrightarrow{p} B$ の底空間 B が連結のとき, $H_*(E)$ ($H^*(E)$) に収束するスペクトラル系列が存在する:

$$E^2_{*,*} = H_*(B, \underline{H_*(F)}) \implies H_*(E)$$
$$E_2^{*,*} = H^*(B, \underline{H^*(F)}) \implies H^*(E)$$

ここで E_2 項は, 局所定数の (コ) ホモロジー.

ファイバー空間のファイバー F の (コ) ホモロジー群には, 一般の誘導ファイバー空間に対するアイレンベルグ–ムーア・スペクトル系列 (Eilenberg–Moore spectral sequence) が使える.

定理 3 (Eilenberg–Moore) E, B', B の体 k 係数 (コ) ホモロジーが各次元で有限次元で, B が更に単連結な誘導ファイバー空間

$$\begin{array}{ccc} f^*E & \longrightarrow & E \\ \downarrow & & \downarrow p \\ B' & \xrightarrow{f} & B \end{array}$$

に対し, $H_*(f^*E; k)$, $H^*(f^*E; k)$ に収束するスペクトラル系列が存在する:

$$E^2_{*,*} = \mathrm{Cotor}^{H_*(B;k)}_{*,*}(H_*(B'; k), H_*(E; k))$$
$$\implies H_*(f^*E; k)$$
$$E_2^{*,*} = \mathrm{Tor}_{H^*(B;k)}^{*,*}(H^*(B'; k), H^*(E; k))$$
$$\implies H^*(f^*E; k)$$

ファイバー空間の底空間 B の (コ) ホモロジー群に関しては, 同伴ファイバー束の全空間に由来する特別の場合にしか適用できないが, BG の (コ) ホモロジー群を求めるのに有用なローゼンバーグ–スティーンロッド・スペクトル系列 (Rothenberg–Steenrod spectral sequence) がある.

定理 4 (Rothenberg–Steenrod) (i) 連結な位相群 G に関する同伴束

$$E \times_G F \to B := E/G$$

に対し, $H_*(E \times_G F)$, $H^*(E \times_G F)$ に収束するスペクトラル系列が存在する:

$$E^2_{*,*} = \mathrm{Tor}^{H_*(G;k)}_{*,*}(H_*(E; k), H_*(F; k))$$
$$\implies H_*(E \times_G F; k)$$
$$E_2^{*,*} = \mathrm{Cotor}_{H^*(G;k)}^{*,*}(H^*(E'; k), H^*(F; k))$$
$$\implies H^*(E \times_G F; k)$$

(ii) 特にファイバー束 $EG \to BG$ の $H_*(BG; k)$, $H^*(BG; k)$ に収束するスペクトラル系列が存在:

$$E^2_{*,*} = \mathrm{Tor}^{H_*(G;k)}_{*,*}(k, k) \implies H_*(BG; k)$$
$$E_2^{*,*} = \mathrm{Cotor}_{H^*(G;k)}^{*,*}(k, k) \implies H^*(BG; k)$$

3 ホモトピー余極限とホモトピー極限

モノイダル積 $\otimes$ と写像空間 Map

$$\otimes : \mathcal{C} \times \mathcal{C} \to \mathcal{C}$$

$$\mathrm{Map} : \mathcal{C}^{op} \times \mathcal{C} \to \mathcal{C}$$

が与えられ, 閉モノイダル (closed monoidal) と呼ばれる使いやすい条件を満たしている圏 $\mathcal{C}$ を考える. アーベル群のなす圏 Ab や位相空間のなす圏 Top は閉モノイダルである. この場合, 小圏 (:= 対象の集まり Ob が集合をなす圏, よって射の集まり Mor も集合をなす) $\mathcal{I}$ から閉モノイダル圏 $\mathcal{C}$ への関手 F の (余) 極限が, 見通し良く表現されることの紹介 (例 1(1)) を最初の目標とする.

定義 2 (i) 閉モノイダル圏 $\mathcal{C}$ が余完備のとき，関手 $F:\mathcal{I}\to\mathcal{C}, G:\mathcal{I}^{op}\to\mathcal{C}$ の関手テンソル積 (functor tensor product) $G\otimes_\mathcal{I} F$ は：

$$G\otimes_\mathcal{I} F := \mathrm{coeq}\Big(\coprod_{f\in\mathcal{I}(i,i')} G(i')\otimes F(i) \underset{f^*\otimes 1}{\overset{1\otimes f_*}{\rightrightarrows}} \coprod_{i\in\mathcal{I}} G(i)\otimes F(i)\Big)$$

(ii) 閉モノイダル圏 $\mathcal{C}$ が完備のとき関手 $F:\mathcal{I}\to\mathcal{C}, G:\mathcal{I}\to\mathcal{C}$ の関手ホム (functor hom) $\mathrm{Map}^\mathcal{I}(G,F)$ を次で定める：

$$\mathrm{Map}^\mathcal{I}(G,F) := \mathrm{eq}\Big(\prod_{i\in\mathcal{I}} \mathrm{Map}(G(i),F(i)) \underset{f^*\otimes 1}{\overset{1\otimes f_*}{\rightrightarrows}} \prod_{f\in\mathcal{I}(i,i')} \mathrm{Map}(G(i),F(i'))\Big)$$

例 1 さらに G をモノイダル圏 $\mathcal{C}$ のモノイダル積単位元対象への定値関手 $*$ とすれば，$F:\mathcal{I}\to\mathcal{C}$ の余極限 $\mathrm{colim}\, F$ と極限 $\lim F$ を得る：

$$\boxed{\mathrm{colim}\, F = *\otimes_\mathcal{I} F, \quad \lim F = \mathrm{Map}^\mathcal{I}(*,F)} \quad (1)$$

例 2 $\mathcal{I}$ が離散群 Γ に対応した $\mathrm{Ob}\mathcal{I}$ が 1 点集合で $\mathrm{Mor}\mathcal{I}=\Gamma$ なる小圏 (これも Γ と表す) とし，$\mathcal{C}=Ab$ とすると，$F:\Gamma\to Ab$ は左 Γ 加群 M，定値関手 $*$ は自明な Γ 加群 $\mathbf{Z}$ に対応し，

$$*\otimes_\mathcal{I} F = \mathbf{Z}\otimes_{\mathbf{Z}[\Gamma]} M = H_0(\Gamma,M)$$
$$\mathrm{Map}^\mathcal{I}(*,F) = \mathrm{Hom}_{\mathbf{Z}[\Gamma]}(\mathbf{Z},M) = H^0(\Gamma,M)$$

ホモロジー代数においては，これらの導来関手である高次ホモロジー群 $H_n(\Gamma,M)$ ($n\geq 0$) (または高次コホモロジー群 $H^n(\Gamma,M)$ ($n\geq 0$)) を定義するのに，自明 Γ 加群 $\mathbf{Z}$ の右 (or 左) $\mathbf{Z}[\Gamma]$-射影分解 $P_\bullet\to\mathbf{Z}$ (or $P'_\bullet\to\mathbf{Z}$) を構成し，複体 $P_\bullet\otimes_{\mathbf{Z}[\Gamma]} M$ (or 余複体 $\mathrm{Hom}^{\mathbf{Z}[\Gamma]}(P'_\bullet,M)$) のホモロジー (or コホモロジー) を計算した．じつはこの場合，F を複体の圏に値をもつとみなしたホモトピー余極限 $\mathrm{hocolim}\, F$ とホモトピー極限 $\mathrm{holim}\, F$ が本質的な対象として現れているのである：

$$\boxed{\begin{array}{l} P_\bullet\otimes_{\mathbf{Z}[\Gamma]} M = \mathrm{hocolim}\, F, \\ \mathrm{Hom}^{\mathbf{Z}[\Gamma]}(P'_\bullet,M) = \mathrm{holim}\, F \end{array}} \quad (2)$$

(2) の類似はより一般の状況で成立することがモデル圏の手法を用いて示される．位相空間の場合のこの概観を，単体的手法を用いて説明しよう：

定義 3 (i) 非負整数 n に対し $[n]:=\{0,1,2,\ldots,n\}$ として，単体圏 $\triangle$ を定義：

$$\mathrm{Ob}(\triangle) = \{[n]\mid n\in\mathbf{Z}_{\geq 0}\}$$
$$\triangle([m],[n]) = \{\,[m]=\{0,1,2,\ldots,m\}\text{ から}$$
$$[n]=\{0,1,2,\ldots,n\}\text{ への順序を保つ写像}\,\}$$

すると，単体的集合 (simplicial set) $K_\bullet$ は $\triangle$ の射の向きを逆にして得られる圏 $\triangle^{op}$ から集合の圏 Set への共変関手として定義される．単体的集合全体 $sSet$ は自然変換を射として圏をなす．

(ii) 非負整数 $n\geq 0$ に対し標準位相 n 単体を，
$$|\triangle^n|:=\{(x_0,\ldots,x_n)\in\mathbf{R}^{n+1}\mid 0\leq x_i\leq 1,\ \Sigma_{i=0}^n x_i=1\}$$
により表すと，関手 $|\triangle^\bullet|:\triangle\to Top$ を得る：
$$|\triangle^\bullet|:\triangle\to Top;\quad [n]\mapsto|\triangle^n|$$

例 3 (i) 位相空間 X に対し $S_\bullet(X)\in sSet$ を $S_\bullet(X):\triangle^{op}\to Set$
$$[n]\mapsto S_n(X):=Top(|\triangle^n|,X)$$
で定め，特異単体的集合関手 $S_\bullet(-)$ を定義する：
$$S_\bullet(-):Top\to sSet;\quad X\mapsto S_\bullet(X)$$

(ii) 小圏 $\mathcal{C}$ の神経 (**nerve**) $N_\bullet\mathcal{C}$ を $[n]$ を圏と思い
$$N_\bullet\mathcal{C}:\triangle^{op}\to Set$$
$$[n]\mapsto N_n\mathcal{C}:=Fun([n],\mathcal{C})$$
によって与えられる単体的集合とする．

定義 4 (i) 集合を離散位相空間と思い単体的集合 $K_\bullet$ を関手 $K_\bullet:\triangle^{op}\to Top$ とみなして，幾何学実現 (geometric realization) $|K_\bullet|$ を定義する：
$$|K_\bullet| = |\triangle^\bullet|\otimes_{\triangle^{op}} K_\bullet$$

(ii) 特に，小圏 $\mathcal{C}$ の神経 $N_\bullet\mathcal{C}$ の幾何学実現を，小圏 $\mathcal{C}$ の分類空間 (classifying space) $B\mathcal{C}$ と呼ぶ：
$$B\mathcal{C} = |N_\bullet\mathcal{C}|$$

定義 5 (i) 圏と関手
$$\mathcal{E}\xrightarrow{T}\mathcal{C}\xleftarrow{S}\mathcal{D}$$
に対して，コンマ圏 (comma category) $T\downarrow S$ は，
$$\mathrm{Ob}\,T\downarrow S$$
$$=\{\langle e,d,f\rangle\mid e\in\mathrm{Ob}\mathcal{E}, d\in\mathrm{Ob}\mathcal{D}, f\in\mathcal{C}(T(e),S(d))\}$$
$$(T\downarrow S)(\langle e,d,f\rangle,\langle e',d',f'\rangle)$$
$$=\{(k,h)\in\mathcal{E}(e,e')\times\mathcal{D}(d,d')\mid f'\circ Tk=Sh\circ f\}$$
で定義され，さらに次の自然な関手も定義される [1]：

$$\mathcal{E} \xleftarrow{Q} T \downarrow S \xrightarrow{P} \mathcal{D}$$
$$e \leftarrow\!\shortmid \langle e,d,f\rangle \mapsto d$$

(ii) $\mathcal{C}$ の各対象 c は対象と射ともに 1 元からなる圏 **1** からの関手 $c: \mathbf{1} \to \mathcal{C}$ ともみなせるが，この関手が現れるコンマ圏は以下のようにも書かれる：
$$c \downarrow S = c\backslash S, \quad T \downarrow c = T/c$$

(iii) さらに T, S が圏 $\mathcal{C}$ の恒等関手 $1_{\mathcal{C}}$ の場合は，これらは次のようにも書かれる：
$$c \downarrow 1_{\mathcal{C}} = c\backslash 1_{\mathcal{C}} = c\backslash \mathcal{C}, \quad 1_{\mathcal{C}} \downarrow c = 1_{\mathcal{C}}/c = \mathcal{C}/c.$$

簡単のために，関手 $F: \mathcal{I} \to Top$ で CW 複体の圏 CW に値をもつものを考えよう．

定義 6 $F: \mathcal{I} \to CW$ のホモトピー余極限 (homotopy colimit) $\mathrm{hocolim}\, F$ とホモトピー極限 (homotopy limit) $\mathrm{holim}\, F$ は，ホモロジー代数の場合 (2) の類似で，次で定義される：

$F: \mathcal{I} \to CW$ のホモトピー (余) 極限
$$\mathrm{hocolim}\, F = B(-\backslash \mathcal{I}) \otimes_{\mathcal{I}} F$$
$$\mathrm{holim}\, F = \mathrm{Map}^{\mathcal{I}}(B(\mathcal{I}/-), F) \tag{3}$$
---

colim や lim の場合と異なり，自然変換
$$\mathcal{I} \underset{G}{\overset{F}{\rightrightarrows}}\!\!\Downarrow\alpha\ CW$$
で各 $i \in \mathcal{I}$ に対してホモトピー同値 $\alpha(i): F(i) \xrightarrow{\simeq} G(i)$ が与えられたとき，hocolim と holim はホモトピー同値を誘導する：
$$\mathrm{hocolim}\, \alpha: \mathrm{hocolim}\, F \xrightarrow{\simeq} \mathrm{hocolim}\, G$$
$$\mathrm{holim}\, \alpha: \mathrm{holim}\, F \xrightarrow{\simeq} \mathrm{holim}\, G$$

実際，Top に値をもつ関手圏 $Top^{\mathcal{I}}$ に広げても，hocolim, holim が適当に修正定義され，hocolim は colim の**左導来関手** (left derived functor)，holim は lim の**右導来関手** (right derived functor) という，圏論的に望ましい状況となることが，モデル圏の考察から示される [5]．

4 Quillen's theorem B

圏論の設定からホモトピーファイバー列を産み出す **Quillen の定理 B**(Quillen's theorem B) とその一般化は，代数的 K 理論 [7] や幾何学的トポロジー [6] などに多くの応用がある：

定理 5 (Quillen's theorem B) 小圏の間の関手 $F: \mathcal{C} \to \mathcal{D}$ が，任意の $\mathcal{D}$ の射 $d \to d'$ に対して，weak equivalence $B(F/d) \xrightarrow{\simeq} B(F/d')$ を誘導するとする．すると，任意の $d \in \mathcal{D}$ に対して，
$$\boxed{B(F/d) \xrightarrow{BQ} B\mathcal{C} \xrightarrow{BF} B\mathcal{D}} \tag{4}$$
は，ホモトピーを法として，ファイブレーションである．(通常の Quillen's theorem B では，$B(d\backslash F)$ を用いて表してあるが，単体集合の opposite により，小圏 $\mathcal{E}$ に対する関手的同相 $B\mathcal{E}^{op} \cong B\mathcal{E}$ が誘導されるので，(4) 全体の oposite をとれば，通常の Quillen's theorem B が得られる．)

証明の粗筋は次の可換図式に集約される [2]：

$$\begin{array}{ccccc}
B(F/d) & \longrightarrow & \mathrm{hocolim}\, B(F/-) & \xrightarrow{\simeq} & B\mathcal{C} \\
\downarrow & & \downarrow & & \downarrow {\scriptstyle BF} \\
B(\mathcal{D}/d) & \longrightarrow & \mathrm{hocolim}\, B(\mathcal{D}/-) & \xrightarrow{\simeq} & B\mathcal{D} \\
{\scriptstyle \simeq}\uparrow & & {\scriptstyle \simeq}\downarrow & & \\
\triangle^0 & \xrightarrow{d} & & & B\mathcal{D}
\end{array}$$

この左上の四角部分がホモトピー引き戻しであることを示すのが本質で，そのために仮定が用いられる． 　　　　　　　　　　　　　［南　範彦］

参 考 文 献

[1] S. マックレーン著．三好博之・高木 理訳：圏論の基礎．丸善出版．2012．
[2] P.G. Goerss, J.F. Jardine：*Simplicial homotopy theory*, Birkhauser Verlag, 1999．
[3] M. Hovey：*Model Categories*, AMS, 1999．
[4] J. McCleary：*A User's Guide to Spectral Sequences*, Cambridge University Press, 2001．
[5] Emily Riehl：*Categorical homotopy theory*, Cambridge University Press, 2014．
[6] F. Waldhausen, B. Jahren, J. Rognes：*Spaces of PL Manifolds and Categories of Simple Maps*, Princeton University Press, 2013．
[7] C. Weibel：*The K-book: an introduction to algebraic K-theory*, AMS, 2013．

ファイバー束

fiber bundle

1 定義

ファイバー束は，ひとことでいえば積空間の一般化にすぎないが，数学の多くの場面で（時には姿を隠して）現れる，極めて重要な構造である．

定義 1 位相空間の間の連続な全射 $p: E \to B$ が，位相空間 F をファイバー (fiber) にもったファイバー束 (fiber bundle) であるとは，各点 $b \in B$ に対してある開近傍 $U \ni b$ が存在して，局所自明化 (local trivialization) と呼ばれる同相 $\phi: p^{-1}(U) \cong U \times F$ と次の可換図式が存在するときをいう：

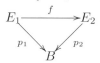

E は全空間 (total space)，B は底空間 (base space) と呼ばれる．

注意 1 特に F が離散空間の場合，$p: E \to B$ は本質的に被覆空間となる．

定義 2 (i) ファイバー束 $p_i: E_i \to B$ ($i=1,2$) の間の束写像 (bundle map) とは，次の図式を可換にする連続写像 $f: E_1 \to E_2$ のことをいう．

$$\begin{array}{ccc} E_1 & \xrightarrow{f} & E_2 \\ & \searrow{p_1} \;\; \swarrow{p_2} & \\ & B & \end{array}$$

(ii) ファイバー束 $p_i: E_i \to B$ ($i=1,2$) が同値 (equivalent) であるとは，束写像 $f: E_1 \to E_2$, $g: E_2 \to E_1$ が存在して，$g \circ f = id_{E_1}$, $f \circ g = id_{E_2}$ が成立するときをいう．

2 主ファイバー束

命題 1 (i) ファイバー束 $p: E \to B$ において底空間 B を局所自明化を与える開集合で覆う：$B = \cup_\alpha U_\alpha$, $\phi_\alpha : p^{-1}(U_\alpha) \cong U_\alpha \times F$ このとき，$p^{-1}(U_\alpha \cap U_\beta)$ においては，2通りの自明化が存在する：

$$(U_\alpha \cap U_\beta) \times F \xleftarrow[\cong]{\phi_\alpha|_{p^{-1}(U_\alpha \cap U_\beta)}} p^{-1}(U_\alpha \cap U_\beta)$$

$$\xrightarrow[\cong]{\phi_\beta|_{p^{-1}(U_\alpha \cap U_\beta)}} (U_\alpha \cap U_\beta) \times F$$

この合成を $\phi_{\beta\alpha}$ と書くと，たとえば弱ハウスドルフかつコンパクト生成位相という位相に関する一般的な条件のもと，$U_\alpha \cap U_\beta$ から F の自己同型位相群（の部分群）$Aut(F)$ への連続写像 $g_{\beta\alpha}$ が存在して $\phi_{\beta\alpha}(u,f) = (u, g_{\beta\alpha}(u)(f))$, $(u,f) \in (U_\alpha \cap U_\beta) \times F$ と表される．そしてさらに次が成立する：

- $u \in U_\alpha \implies g_{\alpha\alpha}(u) = e$, 単位元．
- $u \in U_\alpha \cap U_\beta \implies g_{\alpha\beta}(u) = g_{\beta\alpha}(u)^{-1}$
- $u \in U_\alpha \cap U_\beta \cap U_\gamma \implies$
  $g_{\gamma\alpha}(u) = g_{\gamma\beta}(u) g_{\beta\alpha}(u)$

(ii) 逆に，位相空間 B の開被覆 $B = \cup_\alpha U_\alpha$ と，それらの交わり $U_\alpha \cap U_\beta$ から F の自己同相位相群 $Aut(F)$ への連続写像 $g_{\beta\alpha}$ が，(i) の三つの条件を満たすように与えられたならば，F をファイバーとするファイバー束 $E \to B$ が，各 α に対する第一成分への射影 $U_\alpha \times F \to U_\alpha$ を，それらの交わりでは (i) のように $g_{\beta\alpha}$ を用いて貼り合わせることにより，構成される．

定義 3 (i) ファイバー束 $p: E \to B$ が位相群 G を構造群 (structure group) とする主束 (principal bundle) であるとは，命題 1 によるファイバー束の特徴付けにおいて，$F = G$, $Aut(F) = G$ で $F = G$ に左からの掛算によって作用しているときをいう．この時，G の左からの積による作用は G の右からの積による作用と可換するので，主束 $p: E \to B$ の全空間には G が右からの積で作用する．更にこの右作用は自由で同相を誘導する：

$$\bar{p}: E/G \xrightarrow{\cong} B$$

(ii) ファイバー束 $p: E \to B$ が位相群 G をファイバーとする主束で，位相群 G が位相空間 F に連続的に作用するとき，

$$E \times_G F \to B$$
$$(e, f) \mapsto p(e)$$

は F をファイバーとするファイバー束となり，構造群を G とする主束 $p: E \to B$ の同伴ファイ

バー束と呼ばれる.
(iii) 特に $G = GL_n(\mathbf{R})$ を構造群とする主束 $E \to B$ の, $G = GL_n(\mathbf{R})$ の $\mathbf{R}^n$ への通常の左作用に関する同伴ファイバー束は, B 上の n 次元実ベクトル束と呼ばれる. 同様に, $G = GL_n(\mathbf{C})$ の $\mathbf{C}^n$ への通常の左作用に関する同伴ファイバー束は n 次元複素ベクトル束と呼ばれ, これらは B の幾何を反映する極めて重要な研究対象となる.

注意 2 (i) 命題 1 より, すべてのファイバー束はある主束の同伴ファイバー束として得られる.
(ii) ファイバー束の定義は通常, 弱ハウスドルフかつコンパクト生成位相をもった位相空間のなす圏で考える. この圏はすべての CW 複体を含むのみならず, <u>閉モノイダル</u> という圏論的に極めて良い性質をもっている. このおかげで,

$$(U_\alpha \cap U_\beta) \times F \xrightarrow{\phi_{\beta\alpha}} (U_\alpha \cap U_\beta) \times F$$

第 1 成分への射影 ↘ ↙ 第 1 成分への射影
$$U_\alpha \cap U_\beta$$

を可換となる同相写像
$$\phi_{\beta\alpha} \left(= \left(\phi_\beta\big|_{p^{-1}(U_\alpha \cap U_\beta)}\right) \circ \left(\phi_\alpha\big|_{p^{-1}(U_\alpha \cap U_\beta)}\right)^{-1}\right)$$
を与えることと, 命題 1 の三つの条件を満たす連続写像
$$g_{\beta\alpha} : U_\alpha \cap U_\beta \to \mathrm{Aut}(F)$$
を与えることとが同値な条件となり, 簡明な定義 1 のもとに命題 1 が常に成立するようになるのである. このような位相空間の条件を課したくなければ, ファイバー束の定義を最初から局所自明化を用いて, これらの二つの条件と命題 1 の三つの条件がすべて満たされることを要求しなければならない.

じつは**可微分ファイバー束** (smooth fiber bundle), **実解析的ファイバー束** (real analytic fiber bundle), **正則ファイバー束** (holomorphic fiber bundle) の定義も, 同様に各々, 可微分多様体の圏, 実解析的多様体の圏, 正則多様体の圏を適当に閉モノイダルとなるよう定義して, 定義 1 と全く同じことをこれらの閉モノイダルな圏で行えばよいのである. 実際, Kriegl–Michor の教科書 [4] には, 可微分多様体と可微分写像の圏を含んだ閉モノイダルな圏や, 実解析的多様体と実解析的写像の圏を含んだ閉モノイダルな圏や, 正則多様体と正則写像の圏を含んだ閉モノイダルな圏が構成されているので, 可微分ファイバー束や実解析的ファイバー束や正則ファイバー束の定義も, 定義 1, 定義 2 を閉モノイダルな位相空間の圏の代わりにこれらの圏で行えばよいことになる.

3 分類空間

定義 4 F をファイバーとするファイバー束 $p : E \to B$ と連続写像 $f : B' \to B$ が与えられた時, **引き戻し** (pull-back)
$$B' \times_B E = \{(b', e) \in B' \times E \mid f(b') = p(e)\} \to B'$$
$$(b', e) \mapsto b'$$
も F をファイバーとするファイバー束となる. これを, $p : E \to B$ の $f : B' \to B$ による**誘導束** (induced bundle) と呼び, $f^*E \to B'$ と表す.

誘導束は, パラコンパクトという, CW 複体を含めて多くの位相空間に対して成立する条件が与えられたとき, 極めて良い振る舞いをする:

定理 1 パラコンパクトな空間 B' からのホモトピックな写像 $f_1 \simeq f_2 : B' \to B$ による誘導束 f_1^*E と f_2^*E は, 同値である.

注意 3 (i) 可微分ファイバー束 $p : E \to B$ と可微分写像 $f : B' \to B$ が与えられたとき, 誘導束 f^*E も, 可微分ファイバー束となる.
(ii) 可微分多様体 B' からのホモトピックな可微分写像 $f_1 \simeq f_2 : B' \to B$ による可微分ファイバー束の誘導束 f_1^*E と f_2^*E は, ホモトピーをアイソトピーに取り換えることができて, 可微分ファイバー束としての同値となる.

定義 5 位相群 G を構造束とする主束 $p : EG \to BG$ で, EG が可縮であるものを**普遍束** (universal bundle) と呼び, このとき BG を G の**分類空間** (classifying space) と呼ぶ.

分類空間 BG があれば "分類" が可能になる:

定理 2 (分類定理) CW 複体 B 上の主 G 束の同値類は, 連続写像 $f : B \to BG$ に対して普遍束

の誘導束 f^*EG を対応させることにより，基点を考慮しないホモトピー集合 $[B, BG]$ と1対1に対応する．特に，分類空間 BG で CW 複体となるもののホモトピー型は，一意的に定まる．

分類空間が存在するのか，またそれが CW 複体としてとれるか問題となるが，これに関してはMilnor, Dold–Lashof, Milgram, Steenrod, Segal らによって満足の得られる結果が得られている．

定理 3 (i) 任意の位相群 G に対して，G を部分位相群としてもつ可縮な位相群 EG が，関手的かつ積を保つように構成できる：
$$E(G \times H) = EG \times EH$$
G が可換位相群の場合，EG も可換位相群となる．
(ii) (i) の EG を用いて分類空間 $BG := EG/G$ を剰余空間として，関手的かつ積を保つように構成できる：
$$B(G \times H) = BG \times BH$$
G が可換位相群の場合，BG も可換位相群となる．
(iii) 特に，位相群 G が CW 複体で，その群としての構造射 (つまり積と逆元をとる操作) がすべて胞体写像ならば，分類空間 BG も CW 複体となる．

注意 4 離散可換群 π に対して定理 3 (ii) を繰り返し適用した $B^n\pi$ は
$$\pi_i(B^n\pi) = \begin{cases} \pi & (i = n) \\ 0 & (i \neq n) \end{cases}$$
を満たすことがわかる．ところがこの条件はアイレンベルグ–マクレーン空間 (Eilenberg–McLane space) $K(\pi, n)$ のホモトピー論的な特徴付けなので
$$K(\pi, n) = B^n\pi \quad (n \in \mathbf{N})$$

さて，命題 1 により，すべてのファイバー束はある主束の同伴ファイバー束として得られるので，定理 3 で構成された普遍束の同伴ファイバー束の誘導束として得られることとなる．ところが，応用でしばしば現れる位相群 G に対しては，以下で述べるように，より幾何学的な普遍束と分類空間の構成が可能なことが多い．

例 1 (i) Λ を実数体 $\mathbf{R}$，複素数体 $\mathbf{C}$，あるいは 4 元数体 $\mathbf{H}$ とし，それに応じて $U(n, \Lambda)$ を各々，実直交群 $O(n)$，ユニタリ群 $U(n)$，シンプレクティック群 $Sp(n)$ とする．このとき，$U(m, \Lambda)$ を構造束とする主束が，Stiefel 多様体：$V_{m+n,m}(\Lambda) := U(m+n, \Lambda)/I_m \times U(n, \Lambda)$ (I_m は単位行列で $U(m, \Lambda)$ の単位元となる) からGrassmann 多様体：$G_{m+n,m}(\Lambda) := U(m+n, \Lambda)/U(m, \Lambda) \times U(n, \Lambda)$ への自然な射影として定義される．
$$p : V_{m+n,m}(\Lambda) \to G_{m+n,m}(\Lambda)$$
ここで，$n \to \infty$ における弱位相というものに関する極限をとって得られる
$$p : V_{\infty,m}(\Lambda) \to G_{\infty,m}(\Lambda)$$
は $U(m, \Lambda)$ に関する普遍束となり，特に $BU(m, \Lambda) = G_{\infty,m}(\Lambda)$ として CW 複体でとることができる．

ここで，$V_{m+n,m}(\Lambda), G_{m+n,m}(\Lambda)$ が各々 Λ ベクトル空間の内積を保つベクトル空間としての埋め込み $\Lambda^m \hookrightarrow \Lambda^{m+n}$ のなす全体と，それらの像全体を表すことに注意しよう．つまりこの $BU(m, \Lambda)$ の構成で重要なのは，$U(m, \Lambda)$ 自体を前面に出して考えるのではなく，それが構造を保って作用する Λ^m の幾何，つまり Λ^m の $\Lambda^{m+\infty}$ への埋め込み，に着目することである．

(ii) コンパクト可微分多様体 F の可微分同相写像のなす群 $Diff(F)$ には可微分構造が入る [4] が，その普遍束 $p : EDiff(F) \to BDiff(F)$ も可微分ファイバー束として構成できる [4]．実際，数列ヒルベルト空間 l^2 への F の可微分な埋め込み全体のなす空間を $Emb(F, l^2)$ と表せばこれは可縮となることがわかり，$Diff(F)$ が自由に作用するため
$$p : EDiff(F) := Emb(F, l^2)$$
$$\to BDiff(F) := Emb(F, l^2)/Diff(F)$$
として $Diff(F)$ の普遍束が可微分構造付きで構成できるのである．(i) と同様にこの $BDiff(F)$ の構成でも重要なのは，$Diff(F)$ 自体を前面に出して考えるのではなく，それが構造を保って作用する F の幾何，つまり F の l^2 への可微分埋め込み，に着目することである．(i) で $BU(m, \Lambda) = G_{\infty,m}(\Lambda)$ と (無限) Grassmann 多様体でとれたことに対応して，$BDiff(F) = Emb(F, l^2)/Diff(F)$ を標語

的に「非線形 Grassmann 多様体」と呼ぶ.
(iii) F がコンパクト実解析的多様体の場合も, 実解析的同相写像のなす群 $Diff^\omega(F)$ には実解析的構造が入り, 数列ヒルベルト空間 l^2 への F の実解析的な埋め込み全体のなす空間 $Emb^\omega(F,l^2)$ を用いれば,

$$p: EDiff^\omega(F) := Emb^\omega(F,l^2)$$
$$\to BDiff^\omega(F) := Emb^\omega(F,l^2)/Diff^\omega(F)$$

として $Diff^\omega(F)$ の普遍束に実解析的構造が入る.

特にコンパクト可微分多様体 B 上のコンパクト可微分多様体 F をファイバーをもつ可微分ファイバー束の分類は, B 上の $Diff(F)$ 主束の連続分類写像がホモトピー類を保ちつつ可微分写像で置き換えることができるので, 注意 3 により, 完全にホモトピー論の問題に帰着される.

定理 4 コンパクト可微分多様体 B 上のコンパクト可微分多様体 F をファイバーをもつ可微分ファイバー束の可微分同値類は, ホモトピー集合
$$[B, BDiff(F)]$$
と 1 対 1 に対応する.

4 切　　断

定義 6 (i) 位相空間のファイバー束 $p: E \to B$ が与えられたとき, B の部分空間 U において p の U における切断のなす空間を
$\Gamma(U) := \{$連続写像 $s: U \to E$ で, $p \circ s = id_U\}$
で定義し, これに属する元を U 上の**切断** (section) と呼ぶ. 特に $U = B$ の場合, $\Gamma(B)$ に属する元を**大域切断** (global section) と呼ぶ.
(ii) 可微分ファイバー束, 実解析的ファイバー束, 正則ファイバー束の場合も, (i) の定義の $s: U \to E$ を各々可微分写像, 実解析的写像, 正則写像とすることにより, 切断, 大域切断を定義する.

注意 5 (i) コンパクトハウスドルフ空間 X 上の実数値連続関数のなす環を $C^0(X)$ と表す. スワンの定理 (Swan's theorem) は, 有限次元実ベクトル束 $V \to X$ にその大域切断全体 $\Gamma(X)$ を対応させる. この対応は, 自明束に自由加群を対応させ, 直和成分を取る操作と可換で, これにより X 上の有限次元実ベクトル束のなす圏と $C^0(X)$ 上の有限生成射影加群のなす圏が同値となる. 有限次元複素ベクトル束と複素数値連続関数環上の有限生成射影加群との間にも, 同様の圏同値を主張するスワンの定理が成立する.
(ii) 積空間からの第一射影として得られる積ファイバー束 $p: E = B \times F \to B$ の $U(\subseteq B)$ 上の切断は, U 上で定義された F に値をもつ連続写像にほかならないので, ファイバー束の切断は関数の概念の一般化とも思える. しかしながら, 積ファイバー束の切断に対応する連続関数として常に定値関数が存在するのに対し, 一般のファイバー束の場合は切断が存在するとは限らない. 実際, 多くの興味ある幾何学的問題が, $\Gamma(U) \neq \emptyset$ か否かの判定に帰着される.

例 2 実 Stiefel 多様体から球面への自然な射影として得られる可微分ファイバー束
$$p: V_{n,k}(\boldsymbol{R}) = O(n)/I_k \times O(n-k)$$
$$\to S^{n-1} = O(n)/I_1 \times O(n-1)$$
に対して, $\Gamma(S^{n-1}) \neq \emptyset$ であることと, 球面 S^{n-1} 上に $k-1$ 個の各点で 1 次独立な連続直交ベクトル場 (いつものように可微分ベクトル場に置き換え可能) が存在することとは同値である.

定理 5 (Adams) 自然数 n を $n = (奇数) \times 2^{4q+r}$, $q \in \boldsymbol{Z}_{\geq 0}$, $r \in \{0,1,2,3\}$ と表したとき, n のフルヴィッツ–ラドン数 (Hurwitz–Radon number) を $\rho(n) := 8q + 2^r$ と定義する. すると, S^{n-1} 上の各点で 1 次独立な連続直交ベクトル場の最大個数は $\rho(n) - 1 = 8q + 2^r - 1$ で与えられる.

ここで, 最大個数 1 次独立連続直交ベクトル場はクリフォード代数を用いて構成されるが, それが最大であることは, 1962 年に J. F. Adams により, K 理論と Steenrod 代数というホモトピー論の手法を縦横無尽に駆使して証明された.

例 3 固体結晶を考察するにあたり, 原子軌道, スピン軌道等の物理状態を反映する有限次元エルミート内積付複素ベクトル空間 V に値をもつ波動関数を, 簡易化のため定義域を固体結晶の原

子配置 $\mathcal{C} \subset \mathbf{R}^d$ に制限し,ℓ^2 関数となるもの全体のなすヒルベルト空間 $\mathbf{H} = \ell^2(\mathcal{C}, V)$ を考えよう.これに標準的な $\mathbf{R}^d$ への L^2 拡張を与えて $\mathbf{H} = \ell^2(\mathcal{C}, V)(\subset L^2(\mathbf{R}^d, H)$ と考える [5] (タイト–バインディング近似).この結晶配置の対称性を産み出すブラベー格子 (Bravais lattice) $\Gamma \subseteq \mathcal{C}$ の各元 $\gamma \in \Gamma$ は**並進作用素** (translation operator) $T_\gamma : \mathcal{H} \to \mathcal{H}; \psi(x) \mapsto \psi(x - \gamma)$ として $\mathbf{H}$ に作用し,この対称性 Γ をもった固定結晶 $\mathcal{C}$ の物理状態を反映するハミルトニアン作用素 $H : \mathbf{H} \to \mathbf{H}$ と,可換としてよい.すると $H, T_\gamma (\gamma \in \Gamma)$ は同時対角化でき,$\Gamma \cong \mathbf{Z}^d$ の指標は,**逆格子** (reciprocal lattice) $\Gamma^\star := \left\{ G \in \mathbf{R}^d \mid \forall \gamma \in \Gamma, G \cdot \gamma \in 2\pi \mathbf{Z} \right\}$ を法として定まる**ブリルアン・トーラス** (Brillouin torus) $BZ := \mathbf{R}^d/\Gamma^\star$ の元 $k \in BZ$ を用いて,
$$\gamma \mapsto e^{ik \cdot \gamma} \quad (\gamma \in \Gamma)$$
と表され,対応する固有空間 $\mathcal{H}_k$ を $k \in BZ$ 上のファイバーとして BZ 上のベクトル束 $\mathcal{H} \to BZ$ が定まる.この $(|\mathcal{C}/\Gamma| \times \dim V)$ 次元ベクトル束は**ブロッホ束** (Bloch bundle) と呼ばれ,ハミルトニアン H のヒルベルト空間 $\mathbf{H}$ への作用の各固有空間への制限 $H_k : \mathcal{H}_k \to \mathcal{H}_k$ たちの誘導するベクトル束の自己準同型 $H : \mathcal{H} \to \mathcal{H}$ が与えられている.ブロッホ束 $\mathcal{H} \to BZ$ は,ハミルトニアン H の作用の与えられたヒルベルト空間 $\mathbf{H}$ を,その L^2 切断の空間として実現する:
$$\mathbf{H} := \ell^2(\mathcal{C}, \mathbf{V}) \cong L^2(BZ, \mathcal{H})$$
$$\psi(x) \mapsto \left(k \mapsto \widehat{\psi}_k(x) = \sum_{\gamma \in \Gamma} e^{-ik \cdot \gamma} \psi(x-\gamma) \in \mathcal{H}_k \right)$$
$$\psi(x) := \frac{\int_{BZ} \widehat{\psi}_k(x) dk}{|BZ| := \int_{BZ} dk} \leftarrow \left(k \mapsto \widehat{\psi}_k(x) \right)$$

ブロッホ束自体は自明であるが [5],以下のようにこれより物理的に需要な非自明な情報が導出される:

整数量子ホール効果:2 次元結晶絶縁体の場合,そのフェルミエネルギー ϵ_F がハミルトニアン $H = \frac{(-i\hbar\vec{\nabla})^2}{2m} + V(\mathbf{r})$ が各ファイバー $\mathcal{H}_k$ に誘導する H_k の固有値には決して現れないので,各ファイバー $\mathcal{H}_k$ で H_k の固有値が ϵ_F よりも小さい固有関数で生成される部分空間 $\mathcal{E}_k (\subseteq \mathcal{H}_k)$ を考えると,これらは,ブロッホ束 $\mathcal{H} \to BZ$ の部分ベクトル束として**価電子束** (valence bundle) $\mathcal{E} \to BZ$ を定める.$\mathcal{E} \to BZ$ の第 1 チャーン類 $c_1(\mathcal{E})$ が,ホール伝導率 σ_{xy} の整数量子化に関する**整数量子ホール効果** (integer quantum Hall effect) の源となる (Thouless–Kohmoto–Nightingale–den Nijs, Nakano (Kubo), Berry, Simons..):
$$\begin{cases} \sigma_{xy} &= -\frac{e^2}{h} c_1(\mathcal{E}) \\ c_1(\mathcal{E}) &\in H^2(BZ; \mathbf{Z}) = \mathbf{Z} \end{cases}$$

トポロジカル絶縁体:相対論的量子力学のスピン軌道相互作用ハミルトニアン $H_{SO} := -\frac{e}{2m^2c^2} \frac{1}{r} \frac{d\phi}{dr} \mathbf{S} \cdot \mathbf{L}$ の場合,パウリ行列 σ_2 と複素共役作用素 K を用いて定義される**時間反転演算子** (time reversal operator) $\Theta = -i\sigma_2 K$ に関して
$$\begin{cases} [\Theta, H_{SO}] &= 0 \\ \Theta : \mathcal{H}_k &\to \mathcal{H}_{-k}, (k \in BZ) \\ \Theta^2 &= -I_\mathcal{H}. \end{cases}$$
となるので,価電子束 $\mathcal{E} \to BZ$ には**四元数ベクトル束** (quaternionic vector bundle) の構造が入る.このとき同変ホモトピー論的考察から,四元数ベクトル束 $\mathcal{E} \to BZ$ の非自明性を判定する $\mathbf{Z}/2$ 不変量が定義できるが,これはトポロジカル絶縁体の **Fu–Kane–Mele 不変量** (Fu–Kane–Mele invariant) と一致する [7]. [南 範彦]

参考文献

[1] N.E. スティーンロッド著, 大口邦雄訳:ファイバー束のトポロジー, 吉岡書店, 1976.

[2] D. フーズモラー著, 三村 護訳:ファイバー束, 丸善出版, 2012.

[3] 戸田 宏・三村 護:ホモトピー論, 紀伊國屋書店, 2008 (OD 版).

[4] A. Kriegl, P. Michor:*Convenient Settings of Global Analysis*, AMS, 1997.

[5] D. Carpentier:*Topology of Bands in Solids : From Insulators to Dirac Matter*, Séminaire Poincaré XVII (2013) 1–34.

[6] 野村健太郎:トポロジカル絶縁体・超電導の理論 (近刊).

[7] arXiv1404.5804 *Classification of Quaternionic Bloch-bundles- Topological Insulators of type AII*, Giuseppe De Nittis, Kiyonori Gomi.

フェルマー予想

Fermat conjecture

フェルマー予想(またはフェルマーの最終定理(Fermat's last theorem))とは,「方程式 $x^n+y^n=z^n$ は, $n \geq 3$ ならば, どれも 0 ではない整数からなる解 $(x,y,z)=(a,b,c)$ をもたない」という主張である.

ピエール・ドゥ・フェルマー(Pierre de Fermat)が 1637 年に予想した. 正確にいえば, フェルマーは定理であると主張したが, 証明は与えなかった. アンドリュー・ワイルス(Andrew Wiles)がリチャード・テイラー(Richard Taylor)の助けを借りて 1995 年に証明するまで 350 年以上かかった. 定理の証明では, 楕円曲線を使って谷山–志村–ヴェイユ予想(Taniyama–Shimura–Weil conjecture)に帰着させるというゲアハルト・フライ(Gerhard Frey), ジャン・ピエール・セール(Jean–Pierre Serre)とケネス・リベット(Kenneth Ribet)の方法が用いられる.

$n=2$ の場合を考えると, ピタゴラスの定理でおなじみの方程式 $x^2+y^2=z^2$ になるが, このときにはたくさんの整数解がある. 実際, 有理数 t と整数 m を使って, いくらでも整数解 $(x,y,z)=(2mt/(t^2+1), m(t^2-1)/(t^2+1), m)$ を作ることができる.

しかし $n \geq 3$ となると, とたんに整数解がなくなる. それは, 方程式 $x^n+y^n=z^n$ によって 2 次元複素射影空間の中で定義された複素代数曲線(リーマン面)の種数は $g=(n-1)(n-2)/2$ で与えられ, $n=2$ のときのみ $g=0$ となることが関係している.

フェルマー予想の証明では, 解 $(x,y,z)=(a,b,c)$ が存在したとして矛盾を出す. ここで次の方程式を考える:
$$y^2 = x(x-a^n)(x+b^n).$$
この方程式はフライ曲線と呼ばれる代数曲線を定める. 定義方程式の係数はすべて有理数であるので, フライ曲線は有理数体上に定義された代数曲線である. また, 微分形式 dx/y は零点をもたない正則微分形式になるので, フライ曲線は楕円曲線である. フライ曲線は, 最終的には存在しないことが証明されることに意義があるというおもしろい曲線である.

谷山–志村–ヴェイユ予想について述べる. 上半平面 $H=\{z \in \boldsymbol{C} \mid \mathrm{Im}(z)>0\}$ には, 群 $SL(2,\boldsymbol{R})$ が, $g=\begin{pmatrix} a & b \\ c & d \end{pmatrix}$ とするとき, $g(z)=(az+b)/(cz+d)$ によって作用している. 正の整数 N を任意に固定したとき, 部分群 $\Gamma_0(N)=\{g \in SL(2,\boldsymbol{Z}) \mid c \equiv 0 \bmod N\}$ による商空間 $H/\Gamma_0(N)$ をコンパクト化して得られるリーマン面 X_N をモジュラー曲線(modular curve)と呼ぶ. 一般に, 複素代数曲線 C は, ある正の整数 N と全射正則写像 $X_N \to C$ が存在するとき, モジュラー(modular)であるという.「有理数体上で定義された任意の楕円曲線はモジュラーである」というのが谷山–志村–ヴェイユ予想である. ワイルスとテイラーが証明したのは, フライ曲線を含むある種のクラスに対するこの予想である(後に一般に場合にもこの予想は証明された).

フライ曲線は有理数体上で定義されているので, モジュラーであるはずである. フライ曲線上の正則微分形式を上半平面に引き戻せば, モジュラー形式が得られる. ここで, モジュラー形式(modular form)とは, 上半平面上の正則関数 $f(z)$ であって, $g \in \Gamma_0(N)$ に対して変換式
$$f((az+b)/(cz+d)) = (cz+d)^2 f(z)$$
を満たすものである. $f(z)dz$ が引き戻しで得られる微分形式である.

フライ曲線の特殊な形を使うと, このようなモジュラー形式は存在しないことがわかり矛盾となる, というのが証明のあらすじである.

[川又雄二郎]

複素数平面

complex plane

複素数 $z = x + iy$ ($x, y \in \mathbf{R}, i = \sqrt{-1}$) は，平面 $\mathbf{R}^2$ の点 (x, y) と 1 対 1 に対応づけられる．この対応により複素数全体の集合（複素数体）$\mathbf{C}$ は平面と同一視することができ，この平面を**複素数平面**または**複素平面** (complex plane)，**ガウス平面** (Gauss plane) などと呼ぶ．複素平面の x 軸，y 軸はそれぞれ**実軸** (real axis)，**虚軸** (imaginary axis) と呼ばれる．この自然で単純な発想は，19 世紀初め頃にようやくガウスとアルガン (Argand) によって独立に見いだされたが，それまで単に形式的に使われてきた複素数が市民権を得て，以降の複素関数論隆盛の礎となった．

複素数体 $\mathbf{C}$ を平面として幾何的に表現することの利点は，加減乗除という代数的な操作が幾何的に解釈できることにある．二つの複素数の和と差は，対応する平面上の二つのベクトルとしての和と差にほかならない．積や商について見るためには，複素数 z に対応する点 (x, y) の極座標 (r, θ) を考えると便利である（図 1 参照）．r, θ を z の**絶対値** (absolute value, modulus)，**偏角** (argument) と呼び，それぞれ $|z|, \arg z$ と表す．また，偏角は 2π の整数倍だけとりかたに自由度があるので，より正確に $\arg z \equiv \theta \pmod{2\pi}$ と表すこともある．$-\pi < \theta \leq \pi$ を要請すると θ は一意的に定まるので，この θ を偏角の主値という．なお，$z = 0$ に対して偏角は定義されない．オイラーの公式を用いて，複素数 z は
$$z = r(\cos\theta + i\sin\theta) = re^{i\theta}$$
と表されるが，これを**極形式** (polar form) と呼ぶ．複素数 $z_1 = r_1 e^{i\theta_1}, z_2 = r_2 e^{i\theta_2}$ の積および商は
$$z_1 z_2 = r_1 r_2 e^{i(\theta_1 + \theta_2)}, \quad z_1 / z_2 = (r_1 / r_2) e^{i(\theta_1 - \theta_2)}$$
と表されることがわかる．よって，複素数 $z = re^{i\theta}$ をほかの複素数に乗じるという操作は，複素平面においては r 倍して原点を中心に θ だけ回転する実線型変換とみなされる．とくに，$z = e^{i\theta}$ の n 乗を考えると，ド・モアブル (de Moivre) の定理
$$(\cos\theta + i\sin\theta)^n = \cos n\theta + i\sin n\theta, \quad n \in \mathbf{Z}$$
が得られる．

複素数体 $\mathbf{C}$ は，複素平面としてのユークリッド距離を入れて考えるのが普通である．すなわち，$z, w \in \mathbf{C}$ の距離は $|z - w|$ として定義される．

複素数体 $\mathbf{C}$ に対しては，1 点コンパクト化を用いるのが便利なことが多く，その時付加する点を**無限遠点** (point at infinity) と呼び，∞ と表す．3 次元ユークリッド空間 $\mathbf{R}^3$ における xy 平面に原点で接する半径 $1/2$ の球面 $S = \{(x, y, t) : x^2 + y^2 + (t - 1/2)^2 = (1/2)^2\}$ を考え，その"北極点" $N = (0, 0, 1)$ を出発し S 上の点 $P \neq N$ を通る半直線と xy 平面との交点を Q とする（図 2 参照）．$Q = (x, y, 0)$ としてこれを複素数 $z = x + iy$ と同一視すると，P は
$$\left(\frac{x}{1 + |z|^2}, \frac{y}{1 + |z|^2}, \frac{|z|^2}{1 + |z|^2} \right)$$
と表される．この写像 $P \mapsto Q$ を**立体射影** (stereographic projection) と呼ぶ．このように北極点 N を無限遠点として球面 S は $\mathbf{C}$ の 1 点コンパクト化とみなされるので，複素平面 $\mathbf{C}$ の 1 点コンパクト化は**リーマン球面** (Riemann sphere) と呼ばれ，しばしば $\widehat{\mathbf{C}}, \bar{\mathbf{C}}, \mathbf{C}P^1$ などと表される．$\mathbf{R}^3$ のユークリッド距離の球面 S への制限から誘導される $\widehat{\mathbf{C}}$ 上の距離は**球面距離** (spherical metric) と呼ばれ，$z, w \in \mathbf{C}$ に対して
$$d(z, w) = \frac{|z - w|}{\sqrt{1 + |z|^2}\sqrt{1 + |w|^2}}$$
と書き下すことができる．

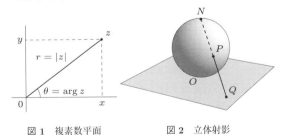

図 1　複素数平面　　図 2　立体射影

[須川 敏幸]

複素多様体

complex manifold

複素多様体とは局所的に複素ユークリッド空間の開集合と双正則同値な空間である．非特異な複素解析空間，あるいは積分可能な概複素構造を持つ概複素多様体としても捉えることができる．複素多様体は，複素数体上の非特異代数多様体を含む概念で，幾何学のみならず，保型形式論，代数幾何学，多変数関数論などの基礎概念として非常に重要である．

1 定 義

ハウスドルフ位相空間 M と M の開被覆 $\mathcal{U} = \{U_\alpha\}_{\alpha \in A}$ および中への位相同型写像 $\varphi_\alpha : U_\alpha \longrightarrow \varphi_\alpha(U_\alpha) \subset \boldsymbol{C}^n$ が与えられ
$$\varphi_\alpha \circ \varphi_\beta^{-1} : \varphi_\beta(U_\alpha \cap U_\beta) \longrightarrow \varphi_\alpha(U_\alpha \cap U_\beta)$$
がすべての $\alpha, \beta \in A$ について，双正則写像になっているとき，M を**複素多様体**という．$\{(U_\alpha, \varphi_\alpha)\}_{\alpha \in A}$ を M の正則局所座標系または M の**複素構造** (complex structure) という．M の開集合 U 上の連続関数 f が正則であるとは，任意の α に対して
$$f \circ \varphi_\alpha^{-1} : \varphi_\alpha(U \cap U_\alpha) \to \boldsymbol{C}$$
が正則であることである．これから，複素多様体上に正則関数の芽の層 $\mathcal{O}_M$ が自然に定義される．

M, N を複素多様体とするとき，連続写像 $\varphi : M \to N$ が正則であるとは，$\varphi^* \mathcal{O}_N \subset \mathcal{O}_M$ となること，すなわち，N の任意の開集合 V 上の任意の正則関数 f に対して，その引き戻し $\varphi^* f := f \circ \varphi$ が $\varphi^{-1}(V)$ 上の正則関数となることである．複素多様体間の正則写像 $f : M \to N$ が双正則であるとは f が全単射で f^{-1} も正則であることである．これにより複素多様体に自然な同値関係が定義される．

今，位相空間 M 上に複素構造 $\{(U_\alpha, \varphi_\alpha)\}$ が与えられたとする．$\varphi_\alpha = (z_\alpha^1, \ldots, z_\alpha^n)$ に対し
$$z_\alpha^i = x_\alpha^i + \sqrt{-1} y_\alpha^i \, (i = 1, \ldots, n)$$
と実部 x_α^i と虚部 y_α^i に分解すると $(x_\alpha^1, \ldots, x_\alpha^n, y_\alpha^1, \ldots, y_\alpha^n)$ は U_α の実座標となる．したがって，n 次元複素多様体 M は自然に実 $2n$ 次元可微分多様体の構造をもち，簡単な計算から自然に向き付け可能である．

複素多様体 M の点 x を含む局所正則座標近傍 $(U, \varphi), \varphi = (z^1, \ldots, z^n)$ をとる．$z^i = x^i + \sqrt{-1} y^i (i=1, \ldots, n)$ と実部，虚部に分解して
$$\frac{\partial}{\partial z^i} = \frac{1}{2}\left(\frac{\partial}{\partial x^i} - \sqrt{-1}\frac{\partial}{\partial y^i}\right),$$
$$\frac{\partial}{\partial \bar{z}^i} = \frac{1}{2}\left(\frac{\partial}{\partial x^i} + \sqrt{-1}\frac{\partial}{\partial y^i}\right)$$
とおき
$$\left\{\left(\frac{\partial}{\partial z^1}\right)_p, \ldots, \left(\frac{\partial}{\partial z_\alpha^n}\right)_p\right\}$$
で張られる n 次元複素ベクトル空間 TM_x を $x \in M$ における**正則接ベクトル空間** (holomorphic tangent space) と呼ぶ．正則接ベクトル空間は複素構造のみによる．$TM = \cup_{x \in M} TM_x$ は自然に正則ベクトル束となり，M の正則接バンドルという．M の実多様体としての接バンドルを $TM_{\boldsymbol{R}}$ とすると $TM_{\boldsymbol{R}} \otimes \boldsymbol{C} = TM \oplus \overline{TM}$ と直和分解される．$J \in \mathrm{End}(TM_{\boldsymbol{R}})$ を $i = 1, \ldots, n$ に対して
$$J\left(\frac{\partial}{\partial x^i}\right) = \frac{\partial}{\partial y^i}, J\left(\frac{\partial}{\partial y^i}\right) = -\frac{\partial}{\partial x^i}$$
と定義すると，$J^2 = -1$ で J を $\mathrm{End}(TM_{\boldsymbol{R}})$ に自然に拡張すると TM は J の $\sqrt{-1}$ 固有空間，$\overline{TM}$ は J の $-\sqrt{-1}$ 固有空間である．J を複素多様体 M の**概複素構造** (almost complex structure) と呼ぶ．一般に実偶数次元実多様体 M と $J \in \mathrm{End}(TM_{\boldsymbol{R}})$ が与えられ，J が $J^2 = -1$ を満たすとき J を M の概複素構造と呼ぶ．概複素構造は複素構造から定義されるとは限らない．

2 複素多様体上の微分形式

複素多様体 M の余接空間についても同様に正則局所座標 $(U, (z^1, \ldots, z^n))(n = \dim M)$ をとり，
$$dz^i := dx^i + \sqrt{-1} dy^i$$
$$d\bar{z}^i := dx^i - \sqrt{-1} dy^i$$
とおくとき
$$T^* M_x := \left\{\sum_{i=1}^n a_i (dz^i)_x \, \middle| \, a_i \in \boldsymbol{C}\right\}$$

$$\overline{T^*M}_x := \{\sum_{i=1}^n a_i (d\bar{z}^i)_x | a_i \in \boldsymbol{C}\}$$

をそれぞれ x における，正則余接束空間，反正則余接空間という．

$$T^*M = \cup_{x \in M} T^*M_x, \overline{T^*M} := \cup_{x \in M} \overline{T^*M}_p$$

は M 上の C^∞ 複素ベクトル束である．複素多様体 M 上の (p,q) 形式とは外積バンドル

$$\wedge^{p,q} = \wedge^p T^*M \otimes \wedge^q \overline{T^*M}$$

の C^∞ 切断のことをいう．$A^{p,q}(M)$ で M 上の $C^\infty (p,q)$ 形式全体を表すことにする．
$\phi \in A^{p,q}(M)$ は局所座標では

$$\phi = \sum_{|I|=p} \sum_{|J|=q} f_{IJ} dz^I \wedge d\bar{z}^J$$

のように表される．ここで I, J はそれぞれ長さ p, q の多重指数で単調増加のものを動く．今 M 上の C^∞ 複素数値関数 f に対して，局所座標を用いて

$$\partial f = \sum_{i=1}^n \frac{\partial f}{\partial z^i} dz^i, \quad \bar{\partial} f = \sum_{i=1}^n \frac{\partial f}{\partial \bar{z}^i} d\bar{z}^i.$$

と定義する．$df = \partial f + \bar{\partial} f$ であることはすぐに確かめられるので，$\partial f, \bar{\partial} f$ は座標のとりかたによらずに定義される．M の開集合 U 上の C^1 級関数 f が正則であることと，$\bar{\partial} f = 0$ が U 上で成立することは同値である．上の定義を拡張し $\bar{\partial} : A^{p,q}(M) \to A^{p,q+1}(M)$ を局所座標を用いて

$$\bar{\partial} \phi := \bar{\partial} \left(\sum_{|I|=p} \sum_{|J|=q} f_{IJ} dz^I \wedge d\bar{z}^J \right)$$
$$= \sum_{|I|=p} \sum_{|J|=q} (\bar{\partial} f_{IJ}) \wedge dz^I \wedge d\bar{z}^J$$

と定義して拡張する．$\partial : A^{p,q}(M) \to A^{p+1,q}(M)$ についても同様に定義され，$d = \partial + \bar{\partial}$ が成り立つので，$\partial, \bar{\partial}$ は局所座標のとりかたによらない．$d^2 = 0$ から

$$\partial^2 = 0, \bar{\partial}^2 = 0, \partial \bar{\partial} + \bar{\partial} \partial = 0$$

が成り立つ．これから，複体
$0 \to A^{p,0}(M) \xrightarrow{\bar{\partial}} A^{p,1}(M) \xrightarrow{\bar{\partial}} \cdots \xrightarrow{\bar{\partial}} A^{p,n}(M) \to 0$
が得られる．これをドルボー複体といい，この複体のコホモロジー

$$H_{\bar{\partial}}^{p,q}(M) = \mathrm{Ker}(\bar{\partial} | A^{p,q}(M)) / \bar{\partial} A^{p,q-1}(M)$$

を M の (p,q) ドルボー・コホモロジーまたは (p,q)-$\bar{\partial}$ コホモロジーといい，M の基本的な解析的不変量である．ドルボー・コホモロジーは，局所的に自明である，すなわち U を $\boldsymbol{C}^n$ の凸領域 (もしくはもっと一般に正則領域) とすれば，

$$H_{\bar{\partial}}^{p,q}(U) = 0 (\forall q \geq 1)$$

が成り立つ．この事実はドルボーの補題と呼ばれ，$\mathcal{O}_M$ 加群の層のコホモロジーと，$\bar{\partial}$ コホモロジーの同値性を与える重要なものであり，ド・ラームコホモロジーに関するポアンカレの補題の複素解析的類似物である．

3 正則ベクトル束に対するドルボー同型

$\pi : E \to M$ を複素多様体 M 上の正則ベクトル束とする．すなわち,

(1) E は複素多様体で π は正則写像.
(2) 任意の $x \in M$ に対して $E_x = \pi^{-1}(x)$ は複素ベクトル空間の構造をもつ.
(3) 任意の $x \in M$ に対して x の近傍 U と局所自明化写像と呼ばれる双正則写像 $\varphi : \pi^{-1}(U) \to U \times \boldsymbol{C}^r$ が与えられ，任意の $z \in U$ に対して
$$E_z \xrightarrow{\varphi} \{z\} \times \boldsymbol{C}^r \to \boldsymbol{C}^r$$
は線型同型写像である．

とする．このとき $A^{p,q}(E)$ を $\wedge^{p,q} \otimes E$ の C^∞ 切断全体とおくと，自然に複体
$0 \to A^{p,0}(E) \xrightarrow{\bar{\partial}} A^{p,1}(E) \xrightarrow{\bar{\partial}} \cdots \xrightarrow{\bar{\partial}} A^{p,n}(E) \to 0$
が得られ

$$H_{\bar{\partial}}^{p,q}(E) = \mathrm{Ker}(\bar{\partial} | A^{p,q}(E)) / \bar{\partial} A^{p,q-1}(E)$$

を E の (p,q)-ドルボー・コホモロジーという．ドルボーの補題から $\wedge^p T^*M \otimes E$ の正則切断の芽の層を $\Omega_M^p(E)$ として

$$H_{\bar{\partial}}^{p,q}(E) \simeq H^q(M, \Omega_M^p(E))$$

が成り立つ．ドルボー同型は，複素多様体上の調和積分論，とりわけコホモロジーの消滅定理の基礎である．E^* で E の双対束を表すと，M のコンパクト性を仮定するとセールの双対定理：

$$H^{p,q}(E) \simeq H^{n-p,n-q}(E^*)$$

が成り立つ． [辻 元]

複素力学系

complex dynamics

位相空間 X と連続写像 $f : X \to X$ が与えられたとき,その反復合成 $f^n = f \circ \cdots \circ f$ (n回) からなる写像列 $\{f^n\}_{n \geq 0}$ を考えることができる.各点 $x \in X$ に対して,x を初期値とする軌道 $\{f^n(x)\}_{n \geq 0}$ は安定な場合とカオス的な挙動をする場合とがある.また初期値 x の変動や,写像 f 自体の変動によっても,軌道は大きく変化する場合がある.このような現象を f が複素解析的写像の場合に解明するのが複素力学系の主題である.

リーマン球面上の有理関数の複素力学系の大域的理論は 20 世紀はじめ頃ファトゥ (P. Fatou) とジュリア (G. Julia) とによって形成された.また 1980 年代にいたって擬等角手術などの新しい方法の導入により,長年の問題が解決され大きな発展を遂げた.さらに一般次元の複素数空間,射影空間の上の力学系も研究されている.

1 2次多項式の力学系とマンデルブロー集合

有理関数の特別の場合である 2 次多項式写像について最初に述べる.c を定数として $P_c : \boldsymbol{C} \to \boldsymbol{C}$ を 2 次多項式 $P_c(z) = z^2 + c$ で定まる複素平面 $\boldsymbol{C}$ 上の写像とする.

複素平面上の点 z は,その点を初期値とする軌道 $\{P_c(z)\}_{n \geq 0}$ の性質によって分類される.充填ジュリア集合を

$K_c = \{z \in \boldsymbol{C} \mid 軌道 \{P_c^n(z)\}_{n \geq 0} \text{ が有界}\}$

によって定義し,その境界 J_C をジュリア集合と呼ぶ.K_c および J_c は空でない有界閉集合で,P_c およびその逆について不変である.K_c の補集合に属する点を初期値とする軌道は広義一様に無限遠点に収束する.

例として,$c = 0$ の場合には K_0 は単位閉円板 $\{|z| \leq 1\}$ である.また $c = -2$ の場合には K_{-2} は実軸上の区間 $[-2,2]$ である.これ以外の c については K_c の境界 J_c は複雑なフラクタル的構造をもつ集合となる.K_c は連結の場合とそうでない場合があるが,不連結ならカントール集合 (孤立点をもたない全不連結コンパクト集合) である.

K_c の点でとくに周期点は重要な意味をもっている.ある $m \geq 1$ について $P_c^m(z_0) = z_0$ となる z_0 を周期点といい,このような m のうち最小のものを周期という.周期 1 の点を不動点という.z_0 が P_c の周期点のとき,微分係数 $\lambda = (P_c^m)'(z_0)$ を乗数という.周期点 z_0 は次のように分類される:

(1) $|\lambda| < 1$ のとき吸引的,とくに $\lambda = 0$ のとき超吸引的であるという;(2) $|\lambda| > 1$ のとき,反発的であるという;(3) $|\lambda| = 1$ のとき中立であるという.$\lambda = e^{2\pi i \theta}$ と表すとき θ が有理数ならば放物的,無理数ならば無理的中立周期点という.

周期点はすべて K_c に属する.z_0 が吸引周期点ならば,その近傍の点を初期値とする軌道は周期点からなるサイクルに近づくので z_0 は K_c の内点である.反発および放物的周期点は J_c に属する.無理的中立周期点が K_C の内部に属するか否かは,その近傍で P_c が線形化できるか否かによって定まる.

例 $c = -1$ の場合 (図 1).K_{-1} じたいは連結だが,内部は無限個の連結成分に分かれている.点 $0, -1$ は周期 2 の超吸引周期点であり P_{-1} で互いにうつりあう.ほかの周期点はすべて反発的で J_c に属する.連結成分 $U(0)$ と $U(-1)$ とは互いに移りあう.P_{-1} の偶数回の合成の列にで,灰色の部分は点 0 に,黒色の部分は点 -1 に収束する.

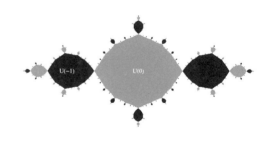

図 1 充填ジュリア集合 ($c = -1$)

ジュリア集合 J_c の性質として,

(1) J_c は反発周期点全体からなる集合の閉包に一致する.(2) J_c と共通点をもつ開集合 V を任

意にとるとき，十分大きな n について $P_c^n(V \cap J_c)$ は J_c 全体に一致する．

これから，J_c の中で初期値 z の変動をどれほど小さくおさえても，軌道の変動を制御できないことがわかる．これを軌道の初期値鋭敏性という．

平面上の点 z に対して 逆像 $P_c^{-n}(z)$ は (重複度を込めて) 2^n 個の点からなる．$n \to \infty$ とするときこの逆像はある意味でジュリア集合 J_c に収束する ($c=0, z=0$ という特別の場合を除く)．すなわち $P_c^{-n}(z)$ の各点における δ 測度の平均は $n \to \infty$ のとき (z によらず) ある測度 μ (ブローリン測度) に収束する．μ は J_c 上の確率測度で P_c によって不変である．また J_c 上の質量分布 μ から定まるポテンシャルは K_c のグリーン関数である．

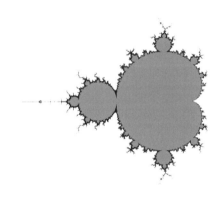

図 2 マンデルブロー集合

K_c が連結か否かは，P_c の分岐点である 0 が K_c に属するか否か，言い換えれば 0 の軌道 $\{P_c^n(0)\}$ が有界か否かで判定できる．パラメータ c の平面においてマンデルブロー (Mandelbrot) 集合を
$$\mathcal{M} = \{c \in \mathbf{C} \mid K_c \text{は連結}\} = \{c \in \mathbf{C} \mid 0 \in K_c\}$$
によって定義する．$\mathcal{M}$ は連結閉集合である (ドゥアディ (A. Douady)–ハバード (J. Hubbard) の定理)．その境界のハウスドルフ次元は 2 である (宍倉の定理)．P_c が吸引周期点をもつ c は $\mathcal{M}$ の内点である．逆に $\mathcal{M}$ の内点 c に対応する P_c は吸引周期点をもつことが予想されている．

2 有理関数の力学系

複素 1 変数の有理関数 $f(z)$ を考える．以下では f の次数 d は 2 以上とする．f をリーマン球面 $\widehat{\mathbf{C}}$ からそれ自身の上への写像とみなすとき，d 葉の分岐被覆であり (重複度を込めて) $2d-2$ 個の分岐点 (臨界点) をもっている．

$\widehat{\mathbf{C}}$ 上の点でその軌道が初期値の変動について安定な点の集合
$$F_f = \{z \in \widehat{\mathbf{C}} \mid \{f^n\} \text{ は } z \text{ の近傍で同等連続}\}$$
をファトゥ集合という．この補集合をジュリア集合と呼び J_f で表す．(2 次多項式のときには，J_f は前項の定義と一致する．F_f は K_c の補集合と K_c の内部からなる).

ジュリア集合の性質として，前項に挙げた (1), (2) が一般に成り立つ．また J_f は内点をもつなら $\widehat{\mathbf{C}}$ 全体に一致する．

ファトゥ集合の各連結成分をファトゥ成分とよぶ．ファトゥ集合が空でなければ，ファトゥ成分の個数は 1, 2 または無限個である．

U をファトゥ成分とする．ある $m \geq 1$ について $f^m(U) = U$ となるとき U を周期成分といい，このような最小の m を周期という．周期 1 の成分を不変成分という．ある $k \geq 1$ があって $f^k(U)$ が周期成分となるとき U を前周期成分という．

周期 m の成分は f^m に関する不変成分である．不変成分は次の 3 種に分類される：

(1) (超) 吸引不動点の直接吸引鉢； (2) 放物型不動点の吸引鉢； (3) 回転領域 (ジーゲル (Siegel) 円板，エルマン (Herman) 環)

ここで (1) は U の内部にが吸引不動点 z_0 があって，f^n が 1 点 z_0 に U 上広義一様収束する場合，(2) は U の境界に放物的不動点 z_0 があって，f^n が 1 点 z_0 に U 上広義一様収束する場合である．また U がジーゲル円板 [またはエルマン環] であるとは，U から単位円板 $D = \{|\zeta| < 1\}$ [または円環領域 $D = \{0 < r < |\zeta| < 1\}$] の上への等角写像 φ があって，$\varphi \circ f \circ \varphi^{-1}$ が D の回転 $\zeta \to e^{2\pi i \theta} z$ (θ は無理数) となることをいう．

ファトゥ成分 U が周期的でも前周期でもないとすると $\{f^k(U)\}_{k \geq 0}$ は相異なる成分からなる列になる．このような U (遊走成分) が存在しないことはサリヴァン (D. Sullivan) によって証明さ

れた．この証明で用いられた擬等角手術は，ほかの場面でも広く適用される重要な手法である．

(超) 吸引的または放物的不動点のの吸引鉢は必ず分岐点を含む．このことから (超) 吸引的および放物的なファトゥ成分のサイクルの個数は分岐点の個数 $2d-2$ 以下であることがわかる．さらに回転領域のサイクルの個数まで含めてもその個数は $2d-2$ 以下である (宍倉)．

$P_{-1}(z) = z^2 - 1$ を $\widehat{\boldsymbol{C}}$ の上の写像とみなすとき，K_c の補集合は超吸引的不動点 ∞ に対応する不変成分，$U(0), U(-1)$ は周期 2 の周期成分，ほかの成分は前周期的である．

3 エノン写像の力学系

2 次元複素数空間の写像 $f : \boldsymbol{C}^2 \to \boldsymbol{C}^2$ で
$$f(x,y) = (y, y^2 + c - ax)$$
の形のものを (複素) エノン写像という (ここで $a, c \in \boldsymbol{C}, a \neq 0$)．これは全単射で，逆写像は
$$f^{-1}(x,y) = \left(\frac{1}{a}(x^2 + c - y), x\right)$$
で与えられる．この名称はエノン (Hénon) が実領域 $\boldsymbol{R}^2$ におけるこの型の写像について "ストレンジ・アトラクタ" を実験的に見出したことに由来する．ここで $a = 0$ とすると，f は本質的に 1 変数写像 $P_c(z)$ に帰着する．以下にみるように，この 2 次多項式写像とのアナロジーは有用である．

2 次多項式の充填ジュリア集合の対応物として
$$K^+ = \{z \in \boldsymbol{C}^2 \mid 軌道\ \{f^n\}_{n \geq 0}\ が有界\}$$
と定義し，その境界を J^+ で表す．K^+ は閉集合であるが有界ではない．補集合 $\boldsymbol{C}^2 - K^+$ はパラメータ a, c によらず同相であり，その基本群は $\boldsymbol{Z}[1/2] = \{m/2^n \mid n, m \in \boldsymbol{Z}\}$ に同型である．

f に対するグリーン関数は，
$$G^+(z) = \lim_{n \to \infty} \frac{1}{2^n} \log^+ \|f^n(z)\|, \quad z \in \boldsymbol{C}^2$$
で定義される．関数 G^+ は $\boldsymbol{C}^2 - K^+$ 上では多重調和，K^+ 上恒等的に 0 となる連続関数である．ここで多重調和関数とは，局所的に正則関数の実部として表せる関数をいう．

グリーン関数 G^+ より正値 (1, 1) カレント
$$\mu^+ = dd^c G^+ = 2i \partial \bar{\partial} G^+$$
が導かれる．この台は J^+ に一致する．$\boldsymbol{C}^2$ 内の任意の代数曲線 X をとるとその逆像の列 $\{f^{-n}(X)\}$ はカレントとして μ^+ に収束する．

逆写像 f^{-1} に関しても，集合 K^-, J^-，グリーン関数 G^-，カレント μ^- が同様に定義できる．

カレントとしての積 $\mu = \mu^+ \wedge \mu^-$ は f で不変な測度を定めている．

f の不動点 p における f の微分の二つの固有値の絶対値がともに 1 より小さいとき p は吸引的であるという．吸引的不動点 p の吸引鉢
$$D = \{z \in \boldsymbol{C}^2 \mid f^n(z) \to p\ (n \to \infty)\}$$
は $\boldsymbol{C}^2$ の真部分領域 (K^+ に含まれる) であるが，D から $\boldsymbol{C}^2$ への全単射正則写像が存在する．このような領域は一般にファトゥ–ビーベルバッハ領域と呼ばれる．

4 射影空間上の力学系

1 変数有理関数の力学系の多変数への自然な一般化として k 次元複素射影空間 $\boldsymbol{P}^k$ からそれ自身の上への正則写像の力学系を考える．このような正則写像 $f : \boldsymbol{P}^k \to \boldsymbol{P}^k$ は斉次座標を用いて
$$f : (z_0 : \cdots : z_k) \mapsto (f_0(z) : \cdots : f_k(z))$$
と表現される．ここで $f_j(z) = f_j(z_0, \ldots, z_n)\ (0 \leq j \leq k)$ は $k+1$ 変数の d 次斉次多項式で，これらの共通零点は 0 のみである．写像 f は $\boldsymbol{P}^k$ の d^k 重の分岐被覆である．

f のファトゥ集合 $\mathcal{F}_f$ は 1 次元の場合と同様に定義できる．2 次元以上の場合にもファトゥ成分として，吸引鉢や回転領域があるが，完全な分類はされていない．1 次元の場合と異なり，周期的ファトゥ成分が無限に多く存在する例が知られている．また遊走的ファトゥ成分が存在するかどうかは未解決問題である． ［上田哲生］

参 考 文 献

[1] R.L. ドゥヴェイニー著，後藤憲一ほか訳：カオス力学系入門 (第 2 版)，共立出版
[2] 上田哲生・谷口雅彦・諸澤俊介：複素力学系序説，培風館，1995.

符　　号

code

　情報科学の世界では符号という用語は多岐にわたって用いられるが，ここでは符号といえば有限体 (ガロア体) に基づく誤り訂正符号 (error-correcting code) を意味するものとし，その数学的側面の解説を行う．

　p を素数，a を自然数として，$q = p^a$ とおく．$\mathbf{F}_q$ を q 個の元からなる有限体とする．$\mathbf{F}_q$ 上の n 次元横数ベクトル空間 $\mathbf{F}_q^n$ の元 $(x_1, x_2, \ldots, x_n)$ を語と呼ぶ．$\mathbf{F}_q^n$ の部分集合 C を符号 (code) といい，n を C の符号長という．$\log_q |C|/n$ を伝送率 (information rate) という．C の元を情報の語として用い，冗長部分 $\mathbf{F}_q^n \setminus C$ を誤り訂正に用いる．C が大きい方が多くの情報を伝えることができ，$\mathbf{F}_p^n \setminus C$ が大きい方が一般的にいって誤り訂正能力が高い．相反するこの両方の条件を満たすできるだけ効率のよい符号を構成し，その復号法を考案するのが符号理論の本質である．

　情報源からの情報を符号化して送信し，受信する手続きを図式化すると次のようになる．

情報源 ⟶ 符号器 ⟶ 通信路 ⟶ 復号器 ⟶ 受信者

簡単な例として，情報 $(1, 0, 1)$ を通信路を通して伝達する場合を考える．途中で $(1, 0, 0)$ と信号が変わったら，このままでは元の情報を知るすべはない．そこで，同じ数字は 3 回送ることにし，$(1, 1, 1, 0, 0, 0, 1, 1, 1)$ として情報を送る．このようにすれば，途中で 1 箇所エラーが生じ $(1, 0, 1, 0, 0, 0, 1, 1, 1)$ となる信号を受け取っても多数決によって元の信号を再現できるであろう．情報に冗長部分を付け加えることによって誤り訂正能力をもたせるのである．

　符号理論は，1948 年のシャノン (C.E. Shannon) の論文に始まる．彼は，2 進対称路において，1 文字が誤りとなる確率を α とし，$R < 1 + \alpha \log_2 \alpha + (1 - \alpha) \log_2 (1 - \alpha)$ と任意に小さな正の数 ϵ が与えられたとき，符号長 n を大きくとれば，伝送率が R 以上で誤りの確率が ϵ 以下になる符号が存在することを示した．このことは，一定の条件の下で，符号化によっていくらでも正確に近い情報を伝達できることを意味する．

　$\mathbf{F}_q^n \ni x = (x_1, \ldots, x_n),\ y = (y_1, \ldots, y_n)$ に対し

$$d(x, y) = |\{1 \leqq i \leqq n \mid x_i \neq y_i\}|$$

とおき，ハミング距離 (Hamming distance) と呼ぶ．ハミング距離は距離空間の公理を満たす．$\mathbf{F}_q^n$ の符号 C に対し，その最小距離 d (minimum distance) を次のように定義する:

$$d = \min\{d(x, y) \mid x, y \in C, x \neq y\}$$

ここに，min は最小値を表す．符号 $C \subset \mathbf{F}_q^n$ の元の数が m で，その最小距離が d のとき，C を (n, m, d)–符号という．$z \in \mathbf{F}_p^n$ と自然数 r に対して $B_r(z) = \{x \in \mathbf{F}_p^n \mid d(z, x) \leqq r\}$ を z を中心とする半径 r の球 (sphere) と呼ぶ．

　エラー訂正の代表的な方法に限界距離復号法 (bounded distance decoding) がある．最小距離 d の符号 C に対し $(d-1)/2$ の整数部分を e とおく．C の元を中心とする半径 e の球を考えると，それらの球には互いに共通部分がない．C のある元が情報として発信されたとき，受信した符号がそれらの球のいずれかに入れば，受信した符号に距離的に一番近いその球の中心である C の元が送信された元である確率がもっとも高い．そこで，その球の中心が発信された元であるとして復号するのである．エラーが e 個までならば，この方法によってエラーを正しく訂正することができる．

　$\mathbf{F}_q^n$ の部分空間となる符号 C を線形符号 (linear code) という．$\mathbf{F}_q^n$ の元 x に対し $w(x) = d(x, 0)$ とおいて x の重さ (weight) という．線形符号 C の最小重み w (minimum weight) を

$$w = \min\{d(x, 0) \mid x \in C, x \neq 0\}$$

によって定義する．線形符号の最小重みと最小距離は相等しい．線形符号 $C \subset \mathbf{F}_q^n$ の次元が k で，その最小距離が d のとき，C を $[\boldsymbol{n}, \boldsymbol{k}, \boldsymbol{d}]$–線形符号 ($[n, k, d]$–linear code) または $[\boldsymbol{n}, \boldsymbol{k}, \boldsymbol{d}]$–符

号 ($[n, k, d]$–code) という．線形符号 C の性能は符号長 n, 次元 k, 最小距離 d の三つの量で決まる．$\delta = d/n$ を**相対距離** (relative distance) という．

2 個の線形符号 C_1, C_2 に対し，それらの符号長 n が等しく，$\mathbf{F}_q^n$ の座標を入れ替えたとき C_1 が C_2 に一致すれば C_1 は C_2 に**同値である** (equivalent) という．座標を入れ替え，さらに座標成分ごとに一定の零でない定数をかけて C_1 が C_2 に一致すれば C_1 は C_2 に**一般化された同値**である (generalized equivalent) という．C_1 と C_2 が一般化された同値ならば次元や最小距離は相等しい．

$\mathbf{F}_q^n$ に標準内積 (x, y) $(x, y \in \mathbf{F}_q^n)$ が与えられているとき，次元 k の線形符号 $C \subset \mathbf{F}_q^n$ に対し $C^\perp = \{x \in \mathbf{F}_q^n \mid (x, y) = 0 \ \forall y \in C\}$ を C の**双対符号** (dual code) という．$C^\perp$ は $n - k$ 次元である．$C = C^\perp$ であるとき**自己双対符号** (self–dual code) という．$x = (x_1, \ldots, x_n)$ に対し，$x_1 + \cdots + x_n + x_{n+1} = 0$ となるように x_{n+1} を定め，$\tilde{x} = (x_1, \ldots, x_n, x_{n+1})$ とおく．$\tilde{C} = \{\tilde{x} \mid x \in C\} \subset \mathbf{F}_q^{n+1}$ とおいて，C の**拡大線形符号** (extended linear code) という．$\tilde{C}$ の次元は k である．

$[n, k, d]$–符号 C に対して次のような不等式が成り立つ．

(1) [ハミング限界式 (Hamming bound)]

t を $(d - 1)/2$ の整数部分とすれば，
$$k \leqq n - \log_q \left(\sum_{i=0}^{t} \binom{n}{i} (q-1)^i \right)$$
ただし，$\binom{n}{i}$ は 2 項係数である．

(2) [シングルトン限界式 (Singleton bound)]

$d \leqq n - k + 1$

(3) [グリースマ限界式 (Griesmer bound)]

$\lceil a \rceil$ を実数 a 以上の最小の整数とすれば，
$$n \geqq \sum_{i=0}^{k-1} \lceil d/q^i \rceil$$

(4) [プロットキン限界式 (Plotkin bound)]

(n, M, d)–符号 C に対して，
$$d \leqq \frac{nM(q-1)}{(M-1)q}$$

線形符号の具体的な構成は 1950 年ハミング符号 (Hamming code) に始まる．これは，当時の電子計算機の CPU の誤り訂正のために考案されたものである．代表的な符号の例を挙げる．

(1) ハミング符号

$\mathbf{F}_q$ 上の $k - 1$ 次元射影空間 $\mathbf{P}^{k-1}(\mathbf{F}_q)$ の $\mathbf{F}_q$–有理点の数は $(q^k - 1)/(q - 1)$ 個ある．$n = (q^k - 1)/(q - 1)$ とおき，その斉次座標の代表元全体を縦ベクトルとして全部ならべて (k, n) 型行列 H を作れば，H の階数は k になる．$C = \{x \in \mathbf{F}_q^n \mid x^t H = 0\}$ とおき，C を**ハミング符号** (Hamming code) という．H を C の**パリティー検査行列** (parity check matrix) という．C は $[n, n - k, 3]$–線形符号となる．

(2) 拡大ゴーレイ符号

$[24, 12, 8]$–線形符号として**拡大ゴーレイ符号** (extended Golay code) がある．この符号は $\mathbf{F}_2^{24}$ の 0 を含む符号で元の数が 2^{12} 個からなるもののうち，最小距離 d が 8 になる唯一のものとして特徴付けられる [1]．拡大ゴーレイ符号は $[23, 12, 7]$–ゴーレイ符号の拡大線形符号である．拡大ゴーレイ符号は惑星探査衛星ボイジャープログラムで用いられた．

(3) 巡回符号とリード–ソロモン符号

n を標数 p では割り切れない自然数とし，$\mathbf{F}_q^n$ の符号 C を考える．C が
$$\forall (c_0, c_1, \ldots, c_{n-2}, c_{n-1}) \in C \Longrightarrow$$
$$(c_{n-1}, c_0, c_1, \ldots, c_{n-2}) \in C$$
を満たすとき，C を**巡回符号** (cyclic code) という．x を変数として，$\mathbf{F}_q$–ベクトル空間としての同型
$$\varphi : \mathbf{F}_q^n \cong \mathbf{F}_q[x]/(x^n - 1)$$
$$(c_0, c_1, \ldots, c_{n-1}) \longmapsto c_0 + c_1 x + c_2 x^2 + \cdots + c_{n-1} x^{n-1}$$
を考える．このとき，$\mathbf{F}_q^n \supset C$ が巡回符号であるための必要十分条件は $\varphi(C)$ が $\mathbf{F}_q[x]/(x^n - 1)$ のイデアルになることである．α を乗法群 $\mathbf{F}_q \setminus \{0\}$ の生成元とし，$n = q - 1$ ととる．$g(x) = (x - \alpha)(x - \alpha^2) \cdots (x - \alpha^{d-1})$ (ただし，$d < q$) で生成される $\mathbf{F}_q[x]/(x^n - 1)$ のイデアルに対応する線形符号 C を**リード–ソロモン符号** (略して RS 符号) (Reed–Solomon code, RS code) という．これは，$[q - 1, q - d, d]$–符号となる．リード・

ソロモン符号の理論は CD の誤り訂正に用いられている．このほか巡回符号で重要な位置を占める符号に BCH 符号があり，RS 符号はその特別なものになる．

(4) 代数幾何符号

1981 年，ゴッパ (Goppa) は有限体上の代数曲線を用いて線形符号を構成する方法を発見した．X を $\mathbf{F}_q$ 上の種数 g の非特異完備代数曲線，$P_1,\ldots,P_n$ を X の $\mathbf{F}_q$-有理点とする．$D = P_1 + \cdots + P_n$ とおく．G を $\mathbf{F}_q$ 上の因子で D のサポートと G のサポートは互いに共通部分がないとする．$\mathbf{F}_q(X)$ を X の $\mathbf{F}_q$ 上の有理関数体とし
$$L(G) = \{f \in \mathbf{F}_q(X), f \neq 0 \mid (f) + G > 0\} \cup \{0\}$$
とおく．$L(G)$ から $\mathbf{F}_q{}^n$ への線形写像 Φ_L を
$$\Phi_L : L(G) \longrightarrow \mathbf{F}_q{}^n$$
$$f \longmapsto (f(P_1),\ldots,f(P_n)).$$
によって定義する．$C_L = \mathrm{Im}\,\Phi_L$ とおき，C_L を (弱い意味の) **代数幾何符号** (algebraic–geometric code, AG code) という [2]．任意の線形符号は (弱い意味の) 代数幾何符号になることが示されている (Pellikan–Shen–van Wee[5])．G を効果的因子とし符号 C_L のタイプを $[n,k_L,d_L]$ とする．このとき $\deg G < n$ ならば $k_L \geqq \deg G - g + 1$ かつ $n - \deg G \leqq d_L \leqq n - \deg G + g$ となる．さらに，$2g - 2 < \deg G < n$ ならば $k_L = \deg G - g + 1$ となる．また，RS–符号は射影直線から構成した代数幾何符号になる．

符号長 n が十分大きいときの線形符号の挙動を調べよう．有限体 $\mathbf{F}_q$ を固定し，$[n,k,d]$–線形符号に対し $\mathbf{R}^2$ の領域 $[0,1]^2$ の点 $(d/n,k/n)$ を対応させる．そのような点全体の極限点の集合 U_q を考える．つまり，$(a,b) \in U_q$ であるとは，線形符号の列 $\{[n_i,k_i,d_i]$–符号 $\}$ が存在して，$i \to \infty$ となるとき $n_i \to \infty$ となり，かつ $(d_i/n_i, k_i/n_i) \to (a,b)$ となることである．このとき，狭義の単調減少連続関数 $\alpha_q : [0,1] \longrightarrow [0,1]$ が存在して，U_q の形状は $U_q = \{(\delta,R) \mid 0 \leqq R \leqq \alpha_q(\delta)\}$ となる．こに，$\alpha_q(\delta)$ は，
$$\alpha_q(0) = 1, \alpha_q(\delta) \leqq \max\{1 - \tfrac{q}{q-1}\delta, 0\}$$
を満たす関数である (マニンの定理) (Manin[4])．max は最大値を表す．区間 $0 \leqq \delta \leqq 1$ で定義された関数 $H_q(\delta)$ を
$$\begin{cases} H_q(0) = 0 \\ H_q(\delta) = \delta \log_q(q-1) - \delta \log_q \delta - \\ \qquad (1-\delta)\log_q(1-\delta) \quad 0 < \delta < \tfrac{q-1}{q} \\ H_q(\delta) = 1 \quad \tfrac{q-1}{q} \leqq \delta \leqq 1. \end{cases}$$
によって定義し，$\beta_q(\delta) = 1 - H_q(\delta)$ とおく．このとき，$\beta_q(\delta) \leqq \alpha_q(\delta)$ なる評価式が知られている (バルシャモフ–ギルバート限界式 (Varshamov–Gilbert bound))．代数幾何符号を用いることによって，二つの曲線 $R = \beta_q(\delta)$ と $R = \alpha_q(\delta)$ は一致しないことも示されている (Tsfasman–Vlădut–Zink[6])．

効率のよい復号法については，BCH 符号の復号法としてバーレカンプ–マーシー法 (Berlekamp–Massey algorithm[3])，代数幾何符号の復号法としてフェン・ラオ法 (Fen–Rao algorithm[7]) など興味深い研究がなされている．近年，符号理論は，保型形式論，格子理論，共形場理論など，数学のほかの分野でも利用されている．符号理論の歴史や情報理論的側面の解説に関しては数理情報理論辞典 [8] を参照されたい． [桂　利行]

参考文献

[1] W. Ebeling：*Lattice and Codes*, Vieweg, 1994.
[2] V.D. Goppa：Codes on algebraic curves, *Dokl. Akad. Nauk SSSR*, **259**, 1289–1290, 1981.
[3] 今井秀樹：符号理論，電子情報通信学会，1990.
[4] Yu.I. Manin：What is the maximal number of points on a curve over $\mathbf{F}_2$, *J. Fac. Sci. Univ. Tokyo Sect. IA Math.*, **28**, 715–720, 1982.
[5] R. Pellikaan, B.–Z. Shen, G.J. van Wee：Which linear codes are algebraic–geometric? *IEEE Trans. Information Theory*, **37**, 583–602, 1991.
[6] M.A. Tsfasman, S.G. Vlădut, Th. Zink：Modular curves, Shimura curves, and Goppa codes, better than Varshamov–Gilbert bound, *Math. Nachr.*, **109**, 21–28, 1982.
[7] G.–L. Fen, T.R.N. Rao：Decoding algebraic–geometric codes up to the designed minimum distance, *IEEE Trans. on Information Theory*, **39**, 37–45, 1993.
[8] 大矢雅則ほか編：数理情報科学事典，朝倉書店，1995.

付　値

valuation

1　一般の付値

本項目における環は可換環で 1 をもち，体は可換体とする．

離散付値環 R においては，その素元の一つを π とすると，すべてのイデアルが，$(0) \subsetneq \cdots \subsetneq (\pi^{n+1}) \subsetneq (\pi^n) \subsetneq \cdots \subsetneq (\pi) \subsetneq R$，と一列に並ぶ．このことを一般化して，すべてのイデアルが包含関係について全順序集合をなす，すなわち任意のイデアル I, J に対して，$I \subseteq J$ または $J \subseteq I$ が成り立つような整域 R を付値環 (valuation ring) と呼ぶ．したがって，付値環には極大イデアルがただ一つしか存在しないが，離散付値環以外の付値環はネーター環にはならないため，ネーター性を仮定している局所環とは異なる性質をもつ．

付値環 R の商体を K とする．0 でない元 $x \in K^\times$ は R の元 a, b を用いて $x = a/b$ と書ける．R のイデアル aR と bR は $aR \subseteq bR$ または $bR \subseteq aR$ であるから $x \in R$ または $x^{-1} \in R$ である．逆に，体 K の部分環 R は，この性質を満たすならば付値環である．また，任意の付値環は整閉であることがわかる．

付値環 R の商体 K の元 $x \neq 0$ の生成する R 加群 xR の全体 Γ は積 $xRyR = xyR$ によりアーベル群 Γ をなし，しかも整数の順序を有理数に拡張したのと同じ方法により，$xR \geqslant yR \Leftrightarrow xR \subseteq yR$ とおいて，全順序の構造をもつ (向きに注意)．以下，Γ の群演算を加法で表す．$\nu : K^\times \to \Gamma$ を $\nu(x) = xR$ とすると ν は準同型，すなわち $\nu(xy) = \nu(x) + \nu(y)$ を満たし，さらに ν は Γ の順序に関して非アルキメデス的不等式 $\nu(\alpha + \beta) \geqslant \mathrm{Min}\{\nu(\alpha), \nu(\beta)\}$ を満たす．一般に，体 K に対して，$K^\times$ から全順序づけられた加法群 Γ の上への準同型 $\nu : K^\times \to \Gamma$ であって，非アルキメデス的不等式を満たすものを K の付値 (valuation) と呼ぶ．このとき，$R = \{x \in K^\times \mid \nu(x) \geqslant 0\} \cup \{0\}$ は K の中の付値環である．Γ を付値 ν の付値群 (value group) とよぶ．なお，Γ に無限大の元，すなわち任意の $\gamma \in \Gamma$ に対して $\infty > \gamma$ となる ∞ を添加して $\nu(0) = \infty$ とおくこともある．

体 K に付値 $\nu : K^\times \to \Gamma$ が与えられることと，K を商体とする付値環 R が与えられることは同値である．また，K を商体とする付値環は K の部分環 R であって，極大イデアルが $\mathfrak{M}$ ただ一つしかないもののなかで，極大イデアルも含めた包含関係，すなわち $R_1 \subseteq R_2$ かつ $\mathfrak{M}_1 \subseteq \mathfrak{M}_2$ のとき，R_2 は R_1 より大きいとする順序で，極大なものとして特徴付けることもできる．したがって，ツォルンの補題により，どんな体にも付値環が存在する．複雑な付値が存在する体は，その構造が複雑であると考えられる．たとえば，有限体には自明な付値，すなわち $R = K$，同じことだが $\Gamma = \{0\}$，という付値しか存在しない．なお，かってな全順序加群 Γ に対して，Γ を付値群とする付値をもつ体を構成することができる．

2　付値の分類

付値の分類は付値群 Γ の全順序加群としての構造と，付値環の剰余体 $R/\mathfrak{M}$ の構造とで分類される．ここで，$\mathfrak{M}$ は R の極大イデアルであって，$\mathfrak{M} = \{\alpha \in R \mid \nu(\alpha) > 0\} \cup \{0\}$ と表せる．R に $\mathfrak{M}$ とも $\{0\}$ とも異なる素イデアル $\mathfrak{P}$ が存在する場合は $\{\nu(\alpha) \mid \alpha \in R \setminus \mathfrak{P}\}$ は Γ の部分群 Γ' であって，$\{0\} \subsetneq \Gamma' \subsetneq \Gamma$ となるものを生成する．この Γ' は次の性質をもつ．$a \geqslant b \geqslant 0$ かつ $a \in \Gamma'$ ならばかならず $b \in \Gamma'$．この性質をもつ部分群 Γ' を Γ の孤立部分群 (isolated subgroup) と呼ぶ．$\{0\}$ と Γ は自明な孤立部分群である．Γ の真の孤立部分群の個数は無限個のときもあるが，そのときも含めて R の $\{0\}$ でない素イデアルの個数と等しい．これを付値の階数 (rank) または高さ (height) と呼び $\rho(\Gamma)$ で表す．一方，付値群 Γ は $\mathbf{Z}$ 加群であるが，これを有理数体 $\mathbf{Q}$ まで係数拡大した $\Gamma_{\mathbf{Z}} \otimes \mathbf{Q}$ の $\mathbf{Q}$ 上の階数を Γ の有理階数 (rational rank) といい $r(\Gamma)$ で表す．一般に $\rho(\Gamma) \leqq r(\Gamma)$ が成り立つ．たとえば，$\Gamma = \mathbf{Z} + \sqrt{2}\mathbf{Z}$ のとき，$\rho = 1$ かつ $r = 2$ である．

R を階数が 1 の付値環，すなわち素イデアルが

$\{0\}$ と $\mathfrak{M}$ だけしかない付値環とする．このとき，付値群 Γ は実数のなす加法群 $\boldsymbol{R}$ の部分群 G と順序同型になる．G に最小元 μ があれば R は $\nu(\pi) = \mu$ となる π を素元とする離散付値環である．一方，G に最小元が存在しない付値，すなわち有理階数が 2 以上の付値も存在する．たとえば，$K = \boldsymbol{Q}(x, y)$ に対して，$\nu(1) = 0, \nu(x) = 1, \nu(y) = \sqrt{2}$ で定義される付値は，付値群が $\boldsymbol{Z} + \sqrt{2}\boldsymbol{Z}$ となり $\rho = 1, r = 2$ となる．有理数体 $\boldsymbol{Q}$ の p 進付値を代数閉包 $\overline{\boldsymbol{Q}}$ まで延長した付値の付値群は $\boldsymbol{Q}$ に順序同型であるから，$\rho = 1, r = \infty$ となる．

3　付値体の位相

体 K に付値 ν が与えられたとき，$\alpha \in \Gamma$ に対して $V_\alpha = \{x \in K^\times \mid \nu(x) > \alpha\} \cup \{0\}$ は K の加法群としての部分加群になる．$\{V_\alpha\}$ を 0 の基本近傍系とする位相が K に定義される．この位相はハウスドルフの分離公理を満たし，K は全不連結となり，剰余体 $R/\mathfrak{M}$ に引き起こされる位相は離散位相である．この位相に関して K を完備化することができる [1]．

重要な場合として，K の ν による位相が局所コンパクトになるための必要十分条件は，ν の付値群が $\boldsymbol{Z}$ であり，K が ν に関して完備であり，R の剰余体 $R/\mathfrak{M}$ が有限体となることである．このような K は有限次代数体の有限な素因子における完備化，または有限体上の 1 変数代数関数体の素因子における完備化，に限ることが知られている．

4　付値環の分岐理論

体 K の n 次代数拡大 L があるとき，L の付値環 S の K における制限 $R = S \cap K$ は付値環である．逆に K の付値環 R の L における整閉包 R' は L の付値環の有限個の共通部分 $S_1 \cap S_2 \cap \cdots \cap S_g$ となる．S_i の定める付値 $\nu_i : L^\times \to \Gamma_i$ を，R の付値 $\nu : K^\times \to \Gamma$ の延長 (extension) と呼ぶ．各 i について，ν は ν_i の制限であり，Γ_i は Γ の部分加群になる．加群としての指数 $[\Gamma : \Gamma_i]$ を ν_i の ν 上の分岐指数 (ramification index) と呼び，$e(\nu_i/\nu)$ と表す．また，それぞれの剰余体の間の拡大次数 $[S_i/\mathfrak{N}_i : R/\mathfrak{M}]$ を ν_i の ν 上の剰余次数 (residual degree) と呼び $f(\nu_i/\nu)$ と表す．このとき $\sum_{i=1}^g e(\nu_i/\nu)f(\nu_i/\nu) \leqq n$ が成り立つ．

L が K のガロア拡大のとき，ヒルベルト理論の類似が成り立つ．$S = S_1, \tilde{\nu} = \nu_1$ とおき，固定する．$\mathrm{Gal}(L/K)$ の元 g で $g(S) = S$ を満たすものからなる部分群を $\tilde{\nu}$ の ν 上の分解群 (decomposition group) といい Z で表す．Z の元 g で S の極大イデアル $\mathfrak{N}$ に関して $g(\alpha) \equiv \alpha \bmod \mathfrak{N}$ を満たすものからなる部分群を $\tilde{\nu}$ の ν 上の惰性群 (inertia group) と呼び T で表す．それぞれの固定体を L^Z と L^T とする．ν の L^Z への延長は $\tilde{\nu}$ の L^Z への制限 ν' のみとなり，付値群も剰余体も変わらない．ν' の L^T への延長は $\tilde{\nu}$ の L^T への制限 ν'' のみで，付値群は変わらないが剰余体はガロア群が Z/T に同型なガロア拡大になる．拡大 L/L^T がもっとも重要である．ν'' の L への延長は $\tilde{\nu}$ のみであって，$\tilde{\nu}$ の付値群は ν'' の付値群の，指数が $e(\tilde{\nu}/\nu)$ の部分群となり，e が剰余体の標数で割れる場合は剰余体の間に純非分離拡大が引き起こされる．

5　歴史と応用

離散付値でない付値の導入のきっかけは，階数が 1 で有理階数が 2 以上の付値を用いて，巡回拡大ではないアーベル拡大を構成したクルル (Krull) の研究 (1930 年) に始まる．クルルはその後，さらに一般の付値論を展開したが，ザリスキ (Zariski) が代数曲面の特異点解消の代数的証明 (1939 年) に代数関数体の付値を用いてから，研究がさかんになった．なお，代数関数体の基礎体上自明な付値はザリスキによって完全に分類されている．

［前田博信］

参考文献

[1] N. ブルバキ：数学原論 可換代数学，東京図書，1971–1972．

[2] 松村英之：可換環論，共立出版，1980．

不動点定理

fixed point theorem

自然現象や社会現象はある法則や仕組みによって動いている．すべてが動いているようにみえるその中で，動かないところがある．その動かないところが，その動きの中で本質的で重要な部分であることが多い．

X を与えられた集合とし，f を X から X への写像とするとき，$f(x_0) = x_0$ となる x_0 を f の不動点 (fixed point) という．いわゆる「うごかない点」である．たとえば，X を閉区間 $[0,1]$ とし，f を X から X への連続写像とするとき，$f(x_0) = x_0$ となる不動点が X の中に存在してくる．不動点の存在は写像 f のもつ性質と作用する空間 X の性質によって決まってくる．不動点に関する定理がいわゆる不動点定理である．不動点定理は形が単純であるがゆえに幅広い応用をもち，いろいろの分野で有効に用いられている．

1 縮小写像の不動点定理

X, Y を距離空間とし，f を X から Y への写像とする．f が点 x_0 で連続 (continuous) であるとは，$x_n \to x_0$ ならば，$f(x_n) \to f(x_0)$ が成り立つことである．距離空間 X から X への写像 f が縮小写像 (contraction mapping) であるとは，ある非負な数 r $(0 \leq r < 1)$ が存在して

$$d(f(x), f(y)) \leq r d(x,y), \quad \forall x,y \in X$$

が成り立つときをいう．

定理（縮小写像の不動点定理） X を完備距離空間とし，f を X から X への縮小写像とする．このとき，X の中に f の不動点がただ一つ存在する．

この定理を用いて1階の微分方程式 $y' = f(x,y)$ で，$y(x_0) = y_0$ を満たす解 $y(x)$ の存在を考えてみよう．実際この問題は

$$y(x) = y_0 + \int_{x_0}^{x} f(t, y(t)) dt$$

を満たす解 $y(x)$ を求めることと同じである．そこで

$$(Ty)(x) = y_0 + \int_{x_0}^{x} f(t, y(t)) dt$$

とおくと，上の問題はある条件の下で $Ty = y$ となる写像 T の不動点 y を求める問題と同じになるのである．縮小写像の不動点定理はきわめて有用であり，微分方程式のほかにもいろいろの分野で解の存在証明に対してよく用いられている．完備距離空間では，カリスティ (Caristi) によって証明された次の定理もある．

定理（カリスティの不動点定理） X を完備距離空間とし，ϕ を X から $[0, \infty)$ への下半連続関数とする．f を X から X への写像で

$$d(x, f(x)) \leq \phi(x) - \phi(f(x)), \quad \forall x \in X$$

を満たすものとする．このとき，f は X の中に不動点をもつ．

この定理から縮小写像の不動点定理は系として得られる．カリスティの定理は距離空間の完備性を目一杯使っている点，また写像に連続性が仮定されていない点に特徴がある．

2 非拡大写像の不動点定理

距離空間 X 上で定義されている写像 f が

$$d(f(x), f(y)) \leq d(x,y), \quad \forall x,y \in X$$

を満たすとき，非拡大写像 (non-expansive mapping) といわれる．この写像に対する不動点は X が完備であっても，一般には存在しない．たとえば，$\boldsymbol{R}^2$ で

$$X = \{(x_1, x_2) : x_1{}^2 + x_2{}^2 = 1\}$$

とし，写像 f を時計と反対回りに 90 度回転させる写像とすると，X は完備な距離空間で，f は不動点をもたない非拡大写像であることがわかる．非拡大写像の不動点定理はバナッハ空間 (Banach space) の凸性と大きなかかわりがある．K をバナッハ空間の部分集合とし，$x \in K$ に対し

$$\gamma_x(K) = \sup\{\|x - y\| : y \in K\},$$
$$\delta(K) = \sup\{\|x - y\| : x, y \in K\}$$

とする．バナッハ空間の閉凸集合 X が正規構造 (normal structure) をもつとは，X の 2 点以上を含む任意の有界閉凸集合 K が $\gamma_x(K) < \delta(K)$ と

なるような点 $x \in K$ を含むときをいう．一様凸なバナッハ空間の閉凸集合やバナッハ空間のコンパクト凸集合は正規構造をもっている．

定理 (カーク (Kirk) の不動点定理) X を回帰的バナッハ空間の有界閉凸集合とし，正規構造をもつものとする．このとき，X から X への非拡大写像 f は X の中に不動点をもつ．

3 連続写像の不動点定理

縮小写像や非拡大写像はあきらかに連続写像であるが，連続写像に対する不動点定理には次の定理がある．

定理 (ブラウワー (Brouwer) の不動点定理) X をユークリッド空間 $\boldsymbol{R}^n$ の有界閉で凸な集合とし，f を X から X への連続写像とする．このとき，f は X の中に不動点をもつ．

この定理は現代数学においてもっとも重要な定理の一つである．ブラウワーの不動点定理はシャウダー，ティホノフによって以下の定理のように無限次元空間にまで拡張された．

定理 (シャウダー (Schauder) の不動点定理) X をバナッハ空間のコンパクトで凸な集合とし，f を X から X への連続写像とする．このとき，f は X の中に不動点をもつ．

定理 (ティホノフ (Tychonoff) の不動点定理) X を局所凸な線形位相空間のコンパクトで凸な集合とし，f を X から X への連続写像とする．このとき，f は X の中に不動点をもつ．

上の三つの不動点定理はコンパクトの概念と結びついて，純粋数学でも応用数学でも不可欠な定理となっている．

4 写像の族に対する不動点定理

これまでは一つの写像の不動点定理を述べてきたが，この節では写像族に対する共通不動点定理について述べる．ベクトル空間の凸集合 X 上で定義された写像 f がアフィン (affine) であるとは，任意の $x, y \in X$ と $\alpha + \beta = 1$ となる非負の数 α, β に対して
$$f(\alpha x + \beta y) = \alpha f(x) + \beta f(y)$$
が成り立つときをいう．写像の族に対する不動点定理には次の定理がある．

定理 (マルコフ (Markov)–角谷の定理) X を線形位相空間の空でないコンパクト凸集合とする．$\mathcal{F}$ を互いに可換な X から X への連続でアフィンな写像の族とする．このとき，X の中に $\mathcal{F}$ の共通な不動点が存在する．

アフィンという条件を非拡大という写像に置き換えると次の定理が成り立つ．

定理 (ブラウダー (Browder)–笠原の不動点定理) X を一様凸なバナッハ空間の有界閉凸集合とし，$\mathcal{F}$ を互いに可換な X から X への非拡大写像の族とする．このとき，X の中に $\mathcal{F}$ の共通の不動点が存在する．

マルコフ–角谷の不動点定理は Day により非可換の場合に拡張され，ブラウダー–笠原の定理は高橋–Jeong によって非可換の場合に拡張されている．これらの写像族に対する不動点定理は力学系の問題や線形および非線形のエルゴード理論の研究に利用されている．

5 多価写像族に対する不動点定理

点を集合にうつす写像を多価写像または集合値写像 (set-valued mapping) というが，この写像に対しても不動点の概念は拡張されている．X をある集合とし，T を X の点を X の部分集合にうつす集合値写像とする．このとき，$x_0 \in Tx_0$ となる点 x_0 を T の不動点という．この写像に対する不動点の研究はオペレーションズリサーチや理論経済学の要請により始められたものである．

X を距離空間とし，$BC(X)$ を X の空でない有界閉集合の全体とする．このとき，$A, B \in BC(X)$ に対して，ハウスドルフの距離 H を
$$H(A, B) = \max\{\sup_{x \in A} d(x, B), \sup_{x \in B} d(x, A)\}$$
で定義する．ただし
$$d(x, A) = \inf\{d(x, y) : y \in A\}$$

である．このとき，$(BC(X), H)$ は距離空間となる．さらに，X が完備であれば $(BC(X), H)$ は完備な距離空間にもなる．距離空間 X から距離空間 $BC(X)$ への写像 T が縮小であるとは，ある非負の数 r $(0 \leqq r < 1)$ が存在して，任意の $x, y \in X$ に対して $H(Tx, Ty) \leqq r d(x, y)$ が成り立つときをいう．また，X から $BC(X)$ への写像 T が非拡大であるとは，任意の $x, y \in X$ に対して $H(Tx, Ty) \leqq d(x, y)$ が成り立つときをいう．

定理 (ナドラー (Nadler) の不動点定理) X を完備距離空間とし，$BC(X)$ を X の空でない有界閉集合の全体とする．このとき，X から $BC(X)$ への縮小写像 T は X の中に不動点をもつ．

定理 (リム (Lim) の不動点定理) X を一様凸なバナッハ空間の有界凸集合とし，T を X から $BC(X)$ への非拡大写像で任意の $x \in X$ に対して，Tx がコンパクト集合となるものとする．このとき，T は X の中に不動点をもつ．

X と Y を位相空間とし，T を X の点を，Y の空でない集合にうつす集合値写像とする．このとき，T が x_0 で上半連続 (upper semicontinuous) であるとは，Tx_0 の近傍 V に対して，x_0 の近傍 U が存在して，$y \in U$ ならば $Ty \subset V$ が成り立つときをいう．T が X で上半連続，または単に上半連続であるとは，T が X のすべての点で上半連続であるときをいう．

定理 (角谷の不動点定理) X をユークリッド空間 $\boldsymbol{R}^n$ の有界で凸な閉集合とし，T を X から X への上半連続な多価写像で，点 x を空でない閉凸集合 Tx にうつすものとする．このとき，T の不動点が存在する．

この定理はファン (Fan) によって次の定理にまで拡張された．

定理 (ファンの不動点定理) X を局所凸な線形位相空間のコンパクトで凸な集合とし，T を X から X への上半連続な写像で，点 x を空でない閉凸集合にうつすものとする．このとき，T の不動点が存在する．

上半連続を仮定しない多価写像不動点定理には次のものがある．

定理 (ファン–ブラウダーの不動点定理) X を線形位相空間のコンパクトな凸集合とし，T を X から X への多価写像で，次の (a) と (b) を満たすものとする．(a) $y \in X$ に対して，$T^{-1}y$ は空でない凸集合である；(b) $x \in X$ に対して，Tx は開集合である．このとき，T は不動点をもつ．

集合値写像の不動点定理は制御理論や数理経済学で大切なミニ・マックス定理などの証明に用いられる．

6 ミニ・マックス定理

C をノルム空間 E の凸集合とし，$f : C \to \boldsymbol{R}$ とする．このとき，f が擬凸 (quasi convex) であるとは，任意の $\alpha \in \boldsymbol{R}$ に対して，$\{x \in C : f(x) \leqq \alpha\}$ が凸集合となることである．f が擬凹 (quasi concave) であるとは，$-f$ が擬凸となるときをいう．ファン–ブラウダーの不動点定理を用いて次のシオン (Sion) のミニ・マックス定理が証明できる．

定理 C と D をそれぞれ線形位相空間 E と F のコンパクトで凸な集合とする．$f : C \times D \to \boldsymbol{R}$ は次の条件を満たすものとする．(a) $y \in D$ に対し，$x \mapsto f(x, y)$ は下半連続で擬凸である；(b) $x \in C$ に対し，$y \mapsto f(x, y)$ は上半連続で擬凹である．このとき

$$\max_{y \in D} \min_{x \in C} f(x, y) = \min_{x \in C} \max_{y \in D} f(x, y)$$

が成り立つ． ［高橋　渉］

参考文献

[1] W. Takahashi : *Nonlinear Functional Analysis*, Yokohama Publishers, 2000.
[2] K. Goebel, W.A. Kirk : *Topics in Metric Fixed Point Theory*, Cambridge University Press, 1990.
[3] W. Takahashi, D.H. Jeong : Fixed point theorem for nonexpansive mappings on Banach space, *Proc. Amer. Math. Soc.* **122**, 1175–1179, 1994.
[4] 増田久弥：非線形数学，朝倉書店，1985.

ブラウアー群

Brauer group

1 中心的単純環

体 (可換とする) F に対して，F 上の (結合的) 多元環 (あるいは F–代数)((associative) F-algebra) とは，体 F 上のベクトル空間 A およびその上の演算 $A \times A \to A; (x,y) \mapsto xy$ の組であって，次の条件を満たすもののことである:

- A はベクトルの和および $(x,y) \mapsto xy$ によって (単位元をもつ結合的) 環をなす．
- 乗法は F–双線形である．

以下，A は零環でないものとする．$k \in F$ を $k \cdot 1_A$ と同一視することにより F を A の部分体とみることができる．一般に，環 R に対してその中心 (center) を

$$Z(R) := \{r \in R \mid rs = sr (\forall s \in R)\}$$

と定義する．F 上の多元環 A に対しては，乗法の F–双線形性から $F \subseteq Z(A)$ である．

同値な定義として，F 上の多元環とは，単位的結合環 A および単位的 (すなわち 1 を 1 に写す) 準同型 $i: F \to Z(A)$ の組である，といってもよい．

F 上の多元環 A に対して，以下の用語を準備しておく．

用語． (1) A が**有限次** (あるいは**有限次元**)(finite dimensional) であるとは，F 上のベクトル空間として有限次元であることである．

(2) A が**単純** (simple) であるとは，A は零環でなく，かつ A の両側イデアルが A と $\{0\}$ のみであることである．

(3) A が**中心的** (central) であるとは $Z(A) = F$ であることである．

(4) A が**斜体** (あるいは**可除代数**)(skew field, division algebra) であるとは，A は零環でなく，任意の $a \in A \setminus \{0\}$ に対して，$ab = ba = 1$ となる $b \in A$ が存在することである．

以下，F 上有限次の中心的単純多元環を単に**中心的単純環**と呼ぶ．

半単純代数に関する Wedderburn の構造定理より，中心的単純環は以下のように記述される．A を中心的単純環とするとき，F 上有限次かつ中心的な斜体 D および正の整数 n が一意的に存在して $A \cong M_n(D)$ である．逆に，F 上有限次かつ中心的な斜体 D および正の整数 n に対して，$M_n(D)$ は中心的単純環である．

A, B が F 上の多元環であるとき，F 上のテンソル積 $A \otimes B$ には $(a_1 \otimes b_1)(a_2 \otimes b_2) := a_1 a_2 \otimes b_1 b_2$ により F 上の多元環の構造が定まる．A, B が中心的単純環であれば，$A \otimes B$ も中心的単純環である．

2 定 義

F 上の有限次中心的単純多元環の同型類のなす集合を $S(F)$ と書こう．$S(F)$ 上に以下の関係を定めると，同値関係になる: $A \sim B \Leftrightarrow F$ 上の有限次中心的斜体 D および正の整数 m, n が存在して，$A \cong M_m(D), B \cong M_n(D)$．

実際，$A \sim B$ は A と B が森田同値である (すなわち A 上の有限生成加群の圏と B 上の有限生成加群の圏が F 線形圏として同値である) という条件と同じことである．

A の同値類を $[A]$ と書く．

集合 $\mathrm{Br}(F) := S(F)/\sim$ 上で $[A] + [B] = [A \otimes B]$ により well–defined な演算が定義され，この演算により $\mathrm{Br}(F)$ は可換群をなす (そこで演算を加法的に書く)．これを F の**ブラウアー群** (Brauer group) と呼ぶ．

$[A]$ の逆元は $[A^{op}]$ である．ここで，**逆多元環** (opposite algebra) A^{op} は A を積 $(a,b) \mapsto ba$ によって多元環とみたものである．

定義より，$\mathrm{Br}(F)$ は集合としては F 上の有限次中心的斜体の同型類の集合と同一視できる．

3 制限写像・余制限写像

体拡大 K/F が与えられたものとする．F 上の中心的単純環 A に対して $A \otimes_F K$ は K 上の中心的単純環である．これにより**制限写像** (restriction map) $\mathrm{Res}_{K/F}: \mathrm{Br}(F) \to \mathrm{Br}(K)$ が定義される．

相対ブラウアー群 (relative Brauer group) を

$\mathrm{Br}(K/F) := \ker \mathrm{Res}_{K/F}$, すなわち K に係数拡大すると K 上の行列環に同型になる多元環の類のなす部分群と定める.$\mathrm{Res}_{K/F}([A]) = 0$ となるような拡大体 K を A の分解体 (splitting field) と呼ぶ.任意の中心的単純環は有限次分離的な分解体をもつので $\mathrm{Br}(F) = \bigcup_{K/F: 有限次ガロア} \mathrm{Br}(K/F)$ となる.

また,有限次分離的体拡大 K/F に対しては余制限写像 (corestriction map) $\mathrm{Cor}_{K/F} : \mathrm{Br}(K) \to \mathrm{Br}(F)$ が定義され,$\mathrm{Cor}_{K/F} \circ \mathrm{Res}_{K/F}$ は $[K:F]$ 倍写像である.よって $\mathrm{Br}(K/F)$ の任意の元は $[K:F]$-ねじれ元であること,$\mathrm{Br}(F)$ の任意の元は有限位数であることがわかる.

4 ガロア・コホモロジー

K/F を有限次ガロア拡大とするとき,相対ブラウアー群 $\mathrm{Br}(K/F)$ はガロア・コホモロジー群 $H^2(\mathrm{Gal}(K/F), K^\times)$ と自然に同型である.コホモロジー群のインフレーション写像は相対ブラウアー群の包含と対応し,極限をとることにより $\mathrm{Br}(F) \cong H^2(\mathrm{Gal}(F^{\mathrm{sep}}/F), (F^{\mathrm{sep}})^\times)$ となる.ただし,F^{sep} は F の分離閉包.

コホモロジー群の制限・移送写像はブラウアー群の制限・余制限写像と対応する.

4.1 巡回多元環

とくに,K/F が巡回拡大である場合には巡回多元環 (cyclic algebra) が定義される.これはまた,四元数環の一般化でもある.

K を F の n 次巡回拡大,σ を $\mathrm{Gal}(K/F)$ の生成元,また $a \in F^\times$ とする.このとき,$0 \leqq i < n$ に対して記号 e_i を導入して,

- 左 K-線形空間として $A = \oplus_{i=0}^{n-1} K e_i$,
- $x \in K$ に対して $e_i \cdot x = \sigma^i(x) \cdot e_i$,
- $i+j < n$ のとき $e_i e_j = e_{i+j}$,$i+j \geqq n$ のとき $e_i e_j = a e_{i+j-n}$

とすると,A は F 上の中心的多元環となる.この多元環を $(a, K/F, \sigma)$ と書き,ブラウアー群における類を $[a, K/F, \sigma]$ と書く.

標数が 2 でないものとして,$b \notin (F^\times)^2$ のとき,$\sigma \in \mathrm{Gal}(F(\sqrt{b})/F)$ を $\sigma(\sqrt{b}) = -\sqrt{b}$ により定まるものとすると,四元数環 $\left(\frac{a,b}{F}\right)$ は $(a, F(\sqrt{b})/F, \sigma)$ と書ける.

5 例

5.1 代数閉体・有限体

代数閉体または有限体 k に対して,$\mathrm{Br}(k)$ は自明な群である.とくに,有限斜体は体である (Wedderburn).

5.2 局所体

$\mathrm{Br}(\boldsymbol{R}) = \{[\boldsymbol{R}], [\boldsymbol{H}]\} \cong \left(\frac{1}{2}\boldsymbol{Z}\right)/\boldsymbol{Z}$ である (Frobenius).この同型を $\mathrm{inv}_{\boldsymbol{R}}$ と書く.

F を $\boldsymbol{Q}_p$ の有限次拡大,π をその素元とする.F の n 次不分岐拡大 (代数閉包の中で一意的に定まる) を F_n とする.$\sigma_n \in \mathrm{Gal}(F_n/F)$ をフロベニウス写像,すなわち剰余体にフロベニウス写像を引き起こすような自己同型とする.有理数 m/n に $[\pi^m, F_n/F, \sigma_n]$ を対応させることにより,$\boldsymbol{Q}/\boldsymbol{Z}$ と $\mathrm{Br}(F)$ の同型が得られる.この同型の逆写像を $\mathrm{inv}_F : \mathrm{Br}(F) \to \boldsymbol{Q}/\boldsymbol{Z}$ と書く.群 $\mathrm{Br}(F)$ は,局所類体論の基本双対写像の値域として重要である.

5.3 代数体

F を代数体とするとき,完全系列
$$0 \to \mathrm{Br}(F) \to \oplus_v \mathrm{Br}(F_v) \to \boldsymbol{Q}/\boldsymbol{Z} \to 0$$
がある (Albert–Hasse–Brauer–Noether).ここで,$\oplus_v$ は有限および無限のすべての素点にわたる直和を表し,最初の写像は局所体への制限写像,二つめの写像は $(a_v) \mapsto \sum \mathrm{inv}_{F_v}(a_v)$ である.

この完全列は大域類体論の相互律・双対写像に深くかかわっている.

6 拡　張

体上のベクトル空間の代わりに可換環上の自由加群や多様体上のベクトル束を考え,中心的単純環の一般化として東屋代数を考えることにより,可換環や多様体,あるいはさまざまなテンソル圏のブラウアー群を定義することができる.

［高橋宣能］

ブラウン運動

Brownian motion

1 物理的ブラウン運動

物理でいうブラウン運動は，1827年に英国の植物学者ロバート・ブラウン (Robert Brown, 1773–1858) が，水中で浸透圧により破裂した花粉から流出した微粒子を顕微鏡下で観察中に発見した現象で，液体媒質中に浮遊する微粒子が非常に不規則に運動する現象である．その後，1905年にアインシュタインが，これは媒質のたくさんの分子が熱運動により不規則に衝突することによって引き起こされる現象であるとして説明する理論を発表した (同じ年に特殊相対性理論も発表された)．この理論により，アヴォガドロ定数を算出する方法が新たに導かれ，1908年に J. ペラン (Perrin) が，この理論に基づきアヴォガドロ定数を測定する実験を行った．その結果は，原子・分子の理論の正しさを確認するものとなり，ペランはこの業績により 1926 年にノーベル賞を受賞している．

ブラウン運動は，上記のとおり熱運動する水分子の衝突による無数の衝撃の影響である．これらの衝撃は (i) 一つ一つは無視できるほど微小ながら (ii) 積算すると意味のある大きさとなる (iii) 時間的に一様かつ瞬間瞬間独立，という性質をもつノイズである．中心極限定理によればこのようなノイズの積算は正規分布に従うと考えてよい．また，このようなノイズは，共分散関数のスペクトル分解を考えるとすべてのスペクトルが均等に出てくることから，ホワイトノイズ (white noise) または白色雑音と呼ばれ，さまざまな物理現象，経済，遺伝などに現れる不確定要因の記述に用いられる．

非常に多くの媒質粒子の微小衝撃 (ホワイトノイズ) が物理的ブラウン運動の不規則さを生むという考え方は，同様に，経済や生物などにおける多数の原因によって複雑な変動を示す偶然量の記述にも応用できる．伊藤清の確率微分方程式の理論が金融界でオプション価格の計算などに用いられたりするのはその例である．

2 ウィナー過程

ウィナー (N. Wiener 1894–1964) は理想化されたブラウン運動を確率過程の一つとして定式化し，数学的に厳密に構成してみせることに成功した．ここで確率過程とは，時間とともに変動する偶然量の数学モデルであり，時間を表すパラメータ t をもつ (同じ確率空間で定義された) 確率変数の族 $\{X_t\}_{t\geq 0}$ のことである．

確率過程 $\{B_t\}_{t\geq 0}$ は次の四つの性質をもつとき，(標準) ブラウン運動またはウィナー過程と呼ばれる．

(B–1) $B_0 = 0$,

(B–2) B_t は t について連続,

(B–3) 任意の有限個の時点 $0 \leq t_0 < t_1 < \cdots < t_n$ に対し，各小区間での増分
$$B_{t_1} - B_{t_0}, \ldots, B_{t_n} - B_{t_{n-1}}$$
は互いに独立,

(B–4) $0 \leq s \leq t$ のとき $B_t - B_s$ は正規分布 $N(0, t-s)$ に従う．

これはまた，時刻 $t = 1$ のとき標準正規分布 $N(0,1)$ に従うようなレヴィ過程といっても同じことである．代表的な軌跡の計算機シミュレーション結果を下にあげる．

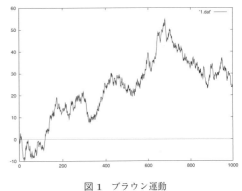

図 1 ブラウン運動

なお，上記のブラウン運動 $\{B_t\}_{t\geq 0}$ に，これとは独立な確率変数 ξ を加えて得られる確率過程 $\{\xi + B_t\}_{t\geq 0}$ を「ξ を初期値とするブラウン運動」という．

現代的立場からは，このウィナーのブラウン運動は，物理的なブラウン運動そのものの数学モデルというよりは，その運動を引き起こす外的な衝撃 (ホ

ワイトノイズ) の積算を記述するものと考える方が妥当で, 物理的ブラウン運動自体の数学モデルには, オルンシュタイン–ウーレンベック (Ornstein–Uhlenbeck) のブラウン運動がある [1].

ブラウン運動は, ホワイトノイズの積算 (積分) であるから, したがって, 逆にホワイトノイズは数学的にはウィナー過程の時間微分として定義される. もっとも, 後述のように, ウィナー過程は連続ではあるが至る所微分不可能であるような複雑な軌跡をもつ. したがって, 微分は通常の意味では存在せず, 超関数の範囲で考える必要がある.

ブラウン運動の重要な性質として, 正規過程であることが挙げられる. 正規過程とは, 任意の線形結合 $\sum_{j=1}^n a_j B_{t_j}$ が正規分布に従うことである. 一般に, 正規過程の確率法則は, 平均と共分散で決まるが, ブラウン運動の場合は

$$E[B_t] = 0, \quad E[B_t B_s] = \min(t, s) \quad (1)$$

である. したがって, 逆に (1) を満たす連続な正規過程としてブラウン運動を定義することもできる.

3 いくつかの性質

ブラウン運動は任意の $c > 0$ について $\{B_{ct}\}_t$ は $\{\sqrt{c} B_t\}_t$ と同法則という意味で自己相似であり, 時間とともに $\sqrt{t}$ のオーダーで拡散していくが, 次のことが確率 1 で成り立つ. これをヒンチン (A. Khintchine) の重複対数の法則という.

$$\limsup_{t \to \infty} \frac{B_t}{\sqrt{2t \log \log t}} = 1 \quad (2)$$

$$\liminf_{t \to \infty} \frac{B_t}{\sqrt{2t \log \log t}} = -1 \quad (3)$$

またこのことから, ブラウン運動が再帰的 (recurrent) であることがわかる. すなわち, 軌跡が原点 (あるいは任意に指定された点) を無限回訪問する確率は 1 である.

ブラウン運動は連続な軌跡をもつが, その連続性については各時刻 $t = t_0$ について次のことが確率 1 で成り立つ. これも重複対数の法則という.

$$\limsup_{t \to t_0} \frac{|B_t - B_{t_0}|}{\sqrt{2|t - t_0| \log \log(1/|t - t_0|)}} = 1.$$

よって, ブラウン運動の軌跡 (路) の連続性は, およそ 1/2 ヘルダー連続であるといえる. このことから, その微分不可能性も導かれる. なお, 有限な長さをもたないことも知られている.

4 多次元ブラウン運動

水中を浮遊する粒子の運動は本来 3 次元的であり, またそれを顕微鏡で覗くときは 2 次元的である. したがって, 前節まで $\boldsymbol{R}$ に値をとる確率過程を考えたのは, 1 つの座標にのみ注目したものである. 多次元で考えたいときは単に独立なブラウン運動を並べるだけでよい. すなわち, d 次元ブラウン運動とは $\boldsymbol{R}^d$ 値の確率過程 $\{(B_t^{(1)}, \ldots, B_t^{(d)})\}_t$ で, 各成分が独立でそれぞれ 1 次元ブラウン運動になっているものである. この定義では座標の選び方に依存するようにみえるが, 確率法則は実は回転不変となる. 2 次元の場合の代表的な軌跡を下に挙げる.

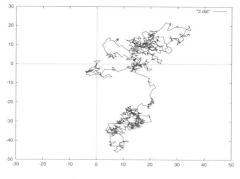

図 2　2 次元ブラウン運動

多次元ブラウン運動で特筆すべきことの一つは, 再帰性である. 1 次元では任意に指定された点を確率 1 で訪問するという意味で再帰的であったが, 2 次元では指定された 1 点を訪問する確率は 0 である. しかし, その点の任意の近傍を訪問する確率は 1 であるという意味では再帰的である. これに対し, 3 次元以上では $\lim_{t \to \infty} |B_t| = \infty$ が確率 1 で成り立ち, したがって再帰的でない (一時的であるという).

[笠原勇二]

参考文献

[1] 伊藤　清: 確率論, 岩波書店, 1953.
[2] 飛田武幸: ブラウン運動, 岩波書店, 1975.

フラクタル集合

fractal set

フラクタル集合とは，カントール集合，シルピンスキーのガスケット (図 4)，ワイエルシュトラス関数，コッホ曲線 (図 1) などの一連の数学的対象の総称であり，「フラクタル集合」という言葉自体に数学的な定義は存在しない．これらの数学的対象の特徴として，「非整数の次元をもつ．」「自己相似的である．」「いたるところなめらかでない．」などが挙げられるが，いずれもフラクタル集合と呼ばれるための必要条件でもないし，十分条件でもない．たとえば，レヴィ曲線 (図 3) は R^2 の部分集合として内点をもち，そのハウスドルフ次元は 2 であるが，典型的なフラクタル集合と考えられている．

前述の諸集合は，19 世紀の後半から 20 世紀の初頭にかけて，数学 (とくに解析学) が厳密に体系化される過程で，「病的な」反例として発見されてきた．たとえば，ワイエルシュトラス関数は「連続な関数は，(ほとんどの点においては) 微分可能である．」というナイーヴな夢を打ち砕いたのである．(エドガー [4] にはワイエルシュトラス，カントール，コッホの原論文を含めフラクタルに関する古典的文献が集められている．) いわば影の存在であったこれらの対象を，「フラクタル」という形で表舞台に引き出したのがマンデルブロー (Benoit Mandelbrot) である．彼は 1982 年出版の著書 [1] (日本語訳は 1985 年出版) において，「山や海岸線など自然界に存在するさまざまな形は，細かく分割して拡大すれば単純な形に帰着できる訳ではなく，したがってなめらかな曲線や曲面でモデル化することはできない」と主張した．たとえば，リチャードソンによる研究を引用し，海岸線は非整数の次元をもつ長さが無限大の曲線で表現するべきと結論付けている．そして，なめらかな曲線や曲面に代わり自然界を記述するための数学的対象として「フラクタル」という概念を創造し，その主役の座にカントール集合など自然界とは縁遠いものと思われてきた「病的」な集合達を据えた．「フラクタル」は数学のみならず自然科学全般に大きな影響を与え，今日では自然科学におけるもっとも重要な概念の一つとなっている．

「フラクタル」という概念が導入される以前にも，数学において非整数の次元をもつ集合や自己相似性をもつ集合は幾何学的測度論 (geometric measure theory) を中心にやエルゴード理論，力学系などで研究が進められていた．実際，現在の「フラクタル幾何学」は，これらの分野での成果を基礎として成立している．とくに，フラクタル集合の代表的な例であるマンデルブロー集合やジュリア集合は複素力学系の中心的な研究テーマである．

1 フラクタル次元

フラクタル集合を特徴づける量としてハウスドルフ次元，ボックス次元，packing 次元などのさまざまな「次元」がある．典型的なフラクタル集合に対しては，これらの次元の値は一致することが多いので，ひとまとめにして「フラクタル次元」と呼ばれることもある．しかしながら，下に述べるようにハウスドルフ次元とボックス次元が等しくない集合なども簡単に構成することができる．また，R^n の縮小率 r の相似縮小写像 N 個の組に関する自己相似集合に対して，$-\frac{\log N}{\log r}$ を相似次元 (similarity dimension) と呼ぶこともあるが，数学的な定義ではない．以下ではボックス次元について解説する．(packing 次元などその他の次元については，ファルコナー [2] を参照のこと．)

1.1 ボックス次元

(X, d) を距離空間とする．K を全有界な X の部分集合とする．$N(K, r)$ を K を覆うのに必要な半径 r の閉球の個数の最小値とする．このとき，K の上ボックス次元 $\overline{\dim}_B K$ および下ボックス次元 $\underline{\dim}_B K$ をそれぞれ，

$$\overline{\dim}_B K = \limsup_{r \downarrow 0} -\frac{\log N(r, K)}{\log r}$$

$$\underline{\dim}_B K = \liminf_{r \downarrow 0} -\frac{\log N(r, K)}{\log r}$$

とおき，$\overline{\dim}_B K = \underline{\dim}_B K$ のとき K のボックス次元 (box dimension) $\dim_B K$ を $\overline{\dim}_B K$ で定義

する. ボックス次元には異なった定義の方法がいくつも存在し, それに応じてエントロピー次元, ミンコフスキー次元, 情報次元, box–counting 次元などさまざまな別名をもつ [2]. ボックス次元とハウスドルフ次元の間には一般に, $\dim_H K \leqq \underline{\dim}_B K$ ($\dim_H K$ は K のハウスドルフ次元) の関係がある. 不等号が成り立つ例として, $\alpha > 0$ に対して, $K_\alpha = \{n^{-\alpha} | n = 1, 2, \ldots\} \cup \{0\}$ とおくと $\dim_H K_\alpha = 0 < \dim_B K_\alpha = (1+\alpha)^{-1}$ となる. 後述のように, 開集合条件を満たす自己相似集合ではハウスドルフ次元とボックス次元は一致する.

2 自己相似集合

フラクタル集合の特徴の一つである「自己相似性」に厳密な定義を与えることは困難である. ここでは, 狭義の意味での自己相似集合に関する基本事項について述べる. (マンデルブロー集合やジュリア集合はここの意味では自己相似集合ではない.)

定理 1 (X, d) を完備な距離空間, S を有限集合とする. 任意の $s \in S$ に対して, f_s を X から X への縮小写像とする. このとき
$$K = \bigcup_{s \in S} f_s(K)$$
を満たす, 空でない X のコンパクトな部分集合 K がただ一つ存在する.

この K を $\{f_s\}_{s \in S}$ に関する自己相似集合 (self–similar set) という. 狭い意味では, $\{f_s\}_{s \in S}$ が $\mathbf{R}^n$ から $\mathbf{R}^n$ の相似縮小写像のときに限り, K を自己相似集合といい, その他の場合には $\{f_s\}_{s \in S}$ の不変集合 (invariant set) と呼ぶこともある. また, $\{f_s\}_{s \in S}$ がアファイン写像のとき, とくに自己アファイン集合 (self–affine set) という.

例 1 (シフト空間 $\Sigma(S)$) 有限集合 S をシンボルとする (片側) シフト空間 (one–sided shift space) $\Sigma(S)$ を
$\Sigma(S) = \{s_1 s_2 \ldots | 任意の n \geqq 1 について s_n \in S\}$
と定義する. $\Sigma(S)$ には S の離散位相から導入される直積位相が入る. この位相で $\Sigma(S)$ は完全かつ完全不連結なコンパクト集合である. すなわち, $\Sigma(S)$ はカントール集合である. $r \in (0, 1)$ と $\omega = \omega_1 \omega_2 \ldots, \tau = \tau_1 \tau_2 \ldots \in \Sigma(S)$ に対して, $d_r(\omega, \tau)$ を $\omega_n \neq \tau_n$ となる n に関する r^n の総和とする. d_r は直積位相を与える $\Sigma(S)$ 上の距離になる. $s \in S$ に対して $\sigma_s : \Sigma(S) \to \Sigma(S)$ を $\sigma_s(s_1 s_2 \ldots) = s s_1 s_2 \ldots$ と定義すると, $d_r(\sigma_s(\omega), \sigma_s(\tau)) = r d_r(\omega, \tau)$ である. とくに σ_s は縮小写像である. $\Sigma(S) = \cup_{s \in S} \sigma_s(\Sigma(S))$ より, $\Sigma(S)$ は $\{\sigma_s\}_{s \in S}$ に関する自己相似集合である.

任意の自己相似集合は, 位相的には $\Sigma(S)$ の適当な同値関係による商空間である. (詳しくは [5] 参照のこと.) この意味で, カントール集合 $\Sigma(S)$ はもっとも基本的な自己相似集合である.

$\mathbf{R}^n$ の自己相似集合のハウスドルフおよびボックス次元に関しては次の定理が成り立つ.

定理 2 S を有限集合とし, 任意の $s \in S$ に対して $f_s : \mathbf{R}^n \to \mathbf{R}^n$ は相似縮小写像で, 次の開集合条件 (open set condition) を満たすとする.
「開集合 $O \neq \emptyset$ があって任意の $s \in S$ で $f_s(O) \subseteq O$, $s_1 \neq s_2$ ならば $f_{s_1}(O) \cap f_{s_2}(O) = \emptyset$.」
このとき $\{f_s\}_{s \in S}$ に関する自己相似集合 K のハウスドルフ次元とボックス次元は一致する. r_s を f_s の縮小率とすると,
$$\sum_{s \in S} (r_s)^\alpha = 1$$
を満たす α に対して, K の α–次元ハウスドルフ測度 $\mathcal{H}^\alpha(K)$ は $0 < \mathcal{H}^\alpha(K) < \infty$ を満たす. とくに, $\dim_H K = \dim_B K = \alpha$ である.

例 2 (カントール集合と単位区間) $r \in (0, 1)$ とする. $f_0(x) = rx, f_1(x) = rx + 1 - r$ と定義し, K^r を $\{f_0, f_1\}$ に関する自己相似集合とする. $r \geqq \frac{1}{2}$ のときは, $K^r = [0, 1]$ である. $r < \frac{1}{2}$ では K^r はカントール集合となり, とくに $K^{\frac{1}{3}}$ はカントールの 3 進集合である. さらに $\overline{\dim}_B K^r = \underline{\dim}_B K^r = \dim_H K^r = \max\{1, -\frac{\log r}{\log 2}\}$ である.

例 3 (コッホ曲線) $w = \frac{1}{2} + \frac{\sqrt{-3}}{6}$ とおき, $F_1(z) = w\bar{z}, F_2(z) = (1-w)\bar{z} + w$ と定義すると F_1, F_2 は $\mathbf{C}$ から $\mathbf{C}$ への相似縮小写像となる. K を $\{F_1, F_2\}$ に関する自己相似集合とする.

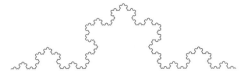

図 1　コッホ曲線

図 2　畑の樹状集合 $c = 0.4 + 0.3\sqrt{-1}$

図 3　レヴィ曲線

図 4　シルピンスキーのガスケット

K はコッホ曲線 (von Koch curve) と呼ばれる．$\dim_H K = \overline{\dim}_B K = \underline{\dim}_B K = \frac{\log 4}{\log 3}$ である．

例 4 (畑の樹状集合)　c を $|c| < 1$ かつ $|1-c| < 1$ を満たす複素数とする．$h_1(z) = cz, h_2(z) = (1-|c|^2)\bar{z} + |c|^2$ とすると，h_1, h_2 は $\boldsymbol{C}$ から $\boldsymbol{C}$ への相似縮小写像である．$\{h_1, h_2\}$ に関する自己相似集合を $H(c)$ とおき畑の樹状集合 (Hata's tree-like set) と呼ぶ．$\dim_H H(c) = \overline{\dim}_B H(c) = \underline{\dim}_B H(c)$ であり，その値は $|c|^\alpha + |1-c|^\alpha = 1$ を満たす α に等しい．

例 5 (レヴィ曲線)　$\boldsymbol{C}$ から $\boldsymbol{C}$ への相似縮小写像 f_1, f_2 を $a = \frac{1+\sqrt{-1}}{2}$ として，$f_1(z) = az, f_2(z) = \bar{a}z + a$ とおく．$\{f_1, f_2\}$ に関する自己相似集合はレヴィ曲線 (Lévy curve) と呼ばれる．レヴィ曲線は内点をもち，2 次元のルベーグ測度の値は $\frac{1}{4}$ に等しい．とくに，ハウスドルフ次元とボックス次元はともに 2 である．

例 6 (シルピンスキーのガスケット)　p_1, p_2, p_3 を $\boldsymbol{C}$ 内の正三角形の頂点とする．$i = 1, 2, 3$ に対して，$g_i(z) = \frac{1}{2}(z - p_i) + p_i$ と定義する．$\{g_1, g_2, g_3\}$ に関する自己相似集合をシルピンスキーのガスケット (Sierpinski gasket) という．そのハウスドルフ次元とボックス次元は一致し，$\frac{\log 3}{\log 2}$ に等しい．

3　発　展

応用上は，フラクタル集合の上で質量や電荷などの分布を考えることも重要である．数学的には距離空間 (K, d) 上のボレル正則な測度 μ を研究することに相当する．たとえば，$B(x, r) = \{y \mid d(x, y) < r\}$ とおくとき，$-\frac{\log \mu(B(x,r))}{\log r}$ の $r \downarrow 0$ の挙動の研究はマルチフラクタル解析 (multifractal analysis) と呼ばれる [2]．さらに，ゴールドスタイン・楠岡によるシルピンスキーのガスケット上の拡散過程の構成を契機として，フラクタル集合上で熱拡散などの物理現象の数学的な研究も近年進められている [5]．

　　　　　　　　　　　　　　　　　[木上　淳]

参　考　文　献

[1] B. マンデルブロー著，広中平祐監訳：フラクタル幾何学，日経サイエンス，1985.
[2] K. ファルコナー著，服部久美子・村井浄信訳：フラクタル幾何学，共立出版，2006.
[3] 木村達雄ほか：現代数学の広がり 2, 岩波書店，2005.
[4] G.A. Edger：*Classics on Fractals, Studies in Nonlinearity*, Westview Press, 2004.
[5] J. Kigami：*Analysis on Fractals, Cambridge Tracts in Math. 143*, Cambridge University Press, 2001.

フーリエ級数 (1変数)

Fourier series

フーリエ級数の基本的な考え方は，周期 L をもつ関数 $f(x)$ を三角関数級数の和 $\frac{1}{2}a_0 + \sum_{n=1}^{\infty}(a_n \cos 2\pi nx/L + b_n \sin 2\pi nx/L)$ として表現することである．このような問題が現代の数学に登場したのは，波動方程式に対するオイラー (L. Euler)，ベルヌーイ (D. Bernoulli)，ラグランジュ (J. Lagrange) などの研究による．他方，フーリエ (J. Fourier) は，熱方程式 $\partial u/\partial t = k\partial^2 u/\partial x^2$ の研究 (1807–1811) において一般に関数はフーリエ展開できるとの信念に基づいて理論を展開した．

1 フーリエ級数の定義

$f(x)$ は周期 2π をもつ実数上の周期関数，または単位円周 $\boldsymbol{T} = [-\pi, \pi)$ 上の関数とする．
$$a_n = \frac{1}{\pi}\int_{-\pi}^{\pi} f(x)\cos nx\, dx,$$
$$b_n = \frac{1}{\pi}\int_{-\pi}^{\pi} f(x)\sin nx\, dx$$
$(n = 0, 1, 2, \ldots)$ を f のフーリエ係数といい，
$$f(x) \sim \frac{1}{2}a_0 + \sum_{n=1}^{\infty}(a_n \cos nx + b_n \sin nx)$$
を f の (実型) フーリエ級数という．ここで関数 f は，リーマン可積分，あるいはより一般的なルベーグ可積分としておく．ルベーグ積分はフーリエ級数の理論の記述にある意味でもっとも合理的である．
$\widehat{f_n} = \frac{1}{2\pi}\int_{-\pi}^{\pi} f(x)e^{-inx}\, dx$ を (複素型) フーリエ係数という．$e^{i\theta} = \cos\theta + i\sin\theta$ であるから，$\widehat{f_n} = (a_n - ib_n)/2$ である．f のフーリエ級数は形式的に $f \sim \sum_{n=-\infty}^{\infty} \widehat{f_n} e^{inx}$ と変形される．これを (複素型) フーリエ級数という．

周期 L の関数 g は変数変換 $f(x) = g(Lx/2\pi)$ によって周期 2π の場合に帰着される．

2 たたみ込みとフーリエ級数の例

周期関数 f, g のたたみ込み (convolution) を $(f*g)(x) = \frac{1}{2\pi}\int_{-\pi}^{\pi} f(x-y)(y)\, dy$ によって定義する．そのとき $\widehat{(f*g)_n} = \widehat{f_n}\widehat{g_n}$ である．また，$K(x)$ が一様収束級数の和 $K(x) = \sum_{-\infty}^{\infty} \lambda_n e^{inx}$ であれば，$(f*K)(x) = \sum_{-\infty}^{\infty} \lambda_n \widehat{f} e^{inx}$ である．

例 1 $D_N(x) = \sum_{-N}^{N} e^{inx}$ とおく．$D_N(x) = \frac{\sin(N+(1/2))x}{\sin x/2}$ である．$D_N(x)$ をディリクレ (Dirichlet) 核という．f のフーリエ級数の第 N 部分和 $s_N(f)(x) = \sum_{-n}^{n} \widehat{f_n} e^{inx}$ はたたみ込みによって $s_N(f)(x) = (f*D)_N(x)$，つまり
$$s_N(f)(x) = \frac{1}{2\pi}\int_{-\pi}^{\pi} \frac{\sin(N+\frac{1}{2})(x-y)}{\sin(x-y)/2} f(y) dy$$
と表される．右辺はディリクレ積分といわれる．

例 2 $F_N(x) = \sum_{-N}^{N}\left(1-\frac{|n|}{N+1}\right)e^{inx} = \frac{1}{N+1}\left(\frac{\sin(N+1)x/2}{\sin x/2}\right)^2$ をフェイエール (Fejér) 核という．$\sigma_N(f)(x) = \sum_{n=-N}^{N}(1-\frac{|n|}{N+1})\widehat{f}(n)e^{inx}$ をチェザロ (Cesàro) 和という．$\sigma_N(f)(x) = (f*F_N)(x)$ である．

例 3 $P_r(x) = \sum_{n=-\infty}^{\infty} r^{|n|} e^{inx} = \frac{1-r^2}{1-2r\cos x + r^2}$ をポアソン (Poisson) 核，$f(r, x) = (f*P_r)(x)$ を f のポアソン積分という．

例 4 $0 \leq a \leq \pi$ に対して $f_a(x) = \max(1 - \frac{|x|}{a}, 0)$，$|x| \leq \pi$，とおく．$f_a$ は屋根型の関数であり，$f_a(x) \sim \frac{a}{\pi}\sum_{n\neq 0}\left(\frac{\sin nax}{na}\right)^2 e^{inx}$ である．

例 5 $f(x) = \pi - x\,(0 < x < 2\pi)$，$f(0) = 0$ とおき周期 2π の関数として延長しておく．f のグラフは鋸歯状であって，$f \sim 2\sum_{n=1}^{\infty}\frac{\sin nx}{n} = \sum_{n\neq 0}\frac{1}{in}e^{inx}$ である．

3 フーリエ級数の収束性

フーリエ級数の部分和 $s_N(f)(x)$ が $f(x)$ に収束するか否かという問題は，当初から議論の対象になった．それはディリクレ積分が $f(x)$ に収束するか否かという問と同等であり，ディリクレ (P.G.L. Dirichlet) によって初めて厳密に収束条件が論じられた．

3.1 収束するための必要条件

f が可積分ならば，$\widehat{f_n} \to 0\,(n \to \pm\infty)$ である (リーマン (Riemann) の定理)．

3.2 収束条件

(1) $\varphi_x(y) = \frac{1}{2}[f(x+y)+f(x-y)] - f(x)$ とおく．点 x において $s_N(f)(x)$ が $f(x)$ に収束する必要十分条件は，任意の $\delta > 0$ の対して $\lim_{n\to\infty}\int_0^\delta \frac{\varphi_x(y)\sin ny}{y}dy = 0$ である．これから，点 x における収束性は，x の近傍の性質にのみに依存する (リーマンの局所性定理) ことが導かれる．

また，$\int_0^\delta |\varphi_x(y)|y^{-1} < \infty$ がある $\delta > 0$ の対して成り立てば，$s_N(f)(x)$ は $f(x)$ に収束する (ディリクレの判定条件)．

(2) もし $f(x)$ が有界変分，区間 (a,b) で連続ならば，その内部に含まれる閉区間で一様収束する (ディリクレ–ジョルダンの条件)．$f(x)$ が有界変分なら，不連続点 x_0 ではフーリエ級数は $y = \frac{1}{2}[f(x_0+0)+f(x_0-0)]$ に収束する．$d = \frac{1}{2}[f(x_0+0)-f(x_0-0)] > 0$ ならば，0 に収束する ε_N を適当に選んで $s_N(f)(x+\varepsilon_N)$ を区間 $[y-dG, y+dG]$ の任意の点に収束させることができる．ここで $G = (\pi/2)\int_0^\pi (\sin t)/t\, dt = 1.17897975\cdots$ である (Gibbs 現象)．

$|f(x)|^p$ が可積分であるとき f は p 乗可積分といい，$f \in L^p(\boldsymbol{T})$ などと書く．

(3) $f \in L^2(\boldsymbol{T})$ ならば，概収束 ([ルベーグ積分] 参照) する (Carleson, 1966)．2 乗可積分という条件は，より弱い条件，$p\,(p>1)$ 乗可積分でもよく (R. Hunt)，現在ではさらに弱い条件で置き換えられている．

(4) (平均収束) $p > 1$ とする．$f \in L^p(\boldsymbol{T})$ ならば，p 乗平均収束，すなわち，
$$\lim_{N\to\infty}\int_{-\pi}^\pi |s_N(f)(x)-f(x)|^p dx = 0$$
である (M. Riesz の定理)．

3.3 発散性

(1) 任意の零集合 E に対して，E のすべての点においてフーリエ級数が発散するような連続関数 f が存在する (Kahane–Katznelson)．

(2) ルベーグ可積分で，そのフーリエ級数がいたるところ発散するような関数が存在する (Kolmogorov)．

4 フーリエ級数と調和関数

f を実数値関数とするとき，ベキ級数 $F(z) = \sum_{n=0}^\infty \widehat{f}(n)z^n$, $z = re^{i\theta}$, を実部，虚部に分け $F(z) = f(r,\theta) + i\tilde{f}((r,\theta)$ と書く．$f(r,\theta) = \frac{1}{2}a_0 + \sum_{n=1}^\infty(a_n\cos n\theta + b_n\sin n\theta)r^n$, $\tilde{f}(r,\theta) = \sum_{n=1}^\infty(b_n\cos nx - a_n\sin nx)r^n$ であって，これらは単位円盤 $|z| < 1$ 上の調和関数である．$f(r,\theta) = (f*P_r)(\theta)$ である．$r \to 1-0$ とするとき $f(r,\theta)$ は $f(\theta)$ に概収束する．

ポアソン核 P_r に対して $Q_r(\theta) = \sum_{n=-\infty}^\infty (-i\,\mathrm{sign}\,n)r^{|n|}e^{in\theta}$ を共役ポアソン核という．$\tilde{f}(r,\theta) = (f*Q_r)(\theta)$ である．$Q_r(x) = \frac{2r\sin\theta}{1-2r\cos\theta + r^2}$ と表される．f が可積分ならば，$\lim_{r\to 1}\tilde{f}(r,\theta)$ は概収束することが知られている．その極限を $\tilde{f}(\theta)$ と書き，共役関数という．共役関数は積分可能とは限らないが，ある $p > 1$ に対して f が p 乗可積分ならば，$\tilde{f}(\theta)$ はまた p 乗可積分となり (M. Riesz の定理)，そのフーリエ級数は $\sum_{n=1}^\infty(b_n\cos nx - a_n\sin nx)$ となる．これを共役フーリエ級数という．共役関数は特異積分 $\tilde{f}(\theta) = \lim_{\varepsilon\to 0}\frac{-1}{\pi}\int_{\varepsilon<|\tau|<\pi}\frac{f(\theta-\tau)}{\tan\tau/2}d\tau$ として表現される．

5 パーセヴァル (Parseval) の等式

関数 f の k 階導関数が可積分であれば，$n^k\widehat{f}_n \to 0\,(|n|\to\infty)$ である．$f, g \in L^2(\boldsymbol{T})$ ならば，$\frac{1}{2\pi}\int_{-\pi}^\pi f(x)\overline{g(x)}dx = \sum_{n=-\infty}^\infty \widehat{f}_n\overline{\widehat{g}}_n$, とくに，
$$\frac{1}{2\pi}\int_{-\pi}^\pi |f(x)|^2 dx = \sum_{n=-\infty}^\infty |\widehat{f}_n|^2$$
(Parseval の等式) であって，$\sum |\widehat{f}_n|^2 < \infty$ である．

[猪 狩 惺]

参 考 文 献

[1] 新井仁之：フーリエ解析，朝倉書店，2003.

[2] 猪狩 惺：フーリエ級数，岩波書店，1975.

[3] E.M. Stein, R. Shakarchi：*Fourier Analysis*, Princeton University Press, 2003. (邦訳) 新井仁之ほか訳：フーリエ解析入門，日本評論社，2007.

[4] A. Zygmund：*Trigonometric Series, 2nd ed*, Cambridge University Press, 1959.

フーリエ級数 (多変数)

Fourier series of several variables

1 多変数フーリエ級数の定義と部分和

1.1 定義

$\boldsymbol{R}^d$ を d 次元ユークリッド空間,その点 $x = (x_1,\ldots,x_d), y = (y_1,\ldots,y_d)$ に対して内積を $xy = x_1y_1 + \cdots + x_dy_d$ と書く.以下多重指数の記法については多重指数の項を参照.$\boldsymbol{T}^d$ は単位円周 $\boldsymbol{T} = [0,2\pi)$ の d 個の直積を表し,$L^1(\boldsymbol{T}^d)$ は $\boldsymbol{T}^d$ 上の可積分関数の集合とする.$f \in L^1(\boldsymbol{T}^d)$ に対して,フーリエ係数は $\widehat{f}_n = \frac{1}{(2\pi)^n} \int_{\boldsymbol{T}^d} f(x)e^{-inx} dx, n \in \boldsymbol{Z}^d,$ で定義される.ここで $dx = dx_1 \cdots dx_d$ である.$nx = n_1x_1 + \cdots + n_dx_d$ であるから,各変数に対する1変数フーリエ係数の重ね合わせである.そして1変数の場合と同様フーリエ級数は $f \sim \sum \widehat{f}_n e^{inx}$ で表される.ここで n は格子点 $\boldsymbol{Z}^d$ 全体を動く.

1.2 部分和

右辺の級数の収束性は1変数の場合と著しく違ってより微妙である.一般に,フーリエ級数の部分和は,原点を内点にもつ $\boldsymbol{R}^d$ の有界な凸集合を C とするとき,$R > 0$ に対して $s_R^C(f)(x) = \sum \widehat{f}_n e^{inx}$ で表される.ここで和は $\{n : R^{-1}n \in C\}$ についてとる.

C が原点を中心とする単位立方体のとき正方形和,単位球のとき球形和という.Δ をラプラシアン $(\partial/\partial x_1)^2 + \cdots + (\partial/\partial x_d)^2$ とすると,$\Delta e^{inx} = -(n_1^2 + \cdots + n_d^2)e^{inx}$ であるから,球形和は,ラプラシアンの固有値の大きさの順にフーリエ級数の和をとったものである.部分和を $\{n = (n_1,\ldots,n_d) \in \boldsymbol{Z}^d : |n_1| \leqq a_1,\ldots,|n_d| \leqq a_d\}$ ととり,$a_1,\ldots,a_d$ を独立に増大させるとりかたもある.これを非制限的 (矩形) 和という.部分和の性質は凸集合 C の形によって著しくことなる.また矩形和であっても非制限的であるか否かによって異なる.たとえば,f が2乗可積分ならば,正方形和はほとんどすべての点で $f(x)$ に収束するが,非制限的な和は連続関数に対してもいたるところで発散することがある.

2 多変数フーリエ変換の定義と反転公式

$\boldsymbol{R}^d$ 上の可積分関数 f に対してフーリエ変換は $\widehat{f}(\xi) = \frac{1}{\sqrt{2\pi}^d} \int_{\boldsymbol{R}^d} f(x)e^{-i\xi x} dx, \xi \in \boldsymbol{R}^d,$ によって定義される.

関数 f が1変数関数の積 $f_1(x_1) \cdots f_d(x_d)$ であれば,フーリエ変換も1変数関数のフーリエ変換の積である.また,f が動径関数,すなわち回転 O に関して不変 $f(Ox) = f(x)$ ならば,$\widehat{f}(\xi)$ もまた動径関数である.

関数 f が $\boldsymbol{R}^d$ 上可積分であってもそのフーリエ変換は1変数の場合と同様可積分とは限らない.もし $\widehat{f}$ が可積分であれば,反転公式 $f(x) = \frac{1}{\sqrt{2\pi}^d} \int_{\boldsymbol{R}^d} \widehat{f}(\xi)e^{ix\xi} d\xi$ がほとんどすべての点で成り立つ.

反転公式を得る手段として,部分和のとりかた,総和法が研究されているが,多変数フーリエ級数で述べたようにフーリエ変換の場合も複雑で十分には解明されていない.

例1 (ディリクレ,フェイエール核) 正方形 $[-1,1] \times \cdots \times [-1,1]$ 和に対するディリクレ核は1変数ディリクレ核の積 $(2\pi)^{-d/2} \prod_{k=1}^d (2\sin \lambda x_k)/x_k$ である.フェイエール核も同様に1変数フェイエール核の積で表される.

例2 (ポアソン核) $\boldsymbol{R}^d$ を境界とする半平面 $\{(x,r) : x \in \boldsymbol{R}^d, r > 0\}$ に対応するポアソン核は $P_r(x) = (e^{-r|\xi|})^\wedge(x) = \frac{1}{c_d} \frac{r}{(|x|^2+r^2)^{(d+1)/2}}$, $c_d = \sqrt{\pi}/[2^{d/2}\Gamma((d+1)/2]$ である.

例3 (ガウス–ワイエルシュトラス核) $W_t(x) = (e^{-t|\xi|^2})^\wedge(x) = (2t)^{-d/2} e^{-|x|^2/4t}$ をガウス–ワイエルシュトラス核という.この核は動径関数でありまた1変数関数の積である.　　　　[猪狩 惺]

参 考 文 献

(フーリエ級数 (1変数) の項参照)

フーリエ変換

Fourier transform

1 定義と反転公式

$\boldsymbol{R}$ 上の関数 f に対し $\|f\|_p = \left(\int_{-\infty}^{\infty}|f(x)|^p dx\right)^{1/p}$ を L^p ノルムといい，$\|f\|_p < \infty$ であるとき p 乗可積分であるという．$p=1$ のとき単に可積分であるという．

$\boldsymbol{R}$ 上の可積分関数 f に対して
$$\widehat{f}(\xi) = \frac{1}{\sqrt{2\pi}}\int_{-\infty}^{\infty} f(x) e^{-i\xi x}\, dx$$
を f のフーリエ変換という．ξ は実数である．定義として $\widehat{f}(\xi) = \int_{-\infty}^{\infty} f(x) e^{-2\pi i \xi x}\,dx$ が採用されることも多い．$\widehat{f}(\xi)$ を $\mathcal{F}f(\xi)$ と書くこともある．

$\mathcal{F}^{-1} F(x) = \frac{1}{\sqrt{2\pi}} \int_{-\infty}^{\infty} F(\xi) e^{ix\xi}\,d\xi$ を F の逆フーリエ変換という．$\mathcal{F}^{-1}F(x) = \widehat{F}(-x)$ である．偶関数に対しては逆フーリエ変換とフーリエ変換は一致する．

もし f は可積分で $\widehat{f}$ がまた可積分ならば，
$$f(x) = \frac{1}{\sqrt{2\pi}}\int_{-\infty}^{\infty} \widehat{f}(\xi) e^{i\xi x}\,d\xi$$
である．これをフーリエの変反転公式 (Fourier inversion formula) という．

2 L^1 空間のフーリエ変換

f が $\boldsymbol{R}$ 上可積分関数ならば，$\widehat{f}(\xi)$ は $\boldsymbol{R}$ 上連続関数であって，$\widehat{f}(\xi)\to 0\ (|\xi|\to\infty)$ である (リーマン–ルベーグの定理)．しかし，$\boldsymbol{R}$ 上可積分関数であってもフーリエ変換は可積分とは限らない．

2.1 部分和

$\lambda > 0$ に対して $s_\lambda(f)(x) = \frac{1}{\sqrt{2\pi}}\int_{-\lambda}^{\lambda} \widehat{f}(\xi) e^{ix\xi}d\xi$ とおく．$s_\lambda(f)$ はフーリエ級数の第 λ 部分和に対応し，
$$s_\lambda(f)(x) = \frac{1}{\pi}\int_{-\infty}^{\infty} f(y)\frac{\sin\lambda(x-y)}{x-y}dy$$
と表すことができる．右辺の積分をディリクレ積分という．

$s_\lambda(f)(x)$ の収束性に関してはフーリエ級数の場合同様次のような条件がある．$\varphi_x(y) = [f(x+y)+f(x-y)]/2 - f(x)$ とおく．点 x において $s_\lambda(f)(x)$ が $f(x)$ に収束する必要十分条件は，任意の $\delta>0$ に対して $\lim_{n\to 0}\int_0^{\delta}\frac{\varphi_x(y)\sin\lambda y}{y}dy = 0$ である．

2.2 部分和の収束条件

収束条件の主なものとして，(1) $\delta>0$ が存在して $\int_0^{\delta}|\varphi_x(y)|/y dy < \infty$ なら $f(x)$ に収束する (ディリクレの判定条件)，(2) 点 x の近傍で有界変分ならば，$[f(x+0)+f(x-0)]/2$ に収束する (ディリクレ–ジョルダンの条件)，などがある．

3 たたみ込みとフーリエ変換の例

3.1 たたみ込み

可積分関数 f, g に対して $(f*g)(x) = \frac{1}{\sqrt{2\pi}}\int_{-\infty}^{\infty} f(y)g(x-y)\,dy$ によって定義される関数 $f*g$ をたたみ込みという．$(f*g)(x)$ はほとんどすべての点で存在して，また可積分となる．$\widehat{(f*g)}(\xi) = \widehat{f}(\xi)\widehat{g}(\xi)$ である．

f, G を可積分関数とすると
$$\frac{1}{\sqrt{2\pi}}\int_{-\infty}^{\infty} f(x)\widehat{G}(x)\,dx = \frac{1}{\sqrt{2\pi}}\int_{-\infty}^{\infty} \widehat{f}(\xi)G(\xi)\,d\xi$$
である．

3.2 フーリエ変換の例

(1) $\lambda > 0$ に対して $H_\lambda(\xi) = 1\,(|\xi|<\lambda),\ = 1/2\,(|\xi|=\lambda),\ =0\,(|\xi|>\lambda)$ とおく．そのフーリエ逆変換 $D_\lambda(x) = \frac{1}{\sqrt{2\pi}}\frac{2\sin\lambda x}{x}$ をディリクレ核という．

(2) $\lambda > 0$ に対して $\varphi_\lambda(\xi) = \max(1-|\xi/\lambda|, 0)$ とおく．φ_λ のフーリエ逆変換 $F_\lambda(x) = \widehat{\varphi_\lambda}(x) = \frac{1}{\sqrt{2\pi}}\left(\frac{\sin\lambda x/2}{x/2}\right)^2$ をフェイエール核という．

(3) フーリエ積分に対応するポアソン核 $P_r(x)$ $(r>0)$ は $e^{-r|\xi|}$ のフーリエ逆変換として定義される．$P_r(x) = \frac{1}{\sqrt{2\pi}}\frac{2r}{x^2+r^2}$ である．$P_r(x)$ は上半平面 $\{(x,r): x\in\boldsymbol{R}, r>0\}$ 上の調和関数である．

(4) $t>0$ とする．関数 $e^{-t\xi^2}$ のフーリエ逆変換は $h_t(x) = \frac{1}{\sqrt{2t}} e^{-x^2/4t}$ である．これをガウス–ワイエルシュトラス核という．

可積分関数に対してチェザロ和 $F_\lambda(f)(x) = (f*F_\lambda)(x)$，ポアソン積分 $f(r,x) = (f*P_r)(x)$ および $h_t(f)(x) = (f*h_t)(x)$ は $\lambda\to\infty$ または $r, t\to 0$ のときほとんどすべての点で $f(x)$ に収束する．

$u(r,x) = f(r,x)$ は上半平面上の定常状態の温度分布を表す方程式
$$\frac{\partial^2 u}{\partial r^2} + \frac{\partial^2 u}{\partial x^2} = 0, \quad u(+0,x) = f(x)$$
を満たす. $u(t,x) = h_t(x)$ は熱方程式
$$\frac{\partial u}{\partial t} - \frac{\partial^2 u}{\partial x^2} = 0, \quad u(+0,x) = f(x)$$
の解を与える.

4 2乗可積分関数のフーリエ変換

2乗可積分関数 f に対して $\|f - f_n\|_2 \to 0 \ (n \to \infty)$ となる可積分かつ 2乗可積分な関数列 $\{f_n\}$ を 1 つ選ぶ. そのときある 2乗可積分関数 F が存在して $\|\widehat{f_n} - F\|_2 \to 0$ となる. しかもこのような極限関数 F は関数列の選び方に依存しないから, F を f のフーリエ変換と定義し $F = \widehat{f}$ と書く. $\|f\|_2 = \|\widehat{f}\|_2$ である (プランシュレル (Plancherel) の定理).

5 微分とフーリエ変換

f は $\mathbf{R}$ 上可積分であって導関数 f' も可積分であるとするならば, $i\xi \widehat{f}(\xi) = \widehat{f'}(\xi)$ である. また, $f(x)$ および $xf(x)$ が可積分なら, $d\widehat{f}(\xi)/d\xi = [-ixf(x)]^\wedge(\xi)$ である.
$$\left(\int_{-\infty}^\infty x^2|f(x)|^2 dx\right)\left(\int_{-\infty}^\infty \xi^2|\widehat{f}(\xi)|^2 d\xi\right)$$
$$\geq 4^{-1}\left(\int_{-\infty}^\infty |f(x)|^2 dx\right)^2$$
をハイゼンベルク (W. Heisenberg) の不等式という.

一般に n 次多項式 $P(x) = a_0 + a_1 x + \cdots + a_n x^n$ に対し $P(D) = a_0 + a_1 D + \cdots + a_n D^n$, $D = d/dx$, を微分作用素とするとき, (i) $f, f', \ldots, f^{(n)}$ が可積分ならば, $P(i\xi)\widehat{f}(\xi) = [P(D)f]^\wedge(\xi)$, (ii) $f(x), xf(x), \ldots, x^n f(x)$ が可積分ならば, $P(D)\widehat{f}(\xi) = [P(-ix)f(x)]^\wedge(\xi)$ である.

関数 φ は無限回微分可能, 任意の $m, n = 0, 1, 2, \ldots$, に対して $\sup_x |x^m D^n \varphi(x)| < \infty$ を満たすとする. このような関数全体を $\mathcal{S}(\mathbf{R})$ と書きシュヴァルツ (Schwartz) 空間という.

(1) $1 \leq p < \infty$ とする. 空間 $\mathcal{S}(\mathbf{R})$ は $L^p(\mathbf{R})$ の稠密な部分空間である. (2) $\varphi(x) \in \mathcal{S}(\mathbf{R})$ ならば, 任意の自然数 m, n に対して $x^m D^n \varphi(x) \in \mathcal{S}(\mathbf{R})$, (3) 写像 $\mathcal{F}: \mathcal{S}(\mathbf{R}) \ni \varphi \mapsto \widehat{\varphi} \in \mathcal{S}(\mathbf{R})$ は上への同型写像である.

6 フーリエ–スチェルチェス変換

6.1 定義

μ を $\mathbf{R}$ 上の有界変分関数とする. 本項目では, μ の不連続点 a ではジャンプの中間値 $\mu(a) = [\mu(a+0) + \mu(a-0)]/2$ をとると仮定しておく.
$$\widehat{\mu}(\xi) = \int_{-\infty}^\infty e^{-i\xi x} d\mu(x)$$
をフーリエ–スチェルチェス (Stijeltjes) 変換という. もし μ が可積分関数 f の積分 $\mu(x) = (1/\sqrt{2\pi})\int_{-\infty}^x f(y)\,dy$ であれば, f のフーリエ変換と一致する.

6.2 正定値関数

$\varphi(\xi)$ が単調増加関数のフーリエ–スチエルチェス変換であるための必要十分条件は正定値であることである. すなわち任意の実数列 $\{\xi_n\}$ と複素数列 $\{z_n\}$ に対して
$$\sum_{m,n} \varphi(\xi_m - \xi_n) z_m \overline{z}_n \geq 0$$
を満たすことである (Bochner の定理).

6.3 反転公式

μ を有界変分, 不連続点では中間値をとるとすると,
$$\mu(x) - \mu(0) = \lim_{\lambda \to 0} \int_{-\lambda}^\lambda \widehat{\mu}(\xi) \frac{e^{ix\xi} - 1}{i\xi} d\xi$$
である. これをレヴィ (Lévi) の反転公式という.

有界変分関数の不連続点においてそのジャンプを $\mu(\{x\}) = \mu(x+0) - \mu(x-0)$ と書く. そのとき
$$\mu(\{x\}) = \lim_{\lambda \to \infty} \frac{1}{2\lambda} \int_{-\lambda}^\lambda \widehat{\mu}(\xi) e^{ix\xi}\, d\xi.$$
$$\sum_x |\mu(\{x\})|^2 = \lim_{\lambda \to \infty} \frac{1}{2\lambda} \int_{-\lambda}^\lambda |\widehat{\mu}(\xi)|^2 d\xi.$$
上記 2 つの式は離散位相をもつ実数体上のフーリエ変換の反転公式, プランシュレルの定理に対応する公式である.　　　　　［猪　狩　惺］

参 考 文 献

(フーリエ級数 (1 変数) の項参照)

フレッシェ微分

Fréchet derivative

$\mathfrak{X}, \mathfrak{Y}$ を線形ノルム空間, U は $\mathfrak{X}$ の開集合, x は U の 1 点とする. 関数 $f : U \to \mathfrak{Y}$ に対して
$$\lim_{h \to 0} \|f(x+h) - f(x) - Th\| / \|h\| = 0 \quad \text{as } h \to 0$$
を満たす有界線形作用素 $T : \mathfrak{X} \to \mathfrak{Y}$ が存在するとき, f は x において微分可能 (differentiable) であるという. 作用素 T は通常 $Df(x)$ または $f'(x)$ などと書いて, これを f の x における導関数 (derivative) と呼ぶ. 導関数はもし存在するならば一意的に定まる.

点 $x \in U$ と $h \in \mathfrak{X}$ を固定し, 極限
$$\lim_{t \to 0} (f(x + th) - f(x))/t \quad (t \in \mathbf{R})$$
が存在するとき, これを $\delta f(x) h$ と書く. すべての $h \in \mathfrak{X}$ に対して $\delta f(x) h$ が存在するとき, 各 h に $\delta f(x) h$ を対応させる作用素 $\delta f(x) : \mathfrak{X} \to \mathfrak{Y}$ を, f の x における第一変分 (first variation) と呼ぶ. とくに第一変分が連続な線形作用素であるとき, f は x において弱微分可能 (weakly differentiable) またはガトー微分可能 (Gâteaux differentiable) であるといい, $\delta f(x)$ を弱導関数 (weak derivative) あるいはガトーの導関数 (Gâteaux derivative) と呼ぶ. この概念と区別するために, 上記の微分可能性のことを強微分可能 (strongly differentiable) またはフレッシェ微分可能 (Fréchet differentiable) であるという場合があり, 導関数はしばしば強導関数 (strong derivative) あるいはフレッシェの導関数 (Fréchet derivative) などと呼ばれる.

f が x において微分可能ならば, f は x において弱微分可能であり, 強・弱の導関数は一致する. 逆はかならずしも成り立たないが, f が x のある近傍 V において弱微分可能で, しかも各 $v \in V$ をその点における弱導関数 $\delta f(v)$ に対応させる写像 $v \mapsto \delta f(v)$ が (作用素ノルムについて) 連続であるならば, f は x において強微分可能で, 強・弱の導関数は一致する.

例 1 ヒルベルト空間 $\mathfrak{H}$ 上のノルム $f(\cdot) = \|\cdot\|$ は零元 0 を除くすべての点 x において強微分可能で, その導関数は
$$Df(x) h = \left\langle \frac{x}{\|x\|}, h \right\rangle \quad \text{for } h \in \mathfrak{H}$$
である. だが零元においては微分不可能である. ただし $\langle \cdot, \cdot \rangle$ は内積である.

例 2 バナッハ空間 l_1 上のノルム $f(\cdot) = \|\cdot\|_1$ は l_1 のいかなる点においても強微分は不可能である. しかしすべての $n = 1, 2, \ldots$ について $x_n \neq 0$ であるような数列 $x = \{x_n\} \in l_1$ において, f は弱微分可能で
$$\delta f(x) h = \sum_{n=1}^{\infty} h_n \operatorname{sgn} x_n \quad \text{for } h = \{h_n\} \in l_1,$$
つまり $\delta f(x) = \{\operatorname{sgn} x_1, \operatorname{sgn} x_2, \ldots\} \in l_\infty$ である.

例 3 V を $\mathbf{R} \times \mathbf{R}^n \times \mathbf{R}^n$ の開集合, 関数 $\psi(t, x, y) : V \to \mathbf{R}$ は V 上で連続微分可能とする. $U = \{x \in C^1([t_0, t_1], \mathbf{R}^n) \mid (t, x(t), \dot{x}(t)) \in V\}$ とおけば, U は V の C^1-ノルムについての開集合である. 作用素 $J : U \to \mathbf{R}$ を
$$J(x) = \int_{t_0}^{t_1} \psi(t, x(t), \dot{x}(t)) dt$$
と定義すれば, J は任意の $x \in U$ において微分可能で, その導関数 $DJ(x)$ は
$$DJ(x) z = \int_{t_0}^{t_1} [D_x \psi(t, x(t), \dot{x}(t)) z(t) + D_y \psi(t, x(t), \dot{x}(t)) \dot{z}(t)] dt$$
$$\text{for } z \in C^1([t_0, t_1], \mathbf{R}^n)$$
で与えられる. この結果は変分法において重要な役割を果たす (→ [変分法]).

関数 $f : U \to \mathfrak{Y}$ が U 上の各点において微分可能で, $x \in U$ を $Df(x) \in \mathfrak{L}(\mathfrak{X}, \mathfrak{Y})$ ($\mathfrak{X}$ から $\mathfrak{Y}$ への有界線形作用素の作る線形ノルム空間) に対応させる写像 $Df : U \to \mathfrak{L}(\mathfrak{X}, \mathfrak{Y})$ が $x \in U$ において微分可能であるとき, $D(Df)(x)$ を f の x における 2 階導関数と呼んで $D^2 f(x)$ または $f''(x)$ などと書く. これは $\mathfrak{L}(\mathfrak{X}, \mathfrak{L}(\mathfrak{X}, \mathfrak{Y}))$ の元である. 帰納的に k 階の導函数 $D^k f(x)$ を定義することができ, これは $\mathfrak{L}(\mathfrak{X}, \mathfrak{L}(\mathfrak{X}, \ldots, \mathfrak{L}(\mathfrak{X}, \mathfrak{Y})) \cdots)$ ($\mathfrak{L}$ が k 回) の元である. この空間は $\mathfrak{X}$ から $\mathfrak{Y}$ への k-

線形作用素 (→ [テンソル積と外積]) の作る空間 $\mathfrak{K}(\mathfrak{X}, \mathfrak{Y})$ と線形ノルム空間として同型である. U の各点 x を $D^k f(x)$ に対応させる写像が連続であるとき, f は U 上で k 階連続微分可能であるという.

テイラー展開 $\mathfrak{X}, \mathfrak{Y}$ をバナッハ空間, U を $\mathfrak{X}$ の開集合とする. 関数 $f : U \to \mathfrak{Y}$ は k 階連続微分可能で, しかも x と $x+h$ を結ぶ線分が U に含まれているものとすれば, 次の関係が成り立つ.
$$f(x+h) - f(x) = Df(x)h + \frac{1}{2!}D^2 f(x)(h,h) + \cdots + \frac{1}{k!}D^k f(x)\underbrace{(h,\ldots,h)}_{k \text{ 回}} + o(\|h\|^k).$$

逆関数定理 $\mathfrak{X}, \mathfrak{Y}$ をバナッハ空間, U を $\mathfrak{X}$ の開集合とし, $f : U \to \mathfrak{Y}$ は (1階) 連続微分可能な関数で, $x^* \in U$ において $Df(x^*)$ は可逆とする. また $f(x^*) = y^*$ としよう. このとき次のような条件を満たす x^*, y^* の近傍 V, W が存在する.

(i) $f : V \to W$ は全単射.
(ii) $f^{-1} : W \to V$ は連続微分可能.

さらに $Df^{-1}(y^*) = (Df(x^*))^{-1}$ である.

$\mathfrak{X}_1, \mathfrak{X}_2, \ldots, \mathfrak{X}_n$ および $\mathfrak{Y}$ を線形ノルム空間とし, 直積 $\prod_{j=1}^n \mathfrak{X}_j$ を $\mathfrak{X}$ と書く. U を $\mathfrak{X}$ の開集合とし, 関数 $U \to \mathfrak{Y}$ を考える. 一般に $\mathfrak{X}$ の点を $x = (x_1, x_2, \ldots, x_n)$ ($x_j \in \mathfrak{X}_j, 1 \leq j \leq n$) と書くこととし, x^* は U の1点とする. 第 j 変数以外は $x_k = x_k^*$ ($k \neq j$) に固定し, 関数 $x_j \mapsto f(x_1^*, \ldots, x_{j-1}^*, x_j, x_{j+1}^*, \ldots, x_n^*)$ が x_j^* において微分可能なとき, その導関数を f の x^* における第 j **偏導関数** (partial derivative) といって $D_j f(x^*)$ または $\partial f/\partial x_j(x^*)$ と書く. f が点 $x \in U$ において微分可能ならば, f はすべての変数について x における偏導関数を有する.

陰関数定理 $\mathfrak{X}, \mathfrak{Y}, \mathfrak{Z}$ はバナッハ空間とし, $\mathfrak{X} \times \mathfrak{Y}$ の開集合 U で定義された (1階) 連続微分可能な関数 $f : U \to \mathfrak{Z}$ が点 $(x^*, y^*) \in U$ において $f(x^*, y^*) = 0$ を満たすものとする. さらに (x^*, y^*) における y についての偏導関数 $D_y f(x^*, y^*) : \mathfrak{Y} \to \mathfrak{Z}$ は同型作用素であるとする. このとき x^* を含む開集合 $V \in \mathfrak{X}$ を適当に選べば,
$$(x, g(x)) \in U, \quad f(x, g(x)) = 0$$
がすべての $x \in V$ について成り立ち, かつ $y^* = g(x^*)$ を満たす (1階) 連続微分可能な関数 $g : V \to \mathfrak{Y}$ が一意に定まる. さらに
$$Dg(x^*) = -[D_y f(x^*, y^*)]^{-1} \circ D_x f(x^*, y^*)$$
である.

$\mathfrak{X}$ をバナッハ空間, M をその部分集合とする. $x^* \in M, x \in \mathfrak{X}$ に対して, (a) $x^* + tr + r(t) \in M$ for all $t \in [0, \varepsilon]$, (b) $\|r(t)\|/t \to 0$ as $t \to 0$ を満たす適当な $\varepsilon > 0$ と写像 $r : [0, \varepsilon] \to \mathfrak{X}$ とが存在するとき, x を x^* における M の**接ベクトル** (tangent vector) と呼ぶ. 点 x^* における M の接ベクトルの集合は非空な閉錐であり, この集合を x^* における M への**接線錐** (tangent cone) と称する. とくに接線錐が線形部分空間をなす場合, それを**接ベクトル空間** (tangent space) といって $TM(x^*)$ と書く.

リュステルニクの定理 $\mathfrak{X}, \mathfrak{Y}$ をバナッハ空間, U を点 $x^* \in \mathfrak{X}$ の近傍とする. また関数 $f : U \to \mathfrak{Y}$ については次の三条件を仮定する. (i) f は U 上で強微分可能. (ii) $Df(x^*)\mathfrak{X} = \mathfrak{Y}$. (iii) $Df : x \mapsto Df(x)$ は x^* において (作用素ノルムについて) 連続. このとき $M = \{x \in U \mid f(x) = f(x^*)\}$ とおけば, $TM(x^*) = \ker Df(x^*)$ が成り立つ.

[丸山　徹]

参考文献

[1] J. Dieudonné : *Foundations of Modern Analysis*, Academic Press, 1969. (邦訳) 森 毅訳：現代解析の基礎 (上, 下), 東京図書, 1971.
[2] A.D. Ioffe, V.M. Tihomirov : *Theory of Extremal Problems*, North–Holland, 1979. (邦訳) 細矢祐誉・虞 朝聞訳：極値問題の理論, 知泉書館, 近刊.
[3] 丸山　徹：数理経済学の方法, 創文社, 1995.

フローとベクトル場

flows and vector fields

1 多様体上のフロー

n 次元 C^∞ 級多様体 M への実数の加法群 $\mathbf{R}$ の作用 φ を流れあるいはフローと呼ぶ．すなわち，φ は，C^∞ 級写像 $\varphi: \mathbf{R} \times M \longrightarrow M$ であって，
$$\varphi(0, x) = x, \quad \varphi(s, \varphi(t, x)) = \varphi(s+t, x)$$
を満たす．変数 t は，時刻と考えることが多い．写像 $\varphi_t : M \to M$ を，$\varphi_t(x) = \varphi(t, x)$ で定めると，
$$\varphi_0 = \mathrm{id}_M, \quad \varphi_s \circ \varphi_t = \varphi_{s+t}$$
と書かれる．この式から，
$$\varphi_{-t} \circ \varphi_t = \varphi_t \circ \varphi_{-t} = \mathrm{id}_M$$
がわかり，φ_t は微分同相写像であって，$(\varphi_t)^{-1} = \varphi_{-t}$ である．

多様体 M の点 x に対し，$\{\varphi_t(x) \mid t \in \mathbf{R}\}$ を x を通る軌道と呼ぶ．同じ点に戻ってくる時刻の集合 $\{t \in \mathbf{R} \mid \varphi_t(x) = x\}$ は，$\{0\}$, $\mathbf{Z}\omega$ ($\omega > 0$), または $\mathbf{R}$ であり，このとき，x を通る軌道は $\mathbf{R}$ からの 1 対 1 はめ込み，円周の埋め込み，1 点 $\{x\}$ となる．円周の埋め込みとなる軌道を閉軌道，あるいは周期軌道と呼び，ω を閉軌道の周期と呼ぶ．

2 フローを生成するベクトル場

多様体上のフロー $\varphi_t : M \to M$ に対し，x を通る曲線 $\varphi_t(x)$ が x において定める接ベクトルを $\xi(x)$ とおく．
$$\xi(x) = \left(\frac{d\varphi_t(x)}{dt}\right)_{t=0}$$
ξ は多様体 M 上の C^∞ 級ベクトル場となる．ξ は φ_t を生成するベクトル場と呼ばれる．

ベクトル場 ξ は，M の座標近傍 $(U, (x_1, \ldots, x_n))$ 上で，U 上の C^∞ 級関数 $\xi_1, \ldots, \xi_n$ により，$\sum_{i=1}^n \xi_i \frac{\partial}{\partial x_i}$ と書かれる．

座標近傍 U の各点 x に対し，正実数 ε で，$t \in (-\varepsilon, \varepsilon)$ ならば $\varepsilon_t(x) \in U$ となるものが存在する．このとき，フロー ε_t は，C^∞ 級関数 $h_1(t, x_1, \ldots, x_n), \ldots, h_n(t, x_1, \ldots, x_n)$ により，
$$\varphi_t(x_1, \ldots, x_n)$$
$$= (h_1(t, x_1, \ldots, x_n), \ldots, h_n(t, x_1, \ldots, x_n))$$
と書かれる．C^∞ 級関数 $h_1, \ldots, h_n$ は
$$\frac{dh_i(t, x_1, \ldots, x_n)}{dt}$$
$$= \xi_i(h_1(t, x_1, \ldots, x_n), \ldots, h_n(t, x_1, \ldots, x_n))$$
$$(i = 1, \ldots, n)$$
を満たす．すなわち，
$$(h_1(t, x_1, \ldots, x_n), \ldots, h_n(t, x_1, \ldots, x_n))$$
は，正規型常微分方程式
$$\begin{cases} \dfrac{dx_1}{dt} = \xi_1(x_1, \ldots, x_n) \\ \quad \vdots \\ \dfrac{dx_n}{dt} = \xi_n(x_1, \ldots, x_n) \end{cases}$$
の初期条件
$$(h_1(0, x_1, \ldots, x_n), \ldots, h_n(0, x_1, \ldots, x_n))$$
$$= (x_1, \ldots, x_n)$$
を満たす解である．

n 次元 C^∞ 級多様体 M 上の C^∞ 級ベクトル場 ξ が，M の座標近傍 $(U, (x_1, \ldots, x_n))$ 上で $\sum_{i=1}^n \xi_i \frac{\partial}{\partial x_i}$ と書かれるとする．常微分方程式の解の存在と一意性の定理から，U のコンパクト集合 K に対し，正実数 ε が存在し，$(x_1, \ldots, x_n) \in K$ ならば，$t \in (-\varepsilon, \varepsilon)$ に対し，上の常微分方程式の初期値問題の解
$$\varphi_t(x_1, \ldots, x_n)$$
$$= (h_1(t, x_1, \ldots, x_n), \ldots, h_n(t, x_1, \ldots, x_n))$$
が存在する．$\varphi_t(x_1, \ldots, x_n)$ は，C^∞ 級であり，s, t, $s+t \in (-\varepsilon, \varepsilon)$ のとき，$\varphi_s \circ \varphi_t = \varphi_{s+t}$, $\varphi_0 = \mathrm{id}$ を満たす．このことから，多様体 M がコンパクトのときは，局所的な解を接続して，$t \in \mathbf{R}$ に対する解が得られ，フロー $\varphi : \mathbf{R} \times M \longrightarrow M$ を得る．これをベクトル場 ξ が生成するフローと呼ぶ．φ_1 をベクトル場が生成するフローの時刻 1 写像 (time 1 map) と呼ぶ．

3 多様体上の微分

多様体上の微分でもっとも自然なものは，フローによる変形についての微分である．

多様体 M 上にフロー φ_t が与えられているとする．

多様体 M 上の C^∞ 級関数 f に対しては，関数の族 $f \circ \varphi_t$ が考えられる．このとき，
$$\left(\frac{d}{dt}f(\varphi_t(x))\right)_{t=0}$$
は，多様体 M 上の関数であるが，各点での値はフローを生成するベクトル場の値 ξ で計算される．この関数は $\xi(f)$ と書かれ，関数 f のベクトル場 ξ による微分と呼ばれる．座標近傍 $(U,(x_1,\ldots,x_n))$ 上では
$$\xi(f) = \sum_{i=1}^n \xi_i \frac{\partial f}{\partial x_i}$$
である．二つの関数の積 $f_1 f_2$ に対し，ライプニッツ則
$$\xi(f_1 f_2) = \xi(f_1)\,f_2 + f_1\,\xi(f_2)$$
が成立する．$C^\infty(M)$ を多様体 M 上の C^∞ 級関数全体のなす実線型空間とする．ライプニッツ則を満たす線型写像 $D: C^\infty(M) \to C^\infty(M)$ を方向微分と呼ぶと，方向微分はあるベクトル場 ξ により $D(f) = \xi(f)$ と表されることがわかる．

ベクトル場 η に対しては，微分同相写像 φ_{-t} でベクトル場 η を写したもの $(\varphi_{-t})_*\eta$ が考えられる．ここで，x における接空間の元として，
$$((\varphi_{-t})_*\eta)(x) = (\varphi_{-t})_*\eta(\varphi_t(x))$$
である．ベクトル場の族 $(\varphi_{-t})_*\eta$ の t についての微分
$$\left(\frac{d}{dt}((\varphi_{-t})_*\eta)\right)_{t=0}$$
は，ベクトル場となる．これは，$[\xi,\eta]$ と書かれ，ξ と η のブラケット積，括弧積と呼ばれる．座標近傍 $(U,(x_1,\ldots,x_n))$ 上で，
$$\xi = \sum_{i=1}^n \xi_i \frac{\partial}{\partial x_i}, \quad \eta = \sum_{i=1}^n \eta_i \frac{\partial}{\partial x_i}$$
とすると，ブラケット積は
$$[\xi,\eta] = \sum_{k=1}^n \left(\sum_{i=1}^n \xi_i \frac{\partial \eta_k}{\partial x_i} - \eta_i \frac{\partial \xi_k}{\partial x_i}\right) \frac{\partial}{\partial x_k}$$
と書かれる．また，関数 f に対して，
$$[\xi,\eta](f) = \xi(\eta(f)) - \eta(\xi(f))$$
となる．これらから，
$$[\eta,\xi] = -[\xi,\eta]$$
がわかる．

ベクトル場 ξ と η のブラケット積が 0 である，すなわち，$[\xi,\eta] = 0$ のとき，ξ,η は可換なベクトル場と呼ばれる．実際，ベクトル場 ξ,η がフロー φ_t,ψ_s を生成するとすると，φ_t,ψ_s は可換になる：$\varphi_t \circ \psi_s = \psi_s \circ \varphi_t$.

4 ベクトル場のなすリー代数

多様体 M 上の C^∞ 級ベクトル場全体のなす実線型空間を，$\mathcal{X}(M)$ とおく．ブラケット積は，交代線型写像
$$\mathcal{X}(M) \times \mathcal{X}(M) \to \mathcal{X}(M)$$
を与えている．この三つのベクトル場 ξ,η,ζ のブラケット積に対して，ヤコビ恒等式
$$[[\xi,\eta],\zeta] + [[\eta,\zeta],\xi] + [[\zeta,\xi],\eta] = 0$$
が成立し，$\mathcal{X}(M)$ は無限次元リー代数の構造をもつ．

形式的には，この無限次元リー代数 $\mathcal{X}(M)$ に対応する無限次元リー群が，多様体 M の微分同相群と考えられるが，ベクトル場に対し，それが生成するフローの時刻 1 写像を対応させる写像は，微分同相群の恒等写像の近傍への全射とはならない．

恒等写像に近い微分同相については次のように考えるとよい．

多様体 M の C^∞ 級微分同相写像の族 F_t ($t \in [0,1]$, $F_0 = \mathrm{id}_M$) をアイソトピーと呼ぶ．アイソトピー F_t に対し，
$$\left(\frac{d}{ds}F_s((F_t)^{-1}(x))\right)_{s=t}$$
は，M 上の C^∞ 級ベクトル場 ξ_t を与える．これを時刻に依存するベクトル場と呼ぶ．時刻に依存するベクトル場 ξ_t ($t \in [0,1]$) について，$F_t(x) = F(t,x)$ は，常微分方程式 $\frac{dx}{dt} = \xi_t(x)$ の初期値 $F(0,x) = x$ とする解である．コンパクト多様体 M の恒等写像に近い微分同相写像 f に対し，アイソトピー F_t ($t \in [0,1]$, $F_0 = \mathrm{id}_M$) で，$F_1 = f$ となるものが存在する．すなわち，時刻に依存するベクトル場の全体を考えれば，その時刻 1 写像を対応させる写像は，微分同相群の恒等写像の近傍への全射となる． [坪井　俊]

参考文献

[1] 川﨑徹郎：曲面と多様体，朝倉書店，2001.
[2] 松本幸夫：多様体の基礎，東京大学出版会，1988.
[3] 坪井　俊：多様体入門，東京大学出版会，2005.

フロベニウス写像

Frobenius mapping

k を有限次代数体とする.K/k を有限次ガロア拡大とし,$G = Gal(K/k)$ をそのガロア群とする.K, k の整数環をそれぞれ $\mathfrak{O}, \mathfrak{o}$ とおく.$\mathfrak{p}\,(\neq 0)$ を k の(すなわち $\mathfrak{o}$ の)素イデアル,$\mathfrak{P}$ を $\mathfrak{p}$ の上にある K ($\mathfrak{O}$ の)の素イデアルとする.剰余体 $\mathfrak{o}/\mathfrak{p}$,$\mathfrak{O}/\mathfrak{P}$ は有限体でそのガロア群 $Gal((\mathfrak{O}/\mathfrak{P})/(\mathfrak{o}/\mathfrak{p}))$ は $\mathfrak{O}/\mathfrak{P}$ の $N\mathfrak{p}(=: Card(\mathfrak{o}/\mathfrak{p}))$ 乗写像 $\alpha + \mathfrak{P} \mapsto \alpha^{N\mathfrak{p}} + \mathfrak{P}\,(\alpha \in \mathfrak{O})$ で生成される位数 $[\mathfrak{O}/\mathfrak{P} : \mathfrak{o}/\mathfrak{p}]$ の巡回群となる.

K/k における $\mathfrak{P}$ の分解群 Z の元 σ に対して,それから自然に誘導される $\mathfrak{O}/\mathfrak{P}$ の同形写像 $\sigma \bmod \mathfrak{P}$ を対応させることで定義される写像は商群 Z/T から $Gal((\mathfrak{O}/\mathfrak{P})/(\mathfrak{o}/\mathfrak{p}))$ の上への同形写像となる.ここで,T は K/k における $\mathfrak{P}$ の惰性群を表す.$\varphi \bmod \mathfrak{P}$ が $\mathfrak{O}/\mathfrak{P}$ の $N\mathfrak{p}$ 乗写像となる,すなわち,
$$\alpha^\varphi \equiv \alpha^{N\mathfrak{p}} \bmod \mathfrak{P}\,(\alpha \in \mathfrak{O})$$
を満たす Z の元 φ が少なくとも一つ存在する.この条件を満たす φ はすべて Z/T の同じ一つの剰余類に属する.

以下,$\mathfrak{P}$(したがって $\mathfrak{p}$)は K/k で不分岐,言い換えると $T = 1$ である場合だけを考える.このとき,$\mathfrak{P}$ に対して上の条件を満たす Z の元 φ はただ一つに定まるので φ を $\left[\frac{K/k}{\mathfrak{P}}\right]$ と書き,K/k に関する $\mathfrak{P}$ のフロベニウス (Frobenius) 写像,フロベニウス置換,あるいはフロベニウス自己同形写像という.$\left[\frac{K/k}{\mathfrak{P}}\right]$ は Z を生成する.

とくに $\left[\frac{K/k}{\mathfrak{P}}\right] = 1$ であることは $[\mathfrak{O}/\mathfrak{P} : \mathfrak{o}/\mathfrak{p}] = 1$ したがって,K/k はガロア拡大なので,$\mathfrak{p}$ が K/k で完全分解することを意味する.

$G = Gal(K/k)$ の任意の元 τ に対して $\left[\frac{K/k}{\mathfrak{P}^\tau}\right] = \tau\left[\frac{K/k}{\mathfrak{P}}\right]\tau^{-1}$ が成り立つ.また,$\mathfrak{p}$ の上にある K の素イデアルは G で互いに共役となるので,$\left[\frac{K/k}{\mathfrak{P}}\right]$ の属する G の共役類は $\mathfrak{P}$ の選びかたによらず $\mathfrak{p}$ でただ一つに定まる.このようにしてフロベニウス写像によって,K/k で不分岐な k の素イデアル ($\neq 0$) に G の共役類を対応させることができる.

M を k の素イデアル ($\neq 0$) の集合とする.
$$\lim_{s \to 1+0} \frac{\sum_{\mathfrak{p} \in M} \frac{1}{(N\mathfrak{p})^s}}{\log \frac{1}{s-1}}$$
が存在するとき,その値を M の密度といい $\delta(M)$ で表す.$\delta(M) > 0$ ならば M は無限集合である.

G の指定された共役類に対して,上で述べた対応でこの共役類に対応する k の素イデアルの集合の密度に関してフロベニウスが予想した次が成り立つ:

σ を G の元とし,σ の G での共役類を C_σ とおく.K/k で不分岐である k の素イデアル $\mathfrak{p}$ で,$\mathfrak{p}$ 上にある K の素イデアル $\mathfrak{P}$ のうちのどれかに対して $\sigma = \left[\frac{K/k}{\mathfrak{P}}\right]$ が成り立つ,という条件を満たすもの全体の集合を S_σ とおく.このとき,S_σ は密度をもちその値は $\delta(S_\sigma) = \frac{Card(C_\sigma)}{Card(G)}$ で与えられる(チェボタリョーフ (Chebotarev) の密度定理)[1].

とくに $\delta(S_\sigma) > 0$ となるので S_σ は無限集合で,G の元 σ に対して $\left[\frac{K/k}{\mathfrak{P}}\right] = \sigma$ となる K の素イデアル $\mathfrak{P}$ は無限個存在する.

次に $\mathfrak{p}$ が K/k で不分岐であることに加えてさらに,K/k を有限次アーベル拡大とする.このときは,G の元として $\left[\frac{K/k}{\mathfrak{P}}\right]$ は $\mathfrak{P}$ のとりかたによらず $\mathfrak{p}$ によってただ一つに定まる.そこで $\left[\frac{K/k}{\mathfrak{P}}\right]$ を $\left(\frac{K/k}{\mathfrak{p}}\right)$ とかき,K/k に関する $\mathfrak{p}$ のフロベニウス写像,フロベニウス置換,フロベニウス自己同形写像,アルティン (Artin) 記号などという.これは類体論におけるアルティンの一般相互法則において基本的である.

例 $m \geq 2$,$k = \mathbf{Q}$,$K = \mathbf{Q}(\zeta)$ とする.ここで ζ は 1 の原始 m 乗根とする.p を m と互いに素な素数とする.このとき $\left(\frac{\mathbf{Q}(\zeta)/\mathbf{Q}}{p\mathbf{Z}}\right)$ は $\zeta \mapsto \zeta^p$ で与えられる $\mathbf{Q}(\zeta)$ の自己同形写像である.

[山形周二]

参考文献

[1] 足立恒雄・三宅克哉:類体論講義,日本評論社,1998.
[2] 高木貞治:代数的整数論(第 2 版),岩波書店,1971.

分岐理論 (素イデアルの)

ramification theory (of prime ideals)

1 基本等式

k を有限次代数体,K/k を n 次拡大とする.k,K の整数環をそれぞれ $\mathfrak{o}_k$,$\mathfrak{O}_K$ とおく.$\mathfrak{p}$ を 0 でない $\mathfrak{o}_k$ の素イデアル (以下 k の素イデアル,または有限素点という) とする.p を $\mathfrak{p}$ に属する有理素数とする.$\mathfrak{p}$ は $\mathfrak{o}_k$ の極大イデアルであり,剰余体 $\mathfrak{o}_k/\mathfrak{p}$ は標数 p の有限体である.その元の個数 $Card(\mathfrak{o}_k/\mathfrak{p})$ を $N\mathfrak{p}$ とおき,$\mathfrak{p}$ の絶対ノルムという.

K も有限次代数体なので $\mathfrak{p}$ の K への延長 $\mathfrak{p}\mathfrak{O}_K$ は K の ($\mathfrak{O}_K$ の) 相異なる素イデアル $\mathfrak{P}_1, \mathfrak{P}_2, \ldots, \mathfrak{P}_g$ によって $\mathfrak{p}\mathfrak{O}_K = \mathfrak{P}_1^{e_1}\mathfrak{P}_2^{e_2}\cdots\mathfrak{P}_g^{e_g}$,$e_i \geq 1$ $(1 \leq i \leq g)$ の形の積に順序を除いて一意的に分解される.ここで $e_i = e(\mathfrak{P}_i/\mathfrak{p})$ を $\mathfrak{P}_i$ の $\mathfrak{p}$ 上の分岐指数 (ramification index) という.剰余体 $\mathfrak{O}_K/\mathfrak{P}_i$ は $\mathfrak{o}_k/\mathfrak{p}$ の有限次分離拡大で,その拡大次数 $f_i = f(\mathfrak{P}_i/\mathfrak{p}) := [\mathfrak{O}_K/\mathfrak{P}_i : \mathfrak{o}_k/\mathfrak{p}]$ を $\mathfrak{P}_i$ の K/k に関する剰余次数 (residual degree) という.$N_{K/k}(\mathfrak{P}_i) = \mathfrak{p}^{f_i}$ とおき,$\mathfrak{P}_i$ の K/k に関する相対ノルムという.一般に $\mathfrak{O}_K$ のイデアル $\mathfrak{A}$ $(\neq 0)$ の相対ノルム $N_{K/k}(\mathfrak{A})$ は $\mathfrak{A}$ の素イデアル分解に現れる各素イデアルに対する相対ノルムの (重複度をこめた) 積で定義する.

K/k は分離拡大で $\mathfrak{O}_K$ が $\mathfrak{o}_k$ 加群として有限生成となることから,上の素イデアル分解に関して次の基本等式が成り立つ.

$$\sum_{i=1}^{g} e_i f_i = n$$

$g = n, e_i = f_i = 1$ $(1 \leq i \leq g)$ のとき $\mathfrak{p}$ は K/k で完全分解 (split completely) するという.$e_i \geq 2$ ならば $\mathfrak{P}_i$ は K/k で分岐する (ramified) といい,$e_i = 1$ ならば $\mathfrak{P}_i$ は K/k で不分岐 (unramified) であるという.$\mathfrak{P}_i$ $(1 \leq i \leq g)$ がすべて K/k で不分岐であるとき $\mathfrak{p}$ は K/k で不分岐であるといい,そうでないとき K/k で分岐するという.$g = 1, e_1 = n, f_1 = 1$ のとき,$\mathfrak{p}$ は K/k で完全分岐 (totally ramified) するという.

2 判別式・共役差積

$\mathfrak{P}$ が $\mathfrak{p}$ の上にある (すなわち $\mathfrak{P} \cap k = \mathfrak{p}$ である) K の素イデアルのとき $\mathfrak{P}|\mathfrak{p}$ で表す.$\mathfrak{P}$ は 1. の $\mathfrak{P}_i$ $(1 \leq i \leq g)$ のどれかと一致する.

分数イデアル $\mathfrak{O}_K^* := \{x \in K | Tr_{K/k}(x\mathfrak{O}_K) \subset \mathfrak{o}_k\}$ の K のイデアル群における逆元 $\mathfrak{D}_{K/k} := \{x \in K | x\mathfrak{O}_K^* \subset \mathfrak{O}_K\}$ は $\mathfrak{O}_K$ 内のイデアルとなる.これを K/k の共役差積 (different) という ($Tr_{K/k}$ は K/k に関するトレース).$\mathfrak{D}_{K/k}$ は微分加群 $\Omega_{\mathfrak{o}_k}(\mathfrak{O}_K)$ を $\mathfrak{O}_K$ 加群とみたときの零化イデアルとも一致する.とくに,$\mathfrak{O}_K = \mathfrak{o}_k[\alpha]$ のとき $\mathfrak{D}_{K/k} = f'(\alpha)\mathfrak{O}_K$ である ($f(x)$ は α の k 上の最小多項式).K/k の相対判別式 (relative discriminant) $\mathfrak{d}_{K/k}$ を $\mathfrak{d}_{K/k} := N_{K/k}(\mathfrak{D}_{K/k})$ で定義する.とくに,k が有理数体 $\mathbf{Q}$ のとき $\mathfrak{d}_{K/\mathbf{Q}}$ は K の判別式で生成される有理整数環 $\mathbf{Z}$ のイデアルである.分岐・不分岐の判定について次が成り立つ:$\mathfrak{D}_{K/k}$ の (素イデアル分解での) $\mathfrak{P}$-成分を $\mathfrak{P}^s$ とすると $s \geq e(\mathfrak{P}/\mathfrak{p}) - 1$ が成り立つ.等号成立は $e(\mathfrak{P}/\mathfrak{p})$ が p と互いに素であることと同値である.$\mathfrak{d}_{K/k}$ の $\mathfrak{p}$-成分についても同様な評価が成り立つ.したがって,$\mathfrak{P}$ が K/k で分岐することは $\mathfrak{P}$ が $\mathfrak{D}_{K/k}$ を割り切ることと同値であり,$\mathfrak{p}$ が K/k で分岐することは $\mathfrak{p}$ が $\mathfrak{d}_{K/k}$ を割り切ることと同値である (デデキント (Dedekind) の判別定理).とくに K/k で分岐する k, K の素イデアルの個数は有限個である.

$e(\mathfrak{P}/\mathfrak{p})$ が p と互いに素であるとき,$\mathfrak{P}$ は K/k で順分岐 (tamely ramified) であるという.

例 1 p を奇素数,ζ_{p^m} を 1 の原始 p^m 乗根とする.$\mathfrak{d}_{\mathbf{Q}(\zeta_{p^m})/\mathbf{Q}} = p^{p^{m-1}(pm-m-1)}\mathbf{Z}$ である.$\mathfrak{P}_{(m)} := (\zeta_{p^m} - 1)\mathfrak{O}_{\mathbf{Q}(\zeta_{p^m})}$ は $p\mathbf{Z}$ の上にある $\mathbf{Q}(\zeta_{p^m})$ のただ一つの素イデアルで $\mathbf{Q}(\zeta_{p^m})/\mathbf{Q}$ で完全分岐する ($m = 1$ のとき順分岐).

有限次代数体 K に対し,$K \neq \mathbf{Q}$ であるならば K の判別式の絶対値は 1 より大きいことが証明され (ミンコフスキー (Minkowski) の定理),判別定理より $K/\mathbf{Q}$ は必ずどれかの素イデアルで分岐する.

拡大で素イデアルの分解だけでなく分岐を調べることも重要である．とくにガロア拡大の場合，分岐の状況が対応する (ガロア群の) 部分群で表される (ヒルベルト (Hilbert) の分岐理論).

3 ヒルベルトの分岐理論

以下5. まで K/k を有限次ガロア拡大とし，そのガロア群を $G := Gal(K/k)$ とする．さらに，k, K の素イデアル $\mathfrak{p}, \mathfrak{P}$ ($\mathfrak{P}|\mathfrak{p}$) を一組固定する．このとき K の $\mathfrak{p}$ 上の素イデアルはすべて互いに G に関して共役で $\mathfrak{P}^\sigma$ ($\sigma \in G$) で表せる．$Z := \{\sigma \in G | \mathfrak{P}^\sigma = \mathfrak{P}\}$ を $\mathfrak{P}$ の**分解群** (Zerlegungsgruppe (独) decomposition group (英)), $T := \{\sigma \in Z | \alpha^\sigma \equiv \alpha \mod \mathfrak{P} \ (\alpha \in \mathfrak{O}_K)\}$ を $\mathfrak{P}$ の**惰性群** (Trägheitsgruppe (独) inertia group (英)) という．T は Z の正規部分群で，$\mod \mathfrak{P}$ での剰余類に対して作用することによって，Z/T は剰余体のガロア群 $Gal((\mathfrak{O}_K/\mathfrak{P})/(\mathfrak{o}_k/\mathfrak{p}))$ と同形となる．Z, T の固定体をそれぞれ $\mathfrak{P}$ の**分解体**，**惰性体**といい，k_Z, k_T と書く．$\mathfrak{P}$ が K/k で不分岐であることは $T = 1$ すなわち $K = k_T$ のことであり，剰余体の拡大 $(\mathfrak{O}_K/\mathfrak{P})/(\mathfrak{o}_k/\mathfrak{p})$ が拡大 K/k_Z に反映する．

$\mathfrak{P}$ が K/k で分岐する場合を詳しく記述するため Z の正規部分群の降鎖 $\{G_i\}$ ($G_i \supset G_{i+1}$) を $G_i := \{\sigma | \sigma \in Z, \alpha^\sigma \equiv \alpha \mod \mathfrak{P}^{i+1} \ (\alpha \in \mathfrak{O}_K)\}$ ($i \geq 0$) で定義する．G_i を $\mathfrak{P}$ の**第 i 次 (下つき) 分岐群**という．$G_0 = T$ かつ十分大きい i で $G_i = 1$ である．$G_{-1} := Z, V := G_1$ とおく．V を単に $\mathfrak{P}$ の**分岐群** (Verzweigungsgruppe (独) ramification group (英)) といい，その固定体 k_V を $\mathfrak{P}$ の**分岐体**という．$\mathfrak{P}$ の k_Z, k_T, k_V への制限をそれぞれ $\mathfrak{p}_Z := \mathfrak{P} \cap k_Z, \mathfrak{p}_T := \mathfrak{P} \cap k_T, \mathfrak{p}_V := \mathfrak{P} \cap k_V$ とおく．K/k のこれらの中間体での $\mathfrak{p}$ の上にある素イデアルの分解，分岐およびガロア群の構造は剰余体の性質を利用して次のように述べられる：

(1) $\mathfrak{p}: k_Z/k$ で完全分解．
(2) $\mathfrak{p}_Z: k_T/k_Z$ で不分岐．
$Gal(k_T/k_Z) \simeq Z/T$：剰余体のガロア群と同形 (k_Z は有限次代数体なので，Z/T は $\mathfrak{p}_T$ のフロベニウス写像で生成される有限巡回群).

(3) $\mathfrak{p}_T: k_V/k_T$ で完全分岐かつ順分岐．
$Gal(k_V/k_T) \simeq T/V$：標数 p の剰余体 $\mathfrak{O}_K/\mathfrak{P}$ の乗法群の有限部分群と同形．よって，p と互いに素な位数の有限巡回群 (K は有限次代数体で，$Card(T/V)$ は $N\mathfrak{P} - 1$ の約数).
(4) $\mathfrak{p}_V: K/k_V$ で完全分岐．$e(\mathfrak{P}/\mathfrak{p}_V)$ は p のべき．
$Gal(K/k_V) = V: T$ の p シロー部分群．
G_i/G_{i+1} ($i \geq 1$) は V/G_{i+1} の中心に含まれる $(p, p, \cdots, p)$ 型の基本アーベル群．

4 上つき分岐群

$\mathfrak{P}$ の高次分岐群の降鎖 $\{G_i\}$ を用いて，関数
$$\varphi_{K/k}(u) := \int_0^u \frac{dt}{(G_0:G_t)} \quad (u \geq 0)$$
を定義する．(ただし，正の整数 i に対して，$i-1 < u \leq i$ のとき $G_u = G_i$ とおく．) また，$\varphi_{K/k}(u) = u$ ($-1 \leq u \leq 0$) とおく．

$\varphi_{K/k}$ は上に凸かつ狭義単調増加で連続な区分的線形関数である．$\varphi_{K/k}$ の逆関数 $\psi_{K/k}$ を用いて $G^v = G_{\psi_{K/k}(v)}$ ($v \geq -1$) とおき，K/k での $\mathfrak{P}$ の**上つき分岐群** (upper ramification group) という．これまで素イデアル $\mathfrak{P}$ を一つ定めていたが，$\mathfrak{P}$ を区別する必要のある場合は $\mathfrak{P}$ を明示してたとえば G_u, G^v を $G_{\mathfrak{P},u}, G_{\mathfrak{P}}^v$ のように表す．$k \subset k' \subset K$ で k'/k も有限次ガロア拡大であるとき，$N = Gal(K/k')$ とおくと $Gal(k'/k)_{\mathfrak{P} \cap k', v} \simeq (G_{\mathfrak{P},u}N)/N$ ($v = \varphi_{K/k'}(u) \geq -1$) (**エルブラン** (Herbrand) **の定理**) が成り立ち，$Gal(k'/k)_{\mathfrak{P} \cap k'}^v \simeq (G_{\mathfrak{P}}^v N)/N$ ($v \geq -1$) である．

これにより部分体での分岐を考えるときには上つき分岐群が役立つ．さらに，無限次を含めた一般のガロア拡大 L/k (たとえば k の代数閉包) と L の整数環の素イデアル $\mathfrak{P}_L$ ($\neq 0$) に対して体の制限写像に関する射影的極限
$$\varprojlim_{k'/k} Gal(k'/k)_{\mathfrak{P}_L \cap k'}^v \quad (v \geq 0)$$
が定義できる．ここで，k'/k は L 内の有限次ガロア拡大を動く．$\mathfrak{P}_L$ の上つき分岐群 $Gal(L/k)_{\mathfrak{P}_L}^v$ を上の射影的極限で定義する．任意の $\epsilon > 0$ に対して $Gal(L/k)_{\mathfrak{P}_L}^v \supsetneq Gal(L/k)_{\mathfrak{P}_L}^{v+\epsilon}$ を満たす v を L/k での $\mathfrak{P}_L$ の上つき分岐定数あるいはフィルト

レーション $\{Gal(L/k)^v_{\mathfrak{P}_L}\}_{v \geq -1}$ の跳躍数 (jump) という．有限次ガロア拡大 K/k での $\mathfrak{P}$ の上つき分岐定数は一般には整数とは限らない有理数であるが，K/k が有限次アーベル拡大のとき整数となる（ハッセ-アルフ (Hasse-Arf) の定理）．$\mathfrak{P}$ の最大の上つき分岐定数を t とすると，有限次代数体の有限次アーベル拡大としての K/k の導手の $\mathfrak{p}$-成分は $\mathfrak{p}^{t+1}$ で与えられる．

例2 $p, \zeta_{p^m}, \mathfrak{P}_{(m)}$ を例1のようにとる．$L := \cup_{m=1}^{\infty} \mathbf{Q}(\zeta_{p^m})$ とおく．L の素イデアル $\mathfrak{P}_L := \cup_{m=1}^{\infty} \mathfrak{P}_{(m)}$ の上つき分岐定数は無限等差数列 $0, 1, 2, \ldots, m-1, \ldots$ をなす．

5 アルティン表現

$\sigma \in Z$ ($\sigma \neq 1$) に対して，$\sigma \in G_i - G_{i+1}$ であるとき $i_Z(\sigma) := i+1$, $i_Z(1) := +\infty$ とおく．各 G_i は Z の正規部分群なので i_Z はもとの降鎖 $\{G_i\}$ を定める分解群 Z 上の類関数（つまり Z の共役類の関数）である．共役差積 $\mathfrak{D}_{K/k}$ の $\mathfrak{P}$-成分を $\mathfrak{P}^s$ とおくと s は G_i や i_Z によって次のように表せる：
$$s = \sum_{i=0}^{\infty}(\text{Card}(G_i) - 1) = \sum_{\sigma \in Z, \neq 1} i_Z(\sigma)$$

$\mathfrak{p}$ 上の素イデアル $\mathfrak{P}$ を区別するため Z, i_Z をそれぞれ $Z_{\mathfrak{P}}, i_{Z_{\mathfrak{P}}}$ で表し，G 上の関数 $a_{\mathfrak{P}}, a_{\mathfrak{p}}$ を
$a_{\mathfrak{P}}(\sigma) := -f(\mathfrak{P}/\mathfrak{p}) i_{Z_{\mathfrak{P}}}(\sigma)$ ($\sigma \in Z_{\mathfrak{P}}, \sigma \neq 1$)
$a_{\mathfrak{P}}(1) := f(\mathfrak{P}/\mathfrak{p}) \sum_{\sigma \in Z_{\mathfrak{P}}, \neq 1} i_{Z_{\mathfrak{P}}}(\sigma)$
$a_{\mathfrak{P}}(\sigma) := 0$ ($\sigma \in G - Z_{\mathfrak{P}}$)
$a_{\mathfrak{p}} := \sum_{\mathfrak{P}|\mathfrak{p}} a_{\mathfrak{P}} (= \text{Ind}_{Z_{\mathfrak{P}}}^G(a_{\mathfrak{P}}|Z_{\mathfrak{P}})$ ただし，$\mathfrak{P}|\mathfrak{p}$)
で定義する．ハッセ-アルフの定理から $a_{\mathfrak{p}}$ は G の複素線形表現の指標となる．$a_{\mathfrak{p}}$ を指標とする G の線形表現を $\mathfrak{p}$ に関するアルティン (Artin) 表現という．

6 一般化，完備化

一般に k を離散付値環やデデキント環の商体とする．このとき，K/k が有限次分離拡大でかつ剰余体の拡大が有限次分離拡大である場合，有限次代数体であることをとくに断った部分を除いて，以上の分岐理論は自然に一般化される．また，分岐理論では素イデアル $\mathfrak{P}|\mathfrak{p}$ を一組固定して考えるため，多くの議論は $\mathfrak{p}, \mathfrak{P}$ に対応する離散付値による k, K の完備化 $k_{\mathfrak{p}}, K_{\mathfrak{P}}$ の拡大 $K_{\mathfrak{P}}/k_{\mathfrak{p}}$ の議論に帰着される．K/k がガロア拡大のとき，ガロア群 $Gal(K_{\mathfrak{P}}/k_{\mathfrak{p}})$ の分岐群による降鎖が定義され，それをこめて $Gal(K_{\mathfrak{P}}/k_{\mathfrak{p}})$ は $\mathfrak{P}$ の分解群と同形になる．さらに，剰余体の拡大が分離的とは限らない場合にも分岐理論が考えられている．

7 無限素点

k, K, n は 1. のとおりとする．k から複素数体 $\mathbf{C}$ への体準同形写像（以下埋め込みという）σ に対して，σ とその複素共役 $\bar{\sigma}$ を同値とする k の埋め込みの同値類を k の無限素点といい，$\mathfrak{p}_{\infty}$ などで表す．無限素点のうち，それに属する埋め込み σ による k の像 $\sigma(k)$ が実数体 $\mathbf{R}$ に含まれるものを実無限素点，$\mathbf{R}$ には含まれないものを虚無限素点という．無限素点 $\mathfrak{p}_{\infty}$ に属する k の埋め込み σ を延長した K の埋め込みを Σ とし，Σ の属する K の無限素点 $\mathfrak{P}_{\infty}$ を $\mathfrak{p}_{\infty}$ の上にある無限素点といい，$\mathfrak{P}_{\infty}|\mathfrak{p}_{\infty}$ で表す．$\mathfrak{p}_{\infty}$ が実で，その上にある $\mathfrak{P}_{\infty}$ が虚のとき，$\mathfrak{P}_{\infty}$ (したがって $\mathfrak{p}_{\infty}$) は K/k で分岐するとして，$e(\mathfrak{P}_{\infty}/\mathfrak{p}_{\infty}) = 2$ とおき，それ以外のとき $e(\mathfrak{P}_{\infty}/\mathfrak{p}_{\infty}) = 1$ とおく．いずれの場合も $f(\mathfrak{P}_{\infty}|\mathfrak{p}_{\infty}) = 1$ とおく [4]．$\mathfrak{p}_{\infty}$ の上にある K の実無限素点の個数を g_1 個，虚無限素点の個数を g_2 個とする．$\mathfrak{p}_{\infty}$ が実の場合 $g_1 + 2g_2 = n$, $\mathfrak{p}_{\infty}$ が虚の場合 $g_1 = 0, g_2 = n$ が成り立つ（1. の素イデアルの延長に関する基本等式の類似）．

［山形周二］

参 考 文 献

[1] 足立恒雄・三宅克哉：類体論講義．日本評論社，1998.
[2] 加藤和也・黒川信重・斎藤　毅：数論 1, 2 (現代数学の基礎)．岩波書店，1996.
[3] H. Koch: *Algebraic Number Theory*, Springer-Verlag, 1992.
[4] J. Neukirch: *Algebraische Zahlentheorie*, Springer-Verlag, 1992. (邦訳) 梅垣敦紀訳：代数的整数論，シュプリンガー・フェアラーク東京，2003.
[5] J.-P. Serre: *Corps locaux, 3rd ed*, Hermann, 1968.
[6] 高木貞治：代数的整数論（第 2 版）．岩波書店，1971.

分枝過程

branching process

分枝過程はランダムに枝分かれする樹木上の確率過程ということができる. Biennaymé, Galton, Watson, により数学的構成が始められた. その背景には姓の継続があるが, より適合するのは中性子の連鎖反応, 電子の生成個数, 遺伝子の継続, 化学反応などであろう. 現象に適合したモデルの構成は困難であり, また複雑なモデルを構成しても数学的処理は困難である. 用いられた興味ある数学的構造が研究の対象であった. 着目するのは粒子の個数の挙動である. 分枝過程は次の仮定に従う. 1個の粒子は消滅, 分裂し, 生成された粒子はそれぞれ消滅, 分裂をくりかえす. それぞれの粒子は独立で同一の確率法則に従う. 粒子1個があるとする. $\{X_i^n, i, n \geq 0\}$ を非負整数値, 独立確率変数列とする. $\{Z_n, n \geq 0\}$ を次のように定義する. $Z_0 = 1, Z_n > 0$ であるとき $Z_{n+1} = X_1^n + \cdots + X_{Z_n}^n$ とする. $Z_n = 0$ であるとき $Z_{n+1} = 0$ である. $P_{1k} = P(X_i^n = k)$ を生成個数確率とする. $\mathcal{F}_n = \sigma(X_n^i : 1 \leq m \leq n)$ とし $\mu = E(X_i^n)$ とする. そのとき Z_n/μ^n は $\mathcal{F}_n$ マルチンゲールである. $\mu < 1$ ならば $E(Z_n/\mu^n) = E(Z_0) = 1$ であるから $P(Z_n > 0) \leq E(Z_n) = \mu^n \to 0, (\mu < 1)$ である.

$s \in [0,1]$ に対して $F_{n+1}(s) = E(s^{Z_{n+1}}) = \sum_{k=0}^{\infty} P(Z_{n+1} = k)s^k = \sum_{k=0}^{\infty} \sum_{j=0}^{\infty} P(Z_{n+1} = k)P(Z_n = j)s^k = \sum_{k=0}^{\infty} s^k P(Z_n = j)P(X_1^n + \cdots + X_j^n = k) = \sum_{j=0}^{\infty} P(Z_n = j) \sum_{k=0}^{\infty} P(X_1^n + \cdots + X_j^n = k)s^k$ は Z_{n+1} の離散ラプラス変換である. $P(X_1^n + \cdots + X_j^n = k) = \sum_{k_1+\cdots+k_j=k} P(X_1^n = k_1) \cdots P(X_j^w = k_j)$ であるから $F_{n+1}(s) = \sum_{j=0}^{\infty} P(Z_n = j)F(s)^j = F_{n+1}(s) = F_n(F(s))$. そのとき $F_{m+n}(s) = F_m(F_n(s)), F_n(s) = F(F(\cdots(F(s))\cdots,))$ が成り立つ.

$A_n = \{Z_n = 0\}$ とする. $Z_n = 0$ ならば $Z_{n+1} = 0$ であるから $A_n \subseteq A_{n+1}$ である. ゆえに $\lim_{n \to \infty} P(A_n)(= \rho_n) = P(\cup_n A_n) = \rho$ である. ρ を消滅確率という. 以下で $0 < p_0 < 1$ と仮定する. $p_0 = 0$ なら消滅はありえないからである. $\rho_n = F_n(0) = F(F_{n-1}(0)) = F(\rho_{n-1})$ である. $F(s)$ は s の連続関数であるから $\rho = F_1(\rho)$ の解である. しかも最小解である. $F''(s) = E(Z_1(Z_1-1)s^{Z_1-2}) \geq 0, s \in [0,1]$ であるから F_1 は凸関数である. $y = s$ と $y = F(s)$ とは $\mu = F'(1) \leq 1$ ならば $s = 1$ のみである. このとき $\rho = 1$ である. $\mu = F'(1) > 1$ であれば $0 < \rho < 1$ である. この結果は理解しやすい. 平均が1以上でなければかならず消滅する. 1は臨界点である. 1を境に相転移が起こる.

いま $X_k^{n,m}$ を独立, 同分布をもつ確率変数列で平均 $1 + \mu$ で分散 σ^2 とする. これより定義される Galton-Watson 分枝過程の列を Z_k^n とし Z_0^m/m は法則収束すると仮定する. そのとき $W_m(t) \equiv \frac{Z_{mt}^m}{m}$ で定義される確率過程 $W_m(t)$ は Skorohod 空間上で拡散過程に法則収束する. その拡散過程の生成作用素は次のように与えられる.
$$Af(x) = \frac{1}{2}\sigma^2 x f''(x) + \mu x f'(x), f \in C_c^{\infty}([0,\infty))$$
Galton-Watson 過程より拡散過程を導くのは Feller 以来である. 証明は Ethier-Kurtz[3] 第9章定理1.3を参照.

この拡散過程は $[0, \infty)$ 上の連続分枝過程である.

この Feller 拡散過程の推移確率のラプラス変換は次のように書くことができる $(\lambda > 0)$.
$$\int_0^{\infty} \exp(-\lambda y)P(t, x, dy) = \exp(-xu_t(\lambda))$$
$u_t(\lambda)$ は $\frac{du_t}{dt} = \mu u_t - \frac{\sigma^2}{2}u_t, u_0 = \lambda$ の解で $u_t(\lambda) = \lambda \exp(\mu t)[1 - (\frac{\sigma^2 \lambda}{2\mu t}(1 - \exp(\mu t))]^{-1}, (\mu \neq 0)$ $u_t(\lambda) = \lambda[1 + (\sigma^2 t\lambda/2)]^{-1}, (\mu = 0)$.

連続時間のモデルはより現象に適合しているように思える. 瞬時に分裂するような場合を含む. しかし連続時間, 加算状態空間のマルコフ過程には困難な問題がある.

$Z(t)$ で時刻 t での個数を表す. $P(Z(0)) = 1$ とする. 個数1より n 個に分裂する確率を $P_{1n}(t) = P(Z(t) = n|Z(0) = 1), \sum_n P_{1n}(t) = 1$ とする. 各粒子は独立に分裂すとするとき $P(Z(t) = n|Z(0) = k) = P_{kn}(t) = P_{1n}^{*k}(t) =$

$\sum_{n_1+\cdots+n_k=n} P_{1n_1}(t)\cdots P_{1n_k}(t)$ である. 離散ラプラス変換 $F(t,s) = \sum_{j=0}^{\infty} P_{ij}(t)s^j$, $s \in [0,1]$ により上式は $\sum_{j=0}^{\infty} P_{ij}(t)s^j = [F(t,s)]^i$ となる. さらに

$$F(t+\tau, s) = \sum_{j=0}^{\infty} P_{1j}(t+\tau, s)s^j$$
$$= \sum_{j=0}^{\infty} \sum_{k=0}^{\infty} P_{1k}(t) P_{kj}(\tau) s^j$$
$$= \sum_{k=0}^{\infty} P_{1k}(t) [F(\tau, s)]^k = F(t, F(\tau, s))$$

時間に関して一様でないとき $P_{rn}(t_1, t_2), (t_1 \leq t_2)$ を時刻 t_1 で r 個の粒子が時刻 t_2 で n 個になる確率とする. 分枝条件はこのとき

$$P_{rn}(t_1, t_2) = P_{1n}^{*r}(t_1, t_2)$$
$$= \sum_{n_1+\cdots+n_r=n} P_{1n_1}(t_1, t_2)\cdots P_{1n_r}(t_1, t_2)$$

により定義される. $r = 0$ のとき分枝条件は $P_{0n}(t_1, t_2) = P_{1n}^{*0}(t_1, t_2) = \delta_{0n}$ である.

$F(t_1, t_2; s) = \sum_{n=0}^{\infty} P_{1n}(t_1, t_2)s^n$, $|s| \leq 1$ とすると $F(t_1, t_3; s) = F(t_1, t_2; F(t_2, t_3; s))$, $F(t, t; s) = s$ である.

以下で推移確率に対して次の仮定をする.

$$P_{1n}(t, t+h) = a_n(t)h + o(h), \quad n \neq 1$$
$$P_{1n}(t-h, t) = a_n(t)h + o(h), \quad n \neq 1,$$
$$P_{11}(t, t+h) = 1 + a_1(t)h + o(h),$$
$$P_{11}(t-h, t) = 1 + a_1(t) + o(h),$$
$$\sum_{n=0}^{\infty} a_n(t) \equiv 0.$$

つまり短時間では個数の変化する確率は小さい. P は非負推移確率であるから

$$F(t-h, \tau; s) = F(t, \tau; s) + h\Phi(t; F(t, \tau; s))$$

が得られる. これより

$$\frac{\partial F(t, \tau; s)}{\partial t} + \Phi(t, F(t, \tau; s)) = 0, \quad (t < \tau)$$

がえられる. 境界条件は $\Phi(t, \tau; s) \to s(t \uparrow \tau)$ である. これは t $(t < \tau)$ に関するコルモゴロフの方程式である. S をコンパクト距離空間とする. $E = \mathcal{M}_+(S)$ を S 上の有限正ボレル測度の全体とする. A を $C(S)$ 上の Feller 半群とする.

$$\Phi(\lambda) = -\frac{1}{2}\sigma^2\lambda^2 + \mu\lambda$$
$$+ \int_0^{\infty} (1 - e^{-\lambda u} - \frac{\lambda u}{1+u})n(du)$$

ここで $n(du)$ は $[0, \infty)$ 上の測度で $\int_0^1 u^2 n(du) < \infty$ を満たす. $f \in C(S)_+$ に対して積分方程式

$$U_t(f) = T_t(f) + \int_0^t T_{t-s}\Phi(U_t(f))ds,$$

の一意解が存在すると仮定する. $U_t(f)$ は形式的に次の方程式 (対数ラプラス) の解として書ける.

$$\frac{\partial U_t(f)}{\partial t} = AU_t(f) + \Phi(U_t(f)).$$

U_t に対して S 上のボレル確率測度 $(M_0(S))$ を値域とする巨大な分枝過程 X_t が対応する. その対応は次の式で与えられる.

$$E_\mu[e^{-<f, X_t>}] = e^{-<U_t f, \mu>}.$$

ここで, $X_t, \mu \in M_0(S)$ で $<f, \mu> = \int_S f(x)\mu(dx)$ である. X_t は Dawson–Watanabe (渡辺信三) 過程として引用されている.

巨大分枝過程を用いて非線形偏微分方程式の境界値問題の確率解を与えることができる. $D \subset R^d$ を有界集合とする. 境界 ∂D はなめらかとする. f を ∂D 上の連続関数とする.

$$\triangle u = u^\alpha, \quad x \in D, \ (1 < \alpha \leq 2)$$
$$u = f, \quad x \in \partial D.$$

D からの退出測度と呼ばれる ∂D 上のランダム測度 X_D が存在して

$$u(x) = -\log P_x e^{-<f, X_D>}$$

と表すことができる. 　　　　　　　　　　　［渡邉壽夫］

参考文献

[1] T.E. Harris : *The theory of Branching Processes*, Springer–Verlag, 1963. [問題の起源, 定式化など丁寧で興味深い. 次の 2 文献は分枝過程の章がある.]

[2] G.R. Grimmett, D.R. Stirzaker : *Probability and Random Processes*, Oxford University Press, 1992.

[3] S.N. Ethier, T.G. Kurtz : *Markov processes*, John & Sons, 1986.

[4] A.M. Etheridge : *An Introduction to Superprocesses*, AMS, 2000.

[5] D.A. Dawson : *Measureed–Valued Markov Processes, Lectuure Notes Mathematics 1541*, Springer–Verlag, 1993.

[6] E.B. Dynkin : *Diffusion, Superdiffusions and Partial Differential Equations*, AMS, 2002.

平均と分散

mean and variance

1 データの平均と分散

n 個のデータ $x_1,\ldots,x_n$ に対してこのデータのばらつき方を示す指標として代表的なものとして平均と分散がある．データの平均 m は
$$m = \frac{1}{n}(x_1+x_2\cdots+x_n)$$
で与えられる．データの分散 v は
$$v = \frac{1}{n}\{(x_1-m)^2+\cdots+(x_n-m)^2\}$$
で与えられる．分散の正の平方根 $\sqrt{v}$ を**標準偏差**と呼ぶ．簡単な式変形により
$$v = \frac{1}{n}(x_1^2+\cdots+x_n^2) - m^2$$
となることがわかる．

平均はデータの散らばりの「中心」を与えるものと考えられるが，ほかにそのようなものとして**中央値**もよく用いられる．今，データ $x_1,\ldots,x_n$ を小さい順に並べ替えたものを $y_1,\ldots,y_n$ とする．データの中央値は n が奇数，すなわち $n=2k+1$ のときは y_{k+1} で与えられる．n が偶数のとき，すなわち $n=2k$ であるときは中央値は $\frac{1}{2}(y_k+y_{k+1})$ で与えられることが多い．

分散はデータの散らばりの広がりを表す量であるが，広がりを表す量としてこれ以外に**分位点**がある．分位点の与え方にはいくつかの流儀があるが，代表的な方法として，α 分位点 $(0<\alpha<1)$ とは，$n\alpha$ 以上の最小の整数を k とするとき，$n\alpha \neq k$ であれば，y_k が α 分位点，$n\alpha=k$ のときは $\frac{1}{2}(y_{k-1}+y_k)$ とする方法がある．中央値は 0.5 分位点である．また，0.25 分位点を**第 1 四分位数**，0.75 分位点を**第 3 上側四分位数**と呼ぶ．データの最小値 y_1，第 1 四分位数，中央値，第 3 四分位数，最大値 y_n の 5 数を図的に表現したものとして**箱ひげ図**がある．

たとえば，データが 100 個ありそれを小さいものから順番に並べたものが $x_1, x_2, \ldots, x_{100}$ であるとすると，第 1 四分位数は $(x_{25}+x_{26})/2$，中央値は $(x_{50}+x_{51})/2$，第 3 四分位数は $(x_{75}+x_{76})/2$ である．データが 101 ありそれを下から順番に並べたものを $x_1, x_2, \ldots, x_{101}$ とした場合は，第 1 四分位数は x_{26}，中央値は x_{51}，第 3 四分位数は x_{76} である．なお，四分位点の定義にはほかの流儀もある．データの数が多いときにはその値には大きな差がないことが多い．四分位点はデータの分布の指標であり，その値に絶対的な意味があるわけではない．

データが多変量のデータ，すなわちベクトルとして得られることは少なくない．今，r 個の数の組よりなるデータが n 個あるとする．それを
$$(x_{1,1},x_{1,2},\ldots,x_{1,r}),\ldots,(x_{n,1},x_{n,2},\ldots,x_{n,r})$$
とする．このとき，**平均ベクトル** $(\mu_i)_{i=1}^r$ は
$$\mu_i = \frac{1}{n}(x_{1,i}+x_{2,i}\cdots+x_{n,i})$$
$(i=1,2,\ldots,r)$，**分散共分散行列** $(v_{ij})_{i,j=1,\ldots,r}$ は $v_{ij}=\frac{1}{n}\{(x_{1,i}-m_i)(x_{1,j}-m_j)+\cdots+(x_{n,i}-m_i)(x_{n,j}-m_j)\}$ $(i,j=1,2,\ldots,r)$ で定義される．多変量データにおいては中央値などを考えることは難しく，平均，分散共分散行列が散らばりを表す基本的な指標である．

2 確率分布の平均，分散

μ を (1 次元) 確率分布とする．$\int_{\boldsymbol{R}}|x|\mu(dx)<\infty$ のとき，確率分布 μ の平均 m が定義でき，$m=\int_{\boldsymbol{R}} x\mu(dx)$ で与えられる．さらに，$\int_{\boldsymbol{R}} x^2\mu(dx)<\infty$ のとき，確率分布 μ の分散 v が定義でき，$v=\int_{\boldsymbol{R}}(x-m)^2\mu(dx)$ で与えられる．$(\Omega,\mathcal{F},P)$ を確率空間，X を確率変数とするとき，確率変数 X の確率分布 μ_X の平均は，確率変数の期待値 $E[X]$ と一致する．確率分布 μ に対してその確率分布関数 $F=F_\mu$ が $F(x)=\mu((-\infty,x]), x\in\boldsymbol{R}$ で定義される．F は単調非減少で右連続な関数となる．確率分布関数の逆関数 $F^{-1}:[0,1)\to\boldsymbol{R}$ が
$$F^{-1}(z) = \inf\{x\in\boldsymbol{R};\ F(x)>z\},\quad x\in[0,1)$$
で定義される．確率分布 μ の α 分位点は $(0<\alpha<1)$ $(F^{-1}(\alpha)+F^{-1}(\alpha-))/2$ で定義される．$(F^{-1}(\alpha)$ などで定義する流儀もある．) ここで，$F^{-1}(\alpha-)=\lim_{z\uparrow\alpha}F^{-1}(z)$ である．

n 個のデータ $x_1,\ldots,x_n$ に対して，確率分布 μ を

$\mu(A) = \frac{1}{n}(x_k \in A$ となる $k=1,\ldots,n,$ の個数$)$ で定めることができる.このとき,n 個のデータ,$x_1,\ldots,x_n$ の平均,分散,α 分位点は確率分布 μ の平均,分散,α 分位点と一致する.

μ を確率分布とするとき,μ の**特性関数** $\varphi(\cdot,\mu): \boldsymbol{R} \to \boldsymbol{C}$ を
$$\varphi(\xi;\mu) = \int_{\boldsymbol{R}} \exp(\sqrt{-1}\xi x)\mu(dx), \quad \xi \in \boldsymbol{R}$$
で定義する.特性関数はすべての確率分布に対して定義でき,$\varphi(\xi;\mu) = \varphi(\xi;\nu)$ がすべての $\xi \in \boldsymbol{R}^N$ に対して成立すれば $\mu = \nu$ となる.また,$n \geq 1$ に対して $\int_{\boldsymbol{R}} |x|^n \mu(dx) < \infty$ であれば,$\varphi(\xi;\mu)$ は ξ について n 回連続微分可能で
$$c_n = (-\sqrt{-1})^n \frac{d^n}{d\xi^n} \log \varphi(\xi;\mu)|_{\xi=0}$$
で与えられる c_n を確率分布 μ の n 次の**キュムラント**という.平均は 1 次のキュムラント,分散は 2 次のキュムラントである.

3 多次元確率分布の平均,分散

μ を N 次元確率分布とするとき,$\int_{\boldsymbol{R}^N} ||x||\mu(dx) < \infty$ のとき,μ の平均ベクトル $(m_i)_{i=1}^m$ が定義可能で,$m_i = \int_{\boldsymbol{R}} x_i \mu(dx)$ $(i=1,\ldots,N)$ で与えられる.さらに,$\int_{\boldsymbol{R}^N} ||x||^2 \mu(dx) < \infty$ のとき,μ の分散共分散行列 $(v_{ij})_{i,j=1,\ldots,m}$ が定義可能で,$v_{ij} = \int_{\boldsymbol{R}^N}(x_i - m_i)(x_j - m_j)\mu(dx)$ で与えられる.N 次元確率分布 μ の確率分布関数 $F : \boldsymbol{R}^N \to [0,1]$ は
$$F(x_1,\ldots,x_N) = \mu((-\infty,x_1] \times \cdots (-\infty,x_N])$$
で定義される.各 $k=1,\ldots,N$ に対し,第 k 成分の周辺分布の分布関数 F_k は
$$F_k(x) = \mu(\boldsymbol{R}^{k-1} \times (-\infty,x] \times \boldsymbol{R}^{N-k-1}),$$
で与えられる.C が N-次元確率分布関数で
$$C(\underbrace{1,\ldots,1}_{k-1},x,\underbrace{1,\ldots,1}_{N-k}) = x,$$
$x \in [0,1]$ をみたすとき,C は N-次元コピュラ関数であると呼ばれる.コピュラ関数は $[0,1]^N$ 上で定義されていると考えてよい.もし,第 k 成分の周辺分布の分布関数 $F_k : \boldsymbol{R} \to \boldsymbol{R}$ が連続で真に単調増加であれば
$$C(t_1,\ldots,t_N) = F(F_1^{-1}(t_1),\ldots,F_N^{-1}(t_N)),$$
$t_1,\ldots,t_N \in (0,1),$ で与えられる関数 C はコピュラ関数に拡張できる.このとき,明らかに
$$F(x_1,\ldots,x_N) = C(F_1(x_1),\ldots,F_N(x_N))$$
となる.

一方,C を N 次元コピュラ関数,$F_1,\ldots,F_N$ を 1 次元の確率分布関数とするとき,
$$F(x_1,\ldots,x_N) = C(F_1(x_1),\ldots,F_N(x_N))$$
は確率分布関数となる.すべての確率分布関数 F に対して上のような表現が存在することが知られている.具体的に表現でき扱いやすい多次元確率分布の例は限られているため,具体的なコピュラ関数と 1 次元の確率分布関数を用いて,多次元確率分布の例を構成することがしばしばある.

4 いくつかの注意

4.1 経験分布

$(\Omega, \mathcal{F}, P)$ を確率空間,$X_1,\ldots,X_n$ は同じ確率分布 μ をもつ独立な確率変数 $(n \geq 1)$ とする.今,$\int_{\boldsymbol{R}} x^2 \mu(dx) < \infty$ であると仮定する.また,ボレル集合 A,$\omega \in \Omega$ に対し $\nu(A,\omega)$ を
$$\nu(A,\omega) = \frac{1}{n}\sum_{k=1}^n 1_A(X_k(\omega))$$
で定める.ただし,$1_A(x)$ は $x \in A$ のとき 1,そうでないときは 0 とする.このとき,$\nu(\cdot,\omega)$ は各 $\omega \in \Omega$ に対して確率分布となる.これを**経験分布**と呼ぶ.データ $X_1(\omega),\ldots,X_n(\omega)$ の平均,分散などはそれぞれ経験分布 $\nu(\cdot,\omega)$ の平均,分散などと一致する.これと確率分布 μ の平均,分散などとを混同してはならない.

4.2 統計的推定

n 個のデータ $x_1,\ldots,x_n$ が大きな集団から無作為に抽出されたものであるとき,抽出されたデータからその集団全データの平均や分散を推定することがある.この場合,全データの平均の推定値としてデータそのものの平均 $\hat{m} = \frac{1}{n}(x_1 + x_2 \cdots + x_n)$ を用いることが多いが,全データの分散の推定値として
$$\hat{v} = \frac{1}{n-1}\{(x_1 - m)^2 + \cdots + (x_n - m)^2\}$$
を用いることがある.これは分散の不偏推定量となっているためである. [楠 岡 成 雄]

平方剰余の相互法則

reciprocity law of quadratic residues

1 平方剰余

p を素数とする．p の倍数でない整数 a に対して，合同式 $x^2 \equiv a \bmod p$ を満たす整数 x が存在するとき a を p を法とする**平方剰余**，あるいは $\bmod p$ の平方剰余という．a がある平方数を p で割った余り (剰余) になっている，という意味である．平方剰余でないものを**平方非剰余**という．平方数ならばどんな p についても $\bmod p$ の平方剰余になるが，もちろん平方数でない平方剰余はたくさんある．

たとえば $p = 7$ のときは $1, 2, 4$ とこれらに $\bmod p$ で合同なものが平方剰余で，$3, 5, 6$ とこれらに $\bmod p$ で合同なものが平方非剰余である．2 は平方数ではないが $3^2 \equiv 2 \bmod 7$ なので $\bmod 7$ の平方剰余である．

$\bmod p$ の既約剰余類群は巡回群であるから，その生成元 (= 原始根) g を一つとれば $g^k, (1 \leq k \leq p-1)$ の内で k が偶数のものが平方剰余となり，奇数のものが平方非剰余となる．

2 平方剰余記号とオイラーの規準

定義 a が $\bmod p$ の平方剰余であることを
$$\left(\frac{a}{p}\right) = 1$$
と表し，平方非剰余であることを
$$\left(\frac{a}{p}\right) = -1$$
で表す．この左辺の記号を**平方剰余記号**あるいは**ルジャンドル記号**という．

定理 (オイラーの規準) a が p の倍数でなければ，次が成り立つ．
$$\left(\frac{a}{p}\right) \equiv a^{(p-1)/2} \bmod p$$

右辺の $a^{(p-1)/2} \bmod p$ には高速な計算法があるので，これを使って平方剰余記号を計算することもできるが，それよりもずっと簡単な計算法を以下に述べる．

3 ヤコビ記号

小さな固定された p に対して，a がたくさん動く場合は，先に平方剰余をすべてリストアップしておけば，平方剰余記号の計算はリストを参照するだけである．p が非常に大きい場合や，a が固定されていて p がたくさん動く場合は，効率的な計算法が必要になる．その記述には平方剰余記号の拡張であるヤコビ記号が有用となる．

定義 自然数 m の素因数分解を $m = \prod_{i=1}^{r} p_i^{e_i}$ とするとき，m と互いに素な整数 a に対して
$$\left(\frac{a}{m}\right) = \prod_{i=1}^{r} \left(\frac{a}{p_i}\right)^{e_i}$$
として平方剰余記号を分母が合成数のときにも拡張する．これを**ヤコビ記号**という．

定義からすぐわかるように $a \equiv a' \bmod m$ ならば $\left(\frac{a}{m}\right) = \left(\frac{a'}{m}\right)$ である．

ヤコビ記号も ± 1 の値をとるが $\left(\frac{a}{m}\right) = 1$ であっても m が素数でないときには a が $\bmod m$ の平方剰余であることをかならずしも意味しない．

4 平方剰余の相互法則

定理 a も m も正の奇数で，互いに素なとき，
$$\left(\frac{a}{m}\right) = \begin{cases} \left(\frac{m}{a}\right) & a \equiv 1 \bmod 4 \text{ または} \\ & m \equiv 1 \bmod 4 \text{ のとき} \\ -\left(\frac{m}{a}\right) & a \equiv 3 \bmod 4 \text{ かつ} \\ & m \equiv 3 \bmod 4 \text{ のとき} \end{cases}$$
が成り立つ．この式を**ヤコビ記号の相互法則**という．とくに，a も m も奇数の素数であるときは，ヤコビ記号は平方剰余記号であるので，この式を**平方剰余の相互法則**という．

また，m が正の奇数のときに次の式が成り立つ．(ヤコビ記号の相互法則の) **補充法則**という．
$$\left(\frac{-1}{m}\right) = \begin{cases} 1 & m \equiv 1 \bmod 4 \text{ のとき} \\ -1 & m \equiv 3 \bmod 4 \text{ のとき} \end{cases}$$
$$\left(\frac{2}{m}\right) = \begin{cases} 1 & m \equiv 1, 7 \bmod 8 \text{ のとき} \\ -1 & m \equiv 3, 5 \bmod 8 \text{ のとき} \end{cases}$$
とくに，m が奇数の素数であるときは，この式を (平方剰余の相互法則の) **補充法則**という．

以上の変換公式を用いると，平方剰余記号の計算は，これをヤコビ記号とみなし，ヤコビ記号の

相互法則を用いて"分母"と"分子"を交換し，新しい"分子"を"分母"で割った余りに置き換えれば，より小さな数どうしに対するヤコビ記号の計算に帰着することができる．

たとえば，$\left(\frac{5}{11}\right) = \left(\frac{11}{5}\right) = \left(\frac{1}{5}\right) = 1$ であり，$\left(\frac{3}{7}\right) = -\left(\frac{7}{3}\right) = -\left(\frac{1}{3}\right) = -1$ である．また，$\left(\frac{15}{29}\right) = \left(\frac{29}{15}\right) = \left(\frac{14}{15}\right) = \left(\frac{2}{15}\right)\left(\frac{7}{15}\right) = \left(\frac{7}{15}\right) = -\left(\frac{15}{7}\right) = -\left(\frac{1}{7}\right) = -1$ である．ただし，$\left(\frac{29}{15}\right) = \left(\frac{-1}{15}\right) = -1$ とすることもできる．

より複雑な場合も"分子"が1になるまで計算すればよい．

しかし，平方剰余記号を計算して平方剰余であることがわかったとしても，実際に"平方根"を求めることは独立した別の問題である．

5 相互法則の証明

平方剰余の相互法則はオイラーが発見したが，最初に証明したのはガウスであって1796年のことである．ガウス自身は生涯に七つの趣の異なる証明を与えたが，それ以後の数学の発展に伴って，多くの数学者が別証明を考案した．現在では200以上もの証明が発表されている [4]．普通は平方剰余の相互法則の証明であって，ヤコビ記号の相互法則はそこからの計算による帰結となる．これに対し，ヤコビ記号の相互法則を直接に証明するものもあって興味深い．

平方剰余の相互法則にはそれ自身の素晴らしさに加えて，新しい数学を誘発し，新しい数学の試金石になったという大きな意義がある．

6 相互法則と二次体の整数論

前々節の計算では相互法則は平方剰余記号の計算法の簡易化の手段とみえてしまうが，本来は次のような問題を解決する手段である．

問題：5を平方剰余とする素数 p を決定せよ．

これは $\left(\frac{5}{p}\right) = 1$ となる素数 p を決定せよということであるが，$5 \equiv 1 \bmod 4$ なので相互法則によれば $\left(\frac{5}{p}\right) = \left(\frac{p}{5}\right)$ となり，p が $\bmod 5$ の平方剰余になることに等しい．したがって $p \equiv 1, 4 \bmod 5$ が解となる．また，3を平方剰余とする素数 p は $p \equiv 1, 3 \bmod 4$ による場合分けが入るので少しややこしいが $p \equiv 1, 11 \bmod 12$ となる．

これが二次体の整数論で本質的に利用される．

判別式が D である二次体 $\boldsymbol{Q}(\sqrt{D})$ の整数環 O_K において，素数 p が生成するイデアル pO_K は三つのタイプに素イデアル分解する．

(1) p が D の約数ならば，素イデアル P があって $pO_K = P^2$．
(2) $\left(\frac{D}{p}\right) = 1$ ならば，二つの異なる素イデアル P, Q があって $pO_K = PQ$．
(3) $\left(\frac{D}{p}\right) = -1$ ならば，pO_K は素イデアルである．

平方剰余の相互法則によって，$\bmod p$ の条件式である (2),(3) を $\bmod D$ の条件式に書き換えることができる．上記の問題の解答によれば $\boldsymbol{Q}(\sqrt{5})$ においては $p \equiv 1, 4 \bmod 5$ である素数 p は二つの素イデアルの積に分解し，$p \equiv 2, 3 \bmod 5$ である素数 p は素イデアルであることがわかる．5はあきらかに $\sqrt{5}$ の生成する素イデアルの2乗になる．

7 3乗以上のべき剰余の相互法則

平方剰余の相互法則は2乗についての法則であるが，同様なことは3乗以上でも考えることができる．ただし，平方剰余記号は ± 1 という1の2乗根を値にとったように，m 乗剰余記号は1の m 乗根を値にとることになる．したがって $\boldsymbol{Z}$ ではなく3の場合は1の原始3乗根 ω を添加した $\boldsymbol{Z}[\omega]$ での，4の場合は $\boldsymbol{Z}[\sqrt{-1}]$ での議論となる．このように代数体の整数論に土俵を拡げて考えてゆくと，ついには高次べき剰余の相互法則という目標を超えて，類体論における Artin の一般相互法則へと達することになる． [木田祐司]

参考文献

[1] 平松豊一：数論を学ぶ人のための相互法則入門，牧野書店，1998．
[2] 倉田令二朗：平方剰余の相互法則 (ガウスの全証明)，日本評論社，1992．
[3] Franz Lemmermeyer：*Reciprocity Laws: From Euler to Eisenstein*, Springer, 2000．
[4] http://www.rzuser.uni-heidelberg.de/~hb3/fchrono.html

ベクトル

vector

1 有向線分

ベクトルは，ニュートン力学の成立後，質点どうしの重力がその間の線分を経由して伝わるという意識のもとで，力を伝える向きと大きさ（長さ）をもつものとして考え出された．ベクトルは，有向線分という形で定式化される．有向線分とは空間の2点 A, B に対し，点 A から点 B に向かう向きをもつ線分で，$\overrightarrow{AB}$ と表す．図形的には，点 A から点 B を指す矢印で表す．$\overrightarrow{AB}$ は，$A = B$ となるときも有向線分と考えるが，向きは考えない．A を有向線分の始点，B を有向線分の終点と呼ぶ．有向線分 $\overrightarrow{AB}$ の始点 A を点 C に平行移動して得られる有向線分 $\overrightarrow{CD}$ が存在する．

このとき，A を始点とする有向線分について，D を終点とする有向線分 $\overrightarrow{AD}$ を，B を終点とする有向線分 $\overrightarrow{AB}$ と C を終点とする有向線分 $\overrightarrow{AC}$ の和と呼び，$\overrightarrow{AC} + \overrightarrow{AB}$ と書く．我々が考えているユークリッド空間では，平行線の公理から，$\overrightarrow{AB} + \overrightarrow{AC} = \overrightarrow{AC} + \overrightarrow{AB}$ が成立する．このとき，A を始点とする有向線分の全体は，和について可換群になる．$\overrightarrow{AA}$ が単位元，$\overrightarrow{AB}$ の逆元 $-\overrightarrow{AB}$ は $\overrightarrow{BA}$ を A を始点とするように平行移動したものである．実数 k に対し，有向線分 $\overrightarrow{AB}$ の k 倍 $k\overrightarrow{AB}$ を，始点を A とし，終点 C が，直線 AB 上の点で，長さについて $AC = |k|AB$ を満たし，$k > 0$ ならば，C は A に対して B と同じ側にあり，$k = 0$ ならば，$C = A$ であり，$k < 0$ ならば，C は A に対して B と反対側にある，有向線分 $\overrightarrow{AC}$ として定義する．この加法と実数倍の定義により，A を始点

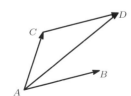

図1 有向線分に和を定義する

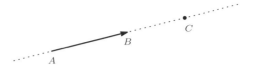

図2 有向線分の実数倍

とする有向線分の全体は，実線形空間となる．一つの点を始点とする有向線分のなす線形空間どうしは，始点を平行移動することにより，和および実数倍を保って写りあう．

始点を固定する代わりに有向線分の同値類に線型空間の構造が入ると考えることも多い．このときは，有向線分 $\overrightarrow{AC}$ と有向線分 $\overrightarrow{CD}$ の和が，有向線分 $\overrightarrow{AD}$ であると定義する．さらに，二つの有向線分が平行移動で移りあうときに同値と定義して，その同値類をベクトルと呼ぶと，二つのベクトルの和が定義されたことになる．ベクトルの実数倍は同様に定義して，ベクトルの全体は実線形空間となる．

これらが，線形空間をベクトル空間と呼ぶ理由である．

2 数ベクトル空間

直線，平面または空間に原点 O をとり，ベクトルを原点 O を始点とする有向線分で表すと，有向線分の終点とベクトルは1対1に対応する．このベクトルを終点の点の位置ベクトルと呼ぶ．点 q を位置ベクトルとみるとき，単に q と書く以外に $\vec{q}$ のように書くこともある．ベクトルの大きさ（長さ），すなわち，原点 O と q の距離を $\|\vec{q}\|$ と書く．

直線，平面または空間に座標をとり，ベクトルを原点を始点とする有向線分で表すと，ベクトルと終点の座標は1対1に対応する．このとき，ベクトルどうしの和は，対応する座標の成分どうしの和となり，ベクトルの実数倍は，対応する座標の各成分を実数倍することに対応する．こうして，平面のベクトル全体は，二つの実数の組の集合 $\boldsymbol{R}^2$ で表され，3次元空間のベクトル全体は，三つの実数の組の集合 $\boldsymbol{R}^3$ で表される．

一般に n 個の実数の組 $(x_1, \ldots, x_n)$ の全体に，和を成分どうしの和

$$(x_1,\ldots,x_n)+(y_1,\ldots,y_n)$$
$$=(x_1+y_1,\ldots,x_n+y_n),$$

実数倍を各成分の実数倍

$$a(x_1,\ldots,x_n)=(ax_1,\ldots,ax_n)$$

として，実線形空間としたものを実 n 次元数ベクトル空間と呼び，$\boldsymbol{R}^n$ と書く．n 個の複素数の組 $(z_1,\ldots,z_n)$ に対しては，同様に複素線型空間の構造が入り，これを複素 n 次元数ベクトル空間と呼び，$\boldsymbol{C}^n$ と書く．

実 n 次元数ベクトル空間において，ベクトルの大きさを $\|(x_1,\ldots,x_n)\|=\sqrt{\sum_{i=1}^{n}x_i^2}$ と定めたものを n 次元ユークリッド空間と呼ぶ．ベクトルの長さはベクトルのノルムと呼ばれる．

3 ベクトルの内積，外積

ユークリッド空間において，原点 O を始点とする二つのベクトル $\vec{p}, \vec{q}$ に対し，それらの終点の距離は $\|\vec{p}-\vec{q}\|$ で与えられる．原点と，二つのベクトル $\vec{p}, \vec{q}$ の終点を頂点とする三角形が得られるが，二つのベクトル $\vec{p}, \vec{q}$ のなす角度を θ とすると，余弦定理から，

$$\|\vec{p}\|\|\vec{q}\|\cos\theta=\frac{1}{2}(\|\vec{p}\|^2+\|\vec{q}\|^2-\|\vec{p}-\vec{q}\|^2)$$

である．この式の値を，ベクトル $\vec{p}, \vec{q}$ の内積と呼び，$\vec{p}\bullet\vec{q}, (\vec{p},\vec{q}), \langle\vec{p},\vec{q}\rangle$ などで表す．

$$\vec{p}\bullet\vec{p}=\|\vec{p}\|^2, \quad \vec{p}\bullet\vec{q}=\vec{q}\bullet\vec{p}$$

が成立する．内積 $\vec{p}\bullet\vec{q}$ は，点 q から，直線 Op へ下した垂線の足と原点 O の (符号付き) 距離と $\vec{p}$ の長さの積になっている．とくに，長さ 1 のベクトル $\vec{p}$ と，実定数 a に対し，$\vec{x}$ についての方程式 $\vec{p}\bullet\vec{x}=a$ は，$\vec{p}$ に垂直な平面を $\vec{p}$ の方向 a だけ平行移動した (原点からの距離が $|a|$ の) 平面を表す．n 次元ユークリッド空間では，$\vec{p}=(p_1,\ldots,p_n)$, $\vec{q}=(q_1,\ldots,q_n)$ の内積は，

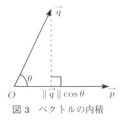

図 3 ベクトルの内積

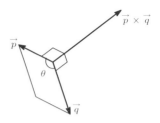

図 4 ベクトルの外積

$$\vec{p}\bullet\vec{q}=\sum_{i=1}^{n}p_iq_i$$

と書かれる．複素 n 次元数ベクトル空間においては，自分自身との内積が長さの 2 乗となる複素数値内積

$$(z_1,\ldots,z_n)\bullet(w_1,\ldots,w_n)=\sum_{i=1}^{n}z_i\overline{w_i}$$

が用いられることが多い．この内積はエルミート内積と呼ばれる．

ユークリッド空間の原点 O を始点とする二つのベクトル $\vec{p}, \vec{q}$ に対し，それらを 2 辺とする平行四辺形の面積は，二つのベクトル $\vec{p}, \vec{q}$ のなす角度を θ とすると，$\|\vec{p}\|\|\vec{q}\|\sin\theta$ で表される．この値は $\sqrt{\|\vec{p}\|^2\|\vec{q}\|^2-(\vec{p}\bullet\vec{q})^2}$ として計算すると，$i<j$ に対して定まる $\pm(p_iq_j-q_ip_j)=\pm\begin{vmatrix}p_i&p_j\\q_i&q_j\end{vmatrix}$ を成分とする $\frac{n(n-1)}{2}$ 次元のベクトルの長さに等しい．$\vec{p}, \vec{q}$ が平面上のベクトル ($\vec{p}=(p_1,p_2)$, $\vec{q}=(q_1,q_2)$) のときは，$p_1q_2-q_1p_2$ は，$\vec{p}$ の方向から $\vec{q}$ の方向へ回ると反時計回りになるときに正であるような，符号のついた面積を表す．$\vec{p}, \vec{q}$ が 3 次元空間のベクトル ($\vec{p}=(p_1,p_2,p_3)$, $\vec{q}=(q_1,q_2,q_3)$) のときは，成分を

$$\left(\begin{vmatrix}p_2&p_3\\q_2&q_3\end{vmatrix},\begin{vmatrix}p_3&p_1\\q_3&q_1\end{vmatrix},\begin{vmatrix}p_1&p_2\\q_1&q_2\end{vmatrix}\right)$$

の順で並べて，これを $\vec{p}$ と $\vec{q}$ の外積あるいはベクトル積と呼び，$\vec{p}\times\vec{q}$ で表す．$\vec{p}\times\vec{q}$ は，$\vec{p}, \vec{q}$ に直交し，大きさは，$\vec{p}, \vec{q}$ を 2 辺とする平行四辺形の面積である．方向は，座標系が右手系にとられていれば，$\vec{p}$ の方向から $\vec{q}$ の方向へ回るとき右ネジが進む方向にある．

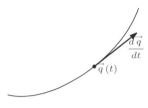

図5 速度ベクトル

4 運動の記述

時刻 t に依存する点の運動を記述するには，各時刻 t における点の位置ベクトル $\vec{q}(t)$ を記述すればよい．時刻 t についてなめらかに依存する点の運動については，その速度ベクトル $\dfrac{d\vec{q}}{dt}$，加速度ベクトル $\dfrac{d^2\vec{q}}{dt^2}$ が定まる．速度ベクトル，加速度ベクトルは，通常，$\vec{q}(t)$ を始点とするベクトルのように扱う．

時刻 t に依存する二つのベクトルの内積，外積について，微分のライプニッツ則が成立する．すなわち，
$$\frac{d}{dt}(\vec{p}(t) \bullet \vec{q}(t))$$
$$= \frac{d\vec{p}}{dt}(t) \bullet \vec{q}(t) + \vec{p}(t) \bullet \frac{d\vec{q}}{dt}(t),$$
$$\frac{d}{dt}(\vec{p}(t) \times \vec{q}(t))$$
$$= \frac{d\vec{p}}{dt}(t) \times \vec{q}(t) + \vec{p}(t) \times \frac{d\vec{q}}{dt}(t).$$

とくに，$\vec{q}(t)$ の長さ $\|\vec{q}(t)\|$ が一定ならば，$\vec{q}(t)$ は原点を中心とする球面上にあるが，$\dfrac{d}{dt}(\vec{q}(t) \bullet \vec{q}(t)) = 0$ だから，$2\dfrac{d\vec{q}}{dt}(t) \bullet \vec{q}(t) = 0$．したがって，速度ベクトル $\dfrac{d\vec{q}}{dt}(t)$ と位置ベクトル $\vec{q}(t)$ は直交する．同様に，速度ベクトル $\dfrac{d\vec{q}}{dt}(t)$ の大きさである速さ $\left\|\dfrac{d\vec{q}}{dt}(t)\right\|$ が一定ならば，加速度ベクトル $\dfrac{d^2\vec{q}}{dt^2}(t)$ は速度ベクトル $\dfrac{d\vec{q}}{dt}(t)$ に直交している．ニュートン力学では，運動の方向に垂直な方向から力を受けている．

5 無限次元のベクトル

無限次元の線型空間の点を無限次元のベクトルと考えることも自然に行われる．無限次元のベクトルについては，ベクトルの長さが自然に定義できるとは限らない．無限次元のベクトルについては，二つのベクトルの内積が自然に定義できるとは限らない．実際，実数の列の集合 $\{(a_i)_{i\in \boldsymbol{N}} \mid a_i \in \boldsymbol{R}\}$ には，自然に和と実数倍が定義され，無限次元実線型空間となるが，$\sqrt{\sum_{i\in \boldsymbol{N}} a_i^2}$ は有限とは限らないから，これを長さ（ノルム）$\|(a_i)_{i\in \boldsymbol{N}}\|$ と定義することはできない．

有限個の a_i を除いて 0 であるような $\{(a_i)_{i\in \boldsymbol{N}} \mid a_i \in \boldsymbol{R}\}$ の部分集合は $\boldsymbol{R}^\infty$ と書かれる．座標を順に増やす埋め込みの列 $\boldsymbol{R}^1 \subset \boldsymbol{R}^2 \subset \cdots$ について，$\boldsymbol{R}^\infty = \bigcup_{n\in \boldsymbol{N}} \boldsymbol{R}^n$ である．$\boldsymbol{R}^\infty$ では，ベクトルのノルム $\|\cdot\|$ は定義されるが，このノルムの定める位相についてのコーシー列は，$\boldsymbol{R}^\infty$ 内の点に収束するとは限らないから，完備ではない．

ノルム $\|\cdot\|$ が有限であるような $\{(a_i)_{i\in \boldsymbol{N}} \mid a_i \in \boldsymbol{R}\}$ の部分集合
$$\ell^2 = \{(a_i)_{i\in \boldsymbol{N}} \mid a_i \in \boldsymbol{R}, \sum_{i\in \boldsymbol{N}} a_i^2 < \infty\}$$
は，完備な線形空間となる．$\vec{a} = (a_i)_{i\in \boldsymbol{N}}, \vec{b} = (b_i)_{i\in \boldsymbol{N}} \in \ell^2$ に対して，内積が $\vec{a} \bullet \vec{b} = \sum_{i\in \boldsymbol{N}} a_i b_i$ により定義される．したがって，$\vec{a}, \vec{b}$ のなす角度 θ が，
$$\cos\theta = \frac{\vec{a} \bullet \vec{b}}{\|\vec{a}\| \|\vec{b}\|}$$
により定まる．有限次元空間の場合と同様に，長さ 1 のベクトル $\vec{a}$ と，実定数 c に対し，$\vec{x}$ についての方程式 $\vec{a} \bullet \vec{x} = c$ は，$\vec{a}$ に垂直な平面を $\vec{a}$ の方向 c だけ平行移動した（原点からの距離が $|c|$ の）超平面を表す．内積をもつ実線形空間に，ノルムによる位相を入れたとき，完備であれば実ヒルベルト空間と呼ばれるが，可分な実ヒルベルト空間は ℓ^2 と同型になる．

無限次元の複素ベクトルも考えられる．応用上，ℓ^2 の複素数版である次の複素ヒルベルト空間 $\ell_{\boldsymbol{C}}^2$ は，非常に重要である．
$$\ell_{\boldsymbol{C}}^2 = \{(z_i)_{i\in \boldsymbol{N}} \mid z_i \in \boldsymbol{C}, \sum_{i\in \boldsymbol{N}} z_i \overline{z_i} < \infty\}$$

［編 集 委 員］

ベクトル束

vector bundle

1 定義

位相空間上の各点にベクトル空間が並んでいて,それら全体が一つの空間を形作り,局所的には自明な積空間となっているものをベクトル束という.詳しくは次のように定義する.

E, B を位相空間,$p: E \to B$ を連続写像とする.任意の点 $b \in B$ に対して $E_b = p^{-1}(b)$ が n 次元実ベクトル空間の構造をもち,次の局所自明性の公理を満たすとき,$\xi = (E, p, B)$ を n 次元ベクトル束 (vector bundle) という.任意の点 $b \in B$ に対し,ある近傍 $U \ni b$ と同相写像 $\varphi: p^{-1}(U) \cong U \times \boldsymbol{R}^n$ が存在して,任意の点 $c \in U$ に対し φ の E_c への制限は線形同型写像
$$\varphi_{E_c}: E_c \cong \{c\} \times \boldsymbol{R}^n$$
を与える.このとき,E, B, p をそれぞれベクトル束 ξ の全空間 (total space),底空間 (base space),射影 (projection) という.また E_b を b 上のファイバー (fiber) という.底空間や射影がはっきりしている場合には全空間で代表させてベクトル束 E と簡単に記す場合も多い.

$\xi = (E, p, B), \eta = (F, q, C)$ を二つの n 次元ベクトル束とする.二つの連続写像 $\tilde{f}: E \to F$,$f: B \to C$ が条件 $q \circ \tilde{f} = f \circ p$ を満たすとする.このとき,$\tilde{f}$ は ξ の任意のファイバー E_b ($b \in B$) を η のファイバー $F_{f(b)}$ に移す.このファイバーからファイバーへの写像がつねに線形同型写像となるとき,$\tilde{f}$ を ξ から η への束写像 (bundle map) という.このとき底空間の間の写像 f を束写像 $\tilde{f}$ が誘導する写像と呼び,また $\tilde{f}$ を f 上の (あるいは f をカバーする) 束写像と呼ぶ.束写像 $\tilde{f}$ が誘導する底空間の写像 f が位相同型となるとき,$\tilde{f}$ もまた位相同型となり,その逆写像もまた束写像となる.このような束写像を束同型 (bundle isomorphism) という.

底空間が同じ二つのベクトル束 $\xi_i = (E_i, p_i, B)$ ($i = 1, 2$) に対し,B の恒等写像の上の束同型 $\tilde{f}: E_1 \to E_2$ が存在するとき,ξ_1 と ξ_2 は互いに同値なベクトル束という.与えられた位相空間上のベクトル束の同値類全体を求めることは,きわめて重要な問題である.

全空間および底空間が微分可能な多様体で,射影も微分可能であり,かつ $\varphi: p^{-1}(U) \cong U \times \boldsymbol{R}^n$ がすべて微分同相となるようなベクトル束を微分可能なベクトル束という.

また上記において,実数体 $\boldsymbol{R}$ の替わりに複素数体 $\boldsymbol{C}$ を用いれば複素ベクトル束 (complex vector bundle) の概念が得られる.

2 例

任意の位相空間 X に対し,積空間 $X \times \boldsymbol{R}^n$ はベクトル束となる.これを積ベクトル束という.積ベクトル束と同型なベクトル束を自明なベクトル束 (trivial vector bundle) (あるいは自明束) という.

ベクトル束 $\xi = (E, p, B)$ に対し,連続写像 $s: B \to E$ で $p \circ s = \mathrm{id}_B$ (id_B は B の恒等写像) となるものを ξ の切断 (section) という.$s(b) = 0 \in E_b$ とおけばこれは切断となる.これを ξ の零切断 (zero section) という.逆に任意の $b \in B$ に対し $s(b) \neq 0$ となる切断を非零切断 (non-zero section) という.自明なベクトル束は非零切断をもつ.したがって,非零切断をもたないベクトル束は自明ではない.

1 次元のベクトル束を直線束 (line bundle) という.単位閉区間 $[0, 1]$ と $\boldsymbol{R}$ との直積 $[0, 1] \times \boldsymbol{R}$ において,$(0, x)$ と $(1, -x)$ とを同一視することにより得られる空間を L とする.一方 $[0, 1]$ の両端の点 $0, 1$ を同一視すれば円周 S^1 と同相となる.したがって自然な射影 $p: E \to S^1$ が得られるが,これは S^1 上の自明でない直線束となる.S^1 上の任意の直線束は,自明なものか L のいずれかに同値である.

n 次元実射影空間 $\boldsymbol{R}P^n$ は $\boldsymbol{R}^{n+1}$ の原点を通る直線全体のなす空間として定義される.そこで
$$L = \{(\ell, x) \in \boldsymbol{R}P^n \times \boldsymbol{R}^{n+1}; x \in \ell\}$$
とおき,$p: L \to \boldsymbol{R}P^n$ を $p(\ell, x) = \ell$ と定義すれ

ば, $(L, p, \mathbf{R}P^n)$ は $\mathbf{R}P^n$ 上の直線束となる. これを**標準直線束** (canonical line bundle) という. 同様にして n 次元複素射影空間 $\mathbf{C}P^n$ 上に定義される複素直線束も標準直線束と呼ばれる.

M を微分可能多様体とする. このとき各点 $x \in M$ における接空間 T_xM 全体を束ねた空間
$$TM = \bigcup_{x \in M} T_xM$$
は自然に微分可能多様体となる. そして自然な射影 $p: TM \to M$ は M 上のベクトル束となる. これを M の**接束** (tangent bundle) という. 接束の切断は M 上のベクトル場にほかならない. とくに, M 上の非零切断は M 上の非特異ベクトル場を意味することになる.

3 種々の操作

$\xi = (E, p, B)$ をベクトル束とする. 位相空間 X から ξ の底空間 B への連続写像 $f: X \to B$ が与えられたとき
$$f^*E = \{(x, e) \in X \times E; f(x) = p(e)\}$$
とおき, 写像 $f^*p : f^*E \to X$ を $f^*(x, e) = x$ と定義すれば $f^*\xi = (f^*E, f^*p, X)$ は X 上のベクトル束となる. これを f による ξ の**引き戻し** (pull-back) あるいは**誘導束** (induced bundle) という. このとき, 対応 $f^*E \ni (x, e) \mapsto e \in E$ は $f^*\xi$ から ξ への束写像となる. 底空間の部分空間からの包含写像による引き戻しは, その部分空間への**制限** (restriction) とも呼ばれる.

ベクトル束 $\xi = (E, p, B)$ の全空間 E の部分空間 $F \subset E$ は, p の F への制限 $p' : F \to B$ がベクトル束であり, その各ファイバー F_b ($b \in B$) が E_b の線形部分空間となっているとき, **部分束** (subbundle) という. このとき各商ベクトル空間 E_b/F_b を b 上のファイバーとするベクトル束が定義される. これを ξ の部分束 F による**商束** (quotient bundle) といい, E/F と記す.

同じ底空間上の二つのベクトル束 $\xi = (E, p, B), \eta = (F, q, B)$ に対し
$$E \oplus F = \bigcup_{b \in B} E_b \oplus F_b$$
とおけば, 自然な射影 $E \oplus F \to B$ は B 上のベクトル束となる. これを $\xi \oplus \eta$ と書き二つのベクトル束の**ホイットニー和** (Whitney sum) という.

ベクトル束 E の任意の部分束 $F \subset E$ に対して, E は $F \oplus E/F$ と同型となる.

もしベクトル束 $\xi = (E, p, B)$ が非零切断 s をもてば, 各ファイバー E_b において $s(b)$ の実数倍全体は1次元線形部分空間となり, これらを集めれば ξ の自明な部分直線束 L_s が得られる. そして ξ はホイットニー和 $L_s \oplus E/L_s$ と同型となる. 商束 E/L_s が非零切断をもてば, ξ は2次元の自明束を部分束としてもつことになる. このように, 非零切断の存在, 非存在はベクトル束の構造の解析にとって重要である.

ベクトル束 E の各ファイバー E_b 上に正値な内積 $E_b \times E_b \to \mathbf{R}$ が与えられ, それが b に関して C^∞ 級であるとき, これを E 上のリーマン計量という. 接束上にリーマン計量の与えられた微分可能多様体をリーマン多様体という.

M を微分可能多様体, $W \subset M$ を部分多様体とする. このとき W の接束 TW は, M の接束 TM の W への制限 i^*TM の部分束となる. ここで $i : W \to M$ は包含写像である. 商束 $N = i^*TM/TW$ を W の M における**法束** (normal bundle) という. i^*TM はホイットニー和 $TW \oplus N$ と同型になる. M にリーマン計量が入っている場合には, 法束は i^*TM の部分束
$$TW^\perp = \bigcup_{x \in W}(T_xW)^\perp$$
と同型である. ここで $(T_xW)^\perp$ は T_xW の T_xM における直交補空間を表す. 実射影空間 $\mathbf{R}P^n$ は自然に $\mathbf{R}P^{n+1}$ の部分多様体となる. その法束は $\mathbf{R}P^n$ 上の標準直線束と同型である. また複素射影空間 $\mathbf{C}P^n$ は自然に $\mathbf{C}P^{n+1}$ の部分多様体となる. その法束は $\mathbf{C}P^n$ 上の標準直線束の双対束と同型である. ここで一般にベクトル束 E に対し
$$E^* = \bigcup_{b \in B} E_b^* \quad (E_b^* \text{ は } E_b \text{ の双対ベクトル空間})$$
を E の**双対束** (dual bundle) という.

[森田茂之]

ベクトル場とテンソル場

vector fields and tensor fields

1 多様体上のベクトル場と微分形式

n 次元 C^∞ 級多様体 M の各点 x には，接空間 $T_x(M)$, 余接空間 $T_x^*(M)$ が定まる．これらは n 次元実ベクトル空間で，互いに双対空間となっている．多様体の各点 x に対し，接空間 $T_x(M)$ の元 $X(x)$ を対応させる写像 X をベクトル場という．一方，多様体の各点 x に対し，余接空間 $T_x^*(M)$ の元 $\alpha(x)$ を対応させる写像 α を微分 1 形式あるいは 1 次微分形式という．n 次元多様体 M の点 x の周りの座標近傍 $(U, \varphi=(x^1,\ldots,x^n))$ に対して，接空間 $T_x(M)$ の基底は，$\{\frac{\partial}{\partial x^j}\}_{j=1,\ldots,n}$ で与えられ，接空間 $T_x(M)$ の双対空間である余接空間 $T_x^*(M)$ の双対基底は，$\{dx^j\}_{j=1,\ldots,n}$ で与えられている．したがって，ベクトル場 X は，U 上で，U 上の関数 X^j $(j=1,\ldots,n)$ を用いて，$X = \sum_{j=1}^n X^j \frac{\partial}{\partial x^j}$ と表示される．また，微分 1 形式 α は，U 上の関数 α_j $(j=1,\ldots,n)$ を用いて $\alpha = \sum_{j=1}^n \alpha_j dx^j$ と表示される．多くの場合，U 上の関数 X^j, α_j は C^∞ 級の関数となることを要請し，そのようなベクトル場，微分 1 形式は C^∞ 級であるという．x の周りの二つの座標近傍 $(U, \varphi = \boldsymbol{x} = (x^1,\ldots,x^n))$, $(V, \psi = \boldsymbol{y} = (y^1,\ldots,y^n))$ に対し，座標変換 $\psi \circ \varphi^{-1} = (y^1(\boldsymbol{x}),\ldots,y^n(\boldsymbol{x}))$ が与えられているが，これは，$T_x(M)$ の基底の間の変換

$$\frac{\partial}{\partial x^j} = \sum_{i=1}^n \frac{\partial y^i}{\partial x^j}\frac{\partial}{\partial y^i}, \quad \frac{\partial}{\partial y^j} = \sum_{i=1}^n \frac{\partial x^i}{\partial y^j}\frac{\partial}{\partial x^i}$$

を引き起こす．(i,j) 成分が $\frac{\partial y^i}{\partial x^j}$ の行列と，$\frac{\partial x^i}{\partial y^j}$ の行列は互いに逆行列であり，成分は $\boldsymbol{x} = (x^1,\ldots,x^n)$ の関数としても，$\boldsymbol{y} = (y^1,\ldots,y^n)$ の関数としても表すことができる．同様に，$T_x^*(M)$ の基底の間には，変換

$$dy^i = \sum_{j=1}^n \frac{\partial y^i}{\partial x^j} dx^j, \quad dx^i = \sum_{j=1}^n \frac{\partial x^i}{\partial y^j} dy^j$$

を引き起こす．したがって，U 上で $X = \sum_{j=1}^n X^j \frac{\partial}{\partial x^j}$ と表示されるベクトル場は，V 上で

$$X = \sum_{j=1}^n \sum_{i=1}^n X^j(x^1(\boldsymbol{y}),\ldots,x^n(\boldsymbol{y}))\frac{\partial y^i}{\partial x^j}\frac{\partial}{\partial y^i}$$

と表示され，U 上で $X = \sum_{j=1}^n \alpha_j dx^j$ と表示される微分 1 形式は，V 上で

$$\alpha = \sum_{j=1}^n \sum_{i=1}^n \alpha_j(x^1(\boldsymbol{y}),\ldots,x^n(\boldsymbol{y}))\frac{\partial x^j}{\partial y^i}dy^i$$

と表示される．多様体の点 x に対し，いくつかの接空間 $T_x(M)$, 余接空間 $T_x^*(M)$ のテンソル積が考えられる．ベクトル場や微分 1 形式はこのテンソル積に値をもつ対象に一般化される．

2 多様体上のテンソル場

多様体の点 x に対し，p 個の接空間 $T_x(M)$, q 個の余接空間 $T_x^*(M)$ のテンソル積 $T_x(M)^{\otimes p} \otimes T_x^*(M)^{\otimes q}$ は，x の周りの座標近傍 $(U, \varphi = (x^1,\ldots,x^n))$ に対して，

$$\frac{\partial}{\partial x^{j_1}} \otimes \cdots \otimes \frac{\partial}{\partial x^{j_p}} \otimes dx^{i_1} \otimes \cdots \otimes dx^{i_q}$$

を基底とする n^{p+q} 次元ベクトル空間である．多様体の点 x に対し，$T_x(M)^{\otimes p} \otimes T_x^*(M)^{\otimes q}$ の元 $A^{(p,q)}(x)$ を対応させる写像 $A^{(p,q)}$ を，(p,q) 型のテンソル場あるいは p 反変 q 共変テンソル場という．(p,q) 型のテンソル場 $A^{(p,q)}$ は，U 上で，U 上の関数 $A^{j_1\cdots j_p}_{i_1\cdots i_q}$ $(j_1,\ldots,j_p, i_1,\ldots,i_q = 1,\ldots,n)$ を用いて，

$$\sum_{j_1,\ldots,j_p, i_1,\ldots,i_q=1}^n A^{j_1\cdots j_p}_{i_1\cdots i_q}$$
$$\cdot \frac{\partial}{\partial x^{j_1}} \otimes \cdots \otimes \frac{\partial}{\partial x^{j_p}} \otimes dx^{i_1} \otimes \cdots \otimes dx^{i_q}$$

と表される．基底を省略して，(p,q) 型のテンソル場 $A^{j_1\cdots j_p}_{i_1\cdots i_q}$ といういい方もしばしば使われる．多くの場合，U 上の関数 $A^{j_1\cdots j_p}_{i_1\cdots i_q}$ は C^∞ 級の関数となることを要請し，そのような (p,q) 型のテンソル場は C^∞ 級であるという．座標近傍 $(U, \varphi = (x^1,\ldots,x^n))$ に対する $T_x(M)^{\otimes p} \otimes T_x^*(M)^{\otimes q}$ の上記の基底は，座標近傍 $(V, \psi = (y^1,\ldots,y^n))$ においては，

$$\sum_{k_1,\ldots,k_p,\ell_1,\ldots,\ell_q=1}^n \frac{\partial y^{k_1}}{\partial x^{j_1}}\cdots\frac{\partial y^{k_p}}{\partial x^{j_p}}\frac{\partial x^{i_1}}{\partial y^{\ell_1}}\cdots\frac{\partial x^{i_q}}{\partial y^{\ell_q}}$$
$$\cdot\frac{\partial}{\partial y^{k_1}}\otimes\cdots\otimes\frac{\partial}{\partial y^{k_p}}\otimes dy^{\ell_1}\otimes\cdots\otimes dy^{\ell_q}$$

と書かれる．したがって，(p,q) 型のテンソル場 $A^{(p,q)}$ の座標近傍 $(V,\psi=(y^1,\ldots,y^n))$ における表示が得られる．すなわち，$(V,\psi=(y^1,\ldots,y^n))$ に対するテンソル場 $A^{(p,q)}$ の成分は，$(U,\varphi=(x^1,\ldots,x^n))$ に対する n^{p+q} 個の成分 $A_{i_1\cdots i_q}^{j_1\cdots j_p}$ をもつベクトルを $\frac{\partial y^{k_1}}{\partial x^{j_1}}\cdots\frac{\partial y^{k_p}}{\partial x^{j_p}}\frac{\partial x^{i_1}}{\partial y^{\ell_1}}\cdots\frac{\partial x^{i_q}}{\partial y^{\ell_q}}$ を成分とする $n^{p+q}\times n^{p+q}$ 行列で写したベクトルの成分である．

(p,q) 型のテンソル場 $A^{(p,q)}$ は，成分 $A_{i_1\cdots i_q}^{j_1\cdots j_p}$ が，添え字 $j_1\cdots j_p$ あるいは $i_1\cdots i_q$ の置換に対し不変であるとき，$j_1\cdots j_p$ あるいは $i_1\cdots i_q$ に対して対称であるといい，添え字 $j_1\cdots j_p$ あるいは $i_1\cdots i_q$ の置換に対し，置換の符号倍になるとき，$j_1\cdots j_p$ あるいは $i_1\cdots i_q$ に対して交代であるという．(p,q) 型のテンソル場 $A^{(p,q)}$ を添え字 $j_1\cdots j_p$ あるいは $i_1\cdots i_q$ の部分集合に対して対称化，あるいは交代化することができる．たとえば，$(0,q)$ 型のテンソル場 $A_{i_1\cdots i_q}$ の対称化は，$1\cdots q$ の置換 σ についての和 $\frac{1}{q!}\sum_\sigma A_{i_{\sigma(1)}\cdots i_{\sigma(q)}}$ で与えられ，交代化は，和 $\frac{1}{q!}\sum_\sigma \mathrm{sign}(\sigma)A_{i_{\sigma(1)}\cdots i_{\sigma(q)}}$ で与えられる．この操作は，座標近傍の取り方によらない．

(p_1,q_1) 型のテンソル場 $A_1^{(p_1,q_1)}$，(p_2,q_2) 型のテンソル場 $A_2^{(p_2,q_2)}$ に対して，それらのテンソル積 $A_1^{(p_1,q_1)}\otimes A_2^{(p_2,q_2)}$ が，(p_1+p_2,q_1+q_2) 型のテンソル場として定義される．1つの座標近傍上で，$A_1^{(p_1,q_1)}$ が，成分 $(A_1)_{i_1\cdots i_{q_1}}^{j_1\cdots j_{p_1}}$ をもち，$A_2^{(p_2,q_2)}$ が，成分 $(A_2)_{\ell_1\cdots \ell_{q_2}}^{k_1\cdots k_{p_2}}$ をもつとき，$A_1^{(p_1,q_1)}\otimes A_2^{(p_2,q_2)}$ は，成分 $(A_1)_{i_1\cdots i_{q_1}}^{j_1\cdots j_{p_1}}(A_2)_{\ell_1\cdots \ell_{q_2}}^{k_1\cdots k_{p_2}}$ をもつ．

(p,q) 型のテンソル場 $A^{(p,q)}$ が，成分 $A_{i_1\cdots i_q}^{j_1\cdots j_p}$ をもつとき，$1\leq k\leq p$，$1\leq\ell\leq q$ に対し，$\sum_{j_k=i_\ell=1}^n A_{i_1\cdots i_q}^{j_1\cdots j_p}$ を成分とする $(p-1,q-1)$ 型のテンソル場，すなわち，

$$\sum_{\substack{j_1,\ldots,j_{k-1},j_{k+1},\ldots,j_p,\\i_1,\ldots,i_{\ell-1},i_{\ell+1},\ldots,i_q=1}}^n \sum_{j_k=i_\ell=1}^n A_{i_1\cdots i_q}^{j_1\cdots j_p}$$
$$\cdot\frac{\partial}{\partial x^{j_1}}\otimes\cdots\otimes\frac{\partial}{\partial x^{j_{k-1}}}\otimes\frac{\partial}{\partial x^{j_{k+1}}}\otimes\cdots\otimes\frac{\partial}{\partial x^{j_p}}$$
$$\otimes dx^{i_1}\otimes\cdots\otimes dx^{i_{\ell-1}}\otimes dx^{i_{\ell+1}}\otimes\cdots\otimes dx^{i_q}$$

を $A^{(p,q)}$ の添え字 (j_k,i_ℓ) に関する縮約という．縮約は，座標近傍の取り方によらない．縮約を複数回繰り返したものも縮約と呼ばれる．縮約して得られるテンソル場の成分の記述，あるいは，基底を明示したテンソル場の記述においては，上付きの添え字と下付きの添え字について，和をとっている（$\frac{\partial}{\partial x^j}$ は下付きの添え字 j をもっていると考える）．このとき，和の記号を省略することが多い．この省略法をアインシュタインの規約という．たとえば，上に挙げた $A_{i_1\cdots i_q}^{j_1\cdots j_p}$ の縮約は，$A_{i_1,\ldots,i_{\ell-1},m,i_{\ell+1},\ldots,i_q}^{j_1,\ldots,j_{k-1},m,j_{k+1},\ldots,j_p}$ と表される．

3 例

(0) $(0,0)$ 型のテンソル場は多様体上の関数，$(1,0)$ 型のテンソル場は多様体上のベクトル場であり，$(0,1)$ 型のテンソル場は多様体上の微分1形式である．

(1) $(0,q)$ 型交代テンソル場は，微分 q 形式である．

(2) $(1,1)$ 型のテンソル場 $A^{(1,1)}$ は，
$$\sum_{j=1}^n\sum_{i=1}^n A_i^j\frac{\partial}{\partial x^j}\otimes dx^i$$
と表され，各点 x の接空間 $T_x(M)$ から自分自身への準同型 $\sum_{i=1}^n v^i\frac{\partial}{\partial x^i}\mapsto\sum_{j=1}^n\sum_{i=1}^n A_i^j v^i\frac{\partial}{\partial x^j}$ あるいは余接空間 $T_x^*(M)$ から自分自身への準同型 $\sum_{j=1}^n w_j dx^j\mapsto\sum_{i=1}^n\sum_{j=1}^n A_i^j w_j dx^i$ をあたえる．

$(1,1)$ 型テンソル場 $A^{(1,1)}$ を接空間あるいは余接空間から自分自身への線型写像 A とみて，A がつねに恒等写像 E ならば，$A^{(1,1)}$ は接束あるいは余接束の恒等写像を表す．$A^2=A$ で，A の階数が一定ならば，接束あるいは余接束の部分ベクトル束への射影を表す．$A^2=-E$ ならば，多様体 M 上の概複素構造を表す．$(1,1)$ 型のテンソル場

A_i^j の縮約 $A_i^i = \sum_{i=1}^{n} A_i^i$ は，各点で，線型写像 A のトレースを与える多様体上の関数になる．

(3) 多様体 M 上の概複素構造 J が $J^2 = -E$ で与えられているとき，それが多様体に複素構造をあたえることと，多様体 M 上のベクトル場 X, Y に対してベクトル場
$$N(X,Y) = [JX, JY] - [X,Y]$$
$$-J[X, JY] - J[JX, Y]$$
を与える N が 0 であることは同値である．N は，$(1,2)$ 型のテンソル場となり，Nijenhuis テンソルと呼ばれる．

(4) $(0,2)$ 型対称テンソル場で，正定値のものは，多様体上のリーマン計量と呼ばれる．すなわち，リーマン計量 g は $\sum_{i,j=1}^{n} g_{ij} dx^i \otimes dx^j$ で (g_{ij}) が正定値対称行列となるものである．リーマン計量により，ベクトル場の空間上の関数に値をもつ内積が，リーマン計量 g, ベクトル場 $X = \sum_{i=1}^{n} X^i \frac{\partial}{\partial x^i}$, $Y = \sum_{i=1}^{n} Y^i \frac{\partial}{\partial x^i}$ のテンソル積 $g \otimes X \otimes Y$ の添え字を 2 回縮約したもの $\sum_{i,j=1}^{n} g_{ij} X^i Y^j$ として得られる．

リーマン計量が与えられているとき，(p,q) 型のテンソル場 $A^{(p,q)}$ ($p \geqq 1$) に対し，テンソル積 $g \otimes A^{(p,q)}$ をとり，$k \in \{1,\ldots,p\}$ と g の添え字の 1 つについて，縮約して，$(p-1, q+1)$ 型のテンソル場が得られる．添え字 j_k を下げたテンソル場と呼ばれ，$A^{(p,q)}$ が成分 $A_{i_1 \cdots i_q}^{j_1 \cdots j_p}$ をもつとき，成分 $\sum_{j_k=1}^{n} g_{ij_k} A_{i_1 \cdots i_q}^{j_1 \cdots j_p}$ をもつ．(g^{ij}) を (g_{ij}) の逆行列とすると，$g^{-1} = \sum_{i,j=1}^{n} g^{ij} \frac{\partial}{\partial x^i} \otimes \frac{\partial}{\partial x^j}$ は $(2,0)$ 型対称テンソル場で，正定値であり，微分 1 形式の空間上の関数に値をもつ内積を定義している．(p,q) 型のテンソル場 $A^{(p,q)}$ ($q \geqq 1$) に対し，テンソル積 $g^{-1} \otimes A^{(p,q)}$ をとり，$\ell \in \{1,\ldots,q\}$ と g の添え字の一つについて，縮約して，$(p+1, q-1)$ 型のテンソル場が得られる．添え字 i_ℓ を上げたテンソル場と呼ばれ，成分 $\sum_{i_\ell=1}^{n} g^{ji_\ell} A_{i_1 \cdots i_q}^{j_1 \cdots j_p}$ をもつ．

(5) リーマン計量をもつ多様体には，二つのベクトル場 X, Y に対し，Y を X で共変微分したベクトル場 $\nabla_X Y$ を対応させるレヴィ-チビタ接続 ∇ が定まるが，これは，$(1,2)$ 型テンソル場ではない．実際，共変微分 $\nabla_X Y$ は，X, Y について実双線型であるが，関数 f 倍に対して，
$$\nabla_{fX} Y = f \nabla_X Y,$$
$$\nabla_X(fY) = X(f) Y + f \nabla_X Y$$
という性質をもつ．第 2 式右辺の第 1 項が，テンソル場ではないことを物語っている．実際，局所的に $(x^1, \ldots, x^n)$ 座標で，$\nabla_{\frac{\partial}{\partial x^i}} \frac{\partial}{\partial x^j} = \sum_k \Gamma_{ij}^k \frac{\partial}{\partial x^k}$ と書かれているとき (Γ_{ij}^k はクリストフェル記号)，$(y^1, \ldots, y^n)$ 座標では，
$$\nabla_{\frac{\partial}{\partial y^a}} \frac{\partial}{\partial y^b} = \nabla_{\sum_i \frac{\partial x^i}{\partial y^a} \frac{\partial}{\partial x^i}} \sum_j \frac{\partial x^j}{\partial y^b} \frac{\partial}{\partial x^j}$$
$$= \sum_{i,j} \frac{\partial x^i}{\partial y^a} \left(\frac{\partial}{\partial x^i} \frac{\partial x^j}{\partial y^b} \frac{\partial}{\partial x^j} + \frac{\partial x^j}{\partial y^b} \nabla_{\frac{\partial}{\partial x^i}} \frac{\partial}{\partial x^j} \right)$$
$$= \sum_{k,c} \left(\frac{\partial^2 x^k}{\partial y^b \partial y^a} + \sum_{i,j} \frac{\partial x^i}{\partial y^a} \frac{\partial x^j}{\partial y^b} \Gamma_{ij}^k \right) \frac{\partial y^c}{\partial x^k} \frac{\partial}{\partial y^c}$$
となる．この最後の式の第 1 項が，テンソル場とならないことを示している．

(6) レヴィ-チビタ接続の共変微分の非可換性を表す量をベクトル場 X, Y, Z に対しベクトル場
$$R(X,Y)Z = \nabla_X(\nabla_Y Z) - \nabla_Y(\nabla_X Z)$$
$$- \nabla_{[X,Y]} Z$$
を対応させる対応 R により定義すると，R は $(1,3)$ 型テンソル場となる．
$$\nabla_{\frac{\partial}{\partial x^k}} \left(\nabla_{\frac{\partial}{\partial x^\ell}} \frac{\partial}{\partial x^j} \right) - \nabla_{\frac{\partial}{\partial x^\ell}} \left(\nabla_{\frac{\partial}{\partial x^k}} \frac{\partial}{\partial x^j} \right) = \sum_i R_{jk\ell}^i \frac{\partial}{\partial x^i}$$
として
$$R = \sum_{i,j,k,\ell} R_{jk\ell}^i \frac{\partial}{\partial x^i} \otimes dx^j \otimes dx^k \otimes dx^\ell$$
である．$R = R_{jk\ell}^i$ は，**曲率テンソル**と呼ばれる．曲率テンソルを縮約して得られる $R_{jki} = \sum_i R_{jki}^i$ は，$(0,2)$ 型の対称テンソルとなる．これをリッチ曲率テンソルと呼ぶ． ［坪井 俊］

ベッセル関数

Bessel function

ベッセル関数は
$$J_\nu(z) = \left(\frac{z}{2}\right)^\nu \sum_{n=0}^\infty \frac{(-1)^n}{n!\Gamma(n+\nu+1)} \left(\frac{z}{2}\right)^{2n}$$
で定義される関数で，詳しくは次数 ν の第一種ベッセル関数 (Bessel function of the first kind of order ν) と呼ばれる．ここでは，ν を実数とする．もし ν が負の整数なら，$n+\nu+1$ が 0 または負の整数のとき $1/\Gamma(n+\nu+1)$ を 0 で置き換えるものとする．

$J_\nu(z)$ はベッセルの微分方程式 (Bessel's differential equation)
$$\frac{d^2y}{dz^2} + \frac{1}{z}\frac{dy}{dz} + \left(1 - \frac{\nu^2}{z^2}\right)y = 0$$
の解の一つである．ν が整数でないならば，$J_\nu(z)$ と $J_{-\nu}(z)$ は線形独立で，基本解をなす．ν が整数 n ならば関係 $J_{-n}(z) = (-1)^n J_n(z)$ が成り立ち線形従属である．一般の ν に対し，$J_\nu(z)$ と $J_{-\nu}(z)$ を用いて定義される
$$Y_\nu(z) = \frac{J_\nu(z)\cos\nu\pi - J_{-\nu}(z)}{\sin\nu\pi}$$
を次数 ν の第二種ベッセル関数 (Bessel function of the second kind of order ν)，あるいは $N_\nu(z)$ と書き，ノイマン関数 (Neumann function) という．$J_\nu(z)$ と $Y_\nu(z)$ は，どのような ν の値についても，ベッセルの微分方程式の基本解をなす．ν が整数 n の場合，$Y_n(z)$ の定義は $Y_n(z) = \lim_{\nu \to n} Y_\nu(z)$ で置き換える．ベッセルの微分方程式の基本解として $H_\nu^{(1)}(z) = J_\nu(z) + iY_\nu(z)$，$H_\nu^{(2)}(z) = J_\nu(z) - iY_\nu(z)$ を使うこともできる．これらの関数を第一種および第二種ハンケル関数 (Hankel function of the first kind, the second kind) という．

ベッセル関数から導かれる関数には，そのほかに変形されたベッセル関数 $I_\nu(z), K_\nu(z)$ や，ケルヴィン関数 ber, bei, ker, kei などがある．

$J_\nu(z)$ は次の関係式と漸化式を満たす．
$$\begin{cases} \frac{d}{dz}\{z^{-\nu}J_\nu(z)\} = -z^{-\nu}J_{\nu+1}(z), \\ \frac{d}{dz}\{z^\nu J_\nu(z)\} = z^\nu J_{\nu-1}(z). \end{cases}$$
$$\begin{cases} 2\frac{d}{dz}J_\nu(z) = J_{\nu-1}(z) - J_{\nu+1}(z), \\ 2\nu z^{-1}J_\nu(z) = J_{\nu-1}(z) + J_{\nu+1}(z). \end{cases}$$
また特別な場合として，以下が成り立つ．
$$J_{-\frac{1}{2}}(z) = \sqrt{\frac{2}{\pi z}}\cos z, \quad J_{\frac{1}{2}}(z) = \sqrt{\frac{2}{\pi z}}\sin z$$
応用上重要な漸近公式は
$$J_\nu(z) = \sqrt{\frac{2}{\pi z}}\cos\left(z - \frac{\nu\pi}{2} - \frac{\pi}{4}\right) + E(z)$$
である．$E(z)$ は任意の正定数 a に対して，ある正定数 C が存在して $|E(z)| \leq Cz^{-3/2}$ $(z > a)$ を満たす．C は a に依存する．

$\nu > -1$ とし $j_{\nu,1}, j_{\nu,2}, \ldots$ を $J_\nu(z)$ の正の零点を大きさの順に並べたものとする．このとき，$0 < j_{\nu,1} < j_{\nu+1,1} < j_{\nu,2} < j_{\nu+1,2} < j_{\nu,3} < \cdots$ である．次の直交関係がある ($j_n = j_{\nu,n}$ とする)．
$$\int_0^1 J_\nu(j_m t) J_\nu(j_n t) t \, dt = \begin{cases} \frac{1}{2} J_{\nu+1}(j_n)^2 \\ \qquad (m = n), \\ 0 \qquad (m \neq n). \end{cases}$$
直交関数系 $\{J_\nu(j_n t)\sqrt{t}\}_{n=1}^\infty$ は $L^2(0,1)$ で完備である．区間 $(0,1)$ で定義された関数 $f(t)$ が，任意の区間 $[a,b]$，$0 < a < b < 1$ において区分的になめらかであり，積分 $\int_0^1 \sqrt{t}|f(t)|\,dt$ は有限値であるものとする．このとき，$0 < t < 1$ に対して
$$f(t) = \sum_{n=1}^\infty c_n J_\nu(j_n t)$$
が成り立つ．ここで，$\nu \geqq -1/2$．不連続点 t では，$f(t)$ を $[f(t-0) + f(t+0)]/2$ で置き換える．係数 c_n は次で定められる．
$$c_n = \frac{2}{J_{\nu+1}(j_n)^2} \int_0^1 f(t) J_\nu(j_n t) t \, dt.$$
右辺の級数をフーリエ–ベッセル級数 (Fourier–Bessel series) という． [勘 甚 裕 一]

参 考 文 献

[1] 森口繁一・宇田川銈久・一松 信：岩波数学公式 III, 岩波書店, 1988.

[2] 寺沢寛一：自然科学者のための数学概論 (増訂版), 岩波書店, 1986.

ベールのカテゴリー定理

Baire category theorem

1 第1類集合

位相空間 X の部分集合 A の閉包を $\overline{A}$ で表す.$\overline{A} = X$ のとき,A は X で稠密 (dense) であるという.A に含まれる最大の開集合 $X \backslash \overline{X \backslash A}$ を A の内部 (interior) といい,A° で表す.内部に属する点を A の内点 (inner point, interior point) という.内部 A° が空のとき,A を縁集合 (border set) と呼ぶ.A が縁集合であることは,A の補集合 $X \backslash A$ が稠密であること,A に内点がないこと,A が空でない開集合を含みえないこと,と同義である.A の閉包が縁集合のとき A は疎または全疎 (nowhere dense) であるという.たとえば,平面において円周は疎である.可算個の疎集合 $A_n, n=1,2,\ldots$ の和集合 $M = \cup_{n=1}^\infty A_n$ と表示できる集合 M を第1類 (the first category) 集合,またはやせた集合 (meager set) という.$(A \cup B)^\circ \subset (A \backslash B)^\circ \cup \overline{B}$ であるから,縁集合と疎集合の和集合は縁集合である.よって,有限個の疎集合の和集合は疎である.第1類集合の部分集合は第1類,第1類集合の可算個の和集合は第1類である.よって,一点よりなる集合が正束である位相空間において,可算集合は第1類で,たとえば,実数の空間 $\boldsymbol{R}$ において,有理数全体のなす集合は第1類である.

ベール (R. Baire) の定理. 位相空間で定義され,すべての点で収束する実数値連続関数列 $\{f_n(x)\}$ の極限 $f(x)$ の不連続点の全体は第1類である.

第1類でない集合を**第2類** (the second category) と呼ぶ.$\boldsymbol{R}$ に含まれる第1類集合 $M = \cup_{n=1}^\infty A_n, (A_n$ は疎$)$ に対して,$I_n \subset \boldsymbol{R} \backslash A_n$ を満たす開区間の減少列 $\{I_n\}$ が存在し,したがって,$M \neq \boldsymbol{R}$. とくに,$\boldsymbol{R}$ は第2類.そのことより無理数全体も第2類であることがわかる.

2 ベール空間

「X のすべての第1類の部分集合は縁集合」という条件を満たす位相空間 X をベール空間 (Baire space) という.補集合をとったり,対偶命題を考えたりするとわかるように,上の条件は以下の3命題

(a) X の空でない開集合はどれも第2類である.
(b) X のどんな稠密開集合の列 $\{G_n ; n=1,2,\ldots\}$ に対してもその共通部分 $\cap_{n=1}^\infty G_n$ は稠密である.
(c) X の閉集合列 $\{F_n\}$ の和集合 $\cup_{n=1}^\infty F_n$ に内点があれば,すくなくともひとつ F_n に内点がある.

のどれとも同値 (ベールのカテゴリー定理) であって,ベール空間では上の3命題が成立する.

完備距離空間と局所コンパクト・ハウスドルフ空間はベール空間である.とくに,空でない完備距離空間は第2類である.この命題を閉区間 $[0,1]$ についてベールが証明し,一般の完備距離空間についてハウスドルフ (F. Hausdorff) が証明したので,ベール–ハウスドルフの定理という.

この定理には多数の応用がある.たとえば
(1) 実数全体は完備距離空間で,第2類である.したがって可算集合ではない (カントールの結果).
(2) バナッハ空間 X は完備距離空間であるからベール空間.よって,X の閉集合 A が $X = \cup_{n=1}^\infty nA$ を満たすならば,ある nA には内点がある.よって,nA と同相な A にも内点 f_0 がある.さらに,A が対称 $(A = -A)$ 凸ならば,$0 = f_0/2 + (-f_0)/2$ も A の内点.つまり,A は原点の近傍である.
(3) $\mathcal{B}$ がバナッハ空間 X からノルム空間 Y への,定義域が X 全体である連続線形作用素の集合のとき,$\{f \in X | \sup_{T \in \mathcal{B}} \|Tf\|_Y < \infty\}$ は X 全体または第1類である.これは (2) の A として $\{f \in X | $ すべての $T \in \mathcal{B}$ について $\|Tf\|_Y \leqq 1\}$ を採用するとわかる. [村松寿延]

参考文献

[1] 児玉之宏・永見啓応:位相空間論 (2刷),岩波書店,2001.
[2] K. Kuratowski: *Topology I*, Academic Press, 1966.
[3] 田辺廣城:関数解析 (上),実教出版,1978.
[4] K. Yosida: *Functional Anaysis, 6th ed*, Springer, 1980.

変 換 群

transformation group

変換群は19世紀において線形群の統一的な研究に始まった．位相空間 X 上の同相写像を位相変換といい，X 上の位相変換の集合がある性質を保ちながらひとつの群を構成するとき X 上の位相変換群という．具体的に，集合 $\mathrm{Homeo}(X) = \{f : X \to X \mid f \text{は位相変換}\}$ は写像の合成に関してあきらかに群をなす．

1 定　義

群 G に位相が与えられていると仮定する．ひとつの準同型写像 $\rho : G \to \mathrm{Homeo}(X)$ に対し，写像
$$\varphi : G \times X \to X \Longrightarrow \varphi(g, x) = \rho(g)x$$
が連続であるとき，G は X 上の変換群であるという．このとき，対 (G, X) は群作用と呼ぶ．X は G–空間と呼ばれる．普通略して $\rho(g)(x) = gx$ と書き，G は X に左から働く（作用する）という．G が Lie 群のように C^r 級多様体で，X も C^r 級多様体のとき，普通 φ も C^r 級写像であることを仮定する．この場合 (G, X) を C^r–作用とか可微分作用 (smooth action) という．G の部分群 $G_x = \{g \in G \mid gx = x\}$ は点 $x \in X$ における固定化群 (stabilizer) あるいは等方群 (isotropy subgroup) という．核 $\mathrm{Ker}\rho = \bigcap_{x \in X} G_x$ は G の正規部分群であるがこれが単位群 $\{1\}$ からなるとき，G–作用は効果的であるという．商群 $H = G/\mathrm{Ker}\rho$ を考えることにより，つねに効果的な作用 (H, X) が得られる．各 $x \in X$ に対して $G_x = \{1\}$ となるとき G–作用は自由 (free)，$G_x = G$ となるような x を不動点，不動点全体の集合は X^G と表す．点 x における軌道を $G \cdot x = \{gx \mid \forall g \in G\}$ とおくと軌道写像 $g \to gx$ は等質空間 G/G_x から $G \cdot x$ の上への同相写像を与える．ある点 y に対して $G \cdot y = X$ となるとき，G は推移的 (transitive) に作用するという．G–作用による同値類の集合に商位相（等化位相）を与えた空間を軌道空間 (orbit space) X/G

という．G が Y に右から作用しているとき，直積 $Y \times X$ に G–作用を $(g, (y, x)) = (yg^{-1}, gx)$ と定義してその作用による軌道空間 $Y \underset{G}{\times} X$ をひねり積 (twisted product) という．位相群 G に対し普遍主 G–束 $G \to EG \to BG$ が定義され，∞–連結全空間 EG は右から G の自由作用をもつので (G, X)–作用があるとき，ひねり積に対するコホモロジー群 $H^*(EG \underset{G}{\times} X)$ が得られる．これを (G, X) のボレル・コホモロジーあるいは同変コホモロジーと呼ぶ．たとえば，これを使って球面上に自由に作用する有限群の群コホモロジーの周期性が得られる．1980年代には3次元球面 S^3 上の可微分自由作用をもつ群は結果的に直交作用をもつ群に限ることが示された．

2 コンパクトリー群 $\boldsymbol{G}$ の可微分作用

G–可微分多様体を調べるためにトポロジーにおいて発展した一般コホモロジー理論 (K 群，コボルディズム論など) が $\boldsymbol{G}$–同変理論として構築された．とくにトムディック (T. tom Dieck) に始まるコボルディズム環の局所化はさまざまな同変コホモロジーの場合に拡張され，G–多様体 X に対するリーマン–ロッホの定理 (同変 Gysin 写像の構成)，G–指数定理 (不動点集合との関係の公式)，S^1–作用をもつ閉スピン (Spin) 多様体 (Spin^c–多様体) の $\hat{A}$–種数の消滅，楕円コホモロジー論などの結果が数多くある．ウォール (C.T.C. Wall) の L–群の結果を利用して，代数 surgery(手術) 論からホモトピー型が同じでも (微分) 同相でない n 次元閉多様体 ($n \geqq 5$) が構成された．コンパクト多様体上のコンパクトリー群の作用に対しては日本人の貢献が多い (川久保 [1], 内田 [2])．

可微分多様体 X 上のスライス定理とは軌道 $G \cdot x$ 上の G–ベクトル束と G–微分同相となるような $G \cdot x$ の不変な管状近傍が存在することを主張する．これによりハウスドルフ軌道空間 X/G の各点での近傍は G_x–スライス表現 V をとり V/G_x と記述できる．とくに G が自由（あるいは，すべての $x \in X$ に対し G_x が有限群）ならば X/G は $\dim X - \dim G$ 次元の可微分多様体（軌道体

(orbifold)) であることがいえる. X が連結ならば, 軌道たちの中で G/G_x が最大次元となるような点 x の集合は X の稠密開集合となっている, そのような点に対する軌道を**主軌道** (principal orbit) という. 主軌道 G/G_x と次元が同じであっても, G_y と G_x が共役でない軌道 G/G_y は**例外軌道** (exceptional orbit) である. 主軌道より低い次元の軌道は**特異軌道** (singular orbit) と呼ばれる. 多様体 X に対する不動点集合 X^G も多様体である. G から $GL(k, \boldsymbol{R})$ への連続な表現 ρ は G の線形作用を与えるが, 一般の G-作用の線形性を調べるためにスミスの定理がある. p-群 (p を素数) G が n-次元 $\boldsymbol{Z}_p$-コホモロジー球面 (円板) M になめらかに作用しているとき, 不動点集合 M^G も $\boldsymbol{Z}_p$-コホモロジー r-次元球面 (s-次元円板) ($-1 \leqq r \leqq n$, $0 \leqq s \leqq n$) になる. 一方 1970 年代には高次元の球面, 円板上の**非線形可微分** G-作用の存在がオリバーらにより明快に示された. さらにスミス予想 (3 次元球面の巡回群の作用の不動点集合はノットしていない S^1 に限る) はモンゴメリー (Montgomery) らによる位相的反例は古くからあるものの可微分作用については双曲幾何の方法で 1980 年代肯定的に解決された.

3 固有作用

位相群 G がハウスドルフ空間 X に固有 (proper) に作用するとは X の任意のコンパクト部分集合 K に対して, G の部分集合 $G(K) = \{g \in G \mid gK \cap K \neq \emptyset\}$ がコンパクトになることである. 固有作用に対してはスライス定理が成立する. G が離散位相をもつ無限群のとき, 上の定義は $G(K)$ が有限集合であることを意味し, G は**固有不連続** (properly discontinous) 作用という. (真性不連続作用ともいう.) 連結リー群 G の自己同型群 $\mathrm{Aut}(G)$ の極大コンパクト群を K とするとき, 半直積 $\mathrm{E}(G) = G \rtimes K$ は G 上の可微分変換群で, その離散部分群 Γ は固有不連続作用になり, 両側からの商 $\Gamma \backslash \mathrm{E}(G)/K = \Gamma \backslash G$ は **Infrahomogeous space** と呼ばれる軌道体になる. G をそれぞれ $\boldsymbol{R}^n$, べき零 (可解) リー群にとるならば $\Gamma \backslash G$ はリーマン平坦多様体, infranilmanifold (infrasolvmanifold) となる. ほかに固有不連続作用の例はタイヒミュラー空間上の写像類群, 不連続領域に作用するクライン群などがある. 普遍被覆空間が可縮な多様体を**非球形多様体** (aspherical 多様体) という. 非球形閉多様体の基本群が同型ならば同相かという位相剛性はボレル予想と呼ばれる. 3, 4 次元を除く非球形閉多様体の基本群が一般線形群 $\mathrm{GL}(k, \boldsymbol{R})$ の離散部分群と同型ならば正しいことが知られている. (T^7 とエキゾティック球面 Σ の連結和 $T^7 \# \Sigma$ は T^7 と同相であるが, 微分同相でないため微分同相ではこの予想は成り立たない. しかし可微分剛性についてはさまざまな肯定的結果が知られている.)

4 非コンパクト群作用

一般線形群の非コンパクトリー部分群の可微分作用についてはコンパクト群のときの定理はほとんど期待できない. さらにコンパクト多様体上の解析的 $\mathrm{SL}(n, \boldsymbol{R})$-作用 ($n \geqq 3$) で非可算的に異なるものが構成されている.

無限次元リー群は無限次元可微分多様体であって, 対応 $(g, h) \to gh$, $g \to g^{-1}$ がともに可微分写像となっているものである. コンパクト可微分多様体 M に対する微分同相群 $\mathrm{Diff}(M)$, 多様体の幾何構造 (シンプレクティック, コンタクト構造など) を保つ群, リー群 G への可微分写像空間 $C^\infty(M, G)$ などが無限次元リー群の例である. $\mathrm{Homeo}(M)$ は無限次元位相群の例である. $\mathrm{Diff}(S^1)$ のリー環は Virasoro 代数と呼ばれ, その構造はよくわかっている. 多様体 M の幾何構造 (G-structure) を保つ自己同型群 $\mathrm{Aut}(M)$ は一般に無限次元リー群であるが接空間の gradation (階差) を与えることにより統一的な方法でその有限性の条件が調べられている.

[神島芳宣]

参考文献

[1] 川久保勝夫：変換群論, 岩波書店, 1987.
[2] 内田伏一：変換群とコボルディズム論, 紀伊國屋書店, 1974.

変 分 法

variational method

1 基本的な定義と例

関数のなす集合 Ω から実数全体または複素数全体の中への写像 J を汎関数 (functional) という．すなわち汎関数とは各関数 (変関数という) $u \in \Omega$ に数 $J(u)$ を対応させる，いわば関数空間上の関数である．変分法は実数値汎関数に対する極値問題を扱う方法であり，汎関数が積分の形で与えられているものを扱うことが多い．各極値問題を変分問題，各変分問題において汎関数の定義域に属する関数を許容関数 (admissible function) という．

汎関数の例として，曲線 $y = y(x)$ の長さ，曲面 $z = z(x,y)$ の面積を表す積分
$$L[y] = \int_{a_0}^{a_1} \sqrt{1 + (y'(x))^2}\, dx$$
$$A[z] = \iint_B \sqrt{1 + z_x^2 + z_y^2}\, dxdy$$
がある．また，2 点 $P_0 = (a_0, b_0)$, $P_1 = (a_1, b_1)$ $(b_0 > b_1)$ を結ぶ曲線 $y = y(x)$ に沿って y 軸の負の向きに作用する一定の重力の下で摩擦なしにすべる質点の P_0 から P_1 に達する所要時間は，
$$I[y] = (1/\sqrt{2g}) \int_{a_0}^{a_1} \sqrt{(1 + (y')^2)/(b_0 - y)}\, dx$$
(g は重力加速度と呼ばれる正定数) である．

P_0, P_1 を結ぶ曲線のうちで，$L[y]$ または $I[y]$ が最小のものを求めるという問題は変分問題の例である．このとき許容関数 y には境界条件 $y(a_0) = b_0$, $y(a_1) = b_1$ が課せられている．$L[y]$ を最小にする曲線は線分，$I[y]$ を最小にする曲線は最速降下線 (brachistochrone) と呼ばれサイクロイドとなる．

$(m+2)$ 変数関数 F により与えられる汎関数
$$J[y] = \int_{a_0}^{a_1} F(x, y(x), y'(x), \ldots, y^{(m)}(x))\, dx$$
の極値問題は典型的な変分問題である．多変数関数や多変数関数族に対する変分問題の典型例は，次の汎関数の極値問題である．
$$J[u] = \int \cdots \int F(x_1, \ldots, x_n, u(x_1, \ldots, x_n),$$
$$u_{x_1}, \ldots, u_{x_n}, u_{x_1 x_1}, u_{x_1 x_2}, \ldots)\, dx_1 \ldots dx_n$$
$$J[u] = \int \cdots \int F(x_1, \ldots, x_n, u_1(x_1, \ldots, x_n),$$
$$\ldots, u_k(x_1, \ldots, x_n), (u_1)_{x_1}, \ldots (u_k)_{x_1}, \ldots)$$
$$dx_1 \cdots dx_n$$

各極値問題において，変関数に対し適当な境界条件が課せられる．境界条件の他に許容関数に対する付加条件が課せられる場合があり，条件付き変分問題と呼ばれる．その典型例は，平面内の与えられた長さをもつ閉曲線の中で囲む面積が最大のものを求めるという等周問題 (isoperimetric problem) である．より一般に，一つの汎関数の極値を，別の汎関数の値を一定に保つという付加条件の下に求める問題を一般等周問題と呼ぶことがある．

2 極値をとるための必要条件

境界条件 $y(a_0) = b_0$, $y(a_1) = b_1$ のもとで，
$$J[y] = \int_{a_0}^{a_1} F(x, y(x), y'(x))\, dx \qquad (1)$$
の極小値を与える y を求める問題を例にとる．端点で 0 となる関数 $h(x)$ と助変数 ϵ により許容関数族 $Y_\epsilon(x) = y(x) + \epsilon h(x)$ を与える．y が J の極小値を与えるとき $J[Y_\epsilon]$ は $\epsilon = 0$ で極小となるから，y に対する必要条件として $\delta J := (dJ[Y_\epsilon]/d\epsilon)_{\epsilon=0} = 0$ を得る．$h(a_0) = h(a_1) = 0$ を用いて，
$$\delta J = \int_{a_0}^{a_1} (F_y - \frac{d}{dx} F_{y'}) h\, dx$$
を得る．δJ を J の第 1 変分 (first variation), $\delta y = h$ を y の変分 (variation) と呼ぶ．

補題 1 (変分法の基本補題) $\Phi(x)$ は $[a_0, a_1]$ 上の連続関数とする．p, q は整数または ∞ で，$0 \leq q \leq p$ とする．$[a_0, a_1]$ 上 C^p 級で $h(a_0) = h'(a_0) = \cdots = h^{(q)}(a_0) = 0$, $h(a_1) = h'(a_1) = \cdots = h^{(q)}(a_1) = 0$ を満たす任意の関数 $h(x)$ に対し $\int_{a_0}^{a_1} \Phi(x) h(x)\, dx = 0$ ならば，$\Phi(x) \equiv 0$．なお，$p = \omega$, $q < \infty$ としてもよい．

補題 1 を用いることにより，$y(x)$ が $J[y]$ の極値を与えるための必要条件として
$$0 = F_y - \frac{d}{dx} F_{y'} = F_y - F_{y'x} - y' F_{y'y} - y'' F_{y'y'}$$
を得る．これを汎関数 $J[y]$ に対するオイラー–ラグランジュ方程式 (Euler–Lagrange equation．以

下，E–L 方程式と略記) またはオイラーの方程式という．方程式 $[F]_y := F_y - \frac{d}{dx}F_{y'} = 0$ の解で境界条件を満たすものを，対応する変分問題に対する停留関数 (stationary function) と呼ぶ．それが表す曲線を停留曲線と呼ぶこともある．

複数の変関数を含む変分問題では，個々の変関数についての E–L 方程式を連立させればよい．また，
$$J[y] = \int_{a_0}^{a_1} F(x, y(x), y'(x), \ldots, y^{(m)}(x))\, dx$$
のように高階導関数を含む場合の E–L 方程式は，
$$[F]_y := \sum_{k=0}^{m} (-1)^k \frac{d^k}{dx^k} F_{y^{(k)}} = 0$$
となる．2 変数関数 $u(x, y)$ に対する汎関数
$$J[u] = \iint F(x, y, u, u_x, u_y)\, dx dy$$
に対しては，次の E–L 方程式が得られる．
$$[F]_u := F_u - \frac{\partial}{\partial x}F_{u_x} - \frac{\partial}{\partial y}F_{u_y} = 0$$

一般等周問題の場合，たとえば付加条件 $K[y] = c$ (c は定数) のもとで $J[y]$ の極値を求める問題に対しては，ラグランジュの未定乗数法により y が極値を与えるための必要条件として，
$$[F + \lambda G]_y = 0 \tag{2}$$
を得る．F, G はそれぞれ J, K の被積分関数，λ は定数である．(2) をこの変分問題に対する E–L 方程式という．λ は境界条件および定数 c に依存するが，それらにより一意に定まるとは限らない．

境界条件として，固定境界条件の他にたとえば変関数の終点 (a_1, b_1) が曲線 $T(x, y) = 0$ 上にあるという可動端点の場合がある．このとき，y が極値を与えるための必要条件として，E–L 方程式に加え横断性 (transversality) 条件
$$(F - y'F_{y'})T_y - F_{y'}T_x = 0, \quad x = a_1$$
が導かれる．変関数の両端点が可動の場合もある．

3 極値をとるための十分条件

停留関数は極値をとるとは限らない．(1) を例にとる．J の第 2 変分 $\delta^2 J := (d^2 J[Y_\epsilon]/d\epsilon^2)_{\epsilon=0}$ は，
$$\delta^2 J = \int_{a_0}^{a_1} \left\{ F_{y'y'}(h')^2 + \left(F_{yy} - \frac{d}{dx}F_{yy'}\right)h^2 \right\} dx \tag{3}$$
$$= -\int_{a_0}^{a_1} \left\{ \frac{d}{dx}(F_{y'y'}h') + \left(\frac{d}{dx}F_{yy'} - F_{yy}\right)h \right\} h\, dx \tag{4}$$
である．(3) より，停留関数 $y = y_0(x)$ が極小値をとるための必要条件として，$F_{y'y'}(x, y_0(x), y_0'(x)) \geqq 0$ (ルジャンドルの条件) が得られる．また，(4) より，$F_{y'y'}(x, y_0(x), y_0'(x)) > 0$ で常微分方程式
$$\frac{d}{dx}\left(F_{y'y'}\frac{du}{dx}\right) + \left(\frac{d}{dx}F_{yy'} - F_{yy}\right)u = 0, \; u(a_0) = 0$$
の解 u が区間 $(a_0, a_1]$ で零点をもたない (ヤコビの条件) ならば，$y = y_0(x)$ は弱極小を与える．すなわち $y = y_0(x)$ は y_0 近傍 $\{y; |y - y_0| < \epsilon, |y' - y_0'| < \epsilon\}$ ($\epsilon > 0$) において極小値を与える．

強極小については，ワイエルシュトラス E–関数と呼ばれる関数を用いた十分条件が知られている．

4 直接法，極値の近似計算

変分問題の極値の存在証明や近似計算を，E–L 方程式を介さずに直接行う方法を直接法という．

たとえば上述の L, A, I のように，汎関数 J が下限 c をもつとき $\lim_{n\to\infty} J[y_n] = c$ を満たす許容関数列 y_n が存在する．$\{y_n\}$ を最小化列 (minimizing sequence) という．極限 $y_\infty = \lim_{n\to\infty} y_n$ が存在して許容関数となることが証明できれば，c は J の最小値，$y = y_\infty(x)$ はそれを実現する関数である．

許容関数の空間を完備化して得られるヒルベルト空間上の完備 1 次独立な関数系 $\{\varphi_n\}_{n=1}^{\infty}$ をとり，$y_c = \sum_{i=1}^{n} c_i\varphi_i$ の形の関数からなる最小化列および最小値を近似的に求める方法をリッツ (Ritz) 法という．ガレルキン (Galerkin) 法は E–L 方程式の弱形式の解を，有限個の関数の 1 次結合 $\sum_{i=1}^{n} c_i\varphi_i$ の形で近似的に求める方法である．リッツ法，ガレルキン法において，許容関数の定義域を有限個の小区間に分割し，各基底関数 φ_i を小区間の 1 つのみで零でない値をとるように選ぶ方法を，有限要素法という． [小磯深幸]

参 考 文 献

[1] I.M. Gelfand, S.V. Fomin : *Calculus of Variations*, Dover, 1991.
[2] 小磯憲史：変分問題，共立出版，1998．
[3] M. ファヘンアウア著，及川正行訳：偏微分方程式．変分法，サイエンス社，1999．
[4] 緒方秀教：変分法，コロナ社，2011．

ポアソンの小数の法則

Poisson law of small numbers

中心極限定理により正規分布の重要性が示されるが，もう一つの重要な定理としてポアソンの小数の法則があり，ポアソン分布の重要性が示される．ポアソン分布は正規分布とは違った特徴をもつ [1]．この二つの定理が加法過程の構造を決定する基礎となり，連続時間におけるノイズの基本がブラウン運動とポアソン過程で与えられることがわかる．以下では，$\mathcal{B}(\boldsymbol{R}^1)$ は $\boldsymbol{R}^1$ のボレル集合全体の作る σ 加法族とし，$(\boldsymbol{R}^1, \mathcal{B}(\boldsymbol{R}^1))$ 上の確率分布全体の空間を $\mathcal{P}(\boldsymbol{R}^1)$ で表す．

1 ポアソン分布とポアソンの小数の法則

λ を正定数とする．非負整数の全体 $\boldsymbol{Z}_+ = \{0, 1, 2, \ldots\}$ の各点の重みが

$$p(k; \lambda) = \frac{\lambda^k}{k!} e^{-\lambda}, \quad k \in \boldsymbol{Z}_+$$

で与えられる $\mathcal{P}(\boldsymbol{R}^1)$ の要素を平均 λ のポアソン分布と呼ぶ．平均 λ のポアソン分布 μ の特性関数 $\varphi(\xi; \mu)$ は

$$\varphi(\xi; \mu) = \exp(\lambda(\exp(\sqrt{-1}\xi) - 1)), \quad \xi \in \boldsymbol{R}$$

で与えられる．この確率分布は，1838 年にポアソンが次の結果の考察で導入した．

ポアソンの小数の法則 $n = 1, 2, \ldots$ に対し，$X_1^{(n)}, X_2^{(n)}, \ldots, X_m^{(n)}$ は長さ $m = m(n)$ の独立確率変数列とする．さらに，各 $X_k^{(n)}, k = 1, 2, \ldots, m(n)$ は値 0 または 1 をとり，$p_{n,k} = P[X_k^{(n)} = 1]$ は次の条件を満たすとする．ある定数 $\lambda, 0 < \lambda < \infty$, に対し，$n \to \infty$ のとき

$$p_k = \sum_{n=1}^{m(n)} p_{n,k} \to \lambda, \quad \overline{P}_n = \max_{1 \leq k \leq m(n)} p_{n,k} \to 0.$$

そのとき，$N_n = \sum_{k=1}^{m(n)} X_k^{(n)}$ の確率分布は $n \to \infty$ のとき，平均 λ のポアソン分布に収束する [2,3]．

この証明のためには，N_n の特性関数が $n \to \infty$ のとき平均 λ のポアソン分布の特性関数に収束することを示せばよい．

ポアソンの小数の法則は，多くの独立な事象があり，それぞれの事象が起きる確率がきわめて小さいとき，発生する事象の総数はほぼポアソン分布に従うことを示している．このため損害保険では，事故の発生総件数の分布をポアソン分布と想定することがある．

2 複合ポアソン分布

$Z, Y_1, Y_2, \ldots$, は独立確率変数の無限列で，Z の分布は平均 λ のポアソン分布，$Y_1, Y_2, \ldots$, は同じ分布 ν をもつとする．このとき，確率変数

$$S = \sum_{k=1}^{Z} Y_k \tag{1}$$

(ただし，$Z = 0$ のときは，$S = 0$ とする) の分布を (強度 λ 基礎分布 ν の) 複合ポアソン分布と呼ぶ．その特性関数は

$$E[\exp(\sqrt{-1}\xi S)] = \exp(\lambda(\varphi(\xi; \nu) - 1)),$$

$\xi \in \boldsymbol{R}$, で与えられる．複合ポアソン分布は損害保険においては事故の被害総額の推定のために用いられる．なお，損害保険における被害総額推定のための分布としては，上記の式 (1) で Z の分布としてポアソン分布以外の分布 (たとえば負の 2 項分布など) を用いることもある．

ポアソンの小数の法則は以下のように一般化できる．$n = 1, 2, \ldots$ に対し，確率変数の組の列 $X_1^{(n)}, X_2^{(n)}, \ldots X_m^{(n)}, Y_1^{(n)}, Y_2^{(n)}, \ldots Y_m^{(n)}$ ($m = m(n)$) は独立であり，$p_{n,k} = P[X_k^{(n)} = 1] = 1 - P(X_k^{(n)} = 0)$ は先のポアソンの小数の法則の条件を満たすと仮定する．また，$Y_1^{(n)}, Y_2^{(n)}, \ldots, Y_m^{(n)}$ は同じ分布 ν をもつと仮定する．このとき，$S_n = \sum_{k=1}^{m(n)} X_k^{(n)} Y_k^{(n)}$ の確率分布は $n \to \infty$ のとき，強度 λ, 基礎分布 ν の複合ポアソン分布に収束する．すなわち，確率変数 S_n は S に法則収束する．

[編 集 委 員]

参 考 文 献

[1] W. フェラー著，伊藤 清・樋口順四郎訳：確率論とその応用 (上, 下), 紀伊國屋書店, 1960.
[2] 楠岡成雄：確率と確率過程, 岩波書店, 2007.
[3] 小谷眞一：測度と確率, 岩波書店, 2005.

ポアソンの和公式

Poisson's summation formula

$f(x)$ を d 次元ユークリッド空間 $\boldsymbol{R}^d$ 上の可積分関数とする．すべての格子点 $\boldsymbol{Z}^d$ についての和 $F(x) = \sum_n f(x + 2\pi n)$ はほとんどすべての点で収束し，その和 $F(x)$ は各変数について周期 2π をもつ $\boldsymbol{T}^d$ 上の可積分関数である．そして $\widehat{F}_n = \frac{1}{\sqrt{2\pi}^d} \widehat{f}(n)$ である．ここで左辺は F の第 n フーリエ係数であり，右辺は f のフーリエ変換である．このことから，$f(x)$ のフーリエ変換と級数 $F(x)$ の間には次のような関係が成り立つ．

定理 f は $\boldsymbol{R}^d$ 上の連続可積分関数で

(i) $F(x) = \sum_n f(x + 2\pi n)$ は一様収束する．

(ii) $F(x)$ のフーリエ級数は点 x で $F(x)$ に収束するとする．そのとき

$$\sum_n f(x + 2\pi n) = \frac{1}{\sqrt{2\pi}^d} \sum_m \widehat{f}(m) e^{imx}, \quad (1)$$

ここで m, n は格子点 $\boldsymbol{Z}^d$ 全体を動く．

(1) をポアソンの和公式という．たとえば，f が $\boldsymbol{R}^d$ 上のシュヴァルツ関数とすれば，f は定理の条件 (i), (ii) を満たす．

例 1 $\boldsymbol{R}^d$ を境界とする半平面 $\{(x, r) : x \in \boldsymbol{R}^d, r > 0\}$ 上の関数 $P_r(x) = \frac{1}{c_d} \frac{r}{(|x|^2 + r^2)^{(d+1)/2}}$ をポアソン核という．ここで $c_d = 2^{-d/2} \sqrt{\pi} / \Gamma((d+1)/2)$ である．$P_r(x)$ は半平面上の調和関数であって，変数 x に関するフーリエ変換は $\widehat{P}(\xi) = e^{-r|\xi|}$ である．$\boldsymbol{T}^d$ 上の可積分関数 u に対して $g(x) = \frac{1}{\sqrt{2\pi}^d} \int_{\boldsymbol{T}^d} P_r(x-y) u(y) \, dy$ とおくとき，関数 $g(z)$ は定理の条件を満たす．g に対してポアソンの和公式を適用すると，

$$\sum_n g(x + 2\pi n) = \frac{1}{\sqrt{2\pi}^d} \int_{\boldsymbol{R}^d} P_r(x-y) u(y) \, dy$$
$$= \sum_m e^{-r|m|} \widehat{u}_m e^{imx}$$

である．ここで和は d 次元の格子点全体にわたる．右辺は u のフーリエ級数のアーベル–ポアッソン和である．

例 2 $\boldsymbol{R}^d$ 上のガウス–ワイエルシュトラス核 $h_t(x)$ と $\boldsymbol{T}^d$ 上の可積分関数 u に対して，例1と同様ポアソンの和公式を適用すると，

$$\frac{1}{\sqrt{2\pi}^d} \int_{\boldsymbol{R}^d} h_t(x-y) u(y) \, dy = \sum_m e^{-t|m|^2} \widehat{u}_m e^{imx}$$

が得られる．

例 3 $\xi \in \boldsymbol{R}^d, \delta \geqq 0$ とする．$|\xi| \leqq R$ のとき $R > 0$ に対して $m_R^\delta(\xi) = (1 - \frac{|\xi|^2}{R^2})^\delta$，$|\xi| > R$ のとき $m_R^\delta(\xi) = 0$ とする．$m_R^\delta(\xi)$ のフーリエ変換は $K_R^\delta(x) = 2^\delta \Gamma(\delta + 1) V_{(d/2)+\delta}(R|x|)$ である．ここで $V_\mu(t) = J_\mu(t)/t^\mu$，$J_\mu(t)$ は第1種ベッセル関数である．

$\delta > (d-1)/2$ のときは，K_R^δ は定理の f の条件を満たすから，$\boldsymbol{T}^d$ 上の可積分関数 u に対して

$$\frac{1}{\sqrt{2\pi}^d} \int_{\boldsymbol{R}^d} K_R^\delta(x-y) u(y) \, dy$$
$$= \sum_m (1 - \frac{|m|^2}{R^2})^\delta \widehat{u}_m e^{imx}$$

である．右辺は $|m| < R$ を満たす格子点についての和であって，δ 次のボホナー–リース和といわれる．

例 4 $d = 1$ としテータ関数を $\theta(t) = \sum_{m=-\infty}^{\infty} e^{-\pi m^2 t}$ と定義する．ガウス–ワイエルシュトラス核 $h_t(x) = (1/\sqrt{2t}) e^{-x^2/4t}$，$t > 0$, はシュヴァルツ関数であって，フーリエ変換は $\widehat{h}_t(\xi) = e^{-\xi^2 t}$ であるから，ポアソンの和公式によって $\sum_n h_t(2\pi n) = (1/\sqrt{2\pi}) \sum_m \widehat{h}_t(m)$ である．t を改めて πt とおけば，公式

$$\theta(t) = t^{-1/2} \theta(t^{-1})$$

が得られる．　　　　　　　　　　　　[猪狩 惺]

参 考 文 献

(フーリエ級数 (1変数) の項参照)

ポアソン方程式

Poisson equation

1 定義

n を自然数，$x = (x_1, x_2, \ldots, x_n)$ を n 次元ユークリッド空間の変数として与えられた実数値関数 $f = f(x)$ に対して x を変数とする未知関数 $u(x)$ の変数の各成分 x_i による2階偏微分の和が f と一致する場合，すなわちラプラシアン (Laplacian) を用いて表せば

$$-\Delta u = f$$

と表されるとき，この方程式をポアソン方程式と呼び，関数 $u(x)$ は外力 f のポアソン方程式を満たすという．n 次元ベクトル $E = (E_1(x), E_2(x), \ldots, E_n(x))$ をスカラー値関数 $\phi = \phi(x) : \mathbf{R}^n \to \mathbf{R}$ によって

$$E = -\nabla \phi \qquad (1)$$

で与えるものとする．ここで

$$\nabla = \left(\frac{\partial}{\partial x_1}, \frac{\partial}{\partial x_2}, \ldots, \frac{\partial}{\partial x_n}\right)$$

はベクトル偏微分作用素 (ナブラ) を表し，$\nabla \phi$ は関数 $\phi = \phi(x)$ の勾配を表す．このとき与えられた外力関数 $f(x)$ に対するポアソン方程式は

$$-\mathrm{div} E = f \qquad (2)$$

と表される．ここで div はベクトル場 E の発散を表す．方程式 (2) は静電場 E が電荷 $f = f(x)$ が与えられたときに満たす静電場の方程式である．

2 全ユークリッド空間における基本解

n 次元ユークリッド空間において満たされるポアソン方程式

$$-\Delta u = f$$

に対して，f をディラックのデルタ測度となるような解 $u(x) = \Gamma(x)$ をポアソン方程式の基本解と呼ぶ．ω_n を n 次元単位球の体積として

$$\Gamma(x) = \begin{cases} \dfrac{1}{n(n-2\omega_n)|x|^{n-2}}, & n \geq 3 \\ \dfrac{1}{2\pi} \log |x|^{-1}, & n = 2 \end{cases} \qquad (3)$$

をニュートン核と呼び，$x = 0$ を除くすべての $\mathbf{R}^n$ 上の点でラプラス方程式を満たす．ポアソン方程式のユークリッド空間 $\mathbf{R}^n$ での基本解はニュートン核で与えられる．

3 境界値問題

与えられた関数 f に対する，ポアソン方程式を満たす関数を一意的に決定することは，静電場のポテンシャルを決定するという意味においても有益である．ユークリッド空間の有界領域 Ω の境界 $\partial \Omega$ が十分なめらか (区分的に C^2 関数で表現できる) とき，Ω 上で与えられた関数 $f = f(x)$ と境界上で与えられた関数 $\varphi = \varphi(x)$ と一致するポアソン方程式

$$\begin{cases} -\Delta u = f, & x \in \Omega, \\ u = \varphi, & x \in \partial \Omega \end{cases} \qquad (4)$$

をポアソン方程式の境界値問題と呼び，境界値 φ を境界条件と呼ぶ．適当な正則性 (連続性あるいは可微分性) をもった境界関数 $\varphi(x)$ に対して一意的に方程式の解を求めることは外側に電荷をもつ金属の内部の静電ポテンシャルを求めることに相当し，電磁気学のみならず多くの応用上の問題で重要である．ユークリッド空間 $\mathbf{R}^n$ の有界領域 Ω 上でのポアソン方程式の境界値問題はそのグリーン関数 (Green function) $G(x)$ を構成することにより得られる．ここでポアソン方程式のグリーン関数とは

$$\begin{cases} -\Delta G = \delta_x, & x \in \Omega, \\ G = \varphi, & x \in \partial \Omega \end{cases} \qquad (5)$$

を超関数の意味で満たすものをいい，δ はディラックのデルタ測度である．基本解 $G(x)$ は全空間でのポアソン方程式の基本解である $\Gamma(x)$ と $y \in \Omega$ を固定して y ごとに考える Ω 上のラプラス方程式の境界値問題

$$\begin{cases} -\Delta v_y = 0, & x \in \Omega, \\ v_y = \varphi - \Gamma(x - y), & x \in \partial \Omega \end{cases} \qquad (6)$$

の解 $v_y(x)$ を用いて

$$G(x - y) = \Gamma(x - y) + v_y(x)$$

で与えられる．また解の一意性はラプラス方程式の解の一意性に帰着される．すなわち以下の定理を得る．

定理 1 Ω を $\boldsymbol{R}^n$ の有界領域とする. $\partial\Omega$ をなめらかとし, Ω 上で与えられた函数 $f \in C(\Omega)$ と $\partial\Omega$ 上で与えられた関数 φ に対してポアソン方程式の解がただ一つ定まる.

4 解の正則性

前述のように基本解を用いて解を求める方法のほかに, いわゆる弱い形式により関数解析的に解を求める方法がある. 簡単のため境界条件を恒等的に 0 とおいたポアソン方程式を考える.

$$\begin{cases} -\Delta u = f, & x \in \Omega \\ u = 0, & x \in \partial\Omega \end{cases} \quad (7)$$

ヒルベルト空間 $H_0^1(\Omega)$ において 2 次形式

$$a(u,v) = \frac{1}{2}\int_\Omega \nabla u \cdot \nabla v\, dx$$

に対してラックス–ミルグラムの定理を適用すると, $H_0^1(\Omega)$ 上で境界条件 $\varphi(x) \equiv 0$ を満たす, ポアソン方程式 (7) の解を求めることができる.

定理 2 Ω を $\boldsymbol{R}^n$ の有界領域とする. $\partial\Omega$ をなめらかとし, Ω 上で与えられた関数 $f \in L^2(\Omega)$ と $\partial\Omega$ 上で与えられた関数 $\varphi \in H^{1/2}(\partial\Omega)$ に対してポアソン方程式 (7) の弱解 u がただ一つ定まる.

$$\frac{1}{2}a(u,u) - \langle f,u \rangle = \inf_{v \in H_0^1}\left\{\frac{1}{2}a(v,v) - \langle f,v \rangle\right\}.$$

ここで得られた解は楕円型正則性理論から $u \in H^2(\Omega) \cap H_0^1(\Omega)$ となることがわかり, ポアソン方程式を強い意味で満たす (L^2 の意味で満たす) いわゆる強解となる.

一方, $f \in L^p$ の場合には L^p 楕円型理論を適用すれば解の正則性は一般に $u \in W^{2,p}(\Omega) \cap W_0^{1,p}(\Omega)$ になることが知られている. これを**楕円型評価**と呼ぶ.

定理 3 (楕円型評価) Ω を $\boldsymbol{R}^n$ の有界領域とし $\partial\Omega$ をなめらかとする. $1 < p < \infty$ に対して Ω 上で与えられた関数 $f \in L^p(\Omega)$ に対してポアソン方程式 (7) の弱解 u がただ一つ存在して

$$\|u\|_{W^{2,p}} \leqq C(\|u\|_{L^p} + \|f\|_{L^p})$$

を満たす.

楕円型評価は解を与えるラプラシアンの逆作用素と 2 階微分作用素の合成作用素が L^p 上で有界作用素となるかどうかが本質的である. すなわち, ユークリッド空間全体では形式的に

$$\frac{\partial}{\partial x_i}\frac{\partial}{\partial x_j}(-\Delta)^{-1} : L^p \to L^p.$$

この作用素はリース作用素の積であって, 特異積分作用素となり, カルデロン–ツィグモント (Calderón–Zygmont) 分解を用いた弱 L^1 有界性評価を経由して証明される. またこの作用素は特異積分作用素であることから, 楕円型評価は $p = 1$ では成立しない. 楕円型評価から外力項 f が L^p に属し, $p > \frac{n}{2}$ を満たせばソボレフの定理

$$W^{2,p} \subset L^\infty$$

から対応するポアソン方程式の解は Ω 上で有界となる.

5 非線型ポアソン方程式

場の量子論におけるスカラー場の方程式, あるいはゲージ理論におけるスカラー場の問題として外力項が解自身に依存する問題を考えることがある. $f = f(u)$ を u の関数として

$$\begin{cases} -\Delta u = f(u), & x \in \Omega, \\ u = 0, & x \in \partial\Omega \end{cases} \quad (8)$$

を非線型ポアソン方程式あるいは非線型スカラー場方程式と呼ぶ.

線型の問題と異なり非線型ポアソン方程式 (8) は一般に無限個の解をもつ場合がある. 非線形項が解のべき乗などの関数で与えられる場合, たとえば $f(u) = u^p$ で $1 < p$ の場合, その解はそれぞれエネルギー準位が異なり $1 < p < \frac{n+2}{n-2}$ であれば変分法によって特徴づけできる場合がある. 特に $u > 0$ の条件を加えると解が一意的に定まる場合がある. なおユークリッド空間全域で (8) を満たす正値解は適当な正則性の仮定の下で必ず球対称関数になることが知られているため, 2 階の常微分方程式を解くことに帰着され, さまざまな結果が知られている.

［小川卓克］

参考文献

[1] 溝畑 茂: 偏微分方程式論, 岩波書店, 1983.
[2] D. Gilberg, N. Trudinger: *Elliptic Partial Differential Equations of Second Order*, Springer–Verlag, 1983.

ポアンカレ双対定理

Poincaré duality theorem

1 ホモロジー多様体

どの点も n 次元ユークリッド空間 $\mathbf{R}^n$ の開集合と同相な近傍をもつ位相空間を，n 次元位相多様体という．n 次元位相多様体 X においては，任意の点 $x \in X$ に対して

$$H_q(X, X-x) \cong \begin{cases} \mathbf{Z} & (q=n) \\ 0 & (q \neq n) \end{cases} \quad (1)$$

が成立する．位相多様体は，どの点の周りも一様の広がりがある位相空間であるといえるが，上のホモロジー群の性質は，ホモロジー理論からみた点の周りの広がりの一様性といえる．そこで，任意の点 x に対して (1) が成り立っている位相空間 X を n 次元ホモロジー多様体 (homology manifold) という．3 次元以下ではホモロジー多様体は位相多様体であるが，4 次元以上ではホモロジー多様体はかならずしも位相多様体ではない．したがって，ホモロジー多様体は位相多様体より本質的に広い概念である．

2 ポアンカレ双対定理

n 次元ホモロジー多様体 X が有限単体複体の三角形分割をもつとする．境界のないコンパクト微分可能多様体は，そのような例である．X が連結であるとき，$H_n(X)$ は 0 か $\mathbf{Z}$ と同型となる．後者のとき，X は向け付け可能といい，$H_n(X)$ の生成元を指定することを，X を向き付けるという．そのときの $H_n(X)$ の生成元を X の基本類 (fundamental class) という．X が連結でないときは，X の各連結成分が向き付け可能であるとき，X は向き付け可能といい，各連結成分の基本類の和を X の基本類という．

定理 (ポアンカレ双対定理) n 次元ホモロジー多様体 X が有限単体複体の三角形分割をもち向き付けられているならば，X の基本類 $[X] \in H_n(X)$ とのキャップ積をとる対応

$$\cap [M] \colon H^q(X) \to H_{n-q}(X)$$

は，すべての q に対して同型．

X の q 次ベッチ数を $b_q(X)$，$H_q(X)$ の捩れ部分群を $T_q(X)$ と表すと，ポアンカレ双対定理と，コホモロジー群とホモロジー群の関係

$$H^q(X) \cong \mathrm{Hom}(H_q(X), \mathbf{Z}) \oplus \mathrm{Ext}(H_{q-1}(X), \mathbf{Z})$$

より，すべての q に対して次が成立する．

$$b_q(X) = b_{n-q}(X), \quad T_q(X) \cong T_{n-q-1}(X).$$

X のオイラー数 $\chi(X)$ は $\sum_{q=0}^{n}(-1)^q b_q(X)$ であるから，n が奇数のとき $\chi(X) = 0$ となる．X が向き付け可能でないときは，X の 2 重被覆 $\tilde{X}$ で向き付け可能なものがあり，$0 = \chi(\tilde{X}) = 2\chi(X)$ であるから，X が向き付け可能でなくても n が奇数のとき $\chi(X) = 0$ となる．この事実とホップの定理をあわせると，奇数次元の境界のないコンパクト微分可能多様体には，特異点のない連続なベクトル場が存在することがわかる．

ホモロジーを $\mathbf{Z}/2 = \{0,1\}$ 係数で考えれば，有限単体複体の三角形分割をもつ n 次元ホモロジー多様体 X には，向き付け可能性にかかわらず，つねに唯一つ基本類 $[X] \in H_n(X; \mathbf{Z}/2)$ が存在し，キャップ積をとる対応

$$\cap [X] \colon H^q(X; \mathbf{Z}/2) \to H_{n-q}(X; \mathbf{Z}/2)$$

は，すべての q に対して同型となる．これもポアンカレ双対定理という．

なお，X に境界 ∂X がある場合，X が向き付け可能ならば

$$H^q(X) \cong H_{n-q}(X, \partial X), \quad H^q(X, \partial X) \cong H_q(X),$$

また，向き付け可能性に関係なく $\mathbf{Z}/2$ 係数で上記の同型がある (ポアンカレ–レフシェッツ双対定理)．

3 交叉数

n 次元ホモロジー多様体 X が有限単体複体の三角形分割をもっているとする．X が向き付けられているとき，$u \in H^q(X)$ と $v \in H^{n-q}(X)$ のカップ積 $u \cup v$ を基本類 $[X]$ で値をとることにより，双線形写像

$$\cup \colon H^q(X) \times H^{n-q}(X) \to \mathbf{Z} \quad (2)$$

が得られる．ポアンカレ双対定理より，この双線

形写像は，ホモロジー群の間の双線形写像
$$\cdot : H_{n-q}(X) \times H_q(X) \to \mathbf{Z} \quad (3)$$
を導く．$\alpha \in H_{n-q}(X)$ と $\beta \in H_q(X)$ の上のペアリングによる値 $\alpha \cdot \beta$ を，α と β の交叉数 (intersection number) という．

交叉数の幾何学的な意味は以下の通り．X が向き付けられた境界のないコンパクト微分可能多様体であるとする．X の向き付けられた p 次元閉部分多様体 N は，N の基本類を包含写像 $N \hookrightarrow X$ で移すことにより，$H_p(X)$ の元を定める．今，$\alpha \in H_{n-q}(X), \beta \in H_q(X)$ が，それぞれ X の向き付けられた閉部分多様体 A, B で表されており，それらが横断的に交わっているとする．次元の関係より，交わり $A \cap B$ は空か有限個の点である．点 $x \in A \cap B$ における X の接空間 T_xX は，$T_xX = T_xA \oplus T_xB$ と分解するが，X, A, B の向きより上式の両辺に向きが定まる．これらの向きが一致しているとき $\epsilon(x) = +1$，異なっているとき $\epsilon(x) = -1$ と定めると，交叉数 $\alpha \cdot \beta$ は $\sum_{x \in A \cap B} \epsilon(x)$ に一致する．

$\mathbf{Z}/2$ 係数では，X の向き付け可能性にかかわらず，双線形写像
$$\cdot : H_{n-q}(X; \mathbf{Z}/2) \times H_q(X; \mathbf{Z}/2) \to \mathbf{Z}/2 \quad (4)$$
が定まる．上と同様に，$\alpha \in H_{n-q}(X; \mathbf{Z}/2), \beta \in H_q(X; \mathbf{Z}/2)$ が閉部分多様体 A, B で表されており，それらが横断的に交わっているとき，$\mathbf{Z}/2$ 係数での交叉数 $\alpha \cdot \beta$ は，交わり $A \cap B$ の点の個数の mod 2 と一致する．

4 実数係数でのポアンカレ双対定理

$H_p(X; \mathbf{R}) = H_p(X) \otimes \mathbf{R}$ であるから，双線形写像 (2) の係数を $\mathbf{R}$ に拡大して，双線形写像
$$\cup : H^q(X; \mathbf{R}) \times H^{n-q}(X; \mathbf{R}) \to \mathbf{R} \quad (5)$$
を得る．$\mathrm{Hom}(H^p(X; \mathbf{R}), \mathbf{R})$ と $H_p(X; \mathbf{R})$ は自然に同一視できるから，上の双線形写像は，ポアンカレ双対定理における写像を係数 $\mathbf{R}$ に拡張した写像
$$\cap [X] : H^q(X; \mathbf{R}) \to H_{n-q}(X; \mathbf{R})$$
と一致する．したがって，係数を $\mathbf{R}$ に拡張したポアンカレ双対定理と双線形写像 (5) が非退化であることは同値である．

X が向き付けられた境界のないコンパクト n 次元微分可能多様体であるとき，X の q 次ド・ラームコホモロジーを $H^q_{DR}(M)$ と表す．$H^q_{DR}(X)$ は，X 上の閉微分 q 形式全体からなるベクトル空間を完全微分 q 形式からなる部分ベクトル空間で割った実ベクトル空間である．X 上の閉微分 q 形式 ω と閉微分 $n-q$ 形式 η の外積 $\omega \wedge \eta$ を X 上積分することにより，双線形写像
$$\wedge : H^q_{DR}(X) \times H^{n-q}_{DR}(X) \to \mathbf{R} \quad (6)$$
を得る．ド・ラームの定理によると，$H^q_{DR}(X)$ と $H^q(X; \mathbf{R})$ の間に自然な同型があり，ド・ラームコホモロジーにおける外積は，特異コホモロジーのカップ積に対応する．したがって，双線形写像 (6) も非退化である．なお，(6) が非退化であることは調和形式の理論からも証明できる．

5 モース理論との関係

X が境界のないコンパクト n 次元微分可能多様体の場合．モース関数を使って，X のセル分割，チェイン複体が得られ，双線形写像 (5) の非退化性が示せる．

モース関数 $f : X \to \mathbf{R}$ が k 個の臨界点をもち，それらのモース指数がそれぞれ $n_1, \ldots, n_k$ であるとき，これらを次元とする k 個の胞体に X は分割される．簡単のため，モース指数がすべて偶数とすると，X の奇数次のホモロジー群は 0 で，$2p$ 次のベッチ数 $b_{2p}(X)$ は，$n_i = 2p$ となる n_i の個数と一致する．一方，$-f$ は f と同じ臨界点をもつモース関数であるが，そこでのモース指数は $n-n_1, \ldots, n-n_k$ である．したがって，$b_{n-2p}(X)$ は $n - n_i = n - 2p$ (つまり $n_i = 2p$) となる n_i の個数と一致する．以上より $b_{2p}(X) = b_{n-2p}(X)$ となり，ポアンカレ双対定理の帰結であるベッチ数の対称性が得られる． ［枡田幹也］

参考文献

[1] 田村一郎：トポロジー，岩波書店，1972．
[2] 服部晶夫：位相幾何学，岩波書店，1991．
[3] 服部晶夫：多様体のトポロジー，岩波書店，2003．
[4] 森田茂之：微分形式の幾何学，岩波書店，2005．

ポアンカレ予想

Poincaré conjecture

1 ポアンカレの位置解析

$n+1$ 次元空間 $\boldsymbol{R}^{n+1}$ の自然な座標
$$(x_1, x_2, \ldots, x_{n+1})$$
を用いて
$$x_1^2 + x_2^2 + \cdots + x_{n+1}^2 = 1$$
と表される図形を **n 次元球面** (n–dimensional sphere) と呼び，S^n という記号で表す．S^2 は通常の「球面」である．ポアンカレ予想とは，ポアンカレ (H. Poincaré) により 1904 年に提起された 3 次元球面 S^3 の位相的特徴づけに関する予想である．

ポアンカレは 1895 年に，**位置解析** (*Analysis situs*) と題する論文を発表し，今日のトポロジーの理論的な基礎を固めた．この論文で論じられた**ホモロジー** (homology) と**基本群** (fundamental group) の二つの理論が重要で，これらがその後のトポロジーの発展を方向づけた．弧状連結空間 X が**単連結** (simply connected) であるとは，X の適当な基点 p_0 に関する基本群 $\pi_1(X, p_0)$ が自明群であることである．

連結で閉じた 2 次元多様体を**閉曲面** (closed surface) という．閉曲面の分類定理は 19 世紀に完成した．それによればすべての閉曲面は，球面，トーラス (ドーナツの表面)，二人乗りの浮き輪，で始まる向き付け可能な閉曲面の無限系列と，射影平面，クラインの壺，で始まる向き付け不可能な閉曲面の無限系列の二つの系列に分類される．この分類表を眺めると，閉曲面のうち単連結なものは球面に限ることがわかる．ポアンカレは，「位置解析」への第 5 の補足 (1904 年) の最後に，3 次元の閉じた多様体についても，閉曲面の場合と同じ事実が成り立つかどうかを尋ねた．すなわち，「3 次元の閉じた多様体のうち単連結なものは 3 次元球面 S^3 に限るか」という問題を提起した．これが後にポアンカレ予想と呼ばれるようになった問題である．文献 [1] にはポアンカレの「位置解析」とその第 1, 第 2, 第 5 の補足が日本語に訳されている．

2 ミルナーの異種球面

第二次大戦後の 1956 年，ミルナー (J. Milnor) によって 7 次元の**異種球面** (exotic sphere) の発見を報じる論文が出版された．これは 7 次元の微分可能多様体であって，7 次元球面 S^7 と同相であるが，微分同相ではないようなものである．ここに，二つの微分可能多様体 M と N が**微分同相** (diffeomorphic) であるとは，f とその逆写像 f^{-1} がともに微分可能であるような同相写像 $f: M \to N$ が存在することである．微分同相であれば同相であるが，同相であっても微分同相とは限らない．異種球面の発見は当時の数学界にセンセーションを巻き起こした．その後，7 次元以上のほとんどの次元において異種球面が有限個存在することが証明され，その個数の計算法も原理的に解明されている．1, 2, 3, 5, 6 の各次元には異種球面が存在しないことが証明されており，「4 次元の異種球面が存在するか」は未解決の問題である．

3 一般化されたポアンカレ予想

ポアンカレ予想は，n 次元に一般化される．n 次元の閉じた多様体が **n 次元ホモトピー球面** (homotopy sphere) であるとは，S^n と同じホモトピー型をもつことである．これは，次の定義と同値である．n 次元の閉じた多様体 M が n 次元ホモトピー球面であるとは，$n/2$ 以下の任意の自然数 k について，k 次元球面 S^k からの任意の連続写像 $f: S^k \to M$ が，像が 1 点の連続写像にホモトピックになることである．「n 次元のホモトピー球面は n 次元球面 S^n に同相であるか」という問題を**一般化されたポアンカレ予想** (generalized Poincaré conjecture) という．$n = 3$ のときには，本来のポアンカレ予想に一致する．なお，異種球面の例があるので，「n 次元のホモトピー球面は n 次元球面 S^n に微分同相であるか」という問題には反例があることになる．

1961 年に，スメール (S. Smale) は 5 次元以上の一般化されたポアンカレ予想を肯定的に解決し

た．3 次元よりも先に，高次元のポアンカレ予想が解けたのである．これ以後の 10 年間に，5 次元以上の多様体のトポロジーが爆発的に進展した．

スメールの方法は，モース理論を応用するもので，与えられた微分可能な n 次元ホモトピー球面 M 上のモース関数を利用して，M をハンドルの集まりに分解する．そして，M がホモトピー球面であるという仮定と，次元が 5 以上であるという仮定を用いて，ハンドル分解の構造を簡単なものにしてゆき，ついに S^n と同じハンドル分解の構造にまで簡単化することによって，M と S^n が同相であることを証明するものである．

5 次元以上のポアンカレ予想が解けたので，本来の 3 次元と，4 次元のポアンカレ予想とが未解決の難問として，1970 年代以降に持ち越された．

5 次元以上の高次元多様体のトポロジーについては，文献 [2] を参照されたい．

4 4 次元ポアンカレ予想の解決

4 次元ポアンカレ予想は 1982 年に，フリードマン (M.H. Freedman) によって肯定的に解決された．彼の証明はキャッソン・ハンドル (Casson handle) という図形を詳しく調べるものである．この図形は，1973 年頃，キャッソン (A. Casson) により考え出された 4 次元の図形で，4 次元多様体のなかで無限回反復法によって構成される．キャッソン・ハンドルは，開いた 2–ハンドル $D^2 \times \mathbf{R}^2$ と同じ固有ホモトピー型をもつ．フリードマンは，キャッソン・ハンドルを詳しく調べ，それが実は，$D^2 \times \mathbf{R}^2$ に同相であることを証明し，それを利用して 4 次元ポアンカレ予想を解決した．

5 サーストンの幾何化予想

1970 年代は多様体のトポロジーの主要な関心が高次元から低次元 (3 次元と 4 次元) に移行した時代である．3 次元では，サーストン (W.P. Thurston) により 3 次元多様体のトポロジーの研究に，3 次元の幾何構造，とくに双曲幾何学 (3 次元非ユークリッド幾何学) を持ち込むというアイデアが提唱され，それまでの 3 次元トポロジーや結び目理論の研究方法を一変させた．1980 年代に入り，サーストンは，どんな 3 次元多様体も，球面とトーラスに沿って要素的な多様体に分割してゆくと，各要素となる 3 次元多様体には球面幾何，双曲幾何，など彼の枚挙した 8 種類の幾何構想のどれかが入るであろう，という予想を立てた．これをサーストンの幾何化予想 (geometrization conjecture) という．この予想が正しければ，3 次元ホモトピー球面には球面幾何の構造が入ることになり，本来のポアンカレ予想が解けてしまう．幾何化予想はポアンカレ予想を含む大きな予想といえる．

6 ペレルマンによる 3 次元ポアンカレ予想の解決

2003 年に，ペレルマン (G. Perelman) というロシアの数学者が，3 次元ポアンカレ予想の解決を含む結果をインターネット上に公開した．数学者による厳密な検討が加えられた結果，公的に確かなものとして認められた．

ペレルマンの方法は，1980 年代にハミルトン (R. Hamilton) により提唱されたリッチ・フロー (Ricci flow) を使うものである．与えられた 3 次元多様体に任意のリーマン計量を与え，この計量をリッチ・フローと呼ばれる熱方程式型の非線形微分方程式により「平均化」する．このシナリオを厳密に遂行するには多くの技術的な困難を克服しなければならないが，ペレルマンはそれを成し遂げ，最終的にサーストンの幾何化予想を証明し，特別な場合として，3 次元ポアンカレ予想を解決した．ポアンカレ予想は提起されて以来，多様体のトポロジーの発達を促し続け，ちょうど 100 年後に解決をみたことになる．

ペレルマンの仕事については文献 [3][4] を参照されたい． ［松本幸夫］

参 考 文 献

[1] ポアンカレ著，齋藤利弥訳：トポロジー，朝倉書店，1996.
[2] 田村一郎：微分位相幾何学，岩波書店，1992.
[3] 戸田正人：3 次元トポロジーの新展開—リッチフローとポアンカレ予想，臨時増刊・数理科学，2007.
[4] 小林亮一：リッチフローと幾何化予想，培風館，2011.

放物型方程式

....
parabolic equation
....

D を x 空間 $\boldsymbol{R}^n$ における領域, T を正の実数または ∞ とする. $D \times (0,T)$ 上で定義された $n+1$ 個の変数をもつ関数 $u = u(x,t)$ が 2 階 (変数 x について 2 階, 変数 t について 1 階) の偏微分方程式

$$\frac{\partial}{\partial t}u = \sum_{i,j=1}^{n} a_{ij}(x,t)\frac{\partial^2 u}{\partial x_i \partial x_j}$$
$$+ \sum_{i=1}^{n} b_i(x,t)\frac{\partial u}{\partial x_i} + c(x,t)u + f(x,t)$$

を各点 $(x,t) \in D \times (0,T)$ で満たすとする. このとき, 各 $(x,t) \in D \times (0,T)$ において, $\xi \in \boldsymbol{R}^n$ に関する 2 次形式

$$\sum_{i,j=1}^{n} a_{ij}(x,t)\xi_i \xi_j$$

が正定値であるとき, この 2 階の偏微分方程式が放物型であるという. 熱方程式

$$\frac{\partial u}{\partial t} = \Delta u \quad \left(\Delta = \sum_{i=1}^{n}\frac{\partial^2}{\partial x_i^2}\right)$$

はその代表例である. 放物型方程式においては, x を空間変数, t を時間変数とも呼び, 変数 x と t の役割は大きく異なる. 実際, 熱方程式の解 $u = u(x,t)$ に対して, $u(-x,t)$ は熱方程式の解であるが $u(x,-t)$ は解ではない. また, $f=0$ の場合, 2 つの解 u, v に対して, $\alpha u + \beta v$ (α, β は実数) も解であり, 解全体は線形空間の構造をもつ.

以下ではさまざまな煩雑さを避けるため, f を適当になめらかな $\overline{D} \times [0,\infty)$ 上有界な関数とし,

$$\frac{\partial u}{\partial t} = \Delta u + f(x,t), \quad (x,t) \in D \times (0,\infty) \quad (1)$$

という形の放物型方程式のみ扱うことにする. また, 解とは $\overline{D} \times [0,\infty)$ 上連続かつ有界, 空間変数 x について 2 回, 時間変数 t について 1 回までの導関数はすべて $D \times (0,\infty)$ 上連続, さらに各点の意味で方程式 (1) を満たすものとする.

1 熱方程式の解

D をなめらかな境界 ∂D をもつ有界領域とする. このとき, 放物型方程式 (1) は, その物理的背景から, 初期条件

$$u(x,0) = \phi(x), \quad x \in D \quad (2)$$

および境界条件, たとえば

$$u(x,t) = 0, \quad x \in \partial D \times (0,\infty) \quad (3)$$

などを加えて, 初期値・境界値問題として考察されるのが一般的である. ここでは, ϕ は $\overline{D}$ 上の連続関数として与えておくが, 解 u の連続性から, 関数 ϕ は境界 ∂D 上恒等的に零でなければならない (両立性条件).

$D = (0,1) \subset \boldsymbol{R}, f = 0$ として, 初期値・境界値問題 (1), (2), (3) の解を構成してみよう. 関数 $\sin k\pi x$ ($k=1,2,\ldots$) は境界条件 (3) を満たす Δ の固有関数であるから, $e^{(-k\pi)^2 t}\sin k\pi x$ は (3) を満たす熱方程式の解であり, これらの解の重ね合わせとして解 u を

$$u(x,t) = \sum_{k=1}^{\infty} a_k e^{-(k\pi)^2 t}\sin k\pi x \quad (4)$$

と形式的に書いてみる. このとき, (2) の両辺に $\sin k\pi x$ をかけて積分することにより係数 a_k は

$$a_k = 2\int_0^1 \phi(y)\sin(k\pi y)dy$$

と定まる. ここで, フーリエ級数論を用いると, 形式的級数 (4) が意味をもち, その級数が初期値・境界値問題 (1), (2), (3) の解であることがわかる. また,

$$G(x,y,t) = 2\sum_{k=1}^{\infty} e^{-(k\pi)^2 t}\sin(k\pi x)\sin(k\pi y)$$

とおくと, (4) は,

$$u(x,t) = \int_0^1 G(x,y,t)\phi(y)dy$$

と書くこともできる. この関数 $G(x,y,t)$ は, $y \in D$ を固定すると, 変数 x, t の関数として熱方程式を満たし, 超関数の意味において

$$G(x,y,0) = \delta(x-y)$$

を満たしていることもわかる. ここで, δ はディラックのデルタ関数である.

一般のなめらかな境界をもつ有界領域 $D \subset \boldsymbol{R}^n$ に対しては, 上と同様にラプラス作用素 Δ の固有関数を用いることにより, 上のような関数 G (グ

リーン関数) を構成でき，解 u を
$$u(x,t) = \int_D G(x,y,t)\phi(y)dy \quad (5)$$
と書くことができる．また，$f \neq 0$ の場合も，このグリーン関数 G を用いて
$$u(x,t) = \int_D G(x,y,t)\phi(y)dy$$
$$+ \int_0^t \int_D G(x,y,t-s)f(y,s)dyds \quad (6)$$
と解を書くことができる．また，これらの解は f のなめらかさに応じてなめらかになり，たとえば，f が C^∞ 関数ならばその解は $D \times (0,\infty)$ において C^∞ 級のなめらかさをもつ．

2 放物型方程式の解の性質

$D \times (0,\infty)$ 上 $f \leqq 0$ として，方程式 (1) の解 u を考える．また，ある点 $x_0 \in D$ とある時刻 $t_0 > 0$ において値 $u(x_0,t_0)$ が解 u の $\overline{D} \times [0,t_0]$ における最大値であると仮定する．このとき，
$$\frac{\partial u}{\partial t}(x_0,t_0) \geqq 0, \quad \frac{\partial u}{\partial x_i}(x_0,t_0) = 0$$
$$\frac{\partial^2 u}{\partial x_i^2}(x_0,t_0) \leqq 0 \quad (i=1,\ldots,n)$$
となり，点 (x_0,t_0) において
$$0 \leqq \frac{\partial u}{\partial t} - \Delta u = f \leqq 0$$
が成立する．この不等式により，$f(x_0,t_0) < 0$ となるような点 $(x_0,t_0) \in D \times (0,\infty)$ においては，$\overline{D} \times [0,t_0]$ における解の最大値は達成できないことがわかる．この考察をより一般的にしたものが次に述べる2つの最大値原理である．以下，Ω を D 内のなめらかな境界をもつ有界領域，$t_0 > 0$ とし，$\Omega \times (0,t_0]$ 上 $f \leqq 0$ と仮定する．

(1) 弱最大値原理：Γ を
$$\Gamma = (\partial \Omega \times [0,t_0]) \cup (\Omega \times \{0\})$$
($\Omega \times (0,t_0]$ の放物型境界) とする．このとき，
$$\max_{(x,t) \in \overline{\Omega} \times [0,t_0]} u(x,t) \leqq \max_{(x,t) \in \Gamma} u(x,t)$$
が成立する．$D = \boldsymbol{R}^n$ の場合は
$$\sup_{(x,t) \in \boldsymbol{R}^n \times [0,\infty)} u(x,t) \leqq \sup_{x \in \boldsymbol{R}^n} \phi(x)$$
として成立する．

(2) 強最大値原理：解 u に対する $\overline{\Omega} \times [0,t_0]$ 上の最大値が，ある点 (x_0,t_0) によって達成されたと仮定する．このとき，解 u が $\overline{\Omega} \times [0,t_0]$ 上の定数関数でないならば，x_0 は Ω の境界 $\partial \Omega$ 上の点であり，
$$\frac{\partial u}{\partial \nu}(x_0,t_0) > 0$$
が成立する．ここで，ν は $\partial \Omega$ に対する外向き法線ベクトルである．

$f \geqq 0$ の場合は，解 u の代わりに $-u$ を考えることにより，最小値に関する同様の結果を導くことができる．また，これらの最大値原理より，次の考察が可能となる．今，両立性条件を満たす2つの連続関数 ϕ_i ($i=1,2$) に対して，
$$\phi(x) = \phi_i(x), \quad x \in D$$
とおいて初期値・境界値問題 (1), (2), (3) を考え，それぞれの解を u_1, u_2 とする．このとき，関数 $v = u_1 - u_2$ は $\partial D \times (0,\infty)$ 上零となる
$$\frac{\partial v}{\partial t} = \Delta v, \quad (x,t) \in D \times (0,\infty)$$
の解であり，$\Omega = D$ として弱最大値原理を適用すると，任意の点 $(x_0,t) \in \overline{D} \times (0,\infty)$ に対して
$$\min_{x \in \overline{D}} v(x,0) \leqq v(x_0,t) \leqq \max_{x \in \overline{D}} v(x,0)$$
が成立する．この不等式より，D 上 $\phi_1 \equiv \phi_2$ ならば v は恒等的に零となり，初期値・境界値問題 (1), (2), (3) の解の一意性が導かれる．また，D 上 $\phi_1 \leqq \phi_2$ ならば，
$$u_1(x,t) \leqq u_2(x,t), \quad (x,t) \in D \times (0,\infty)$$
という解の順序保存則 (比較原理) も得ることができる．上で述べた2つの最大値原理やそれによって導かれた順序保存則 (比較原理) は，適当な仮定や改良を加えることによって，一般の2階放物型方程式に対しても成立する [1]．また，このほかに，熱の伝導や物質の拡散のさまをより定量的に表現するハルナックの不等式などが知られており，最大値原理，順序保存則とともに，2階放物型方程式の研究に大きな役割を果たしている．

[石毛和弘]

参 考 文 献

[1] 村田 實・倉田和浩：偏微分方程式 1. 岩波書店, 1997.

補　　間

interpolation

補間空間論は二つの不等式から「中間の」不等式を組織的に導く方法で，不等式の数学といわれる解析学の有用な手段の一つである．その起源は L^p 空間の補間についてのリースとソーリン (M. Riesz, M.O. Thorin) の定理である．

1　実補間法

$\mathcal{E}, \mathcal{F}$ をハウスドルフ線形位相空間, T を $\mathcal{E} \to \mathcal{F}$ の連続線形作用素 (定義域は $\mathcal{E}$) とする．このとき，$\mathcal{E}$ に連続的に含まれるノルム空間 X に対して，$TX := \{Tf | f \in X\}$ は

$$\|g\|_{TX} := \inf\{\|f\|_X | g = Tf, f \in X\} \quad (1)$$

をノルムとしてノルム空間になる．この TX を T による X の像の空間という．X がバナッハ空間のときは TX もバナッハ空間になる．

また, T をノルム空間 X から $\mathcal{F}$ への連続線形作用素, Y を $\mathcal{F}$ に連続的に含まれるノルム空間とすると, $T^{-1}Y := \{f \in X | Tf \in Y\}$ は $\|f\|_{T^{-1}Y} = \max\{\|f\|_X, \|Tf\|_Y\}$ についてノルム空間になる．これを T による Y の逆像の空間という．X と Y がバナッハ空間のときは逆像の空間 $T^{-1}Y$ もバナッハ空間になる．とくに, $f \in T^{-1}Y$ について $\|f\|_X \leq c\|Tf\|_Y$ (c は定数) が成立するとき逆像の空間のノルムは $\|Tf\|_Y$ と同値である．

X がバナッハ空間のとき，正の実数の全体 $\boldsymbol{R}_+$ 上で測度 dt/t について p 乗積分可能な X-値強可側関数の空間を $L_*^p(\boldsymbol{R}_+; X)$ と表すが，以下においては $\boldsymbol{R}_+$ を省き, $L_*^p(X)$ と書く．実数 σ について, $L_*^{p,\sigma}(X) := \{u | t^\sigma u(t) \in L_*^p(X)\}$ と定義する．そのノルムは $\|t^\sigma u(t)\|_{L_*^p(X)}$ である．

ノルム空間 X_0 と X_1 があるハウスドルフ線型位相空間 $\mathcal{E}$ に連続的に含まれるとき, $\{X_0, X_1\}$ は**両立対** (compatible pair) であるという．この場合, $\{f_0, f_1\} \to f_0 + f_1$ で定義される $\mathcal{E} \times \mathcal{E} \to \mathcal{E}$ の連続線形作用素による $X_0 \times X_1$ の像の空間を $X_0 + X_1$ と書く．よって $f \in X_0 + X_1$ のノルムは

$$\|f\|_{X_0+X_1} := \inf\{\|f_0\|_{X_0} + \|f_1\|_{X_1} | f = f_0 + f_1\}$$

(下限は $f = f_0 + f_1$ となるあらゆる $f_0 \in X_0, f_1 \in X_1$ についてとる) である．また, $X_0 \subset X_0 + X_1$ の包含作用素による X_1 の逆像の空間 $X_0 \cap X_1$ のノルムは $\|f\|_{X_0 \cap X_1} := \max\{\|f\|_{X_0}, \|f\|_{X_1}\}$ である．$\{X_0, X_1\}$ がバナッハ空間の両立対のとき $X_0 + X_1$ と $X_0 \cap X_1$ もバナッハ空間である．

$\{X_0, X_1\}$ がバナッハ空間の両立対のとき，連続線形作用素 $S: L_*^1(X_0 + X_1) \to X_0 + X_1$ を

$$Su = \int_0^\infty u(t) \frac{dt}{t} \quad (2)$$

により定義する．$0 < \theta < 1$, $1 \leq p \leq \infty$, のとき，$L_*^1(X_0 + X_1)$ に含まれる $L_*^{p,-\theta}(X_0) \cap L_*^{p,1-\theta}(X_1)$ の S による像の空間 (バナッハ空間になる) を**実補間空間** (real interpolation space) と呼び，$(X_0, X_1)_{\theta,p}$ と表す．これはペートル (J. Peetre) の **J 法** (J–method) の定義と一致する．$X_0 \cap X_1 \subset (X_0, X_1)_{\theta,p} \subset X_0 + X_1$ (包含作用素は連続) である．p の代わりに $1 \leq p_0, p_1 \leq \infty$, をとると, S による $L_*^{p_0,-\theta}(X_0) \cap L_*^{p_1,1-\theta}(X_1)$ の像の空間 $(X_0, X_1)_{\theta,(p_0,p_1)}$ が定義できるが, $1/p = (1-\theta)/p_0 + \theta/p_1$ にとると，これは $(X_0, X_1)_{\theta,p}$ に等しく，ノルムは同値である (ペートルの定理).

また, $f \in (X_0, X_1)_{\theta,p}$ は $u \in L_*^{p,-\theta}(X_0) \cap L_*^{p,1-\theta}(X_1)$ により, $f = Su$ と表示できるから,

$$v_0(t) = \int_0^t u(s)\frac{ds}{s}, \quad v_1(t) = \int_t^\infty u(s)\frac{ds}{s}$$

とおくと，すべての正数 t で $f = v_0(t) + v_1(t)$ となり，$v_0 \in L_*^{p,-\theta}(X_0), v_1 \in L_*^{p,1-\theta}(X_1)$ である．よって, 連続線形作用素 $J: X_0 + X_1 \to L_{*,\mathrm{loc}}^1(X_0 + X_1)$ ($\boldsymbol{R}_+$ 内の各有界閉区間で L_*^1 となる関数の空間) を, $f \in X_0 + X_1$ に対して，すべての t で一定値 f の関数を対応させて定義すると，$(X_0, X_1)_{\theta,p}$ は J による $L_*^{p,-\theta}(X_0) + L_*^{p,1-\theta}(X_1)$ の逆像の空間に含まれる．実はこの逆像の空間は実補間空間に一致し，ノルムは同値である．さらに, $f \in X_0 + X_1, t > 0$ について, $K(t, f) := \inf\{\|f_0\|_{X_0} + t\|f_1\|_{X_1} | f = f_0 + f_1\}$ と定義すると, $f \in (X_0, X_1)_{\theta,p} \Leftrightarrow t^{-\theta}K(t, x) \in L_*^p$. よって，右側の条件を実補間空間の定義にできる (ペートルの **K 法** (K–method)). この方法で準ノルム空間の両立対の実補間空間を定義できる．

2 作用素の補間定理

作用素の補間定理 $\{X_0, X_1\}, \{Y_0, Y_1\}$ は 2 組のバナッハ空間の両立対, T は $X_0 + X_1$ 全体で定義された, $X_0 + X_1 \to Y_0 + Y_1$ の線型作用素で, $j = 0, 1$ について, X_j を Y_j に写し, そのノルムは M_j とする. このとき, $0 < \theta < 1, 1 \leq p \leq \infty$ について, T は $(X_0, X_1)_{\theta,p} \to (Y_0, Y_1)_{\theta,p}$ の連続線形作用素で, ノルムは $M_0^{1-\theta} M_1^\theta$ を越えない.

リース–ソーリンの定理 (実補間の場合) (Ω, μ) を準有界測度空間, $1 \leq p_0, p_1 \leq \infty, 0 < \theta < 1$, $w_0(x)$ と $w_1(x)$ を Ω 上の重み (非負値可測関数), とし, $w(x) = w_0(x)^{1-\theta} w_1(x)^\theta, 1/p = (1-\theta)/p_0 + \theta/p_1$, とおくとき, $(L^{p_0, w_0}(\Omega, \mu), L^{p_1, w_1}(\Omega, \mu))_{\theta,p} = L^{p,w}(\Omega, \mu)$ (ノルムは同値) である. ただし, $L^{p,w}(\Omega, \mu) := \{u(x) \mid w(x) u(x) \in L^p(\Omega, \mu)\}$.

作用素の補間定理とこの定理により, 次の結果を得る: $0 < \theta < 1, 1 \leq p_0, p_1, q_0, q_1 \leq \infty$,
$$\frac{1}{p} = \frac{1-\theta}{p_0} + \frac{\theta}{p_1}, \frac{1}{q} = \frac{1-\theta}{q_0} + \frac{\theta}{q_1} \quad (3)$$
のとき, (p_0, q_0) 型かつ (p_1, q_1) 型の線形作用素は (p, q) 型である. ただし, (p, q) 型とは L^p 空間から L^q 空間への有界作用素であることをいう.

この結果の仮定を弱くした補間定理をマルシンキェヴィクツ (J. Marcinkiewicz) が証明した. まず, (Ω, μ) を測度空間, $1 \leq r, s \leq \infty$ とするとき, $L^r(\Omega, \mu)$ で定義され, 測度空間 Ω', μ' 上の可測関数の値をとる作用素 T に対して不等式
$$t^s \mu'(\{y \in \Omega' \mid |Tf(y)| > t\}) \leq A \|f\|_{L^r(\Omega, \mu)}^s$$
がすべての $f \in L^r(\Omega, \mu), t > 0$ について成立するとき, T は弱 (r, s) 型であるという. ただし, A は f にも t にもよらない定数である. あきらかに, (r, s) 型ならば, 弱 (r, s) 型である.

マルシンキェヴィクツの補間定理 (Ω, μ) を準有界測度空間, $1 \leq p_0, p_1 \leq \infty$ とし, T は $L^{p_0}(\Omega, \mu) + L^{p_1}(\Omega, \mu)$ で定義され, 可測関数の値をとる写像とする. さらに, Tg, Th が定義できるとき, $T(g + h)$ も定義でき,
$$|T(g + h)(y)| \leq C\{|Tg(y)| + |Th(y)|\}$$
がほとんどすべての点で成立する (C は g, h, y によらない定数). さらに, $1 \leq q_0 < q_1 \leq \infty, 0 < \theta < 1$ とし, (3) で p, q を定め, $p \leq q$ とする. このとき, T が弱 (p_0, q_0) 型および弱 (p_1, q_1) 型ならば, T は (p, q) 型である. ただし, $q_1 = \infty$ のときは (p_1, ∞) 型と仮定する.

この定理は特異積分作用素や擬微分作用素の理論で有用である.

3 複素補間法

バナッハ空間の両立対 $\{X_0, X_1\}$ に対して, $\mathcal{H}(X_0, X_1)$ を, $G := \{\zeta \in \mathbb{C}; 0 < \mathrm{Re}\,\zeta < 1\}$ で $(X_0 + X_1)$ 値正則, $\overline{G} = \{\zeta \in \boldsymbol{C} \mid 0 \leq \mathrm{Re}\,\zeta \leq 1\}$ で $(X_0 + X_1)$ 値有界連続, そして $F(j + it) \in BC(\boldsymbol{R}; X_j), j = 0, 1$ を満たす関数 F の全体, と定義する. ただし, $BC(\boldsymbol{R}; X)$ は X-値有界連続関数の空間を表す.
$$\max\{\sup_{t \in \boldsymbol{R}} \|F(it)\|_{X_0}, \sup_{t \in \boldsymbol{R}} \|F(1 + it)\|_{X_1}\} \quad (4)$$
でこの空間のノルム $\|F\|_{\mathcal{H}(X_0, X_1)}$ を定義する. そして, $0 < \theta < 1$ について, 線形作用素 $F \to F(\theta)$ による空間 $\mathcal{H}(X_0, X_1)$ の像の空間を**複素補間空間** (complex interpolation space) といい, $[X_0, X_1]_\theta$ と書く. これはバナッハ空間になる.

作用素の補間定理は複素補間空間でも成立する. すなわち, 前節の作用素の補間定理の仮定の下で, T は $[X_0, X_1]_\theta \to [Y_0, Y_1]_\theta$ の連続線形作用素で, ノルムは $M_0^{1-\theta} M_1^\theta$ を越えない.

リース–ソーリンの定理 (複素補間の場合) (Ω, μ) を準有界測度空間, $0 < \theta < 1, \{X_0, X_1\}$ をバナッハ空間の両立対, w_0, w_1 を Ω 上の重み, $1 \leq p_0, p_1 \leq \infty, w(x) = w_0(x)^{1-\theta} w_1(x)^\theta, 1/p = (1-\theta)/p_0 + \theta/p_1$, とするとき $[L^{p_0, w_0}(\Omega, \mu; X_0), L^{p_1, w_1}(\Omega, \mu; X_1)]_\theta = L^{p,w}(\Omega, \mu; [X_0, X_1]_\theta)$ (ノルムは等しい).

［村 松 寿 延］

参 考 文 献

[1] J. Bergh, Löfström : *Interpolation Spaces, An Introduction*, Springer, 1976.
[2] 村松寿延 : 補間空間論と線型作用素, 紀伊國屋書店, 1985.

補間公式

interpolation formula

1 補間法

関数 $f(x)$ について，$n+1$ 個の相異なる点 x_k, $k = 0, 1, \ldots, n$ における関数値 $f(x_k)$ が既知であるとき，それ以外の点 $\overline{x}$ における関数値 $f(\overline{x})$ を推定することを補間 (interpolation) といい，補間のための関数を補間式 (interpolation formula) という．このとき，x_k を分点または補間点と呼ぶ．I を $x_k \in I$, $k = 0, 1, \ldots, n$ を満たす最小の閉区間とすると，$\overline{x} \in I$ の場合を補間または内挿と呼び，それ以外の場合には補外 (extrapolation) または外挿と呼ぶこともある．

補間式は，多項式を用いたものが基礎であり，ラグランジュ補間 (Lagrange interpolation)，エルミート補間 (Hermite interpolation)，スプライン補間 (spline interpolation)，有理補間 (rational interpolation) などがある．

多次元の補間についてもさまざまな研究があるが，以下では基本的な 1 次元の補間について述べる．

2 ラグランジュ補間 (多項式補間)

$n+1$ 個の点 $(x_k, f(x_k))$ を通る n 次多項式 $L_n(x)$ による補間をラグランジュ補間または多項式補間 (polynomial interpolation) と呼ぶ．$L_n(x)$ は一意に定まり，補間多項式 (interpolating polynomial) と呼ばれ，その表現形式によって，ラグランジュの補間公式 (Lagrange's interpolation formula)，ニュートンの補間公式 (Newton's interpolation formula)，チェビシェフ補間 (Chebyshev interpolation) による方法などがある．

2.1 ラグランジュの補間公式

ラグランジュの補間公式は以下である．
$$L_n(x) = \sum_{k=0}^{n} l_k(x) f(x_k),$$
$$l_k(x) := \prod_{j \neq k}^{n}(x - x_j) / \prod_{j \neq k}^{n}(x_k - x_j)$$

2.2 ニュートンの補間公式

補間多項式の別表現として，ニュートンの補間公式がある．
$$\omega_0(x) := 1, \quad \omega_n(x) := \prod_{j=0}^{n-1}(x - x_j) \quad (1)$$
とすると，$L_n(x) = \sum_{k=0}^{n} c_k \omega_k(x)$ と表すことができる．係数 c_k は
$$f[x_i] := f(x_i), \quad i = 0, 1, \ldots, n$$
$$f[x_i, x_{i+1}, \ldots, x_{i+j}]$$
$$:= \frac{f[x_{i+1}, \ldots, x_{i+j}] - f[x_i, \ldots, x_{i+j-1}]}{x_{i+j} - x_i},$$
$$i = 0, 1, \ldots, n-j; \quad j = 1, \ldots, n$$
によって定義される差分商 (divided difference) を用いて，$c_k = f[x_0, x_1, \ldots, x_k]$, $k = 0, 1, \ldots, n$ と与えられる．

2.3 チェビシェフ補間

補間点をチェビシェフ多項式 $T_{n+1}(x)$ の零点 $x_k = \cos \theta_k$, $\theta_k = \frac{2k+1}{2n+2}\pi$, $k = 0, 1, \ldots, n$ で与え
$$L_n(x) = \frac{1}{2}c_0 T_0(x) + \sum_{j=1}^{n} c_j T_j(x),$$
$$c_j := \frac{2}{n+1} \sum_{k=0}^{n} f(x_k) \cos(j\theta_k)$$
という表現形式を用いる場合をチェビシェフ補間と呼ぶ．係数 c_j の計算には高速フーリエ変換が利用可能で効率よく計算できる．

ラグランジュ補間多項式 $L_n(x)$ の補間誤差は，f が $n+1$ 回微分可能ならば
$$f(x) - L_n(x) = \frac{f^{(n+1)}(\xi)}{(n+1)!} \omega_{n+1}(x)$$
で与えられる (ただし，$\xi \in I$, $\omega_{n+1}(x)$ は式 (1) で定義されたもの)．

2.4 ネヴィルのアルゴリズム

ネヴィルのアルゴリズム (Neville's algorithm) は，補間多項式 $L_n(x)$ の具体形を経由せずに，与えられた点 $\overline{x}$ における $L_n(\overline{x})$ の値を直接計算する方法の一つである．$k = 0, 1, \ldots, n$ に対して
$$p_k^{(0)} := f(x_k),$$
$$p_k^{(j)} := \frac{(x_k - \overline{x}) p_{k-1}^{(j-1)} - (x_{k-j} - \overline{x}) p_k^{(j-1)}}{x_k - x_{k-j}}$$
$$j = 1, 2, \ldots, k$$
とすると，$L_n(\overline{x}) = p_n^{(n)}$ となる．

3 エルミート補間

補間点 x_k, $k = 0, 1, \ldots, n$ における関数値 $f(x_k)$ だけでなく，導関数値 $f'(x_k)$ も既知であるならば，x_k における関数値および導関数値が $f(x)$ と一致する $2n+1$ 次多項式 $H_{2n+1}(x)$ が一意存在する．これを用いた補間をエルミート補間と呼び，その補間多項式は，$k = 0, 1, \ldots, n$ について

$$g_k(x) := \frac{\omega_{n+1}(x)}{\omega'_{n+1}(x_k)(x-x_k)}$$

$$a_k(x) := g_k(x)^2\{1 - 2g'_k(x_k)(x-x_k)\}$$

$$b_k(x) := g_k(x)^2(x-x_k)$$

として ($\omega_{n+1}(x)$ は式 (1) で定義されたもの)

$$H_{2n+1}(x) = \sum_{k=0}^{n}\{f(x_k)a_k(x) + f'(x_k)b_k(x)\}$$

とおいたものである．このとき，$k = 0, 1, \ldots, n$ に対して，$H_{2n+1}(x_k) = f(x_k)$, $H'_{2n+1}(x_k) = f'(x_k)$ を満たす．$H_{2n+1}(x)$ の補間誤差は，$f(x)$ が $2n+2$ 回微分可能ならば

$$f(x) - H_{2n+1}(x) = \frac{f^{(2n+2)}(\xi)}{(2n+2)!}\{\omega_{n+1}(x)\}^2$$

で与えられる (ただし，$\xi \in I$, $\omega_{n+1}(x)$ は式 (1) で定義されたもの)．

エルミート補間においても，ニュートン補間公式のような差分商を用いる表現方法が知られている．

4 スプライン補間

スプライン補間は，節点を定め (補間点と一致する必要はない)，隣り合う節点どうしを比較的低い次数の多項式で結び，継ぎ目をできるだけなめらかにした補間である．区間 $[a,b]$ について $a = t_0 < t_1 < \cdots < t_N = b$ とする．このとき，N 個の小区間 $[t_{j-1}, t_j]$, $j = 1, 2, \ldots, N$ において，m 次の区分的多項式が $[a,b]$ 上で C^{m-1} 級ならば，それを m 次のスプライン関数 (spline function) あるいは単にスプライン (雲形定規の意) と呼ぶ．m 次のスプラインの全体は，$N+m$ 次元実ベクトル空間をなすので，$N+m$ 個の条件を課せば，1 つのスプライン補間が定まる．

4.1 B–スプライン

m 次のスプラインを表示するための基底関数としては，**B–スプライン** (B-spline) が用いられる．まず，区間 $[a,b]$ の外にも節点 $t_{-m} \leqq \cdots \leqq t_{-1} \leqq t_0 = a$, $b = t_N \leqq t_{N+1} \leqq \cdots \leqq t_{N+m}$ をとる．このとき，コックス–ド・ボアのアルゴリズム (Cox–de Boor algorithm) と呼ばれる漸化式

$$b_{j,1}(x) := \begin{cases} 1 & (t_j \leqq x < t_{j+1} \text{のとき}) \\ 0 & (\text{その他}) \end{cases}$$

$$j = -m, -m+1, \ldots, N+m-1$$

$$b_{j,k}(x) := \frac{x - t_j}{t_{j+k-1} - t_j} b_{j,k-1}(x)$$
$$\qquad + \frac{t_{j+k} - x}{t_{j+k} - t_{j+1}} b_{j+1,k-1}(x)$$

$$j = -m, -m+1, \ldots, N+m-k-1,$$
$$k = 1, 2, \ldots, m$$

によって計算される $b_{-m,m}(x), b_{-m+1,m}(x), \ldots, b_{N-1,m}(x)$ が m 次 B–スプラインである．

4.2 3 次スプライン

実用上は，節点を補間点 x_k, $k = 0, 1, \ldots, n$ にとる **3 次スプライン** (cubic spline) がよく用いられる．3 次スプライン $S(x)$ を一意に定めるためには $n+3$ 個の条件が必要となるが，補間条件 $S(x_k) = f(x_k)$ は $n+1$ 個しかなく，あと 2 個の補間条件を付加する必要がある．このとき，付加条件として，区間の両端で $f'(x)$ が既知ならば

$$S''(x_0) = f'(x_0), \quad S''(x_n) = f'(x_n) \qquad (2)$$

を課し，そうでなければ

$$S''(x_0) = 0, \quad S''(x_n) = 0 \qquad (3)$$

を課すことが多い．式 (3) の付加条件の下に定まる 3 次スプラインは (3 次の) **自然スプライン** (natural spline) と呼ばれ，補間条件を満たす C^2 級関数 $u(x)$ の中で $\int_a^b (u''(x))^2 dx$ を最小にする**曲率最小性** (minimum curvature property) を満たす．

補間誤差は，$\delta = \max_{2 \leqq k \leqq n}|x_k - x_{k-1}|$ とおくと，式 (2) の場合，$f(x)$ が C^4 級であれば $O(\delta^4)$ であり，式 (3) の場合，$f(x)$ が C^2 級であれば $O(\delta^2)$ である． ［荻田武史］

参 考 文 献

[1] 長田直樹：数値微分積分法，現代数学社，1987．
[2] 杉原正顕，室田一雄：数値計算法の数理，岩波書店，1994．

保型関数

automorphic function

保型関数登場の歴史的契機は，楕円関数研究の自然な進展と2階の複素常微分方程式のモノドロミー群の研究であろう．ガウスの遺稿のモジュラー変換の図は当時理解されなかったようであるが，次世代のアーベル (等分方程式), ヤコビ (テータ関数), アインシュタインの時代に，楕円モジュラー関数という重要な保型関数の研究が実質的に始まった．

1 一般的な定義

複素上半平面 $H := \{z \in \boldsymbol{C} | \operatorname{Im}(z) > 0\}$，あるいはそれと一次分数変換写像 $\varphi : z \in H \mapsto w = \varphi(z) := \frac{z-i}{z+i}$ によって解析同型になる，複素単位開円板 $D := \{w \in \boldsymbol{C} | |w| < 1\}$ を考える．2次実特殊線形群 $G = SL(2, \boldsymbol{R})$ の各元 $g = \begin{pmatrix} a & b \\ c & d \end{pmatrix} \in G$ $(a, b, c, d \in \boldsymbol{R}, ad - bc = 1)$ は H に $g(z) := \frac{az+b}{cz+d}$ $(z \in H)$ によって作用する．また，H の解析的自己同型群 $\operatorname{Aut}(H)$ の元は，このような形のもので尽くされる．G の中心 $\{\pm 1_2\}$ は H に自明に作用し，$\operatorname{Aut}(H) \cong PSL(2, \boldsymbol{R}) := SL(2, \boldsymbol{R})/\{\pm 1_2\}$ という同一視ができる．

上の g と $z \in H$ に対して保型因子を $j(g, z) := cz + d$ で定義する．このとき，条件: $j(g_1 g_2, z) = j(g_1, g_2(z)) j(g_2, z)$ が成立する．

定義 Γ を G あるいは $PSL(2, \boldsymbol{R})$ の離散的な部分群とする．このとき H 上の有理型関数 $f(z)$ で Γ で不変である，つまり任意の $\gamma \in \Gamma$ に対して $f(\gamma(z)) = f(z)$ であるとき，f を Γ に属する H 上定義された**保型関数**という．

もう少し一般に，ある整数 w を固定するとき，任意の $\gamma \in \Gamma$ に対して $f(\gamma(z)) = j(\gamma, z)^w f(z)$ $(z \in H)$ であるとき，H 上の有理型関数 f を，Γ に属する重さ w の**保型形式**という．さらに通常は，Γ が以下のフックス (Fuchs) 群のときを考え，その尖点で有理型であるとの条件を付ける．

2 フックス群，および尖点 (カスプ，cusp)

保型関数・保型形式を意味のあるものにするためには，不連続部分群 Γ が「ある程度大きい」ことが必要になる:

定義 $G = SL(2, \boldsymbol{R})$ の離散的部分群 Γ に対して，商 $\Gamma \backslash G$ がコンパクト (このとき Γ は cocompact ともいう), あるいはより弱い条件として「体積 $\operatorname{vol}(\Gamma \backslash G)$ が有限」であるとき，Γ を**第一種フックス群**であるという．体積は H 上で定数倍を除き一意に定まる $\operatorname{Aut}(H)$ 不変な測度によって計算する．

群 G は $SL(2, \boldsymbol{C})$ の部分群であるので，G の H への作用は，その1次元複素射影空間 $P^1(\boldsymbol{C}) = \boldsymbol{C} \cup \{\infty\}$ の中での閉包 $\bar{H} = H \cup \{\infty\}$ まで自然に連続に延長できる．

第一種フックス群 Γ が cocompact でないときその中に必ず無限位数の元 γ で $\bar{H}$ 内で，境界 $\partial H = \bar{H} - H$ 上の1点 c のみを固定点としてもつものがある．これは跡 $\operatorname{tr}(\gamma) = \pm 2$ という条件と同値である．G の ∂H への作用は推移的であるので，c を G の適切な元 g_0 によって無限遠点 $i\infty$ に移して考えると，γ は $\pm \begin{pmatrix} 1 & x \\ 0 & 1 \end{pmatrix}$ $(x \in \boldsymbol{R})$ という形の元と共役になる．このような点 c は**尖点**といい，γ は**放物的な元**という．

S_Γ で Γ に属する尖点の部分集合を表すとき，これは ∂H の中で稠密な部分集合であるが，Γ の作用による軌道の集合 $\Gamma \backslash S_\Gamma$ は有限集合になる．この軌道集合あるいは，S_Γ の中での代表部分集合を $\{c_1, \ldots, c_h\}$ で表す．

2.1 商リーマン面と，そのコンパクト化

H の1点, たとえば $i = \sqrt{-1}$ の固定群を考えるとこれは G のコンパクト部分群 $K := SO(2) = \left\{ \begin{pmatrix} a & b \\ -b & a \end{pmatrix} \mid a^2 + b^2 = 1 \right\}$ に同型になり，G は H に推移的に作用するので，$G/K \cong H$ という同一視ができる．これより条件「$\Gamma \backslash G$ はコンパクトである」は，条件「リーマン面 $\Gamma \backslash H$ はコンパクトである」と同値である．

Γ が cocompact でない第一種 Fuchs 群である

とき，商リーマン面 $R_\Gamma := \Gamma \backslash H$ もコンパクトではないが，これに尖点の代表系 $\{c_1, \ldots, c_h\}$ の有限個の点を付加して，自然にコンパクト・リーマン面 R_Γ^* にできる．これをコンパクト化という．

保型関数というときは，考える有理型関数 f に尖点における有理性の条件も付加して，f がコンパクト化 R_Γ^* 上の有理型関数となるようにする．

2.2 尖点におけるフーリエ展開

尖点 c に対して，これを固定する Γ の部分群を Γ_c とするとき，$g_0(c) = i\infty$ という元 $g_0 \in G$ を選ぶと，$g_0 \Gamma_c g_0^{-1}$ は $\Delta_\infty = \left\{ \begin{pmatrix} 1 & nx_0 \\ 0 & 1 \end{pmatrix} \mid n \in \mathbf{Z} \right\}$ (ただし x_0 はある正の実数) あるいは，$\pm 1_2 \cdot \Delta_\infty$ の形の群に等しくなる．とくに保型関数 (あるいは保型形式) $f(z)$ を g_0 で変換して，$f^*(\tau) = j(g_0^{-1}, \tau)^{-w} \cdot f(g_0^{-1}(\tau))$ を考えると，f^* は $f^*(\tau + nx_0) = f^*(\tau)$ という周期性をもつことが導かれる．これよりフーリエ展開：$f^*(\tau) = \sum_{m=-\infty}^\infty c_m e^{2\pi i m (\tau/x_0)}$ を得る．このとき，保型関数である条件として，新たな複素パラメータ $q_c = e^{2\pi i (\tau/x_0)}$ に関して有理型という条件を課す．

3 楕円モジュラー関数，楕円モジュラー形式

楕円関数は，複素平面 $\mathbf{C}$ 内の格子 L ($\mathbf{C}$ の離散部分群 L で商 $\mathbf{C}/L$ がコンパクトであるもの) が与えられたときに，$\mathbf{C}$ 上の有理型関数 $p(u)$ で L に関して周期的，すなわち任意の $l \in L$ に対して，$p(u+l) = p(u)$ が成立するものとして定義される．ここで H を $\mathbf{C}$ に，G を L に読み替えれば，これは保型関数の定義に類似している．この類似に支持され，より古い楕円関数の研究に鍛えられて，保型関数の研究が進んだ．格子 L はかならず 2 個の生成元 ω_1, ω_2 で $\mathbf{R}$ 上独立なもの，つまり $\omega_2/\omega_1 \notin \mathbf{R}$ となるものが存在して，階数 2 の自由群 $L = \mathbf{Z}\omega_1 + \mathbf{Z}\omega_2$ として表される．

代表的な楕円関数はワイエルシュトラスの $\wp$-関数：$\wp(u) := u^{-2} + \sum_{l \in L-\{0\}} (u+l)^{-2} - l^{-2}$ である．これを微分した関数 $\wp'(u)$ もまた楕円関数である．この二つの関数には関係式 $\wp'^2(u) = 4\wp^3(u) - g_2(L)\wp(u) - g_3(L)$ が成立し，任意の楕円関数は，$\wp$ と $\wp'$ の有理式として表される．ただし，ここで g_2, g_3 は (L に依存する) 定数で，$g_2(L) = 60 \sum_{l \in L-\{0\}} l^{-4}$, $g_3(L) = 140 \sum_{l \in L-\{0\}} l^{-6}$ で定められる．この g_i ($i = 2, 3$) を L の関数でなく生成元 (ω_1, ω_2) の関数と見，さらに $g_i(\omega_1, \omega_2) = \omega_1^{-2i} g_i(1, \tau)$ ($\tau = \omega_2/\omega_1 \in H$) と書き直すとき，$G_{2i}(\tau) := g_i(1, \tau)$ は $SL(2, \mathbf{Z})$ に属する重さ $2i$ の保型形式の例となる．

$\Delta(L) := g_2^3(L) - 27 g_3^2(L)$ は重さ 12 の尖点形式 (正則な保型関数で，さらに各尖点で零になる) の例を与え，$J(L) := g_2^3(L)/\Delta(L)$ は $SL(2, \mathbf{Z})$ に属する保型関数になる．尖点での展開条件は，$G_2(\tau), G_3(\tau)$ のフーリエ展開の形から従う．

4 モノドロミー群として

Φ を未知関数とする，2 階常微分方程式：$\Phi''(z) + P(z)\Phi'(z) + Q(z)\Phi(z) = 0$ で，係数 $P(z), Q(z)$ は 1 次元複素射影空間上の有理式であるものを考えるとき，係数の極を除けば，局所的には独立な解は 2 次元ある．ある点 b_0 における解の基本系を $u_1(z), u_2(z)$ と記す．係数の極の有限集合を S とすると，基本群 $\pi_1(P^1(\mathbf{C}) - S, b_0)$ の各元に δ に沿って $u_i(z)$ を逐次解析接続していくとき，基点 b_0 に戻ったときの結果 $u_1^\delta(z), u_2^\delta(z)$ も解の別の基本系であるので，$GL(2, \mathbf{C})$ の元 $M_\delta = \begin{pmatrix} a_\delta & b_\delta \\ c_\delta & d_\delta \end{pmatrix}$ が存在して $(u_1^\delta(z), u_2^\delta(z)) = (u_1(z), u_2(z)) \cdot M_\delta$ となる．対応 $\delta \in \pi_1(P^1(\mathbf{C}) - S, b_0) \mapsto M_\delta \in GL(2, \mathbf{C})$ をモノドロミー表現という．この表現の像 Δ が $SL(2, \mathbf{R})$ に入り，それがフックス群になれば，多価関数 $z \mapsto w := u_2(z)/u_1(z)$ の逆関数：$f : w \mapsto z$ が Δ に属する保型関数となる．

[織田孝幸]

参考文献

[1] 清水英夫：保型関数，岩波書店，1992.
[2] J.J. グレイ著，関口次郎・室 政和訳：リーマンからポアンカレにいたる線型微分方程式と群論，シュプリンガー・フェアラーク東京，2002.

ホッジ分解

Hodge decomposition

M を可微分多様体とするとき，$H^r(M, \boldsymbol{R})$ の元は，ド・ラームの定理により M 上の適当な可微分閉 r 次微分形式で代表される．しかし，代表元のとりかたは一意ではない．そこで，リーマン計量から定まる微分形式上のノルムに関して，ノルムが最小になるように代表元を選ぶことで，一意性を担保し，M の幾何学的構造を研究するのが，調和積分論と呼ばれるものである．

1 コンパクトリーマン多様体上のホッジ分解

M を n 次元可微分コンパクト向き付け可能多様体，g を M 上のリーマン計量とし，$A^r(M)$ を M 上の C^∞ r 形式全体のベクトル空間，$\{\mathbf{e}_1, \ldots, \mathbf{e}_n\}$ を T^*M の正の向きの正規直交基底とする．
$$* : \wedge^r T^*M \to \wedge^{n-r} T^*M$$
を $|I| = r, |J| = n - r, \{I, J\} = \{1, \ldots, n\}$ となる多重指数として，
$$*\mathbf{e}_I = \mathrm{sgn} \begin{pmatrix} 1 & \cdots & n \\ I & & J \end{pmatrix} \mathbf{e}_J$$
で定義する．ただし $I = i_1 \cdots i_r$ のとき $\mathbf{e}_I = \mathbf{e}_{i_1} \wedge \cdots \wedge \mathbf{e}_{i_r}$ である．このとき，$*$ は正規直交基底のとりかたによらず決まる．$*$ はホッジの $*$ 作用素と呼ばれる．$A^r(M)$ の内積を
$$(\varphi, \psi) := \int_M \varphi \wedge *\psi$$
で定義する．このとき外微分 $d : A^r(M) \to A^{r-1}(M)$ の形式的随伴作用素 $d^* : A^{r+1}(M) \to A^r(M)$ を
$$(d\varphi, \psi) = (\varphi, d^*\psi) \quad (\varphi \in A^r(M))$$
で定義する．具体的には $A^r(M)$ 上 $d^* = (-1)^{n(r+1)+1} * d *$ で与えられる．
$$\Delta := d^*d + d^*d$$
とおきラプラシアンという．Δ は $A^*(M)$ 上の次数 0 の自己随伴作用素かつ
$$(\Delta\varphi, \varphi) = (d^*\varphi, d^*\varphi) + (d\varphi, d\varphi) \geqq 0$$
から半正定値である．Δ は楕円型作用素であるから，以上から Δ の固有値は離散的で，0 以上の実数であり，各固有空間は有限次元であり互いに直交する．さて，$\mathbb{H}^r$ を $\Delta|A^r(M)$ の 0 固有空間とすると有限次元である．$\mathbb{H}^r$ を (M, g) の r 次調和形式 (harmonic form) の空間という．$\mathbb{H}^r$ への直交射影 $H : A^r(M) \to \mathbb{H}^r$ を調和射影 (harmonic projection) という．また，$G := (\Delta|(\mathbb{H}^r)^\perp)^{-1} : (\mathbb{H}^r)^\perp \to (\mathbb{H}^r)^\perp$ が定義され，グリーン作用素と呼ばれる．したがって，任意の $\varphi \in A^r(M)$ は
$$\varphi = H\varphi + \Delta G\varphi = H\varphi + dd^*G\varphi + d^*dG\varphi$$
と一意的に分解される．この分解をホッジ分解という．これからとくに $H^r(M, \boldsymbol{R})$ は $\mathbb{H}^r$ と同型である．

2 コンパクトケーラー多様体上のホッジ分解

M はコンパクト複素多様体とする．M の正則接バンドル TM のエルミート計量 g で基本 2 形式
$$\omega := \frac{\sqrt{-1}}{2} \sum g_{ij} dz^i \wedge d\bar{z}^j$$
が閉形式，すなわち $d\omega = 0$ を満たすとき，(M, h) をケーラー多様体 (Kähler manifold) という．この条件は，一見何のことか不明であるが，エルミートベクトル束 (TM, g) のエルミート接続 ($=$ チャーン接続) と (M, g) をリーマン多様体とみたときのレビ・チビタ接続が一致すること，あるいは M の任意の点 x において x の近傍での x を $\boldsymbol{C}^n$ の原点に写す正則局所座標 $(z^1, \ldots, z^n)$ が
$$g_{ij} = \delta_{ij} + O(\sum_{i=1}^n |z^i|^2)$$
となるようにとれることと同値，すなわち $\boldsymbol{C}^n$ の原点の近傍と漸近的に 1 次の位数まで同一視されることと同値である．

さて，コンパクトケーラー多様体 (M, g) 上の C^∞ (p, q) 形式全体の空間を $A^{p,q}(M)$ で表す．$A^{p,q}(M)$ 上に内積
$$(\varphi, \psi) := \int_M \varphi \star \psi$$
でエルミート内積を入れることができる．ただしここで $\star \psi := *\bar{\psi}$ である．$\bar{\partial} : A^{p,q}(M) \to A^{p,q+1}(M)$ の形式的随伴作用素
$$\bar{\partial}^* : A^{p,q}(M) \to A^{p,q-1}(M)$$
は d^* と同様に定義され $\bar{\partial}^* = -*\bar{\partial}*$ で与えられ

る．同様に ∂ の形式的随伴 ∂^* も定義される．このとき Δ と同様に
$$\Delta' := \partial^*\partial + \partial\partial^*, \Delta'' := \bar{\partial}^*\bar{\partial} + \bar{\partial}\bar{\partial}^*$$
とおくと Δ', Δ'' はタイプを変えない半正値自己随伴楕円型偏微分作用素である．

さて，$L : A^{p,q}(M) \to A^{p+1,q+1}(M)$ を $L\varphi := \omega \wedge \varphi$ と定義し，$\Lambda : A^{p,q}(M) \to A^{p-1,q-1}(M)$ をその随伴作用素とする．Λ は 0 階の作用素である．さて，ケーラー多様体の特異な点は次のケーラー等式と呼ばれる等式が成り立つことである．
$$[\bar{\partial}^*, L] = \sqrt{-1}\partial, [\partial^*, L] = -\sqrt{-1}\bar{\partial}$$
$$[\Lambda, \bar{\partial}] = -\sqrt{-1}\partial^*, [\Lambda, \partial] = \sqrt{-1}\bar{\partial}^*$$
ただしここで $[A, B] = AB - BA$ である．この式を確かめるには，両辺がたかだか 1 次の偏微分作用素しか含まないのでケーラー性から，$\boldsymbol{C}^n$ にユークリッド計量を入れた場合に成り立つことを計算で確かめればよい．この式から，
$$\Delta' = \Delta'' = \frac{1}{2}\Delta$$
が得られる．したがって $\mathbb{H}^{p,q} := \mathrm{Ker}\,\Delta''|A^{p,q}(M)$ とおくと
$$\mathbb{H}^r = \oplus_{p+q=r}\mathbb{H}^{p,q}, \overline{\mathbb{H}^{p,q}} = \mathbb{H}^{q,p}$$
が得られる．これとドルボーの補題から Ω_M^p を M 上の正則 p 形式の芽の層として，コホモロジーレベルのホッジ分解
$$H^r(M, \boldsymbol{C}) = \oplus_{p+q=r} H^q(M, \Omega_M^p)$$
が得られる．$h^{p,q}(M) := \dim H^q(M, \Omega_M^p)$ とおくとホッジ対称性：$h^{p,q} = h^{q,p}$ が成り立つ．

また，L, Λ で生成されるコホモロジー $H^*(M, \boldsymbol{C})$ への作用を $\mathfrak{sl}_2(\boldsymbol{C})$ の表現とみなすと，
$$P^{n-k}(M) := \mathrm{Ker}\,L^{k+1} :$$
$$H^{n-k}(M) \to H^{n+k+2}(M)$$
$$= \mathrm{Ker}\,\Lambda \cap H^{n-k}(M)$$
とおいてレフシェッツ分解
$$H^r(M, \boldsymbol{C}) = \oplus L^k P^{r-2k}(M)$$
が得られる．$P^*(M)$ を原始コホモロジーという．これから $H^*(M)$ のホッジ分解は，$P^*(M)$ のホッジ分解から定まることがわかる．

3 正則ベクトル束値形式への拡張

(M, g) をコンパクトケーラー多様体とし，(E, h) を M 上の正則エルミートベクトル束とする．このとき (E, h) 上には $(1, 0)$ 型接続
$$D : C^\infty(E) \to C^\infty(M, (T^*M \oplus \overline{T^*M}) \otimes E)$$
で，$Dh = 0$ となるものが一意的に存在する．これをエルミート接続という．D を E に値をもつ微分形式に自然に拡張し，$A^{p,q}(E)$ を E に値をもつ (p, q) 形式全体 ($\wedge^p T^*M \otimes \wedge^q \overline{T^*M} \otimes E$ の C^∞ 大域切断全体) とする．エルミート接続を $D = D' + D''$ と $D' : A^{p,q}(E) \to A^{p+1,q}(E)$, $D'' : A^{p,q}(E) \to A^{p,q+1}(E)$ に分解すると，D が $(1,0)$ 型という条件は $D'' = \bar{\partial}$ ということにほかならない．$\Theta_h := D^2$ は $\mathrm{End}(E)$ 値 $(1,1)$ 形式で，これを (E, h) の曲率形式という．$A^{p,q}(E)$ にエルミート内積
$$(\varphi, \psi) := \int_M h \cdot \varphi \star \psi$$
を入れて，D', D'' の形式的自己随伴 $D'^{,*}, D''^{,*}$ をそれぞれ定義することができる．このときケーラー等式
$$[D''^{,*}, L] = \sqrt{-1}D, [D'^{,*}, L] = -\sqrt{-1}D''$$
$$[\Lambda, D''] = -\sqrt{-1}D'^{,*}, [\Lambda, D'] = \sqrt{-1}D''^*$$
がまったく同じ理由で成立する．これから，

小平–中野の公式 $\quad \Delta'' = \Delta' + [\sqrt{-1}\Theta_h, \Lambda]$

が得られる．(E, h) が中野の意味で正であるとは $TX \otimes E$ 上の 2 次形式
$$\langle X \otimes \sigma, Y \otimes \tau \rangle := h(\sqrt{-1}\Theta_h(X, Y)(\sigma), \tau)$$
が M 上正定値であることである．今 (E, h) が中野の意味で正であれば，$[\sqrt{-1}\Theta_h, \Lambda]$ が正値作用素となり，Δ', Δ'' は半正値作用素であるから小平–中野の公式から重要な定理：
$$H^q(M, \Omega_M^p(E)) = 0 (\forall p + q > \dim M)$$
が成り立つ (小平–秋月–中野の消滅定理)．

さらに一般に，(M, g) が完備なケーラー多様体，(L, h) を $\sqrt{-1}\Theta_h > \varepsilon\omega$ となる $\varepsilon > 0$ が存在するようなエルミート正則直線束 (階数 1 のベクトル束) とするとヘルマンダーの $\boldsymbol{L}^2$ 評価式から
$$H_{(2)}^q(M, \Omega^n(L)) = 0 \quad (\forall q > 0, n = \dim M)$$
が成り立つことがわかる．ここで $H_{(2)}^*$ は L^2 コホモロジーを表す．ヘルマンダーの L^2 評価は，小平の消滅定理の非コンパクト版とみなすことができる． [辻 元]

ポテンシャル

potential

1 ニュートンポテンシャルと対数ポテンシャル

n 次元ユークリッド空間 $\boldsymbol{R}^n$ ($n \geqq 2$) 内のラプラス方程式

$$\Delta u = \sum_{j=1}^{n} \frac{\partial^2 u}{\partial x_j^2} = 0$$

の基本解は $n=2$ のとき $u(x) = \frac{1}{2\pi} \log |x|$ であり，$n \geqq 3$ のとき $u(x) = \frac{\Gamma((n-2)/2)}{4\pi^{n/2}} |x|^{2-n}$ となる．前者を対数核 (logarithmic kernel)，後者をニュートン核 (Newtonian kernel) という．$\boldsymbol{R}^n$ 上の非負測度 μ との合成積 $u*\mu = \int u(x-y)d\mu(y)$ が恒等的に ∞ でないならば，$n=2$ のとき対数ポテンシャル (logarithmic potential) といい，$n \geqq 3$ のときニュートン・ポテンシャル (Newtonian potential) という．これらのポテンシャルを一般に U^μ や $U\mu$ で表す．U^μ はポアソンの方程式 (Poisson's equation)

$$-\Delta U^\mu = \mu$$

を満たし，$\boldsymbol{R}^n$ で優調和で，μ の台の外部で調和である．

D を $\boldsymbol{R}^n$ 内のなめらかな曲面 S で囲まれた領域とする．測度 μ の台が S に含まれており，S の面積要素 dS に関して絶対連続で密度 ρ をもつ場合，μ のポテンシャル U^μ を 1 重層ポテンシャル (single layer potential) と呼ぶ．一方

$$\int_S \left(\frac{\partial}{\partial n_y} u(x-y) \right) \rho(y) dS(y)$$

を 2 重層ポテンシャル (double layer potential) と呼ぶ．ただし，$\partial/\partial n_y$ は y における S の外向き法線方向の微分を表す．1 重層ポテンシャルや 2 重層ポテンシャルはなめらかな領域に対するディリクレ問題やノイマン問題を解くときに重要な役割を果たす．

2 基本的なポテンシャル

半区間 $[0, \infty)$ の非負単調減少，下半連続な関数 k に対して，記号を一般化して $k(x) = k(|x|)$ ($x \in \boldsymbol{R}^n$) とする．合成積 $k*\mu$ は $k(|x-y|)$ を核とするポテンシャルと呼ばれ，ニュートン・ポテンシャルの直接的な一般化である．たとえば，$0 < \alpha < n$ のとき

$$R_\alpha(x) = \frac{\Gamma((n-\alpha)/2)}{\pi^{(n/2)-\alpha} \Gamma(\alpha/2)} |x|^{\alpha-n}$$

は α 次のリース核 (Riesz kernel) と呼ばれる．リース核を合成核とするポテンシャル

$$R_\alpha \mu(x) = \int R_\alpha(x-y) \, d\mu(y)$$

は α 次のリース・ポテンシャル (Riesz potential) と呼ばれる．$\alpha > 0, \beta > 0, \alpha + \beta < n$ のとき，R_α と R_β のたたみ込みは $R_{\alpha+\beta}$ に一致する．すなわち，

$$R_\alpha * R_\beta(x) = \int R_\alpha(x-y) R_\beta(y) \, dy = R_{\alpha+\beta}(x).$$

これをリースの合成公式 (Riesz composition formula) という．

$\alpha > 0$ とする．フーリエ変換 $(1+4\pi^2|\xi|^2)^{-\alpha/2}$ をもつ関数 g_α を α 次のベッセル核 (Bessel kernel) という．ベッセル核は具体的に積分

$$g_\alpha(x) = \frac{1}{a_\alpha} \int_0^\infty t^{(\alpha-n)/2} \exp\left(-\frac{\pi |x|^2}{t} - \frac{t}{4\pi} \right) \frac{dt}{t}$$

で表される．ただし，$a_\alpha = (4\pi)^{\alpha/2} \Gamma(\alpha/2)$ である．これは局所的にはリース核と同様の振る舞いをし，無限遠点では非常に速く 0 に収束する．また合成公式 $g_\alpha * g_\beta = g_{\alpha+\beta}$ を満たす．ベッセル核を合成核とするベッセル・ポテンシャル (Bessel potential) やリース・ポテンシャルはソボレフ関数と関連が深い．

3 一般のポテンシャル

リース核やベッセル核は距離 $|x-y|$ にのみ関係する核であり，リース・ポテンシャルやベッセル・ポテンシャルはその合成積であった．核やポテンシャルはもっと一般に拡張することができる．Ω を局所コンパクト空間とし，$\Phi(x,y)$ を積空間 $\Omega \times \Omega$ 上の下半連続関数で $-\infty < \Phi(x,y) \leqq \infty$ となるものとする．Ω 上の測度 μ に対して積分 $\int \Phi(x,y) d\mu(y)$ が定義され恒等的に ∞ でないとき，Φ を核 (kernel) といい，積分を μ のポテンシャル (potential) と呼んで $\Phi\mu(x)$ または $\Phi(x,\mu)$ で表す．$\check{\Phi}(x,y) = \Phi(y,x)$ を Φ の随伴核 (adjoint kernel) という. とくに, $\check{\Phi} = \Phi$ のとき Φ を対称核 (symmetric kernel) という. 領域 D のラプラシアンに対するグリーン関数 (グリーン核) は典型的な対称核である.

4 ポテンシャルの基本的性質

Ω と Φ は前節と同様とする. 測度 μ の台を S_μ で表す. すべての測度 μ に対して,
$$\sup_{x \in \Omega} \Phi\mu(x) \leq \sup_{x \in S_\mu} \Phi\mu(x)$$
となるとき Φ はフロストマンの最大値原理 (Frostman's maximum principle) を満たすという. ニュートン核やグリーン核は Frostman の最大値原理を満たす. リース核やベッセル核などの距離核はこの原理よりも弱い魚返の最大値原理 ((weak) maximum principle) を満たす. すなわち, 定数 $C \geq 1$ が存在して, すべての測度 μ に対して,
$$\sup_{x \in \Omega} \Phi\mu(x) \leq C \sup_{x \in S_\mu} \Phi\mu(x)$$
となる.

S_μ 上の関数とみて $\Phi\mu(x)$ が連続ならば, Ω 内でも連続であるとき, 連続性原理 (continuity principle) が成り立つという. 距離核やグリーン核に対して連続性原理が成り立つ.

核 Φ は対称とする. 2 つの測度 μ, ν に対して $\Phi(\mu, \nu) = \int \Phi(x, \mu) \, d\nu(x)$ を μ と ν との相互エネルギー (mutual energy) と呼ぶ. とくに $\Phi(\mu, \mu)$ を μ のエネルギー (energy) と呼ぶ. エネルギーが有限な測度全体を $\mathcal{E}$ と記す. $\mu, \nu \in \mathcal{E}$ に対して, つねに
$$E(\mu - \nu) = \Phi(\mu, \mu) + \Phi(\nu, \nu) - 2\Phi(\mu, \nu) \geq 0$$
となるとき, Φ は正の定符号 (positive definite) という. さらに $E(\mu - \nu) = 0$ となるのは $\mu = \nu$ のときに限るならば, エネルギー原理 (energy principle) を満たすという. リース核やベッセル核はエネルギー原理を満たす.

5 容量と平衡分布

Ω を局所コンパクト空間, $\Phi(x, y)$ を非負核とする. Ω 内のコンパクト集合 K に対して極値問題
$$W(K) = \inf\{\Phi(\mu, \mu) : S_\mu \subset K, \mu(\Omega) = 1\}$$
を考える. このとき $W(K)^{-1}$ を K の核 Φ に関する容量 (capacity) と呼び, $C_\Phi(K)$ で表す. E を Ω の任意の部分集合とするとき E に含まれるコンパクト集合 K に関する $C_\Phi(K)$ の上限を内容量 (inner capacity) と呼び $C_{\Phi*}(E)$ で表す. E を含む開集合 U に関する $C_{\Phi*}(U)$ の下限を外容量 (outer capacity) と呼び, $C_\Phi^*(E)$ で表す. ある性質が外容量 0 の集合を除いて成立するとき, q.e. (quasi–everywhere) に成立するという. 一方, 内容量 0 の集合を除外するときは n.e. (nearly everywhere) に成立するという.

K 上の全測度が 1 の測度 μ のポテンシャル $\Phi\mu(x)$ が K 上で n.e. に定数 a に等しく, Ω で a を越えないとき, μ を K に対する平衡分布 (equilibrium distribution) と呼ぶ. $a > 0$ のとき, $1/a$ は K の容量となり, μ/a を容量分布 (capacitary distribution) と呼ぶ.

集合 E に対してその内容量と外容量が一致するとき E は可容 (capacitable) であるという. どのような集合が可容であるかは大きな問題であったが, 1955 年ショッケ (Choquet) はすべての解析集合 (analytic set), したがってボレル集合は可容であることを示した. ショッケの方法は上の容量 C_Φ のみだけでなく, より一般のショッケ容量に対して成り立つ. ここに集合上の非負関数 C がショッケ容量であるとは C から作った外容量 C^* が以下の 2 性質を満たすときをいう:

(i) 任意の単調増加集合列 $E_j \uparrow E$ に対して, $C^*(E_j) \uparrow C^*(E_j)$.

(ii) 任意の単調減少コンパクト集合列 $K_j \downarrow K$ に対して, $C^*(K_j) \downarrow C^*(K)$.

[相川弘明]

参考文献

[1] 相川弘明:複雑領域上のディリクレ問題, 岩波書店, 2008.
[2] 水田義弘:実解析入門, 培風館, 1999.
[3] 岸 正倫:, ポテンシャル論, 森北出版, 1974.
[4] 二宮信幸:ポテンシャル論, 共立出版, 1968.
[5] 宇野利雄・洪 妊植:ポテンシャル, 培風館, 1961.

ホモトピー群

homotopy group

1 ホモトピー群の定義

定義 1 $A_i, B_i\ (i=1,2,\ldots,k)$ を，それぞれ位相空間 X, Y の部分空間としたとき，
$$f(A_i) \subseteq B_i\ (i=1,\ldots,k)$$
となる連続写像 $f: X \to Y$ 全体を
$$\mathrm{Map}\,((X, A_1, \ldots, A_k), (Y, B_1, \ldots, B_k))$$
と表し，そのホモトピー集合 (homotopy set) を以下で表す：
$$[(X, A_1, \ldots, A_k), (Y, B_1, \ldots, B_k)] =$$
$$\mathrm{Map}\,((X, A_1, \ldots, A_k), (Y, B_1, \ldots, B_k))/\simeq$$
ここで $\mathrm{Map}\,((X, A_1, \ldots, A_k), (Y, B_1, \ldots, B_k))$ の同値関係 $\simeq$ はホモトピー (homotopy) で与える．すなわち $f \simeq g$ とは，連続写像 $H: X \times I \to Y$ で以下を満たすものが存在することである．

- $H(A_i \times I) \subseteq B_i,\ (i = 1, \ldots, k)$
- $H|_{X \times \{0\}} = f,\ H|_{X \times \{1\}} = g$

$(X, A_1, \ldots, A_k)$ と $(Y, B_1, \ldots, B_k)$ がホモトピー同値 (homotopy equivalent) であるとは，
$$f \in \mathrm{Map}\,((X, A_1, \ldots, A_k), (Y, B_1, \ldots, B_k))$$
$$g \in \mathrm{Map}\,((Y, B_1, \ldots, B_k), (X, A_1, \ldots, A_k))$$
で，次を満たすものが存在することである．
$$g \circ f \simeq \mathrm{id}_{(X, A_1, \ldots, A_k)},\ f \circ g \simeq \mathrm{id}_{(Y, B_1, \ldots, B_k)}$$
このとき，f, g はホモトピー同値と呼ばれる．

定義 2 ($k=0$ の場合) このときホモトピー集合は単に $[X, Y]$ と表される．特に $X = \{*\}$ が一点集合の場合に，$\pi_0(Y) = [\{*\}, Y]$ とおき，これを Y の 0 次元ホモトピー集合あるいは，**連結成分の集合** (set of connected components) と呼ぶ．
($k = 1$ の場合) $A_1 = \{x_0\}, B_1 = \{y_0\}$ ともに X, Y の基点からなる一点部分集合のとき，ホモトピー集合は $[(X, x_0), (Y, y_0)]$ または，基点を省略して $[X, Y]_*$ と書かれる．特に $n \in \mathbf{N}, I = [0, 1]$ として，$(X, x_0) = (S^n, b_0) = (I^n/\partial I^n, \partial I^n/\partial I^n)$ の場合に，

$$\pi_n(Y, y_0) = [S^n, Y]_* = [(S^n, b_0), (Y, y_0)]$$
$$= [(I^n, \partial I^n), (Y, y_0)]$$

は，$n \geq 1$ ならば群に，さらに $n \geq 2$ なら可換群となり，基点付き空間 (Y, y_0) の n 次元ホモトピー群と呼ばれる．特に $n = 1$ の場合，$\pi_1(Y, y_0)$ は基点付き空間 (Y, y_0) の**基本群** (fundamental group) となる．$n = 0$ に対して $\pi_0(Y, y_0) = [(\{0,1\}, \{0\}), (Y, y_0)] \cong [\{1\}, Y] = \pi_0(Y)$ は，0 次元ホモトピー集合である．

($k = 2$ の場合) $J^{n-1} = \overline{\partial I^n \setminus I^{n-1} \times \{0\}} \subseteq I^n$ として，$(X, A_1, A_2) = (I^n, \partial I^n, J^{n-1})$, $(Y, B_1, B_2) = (Y, B, \{b_0\}), b_0 \in B$ の場合に，
$$\pi_n(Y, B, b_0) = [(I^n, \partial I^n, J^{n-1}), (Y, B, \{b_0\})]$$
とおく．$\pi_n(Y, B, b_0)$ は，$n \geq 2$ ならば群に，更に $n \geq 3$ なら可換群となり，基点付き相対空間 (Y, B, b_0) の n 次元相対ホモトピー群 (relative homotopy group) と呼ばれる．$n = 1$ の場合には，$\pi_1(Y, B, b_0)$ は，基点付き相対空間 (Y, B, y_0) の 1 次元相対ホモトピー集合と呼ばれる．さらに，基点付き相対空間 (Y, B, b_0) の 0 次元相対ホモトピー集合 $\pi_0(Y, B, b_0)$ は，$\pi_0(Y, B, b_0) = \pi_0(Y, b_0)/\pi_0(B, b_0) \cong \pi_0(Y)/\pi_0(B)$ と商集合として定義する．つまり，集合 $\pi_0(Y, b_0)$ のうち後述の注意 1 のホモトピー集合の関手性より $\pi_0(B, b_0)$ から来る元のなす部分集合を，1 点集合につぶした商集合で，後述の定理 1 (ii) のホモトピー完全列の 0 次元の部分が集合の完全列となるようにしたものである．$\pi_0(Y, B, b_0), \pi_0(Y, y_0)$ ともに，基点 $b_0 \in B, y_0 \in Y$ の取り方には依存しない．

定義 3 (i) 基点付き空間 (Y, y_0) が n 連結 (n-connected) とは，n 以下のすべての i に対し，$\pi_i(Y, y_0) = 0$ が成立することである．この条件は基点 y_0 のとり方に依存しない．空間 Y が n 連結 (n-connected) とは，ある基点 $y_0 \in Y$ に対して (Y, y_0) が n 連結 であると定義する．0 連結は通常 (弧状) 連結 ((arcwise) connected) といい，1 連結は通常**単連結** (simply connected) という．
(ii) 空間とその部分空間の対 (Y, B) が n 連結とは，ある基点 $b_0 \in B \subseteq Y$ に対して，n 以下のすべての i に対し，$\pi_i(Y, B, b_0) = 0$ が成立すること

である．この条件は基点 $b_0 \in B$ のとり方に依存しない．

注意 1 (ホモトピー群 (集合) の関手性)
- 連続写像 $f : (X, \{x_0\}) \to (Y, \{y_0\})$ は，$n \in \mathbf{Z}_{\geq 1}$ のときは群の準同型，$n = 0$ のときは集合の写像 $f_* : \pi_n(X, x_0) \to \pi_n(Y, y_0)$ を，関手的に誘導する．すなわち，$(f \circ g)_* = f_* \circ g_*$，$(\mathrm{id})_* = \mathrm{id}_*$ が常に成立する．
- $a_0 \in A \subseteq X$, $b_0 \in B \subseteq Y$ のとき，連続写像 $f : (X, A, \{a_0\}) \to (Y, B, \{b_0\})$ は，$n \in \mathbf{Z}_{\geq 2}$ のときは群の準同型，$n = 0, 1$ のときは集合の写像 $f_* : \pi_n(X, A, a_0) \to \pi_n(Y, B, b_0)$ を，関手的に誘導する．

定義 4 (i) $[f] \in \pi_n(X, x_0) = [(I^n, \partial I^n), (X, \{x_0\}]$ の n 次元簡約ホモロジーへの誘導写像
$$\mathbf{Z} \cong H_n(I^n, \partial I^n) \xrightarrow{f_*} H_n(X, x_0) \cong \tilde{H}_n(X)$$
を用いて，フレビッツ (Hurewicz) 準同型 $H_n : \pi_n(X, x_0) \to \tilde{H}_n(X)$ を $H_n([f]) = f_*(1)$ で定義する．

(ii) $[f] \in \pi_n(X, A, a_0) = [(I^n, \partial I^n, J^{n-1}), (X, A, \{a_0\}]$ の n 次元相対ホモロジーへの誘導写像
$$\mathbf{Z} \cong H_n(I^n, \partial I^n) \xrightarrow{f_*} H_n(X, A)$$
を用いて，相対フレビッツ準同型 $H_n : \pi_n(X, A, a_0) \to H_n(X, A)$ を $H_n([f]) = f_*(1)$ で定義する．

フレビッツ準同型，相対フレビッツ準同型ともに，自然変換 (natural transformation) である．

注意 2 $\Pi(Y)$ ([被覆空間] 参照) からの関手
$$\pi_n(Y, -) : \Pi(Y) \to \begin{cases} 群の圏 & (n \geq 1) \\ 集合の圏 & (n = 0) \end{cases}$$
$$y_0 \mapsto \pi_n(Y, y_0)$$
$$\pi_n(Y, B, -) : \Pi(B) \to \begin{cases} 群の圏 & (n \geq 2) \\ 集合の圏 & (n = 1) \end{cases}$$
$$b_0 \mapsto \pi_n(Y, B, b_0)$$
を定め，$\pi_1(Y, y_0)$ の $\pi_n(Y, y_0)$ への作用と，$\pi_1(B, b_0)$ の $\pi_n(Y, B, b_0)$ への作用が誘導される．

2 ホモトピー群の初等的性質

定理 1 (i) ファイバー列 $F \to E \to B$ に対し，基点を $e \in E$, $b = p(e) \in B$, $f = e \in F = p^{-1}(b) \subseteq E$ ととるとき，ホモトピー群の長完全列が存在する：
$$\cdots \to \pi_{n+1}(B, b) \to \pi_n(F, f) \to \pi_n(E, e) \to$$
$$\pi_n(B, b) \to \pi_{n-1}(F, f) \to \pi_{n-1}(E, e) \to \cdots$$

(ii) 特にファイバー列を，$b_0 \in B \in Y$ にループ空間を施した $\Omega(Y, b_0) \to \Omega(Y, B, b_0) \to B$ として，基点を $b_0 \in B$ およびそこでの定値写像 $\overline{b_0} \in \Omega(Y, b_0) \subseteq \Omega(Y, B, b_0)$ とした場合，次のホモトピー群の長完全列が誘導される：
$$\cdots \to \pi_{n+1}(B, b_0) \to \pi_{n+1}(Y, b_0) \to \pi_{n+1}(Y, B, b_0)$$
$$\to \pi_n(B, b_0) \to \pi_n(Y, b_0) \to \pi_n(Y, B, b_0) \to \cdots$$

3 J.H.C.Whitehead の定理，フレビッツの定理

「なぜ一般のホモトピー集合たちの中で，ホモトピー群だけが取り立てて考えるほど重要な意味をもつのか？」という問いに対しては，次の **J. H. C. Whitehead** の定理が，その最初の答を与える：

定義 5 位相空間の間の連続写像 $f : X \to Y$ は，すべての $x_0 \in X$ と $n \in \mathbf{Z}_{\geq 0}$ に対して同型
$$f_* : \pi_n(X, x_0) \xrightarrow{\cong} \pi_n(Y, f(x_0))$$
を誘導するとき，弱ホモトピー同値 (weak homotopy equivalence) と呼ばれる．

定理 2 CW 複体の間の連続写像 $f : X \to Y$ は，弱ホモトピー同値ならばホモトピー同値である．

このように J.H.C.Whitehead の定理はホモトピー群の重要さを雄弁に物語ってくれるが，残念なことにこのままでは実用性に欠ける．問題は，ホモトピー群の計算がとてつもなく難しいことにある．実際，すべての次元 n のホモトピー群が計算できている可縮でない有限 CW 複体は，$K(\pi, 1)$ を除いて，一つも知られていない．

ホモトピー群の計算という観点から最初に現れる最も基本的な定理が，次のファン・カンペン (Van Kampen) の定理 ($n = 1$ の場合) とフレビッツの定理 (一般の n の場合) である：

定理 3 (i) 自然数 n に対して，空間 X が $(n-1)$ 連結だとすると，
$$\tilde{H}_i(X) \cong \begin{cases} 0 & (i < n) \\ \pi_n(X, x_0) & (i = n \geq 2) \\ \pi_1(X, x_0)/[\pi_1(X, x_0), \pi_1(X, x_0)] & \\ & (i = n = 1) \end{cases}$$
ここで，$i = n$ のときの同型はフレビッツ準同型によって誘導される．

(i) $n \in \mathbf{Z}_{\geq 2}$ に対して，空間とその部分空間の対 (X, A) が $(n-1)$ 連結で，A は空集合ではない連結空間だとすると，
$$H_i(X, A) \cong \begin{cases} 0 & (i < n) \\ \pi_n(X, A, x_0)/(\pi_1(A, x_0) \text{作用}) & \\ & (i = n) \end{cases}$$
ここで，$i = n$ のときの同型は相対フレビッツ準同型によって誘導される．

連続写像 $f : X \to Y$ を，次節で定義される写像柱を用いて包含写像にホモトピー同値の範囲で置き換え，定理 3 (ii)，定理 1 (ii)，定理 2 を順次適用すると，次のたいへん使いやすい結果を得る：

系 1 単連結 CW 複体の間の連続写像 $f : X \to Y$ がすべての $n \in \mathbf{Z}_{\geq 0}$ に対して同型
$$f_* : \tilde{H}_n(X) \xrightarrow{\cong} \tilde{H}_n(Y)$$
を誘導するならば，f はホモトピー同値である．

4 Moore–Postnikov 分解

最初に，ホモトピー同値の範囲での連続写像の取り換えにかかわる概念をまとめておく．

(i) 連続写像 $f : X \to Y$ の**写像柱** (mapping cylinder) M_f を，以下で定義する：
$$M_f = \bigl((X \times I) \coprod Y \bigr) / \sim$$
ここで，$\sim$ は，$X \times I \ni (x, 1) \sim f(x) \in Y$ により生成される．すなわち，M_f は次の pushout 図式で定義される：

$$\begin{CD} X @>{x \mapsto f(x)}>> Y \\ @V{x \mapsto (x,1)}VV @VVV \\ X \times I @>>> M_f \end{CD}$$

このとき，次の可換図式が存在する：

$$\begin{CD} X @>{x \mapsto (x,0)}>> M_f = ((X \times I) \coprod Y)/\sim \\ @V{f}VV @VV{\simeq \ (x,t) \mapsto f(x);\ y \mapsto y}V \\ & & Y \end{CD}$$

ここで，縦の射はホモトピー同値となる．これは，任意の連続写像は，ホモトピー同値の範囲で包含写像に置き換えられることを意味する．

(ii) 基点を保つ連続写像 $g : (Y, y_0) \to (X, x_0)$ に対し，基点付き空間 E_g を，以下で定義する：
$$E_g = \{(y, \ell) \in Y \times \mathrm{Map}(I, X) \mid g(y) = \ell(0)\}$$
E_g の基点は，x_0 における定値写像 c_{x_0} を用いて，(y_0, c_{x_0}) ととる．すなわち，E_g は基点を込めて次の pullback 図式で定義される：

$$\begin{CD} E_g @>>> \mathrm{Map}(I, X) \\ @VVV @VV{\ell \mapsto \ell(0)}V \\ Y @>{y \mapsto g(y)}>> X \end{CD}$$

このとき，次の可換図式が存在する：

$$\begin{CD} Y @>{y \mapsto (y, c_{g(y)})}>{\simeq}> E_g = \{(y, \ell) \mid g(y) = \ell(0)\} \\ @V{g}VV @VV{(y, \ell) \mapsto \ell(1)}V \\ & & X \end{CD}$$

ここで，横の射はホモトピー同値で，縦の射はファイブレーションとなる．これは，任意の連続写像は，ホモトピー同値の範囲でファイブレーションに置き換えられることを意味する．これより特に，縦の射の X の基点 x_0 におけるファイバー F_g を，$g : Y \to X$ の**ホモトピーファイバー** (homotopy fiber) といい，具体的には次の形となる：
$$F_g = \{(y, \ell) \in Y \times \mathrm{Map}(I, X) \mid \\ \ell(0) = g(y), \ell(1) = x_0\}$$

定義 6 基点付き空間の間のファイブレーション $p : (E, e_0) \to (B, b_0)$ が与えられたとき，$i : F = p^{-1}(b_0) \subseteq E$ で B の基点 b_0 上のファイバーの包含写像を表したとき，**ファイバー列** (fiber sequence) と呼ばれる基点付き空間の写像の列：
$$\cdots \to \Omega^3 F \xrightarrow{-\Omega^3 i} \Omega^3 E \xrightarrow{-\Omega^3 p} \Omega^3 B \xrightarrow{\Omega^2 d} \Omega^2 F$$
$$\xrightarrow{\Omega^2 i} \Omega^2 E \xrightarrow{\Omega^2 p} \Omega^2 B \xrightarrow{-\Omega d} \Omega F \xrightarrow{-\Omega i} \Omega E$$
$$\xrightarrow{-\Omega p} \Omega B \xrightarrow{d} F \xrightarrow{i} E \xrightarrow{p} B$$

が存在し，各連続する二つの基点付き空間の間の写像は，ホモトピー同値の範囲で基点付き空間の間のファイブレーションと，その基点上のファイバーの包含写像と思える．

定理1(i)の長完全系列とは，上のファイバー列に関手 $[S^0, -]_*$ を適用したものにほかならない．

ホモトピー群は，複雑な空間や写像を簡単なものに分解して表すときの「目安」としても使われる．

ここで，アイレンベルグ–マクレーン空間 (Eilenberg MacLane space) $K(M, n)$ が現れる．一般に，自然数 n と可換群 M ($n = 1$ のとき M は可換でなくてもよい) に対し，$K(M, n)$ は，
$$\pi_k(K(M, n)) = \begin{cases} M & (k = n) \\ 0 & (k \neq n) \end{cases}$$
によって特徴づけられる．これは，($n = 1$ のとき M は可換と仮定すると) M 係数の n 次コホモロジー群を表現する．ゆえに任意の空間 X に対して
$$[X, K(M, n)] \cong H^n(X, M)$$

定義7 (i) 弧状連結空間の間の連続写像 $f : X \to Y$ の，**Moore–Postnikov 塔**，あるいは **Moore–Postnikov 分解** とは，図1の形の $f : X \to Y$ の分解を与える可換図式からなり，各 $n \in \mathbf{Z}_{\geq 1}$ に対し以下の条件を満たすものである：
- 各合成 $X \to Z_n \to Y$ は，f にホモトピック．
- $X \to Z_n$ は，π_i において，$i < n$ においては同型，$i = n$ においては全射を誘導する．
- $Z_n \to Y$ は，π_i において，$i > n$ においては同型，$i = n$ においては単射を誘導する．
- $Z_{n+1} \to Z_n$ は，$K(\pi_n F, n)$ をファイバーとするファイブレーションとなる．ただし，F は f のホモトピーファイバーで，$K(\pi_n F, n)$ はアイレンベルグ–マクレーン空間である．

(ii) 弧状連結空間 X の，**Postnikov 塔**，あるいは **Postnikov 分解** とは，一点集合 $\{*\}$ への射 $X \to \{*\}$ に対する Moore–Postnikov 分解のことをいう．

Moore–Postnikov 分解や Postnikov 分解はそのままでは使いにくいので，使い勝手が良い状況として，定義6で導入したファイバー列の概念を用いて，"主ファイブレーション" の概念を導入する．

定義8 (i) 基点付き空間の間のファイブレーション $p : (E, e_0) \to (B, b_0)$ が **主ファイブレーション** (principal fibration) とは，次の可換図式
$$\begin{array}{ccccc} F := p^{-1}(b_0) & \hookrightarrow^{i} & E & \xrightarrow{p} & B \\ \downarrow & & \downarrow & & \downarrow \\ \Omega B' & \longrightarrow & F' & \longrightarrow & E' & \longrightarrow & B' \end{array}$$
が存在して，
- 下行はファイバー列．
- 縦の射はすべて弱ホモトピー同値．

となるときをいう．これは，主ファイバー束をホモトピー論的に一般化する概念である．

(ii) 主ファイブレーションからなる **Moore–Postnikov 塔** とは，定義7(i)における Moore–Postnikov 塔に $Z_0 = Y$ を付け加え，各 $n \in \mathbf{Z}_{\geq 0}$ に対して $Z_{n+1} \to Z_n$ が主ファイブレーションとなるときをいう．主ファイブレーションからなる **Postnikov 塔** とは，一点集合 $\{*\}$ への射 $X \to \{*\}$ の場合の，主ファイブレーションからなる Moore–Postnikov 塔のことをいう．

(iii) 主ファイブレーションからなる Moore–Postnikov 塔の場合，図2のような図式を得る．ここで，各 $n \in \mathbf{Z}_{\geq 0}$ に対して，
$$K(\pi_n F, n) \to Z_{n+1} \to Z_n \to K(\pi_n F, n+1)$$
はファイバー列となっている．

特に，Postnikov 塔の場合には，$F = X$ となり，これは仮定により弧状連結になるので $Z_0 =$

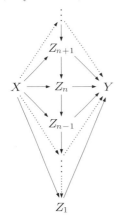

図1　Moore–Postnikov 分解

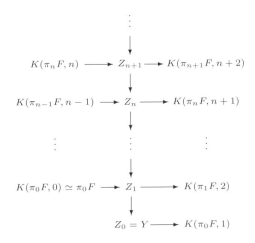

図 2　主ファイブレーションからなる Moore–Postnikov 塔

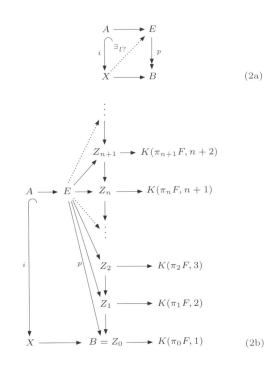

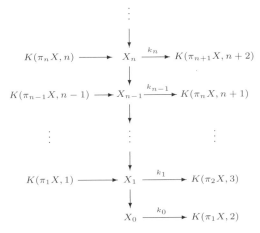

図 3　主ファイブレーションからなる Postnikov 塔

図 4　主ファイブレーションからなる Moore–Postnikov 塔を用いた障害問題

$\{*\} \simeq \pi_0 X$ は省いて $X_n = Z_{n+1}$ と置き直す (図 3). ここで $k_n : X_n \to K(\pi_{n+1}X, n+2)$ は
$$[k_n] \in H^{n+2}(X_n; \pi_{n+1}X) \quad (n \in \mathbf{Z}_{\geqq 0})$$
を定め, X の n 番目の k–不変量と呼ばれる.

定理 4　(i) 連結な CW 複体の間の任意の連続写像 $f : X \to Y$ は, Moore–Postnikov 分解を持ち, しかもこの分解はホモトピー同値を除いて一意的に定まる. 特に, 連結な CW 複体 X は, Postnikov 分解をもち, しかもこの分解はホモトピー同値を除いて一意的に定まる.

(ii) 連結な CW 複体の間の連続写像 $f : X \to Y$ は, $f_*\pi_1 X$ が $\pi_1 Y$ の正規部分群で $\pi_1 Y/(f_*\pi_1 X) \stackrel{\cong}{\to} \pi_0(F)$ が可換群となり, さらにすべての $n \in \mathbf{Z}_{\geqq 0}$ に対して $\pi_1(X)$ の $\pi_n(F)$ への作用が自明なら, 主ファイブレーションからなる Moore–Postnikov 分解をもつ.

一方, 連結な CW 複体 X は, すべての $n \in \mathbf{Z}_{\geqq 1}$ に対して $\pi_1(X)$ の $\pi_n(X)$ への作用が自明なら, 主ファイブレーションからなる Postnikov 分解をもつ.

5　障害理論

障害理論は, 連続写像からなる図 4 の可換図式 (2a) において, i が CW 複体の部分複体の入射, p がファイブレーションのとき, 点線の射 l で上下の三角形を可換にするものの存在・非存在を問い, 存在する場合には, (2a) の障害問題は解けるという. 以下, p に対して主ファイブレーションからなる Moore–Postnikov 分解が存在すると仮定する (図 4). l を構成するには, 帰納的に

$$\begin{CD} A @>>> Z_{n+1} \\ @ViVV @AA\exists l_{n+1}?A \\ X @>>l_n> Z_n @>>> K(\pi_n F, n+1) \end{CD} \quad (3)$$

の障害問題を各 $n \in \mathbf{Z}_{\geqq 0}$ に対して解けばよい.

定理 5 (3) で障害類 (obstruction class)
$$o_n \in H^{n+1}(X, A; \pi_n F)$$
が定まり，(3) の障害問題を解く l_{n+1} が存在することと $o_n = 0$ は同値である．

系 2 すべての $n \in \mathbf{Z}_{\geq 0}$ に対して
$$H^{n+1}(X, A; \pi_n F) = 0$$
とすると，(2a) の障害問題は解ける．

例 1 Λ を実数体 $\mathbf{R}$ または複素数体 $\mathbf{C}$ とする．それに応じて $U(n, \Lambda)$ を，実直交群 $O(n)$ またはユニタリ群 $U(n)$ とする．このとき，Λ^{m+n} の Λ m 枠全体からなる Stiefel 多様体を以下で表す：
$$V_{m+n,m}(\Lambda) = U(m+n, \Lambda)/I_m \times U(n, \Lambda)$$

CW 複体 X 上の N 次元 Λ ベクトル束と N よりも小なる自然数 j に対し，ξ に同伴した正規直交 Λ-$(N-j+1)$ 枠からなるファイバー束を $p_{N-j+1}(\xi): V_{N-j+1}(\xi) \to X$ と表す．ξ が自明なら $p_{N-j+1}(\xi)$ も自明で次の障害問題は解ける：

$$\begin{array}{ccc} \emptyset & \longrightarrow & V_{N-j+1}(\xi) \\ \downarrow & \overset{\exists s?}{\nearrow} & \downarrow p_{N-j+1}(\xi) \\ X & = & X \end{array} \quad (4)$$

$p_{N-j+1}(\xi)$ のファイバーは $V_{N,N-j+1}(\Lambda) = U(N,\Lambda)/I_{N-j+1} \times U(j-1,\Lambda)$ でこれは $dj - 2$ 連結である ($d = \dim_{\mathbf{R}}(\Lambda)$)．$dj \geq 1$ として，$p_{N-j+1}(\xi): V_{N-j+1}(\xi) \to X$ の Moore–Postnikov 分解から定まる (4) の障害問題を考えると，次の形となる：

$$\begin{array}{ccc} \emptyset & \longrightarrow & Z_{dj} \\ i \downarrow & \overset{\exists l_{dj}?}{\nearrow} & \downarrow \\ X & \underset{l_{dj-1}}{\longrightarrow} & Z_{dj-1} \longrightarrow K(\pi_{dj-1}V_{N,N-j+1}(\Lambda), dj) \end{array}$$
$$o_{dj-1}(\xi) \qquad (5)$$

ここで $o_{dj-1}(\xi) \in H^{dj}(X; \pi_{dj-1}V_{N,N-j+1}(\Lambda))$ とみなせるが，$1 \leq j \leq N$ のとき，
$$\pi_{dj-1}V_{N,N-j+1}(\Lambda)$$

$$= \begin{cases} \mathbf{Z} & \Lambda = \mathbf{C} \text{ または,} \\ & \Lambda = \mathbf{R} \text{ かつ } j \neq 1 \text{ は奇数} \\ & \text{もしくは } j = N \\ \mathbf{Z}/2 & \Lambda = \mathbf{R} \text{ かつ } j \neq N \text{ は偶数} \\ & \text{もしくは } j = 1 \end{cases}$$
$$(6)$$

となり，$\Lambda = \mathbf{R}$ かつ $j \neq 1$ が奇数か $j = N$ なら mod 2 還元して，$o_{dj-1}(\xi)$ から次の元が定まる：
$$\overline{o_{dj-1}(\xi)} \in \begin{cases} H^j(X; \mathbf{Z}/2) & \Lambda = \mathbf{R} \\ H^{2j}(X; \mathbf{Z}) & \Lambda = \mathbf{C} \end{cases}$$

これらは本質的に Stiefel–Whitney 類 $w_i(\xi)$，Chern 類 $c_i(\xi)$ にほかならない．
$$\overline{o_{dj-1}(\xi)} = \begin{cases} w_i(\xi) \in H^j(X; \mathbf{Z}/2) & \Lambda = \mathbf{R} \\ (\pm) c_i(\xi) \in H^{2j}(X; \mathbf{Z}) & \Lambda = \mathbf{C} \end{cases}$$

[南　範彦]

参考文献

[1] A. Hatcher: *Algebraic Topology*, Cambridge University Press, 2001.
[2] E.H. Spanier: *Algebraic Topology*, McGraw–Hill, 1966.
[3] 小松醇郎・中岡　稔・菅原正博：位相幾何学 I, 岩波書店，1967.
[4] 西田吾郎：ホモトピー論，共立出版，1985.
[5] 服部昌夫：位相幾何学，岩波書店，1991.

ホモロジー代数

homological algebra

空間の位相不変量であるホモロジー群などの理論は，代数的な性質が整備・一般化され，代数的トポロジーという分野に発展した．その過程で現れた概念や手法を代数的に抽象したものが一般にホモロジー代数と呼ばれる．

以下簡単のため，R を 1 をもつ可換環とし，R 加群の圏で考えるが，ほとんどの概念・性質は任意のアーベル圏で通用する．

R 加群の準同型 $f : M \to N$ に対し，加群としての核 $\ker f = f^{-1}(0)$，像 $\operatorname{im} f = f(M)$，余核 $\operatorname{coker} f = N/f(M)$ は自然に R 加群になり，準同型定理 $M/\ker f \cong \operatorname{im} f$ が成り立つ．

1 複体・完全系列

R 加群を頂点とし，準同型を矢印とする有向グラフを R 加群の**図式** (diagram) という．図式は，任意の始点と終点に対し合成写像が経路によらず等しくなるとき，**可換図式** (commutative diagram) であるという．

直線状の図式を**系列** (sequence) という．系列
$$C_\bullet : \cdots \to C_{p+1} \xrightarrow{\partial_{p+1}} C_p \xrightarrow{\partial_p} C_{p-1} \to \cdots$$
は，すべての p で $\partial_p \circ \partial_{p+1} = 0$ を満たすとき，**鎖複体** (chain complex) であるといい，∂_p を**境界作用素** (boundary operator) という．添え字の順序を逆にした
$$C^\bullet : \cdots \to C^{p-1} \xrightarrow{d^{p-1}} C^p \xrightarrow{d^p} C^{p+1} \to \cdots$$
($d^p \circ d^{p-1} = 0$) を**双対鎖複体** (cochain complex) と呼び，d^p を**微分** (differential) という．以下主として鎖複体で述べるが，双対鎖複体でも同様であり，単に複体と呼ぶ．複体は包含関係 $\operatorname{im} \partial_{p+1} \subset \ker \partial_p$ を満たす．$\operatorname{im} \partial_{p+1} = \ker \partial_p$ となるとき，C_p で**完全** (exact) であるといい，すべての C_p で完全のとき複体は**完全系列** (exact sequence) であるという．一般には，(双対) 鎖複体に対し，完全系列との食い違いとしてホモロジー**群** (homology group) $H_p(C_\bullet) = \ker \partial_p / \operatorname{im} \partial_{p+1}$ (**コホモロジー群** (cohomology group) $H^p(C^\bullet) = \ker d^p / \operatorname{im} d^{p-1}$) が定まる．

R 加群の複体 (*) $0 \to M' \xrightarrow{f} M \xrightarrow{g} M'' \to 0$ に対し，(i) M' で完全 $\iff$ f が単射, (ii) M'' で完全 $\iff$ g が全射, (iii) M で完全 $\iff M/f(M') \stackrel{g}{\cong} g(M)$, が成り立つ．(*) の形の完全系列を**短完全系列** (short exact sequence) という．任意の完全系列 $\cdots \to C_p \xrightarrow{\partial_p} C_{p-1} \to \cdots$ は，短完全系列 $0 \to \ker \partial_p \to C_p \to \ker \partial_{p-1} \to 0$ に「分解」される．

R 加群 M, N に対し，自然な準同型からなる $0 \to M \to M \oplus N \to N \to 0$ は短完全系列であるが，任意の短完全系列が直和分解するわけではない．例：$n \mapsto 2n$ から定まる加群の短完全系列 (**) $0 \to \mathbf{Z} \xrightarrow{2} \mathbf{Z} \to \mathbf{Z}/2\mathbf{Z} \to 0$.

短完全系列 (*) は次の同値な条件を満たすとき**分裂** (split) するといい，分裂するとき $M \cong M' \oplus M''$ が成り立つ．(i) $\operatorname{im} f$ が M の直和因子である, (ii) $p : M \to M'$ で $p \circ f = \operatorname{id}_{M'}$ となるものが存在する, (iii) $i : M'' \to M$ で $g \circ i = \operatorname{id}_{M''}$ となるものが存在する．

2 5項補題，蛇の補題

横 2 行が完全である R 加群の可換図式

$$\begin{array}{ccccccccc}
A & \xrightarrow{f} & B & \xrightarrow{g} & C & \xrightarrow{h} & D & \xrightarrow{k} & E \\
\alpha \downarrow & & \beta \downarrow & & \gamma \downarrow & & \delta \downarrow & & \varepsilon \downarrow \\
A' & \xrightarrow{f'} & B' & \xrightarrow{g'} & C' & \xrightarrow{h'} & D' & \xrightarrow{k'} & E'
\end{array}$$

において，(i) β, δ が単射で α が全射 $\Rightarrow \gamma$ は単射, (ii) β, δ が全射で ε が単射 $\Rightarrow \gamma$ は全射, が成り立つ．とくに $\alpha, \beta, \delta, \varepsilon$ が同型なら γ も同型である (**5項補題** (five lemma))．

横 2 行が完全である R 加群の可換図式

$$\begin{array}{ccccccc}
A & \xrightarrow{f} & B & \xrightarrow{g} & C & \to & 0 \\
\alpha \downarrow & & \beta \downarrow & & \gamma \downarrow & & \\
0 & \to & A' & \xrightarrow{f'} & B' & \xrightarrow{g'} & C'
\end{array}$$

において，**連結準同型** (connecting homomorphism) $\delta : \ker \gamma \to \operatorname{coker} \alpha$ が定まり，次の自然な系列を完全にする：$\ker \alpha \xrightarrow{f_0} \ker \beta \to \ker \gamma \xrightarrow{\delta}$

$\operatorname{coker}\alpha \to \operatorname{coker}\beta \xrightarrow{\bar{g}'} \operatorname{coker}\gamma$ (蛇の補題 (snake lemma)). しかも f が単射なら f_0 も単射であり，g' が全射なら $\bar{g}'$ も全射である．

3 複体の射

複体 $C_\bullet = (C_p, \partial_p)$ に対し，$C_\bullet[n]$ で p 次の場所に C_{n+p} が来るようにずらした複体を表す．

複体 $C_\bullet$ から複体 $C'_\bullet = (C'_p, \partial'_p)$ への射 $\varphi = (\varphi_p)$ とは，可換図式

$$C_\bullet: \cdots \longrightarrow C_p \xrightarrow{\partial_p} C_{p-1} \longrightarrow \cdots$$
$$\varphi_p \downarrow \quad \varphi_{p-1} \downarrow$$
$$C'_\bullet: \cdots \longrightarrow C'_p \xrightarrow{\partial'_p} C'_{p-1} \longrightarrow \cdots$$

のことをいう．φ は準同型 $\varphi_*: H_p(C_\bullet) \to H_p(C'_\bullet)$ を誘導する．射 $\varphi, \psi: C_\bullet \to C'_\bullet$ に対し，射 $h = (h_p): C_\bullet \to C'_\bullet[1]$, $h_p: C_p \to C'_{p+1}$ が存在して $\varphi_p - \psi_p = h_{p-1} \circ \partial_p + \partial'_{p+1} \circ h_p$ を満たすとき，φ と ψ は鎖ホモトピック (chain homotopic) であるといい，h は φ と ψ を結ぶ鎖ホモトピー (chain homotopy) であるという．このとき $\varphi_* = \psi_*$ となる．

$0 \to C'_\bullet \xrightarrow{\varphi} C_\bullet \xrightarrow{\psi} C''_\bullet \to 0$ を複体の完全系列 (可換図式で，各次数 p で $0 \to C'_p \to C_p \to C''_p \to 0$ が完全系列) とする．可換図式

$$0 \to \operatorname{coker}\partial'_p \to \operatorname{coker}\partial_p \to \operatorname{coker}\partial''_p \to 0$$
$$\downarrow \qquad \downarrow \qquad \downarrow$$
$$0 \to \ker\partial'_{p-1} \to \ker\partial_{p-1} \to \ker\partial''_{p-1} \to 0$$

に蛇の補題を適用することにより連結準同型 $\delta_p: H_p(C''_\bullet) \to H_{p-1}(C'_\bullet)$ と完全系列

$$\cdots \to H_{p+1}(C''_\bullet) \xrightarrow{\delta_{p+1}} H_p(C'_\bullet) \xrightarrow{\varphi_*} H_p(C_\bullet) \xrightarrow{\psi_*} H_p(C''_\bullet) \xrightarrow{\delta_p} H_{p-1}(C'_\bullet) \to \cdots$$

を得る．この系列をホモロジー (長) 完全系列 (homology (long) exact sequence) という．

4 射影分解・入射分解

R 加群 N と短完全系列 (*) に対し，自然に定まる (1) $0 \to \operatorname{Hom}(N, M') \to \operatorname{Hom}(N, M) \to \operatorname{Hom}(N, M'') \to 0$, (2) $0 \to \operatorname{Hom}(M'', N) \to \operatorname{Hom}(M, N) \to \operatorname{Hom}(M', N) \to 0$ は右を除き完全系列になる．任意の短完全系列 (*) に対し，(1) が $\operatorname{Hom}(N, M'')$ でも完全になるとき N は射影 (projective) R 加群であるといい，(2) が $\operatorname{Hom}(M', N)$ でも完全になるとき N は入射・移入 (injective) R 加群であるという．また，(3) $0 \to M' \otimes N \to M \otimes N \to M'' \otimes N \to 0$ は左を除き完全である．任意の短完全系列 (*) に対し (3) が $M' \otimes N$ でも完全になるとき，N は平坦 (flat) R 加群であるという．これらは短完全系列を完全系列としても同値な条件を与える．$N = \mathbf{Z}/2\mathbf{Z}$ は，(**) に対しいずれも完全でないから，射影的でも入射的でも平坦でもない加群である．

一般にアーベル圏の間の加法的な関手・反変関手は，任意の短完全系列を短完全系列に移すとき完全関手 (exact functor) といい，右 (左) を除き完全に移すとき，左完全関手 (left exact functor) (右完全関手 (right exact functor)) であるという．$\operatorname{Hom}(\bullet, N)$ は ($\bullet \otimes N$ は) R 加群の圏から加群の圏への左 (右) 完全関手である．

自由 R 加群は射影的であり，一般に射影 R 加群であることは自由 R 加群の直和因子であることと同値である．射影的ならば平坦である．

R 加群 M に対し完全系列 $\cdots \to P_1 \to P_0 \to M \to 0$ (各 P_n は射影 R 加群) を M の射影分解 (projective resolution) という．とくに各 P_n が自由 R 加群のとき自由分解 (free resolution) という．任意の R 加群 M に対し，M の生成元を選ぶことで自由 R 加群からの全射 $P_0 \xrightarrow{\delta_0} M$ ができる．$\ker\delta_0$ は生成元の間の関係式を表す．$\ker\delta_0$ の生成元を選び自由 R 加群 P_1 からの全射を作り，繰り返すことで M の自由分解が作れる．

双対的に完全系列 $0 \to M \to I^0 \to I^1 \to \cdots$ (各 I^n は入射 R 加群) を M の入射分解 (injective resolution) という．$M^\wedge = \operatorname{Hom}_{\mathbf{Z}}(M, \mathbf{Q}/\mathbf{Z})$ も R 加群である．$\mathbf{Q}/\mathbf{Z}$ は入射加群なので $\wedge$ は反変完全関手であり，P が射影的なら $P^\wedge$ は入射的である．$M^\wedge$ の射影分解の $\wedge$ と単射 $M \to M^{\wedge\wedge}$ を合成すると M の入射分解を得る．

以上より任意の R 加群は射影分解 (入射分解) をもつ．このことを，R 加群の圏は射影的対象 (入射的対象) を十分もつ，という．

5 Tor, Ext

テンソル積, Hom がそれぞれ完全関手とならない部分を計るのが Tor, Ext である.

R 加群 N の射影分解 $\cdots \to P_1 \to P_0 \to N \to 0$ と, R 加群 M とのテンソル積から定まる複体 $\cdots \to M \otimes P_1 \to M \otimes P_0 \to 0$ の p 次ホモロジー群 $H_p(M \otimes P_\bullet)$ を $\mathrm{Tor}_p(M, N)$ と書くと, N の射影分解によらず同型に定まる. M と N の p 次ねじれ積 (torsion product) と呼ぶ. $\mathrm{Tor}_p(M, N) \cong \mathrm{Tor}_p(N, M)$ が成り立つ.

R 加群 N の入射分解 $0 \to N \to I^0 \to I^1 \to \cdots$ と R 加群 M に対し, 複体 $0 \to \mathrm{Hom}(M, I^0) \to \mathrm{Hom}(M, I^1) \to \cdots$ の p 次コホモロジー群 $H^p(\mathrm{Hom}(M, I^\bullet))$ を $\mathrm{Ext}^p(M, N)$ と書くと, N の入射分解によらず同型に定まる. M の射影分解から N への準同型の複体 $\mathrm{Hom}(P_\bullet, N)$ の p 次コホモロジー群として定めても同型になる.

(*) で M', M'' を固定すると, $\mathrm{Hom}(M', M') \to \mathrm{Ext}^1(M'', M')$ の $1_{M'}$ の像 Θ により, 拡大 (*) の同型類が $\mathrm{Ext}^1(M'', M')$ の元と 1-1 対応する. 分裂することと $\Theta = 0$ とは同値である.

6 導来関手

F を入射的対象を十分もつアーベル圏 $\mathcal{C}$ からアーベル圏 $\mathcal{C}'$ への左完全関手とする. $\mathcal{C}$ の各対象 X の入射分解 $X \to I^\bullet$ に対し $F(I^\bullet)$ のコホモロジー群を取ることで, 次の性質を満たす加法的関手 $R^p F : \mathcal{C} \to \mathcal{C}'$ $(p = 0, 1, 2, \ldots)$ が存在する. (1) $F \simeq R^0$, (2) 入射的対象 I に対し $R^p(I) \cong 0$ $(p > 0)$, (3) $\mathcal{C}$ の短完全系列 $0 \to M' \xrightarrow{f} M \xrightarrow{g} M'' \to 0$ に対し, 連結射 $\delta^p : R^p(M'') \to R^{p+1}(M')$ $(p \geq 0)$ が存在し, 次が $\mathcal{C}'$ の完全系列になる.

$$0 \to R^0(M') \xrightarrow{R^0(f)} R^0(M) \xrightarrow{R^0(g)} R^0(M'') \xrightarrow{\delta^0}$$
$$R^1(M') \xrightarrow{R^1(f)} R^1(M) \xrightarrow{R^1(g)} R^1(M'') \xrightarrow{\delta^1} \cdots$$

$R^p F$ を F の p 次右導来関手 (right derived functor) という. 射影的対象を十分もつアーベル圏からアーベル圏への右完全関手 F に対し p 次左導来関手 (left derived functor) $L_p F$ も定まる.

$\mathrm{Tor}_p(\bullet, N)$ は関手 $\bullet \otimes N$ の p 次左導来関手であり, $\mathrm{Ext}^p(\bullet, N)$ は $\mathrm{Hom}(\bullet, N)$ の p 次右導来関手である. 位相空間 X 上の加群の層の圏に対し, 大域切断 $\Gamma(X, \bullet)$ は加群の圏への左完全関手であり, 層係数コホモロジー群 $H^p(X, \bullet) := R^p \Gamma(X, \bullet)$ が定まる.

7 スペクトル系列

スペクトル系列は, ルレイ (Leray) によりファイバー束のホモロジー群を計算する際に導入された. 以下は双対鎖複体の言葉で述べる.

スペクトル系列 (spectral sequence) とは, 各整数 $r \geq 0, p, q$ に対し R 加群 $E_r^{p,q}$ と, 準同型 $d_r^{p,q} : E_r^{p,q} \to E_r^{p+r, q-r+1}$ が定まり ($r \geq 1$ や $r \geq 2$ だけ考えることも多い), 各 r, p, q に対し, $d_r^{p,q} \circ d_r^{p-r, q+r-1} = 0$ を満たし $\ker d_r^{p,q} / \mathrm{im} \, d_r^{p-r, q+r-1}$ が $E_{r+1}^{p,q}$ に同型であることをいう.

コホモロジー群をとる操作は部分加群の剰余加群をとるので, r が増えるとともに $E_r^{p,q}$ は「単調減少」する. ある r 以上ですべての p, q に対し $d_r^{p,q} = 0$, したがって $E_r^{p,q} \cong E_{r+1}^{p,q} \cong \cdots (\cong E_\infty^{p,q})$ となるときスペクトル系列 $(E_r^{p,q}, d_r^{p,q})$ は E_r で退化 (degenerate) するという. $\bigoplus_{n \in \mathbf{Z}} E^n$ が $(E_r^{p,q}, d_r^{p,q})$ の極限 (limit) であるとは, 各 n に対し E^n のフィルトレーション (部分 R 加群の減少列) $E^n \supset \cdots \supset F^p \supset F^{p+1} \supset \cdots$ が存在し, $n = p + q$ となるすべての p, q に対し $E_\infty^{p,q} \cong F^p / F^{p+1}$ となることをいう. これを $E_r^{p,q} \Rightarrow E^n$ と表す (ときに $r = 2$ に限る).

R 加群 $C = \bigoplus_{p,q \in \mathbf{N}} C^{p,q}$ と C の自己準同型 d', d'' の組で, $d'(C^{p,q}) \subset C^{p+1,q}$, $d''(C^{p,q}) \subset C^{p,q+1}$, $d'd' = d''d'' = d'd'' + d''d' = 0$ を満たすものを **2 重複体** (double complex) という. $E_0^{p,q} = C^{p,q}$, $d_0 = d''$ とし d' が E_1 に引き起こす写像を d_1 としてスペクトル系列が順次定まる. d', d'' の順でも定まり, いずれも **全複体** (total complex) $(\bigoplus_n (\bigoplus_{p+q=n} C^{p,q}), d' + d'')$ のコホモロジー群を極限とする. 導来関手の計算で 2 通りの分解を比較する際などに有用である.

位相空間 X 上の層 $\mathcal{F}$ と連続写像 $f : X \to Y$ に対するルレイのスペクトル系列 $E_2^{p,q} = H^p(Y, R^q f_* \mathcal{F}) \Rightarrow H^n(X, \mathcal{F})$ が重要な例である.

[小林 正典]

ホモロジーとコホモロジー
(位相空間の)

homology and cohomology (of a topological space)

1 チェイン複体

加群とその間の準同型写像の系列
$$\cdots \xrightarrow{\partial} C_{q+1} \xrightarrow{\partial} C_q \xrightarrow{\partial} C_{q-1} \xrightarrow{\partial} \cdots$$
が $\partial \circ \partial = 0$ を満たしているとき，$\mathcal{C} = (\{C_q\}, \partial)$ をチェイン複体 (chain complex) という．ここで q は整数で，通常 $C_q = 0$ ($q < 0$) なるものを考える．$\partial \circ \partial = 0$ ゆえ，

$Z_q(\mathcal{C}) = \partial: C_q \to C_{q-1}$ の核，

$B_q(\mathcal{C}) = \partial: C_{q+1} \to C_q$ の像，

と定めると，$B_q(\mathcal{C})$ は $Z_q(\mathcal{C})$ の部分加群となり，商群
$$H_q(\mathcal{C}) = Z_q(\mathcal{C})/B_q(\mathcal{C})$$
をチェイン複体 $\mathcal{C}$ の q 次ホモロジー群という．$\mathcal{C}' = (\{C'_q\}, \partial')$ をもう一つのチェイン複体とする．準同型写像 $\varphi_q: C_q \to C'_q$ たち $\{\varphi_q\}$ が ∂, ∂' と可換であるとき，チェイン写像という．チェイン写像はホモロジー群の間の準同型写像を導く．

チェイン複体と同様に，加群とその間の準同型写像の系列
$$\cdots \xrightarrow{\delta} D^{q-1} \xrightarrow{\delta} D^q \xrightarrow{\delta} D^{q+1} \xrightarrow{\delta} \cdots$$
が $\delta \circ \delta = 0$ を満たしているとき，$\mathcal{D} = (\{D^q\}, \delta)$ をコチェイン複体という．∂ は次数を一つ下げる写像であるが，δ は次数を一つ上げる写像である．チェイン複体の場合と同様にして $Z^q(\mathcal{D}), B^q(\mathcal{D})$ が定義でき，
$$H^q(\mathcal{D}) = Z^q(\mathcal{D})/B^q(\mathcal{D})$$
をコチェイン複体 $\mathcal{D}$ の q 次コホモロジー群という．

加群 M に対し，M から加群 G への準同型写像全体 $\mathrm{Hom}(M, G)$ は再び加群になり，加群 M から N への準同型写像に対し，$\mathrm{Hom}(N, G)$ から $\mathrm{Hom}(M, G)$ への準同型写像が自然に定まる．この (双対をとる) 操作により，チェイン複体からコチェイン複体が得られる．しかし，ド・ラームコホモロジーのように，チェイン複体を経ずにコチェイン複体が自然に現れることもある．

2 特異ホモロジー

Δ^q を標準 q 単体
$$\{(x_0, \ldots, x_q) \in \mathbf{R}^{q+1} \mid \sum x_i = 1, x_i \geq 0\}$$
とする．位相空間 X に対して，連続写像 $\sigma: \Delta^q \to X$ を X の**特異 q 単体** (singular q–simplex)，特異 q 単体の有限形式和 $\sum a_\lambda \sigma_\lambda$ ($a_\lambda \in \mathbf{Z}$) を X の**特異 q チェイン** (singular q–chain) という．X の特異 q チェイン全体 $S_q(X)$ は，形式和によって加群となる．

$s_i: \Delta^{q-1} \to \Delta^q$ を，点 $(x_0, \ldots, x_{q-1})$ を $(x_0, \ldots, x_{i-1}, 0, x_i, \ldots, x_{q-1})$ に移す写像とする．Δ^q には $q-1$ 面が $q+1$ 個あるが，s_i は Δ^{q-1} をその一つへ移す写像である．X の特異 q 単体 $\sigma: \Delta^q \to X$ に対し，
$$\partial(\sigma) = \sum_{i=0}^{q} (-1)^i \sigma \circ s_i \in S_{q-1}(X)$$
と定め，これを線形に拡張して準同型写像 $\partial: S_q(X) \to S_{q-1}(X)$ を得る．∂ は図形の境界をとる操作ゆえ，**境界準同型写像** (boundary homomorphism) という．

以上より，加群の系列
$$\xrightarrow{\partial} S_{q+1}(X) \xrightarrow{\partial} S_q(X) \xrightarrow{\partial} S_{q-1}(X) \xrightarrow{\partial}$$
を得るが，簡単な計算により，$\partial \circ \partial = 0$ であることがチェックできる．$S(X) = (\{S_q(X)\}, \partial)$ を**特異チェイン複体** (singular chain complex) といい，このホモロジー群 $H_q(S(X))$ を $H_q(X)$ と表し，X の q 次**特異ホモロジー群** (singular homology group) という．$H_q(X)$ の 0 でない元は，X 上の境界のない q 次元図形であって $q+1$ 次元図形の境界になっていないものと思える．なお，$H_q(X)$ の階数を X の q 次ベッチ数 (Betti number) という．

例 1 X が r 個の弧状連結成分 $X_1, \ldots, X_r$ からなるとき，$H_q(X) = H_q(X_1) \oplus \cdots \oplus H_q(X_r)$．また，$X$ が弧状連結ならば，$H_0(X)$ は $\mathbf{Z}$ と同型．

例 2 T^2 をトーラス，$\sigma, \sigma': \Delta^1 \to T^2$ を下図にある閉曲線とすると，ともに $Z_1(T^2)$ の元を表すが，$\sigma - \sigma' \in B_1(T^2)$ より，σ と σ' は $H_1(T^2)$ の同じ元を表す．また，下図にある $\tau: \Delta^1 \to T^2$ も $H_1(T^2)$ の元を表し，$H_1(T^2)$ は σ と τ が表す元で生成される自由加群となる．なお，$H_0(T^2) \cong \mathbf{Z}$,

$H_2(T^2) \cong \mathbf{Z}$, $H_q(T^2) = 0$ $(q \geq 3)$ である.

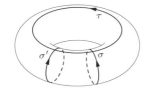

図1　$H_1(T^2)$ の元

例3 $S^n (n \geq 1)$ を n 次元球面とすると
$$H_q(S^n) \cong \begin{cases} \mathbf{Z} & (q = 0, n) \\ 0 & (\text{その他}). \end{cases}$$

特異ホモロジー群は, 位相空間対に対しても定義できる. A を位相空間 X の部分空間とすると, 包含写像 $A \hookrightarrow X$ を通して, $S_q(A)$ は $S_q(X)$ の部分加群と思える. そこで, $S_q(X, A) = S_q(X)/S_q(A)$ とおくと, X での境界準同型写像 ∂ は $S_q(X, A)$ から $S_{q-1}(X, A)$ への準同型写像を導き, チェイン複体 $S(X, A) = (\{S_q(X, A)\}, \partial)$ を得る. このホモロジー群を $H_q(X, A)$ と表し, 位相空間対 (X, A) の q 次特異ホモロジー群という. 空集合 $\emptyset$ に対して $S_q(\emptyset) = 0$ と思うと $H_q(X, \emptyset) = H_q(X)$ である.

$f\colon (X, A) \to (Y, B)$ を位相空間対の間の連続写像とする. σ が X の特異 q 単体ならば, $f \circ \sigma$ は Y の特異 q 単体であるが, この対応を線形に拡張して $S(X, A)$ から $S(Y, B)$ へのチェイン写像が得られる. したがって, 連続写像 f はホモロジー群の間の準同型写像 $f_*\colon H_q(X, A) \to H_q(Y, B)$ を導く. 位相空間対の連続写像の合成 $g \circ f$ に対して, $(g \circ f)_* = g_* \circ f_*$ が成立する. したがって, 特異ホモロジーは, 位相空間対と連続写像の圏から加群と準同型写像の圏への共変関手と思える.

$H_q(X, A)$ の元に対し, 代表元 $\sigma \in S_q(X)$ をとり $\partial(\sigma) \in Z_{q-1}(A)$ が定める $H_{q-1}(A)$ の元を対応させることにより, 準同型写像 $\partial_*\colon H_q(X, A) \to H_{q-1}(A)$ が定まる. この写像は, **連結準同型写像** (connecting homomorphism) と呼ばれ, 位相空間対の連続写像から導かれる準同型写像と可換である.

3　特異ホモロジーの性質

特異ホモロジーの基本的な性質を列挙する.

[1] **ホモトピー不変性**. 連続写像 $f, g\colon (X, A) \to (Y, B)$ がホモトピックならば,
$$f_* = g_*\colon H_q(X, A) \to H_q(Y, B).$$
とくに, (X, A) と (Y, B) がホモトピー同値ならば, $H_q(X, A) \cong H_q(Y, B)$.

[2] **完全系列**. (X, A) を位相空間対, $i\colon A \hookrightarrow X$, $j\colon X = (X, \emptyset) \hookrightarrow (X, A)$ を包含写像とすると, 次の系列は完全.
$$\cdots \xrightarrow{\partial_*} H_q(A) \xrightarrow{i_*} H_q(X) \xrightarrow{j_*} H_q(X, A)$$
$$\xrightarrow{\partial_*} H_{q-1}(A) \xrightarrow{i_*} H_{q-1}(X) \xrightarrow{j_*} \cdots$$

[3] **切除定理**. (X, A) を位相空間対, U を閉包が A の内部に含まれる X の開集合とすると, 包含写像 $j\colon (X - U, A - U) \hookrightarrow (X, A)$ が導く準同型写像 $j_*\colon H_q(X - U, A - U) \to H_q(X, A)$ は同型.

[4] **係数群**. P を1点からなる位相空間とすると
$$H_q(P) \cong \begin{cases} \mathbf{Z} & (q = 0) \\ 0 & (q \neq 0). \end{cases}$$

特異ホモロジーは, 位相空間対と連続写像の圏から加群と準同型写像の圏への共変関手であって, 連続写像から導かれる準同型写像と可換な連結準同型写像 ∂_* が存在するが, このような共変関手で上記の性質 [1]–[4] をもつものを, ホモロジー理論という. ホモロジー理論はいくつか知られているが, 有限単体複体の多面体上では特異ホモロジーと一致する. なお, 単体複体に対しては, 単体複体のホモロジーまたは単体 (的) ホモロジーとよばれるホモロジー理論がある.

4　特異コホモロジー

チェイン複体 $(\{S_q(X, A)\}, \partial)$ の双対として得られるコチェイン複体 $(\{\operatorname{Hom}(S_q(X, A), \mathbf{Z})\}, \delta)$ の q 次コホモロジー群を $H^q(X, A)$ と表し, 位相空間対 (X, A) の q 次特異コホモロジー群 (singular cohomology group) という. 特異コホモロジーは, 位相空間対と連続写像の圏から加群と準同型写像の圏への反変関手で, 3節における準同型写像の矢印を逆にした性質を満たす. コホモロジー理論もいくつか知られているが, 特異ホモロジーと同様,

有限単体複体の多面体上では，特異コホモロジー理論と一致する．なお，3節の[4]を要求しないコホモロジー理論を一般コホモロジー理論という．

コホモロジーとホモロジーは，群としては大差はないが (次節参照)，コホモロジーには積が定義できる．$\epsilon: \Delta^p \to \Delta^{p+q}$, $\epsilon': \Delta^q \to \Delta^{p+q}$ をそれぞれ $\epsilon(x_0,\ldots,x_p) = (x_0,\ldots,x_p,0,\ldots,0)$, $\epsilon'(x_0,\ldots,x_q) = (0,\ldots,0,x_0,\ldots,x_q)$ と定め，$u \in \mathrm{Hom}(S_p(X), \mathbf{Z})$ と $v \in \mathrm{Hom}(S_q(X), \mathbf{Z})$ に対し，$u \cup v \in \mathrm{Hom}(S_{p+q}(X), \mathbf{Z})$ を，特異 $p+q$ 単体 $\sigma: \Delta^{p+q} \to X$ に対し $(u \cup v)(\sigma) = u(\sigma \circ \epsilon) v(\sigma \circ \epsilon')$ と定める．$u \cup v$ を u と v のカップ積 (cup product) という．この積はコホモロジーにおけるカップ積

$$\cup : H^p(X) \times H^q(X) \to H^{p+q}(X)$$

を導き，

$$H^*(X) = \bigoplus_{q=0}^{\infty} H^q(X)$$

は次数つき環となる．$\alpha \in H^p(X), \beta \in H^q(X)$ に対して，

$$\alpha \cup \beta = (-1)^{pq} \beta \cup \alpha$$

が成立する．

カップ積の定義で用いた写像 $\epsilon: \Delta^p \to \Delta^{p+q}$, $\epsilon': \Delta^q \to \Delta^{p+q}$ を用いて，$v \in \mathrm{Hom}(S_q(X), \mathbf{Z})$ と $c = \sum a_\lambda \sigma_\lambda \in S_{p+q}(X)$ に対し，$v \cap c \in S_p(X)$ を $\sum a_\lambda v(\sigma_\lambda \circ \epsilon') \sigma_\lambda \circ \epsilon$ によって定める．$v \cap c$ を v と c のキャップ積 (cap product) という．この積はコホモロジーとホモロジーのキャップ積

$$\cap : H^q(X) \times H_{p+q}(X) \to H_p(X)$$

を導く．コホモロジーとホモロジーの自然なペアリングを $\langle\,,\,\rangle$ で表すと，$\alpha \in H^p(X), \beta \in H^q(X)$, $\mu \in H_{p+q}(X)$ に対して，

$$\langle \alpha \cup \beta, \mu \rangle = \langle \alpha, \beta \cap \mu \rangle$$

が成立する．

5 普遍係数定理

2節で特異チェインを定義した際，特異単体の係数として整数をとったが，係数を加群 G にとってもチェイン複体が得られ，ホモロジー群が定義できる．このチェイン複体は，特異チェイン複体に $\otimes G$ をして得られるチェイン複体にほかならない．G としては，$\mathbf{Z}/p$ (p 素数)，$\mathbf{Q}$, $\mathbf{R}$ などの体をとることが多い．位相空間対 (X, A) に対するこのホモロジー群を $H_q(X, A; G)$ と表し，G 係数の q 次特異ホモロジー群という．これも3節と同様の性質を満たす．ただし，性質[4]において，$\mathbf{Z}$ を G に取り替える必要がある．$H_q(X, A; G)$ はおおむね $H_q(X, A) \otimes G$ と同型である．正確には，次の分解する短完全系列が存在する (普遍係数定理).

$$0 \to H_q(X, A) \otimes G \to H_q(X, A; G)$$
$$\to \mathrm{Tor}(H_{q-1}(X, A), G) \to 0.$$

特異コホモロジーに関しても，G 係数のコホモロジーが考えられる．$(\{\mathrm{Hom}(S_q(X, A), G)\}, \delta)$ の q 次コホモロジー群を $H^q(X, A; G)$ と表し，位相空間対 (X, A) の G 係数 q 次特異コホモロジー群という．3節と同様の性質を満たすことは，これも同様である．ただし，3節の準同型写像の矢印を逆にし，性質[4]における $\mathbf{Z}$ は G に取り替える必要がある．

$H^q(X, A; G)$ と $H_q(X, A)$ には G に値をもつ自然なペアリングがあるので，$H^q(X, A; G)$ から $\mathrm{Hom}(H_q(X, A), G)$ への準同型写像が存在する．この写像もおおむね同型である．正確には，次の分解する短完全系列が存在する (コホモロジーの普遍係数定理).

$$0 \to \mathrm{Ext}(H_{q-1}(X, A), G) \to H^q(X, A; G)$$
$$\to \mathrm{Hom}(H_q(X, A), G) \to 0.$$

なお，G が環であるとき，4節と同様にして

$$H^*(X; G) = \bigoplus_{q=0}^{\infty} H^q(X; G)$$

にカップ積が定義され，$H^*(X; G)$ は次数付き環となる．

[枡田幹也]

参考文献

[1] 中岡 稔：位相幾何学 ホモロジー論，共立出版，1970.
[2] 荒木捷朗：一般コホモロジー，紀伊國屋書店，1975.
[3] 服部晶夫：位相幾何学，岩波書店，1991.
[4] 河野 明，玉木 大：一般コホモロジー，岩波書店，2002.
[5] 枡田幹也：代数的トポロジー，朝倉書店，2002.
[6] 佐藤 肇：位相幾何，岩波書店，2006.

ボルツマン方程式

Boltzmann equation

ボルツマン方程式は，気体分子運動論 (kinetic theory of gases) における基礎的な方程式である．この方程式，あるいはその一般化に基づいて気体中の拡散，熱伝導などさまざまな輸送現象が研究されている．この方程式が導かれたのは 1872 年であるが，それは原子分子といった莫大な自由度をもつミクロな構成要素の力学からマクロなレベルで観測される現象の解明を目指す統計力学の構築を開始するものでもあった．ボルツマンは，このとき確率論的諸概念を物理学に持ち込んだのである．

1 ボルツマン方程式

3 次元空間 $\boldsymbol{R}^3$ 内の希薄な気体を考えるとき，時刻 $t \geqq 0$，位置 $x \in \boldsymbol{R}^3$ において速度が $v \in \boldsymbol{R}^3$ であるような粒子の分布密度関数を $f(t, x, v)$ とすれば，外力項がないとして，f の時間発展は非線形な微分積分方程式

$$\frac{\partial f}{\partial t} + v \cdot \frac{\partial f}{\partial x} = Q(f, f) \tag{1}$$

によって記述される．ただし，$x = (x_i)_{i=1}^3$, $v = (v_i)_{i=1}^3$ として $v \cdot \partial f/\partial x = \sum_{i=1}^3 v_i \partial f/\partial x_i$ である．これをボルツマン方程式という．右辺の $Q(f, f)$ は衝突項と呼ばれ，衝突によって速度 v の粒子が生成される割合と失われる割合の差で与えられる．すなわち，

$$Q(f, f) = \iiint \Big(f(v_1')f(v') \\ - f(v_1)f(v) \Big) B \, d\theta d\phi dv_1$$

である．ここで，v, v_1 は衝突前の2粒子の速度で，衝突後の速度 v', v_1' は v, v_1 と衝突の仕方を定めるパラメータ θ, ϕ から決定される．$B = B(\theta, v_1 - v)$ は衝突断面積と呼ばれる関数で，2粒子間に働くポテンシャル力から決まる量である．

2 H 定 理

時間の関数 $H(t)$ を

$$H(t) = \iint f \log f \, dx dv$$

で定義すれば，ボルツマン方程式から $dH/dt \leqq 0$ が導かれる．これがボルツマンの H 定理である．エントロピー S は，k をボルツマン定数として $S = -kH$ と表されるから，H 定理はエントロピーが時間とともに増大することを意味する．とくに，$dH/dt = 0$ であるためには $f(v_1')f(v') = f(v_1)f(v)$ が成立することが必要であり，これは f がマクスウェル分布

$$M_{\rho,u,T}(v) = \rho(2\pi T)^{-3/2} \exp\{-|v - u|^2/2T\}$$

になることと同値である．したがって，ボルツマン方程式の解は時間とともにマクスウェル分布で表される熱平衡状態に近づくのである．物理的には，$\rho > 0$ は気体の密度，$u \in \boldsymbol{R}^3$ は平均速度，$T > 0$ は温度を表すパラメータである．

3 ボルツマン方程式の導出

気体中にはきわめて多数の原子分子が存在する．それらを，それぞれ粒子 (質点) とみなし，n 個の粒子がニュートンの古典力学の方程式に従って運動しているとする．ただし粒子間の相互作用は2体間ポテンシャルによって与えられ，遠距離ではその影響は十分小さいものとする．このとき，粒子の分布密度関数 f の時間変化 $\partial f/\partial t$ は速度 v の流れによる変化 $-v \cdot \partial f/\partial x$ と，衝突の影響による変化の和で表される．希薄気体においては，2粒子の衝突の効果が支配的であり，3粒子以上の多体衝突は無視できる．また，n は非常に大きな数だから，ボルツマンは，衝突してくる粒子の分布密度関数は f 自身で与えられ，2粒子の分布は確率的に独立であると考えた．このようにして，衝突項 Q において，本来2粒子分布密度関数であるべき項を，1粒子分布密度関数 f の積で置き換え，ボルツマンは方程式 (1) を導いたのである．

しかしながら，ニュートン力学に従う粒子は記憶をもっており，確率的な独立性が成り立つことは決して自明ではない．実際，ニュートン力学は可逆 (時間反転のもとで不変) であるにもかかわらず，H 定理はボルツマン方程式の非可逆性を意味する．このパラドックスはボルツマンの時代か

ら大いなる論争を巻き起こした.

O.E. ランフォード [1] は, 個々の粒子の運動を追う代わりに, まずリューヴィル方程式 (ニュートン力学に従う n 粒子系の分布密度関数の時間発展を定める方程式) から出発して, $m(1 \leq m \leq n)$ 粒子分布密度関数系が満たす **BBGKY ヒエラルキー** を考え, 次にボルツマン–グラッド極限と呼ばれるある種の条件のもとで $n \to \infty$ とする極限をとることにより, ボルツマン方程式が (粒子の平均自由行程の 1/5 という) ごく短時間内において導かれることを, 剛体球ポテンシャルの場合に数学的に厳密に証明した. つまり, BBGKY ヒエラルキーの初期分布が $f(0, x, v)$ の積に収束するとき, BBGKY ヒエラルキーの解がボルツマン方程式の解の積に収束することを示したのである.

一般に, 時間発展のもとで確率的な独立性が伝播することを, カオスの伝播 (propagation of chaos) と呼ぶ. 空間的に一様なボルツマン方程式の場合には, ボルツマン方程式にマルコフ過程を対応させて論ずることが可能である. M. カッツ, H.P. マッキーン, 田中洋らはこのような観点からカオスの伝播の研究を行った [4]. これをマスター方程式の方法ということもある.

4 解の存在と一意性

ボルツマン方程式は非線形微分積分方程式であり, それを数学的に厳密に解くことは容易ではない.

ボルツマン方程式の時間大域解の存在を最初に示したのは T. カーレマン (1933) であるが, 彼は方程式に空間的な一様性を仮定し, 衝突項が剛体球ポテンシャルから決まる場合を論じている. その後, ボルツマン方程式の解の存在と一意性について多くの研究がなされているが, いまだ完全といえる結果に至っていない. とくに, 初期値が平衡解であるマクスウェル分布に十分近い場合には大域解の存在が知られているが, その場合でも 2 体間ポテンシャルが定める衝突断面積 B に適切な条件を仮定する必要がある. 詳細は, 文献 [3] の中の W. Greenberg らの論文を参照されたい. この分野において, 鵜飼正二, 西田孝明ら, 日本人研究者の貢献が大きいことを指摘しておく.

5 流体の方程式系の導出

気体から連続流体の描像へ移行するには, 気体中の粒子の平均自由行程 (粒子が衝突するまでの平均移動距離) を ε として, ε を 0 に近づける極限を考えればよい. そのためには, ボルツマン方程式 (1) の右辺で衝突項 Q を Q/ε に置き換えて, $f = f^\varepsilon(t, x, v)$ に対する方程式
$$\frac{\partial f}{\partial t} + v \cdot \frac{\partial f}{\partial x} = \frac{1}{\varepsilon} Q(f, f)$$
を考え, その解 f^ε の $\varepsilon \to 0$ における挙動を調べればよい. 極限 $f_0 = \lim_{\varepsilon \to 0} f^\varepsilon$ は $Q(f_0, f_0) = 0$ を満たすから, f_0 は変数 v についてマクスウェル分布である. すなわち
$$f_0(t, x, v) = M_{\rho(t,x), u(t,x), T(t,x)}(v)$$
と表される. これを局所マクスウェル分布という. 関数 $(\rho(t, x), u(t, x), T(t, x))$ は流体の方程式の一種である圧縮性オイラー方程式を満たすことが知られている. さらに, 局所マクスウェル分布を ε のオーダーの項まで考慮に入れて考えれば, そのパラメータは圧縮性ナヴィエ–ストークス方程式を満たす. 解 f^ε を $f^\varepsilon = f_0 + \varepsilon f_1 + \varepsilon^2 f_2 + \cdots$ と ε についてべき級数展開してその挙動を論ずる手法は, ヒルベルト展開あるいはチャップマン–エンスコーク展開と呼ばれている (文献 [3] の中の R.E. Caflisch の論文参照).

ボルツマン方程式に関する数学的研究は, 現在も進化を続けている (たとえば, [5][6] 参照).

[舟木直久]

参考文献

[1] O.E. Lanford III : *Time Evolution of Large Classical Systems*, Lect. Notes Phys. **38**, 1–111, Springer, 1975.

[2] C. Cercignani : *Theory and Application of the Boltzmann Equation*, Elsevier, 1975.

[3] J.L. Lebowitz, E.W. Montroll (eds.) : *Nonequilibrium Phenomena I, The Boltzmann Equation*, Studies in Statistical Mechanics 10, North–Holland, 1983.

[4] A. Sznitman : *Topics in Propagation of Chaos*, Lect. Notes Math. 1464, 165–251, Springer, 1991.

[5] Special issue dedicated to Carlo Cercignani : J. Statist. Phys., **124**, Nos. 2–4, 2006.

[6] 森本芳則・鵜飼正二:切断近似をしないボルツマン方程式, 数学, **64**, 131–152, 2012.

マクスウェル方程式

....
Maxwell equations
───────────────────────────────────

電荷密度 ϱ と電流密度 $\mathbf{J}$ が時間 t と空間座標 $\mathbf{x}=(x,y,z)$ の関数として与えられたとき電場 $\mathbf{E}$ と磁場 $\mathbf{B}$ を与える微分方程式

$$\boldsymbol{\nabla}\times\mathbf{E}+\frac{\partial\mathbf{B}}{\partial t}=0, \qquad \boldsymbol{\nabla}\times\mathbf{B}-\frac{1}{c^2}\frac{\partial\mathbf{E}}{\partial t}=\mu_0\mathbf{J} \tag{1}$$

をマクスウェル方程式という．それぞれファラデイの法則，アンペール–マクスウェルの法則と呼ばれている．これに加えて，ガウスの法則および磁気モノポールが存在しないことを表す法則

$$\boldsymbol{\nabla}\cdot\mathbf{E}=\frac{1}{\epsilon_0}\varrho, \qquad \boldsymbol{\nabla}\cdot\mathbf{B}=0 \tag{2}$$

を補足方程式と呼ぶ．(1) および連続の方程式 (電荷保存則)

$$\frac{\partial\varrho}{\partial t}+\boldsymbol{\nabla}\cdot\mathbf{J}=0$$

のもとで (2) は時間によらず成り立つからである．c は真空中の光速度を表す．ϵ_0 および μ_0 は $\epsilon_0\mu_0=\frac{1}{c^2}$ を満たす定数で単位系の取り方によって決まりそれぞれに物理的意味はない (ここでは国際単位を用いている)．

マクスウェルの『電気磁気論考』(1873) ではマクスウェルの方程式は 12 個の方程式からなり，オームの法則など現象論的な方程式が含まれる一方で，ファラデイの法則，磁気モノポールが存在しないことを表す法則が入っていなかった．現代のマクスウェル方程式はヘヴィサイド (1885) およびヘルツ (1890) に由来する．

マクスウェル方程式はローレンツ変換のもとで形を変えない．そこでマクスウェル方程式を共変形式で表すことができる．ここで時空の座標を

$$(x^0,x^1,x^2,x^3)=(ct,x,y,z)$$

とし，1, 2, 3 を巡回的に変えた i,j,k によって場の強さと呼ばれるテンソルとその双対

$$F^{0i}=\frac{1}{c}E_i, \qquad F^{ij}=B_k$$
$${}^*F^{0i}=B_i, \qquad {}^*F^{ij}=-\frac{1}{c}E_k$$

を定義するとマクスウェル方程式は

$$\partial_\mu F^{\mu\nu}=-\mu_0 J^\nu, \qquad \partial_\mu{}^*F^{\mu\nu}=0$$

のようにまとめることができる．微分演算子は

$$\partial_0=\frac{\partial}{c\partial t}, \qquad \partial_i=\frac{\partial}{\partial x^i}$$

のように表す．$J^\nu=(c\varrho,\mathbf{J})$ は 4 元電流密度である．重力場のもとでのマクスウェル方程式は

$$\partial_\mu(\sqrt{-g}F^{\mu\nu})=-\mu_0\sqrt{-g}J^\nu, \qquad \partial_\mu{}^*F^{\mu\nu}=0$$

になる．コトラーが 1912 年に，アインシュタインとグロスマンが 1913 年に与えた．g は計量テンソル $g_{\mu\nu}$ の行列式 $\det(g_{\mu\nu})$ を表す．

微分形式を用いるとマクスウェル方程式はさらに簡単になる．基底を dx^μ に選べば場の強さ F とその双対 ${}^*F$ は微分 2 形式

$$F=\frac{1}{2}F_{\mu\nu}dx^\mu\wedge dx^\nu, \qquad {}^*F=\frac{1}{2}{}^*F_{\mu\nu}dx^\mu\wedge dx^\nu$$

になる．微分形式のマクスウェル方程式は

$$dF=0, \qquad d{}^*F=\mu_0{}^*J$$

である．${}^*J$ は微分 1 形式 $J=J_\mu dx^\mu$ の双対 (微分 3 形式) である．

マクスウェル方程式から電場と磁場の方程式はローレンツ (1892) が導いたように

$$\Box^2\mathbf{E}=\frac{1}{\epsilon_0}\boldsymbol{\nabla}\varrho+\mu_0\frac{\partial\mathbf{J}}{\partial t}, \qquad \Box^2\mathbf{B}=-\mu_0\boldsymbol{\nabla}\times\mathbf{J}$$

になる．ここで，ダランベール演算子

$$\Box^2=\nabla^2-\frac{1}{c^2}\frac{\partial^2}{\partial t^2}$$

を定義した．電荷も電流もない自由空間においては電場も磁場も波動方程式

$$\Box^2\mathbf{E}=0, \qquad \Box^2\mathbf{B}=0$$

を満たす．真空中の電磁場は光速度 c で伝搬する．

電磁場はエネルギーと運動量をもつ．エネルギー密度 u を

$$u=\frac{1}{2}\epsilon_0 E^2+\frac{1}{2\mu_0}B^2$$

エネルギー流速密度 (ポインティングベクトル) $\mathbf{S}$ と運動量密度 $\mathbf{g}$ を

$$\mathbf{S}=\frac{1}{\mu_0}\mathbf{E}\times\mathbf{B}, \qquad \mathbf{g}=\epsilon_0\mathbf{E}\times\mathbf{B}$$

運動量流速密度 $-\mathsf{T}$ (マクスウェルの応力テンソル T) を

$$T_{ij}=\epsilon_0\left(E_iE_j-\frac{1}{2}E^2\delta_{ij}\right)$$
$$+\frac{1}{\mu_0}\left(B_iB_j-\frac{1}{2}B^2\delta_{ij}\right)$$

によって定義するとエネルギー保存則は
$$\frac{\partial u}{\partial t} + \nabla \cdot \mathbf{S} = -\mathbf{J} \cdot \mathbf{E},$$
運動量保存則は
$$\frac{\partial \mathbf{g}}{\partial t} - \nabla \cdot \mathsf{T} = -\varrho \mathbf{E} - \mathbf{J} \times \mathbf{E}$$
になる．プランクの関係式
$$\mathbf{g} = \frac{1}{c^2} \mathbf{S}$$
はアインシュタインの質量エネルギー関係式に対応している．

ファラデイの法則と磁気モノポールが存在しないことを表す法則に基づいて電磁場をポテンシャルで表すことができる．電場と磁場は
$$\mathbf{E} = -\nabla \phi - \frac{\partial \mathbf{A}}{\partial t}, \quad \mathbf{B} = \nabla \times \mathbf{A}$$
になる．ϕ をスカラーポテンシャル（電位），$\mathbf{A}$ をベクトルポテンシャルと呼ぶ．共変形式では
$$F^{\mu\nu} = \partial^\mu A^\nu - \partial^\nu A^\mu, \quad A^\mu = \left(\frac{1}{c}\phi, \mathbf{A}\right)$$
になる．微分形式では $A = A_\mu dx^\mu$ として
$$F = dA$$
である．

マクスウェルの残り二つの方程式，ガウスの法則とアンペール–マクスウェルの法則からはポテンシャルは決まらない．Λ を任意の関数とすると電磁場はゲージ変換
$$\phi' = \phi - \frac{\partial \Lambda}{\partial t}, \quad \mathbf{A}' = \mathbf{A} + \nabla \Lambda$$
のもとに不変である．無数に可能なポテンシャルの中で，クーロンゲージ $\nabla \cdot \mathbf{A} = 0$，ヴァイルゲージ（時間ゲージ，ハイゼンベルク–パウリゲージ）$\phi = 0$ などを選ぶことをゲージを固定するという．これらのゲージはローレンツ共変ではないので，ある慣性系でゲージ固定しても別の慣性系では異なるゲージになる．ローレンツ共変なゲージ固定条件にローレンスゲージ
$$\frac{1}{c^2}\frac{\partial \phi}{\partial t} + \nabla \cdot \mathbf{A} = 0 \qquad (3)$$
がある．このときガウスの法則とアンペール–マクスウェルの法則は
$$\Box^2 \phi = -\frac{1}{\epsilon_0}\varrho, \quad \Box^2 \mathbf{A} = -\mu_0 \mathbf{J}$$
になる．その解は
$$\phi(t, \mathbf{x}) = \frac{1}{4\pi\epsilon_0} \int \frac{d^3 x'}{|\mathbf{x} - \mathbf{x}'|} \varrho\left(t \mp \frac{|\mathbf{x} - \mathbf{x}'|}{c}, \mathbf{x}'\right)$$
$$\mathbf{A}(t, \mathbf{x}) = \frac{\mu_0}{4\pi} \int \frac{d^3 x'}{|\mathbf{x} - \mathbf{x}'|} \mathbf{J}\left(t \mp \frac{|\mathbf{x} - \mathbf{x}'|}{c}, \mathbf{x}'\right)$$
である．複号のそれぞれを遅延ポテンシャル，先進ポテンシャルと呼ぶ．ローレンスは 1867 年に，遅延電磁ポテンシャルと条件式 (3) に基づいて，マクスウェルとは独立に，マクスウェル理論と同等の理論を提唱したので (3) をローレンスゲージと呼ぶのが適切である．

マクスウェル方程式は量子化によって量子電気力学でもそのままの形を保って成り立つ．ヴァイルゲージでは，電磁場の力学座標はベクトルポテンシャル $\mathbf{A}$，それに共役な正準運動量は $\mathbf{\Pi} = -\epsilon_0 \mathbf{E}$ である．同時刻交換関係
$$[\Pi_i(t, \mathbf{x}), A_j(t, \mathbf{x}')] = -i\hbar \delta_{ij} \delta(\mathbf{x} - \mathbf{x}')$$
を設定すれば量子化ができる．

物質中では電気分極と磁化が生じる．電気双極子モーメント密度（分極）を $\mathbf{P}$，磁気モーメント密度（磁化）を $\mathbf{M}$ とすると物質中に束縛された電荷密度と電流密度は
$$\varrho^{\mathrm{b}} = -\nabla \cdot \mathbf{P}, \quad \mathbf{J}^{\mathrm{b}} = \frac{\partial \mathbf{P}}{\partial t} + \nabla \times \mathbf{M}$$
で与えられる．そこで (1) と (2) において ϱ を $\varrho + \varrho^{\mathrm{b}}$ に，$\mathbf{J}$ を $\mathbf{J} + \mathbf{J}^{\mathrm{b}}$ におきかえると
$$\nabla \times \mathbf{E} + \frac{\partial \mathbf{B}}{\partial t} = 0$$
$$\nabla \times \mathbf{B} - \frac{1}{c^2}\frac{\partial \mathbf{E}}{\partial t} = \mu_0 (\mathbf{J} + \mathbf{J}^{\mathrm{b}})$$
$$\nabla \cdot \mathbf{E} = \frac{1}{\epsilon_0}(\varrho + \varrho^{\mathrm{b}}), \quad \nabla \cdot \mathbf{B} = 0$$
が得られる．補助場
$$\mathbf{D} = \epsilon_0 \mathbf{E} + \mathbf{P}, \quad \mathbf{H} = \frac{1}{\mu_0}\mathbf{B} - \mathbf{M}$$
を導入すると，分極と磁化を隠した
$$\nabla \times \mathbf{E} + \frac{\partial \mathbf{B}}{\partial t} = 0, \quad \nabla \times \mathbf{H} - \frac{\partial \mathbf{D}}{\partial t} = \mathbf{J}$$
$$\nabla \cdot \mathbf{D} = \varrho, \quad \nabla \cdot \mathbf{B} = 0$$
が得られるが，かつて光を伝える物質「エーテル」を想定した理論の面影を残した形になる．

［太田浩一］

参 考 文 献

[1] 太田浩一：電磁気学の基礎 (I,II)，東京大学出版会，2012．
[2] 太田浩一：マクスウェル理論の基礎，東京大学出版会，2002．
[3] 太田浩一：マクスウェルの渦 アインシュタインの時計，東京大学出版会，2005．

待 ち 行 列

queue

待ち行列は現象としてはきわめて普遍的である．スーパーマーケットのレジでの行列，飛行場での着陸順番待ち，電話の回線での通話の問題，バス停での乗客の人数，など．理論としての待ち行列は入出力をもつシステムで入力 (arrival)，出力 (departure) 参入者 (人または物) はある仕事量を持ち込みそれはサーバーで処理される．参入者の到着間隔と仕事量との比より待ち時間が生じ列 (queue) ができる．主たる関心は待ち時間および列の長さである．

待ち行列に対して確率論の多様な方法が適用される．結果は簡明で通信ネットワークの設計，計算機網の構築の性能評価にも応用できる．

参入者の列を到着過程といい非減少数列 (t_n) で表す．t_n は n 番目の参入者の到着時間である．

$(\Omega, \mathcal{F}, P)$ を確率空間とする．$(S, \mathcal{B})$ を可測空間とする．S は完備可分距離空間でよいが今は実数空間 R とする．$N([a,b], \omega) = \#\{n; t_n \in [a,b]\} a, b \in R$ は非負整数値である．$N(\{x\}) = 1, \forall x \in R$ であるとき N は単純であるという．以下の議論で単純であると仮定する．$N(\{t_n\}) > 0$ なる t_n を到着時刻という．$\cdots < t_{-1} < t_0 \leqq 0 \leqq t_1 < t_2 < \cdots$ とする．

θ_t を保測変換，$P\theta_t^{-1} = P$ と仮定する．$P(N([0, \infty)) = \infty) = 1, E(N([0,1])) = \lambda < +\infty$ とする．

(N, P, θ_t) はエルゴード的であるとする．そのとき

(a) $\lim_{t \to \infty} \frac{N([0,t])}{t} = E(N([0,1]) = \lambda$, が (P) ほとんど確実に成り立つ．

(b) $\lim_{n \to \infty} \frac{t_n}{n} = 1/\lambda$,

定常系列は過去未来と観測したときに適合したモデルであるが時刻 0 より始めたときに適合したものとして Palm 測度 P^0 がある．そのとき $P^0(t_0 = 0) = 1$ が得られ Palm–Khinchine の公式では次のように定義される．
$$P(N([0,t]) > k) = \lambda \int_0^t P^0(N([0,u]) = k) du.$$
この公式を用いると $1 = \lambda E^0(t_1) = 1$ を得る．

システムへの到着間隔を $T_n = t_{n+1} - t_n, n \in Z$, とおく．参入者の必要仕事量を $\{S_n\}$ で表す．システムの繁忙度を $\rho = \lambda E^0(S_0)$ で定義する．

そのとき $\rho = \lambda \lim_{n \to \infty} \frac{1}{n} \sum_{k=1}^n S_k$, 確率 (P)1 で成り立ち，$\lambda^{-1} = E^0(t_1) = E^0(t_1 - t_0)$ であるから $\rho = \frac{E^0(S_0)}{E^0(T_0)}$ である．

例 1 到着間隔 T_n は独立同分布で指数 μ の指数分布に従い仕事量は独立同分布で指数 ν の指数分布に従うとする．そのとき時刻 t での待機数 (処理中も含む) を $Q(t)$ で表すと $Q(t)$ は連続時間の出生死滅過程となり $\rho = \mu/\nu$ となり $\rho < 1$ であるとき
$$P(Q(t) = n) \to (1-\rho)\rho^n = \pi^n, n \geqq 0,$$
ここで π は平衡測度となる．

$\rho \geqq 1$ のとき $P(Q(t) = n) \to 0, \forall n$. このとき Q は跳びをもつマルコフ連鎖であるから跳びだけに着目して乱歩を埋め込みそれを Q_n で表すとき $\rho < 1$ であるとき強再帰 (positive recurrent) $\rho = 1$ ならば弱再帰 (null recurrent) $\rho > 1$ ならば過渡的である．統計力学との比較でいうと $\rho = 1$ は臨界点である．この待ち行列システムはケンドールの記法で M/M/1 で表される．M はマルコフを表し，1 はサーバーが 1 個であること示す．サービスは FIFO (First In First Out) サービスは先着順に従う．

例 2 M/G/1. 系への参入は指数 μ の指数分布，つまりポアソン過程である．仕事量はそれぞれ独立同分布であるが分布関数は任意である．n 番目の参入者がシステムより退出する時刻を d_n で表す．その時刻にシステムに残留している数を $Q(d_n) = Q(d_n+)$ とするとき $Q(d) = \{Q(d_n), n \geqq 1\}$ は埋め込まれたマルコフ連鎖となる．このとき $\rho < 1$ であるとき $Q(d)$ はエルゴードで一意平衡分布をもつ．強再帰過程である．

$\rho > 1$ であるとき $Q(d)$ は過渡的である．

$\rho = 1$ であるとき Q は弱再帰である．

サーバーが連続的に稼動する時間の長さを B で表すとき $Q(d)$ が 0 に再帰する回数との間に類似性がある.

$\rho < 1$ であるとき $E(B) < \infty$ である.

$\rho = 1$ であるとき $E(B) = \infty$, $P(B = \infty) = 0$ である.

$\rho > 1$ であるとき $P(B = \infty) > 0$ である.

連続して稼動するのはシステムが空でないことを意味し,最初の参入者より途切れがないことになり分枝過程との類似が成り立つ.

$\rho \leq 1$ であるとき $P(B < \infty) = 1$ である.

$\rho > 1$ であるとき $P(B < \infty) < 1$ である.

例 3 G/M/1. $Q(a_n) = Q(t_n-)$ は埋め込まれたマルコフ連鎖となる.時刻 t_n でシステム内の数である. (a) $\rho < 1$ のとき $Q(a)$ はエルゴードで一意平衡分布をもつ. $\rho > 1$ であるとき Q は過渡的である. $\rho = 1$ であるとき Q は弱再帰である.

例 4 G/G/1. W_n を n 番目の参入者の待ち時間とする.時刻 $t_n + W_n + S_n$ で n 番目の参入者はサービスを完了して退出する.したがって $\max(t_n + W_n + S_n, t_{n+1})$ の時刻に $n+1$ 番目のサービスが開始する. $W_{n+1} = \max(W_n + S_n - T_{n+1})$ が成り立つ. $W_0 = 0$ とする. $U_n = S_n - T_{n+1}$ とすると $\{U_n, n \geq 1\}$ は独立同分布の確率変数列である.これを用いて $W_{n+1} = \max\{0, U_n, U_n + U_{n-1}, \ldots, U_n + \cdots + U_1\}$ なる表現が得られる. W_n の分布関数 $F_n(x) = P(W_n \leq x)$ に対して $\lim_{n \to \infty} F_n(x) = F(x)$ となる分布関数 F が存在する. U の分布関数を G で表すと F は Wiener–Hopf 方程式 $F(x) = \int_{-\infty}^{x} F(x-y) dG(y), x \geq 0$ を満たす.

$\rho < 1$ であるとき $\{W_n\}$ はエルゴードマルコフ連鎖で $\lim_{n \to \infty} P(W_n \leq x) = P(W \leq x) = P(\sup_{n \geq 0} U_n \leq x)$

$\rho > 1$ であるとき $\{W_n\}$ は過渡的で $P(\lim_{n \to \infty} W_n/n = E(S) - E(T)) = 1$ である.

$\rho = 1$ さらに U の分散が存在し 0 でないとき $(W_n/\sqrt{n})$ は平均 0 分散 $\sigma^2(U)$ の正規確率変数の絶対値に法則収束する.

Q を到着間隔分布 F_T,仕事量分布 F_S である待ち行列過程とするとき,到着時間間隔分布 F_S,仕事量分布 F_T の待ち行列過程 Q_d を Q の双対待ち行列過程という.定義よりシステムの繁忙度に対して次の関係がある. $\rho \rho_d = 1$.

最近の研究は通信システム,計算機システムへの応用をもつネットワーク待ち行列に関する話題が多い.その特別なクラスとして Jackson ネットワークがある.それは N 個の FIFO 待ち行列の集合で, $1 \leq i \leq N$, に対して i 番目の待ち行列 (i 番目のノードとも呼ばれる) は処理時間が指数 μ_i の指数分布で,入力過程は指数 ν_i のポアソン過程である. i 番目のサーバーで処理された後 j 番目のサーバーに確率 $p_{ij}(p_{ii} = 0)$ に移動するか確率 $1 - (p_{i1} + \cdots + p_{iN})$ でシステムから退出する.

$\overline{\mu}_i = \mu_i + \sum_{j=1}^{N} \overline{\mu}_j p_{ji}$, の解 $\{\overline{\mu}_i; 1 \leq i \leq N\}$ が条件 $\overline{\rho}_i = \overline{\mu}_i / \nu_i < 1, (i = 1, \ldots, N)$ を満たすならば,Jackson ネットワークに対応するマルコフ過程はエルゴードでその平衡測度は次式で与えられる.

$$\pi(n) = \prod_1^N \overline{\rho}_i^{n_i}(1 - \overline{\rho}_i),$$

$$n = (n_i; 1 \leq i \leq N) \in S = Z_+^N$$

平衡分布のもとでは Jackson ネットワークは N 個の独立な仕事量が指数 $\{\nu_i; 1 \leq i \leq N\}$ の指数分布をもち,到着間隔分布は指数 $\{\mu; 1 \leq i \leq N\}$ の指数分布のポアソン過程である.

［渡邉壽夫］

参考文献

[1] G.R. Grimmett, D.R. Stirzakker: *Probability and Random Processes*, The Claredon Press/Oxford University Press, 1992.
[2] P. Robert: *Stochastic Networks and Queues*, Springer–Verlag, 2003.
[3] S. Asmussen: *Applied Probability and Queues*, Springer–Verlag, 2003.
[4] S.F. Baccelli, P. Brémaud: *Elements of Queuing Theory*, Spriger–Verlag, 2003.
[5] 宮沢政清:待ち行列の数理とその応用,牧野書店, 2006.

マリアバン解析

Malliavin calculus

マリアバン解析は，1970年代中頃にマリアバン (P. Malliavin) により創始された，経路空間上の微積分学である．その後，ビスミュ (J. Bismut)，重川一郎，ストルック (D. Stroock)，楠岡成雄，渡辺信三，杉田洋らの研究を経て，1990年代に理論体系がほぼ完成した．最近では，無限次元解析の雛型としてさまざまな応用が展開されている．

1 記号

(X, H, μ) を抽象ウィナー空間 (abstract Wiener space) とする．すなわち，(a) X は実可分バナッハ空間であり，(b) H は X に稠密かつ連続に埋め込まれたヒルベルト空間であり，(c) μ は X の位相的 σ 加法族上 $\mathcal{B}(X)$ 上に定義された測度で，任意の連続線形写像 $\ell: X \to \mathbf{R}$ に対し $\int_X e^{\sqrt{-1}\ell(x)} \mu(dx) = \exp(-\|\ell\|_{H^*}^2/2)$ を満たすものである．ただし，H^* は H の双対空間を，$\|\cdot\|_{H^*}$ はそのノルムを表す．自然な同一視により $X^* \subset H^* = H \subset X$ という包含関係が成り立つ．

実可分ヒルベルト空間 E に値をとる H 上のヒルベルト–シュミット型 n 重線形作用素 $A: H \times \cdots \times H \to E$ の全体のなす実可分ヒルベルト空間を $\mathcal{L}_{(2)}^n(H; E)$ と表す ($n=1$ のとき 1 は略す)．

$\ell_1, \ldots, \ell_n \in X^*$ と多項式 $p: \mathbf{R}^n \to \mathbf{R}$ を用いて $\phi(x) = p(\ell_1(x), \ldots, \ell_n(x))$, $x \in X$, と表される確率変数 $\phi: X \to \mathbf{R}$ の全体を $\mathcal{P}$ と表す．実可分ヒルベルト空間 E に対し，$\mathcal{P}(E)$ を，ϕe ($\phi \in \mathcal{P}, e \in E$) の線形結合の全体とする．

$\phi = p(\ell_1, \ldots, \ell_n) \in \mathcal{P}$ に対し，$\nabla \phi \in \mathcal{P}(H)$ を $\nabla \phi = \sum_{j=1}^n \partial_j p(\ell_1, \ldots, \ell_n) \ell_j$ と定義する．ただし $\partial_j = \partial/\partial x^j$. $\nabla \phi(x) \in \mathcal{L}_{(2)}(H; \mathbf{R})$ は，H-微分 (H-derivative) $\nabla \phi(x)[h] = \frac{d}{dt}\big|_{t=0} \phi(x+th)$, $(x \in X, h \in H)$ としても得られるので，$\nabla \phi$ の定義は ϕ の表示によっていない．さらに $\phi = \sum_{j=1}^n \phi_j e_j \in \mathcal{P}(E)$ に対し，$\nabla \phi \in \mathcal{P}(\mathcal{L}_{(2)}(H; E))$ を $\nabla \phi = \sum_{j=1}^n \nabla \phi_j \otimes e_j$ と定義する．E 値 p 乗可積分関数の全体を $L^p(E)$ と，そのノルムを $\|\cdot\|_p$ と表す．作用素 $\nabla: L^p(E) \supset \mathcal{P}(E) \ni \phi \mapsto \nabla \phi \in L^p(\mathcal{L}_{(2)}(H; E))$ は可閉である．$n \geqq 2$ に対し，$\nabla^n \phi$ を帰納的に定義する．

2 ソボレフ空間

$r \in \mathbf{N}$, $p \geqq 1$, $\phi \in \mathcal{P}(E)$ に対し，$\|\phi\|_{(r,p)} = \sum_{j=0}^r \|\nabla^j \phi\|_p$ とおき，$\mathcal{P}(E)$ の $\|\cdot\|_{(r,p)}$ に関する完備化を $W^{r,p}(E)$ と表す．$F \in W^{r,p}(E)$ は r 回 (マリアバン) 微分可能 (r-times differentiable in the sense of the Malliavin calculus) であり，j 次マリアバン微分 (jth Malliavin derivative) $\nabla^j F$ は $L^p(\mathcal{L}_{(2)}^j(H; E))$ に属している ($j \leqq r$).

このソボレフ空間は以下に述べるように $r \in \mathbf{R}$ に拡張できる．$t \geqq 0$ と有界ボレル可測関数 $F: X \to \mathbf{R}$ に対し，
$$T_t F(x) = \int_X F(e^{-t}x + \sqrt{1-e^{-2t}}\, y) \mu(dy)$$
と定義する．$p \geqq 1$ とする．$\{T_t\}_{t \geqq 0}$ は $L^p(\mathbf{R})$ 上の強連続縮小半群を定める．これをオルンシュタイン–ウーレンベック半群 (Ornstein–Uhlenbeck semigroup) という．$r > 0$ に対し，$(I-L)^{-r/2} = \int_0^\infty e^{-t} t^{r/2-1} T_t dt/\Gamma(r/2)$ と定義し，その逆として定まる閉作用素を $(1-L)^{r/2}$ と表す．さらに $(I-L)^0$ を恒等写像とし，(r,p)-ソボレフ空間 $W^{r,p}(E)$ ((r,p)-Sobolev space) ($p \geqq 1, r \in \mathbf{R}$) をノルム $\|f\|_{r,p} = \|(I-L)^{r/2}\|_p$ による $\mathcal{P}(E)$ の完備化とする．

$r \in \mathbf{N}, p > 1$ とする．$\mathcal{P}(E)$ 上でノルム $\sum_{j=0}^r \|\nabla^j \cdot\|_p$ と $\|\cdot\|_{r,p}$ は同値となる (メイエー (Meyer) の同値性) ので，∇ に基づくソボレフ空間と $(I-L)^{r/2}$ に基づくソボレフ空間は一致する．

$r \leqq r'$, $p \leqq p'$ を満たす $r, r' \in \mathbf{R}$ と $p, p' \in (1, \infty)$ に対し，$W^{r',p'}(E)$ は $W^{r,p}(E)$ に連続に埋め込まれている．$W^{r,p}(E)$ の双対空間は，$L^p(\mu; E)$ の共役空間と $L^q(\mu; E)$ (q は p の共役指数) の同一視を介して $W^{-r,q}(E)$ と一致する．

$$W^\infty(E) = \bigcap_{r \geqq 0, p \in (1,\infty)} W^{r,p}(E),$$

$$W^{-\infty}(E) = \bigcup_{r\leq 0, p\in(1,\infty)} W^{r,p}(E)$$

とおく.$W^\infty(E)$ はフレッシェ空間の構造をもつ.$W^{-\infty}(E)$ はその双対空間である.$W^{-\infty}(E)$ の元を一般化されたウィナー汎関数 (generalized Wiener functional) と呼ぶ.$r \in \mathbf{R}$ と $p \in (1, \infty)$ に対し,マリアバン微分 ∇ とその共役作用素 ∇^* は,それぞれ連続線形作用素

$$\nabla : W^{r+1,p}(E) \to W^{r,p}(\mathcal{L}_{(2)}(H;E))$$
$$\nabla^* : W^{r+1,p}(\mathcal{L}_{(2)}(H;E)) \to W^{r,p}(E)$$

に拡張できる.とくに ∇ は $W^{-\infty}(E)$ 上に,∇^* は $W^{-\infty}(\mathcal{L}_{(2)}(H;E))$ 上に拡張される.また,$t > 0$ に対し,$T_t(L^p(\mu;E)) \subset W^{\infty,p}(E)$ である.とくに可測関数 $F : \mathcal{W} \to E$ が有界ならば,$T_t F \in W^\infty(E)$ である.$\nabla T_t = e^{-t} T_t \nabla$, $\nabla^* T_t = e^t T_t \nabla^*$ という交換関係が成り立つ.

$F : X \to E$ が $W^{r,p}(E)$ に属するための条件について列挙する.(I) $F \in L^p(E)$ が $W^{k,p}(E)$ に属するためには,$F_k \in L^p(\mathcal{L}_{(2)}^k(H;E))$ が存在し,任意の $G \in \mathcal{P}(\mathcal{L}_{(2)}^k(H;E))$ に対し

$$\int_X \langle F, (\nabla^*)^k G \rangle_E d\mu = \int_X \langle F_k, G\rangle_{\mathcal{L}_{(2)}^k(H;E)} d\mu$$

が成り立つことが必要かつ十分である.ただし,$\langle \cdot, \cdot \rangle_E$ は E の内積を表す.このとき $F_k = \nabla^k F$ である.(II) $\mu(F = F^{(h)}) = 1$ なる $F^{(h)}$ $(h \in H)$ と $F' \in L^p(\mathcal{L}_{(2)}(H;E))$ が存在し,各 $x \in X, h \in H$ に対し,写像 $\mathbf{R} \ni t \mapsto F^{(h)}(x+th)$ が絶対連続であり,さらに $\varepsilon \to 0$ のとき $\{F(\cdot + \varepsilon h) - F\}/\varepsilon$ が $F'(\cdot)[h]$ に確率収束するならば,$F \in W^{1,p}(E)$ かつ $\nabla F = F'$ である.(3) $E = \mathbf{R}$ とする.μ–a.e. に F と一致する $\widetilde{F}$ と定数 C が存在し,$|\widetilde{F}(w+h) - \widetilde{F}(w)| \leq C\|h\|_H$ がすべての $x \in X, h \in H$ に対し成立するならば,$F \in \bigcap_{p>1} W^{1,p}(\mathbf{R})$ かつ μ–a.e. に $\|\nabla F\|_H \leq C$ である.

3 部分積分の公式と超関数の引き戻し

$F = (F^1, \ldots, F^N) \in W^\infty(\mathbf{R}^N)$ とする.$\langle \nabla F^i, \nabla F^j\rangle_H$ を (i,j) 成分とする行列 $\sigma = (\langle \nabla F^i, \nabla F^j\rangle_H)_{1\leq i,j\leq N}$ をマリアバン共分散行列 (Malliavin covariance matrix) という.$1/\det\sigma \in \bigcap_{p\geq 1} L^p(\mathbf{R})$ となるとき F は非退化である (non–degenerate) という.非退化な F に対し,$\sigma^{-1} = (\gamma_{ij})$ とおく.$\xi_i(G) = \sum_{i=1}^N \nabla^*(\gamma_{ij} G \nabla F^j)$, $\xi_{i_1 \ldots i_n} = \xi_{i_n} \circ \cdots \circ \xi_{i_1}$ と定義する.このとき,$G \in W^\infty(\mathbf{R})$ と緩増加な $f \in C^\infty(\mathbf{R}^N)$ に対し,

$$\int_X \partial_{i_1}\ldots\partial_{i_n} f(F) G d\mu = \int_X f(F)\xi_{i_1\ldots i_n}(G) d\mu$$

という部分積分の公式 (integration by parts formula) が成り立つ.

$\mathcal{S}, \mathcal{S}'$ を $\mathbf{R}^N$ 上の急減少関数の全体,緩増加超関数の全体とする.$\mathcal{A} = 1 + |x|^2 - \Delta$ とおく.$k \in \mathbf{Z}, \varphi \in \mathcal{S}$ に対し,$\|\varphi\|_k$ を $\mathcal{A}^k\varphi$ の一様ノルムとし,$\mathcal{S}_k$ を $\mathcal{S}$ の $\|\cdot\|_k$ に関する完備化とする.$\mathcal{S} = \bigcap_{k\in\mathbf{Z}} \mathcal{S}_k$, $\mathcal{S}' = \bigcup_{k\in\mathbf{Z}} \mathcal{S}_k$ である.$k \in \mathbf{Z}_+, p > 1$ とする.非退化な F に対し,$\Phi(G) = G + |F|^2 G + \sum_{i=1}^N \xi_{ii}(G)$, $\Phi^k = \Phi \circ \cdots \circ \Phi$ (k 回) とおく.$\Psi_F : \mathcal{S} \to W^\infty(\mathbf{R})$ を $\Psi_F(\varphi) = \varphi(F)$ と定義すれば,

$$\int_X \Psi_F(\mathcal{A}^k\varphi) G d\mu = \int_X \Psi_F(\varphi)\Phi^k(G) d\mu$$

が成り立つ.よって,Ψ_F は連続線形写像 $\mathcal{S}_{-k} \to W^{-2k,p}(\mathbf{R})$ に拡張できる.とくに $\mathcal{S}'$ 上に拡張できる.拡張された写像も Ψ_F と書く.$T \in \mathcal{S}'$ に対し,$\Psi_F(T)$ を $T(F)$ と表し,T の F による引き戻し (pull–back of T through F) という.Ψ_F の連続性より,パラメータ z に関する $z \mapsto T_z$ の連続性,微分可能性に応じて $T_z(F)$ の連続性,微分可能性も従う.

$x \in \mathbf{R}^N$ に集中したディラック測度 δ_x の非退化な F による引き戻し $\delta_x(F) \in W^{-\infty}(\mathbf{R})$ の $G \in W^\infty(\mathbf{R})$ での値を $\langle G, \delta_x(F)\rangle$ と表せば,$\int_X \varphi(F) G d\mu = \int_{\mathbf{R}^N} \varphi(x)\langle G, \delta_x(F)\rangle dx$ $(\varphi \in \mathcal{S})$ となる.すなわち符号付き測度 $G d\mu$ のもとでの F の分布の密度関数が $\langle G, \delta_x(F)\rangle$ で与えられる.

4 正値超関数

$\mathcal{FC}_b^\infty$ を,高階微分もすべて有界な $f \in C^\infty(\mathbf{R}^n)$ と $\ell_1, \ldots, \ell_n \in X^*$ を用いて $f(\ell_1, \ldots, \ell_n)$ と表示される汎関数の全体とする.$\Phi \in W^{-\infty}(\mathbf{R})$ は,$G \geq 0$ なる任意の $G \in \mathcal{FC}_b^\infty$ に対し,$\int_X G \Phi d\mu \geq 0$ を満たすとき,正値 (positive) であるという.$F \in W^\infty(\mathbf{R}^N)$ が非退化ならば,$\delta_x(F)$ は正値で

ある．正値な $\Phi \in W^{-\infty}(\mathbf{R})$ に対し，$(X, \mathcal{B}(X))$ 上の有限測度 ν_Φ が存在し，$F \in \mathcal{F}C_b^\infty$ に対し $\int_X F\Phi d\mu = \int_X F d\nu_\Phi$ が成り立つ．

$r > 0, p > 1$ とする．開集合 $O \subset X$ と集合 $A \subset X$ に対し，$C_{r,p}(O) = \inf\{\|F\|_{r,p}^p \mid F \in W^{r,p}(\mathbf{R}), O$ 上 μ–a.e. に $F \geqq 1\}$,
$$C_{r,p}(A) = \inf\{C_{r,p}(O) \mid O は開集合, A \subset O\}$$
とおく．$C_{r,p}$ を (r, p)–容量 $((r,p)$–capacity) という．μ^* を μ の外測度とすれば，$\mu^* \leqq C_{r,p}$ である．さらに $\Phi \in W^{-r,p}(\mathbf{R})$ $(r > 0, p > 1)$ に対し，$\nu_\Phi^*(A) \leqq \|\Phi\|_{-r,q}(C_{r,p}(A))^{1/p}$ $(A \subset X)$ が成り立つ．ただし q は p の共役指数である．

$G: X \to \mathbf{R}$ が (r, p)–準連続 $((r,p)$–quasi-continuous) であるとは，$\lim_{n\to\infty} C_{r,p}(O_n) = 0$ となる開集合の減少列 $\{O_n\}_{n=1}^\infty$ が存在し，$X \setminus O_n$ 上 G が連続となることをいう．$G: X \to \mathbf{R}$ に対し，μ–a.e. に $\widetilde{G} = G$ であり，(r,p)–準連続な $\widetilde{G}$ を G の (r,p)–準連続修正という．すべての $G \in W^{r,p}$ が (r,p)–準連続修正 $\widetilde{G}$ をもつ．正値な $\Phi \in W^{-r,p}(\mathbf{R})$ に対し，有界な $G \in W^\infty(\mathbf{R})$ の (r,q)–準連続修正 $\widetilde{G}$ は $\overline{\mathcal{B}(X)}^{\nu_\Phi}$ 可測であり，$\langle G, \Phi\rangle = \int_X \widetilde{G} d\nu_\Phi$ が成り立つ．ただし $\overline{\mathcal{B}(X)}^{\nu_\Phi}$ は $\mathcal{B}(X)$ の ν_Φ に関する完備化である．この等式より，F が非退化であるとき，測度 $\nu_{\delta_x(F)}$ は超平面 $\{\widetilde{F} = x\}$ に集中していることが従う．

5 変数変換

$e^{-\nabla^* F + \|\nabla F\|^2_{\mathcal{L}_{(2)}(H;H)}} \in \bigcup_{p \in (1,\infty)} L^p(\mathbf{R})$ を満たす $F \in W^\infty(H)$ に対し，$\Lambda_F = \det_2(I + \nabla F)e^{-\nabla^* F - (\|F\|_H^2/2)}$ とおく．ただし，$\det_2$ はヒルベルト–シュミット作用素に対する正規化された行列式を表す．すなわち，$A \in \mathcal{L}_{(2)}(H;H)$ が跡族に属するときは $\det_2(I + A) = \det(I + A)e^{-\mathrm{Tr} A}$ であり，一般の場合はこの極限として定義される．有界連続な $f: X \to \mathbf{R}$ に対し，
$$\int_X f(\iota + F)\Lambda_F d\mu = \int_X f d\mu \tag{1}$$
が成り立つ．ただし $\iota(x) = x$, $x \in X$, である．$h \in H$ に対し，$F \equiv h$ として上の変換公式を用いれば，カメロン–マルチン (Cameron–Martin) の定理が得らる．$T > 0$ とし，$\mathcal{W}_T^d$ を $[0, T]$ 上

の $w(0) = 0$ なる $\mathbf{R}^d$ 値連続関数 w の全体とする．H_T^d を二乗可積分な微分 w' をもつ $w \in \mathcal{W}_T^d$ の全体とし，μ を $\mathcal{W}_T^d$ 上のウィナー測度とすれば，$(\mathcal{W}_T^d, H_T^d, \mu)$ は抽象ウィナー空間となっている．$(F(w))'(t)$ が伊藤積分可能な $F \in W^\infty(H_T^d)$ に変換公式 (1) を適用すれば，ギルサノフ (Girsanov) の定理が得られる．

6 確率微分方程式の解

$(\mathcal{W}_T^d, H_T^d, \mu)$ で考察する．$V_0, \ldots, V_d$ を $\mathbf{R}^N$ のなめらかなベクトル場とし，その係数は高階の微分もすべて有界であるとする．確率微分方程式
$$d\xi_t = \sum_{\alpha=1}^d V_\alpha(\xi_t) \circ dw_t + V_0(\xi_t)dt, \quad \xi_0 = x$$
の解 ξ_t^x は $W^\infty(\mathbf{R}^N)$ に属している．ただし w_t は $w \in \mathcal{W}_T^d$ の t での値を表し，$\circ$ はストラトノビッチ積分を表す．$V = \sum_{i=1}^N V^i \partial_i$ に対し ∂V を $\partial_j V^i$ を成分とする N 次正方行列値関数とし，N 次正方行列値確率微分方程式
$$dJ_t = \sum_{\alpha=1}^d \partial V_\alpha(\xi_t^x) J_t \circ dw_t + \partial V_0(\xi_t^x) J_t dt, J_0 = I$$
の解とすれば，ξ_t^x に付随するマリアバン共分散行列は $\sum_{\alpha=1}^d \int_0^t J_t J_s^{-1} V_\alpha(\xi_s^x) \otimes J_t J_s^{-1} V_\alpha(\xi_s^x) ds$ と表示される．ここで $a = (a_1, \ldots, a_N)$ に対し $a \otimes a$ は $a_i a_j$ を (i,j) 成分とする N 次正方行列を表す．

$V_1, \ldots, V_d, [V_0, V_1], \ldots, [V_0, V_d]$ の生成するリー環を $\mathfrak{L}$ とし，$\mathfrak{L}$ の定める接空間 $T_x \mathbf{R}^N$ の部分空間を $\mathfrak{L}_x$ とする．$\dim \mathfrak{L}_x = N$ ならば，ξ_t^x は非退化となる．この条件がすべての x で満たされれば，$\langle 1, \delta_y(\xi_t^x)\rangle$ は微分作用素 $\frac{1}{2}\sum_{\alpha=1}^d V_\alpha^2 + V_0$ の定める熱方程式の基本解となる． [谷口説男]

参考文献

[1] 重川一郎：確率解析，岩波書店，1998.
[2] N. Ikeda, S. Watanabe：*Stochastic Differential Equations and Diffusion Processes, 2nd ed*, Kodansha/North Holland, 1989.
[3] H. Sugita：Positive generalized Wiener functions and potential theory over abstract Wiener spaces, *Osaka J. Math.* **25**(3), 665–696, 1988.
[4] A. Üstünel：*An Introduction to Analysis on Wiener Space, LNM. 1610*, Springer, 1995.

マルコフ過程

Markov process

マルコフ (A.A. Markov) は 1906 年の論文で，ベルンシュタイン (Bernstein) によってマルコフ連鎖と後に呼ばれることになるモデルを導入した．「独立確率変数列の和に関する大数の弱法則が，どこまで従属性をもつ確率変数列に拡張できるか？」という動機の下に，マルコフ連鎖という概念は導入された．それ以来マルコフ連鎖は，物理，生物現象にとどまらず，社会現象のモデルとしても広く使われてきた．マルコフ連鎖は通常，離散時間 $n = 0, 1, 2, \ldots$ を時間パラメータにもつが，$[0, \infty]$ を時間パラメータにもつ連続時間マルコフ過程も考えられる．マルコフ過程を決めるのは推移確率 $P(s, x, t, dy)$ で，時刻 s のとき状態 x にいる粒子が，時刻 t のとき集合 dy にいる確率を表す．連続な道をもつマルコフ過程を**拡散過程**と呼ぶ．コルモゴロフ (A.N. Kolmogorov) は，状態空間がユークリッド空間 $\mathbb{R}^N$ の場合，推移確率がルベーグ測度に関して十分なめらかな密度関数 $P(s, x, t, y)$ をもち，ある解析的条件を満たせば，$P(s, x, t, y)$ はフォッカー–プランク (Fokker–Planck) 方程式と呼ばれる拡散係数とドリフト係数を含む放物型偏微分方程式を満たすことを示した．伊藤清は拡散係数とドリフト係数から決まる確率微分方程式の解として拡散過程を構成した．状態空間が $\mathbb{R}^1$ の区間のとき，拡散過程の構造はフェラー (W. Feller)，ディンキン (E.B. Dynkin)，伊藤–マッキーン (H.P. Mckean) らにより完全に解明されている．ハント (G.A. Hunt) やディンキンらは，マルコフ過程において道の右連続性，準左連続性，強マルコフ性などの有用な諸概念を導入した．以下では，推移確率 $P(s, x, t, y) = P(t - s, x, dy)$ となる時間的に一様なマルコフ過程を考える．

1 基本概念

E を局所コンパクトな可分距離空間とする．1 点 Δ を，E がコンパクトでないときは無限遠点として，E がコンパクトのときは孤立点として付加したものを E_Δ とし，そのボレル集合全体の σ–加法族を $\mathcal{B}_\Delta$ とする．$[0, \infty]$ 上で定義され E_Δ の値をとる右連続かつ左極限をもつ関数 ω のうち，$\omega(s) = \Delta$ ならばすべての $t \geqq s$ に対し $\omega(t) = \Delta$ となるものの全体を Ω とする．規約として，$\omega(\infty) = \Delta$ と定める．$\mathcal{F}$ を $\{\omega \in \Omega | \omega(t) \in A\}$ $(t > 0,\ A \in \mathcal{B})$ と表される集合から生成された σ–加法族とする．また $\mathcal{F}_t$ を $\{\omega \in \Omega | X_s(\omega) \in B\}$ $(0 \leqq s \leqq t,\ B \in \mathcal{B}_\Delta)$ と表される集合全体から生成される $\mathcal{F}$ の部分 σ–加法族とする．これから $\omega(t)$ をしばしば $X_t(\omega)$ と記す．$(\Omega, \mathcal{F})$ 上に確率測度の族 $\{P_x\}$ $(x \in E_\Delta)$ があって，次の諸条件：$B \in \mathcal{B}$ に対し

$$P_x(B) \text{ は } x \text{ について } \mathcal{B}_\Delta \text{–可測}, \quad (1)$$
$$P_x(X_0(\omega) = x) = 1, \quad x \in E, \quad (2)$$

マルコフ性：P_x 測度 1 で，$B \in \mathcal{B}_\Delta$ に対し
$$P_x(X_{s+t}(\omega) \in B | \mathcal{F}_s) = P_{X_s(\omega)}(X_t(\omega) \in B), \quad (3)$$

を満足するとき，$\mathbb{M} = (\Omega, X_t, \{P_x\}_{x \in E_\Delta})$ を**マルコフ過程**という．式 (3) の左辺は σ–加法族 $\mathcal{F}_s$ に対して定義される条件付確率を表す．マルコフ過程は空間 E の中を動く粒子のランダム運動で，その確率法則が過去の履歴に関係しないようなものの数学的模型である．その重要な例としては，ブラウン運動やポアソン過程，その一般化であるレヴィ (Lévy) 過程などがある．E はマルコフ過程 $\mathbb{M}$ の状態空間，Ω は道の空間，Ω の元 ω は道と呼ばれ，$X_t(\omega)$ は時刻 t における粒子の位置を，P_x は x から出発する粒子を支配する確率法則を表している．道が Δ に到達したら粒子は消滅したと考え，$\zeta(\omega) = \inf\{t > 0 : \omega(t) = \Delta\}$ を**生存時間**，Δ を**死点**と呼ぶ．マルコフ性は，時刻 t より未来の事象 $\{X_{s+t}(\omega) \in B\}$ の確率が t までの運動履歴 $\mathcal{F}_t$ すべてには依存せず，現在の位置 X_t のみに依存することを示している．マルコフ過程の有限次元分布 $P_x(X_{t_1} \in B_1, X_{t_2} \in B_2, \ldots, X_{t_n} \in B_n)$ は，推移確率 $P(t, x, B) (= E_x(X_t \in B))$，$B \in \mathcal{B}_\Delta$ によって完全に決まる．上で拡散過程と呼んだのは，各 P_x に関して道が確率 1 で連続であるマルコフ過程である．

2 マルコフ過程の性質

マルコフ過程 $\mathbb{M}$ は，$P(t,x,E)=1$ が各 x,t に対して成り立つとき**保存的**であるという．すなわち，$P_x(\zeta=\infty)=1$ の場合で，粒子が状態空間 E に留まっていて消滅することがないことを意味する．また E の任意の点からほかの点の任意の近傍に到達する確率が正であるとき，$\mathbb{M}$ を**既約的**という．点 $x\in E$ の任意の近傍 U を出た道が，$V\subset U$ である x の近傍 V に有限時間に到達する確率が 1 のとき，x を**再帰点**という．ある条件の下でこれは x の任意の近傍 U に対し $\int_0^\infty P(t,x,U)dt=\infty$ が成り立つことと同等である．E の点がすべて再帰点のとき $\mathbb{M}$ は**再帰的**，そうでないとき**過渡的**であるという．また E の任意の点からほかの点の任意の近傍に到達する確率が 1 であるとき，$\mathbb{M}$ を再帰的ということもある．再帰的であれば保存的である．構成されたマルコフ過程がいつ保存的，既約性，再帰性，過渡性をもつか調べることは重要で，さまざまな判定条件が知られている．

$[0,\infty]$ の値をとる Ω 上の関数 σ が $\{\omega|\sigma(\omega)\leq t\}\in\mathcal{F}_t(t\geq 0)$ を満たすとき，**停止時刻** (stopping time) と呼ばれる．このとき σ–加法族 $\mathcal{F}_\sigma$ を
$$\mathcal{F}_\sigma=\{B\in\mathcal{F}|B\cap\{\sigma\leq t\}\in\mathcal{F}_t,\forall t\geq 0\}$$
によって定義する．任意の停止時刻 σ と任意の $x\in E, s>0, A\in\mathcal{B}_\Delta$ に対して P_x 確率 1 で
$$P_x(X_{\sigma+s}\in A|\mathcal{F}_\sigma)=P_{X_\sigma}(X_s\in A) \quad (4)$$
が成り立つなら，$\mathbb{M}$ は $\{\mathcal{F}_t\}$ に関し**強マルコフ性**をもつといい，そのような $\mathbb{M}$ を**強マルコフ過程**という．ランダムでない時刻 s は停止時刻であるから，強マルコフ性はマルコフ性の精密化である．マルコフ過程 $\mathbb{M}$ の道が満たす性質に応じて，**右過程，標準過程，ハント過程**などのクラスがある．

E 上の任意の有界連続関数 f を $f(\Delta)=0$ とおいて E_Δ 上の関数とみなす．そのとき，$T_tf(x)=E_x(f(X_t))$ で定義する．ただし E_x は P_x による期待値を表す．$\{T_t\}$ は $T_{s+t}=T_s\circ T_t$ を満たすので，マルコフ過程の**半群**と呼ばれる．マルコフ過程の半群に対し，線形作用素 $\mathcal{G}$ を次式によって定義する：
$$\mathcal{G}f(x)=\lim_{t\downarrow 0}t^{-1}(T_tf(x)-f(x)),\quad x\in E. \quad (5)$$

$\mathcal{G}$ の定義域 $\mathcal{D}(\mathcal{G})$ としてどのようなものを選ぶべきかは状況に依存する．$\{T_t\}$ が $C_\infty(E)$ 上の強連続縮小半群を定義するとき，吉田–ヒレ (Hille) の意味での無限小生成作用素 $\mathcal{G}$ を考えることができる．この場合 $\mathcal{D}(\mathcal{G})$ は右辺が一様に収束するような関数 $f\in C_\infty(E)$ の全体から成る．ある関数空間上に (5) で定まる線形作用素 $\mathcal{G}$ を，マルコフ過程 $\mathbb{M}$ の**生成作用素**という．各 $f\in\mathcal{D}(\mathcal{G})$ に対し
$$f(X_t)-f(X_0)-\int_0^t\mathcal{G}f(X_s)ds \quad (6)$$
は，$(\Omega,\mathcal{F}_t,P_x)$ 上のマルチンゲールになる．マルチンゲールはドゥーブ (Doob) によって導入された概念で，公平な賭けをモデル化した確率過程のクラスであり，確率解析において中心的な役割を果たすが，上の関係式をとおしてマルコフ過程論とも結びつく．とくに σ を $E_x(\sigma)<\infty$ なる停止時刻とするとき，マルチンゲールに関するドゥーブの任意抽出定理から次のディンキンの公式が導かれる：$f\in\mathcal{D}(\mathcal{G})$ に対して
$$f(x)=-E_x\left(\int_0^\sigma\mathcal{G}f(X_t)dt\right)+E_x(f(X_\sigma)).$$

多くの実際的な場合，与えられたデータは具体的な生成作用素 $\mathcal{G}$ の係数である．ストルックとバラダーン (D.W. Stroock–S.R.S. Varadhan) は，Ω 上の確率測度 P_x で $P_x(X_0=x)=1$ を満たし，任意の $f\in\mathcal{D}(\mathcal{G})$ に対して，式 (6) が $(\Omega,\{\mathcal{F}_t\}_{t\geq 0},P_x)$ 上のマルチンゲールとなるようなものの存在と一意性を問題（マルチンゲール問題）にし，マルコフ過程を構成した．この定式化は Ω 上の確率測度に直接的に言及するものであるために，マルコフ過程列の収束の研究などにおいて有効である．また，福島正俊はディリクレ形式から定義されるポテンシャル論を用いて対称マルコフ過程を構成した．対称性なる制限が付くものの，確率微分方程式やマルチンゲール問題の解としては構成できない特異なマルコフ過程の構成に有効である．

[竹田雅好]

参 考 文 献

[1] 福島正俊・竹田雅好：マルコフ過程，培風館，2008.

マルチンゲール

martingale

マルチンゲールは倍賭け法を意味する言葉として用いられていたが，これを最初に確率論の用語として用いたのはヴィル (Ville) である．英語とフランス語での意味は馬具の胸懸 (むながい) であり，語源はアラビア語である．マルチンゲールは今日の確率論における重要な概念である．

1 定　義

$(\Omega, \mathcal{F}, P)$ を確率空間とし，T は時間パラメータの集合とする．$\mathcal{F}$ の部分 σ-加法族の集合 $\{\mathcal{F}_t\}_{t\in T}$ は，すべての $s < t$ となる $s, t \in T$ に対して $\mathcal{F}_s \subset \mathcal{F}_t$ を満たすとき，情報系 (filtration) という．以下では $\{\mathcal{F}_t\}$ は情報系とする．確率過程 $\{X_t\}_{t\in T}$ は (i) 各 $t \in T$ に対して X_t が $\mathcal{F}_t$-可測であり，$E[|X_t|] < \infty$，(ii) すべての $s < t, s, t \in T$ に対して

$$E[X_t|\mathcal{F}_s] = X_s \text{ a.s.} \quad (1)$$

を満たすとき，$\{\mathcal{F}_t\}$ に関してマルチンゲール (martingale) であるという．ただし (1) の左辺は $\mathcal{F}_s$ のもとでの X_t の条件付き期待値で，"a.s." は確率 0 の集合を除いて成り立つという意味である．また "$\{\mathcal{F}_t\}$ に関して" の代わりに単に "$\{\mathcal{F}_t\}$-" と書く．(i) を満たす $\{X_t\}_{t\in T}$ が，(1) の等号を $\leqq$ でおきかえて得られる (ii) を満たすとき $\{X_t\}_{t\in T}$ は $\{\mathcal{F}_t\}$-優マルチンゲール (supermartingale)，$\geqq$ でおきかえて得られる (ii) を満たすとき $\{\mathcal{F}_t\}$-劣マルチンゲール (submartingale) であるという．なお，(i) の可測性が成り立つとき，$\{X_t\}_{t\in T}$ は $\{\mathcal{F}_t\}$-適合 (adapted) であるという．

$\{X_t\}_{t\in T}$ が $\{\mathcal{F}_t\}$-優マルチンゲールならば，$\{-X_t\}_{t\in T}$ は $\{\mathcal{F}_t\}$-劣マルチンゲールであり，その逆も成り立つ．$\{X_t\}_{t\in T}$ は $\{\mathcal{F}_t\}$-マルチンゲールとする．ψ を下に凸な関数で，各 t に対して $\psi(X_t)$ が可積分ならば，$\{\psi(X_t)\}_{t\in T}$ は劣マルチンゲールである．とくに，$\{X_t^+\}_{t\in T}$ (ただし，$X_t^+ = \max\{X_t, 0\}$) は $\{\mathcal{F}_t\}$-劣マルチンゲールである．また，$p \geqq 1$ で各 t に対して $E[|X_t|^p] < \infty$ ならば，$\{|X_t|^p\}_{t\in T}$ は劣マルチンゲールである．

$\boldsymbol{X} = \{X_t\}_{t\in T}$ に対して，$\{X_u : u \leqq t, u \in T\}$ が生成する最小の σ-加法族 $\sigma\{X_u : u \leqq t, u \in T\}$ を $\mathcal{F}_t^{\boldsymbol{X}}$ と書く．$\{\mathcal{F}_t\}$-マルチンゲールは $\{\mathcal{F}_t^{\boldsymbol{X}}\}$-マルチンゲールである．このことは，優マルチンゲール，劣マルチンゲールについても同様に成り立つ．

以後本節では，$T = \boldsymbol{Z}_+$ (ただし，$\boldsymbol{Z}_+ = \{0, 1, \ldots\}$) の場合のみを扱うが，対応する結果は T が連続時間の集合の場合にも拡張される．

2 マルチンゲール変換とドゥーブ分解

例 1　$\boldsymbol{Y} = \{Y_n\}_{n\in \boldsymbol{N}}$ は $P(Y_n = 1) = P(Y_n = -1) = 1/2$ を満たす独立同分布な確率変数列とする．

(i) $X_0 = 0$，$n \in \boldsymbol{N}$ に対し $X_n = \sum_{k=1}^n Y_k$ とすると，$\{X_n\}_{n\in \boldsymbol{Z}_+}$ は標準ランダムウォークとなる．このとき，$\{X_n\}_{n\in \boldsymbol{Z}_+}$ は $\{\mathcal{F}_n^{\boldsymbol{Y}}\}$-マルチンゲールである．(ただし，$\mathcal{F}_0^{\boldsymbol{Y}} = \{\emptyset, \Omega\}$ とする．)

(ii) $a > 0$ として，$\{\xi_n\}$ を $\xi_1(\omega) = a$, $n = 1, 2, \ldots$ に対しては

$$\xi_{n+1}(\omega) = \begin{cases} a, & Y_n(\omega) = 1, \\ 2\xi_n(\omega), & Y_n(\omega) = -1 \end{cases}$$

により帰納的に定義する．このとき，$X_0 = 0$，$n \in \boldsymbol{N}$ に対し $X_n = \sum_{k=1}^n \xi_k Y_k$ とすると，$\{X_n\}_{n\in \boldsymbol{Z}_+}$ は $\{\mathcal{F}_n^{\boldsymbol{Y}}\}$-マルチンゲールである．$\{X_n\}_{n\in \boldsymbol{Z}_+}$ は，倍賭け法における累計利得を表しており，単に倍賭けと呼ばれている．

上の例 1 (ii) は次のように一般化される．確率過程 $\{\xi_n\}_{n\in \boldsymbol{N}}$ は，各 $n \in \boldsymbol{N}$ に対して，ξ_n が $\mathcal{F}_{n-1}$-可測であるときに，$\{\mathcal{F}_n\}$-予測可能 (predictable) であるという．

定理 1　$\{X_n\}_{n\in \boldsymbol{Z}_+}$ を $\{\mathcal{F}_n\}$-マルチンゲールとし，$\{\xi_n\}$ を $\{\mathcal{F}_n\}$-予測可能な確率過程で，各 n に対して ξ_n は有界であるとする．このとき，$Y_0 = 0$，$n \in \boldsymbol{N}$ に対し $Y_n = \sum_{k=1}^n \xi_k(X_k - X_{k-1})$ とすると，$\{Y_n\}_{n\in \boldsymbol{Z}_+}$ は $\{\mathcal{F}_n\}$-マルチンゲールである．

この $\{Y_n\}$ を $\{\xi_n\}$ による $\{X_n\}$ のマルチンゲー

ル変換 (martingale transform) といい，$\{(\xi \cdot X)_n\}$ で表す．

確率過程 $\{A_n\}_{n \in \mathbf{Z}_+}$ は任意の $n \in \mathbf{Z}_+$ に対して $A_n \leqq A_{n+1}$ a.s. が成り立つとき，増加過程 (increasing process) であるという．

定理 2 $\{X_n\}_{n \in \mathbf{Z}_+}$ は $\{\mathcal{F}_n\}$–劣マルチンゲールとする．このとき，$\{\mathcal{F}_n\}$–マルチンゲール $\{M_n\}_{n \in \mathbf{Z}_+}$ と $A_0 = 0$ を満たす $\{\mathcal{F}_n\}$–予測可能な増加過程 $\{A_n\}_{n \in \mathbf{Z}_+}$ が存在して，
$$X_n = M_n + A_n \ a.s. \quad (2)$$
と分解される．さらに，このような $\{X_n\}_{n \in \mathbf{Z}_+}$ と $\{A_n\}_{n \in \mathbf{Z}_+}$ は確率 0 の集合を除いて一意的に定まる．

(2) の分解はドゥーブ分解 (Doob decomposition) と呼ばれる．

例 2 $\{X_n\}_{n \in \mathbf{Z}_+}$ は各 n に対して $E[X_n^2] < \infty$ を満たす $\{\mathcal{F}_n\}$–マルチンゲールとする．このとき，$\{X_n^2\}_{n \in \mathbf{Z}_+}$ は劣マルチンゲールとなる．したがってマルチンゲール $\{M_n\}_{n \in \mathbf{Z}_+}$ と $A_0 = 0$ を満たす予測可能な増加過程 $\{A_n\}_{n \in \mathbf{Z}_+}$ が存在して，
$$X_n^2 = M_n + A_n \ \text{a.s.} \quad (3)$$
が成り立つ．$\{A_n\}$ を $\{X_n\}$ の 2 次変動過程 (quadratic variation process) といい，$\{\langle X \rangle_n\}$ で表す．なお，$[X]_0 = 0$, $n \in \mathbf{N}$ に対して
$$[X]_n = \sum_{k=1}^{n}(X_k - X_{k-1})^2$$
とおく．$M_n' = X_n^2 - [X]_n$, $A_n' = [X]_n$ とおくと，$\{M_n'\}_{n \in \mathbf{Z}_+}$ はマルチンゲールで，$\{A_n'\}_{n \in \mathbf{Z}_+}$ は $A_0' = 0$ を満たす $\{\mathcal{F}_n\}$–適合な増加過程で，(3) と同様の式 $X_n^2 = M_n' + A_n'$ a.s. を満たす．このことは，増加過程が予測可能であるという条件を除くと，$\{X_n^2\}$ についての (2) の分解は一意的でないことを意味している．実際，$\{X_n\}$ が例 1 の標準ランダムウォークのときは，$\langle X \rangle_0 = [X]_0 = 0$, $n \in \mathbf{N}$ に対して $\langle X \rangle_n = n$, $[X]_n = \sum_{k=1}^{n} Y_k^2$ である．

3 任意抽出定理と収束定理

$\tau : \Omega \to \mathbf{Z}_+ \cup \{\infty\}$ は任意の $n \in \mathbf{Z}_+$ に対して $\{\tau \leqq n\} \in \mathcal{F}_n$ を満たすとき，$\{\mathcal{F}_n\}$–停止時刻 (stopping time) または $\{\mathcal{F}_n\}$–マルコフ時刻 (Markov time) という．

例 3 (i) $\tau = m$ (定数関数) は停止時刻である．(ii) 確率過程 $\mathbf{X} = \{X_n\}_{n \in \mathbf{Z}_+}$ があるとき，$E \subset \mathbf{R}$ に対し
$$\tau_E = \min\{n : X_n \in E\}$$
(ただし，$\{n : X_n \in E\} = \emptyset$ のときは $\tau_E = \infty$ とする) とおき，これを E への初度到達時刻 (first hitting time) という．E が $\mathbf{R}$ のボレル (Borel) 集合ならば，τ_E は $\{\mathcal{F}_n^{\mathbf{X}}\}$–停止時刻である．

$\{\tau_k\}$ が停止時刻ならば，$\sup_k \tau_k(\omega)$, $\inf_k \tau_k(\omega)$, $\sum_k \tau_k(\omega)$ はいずれも停止時刻である．τ を $\{\mathcal{F}_n\}$–停止時刻とする．このとき，任意の $n \in \mathbf{Z}_+$ に対して $A \cap \{\tau \leqq n\} \in \mathcal{F}_n$ を満たす A の全体を $\mathcal{F}_\tau$ で表す．$\mathcal{F}_\tau$ は σ–加法族で，τ と X_τ は $\mathcal{F}_\tau$–可測である．τ と σ が停止時刻で，$\tau(\omega) < \sigma(\omega)$ を満たせば，$\mathcal{F}_\tau \subset \mathcal{F}_\sigma$ が成り立つ．$\mathcal{F}_\tau$ は，任意の $n \in \mathbf{Z}_+$ に対して $A \cap \{\tau = n\} \in \mathcal{F}_n$ を満たす A の全体と一致する．また，確率過程 $\mathbf{X} = \{X_n\}_{n \in \mathbf{Z}_+}$ に対して，$\mathcal{F}_\tau^{\mathbf{X}} = \sigma\{X_{\min\{k, \tau\}} : k \in \mathbf{Z}_+\}$ が成り立つ．

$\{X_n\}_{n \in \mathbf{Z}_+}$ を $\{\mathcal{F}_n\}$–劣マルチンゲールとする．このとき，τ と σ が $\tau(\omega) \leqq \sigma(\omega)$ となる $\{\mathcal{F}_n\}$–停止時刻で，σ が有界ならば，
$$E[X_\sigma | \mathcal{F}_\tau] \geqq X_\tau \ \text{a.s.} \quad (4)$$
が成り立つ．さらに，$\{X_n\}$ が一様可積分，すなわち，$\lim_{c \to \infty} \sup_n E[|X_n| ; |X_n| > c] = 0$ であれば，σ が有界であるという仮定を $\sigma(\omega) \in \mathbf{Z}_+$ に置き換えても (4) が成り立つ．

このことから，次の任意抽出定理 (optional sampling theorem) が得られる．

定理 3 $\{X_n\}_{n \in \mathbf{Z}_+}$ は $\{\mathcal{F}_n\}$–劣マルチンゲールで，$\{\tau_n\}$ は単調非減少な $\{\mathcal{F}_n\}$–停止時刻の列で，各 $n \in \mathbf{Z}_+$ に対し τ_n は有界であるとする．このとき，$\{X_{\tau_n}\}_{n \in \mathbf{Z}_+}$ は $\{\mathcal{F}_{\tau_n}\}$–劣マルチンゲールである．さらに，$\{X_n\}$ が一様可積分であれば，τ_n が有界であるという仮定を $\tau_n(\omega) \in \mathbf{Z}_+$ に置き換えても上のことが成り立つ．

$\{X_n\}_{n\in\mathbf{Z}_+}$ は $\{\mathcal{F}_n\}$–劣マルチンゲールとする. $a < b$ とし, $\{X_n\}$ が時刻 n までに区間 $[a, b]$ を上向きに横断する回数を**上向き横断回数** (upcrossing number) といい, U_n で表す. このとき,
$$E[U_n] \leqq \frac{1}{b-a} E[(X_n - a)^+]$$
が成り立つ. この不等式から次の定理が導かれる.

定理 4 $\{X_n\}_{n\in\mathbf{Z}_+}$ が $\{\mathcal{F}_n\}$–劣マルチンゲールで, $\sup_n E[X_n^+] < \infty$ ならば, X_n はある可積分な確率変数 X に概収束する. さらに, $\{X_n\}$ が一様可積分であれば, X_n は X に L^1 収束し (すなわち, $\lim_n E[|X_n - X|] = 0$ が成り立ち), $E[X|\mathcal{F}_n] \geqq X_n$ a.s. である.

例 4 (i) X を可積分な確率変数とし, $X_n = E[X|\mathcal{F}_n]$ とすると, $\{X_n\}_{n\in\mathbf{Z}_+}$ は一様可積分な $\{\mathcal{F}_n\}$–マルチンゲールとなり, X_n は X に概収束かつ L^1 収束する.

(ii) 確率過程 $\{Y_n\}$ に対して, $\mathcal{T} = \bigcap_n \sigma\{Y_n, Y_{n+1}, \ldots\}$ とおき, $\mathcal{T}$ の元を $\{Y_n\}$ の**末尾事象** (tail event) という. $A \in \mathcal{T}$ に対し, $X_n = E[1_A|\mathcal{F}_n]$ ($1_A = 1_A(\omega)$ は A の上で 1, $\Omega \setminus A$ では 0 の値を取る確率変数) とすると, X_n は 1_A に概収束かつ L^1–収束する. このことから, とくに $Y_1, Y_2, \ldots$ が独立ならば, $P(A) = 1$ または $P(A) = 0$ であることが導かれる. これは**コルモゴロフの 0–1 法則** (Kolmogorov's 0–1 law) と呼ばれる.

4 マルチンゲールに関する不等式

次のいくつかの不等式は**ドゥーブの不等式** (Doob inequality) と呼ばれる.

定理 5 $\{X_n\}_{n\in\mathbf{Z}_+}$ は $\{\mathcal{F}_n\}$–劣マルチンゲールとする. このとき, 任意の $a > 0$ に対して
$$aP(\max_{0\leqq k\leqq n} X_k \geqq a) \leqq E[X_n; \max_{0\leqq k\leqq n} X_k \geqq a]$$
$$\leqq E[X_n^+],$$
$$aP(\min_{0\leqq k\leqq n} X_k \leqq -a)$$
$$\leqq E[X_n - X_0] - E[X_n; \min_{0\leqq k\leqq n} X_k \leqq -a]$$
$$\leqq E[X_n^+] - E[X_0]$$
が成り立つ.

例 5 $\{\xi_n\}$ を定理 1 の条件を満たす $\{\mathcal{F}_n\}$–予測可能な確率過程, $\{X_n\}_{n\in\mathbf{Z}_+}$ を $E[|X_n|^2] < \infty$ を満たす $\{\mathcal{F}_n\}$–マルチンゲールとする. このとき, $Y_n = (\xi \cdot X)_n$ とすると, 任意の $a > 0$ に対して
$$a^2 P(\max_{0\leqq k\leqq n} |Y_k| \geqq a) \leqq E[Y_n^2]$$
$$= E\left[\sum_{k=1}^n \xi_k^2 (\langle X\rangle_k - \langle X\rangle_{k-1})\right]$$
$$= E\left[\sum_{k=1}^n \xi_k^2 ([X]_k - [X]_{k-1})\right]$$
が成り立つ.

定理 6 $p > 1$ として, $\{X_n\}_{n\in\mathbf{Z}_+}$ を $E[|X_n|^p] < \infty$ を満たす $\{\mathcal{F}_n\}$–マルチンゲールとする. このとき,
$$E\left[\max_{0\leqq k\leqq n} |X_k|^p\right] \leqq \left(\frac{p}{p-1}\right)^p E[|X_n|^p]$$
が成り立つ.

次の不等式は**バークホルダー–デイビス–グンディの不等式** (Burkholder–Davis–Gundy inequality) と呼ばれるが, 最初の貢献者に因んで, 単にバークホルダーの不等式と呼ばれることもある.

定理 7 $p \geqq 1$ に対して, 定数 $c_p, C_p > 0$ が存在して, 任意の $X_0 = 0$, $E[|X_n|^p] < \infty$ を満たす $\{\mathcal{F}_n\}$–マルチンゲール $\{X_n\}_{n\in\mathbf{Z}_+}$ について
$$c_p E\left[[X]_n^{p/2}\right] \leqq E\left[\max_{0\leqq k\leqq n} |X_k|^p\right]$$
$$\leqq C_p E\left[[X]_n^{p/2}\right]$$
が成り立つ. [小倉 幸雄]

参考文献

[1] 伊藤 清:確率論, 岩波書店, 1991.
[2] 舟木直久:確率論, 朝倉書店, 2004.
[3] 長井英生:確率微分方程式, 共立出版, 1999.
[4] 西尾真喜子:確率論, 実教出版, 1978.
[5] D. Williams:*Probability with Martingales*, Cambridge University Press, 1991. (邦訳) 赤堀次郎・原 啓介・山田俊雄訳:マルチンゲールによる確率論, 培風館, 2004.

ミレニアム懸賞問題

millennium prize problems

1 懸賞問題の立案

2000年にクレイ数学研究所 (Clay Mathematics Institute) によって発表された7つの問題. 単に「ミレニアム問題」, あるいは「クレイの問題」とも呼ばれる.

懸賞問題立案の目的は「二千年紀末に数学者たちが取り組んでいた, 最も難しいと考えられていた問題群を記録するため」,「数学の最前線にはいまだに挑戦の余地があり, 未解決の重要な問題にあふれていることを広く人々に意識してもらうため」,「最も深遠で, 最も難しい問題の解決に向けて研究を進める意義を強調するため」, そして,「数学において歴史的な重要性をもつ成果を評価するため」と謳われている [1]. 数学の問題としては異例の, 100万ドルの賞金がかけられたことでも話題となった.

各問題のタイトルは以下の通りである.
(1) ヤン–ミルズ理論と質量ギャップ
(2) リーマン予想
(3) P vs NP 問題
(4) ナヴィエ–ストークス方程式
(5) ホッジ予想
(6) ポアンカレ予想
(7) バーチとスウィナートン–ダイヤーの予想

2 七つの問題

(1) はヤン–ミルズのラグランジアンにより記述される古典的なヤン–ミルズ理論の正しい量子化を与え, そこでは正のエネルギーには正の最小値が存在することを示すことを問題とする. 素粒子論における強い力を説明する非可換ゲージ理論 (→ [ゲージ理論]) は特に量子色力学 (quantum chromodynamics, QCD) と呼ばれるが, この理論で素粒子論におけるクォークの振る舞いを記述し, 単独のクォークが存在しないという「クォークの閉じ込め」と呼ばれる性質を数学的に導くことも期待されている.

(2) はリーマンのゼータ関数の零点に関する問題である. ゼータ関数 $\zeta(s) = \sum_{n=1}^{\infty} \frac{1}{n^s}$ は, $\operatorname{Re} s > 1$ で絶対収束し, s について正則な関数であるが, 複素数平面 C に解析接続される. 解析接続された $\zeta(s)$ は, 負の偶数 $-2, -4, -6, \ldots$ に1位の零点をもつことがわかる. リーマンが1859年に予想したのは, これら以外の零点の実部はすべて $\frac{1}{2}$ であるということであり, ヒルベルトの問題のなかでも第8問題でふれられている (→ [ヒルベルトの問題]) が, これがミレニアム問題となっている (→ [リーマン予想]).

(3) は問題の困難さを示す二つのクラス「P」と「NP」が等しいかどうかを問う問題である. 標語的には「"解を見つけること" と "見つかった解が正しいか確認すること" は同じか？」と表現される. Pはpolynomial time (多項式時間), NPは歴史的な理由でnondeterministic polynomial time (非決定的多項式時間) からきている. それぞれ決定的あるいは非決定的という性質をもつチューリングマシン (→ [チューリングマシン]) によって, 入力される語の長さの多項式で評価されるステップ数で解答されるという問題のクラスである. 多項式で評価される時間を設定しているのは, それよりも多く時間が必要な計算は実用上不可能と考えられているからである. 使用されるチューリングマシンの定義によりNPの方がPよりも広いクラスである. $P \subsetneq NP$ を示す試みがいろいろと行われてきているが, 証明は得られていない.

(4) は非圧縮性粘性流体の運動を記述するナヴィエ–ストークス方程式 (→ [ナヴィエ–ストークス方程式]) について, 物理的に意味のある解の存在についての問題である. 外力が存在しない場合に滑らかな初期データに対して, 滑らかな解が時刻無限大まで存在するか, 適当な外力のもとで, 解の非存在が示されるかが問われており, また, これらの問題について空間方向に3重の周期をもつ場合 (3次元トーラス上の非圧縮性粘性流体の運動の場合) にはどうなるかも問うている. 方程式が定式化された19世紀以後, 20世紀の関数解析の発展により, 多くの深い研究がされてきているが,

(5) は連結な n 次元非特異代数多様体 (→ [代数多様体]) のコホモロジー群についての問題である. n 次元非特異代数多様体 X のコホモロジー群は, そのケーラー構造 (→ [ケーラー多様体]) により, ホッジ分解をもつ (→ [ホッジ分解]). すなわち, $2d$ 次元のコホモロジー群 $H^{2d}(X;C)$ は $\bigoplus_{p+q=2d} H^{p,q}(X;C)$ のように分解され, $H^{p,q}(X;C)$ の元は, 局所複素座標で $\sum a_{i_1\cdots i_p j_1\cdots j_q} dz_{i_1} \wedge dz_{i_p} \wedge d\bar{z}_{i_1} \wedge d\bar{z}_{i_p}$ の形の閉形式で代表される. 一方, 代数多様体の複素余次元 d の既約な部分代数多様体 Z は, $2n-2d$ 次元の整係数ホモロジー類を定めるが, そのポアンカレ双対 $\mathrm{cl}(Z)$ は, $H^{2d}(X;\boldsymbol{Z}) \cap H^{d,d}(X;C)$ の元を定める (→ [ポアンカレ双対定理]). ホッジ予想は, 有理数係数において $H^{2d}(X;\boldsymbol{Q}) \cap H^{d,d}(X;C)$ が $\mathrm{cl}(Z)$ の形の元 (代数サイクル) で有理数上生成されるというものである. 現状では, 代数サイクルを十分にたくさん作ることは容易ではない. この予想はホッジにより 1950 年の国際数学者会議で整係数の予想として提示され, グロタンディークが 1969 年に有理数係数とすべきことを注意した.

(6) はポアンカレが 1904 年に提示した,「3 次元球面が一意的な単連結 3 次元多様体として特徴づけられるか」という問題である (→ [ポアンカレ予想] [球面と球体]). 4 次元および 5 次元以上に一般化したポアンカレ予想が先に肯定的に解決され (→ [モース理論] [多様体 (4 次元)]), オリジナルの 3 次元の場合は長く未解決問題として残されていた. サーストンは 3 次元多様体論のあるべき姿として幾何化予想を提示し, これがポアンカレ予想を解く道筋であることを主張した. その後ペレルマンにより, サーストンの幾何化予想が肯定的に解かれ, これにより 3 次元ポアンカレ予想も肯定的に解決された (→ [多様体 (3 次元)]). クレイ数学研究所は, この問題の解決を宣言し, ペレルマンに, 賞金贈呈を申し出たが, ペレルマンはこれを断り, このことも話題となった.

(7) は有理数体上の楕円曲線 (→ [楕円曲線]) に関するものである. 有理数体上の楕円曲線 E は, 整数 a, b により, 複素射影平面内に $\{[x:y:z] \in CP^2 \mid y^2z = x^3 + axz^2 + bz^3\}$ の形で定義される. ただし, 判別式 $\Delta = -16(4a^3 + 27b^2) \neq 0$ とする. このとき, E は, 複素 1 次元トーラスであり, 加法群となる (→ [アーベル多様体]). E の点のうち $[x:y:z]$ が有理比となるもの全体 $E(\boldsymbol{Q})$ は有限生成アーベル群となり, モーデル–ヴェイユ群と呼ばれる. 次で定義されるハッセ–ヴェイユの L 関数を考える.
$$L(E,s) = \prod_{p \nmid 2\Delta} (1-(p-N_p)p^{-s} + p^{1-2s})^{-1}$$
バーチとスウィナートン–ダイヤーの予想は, $L(E,s)$ の $s=1$ における零点の位数がモーデル–ヴェイユ群 $E(\boldsymbol{Q})$ の階数 r に等しいというものである. さらに係数 $(s-1)^r$ の係数も予想されている.

2015 年現在解決されているのはポアンカレ予想のみである. 問題の詳細, 懸賞のルールなどはクレイ数学研究所の web サイト [1] で読むことができる.
[編集委員]

参考文献

[1] Clay Mathematics Institute: *Millennium Problems* (http://www.claymath.org/millennium-problems)

[2] 「クレイ数学研究所ミレニアム懸賞問題解説」『数学』**53** (2001), 195–207 (小島定吉: Poincaré 予想), **53** (2001), 297–307 (江口 徹: Yang–Milles 理論—クォークの閉じ込めについて), **54** (2002), 86–99 (西野哲朗: P = NP? 問題), **54** (2002), 99–105 (本橋洋一: Riemann 予想), **54** (2002), 178–202 (小薗英雄: Navier–Stokes 方程式), **54** (2002), 203–213 (寺杣友秀: Hodge 予想), **55** (2003), 72–88 (織田孝幸: Birch Swinnerton-Dyer 予想).

[3] 一松 信ほか: 数学七つの未解決問題—あなたも 100 万ドルにチャレンジしよう!, 森北出版, 2002.

[4] K. Devlin: *The Millennium Problems: The Seven Greatest Unsolved Mathematical Puzzles Of Our Time*, Basic Books, 2002. (邦訳) 山下純一訳: 興奮する数学—世界を沸かせる 7 つの未解決問題, 岩波書店, 2004.

向き付け

orientation

空間の中で，右ねじと左ねじは違う形である．空間の中でどう動かしても，決して右ねじが左ねじに変わることはない．しかし，片方の鏡像をとると，同じ形になる．鏡像をとる変換は，距離を変えず，合同変換である．すなわち，右ねじと左ねじは合同である．このような現象を，右ねじと左ねじは合同であるけれど，向きが違うと考える．この考え方を数学的に抽象化したものが向き付けという概念である．

1 実ベクトル空間の向き付け

n 次元実ベクトル空間 V の向き (orientation) は，基底の同値類で定義される．V の二つの基底 $\langle e_1, e_2, \ldots, e_n \rangle$, $\langle f_1, f_2, \ldots, f_n \rangle$ に対し，その変換行列 A を $A = (a_{ij})$, $f_j = \sum_{i=1}^{n} a_{ij} e_i$ により定める．行列式 $\det A$ が正であるとき，二つの基底は同値であると定める．

定理 1 n 次元実ベクトル空間 V の二つの基底 $\langle e_1, e_2, \ldots, e_n \rangle$, $\langle f_1, f_2, \ldots, f_n \rangle$ が同値であるとき，連続な変形で二つの基底を結ぶことができる．すなわち，V の基底の族 $\langle e_1(t), e_2(t), \ldots, e_n(t) \rangle$, $0 \leq t \leq 1$ で，各 $i = 1, 2, \ldots, n$ に対して，$e_i(0) = e_i$, $e_i(1) = f_i$, $e_i(t)$ は t に関して連続，となるものが存在する．

V の向きはちょうど二つあり，一方は他方の反対の向きという．基底 $\langle e_1, e_2, \ldots, e_n \rangle$ に対して，一つの元 e_i を $-e_i$ に代えても，二つの元 e_i と e_j を入れ替えても，向きは逆転する．一般に，鏡像を対応させる変換 (鏡映) は向きを逆転させる．

2 可微分多様体の向き付け

X を C^r 多様体とし，(U, φ) をその座標近傍とすると，各点 $p \in U$ に対し，接平面 T_pX に基底 $\langle (\frac{\partial}{\partial x_1})_p, (\frac{\partial}{\partial x_2})_p, \ldots, (\frac{\partial}{\partial x_n})_p \rangle$ が定まる．これらの基底は T_pX に向きを定める．この向きを，U 上同調しているという．X のすべての接平面に向きを選ぶことを考えよう．その向きの選びかたは，各点ごとに自由に選ぶのではなく，どの点でも同調する座標近傍が存在するように選びたい．そのようなことができるとき，多様体 X は向き付け可能 (orientable) であるという．そうでないとき，向き付け不可能 (non-orientable) であるという．

定理 2 X を n 次元 C^r 多様体とし，向き付け可能であるとする．そのとき，座標近傍による被覆 $\{(U_\lambda, \varphi_\lambda)\}$ で，任意の二つ $(U_\lambda, \varphi_\lambda)$, (U_μ, φ_μ) に対して，局所座標を $\varphi_\lambda(p) = (x_1, x_2, \ldots, x_n)$, $\varphi_\mu(p) = (y_1, y_2, \ldots, y_n)$ とおくとき，座標変換のヤコビ行列式 $\det \left(\frac{\partial y_i}{\partial x_j} \right)$ がつねに正になるものが存在する．

被覆空間の応用として，向き付け不可能多様体上に向き付け可能な 2 重被覆を構成することができる．

特性類の理論の応用として，多様体が向き付け可能かどうかを，Stiefel–Whitney 類 w_1 を用いて判定することができる．

3 空間曲面の向き付け

ユークリッド空間 $\boldsymbol{R}^3$ にはめ込まれた曲面 S が向き付け可能なとき，パラメータ表示 $\boldsymbol{x}(u,v)$ を向きと同調するように選ぶ．すると，その法ベクトル $\boldsymbol{n}(u,v)$ を，$\langle \boldsymbol{x}_u, \boldsymbol{x}_v, \boldsymbol{n} \rangle$ が $\boldsymbol{R}^3$ の標準的向きと一致するように選ぶことができる．そのとき曲面の近傍を $\boldsymbol{n}(u,v)$ 側，すなわち，表と，$-\boldsymbol{n}(u,v)$ 側，すなわち，裏に分けることができる．このような理由で，向き付け可能曲面は両側曲面といわれることがある．球面，トーラス，種数 g の閉曲面などはその例である．

向き付け不可能曲面では，このようなことはできない．すなわち，大域的に表と裏とがつながってしまい，区別することができない．そのため，単側曲面といわれることがある．例としては，メビウス (Möbius) の帯，クライン (Klein) の壺などがある．

［川﨑徹郎］

結び目

knot

1 結び目

靴ひもやあやとりなど，人はひもを結ぶことが日常茶飯事であり，その結びかたは多種多様にある．このような結び方を数学の研究対象として抽象化したのが結び目である．抽象化された数理構造は，ほかの分野の考え方と数多くの共通点が見いだされ，とくに1980年代からは素朴な数学の研究対象以上の意味をもつに至っている．

図 1 結び目の図式

結び目 (knot) とは，円周 S^1 から3次元空間 X へのなめらかな埋め込み $f: S^1 \to X$，あるいはその像 $K = f(S^1)$ のことである．X と K の対 (X, K) のことと考えてもよい．写像 f のなめらかさが多少崩れても，以降の説明に大きな差異は生じない．空間 X は，3次元ユークリッド空間か3次元球面の場合が興味深く，また研究の蓄積も突出している．

ある結び目 K を，自己交叉を生じさせず別の結び目 K' に連続的に変形できるとき，両者は結び目としては同じと考える．このアイデアは，アイソトピーという概念で厳密化される．結び目 K, K' に対し，なめらかな写像 $F: S^1 \times [0, 1] \to X$ として，任意の時刻 $t \in [0, 1]$ で $F(\,, t): S^1 \to X$ は埋め込みであり，$\mathrm{Im}\, F(\,, 0) = K, \mathrm{Im}\, F(\,, 1) = K'$ を満たすものを，K と K' を結ぶアイソトピー (isotopy) という．K と K' を結ぶアイソトピーは一般には存在しないが，存在するとき K と K' はアイソトピック (isotopic) であるという．アイソトピックという関係は同値関係である．

結び目が作る空間対 (X, K) には，X の向き，および K の向きを考えることができる．空間対として位相同型であるという関係は，X の向きを保つか否か，また K の向きを保つか否かで4通りある．両者の向きを無視したもっとも弱い関係の同値類を，結び目型 (knot type) という．なめらかなアイソトピー $F: S^1 \times I \to X$ は時刻を保つ $X \times I$ からの写像に拡張するので，アイソトピックという関係は，空間対 $(X, K), (X, K')$ が X の向きを保ち位相同型であるという関係と同じである．

結び目 (X, K) が X の向きを変える自己位相同型を許容するとき両手型 (amphicheiral) という．両手型は，K の向きを保つか否かで2通りある．また X の向きは変えないが K の向きを変える自己位相同型を許容するとき可逆 (invertible) という．これらの性質をもつ結び目は多数ある．

図 2 可逆結び目の例

結び目理論においては，与えられた二つの結び目が等しいかどうかを問う判定問題と，すべての結び目を列挙する分類問題は基本的である．両手性や可逆性をもつ結び目は，こうした基本問題につねにある種の難しさを提供する．

2 結び目図式

結び目を平面に射影し，必要なら少し動かして交点が2重点だけからなるようにする．さらに交点での上下関係の情報を図1のように加えたものを結び目の図式 (knot diagram) という．

結び目の図式において，局所的に記される以下の三つの変形は，それぞれライデマイスター移動 (Reidemeister move) I, II, III と呼ばれている．これらの移動前後の結び目が互いにアイソトピッ

クであることはあきらかである．

図3　(a) ライデマイスター移動 I　(b) 移動 II

図4　ライデマイスター移動 III

逆に，アイソトピックな結び目の互いに異なる図式は，図式のアイソトピーと有限回のライデマイスター移動を施すことにより，一方を他方に移すことができる．これにより，結び目の研究は図式とライデマイスター移動という組合せ的な対象の研究に置き換えることができる．

3　絡み目

互いに交わらない有限個の結び目の組を**絡み目** (link) という．

図5　絡み目の図式

結び目に対して定義できることは，絡み目に対してもほぼ同様に定義できる．とくに図式やライデマイスター移動は大幅な変更は必要とせず，絡み目のアイソトピー類の研究は組合せ的な対象に置き換えられる．

絡み目は結び目の単純な一般化であるが，異なる成分が互いに絡むという新しい現象がある．向きのついた絡み目に対して，成分どうしの**絡み数** (linking number) が，一方の成分が張る曲面と他方の成分との代数的交点数として定義される．絡み数は，図式から直接計算する方法や，解析的な積分表示が知られている．

4　組みひも

組みひも (braid) とは，ライデマイスター移動 II, III の図にあるような，指定された本数のひもを上から下に垂らした結び目に類似する数学の研究対象である．ひもの本数を固定し上下の端点を固定するアイソトピーで同値関係を入れると，組みひもは縦に積み重ねることにより群になり，**組みひも群** (braid group) と呼ばれている．

組みひもの上下を自然に結合させ絡み目を得る操作を閉包という．任意の絡み目は，ある組みひもの閉包として実現できる．また同じ絡み目を与える組みひもの間の同値関係が知られている．

ライデマイスター移動 III は，組みひも群の
$$aba = bab$$
という関係式に相当する．この関係式と数理物理学におけるヤン–バクスター方程式の類似が明確に意識され，1980 年代半ばから研究が飛躍的に進んだ．

5　不　変　量

結び目の集合から何らかの集合への写像で，適当な同値類の上で一定値をとるものを，結び目の**不変量** (knot invariant) という．不変量は結び目を区別するのにたいへん有効であり，1928 年に見いだされたアレクサンダー (Alexander) 多項式以来の長い研究の歴史がある．

素朴な幾何的不変量は無尽に考えられる．たとえば，指定された結び目型を表すさまざまな図式に現れる交点の最小数は，**最小交点数** (minimal crossing number) と呼ばれ興味深い研究が続いている．

不変量の研究は古典的な素朴な手法に留まらず，結び目の図式をもとにした組合せ的側面を背景に，高度な代数的トポロジーの手法，数理物理の手法が交錯している．逆に，結び目研究の不変量に対する視点が，数論や数理物理などの分野に影響を与えている．

［小島定吉］

面　積

area

面積は日常語的な意味では，ある場所の広さを表す量である．小学校以来，さまざまな図形の面積の計算方法を学んできた．たとえば長方形の面積は「縦」×「横」，三角形の面積は「底辺」×「高さ」×(1/2)，円の面積は「半径の 2 乗」×π などである．

それでは一般の図形，すなわちユークリッド平面 $\boldsymbol{R}^2$ の部分集合に対する面積はどのように定義されるだろうか？　はじめにジョルダンの意味の面積の定義を解説する．

1　ジョルダンの意味の面積

a, b を実数とし，$l_1, l_2 > 0$ とする．このとき
$$R = [a, a+l_1) \times [b, b+l_2)$$
$$= \{(x,y) : a \leqq x < a+l_1,\ b \leqq x < b+l_2\}$$
を長方形といい，$l_1 l_2$ を R の面積と定め，$|R| = l_1 l_2$ とおく．

次にユークリッド平面の有界な部分集合 A に対してその面積を定義する．ここで，A が有界であるとは，A がある長方形に含まれることである．このとき，A の中に有限個の長方形を互いに重なり合わないように敷き詰めることを考える．この敷き詰め方にはさまざまなものがありうる．そこで
$$\underline{J}(A)$$
$$= \sup\left\{\sum_{j=1}^n |R_j| : \begin{array}{l} n \text{ は自然数}, R_1, \ldots, R_n \text{ は} \\ \text{互いに交わらない長方形で} \\ \bigcup_{j=1}^n R_j \subset A \end{array}\right\}$$
と定める．ただし A がいかなる長方形も含み得ない場合は，$\underline{J}(A) = 0$ とする．たとえば，
$$E = \{(x,y) : x, y \text{ は } 0 \text{ 以上 } 1 \text{ 以下の有理数}\}$$
はいかなる長方形も含み得ない図形である．

$\underline{J}(A)$ の感覚的なイメージは，A の日常語的な意味での面積を長方形を使って内側から近似した量であるといえる．さらに A の日常語的な意味での面積を外側から近似した量として次のものを定義する．
$$\overline{J}(A)$$
$$= \inf\left\{\sum_{j=1}^n |R_j| : \begin{array}{l} n \text{ は自然数}, R_1, \ldots, R_n \text{ は} \\ \text{長方形で}, A \subset \bigcup_{j=1}^n R_j \end{array}\right\}$$
この二つの量を用いて，一般の図形に対して面積が測定可能 (可測) であること，そしてさらにその図形の面積が定義される．

定義 1　有界な部分集合 $A \subset \boldsymbol{R}^2$ が $\underline{J}(A) = \overline{J}(A)$ をみたすとき，A はジョルダンの意味で可測であるといい，$J(A) = \underline{J}(A) = \overline{J}(A)$ とおく．$J(A)$ を A のジョルダンの意味での面積という．

いろいろな図形の面積がリーマン積分を用いて計算できる．たとえば，$f(x)$ と $g(x)$ が $[a,b]$ 上の連続関数で，$f(x) \geqq g(x)\ (x \in [a,b])$ を満たす場合，
$$J(\{(x,y) : x \in [a,b],\ g(x) \leqq y \leqq f(x)\})$$
$$= \int_a^b (f(x) - g(x))\,dx$$
となっている．

2　ルベーグの意味の面積

たとえば前節の E については，$\underline{J}(E) = 0$ であり，$\overline{J}(E) = 1$ であるから，E はジョルダンの意味で可測でない．したがって，E のジョルダンの意味での面積は定義されない．この他にもジョルダンの意味で可測ではない図形はいろいろとある．ルベーグはさらに多様な図形の面積が定義できるように，可測性の定義を次のように改めた．任意の集合 $A \subset \boldsymbol{R}^2$ に対して
$$m^*(A)$$
$$= \sup\left\{\sum_{j=1}^\infty |R_j| : \begin{array}{l} R_1, R_2, \ldots \text{ は長方形か} \\ \text{空集合で } A \subset \bigcup_{j=1}^\infty R_j \end{array}\right\}$$
$$(\leqq +\infty)$$
とおく．ただし，空集合 $\varnothing$ に対しては $|\varnothing| = 0$ と定める．これを 2 次元ルベーグ外測度という．さて，A は有界ならば，$A \subset R$ なる 2 次元ルベーグ外測度有限な開集合 R をとることができる．
$$R \smallsetminus A = \{x : x \in R \text{ かつ } x \notin A\}$$

とし，
$$m_*(A) = |R| - m^*(R \smallsetminus A)$$
とおく．ここで $m_*(A)$ は R のとり方に依存しないことが証明できる．$m_*(A)$ を A の2次元ルベーグ内測度という．

ルベーグの意味で面積が測定可能であること，そしてルベーグの意味での面積 (2次元ルベーグ測度) が次のように定義される．

定義 2 有界な部分集合 $A \subset \boldsymbol{R}^2$ が $m_*(A) = m^*(A)$ をみたすとき，A はルベーグ可測であるといい，$m(A) = m_*(A) = m^*(A)$ とおく．$m(A)$ を A のルベーグ測度という．

有界な集合 $A \subset \boldsymbol{R}^2$ がジョルダンの意味で可測ならば，ルベーグ可測であり，$m(A) = J(A)$ となっている．しかしルベーグ可測であっても，ジョルダンの意味で可測であるとは限らない．たとえば前節のジョルダンの意味で可測でない E の場合，$m^*(E) = m_*(E) = 0$ であることが示せ，ルベーグ可測になっている．

$A \subset \boldsymbol{R}^2$ が有界でない場合でも，$m^*(A) < +\infty$ であれば，有界の場合と同様にしてルベーグ可測性，およびルベーグ可測な場合のルベーグ測度 $m(A)$ を定義することができる．$m^*(A) = +\infty$ の場合には次のようにしてルベーグ可測であることが定義される．$r > 0$ に対して
$$\overline{Q}_r = [-r, r] \times [-r, r]$$
とする．任意の自然数 n に対して $A \cap \overline{Q}_n$ が定義2の意味でルベーグ可測であるとき，A はルベーグ可測であるという．そしてこのとき，
$$m(A) = \lim_{n \to \infty} m(A \cap \overline{Q}_n) \ (\leqq +\infty)$$
を A の2次元ルベーグ測度という．

ルベーグ可測性の必要十分条件として，次のものが知られている (カラテオドリの定理)．

定理 1 $A \subset \boldsymbol{R}^2$ がルベーグ可測であるための必要十分条件は，任意の集合 F に対して
$$m^*(F) = m^*(F \cap A) + m^*(F \cap A^c)$$
が成り立つことである．

$\boldsymbol{R}^2$ のルベーグ可測集合全体のなす集合を $\mathfrak{M}^2$ とすると，$(\boldsymbol{R}^2, \mathfrak{M}^2, m)$ は測度空間 (「測度」の項参照) になっている．

面積は直観的には，平行移動，回転，反転などの変換でも不変になっていることが期待されるが，ルベーグ可測性，2次元ルベーグ測度が $\boldsymbol{R}^2$ の平行移動，回転，反転で不変であることが証明される．このほか，$t > 0$ と $A \subset \boldsymbol{R}^2$ に対して
$$tA = \{(tx_1, tx_2) : (x_1, x_2) \in A\}$$
とすると，A がルベーグ可測ならば，tA もルベーグ可測で，
$$m(tA) = t^2 m(A)$$
が成り立っている．

高々加算個の点からなる集合，あるいは長さをもつ曲線のルベーグの意味での面積 (2次元ルベーグ測度) は 0 であることが証明できる．また，$\boldsymbol{R}^2$ 内の非加算無限の点集合でもルベーグの意味の面積が 0 になる図形も存在する (たとえば2次元カントール集合)．連続曲線には正の2次元ルベーグ測度をもつものも存在する．こういった図形の大きさを測るために，面積の概念をさらに拡張したハルスドルフ測度という考え方がある．これにより，ルベーグの意味での面積が 0 の図形でも，ハウスドルフ測度が正，あるいは $+\infty$ になっている場合がある．

なおルベーグ可測でない集合の存在については，選択公理を用いればその存在が証明できることが知られている． [新井仁之]

参 考 文 献

[1] H. ルベーグ著，吉田耕作ほか訳：積分・長さおよび面積，共立出版，1969.
[2] 辻　正次：実函数論，槇書店，1962.
[3] 新井仁之：ルベーグ積分講義—ルベーグ積分と面積 0 の不思議な図形たち，日本評論社，2003.

モジュライ空間

moduli space

モジュライ空間とは，幾何学的対象について，ある同値関係を考え，その同値類の集合と一対一に対応するような空間を意味する．たとえば，三角形の合同類は，三角不等式を満たすような正の実数の組 (a,b,c) と一対一に対応しているが，このような (a,b,c) 全体の集合が三角形の合同類のモジュライ空間である．モジュライ空間は，いわば考えている幾何学的対象の「形の空間」であるが，多様体上の複素構造のモジュライ空間，ベクトル束のモジュライ空間など，幅広い対象についての研究がなされている．

1 平面2次曲線と不変式

xy 平面上，2次式
$$ax^2 + 2bxy + cy^2 + 2dx + 2ey + f = 0$$
で定義される曲線を考える．このような2次曲線は行列式
$$D = \begin{vmatrix} a & b & d \\ b & c & e \\ d & e & f \end{vmatrix}$$
が0でないとき非退化であるという．ここで，2次曲線は平面上でユークリッド変換によってうつりあうことを同値であると定義する．ユークリッド変換は平行移動と回転移動の合成として表される．上の行列式 D はユークリッド変換によって不変である．このような性質をもつ多項式を，ユークリッド変換に関する不変式と呼ぶ．行列の左上の 2×2 ブロックのトレース $T = a+c$，行列式 $E = ac - b^2$ はユークリッド変換に関する不変式である．

非退化な実平面2次曲線のモジュライ空間は次のように記述される．平面2次曲線に対して，
$$(\alpha, \beta) = \left(\frac{E}{D^{2/3}}, \frac{T}{D^{1/3}} \right)$$
を対応させる．$\alpha\beta$ 平面上，$\beta^2 < 4\alpha$ または $\alpha \geq 0$，$\beta \leq 0$ を満たす点には，対応する平面2次曲線が存在しないが，それ以外の点には，非退化な実平面2次曲線のユークリッド変換に関する同値類が一対一に対応する．点 (α, β) が，$\beta^2 = 4\alpha, \beta > 0$ を満たすときは対応する2次曲線は半径 $\sqrt{2/\beta}$ の円である．また，領域 $\beta^2 > 4\alpha > 0$，β 軸の正の部分，領域 $\alpha < 0$ は，それぞれ楕円，放物線，双曲線に対応する．

2 格子の不変量とトーラス

複素平面 $\boldsymbol{C}$ 上に $\boldsymbol{R}$ 上の2次元線形空間としての正の向きの基底 (ω_1, ω_2) をとる．基底 (ω_1, ω_2) が生成する $\boldsymbol{Z}$ 上の自由加群 Γ を格子 (lattice) と呼ぶ．基底 (ω_1, ω_2) と (ω_1', ω_2') が，それぞれ定める格子が同値であるとは，ある $SL_2(\boldsymbol{Z})$ の要素によって，(ω_1, ω_2) と (ω_1', ω_2') が互いにうつりあうことと定義する．ここで，$SL_2(\boldsymbol{Z})$ は整数を成分として行列式が1であるような2次の正方行列全体である．格子の基底として，$\boldsymbol{C} \setminus \{0\}$ の作用によって ω_1 を1にうつすことにより，$(1, \tau), \tau \in \boldsymbol{H}$ をとることができる．ここで，$\boldsymbol{H}$ は複素上半平面を表す．

k を整数とする．格子全体の集合上の複素数値関数 F で 0 でない複素数 λ に対して $F(\lambda\Gamma) = \lambda^{-2k}F(\Gamma)$ を満たすものを重さ k の保型関数と呼ぶ．上のようにとった複素上半平面の要素 τ の関数として，この条件は $SL_2(\boldsymbol{Z})$ の $\boldsymbol{H}$ への作用について
$$f(\tau) = (c\tau + d)^{-2k} f\left(\frac{a\tau + b}{c\tau + d}\right) \tag{1}$$
と表される．整数 $k, k > 1$ に対して
$$G_k(\Gamma) = \sum_{\gamma \in \Gamma, \gamma \neq 0} \frac{1}{\gamma^{2k}} \tag{2}$$
とおき，アイゼンシュタイン級数 (Eisenstein series) と呼ぶ．これは，重さ k の保型関数である．

商空間 $\boldsymbol{C}/\Gamma$ を E_Γ とおき，1次元複素多様体とみなす．これを，格子 Γ のさだめる楕円曲線 (elliptic curve) と呼ぶ．E_Γ はトーラス $S^1 \times S^1$ と同相である．格子 Γ に対して
$$\wp_\Gamma(z) = \sum_{\gamma \in \Gamma, \gamma \neq 0} \frac{1}{z^2} + \sum_{\gamma \in \Gamma, \gamma \neq 0} \left(\frac{1}{(z-\gamma)^2} - \frac{1}{\gamma^2} \right)$$
とおき，ワイエルシュトラス (Weierstrass) の楕円関数と呼ぶ．これは Γ の基底を2重周期として

もち，E_Γ 上の有理型関数である．

楕円関数について，$x = \wp_\Gamma(z), y = \wp'_\Gamma(z)$ とおくと

$$y^2 = 4x^3 - g_2 x - g_3 \quad (3)$$

が満たされる．ここで，$g_2 = 60G_2, g_3 = 140G_3$ である．このようにして，格子 Γ の定める楕円曲線 E_Γ は3次曲線として表され，その係数 g_2, g_3 は格子からアイゼンシュタイン級数によって定まる．

$E_\Gamma, E_{\Gamma'}$ が複素多様体として同型であることは，格子 Γ, Γ' が $SL_2(\boldsymbol{Z})$ の作用でうつりあうことと同値である．以降 Γ の基底は $(1, \tau), \tau \in \mathbf{H}$ と表すと楕円曲線のモジュライ空間は商空間 $\mathcal{M}_1 = \mathbf{H}/SL_2(\boldsymbol{Z})$ となる．ここで，$\Delta = g_2^3 - 27g_3^2$ として $j(\tau) = 1728 g_2^3/\Delta$ とおく．$q = e^{2\pi i \tau}$ とおくと

$$j(\tau) = \frac{1}{q} + 744 + 196884 q + 21493760 q^2 + \cdots$$

と展開される．$\mathbf{H}$ の要素，τ, τ' に対応した楕円曲線が複素多様体として同型であることは，$j(\tau) = j(\tau')$ が満たされることと同値である．このようにして楕円曲線のモジュライ空間 $\mathcal{M}_1$ は一つの複素数 $j(\tau)$ によってパラメータ付けされる．

格子 Γ から出発して楕円曲線を3次曲線として表す方法を述べたが，逆に上の形の複素3次曲線が与えられたとき，3次曲線上の閉曲線 α にそった楕円積分

$$\int_\alpha \frac{dx}{\sqrt{4x^3 - g_2 x - g_3}} \quad (4)$$

全体を考えることにより，3次曲線のホモロジーサイクル上の積分として格子が再現される．このような積分は一般に周期積分と呼ばれ，複素多様体上で周期積分から複素構造が決定されるかどうかは，重要な研究課題である．

3 リーマン面のモジュライ空間

向き付け可能な閉曲面は位相的には**種数** (genus) によって分類される．これらの曲面は1次元複素多様体の構造をもつが，種数が同じであっても，一般には複素構造は一意的ではない．種数 g の閉曲面に入る複素構造の同値類全体をリーマン面のモジュライ空間と呼び，$\mathcal{M}_g$ で表す．

種数 $g = 0$ のとき，球面 S^2 にはリーマン球面としての複素構造が一意的に入り，$\mathcal{M}_0$ は1点からなる．種数 $g = 1$ のときは，$\mathcal{M}_1$ は楕円曲線のモジュライ空間であり，前節のように記述される．種数 $g \geqq 2$ の場合，モジュライ空間 $\mathcal{M}_g$ が $3g - 3$ 個の複素パラメータをもつことは，リーマン (B. Riemann) によって，19世紀半ばにすでに知られていた．

種数 $g \geqq 2$ の閉曲面 F_g は，フックス群と呼ばれる，複素上半平面 $\mathbf{H}$ に作用する $SL_2(\boldsymbol{R})$ の離散部分群 G による商空間 $\mathbf{H}/G$ として表され，その基本群は G と同型である．この表示により，閉曲面 F_g は，曲率 -1 の双曲計量をもつことがわかる．F_g の複素構造に，さらに基本群の生成元の情報を付加したもの全体の同値類の空間をタイヒミュラー空間 (Teichmüller space) と呼び $\mathcal{T}_g$ で表す．アールフォース (L. Ahlfors) とベアス (L. Bers) により，$\mathcal{T}_g, g \geqq 2$ は $3g - 3$ 次元複素多様体で，$\boldsymbol{C}^{3g-3}$ 内の有界正則領域と双正則同値になることが示された．証明には正則2次微分の理論が用いられる．リーマン面のモジュライ空間 $\mathcal{M}_g$ は，$\mathcal{T}_g$ の，曲面写像類群の作用による商空間として表される．

F_g に双曲計量を与え，測地線によってパンツ分解することにより，境界の長さ ℓ_i とひねりの角度 $\tau_i, 1 \leqq i \leqq 3g - 3$ として，タイヒミュラー空間の $6g - 6$ 個の実パラメータが得られる．これをフェンチェル–ニールセン座標 (Fenchel–Nielsen coordinate) と呼ぶ．$\mathcal{T}_g$ にはヴェイユ–ピーターソン計量 (Weil–Petersson metric) と呼ばれる計量が入り，ウォルパート (S. Wolpert) により，フェンチェル–ニールセン座標を用いて

$$\omega = \sum_{i=1}^{3g-3} d\tau_i \wedge d\ell_i \quad (5)$$

と表されることが知られている．ヴェイユ–ピーターソン計量はケーラー計量となる．

［河野俊丈］

参考文献

[1] 向井 茂：モジュライ理論 I，岩波書店，2008．
[2] 今吉洋一・谷口雅彦：タイヒミュラー空間論，日本評論社，1989．

モース理論

Morse theory

1 モース理論の概要

有限または無限次元の空間上で定義された関数の臨界点とその空間の形状との相互関連を研究する理論がモース理論である．この理論はモース (M. Morse) により，1920 年代の後半から 1930 年代にかけて創始された．モース自身は，多様体上の曲線のなす無限次元空間で定義された汎関数を極小にするような曲線を求める大域変分法を目標として理論を創始したが，そのための重要なモデルとして，有限次元多様体の上の関数の臨界点と多様体のベッチ数との相互関連の研究も行った．1950 年代後半にボット (R. Bott) はリー群の位相の研究にモース理論を応用し，リー群の安定ホモトピー群に関する周期性定理を発見した．1960 年代に入り，スメール (S. Smale) は有限次元多様体のモース理論に基づき，多様体のハンドル分解の理論を作り，5 次元以上の一般化されたポアンカレ予想を解決した．さらに，主にゲージ理論との関連から，主バンドルの上の接続全体からなる無限次元空間で定義された種々の汎関数の極値問題を考える手法が確立され，とくに，1980 年代以降このような理論から低次元多様体の種々の不変量が抽出された．これらの動きはモース理論の新たな展開と考えられる．このようにモース理論は，大域変分法や多様体の位相幾何学の発展を根底で支える基本理論であるといえる．

2 モース関数

有限 (m) 次元微分可能多様体 M 上で定義された 2 回連続微分可能な関数 f があるとする．点 p が f の臨界点 (critical point) であるとは，p の周りの局所座標系 $(x_1, x_2, \ldots, x_m)$ に関して

$$\frac{\partial f}{\partial x_i}(p) = 0, \quad i = 1, 2, \ldots, m$$

が成り立つことである．このとき，$f(p)$ を f の臨界値 (critical value) という．f の臨界点 p におけるヘッセ行列 (Hessian) とは

$$H_f(p) = \left(\frac{\partial^2 f}{\partial x_i \partial x_j}(p)\right)$$

で定義される行列のことである．f の臨界点 p が非退化 (nondegenerate) であるとは，$\det H_f(p) \neq 0$ が成り立つことである．臨界点 p が非退化であるかどうかは p のまわりの局所座標系のとりかたによらない．関数 f の非退化な臨界点 p のまわりで局所座標系 $(x_1, x_2, \ldots, x_m)$ をうまく選ぶと，その局所座標系によって表した f の形が次の標準形になるようにできる．

$$f(x_1, x_2, \ldots, x_m) = -x_1^2 - \cdots - x_\lambda^2 \\ + x_{\lambda+1}^2 + \cdots + x_m^2 + f(p)$$

この事実をモースの補題という．標準形に現れる数 λ は，ヘッセ行列を対角化したときのマイナスの対角成分の個数に等しく，臨界点 p の指数 (index) という．このように，非退化な臨界点の周りでの関数 f の振る舞いは理解しやすい．そこで，すべての臨界点が非退化であるような関数が重要になるが，このような関数をモース関数 (Morse function) と呼ぶ．コンパクトな多様体の上のモース関数には有限個の臨界点しか存在しない．

M を境界のないコンパクトな多様体とすると，任意の 2 回連続微分可能な関数 $g : M \to \mathbf{R}$ と任意の正の実数 ε について，C^2 の意味で g から ε 未満の範囲にモース関数 $f : M \to \mathbf{R}$ が存在する (モース関数の存在定理)．ただし f が C^2 の意味で g から ε 未満の範囲にあるとは，g と f の関数値の差および 2 回までのすべての微分係数の差が，M のすべての点において ε 未満であることである．

3 モースの不等式

境界のないコンパクト m 次元微分可能多様体 M 上のモース関数 f について，その指数 λ の臨界点の個数を M_λ とし，M の λ 次元ベッチ数を b_λ とすれば

$$M_\lambda \geq b_\lambda$$

が成り立つ．より精密には，$0 \leq k \leq m$ であるような任意の整数 k について不等式

$$M_k - M_{k-1} + \cdots \pm M_0 \geq b_k - b_{k-1} + \cdots \pm b_0$$

が成り立つ．これらの不等式をモースの不等式

(Morse inequality) という．上の不等式は $k = m$ のとき，等式となる：
$$\sum_{\lambda=0}^{m}(-1)^\lambda M_\lambda = \sum_{\lambda=0}^{m}(-1)^\lambda b_\lambda$$
モースの不等式は，多様体上の関数の臨界点の個数と多様体の形状の相互関連の典型的な例である．

4 ハンドル分解

境界のないコンパクト m 次元微分可能多様体 M とその上の微分可能な関数 $f : M \to \boldsymbol{R}$ を考える．任意の実数 a について，M の部分集合 M^a を
$$M^a = \{p \in M | f(p) \leqq a\}$$
と定義する．実数 a が f の臨界値でなければ，M^a は境界をもつ微分可能多様体となり，$f^{-1}(a)$ がその境界である．このとき，区間 $[a,b]$ のなかに f の臨界値がなければ，M^a と M^b は微分同相である．

次に，f が M 上のモース関数のとき，区間 $[a,b]$ がただ一つの臨界値 c ($a < c < b$) を含み，かつ臨界値 c をもつ臨界点はただ一つ p_0 であるとすると，M^b は M^a に一つの λ-ハンドルをつけて得られる多様体に微分同相である．ここに，λ は p_0 の指数である．λ-ハンドルとは，λ 次元円板と $m - \lambda$ 次元円板の直積
$$D^\lambda \times D^{m-\lambda}$$
のことであり，M^a に λ-ハンドルをつけて得られる多様体とは，和集合 $M^a \cup D^\lambda \times D^{m-\lambda}$ において，ある埋め込み写像 $\varphi : (\partial D^\lambda) \times D^{m-\lambda} \to \partial M^a$ により $(\partial D^\lambda) \times D^{m-\lambda}$ の任意の点 p と ∂M^a の点 $\varphi(p)$ を同一視した上で，その和集合に自然な仕方で（境界をもつ）微分可能多様体の構造を入れたものである．

とくに，M 上のモース関数 f が，異なる臨界点において異なる臨界値をとるようになっていれば，a の値が，$\min f - \varepsilon$ から次第に増えて，次々に臨界値を通過してゆくときの M^a の変化に上の考察を適用することにより，M は m 次元円板 D^m に次々にいろいろな指数のハンドルをつけたもの（ハンドル体 (handle body)）に分解される．これを M のハンドル分解 (handle body decomposition) という．ハンドル分解は多様体のトポロジーにおいて重要である．

5 道の空間

M を完備なリーマン多様体とする．M の 2 点 $p, q \in M$ を両端とする区分的に微分可能な曲線 $\omega : [0,1] \to M$ の全体を $\Omega(M; p.q)$ と表すことにする．$\omega \in \Omega(M; p.q)$ に対して，ω のエネルギー $E(\omega)$ を
$$E(\omega) = \int_0^1 \left\|\frac{d\omega}{dt}\right\|^2 dt$$
と定義すると，E は $\Omega(M; p,q)$ 上の汎関数 $\Omega(M; p,q) \to \boldsymbol{R}$ となり，無限次元空間上のモース理論の重要な例となる．たとえば，E の臨界点は p, q を結ぶ M の測地線である．また，$\omega \in \Omega(M; p.q)$ における $\Omega(M; p,q)$ の「接ベクトル」に対応するのは，曲線 ω に沿ったベクトル場 W で $W(0) = 0$, $W(1) = 0$ を満たすものである．またそのようなベクトル場の全体を「接空間」$T_\omega(\Omega(M; p,q))$ とみなせる．ベクトル場 $W_1, W_2 \in T_\gamma(\Omega(M; p,q))$ が与えられると，それらの方向への E の「2 次の変分」が考えられる．これを (W_1, W_2) に対応させることにより，双 1 次汎関数
$$E_{**} : T_\gamma(\Omega(M; p,q)) \times T_\gamma(\Omega(M; p,q)) \to \boldsymbol{R}$$
が得られ，これが有限次元の場合のヘッセ行列に対応する．なお，γ は p, q を結ぶ測地線である．もし，p, q が測地線 γ に沿って「共役」でなければ（M が球面のときは，p, q が対蹠点でなければ），E_{**} は非退化である．その指数を，E_{**} が負定値であるような最大次元の部分空間の次元と定義すると，指数はつねに有限である（モースの定理）．このことから，$\Omega(M; p,q)$ は，ある次元以下の次元の胞体の数がつねに有限であるような CW 複体とホモトピー同値であることが証明される．

参考文献 [1] はミルナーの古典的名著の日本語訳である．参考文献 [2] は有限次元のモース理論に限って解説してある． ［松本幸夫］

参 考 文 献

[1] J. ミルナー著，志賀浩二訳：モース理論，吉岡書店，1968.
[2] 松本幸夫：Morse 理論の基礎，岩波書店，2005.

ヤング図形

Young diagram

1 分割とヤング図形

図1のように，いくつかの箱を左端を揃え，かつ下の行の箱の数が上の行の正方形の数よりも多くならないように並べて得られる図形をヤング図形 (Young diagram) という．ヤング図形 λ に対し，λ に現れる箱の数を λ の次数 (degree)，箱が並んでいる行の数をその深さ (depth) といい，それぞれ $\deg \lambda$, $\mathrm{depth}\,\lambda$ と記す．たとえば図1のヤング図形の場合は，次数16，深さ4である．

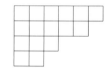

図1　ヤング図形の例

一般に正の整数 n に対して，正の整数の列 $(\lambda_1, \ldots, \lambda_s)$ が

$$\lambda_1 + \cdots + \lambda_s = n, \quad \lambda_1 \geqq \cdots \geqq \lambda_s$$

を満たすとき，これを n の (s 個の成分への) 分割 (partition) という．n の分割の総数を $p(n)$ と書き，これを n の分割数 (partition number) という．たとえば4の分割は

$$(4), (3,1), (2,2), (2,1,1), (1,1,1,1)$$

の5個ある．したがって $p(4) = 5$ である．

n の分割 $(\lambda_1, \ldots, \lambda_s)$ が与えられたとき，k 行目に λ_k 個の箱を並べることで，次数 n，深さ s のヤング図形 λ を作ることができる．この対応により，n の分割全体の集合と n 次のヤング図形全体の集合の間の1対1対応が得られる．たとえば図1のヤング図形に対応する分割は $(6,5,3,2)$ である．n の分割と対応する n 次のヤング図形を同一視して，$\lambda = (\lambda_1, \ldots, \lambda_s)$ のように書くことも多い．ヤング図形 λ に対応する分割が n の分割であるとき，$\lambda \vdash n$ と記す．

2 標準盤

n 次のヤング図形の各箱に1から n までの数字を一つずつ (勝手な場所に) 書き入れたものを盤 (tableau)，もしくはヤング盤 (Young tableau) という．盤から書き入れられた数字を無視して得られるヤング図形を，その盤の形 (shape) という．盤のなかで，どの行に沿って見ても左から右に増加数列になり，かつどの列に沿って見ても上から下に増加数列になるように数字を書き入れたものを標準盤 (standard tableau) という．図2はすべて形が $(3,3,2)$ の盤である．一つめ，二つめの盤は標準盤であるが，三つめの盤は標準盤ではない．

1	2	3
4	5	6
7	8	

1	2	4
3	5	8
6	7	

4	2	7
6	8	1
3	5	

図2　盤と標準盤

ヤング図形 λ に対し，上から i 行目，左から j 列目の位置にある箱を A を (i,j) と記す．このとき $(i,j) \in \lambda$ と書く．A から右に水平に進んだ位置にある箱と，A から下に垂直に進んだ位置にある箱と，A 自身からなる鉤形の図形を，λ において (i,j) を角とする鉤 (hook) といい $H(i,j)$ と記す．鉤の中にある箱の個数を，鉤の長さという．たとえば，図3において太線で囲まれた図形が，ヤング図形 $(6,6,5,4,3)$ において $(2,2)$ を角とする鉤 $H(2,2)$ である．またこの鉤の長さは8である．

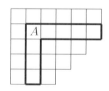

図3　$(6,6,5,4,3)$ において $(2,2)$ を角とする鉤

n 次のヤング図形 λ に対し，形が λ の標準盤全体のなす集合を $\mathrm{STab}(\lambda)$，その位数を f^λ と書く．このとき次の公式が成り立つ：

$$f^\lambda = \frac{1}{n!} \prod_{(i,j) \in \lambda} h(i,j).$$

ただし $h(i,j)$ は $H(i,j)$ の長さ．この公式を鉤の長さ公式 (hook length formula) という．

3 ロビンソン–シェンステッド対応

n 次のヤング図形 λ の各箱に, n 個の相異なる正整数 $k_1, k_2, \ldots, k_n$ を一つずつ, どの行に沿って見ても左から右に増加数列になり, かつどの列に沿って見ても上から下に増加数列になるように書き入れたものを次数 n の一般化標準盤と呼ぶ. 書き入れる整数が 1 から n の場合が標準盤である. また λ を一般化標準盤の形という.

一般化標準盤 T と T の中に書き入れられていない数字 k に対し, 以下に述べるアルゴリズム (行挿入 (row–insertion) という) で新たに得られる一般化標準盤を $T \leftarrow k$ と書く: (i) T の 1 行目に並んでいるどの数字よりも k が大きい場合は, 1 行目の右端に k が書き込まれた箱を新たに箱を一つ付け加える. (ii) そうでない場合は, 1 行目にある k よりも大きい数字の中で最小のもの l を k に書き換え, l を 1 行目から追い出す. (iii) 2 行目に並んでいる数字と 1 行目から追い出された l に対し, 上記 (i), (ii) と同じ操作を行う. 新たに 2 行目から m が追い出された場合には, 3 行目に並んでいる数字と m に対し, 上記 (i), (ii) と同じ操作を行う. 以下これを繰り返す. $T \leftarrow k$ の形を μ, T の形を λ とすれば, $\deg \mu = \deg \lambda + 1$ である.

図 4 行挿入の例

S_n を n 次対称群, $\sigma \in S_n$ とする. $1 \leq k \leq n$ に対し次数 k の一般化標準盤 $P_k(\sigma)$ を次で定める:
$$P_k(\sigma) = \begin{cases} \boxed{\sigma(1)}, & (k=1), \\ P_{k-1}(\sigma) \leftarrow \sigma(k), & (2 \leq k \leq n). \end{cases}$$
$P(\sigma) = P_n(\sigma)$ は n 次の標準盤である. また $P_{k-1}(\sigma)$ から $P_k(\sigma)$ を作る行挿入で新たに付け加わる箱に数字 k を書き入れて得られる, 形が $P(\sigma)$ と等しい n 次の標準盤を $Q(\sigma)$ とおく. このとき $\sigma \in S_n$ に対して, 形の等しい二つの標準盤の組 $(P(\sigma), Q(\sigma))$ を対応させる写像
$$S_n \to \bigsqcup_{\lambda \vdash n} (\mathrm{STab}_\lambda \times \mathrm{STab}_\lambda)$$
は全単射となる. この全単射をロビンソン–シェンステッド対応 (Robinson–Schensted correspondence) と呼ぶ. これに前節の鉤の長さ公式を併せることで, 次の公式を得る:
$$n! = \sum_{\lambda \vdash n} d_\lambda^2. \tag{1}$$

4 ヤング図形と対称群の表現論

S_n は複素係数 n 変数多項式環 $\boldsymbol{C}[x_1, \ldots, x_n]$ に自然に作用する. 本節では複素既約 S_n 加群を $\boldsymbol{C}[x_1, \ldots, x_n]$ の部分加群として具体的に構成する方法を紹介する.

$m \leq n$ とし, m 個の相異なる正整数の組 $C = (p_1, \ldots, p_m)$ に対し, $\Delta_C = \prod_{1 \leq i < j \leq m}(x_{p_i} - x_{p_j})$ とおく. ただし $m=1$ のときは $\Delta_C = 1$ と定める. T を n 次の盤とする. T の左から k 列目並んでいる整数を上から読んで得られる整数の組を C_k とし, $\Delta_T = \prod_{1 \leq k \leq \lambda_1} \Delta_{C_k}$ とおく. 形が $\lambda \vdash n$ の盤全体の集合を Tab_λ とするとき, $\Delta_T \ (T \in \mathrm{Tab}_\lambda)$ たちで張られる $\boldsymbol{C}[x_1, \ldots, x_n]$ の部分空間は S_n 加群となる. これを λ に対応するシュペヒト加群 (Specht module) と呼び, S_λ と記す. このとき以下が成り立つ.

(1) S_λ は既約 S_n 加群である.

(2) $\lambda \neq \mu$ ならば $S_\lambda \not\cong S_\mu$ である.

(3) $\{S_\lambda \mid \lambda \vdash n\}$ は複素既約 S_n 加群の完全代表系である.

(4) $\{\Delta_T \mid T \in \mathrm{STab}_\lambda\}$ は S_λ の基底である. したがって $\dim_{\boldsymbol{C}} S_\lambda = d_\lambda$ である.

一般に G を有限群とするとき, 任意の有限次元複素 G 加群は完全可約である (マシュケ (Maschke) の定理). したがって任意の有限次元複素 S_n 加群はシュペヒト加群の直和に分解される. また G の群環 $\boldsymbol{C}[G]$ は自然に G 加群とみなすことができる (これを**正則加群** (regular module) という) が, 任意の既約 G 加群 V は $\boldsymbol{C}[G]$ の既約因子として現れ, その重複度は $\dim_{\boldsymbol{C}} V$ である. この一般論を $G = S_n$ の場合に適用し, $\boldsymbol{C}[S_n]$ の既約分解の両辺の次元を比べると, 3 節の公式 (1) の別証明が得られる. すわなち, 3 節の公式 (1) の表現論的な解釈が得られたことになる. ［斉 藤 義 久］

有界変動関数

function of bounded variation

よく知られた重要な関数に微分可能な関数があるが，このほかに有界変動関数がある．この関数は曲線の長さの考察においてジョルダン (Jordan) が導入したものだが，以下に述べるようにこの関数に関する積分も定義できる．有界変動関数と密接な関係がある単調関数についての記述から始める．

1 単調関数

実数の区間 I で定義された実数値関数 f は，条件
$$x_1 < x_2 \quad ならば \quad f(x_1) \leqq f(x_2) \tag{1}$$
を満たすとき，**単調増加** (monotone increasing) であるといい，条件 (1) の結論の式が $f(x_1) \geqq f(x_2)$ であるとき，**単調減少** (monotone decreasing) であるという．また，このどちらかの条件を満たす関数を**単調関数** (monotone function) という．条件 (1) の結論が真の不等号 $<$ または $>$ であるとき，f はそれぞれ**狭義単調増加** (strictly increasing) または**狭義単調減少** (strictly decreasing) であるという．また，このどちらかであるとき f を**狭義単調関数** (strictly monotone function) という．

単調関数は区間 I の内部の各点 x で有限な右極限 $f(x+0)$ と左極限 $f(x-0)$ をもち，I における不連続点はたかだか可算個である．また，ほとんどすべての点で有限な微分係数をもつ．とくに I が有界閉区間であれば，f は I 上でリーマン (Riemann) 積分可能である．f が狭義単調関数であれば f は単射であるが，逆に f が連続で単射であれば f は狭義単調関数である．また，f が微分可能であれば，f が単調増加であることと，I の内部の各点 x で $f'(x) \geqq 0$ であることは同値である．とくに $f'(x) > 0$ ならば，f は狭義単調増加であるが，逆はかならずしも成り立たない．単調減少関数，狭義単調減少関数についても，対応して同様なことがいえる．

2 有界変動関数

閉区間 $[a, b]$ で定義された実数値関数 f を考える．正数 M が存在して，すべての $[a, b]$ の分割
$$\Delta : a = x_0 < x_1 < \cdots < x_n = b \tag{2}$$
に対して
$$\sum_{i=0}^{n-1} |f(x_{i+1}) - f(x_i)| \leqq M \tag{3}$$
が成り立つとき，f は $[a, b]$ において**有界変動関数** (function of bounded variation) であるという．

今，f を $[a, b]$ 上の有界変動関数とし，$t \in [a, b]$ とする．区間 $[a, t]$ の分割
$$\Delta_t : a = x_0 < x_1 < \cdots < x_n = t$$
に対して
$$p_{\Delta_t} = \sum_{i=0}^{n-1} \max\{f(x_{i+1}) - f(x_i),\ 0\}$$
$$q_{\Delta_t} = \sum_{i=0}^{n-1} \max\{-(f(x_{i+1}) - f(x_i)),\ 0\}$$
とおく．$[a, t]$ のすべての分割 Δ_t についての，p_{Δ_t} と q_{Δ_t} の上限をそれぞれ $p(t)$ と $q(t)$ とする．このとき，$p(t)$ と $q(t)$ をそれぞれ f の区間 $[0, t]$ における**正変動** (positive variation) と**負変動** (negative variation) といい，それらの和 $p(t) + q(t)$ を f の**全変動** (total variation) という．区間 $[a, b]$ における f の全変動は，$[a, b]$ のすべての分割 Δ についての，(3) の左辺の上限に等しい．2 つの有界変動関数の和，差，積はまた有界変動関数である．有界変動関数の定数倍もまた有界変動関数である．関数 p と q は単調増加であり，すべての $t \in [a, b]$ に対して
$$f(t) = p(t) - q(t) \tag{4}$$
が成り立つ．(4) を有界変動関数 f の**ジョルダン分解** (Jordan decomposition) という．逆に，2 つの単調増加関数の差で表される関数は有界変動である．このことから，有界変動関数は単調関数のもつ多くの性質をもつことがわかる．とくに，有界変動関数は有限な右極限と左極限をもち，不連続点はたかだか可算個であり，ほとんどすべての点で有限な微分係数をもち，$[a, b]$ 上でリーマン積分可能であることがわかる．

有界変動関数は連続とは限らないし，連続関数は有界変動であるとも限らない．たとえば，$[0, 1]$

上で定義された関数
$$f(t) = \begin{cases} t\sin(1/t), & t \in (0, 1], \\ 0, & t = 0 \end{cases}$$
は，$[0, 1]$ 上で連続であるが有界変動ではない．リプシッツ (Lipschitz) の条件を満たす関数は有界変動である．したがって，絶対連続な関数や，有界な導関数をもつ微分可能な関数は有界変動である．

区間 $[a, b]$ で定義された有界変動関数の系列 $\{f_n\}$ が，ある正数 M に対して
$$|f_n(t)| \leqq M, \quad v(f_n) \leqq M \tag{5}$$
を満たすとする．ただし，$v(f_n)$ は $[a, b]$ における f_n の全変動とする．このとき，$\{f_n\}$ から $[a, b]$ の各点で収束する部分列を選ぶことができる．また，極限の関数も有界変動であり，(5) を満たす．有界変動の概念は，コンパクト距離空間で定義された関数についても考えることができる．

3 リーマン–スティルチェス積分

f と g は区間 $[a, b]$ で定義された有界な関数とする．$[a, b]$ の分割 (2) に対し $\|\Delta\| = \max\{x_i - x_{i-1} : i = 1, 2, \ldots, n\}$ とする．$\xi_i \in [x_i, x_{i+1}]$, $i = 0, 1, \ldots, n-1$ を選んだときに作られる和
$$R_\Delta = \sum_{i=0}^{n-1} f(\xi_i)\left(g(x_{i+1}) - g(x_i)\right) \tag{6}$$
を f の g に関するリーマン和 (Riemann sum) という．$\|\Delta\|$ を 0 に近づけるとき，リーマン和 (6) が $\{\xi_i\}$ のとり方に関係なく１つの値 R に収束するとき，f は g に関してリーマン–スティルチェス積分可能 (Riemann–Stieltjes integrable)(本節では S 積分可能と略す) であるといい，R を f の g に関するリーマン–スティルチェス積分 (Riemann–Stieltjes integral)(本節では S 積分と略す) という．また，f を被積分関数，g を積分関数という．S 積分は次のように表す．
$$R = \int_a^b f(x)\,dg(x) = \int_a^b f\,dg.$$
g を止めると，S 積分は被積分関数 f について線形である．すなわち，f_1 と f_2 が g に関して S 積分可能ならば，任意の実数 c_1 と c_2 に対して，$c_1 f_1 + c_2 f_2$ も g に関して S 積分可能で，
$$\int_a^b (c_1 f_1 + c_2 f_2)\,dg = c_1 \int_a^b f_1\,dg + c_2 \int_a^b f_2\,dg$$
が成り立つ．同様に，f を止めると，S 積分は積分関数 g について線形である．

区間 $[a, b]$ で，f が g に関して S 積分可能ならば，g は f に関して S 積分可能で，
$$\int_a^b f\,dg + \int_a^b g\,df = f(b)g(b) - f(a)g(a)$$
が成り立つ．f がリーマン積分可能で，g がリーマン積分可能な導関数 g' をもてば，f は g に関して S 積分可能で
$$\int_a^b f(x)\,dg(x) = \int_a^b f(x)g'(x)\,dx$$
が成り立つ．また，f が連続で g が有界変動ならば，f は g に関して S 積分可能である．

f を区間 $[a, b]$ で定義された有界な関数，p をその上の単調増加関数とする．$[a, b]$ の (2) の分割 Δ について，その各小区間 $[x_i, x_{i+1}]$ における f の上限を M_i，下限を m_i で表し，
$$S_\Delta = \sum_{i=0}^{n-1} M_i\left(p(x_{i+1}) - p(x_i)\right),$$
$$s_\Delta = \sum_{i=0}^{n-1} m_i\left(p(x_{i+1}) - p(x_i)\right)$$
とおく．このとき，f が p に関して S 積分可能であることと，
$$\lim_{\|\Delta\| \to 0} (S_\Delta - s_\Delta) = 0$$
が成り立つことは同値である．しかし，ダルブー (Darboux) の定理は一般には成り立たない．p が単調増加ならば，p に関する S 積分についても，リーマン積分のときと同様な積分の平均値の定理が成り立つ．

g を $[a, b]$ 上の有界変動関数で，２つの単調増加関数 p と q を用いて $g(x) = p(x) - q(x)$ と表されているとする．このとき，S 積分の積分関数についての線形性から，f が p と q に関して S 積分可能ならば，f は g に関して S 積分可能で
$$\int_a^b f(x)\,dg(x) = \int_a^b f(x)\,dp(x) - \int_a^b f(x)\,dq(x)$$
が成り立つ．

[小倉幸雄]

参考文献

[1] 高木貞治, 解析概論 (改訂第 3 版), 岩波書店, 1983.
[2] 杉浦光夫, 解析入門 I, 東京大学出版会, 1980.

有限群

finite group

有限個の元からなる群を**有限群** (finite group) という.

以下では,単に群といえば,有限群を意味する.群の演算は乗法的に表し,単位元は 1 で表す.単位元のみからなる群を単位群といい,同じく 1 と表す.群 H が群 G の部分群であるとき $H \leq G$ と表し,真部分群であるとき $H < G$ と表す.群 G の元 $g_1, \ldots, g_n$ に対して,これらをすべて元にもつような G の最小の部分群を $g_1, \ldots, g_n$ で生成された部分群といい,$\langle g_1, \ldots, g_n \rangle$ と表す.

1 群の位数と部分群の指数

群 G に属する元の個数を $|G|$ と表し,G の**位数** (order) という.有限群においては,$|G|$ の素因数分解のようすなど,位数 $|G|$ の整数としての性質が群 G の構造に強い制約を与える.

群 G の部分群 H に関する左剰余類の個数と右剰余類の個数は一致する.これを H の G における**指数** (index) といい $|G : H|$ と表す.

定理 1 (ラグランジュの定理) 群 G の部分群 H について,$|G| = |H||G : H|$ が成立する.

群 G の元 g に対して,$g^n = 1$ となる最小の正整数 n を g の**位数** (order) といい $|g|$ と表す.元 g の位数が n であるとき,集合 $\{1, g, \ldots, g^{n-1}\}$ は G の部分群となり,n は $|G|$ の約数になる.

部分群 $\{1, g, \ldots, g^{n-1}\}$ は,整数全体の集合 $\mathbf{Z}$ が加法についてなす群の剰余群 $\mathbf{Z}/n\mathbf{Z}$ と同型である.これを位数 n の**巡回群**といい,C_n と表す.

定理 2 (コーシーの定理) 群 G の位数を割り切る任意の素数 p に対して,元 $g \in G$ であって $|g| = p$ となるものが存在する.

2 群における共役

群 G の元 h, g に対して,$h^g = g^{-1}hg$ を h の g による**共役** (conjugate) という.$gh = hg$ となることは $h^g = h$ と同値である.群 G の元 h に対して,その共役全体の集合を h の**共役類** (conjugacy class) という.

群 G の元 g であって $g^{-1}hg = h$ となるもの全体は G の部分群をなす.これを元 h の**中心化群** (centralizer) といい,$C_G(h)$ と表す.元 h の共役の個数は $|G : C_G(h)|$ に等しい.

部分群 $H \leq G$ に対して,元 $g \in G$ であって,すべての $h \in H$ に対して $g^{-1}hg = h$ となるもの全体を $C_G(H)$ と表し,部分群 H の中心化群という.特に部分群 $C_G(G)$ を G の**中心** (center) といい,$Z(G)$ と表す.

部分群 $H \leq G$ に対しても,元 $g \in G$ による共役 $g^{-1}Hg$ が考えられる.元 $g \in G$ であって $g^{-1}Hg = H$ となるもの全体を $N_G(H)$ と表し,H の**正規化群** (normalizer) という.

3 シローの定理

素数 p のべきを位数とする群を p **群** (p-group) といい,部分群で p 群であるようなものを p **部分群** (p-subgroup) という.特に,位数 $|G|$ を割り切る p の最大べきが p^n であるとき,位数がちょうど p^n であるような p 部分群を**シロー p 部分群** (Sylow p-subgroup) という.

定理 3 (シローの定理) 素数 p に対して,群 G はシロー p 部分群をもち,それらは G の中で互いに共役であって,その個数は p を法として 1 に合同である.さらに,G の任意の p 部分群はあるシロー p 部分群に含まれる.

4 正規部分群と群の拡大

群 G のすべての元 g に対して $g^{-1}Ng = N$ となる部分群 N を G の**正規部分群** (normal subgroup) といい,$N \trianglelefteq G$ と表す.真の正規部分群のときは $N \triangleleft G$ と表す.たとえば $Z(G) \trianglelefteq G$ であり,$H \leq G$ のとき $H \trianglelefteq N_G(H)$ である.

単位群とそれ自身のほかに正規部分群をもたない群であって,単位群でないものを**単純群** (simple group) という.素数位数の巡回群は単純群である.

正規部分群 $N \triangleleft G$ に対して剰余群 $K = G/N$ が考えられ,次のような群の短完全系列が得られる.
$$1 \longrightarrow N \longrightarrow G \longrightarrow K \longrightarrow 1$$
三つの群 G, N, K に対するこのような完全系列を K の N による拡大 (extension) といい,これが存在するとき G は K の N による拡大であるという.

次のような列を群 G の正規列という.
$$1 = G_n \triangleleft G_{n-1} \triangleleft \cdots \triangleleft G_1 \triangleleft G_0 = G$$
剰余群 $G_0/G_1, G_1/G_2, \ldots, G_{n-1}/G_n$ がすべて単純群であるような正規列を組成列 (composition series) といい,これらの単純群を組成因子 (composition factor) という.

有限群は組成列をもち,単純群による拡大を繰り返して得られる.ジョルダン–ヘルダーの定理により,組成因子の組は並べ替えを除いて一意的に定まる.

5 べき零群と可解群

群 G の 2 つの元 g, h に対して,g と h が可換 (commutative) であるという式 $gh = hg$ は $g^{-1}h^{-1}gh = 1$ とも書ける.この左辺を $[g,h] = g^{-1}h^{-1}gh$ とおき,g と h の交換子 (commutator) という.一般に,部分群 $H, K \leq G$ に対して,H の元と K の元の交換子全体で生成された G の部分群を $[H,K]$ と表す.特に $G' = [G,G]$ を G の交換子群あるいは導来群 (derived group) という.

すべての元が互いに可換であるような群を可換群またはアーベル群 (Abelian group) という.可換群に近い群のクラスとしてべき零群がある.群 G がべき零 (nilpotent) であるとは,部分群の列
$$1 = G_n < G_{n-1} < \cdots < G_1 < G_0 = G$$
が存在して,すべての i に対して $[G, G_{i-1}] \subset G_i$ となることである.群 G がべき零であることと G がシロー部分群の直積となることは同値である.

べき零群よりも広いが,依然として可換群に近い群のクラスとして,可解群がある.群 G が可解 (solvable, soluble) であるとは,G の組成因子がすべて素数位数の巡回群となることである.この用語は代数方程式の可解性に由来する.

次の定理は奇数位数定理 (odd order theorem) と呼ばれ,有限群論の金字塔ともいえる大定理である.

定理 4 (ファイト–トンプソンの定理) 奇数位数の群は可解である.

6 トンプソンの位数公式

位数 2 の元を対合 (involution) という.非可換単純群は可解でないから,奇数位数定理により位数は偶数であり,コーシーの定理により対合をもつ.

定理 5 (トンプソンの位数公式) 群 G が互いに共役でない対合 s, t をもつとき,群 G の位数は次の式で与えられる.
$$|G| = |C_G(s)||C_G(t)| \sum_w \frac{r(s,t,w)}{|C_G(w)|}$$
ただし,w は G の対合全体を動き,$r(s,t,w)$ は s の共役 u と t の共役 v の組 (u,v) であって,$w \in \langle uv \rangle$ となるものの個数である.

7 群の表現

体 $\mathbf{F}$ 上の有限次元線型空間 V を考える.群 G から一般線型群 $GL(V)$ への準同型を G の表現 (representation) といい,V の次元をその次数 (degree) という.体 $\mathbf{F}$ が正標数の場合は,モジュラー表現 (modular representation) という.

特に $V = 0$ であるような表現を零表現という.零表現と自分自身以外に部分表現をもたない表現で零表現でないものを既約表現 (irreducible representation) という.表現が完全可約 (completely reducible) であるとは,既約表現の直和と同型となることである.

定理 6 (マシュケの定理) 位数 $|G|$ が体 $\mathbf{F}$ の標数で割り切れないとき,群 G の $\mathbf{F}$ 上の表現は完全可約である.

群の表現は,それ自身が興味深い研究対象であるのみならず,群の構造を調べるうえにおいても重要な役割を果たす.

群 G の表現 ρ に対して,跡 (trace) を取る操作との合成 $\mathrm{tr} \circ \rho$ を表現 ρ の指標 (character) という.ある表現の指標になるような G 上の関数を

G の指標という．同じ共役類に属する元は指標によって同じ値をとる．指標は表現の考察において基本的である．

8 著名な群

対称群と交代群 集合 Ω からそれ自身への全単射を Ω の置換 (permutation) という．異なる二元を交換し，他の元は自分自身に移す置換を互換 (transposition) といい，偶数個の互換の合成を偶置換という．

集合 $\{1, 2, \ldots, n\}$ の置換全体は位数 $n!$ の群をなす．これを n 次対称群 (symmetric group) といい，S_n または Sym_n と表す．また，偶置換全体は Sym_n の指数 2 の正規部分群をなす．これを n 次交代群 (alternating group) といい，A_n または Alt_n と表す．

5 次以上の交代群は非可換単純群である．これが 5 次以上の代数方程式の非可解性の所以である．

巡回群と二面体群 原点を中心とする平面上の正 n 角形をそれ自身に移すような平面の回転全体のなす群は位数 n の巡回群 C_n である．また，正 n 角形をそれ自身に移す平面の回転と鏡映のなす位数 $2n$ の群 Dih_n を二面体群 (dihedral group) という．回転のなす巡回群 C_n は二面体群 Dih_n の指数 2 の正規部分群となる．

正多面体群 原点を中心とする 3 次元空間内の正四面体をそれ自身に移す空間の回転全体は交代群 Alt_4 と同型な位数 12 の群をなす．これを正四面体群 (tetrahedral group) という．また，正六面体群＝正八面体群 (octahedral group) は対称群 Sym_4 と同型な位数 24 の群であり，正十二面体群＝正二十面体群 (icosahedral group) は交代群 Alt_5 と同型な位数 60 の単純群である．

これらの群および巡回群と二面体群によって，回転群 $SO(3)$ の有限部分群がすべて尽くされる．

線型群と射影線型群 有限体 $\boldsymbol{F}_q$ 上の一般線型群 $GL(\boldsymbol{F}_q^n)$ を $GL_n(q)$ と表す．また，行列式が 1 の元全体のなす部分群を特殊線型群といい，$SL_n(q)$ と表す．群 $GL_n(q), SL_n(q)$ の中心による剰余群をそれぞれ $PGL_n(q), PSL_n(q)$ と表し，射影一般線型群，射影特殊線型群という．

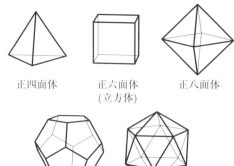

正四面体　正六面体　正八面体
　　　　　（立方体）

正十二面体　正二十面体

このほかにも直交群やシンプレクティック群などの線型群や，対応する射影線型群がある．

9 組合せ構造との関係

集合 Ω とその部分集合の族 $\mathcal{B}$ の組 $(\Omega, \mathcal{B})$ で与えられる構造を考える．族 $\mathcal{B}$ を保つ Ω の置換全体のなす群をその構造の自己同型群という．

たとえば，集合 $\Omega = \{1, \ldots, 7\}$ とその部分集合の族 $\mathcal{B} = \{\{1,2,3\}, \{1,4,5\}, \{1,6,7\}, \{2,4,6\},$ $\{2,5,7\}, \{3,4,7\}, \{3,5,6\}\}$ を考える．組 $(\Omega, \mathcal{B})$ はファノ平面 (Fano plane) と呼ばれ，その点は体 $\boldsymbol{F}_2$ 上の射影平面の点を表し，$\mathcal{B}$ は射影直線の族を表す．その自己同型群 $PGL_3(2)$ は $GL_3(2) = PSL_3(2)$ と一致し，$PSL_2(7)$ とも同型な位数 168 の単純群である．

ファノ平面はデザインと呼ばれる組合せ構造の特別な場合であり，そのほかグラフなども $(\Omega, \mathcal{B})$ の形の組合せ構造である．そのような構造の自己同型群として興味深い種々の有限群が現れる．

［松尾　厚］

参考文献

[1] H. Kurzweil, B. Stellmacher : *The Theory of Finite Groups*, Universitext, Springer Verlag, 2004.

[2] M. Aschbacher : *Finite Group Theory, 2nd ed*, Cambridge University Press, 2000.

[3] 鈴木通夫：群論（上．下），岩波書店，1977，1978．

[4] B. Huppert : *Endliche Gruppen I*, Springer, 1967.

有　限　体

finite field

1　定　義

有限体 (finite field) とは，有限個の元からなる (可換) 体である．ガロア体 (Galois field) とも呼ばれる．

一般に，単位元 1_R をもつ環 R に対して一意的な環準同型 $\varphi: \mathbf{Z} \to R$ が $n \mapsto n \cdot 1_R$ により定まる．$\ker \varphi = (p)$ となる 0 以上の整数 p を R の標数 (characteristic) と呼び，$\operatorname{char}(R)$ と書く．有限体の標数は素数である．

2　素　体 $\mathbf{F}_p$

素数 p に対して，剰余環 $\mathbf{F}_p := \mathbf{Z}/p\mathbf{Z}$ は標数 p の有限体である ($\operatorname{GF}(p)$ とも書く)．定義より，$\mathbf{F}_p$ は次のように表示できる．

- $\mathbf{F}_p$ の元は，ある整数 n に対して記号 $\bar{n}$ の形で表される．
- $\bar{m} = \bar{n}$ となるのは，$m - n$ が p で割り切れるとき，またそのときに限る．したがって，$\mathbf{F}_p$ は p 個の元 $\bar{0}, \bar{1}, \ldots, \overline{p-1}$ からなる．
- $\bar{m} + \bar{n} = \overline{m+n},\ \bar{m}\bar{n} = \overline{mn}$．

例として，$\mathbf{F}_2$ における加法・乗法の表を示す．

+	$\bar{0}$	$\bar{1}$		×	$\bar{0}$	$\bar{1}$
$\bar{0}$	$\bar{0}$	$\bar{1}$		$\bar{0}$	$\bar{0}$	$\bar{0}$
$\bar{1}$	$\bar{1}$	$\bar{0}$		$\bar{1}$	$\bar{0}$	$\bar{1}$

標数 p の任意の環 R に対して，上で定めた環準同型 $\psi: \mathbf{Z} \to R$ の像は $\mathbf{F}_p$ と同型である．これを R に含まれる素体 (prime field) と呼ぶ．

3　諸　性　質

p を素数とする．

R が標数 p の可換環であるとき，$F: R \to R; x \mapsto x^p$ は環としての自己準同型である．これをフロベニウス写像 (Frobenius maping) と呼ぶ．

一般に体の乗法群の有限部分群は巡回群であるから，有限体の乗法群は巡回群である．とくに，$\bar{n}$ が $\mathbf{F}_p^\times$ の生成元となるような整数 n を，p を法とする原始根と呼ぶ．

標数 p の有限体 k は，$\mathbf{F}_p$ 上の有限次線形空間であるから，ある正の整数 f について p^f 個の元をもつ．このことから，任意の $a \in k$ に対して $a = (a^{p^{f-1}})^p$ が成り立つことがわかるので，有限体上のフロベニウス写像は (全射) 自己同型である．

任意の代数拡大が分離的であるような体を完全体 (perfect field) と呼ぶ．標数 p の場合には，これはフロベニウス写像が自己同型であることと同値である．したがって，有限体は完全体である．

4　有限体の分類・ガロア理論

一般に，標数が異なる素数である二つの環の間には準同型は存在しない．一方，固定した標数 p をもつ有限体の全体は簡潔に記述できる．

$\mathbf{F}_p$ は完全体だから，代数閉包 $\bar{\mathbf{F}}_p$ は $\mathbf{F}_p$ 上分離的である．$\bar{\mathbf{F}}_p$ 上のフロベニウス写像 F は自己同型であり，正の整数 f に対して $q = p^f$ とおくとき不変体 $(\bar{\mathbf{F}}_p)^{F^f}$ は q 個の元をもつ有限体である．$\bar{\mathbf{F}}_p$ の有限な部分体はこれで尽くされる．標数 p の有限体はある $q = p^f$ 個の元をもち，したがって $\mathbf{F}_p$ 上代数的なので $\bar{\mathbf{F}}_p$ に埋め込め，その像は $(\bar{\mathbf{F}}_p)^{F^f}$ となる．したがって，有限体の構造は元の個数 q のみにより定まるので，$\mathbf{F}_q$ または $\operatorname{GF}(q)$ と書き，q 元体と呼ぶ．

$\mathbf{F}_{p^k}$ が $\mathbf{F}_{p^l}$ を含むのは k が l で割り切れるとき，またそのときに限り，このとき $\mathbf{F}_{p^k}/\mathbf{F}_{p^l}$ はガロア拡大である．$\operatorname{Gal}(\mathbf{F}_{p^k}/\mathbf{F}_{p^l})$ は F^l によって生成される位数 k/l の巡回群である．とくに，$\operatorname{Aut}(\mathbf{F}_{p^f}) = \operatorname{Gal}(\mathbf{F}_{p^f}/\mathbf{F}_p)$ は F によって生成される位数 f の巡回群である．

なお，有限な斜体は可換であり，したがって有限体である (Wedderburn)．

5　表　示

素数 p および正整数 f に対して $q = p^f$ とおくとき，すでに述べた通り q 元体 $\mathbf{F}_q$ は同型を除いて定まる．有限次分離的拡大は単純拡大であるから，$\mathbf{F}_p[X]$ の任意の f 次既約多項式 $\varphi(X)$ に対し

て $F_q \cong F_p[X]/(\varphi(X))$ となる．$F_p[X]$ の既約多項式は，より低い次数の多項式の積を列挙することにより見つけることが (原理的には) できる．

5.1 例：F_4

F_2 における $\bar{0}, \bar{1}$ を単に $0, 1$ と書く．$F_2[X]$ の 1 次多項式は X および $X+1$ であり，したがって 2 次可約多項式は X^2, X^2+X, X^2+1 の三つ，よって 2 次既約多項式は X^2+X+1 のみである．

$\varphi(X) = X^2+X+1$ とおいて $F_4 = F_2[X]/(\varphi(X))$ とみる．$\alpha = X+(\varphi(X))$ とすると，F_4 は $\{1, \alpha\}$ を基底とする F_2 上の 2 次元ベクトル空間であり，したがって加法については $(F_2)^2$ と同一視できる．$(a,b) \in (F_2)^2$ と $a+b\alpha$ を同一視し，$\varphi(\alpha) = 0$ に注意すると，以下のように乗法の表が書ける．

×	$(0,0)$	$(1,0)$	$(0,1)$	$(1,1)$
$(0,0)$	$(0,0)$	$(0,0)$	$(0,0)$	$(0,0)$
$(1,0)$	$(0,0)$	$(1,0)$	$(0,1)$	$(1,1)$
$(0,1)$	$(0,0)$	$(0,1)$	$(1,1)$	$(1,0)$
$(1,1)$	$(0,0)$	$(1,1)$	$(1,0)$	$(0,1)$

5.2 数体の剰余環

F_p が Z の剰余環として表示されるのと同様に，有限体はある数体の整数環の剰余環として表わされ，また逆に数体の整数環の極大イデアルによる剰余環は有限体である．

例として，n を p と素な正の整数として，ζ_n を 1 の原始 n 乗根とする．円分多項式 Φ_n の p を法とした還元 $\bar{\Phi}_n \in F_p[X]$ は同じ次数 f の既約多項式 g 個の積に分解し，その内の一つの $Z[X]$ への持ち上げを φ とすると $Z[\zeta_n]/(p, \varphi(\zeta_n)) \cong F_{p^f}$ となる．ここで f は，$p^f \equiv 1 \pmod{n}$ となるような最小の正の整数である．

6 有限体上の代数多様体・合同ゼータ関数

有限体上でも，C などの場合と同様に代数多様体，すなわち多項式系の共通零点集合を考えることができる．

X を F_q 上の代数多様体，たとえば F_q 係数の多項式系の $\bar{F}_q$ における共通零点集合とする．N_n を X の F_{q^n} 値点 (座標がすべて F_{q^n} に含まれるような点) の数とする．このとき，
$$Z(X, t) = \exp\left(\sum_{n=1}^{\infty} \frac{N_n}{n} t^n\right)$$
を X の合同ゼータ関数と呼ぶ．$Z(X, t)$ は t の有理関数であること，またその零点および極についてリーマン予想の類似が成り立つことが知られている．

一例として，$X = \bar{F}_q$ を F_q 上の直線 A^1 と考えると，N_n は既約多項式の数と関係付けることができ，多項式の素因数分解の一意性から $Z(X, t) = 1/(1-qt)$ であることがわかる．

7 応用

有限体は，加法と乗法という二つの演算をもった有限集合であることから，離散的な対象の構成などに応用をもつ．

7.1 暗号

有限体の乗法群は，群としては有限巡回群であるという単純さをもっているが，加法群の部分集合とみると複雑なものと考えられる．

p を素数，g を p を法とする原始根として，n を p と素な整数とするとき，$g^a \equiv n \pmod{p}$ となる a を求める問題を離散対数問題と呼ぶ．

この問題が比較的容易でないことから，暗号系を構成することができる．

有限体上の楕円曲線などへの一般化もある．

7.2 組み合わせ論的対象の構成

有限体 F_p や F_{p^f} は $\{0, 1, \cdots, p-1\}$ やその直積集合と同一視できるが，その中で乗法の構造に注目することによって，一見すると規則性が明らかでないが理論的な解析が可能な組み合わせ論的対象を構成することができる．この考え方は，符号・疑似乱数の構成などに応用される．

7.3 離散フーリエ変換

有限体の加法・乗法を使って，離散変数・離散値のフーリエ変換を定義することができ，整数の高速演算などに応用することができる．

[高橋宣能]

有限単純群の分類

classification of finite simple groups

単純な有限群を**有限単純群** (finite simple group) という.以下では,単に群といえば,有限群を意味する.群 H が群 G の部分群であるとき $H \leq G$ と表す.素数 p に対して,位数 p の巡回群 $C_p = \mathbf{Z}/p\mathbf{Z}$ は可換な単純群である.これ以外の単純群はすべて非可換である.

位数が最小の非可換単純群は,5 次交代群 Alt_5 であり,その位数は 60 である.その次に位数が小さいものは,位数 168 の群 $GL_3(2) = PSL_3(2)$ である.非可換単純群は無数に存在する.

1 交代群

交代群 Alt_n は $n \geq 5$ のとき単純群である.

2 リー型の単純群

以下に掲げる単純群をリー型の単純群という.ただし,$A_n, B_n, C_n, D_n, E_6, E_7, E_8, F_4, G_2$ はルート系の型であり,q は素数べきである.

シュバレー群 有限体上のシュバレー群 (Chevalley group) として単純群が得られる.

型	群の表記
$A_n(q), (n \geq 1)$	$PSL_{n+1}(q) = L_{n+1}(q)$
$B_n(q), (n \geq 3)$	$P\Omega_{2n+1}(q) = O_{2n+1}(q)$
$C_n(q), (n \geq 2)$	$PSp_{2n}(q) = S_{2n}(q)$
$D_n(q), (n \geq 4)$	$P\Omega_{2n}^+(q) = O_{2n}^+(q)$
$E_6(q), E_7(q), E_8(q)$ $F_4(q), G_2(q)$	左に同じ

群 $PSL_2(2), PSL_2(3)$ はそれぞれ Sym_3, Alt_4 と同型な可解群である.群 $PSp_4(2), G_2(2)$ は単純でないが,導来群 $PSp_4(2)', G_2(2)'$ が単純となる.

スタインバーグ群 一般に,群 G の自己同型 θ に対して,θ の作用で固定される元全体は部分群をなす.これを θ に関する**固定点部分群** (fixed-point subgroup) という.ディンキン図形の対称性に関するシュバレー群の固定点部分群としてス タインバーグ群 (Steinberg group) と呼ばれる単純群の系列が得られる.

型	群の表記
$^2A_n(q), (n \geq 2)$	$PSU_{n+1}(q) = U_{n+1}(q)$
$^2D_n(q), (n \geq 4)$	$P\Omega_{2n}^-(q) = O_{2n}^-(q)$
$^3D_4(q), {}^2E_6(q)$	左に同じ

群 $PSU_3(2)$ は可解である.

鈴木群と李群 特別な型と標数における例外的な自己同型に関するシュバレー群の固定点部分群として単純群の系列が得られる.これを李群 (Ree group) という.

型	群の表記
$^2B_2(2^{2m+1})$	$Sz(2^{2m+1})$
$^2F_4(2^{2m+1})$	左に同じ
$^2G_2(3^{2m+1})$	左に同じ

発見者の名前を冠して,$Sz(2^{2m+1})$ を鈴木群と呼ぶことがある.

群 $Sz(2)$ は可解である.群 $^2F_4(2), {}^2G_2(3)$ は単純でないが,導来群が単純となる.群 $^2F_4(2)'$ はティッツ群 (Tits group) と呼ばれる.

例外的な同型 以上の系列に現れる単純群は,以下に掲げる例外を除いて互いに同型でない.

$P\Omega_{2n+1}(2^m) \simeq PSp_{2n}(2^m)$
$PSL_2(5) \simeq PSL_2(4) \simeq Alt_5,$
$PSL_3(2) \simeq PSL_2(7),$
$PSL_2(9) \simeq PSp_4(2)' \simeq Alt_6,$
$PSL_4(2) \simeq Alt_8, PSU_4(2) \simeq PSp_4(3),$
$PSU_3(3) \simeq G_2(2)', {}^2G_2(3)' \simeq PSL_2(8)$

3 散在型の単純群

上に述べた系列に属さないような単純群が以下の 26 個ある.

$M_{11}, M_{12}, M_{22}, M_{23}, M_{24}$:マシュー群
(Mathieu group)
J_1, J_2, J_3, J_4:ヤンコ群 (Janko group)
$HJ = J_2$:ホール–ヤンコ群
(Hall–Janko group)
$HJM = J_3$:ヒグマン–ヤンコ–マッカイ群
(Higman–Janko–McKay group)

HS：ヒグマン–シムズ群 (Higman–Sims group)
Suz：鈴木の散在群 (Suzuki's sporadic group)
McL：マクラフリン群 (McLaughlin group)
He：ヘルド群 (Held group)
Co_1, Co_2, Co_3：コンウェイ群 (Conway group)
$Fi_{22}, Fi_{23}, Fi'_{24}$：フィッシャー群
(Fischer group)
Ly：ライアンス群 (Lyons group)
Ru：ラドバリス群 (Rudvalis group)
$O'N$：オナン群 (O'Nan group)
M：フィッシャー–グライスのモンスター
(Fischer–Greiss Monster)
$B = BM$：フィッシャーのベビーモンスター
(Fischer's Baby Monster)
Th：トンプソン群 (Thompson group)
HN：原田群 (Harada–Norton group)

これらの群を散在型の単純群あるいは略して散在群 (sporadic group) という.

最初に発見された散在群はマシュー群であり，1860年頃のことである．その次に発見されたのはヤンコ群 J_1 であり，1965年のことである．その後およそ10年にわたり次々と散在群が見出されたが，1980年にモンスター M とヤンコ群 J_4 の存在が示されたのが最後となった．存在の可能性が見出されてから存在が証明されるまでに時間がかかる場合があるので，どの時点をもって発見されたとすべきかは判然としない．

4 散在群における系列

散在群はいくつかの系列ないしはグループから成り立っている．

マシュー群の系列

$$M_{24}, M_{23}, M_{22}; M_{12}, M_{11}$$

一般に，自然数 t, n, k, λ に対して，t–(n, k, λ) デザイン (design) とは，n 個の元からなる集合 Ω および k 個の元からなる Ω の部分集合の族 $\mathcal{B}$ の組 $(\Omega, \mathcal{B})$ であって，t 個の相異なる Ω の元に対して，それらをすべて元にもつような $B \in \mathcal{B}$ の個数がいつも λ であるようなものである．族 $\mathcal{B}$ を保つ Ω の置換全体のなす群をデザイン $(\Omega, \mathcal{B})$ の自己同型群という．

5–$(24, 8, 1)$ デザインが同型を除いてただ1つ存在する．これをヴィット・デザイン (Witt design) という．その自己同型群がマシュー群 M_{24} であり，M_{23}, M_{22} はその部分群として記述される．また，群 M_{12} は 5–$(12, 6, 1)$ デザインの自己同型群となっており，M_{11} はその部分群となっている．

なお，ヴィット・デザインから拡張ゴーレイ符号 (extended Golay code) と呼ばれる誤り訂正符号が得られ，群 M_{24} はその自己同型群でもある．

コンウェイ群の系列と関係する群

$$Co_1, Co_2, Co_3; McL, HS; Suz; HJ = J_2$$

一般に，ユークリッド空間 $\boldsymbol{R}^n$ を張る集合 Λ であって，加法について $\boldsymbol{Z}^n$ と同型で，2つの元の内積がつねに整数となるものを階数 n の正定値整格子または単に格子 (lattice) という．格子 Λ がユニモジュラー (unimodular) であるとは，Λ の元との内積がつねに整数になる $\boldsymbol{R}^n$ の元が Λ の元に限ることであり，偶 (even) であるとは，元の長さの2乗がつねに偶数となることである．

階数 24 のユニモジュラー偶格子 (even unimodular lattice) で長さ $\sqrt{2}$ の元をもたないものが同型を除いてただ1つ存在する．これをリーチ格子 (Leech lattice) といい，拡張ゴーレイ符号を用いて構成される．リーチ格子の自己同型群 Co_0 は単純群ではないが，中心による剰余群が Co_1 であり，Co_2, Co_3 はその部分群である．

また McL および HS は Co_3 の部分群であり，Suz および HJ は Co_1 の部分群の中心による剰余群である．

フィッシャー群の系列

$$Fi'_{24}, Fi_{22}, Fi_{23}$$

これらの群は3互換群である．すなわち対合からなる共役類であり，それに属する2つの対合の積の位数が 1, 2, 3 のいずれかとなるようなもので生成される．なお Fi_{24} と書かれる群は単純群でなく，導来群 Fi'_{24} はその指数2の正規部分群である．

モンスターと関係する群

$$M, B, Th, HN, He$$

順に F_1, F_2, F_3, F_5, F_7 と書かれることがある．

モンスター Mはムーンシャイン頂点作用素代数と呼ばれる無限次元の代数系 $V^{\natural}$ の自己同型群

となっており，B は M の部分群の剰余群である．また，Th, HN, He は M の部分群である．

そのほかの群 以上の群は，すべてモンスターの部分群ないしは部分群の剰余群となっている．これに対し，残りの群

$$J_1, J_3, J_4, Ly, Ru, O'N$$

はモンスターと無関係な群であると考えられる．これらの群をパライア (pariah) と呼ぶことがある．

5 群の局所構造と標数

群 G の自明でない部分群の正規化群に等しいような部分群を G の局所部分群という．特に，素数 p に対して，群 G の自明でない p 部分群 U の正規化群 $N_G(U)$ に等しいような部分群を p 局所部分群 (p–local subgroup) という．さまざまな素数 p に対する p 局所部分群の間の関係を，大雑把に群 G の局所構造という．

ところで，リー型の群に備わっている概念を抽象化して一般の群 G にも通用するように拡張し，リー型の群を調べる手法を一般の群 G についても適用しようと考えるのは自然である．そこで，次のように定義する．

素数 p に対して，群 G のすべてのシロー p 部分群の共通部分は最大の正規 p 部分群である．これを $O_p(G)$ と表す．群 G が $C_G(O_p(G)) \leqq O_p(G)$ を満たすとき，G は標数 p をもつという．また，群 G のすべての p 局所部分群が標数 p をもつとき，G は標数 p 型であるという．

このように定義すると，標数 p の体上のリー型の単純群は標数 p 型となり，極大 p 局所部分群は放物型部分群になる．

6 分類定理

未知の単純群があったとし，そのような単純群で位数が最小のものを G とする．このとき，群 G の局所構造の可能性を吟味してそれが知られている単純群の局所構造とある程度一致していることを示し，そのような局所構造をもつ単純群が知られている単純群のどれかに限ることを示せば，単純群は知られているもので尽くされることになる．

具体的には，奇数位数定理により非可換単純群 G の位数は偶数であるから，G は対合 z をもち，その中心化群 $C_G(z)$ が考えられる．そこで，対合の中心化群としてどのような群をもちうるかにより，単純群を成分型と呼ばれる群と標数 2 型の群に類別する．前者については，既知の有限単純群の拡大で非可換有限単純群の対合の中心化群となり得るような群をリストアップし，そのような群を対合の中心化群としてもつような非可換有限単純群が既知のものに限ることを示す．後者については，奇素数位数の元の中心化群を考慮に入れ，さらに細かい類別を経て分類を行う．

長期間にわたる数多くの研究者の膨大な研究成果を合わせ，莫大な労力と紙数を費した結果として，ゴレンスタイン (D. Gorenstein) は 1981 年に分類定理の証明の完成を宣言した．

定理 1 (有限単純群の分類定理) 有限単純群は，素数位数の巡回群，5 次以上の交代群，リー型の単純群，26 個の散在群のいずれかと同型である．

ただし，擬薄群 (quasi–thin group) と呼ばれる群のクラスをカバーする論文が発表されずに放置されたため，証明は長らく不完全なままであった．しかし，2004 年に書籍 [1] が出版され，最終的にギャップが埋められたことになったようである．

分類定理の証明は莫大な紙数を要するものであり，全貌を知るものはないとさえいわれる．当然ながら，証明の簡易化が強く望まれるところである．実際，1980 年代からゴレンスタイン他によって第二世代の証明が考案され，推進されてきた [2]．さらに近年では，第三世代の証明の方針が考案され，研究が進められている． ［松尾　厚］

参考文献

[1] M. Aschbacher, S.D. Smith：*The Classification of Quasithin Groups, I, II,* AMS, 2004.

[2] D. Gorenstein, R. Lyons, R. Solomon：*The Classification of the Finite Simple Groups, No.1–6, Mathematical Surveys and Monographs*, AMS, 1994–2005.

[3] R.A. Wilson：*The Finite Simple Groups, GTM251*, Springer–Verlag, 2009.

有限要素法

finite element method, FEM

有限要素法は，固体構造物の応力・変形解析をはじめ，理工学や産業界に現れる各種の偏微分方程式を解くための実用的で数理的にも優れた数値解析手法である．その概要は，解析対象の領域を単体などの単純な形状の小領域（有限要素，要素）に分割した上で，方程式の解を分割に即した区分的な多項式などで近似し，さらに各種の変分法的定式化（弱定式化）に基づいて離散化方程式（近似方程式）を作成し，それを線形計算などの数値計算法を駆使したコンピュータ・プログラムにより解き，得られた近似解を整理・編集した上で種々の目的に活用する，というものである．基本となる三角形1次要素は，数学分野ではCourantにより1943年に提出されたが，実用化されたのは，約10年後に工学分野でおそらく独立に平面応力解析用の要素として提出されたのが契機であり，以後，有限要素法はコンピュータとソフトウェア技術の進歩を背景として急速に発展・普及した[1,2]．

1 最小型変分原理と基本的有限要素法 [1~4]

Ω は n 次元ユークリッド空間 $\mathbf{R}^n$（n は正の整数）内の有界領域で境界を $\partial\Omega$ とする．$\partial\Omega$ にはたとえばリプシッツ連続性などの仮定を課す．Ω 上の既知関数 f を与えたとき，次のポアソン方程式の斉次ディリクレ境界値問題を具体的モデルとして取り上げる（u は解，Δ はラプラシアン）．

$$-\Delta u = f \quad (\Omega\text{内}), \quad u = 0 \quad (\partial\Omega\text{上}).$$

この問題に対し弱定式化を導入するため，Ω 上で可測で2乗可積分な実関数全体のなすヒルベルト空間 $L^2(\Omega)$，関数自体と1階導関数がすべて $L^2(\Omega)$ に属し，$\partial\Omega$ 上で値が0になる実関数のなすソボレフ空間 $H^1_0(\Omega)$（$=: V$ とおく）を用い，次の量（双1次形式）を定義する（$(\cdot,\cdot)$ は $L^2(\Omega)$ の内積）．

$$a(u,v) := \sum_{i=1}^{n}(\partial u/\partial x_i, \partial v/\partial x_i) \quad (u,v \in V).$$

また，前記の f は $L^2(\Omega)$ に属すとし，次の量（V 上の有界線形汎関数）も定義しておく．

$$F(v) := (f, v) \quad (v \in V).$$

このとき，先の問題に対する一つの弱定式化として，u を V の中で次式（弱形式）を満たすものとして定めよ，という問題を設定できる．

$(*) \quad a(u,v) = F(v) \quad (\text{すべての } v \in V \text{ に対し}).$

この問題の解 u の V における存在と一意性は，$a(\cdot,\cdot)$ の強圧性（正定数 μ が存在し，任意の $v \in V$ に対し $a(v,v) \geqq \mu\|v\|_V^2$ が成立，$\|\cdot\|_V$ は V のノルム）を確認すれば，ヒルベルト空間でのリースの定理から従う．また，この問題は，次の汎関数の V 上での最小型変分問題と等価である．

$$J(v) := \frac{1}{2}a(v,v) - F(v) \quad (v \in V).$$

次に本問題に対する有限要素の例として，もっとも基本的な区分1次式を用いる単体有限要素法を概説する．簡単のため，Ω は有界な多面体領域とし，その単体分割を与える．具体的には，$n = 1, 2, 3$ の順に，線分，三角形，四面体による分割である．分割は重なりやすき間がなく，さらに隣り合う単体間では共通部分がどちらにとっても1つの側面全体になるように作る．したがって，単体の頂点が隣接単体の頂点以外の点になることは避ける．分割内の単体を有限要素，または要素と呼び，分割内の頂点 $x^{(i)}$ を節点と呼び習わす．

本問題に対する単体1次有限要素法では，V の近似空間（有限要素空間）V^h を次のように定める．
$$V^h = \{v \in V; v \text{ は各単体内では1次多項式}\}.$$
このとき，$v \in V^h$ は Ω の閉包上で連続で，$\partial\Omega$ 上で0である．V^h の基底としては，$\phi_i(x^{(j)}) = \delta_{ij}$（$\delta_{ij}$ はクロネッカーのデルタ，i, j は内点節点全体にわたる）で定まる節点基底 $\{\phi_i\}$ が標準的である．

その上で，解 u に対する近似解（有限要素解）$u_h \in V^h$ を $(*)$ に基づく次の条件で定める．

$$a(u_h, v) = F(v) \quad (\text{すべての } v \in V^h \text{ に対し}).$$

この問題の解の存在と一意性は容易に示される．

実際の計算では，節点基底を用い，係数行列は $a(\phi_j, \phi_i)$ を (i,j) 成分とする正方行列 K（対称で次数は $m = \dim V^h$），右辺は $F(\phi_i)$ を第 i 成分とする m 次元列ベクトル $\mathbf{F}$ である連立1次方程式 $K\mathbf{U} = \mathbf{F}$ を解く．$\mathbf{U}$ は u_h の節点値のベクト

ルである．K や $\mathbf{F}$ は要素に分けて計算した上で足し合わせて作成する．なお，$J(\cdot)$ の V^h 上での最小問題を考えても，同じ近似問題が得られる．

前記で2次元問題の場合に三角形1次要素を用いるとき，領域が凸多角形で要素分割に若干の条件を付ければ，h を全要素の最大辺長，$\|\cdot\|$ を $L^2(\Omega)$ または $L^2(\Omega)^2$ のノルムとし，C を f や h によらぬ正定数として，次の誤差評価式が導ける．
$$\|\nabla(u-u_h)\| \leqq Ch\|f\|, \quad \|u-u_h\| \leqq C^2h^2\|f\|.$$
ここで ∇ は勾配作用素である．C の具体的値は求めにくいが，現在では良好な上界が得られ，後述の適応型計算や精度保証などに活用されている．

要素形状としては，単体以外に四辺形や六面体なども用いられ，高次多項式も利用される．また，双1次形式 $a(\cdot,\cdot)$ や有界線形汎関数 $F(\cdot)$ を再設定すれば，さまざまな問題に対する有限要素法が構成できる．さらに，非線形問題や時間依存 (動的) 問題にも有限要素法は盛んに適用されている．

2 鞍点型定式化と混合型有限要素法 [2～4]

先の問題で $p := \nabla u$ とおくと，$-\Delta u = f$ は $-\mathrm{div}\, p = f$ と表される．u と p に対するこの連立微分方程式は，用いる関数空間を適切に設定すれば，次の汎関数の停留条件として記述できる．
$$J^*(v,q) = \frac{1}{2}\|q\|^2 + (\mathrm{div}\, q, v) + (f,v)$$
上記の停留点 (実は鞍点) $\{v,q\}$ が先の $\{u,p\}$ に対応する．この種の鞍点型定式化を利用した有限要素法は混合型有限要素法 (混合法) と呼ばれ，その理論と実践は，板曲げ問題，流体問題，電磁場問題などに対する有限要素法で重要な位置を占める．

3 さまざまな応用分野

有限要素法は，微分方程式全般に適用可能な汎用的数値解法だが，最初に成功したのが固体力学 (構造解析) 分野だったためもあり，航空機，船舶，自動車，土木建築構造物などの設計解析には必須の手法となっている．その中には，骨組などもともと離散的モデル化が自然な構造物も含まれる．

微小変形線形弾性論の範囲では，固体力学の支配方程式は Navier の方程式で与えられ，それに対しては前述の区分1次要素をはじめとする2次元，3次元の要素が有効だが，固体力学では解析物体の幾何形状に応じ，はり，板，シェルなどの数理モデルが知られており，有限要素法でもこれらのモデルに対する要素が開発，利用されている．

有限要素法の適用領域は，固体力学以外にも，流体力学，伝熱問題，化学反応問題，さらにファイナンスなどさまざまな分野に広がっている．近年では，電磁場問題への応用などで近似関数の構成法に顕著な発展がみられた．その際，個々の分野の特徴に応じ，定式化や数理解析に新しい視点と技法が要求されることが少なくなく，それが実用と理論双方での新たな発展を促している．

4 最近の話題

最近の話題として，解の状況に応じて要素分割 (メッシュ) を変更させながら解析を進める適応型計算法で必要となる，得られた数値解をも利用して誤差の大きさを見積もる事後誤差評価手法，さらに数値解の情報から元の問題の厳密解の存在や一意性なども示す精度保証計算法 [5] を挙げておく．前者は計算の自動化の点で実用的意味が大きく，後者は数学上の証明手段としても数値計算が利用できる可能性を拓きつつある．

さらに，従来の有限要素法の拡張として，要素分割の利用を排除または最小限にするメッシュレス法，要素間での近似関数の連続性を要求しない不連続ガレルキン法などの研究が進んでいる．このような進歩は，有限要素法の関連あるいは競合手法である有限差分法や有限体積法などの開発や数理解析にも寄与している．　　　　[菊地文雄]

参 考 文 献

[1] 菊地文雄：有限要素法概説 (新訂版)，サイエンス社，1999．
[2] 菊地文雄：有限要素法の数理，培風館，1994．
[3] 田端正久：偏微分方程式の数値解析，岩波書店，2010．
[4] H. Fujita, N. Saito, T. Suzuki: *Operator Theory and Numerical Methods*, North–Holland, 2001
[5] 中尾充宏・山本野人：精度保証付き数値計算，日本評論社，1998．

有理型関数 (1変数)

meromorphic function

ローラン展開から始め，有理型関数を解説する．ルンゲの近似定理，ミッターク–レッフラーの定理，ワイエルシュトラスの定理が基本的である．

1 ローラン展開

$a \in \mathbf{C}$ と $0 \leq r_1 < r_2 \leq +\infty$ に対し $\Delta(a; r_2) = \{z \in \mathbf{C}; |z-a| < r_2\}$ を a の半径 r_2 の円板近傍と呼び，$R(a; r_1, r_2) = \{z \in \mathbf{C}; r_1 < |z-a| < r_2\}$ を円環領域と呼ぶ．記述を簡単にするためしばらく $a = 0$ とする．f を $R(0; r_1, r_2)$ 上の正則関数とする．$z \in R(0; r_1, r_2)$ を任意にとる．r_1' と r_2' を $r_1 < r_1' < |z| < r_2' < r_2$ ととる．$C(0; r_1') = \{|z| = r_1'\}$ を反時計回りの向きに1周する曲線を C_1，$C(0; r_2')$ 上を反時計回りの向きに1周する曲線を C_2 として，$C = C_2 - C_1$ と f にコーシーの積分定理を用いると

$$f(z) = \tfrac{-1}{2\pi i} \int_{C_1} \tfrac{f(\zeta)}{\zeta - z} d\zeta + \tfrac{1}{2\pi i} \int_{C_2} \tfrac{f(\zeta)}{\zeta - z} d\zeta.$$

C_1 上では $|\zeta/z| < 1$，C_2 上では $|z/\zeta| < 1$ であることより，次の絶対収束する級数展開が得られる．

$$f(z) = \sum_{n=-1}^{-\infty} a_n z^n + \sum_{n=0}^{\infty} a_n z^n \quad (1)$$
$$= \sum_{n=-\infty}^{\infty} a_n z^n. \quad (2)$$

ここで，$a_n = \tfrac{1}{2\pi i} \int_{C(0;r)} \tfrac{f(\zeta)}{\zeta^{n+1}} d\zeta$，$r_1 < r < r_2$，は r のとり方によらない．(2) は，$R(0; r_1, r_2)$ で絶対かつ広義一様収束する．これを f のローラン展開と呼ぶ．(1) の第1項は $\{|z| > r_1\}$ で絶対かつ広義一様収束し，第2項は $\{|z| < r_2\}$ で絶対かつ広義一様収束している．

導関数 f' は，テイラー展開の場合と同様に表せ
$$f'(z) = \sum_{n=-\infty}^{\infty} n a_n z^{n-1}.$$

よって，$a_{-1} = 0$ ならば f は原始関数 F をもち，
$$F(z) = \sum_{\substack{n=-\infty \\ n \neq -1}}^{\infty} \tfrac{a_n}{n+1} z^{n+1} + C.$$

ただし，C は定数である．$r_1 < r < r_2$ に対し
$$\sum_{n=-\infty}^{\infty} |a_n|^2 r^{2n} = \tfrac{1}{2\pi} \int_0^{2\pi} |f(re^{i\theta})|^2 d\theta.$$

$R(a; r_1, r_2)$ の正則関数 f は次のように展開され，a でのローラン展開と呼ばれる．

$$f(z) = \sum_{n=-\infty}^{\infty} a_n (z-a)^n, \quad r_1 < |z| < r_2. \quad (3)$$

$r_1 = 0$ の場合を考える．f は，非定数とする．(3) の展開で n が負の 0 でない係数 a_n が無限個あるとき，a は f の孤立真性特異点と呼ばれる．$a_n \neq 0, n < 0$，が有限個しかないとき，f は a でたかだか極をもつという．このとき $f(z) = \tfrac{a_{-m}}{(z-a)^m} + \tfrac{a_{-m+1}}{(z-a)^{m-1}} + \cdots + a_0 + \cdots$，$a_{-m} \neq 0$ と表される．$m > 0$ のとき a は f の位数 m の極であるという．すべての $n < 0$ に対し $a_n = 0$ ならば f は $\Delta(a; r_2)$ 上正則で $f(z) = a_m(z-a)^m + a_{m+1}(z-a)^{m+1} + \cdots$，$a_m \neq 0, m \geq 0$ と表される．$m > 0$ のとき，a は f の位数（または重複度）m の零点と呼ばれる．$a = \infty$ のときは，複素変数 $\tilde{z}(=1/z)$ を用いて同様に定義する．$\{\tilde{z}; 0 < |\tilde{z}| < R\} = \{z; |z| > 1/R\}$ であり，f の $\tilde{z}$ および z に関するローラン展開の関係は，
$$f(z) = \sum_{n=-\infty}^{\infty} a_n z^n$$
$$= \sum_{n=-\infty}^{\infty} a_{-n} \tilde{z}^n = f \circ \tilde{z}.$$

よって，$f(z) = \sum_{n=-\infty}^{\infty} a_n z^n$ が ∞ で正則であることと $a_n = 0, n \geq 1$ であることは同値である．

2 有理型関数

D をリーマン球面 $\hat{\mathbf{C}} = \mathbf{C} \cup \{\infty\}$ の領域とする．各点 $a \in D$ でたかだか極をもつ関数を D 上の**有理型関数**と呼ぶ．f を D 上の有理型関数とする．$a \in D$ が f の極であるとき，$\tilde{w} \circ f(z) = 1/f(z)$ は a の近傍で正則である．この意味で f は連続写像 $f: D \to \hat{\mathbf{C}}$ を一意的に定める．たとえば二つの多項式 $P(z)$ と $Q(z)$（ただし $Q(z) \not\equiv 0$）の比として表される有理関数 $P(z)/Q(z)$ は $\hat{\mathbf{C}}$ 上の有理型関数である．定義により，f の極の全体 E は D 内の離散的閉集合である．$E = \emptyset$ ならばもちろん f は D 上正則である．D 上の有理型関数の全体は，自然な演算で体をなす．

定理 1 (1) $\hat{\mathbf{C}}$ 上の正則関数は，定数に限る．
(2) $\hat{\mathbf{C}}$ 上の有理型関数は，有理関数に限る．

有理型関数に対しても一致の定理が成り立つ．

定理 2 f_1, f_2 を D 上の有理型関数とする．D 内に集積点をもつ D の部分集合 A 上 $f_1 \equiv f_2$ な

らば，D 上 $f_1 \equiv f_2$ が成立する．

f を領域 $D \subset \hat{\mathbf{C}}$ 上の有理型関数とする．$a \in D$ を f の極とする．$a \neq \infty$ のとき，$f(z)$ は次のようにローラン展開される．
$$f(z) = \sum_{j=-m>-\infty}^{-1} a_j(z-a)^j + \sum_{j=0}^{\infty} a_j(z-a)^j.$$
負べきの項 $\sum_{j=-m>-\infty}^{-1} a_j(z-a)^j$ を f の a での主要部と呼ぶ．$a = \infty$ ならば，f のローラン展開は $f(z) = \sum_{j=1}^m a_j z^j + \sum_{j=0}^{\infty} a_j z^{-j}$ となり，f の ∞ での主要部は，$\sum_{j=1}^m a_j z^j$ である．

3 ミッターク–レフラーの定理

有理関数 $f(z) = P(z)/Q(z)$（$P(z), Q(z)$ に共通零点なし）は，互除法により $f(z) = P_0(z) + \frac{P_1(z)}{Q(z)}$, $\deg P_1 < \deg Q$ と表せる．$f(z)$ の ∞ での主要部は，$P_0(z) - P_0(0)$ である．さらに定理 1 より，次の部分分数展開が得られる．
$$\frac{P(z)}{Q(z)} = P_0(z) + \sum_j \sum_k c_{jk}(z-a_j)^{-k}. \quad (4)$$
同様のことを有理型関数について示そうとすると，次のルンゲの近似定理が必要になる．

定理 3（ルンゲ） $D \subset \mathbf{C}$ を領域とし，$K \subset D$ をコンパクト部分集合とする．f を K の近傍で正則な関数とする．もし $D \setminus K$ の任意の連結成分が D 内相対コンパクトでなければ，f は D 上の正則関数で K 上一様近似される．

有理型関数 f の定義領域 D が，$\hat{\mathbf{C}}$ ならば f は有理関数なので（定理1），その部分分数展開は (4) で与えられる．$D \neq \hat{\mathbf{C}}$ ならば，一次変換で $D \subset \mathbf{C}$ の場合に帰着できる．以下，$D \subset \mathbf{C}$ と仮定する．

定理 4（ミッターク–レフラー） $\{a_n\}_{n=1}^{\infty}$ を領域 D 内の相異なる点よりなる離散的閉集合とする．各 a_n で主要部 $Q_n(z) = \sum_{j=-m_n>-\infty}^{-1} c_{nj}(z-a_n)^j$ が与えられているとき，D 上の有理型関数 f で，各 a_n での主要部が $Q_n(z)$ になるものが存在する．

4 ワイエルシュトラスの定理

与えられた点 a_n で与えられた位数 ν_n の零点をもつ正則関数の存在を考える．$D \subset \hat{\mathbf{C}}$ を領域とする．$D = \hat{\mathbf{C}}$ の場合は，その上の正則関数は定数しかないので，前節と同様に $D \subset \mathbf{C}$ の場合を考えればよい．与えられた点 $\{a_n\}$ が有限個ならば，多項式 $P(z) = \prod (z-a_n)^{\nu_n}$ が求めるものである．$\{a_n\}$ が無限個の場合は，次の定理が答えを与える．

定理 5（ワイエルシュトラス） $\{a_n\}_{n=1}^{\infty}$ を D 内の相異なる点よりなる離散的閉集合とし，各 a_n に正整数 ν_n が与えられている．すると，D 上の正則関数 f で，各 a_n で位数 ν_n の零点をもち，それら以外では零点をもたないものが存在する．

ここで上記 $\{a_n\}_{n=1}^{\infty}$ を境界 ∂D のすべての点が集積点であるようにとると，次がわかる．

定理 6 任意の領域 D 上には，その上の正則関数 f で境界 ∂D のどの点を超えても解析接続できないものが存在する．

これは，つまり $\mathbf{C}$ の任意の領域は正則領域であることを意味する．上述の定理 4 と定理 5 より，次の興味深い補間定理が導かれる．

定理 7 $\{a_n\}_{n=1}^{\infty}$ を D 内の相異なる点よりなる離散的閉集合とし，各 a_n に値 $c_n \in \mathbf{C}$ が与えられているとする．このとき，D 上の正則関数 f で $f(a_n) = c_n, n \in \mathbf{N}$ を満たすものが存在する．

定理 4, 定理 5, 定理 7 は，より一般の複素多様体上では然るべく対応する層の高次コホモロジー群の消滅定理として定式化される．

［野口潤次郎］

参 考 文 献

[1] L.V. アールフォース著, 笠原乾吉訳：複素解析, 現代数学社, 1982.
[2] 藤本坦孝：複素解析, 岩波書店, 2006.
[3] L. ヘルマンダー著, 笠原乾吉訳：多変数複素解析学入門 (第 2 版), 東京図書, 1973.
[4] 小松勇作：函数論 (復刊), 朝倉書店, 2004.
[5] 野口潤次郎：複素解析概論, 裳華房, 1993.
[6] 辻 正次：函数論 (上, 下) (復刊), 朝倉書店, 2004.

有理写像

rational map

1 有理写像の定義

有理写像は代数多様体の間の「写像」であるが，点に点を対応させるという集合論的な意味での写像ではない．代数幾何学で考える多項式や有理式という関数は「堅い」ので，開集合上で関数の値を与えれば定まってしまうという性質に由来する．

代数多様体の間の**有理写像** (rational map) $f: X \dashrightarrow Y$ とは，X の空ではない開集合 $U \subset X$ から Y への射 $g: U \to Y$ 全体のなす集合の，以下のように定義される同値関係による同値類のことである：$g_1: U_1 \to Y$ と $g_2: U_2 \to Y$ が同値であるとは，共通部分では一致するときをいう：$g_1|_{U_1 \cap U_2} = g_2|_{U_1 \cap U_2}$．射の定義域 U が最大になるような代表元 g が存在するが，このときの U を有理写像 f の**定義域** (domain of definition) と呼ぶ．そして，点 $x \in U$ で f は定義されているという．有理写像は集合論的な写像ではないので，普通の矢印 $\to$ ではなく途切れた矢印 $\dashrightarrow$ を用いる．

点 $x \in X$ が f の定義域に入るためには，X の部分集合から Y への写像とみなした f が，集合論的に x で定義されていることが必要であるが，これはかならずしも十分ではない．代数幾何学でいう「関数が定義されている」という言葉の意味はもっと深いのである．

2 線形系と有理写像

有理写像の重要な例として，線形系に伴う有理写像がある．代数多様体 X の空ではない開集合 X^o 上の可逆層 $\mathcal{L}$ と，大域切断全体のなす線形空間 $H^0(X^o, \mathcal{L})$ の 0 ではない有限次元線形部分空間 W を与える．W の基底 $\{s_0, \ldots, s_n\}$ をとるとき，有理写像 $f: X \dashrightarrow \mathbf{P}^n$ が $f(x) = (s_0(x): \cdots : s_n(x))$ によって定まる．ここで，$W \neq 0$ なので，$U = \{x \in X^o | \exists s \in W \text{ s.t. } s(x) \neq 0\}$ は空ではない開集合となり，$f: U \to \mathbf{P}^n$ は射になる．

逆に，射影空間への有理写像はつねに線形系に伴う有理写像として表示できる．

たとえば，射影空間 $X = \mathbf{P}^n$ において，斉次座標系 $(x_0, \ldots, x_n)$ に対して，いくつかの一次独立な線形形式 $l_i = \sum_{j=0}^n a_{ij} x_j \ (i = 0, \ldots, m)$ を基底とする線形空間 W をとると，有理写像 $f: \mathbf{P}^n \dashrightarrow \mathbf{P}^m$ が，$f(x) = (l_0(x): \cdots : l_m(x))$ によって定まる．f の定義域 U は，少なくとも一つの l_i が 0 にはならないような点全体の集合になる．U の補集合 L は $l_0 = \cdots = l_m = 0$ で定義される $n - m - 1$ 次元の線形部分空間である．f は L を中心とした**射影** (projection) と呼ばれる．

3 例

(1) 射影空間内の円錐曲線

$$X = \{(x_0 : x_1 : x_2) \in \mathbf{P}^2 \mid x_0 x_1 - x_2^2 = 0\}$$

を考え，点 $P = (1:0:0)$ を中心にした射影 $\mathbf{P}^2 \dashrightarrow \mathbf{P}^1$ を X に制限したもの f を考える．f の像 $Y \cong \mathbf{P}^1$ 上の斉次座標系を (y_1, y_2) とする．

$x_1 \neq 0$ で定義された開集合 $U_1 = X \setminus \{P\}$ の上では，f は $f(x_0 : x_1 : x_2) = (x_1 : x_2)$ で定義された射である．また，方程式 $x_0 \neq 0$ で定義された開集合 U_0 上では，f は $f(x_0 : x_1 : x_2) = (x_2 : x_0)$ で定義された射である．こうして f は X 全体で定義される．全空間 $\mathbf{P}^2$ で考えた射影は点 P では定義されないが，これを X に制限した有理写像は点 P でも定義できるのである．

逆射 $g: Y \to X$ が，$y_1 \neq 0$ のときは $g(y_1 : y_2) = (y_2^2/y_1 : y_1 : y_2)$，$y_2 \neq 0$ のときは $g(y_1 : y_2) = (y_2 : y_1^2/y_2 : y_1)$ で定義されるので，f と g は同型射になる．

(2) 射影空間内の 2 次曲面

$$X = \{(x_0 : x_1 : x_2 : x_3) \in \mathbf{P}^3 \mid \\ x_0 x_1 - x_2 x_3 = 0\}$$

を考え，点 $P = (1:0:0:0)$ を中心にした射影 $\mathbf{P}^3 \dashrightarrow \mathbf{P}^2$ を X に制限したもの f を考える．f の像 $Y \cong \mathbf{P}^2$ 上の斉次座標系を (y_1, y_2, y_3) とする．

$x_i \neq 0$ ($i=1,2,3$) で定義された開集合 U_i の上では, f は $f(x_0:x_1:x_2:x_3)=(x_1:x_2:x_3)$ で定義された射である. しかし, 有理写像 $f: X \dashrightarrow Y$ の定義域は $U = U_1 \cup U_2 \cup U_3 = X \setminus \{P\}$ である. 実際, $x_1 = x_j = 0$ ($j=2,3$) で定義された射影直線を $L_j \subset X$ とすると, $f(L_2 \cap U) = \{(0:0:1)\}$, $f(L_3 \cap U) = \{(0:1:0)\}$ となり, $P = L_2 \cap L_3$ の f による行き先が定まらないからである. このとき, 点 P は有理写像 f の**不確定点** (point of indeterminacy) と呼ぶ.

逆有理写像 $g: Y \dashrightarrow X$ は, $y_1 \neq 0$ で定義される開集合 V_1 の上では $g(y_1:y_2:y_3) = (y_2 y_3/y_1 : y_1 : y_2 : y_3)$, $y_2 y_3 \neq 0$ で定義される開集合 V_{23} の上では $g(y_1:y_2:y_3) = (1 : y_1^2/y_2 y_3 : y_1/y_3 : y_1/y_2)$ で与えられる. g の定義域は $V = V_1 \cup V_{23} = Y \setminus \{(0:0:1), (0:1:0)\}$ であり, $y_1 = 0$ で定義される射影直線 $M \subset Y$ に対しては, $g(M \cap V) = \{P\}$ が成り立つ.

f と g はあとで定義される双有理写像である.

(3) アフィン空間内の代数曲線
$$X = \{(x_1, x_2) \in \mathbf{A}^2 \mid x_1^2 - x_2^3 = 0\}$$
を考える. 点 $P = (0,0)$ は X の特異点である. アフィン直線からの射 $f: \mathbf{A}^1 \to X$ が, $f(t) = (t^3, t^2)$ によって定義される. f は全単射であり, 集合論的な逆写像 $g = f^{-1}$ は有理写像になる. 実際, $x_2 \neq 0$ で定義された開集合 $U = X \setminus \{P\}$ 上では, $g(x_1, x_2) = x_1/x_2$ と書ける. 右辺は $x_2 = 0$ で極をもつ有理関数であり, g は P では定義されない. すなわち, U が定義域である. f と g はあとで定義される双有理写像である.

4 双有理写像

双有理写像 (birational map) $f: X \dashrightarrow Y$ とは, X の空ではない開集合 $U \subset X$ から Y の空ではない開集合 $V \subset Y$ への同型射の同値類のことである. すなわち, 有理写像としての逆写像をもつ有理写像を双有理写像という. 双有理写像になる射は**双有理射** (birational morphism) と呼ぶ.

二つの代数多様体 X と Y は, 双有理写像が存在するとき**双有理同値** (birationally equivalent) であるという. Y は X の**双有理モデル** (birational model) であるともいい, X から Y へ視点を移すことを双有理モデルの取り替えという.

代数幾何学が連立代数方程式系の理論であるとするならば, 双有理写像とは代数的な変数変換のことであるともいえる.

双有理同値な代数多様体は本質的に同じものであると考えられる. たとえば, 2 変数既約多項式 $h(x_1, x_2)$ はアフィン空間 $\mathbf{A}^2$ 内の既約代数曲線 X を定めるが, これを代数幾何学的に取り扱うためには, 以下のようなプロセスが必要になる: まず, 射影空間 $\mathbf{P}^2$ 内での閉包 $\bar{X}$ をとってコンパクト化する. さらに, なめらかな射影的代数曲線 $\tilde{X}$ から $\bar{X}$ への双有理射 (特異点解消) を構成する. $\tilde{X}$ は X および $\bar{X}$ と双有理同値である.

微分形式の積分は代数幾何学の有力な手段であるが, 正則微分形式の積分はこうしたモデルの取り替えには依存せず定まる. 実際, 積分の値は空ではない開集合上で積分した値にほかならないからである.

双有理同値な代数多様体に対しては同じ値をとる量のことを**双有理不変量** (birational invariant) と呼ぶ. たとえば, 代数曲線の種数は双有理不変量である. さらに, 一般の代数多様体の多重種数, 小平次元や標準環なども双有理不変量である. 双有理不変量は代数多様体の本質を表す量であるといえる. このような立場から代数多様体を研究する分野を**双有理幾何学** (birational geometry) と呼ぶ. **極小モデル理論** (minimal model theory) はその中心的なテーマの一つである.

標数 0 の体上に定義された任意の代数多様体に対して, なめらかな代数多様体からの射影的な双有理射が存在する (広中の**特異点解消** (resolution of singularities) 定理). なめらかな代数多様体は代数幾何学的な扱いがしやすいので, 特異点解消定理は双有理幾何学の基本定理であるといえる. 正標数の体上に定義された代数多様体に対しても特異点解消定理が成り立つかどうかは未解決問題として残されている.

[川又雄二郎]

有理ホモトピー論

rational homotopy theory

与えられた位相空間 X のホモトピー群 $\pi_i(X)$ ($i=1,2,\ldots$) の決定は一般にきわめて難しい．ある意味で単純な空間である球面 S^n の場合でさえ，一般の n についての $\pi_i(S^n)$ の完全な決定は不可能と思われる．まして，空間の構造に関するさらに深い情報を含むホモトピー型が完全にわかっている空間は，限られた特種な空間だけであるといっても過言ではない．

これに対して，有限位数の元を無視した有理ホモトピー群 $\pi_i(X)\otimes\mathbf{Q}$ の決定は，はるかに容易な問題である．たとえば球面の場合には

$$\pi_i(S^n)\otimes\mathbf{Q}=\begin{cases}\mathbf{Q} & \begin{pmatrix}i=n\text{ または，}n\text{ が}\\ \text{偶数で }i=2n-1\end{pmatrix}\\ 0 & (\text{その他の場合})\end{cases}$$

となる．一般に有限生成アーベル群 $A=\mathbf{Z}^n\oplus T$ (T はねじれ部分群) に対し $A\otimes\mathbf{Q}=\mathbf{Q}^n$ となる．$\mathbf{Q}$ とテンソルすることにより A のランクの情報は保たれるが有限位数の情報は完全に失われる．有理ホモトピー論とは，空間の有限位数の情報を無視したホモトピー型に関する理論である．

1 有理ホモトピー型

単連結な位相空間 X は，そのホモトピー群 $\pi_i(X)$ ($i=2,3,\ldots$) がすべて $\mathbf{Q}$ 上のベクトル空間となっているとき**有理空間** (rational space) という．

簡単のためここでは単連結な CW 複体 (ある条件を満たすセル複体) とホモトピー同値な位相空間を考えることにする．たとえば，単連結な多様体はすべてこの条件を満たす．そのような位相空間 X に対し，次の二つの条件を満たす位相空間 $X_{\mathbf{Q}}$ と連続写像 $r:X\to X_{\mathbf{Q}}$ が存在する．(i) $X_{\mathbf{Q}}$ は有理空間である．(ii) 任意の有理空間 Y と連続写像 $f:X\to Y$ に対し，$f\simeq f_{\mathbf{Q}}\circ r$ となるような連続写像 $f_{\mathbf{Q}}:X_{\mathbf{Q}}\to Y$ がホモトピーの意味で一意的に存在する．条件 (ii) から，このような $X_{\mathbf{Q}}$ のホモトピー型は X により定まることがわかる．そこで $X_{\mathbf{Q}}$ のホモトピー型を X の**有理ホモトピー型** (rational homotopy type) という．

上記のような $r:X\to X_{\mathbf{Q}}$ は次の二つの性質をもつことがわかる．(iii) ホモトピー群の準同型 $r_*:\pi_i(X)\to\pi_i(X_{\mathbf{Q}})$ ($i=2,3,\ldots$) は同型 $\pi_i(X)\otimes\mathbf{Q}\cong\pi_i(X_{\mathbf{Q}})$ を誘導する．(iv) ホモロジー群の準同型 $r_*:H_i(X)\to H_i(X_{\mathbf{Q}})$ ($i=2,3,\ldots$) は同型 $H_i(X)\otimes\mathbf{Q}\cong H_i(X_{\mathbf{Q}})$ を誘導する．逆に条件 (iii) と (iv) は互いに同値な条件であり，そのいずれか一方を満たす写像 $f:X\to X_{\mathbf{Q}}$ は X の有理ホモトピー型を与えることがわかる．

単連結な有理空間 X の有理ホモトピー型は X 自身である．

2 d.g.a. と極小モデル

一般に次数 1 の微分の定義された実数体 $\mathbf{R}$ あるいは有理数体 $\mathbf{Q}$ 上の次数付き代数 $\mathcal{A}=\oplus_i\mathcal{A}^{(i)}$ を **d.g.a.** (differential graded algebra) という．ここで $\mathcal{A}^{(i)}$ は次数 i の元全体を表し，微分 $d:\mathcal{A}^{(i)}\to\mathcal{A}^{(i+1)}$ は $d\circ d=0$ を満たす線形写像である．また積 $\mathcal{A}^{(i)}\otimes\mathcal{A}^{(j)}\to\mathcal{A}^{(i+j)}$ は結合的で $yx=(-1)^{i+j}xy$ を満たす．さらに $d(xy)=(dx)y+(-1)^i x(dy)$ となる．たとえば微分可能多様体 M のド・ラーム複体 $\Omega^*(M)$ は，外微分を微分とすることにより実数体 $\mathbf{R}$ 上の d.g.a. となる．d.g.a. $\mathcal{A}$ に対してそのコホモロジー $H^*(\mathcal{A})$ が定義されるが，$H^0(\mathcal{A})$ が基礎体に一致するとき連結，さらに $H^1(\mathcal{A})=0$ となるとき単連結という．また $\mathcal{A}$ が次数付き代数として自由，すなわち偶数次の元の生成する多項式代数と奇数次の元の生成する外積代数のテンソル積となるとき自由な d.g.a. という．

d.g.a. $\mathcal{A}$ が**極小** (minimal) であるとは，それが連結かつ自由でありさらにその微分が分解可能，すなわち $\mathcal{A}^+=\oplus_{i>0}\mathcal{A}^{(i)}$ とおくとき条件 $d\mathcal{A}^+\subset\mathcal{A}^+\mathcal{A}^+$ を満たすことをいう．

任意の単連結な d.g.a. $\mathcal{A}$ に対し，ある極小な d.g.a. $\mathcal{M}$ と d.g.a. 写像 $\mathcal{M}\to\mathcal{A}$ でコホモロジーの同型 $H^*(\mathcal{M})\cong H^*(\mathcal{A})$ を誘導するものが一意的に存在する．このような $\mathcal{M}$ を $\mathcal{A}$ の**極小モデル** (minimal model) という．

3 ド・ラーム・ホモトピー論

単連結な有理空間 X のホモトピー群 $\pi_i(X)$ は定義によりすべて $\boldsymbol{Q}$ 上のベクトル空間である．上記の (iii) と (iv) の同値性により，X の整係数ホモロジー群 $H_i(X)$ もすべて $\boldsymbol{Q}$ 上のベクトル空間となる．したがって X が可縮（すなわち一点とホモトピー同値）でなければ，X のホモロジー群は無限生成となる．このことから，たとえばコンパクトな多様体あるいは有限単体複体であっても，それが可縮でない限りその有理ホモトピー型の具体的な構成には無限の操作が必要となる．また具体的に構成したとしてもそのホモトピー型が簡単にわかるわけではない．

これに対してサリヴァン (D. Sullivan) は，微分形式を用いることにより空間の有理ホモトピー型を効果的に決定する理論を建設した．それは微分形式を用いて微分可能多様体の実コホモロジーを決定するド・ラームの定理の精密化とも考えられる．このためド・ラーム・ホモトピー論 (de Rham homotopy theory) と呼ばれる．

単体複体 K に対して，その有理係数ド・ラーム複体 $\Omega_{\boldsymbol{Q}}^*(K)$ を次のように定義する．まず $\boldsymbol{R}^n$ の中の頂点がすべて有理点（各成分がすべて有理数となるような点）であるような単体 σ に対して，その有理係数ド・ラーム複体 $\Omega_{\boldsymbol{Q}}^*(\sigma)$ を $\boldsymbol{R}^n$ 上の有理係数の多項式を係数とするような微分形式を σ に制限したものの全体として定義する．このとき σ の任意の辺 τ に対して，自然な準同型 $\Omega_{\boldsymbol{Q}}^*(\sigma) \to \Omega_{\boldsymbol{Q}}^*(\tau)$ が微分形式の制限により定まる．

$$\Omega_{\boldsymbol{Q}}^*(K) = \{(\omega_\sigma)_{\sigma\in K}; \omega_\sigma\in\Omega_{\boldsymbol{Q}}^*(\sigma), \sigma \text{ の任意の}$$
$$\text{辺 }\tau \text{ に対して } \omega_\sigma|_\tau = \omega_\tau\}$$

とおけば，積分が誘導する自然な準同型 $H^*(\Omega_{\boldsymbol{Q}}^*(K)) \to H^*(K;\boldsymbol{Q})$ は同型となる（単体複体に関するド・ラームの定理）．

ド・ラーム・ホモトピー論の主定理を単連結な有限単体複体 K の場合に述べると次のようになる．$\Omega_{\boldsymbol{Q}}(K)$ の極小モデル $\mathcal{M}_K$ は K の有理ホモトピー型 $K_{\boldsymbol{Q}}$ と等価であり互いに他を決定する．とくに $I(K) = \mathcal{M}_K^+/\mathcal{M}_K^+\mathcal{M}_K^+$ とおくとき自然な同型 $\mathrm{Hom}(I(K),\boldsymbol{Q}) \cong \pi_*(K)\otimes\boldsymbol{Q}$ が存在する．

したがって $\pi_i(K)$ のランクは $\mathcal{M}_K$ の次数が i の生成元の数に一致する．

単連結な有限単体複体 K はコホモロジーの同型を誘導する d.g.a. 写像 $H^*(K;\boldsymbol{Q}) \to \Omega_{\boldsymbol{Q}}(K)$ が存在するとき形式的 (formal) という．ただし $H^*(K;\boldsymbol{Q})$ の微分は恒等的に 0 と定義する．このような空間の有理ホモトピー型はその有理コホモロジー環 $H^*(K;\boldsymbol{Q})$ の構造から形式的に定まる．単連結なコンパクト・ケーラー多様体はすべて形式的であることが知られている．

4 例

元 x_i ($i=1,2,\ldots$) で生成される自由な次数付き代数を記号 $\Lambda(x_i)$ で表し，また x_i の次数は $|x_i|$ と記す．

例 1 n 次元球面 S^n の極小モデルは次で与えられる．

$$\mathcal{M}(S^n) = \begin{cases} \Lambda(x; |x|=n, dx=0) & (n:\text{奇数}) \\ \Lambda(x,y; |x|=n, |y|=2n-1, \\ \quad dx=0, dy=x^2) & (n:\text{偶数}) \end{cases}$$

例 2 n 次元複素射影空間 $\boldsymbol{C}P^n$ の極小モデルは次で与えられる．

$$\mathcal{M}(\boldsymbol{C}P^n) = \Lambda(x,y; |x|=2, |y|=2n+1,$$
$$dx=0, dy=x^{n+1})$$

したがって

$$\pi_i(\boldsymbol{C}P^n)\otimes\boldsymbol{Q} = \begin{cases} \boldsymbol{Q} & (i=2, 2n+1) \\ 0 & (\text{その他の場合}) \end{cases}$$

となる． ［森田茂之］

葉層構造

foliation

1 定 義

$p+q$ 次元 C^∞ 級多様体 M の p 次元部分多様体の族 L_λ $(\lambda \in \Lambda)$ が M の局所的に自明な分割を与えているときに $(p$ 次元$)$ $($余次元 $q)$ 葉層構造と呼ぶ. ここで, M の分割とは, $\lambda \ne \lambda' \Rightarrow L_\lambda \cap L_{\lambda'} = \emptyset$, $\bigcup_{\lambda \in \Lambda} L_\lambda = M$ となることであり, このような分割が局所自明であるとは M の任意の点 x の座標近傍 $(U, \varphi = (x_1, \ldots, x_p, x_{p+1}, \ldots, x_{p+q}))$ で, $L_\lambda \cap U$ の連結成分が $\{x \in U \mid (x_{p+1}, \ldots, x_{p+q}) = $ 一定 $\in \mathbf{R}^q\}$ と表されるものがあることである. また, 定義における部分多様体 L_λ とは, p 次元多様体 F_λ からの単射はめ込み $\iota_\lambda : F_\lambda \to M$ の像 $L_\lambda = \iota_\lambda(F_\lambda)$ のことであり, L_λ は葉層構造の葉 (leaf) と呼ばれる. L_λ に M の位相から誘導される位相は, 一般には F_λ の位相よりも弱く, L_λ は通常の意味の部分多様体となるとは限らない.

葉層構造 $\mathcal{F}$ に対し, $\mathcal{F}$ の葉に接する M の接ベクトル全体は M の接束 TM の p 次元部分ベクトル束を定める. これを $\mathcal{F}$ の接束と呼び $T\mathcal{F}$ と書く. TM の p 次元部分ベクトル束 E が p 次元葉層構造の接束となるためには, E に値をもつ二つのベクトル場 X, Y に対して $[X, Y]$ が E に値をもつことが必要十分である. これは E が局所的に q 個の微分 1 形式 $\omega_1, \ldots, \omega_q$ の核として記述されているとき, $d\omega_i = \sum_{j=1}^q \theta_{ij} \wedge \omega_j$ $(i = 1, \ldots, q)$ を満たす微分 1 形式 θ_{ij} の存在と同値である. これらの条件を完全積分可能条件と呼ぶ (フロベニウス (Frobenius) の定理).

2 例

2.1 トーラスの線形葉層

2 次元実ベクトル空間上の平行な直線の族 $\ell_c = \{(x, y) \in \mathbf{R}^2 \mid ax + by = c\}$ $((a, b) \ne (0, 0))$ を考える. 族 $\{\ell_c\}$ は, $\mathbf{Z}^2$ の平行移動で不変だから, 2 次元トーラス $\mathbf{R}^2 / \mathbf{Z}^2$ の (次元 1) 余次元 1 葉層構造を与える. a/b が有理数または ∞ のとき, 各葉は円周と微分同相である. a/b が無理数のとき, 各葉は実数直線の単射はめ込みの像で, 稠密となる.

2.2 レーブ葉層

3 次元実ベクトル空間上の平行な平面の族 $L_a = \{(x, y, z) \in \mathbf{R}^3 \mid z = a\}$ を $\mathbf{R}^3 \setminus \{\vec{0}\}$ に制限して考える. $\mathbf{R}^3 \setminus \{\vec{0}\}$ には, $\mathbf{Z}$ が $k \cdot (x, y, z) = (2^k x, 2^k y, 2^k z)$ $(k \in \mathbf{Z})$ のように作用している. 商空間 $(\mathbf{R}^3 \setminus \{\vec{0}\})/\mathbf{Z}$ は 2 次元球面と円周の直積 $S^2 \times S^1$ と微分同相で, 族 $\{L_a\}$ は $\mathbf{Z}$ の作用で不変であるから, $S^2 \times S^1$ に余次元 1 葉層構造が与えられる. この葉層は, $L_0 \setminus \{\vec{0}\}$ の商である 2 次元トーラスと微分同相な葉を 1 枚もち, 残りの葉は 2 次元平面と微分同相である. 2 次元トーラスは $S^2 \times S^1$ を二つのソリッド・トーラス $D^2 \times S^1$ に分ける. このソリッド・トーラスの境界を葉とする葉層をレーブ成分 (Reeb component) と呼ぶ. 図 1 参照. 二つのレーブ成分を境界で貼り合せて 3 次元球面のレーブ葉層を (少し工夫すると C^∞ 級の葉層構造として) 構成できる. ノビコフ (S.P. Novikov) により次が知られている. M を $\pi_1(M)$ が有限群または $\pi_2(M) \ne 0$ を満たす 3 次元閉多様体で, $S^1 \times S^2$, $S^1 \times \mathbf{R}P^2$ とは異なるものとする. M の横断的に向きづけ可能な余次元 1 葉層構造は, かならずレーブ成分をもつ.

2.3 アノソフ葉層

リー群 G とその連結部分リー群 H について, G の左 H 剰余類分解 $G = \bigcup_{g \in G} gH$ は G の葉層構造を与える. G の離散部分群 Γ に対し, $\Gamma \backslash G$ にはこの葉層から誘導される葉層構造が与えられる. 種数 g のコンパクト・リーマン面 Σ_g $(g \geqq 2)$ は, 定負曲率をもつ 2 次元多様体で, 双曲平面を普遍被覆

図 1 レーブ成分

にもつ．双曲平面の等長変換群 $G = PSL(2; \mathbf{R})$ は，双曲平面の単位接ベクトル束と微分同相である．H を上三角行列のなす部分群，$\Gamma = \pi_1(\Sigma_g)$ として，G の左 H 剰余類分解による葉層構造から $\Gamma \backslash G \cong U\Sigma_g$ 上のアノソフ (Anosov) 葉層構造が得られる．ここで $U\Sigma_g$ は Σ の単位接ベクトル束である．$G = PSL(2; \mathbf{R})$ の対角行列のなす部分群 $D = \{\begin{pmatrix} e^t & 0 \\ 0 & e^{-t} \end{pmatrix}\}/\pm I \cong \mathbf{R}$ の作用は $U\Sigma_g$ 上の測地流を定義しているが，左 H 剰余類による葉層は，測地流の不安定葉層と呼ばれるものとなっている．

3 ホロノミー

L を余次元 q 葉層構造の葉とする．M のリーマン計量をとり，L の法束 $\nu(L)$ からの指数写像 e を考える．e は $\nu(L)$ の各ファイバーの 0 の近傍では M への埋め込みとなっている．L の葉の上の曲線 $c : [0, 1] \to L$ と 0 に十分に近い $\nu_{c(0)}(L)$ の点 x に対し，$\nu_{c(t)}(L)$ の点 $C(t, x)$ を $e(C(t, x))$ が $e(x)$ と同じ葉の上にあるように一意的にとることができる．こうして x に $C(1, x)$ を対応させるとこれは $\nu_{c(0)}(L)$ の原点の近傍から $\nu_{c(1)}(L)$ の原点の近傍への微分同相 H_c となる．これを γ に沿うホロノミー (holonomy) と呼ぶ．c が L の上の閉曲線のとき，H_c の 0 での芽は閉曲線のホモトピー類のみにより，ホロノミー準同型 $\pi_1(L) \to G_q$ を定義する．ここで，G_q は $\mathbf{R}^q$ の 0 を固定する局所微分同相の 0 における芽全体のなす群である．コンパクト葉の近傍の葉層構造は，コンパクト葉のホロノミー準同型で決定される．

4 葉層構造の存在

多様体 M に p 次元葉層構造が存在するためには，葉層構造 $\mathcal{F}$ の接束 $T\mathcal{F}$ となるべき，接束 TM の p 次元部分ベクトル束 E の存在が必要であるが，これは，葉層構造の法束 ($\nu\mathcal{F} = TM/T\mathcal{F}$) となるべき q 次元部分ベクトル束の存在と同値である．余次元 q 葉層構造を一般化した $\boldsymbol{\Gamma}_q$ 構造 (余次元 q のヘフリガー (Haefliger) 構造) を考えると余次元 q 葉層構造は M 上の Γ_q 構造を定める．M 上の Γ_q 構造 $\mathcal{H}$ を与えると，その法束 $\nu\mathcal{H}$ が定まる．Γ_q 構造 $\mathcal{H}$ とホモトピックな葉層構造を多様体 M に実現するためには，法束 $\nu\mathcal{H}$ が接束 TM の q 次元部分ベクトル束として実現できることが必要十分である．したがって，閉多様体 M に余次元 1 葉層構造が存在するためには，M のオイラー数が 0 となることが必要十分である．

与えられた法束 E をもつ Γ_q 構造の存在は，Γ_q 構造の分類空間 $B\Gamma_q$ から q 次元ベクトル束の分類空間 $BO(q)$ への写像についての E の分類写像 $BE : M \to BO(q)$ の持ち上げの問題として定式化され，$B\Gamma_q \to BO(q)$ のホモトピー・ファイバー $B\overline{\Gamma}_q$ のホモトピー群がわかれば記述できる．$B\overline{\Gamma}_q$ のホモトピー群は，葉層構造の微分可能性に依存してさまざまに変化する．たとえば C^1 級ならば $B\overline{\Gamma}_q$ は可縮であり，法束 E をもつ Γ_q 構造が存在し，E が接束 TM の部分束ならば，E を法束とする葉層構造が存在する．一方，$2 \leq r \leq \infty$ に対し C^r 級では，$B\overline{\Gamma}_q$ は $q+1$ 連結であるが，$B\overline{\Gamma}_q$ の $2q+1$ 次元ホモトピー群は連続濃度をもつアーベル群である．実解析的な葉層構造の存在については未解決の問題が多い．基本群が有限群であるような閉多様体には実解析的な余次元 1 葉層構造は存在しない．また，実解析的な Γ_1 構造について，$B\overline{\Gamma}_1$ は基本群が連続濃度をもち，2 次以上のホモトピー群が自明であるような空間となる．

5 ゴドビヨン・ベイ類

余次元 1 の横断的に向き付けられた葉層構造 $\mathcal{F}$ は，微分 1 形式 ω で定義される．完全積分可能条件により $d\omega = \eta \wedge \omega$ となる η が存在するが，$\eta \wedge d\eta$ は閉 3 形式となり，そのドラーム・コホモロジー類 $[\eta \wedge d\eta]$ は葉層構造 $\mathcal{F}$ の不変量となる．これを $\mathcal{F}$ のゴドビヨン・ベイ類 (Godbillon–Vey class) と呼ぶ．葉層構造の連続な変形でゴドビヨン・ベイ類が非自明に連続に変化しうることが知られている．

［坪井　俊］

参考文献

[1] 田村一郎：葉層のトポロジー，岩波書店，1976.

4 色 問 題

four color problem

1 問題と小史

4色問題は曲面上の地図の塗り分け問題の一部で，平面上あるいは球面上の地図がつねに4色で塗り分けられるか，という問題である．現在では肯定的に解決されたので**4色定理** (four color theorem) と呼ぶのが正当だろう．

ここで地図とは曲面上の諸区域の集りを意味し，各区域は連結とする．塗り分けとは各区域に色（符帳）を割り当て，線で境される隣りどうしは異なる色にするという値付けである．1点のみを共有する区域は同色でもよい．塗り分けはうまく実行した場合であり，塗り損いは論外である．4個以上の区域の会合点はそこに小区域を新設して3枝地図（点に会する地域が3個）に還元できる．

平面上の地図の塗り分けが4色で可能という事実は経験的に知られていたらしいが，これを数学の問題として取り上げた最初の人物はガスリー (F. Guthrie; 1852) とされる．しかし当時は不発に終り，ケイリー (A. Cayley; 1878) の再提唱によって数学の問題として認知された．これに対してケンプ (A.B. Kempe; 1879) が解答し解決したと信じられた．しかしヒーウッド (P.J. Heawood; 1890) がその不備を指摘して（後述）初めて難問と意識された．5色で容易に塗り分けられることはケンプの証明で正しい．

ヒーウッドはさらに一般の曲面上の地図について考察し，種数 (→ [オイラー数]) が g の曲面上では，ヒーウッド数と呼ばれる

$$h = [(7+\sqrt{1+48g})/2]$$ の整数部

色あれば十分であることを示した．ただしその証明には仮定 $g \geq 1$ が本質的に使われるので，球面の値 $g=0$ を代入して形式的に得られる $h=4$ は偶然の一致にすぎない．

後にクラインの瓶 ($g=1$, 向き付け不能) の場合 ($h=7$) 6色が必要十分なのを唯一の例外として，ほかの曲面ではすべてヒーウッド数 h 色が必要十分なことが証明された（リンゲル，1973）．

4色問題そのものにはいろいろな研究方向があったが，結果的にはケンプの考えを活かしてその不備を修正する（計算機による大量の検証を要した）形で，アッペル (K. Appel) とハーケン (W. Haken) が証明に成功した (1976)．最初の論文に若干の不備があったのは事実だがその後すべて検討・修正され，簡易化（ただし計算機による）もされている．

2 証明の概要

平面（球面）上に互いに接する5個以上の地域がないことは容易に証明できる．しかしこれは4色問題の解ではない．もしもそうなら互いに接する4個の地域がない地図は3色で塗り分けられるといってよいはずだが，これは正しくない．正十二面体の12面（を平面に表現した地図）は互いに接する4国がないが，塗り分けには4色を3回ずつ公平に使う必要がある．

ケンプの考えを現代流に整理すると，基礎になるのは**不可避集合** (unavoidable set) と**可約配置** (reducible configuration) である．前者は平面の地図上にそのうちのどれかがかならず現れる形の地域の連鎖である．3辺国，4辺国，5辺国がそのもっとも簡単な例である．

可約配置とは，とりあえずその部分を無視してほかの部分を塗った後，必要なら色の組を入れ換えると，その部分も外側の塗り分けの延長として4色で塗り分けできるような地域の配列である．3辺国，4辺国は可約配置である．可約配置だけの不可避集合の族があれば，4色問題は解決する．

ケンプは5辺国の可約性を証明した（つもりだった）が，その証明の不備をヒーウッドが指摘した．現在では5辺国自体は可約でないと考えられている．しかし5辺国が4個ひし形に並んだ形（発見者の名をとってバーコフのダイヤモンドという愛称がある）はもっとも簡単な可約配置の一例である．

4色問題の研究史の主流は各種の可約配置の発見・検証である．既知の可約配置を総動員して，何個国以下の地図は4色で塗り分けられるという記録更新が，真の解決以前に何度も行われた．

この方向を強力に推し進めたのはヘーシュ (H.

Heesch; 1936 以降) である．彼は可約配置からなる不可避集合の存在 (これは 4 色問題自体よりも強い条件) を確信し，不可避集合を組織的に求める手法として放電法 (discharge method) を考案した．これはオイラーの多面体定理を活用し，辺の過不足を正負の電荷で表現するという工夫である．そして得られた個々の配置の可約性を検証するという方針で研究を進めた．この着想は正しかったが，目標の族は数千組に達すると予測され，手計算での限界が感じられた．結果的にはこの線に沿って前記のアッペル–ハーケンが計算機による大量の検証の末，解決に到達した．当初の論文ではそのための可約配置は 1834 個あったが，現在ではたとえば 633 個に整理されている．

3 テイトの算法

実際に与えられた地図を 4 色塗り分けするには，以下に述べるテイト (P.G. Tait; 1880) の算法がよい．下記のステップ 2° がかならず可能なことが直接に証明できれば 4 色問題の別証になるが，この方向は成功していない．

ステップ 1° 地図を 3 枝地図に修正する．

ステップ 2° 各頂点に ＋ または − の符号をつけ，各地域ごとにその代数和が 3 の倍数になるようにする．たとえば 3 辺国はすべて ＋ か −，4 辺国は ＋−2 個ずつ，5 辺国では 4:1 の割り合いなど (図では ＋ を黒丸，− を白丸で示した)．

ステップ 3° 各頂点ごとにそこから出る 3 本の辺に対し 1, 2, 3 の数を，＋ なら正の向き，− なら負の向きになるように割り当てる．どこか一個所から始めて全体に矛盾なく数を割り当てることができるのは，2° の条件による．

ステップ 4° 一つの地域に色 0 を割り当てる．以下その隣の地域には，すでにつけた色の番号 j と境の辺に割り当てられた数 k との下記の演算 ∔ による色の番号を割り当てる．

$$0 \mathbin{\dot{+}} k = k, \quad k \mathbin{\dot{+}} k = 0, \quad (k = 1, 2, 3)$$
$$1 \mathbin{\dot{+}} 2 = 3, \quad 1 \mathbin{\dot{+}} 3 = 2, \quad 2 \mathbin{\dot{+}} 3 = 1$$

これは 2 進法 2 ビットの桁上げしない加算 (排他的な離接) である．各地域に矛盾なく色が定まる

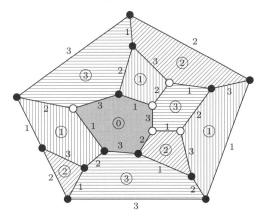

図 1 テイトの算法による 4 色塗り分け例

ことが，上記の条件 2°, 3° によって保証される (図では地域の色番号は ○ で囲って示した)．

4 関連話題

曲面上の地図の塗り分けは前述のとおりである．曲面上の場合地図に制限をつけるともっと少数の色で塗り分けられるという種類の結果も多数ある．

平面上で各地域が 2 個ずつの連結領域をなす場合 (両者を同一色とする) は 12 色が必要十分であり，3 個ずつの場合は 18 色が必要十分である．

平面上の地図が 3 色で塗り分け可能な条件も研究されている．しかし 3 次元空間の領域では凸集合に限定しても，いくらでも多くの種類の色を必要とする場合があり，同様の問題は意味がない．

4 色問題は単なる孤立した遊戯的問題ではなく，グラフ理論の諸結果と密接に関連している．その拡張に相当する予想で後に否定的に解決された例も多い． ［一松　信］

参 考 文 献

[1] T.L.S.–P. Kaimer : *Four Color Problem: Assaults and Conquest*, McGraw–Hill, 1977.
[2] R. Wilson : *Four Colours Suffice: How the Map Problem Was Solved*, Penguin Books, 2002. (邦訳) 茂木健一郎訳：四色問題，新潮社，2014．
[3] 一松　信：四色問題 (改訂版), 講談社, 2016.
一般曲面上の地図塗り分けについては
[4] G. Ringel : *Map Color Theorem*, Springer, 1974.

ラグランジュの未定乗数法

Lagrange's method of undetermined coefficients

ある与えられた条件のもとでの関数の極値を求める問題を，**条件付き極値** (conditional extrema) 問題という．また，その条件のことを束縛条件あるいは拘束条件などと呼ぶ．そのための一つの解法として，次のラグランジュの未定乗数法 (Lagrange's method of undetermined coefficients) (あるいは単にラグランジュの乗数法 (method of Lagrange multipliers)) が知られている．

1 束縛条件が一つの場合

n 個の変数 $(x_1, x_2, \ldots, x_n)$ がある領域内において束縛条件

$$\varphi(x_1, x_2, \ldots, x_n) = 0$$

を満たしながら変化するときの関数 $f(x_1, x_2, \ldots, x_n)$ の極値を求めることを考えよう．ここで φ および f は C^1 級であるものとする．この問題において，もし $(x_1, x_2, \ldots x_n) = (a_1, a_2, \ldots, a_n)$ がその極値をとる点であるならば，その点は束縛条件

$$\varphi(a_1, a_2, \ldots, a_n) = 0 \tag{1}$$

を満たしていなければならないのみならず，そこにおいて φ の勾配

$$\nabla \varphi = (\frac{\partial \varphi}{\partial x_1}, \frac{\partial \varphi}{\partial x_2}, \ldots, \frac{\partial \varphi}{\partial x_n})$$

と f の勾配

$$\nabla f = (\frac{\partial f}{\partial x_1}, \frac{\partial f}{\partial x_2}, \ldots, \frac{\partial f}{\partial x_n})$$

は（どちらかが零ベクトル $\mathbf{0}$ の場合も含めて）平行でなければならない．すなわち，ある定数 λ が存在して

$$(\nabla f + \lambda \nabla \varphi)(a_1, a_2, \ldots, a_n) = \mathbf{0} \tag{2}$$

であるか，または

$$\nabla \varphi(a_1, a_2, \ldots, a_n) = \mathbf{0} \tag{3}$$

のいずれかが成立する．したがってとくに考えている領域においてつねに $\nabla \varphi \neq \mathbf{0}$ が成立している場合には，この $a_1, a_2, \ldots, a_n, \lambda$ に関する (1) と (2) の連立方程式の解をすべて求めることにより極値をとる点の候補 $(a_1, a_2, \ldots, a_n)$ が決定される．

このラグランジュの未定乗数法における定数 λ は，**ラグランジュ乗数** (Lagrange multiplier) と呼ばれる．またこの連立方程式は，新しく $n+1$ 変数関数

$$F(x_1, x_2, \ldots, x_n, \lambda)$$
$$= f(x_1, x_2, \ldots, x_n) + \lambda \varphi(x_1, x_2, \ldots, x_n)$$

を導入しその勾配

$$\nabla F = (\frac{\partial F}{\partial x_1}, \frac{\partial F}{\partial x_2}, \ldots, \frac{\partial F}{\partial x_n}, \frac{\partial F}{\partial \lambda})$$

を用いることにより，

$$\nabla F(a_1, a_2, \ldots, a_n, \lambda) = \mathbf{0}$$

と書き換えることができる．これは，一般の $n+1$ 変数関数 $F(x_1, x_2, \ldots x_n, x_{n+1})$ が $(x_1, x_2, \ldots x_n, x_{n+1}) = (a_1, a_2, \ldots, a_n, \lambda)$ で極値をもつための必要条件と同じである．この関数 F はラグランジュ乗数形式 (Lagrangian form) とも呼ばれる．すなわち条件付き極値問題は，ラグランジュ乗数形式の通常の極値問題に還元されたことになる．

ラグランジュの未定乗数法は条件付き極値問題の極値をとる点の候補を与える方法にすぎないが，束縛条件を満たす点の集合がとくに有界閉集合である場合には，しばしば最大値・最小値を決定する手段として用いられる．

例 1 関数 $f(x, y) = x^2 - y^2$ の単位円周 $x^2 + y^2 = 1$ 上での最大値・最小値を求めよう．単

図1 関数 $f(x, y)$ のグラフとその束縛条件 $\varphi(x, y) = 0$ を満たす部分

位円周は有界閉集合であるので，最大値・最小値は必ず存在する．一方，最大値・最小値は極値でもあるので，この問題は $\varphi(x, y) = x^2 + y^2 - 1$ としたときの束縛条件 $\varphi(x, y) = 0$ のもとでの条件付き極値問題であると考えることができる．単位円周上では，$\nabla \varphi = (2x, 2y) \neq (0, 0)$ を満たしてい

ることに注意すれば，ラグランジュの未定乗数法により $F(x,y,\lambda) = x^2 - y^2 + \lambda(x^2+y^2-1)$ として，連立方程式 $F_x = 2x + 2\lambda x = 0$, $F_y = -2y + 2\lambda y = 0$, $F_\lambda = x^2 + y^2 - 1 = 0$ の解を求めればよいことになる．これを解くと $(x,y,\lambda) = (\pm 1, 0, -1), (0, \pm 1, 1)$ であるから，極値をとる点の候補 $(x,y) = (\pm 1, 0), (0, \pm 1)$ が決定する．一方 $f(\pm 1, 0) = 1, f(0, \pm 1) = -1$ となり極値の候補は2通りしかないので，これらがそれぞれ最大値・最小値であることがわかる．

極値をとるもう一つの可能性は，(3) を満たす場合すなわち $\nabla\varphi = \mathbf{0}$ となる点においてである．この場合はラグランジュ乗数形式を用いた考察は適用できない．

例 2 曲線 $y^2 = x^3$ 上の点と点 $(-1, 0)$ との最短距離を求める問題を考える．これは $\varphi(x,y) = y^2 - x^3, f(x,y) = (x+1)^2 + y^2$ とおいて，束縛条件 $\varphi(x,y) = 0$ のもとでの f の条件付き極値を求める問題である．実際，図形的な考察により原点 $(0,0)$ が $(-1, 0)$ との最短距離を与える曲線 $y^2 - x^3$ 上の点であることがわかる．しかし $\nabla\varphi = (-3x^2, 2y)$ 故，原点においては $\nabla\varphi = (0,0)$ が成立している．

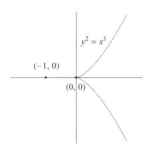

図 2 曲線 $y^2 = x^3$ と点 $(-1, 0)$

2 束縛条件が複数個ある場合

C^1 級の関数 $f(x_1, x_2, \ldots, x_n)$ に対する同じ問題を，複数個の C^1 級関数による束縛条件

$$\varphi_k(x_1, x_2, \ldots, x_n) = 0, \quad (k = 1, 2, \ldots, m)$$

のもとで考えよう．このときにも，一般化された形でラグランジュの未定乗数法が成立する．すなわち，この条件付き極値問題における極値をとる点 $(a_1, a_2, \ldots, a_n)$ は束縛条件

$$\varphi_k(a_1, a_2, \ldots, a_n) = 0, \quad (k = 1, 2, \ldots, m) \quad (4)$$

を満たしていなければならないのみならず，そこにおいて $\nabla\varphi_1, \nabla\varphi_2, \ldots, \nabla\varphi_n, \nabla f$ は一次従属でなければならない．すなわち，ある定数 $\lambda_1, \lambda_2, \ldots, \lambda_m$ が存在して

$$(\nabla f + \sum_{k=1}^{m} \lambda_k \nabla\varphi_k)(a_1, a_2, \ldots, a_n) = \mathbf{0} \quad (5)$$

であるか，または

$$\mathrm{rank}\begin{pmatrix} \nabla\varphi_1(a_1, a_2, \ldots, a_n) \\ \nabla\varphi_2(a_1, a_2, \ldots, a_n) \\ \vdots \\ \nabla\varphi_m(a_1, a_2, \ldots, a_n) \end{pmatrix} < m$$

のいずれかが成立する．したがってとくに，考えている領域においてつねに

$$\mathrm{rank}\begin{pmatrix} \nabla\varphi_1 \\ \nabla\varphi_2 \\ \vdots \\ \nabla\varphi_m \end{pmatrix} = m$$

が成立している場合には（よって条件の個数 m は変数の個数 n をこえてはならない），この $a_1, a_2, \ldots, a_n, \lambda_1, \lambda_2, \ldots, \lambda_m$ に関する (4) と (5) の連立方程式の解をすべて求めることにより極値をとる点の候補 $(a_1, a_2, \ldots, a_n)$ が決定される．またこの連立方程式は，ラグランジュ乗数形式として $n + m$ 変数関数

$$F(x_1, x_2, \ldots, x_n, \lambda_1, \lambda_2, \ldots, \lambda_m)$$
$$= f(x_1, x_2, \ldots, x_n) + \sum_{k=1}^{m} \lambda_k \varphi_k(x_1, x_2, \ldots, x_n)$$

をとることにより，その勾配

$$\nabla F = (\frac{\partial F}{\partial x_1}, \ldots, \frac{\partial F}{\partial x_n}, \frac{\partial F}{\partial \lambda_1}, \ldots, \frac{\partial F}{\partial \lambda_m})$$

を用いて

$$\nabla F(a_1, a_2, \ldots, a_n, \lambda_1, \lambda_2, \ldots, \lambda_m) = \mathbf{0}$$

と書き換えることができる． ［杉本　充］

参 考 文 献

[1] 杉浦光夫：解析入門 II，東京大学出版会，1985.
[2] V. I. スミルノフ著，福原満洲雄訳：高等数学教程 2，共立出版，1958.

ラゲール関数

Laguerre function

ラゲールの多項式 (Laguerre polynomial) は
$L_n^{(\alpha)}(x) = \frac{e^x x^{-\alpha}}{n!} \frac{d^n}{dx^n}(e^{-x} x^{n+\alpha})$, $n = 0, 1, 2, \ldots$
で定義される.ただし,$\alpha > -1$ とする.$L_n^{(\alpha)}(x)$
は次の形の n 次多項式であることがわかる.
$$L_n^{(\alpha)}(x) = \sum_{k=0}^n \frac{\Gamma(n+\alpha+1)}{\Gamma(k+\alpha+1)} \frac{(-x)^k}{k!(n-k)!}.$$
2次までの3つを書けば,
$L_0^{(\alpha)}(x) = 1$, $L_1^{(\alpha)}(x) = 1 + \alpha - x$,
$L_2^{(\alpha)}(x) = \frac{1}{2}\{(1+\alpha)(2+\alpha) - 2(2+\alpha)x + x^2\}$
である.これらからラゲールの多項式が直交性
$$\int_0^\infty L_m^{(\alpha)}(x) L_n^{(\alpha)}(x) x^\alpha e^{-x}\, dx = \frac{\Gamma(\alpha+n+1)}{n!} \delta_{mn}$$
をもつことがわかる.$\mathcal{L}_n^{(\alpha)}(x)$ を
$$\mathcal{L}_n^{(\alpha)}(x) = \sqrt{\frac{n!}{\Gamma(\alpha+n+1)}} L_n^{(\alpha)}(x) x^{\alpha/2} e^{-x/2}$$
とすれば,関数系 $\{\mathcal{L}_n^{(\alpha)}(x)\}_{n=0}^\infty$ は $L^2(0,\infty)$ で完備な正規直交系である.また母関数は
$$\frac{e^{-xt/(1-t)}}{(1-t)^{\alpha+1}} = \sum_{n=0}^\infty L_n^{(\alpha)}(x) t^n, \quad |t| < 1$$
である.これから,次の漸化式が得られる.
$(n+1)L_{n+1}^{(\alpha)}(x) + (x - \alpha - 2n - 1)L_n^{(\alpha)}(x)$
$\qquad + (n+\alpha)L_{n-1}^{(\alpha)}(x) = 0$,
$$x \frac{dL_n^{(\alpha)}(x)}{dx} = n L_n^{(\alpha)}(x) - (n+\alpha) L_{n-1}^{(\alpha)}(x).$$
ただし,$n = 1, 2, 3, \ldots$.

漸近公式としては,
$L_n^{(\alpha)}(x) = \pi^{-\frac{1}{2}} e^{\frac{x}{2}} x^{-\frac{\alpha}{2}-\frac{1}{4}} n^{\frac{\alpha}{2}-\frac{1}{4}}$
$\qquad \cdot \{\cos[2(nx)^{\frac{1}{2}} - \alpha\pi/2 - \pi/4] + E(x)\}$
が成り立つ.$E(x)$ は任意の正定数 $a < b$ を与えたとき,ある正定数 C が存在して $|E(x)| \leq C(nx)^{-1/2}$ $(an^{-1} \leq x \leq b, n = 1, 2, 3, \ldots)$ を満たす.C は a, b に依存する.$\mathcal{L}_n^{(\alpha)}(x)$ の大きさに関しては,$\alpha \geq 0$ の場合,ある正定数 K が存在して,$n = 1, 2, 3, \ldots$ に対して
$$|\mathcal{L}_n^{(\alpha)}(x)| \leq K, \quad x > 0$$
が成り立っている.

区間 $(0, \infty)$ 上の関数 $f(x)$ をラゲールの多項式を用いて次の形に展開することができる.
$$f(x) = \sum_{n=0}^\infty c_n L_n^{(\alpha)}(x), \quad x > 0. \tag{1}$$
係数 c_n はラゲールの多項式の直交性から
$$c_n = \frac{n!}{\Gamma(n+\alpha+1)} \int_0^\infty f(x) L_n^{(\alpha)}(x) x^\alpha e^{-x}\, dx$$
で定められることがわかる.各点 $x > 0$ において,実際に展開 (1) が成り立つ条件の一つは,$f(x)$ が任意の区間 $[x_1, x_2]$ $(0 < x_1 < x_2)$ において区分的になめらかで,積分 $\int_0^\infty |f(x)|^2 x^\alpha e^{-x}\, dx$ が有限値をとることである.不連続点 x では $f(x)$ を $[f(x-0) + f(x+0)]/2$ で置き換える.

$L_\nu^{(\alpha)}(x) = \frac{\Gamma(\alpha+\nu+1)}{\Gamma(\alpha+1)\Gamma(\nu+1)}$
$\qquad \cdot \sum_{k=0}^\infty \frac{(-\nu)(-\nu+1)\cdots(-\nu+k-1)}{(\alpha+1)(\alpha+2)\cdots(\alpha+k)} \frac{x^k}{k!}$

をラゲール関数 (Laguerre function) という.ν は実数または複素数で,$\alpha + \nu$ は負の整数ではないものとする.$\nu = n = 0, 1, 2, \ldots$ のときラゲールの多項式に一致する.$y = L_\nu^{(\alpha)}(x)$ はラゲールの微分方程式 (Laguerre's differential equation)
$$x \frac{d^2 y}{dx^2} + (\alpha + 1 - x) \frac{dy}{dx} + \nu y = 0$$
を満たす.

狭義には $\alpha = 0$ の場合 $L_n^{(0)}(x)$ を $L_n(x)$ と書き,ラゲールの多項式と呼び,α が非負の整数 k の場合 $L_n^{(k)}(x)$ をラゲール陪多項式 (associated Laguerre polynomial) という.次の関係がある.
$$L_n^{(k)}(x) = (-1)^k \frac{d^k}{dx^k} L_{n+k}(x).$$
応用については参考文献 [1][2] 参照.

[勘 甚裕一]

参 考 文 献

[1] N.N. Lebedev: *Special Functions and Their Applications*, Dover, 1972.

[2] G.B. アルフケン・H.J. ウェーバー著,権平健一郎ほか訳:特殊関数,基礎物理数学第 4 版 (第 3 巻),講談社,2001.

[3] G. Szegö: *Orthogonal Polynomials, 4th ed*, AMS, 1975.

ラプラス変換

Laplace transformation

1 ラプラス変換

1.1 ラプラス変換と収束座標

$[0, \infty)$ 上で定義された実数値関数 $f(t)$ に対し，複素数 s をパラメータとする変格積分

$$F(s) = \int_0^{+\infty} e^{-st} f(t) dt \quad (1)$$

を $f(t)$ のラプラス積分と呼ぶ．式 (1) 右辺は，多くの場合リーマン積分での変格積分で定義する．

ラプラス積分 $F(s)$ が，少なくとも一つの $s = s_0$ に対して収束するとしよう．このとき，右辺の変格積分は収束座標（絶対収束座標）と呼ばれる実数 $\sigma_C \in (-\infty, +\infty]$ ($\sigma_C \in (-\infty, +\infty]$) が定める直線を境界として，複素数の半平面 $\text{Re}(s) > \sigma_C$ ($\text{Re}(s) \geq \sigma_C$) で収束し，$\text{Re}(s) < \sigma_A$ ($\text{Re}(s) < \sigma_A$) で発散する．ただし，$\sigma_C = +\infty$ ($\sigma_A = +\infty$) は複素平面全域での収束（絶対収束）を意味すると理解する．自明に $\sigma_C = \sigma_A$ である．

収束座標はべき級数での収束半径に対比させるとイメージしやすい．しかし，べき級数では収束半径の内部では常に絶対収束するので，絶対収束半径と条件収束半径とを区別しないが，ラプラス変換では，次の例にあるように，収束座標と絶対収束座標とが異なる場合がある：

［例 1］$f(t) = e^{\lambda t} \sin e^{\lambda t}$ ($\lambda > 0$) に対して，$\mathcal{L}(f(t)) = \int_0^{+\infty} e^{-(s-\lambda)t} \sin e^{\lambda t} = \frac{1}{\lambda} \int_1^{+\infty} \frac{\sin t}{t^{s/\lambda}} dt$ は $s > 0$ で収束するが，$\int_0^{+\infty} e^{-st} |f(t)| dt = \frac{1}{\lambda} \int_1^{+\infty} \frac{|\sin t|}{t^{s/\lambda}} dt$ は $s = \lambda$ で発散する．

1.2 ラプラス変換

$f(t)$ に $F(s)$ を式 (1) で対応させる変換 $\mathcal{L}(f(t))$ をラプラス変換という．$f(t)$ を原関数，$F(s)$ を像関数と呼ぶ．原関数は $[0, +\infty)$ で定義されているとしているが，必要に応じて $f(t) = 0$ ($t < 0$) により全実数に対して定義されていると理解する．

次の諸例は基本的である：

$$\mathcal{L}(1) = \frac{1}{s},$$

$$\mathcal{L}(t^\alpha e^{-\beta}) = \frac{\Gamma(\alpha+1)}{(s+\beta)^{\alpha+1}} (\alpha > -1),$$

$$\mathcal{L}(\cos \alpha t) = \frac{s}{s^2 + \alpha^2}, \quad \mathcal{L}(\sin \alpha t) = \frac{\alpha}{s^2 + \alpha^2},$$

$$\mathcal{L}\left(\frac{\sin \alpha t}{t}\right) = \tan^{-1} \frac{1}{s}.$$

1.3 ラプラス変換の逆変換

二つの原関数 $f(x)$ と $g(x)$ とが同一の像関数を持つなら，任意の $t \geq 0$ に対して $\int_0^t (f(\tau) - g(\tau)) d\tau = 0$ が成立する（レルヒ (Lerch) の定理）．像関数 $g(x)$ に対し $\mathcal{L}(f(t)) = g(x)$ を満たす原関数を一つ求めることができた場合，この差異を無視すれば $f(t)$ は唯一の原関数である．

像関数から原関数を求めることをラプラス逆変換といい，条件を変えていくつかの結果がある．たとえば，原関数 $f(t)$ のラプラス積分が実数 $s = x_0$ で絶対収束し，$f(t)$ が $t_0 \geq 0$ の近傍で有界変動なら，次の公式が像関数 $F(s)$ から原関数の $t = t_0 > 0$ での右極限と左極限との平均値を復元する：

$$\frac{1}{2}(f(t_0 - 0) + f(t_0 + 0))$$

$$= \lim_{y \to +\infty} \int_{x-iy}^{x+iy} e^{st} F(s) ds \quad (x \geq x_0). \quad (2)$$

$t = 0$ では $f(t_+0)/2$ を，$t < 0$ では 0 を復元する．変換 (2) を複素反転公式あるいは反転公式と呼び，右辺の積分をブロムウィッチ (Bromwich) 積分と呼ぶ．ブロムウィッチ積分においてコーシー主値が取られていることに注意する．

1.4 ラプラス変換の性質と応用

ラプラス変換，ラプラス逆変換はいずれも線形写像であり，任意の実数 a, b に対し次式が成立する．

$$\mathcal{L}(af(t) + bg(t)) = a\mathcal{L}(f(t)) + b\mathcal{L}(g(t)),$$

$$\mathcal{L}^{-1}(aF(t) + bG(t)) = a\mathcal{L}^{-1}(F(s)) + b\mathcal{L}^{-1}(G(t)).$$

$f(t)$ が微分可能，可積分であれば，それぞれ，次の式が成立する：

$$\mathcal{L}\left(\frac{d^n f(t)}{dt^n}\right) = s^n \mathcal{L}(f(t)) - \sum_{k=0}^{n-1} s^{n-k-1} f^{(k)}(0),$$

$$\mathcal{L}\left(\int_0^t f(\tau) d\tau\right) = \frac{1}{s} \mathcal{L}(f(t)).$$

二つの関数 $f(t)$ と $g(t)$ との演算

$$f(t) * g(t) = \int_0^t f(t-\tau) g(\tau) d\tau$$

を合成積，あるいは畳み込み積分と呼ぶ．合成積

に対して交換法則が成立する：
$$f(t) * g(t) = g(t) * f(t).$$
原関数の合成積は，像関数の積に対応する：
$$\mathcal{L}(f(t) * g(t)) = \mathcal{L}(f(t))\mathcal{L}(g(t)) \quad (3)$$

$F(s)$ を式 (1) で定義し α を実数とすると，以下の関係式は基本的である：
$$\mathcal{L}(tf(t)) = -F'(s), \mathcal{L}(f(\alpha t)) = \frac{1}{\alpha}F\left(\frac{s}{\alpha}\right),$$
$$\mathcal{L}(f(t-\alpha)) = e^{-\alpha s}F(s),$$
$$\mathcal{L}(f(t+\alpha)) = e^{\alpha s}\left(F(s) - \int_0^\alpha e^{-s\tau}f(\tau)d\tau\right)$$
$$\lim_{t \to 0} f(t) = \lim_{s \to +\infty} sF(s), \lim_{t \to +\infty} f(t) = \lim_{s \to 0} sF(s).$$

次例はラプラス変換の基本的問題の一つである．

[例2] $f(t)$ が任意の $T > 0$ に対し $[0;T]$ 上で可積分のとき，次の初期値問題を解け：
$$\frac{du(t)}{dt} + \mu u(t) = f(t), u(0) = u_0. \quad (4)$$

[解] 式 (4) のラプラス変換は
$$sU(s) - u_0 + \mu U(s) = F(s)$$
である．これを $U(s)$ について解いて
$$U(s) = \frac{F(s) + u_0}{s + \mu}$$
$\mathcal{L}(u(t)) = U(s)$ となる $u(t)$ を求めて，次の解が得られる：
$$u(t) = u_0 e^{-\mu\tau} + \int_0^t f(\tau)e^{-\mu(t-\tau)}d\tau. \quad (5)$$

2 ラプラス変換にかかわる収束の問題とミクシンスキーの演算子法

2.1 ラプラス変換における収束の問題

ラプラス変換で現実の問題を解く場合，収束の問題が煩雑な問題を引き起こす．たとえば [例2] で $f(t) = e^{t^2}$ の場合，解 (5) は正しいのに，$f(x)$ のラプラス変換が定義されないので，解が正当化されない．ミクシンスキーの演算子法は，応用の立場からは，ラプラス変換を畳み込みを元にして再構成して収束の困難の一部を解消したものとも意識される．

2.2 ミクシンスキーの演算子法

ミクシンスキーの扱う関数の集合は連続関数に限らないが，ここでは説明を限定して説明する．

$[0, +\infty)$ 上の連続関数の集合 C_+ は，通常の和の演算を和とし，合成積を積として可換環をなす．関数 $f(x)$ をこの可換環の元だとみなすとき $\{f(x)\}$ と記そう．$\{0\}$ は零元となる．$\{1\}$ は数値の 1 ではなく，値 1 をとる恒等関数であり，任意の $\{f(x)\}$ に対して，積分演算子として振る舞う：
$$\{1\}\{f(t)\} = \int_0^t 1 \cdot f(\tau)d\tau = \int_0^t f(\tau)d\tau.$$

ティチマーシュの定理は，この可換環が零因子をもたないことを保証する．すなわち，連続関数 $f(t)$ と $g(t)$ が
$$\{f(t)\}\{g(t)\} = \int_0^t f(t-\tau)g(\tau)d\tau = 0$$
を $t \in [0, +\infty)$ で恒等的に満足するならば，$f(t)$ あるいは $g(t)$ のいずれかは $[0, +\infty)$ で恒等的に 0 となる．C_+ は零因子をもたない可換環なので $\frac{\{f(t)\}}{\{g(t)\}}$ の形の元からなる体 K に一意的に拡張される．

実数 α に対して，$[\alpha] = \frac{\{\alpha\}}{\{1\}}$ とおくとき，$[\alpha] = \{x(t)\}$ と表現できるなら，
$$\int_0^t x(\tau)d\tau = \alpha$$
だが，そのような $x(t) \in C_+$ は存在しない．$\{1\} \neq [1]$ だが，$\{0\} = [0]$ とは見なしうる．

$\alpha, \beta \in \mathbf{R}$ とするとき，$[\alpha] \pm [\beta] = [\alpha \pm \beta]$ (複合同順)，$[\alpha][\beta] = [\alpha\beta]$，$[\alpha]/[\beta] = [\alpha/\beta]$ が成立し，さらに，$\alpha\{f(t)\} = \{\alpha f(t)\}$ が成立し，$[\alpha]$ は実数 α と同一視できる．$[\alpha]$ を単に α と記す．

$f(t)$ が微分可能であるとき，$s = \frac{1}{\{1\}}$ とおくと，
$$\{f(t)\} = \frac{1}{s}\{f'(t)\} + \{f(0)\}$$
であり，これを置き換えると (3) と同じ式が得られる．s は微分演算子と呼ばれる．$f(t) \in C_+$ のラプラス変換が存在する場合，$\{f(t)\}$ は微分演算子 s を用いて，式 (1) で表現される．ラプラス変換が定義されない $f(t) = e^{t^2}$ に対しても $\{e^{t^2}\}$ は定義され，例 2 の解は正当化される．

[岸本一男]

参考文献

[1] *Handbuch der Laplace–Transformation, Vol. 1–3*, Birkhäuser, 1950–1956.
[2] ミクシンスキー著，松村英之・松浦重武訳：演算子法 (上，下)，裳華房，1963，1964.
[3] 近藤次郎：ラプラス変換とその応用，培風館，1977.

ラプラス方程式

Laplace equation

1 定義

n を自然数, $x = (x_1, x_2, \ldots, x_n)$ を n 次元ユークリッド空間 $\boldsymbol{R}^n$ の変数とする実数値関数 $u(x)$ の変数の成分 x_i による2階偏微分 $\frac{\partial^2}{\partial x_i^2}$ の和が零になるとき, すなわち

$$\sum_{i=1}^{n} \frac{\partial^2}{\partial x_i^2} u(x) = 0$$

が成り立つとき, この方程式をラプラス方程式と呼び, 関数 $u(x)$ はラプラス方程式を満たすという. ラプラス方程式を特徴づける各変数の2階微分の和を特別に

$$\Delta = \sum_{i=1}^{n} \frac{\partial^2}{\partial x_i^2}$$

とおいてラプラシアン (Laplacian) と呼ぶ. このときラプラス方程式は $\Delta u = 0$ と表される. ラプラシアンはポアソン方程式や熱方程式, あるいは波動方程式など, もっとも基本となる2階の偏微分方程式には頻繁に現れる.

一般にラプラス方程式を満たす関数を調和関数と呼ぶ. 定数, n 次元アフィン関数はいずれも調和関数である. したがって単にラプラス方程式を満たす関数は無限個存在する.

ラプラス方程式はもっとも簡潔な偏微分方程式の一つで, 線型定数係数の楕円型偏微分方程式に分類される. 複素関数論においては, 未知関数を複素数値とし, 2次元ユークリッド空間 $\boldsymbol{R}^2$ 上でのラプラス方程式

$$\sum_{i=1}^{2} \frac{\partial^2}{\partial x_i^2} u = 0$$

は複素数 $z = x + iy \in \boldsymbol{C}$ の意味で微分可能な関数 $f(z) = u(z) + iv(z)$ (ただし $u(z) = u(x,y)$, $v(z) = v(x,y)$ は実数値関数) が満たすコーシー–リーマン方程式

$$\begin{cases} \dfrac{\partial}{\partial x} u = \dfrac{\partial}{\partial y} v \\ \dfrac{\partial}{\partial y} v = -\dfrac{\partial}{\partial x} u \end{cases} \quad (1)$$

と関連しており, 実部 $u(x,y)$, 虚部 $v(x,y)$ をそれぞれ2次元ユークリッド空間上の変数 $z = (x,y)$ の関数と見なせば実部 u と虚部 v が, それぞれラプラス方程式を満たすことが従う.

2 ポテンシャル

n 次元ベクトル $E = (E_1(x), E_2(x), \ldots, E_n(x))$ をスカラー値関数 $\phi = \phi(x) : \boldsymbol{R}^n \to \boldsymbol{R}$ によって

$$E = -\nabla \phi \quad (2)$$

で与えるものとする. ここで

$$\nabla = \left(\frac{\partial}{\partial x_1}, \frac{\partial}{\partial x_2}, \ldots, \frac{\partial}{\partial x_n}\right)$$

はベクトル偏微分作用素 (ナブラ) を表し, $\nabla \phi$ は関数 $\phi = \phi(x)$ の勾配を表す. このときラプラス方程式は

$$-\mathrm{div} E = 0 \quad (3)$$

と表される. ただし偏微分作用素 div はベクトル E の各成分 $E = (E_1, E_2, \ldots, E_n)$ に対して

$$\mathrm{div} E = \sum_{i=1}^{n} \frac{\partial}{\partial x_i} E_i$$

で与えられ, $n = 3$ であればこれはベクトル場 E の発散を表す. 方程式 (3) は静電場 E が電荷のない真空中で満たす静電場の方程式であって, 静電場 E が (2) で表されるとき, 関数 ϕ をベクトル E のポテンシャルと呼ぶ. 方程式 (2) と (3) から真空中の静電場を与えるポテンシャルがラプラス方程式を満たすことがわかる.

3 全ユークリッド空間における基本解

n 次元ユークリッド空間において満たされるラプラス方程式

$$-\Delta u = 0$$

に対して, ω_n を n 次元単位球の体積として

$$\Gamma(x) = \begin{cases} \dfrac{1}{n(n-2)\omega_n |x|^{n-2}}, & n \geq 3, \\ \dfrac{1}{2\pi} \log |x|^{-1}, & n = 2, \\ -\dfrac{1}{2} |x|, & n = 1 \end{cases} \quad (4)$$

をニュートン核と呼び, $x = 0$ を除く $\boldsymbol{R}^n$ 上のすべての点でラプラス方程式を満たす. 特に $\Gamma(x)$ にラプラシアンを作用させると, $x = 0$ では古典的な偏微分としては意味をもたないが, 超関数の

意味で意味をもち，その結果は $x=0$ に台をもつディラック (Dirac) のデルタ測度となる．すなわち $\mathbf{R}^n$ 上の連続関数 $f=f(x)$ に対して
$$\int_{\mathbf{R}^n} f(y)\Delta\Gamma(x-y)dy = f(x)$$
を満たす．このとき Γ をラプラス作用素の基本解と呼ぶことがある．

4　境界値問題

特定の条件の下でラプラス方程式を満たす関数を決定することは，前述の静電場のポテンシャルを決定するという意味においても有益である．有界領域 Ω の境界 $\partial\Omega$ が十分なめらかな (C^2 関数で表現できる) とき，境界上で与えられた関数 $\varphi = \varphi(x)$ と一致する関数の満たすラプラス方程式
$$\begin{cases} -\Delta u = 0, & x \in \Omega, \\ u = \varphi, & x \in \partial\Omega \end{cases} \quad (5)$$
をラプラス方程式の**境界値問題**と呼び，境界値関数 φ を**境界条件**と呼ぶ．この例のように境界上で関数の値を与える問題をディリクレ問題，関数の境界に対する法線方向の微分を与える問題をノイマン問題，双方が組み合わさった条件を与える問題を第三種境界値問題と呼ぶ．適当な正則性 (連続性あるいは可微分性) をもった境界関数 $\phi(x)$ に対して一意的にラプラス方程式の解を求めることは外側に電荷をもつ金属の内部の静電ポテンシャルを求めることに相当し，電磁気学のみならず多くの応用上の問題で重要である．

5　ディリクレ積分と変分法

ユークリッド空間内の領域 Ω が適当になめらかな境界 $\partial\Omega$ をもつものとし，$\partial\Omega$ 上で与えられた境界条件を満たす調和関数を求める方法として，ディリクレ (Dirichlet) 積分
$$\int_\Omega |\nabla u(x)|^2 dx$$
を $u(x) = \varphi(x)$ 満たす制限の下で最小化して求める方法がある．これをディリクレ原理と呼び，ディリクレ積分を最小化する問題をディリクレ問題と呼ぶ．ディリクレ問題の最小化による調和関数の存在証明には関数解析による完備性の概念が不可欠で，ソボレフ空間の導入により，変分法の直接法から解の存在が示される．そうして得られた解はいわゆる超関数解 (弱解) であるが，得られた弱解に対して，その正則性を示すことにより，偏微分可能となり通常の意味でラプラス方程式を満たす解 (古典解) を得ることができる．

6　最大値原理と解の一意性

ディリクレ積分最小化問題により得られたラプラス方程式の解が境界条件に対して一意的に定まることをみるには，境界値問題に対する最大値原理が本質的である．

定理 1　Ω を $\mathbf{R}^n$ の有界領域とする．$\partial\Omega$ をなめらかとし，$\partial\Omega$ 上で与えられた関数 φ に対してラプラス方程式の解はたかだか一つである．

証明には，いわゆる最大値原理が本質的である．

定理 2 (弱最大値原理)　Ω を $\mathbf{R}^n$ の有界領域とする．Ω 上でラプラス方程式を満たす関数 $u(x)$ に対して
$$\sup_{x\in\Omega} u(x) \leq \sup_{x\in\partial\Omega} u(x)$$
が成り立つ．

証明はもし内点で最大値をとれば，その点で解の 2 階偏微分行列から作られるヘッシアンは負定値となるが，$\Delta u = 0$ からそれはありえない．したがって最大値は境界で達成される．最小値に対しても同様である．弱最大原理より定理 1 は直ちに従う．もし二つの関数 $u_1(x)$ と $u_2(x)$ がともに共通の境界条件を満たすラプラス方程式の解であれば，それらの差 $w(x) = u_1(x) - u_2(x)$ もラプラス方程式を満たし，$w(x)$ は境界条件 $w(x) = 0$ を満たす．したがって弱最大値原理より $w(x) \equiv 0$ が $x \in \Omega$ において成り立つ．　　　［小川 卓克］

参 考 文 献

[1] 溝畑　茂：偏微分方程式論，岩波書店，1983.
[2] D. Gilberg, N. Trudinger：*Elliptic Partial Differential Equations in Second Order*, 2nd ed, Springer-Verlag, 1983.

乱　　数

random numbers

　乱数は，2進法ならば0, 1の値が，10進法ならば0, ..., 9の値が同じ確率で独立に現れるような数列である．たとえば，正確に作られたさいころを何度も振れば，1, ..., 6の乱数列が与えられると考えられる．乱数列には，規則性がないはずである．しかし，実現した数列には，かならず事後的に規則を見いだせる．このため，乱数列の数学的定義や乱数生成法を多くの人が考えてきたが，今なお完全な解決には至っていない．

1　乱数の応用

　乱数列を生成することができればさまざまな応用が期待される．その応用には，(1) 当たりくじを選ぶこと；(2) 統計あるいは品質管理のために無作為にサンプルを抽出すること；(3) 積分の計算や図形の体積の評価などの数値計算への応用 (モンテカルロ法)；(4) 確率論的現象，とくに化学反応，核反応などのコンピュータによるシミュレーション；(5) 通信の暗号化を行うこと (ストリーミング暗号) など数多くある．(1) のためには，経験的に同じ確率で起こると考えられる自然現象 (サイ投げなど) を使うのが一般的である．(2) については，一度作った乱数列 (乱数表) を工夫して使うことも行われている．(3), (4), (5) のためには，非常に長い乱数列が必要である．現在，自然現象に基づいた乱数生成法としては，放射性物質を用いた方法がもっとも高速かつ信頼性があるが，それでも1秒間に数万桁程度しか生成できず，長い乱数の発生には時間がかかる．そのために正確な意味では乱数といえないが，乱数のごとくみえる，コンピュータで発生可能な擬似乱数が使われる．

2　擬似乱数

　擬似乱数は，原理としては有限集合上の写像を繰り返し作用させるといった生成の法則により与えられることが多い．この場合には，生成される数列は，初期値にあたるシードと呼ばれる数値により，一意的に決まり，周期が有限となる．無規則な乱数のようにみえるためには，非常に長い周期をもち，擬似乱数の出力からシードや計算規則を推測することが困難であることが要請される．また，部分列が，統計的に偏りがない均等分布性をもつことも要請される．周期が有限の場合，すべての部分列が均等分布性をもつことはあり得ないので，できるだけ十分な種類の部分列に対して，均等分布性をもつことが望ましい．これらの点については，実際に擬似乱数についての統計をとることにより検証されるが，擬似乱数の生成法の性質から証明できる場合もある．計算機による数値実験を検証するときには，擬似乱数にはシードにより一意に決まるという再現性があることは有用である．擬似乱数を計算機で実際に使うためには，高速に生成できること，計算機のメモリ使用が少ないことも要求される．

　現在よく使われる擬似乱数の生成法としては，松本眞，西村拓士によって1998年に開発されたメルセンヌ・ツイスター擬似乱数がある．メルセンヌ・ツイスター擬似乱数は非常に長い周期と均等分布性に優れており，かつ非常に高速に生成される．

3　有限数列の乱数性

　数学的な乱数の定義として，さまざまな定義が提唱されている．有限の長さの文字列に対しコルモゴロフ–チャイティン複雑性 (Kolmogorov–Chaitin complexity) が定義されている．コルモゴロフ–チャイティン複雑性は，大まかにいうと，計算プログラムを用いて，ある長さの数列をすべて発生させたとき，あまり早くに発生することのない数列として定義される．しかし，この定義には実用性はなく，数列の長さを決めたときに，どの数列が乱数列であるかは判定できない．また，計算機で発生しにくいものを乱数としているので，疑似乱数を高速に計算機で発生するという目的には適さない定義となっている．　　　　　［編集委員］

ランダムウォーク

random walk

$X_1, X_2, \ldots$ を独立同分布に従う確率変数の列とし,とくにそれらが ± 1 にのみ値をとる場合:
$$P(X_i = 1) = p, \quad P(X_i = -1) = 1 - p$$
を考える $(0 < p < 1)$.整数 a について,
$$S_0 = a, \quad S_n = S_{n-1} + X_n \quad (n \geq 1) \qquad (1)$$
で定義される確率変数の列 $\{S_n\}_n$ を初期値 a のランダムウォーク (random walk) という.乱歩あるいは酔歩などとも訳されている.これは,下図のように数直線上で粒子が単位時間ごとに投げたコインの裏・表に従って左か右に 1 だけ動くような運動のモデルであり,1 次元拡散のもっとも簡単な離散近似モデルといえる.また,当たれば 1 円儲け,外れたとき 1 円損をするような賭けを独立に繰り返したときの累積損益の数学モデルでもある.

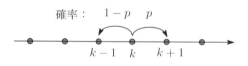

図 1 ランダムウォーク

$p = 1/2$ のとき対称なランダムウォークという.下図は初期値 0 で 50 ステップまでの対称なランダムウォークの計算機シミュレーション例であり,x 軸が時間 n を表し y 軸が S_n を表す.1 ステップごとに,上か下に 1 だけ変動しているわけであるが,便宜上,値を線分で結んで折れ線としてある.

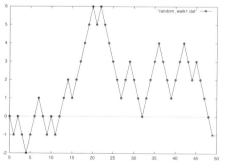

図 2 ランダムウォーク (50 ステップ)

以下,断りがなければ 0 を初期値とするランダムウォークを考える.

1 構　成

対称なランダムウォークを数学的に構成するには次のようにすればよい.$I = [0,1)$ とし,ウィナーの確率空間 $(I, \mathcal{B}(I), dx)$ を考える.$\omega \in I$ に対してその 2 進展開 $\omega = 0.\omega_1\omega_2\omega_3\ldots$ を考え,
$$X_n(\omega) = 2\omega_n - 1, \quad n \geq 1$$
とおけばよい.これにより,$\omega \in I$ を選ぶごとに図 2 のような折れ線が 1 つ定まる.

2 時間無限での漸近性質

対称なランダムウォークについて,時間 n が大きいときの漸近挙動を考える.そのために 5000 ステップの計算機シミュレーションを下に挙げる.

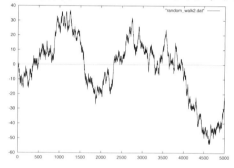

図 3 ランダムウォーク (5000 ステップ)

中心極限定理によれば $S_n/\sqrt{n}$ の分布は標準正規分布 $N(0,1)$ に収束するが,さらに,グラフの収束 (関数型の極限定理) も考えられる:図 2 のように折れ線でつないだグラフを考えて時間パラメータ n を実数 $t \geq 0$ まで拡張して得られる連続なグラフ $S_t, t \geq 0$ を正規化した
$$B_t^{(n)} = \frac{1}{\sqrt{n}} B_{nt}, \quad 0 \leq t \leq 1$$
は,$n \to \infty$ のとき,ブラウン運動に (連続関数空間上での法則収束の意味で) 収束する.よって,対称なランダムウォークはブラウン運動の一番簡単な離散モデルといえる.重複対数の法則など,ブラウン運動の主要な定理の多くはランダムウォークについても成り立つ.

3 再 帰 性

偶然性を伴って離散的な運動する粒子の時刻 n

における位置を Z_n で表すとする．この粒子がマルコフ性をもつとは，無記憶であること，すなわち，ある時刻にある点にいることが与えられたとき，それ以降は，その点を始点とし (そこまでの経過に無関係に) 新たに運動を始めるのと同じ確率法則をもつことである．このようなとき，$\{Z_n\}_n$ をマルコフ連鎖 (Markov chain) という．ランダムウォークはマルコフ連鎖の例である．

一般にマルコフ連鎖は，どの点も確率 1 で (遅かれ早かれ) 訪問するとき**再帰的** (recurrent) であるといい，そうでないとき**一時的** (transient) という．マルコフ性を考慮すると，確率 1 で少なくとも 1 回訪問するということは実は無限回訪問することと同じである．

ランダムウォークの場合は再帰性は原点から出発したとき原点に戻る確率が 1 であることと同値であり，再帰性については
$$P(S_i = 0, \ \exists i \geq 1) = 1 - |1 - 2p|$$
が成り立つ．したがって，対称 (すなわち $p = 1/2$) のときに限って再帰的である．ただし，再帰的であっても再帰に要する時間の期待値は無限大である．

4 多次元ランダムウォーク

直線の代わりに平面上で考えると 2 次元対称ランダムウォークが得られる．これは，単位時間ごとに東西南北それぞれ等確率 (1/4) で単位距離だけ移動する粒子のモデルである．タテ成分とヨコ成分は独立ではないことに注意する (ただし，長時間でみれば漸近的に独立である)．

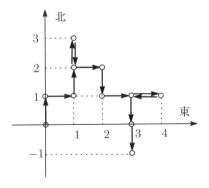

図 4　2 次元ランダムウォーク

3 次元以上の場合も同様である．d 次元ユークリッド空間の中で，各座標が整数となるような点 (格子点) を動く粒子が，単位時間ごとに 2^d 個ある隣接点のいずれかに等確率で移動するようなモデルである．

再帰性については級数 $\sum_k P(S_k = 0)$ の発散が必要十分条件であるが，k が奇数のときは $P(S_k = 0) = 0$ であるから，k が偶数の場合だけが問題である．1 次元のとき
$$P(S_{2n} = 0) = 4^{-n} \, {}_{2n}C_n$$
であり，これは $n \to \infty$ のときスターリングの公式によれば漸近的に $1/\sqrt{\pi n}$ に等しく，級数 $\sum_k P(S_k = 0)$ は発散し，既出の通り，再帰的である．2 次元の場合も
$$P(S_{2n} = 0) = 4^{-2n} \left({}_{2n}C_n\right)^2$$
が示せて，これは $n \to \infty$ のとき漸近的に $1/(\pi n)$ であるから，$\sum_k P(S_k = 0)$ は発散し，よって再帰的であることがわかる．

これに対し，3 次元では $P(S_{2n} = 0)$ は $n^{-3/2}$ の大きさであり，再帰的でない．出発点への再帰確率は約 0.35 であり，始点への期待訪問回数は約 0.53 であることが知られている [1]．

5 拡張されたランダムウォーク

上では ± 1 で変動する粒子の運動を考えてきたが，より一般に最小単位 $c > 0$ の整数倍 $c\mathcal{Z}$ に値をとる独立同分布の確率変数の列 $X_1, X_2, \ldots$ から (1) で定義された $\{S_n\}_n$ もランダムウォークと呼ぶことがある．あるいはまったく一般に，独立同分布に従う確率変数 (または確率ベクトル) $X_i \, (i \geq 1)$ の和として定義された S_n をランダムウォークと呼ぶこともある．X_i が平均 0 で有限な分散をもつ場合はいずれも漸近的にブラウン運動の定数倍に近いが，一般には安定過程の離散近似となる．

［笠原勇二］

参考文献

[1] W. Feller : *An Introduction to Probability Theory and its Applications (I,II)*, John Wiley, 1968 (3rd ed), 1966. (邦訳) 河田龍夫監訳：確率論とその応用 (1〜4)，紀伊國屋書店，1960–1970.

リー環とリー群

Lie algebras and Lie groups

1 位相群

位相群とは位相空間と群の構造を兼ね備えた概念である．正確には (TG1) G は位相空間の構造をもち (分離公理を課すこともあり)，(TG2) G は群の構造ももち，(TG3) 群演算 $G \times G \to G$, $(g_1, g_2) \mapsto g_1 g_2$ および $G \to G, g \mapsto g^{-1}$ はそれぞれ連続写像である，という 3 条件が満たされているとき，G を位相群 (topological group) という．

位相群 G が位相空間として離散位相をもつとき G を離散群，局所コンパクト空間のとき局所コンパクト群，コンパクト空間のときコンパクト群という．一方，位相群 G が群として可換であるとき可換位相群という．バナッハ空間などの線型位相空間は可換な位相群の例である．後述するリー群は局所コンパクト群の例である．

位相群 G の部分群 H は G の相対位相に関して位相群となる．H がさらに G の閉集合であるとき閉部分群という．閉正規部分群による商群は (分離公理をみたす) 位相群となる．

位相空間と群の両立条件 (TG3) から位相群 G の位相空間としての性質に様々な制約がつく．次の定理はこの典型例である．

定理 1. n 次元球面 S^n に位相群の構造を入れることができる $\iff n=1$ または $n=3$.

次節の例 3，例 4 でみるように $n=1, 3$ 次元の球面 S^n にはリー群の構造も入れることができる．

位相群の抽象的な理論については古典的な名著としてポントリャーギン [4] をあげておく．

2 リー群

リー群は，位相群の中で特に良い性質をもつものであって，群と多様体の両方の構造を兼ね備えた対象である．大まかにいうと，位相群は「連続性」が定義できる群であり，リー群は「微分」が定義できる群である．正確には，(LG1) G は C^∞ 級多様体である．(LG2) G は群である．(LG3) $G \times G \to G$, $(g_1, g_2) \mapsto g_1 g_2$ と $G \to G, g \mapsto g^{-1}$ は C^∞ 級写像であるという 3 条件が満たされているとき，G をリー群 (Lie group) という．

リー群の例を列挙しよう．

例 1. 実数全体 $\boldsymbol{R}$ は加法によってリー群になる．

例 2. リー群の直積もまたリー群である．特に $\boldsymbol{R}^n$ もリー群である．

例 3. $\boldsymbol{C}^\times := \boldsymbol{C} \setminus \{0\}$ は乗法によってリー群になる．さらに $S^1 \simeq \{z \in \boldsymbol{C} : |z|=1\}$ は $\boldsymbol{C}^\times$ の閉部分群であり，これもリー群となる．

例 4. $\boldsymbol{H}$ を四元数体とする．このとき $\boldsymbol{H}^\times := \boldsymbol{H} \setminus \{0\}$ は乗法に関して群となる．$\boldsymbol{H}^\times$ は $\boldsymbol{R}^4 \setminus \{0\}$ と同一視できるから，明らかにリー群になる．

$$||a + bi + cj + dk||^2 := a^2 + b^2 + c^2 + d^2$$

とおく．このとき，$G := \{h \in \boldsymbol{H} : ||h|| = 1\} \subset \boldsymbol{H}^\times$ は乗法に関して閉じている．G は多様体としては 3 次元球面 S^3 と微分同相である．したがって，S^3 にはリー群の構造が入る．

例 5. (一般線型群) $GL(n, \boldsymbol{R}) := \{g \in M(n, \boldsymbol{R}) : \det g \neq 0\}$ は $M(n, \boldsymbol{R})$ の開集合である．よって $GL(n, \boldsymbol{R})$ は n^2 次元の多様体であり，行列の積に関してリー群になる．

リー群はノルウェーの数学者 S. Lie による連続変換群の理論 (19 世紀後半) に端を発する．1900 年にパリで開かれた国際数学者会議で，ヒルベルト (Hilbert) は 20 世紀の数学の指針として 23 個の問題を提起した．その第 5 番目の問題は，"リーの連続変換群の理論は，そこに現れる関数に対する微分可能性の仮定なしで，どこまで到達できるか？" という形で表現された．当時は多様体や位相群の概念が生まれる以前であり，現代数学からみるとヒルベルトの第 5 問題の定式化は一通りではない．Montgomery–Zippin (1952) は次の形でこの問題を定式化し，肯定的に解決した．

定理 2. リー群の定義 (LG1)，(LG3) において「C^∞ 級多様体，C^∞ 級写像」のかわりに「位相多様体，連続写像」，「実解析的多様体，実解析的写像」としても，実は同等な概念になる．

すなわち，位相多様体の構造をもつ位相群 G には，(LG3) における群演算が実解析的な写像になるような実解析的多様体の構造を入れることができる．

位相的条件から実解析性が得られるもう一つの重要な結果としてフォン・ノイマン–カルタン (von-Neumann–Cartan) の定理を述べる.

定理 3. リー群の閉部分群は,実解析的多様体の構造をもち,リー群になる.特に, $GL(n, \mathbf{R})$ の閉部分群はリー群である.

$GL(n, \mathbf{R})$ や $GL(n, \mathbf{C})$ の閉部分群として得られるリー群を**線型リー群**という.定理 3 から,以下に述べるような古典群がリー群の構造をもつことがただちにわかる.

例 6. (1) (直交群) n 次実直交行列全体の集合を $O(n)$ と表す. $O(n)$ は $GL(n, \mathbf{R})$ の閉部分群であり,コンパクトなリー群である.

(2) (特殊線型群) $SL(n, \mathbf{R}) := \{g \in M(n, \mathbf{R}) : \det g = 1\}$ は $n^2 - 1$ 次元のリー群である.

(3) (不定値直交群) 不定値直交行列全体の集合 $O(p, q) := \{g \in M(p+q, \mathbf{R}) : {}^t g I_{p,q} g = I_{p,q}\}$ もリー群である.ここで $I_{p,q}$ は対角成分に 1 が p 個,-1 が q 個並んだ $(p+q)$ 次正方行列とする. $p, q > 0$ のとき, $O(p, q)$ は非コンパクトである. $O(3, 1)$ は特殊相対論で用いられるローレンツ群, $O(4, 1)$ はド・ジッター群である.

(4) (シンプレクティック群) B を $\mathbf{R}^{2n}$ の歪対称な非退化双線型形式とすると, $Sp(n, \mathbf{R}) = \{g \in GL(2n, \mathbf{R}) : B(gx, gy) = B(x, y) (\forall x, \forall y \in \mathbf{R}^{2n})\}$ は実シンプレクティック群と呼ばれる $2n^2 + n$ 次元のリー群である.

3 等質空間

H を群 G の部分群とするとき, G の右 H 剰余類の空間 G/H は G に同値関係
$$g \sim g' \iff g = g'h \quad (\exists h \in H)$$
を入れた空間として定義される. G が多様体の構造を兼ね備えるとき, G/H にも多様体の構造が入るかという問題が自然に考えられる.これに関して,次の定理が成り立つ.

定理 4. G をリー群, H を G の閉部分群とするとき,商写像 $G \to G/H$ が実解析的になるような実解析的多様体の構造が G/H に入る. H が閉正規部分群ならば G/H はリー群の構造をもつ.

定理 4 で得られた G/H を**等質空間** (homogeneous space) あるいは**等質多様体**と呼ぶ.古典的に重要な多様体の多くは等質空間として表される.

例 7. (球面) $(G, H) = (O(n), O(n-1))$ のとき $G/H \simeq S^{n-1}$.

例 8. (グラスマン多様体) $(G, H) = (U(p+q), U(p) \times U(q))$ のとき $G/H \simeq Gr_p(\mathbf{C}^{p+q})$ ($= \mathbf{C}^{p+q}$ の中の p 次元部分空間全体).

さらに Γ を G の離散部分群とし, Γ の等質空間 G/H への左作用が固定点を持たず,固有不連続であるとき,両側剰余空間 $\Gamma \backslash G/H$ には
$$G/H \to \Gamma \backslash G/H$$
が局所微分同相となるような実解析的多様体の構造を入れることができる.これを G/H の**クリフォード–クライン形**という.

例 9. 種数が 2 以上の任意の閉リーマン面は $SL(2, \mathbf{R})/SO(2)$ のクリフォード–クライン形である.

4 リー環

リー環はドイツ語の小文字で表すことが多いのでここでもその記法を採用する.

体 $\mathbb{K}$ 上のベクトル空間 $\mathfrak{g}$ に次の 2 条件

(LA1) $[X, X] = 0 \quad (\forall X \in \mathfrak{g})$

(LA2) $[[X, Y], Z] + [[Y, Z], X] + [[Z, X], Y] = 0$
$\quad (\forall X, \forall Y, \forall Z \in \mathfrak{g})$

をみたす双線型写像 $[,] : \mathfrak{g} \times \mathfrak{g} \to \mathfrak{g}, \quad X, Y \mapsto [X, Y]$ (ブラケット積) が与えられているとき, $\mathfrak{g}$ を**リー代数** (Lie algebra) あるいは**リー環**という.

$\mathfrak{g}$ の部分空間 $\mathfrak{h}$ が $[X, Y] \in \mathfrak{h}$ ($\forall X, \forall Y \in \mathfrak{h}$) を満たすとき, $\mathfrak{h}$ を**部分リー環**, $[X, Y] \in \mathfrak{h}$ ($\forall X \in \mathfrak{h}, \forall Y \in \mathfrak{g}$) を満たすとき**イデアル**という. $\mathfrak{h}$ が $\mathfrak{g}$ のイデアルならば,商空間 $\mathfrak{g}/\mathfrak{h}$ もリー環となる.

2 次元以上の $\mathfrak{g}$ が $\{0\}$ と自分自身以外にイデアルをもたないとき**単純リー環**という.複素単純リー環は A_n, B_n, C_n, D_n の無限系列と五つの例外型リー環 E_6, E_7, E_8, F_4, G_2 よりなる.実単純リー環は 10 個の無限系列と 22 の例外型リー環よりなる.

条件 (LA2) はヤコビ律と呼ばれる.これは $\mathrm{ad}(X) : \mathfrak{g} \to \mathfrak{g}, \quad Y \mapsto [X, Y]$ が微分の公理
$$\mathrm{ad}(X)[Y, Z] = [\mathrm{ad}(X)Y, Z] + [Y, \mathrm{ad}(X)Z]$$

をみたすこと，また線型写像 $\mathrm{ad}: \mathfrak{g} \to \mathrm{End}(\mathfrak{g})$ が
$$\mathrm{ad}([X,Y]) = \mathrm{ad}(X) \circ \mathrm{ad}(Y) - \mathrm{ad}(Y) \circ \mathrm{ad}(X)$$
を満たすこととも同値である．ad をリー環 $\mathfrak{g}$ の随伴表現という．

リー環の例をいくつかあげよう．

例 10. M を多様体とし，$\mathfrak{X}(M)$ を M 上の C^∞ 級ベクトル場全体とすると，$\mathfrak{X}(M)$ はベクトル場のブラケット積によってリー環となる．

例 11. R を多元環とするとき
$$[X,Y] := XY - YX$$
とおくと R はリー環の構造をもつ．実際，多元環の結合律 $(XY)Z = X(YZ)$ よりヤコビ律が成り立つことがわかる．特に n 次正方行列全体 $M(n, \boldsymbol{R})$ はリー環の構造をもつ．(リー環の構造を強調するとき，$\mathfrak{gl}(n, \boldsymbol{R})$ と書く．)

例 12. $\boldsymbol{R}^3$ は外積 $\vec{a} \times \vec{b}$ によってリー環になる．

5 リー群とリー環の関係

G をリー群とする．群 G は G 上の関数 f に左移動 $(L_g f)(x) = f(g^{-1}x)$ によって作用する．G 上の C^∞ 級ベクトル場 X が $X \circ L_g = L_g \circ X \ (^\forall g \in G)$ をみたすとき，X を左不変という．

左不変ベクトル場全体 $\mathfrak{g}$ は $\mathfrak{X}(G)$ の部分リー環となる．$\mathfrak{g}$ をリー群 G のリー環という．

左不変ベクトル場は，G の 1 点 (たとえば単位元 e) で一意的に決まるから，$\mathfrak{g}$ と G の接空間 $T_e G$ を同一視できる．したがって，リー環 $\mathfrak{g}$ の次元は G の次元に等しい．以下の定理のようにリー環 $\mathfrak{g}$ はもとのリー群 G の多くの性質を反映している．

定理 5. 1) リー群 G の連結部分群 H とリー環 $\mathfrak{g}$ の部分リー環 $\mathfrak{h}$ は 1 対 1 に対応する．さらに H が正規部分群 $\iff$ $\mathfrak{h}$ は $\mathfrak{g}$ のイデアル．

2) 二つのリー群 G, G' の間の連続準同型写像 $\varphi : G \to G'$ が与えられれば，リー環の間の準同型写像 $d\varphi : \mathfrak{g} \to \mathfrak{g}'$ が誘導される．

リー環からリー群は一意的には定まらないが，次の定理が成り立つ:

定理 6. $\boldsymbol{R}$ 上の任意の有限次元のリー環 $\mathfrak{g}$ に対し $\mathfrak{g}$ をそのリー環とするような単連結リー群 G が (同型を除いて一意的に) 存在する．

例 13. $GL(n, \boldsymbol{R})$ のリー環は $\mathfrak{gl}(n, \boldsymbol{R})$ と同一視できる (例 11 参照)．定理 5(1) より，$GL(n, \boldsymbol{R})$ の部分リー群のリー環は $\mathfrak{gl}(n, \boldsymbol{R})$ の部分リー環と同一視できる．$SL(n, \boldsymbol{R})$ のリー環は $\mathfrak{sl}(n, \boldsymbol{R}) = \{X \in M(n, \boldsymbol{R}) : \mathrm{Tr}\, X = 0\}$ と同一視できる．

例 14. S^3 のリー環は $(\boldsymbol{R}^3, 外積)$ と同一視される (例 4 と例 12 参照)．

6 指数写像

リー群 G のリー環を $\mathfrak{g}$ とする．このとき指数写像 (exponential map) と呼ばれる実解析的写像 $\exp : \mathfrak{g} \to G$ が定義されて，次の性質を満たす．

1) $[X, Y] = 0$ ならば $\exp X \exp Y = \exp(X + Y)$．

2) $\frac{d}{dt}|_{t=0} \exp(tX) = X$．

G が線型リー群ならば，指数写像は行列の指数関数
$$\exp X = I + X + \frac{1}{2}X^2 + \frac{1}{3!}X^3 + \cdots$$
で与えられる．$\exp$ には，$\exp(tX)$ $(t \in \boldsymbol{R})$ が両側不変な接続 (標準接続) に関して測地線となっているという微分幾何的な意味もある [1]．$\varphi, d\varphi$ を定理 5(2) におけるものとするとき，$\exp \circ d\varphi = \varphi \circ \exp$ をみたす．指数写像は原点の近くでは微分同相であり，特に，リー群 G の群としての積をリー環 $\mathfrak{g}$ の言葉で記述することができる．すなわち
$$\exp X \exp Y = \exp(X + Y + \frac{1}{2}[X, Y] + \cdots)$$
この公式をキャンベル–ハウスドルフ (Campbell–Hausdorff) の公式という．

無限次元多様体をモデルにしたリー群の研究についての最新の概説は Neeb[3] を参照されたい．

[関口英子]

参 考 文 献

[1] S. Kobayashi, K. Nomizu : *Foundations of Differential Geometry*, Wiley Classics, 1996.
[2] 小林俊行・大島利雄：リー群と表現論，岩波書店，2005．
[3] K.-H. Neeb : Towards a Lie theory of locally convex groups, *Jpn. J. Math.*, **1**, 291–468, 2006.
[4] ポントリャーギン著，柴岡泰光・杉浦光夫・宮崎 功訳：連続群論 (上，下)，岩波書店，1974．

力学系

dynamical system

物理的相空間における系の抽象化として，与えられた空間 M の点の時間発展による動きを記述するために，M 上で定義された写像の族 $(f^t)_{t\in \mathbf{R}}$ で次の性質を満たすものを考える．(i) f^0 は恒等写像；(ii) $s,t \in \mathbf{R}$ に対し $f^{s+t} = f^s \circ f^t$．この $(f^t)_{t\in\mathbf{R}}$ を (連続時間に対する) 力学系といい，写像 $f: M \times \mathbf{R} \to M$, $f(x,t) = f^t(x)$ をフローという．たとえば M をコンパクト多様体とするとき M 上の C^r 級 ($r \geq 1$) ベクトル場 X を与えると X から生成される C^r フローが定義される．時間を離散時間 $\mathbf{Z}$ にすると写像 $f = f^1$ の合成の繰り返しが正の時間発展を与える．時間をすべて $\mathbf{T}$ で代表するとき M の点 x に対し $\{f^t(x) : t \in \mathbf{T}\}$ を x の軌道という．軌道が1点 x_0 のみからなるとき x_0 を不動点と呼ぶ．ある $t>0$ が存在して $f^t(p) = p$ となるとき p を周期点といい，そのような t の下限を周期という．周期点の軌道を周期軌道または閉軌道と呼ぶ．

1 ポアンカレ写像

C^r フロー $(x,t) \mapsto f^t(x)$ とその周期点 p に対し Σ_p を p を含む切断面 (p の軌道と横断的な余次元1のなめらかな部分多様体) とする．$x \in \Sigma_p$ が p の近くの点ならば $f^t(x) \in \Sigma_p$ となる最小の $t>0$ が存在し，その t を $t(x)$ と表すとき p の Σ_p におけるある近傍 U_p 上で $F(p) = p$ となる C^r 写像 $F: U_p \to \Sigma_p$ が $x \mapsto f^{t(x)}(x)$ により定義される．この F をポアンカレ写像という．一方多様体 M 上の C^r 微分同相写像 $g: M \to M$ から g の懸垂 (suspension) と呼ばれる (ある C^r ベクトル場から生成される) C^r フローを構成する方法では，集合 $\{(y,s) \in M \times \mathbf{R} : 0 \leq s \leq 1\}$ に対し $(y,1)$ と $(g(y), 0)$ を同一視して得られる多様体 $\widetilde{M}$ 上のフローを，第2成分方向の単位ベクトル場とこの同一視により自然に定義すると g はポアンカレ写像となる．

2 極限集合

ある正の時間列 $t_n \to +\infty$ ($n \to +\infty$) が存在して $\lim_{n\to +\infty} f^{t_n}(x) = y$ となる y 全体の集合を $(f^t)_{t\in\mathbf{T}}$ に対する x の $\boldsymbol{\omega}$ 極限集合といい $\omega(x)$ で表す．$t_n \to +\infty$ の代わりに負の時間列 $t_n \to -\infty$ を考えると $\boldsymbol{\alpha}$ 極限集合 $\alpha(x)$ の定義となる．$\omega(x)$ と $\alpha(x)$ は閉集合であり，任意の f^t ($t \in \mathbf{T}$) に対し不変である．$\mathbf{R}^2$ 上のフローでは，空でない有界な ω (または α) 極限集合は不動点を含まなければ閉軌道である (ポアンカレ–ベンディクソン (Poincaré–Bendixson) の定理)．

3 位相力学系

ハウスドルフ位相空間 M 上での力学系を考え，$(x,t) \mapsto f^t(x)$ は連続であると仮定する．$(f^t)_{t\in\mathbf{T}}$ が位相推移的であるとは任意の空でない開集合 U と V と $t_0 > 0$ に対し，ある $t \geq t_0$ が存在して $f^t(U) \cap V \neq \emptyset$ となることである．

例1 (シフト写像) 0と1からなる無限列の集合 $\Sigma_2 = \{\mathbf{s} = (s_n)_{n\in\mathbf{Z}} : s_n = 0 \text{ または } 1\}$ を考える．$\mathbf{s}, \mathbf{t} \in \Sigma_2$ に対し，Σ_2 の距離を
$$d(\mathbf{s},\mathbf{t}) = \sum_{n=-\infty}^{\infty} \frac{|s_n - t_n|}{2^{|n|}}$$
と定義し，Σ_2 上の力学系 $(f^t)_{t\in\mathbf{Z}}$ を $f^1(\mathbf{s}) = \mathbf{s}'$, $\mathbf{s} = (s_n)_{n\in\mathbf{Z}}$, $\mathbf{s}' = (s'_n)_{n\in\mathbf{Z}}$ のとき任意の $n \in \mathbf{Z}$ に対して $s'_n = s_{n+1}$ と定める (シフト写像)．この力学系は位相推移的であり周期点の集合は Σ_2 において稠密である．

ω (または α) 極限集合を含む集合として**非遊走集合**がある．非遊走集合とは，ある近傍 U_x が存在して十分大きなすべての t に対し $f^t(U_x) \cap U_x = \emptyset$ となるような x 全体の集合の補集合であり，任意の f^t ($t \in \mathbf{T}$) に対し不変な閉集合となる．通常 Ω で表す．

4 線形化定理

C^1 微分同相写像 $f: M \to M$ (M は多様体) の不動点 p は微分 $D_p f$ の固有値の絶対値が1でないとき双曲型不動点と呼ばれる．f の周期 n の周期点は，f^n の双曲型不動点であるとき双曲型周

期点という．フローの場合，周期 $T>0$ の周期点 p の閉軌道 $\{f^t(p):0\leqq t<T\}$ が双曲型であるとは p がポアンカレ写像の不動点として双曲型であるときをいう．フロー $(x,t)\mapsto f^t(x)$ の双曲型不動点は $f=f^1$ (時間1の写像) が双曲型不動点のときとして定義する．これらは沈点 (sink), 鞍点 (saddle), 源点 (source) に分類される．沈点は固有値がすべて $\{z\in\boldsymbol{C}:|z|<1\}$ に含まれるとき，源点は固有値がすべて $\{z\in\boldsymbol{C}:|z|>1\}$ に含まれるとき，鞍点はそれ以外の場合である．周期点に対しては，それぞれ 周期的沈点，周期的鞍点，周期的源点と呼ぶ．次の線形化定理 (グロブマン–ハートマン (Grobman–Hartman) の定理) はこの呼び方が正当であることを示している．

M の座標近傍 (U,φ) によって，f とその双曲型不動点 $p\in M$ を $\tilde{f}=\varphi\circ f\circ\varphi^{-1}, 0\in\boldsymbol{R}^n$ と同一視するとき，ある 0 の近傍からある 0 の近傍への同相写像 h で $h(0)=0$ かつ $h\circ D_0 f = f\circ h$ となるものが存在する．また C^1 ベクトル場 X の場合も，同様の同一視により局所的な同相写像 h で $h(0)=0$ かつ $h\circ e^{t(D_0 X)} = f^t\circ h$ を満たすものが存在する．

5 安定・不安定多様体

C^r 微分同相写像 f の双曲型不動点 p に対し，先と同様に p と 0, f と $\tilde{f}=\varphi^{-1}\circ f\circ\varphi$ を同一視する．E^s, E^u をそれぞれ $D_0 f$ の固有値の絶対値が <1 と >1 に対応する一般固有空間とする．十分小さな $\delta>0$ に対し $E(\delta)=\{x\in\boldsymbol{R}^n:\|x\|\leqq\delta\}$, $E^\sigma(\delta)=\{x\in E^\sigma:\|x\|\leqq\delta\}$ $(\sigma=s,u)$ と表す．このとき
$$W_\delta^s=\{x\in E(\delta):\lim_{n\to+\infty}f^n(x)=0\},$$
$$W_\delta^u=\{x\in E(\delta):\lim_{n\to+\infty}f^{-n}(x)=0\}$$
はそれぞれ 0 において E^s と E^u に接する多様体となり局所安定多様体，局所不安定多様体と呼ばれる．W_δ^s は $\psi_s(0)=0$ かつ $D_0\psi_s(0)=0$ を満たす C^r 関数 $\psi_s:E^s(\delta)\to E^u(\delta)$ のグラフである．W_δ^u も同様である (図1参照)．
$$W^s(p,f)=\bigcup_{n\geqq 0}f^{-n}(W_\delta^s),$$

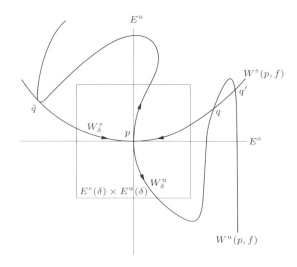

図1 安定・不安定多様体とホモクリニック点

$$W^u(p,f)=\bigcup_{n\geqq 0}f^n(W_\delta^u)$$
をそれぞれ f に対する p の安定多様体，不安定多様体と呼ぶ．$W^s(p,f)\cap W^u(p,f)\setminus\{p\}$ に属する点を (p に関する) ホモクリニック点と呼ぶ (図1の3点 $q, q', \tilde{q}$ 参照)．周期 $n\in\boldsymbol{N}$ の双曲型周期点については f^n の不動点としての安定・不安定多様体を定義とする．$(f^t)_{t\in\boldsymbol{R}}$ の双曲型不動点 p については f^1 の双曲型不動点としての安定・不安定多様体を定義とすれば，$t\in\boldsymbol{Z}$ を $t\in\boldsymbol{R}$ に変えた性質が成立する．フローに対する周期点 p とその閉軌道 $\gamma=\{f^t(p):t\in\boldsymbol{R}\}$ についてはポアンカレ写像 F の不動点としての局所安定，局所不安定多様体 $W_\delta^u(p,F), W_\delta^u(p,F)$ が得られ，
$$W^s(\gamma)=\bigcup_{t\geqq 0}f^{-t}(W_\delta^s(p,F)),$$
$$W^u(\gamma)=\bigcup_{t\geqq 0}f^t(W_\delta^u(p,F))$$
により γ の安定・不安定多様体を定義する．

[林　修平]

参考文献

[1] 國府寬司：力学系の基礎，朝倉書店，2000.
[2] 白岩謙一：力学系の理論，岩波書店，1974.

力学系の安定性と分岐

stability and bifurcations of dynamical systems

1 C^r 位相と生成的性質

力学系の摂動については，力学系を定着する写像の空間に導入されたノルムから定まる位相に対する摂動として考える．U を $\mathbf{R}^n$ の開集合とするとき $f : U \to \mathbf{R}^\ell$ が C^r 級であるとき U 上の f の C^r ノルム $\|f\|_U^r$ $(r < \infty)$ を

$$\|f\|_U^r = \max_k \sup_{x \in U} \{\|D_x^k f\| : k = 0, 1, \ldots, r\}$$

と定義する．(ただし $\sup_{x \in U} \|D_x^k f\|$ の有界性は仮定する．) 座標近傍を通して微分同相写像 f の双曲型不動点 p を局所的に 0 と同一視し 0 の近傍 U 上の写像とみなすと，局所安定・不安定多様体はこの C^r ノルムによる位相に関し連続的に依存する．M をなめらかな m 次元コンパクト多様体とするとき M の座標近傍 $(U_\alpha, \varphi_\alpha), \alpha = 1, \ldots, j$ をとると，M から $\mathbf{R}^l$ への C^r 写像全体 $C^r(M, \mathbf{R}^l)$ はノルム

$$\|f\|_r = \sum_{\alpha=1}^j \|f \circ \varphi_\alpha^{-1}\|_{\varphi_\alpha(U_\alpha)}^r \quad (r < \infty)$$

により完備ノルム空間となる．M をホイットニーの定理により $\mathbf{R}^{2m+1}$ のなめらかな部分多様体とみなすとき，$C^r(M, \mathbf{R}^{2m+1})$ は M 上の C^∞ 写像全体の集合を稠密な部分集合としてもち，M から M への C^r 写像全体の集合 $C^r(M, M)$ と M 上の C^r ベクトル場全体の集合 $\mathcal{X}^r(M)$ は $C^r(M, \mathbf{R}^{2m+1})$ の閉部分集合である．M から M への C^r 微分同相写像全体の集合を $\text{Diff}^r(M)$ $(\subset C^r(M, M))$ で表し，完備な距離を

$$d_r(f, g) = \|f - g\|_r + \|f^{-1} - g^{-1}\|_r \quad (r < \infty)$$

と定義する．$\mathcal{X}^r(M)$ についても

$$d_r(X, Y) = \|X - Y\|_r \quad (r < \infty)$$

と定義すると完備な距離となる．これらの距離による $\text{Diff}^r(M)$ と $\mathcal{X}^r(M)$ の位相を C^r 位相という．この C^r 位相に関して可算個の開かつ稠密な部分集合の交わりを含む集合 (残留集合) は稠密である．その残留集合で共通の性質は C^r 生成的 (generic) と呼ばれる．すべての周期点と不動点は双曲型でありそれらの安定多様体と不安定多様体は横断的であるという性質は C^r 生成的である．この性質を満たす $\text{Diff}^r(M)$ または $\mathcal{X}^r(M)$ の要素は C^r クプカ–スメール (Kupka–Smale) 系と呼ばれる．とくに C^1 生成的性質は豊富で，代表的なものに非遊走集合 Ω の中で不動点と周期軌道の合併集合が稠密であるという性質がある.

2 構造安定性

構造安定性とは C^r 位相による摂動に対して，軌道の位相構造が保存される性質をいう．つまり $f \in \text{Diff}^r(M)$ が C^r 構造安定であるとは，ある $\varepsilon > 0$ が存在して $d_r(f, g) < \varepsilon$ であるすべての g は f と位相共役，すなわち $h \circ f = g \circ h$ となる同相写像 $h : M \to M$ (位相共役写像) が存在することである．$X \in \mathcal{X}^r(M)$ についても同様に，ある $\varepsilon > 0$ が存在して $d_r(X, Y) < \varepsilon$ であるすべての Y に対して X の軌道を Y の軌道に軌道上の向きを保存しながら (各点ごとに単調な時間調整を許して) 移す M から M への同相写像が存在することである．C^r クプカ–スメール系は Ω が有限個の不動点と周期軌道からなるとき C^r モース–スメール (Morse–Smale) 系と呼ばれ，C^r 構造安定である．構造安定性は一般には生成的性質ではない．(第 3 節分岐参照．)

例 1 (馬蹄形写像) 図 1 の四角形 R の頂点 a, b, c, d, を一様な拡大，縮小と折り曲げにより a′, b′, c′, d′ に移す微分同相写像 f を考えると，$\Lambda = \bigcap_{k \in \mathbf{Z}} f^k(R)$ はカントール集合となり，$f|\Lambda$ は [力学系] 例 1 のシフト写像と位相共役で

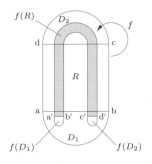

図 1 馬蹄形 (ホースシェー) 写像

ある．実際，$S: \Lambda \to \{0,1\}^{\mathbf{Z}}$ を $x \in \Lambda$ に対し $S(x) = (s_n)_{n \in \mathbf{Z}} \in \Sigma_2$ とし，$f^n(x)$ が図1の $f(R) \cap R$ の左にあれば $s_n = 0$，右にあれば $s_n = 1$，と定義すると S は位相共役写像となる．$f(R)$ を図1のようにスタジアム形の領域 $D = D_1 \cup R \cup D_2$ の内部に入る部分集合と考え，D を2次元球面 S^2 の南半球と同一視し，f を S^2 上の写像として北半球では源点である北極点 p_0 以外の軌道はすべて南半球と交わるようにとると $f \in \mathrm{Diff}^1(S^2)$ が構成され p_1 を $f(D_1)$ に存在する沈点とすると $\Omega = \{p_0\} \cup \{p_1\} \cup \Lambda$ となる．この構成から f はモース–スメール系ではないが C^1 構造安定であることがわかる．

3 分　岐

(f_μ^t) をパラメータ μ に依存する力学系とする．位相的軌道構造があるパラメータ値 μ_0 において変化するとき，その力学系は μ_0 において分岐するという．双曲型不動点 x_0 は C^r 位相での摂動に対して連続的に持続する不動点（x_0 の接続という）をもつため，不動点が関わる局所的な分岐はそれが双曲型でない場合に限られる．次の三つの分岐が典型的である．(I) サドル・ノード分岐（$D_{x_0} f_{\mu_0}$ は固有値1をもち $\mu > \mu_0$ または $\mu < \mu_0$ で二つの双曲型不動点が現れる．）(II) 周期倍分岐（$D_{x_0} f_{\mu_0}$ は固有値 -1 をもち $\mu > \mu_0$ または $\mu < \mu_0$ で周期2の周期点が現れる．）(III) ホップ (Hopf) 分岐（$D_{x_0} f_{\mu_0}$ は二つの互いに共役な複素固有値をもち $\mu > \mu_0$ または $\mu < \mu_0$ で x_0 の接続の近くに f_μ で不変な閉曲線が現れる．）(I) と (III) についてはフローの不動点に対しても同様の分岐が起こり，(III) の閉曲線は閉軌道となる．さらに，ポアンカレ写像の不動点の分岐に対応してフローの周期軌道に対する同様の分岐がある．

双曲型の不動点および周期点を Λ で表すとき，$x \in W^s(\Lambda) \cap W^u(\Lambda) \setminus \Lambda$ を（Λ に関する）ホモクリニック点と呼ぶ．とくに $T_x W^s(\Lambda) + T_x W^u(\Lambda) = T_x M$ のとき x を横断的ホモクリニック点と呼ぶ（[力学系] 図1の点 q および q' 参照）．$T_x W^s(\Lambda) \cap T_x W^u(\Lambda)$ は，微分同相写像の場合 $\{0\}$ であるがフローの場合はベクトル場方向に1次元部分空間がある．横断的ホモクリニック点はある n に対して f^n がその上で [力学系] 例1と位相共役になるような横断的ホモクリニック点を含む不変集合の存在を導く（フローの場合は f をポアンカレ写像と考える）．その結果，横断的ホモクリニック点は周期点の集合の閉包に含まれる（バーコフ–スメール (Birkhoff–Smale) の定理）．横断的ホモクリニック点は力学系の摂動に対して安定であるが，非横断的ホモクリニック点（[力学系] 図1の点 $\tilde q$ 参照：とくに $\tilde q$ のような状態をホモクリニック接触という）はホモクリニック点の消滅，発生を伴う分岐を引き起こす．また，フローの不動点に関するホモクリニック点では生成するベクトル場の摂動によりホモクリニック点が消滅する（図2参照）．このような分岐をホモクリニック分岐とい

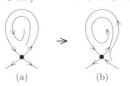

図2　(a) から (b) への摂動

う．閉曲面 M^2 において鞍点 p には摂動による豊富なホモクリニック接触をもたらす．つまりホモクリニック接触をもつ $f \in \mathrm{Diff}^2(M^2)$ に対して f を閉包に含む $\mathrm{Diff}^2(M^2)$ のある開集合 $\mathcal{U}$ に含まれるすべての g は p の接続に関するホモクリニック接触をもつもので近似される．また $|\det D_p f| \neq 1$ のとき $\mathcal{U}$ の残留集合 $\mathcal{R}$ が存在して任意の $g \in \mathcal{R}$ は $|\det D_p f|$ が <1 か >1 に応じて無限個の周期的沈点か周期的源点をもつ（ニューハウス (Newhouse) 現象）．この $\mathcal{U}$ に属する微分同相写像は C^2 構造安定ではないので C^2 構造安定性は C^2 生成的ではない．ニューハウス現象は3次元以上の C^1 位相についても生じる．たとえば図3のように3次元多様体 M^3 の二つの鞍点 p, q が異なる安定多

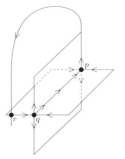

図3　異次元ヘテロクリニック・サイクル

様体の次元をもち $W^s(p,f) \cap W^u(q,f) \neq \emptyset$ かつ $W^u(p,f) \cap W^s(q,f) \neq \emptyset \ (\ni r)$ である (異次元ヘテロクリニック・サイクルと呼ばれる) 状態からの摂動により，上の $\mathcal{R}$ に相当する $\mathrm{Diff}^1(M^3)$ の局所残留集合を構成することができる．

4 双曲性

コンパクト集合 Λ は $f \in \mathrm{Diff}^1(M)$ に対して $f(\Lambda) = \Lambda$ かつすべての $x \in \Lambda$ に対して次の性質を満たす Λ 上の接束の分解 $T_\Lambda M = E^s \oplus E^u$ (双曲分解) をもつとき f の双曲型集合という．(i) $T_xM = E^s_x \oplus E^u_x$; (ii) $D_xf(E^s_x) = E^s_{f(x)}$, $D_xf(E^u_x) = E^u_{f(x)}$; (iii) $x \in \Lambda$ に依存しない二つの定数 $K > 0$ と $0 < \lambda < 1$ が存在して任意の $n \in \mathbf{Z}^+$ に対し
$$\|(D_xf^n)|E^s_x\| \leq K\lambda^n, \quad \|(D_xf^{-n})|E^u_x\| \leq K\lambda^n.$$
例1の Λ は f の双曲型集合である．次の例では T^2 全体が双曲型集合となる．

例2 (トーラス自己同形写像) 整数成分の 2×2 行列 A は $\det(A) = \pm 1$ かつすべての固有値の絶対値が1でないとき A によって定まる $\mathbf{R}^2$ 上の線形写像 L_A は2次元トーラス T^2 上の微分同相写像 f_A を誘導する．$(f^n_A)_{n \in \mathbf{Z}}$ は位相推移的であり，周期点は T^2 で稠密である．各点 $p \in T^2$ における安定多様体と不安定多様体の接空間は A の二つの異なる固有値に対する固有空間の p への平行移動であり，それが T^2 の双曲分解を与える．

ベクトル場 X から生成されたフローの場合の双曲型集合は，Df^t で不変な直和分解がベクトル場方向を加えた $T_\Lambda M = E^s \oplus \mathbf{R}X \oplus E^u$ ($\mathbf{R}X(x) = \{tX(x) : t \in \mathbf{R}\}$) であり，(iii) の $n \in \mathbf{Z}^+$ を $t \geq 0$ に変えたものである．たとえば，例1の懸垂 $(f^t)_{t \in \mathbf{R}}$ の切断面の部分集合 $(\Lambda, 0)$ に対し $\{f^t(\Lambda, 0) : 0 \leq t \leq 1\}$ は双曲型集合である．双曲型集合 Λ 上の任意の点 x に対する局所安定多様体を C^r 級の微分同相写像とフローの場合でそれぞれ $t \in \mathbf{Z}, t \in \mathbf{R}$ として
$$W^s_\delta(x) = \{y \in M : d(f^t(x), f^t(y)) < \delta\}$$
($\forall t \geq 0$) と定義すると，$\{W^s_\delta(x) : x \in \Lambda\}$ は $x \in \Lambda$ に関して連続的に依存する C^r 多様体の族となる．とくに
$$W^{ss}_\delta(x) = \{y \in W^s_\delta(x) : \lim_{t \to +\infty} d(f^t(x), f^t(y)) = 0\}$$
を局所強安定多様体といい，微分同相写像では局所安定多様体と一致する．安定多様体は，
$$W^s(x) = \bigcup_{t \geq 0} f^{-t} W^{ss}_\delta(f^t(x))$$
と定義する．時間の向きを反対にすれば同様の性質をもつ局所不安定多様体，局所強不安定多様体，不安定多様体が得られる (図4参照).

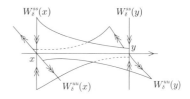

図4 フローの局所強安定・不安定多様体とそのふるまい

$f \in \mathrm{Diff}^r(M)$ と $X \in \mathcal{X}^r(M)$ に対して，Ω が双曲型でありかつ不動点と周期軌道の合併集合が Ω で稠密であるとき **公理A** (Axiom A) 系という．とくに $M = \Omega$ のときは アノソフ (Anosov) 系という．例2と負曲率リーマン多様体上の測地流はアノソフ系である．公理A系では M は Ω における安定多様体と不安定多様体の両方でおおわれるが，任意の $x \in M$ に対して，ある $p, q \in \Omega$ により $T_xM = T_xW^s(p) + T_xW^u(q)$ (f の場合)，$T_xM = T_xW^s(p) + T_xW^u(q) + \mathbf{R}X(x)$ (X の場合) となるとき，公理A系は強横断条件を満たすという．たとえばアノソフ系は強横断条件を満たす．$f \in \mathrm{Diff}^1(M)$ と $X \in \mathcal{X}^1(M)$ については，公理A系が強横断条件を満たすことと C^1 構造安定であることは同値であることが知られている．したがって C^1 アノソフ系は C^1 構造安定である．　　　　［林　修平］

参考文献

[1] 國府寛司：力学系の基礎，朝倉書店，2000.
[2] 白岩謙一：力学系の理論，岩波書店，1974.

離散付値環

discrete valuation ring

1 離散付値環の定義

ネーター整域 R であって，(0) 以外の素イデアルがただ一つ，$\mathfrak{m}$ しかないものを**離散付値環**と呼ぶ．したがって，$\mathfrak{m}$ は極大イデアルである．R の商体を K とし，剰余体 $R/\mathfrak{m}$ を F とする．離散付値環 R は単項イデアル整域であり，$\mathfrak{m}$ の生成元は**素元** (prime element) または**一意化元** (uniformiser) と呼ばれる．差集合 $R \setminus \mathfrak{m}$ は R の単元の全体 U と一致する．なお，素イデアルが (0) と $\mathfrak{m}$ の二つしかない整域であってもネーター性を仮定しないと $\mathfrak{m}$ が無限生成となることに注意する．

素元 π を一つ決めると $K^\times = K \setminus \{0\}$ の元 α は一意的に $\alpha = u\pi^r$ ($u \in U$) と表せる．この r を α の**位数** (order) という．$\nu(\alpha) = r$ とおくと，$\nu : K^\times \to \mathbf{Z}$ は体の乗法群から整数のなす加法群の上への準同型となり，さらに，**非アルキメデス的** (non-Archimedean) な不等式 $\nu(\alpha+\beta) \geq \mathrm{Min}\{\nu(\alpha), \nu(\beta)\}$ を満たす．ただし，$\nu(0) = \infty$ とし，∞ はどの整数より大きいとする．$\ker \nu = U$ であり，$(R \setminus \{0\})/U$ は ν により非負整数のなす加法半群 $\mathbf{Z}_+$ と同型である．逆に，勝手な体 K に対して $K^\times$ から $\mathbf{Z}$ の上への準同型 $\nu : K^\times \to \mathbf{Z}$ が非アルキメデス的不等式を満たすならば，$R = \nu^{-1}(\mathbf{Z}_+) \cup \{0\}$ は $\mathfrak{m} = \nu^{-1}(\mathbf{Z}_+ \setminus \{0\}) \cup \{0\}$ をただ一つの素イデアルとする離散付値環になる．

K の標数が $p > 0$ ならば剰余体 F の標数も $p > 0$ である．K の標数が 0 のときは，F の標数は 0 と $p > 0$ の二つの場合がある．K の標数と F の標数が等しい場合は R を**等標数** (equal characteristic) の離散付値環と呼び，そうでない場合は**混合標数** (mixed characteristic) または**不等標数** (unequal characteristic) の離散付値環と呼ぶ．

2 完備な離散付値環

R は離散付値環とし，1 より大きな実数 v を一つ固定する．R の商体 K の元 α と β に対して $\alpha \neq \beta$ のとき $d(\alpha, \beta) = v^{-\nu(\alpha-\beta)}$ とおき，$\alpha = \beta$ のとき $d(\alpha, \beta) = 0$ とおくと，d により K に距離空間の構造が入る．この距離の定める位相が完備なとき，すなわち任意のコーシー列 $\{\alpha_n\}$ (どんな正の数 ε に対しても，ある番号から先の n, m に対して $d(\alpha_n, \alpha_m) < \varepsilon$ となる列のこと) が収束するとき，ν を**完備** (complete) な離散付値と呼び，R を**完備離散付値環** (complete discrete valuation ring) と呼ぶ．

離散付値環 R に対して，$\widehat{R} = \lim_{n \to \infty} R/\mathfrak{m}^n$ とおき，自然な写像を $\phi : R \to \widehat{R}$ とおく．このとき，$\widehat{R}$ は $\widehat{\mathfrak{m}} = \phi(\mathfrak{m})\widehat{R}$ を極大イデアルとする完備離散付値環になる．しかも R を含む完備離散付値環 S で，その極大イデアル $\mathfrak{n}$ が $\mathfrak{n} \cap R = \mathfrak{m}$ を満たすもの (このとき S は R を**支配する** (dominate) という) があると $\widehat{R}$ から S への単射かつ連続な局所準同型がただ一つ存在する．この意味で $\widehat{R}$ は R を含む完備離散付値環のうちで最小のものであり，$\widehat{R}$ は R の**完備化** (completion) と呼ばれる．なお剰余体は変化せず，$F = R/\mathfrak{m} = \widehat{R}/\widehat{\mathfrak{m}}$ である．

3 ヘンゼルの補題

R を完備離散付値環とし，$\mathfrak{m}$ を R の極大イデアル，$F = R/\mathfrak{m}$ を R の剰余体とする．R 係数の多項式環 $R[x]$ の元 $f(x)$ に対して，すべての係数を mod $\mathfrak{m}$ の元で置き換えた F 係数の多項式を $\overline{f}(x)$ と表す．$f(x)$ が既約のとき，$\overline{f}(x)$ も既約であるか，または既約多項式 $P(x) \in F[x]$ と $c \in F^\times$ により，$\overline{f}(x) = cP(x)^e$ となる．言い換えると，$F[x]$ において，$\overline{f}(x)$ が互いに素な，ともに定数でない，2つの多項式の積に分解して，$\overline{f}(x) = \varphi(x)\psi(x)$ となるとき，$\overline{g}(x) = \varphi(x), \overline{h}(x) = \psi(x)$ となるような $g(x), h(x) \in R[x]$ が存在して，$R[x]$ において $f(x) = g(x)h(x)$ と分解する．ここで，$g(x)$ の次数は $\varphi(x)$ の次数と等しくなるようにできる．これを**ヘンゼルの補題** (Hensel's lemma) と呼ぶ．

ここでは係数環 R が完備であることが本質的である．応用例として，F の標数 $p > 0$ と e が互いに素であれば $u = 1 + \pi\lambda$ の形の単元に対して，$\sqrt[e]{u}$ が R に存在することがわかる．

4 離散付値の延長

R を離散付値環とし,$\mathfrak{m}$ を R の極大イデアル,K を R の商体,$F = R/\mathfrak{m}$ を R の剰余体とする.L を K の n 次の有限次拡大体とするとき,L における R の整閉包 S は,L を商体とするような有限個の離散付値環 $S_1, \ldots, S_g$ の共通部分として表せ,$S = S_1 \cap \cdots \cap S_g$ となる.このとき,各 S_i は R を支配している.S_i の定める L の付値 ν_i を ν の L への延長 (extension) と呼ぶ.

S_i の極大イデアルを $\mathfrak{n}_i$ とし,剰余体を $E_i = S_i/\mathfrak{n}_i$ とする.$\mathfrak{m}$ で生成される S_i のイデアル $\mathfrak{m}S_i$ について,$\mathfrak{m}S_i = \mathfrak{n}_i^{e_i}$ となる自然数 e_i を ν_i の ν 上の分岐指数 (ramification index) と呼ぶ.$e_i = 1$ かつ剰余体の拡大 E_i/F が分離的のとき,ν_i は ν 上不分岐 (unramified) であるという.また,E_i/F の拡大次数 f_i を ν_i の ν 上の剰余次数 (residual degree) と呼ぶ.このとき,$n \geq e_1 f_1 + \cdots + e_g f_g$ が成り立ち,等号は S が R 加群として有限型である場合に限る.たとえば,L/K が分離拡大の場合,あるいは R が完備のときである.

L/K が G をガロア群とするガロア拡大のとき,ヒルベルト理論が成り立つ.ν_i を一つ固定する.$Z = \{g \in G \mid g(S_i) = S_i\}$ を ν_i の分解群といい,$T = \{g \in Z \mid g(\alpha) \equiv \alpha \bmod \mathfrak{n}_i, \forall \alpha \in S_i\}$ を ν_i の惰性群と呼び,$V = \{g \in T \mid g(\alpha) \equiv \alpha \bmod \mathfrak{n}_i^2, \forall \alpha \in S_i\}$ を分岐群と呼ぶ.$R' = S_i \cap L^Z$,$R'' = S_i \cap L^T$,$R''' = S_i \cap L^V$ はそれぞれ Z,T,V の固定体 L^Z,L^T,L^V を商体とする離散付値環である.R' の定める付値を ν',R'' の定める付値を ν'',R''' の定める付値を ν''',とし,ν_i の ν 上の剰余次数を $f_i = p^w f_i'$,$(p, f_i') = 1$ と分け,分岐指数を $e_i = p^v e_i'$ と分ける.ν の L^Z への延長は ν' のみで,ν 上不分岐かつ剰余次数が 1 である.ν' の L^T への延長は ν'' のみで,ν' 上不分岐,かつ剰余体は f_i' 次のガロア拡大である.ν'' の L^V への延長は ν''' のみで,ν'' 上の分岐指数は e_i',剰余次数は 1 である.ν''' の L への延長は ν_i のみで,ν''' 上の分岐指数は p^v,剰余体は p^w 次の純非分離拡大である.

R の剰余体が完全体で L/K がアーベル拡大の場合は局所類体論 [1] という詳しい理論がある.

5 完備離散付値環の構造定理

完備離散付値環の構造は完全にわかっている.R を完備離散付値環とし,$\mathfrak{m}$ を R の極大イデアル,$F = R/\mathfrak{m}$ を剰余体とする.$\alpha \in R$ のとき,$\alpha \bmod \mathfrak{m}$ を $\overline{\alpha}$ と書く.

F が標数 p の完全体,すなわち $F^p = F$ を満たすとき,$a \in F^{\times}$ に対して,各 n ごとに,$\overline{\alpha}_n = a^{p^{-n}}$ となる $\alpha_n \in R$ を選ぶと,完備性により $a^* = \lim_{n \to \infty} \alpha_n^{p^n}$ が存在し,a だけで定まる.しかも,$(ab)^* = a^* b^*$ が成り立つ.a^* は a の乗法的代表系またはタイヒミュラー指標 (Teichmüller character) と呼ばれる.$F^{\times}$ の乗法的代表系の全体を F^* と書く.

R が等標数の場合は R の中に F と同型な部分体 F' が存在して,R はベキ級数環 $F'[[\pi]]$ と同型になる.F の標数が 0 のときは素体上の超越基底の選びかただけ F' の不定性がある.F が標数 p の完全体ならば F' は $F^* \cup \{0\}$ と一致し,一意的であるが,不完全体のときは最大完全部分体上の p 基底の選びかただけ不定性がある.

以下,R は剰余体の標数が p の不等標数の完備離散付値環とする.極大イデアル $\mathfrak{m}$ が素数 p で生成されているとき,すなわち,$p \in \mathfrak{m} \setminus \mathfrak{m}^2$ のとき,R は絶対不分岐であるという.任意の体 F に対して,F を剰余体とする絶対不分岐な完備離散付値環が存在することが知られている.これは,F が完全体の場合は,F 上のヴィット・ベクトル (Witt vector) のなす環 $W(F)$ と一致する.

一般には $pR = \mathfrak{m}^e$ となり,このときは,R の中に絶対不分岐な完備離散付値環 R_0 が存在して,R は R_0 の e 次アイゼンシュタイン拡大 (Eisenstein extension),すなわち,アイゼンシュタイン多項式 $f(x) = x^e + a_1 x^{e-1} + \cdots + a_e (\forall a_i \in \mathfrak{m}_0 = \mathfrak{m} \cap R_0, a_e \notin \mathfrak{m}_0^2)$ により $R = R_0[x]/f(x)$ と表すことができる.　　　　　［前田博信］

参考文献

[1] 岩澤健吉:局所類体論,岩波書店,1980.

リプシッツ連続

Lipschitz continuous

二つの距離空間 (X,ρ_X), (Y,ρ_Y) の間で定義された写像 $f:X\to Y$ を考える．すべての $x, x'\in X$ に対して

$$\rho_Y(f(x),f(x')) \leqq L\rho_X(x,x') \quad (L)$$

を満たす (x,x' には依存しない) 定数 L が存在するとき，関数 f はリプシッツ連続 (Lipschitz continuous) である，またはリプシッツ条件 (Lipschitz condition) を満たすという．とくに $L\leqq 1$ として (L) が成り立つ場合には，f は非拡大写像 (non-expansive mapping)，また $L<1$ とすることができるならば，f は縮小写像 (contraction mapping) であるという．

写像 $f:X\to Y$ がリプシッツ連続ならば，それは一様連続である．さらに $X=Y=\boldsymbol{R}$ の場合，リプシッツ連続な函数は絶対連続で，したがってほとんどすべての点において微分可能である (→ [有界変動関数])．

例 1 R を $\boldsymbol{R}^l$ の直方体，写像 $f:R\to\boldsymbol{R}^l$ は連続微分可能とし，

$$\sup_{x\in R}|D_j f_i(x)| \leqq M; \quad i,j=1,2,\ldots,l$$

($f_i(x)$ は $f(x)$ の第 i 座標，$D_j=\partial/\partial x_j$) とすれば，すべての $x,x'\in R$ に対して

$$\|f(x)-f(x')\| \leqq l^2 M\|x-x'\|$$

が成り立つ．つまり f は $L=l^2 M$ としてリプシッツ連続である．

例 2 $\mathfrak{X},\mathfrak{Y}$ を線形ノルム空間，$T:\mathfrak{X}\to\mathfrak{Y}$ を有界線形作用素とすれば，T は $L=\|T\|$ (作用素ノルム) としてリプシッツ条件を満たす．

例 3 $\mathfrak{H}$ をヒルベルト空間，C をその非空な閉凸集合とする．このとき，各 $x\in\mathfrak{H}$ に対して，x と C との最短距離を与える C の点，つまりすべての $z\in C$ に対して

$$\|x-P(x)\| \leqq \|x-z\|$$

を満たす点 $P(x)\in C$ が存在して一意に定まる．各 $x\in\mathfrak{H}$ に $P(x)$ を対応させる写像 $P:\mathfrak{H}\to C$ は非拡大写像である．

縮小写像の不動点に関する次の著名な結果は各種の関数方程式の解の一意的存在証明や逆関数定理の証明などに不可欠の役割を果たす．

縮小写像の原理 (X,ρ) は完備な距離空間，$f:X\to X$ は縮小写像とする．このとき $f(x^*)=x^*$ を満たす点 $x^*\in X$ が存在し，このような x^* は一意的である．

この原理の代表的応用例として，常微分方程式の解の存在をめぐるピカール (C. E. Picard) の定理を挙げよう．

ピカールの定理 平面 $\boldsymbol{R}^2$ の点 (t_0,x_0) を中心とする長方形を $R=\{(t,x)\in\boldsymbol{R}^2||t-t_0|\leqq a,|x-x_0|\leqq b\}$ とする $(a,b>0)$．関数 $f:R\to\boldsymbol{R}^2$ は連続で，しかも x についてのリプシッツ条件

$$\|f(t,x)-f(t,x')\| \leqq L|x-x'|; (t,x),(t,x')\in R$$

を満たすものとする．このとき常微分方程式

$$\frac{dx}{dt}=f(t,x), \quad x(t_0)=x_0 \text{ (初期条件)}$$

は区間 $|t-t_0|\leqq\alpha$ において一意的な，連続微分可能な解を有する．ただしここで $M=\mathrm{Max}_{(t,x)\in R}\|f(t,x)\|$, $\alpha=\mathrm{Min}\{a,b/M\}$ である．

リプシッツ関数と $W^{1,\infty}$ Ω は $\boldsymbol{R}^l$ の有界な開集合で，$\partial\Omega$ は C^1-級であるとする．このとき関数 $f:\Omega\to\boldsymbol{R}$ がリプシッツ連続であるためには，$f\in W^{1,\infty}(\Omega)$ (ソボレフ空間) であることが必要十分である (→ [ソボレフ空間])．

付記 リプシッツ条件はフーリエ級数の収束問題を論ずるために，R. リプシッツが 1864 年 (*J. Reine Angew. Math.*, **63**, 296–308) に考案した概念である． [丸山 徹]

参考文献

[1] A.N. コルモゴロフ, C.B. フォミーン著, 山崎三郎・柴岡泰光訳: 函数解析の基礎 (第 4 版)(上, 下), 岩波書店, 1979.

[2] L.C. Evans: *Partial Differential Equations*, AMS, 1998.

リーマン多様体

Riemannian manifold

19 世紀前半に登場したガウスの曲面論の一般化・抽象化として 19 世紀中盤にリーマンにより創始されたのが，リーマン幾何である．その後とくに 20 世紀に入ってからリーマン幾何はきわめて大きな進展を遂げる．そのリーマン幾何の主たる研究対象がリーマン多様体である．しかしそれだけでなく，その上で解析を展開するための「舞台」としても，リーマン多様体は重要性である．

M を C^∞ 級微分可能多様体とする．その上の C^∞ 級 $(0,2)$ テンソル場 g であって，各点において対称かつ正定値であるものを，M のリーマン計量 (Riemannian metric) と呼ぶ．微分可能多様体がリーマン計量を有するための必要十分条件は，それがパラコンパクトであることである．微分可能多様体 M とそのリーマン計量 g の対 (M,g) はリーマン多様体 (Riemannian manifold) と呼ばれる．(M,g), (N,h) をリーマン多様体とする．それらの間の微分同相 $\phi: M \to N$ に対し $\phi^* h = g$ が成り立つとき，ϕ を等長写像 (isometry) と呼ぶ．また，等長写像 $\phi: (M,g) \to (N,h)$ が存在するとき，(M,g) と (N,h) は等長 (isometric) であるといわれる．

以下，(M,g) をリーマン多様体とする．リーマン計量 g は，M の各点における接空間 $T_x M$ に内積を定める．そこで，$g(X,Y)$ (ただし，X, Y は M の接ベクトルないし接ベクトル場) を，しばしば，$\langle X, Y \rangle$ と書く．接ベクトル X に対し $|X| = \sqrt{\langle X, X \rangle}$ を X の長さ (length) あるいはノルム (norm) と呼ぶ．さらに，なめらかな曲線 $\gamma: [a,b] \to M$ に対し，その長さ (length) が

$$L(\gamma) = \int_a^b |\gamma'(t)|\, dt$$

により定義される．ただし，ここで $\gamma'(t)$ は曲線 γ の時刻 t における速度ベクトル $(d\gamma/dt)(t) \in T_{\gamma(t)} M$ を表す．以降，さらに M は連結 (したがって，弧状連結) であると仮定する．このとき，2 点 $x, y \in M$ に対しそれらを結ぶ (区分的に) なめらかな曲線の長さの下限を $d(x,y)$ とすれば，d は距離の公理を満たす．しかも，その距離が定める M の位相は M のもともとのそれと一致する．

M のアフィン接続 ∇ であって，次の二つの条件を満たすものがつねに一意的に存在する．ただし，X, Y, Z は M の任意の接ベクトル場とする．また，$[X,Y]$ はリー括弧を表す．(i) $\nabla_X Y - \nabla_Y X = [X,Y]$, (ii) $\nabla g = 0$, すなわち，$X \cdot \langle Y, Z \rangle = \langle \nabla_X Y, Z \rangle + \langle Y, \nabla_X Z \rangle$. この二つの条件を満たすアフィン接続は，$(M,g)$ のリーマン接続 (Riemannian connection)，あるいはレヴィ–チビタ接続 (Lévy–Civita connection) と呼ばれる．以下，∇ は (M,g) のリーマン接続を表すとする．

M のなめらかな曲線 γ であって，すべての時刻 t において $\nabla_{\gamma'(t)} \gamma' = 0$ を満たすものを測地線と呼ぶ．測地線は，2 階の常微分方程式により記述される．したがって，任意の $x \in M$, $X \in T_x M$ に対し，$\gamma(0) = x$, $\gamma'(0) = X$ なる測地線 $\gamma: I \to M$ (ただし，I は $0 \in I$ なる開区間) が存在する．しかも，このような測地線は一意である (すなわち，このような 2 本の測地線はその定義域の共通部分において一致する)．以下の 2 条件は同値であることが知られている (ホップ–リノウの定理)：(i) 任意の $x \in M$, $X \in T_x M$ に対し，$\gamma(0) = x$, $\gamma'(0) = X$ なる測地線 $\gamma: \boldsymbol{R} \to M$ が存在する (定義域が $\boldsymbol{R}$ 全体であることが要点)，(ii) M は距離 d に関し完備である．これらの条件が満たされるとき，リーマン多様体 (M,g) は完備 (complete) であるといわれる．とくに，コンパクトリーマン多様体はつねに完備である．また，(M,g) が完備であるならば，(iii) M の任意の 2 点に対し，それらを結ぶ測地線であって最短な (すなわちその長さが両端点の間の距離に一致する) ものが存在する．リーマン多様体の大域的な，とくに位相幾何学的な性質を問題にする場合には，ほぼ例外なく完備性を仮定する．

M の接ベクトル場 X, Y, Z に対し，$R(X,Y)Z = \nabla_X \nabla_Y Z - \nabla_Y \nabla_X Z - \nabla_{[X,Y]} Z$ により定義されるベクトル場 $R(X,Y)Z$ の点 x における値は，X, Y, Z の点 x における値により決定さ

れる．すなわち，R は M 上の $(1,3)$-型テンソル場である．これを，M の（リーマン）**曲率テンソル** (curvature tensor) と呼ぶ．（ここで定義した曲率テンソルに -1 を乗じたものを曲率テンソルとして定義している文献も多数存在するので注意が必要である．しかし，後で導入する，断面曲率，リッチ曲率，スカラー曲率の定義は結果的に一致する：とくに，標準的計量を有する球面に対するそれら曲率の符号は正である．）

接空間 T_xM ($x\in M$) の 2 次元線形部分空間 π に対し，その**断面曲率**を，π の正規直交基底 $\{X,Y\}$ をとり $K(\pi)=-\langle R(X,Y)X,Y\rangle$ により定義する．とくに，M が 2 次元の場合には，$\pi=T_xM$ であり，断面曲率は M 上の関数として定義される．これを (M,g) の**ガウス曲率** (Gaussian curvature) と呼ぶ．

再び一般次元の場合に立ち返る．接ベクトル $X,Y\in T_xM$ に対し $Ric(X,Y)=-\sum_j\langle R(X,e_j)Y,e_j\rangle$（ただし，$\{e_j\}$ は T_xM の正規直交基底）とおくことにより，対称 $(0,2)$-型テンソル Ric が定義される．これを (M,g) の**リッチ・テンソル** (Ricci tensor) と呼ぶ．とくに，ある定数 c が存在して M のすべての接ベクトル X に対し $Ric(X,X)\geq c|X|^2$ が成り立つとき，$Ric\geq c$ と書き，(M,g) の**リッチ曲率** (Ricci curvature) は c 以上であるという．同様に，$Ric\leq c$ などが定義される．さらに，**スカラー曲率** (scalar curvature) が $Scal=\sum_j Ric(e_j,e_j)$ により定義される．スカラー曲率は，M 上の実数値関数である．

M を $n+1$ 次元ユークリッド空間 $\boldsymbol{E}^{n+1}$ の超曲面とする．このとき，$\boldsymbol{E}^{n+1}$ の標準内積から M のリーマン計量 g が自然に定まる．この g はときに M の**第一基本形式** (first fundamental form) と呼ばれる．今，M が向き付け可能であり，とくに単位法ベクトル場 ν が定義できると仮定する．(M,g) のリーマン接続を ∇ としたとき，それをユークリッド空間 $\boldsymbol{E}^{n+1}$ における方向微分 D，および M 上のある対称 $(0,2)$-型テンソル場 h を用い $\nabla_X Y=D_X Y+h(X,Y)\nu$ (X,Y は M の接ベクトル場) と表すことができる（**ガウスの補題**）．この h は M の**第二基本形式** (second fundamental form) と呼ばれる．$h(X,Y)=-\langle D_X\nu,Y\rangle$ が成り立つ．リーマン多様体 (M,g) の曲率テンソル R が第二基本形式を用いて以下のように表される（**ガウスの公式**）：$-\langle R(X,Y)Z,W\rangle=h(X,Z)h(Y,W)-h(X,W)h(Y,Z)$．とくに，$M$ が 2 次元のときには，(M,g) のガウス曲率 K が $K=h(e_1,e_1)\cdot h(e_2,e_2)$（ただし，$\{e_j\}$ は T_xM の正規直交基底）で与えられる．歴史的には，これが $\boldsymbol{E}^3$ 内の曲面のガウス曲率の定義であった．そのガウス曲率を第二基本形式 h を用いることなく「内在的に」，すなわち，第 1 基本形式 g およびそれから決まる諸量で書けることを発見したのがかのガウスであった．

最後にリーマン幾何における重要な問題をいくつか挙げよう．断面曲率が一定のリーマン多様体は**定曲率空間** (space of constant curvature) と呼ばれる．定曲率空間に対しては，リーマン計量に適当な定数を乗じることにより，その断面曲率が 1，0，-1 のいずれかに等しいと仮定できる．さらに完備性を仮定すると，その普遍被覆は標準的球面，ユークリッド空間，双曲空間のいずれかに等長であることが従う．とくに断面曲率 -1 を有する定曲率空間は**双曲多様体** (hyperbolic manifold) と呼ばれる．双曲多様体の 3 次元トポロジーにおける重要性がサーストンにより指摘されて以来，**双曲幾何** (hyperbolic geometry) が盛んに研究されてきた．

コンパクトなリーマン多様体に対しては，**体積** (volume) や**直径** (diameter) といった大域的リーマン幾何不変量が定義される．一方，リーマン多様体に対しては，オイラー数などを典型とする種々の位相不変量も定義可能である．曲率という局所的な不変量と，大域的リーマン幾何不変量，あるいは位相不変量の間の関係をあきらかにすることも，リーマン幾何の中心的な課題の一つである．その種の研究に用いられる手法は，測地線からはじまりアティヤ-シンガーの指数定理，あるいは，極小曲面，調和写像，ヤング-ミルズ場やリッチ流などの非線形解析に至るまできわめて多岐にわたる． [金井雅彦]

リーマンの写像定理

Riemann's mapping theorem

1 単連結領域の等角同値性とリーマンの写像定理

リーマン球面 $\hat{\boldsymbol{C}}$ の単連結な領域 D を考える．たとえば，リーマン球面そのものは単連結である．また，複素平面 $\boldsymbol{C}$ や単位円板 Δ も単連結な領域である．しかし，リーマン球面はコンパクトであるが，ほかの二つはコンパクトではない．したがって，リーマン球面は複素平面や単位円板とは同相になり得ない．一方，複素平面と単位円板は同相である．たとえば，写像 $f: \boldsymbol{C} \to \Delta$ を $z = re^{i\theta} \in \boldsymbol{C} - \{0\}$ に対して，

$$f(z) = \exp\left\{-\frac{1}{r} + i\theta\right\},$$

で $f(0) = 0$ とおけば，f は複素平面と単位円板の間の同相写像を与える．しかしながら，複素平面では有界正則関数は定数に限る，というリュービルの定理 (Liouville's theorem) から，複素平面と単位円板は等角同値でないことがわかる．では，一般の単連結の等角同値性については何がいえるのだろうか．この問に対する驚くべき解答が次のリーマンの写像定理と呼ばれるものである．

定理 1 (リーマン) D を複素平面内の単連結領域で，境界は 2 点以上からなるものとする．このとき D は単位円板 Δ と等角同値になる．さらに，この等角同値を与える等角写像は 1 点の像とその微分係数で一意的に決まる．

要するに，複素平面内では複素平面全体でない単連結領域はすべて単位円板に等角に写されるということを保証しているのである．リーマンの写像定理は等角写像の基本定理ともいわれる．また，リーマンの写像定理で与えられる等角写像を領域 D のリーマン写像という．

2 証明法

リーマンの写像定理の証明はいくつか知られているが，ここでは，正規族 (normal family) の議論を用いたものとグリーン関数 (Green's function) を用いるものの二つについてその概略を解説する．

2.1 正規族を使った証明

D の点 z_0 を固定する．D 上の 1 対 1 正則関数 f で $f(z_0) = 1, f(D) \subset \Delta$ を満たすもの全体を $\mathcal{F}$ とおく．$\mathcal{F}$ は空集合ではない．このとき，$\sup_{f \in \mathcal{F}} |f'(z_0)|$ という極値問題 (Extremal problem) を考える．一様有界な正則関数の族は正規族というモンテルの定理 (Montel's theorem) から $\mathcal{F}$ は正規族である．したがって，この極値問題の解を与える D 上の正則写像 f が存在する．この関数 f は非定数であり，1 対 1 正則関数の広義一様極限に関するフルビッツの定理 (Hurwitz's theorem) から f もまた D 上 1 対 1 になる．その構成法から $f(D) \subset \Delta$ であることは容易にわかる．多少面倒な議論を経て $f(D) = \Delta$ を示すことで証明が終わる．

この証明は，最後の議論がやや煩雑になるが，おおむね初等的なもので，現在もっとも数多く採用されているものである．

2.2 グリーン関数を用いる証明

$z_0 \in D$ に対し，以下の条件を満たす関数 $g(\cdot, z_0)$ を z_0 に極をもつ D のグリーン関数 (Green's function) という．

(1) $g(\cdot, z_0)$ は $D - \{z_0\}$ で正値かつ調和 (harmonic) である．

(2) z_0 のある近傍 U で
$$g(z, z_0) = -\log|z - z_0| + h(z)$$
なる表現をもつ．ここに $h(z)$ は U 内のある調和関数である．

(3) $z \to \partial D$ のとき，$g(z, z_0) \to 0$.

このような $g(z, z_0)$ は任意の $z_0 \in D$ に対しつねに存在し，さらに z_0 を定めると一意に定まる．

D のグリーン関数が存在すれば，任意の $c > 0$ に対して $g(\cdot, z_0)$ のレベル曲線 $L(c) = \{z \in D \mid g(z, z_0) = c\}$ は，D が単連結であるから，なめらかな単純閉曲線となる．ここで $g(\cdot, z_0)$ の共役調和関数 $*g(\cdot, z_0)$ を考える．$g(\cdot, z_0)$ は $D - \{z_0\}$ で調和であるので，$*g(\cdot, z_0)$ は一価関数ではないが，$D - \{z_0\}$ 内の任意の閉曲線 γ に対して，グリー

ン–ストークスの公式より
$$\int_\gamma d*g(z,z_0) = 2n\pi$$
となることがわかる．ここに n は γ より定まる整数である．そこで
$$f(z) = \exp\{g(z,z_0) + i*g(z,z_0)\}$$
とおけば，f は D 上の一価正則関数で，$f(z_0) = 0, f(D) \subset \Delta$ を満たす．さらにレベル曲線が単純閉曲線であるから，最大値の原理から f は 1 対 1 になり，グリーン関数の性質 (3) を用いれば $f(D) = \Delta$ であることがわかる．以上によって，f が求めるリーマン写像であることが証明される．

3 一意化定理

リーマンの写像定理は複素平面内の単連結領域をあつかっているが，これを単連結リーマン面 (Riemann surface) で考えたものが次の一意化定理 (uniformization theorem) と呼ばれる定理である．

定理 2 R を単連結なリーマン面とする．このとき R は以下の三つのいずれかと等角同値である．
(1) リーマン球面．
(2) 複素平面．
(3) 単位円板．

この定理より得られる帰結は重要である．任意のリーマン面 R に対してその普遍被覆面 (universal covering) $\tilde{R}$ は単連結リーマン面であり，その被覆変換群 (cover transformation group) G の元は $\tilde{R}$ の自己等角写像で，G は R の基本群 (fundamental group) $\pi(R)$ と同型である．一意化定理の示すところによれば $\tilde{R}$ は上記三つのいずれかしかない．

$\tilde{R}$ を決定する一つの鍵は R の基本群 $\pi(R)$ である．もう一つは被覆変換群 G の $\tilde{R}$ の作用が固定点をもたず，真性不連続 (properly discontinuous) であるということである．トーラスなどのいくつかの例外を除いて $\pi(R)$ は非可換になる．このとき定理 2 の (1), (2) の場合は起こりえない．(1) が生じないことは容易にわかる．$\tilde{R}$ が複素平面であったとすると，G は (固定点をもたないので) 平行移動 $z \mapsto z + a\ (a \in \mathbf{C})$ からなる．これは明らかに可換群になるので矛盾が生じる．以上の考察から，ごく例外的な場合を除きリーマン面 R の普遍被覆面は単位円板であることになる．ところで，よく知られているように単位円板には双曲計量 (hyperbolic metric) が定義されている．また，単位円板の自己等角写像，したがって G の元は双曲計量を変えない．よってリーマン面 R にも双曲計量が定義できる．この事実はリーマン面の研究の強力な武器となっている．

定理 2 の証明は R にグリーン関数が存在する場合と存在しない場合に分けて行う．

単連結リーマン面 R にグリーン関数 $g(p, p_0)$ が存在する場合は 2.2 節のリーマンの写像定理の証明の論法がそのまま援用できる．グリーン関数が存在しない場合，R がコンパクトリーマン面でない場合 $p_0 \in R$ に対して，グリーン関数の類似物である Evans–Selberg ポテンシャル $h(p, p_0)$ を用いる．ここで，$h(p, p_0)$ が Evans–Selberg ポテンシャルとは，以下の性質をもつ関数である．

(1) $h(p, p_0)$ は p の関数として p_0 以外で調和で，p が R の境界へ発散するとき，$h(p, p_0)$ は $+\infty$ に発散する．
(2) z を p_0 の周りの局所座標で $z(p_0) = 0$ となるものとするとき，
$$h(p, p_0) = \log|z| + h(z).$$
ここに $h(z)$ は原点近傍でのある調和関数．

このような関数に対してグリーン関数の場合と同様にして
$$f(p) = \exp\{h(p, p_0) + i*h(p, p_0)\}$$
によって等角写像を定義すればよい．ただし，$*h(p, p_0)$ は共役調和関数．

R がコンパクトな場合は，$q_0 \in R$ を任意にとり，単連結な開リーマン面 $R' = R - \{q_0\}$ で Evans–Selberg ポテンシャルを考えればよい．

［志賀啓成］

参 考 文 献

[1] 及川広太郎：リーマン面 (共立講座 現代の数学)，共立出版，1987．

リーマン面

Riemann surface

1 定義

1次元複素多様体は，リーマン面と呼ばれる．実2次元向き付け可能多様体には，つねに複素構造を入れることができるので，実2次元向き付け可能多様体もしばしばリーマン面と呼ばれる．

2 種数

連結なリーマン面 R に円周を埋め込むと，その補集合は，連結になる場合と，二つの連結成分に分かれる場合がある．

連結なリーマン面 R に，補集合が連結であるように，g 個の円周を交わらないように埋め込めるかどうかを考える．このように埋め込まれる円周の個数の最大値を連結なリーマン面 R の種数と呼ぶ．

コンパクトで連結なリーマン面 R の種数 $g(R)$ とオイラー–ポアンカレ標数 $\chi(R)$ には，
$$\chi(R) = 2 - 2g(R)$$
という関係がある．

コンパクト連結なリーマン面 R の微分同相類は，0以上の整数である種数 $g(R)$，あるいは2以下の偶数値をとるオイラー–ポアンカレ標数 $\chi(R)$ で分類される．

$g = 0$, すなわち，$\chi(R) = 2$ のとき，コンパクト連結なリーマン面 R は実2次元球面に微分同相で，複素多様体として，1次元複素射影直線 CP^1 に正則に（複素解析的に）微分同相である．リーマン球面と呼ばれる．

$g = 1$, すなわち，$\chi(R) = 0$ のとき，コンパクト連結なリーマン面 R は実2次元トーラスに微分同相，複素多様体として，複素トーラス $C/(Z + \alpha Z)$ ($\alpha \in C$, $\mathrm{Im}(\alpha) > 0$) に正則に（複素解析的に）微分同相である．$C/(Z + \alpha Z)$, $C/(Z + \beta Z)$ は，$\alpha = (a\beta + b)/(c\beta + d)$ ($ad - bc = 1$) となる整数 a, b, c, d が存在するとき，そのときに限り，正則に微分同相である．

$g \geqq 2$ のときには，単に種数 g のリーマン面と呼ばれ，実2次元多様体として Σ_g のように表示される．実2次元多様体 Σ_g の複素構造の全体は $6g - 6$ 次元の空間をなすことが知られている．その様子は通常次のように記述される．R_i を複素構造 $\mathcal{C}_i$ をもつ Σ_g とする．リーマン面 R_i と向きを保つ同相写像 $f_i : \Sigma_g \to R_i$ の組 (f_i, R_i) ($i = 1, 2$) が同値であることを，$f_2 \circ f_1^{-1} : R_1 \to R_2$ が複素解析的微分同相写像にホモトピックであることと定義する．この同値類の空間は，タイヒミュラー空間と呼ばれ，$\boldsymbol{R}^{6g-6}$ と同相になる．Σ_g 上の複素構造の空間自身は，モジュライ空間と呼ばれ，タイヒミュラー空間の商の空間である．

3 リーマン面の間の写像

複素多様体として，リーマン面を考えるには，そのリーマン面上の複素解析関数，すなわち，リーマン面から複素ベクトル空間への複素解析的な写像を考えることが重要であるが，複素解析関数の絶対値は極大値をもたないという複素解析関数（正則関数）の最大値原理から，コンパクト連結なリーマン面上の複素解析関数は定数関数のみである．一方，リーマン面 R_1 からほかのリーマン面 R_2 への複素解析的な写像は，しばしば存在する．複素解析的な写像 $f : R_1 \longrightarrow R_2$ が，点 $p \in R_1$ を点 $q \in R_2$ に写す ($f(p) = q$) とき，p, q それぞれに，p, q を 0 とするような局所座標をとると，$f(z) = \sum_{n=k}^{\infty} a_n z^n$ という形に書かれる．ここで，$k > 0$ で，$a_k \neq 0$ である．f は，点 p のまわりの局所座標を取り替えると $w = z^k$ と書かれ，点 p のまわりで k 重の分岐被覆写像となる．この k をこの点における分岐指数と呼ぶ．分岐指数が 1 より大きくなる点は，f の接写像 $T_p f$ が 0 となる点，すなわち，臨界点であるが，このような点は，

図1 種数2のコンパクト・リーマン面は図のような曲面と微分同相である

R_1 の中に集積点をもたない．

コンパクト連結なリーマン面の間の複素解析的写像 $f: R_1 \longrightarrow R_2$ に対し，分岐指数が 1 より大きくなる点を，$p_1, \ldots, p_m$ とし，各点における分岐指数を $k(p_1), \ldots, k(p_m)$ とする．R_1, R_2 は，向き付けをもち，f の写像度 $\deg(f)$ が定まるが，R_1, R_2 のオイラー–ポアンカレ標数の間に次の関係があることがわかる．

$$\chi(R_1) = \deg(f)\chi(R_2) - \sum_{j=1}^{m}(k(p_j)-1)$$

これは，リーマン–フルヴィッツの関係式と呼ばれる．

コンパクト連結なリーマン面上では，局所的な複素解析関数（正則関数）の芽のなす層を考えると，それには，大域的な切断は，存在しない．その商の層である有理関数の芽のなす層を考えると，たくさんの大域的な切断が存在することがわかっている．このことから，コンパクト連結なリーマン面からリーマン球面への複素解析的写像がたくさん存在することがわかる．

4 多価関数

リーマン面が考えられた理由の一つに，多項式 $P(z)$ を複素数平面 $\boldsymbol{C}$ からそれ自身への写像とみるとき，代数学の基本定理から $P(z) = w$ を満たす $z(w)$ は，$P(z)$ の臨界値の外では，$P(z)$ の次数と同じ個数存在するが，それらは，$\boldsymbol{C}$ 上の臨界値の外では，つながりあっているということがある．より一般に，2 変数の多項式 $Q(z,w)$ に対して，$Q(z,w) = 0$ を満たす (z,w) に対して，$(\frac{\partial Q}{\partial z}, \frac{\partial Q}{\partial w}) \neq (0,0)$ とすると，陰関数定理から，$\boldsymbol{C}$ 上の有限個の点の補集合上で定義された $z(w)$ あるいは $w(z)$ で，$Q(z(w),w) = 0$ あるいは $Q(z,w(z)) = 0$ を満たすものが，z についての次数個，あるいは w についての次数個存在することになる．これらの関数は，有限個の点の補集合上でつながりあっている．これらは複素数平面から有限個の点をのぞいた開集合 U 上の有限多価関数（代数関数）として研究された．このような有限多価関数は，U の有限被覆空間上で，1 価の通常の関数と考えられる．多価性の分析から，$Q(z,w) = 0$ で定まる複素部分多様体の形がわかるのであるが，関数や多様体の概念が未整備の時代に，1 価の通常の関数として記述できる複素数平面の開集合上の（分岐）被覆構造をリーマン面と呼んだ．

現在では，任意のコンパクトリーマン面（コンパクト 1 次元複素多様体）R は，3 次元複素射影空間 CP^3 に埋め込まれる（一般にコンパクト複素多様体は，次元の高い射影空間に埋め込まれる）ことが知られている．CP^3 の無限遠直線 CP^2_∞ と R は有限個の点で交わるとしてよく，
$$R \setminus (R \cap CP^2_\infty) \subset CP^3 \setminus CP^2_\infty \cong \boldsymbol{C}^3 \longrightarrow \boldsymbol{C}$$
が，分岐被覆の正体である．

リーマン球面の 1 点の近傍で定義された一般の複素解析関数に対して，その解析関数の解析接続の全体を考えると，解析関数が定めるリーマン面が定義される．さらに，このリーマン面の普遍被覆を考えると，単連結なリーマン面が，リーマン球面への写像とともに得られる．

5 リーマンの写像定理

リーマンの写像定理は，単連結なリーマン面の分類を与えている．すなわち，単連結なリーマン面は，リーマン球面，複素数平面，単位円板（の内部）のどれか一つに，複素解析的に微分同相である．

コンパクトなリーマン面の普遍被覆は，種数が 0 のリーマン球面 CP^1 についてはそれ自身，種数が 1 の複素トーラス $\boldsymbol{C}/(\boldsymbol{Z} + \alpha\boldsymbol{Z})$ については複素数平面 $\boldsymbol{C}$，種数 g が 2 以上の Σ_g については単位円板 D となる．コンパクトなリーマン面は，普遍被覆を，自由かつ真性不連続な普遍被覆の解析的自己同型群で割った空間として得られる．単連結なリーマン面である，リーマン球面，複素数平面，単位円板の解析的自己同型群は，それぞれ，$PSL(2;\boldsymbol{C}) = SL(2;\boldsymbol{C})/\{\pm 1\}$, $\mathrm{Aff}(\boldsymbol{C}) = \left\{\begin{pmatrix} \alpha & \beta \\ 0 & 1 \end{pmatrix} \mid \alpha \neq 0, \beta \in \boldsymbol{C}\right\}$, $PSL(2;\boldsymbol{R}) = SL(2;\boldsymbol{R})/\{\pm 1\}$ と同型で，$PSL(2;\boldsymbol{C})$ は 1 次分数変換 $\begin{pmatrix} \alpha & \beta \\ \gamma & \delta \end{pmatrix}: z \longmapsto \dfrac{\alpha z + \beta}{\gamma z + \delta}$ で作用し，$PSL(2;\boldsymbol{R})$ は，単位円板と解析的に微分同相であ

る上半平面に1次分数変換で作用する．したがって，種数1の複素トーラスは，複素数平面を，$\boldsymbol{R}$上1次独立な2つの平行移動で生成される群で割った空間となる．単位円板には，ポアンカレの双曲計量をいれることができ，単位円板の解析的自己同型群は，等長変換として作用する．種数2以上のコンパクト・リーマン面 Σ_g は，単位円板を $\pi_1(\Sigma_g) \cong \langle a_1, b_1, \ldots, a_g, b_g \mid [a_1, b_1] \cdots [a_g, b_g] = 1\rangle$ の作用で割ったものとなる．$a_1, b_1, \ldots, a_g, b_g$ の作用はそれぞれ，双曲計量に対する平行移動であり，単位円板内の $4g$ 角形を基本領域にとることができる．

6 開リーマン面

コンパクトでないリーマン面は，開リーマン面と呼ばれる．位相空間として，端集合（エンド集合）が，コンパクト集合の補集合の連結成分のなす逆系の逆極限として定義される．開リーマン面が，微分同相になるためには，端集合の間の同相写像があり，その端集合の点（エンド）を定義するコンパクト集合の補集合の連結成分のなす逆系のそれぞれが同相であることが必要である．とくに孤立しているエンドについては，種数が無限であるかどうかが同相の条件である．種数をもたないエンドは，円柱の1つのエンドと同相である．複素解析的には，種数をもたないエンドは，正実数をパラメータとする円柱のエンドの族のどれかと複素解析的に微分同相になる．すなわち，双曲計量をもつ単位円板を，一つの測地線に沿う移動距離 d の平行移動で同一視した円柱の一つのエンド，または，距離0および無限大に対応する上半平面を実軸方向への1だけの平行移動で同一視した円柱の一つのエンドに複素解析的に微分同相になる．

種数 g が有限の開リーマン面は，同じ種数 g の閉リーマン面から，エンドの個数だけ点を取り除いたものと微分同相である．さらに，エンドの個数を n とすると，オイラー数は，$2 - 2g - n$ となるが，この値が1ならば，複素数平面または単位円板と同型であり，0ならば，どれかの円柱と同型である．$2 - 2g - n$ が負ならば，普遍被覆が単位円板になることが知られている．$2 - 2g - n$ が負のとき，このリーマン面に双曲計量がはいるが，この双曲計量に対し，各エンドを1周だけまわる閉曲線の中に，測地線が存在するかまたはいくらでも短い閉曲線が存在する．この測地線の長さがエンドの近傍の同型類を決めている．いくらでも短い閉曲線が存在するエンドをカスプと呼ぶ．カスプをもたないとき，測地線に沿ってエンドを切り落として，境界付きのコンパクト・リーマン面が定義される．種数 g で，k 個のカスプ，ℓ 個のカスプではないエンドをもつ開リーマン面の双曲構造の全体は，$g > 0, \ell + k > 0$ または $g = 0, 3\ell + 2k > 6$ のとき，$6g + 3\ell + 2k - 6$ 次元である．開リーマン面に対して，タイヒミュラー空間を，定義における同相写像 f_i が擬等角写像であることを要請して定義することができる．$\ell = 0$ のときは，タイヒミュラー空間は，$g > 0, k > 0$ または，$g = 0, k \geq 3$ のとき，$\boldsymbol{R}^{6g+2k-6}$ と微分同相となる．一方，$\ell > 0$ のときにはタイヒミュラー空間は無限次元となる．

7 向き付けられない曲面

向き付けられない実2次元多様体は，複素構造を許容しないのでリーマン面とは呼ばれない．向き付けられない連結2次元多様体は，連結なリーマン面を，固定点をもたず向きを反対にする $\boldsymbol{Z}_2 = \boldsymbol{Z}/2\boldsymbol{Z}$ の作用で割って得られる．$S^2/\boldsymbol{Z}_2$ は射影平面と呼ばれ，$\boldsymbol{R}P^2$ で表される．$T^2/\boldsymbol{Z}_2$ はクラインの壺と呼ばれる．$\Sigma_g/\boldsymbol{Z}_2$ は，N_{g+1} と書かれ，種数 $g+1$ の向き付け不可能閉曲面と呼ばれる．ここで前と同様に種数は，補集合が連結であるように埋め込まれる円周の個数の最大値である．向き付けられない実2次元多様体は種数で分類され，種数は任意の正の整数をとる．平面への整数 $\boldsymbol{Z}$ の作用を，$n \in \boldsymbol{Z}$ に対し，$n \cdot (x, y) = (x+n, (-1)^n y)$ で定めるとこの作用による商の空間は，向き付けられない実2次元の多様体で，ただ一つのエンドをもつ．これは，開いたメビウスの帯と呼ばれる．向き付けられない実2次元の多様体には，開いたメビウスの帯が種数の個数だけ埋め込まれている．

［坪井　俊］

リーマン予想

Riemann hypothesis

「ゼータ関数 $\zeta(s)$ の零点は，$-2n$ ($n=1,2,3,\ldots$) 以外はすべて直線 $\mathrm{Re}(s)=1/2$ 上に乗っている」というのがリーマン予想である．一説では，もっとも重要な未解決問題であるともいわれている．

ベルンハルト・リーマン (Bernhard Riemann) が 1859 年に「この主張が正しいと仮定するといろいろと重要な主張が従う」ということを証明したのが由来なので，hypothesis という．

リーマンのゼータ関数 (zeta function) とは以下の式で定義される複素数を変数とする複素数値関数である：
$$\zeta(s) = \sum_{n=1}^{\infty} 1/n^s.$$
右辺は $\mathrm{Re}(s) > 1$ のときには絶対収束し，その範囲では正則関数を定める．しかし，$\mathrm{Re}(s) \leq 1$ のときは右辺はそのままでは意味をもたない．領域 $\mathrm{Re}(s) > 1$ から出発して解析接続を行うと，全平面上で定義された有理型関数が定まり，これがゼータ関数である．

ゼータ関数は次の関数等式を満たすことが証明される：
$$\zeta(s) = 2^s \pi^{s-1} \sin(\pi s/2) \Gamma(1-s) \zeta(1-s).$$
ここで Γ はガンマ関数である．この式から，正の整数 n に対して $\zeta(-2n) = 0$ であることがわかる．また，$\zeta(0) = -1/2$ である．

これ以外にもゼータ関数の零点はたくさんあるが，すべての零点の実部が $1/2$ になるというのがリーマン予想である．この予想が正しければ，素数の分布についての重要な結果が従うことが知られている．

$1/(1-p^{-s}) = \sum_{n=0}^{\infty} p^{-ns}$ であるので，次のレオンハルト・オイラー (Leonhard Euler) による無限積表示を得る：
$$\zeta(s) = \prod_p 1/(1-p^{-s}).$$
ここで右辺の p はすべての素数をわたる．この式からはゼータ関数と素数の分布とのつながりがうかがわれる．

類似の関数として，代数多様体のゼータ関数がある．素数のべき q を固定し，有限体 $k = \mathbf{F}_q$ 上で定義されたなめらかで射影的な代数多様体 X を考える．係数拡大して得られる $\bar{k}$ 上の代数多様体 $\bar{X} = X \times_k \bar{k}$ に対して，座標が $\mathbf{F}_{q^r}$ に入るような点全体の個数を $N_r(X)$ とする．このとき X のゼータ関数を
$$Z(X,t) = \exp\left(\sum_{r=1}^{\infty} N_r(X) t^r / r\right)$$
によって定義する．

たとえば，$X = \mathbf{P}^1$ ならば $N_r(X) = q^r + 1$ であり，$1/(1-t) = \exp(\sum_{r=1}^{\infty} t^r/r)$ であるので，$Z(X,t) = 1/(1-t)(1-qt)$ となる．

アンドレ・ヴェイユ (André Weil)，アレクサンドル・グロタンディーク (Alexandre Grothendieck) とピエール・ドゥリーニュ (Pierre Deligne) により以下のことが証明された：

(1) $Z(X,t)$ は t の有理関数である．

(2) 次の関数等式が成り立つ：$Z(X, 1/q^n t) = \pm q^{nc/2} t^c Z(X,t)$．ここで $n = \dim X$ であり，c は X の幾何学的不変量である．

(3) 多項式 $P_m(t)$ ($m = 0, \ldots, 2n$) が存在して，$Z(X,t) = \prod_m P_m(t)^{-(-1)^m}$ と書ける．ここで $P_0(t) = 1-t$, $P_{2n}(t) = 1 - q^n t$ であり，$P_m(t)$ は定数項が 1 で整数を係数とし，次数が X の第 m 次ベッティ数 $B_m(X)$ と一致するような多項式である．

(4) $P_m(t)$ のすべての根は，絶対値が $q^{-m/2}$ と一致するような代数的整数である．

$t = q^{-s}$ とおけば，$Z(X, q^{-s})$ は複素数 s の有理型関数になり，零点または極は，自明な極 $s = 0, n$ を除けば，$2n-1$ 本の直線 $\mathrm{Re}(s) = m/2$ ($m = 1, \ldots, 2n-1$) の上にあることになる．これはリーマン予想の類似である．ただし，この場合の零点または極の数は有限個であるが，リーマンのゼータ関数の零点の数は無限個である．

［川又雄二郎］

リーマン–ロッホの定理

Riemann–Roch theorem

なめらかな射影的代数多様体 X とその上の因子 D に対して，完備線形系 $|D|$ の性質を調べることは代数幾何学の基本的な問題である．D に対応する可逆層を $\mathcal{O}_X(D)$ で表すとき，完備線形系の次元は層の大域切断全体のなすベクトル空間を使って，$\dim |D| = \dim H^0(X, \mathcal{O}_X(D)) - 1$ と表すことができるが，この値を計算することは容易ではない．その理由のひとつは，X や D を少し変形しただけで，この値が大きく変動してしまうことにある．そこで，代わりに交代和 $\chi(X, \mathcal{O}_X(D)) = \sum_{p=0}^{\dim X} (-1)^p \dim H^p(X, \mathcal{O}_X(D))$ を考えることにすると，これはチャーン (Chern) 類などの位相的不変量を使って表せることがわかる．これがリーマン–ロッホの定理である．以下では簡単のため $h^p(X, D) = \dim H^p(X, \mathcal{O}_X(D))$, $\chi(X, D) = \chi(X, \mathcal{O}_X(D))$ と表す．

1　1次元の場合

X の次元が 1, つまり代数曲線の場合を考える．曲線 X の種数 g と，因子 D の次数 $d = \deg(D)$ は位相的不変量である．リーマン–ロッホの定理は以下の形になる：
$$h^0(X, D) - h^1(X, D) = d + 1 - g.$$
これと，セール (Serre) の双対定理からの帰結
$$h^1(X, D) = h^0(X, K_X - D)$$
を合わせて使うことが多い．ここで，K_X は標準因子である．$D = 0$ とおくと，$H^0(X, K_X) = g$ を得る．$D = K_X$ とおくと，$\deg(K_X) = 2g - 2$ を得る．すなわち
$$\chi(X, D) = [D] - \frac{1}{2}[K_X]$$
とも書ける．ここで $[D] = \deg(D)$ とおいた．

リーマン–ロッホの定理を使うと，代数曲線のいろいろな性質を容易に導くことができる．たとえば，$g = 1$ で $d > 0$ とするとき，$\deg(K_X - D) = -d < 0$ なので，$h^1(X, D) \cong h^0(X, K_X - D) = 0$ となり，$h^0(X, D) = d$ を得る．とくに $d = 2$ とすれば，2重被覆 $X \to \mathbf{P}^1$ が存在することがわかるし，$d = 3$ とすれば，埋め込み $X \to \mathbf{P}^2$ が得られ，像は 3 次曲線になることがわかる．

2　2次元の場合

X の次元が 2, つまり代数曲面の場合を考える．こんどは
$$\chi(X, D) = \frac{1}{2} D(D - K_X) + \frac{1}{12}(c_1^2 + c_2)$$
となる．ここで，第 1 項の積は二つの因子 D と $K_X - D$ の交点数であり，$c_i = c_i(X)$ は X の接束の第 i チャーン類を表している．

たとえば，$D = 0$ とした式は，幾何種数 $p_g = h^0(X, K_X)$ と不正則数 $q = h^1(X, \mathcal{O}_X)$ を使うと
$$1 - q + p_g = \frac{1}{12}(c_1^2 + c_2)$$
と表せる．

セールの双対定理からの帰結は
$$h^2(X, D) = h^0(X, K_X - D)$$
であり，h^0 のほかに h^1 が残ってしまう．このように，次元が上がると，いろいろと新たな困難が出てくる．

3　チャーン指標およびトッド指標

一般次元でのリーマン–ロッホの定理を記述するために，チャーン指標およびトッド指標を定義する．以下では簡単のため，基礎体が複素数体である場合のみを考える．

なめらかな射影的複素代数多様体 X 上の因子 D に対応した可逆層 $\mathcal{O}_X(D)$ の第一チャーン類 $c_1(D) = c_1(\mathcal{O}_X(D))$ は以下のように定義できる．指数関数 $\exp : \mathcal{O}_X \to \mathcal{O}_X^*$ によって定義された完全系列
$$0 \to \mathbf{Z} \to \mathcal{O}_X \to \mathcal{O}_X^* \to 0$$
において，連結準同型写像 $H^1(X, \mathcal{O}_X^*) \to H^2(X, \mathbf{Z})$ による $\mathcal{O}_X(D) \in H^1(X, \mathcal{O}_X^*)$ の像を $c_1(D)$ と定める．これを $[D]$ とも書くことにする．

たとえば，曲面上の二つの因子 C, D の交点数 CD (または $(C \cdot D)$) は，カップ積 $[C][D] \in H^4(X, \mathbf{Z}) \cong \mathbf{Z}$ と一致し，因子のチャーン類を使って表される位相的不変量であることがわかる．

より一般に，X 上の階数 r の局所自由層 $\mathcal{F}$，つまりファイバー次元が r のベクトル束の正則切断全体のなす層に対して，チャーン類 $c_i(\mathcal{F}) \in H^{2i}(X, \mathbf{Z})$ と，全チャーン類 (total Chern class) $c(\mathcal{F}) = \sum_{i=0}^{\infty} c_i(\mathcal{F}) \in H^*(X, \mathbf{Z})$ が以下に挙げる性質によって定義される．ここで $H^*(X, \mathbf{Z}) = \bigoplus_{i=0}^{2\dim X}(X, \mathbf{Z})$ は全コホモロジー環である．$i > \dim X$ または $i > r$ ならば $c_i = 0$ であるが，形式的に無限和として表している．

(1) $\mathcal{F} = \mathcal{O}_X(D)$ ならば，$c(\mathcal{F}) = 1 + [D]$．

(2) 完全系列 $0 \to \mathcal{E} \to \mathcal{F} \to \mathcal{G} \to 0$ には積が対応する；$c(\mathcal{F}) = c(\mathcal{E})c(\mathcal{G})$．

(3) 射 $f: X \to Y$ と Y 上の局所自由層 $\mathcal{F}$ に対しては，$c(f^*\mathcal{F}) = f^*c(\mathcal{F})$．

(4) 対応する射影空間束を $\mathbf{P}(\mathcal{F}) = \operatorname{Proj}(\operatorname{Sym}^*(\mathcal{F}))$ とし自然な射影を $\pi: \mathbf{P}(\mathcal{F}) \to X$ とすれば公式
$$\sum_{i=0}^{r} \pi^* c_i(\mathcal{F}) \cdot \xi^{r-i} = 0$$
が成り立つ．ここで，$\xi = c_1(\mathcal{O}_{\mathbf{P}(\mathcal{F})}(1))$ である．

X の接束 T_X のチャーン類は $c_i(X) = c_i(T_X)$ で表す．T_X の行列式束は可逆層 $\mathcal{O}_X(-K_X)$ と対応するので，$c_1(X) = -[K_X]$ である．また，$n = \dim X$ とするとき，$c_n(X) = e(X)$ は X を $2n$ 次元実多様体とみたときのオイラー (Euler) 数と一致する．

$\mathcal{F} = \bigoplus_{j=1}^{r} \mathcal{O}_X(D_j)$ と可逆層の直和になっているときは，$c(\mathcal{F}) = \prod_{j=1}^{r}(1 + [D_j])$ となる．したがって $c_i(\mathcal{F})$ は $[D_j]$ の基本対称式と一致する．一般の場合にも，形式的に $c(\mathcal{F}) = \prod_{j=1}^{r}(1 + a_j)$ と 1 次式の積に分解し，チャーン指標 (Chern characteristic) とトッド指標 (Todd characteristic) を式
$$\operatorname{ch}(\mathcal{F}) = \sum_{j=1}^{r} e^{a_j}$$
$$\operatorname{td}(\mathcal{F}) = \prod_{j=1}^{r} \frac{a_j}{1 - e^{-a_j}}$$
で定義する．ここで，
$$e^x = \sum_{k=0}^{\infty} \frac{x^k}{k!} = 1 + x + \frac{1}{2}x^2 + \cdots$$
$$\frac{x}{1 - e^{-x}} = 1 + \frac{1}{2}x + \frac{1}{12}x^2 - \frac{1}{720}x^4 + \cdots$$

は形式的べき級数であるとみなす．定義式の右辺は a_j たちの対称式になるので，結果的に $c_i = c_i(\mathcal{F})$ たちの有理数係数多項式で表すことができる：
$$\operatorname{ch}(\mathcal{F}) = r + c_1 + \frac{1}{2}(c_1^2 - 2c_2)$$
$$+ \frac{1}{6}(c_1^3 - 3c_1 c_2 + 3c_3)$$
$$+ \frac{1}{24}(c_1^4 - 4c_1^2 c_2 + 4c_1 c_3 + 2c_2^2 - 4c_4) + \cdots$$
$$\operatorname{td}(\mathcal{F}) = 1 + \frac{1}{2}c_1 + \frac{1}{12}(c_1^2 + c_2) + \frac{1}{24}c_1 c_2$$
$$- \frac{1}{720}(c_1^4 - 4c_1^2 c_2 - 3c_2^2 - c_1 c_3 + c_4) + \cdots$$

これが実際の定義式であり，有理数係数の全コホモロジー環 $H^*(X, \mathbf{Q})$ の元になる．

チャーン指標の基本的な性質をいくつか挙げる：

(1) $\mathcal{F} = \mathcal{O}_X(D)$ ならば，$\operatorname{ch}(\mathcal{F}) = e^{[D]}$．

(2) 完全系列 $0 \to \mathcal{E} \to \mathcal{F} \to \mathcal{G} \to 0$ には和が対応する；$\operatorname{ch}(\mathcal{F}) = \operatorname{ch}(\mathcal{E}) + \operatorname{ch}(\mathcal{G})$．

(3) テンソル積には積が対応する；$\operatorname{ch}(\mathcal{E} \otimes \mathcal{F}) = \operatorname{ch}(\mathcal{E}) \cdot \operatorname{ch}(\mathcal{F})$．

(4) 射 $f: X \to Y$ と Y 上の局所自由層 $\mathcal{F}$ に対しては，$\operatorname{ch}(f^*\mathcal{F}) = f^*\operatorname{ch}(\mathcal{F})$．

4 ヒルツェブルフ (Hirzebruch) のリーマン–ロッホの定理

任意の次元で成り立つ公式は以下のように述べられる：

定理 1 n 次元のなめらかな射影的複素代数多様体 X とその上の局所自由層 $\mathcal{F}$ に対して，$\chi(X, \mathcal{F}) = \sum_{p=0}^{n}(-1)^p \dim H^p(X, \mathcal{F})$ の値は以下の公式で与えられる：
$$\chi(X, \mathcal{F}) = \operatorname{ch}(\mathcal{F})\operatorname{td}(T_X)[X].$$
ここで，T_X は X の接束であり，$[X] \in H_{2n}(X, \mathbf{Z})$ は X の基本ホモロジー類である．$H^p(X, \mathbf{Q})$ の元と $[X]$ の積をとると，$p = 2n$ の場合には有理数になり，それ以外では 0 になる．

たとえば，$n = 1, 2$ で $r = 1$ のときは前の節で与えた式になることが確かめられる．また，$n = 3, 4$ で $r = 1$ のときの公式は

$$\chi(X,D) = \frac{1}{6}D^3 - \frac{1}{4}(D^2 \cdot K_X)$$
$$+ \frac{1}{12}D(c_1(X)^2 + c_2(X)) + \frac{1}{24}c_1(X)c_2(X)$$
$$\chi(X,D) = \frac{1}{24}D^4 - \frac{1}{12}(D^3 \cdot K_X)$$
$$+ \frac{1}{24}D^2(c_1(X)^2 + c_2(X)) + \frac{1}{24}Dc_1(X)c_2(X)$$
$$- \frac{1}{720}(c_1^4 - 4c_1^2 c_2 - 3c_2^2 - c_1 c_3 + c_4)$$

となる.

$\mathcal{O}_X$–加群の連接層 $\mathcal{E}$ に対しても,チャーン指標の定義が拡張され同様の公式が成立する.まず局所自由層 $\mathcal{F}_k$ を使って $\mathcal{E}$ を分解する:

$$0 \to \mathcal{F}_m \to \cdots \to \mathcal{F}_1 \to \mathcal{F}_0 \to \mathcal{E} \to 0$$

が完全系列であるならば,

$$\mathrm{ch}(\mathcal{E}) = \sum_{k=0}^{m}(-1)^k \mathrm{ch}(\mathcal{F}_k)$$

と定義することができる.

リーマン–ロッホの公式の左辺は交代和の形であり,次元 n が高くなるほど $\dim H^0(X,\mathcal{F})$ 以外の不確定な項が増えていく.この困難のひとつの解決方法として高次コホモロジー群の消滅定理がある.

5 グロタンディーク (Grothendieck) のリーマン–ロッホの定理

単一の多様体を考える代わりに多様体の変形族全体を考えるというモジュライの考え方は,最近ますます重要になってきているように思われる.その場合に役に立つのがグロタンディークのリーマン–ロッホ定理である.これは相対的な状況,つまり多様体 X の代わりに写像 $f: X \to Y$ を考えた場合のリーマン–ロッホ定理である.Y が一点の場合には,ヒルツェブルフのリーマン–ロッホ定理になる.

複素数体とは限らない一般の代数的閉体上の代数多様体に対してもこの定理は成立する.ただし,チャーン指標の値域は通常のコホモロジー環 $H^*(X,\boldsymbol{Q})$ ではなく,以下に定義する $\boldsymbol{Q}$ 係数のチャウ環 $A^*(X) \otimes \boldsymbol{Q}$ になる.

一般に,代数多様体 X を与えたとき,次元が r の閉部分多様体の整数を係数とする形式的有限和 $\sum_{j=1}^{t} n_i Z_i$ を,X 上の代数的 r サイクル (algebraic r–cycle) と呼ぶ.X 上の代数的 r サイクル全体のなす群を $Z_r(X)$ で表すことにする.任意の射 $f: X \to Y$ に対して,代数的サイクルの順像 (direct image) と呼ばれる準同型写像 $f_*: Z_r(X) \to Z_r(Y)$ を以下のように定義する: X の閉部分多様体 Z に対して,$\dim Z = \dim f(Z)$ ならば $f_* Z = [k(Z):k(f(Z))]\overline{f(Z)}$,そうでなければ $f_* Z = 0$ とおく.ただし,右辺の鍵括弧は関数体の拡大次数を表す.

X 上の二つのサイクル $Z, Z' \in Z_r(X)$ が有理同値 (rationally equivalent) であるとは,いくつかの $r+1$ 次元の代数多様体 Y_i と射 $f_i: Y_i \to X$ および Y_i 上の因子 $D_i, D_i' \in Z_r(Y_i)$ が存在して,$Z = \sum f_{i*} D_i$,$Z' = \sum f_{i*} D_i'$ で,D_i, D_i' が各 i に対して線形同値であるときをいう.サイクルの有理同値類全体のなす集合を $A_r(X)$ で表す.$A^s = A_{\dim X - r}$ と書く.サイクルの順像は準同型写像 $f_*: A_r(X) \to A_r(Y)$ を誘導する.

X がなめらかな射影的代数多様体であるとき,直和 $A^*(X) = \bigoplus_{r=0}^{\dim X} A^s(X)$ には交差理論によって積構造 $A^p \times A^q \to A^{p+q}$ が入り可換環になる.これをチャウ環 (Chow ring) と呼ぶ.連接層 $\mathcal{F}$ の全チャーン類はチャウ環 $A^*(X)$ の元として定義され,チャーン指標やトッド指標は $A^*(X) \otimes \boldsymbol{Q}$ の元になる.基礎体が複素数体の場合には,サイクルのコホモロジー類をとることにより写像 $A^r(X) \to H^{2r}(X,\boldsymbol{Z})$ が定義され,環準同型写像 $A^*(X) \to H^*(X,\boldsymbol{Z})$ に拡張される.この写像を合成することによって得られるチャーン類などは前の節での定義と一致する.

定理 2 なめらかな射影的代数多様体の間の射 $f: X \to Y$ と $\mathcal{O}_X$–加群の連接層 $\mathcal{F}$ に対して,公式

$$f_*(\mathrm{ch}(\mathcal{F})\mathrm{td}(T_X)) = \mathrm{ch}(f_! \mathcal{F})\mathrm{td}(T_Y)$$

が成り立つ.ここで,

$$\mathrm{ch}(f_! \mathcal{F}) = \sum_{p=0}^{\infty}(-1)^p \mathrm{ch}(R^p f_*(\mathcal{F}))$$

である.

[川又雄二郎]

留　数

....
residue

第1節では，留数と留数定理を解説する．それを用いて，領域保存の法則や逆関数の定理が示される．最後の節では種々の定積分の値を留数定理を用いて求める方法を例示する．これらは，コーシーの積分定理の直接的な応用結果であるが，それでも含むところの深さがわかる．

1　留　数

$a \in \boldsymbol{C}$ を中心，半径 $r_0 > 0$ の開円板を $\Delta(a; r_0)$ と表す．$\Delta(a; r_0) \setminus \{a\}$ 上の正則関数 f が

$$f(z) = \sum_{n=-\infty}^{\infty} a_n (z-a)^n \quad (1)$$

とローラン展開されているとき，

$$\operatorname{Res}(a; f) = a_{-1}$$

とおき，これを f の a での留数と呼ぶ．$C(a; r) = \{z \in \boldsymbol{C}; |z-a| = r\}$（反時計回り）として，

$$\operatorname{Res}(a; f) = \tfrac{1}{2\pi i} \int_{C(a;r)} f(z) dz, \quad 0 < r < r_0$$

が成り立つ．$a = \infty$ のときは f を $\{\tilde{z} \in \boldsymbol{C}; 0 < |\tilde{z}| < R\}$ $(\tilde{z} = z^{-1})$ 上の正則関数と考える．f をローラン展開すると，$f(z) = \sum_{n=-\infty}^{\infty} a_n z^n = \sum_{n=-\infty}^{\infty} a_{-n} \tilde{z}^n = f \circ \tilde{z}$．$f$ の ∞ での留数を

$$\operatorname{Res}(\infty; f) = -a_{-1} \quad (2)$$
$$= \tfrac{1}{2\pi i} \int_{\{|\tilde{z}|=r\}} f \circ \tilde{z} \cdot \tfrac{-1}{\tilde{z}^2} d\tilde{z}, \quad 0 < r < R$$

と定義する．この定義より，留数は関数 f に対するよりむしろ微分 $\omega = f(z) dz$ に対する概念であることがわかる．

ここでは，記述を簡単にするためにもっぱら $\boldsymbol{C}$ の領域 D 上で考えることにする．C を D 内で，1点 z_0 にホモトープな閉曲線とする．$\Phi: [0,1] \times [0,1] \to D$ を C と z_0 を結ぶホモトピーとする．すなわち，$\Phi(t, s)$ は連続で，C は $\Phi(t, 0)(0 \leqq t \leqq 1)$ で与えられ，$\Phi(t, 1) \equiv z_0$ を満たす．$a \in D \setminus C$ に対し C の a の回りの回転数 $n(a; C)$ を次のように定義する．

$$n(a; C) = \tfrac{1}{2\pi i} \int_C \tfrac{1}{z-a} dz.$$

次がいわゆる留数定理である．

定理 1　D, C を上述のものとする．$E = \{a_\nu; \nu = 1, 2, \ldots\}$ を D 内の離散的閉部分集合とし，$f(z)$ を $D \setminus E$ 上の正則関数とする．C は E の点を含まないと仮定すると，

$$\tfrac{1}{2\pi i} \int_C f(z) dz = \sum_{\nu=1}^{\infty} n(a_\nu; C) \operatorname{Res}(a_\nu; f).$$

ここで，$n(a_\nu; C) \neq 0$ となる a_ν は有限個である．

証明は，$f(z)$ を a_ν のまわりでローラン展開し，コーシーの積分定理を適用してなされる．

さて $f(z)$ が有理型関数の場合に留数の具体的計算法を与えよう．$f(z)$ が $a \in \boldsymbol{C}$ で1位の極をもつならば，

$$\operatorname{Res}(a; f) = \lim_{z \to a}(z-a) f(z). \quad (3)$$

$a \in \boldsymbol{C}$ が f の m 位の極の場合は，

$$\operatorname{Res}(a; f) = \tfrac{1}{(m-1)!} \tfrac{d^{m-1}}{dz^{m-1}}\Big|_{z=a} (z-a)^m f(z). \quad (4)$$

$\boldsymbol{C}$ の有界領域 D について次の条件を仮定する．

条件 A：D の境界は，有限個の区分的 C^1 級ジョルダン閉曲線 $C_i, 1 \leqq i \leqq k$，からなり，各 C_i の向きは領域 D を左手にみる向きとする．

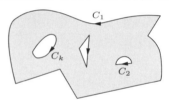

図1　条件 A の図

定理 2　D を上述の条件 A を満たすものとして，f を D の閉包 $\bar{D}$ を含む近傍上の有理型関数で，$C_i, 1 \leqq i \leqq k$，上に極をもたないとすると，

$$\sum_{i=1}^{k} \tfrac{1}{2\pi i} \int_{C_i} f(z) dz = \sum_{a \in D} \operatorname{Res}(a; f). \quad (5)$$

この定理 2 の f に対し，その D 内での零点の重複度を込めた総数を N，極の位数を込めた総数を P とする．対数微分 $f'(z)/f(z)$ に定理 2 を用いると，次の偏角の原理を得る．

定理 3　D を上述の条件 A を満たすものとして，f を $\bar{D}$ を含む近傍上の有理型関数で，$C_i, 1 \leqq i \leqq k$ 上に零点も極ももたないとすると，

$$\sum_{i=1}^{k} \tfrac{1}{2\pi i} \int_{C_i} \tfrac{f'(z)}{f(z)} dz = N - P.$$

2　応用

まず，次のルーシェの定理が従う．

定理 4　D を上述の条件 A を満たすものとして，f, g を $\bar{D}$ を含む近傍上の正則関数で，すべての C_i 上 $|g(z)| < |f(z)|$ が満たされていると仮定する．このとき，D 内の f の零点の個数と $f+g$ の零点の個数は重複度を込めて等しい．

これより一連の重要な定理が導かれる．以下 D は，$\boldsymbol{C}$ の領域とする．

定理 5（フルヴィッツの定理）　D 上の正則関数列 $\{f_n\}$ が広義一様に f に収束しているとする．もしすべての f_n が零点をもたないならば，f はまったく零点をもたないか，または $f \equiv 0$ となる．

定理 6　D 上の正則関数列 $\{f_n\}$ が広義一様に f に収束しているとする．もしすべての f_n が単射的ならば，f は単射的であるか，または定数となる．

定理 7（領域保存の法則）　D 上の非定数正則関数 $f: D \to \boldsymbol{C}$ の像 $f(D)$ は，領域である．

定理 8（逆関数定理）　D 上の正則関数 $f: D \to \boldsymbol{C}$ が単射的ならば，その逆関数 $f^{-1}: f(D) \to D$ も正則である．

3　定積分計算への応用

留数定理は，種々の定積分の計算に応用される．以下いくつか例示する．

1. $I = \int_0^{2\pi} \frac{dt}{a+\sin t}, a > 1$，を求める．$z = e^{it}$ とおくと，$\sin t = \frac{1}{2i}(z - 1/z)$, $dt = \frac{1}{iz}dz$ と変換され，積分路は原点を中心とする単位円周 $C(0;1)$（向きは反時計回り）となり，

$$I = \int_{C(0;1)} \frac{2}{z^2 + 2iaz - 1} dz.$$

被積分関数は，$C(0;1)$ 上に極はなく，単位円板内では $i(-a + \sqrt{a^2-1})$ で 1 位の極をもつのみである．(3) を用いて，そこでの留数を計算すると，$I = 2\pi/\sqrt{a^2-1}$.

2. $R(z) = P(z)/Q(z)$ を有理関数として $I = \int_{-\infty}^{\infty} R(x)dx$ を求める．$\pm\infty$ での積分の収束には，$\deg Q - \deg P \geqq 2$ が必要十分である．また $R(z)$ が実軸 $b \in \boldsymbol{R}$ に極をもつとき，積分は収束しない．そこで，$R(z)$ は $\boldsymbol{R}$ 上ではたかだか 1 位の極しかもたないと仮定する．$\delta > 0$ を適当な小さな数として，次の極限を考える．

$$\text{p.v.} \int_{b-\delta}^{b+\delta} R(x)dx$$
$$= \lim_{\epsilon \to +0} \left(\int_{b-\delta}^{b-\epsilon} R(x)dx + \int_{b+\epsilon}^{b+\delta} R(x)dx \right).$$

これは，有限に存在する．このように考えた積分を主値積分と呼び，$I = \text{p.v.}\int_{-\infty}^{\infty} R(x)dx$ と書く．$R(z)$ の上半平面内の極のすべてを $a_i \in \boldsymbol{C}$ とし，$\boldsymbol{R}$ 上の極のすべてを b_j とすると，次が成立する．

$$I = 2\pi i \sum \text{Res}(a_i; R) + \pi i \sum \text{Res}(b_j; R). \quad (6)$$

この式は，関数 $R(z)e^{iz}$ に対しても同様に成立する．

$I_1 = \int_0^{\infty} \frac{1}{x^2+1}dx$ を計算する．もちろん，逆正接関数を用いて計算できるが，比較のために留数を用いて計算してみよう．$2I_1 = \int_{-\infty}^{\infty} \frac{1}{x^2+1}dx$ となる．被積分関数は上半平面内では $z = i$ で 1 位の極をもつのみであるから，そこでの留数の計算と (6) から簡単に $\int_{-\infty}^{\infty} \frac{1}{z^2+1}dz = 2\pi i \text{Res}(i; \frac{1}{z^2+1}) = \pi$. よって，$I_1 = \frac{\pi}{2}$.

同様な方法で $I_2 = \int_0^{\infty} \frac{\cos x}{x^2+1}dx$ を計算する．$2I_2 = \int_{-\infty}^{\infty} \frac{e^{iz}}{z^2+1}dz$ となる．被積分関数の $z = i$ での留数は，$\frac{e^{-1}}{2i}$ であるから，$I_2 = \frac{\pi}{2e}$.

3. $R(z) = \frac{P(z)}{Q(z)}$ は，上述の条件を満たすもの，ただし $\deg Q - \deg P \geqq 1$ と仮定する．すると，

$$J = \text{p.v.} \int_{-\infty}^{\infty} R(x)e^{ix}dx$$
$$= \lim_{r \to \infty} \text{p.v.} \int_{-r}^{r} R(x)e^{ix}dx$$

は収束し，(6) が $R(z)e^{iz}$ に対しても成立する．次は，この応用例として有名なものである．$J_1 = \int_{-\infty}^{\infty} \frac{\sin x}{x}dx$ を計算する．$\frac{\cos x}{x}$ は，奇関数なので，p.v.$\int_{-\infty}^{\infty} \frac{\cos x}{x}dx = 0$. したがって $J_1 =$ p.v.$\int_{-\infty}^{\infty} \frac{e^{iz}}{iz}dz$ となり，(6) を $R(z)e^{iz}$ に適用して $J_1 = \pi$ を得る．

［野口潤次郎］

参 考 文 献

[1] L.V. アールフォース著, 笠原乾吉訳: 複素解析, 現代数学社, 1982.
[2] 今井　功: 流体力学と複素解析, 日本評論社, 1981.
[3] 野口潤次郎: 複素解析概論, 裳華房, 1993.
[4] 小松勇作: 函数論（復刊）, 朝倉書店, 2004.
[5] 辻　正次: 函数論（復刊）（上, 下）, 朝倉書店, 2004.

量子群

quantum group

本項目では，量子群とは**量子包絡代数** (quantum enveloping algebra) のことを指すこととする．量子包絡代数とはリー代数の普遍包絡代数の変形で，統計物理におけるモデル（可解格子模型）の研究を通じてドリンフェルト (V.G. Drinfeld) と神保により独立に導入された．量子"群"という言葉を用いているが，量子包絡代数は数学的な意味での群ではない．現在では量子包絡代数は可解格子模型のみならず，広範な分野に応用されている．

他方，リー群上の関数環の変形で量子座標環と呼ばれる概念がある．こちらもしばしば量子群と呼ばれるが，本項目では扱わない．また混乱を避けるために，以後量子群という用語は用いない．

1 量子包絡代数

$\mathfrak{g}$ を複素半単純リー代数，$\mathfrak{h}$ を $\mathfrak{g}$ のカルタン部分代数，$\{\alpha_i\}_{i \in I}$ ($I = \{1, \ldots, n = \dim_{\mathbf{C}} \mathfrak{h}\}$) を単純ルートの集合，$\{h_i\}_{i \in I}$ を単純余ルートの集合，$(\cdot, \cdot) : \mathfrak{h}^* \times \mathfrak{h}^* \to \mathbf{C}$ を短ルート α に対し $(\alpha, \alpha) = 2$ となるように正規化された標準内積とする．このとき e_i, f_i, t_i, t_i^{-1} ($i \in I$) を生成元とし，以下の (1)〜(5) を基本関係式とする $\mathbf{Q}(q)$ 上の代数を量子包絡代数といい，$U_q(\mathfrak{g})$ と記す．

(1) $t_i t_i^{-1} = 1 = t_i^{-1} t_i$, $t_i t_j = t_j t_i$,
(2) $t_i e_j t_i^{-1} = q^{\alpha_j(h_i)} e_j$, $t_i f_j t_i^{-1} = q^{-\alpha_j(h_i)} f_j$,
(3) $e_i f_j - f_j e_i = \delta_{ij} \frac{t_i - t_i^{-1}}{q_i - q_i^{-1}}$,
(4) $\sum_{r=0}^{1-\alpha_j(h_i)} (-1)^r e_i^{(1-a_{ij}-r)} e_j e_i^{(r)}$ ($i \neq j$),
(5) $\sum_{r=0}^{1-\alpha_j(h_i)} (-1)^r f_i^{(1-a_{ij}-r)} f_j f_i^{(r)}$ ($i \neq j$).

ここで $q_i = q^{(\alpha_i, \alpha_i)/2}$ である．また $X = e_i, f_i$ に対し，$X^{(r)} = X^r / [r]_i!$, $[r]_i! = \prod_{k=1}^{r} [k]_i$, $[k]_i = \frac{q_i^k - q_i^{-k}}{q_i - q_i^{-1}}$ とした．以後 $U_q(\mathfrak{g})$ を U_q と略記する．$\{f_i\}_{i \in I}, \{t_i^{\pm 1}\}_{i \in I}, \{e_i\}_{i \in I}$ が生成する U_q の部分代数をそれぞれ U_q^-, U_q^0, U_q^+ と記す．このとき積をとる写像 $U_q^- \otimes U_q^0 \otimes U_q^+ \to U_q$ はベクトル空間の同型を与える．これを**三角分解** (triangular decomposition) という．

なお文字 $\hbar$ を導入して q を $e^\hbar$ で置き換え，形式的ベキ級数体 $\mathbf{C}[[\hbar]]$ 上で量子包絡代数を定義する流儀もある．この場合，$\hbar \to 0$ の極限をとることで，$\mathfrak{g}$ の普遍包絡代数 $U(\mathfrak{g})$ を得ることができる．その意味で U_q を $U(\mathfrak{g})$ の変形とみなすことができるが，正確な意味づけをするためには位相的な議論が必要となるので，ここでは割愛する．

2 量子包絡代数の表現論

複素半単純リー代数の有限次元表現の理論は，ほぼそのまま量子包絡代数の場合に拡張される．P を $\mathfrak{g}$ のウエイト格子，$P_+ = \{\lambda \in P | \lambda(h_i) \geq 0 \ (i \in I)\}$ とする．U_q 加群 M と $\nu \in P$ に対し，$M_\nu = \{m \in M | t_i^{\pm 1} m = q^{\pm \nu(h_i)} m \ (i \in I)\}$ を M のウエイト ν の**ウエイト空間** (weight space) と呼ぶ．$M = \oplus_{\nu \in P} M_\nu$, $\dim_{\mathbf{Q}(q)} M_\nu < \infty$ のとき M を**ウエイト加群** (weight module) という．$\mathrm{ch}(M) = \sum_{\nu \in P} \dim_{\mathbf{Q}(q)} M_\nu e^\nu$ をウエイト加群 M の**指標** (character) という．

$\lambda \in P$ に対し，$M_q(\lambda) = U_q / (\sum_{i \in I} U_q e_i + \sum_{i \in I} U_q (t_i - q^{\lambda(h_i)}))$ は無限次元のウエイト加群である．これを最高ウエイト λ の**ヴァーマ加群** (Verma module) という．$M_q(\lambda)$ は唯一の既約商加群 $L_q(\lambda)$ をもつ．$L_q(\lambda)$ が有限次元であるための必要十分条件は $\lambda \in P_+$ となることである．逆に M が既約な有限次元ウエイト加群ならば，$\lambda \in P_+$ が一意的に存在して $M \cong L_q(\lambda)$ となる．また任意の有限次元ウエイト加群は完全可約である．したがって任意の有限次元ウエイト加群は $L_q(\lambda)$ ($\lambda \in P_+$) たちの直和に（順序を除いて）一意的に分解される．最高ウエイト $\lambda \in P_+$ の有限次元既約 $U(\mathfrak{g})$ 加群を $L(\lambda)$ とすると，任意の $\nu \in P$ に対し $\dim_{\mathbf{Q}(q)} L_q(\lambda)_\nu = \dim_{\mathbf{C}} L(\lambda)_\nu$ が成り立つ．ゆえに $L(\lambda)$ の場合と同じく，$L_q(\lambda)$ の指標は**ワイルの指標公式** (Weyl's character formula) で与えられる：

$$\mathrm{ch}(L_q(\lambda)) = \frac{\sum_{w \in W} (-1)^{l(w)} e^{w(\lambda+\rho)-\rho}}{\prod_{\alpha \in \Delta^+} (1 - e^{-\alpha})}.$$

ここに W はワイル群，$l(w)$ は $w \in W$ の長さ，Δ^+ は正ルートの集合，$\rho = \frac{1}{2}(\sum_{\alpha \in \Delta^+} \alpha)$ である．

3 ホップ代数と普遍 R 行列

U_q の各生成元に対して,
$\Delta(e_i) = e_i \otimes 1 + t_i^{-1} \otimes e_i$, $\Delta(f_i) = f_i \otimes t_i + 1 \otimes f_i$,
$\Delta(t_i^{\pm 1}) = t_i^{\pm 1} \otimes t_i^{\pm 1}$,
$\varepsilon(e_i) = 0$, $\varepsilon(f_i) = 0$, $\varepsilon(t_i^{\pm 1}) = 1$,
$S(e_i) = -t_i^{-1} e_i$, $S(f_i) = -f_i t_i$, $S(t_i^{\pm 1}) = t_i^{\mp 1}$
と定めると,これらは準同型 $\Delta : U_q \to U_q \otimes U_q$,
$\varepsilon : U_q \to \boldsymbol{Q}(q)$,反準同型 $S : U_q \to U_q$ に一意的に拡張される.このとき組 $(U_q, \Delta, \varepsilon, S)$ は

(1) $(\mathrm{id} \otimes \Delta) \circ \Delta = (\Delta \otimes \mathrm{id}) \circ \Delta$,

(2) $(\mathrm{id} \otimes \varepsilon) \circ \Delta = \mathrm{id} = (\varepsilon \otimes \mathrm{id}) \circ \Delta$,

(3) $m \circ (\mathrm{id} \otimes S) \circ \Delta = \iota \circ \varepsilon = m \circ (S \otimes \mathrm{id}) \circ \Delta$

を満たす.ここで $m : U_q \otimes U_q \to U_q$ は $a \otimes b \mapsto ab$ なる線形写像,$\iota : \boldsymbol{Q}(q) \to U_q$ は $\alpha \mapsto \alpha \cdot 1$ なる線形写像である.一般に A を体 K 上の代数として組 $(A, \Delta, \varepsilon, S)$ が上記 (1)~(3) を満たすとき,A をホップ代数 (Hopf algebra) という.組 $(U_q, \Delta, \varepsilon, S)$ によって U_q はホップ代数となる.

A をホップ代数,M_1, M_2 を A 加群,$\rho_i : A \to \mathrm{End}_K(M_i)$ $(i = 1, 2)$ を対応する A の表現とする.このとき $(\rho_1 \otimes \rho_2) \circ \Delta : A \to \mathrm{End}_K(M_1 \otimes M_2)$ により $M_1 \otimes M_2$ は A 加群となる.また上記 (1) より $((M_1 \otimes M_2) \otimes M_3)$ と $(M_1 \otimes (M_2 \otimes M_3))$ は A 加群として標準的に同型となる.$\sigma : A \otimes A \to A \otimes A$ を $\sigma(a \otimes b) = b \otimes a$ で定める.もし $\Delta = \sigma \circ \Delta$ ならば,$M_1 \otimes M_2$ と $M_2 \otimes M_1$ は成分の入れ替え $P : m_1 \otimes m_2 \mapsto m_2 \otimes m_1$ $(m_i \in M_i, i = 1, 2)$ によって同型となる.この場合 A は余可換 (cocommutative) であるといわれるが,たとえば量子包絡代数は余可換ではない.そこで A が余可換でない場合でも同型 $M_1 \otimes M_2 \cong M_2 \otimes M_1$ が保証される状況を考える.$A \otimes A$ の可逆元 $\mathcal{R}$ が存在して次の条件が満たされるとき,組 $(A, \mathcal{R})$ を準三角ホップ代数 (quasi triangular Hopf algebra),$\mathcal{R}$ を普遍 R 行列 (universal R matrix) という:

$\sigma(\Delta(a)) = \mathcal{R} \cdot \Delta(a) \cdot \mathcal{R}^{-1}$,

$(\Delta \otimes \mathrm{id})\mathcal{R} = \mathcal{R}_{13}\mathcal{R}_{12}$, $(\Delta \otimes \mathrm{id})\mathcal{R} = \mathcal{R}_{13}\mathcal{R}_{23}$.

ただし $\mathcal{R} = \sum a_i \otimes b_i$ $(a_i, b_i \in A)$ のとき,$\mathcal{R}_{12} = \sum a_i \otimes b_i \otimes 1$, $\mathcal{R}_{13} = \sum a_i \otimes 1 \otimes b_i$, $\mathcal{R}_{23} = \sum 1 \otimes a_i \otimes b_i$ と記す.この条件から

$$\mathcal{R}_{12}\mathcal{R}_{13}\mathcal{R}_{23} = \mathcal{R}_{23}\mathcal{R}_{13}\mathcal{R}_{12} \quad (4)$$

が従う.また $\rho_i : A \to \mathrm{End}_K(M_i)$ $(i = 1, 2)$ を A の表現とし,$R = (\rho_1 \otimes \rho_2)(\mathcal{R})$ とおけば,$PR : M_1 \otimes M_2 \to M_2 \otimes M_1$ は A 加群の同型を与える.したがって普遍 R 行列が存在すれば,A が非余可換であっても同型 $M_1 \otimes M_2 \cong M_2 \otimes M_1$ が保証される.量子包絡代数 U_q は (適当な完備化のもとに) 準三角ホップ代数となる.さらに普遍 R 行列の具体的な表示式も知られている.

4 一般の量子包絡代数とその応用

これまで $\mathfrak{g}$ は複素半単純リー代数と仮定してきたが,より一般的なリー代数 (対称化可能カッツ–ムーディー–リー代数) に対しても付随する量子包絡代数が定義でき,さらに (適当な完備化のもとに) 準三角ホップ代数となる.とくに $\mathfrak{g}$ がアフィン・リー代数の場合,対応する量子包絡代数は量子アフィン代数と呼ばれる.

ここで量子包絡代数が導入される契機となった R 行列との関係について簡単に触れておこう.V を有限次元線形空間とする.$V \otimes V$ 上の線形変換 $R(z, w)$ (z, w はパラメータ) に対する関数方程式

$R_{12}(z_1, z_2) R_{13}(z_1, z_3) R_{23}(z_2, z_3)$
$\quad = R_{23}(z_2, z_3) R_{13}(z_1, z_3) R_{12}(z_1, z_2)$

をヤン–バクスター方程式 (Yang–Baxter equation),その解を $\boldsymbol{R}$ 行列 (R matrix) という.R 行列が与えられるごとに,対応して可解格子模型が構成される.1980 年代半ば,ドリンフェルトは量子アフィン代数の表現論を用いて R 行列を組織的に構成する方法を開発した.この構成においては,普遍 R 行列の存在と,そこから導かれる前節の (4) 式が本質的な役割を果たす.

現在では量子包絡代数とその表現論は可解格子模型だけでなく,共形場理論,低次元トポロジーなど,広範な分野に応用されている.また他分野への応用だけでなく,表現論自身の中でも量子包絡代数という新たな視点の導入により多くの成果が得られている.たとえば,$q \to 0$ の極限で得られる結晶基底の理論,箙多様体の幾何を用いて構成される標準基底の理論,q が 1 のべき根の場合の量子包絡代数の表現論と正標数での代数群の表現論の関係などが挙げられる. [斉藤義久]

類 体 論

class field theory

代数体の有限次拡大の中間体を有限群の部分群と対応させることで，中間体に関する議論を有限群の議論に帰着させるのがガロア理論である．類体論は代数体のアーベル拡大をイデアル類群を用いて統制する．その結果，ガロア群や素イデアルの分解の様子がわかりやすい言葉で記述される．

1 古典的な代数体の類体論

有限次代数体 K の非アルキメデス付値の同値類は K の素イデアルと対応し，アルキメデス付値の同値類は K から $\boldsymbol{C}$ への埋め込み写像と対応する．非アルキメデス付値の同値類と素イデアルを同一視して**有限素点**と呼び，アルキメデス付値の同値類と埋め込み写像 σ を同一視して**無限素点**と呼ぶ．$\sigma(K) \subset \boldsymbol{R}$ であれば**実無限素点**，そうでなければ**虚無限素点**という．K の次数を n，実無限素点および虚無限素点の個数をそれぞれ r_1, r_2 とすれば $n = r_1 + 2r_2$ である．類体論では有限素点と無限素点をあわせて考えることにより，議論がすっきりしたものとなる．

K の有限素点 $\mathfrak{p}$ に対応する正規加法付値を $v_\mathfrak{p}$ で表し，無限素点 $\mathfrak{p}$ に対応する埋め込み写像を $\sigma_\mathfrak{p}$ で表す．$\alpha \in K^\times$ とし，k を非負整数とする．$\mathfrak{p}$ が有限素点のとき $\alpha \equiv 1 \pmod{{}^* \mathfrak{p}^k}$ は $v_\mathfrak{p}(\alpha - 1) \geq k$ を意味する．$\mathfrak{p}$ が実無限素点で $k \geq 1$ のときは $\sigma_\mathfrak{p}(\alpha) > 0$ であれば k によらず $\alpha \equiv 1 \pmod{{}^* \mathfrak{p}^k}$ と書く．$\mathfrak{p}$ が虚無限素点または $k = 0$ のときは無条件に $\alpha \equiv 1 \pmod{{}^* \mathfrak{p}^k}$ と約束する．素イデアルの積 $\mathfrak{m}_0$ および無限素点の形式的な積 $\mathfrak{m}_\infty$ に対し，それらの形式的な積 $\mathfrak{m} = \mathfrak{m}_0 \mathfrak{m}_\infty$ を K の**整因子**といい，$\mathfrak{m}_0$ を $\mathfrak{m}$ の**有限部分**，$\mathfrak{m}_\infty$ を $\mathfrak{m}$ の**無限部分**という．$\mathfrak{m} = \prod_i \mathfrak{p}_i^{e_i}$ を K の整因子とする．すべての i に対し $\alpha \equiv 1 \pmod{{}^* \mathfrak{p}_i^{e_i}}$ のとき $\alpha \equiv 1 \pmod{{}^* \mathfrak{m}}$ と書く．$\mathfrak{m}$ の有限部分と素な分数イデアル全体からなる集合 $I_\mathfrak{m}$ は積に関して群をなし，$\alpha \equiv 1 \pmod{{}^* \mathfrak{m}}$ を満たす $\alpha \neq 0$ から生成される単項イデアル (α) の全体からなる集合 $S_\mathfrak{m}$ は $I_\mathfrak{m}$ の部分群になる．$S_\mathfrak{m}$ を $\mathfrak{m}$ を法とする**シュトラール** (Strahl (独), ray (英)) と呼び，$I_\mathfrak{m}/S_\mathfrak{m}$ を**シュトラール類群**と呼ぶ．$I_\mathfrak{m}/S_\mathfrak{m}$ は有限アーベル群になる．たとえば $\mathfrak{m} = (1)$ のとき $I_\mathfrak{m}/S_\mathfrak{m}$ は K のイデアル類群である．また $K = \boldsymbol{Q}$ のとき，m を自然数，$\mathfrak{p}_\infty$ を $\boldsymbol{Q}$ の（唯一の）無限素点とし，$\mathfrak{m}_0 = (m), \mathfrak{m}_1 = (m) \mathfrak{p}_\infty$ とおけば，$I_{\mathfrak{m}_0}/S_{\mathfrak{m}_0} \cong (\boldsymbol{Z}/m\boldsymbol{Z})^\times / \{\pm 1\}$, $I_{\mathfrak{m}_1}/S_{\mathfrak{m}_1} \cong (\boldsymbol{Z}/m\boldsymbol{Z})^\times$ となる．

さて $S_\mathfrak{m} \subset H_\mathfrak{m} \subset I_\mathfrak{m}$ を満たす群 $H_\mathfrak{m}$ を $\mathfrak{m}$ を法とする**合同イデアル群**と呼ぶ．L/K を有限次ガロア拡大，$I_{\mathfrak{m}, L}$ を $\mathfrak{m}$ と素な L のイデアル全体，$N_{L/K}$ をノルム写像とし，$T_\mathfrak{m}(L/K) = S_\mathfrak{m} N_{L/K} I_{\mathfrak{m}, L}$ とおけば，不等式 $(I_\mathfrak{m} : T_\mathfrak{m}(L/K)) \leq [L : K]$ が成立し，等号であることと L/K がアーベル拡大であることが同値になる．$T_\mathfrak{m}(L/K)$ は**高木群**と呼ばれる．任意の合同イデアル群 $H_\mathfrak{m}$ に対し $H_\mathfrak{m} = T_\mathfrak{m}(L/K)$ となる有限次アーベル拡大 L/K がただ一つ存在する．この L を $H_\mathfrak{m}$ の**類体** (Klassenkörper (独), class field (英)) という．すなわちアーベル拡大は類体であり，類体はアーベル拡大である．$S_\mathfrak{m}$ の類体 $K(\mathfrak{m})$ を $\mathfrak{m}$ の**シュトラール類体**という．たとえば上の $\mathfrak{m}_0, \mathfrak{m}_1$ について，ζ_m で 1 の原始 m 乗根を表せば，$\boldsymbol{Q}(\mathfrak{m}_0) = \boldsymbol{Q}(\zeta_m) \cap \boldsymbol{R}$, $\boldsymbol{Q}(\mathfrak{m}_1) = \boldsymbol{Q}(\zeta_m)$ である．また $K = \boldsymbol{Q}(\zeta_5), \mathfrak{m} = (6)$ のとき $K(\mathfrak{m}) = \boldsymbol{Q}(\zeta_{15}, \sqrt[5]{-24})$ である．

一般に K のアーベル拡大 L はさまざまな $H_\mathfrak{m}$ の類体になり得るが，このような $\mathfrak{m}$ の最小のもの，すなわち $L \subset K(\mathfrak{m})$ を満たす $\mathfrak{m}$ の最大公約因子 $\mathfrak{f}$ を L/K の**導手** (Führer (独), conductor (英)) という．K の（有限または無限）素点 $\mathfrak{p}$ が L/K で分岐することと $\mathfrak{p}$ が $\mathfrak{f}$ の因子であることは同値である．

L が $H_\mathfrak{m}$ の類体のとき，$I_\mathfrak{m}/H_\mathfrak{m}$ とガロア群 $G(L/K)$ は位数が等しいのみならず，群として同型である．同型写像を具体的に与えることもできる．$I_\mathfrak{m}$ の元 $\mathfrak{a}$ の素イデアル分解を $\mathfrak{a} = \mathfrak{p}_1^{e_1} \cdots \mathfrak{p}_r^{e_r}$ とすれば $\mathfrak{p}_i$ は L/K で不分岐であり，フロベニウス写像 $\left(\dfrac{L/K}{\mathfrak{p}_i} \right)$ を用いてアルティン–ハッセ記号

$$\left(\frac{L/K}{\mathfrak{a}}\right) = \left(\frac{L/K}{\mathfrak{p}_1}\right)^{e_1} \cdots \left(\frac{L/K}{\mathfrak{p}_r}\right)^{e_r}$$

が定義できる.
$$I_\mathfrak{m} \ni \mathfrak{a} \mapsto \left(\frac{L/K}{\mathfrak{a}}\right) \in G(L/K)$$

は全射準同型であり, 核は $H_\mathfrak{m}$ である. これをアルティンの一般相互法則と呼ぶ. L/K についてのさまざまな性質が一般相互法則から導かれる. たとえば K の素イデアル $\mathfrak{p}$ が L/K で完全分解する必要十分条件は $\left(\frac{L/K}{\mathfrak{p}}\right) = 1$ であり, $\mathfrak{p} \in H_\mathfrak{m}$ でもある. さらに詳しく, $\left(\frac{L/K}{\mathfrak{p}}\right)$ の位数は $\mathfrak{p}$ の L/K における相対次数と一致する.

$\mathfrak{m} = (1)$ のシュトラール類体 $K(1)$ を K の**絶対類体**という. $K(1)$ は K の最大不分岐アーベル拡大であり**ヒルベルト類体**とも呼ばれ, ガロア群 $G(K(1)/K)$ は K のイデアル類群と同型になる. K の任意のイデアルは $K(1)$ で単項化するという著しい性質があるが, この現象はヒルベルトにより予想され, アルティンが群論の問題に帰着したのち, フルトヴェングラーによって証明された.

2 計算類体論

計算機の発達により**計算類体論**という分野が発展しつつある. そこではシュトラール類体 $K(\mathfrak{m})$ が重要であり, イデアルによる類体論が適している. 類体論の創設者による名著 [3] は再び名著として復活したといえよう. $I_\mathfrak{m}/S_\mathfrak{m}$ および $T_\mathfrak{m}(L/K)$ を具体的に計算するアルゴリズムは確立されているが, $K(\mathfrak{m})$ の構成は K が特別な形をしている場合を除いて難しい. たとえば K が $\boldsymbol{Q}(\zeta_{13})$ の 4 次部分体, $\mathfrak{m} = (6)$ のとき, $X^4 + X^2 - 3 = 0$ の任意の根を α, $X^5 - 40X^4 - 1220X^3 - 50800X^2 - 138460X - 1897012 = 0$ の任意の根を β とすれば, $K(\mathfrak{m}) = K(\alpha, \beta)$, $G(K(\mathfrak{m})/K) \cong I_\mathfrak{m}/S_\mathfrak{m} \cong \boldsymbol{Z}/2\boldsymbol{Z} \oplus \boldsymbol{Z}/2\boldsymbol{Z} \oplus \boldsymbol{Z}/5\boldsymbol{Z}$ となる.

3 類体論の応用

$\boldsymbol{Q}$ のアーベル拡大 L は $\boldsymbol{Q}$ のある整因子 $\mathfrak{m}$ のシュトラール類体 $\boldsymbol{Q}(\mathfrak{m})$ に含まれるから, ある円分体 $\boldsymbol{Q}(\zeta_m)$ に含まれることになる. つまり L は指数関数 $\exp(x)$ の特殊値 $\exp(2\pi\sqrt{-1}/m)$ を $\boldsymbol{Q}$ に添加した体に含まれる. これがクロネッカー–ウェーバーの定理である.

虚 2 次体 K のアーベル拡大は j 関数と楕円関数の適切な特殊値を添加することで得られるという「クロネッカーの青春の夢」も類体論の完成と同時に解決された. 一般に K のシュトラール類体を生成する数の K または $\boldsymbol{Q}$ 上の最小多項式の係数は巨大なものとなる. 計算類体論の立場からは係数はなるべく小さくなることが望ましい. 古くはウェーバーの研究があり, 最近ではジーゲル関数やクライン形式を用いる試みがある.

有限次代数体 K の絶対類体 $K(1)$ を K_1 と書き, K_{n+1} $(n \geq 1)$ を K_n の絶対類体として定義する. $K_\infty = \cup_n K_n$ が有限次かどうかがいわゆる**類体塔**の問題であり, K の最大不分岐拡大が有限次かどうかという観点から興味深い. 永らく未解決だったが, 現在では K_∞/K は有限次にも無限次にもなることがわかっている. たとえば $K = \boldsymbol{Q}(\sqrt{-3 \cdot 5 \cdot 7 \cdot 11 \cdot 13 \cdot 17 \cdot 19})$ のときは K_∞/K は無限次になる.

4 イデールによる類体論

代数体 K の (有限または無限) 素点 $\mathfrak{p}$ に対し, K の $\mathfrak{p}$ による完備化を $K_\mathfrak{p}$, $K_\mathfrak{p}$ の単数群を $U_\mathfrak{p}$ で表す. K のすべての素点 $\mathfrak{p}$ にわたる直積集合 $\prod K_\mathfrak{p}^\times$ の元 $\alpha = (\alpha_\mathfrak{p})_\mathfrak{p}$ でほとんどすべての $\mathfrak{p}$ に対し $\alpha_\mathfrak{p} \in U_\mathfrak{p}$ となるものの全体を J_K で表し, K の**イデール群** (idele group (英)) という. 単なる直積でなく, 制限を設けた積を考えることで, K の性質が J_K にうまく埋め込まれる.

$W_\mathfrak{p}$ を $K_\mathfrak{p}^\times$ における 1 の基本近傍系とする. S が無限素点をすべてを含むような K の素点の有限集合を動くとき,
$$\prod_{\sigma \in S} W_\mathfrak{p} \times \prod_{\mathfrak{p} \notin S} U_\mathfrak{p}$$

を 1 の基本近傍系とすることで J_K に位相を入れると, J_K は局所コンパクトアーベル群になる. $K^\times$ を対角写像で J_K に埋め込むと離散部分群になる. $C_K = J_K/K^\times$ を K の**イデール類群**という. C_K も局所コンパクト群である. K の無限素点全体を S_∞ で表し,

$$J_K^{S_\infty} = \prod_{\mathfrak{p} \in S_\infty} K_\mathfrak{p}^\times \times \prod_{\mathfrak{p} \notin S_\infty} U_\mathfrak{p}$$

とおけば，$J_K/J_K^{S_\infty}$ は K のイデアル群と，$J_K/K^\times J_K^{S_\infty}$ は K のイデアル類群と同型になる．つまりイデールはイデアルを精密化した概念であると考えられる．

L/K が有限次ガロア拡大のとき，ノルム写像 $N_{L/K}$ により，自然に C_K の部分群 $N_{L/K} C_L$ が定義され，無限次ガロア拡大 L/K に対しては

$$N_{L/K} C_L = \cap_{K \subset F \subset L} N_{F/K} C_F$$

とおく．ただし F/K は有限次ガロア拡大を動く．L/K が有限次ガロア拡大であれば不等式 $(C_K : N_{L/K} C_L) \leq [L:K]$ が成立し，等号であることと L/K がアーベル拡大であることが同値になる．イデールは無限次アーベル拡大を記述するのに適している．実際，K^{ab} を K の最大アーベル拡大とし $D_K = N_{K^{ab}/K} C_{K^{ab}}$ とおけば，対応 $L \mapsto N_{L/K} C_L$ は K のアーベル拡大 L と D_K を含む C_K の閉部分群の間の全単射を与え $C_K/N_{L/K}C_L \cong G(L/K)$ である．K の有限次アーベル拡大は C_K の開部分群と 1 対 1 に対応する．D_K は C_K における 1 の連結成分であり C_K/D_K は完全不連結なコンパクト群である．L/K が有限次アーベル拡大であれば，適当な整因子 $\mathfrak{m}$ に対し $I_\mathfrak{m}/T_\mathfrak{m}(L/K) \cong C_K/N_{L/K}C_L$ となり，これよりアルティン写像

$$C_K \ni a \mapsto \left(\frac{K^{ab}/K}{a}\right) \in G(K^{ab}/K)$$

が定義できる．イデールによる相互法則は，アルティン写像は連続な全射準同型でありその核は D_K である，と述べられる．

イデールは類体論の算術化と関連してシュヴァレーによって導入された概念であるが，類体論にとどまらず，いまや整数論における基本的な道具となっている．L/K が巡回拡大のとき，$K^\times$ の元 α が K のすべての素点 $\mathfrak{p}$ に対して局所ノルムであれば $\alpha \in N_{L/K} L^\times$ であるというハッセの定理がイデールを用いることで明快に導かれるし，これを一般化したハッセの原理「ある性質がすべての $K_\mathfrak{p}$ に対して成り立てば，K に対しても成り立つ」もイデールにより自然に定式化できる．また岩澤健吉とテイトが示したように，イデール群上でフーリエ解析を展開することによりゼータ関数を統一的な立場から扱うことが可能になり，ヘッケの L 関数の関数等式などが明晰に証明される．

5 局所体の類体論

代数体 K の有限素点 $\mathfrak{p}$ による完備化 $K_\mathfrak{p}$ のアーベル拡大を記述するのが局所類体論である．$L \mapsto N_{L/K_\mathfrak{p}} L^\times$ は $K_\mathfrak{p}$ の有限次アーベル拡大 L と $K_\mathfrak{p}^\times$ の有限指数の開部分群との間の全単射を与え，$K_\mathfrak{p}^\times / N_{L/K_\mathfrak{p}} L^\times \cong G(L/K_\mathfrak{p})$ である．同型写像は $K_\mathfrak{p}$ をイデール群 J_K に埋め込むことでアルティン写像から誘導される．$K_\mathfrak{p}$ の最大アーベル拡大を $K_\mathfrak{p}^{ab}$ とすれば連続準同型 $K_\mathfrak{p}^\times \to G(K_\mathfrak{p}^{ab}/K_\mathfrak{p})$ が得られるが，これは全射ではない．H が $K_\mathfrak{p}^\times$ の有限指数の開部分群を動くときの射影極限 $\widehat{K_\mathfrak{p}^\times} = \varprojlim K_\mathfrak{p}^\times / H$ を使えば，位相同型 $\widehat{K_\mathfrak{p}^\times} \cong G(K_\mathfrak{p}^{ab}/K_\mathfrak{p})$ が得られる．

6 類体論の拡張

類体論は有限体上の 1 変数代数関数体および 1 変数べき級数体に対しても同様に成立する．これらの類体論を拡張する方向として高次元化と非アーベル化が重要である．

局所体の有限次アーベル拡大 $L/K_\mathfrak{p}$ に対してなりたつ同型 $K_\mathfrak{p}^\times / N_{L/K_\mathfrak{p}} L^\times \cong G(L/K_\mathfrak{p})$ は，K 群を用いることで，剰余体が局所体である完備離散付値体のアーベル拡大に拡張できる．これは高次元局所類体論と呼ばれている．代数体の類体論をスキームを用いて高次元化したものは高次元大域類体論と呼ばれている．

有限体上の代数関数体については非アーベル類体論が構成されているが，代数体の類体論の非アーベル化はまだ完成しておらず研究が続けられている．

［福田　隆］

参考文献

[1] 足立恒雄・三宅克哉：類体論講義, 日本評論社, 1998.
[2] 彌永昌吉：数論, 岩波書店, 1969.
[3] 高木貞治：代数的整数論 (第 2 版), 岩波書店, 1971.

ルジャンドル関数

Legendre function

ルジャンドルの多項式 (Legendre polynomial) は
$$P_n(x) = \frac{1}{2^n n!} \frac{d^n}{dx^n}(x^2-1)^n, \ n=0,1,2,\ldots$$
で定義される．$P_n(x)$ は次の形の n 次多項式であることがわかる．
$$P_n(x) = \sum_{k=0}^{[n/2]} \frac{(-1)^k (2n-2k)!}{2^n k!(n-k)!(n-2k)!} x^{n-2k}.$$
ただし，$[n/2]$ は $n/2$ を超えない最大の整数を表す．たとえば，
$$P_0(x)=1, \ P_1(x)=x, \ P_2(x)=(3x^2-1)/2,$$
$$P_3(x)=(5x^3-3x)/2,\ldots$$
である．$P_n(x)=0$ の n 個の解はすべて範囲 $-1 < x < 1$ に存在し，互いに異なっている．母関数は 2 次方程式 $1-2xt+t^2=0$ の解 r_1, r_2 に対して $r = \min\{|r_1|,|r_2|\}$ とおけば，
$$(1-2xt+t^2)^{-1/2} = \sum_{n=0}^{\infty} P_n(x) t^n, \quad |t| < r$$
である．これから，次の漸化式が得られる．
$$(n+1)P_{n+1}(x) - (2n+1)xP_n(x)$$
$$+ nP_{n-1}(x) = 0,$$
$$P'_{n+1}(x) - 2xP'_n(x) + P'_{n-1}(x) = P_n(x).$$
ただし，$n=1,2,3,\ldots$ である．$y=P_n(x)$ は次のルジャンドルの微分方程式 (Legendre's differential equation) の一つの解である．
$$\frac{d}{dx}\left\{(1-x^2)\frac{dy}{dx}\right\} + n(n+1)y = 0.$$
ルジャンドルの多項式は直交性
$$\int_{-1}^{1} P_m(x) P_n(x)\,dx = \frac{2}{2n+1} \delta_{mn}$$
をもつ．直交関数系 $\{P_n(x)\}_{n=0}^{\infty}$ は $L^2(-1,1)$ で完備である．区間 $(-1,1)$ 上の関数 $f(x)$ を次の形に展開することができる．
$$f(x) = \sum_{n=0}^{\infty} c_n P_n(x), \quad -1 < x < 1. \quad (1)$$
係数 c_n はルジャンドルの多項式の直交性から
$$c_n = \left(n+\frac{1}{2}\right) \int_{-1}^{1} f(x) P_n(x)\,dx$$
で定められることがわかる．各点 $-1 < x < 1$ において，実際に展開 (1) が成り立つ条件の一つは，任意の区間 $[a,b], -1 < a < b < 1$ において区分的になめらかであり，積分 $\int_{-1}^{1} |f(x)|^2\,dx$ が有限値をとることである．不連続点 x では $f(x)$ を $[f(x-0)+f(x+0)]/2$ で置き換える．

ルジャンドルの微分方程式の $P_n(x)$ とは独立なもう一つの解 $Q_n(x)$ として範囲 $-1 < x < 1$ で
$$Q_n(x) = \frac{1}{2} P_n(x) \log \frac{1+x}{1-x}$$
$$- \sum_{k=0}^{[(n-1)/2]} \frac{2n-4k-1}{(2k+1)(n-k)} P_{n-2k-1}(x)$$
を満たすものが存在する ($P_{-1}=0$ とする)．これを第二種のルジャンドル関数 (Legendre function of the second kind) と呼ぶ．$Q_n(x)$ は ± 1 で発散する．$m=0,1,2,\ldots,n$ に対して，
$$P_n^m(x) = (1-x^2)^{m/2} \frac{d^m}{dx^m} P_n(x),$$
$$Q_n^m(x) = (1-x^2)^{m/2} \frac{d^m}{dx^m} Q_n(x)$$
で定義される関数をそれぞれ第一種および第二種のルジャンドル陪関数 (associated Legendre function) という．$P_n^m(x), Q_n^m(x)$ は次のルジャンドル陪微分方程式 (Legendre's associated differential equation) の独立な 2 つの解である．
$$\frac{d}{dx}\left\{(1-x^2)\frac{dy}{dx}\right\} + \left(n(n+1) - \frac{m^2}{1-x^2}\right)y = 0.$$
各 m について $P_n^m(x)$ は直交性
$$\int_{-1}^{1} P_n^m(x) P_l^m(x)\,dx = \frac{2}{2n+1} \frac{(n+m)!}{(n-m)!} \delta_{nl}$$
をもつ．ただし，$m \leqq n, l$ とする．

n, m を一般の実数または複素数まで拡張した $P_\nu(z), Q_\nu(z)$ (一般の第一，二種ルジャンドル関数) および $P_\nu^\mu(z), Q_\nu^\mu(z)$ (一般の第一，二種ルジャンドル陪関数) については，参考文献参照．

[勘 甚 裕 一]

参 考 文 献

[1] 寺沢寛一：自然科学者のための数学概論 (増訂版), 岩波書店, 1986.
[2] N.N. Lebedev：*Special Functions and Their Applications*, Dover, 1972.
[3] 森口繁一・宇田川銈久・一松 信：岩波数学公式 III, 岩波書店, 1988.

ループ空間

loop space

1 定義および基本的構成

以下，位相空間はコンパクト生成 (compactly generated) かつ弱ハウスドルフ (weak Hausdorff) という性質をもっているとする．

$k \in \mathbf{Z}_{\geqq 0}$ を固定して，位相空間 X, Y とこれらの各々 k 個の部分空間たち $A_i \subseteq X, B_i \subseteq Y$ $(1 \leqq i \leqq k)$ を考える．すると，写像空間

$\mathrm{Map}\,((X, A_1, \ldots, A_k), (Y, B_1, \ldots, B_k)) =$
$\{f: X \to Y, \text{連続写像} \mid 1 \leqq \forall i \leqq k, f(A_i) \subseteq B_i\}$

にもコンパクト生成かつ弱ハウスドルフな位相空間の構造が入る．

$n \in \mathbf{N}$ とする．$I = [0, 1]$ として n 次元立方体 I^n を考え，その境界を ∂I^n で表す．∂I^n の部分空間 J^{n-1} を，以下で定義する：

$$J^{n-1} = I^{n-1} \times \{1\} \bigcup \partial I^{n-1} \times I$$

定義1 位相空間 Y，その部分空間 B，および B の点 y_0 が与えられたとき，$n \in \mathbf{N}$ に対し，次のようにおく：
$\Omega^n(Y, B, y_0) = \mathrm{Map}\,((I^n, \partial I^n, J^{n-1}), (Y, B, \{y_0\}))$

$\Omega^n(Y, y_0) = \mathrm{Map}\,((I^n, \partial I^n), (Y, \{y_0\}))$
$\cong \mathrm{Map}\,((S^n, \{b_0\}), (Y, \{y_0\}))$

球面 S^n の基点を b_0 とした $\Omega^n(Y, y_0)$ は基点付き空間 (Y, y_0) の n 重ループ空間 (loop space) と呼ばれ，これは $\Omega^n(Y, B, y_0)$ 同様，y_0 への定値写像 $\overline{y_0}$ を基点として，基点付き空間となる．

$n = 1$ の場合には，$\Omega(Y, B, y_0), \Omega(Y, y_0)$ と省略して書き，$\Omega(Y, y_0)$ はループ空間 (loop space) と呼ばれる．基点 $y_0 \in Y$ の取り方が明確な場合 $\Omega^n(Y, B), \Omega^n(Y), \Omega(Y)$ のように書く．

二つの基点付き空間 $(W, w_0), (X, x_0)$ に対して $(W, w_0) \wedge (X, x_0) = W \times X / (W \times \{x_0\} \cup \{w_0\} \times X)$ によって定義される．スマッシュ積 (smash product) と呼ばれる基点付き空間を考える．ただし基点は，同一視されて1点につぶされた点をとる．すると基点付き空間の圏は対称閉モノイダルとなり，

$\mathrm{Map}\,((X, x_0), (\{\mathrm{Map}\,((Y, y_0), (Z, z_0)), \overline{z_0}\}))$
$\cong \mathrm{Map}\,((X, x_0) \wedge (Y, y_0), (Z, z_0))$

$(W, w_0) \wedge (X, x_0)$ を $W \wedge X$ と書くことが多い．特に $S^n \wedge X$ を，基点付き空間 (X, x_0) の n 重懸垂 (n-fold suspension) と呼び，$\Sigma^n X$ で表す．$\Sigma^n X$ の基点を b_0 と書く．

(素朴な) スペクトラム ((naive) spectrum) とは基点付き位相空間たちとそれらの間の射の組
$$\left\{f_n : \Sigma X_n \to X_{n+1} \mid n \in \mathbf{Z}_{\geqq 0}\right\}$$
のことをいい，これらから安定ホモトピー圏 (stable homotopy category) が定義される．安定ホモトピー圏においては，任意のスペクトラムは，各 $f_n : \Sigma X_n \to X_{n+1}$ の随伴 $\widetilde{f_n}$
$$\widetilde{f_n} : X_n \xrightarrow{\cong} \Omega X_{n+1}$$
が同相となる，オメガスペクトラム (omega spectrum) と同値となる．オメガスペクトラム
$$\left\{\widetilde{g_n} : Y_n \xrightarrow{\cong} \Omega Y_{n+1} \mid n \in \mathbf{Z}_{\geqq 0}\right\}$$
においては，各 Y_n は無限ループ空間 (infinite loop space) となる．

定義2 基点を忘れて
$$LY = \mathrm{Map}\,(S^1, Y)$$
と定義したものを，Y の自由ループ空間 (free loop space) と呼ぶ．

基点付き空間 (Y, y_0) に対しては，基点を考慮したループ空間と基点を考慮しない自由ループ空間とを関係づける，次のファイバー列が存在する：

$$(\Omega(Y, y_0), \overline{y_0}) \hookrightarrow (LY, \overline{y_0}) \xrightarrow[ev_{b_0}]{\overline{(-)}} (Y, y_0) \quad (1)$$

ここで，$\overline{(-)} : (Y, y_0) \to (LY, \overline{y_0}); y \mapsto \overline{y}$ は，各 $y \in Y$ に対して，y における定置写像 $\overline{y} \in LY$ を対応させる写像で，ファイバー射影 $(LY, \overline{y_0}) \to (Y, y_0)$ の切断を与える．

- 位相モノイドとしての $\Omega(Y, y_0)$

基点付き空間 (Y, y_0) のムーアループ空間 (Moore loop space) $\Omega_M(Y, y_0)$ を，
$\Omega_M(Y, y_0) =$
$\{(l, p) \in \mathrm{Map}\,([0, +\infty), (Y, y_0)) \times [0, +\infty) \mid$
$\quad l(0) = y_0, \forall t \in [p, +\infty), l(t) = y_0\}$
で定義する．するとムーアループ空間 $\Omega_M(Y, y_0)$

の変位レトラクトとして通常のループ空間 $\Omega(Y, y_0)$ が得られるので，up to homotopy で $\Omega(Y, y_0)$ を $\Omega_M(Y, y_0)$ によって取り替えてよい．さらに，位相モノイド構造を与える strict な積構造が，$(l, p), (l', p') \in \Omega_M(Y, y_0)$ の積 $(l'', p'') = (l, p) \cdot (l', p')$ を
$$p'' = p + p'$$
$$l''(t) = \begin{cases} l(t) & 0 \leqq \forall t < p \\ l'(t-p) & p \leqq \forall t < p+p' \\ y_0 & p+p' \leqq \forall t \end{cases}$$
単位元を $(\overline{y_0}, 0)$，とすることにより定義される．

- <u>S^1–空間としての LY</u>

LY は，$LY = \mathrm{Map}(S^1, Y)$ の定義域 S^1 への S^1 の積により，S^1 空間となる．

2 ループ空間の位相幾何学
2.1 ループ空間のホモトピー論

定義 3 (i) "積" が up to homotopy で群構造をもつ (単位元を基点と見なした) 基点付き空間は **H 群** (H group) と呼ばれ，その π_0 には up to homotopy な群構造から誘導される群構造が入る．(ii) "積" が up to homotopy で可換群構造をもつ (単位元を基点と見なした) 基点付き空間を **H 可換群** (H commutative group) と呼ぶと，その π_0 には up to homotopy な可換群構造から誘導される可換群構造が入る．

ループ空間はムーアループ空間の場合の類似で基点でループをつなげることによりホモトピーを法として結合束を満たす "積" を定め H 群となるが，じつは A_∞–空間 (A_∞–space) と呼ばれる H 群より強い構造をもつ [9]．

H 群，より一般に **H 空間** (H space) のループ空間は H 可換群となる．特に，2 重ループ空間はループ空間のループ空間なので H 可換群となる．

一般の多重ループ空間の構造は，オペラド (operado) を用いて表される [9]．

さて，ここおよび以降では $\overline{y_0}$ は定義域が何であれ，y_0 に常に値をもつ定置写像としよう．すると，

$$\left(\mathrm{Map}\left((I, \partial I, \{1\}), (Y, B, \{y_0\})\right), \right.$$
$$\left. \mathrm{Map}\left((I, \partial I), (B, y_0)\right), \mathrm{Map}\left(I, \{y_0\}\right) \right)$$
$$= \left(\Omega(Y, B, y_0), \Omega(B, y_0), \{\overline{y_0}\} \right)$$

等より $\Omega^{n+1}(Y, B, y_0)$ が n 重ループ空間となるが
$$\pi_{m+n}(Y, y_0) = \pi_m\left(\Omega^n(Y, y_0), \overline{y_0}\right)$$
$$\pi_{m+n+1}(Y, B, y_0) = \pi_m\left(\Omega^n(\Omega(Y, B, y_0)), \overline{y_0}\right)$$
となるので，

- $\pi_n(Y, y_0)$ は，$n \geqq 1$ のときに常に，Y が H 群のときには $n = 0$ の場合も含めて，群構造をもつ．さらにこの群構造は，$n \geqq 2$ なら常に，Y が H 空間のときには $n = 1$ の場合も含めて，可換となる；

- $\pi_n(Y, B, y_0) = \pi_{n-1}(\Omega(Y, B, y_0))$ は $n \geqq 2$ のとき群となり，さらに $n \geqq 3$ のとき可換となる．

Serre はループ空間から定まるファイバー空間にルレイ–セール・スペクトラル系列を適応し球面のホモトピー群に対する有限性定理を得た：

$$\pi_n S^m = \begin{cases} 0 & n < m \\ \mathbf{Z} & n = m \\ \mathbf{Z} \oplus 有限可換群 & n = 2m-1, m : 偶数 \\ 有限可換群 & 他の場合 \end{cases}$$

3 自由ループ空間の位相幾何学
3.1 巡回バー構成

位相モノイドから組合せ的に新しい位相空間を構成する手法として巡回バー構成 (cyclic bar construction) がある．この構成を基点付き空間 (Y, y_0) のムーアループ空間 $\Omega_M(Y, y_0)$ に適応すると Y の自由ループ空間 LM が得られる [8]．

3.2 ホックシルト・ホモロジー，巡回ホモロジー，クイレン代数的 K–理論

位相モノイドの替わりに (微分次数付) 環を考えて巡回バー構成の代数的類似を行うとホックシルト・ホモロジー (Hochschild homology) が得られる．ムーアループ空間の巡回バー構成は自由ループ空間という S^1 空間であったが，ホックシルト・ホモロジーに対し S^1 同変コホモロジーの類似を追求したのが巡回ホモロジー (cyclic homology)

で，計算が困難なクイレン代数的 K–理論 (Quillen K–theory) の研究にも役立つ [4][8][18].

3.3 位相的ホックシルト・ホモロジー，位相的巡回ホモロジー，ワルトハウゼン代数的 K–理論

無限ループ空間 $QS^0 = \text{colim}_n \Omega^n \Sigma^n S^0$ は up to homotopy な "環" と見なせるが，適当な意味で rigidify でき，これらに対しても通常の環の理論の一般化が望まれる．たとえば $(\Omega Y)_+$ により ΩY に disjoint な基点 $+$ を加えて得られる空間を表すと，これから定まる "群環"

$$\mathbb{S}[\Omega Y] = Q((\Omega Y)_+) = \Omega^\infty \Sigma^\infty ((\Omega Y)_+)$$
$$= \text{colim}_n \Omega^n \Sigma^n ((\Omega Y)_+)$$

からの "環準同型"

$$\mathbb{S}[\Omega Y] \to \mathbb{Z}[\pi_0(\Omega Y)] = \mathbb{Z}[\pi_1(Y)]$$

はワルトハウゼン代数的 K 理論からクイレン代数的 K 理論への射を導く [5]：

$$A(Y) = K(\mathbb{S}[\Omega Y]) \to K(\mathbb{Z}[\pi_1(Y)]) \quad (2)$$

Bökstedt-Hsiang-Madsen[1] はこれに位相的ホックシルト・ホモロジーと (p 進完備しないと定義できない) 位相的巡回ホモロジーを適応して，Novikov 予想の代数的 K 理論類似を得た [5]．これは 導来非可換 (表現) 論ともいうべきもので，近年活発に研究されている**導来代数幾何** (derived algebraic geometry)[10][13] の先駆けである．

4 ループ空間の多様体論

4.1 ボット周期性

古典リー群とその等質空間のループ空間にモース理論を適応して，ボット (Bott) はボット周期性 (Bott periodicity)[20] を示した：

複素 K 理論に対応：$\Omega U \simeq \mathbb{Z} \times BU$
実 K 理論に対応：
$\Omega O \simeq O/U$, $\Omega(O/U) \simeq U/Sp$,
$\quad \Omega(U/Sp) \simeq \mathbb{Z} \times BSp$
$\Omega Sp \simeq Sp/U$, $\Omega(Sp/U) \simeq U/O$,
$\quad \Omega(U/O) \simeq \mathbb{Z} \times BO$

4.2 チャス–サリバン積と $(1+1)$ 次元位相的場の理論

チャス–サリバン (Chas–Sullivan)[2] は，境界のない向きづけられた d 次元コンパクト多様体 M に対して，今日チャス–サリバン・ループ積 (Chas–Sullivan loop product) と呼ばれる $H_*(LM)$ 上の次数 $-d$ の積

$$\circ : H_q(LM) \otimes H_r(LM) \to H_{q+r-d}(LM) \quad (3)$$

を定義した．自由ループ空間 $LM = \text{Map}(S^1, Y)$ には，一般に積を定義できないが，

$$ev : LM \to M; \quad l \mapsto l(1)$$

を用いて定義される $LM \times LM$ の部分空間

$$LM \times_M LM = \{(l, l') \mid ev(l) = ev(l') \in M\}$$

においては，写像の合成を ΩM と同様に行える：

$$\gamma : LM \times_M LM \to LM$$

チャス–サリバン・ループ積 (3) はこれを足掛かりとして構成され，$(1+1)$ 次元位相的場の理論 ((1+1)DTQFT) へと拡張される．さらに LM 上の S^1 作用を用いて，$H_*(LM)$ には **BV** 代数 (Batalln–Vikovisky algebra) の構造が入る [4][9][17].

4.3 フロアー・ホモロジーとの関係

ヴィテルボ (Viterbo) は，向き付けられた閉可微分多様体 M に対して，その自由ループ空間 LM のホモロジーと，その余接束 T^*M の，無限大で 2 次的に振る舞う周期的時間従属ハミルトニアン $H : S^1 \times T^*M \to \mathbb{R}$ に関するハミルトニアン・フロアー・ホモロジー (Hamiltonian Floer homology) が同型になることを示した：

$$H_*(LM) \cong HF_*(T^*M)$$

4.4 チェンのループ空間上のド・ラーム理論

チェン (Chen)[3] は可微分空間 (differentiable space) と呼ばれる可微分多様体上の (自由) ループ空間を含む一般な空間に対してもド・ラーム理論を展開し，それらのド・ラームコホモロジーを計算するのに便利な小さな余複体を，反復積分 の手法により M の微分形式を用いて構成した．特に単連結でホモロジー群のランクが有限であるような可微分多様体 M に対し，そのド・ラーム複体 $\mathcal{A}^*(M)$ のバー複体 (bar complex) $\mathcal{B}^\bullet(\mathcal{A}^*(M))$ と巡回バー複体 $\mathcal{C}^\bullet(\mathcal{A}^*(M))$ は各々，チェンの反復積分により ΩM と LM のド・ラーム複体に関係付けられ，以下の同型を導く [6][17]：

$$H^*(\mathcal{B}^\bullet(\mathcal{A}^*(M))) \cong H^*(\Omega M; \boldsymbol{R})$$

$$H^*(\mathcal{C}^\bullet(\mathcal{A}^*(M))) \cong H^*(LM; \boldsymbol{R})$$

以上の状況で入江[7]は，$\mathcal{A}^*(M)$ を用いて構成される鎖複体とその上の BV 代数構造で，$H_*(LM;\boldsymbol{R})$ とその BV 構造を導くものを，チェンの反復積分とオペラドの手法を用いて構成した．

4.5 ループ群

位相群 G の基点をその単位元 e とした基点付き空間 (G,e) に対して，切断付ファイバー列 (1)

$$(\Omega(G,e),\overline{e}) \hookrightarrow (LG,\overline{e}) \xrightarrow[ev_{b_0}]{\overleftarrow{(-)}} (G,e)$$

は位相群の半直積を与える．群 G を単連結コンパクトリー群で特に単純とし，$G_{\boldsymbol{C}}$ を G の複素化として得られる複素代数群とすればガーランド–ラスナサン (Garland–Rathunathan) クイレン (Quillen) の定理は，次のホモトピー同値を主張する [11]：

$$LG \xrightarrow{\simeq} LG_{\boldsymbol{C}} \xleftarrow{\simeq} G_{\boldsymbol{C}}(\boldsymbol{C}[z,z^{-1}])$$

$$\Omega G \xleftarrow{\simeq} G_{\boldsymbol{C}}(\boldsymbol{C}[z,z^{-1}])/G_{\boldsymbol{C}}(\boldsymbol{C}[z])$$

4.6 佐藤理論，KdV・KP 階層

ループ群の中心拡大である Kac–Moody 群やそのリー環であるアファインリー環は，佐藤理論の KdV・KP 階層の可積分性である [12][21]．

4.7 Witten 種数と楕円コホモロジー

Witten[15] は，$w_1(M) = w_2(M) = \frac{p_1}{2}(M) = 0$ という条件を満たすコンパクト多様体 M の自由ループ空間 LM 上にスピン束の類似を構成し，それをいくつかのベクトル束で twist したものの Dirac 作用素の指数を形式的に計算し，**Ochanine 楕円種数 (Ochanine elliptic genus)**，**Witten 種数 (Witten genus)** 等を導出した．

4.8 概複素多様体のガンマ類

概複素多様体 X に対し定値ループとしての入射 $X \hookrightarrow LX$ の法束の正部分の S^1 同変オイラー類の逆元を "繰り込み" 適当に正規化すると，ミラー対称性の研究で重要なガンマ類 (Γ class) を得る [16]． 　　　　　　　　　　　　[南　範彦]

参考文献

[1] M. Bökstedt, W.C. Hsiang, I. Madsen：The cyclotomic trace and algebraic K-theory of spaces, *Invent. Math.*, **111**, 865–940, 1993.

[2] M. Chas, D. Sullivan：*String Topology*, math.GT/9911159, 1999.

[3] K.T. Chen：Iterated path integrals, *Bull. Amer. Math. Soc.*, **83**(5), 831–879, 1977.

[4] R.L. Cohen, K. Hess, A.A. Voronov：*String Topology and Cyclic Homology, Advanced Courses in Mathematics*, CRM Barcelona, Birkhauser Verlag, 2006.

[5] B.I. Dundas, T.G. Goodwillie, R. McCarthy：*The Local Structure of Algebraic K-Theory*, Springer, 2012.

[6] E. Getzler, D.S. Jones, S. Petrack：Differential-forms on loop spaces and the cyclic bar complex, *Topology*, **30**(199), 339–347.

[7] K. Irie：A chain level Batalin–Vilkovisky structure in string topology via de Rham chains, arXiv:1404.0153.

[8] L.–L. Loday：*Cyclic Homology, Grundlehren der mathematischen Wissenschaften 301*, Springer, 1998.

[9] J.-L. Lody, B. Vallete：*Algebraic Operads, Grundlehren der mathematischen Wissenschaften 346*, Springer, 2012.

[10] J. Lurie：*Derived Algebraic Geometry, I, II, ..., XIV*. (http://www.math.harvard.edu/ lurie/)

[11] A. Pressley, G. Segal：*Loop Groups*, Oxford University Press, 1986.

[12] G. Segal, G. Wilson：Loop groups and equations of KdV type, *Publ. Math. IHES*, **61**, 5–65, 1985.

[13] B. Töen, G. Vezzosi：Homotopical algebraic geometry. I. Topos theory. *Adv. Math.* **193**(2), 257–372, 2005; Homotopical algebraic geometry. II. Geometric stacks and applications. *Mem. Amer. Math. Soc.*, **193**, no.902, 2008.

[14] J. Weber, Three approaches towards Floer homology of cotangent bundles, *J. Symplectic Geom*, **3**(4), 671–701, 2005.

[15] E. Witten：The index of the Dirac operator in loop space, In P.S. Landweber ed, *Elliptic Curves and Modular Forms in Algebraic Topology, Lecture Notes in Mathematics 1326*, Springer, 1988.

[16] 入谷　寛：Fano 多様体のガンマ予想，数理解析講義録，1918，71–87，2014．

[17] 河野俊丈：反復積分の幾何学，シュプリンガー・ジャパン，2009．

[18] A. コンヌ著，丸山文綱訳：非可換幾何学入門，岩波書店，1999．

[19] 佐藤幹夫述，野海正俊記：ソリトン方程式と普遍グラスマン多様体，上智大学数学教室，1984．

[20] J. ミルナー著，志賀浩二訳：モース理論—多様体上の解析学とトポロジーとの関連，吉岡書店，2004．

[21] 三輪哲二・神保道夫・伊達悦朗：ソリトンの数理，岩波書店，1998．

ルベーグ空間

Lebesgue space

関数の族が作る集合に完備な距離を導入することは，たとえば線形の微分作用素をこのような関数空間上の線形作用素と考えて，線形代数の無限次元空間に拡張した理論を構成するときに重要なことである．実数直線上の点と同様に関数を完備距離空間上の点と考えて，現代の解析学は動き出す．これから述べるルベーグ空間はこのような関数空間の中でもっとも基本的かつ重要なものである．

1 ルベーグ空間の定義

以下 $(X, \mathcal{M}, \mu)$ を測度空間とし固定する．$0 < p \leq \infty$, $f : X \to [-\infty, \infty]$ を $\mathcal{M}$ 可測関数とする．$0 < p < \infty$ のとき
$$\|f\|_p = \left(\int_X |f(x)^p| \, d\mu\right)^{1/p}$$
とおく．また
$$\|f\|_\infty = \inf\{a \geq 0 \mid \mu(\{x \in X \mid |f(x)| > a\}) = 0\}$$
とおく．このとき
$$L_p(X) = L_p(X, \mathcal{M}, \mu) = \{f : X \to [-\infty, \infty] \mid f \text{ は } \mathcal{M} \text{ 可測関数}, \|f\|_p < \infty\}$$
とおく，これを **p 次ルベーグ空間** (Lebesgue space of order p) という．次の二つの不等式が成立する．

ヘルダー (Hölder) の不等式 p, q を $1 \leq p, q \leq \infty$, $1/p + 1/q = 1$ なる指数とする．$f \in L_p(X)$, $g \in L_q(X)$ ならば $fg \in L_1(X)$ かつ $\|fg\|_1 \leq \|f\|_p \|g\|_q$ が成立する．

ミンコフスキー (Minkowski) の不等式 $1 \leq p \leq \infty$, $f, g \in L_p(X)$ ならば $\|f+g\|_p \leq \|f\|_p + \|g\|_p$ が成立する．

定理 (1) $1 \leq p \leq \infty$ とする．このとき $L_p(X)$ は $\|\cdot\|_p$ をノルムとするバナッハ空間である．
(2) $0 < p < 1$ とする．$f, g \in L_p(X)$ に対し
$$d(f, g) = \|f - g\|_p^p = \int_X |f(x) - g(x)|^p \, d\mu$$
とおくと，$L_p(X)$ は d を距離とする完備距離空間である．

ルベーグ空間の性質を導くのに上に述べたヘルダーの不等式やミンコフスキーの不等式以外，次のような不等式はしばしば有用である．

チェビシェフの不等式 $0 < p < \infty$ とする．$f \in L_p(X)$ ならば任意の正数 α に対して
$$\mu(\{x \in X \mid |f(x)| > \alpha\}) \leq (\alpha^{-1}\|f\|_p)^p.$$

ミンコフスキーの積分に対する不等式 $(X, \mathcal{M}, \mu)$, $(Y, \mathcal{N}, \nu)$ を二つの σ-有限な測度空間とする．f を $X \times Y$ 上で定義された $\mathcal{M} \otimes \mathcal{N}$ 可測関数とする．$1 \leq p < \infty$ とする．このとき次が成立する．
$$\left(\int_X \left(\int_Y |f(x,y)| \, d\nu(y)\right)^p d\mu(x)\right)^{1/p}$$
$$\leq \int_Y \left(\int_X |f(x,y)|^p \, d\mu(x)\right)^{1/p} d\nu(y).$$

2 双対空間

p, q を $1 \leq p, q \leq \infty$ かつ $1/p + 1/q = 1$ なる指数とする．このときヘルダーの不等式から $f \in L_p(X)$, $g \in L_q(X)$ に対して
$$\left|\int_X fg \, d\mu\right| \leq \|f\|_p \|g\|_q$$
が成立する．今その逆が成立する．

定理 p, q を $1 \leq q < \infty$, $1/p + 1/q = 1$ なる指数とする．g を X 上で定義された $\mathcal{M}$ 可測関数で
$$M_q(g) = \sup\left\{\left|\int_X fg \, d\mu\right| \,\bigg|\, f \in L_q(X), \|f\|_p = 1\right\} < \infty$$
とする．このとき $g \in L_q(X)$ かつ $\|g\|_q = M_q(g)$ である．

またラドン-ニコディム (Radon–Nikodym) の定理から次を得る．

定理 μ を σ 有限な測度とする．$1 \leq p < \infty$, q を $1/p + 1/q = 1$ なる指数とする．$L_p(X)^*$ を $L_p(X)$ の双対空間とする．このとき任意の $\varphi \in L_p(X)^*$ に対しある $g \in L_q(X)$ があってすべての $f \in L_p(X)$ に対して $\varphi(f) = \int_X fg \, d\mu$ が成立する．とくに $L_p(X)^*$ と $L_q(X)$ は同型である．

注意 (1) $1 < p < \infty$ かつ μ は σ 有限な測度

とする. このとき $L_p(X)^{**} = L_p(X)$. すなわち $L_p(X)$ は反射的バナッハ空間である.
(2) 一般に $(L_\infty(X))^* \neq L_1(X)$ である.

3 収束様式

定理 $0 < p < \infty$ とする. $\{f_n\}_{n=1}^\infty$ を $L_p(X)$ の収束列とする. $f \in L_p(X)$ をその極限関数とする. すなわち, $\lim_{n\to\infty} \|f_n - f\|_p = 0$ とする. このとき $\{f_n\}_{n=1}^\infty$ の部分列 $\{f_{n_j}\}_{j=1}^\infty$ で f に a.e. μ で収束するものが存在する. すなわち a.e. μ の $x \in X$ に対して $\lim_{j\to\infty} |f_{n_j}(x) - f(x)| = 0$ が成立する. すなわち $N = \{x \in X \mid \lim_{j\to\infty} |f_{n_j}(x) - f(x)| \neq 0\}$ とおくと $N \in \mathcal{M}$ かつ $\mu(\mathcal{M}) = 0$ である.

4 $\boldsymbol{R}^n$ での L_p 空間のさらなる性質

この節では $X = \boldsymbol{R}^n$, $\mathcal{M} = \mathcal{L}_n$ を $\boldsymbol{R}^n$ 上のルベーグ可測集合の全体. $\mu = \mu_n$ を $\mathcal{L}_n$ 上のルベーグ測度として議論をする.

定理 $1 \leq p < \infty$. (1) このとき $L_p(\boldsymbol{R}^n)$ は可分である. すなわち $L_p(\boldsymbol{R}^n)$ の可算集合 $\{f_j\}_{j=1}^\infty$ で $L_p(\boldsymbol{R}^n)$ で稠密なものが存在する.
(2) $f \in L_p(\boldsymbol{R}^n)$, $h = (h_1, \ldots, h_n) \in \boldsymbol{R}^n$ に対して $f_h(x) = f(x+h)$ とおく. このとき $\lim_{|h|\to 0} \|f_h - f\|_p = 0$ が成立する.
(3) $C_0^\infty(\boldsymbol{R}^n) = \{g \in C^\infty(\boldsymbol{R}^n) \mid \operatorname{supp} g$ は $\boldsymbol{R}^n$ のコンパクト集合$\}$ とおく. ただし $\operatorname{supp} g = \overline{\{x \in \boldsymbol{R}^n \mid g(x) \neq 0\}}$ とおいた. このとき $C_0^\infty(\boldsymbol{R}^n)$ は $L_p(\boldsymbol{R}^n)$ で稠密である.

ヤング (Young) の不等式 $1 \leq p, q, r \leq \infty$ を $1 + 1/r = 1/p + 1/q$ なる指数とする. $f \in L_p(\boldsymbol{R}^n)$, $g \in L_q(\boldsymbol{R}^n)$ に対して $f * g(x) = \int_{\boldsymbol{R}^n} f(x-y) g(y) \, d\mu_n$ とおくと, $f * g \in L_r(\boldsymbol{R}^n)$ かつ次の不等式が成立する.
$$\|f * g\|_r \leq \|f\|_p \|g\|_q$$

ソボレフ (Sobolev) の不等式 $\boldsymbol{R}^n$ 上で考える. $0 < \alpha < n$ とする.
$$Tf(x) = \int_{\boldsymbol{R}^n} \frac{f(y)}{|x-y|^\alpha} \, d\mu_n(y)$$
とおく. $1 < p < \infty$ に対し r を $1/r = 1/p + \alpha/n - 1$ なる指数とする. このとき $Tf \in L_r(\boldsymbol{R}^n)$ かつ $\|Tf\|_r \leq C\|f\|_p$ が成立する. ここで C は f には独立な定数である.

ハーディー (Hardy) の不等式 $\boldsymbol{R}$ 上で考える. $1 < p \leq \infty$, q を $1/p + 1/q = 1$ なる指数とする.
$$Tf(x) = x^{-1} \int_0^x f(y) \, d\mu_1,$$
$$Sg(x) = \int_x^\infty y^{-1} g(y) \, d\mu_1$$
とおく. このとき次が成立する.
$$\|Tf\|_p \leq \frac{p}{p-1} \|f\|_p, \quad \|Sg\|_q \leq \frac{p}{p-1} \|g\|_q.$$

5 弱 L_p 空間

$(X, \mathcal{M}, \mu)$ を再び一般の測度空間で μ は σ 有限な測度とする. $0 < p < \infty$, f を X 上で定義された実数値の $\mathcal{M}$ 可測関数とする.
$$[f]_p = \left(\sup_{\alpha > 0} \alpha^p \lambda_f(\alpha)\right)^{1/p}$$
$$\lambda_f(\alpha) = \mu(\{x \in X \mid |f(x)| > \alpha\})$$
とおく. このとき
$$L_{p,\infty}(X) = \{f : X \to \boldsymbol{R} \mid$$
$$f \text{ は } \mathcal{M} \text{ 可測関数}, \; [f]_p < \infty\}.$$
を弱 L_p 空間と呼ぶ. 次が成立する.
- $[cf]_p = |c|[f]_p$ $(c \in \boldsymbol{R}, f \in L_{p,\infty}(X))$,
- $[f+g]_p \leq 2([f]_p^p + [g]_p^p)^{1/p}$ $(f, g \in L_{p,\infty}(X))$.

定理 $1 \leq p < \infty$ とする. $f \in L_{p,\infty}(X)$ に対して
$$|||f|||_p = \inf\left\{\sum_{j=1}^n [f]_p^{1/2} \mid f = f_1 + \cdots + f_n\right\}$$
とおくと
$$|||f|||_p \leq [f]_p^{1/2} \leq 2|||f|||_p \; (f \in L_{p,\infty}(X)),$$
$$|||f+g|||_p \leq |||f|||_p + |||g|||_p \; (f, g \in L_{p,\infty}(X)),$$
が成立する. とくに $L_{p,\infty}(X)$ は $||| \cdot |||_p$ をノルムとするバナッハ空間である.

6 マーシンキウィッツの定理

$(X, \mathcal{M}, \mu)$, $(Y, \mathcal{N}, \nu)$ を二つの測度空間とし $\mathcal{D}$, $\mathcal{E}$ をそれぞれの可測関数からなる線形空間とする.
(1) 写像 $T : \mathcal{D} \to \mathcal{E}$ が準線形 (sublinear) とは
$$|T(f+g)| \leq |Tf| + |Tg|, \; |T(cf)| = |c||Tf|$$

を任意の $f, g \in \mathcal{D}, c \in \mathbf{R}$ に対して満たすときをいう.

(2) 準線形写像 T が強 (p, q) 型 $(1 \leq p, q \leq \infty)$ とは $L_p(X) \subset \mathcal{D}, T: L_p(X) \to L_q(Y)$ かつある定数 C があって $\|Tf\|_q \leq C\|f\|_p$ $(f \in L_p(X))$ が成立するときをいう.

(3) 準線形写像 T が弱 (p, q) 型 $(1 \leq p, q \leq \infty)$ とは $L_p(X) \subset \mathcal{D}, T: L_p(X) \to L_{q,\infty}(Y)$ かつある定数 C があって $[Tf]_q \leq C\|f\|_p$ $(f \in L_p(X))$ が成立するときをいう.

定理 (マルシンキェヴィクツ (Marcinkiewicz) の補間定理) $1 \leq p_0, p_1, q_0, q_1 \leq \infty$, $p_0 \leq q_0$, $p_1 \leq q_1$, $q_0 \neq q_1$ とする. $0 < t < 1$ に対して p, q を
$$\frac{1}{p} = \frac{1-t}{p_0} + \frac{t}{p_1}, \quad \frac{1}{q} = \frac{1-t}{q_0} + \frac{t}{q_1}$$
で定義する. $T: \mathcal{D} \to \mathcal{E}$ を準線形写像とする. もし T が弱 (p_j, q_j) $(j = 0, 1)$ であれば T は強 (p, q) 型である. さらに正定数 C_j $(j = 0, 1)$ を $[Tf]_{q_j} \leq C_j\|f\|_{p_j}$ $(f \in L_{p_j}(X), j = 0, 1)$ なるものとすれば p_0, p_1, q_0, q_1 に依存する定数 B が存在して次が成立する.
$$\|Tf\|_q \leq B C_0^{1-t} C_1^t \|f\|_p \quad (f \in L_p(X)) \quad (1)$$

注意 不等式 (1) において右辺の定数が $BC_0^{1-t}C_1^t$ の代わりに $p_0, p_1, q_0, q_1, C_0, C_1$ に依存する定数 A と置き換えた場合の証明は初等的でありそれは文献 [1] にある. しかし (1) の形の右辺の定数にするには実補間の理論が必要である. これについては実補間に関する文献 [2],[3] などを参照してほしい.

7 Fourier multiplier theorem

$m(\xi)$ を $L_\infty(\mathbf{R}^n)$ の元とする. $f \in C_0^\infty(\mathbf{R}^n)$ に対して
$$[T_m f](x) = \frac{1}{(2\pi)^n} \int_{\mathbf{R}^n} e^{ix\cdot\xi} m(\xi) \hat{f}(\xi) \, d\xi$$
で定義する. ただし $\hat{f}(\xi)$ は f のフーリエ変換である. すなわち $\hat{f}(\xi) = \int_{\mathbf{R}^n} e^{-ix\cdot\xi} f(x) \, dx$ である. T_m を核 m をもつ **Fourier multiplier** 作用素と呼ぶ. Parseval の等式より
$$\|T_m f\|_2 \leq \|m\|_\infty \|f\|_2$$
が成立する. こうして T_m は $L_2(\mathbf{R}^n)$ 上の有界線形作用素に拡張される. 今同様のことを p $(1 < p < \infty)$ について考える.

定理 (Fourier multiplier theorem) $1 < p < \infty$, s を $s > n/2$ なる自然数. $m(\xi) \in C^s(\mathbf{R}^n \setminus \{0\}) \cap L_\infty(\mathbf{R}^n)$ とする. $|\alpha| \leq s$ なる多重指数 $\alpha = (\alpha_1, \ldots, \alpha_n)$ に対してある定数 C_α があって
$$|\partial_\xi^\alpha m(\xi)| \leq C_\alpha |\xi|^{-|\alpha|} \quad (\xi \in \mathbf{R}^n \setminus \{0\})$$
が成立するとする. ここで $|\alpha| = \alpha_1 + \cdots + \alpha_n$,
$$\partial_\xi^\alpha m(\xi) = \frac{\partial^{|\alpha|} m}{\partial \xi_1^{\alpha_1} \cdots \partial \xi_n^{\alpha_n}}(\xi)$$
とおいた. 今 $D = \max_{|\alpha| \leq s} C_\alpha$ とおく. このとき n, p に依存する定数 $C_{n,p}$ が存在して $f \in C_0^\infty(\mathbf{R}^n)$ に対して次の不等式が成立する.
$$\|T_m f\|_p \leq C_{n,p} D \|f\|_p,$$
$$[T_m f]_1 \leq C_{n,p} D \|f\|_1.$$

注意 (1) $C_0^\infty(\mathbf{R}^n)$ は $L_p(\mathbf{R}^n)$ で稠密であるので, T_m は $L_p(\mathbf{R}^n)$ 上の有界線形作用素にその作用素ノルムを変えずに拡張される.

(2) Fourier multiplier theorem の日本語の証明は文献 [1] にある.

(3) m が実数値関数ではなく, 作用素に値をとるような関数の場合の Fourier multiplier theorem も応用上重要である. これについては L. Weis の論文 [5] や Denk–Hieber–Prüß の講義録 [4] を参照してほしい.

[柴田良弘]

参 考 文 献

[1] 柴田良弘：ルベーグ積分論．内田老鶴圃, 2005.

[2] 村松壽延：補間空間論と線型作用素, 紀伊國屋書店, 1984.

[3] J. Bergh, J. Löfström：*Interpolation Spaces, An Introduction*. Springer, 1976.

[4] R. Denk, M. Hieber, J. Prüß：$\mathcal{R}$–*boundedness, Fourier multipliers and problems of elliptic and parabolic type*, *Memoirs of AMS*, **166**, 2003.

[5] L. Weis：Operator–valued fourier multiplier theorems and maximal L_p–regularity, *Math. Ann.*, **319**, 2001.

ルベーグ積分

Lebesgue integral

熱伝導に関するフーリエの研究でフーリエ級数(三角級数)が導入されて以来,積分を厳密に定義する必要性が生じた.これはリーマンによりリーマン積分が導入される契機となった.フーリエ級数はその極限として必ずしも連続でない多くの関数を生み出すが,この極限操作とリーマン積分の相性はきわめて悪いものであった.ルベーグにより生み出されたルベーグ積分はリーマン積分の拡張であるが,関数列の極限操作に関して非常に明快な積分論である.以下にこれを解説する.

1 ルベーグ積分の定義

以下 $(X, \mathcal{M}, \mu)$ を測度空間とし固定する.$[-\infty, \infty] = \boldsymbol{R} \cup \{\infty\} \cup \{-\infty\}$ を拡張された実数体とする.$0(\pm\infty) = (\pm\infty)0 = 0$ と約束する.また $\infty - \infty$ は定義されないことに注意せよ.

1.1 可測関数

関数 $f : X \to [-\infty, \infty]$ が $\mathcal{M}$-可測関数であるとは,任意の実数 a に対して $f^{-1}((a, \infty]) = \{x \in X \mid a < f(x) \leq \infty\} \in \mathcal{M}$ が成立するときをいう.

定理 (1) $f, g : X \to [-\infty, \infty]$ が $\mathcal{M}$-可測関数とする.$X_\infty = \{x \in X \mid f(x) = \infty, g(x) = -\infty\} \cup \{x \in X \mid f(x) = -\infty, g(x) = \infty\}$ とおく.このとき $f+g$ は $X \setminus X_\infty$ から $[-\infty, \infty]$ への $\mathcal{M}$ 可測関数である.とくに $X_\infty = \emptyset$ のとき $f+g$ は X 上定義された可測関数である.
(2) $f, g : X \to [-\infty, \infty]$ が $\mathcal{M}$-可測関数とする.このとき fg は $\mathcal{M}$ 可測関数である.
(3) $\{f_j\}_{j=1}^\infty$ を $\mathcal{M}$-可測関数の列とする.このとき次の 4 つの関数は $\mathcal{M}$ 可測である.
$\sup_{j \geq 1} f_j(x), \inf_{j \geq 1} f_j(x), \limsup_{j \to \infty} f_j(x), \liminf_{j \to \infty} f_j(x)$
とくに $f(x) = \lim_{j \to \infty} f_j(x)$ がすべての $x \in X$ について存在すれば $f(x)$ も $\mathcal{M}$-可測関数である.

1.2 特性関数とその積分

$E \in \mathcal{M}$ に対して E の**特性関数** (characteristic function) $\chi_E(x)$ を $\chi_E(x) = 1$ $(x \in E)$, $\chi(x) = 0$ $(x \notin E)$ で定義する.χ_E は可測関数である.$E_j \in \mathcal{M}$ $(j = 1, \ldots, N)$ を互いに交わらない $\mathcal{M}$ の元とする(すなわち,$E_j \in \mathcal{M}$ $(j = 1, \ldots, N)$ かつ $E_j \cap E_k = \emptyset$ $(j \neq k)$).このとき $f(x) = \sum_{j=1}^N a_j \chi_{E_j}(x)$ なる形の関数を**階段関数** (step function) と呼ぶ.とくに非負の階段関数の全体を $\mathcal{L}^+(X, \mathcal{M})$ と表す.すなわち

$$\mathcal{L}^+(X, \mathcal{M}) = \{\sum_{j=1}^N a_j \chi_{E_j}(x) \mid 0 < a_j < \infty,$$
$$E_j \in \mathcal{M}, \ E_j \cap E_k = \emptyset \ (j \neq k)\}.$$

$f(x) = \sum_{j=1}^N a_j \chi_{E_j}(x) \in \mathcal{L}^+(X, \mathcal{M})$ の積分 $\int_X f \, d\mu$ を

$$\int_X f \, d\mu = \sum_{j=1}^N a_j \mu(E_j)$$

で定義する.

1.3 非負関数に対する積分

次に非負の値をとる関数 $f : X \to [0, \infty]$ で $\mathcal{M}$ 可測関数なものに対して f の積分 $\int_X f \, d\mu$ を

$$\int_X f \, d\mu$$
$$= \sup\{\int_X \phi \, d\mu \mid 0 \leq \phi \leq f, \ \phi \in \mathcal{L}^+(X, \mathcal{M})\}$$

で定義する.ここで上限は $0 \leq \phi \leq f$ を満たすすべての $\phi \in \mathcal{L}^+(X, \mathcal{M})$ についてとるという意味である.$f \in \mathcal{L}^+(X, \mathcal{M})$ のときは 1.2 節と上の 2 つの積分の定義は一致する.

定理 (単調収束定理) $f_j : X \to [0, \infty]$ $(j = 1, 2, \ldots)$ を非負 $\mathcal{M}$-可測関数の列で単調増加とする.すなわち $f_n(x) \leq f_{n+1}(x)$ $(n = 1, 2, \ldots; x \in X)$ とする.各 x について $\{f_j\}_{j=1}^\infty$ は単調増加列なので ∞ も許して $f(x) = \lim_{j \to \infty} f_j(x)$ は存在する.このとき

$$\int_X f \, d\mu = \lim_{j \to \infty} \int_X f_j \, d\mu$$

が成立する.

定理 $f : X \to [0, \infty]$ を非負の $\mathcal{M}$ 可測関数とする.任意の $A \in \mathcal{M}$ に対して $\nu(A) = \int_A f \, d\mu$

で ν を定義すると ν は $\mathcal{M}$ 上の測度である．

定理 関数 $f : X \to [0, \infty]$ を非負の $\mathcal{M}$–可測関数とする．このとき階段関数の列 $\{\phi_j\}_{j=1}^\infty$ で次の性質を満たすものが存在する．
- すべての $j = 1, 2, \ldots, x \in X$ に対して
$$0 \leqq \phi_j(x) \leqq \phi_{j+1}(x) \leqq \cdots \leqq f(x)$$
- すべての x に対して $\lim_{j \to \infty} \phi_j(x) = f(x)$．

$x \in X$ に対して $P(x)$ を x に依存した命題とする．命題 $P(x)$ がほとんどいたるところの $x \in X$ に対して測度 μ で成立するとは，集合 $N = \{x \in X \mid P(x)$ が成立しない $\}$ とおくとき $N \in \mathcal{M}$ かつ $\mu(N) = 0$ のときをいう．以下，簡単のため「a.e. μ で $P(x)$ が成立する」という．

定理 関数 $f : X \to [0, \infty]$ を非負の $\mathcal{M}$–可測関数とする．$\int_X f \, d\mu = 0$ であるための必要十分条件は a.e. μ で $f(x) = 0$ が成立することである．

定理 (ファトゥ (Fatou) の補題) $f_j : X \to [0, \infty]$ $(j = 1, 2, \ldots)$ を非負な $\mathcal{M}$–可測関数の列とする．このとき次が成立する．
$$\int_X \liminf_{j \to \infty} f_j \, d\mu \leqq \liminf_{j \to \infty} \int_X f_j \, d\mu$$

1.4 一般の関数に対する積分

$f : X \to [-\infty, \infty]$ を $\mathcal{M}$ 可測関数とする．$f^\pm$ を $f^+(x) = \max(f(x), 0)$, $f^-(x) = \max(-f(x), 0)$ で定義する．$f^\pm$ は非負の $\mathcal{M}$ 可測関数である．$f(x) = f^+(x) - f^-(x)$, $|f(x)| = f^+(x) + f^-(x)$ である．今 $\int_X f^\pm d\mu$ の少なくとも一方が有限値であるとき，f を半可積分関数 (semi–integrable function) と呼びその積分 $\int_X f \, d\mu$ を
$$\int_X f \, d\mu = \int_X f^+ d\mu - \int_X f^- d\mu$$
で定義する．とくに $\int_X f^\pm d\mu$ がともに有限値であるときすなわち $\int_X |f| d\mu < \infty$ のとき f を可積分関数 (integrable function) と呼ぶ．

定理 (1) $f : X \to [-\infty, \infty]$ が半可積分関数ならば任意の実数 a に対して af も半可積分関数であり
$$\int af \, d\mu = a \int_X f \, d\mu.$$

(2) $f, g : X \to [-\infty, \infty]$ が半可積分関数かつ $\int_X f \, d\mu + \int_X g \, d\mu$ が存在すれば $f(x) + g(x)$ は a.e. μ で定義でき $\mathcal{M}$ 可測かつ半可積分関数であり
$$\int_X f + g \, d\mu = \int_X f \, d\mu + \int_X g \, d\mu \quad (1)$$
が成立する．

とくに f, g ともに可積分関数であれば $f + g$ も可積分関数であり (1) が成立する．

$f : X \to [-\infty, \infty]$ を半可積分関数とする．$A \in \mathcal{M}$ に対して $\int_A f \, d\mu = \int_X \chi_A f \, d\mu$ とおく．

定理 $f : X \to [-\infty, \infty]$ を半可積分関数とする．$\{A_j\}_{j=1}^\infty$ を $\mathcal{M}$ の互いに交わらない集合列とする．今 $A = \cup_{j=1}^\infty A_j$ とおく．このとき次が成立する．
$$\int_A f \, d\mu = \sum_{j=1}^\infty \int_{A_j} f \, d\mu$$

定理 $f : X \to [-\infty, \infty]$ は a.e. μ で 0 とする．このとき f は可積分関数で $\int_X f \, d\mu = 0$ である．

上の定理の観点よりルベーグ積分論では a.e. μ で等しい関数は同じ関数であるとみなす．また f が a.e. μ でしか定義されていない場合は D を f が定義されている集合として $\tilde{f}(x) = \begin{cases} f(x) & x \in D \\ 0 & x \notin D \end{cases}$ で $\tilde{f}$ を定義する．もし $\tilde{f}$ が (半) 可積分であれば，f を (半) 可積分関数であるといい，$\int_X f \, d\mu = \int_X \tilde{f} \, d\mu$ で $\int_X f \, d\mu$ を定義する．

定理 (ルベーグの収束定理) $f_n : X \to [-\infty, \infty]$ $(n = 1, 2, \ldots)$ を $\mathcal{M}$ 可測関数の列とする．ある可積分関数 $g : X \to [0, \infty]$ ですべての $n = 1, 2, 3, \ldots$ に対して，$|f_n(x)| \leqq g(x)$ が a.e. μ で成立するとする．今 $f = \lim_{n \to \infty} f_n$ が a.e. μ で存在すれば f は可積分関数であり
$$\int_X f \, d\mu = \lim_{n \to \infty} \int_X f_n \, d\mu$$
が成立する．

2 リーマン積分とルベーグ積分の関係

μ_1 を $\mathbf{R}$ 上のルベーグ測度とする．

定理 f を有界閉区間 $[a,b]$ で定義された実数値の有界関数とする．f がリーマン積分可能であるための必要十分条件は f は a.e. μ_1 の $x \in [a,b]$ に対して連続であることである．

定理 f を有界閉区間 $[a,b]$ で定義された実数値の有界関数とする．もし f がリーマン積分可能であればルベーグ積分可能であり
$$\int_a^b f(x)\,dx = \int_{[a,b]} f\,d\mu_1$$
が成立する．

3 フビニの定理

一般の測度空間でのフビニ (Fubini) の定理については文献 [1],[2],[3],[4] などを参照してほしい．ここでは $\boldsymbol{R}^{n+m}$ を $\boldsymbol{R}^n$ と $\boldsymbol{R}^m$ の直積空間 $\boldsymbol{R}^{n+m} = \boldsymbol{R}^n \times \boldsymbol{R}^m$ とみてフビニの定理を述べる．

定理 $\mathcal{L}_\ell, \mu_\ell$ を $\boldsymbol{R}^\ell$ 上のルベーグ可測集合とルベーグ測度とする．このとき次が成立する．

(1) $E \in \mathcal{L}_{n+m}$ のとき，$x \in \boldsymbol{R}^n, y \in \boldsymbol{R}^m$ に対して，関数 $\boldsymbol{R}^n \to \boldsymbol{R} : x \mapsto \mu_m(E_x)$，$\boldsymbol{R}^m \to \boldsymbol{R} : y \mapsto \mu(E^y)$ はそれぞれ $\boldsymbol{R}^n, \boldsymbol{R}^m$ 上のルベーグ可測関数であり，次が成立する．
$$\mu_{n+m}(E) = \int_{\boldsymbol{R}^n} \mu_m(E_x)\,d\mu_n$$
$$= \int_{\boldsymbol{R}^n} \mu_n(E^y)\,d\mu_m$$

(2) $f(x,y)$ は $\mathcal{L}_{n+m}$ 可測関数かつすべての $(x,y) \in \boldsymbol{R}^{n+m} = \boldsymbol{R}^n \times \boldsymbol{R}^m$ に対して $f(x,y) \geqq 0$ とする．このとき $f(x,y)$ はほとんどいたるところの $x \in \boldsymbol{R}^n$ について y の関数として $\boldsymbol{R}^m$ 上の非負のルベーグ可測関数．またほとんどいたるところの $y \in \boldsymbol{R}^m$ について x の関数として $\boldsymbol{R}^n$ 上の非負のルベーグ可測関数である．このとき $g(x) = \int_{\boldsymbol{R}^m} f(x,y)\,d\mu_m, h(y) = \int_{\boldsymbol{R}^n} f(x,y)\,d\mu_n$ はそれぞれ $\boldsymbol{R}^n, \boldsymbol{R}^m$ 上の非負のルベーグ可測関数であり次が成立する．
$$\int_{\boldsymbol{R}^{n+m}} f(x,y)\,d\mu_{n+m}$$
$$= \int_{\boldsymbol{R}^n} g(x)\,d\mu_n = \int_{\boldsymbol{R}^m} h(y)\,d\mu_m \quad (2)$$

(3) $f(x,y)$ は $\boldsymbol{R}^{n+m}$ 上のルベーグ積分可能関数をする．このとき $f(x,y)$ はほとんどいたるところの $x \in \boldsymbol{R}^n$ について y の関数としてルベーグ積分可能関数であり，ほとんどいたるところの $y \in \boldsymbol{R}^m$ について x の関数としてルベーグ積分可能関数である．このとき $g(x) = \int_{\boldsymbol{R}^m} f(x,y)\,d\mu_y, h(y) = \int_{\boldsymbol{R}^n} f(x,y)\,d\mu_n$ はそれぞれ $\boldsymbol{R}^n, \boldsymbol{R}^m$ 上のルベーグ積分可能関数であり (2) が成立する．

4 ラドン–ニコディムの定理

$(X, \mathcal{M}, \mu)$ を測度空間とする．$\lambda : \mathcal{M} \to [-\infty, \infty]$ が集合関数 (signed measure) とは次の性質を満たすときをいう．

- すべての $E \in \mathcal{M}$ に対して $-\infty < \lambda(E) \leqq \infty$ または $-\infty \leqq \lambda(E) < \infty$ のいずれか一方が成立する．
- $\lambda(\emptyset) = 0$.
- $\mathcal{M}$ の互いに交わらない集合列 $\{E_j\}_{j=1}^\infty$ に対して $\sum_{j=1}^\infty \lambda(E_j)$ は $[-\infty, \infty]$ の元として存在し，$\sum_{j=1}^\infty \lambda(E_j) = \lambda(\bigcup_{j=1}^\infty E_j)$ が成立する．

集合関数 λ が σ 有限であるとは，ある $\mathcal{M}$ の関数列 $\{X_j\}_{j=1}^\infty$ で $X = \bigcup_{j=1}^\infty X_j = X$ かつ $|\lambda(X_j)| < \infty$ $(j = 1, 2, 3, \ldots)$ なるものが存在するときをいう．また μ について**絶対連続** (absolutely continuous with respect to μ) とは $E \in \mathcal{M}$ が $\mu(E) = 0$ ならば $\lambda(E) = 0$ が成立するときをいう．

定理 (ラドン–ニコディム (Radon–Nikodym) の定理) λ を σ 有限かつ μ について絶対連続な $\mathcal{M}$ 上の集合関数とする．このとき μ について可積分な関数 f が存在して，すべての $E \in \mathcal{M}$ に対して $\lambda(E) = \int_E f\,d\mu = \int_X \chi_E f\,d\mu$ と表せる．

［柴田良弘］

参考文献

[1] 伊藤清三：ルベーグ積分論入門，裳華房，1963.
[2] 新井仁之：ルベーグ積分講義，日本評論社，2002.
[3] 柴田良弘：ルベーグ積分論，内田老鶴圃，2005.
[4] J. Yeh：*Real Analysis, 2nd ed*, World Scienctific, 2006.

連続関数

continuous function

1 連続の定義

1.1 1変数関数での連続

$f(x)$ を $E\ (\subset \mathbf{R})$ 上の実数値関数とし，$c \in E$ とする．$\lim_{x \to c} f(x) = f(c)$ なら $f(x)$ は $x = c$ で連続であるという．言い換えれば，任意の正数 ϵ に対し，正数 $\delta = \delta(c, \epsilon)$ が存在し，$|x - c| < \delta$ を満足するすべての $x \in E$ に対し $|f(x) - f(c)| < \epsilon$ ならば，$f(x)$ は $x = c$ で連続であるという．これは，「$f(c)$ から指定された ϵ を越えた変化を $f(x)$ がするには，$x = c$ から出発した x が，ϵ と x とに応じて定まるある有限量 $\delta(c, \epsilon)$ を越えて移動をしなくてはならない（実現するための移動距離をいくらでも小さくすることはできない）」ことを意味している．すべての $x \in E$ で連続な関数を E 上の連続関数という．

1.2 m 変数 $\mathbf{R}^l$ 値関数

連続の定義と性質とは，1変数実数値関数で記すより，m 変数 $\mathbf{R}^l$ 値関数で記す方が明快である．

$\boldsymbol{f}(\boldsymbol{x})$ を，$\boldsymbol{c}$ を含む集合 $E\ (\subset \mathbf{R}^l)$ 上の $\mathbf{R}^l$ 値関数とする．任意の $\epsilon\ (> 0)$ に対し，ある $\delta\ (> 0)$ がとれて，$\|\boldsymbol{x} - \boldsymbol{c}\| < \delta$ を満足する任意の $\boldsymbol{x} \in E$ に対して $\|\boldsymbol{f}(\boldsymbol{x}) - \boldsymbol{f}(\boldsymbol{c})\| < \epsilon$ のとき，$\boldsymbol{f}(\boldsymbol{x})$ は $\boldsymbol{x} = \boldsymbol{c}$ で連続であるという．ただし，$\boldsymbol{a} \equiv (a_1, a_2, \ldots, a_m)^{\mathrm{T}} \in \mathbf{R}$ に対し $\|\boldsymbol{a}\|$ は $\boldsymbol{a}$ のユークリッドノルム $\sqrt{a_1^2 + a_2^2 + \ldots + a_m^2}$ を意味する．

連続の定義は近傍の記号を用いると簡潔に記される．$\boldsymbol{c} \in \mathbf{R}^m$ からのユークリッド距離が ρ 未満の点の集合 $U_\rho(\boldsymbol{c}) = \{\boldsymbol{x} \mid \|\boldsymbol{x} - \boldsymbol{c}\| < \rho\}$ を $\boldsymbol{c}$ の ρ 近傍と呼ぶ．$\{\boldsymbol{f}(\boldsymbol{x}) \mid \boldsymbol{x} \in U_\rho(\boldsymbol{c})\}$ を $U_\rho(\boldsymbol{c})$ の $\boldsymbol{f}(\boldsymbol{x})$ による像と呼び，$f(U_\rho(\boldsymbol{c}))$ と記す．任意の $\epsilon > 0$ に対してある $\delta\ (> 0)$ が定まり $\boldsymbol{f}(U_\delta(\boldsymbol{c})) \subset U_\epsilon(\boldsymbol{f}(\boldsymbol{c}))$ のとき，$\boldsymbol{f}(\boldsymbol{x})$ は $\boldsymbol{x} = \boldsymbol{c}$ で連続であるという．$\boldsymbol{f}(\boldsymbol{x})$ がすべての $\boldsymbol{x} \in E$ で連続なら，E 上の連続関数という．

2 連続関数の演算

$E\ (\subset \mathbf{R}^m)$ で $\boldsymbol{c} \in E$ とする．

$k \in \mathbf{R}$ とし，$\boldsymbol{f}(\boldsymbol{x})$ と $\boldsymbol{g}(\boldsymbol{x})$ とを $\boldsymbol{x} = \boldsymbol{c}$ で連続な E 上の $\mathbf{R}^l$ 値関数とすると $k\boldsymbol{f}(\boldsymbol{x})$, $\boldsymbol{f}(\boldsymbol{x}) \pm \boldsymbol{g}(\boldsymbol{x})$, 内積 $(\boldsymbol{f}(\boldsymbol{x}), \boldsymbol{g}(\boldsymbol{x}))$ は $\boldsymbol{x} = \boldsymbol{c}$ で連続である．

$f(\boldsymbol{x})$ と $g(\boldsymbol{x})$ とが $\boldsymbol{x} = \boldsymbol{c}$ で連続な E 上の実数値関数で，$g(\boldsymbol{c}) \neq 0$ なら，$f(\boldsymbol{x})/g(\boldsymbol{x})$ は $\boldsymbol{x} = \boldsymbol{c}$ で連続である．

$\boldsymbol{f}(\boldsymbol{x})$ を E 上の $\mathbf{R}^l$ 値関数とする．$\boldsymbol{c} \in F \subset \mathbf{R}^l$ とし，$\boldsymbol{g}(\boldsymbol{y})$ を F 上の $\mathbf{R}^l$ 値関数とする．$\boldsymbol{f}(\boldsymbol{x})$ が $\boldsymbol{x} = \boldsymbol{c}$ で連続であり $\boldsymbol{g}(\boldsymbol{y})$ が $\boldsymbol{y} = \boldsymbol{f}(\boldsymbol{c})$ で連続なら合成関数 $\boldsymbol{g}(\boldsymbol{f}(\boldsymbol{x}))$ は $\boldsymbol{x} = \boldsymbol{c}$ で連続である．

3 連結性の保存と中間値の定理

3.1 中間値の定理

$a, b\ (a < b)$ を実数とするとき，(a, b), $[a, b]$, $(a, b]$, $[a, b)$, $(a, +\infty)$, $[a, +\infty)$, $(-\infty, b)$, $(-\infty, b]$, $(-\infty, +\infty)$ のいずれかで表現できる実数の集合を区間という．有限閉区間 $[a, b]$ 上の連続関数 $f(x)$ は $f(a) < f(b)\ (f(b) < f(a))$ であれば，$f(a) < k < f(b)\ (f(b) < k < f(a))$ を満足する任意の実数 k に対して，$f(c) = k$ となる実数 $c \in (a, b)$ が存在する．これを中間値の定理という．中間値の定理は区間 I の連続関数による像 $f(I) = \{f(x) | x \in I\}$ は区間であると表現できる．

区間 I 上の実数値関数 $f(x)$ は，任意の2実数 $a, b\ (\in I)$ に対し，$a < b$ なら $f(a) < f(b)$ となるとき単調であるという．中間値の定理から，I 上で単調な連続関数には逆関数が存在し単調である．

3.2 連結性

$E\ (\subset \mathbf{R}^m)$ は，次の3条件を満足する $\mathbf{R}^m$ の開部分集合 E_1, E_2 が存在しないとき，連結であるという：(i) $E_1 \cap E_2$, (ii) $E_i \cap E \neq \emptyset\ (i = 1, 2)$, (iii) $E \subset E_1 \cup E_2$．$\mathbf{R}$ では E が連結であるための必要十分条件は E が区間であることである．

$\mathbf{R}^l$ 値関数 $\boldsymbol{f}(\boldsymbol{x})$ による $E\ (\subset \mathbf{R}^n)$ の像 $\{\boldsymbol{f}(\boldsymbol{x}) | \boldsymbol{x} \in E\}$ を $\boldsymbol{f}(E)$ と記す．$\boldsymbol{f}(\boldsymbol{x})$ が連続で $E\ (\subset \mathbf{R}^n)$ が連結ならば，$\boldsymbol{f}(E)$ も連結である．1次元の場合，区間 I の連続関数による像 $\boldsymbol{f}(I)$ は区間であり，中間値の定理と一致する．

4 開集合による連続の定義

$E\ (\subset \boldsymbol{R}^m)$ の要素 $\boldsymbol{x}$ は，ある (十分小さな) $\delta\ (>0)$ に対し $U_\delta(\boldsymbol{x}) \subset E$ とできるなら E の内点という．E のすべての要素 $\boldsymbol{x}$ が E の内点なら E を開集合と呼ぶ．$\boldsymbol{f}(\boldsymbol{x})$ を $\boldsymbol{R}^m$ 上の $\boldsymbol{R}^l$ 値連続関数とし，$\boldsymbol{f}(E) = F$ を満たす $E\ (\subset \boldsymbol{R}^m)$ と $F\ (\subset \boldsymbol{R}^l)$ とを考える．

F が開集合で $\boldsymbol{f}(\boldsymbol{c}) \in F$ だとする．$\boldsymbol{f}(\boldsymbol{c})$ は F の内点だから，ある $\epsilon\ (>0)$ に対し $U_\epsilon(\boldsymbol{f}(\boldsymbol{c})) \subset F$ である．連続の定義から，ある $\delta\ (>0)$ が存在して $\boldsymbol{f}(U_\delta(\boldsymbol{c})) \subset U_\epsilon(\boldsymbol{f}(\boldsymbol{c}))$ であり，$\boldsymbol{c}$ は E の内点である．つまり，E は開集合であることがわかる．この「開集合の逆像が開集合である」という命題の逆も成立し，$\boldsymbol{R}^m$ 上の $\boldsymbol{R}^l$ 値関数が連続であるための必要十分条件は，(上の意味で) 開集合の逆像が開集合であることである．

空間 X から Y への1対1写像 $\boldsymbol{f}(\boldsymbol{x})$ で，$\boldsymbol{f}(\boldsymbol{x})$ と $\boldsymbol{f}^{-1}(\boldsymbol{x})$ がともに連続であれば，X と Y は同値な位相をもつので，$\boldsymbol{f}(\boldsymbol{x})$ を同相写像という．

5 一様連続とヘルダー連続

$\boldsymbol{f}(\boldsymbol{x})$ を $E\ (\subset \boldsymbol{R}^m)$ 上の $\boldsymbol{R}^l$ 値関数とする．任意の正数 ϵ に対し，$\boldsymbol{x}_1, \boldsymbol{x}_2$ に依存しない正数 $\delta = \delta(\epsilon)$ がとれて，$\|\boldsymbol{x}_2 - \boldsymbol{x}_1\| < \delta$ を満足する任意の2点 $\boldsymbol{x}_2, \boldsymbol{x}_1\ (\in E)$ に対して $\|\boldsymbol{f}(\boldsymbol{x}_2) - \boldsymbol{f}(\boldsymbol{x}_1)\| < \epsilon$ とできるとき，$\boldsymbol{f}(\boldsymbol{x})$ は E 上で**一様連続**だという．

$E \subset \boldsymbol{R}^m$ で，ある $M \geq 0$ が存在して，すべての $\boldsymbol{x}\ (\in E)$ に対して $\|\boldsymbol{x}\| < M$ のとき，E は**有界**であるという．$E\ (\subset \boldsymbol{R}^m)$ が有界なら $\boldsymbol{R}^l$ 値一様連続関数による E 像 $\boldsymbol{f}(E)$ は有界である．

$\boldsymbol{f}(\boldsymbol{x})$ を $E\ (\subset \boldsymbol{R}^m)$ 上の $\boldsymbol{R}^l$ 値関数とする．2つの正数 M と α がとれて，
$$\|\boldsymbol{f}(\boldsymbol{x}_2) - \boldsymbol{f}(\boldsymbol{x}_1)\| \leqq M \|\boldsymbol{x}_2 - \boldsymbol{x}_1\|^\alpha$$
のとき，$\boldsymbol{f}(\boldsymbol{x})$ は α 次の**ヘルダー連続**であるという．ヘルダー連続なら一様連続である．とくに1次のヘルダー連続を**リプシッツ連続**という．

6 有界閉集合とコンパクト

$E\ (\subset \boldsymbol{R}^m)$ で，開集合の族 O_λ が $E \subset \cup_\lambda O_\lambda$ であるとき，O_λ を E の**開被覆**という．E の任意の開被覆から有限個の開集合を選んで部分開被覆とできるとき，E を**コンパクト**という．

$F\ (\subset \boldsymbol{R}^m)$ の補集合が開集合であるとき，F は**閉集合**であるという．有界な閉集合を**有界閉集合**という．$E\ (\subset \boldsymbol{R}^m)$ がコンパクトであるための必要十分条件 E は有界閉集合であることである．

有界閉集合 $E\ (\subset \boldsymbol{R}^m)$ 上の $\boldsymbol{R}^l$ 値連続関数 $\boldsymbol{f}(\boldsymbol{x})$ は一様連続であり，その像 $\boldsymbol{f}(E)$ は有界閉集合である．とくに有界閉集合 $E\ (\subset \boldsymbol{R}^m)$ 上の連続関数は E 上で最大値最小値をとる．一般の距離空間，さらに一般の位相空間でのコンパクト集合 E の連続写像による像はコンパクトである．

7 連続関数列

$E\ (\subset \boldsymbol{R}^m)$ 上の $\boldsymbol{R}^l$ 値連続関数の列 $\{\boldsymbol{f}_n(\boldsymbol{x})\}$ において，任意の $\epsilon\ (>0)$ に対し，ある $N \in \boldsymbol{N}$ が存在して，$n > N$ を満たすすべての n に対して $\sup_{\boldsymbol{x} \in E} \|\boldsymbol{f}_n(\boldsymbol{x}) - \boldsymbol{f}_\infty(\boldsymbol{x})\| < \epsilon$ のとき，$\{\boldsymbol{f}_n(\boldsymbol{x})\}$ は $\boldsymbol{f}_\infty(\boldsymbol{x})$ に**一様収束**するという．

連続関数の一様収束列 $\{\boldsymbol{f}_n(\boldsymbol{x})\}$ の極限は連続関数となる．つまり二つの関数 $\boldsymbol{f}(\boldsymbol{x}), \boldsymbol{g}(\boldsymbol{x})$ の距離を $d(\boldsymbol{f}, \boldsymbol{g}) = \sup_{\boldsymbol{x} \in E} \|\boldsymbol{f}(\boldsymbol{x}) - \boldsymbol{g}(\boldsymbol{x})\|$ とする $\boldsymbol{R}^l$ 値連続関数の空間は，距離空間として完備である．

任意の $\boldsymbol{x}\ (\in E)$ と $\epsilon\ (>0)$ に対し，自然数 $N = N(\boldsymbol{x}, \epsilon)$ が存在して，すべての $n\ (>N)$ に対して $\|\boldsymbol{f}_n(\boldsymbol{x}) - \boldsymbol{f}_\infty(\boldsymbol{x})\| < \epsilon$ が成立するとき，$\{\boldsymbol{f}_n(\boldsymbol{x})\}$ は $\boldsymbol{f}_\infty(\boldsymbol{x})$ に**各点収束**するという．連続関数の各点収束列の極限は連続とは限らない．次のディリクレ関数は x が有理数のとき 1，無理数のとき 0 となる：$\lim_{n \to \infty} \lim_{k \to \infty} (\cos(n!\pi x))^{2k}$．

[岸本一男]

参考文献

[1] 高木貞治：解析概論 (改訂第3版), 岩波書店, 1983.
[2] 一松 信：解析学序説, 裳華房 (上, 下), 1962, 1963.
[3] W. Rudin: *Principles of Mathematical Analysis*, 3rd ed, McGraw-Hill, 1976. (邦訳) 近藤基吉・柳原二郎訳：現代解析学 (第2版), 共立出版, 1971.
[4] 杉浦光夫：解析入門 (I,II), 東京大学出版会, 1980, 1985.

連続関数環

continuous function algebra

1 連続関数環の基本性質

局所コンパクト・ハウスドルフ空間 X に対し,無限遠点で 0 となる複素数値連続関数の全体はバナッハ空間をなす.すなわち,任意の $\epsilon > 0$ に対し,$\{x \in X \mid |f(x)| \geqq \epsilon\}$ がコンパクトとなるような複素数値連続関数 f の全体のなす空間を考えており,ノルムは $\|f\| = \sup |f(x)|$ で与えられる.この空間を $C_0(X)$ と表す.$C_\infty(X)$ と書く流儀もある.X がコンパクト・ハウスドルフであるときは,X 上のすべての複素数値連続関数を考えていることになり,$C(X)$ と書く.この空間は各点での値の掛け算という通常の積により多元環となり,$\|fg\| \leqq \|f\|\|g\|$ を満たすので,可換バナッハ環の例になっている.以下,コンパクト・ハウスドルフ空間上の複素数値連続関数環とその部分環について述べる.

コンパクト・ハウスドルフ空間は正規空間なので次の 2 つの命題が成り立つ.

A, B をコンパクト・ハウスドルフ空間 X の互いに交わらない閉部分集合とする.X から $[0,1]$ への連続写像で,A 上で値 0 をとり,B 上で値 1 をとるものが存在する.(ウリゾーン (Urysohn) の補題.)

A をコンパクト・ハウスドルフ空間 X の閉部分集合とし,A から $[0,1]$ への連続写像が与えられたとすると,その写像は X から $[0,1]$ への連続写像に拡張される.(ティーツェ (Tietze) の拡張定理.)

次にコンパクト・ハウスドルフ空間 X の上の連続関数環 $C(X)$ のイデアルについて述べる.$C(X)$ の閉イデアル I は,X の閉部分集合 K に対し
$$I = \{f \in C(X) \mid K \text{ 上で } f(x) = 0\}$$
という形をしている.K は,
$$K = \bigcap_{f \in I} \{x \in X \mid f(x) = 0\}$$
と与えられる.

$C(X)$ のイデアル $I \subsetneq C(X)$ について,$I \subsetneq J \subsetneq C(X)$ となるイデアル J が存在しないとき,I は極大イデアルであるという.これは自動的に閉である.$C(X)$ の極大イデアルはすべて,ある $x \in X$ によって
$$\{f \in C(X) \mid f(x) = 0\}$$
の形に書ける.さらに位相も含めて,X の情報を $C(X)$ の極大イデアルたちから回復することができる.

また,$C(X)$ から複素数体 $\mathbf{C}$ への,単位元をもつ多元環としての準同型写像 ϕ を考える.このような ϕ は自動的に連続で,汎関数としてのノルムが 1 に等しくなる.よって,このような ϕ の全体は $C(X)$ の双対空間 $C(X)^*$ の部分集合となり,弱 $*$-位相についてコンパクト・ハウスドルフ空間である.$x \in X$ に対し,$C(X)$ から $\mathbf{C}$ への準同型が,$f \mapsto f(x)$ で定まる.これによって,X からこのコンパクト・ハウスドルフ空間への写像が定まるが,この写像が同相写像になることがわかる.

また,コンパクト・ハウスドルフ空間 X から Y への連続写像 F があるとき,$C(Y)$ から $C(X)$ への写像 F^* が,$f \in C(Y)$ に対して $f \circ F$ を対応させる写像が定まる.この F^* は多元環の演算と $*$-演算 (複素共役をとる) を保つという意味で $*$-環準同型となる.逆に,$C(Y)$ から $C(X)$ への $*$-環準同型があればすべてこの形で書ける.以上のことを圏の言葉でいうと,コンパクト・ハウスドルフ空間を対象として,連続写像を射とする圏と,可換 C^*-環を対象として,$*$-環準同型を射とする圏は反変同値であるということである.(F の向きと F^* の向きが入れ替わっているので,この対応を与えるのは反変関手である.)

2 ストーン–ワイエルシュトラスの定理

コンパクト・ハウスドルフ空間 X に対し,$C(X)$ の部分環 A が次の条件を満たしているとする.

- 定数関数 1 は A に含まれる.
- $f \in A$ ならば,$\bar{f} \in A$ である.
- X の任意の相異なる 2 点 x, y に対し,A の元 f で,$f(x) \neq f(y)$ となるものが存在する.

このとき，A は $C(X)$ で稠密である．(ストーン–ワイエルシュトラス (Stone–Weierstrass) の定理．) したがって，部分環 A が上の3条件に加えて閉部分空間であれば，$A = C(X)$ である．

3 関数環

コンパクト・ハウスドルフ空間 X に対し，$C(X)$ の部分環 A が次の3条件を満たすとき，関数環と呼ばれる．
- A は $C(X)$ の閉部分空間である．
- 定数関数 1 は A に含まれる．
- X の任意の相異なる2点 x, y に対し，A の元 f で，$f(x) \neq f(y)$ となるものが存在する．

複素平面上のコンパクト集合 K に対し，K 上で連続で K の内部で正則な関数全体を $A(K)$ と書く．これは関数環の一つの例である．とくに K が閉単位円板のときがもっとも基本的であり，このとき $A(K)$ はディスク環と呼ばれる．

4 ストーン–チェク・コンパクト化

単位元をもつ可換な C^*–環は，ゲルファント–ナイマルク (Gelfand–Naimark) の定理によって，あるコンパクト・ハウスドルフ X に対して $C(X)$ に等長同型である．よって，一般の局所コンパクト・ハウスドルフ空間 Y に対して，Y 上の複素数値有界連続関数全体のなす環 $C_b(Y)$ を考えれば，これはsupノルムと，複素共役演算によって単位元をもつ可換 C^*–環になるので，あるコンパクト・ハウスドルフ空間 X が存在して，$C_b(Y) \cong C(X)$ となる．このとき，$x \in Y$ に対し，$C_b(Y)$ から $\mathbf{C}$ への準同型を $f \mapsto f(x)$ で与えることにより，x は X の1点を与える．これによって，Y は X の部分集合とみなせる．この X を Y のストーン–チェク (Stone–Čech)・コンパクト化という．

Y が自然数の集合 $\mathbf{N}$ に離散位相を入れた空間である場合に，ストーン–チェク・コンパクト化を詳しくみてみよう．$\mathbf{N}$ に離散位相を入れた空間の上の連続関数環は ℓ^∞ である．よって，$\ell^\infty \cong C(X)$ となるコンパクト・ハウスドルフ空間 X が，$\mathbf{N}$ のストーン–チェク・コンパクト化である．

まず，$\mathbf{N}$ の部分集合の，空でない集合 $\mathcal{F}$ が，$\mathbf{N}$ 上のフィルターであるとは次の条件を満たすことである．
- $\emptyset \notin \mathcal{F}$．
- $A \in \mathcal{F}$, $A \subset B \subset \mathbf{N}$ ならば，$B \in \mathcal{F}$．
- $A, B \in \mathcal{F}$ ならば，$A \cap B \in \mathcal{F}$．

$\mathbf{N}$ 上のフィルター $\mathcal{F}$ が超フィルターであるとは，包含関係について極大であることである．この条件は，「$A \subset \mathbf{N}$ ならば $A \in \mathcal{F}$ または，$\mathbf{N} \setminus A \in \mathcal{F}$」と同値である．

さて，数列 $\{a_n\}_{n \in \mathbf{N}}$ と，$\mathbf{N}$ 上の超フィルター $\mathcal{F}$ をとる．このとき，$\lim_{n \to \mathcal{F}} a_n = a$ であるとは，任意の正の数 ϵ に対し，
$$\{n \in \mathbf{N} \mid |a_n - a| < \epsilon\} \in \mathcal{F}$$
となることと定める．任意の有界数列数列 $\{a_n\}_{n \in \mathbf{N}}$ に対し，$\lim_{n \to \mathcal{F}} a_n = a$ となる a が一意的に存在する．これによって，ℓ^∞ の元 $\{a_n\}_{n \in \mathbf{N}}$ に対し，$\lim_{n \to \mathcal{F}} a_n$ を対応させる写像が *–環準同型になることがわかる．こうして，$\mathbf{N}$ 上の超フィルター $\mathcal{F}$ から，*–環準同型 $\phi_{\mathcal{F}}$ が定まる．この対応が実は全単射である．すなわち，$\mathbf{N}$ のストーン–チェク・コンパクト化の元とは，$\mathbf{N}$ 上の超フィルター $\mathcal{F}$ と同一視される．$m \in \mathbf{N}$ に対しては，ℓ^∞ の元 $\{a_n\}_{n \in \mathbf{N}}$ に対し，a_m を対応させる写像が，*–環準同型を与える．この準同型は，$\mathbf{N}$ 上の超フィルター
$$\{A \subset \mathbf{N} \mid m \in A\}$$
に対応している．これにより $\mathbf{N}$ は $\mathbf{N}$ のストーン–チェク・コンパクト化の部分集合となっている．

以上のストーン–チェク・コンパクト化に対し，コンパクトでない局所コンパクト・ハウスドルフ空間 X の上で，無限遠点で極限値をもつ複素数値連続関数 f を考えることもできる．すなわち，ある複素数 α が存在して，任意の $\epsilon > 0$ に対し，$\{x \in X \mid |f(x) - \alpha| \geq \epsilon\}$ がコンパクトとなるという条件である．このような関数の全体はやはり可換 C^*–環をなすので，コンパクト・ハウスドルフ空間が得られ，それは上と同様に X を含んでいるとみなせる．このコンパクト・ハウスドルフ空間は，もとに X に無限遠点を添加した，1点コンパクト化である．

［河東泰之］

連続写像

continuous mapping

1 ε-δ 論法

二つの距離空間 X, Y 上の距離関数を $d_X : X \times X \longrightarrow \mathbf{R}_{\geqq 0}$, $d_Y : X \times X \longrightarrow \mathbf{R}_{\geqq 0}$ とする. X, Y の間の写像 $f : X \to Y$ を考える.

定義 1 (1) $x_0 \in X$ において f が連続であるとは, 任意の正実数 ε に対し, 次のような正実数 δ が存在することである.

- $d_X(x_0, x_1) < \delta$ を満たす任意の x_1 に対し, $d_Y(f(x_0), f(x_1)) < \varepsilon$ が成立する.

(2) X, Y の間の写像 $f : X \to Y$ が連続であるとは, X の任意の点 x_0 において, f が連続であることである.

この定義 1 は, 写像 f によって, $f(x_0)$ の点を誤差 ε を許して与えるためには, x_0 については, 誤差 δ が許されるということである. 定義 1(1) では, 誤差 δ は, ε および $x_0 \in X$ に依存して定まれば十分である.

定義 1(1) は, x_0 に収束する任意の点列 $\{x_i\}_{i=1,2,\ldots}$ に対し, $\lim_{i \to \infty} f(x_i) = f(x_0)$ であることと同値である.

任意の正実数 ε に対し, 定義 1 における δ を, $x_0 \in X$ に依存せず, ε だけに依存してとることができるとき, $f : X \to Y$ は一様連続であるという.

定義 2 (1) $f : X \to Y$ が一様連続であるとは, 任意の正実数 ε に対し, 次のような正実数 δ が存在することである.

- $d_X(x_0, x_1) < \delta$ を満たす任意の x_0, x_1 に対し, $d_Y(f(x_0), f(x_1)) < \varepsilon$ が成立する.

定義 2 を満たす一様連続関数 f に対し, $\mu(\delta) = \sup\{d_Y(f(x_0), f(x_1)) \mid d_X(x_0, x_1) < \delta\}$ を f の**連続率** (modulus of continuity) と呼ぶ. μ は $\mathbf{R}_{>0}$ 上の上に凸な関数で, $\lim_{\delta \to 0} \mu(\delta) = 0$ を満たす. 正実数 $L, 0 < \alpha \leqq 1$ に対し, $\mu(\delta) \leqq L\delta^\alpha$ を満たすとき, すなわち, 任意の x_0, x_1 に対し, $d_Y(f(x_0), f(x_1)) \leqq L\, d_X(x_0, x_1)^\alpha$ を満たすとき, f は α ヘルダー連続であるといわれる. $\alpha = 1$ のとき, 任意の x_0, x_1 に対し, $d_Y(f(x_0), f(x_1)) \leqq L\, d_X(x_0, x_1)$ を満たすとき, f はリプシッツ連続であるといわれる. L をリプシッツ定数と呼ぶ.

2 位相空間の間の連続写像

位相空間 X, Y の間の写像 $f : X \to Y$ に対する連続性は次のように定義される.

定義 3 (1) 位相空間 X, Y の間の連続写像 $f : X \to Y$ が $x_0 \in X$ で連続であるとは, $f(x_0)$ の任意の開近傍 V に対し, x_0 の近傍 W で $f(W) \subset V$ となるものが存在することである.

(2) 位相空間 X, Y の間の連続写像 $f : X \to Y$ が連続であるとは, Y の任意の開集合 U に対し, $f^{-1}(U)$ が X の開集合であることである.

位相空間において, 開集合, 閉集合の補集合は閉集合, 開集合であるから, (2) は, Y の任意の開集合 A に対し, $f^{-1}(A)$ が X の開集合であることであることと同値である.

位相空間 X の恒等写像は連続写像であり, 連続写像 $f : X \to Y$, $g : Y \to Z$ の合成 (結合) $g \circ f : X \to Z$ は連続である.

3 半連続関数

位相空間 X 上の実数値関数 f は, 任意の実数 y に対し, $\{x \in X \mid f(x) < y\}$ あるいは $\{x \in X \mid f(x) > y\}$ が開集合であるとき, 上半連続関数あるいは下半連続関数と呼ばれる.

X が距離空間ならば, 任意の収束点列 x_n に対し, f が上半連続であることと
$$\limsup_{n \to \infty} f(x_n) \leqq f(\lim_{n \to \infty} x_n)$$
は同値である.

上半連続関数の族 $\{f_\lambda\}_{\lambda \in \Lambda}$ に対し, $\inf_{\lambda \in \Lambda}\{f_\lambda\}$ は, 上半連続である.

コンパクト集合上の上半連続関数には, 最大値が存在する.

[編集委員]

連 分 数

continued fraction

連分数は，有理比，無理比の定義（ユークリッドの互除法）と同時に考え始められており，古い歴史をもつ．無理数のディオファントス近似，フーリエ解析においての小分母の問題，補間理論などに現れる．

1 定 義

次の形の式を連分数と呼ぶ．
$$a_0 + \cfrac{c_1}{a_1 + \cfrac{c_2}{a_2 + \cfrac{c_3}{a_3 + \cdots}}}$$

連分数は，しばしば次のように表記される．
$$a_0 + \frac{c_1}{a_1+} \frac{c_2}{a_2+} \frac{c_3}{a_3+} \cdots$$
$$a_0 + \frac{c_1|}{|a_1} + \frac{c_2|}{|a_2} + \frac{c_3|}{|a_3} + \cdots$$

有限個の項で終わる連分数を有限連分数，そうでないものを無限連分数と呼ぶ．上の形の無限連分数に対し，$a_0 + \frac{c_1}{a_1+} \frac{c_2}{a_2+} \cdots + \frac{c_n}{a_n}$ を第 n 近似分数と呼ぶ．

a_0 が整数，$c_1 = c_2 = c_3 = \cdots = 1$，$a_1, a_2, a_3, \ldots$ が正整数となる連分数
$$a_0 + \frac{1}{a_1+} \frac{1}{a_2+} \frac{1}{a_3+} \cdots$$
を単純連分数と呼ぶ．これを $[a_0; a_1, a_2, a_3, \ldots]$ と表すことも多い．

2 実数の連分数展開

実数 b に対し，$[b]$ を b を超えない最大の整数とする．
$$a_0 = [b], \quad b = a_0 + b_1,$$
$$a_k = \left[\frac{1}{b_k}\right], \quad \frac{1}{b_k} = a_k + b_{k+1} \quad (k \geq 1)$$
により，実数 b は一意的に単純連分数 $[a_0; a_1, a_2, \ldots]$ に展開される．$\{b_k\}$ は，区間 $[0,1)$ から $[0,1)$ 自身への写像 $x \mapsto \frac{1}{x} - \left[\frac{1}{x}\right]$ $(x \neq 0)$, $0 \mapsto 0$ の軌道を記述している．

b が整数でない有理数ならば，b は有限単純連分数 $[a_0; a_1, a_2, \ldots, a_n]$ $(a_n \geq 2)$ に展開される．有理数 b は，この形と $[a_0; a_1, a_2, \ldots, a_n - 1, 1]$ の二つの単純連分数の表示をもつ．b が無理数ならば，b の単純連分数への展開は一意的である．

無理数 b の連分数展開の第 n 近似分数は，既約分数 $\frac{p_n}{q_n}$ の形に書かれる．このとき，
$$p_0 = a_0, \; p_1 = a_0 a_1 + 1, \; p_n = a_n p_{n-1} + p_{n-2}$$
$$q_0 = 1, \; q_1 = a_1, \; q_n = a_n q_{n-1} + q_{n-2}$$
$$p_{n+1} q_n - p_n q_{n+1} = (-1)^n \quad n \geq 0$$
となる．さらに，
$$\frac{p_{2n}}{q_{2n}} < \frac{p_{2n+2}}{q_{2n+2}} < \cdots < a < \cdots < \frac{p_{2n+1}}{q_{2n+1}} < \frac{p_{2n-1}}{q_{2n-1}},$$
$$\frac{1}{q_n(q_n + q_{n+1})} \leq \left| b - \frac{p_n}{q_n} \right| \leq \frac{1}{q_n q_{n+1}} \leq \frac{1}{q_n^2}$$
が成立する．$q_n \geq 2^{n/2}$ $(n \geq 2)$ であり，$\frac{p_n}{q_n}$ は b に収束する．

3 2次の無理数

無理数 a の単純連分数展開 $[a_0; a_1, a_2, a_3, \ldots]$ において，$a_1, a_2, a_3, \ldots$ が最初の有限個を除いて周期的となる必要十分条件は，a が 2 次の無理数，すなわち，有理数でなく整数係数 2 次方程式の解となることである．

必要条件であることは，有限単純連分数 $b = [a_0; a_1, \ldots, a_{n-1}, x]$ は x についての整数係数 1 次分数式であることと，$x = [a_0; a_1, a_2, \ldots, a_{n-1}, x]$ ならば，x は 2 次の無理数となることからわかる．

4 連分数の例

- $[a; a, a, \ldots] = \dfrac{a + \sqrt{a^2 + 4}}{2}$
- $\pi = \dfrac{4}{1+} \dfrac{1^2}{2+} \dfrac{3^2}{2+} \dfrac{5^2}{2+} \dfrac{7^2}{2+} \cdots$
  $= \dfrac{4}{1+} \dfrac{1^2}{3+} \dfrac{2^2}{5+} \dfrac{3^2}{7+} \dfrac{4^2}{9+} \cdots$
  $= 3 + \dfrac{1^2}{6+} \dfrac{3^2}{6+} \dfrac{5^2}{6+} \dfrac{7^2}{6+} \dfrac{9^2}{6+} \cdots$
- $e = [2; 1, 2, 1, 1, 4, 1, 1, 6, 1, 1, 8, 1, \ldots]$
  $= 1 + \dfrac{2}{1+} \dfrac{1}{2 \cdot 3+} \dfrac{1}{2 \cdot 5+} \dfrac{1}{2 \cdot 7+} \dfrac{1}{2 \cdot 9+} \cdots$
- $\tan z = \dfrac{z}{1+} \dfrac{-z^2}{3+} \dfrac{-z^2}{5+} \dfrac{-z^2}{7+} \cdots$
  $= \dfrac{1}{z^{-1}+} \dfrac{-1}{3z^{-1}+} \dfrac{-1}{5z^{-1}+} \dfrac{-1}{7z^{-1}+} \cdots$

[編集委員]

連立1次方程式

linear equations

1 連立1次方程式の行列表示

n 個の変数 $x_1, x_2, \ldots, x_n$ の連立1次方程式

$$(*) \begin{cases} a_{11}x_1 + a_{12}x_2 + \cdots + a_{1n}x_n = b_1 \\ a_{21}x_1 + a_{22}x_2 + \cdots + a_{2n}x_n = b_2 \\ \cdots\cdots \\ a_{n1}x_1 + a_{n2}x_2 + \cdots + a_{nn}x_n = b_n \end{cases}$$

は，

$$A = (a_{ij}),\ \mathbf{x} = (x_i),\ \mathbf{b} = (b_i)$$

とおくと，

$$A\mathbf{x} = \mathbf{b}$$

というように行列で表示できる．ここで，A は n 次の正方行列，$\mathbf{b}$ は n 次元ベクトルであり，連立1次方程式の n 個の解は，n 次元ベクトル $\mathbf{x}$ を求めることによって得られる．

2 クラメル (Cramer) の公式

上記の n 次正方行列 A が正則行列であるとき，すなわち，$|A| \neq 0$ であるとき，A の逆行列 A^{-1} が存在して，連立1次方程式の解は

$$\mathbf{x} = A^{-1}\mathbf{b}$$

で与えられる．したがって次が成り立つ．

定理1 (クラメルの公式) 連立方程式 $(*)$ は，$A \neq 0$ であるとき，その解は次の式によって一意的に与えられる．

$$x_j = \frac{1}{|A|}\Sigma_{i=1}^n b_i \Delta_{ij},$$

ただし，Δ_{ij} は a_{ij} の余因子である．

例1 2変数の連立1次方程式

$$\begin{cases} x_1 + 3x_2 = 7 \\ 2x_1 + x_2 = 4 \end{cases}$$

に対して，

$$A = \begin{pmatrix} 1 & 3 \\ 2 & 1 \end{pmatrix},\ \mathbf{b} = \begin{pmatrix} 7 \\ 4 \end{pmatrix}$$

ととると，$|A| = -5 \neq 0$ より A の逆行列が存在して，

$$\mathbf{x} = A^{-1}\mathbf{b}$$

$$= \frac{1}{-5}\begin{pmatrix} 1 & -3 \\ -2 & 1 \end{pmatrix}\begin{pmatrix} 7 \\ 4 \end{pmatrix} = \begin{pmatrix} 1 \\ 2 \end{pmatrix}$$

となり，

$$x_1 = 1,\ x_2 = 2$$

が得られる．

ところで $(*)$ の定数項がすべて 0，つまり $\mathbf{b} = 0$ であるとき，連立方程式の解として $\mathbf{x} = (0, 0, \ldots, 0)$ が得られる．このような解を**自明な解** (trivial solution) といい，次が成り立つ．

定理2 連立1次方程式

$$\begin{cases} a_{11}x_1 + a_{12}x_2 + \cdots + a_{1n}x_n = 0 \\ a_{21}x_1 + a_{22}x_2 + \cdots + a_{2n}x_n = 0 \\ \cdots\cdots \\ a_{n1}x_1 + a_{n2}x_2 + \cdots + a_{nn}x_n = 0 \end{cases}$$

が自明でない解をもつための必要十分条件は，係数の行列式 $|A| = 0$ である．

3 掃き出し法 (ガウスの消去法)

以上で述べたクラメルの公式を用いた連立1次方程式の解法は，理論的には可能であるが，実際には逆行列を求めるのが困難な場合もある．それに代わる方法が，掃き出し法であり，ガウスの消去法とも呼ばれ，具体的には次のような操作である．$(n, n+1)$ 型の行列 $(A, \mathbf{b})$ (拡大係数行列と呼ばれる) の最初の (n, n) 型の行列の部分が単位行列になるまで，行に関する基本変形を行ったとき，最後の第 $n+1$ 列が求める解ベクトルである．

例2 2変数の連立1次方程式

$$\begin{cases} x_1 + 3x_2 = 7 \\ 2x_1 + x_2 = 4 \end{cases}$$

を掃き出し法で解く．

$$(A, \mathbf{b}) = \begin{pmatrix} 1 & 3 & 7 \\ 2 & 1 & 4 \end{pmatrix} \longrightarrow \cdots \longrightarrow \begin{pmatrix} 1 & 0 & 1 \\ 0 & 1 & 2 \end{pmatrix}$$

したがって，

$$x_1 = 1,\ x_2 = 2$$

を得る．

［伊藤由佳理］

参 考 文 献

[1] 佐武一郎：線型代数学，裳華房，1958．
[2] 斎藤正彦：線型代数入門，東京大学出版会，1970．

論理記号

logical symbol

数学の命題を記述するために使われる記号を論理記号と呼ぶ．論理記号を用いて書かれた命題の否定などは，論理記号を機械的に置き換えて得られるので，証明において有効なことも多い．

論理記号としてよく使われるものには，以下に説明する $\neg, \wedge, \vee, \Rightarrow, \forall, \exists$ がある．また，$\Leftrightarrow, \exists!$ あるいは $\exists_1$ も使われる．

1　命題と論理

命題が成立するとき，命題は真であるという．そうでないときに命題は偽であるという．命題 A を，単独で書くときには，通常，命題 A が成立するという意味であると解釈する．

命題 A の否定命題を $\neg A$ あるいは $\overline{A}$ と書く．命題 $\neg(\neg A)$ は，命題 A である．たとえば，命題 A を「1 は整数である．」という命題とすると，命題 A は真の命題であり，$\neg A$ は「1 は整数ではない．」という偽の命題である．

二つの命題 A, B の両方が成立するという命題を，$A \wedge B$ と書く（A かつ B と読む）．二つの命題 A, B の一方または両方が成立するという命題を，$A \vee B$ と書く（A または B と読む）．たとえば，A を「2 は偶数である」という真の命題，B を「2 は負である」という偽の命題とすると，$A \wedge B$ は「2 は負の偶数である」という偽の命題であり，$A \vee B$ は，「2 は偶数であるか，または負の数である」という真の命題となる．

次のド・モルガンの法則が成り立つ：命題 $\neg(A \wedge B)$ は命題 $(\neg A) \vee (\neg B)$ と等しく，$\neg(A \vee B)$ は命題 $(\neg A) \wedge (\neg B)$ と等しい．

一つの命題 A またはその命題の否定がつねに成り立つということを公理とするが，この公理を排中律と呼ぶ．すなわち，$A \vee (\neg A)$ がつねに真であるということが，排中律の公理である．

命題 A が真ならば命題 B が真であるという命題を $A \Rightarrow B$ と書く（A ならば B と読む）．

$B \Rightarrow A$ を $A \Rightarrow B$ の逆，$(\neg A) \Rightarrow (\neg B)$ を $A \Rightarrow B$ の裏，$(\neg B) \Rightarrow (\neg A)$ を $A \Rightarrow B$ の対偶と呼ぶ．命題 $A \Rightarrow B$ が真であれば，対偶 $(\neg B) \Rightarrow (\neg A)$ も真である．

命題 $A \Rightarrow B$ は，命題 $(\neg A) \vee B$ と等しい．したがって，命題 $A \Rightarrow B$ の否定 $\neg(A \Rightarrow B)$ は，命題 $\neg((\neg A) \vee B)$，すなわち，命題 $A \wedge (\neg B)$ である．

命題 $A \Rightarrow B$ が真であり，命題 $B \Rightarrow C$ が真ならば，命題 $A \Rightarrow C$ が真であるという命題を三段論法と呼び，これも公理とする．すなわち，$((A \Rightarrow B) \wedge (B \Rightarrow C)) \Rightarrow (A \Rightarrow C)$ がつねに真であるということが，三段論法の公理である．

命題 $A \Rightarrow B$，命題 $B \Rightarrow A$ がともに真のとき，命題 A と命題 B は同値であるといい，$A \Leftrightarrow B$ と書く．定義から，$A \Leftrightarrow A$ はつねに成り立ち，$A \Leftrightarrow B$ ならば，$B \Leftrightarrow A$ であり，三段論法の公理から，$A \Leftrightarrow B, B \Leftrightarrow C$ ならば，$A \Leftrightarrow C$ である．

2　変数を含む命題

命題は変数 x を含んでいることが多く，そのような命題は，$A(x)$ のように書かれる．たとえば，命題 $A(x)$ を「$x > -1$」，命題 $B(x)$ を「$x < 1$」とすると，命題 $A(x) \wedge B(x)$ は，命題「$-1 < x < 1$」であり，命題 $A(x) \vee B(x)$ は，命題「x は実数」である．変数を含む命題の真偽は，一般には，変数に値を代入しなければ判定できない．

変数 x が考えているすべての値に対して真であるという命題を，$\forall x, A(x)$ と書き（すべての x に対し $A(x)$，あるいは任意の x に対し $A(x)$ と読み），命題が真であるような値が存在するという命題を，$\exists x, A(x)$ と書く（ある x が存在して $A(x)$，あるいは，$A(x)$ となる x が存在すると読む）．$\forall$ は全称記号，$\exists$ は存在記号と呼ぶ．全称記号のついた命題 $\forall x, A(x)$，存在記号のついた命題 $\exists x, A(x)$ は，変数を含まない命題になる．たとえば，命題 $A(x)$ を「$x > 1$」，命題 $B(x)$ を「$x > -1$」とすると，命題 $\forall x, A(x) \Rightarrow B(x)$ と命題 $\exists x, B(x) \wedge (\neg A(x))$ はともに真の命題，命題 $\forall x, B(x) \Rightarrow A(x)$ は偽の命題である．

$(A(x) \wedge A(y)) \Rightarrow (x = y)$ は，命題 $A(x)$ が真であるような変数 x はたかだか一つであるこ

とを述べている．命題 $A(x)$ が真であるような変数 x が存在し，ただ一つであること，すなわち，$(\exists x, A(x)) \wedge ((A(x) \wedge A(y)) \Rightarrow (x = y))$ を，$\exists!x, A(x)$ あるいは $\exists_1 x, A(x)$ と書く．たとえば，$A(x)$ を「x は $-1 < x < 1$ を満たす整数である」という命題とすると，$\exists!x, A(x)$ は，真の命題である．そのような x が存在しないか，または 2 個以上存在するとき，これは偽の命題となる．

命題 $\forall x, A(x)$ の否定命題 $\neg(\forall x, A(x))$ は，命題 $\exists x, \neg(A(x))$ である．命題 $\exists x, A(x)$ の否定命題 $\neg(\exists x, A(x))$ は，命題 $\forall x, \neg(A(x))$ である．

命題 $\forall x, (A(x) \Rightarrow B(x))$ は，しばしば，$A(x) \Rightarrow B(x)$ と略記される．命題 $\forall x, (A(x) \Rightarrow B(x))$ の否定は，命題 $\exists x, (A(x) \wedge \neg(B(x)))$ である．この命題を成立させる変数 x は，命題 $A(x) \Rightarrow B(x)$ の反例と呼ばれる．$A(x) \Rightarrow B(x)$ が成立しないことを示すことは，すなわち，$A(x)$ が成立し $B(x)$ が不成立となる変数 x を提示することである．たとえば，命題 $A(x)$ を「$x > 2$」，命題 $B(x)$ を「$x > -2$」とすると，命題 $B(x) \Rightarrow A(x)$ の反例は，$x = 0$ でも，$x = -1$ でも，$x = 1$ でもよい．

変数が多い命題も考えることができる．命題 $\forall x, \forall y, A(x, y)$ と命題 $\forall y, \forall x, A(x, y)$ は等しく，命題 $\exists x, \exists y, A(x, y)$ と命題 $\exists y, \exists x, A(x, y)$ も等しいが，命題 $\forall x, \exists y, A(x, y)$ と命題 $\exists y, \forall x, A(x, y)$ は等しくないので注意を要する．このような命題は，$A(x, y)$ に近い（すなわち 2 番目の）全称記号または存在記号により，変数が一つの命題になり，それに最初の全称記号または存在記号がついた命題と考える．たとえば，$A(x, y)$ を，実数に対する「$x < y$」という命題とすると，$\forall x, \exists y, x < y$ は，「任意の実数 x に対し，$x < y$ を満たす実数 y が存在する」という真の命題であるが，$\exists y, \forall x, x < y$ は，「ある実数 y で，すべての実数 x に対し $x < y$ を満たすものが存在する」という偽の命題である．

変数の数が多い場合でも，変数が一つの場合と同じ方法で命題の否定を作ることができる．命題 $\forall x, \exists y, A(x, y)$ の否定は $\exists x, \forall y, \neg A(x, y)$ である．

命題は，ある定まった集合 U の元について述べられることが多い．その集合を**全体集合**と呼び，その集合の元 x に対しての命題 $A(x)$ を満たす元の全体を $\{x \in U \mid A(x)\}$ を命題 $A(x)$ の真理集合と呼ぶ．命題 $A(x) \Rightarrow B(x)$ は真理集合の包含関係 $\{x \in U \mid A(x)\} \subset \{x \in U \mid B(x)\}$ に対応する．命題の $\neg$, $\wedge$, $\vee$ は，真理集合の補集合 ^{c}，共通部分 $\cap$, 和集合 $\cup$ に対応する．命題 $A(x) \Rightarrow B(x)$ の反例は，差集合 $\{x \in U \mid A(x)\} \setminus \{x \in U \mid B(x)\}$ の元である．

公理主義のもと，一般の命題は，それを定義する公理系に用いられる無定義用語の列からなる．公理から，命題論理の公理を用いて，真となる命題が真の命題と呼ばれる．公理系によらずつねに真となる命題はトートロジーと呼ばれる．たとえば，$(A \Rightarrow B) \Rightarrow ((A \wedge C) \Rightarrow (B \vee D))$ はトートロジーである．

3 命題の例

(1)「実数上の実数値連続関数の列 $\{f_i(x)\}_{i \in \mathbf{N}}$ が $f_\infty(x)$ に一様収束するならば，$f_\infty(x)$ は連続関数である．」という命題は，

$\forall \{f_i\}_{i \in \mathbf{N}}, \forall f_\infty,$
$(((\forall i \in \mathbf{N}, \forall x_0 \in \mathbf{R}, \forall \varepsilon_i > 0, \exists \delta_i > 0, \forall x \in \mathbf{R}, |x - x_0| < \delta_i \Rightarrow |f_i(x) - f_i(x_0)| < \varepsilon_i)$
$\wedge (\forall \varepsilon > 0, \exists n \in \mathbf{N}, \forall x \in \mathbf{R}, \forall m \in \mathbf{N}, m \geq n \Rightarrow |f_m(x) - f_\infty(x)| < \varepsilon))$
$\Rightarrow (\forall x_0, \forall \varepsilon > 0, \exists \delta > 0, \forall x, |x - x_0| < \delta \Rightarrow |f_\infty(x) - f_\infty(x_0)| < \varepsilon))$

と書かれる．

(2)「実数上の実数値連続関数の列 $\{f_i(x)\}_{i \in \mathbf{N}}$ が $f_\infty(x)$ に各点収束するならば，$f_\infty(x)$ は連続関数である．」という命題が正しくないことを示す反例 $\{f_i\}_{i \in \mathbf{N}}, f_\infty$ は，

$((\forall i \in \mathbf{N}, \forall x_0 \in \mathbf{R}, \forall \varepsilon_i > 0, \exists \delta_i > 0, \forall x \in \mathbf{R}, |x - x_0| < \delta_i \Rightarrow |f_i(x) - f_i(x_0)| < \varepsilon_i)$
$\wedge (\forall x \in \mathbf{R}, \forall \varepsilon > 0, \exists n \in \mathbf{N}, \forall m \in \mathbf{N}, m \geq n \Rightarrow |f_m(x) - f_\infty(x)| < \varepsilon))$
$\wedge (\exists x_0 \in \mathbf{R}, \exists \varepsilon > 0, \forall \delta > 0, \exists x \in \mathbf{R}, |x - x_0| < \delta \wedge |f_\infty(x) - f_\infty(x_0)| \geq \varepsilon))$

となるものである．

[編集委員]

日本語索引

数字・英字・記号

1 階の古典述語論理 [first order classical logic] 180
1 階偏微分方程式 [first-order partial differential equation] 23
1 点コンパクト化 [one-point compactification] 209
1 次結合 [linear combination] 111
1 次元拡散過程 [one-dimensional diffusion process] 71
1 次従属 [linearly dependent] 111
1 次独立 [linearly independent] 111
1 次微分形式 [canonical 1 form, canonical 1–form] 554
1 次分数変換 [linear fractional transformation] 19
1 重層ポテンシャル [single layer potential] 581
1 葉双曲面 [hyperboloid of 1 sheet] 317

2 階非線形双曲型方程式 [second order nonlinear hyperbolic equation] 479
2 次曲線 [quadric curve] 48
2 次曲面 [quadric surface] 446
2 次形式 [quadratic form] 161, 326
2 次変動（変分）過程 [quadratic variation process] 75, 607
2 重級数 [double series] 122
2 重共役 [double conjugate] 226
2 重極限 [double limit] 276
2 重指数関数型公式 [double exponential formula] 273
2 重周期関数 [doubly periodic function] 369
2 重数列 [double sequence] 122, 276
2 重積分 [double integral] 244
2 重線織面 [doubly ruled surface] 317
2 重層ポテンシャル [double layer potential] 581
2 重被覆 [double cover] 371
2 重複体 [double complex] 591
2 乗可積分 [square integrable] 222
2 成分反応拡散系 [two-component reaction-diffusion system] 471

3 次元カラビ–ヤウ多様体 [3-dimensional Calabi–Yau manifold] 93
3 次スプライン [cubic spline] 576
3 次方程式の解法 [solution of cubic equation] 363

4 次方程式の解法 [solution of quartic equation] 364
4 色定理 [four color theorem] 159, 642
4 色問題 [four color problem] 159, 642

5 項補題 [five lemma] 589

B–スプライン [B-spline] 284, 576

C^1 級関数 [function of class C^1] 102
C^n 級 [class C^n] 488
C^r 位相 [C^r topology] 659
C^r 級関数 [function of class C^r] 102
C^ω 級 [class C^ω] 103
C^∞ 級 [class C^∞] 102, 488, 554

D–加群 [D-module] 410

d.g.a. [differential graded algebra] 638

Fu–Kane–Mele 不変量 [Fu–Kane–Mele invariant] 507

G–軌道圏 [G-orbit category] 481

k 次の混合性 [k-fold mixing] 41
k 双対特異鎖 [differentiable singular k-cochain] 282
k 特異鎖群 [differentiable singular k-chains] 282
k 特異単体 [differentiable k-simplex] 282
K 変換 [K-automorphism] 41
K3 曲面 [K3 surface] 176, 354
K3 格子 [K3 lattice] 176
KdV 方程式 [KdV equation, Korteweg–de Vries equation] 178
KP 階層 [KP hierarchy] 179
KP 方程式 [Kadomtsev–Petviashvili equation] 179

l 進ガロア表現 [l-adic Galois representation] 279

Moore–Postnikov 分解 [Moore–Postnikov decomposition] 586

n 階差分 [difference of n-th order] 213
n 階差分方程式 [n-th order difference equation] 214
n 次ウィナー・カオス [n-th Wiener chaos] 25
n 次元位相多様体 [n-dimensional topological manifold] 380
n 次元輪環面 [n-dimensional torus] 43
n 重連結領域 [n-ply connected domain] 422
n 連結 [n-connected] 583

Ochanine 楕円種数 [Ochanine elliptic genus] 687

p 次（外）微分形式 [(exterior) differential form of degree p] 483
p 次平均収束 [convergence in p-th order mean] 85
p 進距離 [p-adic distance] 474
p 進数 [p-adic numbers] 474
p 進絶対値 [p-adic absolute value] 474
p 進付値 [p-adic valuation] 474
p 進ホッジ理論 [p-adic Hodge theory] 280
p 進有理数体 [field of p-adic rational numbers] 474
p 進有理整数環 [ring of p-adic rational integers] 474
Postnikov 分解 [Postnikov decomposition] 586
P vs NP 問題 [P versus NP problem] 609

R 行列 [R matrix] 679
(r,p)-準連続 [(r,p)-quasi-continuous] 603
(r,p)-容量 [(r,p)-capacity] 603
RSA 暗号 [RSA cryptosystem] 8

T 不変 [T-invariant] 442
T 不変集合 [T-invariant set] 39
T 不変測度 [T invariant measure] 39
T 不変部分空間 [T-invariant subspace] 263

Whitehead の定理 [Whitehead theorem] 584

日本語索引

Witten 種数 [Witten genus] 687

z–変換 [z-transform] 304

σ–ルベーグ・スペクトル [σ-Lebesgue spectrum] 41

あ 行

アイザックス方程式 [Isaacs equation] 459
アイゼンシュタイン拡大 [Eisenstein extension] 663
アイゼンシュタイン級数 [Eisenstein series] 616
アイソトピー [isotopy] 538, 612
アイソトピック [isotopic] 612
アイレンベルグ–マクレーン空間 [Eilenberg–McLane space] 234, 505, 586
アイレンベルグ–ムーア・スペクトラル系列 [Eilenberg–Moore spectral sequence] 500
アインシュタインの規約 [Einstein's convention] 555
アインシュタイン方程式 [Einstein's equation] 1
秋月の定理 [Akizuki theorem] 453
握手補題 [hand shaking lemma] 159
アスコリ–アルツェラの定理 [Ascoli–Arzela's theorem] 206
アダマールの変数低減法 [Hadamard's method of descent] 464
圧縮性オイラー方程式 [compressible Euler equation] 596
圧縮性ナヴィエ–ストークス方程式 [compressible Navier–Stokes equation] 596
アッペル超幾何関数 [Appell hypergeometric function] 400
アティヤー–シンガーの指数定理 [Atiyah–Singer index theorem] 3
アノソフ系 [Anosov system] 661
アノソフ葉層 [Anosov foliation] 640
アーノルド–オイラー–ポアンカレ方程式 [Arnold–Euler–Poincaré equation (AEP equation)] 57
アーノルド予想 [Arnold conjecture] 268
アフィン・スキーム [affine scheme] 277, 359
アフィン [affine] 521
アフィン座標 [affine coordinates] 145
アフィン座標環 [affine coordinate ring] 356
アフィン接続 [affine connection] 302
アフィン多様体 [affine variety] 356
アフィン・トーリック多様体 [affine toric variety] 440
アフィン平面 [affine plane] 231
アフィン変換 [affine transformation] 257
アーベル曲面 [abelian surface] 354
アーベル群 [abelian group] 167, 625
アーベル群の基本定理 [fundamental theorem of abelian groups] 238
アーベル圏 [abelian category] 191
アーベル多様体 [abelian variety] 5
アーベルの積分方程式 [Abel integral equation] 297
アポロニウスの円定理 [theorem of circles of Apollonius] 47
アメーバ [amoeba] 456
アラケロフ幾何学 [Arakelov geometry] 277
アルキメデス立体 [Archimedean solid] 293
アルティン加群 [Artinian module] 453
アルティン環 [Artin rings] 453
アルティン記号 [Artin symbol] 539
アルティン写像 [Artin map] 682
アルティン–シュライアー–ヴィット理論 [Artin–Schreier–Witt theory] 34
アルティンの一般相互法則 [Artin reciprocity law] 681
アルティン–ハッセ記号 [Artin–Hasse symbol] 680
アルティン表現 [Artin representation] 542
アルティン–リースの補題 [Artin–Rees lemma] 454
アルバネーゼ射 [Albanese morphism] 353
アルバネーゼ写像 [Albanese map] 7
アルバネーゼ多様体 [Albanese variety] 353
アルバネーゼ・ファイバー空間 [Albanese fiber space] 201
アールフォースの有限性定理 [Ahlfors finiteness theorem] 154
アレキサンダーの角つき球面 [Alexander horned sphere] 261
アレクサンダーの定理 [Alexander's theorem] 152
暗号 [cryptography, cipher] 8
暗号化 [encryption] 8
暗号文 [ciphertext] 8
安定 [stable] 174
安定過程 [stable process, stable motion] 92
安定写像 [stable map] 268
安定多様体 [stable manifold] 658, 661
安定分布 [stable law] 92
安定ホモトピー圏 [stable homotopy category] 684
鞍点 [saddle point] 185, 313, 658
鞍点型定式化 [saddle point formulation] 633
鞍点定理 [saddle point theorem] 313
暗黙の先頭ビット [implicit leading significand bit] 151

飯高ファイバー空間 [Iitaka fiber space] 201
飯高予想 [Iitaka conjecture] 201
石井の補題 [Ishii's lemma] 459
異種球面 [exotic sphere] 569
位数 [order] 167, 290, 369, 624, 662
位相 [topology] 10
位相幾何学的グラフ理論 [topological graph theory] 160
位相共役 [topologically conjugate] 659
位相空間 [topological space] 10
位相空間の次元 [dimension of topological spaces] 14
位相空間の分離公理 [separation axioms of topological spaces] 17
位相群 [topological group] 654
位相写像 [topological mapping] 12
位相推移的 [topologically transitive] 657
位相的性質 [topological property] 12
位相的生成元 [topological generator] 42
位相的内点 [topological interior point] 434
位相和 [topological sum] 13
一意化元 [uniformiser] 662
一意化定理 [uniformization theorem] 420, 668
一意分解整域 [unique factorization domain] 237
位置ベクトル [position vector] 549
一方向性関数 [one-way function] 8
一様収束 [uniform convergence] 21
一様凸 [uniformly convex] 469
一様有界性定理 [uniform boundedness theorem] 470
一様連続 [uniformly continuous] 695, 698
一価性定理 [monodromy theorem] 58
一致の定理 [identity theorem] 58, 401
一般化運動量 [generalized momentum] 61
一般角 [general angle] 219
一般化座標 [generalized coordinates] 60
一般化されたウィナー汎関数 [generalized Wiener functional] 602
一般化された同値 [generalized equivalent] 516
一般化されたポアンカレ予想 [generalized Poincaré conjecture] 569
一般化されたラプラシアン [generalized Laplacian] 248

日本語索引

一般化平均 [generalized mean] 221
一般線形群 [general linear group] 131
一般相対性原理 [general principle of relativity] 1
一般連続体仮説 [generalized continuum hypothesis] 461
イデアル [ideal] 68, 104, 361, 655
イデアル所属判定問題 [ideal membership problem] 165
イデアル層 [sheaf of ideals] 324
イデアル類群 [ideal class group] 361
イデール群 [idele group] 681
イデール類群 [idele class group] 681
伊藤–ウィナー展開 [Itô–Wiener expansion] 25
移動距離 [translation length] 20
伊藤積分 [Itô integral] 74
伊藤の公式 [Itô's formula] 74
伊藤の表現定理 [Itô's representation theorem] 25
岩澤主予想 [Iwasawa main conjecture] 53
岩堀–ヘッケ代数 [Iwahori–Hecke algebra] 153
陰関数定理 [implicit function theorem] 27, 536
因子 [divisor] 29
因子的層 [divisorial sheaf] 31
因数定理 [factor theorem] 376
因数分解 [factorization] 32
インスタントンフレアーホモロジー [instanton Floer homology] 175

ヴァーマ加群 [Verma module] 678
ヴァンデルモンデの行列式 [Vandermonde's determinant] 133
ヴィット環 [Witt ring] 33
ヴィット・デザイン [Witt design] 630
ヴィット・ベクトル [Witt vector] 33, 663
ウィナー過程 [Wiener process] 525
ウィナーの判定条件 [Wiener criterion] 402
ウエイト加群 [weight module] 678
ウエイト空間 [weight space] 678
ヴェイユ因子 [Weil divisor] 31
ヴェイユ・コホモロジー [Weil cohomology] 280
ヴェイユ準同型 [Weil homomorphism] 429
ヴェイユ予想 [Weil conjecture] 280
上つき分岐群 [upper ramification group] 541
上に有界 [bounded from above, bounded above] 252, 275
ウェーブレット [wavelet] 35
ウェーブレットパケット [wavelet packet] 37
ウェーブレット変換 [wavelet transform] 35
ヴェンツェルの境界条件 [Wentzell's boundary condition] 72
ヴォルテラ型積分方程式 [integral equation of Volterra type] 297
魚返の最大値原理 [(weak) maximum principle] 582
動く特異点 [movable singular point] 255
薄板スプライン [thin plate spline] 285
宇宙定数 [cosmological constant] 2
埋め込み [embedding] 12, 160, 381
裏 [reverse] 120, 701
ウリゾーンの補題 [Urysohn's lemma] 18, 696
上向き横断回数 [upcrossing number] 608
運動群 [group of motions] 257
運動量作用素 [energy–momentum operator] 248
運動量写像 [moment map] 268

エイリアシング [aliasing] 222
枝 [branch] 158
エタール・コホモロジー [étale cohomology] 278
エタール・サイト [étale site] 278

エネルギー [energy] 582
エネルギー原理 [energy principle] 582
エネルギー量子化 [energy quantization] 478
エノン写像 [Hénon map] 514
エフェクティブ [effective] 407
エプシロン–デルタ論法 [ε–δ argument] 38, 135
エリアシュベルグの定理 [theorem of Eliashberg] 300
エリオットの予想 [Elliott conjecture] 215
エルガマル暗号 [ElGamal cryptosystem] 8
エルゴード仮説 [ergodic hypothesis] 39
エルゴード定理 [ergodic theorem] 39
エルゴード的変換 [ergodic transformation] 39
エルゴード理論 [ergodic theory] 39
エルブランの定理 [Herbrand's theorem] 541
エルマン環 [Herman ring] 513
エルミート–アインシュタイン計量 [Hermite–Einstein metric] 174
エルミート–アインシュタイン接続 [Hermite–Einstein connection] 174
エルミート関数 [Hermite function] 44
エルミート行列 [hermitian matrix] 205
エルミート形式 [hermitian form] 326
エルミート計量 [hermitian metric] 187
エルミート計量線形空間 [hermitian metric linear space] 325
エルミート対称空間 [hermitian symmetric space] 344
エルミート対称領域 [hermitian symmetric domain] 424
エルミート内積 [hermitian inner product] 325, 550
エルミートの多項式 [Hermite polynomial] 44
エルミートの微分方程式 [Hermite's differential equation] 44
エルミート変換 [hermitian transformation] 205
エルミート補間 [Hermite interpolation] 576
円 [circle] 45
円環域予想 [annulus conjecture] 261
円周 [circumference] 45
円周角の定理 [inscribed angle theorem] 46
縁集合 [border set] 558
円周等分多項式 [cyclotomic polynomial] 52
円周率 [π] 47
円錐 [circular cone] 48
円錐曲線 [conic section] 48
円柱座標 [cylindrical coordinate] 137
延長 [extension] 663
エントロピー [entropy] 42, 50, 595
円板 [circular disk] 45
円分拡大 [cyclotomic extension] 53
円分指標 [cyclotomic character] 52
円分体 [cyclotomic field] 52
エンリケス曲面 [Enriques surface] 354

オイラー回路 [Euler circuit] 160
オイラー小道 [Euler trail] 160
オイラー数 [Euler number] 54
オイラー積分表示 [Euler integral expression] 399
オイラーの規準 [Euler's criterion] 547
オイラーの公式 [Euler's formula] 220, 228, 348
オイラーの多面体定理 [Euler's theorem on polyhedra] 54, 293
オイラーの定数 [Euler constant] 109
オイラーの定理 [Euler's theorem] 260
オイラーの一筆書き定理 [theorem of Eulerian paths] 160
オイラー標数 [Euler characteristic] 54
オイラー–ポアンカレ標数 [Euler–Poincaré characteristic] 54, 669

日本語索引

オイラー方程式 [Euler equation] 56, 61, 445
オイラー–ラグランジュ方程式 [Euler–Lagrange equation] 61, 477
オイラー類 [Euler class] 55, 429
扇 [fan] 442
黄金比 [golden mean] 449
横断線 [cross cut] 420
横断線の基本列 [fundamental sequence of cross cuts] 420
横断的 [transversal] 89
岡の定理 [Oka's theorem] 113, 114
岡の分解列 [Oka's syzygies] 114
大きな帰納的次元 [large inductive dimension] 14
オーディナル数 [ordinal number] 460
オメガスペクトラム [omega spectrum] 684
重さ [weight] 515
重み付き射影空間 [weighted projective space] 442
重み付き平均 [weighted mean] 221
オルンシュタイン–ウーレンベック過程 [Ornstein–Uhlenbeck process] 72
オルンシュタイン–ウーレンベック半群 [Ornstein–Uhlenbeck semigroup] 601

か 行

開埋め込み [open immersion] 441
外延性 [extensionality] 195
外延性の公理 [axiom of extensionality] 194
開基 [open base] 11
開球体 [open ball] 125
開区間 [open interval] 433
外在幾何 [extrinsic geometry] 67
解釈 [interpretation] 180
開写像 [open mapping] 12
開写像定理 [open mapping theorem] 308, 469
開集合 [open set] 10, 695
開集合条件 [open set condition] 528
開集合の公理 [axiom of open sets] 10
概収束 [almost sure convergence] 84, 85
階乗 [factorial] 251
階数 [rank] 196, 323
開星状体 [open star] 388
外正則性 [outer regularity] 336
外積 [exterior product] 419, 483, 550
解析接続 [analytic continuation] 58, 113
外積代数 [exterior algebra] 419
解析的 [analytic] 58
解析的階層 [analytic hierarchy] 197
解析的形成体 [analytic configuration] 59
解析的集合 [analytic set] 113
解析的半群 [analytic semigroup] 218
解析力学 [analytical mechanics (dynamics)] 60
外測度 [outer measure] 334, 463
階段関数 [step function] 691
回転 [rotation] 42
回転群 [rotation group] 124, 131
回転数 [rotation number, winding number] 144
解の基本系 [fundamental system of solutions] 315
外微分 [exterior differentiation] 483
概複素構造 [almost complex structure] 510
外容量 [outer capacity] 582
開リーマン面 [open Riemann surface] 671
ガウス型公式 [Gaussian quadrature rules] 273
ガウス過程 [Gaussian process] 63

ガウス曲率 [Gaussian curvature] 147, 666
ガウス–クロンロッドの公式 [Gauss–Kronrod quadrature rules] 273
ガウス写像 [Gauss map] 157, 236
ガウス超幾何微分方程式 [Gauss hypergeometric equation] 399
ガウスの驚異の定理 [theorema egregium] 148
ガウスの公式 [Gauss formula] 666
ガウスの消去法 [Gaussian elimination] 700
ガウスの数値積分法 [Gauss quadrature formula] 406
ガウスの超幾何関数 [Gauss hypergeometric function] 399
ガウスの定理 [Gauss' theorem] 281, 487
ガウスの発散定理 [Gauss' divergence theorem] 65
ガウスの方程式 [Gauss equation] 148
ガウスの補題 [Gauss' lemma] 666
ガウス分布 [Gaussian distribution] 392
ガウス平面 [Gauss plane] 509
ガウス–ボンネ–チャーンの定理 [Gauss–Bonnet–Chern theorem] 67
ガウス–ボンネの定理 [Gauss–Bonnet theorem] 3, 66, 236, 429
ガウス–ボンネの定理の局所版 [local Gauss–Bonnet theorem] 66
ガウス–マニン接続 [Gauss–Manin connection] 400
ガウス–マルコフの定理 [Gauss–Markov theorem] 210
ガウス和 [Gaussian sum] 110
ガウス–ワイエルシュトラス核 [Gauss–Wierstrass kernel] 532, 533, 564
カオスの伝播 [propagation of chaos] 596
可解 [resolutive] 402
可解群 [solvable group] 95
可換 [commutative] 167
可換位相群 [commutative topological group] 654
可換環 [commutative ring] 68, 104, 289
可換群 [commutative group] 167
可換図式 [commutative diagram] 589
鍵 [key] 8
鉤の長さ公式 [hook length formula] 620
可逆 [invertible] 264, 612
可逆層 [invertible sheaf] 29, 323
下極限 [limit inferior] 136, 252
核 [kernel] 104, 191, 311, 324, 487
拡散過程 [diffusion process] 71, 604
拡散係数 [diffusion coefficient] 471
拡散不安定性 [diffusion–driven instability] 472
拡大係数行列 [enlarged coefficient matrix] 700
拡大ゴーレイ符号 [extended Golay code] 516
拡大線形符号 [extended linear code] 516
拡大相空間 [extended phase space] 61
拡大体 [extended field] 95, 105
角谷の不動点定理 [Kakutani fixed point theorem] 522
拡張ゴーレイ符号 [extended Golay code] 630
拡張されたユークリッドの互除法 [extended Euclidean algorithm] 338
確定特異点 [regular singularity] 411
カークの不動点定理 [Kirk fixed–point theorem] 521
確率 [probability] 76
確率過程 [stochastic process] 73
確率空間 [probability space] 73, 77
確率収束 [convergence in probability] 84, 85
確率積分 [stochastic integral] 74, 75
確率測度 [probability measure] 73, 77
確率微分 [stochastic differential] 74

確率微分方程式 [stochastic differentail equation]　79
確率分布 [probability distribution]　81, 83, 210
確率変数 [random variable]　76, 83
確率変数列の収束 [convergence of random varaiables]　85
確率モデル [stochastic model]　76
下限 [infimum]　252
ガーサイドの標準形 [normal form of Garside]　153
可算加法性 [σ-additivity]　77
可算個 [countable]　180
可算選択公理 [axiom of countable choice]　321
可算重複度のルベーグ・スペクトル [Lebesgue spectrum with countable multiplicity]　41
可算無限 [countable infinity]　87
可算無限集合 [countably infinite set]　87
加重平均 [weighted mean]　221
可除代数 [division algebra]　224, 523
カステルヌォーヴォーの有理性判定法 [Castelnuovo's criterion on rationality]　353
可積分な接続 [integrable connection]　410
仮想基本類 [virtual fundamental class]　268
仮想仕事の原理 [principle of virtual work]　60
可測基数 [measurable cardinal]　197, 321, 691
可測集合 [measurable set]　334
カップ積 [cup product]　594
カーディナル数 [cardinal number]　460
カテノイド [catenoid]　148
渦度（場）[vorticity]　57, 445
過渡的 [transient]　605
ガトーの導関数 [Gâteaux derivative]　535
ガトー微分可能 [Gâteaux differentiable]　535
下半連続関数 [lower semicontinuous function]　430, 698
可微分空間 [differentiable space]　686
可微分作用 [smooth action]　559
可微分写像 [differentiable map]　88
可微分ファイバー束 [smooth fiber bundle]　504
可分 [separable]　494
加法 [addition]　167
加法過程 [additive process]　90
加法関手 [additive functor]　191
加法群 [additive group]　167
加法圏 [additive category]　190
加法公式 [addition formula]　219
可約配置 [reducible configuration]　642
可容 [capacitable]　582
カラテオドリの定理 [Carathéodory theorem]　615
カラビ–ヤウ多様体 [Calabi–Yau manifold]　93
絡み数 [linking number]　613
絡み目 [link]　613
ガーランド–ラスナサン–クイレンの定理 [Garland–Rathunathan–Quillen theorem]　687
カリスティの不動点定理 [Caristi fixed-point theorem]　520
カルダーノの公式 [Cardano's rule]　363
カルタン行列 [Cartan matrix]　415
カルタン対合 [Cartan involution]　423
カルタンの公式 [Cartan formula]　486
カルタン部分環 [Cartan subalgebra]　415
カルティエ因子 [Cartier divisor]　29
ガレルキン法 [Galerkin method]　562
ガロア拡大 [Galois extension]　96
ガロア群 [Galois group]　96
ガロア・コホモロジー群 [Galois cohomology group]　524
ガロア体 [Galois field]　627
ガロア理論 [Galois theory]　95

川又–ショクロフの固定点自由化定理 [Kawamata–Shokurov's base point freeness theorem]　353
川又–フィーヴェックの消滅定理 [Kawamata–Viehweg vanishing theorem]　330
環 [ring]　104
関係 [relation]　242
関係層 [sheaf of relations]　113
関手 [functor]　189
関手テンソル積 [functor tensor product]　501
関手余テンソル積 [functor cotensor product]　501
環上の加群 [modules over a ring]　98
関数 [function]　101, 242
関数環 [function algebra]　697
関数関係不変の原理 [permanence of functional relations]　58
関数要素 [function element]　58
間接証明法 [indirect proof]　117
完全 [exact]　589
完全加法族 [σ-algebra]　333
完全可約 [completely reducible]　625
完全関手 [exact functor]　99, 191, 590
完全グラフ [complete graph]　158
完全形式 [extact form]　436
完全 k 部グラフ [complete k-partite graph]　158
完全系列 [exact sequence]　484, 589
完全交叉 [complete intersection]　70
完全シンプレクティック微分同相写像 [exact symplectic diffeomorphism]　267
完全正規直交ウェーブレット [complete orthonormal wavelet]　36
完全正規直交系 [complete orthonormal system]　494
完全正則空間 [completely regular space]　17
完全積分可能 [completely integrable]　62
完全積分可能条件 [complete integrability condition]　640
完全体 [perfect field]　627
完全不変量 [complete invariant]　42
完全分解 [split completely]　540
完全分岐 [totally ramified]　540
完全マッチング [perfect matching]　160
完全ラインハルト領域 [complete Reinhardt domain]　291
完全列 [exact sequence]　99
完全連続作用素 [completely continuous operator]　206
環付き空間 [ringed space]　358
カントール集合 [Cantor set]　107, 528
カントールの 3 進集合 [Cantor ternary set, Cantor middle third set]　107, 209
カントールの対角線論法 [Cantor's diagonal argument]　87
カントールのパラドックス [Cantor's paradox]　195
カントール–ベルンシュタインの定理 [Cantor–Bernstein theorem]　460
カントロビッチの定理 [Kantorovich theorem]　449
環の層 [sheaf of rings]　322
完備 [complete]　149, 334, 442, 454, 494, 665
完備化 [completion]　149, 232, 467, 662
完備性 [completeness]　275
完備離散付値環 [complete discrete valuation ring]　662
ガンマ関数 [gamma function]　109
簡約代数群 [reductive group]　171
関連収束半径 [associated convergence radius]　291

木 [tree]　158
擬凹 [quasi-concave]　184
幾何学的イデアル層 [geometric ideal sheaf]　113
幾何学的差分 [geometric difference]　213

幾何学（的）実現 [geometric realization] 388, 501
幾何学的に既約 [geometrically irreducible] 201
幾何学的量子化 [geometric quantization] 268
幾何化予想 [geometrization conjecture] 383, 570
幾何級数 [geometric series] 121
幾何構造 [geometric structure] 383
幾何種数 [geometric genus] 353, 673
幾何的有限 [geometrically finite] 155
幾何平均 [geometric mean] 221
擬逆 [quasi–inverse] 190
擬球 [pseudosphere] 490
擬局所単連結 [semi-locally simply connected] 482
疑似ニュートン法 [quasi Newton method] 449
擬似乱数 [pseudorandom numbers] 651
基数 [cardinal number] 269
奇数位数定理 [odd order theorem] 625
擬正則曲線 [pseudoholomorphic curve] 268
基礎空間 [base space] 76
基礎体 [basic field, ground field] 131
基礎の公理 [axiom of foundation] 196
基底 [basis] 11, 111, 311
奇点定理 [odd point theorem] 159
軌道 [orbit] 43, 168, 389, 537, 657
擬等角 [quasiconformal] 365
擬等角写像類群 [quasiconformal mapping class group] 366
軌道空間 [orbit space] 559
軌道体 [orbifold] 383
擬凸 [quasi-convex] 184
擬凸領域 [pseudoconvex domain] 113
帰納系 [inductive system] 249
帰納的 [recursive] 180
帰納的可算 [recursively enumerable] 181
帰納的極限 [inductive limit] 249
帰納的順序 [inductive order] 321
擬微分作用素 [pseudodifferential operator] 115
帰謬法 [reductio ad absurdum] 117
擬フックス群 [quasi–Fuchsian group] 154
基本開集合 [basic open set] 11
基本グルーポイド [fundamental groupoid] 480
基本群 [fundamental group] 118, 481, 583, 668
基本形式 [fundamental form] 187
基本周期 [fundamental period] 369
基本単数 [fundamental unit] 361
基本類 [fundamental class] 567
基本ルート [fundamental root] 415
基本列 [fundamental sequence] 494
逆 [converse] 120, 701
既約イデアル [irreducible ideal] 70
逆関数定理 [inverse function theorem] 536, 677
逆行列 [inverse matrix] 134
逆極限 [inverse limit] 249
逆系 [inverse system] 249
既約元 [irreducible element] 237
逆元 [inverse element] 167
逆格子 [reciprocal lattice] 507
逆作用素 [inverse operator] 468
逆三角関数 [inverse trigonometric function] 220
逆写像 [inverse map, inverse mapping] 101
逆写像定理 [inverse function theorem] 27
既約剰余類群 [primitive residue class group] 260
逆数学 [reverse mathematics] 183
既約正則シンプレクティック多様体 [irreducible holomorphic symplectic manifold] 93

逆 z–変換 [inverse z-transform] 304
逆像 [inverse image] 101, 242
逆像関手 [inverse image functor] 324
逆多元環 [opposite algebra] 523
既約多項式 [irreducible polynomial] 32
既約的 [irreducible] 605
既約表現 [irreducible representation] 124, 169, 625
逆フーリエ変換 [inverse Fourier transform] 222, 533
逆問題 [inverse problem] 297
キャッソン・ハンドル [Casson handle] 570
キャップ積 [cap product] 594
キャンベル–ハウスドルフの公式 [Campbell–Hausdorff formula] 656
吸引的固定点 [attracting fixed point] 19
球型 [spherical] 342
急減少関数 [rapidly decreasing function] 265
球座標 [spherical coordinate] 137
吸収的零 [absorbing zero] 455
吸収壁 [absorbing barrier] 72
級数 [series] 121
求積法 [quadrature] 254
球体 [ball, solid sphere] 125
球体モデル [disk model] 492
球面 [sphere] 125
球面距離 [spherical metric] 509
球面計量 [spherical metric] 490
球面三角形 [spherical triangle] 126
球面調和関数 [spherical harmonics] 123
行 [row] 129
鏡映 [reflection] 404
共役差積 [different] 540
境円 [horocycle] 20
強横断条件 [strong transversality condition] 661
境界 [boundary] 11
境界作用素 [boundary operator] 589
境界準同型写像 [boundary homomorphism] 592
境界条件 [boundary condition] 565, 650
境界値問題 [boundary value problem] 565, 650
狭義安定過程 [strictly stable process] 92
狭義帰納的極限 [strict inductive limit] 309
狭義双曲型 [strictly hyperbolic] 327
狭義単調関数 [strictly monotone function] 622
狭義単調減少 [strictly decreasing] 622
狭義単調増加 [strictly increasing] 622
強擬凸関数 [strongly pseudoconvex function] 114
強擬凸境界 [strictly pseudoconvex boundary] 300
強擬凸領域 [strictly pseudoconvex domain] 300
狭義の凸関数 [strictly convex function] 433
境球 [horosphere] 20
強局所性 [strongly local property] 414
強局所定錐条件 [strong local constant cone condition] 341
共形写像 [conformal mapping] 145
強混合的 [strongly mixing] 41
強再帰的 [strongly recurrent] 40
共終可能問題 [problem of possible cofinality] 462
共終数 [cofinality] 461
強収束 [strong convergence] 469
共焦2次曲面 [confocal quadric] 447
共線写像 [collineation] 230
共線変換 [collineation] 230
強双曲型 [strongly hyperbolic] 328
競争系 [competition system] 472
強双対空間 [strong dual space] 309

行挿入 [row–insertion]　621
強多重劣調和関数 [strongly plurisubharmonic function]　114
協調系 [cooperation system]　472
共通零点 [common zero]　495
強度 [intensity]　90
強導関数 [strong derivative]　535
行の累次級数 [repeated series by rows]　122
強微分可能 [strongly differentiable]　340, 535
共変関手 [covariant functor]　118, 190
強偏導関数 [strong derivative]　340
強マルコフ過程 [strong Markov process]　605
強マルコフ性 [strong Markov property]　414, 605
強無限公理 [axiom of strong infinity]　197, 461
共鳴定理 [resonance theorem]　470
共役 [conjugate]　168, 624
共役関数 [conjugate function]　432
共役作用素 [adjoint operator]　207, 226
共役点 [conjugate point]　332
共役フーリエ級数 [conjugate Fourier series]　531
共役ポアソン核 [conjugate Poisson kernel]　531
共役類 [conjugacy class]　168, 624
強有界 [strongly bounded]　470
協力ゲーム [cooperative game]　184
行列 [matrix]　129
行列群 [matrix group]　131
行列式 [determinant]　133
強連続 [strongly continuous]　247
極 [pole]　137
極形式 [polar form]　509
極限 [limit]　22, 38, 121, 135, 149, 275, 469, 591
極限集合 [limit set]　154, 657
極限順序数 [limit ordinal]　196
極座標 [polar coordinates]　137, 145
極軸 [polar axis]　137
極集合 [polar set]　402
局所安定多様体 [local stable manifold]　658, 661
極小 [minimal]　638
極小曲面 [minimal surface]　139, 148, 352
極小条件 [minimality condition]　320
極小素因子 [minimal prime ideal]　68
極小モデル [minimal model]　139, 638
極小モデル理論 [minimal model theory]　139, 352, 637
局所化 [localization]　141
局所環 [local ring]　141, 142, 357
局所環付き空間 [local–ringed space]　358
局所環付き空間の射 [morphism of local ringed spaces]　358
局所強安定多様体 [local strongly stable manifold]　661
局所強不安定多様体 [local strongly unstable manifold]　661
局所構造 [local structure]　631
局所コンパクト空間 [locally compact space]　209
局所コンパクト群 [locally compact group]　654
局所座標 [local coordinate]　349, 380
局所指数定理 [local index theorem]　4
局所自明化 [local trivialization]　503
局所自由層 [locally free sheaf]　323
局所対称空間 [locally symmetric space]　342
局所単項式順序 [local monomial order]　166
局所定数層 [locally constant sheaf]　410
局所的性質 [local property]　142
局所的な台 [local support]　284
局所等質リーマン構造 [locally homogeneous Riemannian structure]　383
局所凸空間 [locally convex space]　308

局所不安定多様体 [local unstable manifold]　658, 661
局所マクスウェル分布 [local Maxwellian distribution]　596
局所有限 [locally finite]　209
局所類体論 [local class field theory]　682
曲線 [curve]　143
曲線座標 [curvilinear coordinates]　145
曲線要素 [line element]　318
極大イデアル [maximal ideal]　105
極値 [extremum]　488
極表示 [polar expression]　270
曲面 [surface]　147
曲面論の基本定理 [fundamental theorem of surface theory]　148
曲率 [curvature]　55, 143, 343, 429
曲率円 [circle of curvature]　143
曲率形式 [curvature form]　303
曲率最小性 [minimum curvature property]　576
曲率中心 [center of curvature]　143
曲率テンソル [curvature tensor]　301, 556, 666
虚軸 [imaginary axis]　270, 509
巨大基数 [huge cardinal]　197
虚無限素点 [imaginary inifinite place]　542, 680
許容関数 [admissible function]　561
距離 [distance]　159
距離位相 [metric topology]　10
距離外測度 [metric outer measure]　463
距離関数 [metric, distance function]　86
距離空間 [metric space]　86, 149
キルヒホッフの公式 [Kirchhoff's formula]　464
近似計算 [approximate computation]　150
近似形式 [approximating form]　413
近傍 [neighborhood]　11
近傍基 [neighbourhood basis]　11
近傍系の公理 [axiom of neighborhood system]　11

空間グラフ [spatial graph]　160
空間的に同型 [spatially isomorphic, metrically isomorphic]　40
空集合 [empty set]　195
偶数丸め [rounding ties to even]　150
偶置換 [even permutation]　626
茎 [stalk]　323
楔 [wedge]　321
クザン I 問題 [first problem of Cousin]　113
クザン II 問題 [second problem of Cousin]　113
クプカースメール系 [Kupka–Smale system]　659
組合せ [combination]　251
組みひも [braid]　613
組みひも群 [braid group]　152, 613
クライマンの判定法 [Kleiman's criterion]　30
クライン群 [Kleinian group]　154
クラインの壺 [Klein bottle]　671
グラウエルト領域 [Grauert domain]　300
クラス C 多様体 [manifold of class C]　188
グラスマン代数 [Grassmann algebra]　419
グラスマン多様体 [Grassmann manifold, Grasmann variety]　156, 357, 424, 655
グラフ [graph]　101, 158, 242
グラフ理論 [graph theory]　158
グラム行列 [Gram matrix]　419
クラメルの公式 [Cramer's formula]　700
クリスタリン・コホモロジー [crystalline cohomology]　278
クリストッフェル–ダルブーの公式 [Christoffel–Darboux

formula] 405
グリースマ限界式 [Griesmer bound] 516
クリフォード–クライン形 [Clifford–Klein form] 655
クリフォード群 [Clifford group] 162
クリフォード代数 [Clifford algebra] 161
グリーン関数 [Green function] 367, 565
グリーンの公式 [Green's formula] 163
グリーンの定理 [Green's theorem] 281, 487
グルーポイド [groupoid] 480
クルルの共通部分定理 [intersection theorem of Krull] 454
クルルの標高定理 [Krull's height theorem] 29, 69
グレイの安定性定理 [Gray's stability theorem] 300
クレイの問題 [Clay's millennium problem] 609
グレブナー基底 [Gröbner base] 164
クレンショウ–カーチスの公式 [Clenshaw–Curtis quadrature rules] 273
クロネッカー–ウェーバーの定理 [Kronecker–Weber theorem] 52, 681
グロブマン–ハートマンの定理 [Grobman–Hartman theorem] 658
グロモフ–ウィッテン不変量 [Gromov–Witten invariant] 268
群 [group] 167
群の表現 [representation of groups] 169
クンマー曲面 [Kummer surface] 176
クンマーの合流型超幾何関数 [Kummer's confluent hypergeometric function] 400
群論 [group theory] 95

形 [shape] 620
経験分布 [empirical distribution] 546
計算可能関数 [computable function] 394
計算類体論 [computational class field theory] 681
形式的 [formal] 639
形式的べき級数 [formal power series] 172
形式的べき級数環 [formal power series ring] 172
罫線 [ruling] 316
計量線形空間 [metrized linear space] 325
下界 [lower bound] 252
ゲージ変換群 [gauge transformation group] 174
ゲージ理論 [gauge theory] 174, 386
結合法則 [associative law] 167
結婚定理 [marriage theorem] 160
結託 [coalition] 185
決定可能 [decidable] 394
決定集合 [determining set] 291
決定性 [deterministic] 394
決定性公理 [axiom of deteminacy, determinateness] 197
決定方程式 [indicial equation] 214
ゲーデルの完全性定理 [Gödel's completeness theorem] 180
ゲーデルの不完全性定理 [Gödel's incompleteness theorem] 182
ゲーデル文 [Gödel sentence] 182
外法線微分 [outer normal derivative] 298
ゲーム理論 [game theory] 184
ケーラー形式 [Kähler form] 187
ケーラー計量 [Kähler metric] 187
ケーラー錐 [Kähler cone] 176
ケーラー多様体 [Kähler manifold] 579
ケーラー等式 [Kähler identity] 580
ケーラー類 [Kähler class] 187
ケーリーの八元数 [Cayley's octonions] 225
ゲルファント–ナイマルクの定理 [Gelfand–Naimark theorem] 215

ゲルファント変換 [Gelfand transform] 466
ゲルファント–マズールの定理 [Gelfand–Mazur's theorem] 465
ケロッグの定理 [Kellogg's theorem] 402
圏 [category] 189
元 [element] 194, 241
弦 [chord] 45, 125
牽引曲線 [tractrix] 490
限界距離復号法 [bounded distance decoding] 515
原始関数 [primitive function] 289, 296
原始コホモロジー [primitive cohomology] 580
原始根 [primitive root] 260
懸垂 [suspension] 657
源点 [source] 658

弧 [arc] 45
語 [predicate] 180
コア [core] 185
コアの存在定理 [existence theorem of core] 186
公開鍵暗号 [public–key cryptosystem] 8
交換子 [commutator] 625
広義カラビ–ヤウ多様体 [generalized Calabi–Yau manifold] 93
広義固有空間 [generalized eigenspace] 263
広義固有ベクトル [generalized eigenvector] 263
広義特異点解消 [resolution of singularities in broad sense] 427
交項級数 [alternating series] 121
交叉数 [intersection number] 568
降鎖律 [discending chain condition] 320
格子 [lattice] 616, 630
高次元局所類体論 [higher–dimensional local class field theory] 682
高次元大域類体論 [higher–dimensional global class field theory] 682
高次順像関手 [higher direct image functor] 329
高次導関数 [derived function of higher order] 488
後者順序数 [successor ordinal] 196, 461
合成 [composition] 189
構成可能公理 [axiom of constructibility] 461
構成可能層 [constructible sheaf] 411
合成写像 [composite map] 243
構造安定 [structurally stable] 659
構造群 [structure group] 503
構造層 [structure sheaf] 113, 323
構造方程式 [structure equation] 429
高速ウェーブレット変換 [fast wavelet transform, FWT] 36
高速フーリエ変換 [fast Fourier transform] 192
交代 [alternating] 555
交代化作用素 [alternizer] 419
交代群 [alternating group] 626, 629
後退差分 [backward difference] 213
交代和 [alternating sum] 55
交点行列 [intersection matrix] 385
交点形式 [intersection form] 385
交点数 [intersection number] 385
合同 [congruent] 257
恒等作用素 [identity operator] 468
合同式 [congruence] 259
恒等写像 [identity map] 189, 243
合同ゼータ関数 [congruence zeta-function] 280, 628
合同変換 [congruent transformation] 256
合同変換群 [group of congruent transformations] 257

公倍数 [common multiple]　338
厚部分 [thick part]　155
興奮–抑制系 [activator–inhibitor system]　472
公約数 [common divisor]　338
公理 [axiom]　180
公理 A 系 [Axiom A]　661
公理的集合論 [axiomatic set theory]　194, 241
合流型超幾何関数 [confluent hypergeometric function]　400
コーエンの構造定理 [Cohen's structure theorem]　173
コーエンの定理 [Cohen's theorem]　453
コーエン–マコーレー環 [Cohen–Macaulay ring]　70, 307
互換 [transposition]　133, 626
コクセター群 [Coxeter group]　415
コクセター図形 [Coxeter diagram]　416
コサイン [cosine, cos]　219
コーシー–コワレフスキーの定理 [Cauchy–Kowalevski theorem]　24, 198
コーシー–シュバルツの不等式 [Cauchy–Schwarz inequality]　122
コーシー数列 [Cauchy sequence]　275
コーシー積級数 [Cauchy product]　122
コーシーの積分公式 [Cauchy's integral formula]　199
コーシーの積分定理 [Cauchy's integral theorem]　199, 289
コーシーの定理 [Cauchy's theorem]　624
コーシー問題 [Cauchy problem]　23, 255
弧状連結 [arcwise connected]　12
コーシー–リーマンの方程式 [Cauchy–Riemann's equation]　288
コーシー列 [Cauchy sequence]　135, 149, 494
個人合理性 [individual rationality]　185
小平–秋月–中野の消滅定理 [Kodaira–Akizuki–Nakano vanishing theorem]　580
小平次元 [Kodaira dimension]　200, 352
小平–中野の公式 [Kodaira–Nakano formula]　580
小平の消滅定理 [Kodaira vanishing theorem]　305, 330
小平ファイバー [Kodaira fiber]　201
コダッチ方程式 [equation of Codazzi]　148
コチェイン写像 [cochain map]　282
コチェイン複体 [cochain complex]　436
弧長による助変数表示 [parametrization by arc length]　143
コックス–ド・ボアのアルゴリズム [Cox–de Boor algorithm]　576
コッホ曲線 [Koch curve]　528
固定化群 [stabilizer]　389, 559
固定特異点 [fixed singular point]　255
古典解 [classical solution]　24, 650
古典的ショットキー群 [classical Schottky group]　154
ゴドビヨン・ベイ類 [Godbillon–Vey class]　641
弧度法 [circular measure]　219
語の問題 [word problem]　153
小林–落合の定理 [theorem of Kobayashi–Ochiai]　306
小林–ヒッチン対応 [Kobayashi–Hitchin correspondence]　175
個別エルゴード定理 [pointwise ergodic theorem]　39
コホモロジー [cohomology]　278, 592
コホモロジー群 [cohomology group]　329, 589
コホモロジー次元 [cohomological dimension]　15
コホモロジーの普遍係数定理 [universal coefficient theorem for cohomology]　594
固有関数 [eigenfunction]　202
固有関数展開 [eigenfunction expansion]　202
固有空間 [eigenspace]　202, 203
固有多項式 [characteristic polynomial]　203

固有値 [eigenvalue]　202, 203
固有ベクトル [eigenvector]　202, 203
孤立部分群 [isolated subgroup]　518
ゴルディングの定理 [Gårding's theorem]　328
ゴールドバッハ予想 [Goldbach conjecture]　339
ゴールドマン–タッカーの鞍点定理 [Goldman–Tucker's saddle point theorem]　313
コルモゴロフ–チャイティン複雑性 [Kolmogorov–Chaitin complexity]　651
コルモゴロフの公理系 [Kolmogorov axioms]　77
コルモゴロフの条件 [Kolmogorov's condition]　73
コルモゴロフの 0–1 法則 [Kolmogorov's 0–1 law]　608
コルモゴロフ変換 [Kolmogorov automorphism]　41
ゴレンスタイン環 [Gorenstein ring]　70
コロンボー超関数 [Colombeau generalized function]　398
コワレフスキアン [Kovalevskian]　327
コンウェイ群 [Conway group]　630
根基 [radical]　105
根元事象 [elementary event]　76
混合型有限要素法 [mixed finite element method]　633
混合標数 [mixed characteristic]　662
コンパクト [compact]　206, 695
コンパクト位相空間 [compact space]　208
コンパクト基数 [compact cardinal]　197
コンパクト距離空間 [compact metric space]　208
コンパクト群 [compact group]　654
コンパクト作用素 [compact operator]　206, 298
コンパクト性 [compactness]　208
コンパクト生成 [compactly generated]　684
コンパクト双対 [compact dual]　423
コンマ圏 [comma category]　501

さ 行

鎖 [chain]　320
再帰定理 [recurrence theorem]　39
再帰的 [recurrent]　40, 605
再帰点 [recurrent point]　605
最近点への丸め [rounding to the nearest]　150
最高重み [highest weight]　171
最高次イデアル [leading ideal]　164
最高次の項 [leading term]　164
最小重み [minimum weight]　515
最小化列 [minimizing sequence]　562
最小距離 [minimum distance]　515
最小公倍数 [least common multiple]　338
最小次数 [minimum degree]　159
最小多項式 [minimal polynomial]　264
最小値の原理 [minimum principle]　211
最小二乗法 [method of least-squares]　210
彩色問題 [coloring problem]　159
最速降下線 [brachistochrone]　561
最大原理 [entropy maximum principle]　368
最大公約数 [greatest common divisor]　338
最大次数 [maximum degree]　159
最大絶対値の原理 [maximum modulus principle]　211
最大値の原理 [maximum principle]　211
最大マッチング [maximum matching]　160
最大歪曲度 [maximal dilatation]　365
サイト [site]　278
サイバーグ–ウィッテン不変量 [Seiberg–Witten invariant]　175
サイバーグ–ウィッテン方程式 [Seiberg–Witten equation]

175
ザイフェルト・ファイバー束 [Seifert fibration] 383
細部分 [thin part] 155
サイン [sine, sin] 219
佐々木多様体 [Sasakian manifold] 300
差集合 [difference set] 241
佐藤超関数 [hyperfunction, hyper-function] 397
佐藤–テイト予想 [Sato–Tate conjecture] 280
サードの定理 [Sard's theorem] 212
サドル・ノード分岐 [saddle–node bifurcation] 660
座標 [coordinate] 256
座標関数 [coordinate function] 145, 380
座標曲線 [coordinate curve] 145
座標近傍 [coordinate neighbourhood] 380
鎖複体 [chain complex] 589
差分 [difference] 213
差分間隔 [difference interval] 213
差分方程式 [difference equation] 214
鎖ホモトピー [chain homotopy] 590
鎖ホモトピック [chain homotopic] 590
作用 [action] 168
作用積分 [action integral] 60
作用素解析 [operational calculus, functional calculus] 287
作用素環 [operator algebras] 215
作用素値汎関数 [operator–valued functional] 286
作用素の半群 [operator semigroup] 217
作用素の補間定理 [interpolation theorem of operators] 574
作用素ノルム [operator norm] 468, 226
ザリスキー位相 [Zariski topology] 69, 356
ザリスキー環 [Zariski ring] 454
三角関数 [trigonometric function] 219
三角群 [triangular group] 416
三角形分割 [triangulation] 387
三角圏 [triangulated category] 191
三角多項式 [trigonometric polynomial] 378
三角不等式 [triangle inequality] 493
三角分解 [triangular decomposition] 678
散在群 [sporadic group] 630
算術幾何平均 [arithmetic–geometric mean] 221
算術平均 [arithmetic mean] 221
サンプリング定理 [sampling theorem] 222
算法 [law of composition] 167

シェーンバーグ–ホイットニーの条件 [Schoenberg–Whitney condition] 285
シェーンフリースの定理 [Schönflies theorem] 261
シオンのミニ・マックス定理 [Sion's minimax theorem] 522
時間的に一様 [time–homogeneous] 79
時間反転演算子 [time reversal operator] 507
軸 [axis] 20, 48
ジーゲル円板 [Siegel disk] 513
ジーゲル上半空間 [Siegel upper half space] 7
次元 [dimension] 111, 311
次元公式 [dimension formula] 112
四元数 [quaternion] 270
四元数環 [quaternions] 224
四元数射影空間 [quaternion projective space] 234
四元数ベクトル束 [quaternionic vector bundle] 507
次元の領域不変性定理 [dimension theorem of invariance of domains] 15
自己アファイン集合 [self–affine set] 528
自己共役 [self–adjoint] 207, 226
自己共役作用素 [self–adjoint operator] 226

時刻 1 写像 [time 1 map] 537
自己相似 [self–similar] 92
自己相似集合 [self–similar set] 528
自己双対符号 [self–dual code] 516
自己同型写像 [automorphism] 40
自己閉路 [self–loop] 158
シーザー暗号 [Caesar cipher] 8
四捨五入丸め [rounding ties to away] 150
事象 [event] 76
辞書式順序 [lexicographic order] 164, 460
始数 [initial number] 460
指数 [index] 168
次数 [degree] 159, 375, 620
指数関数 [exponential function] 227
指数写像 [exponential map] 656
次数付き辞書式順序 [graded lexicographic order] 164
次数付き微分加群 [differential graded algebra] 436
自然基底 [natural basis] 111
自然境界 [natural boundary] 71
自然数 [natural number] 269, 271
自然スプライン [natural spline] 283, 576
自然対数 [natural logarithm] 347
自然変換 [natural transformation] 190, 584
シータ因子 [θ divisor] 6
シータ関数 [θ function] 6
下に有界 [bounded from below, bounded below] 252, 275
実解析（的）関数 [real analytic function] 103, 229
実解析的 [real analytic] 229
実解析的ファイバー束 [real analytic fiber bundle] 504
実軸 [real axis] 270, 509
実射影空間 [real projective space] 233
実射影平面 [real projective plane] 230
実シンプレクティック群 [real symplectic group] 655
実数 [real number] 270
実数の完備性 [completeness of real numbers] 135, 270
実数の非可算性 [uncountability of the reals] 270
実数の連続性 [continuity of real numbers] 135, 270
実線形空間 [real linear space] 310
実直線 [real line] 256
実ノルム空間 [real normed space] 467
実ヒルベルト空間 [real Hilbert space] 494, 551
実ベクトル空間 [real vector space] 310
実補間空間 [real interpolation space] 573
実無限素点 [real infinite place] 542, 680
実リー群 [real Lie group] 132
時定数 [time constant] 471
死点 [terminal point] 604
シナイの補助定理 [Sinai's lemma] 42
指標 [character] 678
指標群 [character group] 43
シフト空間 [shift space] 528
シフト写像 [shift map] 657
自明な解 [trivial solution] 700
射 [morphism] 189, 358
シャウダーの定理 [Schauder's theorem] 206
シャウダーの不動点定理 [Schauder fixed point theorem] 521
射影 [projection] 552, 636
射影加群 [projective module] 99
射影幾何 [projective geometry] 230
射影幾何学の基本定理 [fundamental theorem of projective geometry] 232
射影空間 [projective space] 232, 233
射影系 [projective system] 249

射影座標 [projective coordinates] 145
射影座標環 [projective coordinate ring] 356
射影次元 [projective dimension] 100
射影代数曲線 [projective algebraic curve] 349
射影多様体 [projective variety] 356
射影的極限 [projective limit] 249
射影分解 [projective resolution] 100, 590
射影平面 [projective plane] 230
射影変換 [projective transformation] 232
射影変換群 [projective transformation group] 232
射影モデル [projective model] 491
斜曲面 [skew surface] 316
弱位相 [weak topology] 309, 435
弱解 [weak solution] 24, 477
弱混合的 [weakly mixing] 41
弱収束 [weak convergence] 470
弱双曲型 [weakly hyperbolic] 327
弱導関数 [weak derivative] 535
弱ハウスドルフ [weak Hausdorff] 684
弱微分可能 [weakly differentiable] 340, 535
弱偏導関数 [weak derivative] 340
弱ホモトピー同値 [weak homotopy equivalence] 584
弱有界 [weakly bounded] 470
斜行型 [loxodromic] 19
写像 [mapping, map] 242
写像柱 [mapping cylinder] 585
写像度 [mapping degree] 235
斜体 [skew field] 104, 224, 523
シャノンのサンプリング定理（標本化定理）[Shannon sampling theorem] 223
シャプレイ値 [Shapley value] 186
シューア多項式 [Schur polynomial] 390
シューアの補題 [Schur's lemma] 169
主イデアル環 [principal ideal ring] 237
主イデアル整域 [principal ideal domain] 237
主因子 [principal divisor] 29, 350
シュヴァルツ–クリストッフェルの変換公式 [transformation formula of Schwarz–Christoffel] 421
シュヴァルツ超関数 [distribution] 395
シュヴァルツ空間 [Schwartz space] 534
シュヴァルツの不等式 [Schwarz's inequality] 493
シュヴァルツの補助定理 [Schwarz's lemma] 211
自由加群 [free module] 98
周期 [period] 537, 657
周期軌道 [periodic orbit] 537, 657
周期行列 [period matrix] 6
周期写像の全射性 [surjectivity of period map] 94
周期積分 [period integral] 7, 617
周期点 [periodic point] 42, 657
周期倍分岐 [period doubling bifurcation] 660
周期平行四辺形 [period(–)parallelogram] 369
周期領域 [period domain] 176
終結式 [resultant] 239
集合 [set] 241
集合族 [family of sets] 243
集合値写像 [set-valued mapping] 521
十字多面体 [cross-polytope] 294
従者と旅行者の定理 [fellow-traveller theorem] 346
収縮定理 [contraction theorem] 139
重心細分 [barycentric subdivision] 388
重積分 [multiple integral] 244
収束 [convergence, converge] 136, 149, 275
収束域 [domain of convergence] 291

収束級数 [convergent series] 121
収束座標 [abscissa of convergence] 647
収束数列 [convergent sequence] 275
従属選択公理 [axiom of depending choice] 321
収束べき級数 [convergent power series] 173
収束べき級数環 [convergent power series ring] 173, 292
従属変数 [dependent variable] 101
収束列 [convergent] 493
集団合理性 [group rationality] 185
自由度 [degree of freedom] 60
自由ハミルトニアン [free Hamiltonian] 248
自由部分 [free part, torsion–free part] 238
自由分解 [free resolution] 590
充満 [full] 189
周遊問題 [Hamilton path problem] 160
自由ループ空間 [free loop space] 684
主軌道 [principal orbit] 560
主曲率 [principal curvature] 147
主曲率方向 [principal direction] 147
縮小写像 [contraction mapping] 520, 664
縮小半群 [contraction semigroup] 218
縮閉線 [evolute] 144
縮約 [contraction] 555
縮約タイヒミュラー距離 [reduced Teichmüller distance] 365
縮約タイヒミュラー空間 [reduced Teichmüller space] 365
縮約タイヒミュラー類 [reduced Teichmüller class] 365
ジューコフスキー変換 [Joukowski transformation] 421
主自己同型 [principal automorphism] 162
種数 [genus] 160, 350, 617, 669
種数公式 [genus formula] 350
主束 [principal bundle] 503
述語 [predicate] 120
シュティーフェル多様体 [Stiefel manifold] 156
シュティーフェル–ホイットニー類 [Stiefel–Whitney class] 428
シュテューディの補題 [Study's lemma] 495
シュバレー群 [Chevalley group] 629
主反自己同型 [principal anti–automorphism] 162
主表象 [principal symbol] 3, 327
主部 [principal part] 327
主ファイブレーション [principal fibration] 586
シュペヒト加群 [Specht module] 621
シュペヒト多項式 [Specht polynomial] 390
主偏極 [principal polarization] 6
シュミットの直交化法 [orthonormalization of Schmidt] 326
ジュリア集合 [Julia set] 512
シュレーディンガー方程式 [Schrödinger equation] 247, 476
準アフィン多様体 [quasi–affine variety] 356
巡回群 [cyclic group] 168, 626
巡回セールスマン問題 [traveling salesman problem] 160
巡回多元環 [cyclic algebra] 524
巡回バー構成 [cyclic bar construction] 686
巡回符号 [cyclic code] 516
巡回ホモロジー [cyclic homology] 686
順極限 [direct limit] 249
順系 [direct system] 249
準三角ホップ代数 [quasi-triangular Hopf algebra] 679
準射影多様体 [quasi–projective variety] 356
順序 [order] 460
順序集合 [ordered set] 249
順序数 [ordinal number] 196, 269, 460
順序対 [ordered pair] 195
順序同型 [order isomorphic] 460

順序保存性 [order–preserving] 471
純粋組みひも群 [pure braid group] 152
準正多面体 [semiregular polyhedron] 293
準線 [director curve, directrix] 48, 316
準素イデアル [primary ideal] 68, 454
順像 [direct image] 675
順像関手 [direct image functor] 324
準素分解 [primary decomposition] 68, 454
純点スペクトル [pure point spectrum] 41
準同型 [homomorphism] 98, 104, 168, 169, 322
準同型定理 [homomorphism theorem] 168
準左連続性 [quasi–left–continuous] 414
順分岐 [tamely ramified] 540
順列 [permutation] 251
準連続関数 [quasi-continuous function] 414
商位相 [quotient topology] 13
焦円錐曲線 [focal conic] 447
上界 [upper bound] 252, 320
障害理論 [obstruction theory] 587
障害類 [obstruction class] 588
商加群 [quotient module] 141
商環 [quotient ring] 141
消去 [elimination] 240
状況 [configuration] 393
小行列式 [minor] 134
上極限 [limit superior] 136, 252
商空間 [quotient space] 13, 311
商群 [quotient group] 168
上限 [supremum] 252
条件収束 [conditionally converge] 121
条件付き確率 [conditional probability] 253
条件付き期待値 [conditional expectation] 253
条件付き極値 [conditional extrema] 644
条件付き平均値 [conditional mean] 253
昇鎖律 [ascending chain condition] 320
商写像 [quotient mapping] 13
商層 [quotient sheaf] 324
商束 [quotient bundle] 553
商体 [quotient field] 106, 141, 357
状態空間 [state space] 60, 604
焦点 [focus] 48
商特異点 [quotient singularity] 426
商ノルム [quotient norm] 467
商ノルム空間 [quotient normed space] 467
上半空間モデル [upperhalf space model] 492
上半連続 [upper semicontinuous] 522
上半連続関数 [upper semi–continuous function] 698
常微分方程式 [ordinary differential equation] 254
障壁 [barrier] 402
乗法 [multiplication] 167
乗法群 [multiplicative group] 167
情報系 [filtration] 606
情報量のエントロピー [entropy of information] 42
証明 [proof] 180
消滅測度 [killing measure] 71, 414
消滅定理 [vanishing theorem] 330
剰余 [remainder] 164
常用対数 [common logarithm] 347
剰余体 [residue field] 142
剰余次数 [residual degree] 519, 540, 663
剰余の定理 [remainder theorem] 376
剰余類 [residue class, coset] 260
剰余（類）環 [residue class ring] 105, 166, 628, 663

初期位相 [initial phase] 178
初期条件 [initial condition] 254
初期値 [initial value] 214
初期値問題 [initial value problem] 23, 214, 255
ショットキー群 [Schottky group] 154
ショットキー問題 [Schottky problem] 7
初等関数 [elementary function] 102
初等幾何 [elementary geometry] 256
初等整数論 [elementary number theory] 259
初度到達時刻 [first hitting time] 607
助変数表示 [parametrization] 143, 147
ジョルダン可測 [Jordan measurable] 244
ジョルダン行列 [Jordan matrix] 262
ジョルダン曲線 [Jordan curve] 261
ジョルダン細胞 [Jordan cell] 238, 262
ジョルダン測度 [Jordan measure] 244
ジョルダンの曲線定理 [Jordan curve theorem] 261
ジョルダン標準形 [Jordan normal form, Jordan canonial form] 204, 238, 262
ジョルダン・ブロック [Jordan block] 262
ジョルダン分解 [Jordan decomposition] 622
ジョーンズ多項式 [Jones polynomial] 153
シルヴェスター行列 [Sylvester matrix] 239
シルヴェスターの慣性法則 [Sylvester's law of inertia] 162, 326
ジルーの定理 [Giroux's theorem] 300
シルピンスキーのガスケット [Sierpinski gasket] 529
シローの定理 [Sylow's theorem] 624
シロー p 部分群 [Sylow p–subgroup] 624
真 [proper] 430
真偽値 [truth value] 180
シングルトン限界式 [Singleton bound] 516
真性不連続 [properly discontinuous] 668
伸展線 [involute] 144
振動級数 [oscillation series] 121
振動数列 [oscillating sequence] 275
振動積分 [oscillatory integral] 265
振動積分表示 [oscillatory integral expression] 400
振幅関数 [amplitude function] 265
シンプソン則 [Simpson's rule] 273
真部分集合 [proper subset] 194
シンプレクティック [symplectic] 61, 487
シンプレクティック化 [symplectization] 299
シンプレクティック簡約 [symplectic reduction] 268
シンプレクティック群 [symplectic group] 131
シンプレクティック構造 [symplectic structure] 267
シンプレクティック充填可能性 [symplectic fillability] 300
シンプレクティック商 [symplectic quotient] 268
シンプレクティック多様体 [symplectic manifold] 267
シンプレクティック微分同相写像 [symplectomorphism] 267
シンプレクティック部分多様体 [symplectic submanifold] 267
シンプレクティックベクトル場 [symplectic vector field] 267
真理表 [truth table] 120
真類 [proper class] 196

錐 [cone] 48, 312
推移的 [transitive] 168, 389
推移律 [transitive law] 249
錐条件 [cone condition, cone property] 340
推定 [estimation] 210
錐定理 [cone theorem] 139
随伴素イデアル [associated prime ideal] 68
随伴核 [adjoint kernel] 581

随伴関手 [adjoint functor]　324
随伴行列 [adjoint matrix]　205
随伴変換 [adjoint transformation]　205
水平持ち上げ [horizontal lift]　302
錐包 [conical hull]　312
錐面 [conical surface]　316
推論法則 [inference rule]　180
数 [number]　269
数学的帰納法 [mathematical induction]　195, 271
数値積分 [numerical integration]　273
数ベクトル空間 [numerical vector space]　549
数列 [sequence]　275
数論幾何学 [arithmetic geometry]　277
スカラー曲率 [scalar curvature]　666
スケーリング関数 [scaling function]　36
スコーレムの定理 [Skolem theorem]　181
図式 [diagram]　589
鈴木群 [Suzuki group]　629
鈴木の散在群 [Suzuki's sporadic group]　630
スタイン多様体 [Stein manifold]　114
スタインバーグ群 [Steinberg group]　629
ステレオグラフ射影 [stereographic projection]　126
ストークスの定理 [Stokes' theorem]　163, 281, 486
ストラトノビッチ積分 [Stratonovich integral]　74
ストレンジ・アトラクタ [strange attractor]　514
ストーン–チェク・コンパクト化 [Stone–Čech compactification]　697
ストーンの定理 [Stone's theorem]　378
ストーン–ワイエルシュトラスの定理 [Stone-Weierstrass' theorem]　377, 696
スピノル [spinor]　162
スピノル群 [spinor group]　162
スピノル束 [spinor bundle]　4
スピン構造 [spin structure]　4
スピンノルム [spin norm]　162
スピン表現 [spin representation]　162
スプライン関数 [spline function]　283, 576
スプライン補間 [spline interpolation]　576
スペクトラム [spectrum]　359
スペクトル型不変量 [spectral invariant]　41
スペクトル系列 [spectral sequence]　591
スペクトル写像定理 [spectral mapping theorem]　287, 466
スペクトル測度 [spectral measure]　286
スペクトル定理 [spactral theorem]　287
スペクトル同型 [spectrally isomorphic]　41
スペクトル半径 [spectral radius]　465
スペクトル分解 [spectral decomposition]　286, 287
スマッシュ積 [smash product]　684
スミスの定理 [Smith theorem]　560
スミス標準形 [Smith normal form]　264
スミス予想 [Smith conjecture]　560
隅広の定理 [Sumihiro's theorem]　442
スライス定理 [slice theorem]　559
ずらしの変換 [shift transformation]　42, 43
スワンの定理 [Swan's theorem]　506

整域 [integral domain]　105
整因子 [integral divisor]　680
正確丸め [correct rounding]　151
整関数 [entire function]　288
正規 [normal]　290
正規化群 [normalizer]　624
正規化層 [normalization of the sheaf]　113

正規過程 [Gaussian process]　526
正規化定理 [normalization theorem]　496
正規環 [normal domain]　69
正規行列 [normal matrix]　205
正規空間 [normal space]　17
正規形 [normal form]　254
正規構造 [normal structure]　520
正規縮小的 [normal contractive]　413
正規錐 [normal cone]　431
正規族 [normal family]　290, 667
正規直交基底 [orthonormal basis]　205, 325
正規直交系 [orthonormal system]　325, 493
正規直交枠束 [orthonormal frame bundle]　303
正規部分群 [normal subgroup]　168, 624
正規分布 [normal distribution]　63, 81
正規変換 [normal transformation]　205
制限 [restriction]　171
正弦 [sine]　219
制限写像 [restriction homomorphism]　322
制限写像 [restriction map]　523
正項級数 [positive term series]　121
斉次座標 [homogeneous coordinate]　233
正四面体群 [tetrahedral group]　626
正射影作用素 [orthogonal projection operator]　286
正準的 [canonical]　61
正準変数 [canonical variables]　61
整数 [integer]　259, 269
整数環 [ring of integers]　360
整数基底 [integral basis]　360
整数点 [integral point]　409
整数量子ホール効果 [integer quantum Hall effect]　507
生成元 [generator]　168
生成作用素 [generator]　217, 605
生成分割 [generating partition]　42
正接 [tangent]　219
正則 [holomorphic]　69, 288, 402
正則 [regular]　159
正則加群 [regular module]　621
正則関数 [holomorphic function]　103, 288, 669
正則関数（多変数）[holomorphic function of several variables]　291
正則基数 [regular cardinal]　461
正則境界 [regular boundary]　71
正則境界点 [regular boundary point]　402
正則行列 [regular matrix]　134
正則曲線 [holomorphic curve]　268
正則空間 [regular space]　17
正則条件付き確率 [regular conditonal probability]　253
正則性 [regularity]　367
正則接ベクトル空間 [holomorphic tangent space]　510
正則値 [regular value]　28, 212, 381
正則値定理 [regular value theorem]　28
正則点 [regular point]　71, 349, 426
正則点定理 [regular point theorem]　28
正則凸 [holomorphically convex]　114
正則凸包 [holomorphically convex hull]　114
正則な領域 [regular domain]　281
正則領域 [domain of holomorphy]　113
正則被覆 [regular covering]　481
正則微分形式 [holomorphic differential form]　350
正則表現 [regular representation]　124, 169
正則ファイバー束 [holomorphic fiber bundle]　504
正則包 [envelope of holomorphy]　113

正則余接束空間 [holomorphic cotangent space] 511
生存時間 [life time] 604
正多面体 [regular polyhedron] 293
正多面体群 [regular polyhedral group] 294, 626
正値 [positive] 602
正定値 [positive definite] 326, 534
正二十面体群 [icosahedral group] 626
正の組みひも [positive braid] 153
正の定符号 [positive definite] 582
正八面体群 [octahedral group] 626
成分 [element] 129
整閉包 [derived normal ring, integral closure] 69
正変動 [positive variation] 622
正方行列 [square matrix] 130
整列可能 [well–orderable] 460
整列可能定理 [well–ordering theorem] 320
整列順序 [well–order] 320
積 [product] 167
積位相 [product topology] 13
積空間 [product space] 13
積測度 [product measure] 335
積測度空間 [product measure space] 335
積分 [integration] 289, 295, 486
積分核 [integral kernel] 297
積分可能 [integrable] 244
積分作用素 [integral operator] 206
積分定数 [integral constant] 296
積分変換 [integral transform] 297
積分方程式 [integral equation] 297
積分路 [contour, path of integration] 289
セグレ多様体 [Segre variety] 357
ゼータ関数 [ζ function] 361, 609, 672
接空間 [tangent space] 381
接触型超曲面 [hypersurface of contact type] 299
接触形式 [contact form] 487
接触構造 [contact structure] 299, 487
接触多様体 [contact manifold] 299
接線 [tangent] 144
接線曲面 [tangential surface] 316
接線錐 [tangent cone] 536
截線領域 [slit domain] 422
接束 [tangent bundle] 382, 553, 640
接続 [connection] 301, 429, 487
接続形式 [connection form] 303, 487
接続係数 [connection coefficient] 147
絶対収束 [absolutely converge, absolutely convergent] 122
絶対収束座標 [abscissa of absolute convergence] 647
絶対値 [absolute value, modulus] 509
絶対ノルム [absolute norm] 540
絶対類体 [absolute class field] 681
切断 [section] 102, 243, 322, 485, 506, 552
切断べき関数 [truncated power function] 283
接着空間 [attaching space] 13
節点 [knot] 283
節点 [node] 158
接平面 [tangent plane] 147
接ベクトル [tangent vector] 381
接ベクトル空間 [tangent space] 536
セミノルム [seminorm] 308
セメレディの定理 [Szemerédi's theorem] 40
セール–グロタンディーク双対性 [Serre–Grothendieck duality] 307
セール双対性 [Serre duality] 305, 371

セールの消滅定理 [Serre's vanishing theorem] 330
セールの双対定理 [Serre's duality theorem] 511
セールの判定法 [Serre's criterion] 30
セール・ファイブレーション [Serre fibration] 499
零行列 [zero matrix] 129
零集合 [null set] 212
零条件 [null condition] 479
零切断 [zero section] 552
零点 [zero point] 290
全域木 [spanning tree] 159
全域部分グラフ [spanning subgraph] 159
遷移系 [transition system] 393
全行列環 [total matrix algebra] 104
全曲率 [total curvature] 144
漸近線 [asymptote] 49
漸近的タイヒミュラー空間 [asymptotic Teichmüller space] 365
全空間 [total space] 480, 499, 503, 552
線形位相空間 [topological linear space, topological vector space] 308
線形演算子 [liner operator] 226
線形空間 [linear space] 310
線形計画法 [linear programming] 312
線形計画問題 [linear programming] 312
線形結合 [linear combination] 111
線形差分方程式 [linear difference equation] 214
線形作用素 [linear operator] 206, 226, 467
線形写像 [linear map] 130, 310
線形従属 [linearly dependent] 111
線形順序 [linear order] 320
線形常微分方程式 [linear ordinary differential equation] 314
線形積分方程式 [linear integral equation] 297
線形接続 [linear connection] 303
線形同値 [linearly equivalent] 29, 350
線形独立 [linearly independent] 111
線形汎関数 [linear functional] 467
線形符号 [linear code] 515
線形部分空間 [linear subspace] 111, 310
線形不偏最良推定法 [best linear unbiased estimation method] 210
線形変換 [linear transformation] 204
線型リー群 [linear Lie group] 655
線織面 [ruled surface] 316
全射 [surjection] 101, 235, 242
全順序集合 [totally ordered set] 249
全称記号 [universal quantifier] 320
染色数 [chromatic number] 159
前進差分 [forward difference] 213
線積分 [line integral] 318
線素 [line element] 298, 318
全疎 [nowhere dense] 558
線叢 [congruence of lines] 317
前層 [presheaf] 322
前層に伴う層 [sheaf associated to a presheaf] 323
線素ベクトル [vector line element] 319
選択関数 [choice function] 320
選択公理 [axiom of choice] 101, 196, 241, 243, 320, 460
全単射 [bijection] 101, 242
全チャーン類 [total Chern class] 674
尖点 [cusp] 577
全微分 [total differential] 483
全微分可能 [totally differentiable] 489
全標準環 [total canonical ring] 200

前ヒルベルト空間 [pre–Hilbert space] 493
全複体 [total complex] 591
線分 [line seguement] 435
全変動 [total variation] 622
全有界 [totally bounded] 149
戦略 [strategy] 184
戦略形 [strategic form] 184
前量子化束 [prequantum bundle] 268

素イデアル [prime ideal] 106
素因子 [prime divisor] 68
素因子型 [type of prime divisors] 238
素因数分解 [prime factorization] 338
素因数分解の一意性定理 [unique factorization theorem] 338
層 [sheaf] 322
像 [image] 101, 104, 191, 242, 324
増加過程 [increasing process] 607
相加平均 [arithmetic mean] 221
相関数 [phase function] 265
双曲型 [hyperbolic] 19, 342
双曲型周期点 [hyperbolic periodic point] 657
双曲型集合 [hyperbolic set] 661
双曲型不動点 [hyperbolic fixed point] 657
双曲型偏微分方程式 [hyperbolic partial differential equation] 327
双曲幾何学 [hyperbolic geometry] 490, 491, 666
双曲空間 [hyperbolic space] 491
双曲計量 [hyperbolic metric] 491, 668
双極座標 [bipolar coordinates] 146
双曲線 [hyperbola] 48
双曲線関数 [hyperbolic function] 220
双曲線正弦 [hyperbolic sine] 220
双曲線正接 [hyperbolic tangent] 220
双曲線余弦 [hyperbolic cosine] 220
双曲多様体 [hyperbolic manifold] 666
双曲分解 [hyperbolic splitting] 661
双曲放物面 [hyperbolic paraboloid] 317
双曲面モデル [hyperboloid model] 491
相空間 [phase space] 61
層係数のコホモロジー [sheaf cohomology] 329
相互エネルギー [mutual energy] 582
相似 [similar] 262
相似変換 [similarity] 257
相乗平均 [geometric mean] 221
双正則 [biregular] 510
双線形形式 [bilinear form] 179, 326, 418
双線形写像 [bilinear map] 418
相対位相 [relative topology] 13
双対化層 [dualizing sheaf] 307
相対距離 [relative distance] 516
相対コンパクト [relatively compact] 206
相対ドナルドソン不変量 [relative Donaldson invariant] 175
相対ノルム [relative norm] 540
相対判別式 [relative discriminant] 540
相対ブラウアー群 [relative Brauer group] 523
相対フレビッツ準同型 [relative Hurewicz homomorphism] 584
相対ホモトピー群 [relative homotopy group] 583
双楕円曲面 [bi-elliptic surface] 354
双対 [dual] 230
双対アーベル多様体 [dual abelian variety] 5
双対基底 [dual basis] 311, 418
双対空間 [dual space] 309, 311, 326, 418, 468

双対圏 [dual category, opposite category] 190
双対鎖複体 [cochain complex] 589
双対作用素 [dual operator] 206, 469
双対写像 [dual mapping] 311, 431
双対性定理 [duality theorem] 313
双対束 [dual bundle] 553
双対問題 [dual problem] 313
挿入 [immersion] 381
双有理幾何学 [birational geometry] 637
双有理射 [birational morphism] 358, 637
双有理写像 [birational map] 637
双有理的特徴づけ [birational characterization] 7
双有理同値 [birationally equivalent] 637
双有理不変量 [birational invariant] 200, 637
双有理モデル [birational model] 637
添え字集合 [index set] 243
束写像 [bundle map] 552
測地曲率 [geodesic curvature] 66
測地線 [geodesic] 331
測度（位相空間上の）[measures on topological spaces] 336
測度 [measure] 333, 463
束同型 [bundle isomorphism] 552
測度空間 [measure space] 333
束縛 [restriction, restraint, constraint] 60
束縛記号 [quantifier] 180
素元 [prime element] 237, 662
素元分解整域 [unique factorization domain] 237
素数 [prime number] 338
素数定理 [prime number theorem] 339
組成因子 [composition factor] 625
組成列 [composition series] 625
素体 [prime field] 105, 627
ソボレフ空間 [Sobolev space] 340
ソボレフの不等式 [Sobolev inequality] 689
粗モジュライ空間 [coarse moduli space] 305, 351
ソリトン解 [soliton solution] 178
ソリトン方程式 [soliton equation] 178
ソルゲンフライの直線 [Sorgenfrey line] 11

た　行

体 [field] 104, 269, 310
台 [support] 88, 286
大域解 [global solution] 56
大域次元 [global dimension] 100
帯域制限 [band–limited] 222
大域切断 [global section] 322, 506
第一可算公理 [first axiom of countability] 11
第一基本形式（量）[first fundamental form] 147
第一障害類 [primary obstruction] 428
第一チャーン類 [first Chern class] 673
第一不完全性定理 [first incompleteness theorem] 182
第一変分 [first variation] 535, 561
第一変分公式 [first variation formula] 331
第一種ヴォルテラ型積分方程式 [Volterra integral equation of the first kind] 297
第一種フックス群 [Fuchsian groups of the first kind] 577
第一種フレドホルム型積分方程式 [Fredholm integral equation of the first kind] 297
大円 [great circle] 125
退化 [degenerate] 591
対角化 [diagonalization] 203, 262
対角行列 [diagonal matrix] 130

対角線論法 [diagonal argument, diagonal process, diagonalization] 87
退化楕円型 [degenerate elliptic] 458
帯球関数 [zonal spherical function] 124
対偶 [contrapositive] 120, 701
台形則 [trapezoidal rule] 273
対合 [involution] 342, 625
第三種境界値問題 [third type boundary condidtion, boundary condition of the third kind] 650
対称 [symmetric] 226, 555
対称核 [symmetric kernel] 582
対称化作用素 [symmetrizer] 419
対称行列 [symmetric matrix] 205
対称空間 [symmetric space] 342, 423
対称群 [symmetric group] 167, 389, 626
対称形式 [symmetric form] 413
対称作用素 [symmetric operator] 226
対称積代数 [symmetric algebra] 419
対称双曲型方程式系 [symmetric hyperbolic system] 24
対称対 [symmetric pair] 342
対称変換 [symmetric transformation] 205
対数核 [logarithmic kernel] 581
代数学の基本定理 [fundamental theorem of algebra] 264, 345
対数関数 [logarithmic function] 347
代数関数 [algebraic function] 59, 102
代数幾何符号 [algebro–geometric code] 517
代数曲線 [algebraic curve] 349
代数曲面の分類 [classification of algebraic surfaces] 352
代数群 [algebraic group] 132, 171
代数多様体 [algebraic variety] 277, 356
代数的 r サイクル [algebraic r–cycle] 675
代数的数 [algebraic number] 360
代数的整数 [algebraic integer] 360
対数的双有理幾何 [logarithmic birational geometry] 354
代数的トーラス [algebraic torus] 440
代数的内点 [algebraic interior point] 434
代数的表現 [algebraic representation] 171
対数的標準因子 [log canonical divisor] 330
代数的ファイバー空間 [algebraic fiber space] 201
大数の強法則 [strong law of large numbers] 362
大数の弱法則 [weak law of large numbers] 362
大数の法則 [law of large numbers] 362
代数方程式（4 次以下の解法）[algebraic equation (solutions up to quartic equations)] 363
対数ポテンシャル [logarithmic potential] 581
体積 [volume] 666
体積構造 [volume structure] 487
対等 [equivalent] 87, 264
第二可算公理 [second axiom of countability] 11
第二基本形式（量）[second fundamental form] 147, 666
第二共役関数 [biconjugate function] 432
第二種ヴォルテラ型積分方程式 [Volterra integral equation of the second kind] 297
第二種のフレドホルム型積分方程式 [Fredholm integral equation of the second kind] 297
第二種のルジャンドル関数 [Legendre function of the second kind] 683
第二不完全性定理 [second incompleteness theorem] 183
第二ベッチ数 [second Betti number] 385
第二変分公式 [second variation formula] 332
タイヒミュラー距離 [Teichmüller distance] 365
タイヒミュラー空間 [Teichmüller space] 365, 617, 669
タイヒミュラー指標 [Teichmüller character] 663
タイヒミュラー写像 [Teichmüller map] 366
タイヒミュラー代表元 [Teichmülller representative] 33
タイヒミュラーの一意性定理 [uniqueness theorem of Teichmüller] 366
タイヒミュラーの存在定理 [existence theorem of Teichmüller] 366
タイヒミュラー類 [Teichmüller class] 365
体論 [field theory] 95
タウ関数 [tau function] 178
楕円 [ellipse] 48
楕円型 [elliptic] 3, 19, 477
楕円型境界値問題 [elliptic boundary value problem] 367
楕円型評価 [elliptic estimate] 566
楕円型複体 [elliptic complex] 3
楕円型偏微分作用素 [elliptic partial differential equation] 367
楕円型方程式 [elliptic equation] 367
楕円関数 [elliptic function] 369, 372, 422
楕円幾何学 [ellliptic geometry] 490
楕円曲線 [elliptic curve] 5, 200, 371, 610, 616
楕円曲線暗号 [elliptic curve cryptosystem] 9
楕円曲線の族 [family of elliptic curves] 373
楕円曲線のモジュライ空間 [moduli spaces for elliptic curve] 373
楕円曲面 [elliptic surface] 201, 354, 417
楕円座標 [elliptic coordinates] 146, 447
楕円積分 [elliptic integral] 421
楕円離散対数問題 [discrete logarithm problem on elliptic curve] 9
高木群 [Takagi group] 680
多項式 [polynomial] 375
多項式環 [polynomial ring] 375
多項式近似 [polynomial approximation] 377
多項式補間 [polynomial interpolation] 575
多項定理 [multinomial theorem] 251
多次元拡散過程 [multi–dimensional diffusion process] 72
多次元ブラウン運動 [multi–dimensional Brownian motion] 526
多次元ランダムウォーク [multi–dimensional random walk] 653
多重安定 [polystable] 174
多重ウィナー積分 [multiple Wiener integral] 26
多重グラフ [multigraph] 158
多重再帰定理 [multiple recurrence theorem] 40
多重指数 [multi–index] 379
多重線形形式 [multilinear form] 418
多重線形写像 [multilinear map] 418
多重度 [multiplicity] 202
多重標準形式 [pluricanonical form] 200
多重標準線型系 [pluricanonical system] 352
多重辺 [multiple edges] 158
多重劣調和関数 [plurisubharmonic function] 114
惰性群 [inertia group] 519, 541
たたみ込み [convolution] 530, 533
脱量子化 [dequantization] 455
谷山–志村–ヴェイユ予想 [Taniyama–Shimura–Weil conjecture] 508
多面体 [polyhedron] 54, 67, 258, 293, 387
多様体 [manifold, variety] 380, 383, 385
ダランベールの公式 [d'Alembert's formula] 464
樽型 [barreled] 309
ダルブー座標 [Darboux coordinate] 300

ダルブーの定理 [Darboux's thorem] 295
単位円 [unit circle] 46
単位球面 [unit sphere] 126, 233, 490
単位行列 [identity matrix] 130
単位群 [unit group] 168
単位元 [unit element, identity element] 167
単位従法ベクトル [unit binormal vector] 144
単位縮小 [unit contraction] 413
単位主法ベクトル [unit principal normal vector] 144
単位接ベクトル [unit tangent vector] 143
単一子 [singleton] 195
単位の分解 [resolution of identity] 286
単位法ベクトル [unit normal vector] 143
単位法ベクトル場 [unit normal vector field] 147
単因子 [elementary divisor] 264
単因子型 [type of elementary divisors] 238
短完全（系）列 [short exact sequence] 99, 589
単元 [unit] 105
単項イデアル [principal ideal] 106, 237
単項イデアル整域 [principal ideal domain] 264
単項式 [monomial] 375
単項式順序 [monomial order] 164
タンジェント [tangent, tan] 219
単射 [monomorphism, injection] 101, 242
単純 [simple] 523
単純グラフ [simple graph] 158
単純群 [simple group] 168, 624
単純特異点 [simple singularity] 416
単純閉曲線 [simple closed curve] 261
単純リー環 [simple Lie algebra] 655
単純連分数 [simple continued fraction] 699
単数規準 [regulator] 361
単数群 [unit group] 360
単数方程式 [unit equation] 408
端層状構造 [ending lamination] 155
単体 [simplex] 258
単体近似 [simplicial approximation] 388
単体近似定理 [simplicial approximation theorem] 388
単体写像 [simplicial map] 388
単体的集合 [simplicial set] 501
単体複体 [simplicial complex] 387
単体分割 [simplicial decomposition] 387
単調関数 [monotone function] 622
単調減少 [monotone decreasing] 622
単調作用素 [monotone operator] 432
単調収束定理 [monotone convergence theorem] 691
単調数列 [monotone sequence] 275
単調増加 [monotone increasing] 433, 622
ダンデリン球 [Dandelin sphere] 49
端点 [extreme point] 435
単独高階線形常微分方程式 [single linear ordinally differential equation of higher order] 314
単独反応拡散方程式 [scalar reaction–diffusion equation] 471
単紐 [simply laced] 415
断面曲率 [sectional curvature] 666
単葉関数 [univalent function] 422
単連結 [simply connected] 118, 480

値域 [range] 101, 242
小さな帰納的次元 [small inductive dimension] 14
チェイン複体 [chain complex] 592
チェザロ和 [Cesàro summation] 530, 533
チェビシェフの多項式 [Chebyshev's polynomial] 406

チェビシェフ補間 [Chebyshev interpolation] 575
チェボタリョーフの密度定理 [Chebotarev's density theorem] 539
チェンの基本定理 [Chen's fundamental theorem] 687
置換 [permutation] 133, 243, 626
置換群 [permutation group] 167, 389
置換公理 [axiom of replacement] 195
置換積分法 [integration by substitution] 296
置換表現 [permutation representation] 168
逐次代入法 [successive iteration] 298
チコノフ空間 [Tychonoff space] 17
チコノフの埋蔵定理 [Tychonoff embedding theorem] 17
地図色分け定理 [map color theorem] 160
チャウ環 [Chow ring] 675
チャス–サリバン・ループ積 [Chas–Sullivan loop product] 686
チャップマン–エンスコーク展開 [Chapman–Enskog expansion] 596
チャーン–ヴェイユ理論 [Chern–Weil theory] 303, 429
チャーン指標 [Chern character] 3, 674
チャーン類 [Chern class] 428
中央値 [median] 545
中間値の定理 [intermediate value theorem] 12, 694
中国人郵便配達問題 [Chinese postman problem] 160
中国の剰余定理 [Chinese remainder theorem] 259
忠実 [faithful] 168, 189
抽象ウィナー空間 [abstract Wiener space] 601
抽象単体複体 [abstract simplicial complex] 388
抽象的シュレーディンガー方程式 [abstract Schrödinger's equation] 247
中心化群 [centralizer] 624
中心極限定理 [central limit theorem] 64, 391
中心差分 [central difference] 213
中心的 [central] 523
中心的単純環 [central simple algebra] 523
中点則 [midpoint rule] 273
稠密 [dense] 12, 494, 558
稠密に定義された線形作用素 [densely defined linear operator] 226
柱面 [cylindrical surface] 316
チューリングマシン [Turing machine] 393, 609
超越数 [transcendental number] 360
超関数 [distributions, hyperfunctions, generalized functions] 395
超幾何関数 [hypergeometric function] 399
超曲面特異点 [hypersurface singularity] 426
超限帰納法 [transfinite induction] 272
超コンパクト基数 [super compact cardinal] 462
超楕円曲線 [hyperelliptic curve] 351
頂点 [apex, vertex] 48, 158
頂点集合 [vertex set] 158
頂点スプライン [vertex spline] 285
超特異 K3 曲面 [supersingular K3 surface] 177
重複対数の法則 [law of iterated logarithm] 526
重複度 [multiplicity] 170, 202
超平面 [hyperplane] 258
超平面配置 [arrangement of hyperplanes] 417
超離散化 [ultradiscretization] 455
調和関数 [harmonic function] 401
調和級数 [harmonic series] 121
調和形式 [harmonic form] 579
調和測度 [harmonic measure] 402
調和多項式 [harmonic polynomial] 123

日本語索引

調和平均 [harmonic mean]　221
直積 [direct product, Cartesian product]　98, 242, 243
直積位相 [product topology]　13
直積空間 [product space]　13
直線束 [line bundle]　552
直和 [direct sum]　98, 243, 262, 263, 311
直和位相 [direct sum topology]　13
直和空間 [direct sum space, disjoint (topological) union]　13
直径 [diameter]　45, 125, 666
直交行列 [orthogonal matrix]　205, 403
直交群 [orthogonal group]　131, 403
直交系 [orthogonal set]　493
直交座標 [orthogonal coordinates]　145
直交射影 [orthogonal projection]　286
直交多項式 [orthogonal polynomial]　405
直交多項式系 [a system of orthogonal polynomials]　405
直交変換 [orthogonal transformation]　205, 403
沈点 [sink]　658

ツェルメロ–フランケルの公理系 [Zermelo–Fraenkel set–theory with the Axiom of Choice, ZFC]　241
ツォルンの補題 [Zorn's lemma]　320
強い無限公理 [axiom of strong infinity]　195

ディオファントス方程式 [Diophantine equation]　407
定義域 [domain (of definition)]　21, 101, 242, 430, 636
底曲線 [base curve]　316
定曲率空間 [space of constant curvature]　666
底空間 [base space]　480, 499, 503, 552
提携形 [coalitional form]　185
停止時刻 [stopping time]　605, 607
停止性問題 [halting problem]　394
ディジタル信号 [digital signal]　222
定常解 [steady–state solution]　247
定常過程 [stationary process]　63
定常的シュレーディンガー方程式 [stationary Schrödinger's equation]　247
定値写像 [constant map]　242
定錐条件 [constant cone condition]　341
定数層 [constant sheaf]　323
定数変化法 [variation of constants]　315
ディスク環 [disk algebra]　697
訂正符号 [error–correcting code]　515
定積分 [definite integral]　295
ティーツェの拡張定理 [Tietze extension theorem]　18, 696
ティッツ群 [Tits group]　629
テイト加群 [Tate module]　279
ティホノフの定理 [Tikhonov thoerem]　321
ティホノフの不動点定理 [Tikhonov fixed–point theorem]　521
テイラー級数 [Taylor series]　103, 290
ディラック作用素 [Dirac operator]　4
テイラー展開 [Taylor expansion]　290, 379, 412, 536
テイラーの定理 [Taylor's theorem]　412
ディリクレ核 [Dirichlet kernel]　530, 532, 533
ディリクレ境界値問題 [Dirichlet boundary value problem]　298
ディリクレ空間 [Dirichlet space]　413
ディリクレ形式 [Dirichlet form]　413
ディリクレ–ジョルダンの条件 [Dirichlet–Jordan condition]　531, 533
ディリクレ積分 [Dirichlet integral]　530, 533, 650

ディリクレ積分公式 [Dirichlet integral formula]　110
ディリクレ問題 [Dirichlet problem]　211, 402, 650
停留関数 [stationary function]　562
停留曲線 [stationary curve]　61
ディンキン図形 [Dynkin diagram]　415
ディンキンの公式 [Dynkin's formula]　605
適切性 [well–posedness]　217
デザルグの定理 [Desargues' theorem]　231
デザルグ平面 [Desarguesian plane]　231
デック変換 [deck transformation]　481
デデキント環 [Dedekind ring]　69
デデキントのゼータ関数 [Dedekind zeta function]　361
デルペッツォ曲面 [Del Pezzo surface]　417
伝送率 [information rate]　515
テンソル積 [tensor product]　99, 418, 554
テンソル代数 [tensor algebra]　419
テンソル場 [tensor field]　554
転置行列 [transposed matrix]　130
伝播錐 [propagation cone]　464
点列コンパクト [sequentially compact]　208

等温座標 [isothermal coordinates]　145
等角 [conformal]　420
等角写像 [conformal mapping]　420
等角写像の基本定理 [fundamental theorem of conformal mappings]　420
等角同値 [conformally equivalent]　420
等角モデル [conformal model]　492
等価原理 [principle of equivalence]　1
導関数 [derivative]　288, 488, 535
動径 [radius]　137
同型, 同型写像 [isomorphic, isomorphism]　98, 168, 169, 310, 325
同型不変量 [isomorphism invariant]　40
同型問題 [isomorphism problem]　40
同次 [homogeneous]　314
透視図法 [perspective]　230
等質空間 [homogeneous space]　156, 423, 655
等質多様体 [homogeneous manifold]　655
等周問題 [isoperimetric problem]　561
同種射 [isogeny]　5
同相写像 [homeomorphism]　12
到達不可能基数 [strongly inaccessible cardinal]　195
到達不能 [inaccessible]　461
到達不能基数 [inaccessible cardinal]　197
同値 [equivalent]　190, 242, 516
等長 [isometric]　665
等長写像 [isometry]　665
同値類 [equivalence class]　196
導手 [conductor]　680
動的計画原理 [dynamic programming principle]　458
同伴ファイバー束 [associated fiber bundle]　503
等標数 [equal characteristic]　662
同変コホモロジー [equivariant cohomology]　559
等方的 [isotropic]　267
導来関手 [derived functor]　191
導来圏 [derived category]　191
導来代数幾何 [derived algebraic geometry]　686
ドゥーブの不等式 [Doob inequality]　608
ドゥーブ分解 [Doob decomposition]　607
特異基数問題 [singular cardinal problem]　462
特異軌道 [singular orbit]　560
特異 q 単体 [singular q–simplex]　592

特異 q チェイン [singular q-chain] 592
特異コホモロジー群 [singular cohomology group] 593
特異積分 [singular integral] 425
特異積分作用素 [singular integral operator] 425
特異台 [singular support] 411
特異チェイン複体 [singular chain complex] 592
特異点 [singular point] 426
特異点解消 [resolution of singularities] 427
特異点解消定理 [resolution theorem of singularities] 637
特異ファイバー [singular fiber] 383
特異ホモロジー群 [singular homology group] 592
特殊線形群 [special linear group] 131
特殊直交群 [special orthogonal group] 131, 403
特殊複素直交群 [special complex orthogonal group] 131
特殊ユニタリ群 [special unitary group] 131, 404
特称記号 [existential quantifier] 320
特性関数 [characteristic function] 546, 691
特性曲線 [characteristic curve] 23
特性写像 [characteristic map] 388
特性多項式 [characteristic polynomial] 203
特性多様体 [characteristic variety] 411
特性類 [characteristic class] 428
特別多項式 [distinguished polynomial] 292
独立 [independent] 158
独立変数 [independent variable] 101
凸解析 [convex analysis] 430
凸関数 [convex function] 433
凸コンパクト [convex compact] 155
凸集合 [convex set] 433, 434
凸芯 [convex core] 155
凸錐 [convex cone] 312
凸錐包 [convex conic hull] 312
凸多面錐 [convex polyhedral cone] 312
凸多面体 [convex polytope] 258, 294
トッド指標 [Todd characteristic] 674
トッド類 [Todd class] 3
凸閉包 [convex hull] 155
ドナルドソンの定理 [Donaldson's theorem] 386
ドナルドソン不変量 [Donaldson invariant] 175
トポス [topos] 278
トポロジー [geometric topology] 54
ド・モアブルの定理 [de Moivre's theorem] 509
ド・モアブル–ラプラスの定理 [de Moivre–Laplace theorem] 391
巴系 [parameter system] 70
ド・モルガンの法則 [de Morgan's law] 241, 701
トーラス [torus] 380
トーラス埋め込み [torus embedding] 440
ド・ラーム・コホモロジー（群）[de Rham cohomology] 278, 436
ド・ラーム複体 [de Rham complex] 436, 486
ド・ラーム・ホモトピー論 [de Rham homotopy theory] 639
トーリック射 [toric morphism] 441
トーリック多様体 [toric variety] 440
ドリフト変換 [transformation of drift] 80
ドルボー・コホモロジー [Dolbeault cohomology] 511
ドルボーの補題 [Dolbeault Lemma] 438, 511
ドルボー複体 [Dolbeault complex] 511
トレース写像 [trace map] 307
トレリ型定理 [Torelli–type theorem] 177
トロイダル化 [toroidalization] 443
トロイダル射 [toroidal morphism] 443
トロイダル多様体 [toroidal variety] 443

トロッターの積公式 [Trotter product formula] 218
トロピカル幾何 [tropical geometry] 455
トンプソン群 [Thompson group] 630
トンプソンの位数公式 [Thompson order formula] 625

な 行

内在幾何 [intrinsic geometry] 67
内正則性 [inner regularity] 336
内積 [inner product] 256, 325, 550
内積空間 [inner product space] 493
内点 [interior point] 434
内部 [interior] 11
内部自己同型 [inner automorphism] 168
内包公理 [comprehension axiom] 194, 320
内包の公理 [axiom of comprehension] 195
内容量 [inner capacity] 582
ナヴィエ–ストークス方程式 [Navier–Stokes equation] 56, 444, 609
オナン群 [O'Nan group] 630
中井–モイシェゾンの判定法 [Nakai-Moishezon criterion] 30
長さ [length] 159
中野の消滅定理 [Kodaira–Akizuki–Nakano vanishing theorem] 330
中山の補題 [Nakayama's lemma] 142
ナッシュ均衡 [Nash equilibrium] 184
ナッシュ均衡の存在定理 [existence theorem of Nash equilibrium] 184
ナドラーの不動点定理 [Nadler's fixed point theorem] 522

二項係数 [binomial coefficient] 251
二項定理 [binomial theorem] 251
二部グラフ [bipartite graph] 158
二面体群 [dihedral group] 626
入射加群 [injective module] 99
入射分解 [injective resolution] 100, 590
ニュートン核 [Newtonian kernel] 581, 649
ニュートン–コーツの公式 [Newton–Cotes quadrature rules] 273
ニュートン多面体 [Newton polytope] 456
ニュートンの補間公式 [Newton's interpolation formula] 575
ニュートン法 [Newton's method] 448
ニュートン・ポテンシャル [Newtonian potential] 581
ニュートン–ラフソン法 [Newton–Raphson method] 448
ニューハウス現象 [Newhouse phenomenon] 660
任意抽出定理 [optional sampling theorem] 607

ネヴァンリンナ理論 [Nevanlinna theory] 450
ネヴィルのアルゴリズム [Neville's algorithm] 575
ねじれ積 [torsion product] 591
ねじれ部分 [torsion part] 238
ねじれ率 [torsion] 144
ねじれ率テンソル [torsion tensor] 302
ネーター加群 [Noetherian module] 453
ネーター環 [Noetherian ring] 68, 173, 453
ネーターの帰納法 [Noetherian induction] 272
ネーターの公式 [Noether's formula] 306
ネーターの不等式 [Noether inequality] 353
熱帯幾何 [tropical geometry] 455
熱帯多項式関数 [tropical polynomial function] 455
熱帯超曲面 [tropical hypersurface] 456
熱帯半環 [tropical semiring] 455
熱帯半体 [tropical semifield] 455

日本語索引

熱（伝導）方程式 [heat equation] 457, 571
ネピア数 [Napier's number] 227, 347
ネフ [nef] 352
粘性解 [viscosity solution] 458
粘性優解 [viscosity supersolution] 458
粘性劣解 [viscosity subsolution] 458

ノイマン関数 [Neumann function] 557
ノイマン問題 [Neumann problem] 650
濃度 [cardinality] 87, 243
濃度（カーディナル数）[cardinal number] 460
濃度の比較可能性 [comparability of cardinals] 320
ノルム [norm] 550
ノルム空間 [normed space] 467

は　行

ハイゼンベルクの不等式 [Heisenberg's inequality] 534
配置空間 [configuration space] 60, 152
排中律 [law of excluded middle] 180, 701
背理法 [reductio ad absurdum] 117
ハウスドルフ空間 [Hausdorff space] 17
ハウスドルフ次元 [Hausdorff dimension] 16, 463, 527
ハウスドルフ測度 [Hausdorff measure] 16, 463, 615
ハウスドルフの距離 [Hausdorff distance] 521
パウリのスピン行列 [Pauli's spin matrix] 161
掃き出し法 [method of elimination] 700
爆発 [blowing up] 358, 443
爆発解 [blow-up solution] 56
爆発解析 [blow-up analysis] 478
バークホルダー–デイビス–グンディの不等式 [Burkholder–Davis–Gundy inequality] 608
バークホルダーの不等式 [Burkholder's inequality] 608
バーコフ–スメールの定理 [Birkhoff–Smale theorem] 660
挟み撃ちの原理 [squeeze principle] 136
パーセヴァルの等式 [Parseval's equality] 406, 531
旗多様体 [flag manifold] 424
畑の樹状集合 [Hata's tree-like set] 529
八元数 [octonion] 270
発散 [diverge, divergence] 275
発散級数 [divergent series] 121
発散数列 [divergent sequence] 275
ハッセ–アルフの定理 [Hasse–Arf theorem] 541
ハッセの原理 [Hasse principle] 682
パップスの定理 [Pappus' theorem] 231
ハーディーの不等式 [Hardy's inequality] 689
波動方程式 [wave equation] 464, 479
バナッハ環 [Banach algebra] 465
バナッハ空間 [Banach space] 86, 206, 467, 520
バナッハ–シュタインハウスの定理 [Banach–Steinhaus's theorem] 470
バナッハ–タルスキーのパラドックス [Banach–Tarski paradox] 321
バー複体 [bar complex] 686
バブル [bubble] 174
ハミルトニアン [Hamiltonian] 61, 247
ハミルトニアン・フロアー・ホモロジー [Hamiltonian Floer homology] 686
ハミルトン関数 [Hamiltonian function] 267
ハミルトン系 [Hamiltonian system] 61
ハミルトン作用 [Hamiltonian action] 267
ハミルトン道 [Hamilton path] 160
ハミルトンの（最小作用の）原理 [Hamilton's principle] 61

ハミルトンの四元数体 [Hamilton's quaternions] 224
ハミルトンの主関数 [Hamilton's principal function] 62
ハミルトンの正準方程式 [canonical equations of Hamilton] 61
ハミルトン微分同相写像 [Hamiltonian symplectomorphism] 267
ハミルトン閉路 [Hamilton cycle] 160
ハミルトン・ベクトル場 [Hamiltonian vector field] 267
ハミルトン–ヤコビの方法 [Hamilton–Jacobi approach] 62
ハミルトン–ヤコビ方程式 [Hamilton–Jacobi equation] 24, 62
ハミング距離 [Hamming distance] 515
ハミング限界式 [Hamming bound] 516
ハミング符号 [Hamming code] 516
はめ込み [immersion] 27, 381
パライア [pariah] 631
パラコンパクト [paracompact] 209
原田群 [Harada–Norton group] 630
パラメータ系 [system of parameters] 70
パラメトリックスプライン [parametric spline] 285
貼り合わせ空間 [adjunction space] 13
パリティー検査行列 [parity check matrix] 516
バルシャモフ–ギルバート限界式 [Varshamov–Gilbert bound] 517
ハール測度 [Haar measure] 42, 170
ハルトークス現象 [Hartogs' phenomenon] 113
ハルトークスの拡張定理 [Hartogs' extension theorem] 292
ハルナック原理 [Harnack principle] 401
ハルナックの定理 [Harnack's theorem] 401
ハルナックの不等式 [Harnack inequality] 401
ハルモス–フォン・ノイマンの定理 [Halmos–von Neumann's theorem] 41
盤 [tableau] 620
半安定 [semi-stable] 174
半可積分関数 [semi-integrable function] 692
半環 [semiring] 455
汎関数 [functional] 561
反帰線 [curve of regression] 317
半球モデル [hemisphere model] 492
半局所環 [semi-local ring] 142
半群 [semigroup] 217, 605
半径 [radius] 45
ハンケル関数 [Hankel function] 557
反次数付き辞書式順序 [anti-graded lexicographic order] 166
汎弱位相 [weak* topology] 309, 435
反射的 [reflexive] 309
反射的層 [reflexive sheaf] 31
反射壁 [reflecting barrier] 71
反射律 [reflexive law] 249, 320
バーンズ積分表示 [Barnes integral expression] 110
半スピン表現 [half-spin representation] 162
反正則余接空間 [anti-holomorphic cotangent space] 511
反線形性 [antilinear] 493
半体 [semifield] 455
反対称律 [antisymmetric law] 249
半直線 [ray] 312
ハンドル体 [handle body] 619
ハンドル分解 [handle body decomposition] 619
反応拡散方程式 [reaction–diffusion equation/system] 471
半ノルム [seminorm] 467
反撥的固定点 [repulsive fixed point] 19
ハーン–バナッハの拡張定理 [Hahn–Banach's extension theorem] 468
反標準環 [anticanonical ring] 200

反復積分 [iterated integral]　686
判別式 [discriminant]　473
反変関手 [contravariant functor]　190
パンルヴェ方程式 [Painlevé equation]　255
半連続関数 [semicontinuous function]　698

非アルキメデス的アメーバ [non-archimedean amoeba]　456
ビアンキの恒等式 [Bianchi identities]　302
非可換幾何学 [noncommutative geometry]　215
比較可能性 [comparability]　460
比較原理 [comparison principle]　459, 471
非拡大写像 [non-expansive mapping]　520, 664
比較律 [comparative law]　320
非可算個 [uncountable]　181
非可算無限 [uncountable infinity]　87
ピカール群 [Picard group]　29
ピカールの定理 [Picard's theorem]　298, 450, 664
引き戻し [pull-back]　484, 499, 504, 553
非球形多様体 [aspherical manifold]　560
非協力ゲーム [noncooperative game]　184
ヒグマン–シムズ群 [Higman–Sims group]　630
ヒグマン–ヤンコ–マッカイ群 [Higman–Janko–McKay group]　629
非決定性 [nondeterministic]　394
非周期的 [aperiodic]　42
非順序対 [unordered pair]　195
非零切断 [non-zero section]　552
非線型スカラー場方程式 [nonlinear scalar filed equation]　566
非線型ポアソン方程式 [nonlinear Poisson equation]　566
非線形シュレーディンガー方程式 [nonlinear Schrödinger equation]　476
非線形楕円型方程式 [nonlinear elliptic equation]　477
非線形波動方程式 [nonlinear wave equation]　479
非線形分散型方程式 [nonlinear dispersive equation]　476
非線形偏微分方程式 [non-linear partial differential equation]　56
非退化 [nondegenerate]　161, 326, 618
左イデアル [left ideal]　104
左完全関手 [left exact functor]　99, 590
左剰余類 [left coset]　168
左導来関手 [left derived functor]　502, 591
非デザルグ平面 [non-Desarguesian plane]　231
非同次 [inhomogeneous]　314
非特異曲線 [nonsingular curve]　349
非特異変換 [nonsingular tansformation]　40
ひねくれ層 [perverse sheaf]　411
ひねり積 [twisted product]　559
被覆 [covering]　480
被覆空間 [covering space]　480
被覆次元 [covering dimension]　14
被覆変換 [covering transformation]　119, 480
被覆変換群 [covering transformation group]　481
被覆ホモトピー性質 [covering homotopy property]　499
微分 [derivative]　488
微分 [differential]　88, 589
微分 1 形式 [differential 1-form]　554
微分演算子 [differential operator]　648
微分可能 [differentiable]　288, 488, 535
微分可能関数 [ultradifferentiable function]　102
微分形式 [differential form]　483
微分係数 [differential coefficient]　488
微分同相 [diffeomorphic]　569

微分同相確率流 [stochastic flow of diffeomorphisms]　80
微分同相写像 [diffeomorphism]　88
微分 p 形式 [differential p–form]　483
ビーベルバッハ予想 [Bieberbach conjecture]　422
秘密鍵暗号 [private–key cryptosystem]　8
紐に繋がれた犬の定理 [dog-on-a-leash theorem]　346
被約 [reduced]　106
被約クリフォード群 [reduced Clifford group]　162
被約グレブナー基底 [reduced Gröbner basis]　165
飛躍測度 [jumping measure]　414
ピュイズー級数 [Puiseux series]　59
非有界作用素 [unbounded operator]　226
非遊走集合 [non-wandering set]　657
非ユークリッド幾何学 [non-Euclidean geometry]　490
表現 [representation]　169
表現行列 [representation matrix]　262, 311, 326
標準因子 [canonical divisor]　305, 350
標準因子類 [canonical divisor class]　350, 426
標準ガウス分布 [standard Gaussian distribution]　391
標準基底 [canonical basis]　111, 166
標準曲線 [canonical curve]　351
標準形 [normal form]　184
標準尺度 [canonical scale]　71
標準写像 [canonical map]　351
標準正規分布 [standard normal distribution]　391
標準線型系 [canonical linear system]　352
標準層 [canonical sheaf]　200
標準束公式 [canonical bundle formula]　354
標準測度 [canonical measure, speed measure]　71
標準 k 単体 [standard k–simplex]　282
標準 n 単体 [standard n–simplex]　387
標準直線束 [canonical line bundle]　553
標準的接触構造 [standard contact structure]　300
標準的内積 [canonical inner product]　325
標準盤 [standard tableau]　390, 620
標準偏差 [standard deviation]　545
表象 [symbol]　115
標数 [characteristic]　105, 627, 631
標本関数 [sample function]　90
標本空間 [sample space]　78
開いたメビウスの帯 [open Möbius band]　671
ピライ予想 [Pillai's conjecture]　408
平文 [plaintext]　8
ヒルツェブルッフ曲面 [Hirzebruch surface]　352
ヒルベルト空間 [Hilbert space]　86, 207, 493
ヒルベルト多項式 [Hilbert polynomial]　306
ヒルベルト展開 [Hilbert expansion]　596
ヒルベルトの基底定理 [Hilbert basis theorem]　376
ヒルベルトの零点定理 [Hilbert's Nullstellensatz]　356, 495
ヒルベルトの分岐理論 [Hilbert's ramification theory]　540
ヒルベルトの問題 [Hilbert's problems]　497
ヒルベルト変換 [Hilbert transform]　425
ヒルベルト類体 [Hilbert class field]　681
ヒレ–吉田の定理 [Hille–Yoshida theorem]　217
非連結 [disconnected]　159
広田の双線形式 [Hirota's bilinear form]　179
広田微分 [Hirota derivative]　179

ファイト–トンプソンの定理 [Feit–Thompson theorem]　625
ファイバー [fiber]　552
ファイバー空間 [fiber space]　354, 499
ファイバー推移関手 [fiber translation functor]　481
ファイバー積 [fibered product]　250

日本語索引

ファイバー束 [fiber bundle] 503
ファイバー列 [fiber sequence] 499, 585
ファインマン–カッツの公式 [Feynman–Kac formula] 218
ファトウ集合 [Fatou set] 513
ファトウの補題 [Fatou's lemma] 692
ファトウ–ビーベルバッハ領域 [Fatou–Bieberbach domain] 514
ファノ指数 [Fano index] 306
ファノ多様体 [Fano variety] 306
ファン・カンペンの定理 [Van Kampen's theorem] 119, 584
不安定多様体 [unstable manifold] 658, 661
ファンの不動点定理 [Fan's fixed point theorem] 522
ファン–ブラウダーの不動点定理 [Fan–Browder fixed point theorem] 522
フィッシャー–グライスのモンスター [Fischer–Greiss Monster] 630
フィッシャー群 [Fischer group] 630
フィッシャーのベビーモンスター [Fischer's Baby Monster] 630
フィルタ [filter] 321
フィルタ係数 [filter coefficient] 37
フェイエールの定理 [Fejér's theorem] 378
フェイエール核 [Fejér kernel] 530, 532, 533
フェラーの境界の分類 [Feller's boundary classification] 71
フェルマーの最終定理 [Fermat's last theorem] 508
フェルマーの小定理 [Fermat's little theorem] 259
フェルマー予想 [Fermat conjecture] 53, 280, 508
フェンチェル–ニールセン座標 [Fenchel–Nielsen coordinate] 617
負エントロピー [negative entropy] 51
フォッカー–プランク方程式 [Fokker–Planck equation] 604
フォルティのパラドックス [Burali–Forti's paradox] 195
フォン・ノイマン–カルタンの定理 [von Neumann–Cartan theorem] 655
フォン・ノイマン環 [von Neumann algebras] 215
不確定点 [point of indeterminacy] 637
不確定特異点 [irregular singularity] 411
深さ [depth] 620
不可避集合 [unavoidable set] 642
不完全性定理 [incompleteness theorem] 181
複合公式 [compound rule] 274
複合台形則 [compound trapezoidal rule] 274
複合ポアソン過程 [compound Poisson process] 90
複合ポアソン分布 [compound Poisson distribution] 563
複素解析関数の最大値原理 [maximal principle for holomorphic functions] 669
複素解析的 [complex analytic] 290
複素軌道体 [complex orbifold] 366
複素グラスマン多様体 [complex Grassmann manifold] 156
複素計量線形空間 [metrized complex linear space] 325
複素構造 [complex structure] 510
複素射影空間 [complex projective space] 233
複素シュティーフェル多様体 [complex Stiefel manifold] 156
複素数 [complex number] 270
複素（数）平面 [complex plane] 46, 270, 509
複素線形空間 [complex linear space] 310
複素多様体 [complex manifold] 510
複素直交群 [complex orthogonal group] 131
複素トーラス [complex torus] 6, 372
複素ヒルベルト空間 [complex Hilbert space] 494, 551
複素ベクトル空間 [complex vector space] 310
複素ベクトル束 [complex vector bundle] 552
複素補間空間 [complex interpolation space] 574

複素ボレル測度 [complex Borel measure] 337
複素ユークリッド計量 [complex Euclidean metric] 187
複素力学系 [complex dynamics] 512
複素リー群 [complex Lie group] 132
複素歪曲係数 [complex dilatation] 365
複体 [complex] 191
符号 [code] 515
符号 [signature] 133
符号数 [signature] 385
符号数定理 [signature theorem] 4
不正則数 [irregularity] 353, 673
双子素数 [twin primes] 339
二人ゼロ和ゲーム [zero-sum two person game] 185
付値 [valuation] 518
付値環 [valuation ring] 518
普通被覆面 [universal covering] 668
フックス群 [Fuchsian group] 577, 617
不定積分 [indefinite integral] 296
不定方程式 [Diophantine equation] 407
浮動小数点演算 [floating-point arithmetic] 150
不動点 [fixed point] 520, 657
不動点定理 [fixed point theorem] 235, 520
不等標数 [unequal characteristic] 662
フビニ–スタディー計量 [Fubini–Study metric] 187
フビニの定理 [Fubini's theorem] 693
ブーフベルガーのアルゴリズム [Buchberger's algorithm] 165
ブーフベルガーの判定法 [Buchberger's criterion] 165
部分位相空間 [subspace] 13
部分加群 [submodule] 98
部分加法族 [subalgebra] 77
部分環 [subring] 104
不分岐 [unramified] 540, 663
部分グラフ [subgraph] 159
部分群 [subgroup] 167
部分集合 [subset] 194
部分順序 [partial order] 320
部分積分の公式 [integration by parts formula] 602
部分層 [subsheaf] 324
部分束 [subbundle] 553
部分複体 [subcomplex] 387
部分ベクトル空間 [vector subspace] 310
部分リー環 [Lie subalgebra] 655
普遍 R 行列 [universal R matrix] 679
普遍係数定理 [universal coefficient theorem] 594
不変集合 [invariant set] 528
不偏推定量 [unbiased estimator] 210
普遍性質 [universal property] 191
普遍束 [universal bundle] 504
普遍タイヒミュラー空間 [universal Teichmüller space] 365
不変多項式 [invariant polynomial] 429
負変動 [negative variation] 622
普遍被覆 [universal covering] 481
普遍ベクトル束 [universal vector bundle] 157
フライ曲線 [Frey curve] 508
ブラウアー群 [Brauer group] 523
ブラウダー–笠原の不動点定理 [Browder–Kasahara fixed point theorem] 521
ブーラウ表現 [Burau representation] 153
ブラウワーの定理 [Brouwer's therem] 236
ブラウワーの不動点定理 [Brouwer's fixed point theorem] 235, 521
ブラウン運動 [Brownian motion] 525
フラクタル次元 [fractal dimension] 527

フラクタル集合 [fractal set]　108, 527
ブラケット積 [Lie bracket]　538, 655
プラトン立体 [Platonic solid]　293
ブラベー格子 [Bravais lattice]　507
プランシュレルの定理 [Plancherel theorem]　534
フーリエ–エルミート多項式 [Fourier–Hermite polynomial]　25
フーリエ級数 [Fourier series]　406, 530, 564
フーリエ級数（多変数）[Fourier series (of several variables)]　532
フーリエ級数展開 [Fourier series expansion]　202
フーリエ係数 [Fourier coefficient]　406, 530
フーリエ–スチェルチェス変換 [Fourier–Stieltjes transform]　534
フーリエ展開 [Fourier expansion]　578
フーリエの変反転公式 [Fourier inversion formula]　533
フーリエ–ベッセル級数 [Fourier–Bessel series]　557
フーリエ変換 [Fourier transform]　222, 533, 564, 628
ブリオ–ブーケの定理 [theorem of Briot–Bouquet]　370
フリップ予想 [flip conjecture]　140
プリュッカー座標 [Plücker coordinate]　419
プリュッカーの錐状面 [Plücker's conoid]　317
ブリルアン・トーラス [Brillouin torus]　507
ブーリン–ドゥニの公式 [Beurling–Deny's formula]　414
フルヴィッツ–ラドン数 [Hurwitz–Radon number]　506
フルヴィッツの定理 [Hurwitz' theorem]　677
フルヴィッツの分岐公式 [Hurwitz's ramification formula]　371
古田の定理 [Furuta's theorem]　386
フルネ–セレ枠 [Frenet–Serret frame]　144
フレッシェ空間 [Fréchet space]　309
フレッシェ微分 [Fréchet derivative]　535
フレッシェ微分可能 [Fréchet differentiable]　535
フレドホルム型積分方程式 [integral equation of Fredholm type]　297
フレドホルム作用素 [Fredholm operator]　3
フレドホルムの交代定理 [Fredholm alternative]　298
フレヴィッツ準同型 [Hurewicz homomorphism]　584
フレヴィッツの定理 [Hurewicz theorem]　584
不連続領域 [region of discontinuity]　154
フロー [flows]　537, 657
フロアー・ホモロジー [Floer homology]　268
フロストマンの最大値原理 [Frostman's maximum principle]　582
プロットキン限界式 [Plotkin bound]　516
ブロッホ束 [Bloch bundle]　507
フロベニウス自己準同型 [Frobenius endomorphism]　34
フロベニウス自己同形写像 [Frobenius automorphism]　539
フロベニウス写像 [Frobenius mapping]　539, 627
フロベニウス置換 [Frobenius substitution]　539
フロベニウスの相互律 [Frobenius reciprocity law]　171
フロベニウスの定理 [Frobenius theorem]　640
プロホロフの距離 [Prokhorov's distance]　82
ブロムウィッチ積分 [Bromwich integral]　647
分位点 [quantile]　545
分解可能 [decomposable]　419
分解群 [decomposition group]　519, 541
分解体 [splitting field]　524
分割 [partition]　41, 77, 620
分割空間 [decomposition space]　13
分割合同 [scissors congruent]　258
分割数 [partition number]　389, 620
分岐 [ramified]　540, 660

分岐指数 [ramification index]　350, 519, 540, 663
分岐理論（素イデアルの）[ramification theory (of prime ideals)]　540
分散 [variance]　545
分散共分散行列 [variance–covariance matrix]　545
分枝過程 [branching process]　543
分出公理 [Aussonderngsaxiom]　320
分数加群 [fractional module]　141
分数環 [fractional ring]　141
分布の意味で一意的 [unique in law]　79
分離公理 [axiom of separation]　17
分類空間 [classifying space]　157, 501, 504
ベアス埋め込み [Bers embedding]　365
ベアズ–サーストン予想 [conjecture of Bers–Thurston]　155
ペアノの公理系 [Peano axioms]　269
閉拡張可能 [closable]　469
平滑化スプライン [smoothing spline]　285
閉軌道 [closed orbit]　537, 657
閉球体 [closed ball]　125
閉曲面 [closed surface]　569
平均 [mean]　545
平均エルゴード定理 [mean ergodic theorem]　39
平均曲率 [mean curvature]　147
平均曲率ベクトル場 [mean curvature vector field]　148
平均収束 [mean convergence]　202
平均値の定理 [mean value theorem]　412
平均ベクトル [mean vector]　545
閉グラフ定理 [closed graph theorem]　308, 469
閉形式 [closed]　436
平衡 [balanced]　185
平行移動 [parallel translation]　5, 301
平行曲線 [parallel curve]　144
平衡分布 [equilibrium distribution]　582
平衡ポテンシャル [equilibrium potential]　414
閉作用素 [closed operator]　469
閉写像 [closed mapping]　12
閉集合 [closed set]　10, 695
並進作用素 [translation operator]　507
閉対称形式 [closed symmetric form]　413
閉対称作用素 [closed symmetric operator]　226
平坦 [flat]　301
平坦な接続 [flat connection]　410
閉値域定理 [closed range theorem]　469
閉凸包 [closed convex hull]　434
閉包 [closure]　12
平方剰余 [quadratic residue]　547
平方剰余記号 [Legendre symbol]　547
平方剰余の相互法則 [reciprocity law of quadratic residues]　547
平面グラフ [plane graph]　160
平面的グラフ [planar graph]　160
閉モノイダル [closed monoidal]　500, 504
閉路 [cycle]　158
べき根拡大 [radical extension]　97
べき集合 [power set]　195, 242
べき零 [nilpotent]　625
べき零元 [nilpotent element]　106
べき零根基 [nilradical]　106
べき零変換 [nilpotent transformation]　263
べき等性 [idempotency]　461
ベクトル [vector]　549
ベクトル空間 [vector space]　310

ベクトル積 [vector product] 550
ベクトル束 [vector bundle] 552
ベクトル値関数 [vector-valued function] 103
ベクトル場 [vector field] 537, 554
ベクトル表現 [vector representation] 162
ベータ関数 [β function] 110
ペーター–ワイルの定理 [Peter–Wyle's theorem] 170
ベッセル核 [Bessel kernel] 581
ベッセル関数 [Bessel function] 557
ベッセルの微分方程式 [Bessel's differential equation] 557
ベッセルの不等式 [Bessel's inequality] 406
ベッセル・ポテンシャル [Bessel potential] 581
ベッチ数 [Betti number] 592
ペテルセン・グラフ [Petersen graph] 158
ペートルのK法 [K-method] 573
ペートルの定理 [Peetre theorem] 573
ペトロフスキーの定理 [Petrovski's theorem] 327
蛇の補題 [snake lemma] 590
ヘリンガー–テプリッツの定理 [Hellinger–Toeplitz theorem] 226
ベール可測集合 [Baire measurable set] 336
ベール空間 [Baire space] 558
ベルグマン計量 [Bergman metric] 188
ベール測度 [Baire measure] 336
ヘルダーの不等式 [Hölder's inequality] 688
ヘルダー連続 [Hölder continuous] 695
ヘルド群 [Held group] 630
ベルヌイ型ずらしの変換 [Bernoulli shift] 42
ベルヌイ変換 [Bernoulli transformation] 43
ベールのカテゴリー定理 [Baire category theorem] 558
ベール–ハウスドルフの定理 [Baire-Hausdorff's theorem] 558
ヘルマンダーの L^2 評価式 [Hörmander's L^2 estimate] 580
ベルマン方程式 [Bellman equation] 459
ベルンシュタインの多項式 [Bernstein polynomial] 377
ペロン–ウィーナー–ブレロ解 [Perron–Wiener–Brelot solution] 402
ペロンの方法 [Perron method] 459
辺 [edge] 158
偏角 [argument] 137, 509
変格積分 [improper integral] 296
偏角の原理 [argument principle] 290
変換行列 [transformation matrix] 112, 204, 262, 311, 326
偏屈層 [perverse sheaf] 411
変形量子化 [deformation quantization] 268
偏差分 [partial difference] 213
偏差分方程式 [partial difference equation] 214
辺集合 [edge set] 158
変数変換型公式 [change of variable] 274
ヘンゼルの補題 [Hensel's lemma] 475, 662
偏導関数 [partial derivative] 488, 536
偏微分 [partial derivative] 488
偏微分可能 [partially differentiable] 488
偏微分係数 [partial differential coefficient] 488
偏微分方程式 [partial differential equation] 23, 327, 464, 571
変分 [variation] 561
変分原理 [variational principle] 61
変分ベクトル場 [variation vector field] 331
変分法 [variational method] 561
辺連結度 [edge connectivity] 159

ポアソン可換 [Poisson commutative] 62
ポアソン核 [Poisson kernel] 530, 532, 533, 564
ポアソン括弧 [Poisson bracket] 62, 267
ポアソン過程 [Poisson process] 90
ポアソン構造 [Poisson structure] 267
ポアソン積分 [Poisson integral] 401, 530, 533
ポアソンの小数の法則 [Poisson law of small numbers] 563
ポアソンの和公式 [Poisson's summation formula] 564
ポアソン分布 [Poisson distribution] 81
ポアソン方程式 [Poisson equation] 565, 581
ボーア–モレルップの定理 [Bohr–Mollerup Theorem] 109
ポアンカレ円板 [Poincaré disk] 47
ポアンカレ拡張 [Poincaré extension] 20
ポアンカレ–カルタンの積分不変式 [integral invariant of Poincaré–Cartan] 61
ポアンカレ球体 [Poincaré ball] 128
ポアンカレ計量 [Poincaré metric] 20, 47, 128, 187
ポアンカレ写像 [Poincaré map] 657
ポアンカレ双対定理 [Poincaré duality theorem] 567
ポアンカレの再帰定理 [Poincaré's recurrence theorem] 40
ポアンカレの補題 [Poincaré Lemma] 437, 484
ポアンカレの群 [Poincaré group] 118
ポアンカレ–ベンディクソンの定理 [Poincaré–Bendixson theorem] 657
ポアンカレ–ホップの定理 [Poincaré–Hopf theorem] 55, 236
ポアンカレ予想 [Poincaré conjecture] 127, 569, 610
ポアンカレ–レフシェッツ双対定理 [Poincaré–Lefschetz duality theorem] 567
ホイタッカー–シャノン–コテルニコフ–染谷のサンプリング定理 [Whittaker–Shannon–Kotel'nikov–Someya sampling theorem] 223
ホイットニーの公式 [Whitney formula] 429
ホイットニー和 [Whitney sum] 553
ホイヘンスの（大）原理 [Huygens' principle] 464
包含関係 [inclusion relation] 194
包合的 [involutive] 62
方向微分 [directional derivative] 431
豊潤定理 [abundance theorem] 139, 352
豊潤予想 [abundance conjecture] 140
法線 [normal] 144
法束 [normal bundle] 553, 641
法則収束 [convergence in law] 84, 85
胞体的 [cellular] 16
胞体分割 [cell decomposition] 388
放電法 [discharge method] 643
豊富錐 [ample cone] 176
放物型 [parabolic] 19
放物型代数群 [parabolic subgroup] 424
放物型方程式 [parabolic equation] 571
放物幾何学 [parabolic geometry] 490
放物線 [parabola] 48
放物線座標 [parabolic coordinates] 146
方べきの定理 [power theorem] 47
法ベクトル [normal vector] 258
包絡面 [enveloping surface] 317
補外 [extrapolation] 575
保型形式 [automorphic form] 279
補間 [interpolation] 573, 575
補間式 [interpolation formula] 575
母関数 [generating function] 62
補間多項式 [interpolating polynomial] 575
保型関数 [automorphic function] 577, 616
ボゴモロフ分解定理 [Bogomolov decomposition theorem] 93
星型 [starlike] 484
補充法則 [first complementary law] 547

補助 3 次方程式 [additional cubic equation]　364
補助 2 次方程式 [additional quadric equation]　363
母線 [generating line]　48, 316
保測変換 [measure preserving transformation]　39
保存的 [conservative]　605
保存方程式 [equation of conservation]　178
保存密度 [conserved density]　178
ホックシルト・ホモロジー [Hochschild homology]　686
ボックス次元 [box dimension]　527
ホッジ計量 [Hodge metric]　188
ホッジ数 [Hodge number]　306
ホッジ・ダイアモンド [Hodge diamond]　306
ホッジ対称性 [Hodge symmetry]　306
ホッジ多様体 [Hodge manifold]　188
ホッジ等長写像 [Hodge isometry]　177
ホッジ分解 [Hodge decomposition]　306, 579, 610
ホップ代数 [Hopf algebra]　679
ホップ多様体 [Hopf manifold]　188
ホップの定理 [Hopf's theorem]　236
ホップ・ファイバー束（ファイブレーション）[Hopf fibration]　233
ホップ分岐 [Hopf bifurcation]　660
ホップ–リノウの定理 [theorem of Hopf–Rinow]　665
ポッホハマー・サイクル [Pochhammer cycle]　399
ポテンシャル [potential]　581, 649
歩道 [walk]　159
ボホナー–リース和 [Bochner–Riesz mean]　564
ホモクリニック点 [homoclinic point]　658, 660
ホモクリニック分岐 [homoclinic bifurcation]　660
ホモトピー球面 [homotopy sphere]　569
ホモトピー極限 [homotopy limit]　502
ホモトピー群 [homotopy group]　583
ホモトピー集合 [homotopy set]　583
ホモトピー同値 [homotopy equivalent]　583
ホモトピーファイバー [homotopy fiber]　585
ホモトピー不変性 [homotopy invariance]　119
ホモトピー余極限 [homotopy colimit]　502
ホモロジー [homology]　592
ホモロジー（長）完全系列 [homology (long) exact sequence]　590
ホモロジー群 [homology group]　589
ホモロジー代数 [homological algebra]　589
ホモロジー多様体 [homology manifold]　567
ポーランド空間 [Polish space]　39, 78
ボルツァーノ–ワイエルシュトラスの定理 [Bolzano–Weierstrass theorem]　275
ボルツマン方程式 [Boltzmann equation]　595
ホール–ヤンコ群 [Hall–Janko group]　629
ボレル埋め込み [Borel embedding]　424
ボレル可測集合 [Borel–measurable set]　336
ボレル・コホモロジー [Borel cohomology]　559
ボレル集合 [Borel set]　335, 336
ボレル測度 [Borel measure]　335, 336
ボレル部分群 [Borel subgroup]　424
ボレル予想 [Borel conjecture]　560
ホロノミー [holonomy]　66, 641
ホロノミー群の分類 [classification of holonomy groups]　303
ホロノミー準同型 [holonomy homomorphism]　641
ホロノミック D-加群 [holonomic D-module]　411
ホロノミックな束縛 [holonomic constraint]　60
ホワイトノイズ [white noise]　525
本田–エトナイアの定理 [theorem of Honda–Etnyre]　300
ポントリャーギン類 [Pontrjagin class]　428

ま 行

埋蔵 [embedding]　381
埋蔵定理 [imbedding theorem]　341
埋没素因子 [embedded prime ideal]　68
マクスウェル方程式 [Maxwell equations]　24, 597
マクスウェル分布 [Maxwell distribution]　595
マクラフリン群 [McLaughlin group]　630
マザーウェーブレット [mother wavelet]　35
マシュー群 [Mathieu group]　389, 629
マシュケの定理 [Maschke's theorem]　169, 625
待ち行列 [queue]　599
マックス–プラス代数 [Max–Plus algebra]　455
マッケイ対応 [McKay correspondence]　417
末尾事象 [tail event]　608
マーデン予想 [Marden conjecture]　155
マリアバン解析 [Malliavin calculus]　601
マリアバン共分散行列 [Malliavin covariance matrix]　602
マリアバン微分 [Malliavin derivative]　601
マルグリス管 [Margulis tube]　155
マルグリスの補題 [Margulis lemma]　154
マルコフ移動 [Markov move]　152
マルコフ–角谷の定理 [Markov–Kakutani fixed point theorem]　521
マルコフ型 [Markovian]　79
マルコフ型確率測度 [Markov measure]　43
マルコフ型ずらしの変換 [Markov shift]　43
マルコフ過程 [Markov process]　604
マルコフ時刻 [Markov time]　607
マルコフ推移確率系 [Markov transition probabilities]　43
マルコフ的 [Markovian]　413
マルコフ連鎖 [Markov chain]　604, 653
マルシンキェヴィクツの補間定理 [Marcinkiewicz interpolation theorem]　574, 690
マルチフラクタル解析 [multifractal analysis]　529
マルチンゲール [martingale]　605, 606
マルチンゲール変換 [martingale transform]　606
マルチンゲール問題 [martingale problem]　79
丸め誤差 [rounding error]　150
マンデルブロー集合 [Mandelbrot set]　513

右イデアル [right ideal]　104
右完全関手 [right exact functor]　99, 590
右剰余類 [right coset]　168
右導来関手 [right derived functor]　502, 591
ミクシンスキーの演算子法 [Mikusinski's operational calculus]　648
道 [path]　158
道ごとに一意的 [pathwisely unique]　79
道の空間 [path space]　604
ミッターク–レッフラーの定理 [Mittag-Leffler's theorem]　635
密着位相 [indiscrete topology]　10
密着空間 [indiscrete space]　10
ミニ・マックス定理 [minimax theorem]　185, 522
見本過程 [sample process]　90
宮岡–ヤオの不等式 [Miyaoka–Yau inequality]　353
ミラー対称性 [Mirror symmetry]　268
ミルマンの定理 [Millman's theorem]　469
ミレニアム懸賞問題 [millennium prize problems]　609
ミンコフスキーの定理 [Minkowski's theorem]　540
ミンコフスキーの不等式 [Minkowski's inequality]　688
ミンコフスキー–ファルカスの補題 [Minkowski–Farkas' lemma]　312

日本語索引

ミン–プラス代数 [Min–Plus algebra]　455

ムーアループ空間 [Moore loop space]　685
向き [orientation]　611
向き付け可能 [orientable]　611
向き付け不可能 [non–orientable]　611
向き付け不可能閉曲面 [closed non-orientable surface]　671
無限位数 [infinite order]　167
無限遠直線 [infinite line]　232
無限遠点 [point at infinity]　509
無限下降列 [infinite discending sequence]　320
無限級数 [infinite series]　121
無限グラスマン多様体 [infinite Grassmann manifold]　157
無限群 [infinite group]　167
無限公理 [axiom of infinity]　195, 462
無限公理 [axiom of strong infinity]　321
無限再帰的 [infinitely recurrent]　40
無限四元数射影空間 [infinite quaternion projective space]　234
無限次元非線形可積分方程式 [infinite dimensional nonlinear integrable equation]　178
無限次元リー代数 [infinite dimensional Lie algebra]　538
無限実射影空間 [infinite real projective space]　234
無限射影平面 [infinite projective plane]　230
無限集合 [infinite set]　243
無限上昇列 [infinite ascending sequence]　320
無限数列 [infinite sequence]　275
無限素点 [infinite place]　542, 680
無限複素射影空間 [infinite complex projective space]　234
無限部分 [infinity part]　680
無限分解可能 [infinitely divisible]　91
無限ループ空間 [infinite loop space]　684
無向グラフ [undirected graph]　159
無条件収束 [unconditionally converge]　121
結び目 [knot]　612
結び目型 [knot type]　612
結び目の図式 [knot diagram]　612
結び目の不変量 [knot invariant]　613
無駄のない準素分解 [irredundant primary decomposition]　68
無矛盾 [consistent]　180

芽 [germ]　323
命題 [proposition]　120, 701
メタ数学 [metamathematics]　182
メビウスの帯 [Möbius strip]　317
メビウス変換 [Möbius transformation]　19
メルゲルヤンの定理 [Mergelyan's theorem]　378
メルセンヌ素数 [Mersenne prime]　339
メンガーの曲線 [Menger curve]　15
面積 [area]　296, 614
面積分 [surface integral]　318
面積要素 [areal element]　319
面積要素 [surface element]　298
面積要素ベクトル [vector area elemet]　319
面素 [surface element]　319

モーザーの定理 [Moser's theorem]　487
モジュラー表現 [modular representation]　625
モジュラー [modular]　508
モジュライ空間 [moduli space]　7, 174, 366, 616
モジュラー曲線 [modular curve]　508
モジュラー形式 [modular form]　508

モース関数 [Morse function]　568, 618
モース関数の存在定理 [existence theorem of Morse functions]　618
モース指数 [Morse index]　568
モース–スメール系 [Morse–Smale system]　659
モースの不等式 [Morse inequality]　618
モースの補題 [lemma of Morse]　618
モース理論 [Morse theory]　618
モチーフ [motive]　279
モデル [model]　180
モデル圏 [model category]　499
モーデルの定理 [Mordell's theorem]　373
モーデル予想 [Mordell conjecture]　280
モノドロミー群 [monodromy group]　481
モノドロミー表現 [monodromy representation]　481, 578
モーメント写像 [moment map]　268
森ファイバー空間 [Mori fiber space]　201
モレラの定理 [Morera's theorem]　289
モンテルの定理 [Montel's theorem]　290

や　行

ヤコビアン [Jacobian]　134, 245
ヤコビ記号 [Jacobi's symbol]　547
ヤコビ行列 [Jacobi matrix]　134, 489
ヤコビ行列式 [Jacobi determinant]　245
ヤコビ多様体 [Jacobian variety]　5, 372
ヤコビの楕円関数 [Jacobi elliptic function]　370
ヤコビの多項式 [Jacobi polynomial]　406
ヤコビの判定法 [Jacobian criterion]　349, 426
ヤコビ場 [Jacobi field]　332
ヤコビ和 [Jacobian sum]　110
ヤング図形 [Young diagram]　389, 620
ヤングの不等式 [Young's inequality]　689
ヤング盤 [Young tableau]　620
ヤンコ群 [Janko group]　629
ヤン–バクスター方程式 [Yang–Baxter equation]　679
ヤン–ミルズ接続 [Yang–Mills connection]　174
ヤン–ミルズ汎関数 [Yang–Mills functional]　174
ヤン–ミルズ理論 [Yang–Mills theory]　303, 609

有界 [bounded]　252, 275, 309, 470
有界作用素 [bounded operator]　468
有界線形作用素 [bounded linear operator]　206
有界対称領域 [bounded symmetric domain]　344
有界変動関数 [function of bounded variation]　622
有限加法性 [finite additivity]　76
有限加法族 [algebra]　333
有限群 [finite group]　167, 624
有限次元 [finite dimensional]　112
有限射影平面 [finite projective plane]　230
有限集合 [finite set]　243
有限数列 [finite sequence]　275
有限生成 [finitely generated]　112
有限生成加群 [finitely generated module]　98
有限素点 [finite place]　680
有限体 [finite field]　627
有限単純群 [finite simple group]　629
有限単純群の分類定理 [classification theorem of the finite simple groups]　631
有限表示加群 [finitely presented module]　98
有限部分 [finite part]　680
有限胞体複体 [finite cellular complex]　119

有限要素法 [finite element method]　562, 632
優弧 [major arc]　45
有効因子 [effective divisor]　29, 350
有向グラフ [directed graph, digraph]　159
有効桁数 [number of significant digits]　150
有向集合 [directed set]　249, 321
有効数字 [significant figures]　150
有向線分 [oriented segment]　549
融合和 [amalgamated sum]　250
有心 2 次曲線 [central conic]　48, 447
遊走集合 [wandering set]　40
優調和関数 [superharmonic function]　211, 402
誘導セール・ファイブレーション [induced Serre fibration]　499
誘導束 [induced bundle]　504, 553
誘導表現 [induced representation]　171
誘導ファイバー空間 [induced fiber space]　499
誘導部分グラフ [induced subgraph]　159
優マルチンゲール [supermartingale]　606
有理階数 [rational rank]　518
有理曲線 [rational curve]　200, 351
有理曲面 [rational surface]　354
有理空間 [rational space]　638
有理型関数 [meromorphic function]　634
有理射 [rational map]　29
有理写像 [rational map]　236, 636
有理数 [rational number]　269
有理数の稠密性 [density of rational numbers]　135
有理点 [rational point]　372, 409
有理同値 [rationally equivalent]　675
有理 2 重点 [rational double point]　353
有理微分形式 [meromorphic differential form]　350
有理ホモトピー型 [rational homotopy type]　638
有理ホモトピー論 [rational homotopy theory]　638
ユークリッド型 [Euclidean]　342
ユークリッド幾何 [Euclidean geometry]　256
ユークリッド空間 [Euclidean space]　550
ユークリッド計量線形空間 [Euclidean metric linear space]　325
ユークリッド座標 [Euclidean coordinates]　145
ユークリッド整域 [Euclidean domain]　237
ユークリッドの互除法 [Euclidean algorithm]　338
ユークリッド平面 [Euclidean plane]　256
ユニタリ行列 [unitary matrix]　205, 404
ユニタリ空間 [unitary space]　325
ユニタリ群 [unitary group]　131, 404
ユニタリ・シンプレクティック群 [unitary symplectic group]　132
ユニタリ同値 [unitarily equivalent]　41
ユニタリ変換 [unitary transformation]　205, 404
ユニモジュラー [unimodular]　630
ユニモジュラー偶格子 [even unimodular lattice]　630
ユニモジュラー群 [unimodular group]　131
ユルゲンセンの不等式 [Jørgensen's inequality]　20

良いフィルトレーション [good filtration]　411
余因子 [cofactor]　134
葉 [leaf]　640
要素 [element]　241
葉層構造 [foliation]　640
容量 [capacity]　402, 582
容量分布 [capacitary distribution]　582
余可換 [cocommutative]　679

余核 [cokernel]　191
余弦 [cosine]　219
余次元 1 葉層構造 [codimension-1 foliation]　487
吉田近似 [Yosida approximation]　432, 218
余制限写像 [corestriction map]　524
余接層 [cotangent sheaf]　200
余像 [coimage]　191
予測可能 [predictable]　606
余等方的 [coisotropic]　267

ら 行

ライアンス群 [Lyons group]　630
ライダーの方法 [Reider's method]　353
ライデマイスター移動 [Reidemeister move]　612
ライプニッツ級数 [Leibniz series]　412
ライプニッツ則 [Leibniz rule]　484
ライプニッツの公式 [Leibniz's formula]　379
ラインハルト領域 [Reinhardt domain]　291
ラウチの比較定理 [Rauch's comparison theorem]　332
ラウリチェラの超幾何関数 [Lauricella's hypergeometric function]　400
ラヴレンティエフの定理 [Lavrentiev's theorem]　378
ラグランジアン [Lagrangian]　60
ラグランジュ形式の力学 [Lagrangian mechanics]　60
ラグランジュ乗数 [Lagrange multiplier]　644
ラグランジュ乗数形式 [Lagrangian form]　644
ラグランジュの運動方程式 [Lagrange's equation of motion]　60
ラグランジュの乗数法 [method of Lagrange multipliers]　644
ラグランジュの定理 [Lagrange's theorem]　624
ラグランジュの補間公式 [Lagrange's interpolation formula]　575
ラグランジュの未定乗数法 [Lagrange's method of undetermined coefficients]　644
ラグランジュ部分多様体 [Lagrangian submanifold]　267
ラゲール関数 [Laguerre function]　646
ラゲールの多項式 [Laguerre polynomial]　646
ラゲールの微分方程式 [Laguerre's differential equation]　646
ラゲール陪多項式 [associated Laguerre polynomial]　646
らせん [helix]　144
らせん面 [helicoid]　317
ラックス対 [Lax pair]　179
ラックス表示 [Lax representation]　179
ラックス–溝畑の定理 [Lax–Mizohata theorem]　328
ラッセルのパラドックス [Russell's paradox]　194, 241
ラドバリス群 [Rudvalis group]　630
ラドン測度 [Radon measure]　336
ラドン–ニコディムの定理 [Radon–Nikodym's theorem]　693
ラドン変換 [Radon transformation]　297
ラプラシアン [Laplacian]　123, 649
ラプラス逆変換 [inverse Laplace transform]　647
ラプラス積分 [Laplace integral]　647
ラプラス変換 [Laplace transformation]　647
ラプラス方程式 [Laplace equation]　565, 649
乱数 [random numbers]　651
ランダムウォーク [random walk]　652

リウヴィル–アーノルドの定理 [Liouville–Arnold theorem]　62
リウヴィル接触構造 [Liouville contact structure]　299
リウヴィルの定理 [Liouville's theorem]　39, 61, 345
リー環 [Lie algebra]　654
力学系 [dynamical system]　657

日本語索引

力学系の安定性と分岐 [stability and bifurcations of dynamical systems] 659
リー群 [Lie group] 654
李群 [Ree group] 629
離散位相 [discrete topology] 10
離散ウェーブレット [discrete wavelet] 36
離散空間 [discrete space] 10
離散グラフ [graphs in discrete mathematics] 158
離散群 [discrete group] 654
離散スペクトル [discrete spectrum] 41
離散対数問題 [discrete logarithm problem] 9, 628
離散付値環 [discrete valuation ring] 31, 662
離散フーリエ変換 [discrete Fourier transform] 192
リジッド解析空間 [rigid analytic space] 277
リジッド・コホモロジー [rigid cohomology] 278
離心率 [eccentricity] 48
リース核 [Riesz kernel] 581
リース–シャウダーの交代定理 [Riesz–Schauder alternative theorem] 206
リース–ソーリンの定理 [Riesz–Thorin theorem] 574
リースの合成公式 [Riesz composition formula] 581
リースの表現定理 [Riesz representation theorem] 337
リース変換 [Riesz transfrom] 425
リース・ポテンシャル [Riesz potential] 581
リース–マルコフ–角谷の定理 [Riesz–Markov–Kakutani theorem] 337
リー積 [Lie bracket] 132
リーゼンフェルトスプライン [Riesenfeld spline] 285
リゾルベント [resolvent] 432, 465
リー代数 [Lie algebra] 132, 655
リーチ格子 [Leech lattice] 630
立体射影 [stereographic projection] 126, 509
リッチ曲率 [Ricci curvature] 666
リッチ曲率テンソル [Ricci curvature tensor] 556
リッチ・テンソル [Ricci tensor] 666
リッチ・フロー [Ricci flow] 384, 570
リッツ法 [Ritz method] 562
利得関数 [payoff function] 184
利得ベクトル [payoff vector] 185
リード–ソロモン符号 [Reed–Solomon code] 516
リードの夢 [Reid's fantasy] 94
リプシッツ関数 [Lipschitz function] 433
リプシッツ条件 [Lipschitz condition] 255, 664
リプシッツ連続 [Lipschitz continuous] 664, 698
リーマン球面 [Riemann sphere] 127, 509
リーマン曲率テンソル [Riemann curvature tensor] 148
リーマン計量 [Riemannian metric] 553, 556, 665
リーマン構造 [Riemannian structure] 66
リーマン–スティルチェス積分 [Riemann–Stieltjes integral] 623
リーマン積分 [Riemann integral] 295
リーマン・ゼータ関数 [Riemann zeta function] 109
リーマン接続 [Riemannian connection] 302, 665
リーマン対称空間 [Riemannian symmetric space] 342, 423
リーマン多様体 [Riemannian manifold] 148, 665
リーマン等質幾何学 [Riemannian homogeneous geometry] 383
リーマンの関係式 [Riemann's relations] 6
リーマンの写像定理 [Riemann's mapping theorem] 420, 667, 670
リーマンの定理 [Riemann's theorem] 530
リーマンの特異点除去可能定理 [Riemann's theorem on removable singularities] 292

リーマン–ヒルベルト対応 [Riemann–Hilbert correspondence] 411
リーマン–フルヴィッツの関係式 [Riemann–Hurwitz formula] 670
リーマン面 [Riemann surface] 669
リーマン予想 [Riemann hypothesis] 609, 672
リーマン領域 [Riemann domain] 113
リーマン–ロッホの定理 [Riemann–Roch theorem] 305, 350, 371, 673
リーマン–ロッホの不等式 [Riemann–Roch inequality] 351
リーマン–ロッホ–ヒルツェブルフの定理 [Riemann–Roch–Hirzebruch theorem] 4
リーマン和 [Riemann sum] 295, 623
リムの不動点定理 [Lim's fixed point theorem] 522
流出境界 [exit boundary] 71
留数 [residue] 676
流入境界 [entrance boundary] 71
リュステルニクの定理 [Liyusternik's theorem] 536
領域保存の法則 [Prinzip von der Gebietstreue] 677
両側イデアル [two-sided ideal] 104
量子群 [quantum group] 678
量子コホモロジー環 [quantum cohomology ring] 268
量子包絡代数 [quantum enveloping algebra] 678
両手型 [amphicheiral] 612
両立性 [compatibility] 321
両立対 [compatible pair] 573
臨界値 [critical value] 212, 381, 618
臨界点 [critical point] 212, 381, 618
リンク数 [linking number] 236
隣接している [adjacent] 158
リンドバーク条件 [Lindberg condition] 391

累次極限 [repeated limit] 276
累次積分 [repeated integral] 244
類数 [class number] 361
類体 [class field] 680
類体塔 [class field tower] 681
類体論 [class field theory] 680
ルーシェの定理 [Rouché theorem] 290, 677
ルジャンドル関数 [Legendre function] 683
ルジャンドル記号 [Legendre symbol] 547
ルジャンドルの条件 [Legendre condition] 562
ルジャンドルの多項式 [Legendre polynomial] 123, 683
ルジャンドルの微分方程式 [Legendre's differential equation] 683
ルジャンドル陪関数 [associated Legendre function] 123, 683
ルジャンドル陪微分方程式 [Legendre's associated differential equation] 683
ルジャンドル標準形 [Legendre canonical form] 371
ルジャンドル変換 [Legendre transformation] 61
ルッツひねり [Lutz twist] 300
ルート格子 [root lattice] 415
ループ空間 [loop space] 684
ルベーグ可測 [Lebesgue measurable] 615
ルベーグ可測集合 [Lebesgue measurable set] 335
ルベーグ空間 [Lebesgue space] 39, 688
ルベーグ–スチルチェス測度 [Lebesgue–Stieltjes measure] 335
ルベーグ積分 [Lebesgue integral] 691
ルベーグ測度 [Lebesgue measure] 615
ルベーグの敷石定理 [Lebesgue's covering theorem] 14
ルベーグの収束定理 [Lebesgue's convergence theorem] 692
ルレイ–セール・スペクトル系列 [Leray–Serre spectral

sequence] 500
ルンゲ現象 [Runge's phenomenon] 274
ルンゲの近似定理 [Runge's approximation theorem] 635

例外軌道 [exceptional orbit] 560
レヴィ–伊藤分解 [Lévy–Itô decomposition] 91
レヴィ過程 [Lévy process] 90
レヴィ曲線 [Lévy curve] 529
レヴィ形式 [Lévy form] 299
レヴィ条件 [Lévy's condition] 328
レヴィ測度 [Lévy measure] 91
レヴィ–チヴィタ接続 [Lévy–Civita connection] 302, 665
レヴィの距離 [Lévy's distance] 82
レヴィの反転公式 [Lévy's inversion formula] 534
レヴィ–ヒンチンの標準型 [Lévy–Khintchine representation] 91
レヴィ問題 [Lévy's problem] 114
列 [column] 129
劣加法的 [subadditive] 468
劣弧 [minor arc] 45
劣調和関数 [subharmonic function] 211, 402
列の累次級数 [repeated series by columns] 122
劣微分 [subdifferential] 430
劣マルチンゲール [submartingale] 606
レフシェッツ分解 [Lefschetz decomposition] 580
レーブ成分 [Reeb component] 640
レーブ場 [Reeb vector field] 299
レーブ葉層 [Reeb foliation] 640
レルヒの定理 [Lerch's theorem] 647
連結 [connected] 12, 159, 480
連結準同型写像 [connecting homomorphism] 329, 589, 593
連結性 [connectedness] 694
連結成分の集合 [set of connected components] 583
連結度 [connectivity] 159
レンズ空間 [lens space] 384
連接関係式 [contiguity relation] 399
連接性 [coherence] 113
連接層 [coherent sheaf] 113, 278, 329
連続 [continuous] 12, 520, 694, 698
連続ウェーブレット変換 [continuous wavelet transform] 35
連続拡張 [continuous extension] 18
連続関数 [continuous function] 694
連続関数環 [continuous function algebra] 696
連続写像 [continuous mapping] 12, 698
連続性原理 [continuity principle] 582
連続体仮説 [continuum hypothesis] 87, 461
連続体濃度 [cardinal number of continuum] 87
連続体濃度（基数）[cardinality of continuum] 461
連続率 [modulus of continuity] 698
連分数 [continued fraction] 699
連立1次方程式 [linear equations] 700

連立1階線形常微分方程式 [system of first–order linear ordinary differential equations] 314
路 [path] 90
ローセンバーグ–スティーンロッド・スペクトラル系列 [Rothenberg–Steenrod spectral sequence] 500
ロッカフェラーの定理 [Rockafellar's theorem] 432
ロビンソン–シェンステッド対応 [Robinson–Schensted correspondence] 621
ロホリンの定理 [Rokhlin's theorem] 385
ローラン多項式 [Laurent polynomial] 456
ローラン展開 [Laurent expansion] 634
ロルの定理 [Rolle's theorem] 412
クーロンゲージ [Coulomb gauge] 598
ローレンツ変換 [Lorentz transformation] 491
ロンスキー行列式 [Wronskian] 315
ロンベルク積分法 [Romberg integration] 273
論理記号 [logical symbol] 701
論理結合子 [logical connective] 180
論理式 [formula] 180
論理体系 [logial system] 180

わ 行

和 [sum] 167
ワイエルシュトラスの準備定理 [Weierstrass preperation theorem] 173
ワイエルシュトラスの楕円関数 [Weierstrass elliptic function] 292, 369, 616
ワイエルシュトラスの多項式近似定理 [Weierstrass polynomial approximation theorem] 377
ワイエルシュトラスの定理 [Weierstrass theorem] 635
ワイエルシュトラスの2重級数定理 [theorem of Wierstrass on double series] 290
ワイエルシュトラスの$\wp$–関数 [Weierstrass $\wp$ function] 372
ワイエルシュトラスの割り算定理 [Weierstrass division theorem] 292
ワイエルシュトラス標準形 [Weierstrass's canonical form] 371
ワイエルシュトラス–フラグメンの定理 [theorem of Weierstrass–Phragmén] 370
ワイルの指標公式 [Weyl's character formula] 678
ワイルの補題 [Weyl's lemma] 401
ワインガルテン写像 [Weingarten map] 147
ワインガルテンの誘導方程式 [Weingarten's induction equation] 147
枠組 [frame] 180
和集合 [sum set] 195, 241
和分 [sum] 213
割り算原理 [division algorithm] 164

英語索引

A

a system of orthogonal polynomials [直交多項式系]　405
Abel integral equation [アーベルの積分方程式]　297
abelian category [アーベル圏]　191
abelian group [アーベル群]　167, 625
abelian surface [アーベル曲面]　354
abelian variety [アーベル多様体]　5
abscissa of absolute convergence [絶対収束座標]　647
abscissa of convergence [収束座標]　647
absolute class field [絶対類体]　681
absolute norm [絶対ノルム]　540
absolute value, modulus [絶対値]　509
absolutely continuous [絶対連続]　81, 693
absolutely converge, absolutely convergent [絶対収束]　122
absorbing barrier [吸収壁]　72
absorbing zero [吸収的零]　455
abstract Schrödinger's equation [抽象的シュレーディンガー方程式]　247
abstract simplicial complex [抽象単体複体]　388
abstract Wiener space [抽象ウィナー空間]　601
abundance conjecture [豊潤予想]　140
abundance theorem [豊潤定理]　139, 352
action [作用]　168
action integral [作用積分]　60
activator-inhibitor system [興奮-抑制系]　472
addition [加法]　167
addition formula [加法公式]　219
additional cubic equation [補助 3 次方程式]　364
additional quadric equation [補助 2 次方程式]　363
additive category [加法圏]　190
additive functor [加法関手]　191
additive group [加法群]　167
additive process [加法過程]　90
adjacent [隣接している]　158
adjoint functor [随伴関手]　324
adjoint kernel [随伴核]　581
adjoint matrix [随伴行列]　205
adjoint operator [共役作用素]　207, 226
adjoint transformation [随伴変換]　205
adjunction space [貼り合わせ空間]　13
admissible function [許容関数]　561
affine [アフィン]　521
affine connection [アフィン接続]　302
affine coordinate ring [アフィン座標環]　356
affine coordinates [アフィン座標]　145
affine plane [アフィン平面]　231
affine scheme [アフィン・スキーム]　277, 359
affine toric variety [アフィン・トーリック多様体]　440
affine transformation [アフィン変換]　257
affine variety [アフィン多様体]　356
Ahlfors finiteness theorem [アールフォースの有限性定理]　154
Akizuki theorem [秋月の定理]　453
Albanese fiber space [アルバネーゼ・ファイバー空間]　201
Albanese map [アルバネーゼ写像]　7
Albanese morphism [アルバネーゼ射]　353
Albanese variety [アルバネーゼ多様体]　353
Alexander horned sphere [アレキサンダーの角つき球面]　261
Alexander's theorem [アレクサンダーの定理]　152
algebra [有限加法族]　333
algebraic curve [代数曲線]　349
algebraic equation (solutions up to quartic equations) [代数方程式 (4 次以下の解法)]　363
algebraic fiber space [代数的ファイバー空間]　201
algebraic function [代数関数]　59, 102
algebraic group [代数群]　132, 171
algebraic integer [代数的整数]　360
algebraic interior point [代数的内点]　434
algebraic number [代数的数]　360
algebraic r-cycle [代数的 r サイクル]　675
algebraic representation [代数的表現]　171
algebraic torus [代数的トーラス]　440
algebraic variety [代数多様体]　277, 356
algebro-geometric code [代数幾何符号]　517
aliasing [エイリアシング]　222
almost complex structure [概複素構造]　510
almost everywhere [ほとんどいたるところ]　692
almost sure convergence [概収束]　84, 85
alternating [交代]　555
alternating group [交代群]　626, 629
alternating series [交項級数]　121
alternating sum [交代和]　55
alternizer [交代化作用素]　419
amalgamated sum [融合和]　250
amoeba [アメーバ]　456
amphicheiral [両手型]　612
ample cone [豊富錐]　176
amplitude function [振幅関数]　265
analytic [解析的]　58
analytic configuration [解析的形成体]　59
analytic continuation [解析接続]　58, 113
analytic hierarchy [解析的階層]　197
analytic semigroup [解析的半群]　218
analytic set [解析的集合]　113
analytical mechanics (dynamics) [解析力学]　60
annulus conjecture [円環域予想]　261
Anosov foliation [アノソフ葉層]　640
Anosov system [アノソフ系]　661
anticanonical ring [反標準環]　200
anti-graded lexicographic order [反次数付き辞書式順序]　166
anti-holomorphic cotangent space [反正則余接空間]　511
antilinear [反線形性]　493
antisymmetric law [反対称律]　249
aperiodic [非周期的]　42
apex, vertex [頂点]　48, 158
Appell hypergeometric function [アッペル超幾何関数]　400
approximate computation [近似計算]　150
approximating form [近似形式]　413
Arakelov geometry [アラケロフ幾何学]　277
arc [弧]　45
Archimedean solid [アルキメデス立体]　293
arcwise connected [弧状連結]　12
area [面積]　296, 614

areal element [面積要素] 319
argument [偏角] 137, 509
argument principle [偏角の原理] 290
arithmetic geometry [数論幾何学] 277
arithmetic mean [算術平均, 相加平均] 221
arithmetic–geometric mean [算術幾何平均] 221
Arnold conjecture [アーノルド予想] 268
Arnold–Euler–Poincaré equation (AEP equation) [アーノルド–オイラー–ポアンカレ方程式] 57
arrangement of hyperplanes [超平面配置] 417
Artin map [アルティン写像] 682
Artin reciprocity law [アルティンの一般相互法則] 681
Artin representation [アルティン表現] 542
Artin rings [アルティン環] 453
Artin symbol [アルティン記号] 539
Artin–Hasse symbol [アルティン–ハッセ記号] 680
Artinian module [アルティン加群] 453
Artin–Rees lemma [アルティン–リースの補題] 454
Artin–Schreier–Witt theory [アルティン–シュライアー–ヴィット理論] 34
ascending chain condition [昇鎖律] 320
Ascoli–Arzela's theorem [アスコリ–アルツェラの定理] 206
aspherical manifold [非球形多様体] 560
associated convergence radius [関連収束半径] 291
associated fiber bundle [同伴ファイバー束] 503
associated Laguerre polynomial [ラゲール陪多項式] 646
associated Legendre function [ルジャンドル陪関数] 123, 683
associated prime ideal [随伴素イデアル] 68
associative law [結合法則] 167
asymptote [漸近線] 49
asymptotic Teichmüller space [漸近的タイヒミュラー空間] 365
Atiyah–Singer index theorem [アティヤー–シンガーの指数定理] 3
attaching space [接着空間] 13
attracting fixed point [吸引的固定点] 19
Aussonderngsaxiom [分出公理] 320
automorphic form [保型形式] 279
automorphic function [保型関数] 577, 616
automorphism [自己同型写像] 40
axiom [公理] 180
Axiom A [公理 A 系] 661
axiom of choice [選択公理] 101, 196, 241, 243, 320, 460
axiom of comprehension [内包の公理] 195
axiom of constructibility [構成可能公理] 461
axiom of countable choice [可算選択公理] 321
axiom of depending choice [従属選択公理] 321
axiom of deteminacy, determinateness [決定性公理] 197
axiom of extensionality [外延性の公理] 194
axiom of foundation [基礎の公理] 196
axiom of infinity [無限公理] 195, 462
axiom of neighborhood system [近傍系の公理] 11
axiom of open sets [開集合の公理] 10
axiom of replacement [置換公理] 195
axiom of separation [分離公理] 17
axiom of strong infinity [(強) 無限公理] 195, 197, 321, 461
axiomatic set theory [公理的集合論] 194, 241
axis [軸] 20, 48

B

backward difference [後退差分] 213
Baire category theorem [ベールのカテゴリー定理] 558

Baire measurable set [ベール可測集合] 336
Baire measure [ベール測度] 336
Baire space [ベール空間] 558
Baire–Hausdorff's theorem [ベール–ハウスドルフの定理] 558
balanced [平衡] 185
ball, solid sphere [球体] 125
Banach algebra [バナッハ環] 465
Banach space [バナッハ空間] 86, 206, 467, 520
Banach–Steinhaus's theorem [バナッハ–シュタインハウスの定理] 470
Banach–Tarski paradox [バナッハ–タルスキーのパラドックス] 321
band-limited [帯域制限] 222
bar complex [バー複体] 686
Barnes integral expression [バーンズ積分表示] 110
barreled [樽型] 309
barrier [障壁] 402
barycentric subdivision [重心細分] 388
base curve [底曲線] 316
base space [基礎空間] 76
base space [底空間] 480, 499, 503, 552
basic field, ground field [基礎体] 131
basic open set [基本開集合] 11
basis [基底] 11, 111, 311
Bellman equation [ベルマン方程式] 459
Bergman metric [ベルグマン計量] 188
Bernoulli shift [ベルヌイ型ずらしの変換] 42
Bernoulli transformation [ベルヌイ変換] 43
Bernstein polynomial [ベルンシュタインの多項式] 377
Bers embedding [ベアス埋め込み] 365
Bessel function [ベッセル関数] 557
Bessel kernel [ベッセル核] 581
Bessel potential [ベッセル・ポテンシャル] 581
Bessel's differential equation [ベッセルの微分方程式] 557
Bessel's inequality [ベッセルの不等式] 406
best linear unbiased estimation method [線形不偏最良推定法] 210
Betti number [ベッチ数] 592
Beurling–Deny's formula [ブーリン–ドゥニの公式] 414
Bianchi identities [ビアンキの恒等式] 302
biconjugate function [第二共役関数] 432
Bieberbach conjecture [ビーベルバッハ予想] 422
bi-elliptic surface [双楕円曲面] 354
bijection [全単射] 101, 242
bilinear form [双線形形式] 179, 326, 418
bilinear map [双線形写像] 418
binomial coefficient [二項係数] 251
binomial theorem [二項定理] 251
bipartite graph [二部グラフ] 158
bipolar coordinates [双極座標] 146
birational characterization [双有理的特徴づけ] 7
birational geometry [双有理幾何学] 637
birational invariant [双有理不変量] 200, 637
birational map [双有理写像] 637
birational model [双有理モデル] 637
birational morphism [双有理射] 358, 637
birationally equivalent [双有理同値] 637
biregular [双正則] 510
Birkhoff–Smale theorem [バーコフ–スメールの定理] 660
Bloch bundle [ブロッホ束] 507
blowing up [爆発] 358, 443
blow-up analysis [爆発解析] 478
blow-up solution [爆発解] 56

Bochner–Riesz mean [ボホナー–リース和] 564
Bogomolov decomposition theorem [ボゴモロフ分解定理] 93
Bohr–Mollerup Theorem [ボーア–モレラップの定理] 109
Boltzmann equation [ボルツマン方程式] 595
Bolzano–Weierstrass theorem [ボルツァーノ–ワイエルシュトラスの定理] 275
border set [縁集合] 558
Borel cohomology [ボレル・コホモロジー] 559
Borel conjecture [ボレル予想] 560
Borel embedding [ボレル埋め込み] 424
Borel measure [ボレル測度] 335, 336
Borel set [ボレル集合] 335, 336
Borel subgroup [ボレル部分群] 424
Borel–measurable set [ボレル可測集合] 336
boundary [境界] 11
boundary condition [境界条件] 565, 650
boundary condition of the third kind [第三種境界値問題] 650
boundary homomorphism [境界準同型写像] 592
boundary operator [境界作用素] 589
boundary value problem [境界値問題] 565, 650
bounded [有界] 252, 275, 309, 470
bounded distance decoding [限界距離復号法] 515
bounded from above, bounded above [上に有界] 252, 275
bounded from below, bounded below [下に有界] 252, 275
bounded linear operator [有界線形作用素] 206
bounded operator [有界作用素] 468
bounded symmetric domain [有界対称領域] 344
box dimension [ボックス次元] 527
brachistochrone [最速降下線] 561
braid [組みひも] 613
braid group [組みひも群] 152, 613
branch [枝] 158
branching process [分枝過程] 543
Brauer group [ブラウアー群] 523
Bravais lattice [ブラベー格子] 507
Brillouin torus [ブリルアン・トーラス] 507
Bromwich integral [ブロムウィッチ積分] 647
Brouwer's fixed point theorem [ブラウワーの不動点定理] 235, 521
Brouwer's therem [ブラウワーの定理] 236
Browder–Kasahara fixed point theorem [ブラウダー–笠原の不動点定理] 521
Brownian motion [ブラウン運動] 525
B–spline [B–スプライン] 284, 576
bubble [バブル] 174
Buchberger's algorithm [ブーフベルガーのアルゴリズム] 165
Buchberger's criterion [ブーフベルガーの判定法] 165
bundle isomorphism [束同型] 552
bundle map [束写像] 552
Burali–Forti's paradox [フォルティのパラドックス] 195
Burau representation [ブーラウ表現] 153
Burkholder–Davis–Gundy inequality [バークホルダー–デイビス–グンディの不等式] 608
Burkholder's inequality [バークホルダーの不等式] 608

C

Caesar cipher [シーザー暗号] 8
Calabi–Yau manifold [カラビ–ヤウ多様体] 93
Campbell–Hausdorff formula [キャンベル–ハウスドルフの公式] 656
canonical [正準的] 61

canonical 1 form, canonical 1–form [1 次微分形式] 554
canonical basis [標準基底] 111, 166
canonical bundle formula [標準束公式] 354
canonical curve [標準曲線] 351
canonical divisor [標準因子] 305, 350
canonical divisor class [標準因子類] 350, 426
canonical equations of Hamilton [ハミルトンの正準方程式] 61
canonical inner product [標準的内積] 325
canonical line bundle [標準直線束] 553
canonical linear system [標準線型系] 352
canonical map [標準写像] 351
canonical measure, speed measure [標準測度] 71
canonical scale [標準尺度] 71
canonical sheaf [標準層] 200
canonical variable [正準変数] 61
Cantor set [カントール集合] 107, 528
Cantor ternary set, Cantor middle third set [カントールの3進集合] 107, 209
Cantor–Bernstein theorem [カントール–ベルンシュタインの定理] 460
Cantor's diagonal argument [カントールの対角線論法] 87
Cantor's paradox [カントールのパラドックス] 195
cap product [キャップ積] 594
capacitable [可容] 582
capacitary distribution [容量分布] 582
capacity [容量] 402, 582
Carathéodory theorem [カラテオドリの定理] 615
Cardano's rule [カルダーノの公式] 363
cardinal number [基数] 269
cardinal number [濃度（カーディナル数）] 460
cardinal number of continuum [連続体濃度] 87
cardinality [濃度] 87, 243
cardinality of continuum [連続体濃度（基数）] 461
Caristi fixed-point theorem [カリスティの不動点定理] 520
Cartan formula [カルタンの公式] 486
Cartan involution [カルタン対合] 423
Cartan matrix [カルタン行列] 415
Cartan subalgebra [カルタン部分環] 415
Cartier divisor [カルティエ因子] 29
Casson handle [キャッソン・ハンドル] 570
Castelnuovo's criterion on rationality [カステルヌォーヴォーの有理性判定法] 353
category [圏] 189
catenoid [カテノイド] 148
Cauchy problem [コーシー問題] 23, 255
Cauchy product [コーシー積級数] 122
Cauchy sequence [コーシー数列] 275
Cauchy sequence [コーシー列] 135, 149, 494
Cauchy-Kowalevski(Kowalewskaya) theorem [コーシー–コワレフスキー（コワレフスカヤ）の定理] 24, 198
Cauchy–Riemann's equation [コーシー–リーマンの方程式] 288
Cauchy's integral formula [コーシーの積分公式] 199
Cauchy's integral theorem [コーシーの積分定理] 199, 289
Cauchy's theorem [コーシーの定理] 624
Cauchy-Schwarz inequality [コーシー–シュバルツの不等式] 122
Cayley's octonions [ケーリーの八元数] 225
cell decomposition [胞体分割] 388
cellular [胞体的] 16
central [中心的] 523
central conic [有心 2 次曲線] 48, 447

central difference [中心差分]　213
central limit theorem [中心極限定理]　64, 391
central simple algebra [中心的単純環]　523
centralizer [中心化群]　624
Cesàro summation [チェザロ和]　530, 533
chain [鎖]　320
chain complex [鎖（チェイン）複体]　589, 592
chain homotopic [鎖ホモトピック]　590
chain homotopy [鎖ホモトピー]　590
change of variable [変数変換型公式]　274
Chapman–Enskog expansion [チャップマン–エンスコーク展開]　596
character [指標]　678
character group [指標群]　43
characteristic [標数]　105, 627, 631
characteristic class [特性類]　428
characteristic curve [特性曲線]　23
characteristic function [特性関数]　546, 691
characteristic map [特性写像]　388
characteristic polynomial [特性多項式，固有多項式]　203
characteristic variety [特性多様体]　411
Chas–Sullivan loop product [チャス–サリバン・ループ積]　686
Chebotarev's density theorem [チェボタリョーフの密度定理]　539
Chebyshev interpolation [チェビシェフ補間]　575
Chebyshev's polynomial [チェビシェフの多項式]　406
Chen's fundamental theorem [チェンの基本定理]　687
Chern character [チャーン指標]　3, 674
Chern class [チャーン類]　428
Chern–Weil theory [チャーン–ヴェイユ理論]　303, 429
Chevalley group [シュバレー群]　629
chinese postman problem [中国人郵便配達問題]　160
Chinese remainder theorem [中国の剰余定理]　259
choice function [選択関数]　320
chord [弦]　45, 125
Chow ring [チャウ環]　675
Christoffel–Darboux formula [クリストッフェル–ダルブーの公式]　405
chromatic number [染色数]　159
ciphertext [暗号文]　8
circle [円]　45
circular cone [円錐]　48
circular disk [円板]　45
circular measure [弧度法]　219
circumference [円周]　45
class C^∞ [C^∞ 級]　102, 488, 554
class C^n [C^n 級]　488
class C^ω [C^ω 級]　103
class field [類体]　680
class field theory [類体論]　680
class field tower [類体塔]　681
class number [類数]　361
classical Schottky group [古典的ショットキー群]　154
classical solution [古典解]　24, 650
classification of algebraic surfaces [代数曲面の分類]　352
classification of holonomy groups [ホロノミー群の分類]　303
classification theorem of the finite simple groups [有限単純群の分類定理]　631
classifying space [分類空間]　157, 501, 504
Clay's millennium problem [クレイの問題]　609
Clenshaw–Curtis quadrature rules [クレンショウ–カーチスの公式]　273

Clifford algebra [クリフォード代数]　161
Clifford group [クリフォード群]　162
Clifford–Klein form [クリフォード-クライン形]　655
closable [閉拡張可能]　469
closed [閉形式]　436
closed ball [閉球体]　125
closed convex hull [閉凸包]　434
closed graph theorem [閉グラフ定理]　308, 469
closed mapping [閉写像]　12
closed monoidal [閉モノイダル]　500, 504
closed non-orientable surface [向き付け不可能閉曲面]　671
closed operator [閉作用素]　469
closed orbit [閉軌道]　537, 657
closed range theorem [閉値域定理]　469
closed set [閉集合]　10, 695
closed surface [閉曲面]　569
closed symmetric form [閉対称形式]　413
closed symmetric operator [閉対称作用素]　226
closure [閉包]　12
coalition [結託]　185
coalitional form [提携形]　185
coarse moduli space [粗モジュライ空間]　305, 351
cochain complex [コチェイン複体]　436
cochain complex [双対鎖複体]　589
cochain map [コチェイン写像]　282
cocommutative [余可換]　679
code [符号]　515
codimension-1 foliation [余次元 1 葉層構造]　487
cofactor [余因子]　134
cofinality [共終数]　461
Cohen–Macaulay ring [コーエン-マコーレー環]　70, 307
Cohen's structure theorem [コーエンの構造定理]　173
Cohen's theorem [コーエンの定理]　453
coherence [連接性]　113
coherent sheaf [連接層]　113, 278, 329
cohomological dimension [コホモロジー次元]　15
cohomology [コホモロジー]　278, 592
cohomology group [コホモロジー群]　329, 589
coimage [余像]　191
coisotropic [余等方的]　267
cokernel [余核]　191
collineation [共線写像，共線変換]　230
Colombeau generalized function [コロンボー超関数]　398
coloring problem [彩色問題]　159
column [列]　129
combination [組合せ]　251
comma category [コンマ圏]　501
common divisor [公約数]　338
common logarithm [常用対数]　347
common multiple [公倍数]　338
common zero [共通零点]　495
commutative [可換]　167
commutative diagram [可換図式]　589
commutative group [可換群]　167
commutative ring [可換環]　68, 104, 289
commutative topological group [可換位相群]　654
commutator [交換子]　625
compact [コンパクト]　206, 695
compact cardinal [コンパクト基数]　197
compact dual [コンパクト双対]　423
compact group [コンパクト群]　654
compact metric space [コンパクト距離空間]　208
compact operator [コンパクト作用素]　206, 298

compact space [コンパクト位相空間]　208
compactly generated [コンパクト生成]　684
compactness [コンパクト性]　208
comparability [比較可能性]　460
comparability of cardinals [濃度の比較可能性]　320
comparative law [比較律]　320
comparison principle [比較原理]　459, 471
compatibility [両立性]　321
compatible pair [両立対]　573
competition system [競争系]　472
complete [完備]　149, 334, 442, 454, 494, 665
complete discrete valuation ring [完備離散付値環]　662
complete graph [完全グラフ]　158
complete integrability condition [完全積分可能条件]　640
complete intersection [完全交叉]　70
complete invariant [完全不変量]　42
complete k-partite graph [完全 k 部グラフ]　158
complete orthonormal system [完全正規直交系]　494
complete orthonormal wavelet [完全正規直交ウェーブレット]　36
complete Reinhardt domain [完全ラインハルト領域]　291
completely continuous operator [完全連続作用素]　206
completely integrable [完全積分可能]　62
completely reducible [完全可約]　625
completely regular space [完全正則空間]　17
completeness [完備性]　275
completeness of real numbers [実数の完備性]　135, 270
completion [完備化]　149, 232, 467, 662
complex [複体]　191
complex analytic [複素解析的]　290
complex Borel measure [複素ボレル測度]　337
complex dilatation [複素歪曲係数]　365
complex dynamics [複素力学系]　512
complex Euclidean metric [複素ユークリッド計量]　187
complex Grassmann manifold [複素グラスマン多様体]　156
complex Hilbert space [複素ヒルベルト空間]　494, 551
complex interpolation space [複素補間空間]　574
complex Lie group [複素リー群]　132
complex linear space [複素線形空間]　310
complex manifold [複素多様体]　510
complex number [複素数]　270
complex orbifold [複素軌道体]　366
complex orthogonal group [複素直交群]　131
complex plane [複素（数）平面]　46, 270, 509
complex projective space [複素射影空間]　233
complex Stiefel manifold [複素シュティーフェル多様体]　156
complex structure [複素構造]　510
complex torus [複素トーラス]　6, 372
complex vector bundle [複素ベクトル束]　552
complex vector space [複素ベクトル空間]　310
composite map [合成写像]　243
composition [合成]　189
composition factor [組成因子]　625
composition series [組成列]　625
compound Poisson distribution [複合ポアソン分布]　563
compound Poisson process [複合ポアソン過程]　90
compound rule [複合公式]　274
compound trapezoidal rule [複合台形則]　274
comprehension axiom [内包公理]　194, 320
compressible Euler equation [圧縮性オイラー方程式]　596
compressible Navier–Stokes equation [圧縮性ナヴィエ–ストークス方程式]　596
computable function [計算可能関数]　394

computational class field theory [計算類体論]　681
conditional expectation [条件付き期待値]　253
conditional extrema [条件付き極値]　644
conditional mean [条件付き平均値]　253
conditional probability [条件付き確率]　253
conditionally converge [条件収束]　121
conductor [導手]　680
cone [錐]　48, 312
cone condition, cone property [錐条件]　340
cone theorem [錐定理]　139
configuration [状況]　393
configuration space [配置空間]　60, 152
confluent hypergeometric function [合流型超幾何関数]　400
confocal quadric [共焦 2 次曲面]　447
conformal [等角]　420
conformal mapping [共形写像]　145
conformal mapping [等角写像]　420
conformal model [等角モデル]　492
conformally equivalent [等角同値]　420
congruence [合同式]　259
congruence of lines [線叢]　317
congruence zeta-function [合同ゼータ関数]　280, 628
congruent [合同]　257
congruent transformation [合同変換]　256
conic section [円錐曲線]　48
conical hull [錐包]　312
conical surface [錐面]　316
conjecture of Bers–Thurston [ベアズ–サーストン予想]　155
conjugacy class [共役類]　168, 624
conjugate [共役]　168, 624
conjugate Fourier series [共役フーリエ級数]　531
conjugate function [共役関数]　432
conjugate point [共役点]　332
conjugate Poisson kernel [共役ポアソン核]　531
connected [連結]　12, 159, 480
connectedness [連結性]　694
connecting homomorphism [連結準同型写像]　329, 589, 593
connection [接続]　301, 429, 487
connection coefficient [接続係数]　147
connection form [接続形式]　303, 487
connectivity [連結度]　159
conservative [保存的]　605
conserved density [保存密度]　178
consistent [無矛盾]　180
constant cone condition [定錐条件]　341
constant map [定値写像]　242
constant sheaf [定数層]　323
constraint [束縛]　60
constructible sheaf [構成可能層]　411
contact forms [接触形式]　487
contact manifold [接触多様体]　299
contact structure [接触構造]　299, 487
contiguity relation [連接関係式]　399
continued fraction [連分数]　699
continuity of real numbers [実数の連続性]　135, 270
continuity principle [連続性原理]　582
continuous [連続]　12, 520, 694, 698
continuous extension [連続拡張]　18
continuous function [連続関数]　694
continuous function algebra [連続関数環]　696
continuous mapping [連続写像]　12, 698
continuous wavelet transform [連続ウェーブレット変換]　35
continuum hypothesis [連続体仮説]　87, 461

contour, path of integration [積分路] 289
contraction [縮約] 555
contraction mapping [縮小写像] 520, 664
contraction semigroup [縮小半群] 218
contraction theorem [収縮定理] 139
contrapositive [対偶] 120, 701
contravariant functor [反変関手] 190
converge [収束] 136, 149, 275
convergence in law [法則収束] 84, 85
convergence in probability [確率収束] 84, 85
convergence in p-th order mean [p 次平均収束] 85
convergence of random varaiables [確率変数列の収束] 85
convergence [収束] 136, 149, 275
convergent [収束列] 493
convergent power series [収束べき級数] 173
convergent power series ring [収束べき級数環] 173, 292
convergent sequence [収束数列] 275
convergent series [収束級数] 121
converse [逆] 120, 701
convex analysis [凸解析] 430
convex compact [凸コンパクト] 155
convex cone [凸錐] 312
convex conic hull [凸錐包] 312
convex core [凸芯] 155
convex function [凸関数] 433
convex hull [凸閉包] 155
convex polyhedral cone [凸多面錐] 312
convex polytope [凸多面体] 258, 294
convex set [凸集合] 433, 434
convolution [たたみ込み] 530, 533
Conway group [コンウェイ群] 630
cooperation system [協調系] 472
cooperative game [協力ゲーム] 184
coordinate [座標] 256
coordinate curve [座標曲線] 145
coordinate function [座標関数] 145, 380
coordinate neighbourhood [座標近傍] 380
core [コア] 185
corestriction map [余制限写像] 524
correct rounding [正確丸め] 151
coset [剰余類] 260
cosine, cos [余弦（コサイン）] 219
cosmological constant [宇宙定数] 2
cotangent sheaf [余接層] 200
Coulomb gauge [クーロンゲージ] 598
countable [可算個] 180
countable infinity [可算無限] 87
countably infinite set [可算無限集合] 87
covariant functor [共変関手] 118, 190
covering [被覆] 480
covering dimension [被覆次元] 14
covering homotopy property [被覆ホモトピー性質] 499
covering space [被覆空間] 480
covering transformation [被覆変換] 119, 480
covering transformation group [被覆変換群] 481
Cox–de Boor algorithm [コックス–ド・ボアのアルゴリズム] 576
Coxeter diagram [コクセター図形] 416
Coxeter group [コクセター群] 415
C^r topology [C^r 位相] 659
Cramer's formula [クラメルの公式] 700
critical point [臨界点] 212, 381, 618
critical value [臨界値] 212, 381, 618

cross cut [横断線] 420
cross–polytope [十字多面体] 294
cryptography, cipher [暗号] 8
crystalline cohomology [クリスタリン・コホモロジー] 278
cubic spline [3 次スプライン] 576
cup product [カップ積] 594
curvature [曲率] 55, 143, 343, 429
curvature form [曲率形式] 303
curvature tensor [曲率テンソル] 301, 556, 666
curve [曲線] 143
curve of regression [反帰線] 317
curvilinear coordinates [曲線座標] 145
cusp [尖点] 577
cycle [閉路] 158
cyclic algebra [巡回多元環] 524
cyclic bar construction [巡回バー構成] 686
cyclic code [巡回符号] 516
cyclic group [巡回群] 168, 626
cyclic homology [巡回ホモロジー] 686
cyclotomic character [円分指標] 52
cyclotomic extension [円分拡大] 53
cyclotomic field [円分体] 52
cyclotomic polynomial [円周等分多項式] 52
cylindrical coordinate [円柱座標] 137
cylindrical surface [柱面] 316

D

differential graded algebra [次数付き微分加群] 436, 638
d'Alembert's formula [ダランベールの公式] 464
Dandelin sphere [ダンデリン球] 49
Darboux coordinate [ダルブー座標] 300
Darboux's thorem [ダルブーの定理] 295
de Moivre–Laplace theorem [ド・モアブル–ラプラスの定理] 391
de Moivre's theorem [ド・モアブルの定理] 509
de Morgan's law [ド・モルガンの法則] 241, 701
de Rham cohomology [ド・ラーム・コホモロジー（群）] 278, 436
de Rham complex [ド・ラーム複体] 436, 486
de Rham homotopy theory [ド・ラーム・ホモトピー論] 639
decidable [決定可能] 394
deck transformation [デック変換] 481
decomposable [分解可能] 419
decomposition group [分解群] 519, 541
decomposition space [分割空間] 13
Dedekind ring [デデキント環] 69
Dedekind ζ function [デデキントのゼータ関数] 361
definite integral [定積分] 295
deformation quantization [変形量子化] 268
degenerate [退化] 591
degenerate elliptic [退化楕円型] 458
degree [次数] 159, 375, 620
degree of freedom [自由度] 60
Del Pezzo surface [デルペッツォ曲面] 417
dense [稠密] 12, 494, 558
densely defined linear operator [稠密に定義された線形作用素] 226
density of rational numbers [有理数の稠密性] 135
dependent variable [従属変数] 101
depth [深さ] 620
dequantization [脱量子化] 455
derivative [導関数] 288, 488, 535

derivative [微分] 488
derived algebraic geometry [導来代数幾何] 686
derived category [導来圏] 191
derived function of higher order [高次導関数] 488
derived functor [導来関手] 191
derived normal ring [整閉包] 69
Desargues' theorem [デザルグの定理] 231
Desarguesian plane [デザルグ平面] 231
determinant [行列式] 133
determining set [決定集合] 291
deterministic [決定性] 394
diagonal argument, diagonal process, diagonalization [対角線論法] 87
diagonal matrix [対角行列] 130
diagonalization [対角化] 203, 262
diagram [図式] 589
diameter [直径] 45, 125, 666
diffeomorphic [微分同相] 569
diffeomorphism [微分同相写像] 88
difference [差分] 213
difference equation [差分方程式] 214
difference interval [差分間隔] 213
difference of n–th order [n 階差分] 213
difference set [差集合] 241
different [共役差積] 540
differentiable [微分可能] 288, 488, 535
differentiable k–simplex [k 特異単体] 282
differentiable map [可微分写像] 88
differentiable singular k–chains [k 特異鎖群] 282
differentiable singular k–cochain [k 双対特異鎖] 282
differentiable space [可微分空間] 686
differential [微分] 88, 589
differential 1–form [微分 1 形式] 554
differential coefficient [微分係数] 488
differential form [微分形式] 483
differential form of degree p [p 次微分形式] 483
differential graded algebra [次数付き微分加群] 436, 638
differential operator [微分演算子] 648
differential p–form [微分 p 形式] 483
diffusion coefficient [拡散係数] 471
diffusion process [拡散過程] 71, 604
diffusion–driven instability [拡散不安定性] 472
digital signal [ディジタル信号] 222
dihedral group [二面体群] 626
dimension [次元] 111, 311
dimension formula [次元公式] 112
dimension of topological spaces [位相空間の次元] 14
dimension theorem of invariance of domains [次元の領域不変性定理] 15
Diophantine equation [ディオファントス方程式] 407
Diophantine equation [不定方程式] 407
Dirac operator [ディラック作用素] 4
direct image [順像] 675
direct image functor [順像関手] 324
direct limit [順極限] 249
direct product, Cartesian product [直積] 98, 242, 243
direct sum [直和] 98, 243, 262, 263, 311
direct sum space; disjoint (topological) union [直和空間] 13
direct sum topology [直和位相] 13
direct system [順系] 249
directed graph, digraph [有向グラフ] 159
directed set [有向集合] 249, 321

directional derivative [方向微分] 431
director curve, directrix [準線] 48, 316
Dirichlet boundary value problem [ディリクレ境界値問題] 298
Dirichlet form [ディリクレ形式] 413
Dirichlet integral [ディリクレ積分] 530, 533, 650
Dirichlet integral formula [ディリクレ積分公式] 110
Dirichlet kernel [ディリクレ核] 530, 532, 533
Dirichlet problem [ディリクレ問題] 211, 402, 650
Dirichlet space [ディリクレ空間] 413
Dirichlet–Jordan condition [ディリクレ–ジョルダンの条件] 531, 533
discending chain condition [降鎖律] 320
discharge method [放電法] 643
disconnected [非連結] 159
discrete Fourier transform [離散フーリエ変換] 192
discrete group [離散群] 654
discrete logarithm problem [離散対数問題] 9, 628
discrete logarithm problem on elliptic curve [楕円離散対数問題] 9
discrete space [離散空間] 10
discrete spectrum [離散スペクトル] 41
discrete topology [離散位相] 10
discrete valuation ring [離散付値環] 31, 662
discrete wavelet [離散ウェーブレット] 36
discriminant [判別式] 473
disk algebra [ディスク環] 697
disk model [球体モデル] 492
distance [距離] 159
distinguished polynomial [特別多項式] 292
distribution [シュヴァルツ超関数] 395
distributions, hyperfunctions, generalized functions [超関数] 395
diverge, divergence [発散] 275
divergent sequence [発散数列] 275
divergent series [発散級数] 121
division algebra [可除代数] 224, 523
division algorithm [割り算原理] 164
divisor [因子] 29
divisorial sheaf [因子的層] 31
D–module [D–加群] 410
dog–on–a–leash theorem [紐に繋がれた犬の定理] 346
Dolbeault cohomology [ドルボー・コホモロジー] 511
Dolbeault complex [ドルボー複体] 511
Dolbeault Lemma [ドルボーの補題] 438, 511
domain (of definition) [定義域] 21, 101, 242, 430, 636
domain of convergence [収束域] 291
domain of holomorphy [正則領域] 113
Donaldson invariant [ドナルドソン不変量] 175
Donaldson's theorem [ドナルドソンの定理] 386
Doob decomposition [ドーブ分解] 607
Doob inequality [ドーブの不等式] 608
double complex [2 重複体] 591
double conjugate [2 重共役] 226
double cover [2 重被覆] 371
double exponential formula [2 重指数関数型公式] 273
double integral [2 重積分] 244
double layer potential [2 重層ポテンシャル] 581
double limit [2 重極限] 276
double sequence [2 重数列] 122, 276
double series [2 重級数] 122
doubly periodic function [2 重周期関数] 369
doubly ruled surface [2 重線織面] 317

dual [双対] 230
dual abelian variety [双対アーベル多様体] 5
dual basis [双対基底] 311, 418
dual bundle [双対束] 553
dual category, opposite category [双対圏] 190
dual mapping [双対写像] 311, 431
dual operator [双対作用素] 206, 469
dual problem [双対問題] 313
dual space [双対空間] 309, 311, 326, 418, 468
duality theorem [双対性定理] 313
dualizing sheaf [双対化層] 307
dynamic programming principle [動的計画原理] 458
dynamical system [力学系] 657
Dynkin diagram [ディンキン図形] 415
Dynkin's formula [ディンキンの公式] 605

E

eccentricity [離心率] 48
edge [辺] 158
edge connectivity [辺連結度] 159
edge set [辺集合] 158
effective [エフェクティブ] 407
effective divisor [有効因子] 29, 350
eigenfunction [固有関数] 202
eigenfunction expansion [固有関数展開] 202
eigenspace [固有空間] 202, 203
eigenvalue [固有値] 202, 203
eigenvector [固有ベクトル] 202, 203
Eilenberg–McLane space [アイレンベルグ–マクレーン空間] 234, 505, 586
Eilenberg–Moore spectral sequence [アイレンベルグ–ムーア・スペクトラル系列] 500
Einstein's convention [アインシュタインの規約] 555
Einstein's equation [アインシュタイン方程式] 1
Eisenstein extension [アイゼンシュタイン拡大] 663
Eisenstein series [アイゼンシュタイン級数] 616
element [元, 成分, 要素] 129, 194, 241
elementary divisor [単因子] 264
elementary event [根元事象] 76
elementary function [初等関数] 102
elementary geometry [初等幾何] 256
elementary number theory [初等整数論] 259
ElGamal cryptosystem [エルガマル暗号] 8
elimination [消去] 240
Elliott conjecture [エリオットの予想] 215
ellipse [楕円] 48
elliptic [楕円型] 3, 19, 477
elliptic boundary value problem [楕円型境界値問題] 367
elliptic complex [楕円型複体] 3
elliptic coordinates [楕円座標] 146, 447
elliptic curve [楕円曲線] 5, 200, 371, 610, 616
elliptic curve cryptosystem [楕円曲線暗号] 9
elliptic equation [楕円型方程式] 367
elliptic function [楕円関数] 369, 372, 422
elliptic integral [楕円積分] 421
elliptic partial differential equation [楕円型偏微分作用素] 367
elliptic surface [楕円曲面] 201, 354, 417
ellitpic estimate [楕円型評価] 566
elllliptic geometry [楕円幾何学] 490
embedded prime ideal [埋没素因子] 68
embedding [埋め込み] 12, 160, 381

empirical distribution [経験分布] 546
empty set [空集合] 195
encryption [暗号化] 8
ending lamination [端層状構造] 155
energy [エネルギー] 582
energy principle [エネルギー原理] 582
energy quantization [エネルギー量子化] 478
energy–momentum operator [運動量作用素] 248
enlarged coefficient matrix [拡大係数行列] 700
Enriques surface [エンリケス曲面] 354
entire function [整関数] 288
entrance boundary [流入境界] 71
entropy [エントロピー] 42, 50, 595
entropy maximum principle [最大原理] 368
entropy of information [情報量のエントロピー] 42
envelope of holomorphy [正則包] 113
enveloping surface [包絡面] 317
equal characteristic [等標数] 662
equation of Codazzi [コダッチ方程式] 148
equation of conservation [保存方程式] 178
equilibrium distribution [平衡分布] 582
equilibrium potential [平衡ポテンシャル] 414
equivalence class [同値類] 196
equivalent [対等] 87, 264
equivalent [同値] 190, 242, 516
equivariant cohomology [同変コホモロジー] 559
ergodic hypothesis [エルゴード仮説] 39
ergodic theorem [エルゴード定理] 39
ergodic theory [エルゴード理論] 39
ergodic transformation [エルゴード的変換] 39
error–correcting code [訂正符号] 515
estimation [推定] 210
étale cohomology [エタール・コホモロジー] 278
étale site [エタール・サイト] 278
Euclidean [ユークリッド型] 342
Euclidean algorithm [ユークリッドの互除法] 338
Euclidean coordinates [ユークリッド座標] 145
Euclidean domain [ユークリッド整域] 237
Euclidean geometry [ユークリッド幾何] 256
Euclidean metric linear space [ユークリッド計量線形空間] 325
Euclidean plane [ユークリッド平面] 256
Euclidean space [ユークリッド空間] 550
Euler characteristic [オイラー標数] 54
Euler circuit [オイラー回路] 160
Euler class [オイラー類] 55, 429
Euler constant [オイラーの定数] 109
Euler equation [オイラー方程式] 56, 61, 445
Euler integral expression [オイラー積分表示] 399
Euler number [オイラー数] 54
Euler trail [オイラー小道] 160
Euler–Lagrange equation [オイラー–ラグランジュ方程式] 61, 477
Euler–Poincaré characteristic [オイラー–ポアンカレ標数] 54, 669
Euler's criterion [オイラーの規準] 547
Euler's formula [オイラーの公式] 220, 228, 348
Euler's theorem [オイラーの定理] 260
Euler's theorem on polyhedra [オイラーの多面体定理] 54, 293
even permutation [偶置換] 626
even umimodular lattice [ユニモジュラー偶格子] 630
event [事象] 76

evolute [縮閉線] 144
exact [完全] 589
exact functor [完全関手] 99, 191, 590
exact sequence [完全系列] 484, 589
exact sequence [完全列] 99
exact symplectic diffeomorphism [完全シンプレクティック微分同相写像] 267
exceptional orbit [例外軌道] 560
existence theorem of core [コアの存在定理] 186
existence theorem of Morse functions [モース関数の存在定理] 618
existence theorem of Nash equilibrium [ナッシュ均衡の存在定理] 184
existence theorem of Teichmüller [タイヒミュラーの存在定理] 366
existential quantifier [特称記号] 320
exit boundary [流出境界] 71
exotic sphere [異種球面] 569
exponential function [指数関数] 227
exponential map [指数写像] 656
extact form [完全形式] 436
extended Euclidean algorithm [拡張されたユークリッドの互除法] 338
extended field [拡大体] 95, 105
extended Golay code [拡大（拡張）ゴーレイ符号] 516, 630
extended linear code [拡大線形符号] 516
extended phase space [拡大相空間] 61
extension [延長] 663
extensionality [外延性] 195
exterior algebra [外積代数] 419
exterior differential form of degree p [p 次外微分形式] 483
exterior differentiation [外微分] 483
exterior product [外積] 419, 483, 550
extrapolation [補外] 575
extreme point [端点] 435
extremum [極値] 488
extrinsic geometry [外在幾何] 67

F

factor theorem [因数定理] 376
factorial [階乗] 251
factorization [因数分解] 32
faithfull [忠実] 168, 189
family of elliptic curves [楕円曲線の族] 373
family of sets [集合族] 243
fan [扇] 442
Fan–Browder fixed point theorem [ファン–ブラウダーの不動点定理] 522
Fano index [ファノ指数] 306
Fano variety [ファノ多様体] 306
Fan's fixed point theorem [ファンの不動点定理] 522
fast Fourier transform [高速フーリエ変換] 192
fast wavelet transform, FWT [高速ウェーブレット変換] 36
Fatou set [ファトゥ集合] 513
Fatou–Bieberbach domain [ファトゥ–ビーベルバッハ領域] 514
Fatou's lemma [ファトゥの補題] 692
Feit–Thompson theorem [ファイト–トンプソンの定理] 625
Fejér kernel [フェイエール核] 530, 532, 533
Fejér's theorem [フェイエールの定理] 378
Feller's boundary classification [フェラーの境界の分類] 71
fellow–traveller theorem [従者と旅行者の定理] 346

Fenchel–Nielsen coordinate [フェンチェル–ニールセン座標] 617
Fermat conjecture [フェルマー予想] 53, 280, 508
Fermat's last theorem [フェルマーの最終定理] 508
Fermat's little theorem [フェルマーの小定理] 259
Feynman–Kac formula [ファインマン–カッツの公式] 218
fiber [ファイバー] 552
fiber space [ファイバー空間] 354, 499
fiber bundle [ファイバー束] 503
fiber sequence [ファイバー列] 499, 585
fiber translation functor [ファイバー推移関手] 481
fibered product [ファイバー積] 250
field [体] 104, 269, 310
field of p-adic rational numbers [p 進有理数体] 474
field theory [体論] 95
filter [フィルタ] 321
filter coefficient [フィルタ係数] 37
filtration [情報系] 606
finite additivity [有限加法性] 76
finite cellular complex [有限胞体複体] 119
finite dimensional [有限次元] 112
finite element method [有限要素法] 562, 632
finite field [有限体] 627
finite group [有限群] 167, 624
finite part [有限部分] 680
finite place [有限素点] 680
finite projective plane [有限射影平面] 230
finite sequence [有限数列] 275
finite set [有限集合] 243
finite simple group [有限単純群] 629
finitely generated [有限生成] 112
finitely generated module [有限生成加群] 98
finitely presented module [有限表示加群] 98
first axiom of countability [第一可算公理] 11
first Chern class [第一チャーン類] 673
first complementary law [補充法則] 547
first fundamental form [第一基本形式（量）] 147
first hitting time [初度到達時刻] 607
first incompleteness theorem [第一不完全性定理] 182
first order classical logic [1 階の古典述語論理] 180
first problem of Cousin [クザン I 問題] 113
first variation [第一変分] 535, 561
first variation formula [第一変分公式] 331
first–order partial differential equation [1 階偏微分方程式] 23
Fischer group [フィッシャー群] 630
Fischer–Griess Monster [フィッシャー–グライスのモンスター] 630
Fischer's Baby Monster [フィッシャーのベビーモンスター] 630
five lemma [5 項補題] 589
fixed point [不動点] 520, 657
fixed point theorem [不動点定理] 235, 520
fixed singular point [固定特異点] 255
flag manifold [旗多様体] 424
flat [平坦] 301
flat connection [平坦な接続] 410
flip conjecture [フリップ予想] 140
floating–point arithmetic [浮動小数点演算] 150
Floer homology [フロアー・ホモロジー] 268
flows [フロー] 537, 657
focal conic [焦円錐曲線] 447
focus [焦点] 48

Fokker–Planck equation [フォッカー–プランク方程式] 604
foliation [葉層構造] 640
formal [形式的] 639
formal power series [形式的べき級数] 172
formal power series ring [形式的べき級数環] 172
formula [論理式] 180
forward difference [前進差分] 213
four color problem [4 色問題] 159, 642
four color theorem [4 色定理] 159, 642
Fourier coefficient [フーリエ係数] 406, 530
Fourier expansion [フーリエ展開] 578
Fourier inversion formula [フーリエの逆反転公式] 533
Fourier multiplier theorem [] 690
Fourier series [フーリエ級数] 406, 530, 564
Fourier series (of several variables) [フーリエ級数（多変数）] 532
Fourier series expansion [フーリエ級数展開] 202
Fourier transform [フーリエ変換] 222, 533, 564, 628
Fourier–Bessel series [フーリエ–ベッセル級数] 557
Fourier–Hermite polynomial [フーリエ–エルミート多項式] 25
Fourier–Stieltjes transform [フーリエ–スチェルチェス変換] 534
fractal dimension [フラクタル次元] 527
fractal set [フラクタル集合] 108, 527
fractional module [分数加群] 141
fractional ring [分数環] 141
frame [枠組] 180
Fréchet derivative [フレッシェ微分] 535
Fréchet differentiable [フレッシェ微分可能] 535
Fréchet space [フレッシェ空間] 309
Fredholm alternative [フレドホルムの交代定理] 298
Fredholm integral equation of the first kind [第一種フレドホルム型積分方程式] 297
Fredholm integral equation of the second kind [第二種のフレドホルム型積分方程式] 297
Fredholm operator [フレドホルム作用素] 3
free Hamiltonian [自由ハミルトニアン] 248
free loop space [自由ループ空間] 684
free module [自由加群] 98
free part [自由部分] 238
free resolution [自由分解] 590
Frenet–Serret frame [フルネ–セレ枠] 144
Frey curve [フライ曲線] 508
Frobenius automorphism [フロベニウス自己同形写像] 539
Frobenius endomorphism [フロベニウス自己準同型] 34
Frobenius mapping [フロベニウス写像] 539, 627
Frobenius reciprocity law [フロベニウスの相互律] 171
Frobenius substitution [フロベニウス置換] 539
Frobenius theorem [フロベニウスの定理] 640
Frostman's maximum principle [フロストマンの最大値原理] 582
Fubini's theorem [フビニの定理] 693
Fubini–Study metric [フビニ–スタディー計量] 187
Fuchsian group [フックス群] 577, 617
Fuchsian groups of the first kind [第一種フックス群] 577
Fu-Kane-Mele invariant [Fu–Kane–Mele 不変量] 507
full [充満] 189
function [関数] 101, 242
function algebra [関数環] 697
function element [関数要素] 58
function of bounded variation [有界変動関数] 622
function of class C^1 [C^1 級関数] 102

function of class C^r [C^r 級関数] 102
functional [汎関数] 561
functor [関手] 189
functor cotensor product [関手余テンソル積] 501
functor tensor product [関手テンソル積] 501
fundamental class [基本類] 567
fundamental form [基本形式] 187
fundamental group [基本群] 118, 481, 583, 668
fundamental groupoid [基本グルーポイド] 480
fundamental period [基本周期] 369
fundamental root [基本ルート] 415
fundamental sequence [基本列] 494
fundamental sequence of cross cuts [横断線の基本列] 420
fundamental system of solutions [解の基本系] 315
fundamental tehorem of projective geometry [射影幾何学の基本定理] 232
fundamental theorem of abelian groups [アーベル群の基本定理] 238
fundamental theorem of algebra [代数学の基本定理] 264, 345
fundamental theorem of conformal mappings [等角写像の基本定理] 420
fundamental theorem of surface theory [曲面論の基本定理] 148
fundamental unit [基本単数] 361
Furuta's theorem [古田の定理] 386

G

Gårding's theorem [ゴルディングの定理] 328
Galerkin method [ガレルキン法] 562
Galois cohomology group [ガロア・コホモロジー群] 524
Galois extension [ガロア拡大] 96
Galois field [ガロア体] 627
Galois group [ガロア群] 96
Galois theory [ガロア理論] 95
game theory [ゲーム理論] 184
gamma function [ガンマ関数] 109
Garland–Rathunathan–Quillen theorem [ガーランド–ラスナサン–クイレンの定理] 687
Gâteaux derivative [ガトーの導関数] 535
Gâteaux differentiable [ガトー微分可能] 535
gauge theory [ゲージ理論] 174, 386
gauge transformation group [ゲージ変換群] 174
Gauss' divergence theorem [ガウスの発散定理] 65
Gauss equation [ガウスの方程式] 148
Gauss formula [ガウスの公式] 666
Gauss hypergeometric equation [ガウス超幾何微分方程式] 399
Gauss hypergoemtric function [ガウスの超幾何関数] 399
Gauss' lemma [ガウスの補題] 666
Gauss map [ガウス写像] 157, 236
Gauss plane [ガウス平面] 509
Gauss quadrature formula [ガウスの数値積分法] 406
Gauss' theorem [ガウスの定理] 281, 487
Gauss–Bonnet theorem [ガウス–ボンネの定理] 3, 66, 236, 429
Gauss–Bonnet–Chern theorem [ガウス–ボンネ–チャーンの定理] 67
Gaussian curvature [ガウス曲率] 147, 666
Gaussian distribution [ガウス分布] 392
Gaussian elimination [ガウスの消去法] 700
Gaussian process [ガウス過程，正規過程] 63, 526

Gaussian quadrature rules [ガウス型公式] 273
Gaussian sum [ガウス和] 110
Gauss–Kronrod quadrature rules [ガウス–クロンロッドの公式] 273
Gauss–Manin connection [ガウス–マニン接続] 400
Gauss–Markov theorem [ガウス–マルコフの定理] 210
Gauss–Wierstrass kernel [ガウス–ワイエルシュトラス核] 532, 533, 564
Gelfand transform [ゲルファント変換] 466
Gelfand–Mazur's theorem [ゲルファント–マズールの定理] 465
Gelfand–Naimark theorem [ゲルファント–ナイマルクの定理] 215
general angle [一般角] 219
general linear group [一般線形群] 131
general principle of relativity [一般相対性原理] 1
generalized Calabi–Yau manifold [広義カラビ–ヤウ多様体] 93
generalized cntinuum hypothesis [一般連続体仮説] 461
generalized coordinates [一般化座標] 60
generalized eigenspace [広義固有空間] 263
generalized eigenvector [広義固有ベクトル] 263
generalized equivalent [一般化された同値] 516
generalized Laplacian [一般化されたラプラシアン] 248
generalized mean [一般化平均] 221
generalized momentum [一般化運動量] 61
generalized Poincaré conjecture [一般化されたポアンカレ予想] 569
generalized Wiener functional [一般化されたウィナー汎関数] 602
generating function [母関数] 62
generating line [母線] 48, 316
generating partition [生成分割] 42
generator [生成元, 生成作用素] 168, 217, 605
genus [種数] 160, 350, 617, 669
genus formula [種数公式] 350
geodesic curvature [測地曲率] 66
geodesics [測地線] 331
geometric difference [幾何学的差分] 213
geometric genus [幾何種数] 353, 673
geometric ideal sheaf [幾何学的イデアル層] 113
geometric mean [幾何平均, 相乗平均] 221
geometric quantization [幾何学的量子化] 268
geometric realization [幾何学(的)実現] 388, 501
geometric series [幾何級数] 121
geometric structure [幾何構造] 383
geometric topology [トポロジー] 54
geometrically finite [幾何的有限] 155
geometrically irreducible [幾何学的に既約] 201
geometrization conjecture [幾何化予想] 383, 570
germ [芽] 323
Giroux's theorem [ジルーの定理] 300
global dimension [大域次元] 100
global section [大域切断] 322, 506
global solution [大域解] 56
Godbillon–Vey class [ゴドビヨン・ベイ類] 641
Gödel sentence [ゲーデル文] 182
Gödel's completeness theorem [ゲーデルの完全性定理] 180
Gödel's incompleteness theorem [ゲーデルの不完全性定理] 182
Goldbach conjecture [ゴールドバッハ予想] 339
golden mean [黄金比] 449
Goldman–Tucker's saddle point theorem [ゴールドマン–タッカーの鞍点定理] 313
good filtration [良いフィルトレーション] 411
G-orbit category [G-軌道圏] 481
Gorenstein ring [ゴレンスタイン環] 70
graded lexicographic order [次数付き辞書式順序] 164
Gram matrix [グラム行列] 419
graph [グラフ] 101, 158, 242
graph theory [グラフ理論] 158
graphs in discrete mathematics [離散グラフ] 158
Grassmann algebra [グラスマン代数] 419
Grassmann manifold, Grasmann variety [グラスマン多様体] 156, 357, 424, 655
Grauert domain [グラウエルト領域] 300
Gray's stability theorem [グレイの安定性定理] 300
great circle [大円] 125
greatest common divisor [最大公約数] 338
Green function [グリーン関数] 367, 565
Green's formula [グリーンの公式] 163
Green's theorem [グリーンの定理] 281, 487
Griesmer bound [グリースマ限界式] 516
Grobman–Hartman theorem [グロブマン–ハートマンの定理] 658
Gröbner base [グレブナー基底] 164
Gromov–Witten invariant [グロモフ–ウィッテン不変量] 268
group [群] 167
group of congruent transformations [合同変換群] 257
group of motions [運動群] 257
group rationality [集団合理性] 185
group theory [群論] 95
groupoid [グルーポイド] 480

H

Haar measure [ハール測度] 42, 170
Hadamard's method of descent [アダマールの変数低減法] 464
Hahn–Banach's extension theorem [ハーン–バナッハの拡張定理] 468
half–spin representation [半スピン表現] 162
Hall–Janko group [ホール–ヤンコ群] 629
Halmos–von Neumann's theorem [ハルモス–フォン・ノイマンの定理] 41
halting problem [停止性問題] 394
Hamilton cycle [ハミルトン閉路] 160
Hamilton path [ハミルトン道] 160
Hamilton path problem [周遊問題] 160
Hamiltonian [ハミルトニアン] 61, 247
Hamiltonian action [ハミルトン作用] 267
Hamiltonian Floer homology [ハミルトニアン・フロアー・ホモロジー] 686
Hamiltonian function [ハミルトン関数] 267
Hamiltonian symplectomorphism [ハミルトン微分同相写像] 267
Hamiltonian system [ハミルトン系] 61
Hamiltonian vector field [ハミルトン・ベクトル場] 267
Hamilton–Jacobi approach [ハミルトン–ヤコビの方法] 62
Hamilton–Jacobi equation [ハミルトン–ヤコビ方程式] 24, 62
Hamilton's principal function [ハミルトンの主関数] 62
Hamilton's principle [ハミルトンの(最小作用の)原理] 61
Hamilton's quaternions [ハミルトンの四元数体] 224
Hamming bound [ハミング限界式] 516
Hamming code [ハミング符号] 516

Hamming distance [ハミング距離] 515
hand shaking lemma [握手補題] 159
handle body [ハンドル体] 619
handle body decomposition [ハンドル分解] 619
Hankel function [ハンケル関数] 557
Harada–Norton group [原田群] 630
Hardy's inequality [ハーディーの不等式] 689
harmonic form [調和形式] 579
harmonic function [調和関数] 401
harmonic mean [調和平均] 221
harmonic measure [調和測度] 402
harmonic polynomial [調和多項式] 123
harmonic series [調和級数] 121
Harnack inequality [ハルナックの不等式] 401
Harnack principle [ハルナック原理] 401
Harnack's theorem [ハルナックの定理] 401
Hartogs' extension theorem [ハルトークスの拡張定理] 292
Hartogs' phenomenon [ハルトークス現象] 113
Hasse principle [ハッセの原理] 682
Hasse–Arf theorem [ハッセ–アルフの定理] 541
Hata's tree–like set [畑の樹状集合] 529
Hausdorff dimension [ハウスドルフ次元] 16, 463, 527
Hausdorff distance [ハウスドルフの距離] 521
Hausdorff measure [ハウスドルフ測度] 16, 463, 615
Hausdorff space [ハウスドルフ空間] 17
heat equation [熱（伝導）方程式] 457, 571
Heisenberg's inequality [ハイゼンベルクの不等式] 534
Held group [ヘルド群] 630
helicoid [らせん面] 317
helix [らせん] 144
Hellinger–Toeplitz theorem [ヘリンガー–テプリッツの定理] 226
hemisphere model [半球モデル] 492
Hénon map [エノン写像] 514
Hensel's lemma [ヘンゼルの補題] 475, 662
Herbrand's theorem [エルブランの定理] 541
Herman ring [エルマン環] 513
Hermite function [エルミート関数] 44
Hermite interpolation [エルミート補間] 576
Hermite polynomial [エルミートの多項式] 44
Hermite–Einstein connection [エルミート–アインシュタイン接続] 174
Hermite–Einstein metric [エルミート–アインシュタイン計量] 174
Hermite's differential equation [エルミートの微分方程式] 44
hermitian form [エルミート形式] 326
hermitian inner product [エルミート内積] 325, 550
hermitian matrix [エルミート行列] 205
hermitian metric [エルミート計量] 187
hermitian metric linear space [エルミート計量線形空間] 325
hermitian symmetric domain [エルミート対称領域] 424
hermitian symmetric space [エルミート対称空間] 344
hermitian transformation [エルミート変換] 205
higher direct image functor [高次順像関手] 329
higher–dimensional global class field theory [高次元大域類体論] 682
higher–dimensional local class field theory [高次元局所類体論] 682
highest weight [最高重み] 171
Higman–Janko–McKay group [ヒグマン–ヤンコ–マッカイ群] 629
Higman–Sims group [ヒグマン–シムズ群] 630
Hilbert basis theorem [ヒルベルトの基底定理] 376

Hilbert class field [ヒルベルト類体] 681
Hilbert expansion [ヒルベルト展開] 596
Hilbert polynomial [ヒルベルト多項式] 306
Hilbert space [ヒルベルト空間] 86, 207, 493
Hilbert transform [ヒルベルト変換] 425
Hilbert's Nullstellensatz [ヒルベルトの零点定理] 356, 495
Hilbert's problems [ヒルベルトの問題] 497
Hilbert's ramification theory [ヒルベルトの分岐理論] 540
Hille–Yoshida theorem [ヒレ–吉田の定理] 217
Hirota derivative [広田微分] 179
Hirota's bilinear form [広田の双線形式] 179
Hirzebruch surface [ヒルツェブルフ曲面] 352
Hochschild homology [ホックシルト・ホモロジー] 686
Hodge decomposition [ホッジ分解] 306, 579, 610
Hodge diamond [ホッジ・ダイアモンド] 306
Hodge isometry [ホッジ等長写像] 177
Hodge manifold [ホッジ多様体] 188
Hodge metric [ホッジ計量] 188
Hodge number [ホッジ数] 306
Hodge symmetry [ホッジ対称性] 306
Hölder continuous [ヘルダー連続] 695
Hölder's inequality [ヘルダーの不等式] 688
holomorphic [正則] 288, 69, 402
holomorphic cotangent space [正則余接束空間] 511
holomorphic curve [正則曲線] 268
holomorphic differential form [正則微分形式] 350
holomorphic fiber bundle [正則ファイバー束] 504
holomorphic function [正則関数] 103, 288, 669
holomorphic function of several variables [正則関数（多変数）] 291
holomorphic tangent space [正則接ベクトル空間] 510
holomorphically convex [正則凸] 114
holomorphically convex hull [正則凸包] 114
holonomic constraint [ホロノミックな束縛] 60
holonomic D–module [ホロノミック D–加群] 411
holonomy [ホロノミー] 66, 641
holonomy homomorphism [ホロノミー準同型] 641
homeomorphism [同相写像] 12
homoclinic bifurcation [ホモクリニック分岐] 660
homoclinic point [ホモクリニック点] 658, 660
homogeneous [同次] 314
homogeneous coordinate [斉次座標] 233
homogeneous manifold [等質多様体] 655
homogeneous space [等質空間] 156, 423, 655
homological algebra [ホモロジー代数] 589
homology [ホモロジー] 592
homology (long) exact sequence [ホモロジー（長）完全系列] 590
homology group [ホモロジー群] 589
homology manifold [ホモロジー多様体] 567
homomorphism [準同型] 98, 104, 168, 169, 322
homomorphism theorem [準同型定理] 168
homotopy colimit [ホモトピー余極限] 502
homotopy equivalent [ホモトピー同値] 583
homotopy fiber [ホモトピーファイバー] 585
homotopy group [ホモトピー群] 583
homotopy invariance [ホモトピー不変性] 119
homotopy limit [ホモトピー極限] 502
homotopy set [ホモトピー集合] 583
homotopy sphere [ホモトピー球面] 569
hook length formula [鉤の長さ公式] 620
Hopf algebra [ホップ代数] 679
Hopf bifurcation [ホップ分岐] 660

Hopf fibration [ホップ・ファイバー束（ファイブレーション）] 128, 233
Hopf manifold [ホップ多様体] 188
Hopf's theorem [ホップの定理] 236
horizontal lift [水平持ち上げ] 302
Hörmander's L^2 estimate [ヘルマンダーの L^2 評価式] 580
horocycle [境円] 20
horosphere [境球] 20
huge cardinal [巨大基数] 197
Hurewicz homomorphism [フレヴィッツ準同型] 584
Hurewicz theorem [フレヴィッツの定理] 584
Hurwitz's theorem [フルヴィッツの定理] 677
Hurwitz–Radon number [フルヴィッツ–ラドン数] 506
Hurwitz's ramification formula [フルヴィッツの分岐公式] 371
Huygens' principle [ホイヘンスの（大）原理] 464
hyperbola [双曲線] 48
hyperbolic [双曲型] 19, 342
hyperbolic cosine [双曲線余弦] 220
hyperbolic fixed point [双曲型不動点] 657
hyperbolic function [双曲線関数] 220
hyperbolic geometry [双曲幾何学] 490, 491, 666
hyperbolic manifold [双曲多様体] 666
hyperbolic metric [双曲計量] 491, 668
hyperbolic paraboloid [双曲放物面] 317
hyperbolic partial differential equation [双曲型偏微分方程式] 327
hyperbolic periodic point [双曲型周期点] 657
hyperbolic set [双曲型集合] 661
hyperbolic sine [双曲線正弦] 220
hyperbolic space [双曲空間] 491
hyperbolic splitting [双曲分解] 661
hyperbolic tangent [双曲線正接] 220
hyperboloid model [双曲面モデル] 491
hyperboloid of 1 sheet [1 葉双曲面] 317
hyperelliptic curve [超楕円曲線] 351
hyperfunction, hyper-function [佐藤超関数] 397
Hypergeometric function [超幾何関数] 399
hyperplane [超平面] 258
hypersurface of contact type [接触型超曲面] 299
hypersurface singularity [超曲面特異点] 426

I

icosahedral group [正二十面体群] 626
ideal [イデアル] 68, 104, 361, 655
ideal class group [イデアル類群] 361
ideal membership problem [イデアル所属判定問題] 165
idele class group [イデール類群] 681
idele group [イデール群] 681
idempotency [べき等性] 461
identity element [単位元] 167
identity map [恒等写像] 189, 243
identity matrix [単位行列] 130
identity operator [恒等作用素] 468
identity theorem [一致の定理] 58, 401
Iitaka conjecture [飯高予想] 201
Iitaka fiber space [飯高ファイバー空間] 201
image [像] 101, 104, 191, 242, 324
imaginary axis [虚軸] 270, 509
imaginary inifinite place [虚無限素点] 542, 680
imbedding theorem [埋蔵定理] 341
immersion [挿入，はめ込み] 27, 381

implicit function theorem [陰関数定理] 27, 536
implicit leading significant bit [暗黙の先頭ビット] 151
improper integral [変格積分] 296
inaccessible [到達不能] 461
inaccessible cardinal [到達不能基数] 197
inclusion relation [包含関係] 194
incompleteness theorem [不完全性定理] 181
increasing process [増加過程] 607
indefinite integral [不定積分] 296
independent [独立] 158
independent variable [独立変数] 101
index [指数] 168
index set [添え字集合] 243
indicial equation [決定方程式] 214
indirect proof [間接証明法] 117
indiscrete space [密着空間] 10
indiscrete topology [密着位相] 10
individual rationality [個人合理性] 185
induced bundle [誘導束] 504, 553
induced fiber space [誘導ファイバー空間] 499
induced representation [誘導表現] 171
induced Serre fibration [誘導セール・ファイブレーション] 499
induced subgraph [誘導部分グラフ] 159
inductive limit [帰納的極限] 249
inductive order [帰納的順序] 321
inductive system [帰納系] 249
inertia group [惰性群] 519, 541
Infahomogeous space [Infahomogeous space] 560
inference rule [推論法則] 180
infimum [下限] 252
infinite ascending sequence [無限上昇列] 320
infinite complex projective space [無限複素射影空間] 234
infinite dimensional Lie algebra [無限次元リー代数] 538
infinite dimensional nonlinear integrable equation [無限次元非線形可積分方程式] 178
infinite discending sequence [無限下降列] 320
infinite Grassmann manifold [無限グラスマン多様体] 157
infinite group [無限群] 167
infinite line [無限遠直線] 232
infinite loop space [無限ループ空間] 684
infinite order [無限位数] 167
infinite place [無限素点] 542, 680
infinite projective plane [無限射影平面] 230
infinite quaternion projective space [無限四元数射影空間] 234
infinite real projective space [無限実射影空間] 234
infinite sequence [無限数列] 275
infinite series [無限級数] 121
infinite set [無限集合] 243
infinitely divisible [無限分解可能] 91
infinitely recurrent [無限再帰的] 40
infinity part [無限部分] 680
information rate [伝送率] 515
inhomogeneous [非同次] 314
initial condition [初期条件] 254
initial number [始数] 460
initial phase [初期位相] 178
initial value [初期値] 214
initial value problem [初期値問題] 23, 214, 255
injective module [入射加群] 99
injective resolution [入射分解] 100, 590
inner automorphism [内部自己同型] 168

inner capacity [内容量]　582
inner product [内積]　256, 325, 550
inner product space [内積空間]　493
inner regularity [内正則性]　336
inscribed angle theorem [円周角の定理]　46
instanton Floer homology [インスタントンフレアーホモロジー]　175
integer [整数]　259, 269
integer quantum Hall effect [整数量子ホール効果]　507
integrable [積分可能]　244
integrable connection [可積分な接続]　410
integral basis [整数基底]　360
integral closure [整閉包]　69
integral constant [積分定数]　296
integral divisor [整因子]　680
integral domain [整域]　105
integral equation [積分方程式]　297
integral equation of Fredholm type [フレドホルム型積分方程式]　297
integral equation of Volterra type [ヴォルテラ型積分方程式]　297
integral invariant of Poincaré–Cartan [ポアンカレ–カルタンの積分不変式]　61
integral kernel [積分核]　297
integral operator [積分作用素]　206
integral point [整数点]　409
integral transform [積分変換]　297
integration [積分]　289, 295, 486
integration by parts formula [部分積分の公式]　602
integration by substitution [置換積分法]　296
intensity [強度]　90
interior [内部]　11
interior point [内点]　434
intermediate value theorem [中間値の定理]　12, 694
interpolating polynomial [補間多項式]　575
interpolation [補間]　573, 575
interpolation formula [補間式]　575
interpolation theorem of operators [作用素の補間定理]　574
interpretation [解釈]　180
intersection form [交点形式]　385
intersection matrix [交点行列]　385
intersection number [交叉数, 交点数]　385, 568
intersection theorem of Krull [クルルの共通部分定理]　454
intrinsic geometry [内在幾何]　67
invariant polynomial [不変多項式]　429
invariant set [不変集合]　528
inverse element [逆元]　167
inverse Fourier transform [逆フーリエ変換]　222, 533
inverse function theorem [逆関数（写像）定理]　27, 536, 677
inverse image [逆像]　101, 242
inverse image functor [逆像関手]　324
inverse Laplace transform [ラプラス逆変換]　647
inverse limit [逆極限]　249
inverse map, inverse mapping [逆写像]　101
inverse matrix [逆行列]　134
inverse operator [逆作用素]　468
inverse problem [逆問題]　297
inverse system [逆系]　249
inverse trigonometric function [逆三角関数]　220
inverse z-transform [逆 z-変換]　304
invertible [可逆]　264, 612
invertible sheaf [可逆層]　29, 323
involute [伸展線]　144

involution [対合]　342, 625
involutive [包合的]　62
irreducible [既約的]　605
irreducible element [既約元]　237
irreducible holomorphic symplectic manifold [既約正則シンプレクティック多様体]　93
irreducible ideal [既約イデアル]　70
irreducible polynomial [既約多項式]　32
irreducible representation [既約表現]　124, 169, 625
irredundant primary decomposition [無駄のない準素分解]　68
irregular singularity [不確定特異点]　411
irregularity [不正則数]　353, 673
Isaacs equation [アイザックス方程式]　459
Ishii's lemma [石井の補題]　459
isogeny [同種射]　5
isolated subgroup [孤立部分群]　518
isometric [等長]　665
isometry [等長写像]　665
isomorphic, isomorphism [同型，同型写像]　98, 168, 169, 310, 325
isomorphism invariant [同型不変量]　40
isomorphism problem [同型問題]　40
isoperimetric problem [等周問題]　561
isothermal coordinates [等温座標]　145
isotopic [アイソトピック]　612
isotopy [アイソトピー]　538, 612
isotropic [等方的]　267
iterated integral [反復積分]　686
Itô's formula [伊藤の公式]　74
Itô integral [伊藤積分]　74
Itô's representation theorem [伊藤の表現定理]　25
Itô–Wiener expansion [伊藤–ウィナー展開]　25
Iwahori–Hecke algebra [岩堀–ヘッケ代数]　153
Iwasawa main conjecture [岩澤主予想]　53

J

Jacobi determinant [ヤコビ行列式]　245
Jacobi elliptic function [ヤコビの楕円関数]　370
Jacobi field [ヤコビ場]　332
Jacobi matrix [ヤコビ行列]　134, 489
Jacobi polynomial [ヤコビの多項式]　406
Jacobian [ヤコビアン]　134, 245
Jacobian criterion [ヤコビの判定法]　349, 426
Jacobian sum [ヤコビ和]　110
Jacobian variety [ヤコビ多様体]　5, 372
Jacobi's symbol [ヤコビ記号]　547
Janko group [ヤンコ群]　629
Jørgensen's inequality [ユルゲンセンの不等式]　20
Jones polynomial [ジョーンズ多項式]　153
Jordan block [ジョルダン・ブロック]　262
Jordan cell [ジョルダン細胞]　238, 262
Jordan curve [ジョルダン曲線]　261
Jordan curve theorem [ジョルダンの曲線定理]　261
Jordan decomposition [ジョルダン分解]　622
Jordan matrix [ジョルダン行列]　262
Jordan measurable [ジョルダン可測]　244
Jordan measure [ジョルダン測度]　244
Jordan normal form, Jordan canonical form [ジョルダン標準形]　204, 238, 262
Joukowski transformation [ジューコフスキー変換]　421
Julia set [ジュリア集合]　512

jumping measure [飛躍測度] 414

K

K3 lattice [K3 格子] 176
K3 surface [K3 曲面] 176, 354
Kadomtsev–Petviashvili equation [KP 方程式] 179
Kähler class [ケーラー類] 187
Kähler cone [ケーラー錐] 176
Kähler form [ケーラー形式] 187
Kähler identity [ケーラー等式] 580
Kähler manifold [ケーラー多様体] 579
Kähler metric [ケーラー計量] 187
Kakutani fixed point theorem [角谷の不動点定理] 522
Kantorovich theorem [カントロビッチの定理] 449
K–automorphism [K 変換] 41
Kawamata–Shokurov's base point freeness theorem [川又–ショクロフの固定点自由化定理] 353
Kawamata–Viehweg vanishing theorem [川又–フィーヴェグの消滅定理] 330
KdV equation, Korteweg–de Vries equation [KdV 方程式] 178
Kellogg's theorem [ケログの定理] 402
kernel [核] 104, 191, 311, 324, 487
key [鍵] 8
k–fold mixing [k 次の混合性] 41
killing measure [消滅測度] 71, 414
Kirchhoff's formula [キルヒホッフの公式] 464
Kirk fixed-point theorem [カークの不動点定理] 521
Kleiman's criterion [クライマンの判定法] 30
Klein bottle [クラインの壺] 671
Kleinian group [クライン群] 154
K–method [ペートルの K 法] 573
knot [節点] 283
knot [結び目] 612
knot diagram [結び目の図式] 612
knot invariant [結び目の不変量] 613
knot type [結び目型] 612
Kobayashi–Hitchin correspondence [小林–ヒッチン対応] 175
Koch curve [コッホ曲線] 528
Kodaira dimension [小平次元] 200, 352
Kodaira fiber [小平ファイバー] 201
Kodaira vanishing theorem [小平の消滅定理] 305, 330
Kodaira–Akizuki–Nakano vanishing theorem [小平–秋月–中野の消滅定理, 中野の消滅定理] 330, 580
Kodaira–Nakano formula [小平–中野の公式] 580
Kolmogorov automorphism [コルモゴロフ変換] 41
Kolmogorov axioms [コルモゴロフの公理系] 77
Kolmogorov–Chaitin complexity [コルモゴロフ–チャイティン複雑性] 651
Kolmogorov's 0–1 law [コルモゴロフの 0–1 法則] 608
Kolmogorov's condition [コルモゴロフの条件] 73
Kovalevskian [コワレフスキアン] 327
KP hierarchy [KP 階層] 179
Kronecker-Weber theorem [クロネッカー–ウェーバーの定理] 52, 681
Krull's height theorem [クルルの標高定理] 29, 69
Kummer surface [クンマー曲面] 176
Kummer's confluent hypergeometric function [クンマーの合流型超幾何関数] 400
Kupka–Smale system [クプカ–スメール系] 659

L

l–adic Galois representation [l 進ガロア表現] 279
Lagrange multiplier [ラグランジュ乗数] 644
Lagrange's equation of motion [ラグランジュの運動方程式] 60
Lagrange's interpolation formula [ラグランジュの補間公式] 575
Lagrange's method of undetermined coefficients [ラグランジュの未定乗数法] 644
Lagrange's theorem [ラグランジュの定理] 624
Lagrangian [ラグランジアン] 60
Lagrangian form [ラグランジュ乗数形式] 644
Lagrangian mechanics [ラグランジュ形式の力学] 60
Lagrangian submanifold [ラグランジュ部分多様体] 267
Laguerre function [ラゲール関数] 646
Laguerre polynomial [ラゲールの多項式] 646
Laguerre's differential equation [ラゲールの微分方程式] 646
Laplace equation [ラプラス方程式] 565, 649
Laplace integral [ラプラス積分] 647
Laplace transformation [ラプラス変換] 647
Laplacian [ラプラシアン] 123, 649
large inductive dimension [大きな帰納的次元] 14
lattice [格子] 616, 630
Laurent expansion [ローラン展開] 634
Laurent polynomial [ローラン多項式] 456
Lauricella's hypergeometric function [ラウリチェラの超幾何関数] 400
Lavrentiev's theorem [ラヴレンティエフの定理] 378
law of composition [算法] 167
law of excluded middle [排中律] 180, 701
law of iterated logarithm [重複対数の法則] 526
law of large numbers [大数の法則] 362
Lax pair [ラックス対] 179
Lax representation [ラックス表示] 179
Lax–Mizohata theorem [ラックス–溝畑の定理] 328
leading ideal [最高次イデアル] 164
leading term [最高次の項] 164
leaf [葉] 640
least common multiple [最小公倍数] 338
Lebesgue integral [ルベーグ積分] 691
Lebesgue measurable [ルベーグ可測] 615
Lebesgue measurable set [ルベーグ可測集合] 335
Lebesgue measure [ルベーグ測度] 615
Lebesgue space [ルベーグ空間] 39, 688
Lebesgue spectrum with countable multiplicity [可算重複度のルベーグ・スペクトル] 41
Lebesgue's convergence theorem [ルベーグの収束定理] 692
Lebesgue's covering theorem [ルベーグの敷石定理] 14
Lebesgue–Stieltjes measure [ルベーグ–スチルチェス測度] 335
Leech lattice [リーチ格子] 630
Lefschetz decomposition [レフシェッツ分解] 580
left coset [左剰余類] 168
left derived functor [左導来関手] 502, 591
left exact functor [左完全関手] 99, 590
left ideal [左イデアル] 104
Legendre canonical form [ルジャンドル標準形] 371
Legendre condition [ルジャンドルの条件] 562
Legendre function [ルジャンドル関数] 683
Legendre function of the second kind [第二種のルジャンドル関数] 683
Legendre polynomial [ルジャンドルの多項式] 123, 683

Legendre symbol [ルジャンドル記号，平方剰余記号]　547
Legendre transformation [ルジャンドル変換]　61
Legendre's associated differential equation [ルジャンドル陪微分方程式]　683
Legendre's differential equation [ルジャンドルの微分方程式]　683
Leibniz rule [ライプニッツ則]　484
Leibniz series [ライプニッツ級数]　412
Leibniz's formula [ライプニッツの公式]　379
lemma of Morse [モースの補題]　618
length [長さ]　159
lens space [レンズ空間]　384
Leray–Serre spectral sequence [ルレイ–セール・スペクトル系列]　500
Lerch's theorem [レルヒの定理]　647
Lévy form [レヴィ形式]　299
Lévy curve [レヴィ曲線]　529
Lévy measure [レヴィ測度]　91
Lévy process [レヴィ過程]　90
Lévy–Civita connection [レヴィ–チヴィタ接続]　302, 665
Lévy–Itô decomposition [レヴィ–伊藤分解]　91
Lévy–Khintchine representation [レヴィ–ヒンチンの標準型]　91
Lévy's condition [レヴィ条件]　328
Lévy's distance [レヴィの距離]　82
Lévy's inversion formula [レヴィの反転公式]　534
Lévy's problem [レヴィ問題]　114
lexicographic order [辞書式順序]　164, 460
Lie algebra [リー環，リー代数]　132, 654, 655
Lie bracket [ブラケット積，リー積]　132, 538, 655
Lie group [リー群]　654
Lie subalgebra [部分リー環]　655
life time [生存時間]　604
limit [極限]　22, 38, 121, 135, 149, 275, 469, 591
limit inferior [下極限]　136, 252
limit ordinal [極限順序数]　196
limit set [極限集合]　154, 657
limit superior [上極限]　136, 252
Lim's fixed point theorem [リムの不動点定理]　522
Lindberg condition [リンドバーク条件]　391
line bundle [直線束]　552
line element [曲線要素，線素]　298, 318
line integral [線積分]　318
line seguement [線分]　435
linear code [線形符号]　515
linear combination [1次結合，線形結合]　111
linear connection [線形接続]　303
linear difference equation [線形差分方程式]　214
linear equations [連立1次方程式]　700
linear fractional transformation [1次分数変換]　19
linear functional [線形汎関数]　467
linear integral equation [線形積分方程式]　297
linear Lie group [線型リー群]　655
linear map [線形写像]　130, 310
lincar operator [線形作用素]　206, 226, 467
linear order [線形順序]　320
linear ordinary differential equation [線形常微分方程式]　314
linear programming [線形計画法，線形計画問題]　312
linear space [線形空間]　310
linear subspace [線形部分空間]　111, 310
linear transformation [線形変換]　204
linearly dependent [1次従属，線形従属]　111
linearly equivalent [線形同値]　29, 350

linearly independent [1次独立，線形独立]　111
liner operator [線形演算子]　226
link [絡み目]　613
linking number [絡み数，リンク数]　236, 613
Liouville contact structure [リウヴィル接触構造]　299
Liouville–Arnold theorem [リウヴィル–アーノルドの定理]　62
Liouville's theorem [リウヴィルの定理]　39, 61, 345
Lipschitz condition [リプシッツ条件]　255, 664
Lipschitz continuous [リプシッツ連続]　664, 698
Lipschitz function [リプシッツ関数]　433
Liyusternik's theorem [リュステルニクの定理]　536
local class field theory [局所類体論]　682
local coordinate [局所座標]　349, 380
local Gauss–Bonnet theorem [ガウス–ボンネの定理の局所版]　66
local index theorem [局所指数定理]　4
local Maxwellian distribution [局所マクスウェル分布]　596
local monomial order [局所単項式順序]　166
local property [局所的性質]　142
local ring [局所環]　141, 142, 357
local stable manifold [局所安定多様体]　658, 661
local strongly stable manifold [局所強安定多様体]　661
local strongly unstable manifold [局所強不安定多様体]　661
local structure [局所構造]　631
local support [局所的な台]　284
local trivialization [局所自明化]　503
local unstable manifold [局所不安定多様体]　658, 661
localization [局所化]　141
locally compact group [局所コンパクト群]　654
locally compact space [局所コンパクト空間]　209
locally constant sheaf [局所定数層]　410
locally convex space [局所凸空間]　308
locally finite [局所有限]　209
locally free sheaf [局所自由層]　323
locally homogeneous Riemannian structure [局所等質リーマン構造]　383
locally symmetric space [局所対称空間]　342
local–ringed space [局所環付き空間]　358
log canonical divisor [対数的標準因子]　330
logarithmic birational geometry [対数的双有理幾何]　354
logarithmic function [対数関数]　347
logarithmic kernel [対数核]　581
logarithmic potential [対数ポテンシャル]　581
logial system [論理体系]　180
logical connective [論理結合子]　180
logical symbol [論理記号]　701
loop space [ループ空間]　684
Lorentz transformation [ローレンツ変換]　491
lower bound [下界]　252
lower semicontinuous function [下半連続関数]　430, 698
loxodromic [斜行型]　19
Lutz twist [ルッツひねり]　300
Lyons group [ライアンス群]　630

M

Möbius transformation [メビウス変換]　19
major arc [優弧]　45
Malliavin calculus [マリアバン解析]　601
Malliavin covariance matrix [マリアバン共分散行列]　602
Malliavin derivative [マリアバン微分]　601
Mandelbrot set [マンデルブロー集合]　513
manifold [多様体]　380, 383, 385

manifold of class C [クラスC多様体] 188
map color theorem [地図色分け定理] 160
mapping cylinder [写像柱] 585
mapping degree [写像度] 235
mapping, map [写像] 242
Marcinkiewicz interpolation theorem [マルシンキェヴィクツの補間定理] 574, 690
Marden conjecture [マーデン予想] 155
Margulis lemma [マルグリスの補題] 154
Margulis tube [マルグリス管] 155
Markov chain [マルコフ連鎖] 604, 653
Markov measure [マルコフ型確率測度] 43
Markov move [マルコフ移動] 152
Markov process [マルコフ過程] 604
Markov shift [マルコフ型ずらしの変換] 43
Markov time [マルコフ時刻] 607
Markov transition probabilities [マルコフ推移確率系] 43
Markovian [マルコフ型, マルコフ的] 79, 413
Markov–Kakutani fixed point theorem [マルコフ–角谷の定理] 521
marriage theorem [結婚定理] 160
martingale [マルチンゲール] 605, 606
martingale problem [マルチンゲール問題] 79
martingale transform [マルチンゲール変換] 606
Maschke's theorem [マシュケの定理] 169, 625
mathematical induction [数学的帰納法] 195, 271
Mathieu group [マシュー群] 389, 629
matrix [行列] 129
matrix group [行列群] 131
maximal dilatation [最大歪曲度] 365
maximal ideal [極大イデアル] 105
maximal principle for holomorphic functions [複素解析関数の最大値原理] 669
maximum degree [最大次数] 159
maximum matching [最大マッチング] 160
maximum modulus principle [最大絶対値の原理] 211
(weak) maximum principle [弱の意の最大値原理] 582
maximum principle [最大値の原理] 211
Max–Plus algebra [マックス–プラス代数] 455
Maxwell distribution [マクスウェル分布] 595
Maxwell equations [マクスウェル方程式] 24, 597
McKay correspondence [マッケイ対応] 417
McLaughlin group [マクラフリン群] 630
mean [平均] 545
mean convergence [平均収束] 202
mean curvature [平均曲率] 147
mean curvature vector field [平均曲率ベクトル場] 148
mean ergodic theorem [平均エルゴード定理] 39
mean value theorem [平均値の定理] 412
mean vector [平均ベクトル] 545
measurable cardinal [可測基数] 197, 321, 691
measurable set [可測集合] 334
measure [測度] 333, 463
measure preserving transformation [保測変換] 39
measure space [測度空間] 333
measures on topological spaces [測度（位相空間上の）] 336
median [中央値] 545
Menger curve [メンガーの曲線] 15
Mergelyan's theorem [メルゲルヤンの定理] 378
meromorphic differential form [有理微分形式] 350
meromorphic function [有理型関数] 634
Mersenne prime [メルセンヌ素数] 339
metamathematics [メタ数学] 182

method of elimination [掃き出し法] 700
method of least-squares [最小二乗法] 210
method of Lagrange multipliers [ラグランジュの乗数法] 644
metric outer measure [距離外測度] 463
metric space [距離空間] 86, 149
metric topology [距離位相] 10
metric, distance function [距離関数] 86
metrized complex linear space [複素計量線形空間] 325
metrized linear space [計量線形空間] 325
midpoint rule [中点則] 273
Mikusinski's operational calculus [ミクシンスキーの演算子法] 648
millennium prize problems [ミレニアム懸賞問題] 609
Millman's theorem [ミルマンの定理] 469
minimal [極小] 638
minimal model [極小モデル] 139, 638
minimal model theory [極小モデル理論] 139, 352, 637
minimal polynomial [最小多項式] 264
minimal prime ideal [極小素因子] 68
minimal surface [極小曲面] 139, 148, 352
minimality condition [極小条件] 320
minimax theorem [ミニ・マックス定理] 185, 522
minimizing sequence [最小化列] 562
minimum curvature property [曲率最小性] 576
minimum degree [最小次数] 159
minimum distance [最小距離] 515
minimum principle [最小値の原理] 211
minimum weight [最小重み] 515
Minkowski–Farkas' lemma [ミンコフスキー–ファルカスの補題] 312
Minkowski's inequality [ミンコフスキーの不等式] 688
Minkowski's theorem [ミンコフスキーの定理] 540
minor [小行列式] 134
minor arc [劣弧] 45
Min–Plus algebra [ミン–プラス代数] 455
Mirror symmetry [ミラー対称性] 268
Mittag–Leffler's theorem [ミッターク–レッフラーの定理] 635
mixed characteristic [混合標数] 662
mixed finite element method [混合型有限要素法] 633
Miyaoka–Yau inequality [宮岡–ヤオの不等式] 353
Möbius strip [メビウスの帯] 317
model [モデル] 180
model category [モデル圏] 499
modular [モジュラー] 508
modular curve [モジュラー曲線] 508
modular form [モジュラー形式] 508
modular representation [モジュラー表現] 625
modules over a ring [環上の加群] 98
moduli space [モジュライ空間] 7, 174, 366, 616
moduli spaces for elliptic curve [楕円曲線のモジュライ空間] 373
modulus of continuity [連続率] 698
moment map [運動量写像, モーメント写像] 268
monodromy group [モノドロミー群] 481
monodromy representation [モノドロミー表現] 481, 578
monodromy theorem [一価性定理] 58
monomial [単項式] 375
monomial order [単項式順序] 164
monomorphism, injection [単射] 101, 242
monotone convergence theorem [単調収束定理] 691
monotone decreasing [単調減少] 622
monotone function [単調関数] 622
monotone increasing [単調増加] 433, 622

monotone operator [単調作用素] 432
monotone sequence [単調数列] 275
Montel's theorem [モンテルの定理] 290
Moore loop space [ムーアループ空間] 685
Moore–Postnikov decomposition [Moore–Postnikov 分解] 586
Mordell conjecture [モーデル予想] 280
Mordell's theorem [モーデルの定理] 373
Morera's theorem [モレラの定理] 289
Mori fiber space [森ファイバー空間] 201
morphism [射] 189, 358
morphism of local ringed spaces [局所環付き空間の射] 358
Morse function [モース関数] 568, 618
Morse index [モース指数] 568
Morse inequality [モースの不等式] 618
Morse theory [モース理論] 618
Morse–Smale system [モース−スメール系] 659
Moser's theorem [モーザーの定理] 487
mother wavelet [マザーウェーブレット] 35
motive [モチーフ] 279
movable singular point [動く特異点] 255
multi–dimensional Brownian motion [多次元ブラウン運動] 526
multi–dimensional diffusion process [多次元拡散過程] 72
multi–dimensional random walk [多次元ランダムウォーク] 653
multifractal analysis [マルチフラクタル解析] 529
multigraph [多重グラフ] 158
multi–index [多重指数] 379
multilinear form [多重線形形式] 418
multilinear map [多重線形写像] 418
multinomial theorem [多項定理] 251
multiple edges [多重辺] 158
multiple integral [重積分] 244
multiple recurrence theorem [多重再帰定理] 40
multiple Wiener integral [多重ウィナー積分] 26
multiplication [乗法] 167
multiplicative group [乗法群] 167
multiplicity [重複度, 多重度] 170, 202
mutual energy [相互エネルギー] 582

N

Nadler's fixed point theorem [ナドラーの不動点定理] 522
Nakai-Moishezon criterion [中井−モイシェゾンの判定法] 30
Nakayama's lemma [中山の補題] 142
Napier's number [ネピア数] 227, 347
Nash equilibrium [ナッシュ均衡] 184
natural basis [自然基底] 111
natural boundary [自然境界] 71
natural logarithm [自然対数] 347
natural number [自然数] 269, 271
natural spline [自然スプライン] 283, 576
natural transformation [自然変換] 190, 584
Navier–Stokes equation [ナヴィエ−ストークス方程式] 56, 444, 609
n–connected [n 連結] 583
n–dimensional topological manifold [n 次元位相多様体] 380
n–dimensional torus [n 次元輪環面] 43
nef [ネフ] 352
negative entropy [負エントロピー] 51
negative variation [負変動] 622
neighborhood [近傍] 11

neighbourhood basis [近傍基] 11
Neumann function [ノイマン関数] 557
Neumann problem [ノイマン問題] 650
Nevanlinna theory [ネヴァンリンナ理論] 450
Neville's algorithm [ネヴィルのアルゴリズム] 575
Newhouse phenomenon [ニューハウス現象] 660
Newton polytope [ニュートン多面体] 456
Newton–Cotes quadrature rules [ニュートン-コーツの公式] 273
Newtonian kernel [ニュートン核] 581, 649
Newtonian potential [ニュートン・ポテンシャル] 581
Newton–Raphson method [ニュートン−ラフソン法] 448
Newton's interpolation formula [ニュートンの補間公式] 575
Newton's method [ニュートン法] 448
nilpotent [べき零] 625
nilpotent element [べき零元] 106
nilpotent transformation [べき零変換] 263
nilradical [べき零根基] 106
node [節点] 158
Noether inequality [ネーターの不等式] 353
Noetherian induction [ネーターの帰納法] 272
Noetherian module [ネーター加群] 453
Noetherian ring [ネーター環] 68, 173, 453
Noether's formula [ネーターの公式] 306
non–archimedean amoeba [非アルキメデス的アメーバ] 456
noncommutative geometry [非可換幾何学] 215
noncooperative game [非協力ゲーム] 184
nondegenerate [非退化] 161, 326, 618
non–Desarguesian plane [非デザルグ平面] 231
nondeterministic [非決定性] 394
non–Euclidean geomerty [非ユークリッド幾何学] 490
non–expansive mapping [非拡大写像] 520, 664
nonlinear dispersive equation [非線形分散型方程式] 476
nonlinear elliptic equation [非線形楕円型方程式] 477
non–linear partial differential equation [非線形偏微分方程式] 56
nonlinear Poisson equation [非線型ポアソン方程式] 566
nonlinear scalar filed equation [非線型スカラー場方程式] 566
nonlinear Schrödinger equation [非線形シュレーディンガー方程式] 476
nonlinear wave equation [非線形波動方程式] 479
non–orientable [向き付け不可能] 611
nonsingular curve [非特異曲線] 349
nonsingular tansformation [非特異変換] 40
non-wandering set [非遊走集合] 657
non–zero section [非零切断] 552
norm [ノルム] 550
normal [正規] 290
normal [法線] 144
normal bundle [法束] 553, 641
normal cone [正規錐] 431
normal contractive [正規縮小的] 413
normal distribution [正規分布] 63, 81
normal domain [正規環] 69
normal family [正規族] 290, 667
normal form [正規形, 標準形] 184, 254
normal form of Garside [ガーサイドの標準形] 153
normal matrix [正規行列] 205
normal space [正規空間] 17
normal structure [正規構造] 520
normal subgroup [正規部分群] 168, 624
normal transformation [正規変換] 205

normal vector [法ベクトル]　258
normalization of the sheaf [正規化層]　113
normalization theorem [正規化定理]　496
normalizer [正規化群]　624
normed space [ノルム空間]　467
nowhere dense [全疎]　558
n–ply connected domain [n 重連結領域]　422
n–th order difference equation [n 階差分方程式]　214
n–th Wiener chaos [n 次ウィナー・カオス]　25
null condition [零条件]　479
null set [零集合]　212
number [数]　269
number of significant digits [有効桁数]　150
numerical integration [数値積分]　273
numerical vector space [数ベクトル空間]　549

O

obstruction class [障害類]　588
obstruction theory [障害理論]　587
Ochanine elliptic genus [Ochanine 楕円種数]　687
octahedral group [正八面体群]　626
octonion [八元数]　270
odd order theorem [奇数位数定理]　625
odd point theorem [奇点定理]　159
Oka's syzygies [岡の分解列]　114
Oka's theorem [岡の定理]　113, 114
omega spectrum [オメガスペクトラム]　684
O'Nan group [オナン群]　630
one–dimensional diffusion process [1 次元拡散過程]　71
one–point compactification [1 点コンパクト化]　209
one–way function [一方向性関数]　8
open ball [開球体]　125
open base [開基]　11
open immersion [開埋め込み]　441
open interval [開区間]　433
open mapping [開写像]　12
open mapping theorem [開写像定理]　308, 469
open Möbius band [開いたメビウスの帯]　671
open Riemann surface [開リーマン面]　671
open set [開集合]　10, 695
open set condition [開集合条件]　528
open star [開星状体]　388
operational calculus, functional calculus [作用素解析]　287
operator algebras [作用素環]　215
operator norm [作用素ノルム]　468, 226
operator semigroup [作用素の半群]　217
operator–valued functional [作用素値汎関数]　286
opposite algebra [逆多元環]　523
optional sampling theorem [任意抽出定理]　607
orbifold [軌道体]　383
orbit [軌道]　43, 168, 389, 537, 657
orbit space [軌道空間]　559
order [位数]　167, 290, 369, 624, 662
order [順序]　460
order isomorphic [順序同型]　460
ordered pair [順序対]　195
ordered set [順序集合]　249
order–preserving [順序保存性]　471
ordinal number [オーディナル数]　460
ordinal number [順序数]　196, 269, 460
ordinary differential equation [常微分方程式]　254
orientable [向き付け可能]　611

orientation [向き]　611
oriented segment [有向線分]　549
Ornstein–Uhlenbeck process [オルンシュタイン–ウーレンベック過程]　72
Ornstein–Uhlenbeck semigroup [オルンシュタイン–ウーレンベック半群]　601
orthogonal coordinates [直交座標]　145
orthogonal group [直交群]　131, 403
orthogonal matrix [直交行列]　205, 403
orthogonal polynomial [直交多項式]　405
orthogonal projection [直交射影]　286
orthogonal projection operator [正射影作用素]　286
orthogonal set [直交系]　493
orthogonal transformation [直交変換]　205, 403
orthonormal basis [正規直交基底]　205, 325
orthonormal frame bundle [正規直交枠束]　303
orthonormal system [正規直交系]　325, 493
orthonormalization of Schmidt [シュミットの直交化法]　326
oscillating sequence [振動数列]　275
oscillation series [振動級数]　121
oscillatory integral [振動積分]　265
oscillatory integral expression [振動積分表示]　400
outer capacity [外容量]　582
outer measure [外測度]　334, 463
outer normal derivative [外法線微分]　298
outer regurarity [外正則性]　336

P

P versus NP problem [P vs NP 問題]　609
p–adic absolute value [p 進絶対値]　474
p–adic distance [p 進距離]　474
p–adic Hodge theory [p 進ホッジ理論]　280
p–adic numbers [p 進数]　474
p–adic valuation [p 進付値]　474
Painlevé equation [パンルヴェ方程式]　255
Pappus' theorem [パップスの定理]　231
parabola [放物線]　48
parabolic [放物型]　19
parabolic coordinates [放物線座標]　146
parabolic equation [放物型方程式]　571
parabolic geometry [放物幾何学]　490
parabolic subgroup [放物型代数群]　424
paracompact [パラコンパクト]　209
parallel curve [平行曲線]　144
parallel translation [平行移動]　5, 301
parameter system [巴系]　70
parametric spline [パラメトリックスプライン]　285
parametrization [助変数表示]　143, 147
parametrization by arc length [弧長による助変数表示]　143
pariah [パライア]　631
parity check matrix [パリティー検査行列]　516
Parseval's equality [パーセヴァルの等式]　406, 531
partial derivative [偏微分, 偏導関数]　488, 536
partial difference [偏差分]　213
partial difference equation [偏差分方程式]　214
partial differential coefficient [偏微分係数]　488
partial differential equation [偏微分方程式]　23, 327, 464, 571
partial order [部分順序]　320
partially differentiable [偏微分可能]　488
partition [分割]　41, 77, 620
partition number [分割数]　389, 620

path [道，路]　90, 158
path space [道の空間]　604
pathwisely unique [道ごとに一意的]　79
Pauli's spin matrix [パウリのスピン行列]　161
payoff function [利得関数]　184
payoff vector [利得ベクトル]　185
Peano axioms [ペアノの公理系]　269
Peetre theorem [ペートルの定理]　573
perfect field [完全体]　627
perfect matching [完全マッチング]　160
period [周期]　537, 657
period domain [周期領域]　176
period doubling bifurcation [周期倍分岐]　660
period integral [周期積分]　7, 617
period matrix [周期行列]　6
period(–)prallelogram [周期平行四辺形]　369
periodic orbit [周期軌道]　537, 657
periodic point [周期点]　42, 657
permanence of functional relations [関数関係不変の原理]　58
permutation [順列]　251
permutation [置換]　133, 243, 626
permutation group [置換群]　167, 389
permutation representation [置換表現]　168
Perron method [ペロンの方法]　459
Perron–Wiener–Brelot solution [ペロン–ウィーナー–ブレロ解]　402
perspective [透視図法]　230
perverse sheaf [ひねくれ層，偏屈層]　411
Petersen graph [ペテルセン・グラフ]　158
Peter–Wyle's theorem [ペーター–ワイルの定理]　170
Petrovski's theorem [ペトロフスキーの定理]　327
phase function [相関数]　265
phase space [相空間]　61
Picard group [ピカール群]　29
Picard's theorem [ピカールの定理]　298, 450, 664
Pillai's conjecture [ピライ予想]　408
plaintext [平文]　8
planar graph [平面的グラフ]　160
Plancherel theorem [プランシュレルの定理]　534
plane graph [平面グラフ]　160
Platonic solid [プラトン立体]　293
Plotkin bound [プロトキン限界式]　516
Plücker coordinate [プリュッカー座標]　419
Plücker's conoid [プリュッカーの錐状面]　317
pluricanonical form [多重標準形式]　200
pluricanonical system [多重標準線型系]　352
plurisubharmonic function [多重劣調和関数]　114
Pochhammer cycle [ポッホハマー・サイクル]　399
Poincaré ball [ポアンカレ球体]　128
Poincaré conjecture [ポアンカレ予想]　127, 569, 610
Poincaré disk [ポアンカレ円板]　47
Poincaré duality theorem [ポアンカレ双対定理]　567
Poincaré extension [ポアンカレ拡張]　20
Poincaré group [ポアンカレの群]　118
Poincaré Lemma [ポアンカレの補題]　437, 484
Poincaré map [ポアンカレ写像]　657
Poincaré metric [ポアンカレ計量]　20, 47, 128, 187
Poincaré–Bendixson theorem [ポアンカレ–ベンディクソンの定理]　657
Poincaré–Hopf theorem [ポアンカレ–ホップの定理]　55, 236
Poincaré–Lefschetz duality theorem [ポアンカレ–レフシェッツ双対定理]　567
Poincaré's recurrence theorem [ポアンカレの再帰定理]　40

point at infinity [無限遠点]　509
point of indeterminacy [不確定点]　637
pointwise ergodic theorem [個別エルゴード定理]　39
Poisson bracket [ポアソン括弧]　62, 267
Poisson commutative [ポアソン可換]　62
Poisson distribution [ポアソン分布]　81
Poisson equation [ポアソン方程式]　565, 581
Poisson integral [ポアソン積分]　401, 530, 533
Poisson kernel [ポアソン核]　530, 532, 533, 564
Poisson law of small numbers [ポアソンの小数の法則]　563
Poisson process [ポアソン過程]　90
Poisson structure [ポアソン構造]　267
Poisson's summation formula [ポアソンの和公式]　564
polar axis [極軸]　137
polar coordinates [極座標]　137, 145
polar expression [極表示]　270
polar form [極形式]　509
polar set [極集合]　402
pole [極]　137
Polish space [ポーランド空間]　39, 78
polyhedron [多面体]　54, 67, 258, 293, 387
polynomial [多項式]　375
polynomial approximation [多項式近似]　377
polynomial interpolation [多項式補間]　575
polynomial ring [多項式環]　375
polystable [多重安定]　174
Pontrjagin class [ポントリャーギン類]　428
position vector [位置ベクトル]　549
positive [正値]　602
positive braid [正の組みひも]　153
positive definite [正定値，正の定符号]　326, 534, 582
positive term series [正項級数]　121
positive variation [正変動]　622
Postnikov decomposition [Postnikov 分解]　586
potential [ポテンシャル]　581, 649
power set [べき集合]　195, 242
power theorem [方べきの定理]　47
predicate [語，述語]　120, 180
predictable [予測可能]　606
pre–Hilbert space [前ヒルベルト空間]　493
prequantum bundle [前量子化束]　268
presheaf [前層]　322
primary decomposition [準素分解]　68, 454
primary ideal [準素イデアル]　68, 454
primary obstruction [第一障害類]　428
prime divisor [素因子]　68
prime element [素元]　237, 662
prime factorization [素因数分解]　338
prime field [素体]　105, 627
prime ideal [素イデアル]　106
prime number [素数]　338
prime number theorem [素数定理]　339
primitive cohomology [原始コホモロジー]　580
primitive function [原始関数]　289, 296
primitive residue class group [既約剰余類群]　260
primitive root [原始根]　260
principal anti–automorphism [主反自己同型]　162
principal automorphism [主自己同型]　162
principal bundle [主束]　503
principal curvature [主曲率]　147
principal direction [主曲率方向]　147
principal divisor [主因子]　29, 350
principal fibration [主ファイブレーション]　586

principal ideal [単項イデアル]　106, 237
principal ideal domain [単項イデアル，整域主イデアル整域]　237, 264
principal ideal ring [主イデアル環]　237
principal orbit [主軌道]　560
principal part [主部]　327
principal polarization [主偏極]　6
principal symbol [主表象]　3, 327
principle of equivalence [等価原理]　1
principle of virtual work [仮想仕事の原理]　60
Prinzip von der Gebietstreue [領域保存の法則]　677
private-key cryptosystem [秘密鍵暗号]　8
probability [確率]　76
probability distribution [確率分布]　81, 83, 210
probability measure [確率測度]　73, 77
probability space [確率空間]　73, 77
problem of possible cofinality [共終可能問題]　462
product [積]　167
product measure [積測度]　335
product measure space [積測度空間]　335
product space [積空間，直積空間]　13
product topology [積位相，直積位相]　13
projection [射影]　552, 636
projective algebraic curve [射影代数曲線]　349
projective coordinate ring [射影座標環]　356
projective coordinates [射影座標]　145
projective dimension [射影次元]　100
projective geometry [射影幾何]　230
projective limit [射影的極限]　249
projective model [射影モデル]　491
projective module [射影加群]　99
projective plane [射影平面]　230
projective resolution [射影分解]　100, 590
projective space [射影空間]　232, 233
projective system [射影系]　249
projective transformation [射影変換]　232
projective transformation group [射影変換群]　232
projective variety [射影多様体]　356
Prokhorov's distance [プロホロフの距離]　82
proof [証明]　180
propagation cone [伝播錐]　464
propagation of chaos [カオスの伝播]　596
proper [真]　430
proper class [真類]　196
proper subset [真部分集合]　194
properly discontinuous [真性不連続]　668
proposition [命題]　120, 701
pseudoconvex domain [擬凸領域]　113
pseudodifferential operator [擬微分作用素]　115
pseudoholomorphic curve [擬正則曲線]　268
pseudorandom numbers [擬似乱数]　651
pseudosphere [擬球]　490
public-key cryptosystem [公開鍵暗号]　8
Puiseux series [ピュイズー級数]　59
pull-back [引き戻し]　484, 499, 504, 553
pure braid group [純粋組みひも群]　152
pure point spectrum [純点スペクトル]　41

Q

quadratic form [2 次形式]　161, 326
quadratic residue [平方剰余]　547
quadratic variation process [2 次変動（変分）過程]　75, 607

quadrature [求積法]　254
quadric curve [2 次曲線]　48
quadric surface [2 次曲面]　446
quantifier [束縛記号]　180
quantile [分位点]　545
quantum cohomology ring [量子コホモロジー環]　268
quantum enveloping algebra [量子包絡代数]　678
quantum group [量子群]　678
quasi Newton method [疑似ニュートン法]　449
quasi-affine variety [準アフィン多様体]　356
quasi-concave [擬凹]　184
quasiconformal [擬等角]　365
quasiconformal mapping class group [擬等角写像類群]　366
quasi-continuous function [準連続関数]　414
quasi-convex [擬凸]　184
quasi-Fuchsian group [擬フックス群]　154
quasi-inverse [擬逆]　190
quasi-left-continuous [準左連続性]　414
quasi-projective variety [準射影多様体]　356
quasi-triangular Hopf algebra [準三角ホップ代数]　679
quaternion [四元数]　270
quaternion projective space [四元数射影空間]　234
quaternionic vector bundle [四元数ベクトル束]　507
quaternions [四元数環]　224
queue [待ち行列]　599
quotient bundle [商束]　553
quotient field [商体]　106, 141, 357
quotient group [商群]　168
quotient mapping [商写像]　13
quotient module [商加群]　141
quotient norm [商ノルム]　467
quotient normed space [商ノルム空間]　467
quotient ring [商環]　141
quotient sheaf [商層]　324
quotient singularity [商特異点]　426
quotient space [商空間]　13, 311
quotient topology [商位相]　13

R

R matrix [R 行列]　679
(r, p)-capacity [(r, p)-容量]　603
(r, p)-quasi-continuous [(r, p)-準連続]　603
radical [根基]　105
radical extension [べき根拡大]　97
radius [半径，動径]　45, 137
Radon measure [ラドン測度]　336
Radon transformation [ラドン変換]　297
Radon–Nikodym's theorem [ラドン–ニコディムの定理]　693
ramification index [分岐指数]　350, 519, 540, 663
ramification theory (of prime ideals) [分岐理論（素イデアルの）]　540
ramified [分岐]　540, 660
random numbers [乱数]　651
random variable [確率変数]　76, 83
random walk [ランダムウォーク]　652
range [値域]　101, 242
rank [階数]　196, 323
rapidly decreasing function [急減少関数]　265
rational curve [有理曲線]　200, 351
rational double point [有理 2 重点]　353
rational homotopy theory [有理ホモトピー論]　638
rational homotopy type [有理ホモトピー型]　638

rational map [有理射, 有理写像] 29, 236, 636
rational number [有理数] 269
rational point [有理点] 372, 409
rational rank [有理階数] 518
rational space [有理空間] 638
rational surface [有理曲面] 354
rationally equivalent [有理同値] 675
Rauch's comparison theorem [ラウチの比較定理] 332
ray [半直線] 312
reaction–diffusion equation/system [反応拡散方程式] 471
real analytic [実解析的] 229
real analytic fiber bundle [実解析的ファイバー束] 504
real analytic function [実解析(的)関数] 103, 229
real axis [実軸] 270, 509
real Hilbert space [実ヒルベルト空間] 494, 551
real infinite place [実無限素点] 542, 680
real interpolation space [実補間空間] 573
real Lie group [実リー群] 132
real line [実直線] 256
real linear space [実線形空間] 310
real normed space [実ノルム空間] 467
real number [実数] 270
real projective plane [実射影平面] 230
real projective space [実射影空間] 233
real symplectic group [実シンプレクティック群] 655
real vector space [実ベクトル空間] 310
reciprocal lattice [逆格子] 507
reciprocity law of quadratic residues [平方剰余の相互法則] 547
recurrence theorem [再帰定理] 39
recurrent [再帰的] 40, 605
recurrent point [再帰点] 605
recursive [帰納的] 180
recursively enumerable [帰納的可算] 181
reduced [被約] 106
reduced Clifford group [被約クリフォード群] 162
reduced Gröbner basis [被約グレブナー基底] 165
reduced Teichmüller class [縮約タイヒミュラー類] 365
reduced Teichmüller distance [縮約タイヒミュラー距離] 365
reduced Teichmüller space [縮約タイヒミュラー空間] 365
reducible configuration [可約配置] 642
reductio ad absurdum [背理法, 帰謬法] 117
reductive group [簡約代数群] 171
Ree group [李群] 629
Reeb component [レーブ成分] 640
Reeb foliation [レーブ葉層] 640
Reeb vector field [レーブ場] 299
Reed–Solomon code [リード–ソロモン符号] 516
reflecting barrier [反射壁] 71
reflection [鏡映] 404
reflexive [反射的] 309
reflexive law [反射律] 249, 320
reflexive sheaf [反射的層] 31
region of discontinuity [不連続領域] 154
regular [正則] 159
regular boundary [正則境界] 71
regular boundary point [正則境界点] 402
regular cardinal [正則基数] 461
regular conditonal probability [正則条件付き確率] 253
regular covering [正則被覆] 481
regular domain [正則な領域] 281
regular matrix [正則行列] 134
regular module [正則加群] 621

regular point [正則点] 71, 349, 426
regular point theorem [正則点定理] 28
regular polyhedral group [正多面体群] 294, 626
regular polyhedron [正多面体] 293
regular representation [正則表現] 124, 169
regular singularity [確定特異点] 411
regular space [正則空間] 17
regular value [正則値] 28, 212, 381
regular value theorem [正則値定理] 28
regularity [正則性] 367
regulator [単数規準] 361
Reidemeister move [ライデマイスター移動] 612
Reider's method [ライダーの方法] 353
Reid's fantasy [リードの夢] 94
Reinhardt domain [ラインハルト領域] 291
relation [関係] 242
relative Brauer group [相対ブラウアー群] 523
relative discriminant [相対判別式] 540
relative distance [相対距離] 516
relative Donaldson invariant [相対ドナルドソン不変量] 175
relative homotopy group [相対ホモトピー群] 583
relative Hurewicz homomorphism [相対フレビッツ準同型] 584
relative norm [相対ノルム] 540
relative topology [相対位相] 13
relatively compact [相対コンパクト] 206
remainder [剰余] 164
remainder theorem [剰余の定理] 376
repeated integral [累次積分] 244
repeated limit [累次極限] 276
repeated series by columns [列の累次級数] 122
repeated series by rows [行の累次級数] 122
representation [表現] 169
representation matrix [表現行列] 262, 311, 326
representation of groups [群の表現] 169
repulsive fixed point [反撥的固定点] 19
residual degree [剰余次数] 519, 540, 663
residue [留数] 676
residue class ring [剰余(類)環] 105, 166, 628, 663
residue class [剰余類] 260
residue field [剰余体] 142
resolution of identity [単位の分解] 286
resolution of singularities [特異点解消] 427
resolution of singularities in broad sense [広義特異点解消] 427
resolution theorem of singularities [特異点解消定理] 637
resolutive [可解] 402
resolvent [リゾルベント] 432, 465
resonance theorem [共鳴定理] 470
restraint [束縛] 60
restriction [制限] 171
restriction homomorphism, restriction map [制限写像] 322, 523
restriction [束縛] 60
resultant [終結式] 239
reverse [裏] 120, 701
reverse mathematics [逆数学] 183
Ricci curvature [リッチ曲率] 666
Ricci curvature tensor [リッチ曲率テンソル] 556
Ricci flow [リッチ・フロー] 384, 570
Ricci tensor [リッチ・テンソル] 666
Riemann curvature tensor [リーマン曲率テンソル] 148
Riemann domain [リーマン領域] 113

Riemann hypothesis [リーマン予想] 609, 672
Riemann integral [リーマン積分] 295
Riemann sphere [リーマン球面] 127, 509
Riemann sum [リーマン和] 295, 623
Riemann surface [リーマン面] 669
Riemann zeta function [リーマン・ゼータ関数] 109
Riemann–Hilbert correspondence [リーマン–ヒルベルト対応] 411
Riemann–Hurwitz formula [リーマン–フルヴィッツの関係式] 670
Riemannian connection [リーマン接続] 302, 665
Riemannian homogeneous geomerty [リーマン等質幾何学] 383
Riemannian manifolds [リーマン多様体] 148, 665
Riemannian metric [リーマン計量] 553, 556, 665
Riemannian structure [リーマン構造] 66
Riemannian symmetric space [リーマン対称空間] 342, 423
Riemann–Roch inequality [リーマン–ロッホの不等式] 351
Riemann–Roch theorem [リーマン–ロッホの定理] 305, 350, 371, 673
Riemann–Roch–Hirzebruch theorem [リーマン–ロッホ–ヒルツェブルフの定理] 4
Riemann's mapping theorem [リーマンの写像定理] 420, 667, 670
Riemann's relations [リーマンの関係式] 6
Riemann's theorem [リーマンの定理] 530
Riemann's theorem on removable singularities [リーマンの特異点除去可能定理] 292
Riemann–Stieltjes integral [リーマン–スティルチェス積分] 623
Riesenfeld spline [リーゼンフェルトスプライン] 285
Riesz composition formula [リースの合成公式] 581
Riesz kernel [リース核] 581
Riesz potential [リース・ポテンシャル] 581
Riesz representation theorem [リースの表現定理] 337
Riesz transfrom [リース変換] 425
Riesz–Markov–Kakutani theorem [リース–マルコフ–角谷の定理] 337
Riesz–Schauder alternative theorem [リース–シャウダーの交代定理] 206
Riesz–Thorin theorem [リース–ソーリンの定理] 574
right coset [右剰余類] 168
right derived functor [右導来関手] 502, 591
right exact functor [右完全関手] 99, 590
right ideal [右イデアル] 104
rigid analytic space [リジッド解析空間] 277
rigid cohomology [リジッド・コホモロジー] 278
ring [環] 104
ring of integers [整数環] 360
ring of p–adic rational integers [p 進有理整数環] 474
ringed space [環付き空間] 358
Ritz method [リッツ法] 562
Robinson–Schensted correspondence [ロビンソン–シェンステッド対応] 621
Rockafellar's theorem [ロッカフェラーの定理] 432
Rokhlin's theorem [ロホリンの定理] 385
Rolle's theorem [ロルの定理] 412
Romberg integration [ロンベルク積分法] 273
root lattice [ルート格子] 415
rotation [回転] 42
rotation group [回転群] 124, 131
rotation number [回転数] 144
Rothenberg–Steenrod spectral sequence [ローゼンバーグ–スティーンロッド・スペクトラル系列] 500
Rouché theorem [ルーシェの定理] 290, 677
rounding error [丸め誤差] 150
rounding ties to away [四捨五入丸め] 150
rounding ties to even [偶数丸め] 150
rounding to the nearest [最近点への丸め] 150
row [行] 129
row–insertion [行挿入] 621
RSA cryptosystem [RSA 暗号] 8
Rudvalis group [ラドバリス群] 630
ruled surface [線織面] 316
ruling [罫線] 316
Runge's approximation theorem [ルンゲの近似定理] 635
Runge's phenomenon [ルンゲ現象] 274
Russell's paradox [ラッセルのパラドックス] 194, 241

S

saddle point [鞍点] 185, 313, 658
saddle point formulation [鞍点型定式化] 633
saddle point theorem [鞍点定理] 313
saddle–node bifurcation [サドル・ノード分岐] 660
sample function [標本関数] 90
sample process [見本過程] 90
sample space [標本空間] 78
sampling theorem [サンプリング定理] 222
Sard's theorem [サードの定理] 212
Sasakian manifold [佐々木多様体] 300
Sato–Tate conjecture [佐藤–テイト予想] 280
scalar curvature [スカラー曲率] 666
scalar reaction–diffusion equation [単独反応拡散方程式] 471
scaling function [スケーリング関数] 36
Schauder fixed point theorem [シャウダーの不動点定理] 521
Schauder's theorem [シャウダーの定理] 206
Schoenberg–Whitney condition [シェーンバーグ–ホイットニーの条件] 285
Schönflies theorem [シェーンフリースの定理] 261
Schottky group [ショットキー群] 154
Schottky problem [ショットキー問題] 7
Schrödinger equation [シュレーディンガー方程式] 247, 476
Schur polynomial [シューア多項式] 390
Schur's lemma [シューアの補題] 169
Schwartz space [シュヴァルツ空間] 534
Schwarz's lemma [シュヴァルツの補助定理] 211
Schwarz's inequality [シュヴァルツの不等式] 493
scissors congruent [分割合同] 258
second axiom of countability [第二可算公理] 11
second Betti number [第二ベッチ数] 385
second fundamental form [第二基本形式（量）] 147, 666
second incompleteness theorem [第二不完全性定理] 183
second order nonlinear hyperbolic equation [2 階非線形双曲型方程式] 479
second problem of Cousin [クザン II 問題] 113
second variation formula [第二変分公式] 332
section [切断] 102, 243, 322, 485, 506, 552
sectional curvature [断面曲率] 666
Segre variety [セグレ多様体] 357
Seiberg–Witten equation [サイバーグ–ウィッテン方程式] 175
Seiberg–Witten invariant [サイバーグ–ウィッテン不変量] 175
Seifert fibration [ザイフェルト・ファイバー束] 383
self–adjoint [自己共役] 207, 226

self-adjoint operator [自己共役作用素] 226
self-affine set [自己アファイン集合] 528
self-dual code [自己双対符号] 516
self-loop [自己閉路] 158
self-similar [自己相似] 92
self-similar set [自己相似集合] 528
semicontinuous function [半連続関数] 698
semifield [半体] 455
semigroup [半群] 217, 605
semi-integrable function [半可積分関数] 692
semi-local ring [半局所環] 142
semi-locally simply connected [擬局所単連結] 482
seminorm [セミノルム, 半ノルム] 308, 467
semiregular polyhedron [準正多面体] 293
semiring [半環] 455
semi-stable [半安定] 174
separable [可分] 494
separation axioms of topological spaces [位相空間の分離公理] 17
sequence [数列] 275
sequentially compact [点列コンパクト] 208
series [級数] 121
Serre duality [セール双対性] 305, 371
Serre fibration [セール・ファイブレーション] 499
Serre–Grothendieck duality [セール–グロタンディーク双対性] 307
Serre's criterion [セールの判定法] 30
Serre's duality theorem [セールの双対定理] 511
Serre's vanishing theorem [セールの消滅定理] 330
set [集合] 241
set of connected components [連結成分の集合] 583
set-valued mapping [集合値写像] 521
Shannon sampling theorem [シャノンのサンプリング定理 (標本化定理)] 223
shape [形] 620
Shapley value [シャプレイ値] 186
sheaf [層] 322
sheaf associated to a presheaf [前層に伴う層] 323
sheaf cohomology [層係数のコホモロジー] 329
sheaf of ideals [イデアル層] 324
sheaf of relations [関係層] 113
sheaf of rings [環の層] 322
shift map [シフト写像] 657
shift space [シフト空間] 528
shift transformation [ずらしの変換] 42, 43
short exact sequence [短完全 (系) 列] 99, 589
Siegel disk [ジーゲル円板] 513
Siegel upper half space [ジーゲル上半空間] 7
Sierpinski gasket [シルピンスキーのガスケット] 529
signature [符号 (数)] 133, 385
signature theorem [符号数定理] 4
significant figures [有効数字] 150
similar [相似] 262
similarity [相似変換] 257
simple [単純] 523
simple closed curve [単純閉曲線] 261
simple continued fraction [単純連分数] 699
simple graph [単純グラフ] 158
simple group [単純群] 168, 624
simple Lie algebra [単純リー環] 655
simple singularity [単純特異点] 416
simplex [単体] 258
simplicial approximation [単体近似] 388

simplicial approximation theorem [単体近似定理] 388
simplicial complex [単体複体] 387
simplicial decomposition [単体分割] 387
simplicial map [単体写像] 388
simplicial set [単体的集合] 501
simply connected [単連結] 118, 480
simply laced [単紐] 415
Simpson's rule [シンプソン則] 273
Sinai's lemma [シナイの補助定理] 42
sine, sin [サイン, 正弦] 219
single layer potential [1 重層ポテンシャル] 581
single linear ordinally differential equation of higher order [単独高階線形常微分方程式] 314
singleton [単一子] 195
Singleton bound [シングルトン限界式] 516
singular cardinal problem [特異基数問題] 462
singular chain complex [特異チェイン複体] 592
singular cohomology group [特異コホモロジー群] 593
singular fiber [特異ファイバー] 383
singular homology group [特異ホモロジー群] 592
singular integral [特異積分] 425
singular integral operator [特異積分作用素] 425
singular orbit [特異軌道] 560
singular point [特異点] 426
singular q-chain [特異 q チェイン] 592
singular q-simplex [特異 q 単体] 592
singular support [特異台] 411
sink [沈点] 658
Sion's minimax theorem [シオンのミニ・マックス定理] 522
site [サイト] 278
skew field [斜体] 104, 224, 523
skew surface [斜曲面] 316
Skolem theorem [スコーレムの定理] 181
slice theorem [スライス定理] 559
slit domain [截線領域] 422
small inductive dimension [小さな帰納的次元] 14
smash product [スマッシュ積] 684
Smith conjecture [スミス予想] 560
Smith normal form [スミス標準形] 264
Smith theorem [スミスの定理] 560
smooth action [可微分作用] 559
smooth fiber bundle [可微分ファイバー束] 504
smoothing spline [平滑化スプライン] 285
snake lemma [蛇の補題] 590
Sobolev inequality [ソボレフの不等式] 689
Sobolev space [ソボレフ空間] 340
soliton equation [ソリトン方程式] 178
soliton solution [ソリトン解] 178
solution of cubic equation [3 次方程式の解法] 363
solution of quartic equation [4 次方程式の解法] 364
solvable group [可解群] 95
Sorgenfrey line [ソルゲンフライの直線] 11
source [源点] 658
space of constant curvature [定曲率空間] 666
spectral theorem [スペクトル定理] 287
spanning subgraph [全域部分グラフ] 159
spanning tree [全域木] 159
spatial graph [空間グラフ] 160
spatially isomorphic, metrically isomorphic [空間的に同型] 40
Specht module [シュペヒト加群] 621
Specht polynomial [シュペヒト多項式] 390
special complex orthogonal group [特殊複素直交群] 131

special linear group [特殊線形群] 131
special orthogonal group [特殊直交群] 131, 403
special unitary group [特殊ユニタリ群] 131, 404
spectral decomposition [スペクトル分解] 286, 287
spectral invariant [スペクトル型不変量] 41
spectral mapping theorem [スペクトル写像定理] 287, 466
spectral measure [スペクトル測度] 286
spectral radius [スペクトル半径] 465
spectral sequence [スペクトル系列] 591
spectrally isomorphic [スペクトル同型] 41
spectrum [スペクトラム] 359
sphere [球面] 125
spherical [球型] 342
spherical coordinate [球座標] 137
spherical harmonics [球面調和関数] 123
spherical metric [球面距離] 509
spherical metric [球面計量] 490
spherical triangle [球面三角形] 126
spin norm [スピノルム] 162
spin representation [スピン表現] 162
spin structure [スピン構造] 4
spinor [スピノル] 162
spinor bundle [スピノル束] 4
spinor group [スピノル群] 162
spline function [スプライン関数] 283, 576
spline interpolation [スプライン補間] 576
split completely [完全分解] 540
splitting field [分解体] 524
sporadic group [散在群] 630
square integrable [2乗可積分] 222
square matrix [正方行列] 130
squeeze principle [挟み撃ちの原理] 136
stability and bifurcations of dynamical systems [力学系の安定性と分岐] 659
stabilizer [固定化群] 389, 559
stable [安定] 174
stable homotopy category [安定ホモトピー圏] 684
stable law [安定分布] 92
stable manifold [安定多様体] 658, 661
stable map [安定写像] 268
stable process, stable motion [安定過程] 92
stalk [茎] 323
standard contact structure [標準的接触構造] 300
standard deviation [標準偏差] 545
standard Gaussian distribution [標準ガウス分布] 391
standard k–simplex [標準 k 単体] 282
standard normal distribution [標準正規分布] 391
standard n–simplex [標準 n 単体] 387
standard tableau [標準盤] 390, 620
starlike [星型] 484
state space [状態空間] 60, 604
stationary curve [停留曲線] 61
stationary function [停留関数] 562
stationary process [定常過程] 63
stationary Schrödinger's equation [定常的シュレーディンガー方程式] 247
steady–state solution [定常解] 247
Stein manifold [スタイン多様体] 114
Steinberg group [スタインバーグ群] 629
step function [階段関数] 691
stereographic projection [ステレオグラフ射影] 126
stereographic projection [立体射影] 126, 509
Stiefel manifold [シュティーフェル多様体] 156

Stiefel–Whitney class [シュティーフェル–ホイットニー類] 428
stochastic differentail equation [確率微分方程式] 79
stochastic differential [確率微分] 74
stochastic flow of diffeomorphisms [微分同相確率流] 80
stochastic integral [確率積分] 74, 75
stochastic model [確率モデル] 76
stochastic process [確率過程] 73
Stokes' theorem [ストークスの定理] 163, 281, 486
Stone's theorem [ストーンの定理] 378
Stone–Čech compactification [ストーン–チェク・コンパクト化] 697
Stone-Weierstrass' theorem [ストーン–ワイエルシュトラスの定理] 377, 696
stopping time [停止時刻] 605, 607
strange attractor [ストレンジ・アトラクタ] 514
strategic form [戦略形] 184
strategy [戦略] 184
Stratonovich integral [ストラトノビッチ積分] 74
strict inductive limit [狭義帰納的極限] 309
strictly convex function [狭義の凸関数] 433
strictly decreasing [狭義単調減少] 622
strictly hyperbolic [狭義双曲型] 327
strictly increasing [狭義単調増大] 622
strictly monotone function [狭義単調関数] 622
strictly pseudoconvex boundary [強擬凸境界] 300
strictly pseudoconvex domain [強擬凸領域] 300
strictly stable process [狭義安定過程] 92
strong convergence [強収束] 469
strong derivative [強(偏)導関数] 340, 535
strong dual space [強双対空間] 309
strong law of large numbers [大数の強法則] 362
strong local constant cone condition [強局所定錐条件] 341
strong Markov process [強マルコフ過程] 605
strong Markov property [強マルコフ性] 414, 605
strong transversality condition [強横断条件] 661
strongly bounded [強有界] 470
strongly continuous [強連続] 247
strongly differentiable [強微分可能] 340, 535
strongly hyperbolic [強双曲型] 328
strongly inaccessible cardinal [到達不可能基数] 195
strongly local property [強局所性] 414
strongly mixing [強混合的] 41
strongly plurisubharmonic function [強多重劣調和関数] 114
strongly pseudoconvex function [強擬凸関数] 114
strongly recurrent [強再帰的] 40
structurally stable [構造安定] 659
structure equation [構造方程式] 429
structure group [構造群] 503
structure sheaf [構造層] 113, 323
Study's lemma [シュテューディの補題] 495
subadditive [劣加法的] 468
subalgebra [部分加法族] 77
subbundle [部分束] 553
subcomplex [部分複体] 387
subdifferential [劣微分] 430
subgraph [部分グラフ] 159
subgroup [部分群] 167
subharmonic function [劣調和関数] 211, 402
submartingale [劣マルチンゲール] 606
submodule [部分加群] 98
subring [部分環] 104
subset [部分集合] 194

subsheaf [部分層] 324
subspace [部分位相空間] 13
successive iteration [逐次代入法] 298
successor ordinal [後者順序数] 196, 461
sum [和, 和分] 167, 213
sum set [和集合] 195, 241
Sumihiro's theorem [隅広の定理] 442
super compact cardinal [超コンパクト基数] 462
superharmonic function [優調和関数] 211, 402
supermartingale [優マルチンゲール] 606
supersingular K3 surface [超特異 K3 曲面] 177
support [台] 88, 286
supremum [上限] 252
surface [曲面] 147
surface element [面積要素, 面素] 298, 319
surface integral [面積分] 318
surjection [全射] 101, 235, 242
surjectivity of period map [周期写像の全射性] 94
suspension [懸垂] 657
Suzuki group [鈴木群] 629
Suzuki's sporadic group [鈴木の散在群] 630
Swan's theorem [スワンの定理] 506
Sylow p-subgroup [シロー p 部分群] 624
Sylow's theorem [シローの定理] 624
Sylvester matrix [シルヴェスター行列] 239
Sylvester's law of inertia [シルヴェスターの慣性法則] 162, 326
symbol [表象] 115
symmetric [対称] 226, 555
symmetric algebra [対称積代数] 419
symmetric form [対称形式] 413
symmetric group [対称群] 167, 389, 626
symmetric hyperbolic system [対称双曲型方程式系] 24
symmetric kernel [対称核] 582
symmetric matrix [対称行列] 205
symmetric operator [対称作用素] 226
symmetric pair [対称対] 342
symmetric space [対称空間] 342, 423
symmetric transformation [対称変換] 205
symmetrizer [対称化作用素] 419
symplectic [シンプレクティック] 61, 487
symplectic fillability [シンプレクティック充填可能性] 300
symplectic group [シンプレクティック群] 131
symplectic manifold [シンプレクティック多様体] 267
symplectic quotient [シンプレクティック商] 268
symplectic reduction [シンプレクティック簡約] 268
symplectic structure [シンプレクティック構造] 267
symplectic submanifold [シンプレクティック部分多様体] 267
symplectic vector field [シンプレクティックベクトル場] 267
symplectization [シンプレクティック化] 299
symplectomorphism [シンプレクティック微分同相写像] 267
system of first-order linear ordinary differential equations [連立 1 階線形常微分方程式] 314
system of parameters [パラメータ系] 70
Szemerédi's theorem [セメレディの定理] 40

T

tableau [盤] 620
tail event [末尾事象] 608
Takagi group [高木群] 680
tamely ramified [順分岐] 540
tangent, tan [タンジェント, 正接] 219

tangent (line) [接線] 144
tangent bundle [接束] 382, 553, 640
tangent cone [接線錐] 536
tangent plane [接平面] 147
tangent space [接空間, 接ベクトル空間] 381, 536
tangent vector [接ベクトル] 381
tangential surface [接線曲面] 316
Taniyama–Shimura–Weil conjecture [谷山-志村-ヴェイユ予想] 508
Tate module [テイト加群] 279
tau function [タウ関数] 178
Taylor expansion [テイラー展開] 290, 379, 412, 536
Taylor series [テイラー級数] 103, 290
Taylor's theorem [テイラーの定理] 412
Teichmüller character [タイヒミュラー指標] 663
Teichmüller class [タイヒミュラー類] 365
Teichmüller distance [タイヒミュラー距離] 365
Teichmüller map [タイヒミュラー写像] 366
Teichmüller space [タイヒミュラー空間] 365, 617, 669
Teichmülller representative [タイヒミュラー代表元] 33
tensor algebra [テンソル代数] 419
tensor field [テンソル場] 554
tensor product [テンソル積] 99, 418, 554
terminal point [死点] 604
tetrahedral group [正四面体群] 626
theorem of Briot–Bouquet [ブリオ-ブーケの定理] 370
theorem of circles of Apollonius [アポロニウスの円定理] 47
theorem of Eliashberg [エリアシュベルグの定理] 300
theorem of Eulerian paths [オイラーの一筆書き定理] 160
theorem of Honda–Etnyre [本田-エトナイアの定理] 300
theorem of Hopf–Rinow [ホップ-リノウの定理] 665
theorem of Kobayashi–Ochiai [小林-落合の定理] 306
theorem of Weierstrass–Phragmén [ワイエルシュトラス-フラグメンの定理] 370
theorem of Wierstrass on double series [ワイエルシュトラスの 2 重級数定理] 290
theorema egregium [ガウスの驚異の定理] 148
thick part [厚部分] 155
thin part [細部分] 155
thin plate spline [薄板スプライン] 285
third type boundary condiditon [第三種境界値問題] 650
Thompson group [トンプソン群] 630
Thompson order formula [トンプソンの位数公式] 625
Tietze extension theorem [ティーツェの拡張定理] 18, 696
Tikhonov fixed-point theorem [ティホノフの不動点定理] 521
Tikhonov thoerem [ティホノフの定理] 321
time 1 map [時刻 1 写像] 537
time constant [時定数] 471
time reversal operator [時間反転演算子] 507
time-homogeneous [時間的に一様] 79
T-invariant [T 不変] 442
T-invariant measure [T 不変測度] 39
T-invariant set [T 不変集合] 39
T-invariant subspace [T 不変部分空間] 263
Tits group [ティッツ群] 629
Todd characteristic [トッド指標] 674
Todd class [トッド類] 3
topological generator [位相的生成元] 42
topological graph theory [位相幾何学的グラフ理論] 160
topological group [位相群] 654
topological interior point [位相的内点] 434
topological linear space, topological vector space [線形位相

空間] 308
topological mapping [位相写像] 12
topological property [位相的性質] 12
topological space [位相空間] 10
topological sum [位相和] 13
topologically conjugate [位相共役] 659
topologically transitive [位相推移的] 657
topology [位相] 10
topos [トポス] 278
Torelli–type theorem [トレリ型定理] 177
toric morphism [トーリック射] 441
toric variety [トーリック多様体] 440
toroidal morphism [トロイダル射] 443
toroidal variety [トロイダル多様体] 443
toroidalization [トロイダル化] 443
torsion [ねじれ率] 144
torsion part [ねじれ部分] 238
torsion tensor [ねじれ率テンソル] 302
tortion product [ねじれ積] 591
torus [トーラス] 380
torus embedding [トーラス埋め込み] 440
total canonical ring [全標準環] 200
total Chern class [全チャーン類] 674
total complex [全複体] 591
total curvature [全曲率] 144
total differential [全微分] 483
total matrix algebra [全行列環] 104
total space [全空間] 480, 499, 503, 552
total variation [全変動] 622
totally bounded [全有界] 149
totally differentiable [全微分可能] 489
totally ordered set [全順序集合] 249
totally ramified [完全分岐] 540
trace map [トレース写像] 307
tractrix [牽引曲線] 490
transcendental number [超越数] 360
transfinite induction [超限帰納法] 272
transformation formula of Schwarz–Christoffel [シュヴァルツ–クリストッフェルの変換公式] 421
transformation matrix [変換行列] 112, 204, 262, 311, 326
transformation of drift [ドリフト変換] 80
transient [過渡的] 605
transition system [遷移系] 393
transitive [推移的] 168, 389
transitive law [推移律] 249
translation length [移動距離] 20
translation operator [並進作用素] 507
transposed matrix [転置行列] 130
transposition [互換] 133, 626
transversal [横断的] 89
trapezoidal rule [台形則] 273
traveling salesman problem [巡回セールスマン問題] 160
tree [木] 158
triangle inequality [三角不等式] 493
triangular decomposition [三角分解] 678
triangular group [三角群] 416
triangulated category [三角圏] 191
triangulation [三角形分割] 387
trigonometric function [三角関数] 219
trigonometric polynomial [三角多項式] 378
trivial solution [自明な解] 700
tropical geometry [熱帯幾何] 455
tropical hypersurface [熱帯超曲面] 456

tropical polynomial function [熱帯多項式関数] 455
tropical semifield [熱帯半体] 455
tropical semiring [熱帯半環] 455
Trotter product formula [トロッターの積公式] 218
truncated power function [切断べき関数] 283
truth table [真理表] 120
truth value [真偽値] 180
Turing machine [チューリングマシン] 393, 609
twin primes [双子素数] 339
twisted product [ひねり積] 559
two-component reaction–diffusion system [2成分反応拡散系] 471
two-sided ideal [両側イデアル] 104
Tychonoff embedding theorem [チコノフの埋蔵定理] 17
Tychonoff space [チコノフ空間] 17
type of elementary divisors [単因子型] 238
type of prime divisors [素因子型] 238

U

ultradifferentiable function [微分可能関数] 102
ultradiscretization [超離散化] 455
unavoidable set [不可避集合] 642
unbiased estimator [不偏推定量] 210
unbounded operator [非有界作用素] 226
unconditionally converge [無条件収束] 121
uncountabe [非可算個] 181
uncountability of the reals [実数の非可算性] 270
uncountable infinity [非可算無限] 87
undirected graph [無向グラフ] 159
unequal characteristic [不等標数] 662
uniform boundenness theorem [一様有界性定理] 470
uniform convergence [一様収束] 21
uniformiser [一意化元] 662
uniformization theorem [一意化定理] 420, 668
uniformly continuous [一様連続] 695, 698
uniformly convex [一様凸] 469
unimodular [ユニモジュラー] 630
unimodular group [ユニモジュラー群] 131
unique factorization domain [一意分解整域, 素元分解整域] 237
unique factorization theorem [素因数分解の一意性定理] 338
unique in law [分布の意味で一意的] 79
uniqueness theorem of Teichmüller [タイヒミュラーの一意性定理] 366
unit [単元] 105
unit binormal vector [単位従法ベクトル] 144
unit circle [単位円] 46
unit contraction [単位縮小] 413
unit element [単位元] 167
unit equation [単数方程式] 408
unit group [単位群, 単数群] 168, 360
unit normal vector [単位法ベクトル] 143
unit normal vector field [単位法ベクトル場] 147
unit principal normal vector [単位主法ベクトル] 144
unit sphere [単位球面] 126, 233, 490
unit tangent vector [単位接ベクトル] 143
unitarily equivalent [ユニタリ同値] 41
unitary group [ユニタリ群] 131, 404
unitary matrix [ユニタリ行列] 205, 404
unitary space [ユニタリ空間] 325
unitary symplectic group [ユニタリ・シンプレクティック群] 132

unitary transformation [ユニタリ変換]　205, 404
univalent function [単葉関数]　422
universal bundle [普遍束]　504
universal coefficient theorem [普遍係数定理]　594
universal coefficient theorem for cohomology [コホモロジーの普遍係数定理]　594
universal covering [普通被覆，普遍被覆（面）]　481, 668
universal property [普遍性質]　191
universal quantifier [全称記号]　320
universal R matrix [普遍 R 行列]　679
Universal Teichmüller space [普遍タイヒミュラー空間]　365
universal vector bundle [普遍ベクトル束]　157
unordered pair [非順序対]　195
unramified [不分岐]　540, 663
unstable manifold [不安定多様体]　658, 661
upcrossing number [上向き横断回数]　608
upper bound [上界]　252, 320
upper ramification group [上つき分岐群]　541
upper semicontinuous [上半連続]　522
upper semi-continuous function [上半連続関数]　698
upperhalf space model [上半空間モデル]　492
Urysohn's lemma [ウリゾーンの補題]　18, 696

V

valuation [付値]　518
valuation ring [付値環]　518
Van Kampen's theorem [ファン・カンペンの定理]　119, 584
Vandermonde's determinant [ヴァンデルモンデの行列式]　133
vanishing theorem [消滅定理]　330
variance [分散]　545
variance-covariance matrix [分散共分散行列]　545
variation [変分]　561
variation of constants [定数変化法]　315
variation vector field [変分ベクトル場]　331
variational method [変分法]　561
variational principle [変分原理]　61
variety [多様体]　380
Varshamov–Gilbert bound [バルシャモフ–ギルバート限界式]　517
vector [ベクトル]　549
vector area elemet [面積要素ベクトル]　319
vector bundle [ベクトル束]　552
vector field [ベクトル場]　537, 554
vector line element [線素ベクトル]　319
vector product [ベクトル積]　550
vector representation [ベクトル表現]　162
vector space [ベクトル空間]　310
vector subspace [部分ベクトル空間]　310
vector-valued function [ベクトル値関数]　103
Verma module [ヴァーマ加群]　678
vertex set [頂点集合]　158
vertex spline [頂点スプライン]　285
virtual fundamental class [仮想基本類]　268
viscosity solution [粘性解]　458
viscosity subsolution [粘性劣解]　458
viscosity supersolution [粘性優解]　458
Volterra integral equation of the first kind [第一種ヴォルテラ型積分方程式]　297
Volterra integral equation of the second kind [第二種ヴォルテラ型積分方程式]　297
volume [体積]　666

volume structure [体積構造]　487
von Neumann algebras [フォン・ノイマン環]　215
von Neumann–Cartan theorem [フォン・ノイマン–カルタンの定理]　655
vorticity [渦度（場）]　57, 445

W

walk [歩道]　159
wandering set [遊走集合]　40
wave equation [波動方程式]　464, 479
wavelet [ウェーブレット]　35
wavelet packet [ウェーブレットパケット]　37
wavelet transform [ウェーブレット変換]　35
weak convergence [弱収束]　470
weak derivative [弱（偏）導関数]　340, 535
weak Hausdorff [弱ハウスドルフ]　684
weak homotopy equivalence [弱ホモトピー同値]　584
weak law of large numbers [大数の弱法則]　362
weak maximum principle [魚返の最大値原理]　582
weak solution [弱解]　24, 477
weak topology [弱位相]　309, 435
weak* topology [汎弱位相]　309, 435
weakly bounded [弱有界]　470
weakly differentiable [弱微分可能]　340, 535
weakly hyperbolic [弱双曲型]　327
weakly mixing [弱混合的]　41
wedge [楔]　321
Weierstrass division theorem [ワイエルシュトラスの割り算定理]　292
Weierstrass elliptic function [ワイエルシュトラスの楕円関数]　292, 369, 616
Weierstrass $\wp$ function [ワイエルシュトラスの $\wp$-関数]　372
Weierstrass polynomial approximation theorem [ワイエルシュトラスの多項式近似定理]　377
Weierstrass preperation theorem [ワイエルシュトラスの準備定理]　173
Weierstrass theorem [ワイエルシュトラスの定理]　635
Weierstrass's canonical form [ワイエルシュトラス標準形]　371
weight [重さ]　515
weight module [ウエイト加群]　678
weight space [ウエイト空間]　678
weighted mean [加重平均，重み付き平均]　221
weighted projective space [重み付き射影空間]　442
Weil cohomology [ヴェイユ・コホモロジー]　280
Weil conjecture [ヴェイユ予想]　280
Weil divisor [ヴェイユ因子]　31
Weil homomorphism [ヴェイユ準同型]　429
Weingarten map [ワインガルテン写像]　147
Weingarten's induction equation [ワインガルテンの誘導方程式]　147
well-order [整列順序]　320
well-orderable [整列可能]　460
well-ordering theorem [整列可能定理]　320
well-posedness [適切性]　217
Wentzell's boundary condition [ヴェンツェルの境界条件]　72
Weyl's character formula [ワイルの指標公式]　678
Weyl's lemma [ワイルの補題]　401
white noise [ホワイトノイズ]　525
Whitehead theorem [Whitehead の定理]　584
Whitney formula [ホイットニーの公式]　429
Whitney sum [ホイットニー和]　553

Whittaker–Shannon–Kotel'nikov–Someya sampling theorem [ホイタッカー–シャノン–コテルニコフ–染谷のサンプリング定理]　223
Wiener criterion [ウィナーの判定条件]　402
Wiener process [ウィナー過程]　525
winding number [回転数]　144
Witt design [ヴィット・デザイン]　630
Witt ring [ヴィット環]　33
Witt vector [ヴィット・ベクトル]　33, 663
Witten genus [Witten 種数]　687
word problem [語の問題]　153
Wronskian [ロンスキー行列式]　315

Y

Yang–Baxter equation [ヤン–バクスター方程式]　679
Yang–Mills connection [ヤン–ミルズ接続]　174
Yang–Mills functional [ヤン–ミルズ汎関数]　174
Yang–Mills theory [ヤン–ミルズ理論]　303, 609
Yosida approximation [吉田近似]　432, 218
Young diagram [ヤング図形]　389, 620
Young tableau [ヤング盤]　620
Young's inequality [ヤングの不等式]　689

Z

Zariski ring [ザリスキー環]　454
Zariski topology [ザリスキー位相]　69, 356
Zermelo–Fraenkel set–theory with the Axiom of Choice, ZFC [ツェルメロ–フランケルの公理系]　241
zero matrix [零行列]　129
zero point [零点]　290
zero section [零切断]　552
zero–sum two person game [二人ゼロ和ゲーム]　185
zonal spherical function [帯球関数]　124
Zorn's lemma [ツォルンの補題]　320
z-transform [z-変換]　304

ギリシャ文字

β function [ベータ関数]　110

ε–δ argument [エプシロン–デルタ論法]　38, 135

ζ function [ゼータ関数]　361, 609, 672

θ divisor [シータ因子]　6
θ function [シータ関数]　6

π [円周率]　47

σ-additivity [可算加法性]　77
σ–algebra [完全加法族]　333
σ–Lebesgue spectrum [σ–ルベーグ・スペクトル]　41

編集者略歴

川又雄二郎（かわまた・ゆうじろう）
- 1952 年　東京都に生まれる
- 1977 年　東京大学大学院理学系研究科修士課程修了
- 現　在　東京大学大学院数理科学研究科 教授
　　　　　理学博士

坪井　俊（つぼい・たかし）
- 1953 年　広島県に生まれる
- 1978 年　東京大学大学院理学系研究科修士課程修了
- 現　在　東京大学大学院数理科学研究科 教授
　　　　　理学博士

楠岡成雄（くすおか・しげお）
- 1954 年　大阪府に生まれる
- 1978 年　東京大学大学院理学系研究科修士課程修了
- 現　在　東京大学名誉教授
　　　　　理学博士

新井仁之（あらい・ひとし）
- 1959 年　神奈川県に生まれる
- 1984 年　早稲田大学大学院理工学研究科修士課程修了
- 現　在　東京大学大学院数理科学研究科 教授
　　　　　理学博士

朝倉 数学辞典　　　　　　定価はカバーに表示

2016 年 6 月 15 日　初版第 1 刷
2023 年 2 月 5 日　　　第 3 刷

編集者　川又雄二郎
　　　　坪井　俊
　　　　楠岡成雄
　　　　新井仁之
発行者　朝倉誠造
発行所　株式会社 朝倉書店
　　　　東京都新宿区新小川町 6-29
　　　　郵便番号　162-8707
　　　　電話　03(3260)0141
　　　　FAX　03(3260)0180
　　　　http://www.asakura.co.jp

〈検印省略〉

© 2016 〈無断複写・転載を禁ず〉　　　　中央印刷・牧製本

ISBN 978-4-254-11125-5　C 3541　　Printed in Japan

JCOPY 〈(社)出版者著作権管理機構 委託出版物〉

本書の無断複写は著作権法上での例外を除き禁じられています．複写される場合は，そのつど事前に，(社)出版者著作権管理機構（電話 03-3513-6969, FAX 03-3513-6979, e-mail: info@jcopy.or.jp）の許諾を得てください．

明大 砂田利一・早大 石井仁司・日大 平田典子・
東大 二木昭人・日大 森　真監訳

プリンストン数学大全

11143-9　C3041　　　　B 5 判 1192頁 本体18000円

「数学とは何か」「数学の起源とは」から現代数学の全体像，数学と他分野との連関までをカバーする，初学者でもアクセスしやすい総合事典。プリンストン大学出版局刊行の大著「The Princeton Companion to Mathematics」の全訳。ティモシー・ガワーズ，テレンス・タオ，マイケル・アティヤほか多数のフィールズ賞受賞者を含む一流の数学者・数学史家がやさしく読みやすいスタイルで数学の諸相を紹介する。「ピタゴラス」「ゲーデル」など96人の数学者の評伝付き。

前学習院大 飯高　茂・東大 楠岡成雄・東大 室田一雄編

朝倉 数学ハンドブック ［基礎編］

11123-1　C3041　　　　A 5 判 816頁 本体20000円

数学は基礎理論だけにとどまらず，応用方面への広がりをもたらし，ますます重要になっている。本書は理工系，なかでも工学系全般の学生が知っていれば良いことを主眼として，専門のみならず専門外の内容をも理解できるように平易に解説した基礎編である。〔内容〕集合と論理／線形代数／微分積分学／代数学（群，環，体）／ベクトル解析／位相空間／位相幾何／曲線と曲面／多様体／常微分方程式／複素関数／積分論／偏微分方程式／関数解析／積分変換・積分方程式

前学習院大 飯高　茂・東大 楠岡成雄・東大 室田一雄編

朝倉 数学ハンドブック ［応用編］

11130-9　C3041　　　　A 5 判 632頁 本体16000円

数学は最古の学問のひとつでありながら，数学をうまく応用することは現代生活の諸部門で極めて大切になっている。基礎編につづき，本書は大学の学部程度で学ぶ数学の要点をまとめ，数学を手っ取り早く応用する必要がありエッセンスを知りたいという学生や研究者，技術者のために，豊富な講義経験をされている執筆陣でまとめた応用編である。〔内容〕確率論／応用確率論／数理ファイナンス／関数近似／数値計算／数理計画／制御理論／離散数学とアルゴリズム／情報の理論

日本応用数理学会監修
前東大 薩摩順吉・早大 大石進一・青学大 杉原正顕編

応用数理ハンドブック

11141-5　C3041　　　　B 5 判 704頁 本体24000円

数値解析，行列・固有値問題の解法，計算の品質，微分方程式の数値解法，数式処理，最適化，ウェーブレット，カオス，複雑ネットワーク，神経回路と数理脳科学，可積分系，折紙工学，数理医学，数理政治学，数理設計，情報セキュリティ，数理ファイナンス，離散システム，弾性体力学の数理，破壊力学の数理，機械学習，流体力学，自動車産業と応用数理，計算幾何学，数論アルゴリズム，数理生物学，逆問題，などの30分野から260の重要な用語について2〜4頁で解説したもの。

お茶女大 河村哲也監訳　前お茶女大 井元　薫訳

高 等 数 学 公 式 便 覧

11138-5　C3342　　　　菊判 248頁 本体4800円

各公式が，独立にページ毎の囲み枠によって視覚的にわかりやすく示され，略図も多用しながら明快に表現され，必要に応じて公式の使用法を例を用いながら解説。表・裏扉に重要な公式を掲載，豊富な索引付き。〔内容〕数と式の計算／幾何学／初等関数／ベクトルの計算／行列，行列式，固有値／数列，級数／微分法／積分法／微分幾何学／各変数の関数／応用／ベクトル解析と積分定理／微分方程式／複素数と複素関数／数値解析／確率，統計／金利計算／二進法と十六進法／公式集

お茶女大 河村哲也監訳

関　数　事　典（CD-ROM付）

11136-1　C3541　　　　B 5 判 712頁 本体22000円

本書は，数百の関数を図示し，関数にとって重要な定義や性質，級数展開，関数を特徴づける公式，他の関数との関係式を直ちに参照できるようになっている。また，特定の関数に関連する重要なトピックに対して簡潔な議論を施してある。〔内容〕定数関数／階乗関数／ゼータ数と関連する関数／ベルヌーイ数／オイラー数／2項係数／1次関数とその逆数／修正関数／ヘビサイド関数とディラック関数／整数べき／平方根関数とその逆数／非整数べき関数／半楕円関数とその逆数／他

上記価格（税別）は 2023 年 1 月現在